W0085507

Geographie

Physische Geographie und Humangeographie

Hans Gebhardt   Rüdiger Glaser
Ulrich Radtke   Paul Reuber (Hrsg.)

Geographie

Physische Geographie und Humangeographie

2. Auflage

Mitarbeit: Reinhard Zeese

Spektrum
AKADEMISCHER VERLAG

Herausgeber:
Hans Gebhardt; hans.gebhardt@geog.uni-heidelberg.de
Rüdiger Glaser; ruediger.glaser@geographie.uni-freiburg.de
Ulrich Radtke; rektor@uni-due.de
Paul Reuber; p.reuber@uni-muenster.de

Weitere Informationen zum Buch finden Sie unter: www.spektrum-verlag.de/978-3-8274-2816-5

Wichtiger Hinweis für den Benutzer

Der Verlag, die Herausgeber und die Autoren haben alle Sorgfalt walten lassen, um vollständige und akkurate Informationen in diesem Buch zu publizieren. Der Verlag übernimmt weder Garantie noch die juristische Verantwortung oder irgendeine Haftung für die Nutzung dieser Informationen, für deren Wirtschaftlichkeit oder fehlerfreie Funktion für einen bestimmten Zweck. Der Verlag übernimmt keine Gewähr dafür, dass die beschriebenen Verfahren, Programme usw. frei von Schutzrechten Dritter sind. Der Verlag hat sich bemüht, sämtliche Rechteinhaber von Abbildungen zu ermitteln. Sollte dem Verlag gegenüber dennoch der Nachweis der Rechtsinhaberschaft geführt werden, wird das branchenübliche Honorar gezahlt.

Bibliografische Information der Deutschen Nationalbibliothek

Die Deutsche Nationalbibliothek verzeichnet diese Publikation in der Deutschen Nationalbibliografie; detaillierte bibliografische Daten sind im Internet über http://dnb.d-nb.de abrufbar.

Springer ist ein Unternehmen von Springer Science+Business Media.
springer.de

2. Auflage 2011
© Spektrum Akademischer Verlag Heidelberg 2011

11   12   13   14   15   5   4   3   2   1

Das Werk einschließlich aller seiner Teile ist urheberrechtlich geschützt. Jede Verwertung außerhalb der engen Grenzen des Urheberrechtsgesetzes ist ohne Zustimmung des Verlages unzulässig und strafbar. Das gilt insbesondere für Vervielfältigungen, Übersetzungen, Mikroverfilmungen und die Einspeicherung und Verarbeitung in elektronischen Systemen.

Copyright für das verwendete Bildmaterial: siehe Nachweis in den Bildlegenden

Planung und Lektorat: Merlet Behncke-Braunbeck, Imme Techentin
Redaktion: Christiane Martin, Köln (www.wortfuchs.de)
Mitarbeit: Melanie Goldschmidt (Korrektur), Dr. Bärbel Häcker (Index)
Satz: klartext, Heidelberg
Umschlaggestaltung: SpieszDesign, Neu-Ulm, unter Verwendung eines Motivs des Kunstwerkes „Weltkugel" von HA Schult, Köln (mit freundlicher Genehmigung des Künstlers) und eines Bildes © MEV, Augsburg
Eröffnungs-/Ausgangsfotografie: Fjærland, Norwegen (Fotografie: H. Gebhardt)
Grafiken: Satz- und Grafik-Studio Stephan Meyer, Dresden

ISBN: 978-3-8274-2816-5

Vorwort

Geographie ist nicht nur ein „Multi-Paradigmen-Fach", sondern Physische Geographie und Humangeographie haben sich in Bezug auf ihre Forschungsthemen und -methoden in den letzten Jahrzehnten weit ausdifferenziert und weiterentwickelt. Aus diesem Grund gibt es auch eine größere Zahl an neuen und überwiegend guten Einführungen in die beiden Teilfächer, aber praktisch kaum Versuche, das „ganze" Fach zwischen zwei Buchdeckeln zu fassen.

Damit besteht ein aktuelles Bedürfnis gerade nach einer solchen Gesamtschau, wie die überwiegend positiven Reaktionen auf die erste Auflage des Lehrbuchs *Geographie* gezeigt haben. Geographie wird von vielen Studierenden als Studienfach gewählt – sowohl in den Lehramts- wie den Bachelor- und Master-Studiengängen – gerade, weil es keine eingeengte Perspektive bietet, sondern sich mit Umwelt und Gesellschaft im weitesten Sinne auseinandersetzt. Das Fach stellt damit für die Studierenden eine offene Einladung dar, die „Welt" und deren Zukunftsprobleme in einer breiteren Perspektive verstehen zu lernen, als das in vielen anderen rein natur- oder gesellschaftswissenschaftlichen Nachbardisziplinen der Fall ist.

Es ist ja genau diese Faszination einer Wissenschaft von der „ganzen Welt", welche auch viele unserer Hochschullehrer immer wieder erfasst und fachpolitisch für das „ganze, ungeteilte" Fach eintreten lässt. Und wir werden von unseren Kollegen in den natur- und gesellschaftswissenschaftlichen Nachbardisziplinen oft auch beneidet, wenn wir von spannenden Exkursionen in außereuropäische Länder oder von der Vielzahl an aktuellen Fragestellungen berichten, mit denen sich Hochschulgeographinnen und -geographen in ihrem Berufsalltag befassen. Gerade in einer zunehmend globalisierten Welt, in der die Menschen näher zusammenrücken und in immer komplexere Wechselbeziehungen treten, brauchen Multiplikatoren und Entscheidungsträger in Medien, Wirtschaft und Politik angemessene geographische Kompetenzen. Geographischen „Analphabetismus" kann sich die Welt des 21. Jahrhunderts nicht leisten.

Das Lehrbuch *Geographie* unterscheidet sich von anderen Geographie-Lehrbüchern vor allem dadurch, dass zum einen die Zusammenhänge zwischen Umwelt und Gesellschaft, die „Schnittmengen" zwischen Physischer Geographie und Humangeographie, einen breiteren Raum einnehmen als üblich und dass zum anderen ausführlicher als sonst natur- und gesellschaftswissenschaftliche Forschungsmethoden, Konzeptionen und Zugangswege in der Geographie vorgestellt und kritisch reflektiert werden. In den einzelnen Sachkapiteln wird – für Studierende unverzichtbar – der derzeit für wichtig erachtete Lehrbuchstoff zu den Teilbereichen der Allgemeinen Geographie behandelt, aber es gibt im Buch auch Raum, um exemplarisch aktuelle Forschungsthemen darzustellen. Gerade hieran kann gezeigt werden, wie stark das Fach in einige der derzeit großen inter- und transdisziplinär relevanten Forschungsfragen eingebunden ist.

Die erste Auflage des Buches konnte sich in kurzer Zeit als Standardlehrbuch des Faches etablieren. Ein aktuelles Fach wie die Geographie entwickelt sich jedoch laufend weiter, neue Forschungsfragen, methodische Ansätze, *emerging fields* tauchen am Horizont auf. Für die Neuauflage haben wir diese Entwicklungen sorgfältig gesichtet und alle Kapitel auf den neuesten Stand gebracht. Einige Kapitel, zum Beispiel die Wirtschaftsgeographie, wurden völlig neu verfasst. Um den aktuellen Fortschritten der Humangeographie gerecht zu werden, wurde ein neues Kapitel zu aktuellen Trends des Fachs (Kapitel 15) verfasst. Auch das Feld der Gesellschaft-Umwelt-Forschung hat sich weiter entfaltet. Neben dem globalen Umweltwandel und der ökonomischen und gesellschaftlichen Globalisierung zeichnet sich als Megatrend des 21. Jahrhunderts globale Ressourcenknappheit in einer immer stärker von globalen Finanzmärkten gesteuerten Ökonomie ab. Hierzu wie auch zur aktuellen Debatte um den globalen Klimawandel wurden neue Passagen erarbeitet (Kapitel 29). Neue Fallbeispiele zu aktuellen Gesellschaft-Umwelt-Katastrophen bis hin zum Reaktorunfall von Fukushima in Japan leiten den Band ein (Kapitel 1).

Auch bei dieser Neuauflage hat sich Spektrum Akademischer Verlag offen für unsere Wünsche gezeigt und uns eine Ausweitung des Umfangs auf rund 1 350 Seiten ermöglicht. Zahlreiche Abbildungen konnten neu gezeichnet und neue Fotos aufgenommen werden. Das wirklich komplexe Lektorat wurde erneut mit außerordentlich großem Engagement von Frau Christiane Martin vorgenommen, der wir hierfür herzlich danken. Ebenfalls Dank gebührt allen anderen Personen, die zum Gelingen dieses Projekts beigetragen haben.

Prof. Dr. Ulrich Radtke hat seit 2008 das zeitraubende Amt des Rektors der Hochschule Duisburg-Essen inne und hat daher seinem langjährigen Mitarbeiter, PD Dr. Reinhard Zeese, die Betreuung der Neuauflage übertragen. Wir danken auch Herrn Zeese herzlich für seine engagierte und gewissenhafte Mitarbeit.

Ganz besonders dankbar sind wir, dass Prof. Rüdiger Glaser, der im vergangenen Jahr auf tragische Weise seine Frau verloren hat, trotz dieses Verlustes und der daraus folgenden schwierigen Umstände, die Mitarbeit unvermindert fortgesetzt hat. Er hat dies vor allem im Gedenken an seine Frau und mit der Gewissheit getan, dass dies sehr in ihrem Sinne gewesen wäre.

Dass das Buch in dieser Form erscheinen konnte, haben wir aber auch und vor allem den 157 Kolleginnen und Kollegen zu verdanken, welche sich mit Beiträgen beteiligt haben. In den Kapiteln zur Physischen Geographie war es dabei leichter möglich, den Stoff in relativ „kleine" Portionen aufzuspalten und damit viele Kollegen zur Mitarbeit einzuladen, während in der Humangeographie die Teilkapitel um der geschlossenen Darstellung willen meist von wenigen Bearbeitern stammen. Die Fülle der Autoren und die Heterogenität, ja Gegensätzlichkeit der akademischen Perspektiven bis in erkenntnistheoretische Grundsatzpositionen hinein schließt aus, dass ein Buch aus „einem Guss" entstehen konnte. Es war ein Anliegen der Herausgeber, solche Fragmentierungen, die typisch für das Fach sind, ganz bewusst aufscheinen und „stehen" zu lassen.

Auch Vollständigkeit kann und soll hier nicht erreicht werden. Wir bitten deshalb Anregungen, Kommentare und Verbesserungsvorschläge an den Verlag oder an uns als Herausgeber zu kommunizieren. Die Adressen finden sich im Impressum.

Das Buch verzichtet aus Umfangsgründen auf ein Glossar. Da wegen der Lesbarkeit auch Schlagwörter nur begrenzt gekennzeichnet und Definitionen nur sparsam eingesetzt wurden, ist es empfehlenswert, das Lehrbuch zusammen mit dem *Lexikon der Geographie*, das derzeit online über www.wissenschaft-online.de verfügbar ist, zu nutzen. Jeder neue Begriff im Text, der nicht in jedem Fall erklärt werden konnte, wäre idealerweise parallel im Lexikon nachzuschlagen.

Aus Gründen der Lesbarkeit wurde außerdem auf die konsequente Nennung aller männlichen und weiblichen Formen verzichtet; mit Geographen sind natürlich auch Geographinnen gemeint.

Nicht namentlich gekennzeichnete Einleitungstexte oder Zusammenfassungen zu Teilen oder Kapiteln dieses Buches sind in der Regel von den Herausgebern verfasst worden.

Wir hoffen, mit der überarbeiteten Neuauflage den aktuellen Stand geographischen Wissens angemessen wiedergegeben zu haben und wünschen dem Buch eine ähnlich breite Aufnahme wie der Erstauflage.

Juli 2011

Hans Gebhardt, Heidelberg
Rüdiger Glaser, Freiburg
Ulrich Radtke, Duisburg-Essen
Paul Reuber, Münster

Mitarbeiter dieses Buches

Herausgeber

Prof. Dr. Hans Gebhardt, Heidelberg
Prof. Dr. Rüdiger Glaser, Freiburg
Prof. Dr. Ulrich Radtke, Duisburg-Essen
Prof. Dr. Paul Reuber, Münster
Mitarbeit: PD Dr. Reinhard Zeese, Köln

Redaktion

Dipl.-Geogr. Christiane Martin, Köln

Autoren

Prof. Dr. Roland Baumhauer, Würzburg
Prof. Dr. Rupert Bäumler, Erlangen
Dr. Christoph Beck, Augsburg
Jun.-Prof. Dr. Bernd Belina, Frankfurt a. M.
Prof. Dr. Christian Berndt, Zürich
Prof. Dr. Hans H. Blotevogel, Dortmund
Prof. Dr. Wolf Dieter Blümel, Stuttgart
Prof. Dr. Marc Boeckler, Frankfurt a. M.
Prof. Dr. Hans-Georg Bohle, Bonn
Prof. Dr. Jürgen Böhner, Hamburg
Prof. Dr. Michael Bollig, Köln
Dipl.-Geogr. Thomas Bonn M. A., Heidelberg
Dr. Klaus Braun, Freiburg
Prof. Dr. Jürgen Breuste, Salzburg
Prof. Dr. Helmut Brückner, Köln
Prof. Dr. Ernst Brunotte, Köln
Prof. Dr. Olaf Bubenzer, Heidelberg
Magdalena Buchta, Freiburg
Prof. Dr. Richard Dikau, Bonn
Prof. Dr. Andreas Dix, Bamberg
Dr. Martin Doevenspeck, Bayreuth
Prof. Dr. Axel Drescher, Freiburg
Dr. Maike Dziomba, Berlin
Dipl.-Geogr. Iris Dzudzek, Frankfurt a. M.
Prof. Dr. Heike Egner, Klagenfurt
Prof. Dr. Bernhard Eitel, Heidelberg
Prof. Dr. Wilfried Endlicher, Berlin
Prof. Dr. Dominik Faust, Dresden
Prof. Dr. Michael Flitner, Bremen
Prof. Dr. Arne Friedmann, Augsburg
Prof. Dr. Manfred Frühauf, Halle (Saale)
Dr. Thomas Gaiser, Bonn
Prof. Dr. Paul Gans, Mannheim

Prof. Dr. Hans Gebhardt, Heidelberg
Prof. Dr. Ulrike Gerhard, Heidelberg
Prof. Dr. Renate Gerlach, Köln
Prof. Dr. Gerhard Gerold, Göttingen
Prof. Dr. Ernst Giese, Gießen
Prof. Dr. Thomas Glade, Wien
Prof. Dr. Rüdiger Glaser, Freiburg
Dipl.-Geogr. Stephanie Glaser †, Freiburg
Prof. Dr. Georg Glasze, Erlangen
Prof. Dr. Stephan Glatzel, Rostock
Prof. Dr. Rainer Glawion, Freiburg
Prof. Dr. Johannes Glückler, Heidelberg
Prof. Dr. Ulrike Grabski-Kieron, Münster
Dipl.-Phys. Uwe Gradwohl, Karlsruhe
Prof. Dr. Wilfried Haeberli, Zürich
Prof. Dr. Barbara Hahn, Würzburg
Dr. Michael Handke, Heidelberg
Prof. Dr. Susanne Heeg, Frankfurt a. M.
Prof. Dr. Heinz Heineberg, Münster
Prof. Dr. Günter Heinritz, München
Prof. Dr. Michael Hemmer, Münster
Prof. Dr. Jürgen Herget, Bonn
Prof. Dr. Hans Hopfinger, Eichstätt
Prof. Dr. Armin Hüttermann, Ludwigsburg
Prof. Dr. Jucundus Jacobeit, Augsburg
Prof. Dr. Norbert Jürgens, Hamburg
Prof. Dr. Andreas Kagermeier, Trier
Petra Kaifler, Freiburg
Prof. Dr. Dieter Kelletat, Essen
Prof. Dr. Arno Kleber, Dresden
Prof. Dr. Benedikt Korf, Zürich
Prof. Dr. Frauke Kraas, Köln
Dr. Michael Krautblatter, Bonn
Prof. Dr. Hermann Kreutzmann, Berlin
Prof. Dr. Thomas Krings, Freiburg
Dr. Marco Lechner, Freiburg
Prof. Dr. Frank Lehmkuhl, Aachen
Patrick Lehnes, Freiburg
Dr. Roland Lippuner, Jena
Prof. Dr. Julia Lossau, Berlin
Dr. Valérie R. Louis, Heidelberg
Dr. Bertil Mächtle, Heidelberg
Prof. Dr. Tim Mansfeldt, Köln
Prof. Dr. Roland Mäusbacher, Jena
Prof. Dr. Wolfram Mauser, München
Dr. Annika Mattissek, Heidelberg

Dr. Insa Meinke, Geesthacht
Prof. Dr. Manfred Meurer, Karlsruhe
Dr. Steffen Möller, Göttingen
Dipl.-Geogr. Jörg Mose, Münster
Prof. Dr. Thomas Mosimann, Hannover
Prof. Dr. Ivo Mossig, Bremen
Prof. Dr. Detlef Müller-Mahn, Bayreuth
Dipl.-Geogr. Moritz Nestle, Heidelberg
Dr. Urs Neu, Bern
Prof. Dr. Josef Nipper, Köln
Prof. Dr. Christian Opp, Marburg
Prof. Dr. Eberhard Parlow, Basel
Prof. Dr. Carmella Pfaffenbach, Aachen
Dr. Constanze Pfeiffer, Basel
Prof. Dr. Jürgen Pohl, Bonn
Dr. Monika Popp, München
Prof. Dr. Andreas Pott, Osnabrück
Prof. Dr. Robert Pütz, Frankfurt a. M.
Prof. Dr. Ulrich Radtke, Duisburg-Essen
Prof. Dr. Paul Reuber, Münster
Dr. Dirk Riemann, Freiburg
Dr. Heiko Riemer, Köln
Prof. Dr. Johannes B. Ries, Trier
Prof. Dr. Konrad Rögner, München
PD Dr. Wolfgang Römer, Aachen
Dr. Hans-Joachim Rosner, Tübingen
Prof. Dr. Jürgen Runge, Frankfurt a. M.
Prof. Dr. Ulrike Sailer, Trier
Dr. Patrick Sakdapolrak, Bonn
Prof. Dr. Rainer Sauerborn, Heidelberg
Prof. Dr. Martin Sauerwein, Hildesheim
Dr. Helmut Saurer, Freiburg
Prof. Dr. Frank Schäbitz, Köln
Prof. Dr. Eike W. Schamp, Frankfurt a. M.
Prof. Dr. Gerhard Schellmann, Bamberg
Prof. Dr. Winfried Schenk, Bonn
Elke Schliermann-Kraus M. A., Freiburg
Prof. Dr. Karl-Heinz Schmidt, Halle (Saale)
PD Dr. Elisabeth Schmitt, Gießen

Prof. Dr. Thomas Schmitt, Bochum
Prof. Dr. Christoph Schneider, Aachen
Prof. Dr. Karl Schneider, Köln
Prof. Dr. Thomas Scholten, Tübingen
Prof. Dr. Ulrich Scholz, Gießen
Prof. Dr. Christian-D. Schönwiese, Frankfurt a. M.
PD Dr. Frank Schröder, Würzburg
Prof. Dr. Lothar Schrott, Salzburg
Prof. Dr. Achim Schulte, Berlin
Prof. Dr. Brigitta Schütt, Berlin
Fabian Sennekamp M. A., Freiburg
Dr. Jenniver Sehring, Brüssel
Prof. Dr. Dietrich Soyez, Köln
Prof. Dr. Barbara Sponholz, Würzburg
Prof. Dr. Simone Strambach, Marburg
Prof. Dr. Anke Strüver, Hamburg
Prof. Dr. Heinz Veit, Bern
Dr. Jayshree Vencatesan, Chennai
Prof. Dr. Jörg-Friedhelm Venzke, Bremen
Dr. Julia Verne, Bayreuth
Dr. Steffen Vogt, Freiburg
Prof. Dr. Jörg Völkel, München
Prof. Dr. Hans von Storch, Hamburg
Prof. Dr. Andreas Vött, Mainz
Dr. Ute Wardenga, Leipzig
Prof. Dr. Peter Weichhart, Wien
Florian Weisser M. A., Bayreuth
Prof. Dr. Gerd Wenzens, Herrischried
Prof. Dr. Benno Werlen, Jena
Dipl.-Geogr. Thilo Wiertz, Heidelberg
Prof. Dr. Gerald Wood, Münster
Prof. Dr. Jürgen Wunderlich, Frankfurt a. M.
Dipl.-Geogr. Thomas Zacharias, Münster
PD Dr. Reinhard Zeese, Köln
Prof. Dr. Klaus Zehner, Köln
PD Dr. Wolfgang Zierhofer, Baden
Prof. Dr. Alexander Zipf, Heidelberg
Prof. Dr. Bernd Zolitschka, Bremen
Prof. Dr. Ludwig Zöller, Bayreuth

Inhaltsverzeichnis

Teil I
Raum, Region und Zeit: Kategorien und Forschungsfelder der Geographie

Naturkatastrophen und ihre geographische Relevanz 3

1   Räumliche Maßstäbe und Gliederungen – von global bis lokal 13
1.1   Räume machen – Regionalisierungen in der Geographie 14
1.2   Die „ganze Welt als Feld" – Geographie in globaler Perspektive 19
1.3   Regionen und räumliche Identität – Geographie in regionaler und lokaler Perspektive 22
1.4   Mikrogeographie – Geographien im Kleinen 24
1.5   Glokalisierung – die Vernetzung der Maßstabsebenen in der Humangeographie 25
1.6   *Top-down* versus *bottum-up:* topische bis zonale Strukturen in der Physischen Geographie . . 29

2   Raum und Zeit 37
2.1   Die Kolonisierung des Raumes durch die Zeit – eine gesellschaftstheoretische Reflexion . . . 38
2.2   Die Zeitlichkeit räumlicher Prozesse 39

Teil II
Geographische Wissenschaft

Die Vermessung der Welt 47

3   Verschiedene Antworten auf die Frage nach der Geographie 49
3.1   Einführung 50
3.2   Die Geographie und ihre Teilgebiete 54
3.3   Die Geographie und ihre Forschungsprojekte 58
3.4   Die Geographie und ihr Arbeitsmarkt 59

4   Das Drei-Säulen-Modell der Geographie 71
4.1   Ordnungsschema der Geographie im zeitlichen Wandel 72
4.2   Humangeographie – die geistes- und gesellschafts-wissenschaftliche Perspektive in der Geographie 76
4.3   Physische Geographie – die naturwissenschaftliche Perspektive in der Geographie 78
4.4   Umweltökologie, Humanökologie, Politische Ökologie – Ansätze zum „Brückenfach" Geographie? 80

Teil III
Die Arbeitsmethoden der Geographie

Der Geograph im Gelände – ein Rollenspiel 85

5   Wissenschaftliches Arbeiten in der Geographie
Einführende Gedanken 89

5.1	Wie entsteht wissenschaftlicher Fortschritt?	90
5.2	Der Methodenpluralismus in der Geographie	91

6 Was können wir wissen?
Kritischer Rationalismus und naturwissenschaftlich orientierte Verfahren 103

6.1	Analytisch-szientistische Wissenschaft und die Bewährung von Theorien	104
6.2	Feld- und Labormethoden	105
6.3	Datierungsmethoden	117
6.4	Standardisierte geographische Arbeitsweisen	124
6.5	Rechnen und Mathematikmachen: quantitative Analyseverfahren in der Geographie	133
6.6	Modelle und Modellierungen	144

7 Was können wir verstehen?
Hermeneutische und poststrukturalistische Verfahren 155

7.1	Interpretativ-verstehende Wissenschaft und die Kraft von Erzählungen	156
7.2	Methoden qualitativer Feldforschung in der Geographie	157
7.3	Verfahren der qualitativen Textaufbereitung und Textinterpretation	165
7.4	Diskursanalyse als Methode der Humangeographie	175

8 Geokommunikation und Geomatik 187

8.1	Einführung	188
8.2	Visualisierung und Geokommunikation	189
8.3	Von Mercator zur virtuellen Welt	190
8.4	Fernerkundung	198
8.5	Geographische Informationssysteme (GIS) – was ist wo?	202
8.6	Stolpersteine und Grenzen – (selbst-)kritische Anmerkungen zu GIS und Geokommunikation	208
8.7	Geographie im Web 2.0	210
8.8	Virtuelle Landschaften	215
8.9	E-Learning als interaktive mediale Lernform in der Geographie	217
8.10	Landschaftsinterpretation – Wissensvermittlung vor Ort	219

Teil IV
Physische Geographie

Allgemeine Physische Geographie 227

9 Klimageographie 231

9.1	Definitionen, Probleme, Forschungsfelder und Aufgaben	232
9.2	Klimasystem	235
9.3	Zusammensetzung und Aufbau der Atmosphäre	236
9.4	Strahlungs- und Wärmehaushalt der Erde	240
9.5	Klimaelemente	248
9.6	Thermische Schichtung der Atmosphäre, Luftbewegungen und Drucksysteme	255
9.7	Planetarische Zirkulation	260
9.8	Klimaklassifikationen	267
9.9	Regional- und lokalklimatische Besonderheiten	274
9.10	Atmosphärische Gefahren	278
9.11	Besonderheiten des Stadtklimas	287
9.12	Klimaänderungen	294
9.13	Vom wechselvollen Takt der Kalt- und Warmzeiten im Quartär	301
9.14	Klima hat Geschichte	312
9.15	Klimaszenarien und mögliche Entwicklungen in Deutschland	319

9.16   Klima in der Diskussion   327
9.17   Klimaschutz   332

10   Geomorphologie   349
10.1   Einführung   350
10.2   Endogene Voraussetzungen, Prozesse und Formen der Reliefentwicklung   363
10.3   Verwitterung als Voraussetzung für Bodenbildung, Pflanzenwuchs und Reliefformung   386
10.4   Exogene Voraussetzungen, Prozesse und Formen der Reliefentwicklung   394
10.5   Typlandschaften   432
10.6   Geomorphodynamische Zonen und Höhenstufen   450

11   Bodengeographie   469
11.1   Definition und Bodenbildungsfaktoren   470
11.2   Bodenbestandteile   471
11.3   Bodenkörper   476
11.4   Bodenentwicklung   481
11.5   Bodenklassifikationssysteme   489
11.6   Bodenverbreitung   498
11.7   Bodenerosion   506

12   Biogeographie   519
12.1   Grundlagen   520
12.2   Arealkunde   522
12.3   Ökologie der Pflanzen und Tiere   531
12.4   Zeitliche Dynamik und zeitlicher Wandel   544
12.5   Klassifikation und Raummuster von Biozönosen   552

13   Hydrogeographie   569
13.1   Themenfelder der Hydrogeographie   570
13.2   Wasserkreislauf und Wasserhaushalt   570
13.3   Stoffkreisläufe   585
13.4   Seen   589
13.5   Die EU-Wasserrahmenrichtlinie   593
13.6   *Watershed management*   595
13.7   Marine Regime   598

14   Landschafts- und Stadtökologie   605
14.1   Einführung in die Landschaftsökologie: der ökologische Blick auf die Landschaft   606
14.2   Landschaftsökologische Datenerfassung   615
14.3   Stoffkreisläufe   621
14.4   Stadtökologie   628

Teil V
Humangeographie

Einführung   641

15   Humangeographie im Spannungsfeld von Gesellschaft und Raum . . .   643
15.1   Was ist Humangeographie?   644
15.2   Aktuelle Leitlinien der Strukturierung und Entwicklung der Humangeographie   645
15.3   Beispiele für neuere disziplinübergreifende Querschnittsansätze in der Humangeographie . .   653

16   Sozialgeographie   687
16.1   Die Welt sozialgeographisch sehen   688

16.2 Die Wegbereiter der Sozialgeographie 691
16.3 Forschungsorientierungen im 20. Jahrhundert 692
16.4 Sozialgeographie heute: raumbezogene Gesellschaftsforschung 699

17 Bevölkerungsgeographie 715
17.1 Weltweite Bevölkerungsentwicklung 716
17.2 Bevölkerungsverteilung und Bevölkerungsstruktur 727
17.3 Migration 732
17.4 Geographische Migrationsforschung 741

18 Geographische Entwicklungsforschung 745
18.1 Vom Raum zum Menschen: Geographische Entwicklungsforschung als
Handlungswissenschaft 746
18.2 Die Auflösung von Norden und Süden: neue Raumbilder als Herausforderungen
für die Geographische Entwicklungsforschung 763

19 Politische Geographie 785
19.1 Politische Geographie heute 786
19.2 Die historische Entwicklung und politische Verstrickung der Politischen Geographie 786
19.3 Aktuelle Konzepte der Politischen Geographie im Überblick 790
19.4 *Radical Geography* und Kritische Geographie 791
19.5 Die Geographische Konfliktforschung – Analyse von Auseinandersetzungen um räumlich
lokalisierte Ressourcen 793
19.6 *Critical Geopolitics:* die Analyse der internationalen Geopolitik aus konstruktivistischer
Perspektive 796
19.7 Poststrukturalistische Politische Geographie 802
19.8 Forschungsfelder der Politischen Geographie 805

20 Geographie des ländlichen Raumes 819
20.1 Geographie und Planung ländlicher Räume in Mitteleuropa 820
20.2 Strukturen und Probleme der ländlichen Räume in den Tropen 837

21 Stadtgeographie 857
21.1 Stadtgeographie als „Medley" ihrer Forschungsgeschichte 858
21.2 Stadtstrukturmodelle und die innere Gliederung der Stadt 862
21.3 Ausgewählte kulturgenetische Stadttypen 871
21.4 Megastädte 879
21.5 (Un-)Sicherheit und städtische Räume 885
21.6 Die Postmodernisierung der Stadt 893

22 Wirtschaftsgeographie 911
22.1 Einführung 912
22.2 Standort und Standortwahl 916
22.3 Agglomeration und regionale Spezialisierung 924
22.4 Regionale Disparitäten und Wachstum 929
22.5 Geographie wirtschaftlicher Globalisierung 940
22.6 Finanzgeographie 951
22.7 Geographische Immobilienmarktforschung 960
22.8 Unternehmensorientierte Dienstleistungen 972

23 Geographie des Handels und des Konsums 987
23.1 Einführung 988
23.2 Geographische Konsumforschung 990
23.3 Geographische Handelsforschung 1002
23.4 Transnationalisierung und Globalisierung in Handel und Konsum 1012

24 Geographie der Freizeit und des Tourismus 1021
24.1 Freizeit und Tourismus als „glokales" Phänomen im Blickpunkt der Geographie 1022
24.2 Von den Anfängen des Reisens bis zur heutigen Freizeit- und Tourismusgeographie 1026
24.3 Boombranche Tourismus: eindrucksvolle Zahlen und gesellschaftliche Hintergründe
zu Beginn des 21. Jahrhunderts 1033
24.4 Wohin die Reise geht: Ausblick auf die Umrisse eines kulturwissenschaftlichen Paradigmas
in der Freizeit- und Tourismusgeographie 1038

25 Verkehrsgeographie 1045
25.1 Entwicklungslinien der Verkehrsgeographie 1046
25.2 Grundlagen für verkehrsgeographisches Arbeiten 1049
25.3 Arbeitsweise und methodisches Instrumentarium der Verkehrsgeographie 1052
25.4 Gestaltungsansätze zum Verkehrssystem 1055
25.5 Aktuelle Ansätze des Mobilitätsmanagements 1057
25.6 Perspektiven zukünftigen verkehrsgeographischen Arbeitens 1059

26 Historische Geographie 1063
26.1 Quellen und Methoden 1064
26.2 Rekonstruktion raumzeitlicher Strukturen 1066
26.3 Historische Geographie und Umweltgeschichte 1068
26.4 Ikonographie und Symbolik von Landschaften 1070
26.5 Historische Geographie in der Anwendung 1071

Teil VI
Natur und Gesellschaft: Schnittfelder von Physischer Geographie und Humangeographie

Geographische Gesellschaft-Umwelt-Forschung 1077

27 Konzepte der Gesellschaft-Umwelt-Forschung 1079
27.1 Natur und Kultur – eine Neubestimmung des Verhältnisses 1080
27.2 Schnittstellenforschung in der Geographie 1085
27.3 Humanökologie 1088
27.4 Politische Ökologie 1097
27.5 Resilienz – Kollaps – Reorganisation von Gesellschaft-Umwelt-Systemen 1106

28 Hazards: Naturgefahren und Naturrisiken 1115
28.1 Hazards als geographisches Thema 1116
28.2 Naturgefahren 1120
28.3 Naturereignisse, Auswirkungen und ihre gesellschaftliche Bedeutung 1140

29 Globaler Umweltwandel – Globalisierung –
globale Ressourcenknappheit 1171
29.1 Hotspots und Tipping Points von Global Change, Globalisierung und Ressourcenknappheit . . 1172
29.2 Globaler Wandel im Anthropozän 1179
29.3 Klimadiskussion – die Erde im Treibhaus 1198
29.4 Biodiversität und Artenverlust 1243
29.5 Ressourcen zwischen Knappheit und Überfluss 1250
29.6 Konflikte um die tropischen und borealen Wälder 1256
29.7 Konfliktfeld Wasser in globaler Dimension 1266
29.8 Konfliktfeld Energieträger 1278

Index 1305

Teil I

Raum, Region und Zeit: Kategorien und Forschungsfelder der Geographie

1 Räumliche Maßstäbe und Gliederungen – von global bis lokal
2 Raum und Zeit

Naturkatastrophen und ihre geographische Relevanz

Die Geographie ist eine Wissenschaft, die Gesellschaft, Wirtschaft und Umwelt in einer vernetzten, integrativen Perspektive in den Blick nimmt. Am Beispiel dreier Umweltkatastrophen des Jahres 2010, über die auch in den Medien ausführlich berichtet worden war, soll im Folgenden gezeigt werden, wie Geographen solche Geschehnisse einordnen und interpretieren. Die folgende Liste gibt zunächst eine Auswahl der von August bis September 2010 weltweit stattgefundenen Naturkatastrophen wieder, bevor auf das Erdbeben in Haiti, die Flutkatastrophe in Pakistan und den Vulkanausbruch auf Island näher eingegangen wird.

- 12. Januar 2010 – ein schweres Erdbeben mit etwa 220 000 Todesopfern erschüttert Haiti.
- 20. Februar 2010 – heftige Regengüsse auf der Blumeninsel Madeira führen zu Überschwemmungen und Erdrutschen mit über 40 Toten.
- 26. bis 28. Februar 2010 – der Orkan Xynthia rast über die Iberische Halbinsel und Frankreich hinweg. Über 60 Menschen sterben; die meisten Opfer gibt es in Frankreich.
- 27. Februar 2010 – ein sehr schweres Erdbeben trifft die Stadt Concepción in Chile.
- 5. April 2010 – durch heftige Regenfälle ausgelöste Erdrutsche und Überschwemmungen fordern in der brasilianischen Metropole Rio de Janeiro bis zu 300 Menschenleben.
- 14. April 2010 – bei einem Erdbeben der Stärke 7,1 sterben in der der nordwestlichen Provinz Qinghai der Volksrepublik China mindestens 1 300 Menschen; 10 000 werden verletzt.
- 15. April 2010 – nach einem Ausbruch des Vulkans Eyjafjallajökull auf Island wird aufgrund der Aschewolken der Luftraum weiträumig gesperrt. In großen Teilen Europas muss der Flugverkehr ausgesetzt werden.
- Mitte/Ende Mai 2010 – in Osteuropa kommt es zu Überflutungen durch Hochwasser; besonders stark betroffen ist Polen.
- Juli/August 2010 – wochenlange Waldbrände wüten in Russland.
- August/September 2010 – die Flutkatastrophe in Pakistan kostet mehr als 1 600 Menschenleben, mehrere Millionen werden obdachlos.

Das Erdbeben in Haiti

Das Erdbeben in Haiti vom 12. Januar 2010 mit der Stärke 7,0 war, gemessen an den Opferzahlen, das schwerste Beben in der Geschichte Nord- und Südamerikas sowie das bisher verheerendste Beben des 21. Jahrhunderts. Es starben 223 000 Menschen, etwa 300 000 weitere Personen wurden verletzt und 1,2 Millionen obdachlos. Insgesamt sind laut *United States Agency for International Development* 3 Millionen Menschen von dieser Naturkatastrophe betroffen. Die volkswirtschaftlichen Schäden werden auf 8 Milliarden US-Dollar geschätzt. Das Erdbeben traf eines der ärmsten Länder der Welt; zwei Drittel der etwa 10 Millionen Einwohner müssen mit weniger als 2 Dollar am Tag leben.

Haiti ist ein Risikoraum, was Erdbeben angeht, denn es liegt genau an der Grenze zweier geologischer Kontinentalplatten, und deswegen hat es auch in historischer Zeit immer wieder verheerende Erdbeben gegeben. Dieses Mal lag das Epizentrum nur etwa 25 Kilometer südwestlich der Hauptstadt Haitis, Port-au-Prince, und traf damit eines der am dichtesten besiedelten Gebiete der Insel.

Eine Katastrophe wie diese geht heutzutage in wenigen Stunden um die Welt, und so löste dies auch für Haiti eine große Welle der Hilfsbereitschaft aus. Sowohl die private Spendenbereitschaft als auch die Zusagen verschiedenster Staaten waren außergewöhnlich hoch. Die USA wollten 1,15 Milliarden Dollar zur Verfügung stellen, von der Europäischen Kommission sollten 1,2 Milliarden Euro kommen. Auch einige lateinamerikanische Länder kündigten großzügige und schnelle Hilfe an, allein Venezuela versprach mehr als 2 Milliarden Dollar. Überdies wurden dem Land vom Internationalen Währungsfond sämtliche Schulden in Höhe von 268 Millionen Dollar erlassen, um den Wiederaufbau nicht langfristig zu blockieren. Insgesamt sagten bei einer Geberkonferenz in New York 59 Staaten und Institutionen Hilfen in Höhe von fast 10 Milliarden Dollar zu.

Trotz dieser finanziellen Zusagen und den relativ rasch einsetzenden internationalen Hilfsmaßnahmen von Regierungsorganisationen und NGOs kündeten die Nachrichten von der Insel noch Monate nach dem Beben von desaströsen Zuständen. Es ereignete sich eine „Katastrophe nach der Katastrophe", bei der viele einzelne Faktoren dafür sorgten, dass sich die komplexe Notstandssituation teilweise weiter verschärfte und dass ein zügiger Wiederaufbau fast unmöglich wurde. Die Medien berichteten immer wieder mit unterschiedlichen Schwerpunkten über das Chaos in den Wochen nach dem Erdbeben; die vielfach miteinander verknüpften Probleme des Landes schienen unlösbar.

Mit dem Erdbeben kollabierten nicht nur die Häuser, sondern auch die ohnehin fragile politische Struktur Haitis. Die betroffenen Menschen zahlten den Preis für einen schwachen, von Diktaturen und korrupten Regimen jahrzehntelang ausgebeuteten Staat, dessen Institutionen mit der Bewältigung einer solchen Katastrophe völlig überfordert sind. Mit dem Zusammenbruch der inneren Sicherheit in der Krisenregion kam es an vielen Stellen zu Gewalt und Plünderungen. Aufgrund des desolaten Gesundheitssystems von Haiti konnten die Verletzten anfangs nur unzureichend versorgt werden, später brachen Seuchen aus. So mussten die Menschen sich zunächst vielfach selbst helfen. Provisorische Lager neben zerstörten Häusern, an Straßenrändern oder auf Fußballplätzen wurden zur alltäglichen Realität, die auch im Zuge der internationalen Hilfe nicht beseitigt wurden. Im September 2010 lebten immer noch schätzungsweise 1,6 Millionen Menschen unter vielfach unakzeptablen Bedingungen in über 1 300 überfüllten Notlagern, fast die Hälfte davon Kinder.

Das wird auch noch eine Weile so bleiben, denn einem strukturierten Wiederaufbau stehen immense Hemmnisse im Weg, die erneut miteinander in Wechselwirkung treten und die Probleme verschärfen:

- Sie beginnen bei der teilweise zögerlichen Zahlungsmoral der internationalen Geldgeber, denn zugesagte Hilfsgelder werden nur schleppend ausbezahlt. Nach Aussagen des UN-Generalsekretärs waren ein halbes Jahr nach der Katastrophe erst 60 Prozent der zugesagten Soforthilfe eingetroffen.
- Hinzu kommt die politische Agonie des Landes, das praktisch über Nacht führungslos geworden ist. Dem unpopulären Präsident Préval wird krasses Versagen nach der Katastrophe vorgeworfen, der amerikanische Ex-Präsident Bill Clinton hat als UNO-Sondergesandter für Haiti und als Leiter der Kommission für den Wiederaufbau so etwas wie die Rolle eines „CEO" übernommen.
- Querelen zwischen den Hilfsländern, die ihre geopolitischen Eigeninteressen ins Kalkül mischen, machen die Situation nicht besser. Viele Staaten monieren die übergroße Dominanz der USA im Nachkatastrophenstaat und haben formell Beschwerde in Washington eingelegt. Die USA hätten den Flughafen quasi „annektiert", wurde der französische Außenminister Bernard Kouchner zitiert. Auch die brasilianische Regierung reagierte verschnupft. Man denke nicht daran, die Kontrolle über die Insel aufzugeben, der Wiederaufbau Haitis solle ein Projekt Lateinamerikas bleiben.
- Ein weiterer Aspekt sind ungeklärte Eigentumsfragen, die als Erblast fehlender Landreformen die Entscheidungen für anstehende Umsiedlungen erschweren.

Während so in den Erdbebengebieten aus vielen Notlagern neue Slums werden, blüht an der Nordküste der Insel der Luxustourismus. Schon wenige Tage nach dem Erdbeben landeten an der nicht betroffenen Nordküste wieder Luxuskreuzfahrtschiffe mit gut betuchten Touristen an Bord, um Sonne, Sandstrand, fruchtige Cocktails und Grillabende im Palmenschatten zu genießen. Die Touristen bekommen ohnehin von der seit Jahren durch Gewalt und Armut gebeutelten Insel nicht viel zu sehen, ein hoher Zaun und bewaffnete Sicherheitskräfte sorgen dafür. Die Gegensätze zwischen Arm und Reich vergrößern sich in Haiti mit atemberaubender Geschwindigkeit.

Eine kleine Fußnote dieser Geschichte: Just am Tag des Erdbebens entschied ein Schweizer Gericht, dass die Straftaten, welche den exilierten Ex-Diktatoren Haitis („Papa Doc" und „Baby Doc" Duvalier) vorgeworfen werden, verjährt seien. Was mit den auf einem Schweizer Bankkonto seit 1986 blockierten Millionen geschehen soll, die sie während ihrer Herrschaft ins Ausland transferieren konnten, ist offen.

Welche Schlussfolgerungen ziehen Geographen aus diesen Berichten? Sie machen zunächst darauf aufmerksam, dass sich die Dramatik der Katastrophe nicht allein aus der Stärke des Bebens und den schwierigen natürlichen Grundlagen der betroffenen Region erklären lässt. Diese sind nur eine Seite der Medaille der Megakatastrophe. Die andere Seite sind die gesellschaftlichen Rahmenbedingungen, auf die das Naturereignis trifft und die dessen Folgen dramatisch verschlimmern. Im Angesicht des Bebens weist die Geographische Entwicklungsforschung auf die extreme Verwundbarkeit der haitianischen Bevölkerung hin, auf das jahrzehntelange politische Missmanagement, auf einen überbordenden Anteil armer Menschen in technisch unzureichenden Siedlungen, die der Gewalt der Katastrophe fast schutzlos gegenüberstehen.

Eine vergleichend-regionalgeographische Untersuchung könnte zeigen, dass das nicht immer und überall so sein muss, dass je nach Kontext völlig andere *coping strategies* für die gleiche Naturkatastrophe existieren. Dies zeigt etwa die Bewältigung eines ähnlichen Bebens in Chile wenige Monate später, welches dort die Stadt Concepción traf. Es war mit einer Magnitude von 8,8 global betrachtet das fünftstärkste jemals gemessene Erdbeben, und obwohl dabei 500-mal so viel Energie freigesetzt wurde wie beim Haiti-Beben, lag die Zahl der Todesopfer nur bei 521. Das Beben traf hier auf eine völlig anders vorbereitete und strukturierte Gesellschaft, die mit stabilen staatlichen Strukturen, stärker dem Erdbebenrisiko angepassten Baulichkeiten und einer besseren Katastrophenversorgung deutlich besser gewappnet war.

In Haiti gilt fast das Gegenteil: Die Politische Geographie würde das Land als einen *„weak state"* bezeichnen, der schon vor der Katastrophe kaum in der Lage war, seine Staatsaufgaben zum Wohle der Bevölkerung zu erfüllen. In solchen „Räumen begrenzter Staatlichkeit", in denen der Staat teilweise auf lokaler oder regionaler Ebene nicht die Macht besitzt, füllen private, häufig auch kriminelle Akteure die Lücken der gesellschaftlichen Ordnung. Aber solche informellen Formen von Gesellschaftlichkeit sind im Katastrophenfall nicht zu einer koordinierten, auf das Wohl möglichst vieler Betroffener hin ausgerichteten Reaktion fähig. Dadurch erhalten die internationalen Helfer ein ausgesprochen starkes Gewicht und die Katastrophe produziert gesellschaftliche und räumliche Strukturen, die an koloniale Formen erinnern. Im Ergebnis ist die Regierung Haitis und seine Bevölkerung heute quasi entmündigt; das Land wurde zu einem „Raum im Ausnahmezustand" (Exkurs 1; Agamben 2004), einem *„space of humanitarian exception"* (Elden 2006).

 **Exkurs 1**

Räume im Ausnahmezustand

Räume im Ausnahmezustand sind seit den Büchern von Giorgio Agamben (italienisch 1995 und 2003; deutsch 2002 und 2004) zu einem Thema der Gesellschaftswissenschaften und damit auch der Politischen Geographie geworden. Der breit angelegte Ansatz von Agamben, der am Beispiel des Ausnahmezustands über grundlegende und einschneidende Verfasstheiten des Politischen reflektiert, wird unter anderem im Kontext einer spezielleren Debatte um die Einrichtung von Zonen mit einem besonderen, bestimmte Teile der ansonsten geltenden Gesetze ausklammernden rechtlichen Status diskutiert. In diesen Zonen können dort untergebrachte Menschen durch Angehörige von Sicherheitsorganisationen demokratischer Staaten (z. B. Geheimdienste, Grenzschutz, Polizei) unter bestimmten Umständen sogar ihrer Grundrechte beraubt werden. *„The state of exception is essentially based on a suspension of the juridical order, which makes it possible for an individual to be deprived of his or her condition as a citizen, or political being, so that his or her life is reduced to mere biological existence"* (Schneider 2005).

Agamben arbeitet in seinen beiden Büchern „Homo Sacer. Die souveräne Macht und das nackte Leben" und „Ausnahmezustand" heraus, wie als Begründungsdiskurse für solche Maßnahmen immer wieder angeführt wird, solche Ausnahmen seien notwendig, um damit insgesamt der Wahrung der Rechte und Interessen der Mitglieder der demokratischen Gesellschaften zu dienen. Wie sehr dabei auch die räumliche Komponente als Grundbedingung für die Konstruktion von Ausnahmezuständen und entsprechende materielle Praktiken dient, zeigen Beispiele im Kontext des *„war on terrorism"* wie das Foltergefängnis in Abu Ghraib oder das US-Gefangenenlager Guantánomo Bay, die als Räume jenseits gängiger Rechtssysteme für kontroverse internationale Diskussionen und Schlagzeilen gesorgt haben. Besonders Guantánomo Bay auf Kuba ist, wie von Agamben beschrieben, einerseits ein juristischer Raum, in dem die zeitweilige Aufhebung der Ordnung in eine neue rechtliche Ordnung überführt wird und andererseits ein physischer Ort, in dem die rechtliche Sondersituation in einer räumlichen Anordnung konkret wird. „Geographisch" hieran ist, wie Exterritorialität als konstitutives Element des Funktionierens eines solchen Lagers eingesetzt wird oder in den Worten von Derek Gregory (2006): *„Guantánamo Bay depends on the mobilization of two contradictory legal geographies, one that places the prison outside the United States to allow the indefinite detention of its captives, and another that places the prison within the United States in order to permit their 'coercive interrogation'. A detailed analysis of these interlocking spatialities – as both legal texts and political practices – is crucial for any critique of the global war prison".*

Die Beispiele machen eindringlich deutlich, bis zu welchem Grad solche Lager durch die Suspendierung staatlicher Rechtssysteme gekennzeichnet sind, und welche Rolle raumbezogene Praktiken dabei spielen. Dass es bei solchen Ausnahmen nicht bleibt, lässt sich an der zunehmenden Schaffung ähnlich gelagerter *„spaces of exception"* in Flüchtlingslagern oder im Zuge des Umgangs mit Asylsuchenden auf Flughäfen und Bahnhöfen verfolgen.

Die Flutkatastrophe in Pakistan

Eine zweite große Naturkatastrophe ereignete sich 2010 in Pakistan, wo seit Juli 2010 ungewöhnlich starke monsunale Regen in den nördlichen Gebirgsregionen niedergegangen waren; „La Niña" hatte für die heftigsten Regenfälle seit über 80 Jahren gesorgt. Die Wassermassen haben so sukzessive entlang des Indus, der ganz Pakistan von Nord nach Süd durchfließt, schwere Verwüstungen angerichtet. Vielerorts waren und sind die Dämme gebrochen und überspült; Straßen, Brücken und Gebäude wurden mitgerissen. Die Versorgung mit Strom und Trinkwasser war in weiten Landesteilen zusammengebrochen und die Ernten wurden

vernichtet. Große Teile der landwirtschaftlich genutzten Flächen wurden so stark überflutet, dass das Ackerland in absehbarer Zeit nicht wieder genutzt werden kann. Mehr als 1 Million Häuser sind zerstört und über 8 Millionen Menschen auf Soforthilfe angewiesen. Die Flut 2010 ist die schwerste Überschwemmung, die Pakistan je erlebt hat. Ein Viertel des Landes stand Schätzungen der Regierung zufolge zeitweise unter Wasser, darunter die wichtigsten Anbaugebiete des Landes in den Provinzen Punjab und Sindh. Die Vereinten Nationen sprechen von der „größten Hilfsoperation aller Zeiten".

Anfang September 2010 war im Norden Pakistans das Wasser abgeflossen und die extremen Verwüstungen wurden sichtbar. Aufgrund der zerstörten Verkehrswege konnten weiterhin 800 000 Menschen nur aus der Luft versorgt werden. Im Süden standen immer noch weite Flächen

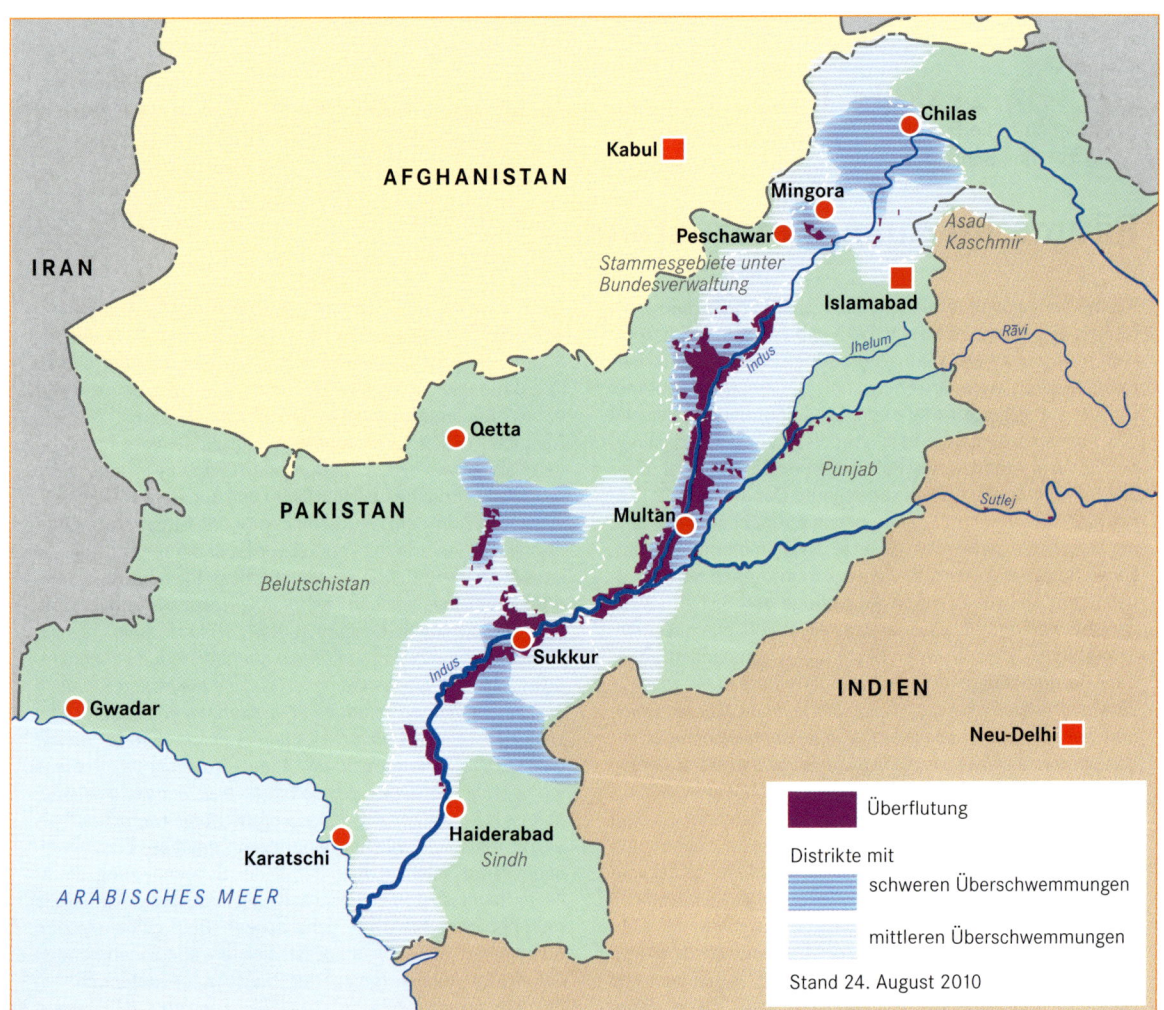

Abb. 1 Ende August 2010 war fast die gesamte Flusslänge des Indus von Überschwemmungen betroffen. Die Abbildung zeigt die Überschwemmungen im Oberlauf des Swat-Tals (Stand 24. August 2010) sowie die Folgen der sukzessive flussabwärts wandernden Hochwasserwelle (Quelle: OCHA).

unter Wasser. Es zeichnete sich zunehmend eine extreme Nahrungsmittelknappheit ab. In Pakistan sind mehr Menschen von der Flut betroffen als beim Tsunami 2004 (Abb. 2), dem Erdbeben in Pakistan 2005, dem Zyklon „Nargis" 2008 und dem Erdbeben in Haiti zusammen. 17 bis 20 Millionen Menschen waren bzw. sind auf Hilfe von außen angewiesen.

Man hätte angesichts der überwältigenden Größe und Dauer der Katastrophe meinen und hoffen können, dass sich die internationale Gemeinschaft zu einer unvergleichlichen Hilfsaktion zusammenfinden würde. Doch davon konnte zunächst keine Rede sein. Anders als im Falle Haitis erwies sich die weltweite Spendenfreudigkeit für Pakistan in den ersten Wochen der Katastrophe als außerordentlich gering. So hatte etwa der Spendenaufruf der Aktion „Deutschland hilft" im Internet für Pakistan bis zum 11. August 2010, also mehrere Wochen nach Beginn der Katastrophe, nur knapp 150 000 Euro erbracht. Die Sprecherin einer internationalen Hilfsorganisation sagte: „Im Fall von Haiti hatten wir im gleichen Zeitraum schon knapp 10 Millionen." Im Internet war die Katastrophe, anders als in vielen vergleichbaren Fällen, lange Zeit kein Thema. Bei „Twitter" tauchte die Flut bis Mitte August nicht unter den „Top 20" auf, das Schlagwort „Help Haiti" war dagegen am

Tag nach dem verheerenden Erdbeben, am 13. Januar 2010, schon auf Platz 10 der weltweit am meisten „getwitterten" Begriffe und hat sich wochenlang dort gehalten.

Über die Gründe für diese Zurückhaltung lassen Diskussionsforen im Internet keinen Zweifel. Eine Care-Sprecherin meinte: „Mit Pakistan verbinden die meisten Krieg und Terror [...] Pakistan ist für Spender nicht so attraktiv wie andere Länder, beispielsweise die Tsunami-Region oder Haiti." Das Pakistanbild werde eben unter anderem auch durch die Taliban geprägt, meinte die Sprecherin der „Aktion Deutschland".

Die Währungen „Mitleid" und „Hilfe", so zeigt sich am Beispiel Pakistans, werden auch aufgrund subjektiver Bewertungen vergeben; Spendenbereitschaft hängt von der Einordnung der Katastrophe in politische Großwetterlagen und vom fallbezogenen interessengeleiteten und eigennutzenorientierten Handeln der Helfer ab.

Später hatten Sondersendungen des Deutschen Fernsehens und die anhaltende Berichterstattung über die Megakatastrophe die Spendenbereitschaft sowohl von Privatpersonen als auch von Regierungsorganisationen deutlich erhöht. Die Botschaft jedoch bleibt: Pakistan hat ein internationales Imageproblem, die geopolitische Konstruktion des Landes als Schurkenstaat, allabendlich in den

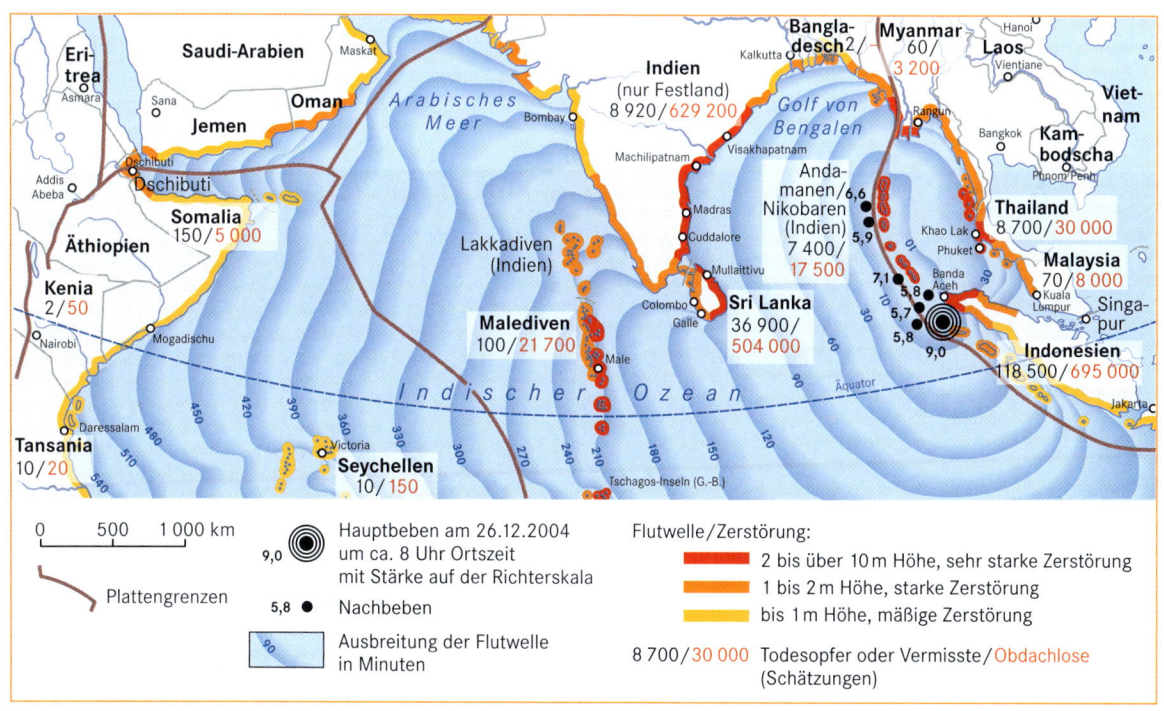

Abb. 2 Von der Tsunamiwelle im Dezember 2004 betroffene Küstenregionen in Süd- und Südostasien. Am Zweiten Weihnachtstag des Jahres 2004 ereignete sich in Süd- und Südostasien eine massive Naturkatastrophe: Ein unterirdisches Seebeben vor Sumatra löste eine Riesenwelle (Tsunami) aus, welche innerhalb weniger Stunden die Küstenregionen von Sri Lanka und Südindien, den Norden der Insel Sumatra, die Ferienparadiese auf der thailändischen Insel Phuket ebenso wie die auf den Malediven überflutete. Über 200 000 Menschen verloren ihr Leben, sehr viele mehr wurden obdachlos und verloren ihre Existenz (verändert nach Geographische Rundschau, Bd. 57, H. 4).

Nachrichten zu hören, zeigt ihre Folgen. In Haiti hatte die Katastrophe arme und „unschuldige" Menschen getroffen, in Pakistan hingegen ein „schuldiges" Land, eine islamische und potenziell „terroristische" Region. Solche räumlichen „Stigmatisierungen" sind alltäglich bei der Medienberichterstattung. Dabei werden dann alle Einwohner symbolisch „über einen Kamm geschoren", in das „Gefängnis der Zugehörigkeit" gesperrt und mit der Verbindung „Pakistan/Taliban" kollektiv getroffen.

Katastrophenhilfe ist immer auch ein Stück Geopolitik. Im Falle Pakistans änderte sich etwa ab August 2010 der Diskurs in den westlichen Medien. Da die Sorgen um die politische Destabilisierung des Landes wuchsen und „der Westen" den Taliban und den von ihnen initiierten Hilfsaktionen Paroli bieten musste, zeigten nunmehr die USA demonstrativ im innenpolitisch labilen Swat-Tal mit umfassenden Hilfsaktionen Präsenz, während ein Konsortium islamischer Staaten und Organisationen fast 1 Milliarde Dollar (787 Millionen Euro) für die Flutopfer in Pakistan zusagte. Die Organisation der Islamischen Konferenz (OIC) erklärte, das Geld komme von Regierungen, NGOs und Spendenaktionen in Saudi-Arabien, der Türkei, Kuwait, den Vereinigten Arabischen Emiraten und Katar. Mit all diesen Aktivitäten wurde nicht nur Hilfe geleistet, sondern eine neue Runde im geopolitischen Wettstreit eingeläutet.

Einen weiteren Punkt machen die Statements von Hilfsorganisationen und Spendern deutlich: Die Spendenbereitschaft hängt außer vom „Fremdimage" eines Landes auch von eigenen Reiseerfahrungen und einem persönlichen Bezug zum Land ab. Am nachdrücklichsten in der Erinnerung blieb in den letzten Jahren in Europa wohl die Tsunamikatastrophe in Süd- und Südostasien (Abb. 2), bei der über 200 000 Menschen ihr Leben verloren, nicht nur wegen der hohen Zahl an Opfern, sondern auch, weil Tausende von europäischen Urlaubern direkt davon betroffen waren oder die verwüsteten Ferienziele aus eigener Anschauung kannten. Ferne und räumliche Nähe, zentrale Kategorien der Geographie, sind relativ. Das räumlich Ferne wird dann emotional nah, wenn man im Fernsehen das „eigene" Ferienziel mit seinen Zerstörungen sieht.

Der Vulkanausbruch auf Island

Am 14. April 2010 war im Süden Islands der Vulkan Eyjafjallajökull ausgebrochen. Neben Lava traten auch Aschewolken aus, deren Partikel bis in eine Höhe von rund 10 000 Metern geschleudert wurden. Ungünstige Winde führten dazu, dass für rund 10 Tage der Flugverkehr in Europa weitgehend lahmgelegt wurde. Die Flugverbotszone reichte von Madrid bis nach Moskau, insgesamt wurden 95 000 Flüge gestrichen. Überall auf der Welt strandeten Passagiere – hochrangige Politiker wie die deutsche Bundeskanzlerin ebenso wie die deutschen Besucher des amerikanischen Geographenkongresses in Washington.

Die Folgen des Ausbruchs für Island waren eher gering und lokal begrenzt; es waren keine Menschenleben zu

Abb. 3 Ausbruch des Eyjafjallajökull (Foto: David Karna/Wikipedia).

Exkurs 2

Naturkatastrophen und Versicherungsschäden

Die Anzahl der Todesopfer und die Versicherungsschäden bei Naturkatastrophen verhalten sich oft reziprok zueinander. Das Erdbeben in Haiti gehört, was die Zahl an Opfern anbetrifft, zu den verheerendsten jemals aufgezeichneten Erdbebenkatastrophen. Da hier aber in der Regel kein Versicherungsschutz bestand, beliefen sich die versicherten Schäden auf nur 150 Millionen US-Dollar. Beim Erdbeben in Chile vom 27. Februar 2010 hingegen war trotz seiner größeren Stärke die Zahl der Todesopfer mit 521 deutlich niedriger als in Haiti. Die versicherten Schäden allerdings beliefen sich auf etwa 8 Milliarden US-Dollar – der zweitteuerste Schaden der Geschichte.

Die Anzahl der Naturkatastrophen und das Ausmaß der verursachten Schäden lagen in der ersten Jahreshälfte 2010 außergewöhnlich hoch. Das wird deutlich, wenn man die Schadensereignisse mit denen der vergangenen Jahrzehnte vergleicht. Zwischen 2000 und 2009 lag die Anzahl der Todesopfer im Jahr bei durchschnittlich 78 000 Menschen. In den 1990er-Jahren lag der Durchschnitt noch bei 43 000 Menschen pro Jahr. Hingegen wurden im Jahr 2010 von Januar bis Juni 440 Ereignisse registriert, das ist die zweithöchste Anzahl in einem ersten Halbjahr seit 2000, und die Zahl der Todesopfer lag höher als jemals zuvor. Die volkswirtschaftlichen Schäden beliefen sich auf 70 Milliarden US-Dollar. Diese Summe liegt deutlich über dem Halbjahresdurchschnitt der letzten 10 Jahre. Versichert davon waren 22 Milliarden US-Dollar (nach Angaben der Münchner Re vom Juli 2010).

---

beklagen. Nicht die Lava an sich war das Problem, sondern die Folgen für das Selbstverständnis der westlichen Industrie- und Dienstleistungsgesellschaften, für ihre allzeit vorhandenen Mobilitätsbedürfnisse. Dass der isländische Vulkanausbruch in den Medien tagelang als Megakatastrophe kommuniziert wurde, zeigt vor dem Hintergrund der ungezählten Toten bei den Flut- und Erdbebenkatastrophen, wie selektiv Katastrophen wahrgenommen und bewertet werden können. Was dem Westen weh tat, waren vor allem die enormen wirtschaftlichen Schäden, die der Vulkanausbruch verursacht hatte. Er traf die *„global economy"* an ihren wundesten Punkten – am Prinzip ihrer unbeschränkten Konnektivität, am Postulat ihrer Funktionsfähigkeit zu allen Zeiten und an allen Orten.

Schon rasch überboten sich Verbände und Unternehmen mit Schätzungen über finanzielle Schäden. Die Fluggesellschaften hätten innerhalb von 7 Tagen – so die Angaben der internationalen Luftfahrtvereinigung IATA – 1,3 Milliarden Euro verloren. Die gleiche Schadenssumme soll den Airports durch die tagelange Schließung entstanden sein. Auch Unternehmen, die nicht direkt etwas mit dem Flugverkehr zu tun haben, waren betroffen. So mussten etwa BMW und Daimler Teile ihrer Produktion aussetzen, weil der Nachschub von Werksteilen ausblieb. Der Deutsche Industrie- und Handelskammertag (DIHK) vermutet, dass allein der deutschen Volkswirtschaft ein Schaden von 1 Milliarde Euro täglich entstanden ist, da ein Drittel der deutschen Exporte Deutschland per Flugzeug verlässt. Kenianische Blumenproduzenten konnten ihre Waren nicht mehr auf den europäischen Markt bringen; Schätzungen zufolge vergammelten in den Tagen des Flugverbots rund 1 500 Tonnen Obst und Gemüse sowie 500 Tonnen Blumen in den Frachthallen (Exkurs 2). In der Regel blieben die betroffenen Unternehmen auf ihren Ausfällen sitzen – keine Versicherung übernahm die Haftung. Ende April 2010 gab die Europäische Kommission – unter Berufung auf die Branchenverbände – Umsatzausfälle zwischen 1,5 und 2,5 Milliarden Euro an und summierte 10 Millionen betroffene Personen.

Auch wenn manche der oben genannten Zahlen übertrieben scheinen, so wird doch deutlich, dass der Vulkanausbruch keine existenzielle Bedrohung für die Menschen und auch keine ökologische Katastrophe darstellte, wohl aber eine geoökonomische. Eine wirtschaftsgeographische Perspektive kann zeigen, welche ökonomischen Risiken in der eng vernetzten globalen Wirtschaft stecken, wie verletzbar der globale Personen- und Warenverkehr in unserer von hochtouriger Mobilität bestimmten globalen Ökonomie geworden ist – eine in der vielzitierten „Risikogesellschaft" des 21. Jahrhundert bisher noch kaum beachtete Tatsache. Räumlich interessant ist, dass die Auswirkungen von *„natural hazards"* wie in diesem Falle der Aschewolke, aber auch die Folgen von *man-made hazards* wie im Jahre 1986 der „Fallout" von Tschernobyl, nicht an Ländergrenzen haltmachen, sondern sehr rasch eine globale Dimension erreichen können (Exkurs 3).

Geography matters

Was können wir aus den Beispielen für die Geographie lernen? Zunächst, wie vielfältig die verschiedenen Facetten einer Naturkatastrophe miteinander zusammenhängen. Gerade in tropischen und subtropischen Entwicklungslän-

Exkurs 3

Fukushima – Sequenzen einer Naturkatastrophe

Erdbeben zählen, wie die Beispiele in Haiti und Chile 2010 oder eines der bisher verheerendsten Erdbeben überhaupt, das in Japan vom März 2011, gezeigt haben, zu den unberechenbarsten Naturgefahren. Anders als auf Haiti hatte Japan durchaus aufwendige bauliche Maßnahmen zur Erdbebensicherheit ergriffen. Gegenüber der dreifachen „Katastrophenkaskade" erwies sich diese *preparedness* aber als unzureichend. Dem ungewöhnlich starken Erdbeben mit der Stärke 9,0 folgte kurze Zeit später eine davon ausgelöste Tsunamiwelle, welche einen weiten Küstenstrich im Nordosten des Landes verheeren konnte. Ein an der Küste liegendes Kernkraftwerk, Fukushima, hatte zwar noch auf das Erdbeben wie vorgesehen mit einer automatischen Abschaltung reagiert, die unerwartet hohe Tsunamiwelle setzte aber die Stromversorgung und damit die Kühlung der Brennstäbe außer Kraft und es kam zu einem wochenlang andauernden, häufig improvisierten Kampf gegen das Durchschmelzen der Kernbrennstäbe, dessen Ende im April 2011 noch nicht abzuschätzen war.

Die Schockwelle der Ereignisse in Japan reichte via Medien weit über die Inselnation hinaus; weltweit, besonders aber in Deutschland, wurde die Sicherheit von Kernkraftwerken infrage gestellt. Durch die Macht der Bilder eines sukzessive explodierenden und außer Kontrolle geratenden Atomkraftwerks erodierte der Glaube an die Beherrschbarkeit dieser Technik; anders noch als bei Tschernobyl in der Ukraine 1986 oder Harrisburg in den USA 1979 waren die Fernsehzuschauer weltweit sozusagen „live" dabei.

Auch hier sind verschiedene Facetten der Katastrophe – natürliche, soziale, ökonomische, gesellschaftliche – eng miteinander verknüpft. In Europa und USA wuchs die Sorge, auch von den Kontaminationen betroffen zu sein, in Japan erodierte sukzessive die Gleichmut und stoische Ruhe, mit der zunächst – zumindest nach außen – der Katastrophe begegnet worden war. Der Nikkei-Index sank in wenigen Tagen dramatisch, erholte sich aber kurze Zeit später. Dies zeigt, dass die Erwartungen der Finanzwirtschaft in die Bewältigung der Krise ambivalent sind, und die weitere Entwicklung nur schwer abzuschätzen ist. Manche Ökonomen sprechen gar von einem positiven Impuls für die Wirtschaftsentwicklung Japans.

In einer globalisierten Weltwirtschaft hatte die Katastrophe in Japan aber auch direkte ökonomische Folgen. Das Ausbleiben von elektronischen Bauteilen und Lieferengpässen in der Chipfertigung führten schon nach wenigen Tagen zu Produktionseinschränkungen beispielsweise bei deutschen Automobilkonzernen. Hierin zeigt sich die Fragilität einer globalisierten und arbeitsteilig differenzierten globalen Zuliefererstruktur.

Es bleibt zu hoffen, dass nach dieser neuerlichen Katastrophe bei der Nutzung der Kernenergie die alte Mär von deren Beherrschbarkeit endgültig der Vergangenheit angehört.

dern verdichten sich Folgen einer Naturkatastrophe oft zu „complex emergencies", zu multiplen Notsituationen. Vielen Menschen hierzulande wird erst angesichts solcher Naturkatastrophen bewusst, auf welcher „geschützten" Insel wir in Deutschland leben, selten behelligt von Wirbelstürmen, Flutkatastrophen, Vulkanausbrüchen und sonstigen *natural hazards*. Menschen in anderen, vor allem den tropischen Lebensräumen der Erde, leben unter einem deutlich höheren *„risk assessment"* durch Natureinflüsse und Krankheiten. Kommt dann noch eine prekäre ökonomische Situation am Rand des Existenzminimums hinzu, sind sie in hohem Maße „verwundbar" gegenüber solchen Katastrophen. Wir begreifen ferner, wie vielfältig auch die arme Bevölkerung eines Drittweltlandes in globale wirtschaftliche, geopolitische und soziale Zusammenhänge eingebunden ist, sei es als Objekt von Hilfsmaßnahmen, sei es als Einwohnerschaft in einem exotischen Ferienziel, sei es als Gegenstand politischer Interessen regionaler und internationaler Großmächte in einer weltweiten Geopolitik.

Vor allem verstehen wir die Erkenntnis der Politischen Ökologie (Kapitel 27.4), dass eine Naturkatastrophe allein selten so tödlich ist wie in Haiti. Hinzu kommen müssen vielfältige Formen von *bad governance* mit einer oft langen Vorgeschichte, verschärft werden können Katastrophen auch, wenn ein Land in der internationalen Geopolitik „schlechte Karten" hat wie Pakistan. Auch in anderer Hinsicht wird mit zweierlei Maß gemessen. Die nur ökonomischen Folgen des isländischen Vulkanausbruchs haben die europäische Öffentlichkeit und Politik ungleich intensiver beschäftigt als die im selben Jahr ablaufenden Mega-Katastrophen in Mittelamerika, Südasien oder in China.

Natürlich handelt es sich in allen genannten Fallbeispielen um Naturkatastrophen; ihre Ursachen liegen in der Tektonik oder in Extremereignissen der Witterung. Aber diese Naturkatastrophen haben sehr unterschiedliche Folgen, je nach Verwundbarkeit der betroffenen Menschen, nach Qualität der *governance* in den beteiligten Staaten, nach Image der jeweiligen Region in der Weltgemeinschaft und je nachdem, ob von ihnen eine Gefährdung der globalen Sicherheit ausgeht und ob sie Folgen für eine globalisierte Wirtschaft haben oder nicht.

Geographie ist wie keine andere Disziplin dazu befähigt, solche vielfach miteinander verknüpften Problemlagen von Katastrophen in ihren vielfältigen Facetten und Handlungsdimensionen umfassend zu verstehen: als geotektonischen Vorgang, Naturkatastrophe, medizinisches Problem, als Problem der Verwundbarkeit von Bevölkerungsgruppen, von religiösen Gegensätzen oder politischen Konflikten, eingebettet in globale Wirtschaftsverflechtungen.

Geographie ist eine der wenigen Wissenschaften, welche naturwissenschaftliche Fragestellungen (z. B. Ursache von Naturkatastrophen) mit gesellschaftlichen Problemstellungen (z. B. unterschiedliche Folgen von Katastrophen in verschiedenen Staaten und Regionen) verknüpft.

Geographie ist eine der wenigen Wissenschaften, welche die unterschiedlichen Maßstabsebenen von global bis lokal miteinander verknüpft, das heißt, die globale Umweltsituation und die ökologische Zukunft unseres Planeten ebenso in den Blick nimmt wie die alltägliche Armut und deren Bestimmungsgründe in einem Dorf der „Dritten Welt". Geographie handelt von der Erklärung und vom Verständnis der Abhängigkeiten und Wechselbeziehungen zwischen Standorten und Räumen, sie befasst sich mit der räumlichen Organisation menschlichen Handelns und den Beziehungen zwischen Gesellschaft und Umwelt.

Geographie lebt damit vom Perspektivenwechsel. Geographen versetzen sich in andere Rollen; sie dekonstruieren viele Vorurteile unseres alltäglichen „Weltbildes", all die Vorstellungen des kulturell „Eigenen" und des „Fremden". Geographisches Wissen erlaubt damit eine kritische Reflexion vieler in den Medien vermittelter Vorstellungen und ermöglicht politisches Engagement. Die Geographie stellt anwendungsorientiertes Wissen zum Umgang mit natürlichen wie politischen Ereignissen bereit, seien es nun Naturkatastrophen oder die politischen Großereignisse unserer Gegenwart (z. B. internationaler Terrorismus).

Geographie ist eine der wenigen Wissenschaften, welche aktuelle Ereignisse mit langfristigen Entwicklungen verknüpft, beispielsweise die aktuelle Flutkatastrophe mit lang andauernden tektonischen Prozessen und Veränderungen auf unserem Planeten (Stichwort „Global Change"). Geographie hat auch auf der „Zeitschiene" einen „langen Atem", Prozesse von geographischer Relevanz reichen von kurzfristigen Ereignissen – seien dies katastrophenartige natürliche Prozesse wie Vulkanausbrüche, Lawinen, Wirbelstürme oder kurzatmige kulturelle „Events" einer Konsum- und Freizeitgesellschaft – bis hin zu den langsamen Entwicklungen, beispielsweise ökonomischen Entwicklungszyklen der Menschheit, langen geschichtlichen Phasen der Entwicklung von Städten, globalen klimatischen Veränderungen oder aber den Prozessen der Formung der Erdoberfläche.

Eine zentrale Rolle spielt dabei der Raum. Dieser wird als genuiner Forschungsgegenstand unserer Disziplin für die Menschen und ihre Gesellschaft auf unterschiedlichen Ebenen relevant. Er ist sozusagen mehrdeutig.

Raum ist einerseits und zunächst die materielle Anordnung unserer natürlichen und anthropogenen Umwelt. Auf dieser Ebene fragen Geographen danach, warum sich wo welche Dinge ereignen und interpretieren räumliche Muster, sie versuchen, gleichartige oder verschiedenartige Räume voneinander abzugrenzen. Dabei kann es sich um primär naturwissenschaftlich definierte Räume handeln (naturräumliche Gliederung, Landschaften) oder aber um wirtschafts- und sozialräumliche Einheiten oder aber politische Räume. Die Geographie versucht dabei, die Welt oder Teile von ihr in Gedanken räumlich zu ordnen, um sie übersichtlicher und verstehbarer zu machen.

Der Raum ist für die Geographie aber noch mehr als eine Art strukturelle Ordnungsmatrix. Räume sind in mannigfaltiger Weise aufgeladen mit symbolischer Bedeutung, das heißt, sie haben eine Funktion, die über die physisch-materielle Struktur hinausweist. Auschwitz ist eben nicht nur ein Dorf in Südwestpolen, New York nicht nur eine große Stadt an der Ostküste der USA. Architekten und Bauherren beispielsweise haben zu allen Zeiten nicht nur gebaut, sondern in ihren Bauten Bedeutung zu evozieren und Macht zu symbolisieren versucht, angefangen von den Prachtbauten im alten Rom bis zu den monströsen Stadtplanungen eines Albert Speer im Nationalsozialismus. Auch in mittelalterlichen Domen und Kirchen oder in den „Kathedralen der Moderne", den hoch aufstrebenden *World Trade Centers* oder Banktürmen in New York und Frankfurt, ist Macht kodiert. Der Streit in Berlin um den Abriss des ehemaligen Palastes der Republik und den möglichen Wiederaufbau des Berliner Stadtschlosses zeigt, wie hier Raum symbolisch „instandbesetzt" wird. Hier geht es nicht um Sandsteinsockel, Betonquader oder Flachdächer, sondern um die symbolische Bedeutung von Raum. Raum ist mit seiner vielfältigen symbolischen Bedeutung nicht nur ein Medium sozialer Kommunikation, er ist unverzichtbarer Baustein gesellschaftlicher Strukturierung und Identität.

Im Folgenden werden die beiden zentralen Kategorien der Geographie, Raum und Zeit und der Umgang mit ihnen näher beleuchtet.

Zitierte Literatur

Agamben G (2002) Homo sacer. Die souveräne Macht und das nackte Leben. Suhrkamp, Frankfurt a. M.

Agamben G (2004) Ausnahmezustand. Homo sacer, Teil II, Band 1, Suhrkamp, Frankfurt a. M.

Elden S (2006) Spaces of humanitarian exception. Geografiska Annaler B: Human Geography 88(4): 477–485

Schneider F (2005) Comment on the Symposium „Archipelago of Exception", submitted on Wednesday, 11, 09

Down to Earth – aus dem All auf die Zugspitze (Datenquellen: Deutsches Fernerkundungsdatenzentrum DLR-DFD, Oberpfaffen-hofen; University of Maryland, Global Land Cover Facility (GLCF), EarthSat, European Space Imaging, Dech et al. 2005).

Kapitel 1
Räumliche Maßstäbe und Gliederungen – von global bis lokal

Hans Gebhardt, Rüdiger Glaser, Ulrich Radtke, Paul Reuber

Die Geographie ist aufgrund ihrer Multiperspektivität eine der faszinierendsten Wissenschaften überhaupt. Sie lässt Raum für kreative Ideen oder wie die australische Geographin J. Gale (1992) es ausdrückt: *„I was attracted to geography as a young student because it was so broad. Its field of study was the whole world and all the people in it. Unlike many other disciplines it offered me a vast array of choice, and a great deal of freedom. No set road had to be taken, no line of inquiry was prohibited. Geography not only allowed, it encouraged free thought, and a creative use of intelligence."*

Zu dieser Faszination tragen ganz wesentlich der räumliche Perspektivenwechsel und die unterschiedlichen Problemstellungen auf den verschiedenen Maßstabsebenen bei. Die Vielfalt von Ansätzen, Perspektiven und Teilgebieten ermöglicht ein umfassenderes Bild von der Welt als in stärker spezialisierten Disziplinen.

Nebenstehendes Mosaik aus Fernerkundungsbildern verdeutlicht *„top-down"* die verschiedenen Betrachtungsebenen der Geographie. Während in der ersten Darstellung der gesamte Alpenbogen erfasst wird und für Fragen zonaler Tragweite herangezogen werden kann, wird in der nächsten Aufnahme das regionale Gefüge des Voralpenraums im Übergang zu den Nordalpen abgebildet. Die innere Struktur offenbart das Raummuster einer einzigartigen Kulturlandschaft mit den oberbayerischen Voralpenseen, dem Großraum München, aber auch der glazialen Serie und dem die Alpen durchziehenden markanten Inntal. Die folgende detailreichere, aber kleinräumigere Aufnahme zeigt das weitere Umfeld des Wettersteingebirges mit der Zugspitze und lässt sich für lokale Fragen wie der Waldverteilung, der Verkehrs- und touristischen Infrastruktur oder der Einbettung von Naturschutzgebieten heranziehen. Die Aufnahme vom Zugspitzplatt selbst zeigt den aktuellen Stand der Gletscher- und Schneebedeckung und kann wichtige Informationen zum Klimawandel mit seinen Implikationen beantworten helfen.

1.1 Räume machen – Regionalisierungen in der Geographie

Geographen haben einen nahezu leidenschaftlichen Hang zu gliedern, zu regionalisieren, zu charakterisieren und zu strukturieren. Sie stehen damit nicht alleine, auch andere Wissenschaftsbereiche wie die Botanik schrecken mit ihrer Systematik der Pflanzen ganze Generationen von Studierenden. Wissen braucht aber Struktur und wer die Welt verstehen will, sucht nach Ähnlichkeiten, nach einer inhaltlichen Dimension im Raum und globalen Ordnungsmustern als Orientierungswissen. Und für „Ordnung im Raum", so denkt die Gesellschaft, sorgen die Geographen – eine Vorstellung, die sich von alten „Stadt-Land-Fluss"-Spielen bis zu „Wer-wird-Millionär"-Quizsendungen des Fernsehens zieht.

Bei der **Bildung von Regionen** wird das Eine vom Anderen, das Eigene vom Fremden entlang der räumlichen Dimension getrennt. Das beginnt schon mit der Natur, die von der Physischen Geographie möglichst exakt vermessen und geordnet wird: nach Klimazonen, Großräumen der Reliefstruktur, Landschaftsgürteln oder Ökozonen (Exkurse 1.1.1, 1.1.2, 1.1.3). Es setzt sich fort in den vielfältigen Regionen mit ihren gesellschaftspolitischen, wirtschaftlichen oder anderen Kategorisierungen „im Raum"; man findet hier in der Geschichte des Faches Wirtschaftsregionen, zentralörtliche Einzugsbereiche, alt- und jungbesiedelte Räume, Verkehrsregionen, Planungsregionen und viele andere – auf unterschiedlichen Maßstabsebenen von lokal bis global.

Zur Regionsbildung gehört auch die Ziehung von Grenzen, denn die Grenze ist aus dieser Perspektive das logische Janusgesicht der Regionalisierung, ihr komplementärer Aspekt, ohne den sie nicht funktioniert. „*The urge to emphasise a difference* […] *refers to the general process of identification, which is always a process of dis-*

Exkurs 1.1.1

Ansätze zur naturräumlichen Gliederung in ihrer historischen Entwicklung

In der frühen phänomenologischen Phase der naturräumlichen Gliederungen spielten qualitative Aspekte eine wesentliche Rolle. Regionen wurden als real existierende Wesensganzheiten verstanden, die man in ihrer umfassenden Komplexität abzubilden versuchte. Oftmals wurde rein subjektiv vorgegangen. Eine der grundlegenden Arbeiten ist die „Naturräumliche Gliederung Deutschlands" (Meynen et al. 1953–1962, Abb. 1.1.1), deren Anliegen darin besteht, Deutschland nach den Unterschieden seiner Landesnatur in Gebiete zu gliedern, die für viele Zwecke als Bezugseinheiten dienen.

In der jüngeren Phase standen empirisch-analytische Verfahren im Vordergrund. Gliederungen entstanden dabei auf der Grundlage empirischer und überprüfbarer Daten mithilfe statistischer Verfahren.

Schon recht früh realisierte man, dass dieses ambitionierte Ansinnen nur durch multidisziplinäre Forschungsansätze von Natur- und Geisteswissenschaften zu erreichen war. Im Unterschied zur naturräumlichen Gliederung ging es Renners (1991) mit ihrer landschaftsökologischen Typenbildung um die Aufstellung von Naturraumtypen unter ökologischen Gesichtspunkten. Einen ersten prozessdynamisch orientierten Gliederungsentwurf auf der chorischen Skala unter Berücksichtigung der menschlichen Transformation lieferten Laux und Zepp (1997) in ihrer Karte zur landschafts-

ökologischen Differenzierung des Bonner Raumes. Ein weiterer Ansatz basiert auf der Ausweisung von Lebensraumtypen (Riecken et al. 1994).

Von Schröder und Schmidt (2000) wurde in Zusammenarbeit mit dem Bundesumweltministerium die „Standortökologische Raumgliederung" entwickelt, bei der die Klassifizierung ausschließlich auf der Grundlage einfach zu beziehender empirischer Daten unter Verwendung statistischer Verfahren durchgeführt wird. Für das Gebiet der Bundesrepublik erarbeitete Glawion (2002) in seinem Hemerobiekonzept landschaftsökologische Raumtypen, in die neben den natürlichen Landschaftshaushaltsmerkmalen auch die anthropogene Beeinflussung mit einbezogen wird. Dieses Konzept verdeutlicht in besonderem Maße, bis zu welchem Grad alle Ökosysteme Mitteleuropas durch den Jahrtausende währenden kulturellen Einfluss transformiert wurden.

Eine weitere, den anthropogenen Transformationsgrad widerspiegelnde Gliederung stellt die Karte der Landschaftstypen und deren Bewertung durch Gahradjedaghi et al. (2004) dar. Unterschieden werden die sechs Hauptklassen Küstenlandschaften, Waldlandschaften sowie waldreiche Landschaften, offene strukturreiche Kulturlandschaften, offene strukturarme Kulturlandschaften, Bergbaulandschaften sowie Siedlungs- und Industrielandschaften.

tinction, of marking and making borders" (Strüver 2005). Entsprechend schafft sich die Gesellschaft Regionen unterschiedlichster inhaltlicher Couleur und auf sehr unterschiedlichen Maßstabsebenen der Betrachtung und damit Orientierung, Überschaubarkeit und Sicherheit.

Zwei wichtige Aspekte sind Regionen jedoch vor diesem Hintergrund konzeptionell gesehen gemeinsam:

- Das System Erde weist nur wenige Grenzen auf, welche in der Alltagserfahrung der Menschen so stark verankert sind, dass sie als „natürliche" Grenzen empfunden werden. Die Grenze zwischen Land und Meer ist hierfür ein Beispiel. Das heißt, dass alle Bemühungen, Teilräume auszugliedern, intellektuelle Abstraktionen der Wirklichkeit darstellen, Konstruktionen, die durch bestimmte theoretische

Abb. 1.1.1 Naturräumliche Gliederung Deutschlands (verändert nach Meynen et al. 1953–1962).

Perspektiven sowie auf ihnen aufbauende metodisch-technische Verfahrensweisen entstehen. Geographische Regionen sind nicht „exakt", neutral oder gar objektiv. Sie sind kontextuell, historisch wandelbar und unterliegen ständigen **Aus- und Neuverhandlungen**. Konstruktivistische Theorien weisen darauf hin, dass die Erkenntnis einer „objektiven" Welt unmöglich ist und dass demzufolge auch wissenschaftliche Regionalisierungen, wie sie die Geographie erstellt, Konstruktionen darstellen. In dieser Form hat eine „räumliche", das heißt nach territorialen Ordnungsmustern vorgehende Systematisierung eine wichtige gesellschaftliche Funktion und ein didaktisches Ziel: Ordnung der Vielfalt und Reduktion komplexer Systeme auf eine überschaubare und handhabbare Anzahl von Typen.

- Bei der Bildung von Regionen geht immer mit der Abgrenzung nach außen auch die Konstruktion einer inneren Homogenität einher. Der entscheidende Punkt liegt in der dadurch entstehenden *„purification of space"* (Sibley 1995).

Raumgliederungen, Regionalisierungen und Grenzziehungen bleiben selten „folgenlos". Insbesondere wenn es um sozialgeographische oder politische Regionen geht, kann deren Ausweisung je nach gesellschaftlichem Kontext „pures Dynamit" sein. Mit ihren Ein- und Ausgrenzungen, wir und die anderen, *„insider"* und *„outsider"*, zwingen sie die Menschen in das „stahlharte Gehäuse" (Nassehi 1997) der räumlichen Zugehörigkeit. Es hat Bedeutung, ob man bei der Ankunft auf einem US-amerikanischen Flughafen einen norwegischen oder syri-

 **Exkurs 1.1.2**

Beispiele für physiogeographische Regionalisierungen

1. Landschaftsgürtel der Erde

Zonale Konzepte sind wie alle Raumgliederungen in der Geographie für bestimmte Zwecke konstruierte Abstraktionen der Wirklichkeit. Strahlungsklimazonen werden errechnet, Klimaklassifikationen sind aus stark vereinfachenden Mittelwerten und Indikatoren abgeleitet. Gleichwohl zählt es zu den Eigenheiten geographischer Sichtweisen, dass sich solche Konzepte nach wie vor großer Beliebtheit erfreuen. Ihre inhaltliche Legitimation beziehen sie aus den durch den Strahlungshaushalt vorgegebenen Beleuchtungsklimazonen, denen in grober Näherung Vegetations- und Landschaftszonen folgen. Dieses globale Modell, mit allen Nachteilen einer derartigen Vereinfachung, hat ohne Zweifel seinen didaktischen Wert. Es vermittelt, gerade im Kontext globaler Fragestellungen, ein griffiges Bild der „ganzen Welt" im Pocketformat und bildet daher auch die Basis neuerer und viel gelesener Lehrbücher wie dem von Schultz (2002).

Generell kann man unter einem Landschaftsgürtel oder einer geoökologischen Zone einen zonal angeordneten Teil der Erdoberfläche verstehen, der aufgrund sich wechselseitig beeinflussender Faktoren wie Klima, Boden, Pflanzen- und Tierwelt ein charakteristisches räumliches Wirkungsgefüge besitzt, ein Wirkungsgefüge, welches nachträglich anthropogen überprägt wurde und dementsprechend ein ihm besonderes Erscheinungsbild aufweist. Die geographische Zonenlehre befasst sich mit dem Studium der Landschaftsgürtel, ihren Abgrenzungen sowie ihrer Einordnung in ein „System von Naturräumen". Unter einem Landschaftsgürtel oder einer geoökologischen Zone verstehen wir einen

zonal angeordneten Teil der Erdoberfläche, der durch die Zusammenhänge zwischen den Faktorenkomplexen Klima, Boden, Pflanzen- und Tierwelt ein charakteristisches räumliches Wirkungsgefüge besitzt (primäres Ökosystem). In einem System von Naturräumen nehmen die Landschaftsgürtel die höchste Ordnungsstufe ein (Müller-Hohenstein 1981, Abb. 1.1.2).

2. Das *Corine-Land-Cover*-Projekt

Das *Corine-Land-Cover*-(CLC-)Projekt hat sich zum Ziel gesetzt, auf der Basis von Fernerkundungsdaten eine europaweite *Land-Cover*-Datenbank zu erstellen. Die hierarchische Struktur umfasst 44 verschiedene *Land-Cover*-Klassen, die in drei Hauptkategorien unterschieden werden. Für das Gebiet der Bundesrepublik Deutschland sind insgesamt 36 Bodenbedeckungsarten relevant. Die erste Erhebungsphase fand Mitte der 1990er-Jahre statt, derzeit wird das CLC2000-Update erstellt. Der bisherige Verfahrensweg der Informationsgewinnung sieht eine weitgehend nicht automatisierte visuelle GIS-unterstützte Satelliteninterpretation vor. Entsprechend hoch ist der finanzielle und zeitliche Aufwand der alle 10 Jahre vorgesehenen Überarbeitungen. Aus diesem Grund wird derzeit an automatisierten Interpretationsprogrammen gearbeitet. Ähnlich dem *Corine*-Projekt wurden auch von anderen nicht europäischen Organisationen wie der *Food and Agriculture Organization* (FAO) und dem *United States Geological Survey* (USGS) Landnutzungsklassifizierungen entwickelt.

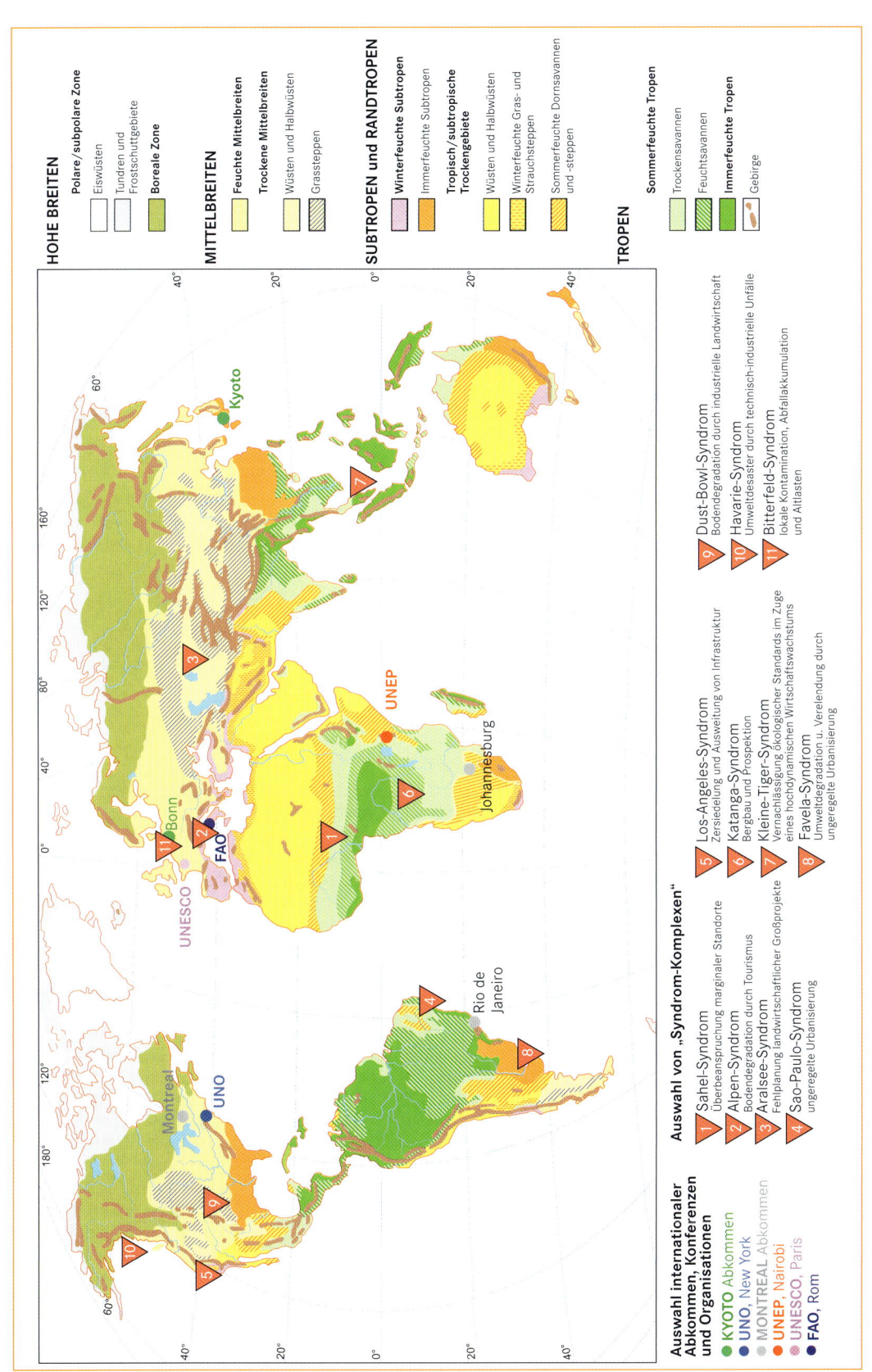

HOHE BREITEN

Polare/subpolare Zone
- Eiswüsten
- Tundren und Frostschuttgebiete
- Boreale Zone

MITTELBREITEN

- Feuchte Mittelbreiten
- Trockene Mittelbreiten
- Wüsten und Halbwüsten
- Grassteppen

SUBTROPEN und RANDTROPEN

- Winterfeuchte Subtropen
- Immerfeuchte Subtropen

Tropisch/subtropische Trockengebiete
- Wüsten und Halbwüsten
- Winterfeuchte Gras- und Strauchsteppen
- Sommerfeuchte Dornsavannen und -steppen

TROPEN

Sommerfeuchte Tropen
- Trockensavannen
- Feuchtsavannen
- Immerfeuchte Tropen
- Gebirge

Auswahl internationaler Abkommen, Konferenzen und Organisationen

- KYOTO Abkommen
- UNO, New York
- MONTREAL Abkommen
- UNEP, Nairobi
- UNESCO, Paris
- FAO, Rom

Auswahl von „Syndrom-Komplexen"

1 Sahel-Syndrom
Überbeanspruchung marginaler Standorte

2 Alpen-Syndrom
Bodendegradation durch Tourismus

3 Aralsee-Syndrom
Fehlplanung landwirtschaftlicher Großprojekte

4 Sao-Paulo-Syndrom
ungeregelte Urbanisierung

5 Los-Angeles-Syndrom
Zersiedelung und Ausweitung von Infrastruktur

6 Katanga-Syndrom
Bergbau und Prospektion

7 Kleine-Tiger-Syndrom
Vernachlässigung ökologischer Standards im Zuge eines hochdynamischen Wirtschaftswachstums

8 Favela-Syndrom
Umweltdegradation u. Verelendung durch ungeregelte Urbanisierung

9 Dust-Bowl-Syndrom
Bodendegradation durch industrielle Landwirtschaft

10 Havarie-Syndrom
Umweltdesaster durch technisch-industrielle Unfälle

11 Bitterfeld-Syndrom
lokale Kontamination, Abfallakkumulation und Altlasten

Abb. 1.1.2 Landschaftszonen der Erde (verändert nach Schultz 2002).

schen Pass vorlegt. Ob sich bei der Ausweisung von Nationalparks ein Dorf in Asien innerhalb oder außerhalb der von Landschaftsökologen gezogenen Grenze des Parks befindet, hat für die Existenz und Lebensgrundlage der hier siedelnden Menschen maßgebliche Konsequenzen. Die Ausweisung von Förderregionen innerhalb der Europäischen Union bestimmt wesentlich mit über agrar- und infrastrukturelle Entwicklungen in den jeweils betroffenen Gebieten. Insbesondere auch bei kriegerischen Auseinandersetzungen wird deutlich, wie sehr die Bildung von Regionen, zum Beispiel in Form geopolitischer Territorialisierungen, eine maßgebliche Triebfeder des Handelns sein kann. Die Konflikte auf dem Balkan mit ihren ethnischen Säuberungen und dem Völkermord bilden hierfür ein Beispiel vor unserer Haustür.

Die Ausführungen über Regionalisierungen und Grenzen haben deutlich gemacht: Man muss wissen, worauf man sich einlässt, wenn man „regionalisiert", das heißt, wenn man Grenzen zieht und Raumeinheiten ab- und ausgliedert. Auf den ersten Blick reduziert man Komplexität, wenn man räumliche „Ordnung" schafft. Man macht die Erdoberfläche überschaubar, indem man sie abgrenzt, etikettiert, mit Raumkategorien „labelt". Dies haben Geographen immer als wesentliche Aufgabe empfunden, insbesondere im Kontext der Diskussion um **Regionale Geographie** und **Länderkunde** (Kapitel 3). Auf den zweiten Blick aber wird deutlich, dass solche Grenzziehungen niemals neutral und folgenlos bleiben. Die räumliche Unterteilung der Welt führt zu Homogenisierungen nach innen und zur Abgrenzung nach außen. Geographie hat dabei folgende Aufgaben:

 **Exkurs 1.1.3**

Ideen zur Landschaftsgliederung – Beispiele für die Unterschiedlichkeit physiogeographischer Regionalisierungsansätze

Die Idee, zonale Strukturen auszuweisen ist nicht neu: Erste Versuche gab es bereits bei den antiken Griechen, die im Mittelalter übernommen und weiterentwickelt wurden. Der russische Bodenkundler Dokucajew sprach 1898 bereits von naturhistorischen Zonen. 1905 legte der Amerikaner Herbertson mit seinem Aufsatz *„The Mayor Natural Regions – An essay in Systematic Geography"* einen weiteren Entwurf vor. Erstmals wurden dabei sowohl klimatisch-vegetationskundliche als auch regelhafte, reliefbedingte Strukturen als Kriterien herangezogen. Seine Gedanken waren methodisch bahnbrechend und beeinflussten Passarge (1929) nachhaltig, der mit seinem Buch „Die Landschaftsgürtel der Erde" einen weiteren Versuch unternahm, „landschaftliche Gesamteindrücke" zu erfassen und die Räume dabei in ein System zu ordnen. Die großen Klimagürtel (als erstes Ordnungsprinzip) und die resultierende Vegetation bzw. die Verbreitung von Pflanzengesellschaften (als zweites Ordnungsprinzip) ergaben die Leitlinien für die Gliederung und Abgrenzung. Menschliche Nutzung dieser Räume wird als eine zwangsläufige Folge der natürlichen Ausstattung verstanden. Troll mit seinen Arbeiten aus den 1950er-Jahren, schließlich auch Lautensachs Formenwandellehre (1952) boten weitere Akzente. Integrative Konzepte folgten in Australien durch Christian und Stewart (1968). In seiner „Géographie des Paysages" folgte Rougerie (1969) ausschließlich klimatischen Kriterien, gliederte aber Küsten-

und Gebirgslandschaften aus. In Kanada wurde das *land system*-Konzept von Wiken (1986, 1996) in der *biophysical land classification* oder auch der *ecological land classification* benutzt. Die Konzepte basieren auf der integrativen Betrachtung von Relief, Lithosphäre, Böden, Vegetation und Klima.

Die vor allem für planerische Belange wichtige, synthetisierende Konzeption der *ecoregions* ist nach Bailey (1995) als Verschneidung der Kenngrößen Klima, Vegetation, Boden und Relief entwickelt worden. Boden und Vegetation werden als Funktion von Klima und Relief angesehen (Bailey 1998).

Ein zunächst sehr ähnlich klingendes offizielles Planungskonzept in den USA untergliedert nach sogenannten *ecological regions*. Ähnlich wie bei den *ecoregions* von Bailey (1998) basiert diese Klassifizierung auf der potenziell natürlichen Vegetation, den Böden und den Oberflächenformen, bezieht aber die Landnutzung mit ein. Sie zielt damit stärker auf eine anwendungsbezogene Fragestellung ab. Die Aktualität derartiger Fragestellungen wird durch die neueste Ausgabe der US-Umweltbehörde *Environmental Protection Agency* (EPA) von 2003 unterstrichen, in welcher der Stand der Bearbeitungen für die USA vorgestellt wird. Neben den terrestrischen Gliederungen werden für die USA auch 76 sogenannte aquatische *eco-regions* ausgewiesen (Omernik 1987).

- Geographie macht (schafft) Grenzen (Ebene der Konstruktion).
- Geographie untersucht, wie Grenzen „gemacht" werden (Ebene der „Dekonstruktion").
- Geographie untersucht, wie Grenzen als gesellschaftliche Repräsentationsformen soziale und materielle Praxis „regeln" (Ebene der Handlungsrelevanz).

Im Folgenden (Kapitel 1.2, 1.3 und 1.4) werden drei bzw. vier räumliche Ebenen (global – regional – lokal – kleinräumig) unterschieden und jeweils Fallbeispiele aus einem zentralen Themenfeld der Geographie – Räume und Grenzziehungen – zur Illustration herangezogen: auf der globalen Ebene die „Festung" Europa und ihre Abschottung gegen Armutsflüchtlinge, auf der regionalen Ebene Sicherheit und Abgrenzungen in Städten, auf der Mikroebene der Diskurs um die Geschlechteridentität und die Konstruktion von ethnischen Identitäten. Alle Beispiele sind mit dem Blick „aus Deutschland auf die Welt" konstruiert, ein US-amerikanischer oder indischer Geograph würde andere Themen und Sichtweisen wählen.

1.2 Die „ganze Welt als Feld" – Geographie in globaler Perspektive

„Unser Feld ist die ganze Welt" – dieser bekannte Hamburger Kaufmannsspruch könnte als Motto über der wohl wichtigsten Faszination der Geographie als Wissenschaft der „ganzen" Welt stehen. Eine solche Geographie findet auch in populärer Form Tag für Tag ihr Publikum, sei es in auflagenstarken Printmedien wie „Geo" und „National Geographic" oder in Fernsehreihen wie „Unser blauer Planet" oder „Afrika mit Kind und Kamera".

Es wäre wohl unredlich, wenn nicht auch die „Berufsgeographen" an Schulen, Hochschulen, in Wirtschaft und Dokumentation sich eingeständen, dass „fremde, bunte Welten" einen oft wesentlichen Teil ihrer Fachmotivation ausmachen. Auslandsforschung dieses Typs hatte vor allem in früheren Jahrzehnten in der wissenschaftlichen Geographie einen sehr hohen Stellenwert. Für jüngere Wissenschaftler kam ihr fast der Charakter eines „Initiationsritus" zu. Erst erfolgreiche **Geländeaufenthalte im Ausland** machten gewissermaßen den gestandenen Geographen (Abb. 1.2.1).

Allerdings hat sich die Perspektive der geographischen Auslandsforschung verändert. Ging es in der Anfangszeit der wissenschaftlichen Geographie an

Abb. 1.2.1 Faszination Geographie: Wadi-Durchquerung bei Hochwasser. Studierende der Geographie auf einer Exkursion im Jemen bleiben mit dem Geländewagen in einem Hochwasser führenden Wadi stecken (Foto: H. Gebhardt).

Hochschulen im 19. Jahrhundert vor allem darum, auf Expeditionen die letzten weißen Flecken auf der Erde zu tilgen und den ökonomischen und politischen Wert (potenzieller) Kolonien zu ermitteln, so muss es im postkolonialen Zeitalter darum gehen, die Rolle und ökonomische und politische Macht (oder Ohnmacht) der Regionen und Kulturerdteile in einer zunehmend globalisierten Welt zu verstehen.

Unser Leben wird heute häufig von Einflüssen bestimmt, die von weit herkommen, während wir selbst auch immer mehr andere Erdregionen beeinflussen, nicht nur als Reisende oder Geschäftsleute, sondern in vielerlei Hinsicht mehr. Das gilt für naturwissenschaftliche wie gesellschaftswissenschaftliche Zusammenhänge. **Global Change**, der weltweite Umweltwandel, hat seine Ursachen wohl in den Industriestaaten, seine Folgen wie beispielsweise der Meeresspiegelanstieg werden aber zunächst auf kleinen Inseln in der Südsee spürbar. Die radioaktive Wolke, die Ende April 1986 aus dem zerstörten Reaktor von Tschernobyl gedrungen ist, hat Regionen bis weit nach Nordeuropa hinein beeinflusst, die Aschewolke des Vulkanausbruchs auf Island hat in erheblichen Teilen Europas zeitweise den Flugverkehr lahmgelegt, die Investitionsentscheidungen großer globalisierter Konzerne schaffen in vielen Regionen der Erde neue Arbeitsplätze oder aber vernichten diese. Der Anschlag auf das New Yorker *World Trade Center* am 11. September 2001 resultierte aus einem weltweiten Netzwerk, das im fernen Afghanistan, aber auch in Deutschland, Nordafrika und den USA seine „Knoten" hatte. Er hat Politik und Alltag in den westlichen Ländern verändert und trägt dort bis heute zur „Versicherheitlichung" der Innen- und Außenpolitik bei. Er hat zwei Militärinterventionen der USA in Afghanistan und dem Irak heraufbeschworen und auch zur Beteiligung deutscher Truppen und einer vehementen Diskussion um Auftrag und inhaltliche Legitimation eines solchen Mandats geführt.

Globalisierung lässt sich dabei als Prozess der Intensivierung weltweiter wirtschaftlicher wie auch kultureller und sozialer Beziehungen verstehen, als zunehmende Integration von Märkten, Wirtschaftssektoren und Produktionssystemen in der Folge des strategischen Handelns mächtiger Akteure wie insbesondere der transnationalen Unternehmen oder einzelner Nationalstaaten. Typische Indikatoren des Globalisierungsprozesses sind die Zunahme des um die Welt „zirkulierenden" Finanzkapitals sowie die zunehmenden ausländischen Direktinvestitionen.

In der Informationsgesellschaft, so wird oft behauptet, beginnt sich die alte räumliche Struktur der Welt allmählich aufzulösen. Sie wandelt sich von territorial verfassten Gemeinschaften zu einer **„Netzwerkgesellschaft"**, von einem *„space of places"* zu einem *„space of flows"* (Castells 2001). „Entankerung" (Werlen 1997) und Pluralisierung kennzeichnen diese „Schöne Neue Welt".

Sie ist aber nicht für alle schön. Den Menschen auf der „Sonnenseite" der Globalisierung „mit dem Geld auf der Plastikkarte, dem Handy am Ohr, dem Laptop im Rollkoffer und dem Designeranzug am gebräunten Luxuskörper" (Reuber & Wolkersdorfer 2005) steht das Millionenheer an Flüchtlingen aus den Hungerregionen Afrikas und Asiens gegenüber, die immer vernehmlicher an die Pforten der „Wohlstandsinseln" Europa oder Nordamerika klopfen. In diesen Regionen des Südens dominieren die negativen Auswirkungen der Globalisierung. Die Bewohner werden durch eine Vielzahl von gesetzlichen Bestimmungen und Grenzzäunen buchstäblich in ihre Schranken verwiesen. Die Durchlässigkeit solcher Grenzen ist sehr unterschiedlich geregelt, je nachdem, wer Einlass begehrt (Exkurs 1.2.1).

Wohlstandsregionen der westlichen Welt und der „benachteiligte Süden" stehen sich nicht als homogene Einheiten gegenüber. Am globalen Wettbewerb und seinen Segnungen partizipieren nicht Länder an sich und nicht deren Bevölkerung als Ganzes, sondern nur bestimmte Örtlichkeiten und Regionen und auch da einzig Teile der Bevölkerung. Der alte Nord-Süd-Gegensatz löst sich zunehmend auf und es kommt zu einer **räumlichen „Fragmentierung"** (Menzel 1998, Exkurs 1.2.2, Kapitel 18). „Zitadellen" des Nordens entstehen auch in umzäunten *gated communities* (geschützten Wohnarealen der Reichen), in den Metropolen des Südens oder in den „Clubexklaven" des Tourismus in Drittweltstaaten, die „Vororte" des Südens hingegen tauchen auch in den Vorstädten europäischer Metropolen wie Paris auf.

Grenzen werden nicht nur mit Zäunen, mit Zollstationen, Grenzschutzbeamten, Booten der Küstenwachen

---

 **Exkurs 1.2.1**

Festung Europa

Die europäische Union (EU) „funktioniert" nach räumlichen Kategorien, wenn sie nach innen eine Strategie der stetig vorangetriebenen ökonomischen und politischen Integration der west- und zentraleuropäischen Nationalstaaten verfolgt, sich nach außen hingegen als abgeschottete „Wohlstandsinsel" präsentiert mit zunehmend rabiateren Abgrenzungsmaßnahmen gegen Flüchtlinge aus Afrika, Migranten aus Asien oder Schwarzarbeiter aus Osteuropa, welche bei Nacht und Nebel in Lkw versteckt über die Grenze geschmuggelt werden oder in rostzerfressenen Schaluppen ihre gefährliche Fahrt über das offene Meer antreten.

Die Angst vor den weltweiten Armutswanderungen ist im EU-Europa langsam über die Jahrzehnte gewachsen und seit Ende der 1980er-Jahre massiv aufgebrochen. In einem Doku-Thriller „Der Marsch" hat die britische BBC 1990 die Vision eines Exodus von Millionen Afrikanern nach Europa entworfen. Nach einer Wanderung durch die Sahelzone wird der Hunger-Treck an der Straße von Gibraltar von Truppen der EU zum Stehen gebracht und die Entwicklungskommissarin der Gemeinschaft verkündet dem Treck-Führer Mahdi: „Ihr werdet nicht hineingelassen nach Europa. Ihr werdet kein Land, keine Jobs oder Häuser kriegen. Geht zurück, ich verspreche, das Leben in den Camps wird besser. Wenn ihr weitermarschiert, werdet ihr alles verlieren" (zit. nach Der Spiegel 17.6.02).

Dies ist Fiktion, aber die EU rüstet immer mehr zu einer Politik auf, die der Fiktion aus dem Jahre 1990 ähnelt. Inzwischen sollen illegale Einwanderer nach Möglichkeit schon an den Außengrenzen abgefangen werden; ein gemeinsamer europäischer Grenzschutz mit ausgefeilter Sicherheitsanalytik, neue EU-weite Fahndungsdatenbanken, Überwachung der EU-Außengrenzen durch ein eigenes Satellitensystem (Galileo) und andere technologische Maßnahmen sind angedacht bzw. konkret geplant. Drittländern soll bei fehlender Kooperationsbereitschaft die Entwicklungshilfe gekürzt werden.

 **Exkurs 1.2.2**

Kriminalisierung von Flüchtlingen im Diskurs

Speziell in Deutschland wurde, nicht zuletzt aufgrund der eigenen Flüchtlingserfahrungen im Gefolge des Zweiten Weltkriegs, die Aufnahme und Integration von Flüchtlingen lange Jahrzehnte positiv gesehen. Noch zur Zeit der vietnamesischen *„boat people"* in den 1970er-Jahren reagierte die breite Öffentlichkeit zustimmend, wenn in publikumswirksamen Rettungsaktionen wie der des Flüchtlingsschiffs „Cap Anamur" vietnamesische Flüchtlinge aus dem Meer gefischt und nach Deutschland gebracht wurden. Heinrich Böll hatte um Spenden für das Schiff gebeten und diese flossen in Millionenhöhe. Als dieselbe „Cap Anamur" allerdings im Jahre 2004 Flüchtlinge aus Afrika im Mittelmeer aufnahm und nach Europa bringen wollte, entstand ein mittlerer Skandal.

Weshalb? Das Flüchtlingsproblem, die Aufnahme von Asylanten, wurde in den letzten Jahrzehnten im öffentlichen Diskurs in Deutschland gleichsam „illegalisiert" und „kriminalisiert", aus Asylsuchenden wurden Wirtschaftsflüchtlinge, aus Zuwanderern Drogendealer, Mafiosi oder potenzielle Terroristen.

Solch ein Diskurswandel bereitet dann den Boden für harte Maßnahmen. Um die EU-Staaten liegt inzwischen gleichsam ein „Festungsring" von Beitrittsstaaten und „sicheren" Drittstaaten, welchen es aufgrund der EU-Gesetzgebung möglich ist, jeden potenziellen Zuwanderer zurückzuschicken (Reuber & Wolkersdorfer 2005).

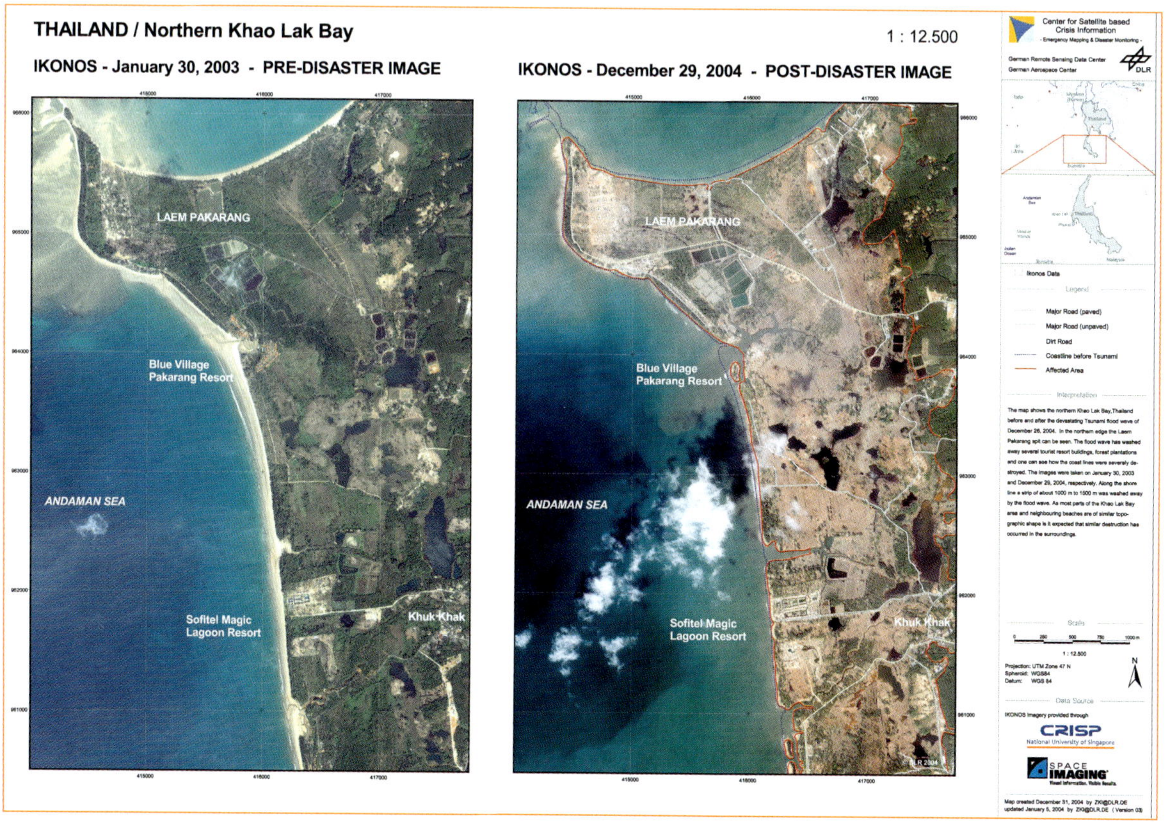

Abb. 1.2.2 Landsat-Satellitenaufnahmen ermöglichen es, innerhalb weniger Stunden Veränderungen durch Naturkatastrophen systematisch zu erfassen. Die beiden Aufnahmen zeigen einen Küstenstreifen Thailands vor und nach dem Weihnachts-Tsunami 2005 (Quelle: DLR).

und so weiter geschützt, sondern auch mit Worten, mit Verordnungen und Gesetzen. Ob und in welcher Form wir beispielsweise mit Flüchtlingen und Asylanten umgehen, hat auch damit zu tun, welche Bilder wir uns von „den Fremden" machen (Exkurs 1.2.2).

Die Geographie in globaler Perspektive untersucht die Akteure solcher Entwicklungen, ihre Handlungen und die Machtressourcen, die ihnen zur Durchsetzung ihrer Interessen zur Verfügung stehen (akteurs- und handlungsorientierter Ansatz). Sie analysiert aber auch die **öffentlichen Diskurse**, das heißt die öffentlichen Meinungsbilder, welche ein bestimmtes Handeln erst ermöglichen und wie damit bestimmte politische und/ oder materielle Praktiken legitimiert werden (diskursorientierter poststrukturalistischer Ansatz). Am Beispiel des Flüchtlingsproblems wird deutlich, wie sich die Diskurse ändern können. Auch die geographische Repräsentation ganzer Staaten oder Großräume verändert sich im Diskurs. So wurde in US-amerikanischer Sicht beispielsweise Deutschland vom „Schurkenstaat" par excellence im Dritten Reich zu einem verlässlichen Partner, während die Schurkenrolle für einige Jahrzehnte der vom amerikanischen Präsidenten Reagan als „Reich des Bösen" bezeichneten kommunistischen Sowjetunion zufiel. Inzwischen spielt Russland als Partner der NATO wieder eine veränderte Rolle und das „Böse" ist in die fundamentalistischen Staaten des Vorderen Orients und des Fernen Ostens gewandert, in die von Syrien über den Iran bis Nordkorea reichende **„Achse des Bösen"** (*axis of the evil*) der US-amerikanischen Außenpolitik. Räumliche Konfigurationen des „Feindes" wandern immer dorthin, wo „wir" nicht sind.

Geographie in globaler Perspektive hat nicht nur spannende inhaltliche Fragestellungen, wie das Beispiel aus der Politischen Geographie gezeigt hat, sondern hat in den letzten Jahrzehnten auch durch die Möglichkeiten der Fernerkundung und Satellitenbildinterpretation einen neuen Schub an Faszination gewonnen. Hochauflösende **Satellitenbilder** ermöglichen inzwischen tiefe Einblicke auch noch in den letzten Winkel der Erde, Infrarot- und Radarkameras durchdringen Dunst und Wolken und liefern gerade für schwer bereisbare, abgelegene Regionen unschätzbare Informationen über geosystemare Zusammenhänge (Abb. 1.2.2). Möglichkeiten der elektronischen Datenverarbeitung erlauben den Aufbau komplexer Geographischer Informationssysteme (GIS) und damit bisher in dieser Form nicht mögliche Analysen verschiedenster raumbezogener Daten. Die Simulation von Entwicklungen, dreidimensionale Geländemodelle und die Visualisierung geographischer Phänomene eröffnen ein weites Feld für Forschung und Lehre aktueller Geographie (Kapitel 6 und 8).

1.3 Regionen und räumliche Identität – Geographie in regionaler und lokaler Perspektive

Eine ähnliche Faszination wie die Geographie in globaler Perspektive übt das Fach aus, wenn es sich engagiert dem **„Nahraum"**, das heißt unserem Lebensraum und dem unserer Kinder widmet. Sie äußert sich in der Sorge um Umweltbelastung, um Verlust von Individualität und „Buntheit" unserer Umwelt, in der Diskussion um die „Nachhaltigkeit" wirtschaftlicher und gesellschaftlicher Entwicklungen. Bürger mischen sich ein in die Dinge vor Ort, protestieren gegen einen milliardenteuren Hauptbahnhof in Stuttgart, gegen Straßenbauprojekte durch Naturschutzgebiete, gegen die noch länger andauernde Nutzung der Atomkraft. Einen entsprechenden Hang zur Praxis und zum politischen Engagement auf der Grundlage wissenschaftlicher Arbeit kennzeichnet auch Teile der Geographie, insbesondere der angewandten Geographie. „Heute verstehen sich viele Geographen nicht mehr als bloße Registratoren, die räumliche Phänomene nur von außen, kühl und unbeteiligt erfassen und zu ‚erklären' versuchen (was immer man darunter verstehen will); vielmehr fühlen sie sich als Anwalt ihres Erkenntnisobjekts, fühlen sich verantwortlich für die Kulturlandschaft, ihre Erhaltung und sinnvolle Weiterentwicklung" (Grees 1985). Dass dabei auch innerhalb der Geographie die politischen Positionen eines solchen Engagements sehr stark auseinanderklaffen und teilweise auch aufeinanderprallen, ist eine logische und durchaus demokratisch wünschenswerte Konsequenz. So können Positionen eines ökologisch orientierten Naturschutzes durchaus in Konflikt mit bestimmten siedlungsgeographischen Leitbildern geraten, und die „linken" Perspektiven einer Kritischen Geographie können unvereinbar auf neoliberal argumentierende Raumoptimierungen in der Sicht eines unternehmer- und kundenfreundlichen Stadtmarketings treffen.

Seit den 1970er-Jahren ist besonders das öffentliche Bewusstsein für die zunehmende **Belastung unserer Lebensumwelt** gewachsen. Etwa um 1970 hatten die kurzfristigen Umweltbelastungsparameter, das heißt die Luft- und Gewässerverschmutzung in der Bundesrepublik, ihre historisch höchsten Werte erreicht, und das Thema erreichte auch die Innenpolitik. Printmedien, verlässliche Gradmesser der öffentlichen Meinung, brachten eine Vielzahl oft dramatisch aufgemachter Artikel: „Der Wald stirbt", „Die Klimakatastrophe", „Die

Abb. 1.3.1 Titelbilder zu Umweltproblemen in Deutschland: Spiegel 47/1981, 33/1986, 49/1987 und 44/1991.

Kernkraftlüge", „Das Ozonloch" und so weiter (Abb. 1.3.1). Seit den späten 1970er-Jahren gingen aufgrund erstmals greifender Umweltmaßnahmen diese Werte allmählich zurück. Anders war es mit der Bodenbelastung und den anderen längerfristig akkumulierenden Agentien, deren Belastung auch in den folgenden Jahrzehnten noch zunahm.

Seit dem Brundlandt-Bericht 1986 fokussieren sich die Sorgen um Umwelt und künftige Gestaltung unseres Lebensraums im Begriff der **Nachhaltigkeit** (*sustainable development*). Der Begriff steht für die – ebenfalls zutiefst normative – Vision eines künftig sorgsamen Umgangs mit den Ressourcen unserer Erde, einer Balance von wirtschaftlichem Wachstum, ökologischen Auswirkungen und sozialer Gerechtigkeit. Unsere Kinder und Kindeskinder sollen noch dieselben Entscheidungschancen zur Ressourcennutzung haben wie wir – dies ist eine der Kernaussagen des Nachhaltigkeitskonzepts.

Der Begriff selbst ist jedoch in zahlreichen Konzepten durchaus inhaltlich unterschiedlich gefasst worden und er wird in der praktischen Umsetzung kontrovers diskutiert und verhandelt. Auf der regionalen und lokalen Ebene bestimmt er beispielsweise die Umsetzung der **Lokale-Agenda-21-Prozesse**. In einem moderierten Verfahren werden Perspektiven und Entwicklungspfade der direkten Lebenswelt der Bevölkerung an „Runden Tischen" ausgehandelt. Aber auch auf der globalen Ebene wird im Kontext von Entwicklungshilfegeldern oder bei der Politik der Weltbank und des Internationalen Währungsfonds nicht selten eine Vergabepraxis nach den Leitlinien der Nachhaltigkeit eingefordert. Hier tritt auch die politische Brisanz und Attitüde eines solchen Konzeptes deutlich zutage. Gerade die Industrieländer, die nach fast zwei Jahrhunderten überbordender, alles andere als Ressourcen schonender Industrialisierung

maßgeblich zu den globalen Problemlagen (auch direkt in den Ländern und Wäldern des Südens) beigetragen haben, definieren in gleichsam neokolonialer Weise Leitbilder für die Politiken der ärmeren, kaum industrialisierten Länder.

Ähnlich wie auf der globalen Ebene untersucht die Geographie auch auf der regionalen und lokalen Ebene Prozesse, Akteure und Machtdiskurse im Spannungsfeld von Raum und Gesellschaft. Beim Thema Umweltkonflikte und nachhaltige Entwicklung spielen dabei „*noxious facilities*" (schädliche Infrastrukturen) eine typische Rolle, also beispielsweise Anlagen der Kernenergiegewinnung und der Entsorgung von Brennelementen, Sondermülldeponien, Autobahnneubauten und alle anderen Einrichtungen, die man nicht vor seiner Haustür haben möchte. Nicht selten werden solche Einrichtungen fern von Verdichtungsräumen in der ländlichen Peripherie errichtet oder geplant – typisch sind die Beispiele Gorleben bzw. die in den 1980er-Jahren geplante Wiederaufbereitungseinrichtung in Wackersdorf in der Oberpfalz – die Kernräume der Wirtschaft werfen sozusagen einen „ökologischen Schatten" auf die Peripherie.

Wie auf der globalen Ebene ist auch auf der regionalen und lokalen Ebene eine typische geographische Frage: Wem gehört der Raum und wer kontrolliert seine Grenzen? Auch in demokratischen Gesellschaften sind Räume nicht offen und frei zugänglich. Ökonomische Faktoren wie privater Grundbesitz und entsprechende Verfügungsrechte, aber auch politische Setzungen in der Raumplanung regeln **Zugänglichkeiten** und setzen **Grenzen**. In vielen Industriestaaten beispielsweise, aber auch in Entwicklungsländern, flüchten sich die Wohlhabenden in umzäunte private Wohnsiedlungen (*„gated communities"*) mit teilweise rigiden Zugangsbeschränkungen. Abgegrenzt und zunehmend durch Sicherheits-

Off limits – eingegrenzte und verbotene Räume

Off-limits-Gebiete sind kein neues Phänomen, wir finden sie vielfach in der Geschichte. Abgrenzungen und Verbote können religiös motiviert sein wie in den verbotenen Städten und Tempelbezirken früherer Kulturen (Kaiserstadt in Peking), sie können politisch bedingt sein wie in den Apartheidsystemen der Rassentrennung oder militärisch motiviert wie im Falle militärischer Sperrzonen und Atomwaffentestgebieten. Streng separiert wurden seit den „Pesthäusern" des Mittelalters auch ansteckende Kranke. Neben „harten" Abgrenzungen spielen auch hier „weiche"

Zugangsverbote, welche über Diskurse erzeugt und im Verhalten gefestigt werden, eine wesentliche Rolle. Angsträume und Vermeidungsstrategien von Frauen in der Stadt sind ein Beispiel hierfür, aber auch die neuen Formen baulicher Gestaltung von *defensible spaces*, welche unerwünschte Personen (Bettler, Obdachlose) von bestimmten Räumen fernhalten sollen. *Off limits* sind auch bestimmte Homepages im Internet (z. B. zu Rechtsradikalismus oder Kinderpornographie).

---

personal überwacht sind auch postmoderne Shopping-Malls oder die Orte des Transits (z. B. Flughäfen oder die neu gestalteten Bahnhöfe in Deutschland). „Cluburlaube" in den gesicherten Arealen zum Beispiel des Club Mediterrannée für Urlauber aus den Industrieländern in Entwicklungsländern sind ein ähnliches Phänomen.

„**Archipele der Sicherheit**" nennt Wehrheim (2002) solche abgegrenzten und gesicherten neuen Einrichtungen für das Einkaufen, das Arbeiten, Wohnen und sich Erholen. Die *Geographies of Exclusion and Security* untersuchen solche neuen Formen der Grenzziehung und -sicherung (z. B. durch Videoüberwachungstechniken, durch städtebauliche Veränderungen oder neue Formen formeller und informeller Kontrolle). Da Angst und Unsicherheit in bestimmten Räumen nur selten mit faktischer Kriminalität korrelieren, werden als Gründe für zunehmende „Sicherheitsdiskurse" in westlichen Gesellschaften vor allem Alltagsirritationen in einer globalisierten Welt gesehen, beispielsweise das Näherrücken des vermeintlich „kulturell Anderen" in unseren Städten durch Migranten, die zunehmende Fragmentierung von Lebensstilen sowie die ökonomische Unsicherheit. All dies wird, wie Glasze et al. (2005) feststellen, in Wissensordnungen miteinander verwoben, diskursiv (re-)produziert und stabilisiert.

Im Ergebnis entstehen nicht nur fragmentierte Gesellschaften, sondern teilweise auch fragmentierte Räume, in denen auf lokaler Ebene Formen der In- und Exklusion nach lokalen Strukturen und „Spielregeln" verhandelt werden. In der geographischen Stadtforschung spricht man bezogen auf die globalen Megastädte zunehmend von *dual* oder gar *quartered cities*, bestehend aus bewachten Oberschicht-Wohnvierteln,

Stadtgebieten mit Gentrifikationprozessen, Vororten der Mittelschicht und Unterschichtghettos (Kapitel 21). Im Extremfall entstehen daraus lokale soziale Enklaven, die eigene informelle Organisationsformen ausbilden, ihre spezifischen Regeln der Akkumulation von Ressourcen finden und eigene Sicherheitsregime ausbilden. Beispiele dafür finden sich in südamerikanischen Favelas, in großen Flüchtlingslagern am Rand von Städten in Krisengebieten, aber auch in Ansätzen bereits in den *banlieues* von Paris.

Während auf der globalen Ebene Geographie häufig mit „Fernerkundungsverfahren" arbeitet (z. B. mit Satellitenbildern, aber auch mit Auswertung von Sekundärstatistiken), verwendet man auf der regionalen und lokalen Ebene sozusagen „Naherkundungsverfahren" in Form von qualitativen und interpretativ-verstehenden Erhebungen, zum Beispiel Befragungen (Kapitel 6 und 7). Im Bereich der Physischen Geographie hingegen finden wir eine Vielzahl von fragestellungsangepassten Messverfahren (z. B. das Messen von Klimaparametern) und Labortechniken, welche sich in ihrem Anspruch und ihrer Reichweite oft wenig von den benachbarten Naturwissenschaften unterscheiden.

1.4 Mikrogeographie – Geographien im Kleinen

Geographie ist, ungeachtet ihres weiten räumlichen Spektrums, häufig eine Wissenschaft im „mittleren" Maßstab der Länder oder Regionen. Erst in jüngerer Zeit ist es über die lokale Ebene hinaus zu einer gewissen „Maßstabserweiterung" nach unten gekommen.

Dies gilt zunächst besonders deutlich für Bereiche der Physischen Geographie. So haben Labortechniken mit der Entnahme von Bodenproben auf kleinen, genau definierten Arealen im Bereich der Geomorphologie und Bodengeographie eine zentrale Bedeutung gewonnen. Im Labor werden Dünnschliffe zur Analyse der Bildungsbedingungen von Gesteinen erstellt oder chemische Analysen von Böden durchgeführt, in der Vegetationsgeographie Pflanzenaufnahmen und vegetationssoziologische Analysen auf metergroßen Musterarealen vorgenommen.

In der Humangeographie befassen sich neuere Studien mit einzelnen Menschen in verschiedenen Kontexten und Bezügen, mit der Situierung des einzelnen Individuums und seines Körpers im jeweiligen räumlichen Kontext. Körperliche Identitätskategorien (Alter, Geschlecht, Hautfarbe) führen zu Ein- und Ausschlüssen, beispielsweise zu häufigen Polizei- oder Grenzkontrollen aufgrund von Kleidung oder Frisur bzw. zur Zugangsverweigerung in privaten Einrichtungen (Shopping-Malls, Veranstaltungen etc.).

Auch auf der **Mikroebene** ist somit der Umgang mit Raum und Grenzen ein spannendes Thema der Geographie. „Spielräume von Kindern" sind durch Barrieren und Gebote eingegrenzt, um Obdachlose auf der Straße machen viele Menschen meistens unwillkürlich einen Bogen, suchen eine bestimmte Mindestdistanz nicht zu unterschreiten, Nichtraucher setzen sich von Rauchern weg an den nächsten Tisch, uneingestanden suchen viele im Alltag Begegnungen mit Kranken oder Behinderten nach Möglichkeit zu vermeiden, weniger aus „Kaltherzigkeit", sondern weil sie vertraute Formen der Alltagskommunikation infrage stellen und uns daher verunsichern.

Der Umgang mit solchen **subtilen Grenzziehungen im Alltag** ist wiederum in starkem Maße von gesellschaftlichen Vorstellungen und öffentlichen Diskursen bestimmt. Dieselbe Person – der Obdachlose – kann sowohl als Angehöriger einer „moralisch unzulänglichen Randgruppe" oder als „leidender Fremder" „konstruiert" werden, er verdient im ersteren Fall Ausgrenzung, im zweiten Fall Hilfe. Beide Formen des Umgangs finden wir dann auch in unseren Städten, die letztere vor allem in den Aktivitäten kirchlicher Organisationen. Reduziert werden können Barrieren auch durch spezifische Strategien wie zum Beispiel den Verkauf von Straßenzeitungen. Er ermöglicht es, mit Obdachlosen ins Gespräch zu kommen und aus „Pennern" wieder Gesprächspartner zu machen. Eine Grenze wird aufgeweicht und im sonst gemiedenen Obdachlosen wieder der potenzielle Mitbürger entdeckt (Kazig 2005). Auch

Raucher, früher im Alltag toleriert, werden im öffentlichen Raum (am Arbeitsplatz, in Restaurants oder Verkehrseinrichtungen) zunehmend ausgegrenzt. Die Rechte Behinderter werden heute deutlicher als in der Vergangenheit gesehen und führen zu einer zunehmenden Zahl an Projekten einer **barrierefreien Stadtplanung** oder an Möglichkeiten der Freizeitgestaltung.

Bei einer solchen „Geographie der Subjekte" verlagern sich die „Grenzen" mitunter von der interpersonalen auf die intrapersonale Ebene. **Intrapersonale „Rollenspiele"** lassen sich in postmodernen Gesellschaften auf vielen Feldern finden, im Bereich der Mode mit ihren physisch-materiellen Artefakten (Designerbekleidung oder Piercing), bei der „Verschönerung" von Körpern mittels Skalpell in der Schönheitsindustrie bis hin zum Spiel mit dem eigenen Geschlecht im Falle von Transsexualität.

Grenzen und Grenzüberschreitungen innerhalb personaler Identitäten, *„places through the body"* (Nast & Pile 1998), sind sicher kein zentrales Thema der Geographie, aber der Einbezug solcher Fragen weitet doch den Blick dafür, dass das Thema „Raum und Grenzen" auf sehr unterschiedlichen Maßstabsebenen zum Tragen kommen kann. Wenige Wissenschaften sonst kennen ein solch weites Spektrum an unterschiedlichen Betrachtungsmaßstäben und sicher keine andere versucht diese so systematisch miteinander zu verknüpfen wie die Geographie.

1.5 Glokalisierung – die Vernetzung der Maßstabsebenen in der Humangeographie

Im Kontext der Globalisierung kommt es zu vielfältigen Interaktionen zwischen dem „Lokalen" und übergeordneten Handlungskontexten. Robertson (1998) spricht hier von „Glokalisierung" und meint damit die Verschneidung verschiedener räumlicher Maßstabsebenen, die Betrachtung der Wechselwirkungen zwischen ihnen, zwischen „kleinräumig" und „global". Beide Ebenen bilden sozusagen zwei Seiten einer Medaille, wobei sich mit Danielzyk & Ossenbrügge (1998) drei Facetten des Verhältnisses von global und lokal unterscheiden lassen:

- In einem ersten Verständnis steuert das Globale, der „Sachzwang Weltmarkt", die regionalen und lokalen Verhältnisse. Arbeitsplätze in einer Industriestadt wie Rüsselsheim (Opel) verschwinden, weil eine Firmenzentrale in den USA (GM) dies so beschlossen hat. In diesem sehr passiven Verständnis von Glokalisierung können regionale und lokale Akteure letztlich nur versuchen, die schwerwiegendsten Nachteile der Globalisierung zu verhindern oder abzuschwächen (neostrukturalistische Sicht).

- Die zweite Perspektive sieht Globalisierung und Regionalität in einem dialektischen Verhältnis zueinander: Je wirksamer die Prozesse der Globalisierung ökonomische, politische und kulturelle Momente beeinflussen, desto mächtiger werden Widerstände auf der lokalen und regionalen Ebene. Es entstehen Forderungen nach regionaler Eigenständigkeit im

Hinblick auf die Gestaltung der Wirtschaft; Protest organisiert sich, der sich gegen die „Zumutungen" der Globalisierung wendet (Exkurs 1.5.1).

- Die dritte Perspektive geht schließlich von einem Bedeutungsgewinn der lokalen und regionalen Ebene aufgrund der Globalisierung aus. Gerade transnationale globale Unternehmen sind auf standortspezifische Kompetenzen, auf orts- und regionalspezifische Ausstattungsvorteile angewiesen. In einer globalisierten Wirtschaft gewinnen kreative regionale Milieus eine entscheidende Bedeutung. Die These lautet hier: Eine globalisierte Wirtschaft macht nicht

Exkurs 1.5.1

Geographies of Resistance

Ein interessantes Beispiel für die „Glokalisierung" von Protest gegenüber einem großen, international bedeutsamen Staudammprojekt liefert der Konflikt um den Pak-Mun-Staudamm in Thailand (Abb. 1 und 2). Die vom Staudamm an der Mündung des Mun-Flusses in den Mekong betroffenen Bau-

ern haben ihren ursprünglich lokalen Protest auf die nationale Ebene gehoben, indem sie 1995 und in den Folgejahren in der thailändischen Hauptstadt Bangkok ein symbolisches *village of the poor* mit weit über 10 000 Demonstranten errichteten. Mit ihren über mehrere Wochen anhaltenden

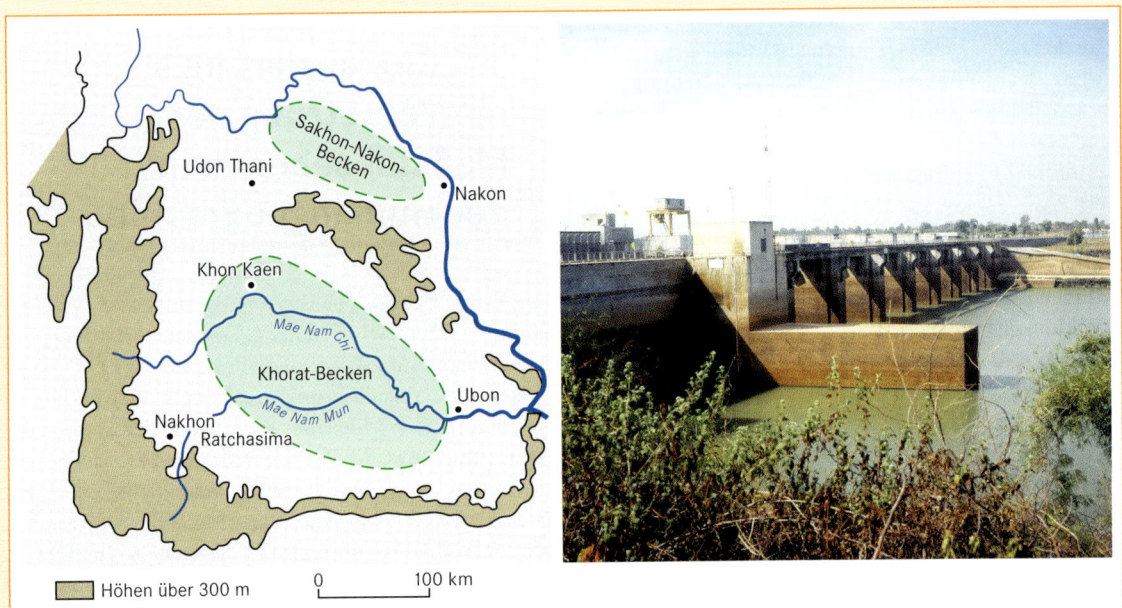

Abb. 1 Der Nordosten von Thailand ist durch zwei Beckenlandschaften geprägt, welche von den Flüssen Mun und Chi sowie Songhram durchflossen werden (links). An der Mündung von Mun und Chi entstand der umstrittene Staudamm Pak Mun (=Mündung des Mun, rechts, Foto: H. Gebhardt).

gleich, sondern stärkt im Gegenteil regionale Kompetenz und Individualität (Exkurs 1.5.2).

Kennzeichnend für die wirtschaftlichen wie kulturellen Folgen der Globalisierung sind in jedem Falle Prozesse der Abhängigkeit, aber auch der Abwehr und der Transformation, die zur Veränderung bestehender und zur Entstehung neuer Formen von Wirtschaft, Gesellschaft und Kultur führen (Müller-Mahn 2007). Es entstehen Hybriden durch die Verknüpfung von verschiedenen Elementen zu etwas Neuem (Exkurs 1.5.3). Dies geschieht durch die Verschränkung von lokalen und globalen Handlungshorizonten oder auch dadurch, dass globale Einflüsse lokal angeeignet werden. Es kommt zu einer Durchdringung und Relativierung von gesellschaftlichen Bezügen und Identitäten (Abb. 1.5.1).

Der wichtigste Motor für die Entstehung solcher Hybridkulturen sind die transnationalen Migrationsströme, welche Millionen von Menschen aus Afrika und anderen Entwicklungskontinenten in die Zentren der Weltwirtschaft geführt haben. Dabei entstehen neue Formen transnationaler Räume in Form von **Migrantennetzwerken**. Diese bilden eine transnationale Organisationsform mit translokalen Gemeinschaften, in denen zwei oder mehrere in verschiedenen Weltgegenden gelegene Lokalitäten durch Kommunikation und

Aktionen – Demonstrationsmärschen, Sitzblockaden, Diskussionsrunden – erreichten sie nicht nur die nationale thailändische Öffentlichkeit, sondern lenkten auch die Aufmerksamkeit der Weltpresse auf die abgelegene Region am Mun-Fluss. Der dadurch ausgelöste Druck wiederum bewirkte auf der lokalen Ebene eine jahrelange Verzögerung des Projekts bzw. eine bis heute nur eingeschränkte Nutzung des ursprünglichen Staudammprojektes (Reuber 1999).

Viele Aktionen von global tätigen „Umwelt-Multis" wie *Greenpeace* oder *Friends of the Earth* sind genau darauf angelegt, durch spektakuläre, in die Weltpresse gelangende Aktionen Druck auf die Akteure eines regionalen Konflikts auszuüben. Für Geographen von besonderem Interesse sind hier wieder die Beziehung und die Rollen verschiedener Maßstabsebenen in solchen Konflikten.

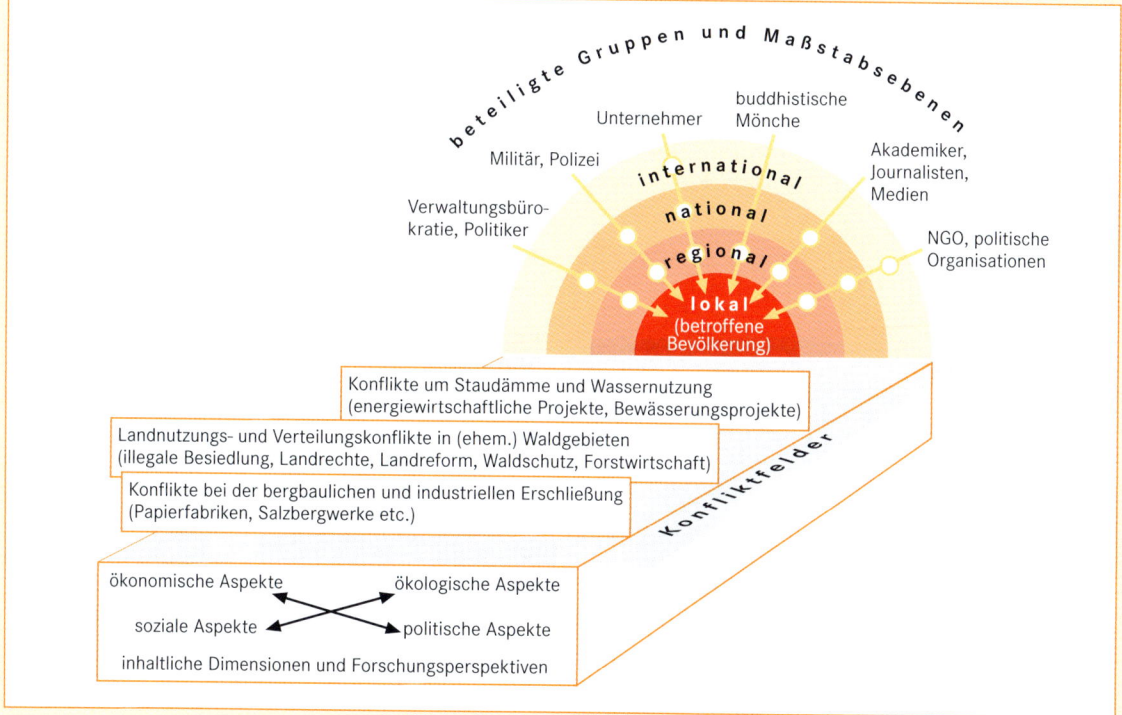

Abb. 2 Raumnutzungskonflikte in Nordostthailand – Konfliktfelder und Akteure (verändert nach Reuber 1999).

Netzwerkstrukturen eng miteinander verknüpft sind. Müller-Mahn (2002) zeigt dies am Beispiel von ägyptischen Arbeitern, welche ihre „Heimat" zugleich in einem ägyptischen Dorf wie einem Vorort von Paris haben. Charakteristisch für die Herstellung der Verknüpfung ist dabei, dass nicht mehr politische Grenzen, feste Wohnorte oder Territorien die Richtgrößen der Verbindung sind, sondern Adressen, die gewissermaßen die funktionalen Knotenpunkte im Netz bilden.

Während Migranten aus ländlichen Räumen des Südens in „translokalen" Räumen leben, spricht man im Falle der „Hightech-Nomaden", der internationalen Eliten einer globalisierten Wirtschaft, besser von „transna-tionalen" Räumen. Während im ersteren Fall ethnisch geprägte Muster mit vielfältigen Bindungen an die Herkunftsregion dominieren, bildet sich im zweiten Fall bei internationalen Managern mit mehreren Wohnsitzen eher ein transnationaler, globaler Lebensstil heraus. *„The term 'transnational space' denotes phenomena of global interconnectedness in the intermediate space between the local and the global"* (Müller-Mahn 2005).

Die Zunahme von Interaktionen aufgrund translokaler bzw. transnationaler Mobilität führt dazu, dass traditionelle Zusammenhänge von Raum und Identität, Raum und Kultur zunehmend neu verhandelt werden. Dabei sind – wie oben bereits dargestellt – vom Trend

Exkurs 1.5.2

Das Fallbeispiel *Silicon Valley*

Eine der weltweit bekanntesten und erfolgreichsten neuen Standortcluster für EDV-Hard- und Software hat sich weitab von großen Verdichtungsräumen in einem ehemaligen landwirtschaftlichen Intensivgebiet, dem Orange County, entwickelt. *Silicon Valley* war aufgrund einer spezifischen regionalen Gemengelage an Faktoren erfolgreich. Hierzu gehörten unter anderem die *Stanford University*, deren Absolventen zahlreiche neue kleine Firmen in der Nähe der Universität, mitunter in Garagen, gründeten. Zu einem der bekanntesten Jungunternehmen wurde die Firma Apple mit den Gründern Steve Jobs und Steve Wozniak. Der Erfolg der jungen Unternehmen sprach sich herum, es entstanden weitere Start-ups, deren Mitarbeiter sich in ständigen Austausch- und Lernprozessen befanden. *Silicon Valley* wurde damit zu einem Innovationszentrum und zog auch Talente aus anderen Staaten, unter anderem zahlreiche Softwarespezialisten aus Indien, an.

Natürlich spielten auch andere Standortfaktoren für den Erfolg von *Silicon Valley* eine Rolle (z. B. Rüstungsaufträge oder Vergabe von Risikokapital durch risikofreudige Kreditgeber). Deutlich wird aber, dass sich eine entsprechende Entwicklung nicht gesteuert an jedem beliebigen Standort „anzetteln" lässt. Die lange Liste von Wirtschaftsfördermaßnahmen und neu errichteter Gründerzentren, in denen trotz hervorragender Förderung und Ausstattung eben nichts Vergleichbares entstand, macht deutlich, dass gerade eine globalisierte Wirtschaft entscheidend auf die Ausbeutung regionalspezifischer Standortcluster und Netzwerke mit ihrem *tacit knowledge* angewiesen ist.

Abb. 1 Die Bilder zeigen die *Stanford University* in Kalifornien und *Netscape*, ein vor allem in den 1990er-Jahren sehr erfolgreiches Softwareunternehmen im *Silicon Valley* (Fotos: H. Gebhardt).

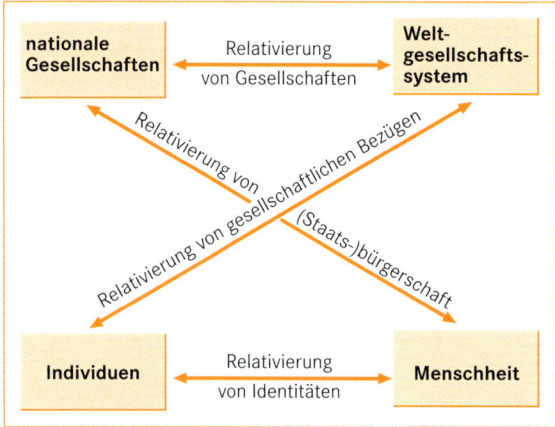

Abb. 1.5.1 Die Relativierung von Kulturen und Identitäten in einer glokalisierten Weltgesellschaft.

untersuchen und auf deren politische Bedeutsamkeit bei der Konstitution der Gesellschaft allgemein, aber besonders auch im Rahmen identitätsbezogener Konflikte und Kriege hinzuweisen.

1.6 *Top-down* versus *bottum-up*: topische bis zonale Strukturen in der Physischen Geographie

André Gide hat es einmal sehr treffend formuliert: „Aus Sicht des unendlich Großen ist der Mensch ein Niemand, aus Sicht des unendlich Kleinen ein Gigant." Es kommt auf die Sichtweise, die Perspektive und den Maßstab an. Dieser Aspekt spielt insbesondere für die naturwissenschaftliche Forschungs- und Betrachtungsweise in der Physischen Geographie eine wichtige Rolle: Schauen wir beispielsweise durch ein Mikroskop und analysieren die Oberflächenstruktur von Sandkörnern, können wir auf den Transportprozess rückschließen. Laboranalysen erhellen unsere Welt in Mikro- und Nanoskalen. Mit dem Spaten können wir uns einen Ein-

her sowohl „postmoderne" Hybridisierungen, aber auch stärkere Trennungen des Eigenen und des Fremden möglich, je nach den jeweiligen Verhältnissen und Rahmenbedingungen. All diese Entwicklungen machen es möglich und notwendig, aus der Perspektive einer poststrukturalistisch argumentierenden Geographie solche Praktiken der Verräumlichung von Identität kritisch zu

Exkurs 1.5.3

Die Produktion neuer transkultureller Räume – das Beispiel von Hip-Hop und Rap

Ein Beispiel für die Produktion neuer transkultureller Räume bei gleichzeitig dezidiertem Gebrauch räumlicher Chiffren bilden Hip-Hop und Rap – die Konstitution einer neuen sozialen Welt über Sprache und Musik.

Hip-Hop-Texte enthalten eine Vielzahl symbolischer Verortungen. So hängt die Glaubwürdigkeit der Interpreten, ihre *street credibility* an ihrer Herkunft aus dem Ghetto, ihre *neighbourhood* verschafft ihnen *fame*, Respekt. Stadt, Ghetto, Straße und Nation sind die zentralen räumlichen Imaginationen und Rhetoriken.

Hip-Hop ist heute ein globaler Musikstil, eine typische hybride Kultur, und damit längst nicht mehr ein „Krach von Negern, die um eine brennende Mülltonne hüpfen", also ein ortsgebundenes Phänomen aus den deprivierten, afro-amerikanischen Vierteln der South Bronx in New York. Christoph Mager (2007) zeigt in seiner Dissertation, wie sich Rap in den 1980er-Jahren zunächst in den USA, dann in ausge-

wählten westeuropäischen Ländern sowie in Deutschland ausgebreitet hat und welche Veränderungen Hip-Hop dabei als nunmehr polyethnisches, in einer polyzentrisch vernetzten Szene agierendes kulturelles Produkt durchlaufen hat.

Hip-Hop ist zwar eine globale Kultur, allerdings keine „McDonaldisierte" Kultur, sondern ein „glokales" Phänomen: eine lokal situierte und ausdifferenzierte Musik, die sich über die Reziprozität global zirkulierender Images und Stile und lokaler Adaptionen und Neuinterpretationen konstituiert (Bosmann 2006). Deshalb kann sich Hip-Hop durchaus in lokalen Sprachen, zum Beispiel Dialekten, ausdrücken. So sind Szenen in Deutschland (Hamburg, Mannheim etc.) zwar durch US-amerikanischen Kulturexport beeinflusst, stellen aber keine Kopien dar. Sie greifen global wirksame kulturelle Praktiken und Symbole auf, lösen sie aber aus ihrem originären Zusammenhang, situieren sie neu und schaffen damit etwas Neues.

Exkurs 1.6.1

Biosphere II

Wie exponiert und zugleich schwierig die Bewertung unseres Raumschiffs Erde in stofflicher Hinsicht ist, zeigt das 1991 gestartete Großexperiment *Biosphere II*. In der Nähe von Tucson, Arizona, hatte man über mehrere Jahre versucht, die globalen Stoff- und Energieflüsse in einem von der Außenwelt hermetisch abgeschlossenen Glashauskomplex abzubilden. Angelehnt an die unterschiedlichen Ökosysteme der Erde, *Biosphere I*, wurden ein tropischer Regenwald, Marschen, Wüsten, Savannen und ein 1 Million Gallons großer Ozean angelegt. Hinzu kam eine variable Luftkammer, die als „Lunge" fungieren sollte. Was als Miniaturabbild der Erde geplant war, entpuppte sich als schwieriges Unterfangen. Schon nach kurzer Zeit musste dem System Sauerstoff von außen zugeführt werden, und die integrierten Wassersysteme eutrophierten. Nur mit vielen Mühen konnten die mit großem Medienrummel in den Komplex für ein Jahr eingeschlossenen Bionauten das Abbild unserer Erde am Leben halten. Ab 1996 entwickelte die renommierte New Yorker Columbia Universität aus dem Komplex eine Forschungsstation.

Abb. 1 *Biosphere II* in der Nähe von Tucson, Arizona, USA (Foto: R. Glaser).

Um das neue Konzept umzusetzen, entfernte man Teile der Glashausfenster. Damit war ein barrierefreier Austausch mit *Biosphere I*, der Umwelt, gegeben. Ironie oder auch nicht, die meisten der bisher im „geschlossenen Vollzug" gehaltenen Lebewesen entfleuchten. Nur wenige Tiere wechselten hingegen in den Gebäudekomplex hinein. Nach wenigen Jahren war das Vorhaben zu teuer geworden, sodass sich auch die Columbia Universität wieder zurückzog. Mittlerweile engagiert sich der Staat Arizona und finanziert zumindest für weitere 10 Jahre *Biosphere II* als Forschungsstation der *Arizona State University* in Tucson. Etwas realitätsnäher und wissenschaftlich glaubwürdiger untersucht man nun unter anderem die Zuwachsmechanismen von Bäumen.

blick in die Horizontfolgen von Böden verschaffen. Doch wie weit kommen wir mit dem Spaten? Der komplexe und technisch aufwendige Aufbau von „Messgärten", in denen Energie- und Stoffflüsse analysiert werden, um ein möglichst detailtreues Abbild eines Ausschnittes der Umwelt zu erbringen, ist nicht beliebig zu vergrößern und kann schon gar nicht über die ganze Erde gespannt werden. Die Beispiele zeigen: Wir müssen auf verschiedenen Maßstabsebenen arbeiten und denken und je nach Betrachtungsperspektive verändern sich auch die Forschungsfragen, Analysetechniken und Reichweiten der getroffenen Aussagen.

Umrunden wir etwa die Erde in einer Raumstation oder im Space-Shuttle, dann erleben wir weite Bereiche unseres Globuses auf einen Blick, sehen die Struktur der Kontinente, Höhenstufen und Küstenverläufe. Aufnahmen dieser Art lassen die Großstrukturen, die Metaebene unserer Erde mit ihren inneren Differenzierungen erkennen. Fliegen wir in einem Flugzeug, dann sind regionale Zusammenhänge wie beispielsweise Kairo mit dem Nildelta und seinem mediterranen Küstenstreifen genauer auszumachen. Das Mehr an Informationen und Detailliertheit geht dabei zulasten des großräumigen Überblicks. Wir erkennen nur noch Ausschnitte, Mesoskalen, diese aber entsprechend genauer. Benutzen wir eine Kamera mit Zoomfunktion, können nahezu beliebig viele Zwischenstufen justiert werden.

Zweifelsohne vermitteln die verschiedenen Betrachtungsebenen der Mikro-, Meso- und Makroebene unterschiedliche Inhalte und Erkenntnisse. Der Geograph ist, wie in Kapitel 1.1 beschrieben, auf allen Ebenen unterwegs und sein spezifisches Anliegen ist es oft, die verschiedenen Maßstabsebenen miteinander zu verschneiden. Auf welcher Ebene man sich bewegt, hängt von der Aufgabenstellung und den technischen Möglichkeiten ab. Dabei werden zwei quasi gegenläufige Zugangswege unterschieden: ein Weg von oben: *top-down* und ein Weg von unten: *bottom-up*.

 **Exkurs 1.6.2**

Räumliche Ebenen der Betrachtung in der Physischen Geographie

Die unterste Stufe, die topische Ebene, ist gekennzeichnet durch weitgehende Homogenität und zugleich Ausdruck des Zusammenwirkens aller beteiligten Geländefaktoren, wie Gesteinsart, Oberflächenformen, Klima, Wasserhaushalt, Böden. Ein Geotop ist dabei das kleinste selbstständige Areal einer Landschaft, ein Ökotop die kleinste räumliche Einheit, die aufgrund ihrer abiotischen und biotischen Ausstattung ein homogenes Gefüge aufweist. Das Biotop ist wohl die bekannteste Variante auf dieser unteren Ordnungsstufe. Erschlossen werden die Inhalte komplex nach dem *bottom-up*-Prinzip.

Die nächst höhere Stufe ist die chorische Ebene. Hierbei handelt es sich um heterogene Räume, die mehrere Tope umfassen, aber hinsichtlich der Ausbildung des Gefüges sowie der Gefüge bestimmenden aktuell-dynamischen und genetischen Merkmale eine Einheit bilden, wie beispiels-

weise ein Flusseinzugsgebiet oder eine Küstenlandschaft. Während auf der topischen Stufe vor allem mithilfe von Feld- und Laborexperimenten sowie umfangreichen Beobachtungen und Messungen, aber auch einzelnen Testkartierungen versucht wird, die Funktionsweise der im Geokomplex verbundenen Kompartimente und deren prozessuale Verknüpfung zu erkennen, erhalten auf der chorischen Ebene neben einzelnen Testgebietsuntersuchungen die groß- und mittelmaßstäbigen Kartierungen zur Erfassung horizontaler Strukturen größeres Gewicht. Dabei spielen auf beiden Skalen die Folgewirkungen anthropogen-technogener Einwirkungen auf den Naturraum und Veränderungen der Landschaftsstruktur und deren Rückkoppelungen eine besondere Rolle. Ziel ist es, daraus Ansatzpunkte für die Regelung, Steuerung und Kontrolle der Prozesse zu gewinnen (Billwitz 1997). Für die Erfassung der landschaftsökologischen Strukturen haben

Tabelle 1 Dimensionen und Dimensionsstufen der naturräumlichen Gliederung.

Dimensionen/ Maßstabsbereich	Arealeinheit bzw. Dimensionsstufe	naturräumliche Einheit	Beispiele	Merkmale/ Arbeitsweise
topische Dimension 1:1 000 bis 1:10 000 (Aufnahmemaßstab) bis 1:25 000	Tessera – Physiotop Fliese/Ökotop/ Geotop *(ecotope)*	Standort *(site)* – naturräumliche Grundeinheit *(land facet)*	Lengfelder Aue- wäldchen (geschützter Landschaftsbestand- teil im Bereich der Kürnach)	sind nach ihrer vertikalen und horizontalen Struktur sowie ihrer ökologischen Wirkungsweise homogen/ Substrat, Wasserhaushalt, Relief, Landnutzung, Geländeklima .../ komplex
chorische Dimension 1:50 000 bis 1:1 Mio	Nanochore/ Mikrochore/ Ökotopgefüge	naturräumliche Untereinheit	Kürnachtal (Auen- und Hangbereiche mit Waldresten, Hecken, Agrarflächen ...)	ökologisch heterogene Ökotopengefüge – Gefügetyp – Mosaik
	Mesochore	naturräumliche Haupteinheit *(land system)*	Gäuplatten im Maindreieck/ mittleres Maintal	ähnlich wie unter topischer Dimension, berücksichtigt aber stärker die lateralen Verknüpfungen/ komplex
	Makrochore	Gruppe von natur- räumlichen Haupt- einheiten	Mainfränkische Platten	
regionische Dimension (regionale)	naturräumliche Region/ Megachore	naturräumliche Region Mesoregion	Südwestdeutsches Schichtstufenland Mitteleuropa	bestimmte, für den Gesamt- raum repräsentative Merkmalskombination z.B. natürliche Pflanzenformation, Relief, Landnutzung, Bodentyp etc. / selektiv
	naturräumliche Großregion	naturräumliche Groß-(Mega-)region	Europa	
geosphärische Dimension	Geozone/ Landschaftsgürtel	Landschaftszone/ Naturraumzone/ Ökozone	gemäßigte Breiten Buchenwaldzone	Klima und potenziell natürliche Vegetation/ selektiv

Fortsetzung

Fortsetzung

Zepp und Müller (1999) ein einschlägiges Methodenbuch herausgegeben.

Die topischen und chorologischen Verfahren sind primär empirisch-analytisch, da sie auf eine möglichst vollständige Erfassung komplexer Stoff- und Energieflüsse abzielen. Modellierung und Monitoring stehen auf diesen beiden Stufen im Vordergrund. In der Realität fällt es jedoch schwer, mit dieser Vor-Ort-Analyse flächenhafte Datenstrukturen zu schaffen, die einem einheitlichen Generalisierungsverfahren unterworfen werden können.

Auf der nächsten Ebene, dem regionalen Maßstabsbereich, werden geographische Objekte untersucht, die als großräumige Ausschnitte der Geosphäre nicht mehr auf die Gesamtheit ihrer Grundeinheiten zurückgeführt werden können. Sie werden durch Merkmale des Geokomplexes charakterisiert, die – im Vergleich mit benachbarten Arealen – faktoriell eine Gleichartigkeit des betrachteten Raumes bedingen, wie beispielsweise die Mittelgebirge oder der Voralpenraum. Viele planerische Fragestellungen sind auf dieser Ebene angesiedelt.

Auf der höchsten Stufe findet sich der geosphärische Maßstabsbereich, in dem geographische Objekte untersucht werden, die globale Phänomene darstellen und plane-tar wirksamen Prozessen unterliegen. Die globale Sicht der Dinge berührt neben zahlreichen fachinternen Aspekten auch etwa den der Klimaklassifikationen, der planetarischen Zirkulation, der beliebten und didaktisch schlüssigen Landschafts- und Vegetationszonen und den breiten und hoch aktuellen Kanon der Global-Change-Diskussion. Fragen des globalen Klimawandels, der Landschaftsdegradation, der Rohstoffentnahme, Entwaldung und Wasserproblematik sowie Bevölkerungsentwicklung wohnt eine globale Dimension inne.

Neben den qualitativen Beschreibungen sind zunehmend quantitative Aussagen zu diesen Themenkreisen in den Vordergrund gerückt. Wie werden sich die menschlichen Einflüsse auf den globalen Wasser-, Kohlenstoff- und Stickstoffkreislauf auswirken? Wie werden sich unter der Annahme von Treibhausbedingungen die zonalen Strukturen verändern und Landschaftszonen verschieben? Haben wir die Pufferungskapazitäten unserer Erde bereits überstrapaziert und kann es eine globale Nachhaltigkeit überhaupt noch geben? Aussagen zum *regional response* des prognostizierten Klimawandels sind ebenso gefragt wie zu den regional unterschiedlich zu bewertenden Risiken von Naturkatastrophen, etwa von Tsunamis oder Erdbeben (Kapitel 28).

Bei den ***top-down*-Verfahren** wird von der globalen Ebene auf untergeordnete Strukturen geschlossen. Zumindest in der Frühphase der Entwicklung dieser Betrachtungsweise wurden homogen erscheinende Regionen oftmals intuitiv, also rein subjektiv abgegrenzt.

In neueren Ansätzen verwendet man häufig quantitative und mehrdimensionale Verfahren. Einzelkarten der Geofaktoren (Geologie, Hydrologie, Vegetation usw.) werden, einem GIS nicht unähnlich, überlagert und zueinander in Bezug gesetzt.

 **Exkurs 1.6.3**

Anthropozonen

Eine neue, an den realen Nutzungsstrukturen orientierte zonale Konzeption stellt die der **Anthropozonen** (*anthropogenic biomes, human biomes*) dar (Ellis & Ramankutty 2009). Sie sind eine logische, realitätsbezogene Weiterentwicklung von Geoöko- und Landschaftszonen. Hierbei werden der Mensch und seine prägende Wirkung auf die Umwelt als Hauptfaktor für die Ausbildung von Biomen betrachtet. Nach dieser Konzeption können 21 Anthropobiome ausgewiesen werden, die wiederum sechs übergeordneten Klassen zugewiesen sind. Diese unterscheiden sich hinsichtlich Besiedlungsdichte und Nutzungsintensität. In die Klasse *Dense Settlements* fallen städtische Gebiete, in denen die anthropogene Überprägung am stärksten ist. Die ländlichen Gebiete (Klasse *Villages*) werden nach der hauptsächlichen Art der landwirtschaftlichen Nutzung nochmals in sechs Klassen gegliedert. Zu den *Croplands* gehören kultivierte Flächen sowie ein Teil der baumbestandenen Flächen der Erde. Mit 40 Millionen km^2 stellen die beweideten Flächen (*Rangelands*) die flächenmäßig größte Klasse dar. Besiedelte Wälder (*Forested Anthromes*) werden schließlich den *Wildlands* gegenübergestellt, die mit 29 Millionen km^2 immerhin die flächenmäßig zweitgrößte Klasse bilden.

Diese Konzeption stellt die dominierende Überprägung der Erde durch den Menschen anschaulich in einem bekannten räumlichen Raster dar.

Fortsetzung

1

Fortsetzung

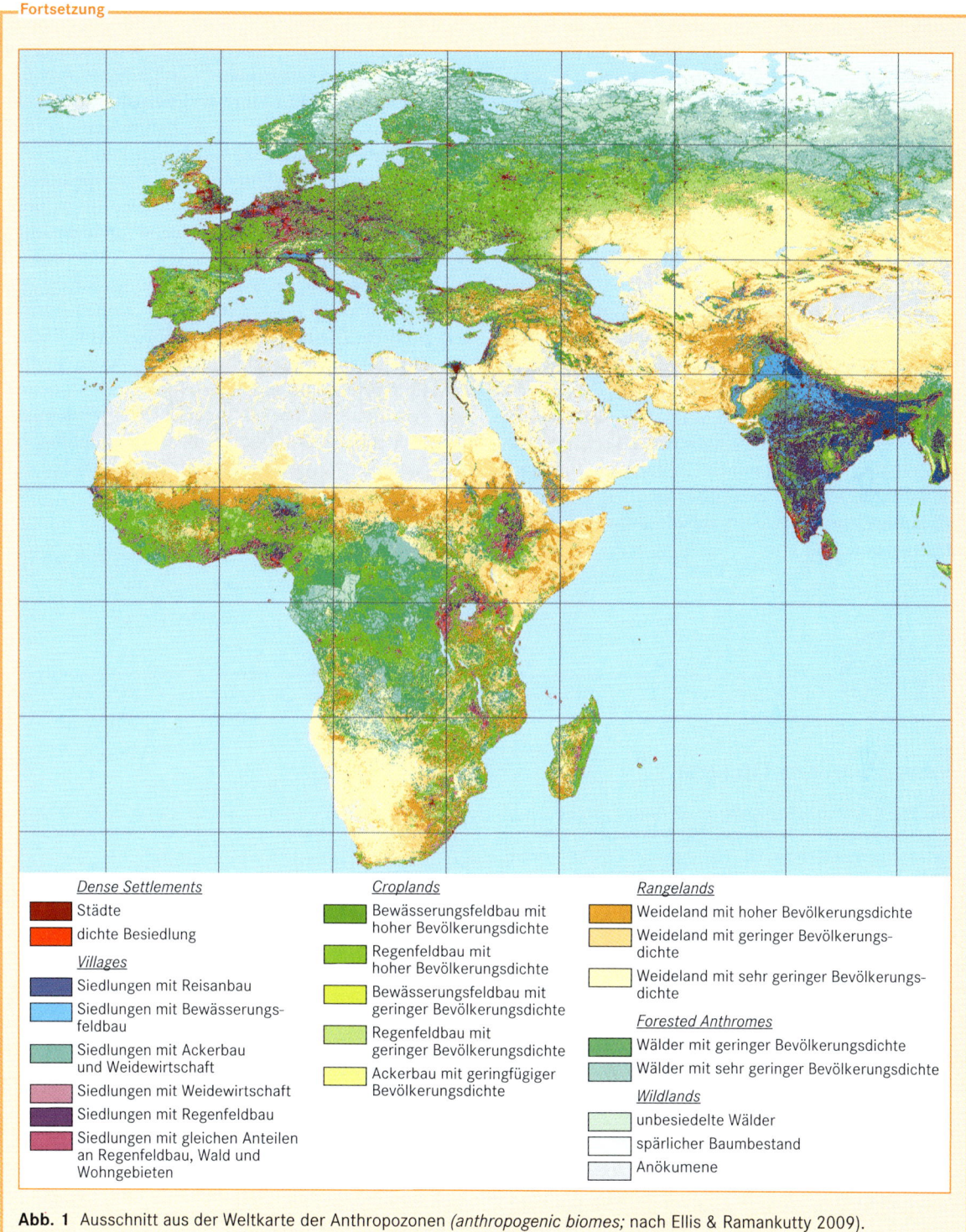

Dense Settlements
- Städte
- dichte Besiedlung

Villages
- Siedlungen mit Reisanbau
- Siedlungen mit Bewässerungsfeldbau
- Siedlungen mit Ackerbau und Weidewirtschaft
- Siedlungen mit Weidewirtschaft
- Siedlungen mit Regenfeldbau
- Siedlungen mit gleichen Anteilen an Regenfeldbau, Wald und Wohngebieten

Croplands
- Bewässerungsfeldbau mit hoher Bevölkerungsdichte
- Regenfeldbau mit hoher Bevölkerungsdichte
- Bewässerungsfeldbau mit geringer Bevölkerungsdichte
- Regenfeldbau mit geringer Bevölkerungsdichte
- Ackerbau mit geringfügiger Bevölkerungsdichte

Rangelands
- Weideland mit hoher Bevölkerungsdichte
- Weideland mit geringer Bevölkerungsdichte
- Weideland mit sehr geringer Bevölkerungsdichte

Forested Anthromes
- Wälder mit geringer Bevölkerungsdichte
- Wälder mit sehr geringer Bevölkerungsdichte

Wildlands
- unbesiedelte Wälder
- spärlicher Baumbestand
- Anökumene

Abb. 1 Ausschnitt aus der Weltkarte der Anthropozonen *(anthropogenic biomes;* nach Ellis & Ramankutty 2009).

***Bottom-up*-Verfahren** sind hingegen kleinräumig angelegt und basieren auf detailreichen quantifizierenden Geländeanalysen. Gestein, Relief, Boden, Vegetation, Fauna und Klima werden mit naturwissenschaftlich exakten Methoden im Gelände an stationären Messplätzen und in sogenannten „Messgärten" erfasst und durch Laboranalysen ergänzt. Ziel ist es, ein Abbild der komplexen Stoff- und Energieflüsse zu erstellen. Eine weitere Forderung ist die Ausweisung der kleinsten, homogenen Flächen, quasi der Basiseinheiten des Ökosystems.

Eine gewisse Variation der *bottom-up*-Verfahren stellen die neuen Ansätze der **geoökologischen Raumgliederung** dar, bei denen nicht von vor Ort erhobenen, sondern von sekundären, aus Statistiken gewonnenen Datenstrukturen ausgegangen wird. Die Regionalisierungen werden dann mittels statistischer Verfahren wie Clusteranalysen vorgenommen. Zunehmend häufiger zielen die Analysen auf aktuelle Fragen wie Waldschäden, Lufthygiene oder gehen auf die Belastbarkeit der betrachteten Räume ein.

Beide Verfahrenswege sind notwendig und werden in der Ausweisung und Analyse auf den verschiedenen räumlichen Skalen eingesetzt.

Seit Ende der 1930er-Jahre die Übernahme des ökologischen Forschungsansatzes in die naturwissenschaftlich ausgerichtete geographische Landschaftskunde eingeleitet wurde, wurde die Entwicklung neuer theoretisch-methodologischer Grundlagen ebenso wie die der praktischen Arbeitstechniken entscheidend vorangetrieben. Von großer Bedeutung war die Erkenntnis, dass die verschiedenen räumlichen Skalen spezifische Forschungsansätze, Untersuchungsverfahren und Darstellungsmittel erfordern. Diese Erkenntnisse führten schließlich in der Physischen Geographie zu einem hierarchischen Ordnungsprinzip, nach dem vereinfachend mindestens vier geographische Ebenen unterschieden werden können, zwischen denen eine vertikale Verknüpfung, das sogenannte Prozessgefüge, besteht (Exkurs 1.6.2).

Weiterführende Literatur

Heineberg H (2003) Einführung in die Anthropogeographie/ Humangeographie. Paderborn, München, Wien, Zürich

Hendl M, Liedtke H (Hrsg) (1997) Lehrbuch der Allgemeinen Physischen Geographie. 3. überarb. Aufl. Perthes, Gotha

Leser H, Schneider-Sliwa R (1999) Geographie – eine Einführung. Aufbau, Aufgaben und Ziele eines integrativ-empirischen Faches. Braunschweig

Liedtke H, Marcinek J (Hrsg) (2002) Physische Geographie Deutschlands. 3. überarb. Aufl. Klett-Perthes, Gotha/ Stuttgart

Strahler, AH, Strahler AN (1999) Physische Geographie. Ulmer, Stuttgart

Zitierte Literatur

Agnew J (2005) Sovereignty regimes: Territoriality and state authority in contemporary world politics. Annals of the Association of American Geographers 95(2): 437–461

Bailey R G (1995) Ecosystem Geography. Springer

Bailey R G (1998) Ecoregions. The Ecosystem Geography of the Oceans and Continents. Springer

Belcher O, Martin L, Secor A, Simon S, Wilson T (2008) Everywhere and Nowhere: The Exception and the Topological Challenge to Geography". In: Antipode. A Radical Journal of Geography 40: 499–503

Billwitz K (Hrsg) (1997) Landschaftsökologische Studien und methodische Handreichungen. Greifswalder Geographische Studienmaterialien

Bosmann D (2008) Populäre Vor-Bilder – Die Bildlichkeit des urbanen Raums im HipHop zwischen Globalisierung und Lokalisierung. Heidelberg (masch.-schriftl. Staatsexamensarbeiten)

Bundesamt für Naturschutz (Hrsg) (1999, 2002, 2004) Daten zur Natur 1999, 2002, 2004. Bonn

Castells M (2001) Das Informationszeitalter. Bd. 1: Die Netzwerkgesellschaft. Leverkusen

Christian CS, Stewart GA (1968) Methodology of integrated surveys. In: Aerial Surveys and Integrated Studies. UNESCO Paris. 233–280

Danielzyk R, Ossenbrügge J (1996) Lokale Handlungsspielräume zur Gestaltung internationalisierter Wirtschaftsräume. Raumentwicklung zwischen Globalisierung und Regionalisierung. In: Zeitschrift für Wirtschaftsgeographie, Heft Nr. 3: 101–112

Dech S, Messner R, Glaser R, Märtin P (2005) Berge aus dem All. Frederking und Thaler, München

Ellis E, Ramankutty N (2009) Anthropogenic biomes. In: Cleveland CJ (Hrsg) Encyclopedia of Earth (First published in the Encyclopedia of Earth 26, 2007; last revised March 20, 2009, retrieved June 30,

Fortsetzung

Fortsetzung

2009, http://www.ecotope.org/projects/anthromes/images/anthrome_map_v1.png)

Gale F (1992): A View of the World through the Eyes of a Cultural Geographer. In: Rogers A, Viles, H, Goudie, A (Hrsg) The Student's Companion to Geography, Cambridge. 21–24

Gawlak C (2001) Unzerschnittene verkehrsarme Räume, NuL 76. Jg. 11/2001: 481

Gharadjedaghi B, Heimann R, Lenz K, Martin C, Pier V, Schulz A, Vahabzadeh A, Finck P, Riecken U (2004) Verbreitung und Gefährdung schutzwürdiger Landschaften in Deutschland. Natur und Landschaft 79 (2): 71–81

Glasze G, Pütz R, Schreiber, V (2005) (Un-)Sicherheitsdiskurse. Grenzziehungen in Gesellschaft und Stadt. In: Berichte zur deutschen Landeskunde, Band 79, Heft Nr. 2/3: 329–340

Glawion (2002) Ökosysteme und Landnutzung. In: Liedtke H, Marcinek J (Hrsg) Physische Geographie Deutschlands. 3. Aufl. Gotha, Stuttgart. 289–319

Gregory D (2004) The Colonial Present: Afghanistan, Palestine, Iraq. Blackwell, Oxford

Gregory D (2006) The black flag: Guantánamo Bay and the space of exception. Geografiska Annaler B 88(4): 405–427

Herbertson AJ (1905) The major natural regions: an essay in systematic geography. Geographical Journal 25: 300–312

Huntington SP (1996) Kampf der Kulturen. The Clash of Civilizations. Die Neugestaltung der Weltpolitik im 21. Jahrhundert. München

Kaldor M (2000) Neue und alte Kriege. Organisierte Gewalt im Zeitalter der Globalisierung. Frankfurt a. M.

Kazig R (2005) Die gesellschaftliche Konstruktion von Obdachlosen als soziales Problem. In: Berichte zur deutschen Landeskunde, Bd. 79, H. 2/3: 383–395

Kolb A (1962) Die Geographie und die Kulturerdteile. In: Leidlmair A (Hrsg) Hermann v. Wissmann Festschrift. Büringen. 42–49

Lautensach H (1952) Der geographische Formenwandel, Studien zur Landschaftssystematik. Bonn

Laux HD, Zepp H (1997) Bonn und seine Region. Geoökologische Grundlagen, historische Entwicklung und Zukunftsperspektiven (mit Karte). In: Stiehl E (Hrsg) Die Stadt Bonn und ihr Umland: ein geographischer Exkursionsführer. Bonn. 9–31. Arb. Z. rhein. Ldskde, H. 66

Mager C (2007) HipHop, Musik und die Artikulation von Geographie. Steiner, Stuttgart

Menzel U (1998) Globalisierung vs. Fragmentierung. Frankfurt

Meynen E, Schmithüsen J, Gellert, Neef E, Müller-Miny H, Schultze JH (1953–1962) Handbuch der naturräumlichen Gliederung Deutschlands. Bundesanstalt für Landeskunde und Raumforschung. Verschiedene Bände

Müller-Hohenstein K (1981) Die Landschaftsgürtel der Erde. Teubner

Nassehi A (1997) Das stahlharte Gehäuse der Zugehörigkeit. Unschärfen im Diskurs um die „multikulturelle Gesellschaft". In: Nassehi A (Hrsg) Nation, Ethnie, Minderheit. Beiträge zur Aktualität ethnischer Konflikte. Weimar und Wien. 177–208

Nast HJ, Pile S (Hrsg) (1998) Places through the body. London, New York

Omernik JM (1987) Ecoregions of the conterminous United States Annals of the Association of American Geographers, v. 77, no.1

Passarge S (1929) Die Landschaftsgürtel der Erde. Natur u. Kultur. Breslau

Pütz R (2004) Transkulturalität als Praxis: Unternehmer türkischer Herkunft in Berlin. Bielefeld. Kultur und soziale Praxis

Rabasa A, Rabasa A, Boraz S, Chalk P, Cragin K, Karasik TW, Moroney JDP, O'Brien KA, Peters JE (2007) Ungoverned Territories. Understanding and Reducing Terrorism Risks. Rand Corporation

Renners M (1991) Geoökologische Raumgliederung der Bundesrepublik Deutschland. Forschungen zur Deutschen Landeskunde, Bd. 235

Reuber P, Wolkersdorfer G (2005) Festung Europa. Grenzen im Zeitalter der Globalisierung. In: Berichte zur deutschen Landeskunde, Bd. 79, H. 2/3: 253–263

Reuber P (1999) Raumbezogene politische Konflikte: geographische Konfliktforschung am Beispiel von Gemeindegebietsreformen. Erdkundliches Wissen 131. Stuttgart

Riecken U, Ries U, Ssymank A (1994) Rote Liste der gefährdeten Biotoptypen der Bundesrepublik Deutschland. Schriftenr. Landschaftspfl. Natursch. 41. Bonn

Rougerie G (1969) Géographie des Paysages. Que sais-je? 1362 P.U.F

Scholz F (2002) Globalisierung und Fragmentierung. Eine Welt in „Bruchstücken". In: Geographie heute – für die Welt von morgen: 121–127

Schröder W, Schmidt G (2000) Raumgliederung für die Ökologische Umweltbeobachtung des Bundes und der Länder. Umweltwissenschaften und Schadstoff-Forschung. Zeitschrift für Umweltchemie und Ökotoxikologie 12(4): 237–243

Schultz J (2000) Handbuch der Ökozonen. Ulmer

Schultz J (2002) Die Ökozonen der Erde. Ulmer

Sibley D (1995) Geographies of exclusion. Society and difference in the West. London

Strüver A (2005) Bord(ering) Stories: Spaces of Absence along the Dutch-German Border. In: Houtum H et al. (Hrsg) B/ORDERING SPACE. Aldershot. 207–221

Wehrheim J (2002) Die überwachte Stadt: Sicherheit, Segregation und Ausgrenzung. Opladen

Werlen B (1997) Sozialgeographie alltäglicher Regionalisierungen. Bd. 2: Globalisierung, Region und Regionalisierung. Stuttgart

Wiken EB (1986) Terrestrial Ecozones of Canada. Ecological Land Classification, Series No. 19. Environment Canada. Hull, Quebec

Wiken EB (1996) Ecosystems: frameworks for thought. In: World Conservation. Volume 27, Number 1. IUCN, Gland, Switzerland

Zepp H, Müller J (1998) Landschaftsökologische Erfassungsstandards. Ein Methodenhandbuch. Forsch. z. deutschen Landeskunde, Bd. 228

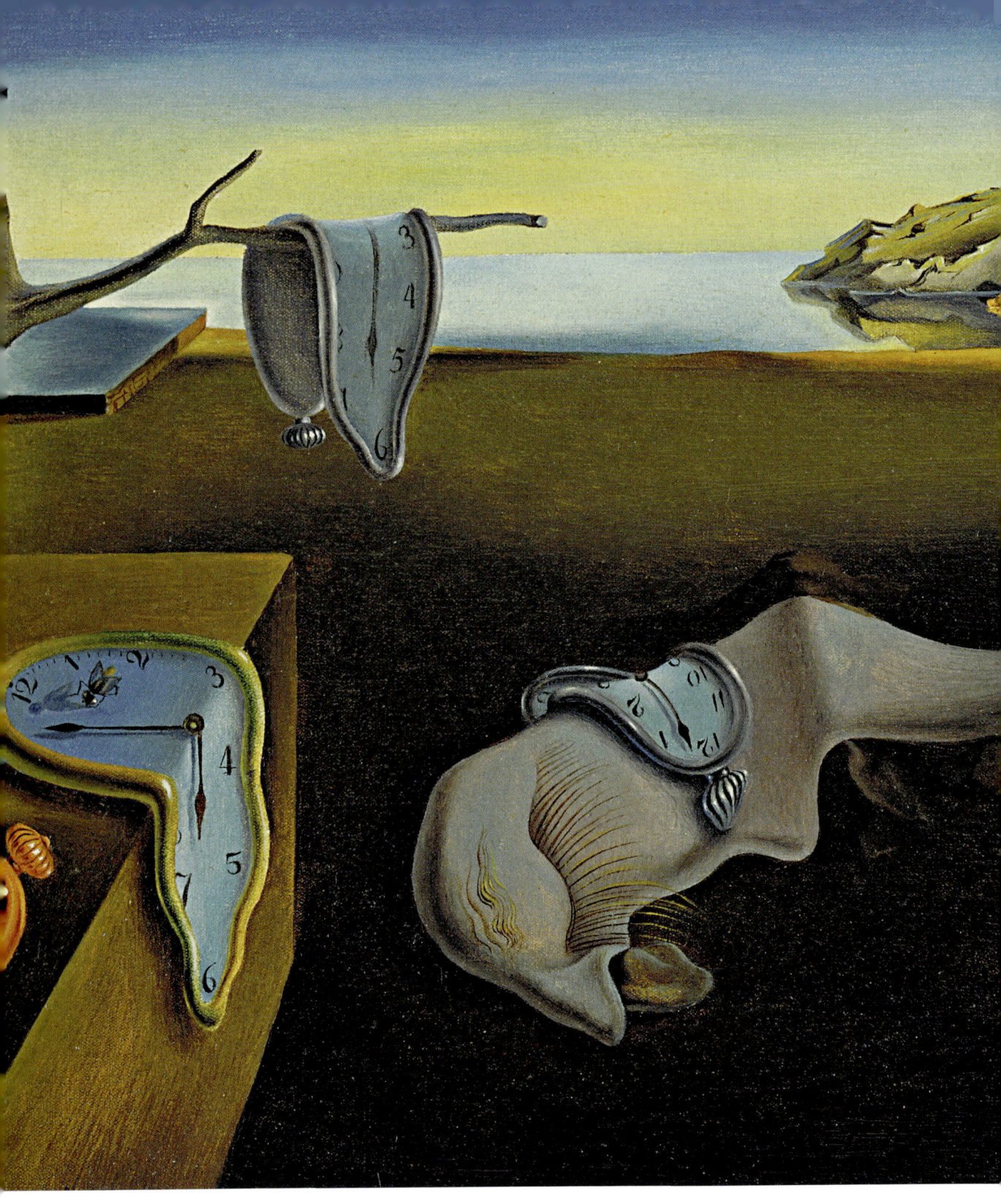

Die „weichen" Uhren im Bild des surrealistischen Malers Salvador Dali aus dem Jahre 1931 mit dem Titel „Die Beständigkeit der Erinnerung" (*La persistance de la memoire*) in Verbindung mit der Landschaft bei Port Lligat symbolisieren den Zusammenhang von Raum und Zeit, das „Einschreiben" zeitlicher Veränderungen in den Raum, welches in der Wissenschaft der Geographie eine zentrale Rolle spielt (Foto: © 2006, Digital image, The Museum of Modern Art, New York/Scala, Florence).

Kapitel 2
Raum und Zeit

HANS GEBHARDT, RÜDIGER GLASER, ULRICH RADTKE, PAUL REUBER

„Zeit und Raum sind Grundkategorien des Lebens. Menschliche Existenz, gesellschaftliche und staatliche Strukturen sind nur durch beide Kategorien definierbar: durch die zeitliche Einordnung und räumliche Verortung" (Schöller 1959).

Zeit ist nicht nur mit Lichtgeschwindigkeit im Raumschiff Enterprise ein galaktisches Vergnügen oder Inhalt bedeutungsschwangerer Songtexte, literarischer Beschau oder philosophischer Reflexionen, sondern die Dimension Zeit spielt bei vielen wissenschaftlichen Betrachtungen eine entscheidende Rolle, gleichwohl die wissenschaftliche Definition des Begriffes Zeit schwerfällt. Haben Aristoteles und Newton noch an eine absolute Zeit geglaubt und hat lange Zeit in der Physik der lineare Zeitbegriff vorgeherrscht, erfuhr dieser in der speziellen und allgemeinen Relativitätstheorie eine Neufassung, die unter anderem den Wegfall einer allgemein gültigen Universalzeit oder die Verknüpfung mit der Materie umfasst. Für die Humanwissenschaften sind Konzepte „subjektiver" Zeit sowie Untersuchungen zur sozialen Konzeptualisierung von Zeit (z. B. „Zeit als Disziplinierungsinstrument der Moderne") Ansätze, die auch in alltagspraktischer Hinsicht auf die zentrale Rolle zeitlicher Konzeptualisierungen hindeuten.

Für die Geographie bildet die Zeit ebenfalls eine zentrale Untersuchungskategorie, an der entlang sie ihre Forschungen über räumliche Phänomene ausrichten und ordnen kann. Als Wissenschaft am Schnittfeld von Kultur- und Naturwissenschaften beschäftigt sie sich in dieser Hinsicht mit der Zeit sowohl hinsichtlich ihrer „physikalischen Dimension" als auch hinsichtlich ihrer Rolle als sozial konstruierte und (teilweise) sehr unterschiedlich wahrgenommene Größe menschlichen Handelns im Raum.

Im Rahmen eines einführenden Lehrbuches ist es nicht möglich, eine umfassende Reflexion über die Rolle der Zeit im Kontext der Raumwissenschaft Geographie zu geben. Gleichwohl ist es aber notwendig, zumindest die grundlegenden Dimensionen und Probleme der Auseinandersetzung der Geographie mit dieser Grundanschauungsform menschlicher Wahrnehmung darzulegen. Diese soll sich im Folgenden auf zwei Schwerpunkte konzentrieren, die derzeit die wichtigsten Diskussionsfelder der wissenschaftlichen Auseinandersetzung mit Zeit aus geographischer Perspektive markieren: a) auf die stärker gesellschaftstheoretische Frage der Rolle und des Verhältnisses von Raum und Zeit für die wissenschaftliche Theoriebildung und b) auf die stärker forschungspraktische Frage, welche Zeitskalen und -maßstäbe bei geographischen Forschungsansätzen Verwendung finden.

2.1 Die Kolonisierung des Raumes durch die Zeit – eine gesellschaftstheoretische Reflexion

Schon für den Philosophen Immanuel Kant bildeten die Kategorien Raum und Zeit die Grundlagen der Erkenntnismöglichkeit. Ohne diese Kategorien ist die Möglichkeit der sinnlichen Wahrnehmung unmöglich; sie erst ermöglichen den Zugang zur Welt.

Seit der Aufklärung und der „Moderne" entwickelte sich die Bedeutung beider Kategorien in Philosophie und Wissenschaft unterschiedlich, es kam zu einer „zeitprivilegierten Asymmetrie von Raum und Zeit" (Sprengel 1996). „Raum wurde als etwas Totes, Fixiertes, Undialektisches, Unbewegliches begriffen. Im Gegensatz dazu stand Zeit für Reichtum, Fruchtbarkeit, Leben, Dialektik" (Foucault, zit. nach Soja 1991). Als Folge hat sich „in den letzten beiden Jahrhunderten […] die konzeptionelltheoretische Diskussion in erster Linie auf die zeitlichen und sozialen Rahmenbedingungen des menschlichen Lebens konzentriert" (Soja 2003), während die räumliche Bedingtheit sozialer Strukturen in den gesellschaftswissenschaftlichen Großtheorien der vergangenen Jahrhunderte eine vergleichsweise marginale Rolle gespielt hat. So zeichnen sich beispielsweise die großen „Erzählungen" der Moderne, die dialektischen Theorien von Hegel oder Marx, durch genau diese Hervorhebung des zeitlichen Verlaufes gesellschaftlicher Entwicklungen aus (Wolkersdorfer 2001). Im Vordergrund der Theorieentwürfe stehen linear gerichtete Zeitverläufe, alle Entwicklung wird als zeitlich und sequenziell begriffen, während räumliche Unterschiede einfach zeitlich verschobene Durchgangsstadien ein und derselben Entwicklung bilden (Gebhardt et al. 2003). Regionale Differenzen und Unterschiede werden damit **eher zeitlich als räumlich** „erklärt" (z. B. die Sequenz des demographischen Übergangs, die Länder in unterschiedliche „Stadien" dieses Prozesses einordnet; bevölkerungsgeographische Karten über den „Fortschritt" bei der Geburtenkontrolle in unterschiedlichen Ländern der Erde usw.). Konzepte wie „Fortschritt, Entwicklung, Modernisierung", die in vielen Raumtheorien der Wirtschafts- und/oder Entwicklungsländergeographie eine große Rolle spielen (Kapitel 22), bilden Variationen dieser zentralen Denkfigur, in denen der Aspekt des zeitlichen Wandels immer wieder ein konstitutives, dominierendes und räumliche Unterschiede „erklärendes" Element bildet.

Diese Schwerpunktbildung in der Theoriebildung blieb nicht ohne Folgen für die Gewichtigkeit der Disziplinen, die sich jeweils mit den Forschungsgegenständen Zeit und Raum befassten: Die frühe Geographie wurde nicht selten als **„Hilfswissenschaft" der Geschichte** gesehen, welche im Wesentlichen die Aufgabe hatte, die „Bühne" zu beschreiben, auf der sich die geschichtlichen Ereignisse abspielen.

Postmoderne Theoriebildung, auch in der Geographie, korrigiert nicht nur die alte „große Erzählung" vom Primat der Zeit, sie macht auch deutlich, dass eine solche Reformulierung für eine angemessene gesellschaftskritische und angewandte Forschung ein großes Potenzial besitzt. So stellt der amerikanische Geograph Ed Soja fest, dass aktuelle Ansätze in den Human- und Sozialwissenschaften derzeit einen beispiellosen *spatial turn* durchlaufen, „Wissenschaftlerinnen und Wissenschaftler haben damit begonnnen, ‚den Raum' und die räumlichen Aspekte des menschlichen Lebens mit dem gleichen kritischen Verständnis und mit einer ähnlichen Erklärungskraft zu erforschen, wie sie es traditionell mit der Zeit und der Geschichte (d. h. mit der historischen Dimension des menschlichen Lebens) sowie mit den sozialen Beziehungen und der Gesellschaft (d. h. mit der sozialen Dimension des menschlichen Lebens) getan haben" (Soja 2003).

Eine solche Veränderung des Blickwinkels hin zu einer stärkeren Gleichberechtigung zeitlicher, sozialer und räumlicher Dimensionen gesellschaftlicher Strukturierung sieht diese drei Komponenten als untrennbar verbundenes System „kommunizierender Röhren" an. Die Aufgabe der Geographie in dieser makrotheoretischen Transformation besteht nach Soja darin, als „Raumwissenschaft" neben der zeitlichen Dimension gesellschaftlicher Prozesse die unwiederholbare Einzigartigkeit des Räumlichen, die Gleichzeitigkeit unterschiedlicher Formen gesellschaftlicher Organisation und Strukturierung zu betonen und in konkreten Forschungsprojekten zu analysieren.

Nach Massey (2003) wird aus einem solchen Vorhaben ein politisches Projekt gegen die fortschreitende Kolonisierung der Welt, insbesondere der Lebenswelten der „Anderen", aus der Perspektive der westlich-industriellen Moderne. Mit einer stärker „den Raum" (hier als Ort der Vielfalt, der Differenz und gleichzeitigen Koexistenz unterschiedlicher Entwürfe und Einzigartigkeiten) berücksichtigenden Konzeption ist es möglich, den simplen zeitlich-linearen Universalismus einer „einzigen großen Erzählung" abzulehnen. Vor diesem Hintergrund sind dann regionale Unterschiede nicht mehr automatisch als Durchgangsstadien zeitlicher Sequenzen anzusehen. Eine solche Perspektive impliziert vielmehr „die Existenz von verschiedenen Entwicklungslinien, die nicht nur einfach auf eine chronologische Erzählung ausgerichtet sind. […] Mit anderen

Worten bringt dieses Raumverständnis auch die Anerkenntnis mit sich, dass mehr als nur die eine Erzählung in der Welt existiert, und dass die vielen Narrative eine, zumindest relative, Eigenständigkeit besitzen" (ebd.).

2.2 Die Zeitlichkeit räumlicher Prozesse

Jenseits der stärker konzeptionell angelegten Reflexionen zum Verhältnis von Raum und Zeit dient die zeitliche Komponente natürlich auch in vielfältiger Hinsicht zur Strukturierung des Verstehens räumlicher Prozesse und Veränderungen. In dieser Hinsicht ist das Interesse der Geographie an der „Zeitschiene" enorm breit. Es reicht von der Analyse ganz kurzfristiger „katastrophaler" Ereignisse (wie z. B. Naturkatastrophen; Kapitel 28) über die Untersuchung kulturhistorischer Phänomene (z. B. Entwicklung der wichtigsten Wirtschafts- und Gesellschaftsformen der Erde; Kapitel 16) bis hin zur Betrachtung Jahrmillionen dauernder geologischer Prozesse. Diese Spannbreite soll im Folgenden an einigen Beispielen aus verschiedenen Arbeitsbereichen der Geographie kurz illustriert werden.

Geographien erdgeschichtlicher Entwicklung – zeitliche Prozesse langer Reichweite

„How many years can a mountain exist, before it is washed into the sea", textete der amerikanische Liederschreiber Bob Dylan in seinem berühmten Song „Blowin' in the wind". Eine Frage, die vor allem von Geomorphologen beantwortet wird und deutlich macht, dass die Physische Geographie in zeitlicher Hinsicht einen langen

Atem hat. Die geologische Uhr taktet in Epochen, Perioden, Ären und Äonen, wobei die einzelnen Abschnitte immer wieder neu definiert werden. Die Wissenschaft, die sich mit solchen Zeitmessungen und -klassifikationen in der erdgeschichtlichen Vergangenheit beschäftigt, heißt **Geochronologie**; sie ist auch ein wichtiges Hilfsmittel bei der Rekonstruktion langsamer Entwicklungen bzw. Evolutionen.

Wer Prozesse der Gebirgsentstehung (Abb. 2.2.1) und -abtragung nachvollziehen will, muss sich mit der Plattentektonik beschäftigen. Vorgänge aus diesem Bereich zählen zu den langsamen Entwicklungen auf unserem Planeten und vollziehen sich in der Größenordnung von Milliarden oder Millionen von Jahren. Es geht dabei um das Entstehen und Vergehen der Kontinente, die sich wiederholt zu sogenannten Superkontinenten vereinigten. Im Verlauf der Erdentwicklung gab es mindestens fünf **Superkontinentzyklen**, beginnend mit **Rodinia** vor etwa 1,1 Milliarden Jahren. Insgesamt waren im Präkambrium drei Superkontinente zu verzeichnen, bis einzelne Bruchstücke von Rodinia am Ende des Präkambriums den Großkontinent **Gondwana** entstehen ließen. In Perm und Trias entstand mit **Pangäa** der jüngste Superkontinent, aus dessen Zerfall sich die Herausbildung der heutigen Land-Meer-Konstellation rekonstruieren lässt (Kapitel 10.2).

Eng mit diesen plattentektonischen Prozessen gekoppelt sind die Gebirgsbildungsphasen. Die **jüngste Orogonese** stellt die alpidische dar; sie begann in der Kreidezeit vor 120 Millionen Jahren, vollzog sich weitgehend im Tertiär und dauert in Teilen noch bis heute an. Die Gebirge der nächstälteren, der variskischen Gebirgsbildungsphase, vor ungefähr 350 bis 300 Millionen Jahre, sind schon wieder stärker abgetragen, wie Ural oder Altai. Besonders lange nagte der Zahn der Erosion an den ältesten, in der kaledonischen Phase vor 450 Millionen Jahren gebildeten Gebirgen, zu denen das schottische Hochland und die skandinavischen Gebirge zählen. Diese Landschaften sind zum Teil bereits wieder so stark

Abb. 2.2.1 Blick auf den Himalaja. Ergebnis einer Jahrmillionen andauernden Entwicklung – aus tektonischer Sicht aber ein junges Gebirge (Foto: Deutsches Fernerkundungsdatenzentrum DLR-DFD, Oberpfaffenhofen, Dech et al. 2005).

eingeebnet, dass sie heute als Gebirge kaum mehr wahrnehmbar sind. Sie werden deshalb auch als **Rumpfgebirge** bezeichnet.

Ein weiterer zentraler Gegenstand physisch-geographischer Forschung verändert sich ebenfalls in sehr langen zeitlichen Zyklen: das Klima. Die Zusammensetzung der Atmosphäre entwickelte sich beispielsweise aus der Uratmosphäre des Archaikums (vor ca. 4,5 bis 2,5 Milliarden Jahren), die sich wahrscheinlich allmählich durch Entgasungsvorgänge des Erdkörpers gebildet hatte. Wurde der erste Sauerstoff eventuell noch durch photochemische Reaktionen gebildet, so stammt der heutige O_2-Gehalt im Wesentlichen aus der Photosynthese der Pflanzen.

Die langfristigen **Klimaschwankungen** auf der Maßstabsebene von Jahrmillionen und Jahrtausenden werden über Variationen der Bahnparameter der Himmelskörper, die den Strahlungshaushalt bestimmen, erklärt. Darüber hinaus nahm die Konfiguration der Kontinente entscheidend Einfluss auf das Klimageschehen. Beispielsweise werden das Einrücken der Antarktis in die Pollage und die Entstehung des zirkumantarktischen Stromes als mögliche Auslöser der Eiszeiten angesehen oder die Schließung des Isthmus von Panama, der mit dem Umschwung des tropischen Klimas am Ende des Tertiärs in den Wechsel der Kalt- und Warmzeiten im Pleistozän zusammenfällt.

Herrschten in der Kreide noch globale Mitteltemperaturen von etwa 22 °C, sanken diese am Anfang des Tertiärs auf den heutigen Verhältnissen vergleichbaren Wert von ungefähr 15 °C, um danach erneut anzusteigen. „Achterbahn" in Sachen Klima war also schon immer „angesagt", wenn man das Zeitfenster nur weit genug öffnet. Zahlreiche Untersuchungen zum Pleistozän, zum Beispiel auch die Eisbohrkerne aus der Antarktis, belegen den Wechsel von Kalt- und Warmzeiten während der letzten 800 000 Jahre eindrucksvoll. Blicken wir in die historische Vergangenheit der letzten 1 000 Jahre, dann lassen sich immerhin ein mittelalterliches Wärmeoptimum, eine Übergangsphase, die Kleine Eiszeit und das moderne, anthropogen verstärkte Treibhausklima unterscheiden (Glaser 2001).

Viele geoökologische Prozesse vollziehen sich auf ähnlich unterschiedlichen Zeitskalen, etwa die **Bodenentwicklung** (Kapitel 11), die auf Vorgängen in der Größenordnung von Jahrzehnten und Jahrhunderten bis in die Jahrtausende basiert, oder die **Sukzessionen in der Pflanzenwelt**. Dieses gilt für die natürlichen Vorgänge, wie beispielsweise die postglaziale Wiederbewaldung in Europa, deren einzelne Phasen aus Pollenprofilen abgeleitet wurden, wie auch für die Reaktionen auf anthropogene Störungen der natürlichen Vegetationsentwicklung (Kapitel 12 und 14).

Die Entschlüsselung von Formen und Prozessen unterschiedlicher Zeitskalen (*high/low frequency, high/low magnitude*) geht oft mit einem Methodenwechsel einher. Lassen sich beispielsweise in der Fluvialmorphologie die in Jahrmillionen gebildeten Großformen wie Flusseinzugsgebiete über Prozess-Reaktions-Modelle erklären, sind die in Jahrhunderten und Jahrtausenden gebildeten Uferbänke und Überschwemmungsbereiche Gegenstand von hydraulischen Modellen, während kurzfristige mesoskalige Strukturen (z. B. Auehabitate) und Mikrostrukturen (z. B. Rippeln) durch Naturbeobachtung und -messung direkt in „Echtzeit" erfasst werden können.

Geographien kulturhistorischer Vorgänge – zeitliche Prozesse mittlerer Reichweite

Entwickeln sich erdgeschichtliche Vorgänge oft in Jahrmillionen, so hat die jüngere geoarchäologische Forschung (Kapitel 29.2) deutlich gemacht, dass **Gesellschaft-Umwelt-Beziehungen** und die Umgestaltung der natürlichen Umwelt durch menschliche Gruppen einen über mehrere Jahrtausende ablaufenden Prozess darstellen. Untersuchungen der Landschaftsentwicklung, von der Natur- zur Kulturlandschaft, spielten vor allem in der Zwischenkriegszeit und den 1950er-Jahren im Rahmen der sogenannten „Landschaftsgeographie" (Neef 1967, Schmithüsen 1976) eine wesentliche Rolle. Von Interesse sind dabei vor allem die unterschiedlichen Prozesse in den großen Naturräumen der Erde, sei es die Entwicklung in den Trockenräumen und an deren wechselnden „Rändern" (mit ihren umweltangepassten Wirtschafts- und Sozialformen wie z. B. dem Nomadismus), sei es in den Tropen mit der sukzessiven Inwertsetzung der tropischen Regenwälder oder sei es in den Periglazialgebieten der polarnahen Regionen mit charakteristischen Ausdehnungs- und Rückzugsphasen der Ökumene und der Siedlungsgrenzen.

Der **Impakt der menschlichen Gesellschaft** ist hier unumstritten, aber er war in unterschiedlichen historischen Epochen von unterschiedlicher Bedeutung. Sicherlich haben auch schon die steinzeitlichen Menschen punktuell, beispielsweise durch Brände, ihre Lebensumwelt beeinflusst, aber erst mit dem Übergang von der aneignenden Wirtschaftsweise der Jäger und Sammler zur produzierenden bäuerlichen Lebensweise, welcher sich in Europa zwischen 9000 und 5000 v. Chr. vollzog, war der Mensch in der Lage, seine physische Umwelt dauerhaft – und zunehmend – zu verändern.

Die anthropogene Veränderung von Relief, Boden und Gewässer wurde vor allem seit industrieller Zeit in bis dahin ungekanntem Ausmaß intensiviert, wie zum Beispiel in Form von Bergbaufolgelandschaften, Gewässerregulierungen, großräumigen Bodenanschüttungen in Delta- und Küstengebieten oder massiven Veränderungen im geochemischen Stoffhaushalt von Böden und Gewässern. Freilich lassen sich all diese Phänomene in weit kleinerem Ausmaß, dafür über Jahrtausende aufsummiert, auch für die bäuerlichen Kulturen nachweisen, beispielsweise in Form von Lehmentnahme- und Mergelgruben, Deich- und Wurtenbau, Plaggenhieb und -auftrag sowie Schwermetalleinträgen infolge von prähistorischer und historischer Metallgewinnung und -verarbeitung. Bei den überaus wirksamen indirekten Eingriffen sind Rodung und Ackerbau, welche Erosion und Akkumulation und deren Folgen im Holozän erst ermöglichten, die wichtigsten Prozesse.

Die Geographie ist mittlerweile sehr gut in der Lage, solche Veränderungen in ihrer zeitlichen Dauer und Intensität zu rekonstruieren und zu bewerten. In den letzten Jahren haben intensive Untersuchungen in terrestrischen Sedimentarchiven (Kolluvien, Auen- und Seesedimente) zu tragfähigen Vorstellungen über den Beginn des indirekt wirksamen *„human impact"* in Mitteleuropa geführt. Um 5500 v. Chr. siedelte sich in Mitteleuropa mit den **Bandkeramikern** die erste Bauernkultur an und infolge dessen begann sich die natürliche Vegetation zu ändern. In der Zeit des frühen bis mittleren Neolithikums (5500 bis 4400 v. Chr.) dominierten noch kleine Rodungsinseln in dichter Waldumgebung. Anhand der veränderten Zusammensetzung der Baumpollen kann aber bereits ein erster weiträumiger Einfluss des Menschen auf seine Umwelt belegt werden.

In Hinblick auf die anthropogene Beeinflussung der Geofaktoren Relief, Boden und Gewässer beginnt die entscheidende Wende mit der **Ausdehnung von Rodungen** und Nutzungen im Jung- bis Spätneolithikum (4400 bis 2800 v. Chr.), die einhergeht mit Brandwirtschaftsweisen, ersten Pflugtechniken, neuen Anbaupflanzen und der Ausbreitung der Haustierhaltung. Die dadurch ausgelösten Erosionsprozesse lassen sich in Seesedimenten nachweisen und die Ablagerung von Auenlehm in den Flusstälern erhöht sich deutlich. Zunehmend wird ab dieser Zeit auch auf ärmeren Böden gerodet, was auf nährstoffarmen, beispielsweise sandigen Ausgangssubstraten, zu einem irreversiblen Nährstoffentzug führt. Durch den Wegfall des Wasserrückhalte-(Retentions-)Vermögens des Waldes erhöht sich der Oberflächenabfluss und die Gefahr von Überschwemmungen nimmt zu.

Somit kann in Mitteleuropa bereits das dritte Jahrtausend vor Christus als der Beginn einer deutlichen

anthropogenen geogenen Umweltveränderung charakterisiert werden. Intensiviert werden Erosion und Akkumulation und ihre Folgen jeweils durch Expansions- und/oder Intensivierungsphasen, wie in der Eisenzeit (800 bis 50 v. Chr.), der Römerzeit, dem Hoch- bis Spätmittelalter und natürlich in der Neuzeit. Infolgedessen bildeten sich vielfach anthropogen beeinflusste Landschaftscharakteristika aus: In Lösslandschaften findet auf den Erosionsstandorten eine Degradierung gewachsener Bodenhorizonte statt, in Trockentalbereichen kommt es zum Reliefausgleich, aber auch zu Reliefakzentuierungen infolge zunehmender Erosion. In Sandlandschaften wird Podsolierung durch Rodung und spätere Beweidung gefördert. Bei starker Rodung kommt es wieder zu Dünenbildungen, ein Phänomen, welches auch noch bis in das 18. Jahrhundert in Mitteleuropa festzustellen ist und eigentlich mit der Wiederbewaldung nach der letzten Eiszeit zum Stillstand gekommen war. In den Flusstälern erhöhen sich Wasser- und Sedimenteintrag, was zu Verwilderungen, breiteren Flussbetten sowie Auenlehmablagerungen führt; durch die Flussbegradigungen und den Deichbau erhöht sich die Hochflutgefahr in den erst neuzeitlich besiedelten Flussauen.

Geographien plötzlicher Ereignisse – zeitliche Prozesse von kurzer Dauer

Unsere Alltagswahrnehmungen sind oft kurzfristig. Nichts ist so alt wie die Zeitung vom letzten Tag, das „Wahlvolk" hat die Versprechungen der Parteien vor einer Wahl meist rasch wieder vergessen, heutigen Schülern scheinen die Ereignisse des Zweiten Weltkriegs mitunter so fern wie der Dreißigjährige Krieg, auch wenn häufige Aufbereitungen historischer Stoffe in den Print- und Fernsehmedien dem entgegenwirken.

Auch in den Geowissenschaften lässt sich in den letzten Jahrzehnten in Form der „Impactforschung" eine gewisse **„Eventorientierung"** der Fragestellungen erkennen. Damit ist weniger eine am aktuellen „Zeitgeist" orientierte Forschung gemeint, welche derzeit die Biowissenschaften und *life sciences* sowie die Genforschung im öffentlichen Diskurs präferieren, sondern die Tatsache, dass die Geowissenschaften, welche traditionell eher langfristige „erdgeschichtliche" Ereignisse im Blick haben, sich heute stärker einzelnen, mitunter „katastrophalen" Ereignissen zuwenden wie Vulkankatastrophen, Tsunamis, Lawinen, Wirbelstürmen oder Sturmfluten (Kapitel 28). Auch in den humangeographischen Bereichen spielt die Untersuchung wirkungsmächtiger Einzelereignisse eine durchaus zunehmende

Rolle. Dazu gehören Forschungen über die „Inszenierungs- und Eventkultur" einer postmodernen Freizeitgesellschaft (Kapitel 24) ebenso wie die Untersuchung von raumbezogenen Auseinandersetzungen und Konflikten aus der Perspektive der Politischen Geographie (Kapitel 19). Die Geographie hat sich damit nicht nur auf der räumlichen Ebene immer stärker „mikrogeographischen" Fragestellungen geöffnet, sondern sie untersucht auf der Zeitschiene mehr als früher kurzfristige, mitunter auch „kurzatmige" Ereignisse.

Exkurs 2.2.1

„Lange Wellen" und „Produktlebenszyklen" in der Wirtschaftsgeographie

Die auf den österreichischen Ökonomen Schumpeter bzw. den russischen Statistiker Kontradieff zurückgehende **Theorie der „Langen Wellen"** erklärt die großräumige Verschiebung der ökonomischen Wachstumsdynamik der Erde im Rückgriff auf ein zyklisches Modell damit, dass grundlegende technische Neuerungen (Basisinnovationen) in bestimmten zeitlichen Abständen gehäuft auftreten und lange Wachstumsschübe auszulösen vermögen. Diese Wirtschaftstheorie geht von bisher fünf „Langen Wellen" mit einer Zyklenlänge von jeweils etwa 50 bis 60 Jahren in der jüngeren Wirtschaftsgeschichte aus. Herausragende Innovationen des ersten Zyklus waren die Dampfkraft und Fortschritte in der Textil- und Eisenindustrie, beim zweiten waren es Neuerungen im Verkehrswesen (Eisenbahn, Dampfschiffe) und in der Eisen- und Stahlindustrie. Die dritte Welle war vom Einsatz von Benzin- und Elektromotoren sowie von Erfindungen in der Chemischen Industrie ausgelöst, die vierte vom Einsatz von Elektronik im Produktionsprozess sowie von Erfindungen in der Petrochemie bestimmt. Als Basisinnovationen der nächsten, fünften „Langen Welle" werden neben der Mikroelektronik die Bio- und Gentechnologie angesehen, in jüngerer Zeit auch Innovationen im Bereich des Gesundheitswesens (Kapitel 22).

Räumlich – und damit für Geographen interessant – wird diese Theorie auch deswegen, weil es von Welle zu Welle zu großräumigen Schwerpunktverlagerungen wirtschaftlicher Aktivitäten kam. War während der ersten Welle England (Manchester) das Zentrum sowie im zweiten Zyklus zusätzlich das Ruhrgebiet und die Ostküste der USA, so konzentrierte sich die dritte und vierte Welle in den USA, Japan und

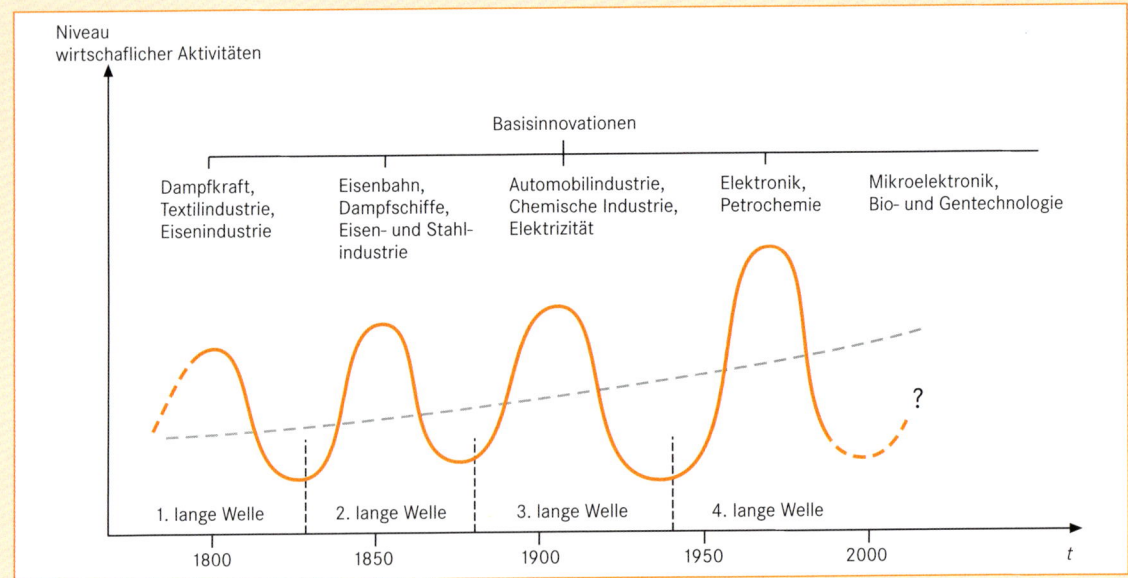

Abb. 1 Modell der wirtschaftlichen Entwicklung in „Langen Wellen" (verändert nach Schätzl 2003).

Zyklische Strukturen in der Geographie

Das Denken in zyklischen Strukturen oder Kreisläufen spielt in verschiedenen Wissenschaften eine wesentliche Rolle. Es erscheint uns in hohem Maße plausibel, viel- leicht weil sich in ihm die ewige Wiederkehr von Geburt und Tod spiegelt. Stoffkreisläufe der Natur, aber auch Wirtschaftskreisläufe sind Forschungsbereiche, aus denen im Folgenden exemplarisch jeweils einige typi- sche Beispiele angesprochen werden sollen.

In den Geowissenschaften folgen zahlreiche zeitbezo- gene Abläufe einer zyklischen Struktur, die in **Kreislauf-**

Deutschland. Zu Beginn der fünften Welle wird erwartet, dass sich der pazifische Raum zu einer führenden Industrie- region der Welt entwickelt.

Der Lebenszyklus eines neuen Produkts im Sinne der **Produktlebenszyklustheorie** beginnt mit einer humanka- pitalintensiven Phase. Bei der Entwicklung sind besonders qualifizierte Arbeitskräfte und Risikokapital gefordert, Standortvoraussetzungen also, die vornehmlich in urbanin- dustriellen Zentren vorhanden sind. In der Wachstumsphase setzt sich das Produkt zunehmend am Markt durch, das Schwergewicht der Innovationen verlagert sich auf den Pro- duktionsprozess. In der Reifephase ermöglichen ausgereifte Produkte und standardisierte Produktionsverfahren Mas- senproduktion, während in der Schrumpfungsphase die Erlöse rasch fallen. Räumlich bewirkt die zunehmende Stan- dardisierung der Herstellung nicht selten eine funktionale Standortspaltung mit Zweigbetriebsgründungen an der Peri- pherie (Kapitel 22).

Die Produktlebenszyklushypothese war ursprünglich auf einzelne Produkte (Kühlschränke, Videorekorder usw.) bezo- gen, wurde jedoch in der Praxis häufig auf ganze Branchen (Eisen- und Stahlindustrie, Textilindustrie usw.) oder gar auf bestimmte Regionen (das Ruhrgebiet am Ende seines Pro- duktlebenszyklus) bezogen.

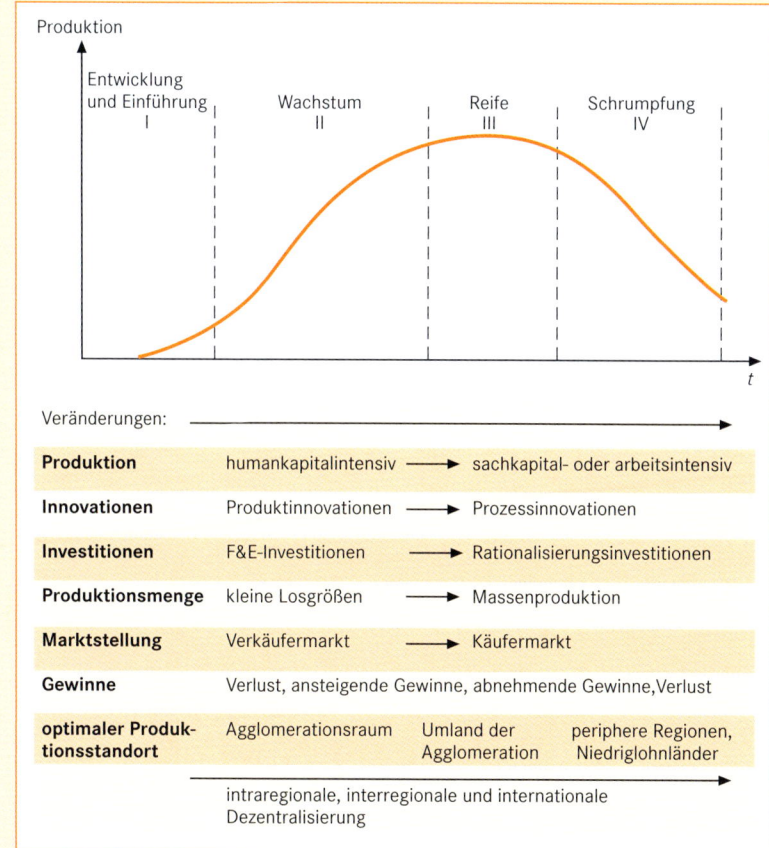

Abb. 2 Phasen des Produktzyklus (F & E = Forschung und Entwick- lung; verändert nach Schätzl 2003).

modelle gefasst werden können. Im sogenannten Kreislauf der Gesteine (*rock cycle*) wird das Entstehen und Vergehen von Relief, das Aufschmelzen, die Anatexis, die Metamorphose und die Hebung sowie die Erosion und Abtragung in einem langfristigen, Millionen und Milliarden Jahre umfassenden Kreislauf gezeigt (Abb. 10.2.11). Die Ursache der Bildung von in Superkontinenten kulminierenden lithosphärischen Zyklen in der Erdgeschichte liegt wahrscheinlich im Erdinnern. Da kontinentale Lithosphäre einen schlechteren Wärmeleiter als ozeanische Lithosphäre bildet, ist unter den Kontinenten ein Wärmestau zu erwarten, der zum Aufstieg von Manteldiapiren führt, die über Grabenbildung zum Auseinanderbrechen des Superkontinentes führen. Ein orogener Großzyklus beginnt somit mit dem Auseinanderbrechen eines Superkontinents und der Entstehung von ozeanischen Becken und endet mit dem Aufbau eines neuen Superkontinents.

Auch bereits in der Frühzeit der Geomorphologie spielten zyklische Vorstellungen eine wesentliche Rolle. W. M. Davis entwickelte um 1900 seine **Zyklenlehre der Landschaftsentwicklung** in der er von einem Jugend-, Reife-, und Greisenstadium sprach (Exkurs 10.1.1). In ähnlicher Weise entwickelte Büdel (1977) in den 1950er-Jahren sein Konzept der Reliefgenerationen. Im heutigen Relief lassen sich seiner Konzeption folgend Formen erkennen, die unter anderen klimatischen Bedingungen gebildet wurden und mit tropischen Verhältnissen während des Tertiärs in Zusammenhang gebracht werden. Zur Erklärung der heutigen Reliefkonfiguration wird in jüngeren Ansätzen die Zeitachse sogar bis in die Kreidezeit gezogen (Eitel 2002). Ein weiteres zeitbezogenes Konzept, wenn auch bestimmt von höherer Frequenz und kürzeren Intervallen, stammt von Rohdenburg (1989). Das „Konzept der Alternierenden Abtragung" unterscheidet zwischen Aktivitäts- und Stabilitätsphasen und versucht unter anderem Landschaftsdegradation zu erklären. Als Impuls einer initialen Störung kommen sowohl natürliche Faktoren wie Brände, als auch anthropogene Faktoren beispielsweise Rodung in Betracht.

Auch zahlreiche klimatische Abläufe werden mit zyklischen oder quasizyklischen Prozessen in Zusammenhang gebracht. Die bekanntesten sind wohl die **Klimaschwankungen**, die im Zusammenhang mit Sonnenfleckenzyklen, etwa dem elfjährigen „Schwabe-Zyklus" diskutiert werden. Ähnliche Vorstellungen finden sich in aktuellen Klimamodellen wieder, die auf dem solaren Einfluss (*solar forcing*) aufbauen und die zyklischen Schwankungen der Bahnparameter, wie beispielsweise die Schiefe der Ekliptik oder die Präzession, parametrisieren. Ein Beispiel für derartige mittelfristige zyklische und quasizyklische Strukturen stellen die Dansgaard-Oeschger-Ereignisse (D/O-Events) dar, die in Zeitintervallen von 1 500 bis 3 000 Jahren auftraten und in Zusammenhang mit Klimaschwankungen stehen. Bei Erwärmung dringt tropisches warmes Wasser bis ins Nordmeer vor, ein Zustand, wie wir ihn auch heute durch den Verlauf des Golfstroms bis ins Nordmeer vorfinden (Rahmstorf 2002). Es existieren aber auch längerfristige Zyklen von beispielsweise 20 000, 100 000 oder 400 000 Jahren, die auf die schon erwähnten zyklischen Veränderungen der Erdbahnparameter zurückzuführen sind.

Zyklische Modelle spielen nicht nur in der Physischen Geographie eine Rolle, sondern auch in wichtigen Teilen der Humangeographie, insbesondere in der Wirtschaftsgeographie. So macht die **Produktzyklushypothese** die Aussage, dass industrielle Produkte nur eine begrenzte Lebensdauer besitzen und einen mehrphasigen Lebenszyklus durchlaufen, wobei sich beim Übergang von der Entwicklungs- und Einführungsphase, über die Wachstums-, die Reife- bis zur Schrumpfungsphase die Produktions- und Absatzbedingungen verändern. Kurz: Im Laufe des Lebenszyklus eines Produkts verschiebt sich der betriebswirtschaftlich optimale Produktionsstandort (Exkurs 2.2.1).

Weiterführende Literatur

Gebhardt H, Reuber P, Wolkersdorfer G (2003) Kulturgeographie. Aktuelle Ansätze und Entwicklungen. Heidelberg, Berlin

Rosa H (2004) Beschleunigung. Die Veränderung der Zeitstrukturen in der Moderne. Suhrkamp, Frankfurt

Schlögel K (2003) Im Raume lesen wir die Zeit. Über Zivilisationsgeschichte und Geopolitik. München, Wien

Wolkersdorfer G (2001) Politische Geographie und Geopolitik zwischen Moderne und Postmoderne. Heidelberger Geographische Arbeiten, H. 111

Zitierte Literatur

Büdel J (1977) Klimageomorphologie. Bornträger

Davis WM (1899) The geographical cycle. A Geographical essays, 1909 (ponatis 1954). New York. 249–278

Davis WM (1904) Complications of geographical cycle. V Geographical essays, 1909 (ponatis 1954). New York. 279–295

Dech S, Messner R, Glaser R, Märtin R-P (2005) Berge aus dem All, Frederling & Thaler, München

Eitel B (2002) Flächensystem und Talbildung im östlichen Bayerischen Wald (Großraum Passau-Freyung). In: Ratusny A (Hrsg) Flußlandschaften an Inn und Donau. Passauer Kontaktstudium Erdkunde 6: 19–34

Gebhardt H, Reuber P, Wolkersdorfer G (2003) Kulturgeographie – Leitlinien und Perspektiven. In: Gebhardt H, Reuber P, Wolkersdorfer G (Hrsg) Kulturgeographie. Aktuelle Ansätze und Entwicklungen. Heidelberg, Berlin. 1–30

Glaser R (2001) Wetter, Klima, Katastrophen. Klimageschichte Mitteleuropas seit dem Jahr 1000. WBG

Massey D (2003) Spaces of Politics – Raum und Politik. In: Gebhardt H, Reuber P, Wolkersdorfer G (Hrsg) Kulturgeographie. Aktuelle Ansätze und Entwicklungen. Heidelberg, Berlin. 31–46

Neef E (1967) Die theoretischen Grundlagen der Landschaftslehre. Gotha

Rahmstorf S (2002) Dossier Klima. Spektrum Verlag, Heidelberg

Rohdenburg H (1989) Landschaftsökologie – Geomorphologie – Catena. Cremlingen

Schätzl L (2003) Wirtschaftsgeographie. Bd. 1: Theorie. Paderborn

Schmithüsen J (1976) Allgemeine Geosynergetik. Grundlagen der Landschaftskunde. Lehrbuch der Allgemeinen Geographie 12. Berlin

Schöller P (1959) Die Geopolitik im Weltbild des historischen Materialismus. In: Erdkunde 13: 88–98

Soja EW (1991) Geschichte: Geographie: Modernität. In: Wentz M (Hrsg) Stadt-Räume. Die Zukunft des Städischen. Frankfurt

Soja EW (2003) Thirdspace – Die Erweiterung des Geographischen Blicks. In: Gebhardt H, Reuber P, Wolkersdorfer G (Hrsg) Kulturgeographie. Aktuelle Ansätze und Entwicklungen. Heidelberg, Berlin. 269–288

Sprengel R (1996) Kritik der Geopolitik. Ein deutscher Diskurs 1914–1944.

Wolkersdorfer G (2001) Politische Geographie und Geopolitik zwischen Moderne und Postmoderne. Heidelberg. Heidelberger Geographische Arbeiten, H. 111

Teil II

Geographische Wissenschaft

3 Verschiedene Antworten auf die Frage
   nach der Geographie

4 Das Drei-Säulen-Modell der Geographie

Die Vermessung der Welt

In den Jahren 2005 bis 2009 hielt sich ungewöhnlich lang ein Roman auf den Bestseller-listen in Deutschland, von dem man das nicht unbedingt erwartet hatte: „Die Vermessung der Welt" des Autors Daniel Kehlmann. Er beschreibt darin, wie sich zwei junge Deutsche an der Wende vom 18. zum 19. Jahrhundert an die Erkundung, die geistige Ordnung der „Welt" machen. Der eine, Alexander von Humboldt, kämpft sich durch Urwald und Steppe, befährt den Orinoko, besteigt Vulkane und misst unermüdlich, sammelt Pflanzen und erstellt Karten. Der andere, der Mathematiker und Astronom Carl Friedrich Gauß, hinge-gen reist, wie auch der zum damaligen Zeitpunkt noch lebende Aufklärer Immanuel Kant, nur äußerst ungern; er beweist vom heimischen Göttingen aus, dass der Raum sich krümmt. Auch er ist ein Besessener, welcher selbst noch in der Hochzeitsnacht aus dem Bett springt, um eine Formel zu notieren. Im Roman – allerdings nicht in der Wirklichkeit – treffen sich die beiden, alt, berühmt und auch ein wenig sonderbar geworden, 1828 in Berlin.

Was hat der philosophische Abenteuerroman von Daniel Kehlmann mit Geographie zu tun? In einem vordergründigen Sinn natürlich, weil er Alexander von Humboldt gewidmet ist, einem der Ahnherren geographischer Feldforschung, welcher eine maßgebende Rolle dafür spielte, dass seit dem 19. Jahrhundert Fragen über ferne Länder primär an die Geo-graphie gerichtet wurden. In einem weiteren Sinne aber haben beide mit Geographie zu tun. Humboldt besucht nicht umsonst im fiktionalen Spiel des Romans den alternden Kant in Königsberg. Beide, Humboldt wie Gauß, sind Kinder der Aufklärung, welche nach der christlich-religiös begründeten Wissenschaft des Mittelalters den „Ausgang des Men-schen aus der selbst verschuldeten Unmündigkeit" suchten und dies über eine genaue „Vermessung" der Erde und mathematische Durchdringung der sie prägenden Regeln und Ordnungen befördern wollten. Beide stellen aber auch antagonistische Typen im Umgang mit der Welt beziehungsweise mit der Erde dar: auf der einen Seite der unermüdliche Reisende und Empiriker, der Sammler und Abenteurer, der Prototyp dessen, was man als *geographer of action* bezeichnen kann, auf der anderen Seite der Lehnstuhldenker, der *scientist of the armchair*, welcher seine Erkenntnisse aus Schreibtischarbeit und dedukti-ven Schlüssen bezog.

Geographie ist einerseits eine sehr alte Wissenschaft, andererseits aber auch eine junge. Alt ist sie insofern, als elementare geographische Kenntnisse sicher schon in prä-historischer Zeit vorhanden waren und in der griechischen Antike erstmals die praktische Bedeutung geographischen Wissens und des Wissens der Kartenkunde zum Tragen kam. Auch der Begriff Geographie (Erdbeschreibung) stammt aus dem Griechischen. Jung hin-gegen ist die Geographie insofern, als sie – abgesehen von einigen wenigen Lehrstühlen – erst vor knapp 150 Jahren in den Kanon der Universitätsfächer aufgenommen wurde und damit – verglichen mit Theologie, Jurisprudenz oder Medizin – zu den „Newcomern" im Universitätsbetrieb zählt.

Von Gerhard Mercator stammt die erste gebundene Kartensammlung, welche die Bezeichnung „Atlas" trug. Die Abbildung zeigt *India orientalis* in der Ausgabe von 1606. Bis 1659 erschienen nicht weniger als 46 Ausgaben von Mercators Atlas in lateinischer, französischer, deutscher, holländischer und englischer Sprache.

Kapitel 3
Verschiedene
Antworten auf
die Frage nach
der Geographie

Die Frage was denn Geographie – als Wissenschaft, als Universitätsfach – sei, ist naturgemäß nicht einfach zu beantworten, weil es sehr unterschiedliche Arten von Antworten darauf gibt.

„Was ist Geographie?" kann zunächst das Verständnis des Faches in den Fachdefinitionen und Selbstreflexionen von Geographen meinen. Eine Antwort auf diese Frage geben die Lehr- und Einführungsbücher in die Geographie. Man muss sich allerdings darüber im Klaren sein, dass solche Definitionen mit dem, was an den Universitäten tatsächlich geforscht und gelehrt wird, ungefähr so viel zu tun hat wie Festreden von Industrieunternehmen auf der jährlichen Hauptversammlung mit der konkreten Firmenpolitik. „Es geht hier [...] nicht darum, was Geographen wirklich tun (und sind), sondern darum, was sie zu tun und zu sein glauben" (Hard 1973).

Was Geographie ist, kann aber auch die Frage nach der institutionalisierten Geographie an Schulen und Hochschulen, nach Standorten Geographischer Institute, Lehrstühlen, außeruniversitären Einrichtungen der geographischen Forschung und Bildung sein. Hierüber informieren uns statistische Unterlagen der Deutschen Gesellschaft für Geographie.

Was Geographie ist, kann ferner die Frage nach den Forschungs- und Lehrgegenständen an den Universitäten oder Schulen, den Themen, die in wissenschaftlichen Projekten bearbeitet, den Fragestellungen, die in Lehrveranstaltungen behandelt werden und so weiter meinen. Antworten hierauf würden wir beispielsweise durch eine systematische Auswertung abgehaltener Seminare an deutschen Hochschulen finden oder durch eine Auswertung bewilligter und durchgeführter Forschungsprojekte.

Was Geographie ist, kann auch aus dem geschlossen werden, was Geographen in ihrer beruflichen Praxis tun. Eine Antwort hierauf würde eine Auswertung von Absolventenstatistiken liefern. Schließlich kann man forschungsgeschichtlich analysieren, was denn unter Geographie in der Vergangenheit verstanden wurde und inwieweit sich dieses Verständnis von heutiger Theorie und Praxis entfernt hat.

3.1 Einführung

HANS GEBHARDT, RÜDIGER GLASER,
ULRICH RADTKE, PAUL REUBER

In dem bekannten Buch von Antoine de Saint-Exupéry „Der Kleine Prinz" tritt im fünften Bild ein Geograph auf. Er wird dort im Wesentlichen als ein „Schreibtischgelehrter" beschrieben, welcher eine Vielzahl von Einzelbefunden der „Forscher" auf ihre Richtigkeit hin prüft und sachgerecht zusammenfasst (Exkurs 3.1.1).

In der Tat spielten solche „Kompilationen" von Faktenwissen in der Vor- und Frühzeit der wissenschaftlichen Geographie eine zentrale Rolle. So verfasste um die Zeitenwende Strabo seine 17-bändige „Geographie" (Exkurs 3.1.2), gut 100 Jahre später erschien das achtbändige Werk von Ptolemäus zur Geographie. Die sogenannte Ptolemäische Weltkarte, welche allerdings nicht von Ptolemäus stammt (Grosjean 1996), wurde für Jahrhunderte eine wesentliche Grundlage der Kartographie (Abb. 3.1.1) und führte noch dazu, dass Christoph Kolumbus die Vorstellung entwickelte, man könne über den Seeweg gegen Westen direkt nach China gelangen.

Mit dem Niedergang des Römischen Reiches ging dieses Wissen wieder verloren. Es entstanden jedoch in **China** Karten, die genauer waren als die mittelalterlichen europäischen Kartenwerke (insbesondere bessere Kenntnis der Umrisse von Afrika).

Mit der Ausbreitung des Islams verbreiteten sich im **Vorderen Orient** und im **Mittelmeerraum** kartographische Kenntnisse der Araber (7. und 8. Jahrhundert). Die Pilgerfahrten nach Mekka führten Gelehrte aus allen Regionen der islamischen Glaubensgemeinschaft zusammen und beförderten geographische Kenntnisse. Die um 1450 einsetzende große Seefahrerperiode fand natürlich ihren Niederschlag auch in der Kartographie und Geographie. Beispiele hierfür sind die von Gerhard Mercator angelegten Karten aus dem Jahre 1569 oder die Erdkarte von Martin Waldseemüller aus dem Jahr 1507 in zwölf Blättern. Waldseemüller führte auf dieser Karte erstmals für den neu entdeckten Erdteil im Westen den Namen „America" ein.

 **Exkurs 3.1.1**

Text aus Antoine de Saint-Exupéry: „Der kleine Prinz"

„Was ist das für ein dickes Buch?", sagte der kleine Prinz. „Was machen Sie da?"

„Ich bin Geograph", sagte der alte Herr.

„Was ist das, ‚ein Geograph'?"

„Das ist ein Gelehrter, der weiß, wo sich die Meere, die Ströme, die Städte, die Berge und die Wüsten befinden."

„Das ist sehr interessant", sagte der kleine Prinz. „Endlich ein richtiger Beruf!"

Und er warf einen Blick um sich auf den Planeten des Geographen. Er hatte noch nie einen so majestätischen Planeten gesehen.

„Er ist sehr schön, Euer Planet. Gibt es da auch Ozeane?"

„Das kann ich nicht wissen", sagte der Geograph.

„Ach!" Der kleine Prinz war enttäuscht. „Und Berge?"

„Das kann ich auch nicht wissen", sagte der Geograph.

„Aber Ihr seid Geograph! – Und Städte und Flüsse und Wüsten?"

„Auch das kann ich nicht wissen."

„Aber Ihr seid doch Geograph!"

„Richtig", sagte der Geograph, „aber ich bin nicht Forscher. Es fehlt uns gänzlich an Forschern. Nicht der Geograph geht die Städte, die Ströme, die Berge, die Meere, die Ozeane und die Wüsten zählen. Der Geograph ist zu wichtig, um herumzustreunen. Er verläßt seinen Schreibtisch nicht. Aber er empfängt die Forscher.

Er befragt sie und schreibt sich ihre Eindrücke auf. Und wenn ihm die Notizen eines Forschers beachtenswert erscheinen, läßt der Geograph über desselben Moralität eine amtliche Untersuchung anstellen."

„Warum das?"

„Weil ein Forscher, der lügt, in den Geographiebüchern Katastrophen herbeiführen würde. Und auch ein Forscher, der zu viel trinkt."

„Wie das?" fragte der kleine Prinz.

„Weil die Säufer doppelt sehn. Der Geograph würde dann zwei Berge einzeichnen, wo nur ein einziger vorhanden ist."

„Ich kenne einen", sagte der kleine Prinz, „der wäre ein schlechter Forscher."

„Das ist möglich. Doch wenn die Moralität des Forschers gut zu sein scheint, macht man eine Untersuchung über seine Entdeckung."

„Geht man nachsehen?"

„Nein. Das ist zu umständlich. Aber man verlangt vom Forscher, daß er Beweise liefert. Wenn es sich zum Beispiel um die Entdeckung eines großen Berges handelt, verlangt man, daß er große Steine mitbringt."

(Quelle: Antoine de Saint-Exupéry „Der kleine Prinz", Karl Rauch-Verlag, 1994)

Abb. 3.1.1 Die Weltkarte des Ptolemäus.

Nicht immer waren solche Kompilationen kartographischer und geographischer Sachverhalte zutreffend. So las Immanuel Kant, der berühmte Philosoph, an der Universität Königsberg nicht nur über sein Fachgebiet, sondern auch wiederholt über Physische Geographie und vertrat überdies die Meinung, dass „nichts so sehr bilde wie die Geographie" (Exkurs 3.1.3). Allerdings muten die geographischen Beschreibungen eines Gelehrten, der seine Heimatstadt Königsberg fast nie verlassen hat, heute eher kurios an, hatte er sie doch allein aus Reiseberichten von „Forschern" gezogen. Er war ein *geographer of the armchair*.

In der Phase des Ausbaus der Geographischen Wissenschaft an Universitäten Ende des 19. Jahrhunderts wurde das Gros der Professoren hingegen zu „*geographers of action*", welche auf Forschungsreisen Afrika und Asien erkundeten oder auf Expeditionen bis in die Antarktis vorstießen (Erich von Drygalski). Das Erforschen fremder Länder und die Darstellung der Ergebnisse in Form zusammenfassender Länderkunden – auch für die breite Öffentlichkeit – wurde zu einer wesentlichen Aufgabe der Geographie.

Zum bewunderten Vorbild mehrerer Generationen von Gelehrten wurde dabei der Geograph und Univer-

 **Exkurs 3.1.2**

Text des griechischen Historikers und Geographen Strabo zur Geographie

Strabo (63 v. Chr. bis 13 n. Chr.) schrieb aufgrund seiner eigenen Reiserfahrungen und zeitgenössischen Berichte das Werk „Geographica", das als Quelle für die griechische und römische Geographie noch heute bedeutsam ist:

„Der Geograph dagegen beschreibt die Erde nicht für die Bewohner eines besonderen Ortes, auch nicht für einen solchen Geschäftsmann, der sich um das, was eigentlich Mathematik heißt, nicht kümmert; denn er schreibt auch nicht für Schnitter und Gartenarbeiter, sondern für den, welchen man überzeugen kann, dass sowohl die ganze Erde sich so verhält, wie die Mathematiker sagen, als auch das übrige, was sich auf eine solche Grundlehre stützt" (Strabo, Geographica, In der Übersetzung und mit Anmerkungen von Dr. A. Forbiger, Zweites Buch, Fünftes Kapitel, Nachdruck 2005 der in der Hoffmann'schen Verlags-Buchhandlung erschienenen Ausgabe von 1855–1898).

Exkurs 3.1.3

Auszug aus der Physischen Geographie von I. Kant

Der folgende Textauszug ist ein Beispiel dafür, wie noch Gelehrte des 17. und 18. Jahrhunderts aus oft unzuverlässigen Reiseberichten und Schilderungen ein Bild von fremden Erdteilen und Menschen zu kompilieren versuchten:

§1. Man kann sagen, dass es nur in Afrika und Neuguinea wahre Neger gibt. Nicht allein die gleichsam geräucherte schwarze Farbe, sondern auch die schwarzen wollichten Haare, das breite Gesicht, die platte Nase, die aufgeworfenen Lippen, machen das Merkmahl derselben aus, in gleichen plumpe und große Knochen. In Asien haben diese Schwarzen weder die hohe Schwärze, noch wollichtes Haar, es sey denn, dass sie von solchen abstammen, die aus Afrika herübergebracht worden ...

§2.1. Die Neger werden weiß gebohren, außer ihren Zeugungsgliedern und einem Ringe um den Nabel, die schwarz sind. Von diesen Theilen aus zieht sich die Schwärze im ersten Monate über den ganzen Körper.

§2.2. Wenn ein Neger sich verbrennt, so wird die Stelle weiß. Auch lange anhaltende Krankheiten machen die Neger ziemlich weiß; aber ein solcher, durch Krankheit weißgewordener Körper, wird nach dem Tode noch viel schwärzer, als er es ehedeß war.

(Immanuel Kant, Physische Geographie, Königsberg 1802, zit. nach Henscheid E [1988] Der Neger. Zürich)

salgelehrte **Alexander von Humboldt** (1769 bis 1859). Um die Zusammenhänge zwischen der räumlichen Verbreitung von Gesteinen, Pflanzen und Tieren systematisch zu erforschen, brach er zu einer langen Forschungsreise durch den südamerikanischen Kontinent auf, von der er eine Fülle neuer Erkenntnisse mitbrachte (1799 bis 1804). Humboldt beschäftigte sich vor allem mit den Wechselwirkungen zwischen natürlicher Umwelt und tierischer und menschlicher Anpassung (Abb. 3.1.2 und 3.1.3).

Abb. 3.1.2 Alexander von Humboldt (mit freundlicher Genehmigung der Stiftung Preußische Schlösser und Gärten Berlin-Brandenburg).

Abb. 3.1.3 Der Chimborazo, ein inaktiver Vulkan, ist mit 6 310 m der höchste Berg in Ecuador. Alexander von Humboldt unternahm zusammen mit seinem Begleiter Aimé Bonpland am 23. Juni 1802 den Versuch, den Gipfel zu erreichen. Sie kamen bis in eine Höhe von etwa 5 600 m. Mit dieser Besteigung gelang es Alexander von Humboldt, die typischen Höhenstufen von Landschaft und Vegetation in tropischen Hochgebirgen nachzuweisen, ein erster Schritt zu der später vor allem von Carl Troll weiterentwickelten dreidimensionalen landschaftsökologischen Gliederung der Erde.

Abb. 3.1.4 Ferdinand von Richthofen

Die Forschungsreisen Alexander von Humboldts trugen entscheidend dazu bei, dass in der Folgezeit die Informationsnachfrage über außereuropäische Regionen vor allem an die Geographie gerichtet und diese –

dadurch veranlasst – an den Universitäten breiter verankert wurde. Ihre Aufgaben waren dabei einerseits Kenntnisse über außereuropäische Erdräume, insbesondere die Ressourcen potenzieller Kolonien zu vermitteln, andererseits – besonders in Deutschland – den neu entstandenen Staat als „organische Einheit" diskursiv zu stützen und Kenntnisse über das „Reich" in den Schulen zu vermitteln (sog. „vaterländische Erdkunde"). „Geographische Professuren", schreibt der Geographiehistoriker Hanno Beck, „wurden von der (politischen) Entwicklung förmlich erzwungen" (Beck 1973). Sie erfüllten eine wohl definierte politische und ideologische Funktion im neuen Deutschen Reich, oder wie es ein Geographenaufruf aus dem Jahre 1913 auf die kürzestmögliche Formel brachte: „Wissen ist Macht, geographisches Wissen ist Weltmacht" (zit. nach Heske 1987).

Zu wichtigen Protagonisten der wissenschaftlichen Geographie entwickelten sich für die Physische Geographie im deutschen Kaiserreich vor allem Ferdinand von Richthofen (Abb. 3.1.4), für die Anthropogeographie Friedrich Ratzel (Kapitel 19).

Ferdinand von Richthofen (1833 bis 1905) erwarb sich mit seinen Feldforschungen in China und seinem „Führer für Forschungsreisende" (1886) breite Anerkennung auf dem Gebiet der empirischen Forschung in der Physischen Geographie, insbesondere der Geomorphologie. Um die vorletzte Jahrhundertwende war dabei die (natur-)wissenschaftliche Fundierung der

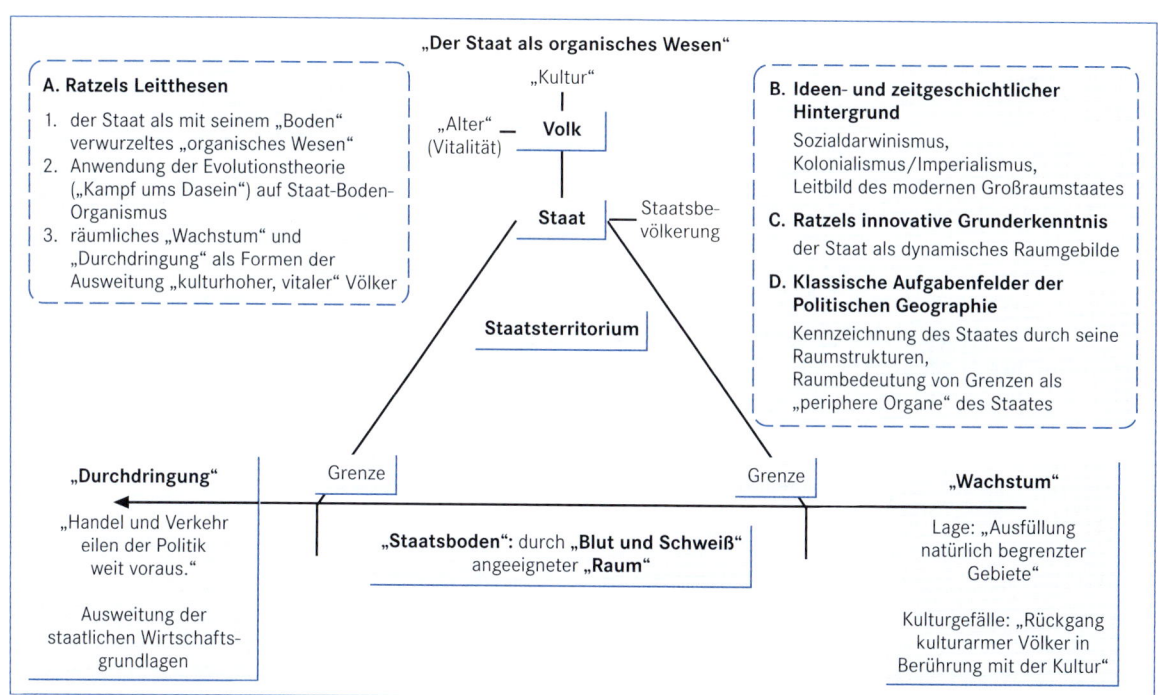

Abb. 3.1.5 Grundkonzeption der Politischen Geographie von Ratzel (verändert nach Büchner 1998).

Physischen Geographie sehr viel weiter gediehen als eine entsprechende wissenschaftstheoretische Einbettung der Humangeographie. Neue Befunde zur Verbreitung der Eiszeiten (Penck & Brückner [1901–1909] Die Alpen im Eiszeitalter) oder Forschungen zu den Klimaten der Erde (Köppen) fanden breite Resonanz nicht nur in der Wissenschaft, sondern auch in Politik und Öffentlichkeit.

Das Anliegen **Friedrich Ratzels** (1844 bis 1904) war es daher, die Anthropogeographie, die sich seiner Auffassung nach in einem desolaten Zustand befand, mit der gleichen wissenschaftlichen Fundierung zu betreiben, wie dies für die Physische Geographie der Fall war (Ratzel 1887). Dazu bedurfte es seiner Meinung nach eines systematischen Ausbaus vor allem der Politischen Geographie. Politische Geographie bedeutete für ihn die Lehre von der Erforschung der „Beziehungen zwischen dem Staat und dem Boden" (Ratzel 1903). „Lage", „Raum", „geschichtliche Bewegung" und „Grenzen" sind die zentralen Kategorien seiner Politischen Geographie; es ging ihm um die Aufdeckung des vermeintlichen Zusammenhangs von staatlichen Lebensvorgängen und Naturgrundlagen.

Dem nie ruhenden Raumbedürfnis des Lebens stand bei Ratzel der begrenzte Raum der Erdoberfläche entgegen; aus diesem „Widerspruch" ergab sich für ihn „auf der ganzen Erde" ein Kampf von „Leben mit Leben um Raum" (Ratzel 1887).

Vieles an Ratzels Terminologie und Denken scheint uns heute befremdlich, nicht zuletzt, weil sich durchaus eine Weiterentwicklung mancher Gedanken und Vorstellungen in der Geopolitik der 1920er-Jahre und in der Blut- und Bodenideologie der Nazizeit feststellen lässt („Volk ohne Raum").

Nach dem Zweiten Weltkrieg konstituierte sich daher die Geographie in Deutschland neu, ohne die „vergifteten" Teildisziplinen wie die Politische Geographie. Im Wesentlichen knüpfte sie wieder an die älteren Paradigmen der **Länder- bzw. Landschaftskunde** an, welche aber im postkolonialen und postnationalistischen Zeitalter letztlich ihre Stoßkraft verloren hatten. Studierende der Geographie, welche auf dem Kieler Geographentag 1969 diesen „Reformstau" anprangerten, hatten mit ihrer Diagnose sicher nicht unrecht: „Landschafts- und Länderkunde als Inbegriffe der Geographie verfügen über keine Problemstellungen … Sie sind in der Konstatierung von Trivialzusammenhängen Allgemeinplätze, in der Zielvorstellung Leerformeln. Geographie als Landschafts- und Länderkunde ist Pseudowissenschaft, unwissenschaftlich, problemlos und verschleiert Konflikte …" (Burgard et al. 1970).

Heute ist Geographie ein Fach **„mit akkumulierten Paradigmen"** (Leser & Schneider-Sliwa 1998) und die Vielfalt an Fragestellungen, Forschungsansätzen und methodischen Zugriffen ist so groß, dass Geographen ihr Fach selbst gerne mit der ironischen Beschreibung *„geography is what geographers do"* definieren. Hinter diesem Stoßseufzer steht die Erkenntnis, dass es in der Geographie sehr unterschiedliche Basisansätze gibt, die letztlich unverbunden nebeneinander stehen. Gerade das aber muss kein Schaden sein. Das „Multi-Paradigmen-Spiel" der Geographie (Weichhart 2000) mit seiner Koexistenz rivalisierender Paradigmen und Theorien reagiert vielleicht angemessener als andere Wissenschaften auf den zentralen Befund der Erkenntnistheorien, „die eine Existenz von nur einer Wahrheit massiv infrage stellen oder zumindest den Zugang zu dieser einen Wahrheit für uns für unmöglich halten" (Egner 2010). Geographie nutzt für spezifische Probleme unterschiedliche Theorien.

Wenn wir eine Antwort darauf geben wollen, was die geographische Wissenschaft heute sei, so muss – Gerhard Hard (1973) folgend – zunächst geklärt werden, wonach hier überhaupt gefragt ist: danach, was Geographen selbst für Geographie halten, was sie in Definitionen, bei Festreden oder sonstigen „offiziellen Anlässen" sozusagen als „Unternehmensphilosophie" kundtun, das, was sie tatsächlich tun (nachzuweisen z. B. durch eine wissenschaftssoziologische Analyse von Forschungsprojekten oder Ähnlichem), oder aber das, was sie in ihrer beruflichen Praxis leisten?

3.2 Die Geographie und ihre Teilgebiete

Grenzt man die Frage nach der Geographie zunächst auf die „offizielle Unternehmensphilosophie" ein, so lassen sich durchaus eindeutige Aussagen machen:

- Geographie ist einerseits eine **Naturwissenschaft**, denn sie untersucht natürliche Phänomene wie Oberflächenformen, Böden und Vegetation in ihrem Zusammenhang.
- Geographie ist andererseits eine **Gesellschaftswissenschaft**, denn sie untersucht gesellschaftliche und wirtschaftliche Phänomene mit ihren Ansprüchen an den Raum.
- Geographie ist einerseits eine **empirische Wissenschaft**, denn Gelände- wie Laborarbeit in der Physischen Geographie und Befragungen oder Datenauswertungen am Computer in der Humangeographie spielen eine wichtige Rolle.
- Geographie ist andererseits eine **theoretische Wissenschaft**, denn die Erstellung von Modellen (z. B.

des Abflussverhaltens in Gewässersystemen) oder von Theorien (z. B. des räumlichen Diffusions- und Innovationsverhaltens) gehören zu den unverzichtbaren Aufgaben.

Die Anthropogeographie/Kulturgeographie/Humangeographie/Wirtschafts- und Sozialgeographie ist dabei der geistes- bzw. gesellschaftswissenschaftliche Teil der Geographie, der sich mit dem Verhältnis von Gesellschaft und Raum befasst. Die Physiogeographie/Physische Geographie/Naturgeographie hingegen, der naturwissenschaftliche Zweig, beschreibt und erklärt die physische Umwelt des Menschen und die darin ablaufenden Prozesse (Exkurse 3.2.1 und 3.2.2).

 **Exkurs 3.2.1**

Eine Definition von Geographie der Deutschen Gesellschaft für Geographie

Ein „multiparadigmatisches" Fach wie die Geographie allgemein verbindlich zu definieren, ist letztlich nicht möglich. Die Deutsche Gesellschaft für Geographie, der Dachverband aller Geographen in Deutschland, hat versucht, eine „Konkordanz" bestehender Definitionen zu erstellen und damit auch für die breitere Öffentlichkeit einen Eindruck von Aufgaben und Themen der Geographie zu vermitteln. Diese ist natürlich zugeschärfter als übliche Lehrbuchdefinitionen:

Geographie befasst sich mit der Erdoberfläche, mit Landschaften, mit den Menschen, mit Standorten sowie mit den materiellen und geistigen Umwelten der Menschen. In der Geographie geht es, sehr allgemein ausgedrückt, um die Welt, in der wir leben.

Eine Besonderheit und Stärke der Geographie liegt in einer Verbindung natur- und gesellschaftswissenschaftlicher Perspektiven und Methoden. Die naturwissenschaftliche **„Physische Geographie"** untersucht die Struktur und Dynamik unserer physischen Umwelt und der in ihr wirksamen Kräfte und ablaufenden Prozesse. Die gesellschaftswissenschaftlich ausgerichtete **„Humangeographie"** (auch „Anthropogeographie", „Kulturgeographie" oder „Wirtschafts- und Sozialgeographie" genannt) befasst sich mit der Struktur und Dynamik von Kulturen, Gesellschaften und Ökonomien und der Raumbezogenheit des menschlichen Handelns.

Die Geographie stellt die Erkenntnisse über physische und soziale Prozesse in den konkreten Kontext von Orten und Regionen und vermittelt so ein differenziertes Bild der unterschiedlichen Kulturen, Wirtschaftsformen, politischen Systeme, Umwelten und Landschaften, die unsere Erde prägen. Dabei versucht die moderne Humangeographie, nicht nur die vielfältigen räumlichen Verschiedenheiten und Prozesse des sozioökonomischen Strukturwandels, sondern auch die Ursachen und Auswirkungen gesellschaftlicher Ungleichwertigkeiten aufzuzeigen. Physische Geographie und Humangeographie haben sich dabei zu relativ eigenständigen Zweigen der Fachdisziplin mit unterschiedlichen Fragestellungen und Methoden herausgebildet. Beide Zweige arbeiten aber bei der Lösung zahlreicher Fragestel-

lungen eng zusammen. Angesichts der großen Bedeutung, die der physischen Umwelt als der natürlichen Grundlage menschlichen Lebens zukommt, und angesichts der Tatsache, dass diese Grundlage durch menschliche Eingriffe immer mehr in ihrer Funktionsfähigkeit gestört und bedroht ist, kommt einer Betrachtung der vielfältig vernetzten Zusammenhänge zweifellos eine herausgehobene Bedeutung zu. Diese **übergreifende Betrachtungsweise** kann man als den Kern der Geographie bezeichnen. Geographie ist jedoch nicht nur eine Form wissenschaftlicher Beschäftigung mit unserer sozialen und physischen Umwelt, sondern zugleich auch ein integraler Bestandteil im Leben jedes einzelnen Menschen. Sie kann dazu beitragen, unser Alltagsleben interessanter zu gestalten und unser Engagement für die Welt und die Menschen zu wecken bzw. zu steigern.

Schon frühzeitig machen wir **fundamentale geographische Erfahrungen**, beispielsweise indem wir lernen, uns einen Orientierungsrahmen für unser alltägliches Handeln zu schaffen. Dieser Rahmen wird im Laufe unseres Lebens vielfältig erweitert, beispielsweise durch Reisen oder durch Einsichten, die die Schule und speziell der Geographieunterricht vermittelt. Beide Erfahrungen können nachhaltig wirken, und bei vielen wecken sie ein starkes Interesse und Engagement für die natürliche Umwelt, den heimatlichen Lebensraum oder fremde Länder und Kulturen. Dieses Interesse begründet zumeist ein Gefühl des Respekts und der Verantwortung gegenüber den natürlichen Lebensgrundlagen der Menschen und der Vielfalt menschlicher Daseinsformen. Ausflüge in naturnahe ländliche Räume vermitteln eine viel tiefere Erfahrung, wenn wir nachvollziehen können, wie die Landschaft geformt wurde und wie der Mensch ihre Gestaltung beeinflusst hat. Geographisches Wissen lässt uns die vielfältigen Bedrohungen dieser Landschaft, beispielsweise durch Bodenerosion oder Nitratbelastung, erkennen. Schon der Weg zwischen Wohnung und Arbeitsstätte liefert zahlreiche Anhaltspunkte über Arten und Zeiten der Fortbewegung, über Entfernungen, die zurückgelegt werden, über die dabei verbrauchte Energie und die resultierende Umweltbelastung. Wenn solche Daten systema-

Fortsetzung

Fortsetzung

tisch erhoben werden, bieten sie erste Hinweise, wie eine Planung des Verkehrs und der Städte im Sinne einer nachhaltigen Raumentwicklung vorgenommen werden sollte. Die Qualität unserer lokalen und globalen Umwelten wird maßgeblich davon beeinflusst, wie wir mit Ressourcen wie Trinkwasser und fossilen Brennstoffen umgehen. Daher ist es wichtig, dass jeder Einzelne sich der Folgen seines eigenen Lebensstils bewusst wird und darüber nachdenkt, wie er durch sein persönliches Handeln dazu beitragen kann, die von ihm ausgehenden Umweltbelastungen, wie beispielsweise die durch den Menschen verursachte Aufheizung der Atmosphäre, zu verringern. Die Zunahme des internationalen Tourismus verdeutlicht, wie nah einzelne Orte global bereits „zusammengerückt" sind. Denn moderne Transportmittel und erdumspannende Informations- und Kommunikationsmedien lassen den „Raum schrumpfen".

Diese Entwicklungen führen jedoch nicht zu einer weltweiten Vereinheitlichung und damit zu einem vielfach beschworenen „Ende der Geographie", sondern erzeugen neue Ungleichheiten, Konflikte und politische Herausforderungen. Im Zeitalter der Globalisierung leben wir nicht nur in einer global vernetzten Wirtschaft, sondern auch in einer globalen Verantwortungsgemeinschaft. Geographie vermittelt Bildung für das Leben. Geographisches Wissen und

geographisches Engagement sind essenziell für das 21. Jahrhundert, einem Jahrhundert, in dem unsere Erde von anhaltendem Bevölkerungswachstum, von weitreichenden globalen Umweltveränderungen, von sozialer und ökonomischer Ungleichheit und von einer zunehmenden Verknappung natürlicher Ressourcen geprägt sein wird. Diese Probleme sind eine ernste Herausforderung für das friedliche Zusammenleben der Menschen, für die kulturelle Toleranz, für eine gerechte Erdpolitik und speziell für die Aufgabe eines nachhaltigen Managements von Lebensräumen, natürlichen Ressourcen und Landschaften. In Anbetracht dieser Herausforderungen kommt Geographen eine Schlüsselrolle zu. Sie vermitteln Wissen über Problemzusammenhänge, wecken Verständnis und Engagement für Belange der **Zukunftssicherung des menschlichen Lebens** auf dem Planeten Erde und leisten im Rahmen ihrer fachlichen Kompetenz fundierte Beiträge zur Lösung von Problemen. Dieses gemeinsame Anliegen verbindet die in verschiedenen Bereichen unserer Gesellschaft tätigen Geographen: in Schule und Bildung, in Wissenschaft und Forschung, in Wirtschaft und Verwaltung.

(Quelle: Homepage der Deutschen Gesellschaft für Geographie 2002)

 **Exkurs 3.2.2**

Die Geschichte der Geographie

Hans-Heinrich Blotevogel

Die Entwicklung der wissenschaftlichen Geographie reicht zurück bis in die griechische **Antike**. Geographen wie Herodot von Halikarnassos (um 484 bis um 424 v. Chr.) sammelten und beschrieben das durch Überlieferungen, Berichte und eigene Reisen zusammengetragene geographische Wissen ihrer Zeit in Texten und stellten bereits systematische Überlegungen zur Erklärung geographischer Phänomene wie beispielsweise des jährlichen Nilhochwassers an. In späthellenistischer Zeit systematisierte Claudius Ptolemäus (um 100 bis um 175 n. Chr.) in Alexandria das topographische Wissen seiner Zeit und gab eine wissenschaftliche Anleitung zum Zeichnen von Weltkarten. Im abendländischen Mittelalter wurde das antike geographische Wissen nur teilweise tradiert, dabei jedoch in einen religiös gedeuteten kosmologischen Kontext gestellt. Entgegen einer weit verbreiteten Annahme war dabei die bereits in der griechischen Antike bekannte Kugelgestalt der Erde ein nur von wenigen Außenseitern bestrittenes Allgemeinwissen.

Eine neue Epoche der Geographiegeschichte setzt mit der Erfindung des Buchdrucks und den **außereuropäischen**

Entdeckungen seit dem ausgehenden 15. Jahrhundert ein. Die neuen Bedürfnisse der Seefahrt, der Fernhandelskaufleute und der absolutistischen Fürsten ließen die Nachfrage nach geographischem Wissen in der Form von gedruckten Texten, Karten und Globen rasch ansteigen. Nicht nur die topographisch-statistischen Inventare der Territorialstaaten, sondern auch die Einbeziehung der neu erkundeten außereuropäischen Kontinente ließen ein neues geographisches Weltbild entstehen, das sich immer mehr von der religiös-kosmographischen Einbettung und Deutung emanzipierte.

Zu den Begründern der neuzeitlichen wissenschaftlichen Geographie gehören Bartholomäus Keckermann (um 1572 bis 1608) und Bernhardus Varenius (1622 bis 1650/51). Sie entwickelten ein eigenes geographisches Begriffssystem und gliederten die Geographie in die „Allgemeine Geographie" (*geographia generalis*) und die „Regionale Geographie" oder Länderkunde (*geographia specialis*). Es ging ihnen nicht nur um die Aufzählung und Beschreibung von topographischen Objekten wie Siedlungen und Flüssen, sondern auch

Fortsetzung

Fortsetzung

um die Darstellung von Völkern, Staaten und Orten im räumlichen, historischen und gegebenenfalls religiösen Kontext.

Im 18. Jahrhundert, dem Jahrhundert der **Aufklärung**, emanzipierte sich die Geographie weiter von der tradierten religiösen Deutung, der zufolge die Objekte der Geographie als Ergebnis des göttlichen Wirkens, insbesondere der Schöpfung, aufzufassen seien. Stattdessen treten nun die kausal-mechanischen Erklärungen der Natur und das Wesen von Völkern und Kulturen im Licht des aufklärerischen Menschenbildes in den Vordergrund des Interesses (Johann Gottfried Herder 1744 bis 1803, Georg Forster 1754 bis 1794). Ein weiterer Entwicklungsstrang wird durch Anton F. Büsching (1724 bis 1793) repräsentiert, dessen elfbändige „Neue Erdbeschreibung" nützliches Wissen über Länder, Staaten sowie deren Geschichte und Wirtschaft für die Bedürfnisse der rationalen Staatsverwaltung und die interessierte Öffentlichkeit bereitstellte.

An der Schwelle zur modernen wissenschaftlichen Geographie stehen zwei herausragende Persönlichkeiten: Alexander von Humboldt (1769 bis 1859) und Carl Ritter (1779 bis 1859). Humboldt ist der wichtigste Vertreter der naturkundlichen Epoche vor der Ausbildung der strengen, positivistischen Naturwissenschaften. Auf der Grundlage umfangreicher Forschungsreisen insbesondere nach Lateinamerika begründete er die moderne wissenschaftliche Länderkunde und eine neue Auffassung von Geographie, indem er durch präzise Beobachtung und reflexive Deutung zu einer ganzheitlichen Anschauung und Deutung der Natur zu gelangen versuchte. Er suchte nach der „natürlichen Geographie" der landschaftlichen Ordnung, in der natürliche und menschliche Faktoren in Harmonie zusammenwirken. Ritter dagegen fragte weniger nach den Kausalitäten in der Natur, sondern nach den Wirkungen der Naturverhältnisse auf den Menschen. Geographie war für ihn Beschreibung der Schöpfung Gottes. Der Mensch als Krone der Schöpfung habe bestimmte Gaben und Fähigkeiten, mithilfe derer er die Naturgegebenheiten der Erde nutzt und diese zu seinem „Wohnplatz" einrichtet.

Zusammenfassend lassen sich für die **Frühneuzeit** vom 16. bis zur Mitte des 19. Jahrhundert vier Interessenslagen benennen, die die Geographie jener Zeit mehr oder weniger erfolgreich befriedigte:

a) das Kuriositäteninteresse am Einmaligen und Andersartigen fremder Länder und Völker, angefacht durch die Entdeckungen und Reisen; Geographie beteiligte sich aktiv an der Konstruktion von Bildern über das Selbst (der Deutschen, der Franzosen, der Europäer usw.) und das Andere (der Araber, der Afrikaner, der Chinesen usw.)

b) die philosophische Idee der Notwendigkeit, die göttliche Ordnung auf der Erde als der Wohnstätte des Menschen geistig nachzuvollziehen (Ursprung der geographischen Bildungsaufgabe aus der humanistischen Theologie)

c) die praktischen Bedürfnisse nach zweckmäßiger geographischer Information für die merkantilistischen und militärischen Interessen des absolutistischen Staats

d) das Informationsbedürfnis über die Ressourcen anderer Länder für die frühen kolonialen Interessen der europäischen Mächte

Als **eigenständige wissenschaftliche Disziplin** wurde die Geographie ab etwa 1830 durch „Geographische Gesellschaften" getragen und ab etwa 1870 an vielen Universitäten etabliert. Für die Institutionalisierung als Universitätsdisziplin waren unterschiedliche Faktoren verantwortlich. Durch die Verselbstständigung der Geographie als Schulfach (Schulgeographie) an den höheren Schulen mussten Lehrer ausgebildet werden. Nach der Reichsgründung 1871 wurde Deutschland zu einem Nationalstaat und zu einer (imperialistischen) Großmacht mit europäischen und globalen politischen, militärischen und wirtschaftlichen Interessen (z. B. Kolonien). Die „vaterländische Erziehung" bekam einen hohen Stellenwert in der Schulpolitik. Das wachsende Ansehen der positivistischen Naturwissenschaften und der große Einfluss der Darwin'schen Evolutionslehre förderten die Emanzipation der wissenschaftlichen Geographie sowohl von der Geschichtswissenschaft als auch von der Fakten beschreibenden Statistik und prägten zugleich ihr Selbstverständnis als positivistische, naturwissenschaftlich orientierte Disziplin. Ihr Ziel war, nicht nur die speziellen Verhältnisse der Erdoberfläche zu beschreiben, sondern allgemeine Gesetze über kausale Abhängigkeiten zu finden. Dabei galten die natürlichen Gegebenheiten der Erde in der Regel als verursachende Faktoren und das Menschenwerk als abhängige Folge (Geodeterminismus). Beispielsweise definierte Ferdinand von Richthofen (1833 bis 1905) die Geographie als „Wissenschaft von der Erdoberfläche und den mit ihr in ursächlichem Zusammenhang stehenden Dingen und Erscheinungen" (1886).

Zwei der einflussreichsten deutschen Geographen der Kaiserzeit waren Alfred **Kirchhoff** (1838 bis 1907) und Friedrich **Ratzel** (1844 bis 1904). Beide waren in ihrem Denken einerseits stark von Darwin und dem naturwissenschaftlichen Positivismus, andererseits aber auch vom Nationalismus der Bismarck-Ära beeinflusst. Aus dieser Kombination entstand eine naturalistisch verkürzte, sozialdarwinistisch geprägte Auffassung von Geographie, die einen nationalpolitischen Auftrag im Sinne einer scheinbar naturwissenschaftlichen Legitimierung des zweiten deutschen Kaiserreichs mit seinem imperialistischen Anspruch, beispielsweise auf Kolonien, verfolgte.

Auch in **anderen Ländern** wie England, Frankreich und Russland trug die neu institutionalisierte Hochschulgeographie zur Legitimierung der Nationalstaaten sowohl nach innen (Bildungsauftrag) als auch nach außen (imperialistische Ansprüche) bei. Daneben gab es andere Ansätze, die teils das Erbe des aufgeklärten Humanismus fortführten, teils neue Fragestellungen und Sichtweisen in die Geographie einbrachten. In Nordamerika hatte George P. Marsh (1801 bis 1882) bereits 1862 auf den Einfluss des Menschen auf die Natur hingewiesen und damit die geodeterministische Betrachtung auf den Kopf (oder vom Kopf auf die Füße) gestellt. In Frankreich begründete Elisée Reclus (1830 bis 1905) die Sozialgeographie unter dem Einfluss der Soziologie, indem er nach den räumlichen Mustern des Sozialen fragte. Sein Landsmann Paul Vidal de la Blache (1845 bis 1918) führte den Ansatz fort und begründete die französische Schule der *géographie humaine* (Kapitel 16).

Fortsetzung

Fortsetzung

Der Erste Weltkrieg war für die Entwicklung der Geographie in mehrfacher Hinsicht von weitreichender Bedeutung: Erstens führte die allgemeine Kriegsbegeisterung (nicht nur in Deutschland) zu einer Aufwertung der „nationalen Erziehung" und zu einem wachsenden Interesse an geographischem Wissen („Kriegsgeographie", Geopolitik). Zweitens führte das Trauma des Versailler Vertrags zu einer verstärkten Beschäftigung mit dem **„Grenz- und Auslandsdeutschtum"** und zu einer Verschiebung geographischer Themen: von der Physio- zur Humangeographie, von der etatistischen zur völkischen Geographie. Drittens erhielten mit den Schulreformen der 1920er-Jahre sowohl die Heimatkunde als auch die Erdkunde in der Mittel- und Oberstufe einen größeren Stellenwert. Als „nationales Bildungsfach" wurde sie auf Kosten der Naturwissenschaften einerseits sowie der humanistischen Bildung andererseits gefördert. Die Folge war eine allgemeine Politisierung der Geographie unter Einschluss einerseits staatsbürgerlicher Themen und Ziele (Zielsetzung der Schulpolitik), andererseits aber auch völkischer, geopolitischer und rassenkundlicher Themen. Damit war der ideologische Boden vorbereitet für den Nationalsozialismus.

Die ersten drei Jahrzehnte des 20. Jahrhunderts waren – nicht nur in Deutschland – geprägt von Versuchen, der jungen Universitätsdisziplin Geographie eine tragfähige konzeptionelle Grundlage zu geben. Dabei spielten einerseits die bedeutenden wissenschaftlichen Fortschritte in den einzelnen Teildisziplinen (insbesondere Geomorphologie und Siedlungsgeographie), andererseits aber auch wissenschaftstheoretische und nationalpolitische Überlegungen und Ziele eine wesentliche Rolle. Diese Faktoren zeigen sich beispielhaft im Wirken der beiden wohl einflussreichsten Geographen dieser Epoche: Albrecht Penck (1858 bis 1945) und Alfred Hettner (1859 bis 1941).

Nebenströmungen und wichtige konkurrierende Konzepte der 1920er- und 1930er-Jahre umfassen die **niederländische Soziographie** (Sebald Steinmetz), die **Geopolitik** (Karl Haushofer) und die **strukturell-funktionale Wirtschafts- und Sozialgeographie** (Hans Bobek, Walter Christaller).

Nach dem Zweiten Weltkrieg unterblieb weitgehend eine offene Auseinandersetzung der deutschen Geographie mit der Verstrickung vieler Geographen in die Ideologie und Praxis des nationalsozialistischen Regimes. Viele politisch belastete Geographen wandten sich vermeintlich unverfänglichen Forschungsthemen zu und bemühten sich um eine Fortentwicklung der „guten" Fachtraditionen. Die 1950er- und 1960er-Jahre sind geprägt durch eine graduelle Modernisierung der klassischen Geographie der 1920er-Jahre durch zwei bedeutende Innovationen: die Entwicklung der **Landschaftsökologie** (Carl Troll, Jopsef Schmithüsen) und der **Sozialgeographie** (Hans Bobek, Wolfgang Hartke). Allerdings führten diese Neuerungen nur zu einer Erweiterung, nicht jedoch zu einer grundsätzlichen Revision des traditionellen Fachparadigmas, in dessen Mittelpunkt die Landschaft stand.

Entschieden weiter reichten die Bemühungen um eine Modernisierung der fachtheoretischen Konzeption der Geographie in den Jahren um 1970. Sowohl die Stellung der Landschaft als zentraler Forschungsgegenstand als auch die Bedeutung der Landes- und Länderkunde als „Krone der Geographie" gerieten in die Kritik, und stattdessen verlagerte sich der Schwerpunkt auf die einzelnen Zweige der Allgemeinen bzw. Thematischen Geographie mit nomologischer Zielsetzung (Dietrich Bartels). Die verbindende Klammer sollte der „Raum" bilden, indem die einzelnen Fachrichtungen sich um eine genuin „raumwissenschaftliche" Theoriebildung bemühten und sich insofern von ihren jeweiligen systematischen Nachbarwissenschaften abzugrenzen versuchten. Mit der Hinwendung zur **Allgemeinen bzw. Thematischen Geographie** waren zugleich eine strengere Methodenorientierung und eine fortschreitende Ausdifferenzierung in spezielle Teilgebiete verbunden. In den 1990er-Jahren wurde schließlich auch – vor allem in der Humangeographie – die Raumzentrierung der wissenschaftlichen Geographie infrage gestellt. Dadurch wurde einerseits der methodologische Gegensatz zwischen der naturwissenschaftlichen Physischen Geographie und der gesellschaftswissenschaftlichen Humangeographie akzentuiert, andererseits mehrten sich die Stimmen, die die Entwicklung integrativer Ansätze und Perspektiven forderten.

3.3 Die Geographie und ihre Forschungsprojekte

Forschung und Lehre des Faches sind die zentralen Aufgaben der Geographie an Hochschulen. Statistiken zu den dort gehaltenen Vorlesungen oder Seminaren würden einen guten Einblick in die „Realität" der **Lehre** im Vergleich zur „Unternehmensphilosophie" geben. Leider existieren hierzu keine systematischen Übersichten, aber ein Blick in ein beliebiges Vorlesungsverzeichnis macht die Breite und teilweise Spezialisierung geographischer Lehrveranstaltungen deutlich (Tab. 3.3.1).

Ein Blick in die **Forschung** würde eine detaillierte Auswertung von geförderten „Drittmittelprojekten" ergeben; leider existiert auch eine solche Statistik nicht. Geographische Forschung wird, wie die der meisten Universitätsfächer, durch eine Reihe von Institutionen gefördert, angefangen von den Fördermöglichkeiten im Rahmen der Europäischen Union über Forschungsorganisationen und Stiftungen in Deutschland (z. B. Deutsche Forschungsgemeinschaft, Stiftung Volkswagenwerk, Deutscher Akademischer Austauschdienst, Stiftungen der politischen Parteien wie Konrad-Adenauer-Stiftung oder Friedrich-Ebert-Stiftung) bis hin zu öffentlichen und privaten Geldgebern auf regionaler

Tabelle 3.3.1 Typische Lehrveranstaltungen an einem Geographischen Institut – hier am Beispiel des Geographischen Instituts Heidelberg im Wintersemester 2010/2011.

VORLESUNGEN	Allgemeine Physische Geographie I: Klimageographie
	Einführung in die Allgemeine Humangeographie I
	Geographien der Ressourcen und Rohstoffe
	Wüsten der Erde
	Wirtschaftsgeographische Aspekte der Ressourcenökonomie und natürlicher Risiken
	Economic Geography, Institutions and Political Economy
	Einführung in die Geoinformatik
GRUNDSTUDIUM	Proseminar: Relief und Klima
	Physische Geographie: Ausgewählte Aspekte der Physischen Geographie
	Proseminar Humangeographie
	Proseminar Humangeographie: Städte als Steuerungszentralen einer globalisierten Welt?
	Regionales Proseminar: Ozeane
	Regionales Proseminar: Umwelt und Entwicklung in Nepal
HAUPTSTUDIUM	Übung zu Statistische Methoden in der Geographie
	Hauptseminar: Wasserprobleme in der Praxis in interdisziplinärer Perspektive
	Hauptseminar: Globaler Umweltwandel, Globalisierung und Ressourcenverknappung? Neue Risiken im 21. Jahrhundert
	Hauptseminar: *Innovation and Governance in Spatial Context*
	Projektseminar: Stadtplanung: Innenstadtentwicklung in den Mittelstädten der Metropolregion Rhein-Neckar
	Projektseminar: Anwendung geophysikalischer Methoden in der Physischen Geographie
	Übung: Agentenmodelle in der Physio- und Humangeographie
	Seminar mit Übungen: Geodateninfrastrukturen – Grundlagen, Standards und praktische Nutzung
	Vorlesung/Übung: Einführung in Open Source GIS – GRASS GIS I
EXKURSIONEN	Nordost-Thailand (7 Tage)
	Chile/Argentinien (20 Tage)
	Verknüpfung von Kapitalgebern aus dem Stiftungswesen mit aktuellen Projekten der Stadtentwicklung in Rhein-Neckar und Frankfurt/Rhein-Main (4 Tage)
KOLLOQUIEN	Geographisches Kolloquium
	Diplomanden- und Doktorandenkolloquium für Wirtschafts- und Sozialgeographie

und lokaler Ebene (z.B. Stadtverwaltungen oder Firmen, die Gutachten in Auftrag geben).

3.4 Die Geographie und ihr Arbeitsmarkt

Was ist Geographie? Die Antwort bei Antoine de Saint-Exupéry (Exkurs 3.1.1) war einfach: Endlich ein richtiger Beruf! In der Realität der Arbeitmärkte für Geographen muss die Antwort etwas differenzierter ausfallen.

Das **Berufsbild** des Geographen ist im Wandel begriffen. Bis weit in die 1970er-Jahre hinein wurden Geographiestudenten fast ausschließlich Lehrer, das heißt Universitätsabsolventen in aller Regel Lehrer an Gymnasien, Studierende an den Pädagogischen Hochschulen Lehrer für die Grund- und Hauptschule, in bestimmten Fällen auch für die Realschule. Die wenigen Magisterabsolventen fielen ebenso wenig ins Gewicht wie die wenigen Diplomkandidaten. Diplomstudiengänge waren ja erst versuchsweise in den späten 1950er- und frühen 1960er-Jahren in Berlin und München eingerichtet worden, in den 1970er-Jahren zogen weitere Universitäten nach.

 **Exkurs 3.4.1**

Die Zyklizität von Tätigkeitsfeldern für Geographen

HANS GEBHARDT

Eine erste Generation von Diplomgeographen fand in den 1970er-Jahren schwerpunktmäßig ein Arbeitsfeld im Bereich der räumlichen Planung, insbesondere im Bereich der mittleren räumlichen Ebene der Regionen, aber auch in der Stadt- und Landesplanung. Demgegenüber hatten Bewerber mit ihrem Schwerpunkt im Bereich der Physischen Geographie, insbesondere in klassischer Geomorphologie, weitaus schlechtere Berufsaussichten. In den späten 1980er- und den 1990er-Jahren verbesserten sich prinzipiell jedoch die Berufschancen auch und gerade für physische Geographen, insbesondere in Bereichen wie Landschaftsrahmenplanung, Umweltverträglichkeitsprüfung oder Altlastensanierung. Durch die deutlich besseren Berufsaussichten reagierten die Studierenden mit verstärkter Nachfrage, allerdings zu einem Zeitpunkt, als der Bedarf bereits wieder zurückgegangen war. Seit gut 10 Jahren besteht nun ein relativ guter und stabiler Arbeitsmarkt für Absolventen mit Kenntnissen im Umgang mit Geographischen Informationssystemen (GIS).

Die Umstellung der meisten Studiengänge auf Bachelor und Master ist erst in den letzten Jahren erfolgt; über die Berufsaussichten speziell für Bachelor-Absolventen sind daher noch keine gesicherten Aussagen möglich.

Der ZEIT-Studienführer (2010/2011) bewertet die Arbeitsmarktchancen für Geographen als akzeptabel. Die Geographen haben von der guten Konjunktur des vergangenen Jahres profitiert, aber nicht so sehr wie andere Akademiker. Dennoch sei die Arbeitslosigkeit gegenüber dem Hochkonjunkturjahr 2000 um 37 Prozent zurückgegangen. Es gäbe aber wenige Stellen, die explizit für Geografen ausgeschrieben werden. Wer sich nicht auf diese enge Berufsbeschreibung beschränke und über Zusatzqualifikationen wie Tourismusmanagement oder Geoinformatik verfüge, kann seine Chancen auf einen Arbeitsplatz erhöhen.

Bis weit in die 1970er-Jahre hinein blieb dann auch das Berufsbild der Geographen weithin diffus. Einer der ersten außerhalb der Schule tätigen Geographen berichtete als Kuriosum, dass er nach dem Zweiten Weltkrieg von der alliierten Besatzungsmacht, die mit seiner Berufsbezeichnung nichts anzufangen wusste, in die Gruppe „Erdarbeiter, Wünschelrutengänger und sonstige Berufe" eingestuft wurde (zit. nach Hartke 1962).

Eine erste Generation von Diplomgeographen in den 1970er- und frühen 1980er-Jahren geriet in die Expansionsphase des **Öffentlichen Dienstes**. Oft unabhängig von der Ausrichtung des Studiums eröffneten sich günstige Berufsaussichten, während in den 1980er- und mehr noch in den 1990er-Jahren Stellen im öffentlichen Dienst weitgehend besetzt und damit blockiert waren. Als berufliches Feld für Hochschulabsolventen wurden private Consulting-Firmen und Planungsbüros, aber auch Tätigkeiten für staatliche und nichtstaatliche Einrichtungen in Drittweltstaaten zu einem weitaus wichtigeren Arbeitsfeld.

Es gibt keinen spezifischen, klar abgegrenzten Arbeitsmarkt für Geographen, sondern viele Teilmärkte. Die in der Praxis tätigen Geographen bewegen sich in sich wandelnden Märkten und Aufgabenfeldern (Exkurse 3.4.1).

Geographische Berufsfelder heute

MAIKE DZIOMBA UND THOMAS ZACHARIAS

Noch immer herrscht in der Öffentlichkeit kein klares Bild darüber, mit welchen Themen sich Geographen beschäftigen und in welchen Bereichen sie beruflich tätig sind. Für die meisten Menschen ist klar, dass Geographie irgendwie mit „Länder-Menschen-Abenteuer" und „Stadt-Land-Fluss" zu tun haben muss, ohne dass klar ist, wie sich damit Geld verdienen lässt.

Hinzu kommt, dass Studienanfängern in den ersten Semestern leider oft vermittelt wird, dass man zwar ein sehr interessantes und vielseitiges Studium absolviere, am Arbeitsmarkt aber nur begrenzte Chancen habe. In der Folge gehen viele Geographen davon aus, dass in der Öffentlichkeit und bei Nachbardisziplinen ihr Image mindestens diffus, wenn nicht sogar schlecht ist. Auch gestandene Praktiker stellen sich häufig lediglich mit ihrem konkreten beruflichen Aufgabenfeld vor – zum Beispiel als Kommunalberater, Verkehrsplaner oder Researcher – ohne gleichzeitig auf ihren Abschluss in Geographie zu verweisen. Dass diese Bescheidenheit aber unnötig ist, haben verschiedene Untersuchungen und Absolventenbefragungen gezeigt – eher das Gegenteil scheint der Fall, Geographen haben häufig ein sehr gutes „Standing" bei Kollegen und in der Fachöffentlichkeit.

Tatsächlich findet sich heute kaum noch ein Wirtschaftsbereich, in dem man nicht auf einen „Dipl.-Geogr." stößt. Geographen können zu Recht von sich behaupten, dass sie erfolgreich neue Berufsfelder erobert haben, ohne an Bedeutung bei den klassischen Arbeitgebern wie der öffentlichen Hand oder privaten Planungsbüros eingebüßt zu haben. Durch die große Vielfalt der Themen und die notwendige Spezialisierung schon während des Studiums stellt sich der „geographische Arbeitsmarkt" jedoch häufig als eine etwas unübersichtliche Welt von Nischen dar, die ein einheitliches berufliches Profil des Geographen erschwert.

Doch wo und woran arbeiten Geographen heutzutage? Auf diesem knappen Raum können selbstverständlich nicht alle Aufgabenfelder und Berufe erschöpfend dargestellt werden, aber es soll versucht werden, die unübersichtlich erscheinende Bandbreite etwas zu strukturieren. Ganz grob differenziert lassen sich vier Berufsfelder unterscheiden:

- **Berufsfeld „Räumliche Planung":** Der Bereich „Räumliche Planung" umfasst Tätigkeiten in der Stadt-, Regional- und Landesplanung sowie den einzelnen Fachplanungen (z. B. Verkehr, Soziales). In diesen Bereich fällt auch das große Thema „Wirtschaft", sei es als Wirtschafts- und Strukturpolitik oder als praktische Aufgabe in der Wirtschaftsförderung bzw. in der immobilienwirtschaftlichen Projektentwicklung. In diesem Feld finden vor allem Anthropo-, Kultur- und Wirtschaftsgeographen ihren Arbeitsplatz.
- **Berufsfeld „Umwelt, Natur und Landschaft":** Der Bereich „Umwelt, Natur und Landschaft" wendet sich mehr an die Absolventen der Physischen Geographie und/oder der Landschaftsökologie und befasst sich mit Themen wie Umwelt- und Landschaftsplanung, Natur- und Umweltschutz (z. B. UVP und Öko-Audit), Altlastensanierung und Biotopkartierung oder auch Geoökologie und Bodenkunde. Auch hier sind sowohl die praktische Aufgabe als auch das entsprechende Politikfeld relevant. Der Bereich des Umweltrechts spielt als Ergänzung im Studium eine zunehmend wichtige Rolle.
- **Berufsfeld „Entwicklungszusammenarbeit":** Im Bereich der Entwicklungszusammenarbeit ergeben sich ebenfalls eine Reihe von Berufsfeldern – sowohl in Regierungsorganisationen (in Deutschland z. B. in der GTZ = Gesellschaft für Technische Zusammenarbeit) als auch in zahlreichen Nichtregierungsorganisationen (z. B. in kirchlichen Hilfswerken und sozialen Diensten wie Caritas, Rotes Kreuz oder Welthungerhilfe).
- **Berufsfeld „Information und Kommunikation":** Dieser Bereich befasst sich inhaltlich zwar auch mit den bereits geschilderten Themenfeldern, legt jedoch den beruflichen Schwerpunkt auf die Aufbereitung der Informationen für Presse und Medien oder auch auf die Erhebung und Interpretation von Daten verschiedenster Art. Die Arbeitsplätze sind Bereichen wie Öffentlichkeitsarbeit, Verlagswesen, Statistik und Marktforschung zugeordnet.

Diese Themenfelder werden nicht nur in der beruflichen, angewandt-geographischen Praxis, sondern auch in Wissenschaft und Forschung bearbeitet, beispielsweise an Universitäten und Instituten (z. B. BBSR = Bundesinstitut für Bau-, Stadt- und Raumforschung). Somit weist neben der inhaltlichen, aufgabenbezogenen Differenzierung auch die Palette möglicher Arbeitgeber eine große Vielfalt auf: Geographen arbeiten entsprechend sowohl bei der öffentlichen Hand – zum Beispiel in der planenden Verwaltung, bei den Stadtwerken, in der Hochschule oder in der Fachpolitik – als auch in der Privatwirtschaft, zum Beispiel bei Planungsbüros, internationalen Beraterhäusern, in der Medienwirtschaft oder bei Forschungsinstituten. Etwa jeder zehnte Geograph betreibt als **Selbständiger** sein eigenes Unternehmen.

In den Exkursen 3.4.2 und 3.4.3 werden mit der **Immobilienwirtschaft** und der **Wirtschaftsförderung** exemplarisch zwei Berufsfelder vorgestellt, in denen viele Geographen in den letzten Jahren 10 bis 20 Jahren Arbeit gefunden haben – und in denen sie längst keine Exoten mehr darstellen.

Nach Angaben der Bundesagentur für Arbeit ist die Zahl der arbeitslosen Geographen seit der Jahrtausendwende – entsprechend der insgesamt schwierigen Entwicklung auf dem Arbeitsmarkt – angestiegen, hat sich dann jedoch in den Jahren 2003 und 2004 stabilisiert und ist seit 2008 weiter gesunken. Anders als in anderen Berufsgruppen (etwa bei den Ingenieuren) sind vor allem jüngere Geographen von Arbeitslosigkeit betroffen: Der Berufseinstieg kann also eine gewisse Hürde für junge Absolventen darstellen, ein Phänomen, das sich jedoch in vielen anderen akademischen Berufen ähnlich darstellt. Aufgrund der Breite der Ausrichtung ist es daher wichtig, sich als Hochschulabgänger nicht nur nach Stellen umzuschauen, die explizit für Geographen ausgeschrieben sind, sondern stets auch auf Stellenanzeigen benachbarter Disziplinen wie Raumplanung oder Sozial- und Wirtschaftswissenschaften zu achten. Nichtsdestotrotz sind in der letzten Zeit verstärkt Ausschreibungen (auch) für Geographen zu verzeichnen, 2009 hatte sich die Zahl der ausgeschriebenen Stellen im Vergleich zum Vorjahr sogar verdoppelt.

 **Exkurs 3.4.2**

Auf den Standort kommt es an – Geographen in der Immobilienwirtschaft

MAIKE DZIOMBA UND THOMAS ZACHARIAS

Ein für Geographen in den letzten 10 bis 15 Jahren stark gewachsenes Berufsfeld ist die Immobilienwirtschaft: Ob als Researcher, Investmentberater, *Asset Manager* oder Projektentwickler – hier kommt die geographische Perspektive auf Projektstandorte, Wohnungsmärkte, Büroflächenleerstand und Shopping-Center-Einzugsgebiete schon lange zum Tragen. Klassisches geographisches Handwerkszeug wie die Standort- und Marktanalyse ist dabei ebenso gefragt wie der Einsatz von Geographischen Informationssystemen (Dziomba 2004).

Arbeitgeber in der Immobilienbranche sind weniger die öffentliche Hand (mit Ausnahme z. B. der Liegenschaftsverwaltung und speziellen Bereichen der Wirtschaftsförderung), sondern fast ausschließlich die Privatwirtschaft. Insbesondere die internationalen Makler- und Beraterhäuser haben ihren angelsächsischen Mutterkonzernen folgend ihre Researchabteilungen mit Geographen besetzt. Während die Beobachtung, Analyse und Prognose der Immobilienmärkte für viele Geo-Absolventen ein abwechslungsreiches Tätig-keitsfeld ist und gute Karrierechancen bietet, nutzen es viele andere erfolgreich als Einstieg in die Immobilienwirtschaft. Nach 2 bis 4 Jahren absolvieren viele von ihnen ein berufsbegleitendes Studium der Immobilienökonomie, das die Türen in praktisch alle Geschäftsbereiche und auch in die Führungspositionen öffnet.

Den Berufseinstieg bieten in der Regel praxisbezogene Abschlussarbeiten und Praktika, natürlich betreut von den bereits dort tätigen Geographen und gerne vermittelt vom DVAG – denn im Studium selbst kommen die relevanten Inhalte leider bislang häufig nur am Rande vor, zum Beispiel im Rahmen der Wirtschafts- oder auch Stadtgeographie. Zunehmend wird die Lücke über Lehraufträge an Praktiker aus der Immobilienbranche geschlossen. Einen sehr guten, gleichermaßen kompakten wie fundierten Überblick verschafft die im Sommer 2010 zum zweiten Mal durchgeführte Summer School *„Real Estate Market Research"* des Instituts für Humangeographie der Goethe-Universität Frankfurt/Main.

Für welches Berufsfeld man sich auch entscheidet: Solide Kenntnisse in Planungsrecht und Volkswirtschaftslehre sowie der sichere Umgang mit empirischen Methoden und Statistiken sind oftmals unerlässlich. Nebenfächer wie Kartographie, Fernerkundung, GIS und Geoinformatik bieten erhebliche Vorteile bei der Jobsuche in allen vier Berufsfeldern. Der Erfolg der Diplom-Geographie geht zudem auf die breite Einsetzbarkeit und Flexibilität des **„spezialisierten Generalisten"** zurück, der in der Lage ist, sich rasch in neue Themenfelder einzuarbeiten, Diskussionen zu moderieren und mit Präsentationen und Texten zu überzeugen. Ein breites Interesse mit der Lust über den „Tellerrand" zu blicken sollten Studienanfänger daher mitbringen. Da Geographen oft in der Politikberatung oder politiknah arbeiten, sind politisches Interesse und ein Einblick in das Funktionieren von Politik und Gesellschaft von Vorteil.

Zu der Marktfähigkeit von **Bachelor- und Masterabschlüssen** lässt sich zum aktuellen Zeitpunkt noch nicht viel sagen. Vielerorts werden spezialisierte Masterstudiengänge angeboten, über deren Inhalte möglichen Arbeitgebern wenig bekannt ist. Einerseits können Absolventen so besser auf bestimmte Berufsfelder vorbereitet werden, andererseits beinhaltet dies eine gewisse Gefahr, dass potenzielle Arbeitgeber in der Fülle der „*Master of …*" den Überblick verlieren. Daher bleibt zu hoffen, dass sich das Gütesiegel „Dipl.-Geogr." in den geographischen Masterabschlüssen weiterentwickelt.

Studierenden und Absolventen sei empfohlen, frühzeitig den Kontakt zu Praxis und möglichen Arbeitgebern zu suchen. Eine gute Möglichkeit hierzu bietet der **Deutsche Verband für Angewandte Geographie e.V. (DVAG)** als Vertreter der Interessen der Angewandten Geographie – der Geographie in der Praxis als querschnittsorientierte Anwendung und Umsetzung geographischer Erkenntnisse in Gesellschaft, Wirtschaft, Verwaltung und Politik. Er möchte mit seiner Arbeit dazu beitragen, dass sich die Geographie sowohl hinsichtlich ihrer Inhalte als auch ihrer Berufsfelder weiter profiliert. Zu den Angeboten des Verbandes zählt daher neben Fachveranstaltungen und Öffentlichkeitsarbeit auch ein lebhaftes Netzwerk, das nicht nur bei der Suche nach Jobs und Praktikumsplätzen sehr geschätzt wird.

 **Exkurs 3.4.3**

Unternehmensberater im Auftrag der Kommunen – Geographen in der Wirtschaftsförderung

MAIKE DZIOMBA UND THOMAS ZACHARIAS

Ursprünglich aus den Liegenschaftsämtern der Kommunen entstanden hat sich die kommunale Wirtschaftsförderung zum zentralen Ansprechpartner für Unternehmen entwickelt. Unternehmen anzusiedeln, zu halten und bei ihrer Weiterentwicklung zu unterstützen, sind die zentralen Aufgaben von Wirtschaftsförderungseinrichtungen. Nahezu jede größere Kommune verfügt über eine eigene Stabsstelle, eine Abteilung, ein Amt für Wirtschaftsförderung oder eine privatrechtlich organisierte Wirtschaftsförderungsgesellschaft. Für die Ansprache ausländischer Unternehmen haben viele Bundesländer Wirtschaftsförderungs- bzw. Standortmarketingeinrichtungen auf Landesebene gegründet.

Kerngeschäft der kommunalen Wirtschaftsförderung ist die Entwicklung und Bereitstellung von Flächen für Unternehmen. Hierzu gehört neben der Erschließung und Vermarktung von Gewerbegebieten auch die Vermittlung von Büroflächen, Ladenlokalen oder Hallen. Neben einer sehr guten Kenntnis des örtlichen Immobilienmarkts sind Kenntnisse des Planungsrechts von großer Wichtigkeit, da Wirtschaftsförderer im Rahmen des Genehmigungsmanagements Unternehmen in allen Phasen des Prozesses zur Erlangung einer Bau- oder Betriebsgenehmigung begleiten. Zudem sind Wirtschaftsförderer in die kommunalen Planungsprozesse eingebunden und erstellen Konzepte zur wirtschaftlichen Entwicklung der Kommune.

Zu den weiteren Aufgabengebieten von Wirtschaftsförderern gehören die Fördermittelberatung, die Existenzgründungsberatung und das Standortmarketing. In letzter Zeit kümmern sich Wirtschaftsförderungen auch verstärkt um die Entwicklung und das Management von Branchenclustern bzw. Kompetenzfeldern.

Im Genehmigungsmanagement und der Konfliktmoderation kommt den Geographen die Fähigkeit des vernetzten und interdisziplinären Denkens zugute. Neben Kenntnissen des Bauplanungsrechts sollten Wirtschaftsförderer über kommunikatives Geschick verfügen. Da Wirtschaftsförderer häufig mit politischen Gremien zusammenarbeiten ist strategisches Denken gefragt.

Durch die interdisziplinäre Ausbildung sind Geographen für die Wirtschaftsförderung unentbehrlich geworden. So hat das Beratungsunternehmen *Exper Consult* (www.experconsult.de) in einer Umfrage unter Wirtschaftsförderungseinrichtungen festgestellt, dass Geographen und Raumplaner die drittstärkste Gruppe unter den Mitarbeitern stellen.

Um die Arbeit von Wirtschaftsförderungseinrichtungen kennenzulernen, empfehlen sich Praktika. Vielfach ergibt sich dabei die Möglichkeit ein angewandtes Thema für die Bachelor- oder Masterarbeit zu finden.

Geographische Institute in Deutschland

HANS GEBHARDT, RÜDIGER GLASER, ULRICH RADTKE, PAUL REUBER

Geographische Institute befinden sich wie die Universitätslandschaft in Deutschland insgesamt seit rund 10 Jahren in einem massiven Umbruch. Zu nennen sind hier organisatorische Veränderungen mit Stärkung der einzelnen Hochschulen bzw. der Rektorate gegenüber den Kultusministerien, die Etablierung von an der Wirtschaft orientierten „Aufsichtsräten" (sogenannten Hochschul- oder Universitätsräten), die flächendeckende Einführung von Bachelor- und Masterstudiengängen sowie die Einführung von Studiengebühren in einer Reihe von deutschen Bundesländern.

Die Folgen dieser Entwicklungen für die geographischen Lehreinrichtungen können sehr unterschiedlich sein. Während einzelne Institute in Deutschland geschlossen oder in ihrer Größe deutlich reduziert wurden, konnten andere einen Ausbau verzeichnen. Die Einführung von Studiengebühren hat in den davon betroffenen Instituten zu einer Verbesserung der Betreuungsrelation und zu zusätzlichen Veranstaltungen, zum Beispiel im Bereich von Tutorien und Praktika geführt, auch wenn die Erwartungen mancher Studierenden und Skeptiker nicht immer erfüllt wurden.

Derzeit existieren in Deutschland rund **60 Hochschulen** mit geographischen Lehreinrichtungen, weitere Institute existieren in Österreich und in der Schweiz. Die Größe der einzelnen Institute ist sehr unterschiedlich.

An den meisten Instituten werden derzeit Bachelor- und Masterstudiengänge, Lehramtsstudiengänge sowie

 **Exkurs 3.4.4**

Geographie als Unterrichtsfach in der Schule

MICHAEL HEMMER

Das Schulfach Geographie genießt in der Öffentlichkeit ein weitaus positiveres Image, als dies manche Fachvertreter glauben. In Abgrenzung zur vielfach unterstellten „Stadt-Land-Fluss-Geographie" wird vonseiten der gesellschaftlichen Spitzenrepräsentanten und Entscheidungsträger in Deutschland die besondere Bedeutung des Faches für den Lebensalltag der Menschen und die Lösung globaler Probleme hervorgehoben (Köck 1997). Schülerinnen und Schüler betrachten Erdkunde bzw. Geographie als ein **interessantes Unterrichtsfach** und betonen in einer Vergleichsstudie mit anderen Schulfächern insbesondere die Aktualität, die Wissenschaftlichkeit und den Realitätsbezug des Faches (Hemmer & Hemmer 1997). Die Stärken des Schulfaches, das breite Themenspektrum sowie seine wertorientierte, auf das konkrete Handeln des Menschen zielende Ausrichtung erfordern vom Geographielehrer nicht nur umfassende Sachkenntnisse, sondern ebenso profunde didaktisch-methodische Kompetenzen. Ausgehend von der Stellung und Zielsetzung des Faches im Aktionsraum Schule werden im vorliegenden Beitrag einige aktuelle Entwicklungen und Trends sowie deren Konsequenzen für den Arbeitsmarkt „Schule" skizziert.

Stellenwert der Geographie im Aktionsraum „Schule"

Geographie ist in der Sekundarstufe I in nahezu allen Schularten ein **eigenständiges, verpflichtendes Unterrichtsfach**, wobei die Stundentafel je nach Bundesland und Schulart zwischen 6 und 11 Wochenstunden variiert. Im Durchschnitt erhalten deutsche Schüler in der Sekundarstufe I 8,5 Wochenstunden Geographie (Kirchberg 2005). Die Behandlung geographischer Inhalte in Integrationsfächern und Fächerverbünden (wie z. B. im Fach „Gesellschaftslehre" in Niedersachsen oder im Fächerverbund „Geographie-Wirtschaft-Gemeinschaftskunde" in Baden-Württemberg) ist gegenwärtig noch die Ausnahme. In der gymnasialen Oberstufe wird das Fach Geographie – ungeachtet seiner physiogeographischen Anteile und seines Selbstverständnisses als Brückenfach zwischen den Natur- und den Gesellschaftswissenschaften – dem gesellschaftswissenschaftlichen Aufgabenfeld zugerechnet. Je nach Status (Pflicht-, Grund- oder Leistungskurs) schwankt die Wochenstundenzahl des in der Regel als Wahlfach angebotenen Faches in den einzelnen Bundesländern zwischen 3 und 13 Stunden. Darüber hinaus werden geographische Inhalte im Sachunterricht der Grundschule vermittelt. Wenngleich die raumbezogene Perspektive hier eine der fünf zentralen Perspektiven des Sachunterrichts darstellt (GDSU 2002), sind die geographischen Anteile (in dem von den Bezugsdisziplinen Geographie, Geschichte, Sozialwissenschaften, Biologie, Chemie, Physik und Technik getragenen Fach) in der Realität eher gering.

Zielsetzung geographischer Bildung in der Schule

Fußend auf der Vermittlung einer umfassenden räumlichen Orientierungskompetenz, die weit über das topographische Orientierungswissen (wie die Kenntnis von Namen und Lage ausgewählter Staaten, Flüsse und Gebirge) hinausgeht und die Fähigkeit zu einem angemessenen Umgang mit Karten ebenso einschließt wie die Fähigkeit zur Orientierung in Realräumen und die Fähigkeit zur Reflexion von Raumwahrnehmung und -konstruktion, zielt **geographische Bildung** im Aktionsraum der Schule auf die Befähigung des Schülers, raumbezogene Strukturen, Funktionen und Prozesse sowie die für die Zukunft des Planeten Erde und das Zusammenleben der Menschheit epochalen Problemfelder (wie Klimawandel, Erosion, Bevölkerungsdynamik, Armut und Migration) aus geographischer Perspektive erfassen, analysieren und beurteilen zu können. Dabei wird der Raum auf den verschiedenen Maßstabsebenen nicht nur im realistischen Sinne als „Containerraum" und als ein System von Lagebeziehungen aufgefasst, sondern gleichfalls als subjektiver Wahrnehmungsraum sowie in der Perspektive seiner sozialen, technischen und gesellschaftlichen Konstruiertheit (Wardenga 2002). Um die komplexen Wechselbeziehungen zwischen Mensch und Umwelt sowie innerhalb der natur- und humangeographischen Subsysteme erfassen und beurteilen zu können, ist eine systemische, **mehrperspektivische Betrachtungsweise** erforderlich, die sowohl naturwissenschaftliche als auch gesellschaftswissenschaftliche Wege der Erkenntnisgewinnung beinhaltet. Die Verknüpfung von natur- und gesellschaftswissenschaftlicher Bildung stellt im schulischen Kontext ein Alleinstellungsmerkmal des Faches Geographie dar. Neben der Vermittlung von Sachwissen und methodischen Kompetenzen spielt im Unterrichtsfach Geographie die auf personale und soziale Kompetenzen zielende Einstellungsdimension eine zentrale Rolle. So will das Fach beispielsweise – im Einklang mit der Internationalen Charta der Geographischen Erziehung (IGU 1992) und den Lehrplanempfehlungen der Deutschen Gesellschaft für Geographie (DGfG 2003) – dazu beitragen, dass Schüler Mitverantwortung für die Lebensbedingungen zukünftiger Generationen übernehmen, den Menschen aus anderen Regionen gegenüber aufgeschlossen sind, Vorurteile abbauen und sich für eine nachhaltige Entwicklung einsetzen. Ziel geographischer Bildung ist die Befähigung des Schülers zu einer raumbezogenen Handlungskompetenz.

Aktuelle Entwicklungen und Trends

Einheitliche Aussagen zur aktuellen Gestalt des Geographieunterrichts in Deutschland sind aufgrund der föderalen Struktur der Bundesrepublik Deutschland kaum möglich. Die den einzelnen Bundesländern zugesprochene Kulturhoheit bedingt unter anderem, dass jedes der 16 Bundesländer eigene fachspezifische Richtlinien und Lehrpläne erstellt. Berücksichtigt man ferner die schulartspezifischen Differenzierungen in jedem Bundesland, so ist das Spektrum der Lehrplanvorgaben für das Fach Geographie kaum noch überschaubar. Die systemimmanente Heterogenität und Zersplitterung der Lehrpläne dokumentiert sich in den einzelnen Bundesländern und Schularten auch in unterschiedlichen didaktischen Konzeptionen, in einer unterschiedlichen Akzentuierung physio- und humangeographischer Anteile sowie im Verhältnis von Allgemeiner und Regionaler Geographie (Kirchberg 2005). Nachdem in der (alten) Bundesrepublik Deutschland in den 1970er-Jahren die Lehrpläne radikal zugunsten eines thematisch-exemplarischen und lernzielorientierten Vorgehens verändert wurden, in den 1980er-Jahren jedoch zahlreiche Bundesländer auf die bewährte regionale Gliederung ihrer Lehrpläne zurückgriffen, kennzeichnet die derzeitige Situation in Deutschland ein Nebeneinander von zwei unterschiedlichen Lehrplankonzeptionen. Beide Konzeptionen streben in ihrer jeweils spezifischen Ausprägung einen Ausgleich zwischen Allgemeiner und Regionaler Geographie an. Während die meisten Bundesländer, allen voran die ostdeutschen Bundesländer und Bayern, einen regionalen Aufbau – nach dem klassischen Stoffanordnungsprinzip „Vom Nahen zum Fernen" – favorisieren, findet sich die in 1970er-Jahren bevorzugte Gliederung eines Lehrplans nach allgemeingeographischen Aspekten nur noch in vergleichsweise wenigen Bundesländern (z. B. Nordrhein-Westfalen und Rheinland-Pfalz).

Seit einigen Jahren bemühen sich auf der Bundesebene verschiedene Interessengruppen um eine einheitlichere Ausrichtung der Lehrpläne im Fach Geographie (vgl. z. B. den „Grundlehrplan" des Verbandes deutscher Schulgeographen 1999, das „Curriculum 2000plus" der Deutschen Gesellschaft für Geographie). Das unumstritten wichtigste Bezugsdokument sind in diesem Zusammenhang die **Nationalen Bildungsstandards** im Fach Geographie. Gleichsam als eine Reaktion auf PISA wurden zunächst für die Unterrichtsfächer Deutsch, Mathematik und die erste Fremdsprache sowie für die naturwissenschaftlichen Fächer Biologie, Physik und Chemie festgelegt, über welche Kompetenzen ein Schüler am Ende der Sekundarstufe I verfügen soll. Nachdem im Dezember 2004 feststand, dass die Kultusministerkonferenz die Erarbeitung Nationaler Bildungsstandards auf die zuvor genannten Unterrichtsfächer be-

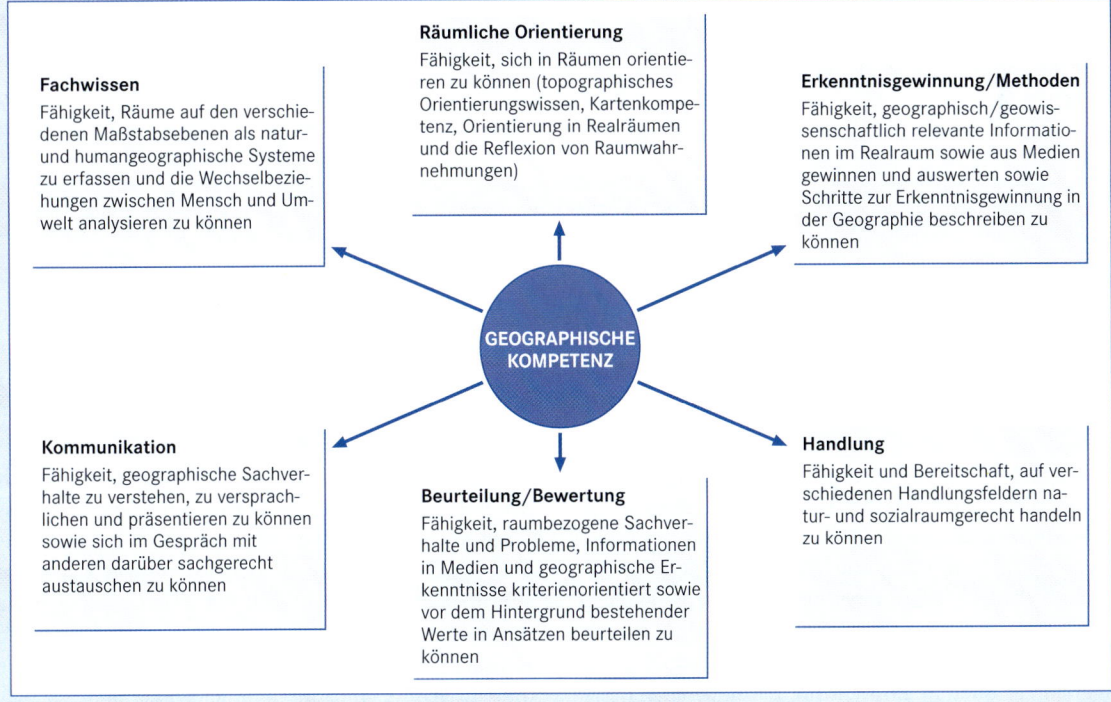

Fachwissen

Fähigkeit, Räume auf den verschiedenen Maßstabsebenen als natur- und humangeographische Systeme zu erfassen und die Wechselbeziehungen zwischen Mensch und Umwelt analysieren zu können

Räumliche Orientierung

Fähigkeit, sich in Räumen orientieren zu können (topographisches Orientierungswissen, Kartenkompetenz, Orientierung in Realräumen und die Reflexion von Raumwahrnehmungen)

Erkenntnisgewinnung/Methoden

Fähigkeit, geographisch/geowissenschaftlich relevante Informationen im Realraum sowie aus Medien gewinnen und auswerten sowie Schritte zur Erkenntnisgewinnung in der Geographie beschreiben zu können

GEOGRAPHISCHE KOMPETENZ

Kommunikation

Fähigkeit, geographische Sachverhalte zu verstehen, zu versprachlichen und präsentieren zu können sowie sich im Gespräch mit anderen darüber sachgerecht austauschen zu können

Beurteilung/Bewertung

Fähigkeit, raumbezogene Sachverhalte und Probleme, Informationen in Medien und geographische Erkenntnisse kriterienorientiert sowie vor dem Hintergrund bestehender Werte in Ansätzen beurteilen zu können

Handlung

Fähigkeit und Bereitschaft, auf verschiedenen Handlungsfeldern natur- und sozialraumgerecht handeln zu können

Abb. 1 Kompetenzbereiche der Nationalen Bildungsstandards für das Fach Geographie.

Fortsetzung

─ **Fortsetzung** ───────────────────────────

schränkt, beauftragte die Deutsche Gesellschaft für Geographie (DGfG) eine Arbeitsgruppe von Geographiedidaktikern und Schulgeographen mit der Erarbeitung entsprechender Kompetenzen und Standards für den mittleren Schulabschluss im Fach Geographie. Verabschiedet wurden die Bildungsstandards nach einem langwierigen Diskussionsprozess von der DGfG als ein Konsenspapier aller Teilverbände im März 2006 und liegen derzeit in der sechsten Auflage vor (DGfG 2010). Für das Fach Geographie wurden – in Korrespondenz zu den bereits vorliegenden Bildungsstandards der übrigen Unterrichtsfächer sowie im Hinblick auf eine Profilschärfung des eigenen Faches – sechs Kompetenzbereiche ausgewiesen: 1. Fachwissen, 2. Räumliche Orientierung, 3. Erkenntnisgewinnung/Methoden, 4. Kommunikation, 5. Beurteilung/Bewertung, 6. Handlung (Abb. 1).

Die Nationalen Bildungsstandards sind im Kontext eines generellen Paradigmenwechsels in der Bildungspolitik der Bundesrepublik Deutschland zu betrachten, der sich unter dem Schlagwort **kompetenzorientiertes Lehren und Lernen** in drei eng miteinander verknüpften Akzentverschiebungen manifestiert: Neben einer stärkeren Output-Orientierung und der Verpflichtung, sämtliche Prozesse im Unterricht vom Ziel her zu denken, das heißt von den Kompetenzen und Standards, die ein Schüler am Ende der Sekundarstufe I erworben haben soll, ist die Konzentration auf den Kern eines Faches gefordert. Insbesondere die letztgenannte Forderung bietet eine große Chance für alle am Wissenstransfer beteiligten Akteure, da sie eine auf die grundlegenden Dimensionen geographischen Denkens und Handelns verdichtete Standortbestimmung und (Neu-)Positionierung des Faches erfordert. Die Implementierung eines kompetenzorientierten Lehrens und Lernens, die von der Erstellung neuer Kernlehrpläne und schulinterner Curricula über eine neue Aufgabenkultur und die Bereitstellung empirisch belastbarer Kompetenzmodelle bis hin zu unterschiedlich akzentuierten Messinstrumenten in der Kompetenzdiagnostik reicht, ist in den einzelnen Bundesländern unterschiedlich weit vorangeschritten.

Neben der Tendenz zu einem einheitlicheren Auftritt des Faches Geographie deuten sich in der inhaltlichen Ausrichtung des Faches einige Akzentverschiebungen an. Allen voran ist hier die angestrebte **Aufwertung der Physiogeographie** zu nennen. Obgleich sich das Fach als Zentrie-

rungsfach der schulrelevanten Inhalte aller Geowissenschaften und Brückenfach zwischen natur- und gesellschaftswissenschaftlicher Bildung versteht, wurde die Physische Geographie im Zuge der Neuorientierung des Schulfaches in den 1970er-Jahren und Zuordnung zum gesellschaftswissenschaftlichen Aufgabenfeld in der Vergangenheit vielfach stark vernachlässigt. Unterschiedliche Interessengruppen, allen voran die GeoUnion der Alfred-Wegener-Stiftung, bemühen sich gegenwärtig um eine Stärkung der naturwissenschaftlichen Anteile im Fach. In der aktuellen Diskussion um die Inhalte des Schulfaches Geographie stehen ferner ökonomische Fragestellungen. Während die Wirtschaftsverbände seit langem ein eigenes Schulfach fordern, wird – von wenigen Ausnahmen abgesehen – in den meisten Bundesländern eine Einbindung ökonomischer Fragestellungen in bestehende sozialwissenschaftliche Zusammenhänge favorisiert. Des Weiteren ist zu erwarten, dass aktuelle, in der Geographiedidaktik diskutierte Themen wie beispielsweise das **Globale Lernen** und die Bildung für nachhaltige Entwicklung auf der inhaltlichen sowie der Umgang mit GIS auf der methodischen Ebene mittelfristig eine Stärkung im Geographieunterricht erfahren.

Trotz der Wertschätzung, die das Fach Geographie in der Öffentlichkeit und im Schülerinteresse findet, ist aus fachpolitischer Sicht kein Grund zur Entwarnung gegeben. Die Verkürzung der Gymnasialzeit um ein Jahr, die Konkurrenz, Lobby und Etablierung neuer (und alter) Unterrichtsfächer, der fehlende Status als PISA-Fach sowie die Einrichtung von Integrationsfächern, die vor dem Hintergrund der negativen Erfahrungen in den USA, in Japan und Großbritannien nicht nachvollziehbar ist (Haubrich 1997), können den seit Beginn der 1960er-Jahre stattfindenden Stundenabbau im Fach Geographie weiter beschleunigen. Problematisch ist zudem die Stellung des Faches in der gymnasialen Oberstufe. Sollte in den Jahrgangsstufen 9 und 10 das Fach nicht mehr zum Pflichtkanon gehören, wird sich dies in negativer Weise auf das Wahlverhalten der Schüler in der Oberstufe auswirken. Eine Gesellschaft, der die Zukunft unseres Planeten Erde und das friedliche Zusammenleben aller Menschen am Herzen liegt, bedarf einer umfassenden, wertorientierten geographischen Bildung im Aktionsraum der Schule und darüber hinaus.

───

– auslaufend – Diplom- und Magisterstudiengänge angeboten. Während sich die Diplomstudiengänge noch relativ einheitlich an einer Rahmenordnung orientiert hatten, bieten vor allem die Masterstudiengänge inzwischen eine Vielzahl an Spezialisierungsmöglichkeiten. Damit ist das Angebot für Studierende ziemlich unübersichtlich geworden; Tabelle 3.4.1 zeigt bereits eingerichtete oder in Einrichtung befindliche Masterstudiengänge an deutschsprachigen Hochschulen. Neben Studiengängen, welche in integrierter Form das

Gesamtgebiet der Geographie bzw. nur die Physische Geographie oder die Humangeographie anbieten, existieren auch eine Fülle von teilweise recht spezifischen Angeboten: Prozessdynamik an der Erdoberfläche, Umweltprozesse und Naturgefahren, Global Change and Sustainability, Wirtschaftsgeographie, Historische Geographie, Geographie der Großstadt, Geographien der Globalisierung, *Tourism and Regional Planning* usw. Welche dieser Angebote in den kommenden Jahren Bestand haben werden, wird der „Nachfragemarkt" der

Tabelle 3.4.1 Auswahl von Masterstudiengängen „Geographie" an verschiedenen deutschen Hochschulen.

Standort	Titel	erstmaliger Beginn	Abschluss/Fachrichtung
Aachen	M.Sc. Master Wirtschaftsgeographie	WS 2008/2009	Humangeographie
Augsburg	M.Sc. Physische Geographie	WS 2010/2011	Physische Geographie
Augsburg	M.Sc. Humangeographie	WS 2010/2011	Humangeographie
Bamberg	M.A. Bevölkerungs- und Sozialgeographie	WS 2010/2011	Humangeographie
Bamberg	M.A. Historische Geographie	WS 2010/2011	Humangeographie
Berlin/HU	M.A. Geographie der Großstadt – Humangeographie	WS 2004/2005	Humangeographie
Berlin/HU	Geographie der Großstadt – Physische Geographie	WS 2004/2005	Physische Geographie
Berlin/HU	M.Ed. *Master of Education*	WS 2007/2008	Geographie (Fachdidaktik)
Eichstätt	M.Sc. *Tourism and Regional Planning – Management and Geography*/Tourismus und Regionalplanung – Management und Geographie	WS 2010/2011	Geographie
Eichstätt	M.Sc. Umweltprozesse und Naturgefahren	WS 2010/2011	Geographie
Eichstätt	M.A. Geographie: Bildung für nachhaltige Entwicklung	WS 2010/2011	Geographie
Frankfurt a. M.	M.Sc. Physische Geographie	WS 2009/2010	Physische Geographie
Frankfurt a. M.	M.A. Geographie der Globalisierung: Märkte und Metropolen	WS 2009/2010	Humangeographie
Heidelberg	M.Sc. Geographie	WS 2010/2011	Physische Geographie/ Humangeographie
Köln	*International Master of Environmental Sciences*	WS 2003/2004	Umwelt-/Geowissenschaften
Köln	M.Sc. Geographie	WS 2010/2011	Physische Geographie/ Humangeographie
Mainz	M.A. Humangeographie: Globalisierung, Medien und Kultur	WS 2010/2011	Humangeographie
Mainz	M.Sc. Klima- und Umweltwandel	WS 2010/2011	Physische Geographie
München	Masterstudiengang Umweltsysteme und Nachhaltigkeit – Monitoring, Modellierung und Management	WS 2009/2010	Physische Geographie
München	Masterstudiengang Soziale Systeme und Nachhaltigkeit – Monitoring, Modellierung und Management	WS 2009/2010	Humangeographie
Tübingen	M.A. Humangeographie – *Global Studies*	WS 2010/2011	Humangeographie
Tübingen	Physische Geographie – *Landscape System Sciences*	WS 2010/2011	Physische Geographie

Studierenden zeigen. Studienführer und die Homepage der Deutschen Gesellschaft für Geographie (www.geographie.de) geben Auskunft über die jeweils aktuellen Studienangebote.

Wie viele Universitätsfächer verfügt auch die Geographie über Fachorganisationen, welche ihre Interessen nach außen vertreten. Die Dachorganisation heißt hier **Deutsche Gesellschaft für Geographie** (DGfG). Sie wurde im Jahr 1995 gegründet und zählt heute etwa 25 000 Mitglieder. Die DGfG setzt sich dafür ein, die Inhalte und die Bedeutung der Geographie als Schulfach, als Wissenschaft und als praxisnahe Disziplin in der Öffentlichkeit zu vermitteln, sie koordiniert mehr als 30 fachliche Arbeitskreise und trägt die gemeinsamen Ziele nach außen. Alle 2 Jahre organisiert die DGfG den **Deutschen Geographentag**, der als wichtigste Fachkonferenz jeweils in einer Universitätsstadt in Deutschland, Österreich oder der Schweiz stattfindet.

Weiterführende Literatur

Achterhold G (2005) Auf zu neuen Nischen, Das Dickicht lichten, Spezialisten für digitale Räume, Werben für das eigene Land, Beiträge zur Geographie im FAZ Hochschulanzeiger 81: 40–47

Beck H (1982) Große Geographie. Pioniere – Außenseiter – Gelehrte. Berlin

Deutscher Verband für Angewandte Geographie (DVAG) (1999) Geographen und ihr Markt. Das geographische Seminar. Braunschweig

DVAG (Hrsg) (1996) Geographen und ihr Markt. Das Geographische Seminar. Braunschweig

Ehlers E, Leser H (2002) Geographie heute – für die Welt von morgen. Gotha, Stuttgart

Enzensberger HM (2004) Kosmos. Entwurf einer physischen Weltbeschreibung. Frankfurt

Goudie A (1994) Mensch und Umwelt. Eine Einführung. Heidelberg

Haggett P (1991) Die Geographie. Eine moderne Synthese. 2. Aufl. UTB, Große Reihe. Stuttgart

Hambloch H (1982) Allgemeine Anthropogeographie. Eine Einführung. 5. Aufl. Wiesbaden. Erdkundliches Wissen, 31

Hard G (1973) Die Geographie. Eine wissenschaftstheoretische Einführung. Berlin

Heinritz G, Wiessner R (1997) Studienführer Geographie – Deutschland, Österreich, Schweiz. Das geographische Seminar. Westermann Schulbuchverlag, Braunschweig

Krätz O, Kinder S, Merlin H (1997) Alexander von Humboldt: Wissenschaftler – Weltbürger – Revolutionär. München

Leser H, Schneider-Sliwa R (1999) Geographie. Eine Einführung. Das Geographische Seminar. Braunschweig

Schwarte M, Winkelkötter C (1999) Perspektivenwechsel in der Geographie? Eine qualitative Studie zum Verhältnis von Wissenschaft und Praxis in der räumlichen Planung. unveröffentlichte Diplomarbeit an der Universität Trier, zu beziehen über winkelkoetter@gfw-starnberg.de

Universität Trier (1998) Studium und dann? Ergebnisse der Absolventenbefragung an der Universität Trier. GEOID Spezial, Heft 1

Zentralstelle für Arbeitsvermittlung der Bundesagentur für Arbeit (ZAV) (2005) Der Arbeitsmarkt für Geographinnen und Geographen. Bonn

Zitierte Literatur

Beck H (1973) Geographie. Europäische Entwicklung in Texten und Erläuterungen. Freiburg, München

Büchner HJ (1998) Ein Jahrhundert Politische Geographie in Deutschland. In: Mitteilungen der Geographischen Gesellschaft in München 83: 10–17

Burgard G et al (1970) Bestandsaufnahme zur Situation der deutschen Schul- und Hochschulgeographie. In: Geographentag Kiel: Tagungsbericht und Wissenschaftliche Abhandlungen. Wiesbaden. 191-232

DGfG (Hrsg) (2003) Grundsätze und Empfehlungen für die Lehrplanarbeit im Schulfach Geographie. Bonn

DGfG (Hrsg) (2010) Bildungsstandards im Fach Geographie für den Mittleren Schulabschluss - mit Aufgabenbeispielen. Berlin

DVAG (Hrsg) (1996) Geographen und ihr Markt. Das Geographische Seminar. Braunschweig

Dziomba M (2004) Beratungsdienstleistungen für die gewerbliche Immobilienwirtschaft. In: STANDORT - Zeitschrift für Angewandte Geographie, Heft 1

Egner H (2010) Theoretische Geographie. Darmstadt

GDSU (2002) Perspektivrahmen Sachunterricht. München

Grosjean G (1996) Geschichte der Kartographie. Bern

Hard G (1973) Die Geographie. Eine wissenschaftstheoretische Einführung. Berlin

Haubrich H (1997) Internationale Anstrengungen zur Stärkung geographischer Erziehung. In: Geographie und Schule, 105: 17–21

Hemmer I, Hemmer M (1997) Wie beurteilen Schülerinnen und Schüler das Unterrichtsfach Geographie? In: Geographie und Schule, 112: 40–43

Henscheid E (1988) Der Neger. Zürich

Heske H (1987) Der Traum von Afrika. Zur politischen Wissenschaftsgeschichte der Kolonialgeographie. In: Heske H et al.

(Hrgs) Ernte Dank? Landwirtschaft zwischen Agrobusiness, Gentechnik und traditionellem Landbau. Gießen. 204–222

IGU (International Geographical Union, Commission on Geographical Education) (Hrsg) (1992) Internationale Charta der Geographischen Erziehung. Washington

Kant I (1802) Physische Geographie. Königsberg

Kirchberg G (2005) Die Geographielehrpläne in Deutschland heute – Bestandsaufnahme und Ausblick. In: Geographie und Schule, 156: 2–9

Köck H (1997) Zum Bild des Geographieunterrichts in der Öffentlichkeit. Gotha

Leser H, Schneider-Sliwa R (1999) Geographie. Eine Einführung. Das Geographische Seminar. Braunschweig

Ratzel F (1882-1891) Anthropogeographie – Die geographische Verbreitung des Menschen. Berlin. Nachdruck Wissenschaftliche Buchgesellschaft

Ratzel F (1903) Politische Geographie. Neudruck d. 2. Auflage von 1923, Lizenz d. Verl. Oldenbourg, München, 1974

Richthofen F, von (1886) Führer für Forschungsreisende: Anleitung zu Beobachtungen über Gegenstände der physischen Geographie und Geologie. Berlin. Nachdruck 1983

Strabo (1855-1898) Geographica. In der Übersetzung und mit Anmerkungen von Dr. A. Forbiger, Zweites Buch, Fünftes Kapitel, Nachdruck 2005 der in der Hoffmann'schen Verlags-Buchhandlung erschienenen Ausgabe von 1855-1898

Wardenga U (2002) Alte und neue Raumkonzepte für den Geographieunterricht. In: Geographie heute 200: 8–11

Weichhart P (2000) Geographie als Multi-Paradigmen-Spiel. Eine post-kuhnsche Perspektive. In: Blotevogel HH et al. (Hrsg) Lokal verankert – weltweit vernetzt. Stuttgart. S. 479–488

Die Allgemeine Geographie baut sich im Verständnis dieses Lehrbuchs aus den beiden Säulen Physische Geographie und Humangeographie sowie einer dritten Säule auf, welche sich mit Umweltökologie, Humanökologie und Politischer Ökologie befasst. Die drei „Zwerge" in einem Naturpark bei Siauliai in Litauen mögen dies symbolisieren (Foto: H. Gebhardt).

Kapitel 4
Das Drei-Säulen-Modell der Geographie

HANS GEBHARDT, RÜDIGER GLASER, ULRICH RADTKE, PAUL REUBER

Die Geographie hat sich seit ihren Anfängen damit befasst, ihr Fachgebiet zu systematisieren und entsprechende Organisationspläne aufzustellen. Meist hat man dabei Aufgaben und Inhalte in dichothomen Gegensatzpaaren zu fassen versucht. Man hat die Allgemeine Geographie, welche sich mit einzelnen Themen wie Oberflächenformen, Klima, Bevölkerung oder Wirtschaft in weltweiter Sicht befasst, von der Speziellen oder Regionalen Geographie getrennt, welche sich einer stärker „synthetischen" Gesamtschau einzelner Regionen (Länder oder Kontinente) widmet. Man hat weiterhin zwischen der idiographischen Betrachtungsweise (das Eigentümliche, Einmalige, Singuläre beschreibend) und der nomothetischen Sichtweise (Regeln beschreibend) differenziert. Schließlich hat man zwischen naturwissenschaftlich orientierter Physischer Geographie und geistes- bzw. gesellschaftswissenschaftlich orientierter Humangeographie (Anthropogeographie) unterschieden.

Das folgende Kapitel zeigt, dass diese aus der Fachgeschichte erwachsenen Dichotomien heute nicht mehr ausreichen, „die" Geographie angemessen zu beschreiben und zu ordnen. Im Folgenden wird kurz die disziplingeschichtliche Entwicklung von Ordnungsmodellen in der Geographie skizziert und das „Drei-Säulen-Modell" der Geographie vorgestellt.

4.1 Ordnungsschema der Geographie im zeitlichen Wandel

„… human and physical geography are splitting apart. In part, this divergence is actually a product of success – as physical geography has moved firmly into the sciences and as human geography has become more markedly social

and cultural, some divergence was probably inevitable" (Thrift 2002).

Geographie entstand als Universitätsfach in Deutschland in der zweiten Hälfte des 19. Jahrhunderts. In relativ rascher Folge wurden insbesondere seit Gründung des Deutschen Reiches Lehrstühle für Geographie geschaffen, zum Teil gegen den Widerstand der etablierten Fächer. Geographie war damals in einer ähnlichen Rolle wie heute die Informatik oder Biochemie, sie galt als *„frontier*-Wissenschaft", welche sich besonderer Auf-

Exkurs 4.1.1

Länderkunde – Regionale Geographie

UTE WARDENGA

Länderkunde (oder oft synonym verwendet: Regionale Geographie) galt von den 1890er- bis in die 1960er-Jahre in der deutschsprachigen Hochschulgeographie als der **Kernbereich disziplinärer Forschung**, **Lehre und Darstellung**. Im traditionellen Verständnis wird Länderkunde neben der nomothetisch arbeitenden Allgemeinen Geographie als ein zweiter Teilbereich des Faches definiert, der Räume unterschiedlichen Maßstabs als individuelle Ausschnitte aus der Erdoberfläche beschreibt und dabei besonders den komplexen Zusammenhang von natürlichen und anthropogenen Faktoren betont. Während über lange Strecken der Fachgeschichte Länderkunde als Krönung und Ziel der Geographie angesehen wurde, ist es heute um diesen Ansatz still geworden.

Bis in die 1880er-Jahre hinein nahm die Länderkunde **eine untergeordnete Stellung** im Fach ein. Zwar billigten ihr viele Geographen eine gewisse Daseinsberechtigung in Form von dickbändigen **Regionalmonographien** zu, in denen am Beispiel eines konkreten Raumes in eher additiv-enzyklopädischem Stil nacheinander die unterschiedlichen Geofaktoren (Geologie, Oberflächenformen, Klima, Gewässer, Vegetation und Tierwelt sowie Bevölkerung, Siedlung, Wirtschaft und Verkehr) abgehandelt wurden. Länderkunde galt aber zu dieser Zeit nicht als eigentliche Forschung, sondern lediglich als eine sich an einen großen Adressatenkreis richtende Vermittlung geographischer Sachverhalte. Das änderte sich seit den 1890er-Jahren. Vor dem Hintergrund eines zunehmenden Imperialismus entstand für Reiseberichte und Skizzen von Land und Leuten ein lukrativer Markt, sodass sich im Fach eine breite, auch von den Erwartungen der Kultusbürokratien geförderte Bewegung für eine **Aufwertung der Länderkunde** entwickelte. Ziel war nun, die eigene Beobachtung in den Vordergrund zu stellen, Methoden der Quellenkritik anzuwenden und die im Bereich der Allgemeinen Geographie schon selbstverständliche Kausal-

forschung auch in die Länderkunde einzuführen. Länderkunde sollte nun nicht mehr nur kompendienhafte Zusammenstellung von regionalgeographischem Faktenmaterial, sondern erklärende, die unterschiedlichen Geofaktoren aufeinander wechselseitig beziehende Darstellung von Ausschnitten aus der Erdoberfläche sein. Die theoretische, wesentlich auf **Alfred Hettner** zurückgehende Grundlagenarbeit beschrieb diese neue Form von Länderkunde als eine eigenständige, auf die Erforschung von Räumen ausgerichtete chorologische Disziplin, die aufgrund von methodologisch reflektierter Regionalisierung die Erde als einen Komplex von Regionen unterschiedlichen Maßstabs darstellte und ihren Schwerpunkt vor allem in der Beschreibung physisch-geographischer Tatsachen fand. Auf der Basis dieser Prämissen entwickelte sich seit Anfang des 20. Jahrhunderts eine weit verzweigte geographisch-länderkundliche Literatur, die den im Bereich der Allgemeinen Geographie durchgeführten Spezialforschungen zunehmend Konkurrenz machte.

Die **Glanzzeit der Länderkunde** fällt in die Zwischenkriegszeit. Denn nun begannen viele Geographen zu begreifen, dass man mit Länderkunde nicht nur objektives raumbezogenes Wissen vermitteln, sondern dieses Wissen auch aktiv nutzen konnte, um in den politischen Diskurs einer Nation einzugreifen, die nach dem verlorenen Weltkrieg eine neue Standortbestimmung suchte. Unter deutlicher Aufwertung humangeographischer Fragestellungen wurde seit den 1920er-Jahren dem handelnden Menschen in der Länderkunde ein viel höherer Stellenwert als bisher eingeräumt. Eine wesentliche Rolle hierbei spielte das sogenannte Landschaftskonzept, das in Übernahme alltagssprachlicher Muster „Landschaft" als einen harmonischen Totalzusammenhang von verschiedenen natürlichen und anthopogenen Faktoren beschrieb. Die schon bald nach Ende des Ersten Weltkrieges erfolgende **Umstellung der Länderkunde** auf

merksamkeit der Ministerien und der Wissenschaftsförderung erfreute, nicht zuletzt, weil sie für die damalige Zeit wichtiges anwendungsorientiertes Wissen bereitstellte, vor allem über potenzielle Kolonien in Afrika und Asien. Auch war Geographie in Form der deutschen Landeskunde geeignet, die Integration der deutschen Teilstaaten nach der Reichsgründung zu einem deutschen Reich diskursiv zu unterfüttern (Kapitel 1.3).

In dieser **Boomphase der Fachentwicklung** waren die meisten der neu berufenen Geographieprofessoren gar keine Geographen, sondern sie waren als Historiker, Meteorologen oder Mathematiker ausgebildet und erst später zur Geographie gekommen. Als entsprechend schwierig erwies es sich daher, einen verbindlichen und überzeugenden Organisationsplan, ein System der Geographie aufzustellen, welches dazu geeignet war, das Fach auch eindeutig von den Nachbarwissenschaften abzugrenzen.

Eine solche „Mitte" der Geographie, welche von keiner anderen Wissenschaft „belegt" war, wurde von nicht

das Landschaftskonzept hatte mehrere gravierende Folgen: Erstens wurde die Suche nach Regeln und Gesetzen im Rahmen der Länderkunde weitgehend aufgegeben, da nun eine Länderkunde entstand, die auf die Erkenntnis der **landschaftlichen Individualität von Räumen** zielte. Zweitens ging das Bewusstsein für die Problematik der Regionalisierung verloren: Räume, egal welchen Maßstabs, erschienen nun nicht mehr als erst durch die räumliche Gliederung des Erdganzen zu konstruierende Objekte, sondern als in der Wirklichkeit a priori gegebene Entitäten. Drittens begann sich die Länderkunde von ihrer naturwissenschaftlichen Ausrichtung und der damit verbundenen positivistischen Methodologie zu lösen und schloss sich immer enger an die (historischen) Kultur- und Geisteswissenschaften als eine vorwiegend phänomenologisch-hermeneutisch arbeitende Raumwissenschaft an. Viertens schließlich wurde das Schreiben von Länderkunden jetzt als Akt genuiner Forschung begriffen. Das im Darstellungsbegriff aufgehobene Bewusstsein vom Vermittlungscharakter der Länderkunde wurde damit verdrängt und durch eine bis in die 1980er-Jahre nicht abreißende Folge von methodologischen Aufsätzen kompensiert, die sich (letztlich vergeblich) bemühten, eine fundierte wissenschaftstheoretische Begründung für die Länderkunde zu unterbreiten.

Aufgrund der hohen Reputation, die sich nun allerdings mit dem Schreiben von **landschaftskundlich ausgerichteten Länderkunden** verband, nahm die Anzahl der selbstständig erschienenen Regionalmonographien gegenüber der Zeit vor dem Ersten Weltkrieg deutlich zu. Gegenüber der Kaiserzeit, in der es zwar nicht an Bemühungen gefehlt hatte, auch das Deutsche Reich in die Darstellung mit einzubeziehen, rückte jetzt der Heimatraum und die an ihn grenzenden Gebiete ins Zentrum eines mehr und mehr nationalistisch motivierten Forschungsinteresses. Beeinflusst von den Ergebnissen der sich bereits seit den frühen 1920er-Jahren formierenden, staatlicherseits gut ausgestatteten „deutschen Volks- und Kulturbodenforschung" wurden die alten, auf das deutsche Staatsgebiet bezogenen länderkundlichen Studien nun von Arbeiten abgelöst, die das viel größere deutsche Volksgebiet zum Gegenstand der Behandlung

machten und damit immer wieder zu einer Anklage gegen gültiges internationales Völkerrecht wurden. Diese aus heutiger Sicht ausgesprochen propagandistisch wirkenden Schriften führten dann nahtlos in eine Geographie, die sich nur allzu bereitwillig für die ideologischen Zwecke des NS-Staates instrumentalisieren ließ.

Trotz der engen Verstrickung vieler deutscher Geographen mit dem NS-Regime wurden auch nach dem Zweiten Weltkrieg keine neuen Wege in der Länderkunde beschritten. Während in der DDR der Versuch unternommen wurde, eine den sozialistischen Lehren entsprechende moderne Geographie aufzubauen und die Länderkunde als Überbleibsel einer nunmehr abgelehnten bürgerlichen Weltanschauung harter Kritik ausgesetzt war, dominierten in der westdeutschen Geographie sowohl auf personeller als auch auf fachinhaltlicher Ebene restaurative Tendenzen. Trotz eines auch vonseiten der Hochschulgeographenschaft registrierten Sinkens der Zahl länderkundlicher Veröffentlichungen blieb die (mittlerweile völlig veraltete) fachphilosophische Auffassung, in der landschaftskundlich zu betreibenden Länderkunde sei die Krönung der Geographie zu sehen, nach wie vor erhalten.

Bereits seit Anfang der 1960er-Jahre führte diese Diskrepanz zu einem stetig wachsenden Krisenbewusstsein. Als der Reformstau Ende der 1960er-Jahre immer drückender wurde, kam es auf dem **Kieler Geographentag** 1969 schließlich zum Eklat. Zum maßlosen Entsetzen einer argumentativ schnell in die Ecke gedrängten und weitgehend handlungsunfähig erscheinenden Professorenschaft forderten Vertreter von studentischen Fachschaften die Abschaffung der Länder- und Landschaftskunde und die Neuausrichtung der deutschen Geographie auf die stark quantitativ orientierten allgemein-geographischen und regionalwissenschaftlichen Ansätze, die um diese Zeit die internationale Geographie prägten.

Wenngleich in der Zeit nach Kiel auch mehrere Reformvorschläge in Bezug auf die Länderkunde diskutiert wurden, konnte spätestens in den 1980er-Jahren nicht mehr übersehen werden, dass das Zeitalter einer als Länderkunde betriebenen Geographie zu Ende gegangen war.

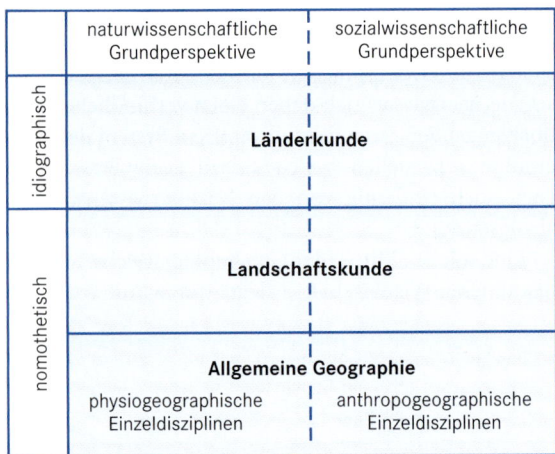

	naturwissenschaftliche Grundperspektive	sozialwissenschaftliche Grundperspektive
idiographisch	Länderkunde	
nomothetisch	Landschaftskunde	
	Allgemeine Geographie	
	physiogeographische Einzeldisziplinen	anthropogeographische Einzeldisziplinen

Abb. 4.1.1 „Typische" Dichothomien in der Geographie.

wenigen Geographen in der **Länderkunde** gesehen, das heißt in der synoptischen Gesamtschau der einzelnen Geofaktoren für bestimmte Regionen oder Länder. Schematisch unterschied man dabei zwischen der „Geofaktorenlehre", der sogenannten „Allgemeinen Geographie", und der stärker idiographischen, auf das Individuelle der einzelnen Regionen gerichteten Länderkunde (Abb. 4.1.1 und Exkurs 4.1.1). Länderkunde als zentrales Thema der Geographie hatte auch den Vorzug, dass sich hier sowohl naturwissenschaftliche wie geistes- und sozialwissenschaftliche Themen behandeln ließen. Seit den Vorstellungen der Geographen Kirchhoff und Hett-

ner ordnete man diese in einer spezifischen Reihenfolge an, dem sogenannten **„länderkundlichen Schema"**, das von den abiotischen bzw. anorganischen Faktoren (Oberflächenformen, Klima, Wasser) über die biotischen bzw. organischen (Böden, Vegetation und Tierwelt) zu den humanen bzw. gesellschaftlichen Gegebenheiten (Bevölkerung, Siedlung, Wirtschaft, Verkehr etc.) führt (Abb. 4.1.2 und 4.1.3).

Solche Vorstellungen oder Organisationspläne sind in vielerlei Hinsicht nicht mehr geeignet, die disziplinäre Realität des Faches zu erfassen. Länderkunde ist heute gewiss nicht mehr ein Schwerpunkt der wissenschaftlichen Geographie. Zwar schreiben Geographen weiterhin solche Werke (und sollten dies auch künftig tun) und diese finden in der Öffentlichkeit auch ihren Absatzmarkt, aber sie zu verfassen ist eher eine journalistische oder belletristische Aufgabe als eine wissenschaftliche. Man kann sie als „Dienstleistung der Geographie für die Öffentlichkeit" verstehen, und gut sind geographische Landeskunden dann, wenn die Verfasser ihre „Geographie" interessant und spannend erzählen. Solche Länderkunden sind dann auch wichtig für das Ansehen des Faches in der Öffentlichkeit.

Auch die doch sehr sterile Anordnung von Geofaktoren im **Hettner'schen Schema** hat der Geographie eher spannende Fragestellungen verstellt als diese eröffnet. Wechselwirkungen zwischen den einzelnen Faktoren gerieten ebenso aus dem Blick wie andere Inhalte und Themen. So gibt es keine wirkliche Begründung, weshalb sich die Geographie – dem Schema folgend – zwar mit Energie und Verkehr befassen sollte, nicht aber mit

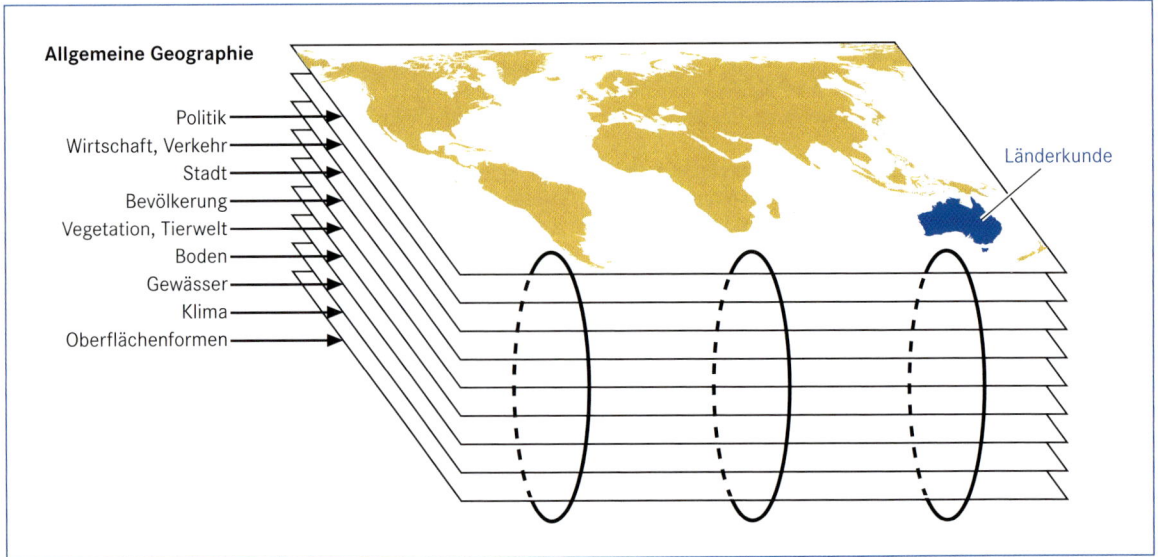

Abb. 4.1.2 Das Hettner'sche Schichtenmodell (verändert nach Schenk & Schliephake 2005).

Literatur, Musik, Kultur oder Alternativkultur und vielem anderen mehr.

Diese hier vorgetragene Kritik ist schon alt, Geographen haben sich seit Längerem nicht mehr (oder letztlich noch nie) an fest gefügte Schemata oder Organisationspläne der Geographie gehalten, wie sie in einschlägigen Lehrbüchern abgedruckt werden. Geographie als „Fach mit akkumulierten Paradigmen" (Kapitel 3.1) verfügt heute über ein Nebeneinander sehr unterschiedlicher Basiszugriffe und Fragestellungen, und das Lehrbuch versucht, einen *practical guide* in dieses „Labyrinth" früherer und heutiger Forschungsansätze zu bieten.

Eine Diskussion, von der sich die Geographie seit ihrer Anfangszeit allerdings nie verabschieden konnte, ist diejenige nach dem Verhältnis ihrer natur- und gesellschaftswissenschaftlichen Seite. Einerseits hält sich Geographie zugute, eines der wenigen „Brücken"- oder „Integrationsfächer" zwischen natur- und geisteswissenschaftlicher „Wissenschaftswelt" zu sein, auf der anderen Seite ist es außerordentlich schwierig, eine solche Brücke zu bauen. Auch gibt es auf der Ebene der Forschungspraxis – also bei geographischen Forschungsprojekten – wenig Beispiele, in denen wirklich beide Seiten der Geographie gleichermaßen behandelt werden. Wenn von der disziplinären Realität ausgegangen wird, sollte nicht von einem „Brückenfach" Geographie oder „dem Fach" Geographie als integrierte Umweltwissenschaft gesprochen werden, sondern man sollte besser vom **Drei-Säulen-Modell der Geographie** (Abb. 4.1.4) ausgehen. In diesem Modell wird die Eigenständigkeit von Physiogeographie und Humangeogra-

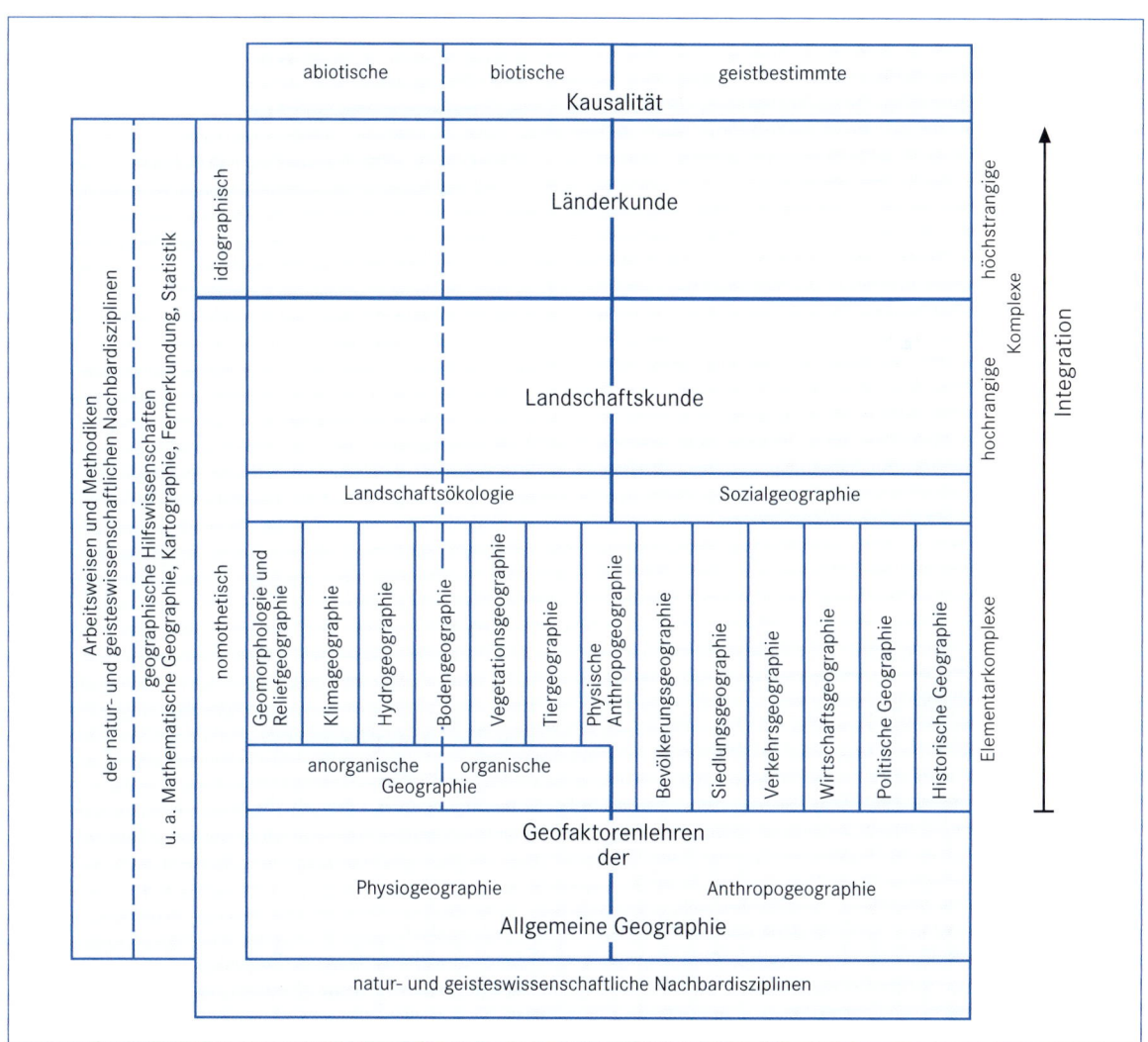

Abb. 4.1.3 Organisationsplan und Schema der Geographie aus den 1970er-Jahren (verändert nach Uhlig 1969).

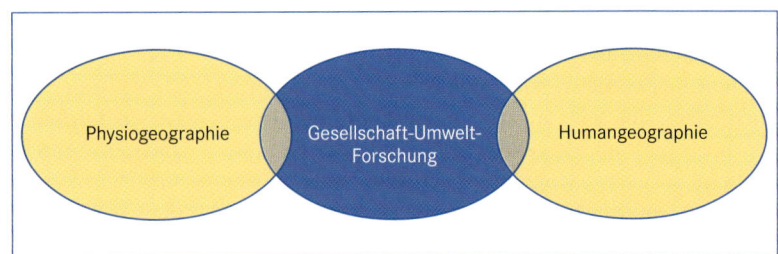

Abb. 4.1.4 Das Drei-Säulen-Modell der Geographie (verändert nach Weichhart 2005).

phie respektiert und in der geographischen Gesellschaft-Umwelt-Forschung ein davon abgesetzter, spezifischer Forschungsbereich definiert (Weichhart 2003).

In der Tat haben sich Physische Geographie und Humangeographie in ihren Kernfeldern weit auseinanderentwickelt und stellen gewissermaßen Vertreter zweier unterschiedlicher Wissenschaftskulturen dar. Viele aktuelle Themen und Fragestellungen der Physischen Geographie wie auch fast alle der Humangeographie (z. B. im Bereich der *New Economic Geography*, der Sozialgeographie und geographischen Bildungs- und Wissensforschung, der Politischen Geographie, der neuen Kulturgeographie etc.) lassen sich durch „keinen Trick oder Kunstgriff" (Weichhart 2003) mehr auf das klassische Thema der **Mensch-Umwelt-Interaktion** rückbinden. Auch in Zukunft wird der größere Teil geographischer Forschung sich im Bereich der ersten und zweiten „Säule" abspielen. Es macht ja keinen Sinn, im Kontext der Nachbarwissenschaften oder auch auf den Arbeitsmärkten für Geographen höchst erfolgreiche Forschungszweige, wie beispielsweise Wirtschaftsgeographie (insbesondere Industriegeographie und geographische Handelsforschung), geographische Stadtforschung, rechnergestützte Modellierung geomorphologischer Systemzusammenhänge oder meteorologische Aspekte der Klimaforschung zu vernachlässigen, nur weil sie nicht in das Konzept einer Gesamtgeographie passen.

Im vorliegenden Lehrbuch werden die Bereiche der Physischen Geographie wie der Humangeographie daher auch in ausführlichen eigenen Teilen behandelt, wobei jeweils in einer Überblicksdarstellung die wichtigsten Teilgebiete und ihre Forschungsansätze behandelt werden.

Ein eigener, relativ umfangreicher Teil wird dann jedoch dem Thema der Gesellschaft-Umwelt-Interaktion gewidmet, das Weichhart in seinem Modell als dritte Säule, als eigenständiges Erkenntnisobjekt ansieht und das durch einen Komplex spezifischer Fragestellungen gekennzeichnet ist, die in dieser Form weder in der Physiogeographie noch in der Humangeographie bearbeitet werden. Hierzu zählen insbesondere Fragestellungen der Politischen Ökologie und Humanökologie, die

Untersuchung von Global Change und davon ausgelöster gesellschaftlicher und politischer Folgen, Fragen von globalen Ressourcenkonflikten und der Bereich der Hazard- bzw. Naturgefahrenforschung (Kapitel 27 bis 29).

4.2 Humangeographie – die geistes- und gesellschaftswissenschaftliche Perspektive in der Geographie

Die Anthropogeographie/Kulturgeographie/Humangeographie, das heißt der gesellschaftswissenschaftliche Zweig der Geographie, befasst sich mit dem Verhältnis von Gesellschaft und Raum.

Es gibt eine Vielzahl von Versuchen, deren unterschiedliche Teildisziplinen und Forschungsansätze zu ordnen. Erschwert wird dieser Versuch dadurch, dass ältere Teildisziplinen gleichsam neben jüngeren weiterlaufen und dass sich zudem eine Vielzahl von Überschneidungen ergeben, die den Einsteiger in die Geographie vielleicht eher an ein Spiegelkabinett denn an eine Fachdisziplin erinnern. Heineberg (2003) hat versucht, hier einen wenigstens groben Überblick zu geben (Abb. 4.2.1). Die heutige Humangeographie kann dabei quasi als Summe oder Querschnitt ihrer Forschungsgeschichte interpretiert werden. Versuche, hier ex post so etwas wie **Hauptentwicklungsphasen** herauszuarbeiten, suggerieren natürlich immer eine Folgerichtigkeit, die so nie bestand. Gleichwohl mag solch eine Übersicht der „Hauptstufen" der Entwicklung der Humangeographie gerade dem Anfänger durchaus die Orientierung erleichtern (Heineberg 2003). In der heutigen Forschungslandschaft finden sich zeitgleich Projekte und Ansätze aus allen neueren Phasen:

- **geodeterministische Phase/Geographie als Beziehungswissenschaft:** Die Humangeographie Ende des 19. Jahrhunderts war stark beeinflusst vom Positivismus (dem Ausgehen von wahrnehmbaren Sach-

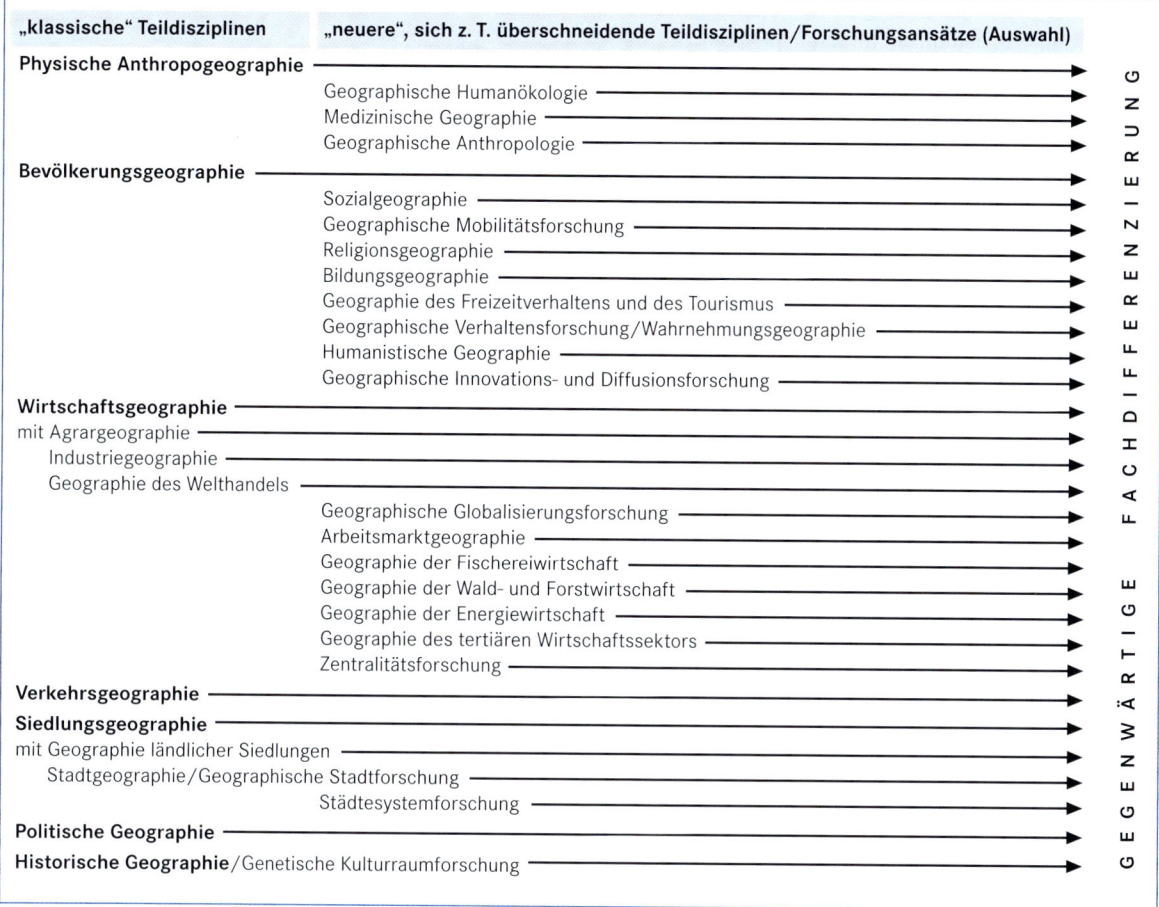

Abb. 4.2.1 Die sukzessive Ausdifferenzierung von Teildisziplinen der Humangeographie (verändert nach Heineberg 2003).

verhalten), aber auch von der Evolutionstheorie Darwins in Bezug auf die Selektionswirkung der Natur. Im Vordergrund standen daher kausale Beziehungen zwischen Naturraum, Wirtschaft und Gesellschaft. Die Anthropogeographie war in dieser Zeit beherrscht von der Frage der (einseitigen) Abhängigkeit des Menschen, seiner Kultur, Wirtschaft und Geschichte von den Naturbedingungen.

- **possibilistische Phase/kulturökologischer Ansatz:** Gleichsam als konträre Sicht zum Naturdeterminismus entstand in der französischen Geographie (Vidal de la Blache) ein kulturökologischer Ansatz, welcher *„genres de vie"* (Lebensformgruppen) in Bezug zu ihrem jeweiligen geographischen Milieu untersuchte und dabei von einer nichtdeterministischen, freien, also possibilistisch gedeuteten Anpassung an Naturräume ausging (Kapitel 16).

- **kulturgenetischer Ansatz/Kulturlandschaftsforschung:** Bis in die 1930er-Jahre hinein war die Geo-

graphie fast ausschließlich auf die Morphologie (oder Physiognomie) der Landschaft ausgerichtet, es ging um die Erfassung und Beschreibung sichtbarer Sachverhalte und Erscheinungen (Siedlungen, Verkehrswege, Ackernutzung etc.). Zur Erklärung des Kulturlandschaftsbildes wurde deren Genese (also historische Entwicklung) herangezogen (morphogenetische Betrachtung; Kapitel 26). Aus dieser Zeit stammt auch die große Bedeutung kartographischer Repräsentationen und deren Interpretation in der Geographie.

- **funktionale Phase der Humangeographie:** Seit den 1930er-Jahren wurden vor allem in der Stadtgeographie auch Phänomene einbezogen, die nicht direkt sichtbar, sondern über Indikatoren oder Statistiken erschließbar waren, beispielsweise Einkaufs- und Dienstleistungsbeziehungen, kulturelle Verflechtungen und so weiter. Im System der Zentralen Orte (Christaller 1933, Kapitel 23.1) wurde eine Hierarchie der wirtschaftlichen Bedeutung und räumlichen Ordnung von Siedlungen im Raum erstellt. Die funktionale Wirtschaftsgeographie befasste sich zum Beispiel mit Liefer- und Absatzbeziehungen von Betrieben, mit Arbeitspendlern und so weiter. In all diesen Fällen ging es, ähnlich wie im mathematischen Funktionsbegriff ($y = (fx)$), um (räumliche) Abhängigkeitsbeziehungen, um Verflechtungen zwischen Räumen.

- **verhaltensorientierte sozialgeographische Ansätze:** Unter dem Begriff Sozialgeographie sind sehr unterschiedliche Ansätze vereint (Kapitel 16). Die sogenannte „Münchner Schule" der Sozialgeographie (Hartke, Ruppert u. a.) behandelte im Sinne einer funktionalen Anthropogeographie „Daseinsgrundfunktionen" (in Gemeinschaft leben, wohnen, arbeiten, sich versorgen und konsumieren, sich bilden, sicher erholen und Verkehrsteilnahme/Kommunikation; Abb. 16.3.2) und untersuchte deren räumliche Organisationsformen. Eine stärker qualitative, verhaltensorientierte Sozialgeographie befasste sich mit Umweltwahrnehmung (Abb. 16.3.4), beispielsweise der Wahrnehmung städtischer Umwelt in kognitiven Karten (*mental maps*).

- **quantitative und analytisch-szientistische Phase:** Als Reaktion auf die sehr stark idiographisch (auf das Besondere individueller Räume) ausgerichtete Länderkunde befasste sich der raumwissenschaftliche Ansatz, die szientistische Wirtschafts- und Sozialgeographie, vor allem mit den Raumgesetzen der Gesellschaft. Methodologisch orientierte man sich an der naturwissenschaftlich-analytischen Denkweise (bzw. dem Kritischen Rationalismus Poppers) und suchte, unterstützt von den neuen Möglichkeiten der EDV, nach Möglichkeiten, aus großen Datenmengen räumlich-distanzielle Modelle in der Geographie zu entwickeln (z. B. Modelle der Diffusion von Innovationen).

- **entscheidungs- und handlungstheoretische Ansätze:** Sie stehen in enger Beziehung zu den verhaltensorientierten Ansätzen und spielten zunächst vor allem in der Wirtschaftsgeographie, später auch in der jüngeren Sozialgeographie eine Rolle. In der Wirtschaftsgeographie wurden seit den 1970er-Jahren Modelle des Entscheidungsverhaltens von Industrieunternehmen sowie organisationstheoretische Vorstellungen für die räumliche Organisation von Industrieunternehmen entwickelt (*decision making in industry*), auch Vorstellungen zum Reiseverhalten (in der Tourismusgeographie) sowie zu Umzugsentscheidungen. Die jüngere handlungsorientierte Sozialgeographie untersucht Akteure und deren aktives, zielgerichtetes Handeln sowie deren Machtressour-

cen zur Durchsetzung ihrer Interessen (Werlen 1995, 1997).

- **qualitative und poststrukturalistische Ansätze:** Seit den 1980er-Jahren gewannen, gewissermaßen in einer Art *roll back* zur analytisch-szientistischen Betrachtung in der Geographie, zunächst interpretativ-verstehende und lebensweltlich ausgerichtete Ansätze einen höheren Stellenwert. Als jüngste „Wachstumsspitze" einer solchen auch theoretisch-konzeptionell stärker an die interdiziplinären Debatten in den Humanwissenschaften anschließenden Orientierung lassen sich die poststrukturalistischen Ansätze begreifen, die bei aller Heterogenität gemeinsam der Rolle von Sprache, Zeichen und Kommunikation bei der Konstitution der Geographien der Gesellschaft eine entscheidende Bedeutung zuschreiben.

4.3 Physische Geographie – die naturwissenschaftliche Perspektive in der Geographie

Die Physische Geographie/Physiogeographie/Naturgeographie/Physikalische Geographie, das heißt der naturwissenschaftliche Zweig der Geographie, befasst sich mit der Struktur und Dynamik unserer physischen Umwelt und den in ihr wirksamen Kräften und ablaufenden Prozessen.

Auch in der Physischen Geographie haben sich zu unterschiedlichen Zeiten verschiedene Paradigmen entfaltet. Generell hat sich das Gebiet von einer noch stärker deskriptiven, beobachtungsorientierten Wissenschaft (mit dem „unbewaffneten Auge" des Geographen im Gelände) zu einer modellorientierten, mit zum Teil aus den Nachbarwissenschaften entlehnten Labormethoden arbeitenden, **interdisziplinären Umweltwissenschaft** entwickelt.

Die Physische Geographie befasst sich mit verschiedenen Sphären der Erde (Geosphären) auf unterschiedlichen Maßstabsniveaus. Dazu zählen Lithosphäre, Hydrosphäre und Kryosphäre, Pedosphäre sowie Atmosphäre (Kapitel 9, 10 und 13). Neben diese vorwiegend abiotisch bestimmten Sphären tritt die biotisch geprägte Biosphäre mit Flora und Fauna (Kapitel 12). Dabei muss hervorgehoben werden, dass die ursprünglich auch so intendierte Abgrenzung der Teildisziplinen untereinander in den letzten Jahrzehnten, ausgehend von neuen Fragestellungen und Aufgabenfeldern, notwendigerweise abgemildert und zum Teil sogar aufgelöst worden

Tabelle 4.3.1 Zusammenhänge einzelner Nachbardisziplinen mit den Teilgebieten der Physischen Geographie (verändert nach Borsdorf 1999).

Erfahrungsobjekt	Grunddisziplin	Geozweig der Grunddisziplin	geographische Teildisziplin
Lithosphäre	Geologie	Exogene Dynamik	Geomorphologie
Atmosphäre	Meteorologie	Klimatologie	Klimageographie
Hydrosphäre	Hydrologie	Geohydrologie	Hydrogeographie
Pedosphäre	Bodenkunde	Geopedologie	Bodengeographie
Biosphäre	Zoologie/Botanik	Geozoologie/Geobotanik	Zoogeographie/Vegetationsgeographie

ist. Dieser Sachverhalt ist bei der von Troll begründeten Landschaftsökologie, bei der die Synthese im Mittelpunkt steht, eine unverzichtbare Voraussetzung (Kapitel 14 und Exkurs 4.3.2).

Die Teildisziplinen der Physischen Geographie orientieren sich bei der Wahl und dem Einsatz ihrer Untersuchungsmethoden an den jeweiligen Nachbardisziplinen. Zu ihnen zählen Geologie, Bodenkunde bzw. Pedologie, Meteorologie, Physik, Chemie, Ozeanographie, Hydrologie, Botanik und Zoologie, Geoökologie und Raumplanung (Tab. 4.3.1).

Spätestens seit der Weltkonferenz in Rio de Janeiro (**Agenda 21**) im Jahre 1992 ist die Physische Geographie in Verbindung mit wirtschafts- und gesellschaftswissenschaftlichen Ansätzen vermehrt mit drängenden Gegenwarts- und Zukunftsfragen auf unterschiedlicher Maßstabsebene befasst. Dazu zählen Ressourcennutzung und -schutz, regionalspezifische Verluste der Biodiversität (Diversität), Naturschutz, Nachhaltigkeit, Hazardforschung sowie schließlich, auf der Basis von regionalem und globalem Klima- und Landnutzungswandel mit Treibhauseffekt, Meeresspiegelschwankungen und Desertifikation, die Entwicklung von Monitoringsyste-

men zur Stabilisierung und zum Schutz des Systems Erde und seiner Teilsysteme (Kapitel 27 bis 29).

Für die Analyse derartiger Probleme und die Erarbeitung von Lösungskonzepten sind monokausale Ansätze ungeeignet. An ihre Stelle müssen innige Vernetzungen bzw. Kopplungen der verschiedenen Zielsetzungen von geowissenschaftlichen Disziplinen und ihres jeweiligen speziellen methodischen Instrumentariums treten (Barsch et al. 2000). Nur so kann man dem hohen Komplexitätsgrad lokaler, regionaler und globaler Systeme gerecht werden. Verstärkte Beachtung muss dabei insbesondere den prähistorischen, historischen und aktuellen Eingriffen des Menschen in natürliche Prozesse und Stoffflüsse zukommen. Denn zunehmend stellt sich die Frage nach Ursachen und Ausmaß von Störungen im Landschaftshaushalt (Goudie 1995) und inwiefern bzw. in welchem Umfang aktuell nachzuweisende Prozesse als natürliche Ereignisse oder aber als Resultate anthropogen bedingter Einflussnahme anzusehen sind. Gerade im Rahmen der Hazardforschung (Kapitel 28) erhalten diese Überlegungen in der Physischen Geographie eine zunehmende Bedeutung. Dabei handelt es sich auch aus internationaler Sicht zweifellos um eines der zentralen

 **Exkurs 4.3.1**

Aktuelle Themen der Physischen Geographie in Stichworten

Biodiversität, Mensch-Umwelt-Interaktionen, Systemstabilität, Systemsensitivität, Selbstorganisation, Nichtlinearität, Rückkopplungen (positive, negative), Landschaftsgeschichte, Regionalisierung, Vulnerabilität, Belastbarkeit von Ökosystemen (*resilience*), Prozessforschung einschließlich Quantifizierung (Erosions-, Transport- und Akkumulationsraten sowie Magnituden und Frequenzen von Ereignissen), (Geo-)Archivforschung, Geochronologie, Modellierungen (Klima-, Gelände-, Stofffluss-, Ökosystemmodelle), Prognostik, Fehlerbetrachtungen, hierarchische Raumstrukturierung, mehrskalige gefügetaxonomische Ansätze, Sedimentfluss und -budget, Naturrisiken und -katastrophen, Geoarchäologie, Landschafts-/Geoökologie, GIS (Geographische Informationssysteme), Fernerkundung (aktive und passive Systeme mit verschiedenen Sensoren und Auflösungen)

Exkurs 4.3.2

Landschaftsökologie

MANFRED MEURER

Die Landschaftsökologie bildet ein Fachgebiet der Landschaftsforschung, das sich mit der Analyse, Synthese und Bewertung der komplexen Wechselbeziehungen zwischen allen Elementen und Komponenten der Landschaft, einschließlich der technogenen, beschäftigt (holistischer Ansatz in der Landschaftsforschung im Sinne der Ökologie). Erkenntnisziel ist das Verstehen des Landschaftshaushalts als naturgesetzlich geregeltes Wirkungsgefüge aus Lebewesen und deren abiotischer Umwelt. Eingriffe des Menschen in den Naturraum, die bezeichnend für die reale Landschaft (Kulturlandschaft) sind, werden dabei nicht nur als landschaftliche Strukturveränderungen, sondern auch über die veränderten Stoff- und Energieflüsse erfasst. Landschaftsökologie im Sinne Trolls verstand sich als holistischer Ansatz, um gegenüber den ausgeprägt analytischen Forschungstendenzen der biologischen und geowissenschaftlichen Einzeldisziplinen einer synthetischen „Schau der Natur wieder stärkere Geltung zu verschaffen".

Mit der Einführung systemtheoretischer Überlegungen in die Ökosystemforschung werden Landschaften als Landschaftsökosysteme mit Speichern, Reglern und Prozessen modelliert und einer Systemanalyse unterzogen. Nach den Regeln der Systemhierarchie erbaut sich das Landschaftsökosystem aus Subsystemen (z. B. Boden, Klima, Biozönose) und Teilsystemen: Geoökosystem, räumlich repräsentiert durch den Naturraum, und Landschaftsökosystem, räumlich repräsentiert durch die Landschaft.

(Quelle: Brunotte et al. 2001/2002).

Schlüsselthemen geographischer Forschung. Einen wesentlichen Beitrag leistet die Physische Geographie weiterhin durch die Analysen des globalen Wandels unter Einbeziehung von **Paläoklima, Paläoböden und Paläovegetation** (Kapitel 9.13, 11 und 12.4). Erst durch deren Berücksichtigung können kurzfristige Oszillationen von langfristigen Trends eines regionalen und zonalen Wandels von beispielsweise Klima, Vegetation sowie Land- und Bodennutzung unterschieden werden. Diese naturgesetzlichen Veränderungen der Lebensbedingungen bewirken zugleich gravierende Änderungen im sozio-ökonomischen Bereich mit entscheidenden Rückwirkungen auf den Lebens- und Wirtschaftsraum. Somit ergeben sich zahlreiche Vernetzungen der Physischen Geographie mit der Humangeographie und ihren Teildisziplinen.

4.4 Umweltökologie, Humanökologie, Politische Ökologie – Ansätze zum „Brückenfach" Geographie?

Geographie hat sich seit ihren Anfängen als „Brückenfach" zwischen Natur- und Geistes- bzw. Sozialwissenschaften verstanden. Die Frage, wie diese „Brücke" tragfähig gebaut werden kann, wurde aber zu verschiedenen Zeiten unterschiedlich beantwortet. Seit den Arbeiten von Hettner zur Länderkunde (Exkurs 4.1.1) sah man vor allem in ihr das verbindende Element, später in der Landschaftskunde. Anhaltende Kritik an solchen stark deskriptiven und physiognomisch orientierten Konzepten der Geographie führte dazu, dass man in der Folgezeit verstärkt nach **systemtheoretischen und kybernetischen Modellen** für das Zusammenwirken von „Mensch" und „Umwelt" suchte. Solche Modelle vermochten allerdings zwar das Zusammenwirken natürlicher Umweltfaktoren in „Regelkreisen" anschaulich zu machen, behandelten den „Menschen" aber als weitgehend statisches, determiniertes, apolitisches Wesen. Neuere Ansätze zum „Brückenfach" Geographie suchen daher nach konzeptionell angemesseneren Wegen, natur- und gesellschaftswissenschaftliche Aspekte miteinander zu verbinden.

Die Besonderheit des vorliegenden Buches ist, dass gerade solchen Themen eine stärkere Aufmerksamkeit gewidmet wird. Im Teil VI des Lehrbuchs werden solche Fragen des Global Change und globaler Ressourcenkonflikte, von Hazards und Umweltkatastrophen und so weiter angesprochen.

Umwelt wird hier nicht (oder nicht nur) als System natürlicher Regelkreisläufe gesehen, sondern „als ein ‚Schlachtfeld unterschiedlicher Interessen' beschrieben, auf dem um Macht, Verfügungsrechte und Einfluss gerungen wird. Ein besonderer Schwerpunkt liegt [...]

 **Exkurs 4.4.1**

Natürliche Umwelt und Hungerkatastrophen

Umweltgefährdung, -degradierung und -zerstörung haben eine politische Dimension, wie sich exemplarisch am Beispiel eines jüngst erschienenen Buches „Die Geburt der Dritten Welt. Hungerkatastrophen und Massenvernichtung im imperialistischen Zeitalter" von Mike Davis (2004) illustrieren lässt. Davis zeigt auf, dass die durch El-Niño-Phänomene (periodische Temperaturschwankungen) zwischen 1876 und 1879 sowie 1896 und 1899 ausgelösten Dürrekrisen in weiten Teilen der Tropen sich erst aufgrund der von London dominierten Weltwirtschaft mit ihrer liberalen Wirtschaftspolitik zu einer globalen Hungerkatastrophe auswachsen konnten. Nicht selten exportierten Hungerregionen wie Indien oder Brasilien zeitgleich riesige Nahrungsmengen nach England. Natur – so zeigt seine Arbeit über die Politische Ökologie des Hungers – ist selten allein so tödlich, „Natur" hat erst im Zusammenhang mit einem spezifischen frühkapitalistischen Wirtschafts- und Politiksystem den Grundstock für die bis heute andauernde Verarmung der „Dritten Welt" gelegt.

auf der Analyse von Umweltkonflikten, Auseinandersetzungen um natürliche Ressourcen, Verteilungs- und Machtkämpfen unterschiedlicher Akteure auf unterschiedlichen Handlungsebenen, bei denen es ‚Sieger' und ‚Verlierer' gibt" (Krings 1999).

Solche Ansätze eröffnen ein weites Feld der Analyse von Konflikten mit Umweltbezug. Sie bieten einen Zugang zum Diskurs über Global Change und den Schutz des Regenwaldes (ein typisches Thema der 1990er-Jahre) ebenso wie zur aktuellen Entwicklungsforschung, beispielsweise der *critically*-Diskussion im Kontext einer Geographie des Hungers und der Verwundbarkeit (Kapitel 18). Typische Themen sind auch Ressourcenkonflikte auf verschiedenen Maßstabsebenen, wie die sich abzeichnenden *Water Wars* des 21. Jahrhunderts in den Trockenräumen der Erde (Kapitel 29.7) oder das *Great Game* um die in politisch instabilen Erdregionen konzentrierten Erdölressourcen (Kapitel 29.8). Als derzeit aktuelles „verbindendes" Thema ist schließlich die Hazardforschung zu nennen, die Untersuchung von *natural and man-made hazards* (Kapitel 28). „Risiken" durch Naturkatastrophen lassen sich nicht naturwissenschaftlich festlegen, sondern sie werden über Aushandlungsprozesse in einer Gesellschaft definiert und über die Prioritätensetzung (räumlich, aber auch ökologisch oder ökonomisch) wird politisch entschieden.

 **Exkurs 4.4.2**

Der Diskurs um Global Change

Im Jahre 2005 ist nach jahrelangen Verhandlungen schließlich das „Kyoto-Protokoll" in Kraft getreten. Es sieht die Reduzierung des Kohlendioxidausstoßes insbesondere in den Industrieländern vor, um dem Phänomen des *global warming*, der Aufheizung der Erdatmosphäre durch den „Treibhauseffekt", entgegenzuwirken.

Die USA sind dem Protokoll nicht beigetreten, aus innen- und wirtschaftspolitischen Gründen, aber auch aufgrund von Zweifeln an den naturwissenschaftlichen Befunden zu Global Change. Auch ein zunächst rein naturwissenschaftlich scheinendes Thema wie Global Change ist, wie gerade das Beispiel der USA (und auch Australiens) deutlich macht, in ganz erheblichem Maße Gegenstand eines öffentlichen Diskurses, welcher *shiftet* und jeweils andere Aspekte von Global Change in den Vordergrund rückt. Das „Ozonloch" ist ebenso wie das „Waldsterben" derzeit in den Hintergrund gerückt, in Zukunft werden wieder andere Facetten die öffentliche Diskussion bestimmen. Global Change ist ein typisches Thema einer Gesellschafts-Umwelt-Forschung in der Geographie.

Weiterführende Literatur

Ehlers E, Leser H (2002) Geographie heute – für die Welt von morgen. Eine Einführung. In: Ehlers E, Leser H (Hrsg) Geographie heute – für die Welt von morgen. Gotha, Stuttgart. 9–18

Gebhardt H (2005) Geography – Crossing the divide? Disziplinpolitische Überlegungen und inhaltliche Vorschläge. In: Müller-Mahn D, Wardenga U (Hrsg) Möglichkeiten und Grenzen integrativer Forschungsansätze in Physischer Geographie und Humangeographie. Leipzig. ifl-Forum: 25–36

Heinritz G (2003) Integrative Ansätze in der Geographie – Vorbild oder Trugbild? Einführung in das Münchner Symposium zur Zukunft der Geographie. In: Heinritz G (Hrsg) Integrative Ansätze in der Geographie – Vorbild oder Trugbild? München. 9–16

Hilpert M, Kundinger J, Staudinger T (Hrsg) (2004) Was ist Geographie? Eine Frage und 13 Antworten. Augsburg. Tellus Facta 6

Leser H (2003) Geographie als Integrative Umweltwissenschaft: Zum transdisziplinären Charakter einer Fachwissenschaft. In:

Heinritz G (Hrsg) Integrative Ansätze in der Geographie – Vorbild oder Trugbild? München. Münchener Geographische Hefte, 85: 35–52

Müller-Mahn D (2005) Von „Naturkatastrophen" zu „Complex Emergencies". Die Entwicklung integrativer Forschungsansätze im Dialog mit der Praxis. In: Müller-Mahn D, Wardenga U (Hrsg) Möglichkeiten und Grenzen integrativer Forschungsansätze in Physischer Geographie und Humangeographie. Leipzig. ifl-Forum: 69–78

Wardenga U (1995) Geschichtsschreibung in der Geographie. In: Geographische Rundschau 47, H. 9: 523–525

Weichhart P (2005) Auf der Suche nach der „dritten Säule". Gibt es Wege von der Rhetorik zur Pragmatik? In: Müller-Mahn D, Wardenga U (Hrsg) Möglichkeiten und Grenzen integrativer Forschungsansätze in Physischer Geographie und Humangeographie. Leipzig. ifl-Forum 2: 109–136

Zitierte Literatur

Barsch et al. (2000) Arbeitsmethoden in Physiogeographie und Geoökologie. Gotha, Stuttgart

Christaller W (1933) Die zentralen Orte in Süddeutschland. Eine ökonomisch-geographische Untersuchung über die Gesetzmäßigkeit der Verbreitung und Entwicklung der Siedlungen mit städtischen Funktionen. Jena

Davis M (2004) Die Geburt der Dritten Welt. Hungerkatastrophen und Massenvernichtung im imperialistischen Zeitalter. Berlin, Hamburg, Göttingen

Goudie A (1995) Physische Geographie: eine Einführung. Heidelberg, Berlin, Oxford

Goudie A (2002) Physische Geographie: eine Einführung. Hrsg. v. Lorenz King. Aus d. Engl. übersetzt v. Peter Wittmann. Heidelberg, Berlin

Heineberg H (2003) Grundriss Allgemeine Geographie: Einführung in die Anthropogeographie/Humangeographie. 2. durchgesehene Auflage. München, Wien, Zürich

Krings T (1999) Ziele und Forschungsfragen der Politischen Ökologie. In: Zeitschrift für Wirtschaftsgeographie 43 (3/4): 129–130

Leser H, Schneider-Sliwa R (1999) Geographie – eine Einführung. Aufbau, Aufgaben und Ziele eines integrativ-empirischen Faches. Braunschweig

Thrift N (2002) The future of geography. In: Geoforum, H. 3: 291–298

Weichhart P (2003) Physische Geographie und Humangeographie – eine schwierige Beziehung: Skeptische Anmerkungen zu einer Grundfrage der Geographie und zum Münchner Projekt einer „Integrativen Umweltwissenschaft". In: Heinritz G (Hrsg) Integrative Ansätze in der Geographie – Vorbild oder Trugbild? München. Münchener Geographische Hefte 85: 17–34

Teil III

Die Arbeitsmethoden der Geographie

5 Wissenschaftliches Arbeiten in der Geographie. Einführende Gedanken

6 Was können wir wissen? Kritischer Rationalismus und naturwissenschaftlich orientierte Verfahren

7 Was können wir verstehen? Hermeneutische und poststrukturalistische Verfahren

8 Geokommunikation und Geomatik

Der Geograph im Gelände – ein Rollenspiel

Geographie ist vor allem eine empirische Wissenschaft, sie arbeitet mit Daten, Karten, Quellen, Texten. Diese können als Sekundärdaten von anderen Personen oder Institutionen erhoben worden sein (z. B. von statistischen Ämtern), oder aber sie können selbst vor Ort gewonnen werden. Geländeaufenthalte und die Erhebung von Daten vor Ort waren immer eine besondere Tugend der wissenschaftlichen Geographie. Die Schwierigkeiten, die dabei auftreten, könnte die Karikatur auf der nächsten Seite mit der dargestellten etwas skurrilen Situation illustrieren: ein Indianerüberfall im Wilden Westen auf einen offenbar aus der Zeit gefallenen modernen Reisenden mit Laptop. Die Fiktion weitertreibend könnte man sich vorstellen, der Herr im Zug sei ein Professor der Geographie auf dem Weg zu einem wissenschaftlichen Indianerkongress oder zu Forschungsarbeiten über die Indianer in Nordamerika. Was ist daran lächerlich? Wohl vor allem die Diskrepanz zwischen seinem Forschungsgegenstand, den vor dem Zug tobenden Indianern, und seinem „Forschungsdesign". Was wird einer, dem die Welt der Indianer doch so offensichtlich fremd ist, denn auf einem Kongress Bedeutsames über diese Menschen sagen können? Kann man denn mit Laptop und Büchern auf Indianerforschung gehen? Hier scheint einiges an Forscherrolle und Methoden nicht zu stimmen.

Damit wird eine zentrale Frage der Methodendiskussion in der Geographie angesprochen: Wie sieht ein adäquates Forschungsdesign aus, was sind adäquate Forschungsmethoden in verschiedenen Forschungskontexten, welche Methoden passen zu welchen Frage- oder Problemstellungen? Wie hängen das „Was" – also der Inhalt der Forschungsfragen – und das „Wie" – also die Methoden, mit denen diese Fragen beantwortet werden – zusammen?

Diese Fragen und Probleme adäquater Forschungszugriffe bleiben auch heute bestehen. Ein jüngst in Heidelberg durchgeführtes Projekt befasste sich mit Räumen im Ausnahmezustand am Beispiel der palästinensischen Flüchtlingslager im Libanon. Auch hier geht es grundsätzlich um die Frage: Wie sollen sich Forscher und Beforschte gegenübertreten, was haben eigentlich die Flüchtlinge im Lager von solchen Forschungen, mit welchen Methoden vermag es der Wissenschaftler, die spezifische Situation in einem solchen Lager angemessen einzufangen? Geographische Forschung im Gelände ist in diesem Sinne immer ein Rollenspiel. Eine angemessene und aufrichtige Rolle gegenüber seinem Forschungsgegenstand zu entwickeln, stellt eine wesentliche Voraussetzung erfolgreicher wissenschaftlicher Arbeit dar.

Wie aber sieht das Set an Forschungsmethoden aus, das der Geographie zur Verfügung steht? Halten wir uns ein weiteres Mal an Antoine de Saint-Exupéry und seinen Text aus „Der kleine Prinz" über den „Geographen", der in Kapitel 3 bereits zitiert worden ist. Hier werden ja auch Vorstellungen entwickelt, wie Geographen bzw. „Forscher" eigentlich wissenschaftlich arbeiten: Sie wissen, wo sich die Meere, die Städte, die Flüsse und Berge befinden, sie befragen und schreiben ihre Eindrücke auf, sie dürfen nicht lügen, und sie sollen zum Beweis für ihre Entdeckungen beispielsweise große Steine mitbringen.

Implizit stecken in den Antworten des Geographen an den kleinen Prinzen Vorstellungen, die sich an generellen „Standards" der Wissenschaft, im Besonderen aber an solchen der Naturwissenschaften, orientieren. Die Moralität des Forschers, nicht zu lügen, meint die Prinzipien intellektueller Redlichkeit, Offenheit gegenüber Kritik. Das „Mitbringen großer Steine" als Beweis für die „Richtigkeit" der Forschung verweist auf „Intersubjektivität",

Abb. 1 Die Karikatur zeigt eine typische Szene aus der Pionierzeit der Erschließung der USA, einen Indianerüberfall auf einen Zug der U.S. Rail. Es amüsiert hier die „Gleichzeitigkeit des Ungleichzeitigen", der Zusammenprall eines mit Laptop und Atlas bewaffneten „Eierkopfes", also eines Vertreters der globalisierten Welt, mit der archaischen, vorglobalen Welt der bemalten und mit Federn geschmückten Indianer. Auch in der geographischen Feldforschung müssen häufig Lebenswelten der „kulturell Anderen", der nicht globalisierten Regionen und Völker unserer Erde, erkundet werden.

„Validität" und „Reliabilität" der Ergebnisse. Hier geht es um Standards eines analytisch-szientistischen Wissenschaftsverständnisses (Kapitel 5.2), das sich mit Sedlacek (1982) wie folgt definieren lässt: „Sachverhalte werden dadurch erklärt, dass man sie unter Einbezug spezieller Rand- und Rahmenbedingungen auf allgemeine Gesetzmäßigkeiten (Theorien) zurückführt. Erklären meint dabei vor allem das Testen von Hypothesen über regelhafte Zusammenhänge zwischen zwei oder mehreren Ereignissen. Grundlegendes Prinzip ist die Intersubjektivität der Ergebnisse."

Eine solche Form der wissenschaftlichen Methodik ist aber nicht die einzige Möglichkeit, Wissenschaft zu betreiben. Sie benötigt als Datengrundlage standardisierte Informationen über die räumliche und soziale Welt.

Im Forschungsprojekt über die Palästinenserlager im Libanon bliebe dabei eine lange Reihe spannender Fragen im Dunkeln. Die Lager bilden Sonderräume jenseits der libanesischen Regierungsgewalt mit einem komplexen Geflecht an formellen und informellen Akteuren, welche die *governance* der Lager prägen, mit spezifischen Alltagsregeln und Identitätskonstruktionen der Lagerbevölkerung. Geographen wollen also wissen, welche Akteure das Sagen haben und welche Interessen sie verfolgen, welche Machtressourcen ihnen zur Durchsetzung ihrer Interessen zur Verfügung stehen. Sie wollen das Alltagsleben der Jugendlichen im Lager, ihre (düsteren) Zukunftsperspektiven verstehen, sie wollen wissen, welche Rolle die verlorene Heimat in Palästina immer noch für ihr Selbstverständnis, ihre Identität spielt. Sie wollen die zahlreichen *murals* und Karikaturen interpretieren, welche die Lagerwände überziehen (Abb. 2), und vieles andere mehr.

Für solche Fragen ist eine andere Art der wissenschaftlichen Herangehensweise geeignet, die man als interpreta-

tiv-verstehendes Paradigma bezeichnet. Ein solcher Zugriff arbeitet nicht mit Maß, Zahl, Hypothesen und deren Verifikation oder Falsifikation, sondern mit dem interpretativen Verständnis von Handlungssituationen, der Bedeutung von Texten und Zeichen, den einflussreichen gesellschaftlichen Normen, Werten und Leitbildern spezifischer Gesellschaften (Kapitel 7). Häufig kommt dabei ein Methodenmix unterschiedlicher, dem jeweiligen Thema angepasster Forschungsmethoden zur Anwendung. Im Falle des Lagerprojekts waren das unter anderem Textanalysen von libanesischen Zeitungen, Analysen von Internetseiten verschiedener Nichtregierungsorganisationen, Archivarbeiten, verschiedene Formen von teilnehmender Beobachtung, qualitative Interviews mit unterschiedlichen Akteursgruppen, aber auch „synthetische" Interpretationen von Wandmalereien, von literarischen Texten bis hin zu Hip-Hop-Projekten und Filmen. Ergänzend kamen Workshops mit Jugendlichen hinzu.

Die Geographie ist seit einigen Jahrzehnten durch eine Pluralisierung ihrer Methoden geprägt. „Wir forschen noch immer am Strand, aber der Strand ist bunter geworden", umschreiben Reuber und Pfaffenbach in ihrem Einführungsbuch in die Methoden der Geographie (2005) die Entwicklung der letzten Jahrzehnte, in denen analytisch-szientistische, am Vorbild der Naturwissenschaften orientierte Methoden durch hermeneutische, akteursbezogene und diskursorientierte Methoden ergänzt werden. In den folgenden Kapiteln sollen unter den Überschriften „Was können wir wissen?" und „Was können wir erzählen?" grundlegende Prinzipien kritisch-rationaler, stärker „quantitativ" orientierter Verfahren und hermeneutischer, stärker „qualitativ" orientierter Verfahren vorgestellt werden.

Abb. 2 Die Aufnahmen aus dem palästinensischen Flüchtlingslager Shatila im Süden von Beirut zeigen neben Porträts palästinensischer Führer typische Motive wie den Felsendom in Jerusalem oder Erinnerungsmotive der verlorenen Heimat (Fotos: Heiko Schmid (a), Leila Mousa (b–d)).

Literatur

Reuber P, Pfaffenbach C (2005) Methoden der empirischen Humangeographie. Das Geographische Seminar. Braunschweig
Sedlacek P (1982) Kultur-/Sozialgeographie. Beiträge zu ihrer wissenschaftstheoretischen Grundlegung. Paderborn

Geographen bei der Feldarbeit in der Antarktis. Die gemessenen Daten werden zum Kalibrieren und Validieren numerischer Modelle der Ablation und der Fließbewegungen des Eises benötigt (Foto: Steffen Vogt).

Kapitel 5
Wissenschaftliches Arbeiten in der Geographie

Einführende Gedanken

PAUL REUBER UND HANS GEBHARDT

Mit der Frage, was Wissenschaft sei, haben sich zahllose Wissenschaftstheoretiker und Philosophen auseinandergesetzt. So definiert Schwemmer (1981) kurz und bündig als ihre Aufgaben das Erklären, das Beschreiben, Verstehen und Begreifen. Hinter dieser scheinbar einfachen Formel verbirgt sich aber eine breite und wichtige Diskussion darüber, in welcher Art und Weise sich Wissenschaftler mit der uns umgebenden Welt beschäftigen, mit welchen konkreten Methoden und Techniken sie bei ihren Untersuchungen der Natur oder gesellschaftlicher Phänomene ihre Ergebnisse erzielen. Solche Diskussionen gehören inhaltlich eigentlich zum weiten Feld der Wissenschaftstheorie. Es ist daher nicht möglich, im Rahmen eines einführenden Fachbuches auf solche Überlegungen genauer einzugehen, aber eine kurze Einführung ist dennoch unverzichtbar, weil die wissenschaftstheoretische Perspektive sich erheblich auf die verwendeten Arbeitsweisen auswirkt. Sie beeinflusst nicht nur, mit welcher Methode man an eine bestimmte Fragestellung herangeht, sondern auch, welche Gütekriterien, welche Gültigkeit und welche Reichweite die erzielten Ergebnisse jeweils für die Gesellschaft haben. Diese Überlegungen werden in sehr komprimierter Form in Kapitel 5.2 dargestellt. Sie bilden die Grundlage für eine ausführlichere und genauere Beschäftigung mit den konkreten Methoden in der Geographie, die in den nachfolgenden Kapiteln 6, 7 und 8 diskutiert werden.

5.1 Wie entsteht wissenschaftlicher Fortschritt?

Ganz grundsätzlich hat sich auch die Geographie als wissenschaftliche Disziplin der Aufgabe verschrieben, in ihrem spezifischen Teilsegment, mit ihren raumbezogenen Analysen natürlicher und gesellschaftlicher Phänomene, zur Erweiterung der diesbezüglichen Kenntnisse beizutragen und auf dieser Grundlage, zu einer Minderung oder Lösung entsprechender Problemlagen beizutragen. Allgemein gesprochen wird ein solches Anliegen im Sinne eines aufklärungsorientierten Weltbildes als „wissenschaftlicher Fortschritt" verstanden, das heißt als ein sich ständig wandelndes, auf eine Erweiterung und damit Verbesserung des entsprechenden Kenntnis- und Informationsstandes angelegtes Arbeiten. Wie aber muss man sich wissenschaftlichen Fortschritt oder allgemeiner „die Entstehung neuer Erkenntnisse in der Wissenschaft" vorstellen? Kann man sie als kontinuierlichen, linearen, zielgerichteten Vorgang begreifen, als ein sich Stück für Stück erweiterndes Puzzle der Erkenntnis der Welt? Oder verlaufen wissenschaftliche Prozesse der Erkenntnisgewinnung vielleicht eher spontan, sprunghaft, vielleicht sogar ungerichtet?

Zu diesem Thema hat insbesondere **Thomas S. Kuhn** in seinen Publikationen zur „Struktur wissenschaftlicher Revolutionen" (1962) einige interessante Gedanken vorgelegt. Kuhn ist ein amerikanischer Wissenschaftstheoretiker, der zunächst Physiker war und sich dann der Geschichte der Physik zuwandte. Kuhns Kernthese lautet, dass die Wissenschaft nicht gleichmäßig und immer mehr Wissen anhäufend fortschreitet, sondern von Zeit zu Zeit revolutionsartig Brüche mit mehr oder weniger radikaler Änderung der herrschenden Denkweisen erlebt. In solchen Phasen formiert sich ein neues wissenschaftliches **„Paradigma"**, das heißt eine neue Art des wissenschaftlichen Denkens und Arbeitens (Exkurs 5.1.1).

Solche Umbrüche werden meist durch eine ähnlich alte und damit auch unter vergleichbaren gesellschaftlichen Bedingungen sozialisierte Wissenschaftlergeneration getragen. Durch die in etwa gleichzeitig erfolgende Ausbildung wird das **Wissenschaftsbewusstsein** oder auch der **Wissenschaftsstil** einer Generation in bestimmter Weise geprägt und zwar so, dass eine bestimmte Generation ihren erlernten Stil, im Ganzen genommen, ihr Leben lang beibehält (Seiffert 1992). Dieser Tatbestand ist natürlich nie in reiner Form verwirklicht, da es immer einerseits ältere Wissenschaftler gibt, die so wach und flexibel sind, dass sie sich auch den Stil der 20 Jahre jüngeren anzueignen vermögen,

 **Exkurs 5.1.1**

Paradigma

Der Inhalt des umgangssprachlich vielfältig verwendeten Begriffs „Paradigma" wurde bezogen auf die Wissenschaften von Thomas S. Kuhn geprägt und 1962 in seinem Buch „Die Struktur wissenschaftlicher Revolutionen" genauer ausgeführt. In der Wissenschaft bezeichnet der Begriff im engeren Sinne „ein Leitbild für die Theoriebildung, die empirische Forschung und spezifische Methoden" (Issing & Klimsa 1995). Mit dem Begriff des Paradigmas sind die Konventionen und Traditionen des Arbeitens gemeint, mit denen eine Wissenschaft, auch die Geographie, ihre Erkenntnisse erzielt. Die Summe dieser Regeln innerhalb der gesellschaftlichen Institution Wissenschaft bezeichnet man – etwas vereinfacht gesprochen – als Paradigma. Mit Kuhns Worten: „Ein Paradigma ist das, was den Mitgliedern einer wissenschaftlichen Gemeinschaft gemeinsam ist, und umgekehrt besteht eine wissenschaftliche Gemeinschaft aus Menschen, die ein Paradigma teilen" (1962).

Was man dabei als „gültige" wissenschaftliche Erkenntnis gelten lässt bzw. was man umgekehrt als „nicht wissenschaftlich" ausschließt, ist nicht a priori festgelegt, sondern unterliegt gesellschaftlichen Regeln und Vereinbarungen, die sich im Laufe der Geschichte der Wissenschaft immer wieder geändert haben. Hier sind Änderungen gemeint, die sich nicht auf einzelne Techniken des wissenschaftlichen Arbeitens beziehen, sondern auf tiefer liegende, sprunghafte Veränderungen in der generellen Sichtweise darüber, wie wissenschaftliche Erkenntnis im Forschungsprozess herbeigeführt wird. Solche dramatischen Veränderungen (Kuhn: „Revolutionen"), die die Bereiche der Erkenntnistheorie und Methodologie berühren und bei denen sich die allgemeinen Formen des Arbeitens in der Wissenschaft allgemein oder in einer bestimmten Disziplin ändern, werden als „Paradigmenwechsel" bezeichnet.

während umgekehrt manche jüngere Wissenschaftler geistig hinter ihrer Generation zurückbleiben.

Wissenschaftliche Weiterentwicklung vollzieht sich dann nach Kuhn, so „dass jede junge Generation das von ihr Aufgenommene Kraft der ihr gegebenen Unzufriedenheit mit dem Gegebenen, verbunden mit dem Drang zum Neuen modifiziert. In bestimmten geschichtlichen Situationen geht diese Modifikation so weit, dass sie einer Revolution gleichkommt" (Seiffert 1992). Wissenschaftliche Umbrüche entbinden sich bei Kuhn somit quasi aus einem Aufstand der akademischen „Söhne und Töchter" gegen die jeweiligen Patriarchen der Wissenschaft. Die junge Wissenschaftlergeneration verdrängt die alte.

Wie hat man sich diesen Prozess der Weiterentwicklung von Wissenschaft im Einzelnen vorzustellen? Vereinfacht lässt sich sagen, dass auch wissenschaftliche Paradigmen einem **„Produktlebenszyklus"** (Kapitel 2.4) unterliegen. Mit der Ausdifferenzierung neuer Basisparadigmen kommt es zu einer stetigen Verfeinerung von Begriffen, technischen Geräten und Anforderungen, andererseits auch zu einer gewissen Routinisierung, damit Beschränkung des Gesichtskreises der betreffenden Wissenschaftler und einem oft auch biographisch zu erklärenden Widerstand gegen einen Paradigmenwechsel. Im Lebenszyklus der Wissenschaftsentwicklung folgt dann meist eine Periode der Verunsicherung, die dadurch gekennzeichnet ist, dass neue Sachverhalte bzw. Probleme mit dem herrschenden Paradigma nicht mehr erfasst oder erklärt werden können. Das Versagen vorhandener Regeln leitet die Suche nach neuen Regeln ein, die meist von der nachwachsenden Wissenschaftlergeneration getragen wird. Schließlich endet der Zyklus mit dem Auftauchen eines neuen Paradigmas und seiner Protagonisten und der darauf folgenden Anerkennung in der *scientific community*.

Es geht hierbei, wie auch Kuhn aus wissenschaftssoziologischer Perspektive deutlich macht, nicht nur um Wissenschaft als eine quasi neutrale Analyse- und Deutungsinstanz natürlicher und gesellschaftlicher Phänomene, sondern gleichzeitig immer auch um **Macht**, um Position und Einfluss. Wissenschaft ist in dieser Hinsicht keine außerhalb der Gesellschaft angesiedelte Instanz, sondern sie ist vielfältig mit ihr verwoben und folgt ihren Spielregeln. Mit Michel Foucault könnte man sagen, dass sie in diesem Sinne zutiefst in die Traditionen des Sprechens und Argumentierens ihrer Zeit, das heißt in die jeweils hegemonialen Diskurse eingebunden ist. Vor diesem Hintergrund muss klar sein, dass Wissenschaft als Teil einer solchen gesamtgesellschaftlichen Konzeption weder Objektivität garantieren noch Wahrheit produzieren kann. Selbst die „natürlichen Systeme", die sie analysiert (aus Sicht der Geographie z. B. Umwelt,

Natur oder Ökosysteme) können nicht als eine gegebene „objektive Realität" betrachtet werden, sie sind aus der Sicht einer wissenschaftstheoretischen Argumentation im Sinne von Forschern wie Kuhn oder Foucault selbst bereits Konstruktionen aus einem bestimmten Blickwinkel, aus einem bestimmten zeitlich-sozialen Kontext. Entsprechend sind auch die von Raumwissenschaften wie der Geographie geschaffenen Konzepte und Ergebnisse Facetten und Bestandteile einer breiter angelegten sozialen Konstruktion der Wirklichkeit. Wissenschaft hat vor diesem Hintergrund, wie der Wissenschaftssoziologe Bruno Latour (1998, 2000) in vielen Veröffentlichungen eindringlich deutlich gemacht hat, keinen a priori privilegierten Zugang zur Wirklichkeit, sondern verfügt nur über eine bestimmte Art des Sprechens, Klassifizierens und Handelns, welche sich auch deswegen derzeit durchsetzen kann, weil sie mit einer gewissen Machtposition ausgestattet ist, die ihr eine entsprechende Definitionshoheit im Segment „Wahrheit" zuweist.

5.2 Der Methodenpluralismus in der Geographie

Geographie – eine „Multimethoden"-Wissenschaft

Seit ihrer Entstehung hat die Geographie, wie alle Wissenschaftsdisziplinen, eine wechselvolle und vielfältige Geschichte durchlaufen. Ähnlich wie die anderen Wissenschaftsdisziplinen entwickelte sie sich dabei entlang großer Strömungen oder Leitlinien (Kuhns „Paradigmen", Kapitel 5.1, Exkurs 5.1.1). Beim Wechsel solcher Paradigmen haben sich in der Wissenschaftsgeschichte zumeist nicht nur die Theorien und Fragestellungen, sondern auch die Arbeitsmethoden der Disziplinen erweitert. Diese Pluralisierung der Methoden kennzeichnet die Geographie besonders stark, weil sie als **Brückenwissenschaft** am Schnittfeld von Natur- und Geisteswissenschaften steht. Infolge dessen beinhaltet sie unter ihrem Dach das Spektrum der Methoden aus diesen beiden großen Traditionen des wissenschaftlichen Denkens und Arbeitens. Die Bandbreite reicht dabei von den naturwissenschaftlich analytischen Labor- und Datierungsmethoden in der Physiogeographie bis zu geisteswissenschaftlichen Verfahren wie der „verstehenden" Sozialgeographie oder der Diskursanalyse.

In der Außenansicht der Geographie werden dabei zuweilen die physiogeographischen Verfahren pauschal dem naturwissenschaftlichen Spektrum zugeordnet und die humangeographischen Arbeitsweisen in die geistes- und sozialwissenschaftliche Tradition gestellt. Dieses Bild einer methodischen Dichotomie innerhalb der Geographie, die parallel zur inhaltlichen Untergliederung in die beiden großen Teilbereiche verläuft, löst sich jedoch bei genauerer Betrachtung auf. Stattdessen präsentiert sich dem Betrachter ein Kaleidoskop gleitender Übergänge und methodischer Vielfältigkeiten auf beiden Seiten. So hat beispielsweise die zunehmende Anwendung **mathematisch-statistischer Verfahren** in der Humangeographie seit den 1960er- und 1970er-Jahren einen Arbeitszweig etabliert, der sich konzeptionell an naturwissenschaftlichen Erhebungsmethoden und Techniken der Datenanalyse ausrichtet. Umgekehrt sind eine Reihe von Vorgehensweisen der klassischen Naturlandschaftsdeutung in der Physiogeographie von ihrer Herangehensweise her durchaus an **hermeneutisch-interpretativen Techniken** aus den Geisteswissenschaften orientiert. Insbesondere die Fragestellungen am Schnittfeld von Mensch und Umwelt lassen sich oft nicht bearbeiten, ohne auf der konkreten Ebene eines Projektes naturwissenschaftliche und geisteswissenschaftliche Verfahren miteinander zu kombinieren.

Chancen und Probleme der Methodenvielfalt in der Geographie

Aus dieser Methodenvielfalt resultieren spezifische Chancen und Probleme, die im Folgenden kurz skizziert werden sollen. Es liegt zunächst auf der Hand, dass die Methodenvielfalt für die Forschungspraxis der Geographie gleichzeitig ein Potenzial und auch ein Risiko darstellt. Das Potenzial besteht darin, dass sich in einer Disziplin, das heißt konkret oft unter dem institutionellen Dach eines Institutes, die unterschiedlichen, nur teilweise kompatiblen Ansätze des natur- und geisteswissenschaftlichen Arbeitens im Forschungsalltag begegnen und in den Lehrveranstaltungen, insbesondere in der **Regionalen Geographie**, wechselseitig ergänzen können. In diesem Zusammenhang hat für die Geographie der Begriff der intradisziplinären Interdisziplinarität durchaus einen gewissen Charme, da er, in Bezug auf die Forschungsmethoden auf die Koexistenz der unterschiedlichen Traditionen des wissenschaftlichen Arbeitens innerhalb des Faches verweist.

Die **Vielfalt der einsetzbaren Methoden** beinhaltet aber auch eine Reihe von Gefahren, denn die Verfahren unterscheiden sich zumeist nicht nur auf der rein technisch-organisatorischen, sondern tiefer liegend auch auf der konzeptionellen Ebene. Leitfragen lauten hier:

- Was kann man mit bestimmten Methoden überhaupt erkennen, welche Schlussfolgerungen erlauben sie (= erkenntnistheoretische Reflexion)?
- Welche Gütekriterien und Standards gelten für unterschiedliche Methoden (= methodologische Reflexion)?

Solche Fragen müssen in der wissenschaftlichen Arbeit dem konkreten Einsatz bestimmter Methoden in empirischen Untersuchungen vorangestellt werden. Sie sollten dann in jeder Phase des Arbeitens, bei der Konzeption, Durchführung und Analyse, berücksichtigt werden. Ohne eine Rückbindung des konkreten empirischen Arbeitens an die konzeptionellen Grundlagen sind Erhebungsfehler ebenso vorprogrammiert wie Fehlschlüsse in der nachfolgenden Auswertung der Daten. Dies gilt besonders für solche Projekte in der Geographie, in denen natur- und geisteswissenschaftlich ausgerichtete Methoden bei der Feldarbeit in „hybriden" Ansätzen gemeinsam eingesetzt werden, um unterschiedliche Aspekte der Fragestellung bearbeiten zu können.

Diese Überlegungen machen klar, warum die Wahl einer **der jeweiligen Fragestellung „angemessenen" Methode** eine zentrale Weichenstellung der geographischen Forschungsarbeit darstellt. Aus diesem Grund werden auch die Studierenden in ihrer Ausbildung an vielen Stellen mit solchen Aspekten konfrontiert – sei es in Projektseminaren und Geländepraktika, in studienbegleitenden und berufsvorbereitenden Langzeitpraktika oder während ihrer Abschlussarbeiten. Entsprechend stellt die konzeptionelle und praktische Methodenkompetenz eine wichtige Schlüsselqualifikation des späteren Berufsprofils von Geographen dar. Deswegen widmet sich auch dieses Teilkapitel kurz einer Diskussion der konzeptionellen Grundlagen. Konkret stehen dabei vier Aspekte im Mittelpunkt, die als Basis für die in Kapitel 6 und 7 erfolgende Vorstellung einzelner methodischer Arbeitsweisen dienen:

- Was können wir von der uns umgebenden Welt überhaupt erkennen?
- Welche Folgen haben die Grenzen unserer menschlichen Erkenntnisfähigkeit für das methodische Arbeiten in Wissenschaft und Forschung?
- Wie kann man die in der Geographie verwendeten stärker naturwissenschaftlich ausgerichteten („quantitativen") Verfahren und die stärker geistes- und sozialwissenschaftlich ausgerichteten („qualitativen") Verfahren nach einem sehr groben Raster voneinander unterscheiden?
- Wie wirken sich solche Unterschiede auf die Gültigkeit und Reichweite der auf ihnen beruhenden Aussagen und Ergebnisse aus?

Es ist klar, dass eine solche Einführung nur einen verkürzten, inhaltlich reduzierten und entsprechend teilweise etwas schablonenhaft wirkenden Einblick geben kann. Für eine ausführlichere und vor allem differenziertere Diskussion muss hier auf die vielfältige Spezialliteratur verwiesen werden.

Die Grenzen von Erkenntnis und Wahrheit und ihre Folgen für das methodische Arbeiten in der Geographie

Was ist aus wissenschaftlicher Sicht eine „angemessene" Methode? Diese Frage muss auf unterschiedlichen Ebenen erörtert werden. Dabei geht es nicht nur – mit Blick auf die fachinterne Methodenvielfalt – um die vordergründige Aufgabe, in einem bestimmten Forschungskontext das richtige Instrument zur Datenerhebung und -analyse zu wählen. Die Frage stellt sich bereits früher auf einer grundsätzlichen Ebene: Was man als eine „angemessene" Methode ansieht, wird bereits dadurch beeinflusst, mit welchem Selbstverständnis und auf welcher erkenntnistheoretischen Grundlage man Wissenschaft betreibt. Und die Vorstellungen darüber, was man als „richtige" Wissenschaft versteht, sind in der *scientific community* alles andere als einheitlich.

Diese Differenzen haben ihre Ursache in einer Frage, die für das Selbstverständnis unseres Arbeitens zentrale Bedeutung besitzt: Was kann man mithilfe wissenschaftlicher Forschung überhaupt von der Wirklichkeit, über die man forscht, erkennen und wo liegen die Grenzen der Erkenntnis? Diese Frage ist nicht nur für das wissenschaftliche Arbeiten entscheidend, sondern grundsätzlicher Natur. Entsprechend haben sich damit Philosophen und Wissenschaftstheoretiker – auf den eng verwandten Feldern von Erkenntnisphilosophie, Epistemologie und Methodologie (Exkurs 5.2.1) – seit mehr als zwei Jahrtausenden immer wieder beschäftigt. Aus dieser breiten Diskussion sollen hier – sehr verkürzt und entsprechend überpointiert – nur einige Grundüberlegungen entliehen werden, die für die Frage des Einsatzes, der Möglichkeiten und der Grenzen wissenschaftlicher Methoden auch in der Geographie Bedeutung besitzen.

Reflexionen über dieses Thema haben eines gemeinsam: Sie zeigen, dass menschliches Wissen – auch mithilfe wissenschaftlich kontrollierter Methoden – nie in der Lage sein wird, die Welt, in der wir leben, objektiv richtig oder „wahr" abzubilden. Denn das menschliche Bewusstsein verfügt über keinen direkten Kontakt zur äußeren Welt, zum „da draußen". Bereits bei jeder **Alltagswahrnehmung** schränken unsere Sinne die von außen kommenden Informationen ein. Anschließend bewertet und interpretiert unser Bewusstsein die Infor-

Exkurs 5.2.1

Methodologie

Epistemologie (Wissenschaftslehre) ist die Lehre, die sich mit den Grundfragen und Theorien der Erkenntnis beschäftigt. Im Verlauf der Wissenschaftsgeschichte hat sich innerhalb dieses Arbeitsfeldes für Meta-Reflexionen über grundsätzliche Rahmenbedingungen, Stärken und Schwächen des methodischen Vorgehens ein eigenständiger Zweig herausgebildet, die sogenannte Methodologie. Diese beschäftigt sich als Wissenschaft von der allgemeinen Theorie der Methodik mit der philosophisch-theoretischen Grundlegung wissenschaftlicher Methoden (z. B. erkenntnistheoretische Voraussetzungen, Zusammenhänge zwischen Theorie und Methodik). Die Methodologie befasst sich dabei vor allem auch mit „den Prinzipien zur Schaffung neuer Methoden, der Gegenstandsangemessenheit von Methoden, den Forschungsstrategien (in Bezug auf die Untersuchungsplanung sowie die Erhebungs- und Auswertungsverfahren) und [...]

dem Erkenntnisfortschritt im Zusammenhang mit der Anwendung von Methoden" (Hierdeis & Hug 1994). Die Methodologie argumentiert aber zunächst eher universell, sie ist noch nicht fach- oder gar objektspezifisch. Auf der Methodologie baut dann die Methodik auf, die – auf einzelne Fächer und Inhalte bezogen – genauere Aussagen über konkrete Methoden der wissenschaftlichen Forschung macht" (Reuber & Pfaffenbach 2005). Da wissenschaftliche Arbeitsmethoden im Prinzip eine spezialisierte Form der menschlichen Beobachtung und Wahrnehmung darstellen, muss man zunächst die grundlegende Frage erörtern, was wir als Menschen mit den Mitteln unseres Verstandes über die Welt um uns herum überhaupt wahrnehmen können? Alle nachgeschalteten Detailfragen wissenschaftlichen Arbeitens basieren auf den grundsätzlichen Möglichkeiten und Grenzen der menschlichen Erkenntnis.

mationen und fügt so dieser Spirale der selektiven Informationsverarbeitung eine weitere Windung hinzu. Entsprechend ist das Abbild, das jeder Einzelne von „der Wirklichkeit" hat (oder zu haben glaubt), alles andere als objektiv. Es ist vielmehr ein einzigartiges, „konstruiertes" Bild. Das gilt auch für das, was die Menschen über die sozialen und physischen Geographien der Welt zu wissen glauben. Unsere Vorstellungen von der räumlichen Gestalt und Struktur der Welt sind nicht „wahr", sondern müssen als Konstruktionen, zum Beispiel als *geographical imaginations* im Sinne von Derek Gregory (1994) oder als **„alltägliche Regionalisierungen"** im Sinne von Benno Werlen (1995, 1997) bezeichnet werden.

Eine solche Sichtweise bestimmt unter dem Leitbegriff des **„Konstruktivismus"** schon länger auch die Wissenschaftstheorie und Methodenlehre. „Die Kernthese des Konstruktivismus lautet: … Die äußere Realität ist uns sensorisch und kognitiv unzugänglich" (Siebert 1999). Diese erkenntnistheoretische Quintessenz gilt nicht nur für unser alltägliches Leben, sondern auch für das Arbeiten mit wissenschaftlichen Methoden. Selbst wenn diese mit spezifischen Verfahren und Techniken oft viel genauer hinschauen können, als die menschlichen Sinne selbst, ist es auch mit ihrer Hilfe letztendlich nicht möglich, die „reale" Welt gewissermaßen neutral und richtig abzubilden. Weil es entsprechend keine letztgültige und objektive Erkenntnis der Welt geben kann, ist auch „der Anspruch einer absoluten Wahrheit unwissenschaftlich" (Blotevogel 1996), weswegen sich eine angemessen reflektierte Wissenschaft „von ontologischen und metaphysischen Wahrheitsansprüchen distanziert" (Siebert 1999). Alle Erkenntnisse über die Welt bleiben mit einem gewissen Restrisiko der Unsicherheit behaftet, denn – radikal formuliert – ist selbst „die Annahme, dass das ganze Leben ein Traum sei, in dem wir uns selber alle unsere Gegenstände schaffen, logisch nicht unmöglich" (Russel 1952, zit. nach Vollmer 1994).

Von einer derart radikalen Position gehen jedoch zumeist weder die Menschen in ihrem Alltag noch die Wissenschaftler bei ihrem Arbeiten aus. Sie vertreten stattdessen vielmehr eine Perspektive, die man als **„hypothetischen oder pragmatischen Realismus"** bezeichnen kann: Eine solche Position geht – ohne diesen Punkt letztlich beweisen zu können – davon aus, dass die Welt, in der wir leben, nicht nur die Fiktion unseres Bewusstseins ist, sondern „dass es eine reale Welt gibt, dass sie gewisse Strukturen hat und dass diese Strukturen teilweise erkennbar sind" (Vollmer 1994). Die Annahme der Existenz einer solchen objektiven Welt bleibt jedoch eine normative Setzung, die erkenntnistheoretisch nicht weiter überprüft werden kann. Sie ist eine „wissenschaftliche Idealisierung […], der in der

Realität unserer Erfahrung nichts entspricht" (Graeser 1994). Für die methodische Arbeit ist diese Erkenntnis grundlegend, denn *„there can never be an empirical world, therefore, only a myriad of worlds of meanings: there can be no universal truths"* (Johnston 1997).

Kritischer Rationalismus und (Sozialer) Konstruktivismus als Grundperspektiven des wissenschaftlichen Arbeitens

Von dieser grundlegenden Position aus lassen sich das wissenschaftliche Arbeiten und entsprechende konkrete Forschungsmethoden konzeptionell gesehen in zwei unterschiedliche Richtungen organisieren, die beide auch für die Geographie eine Bedeutung besitzen (Reuber & Pfaffenbach 2005, Kapitel 2): in die stärker dem Kritischen Rationalismus folgenden und die stärker dem (Sozialen) Konstruktivismus verpflichteten Vorgehensweisen. Diese Dichotomisierung ist insofern etwas gewagt und eher didaktischer Natur, als auch Karl Popper, dem Begründer des Kritischen Rationalismus, klar war, dass die wissenschaftliche Erkenntnis der Welt immer nur hypothetisch sein kann und nie die objektive Wirklichkeit wiederzugeben vermag (Exkurs 5.2.2). Die vorgeschlagene Zweiteilung wird daher eher aus pragmatischen Gesichtspunkten verwendet,

- weil sie eine in der wissenschaftlichen Gemeinschaft relativ etablierte Form der Unterscheidung des wissenschaftlichen Arbeitens darstellt,
- weil sich die konzeptionelle Herangehensweise von Forschungen im Sinne des Kritischen Rationalismus und des Sozialen Konstruktivismus deutlich unterscheidet,
- weil die daraus abgeleiteten konkreten Methoden und Arbeitstechniken sich klar voneinander trennen lassen und
- weil sich die darauf aufbauenden Gültigkeits- und Relevanzkriterien der mit solchen Methoden erzielten Ergebnisse unterschiedlich darstellen.

Methodisches Arbeiten im Sinne des Kritischen Rationalismus

Der Kritische Rationalismus ist eine stärker aus dem naturwissenschaftlichen Denken heraus entwickelte Perspektive. Sie stellt eine quantifizierende, analytisch-szientistisch orientierte Richtung des methodischen Arbeitens dar. Sie erzielt Erkenntnisfortschritt in Form eines Annäherungsprozesses an die objektive Welt durch

Exkurs 5.2.2

Kritischer Rationalismus

Benno Werlen

Kritischer Rationalismus bezeichnet eine von Karl Raimund Popper (1902 bis 1994) ausformulierte wissenschaftstheoretische Position, die mit allen endgültigen Formen des Gewissheitsdenkens bricht. Die Leitthese lautet: Alles Wissen ist hypothetisch und alle Beobachtungen und Handlungen sind hypothesengeleitet bzw. theoriegeleitet. Der Kritische Rationalismus begründete sowohl für die Natur- als auch für die Sozialwissenschaften eine neue Forschungspraxis. Der **Grundgedanke** des Kritischen Rationalismus besteht darin, dass die Existenz einer universellen objektiven Wahrheit, die unabhängig von den Subjekten besteht, vorausgesetzt wird. Das Ziel wissenschaftlicher Forschung soll laut Popper darin bestehen, sich dieser objektiven Wahrheit vermittels der Methode der kühnen Vermutungen und der sinnreichen und ernsten Versuche sie zu widerlegen schrittweise anzunähern. Der Kritische Rationalismus ist ursprünglich als **Gegenposition zum Neopositivismus** des Wiener Kreises und zum klassischen Rationalismus formuliert worden. Wie die Vertreter des Positivismus gehen die Neopositivisten davon aus, dass alle akzeptierbaren wissenschaftlichen Aussagen der empirischen Überprüfung (Empirie) im Rahmen systematischer Beobachtung standzuhalten haben. Zudem wird die Auffassung vertreten, dass wissenschaftlicher Fortschritt durch Verallgemeinerung der Beobachtungsergebnisse auf der Grundlage induktiver Verfahren (Induktion) zu erzielen ist. Demgegenüber wird von Popper die **deduktive Methode** (Deduktion) des Schließens postuliert. Die logische Richtigkeit wird für die Beurteilung des Wahrheitsgehaltes einer Aussage jedoch nicht als ausreichend betrachtet. Jede Aussage hat auch der empirischen Kritik, der Kritik der Realität, an der die Hypothesen scheitern können, standzuhalten. Dies setzt erstens ein Realismuspostulat voraus, gemäß dem es eine reale Welt gibt, die unabhängig vom Subjekt besteht und so die Überprüfungsinstanz der Wahrheit unserer Hypothesen bilden kann. Zweitens ist damit das Prinzip der Falsifikation verbunden, das im Gegensatz zur Verifikation nicht auf die Bestätigung der forschungsleitenden Hypothese ausgerichtet ist, sondern auf deren Widerlegung. Mit der Anwendung des **Falsifikationsprinzips** soll der wissenschaftliche Fortschritt nicht wie beim Neopositivismus auf der Grundlage der Verallgemeinerung von Beobachtungsdaten erzielt werden, sondern durch die Widerlegung bisher für wahr gehaltenen Wissens wie auch der aufgestellten Hypothesen. Der Kritische Rationalismus ist in diesem Sinne als empirisch revidierbarer Rationalismus zu verstehen. Die Revision bzw. Überprüfung besteht in dem Versuch für theoretische Aussagen Beobachtungsaussagen zu finden, die der in der Gesetzeshypo-

Karl R. Popper (Foto: Herlinde Koelbl).

these behaupteten Beziehung widersprechen. Das darin enthaltene Postulat der Kritik fordert, dass wir unser Wissen, aus dem wir im Rahmen der Wissenschaftsanwendung (deduktiv) die Folgerungen für unsere Handlungen ableiten, immer als vorläufig, als hypothetisch zu betrachten haben. Es ist stets der kritischen Überprüfung auszusetzen. Der Wissenschaftsfortschritt beruht demzufolge auf den **Prinzipien der Widerlegung und Kritik** und ist in diesem Sinne als evolutionärer Prozess zu verstehen (Paradigma).

Die Behauptung, dass es möglich ist, eine Theorie endgültig zu widerlegen, und dass in der Falsifikation der größere Gewinn zu sehen ist als in der Verifikation, ist nicht unumstritten geblieben. Noch größere Kritik provozierte jedoch die Auffassung, dass natur- und sozialwissenschaftliche Forschung von den gleichen Prinzipien geleitet sein sollen. Die Auseinandersetzung um die Einheit der Wissenschaft wurde im Rahmen des sogenannten Positivismusstreites der deutschen Soziologie zwischen Vertretern des Kritischen Rationalismus und der Kritischen Theorie geführt. Poppers Forderung, dass sich die Sozialwissenschaften auf die Formulierung von Technologien bzw. rationalere Zweck-Mittel-Relationen und zeitlich relativ eng begrenzte Prognosen beschränken sollen, wurde von seinen Gegnern als eine Reduktion der Sozialwissenschaften auf technokratische Erfordernisse kritisiert (Quelle: Brunotte et al. 2001/2002).

eine Art methodisch kontrolliertes, **„kreatives Zweifeln"**. Ihre Basishypothese lautet entsprechend: Es gibt eine objektive Realität, die man zwar wissenschaftlich nie komplett erkennen kann, der man sich jedoch mit den Methoden des Kritischen Rationalismus annähern kann (Exkurs 5.2.2). Diese Perspektive hat nicht nur in der Physiogeographie eine große Bedeutung bei der naturwissenschaftlich geleiteten Analyse. Sie hat – mit ihrer Übertragung auf Teilbereiche der Sozial- und Geisteswissenschaften in der zweiten Hälfte des 20. Jahrhunderts – in den 1960er- und 1970er-Jahren auch zu einer Blüte der quantitativen Sozialgeographie geführt. Bis heute bildet sie entsprechend im Bereich der angewandten Humangeographie und im Arbeitsfeld der Geographischen Informationssysteme (Kapitel 8) eine wesentliche methodologische Grundlage des wissenschaftlichen Arbeitens.

Methodisches Arbeiten im Sinne des Sozialen Konstruktivismus

Ein Arbeiten im Sinne des Sozialen Konstruktivismus hat sich ursprünglich stärker im Bereich der Geisteswissenschaften entwickelt. Auch diese Variante gründet auf der Grundannahme eines **„hypothetischen Realismus"**, das heißt, sie nimmt an, dass eine objektive (materielle) Realität existiert, die jedoch in ihrer „wirklichen" Art und Beschaffenheit vom Menschen nicht erfahrbar ist. Die Konsequenz, die daraus gezogen wird, unterscheidet sich jedoch von der Kernarbeit im Sinne des Kritischen Rationalismus. Es geht hier nicht um eine möglichst weitreichende Annäherung an die letztlich nicht erkennbare objektive Realität. Vor dem Hintergrund der Erkenntnis, dass diese von den Menschen aufgrund ihrer selektiven Wahrnehmung ohnehin nicht erkannt werden kann, beschäftigen sich entsprechende Forschungstraditionen in den Geistes- und Kulturwissenschaften weniger mit der Suche nach der objektiven Welt, sondern vielmehr mit der Frage, welche Rolle die sozialen Konstruktionen als Elemente der Kommunikation und als Strukturierungsprinzipien der Gesellschaft spielen. Eine solche, stärker **interpretativ-verstehend angelegte Form** des wissenschaftlichen Arbeitens muss sich auch ihrer eigenen Positionalität deutlich bewusst sein und ihre Ergebnisse entsprechend selbst als „Konstruktionen über Konstruktionen" bewerten.

Für die Methodik bedeutete dies: „Weg von den Zahlen, den Statistiken, den Mittelwerten, den Korrelationskoeffizienten, hin zu Texten und zu Kontexten. Die Rahmenbedingungen, in denen Wahrnehmungen, Meinungen und Handlungen von Menschen entstehen und geäußert werden, stehen hier im Vordergrund" (Reuber

& Pfaffenbach 2005). Entsprechende Untersuchungen, die sich vor allem in der Humangeographie seit Mitte der 1980er-Jahre zunehmend entwickeln, richten ihr Interesse auf den „gelebten Raum' […], der im Gegensatz zum ‚mathematischen Raum' eine subjektive und situative Ausdehnung […] und eine sinnhafte Bedeutung hat, subjektiv bewertet und erst durch die untrennbare Einheit mit den dort handelnden Menschen sozial wirksam wird" (Dangschat 1996). Bezogen auf das geographische Arbeiten fordert entsprechend Werlen, „jene Geographien (zu untersuchen), die täglich von den handelnden Subjekten von unterschiedlichen Machtpositionen aus gemacht und reproduziert werden" (1995). Raum wird aus dieser Perspektive in Repräsentationsformen wie Diskursen, Zeichen und Symbolen zum „Ausdruck der Gesellschaftsstruktur" (Miggelbrink 2002).

Quantitative und qualitative Methoden in der Geographie – eine pragmatisch-praktische Unterscheidung

Den beiden erkenntnistheoretischen Positionen des Kritischen Rationalismus bzw. des Sozialen Konstruktivismus folgend lassen sich (auch) für die Geographie zwei unterschiedliche Kategorien geographischer Arbeitsweisen und Methoden unterscheiden. Diese werden allgemein oft mit den plakativen, aber inhaltlich etwas vereinfachenden Etiketten „quantitative" und „qualitative" Methoden umschrieben. Dabei versteht man die quantitativen Methoden als Verfahren, die mit harten Daten und mathematisch-statistischen Analyseinstrumenten auf der Grundlage des „hypothetischen Realismus" daran arbeiten, sich der nicht voll erkennbaren objektiven Realität immer genauer anzunähern. Die qualitativen Verfahren gehen dagegen davon aus, dass man eine objektive Realität weder untersuchen kann noch sollte, da die für das gesellschaftliche Handeln relevante soziale und räumliche Welt ohnehin aus sozialen Konstruktionen besteht. Qualitative Verfahren konzentrieren ihre Untersuchungen entsprechend auf solche subjektiven und kollektiven Geographien (Regionalisierungen).

Stichwortartiger Vergleich

Im stichwortartigen Vergleich treten die Möglichkeiten und Grenzen der beiden unterschiedlichen Formen des wissenschaftlichen Arbeitens in der Geographie noch einmal hervor (Abb. 5.2.1). Eine solche eher didaktisch

quantitative Methoden	qualitative Methoden
Testen von *a priori*-Hypothesen (Falsifikationsprinzip)	keine *a priori*-Hypothesen Arbeit mit Leitfragen
Datenerhebung standardisiert	Datenerhebung nicht (oder kaum) standardisiert
durch Kategorien vorkonstruierte Beantwortungsmöglichkeit	nuancenreiche, ausführliche Auskunft möglich
überschaubare, in standardisierten Kategorien geordnete Datenmenge	kaum strukturierte Datenfülle
Auswertung mit normierten, mathematisch-statistischen Verfahren	Auswertung mit interpretativ-verstehenden Verfahren (subjektive, nicht normierbare Einflüsse möglich)
Repräsentativität durch Zufallsstichprobe und vergleichsweise große „Samples"	keine Repräsentativität im statistischen Sinn zu erreichen, da nur wenige Einzelfälle intensiv erfasst werden (punktuell)
geeignet für die Erhebung „harter Daten" und kategorisierbarer Informationen	geeignet für eine differenziertere Untersuchung des Einzelfalls und seiner Besonderheiten, detaillierte Auskünfte über Meinungen, Einstellungen usw.
„Schematisierung" 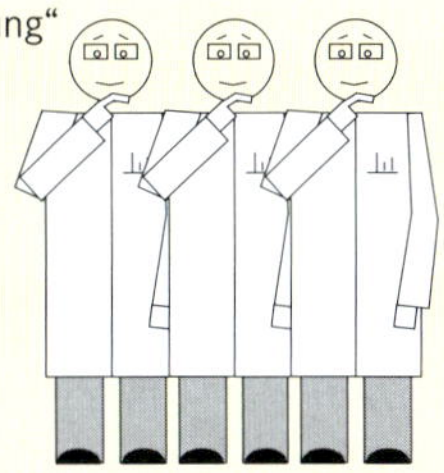	„Individualisierung" 
Dokumentation der Ergebnisse weniger problematisch	Dokumentation der Daten problematisch (zum Teil unmöglich)
Gütekriterium der intersubjektiven Überprüfbarkeit	**Gütekriterium der Plausibilität/Nachvollziehbarkeit**

Abb. 5.2.1 Quantitative und qualitative Methoden – ein stichwortartiger Vergleich.

zugespitzte Form der Gegenüberstellung muss bei genauerem Hinsehen zweifellos differenziert und relativiert werden. Sie ist jedoch in der Lage, die Kernpunkte der Unterschiede herauszuarbeiten, die in den nachfolgenden Teilkapiteln sowie in der zahlreichen methodischen Spezialliteratur, auf die dort verwiesen wird, differenziert und erweitert werden muss. Dabei kann und soll man jedoch keine generelle vergleichende Bewertung vornehmen. Keine der beiden Formen ist prinzipiell besser oder schlechter als die andere. Es ist vielmehr so, dass sie sich für je unterschiedliche Untersuchungen und Fragestellungen mehr oder weniger gut eignen. Man darf bei der Diskussion um den Einsatz von Methoden in der Wissenschaft nie vergessen, dass das Ausschlaggebende und der Anstoß zumeist konkrete geographiebezogene Fragen oder Probleme der Gesellschaft sind. Sie sind es dann auch, die die spezifische Auswahl der Methoden bestimmen, die darüber bestimmen, ob man sich für ein stärker quantitativ oder stärker qualitativ ausgerichtetes Untersuchungsdesign entschei-

det oder, wie in manchen Fällen durchaus hilfreich, für eine **Kombination beider Verfahren**. So können beispielsweise bei der Analyse einer Naturkatastrophe die stärker quantitativ ausgerichteten Analysemethoden der Physiogeographie einen wichtigen Beitrag bei der Rekonstruktion des Verlaufs und bei der Prognose zukünftiger Katastrophenereignisse haben, während die Frage des Umgangs mit den Folgen der Katastrophe beispielsweise mit qualitativen Methoden herausgearbeitet werden kann.

Die Rolle der untersuchungsleitenden Hypothesen und Fragestellungen

Ein wesentlicher Unterschied zwischen quantitativen und qualitativen Verfahren liegt bereits im Vorfeld des Methodeneinsatzes. Ein Arbeiten im Sinne der **quantitativen Verfahrensweise** setzt voraus, dass man zunächst aus theoretischem Vorwissen und Literaturstudium nicht nur allgemeine Fragestellungen für eine Untersuchung ableitet, sondern dass man diese mit sehr präzisen Teilfragestellungen und darauf aufbauend mithilfe von Hypothesen über die zu erwartenden Ergebnisse konkretisiert. Die aufgestellten Hypothesen werden dann mithilfe des empirischen Materials bestätigt oder verworfen (Kapitel 6). Die Erhebung der Daten sollte entsprechend sehr präzise auf die vorformulierten Hypothesen abgestimmt sein. Streng genommen ist eine Ex-post-Erweiterung des Hypothesenkanons aus der Sicht der Popper'schen Konzeption nicht gestattet.

Im Gegensatz dazu gehen **qualitativ orientierte Untersuchungsverfahren** offener an ihren Untersuchungsgegenstand heran. Hier geht es zumeist darum, zunächst nur einige eher allgemeine und weiter ausgreifende Leitfragen zu formulieren. Es ist nicht notwendig, oft sogar nicht erwünscht, an die Untersuchung bereits mit präziser vorformulierten Hypothesen heranzugehen. Stattdessen können sich bei der qualitativen Vorgehensweise auch im Zuge der laufenden Untersuchungen neue Leit- und Detailfragen ergeben, sodass sich die inhaltliche Richtung des Arbeitens sukzessive entwickelt. Diese als „hermeneutische Spirale" bezeichnete Form einer sich ständig erweiternden Erkenntnis, eines offenen Herangehens an den Untersuchungsgegenstand, macht es nicht nur möglich, sondern sogar notwendig, die untersuchungsleitenden Fragen und die speziellen Instrumente einer Untersuchung (z. B. einzelne Teilfragestellungen in einem Leitfadeninterview, Kapitel 7) ständig den neuesten Ergebnissen der laufenden Untersuchung anzupassen.

In der empirischen Forschungspraxis wird nicht selten sowohl die prinzipielle Geschlossenheit der quantitativen Verfahren und die prinzipielle Offenheit der qualitativen Untersuchungen durch eine gleitende Skala unterschiedlich konsequent verlaufender methodischer Konzepte aufgeweicht.

Die Erhebung und die Art der Daten

Die Phase der Datenerhebung ist durch weitere Unterschiede zwischen qualitativen und quantitativen Verfahren gekennzeichnet. Ein Hypothesentest im Sinne des Popper'schen Falsifikationsprinzips, der mit mathematisch-statistischen Verfahren durchgeführt wird (Kapitel 6), erfordert Datenmaterial, das sich auch in dieser Form auswerten lässt. Es ist daher notwendig, die Daten in einer standardisierten Form zu erheben bzw. nicht standardisiert erhobene Daten in einem Zwischenschritt vor der eigentlichen Analyse zu standardisieren. Die **Standardisierung** bietet die Grundlage dafür, dass die entsprechenden Daten später in einer Datenbank als Zahlencodes repräsentiert werden können. Mithilfe dieser in Zahlen umgesetzten Informationen lässt sich dann entsprechend der mathematischen Qualität der Daten (Skalenniveaus) mit entsprechenden statistischen Verfahren rechnen, die die Annahme oder Verwerfung der eingangs aufgestellten Hypothesen ermöglichen. Dies hat jedoch zur Folge, dass die kontingente, vielfältige und oft durch gleitende Übergänge der zu beobachtenden Phänomene gekennzeichnete Wirklichkeit der sozialgeographischen Phänomene bereits bei der Erhebung der Daten in vorgefertigte Kategorien umgeformt werden muss (z. B. Beobachtungskategorien einer geoökologischen Versuchsanordnung oder Fragebogen einer sozialgeographischen Untersuchung). Es findet also während dieser Phase bzw. beim Aufbau der entsprechenden methodischen Instrumentarien a priori eine Konstruktion des Gegenstandes statt, die unwiderruflich ist und Auswirkungen auf die Struktur der nachfolgenden Ergebnisse der Analyse hat. Diese Kategorisierung der Daten ist je nach Untersuchungsgegenstand unterschiedlich schwierig durchzuführen: Sie kann sozusagen auf der Hand liegen (die Messung von Temperatur in Grad Celsius, die Messung des Alters in Lebensjahren), durch einen Pretest vorab ermittelt werden oder durch die Formulierung der zu prüfenden Hypothesen bereits vorgegeben sein.

In dieser Hinsicht gehen die qualitativen Verfahren völlig anders vor. Sie versuchen, bei der Erhebung die Vielfalt der sozialen und räumlichen Phänomene in möglichst offener und **wenig kategorisierter Form** zu erfassen. Bei Leitfadeninterviews in der Humangeographie beispielsweise geht es darum, die befragten Personen mit ihren eigenen Worten und unter möglichst geringem Einfluss durch die befragenden Personen zu Wort kommen zu lassen (Kapitel 7). Dies darf aber nicht zu der Annahme verführen, ein solches Forschungsdesign sei gänzlich offen. Auch hier sind eine Reihe von Einflüssen gegeben, die den Erhebungsprozess beeinflussen und den dabei gebildeten Ergebnissen eine bestimmte Struktur geben – angefangen beim theoretischen Vorverständnis des Verfassers über die Ableitung der Leitfragen, mit denen das Gespräch grob strukturiert wird, bis hin zur Persönlichkeit des Beobachters oder Interviewers und seinem kommunikativen Talent. Solche Aspekte werden bei der Erörterung der Güte- und Relevanzkriterien einer solchen Form von Untersuchungsmethode zu berücksichtigen sein.

Die Datenauswertung

Entsprechend den Erhebungsstrategien ergeben sich sehr unterschiedliche Arten von Daten für die quantitative und qualitative Auswertung: Bei der quantitativen Analyse entsteht ein sehr überschaubarer, in standardisierten Kategorien **geordneter Datenkorpus**, der zumeist in Form einer fallbezogenen Datenbank organisiert ist. Diese bildet die Grundlage für die entsprechenden mathematisch-statistischen Auswertungsverfahren. Im Gegensatz dazu stellt die qualitative Untersuchung eine **kaum strukturierte Datenfülle** bereit, einen „Textberg" an transkribierten Interviews, der bereits bei 10 bis 20 Gesprächen auf ein Volumen von mehreren Hundert Seiten Fließtext anschwellen kann.

Entsprechend unterschiedlich fallen die Auswertungsformen aus, die sich daran anschließen. Dabei können die quantitativen Methoden mithilfe eines stark standardisierten Instrumentariums etablierter **mathematisch-statistischer Analysen** untersucht werden. Die Analyse verfolgt im Wesentlichen den Zweck, neben einer einführenden Beschreibung der Daten vor allem die vorab formulierten Hypothesen zu prüfen. Zwar ist auch hier durch selektive Datenzusammenfassungen, durch die Art der gewählten statistischen Überprüfungsverfahren und so weiter ein gewisser Spielraum der Wahl vorhanden, er ist jedoch durch Dritte intersubjektiv überprüfbar, sodass die einzelnen Entscheidungen und Schritte von außen transparent und nachvollziehbar sind. Die Auswertung der qualitativen Daten erfolgt dagegen mit **textanalytischen Verfahren**. Dabei bildet die subjektive Kompetenz der Interpretationsfähigkeit des Bearbeiters einen wichtigen Rahmen der Auswertung. Dieser Schritt ist, im Gegensatz zur quantitativ arbeitenden Analyse, stärker ein subjektiver kreativer Akt des Verstehens, der von außen kaum einsehbar, geschweige denn intersubjektiv überprüfbar ist. Aufgrund der Unmöglichkeit der Standardisierung eines solchen Schrittes entstehen beispielsweise bei der Interpretation des gleichen Materials durch einzelne Wissenschaftler unterschiedliche Ergebnisse. Diese können zwar durch bestimmte Verfahren der Konsensbildung teilweise harmonisiert werden, letztendlich bleiben jedoch – im Gegensatz zur Transparenz und Überprüfbarkeit der quantitativen Auswertungsmechanik – eine Reihe der subjektiven und auch der kollektiven Auswertungsschritte und -erwägungen in einer „Blackbox" verborgen.

Unterschiede bezüglich der Verwendbarkeit und Relevanz

Entsprechend unterschiedlich sind auch die Verwendungszwecke der Methoden. Quantitative Verfahren eignen sich zur Gewinnung von Informationen, die – auf der Basis einer Zufallsstichprobe – repräsentativ für eine Grundgesamtheit von Fällen stehen (z. B. für die Klimadaten einer bestimmten Region, für die Einstellung der bundesdeutschen Bevölkerung zu geographisch relevanten Fragestellungen). Qualitative Untersuchungen dagegen eignen sich für die Ausleuchtung von Einzelfällen, Einstellungen und Meinungen von Menschen, für die Rekonstruktion von Entscheidungsprozessen und so weiter. Diese können von alltagsgeographischen Fragestellungen bis hin zu politischgeographischen Themen reichen, in denen durch die Interviews mit Schlüsselakteuren Konflikte um räumlich lokalisierte Ressourcen nachgezeichnet werden.

Es geht also bei der Wahl der Methoden um den Verwendungskontext, um die Art der Ergebnisse, die man erzielen will, sowie um deren Reichweite. Sind eher kategorisierte Überblicksinformationen mithilfe von „harten Daten" gefragt, so eignen sich – wie zum Beispiel in einem Großteil der physiogeographischen Analytik – quantitativ-statistisch ausgerichtete Erhebungsmethoden. Mit ihnen lassen sich nicht nur statistisch repräsentative Ergebnisse erzielen, sondern auch – unter entsprechenden methodischen Einschränkungen – Prognosen ableiten. Qualitative Untersuchungen messen sich an anderen Relevanz- und Gültekriterien. Hier ist als Qualitätsmerkmal nicht die „intersubjektive Überprüfbarkeit" gefragt, sondern die „Plausibilität" und „Nachvollziehbarkeit" der Ergebnisse. Der Nutzen besteht hier weniger in der statistisch abgesicherten Prognose, sondern darin, dass die Leser durch die Lektüre der Ergebnisse ihre eigene Lebenswelt bzw. die beobachteten Phänomene besser verstehen. Indem sie mit solcherart gewonnenen qualitativen Forschungsergebnissen in Resonanz treten, kommt es bei ihnen zu einer Erweiterung und Veränderung des Blicks auf die Welt und zu einer Erweiterung von Handlungsspektrum und -kompetenz in entsprechenden Alltagssituationen.

Fazit

Das vorliegende Kapitel befasst sich in genereller und einleitender Form mit den konzeptionellen Rahmenbedingungen des wissenschaftlichen Arbeitens in der Geographie. Es bildet damit die wissenschaftstheoretische und methodologische Grundlage für die genauere Vorstellung einzelner geographischer Arbeitsweisen in Kapitel 6, 7 und 8. Die Einführung macht deutlich, dass sich die Geographie bezüglich ihrer methodischen Orientierung in ihrer Geschichte beständig verändert und weiterentwickelt hat. Sie ist dabei unterschiedlichen Paradigmen gefolgt, die sich aber nicht gegenseitig abgelöst haben, sondern heute nebeneinander existieren. Diese Pluralisierung kennzeichnet die Geographie besonders stark, weil sie als „Brückenfach" am Schnittfeld von Natur- und Geisteswissenschaften steht. Infolge dessen beinhaltet das Fach unter seinem Dach das Spektrum der Methoden aus diesen beiden großen Traditionen des wissenschaftlichen Denkens und Arbeitens. Die Band-

breite reicht dabei von stärker naturwissenschaftlichen, analytisch-szientistischen Konzepten, beispielsweise im Sinne des Kritischen Rationalismus, bis zu sozial- und geisteswissenschaftlichen, interpretativ-verstehenden Verfahren, die sich erkenntnistheoretisch stärker dem Konstruktivismus verpflichtet fühlen. Beim Auftreten neuer Paradigmen haben sich entsprechend nicht nur die Theorien und Fragestellungen, sondern auch die Arbeitsmethoden erweitert. Dabei kann man sehr grob vereinfacht quantitative Ansätze, die mit standardisierten Daten arbeiten, von qualitativen Ansätzen differenzieren, bei denen die Datenerhebung weniger strukturiert ist und nicht standardisierte Daten entstehen. Diese beiden Strategien unterscheiden sich sowohl hinsichtlich ihrer erkenntnistheoretischen und methodologischen Grundlagen, als auch im Detail bezüglich der Formen der Datenauswertung sowie der damit verbundenen Güte- und Relevanzkriterien der Ergebnisse.

Weiterführende Literatur

Blotevogel HH (1996) Einführung in die Wissenschaftstheorie: Konzepte der Wissenschaft und ihre Bedeutung für die Geographie. Diskussionspapier 2/1996. Duisburg

Kuhn Thomas S (1962) Die Struktur wissenschaftlicher Revolutionen. Frankfurt a.M.

Popper KR (1971) Die Logik der Forschung – Die Einheit der Gesellschaftswissenschaften. Bd. 4. 4. Aufl., Thüringen

Reuber P, Pfaffenbach C (2005) Methoden der empirischen Humangeographie. Braunschweig

Schwemmer O (Hrsg) (1981) Vernunft, Handlung und Erfahrung. Über die Grundlagen und Ziele der Wissenschaften. München

Seiffert H (1991) Einführung in die Wissenschaftstheorie, Bd. 1–3. Becksche Reihe Bd. 60, 61, 270

Zitierte Literatur

Blotevogel HH (1996) Einführung in die Wissenschaftstheorie: Konzepte der Wissenschaft und ihre Bedeutung für die Geographie. Diskussionspapier 2/1996. Duisburg

Brunotte E et al. (Hrsg) (2001/2002) Lexikon der Geographie. Heidelberg, Berlin

Dangschat JS (1996) Raum als Dimension sozialer Ungleichheit und Ort als Bühne der Lebensstilisierung? – Zum Raumbezug sozialer Ungleichheiten und von Lebensstilen. In: Schwenk OG (Hrsg) Lebensstil zwischen Sozialstrukturanalyse und Kulturwissenschaft. Sozialstrukturanalyse, Band 7. Opladen. 99-135

Graeser A (1994) Ernst Cassirer. Becksche Reihe Denker 527. München

Gregory D (1994) Geographical Imaginations. Cambridge

Hierdeis H, Hug T (1994) Pädagogische Alltagstheorien und erziehungswissenschaftliche Theorien. Ein Studienbuch zur Einführung. Bad Heilbrunn

Issing J, Klimsa P (Hrsg) (1995) Information und Lernen mit Multimedia. Weinheim

Johnston RJ (1997) Geography and Geographers: Anglo-American human geography since 1945. London

Kuhn Thomas S (1962) Die Struktur wissenschaftlicher Revolutionen. Frankfurt a.M.

Latour B (1998) Wir sind nie modern gewesen. Versuch einer symmetrischen Anthropologie. Frankfurt a.M.

Latour B (2000) Die Hoffnung der Pandora. Untersuchungen zur Wirklichkeit der Wissenschaft. Frankfurt a.M.

Miggelbrink J (2002) Der gezähmte Blick. Zum Wandel des Diskurses über „Raum" und „Region" in humangeographischen Forschungsansätzen des ausgehenden 20. Jahrhunderts. Leipzig. Beiträge zur Regionalen Geographie, Bd. 55

Reuber P, Pfaffenbach C (2005) Methoden der empirischen Humangeographie. Braunschweig

Fortsetzung

Fortsetzung

Schwemmer O (Hrsg) (1981) Vernunft, Handlung und Erfahrung. Über die Grundlagen und Ziele der Wissenschaften. München

Sedlacek P (Hrsg) (1982) Kultur- und Sozialgeographie. Beiträge zu ihrer wissenschaftstheoretischen Grundlegung. Paderborn

Seiffert H (1992) Einführung in die Hermeneutik. Die Lehre von der Interpretation in den Fachwissenschaften. Stuttgart

Siebert H (1999) Pädagogischer Konstruktivismus: eine Bilanz des Konstruktivismusdiskussion für die Bildungspraxis. Neuwied

Vollmer G (1994) Evolutionäre Erkenntnistheorie angeborene Erkenntnisstrukturen im Kontext von Biologie, Psychologie, Linguistik, Philosophie und Wissenschaftstheorie. Stuttgart

Werlen B (1995) Sozialgeographie alltäglicher Regionalisierungen, Bd. 1, Erdkundliches Wissen, Bd. 116. Stuttgart

Werlen B (1997) Sozialgeographie alltäglicher Regionalisierungen, Bd. 2, Erdkundliches Wissen, Bd. 119. Stuttgart

Werlen B (2001) In: Brunotte E et al. (Hrsg) Lexikon der Geographie. Heidelberg, Berlin

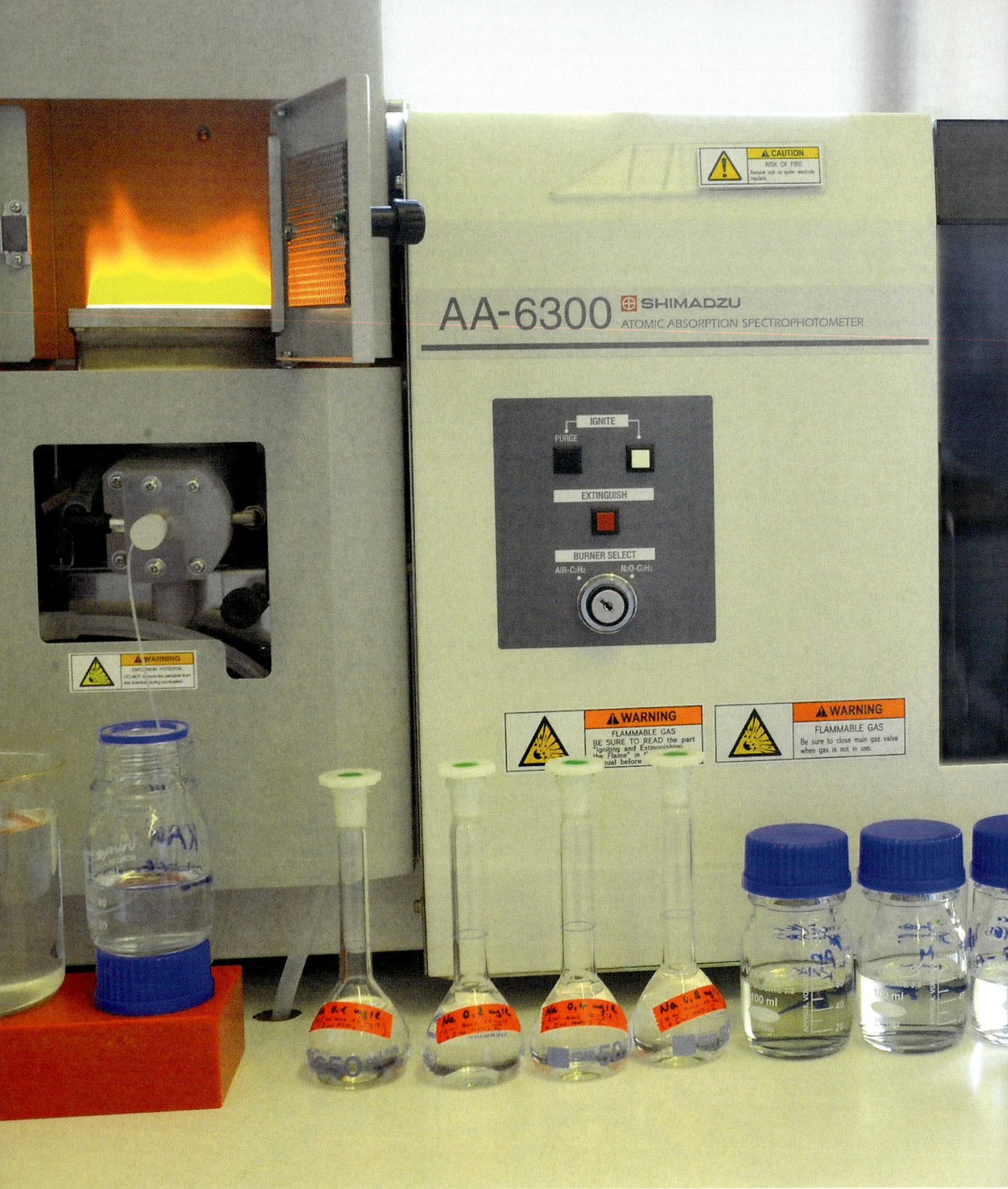

Naturwissenschaftliche Labormethoden sind in der Physischen Geographie, insbesondere in der Geomorphologie, Quartär-
forschung oder Geoarchäologie unverzichtbar. Die Aufnahme zeigt ein Flammen-AAS (**A**tom-**A**bsorptions-**S**pektrometer) beim
Messen von Natrium in einer Ammoniumacetatbodenlösung zur Bestimmung der Kationenaustauschkapazität (Foto: Adnan
Al-Karghuli).

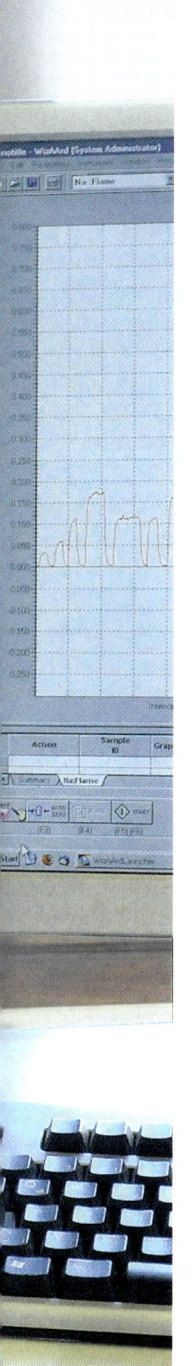

Kapitel 6
Was können wir wissen?

Kritischer Rationalismus und naturwissenschaftlich orientierte Verfahren

Physische Geographie und Humangeographie treffen sich nicht nur in einer Reihe von Fragestellungen (Kapitel 27 bis 29), sondern auch in einer Reihe von methodischen Zugriffen. Natürlich arbeiten Klimageographen in der Regel mit anderen konkreten Erhebungsmethoden als beispielsweise Sozialgeographen, aber die grundlegenden Verfahren der Forschung, ihre methodischen Ansprüche, Reichweiten und Grenzen ihrer Anwendung und Aussagekraft weisen durchaus Parallelen auf. Sowohl Physische Geographie als auch Humangeographie nutzen, vereinfacht gesprochen, quantitative, analytisch-szientistische Verfahren wie auch qualitative, interpretierend-verstehende Methoden (Kapitel 5).

Forschungsmethoden, welche sich am Vorbild der (exakten) Naturwissenschaften orientieren, spielen natürlich in der Physischen Geographie eine herausragende Rolle. Im Folgenden werden in diesem Kapitel nach einer kurzen Einführung konkret Feld- und Labormethoden in den verschiedenen Teilgebieten der Physischen Geographie behandelt. Während in der Vergangenheit hier Feld- und Geländemethoden die entscheidende Rolle spielten, gewinnen Laboranalysen, unter anderem im Bereich der Boden- oder der Hydrogeographie, eine immer größere Bedeutung. Anspruchsvolle, oft im interdisziplinären Verbund durchgeführte Datierungsmethoden (Kapitel 6.3) sind inzwischen aus der physisch-geographischen Forschung nicht mehr wegzudenken.

Analytisch-szientistische, am Vorgehen der Naturwissenschaften orientierte Methoden haben aber auch in der Humangeographie nach wie vor ihre Bedeutung. Hierzu gehören die standardisierten Zähl- und Befragungsmethoden (mit Fragebögen oder neuerdings auch mittels Internetbefragungen) ebenso wie geeignete statistische Auswertungsverfahren, welche über die Signifikanz (den Aussagewert) der erhobenen Befunde Aussagen machen. Rechnen und Mathematikmachen in der Geographie ist ein weites Feld. Im Rahmen dieses Kapitels kann nur beispielhaft auf einige Verfahren eingegangen werden; dabei werden Möglichkeiten, aber auch Grenzen dieser Verfahren kritisch aufgezeigt.

6.1 Analytisch-szientistische Wissenschaft und die Bewährung von Theorien

Paul Reuber

Die Analyse geographischer Fragestellungen auf der Grundlage quantitativ-standardisierter Daten gehört bereits lange zu den etablierten Methoden der Geographie. Die Arbeit mit „harten" Daten und ihre analytisch-statistische Auswertung ist in den Wissenschaften generell im 20. Jahrhundert eine der am weitesten verbreiteten Methoden geworden. Bezogen auf die Geographie bilden insbesondere die darauf aufbauenden Regionalisierungen auf unterschiedlichen Maßstabsebenen eine der methodischen Kernkompetenzen des Faches. Die Bedeutung solcher Formen der Raumanalyse zieht sich mittlerweile bis in die breite Öffentlichkeit hinein; hier gehört die raumbezogene Visualisierung entsprechender Daten mithilfe von Karten, Abbildungen und Animationen nahezu selbstverständlich zum Alltag in allen Medien. Diese Entwicklung wäre in einer solchen Form kaum ohne die Revolutionen in der Informationstechnologie möglich geworden. Die Geschwindigkeit und optische Brillanz, mit der die Inhalte raumbezogener Datenbanken heute in **Geographischen Informationssystemen** (GIS) sekundenschnell als farbige Karten auf dem Computerbildschirm erscheinen, hat Konsequenzen in vielerlei Hinsicht. Sie trägt nicht nur dazu bei, dass entsprechend qualifizierte Geographen derzeit recht gut auf dem Arbeitsmarkt unterkommen, sondern sie führt ganz allgemein zu einer Verbreitung von Betrachtungsweisen in der Gesellschaft, die auf geographisch lokalisierbaren Unterschieden basieren. Zu diesem Hype leisten in aller Ambivalenz insbesondere auch die mittlerweile im Internet vorhandenen Portale wie Google Maps, Google Earth oder Google Street View ihren Beitrag.

Bevor man räumlich lokalisierte Phänomene jedoch in dieser Art und Weise untersuchen und darstellen kann, müssen sie – im wahrsten Sinne des Wortes und ausnahmslos – in Zahlen übersetzt werden. Quantitativ orientierte Präsentationen oder statistische Analysen, beispielsweise im Sinne des Kritischen Rationalismus (Kapitel 5), sind nur möglich, wenn man zuvor die kontingente und differenzierte physische und sozialräumliche Welt in **Kategorien** zerteilt. Erst dann kann man sie mithilfe mathematischer Ziffern und Symbole in einer Datenbank abbilden, und erst dann kann man die zu untersuchenden Daten mithilfe mathematischer Formeln auf innere Zusammenhänge und Regelhaftigkeiten

überprüfen. Genau dieses Vorgehen bildet den Kern der quantitativ-analytischen Methodik. Auch wenn sich solche Auswertungen heute von mathematischen Laien mithilfe von Statistik- und GIS-Software über komfortable Ein- und Ausgabemasken technisch schnell erlernen und erstellen lassen, steht doch hinter jeder Analyse methodisch ein mehr oder minder komplexes Rechenverfahren, das in den meisten Fällen auf mathematischen Grundüberlegungen und Prinzipien der Statistik beruht.

Das Gesagte macht bereits deutlich: Allein die Verwendung „harter" Daten macht aus Sicht des Kritischen Rationalismus noch keine wissenschaftliche Analyse aus. Wissenschaftliches Arbeiten geht über eine reine Deskription, das heißt zum Beispiel über die bloße Beschreibung regionaler Differenzierungen durch die Visualisierung entsprechender Daten, hinaus. Für eine entsprechende Analyse standardisierter Daten hat sich ein allgemein akzeptiertes, **induktives („entdeckendes") Verfahren** nach naturwissenschaftlichem Vorbild etabliert. Es besteht, vereinfacht gesprochen, aus einem Dreischritt von Hypothese, Empirie und Theorie, wobei die empirische Beschaffung der Daten sich aus jeweils fragestellungs- und situationsbezogen angemessenen Verfahren zusammensetzt (z. B. Messungen im Labor oder im Gelände, standardisierte Befragungen, Zählungen, Kartierungen, Beschaffung sekundärstatistischen Datenmaterials). Der Kern dieser wissenschaftlichen Arbeitsweise kann als **„hypothesengeleitetes Vorgehen"** bezeichnet werden, das sich in fünf Schritten vollzieht:

- Formulierung des Problems und der Ausgangsfragestellung
- Formulierung der untersuchungsleitenden Hypothesen
- Durchführung der empirischen Arbeiten (Datenbeschaffung, Datenberechnung, Datenauswertung)
- Interpretation der Ergebnisse durch Bestätigung oder Verwerfung der Ausgangshypothese (Verifikation oder Falsifikation)
- Schlussfolgerung und theoretischer Gewinn

Für den außenstehenden Betrachter fällt dabei allein wegen des Arbeitsaufwandes oft vor allem der Schritt 3 ins Auge und hier besonders die empirische Sammlung und Aufbereitung des Datenmaterials. Auch aus zeitökonomischer Perspektive nimmt dieser Teil oft einen erheblichen Prozentsatz in Anspruch, denn es geht nicht selten um aufwendige Laborarbeiten an sehr spezifischen Apparaturen, um groß angelegte Befragungsaktionen, um langwierige Datenaufnahmen im Gelände, die oft mit erheblichem technischen Geräteaufwand oder mit hohem Personalaufwand verbunden sein können. Tatsächlich ist die **Datensammlung** im engeren

Sinne aber nur Teil eines größeren intellektuellen Unterfangens, nicht selten sogar der kognitiv am wenigsten anspruchsvolle. Hier geht es eher um Akribie, Genauigkeit und Geduld in der zweckbezogenen Datensammlung, während die kreativen Teile des Forschungsprojektes sich zum einen in der Vorphase, etwa in der Aufstellung der Hypothesen, oder in der nachfolgenden Phase, in der mathematisch-statistischen Analyse des Materials und der damit verbundenen Prüfung der Hypothesen, befinden.

Gerade der Teil der mathematisch-statistischen Analyse der Daten wird mittlerweile durch die zunehmend besseren graphischen Benutzeroberflächen entsprechender Statistik- und GIS-Programme erleichtert. Wer heute GIS-Operationen durchführt oder bi- und multivariate Analysen mit einem der vielen statistischen Datenanalyseprogramme rechnet, der bewegt sich häufig nur noch in den Feldern intuitiv gestalteter Dialogboxen, die ihn teilweise weder mit den Formeln, noch mit den mathematischen Regeln und Einschränkungen bestimmter Verfahren konfrontieren. Diese Entwicklung hat aus methodologischer und methodischer Sicht Vor- und Nachteile: Der Vorteil besteht in der zunehmenden Verbreitung solcher Verfahren und in den kürzer werdenden Einarbeitungszeiten. Der Nachteil liegt aber oft darin, dass die sogenannten „Software-User" die angebotenen „Tools" oft allzu schnell verwenden, ohne sich sowohl über die allgemeine Vorgehensweise kritisch-rationalen Arbeitens als auch über die eingeschränkte Anwendbarkeit und die Grenzen der Reichweite der Aussagen einzelner mathematisch-statistischer Verfahren klar zu sein.

6.2 Feld- und Labormethoden

Feldmethoden

Jürgen Herget

In der Physischen Geographie werden in allen Teildisziplinen Feldmethoden angewandt, die in der Regel mit denen aus den jeweiligen Nachbarwissenschaften verwandt sind, jedoch auf die spezifische Fragestellung angepasst wurden. Nicht immer ist es zeitlich oder technisch möglich, alle Einzelparameter zu erheben, eine sinnvolle Vorbereitung und Auswahl der zu erfassenden Parameter ist daher unumgänglich. Um beispielsweise

für raumbezogene ökologische Fragestellungen eine Übersicht der wichtigsten Methoden zu geben, sind entsprechende Erfassungsstandards entwickelt (Zepp & Müller 1999) bzw. generelle Übersichten zusammengestellt worden (Barsch et al. 2000).

In vielen Untersuchungsgebieten liegen grundlegende Informationen in Form von **Übersichtsaufnahmen** (geologische, geomorphologische oder topographische Karten in unterschiedlichem Maßstab, Klimaatlanten der Bundesländer, bodenkundliche Karten, hydrologische Atlanten) oder aus **Dauermesseinrichtungen** (Wetterstationen, Abflusspegel, hydrologische Stationen) bereits vor, die durch die eigenen Arbeiten ergänzt oder räumlich höher aufgelöst werden sollen. Neben der Beschreibung und Dokumentation spezieller Befunde bzw. ihrer räumlichen Verbreitung in Form von Kartierungen kommt der Messung aktueller Parameter unter spezifischen Bedingungen (z. B. Kaltluftabfluss bei Strahlungswetterlage oder Sedimenttransport in Hochwasserwellen) besondere Bedeutung zu.

Es ist von großer Wichtigkeit, die im Gelände angewandte Methode, insbesondere ihre tatsächliche Präzision und bei Messverfahren das physikalische Prinzip, verstanden zu haben und bei der Messstrategie zu berücksichtigen, weil davon der Aussagewert grundlegend beeinflusst wird. So geben verschiedene moderne Geräte mit Displayanzeige Messwerte mit Genauigkeiten an, die zwar entsprechend scharf errechnet werden können, jedoch jenseits der Sensorauflösung liegen und daher bei einer Zweitmessung abweichende Werte ergeben. Selbstverständlich ist es, gerätespezifische Aspekte, wie die Trägheit von Sensoren, die eine entsprechende Mindestmessdauer zur Einstellung benötigen, zu berücksichtigen. Eine entsprechende **Messstrategie** muss festgelegt werden, um typische Fluktuationen zu erfassen – bei böigem Wind beispielsweise gilt es vorher zu entscheiden, ob die kurzfristigen Spitzengeschwindigkeiten erfasst werden sollen oder eine Mittelwertbildung über bestimmte Intervalle für die jeweilige Fragestellung angemessener ist.

Ohne einen Anspruch auf Vollständigkeit erheben zu können, sind nachfolgend einige ausgewählte typische Feldmethoden der Teildisziplinen der Physischen Geographie genannt.

Geomorphologie

Hinsichtlich der Feldmethoden in der Geomorphologie wird grundlegend zwischen **Form- und Prozesserfassung** unterschieden, während speziellere Materialeigenschaften nach adäquater Probenahme in der Regel durch Untersuchungen im Labor bestimmt werden.

Die Erfassung von Formen erfolgt je nach Dimension des Objektes (z. B. Felsblöcke – Böschungen – Flussterrassen – Gletscherloben – Talquerschnitte) mithilfe von Zollstöcken und Maßbändern oder bei größeren Distanzen durch Abschreiten unter Umrechnung der Schrittlänge in Meter sowie durch den Einsatz professioneller **Vermessungsgeräte**. Mit einfachen Hilfsmitteln lässt sich eine für viele Anwendungen ausreichende Genauig-

keit erzielen, in der Regel werden jedoch mehrere Helfer bei der Durchführung benötigt (Schweissthal 1966, Goudie 1994). Moderne Vermessungsgeräte ermöglichen die Durchführung entsprechender Arbeiten auch als Einzelperson selbst in unzugänglichem Gelände, beispielsweise über Flussläufe hinweg (Exkurs 6.2.1).

Die Lage der entsprechenden Objekte im Raum wird durch **Kartierungen** erfasst. In der Regel stehen hierfür

---

Exkurs 6.2.1

Moderne Vermessungsgeräte

Ursprünglich zur Navigation entwickelt, lässt sich das satellitengestützte **Global Positioning System** (GPS) auch für die Vermessung verwenden. Mit einfachen Handempfängern lassen sich mittlerweile Genauigkeiten im Bereich von 5 bis 50 m in der Lage und ±1 bis 30 m in der Höhe erreichen, wobei sich die Spannweite durch die veränderliche Position und geometrische Konfiguration der empfangenen Satelliten erklären lässt. Führt man Kartierungen auf Grundlage von topographischen Karten im Maßstab 1 : 50 000 durch, ist diese Genauigkeit ausreichend. Durch den Einsatz von Empfängern für regional ergänzend ausgestrahlte Korrektursignale bzw. die Verwendung geodätischer Mehrkanalempfänger lässt sich die Genauigkeit in den Dezimeter- und Millimeterbereich verbessern. Das System arbeitet bei praktisch jeder Witterung, verlangt jedoch ungehinderten Empfang der Satellitensignale, sodass ein Einsatz in engen Talzügen oder unter Bäumen eingeschränkt ist. Bei Kartierungen ist es wichtig, das in der verwendeten Karte zugrunde gelegte Bezugssystem (Koordinatensystem, Projektionsart, Kartendatum) auch am Empfänger einzustellen, insbesondere bei der Weiterverarbeitung der Daten in einem GIS.

Größere Höhenunterschiede lassen sich mit Auflösungen bis zu ±1 bis 5 m mit **barometrischen Höhenmessern** erfassen. Diese verrechnen den mit der Höhe abnehmenden Luftdruck und bieten bei digitaler Anzeige eine entsprechende Genauigkeit. Sofern Kalibrierungspunkte vorhanden und bekannt sind, lassen sich auch absolute Höhenangaben gewinnen, da der witterungsabhängige Luftdruck durch Eingabe des zugehörigen Höhenwertes berücksichtigt werden kann.

Geodätische Vermessungsgeräte bieten eine wesentlich größere Genauigkeit. Bei modernen Geräten werden Vertikal- und Horizontalwinkel zu einem Zielpunkt durch das Anpeilen mit einem Fernrohr erfasst und die Entfernung durch einen Messstrahl bestimmt. Dieser vom Gerät ausgesandte Impuls wird von einem Spiegelprisma auf dem Zielpunkt reflektiert. Die Laufzeit des Signals ist proportional zur Entfernung und wird in dem Gerät zusammen mit den beiden anderen Werten verrechnet, sodass absolute Entfernungen vom Stand- zum Zielort bestimmt werden können. Der Nachteil bei der klassischen geodätischen Vermessung

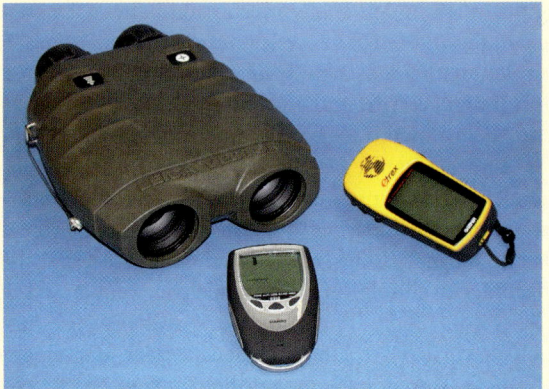

Abb. 1 Moderne Vermessungsgeräte: in ein Fernglas eingebauter Laserentfernungsmesser mit integriertem Kompass und Neigungswinkelmesser für Vermessungsarbeiten ohne Signalisierung des Beobachtungspunktes (hinten), barometrischer Höhenmesser mit LCD-Display (vorne) und GPS-Handempfänger zur Positionsbestimmung (rechts, Foto: J. Herget).

ist, dass der Zielpunkt signalisiert, also mit einem Spiegelprisma versehen werden muss. In schwierigem Gelände, zum Beispiel über Flussschluchten hinweg, ist dies mit großem Aufwand verbunden.

In jüngerer Zeit wurden **lasergestützte Entfernungsmesser** entwickelt, die ohne eine Signalisierung des Zielpunktes zur Entfernungsmessung auskommen können. In Kombination mit einem elektronischen Kompass und einem Neigungswinkelmesser werden diese leistungsstarken lasergestützten Entfernungsmesser in Ferngläser eingebaut und erlauben so, mit vergleichsweise handlichen und leichten Geräten die Vermessung über größere Distanzen von mehreren Kilometern hinweg. Laserscanner erlauben eine vollautomatische dreidimensionale Aufnahme von Landschaftsausschnitten.

diagnostische Merkmale	Bezeichnung
1. Versuch, die Probe zwischen den Handtellern zu einer bleistiftdicken Wurst auszurollen	
a) ausrollbar	zu 4
b) nicht ausrollbar	zu 2
2. Prüfen der Bindigkeit zwischen Daumen und Zeigefinger	
a) bindig, haftet schwach am Finger	lehmiger Sand
b) nicht bindig, nicht formbar	zu 3
3. Zerreiben in der Handfläche	
a) in den Fingerrillen mehlig-stumpfe Feinsubstanz sichtbar	schluffiger Sand
b) in den Fingerrillen keine Feinsubstanz sichtbar	Sand
4. Versuch, die Probe zu einer Wurst von halber Bleistiftdicke auszurollen	
a) ausrollbar, stumpf, mehlig	zu 7
b) ausrollbar, plastisch, klebrig	zu 10
c) nicht ausrollbar	zu 5
5. Prüfen der Bindigkeit zwischen Daumen und Zeigefinger	
a) bindig, haftet deutlich am Finger (Sand > 46 %)	zu 6
b) nicht oder schwach bindig, kaum Sandkörner	zu 7
6. Beurteilen der Menge an Feinsubstanz	
a) wenig Feinsubstanz (Sand 60–95 %)	toniger Sand
b) viel Feinsubstanz (Sand 45–68 %)	stark sandiger Lehm
7. Prüfen der Körnigkeit	
a) Sandkörner sicht- und fühlbar	sandiger Schluff
b) Sandkörner nicht oder kaum sicht- und fühlbar	zu 8
8. Prüfen der Bindigkeit zwischen Daumen und Zeigefinger	
a) nicht bindig, samtartig-mehlig, reißt und bricht stark, wenig formbar	Schluff
b) schwach bindig, reißt beim Quetschen	zu 9
9. Prüfen der Konsistenz	
a) deutlich mehlig, reißt leicht	toniger Schluff
b) schwach mehlig, reißt kaum, gut formbar	schluffiger Lehm
10. Prüfen der Körnigkeit	
a) Sandkörner gut sicht- und fühlbar, rissig	sandiger Lehm
b) Sandkörner nicht oder kaum fühlbar	zu 11
11. Versuch, die Wurst zu einem Ring zu formen	
a) schlecht formbar, schwach glänzende Gleitfläche	sandiger Ton
b) gut formbar	
12. Beurteilen der Gleitfläche bei der Quetschprobe	
a) Gleitfläche stumpf	Lehm
b) Gleitfläche sehr schwach glänzend	toniger Lehm
c) Gleitfläche glänzend	zu 13
13. Prüfen zwischen den Zähnen	
a) knirschen	lehmiger Ton
b) butterartige Konsistenz	Ton

◄ **Tabelle 6.2.1** Abschätzung der Bodenart bzw. von Feinsedimenten nach diagnostischen Merkmalen: In einer ersten Annäherung kann man die Feinkornfraktionen Ton, Schluff und Sand dadurch differenzieren, dass Ton in feuchtem Zustand beim Zerreiben einen Schmierfilm auf den Fingern bildet, trockener Schluff nicht spürbar ist, sich jedoch in den Fingerrillen festsetzt und Sandkörner beim Zerreiben spürbar sind. Die in der Natur anzutreffenden Gemenge aus den verschiedenen Fraktionen verlangen die Untersuchung weiterer diagnostischer Merkmale (verändert nach Schlichting et al. 1995).

topographische Karten in unterschiedlichen Maßstäben als Kartengrundlage zur Verfügung, in die entsprechende Eintragungen vorgenommen werden. Im Rahmen des Schwerpunktprogramms „Geomorphologische Karte der Bundesrepublik Deutschland GMK 25" wurde eine Musterlegende mit Bearbeitungshinweisen entwickelt (Göbel et al. 1973, Leser & Stäblein 1975), die bei der geomorphologischen Kartierung neben anderen Handbüchern zum Thema (Demek 1973) verwendet werden kann.

Die **Erfassung des oberflächennahen Untergrunds**, namentlich der Bodenart bzw. der Kornfraktionen des anstehenden Locker- und Festgesteins (Tab. 6.2.1), ist von besonderer Bedeutung zur genetischen Erklärung der Reliefausprägung. Oftmals erlauben natürliche und künstliche Aufschlüsse in Bach- und Flussläufen, Straßeneinschnitten, Kiesgruben oder Baustellen einen direkten Einblick in die Ausprägung der anstehenden Gesteinsschichten. In der Regel bedarf es jedoch ergänzender Sondierungen an ausgewählten Schlüssellokalitäten, um Übergänge oder kleinräumige Differenzierungen erfassen zu können.

Größer wird der apparative Aufwand bei der Messung und Beobachtung von Prozessen wie **Bodenerosion** (Abb. 6.2.1), **Hangrutschungen** oder **Sediment-**

Abb. 6.2.1 Übersicht über eine Bodenerosionsmessanlage mit Sedimentfang, unterirdischem Sammelbehälter und meteorologischen Messgeräten in einer Muldenlage unterhalb eines Feldes (Foto: J. Herget).

transport in Fließgewässern, um nur einige Beispiele zu nennen. Bei derartigen Prozessstudien werden unterschiedlichste Messgeräte und Sensoren installiert und über einen längeren Zeitraum betrieben.

Bodengeographie

Die Feldmethoden der Bodengeographie sind eng an die der Allgemeinen Bodenkunde angelehnt, fokussieren jedoch in einem zweiten Schritt typischerweise die Erfassung und Analyse der räumlichen Verbreitung der unterschiedlichen Bodentypen oder speziellerer pedologischer Phänomene und Fragen. Um eine systematische Erfassung der Böden sowie insbesondere die Vergleichbarkeit der Aufnahmen zu gewährleisten, ist eine fortlaufend aktualisierte Aufnahmeanleitung, die **Bodenkundliche Kartieranleitung** (AG Boden 2005), entwickelt worden. Eine Vielzahl bodenhorizontbezogener Parameter sollte erfasst werden, die jeweils spezielle Untersuchungsmethoden und Techniken (Schlichting et al. 1995) verlangen, wie das Beispiel der Bodenartbestimmung veranschaulicht (Tab. 6.2.1). Folgt man den entsprechenden Schlüsseln, gelangt man zu festgelegten Klassifizierungen der Ausprägung der Bodenmerkmale, die eine eindeutige Beschreibung ergeben; Details hierzu finden sich für alle relevanten Bodenmerkmale in der genannten Bodenkundlichen Kartieranleitung (Kapitel 11).

Die **Aufnahme des Bodenprofils** erfolgt analog zur Erfassung des oberflächennahen Untergrundes in Schürfen oder durch Bohrungen, beispielsweise mit dem Pürckhauer-Bohrstock. Bei einer Bodenkartierung können verschiedene Kartierungsverfahren (Raster-, Grenzlinien-, Catenaverfahren, Verdichtung von Voruntersuchungen) Anwendung finden, die eine unterschiedliche Anzahl an Beobachtungspunkten erfordern, sich aber auch auf die Abgrenzung von in sich mehr oder weniger homogenen Einheiten auswirken können.

Klimageographie

Klimageographische Analysen verlangen in der Regel lange Zeitreihen der gemessenen Klimaparameter in möglichst hoher räumlicher Auflösung. Hierzu werden einerseits **ortsfeste Klimastationen** (Abb. 6.2.2) betrieben, andererseits die Zeitreihen durch Messkampagnen an Zwischenstandorten ergänzt. Letztere sind insbesondere für stadt- und geländeklimatologische Fragestellungen unverzichtbar. Für die einzelnen meteorologischen Größen ist eine Vielzahl von Messverfahren und

Abb. 6.2.2 An dieser Klimastation werden in verschiedenen Höhen Temperatur, Luftfeuchtigkeit, Windrichtung und -stärke, Strahlung und Niederschlag sowie die Bodentemperatur gemessen. Die Energieversorgung erfolgt mit Solarzellen, die Speicherung der Messwerte in „Dataloggern" (Foto: J. Herget).

-geräten entwickelt worden (Häckel 1999, Littmann et al. 2004).

Um vorübergehend die Stationsdichte zu erhöhen, werden ergänzend Messmasten zur Erfassung der relevanten Größen im Tagesgang aufgebaut. Hiermit kann in kurzen Intervallen über mittlere Perioden eine den Feststationen vergleichbare Anzahl von Messwerten in verschiedener Höhe erhoben und beispielsweise zur Erfassung geländeklimatologischer Phänomene oder der Überprüfung von Interpolationen zwischen Feststationen verwendet werden. Falls, wie bei stadtklimatischen Fragestellungen, eine hohe räumliche Auflösung in Kombination mit kurzen Messintervallen erforderlich ist, können **fahrzeuggestützte Messsysteme** (Abb. 6.2.3) zum Einsatz kommen. Derartige Systeme werden eingesetzt, um beispielsweise städtische Wärmeinseln, Kaltluft produzierende Gebiete oder Belüftungs- und Ventilationsbahnen bei Strahlungswetterlagen erfassen und quantitativ auswerten zu können. Ein qualitativer Nachweis von Kaltluftabfluss ist mit Rauchpatronenversuchen möglich, die farbintensiven Rauch als Tracer freisetzen, der sich mit der Kaltluft ausbreitet.

Im Rahmen einzelner kürzerer Messkampagnen werden in der Regel an Referenzpunkten Messstationen mit **Thermohygrographen** aufgebaut und ergänzend Handmessungen durchgeführt. Die Thermohygrographen zeichnen durch mechanische Übertragung von Bimetallthermometern und Haarhygrometern den Gang von Temperatur und relativer Luftfeuchtigkeit auf (Abb. 6.2.4). Da die ergänzend eingesetzten Handmessgeräte individuelle systematische Abweichungen untereinander aufweisen, steht so zusätzlich eine Kali-

◀ **Abb. 6.2.3** Klimatologisch-meteorologisches Messfahrzeug. An der Front des Fahrzeugs mit Heckmotor (Abwärme des Motors) ist eine demontierbare Halterung zur Messung von Temperatur und Luftfeuchtigkeit in unterschiedlicher Höhe während der Fahrt angebracht. An ausgewählten Stationen wird der eingebaute Mast zur ergänzenden Erfassung in größere Höhe ausgefahren (Foto: Monika Steinrücke).

und relativer Luftfeuchtigkeit und Niederschlagssammler zur Messung des kumulierten Niederschlags während der Messperiode für die ergänzenden Geländemessungen.

Hydrogeographie

Die Feldmethoden in der Hydrogeographie lehnen sich in der Regel eng an die der Hydrologie an (Kapitel 13), wobei die Quantifizierung des Wasserkreislaufes bzw. seiner Teilelemente im Vordergrund steht. Offensichtlich gibt es in weiten Bereichen Berührungspunkte zur Klimageographie, was bei der Niederschlagsmessung und Temperaturmessung zur Berechnung der potenziellen Verdunstung offensichtlich ist. Ergänzend treten die Messung gewässerkundlicher Größen, namentlich **Abfluss** und **Stoffflüsse** in Fließgewässern, sowie **Grundwasserstandsmessungen** hinzu (Kresser 1993, Herschy 1978). Zahlreiche Messverfahren verlangen längere Messreihen und einen großen apparativen Aufwand, sodass sie nur stationär in Form von Sondermessnetzen betrieben werden können (Barsch et al. 1994, DVWK 1991).

brierungsmöglichkeit zur Verfügung. Unter den Handgeräten eignen sich besonders Minimum-/Maximumthermometer für die Erfassung von Extremwerten ohne ständige Anwesenheit, Schalenkreuzanemometer zur Messung des bodennahen Windfeldes, Aspirationspsychrometer zur simultanen Messung von Temperatur

Während die Untersuchungen von Stoffflüssen durch angemessene Beprobung und anschließende Labor-

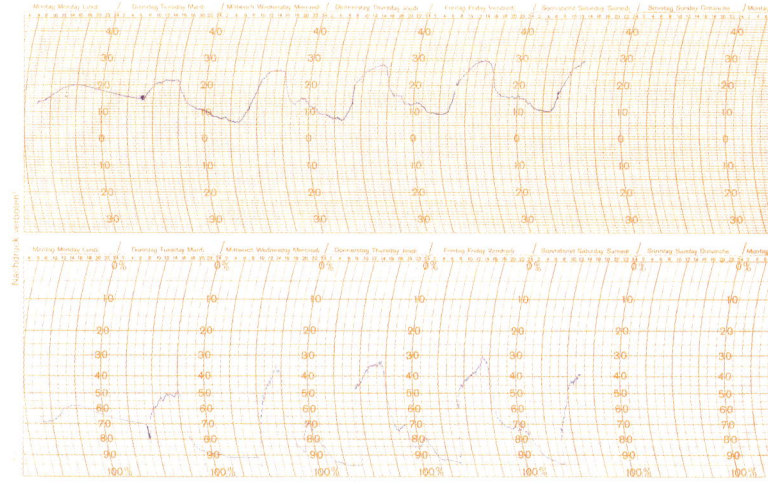

Abb. 6.2.4 Thermohygrographen zeichnen den Gang von Temperatur (oben) und Luftfeuchtigkeit (unten) auf und erlauben so, die mobilen Handmessungen im Gelände zu ergänzen. Zusätzlich kann mithilfe der Messwerte der Gerätefehler, das heißt die systematische gerätespezifische Abweichung der Messwerte einzelner Handgeräte, erfasst werden (Foto: J. Herget).

Exkurs 6.2.2

Geophysikalische Methoden

LOTHAR SCHROTT

In der Physischen Geographie werden geophysikalische Methoden seit über drei Jahrzehnten angewandt. Fortschritte in der Gerätetechnik und Datenauswertung führten besonders in den letzten Jahren zu einem verstärkten Einsatz, sodass sich bei manchen Fragestellungen geophysikalische Verfahren bereits als Standardmethode etabliert haben.

Generell werden beim Einsatz von geophysikalischen Methoden auf indirektem Wege die geophysikalischen Eigenschaften des Untergrundes (z. B. Dichte bzw. Wellengeschwindigkeiten, elektrische Leitfähigkeit bzw. scheinbare Widerstände) gemessen. Bei der darauf folgenden Interpretation und Visualisierung, die meist mithilfe **spezieller Software** erfolgt, werden aus diesen geophysikalischen Daten bestimmte Sedimente, geologische Schichtverläufe oder interne Strukturen abgeleitet und modelliert. Geophysikalische Untersuchungen können daher wertvolle Hinweise und Ergänzungen zum Untergrund liefern, sie sind aber keine direkten Beweise tatsächlicher Gegebenheiten. Trotz dieser methodischen Einschränkung können gewisse Fragestellungen, wie beispielsweise Eislinsendetektion im Bereich von sporadischem Permafrost oder die Mächtigkeit von Lockersedimenten – bei Fehlen von Aufschlüssen oder aufwendigen Bohrbefunden – nur mithilfe geophysikalischer Methoden beantwortet werden.

Zu den am häufigsten angewandten geophysikalischen Methoden in der Physischen Geographie gehören die Refraktionsseismik und die Gleichstromgeoelektrik. Bei bestimmten Fragestellungen (z. B. Permafrostdetektion) haben sie sich bereits als Standardmethode etabliert. In jüngster Zeit wird auch zunehmend Bodenradar eingesetzt.

Bei der **Seismik** werden über externe Impulse (z. B. Hammerschlag, Sprengung) elastische Wellen im Untergrund erzeugt. Anhand der Kompressionswellengeschwindigkeit (Laufzeit der Wellen in Millisekunden) und Brechung an härteren Gesteinslagen, Sedimenten oder Eis (sog. Refraktoren) lassen sich Rückschlüsse auf die Eigenschaft des Materials und über die Tiefenlagen der jeweiligen Schichten ableiten. Je nach Dichte des Mediums variieren die Wellengeschwin-

digkeiten beträchtlich. Wenig kompaktierter Sand weist nur Geschwindigkeiten von rund 400 m/s auf, dagegen erreichen die Kompressionswellen bei Granitgestein über 5 000 m/s. Die Messung der Laufzeit einer Welle erfolgt über Geophone an der Erdoberfläche, die selbst kleinste Erschütterungen wahrnehmen. Die meist zweidimensionale Auswertung der Seismogramme erlaubt ein genaues Verfolgen von Schichtgrenzen.

Die Gleichstromgeoelektrik hat sich ebenfalls als zuverlässige geophysikalische Methode zur Erkundung von Permafrostmächtigkeiten, Grundwasser, Sedimentmächtigkeiten aber auch von **Altlasten** bewährt. Das Messprinzip basiert auf der elektrischen Leitfähigkeit von Mineralien und des Kluft-, Grund- oder Bodenwassers. Mithilfe von geerdeten Stahlspießen wird ein Stromfeld im leitfähigen Untergrund angelegt. Durch die Messung des Potenzialverlaufs an der Erdoberfläche mit zwei weiteren Stahlspießen wird die räumliche Verteilung der Leitfähigkeit bzw. des spezifischen Widerstandes (Kehrwert) ermittelt. Mit den spezifischen Widerständen wird nachfolgend ein **Tiefenprofil** erstellt. Dabei können auch linsenförmige Einschlüsse (Wasserleiter oder Permafrostlinsen) abgebildet werden.

Beim **Bodenradar** (*ground penetrating radar*, GPR) werden mittels Dipolantennen elektromagnetische Wellen (10 bis 1 000 MHz) ausgestrahlt und empfangen. Im oberflächennahen Untergrund werden diese Wellen an Stellen reflektiert, an denen sich die elektrischen Eigenschaften des Materials ändern. Aus den Reflexionen lassen sich Rückschlüsse über die Beschaffenheit des Untergrundes, zum Beispiel über Lagerungsverhältnisse von Sedimenten, Schichtgrenzen oder die Mächtigkeit von Sedimentdecken, ableiten. Die Darstellung erfolgt wie bei der Refraktionsseismik und Geoelektrik in zweidimensionalen Transekten.

Die Eindringtiefe und Auflösung der Methoden hängt von der jeweiligen Messkonfiguration (z. B. Auslagenlänge der Geophone, Abstände der Stromelektroden, Frequenz der Antennen) sowie von den Eigenschaften des oberflächennahen Untergrundes ab (Dichte, Wassergehalt usw.). In der Regel werden Tiefen zwischen 5 und 40 m erreicht.

untersuchungen der Boden-, Schweb- und Lösungsfracht erfolgen, ist die Abflussmessung eine klassische hydrologische Fragestellung. Zahlreiche Ansätze wurden entwickelt (Herschy 1978, WMO 1980), von denen die **Messung des Durchflusses** mit einem Messflügel der gängigste ist. Das Prinzip besteht darin, dass die durch

die Fließbewegung des Wassers ausgelöste Rotation des Flügels proportional zur Fließgeschwindigkeit ist. Durch systematisches Messen im gesamten durchströmten Querschnitt wird die ungleichmäßige Verteilung der Fließgeschwindigkeit erfasst.

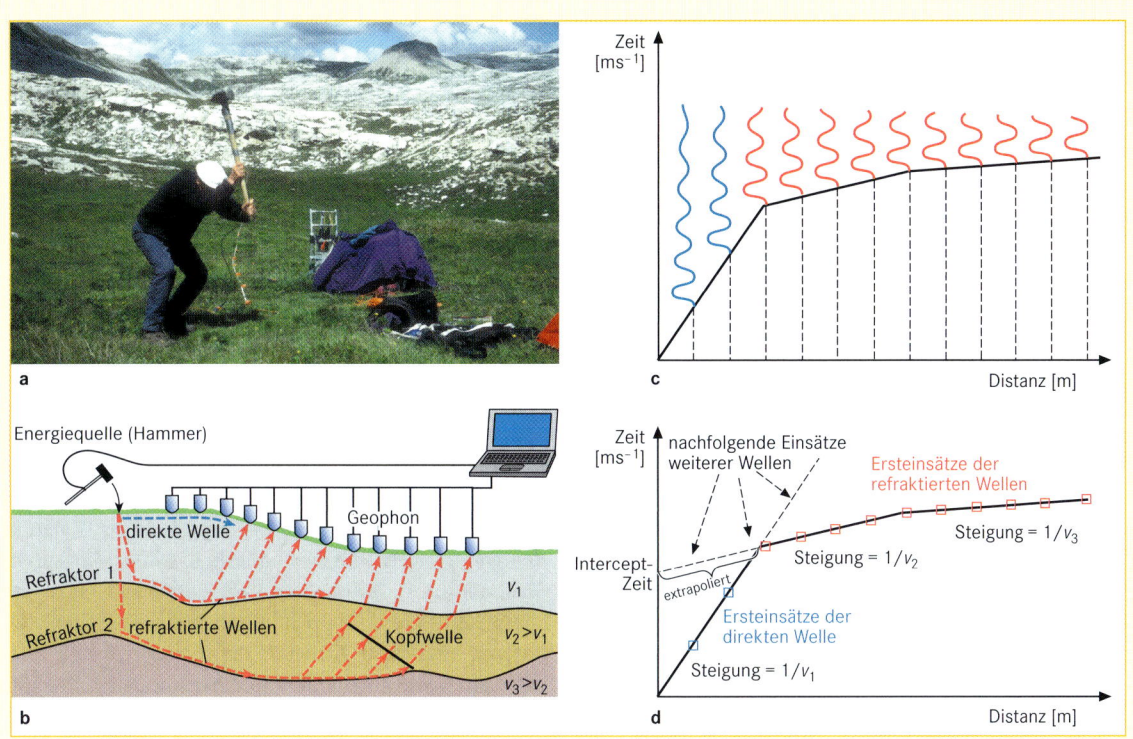

Abb. 1 a) Hammerschlagseismik zur Bestimmung von Sedimentmächtigkeiten in einem hochalpinen Tal der Dolomiten (Langental, Puez-Geisler-Nationalpark). b) Anordnung von Geophonen, Impulsgeber, Steuer- und Empfängergerät an der Erdoberfläche und schematischer Verlauf der Wellen im oberfächennahen Untergrund. Dargestellt ist ein Dreischichtfall mit deutlichen Geschwindigkeitszunahmen an Schichtgrenzen bzw. nahezu horizontal verlaufenden Refraktoren. Voraussetzung für eine zweifelsfreie Interpretation der Schichtmächtigkeiten bzw. Schichtgrenzen ist eine deutliche Zunahme der Wellengeschwindigkeit mit der Eindringtiefe ($V_1 < V_2 < V_3$). c) Schematisches Seismogramm mit den Steigungsgeraden durch die Ersteinsätze der refraktierten Wellen. d) Bestimmung der Laufzeitenersteinsätze im einfachen Dreischichtfall. Die geringsten Laufzeiten zeigen die Ersteinsätze der direkten Welle, gefolgt von den refraktierten und schnelleren Wellen der zweiten und dritten Schicht. Die zunehmende Laufzeit der Wellen ist an den flacheren Steigungsgeraden von V_2 und V_3 deutlich zu erkennen (Foto: L. Schrott).

Die Anwendung eines der oben genannten geophysikalischen Verfahren sollte möglichst kombiniert und/oder mit **Bohrinformationen** verknüpft werden, um mehrdeutige Ergebnisse bei der Dateninterpretation zu vermeiden (Schrott et al. 2003, Knödel et al. 1997).

Vegetationsgeographie

Für vegetationsgeographische Untersuchungen ist eine adäquate Kenntnis der im Untersuchungsgebiet vorkommenden Pflanzenarten unabdingbar. Dies setzt entsprechend umfangreiche Vorkenntnisse voraus.

Namentlich die Standortansprüche einzelner Arten ermöglichen weiterführende qualitative Aussagen zum Klima und zu den Bodenverhältnissen. Durch die ökologische Interpretation der Vegetation – beispielsweise anhand der **ökologischen Zeigerwerte** von Ellenberg et al. (1992) – lassen sich punktuelle Daten der Standortfaktoren auf die Fläche übertragen und erlauben so eine integrative Erfassung verschiedener nicht individuell gemessener Raumeigenschaften.

Labormethoden

Tim Mansfeldt

Die Interpretation von physisch-geographischen Daten kann auch auf Messungen basieren, die im Labor durchgeführt wurden, denn es ist nicht immer möglich, jede Methode im Gelände anzuwenden. Notwendig werden Labormessungen dann, wenn Methoden benutzt werden, die an ortsfeste Analysegeräte gebunden sind, wenn Geländemessmethoden eine zu geringe Empfindlichkeit haben, aber auch dann, wenn die zu untersuchenden Proben vor einer Analyse noch aufbereitet werden müssen.

Physisch-geographische Labormethoden beschäftigen sich in der Regel mit den Umweltmedien Wasser, Boden, Sediment und Luft. Manchmal ist es auch notwendig, Pflanzenmaterial zu untersuchen. Im Labor werden Geräte und Methoden genutzt, deren Grundlagen auf bestimmten chemischen und physikalischen Gesetzmäßigkeiten beruhen (z. B. Lambert-Beer'sches Gesetz, Stokes'sches Gesetz). Während die Analysegeräte meist aus der analytischen Chemie und experimentellen Physik entstammen, sind die Methoden gemäß einer entsprechenden Fragestellung oft von den geowissenschaftlichen Nachbardisziplinen der Geographie (z. B. der Bodenkunde, Geologie oder Mineralogie), aber auch der Geographie selber erarbeitet worden. Insbesondere der Bodengeograph und Geomorphologe nutzt Labormethoden, für den Hydro-, Klima- und Vegetationsgeographen sind sie weniger wichtig. Beispiele für Labormethoden aufgeschlüsselt nach Teilgebieten der Physischen Geographie (zwischen den Teilgebieten sind die labormethodischen Übergänge natürlich fließend) sind beispielsweise die Folgenden:

- **Bodengeographen** und **Geomorphologen** analysieren Böden und Sedimente (pH-Wert, Kationenaustauschkapazität, Kalkgehalt, Porengrößenverteilung, Korngrößenverteilung, Tonmineralanalyse).
- **Hydrogeographen** analysieren Wässer (Quell-, Grund-, Oberflächenwasser), auch Böden (s. o.) und Grundwasserleiter (elektrische Leitfähigkeit, Gesamthärte, chemischer Sauerstoffbedarf, Kationen- und Anionenkonzentration).
- **Vegetationsgeographen** analysieren Böden (s. o.) und Pflanzen (ober- und unterirdische Phytomassenbestimmung, Blattspiegelwerte [Nährstoffgehalte], Pollenanalyse, Dendrochronologie).

- **Klimageographen** analysieren Luft (Staubdeposition, gasförmige Luftverunreinigungen).

Einige chemische Analyseverfahren am Beispiel von Böden

Die Azidität im engeren Sinn ist die Konzentration von Wasserstoffionen (H^+) in einer Lösung. Sie wird als negativer dekadischer Logarithmus der H^+-Konzentration (genau: der H^+-Aktivität) ausgedrückt und als **pH-Wert** bezeichnet. Ein pH-Wert von 6 entspricht einer H^+-Konzentration von 10^{-6} mol H^+ l^{-1}. Auch der pH-Wert eines Bodens lässt sich bestimmen. Dazu werden 10 ml Boden mit 25 ml Wasser oder einer salzhaltigen Lösung (z. B. 0,01 mol l^{-1} $CaCl_2$) versetzt und gerührt. Nach dem Absetzen der Bodenpartikel wird der pH-Wert mit einer Glaselektrode in der überstehenden Suspension gemessen. Die Glaselektrode ist ein Schaft, der am unteren Ende aus einer pH-sensitiven Glasmembran besteht, die mit der Bodensuspension in Kontakt ist. Im Innern der **Glaselektrode** befindet sich ein Referenzelektrolyt. Ist der pH-Wert innerhalb und außerhalb der Glasmembran verschieden, so entwickelt sich eine Potenzialdifferenz im Millivoltbereich zwischen dem Inneren und dem Äußeren der Glasmembran. Diese Differenz kann nur relativ zu einem anderen Potenzial gemessen werden. Deshalb ist im Schaft noch eine Referenzelektrode eingebaut, deren Potenzial pH-unabhängig ist. Die Potenzialdifferenz zwischen Glas- und Referenzelektrode ist direkt proportional zum pH-Wert der Bodensuspension. Der obere Teil der Glaselektrode hat einen Anschluss, mit dem eine Verbindung zu einem **pH-Meter** (Voltmeter) hergestellt wird. Nach Kalibrierung mit Lösungen bekannter H^+-Konzentration (pH-Pufferlösungen) kann der pH-Wert direkt am pH-Meter abgelesen werden.

Die organische Substanz in Böden lässt sich recht einfach als **Glühverlust** bei 430 °C abschätzen. Dazu wird die Bodenprobe über Nacht zunächst bei 105 °C getrocknet. Bei diesen Temperaturen entweicht das Bodenwasser. Nach Wägung wird die Probe in einem Muffelofen über Nacht auf 430 °C erhitzt. Nun entweichen viele organische Stoffe, und die Probe wird „leichter". Durch erneutes Wiegen bestimmt man die Masse an glühresistenten Mineralen, den Ascheanteil. Aus der Massendifferenz zwischen 105 °C und 430 °C erhält man den Glühverlust, der ein Maß für den Gehalt an organischer Substanz ist. Weil aber etliche Bodenminerale wie Tonminerale und Eisenoxide zwischen 105 °C und 430 °C einen Teil ihres Kristallwassers abgeben, ist die Bestimmung des Glühverlusts und seine Gleichsetzung mit dem Gehalt an organischer Substanz stets mit einem

Fehler behaftet, insbesondere bei tonreichen Böden. Auch führt die bei diesen Temperaturen unvollständige Verbrennung der organischen Substanz dazu, dass der Parameter Glühverlust nur einen überschlägigen Analysenwert liefert. Wesentlich genauer lässt sich der organisch gebundene Kohlenstoff (C_{org}) mit einem **Elementaranalysator** bestimmen. Dabei wird der C_{org} in einem O_2-Strom zu CO_2 verbrannt (oxidiert). Das CO_2 kann zum Beispiel über Infrarotabsorption sehr empfindlich analysiert werden. Weil die organische Substanz zu ungefähr 50 % aus C besteht, ist der C_{org} ein Maß für den Gehalt an organischer Substanz. Moderne Elementaranalysatoren erlauben neben der C_{org}-Bestimmung die simultane Analyse von Stickstoff und Schwefel, die ebenfalls in der organischen Substanz gebunden sind. Enthält die zu analysierende Bodenprobe Karbonate wie Kalk oder Dolomit, dann geben diese (bei Temperaturen ab 770 °C) CO_2 ab und man bestimmt den Parameter Gesamtkohlenstoff. Nur in kalkfreien Böden ist er mit dem C_{org}-Gehalt gleichzusetzen. In kalkhaltigen Böden muss man den C_{org} als Differenz zwischen Gesamt-C und Karbonat-C errechnen. Letzterer kann mit einem Elementaranalysator getrennt bestimmt werden, indem die Probe unter Säurezugabe leicht erwärmt wird. Karbonate zersetzen sich dann unter CO_2-Freisetzung vollständig.

In Böden können anorganische (z. B. Cadmium, Blei, Quecksilber, Arsen) und organische **Schadstoffe** (z. B. Polyzyklische Aromatische Kohlenwasserstoffe [PAK], Polychlorierte Biphenyle [PCB], Dioxine bzw. Furane) infolge anthropogener Tätigkeiten angereichert sein. Um Belastungen sicher erkennen zu können, ist eine Bestimmung des Gesamtgehaltes, also eine quantitative Konzentrationsanalyse, notwendig. Weil die Schadstoffe oft nur in sehr geringen Konzentrationen vorkommen, handelt es sich bei den Bestimmungsmethoden um spurenanalytische Analyseverfahren. Denn bezogen auf ein Kilogramm Boden müssen Konzentrationen im mg- (tausendstel Gramm), µg- (millionstel Gramm) und sogar ng- (milliardstel Gramm) Bereich präzise analysiert werden. Das stellt sowohl an das Personal als auch an die apparative Ausstattung sehr hohe Anforderungen (Exkurs 6.2.3).

Organische Schadstoffe müssen vor der Bestimmung aus Böden extrahiert werden. Weil organische Stoffe in aller Regel eine geringe Wasserlöslichkeit haben, wird zur Extraktion ein organisches Lösungsmittel wie Aceton benutzt. Leider gehen bei der Extraktion

Exkurs 6.2.3

Moderne Spurenanalytik am Beispiel der Bestimmung von Cadmium- und Bleigesamtgehalten in Böden

Cadmium (Cd) und Blei (Pb) sind Metalle, die in Böden in Spuren vorkommen. Um eine Gehaltsanalyse durchführen zu können, müssen die Metalle aus ihren organischen, silikatischen, oxidischen, karbonatischen und sulfidischen Bindungsformen gelöst werden. Das Überführen schwer löslicher Substanzen in säure- oder wasserlösliche (ionische) Substanzen bezeichnet man als Aufschluss (chemisches Lösen). Ein häufig benutzter Aufschluss für Metalle ist ein **Nassaufschluss**, der oft unter Druck mit einem flüssigen Aufschlussmittel (z. B. konzentrierte Salpetersäure HNO_3) und Mikrowellenanregung (Energiezufuhr) durchgeführt wird. In der Aufschlusslösung können gelöstes Cd^{2+} und Pb^{2+} nun mittels **Atomabsorptionsspektroskopie** (AAS) an einem Atomabsorptionsspektrometer bestimmt werden. Bei der AAS-Analyse wird das Metallion in der Gasphase bei Temperaturen von etwa 2 300 °C in einer Flamme (z. B. Acetylenluft) atomisiert. Eine Hohlkathodenlampe erzeugt ein Emissionsspektrum des zu analysierenden Metalls. Dessen Atome absorbieren das emittierte Spektrum im Bereich ihrer Resonanzlinie. Die Absorption ist der Metallkonzentration linear. Anstelle einer Flamme kann ein Graphitrohrofen (flammenlose AAS) eingesetzt werden. Damit werden Temperaturen von 2 700 °C erreicht. Neben der AAS wird konkurrierend die **Optische Emissionsspektrometrie** mit induktiv gekoppeltem Plasma (*Inductively-Coupled Plasma Optical Emission Spectrometry* ICP-OES) eingesetzt. Hier wird ein elektrisch leitendes gasförmiges System, ein Plasma, erzeugt, in dem Temperaturen von etwa 7 000 °C herrschen. Unter diesen Bedingungen emittieren die Cd- und Pb-Atome charakteristische Strahlung, die zur quantitativen Analyse dient. Bei Kopplung der ICP mit einem **Massenspektrometer** (ICP-MS) dient Letzteres zur Detektion der Metalle. Gegenüber der ICP-OES sinkt bei Verwendung einer ICP-MS die Nachweisgrenze beim Cd von 2 auf 0,005 µg l^{-1}, beim Pb von 14 auf 0,001 µg l^{-1}. Ein Vorteil der ICP gegenüber der AAS ist, dass 20 und mehr Elemente gleichzeitig bestimmt werden können (Multielement-Analysenmethode).

auch solche organischen Verbindungen in Lösung, die die Bestimmung empfindlich stören können. Daher erfolgt eine Reinigung oder Trennung in kleinen, oft viele Meter langen Säulen, die mit Trennpartikeln (z. B. Kieselgurgemische) beladen sind. Die Stofftrennung in der Säule wird durch Verteilung zwischen einer ruhenden (stationären) und sich bewegenden (mobilen) Phase erreicht, was man als **Chromatographie** bezeichnet. Ist die mobile Phase ein inertes Gas und liegt der zu analysierende Stoff gasförmig vor, spricht man von der **Gaschromatographie** (GC). Entsprechend sind bei der Flüssigkeitschromatographie sowohl die mobile Phase als auch der zu analysierende Stoff gelöst. Am Ende der Säule befinden sich die Detektoren, mit denen die Stoffe bestimmt werden. In der GC kommen beispielsweise der Wärmeleitfähigkeitsdetektor und der Elektroneneinfangdetektor zum Einsatz, aber auch die Kopplung mit einem Massenspektrometer ist möglich. Somit sind die Trennung und Bestimmung der Stoffe in chromatographischen Verfahren meistens gekoppelt.

Ein physikalisches Analyseverfahren: Korngrößenanalyse von Böden

Die Korngrößenanalyse von Böden und Sedimenten ist eine Methode, mit der fast alle physisch-geographisch Arbeitenden und Forschenden einmal in Berührung kommen. Die Korngrößenverteilung lässt sich im Gelände mit der **Fingerprobe** (Tab. 6.2.1) schätzen, für bestimmte Fragestellungen ist aber die exakte Kenntnis des Anteils bestimmter Kornfraktionen notwendig. In diesem Fall stehen Laboruntersuchungen an.

Die Analyse der Korngrößenverteilung von Böden ist die Bestimmung des Anteils verschiedener Korngrößenfraktionen der primären mineralischen Partikel, indem diese über Siebe mit definierten Sieblochgrößen überführt werden, was für gröbere Partikel gilt, oder indem ihre Sedimentationsrate in Wasser ermittelt wird, was für feinere Partikel gilt. Sie ist also eine Kombinationsmethode aus **Siebung** und **Sedimentation** und besteht aus zwei ganz unterschiedlichen methodischen Ansätzen.

Vorbehandlung der Proben

Durch physikalische und chemische Verwitterung entstehen in einem Boden unterschiedlich große mineralische Teilchen, die **Primärteilchen**. Wichtig ist sich vor Augen zu führen, dass viele primäre Mineralpartikel oft nicht als isolierte Partikel vorliegen, sondern zu einem Verband aus unterschiedlich vielen und großen Primärpartikeln zusammengeballt sind. Man bezeichnet solche Anhäufungen als **Aggregate**. Ziel einer Korngrößen-

fraktionierung ist es jedoch, die Korngrößen der Primärteilchen zu bestimmen und nicht die der Aggregate. Aggregate sind daher vor einer Korngrößenanalyse zu zerstören. Teilweise können die Aggregate durch Mörsern der Probe zerkleinert werden. Oft sind sie aber so stabil, dass die Substanzen, die zusammenballend und aggregatbildend wirken, zerstört werden müssen. Zu diesen Substanzen gehört vor allem der Humus (die organische Substanz) des Bodens, aber auch Karbonate und Eisenoxide.

Zur Vorbehandlung für die Siebung werden Humus (Abb. 6.2.5a) und Eisenoxide (Abb. 6.2.5b) durch Zu-

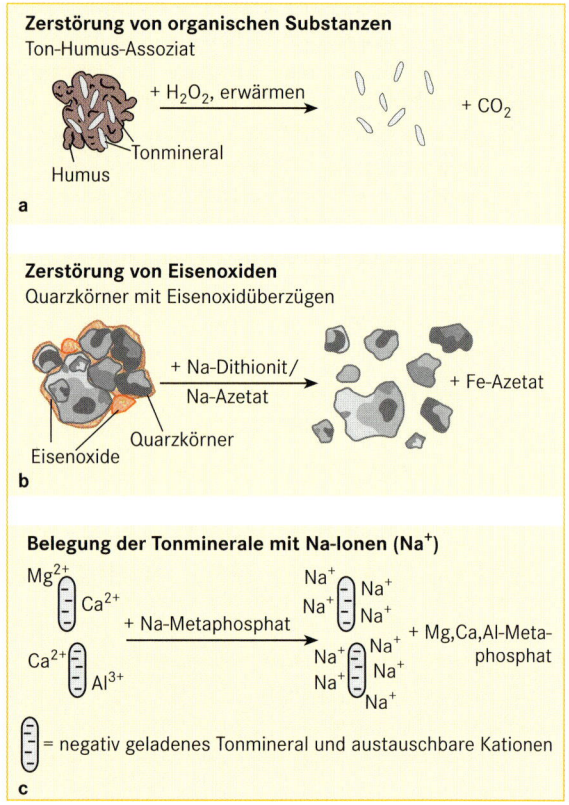

Abb. 6.2.5 Die Vorbehandlung von Böden und Sedimenten bei der Bestimmung ihrer Korngrößenverteilung. Verschiedene Substanzen können im Boden primäre kleinere Mineralpartikel zu größeren Aggregaten zusammenballen. Bevor eine Korngrößenanalyse begonnen wird, müssen die Aggregate in ihre primären Mineralpartikel zerlegt werden. In humosen Proben werden organische Substanzen durch Wasserstoffperoxid (H_2O_2) zerstört (a), und in sandigen, eisenoxidverkitteten Proben werden Eisenoxide durch Reduktions- und Komplexbildner aufgelöst (b). Damit Tonminerale bei der Sedimentation sich nicht aneinander lagern und ausflocken, müssen flockend wirkende mehrwertige Kationen gegen peptisierend wirkende Na-Ionen ausgetauscht werden (c).

gabe von bestimmten Chemikalien zerstört. Ebenso wie die Eisenoxidzerstörung ist die Entfernung von Karbonaten optional, denn Kalk ($CaCO_3$) tritt natürlicherweise in Böden und Sedimenten auf. Salzsäurezugabe löst Kalk unter CO_2-Freisetzung auf.

Für die **Sedimentation** müssen lösliche Salze und Gips ($CaSO_4 \cdot 2H_2O$) entfernt werden, denn hohe Salzgehalte führen bei der Sedimentation zu einer Aneinanderlagerung von Tonpartikeln und begünstigen so die unerwünschte Aggregierung. Die Aggregierung von Tonteilchen in einer wässrigen Phase wird als Flockung (Koagulation) bezeichnet. Liegen die Tonpartikel dagegen isoliert schwebend im Wasser vor, spricht man von Peptisation. Dass Tonpartikel bei der Korngrößenanalyse peptisiert bleiben, kann nur mit salzarmen Suspensionen erreicht werden. Salze werden durch Auswaschen entfernt. Neben dem Salzgehalt ist die Art der Kationen, die von den negativ geladenen Tonmineralen gebunden werden, für Flockung und Peptisation wichtig. Mehrwertige Kationen wie Ca^{2+} und Al^{3+} haben eine flockende Wirkung, einwertige Kationen wie Na^+ dagegen eine peptisierende Wirkung. Flockende Ionen werden vor der Schlämmanalyse durch Zugabe eines Peptisators entfernt. So ein Stoff hat die Eigenschaft, die mehrwertigen austauschbar gebundenen Kationen über Komplexbildung selber sehr stark zu binden, dafür zum Austausch aber Na^+ abzugeben (Abb. 6.2.5 c).

Siebanalyse – Bestimmung von Sand und Grobboden

Das Prinzip der Siebanalyse beruht darauf, dass das Probenmaterial über ein Sieb oder mehrere aufeinander gestellte Siebe (ein Siebsatz) mit definierten Sieblochgrößen geleitet wird. Wird ein Siebsatz verwendet, sinkt der Sieblochdurchmesser der einzelnen Siebe von oben nach unten.

Bei der Siebanalyse wird zwischen **Trockensiebung** und **Nasssiebung** unterschieden. Eine trockene Siebung wird bei Korndurchmessern > 2 mm Durchmesser angewandt, das ist der Grobboden. Wichtige Sieblochgrößen und somit Korngrenzen bei der Analyse des Grobbodens sind die 2- und 63-mm-Grenzen. In Abhängigkeit der Kornform des Grobbodens werden die Fraktionen von 2 bis 63 mm als Grus (eckig-kantig) oder Kies (rund) bezeichnet.

Die gröbste Fraktion des **Feinbodens** (Partikel < 2 mm) ist die **Sandfraktion** mit einem Bereich von 63 bis 2 000 µm. Weil die Körner der Sandfraktion aber kleiner und damit auch leichter als die des Grobbodens sind, benutzt man, um eine schnellere und bessere Passage der leichten Körner über die Siebe zu erreichen, Wasser als Transportmedium. Im Folgenden wird eine Auswertung einer nassen Siebanalyse erläutert:

Die Korngrößenverteilung im Ah-Horizont eines Waldbodens mit 4 Gewichtsprozent Humus soll untersucht werden. Für die Analyse werden 20 g Feinboden benutzt und zur Humuszerstörung mit Wasserstoffperoxid versetzt. Anschließend wird das Material auf Siebe mit Sieblochgrößen von 630, 200 und 63 µm überführt. Die entsprechenden Siebrückstände betragen 1,92; 3,84 und 4,80 g Boden. Bezogen auf die humusfreie Einwaage (Weil der Humus zerstört wurde, beträgt die mineralische Einwaage 19,2 g Boden) hat der **Grobsand** einen Anteil von 10 % (1,92 g/19,2 g · 100), der **Mittelsand** von 20 % und der **Feinsand** von 25 %. Aufsummiert beträgt der Sandanteil am Feinboden 55 %.

Die Siebung erscheint auf den ersten Blick als eine einfache Methode, ist jedoch nicht frei von Fehlern. Verluste können auftreten, wenn beim Leeren der Siebe verklemmte Körner im Siebnetz verbleiben. Sehr wichtig ist die Technik des Siebens, denn die Körner sind oft nicht rund, sondern haben verschiedene Achslängen, sodass ihr Siebdurchgang von der Lage des Korns beim Auftreffen auf das Sieb abhängt. Die Wahrscheinlichkeit des Durchtritts hängt stark von der Dauer der Siebung und der Bewegungstechnik ab.

Sedimentationsanalyse – Bestimmung von Schluff und Ton

Schluff (2 bis 63 µm) und Ton (< 2 µm) lassen sich mit Siebung nicht weiter bestimmen, denn kleine Sieblöcher verstopfen leicht, lassen sich nur schwer reinigen und sind empfindlich gegenüber mechanischer Beschädigung. Um die Korngrößenverteilung von Schluff und Ton zu bestimmen, bedient man sich der korngrößenabhängigen Sedimentationsrate von Partikeln in Wasser im Schwerefeld der Erde und greift dabei auf ein physikalisches Gesetz zurück (Exkurs 6.2.4).

Für die Sedimentationsanalyse wird die vorbehandelte Probe in einen Glaszylinder überführt, man füllt mit Wasser auf, schüttelt den Zylinder kräftig, sodass eine homogene **Aufschlämmung** entsteht und stellt ihn ab. In diesem Moment startet der eigentliche Versuch, denn die Sedimentation der Körner beginnt, und in Abhängigkeit der Korngröße tritt eine **Entmischung** auf. Eine Auswertung ist weiter unten erläutert.

Um eine exakte Tiefe einzuhalten, wird die Pipette über eine sogenannte Pipetteanlage wie ein Fahrstuhl in die vorgewählte Tiefe eingeführt (Abb. 6.2.6). Wie unten dargestellt, erfasst man bei einer Entnahmetiefe von 10 cm bei 28 s die gesamte Schluff- und Tonfraktion. Bei 279 s sind die Grobschluffpartikel schon tiefer als 10 cm sedimentiert und man erhält nur noch die Mittel-, Feinschluff- sowie die Tonfraktion. Durch Differenzbildung zur ersten Entnahmezeit (28 s) lässt sich die Grobschlufffraktion errechnen. Genauso lassen

Exkurs 6.2.4

Das Stokes'sche Gesetz

Der britische Physiker Stokes beschäftigte sich mit **Reibungswiderständen von Feststoffen**, die sich in einer Flüssigkeit absetzen (sedimentieren). Die Sinkgeschwindigkeit (Sedimentationsrate) von kugelförmigen Partikeln in einer stationären Flüssigkeit hängt von der Größe der Partikel, ihrer Dichte und den Eigenschaften der Flüssigkeit ab. Mathematisch lässt sich das durch das Stokes'sche Gesetz so ausdrücken:

$$v = 2\ g\ r^2\ (\rho_s - \rho_f)/9\eta$$

mit v = Sedimentationsgeschwindigkeit (m s^{-1}), r = Partikelradius (m), g = Erdbeschleunigung (9,81 m s^{-2}), ρ_s = Dichte der Mineralpartikel (kg m^{-3}), ρ_f = Dichte der Flüssigkeit (kg m^{-3}) und η = Viskosität (Zähigkeit) der Flüssigkeit (kg m^{-1} s^{-1}). Sowohl die Dichte als auch die Viskosität von Wasser sind temperaturabhängig. Bei 20 °C ist ρ_f = 998 kg m^{-3} und η = 0,001002 kg m^{-1} s^{-1}.

Bei mineralischen Bodenpartikeln mit einer Dichte von 2 650 kg m^{-3} (= 2,65 g cm^{-3}) und einer Wassertemperatur von 20 °C ergeben sich die in Tabelle 1 aufgeführten Sinkgeschwindigkeiten (Der Radius r und der Durchmesser d einer Kugel sind nach $r = d/2$ verknüpft).

Mittels der Sedimentationsrate lassen sich nun Zeiten berechnen, die für das Zurücklegen einer bestimmten Strecke benötigt werden (rechte Spalte). Hiermit können die Anteile von Grob- (20 bis 63 µm), Mittel- (6,3 bis 20 µm) und Feinschluff (2 bis 6,3 µm) sowie Ton (< 2 µm) bestimmt werden.

Tabelle 1 Sinkgeschwindigkeiten.

Partikeldurchmesser [µm]	Sedimentationsrate [m s^{-1}]	Zeit für 10 cm Strecke [s]	
200	$3,59 \cdot 10^{-2}$	2,79	
63	$3,57 \cdot 10^{-3}$	28,0	
20	$3,59 \cdot 10^{-4}$	279	(4 min 39 s)
6,3	$3,57 \cdot 10^{-5}$	2 801	(46 min 41 s)
2	$3,59 \cdot 10^{-6}$	27 855	(7 h 44 min)

sich die Mittel- und Feinschlufffraktion bestimmen. Eine Unterteilung der Tonfraktion in Bereiche < 1 µm ist mit der Sedimentation nicht möglich, denn diese Tonpartikel bleiben aufgrund von Konvektionsströmungen und Brown'scher Molekularbewegung dauernd in der Schwebe.

Die oben erwähnte Probe des Ah-Horizonts wird nach der Siebanalyse in einen Sedimentierzylinder überführt. Der Zylinder wird auf 1 000 cm^3 mit Wasser aufgefüllt, kräftig geschüttelt und abgestellt. In Abhängigkeit des Korndurchmessers und anderer Parameter (Exkurs 6.2.4) sinken die Teilchen ab. Mit einer Pipette werden zu vier Zeiten aus 10 cm je 10 cm^3 angesaugt, in ein Gefäß überführt, getrocknet und gewogen.

Es kommt zu folgenden Ergebnissen:

Fraktion < 63 µm nach 28 s	0,0864 g =	45 % der Einwaage
Fraktion < 20 µm nach 279 s	0,0576 g =	30 %
Fraktion < 6,3 µm nach 2801 s	0,0384 g =	20 %
Fraktion < 2 µm nach 27 855 s	0,0288 g =	15 %

Die Multiplikation der Pipetterückstände mit 100 berücksichtigt, dass ein 10-cm^3-Anteil entnommen wurde. Durch Bezug auf die Einwaage lassen sich die Fraktionen errechnen (z. B. 8,64 g/19,2 g · 100 für die Fraktion < 63 µm).

Für den relativen Anteil der einzelnen Kornfraktionen < 63 µm gilt:

Grobschluff	= % < 63 µm – % < 20 µm	= 15 %
Mittelschluff	= % < 20 µm – % < 6,3 µm	= 10 %
Feinschluff	= % < 6,3 µm – % < 2 µm	= 5 %
Ton	= % < 2 µm	= 15 %

Die Korngrößenanalyse des Feinbodens für diesen Horizont ergibt 55 % Sand, 30 % Schluff und 15 % Ton. Als Bodenart leitet sich ein stark lehmiger Sand (Sl4) ab.

Für die Anwendbarkeit des Stokes'schen Gesetzes wird bei mineralischen Bodenpartikeln ein spezifisches Gewicht von 2,65 g cm^{-3} unterstellt (Exkurs 6.2.4), was eine gute Annäherung ist, wenn es sich um silikatische Minerale handelt. Zwar dominieren silikatische Minerale in vielen Böden, doch reicht das spezifische Gewicht von nichtsilikatischen Mineralen über einen weiten Bereich von 2,3 g cm^{-3} (Gibbsit Al(OH)$_3$) bis 5,0 g cm^{-3} (Hämatit Fe$_2$O$_3$). Je nach Mineralbestand eines Bodens kann das spezifische Gewicht erheblich variieren. So fanden Clifton et al. (1999) in Marschsedimenten spezifische Gewichte von 1,66 bis 2,9 g cm^{-3}.

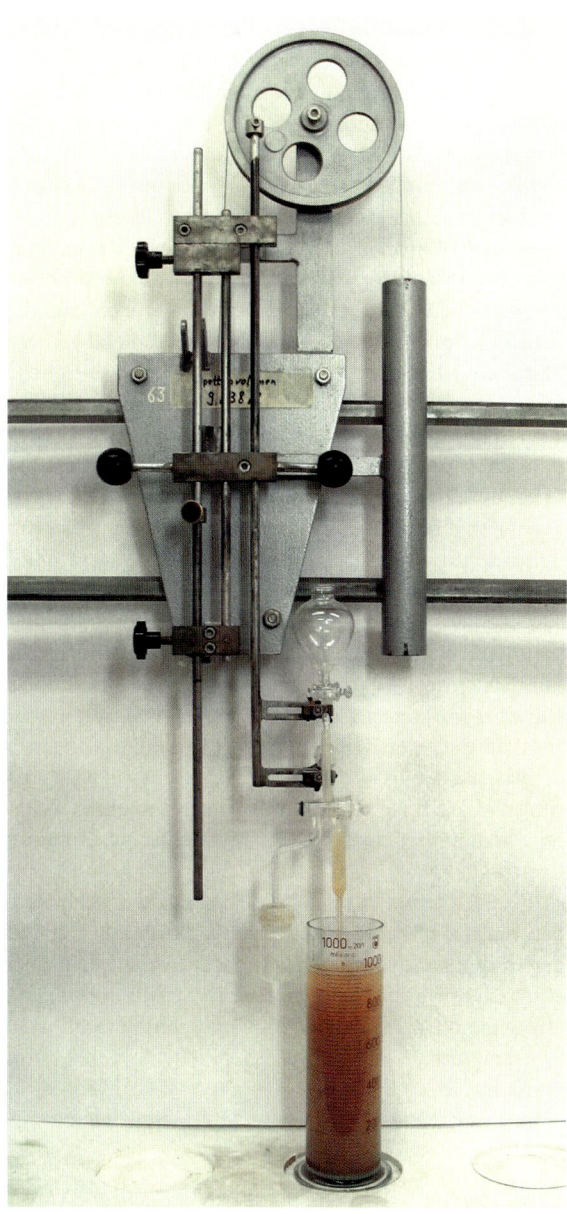

Abb. 6.2.6 Eine Pipetteanlage für die Bestimmung der Schluff- und Tonfraktion von Böden und Sedimenten. Die Bestimmung der Schluff- und Tonfraktion basiert auf der korngrößenabhängigen Sedimentationsrate von Partikeln in Wasser. Zu bestimmten Zeiten und Tiefen wird aus einem Sedimentationszylinder mit einer Pipette, ohne dass die Suspension aufgewirbelt wird, eine Teilprobe entnommen und deren mineralische Partikelmasse nach Trocknen mittels Wiegen bestimmt (Foto: T. Mansfeldt).

Für schwere Körner ($2,99\,\mathrm{g\,cm^{-3}}$) mit einem Durchmesser von $20\,\mu\mathrm{m}$ resultiert eine Sedimentationsrate von $4,33\cdot10^{-4}\,\mathrm{m\,s^{-1}}$. Die Zeit, die benötigt wird eine 10-cm-Strecke in Wasser zurückzulegen, beträgt $231\,\mathrm{s}$. Für leichte, gleich große Körner ($1,66\,\mathrm{g\,cm^{-3}}$) ergeben

sich dagegen Werte von $1,14\cdot10^{-4}\,\mathrm{m\,s^{-1}}$ und $694\,\mathrm{s}$. Gegenüber der Fallzeit bei einer Dichte von $2,65\,\mathrm{g\,cm^{-3}}$ (Exkurs 6.2.4) ist das eine erhebliche Abweichung, und der Fehler wird entsprechend groß werden. In diesem Fall müsste das spezifische Gewicht der Proben extra bestimmt und die Fallzeiten neu berechnet werden. Weiterhin ist zu beachten, dass das Stokes'sche Gesetz streng genommen nur für **Partikel mit Kugelform** anwendbar ist (Exkurs 6.2.4). Mineralpartikel müssten demnach gerundet sein. Annähernd trifft das für Quarzkörner der Sand- und Schlufffraktion zu, nicht aber für Minerale der Feinschluff- und Tonfraktion. Wie die Abbildung 6.2.5 zeigt, haben Tonminerale eine blättchenförmige Struktur. Derartig geformte Partikel „trudeln" beim Sedimentieren vergleichbar mit einem vom Baum fallenden Laubblatt. Weil bei der Sedimentationsanalyse aufgrund gleicher Sedimentationsrate, aber unterschiedlicher Kornform, dieselbe Korngröße nur unterstellt wird, spricht man von einem **Äquivalentdurchmesser**.

Alternativ kann die Körnung mit einem laseroptischen Verfahren, der **Laserbeugung**, bestimmt werden. Bei dieser Methode wird ein Laserstrahl durch eine Bodensuspension gesendet. Aus Art (Winkel) und Intensität der Beugungsbrechung kann auf die Korngröße und Zahl der Körner mit gleichem Querschnitt geschlossen werden. Im Gegensatz zur Sedimentation bestimmt man direkt Kornformen und das über den gesamten Bereich, nicht nur in einzelnen Korngrößenfraktionen. Die Ergebnisse beider Verfahren sind nur eingeschränkt ähnlich. Gegenüber der klassischen Methode hat die Lasertechnik den Vorteil, dass weniger Probenmaterial benötigt wird, die Analysenzeit auf 15 Minuten verkürzt wird und eine kontinuierliche Korngrößenverteilungskurve erstellt werden kann. Nachteilig sind die hohen Anschaffungskosten und die Tatsache, dass im Gegensatz zur klassischen Methode kaum auf der Lasertechnik basierende Körnungsdaten existieren.

6.3 Datierungsmethoden

ULRICH RADTKE UND GERHARD SCHELLMANN

Die **Geochronologie** (Altersbestimmungslehre) hat sich aus der Physik und der Chemie in den vergangenen Jahren zu einer selbstständigen Wissenschaft mit starkem Bezug zu erdwissenschaftlich und menschheitsgeschichtlich arbeitenden Disziplinen entwickelt. Zahlreiche aktuelle Forschungsprobleme zur Rekonstruktion der Landschaftsgeschichte oder des (Paläo-)Klimas sind ohne geochronologische Verfahren nicht mehr lösbar. Einige der hier behandelten Methoden sind mittlerweile auch an Geographischen Instituten etabliert. Auf die chemisch-physikalischen Grundlagen der Methoden kann hier nur sehr verkürzt eingegangen werden. Dennoch ist es wichtig, dass die jedem Verfahren anhaftenden methodischen Limitierungen erkannt und bei der Interpretation berücksichtigt werden. Aufgrund „falscher" ^{14}C-Datierungen musste so beispielsweise die Entwicklung der jüngeren Menschheitsgeschichte schon wiederholt umgeschrieben werden.

Es existieren verschiedene Methoden zur Altersdatierung geomorphologischer Formen oder Sedimente. Man unterscheidet generell zwischen relativen (abhängigen, d.h. „jünger als …" oder „älter als …") und absoluten bzw. numerischen (unabhängigen) Altersbestimmungsmethoden. Absolute bzw. numerische Alter werden durch ein absolutes Datum mit Fehlertoleranz (±) dargestellt. In der Regel verwendet man als Zeitskala Kalenderjahre vor heute (v.h.). Nur bei der Radiokohlenstoff-Altersbestimmungsmethode (^{14}C-Methode) werden Alter in ^{14}C-Jahren BP (*before present*, d.h. vor 1950) oder in atmosphärisch kalibrierten ^{14}C-Jahren BP (cal BP) wiedergegeben. Es muss jedoch betont werden, dass auch die sogenannten absoluten Altersbestimmungen letztlich nur Modellalter liefern, die nicht quantifizierbare und daher nicht in die Altersberechnungen eingegangene Fehler enthalten können.

Sauerstoff-Isotopenstufen und Paläomagnetik als wichtige relative Datierungsverfahren

Zu den bewährten relativen Datierungsverfahren zählen neben verschiedenen **biostratigraphischen Methoden** wie der Pollenanalyse (Exkurs 6.3.1) und diversen Verfahren der **Morpho-, Pedo- und Lithostratigraphie** auch die **Paläomagnetik**. In den letzten Jahrzehnten hat sich zudem die **Sauerstoff-Isotopenstratigraphie** als paläoklimatisch sehr aussagekräftiges geochronologisches Verfahren etabliert. In der Erprobung befinden sich weitere Datierungsverfahren wie zum Beispiel Verfahren, die auf der **Analyse kosmogener Nuklide** (u.a. ^{10}Be, ^{26}Al, ^{36}Cl, ^{21}Ne) basieren und darauf zielen, Expositionsalter einer Gesteinsoberfläche zu datieren.

Paläomagnetik

Grundlage der Paläomagnetik sind unperiodische Umpolungen des Erdmagnetfeldes in geologischen Zeit-

räumen. Die heute existierende Erdmagnetfeldrichtung wird als normale Magnetisierung bezeichnet, entgegengesetzte Umpolungen als inverse oder reverse Polaritäten. Das Alter paläomagnetischer Umpolungen in der Erdgeschichte wurde vor allem anhand von Kalium-Argon-Datierungen an Basalten bestimmt. Danach wechselten sich in der Vergangenheit wiederholt große Epochen (Chronen) unterschiedlicher Magnetfeldausrichtung auf der Erde ab. Die drei jüngsten paläomagnetischen Epochen sind von jung nach alt: die **Brunhes-Epoche** mit normaler heutiger Polarität, die **Matuyama-Epoche** mit inverser und die **Gauss-Epoche** mit normaler Ausrichtung des Erdmagnetfeldes (Abb. 6.3.1). Die gegenwärtige Brunhes-Epoche begann vor etwa 783 000 Jahren. Innerhalb der länger andauernden Epochen existieren zeitlich kürzere paläomagnetische Events (Subchronen) mit entgegengesetzter Polarität. Beispiele im Quartär sind der Olduvai-, der Jaramillo- und der Blake-Event (Abb. 6.3.1).

Die Anwendung der Methode setzt Geoarchive mit kontinuierlicher feinklastischer Sedimentationsfolge oder mächtigen Stapelungen von Lavadecken voraus. Die dort vorkommenden magnetischen Minerale, wie zum Beispiel der Magnetit (Fe_2O_3), richten sich nach dem herrschenden Erdmagnetfeld aus. Mit der Erstarrung des Magmas bzw. durch Überdeckung mit weiteren Sedimenten wird diese Ausrichtung dauerhaft fixiert.

Polaritätsumkehrungen des Erdmagnetfeldes wurden erstmalig an basaltischer Ozeankruste beiderseits der mittelozeanischen Rücken nachgewiesen. Das dort aufgezeichnete paläomagnetische Streifenmuster in etwa parallelem Verlauf zu den mittelozeanischen Rücken verhalf der modernen Plattentektonik zum Durchbruch.

Sauerstoff-Isotopenmethode

Die Sauerstoff-Isotopenmethode bietet ein wichtiges relatives geochronologisches Grundgerüst der quartären Warm- und Kaltzeitenabfolge (Abb. 6.3.1). Sauerstoff-Isotopenstufen werden numerisch als Zahlen von jung nach alt ansteigend wiedergeben und Unterstufen als Kleinbuchstaben hinzugesetzt. Zum Beispiel liegt das Wärmemaximum der letzten Warmzeit vor dem Holozän (Isotopenstufe 1) in der Isotopenstufe 5e. Die nachfolgenden Unterstufen 5d bis 5a sind dann bereits kühlere Abschnitte am Beginn der letzten Kaltzeit.

Tiefseetone sind weitgehend kontinuierlich gestapelt und enthalten kalkschalige Organismen, vor allem fossile Foraminiferen, die es ermöglichen, Veränderungen von Sauerstoff-Isotopenverhältnissen (^{18}O/^{16}O-Verhält-

Exkurs 6.3.1

Pollenanalyse

Frank Schäbitz

Die Pollenanalyse ist eine Methode zur Rekonstruktion vergangener Vegetations- und Klimazustände. Sie nutzt den Umstand, dass die Samenpflanzen (Höhere Pflanzen) im Zuge ihrer genetischen Reproduktion in den Staubgefäßen der Blüten Pollenkörner (Blütenstaub) mit artspezifischen morphologischen Merkmalen produzieren, die das männliche Erbgut enthalten. Um dieses sicher auf die Narbe einer Blüte zu transportieren, ist der äußere Teil (Exine) der Zellwand der Pollenkörner nicht nur aus Cellulose, sondern zusätzlich aus Sporopollenin, einem hochpolymeren organischen Stoff aufgebaut, der extrem resistent ist. Der mikroskopisch kleine Blütenstaub (Durchmesser von 10 bis etwa 200 µm), wird von den windblütigen (anemogamen) Pflanzen reichlich hergestellt, gelangt beim Aufplatzen der Antheren in den Luftraum und kann je nach Windgeschwindigkeit unterschiedlich weit transportiert werden. Er sinkt letztlich wie anderer Staub der Luft auf den Boden und geht als **Mikrofossil** in die Sedimente ein. Zoogame Pflanzen, bei denen die Bestäubung durch Tiere erfolgt, produzieren deutlich geringere Mengen an Pollen und sind demzufolge in den Ablagerungen meist unterrepräsentiert. Ist die Oxidation durch Luftsauerstoff in den Sedimenten langfristig unterbunden, zum Beispiel durch dauerhaft feuchte Bedingungen, können Pollenkörner mehrere Hunderttausend oder sogar

Millionen Jahre erhalten bleiben. Wenn es sich dabei um allmählich aufwachsende Ablagerungen handelt, wie **Torfe, See- oder Meeressedimente**, gibt die Abfolge des Pollengehalts in den aufeinander folgenden Schichten die Vegetationsentwicklung einer Region wieder und lässt dadurch auch Rückschlüsse auf die Klimabedingungen der Vergangenheit zu. Für die Pollenanalyse werden Sedimentproben labortechnisch so aufbereitet, dass nur der Blütenstaub übrig bleibt, der dann Probe für Probe unter dem Lichtmikroskop in statistisch relevanter Menge ausgezählt wird. Die Identifikation der fossilen Pollenkörner gelingt durch den Vergleich mit rezentem Material, zumindest bis auf die Familienebene, meistens jedoch bis zur Gattung, gelegentlich auch bis zur Art hinab. Die Ergebnisse der Pollenanalyse werden in **Pollendiagrammen** (Abb. 12.4.1) graphisch dargestellt, wobei auf der y-Achse Angaben zur Probentiefe bzw. zum Probenalter und in x-Achsenrichtung der prozentuale oder absolute Gehalt der einzelnen Pollentaxa abgetragen werden. Mithilfe von **Transferfunktionen** basierend auf diversen statistischen Verfahren lassen sich aus den Pollendaten im Vergleich zu rezenten Bedingungen (Pollen- und Klimadaten) auch quantitative Angaben zum Paläoklima der untersuchten Region machen.

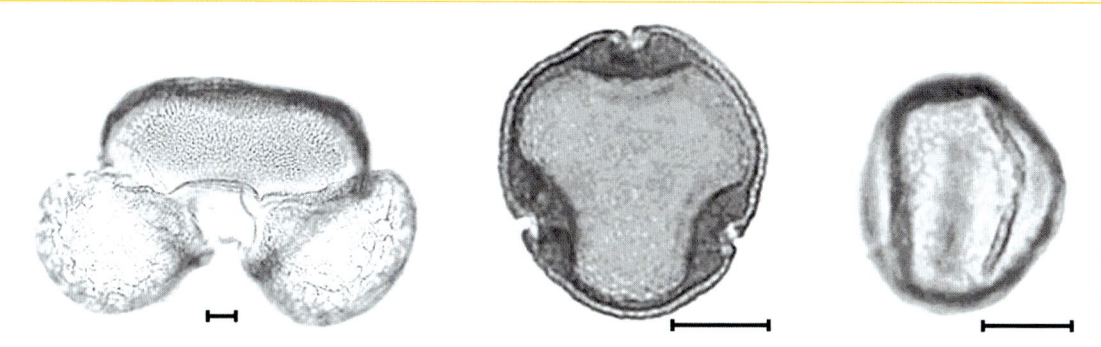

Abb. 1 *Abies*-(Tannen-)Pollen, *Tilia*-(Linden-)Pollen und *Quercus*-(Eichen-)Pollen (schwarzer Balken entspricht 10 µm, Fotos Michael Wille).

nisse) im umgebenden Meerwasser während ihrer Lebenszeit zu bestimmen. Da die Sauerstoff-Isotopenzusammensetzung des Meerwassers auch vom Klima abhängig ist, werden vor allem klimatische Extrema, wie die quartären Kalt- und Warmzeiten, in den Sauerstoff-

Isotopengehalten von Foraminiferen in den Tiefseebohrkernen fast lückenlos aufgezeichnet. In den Kaltzeiten findet eine Abreicherung an leichterem ^{16}O gegenüber dem schwerer verdunstenden ^{18}O im Meerwasser statt, weil das leichter verdunstende und daher in

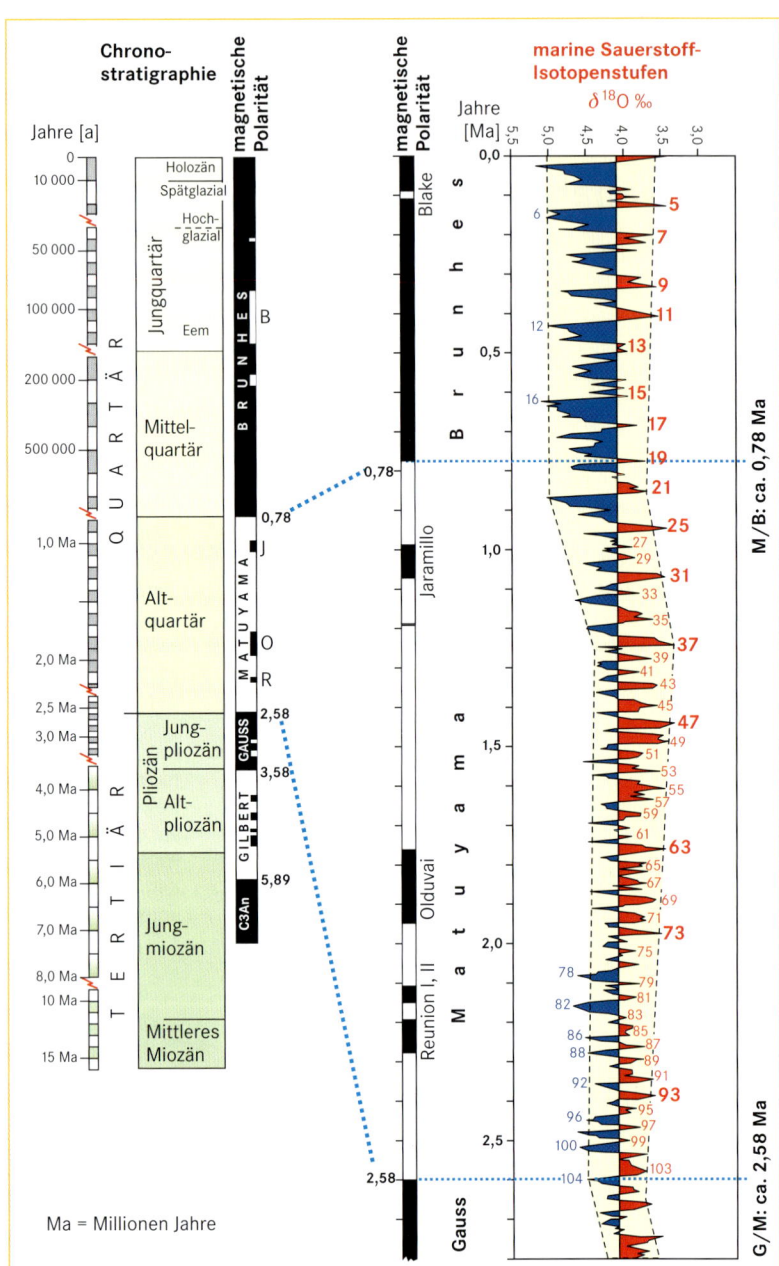

Abb. 6.3.1 Paläomagnetische Epochen und Sauerstoff-Isotopenstufen nach Shackleton (1995) in der jüngeren Erdgeschichte.

Ma = Millionen Jahre

den atmosphärischen Niederschlägen überproportional vertretende ^{16}O in den sich aufbauenden Eisschilden gebunden wird, statt über Flüsse wieder den Ozeanen zugeführt zu werden.

Die Datierung erfolgt bei der Sauerstoff-Isotopenmethode im Wesentlichen über die Annahme konstanter **Sedimentationsraten**, **paläomagnetische Messungen** und sogenanntes **orbitales Tuning** (Kapitel 9.13).

Absolute Altersbestimmungsmethoden

Zu den häufig angewandten und wichtigen absoluten Altersbestimmungsmethoden im Rahmen physisch-geographischer Forschungen zählen unter anderem die **Dendrochronologie**, die **Radiokohlenstoffmethode** (^{14}C), die **Kalium-Argon-Datierungsmethode** sowie

Tabelle 6.3.1 Beispiele für Einsatzmöglichkeiten von sogenannten absoluten Datierungsmethoden in Teildisziplinen der Geomorphologie und einigen ihrer jeweiligen Geoarchive (+++ = sehr geeignet, ++ = gut geeignet, + = geeignet bzw. noch in der Erprobungsphase).

geomorphologische Teildisziplin	Geoarchiv	^{14}C	^{230}Th/ ^{234}U	ESR	^{10}Be	^{26}Al	TL, OSL	sonstige Methoden
Küstenmorphologie	Küstenterrassen	+++	++	++			+	Aminosäurerazemisierung
	Korallenriffe	+++	+++	+++				
	Deltabildungen	+++					+	
äolische Morphologie	Dünen						+++	
	Löss				+		+++	Paläomagnetik
Glazialmorphologie	Erosionsoberflächen				+	+		^{36}Cl
	glaziale Sedimente						+	
fluviale Morphologie	Flussauen	+++					+	Dendrochronologie
	Flussterrassen	++						Paläomagnetik
Karstmorphologie	Karstoberflächen				+?	+?		

die **Warvenchronologie** an jahreszeitlich laminierten Seesedimenten (Exkurs 9.13.1) mit einer jahrgenauen zeitlichen Auflösung (Tab. 6.3.1, Tab. 6.3.2). Auch verschiedene **Uranreihendatierungsverfahren** kommen häufiger bei geomorphologischen Fragestellungen zur Anwendung, wie unter anderem massenspektrometrische Thorium(^{230}Th)-Uran(^{234}U)-Datierungen an Korallen und Höhlensintern mit einer Reichweite bis vor etwa 200 000 bis 300 000 Jahren.

Weitere numerische Altersbestimmungsverfahren nutzen die Strahlenschädigungen in Kristallgittern von Mineralen (u. a. Feldspäten, Quarzen, Aragoniten). Diese Schäden werden durch kosmische und natürliche radioaktive geogene Strahlung ausgelöst und ihre Zahl steigt mit zunehmendem Alter. Auf derartigen strahlungsinduzierten Kristallgitterschäden basieren verschiedene **Lumineszenzdatierungsverfahren** (OSL, TL) und die **Elektronen-Spin-Resonanzdatierung** (ESR).

Dendrochronologie

Die dendrochronologische Altersbestimmungsmethode ist die hochauflösendste absolute Datierungsmethode

Tabelle 6.3.2 Altersbereiche häufig angewandter Datierungsmethoden.

Jahre (v. h.)	10	10^2	10^3	10^4	10^5	10^6
^{14}C		--- ——— --				
^{230}Th/^{234}U			--- ——— -			
TL, OSL		-------- ------- -				
ESR		--------- ------- -				
Dendrochronologie	———					

für den Bereich des Holozäns und Spätglazials in den mittleren Breiten der Erde. Sie allein ist in der Lage, jahrgenau, das heißt in Kalenderjahren vor heute bzw. Jahren BP, zu datieren. Die methodische Grundlage bildet die Tatsache, dass Baumquerschnitte bei einem deutlichen Jahreszeitenklima unterschiedlich breite **Jahresringe** ausbilden, die den Wechsel zwischen Ruhe- und Vegetationszeit widerspiegeln. Darüber hinaus sind klimatische Umweltbedingungen wie Feuchtigkeits- und Temperaturverhältnisse in der Dichte und Breite der Baumjahresringe abgebildet. Insgesamt ergeben sich signifikante Jahresringmuster, die anhand sogenannter „Zeigerjahre" (extrem breite/schmale Jahresringe) in die Vergangenheit zurück zu Jahresringsequenzen verbunden werden.

Für Mitteleuropa existiert mittlerweile durch die Auswertung begrabener Eichen- und Kiefernstämme in Flussablagerungen von Main, Rhein, Donau, Isar und der Weser eine lückenlose **Baumjahrringchronologie**, die bis an den Ausgang der letzten Kaltzeit vor zirka 11 000 Jahren zurückreicht (Becker 1993). Zusätzlich gibt es eine noch nicht angeknüpfte, daher „schwimmende" Jahresringchronologie an Kiefern, die das Spätglazial der letzten Kaltzeit vom Beginn des Böllings bis in die mittlere Jüngere Tundrenzeit hinein abdeckt (Friedrich et al. 2006).

Radiokohlenstoff-Datierungsmethode (^{14}C)

Die Radiokohlenstoff- oder Radiokarbon-Datierungsmethode (^{14}C) ist das am weitesten verbreitete und am häufigsten angewandte geochronologische Verfahren.

^{14}C ist ein radioaktives Kohlenstoffisotop mit einer Halbwertszeit von 5 730 ± 40 Jahren. Es entsteht in der oberen Atmosphäre durch Reaktion kosmischer Strahlung mit Stickstoff (^{14}N). Das ^{14}C-Isotop wird oxidiert und mischt sich als ^{14}CO$_2$ mit dem atmosphärischem CO$_2$, welches die beiden stabilen Kohlenstoffisotope ^{12}C und ^{13}C enthält. Lebende Landorganismen nehmen atmosphärisches ^{14}CO$_2$ im Wesentlichen durch Photosynthese auf und stehen hierdurch im Gleichgewicht mit dem ^{14}CO$_2$ der Atmosphäre. Bei aquatischen Organismen ist jedoch deren ^{14}C-Gehalt a) in Ozeanen durch langsamen ^{14}CO$_2$-Austausch zwischen Atmosphäre und Ozeanzirkulation und b) in limnischer und fluvialer Umgebung durch den Lösungseintrag von ^{14}C-verarmten oder -freien Karbonatgesteinen eventuell abweichend vom atmosphärischen ^{14}C-Gehalt, sodass eine Korrektur vorgenommen werden muss.

Der CO$_2$-Austausch mit der Umgebung ist mit dem Tod des Organismus beendet und das ^{14}C zerfällt mit der oben genannten Halbwertszeit zu ^{14}N unter Abgabe von Beta-Strahlung. Aus der noch in einer Probe vorhandenen ^{14}C-Konzentration kann über die radioaktive Zerfallsrate und den ursprünglichen ^{14}C-Gehalt der Probe das Absterbealter des Organismus bestimmt werden.

Es gibt zwei messtechnisch unterschiedliche Arten von Radiokohlenstoffdatierungen. Die **konventionelle ^{14}C-Methode** erfasst über die beim ^{14}C-Zerfallsprozess frei werdende Beta-Strahlung den ^{14}C-Gehalt einer Probe. Hierbei werden relativ große Probenmengen von einigen Gramm und eine verhältnismäßig lange Messdauer benötigt. Die massenspektrometrische Messung mit einem vorangeschalteten Teilchenbeschleuniger (*Accelerator Mass Spectrometry – AMS*) bestimmt dagegen die Anzahl der ^{14}C-Atome in einer Probe bzw. das Verhältnis von ^{14}C- zu ^{12}C. Diese Technik benötigt nur eine sehr kleine Probenmenge – kleiner als 1 mg Kohlenstoff. Aktuell werden sogar einzelne organische Moleküle von kleinster Probengröße (wenigen µg) mit AMS ^{14}C-datiert.

Die Altersobergrenze beider Verfahren, der konventionellen und der ^{14}C-AMS-Methode, liegt theoretisch bei etwa 70 000 Jahren, wird aber aufgrund von Kontaminationen bei der Probenaufbereitung häufig schon bei 30 000 bis 40 000 Jahren erreicht. Eine ^{14}C-Datierung von Proben, die aus der Zeit nach 1950 stammen, ist nicht möglich, da durch oberirdischen Kernwaffentests in den 1960er-Jahren die ^{14}C-Konzentration der Atmosphäre extrem erhöht wurde (Exkurs 6.3.2).

Lumineszenzdatierung (OSL/TL)

Lumineszenzdatierungstechniken bestimmen die Zeitspanne, die seit der sogenannten Nullstellung (Erhitzen oder Belichtung) des für die Datierung verwendeten Minerals vergangen ist. Diese Methoden nutzen Minerale wie Quarz und Feldspäte als Dosimeter, die die in Sedimenten natürlich auftretende ionisierende Strahlung speichern. Diese Strahlung wird vor allem durch den radioaktiven Zerfall von geogenem Uran, Thorium, Kalium sowie durch kosmische Strahlung hervorgerufen. Die Energie ionisierender Strahlung führt zu Strahlenschäden im Kristallgitter. Lumineszenzverfahren messen die Intensität dieser **Strahlenschädigungen** in Form von Lichtsignalen und bestimmen somit die dort gespeicherte Strahlungsdosis (Paläodosis, in Gy [Gray] oder in J/kg). Durch Bestimmung der aktuellen natürlichen Strahlungsdosis (Gy/a) am Fundort des Minerals kann, unter der Annahme ähnlicher Strahlungsraten in der Vergangenheit, deren Einwirkungsdauer (Zeitdauer) und damit das Ablagerungsalter (Nullstellung) des Minerals bestimmt werden:

$$\text{Alter (a) = Paläodosis (Gy)/Dosisleistung (Gy/a)}$$

Für Sedimente, wie etwa Löss oder Dünen, erfolgt die Nullstellung der „Lumineszenz-Uhr" durch Exposition des Materials zum Tageslicht vor der Ablagerung. Nach dieser sogenannten Signalbleichung beginnt die „geochronologische Uhr" wieder zu laufen. Lumineszenztechniken bestimmen die Zeit, die seit der letzten Sonnenlichtexposition während des Sedimenttransports oder seit der letzten Erhitzung vergangen ist.

Nach dem Typ der zur Messung der gespeicherten Energie benutzten Stimulation unterscheidet man zwischen **Thermolumineszenz** (TL) und **optisch stimulierter Lumineszenz** (OSL). Das OSL-Signal ist lichtempfindlicher als das TL-Signal. Bei Exposition zum Tageslicht erfolgt die Bleichung des OSL-Signals innerhalb weniger Minuten, die des TL-Signals dagegen erst innerhalb einiger Stunden.

Je nach Beschaffenheit der zu datierenden Sedimente und der Art der verwendeten Messmethodik reicht der über Lumineszenzverfahren datierbare Zeitraum von wenigen Jahrzehnten bis zu in Ausnahmefällen 800 000 Jahren. Am zuverlässigsten ist der Datierungszeitraum der Lumineszenzdatierungen zwischen einigen Hundert Jahren bis zu rund 150 000 Jahren vor heute.

Lumineszenzmethoden werden auf viele Ablagerungsbereiche angewandt. Äolische Sedimente, vor allem Löss und Dünen, sind am besten geeignet, da ihr Transport vor ihrer Ablagerung die Exposition zum Sonnenlicht garantiert. Dagegen unterliegen litorale, lakustrine oder fluviale Sedimente Transportmechanismen, bei denen es nicht notwendigerweise zur vollständigen Bleichung eines vererbten Lumineszenzsignals kommt. Hieraus können dann Altersüberschätzungen resultieren.

Exkurs 6.3.2

Einige potenzielle Fehlerquellen von Radiokohlenstoffdatierungen

Es gibt verschiedene natürliche und anthropogene Faktoren, die den ^{14}C-Gehalt einer Probe und damit ihr ^{14}C-Alter beeinflussen können. Altersverfälschungen von mehreren Jahrhunderten und Jahrtausenden können beispielsweise durch die **Kontamination** von Proben mit „jungem" Kohlenstoff im Labor oder bei der Probennahme entstehen. So kann 1% junger Kohlenstoff eine 40 000 Jahre alte Probe um 6 000 Jahre verjüngen. Biologische Fraktionierungsprozesse mit bevorzugtem Einbau von leichteren [12]C- und ^{13}C-Atomen sind bekannt und können bei der Altersberechnung berücksichtigt werden. Die Quantifizierung stark reduzierter ^{14}C-Aufnahme durch Organismen aufgrund limnischer und fluviatiler **Hartwassereffekte** – gemeint sind damit stark verringerte ^{14}C-Gehalte im Wasser durch Lösung ^{14}C-freier, das heißt sehr alter Karbonatgesteine – ist nicht möglich. Auch schwankende ^{14}C-Gehalte im Meerwasser durch variierende Auftriebsmengen an ^{14}C-verarmtem Tiefenwasser können zu alte ^{14}C-Daten erzeugen. Die ^{14}C-Alter mariner Karbonate an Küsten mit Auftriebswasser sind daher durchschnittlich 400 ± 200 zu alt. Die in den 50er- und 60er-Jahren des 20. Jahrhunderts durchgeführten oberirdischen Kernwaffentests haben den atmosphärischen ^{14}C-Gehalt so stark erhöht, dass Proben, die jünger als 1950 sind, nicht mehr mit der ^{14}C-Methode datiert werden können. Dagegen hat die seit der Industrialisierung Mitte des 18. Jahrhunderts verstärkte Freisetzung von ^{14}C-freiem Kohlenstoff durch Verbrennung von Kohle, Erdöl und Erdgas den natürlichen atmo-

sphärischen ^{14}C-Gehalt deutlich verringert, bis 1950 um etwa 22 Promille. ^{14}C-Alter von Proben aus dem Zeitraum 1850 bis 1950 können somit um einige Jahrzehnte „zu alt" sein (**Suess-Effekt**). Auch auf natürliche Weise, durch Änderungen der solaren Strahlungsflüsse, können die atmosphärischen ^{14}C-Gehalte um bis zu ± 200 Promille schwanken. Die Folge sind deutlich zu alte oder auch zu junge ^{14}C-Alter (im Holozän max. ± 1 600 Jahre). Diese natürlichen atmosphärischen ^{14}C-Gehaltsschwankungen sind vor allem durch kombinierte [14]C- und dendrochronologische Datierungen an Baumjahrringen seit dem Spätglazial des letzten Kaltzeit relativ gut bekannt. ^{14}C-Alter können seitdem entsprechend korrigiert bzw. kalibriert werden – angegeben in cal BP (*calibrated age before present*).

Die Radiokohlenstoffmethode liefert in der Regel **verlässliche Alter** für Pflanzenmaterial (z. B. Holz, Holzkohle, Torf, Samen, Blätter). Bei der Datierung mariner Karbonate (z. B. Muscheln, Korallen, Foraminiferen) ist der marine Reservoir-Effekt zu beachten. Er wird durch die Schwankungen der ^{14}C-Konzentration im Meerwasser hervorgerufen. Die Datierung von Humus (Paläoböden), Höhlensintern, Kalkkrusten, Knochen oder Zähnen ist problematisch und häufig ungenau. Radiokohlenstoffdatierungen an organischen Proben aus Seen und Flüssen im Einzugsbereich karbonatführender Zuflüsse können durch den sogenannten Hartwassereffekt bis zu einige Jahrhunderte überhöhte Alter besitzen.

Mittels Thermolumineszenz sind auch gebrannte Feuersteingeräte und Keramik datierbar, denn durch das Brennen erfolgt eine Nullstellung des Lumineszenzsignals.

Elektronen-Spin-Resonanz-Methode (ESR)

Die ESR-Altersbestimmung zählt wie die Lumineszenzmethoden zu den **strahlungsinduzierten Datierungstechniken**. Auch sie beruht darauf, dass bestimmte Mineralien – vor allem Aragonit, Kalzit – als natürlicher Dosimeter fungieren und Strahlenbelastungen speichern können. Ein ESR-Alter ist dabei eine Funktion der Strahlenbelastung und der dadurch über die Zeit erzeugten und mit ungepaarten („freien") Elektronen gefüllten atomaren Gitterdefekte. Letztere werden mithilfe eines ESR-Spektrometers quantifiziert. Ein ESR-

Alter berechnet sich aus der Division der im Laufe der Zeit akkumulierten strahlungsinduzierten Gitterdefekte (gespeicherte Strahlungsdosis) durch die jährliche, auf die Probe einwirkende natürliche radioaktive und kosmische Strahlenbelastung (natürliche Dosisrate).

Seit den 1990er-Jahren konnte die ESR-Methode soweit verbessert werden, dass sie inzwischen durch die über die Datierung aragonitischer Steinkorallen sowie karbonatischer Muschel- und Schneckenschalen bei geochronologischen Untersuchungen litoraler Ablagerungen (Korallenriffe, Strandwallsysteme, Äolianite) eine wichtige Datierungsalternative darstellt (Schellmann et al. 2008). Die Datierung pleistozäner Korallen ermöglicht dabei nicht nur eine chronostratigraphische Unterscheidung der marinen Sauerstoffisotopenstufen 1 (Holozän), 5 (letztes Interglazial, Maximum 132 000 Jahre), 7 (dritt-), 9 (viert-) und 11 (fünfletztes Interglazial), sondern auch der letztinterglazialen Unterstufen $5e_1$, $5e_2$, $5e_3$, $5c$, $5a_1$ und $5a_2$ (132 000, 128 000, 118 000, 105 000, 84 000 und 74 000). Der durchschnittliche Altersfehler von ESR-Datierungen an Korallen liegt bei etwa 5 bis 8 %, die Datierungsobergrenze bei 600 000 bis 700 000 Jahren. Die zeitliche Auflösung von ESR-Datierungen an Muschel- und Landschneckenschalen ist dagegen mit einem durchschnittlichen Altersfehler von 10 bis 15 % deutlich geringer, auch die Datierungsobergrenze liegt mit 300 000 bis 400 000 Jahren niedriger.

6.4 Standardisierte geographische Arbeitsweisen

Klaus Zehner

Zum Verhältnis von Wissenschaftstheorie und standardisierten Arbeitsweisen in der Geographie

Geographische Arbeitsweisen sind wissenschaftliche Methoden zur Erhebung raum-, gesellschafts- und wirtschaftsbezogener Daten. Sie dienen der Rekonstruktion umweltrelevanter sozioökonomischer Prozesse und Strukturen. Die wichtigsten Methoden sind **Zählungen** und verschiedene **Befragungsformen**. Letztere lassen sich insbesondere nach dem Grad ihrer Strukturiertheit unterteilen. Durch die Entscheidung für eine bestimmte Arbeitsweise kommt zugleich eine spezifische Auffassung von Wissenschaft zum Ausdruck. Denn die Wahl einer Methode signalisiert, welches Grundverständnis von Wissenschaft, das heißt von ihrem Wesen, ihren Aufgaben und ihren Zielen, ein Forscher besitzt bzw. sich zu eigen macht. So spiegelt die Entscheidung für den **Einsatz nichtstandardisierter, qualitativer Arbeitsweisen**, wie Tiefeninterviews, Gruppendiskussionen oder Expertengespräche, ein von der **Hermeneutik** geprägtes Wissenschaftsverständnis wider (Kapitel 7). Vereinfacht ausgedrückt ist damit gemeint, dass hierbei das Verstehen sozialer Prozesse und Zusammenhänge im Mittelpunkt des Erkenntnisinteresses steht. **Standardisierte, quantitativ-statistische Verfahren** werden dagegen angewendet, wenn entweder Merkmale von Gegenständen, Räumen oder Personen „objektiv" und intersubjektiv überprüfbar erfasst und beschrieben werden sollen (deskriptive Statistik), wenn anhand von Stichproben Aussagen über Grundgesamtheiten getroffen werden sollen (Schätzstatistik) oder wenn zuvor formulierte Forschungshypothesen im Sinne des **Kritischen Rationalismus** (Kapitel 6.1) überprüft werden sollen (Teststatis-

Exkurs 6.4.1

Kritischer Rationalismus, statistische Tests und Forschungspraxis

Knapp formuliert stützt sich der Kritische Rationalismus auf das Prinzip der **Falsifikation**. Danach müssen alle Aussagen einer empirischen Wissenschaft im Prinzip so aufgebaut sein, dass sie an der Erfahrung scheitern können (Wessel 1996).

In der Praxis werden Forschungshypothesen in der Regel unter Benutzung statistischer Testverfahren mittels einer Stichprobe überprüft. Das Grundprinzip eines statistischen Tests besteht darin, dass eine Forschungshypothese geschickt in zwei zueinander alternative Aussagen umformuliert wird. Diese beiden Aussagen werden als **Nullhypothese** (H_0) und **Alternativhypothese** (H_A) bezeichnet. Die Nullhypothese besagt, dass ein in der Stichprobe festgestellter Zusammenhang auf Zufallseinflüsse zurückzuführen ist. Die Alternativhypothese drückt genau das Gegenteil aus, unterstellt also einen nicht zufälligen, kausalen Zusammen-

hang. Das Prinzip statistischer Tests ist nun stets so angelegt, dass die Nullhypothese unter Beachtung einer zuvor festgesetzten Irrtumswahrscheinlichkeit falsifiziert wird. Gelingt das, so wird dieses Ergebnis in dem Sinne interpretiert, dass die Alternativhypothese als wahr angenommen wird, was Ziel des Verfahrens war. Die Tatsache, dass der in der Alternativhypothese unterstellte kausale Zusammenhang bei einer geringen **Irrtumswahrscheinlichkeit** als existent angenommen wird, bedeutet aber nur, dass es unter den gegebenen Randbedingungen (Zahl der Probanden, Irrtumswahrscheinlichkeit) nicht möglich war, die Nullhypothese aufrechtzuerhalten. Gleichwohl besteht weiterhin die, wenn auch geringe Möglichkeit, dass die Nullhypothese wahr ist. Darauf wird in wissenschaftlichen Arbeiten allerdings nur selten deutlich genug hingewiesen.

tik). Von Interesse ist hier insbesondere die Frage, auf welche Weise, das heißt, in welchen Zusammenhängen solche Daten erhoben werden, welche Vor- und Nachteile sich mit den einzelnen Erhebungsverfahren verbinden und welche potenzielle Fehlerquellen bei den verschiedenen Erhebungstechniken zu beachten sind.

Zum Stellenwert standardisierter Arbeitsweisen

Mit dem auf dem Kieler Geographentag 1969 eingeläuteten Paradigmenwechsel, der die Ablösung der länderkundlich geprägten Geographie durch eine vom Kritischen Rationalismus geprägte Neuformulierung von Aufgaben und Zielen des Faches zur Folge hatte, gewannen die standardisierten geographischen Arbeitsweisen für ein gutes Jahrzehnt stark an Bedeutung. Als aber zu Beginn der 1980er-Jahre die Grenzen dieser neuen Geographie stärker sichtbar wurden und die Euphorie, die mit der vermeintlichen „Verwissenschaftlichung" (Szientismus) einhergegangen war, abgeklungen war, verloren auch standardisierte geographische Arbeitsweisen an Bedeutung. Mittlerweile sind sie sogar nahezu vollständig aus dem Mainstream soziologischer und sozialgeographischer Forschung verdrängt worden und haben qualitativ-verstehenden Verfahren weichen müssen. Hinter diesem erneuten Paradigmenwechsel standen vor allem stärker gewordene Bedenken gegenüber der Leistungsfähigkeit und Eignung des „Kritischen Rationalismus" zur Lösung raumbezogener Probleme (Kapitel 6.1). Allerdings muss auch betont werden, dass der Wechsel vom länderkundlichen zum szientistischen Ansatz nicht nur rational erklärt werden kann, sondern auch Ausdruck eines veränderten wissenschaftlichen „Zeitgeistes" war. Daher darf aus der Talsohle, die Kritischer Rationalismus und quantitative Methodik zurzeit durchlaufen, keineswegs der Schluss gezogen werden, dass die entsprechenden Verfahren und Arbeitsweisen generell und für alle Zeiten ihre Bedeutung einbebüßt hätten.

Zählungen

Grundsätzlich können als Grundlage wissenschaftlicher Arbeiten Daten aus sekundärstatistischen Quellen, die im Rahmen von Zählungen (z. B. Volkszählung, Mikrozensus) erhoben wurden, aber auch im Rahmen eigener Erhebungen erfasste Daten verwendet werden.

Daten aus der sogenannten **Sekundärstatistik** stammen entweder aus gesetzlich verankerten, das heißt amtlichen bzw. halbamtlichen Zählungen, oder aus Erhebungen, die von privaten Unternehmen aus kommerziellen Motiven durchgeführt werden. Beispiele für per Gesetz verordnete Erhebungen sind Volks-, Berufs- oder Arbeitsstättenzählungen sowie der Mikrozensus.

Der **Mikrozensus** wird seit 1957 eingesetzt, um auf der Grundlage einer Stichprobe von 1% grundlegende Angaben über die Bevölkerung zu sammeln. Er wird jährlich durchgeführt und hat sich zu einer unverzichtbaren Datenquelle für Akteure in Politik, Verwaltung, Wirtschaft und Wissenschaft entwickelt. Im Regelfall werden die Interviews sowohl mündlich als auch schriftlich durchgeführt (Exkurs 6.4.4, Abb. 6.4.1).

Zu den sekundärstatistischen Quellen zählen auch Daten aus dem Verwaltungsvollzug, zum Beispiel von der Bundesagentur für Arbeit erhobene Arbeitslosenzahlen oder von kommunalen Ordnungsämtern erfasste Daten zum PKW-Besitz. Halbamtliche Erhebungen werden beispielsweise von Verbänden und Kammern durchgeführt.

Eine immer größere Bedeutung kommt Daten zu, die von privaten Firmen erfasst, aufbereitet und vermarktet werden. Zu den marktführenden privaten „Datenproduzenten" und „-lieferanten" in Deutschland zählen das GfK Prisma Institut, Infas und Microm (Zehner 2004). Das GfK Prisma Institut ist beispielsweise stark in der Handels-, Stadt- und Regionalforschung engagiert und ermittelt räumlich und sektoral tief gegliederte Kaufkraftkennziffern.

So interessant private **Geodaten** auf den ersten Blick zu sein scheinen, zwei Einschränkungen reduzieren ihren Wert und ihre Attraktivität für den Einsatz in wissenschaftlichen Projekten ganz erheblich. Zum einen sind die Datenpakete so teuer, dass sie die Budgets der meisten Forschungsprojekte stark belasten, wenn nicht gar sprengen. Zum anderen, und dieser Grund wiegt noch schwerer, geben die Firmen in der Regel nicht preis, welche Urdaten und Verarbeitungsmethoden sie zur Bestimmung von sogenannten „Potenzial-" oder „Marktdaten" herangezogen haben. Damit scheiden solche Daten als seriöse Grundlagen für wissenschaftliche Zwecke aus. Trotz dieser Einschränkung darf ihr praktischer Wert für manche Wirtschaftsunternehmen nicht verkannt werden.

Vor- und Nachteile von Zählungsergebnissen

Der wohl größte Vorteil von Zählungsergebnissen gegenüber eigenen Erhebungen liegt in der Kosten- und Zeitersparnis, die durch den Fortfall der eigenen Datenerhebung, -kontrolle und -korrektur sowie der **digitalen Erfassung** entsteht. Zudem sind aufgrund der Regelmä-

Bitte beachten

Beschriften der Namenslasche
– Bitte tragen Sie für jede Person im Haushalt den Vor- und Nachnamen auf der Namenslasche ein.
– Halten Sie dabei die nachstehende Reihenfolge ein:
1. Ehepaare bzw. Lebenspartner/-in,
2. Kinder,
3. Verwandte,
4. weitere Personen des Haushalts.
– Die Reihenfolge der Personen ist für den gesamten Fragebogen beizubehalten.

Fragen zum Haushalt

Hinweise

Ein-Personen- und Mehr-Personen-Haushalte
– Ein Ein-Personen-Haushalt besteht aus einer Person, die normalerweise allein wohnt und für sich allein wirtschaftet.
– Ein Mehr-Personen-Haushalt besteht aus Personen, die normalerweise zusammen wohnen und wirtschaften.

Haushaltsmitglieder
– Zu ihnen gehören auch Personen, die normalerweise im Haushalt wohnen, aber vorübergehend abwesend sind, z.B. aus beruflichen oder gesundheitlichen Gründen.
– Keine Haushaltsmitglieder sind z.B. Untermieter und Hausangestellte.

1   Gibt es in Ihrer Wohnung neben Ihrem Haushalt weitere Haushalte, z.B. Untermieter/-innen?

Ja, Anzahl der weiteren Haushalte ....

Nein, keine weiteren Haushalte ....

2   Sind in den letzten 12 Monaten Haushaltsmitglieder fortgezogen?

Ja, Anzahl der Fortgezogenen...

Nein, keine Fortgezogenen..

3   Sind in den letzten 12 Monaten Haushaltsmitglieder verstorben?

Ja, Anzahl der Verstorbenen..

Nein, keine Verstorbenen ....

4   Wie viele Personen haben am Mittwoch der letzten Woche insgesamt in Ihrem Haushalt gelebt?

Anzahl der Personen ....

Hinweise

Mehr als 5 Personen im Haushalt?
Fordern Sie bitte einen zweiten Fragebogen bei Ihrem Statistischen Amt an. Die Adresse finden Sie auf dem Deckblatt.

Abb. 6.4.1 Fragebogen aus einer Stichprobenerhebung über die Bevölkerung und den Arbeitsmarkt (Mikrozensus und Arbeitskräftestichprobe der Europäischen Union 2010).

ßigkeit, mit der Zählungen stattfinden, insbesondere Längsschnittsanalysen möglich, die wertvolle Erkenntnisse über zeitliche Entwicklungsprozesse liefern können. Dabei ist allerdings zu beachten, dass sich zwischen zwei Zählungen Grenzverläufe innerhalb räumlicher Bezugssysteme geändert haben können. Dies gilt insbesondere auf mikrogeographischer Ebene. Eine derartige Änderung ist zumeist klar ersichtlich, wie im Falle der Umstellung des Postleitzahlensystems in Deutschland im Juli 1993. In seltenen Fällen jedoch sind Veränderungen von Grenzverläufen nicht auf den ersten Blick zu erkennen. So haben sich beispielsweise die Grenzen einiger Londoner Stadtteile zwischen 1991 und 2001 geändert, die Namen der Stadtteile hingegen nicht. Dies hat zum Beispiel Folgen für eine Bewertung der zeitlichen Entwicklung von Bevölkerungsdichten innerhalb des Stadtgebietes, da die (unterschiedlichen) Flächen der Stadtteile in das Berechnungsverfahren wesentlich eingehen.

Bevor eine Entscheidung für die Verwendung sekundärstatistischer Daten getroffen wird, muss sich der Wissenschaftler oder Planer über eine Reihe von Nachteilen bzw. Problemen, die mit der Verwendung fremder Daten verknüpft sind, im Klaren werden. So verbietet sich etwa der Einsatz von Zensusdaten für manche Zwecke schon alleine ihrer **geringen Aktualität** wegen, denn zum Zeitpunkt ihrer Veröffentlichung sind die Daten schon etwa drei Jahre alt. So lange dauert nämlich in der Regel die Erfassung, Überprüfung, Korrektur und Aufbereitung der Rohdaten durch die entsprechenden Behörden (Kromrey 2002). Hinzu kommt, dass die Daten vermutlich nicht unmittelbar nach ihrer Veröffentlichung auch genutzt werden, sondern erst Monate, vielleicht sogar erst Jahre später.

Sollen flächendeckende Bevölkerungsdaten aktueller sein, so muss auf Fortschreibungen zurückgegriffen werden. In solche Fortschreibungen, die von kommunalen Meldeämtern geführt werden, gehen neben der Geburten- und Sterberate auch Zu- und Fortzüge ein. Sind diese auch nur zu einem kleinen Teil nicht bekannt, weil etwa nach einem Umzug „vergessen" wurde, sich am neuen Wohnstandort an- und am alten abzumelden, so nimmt im Laufe der Zeit die Fehlerquote zu.

Des Weiteren muss beachtet werden, dass vor allem in föderalistischen Systemen das Datenmanagement nicht nur in der Hand des jeweiligen Statistischen Bundesamtes liegt. Auf regionaler und kommunaler Ebene sind **Landes- und städtische Statistikämter** für die Datenverarbeitung zuständig. Insbesondere auf kommunaler Ebene zeigt sich, dass vor allem Geodaten oftmals in unterschiedlicher Weise aufbereitet werden, dass sie in verschiedenen Datenformaten vorliegen und dass sie eine variierende Tiefengliederung aufweisen.

Außerdem müssen nicht alle theoretisch verfügbaren Daten auch praktisch erhältlich sein. Unter bestimmten Voraussetzungen kann der Zugang zu räumlich stark aufgelösten Daten, die für zahlreiche Analysen auf der Mikroebene (Quartiere, Baublöcke) von großer Bedeutung sind, eingeschränkt sein. Dies gilt insbesondere, wenn die theoretische Möglichkeit besteht, aus dem Datenbestand anhand spezifischer Merkmalskombinationen auf einzelne Haushalte oder Personen zu schließen. In solchen Fällen werden Angaben „geschwärzt". Mit zunehmender Tiefe der räumlichen Gliederung eines Datenbestandes nimmt die Wahrscheinlichkeit zu, mit „geschwärzten" Angaben konfrontiert zu werden. Aber nicht nur in solchen, aus Datenschutzgründen durchaus berechtigten Fällen kann es zu Schwierigkeiten bei der **Datenbeschaffung** kommen. Nicht immer liegen gewünschte Daten in analoger oder digitaler Tabellenform bereits fertig konfektioniert vor, sondern müssen nach individuellen Vorgaben zusammengestellt werden. In Zeiten immer knapper werdender Personalressourcen können solche „Aufträge" von den kommunalen Statistischen Ämtern zunehmend seltener bearbeitet werden.

Sehr viel günstiger stellt sich die Situation in zentralistischen Industrieländern dar. Als Beispiel sei hier auf Großbritannien (mit Nordirland) verwiesen. Hier wird in jedem ersten Jahr eines neuen Jahrzehnts eine Volkszählung durchgeführt. Die letzte Zählung fand also 2001 statt. Alle im Rahmen dieses Zensus erhobenen Daten, von der nationalen bis zur quartiersbezogenen Ebene, werden von nur einer Behörde, dem *Office for National Statistics*, zentral erfasst, verarbeitet und veröffentlicht (Exkurs 6.4.2).

Eine weitere Einschränkung bei der Verwendung sekundärstatistischer Quellen liegt im Wesen der Daten selbst. Zumeist beschränkt sich die amtliche und halbamtliche Statistik auf die Erfassung objektiver Merkmale von Personen, Haushalten, Arbeitsplätzen und so weiter. So wird im Rahmen von Volkszählungen etwa nach dem Lebensalter, nach der Haushaltsgröße oder nach dem Standort des Arbeitsplatzes gefragt. Solche Beschreibungen reichen als wissenschaftliche Datengrundlage aus, wenn zum Beispiel sozialräumliche Unterschiede zwischen Wohnquartieren herausgearbeitet werden sollen. Ein Beispiel hierfür liefert die **Sozialraumanalyse** (*social area analysis*), deren Aufgabe die Entdeckung sozialräumlicher Strukturen, zumeist in großen Städten, ist (O'Loughlin & Glebe 1980). Für dieses Verfahren werden lediglich „harte", das heißt messbare Daten von Personen oder Haushalten, benötigt. Seltener dagegen werden im Rahmen von Großzählungen Personen zu Wahrnehmungen, Bewertungen und Handlungsmotiven befragt. Für den Forscher bedeutet

Exkurs 6.4.2

Sekundärstatistik – das Musterbeispiel des britischen Zensus

Hinsichtlich der Aufbereitung, Präsentation und Vermarktung von Zensusdaten bildet Großbritannien ein Musterbeispiel in Europa. Grundsätzlich können alle Daten des aktuellen Zensus (und mit Einschränkungen auch von älteren Zählungen) von registrierten Nutzern kostenlos über das Internet bezogen werden (www.statistics.gov.uk). Das umfangreiche Datenmaterial kann sich der Nutzer nach zeitlichen, thematischen und räumlichen Kriterien erschließen. Die Ausgabe von Informationen erfolgt entweder im HTML-Format auf dem Monitor oder als Download auf den eigenen Rechner. Werden Tabellen angefordert, so kann der Nutzer zwischen drei gängigen Dateiformaten wählen. Für viele unter räumlichen Bezügen arbeitende Nutzer, etwa Geographen, Soziologen und Planer, ist entscheidend, dass die Daten in einer tiefen räumlichen Gliederung vorliegen. Konkret bedeutet dies, dass personen-, haushalts-, und gebäudebezogene Daten bis zur großmaßstäblichen Ebene der Output-Areas, deren Größe zwischen Stadtteil und Baublock liegt, erhältlich sind. Zudem können interaktiv thematische Karten erzeugt werden. Auch digitale Kartengrundlagen im Vektorformat mit den Umrissen aller administrativen Einheiten sind auf Wunsch kostenlos erhältlich.

diese Ausgangssituation, dass er sekundärstatistische Daten kaum zur Überprüfung von Forschungshypothesen nutzen kann.

Befragungen

Aus den bisherigen Ausführungen ist deutlich geworden, dass zur Bearbeitung eines eigenen Forschungsprojektes oftmals der Zugriff auf Daten, die in anderen wissenschaftlichen und organisatorischen Zusammenhängen erhoben wurden, nicht ausreicht. In solchen Fällen müssen **Primärerhebungen** durchgeführt werden. Ihr Vorteil besteht darin, dass der Wissenschaftler sein Forschungsinstrument, den Fragebogen, ausschließlich nach seinen eigenen Forschungszielen aufbauen und ausrichten kann. Da der zur Datenerfassung eingeplante Zeitraum in der Regel begrenzt ist, wird der Forscher in den seltensten Fällen Grundgesamtheiten befragen können. Unter einer **Grundgesamtheit** wird hier diejenige Menge von Subjekten, Objekten oder ganz generell von Fällen verstanden, auf die sich die Forschungshypothesen einer Untersuchung beziehen sollen (Kromrey 2002). Daher muss die Grundgesamtheit durch Teilerhebungen, sogenannte **Stichproben**, ersetzt werden. Diese Einschränkung bedeutet in der Forschungspraxis, dass sich Hypothesen nur mithilfe statistischer Tests überprüfen lassen. Sie gestatten, unter Berücksichtigung einer kalkulierbaren Irrtumswahrscheinlichkeit Schlüsse

von der Stichprobe auf die Grundgesamtheit zu ziehen (Exkurs 6.4.3). Unter der Irrtumswahrscheinlichkeit, die in Prozenten angegeben wird, wird die Größe der Wahrscheinlichkeit verstanden, mit der eine eigentlich richtige Hypothese irrtümlicherweise verworfen wird. Für die Forschungspraxis stellen sich in diesem Zusammenhang zwei Fragen:
- Zwischen welchen Möglichkeiten, Stichproben zu ziehen, kann ein Forscher wählen, und welche Vor- und Nachteile weisen die verschiedenen Methoden der Stichprobenziehung auf?
- Wie groß müssen Stichproben sein, damit sie als geeignet betrachtet werden können, um Grundgesamtheiten zu repräsentieren?

Auswahlverfahren

Nach Friedrichs (1982) sind vier Forderungen an Stichproben, die zu einer Verallgemeinerung auf die Grundgesamtheit genutzt werden dürfen, zu stellen:
- Die Stichprobe muss ein verkleinertes Abbild der Grundgesamtheit darstellen und zwar im Hinblick auf die Heterogenität der Elemente und auf die für die Hypothesenbildung relevanten Variablen.
- Die Einheiten der Stichprobe müssen klar definiert sein.
- Die Grundgesamtheit, die durch die Stichprobe repräsentiert werden soll, muss bekannt und empirisch definierbar sein.

Exkurs 6.4.3

Anforderungen an eine Stichprobe

Der Wert einer standardisierten empirischen Erhebung ist abhängig von der Qualität der eingesetzten Forschungsinstrumente, also in der Regel eines Fragebogens. Sein Einsatz muss stets zuverlässige, gültige und repräsentative Untersuchungsergebnisse liefern. Diese zentralen Begriffe sind wie folgt definiert:

- **Zuverlässigkeit** (Reliabilität): Ein Messinstrument liefert dann und nur dann stabile und zuverlässige Ergebnisse, wenn seine wiederholte Anwendung bei ein- und demselben Objekt zu unveränderten Ergebnissen führt oder wenn Messungen, die durch unterschiedliche Personen durchgeführt werden, keine Abweichungen der Messwerte liefern.
- **Gültigkeit** (Validität): Eine Messung wird als valide bezeichnet, wenn die Indikatoren ein zu untersuchendes Thema treffend abbilden. Soll zum Beispiel der Sozialsta-

tus von Wohnquartieren in einer Stadt gemessen werden, so ist es fragwürdig den Ausländeranteil heranzuziehen. Zwar wohnen Ausländer häufig in Vierteln mit geringem Mietniveau; jedoch gibt es zahlreiche Ausnahmen, beispielsweise Botschaftsviertel, Universitätsviertel oder Siedlungen für die Angehörigen ausländischer Streitkräfte, in denen sich das Mietniveau auf mittlerem oder hohem Niveau bewegt. Der Ausländeranteil misst also nicht den sozialen Status.

- **Repräsentativität** (Verallgemeinerbarkeit): Die Untersuchungsergebnisse einer Stichprobe werden als repräsentativ, das heißt verallgemeinerbar bezeichnet, wenn sie auf Grundgesamtheiten übertragen werden können. Ob und mit welchem kalkulierbaren Fehlerrisiko dies möglich ist, hängt von Art und Umfang der Stichprobe ab.

- Das Auswahlverfahren muss bekannt sein und zu dem postulierten verkleinerten Abbild der Grundgesamtheit führen.

An diesen vier Kriterien lassen sich Qualität und Wert einer Stichprobe messen.

Ganz grob lassen sich die Methoden der Stichprobenziehung in **zufallsgesteuerte** und **nicht zufallsgesteuerte Auswahlverfahren** trennen (Abb. 6.4.2). Letztere können weiter in willkürlich und bewusst gezogene Stichproben eingeteilt werden. Bei **willkürlichen Auswahlverfahren** werden nach Belieben, das heißt an unreflektiert ausgewählten Orten, irgendwelche Personen zu beliebigen Zeitpunkten befragt. Mit anderen Worten: Es existiert kein Untersuchungsplan. Auf diese Weise gebildete Stichproben sind daher aus wissenschaftlicher Perspektive wertlos.

Anders verhält es sich bei einer **bewussten Stichprobenziehung**. Bewusst bedeutet dabei, dass die Auswahl nach einem zuvor festgelegten Plan, das heißt kontrolliert, erfolgt. Die Auswahl von Interviewpartnern obliegt dabei nicht mehr der Willkür des Interviewers, sondern ist durch konkrete Randbedingungen festgelegt. Diese schreiben vor, nur solche Personen oder Haushalte einzubeziehen, deren Eigenschaften in Abhängigkeit vom gewählten Forschungsziel zuvor definiert wurden. Solche Merkmale sind beispielsweise „Einkommen" oder „Alter". Auch können, wenn das Forschungsziel es nahe

legt, nur Extremfälle berücksichtigt werden. So wäre es beispielsweise sinnvoll, im Rahmen einer Untersuchung über Obdachlosigkeit ausschließlich Obdachlose zu ihren Lebensumständen zu befragen, da andere Personengruppen kaum seriöse Kenntnisse über deren Lebensbedingungen besitzen dürften.

Eine in der Forschungspraxis besonders bedeutende Form der bewussten Auswahl ist die **Quotenstichprobe**. Dabei wird die Stichprobe anhand vorher festgelegter Merkmale so geschichtet, dass sie hinsichtlich eben dieser Eigenschaften der Grundgesamtheit entspricht. Eine weitere Form der bewussten Stichprobenziehung ist die Auswahl nach dem Konzentrationsprinzip. Dabei konzentriert sich der Wissenschaftler auf besonders „ins Gewicht fallende" Probanden (Kromrey 2002). Warum dies sinnvoll sein kann, zeigt folgendes Beispiel aus der geographischen Handelsforschung: Ein Unternehmen möchte seine Verkaufsstrategie optimieren und lässt zu diesem Zweck das Einkaufsverhalten seiner Kunden im Rahmen einer Befragung analysieren. Bekannt ist, dass die Kunden zur Hälfte mit dem PKW zum Einkaufen kommen („Kofferraumkunden"), die andere Hälfte kommt zu Fuß oder nutzt das Fahrrad („Tütenkunden"). Die Gruppe der „Kofferraumkunden" gibt nun aus nahe liegenden Gründen im Durchschnitt beim Einkauf etwa das Vierfache aus, wie die „Tütenkunden". Um den Absatz von Produkten zu analysieren, reicht es daher für die mit der Befragung beauftragten Intervie-

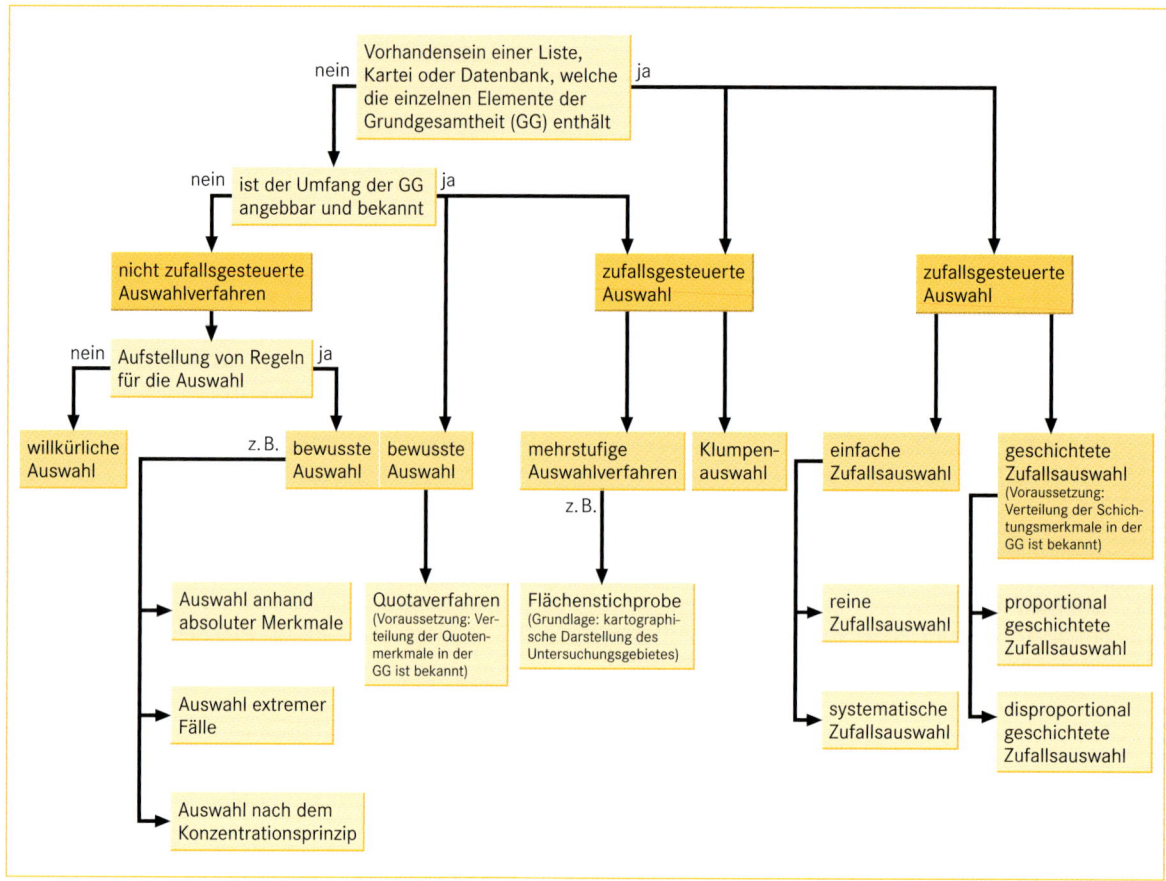

Abb. 6.4.2 Typen von Auswahlverfahren und notwendige Anwendungsvoraussetzungen (verändert nach Wessel 1996).

wer aus, sich auf die Gruppe der motorisierten Kunden zu stützen. Diese machen zwar nur die Hälfte aller Kunden aus, tragen aber zu vier Fünfteln zu den Einnahmen des Discounters bei.

Die zufallsgesteuerten Auswahlverfahren lassen sich in vier wichtige Untergruppen weiter einteilen. Ein in der Praxis häufig genutztes Verfahren ist die **Flächenstichprobe**. Sie basiert auf einem mehrstufigen Auswahlverfahren. In einer ersten Auswahlstufe werden mittels einer einfachen Zufallsauswahl Gebiete oder Raumpunkte bestimmt (Abb. 6.4.3). Anschließend findet in den so festgelegten Gebieten im Rahmen einer zweiten Auswahlrunde die Festlegung der konkreten Untersuchungseinheiten statt.

Einer anderen Strategie folgt die sogenannte **Klumpenauswahl** (*cluster sampling*). Sie basiert auf der räumlichen Zusammenfassung von Probanden zu geschlossenen Untersuchungsgebieten. Diese werden als Klumpen oder Cluster bezeichnet. So kann sich etwa eine Befragung von Einzelhandelsbetrieben in den Nebenzentren einer Stadt auf eine Auswahl (Klumpen) von Zentren beschränken. In diesen Zentren sind im Idealfall allerdings alle Betriebe zu befragen.

Abschließend seien hier noch die Verfahren der einfachen und der geschichteten Zufallsauswahl genannt. Das Verfahren der **einfachen Zufallsauswahl** setzt das Vorhandensein einer Kartei oder Datenbank, die alle Elemente der Grundgesamtheit enthält, voraus. Aus dieser Datenbank wird auf der Grundlage des Zufallsprinzips eine Auswahl getroffen. In der Praxis kann sowohl ein traditionelles Hilfswerkzeug, nämlich die Zufallszahlentabelle, die in den meisten Statistiklehrbüchern zu finden ist (Bahrenberg et al. 2010, Kriz 1983), als auch ein digitales Randomverfahren, bei dem der Computer nach einem vergleichbaren Prinzip eine Auswahl vorschlägt, eingesetzt werden. Bei der **geschichteten Zufallsauswahl** wird die Stichprobe nach einem zuvor definierten Merkmal gegliedert und dann aus jeder Schicht eine zufällige Auswahl gezogen.

Neben der Wahl eines geeigneten Stichprobenverfahrens beeinflusst der **Umfang der Stichprobe** in erheblicher Weise das Ergebnis einer Untersuchung. Zudem

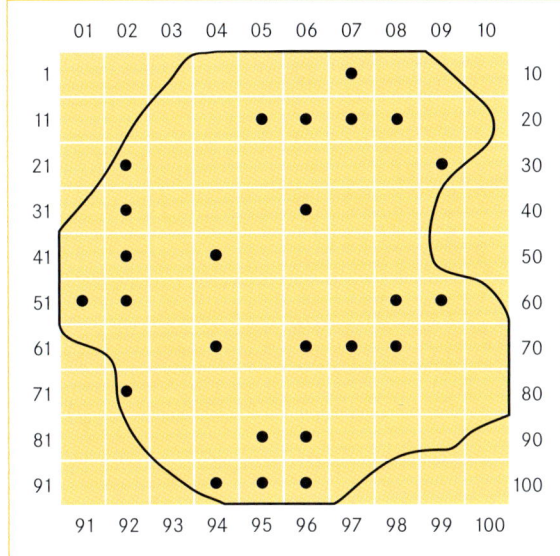

Abb. 6.4.3 Flächenstichprobe: Beispiel einer zufallsgesteuerten Auswahl (verändert nach Wessel 1996).

ist es für den Forscher wichtig, vor Beginn einer Untersuchung Klarheit über die Zahl der zu führenden Interviews zu besitzen, da der Zeitaufwand, der für die Erhebungen eingeplant werden muss, stets eine sehr wichtige Größe innerhalb eines Forschungsprojektes darstellt. Den Stichprobenumfang kann man sich anschaulich als eine mathematische Funktion vorstellen, die sich aus der Zahl der einfließenden Variablen und ihrer Merkmalsausprägungen herleiten lässt. Zur Berechnung des Stichprobenumfanges ist es erforderlich, in einem ersten Schritt die zu testenden Hypothesen aufzulisten. Für jede einzelne Hypothese wird nun festgestellt, welche Variablen für ihre Überprüfung heranzuziehen sind und welche Ausprägungen diese Variablen haben. Aus der Kombination der jeweiligen Variablenmerkmale ergibt sich für jede Hypothese eine Gesamtzahl möglicher Kombinationen. Das Maximum aller auf diese Weise ermittelten Werte liefert schließlich den erforderlichen Mindestumfang einer Stichprobe.

Die auf dieser Grundlage ermittelten Stichprobenumfänge mögen in vielen Fällen hinreichend sein. Oft sind jedoch an Stichproben hohe Ansprüche im Hinblick auf ihre Repräsentativität gestellt. In diesem Fall ist eine statistische Berechnung des Stichprobenumfanges erforderlich. Die mathematischen Hintergründe können hier nicht ausgebreitet werden, können aber zum Beispiel bei Wessel (1996) nachgelesen werden.

Die standardisierte Befragung

Standardisierte Befragungen können unter anderem nach der Befragungssituation, in der sie stattfinden, und dem Grad ihrer Strukturierung weiter unterteilt werden. Hinsichtlich der Befragungssituation kann grob zwischen **schriftlichen** und **mündlichen Befragungen** unterschieden werden. Das schriftliche Interview hat gegenüber der mündlichen Befragung den großen Vorteil, dass eine Beeinflussung durch den Interviewer, der in der Regel nicht der Forscher selbst ist, sondern von ihm beauftragt und angeleitet wurde, ausscheidet. So kann ein Interviewer durch die Art der Frageformulierung, die Intonation beim Vorlesen der Frage, durch Gestik und Mimik den Probanden beeinflussen, ohne dass ihm diese Manipulation bewusst wird. Beim schriftlichen Interview hingegen kann eine Frage, die der Proband nicht eindeutig verstanden hat, nicht erläutert werden. Zwar können hinzugefügte Erläuterungstexte mit Einschränkung für Abhilfe sorgen, sie sind aber mitunter sperrig, stören den Lesefluss und erhöhen die Gefahr des Interviewabbruchs. Auf jeden Fall kann eine unerwünscht große Zahl von Fragen unbeantwortet bleiben. Noch schlimmer ist es, wenn der Proband auf Fragen antwortet, obwohl er sie nicht oder nicht richtig verstanden hat. Ob der Sinn einer Frage korrekt erfasst wurde, ist bei schriftlichen Befragungen mit zumeist geschlossenen Fragen, bei denen die Antwortkategorien bereits vorgegeben sind und die Beantwortung mittels Ankreuzen erfolgt, nur schwer ersichtlich. Die einzige Möglichkeit des Aufdeckens von Inkonsistenzen besteht in der Gegenprüfung durch Kontrollfragen. Werden Ungereimtheiten auf diese Weise deutlich, so muss (mündlich) nachbefragt werden. Solche Nacherhebungen sind mit hohem zeitlichem und organisatorischem Aufwand verbunden.

Vor diesem Hintergrund sind mündliche Befragungen vorzuziehen. Der Ort der Befragung kann entweder der häusliche Bereich sein oder ein Ort außer Haus, der aber mit dem Thema der Befragung zu tun hat, zum Beispiel ein Einkaufszentrum oder eine Freizeiteinrichtung. Im ersten Fall spricht man von einer sogenannten Quellbefragung, im zweiten Fall von einer Zielbefragung. Als Sonderform der mündlichen Befragung ist das **Telefoninterview** zu nennen.

Trotz der Verschiedenartigkeit der Befragungssituationen kann ein und derselbe Fragebogen in unterschiedlichen Befragungssituationen eingesetzt werden. Ein gutes Beispiel hierfür liefern die im Rahmen des Mikrozensus durchgeführten Erhebungen (Exkurs 6.4.4).

Standardisierte Befragungen lassen sich nach dem Grad ihrer Strukturierung in voll und halb standardi-

Befragungsformen beim Mikrozensus

**Befragung durch Interviewerinnen
und Interviewer**

„Die beim Mikrozensus eingesetzten Interviewerinnen und
Interviewer stellen den Befragten die vorgegebenen Fragen
und übertragen die Antworten in die Erhebungsunterlagen.
Wichtigste Aufgabe dieser Erhebungsbeauftragten ist es, die
ausgewählten Haushalte zur Mitarbeit zu gewinnen und
eventuell bestehende Hemmnisse durch zusätzliche Informationen abzubauen. Ihr Einsatz ist nicht nur für die organisatorische Durchführung des Mikrozensus von Bedeutung,
sondern hat auch für die Befragten Vorteile. Die geschulten
Erhebungsbeauftragten können schnell und korrekt die
erteilten Antworten aufnehmen und den Befragten, soweit
erforderlich, beim Umgang mit den Erhebungsunterlagen
Hilfestellung leisten. Dadurch können Missverständnisse
ausgeräumt und ungenaue Angaben vermieden werden. Die
Interviewerinnen und Interviewer verwenden für ihre Befragung Laptops" (Ickler 2004).

**Schriftliche Beantwortung auf Wunsch
der Haushalte**

„Neben der persönlichen Befragung besteht für die Haushalte auch die Möglichkeit, die Antworten selbst schriftlich
zu erteilen. Zu diesem Zweck werden Fragebögen eingesetzt, die so gestaltet sind, dass sie von den Haushalten
auch ohne Beteiligung des Interviewers ausgefüllt werden

können. Diese Fragebögen werden in der Regel direkt an das
Statistische Landesamt übersandt, können aber auch dem
zuständigen Interviewer ausgehändigt werden. In Anbetracht der Komplexität des Mikrozensus weisen die von den
Haushalten ausgefüllten Erhebungsbogen jedoch eine hohe
Fehlerquote auf, sodass hier in zahlreichen Fällen die Haushalte noch einmal angeschrieben oder angerufen werden
müssen" (Ickler 2004).

**Der telefonische Kontakt – eine vorteilhafte
Ergänzung**

Haushalte, die weder dem Interviewer gegenüber noch
schriftlich die Auskunft erteilt hatten, da sie nicht angetroffen werden konnten oder die Auskunft verweigerten, werden
vom Statistischen Landesamt angeschrieben und um Ertei-
lung der erforderlichen Auskünfte gebeten. In vielen Fällen
nehmen die Haushalte dann telefonisch Kontakt mit dem
Statistischen Landesamt auf und äußern den Wunsch nach
unmittelbarer telefonischer Übermittlung der Angaben. Der
Zeitaufwand für ein derartiges von den besonders ausgebildeten und erfahrenen Mitarbeiterinnen und Mitarbeitern
durchgeführtes Interview ist ausgesprochen gering. Selbst
bei größeren Haushalten sind hier in der Regel nicht mehr als
15 Minuten zu veranschlagen. Die telefonische Befragung als
ergänzendes Erhebungsinstrument soll daher aufrechterhalten und nach Möglichkeit weiter ausgebaut werden.

---

sierte Interviews unterteilen. **Voll standardisierte Interviews** setzen sich ausschließlich aus geschlossenen Fragen zusammen, das heißt die Antwortkategorien für
jede einzelne Frage sind vorgegeben und können weder
durch den Interviewer noch durch den Interviewten
erweitert werden.

Halb standardisierte Interviews beinhalten sowohl
geschlossene als auch offene Fragen. **Geschlossene Fragen** zwingen den Interviewten, sich für eine oder mehrere vorgegebene Antworten zu entscheiden. Insbesondere bei Telefoninterviews werden häufig Fragebögen
mit geschlossenen Fragen eingesetzt, da die untersuchten Themen inhaltlich meistens eingeschränkt sind und
die für die Befragung zur Verfügung stehende Zeit aus
nahe liegenden Gründen begrenzt ist. Bei **offenen Fragen** wird nur die Frage gestellt. Sowohl die Zahl der Antworten als auch die Besetzung der Kategorien kann der
Interviewte frei definieren. Die Antworten müssen pro-
tokolliert und später zu sinnvollen Klassen zusammengefasst werden (Karmasin & Karmasin 1977). Eine

Zwischenstellung nehmen die **halb offenen Fragen** ein.
Dabei sind die Kategorien, die erwartungsgemäß bzw.
nach den im Rahmen von Pretests gemachten Erfahrungen vergleichsweise häufig genannt werden, vorgegeben.
Jedoch können auch andere Antworten erfasst werden.
Sie müssen im Anschluss an die Befragung frageweise
aufgelistet werden. Anschließend definiert der Forscher
übergeordnete Kategorien, denen er bei der Kodierung
die offenen Antworten zuweisen muss.

Aus der Kombination von Befragungssituation und
dem Grad der Vorstrukturiertheit eines Fragebogens
ergibt sich eine Vielzahl unterschiedlicher Befragungsformen. Übergreifend ist stets ein Problem zu lösen: Die
ausgewählten Haushalte müssen zur Mitarbeit gewonnen werden, eventuell bestehende Hemmnisse müssen
durch zusätzliche Informationen abgebaut werden.
Diese Aufgabe wird allerdings in einer Zeit, in der Haushalte immer häufiger durch mehr oder weniger seriöse
Formen der Werbung kontaktiert werden und die
Bereitschaft der Bürger, über persönliche Meinungen,

Einstellungen und Handlungsweisen Auskunft zu geben, abnimmt, immer schwieriger.

Die standardisierte Befragung ist ein Kommunikationsprozess, der durch eine Reihe interner und externer „Störfaktoren" beeinträchtigt werden kann und zu **Messfehlern** führen kann. So ist zu bedenken, dass die (wissenschaftliche) Sprache des Forschers sich von der Alltagssprache der Probanden unterscheidet. Der Forscher hat seine Hypothesen in einer Theoriesprache abgefasst, die sich den meisten Interviewpartnern (und möglicherweise auch den vom Forscher beauftragten Interviewern) verschließt. Daher muss er seine Fragen in die Alltagssprache und das Begriffsvokabular der Probanden übersetzen. Schon dabei können erste Unschärfen innerhalb des Kommunikationsprozesses entstehen. Der in die Alltagssprache übersetzte Fragenkatalog wird vom Interviewer an den Probanden herangetragen. Dieser erfasst die umgangssprachlich formulierten Antworten und leitet sie an den Forscher weiter, der die Antworten in sein wissenschaftliches Sprachsystem zurückübersetzt. Auch dabei lassen sich Informationsverluste kaum vermeiden.

Die innerhalb des Kommunikationsprozesses entstehenden Fehler gewinnen umso mehr an Bedeutung, desto heterogener der zu untersuchende Personenkreis ist. So muss zum Beispiel bei einer breiten Streuung des Bildungsniveaus die Frageformulierung den am wenigsten gebildeten Probanden angepasst werden. Die Folge kann sein, dass Gebildete eine Frage aufgrund ihrer naiven Formulierung nicht ernst nehmen und im schlimmsten Falle die Antwort verweigern (Atteslander 1975). Auch reagieren Befragte aus verschiedenen Milieus unterschiedlich auf bestimmte Themenkreise. Themen, die in aufgeschlossenen Milieus offen diskutiert werden, beispielsweise Fragen zum Einkommen, bleiben in anderen Milieus tabuisiert. Ein weiteres Problem kann entstehen, wenn Befragte sich innerhalb eines Interviews nicht konform verhalten. So können sie beispielsweise „blocken", weil sie ihre Meinungen und Motive nicht preisgeben wollen oder können. Oftmals geschieht dies, weil eine persönliche Reflexion über ein diskutiertes Thema noch gar nicht stattgefunden hat oder weil den Befragten die sprachlichen Fähigkeiten zur verbalen Artikulation von Begründungszusammenhängen fehlen. Ein anderes Problem ist das „Vergessen". Einerseits nimmt das Erinnerungsvermögen mit dem Verstreichen von Zeit ab, andererseits speichert das Gehirn Ereignisse bekanntlich selektiv ab. Unwichtige und unangenehme Ereignisse werden deutlich flüchtiger gespeichert als wichtige und angenehme Begebenheiten. Übergreifend ist zu beachten, dass die Gedächtnisleistungen von Menschen aufgrund genetischer Dispositionen, Gedächtnistraining und Alterungsprozesse stark variieren können.

6.5 Rechnen und Mathematikmachen: quantitative Analyseverfahren in der Geographie

JOSEF NIPPER

Der vorliegende Artikel ist keine Einführung im Sinne einer Darstellung gängiger quantitativer Methoden, er soll vielmehr einen Einblick in die grundsätzliche Denk- und Vorgehensweise und einen Überblick über Möglichkeiten und Grenzen solcher Methoden geben. Dabei werden im folgenden Teilkapitel unter quantitativen Analyseverfahren insbesondere mathematische bzw. mathematisch-statistische Verfahren, die in Form von Zahlen bzw. Ziffern vorliegende Datenmengen bearbeiten, verstanden.

Mathematik und Statistik in der Geographie: ein historischer Abriss

Quantitative Methoden und Kennziffern sind schon seit Langem in der Geographie verwendet worden, um Situationen, in denen viele Informationen vorliegen, „in den Griff" zu bekommen. Die Klimaklassifikation von Köppen (Kapitel 9.8) – entwickelt gegen Ende des 19. Jahrhunderts – fußt (methodisch gesehen) im Wesentlichen auf einem solchen Vorgehen, wenn als Abgrenzungskriterien beispielsweise genommen werden: die Mittelwerte des wärmsten oder kältesten Monats (= arithmetischer Mittelwert der „Monatstemperatur" über in der Regel 30 Jahre, wobei die „Monatstemperatur" schon das Mittel vieler Einzelwerte innerhalb eines Monats ist) oder auch das Verhältnis zwischen Temperatur und Niederschlag als Indikator für Aridität/Humidität (mathematisch erzeugt durch eine Funktion zwischen den beiden Variablen). Eine verstärkte wissenschaftliche Beschäftigung mit quantitativen Methoden in der Geographie erfolgte allerdings erst deutlich später, wobei die Ursprünge der Quantitativen Geographie – als Teildisziplin der Geographie, die genau dieses tut – in den 1950er-Jahren anzusiedeln sind. Damals wurde in der englischsprachigen Geographie damit begonnen verstärkt mathematisch-statistische Verfahren zur Analyse und Modellierung einzusetzen.

Die Entstehung dieses neuen Forschungszweiges basierte dabei auf mehreren miteinander verflochtenen bzw. sich gegenseitig beeinflussenden Entwicklungen, nämlich:

- Wissenschaftstheoretisch ergab sich – ausgehend vom und besonders gefördert durch den **Kritischen Rationalismus** – eine Neuorientierung auf eine stärker deduktiv ausgerichtete Vorgehensweise mit dem Ziel, allgemeine Regelhaftigkeiten und Erklärungszusammenhänge herzustellen und somit einen Beitrag zu Theorie- und Modellbildung zu leisten (Kapitel 5).

- Gleichzeitig entwickelte sich in den Gesellschaftswissenschaften eine verstärkte Hinwendung zu **empirisch-analytisch orientierten Arbeiten** mit dem Ziel, komplexe Strukturen der Realität aufzudecken. So entstand in der Chicagoer Schule der Soziologie schon in den 1930er-Jahren die Sozialökologie, ein in der Stadtforschung grundlegender Ansatz zur Analyse sozialräumlicher Strukturen, der von der Annahme eines komplexen Geflechts unterschiedlicher Einflussfaktoren ausgeht und der später in die Faktorialökologie mündet (Kapitel 21).

- Teilweise ebenfalls schon in den 1930er-Jahren sind in der Mathematik und Statistik wie auch in den Sozialwissenschaften **multivariate Verfahren** entwickelt worden, die in der Lage sind, komplexe Strukturen, bei denen eine Vielzahl von Faktoren eingehen, zu analysieren bzw. zu modellieren. So wurden die Grundlagen der faktorenanalytischen Verfahren schon zu dieser Zeit gelegt (Hotelling 1933).

- Solche Methoden waren damals jedoch kaum für Analysen einzusetzen, da bei großen Datenmengen (viele Variable, viele Objekte) der Rechenaufwand außerordentlich hoch ist. Mit der Entwicklung der **Computer** seit den 1950er-Jahren ergaben sich dann ideale Möglichkeiten, solche komplexen Verfahren effizient anzuwenden.

Für die Geographie führte diese Konstellation zu einem deutlichen Paradigmenwechsel: weg von der ideographischen Betrachtungsweise, in der die Beschreibung des Spezifischen (Einzigartigkeit) eine große Bedeutung hat, und hin zu einem **nomothetischen Vorgehen**, mit dem Ziel, allgemeine regelhafte räumliche Strukturen aufzudecken, zu analysieren und zu modellieren. Die Komplexität der Realität war schon immer ganz bewusst im Blickfeld der Geographie gewesen und sie hatte versucht, diese Realität beschreibend zu erfassen und darzustellen. Nun aber ergaben sich neue Möglichkeiten, diese Komplexität methodisch-analytisch anzugehen und in Modellen abzubilden. So kann es auch nicht überraschen, wenn Anfang der 1960er-Jahre Burton (1963) von einer *quantitative revolution* in der Geographie sprach.

In der deutschsprachigen Geographie beginnt die hier dargelegte Entwicklung erst in der zweiten Hälfte der 1960er-Jahre. Der Kieler Geographentag 1969 mit seiner Kritik an der Länderkunde als dem damals zentralen Forschungsfeld deutschsprachiger Geographie (Redaktionsgruppe 1969) ist von der wissenschaftstheoretischen Seite zusammen mit der Habilitationsschrift von Bartels (1968) als Anfangspunkt zu sehen. Von der methodischen Seite her sind besonders Steiner (1965), der zu dieser Zeit in Kanada lehrte, bzw. seine Schüler (Kilchenmann 1968) als Wegbereiter zu nennen.

In der nun 40-jährigen Entwicklung der Quantitativen Geographie im deutschsprachigen Raum lassen sich unterschiedliche methodische wie auch fachinhaltliche Schwerpunkte erkennen (Brunotte et al. 2001/2002). Jetzt, zu Beginn des neuen Jahrtausends, stößt die Quantitative Geographie als Disziplin nicht mehr in dem Maße auf Interesse, wie in den 1970er-Jahren. Als Gründe lassen sich unter anderem nennen:

- die Hinwendung zu neuen Fragestellungen, bei denen Verfahren der qualitativen Methodik (Kapitel 7) eine zentrale Rolle spielen

- die Entwicklung Geographischer Informationssysteme (Kapitel 8) mit der Folge, dass quantitativ arbeitende Geographen sich stärker in diesem sich zum Teil eigenständig entwickelnden Feld engagieren

Hat es nun eine quantitative Revolution in der Geographie gegeben, wie es Anfang der 1960er-Jahre formuliert wurde? Revolution im Sinne einer Beherrschung des Faches hat es sicher nicht gegeben; quantitativ arbeitende Geographen haben aber ebenso gewiss einen ansehnlichen Beitrag geleistet bei der Neuausrichtung des Faches in Richtung einer stärker theoretisch-analytischen Fundierung. Sowohl auf dem Feld der Theoriebildung als auch insbesondere auf dem der Methodik sind von quantitativ arbeitenden Geographen Impulse gekommen. Allerdings ist auch festzuhalten, dass die Quantitative Geographie in den deutschsprachigen Ländern immer eine geringere Rolle gespielt hat als im englischsprachigen Raum (Nordamerika, England).

Felder, auf denen die Quantitative Geographie in Zukunft arbeiten wird, sind sicher auch in Zusammenhang zu sehen mit der technologischen Entwicklung (etwa bei den **Geographischen Informationssystemen** und der **Fernerkundung**) und der zunehmenden Informations- bzw. Datenfülle. Neurocomputing bzw. neuronale Netze werden als effiziente Methoden und Vorgehensweisen für Lösungen gesehen (Fischer & Getis 1997). Darüber hinaus bleibt sicher Forschungsbedarf auf dem Gebiet der kategorialen Datenanalyse bestehen. Dies ist einmal notwendig vor dem Hintergrund verstärkter Analysen auf der mikroanalytisch-individuellen

Ebene (z. B. Befragungen), zum anderen zeigt sich, dass solche Methoden auch in ökologischen Studien mit Erfolg eingesetzt werden können (Schröder et al. 1994).

Viele Informationen in Ziffern und Zahlen – wie man damit umgeht

Die Geschichte der Quantitativen Geographie belegt, dass eine enge Affinität zum Kritischen Rationalismus besteht. Gleichzeitig wird ebenso deutlich, dass die Methoden auch „einfach nur" Lösungen anbieten, um große Datenmengen bearbeiten zu können. Der Umfang der Informationsmengen hat in manchen Forschungsfeldern wie beispielsweise der Geoinformatik (Kapitel 8) im Laufe der Zeit ganz extrem zugenommen. Ausgehend von dieser Situation sollen im Folgenden einige Überlegungen angestellt werden,

- wie von mathematisch-statistischer Seite an das Problem großer Datenmengen herangegangen werden kann,
- welche Möglichkeiten bestehen, mit solchen Methoden aus den Daten geographisch Interessantes zu gewinnen, und
- um für Probleme und Fallstricke sensibel zu machen, die bei der Anwendung solcher Verfahren entstehen können.

Rechnen und Mathematikmachen, um Geographie zu erhalten

Die Anwendung mathematisch-statischer Methoden in der Geographie (also Rechnen und Mathematikmachen in der Geographie) ist nur dann sinnvoll, wenn in einer geographischen Fragestellung Phänomene behandelt werden, die als Ziffern kodiert sind, und in aller Regel eine Vielzahl solcher Werte vorhanden sind, die es notwendig erscheinen lassen, diese Ziffern zu ordnen, zusammenzufassen und so weiter, um einen Überblick zu bekommen. Diese anfallenden Ziffernmengen werden dann als mathematische Phänomene aufgefasst und dementsprechend deren mathematische bzw. statistische Kenngrößen ermittelt. Damit nun die Wechselwirkung zwischen Mathematik und Geographie funktioniert, ist es wichtig, dass die interessierenden geographischen Charakteristika sich den mathematischen Kenngrößen zuordnen bzw. die mathematischen Kenngrößen sich auf geographische Sachverhalte abbilden lassen, dass also die zweifache Übersetzung, wie sie in der Abbildung 6.5.1 angedeutet ist, passgenau möglich ist. Und genau hier ist eine der Nahtstellen für die

Entscheidung, ob mit eher quantitativen oder mehr qualitativen Verfahren gearbeitet wird (Kapitel 5.2).

Einsatzfelder quantitativer Methodik

Ausgehend von der Anzahl der Merkmale (Variablen), die in einem Verfahren gleichzeitig betrachtet werden, wird oftmals in univariate, bivariate und multivariate Verfahren unterschieden. Hinsichtlich der Zielsetzung unterscheidet man zunächst einmal zwischen strukturentdeckenden und strukturprüfenden Verfahren (Exkurs 6.5.1). Natürlich werden einzelne Verfahren oftmals auch für unterschiedliche Ziele eingesetzt. Eine weitere Einteilung, die etwas detaillierter von wichtigen Zielrichtungen empirischer (auch geographischer) Forschung ausgeht und die hier Basis für die weiteren Überlegungen in diesem Kapitel sein soll, ergibt eine Vierteilung in:

- Verfahren, um die Informationsfülle zu ordnen und charakteristische Eigenschaften herauszufiltern
- Verfahren, um bei Unsicherheit entscheiden zu können
- Verfahren, um Zusammenhänge zu erfassen und zu erkennen
- Verfahren, um Sachverhalte in einem Modell darzustellen

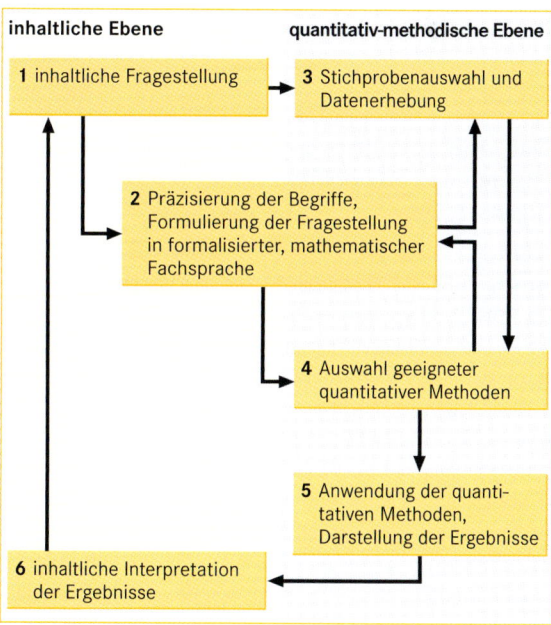

Abb. 6.5.1 Quantitative Methodik in der empirischen Forschung.

Begriffe und Festlegungen in der Statistik

Verfahren und Variablenzahl

- univariate Verfahren: Verfahren zur Analyse der Eigenschaften einer Variablen (z. B. Ermittlung der Streuung der Variablenwerte mittels Streuungsparameter)
- bivariate Verfahren: Verfahren zur Analyse der Eigenschaften einer durch zwei Variablen bestimmten Verteilung (z. B. Untersuchung einer räumlichen Punktverteilung durch Quadratanalyse, Ermittlung des Zusammenhangs zwischen zwei Variablen X und Y mit Verfahren der einfachen Korrelations- und Regressionsanalyse)
- multivariate Verfahren: Verfahren zur Analyse der Eigenschaften einer durch mehrere (in der Regel mehr als zwei) Variablen bestimmten Verteilung (z. B. Ermittlung des Zusammenhangs zwischen der Variablen Y und den Variablen $X_1, ..., X_m$ mit Verfahren der multiplen Korrelations- und Regressionsanalyse; Untersuchung der Zusammenhangstruktur bei mehreren Variablen durch faktorenanalytische Verfahren; Gruppierung von Objekten nach mehreren Variablen)

Verfahren und Zielrichtung

- Strukturentdeckende Verfahren zielen darauf ab, charakteristische Strukturen in einer Menge von Daten aufzudecken und zu beschreiben. Die so gewonnenen Resultate dienen oft als Ausgangspunkt zur Formulierung von Hypothesen. Verfahren, die in der Geographie in hohem Maße in diesem Sinne eingesetzt werden, sind beispielsweise faktorenanalytische Verfahren oder Clusteranaly-

sen. Solche explorativen Datenanalysen sind dann angebracht, wenn nur eine geringe theoretische Grundlage vorhanden ist bzw. wenn die Daten nicht explizit für die Fragestellung erhoben wurden, sodass der Forscher nur eine unvollständige Vorstellung über die Struktur der Daten hat. In geographischer Forschung sind solche Analysen recht häufig anzutreffen.
- Strukturprüfende Verfahren zielen darauf ab, formulierte Hypothesen an der „Realität" – repräsentiert durch eine Datenmenge – zu überprüfen und zu entscheiden, ob sie „akzeptiert" werden können oder „abgelehnt" werden sollten. Die Verfahren der analytischen Statistik gehören insbesondere in diese Kategorie. Solche konfirmatorischen Datenanalysen sind angebracht, wenn Hypothesen über die Realität mit hinreichender Genauigkeit gestellt werden können.

Einige wichtige Parameter der deskriptiven Statistik

Ausgangssituation: Es seien die n Werte $x_1, ..., x_n$ für die Variable x gegeben. Die nebenstehende Tabelle zeigt die Parameter mit ihrer Definition und Aussage.

Grundgesamtheit und Stichprobe

- Grundgesamtheit: Menge aller Untersuchungselemente, für die eine Aussage gemacht werden soll. Grundgesamtheiten können endlich oder unendlich groß sein. Sie sind in der Regel so umfangreich, dass sie nicht vollstän-

Den Wald vor lauter Bäumen sehen können – Ordnen und Herausfiltern charakteristischer Eigenschaften

Liegt eine Vielzahl an Daten, wie etwa die Bevölkerungsentwicklung auf Basis der Kreise in der BRD von 1995 bis 2001, vor, so lässt sich anhand der Datenliste wohl kaum herauslesen, was für die Bevölkerungsentwicklung auf Kreisbasis charakteristisch ist, da einfach zu viele Kreise vorhanden sind (insgesamt 440). Daten übersichtlich zu ordnen und bestimmte charakteristische Eigenschaften in Kennzeichen festzumachen (Exkurs 6.5.1), sind ein notwendiger Schritt, um die wichtigen Informationen über die betreffende Variable zu erhalten. Im vorliegenden Fall zeigt das Häufigkeitsdiagramm bzw. die Häufigkeitstabelle (Abb. 6.5.2), dass recht viele Kreise eine sehr gemäßigte Entwicklung mit nur leichten Verlusten oder Gewinnen (zwischen −2% und +2%) durchgemacht haben. Noch mehr Kreise wei-

sen mittlere Zunahmen zwischen 2% und 6% auf, Kreise mit mittleren Abnahmen in entsprechender Größenordnung sind hingegen seltener. Stärkere bzw. extreme Entwicklungstendenzen sind sowohl in Richtung Abnahme als auch in Richtung Zunahme nur selten anzutreffen. Differenziert man in West- und Ostdeutschland so zeigen die Diagramme, Tabellen und Parameter zudem, dass der Prozess sich in beiden Teilen Deutschlands durchaus unterschiedlich verhält. In Westdeutschland weist der überwiegende Teil der Kreise eine gemäßigte Entwicklung bzw. eine mittlere Zunahme aus. Mehr als 80% der Kreise sind hier einzuordnen. Extreme und sehr extreme Entwicklungen, sowohl in positiver als auch negativer Richtung kommen kaum vor. Eine solche Situation ist aber sehr wohl für Ostdeutschland auszumachen. Fast 70% der ostdeutschen Kreise weisen extreme bis mittlere Abnahmen und nur etwa 11% weisen relativ bedeutende Zunahmen auf

Parameterkategorie Parameter	Definition/Formel	Aussage/Aussageziel
Lageparameter		Angaben zum Bereich, in dem die Daten in etwa liegen
Modus, Modalwert	M_d = Wert, an dem die Häufigkeitsverteilung ihr Maximum hat	Lage des Wertes, bei dem die Daten mit der höchsten Wahrscheinlichkeit auftreten
Median	M_e = Wert, der die der Größe nach geordnete Datenreihe in zwei gleich große Mengen aufteilt	a) Lage des Wertes, der die Datenreihe in eine gleich große „untere" und „obere" Gruppe teilt b) Wert, bei dem die Summe der Abweichungen $|x_i - M_e|$ minimiert ist
Arithmetischer Mittelwert	$\bar{x} = \dfrac{1}{n} \sum\limits_{i=1}^{n} x_i$	a) Durchschnitt aller Werte x_i b) Wert, bei dem die Summe der Abweichungsquadrate $(x_i - \bar{x})^2$ minimiert ist
Streuungsparameter		Unterschiedlichkeit/Variation der Daten
Spannweite	$R = |x_{max} - x_{min}|$	Gesamterstreckungsbereich der Daten
Mittlere Abweichung	$\bar{d} = \dfrac{1}{n} \sum\limits_{i=1}^{n} |x_i - \bar{x}|$	Durchschnittliche Abweichung der Einzelwerte vom Mittelwert
Standardabweichung	$s = \sqrt{\dfrac{1}{n} \sum\limits_{i=1}^{n} (x_i - \bar{x})^2}$	a) Maß für die durchschnittliche Abweichung der Einzelwerte vom Mittelwert b) Maß für die durchschnittliche Abweichung der Einzelwerte untereinander

dig erfasst werden können, sondern eine Stichprobe gezogen wird.
- Stichprobe: eine endliche Teilmenge der Grundgesamtheit, die nach bestimmten Regeln so entnommen ist, dass sie für die Grundgesamtheit repräsentativ ist, das heißt, die gleichen statistischen Eigenschaften besitzt wie die Grundgesamtheit.

(mehr als 2% Zuwachs). Die Mittelwerte bestätigen die hier schon angesprochene Unterschiedlichkeit mit der insgesamt positiveren Tendenz in Westdeutschland, wobei die Standardabweichungen klar belegen, dass die Entwicklung in ostdeutschen Kreisen stärker variiert.

Entscheiden unter Unsicherheit

In empirischen Wissenschaften stellt sich oftmals das Problem, dass man eine Aussage über ein Phänomen machen möchte, ohne eine vollständige Information darüber zu haben, weil nicht über alle Objekte Informationen vorliegen. Bei Befragungen zum Wahlverhalten ist das beispielsweise fast immer der Fall. Man möchte eine Aussage machen über alle Wahlberechtigten (bei einer Bundestagswahl sind das beispielsweise etwa 61,5 Millionen). Es werden aber (und können auch nur) 3 000 bis 5 000 Wahlberechtigte nach ihrem Verhalten befragt und aus den Aussagen dieser Befragten, der so-

genannten Stichprobe, wird auf das Verhalten der Gesamtheit der Wahlberechtigten, der Grundgesamtheit, geschlossen (Exkurs 6.5.1). Genauso liegt der Fall im Prinzip auch bei der Erstellung einer Klimaklassifikation (z. B. Klimaklassifikation nach Köppen). Für endlich viele Klimastationen auf der Erde liegen die notwendigen Messwerte (Temperatur, Niederschlag) vor und von diesen Werten aus wird „in die Fläche extrapoliert", das heißt auf die Situation an allen anderen Punkten der Erdoberfläche geschlossen – das sind im Übrigen unendlich viele Punkte. Ein solches Vorgehen, von einer Stichprobe aus auf die Grundgesamtheit zu schließen, ist in empirischen Wissenschaften eine der gängigsten Vorgehensweisen (z. B. in den Naturwissenschaften: von Versuchen auf allgemeine Gesetzmäßigkeiten; in den Sozial- und Wirtschaftswissenschaften: von „Einzelerhebungen" auf allgemeines Verhalten bzw. Strukturen). Wichtig für den „Erfolg" eines solchen Vorgehens ist,

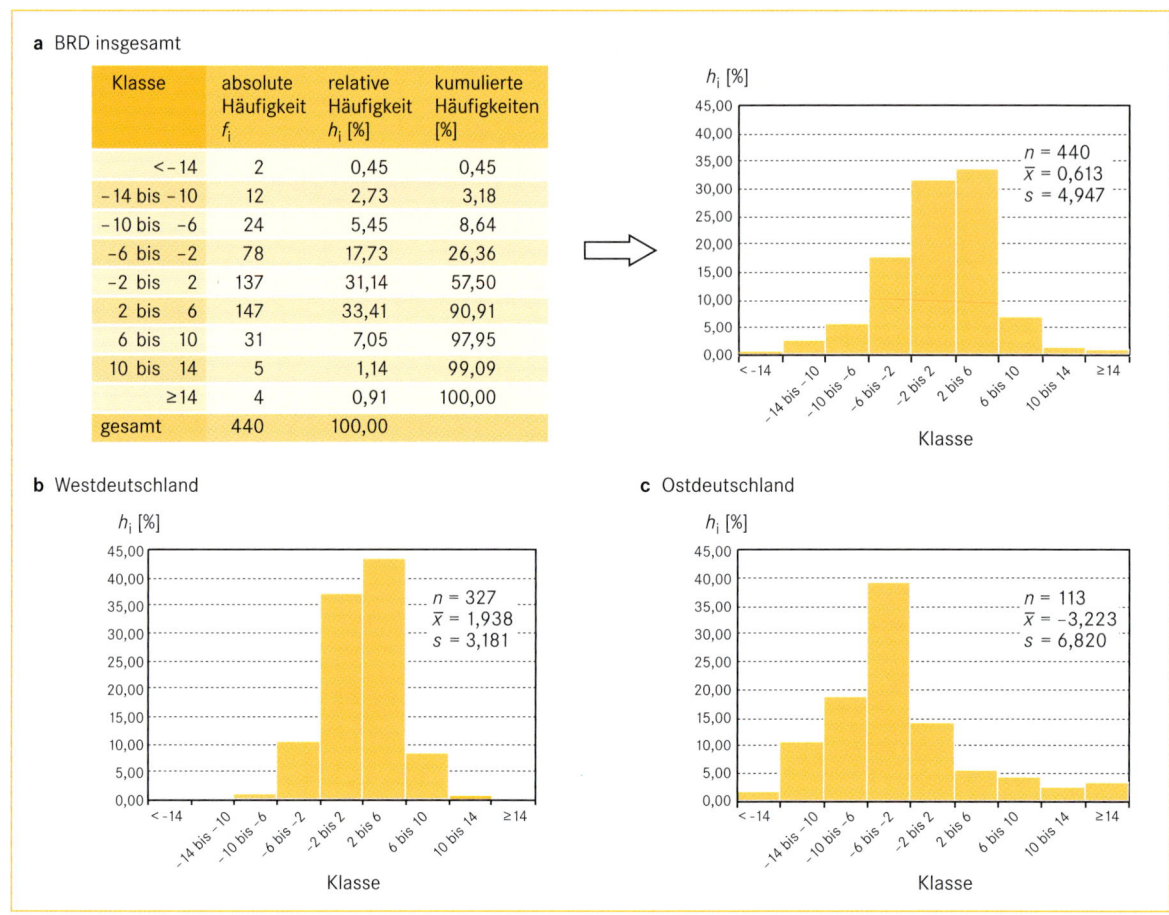

a BRD insgesamt

Klasse	absolute Häufigkeit f_i	relative Häufigkeit h_i [%]	kumulierte Häufigkeiten [%]
< – 14	2	0,45	0,45
– 14 bis – 10	12	2,73	3,18
– 10 bis – 6	24	5,45	8,64
– 6 bis – 2	78	17,73	26,36
– 2 bis 2	137	31,14	57,50
2 bis 6	147	33,41	90,91
6 bis 10	31	7,05	97,95
10 bis 14	5	1,14	99,09
≥ 14	4	0,91	100,00
gesamt	440	100,00	

$n = 440$
$\bar{x} = 0,613$
$s = 4,947$

b Westdeutschland

$n = 327$
$\bar{x} = 1,938$
$s = 3,181$

c Ostdeutschland

$n = 113$
$\bar{x} = -3,223$
$s = 6,820$

Abb. 6.5.2 Bevölkerungsentwicklung in der BRD 1995 bis 2001 (Quelle: Bundesanstalt für Bau und Raumordnung).

dass zwei Bedingungen erfüllt sind. Zum einen muss die Stichprobe so geartet sein, dass sie hinreichend genau die Eigenschaften der Grundgesamtheit widerspiegelt. Man sagt dann: Die Stichprobe ist repräsentativ. Zum anderen muss es ein geregeltes Verfahren geben, wie von einer Stichprobe auf die Grundgesamtheit geschlossen werden darf bzw. kann. Ein wesentlicher Grundsatz bei der Auswahl der Stichprobenelemente ist also, dass diese so gewählt werden, dass keine Verzerrungen auftreten (z. B. Befragung von ausschließlich Jugendlichen führt zu einem falschen Bild beim Wahlverhalten aller Wahlberechtigten). Aus statistischer Sicht wäre hier eine **Zufallsstichprobe** optimal, das heißt, jedes Element der Grundgesamtheit hat die gleiche Chance, Element der Stichprobe zu werden. Allerdings ist es oftmals gar nicht möglich dieses Verfahren anzuwenden und es werden andere geeignete Verfahren konstruiert, die hinreichend gut den Zufall simulieren können und damit die Stichprobe repräsentativ machen (Bahrenberg et al. 2010, Pokropp 1996).

Natürlich kann man nicht ganz sicher sein, dass die Eigenschaften der Stichprobe (z. B. Lageparameter wie Mittelwert, Streuungsparameter wie Standardabweichung) genau die gleichen sind, wie diejenigen der Grundgesamtheit. Aus der **Repräsentativität der Stichprobe** kann zunächst höchstens abgeleitet werden, dass deren Eigenschaften annähernd denjenigen der Grundgesamtheit entsprechen. Das bedeutet dann aber auch, dass die Eigenschaften der Grundgesamtheit nicht exakt bestimmt, sondern nur mit hinreichender Genauigkeit aus den Eigenschaften der Stichprobe geschätzt werden können. Hierbei sind zwei Fälle zu unterscheiden:

- Aus einer Eigenschaft (Parameter) einer Stichprobe (p) möchte man auf diejenige der Grundgesamtheit (π) schließen (das sog. **Schätzen**). In einem solchen Fall bestimmt man das sogenannte Konfidenzintervall (Vertrauensbereich). Dieses gibt einen Bereich an, in dem der „wahre" Parameter π der Grundgesamtheit mit einer Wahrscheinlichkeit (Sicherheit) von $S = (1-\alpha)$ liegt. Eine Sicherheit von $S = 0,9 = 90\%$

besagt, dass π mit einer Sicherheit von 90 % in dem entsprechenden Intervall liegt, dass aber auch mit einer Wahrscheinlichkeit von $\alpha = 0,1 = 10\%$ der tatsächliche Wert der Grundgesamtheit irgendwo außerhalb des Konfidenzintervalls liegt. Die „Unsicherheit" α wird als Signifikanzniveau (Irrtumswahrscheinlichkeit) bezeichnet.

- Es liegen für zwei Stichproben die jeweiligen Eigenschaften (Parameter) vor bzw. diese liegen für eine Stichprobe und für eine Grundgesamtheit vor. Nun stellt sich die Frage, ob die jeweiligen Eigenschaften der zugehörigen Grundgesamtheiten identisch oder verschieden sind (und damit die Stichproben zu unterschiedlichen Grundgesamtheiten gehören). Ein solcher **Vergleich der Grundgesamtheitseigenschaften** π_1 und π_2 ist natürlich wiederum mit Unsicherheiten behaftet, da diese ja nur aus den vorliegenden Stichproben geschätzt werden können. Solche Vergleiche werden in der Statistik als Tests bezeichnet (Exkurs 6.5.2). Das Vorgehen lehnt sich dabei stark an die Grundgedanken des Kritischen Rationalismus (Formulierung und Bestätigung einer Hypothese) unter Zuhilfenahme des Konzepts der zweiwertigen Logik an (es gibt die beiden Zustände „wahr" und „falsch"). Mit Nullhypothese bezeichnet man die Annahme, dass die beiden zu vergleichenden Eigenschaften π_1 und π_2 identisch sind (H_0: $\pi_1 = \pi_2$). Es wird davon ausgegangen, dass H_0 mit einer Wahrscheinlichkeit von $S = (1 - \alpha)$ (z. B. $S = 95\%$) richtig ist, also mit einer Wahrscheinlichkeit von S von der Gleichheit der Eigenschaften auszugehen ist. Liegt der aus den vorliegenden Informationen berechnete Testkoeffizient in dem Bereich, der abgegrenzt werden kann, wenn die Nullhypothese korrekt ist, dann wird die Nullhypothese weiterhin akzeptiert. Führt die Berechnung des Testkoeffizienten aber zu einem Ergebnis, welches nicht in dem zuvor bezeichneten Bereich liegt, sondern in dem Restbereich, in dem unter Annahme von H_0 der Testkoeffizient nur mit einer Wahrscheinlichkeit α (z. B. $\alpha = 5\%$) liegen kann, dann kann die Nullhypothese nicht richtig sein. Sie wird verworfen und es wird das Gegenteil, die sogenannte Alternativhypothese H_A angenommen, das heißt, es wird angenommen, dass die beiden Eigenschaften π_1 und π_2 verschieden sind.

Zusammenhänge erkennen und erfassen: das Prinzip der Deckungsgleichheit bzw. Ähnlichkeit

Neben der Beschreibung von Phänomenen ist die Erklärung von Phänomenen ein wesentliches Ziel wissenschaftlichen Arbeitens. Erklärung meint dabei, ein Phänomen Y, das zu erklären ist, zurückführen zu können

auf anderes, schon Bekanntes (die Phänomene X_1, X_2, …, X_m). Im Sinne des naturwissenschaftlichen Ursache-Wirkungs-Prinzips ist (formal-mathematisch) die zwischen den Phänomenen bestehende Funktion

$$Y = f(X_1, X_2, …, X_m)$$

zu ermitteln. Zentral ist also die Frage: Gibt es einen (formal-mathematischen) Zusammenhang zwischen den in Betracht kommenden Phänomenen und wie ist dieser geartet?

Zusammenhänge können sehr unterschiedlich strukturiert sein, wie die Abbildung 6.5.3 zeigt. Im Folgenden soll der einfachste Fall eines linearen univariaten Zusammenhangs behandelt werden, an dem allerdings die Grundprinzipien quantitativer Verfahren zur Aufdeckung von Zusammenhängen klargemacht werden können.

Wenn ein Zusammenhang zwischen der zu erklärenden Variablen Y und der Variablen X besteht, dann gibt es eine Funktion f, sodass gilt:

$$Y = f(X)$$

Im Falle, dass der Zusammenhang linear ist, lässt sich konkreter schreiben:

$$Y = a + bX$$

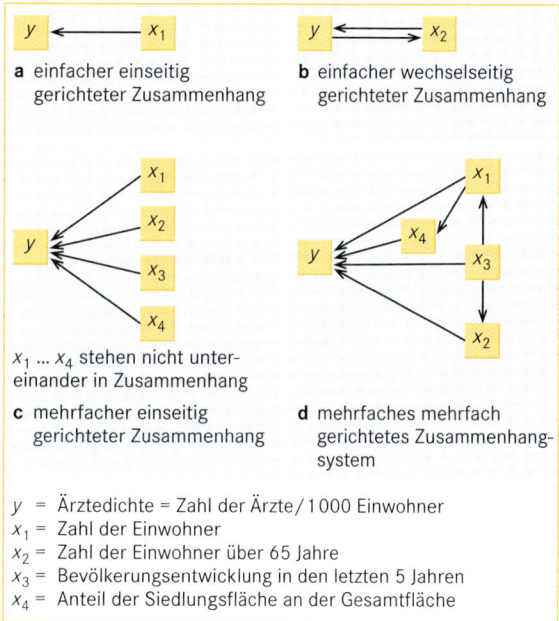

$x_1 … x_4$ stehen nicht untereinander in Zusammenhang

c mehrfacher einseitig gerichteter Zusammenhang

d mehrfaches mehrfach gerichtetes Zusammenhangssystem

y = Ärztedichte = Zahl der Ärzte / 1 000 Einwohner
x_1 = Zahl der Einwohner
x_2 = Zahl der Einwohner über 65 Jahre
x_3 = Bevölkerungsentwicklung in den letzten 5 Jahren
x_4 = Anteil der Siedlungsfläche an der Gesamtfläche

Abb. 6.5.3 Arten von Zusammenhängen.

Wenn die Gleichung in dieser Art stimmt, müssten die Punktepaare (x_1, y_1), (x_2, y_2), …, (x_m, y_m) alle auf der Kurve (Gerade) liegen. Das Ergebnis wäre: die Variable X bestimmt eindeutig die Variable Y, das heißt zu jedem Wert x_i gibt es einen einzigen y_i-Wert, der durch $Y = a + bX$ bestimmt werden kann. Im konkreten Fall wird allerdings oftmals ein solch deterministischer Zusammenhang nicht vorhanden sein. Kleinere Messfehler oder auch der Einfluss anderer Einflussfaktoren führen dazu, dass die Punkte nicht eindeutig auf „einer Linie" liegen, obwohl durchaus ein Zusammenhang vorhanden sein kann, das heißt, es ist von einer Gleichung

$$Y = f(X) + \varepsilon$$

bzw. im Falle einer Geraden von

$$Y = a + bX + \varepsilon$$

auszugehen. In der **Regressionsanalyse** (von lat. *regressus* = Rückschritt) wird versucht, die optimale Gerade durch die durch die Punktepaare (x_i, y_i) erzeugte Punktwolke, das sogenannte Korrelogramm oder Streuungsdiagramm, zu legen (Abb. 6.5.4). Das in der Regel verwendete Verfahren ist die Gauß'sche Methode der kleinsten Quadrate, bei der die Summe der Quadrate der Abweichungen zwischen den Punkten und den zugehörigen Geradenpunkten (den sogenannten Residuen e_i) minimiert wird. Mit diesem Verfahren lassen sich für die Gerade deren Koeffizienten (Regressionskonstante a und Regressionskoeffizient b) und damit ihr genauer Verlauf bestimmen. Klar ist, dass der Zusammenhang zwischen X und Y um so stärker ist, je enger die Punkte um die Gerade streuen, mit dem Idealfall, dass die Punkte alle exakt darauf liegen, Y also vollständig durch X bestimmt wird. In der Korrelationsanalyse wird durch die Bestimmung des Korrelationskoeffizienten die Intensität des Zusammenhangs bestimmt.

Im Prinzip macht eine solche Korrelations- und Regressionsanalyse damit nichts anderes, als die Struktur der durch die Variable X erzeugten Ebene optimal auf die Y-Ebene zu projizieren (es entsteht die $\hat{Y}$-Ebene mit den $\hat{y}$-Werten) und dann diese mit derjenigen der tatsächlichen Y-Ebene (y_i-Werte) zu vergleichen und den Deckungsgrad festzustellen. Das aus der Länderkunde bekannte Hettner'sche Deckungsprinzip (Kapitel 1.5) geht vom gleichen gedanklichen Ansatz, dem mathematisch-geometrischen Konzept der Kongruenz, aus. Das bedeutet allerdings auch, dass hier zunächst nur eine formal mathematisch-geometrische Übereinstimmung nachgewiesen wird und keine Erklärung (im ursächlichen Sinne). Eine solche kann nur innerhalb einer zugrunde liegenden Theorie „Gültigkeit" erhalten. Regression und Korrelation können eine solche Erklärung dann anhand der Daten aus der Realität auf ihren Wahrheitsgehalt hin überprüfen.

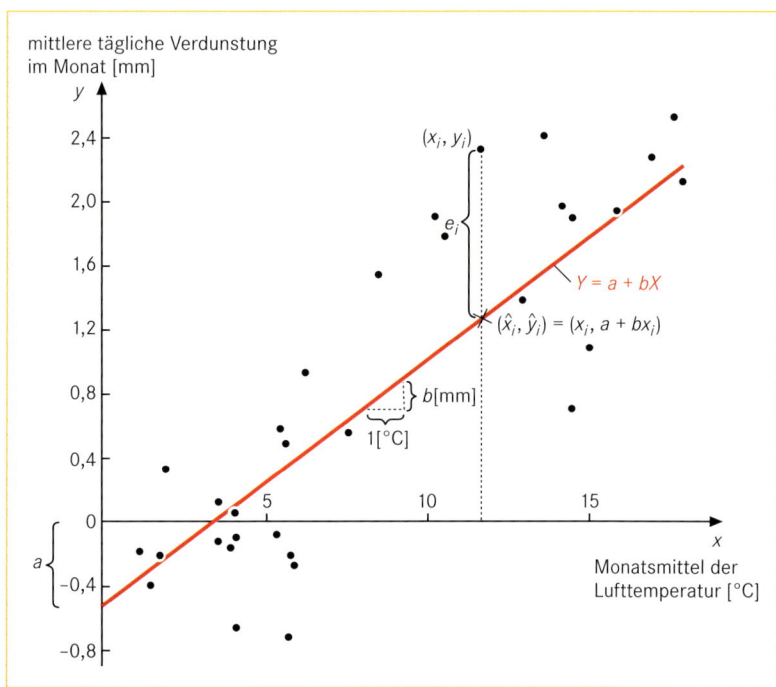

Abb. 6.5.4 Korrelogramm mit Regressionsgerade.

Die Welt im Modell: mathematische Modellbildung in ihrer Bedeutung für Erkenntnisfortschritt

Unbestritten ist, dass die Komplexität von Realität niemals voll, sondern immer nur vereinfacht und in Teilausschnitten zu erfassen ist. Genau das tut Wissenschaft, wenn sie Theorien aufstellt und versucht, diese in Modellen (der unterschiedlichsten Arten) darzustellen. Die detaillierteren Zielsetzungen einer Theorie können aber durchaus unterschiedlich sein. In seinem Buch „Die räumliche Ordnung der Wirtschaft" vermittelt Lösch (1962) hierzu einen interessanten Blickwinkel: „Man kann Theorie und Wirklichkeit in verschiedener Absicht vergleichen, je nachdem welche Art von Theorie man treibt. Will die Theorie erklären, was wirklich ist, so richtet sich eine solche Prüfung darauf, ob sie von einem zutreffenden Bild ihres Gegenstandes ausging und zu einer nicht nur denkmöglichen, sondern auch der Wirklichkeit entsprechenden Erklärung ihres Gegenstandes gelangte. Will dagegen die Theorie konstruieren, was vernünftig ist, so lassen sich an den Tatsachen wohl noch ihre Voraussetzungen, aber nicht mehr ihre Ergebnisse prüfen. … Nein, jetzt muss der Vergleich nicht mehr erfolgen um die Theorie, sondern um die Wirklichkeit zu prüfen! Jetzt gilt es zu überprüfen, ob es in ihr denn überhaupt vernünftig zugeht."

Die erste Hälfte der hier etwas verkürzt wiedergegebenen Aussage ist sicher nicht überraschend und viele Modelle sind genau darauf ausgerichtet. Die vorher angesprochenen **Regressionsmodelle** gehören in diese Kategorie. Der zweite Teil mag zunächst schon eher überraschen, wenn auch bei näherem Hinsehen eine Reihe quantitativer Modelle zumindest Ansätze in diese Richtung aufweisen. **Simulationsmodelle**, die versuchen (End-)Zustände eines Prozesses unter verschiedenen Randbedingungen und Annahmen über den Prozess zu erzeugen, sind hier zu erwähnen (Kapitel 9.15).

Die auf mathematischen Verfahren der (linearen) Optimierung basierenden Modelle zur Standortwahl bzw. -entscheidung können ebenfalls hier eingeordnet werden. In der deutschsprachigen Geographie haben sich insbesondere Bahrenberg (1974) und Steingrube (1986) mit solchen Verfahren beschäftigt, um die Standorte von Bildungseinrichtungen zu analysieren. Auf der Basis von Neben- und Randbedingungen (z. B. jedes Kind hat nur maximal 15 Minuten Fußweg zum Kindergarten), die in jedem Fall erfüllt sein müssen, ist eine Zielfunktion zu minimieren bzw. maximieren (z. B. die Zahl der Kindergärten soll möglichst gering gehalten werden). Es lassen sich Fragestellungen unterschiedlicher Komplexität unterscheiden, wobei nicht immer eine exakte Lösung (aufgrund der hohen Zahl an Unbekannten) gefunden werden kann. So müssen beim so-

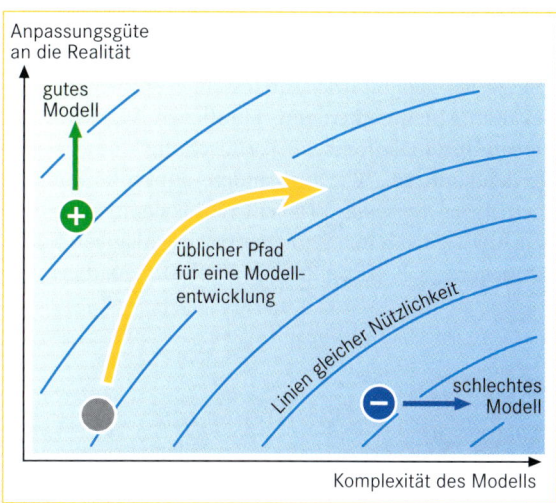

Abb. 6.5.5 Der Zusammenhang „Modellkomplexität und Aufwand" (verändert nach Haggett 1978).

genannten Standort-Zuordnungsproblem (= Lokations-Allokations-Problem: Nachfragestandorte sind gegeben, die Angebotsstandorte und die optimalen Zuordnungen werden gesucht) oftmals heuristische Algorithmen zur Erzeugung von **Lokations-Allokations-Modellen** herangezogen werden. Diese führen zu lokalen Optima. Es ist aber nicht gewährleistet, dass die absolut optimale Lösung gefunden wird.

Besonders bei der ersten Kategorie von Modellen, zum Teil aber auch für die letztere ist immer auf Folgendes zu achten: Solche Modelle versuchen die Komplexität der Realität (in reduzierter Form) nachzubilden. Das Bestreben dabei ist, Realität möglichst getreu abzubilden, bei möglichst großer Einfachheit des Modells (schon allein aus Gründen der Handhabbarkeit). In der Abbildung 6.5.5 wird die dabei entstehende Problematik in der Modellentwicklung deutlich: Eine beliebig weiterführende Verfeinerung des Modells führt nicht zu weiterem (Erkenntnis-)Fortschritt, sondern nur zu Ineffizienz. Und dann ist genau der Punkt gekommen, neue (Theorie-/Modell-)Wege zu gehen, um so zu einem weiteren verbesserten Verständnis der Realität zu kommen.

Quantitative Methoden haben ihre Grenzen

Quantitative Methoden haben – wie andere Methoden auch – ihre spezifischen Anwendungsvoraussetzungen und Grenzen. Im Folgenden soll ein gerade für die Geographie als Raum- bzw. Raum-Zeit-Wissenschaft wichtiger Bereich etwas ausführlicher angesprochen werden. Ein zweiter geographisch interessanter Problembereich, der mit **„Abhängigkeit von räumlichen Aggregationsniveaus und ökologische Verfälschung"** beschrieben werden kann, ist – wie auch andere „Einschränkungen" wie beispielsweise das Problem von Skalenniveaus oder von Ausreißern – ausführlicher in einschlägigen Statistikbüchern (z. B. Bahrenberg et al. 2010) diskutiert.

Das hier zu diskutierende Problem steht in Zusammenhang mit dem statistischen Phänomen der sogenannten **stochastischen Unabhängigkeit** und ließe sich schlagwortartig fassen als „Stochastische Unabhängigkeit der Daten und räumliche Systemzusammenhänge – auf dem Weg zur Geostatistik".

Die weiter vorn angesprochene Schätz- und Teststatistik setzt oftmals voraus, dass die betrachteten Variablen stochastisch unabhängig sind, dass also die Grö-

Exkurs 6.5.2

Altersstruktur in Deutschland: ein Ost-West-Vergleich

Es soll der Frage nachgegangen werden, ob in der Altersstruktur der BRD regionale Unterschiede existieren. Ganz konkret soll die Frage beantwortet werden: Unterscheidet sich die Altersstruktur in Ostdeutschland von derjenigen in Westdeutschland?

In der vorliegenden Tabelle 1 ist die Anzahl der Menschen in Altersgruppen für Ost- und Westdeutschland zum 31. Dezember 2002 angegeben. Sollten beide musteridentisch sein, dann müsste die ostdeutsche Verteilung $OD(k)$ mit der westdeutschen $WD(k)$ übereinstimmen. Um das überprüfen zu können, ließe sich beispielsweise die westdeutsche Verteilung als gegebene (theoretische) Verteilung ansehen. Die relativen Häufigkeiten dieser Verteilung (Spalte 4) sind dann deren Wahrscheinlichkeiten w_i. Die Multiplikation dieser Wahrscheinlichkeiten mit der Gesamtbevölkerungszahl für Ostdeutschland ergibt dann die Verteilung der ostdeutschen Bevölkerung, wie sie sein müsste, wenn das Verteilungsmuster mit demjenigen in Westdeutschland übereinstimmen würde (Spalte 5). Ein Vergleich der tatsächlichen Werte mit den so ermittelten Erwartungs-

werten lässt dann eine Aussage darüber zu, ob die beiden Verteilungsmuster $OD(k)$ und $WD(k)$ bei einer Sicherheit von $S = (1 - \alpha)$ gleich sind, das heißt, es wird die Nullhypothese H_0: $OD(k) = WD(k)$ gegen die Alternativhypothese H_A: $OD(k) \neq WD(k)$ getestet.

Statistisch kann in diesem Fall ein solcher Vergleich durch den χ^2-Anpassungstest erfolgen, bei dem ein Testwert aus den (normierten) Unterschieden (Spalte 6) zwischen tatsächlichem und zu erwartendem Wert berechnet und mit dem kritischen Wert T (abhängig von α und dem sogenannten Freiheitsgrad) verglichen wird. Für ein Signifikanzniveau von $\alpha = 0,05 = 5\%$ ergibt sich hier ein kritischer Wert von $T = 12,59$. Der Testwert $\hat{T}$ beträgt $\hat{T} = 297,43$ und liegt deutlich über dem kritischen Wert T. Mithin wird die Nullhypothese H_0 verworfen und H_A akzeptiert, das heißt, es ist davon auszugehen, dass die beiden Verteilungen für Ost- und Westdeutschland verschieden sind, die ostdeutsche Altersstruktur sich also deutlich von derjenigen in Westdeutschland unterscheidet.

Tabelle 1 Anzahl der Menschen in Altersgruppen für Ost- und Westdeutschland zum 31. Dezember 2002 (Westdeutschland: früheres Bundesgebiet ohne Berlin-West; Ostdeutschland: Neue Länder und Berlin; Quelle: Statistisches Bundesamt 2004).

Altersklasse k (1)	Anzahl in Ostdeutschland [in 1000] $OD(k)$ (2)	Anzahl in Westdeutschland [in 1000] $WD(k)$ (3)	Westdeutschland: Rel. Häufigkeiten = Wahrscheinlichkeit w_i (4)	Erwartete Werte für Ostdeutschland $OD_{erw}(k) = OD(\Sigma) \cdot w_i$ (5)	Abweichungswert in den Klassen k $= \dfrac{(OD(k) - OD_{erw}(k))^2}{OD_{erw}(k)}$ (6)
<6	745,6	3 878,0	0,0592	1 006,65	67,69
6–15	1 280,9	6 511,2	0,0994	1 690,17	99,10
15–18	682,3	2 138,8	0,0326	555,19	29,10
18–25	1571,8	5 121,6	0,0782	1 329,46	44,18
25–40	3 520,4	14 466,4	0,2208	3 755,17	14,68
40–60	4 875,1	17 642,4	0,2692	4 579,59	19,07
60–65	1 290,2	4 373,4	0,0667	1 135,24	21,15
≥65	3 043,2	11 395,6	0,1739	2 958,05	2,45
Σ	17 009,5	65 527,4	1,0000	17 009,50	297,43

ßenordnung der Werte bei einem Objekt nicht abhängig ist von den Werten eines oder mehrerer anderer Objekte. Bei der Variable „Größe der Teilnehmer an einem Seminar" ist das gewiss der Fall, beim täglichen Pegelstand des Rheins (gemessen zu einer festen Zeit) ist das jedoch nicht mehr gültig, da der heutige Pegelstand in seiner Höhe schon davon abhängt, wie der gestrige gewesen ist. Auch im Raum sind solche stochastischen Abhängigkeiten (sie werden durch Autokorrelationskoeffizienten gemessen) vorhanden: Die Bevölkerungsdichte benachbarter Gemeinden im suburbanen Raum ist normalerweise nicht ganz zufällig verteilt, die Temperatur gemessen an benachbarten Stationen des Messnetzes des deutschen Wetterdienstes ist nicht völlig unabhängig voneinander. Welche Problematik sich daraus ergeben kann, wenn man die Voraussetzung missachtet, bzw. welche Lösungen möglich sind, zeigt Streit (1981) an einem kleinen Beispiel zum Zusammenhang von Niederschlag und Abfluss im Gewässernetz der Fulda: Hier ist ein klarer räumlicher Trend vorhanden, der zu beträchtlichen räumlichen Autokorrelationen in den Residuen führt und zu einem Überschätzen des Zusammenhangs. Ein Herausfiltern des Trends führt in diesem Fall zu einem optimaleren Modell, das den Voraussetzungen genügt.

Nun ist für viele Phänomene, die in der Geographie (über Zeit und/oder Raum) betrachtet werden, die Ähnlichkeit der Werte benachbarter Zeit- bzw. Raumeinheiten gerade das, was den Geographen besonders interessiert. So ist **Regionalisierung** – verstanden als Zusammenfassung von Raumeinheiten, die benachbart sind und ähnliche Wertekonstellationen aufweisen – sicher eines der ganz zentralen Betätigungsfelder von Geographen. Sie basiert im Grunde auf der stochastischen Abhängigkeit der Variablen. In diesem Zusammenhang ist darauf hinzuweisen, dass Nachbarschaft in sehr unterschiedlicher Weise definiert werden kann (Nipper & Streit 1977). Wie diese letztendlich festgelegt wird, ist immer in Zusammenhang mit der Fragestellung zu sehen.

Zeitreihenanalyse und **Geostatistik** versuchen das in der normalen Statistik als Problem existierende Phänomen der stochastischen Abhängigkeit als integrale Komponente einzubeziehen, indem von folgendem grundsätzlichen Gedankenkonzept ausgegangen wird: Die Werte der betrachteten Variablen werden als eine Realisation (von beliebig vielen möglichen) eines raum-, zeit- oder raum-zeit-varianten stochastischen Prozesses angesehen. Solche Prozesse (z. B. Pegelstand des Rheins in Köln zum Zeitpunkt $t = Y_{K,t}$) werden durch exogene (z. B. Niederschlag in Köln zum Zeitpunkt $t = X_{K,t}$) und endogenen Variablen (z. B. Pegelstand des Rheins in Köln am Tag zuvor $= Y_{K,t-1}$; Pegelstand in Bonn am Tag

zuvor $= Y_{B,t-1}$) beeinflusst und gesteuert. Für den Ablauf des Pegelstands des Rheines ergibt sich daraus etwa folgende formale Beziehungsgleichung:

$$Y_{K,t} = f(X_{K,t}, Y_{K,t-1}, Y_{B,t-1})$$

Da hier stochastische Abhängigkeiten über die endogenen Variablen ($Y_{K,t-1}, Y_{B,t-1}$) unmittelbar in das Modell eingehen, kann natürlich nicht mehr so ohne Weiteres die weiter oben dargelegte Methode der kleinsten Quadrate angewendet werden, um die den Sachverhalt beschreibende optimale Kurve zu bestimmen. In ähnlicher Weise ist bei der Analyse räumlicher Strukturen (Einfluss durch „räumliche" Nachbarn) oder bei der Analyse raum-zeit-varianter Prozesse (gleichzeitige Beeinflussung durch die Prozesszustände zu früheren Zeiten als auch durch die Zustände bei den „räumlichen" Nachbarn) vorzugehen. Detailliertere Informationen zu möglichen Verfahren können zum Beispiel Box et al. (1994) für die Zeitreihenanalyse, Cliff & Ord (1981) für die Analyse raum-varianter Strukturen und Bennett (1979) für die Modellierung raum-zeit-varianter Prozesse entnommen werden.

Methoden der Geostatistik (z. B. Variogramm, Kriging; Armstrong 1998) sind für Geographische Informationssysteme als Analyse-/Modellierungsverfahren von großer Bedeutung (Kapitel 8).

Fazit: mathematische Exaktheit – ein Garant für wissenschaftlich brauchbare Ergebnisse?

„Allerdings muss in diesem Zusammenhang darauf hingewiesen werden, dass die Verwendung der mathematischen Sprache keineswegs den informativen Gehalt der mit ihrer Hilfe formulierten Aussagen garantiert. Der Gebrauch einer Präzisionssprache schützt nicht vor einer unbrauchbaren methodologischen Konzeption. Man kann gewissermaßen mit großer ,Präzision' nichts sagen." Diese von dem Soziologen Hans Albert (1964), einem ausgesprochenen Vertreter des Kritischen Rationalismus und grundsätzlichen Befürworter quantitativer Methoden, gemachte Aussage verdeutlicht treffend eine wohl zentrale Problematik der Anwendung quantitativer Methoden in der Geographie wie auch in anderen Wissenschaften. Drastischer noch mag die von Albert im gleichen Aufsatz in einer Fußnote gemachte Aussage auf diesen Punkt aufmerksam machen: „Vor allem verträgt sich mathematische Exaktheit ganz ausgezeichnet mit methodischer Schlamperei." Quantitative Methoden haben in der Tat den Vorteil von Exakt-

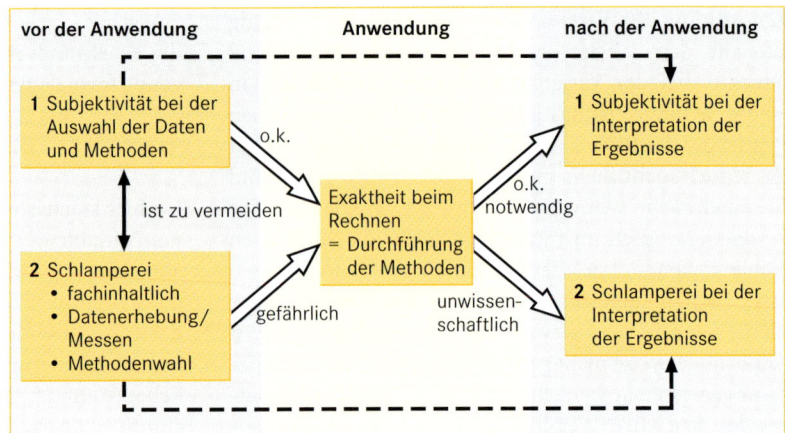

Abb. 6.5.6 Positionierung von „Exaktheit und Schlamperei" bei der Anwendung.

heit, wenn in Maß und Zahl gefasste Informationen aufgrund klar festgelegter mathematischer Operationen bearbeitet werden, allerdings ist das nur dann ein Vorteil, wenn die Methoden in geeigneter und richtiger Weise angewendet werden, worauf weiter oben schon des Öfteren hingewiesen wurde. Eine Aussage wie „Der Durchschnittsbürger des Jahres 1997 ist eine Frau, 38 Jahre alt, verheiratet und hat 1,6 Kinder …", wie sie der Autor auf einer Internetseite einer deutschen Mittelstadt fand, mag zwar alltagssprachlich verständlich sein, ist aber schon bedenklich und zeigt etwas von dieser „Schlamperei", da beispielsweise Mittelbildung bei nominalskalierten Variablen wie Geschlecht oder Familienstand schlichtweg Unsinn erzeugt.

Die Abbildung 6.5.6 mag die hier angesprochene Situation – das **Dilemma „Exaktheit und Schlamperei"** – nochmals verdeutlichen. Die Lösung ist in keinem irgendwie gearteten Patentrezept zu suchen, sondern sie erfordert eine jeweils individuelle, sorgfältige Abwägung basierend auf der inhaltlichen Zielrichtung und den Bedingungen, die vorgefunden werden. Erst wenn hier eine passende Antwort gefunden ist, dann können quantitative Methoden ihren Vorteil der Exaktheit zu einem Vorteil für die gesamte Arbeit werden lassen.

6.6 Modelle und Modellierungen

JÜRGEN BÖHNER

Seit der „quantitativen Revolution" in der Geographie zu Beginn der 1970er-Jahre hat die rasante Entwicklung in der **Geoinformationstechnologie** Themen und

Arbeitsweisen aller Teildisziplinen der Geographie nachhaltig beeinflusst. Das steigende Datenaufkommen durch automatisierte Messtechniken und der wachsende Einsatz von **Fernerkundung**, aber auch die geradezu explosionsartige Verbreitung und Verfügbarkeit **digitaler Geodaten**, wie beispielsweise Digitale Geländemodelle, Spektraldaten und Radardaten, waren mit der wissenschaftlichen Herausforderung der Entwicklung neuer Methoden und DV-Instrumente zur Geodatenverarbeitung und -analyse verbunden, die spätestens seit der „Geographischen Informationswelle" der 1980er-Jahre ihre Manifestation in der GIS-Technologie und der allgemeinen Verbreitung Geographischer Informationssysteme (GIS) finden. Das Akronym „GIS" wurde in der Folgezeit zum Synonym für eine ubiquitär verfügbare Informationstechnologie, aber auch für eine sich zunehmend emanzipierende mathematisch-methodische Wissenschaftsdisziplin, die heute in allen, mit Geodatenverarbeitung befassten Fachrichtungen und insbesondere in der Geographie als Standard im Kurrikulum vermittelt wird.

In der Forschung war die Entwicklung von der „quantitativen Revolution" zur „integrierten Geographischen Informationsverarbeitung" der 1990er-Jahre gleichzeitig mit einer verstärkten Theorie- und Modellbildung verbunden. Allerdings bildet der informationstechnologische Fortschritt nicht die Voraussetzung für die Entwicklung und Anwendung von Modellen. Bereits Ende der 1960er-Jahre gaben Chorley & Haggett (1967) unter dem Titel *Physical and Information Models in Geography* eine sehr differenzierte Übersicht über geographische Modellanwendungen, machten durch die gewählten Beispiele aber auch deutlich, dass die **Modellbildung in der Geographie** durch die Computertechnologie zwar an Bedeutung gewinnen wird, aber vorerst eine randliche, jeweils eng mit Nachbardisziplinen verflochtene hoch spezialisierte Domäne der Geographie darstellt. Erst mit der breiten Streuung der Geoinformationstechnologie entwickelte sich die Modellbildung zu einem ubiquitär akzeptierten Arbeitsmittel geographischer Forschung.

Was aber meint der Begriff „Modell" in einer Wissenschaftsdisziplin, die wie wohl kein anderes Fach natur- und geisteswissenschaftliche Methoden weit über die wissenschaftstheoretische Ebene hinausgehend pragmatisch und problemorientiert zu integrieren vermag und daher immer aus unterschiedlichsten erkenntnistheoretischen Richtungen beeinflusst wurde und noch heute wird? Angesichts sehr unterschiedlicher Bedeutungsfelder des Begriffs Modell – die Amplitude reicht in der Geographie von der „Modellvorstellung" über einen Prozess oder ein System bis hin zum komplexen physikalisch basierten Prozessmodell – werden im folgenden Teilkapitel zunächst modelltheoretische Grundbegriffe eingeführt und Prinzipien der Modellbildung am Beispiel ausgewählter Themenkomplexe der Physischen Geographie vorgestellt.

Modelltheorie und Modellkategorisierung

Die Grundlagen des „abstrakten" nicht gegenständlichen Modellbegriffs entstammen der **Allgemeinen Modelltheorie Stachowiaks** (1973). Danach stellt ein Modell allgemein eine **Abbildung der Wirklichkeit** (Original, Realität) dar, wobei Modell und Wirklichkeit als „endliche Klassen von Attributen", also Mengen von Eigenschaften, begriffen werden, die die Modellabstraktion definieren. Bei der Modellbildung erfolgt die Abbildung der Realität (Abbildungsmerkmal) durch eine im Sinne der Zielsetzung pragmatisch getroffene Auswahl relevanter Attribute (Verkürzungsmerkmal, Pragmatismusmerkmal). Da Modelle als „idealisierende Abstraktionen" die Realität also nicht vollständig (exakt), sondern nur angenähert (approximativ) abbilden, reflektiert der bei der Entwicklung eines Modells sensitive Schritt der Auswahl charakteristischer Attribute eine Theorie bzw. ist eng mit einer Theoriebildung verbunden. Das gilt mit hoher Priorität für die komplexen Prozesse und Systeme in der Geographie, sodass Köck (1979) angesichts der engen Verknüpfung von Theorie- und Modellbildung in der Geographie nur solche Abbildungen als Modelle bezeichnet, die Theorie über Wirklichkeit abbilden.

Bei der **Modellkategorisierung** stellt zunächst die Form (Sprachform) der Abstraktion das übergeordnete Kriterium für eine Modellklassifikation dar. So kann aus erkenntnistheoretischer Sicht bereits eine Theorie oder Hypothese, in der die Annäherung der Realität informell, das heißt natürlichsprachlich unter Integration möglichst präziser Fachtermini erfolgt, als **qualitatives Modell** (semantisches Modell, verbales Modell) bezeichnet werden. Ein viel zitiertes Beispiel bildet Jennys (1941) Theorie der Pedogenese, in der die aktuelle Ausprägung bzw. der Zustand eines Bodens (B) in der Bodenfunktionsgleichung $B = f(A, K, O, R, T)$ als Funktion der bodenbildenden Standortfaktoren Klima (K), Gestein (A für Ausgangssubstrat der Bodenbildung), Relief (R), biologischer Aktivität (O) und der Entwicklungsdauer des Bodens (T für Zeit) dargestellt wird. Obwohl die Bodenbildung aufgrund der komplizierten zumeist transienten Prozesse und Prozesskombinationen mathematisch kaum operationalisierbar ist (Birkeland 1984) berücksichtigt Jenny mit dem Konzept der *State Factors* bereits gegenseitige Abhängigkeiten ökosystemarer Eigenschaften und Einflüsse weitgehend unabhängiger Variablen, die den Modellbegriff für die Theorie der Pedogenese rechtfertigen.

Modelle höheren Explikationsgrades zur Beschreibung, Analyse oder Prognose des Verhaltens physisch geographischer Systeme, Systemkomponenten oder Prozesse gehören in die Klasse der **quantitativen Modelle** (numerische Modelle, mathematische Modelle). Die Abbildungsbeziehung zwischen Modell und Realität wird in einer formalen, der Prädikatenlogik entsprechenden Sprache durch Zuordnungsfunktionen beschrieben. Zuordnungsfunktionen können Gleichungen oder Gleichungssysteme sein, in denen das Verhalten einer Zielgröße (Prädikand, Zielvariable, abhängige Variable) in Abhängigkeit von steuernden oder kontrollierenden Einflussgrößen (Prädiktoren, Einflussvariablen, unabhängige Variablen) und Modellparametern angenähert wird. Die Anzahl der Prädiktoren bestimmt die **Lösungsdimensionalität** des Modells, wobei konstante Lösungen (0-D), Lösungslinien (1-D), Lösungsebenen (2-D), Lösungsräume (3-D) oder Lösungshyperebenen (n-D) unterschieden werden. Die Lösungsdimensionalität eines Modells bezeichnet also nicht a priori raumzeitliche Dimensionen, sondern die Anzahl der inhaltlichen Lösungsrichtungen im „Variablenraum".

Die Abbildung 6.6.1 illustriert diesen Aspekt am Beispiel klimatischer Transferfunktionen, in denen die räumlichen Variationen der Jahresmitteltemperaturen (Prädikand) an den naturräumlichen Höhengrenzen Zentralasiens in Abhängigkeit verschiedener Klimavariablen (Prädiktoren) als *1-D*-Lösungslinie (obere Waldgrenze), als *2-D*-Lösungsebene (kontinuierlicher und diskontinuierlicher Permafrost) und als *3-D*-Lösungsraum (Gletscherschneegrenze) beschrieben werden.

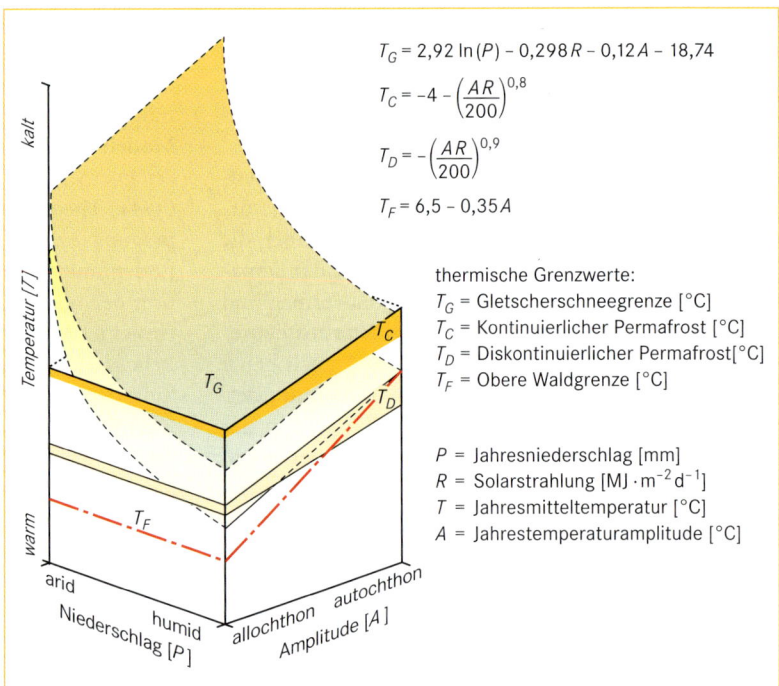

Abb. 6.6.1 Klimatische Grenzwertfunktionen rezenter naturräumlicher Grenzen Zentral- und Hochasiens.

Durch die 3-Achsen-Limitierung des Diagramms ist der Einfluss der Solarstrahlung bei den Permafrost- und Gletscherschneegrenzen jeweils durch die Darstellung von zwei Strahlungsniveaus berücksichtigt. Die drastische Vereinfachung der realen hygrothermischen Wirkungskomplexe in den Transferfunktionen ermöglicht durch die reduzierte „Zahl der Freiheitsgrade" eine iterative Rekonstruktion paläoklimatischer und paläoökologischer Zustände auf Basis von Proxydaten. Gleichzeitig ermöglicht das Gleichungssystem auch eine Prognose potenziell zukünftiger klimatisch induzierter Veränderungen des montanen Naturraumpotenzials für alternative Klimaszenarien (Böhner & Lehmkuhl 2005), eine Anwendung, die Mandl (2000) unter dem Begriff „**Geosimulation**" als Dynamisierung statischer räumlicher Modelle beschreibt.

Induktive und deduktive Modellbildung

Die in empirischen Forschungsprozessen übliche erkenntnistheoretische Differenzierung zwischen induktiver und deduktiver Arbeitsweise bildet auch ein wichtiges Gliederungsprinzip in der Modellbildung. Bei **induktiver Modellbildung** werden auf Basis empirischer Daten Relationen zwischen Variablen mithilfe

geeigneter statistischer Analysen identifiziert und operationalisierbare Modellfunktionen und -parameter abgeleitet. Das auch als „*bottom up*" bezeichnete Prinzip der Modellbildung ist in allen physischgeographischen Teilgebieten etabliert, nimmt aber vor allem in jenen Themenfeldern der Physischen Geographie einen traditionell großen Raum ein, in denen die untersuchten Systeme und Prozesse aufgrund ihrer Komplexität nur unzureichend durch Determinismen wie beispielsweise physikalische Gesetze erfasst werden können.

Insbesondere in der Geomorphologie bilden **empirische Modelle** wichtige Instrumente für die Erfassung und Prognose von Abtragsprozessen durch Wind- und Wassererosion. Angesichts der früh erkannten Relevanz ökonomischer und ökologischer Folgen der Bodenerosion wurden in den USA bereits in den 1940er-Jahren erste Untersuchungen, zunächst zur Identifikation und Quantifizierung von Faktoren der Wassererosion, vorgenommen, die zur Entwicklung der *Musgrave Equation* führten (Musgrave 1947). In dem räumlich **ungegliederten Modell** (Blockmodell) wird der mittlere jährliche Bodenabtrag auf einer Ackerparzelle als Funktion der Niederschlagszeitleistung, der nutzungsabhängigen Bodenbedeckung, der Erodibilität des Bodens sowie der Hanglänge und Neigung des Ackerschlags abgeschätzt. Das faktoriell gegliederte Konzept wird später von Wischmeier und Smith (1961, 1965, 1978) in der *Universal Soil Loss Equation* (USLE), der wohl bekanntesten

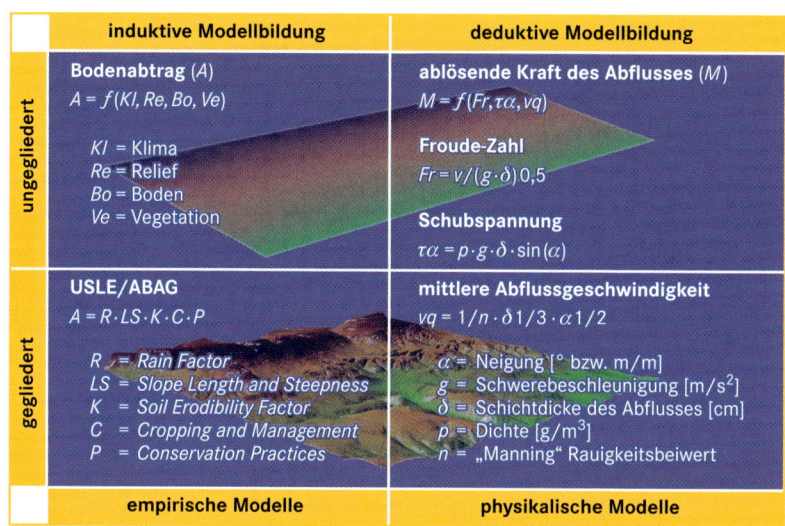

induktive Modellbildung	deduktive Modellbildung

ungegliedert

Bodenabtrag (A)

$A = f(Kl, Re, Bo, Ve)$

Kl = Klima
Re = Relief
Bo = Boden
Ve = Vegetation

ablösende Kraft des Abflusses (M)

$M = f(Fr, \tau\alpha, vq)$

Froude-Zahl

$Fr = v/(g \cdot \delta) 0,5$

Schubspannung

$\tau\alpha = p \cdot g \cdot \delta \cdot \sin(\alpha)$

gegliedert

USLE/ABAG

$A = R \cdot LS \cdot K \cdot C \cdot P$

R = Rain Factor
LS = Slope Length and Steepness
K = Soil Erodibility Factor
C = Cropping and Management
P = Conservation Practices

mittlere Abflussgeschwindigkeit

$vq = 1/n \cdot \delta 1/3 \cdot \alpha 1/2$

α = Neigung [° bzw. m/m]
g = Schwerebeschleunigung [m/s²]
δ = Schichtdicke des Abflusses [cm]
p = Dichte [g/m³]
n = „Manning" Rauigkeitsbeiwert

empirische Modelle	physikalische Modelle

Abb. 6.6.2 Relevante Faktoren und ausgewählte physikalische Kenngrößen zur Modellierung von Wassererosion bei induktiver und deduktiver Modellbildung.

Erosionsgleichung, auf Grundlage einer breiteren Datenbasis präzisiert und um den Bodenschutzfaktor sowie eine verbesserte Parametrisierung der Niederschlagserosivität ergänzt (Abb. 6.6.2). Neben funktional erweiterten, zumeist als Computerprogramm oder GIS-Routine realisierten **gegliederten Modellen**, wie der *Revised Universal Soil Loss Equation* (RUSLE; Renard et al. 1997), zur räumlich differenzierten Berechnung von Erosionsraten auf gegliederten Hängen oder der *Modified Universal Soil Loss Equation* (MUSLE, Hensel & Bork 1988), die zusätzlich eine Abschätzung von Stoffbilanzen leistet, wurden auch eine Reihe regionaler Anpassungen vorgenommen. Im deutschsprachigen Raum stellt die Allgemeine Bodenabtragsgleichung (ABAG, Schwertmann et al. 1990) ein weit verbreitetes USLE-Derivat dar.

Augrund der geringen Anforderungen an die notwendigen Eingangsdaten bildet die USLE in ursprünglicher oder modifizierter Form bis heute die am meisten verwendete Erosionsgleichung in der landwirtschaftlichen Beratungspraxis. In den Modifikationen und Erweiterungen manifestieren sich aber auch grundsätzliche Nachteile empirischer Modelle wie deren eingeschränkte regionale Übertragbarkeit und die nur begrenzten Möglichkeiten einer zeitlich dynamischen „ereignisbezogenen" Modellierung von Erosionsprozessen. Seit Ende der 1970er-Jahre nimmt daher die **deduktive Modellbildung**, ursprünglich eine Domäne der Hydrologie und Meteorologie (Chorley & Haggett 1967), mit der Entwicklung leistungsfähiger **physikalischer Modelle** auch in der Erosionsforschung einen wachsenden Raum ein. Bei deduktiver (*top-down*) Modellbildung werden dynamische Prozessabläufe durch physikalische Gesetze oder physikalische Analo-

gien (Analog-Modell) repräsentiert. In der Abbildung 6.6.2 sind exemplarisch alternative Kenngrößen zitiert, die bei Modellierung der Erosivität des Oberflächenabflusses, einer wichtigen Determinante im Prozessgefüge der Wassererosion, häufig berücksichtigt werden. Die empirische Manning-Strickler-Gleichung zur Berechnung der Abflussgeschwindigkeit in der Abbildung 6.6.2 soll verdeutlichen, dass auch physikalische Modelle für eine empirisch kongruente Abbildung des Prozessgefüges empirische Komponenten bei der Kalibrierung integrieren müssen, sodass häufig die Begriffe „deterministische Modelle" oder „konzeptuell physikalische Modelle" für diese Modellklasse verwendet werden (DeRoo 1994).

Wichtige Impulse für die **deterministische Modellbildung** resultierten aus der Realisierung des CREAMS-Modells (*Chemical Runoff and Erosion from Agricultural Management Systems*, Knisel 1980), eines räumlich ungegliederten Modells zur schlagbezogenen dynamischen Simulation von Abfluss, Erosion und Stoffflüssen (Nährstoffe und Pestizide). Motiviert durch diese Entwicklung wurde Anfang der 1980er-Jahre vom *Agricultural Research Service des US Department of Agriculture* (USDA-ARS) das ambitionierte interdisziplinäre *Water Erosion Prediction Project* initiiert (Laflen & Moldenhauer 2003), das 1989 in die Entwicklung des WEPP-Modells (Lane et al. 1989) zur räumlich gegliederten dynamischen Simulation von Abfluss und Erosion mündete. Bereits früh wurden die erweiterten Möglichkeiten der deterministischen Modellierung von Wasserhaushaltskenngrößen und Oberflächenabfluss auch genutzt, um Modellkomponenten zur Simulation eng assoziierter Prozesse zu integrieren. Wichtige Entwicklungen auf dem Weg zur komplexen geoökologischen

Modellierung waren das bereits zitierte CREAMS-Modell sowie die Modelle EPIC (*Erosion Productivity Impact Calculator*, Williams et al. 1990) und OPUS (*Advanced simulation model for nonpoint source pollution transport*, Diekkrüger et al. 1991), die durch sequenzielle Aneinanderreihung zeitlich dynamischer Simulationen über größere Zeiträume auch eine Modellierung des Pflanzenwachstums ermöglichen. Mit der Realisierung von GIS-Schnittstellen stehen heute leistungsfähige konzeptuell physikalische Erosions- und Abflussmodelle wie „Erosion 3D" (Werner 1995), LISEM (*Limburg Soil Erosion Model*, DeRoo et al. 1994) oder EUROSEM (*EUROpean Soil Erosion Model*, Morgan et al. 1998) einem breiten Nutzerkreis zur Verfügung.

Bei geringer zeitlicher Verzögerung rekapituliert auch die Entwicklung von Winderosionsmodellen den oben skizzierten Weg von der ursprünglich überwiegend induktiven zur deduktiven Modellbildung. Genau wie die USLE wurde der wichtigste Vertreter empirischer Modelle, die *Wind Erosion Equation* (WEQ, Woodruff & Siddoway 1965), in zahlreichen Derivaten beispielsweise in der *Revised Wind Erosion Equation* (RWEQ, Fryrear et al. 1998) bis in die jüngste Vergangenheit modifiziert. Beispiele für stärker konzeptuell strukturierte Modelle sind das *Wind Erosion Prediction System* (WEPS, Hagen 1991) und das im Rahmen des EU-Projektes *Wind Erosion on European Light Soils* entwickelte WEELS-Modell (Böhner et al. 2003). In der Abbildung 6.6.3 ist

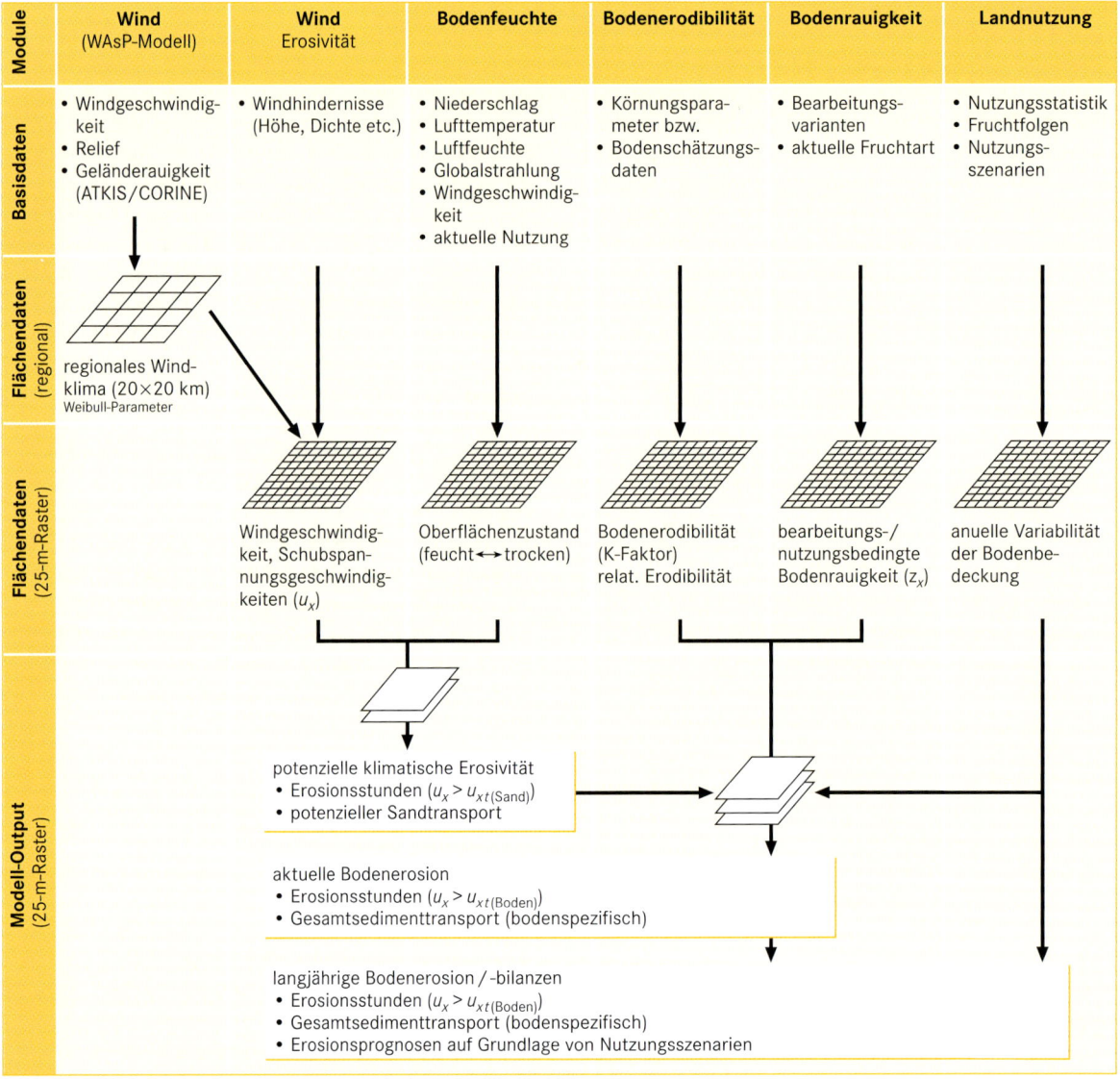

Abb. 6.6.3 Modellstruktur und modulare Gliederung des WEELS-Winderosionsmodells.

exemplarisch für das WEELS-Modell die für konzeptuelle Modelle charakteristische modulare Gliederung mit jeweils genau definierten Anwendungsbereichen einzelner Module und Submodule dargestellt. Die Modellstruktur reflektiert einen aktuellen Trend in der Modellbildung: die zunehmende Verlagerung von der objektorientierten Entwicklung kompletter beispielsweise geoökologischer Modelle hin zur **wissensbasierten Prozessmodellierung**, in der die beteiligten Prozesse jeweils durch Submodelle innerhalb eines begrenzten zeitlichen und skalenabhängigen Kontextes abgebildet werden.

Trotz dieser beachtlichen Fortschritte in der Erosionsmodellierung – mit signifikanten Beiträgen aus der physisch-geographischen Prozessforschung – ist die praktische Anwendung von Erosionsmodellen, gerade vor dem Hintergrund der sogenannten *cross-compliance*-Vorschriften, das heißt der zunehmenden Verknüpfung von Prämienzahlungen mit der Einhaltung von Umweltstandards in der agrarpolitischen Praxis, stets an eine kritische Bewertung von Datenverfügbarkeiten, Anwendungsmaßstäben und eine angemessene Berücksichtigung von Nutzergruppen gebunden. Den letztgenannten Aspekt mahnt insbesondere Boardman (2006) an, wenn er in seiner kritischen Bewertung der Erosionsforschung den akademischen Fortschritt provokant als *„data-rich and people-poor"* charakterisiert und eine stärkere Einbindung der Endnutzer von Modellen in den Forschungsprozess fordert.

Skalenübergreifende Methoden- und Modellintegration als wichtige Aufgabe der Geographie

Die Differenzierung zwischen Induktion und Deduktion bzw. die Trennung zwischen empirischen und deterministischen Modellen repräsentiert zwei in vielen naturwissenschaftlichen Disziplinen vertretene Paradigmen der Modellbildung. Eine vergleichende Bewertung beider Ansätze auf Basis modelltheoretischer Kriterien macht zunächst deutlich, dass deterministische Ansätze durch physikalisch konsistente dynamische Simulationen von Prozessabläufen mehr Einsichten in bzw. Erkenntnisse über die Kausalität des System- bzw. Prozessverhaltens sowie die Rolle der beteiligten steuernden Faktoren liefern. Gleichzeitig bieten Sensitivitätsanalysen auf Basis deterministischer Modelle die Möglichkeit, virtuell die Bandbreiten und Geltungsbereiche unterschiedlicher System- und Prozesszustände zu identifizieren, während empirische Modelle entsprechende Magnituden außerhalb der empirischen Datenbasis bestenfalls extrapolativ abschätzen können. Beide Ansätze leisten bei entsprechender Datenbasis eine empirisch kongruente Abbildung der Realität, wobei die empirische Kongruenz induktiv ermittelten Modellen inhärent ist, während bei deterministischen Modellen geeignete Kalibrierungsschritte durchgeführt werden müssen. Allerdings stellt gerade die Datenbasis bei deterministischen Modellen mit ihren sehr differenzierten Anforderungen an Qualität und räumlich-zeitliche Auflösung der Eingangsdaten eine sensitive Größe dar, die das theoretische Potenzial der besseren Übertragbarkeit dieser Modellklasse auf Räume mit abweichenden Boden-, Nutzungs- oder Klimaverhältnisse konterkariert. Eine wichtige zukünftige Aufgabe der Physischen Geographie liegt daher in der Entwicklung von Konzepten zur Skalen übergreifenden Methoden- und Modellintegration. Neben der verstärkten Nutzung von Fernerkundungsverfahren und komplexen geostatistischen Interpolationsmethoden zur räumlich differenzierten Regionalisierung pedophysikalischer Bodenkenngrößen stellt auch die Verknüpfung von regionalen Klima- und Prozessmodellen eine wichtige Aufgabe dar, um den Klimawirkungskomplex physikalisch konsistent in der geforderten raumzeitlichen Auflösung abbilden zu können.

Fazit

Das Kapitel 6 behandelt nebeneinander naturwissenschaftlich orientierte, analytisch-szientistische Methoden in der Physischen Geographie und in der Humangeographie. Hierzu gehören viele der gängigen Feldmethoden und die inzwischen sehr wichtigen Labormethoden und Datierungsverfahren ebenso wie (teil-)standardisierte Zählungen oder Befragungen. Uni- und multivariate Verfahren der Statistik werden zur Auswertung von großen Datenmengen in der Geographie ebenso angewandt wie in den natur- und gesellschaftswissenschaftlichen Nachbarwissenschaften.

Weiterführende Literatur

Aitken MJ (1998) An introduction to optical dating: The dating of Quaternary sediments by the use of photon-stimulated luminescence. Oxford, Oxford University Press

Albertz J (2001) Einführung in die Fernerkundung Grundlagen der Interpretation von Luft- und Satellitenbildern. Darmstadt

Bahrenberg G, Giese E, Mevenkamp N, Nipper J (2008) Statistische Methoden in der Geographie. Band 2: Multivariate Statistik. Borntraeger, Stuttgart

Barsch H, Billwitz K, Bork H-R (Hrsg) (2000) Arbeitsmethoden in der Physiogeographie und Geoökologie. Justus Perthes Verlag Gotha, Gotha

Bork H-R (1991) Bodenerosionsmodelle. Berichte über Landwirtschaft, N.F. 205, Sonderheft. Parey, Hamburg, Berlin

Bork H-R (2000) Deterministische Modellsysteme. In: Barsch H, Billwitz K, Bork H-R (Hrsg) Arbeitsmethoden in Physiogeographie und Geoökologie. Klett-Perthes, Gotha

Bork H-R, Dalchow C (2000) Bodeninformationssysteme. In: Barsch H, Billwitz K, Bork H-R (Hrsg) Arbeitsmethoden in Physiogeographie und Geoökologie. Klett-Perthes, Gotha

Deutscher Verband für Wasserwirtschaft und Kulturbau (Hrsg) (1994) Grundwassermessgeräte. DVWK Schriften 107. Wirtschafts- und Verlagsgesellschaft Gas und Wasser, Bonn

Fohrer N, Mollenhauer K, Scholten T-H (2003) Bodenerosion. In: Institut für Länderkunde (Hrsg) Nationalatlas Bundesrepublik Deutschland – Relief, Boden und Wasser. Spektrum Akademischer Verlag Heidelberg, Berlin. 106–109

Haeupler H, Schönfelder P (Hrsg) (2005) Verbreitungsatlas der Farn- und Blütenpflanzen. 3. Aufl. Ulmer, Stuttgart

Hasselpflug W (1998) Bodenerosion durch Wind. In: Richter G (Hrsg) Bodenerosion. Analyse und Bilanz eines Umweltproblems. Darmstadt

Hütter LA (1994) Wasser und Wasseruntersuchung. 6. Aufl. Salle & Sauerländer, Frankfurt a. M.

Kahmen H (1997) Vermessungskunde. 19. Aufl. De Gruyter, Berlin

Kemper FJ (2005) Sozialgeographie. In: Schenk W, Schliephake K (Hrsg) Allgemeine Anthropogeographie. Gotha und Stuttgart. 145–212

Leser H (1977) Feld- und Labormethoden der Geomorphologie. Walter de Gruyter, Berlin

Mollenauer K, Scholten T-H (2003): Bodenerosion durch Wind. In: Institut für Länderkunde (Hrsg): Nationalatlas Bundesrepublik Deutschland – Relief, Boden und Wasser. Spektrum Akademischer Verlag Heidelberg, Berlin. 110–111

Reiche E-W, Müller F (1994) Modelle als wissenschaftliche und praxisrelevante Instrumente in der Geoökologie. In: Schröder W, Vetter L, Fränzle O (Hrsg) Neuere statistische Verfahren und Modellbildung in der Geoökologie. Vieweg, Braunschweig. 297–331

Richter G (Hrsg) (1998) Bodenerosion. Analyse und Bilanz eines Umweltproblems. Darmstadt

Schellmann G, Radtke U (2003) Die Datierung litoraler Ablagerungen (Korallenriffe, Strandwälle, Küstendünen) mit Hilfe der Elektronen-Spin-Resonanz-Methode (ESR). Essener Geographische Arbeiten 35, Essen. 95–113

Schlichting E, Blume H-P, Stahr K (1995) Bodenkundliches Praktikum. 2. Aufl. Blackwell Wissenschaftsverlag, Wien

Schmidt J (2000) Soil Erosion. Application of Physically Based Models. Berlin

Smith KA, Cresser MS (Hrsg) (2004) Soil and Environmental Analysis. Marcel Dekker, New York

Schnell R, Hill PB, Esser E (1993) Methoden der empirischen Sozialforschung. München

Schröder W, Vetter L, Fränzle O (1994) (Hrsg) Neuere statistische Verfahren und Modellbildung in der Geoökologie. Vieweg, Braunschweig

Schwedt G (2004) Analytische Chemie. Nachdruck. Wiley VCH, Weinheim

Zgraggen K, Flury C, Jung M, Rieder P (2005) Agrarpolitik 2011 – verharren, liberalisieren oder sparen? AGRARForschung 12 (4): 156–16

Zitierte Literatur

AG Boden (Hrsg) (2005) Bodenkundliche Kartieranleitung. 5. Aufl. Schweizerbart, Stuttgart

Albert H (1964) Probleme der Theoriebildung. Entwicklung, Struktur und Anwendung sozialwissenschaftlicher Theorien. In: Albert H (Hrsg) Theorie und Realität. Ausgewählte Aufsätze zur Wissenschaftslehre der Sozialwissenschaften. Mohr, Tübingen. 3–70

Armstrong M (1998) Basic Linear Statistics. Springer, Berlin/Heidelberg

Atteslander P (1975) Methoden der empirischen Sozialforschung. Berlin, New York

Bahrenberg G (1974) Zur Frage optimaler Standorte von Gesamthochschulen in Nordrhein-Westfalen. Ein Lösung mit Hilfe der linearen Programmierung. Erdkunde 28: 101–114

Bahrenberg G, Giese E, Mevenkamp N, Nipper J (2010) Statistische Methoden in der Geographie. Band 1: Univariate und bivariate Statistik. Borntraeger, Stuttgart

Barsch D, Mäusbacher R, Pörtge K-H Schmidt K-H (Hrsg)(1994) Messungen in fluvialen Systemen. Springer, Berlin

Barsch H, Billwitz K, Bork H-R (Hrsg) (2000) Arbeitsmethoden der Physiogeographie und Geoökologie. Klett-Perthes, Gotha, Stuttgart

Bartels D (1968) Zur wissenschaftstheoretischen Grundlegung einer Geographie des Menschen. Erdkundliches Wissen, Beihefte zur Geographischen Zeitschrift, 19, Wiesbaden

Becker B (1993) An 11,000-year German oak and pine dendrochronology for radiocarbon calibration. Radiocarbon, 35 (1): 201–213

Fortsetzung

Fortsetzung

Bennett RJ (1979) Spatial time series: analysis, forecasting and control. Pion, London

Birkeland PW (1984) Soils and geomorphology. New York

Boardman J (2006) Soil Erosion Science: Reflections on the Limitations of current approaches. Catena 68: 73–86

Böhner J, Lehmkuhl F (2005) Climate and Environmental Change Modelling in Central and High Asia. BOREAS 34: 220–231

Böhner J, Schäfer W, Conrad O, Gross J, Ringeler A (2003) The WEELS Model: Methods, Results and Limitations. Catena 52: 289–308.

Box GEP, Jenkins GM, Reinsel GC (1994) Time Series Analysis: Forecasting and Control. 3. Aufl. Prentice Hall, Englewood Cliffs

Brunotte E, Gebhardt H, Meurer M, Meusburger P, Nipper J (Hrsg) (2001/2002) Lexikon der Geographie (4 Bände). Spektrum Akademischer Verlag, Heidelberg

Burton I (1963) The quantitative revolution and theoretical geography. The Canadian Geographer 7: 151–162

Chorley RJ, Haggett P (1967) Physical and Information Models in Geography. Methuen & Co Ltd, London

Cliff AD, Ord JK (1981) Spatial processes: models and applications. Pion, London

Clifton J, McDonald P, Plater A, Oldfield F (1999) An investigation into the efficiency of particle size separation using Stokes' Law. Earth Surf Processes Landforms 24: 725–730

Demek J (1973) Handbuch der geomorphologischen Detailkartierung. Hirt, Kiel

DeRoo APJ, Wessling CG, Cremers NHDT, Offermans RJE, Ritsema CJ, Van Oostindie K (1994) LISEM: A new physically based hydrological and soil erosion Model in a GIS-Environment, Theory and Implementation. IAHS Publ. 224: 439–448

Diekkrüger B, Smith RE, Baumann R, Krug D (1991) Validation of the model system OPUS. CATENA Supplement 19: 139–153

DVWK (Deutscher Verband für Wasserwirtschaft und Kulturbau) (Hrsg) (1991) Wasserwirtschaftliche Mess- und Auswerteverfahren in Trockengebieten. DVWK Schriften 96. Parey, Hamburg und Berlin

Ellenberg H, Weber HE, Düll R, Wirth V, Werner W, Paulissen D (1992) Zeigerwerte der Gefäßpflanzen Mitteleuropas. Scripta Geobotanica 18. Goltze, Göttingen

Fischer MM, Getis A (Hrsg) (1997) Recent developments in spatial analysis. Spatial statistics, behavioural modelling and computational intelligence. Springer, Berlin, Heidelberg, New York

Friedrich M, Remmele S, Kromer B, Spurk M, Hofmann J, Hurni JP, Kaiser KF, Küppers M (2006) The 12,460-year Hohenheim oak and pine tree-ring chronology from Central Europe – A unique annual record for radiocarbon calibration and palaeoenvironment reconstrucitons. Radiocarbon

Friedrichs J (1982) Methoden empirischer Sozialforschung. Opladen

Fryrear DW, Saleh A, Bilbro JD (1998) A single event wind erosion model. Transactions of the American Society of Agricultural Engineers 41(5): 1369–1374

Göbel P, Leser H, Stäblein G (1973) Geomorphologische Kartierung – Richtlinien zur Herstellung geomorphologischer Karten 1:25000. Geographisches Institut der Universität, Marburg

Goudie A (Hrsg) (1994) Geomorphological techniques. 2. Aufl. Routledge, London und New York

Häckel H (1999) Meteorologie. Ulmer, Stuttgart

Hagen LJ (1991) A wind erosion prediction system to meet user needs. J. Soil Water Cons. 46: 106–112

Hensel H, Bork H-R (1988) EDV-gestützte Bilanzierung von Erosion und Akkumulation in kleinen Einzugsgebieten unter Verwendung der modifizierten Universal Soil Loss Equation – Landschaftsökologisches Messen und Auswerten 2, 2/3: 107–136

Herschy RW (Hrsg) (1978) Hydrometry – principles and practises. Wiley, Chichester

Hotelling H (1933) Analysis of a complex of statistical variables into principal components. Journal of Educational Psychology 24: 417–441 und 498–520

Ickler G (2004) Mikrozensus 2005. In Statistische Monatshefte Rheinland-Pfalz, H. 12: 507–514

Jenny H (1941) Factors of soil formation. A system of quantitative pedology. New York

Karmasin F, Karmasin H (1977) Einführung in Methoden und Probleme der Umfrageforschung. Köln u. a.

Kilchenmann A (1968) Untersuchung mit quantitativen Methoden über die fremdenverkehrs- und wirtschaftsgeographische Struktur der Gemeinden im Kanton Graubünden (Schweiz). Zürich

Knisel WG (1980) CREAMS: A Field-Scale Model for Chemicals, Runoff and Erosion from Agricultural Management Systems. U.S. Dept. of Agric., Conserv. Res. Rep. No. 26

Knödel K, Krummel H, Lange G (Hrsg) (1997) Geophysik. Handbuch zur Erkundung des Untergrundes von Deponien und Altlasten, Bd. 3, Bundesanstalt für Geowissenschaften und Rohstoffe, Springer, Berlin, 1063 pp.

Köck H (1979) Der Modellbegriff in der Geographie. Hefte zur Fachdidaktik der Geographie 2/79: 5–12

Kresser W (1993) Hydrometrie. In: Bretschneider H, Lecher K, Schmidt M (Hrsg) Taschenbuch der Wasserwirtschaft. 7. Aufl. Parey, Hamburg und Berlin. 153–182

Kriz J (1983) Statistik in den Sozialwissenschaften. 4. Aufl. Opladen

Kromrey H (2002) Empirische Sozialforschung. 10. Aufl. Opladen

Laflen JM, Moldenhauer WC (2003) The USLE Story. World Associaton of Soil & Water Conservation – WASWC Special Publication No. 1

Lane LJ, Nearing MA, Stone JJ, Nicks AD (1989) WEPP hillslope profile erosion model user summary. In: Lane LJ, Nearing MA (eds) USDA-Water Erosion Prediction Project: Hillslope Profile Model Documentation. NSERL Report No. 2. National Soil Erosion Research Laboratory. USDA- Agricultural Research Service. W. Lafayette, Indiana

Leser H, Stäblein G (Hrsg) (1975) Geomorphologische Kartierung. Richtlinien zur Herstellung geomorphologischer Karten 1:25 000. Berliner Geograph. Abh., Sonderheft.

Littmann T, Steinrücke J, Bürger M (2004) Elemente des Klimas. Klett-Perthes, Gotha und Stuttgart

Lösch A (1962) Die räumliche Ordnung der Wirtschaft. 3. Aufl. Gustav Fischer, Stuttgart

Mandl P (2000) Geo-Simulation – ein neues Forschungs- und Arbeitsgebiet für Geographen. In: Palencsar F (Hrsg) Festschrift für Martin Seger. Klagenfurter Geographische Schriften, Heft 18: 137–144

Morgan RPC, Quinton JN, Smith RE, Govers G, Poesen JWA, Auerswald K, Chisci G, Torri D, Styczen ME (1998) The European soil erosion model (EUROSEM): A process-based approach for predicting sediment transport from fields and small catchments. Earth Surface Processes and Landforms. Vol. 23: 527–544

Musgrave GW (1947) The quantitative Evaluation of Factors in Water Erosion – a first approximation. Journal of Soil and Water Conservation 2(3): 133–138

Nipper J, Streit U (1977) Zum Problem der räumlichen Erhaltensneigung in räumlichen Strukturen und raumvarianten Prozessen. Geographische Zeitschrift 65: 241–263

O'Loughlin JV, Glebe G (1980) Faktorökologie der Stadt Düsseldorf. Ein Beitrag zur urbanen Sozialraumanalyse, Düsseldorfer Geographische Schriften, H. 16. Düsseldorf

Pokropp F (1996) Stichproben: Theorie und Verfahren. Oldenbourg, München/Wien

Redaktionsgruppe des Fachverbandes Geowissenschaften (1969) Bestandsaufnahme zur Situation der deutschen Schul- und Hochschulgeographie. GEOgrafiker 3

Renard KG, Foster GR, Weesies GA, McCool DK, Yoder DC (1997) Predictiong Soil Erosion by Water – a Guide to Conservation Planning with the Revised Universal Soil Loss Equation (RUSLE). U.S. Dept. of Agric., Agr. Handbook No. 703

Schellmann G, Beerten K, Radtke U (2008) Electron spin resonance (ESR) dating of Quaternary materials. E & G (Eiszeitalter und Gegenwart) Quaternary Science Journal 57: 150–178

─ Fortsetzung ───────────────────

Schlichting E, Blume H-P, Stahr K (1995) Bodenkundliches Praktikum. Blackwell, Berlin

Schröder W, Vetter L, Fränzle O (Hrsg) (1994) Neuere statistische Verfahren und Modellbildung in der Geoökologie. Vieweg Braunschweig, Wiesbaden

Schrott L, Hoerdt A, Dikau R (Hrsg) (2003) Geophysical applications in Geomorphology. In: Zeitschrift für Geomorphologie, Supplementband 132

Schweissthal R (1966) Geländeaufnahme mit einfachen Hilfsmitteln. Eisenschmidt, Frankfurt

Schwertmann U, Vogl W, Kainz M (1990) Bodenabtrag durch Wasser – Vorhersage des Abtrags und Bewertung von Gegenmaßnahmen. 2. Aufl. Stuttgart

Stachowiak H (1973) Allgemeine Modelltheorie. Springer, Wien, New York

Steiner D (1965) Die Faktorenanalyse: ein modernes statistisches Hilfsmittel des Geographen für die objektive Raumgliederung und Typenbildung. Geographica Helvetica 20: 20–34

Steingrube W (1986) Probleme der Standortplanung allgemeinbildender Schulen im ländlichen Raum. Bremer Beiträge zur Geographie und Raumplanung 10, Bremen

Streit U (1981) Einige Anmerkungen zur Regressionsanalyse raumbezogener Daten – erläutert am Beispiel einer Niederschlags-Abfluss-Regression. Erdkunde 35: 153–158

Werner M, von (1995) GIS-orientierte Methoden der digitalen Reliefanalyse zur Modellierung der Bodenerosion in kleinen Einzugsgebieten. Diss. Berlin

Wessel K (1996) Empirisches Arbeiten in der Wirtschafts- und Sozialgeographie. Eine Einführung. Paderborn u. a.

Williams JR, Dyke PT, Fuchs WW, Benson V W, Rice OW, Taylor ED (1990) EPIC–Erosion/Productivity Impact Calculator: 2 User Manual. – U.S. Department of Agriculture Technical Bulletin No. 1768

Wischmeier WH, Smith DD (1961) A universal Equation for predicting Rainfall-Erosion Losses – an Aid to conservation Farming in humid Regions. U.S. Dept. of Agric., Agr. Res. Serv. ARS Spezial Report 22–66

Wischmeier WH, Smith DD (1978) Predicting Rainfall-Erosion Losses from Cropland east of the Rocky Mountains – Guide for Selection of Practices for Soil and Water Conservation. U.S. Dept. of Agric., Agr. Handbook No. 282

Wischmeier WH, Smith DD (1978) Predicting Rainfall-Erosion Losses – a Guide to conservation Farming. U.S. Dept. of Agric., Agr. Handbook No. 537

Woodruff NP, Siddoway FH (1965) A wind erosion equation. Soil Sci. Soc. 29: 602–608

WMO (World Meteorological Organisation) (Hrsg) (1980) Manual on stream gauging. Hydrological Report 13-I (Fieldwork). World Meteorological Organisation, Genf

Zehner K (2004) Die Sozialraumanalyse in der Krise? Denkanstöße für eine Modernisierung der sozialgeographischen Stadtforschung. In: Erdkunde 58: 53–61

Zepp H, Müller MJ (Hrsg) (1999) Landschaftsökologische Erfassungsstandards – ein Methodenbuch. Forschungen zur Deutschen Landeskunde 244. Deutsche Akademie für Landeskunde, Frankfurt

Qualitative Forschung, wie hier in Namibia, verlangt ein sensibles Einfühlen in die lebensweltlichen Zusammenhänge und Kontexte der Betroffenen. Die Methoden, die dazu notwendig sind, wie zum Beispiel die teilnehmende Beobachtung oder Tiefeninterviews, unterscheiden sich deutlich von quantitativ-standardisierten Verfahren (Foto: Marie-Theres Erz, © Heinrich Barth Institut).

Kapitel 7
Was können wir verstehen?

Hermeneutische und post-strukturalistische Verfahren

Bei der Untersuchung raumbezogener Fragestellungen gibt es zahlreiche Themen, die sich mit einer rein auf die quantitative Datenanalyse ausgerichteten Methodik nicht angemessen behandeln lassen. Schon in der Physischen Geographie und Landschaftsökologie erfordern beispielsweise Fragen der Landschaftsplanung und -bewertung nicht nur statistische Analysen, sondern eine wissenschaftliche Auseinandersetzung mit den normativen Richtlinien unserer Gesellschaft sowie mit den sie gestaltenden politischen Prozessen. Welche Landschaften sind schützenswert und warum, wer entscheidet im Konfliktfall, welche Formen ökologischer Kommunikation bestimmen die Entscheidung? In der Humangeographie findet sich ein noch breiteres Feld solcher Fragestellungen, beispielsweise die Untersuchung subjektiver Wahrnehmungen und Bewertungen räumlicher Strukturen, das Verstehen von Auseinandersetzungen um die Inanspruchnahme, Gestaltung und Kontrolle raumbezogener Ressourcen, aber auch Fragen zur Gestaltungskraft und zu den Machtwirkungen raumbezogener Repräsentationen und Diskurse. Die vielfältigen Formen „alltäglichen Geographie-Machens" können ebenso wie die das Verstehen gesellschaftlicher Raumproduktionen mit interpretativ-verstehenden Verfahren angemessen untersucht werden, welche in Unterscheidung zu den quantitativ-statistischen Verfahren oft auch mit dem Begriff „qualitative Methoden" bezeichnet werden.

7.1 Interpretativ-verstehende Wissenschaft und die Kraft von Erzählungen

Paul Reuber

Die qualitativen Methoden zeichnen sich, wie in Kapitel 5 bereits vergleichend dargestellt, dadurch aus, dass sie keine standardisierten Daten produzieren. Damit stellen sie Rahmenbedingungen bereit, mit denen in sehr differenzierter und offener Form beispielsweise Wahrnehmungen, Meinungen und Handlungen von Menschen, die Strukturen raumbezogener Diskurse oder auch der symbolische Gehalt räumlicher Zeichen und Repräsentationen analysiert werden können. Während analytisch-szientistische Untersuchungen auf Intersubjektivität und Standardisierung Wert legen, gelten bei interpretativ-verstehenden Verfahren Aspekte wie die Kontextualität, die Subjektivität der befragten Personen, aber auch die Subjektivität des Forschers als Aspekte, die dezidiert Bestandteile des Forschungsprozesses sind und entsprechend auch Einfluss auf die Ergebnisse sowie auf deren Reichweite und Relevanz haben.

Eine gewisse Renaissance qualitativ-verstehender Methoden in der Geographie setzte seit den 1980er-Jahren ein. Die ursprüngliche Euphorie über die Möglichkeiten quantitativ-statistischer Verfahren war in demselben Maße verflogen, wie diese zu einem oft unreflektiert angewandten Standardinstrument zahlloser Studien wurden. Manche Wissenschaftler sprachen selbstkritisch von einer „zunehmenden Blindheit für die wirklich relevanten Faktoren, vom Scheitern instrumenteller Prognosen und von einem hohen Niveau trainierter Inkompetenz" (Golfmann 1983, zit. nach Wirth 1984) oder beklagten die „Diskrepanz zwischen dem von uns ausgearbeiteten theoretischen und methodischen System und unserer Fähigkeit, irgendetwas wirklich Bedeutsames über die Ereignisse auszusagen, die um uns herum geschehen" (Harvey 1973, zit. nach Dicken & Lloyd 1984).

Die Geographie folgte damit – leicht zeitversetzt – einer Entwicklung in den wirtschafts- und gesellschaftswissenschaftlichen Nachbarwissenschaften (Sedlacek 1989). Mittlerweile gehören interpretativ-verstehende Verfahren zu den etablierten Methoden des Fachs. Sie zeichnen sich durch eine große Vielfalt aus (Kapitel 7.4) und werden gerade auch im Kontext der konzeptionellen Diskussionen im Feld der Neuen Kulturgeographie noch einmal kritisch verfeinert und erweitert. Gerade vor diesem Hintergrund ist es notwendig, vor der detaillierten Behandlung einzelner Methoden auf die konzeptionellen Unterschiede zu den quantitativ arbeitenden Verfahren hinzuweisen (Reuber & Pfaffenbach 2005). Diese beziehen sich:

- auf die Erhebungstechniken selbst,
- die anschließende Auswertung der gewonnenen Daten,
- die Darstellung der Ergebnisse und
- deren Relevanz- und Gütekriterien.

Das den qualitativen Methoden maßgebend zugrundeliegende Denkmodell ist das „interpretative Paradigma". Soziale Wirklichkeit wird demnach durch Handlungs- und Kommunikationsprozesse und deren Interpretation konstituiert. Entsprechend ist es Aufgabe der Sozialwissenschaften, die „Prozesse der Interpretation, die in den jeweils untersuchten Interaktionen ablaufen, interpretierend (zu) rekonstruier(en)" (Matthes 1981).

Eine solche Sichtweise setzt ein konstruktivistisches Weltbild voraus. Als wichtige traditionelle Grundlage der qualitativen Methodik kann dabei die **Hermeneutik** angesehen werden. Ihr geht es allgemein gesprochen um eine Art von „Sinnverstehen", um einen interpretierenden Zugang zum erhobenen Material. Um seinen Untersuchungsgegenstand zu begreifen, muss sich der verstehend arbeitende Wissenschaftler in die zu untersuchenden Strukturen (Menschen, Texte, Bilder usw.) hineinversetzen. Verstehend arbeiten bedeutet, „etwas vor dem eigenen Horizont unmittelbar als ‚eigenartig' zu interpretieren" (Pohl 1986, in Anlehnung an Seiffert 1983). Dieses Verstehen bleibt entsprechend immer auch eine kontextabhängige Rekonstruktionsleistung des Betrachters, der Forscher bildet keine unabhängige, gewissermaßen über dem Geschehen schwebende Größe. Er ist als Interpret des Geschehens ein Teil des Kommunikationsprozesses. Wann immer also interpretatives Verstehen den Weg der wissenschaftlichen Auseinandersetzung bildet, kann das Ergebnis nur eine kontextabhängige, eine konstruierte Wirklichkeit sein.

Aus dieser Sicht wird verständlich, wie notwendig es ist, qualitativ-verstehende Interpretationen theoriegeleitet anzulegen: Ein im Vorfeld der Arbeiten ausgeführtes **Theoriekonzept** bildet sozusagen die „Geschäftsgrundlage" des Verstehens. Das Theoriekonzept deutet an, aus welcher Perspektive der Forscher den Blick auf seinen Gegenstand richtet, es bildet, etwas schablonenhaft ausgedrückt, die „Interpretationsanleitung" für das Nachvollziehen der Rekonstruktionen des Forschers. Es zeigt an, vor welchem konzeptionellen Hintergrund (z. B. diskursorientiert, handlungsorientiert, systemorientiert oder strukturorientiert) der Forscher die von ihm untersuchten Materialien interpretiert, entlang welcher theoretischen Leitlinie sein Verstehen erfolgt (Kapitel 7.3).

Die vorangegangenen Überlegungen beeinflussen auch die Frage nach der Relevanz und Anwendbarkeit der Ergebnisse verstehend-interpretativ ausgerichteter Verfahren: Hier geht es nicht in erster Linie um Repräsentativität und Prognosecharakter, sondern um Nachvollziehbarkeit und Plausibilität. Indem beispielsweise ein Forscher „seine" Ergebnisse darüber darlegt, wie und warum Menschen in Bezug auf ihre physische und soziale Umwelt handeln bzw. diese gestalten, gibt er dem Leser ein Set von Verständniskategorien an die Hand, mit denen dieser wiederum seine eigene Welt in Form einer veränderten und erweiterten Perspektive verstehen kann. Selbst wenn der Leser manche Deutungen des Forschers nicht übernimmt, sind diese dennoch bereits Anlass und Mittel der Auseinandersetzung mit ähnlichen Problemen in der eigenen Lebenswelt geworden.

Auch wenn die vorangehenden Anmerkungen eine recht große Verschiedenheit zwischen quantitativen und qualitativen Verfahren deutlich machen, zeigt der Abschnitt über die Methoden der poststrukturalistischen Diskursanalyse (Kapitel 7.4), dass sich diese Trennung auch konstruktiv überwinden lässt, dass sich quantitative und qualitative Verfahren in bestimmten Fällen sehr fruchtbar ergänzen können. Dies gilt hier nicht nur in einer deskriptiv-additiven Weise, wie sie sich bereits seit Längerem auch in manchen Projekten der empirischen Humangeographie finden lässt, sondern in einem aufeinander abgestimmten Vorgehen, dem eine gemeinsame gesellschaftstheoretische Gesamtkonzeption (hier die Diskurstheorie) zugrunde liegt.

7.2 Methoden qualitativer Feldforschung in der Geographie

Carmella Pfaffenbach

Interpretativ-verstehende Arbeitsweisen sind trotz des Booms in den beiden letzten Dekaden keine Neuentdeckung auf dem Methodenmarkt. Ihre Einführung wird einem der Gründungsväter der Soziologie zugeschrieben: Max Weber. Seit Weber bildet das deutende Erfassen oder deutende Verstehen von Handeln den zentralen Forschungsgegenstand der interpretativ-verstehenden Methodik in der Sozialforschung und wurde auch in der Sozialgeographie übernommen.

Als frühe Repräsentanten dieser methodischen Ausrichtung lassen sich die Untersuchungen der Chicagoer Schule der Soziologie (Thomas & Znaniecki 1918), die Forschungen des Ethnologen Bronislaw Malinowski

(1922) und die Studien über die „Arbeitslosen von Marienthal" (Jahoda et al. 1933) anführen. In der Mitte des 20. Jahrhunderts wurden die qualitativen Methoden zeitweilig durch härtere, experimentelle und standardisierende Ansätze verdrängt. Doch bereits in den 1960er-Jahren regte sich ein zunehmendes Unbehagen gegenüber der quantitativen Methodologie und ihrem Menschenbild. Die neue Methodendiskussion wurde ab den späten 1970er-Jahren auch in Deutschland geführt und maßgeblich von der Arbeitsgruppe Bielefelder Soziologen getragen.

In der deutschen Humangeographie zeigten sich Auswirkungen der Methodendebatte in den 1980er-Jahren, als qualitative Methoden auch hier allmählich stärker Beachtung und Anwendung fanden. Wegweisend für diese Renaissance war zunächst eine Sammlung von Aufsätzen (Sedlacek 1989), die verschiedene Ansätze rezipierte und für die Geographie adaptierte.

Heute weisen qualitativ-verstehende Methoden in der Humangeographie eine sehr breite Vielfalt auf und gehören inzwischen zu den etablierten Methoden. Neben der teilnehmenden Beobachtung werden bei der qualitativen Feldforschung insbesondere verschiedene Formen qualitativer Interviews angewandt und im Folgenden dargestellt. Diese Methoden können als besondere Chance angesehen werden, der „neuen Unübersichtlichkeit" gesellschaftlicher Ausdifferenzierungen gerecht zu werden (Reuber & Pfaffenbach 2005).

Teilnehmende Beobachtung

Teilnehmende Beobachtung ist „jeder professionelle Kontakt mit Vertretern der untersuchten Kulturen" (Hauschild 2000). Dabei ist Teilnahme „mehr als Anwesendsein. Es bedeutet Dabeisein, Mitmachen, Beteiligtsein, Teilnehmen am täglichen Leben der Untersuchten" und kann bis zum „Leben mit und in einem einheimischen Haushalt, dem Mitmachen bei den täglichen Unternehmungen, bei Gartenarbeit oder Hausbau, bei Spiel und alltäglichem Geschwätz, Freundschaft und Feindschaft, bei Trauer und bei Streit" gehen (Fischer 2002).

Das Ziel teilnehmender Beobachtung ist, den Standpunkt des Anderen oder des Fremden sowie den Sinn seines Handelns zu verstehen. Aus diesem hohen Anspruch resultiert als Konsequenz für die Forschungspraxis **intensive Feldarbeit** von mindestens einem Jahr und die detaillierte Kenntnis der Sprache als Standard in der ethnologischen Forschung („Ideologie des langen Forschungsaufenthaltes", Spittler 2001). Durch den langen Aufenthalt soll gewährleistet sein, dass der Forschende sozial involviert wird, wovon die Datenqualität in hohem Maße abhängt. Außerdem soll der Forscher „den Jahresablauf einmal erlebt haben" (Fischer 2002). Auch die geographische Auslandsforschung muss sich, wenn sie im interdisziplinären Vergleich bestehen will, an diesen Maßstäben messen lassen. Allerdings sind in der Geographie kürzere, dafür mehrere Aufenthalte üblich (Escher 1991, Müller-Mahn 2001, Pfaffenbach 1994). Diese haben im Vergleich zu einem einzigen langen Aufenthalt den Vorteil, dass Entwicklungen und Prozesse über einen längeren Zeitraum begleitet werden können. Sie haben dafür den Nachteil, dass man bei Kurzzeitbesuchen womöglich stärker ein Fremder bleiben wird als bei einem langen Aufenthalt.

Die Methode der teilnehmenden Beobachtung geht auf den Ethnologen Bronislaw Malinowski zurück, der sie im Zuge seiner Forschungen auf den Trobriandinseln (1915 bis 1918) „erfunden" und ihre Anwendung bei der Erforschung fremder Kulturen vehement gefordert hat. Bis dahin war es in der Ethnologie üblich, nicht selbst Kontakt mit Menschen fremder Kulturen aufzunehmen, sondern mit Informanten der eigenen Kultur (z. B. Missionaren) zu arbeiten und deren Berichte als Grundlage der eigenen wissenschaftlichen Arbeit zu nehmen.

In der gegenwärtigen Soziologie sind vor allem die Subkulturforschungen des Wiener Soziologen Roland Girtler ein hervorragendes Beispiel dafür, welche großen Erkenntnisgewinne teilnehmende Beobachtung erzielen kann. Die Forderungen der Ethnologie, den Standpunkt der fremden Kultur einzunehmen und zu versuchen, die spezielle Sicht der Welt nachzuvollziehen, gelten somit auch für soziale Gruppen der eigenen Gesellschaft.

Auch in der Humangeographie sind Beobachtungsverfahren sozialer Phänomene inzwischen gängig. Diese Methode wird jedoch in der Regel anderen Erhebungsverfahren unter- oder beigeordnet. Detlef Müller-Mahn (2001) kombinierte in seiner Untersuchung von Fellachendörfern in Ägypten die Methode der teilnehmenden Beobachtung mit einer standardisierten Befragung, mit Kartierungen und einer Sekundärquellenanalyse. Die teilnehmende Beobachtung erfolgte im gesamten Untersuchungsverlauf zu einem relativ späten Zeitpunkt, um durch diese Gespräche die quantitativ erfassten Strukturen qualitativ zu vertiefen. In anderen komplexen Forschungsdesigns kann die teilnehmende Beobachtung aber auch die Basis für weitere Methoden sein und in der ersten Erhebungsphase angewandt werden. Verena Meier (1989) schildert eindrucksvoll, welche Probleme sie in der ersten Feldforschungsphase hatte, mit den Frauen im Schweizer Calancatal ins Gespräch zu kommen. Für sie stellte sich teilnehmende Beobachtung im Vergleich zu „Interviews aus Städterinnenverständnis" als besserer Einstieg heraus.

Folgende Formen der teilnehmenden Beobachtung können unterschieden werden (Gold 1958):

- **vollständige Teilnahme** (Integration; die Beobachterrolle ist kaum erkennbar; häufig als verdeckte Beobachtung)
- **Teilnehmer als Beobachter** (weitgehende Integration; erkennbare Beobachterrolle)
- **Beobachter als Teilnehmer** (geringe Integration; Dominanz der Beobachtung)
- **vollständige Beobachtung** (keine Integration und Interaktion „mit dem Feld"; Distanz)

Teilnehmende Beobachtung erfolgt zumeist **unstrukturiert bzw. nicht standardisiert** (d. h. es liegt selten ein standardisiertes Beobachtungsschema zugrunde) und **offen** (d. h. die Beobachteten wissen, dass sie Gegenstand einer wissenschaftlichen Untersuchung sind, während sie bei einer verdeckten Beobachtung über den Beobachtungsvorgang nicht informiert sind). Die unstrukturierte Beobachtung bietet den Vorteil, dass der Beobachtung ein weiter Rahmen eingeräumt wird; denn im Laufe der Forschung können sich Perspektiven verändern und Beobachtungen neu interpretiert werden. Eine strukturierte Beobachtung hingegen ist von vornherein selektiv auf wenige Aspekte ausgelegt. Wissenschaftliche Beobachtungen sind – im Gegensatz zu naiven oder Alltagsbeobachtungen – jedoch immer **systematisch**, das heißt, die Beobachtung wird nicht der Willkür überlassen.

Beobachtungen werden überwiegend zu den **nichtreaktiven Verfahren** gezählt, denn der Untersuchungsgegenstand, das Handeln der Menschen, wird durch die Beobachtung in der Regel selbst nicht oder kaum verändert, die Beobachtung findet in der „normalen" Umgebung der Menschen statt. Bei den Formen der teilnehmenden Beobachtung, bei denen nur in begrenztem Umfang eine Teilnahme erfolgt, wird sogar auf eine bewusste Interaktion zwischen Forscher und Beobachteten verzichtet. Allerdings muss man sich klar machen, dass allein durch die Anwesenheit eines „Fremden" die „normale Umgebung" der Menschen beeinflusst ist. Sie reagieren selbstverständlich auf den Beobachter, zumal er in der Regel mit den Menschen kommuniziert, und Kommunikation wird per se als reaktiv angesehen. Die teilnehmende Beobachtung muss sich jedoch nicht auf reines Beobachten beschränken, sondern es gehören durchaus **offene Interviews** dazu. Eine Teilnahme ganz ohne Gespräche ist sowieso nicht praktikabel, weshalb die Fähigkeit zur Kommunikation (als soziale und sprachliche Kompetenz) von großer Bedeutung auch für die Beobachtung ist (Reuber & Pfaffenbach 2005).

Während sich Interviews vor allem zur Erfassung von Einstellungen, Meinungen aber auch zur Erzählung von

(Lebens-)Geschichten eignen, ist die Beobachtung empfehlenswert für die Ermittlung von offen sichtbaren Handlungsweisen. Man kann mit ‚einem Blick' komplexe Sachverhalte erfassen, die sich sprachlich nur sehr umständlich ausdrücken lassen" (Spittler 2001).

In der Fachliteratur wird das praktische Vorgehen bei der teilnehmenden Beobachtung anhand der folgenden Aspekte problematisiert:

- **die Rolle des Beobachters:** Verdeckte Beobachtungen im öffentlichen Raum sind in dieser Hinsicht relativ unproblematisch, da es hier Rollen gibt, die leicht angenommen werden können (z. B. die Rolle eines Käufers oder die eines Besuchers einer Freizeiteinrichtung). Allerdings erfolgt in diesem Fall die Beobachtung im Wesentlichen aus einer Außenseiterposition, und der Forscher bleibt in einer distanzierten Beziehung zu seinem Forschungsgegenstand. Offene Beobachtungen im halböffentlichen oder privaten Raum sind komplizierter. Hier müssen im Einverständnis mit den beobachteten Menschen Rollen definiert und ausgehandelt werden, die zum einen die Beobachtung der interessierenden Sachverhalte und die Einnahme einer Insiderposition zulassen, andererseits aber möglichst wenig die Aktionen und Interaktionen der Beobachteten beeinflussen.
- **der Zugang des Forschers zum „Feld":** Häufig wird der Zugang zu der zu beobachtenden Gruppe über eine Schlüsselperson versucht, die den Forscher einführt und mit anderen bekannt macht. Für diese Funktion die geeignete Person zu finden, ist der erste entscheidende Schritt. Es ist dabei wichtig, dass diese Schlüsselperson innerhalb der Gruppe Anerkennung besitzt und nicht etwa ein Außenseiter ist (Flick 1995). In der Anfangsphase kann es von Vorteil sein, möglichst vielfältige Kontakte aufzubauen (Legewie 1991). In dieser Phase ist die Persönlichkeit des Forschers von großer Bedeutung für den Erfolg der Arbeit. Girtler (2001) hat den Prozess mit folgendem Zitat auf den Punkt gebracht: „Hat es nun der Forscher geschafft, als ‚netter Kerl' angesehen zu werden, so hat er den ersten wichtigen Schritt getan, um überhaupt seine Forschung durchführen zu können."
- **der Umfang der Beobachtung:** In der Anfangsphase werden häufig möglichst vielfältige Informationen gesammelt, und erst im weiteren Verlauf wird die Beobachtung immer stärker strukturiert. Die späteren Beobachtungsphasen werden als „fokussierte Beobachtung" und „selektive Beobachtung" bezeichnet (Flick 1995).

Weitere Probleme können die folgenden sein:

- **das Protokollieren:** Die nachträgliche Protokollierung kann lediglich das nachträglich noch Erinnerte enthalten. Beobachtungsprotokolle „können deshalb nicht als getreue Wiedergabe oder problemlose Zusammenfassung des Erfahrenen begriffen werden, sondern müssen als das gesehen werden, was sie sind: Texte von Autoren, die mit den ihnen jeweils zur Verfügung stehenden sprachlichen Mitteln ihre ‚Beobachtungen' und Erinnerungen nachträglich sinnhaft verdichten, in Zusammenhänge einordnen und textförmig in nachvollziehbare Protokolle gießen" (Lüders 2000).
- *going native*: Ein Forscher, der mit der Methode der teilnehmenden Beobachtung arbeitet, muss einerseits an einer möglichst intensiven Teilhabe „im Feld" interessiert sein und sich um eine zunehmende Vertrautheit bemühen, andererseits muss er auch versuchen, ausreichend Distanz zu wahren (Lüders 2000). Der „Verlust der Außenperspektive und die unhinterfragte Übernahme der Innenperspektive" (Flick 1995) wird als *going native* bezeichnet und gehört zu den größten Problemen dieser Methode.
- **verdeckte Beobachtungen**: Sie sind ethisch äußerst problematisch, weil die Beobachteten Dinge von sich preisgeben ohne davon zu wissen, dass sie in einer wissenschaftlichen Untersuchung von Interesse sind. Aber „niemand darf ohne sein Wissen ‚Opfer' einer wissenschaftlichen Untersuchung werden" (Legewie 1991).

Qualitative Interviews

Qualitative Interviews können in drei Gruppen eingeteilt und unterschieden werden: Leitfaden-Interviews, Erzählungen und Gruppenverfahren (Flick 1995, Abb. 7.2.1). Leitfaden-Interviews sind stärker strukturiert und stärker an den Interessen des Interviewers orientiert als Erzählungen, bei denen der Interviewer nur das Thema vorgibt und den Verlauf der Erzählung weiter anregt. Im Unterschied zu Leitfaden-Interviews und Erzählungen, die sich zumeist nur an eine Person wenden, wird bei Gruppenverfahren vor allem die Dynamik von Gruppen für den Interviewverlauf und den Erkenntnisgewinn genutzt.

Gemeinsam ist allen qualitativen Interviews, dass die Interviewsituation weitgehend offen gestaltet ist und der Gesprächspartner gebeten wird, eigene Deutungen und Meinungen zu äußern. Der Interviewte wird als Gesprächs-„partner" und nicht als „Proband" gesehen. Eine faktische Gleichstellung von Interviewer und Interviewtem gibt es allerdings auch bei den qualitativen Interviews kaum, denn der Interviewer ist verantwortlich für die Gestaltung des Interview-Settings (weitere

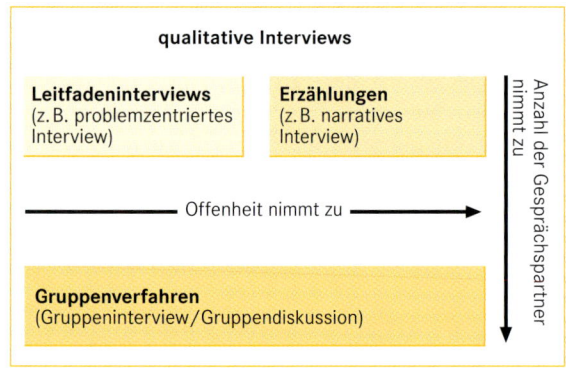

Abb. 7.2.1 Formen qualitativer Interviews.

Angaben zu den vielfältigen Aufgaben eines Interviewers bei Hermanns 2000).

Die nachfolgend dargestellten Interviewformen zeichnen sich durch eine „mittlere Offenheit" aus und haben in der empirischen humangeographischen Forschung vielfach und fruchtbar Verwendung gefunden. Viele andere Interviewformen schöpfen entweder die Möglichkeiten der qualitativen Forschung nur bedingt aus oder werden in der empirischen Humangeographie kaum angewandt.

Problemzentrierte Interviews

Problemzentrierte Interviews sind **offen**, das heißt offen für den Befragten (es werden keine Antwortvorgaben gegeben), und **halb strukturiert**, das heißt, der Interviewer kann flexibel auf den Gesprächsverlauf reagieren (es existiert kein starrer Fragenkatalog). Entwickelt wurde die Interviewform von dem Psychologen Andreas Witzel, der die Problemzentrierung, die ihr den Namen gab, als „die Orientierung des Forschers an einer relevanten gesellschaftlichen Problemstellung" (1985) definierte. Der Begriff kann jedoch irreführend sein, denn Problembezogenheit ist nicht ausschließlich auf problemzentrierte Interviews reduzierbar.

Das problemzentrierte Interview wird zu den **Leitfadeninterviews** gerechnet. Dieser Leitfaden spiegelt die Überlegungen des Forschers zu einer spezifischen Problemstellung wider und stellt damit eine klare Vorabkonstruktion dar. Diese theoretischen Konzepte und das wissenschaftliche Vorverständnis werden vor den empirischen Arbeiten festgehalten und der Leitfadenkonstruktion zugrunde gelegt. Die wesentlichen Aspekte werden im Interviewleitfaden zusammengefasst und im Gesprächsverlauf angesprochen. Dieses Vorgehen fußt auf der Überzeugung, dass ein Forscher nicht völlig

ohne Konzepte und Theorien mit der empirischen Arbeit beginnt, sondern „immer schon entsprechende theoretische Ideen und Gedanken (mindestens implizit) entwickelt hat" (Lamnek 1995).

Mayring (1996) orientiert sich in seiner Anleitung zur Anfertigung eines Leitfadens relativ stark an der Strukturierung von Fragebögen. Demnach soll ein Leitfaden „die einzelnen Thematiken des Gesprächs in einer vernünftigen Reihenfolge und jeweils Formulierungsvorschläge der Fragen" enthalten. Andere Autoren halten weder eine genaue Frageformulierung noch die Reihenfolge, in der die interessierenden Themen angesprochen werden, für erheblich: Im Leitfaden sollen nach Lamnek (1995) nur die „wichtigsten anzusprechenden Fragen – nicht notwendigerweise im Wortlaut – stichpunktartig festgehalten [sein]. Wann diese oder jene Frage mit dem Befragten besprochen wird, ist nicht fixiert, sondern ergibt sich aus dem zufälligen Verlauf des Gesprächs." Ob man die Fragen formuliert oder die Themen nur stichpunktartig anführt, kann sich nach den Bedürfnissen des Interviewers richten. Selbst wenn nur Stichpunkte festgehalten sind, wird sich im Laufe der Untersuchung eine bestimmte Art, die jeweiligen Punkte anzusprechen, festigen. Im Exkurs 7.2.1 ist beispielhaft ein Leitfaden (Helbrecht 1991) abgebildet, in dem die Fragen nach Themen geordnet und ausformuliert dargestellt wurden.

Ein Leitfaden ist in seiner Funktion und seiner Struktur trotz gewisser Ähnlichkeiten nicht identisch mit einem Fragebogen mit ausschließlich offenen Fragen. Er strukturiert das Gespräch nur insofern vor, als er die Themen enthält, die im Interview angesprochen werden sollen. Ein Leitfaden ist somit eine **Interviewhilfe** und kein starres Schema, in das jedes Interview gepresst werden muss. Generell sind im Unterschied zu einer Fragebogenerhebung im gesamten Forschungsverlauf Veränderungen des Leitfadens möglich, die mit der Prozesshaftigkeit qualitativer Forschung begründet werden können (Reuber & Pfaffenbach 2005).

Im Folgenden sind die Bestandteile eines problemzentrierten Interviews anhand einer konkreten Untersuchung zum Berufseinstieg von Jugendlichen dargestellt (Witzel 1985):

- Gesprächseinstieg: „Du möchtest … werden, wie bist du darauf gekommen? Erzähl doch einfach mal!"
- Allgemeine Sondierungen sollen im Interview durch Nachfragen wie „Was passierte da im Einzelnen?" oder „Woher weißt du das?" weitere Details des bis dahin Dargestellten liefern.
- Spezifische Sondierungen sollen das Verständnis aufseiten des Interviewers vertiefen durch Zurückspiegelung des Gesagten (Zusammenfassung, Rückmeldungen, Interpretationen des Interviewers),

Exkurs 7.2.1

Gesprächsleitfaden Bevölkerung

Baulich-gestalterische Wirkung der Großwohnsiedlung
- Wie wirkt die Siedlung auf Sie mit den Fassaden und der Anlage der Häuser?
- Was stört Sie an dem Erscheinungsbild insbesondere?
- Was gefällt Ihnen gut?
- Welche Bereiche der Siedlung wären Ihrer Meinung nach für eine Veränderung der Situation besonders wichtig?

Sozialverhalten
- Haben Sie ein gutes Verhältnis zu Ihren Nachbarn?
- Haben Sie Verwandte, Freunde oder Bekannte innerhalb der Siedlung?
- Fühlen Sie sich hier wohl?
- Hat die „Schleife" ein bestimmtes Image?

Ladenzentrum
- Welche Bedeutung hat das Einkaufszentrum Sprickmannstraße für Sie?

- Dient das Ladenzentrum nur als Einkaufsbereich oder nutzen Sie es auch als Aufenthaltsbereich?
- Macht es Spaß, dort einzukaufen?
- Was sollte im Ladenzentrum anders sein?

Freizeitverhalten
- Was machen Sie in Ihrer Freizeit? (Aktivität, Erholung)
- Welche Freiräume nutzen Sie dabei zurzeit? (Bürgerpark Nord)
- Was machen Ihre Kinder in der Freizeit, wo spielen sie?

Akzeptanz der Nachbesserung
- Kennen Sie die städtebauliche Nachbesserung?
- Was halten Sie davon insgesamt?
- Welche Maßnahmen gefallen Ihnen besonders gut?
- Was stört Sie an den Veränderungen und welche Maßnahmen beurteilen Sie negativ?
- Kennen Sie den Planerladen? Waren Sie schon einmal dort? Kennen Sie den Planer?

Verständnisfragen und Konfrontation des Interviewpartners mit Widersprüchen und Ungereimtheiten in seinen Ausführungen.
- Ad-hoc-Fragen sind der vierte und letzte Teil eines problemzentrierten Interviews. Es können direkte Fragen zu Themengebieten gestellt werden, die der Interviewpartner bislang noch nicht von sich aus angesprochen hat.

Problemzentrierte Interviews sind ergänzbar durch andere Elemente, beispielsweise durch eine **narrative Sequenz** zu einem bestimmten Aspekt (siehe die Einstiegsfrage oben: „Du möchtest … werden, wie bist du darauf gekommen? Erzähl doch einfach mal?") oder durch Fotos, die dem Interviewten mit der Bitte um Kommentare vorgelegt werden (z. B. Fotos von (Natur-)Katastrophen oder Umweltschäden; Meier Kruker & Rauh 2005). Die Interviewform eignet sich nach Mayring (1996) besonders gut für umfangreiche Stichproben von bis zu 100 Interviews. In diesem Fall muss man allerdings von einem sehr konzentrierten Problem und einem relativ kurzen Leitfaden ausgehen, andernfalls ist bei dieser großen Interviewzahl nur bei erheblichen personellen Ressourcen eine vertiefte Auswertung möglich. Der den Interviews zugrunde liegende Leitfaden erleich-

tert jedoch die Auswertung, da die Interviews einem ähnlichen Muster folgen und dadurch zumindest teilweise direkt miteinander vergleichbar sind. Als **Auswertungsmethode** sind besonders kodierende Verfahren und die qualitative Inhaltsanalyse geeignet (Flick 1995, Mayring 1996). Problemzentrierte Interviews können jedoch auch bei einem nicht so stark eingrenzbaren Themengebiet sinnvoll sein. Dann sind bereits deutlich weniger als 100 Interviews eine gute Basis für eine detaillierte Auswertung (Helbrecht 1991: 56 Interviews; Reuber 1993: 46 Interviews; Pfaffenbach 2002: 46 Interviews). Je nach Thema und Rahmenbedingungen muss man entscheiden, ob man eher Wert auf Breite und eine größere Interviewzahl legt, oder auf Tiefe und dann weniger, aber umfangreichere Interviews führt.

Narrative Interviews

Narrative Interviews sind **offen** und **wenig strukturiert**. Die Interviewform geht auf den Bielefelder Soziologen Fritz Schütze (1977) zurück. Narrative Interviews werden ohne vorher ausgearbeitetes Konzept geführt. Wohin sich die Untersuchung entwickelt, hängt weitgehend von den Erzählungen ab und wird möglichst wenig durch Überlegungen des Forschers vorstrukturiert. Gerade diese angebliche „Tabula rasa" wird von Kritikern bestritten, die mit guten Gründen meinen, dass der Forscher – auch wenn er es nicht expliziert – nicht ohne Konzepte und ohne ein wissenschaftliches Vorverständnis arbeitet (Reuber & Pfaffenbach 2005).

Das narrative Interview baut zu einem großen Teil auf dem freien Erzählen auf. Es soll sich dabei um eine **„spontane Erzählung"** handeln, „die nicht durch Vorbereitungen oder standardisierte Versionen einer wiederholt erzählten Geschichte vorgeprägt oder vorgeplant" ist (Hermanns 1991). Als Themen eignen sich wichtige Ereignisse und Schlüsselerlebnisse. Der Hauptteil des Interviews besteht aus „der Erzählung selbst erlebter Ereignisse" durch den Interviewpartner (ebd.). Das Ziel von narrativen Interviews ist „das Verstehen, das Aufdecken von Sichtweisen und Handlungen von Personen sowie deren Erklärung aus eigenen sozialen Bedingungen" (Hermanns 1981 zit. nach Atteslander 2000). Narrative Interviews sind dabei im Unterschied zu problemzentrierten Interviews auch eher zur **Exploration** von bislang wenig erforschten Bereichen geeignet (Mayring 1996).

Ein narratives Interview steht und fällt mit der Auswahl des Themas und der Erzählfreudigkeit des Interviewten. Am bekanntesten ist der Einsatz narrativer Interviews in der biographischen Forschung. Die Erzähllaufforderung kann sich auf die gesamte Lebensgeschichte oder auf einen bestimmten Lebensabschnitt beziehen wie beispielsweise die Migrationserfahrung, die „Wende"-Erfahrung, den Einstieg ins Berufsleben oder die Geschichte der „misslungenen Verhinderung der Startbahn West" (Schnell et al. 1999). Dabei ist es in der Regel nicht nur von Interesse, welche Aspekte bei der Erzählung besondere Berücksichtigung erfahren und worauf bei der Erzählung Wert gelegt wird, sondern auch wie die Ereignisse, über die berichtet wird, im Nachhinein interpretiert werden.

Narrative Interviews weisen folgende Phasen auf (Hermanns 1991 und Lamnek 1995):

- **Anwerbungs- und Erklärungsphase:** Sie dient der Erklärung des Anliegens (Was ist mit „Erzählung" und „Geschichte" gemeint?) und der Rahmenbedingungen. Auch sollten zu diesem Zeitpunkt die allgemeinen und technischen Details geklärt werden (Anonymität, Aufzeichnung des Gesprächs, Transkription usw.).
- **Einleitungs- oder Einstiegsphase:** Die erzählgenerierende Frage wird gestellt, wodurch der Interviewte in den „Zugzwang" der Erzählung kommen soll (Girtler 1984).
- **Erzählphase:** Der Erzähler entwickelt seine Geschichte, der Interviewer ist eher passiv und be-

schränkt sich auf verbale und nonverbale Äußerungen, mit denen er klarmacht, dass er der Erzählung folgt; er nimmt die Rolle eines interessierten Zuhörers ein.
- **Nachfragephase:** „Wie-Fragen" werden gestellt, wobei Unverstandenes und Widersprüchliches geklärt werden können. Dieses Nachfragen kann auch aus erneuten Erzählaufforderungen bestehen („Das habe ich vorhin noch nicht genau verstanden. Können Sie dies bitte noch etwas ausführlicher erzählen?", Flick 1995).
- **Bilanzierungsphase:** „Warum-Fragen" nach der Motivation und Intention, nach dem „Sinn des Ganzen" werden gestellt.

Wichtig für den Verlauf eines narrativen Interviews ist die Qualität der Einstiegsfrage. Je präziser die Einstiegsfrage gestellt wird und je klarer dem Erzähler ist, worauf der Interviewer hinaus will, desto präziser kann die Erzählung werden. An dieser Stelle erfolgt auch eine Strukturierung der Erzählung, die durch die „dreifachen Zugzwänge des Erzählens" begründet werden kann: Der Erzähler ist – sobald er sich auf die Erzählsituation eingelassen hat – im Zugzwang, die Erzählung zu Ende zu bringen, nur das für das Verständnis des Ablaufs Notwendige in die Erzählung aufzunehmen sowie Hintergrundinformationen und Zusammenhänge mitzuliefern (Flick 1995).

Folgendes Beispiel zeigt einen Gesprächseinstieg in einer humangeographischen Untersuchung: In seiner Dissertation zum wirtschaftlichen Wandel, zu Alltag und Politik in Nordost-England führte Gerald Wood (1994) im Rahmen einer Bevölkerungsbefragung narrative Interviews durch. Diese Interviewform eignete sich seiner Meinung nach besonders gut für eine Befragung, die sich mit einer fremden Lebenswelt beschäftigt, weil die „offenkundig völlige Unkenntnis" des Interviewers den Gesprächspartnern plausibel war und die gewünschte Erzählung dadurch gerechtfertigt wurde. Der Einstieg und die zentrale Frage des Interviews lauteten wie folgt (Wood 1994): „*I am here because I want to talk with you about everyday life in this area, and, if you feel happy about it, about your everyday life. Because I am from Germany and know very little about this part of the country and particularly about its people I am very anxious to learn more. This is why I am very pleased that you agreed to talk with me today. What I would like to do is to ask a few, very general and open-ended questions which are intended to be starting-points for an open conversation. Ok? – What is life about for people here?*" Die Mehrdeutigkeit der zentralen Frage „*What is life about for people here?*" war dabei durchaus intendiert, denn das Untersuchungsfeld wurde dadurch relativ wenig vorstrukturiert und überließ den Gesprächspartnern selbst die Fokussierung. Aufgrund des Umfangs von narrativen Interviews und der Auswertung beschränkte sich Wood auf 14 Interviews.

Ein wesentliches Problem der narrativen Interviews ist die damit verbundene Annahme, es ließe sich ein „Zugang zu den tatsächlichen Erfahrungen und Ereignissen gewinnen" (Flick 1995) – vielmehr erhält man bestenfalls einen Zugang zu den Geschichten, die über diese Ereignisse existieren – und die Tatsache, dass „im Vorgang der Erzählung Konstruktionen des Dargestellten in einer spezifischen Form stattfinden und dass die Erinnerung an Früheres von der Situation beeinflusst wird" (ebd.).

Die **Auswertung** von narrativen Interviews erfordert einen hohen Arbeitsaufwand, denn der Textumfang ist in der Regel größer und weniger strukturiert als bei problemzentrierten Interviews, bei denen der Leitfaden gewisse Anhaltspunkte bei der Auswertung gibt. Lediglich die relativ feste Struktur von Erzählungen bietet eine vage Vergleichsgrundlage. Häufig wird für narrative Interviews das aufwendige Auswertungsverfahren der offenen Kodierung angewandt. Aufgrund dieser Auswertungsprobleme „sollte vor der Entscheidung für diese Methode geklärt werden, ob wirklich der Verlauf (des Lebens, der beruflichen Karriere usw.) im Vordergrund der Fragestellung steht und ob nicht die gezielte thematische Steuerung, die ein Leitfaden-Interview bietet, der effektivere Weg zu den gewünschten Daten und Ergebnissen ist" (Flick 1995).

Gruppeninterviews und Gruppendiskussionen

Gruppeninterviews und Gruppendiskussionen verfolgen eine andere Zielsetzung als Einzelinterviews und müssen daher andere Regeln beachten. Gruppendiskussionen können „einmal als Informationsquelle für den Forscher, zum anderen als Lernprozess für die an der Forschung Beteiligten" dienen. Sie können als Verfahren zur Meinungs- und Einstellungserhebung sowie zur Analyse von Lebenswelten genutzt werden (Dreher & Dreher 1991). In Gruppendiskussion nimmt der Interviewer die Funktion eines Moderators ein und beschränkt sich auf die Leitung der Diskussion, während er in einem Gruppeninterview häufiger Fragen einbringt.

Bei Gruppeninterviews und -diskussionen geht es nicht primär um subjektive Bedeutungsstrukturen und individuelle Meinungsbilder, sondern vor allem um (halb-)öffentliche Meinungen, die an bestimmte soziale Zusammenhänge und bestimmte soziale Situationen, beispielsweise Gruppensituationen, gebunden sind, wie politische Ansichten oder Meinungen über „fremde Kulturen". Der Grundgedanke ist, dass „in der Dynamik einer Diskussion durch wechselseitige Stimulation das wesentlich Gemeinte zur Sprache kommt; unterstützt wird dies durch die höhere Realitätsnähe der Situation und die Spontaneität der Äußerungen" (Dreher & Dreher 1991). Diese höhere Realitätsnähe wird in der Gruppensituation vermutet, die eher eine natürliche (Gesprächs-) Situation ist als jede andere Interviewsituation.

Ein besonders sensibles Vorgehen erfordert die **Bildung der Gruppe**, die nach Möglichkeit auch im Alltag eine Gruppe (natürliche Gruppe) sein und nicht erst für das Interview „zusammengewürfelt" werden sollte (künstliche Gruppe). Man unterscheidet weiterhin zwischen homogenen und heterogenen Gruppen im Hinblick auf einen forschungsrelevanten Aspekt, der sich konkret aus der jeweiligen Fragestellung ergibt. Die Mitglieder einer homogenen Gruppe sind hinsichtlich dieses Aspektes (Merkmal oder Eigenschaft) vergleichbar; die Mitglieder einer heterogenen Gruppe unterscheiden sich dagegen grundlegend voneinander. Die Angaben über eine sinnvolle Gruppengröße liegen zwischen fünf und zwölf Teilnehmern.

Eine Gruppendiskussion verläuft nach Flick (1995) in folgenden Schritten:

- Explikation des Vorgehens
- Phase der Vorstellung und des Kennenlernens bei künstlichen Gruppen bzw. Phase des *warming up* bei natürlichen Gruppen
- Stellen des Diskussionsanreizes (Text, Film o. Ä.)
- Leitung der Diskussion, stiller Beobachter, Diskussion wird durch weitere Argumente am Laufen gehalten (zum Beispiel nachfragen, paraphrasieren, infrage stellen, verschärfen oder überspitzen, zusammenfassen, eine Interpretation äußern, Konsequenzen aufzeigen etc.)
- Metadiskussion (Diskussion über die Diskussion, Befindlichkeiten der Diskussionsteilnehmer)

Es gibt allerdings unterschiedliche Formen der **Diskussionsleitung**: Bei einer nur formalen Leitung führt der Diskussionsleiter eine Rednerliste und achtet auf Redezeiten; bei einer stärkeren thematischen Steuerung lenkt er die Diskussion auf Aspekte, die noch nicht behandelt wurden oder die aus seiner Sicht vertieft werden sollten; bei einer Leitung, die die Gesprächsdynamik steuert, hält er die Diskussion durch provokative Fragen aufrecht und achtet auf ausgeglichene Redebeiträge, indem er eher dominante Diskussionsteilnehmer bremst und eher zurückhaltende Diskussionsteilnehmer auffordert, ihre Meinung beizutragen (Flick 1995).

Generell weisen Gruppeninterviews das Problem auf, dass sie aufgrund der entstehenden Dynamik nie ähnlich verlaufen. Daraus ergeben sich nicht unerhebliche

Auswahl und Anzahl der Interviewpartner

Bei qualitativer Forschung richtet sich die Auswahl der Interviewpartner nicht nach Repräsentativität, sondern nach Plausibilität, und kann bewusste und subjektive Auswahlelemente enthalten. Für die konkrete Auswahl der Gesprächspartner ist das Thema, die Fragestellung, die Anzahl möglicher Gesprächspartner, das Zeitbudget und die Frage, ob man das Feld möglichst breit erfassen will oder ob man mehr Wert auf Tiefe legt, entscheidend (Flick 1995).

- Die „**Vollerhebung**" in der qualitativen Forschung: Ist der Kreis der thematisch betroffenen Personen eher klein, können alle für ein Interview ausgewählt werden. Dieses Vorgehen ist vor allem bei Experteninterviews möglich. Flick (1995) sieht auch bei größeren Gruppen einen Sinn darin, eine Vollerhebung durchzuführen, wenn dafür entsprechende Ressourcen zur Verfügung stehen; er weist jedoch darauf hin, dass später bei der Auswertung eine stärkere Materialauswahl erfolgen muss (Welche Interviews und welche Passagen werden davon ausgewertet?).
- **Schneeballverfahren**: Man lässt sich von Personen, die man interviewt hat, weitere mögliche Interviewpartner empfehlen und den Kontakt zu diesen Personen vermitteln. Durch dieses Verfahren bleiben die Ausgewählten allerdings zumeist innerhalb des Bekanntenkreises der bereits Befragten und begrenzen sich damit auf eine bestimmte Gruppe oder ein bestimmtes Milieu (Merkens 2000).
- **Annoncen** oder andere Methoden, die Auswahl den Auszuwählenden zu überlassen: Per Anzeige oder Aufruf werden Personen aufgefordert, sich für ein Interview zu melden. Die an der Untersuchung Teilnehmenden „müssen sich selbst aktivieren" (Merkens 2000) und damit wird das Spektrum der möglichen Interviewpartner auf diejenigen beschränkt, die von sich aus Interesse signalisieren.
- *gatekeeper* oder **Schlüsselpersonen**: Wenn die Personen, mit denen man Interviews führen möchte, nicht einfach identifizierbar sind oder man nicht problemlos zu ihnen Kontakt aufnehmen kann, benötigt man Schlüsselpersonen, die solche Kontakte herstellen können. Sind sehr verschiedene Personengruppen in einer Untersuchung von Interesse, können mehrere Schlüsselpersonen empfehlenswert sein.
- Die theoretisch begründete schrittweise Auswahl: Bei einem sogenannten „**theoretischen Sampling**" werden Entscheidungen über die Auswahl und Zusammensetzung der Befragten im Laufe der Datenerhebung und -auswertung getroffen. „Theoretisch" heißt das Sampling, weil das Ziel der Erhebung eine empirisch begründete Theoriebildung (Exkurs 7.3.2) ist, und die Auswahl der Interviewpartner bereits darauf abzielt. Die Auswahl ist wie die ganze Forschung prozesshaft und erfolgt daher schrittweise während der Datenerhebung. Dabei werden zunächst Personen oder Gruppen ausgewählt, die mit Blick auf die Fragestellung Unterschiede erwarten lassen. In einem zweiten Schritt werden dann „nach ihrem (zu erwartenden) Gehalt an Neuem für die zu entwickelnde Theorie" (Flick 1995) weitere Personen angesprochen. Die Auswahl von Interviewpartnern schließt erst ab, wenn eine „theoretische Sättigung" eingetreten ist, das heißt, wenn vermutlich keine neuen Erkenntnisse mehr hinzukommen können.

- Die **bewusst-spezifische Auswahl** von Gesprächspartnern: Je nach Fragestellung kann es auch sinnvoll sein, gezielt Gesprächspartner auszuwählen, zum Beispiel Extremfälle oder abweichende Fälle, besonders typische Fälle, möglichst unterschiedliche Fälle (zielt auf maximale Variation), kritische Fälle, politisch wichtige oder sensible Fälle oder möglichst einfach zugängliche Fälle (bei begrenzter zeitlicher und personeller Ausstattung; Patton 1990 zit. nach Flick 1995).
- Das „**statistische Sample**": Die Struktur eines statistischen Samples kann im Vorhinein festgelegt werden. Dabei kann man beispielsweise nach unterschiedlichen soziodemographischen Kriterien vorgehen und andere Variablen berücksichtigen, die für die Fragestellung relevant sind. Aus diesen Merkmalen ergibt sich eine Matrix mit einer entsprechend großen Anzahl an Feldern. Bei der konkreten Auswahl wird dann auf eine möglichst gleichmäßige Besetzung der Zellen geachtet (Flick 1995). Das Vorgehen erinnert zwar an quantitative Auswahlverfahren, zielt jedoch nicht auf Repräsentativität ab.

Auch die wegen eines Interviews angesprochenen oder kontaktierten Personen selbst wirken durch ihr (Des-)Interesse und ihre (Nicht-)Bereitschaft an einem Interview an der Auswahl mit. Ein „guter Gesprächspartner" verfügt über das notwendige Wissen und die notwendige Erfahrung, die Fähigkeit zur Reflexion und Artikulation, über Zeit, um interviewt zu werden, und die Bereitschaft, sich an der Untersuchung zu beteiligen (Morse 1994 zit. nach Merkens 2000).

Probleme für die **Auswertung** aufgrund der nur begrenzten Vergleichbarkeit mehrerer Gruppeninterviews. Ein möglichst ähnlicher Verlauf ist nur bedingt planbar. Vielfach müssen Entscheidungen, wie die Diskussion nun weiterhin gesteuert werden soll und wann die Diskussion beendet bzw. erschöpft ist, ad hoc und aus der – immer verschiedenen – Situation heraus getroffen werden. Um zumindest eine angenäherte Vergleichbarkeit der Gruppeninterviews zu erreichen, werden in konkreten Forschungsprojekten kaum ungesteuerte Diskussionen geführt (Flick 1995).

7.3 Verfahren der qualitativen Textaufbereitung und Textinterpretation

Transkriptionsverfahren zur Aufbereitung von Texten

Qualitative Daten müssen ebenso wie quantitative Daten vor einer weiteren Auswertung aufbereitet werden. Diese Aufbereitung beinhaltet zumeist bereits eine erste Interpretation, denn das gesprochene Wort wird schriftlich so wiedergegeben, wie es der Interviewer oder Hörer sinngemäß verstanden hat bzw. wie er es vor dem theoretischen und konzeptionellen Hintergrund der konkreten Untersuchung verstehen kann. Transkripte bilden daher nicht einfach auf Papier ab, was im Gespräch gesagt und elektronisch aufgezeichnet wurde, sondern sind immer auch selektive Konstruktionen. Mit dem Transkriptionstext schafft man eine „neue Realität", die später bei der Interpretation nicht als „gegeben" angenommen werden sollte. Dennoch ist der Transkriptionstext, diese neue durch den Verfasser konstruierte Realität, die „einzige (Version der) Realität, die der Forscher für seine anschließende Interpretation noch zur Verfügung hat" (Flick 1995).

Vor dem Transkribieren sind eine Reihe von Fragen zu beantworten, die die spätere Auswertung beeinflussen:

- Soll das gesprochene Wort möglichst genau mit allen Besonderheiten des Sprechens wie Interjunktionen (Ähs, Hmms) und Dialekt oder möglichst nah am Schriftdeutsch wiedergegeben werden?
- Soll alles, was in dem Interview gesprochen wurde, festgehalten werden oder nur das, was relevant für die konkrete Fragestellung erscheint?

Diese Entscheidungen sind bedeutsam für den Arbeitsfortgang, denn häufig wird mit erheblichem Aufwand viel mehr transkribiert als später analysiert werden soll. Flick (1995) warnt ausdrücklich vor einer übertriebenen Genauigkeit bei der Transkription und einem „Fetischismus, der in keinem begründbaren Verhältnis mehr zu Fragestellung und Ertrag der Forschung steht". Sinnvoller erscheint ihm, nur so exakt und so viel zu transkribieren, wie es die Fragestellung erfordert, und Zeit und Energie bevorzugt in eine fundierte Interpretation zu investieren.

Folgende Transkriptionsmethoden kann man unterscheiden:

- Eine eher exakte Variante der Transkription ist die **literarische Umschrift**, mit der auch Dialekt wiedergegeben werden kann. Die Stärken dieser Transkriptionsart liegen in der Authentizität und in der guten Widerspiegelung des Milieus, aus dem der Sprecher kommt. Der Stil der Rede kann für den Leser viele Informationen transportieren, die bei einer geglätteten Wiedergabe verloren gehen. Die Nachteile sind der hohe Zeitaufwand bei der Anfertigung des Transkriptes und die schlechte Lesbarkeit.
- Für geographische Arbeiten, bei denen es in der Mehrheit der Untersuchungen weniger auf die genaue sprachliche Äußerung ankommt, sondern mehr um die Sachinhalte geht, ist eine **Transkription in normales Schriftdeutsch** in den meisten Fällen besser geeignet. Dabei wird der Dialekt bereinigt, Satzbaufehler werden behoben, und der Stil wird geglättet. Bei dieser Übertragung in normales Schriftdeutsch bleibt die Charakteristik der gesprochenen Sprache erhalten, die Lesbarkeit ist jedoch erheblich verbessert.
- Eine weitere Möglichkeit ist die **kommentierte Transkription.** Hier werden Auffälligkeiten beim Sprechen wie Pausen, Betonungen, Lachen, Räuspern und Ähnliches ausdrücklich im Text erwähnt, um die Sprechweise möglichst genau nachzuempfinden (Mayring 1996). Unter dieser Genauigkeit leidet allerdings wiederum die Lesbarkeit.

Eine möglichst genaue Transkription folgt dem Wunsch, eine weitestgehend exakte, „gesprächsnahe" Abschrift des Gesagten anzufertigen und wenig bei der Umsetzung in Schrift zu „verfälschen". Doch eine Übertragung in normales Schriftdeutsch bedeutet in der Regel bereits eine erste Interpretation. Das Geschriebene wird dann erneut interpretiert, und schließlich liefert man Interpretationen (Auswertung) von Interpretationen (Transkription) von Interpretationen (die Meinungen und Sichtweisen des Interviewten).

In fast noch stärkerer Form stellt sich dieses Problem bei Untersuchungen im Ausland, wenn dort in einer

Fremdsprache Interviews geführt werden. Diese Interviews werden in der Regel zur Auswertung ins Deutsche übersetzt. Spätestens jedoch, wenn sie einer deutsch- oder englischsprachigen Leserschaft zugänglich gemacht werden sollen, ist eine Übersetzung notwendig, und diese Übertragung in eine andere Sprache stellt einen weiteren Interpretationsschritt dar.

Auswertungsverfahren von Texten: Kodierung, Typisierung und Interpretation

Nach der Aufbereitung der Texte steht der Forscher vor der Entscheidung, wie die Daten ausgewertet und die Ergebnisse dargestellt werden sollen. Der Fokus kann unterschiedlich sein und entweder auf eine Einzelfallorientie-

Exkurs 7.3.1

Archivstudien und Auswertung von Archivalien

ANDREAS DIX

Archive sind Fenster in die Vergangenheit. Ursprünglich in gut gesicherten Räumen und Gewölben in Burgen und Schlössern untergebracht, war ihre erste und wichtigste Aufgabe, Rechte und Besitzansprüche ihrer Eigentümer durch die Aufbewahrung der entsprechenden Urkunden zu sichern. Eigene Interessen und eigenes Handeln sollten auf diese Weise legitimiert und durchgesetzt werden. Viele Territorialherren und Städte unterhielten deshalb bereits im Mittelalter Archive. Als größtes und bedeutendstes unter ihnen entwickelte sich in Europa das der päpstlichen Kurie. Die lange Serie päpstlicher Briefregister, die ab 1198 lückenlos vorhanden ist, ermöglicht die Rekonstruktion der kirchlichen Raumorganisation und Verwaltung in vielen Regionen Europas und darüber hinaus (Franz 2010, Beck & Henning 2004).

Bereits im Mittelalter schwoll die Überlieferung an, bedingt durch technische Innovationen wie die Einführung des Papiers, das sich in Deutschland ab der Mitte des 14. Jahrhunderts durchsetzte, und mit dem Aufkommen des **Buchdrucks** ab der Mitte des 15. Jahrhunderts (Giesecke 2006). Die sich ausbildenden Territorialstaaten der Frühen Neuzeit entwickelten effiziente Verwaltungen, deren Papierhunger kontinuierlich stieg. Um 1920 schließlich versuchte man durch eine umfassende **Büroreform** den ansteigenden Papiermassen Herr zu werden und die Effizienz von Verwaltungsabläufen zu steigern. Stehordner, Schreibmaschinen und moderne Vervielfältigungstechniken wurden eingeführt. So wie die Büroreform hat allerdings auch die seit 20 Jahren laufende Digitalisierung der Büroarbeit nicht zu einer Abnahme des Papierverbrauchs geführt. Obwohl in den Archiven im Schnitt immer nur bis zu 10 Prozent des jemals produzierten Schriftgutes überhaupt aufbewahrt werden, haben sich die Bestände in den Archiven zu einem wahrhaften Papiergebirge aufgetürmt. Alleine in den Staatsarchiven der deutschen Bundesländer und im Bundesarchiv wurden im Jahre 2008 rund 1 619 Regalkilometer Akten aufbewahrt (Statistisches Jahrbuch 2009 für die Bundesrepublik Deutsch-

land). Dies ist nur die Hinterlassenschaft der staatlichen Verwaltung, dazu müssen noch die Bestände der vielen Kommunalarchive, Kirchenarchive, Wirtschaftsarchive, Familienarchive, Parlaments-, Partei- und Verbandsarchive und einer große Zahl weiterer Spezialarchive hinzugerechnet werden, sodass der Umfang noch weitaus höher anzusetzen ist. Für den deutschsprachigen Raum wird die Zahl der Archive insgesamt auf etwa 8 000 geschätzt (Franz 2010).

Angesichts der Masse ist die Frage, was und besonders warum etwas im Archiv überliefert wird, entscheidend. Viele Faktoren spielen dabei eine Rolle, wie etwa die Besitzverhältnisse am Archiv, das Interesse, ob Daten und Fakten überhaupt überliefert werden sollen und natürlich die Tatsache, dass Kriege und Katastrophen, besonders Stadtbrände und Hochwasser bis heute Bestände dezimieren oder verschwinden lassen. Der Einsturz des Stadtarchivs in Köln 2009, des bedeutendsten Kommunalarchivs nördlich der Alpen, hat dies einmal mehr deutlich gemacht. Für die geschichtswissenschaftliche Bewertung und Auswahl der archivwürdigen Bestände ist fachlich ausgebildetes **Archivpersonal** zuständig, das nach festgelegten formalen wie inhaltlichen Kriterien bestimmt, welche Akten „kassiert" und welche aufgehoben werden sollen. Diese Kriterien haben sich im Laufe der Zeit gewandelt. Während früher vor allem das Interesse an Herrschern und der politischen Ereignisgeschichte vorherrschte, kamen später Fragen nach den sozialen, ökonomischen und kulturellen Verhältnissen auch der einfachen Menschen hinzu. Wichtig ist, immer die Perspektive im Auge zu behalten, aus der heraus die Überlieferung entstanden ist. Man darf nicht vergessen, dass der überwiegende Teil der Überlieferung gerade in öffentlichen Archiven eine obrigkeitliche Perspektive widerspiegelt (Menne-Haritz 2006, Franz 2010).

Den Papiermassen Herr zu werden, bedurfte es immer eines strukturierenden Zugriffs. Fragen der **Systematisierung** und der Entwicklung **quellenkritischer Methoden** waren grundlegende Innovationen der im 19. Jahrhundert

rung, eine Milieubeschreibung, die Herausstellung typischer Strukturen oder die Strukturgeneralisierung zielen (Matt 2000). Je nach Art der Daten und nach dem weiteren Forschungsinteresse werden für die Auswertung Kodierungs-, Typisierungs- oder textinterpretative Verfahren empfohlen. Während Kodierungen und Typisierung stärker strukturierte Auswertungstechniken darstellen und teilweise an quantitative Auswertungsverfahren erinnern, ist die Interpretation intuitiver, subjektiver und im

wahrsten Sinne des Wortes als ein Entdeckungsprozess zu bezeichnen (Reuber & Pfaffenbach 2005).

Offenes, thematisches und theoretisches Kodieren

Das Ziel des Kodierens ist, „einen Text aufzubrechen und zu verstehen und dabei Kategorien zu vergeben, zu

---

entwickelten **historisch-kritischen Methode** in der Geschichtswissenschaft, wie sie zum Beispiel durch Johann Gustav Droysen (1808 bis 1884) vertreten wurde. In dieser Zeit wurde die grundlegende Unterscheidung von **Tradition** und **Überrest** eingeführt. Demnach ist eine Tradition eine Quelle, die Sachverhalte bewusst überliefert, wie Chroniken oder Tagebücher, während Überreste Informationen in ihrer ganzen Bandbreite eher unbeabsichtigt mit überliefern. Dazu gehört der überwiegende Teil aller Archivalien. Nach funktionalen Kriterien lassen diese sich auch in Urkunden, Akten und Amtsbücher unterteilen. Während **Urkunden** die eigentlichen Schriftstücke zur Rechtssicherung sind und bestimmte formale Vorgaben erfüllen müssen, sind die **Akten** meistens Konvolute von Schriftstücken, die zu einem bestimmten Vorgang zusammengefasst werden. In **Amtsbüchern** schließlich, wie Steuerlisten oder Grundbüchern werden regelhafte Verwaltungsvorgänge, wie Steuererhebung oder Besitzeintragung notiert (Keitel 2005). Die Überlieferung in den Archiven ist aber noch weitaus vielfältiger und umfasst für die Geographie so wichtige Quellen wie **Bilder** (Jäger 2009, Schwartz 2003, Ewe 2004) und **Karten** (Matschenz 2004, Schneider 2004, Dipper & Schneider 2006). Seit rund 20 Jahren werden immer mehr Verwaltungs- und Kommunikationsvorgänge digitalisiert und lösen den älteren Modus der papiergebundenen Aufzeichnung ab. Dadurch entstehen Datenbestände, deren Auswertung und Langzeitarchivierung ganz neue Herausforderungen bedeuten. In dieser Umbruchsituation ergeben sich bedeutende Daten- und Informationsverluste dadurch, dass ältere Überlieferungstechniken nicht mehr und neuere noch nicht über eine längere Zeit stabil funktionieren. So spricht man im Hinblick auf die Archivierung von digitalen Daten von der gegenwärtigen Zeit als einer Epoche der **Digital Dark Ages** (Kuny 1998). Auf der anderen Seite werden immer mehr archivalische Dokumente in ein digitales Speicherformat überführt und so erst nutzbar gemacht. Auch die Archivrecherche ist auf diese Weise sehr viel einfacher und komfortabler geworden.

Die erfolgreiche Erschließung archivalischer Quellen erfordert zwei Voraussetzungen. Zum einen ist das Wissen um Überlieferungszusammenhänge und die daraus resultierende Reichweite von Aussagen von Interesse, zum anderen

bedarf es bestimmter Arbeitshilfen und Techniken, um die Quellen zum Sprechen bringen zu können. Dazu gehört die **Transkription** alter Schriften (Eckardt et al. 1999, Boeselager 2004, Dülfer & Korn 2004), die Auflösung von **Abkürzungen** und **Formeln** (Dülfer & Korn 2000), die Umrechnung alter **Maße** und **Münzeinheiten** (Trapp 1999, 2001), die Datierung nach den vorherrschenden **Chronologien** (Grotefend 2007), die Entschlüsselung von Bild- und Wappensymbolik, um nur einige zu nennen (Ewe 2004). Ob aber bestimmte Fragen überhaupt gestellt werden können, hängt ganz von der Überlieferungssituation ab. Das Diktum des „*Quod non est in actis, non est in mundo*" setzt oftmals dem Erkenntnisprozess harsche Grenzen (Vismann 2000). Trotzdem demonstriert Raul Hilberg in seinem Buch „Die Quellen des Holocaust" mustergültig methodische Möglichkeiten, wie aus kleinsten Überlieferungsbruchstücken Ereignisse rekonstruiert werden können (Hilberg 2001).

Ein Großteil der Archivbestände ist auch für die **geographische Forschung** von Interesse (Lorimer 2011). So setzt beispielsweise Verwaltungshandeln implizit immer auch die Beherrschung von Menschen und Räumen voraus. Techniken der Informationssammlung und -auswertung nicht zuletzt auch in Bildern und Karten waren eine Voraussetzung für konkrete Handlungen, Austragung von Konflikten und Entscheidungen. Der Vorteil archivalischer Quellen ist in diesem Zusammenhang, dass sie generell Aussagen über Bewertungen und Intentionen der handelnden Personen zulassen. So können nicht nur Ereignisse und Entwicklungen rekonstruiert, quantifiziert und verortet werden, vielmehr lassen sich so Aussagen zur zeitgenössischen Wahrnehmung und subjektiven Bewertung treffen, deren Veränderung sich gerade über einen längeren Zeitraum gut fassen lässt. Der Konstruktionscharakter von Raumbildern und ihren Zuschreibungen kann auf diese Weise auch in die Vergangenheit zurück verfolgt werden. Archivalische Quellen ermöglichen so das Erkennen zeitgenössischer Logiken raumzeitlich wirksamer Prozesse. Sie bewahren davor, die Vergangenheit nur durch die Brille heutiger Normen und Sichtweisen zu sehen. Methodisch besteht zu anderen humangeographischen Forschungsrichtungen ein enger Zusammenhang mit den Perspektiven und Werkzeugen der Dokumentenanalyse (Wolff 2008).

entwickeln und im Lauf der Zeit in eine Ordnung zu bringen" (Flick 1995). Dabei unterscheidet sich das Kodieren bei qualitativen Untersuchungen von dem bei quantitativen Verfahren insofern, als man beim Kodieren von qualitativen „Daten" Text verwendet anstelle von Zahlen: Der Text des Interviews wird in Kodiertext übersetzt, verkürzt, verallgemeinert und unter dem Blickwinkel der konkreten Fragestellung aufbereitet. Man unterscheidet dabei die Technik des offenen Kodierens und die des thematischen oder theoretischen Kodierens.

Beim **offenen Kodieren** kann man zeilen-, satz- oder abschnittsweise kodieren, das heißt, den jeweiligen Textteilen werden Verallgemeinerungen zugeordnet. Kodierungen können sich jedoch auch auf den gesamten Fall beziehen. An den Text werden dazu die sogenannten „W-Fragen" gestellt (Flick 1995):

- **Was** wird angesprochen?
- **Wer?** Welche Personen sind beteiligt? Wie interagieren die Personen?
- **Wie** wird über die Dinge gesprochen? Welche Aspekte werden (nicht) genannt?
- **Wann? Wie lange? Wo?** Wie sieht der Kontext der Situation, des Phänomens, über das gesprochen wird, aus?
- **Warum? Wozu?** Welche Beweggründe und Zwecke werden angegeben oder lassen sich vermuten?
- **Womit?** Welche Strategien werden eingesetzt?

Diese ersten Verallgemeinerungen des Gesagten werden in weiteren Schritten immer stärker abstrahiert und es wird nach einem Muster in den Daten gesucht. Diese Muster gilt es zu entdecken, wobei der Entdeckungsprozess nicht erzwingbar ist. Ziel ist es, herauszufinden, unter welchen Bedingungen welche Handlungen, Meinungen bzw. Wahrnehmungen und unter welchen anderen Bedingungen andere Handlungen, Meinungen bzw. Wahrnehmungen entstehen. Die gefundenen Muster werden formuliert und immer wieder an den Daten überprüft. Die Methode des offenen Kodierens eignet sich besonders gut für **narrative Interviews** und auch für narrative Sequenzen in problemzentrierten Interviews, denn man kann auf diese Weise bei der Auswertung flexibel mit den verschiedenen Darstellungen und Erzählungen der Befragten umgehen.

Beim **thematischen oder theoretischen Kodieren** hingegen ist der Spielraum der zu entwickelnden Kodes und Kategorien durch die Fragestellung bereits stärker eingegrenzt. Prinzipiell eignet sich diese Art der Auswertung gut für **Leitfaden-Interviews**, bei denen die Themen zu einem großen Teil vorgegeben sind, wodurch die Interviews auch eher vergleichbar sind als unstandardisierte (z. B. narrative) Interviews. Das thematische

Kodieren folgt nach Flick (1995) einem dreiphasigen Ablauf.

In einem ersten Schritt werden **Einzelfallanalysen** durchgeführt und Kurzbeschreibungen jedes Falls angefertigt. Eine solche Einzelfallanalyse enthält einige typische Aussagen des Befragten, eine kurze Darstellung der Person in Hinblick auf die Fragestellung und die zentralen Themen, die im Interview angesprochen wurden. Zur Technik der Einzelfallanalyse hat Lamnek (1995) angeregt, zunächst Nebensächlichkeiten aus der Transkription zu entfernen und die prägnantesten Textstellen herauszusuchen. Dadurch entsteht ein neuer, stark gekürzter und konzentrierter bzw. verdichteter Text. Dieser Text wird nun kommentiert und das Interview charakterisiert. Dabei sollen die Besonderheiten herausgearbeitet werden und auch auf das Allgemeine oder Allgemeingültige hingewiesen werden. Das Ergebnis ist eine Verknüpfung von wörtlichen Passagen, sinngemäßen Wiedergaben und Wertungen bzw. Interpretationen durch den Forscher.

In einem zweiten Schritt werden die einzelnen Fälle **vertiefend analysiert** und nach dem Sinnzusammenhang der Äußerungen der einzelnen Befragten gesucht. Dazu wird ein Kategoriensystem für jeden einzelnen Fall entwickelt. Diese Struktur wird aus den ersten Fällen entwickelt und an allen weiteren Fällen überprüft und entsprechend modifiziert, wenn sich neue oder widersprüchliche Aspekte ergeben. Vor dem Hintergrund dieser Kategorienstruktur werden schließlich alle Fälle erneut analysiert. Bei einer anschließenden **Feinanalyse** können einzelne Textpassagen detaillierter interpretiert werden. Für diese Feinanalyse wurde folgender Fragenkatalog entwickelt (Flick 1995):

- **Bedingungen:** Warum hat der Befragte dies getan oder gesagt? Was führte zu der Situation? Was ist der Hintergrund des Handelns? Wie war der Verlauf?
- **Interaktion zwischen den Handelnden:** Wer handelte? Was geschah?
- **Strategien und Taktiken:** Welche Umgangsweisen spiegeln sich in dem Gesagten bzw. Getanem wider? Wurden bestimmte Handlungen vermieden oder an die spezifische Situation angepasst?
- **Konsequenzen:** Was veränderte sich durch die geschilderten Handlungen? Welche Folgen oder Resultate des Handelns sind erkennbar?

In einem dritten Schritt wird fallübergreifend verglichen. Ziel ist, das inhaltliche Spektrum der Auseinandersetzung der Interviewpartner mit dem Thema der Untersuchung – sowohl die Vielfalt als auch die Verteilung – aufzuzeigen sowie Gemeinsamkeiten in und Unterschiede zwischen den verschiedenen Untersuchungsgruppen herauszuarbeiten (Flick 1995). Die Verallgemeinerungen, die schließlich getroffen werden, basieren auf diesen **Fall- und Gruppenvergleichen** und zielen auf eine empirisch begründete Theorieentwicklung (Exkurs 7.3.2). Damit ist das Verfahren des thematischen Kodierens mit dem der Typenbildung vergleichbar.

Für die **Fein- und Tiefenanalyse**, den zweiten Schritt beim thematischen Kodieren nach Flick, hat Schmidt (2000) eine fünfstufige und daher sehr detaillierte Auswertungsstrategie entworfen. Dieses Kodierungsverfahren ist sehr stark an das quantitative Denken angelehnt und erinnert an die Auswertung offener Fragebogenfragen.

Zuerst werden anhand des Materials Auswertungskategorien festgelegt. Dazu wird das Material mehrfach intensiv gelesen. Das theoretische Vorverständnis und die Fragestellung lenken dabei das Lesen. Wichtig ist es festzuhalten, ob die Befragten die vom Forscher verwendeten Begriffe aufgreifen, welche Bedeutung sie für sie haben und welche neuen Begriffe bzw. Themen sie selbst im Gespräch aufbringen.

Die beim Lesen gefundenen Auswertungskategorien werden in einem zweiten Schritt in einem Auswertungs- und Kodierleitfaden zusammengestellt. Neben einer ausführlichen Beschreibung der einzelnen Kategorien enthält er auch die verschiedenen Ausprägungen. Mit diesem Kodierleitfaden wird nun der Text kodiert, das heißt, die entsprechenden Textpassagen werden einer Kategorie und der jeweiligen Ausprägung zugeordnet.

In einem dritten Schritt wird jeder Fall bzw. jedes Interview unter allen Kategorien des Kodierleitfadens verschlüsselt, das heißt mit Kategorieausprägungen eti-

Exkurs 7.3.2

Grounded Theory – durch qualitative Forschung neue Theorien entdecken

Das Verfahren der *Grounded Theory* wurde in den 1960er-Jahren von den amerikanischen Soziologen Barney G. Glaser und Anselm L. Strauss entwickelt. Es wird dabei nicht von Theorien ausgegangen, um sie zu überprüfen, dennoch erfolgt die Forschung nicht theorielos: Bestehende Theorien zu kennen und den Überlegungen zugrunde zu legen, ist unverzichtbar, das wesentliche Ziel der *Grounded Theory* ist jedoch, neue theoretische Konzepte im Forschungsverlauf mithilfe der gewonnenen Daten zu entdecken (Hildenbrand 2000). Dabei stehen in Anlehnung an den Symbolischen Interaktionismus „Deutungen sozialer Wirklichkeiten handelnder Personen sowie die Interaktionen, in denen diese Deutungen entwickelt und modifiziert werden", im Zentrum der Forschung (Hildenbrand 2002).

Typisch für die *Grounded Theory* ist die Zirkularität und Prozesshaftigkeit des Forschens. Zirkulär ist der Forschungsprozess, weil induktive und deduktive Verfahren darin miteinander verknüpft werden. Zunächst wird aufgrund von Beobachtungen eine erklärende Hypothese gebildet, mit der „von einer Folge auf ein Vorhergehendes geschlossen" werden kann. Die Erkenntnisse geeigneter Hypothesen kommen gelegentlich „wie ein Blitz". Solche Schlüsse werden als alltäglich betrachtet und zugleich als „zentrale Forschungsstrategie des Erkennens von Neuem. [...] Auf der zweiten Stufe des Forschens, der Stufe der Deduktion, werden [...] gewonnene Hypothesen in ein Typisierungsschema überführt. [...] Auf der dritten Stufe des Forschens, der Stufe der Induktion, [werden] die deduktiven

Applikationen der Hypothese [anhand der Daten] überprüft" (Hildenbrand 2000).

Der Vorgang wie die Terminologie erinnern auf den ersten Blick mehr an quantitatives als an qualitatives Denken. Der wesentliche Unterschied zum kritischen Rationalismus besteht zum einen darin, dass der Entdeckungsprozess eine größere Rolle spielt und der Überprüfung der Hypothesen ein geringerer Stellenwert eingeräumt wird (Lamnek 1995). Weiterhin werden vergleichsweise geringe Datenmengen erhoben. Außerdem erfolgen die Phasen der Datenerhebung, Entwicklung von Konzepten und ihre Überprüfung an den Daten nicht nacheinander, sondern möglichst zeitgleich und miteinander verwoben. Wenn die zunächst gewonnenen Daten verarbeitet sind, werden neue Daten gesammelt, die in die entstehende Theorie integriert werden. Der Vorgang wird so lange fortgesetzt, bis die entwickelte Theorie aus Sicht des Forschers schlüssig erscheint. „Es ist immer die Empirie, an der sich eine Theorie zu erweisen hat und zu der die Theorie immer zurückkehrt als letzte Instanz" (Hildenbrand 2000).

Neben der konsequenten Prozesshaftigkeit, die zwar als eine der Charakteristika qualitativer Forschung gilt, aber in der Praxis der qualitativen Sozialforschung wenig Nachahmer gefunden hat – es werden zumeist erst alle Interviews geführt bevor sie ausgewertet werden –, ist das Prinzip des „Theorie-Entdeckens" der wesentliche Impuls, der von der *Grounded Theory* für qualitative Forschung ausging.

kettiert. In diesem Schritt soll durch die Kodierung auch die Informationsfülle reduziert werden; dabei wird durchaus in Kauf genommen, dass Informationen verloren gehen.

In einem vierten Schritt schlägt Schmidt (2000) eine quantifizierende Materialübersicht vor. Dabei wird in einer Art Häufigkeitstabelle dargestellt, welche Kategorien und Ausprägungen wie oft im Material vorkommen. Durch die Erstellung solcher Tabellen können mögliche Zusammenhänge sichtbar werden, denen in einer qualitativen Analyse weiter nachgegangen werden kann. Schließlich werden vertiefende Einzelfallinterpretationen vorgenommen.

Alle Kodierungsvarianten sind aufgrund ihrer spezifischen Ausrichtung (Grad der Offenheit) für manche Interviewarten und für eine unterschiedliche Datenfülle mehr oder weniger gut geeignet. Das stark standardisierte Kodierungsverfahren nach Schmidt ist für eine große Materialfülle (viele und teilstandardisierte Interviews) geeignet. Die Flick'sche Variante eignet sich dagegen besser für mittlere Interviewzahlen und teilstandardisierte Leitfaden-Interviews. Das Verfahren des offenen Kodierens ist dagegen nur bei geringen Interviewmengen praktikabel; es wird aufgrund seiner Flexibilität den wenig standardisierten narrativen Interviews am besten gerecht.

Die Konstruktion von Typen

Synonym zum Begriff der Kategorienbildung wird in der sozialwissenschaftlichen Forschung häufig der Begriff des Typisierens bzw. der Begriff des Typus verwendet. Die Konstruktion von Typen gehört zu den „wichtigsten nicht quantifizierenden Erkenntnismitteln der Sozialwissenschaften" (Lexikon zur Soziologie 1995). Die Typenbildung folgt in der Regel nach einem oder mehreren zentralen Merkmalen. Typisierungen sind Konstrukte und stellen „Abstraktionen und Generalisierungen von Handlungssituationen dar" (ebd.). Es kann dabei unterschieden werden zwischen **Idealtypus** und **Durchschnittstypus**. Beide Begriffe gehen auf Max Weber (1985) zurück und sind Konstruktionen: Der reine Idealtypus muss empirisch überhaupt nicht vorkommen (im Unterschied zum Realtyp; Gerhard 1991), und der Durchschnittstypus gibt mehr oder weniger die „statistisch ermittelten Durchschnittswerte" wider (Lexikon zur Soziologie 1995).

Den Begriff der „empirisch begründeten Typenbildung" hat Kluge (1999) eingeführt und dabei den Begriff des Typus schlichtweg „als eine Kombination von Merkmalen" definiert. Der Verweis auf die Merkmalskombination lässt eine Nähe zu quantitativen Verfahren erkennen. Das Verfahren der empirisch begründeten **Typenbildung** ist in der Tat methodisch stark kontrolliert. Die Einzelfälle, die zu einem Typus zusammengefasst werden können, sollten einander möglichst ähnlich sein (interne Homogenität), sollten sich zugleich aber von den Einzelfällen, die einen anderen Typus bilden, möglichst deutlich unterscheiden (externe Heterogenität). Die Bildung und Darstellung von Typen eignen sich, um Einzelfälle nach ihren Unterschieden und Ähnlichkeiten zu ordnen und zu gruppieren, dadurch die komplexe Realität zu reduzieren und einen besseren Überblick über den Gegenstandsbereich zu erhalten (Kluge 1999).

Die Ebenen der empirisch begründeten Typenbildung (ebd.) sind die folgenden:

- **Ebene des Einzelfalls:** Zunächst werden die Interviewtranskripte thematisch kodiert; dazu werden Kurzbeschreibungen aller Fälle angefertigt bzw. Einzelfallanalysen durchgeführt, indem zu den Leitfadenthemen die Kernaussagen festgehalten werden.
- **Ebene des Typus:** Zur Typenbildung werden ähnliche Fälle durch ein divisives oder agglomeratives Verfahren zusammengefasst. Bei dem divisiven Verfahren wird von der Gesamtgruppe ausgegangen, und durch schrittweise Untergliederung werden Teilgruppen (Typen) gebildet. Diese Unterteilungen erfolgen so oft, bis die einzelnen Typen über eine ausreichende interne Homogenität verfügen. Bei dem agglomerativen Verfahren wird dagegen von den Einzelfällen ausgegangen, und man kommt durch Zusammenfassung möglichst ähnlicher Fälle zu den verschiedenen Typen. Anschließend wird jeder einzelne Typus in einer fallübergreifenden Analyse untersucht und seine Charakteristiken, das heißt die Gemeinsamkeiten der zu dem Typ zusammengefassten Fälle, beschrieben.
- **Ebene der Typologie:** Die Unterschiede zwischen den Typen sowie die Vielfalt und Breite des untersuchten Themas und schließlich das Gemeinsame zwischen den Typen werden untersucht. Dieser Schritt wird auch als typologische Analyse bezeichnet.

In ihrer Untersuchung über das „Leben in Ostfriesland" haben Danielzyk et al. (1995) aus der Gesamtheit ihrer Interviewpartner vier Typen herausgearbeitet und nach dem Auswertungsmodus der sozialwissenschaftlichen Paraphrasierung mit einem aussagekräftigen „typischen" Zitat als Motto versehen. Diese Mottos entstanden zunächst als typische Aussagen im Rahmen der Einzelfallanalysen und wurden dann auf den gesamten Typus übertragen:

- Typ A („der ostfriesische Nesthocker"): „Ähm, so genau hab ich mich mit dem Arbeitsmarkt hier nicht

 **Exkurs 7.3.3**

Karteninterpretation

ARMIN HÜTTERMANN

Unter Karteninterpretation wird in der Regel die geographische Interpretation topographischer Karten verstanden. Dabei geht es um die Interpretation einzelner Inhaltselemente der Karte, die Interpretation der Beziehungen zwischen einzelnen Inhaltselementen und um die Interpretation des Zusammenwirkens der Einzelelemente in räumlichen Einheiten.

Der **systemische Ansatz** der Karteninterpretation (Interpretation der abgebildeten Elemente, Relationen, räumliche Systeme) fördert ihren Einsatz in Forschung und Lehre. Der Vorteil topographischer Karten liegt nicht nur in der Fülle der abgebildeten Informationen, sondern vor allem in ihrer Abbildung in einem räumlichen Modell. Andere Datenträger müssen das räumliche Nebeneinander der geographischen Daten in ein Nebeneinander oder Nacheinander auflösen. Karten bilden geographische Sachverhalte in ihren räumlichen Zusammenhängen ab.

Anders als viele andere Datenträger engen topographische Karten die Fragestellung durch die Fülle unterschiedlicher Informationen zunächst von sich aus nicht ein. Man kann sich ihnen unter verschiedenen, genau zu definierenden Fragestellungen nähern. Außerhalb der Geographie im engeren Sinne werden topographische Karten daher auch in anderen Fachgebieten und Anwendungsbereichen interpretiert, so beispielsweise in der Geologie, der Raumplanung oder im Militär. Die geographischen Fragestellungen ergeben sich aus den Themenbereichen der Allgemeinen Geographie (z. B. Geomorphologie, Siedlungsgeographie), aber auch aus der Analyse regionaler Zusammenhänge.

Man unterscheidet zwischen primären und sekundären Informationen der Karte. Primäre Informationen sind die Angaben der Objektmerkmale durch quantitative oder qualitative Daten sowie der äußeren räumlichen Bezogenheit zu anderen Objekten, während sekundäre Informationen nur durch die Verarbeitung primärer Informationen bei der Karteninterpretation zu gewinnen sind. Dazu sind in der Regel geographische Grundkenntnisse notwendig.

Ein grundsätzliches Problem stellt die visuelle Analyse von Karteninhalten dar: Die physiognomische Analyse muss in der Regel ergänzt werden, entweder durch weitere Informationen (Zahlen, Abbildungen) oder durch Analogieschlüsse (vergleichbare Sachverhalte werden im Transfer zur Deutung herangezogen). Hier ergeben sich Parallelen zu Problemen der (Luft-)Bildauswertung.

Die Karteninterpretation läuft in zwei Stufen ab. Zunächst müssen die Objekte (z. B. Geländeformen, Siedlungsformen) erkannt werden, das heißt die Karte muss gelesen werden und geographische Sachverhalte müssen identifiziert werden. Zum Lesen gehören auch Messungen (Größen,

Distanzen, Winkel, Flächen). Danach folgt die eigentliche Interpretation, bei der aus dem „Gelesenen" die Sachverhalte, ihre Beziehungen zueinander und die räumlichen Strukturen und Prozesse interpretiert und bewertet werden.

Das **Kartenlesen** als Vorstufe zur Karteninterpretation ermöglicht in der Regel die räumliche Vorstellung des durch die zweidimensionale Karte abgebildeten Sachverhalts. Einzelne Darstellungsmittel der Kartographie, wie beispielsweise die Isohypsen, stellen besondere Anforderungen an das Kartenlesen. Neuere Entwicklungen in der digitalen Kartographie erleichtern auch das Kartenlesen und die Interpretation topographischer Karten: Berechnungen von Distanzen, Flächen oder auch Steigungen im Gelände (Geländeprofile) können mit digitalen topographischen Karten (TOP 25/50 der amtlichen Kartographie) erfolgen, die auch die Darstellung in dreidimensionalen Modellen (Blockbilder) ermöglichen.

Bei der **Karteninterpretation** geht man zunächst von einer Durchmusterung des gesamten Kartenblattes aus, bei der die nachgefragten Informationen systematisch gesammelt werden. Bei einer gesamträumlichen Analyse bietet sich hierzu das sogenannte Länderkundliche Schema (Kapitel 4) an, bei dem einzelne Geofaktoren nacheinander aufgesucht werden. Erst an diese Bestandsaufnahme schließt sich die Interpretation an, in der es dann zu einer Gesamtschau zum Beispiel eines räumlichen Systems kommen kann. Die Darstellung solcher räumlicher Systeme muss nicht ebenfalls nach dem Länderkundlichen Schema geschehen und kann entweder das gesamte Kartenblatt oder Teile davon umfassen.

Der systemische Ansatz (Interpretation von Elementen, Relationen und Systemen) kann an einem Beispiel (Karst) verdeutlicht werden. Von der Analyse einzelner Elemente (Dolinen, Trockental) schreitet die Interpretation fort zur Analyse von Elementkomplexen (Karstformenschatz) bis hin zur Synthese in Systemen (Karstlandschaft mit Karstformen, hydrologischen und siedlungsgeographischen Elementen).

Karteninterpretation ermöglicht die Analyse geographischer Fragestellungen eines Ortes, an dem man sich zurzeit nicht befindet. Darüber hinaus ist die Interpretation topographischer Karten vor Ort eine Möglichkeit, die Beschränkungen einer Ortsbegehung zu überwinden: Während man sich vor Ort entweder punktuell aufhält oder sich linear bewegt, ermöglicht die Karte die lückenlose flächenhafte Erfassung. Auch ergänzt sie die Informationsaufnahme vor Ort, indem Höhen, Distanzen, Flächen, Richtungen, Verteilungen, städtische sowie ländliche Siedlungen und so weiter festgestellt bzw. verglichen und unterschieden werden und in die Interpretation einfließen können.

befaßt. Das ist natürlich so 'ne Arbeitslosigkeit, ist glaub ich hier ziemlich hoch." – In den Interviews mit „ostfriesischen Nesthockern" herrschen vage und relativierende Formulierungen vor. Der „ostfriesische Nesthocker" verfügt über differenzierte Kenntnisse und/oder eine eigene Position nur in bezug auf solche Lebensbereiche, die seinen Alltag unmittelbar betreffen.

- Typ B („der zufriedene Ostfriese"): „In Leer kann man sich wohlfühlen […], hier wegzuziehen kommt definitiv nicht infrage." – Die zitierte Interviewäußerung weist darauf hin, dass der „zufriedene Ostfriese" mit Leer bzw. Ostfriesland eine hohe Lebensqualität verbindet. Für die individuelle Zufriedenheit ist jedoch jeder Einzelne selbst verantwortlich. Sein Bild von der Region ist im Unterschied zu Typ A differenzierter.

- Typ C („der kleinstädtische Ostfriese"): „Es gibt zwar mehrere öffentliche Kneipen und Kinoprogramm ist ja auch nicht so doll, aber so privat läuft da doch 'ne ganze Menge in so 'ner Kleinstadt" – Der „kleinstädtische Ostfriese" unterscheidet sich von den anderen beiden Typen durch eine ausgeprägte Leeraner – also eine „kleinstädtische" – Wahrnehmungsdimension. Er sieht „neben gegebenen Entwicklungsprozessen auch Notwendigkeiten und Chancen zur Initiierung weiterer."

- Typ D („der ostfriesische Fortschreitende"): „Irgendwann ist dann Nüttermoor mit Leer oder Heisfelde zusammengewachsen. Das wird alles kommen und das muß mit Sicherheit so sein. Nur sollte man zusehen, daß man die Natur berücksichtigt, Grünflächen als Erholungsgebiete beläßt." – Der „ostfriesische Fortschreitende" zeigt ein hohes Differenzierungs- und Reflexionsniveau sowie eine Offenheit gegenüber Veränderungen und „Fortschritt" und setzt sich aktiv für die Gestaltung seiner Lebensumwelt ein. Dies fußt auf „ambitionierten, kritisch-interessierten und selbstreflexiven Beobachtungen."

Qualitative Inhaltsanalyse

Unter der qualitativen Inhaltsanalyse wird die „systematische Bearbeitung von Kommunikationsmaterial" verstanden (Mayring 2000). Dabei kann es sich sowohl um Texte als auch um Musik, Bilder, Skulpturen, Gebäude und Ähnliches handeln. Dieses Vorgehen weist viele Ähnlichkeiten mit den bereits beschriebenen Kodierungs- und Typisierungsverfahren auf, strebt jedoch eine noch stärkere Standardisierung an. Grundsätzlich soll die qualitative Inhaltsanalyse das zu analysierende Material in seinen Kommunikationszusammenhang

(Autor, Gegenstand, Hintergrund, Merkmal, Zielgruppe des Textes) einbetten und regelgeleitet, das heißt an Kategorien orientiert, sowie theoretisch fundiert ablaufen. Folgende Verfahren unterscheidet man nach Mayring (2000):

- **zusammenfassende Inhaltsanalyse:** Das Material wird reduziert und in einen überschaubaren Kurztext überführt. Dies bietet sich immer dann an, wenn nur die Inhalte des Interviews von Interesse sind.
- **induktive Kategorienbildung:** Aus dem Material werden schrittweise Kategorien (Typen) entwickelt.
- **explizierende Inhaltsanalyse:** Zu unklaren Textstellen wird zusätzliches Material gesucht, das die Textstellen verständlich machen kann; Explikationsmaterial wird systematisch gesammelt.
- **strukturierende Inhaltsanalyse:** Bestimmte Aspekte werden nach vorher festgelegten Kriterien (Kodierleitfaden) aus dem Text herausgefiltert, typische Textpassagen werden herausgesucht.

Mit der sehr standardisierten Auswertungsform der qualitativen Inhaltsanalyse sind auch größere Textmengen bearbeitbar. Allerdings ist durch die verschiedenen Verfahren der qualitativen Inhaltsanalyse noch keine Interpretation des Textmaterials erfolgt, sondern es ist zunächst lediglich verdichtet und unter bestimmten Aspekten reduziert worden. Mayring (2000) selbst sieht als anschließenden Auswertungsschritt allerdings keine weitergehende Interpretation vor, sondern stattdessen quantitative Analysen in Form von Häufigkeitsauszählungen.

Hermeneutische Textinterpretation

Es wurde bereits mehrfach darauf hingewiesen, dass bei den verschiedenen Schritten der Aufbereitung (Transkription) und Auswertung (Kodierung) qualitativer Interviews Interpretationen erfolgen, auch wenn man sich dessen zuweilen nicht bewusst ist. Die hermeneutische Textinterpretation ist nun ein Verfahren, mit dem bewusst, gewollt und reflektiert Interviewtexte interpretiert werden. Gegenstand der hermeneutischen Textinterpretation sind dabei zumeist einzelne Passagen aus qualitativen Interviews, und nicht der Gesamttext eines Interviews oder die Gesamtheit aller „Fälle". Die Textinterpretation hat auch nicht Ordnung, Systematik und Strukturieren zum Ziel, sondern will „sich in einen zunächst fremden Zusammenhang so lange hineindenken und hineinarbeiten, bis er einem vertraut ist" (Seiffert 1991). Gegenstand der Interpretation des Forschers sind allerdings bereits Interpretationen und zwar die Interpretationen der Befragten, ihre subjektive Sicht der

Exkurs 7.3.4

Qualitative Forschung als Kommunikationsprozess

Bei der Textinterpretation kann zwischen Text (bzw. Botschaft), Textproduzenten (bzw. Botschaftsproduzenten) und Textrezipienten (bzw. Botschaftsrezipienten) unterschieden werden. Die Bedeutung einer Aussage setzt sich demnach zusammen aus dem Gesagten, dem Gemeinten und dem Gehörten bzw. Verstandenen. Da qualitative Forschung auch als Kommunikationsprozess aufgefasst werden kann, liegt es auf der Hand, sich die elementaren Erkenntnisse der Kommunikationspsychologie zu vergegenwärtigen und sich daran klar zu machen, wie vieldeutig Botschaften sein können und wie vielfältig auch die Verarbeitung von Botschaften erfolgen kann (Schulz von Thun 1999, Abb. 1). Eine Nachricht enthält demnach neben dem reinen Sachinhalt („worüber ich informiere") auch implizite Informationen über den Sprecher selbst („was ich von mir selbst kundgebe"), über seine Beziehung zum Gesprächspartner („was ich von dir halte oder wie wir zueinander stehen") sowie häufig auch einen Appell an den Empfänger der Nachricht („wozu ich dich veranlassen möchte").

Aber nicht nur die Nachricht ist vieldeutig, sondern auch der Empfang kann auf verschiedene Arten (nach Schulz von Thun: mit verschiedenen Ohren, Abb. 2) erfolgen. Eine Aussage kann als reine Sachaussage verstanden werden (diese „Hörweise" mit dem „Sach-Ohr" überwiegt bei wissenschaftlichen Arbeiten: „Wie ist der Sachverhalt zu verstehen?"), sie kann aber auch als Aussage über die Beziehung der Gesprächspartner aufgefasst werden („Beziehungs-

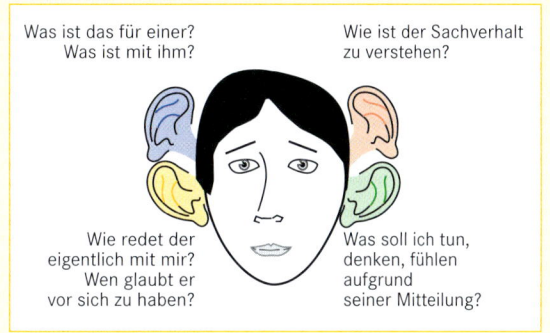

Abb. 2 Der „vierohrige Empfänger" (verändert nach Schulz von Thun 1999).

Ohr"; „Wie redet der eigentlich mit mir?"), als Aussage über den Sprecher selbst („Selbstoffenbarungs-Ohr"; „Was ist das für einer?") oder als Aufforderung („Appell-Ohr": „Was soll ich tun, denken, fühlen aufgrund seiner Meinung?"). Selbst wenn man als Interviewer und Interpret vor allem das „Sach-Ohr" auf Empfang geschaltet hat, kann man nicht sicher sein, mit welchem Ohr der Interviewpartner die Fragen gehört hat und inwieweit dieses Verstehen seine eigenen Aussagen beeinflusste und strukturierte.

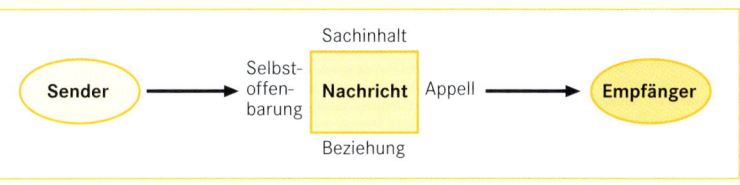

Abb. 1 Die vier Seiten einer Nachricht (verändert nach Schulz von Thun 1999).

Welt, der „Sinn, den die Menschen der Welt geben, ihre Wirklichkeiten" (Pohl 1989). In Anlehnung an Max Weber (1985) wird das Erfassen des „subjektiv gemeinten Sinns" als „Verstehen" bezeichnet.

Ein kontrovers diskutiertes und ausgesprochen aufwendiges Interpretationsverfahren ist die sogenannte **objektive Hermeneutik**, die stark um eine (scheinbare) Objektivität bemüht ist. Vertreter dieser Richtung sehen sie „zurzeit als eines der verbreitetsten und reflektiertesten Verfahren" an (Reichertz 2000). Der Verstehensvorgang wird als „hermeneutischer Zirkel" beschrieben: Mithilfe eines bei jedem Interpreten vorhandenen und zunächst begrenzten Vorverständnisses wird ein Text interpretiert. Dieses Auseinandersetzen mit dem Text vergrößert das Verständnis des Interpreten. In einem zweiten Interpretationsschritt kann der Text bereits besser erschlossen und verstanden werden (Lamnek 1995). Die Interpretationsschritte werden vielfach wiederholt, da das Ziel darin besteht, sich den „latenten Sinnstrukturen" (Oevermann et al. 1979) möglichst weit anzunähern. Dabei bleibt aber immer eine „hermeneutische Differenz" bestehen, da das Verstehen fremder Sinngebungen nur annäherungsweise gelingen kann.

Der konkrete Interpretationsprozess kann folgendermaßen beschrieben werden: „Der Interpret nimmt sich eine Textstelle vor, die eine Handlung aus der Sicht des Subjektes beschreibt, und entwirft möglichst alle nur denkbaren Bedeutungen der Handlung, unabhängig vom konkreten Fall. Aus dem Verhältnis möglicher und tatsächlicher Bedeutungen schält sich während der Analyse sukzessive die (vermeintlich) objektive Sinnstruktur des Falles heraus. Der Interpret nimmt sich also schrittweise Textstellen vor und fragt dann: Was könnte das bedeuten?" Das Verfahren wird in Teamarbeit angewandt: „Für die Analyse von einer Seite Protokoll braucht man eine Gruppe von fünf Interpreten, die mindestens 30 Stunden lang am Protokoll arbeiten und eine 50-seitige Interpretation produzieren" (Mayring 2000). Zu Recht bemerkt Mayring im Anschluss lapidar: „Es ist also einiges an Ressource nötig, um mehrere Fälle bearbeiten zu können." Deshalb ist die Methode zumeist auf Einzelfallanalysen beschränkt. Problematisch ist diese Art der Interpretation, weil die Interpreten „gedankenexperimentell" herausarbeiten, was sie anstelle des Befragten für vernünftig oder sinnvoll halten. Es wird nicht etwa die Weltsicht des Befragten zugrunde gelegt, denn diese gilt als subjektiv, wohingegen die von den Experten festgestellte latente Bedeutungsstruktur als objektiv angesehen wird. Damit werden die Befragten und ihre Rolle im Forschungsprozess „gravierend abgewertet" (Kleining 1995).

Die **sozialwissenschaftlich hermeneutische Paraphrase** ist ein weiteres Interpretationsverfahren, das auf intersubjektiv akzeptierte, konsensorientierte Formen des Verstehens zielt und durch eine multisubjektive Interpretation die Einseitigkeit der Interpretation vermeiden will. Lebenswelt und Handeln werden mit der sozialwissenschaftlichen Paraphrase im Gegensatz zur objektiven Hermeneutik immer aus der Perspektive des Interviewten beschrieben, und die „Forscher maßen sich nicht an, die Situation besser zu kennen, als die Befragten selbst" (Kleining 1995). Wie bei der objektiven Hermeneutik wird auch bei der sozialwissenschaftlichen Paraphrasierung „mit mehreren Interpreten gearbeitet, um so zu besseren Deutungen zu kommen […]. Auf der Grundlage eines ersten Lesens des gesamten Materials werden von den Interpreten erste Deutungen und Interpretationen vorgelegt und gegenseitig begründet. Die Interpreten berücksichtigen dabei ihr spezifisches Vorverständnis und das Kontextwissen des gesamten Materials. Wenn diese ersten Deutungen nicht plausibel sind, fragen die Interpreten gegenseitig nach (‚Wie meinst du das?'; ‚Das habe ich anders verstanden.'; ‚Kannst du das mal erläutern?')" (Mayring 2000). Ein wesentlicher Unterschied zwischen den beiden Verfahren wird in einer weiteren Besonderheit des Vorgehens der sozialwissenschaftlichen Hermeneutik deutlich: Die Interpretationsergebnisse werden anschließend mit den Befragten diskutiert, denn die Befragten sollen sich in den Interpretationen wiedererkennen können. Die Übereinstimmung der subjektiven Interpretation der Befragten mit den intersubjektiven Interpretationen der Interpreten gilt demnach als Gütekriterium der sozialwissenschaftlichen Hermeneutik (Reuber & Pfaffenbach 2005).

Einen sehr umfassenden Interpretationsansatz hat Stegmann (1997) bei seiner Untersuchung über das Image von Köln in Printmedien angewandt (Abb. 7.3.1). Die spezifische Fragestellung erforderte, alle fünf Verstehens- und Interpretationsansätze zu berücksichtigen. Bei vielen anderen Fragestellungen werden nur einige dieser Ansätze relevant sein.

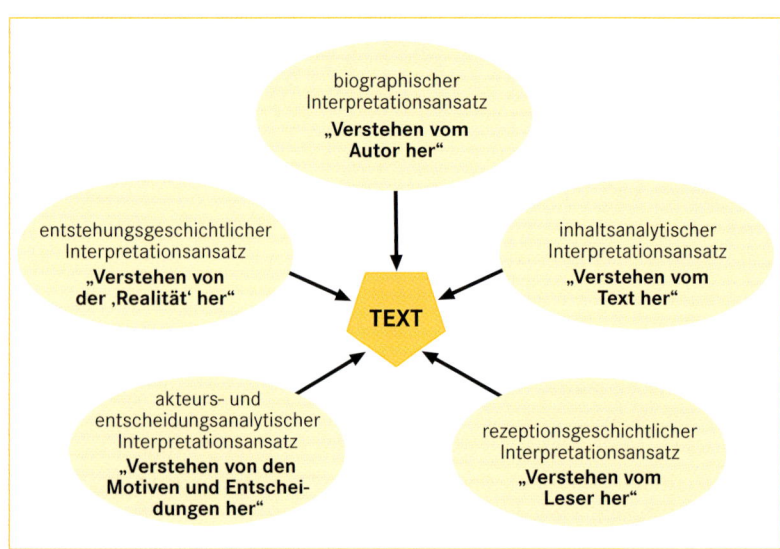

Abb. 7.3.1 Verschiedene Interpretationsansätze (verändert nach Stegmann 1997).

Wie eine Interpretation ausfällt, ist subjekt- und kontextabhängig. Sie hängt von der Biographie, der Befindlichkeit und den Interessen des Interpreten ab. Auch bei der Darstellung der Forschungsergebnisse tritt diese subjektive Komponente hervor. Der Forscher gibt vor, welche Geschichte er erzählt und wie er dies tut: „Die Darstellung der Wirklichkeit ist immer zugleich eine Konstruktion von Wirklichkeit. Die Art und Weise der Anordnung der Daten, Aussagen und Ergebnisse erzeugt eine entsprechende Deutung der Welt" (Matt 2000). Dabei muss auch das Schreiben solcher Interpretationen stärker reflektiert werden. Qualitative Forschung umfasst damit auch in der Humangeographie nicht nur die „Interaktion zwischen dem Forscher und dem Gegenstand, sondern auch die Interaktion zwischen dem Forscher und seinen potenziellen Lesern, für die er schließlich die Darstellung verfasst" (Flick 1995). Ein – für die Geographie äußerst seltenes – Beispiel für die eher selbstbekennende oder impressionistische Beschreibung ist die Arbeit von Christina Reinhardt (1999) über die Richardstraße.

Angesichts der Neuorientierung vieler Teildisziplinen der Humangeographie (z. B. der „neuen Kulturgeographie"), die oft auch eine methodische Neuorientierung beinhaltet, werden in Zukunft Erhebungs-, Auswertungs- und Darstellungsformen wie die oben vorgestellten – so ist zumindest zu vermuten – immer stärkeres Gewicht und immer größere Anteile in der Forschung einnehmen.

7.4 Diskursanalyse als Methode der Humangeographie

Iris Dzudzek, Georg Glasze und Annika Mattissek

Der Begriff der Diskursanalyse umschreibt ein Forschungsfeld, welches empirische Forschungsprojekte aus einer diskurstheoretischen Perspektive untersucht. Dabei soll herausgearbeitet werden, dass jegliche soziale Wirklichkeiten und damit eben auch raumbezogene Stereotypen und Praktiken, räumliche Strukturen und so weiter immer von Machtverhältnissen durchzogen sind. Auf der Basis von Diskursanalysen kann die Gewordenheit spezifischer sozialer Wirklichkeiten und spezifischer Machtverhältnisse analysiert und damit gezeigt werden, dass soziale Wirklichkeit immer kontingent ist – das heißt immer auch anders sein kann und damit kritisierbar ist.

Bei der Durchführung von Diskursanalysen muss zwischen zwei Aspekten unterschieden werden: einerseits einer diskurstheoretischen Grundperspektive und den daraus resultierenden Fragestellungen (**methodologischer Aspekt**) und andererseits der Frage, wie diese Untersuchungsperspektive mithilfe empirischer Verfahren untersucht werden können (**methodischer Aspekt**). Im Folgenden werden beide Aspekte der Diskursanalyse diskutiert.

Methodologische Grundannahmen und das Prinzip der Problematisierung

Um eine diskursanalytische Fragestellung formulieren zu können, muss zunächst die theoretische Perspektive bestimmt werden, aus der heraus der zu analysierende Ausschnitt gesellschaftlicher Wirklichkeit interpretiert werden soll. Grundsätzlich stehen hierfür eine ganze Reihe von verschiedenen Diskurstheorien zur Auswahl, die sich zum Beispiel an Foucault (1973, 1974), Laclau & Mouffe (1985) oder Butler (1991) orientieren und dadurch je spezifische Aspekte der sozialen Wirklichkeit(en) in den Fokus rücken. Grundsätzlich gilt, dass der Forscher oder die Forscherin durch die Wahl einer bestimmten Untersuchungsperspektive den Untersuchungsgegenstand auch immer in einer bestimmten Art und Weise konstruiert und erst in dieser Perspektive bestimmte Phänomene zum Beispiel als „Diskurse", „Antagonismen" oder „Selbsttechnologien" erfassbar und damit kritisierbar werden.

Die Beschreibung bestimmter empirischer Phänomene als Ausdruck diskursiver Strukturen hat entsprechend nicht den Anspruch, eine von der Beobachtung unabhängige „Realität" zu beschreiben. Vielmehr geht es darum, diese Phänomene in einer bestimmten Art und Weise zu problematisieren, das heißt offenzulegen, wie sich bestimmte Sichtweisen als „normal" und „wahr" etablieren, wie Subjekte konstituiert und zu bestimmten Handlungen angeleitet werden und welche Grenzziehungs- und Identifikationsprozesse in bestimmten Kontexten wirksam sind. Die Problematisierung umfasst zwei Perspektiven: erstens die archäologische Perspektive und zweitens die genealogische Perspektive.

Archäologische Perspektive

In der archäologischen Perspektive lassen sich die Regeln rekonstruieren, die das Sprechen und die sozialen Praktiken einer Gesellschaft zu einem bestimmten

Zeitpunkt strukturieren. Dieses Ensemble von diskursiven Regeln, die für die Ordnung und Erscheinungsform des Diskurses konstitutiv sind, beschreibt Foucault in „Die Archäologie des Wissens" (1973) als „Formation des Diskurses", später als die „Ordnung des Diskurses" (1974). Auf diese Weise lassen sich gesellschaftliche und sprachliche Ordnungen problematisieren und ihre Kontingenz aufzeigen.

Wie aber kann eine diskursive Formation bestimmt werden? „In dem Fall, wo man in einer bestimmten Zahl von Aussagen ein ähnliches System der Streuung beschreiben könnte, in dem Fall, in dem man bei den Objekten, den Typen der Äußerung, den Begriffen, den thematischen Entscheidungen eine Regelmäßigkeit (eine Ordnung, Korrelationen, Positionen und Abläufe, Transformationen) definieren könnte, wird man übereinstimmend sagen, dass man es hier mit einer diskursiven Formation zu tun hat […] Man wird Formationsregeln die Bedingungen nennen, denen die Elemente dieser Verteilung unterworfen sind […]" (Foucault 1973).

Die diskursive Formation kennzeichnet sich Foucault zufolge also durch Regeln, die das Erscheinen bestimmter Aussagen und das Nicht-Erscheinen anderer strukturieren. Ziel einer Diskursanalyse in archäologischer Perspektive ist es also, das **Ensemble diskursiver Regeln** herauszuarbeiten, die das Auftreten bestimmter Aussagen im Diskurs regeln.

Typische Fragestellungen einer Diskursanalyse in archäologischer Perspektive sind:
- Welche Aussagen kennzeichnen den Diskurs, welche Aussagen werden ausgeschlossen?
- Welche Regeln strukturieren das Auftauchen und die diskursive Verknüpfung der Aussagen?
- Welche Macht-Wissen-Komplexe werden innerhalb des Diskurses konstituiert?
- Welche Subjektpositionen stellt die diskursive Formation her?

Genealogische Perspektive

Den zweiten Analysehorizont bildet die Genealogie des Diskurses. Diese bezieht sich auf die Entstehung und Veränderung von Diskursen (Foucault 1974). Mithilfe der Genealogie kann jener Moment identifiziert werden, in dem eine bestimmte diskursive Formation entstanden ist und hegemonial wurde und damit alternative diskursive Ordnungen ausgeschlossen wurden. Foucault bezeichnet dies als „Geschichte der Gegenwart". Hier geht es darum, die Gewordenheit und Entwicklung der diskursiven Regeln, die die diskursive Formation zu einem bestimmten Zeitpunkt (und/oder in einem bestimmten räumlichen und sozialen Kontext) strukturieren, nachzuzeichnen. Die genealogische Perspektive arbeitet damit insbesondere die Veränderungen zwischen diskursiven Formationen über die Zeit heraus und verdeutlicht, dass diejenigen „Wahrheiten" und Wissensordnungen, die zu einer bestimmten Zeit als selbstverständlich gelten, prinzipiell auch anders sein könnten (und dies zu anderen Zeiten auch waren).

Typische Fragestellungen einer Diskursanalyse in genealogischer Perspektive sind:
- Wie haben sich die Regeln der Aussagenproduktion im Sinne einer „Geschichte der Gegenwart" über die Zeit entwickelt?
- Welche alternativen diskursiven Ordnungen wurden dabei ausgeschlossen?
- Welche Widersprüche werden durch die aktuelle diskursive Formation verdeckt?

Notwendigkeit einer methodengeleiteten Empirie

Ebenso wie es bei der empirischen diskursanalytischen Forschung darum geht, den Untersuchungsgegenstand aus einer spezifischen Perspektive zu konstruieren und nicht etwas bereits Bestehendes zu rekonstruieren, ist es auch notwendig, ein Untersuchungsdesign zu konstruieren, mit dem die Untersuchungsfrage angemessen operationalisiert werden kann. Es gibt kein feststehendes und etabliertes methodisches Instrumentarium, das für die Beantwortung aller diskursanalytischen Fragestellungen in gleicher Weise geeignet wäre. Auf der Basis zahlreicher diskurstheoretisch inspirierter empirischer Forschungsprojekte kann aber mittlerweile auf einen **Baukasten verschiedener Verfahren** zurückgegriffen werden, die sich zur empirischen Bearbeitung diskurstheoretisch inspirierter Fragestellungen eignen, die aber immer an die jeweilige Fragestellung angepasst werden müssen. Im Folgenden werden die Lexikometrie, kodierende Verfahren sowie Argumentations- und Aussagenanalysen vorgestellt (für weitere Verfahren: Glasze & Mattissek 2009). Trotz unterschiedlicher methodischer Herangehensweisen lassen sich zwei zentrale Gütekriterien für Diskursanalysen formulieren:
- **Sicherstellen von Plausibilität:** Da für diskursanalytische Arbeiten nicht auf ein feststehendes Set an Methoden zurückgegriffen werden kann, das wie in den Naturwissenschaften die Objektivität der Ergebnisse garantiert, ist es wichtig, jeden Schritt der Analyse zu plausibilisieren, das heißt, für den Leser nachvollziehbar zu machen und argumentativ darzulegen, warum er geeignet ist, einen Erkenntnismehrgewinn

zur Beantwortung der Ausgangsfrage zu liefern. Zur Herstellung einer plausiblen Argumentation gehört auch, dass das methodische Vorgehen zu den zugrunde liegenden diskurstheoretischen Annahmen passt. Wenn dargelegt wird, wie empirische Erkenntnisse generiert werden, kann auch eine kritische Auseinandersetzung darüber stattfinden, welche Aussagekraft sie haben.

- **Zirkelschlüssen vorbeugen:** Aus der Perspektive der empirischen Sozialwissenschaften hilft eine methodengeleitete Empirie, die Gefahr von Zirkelschlüssen einzudämmen. Damit wird verhindert, dass empirische Forschungen zum „Belegstellensammeln" verkommen und nur diejenigen Aspekte in die Analyse einbezogen werden, die zu der Weltsicht und präferierten wissenschaftlichen Erzählung des Autors passen. Eine diskurstheoretische Perspektive, die den Anspruch hat, auch solche Sinnstrukturen und Voreinstellungen der Bewertung und Wahrnehmung aufzudecken, die dem Forscher nicht bereits vor der Analyse bewusst sind, kann daher vom überlegten und konsistenten Einsatz methodischer Verfahren profitieren.

Methoden haben einem solchen Verständnis zufolge das Potenzial, die „Reibung" mit dem empirischen Datenmaterial zu erhöhen, das heißt, auch unerwartete Ergebnisse zutage zu fördern und somit zu einer permanenten Anpassung der eigenen Annahmen und Interpretationen beizutragen.

Diskursanalytische Methoden

Empirische Studien, die auf der Diskurstheorie aufbauen, stehen vor dem Problem, dass sich die Theoretiker der Diskursforschung kaum zur empirischen Umsetzung ihrer Theorie(n) geäußert haben. Wie kann also eine angemessene Operationalisierung der theoretischen Grundannahmen aussehen? Im Folgenden werden für die Operationalisierung diskurstheoretischer Ansätze drei Verfahren vorgestellt: die Lexikometrie, kodierende Verfahren sowie die Aussagen- und Argumentationsanalyse.

Lexikometrie

Lexikometrische Verfahren untersuchen quantitative Beziehungen zwischen lexikalischen Elementen (z. B. Wörtern oder Wortfolgen) in Textkorpora. Folgt man der theoretischen Grundannahme der Diskursfor-

schung, dass Bedeutung ein Effekt der Beziehung von (lexikalischen) Elementen zu anderen (lexikalischen) Elementen ist, dann können lexikometrische Verfahren herangezogen werden, um diese Beziehungen und damit die Konstitution von Bedeutung in Textkorpora herauszuarbeiten (allgemein zur Lexikometrie und korpusbasierten Verfahren in der humangeographischen Diskursforschung: Glasze 2007, Dzudzek et al. 2009). Im Rahmen diskursorientierter Ansätze können diese Verfahren genutzt werden, um Rückschlüsse auf diskursive Strukturen und deren Unterschiede zwischen verschiedenen Kontexten, wie beispielsweise Veränderungen über die Zeit, zu ziehen. Diskursanalysen gehen dabei nicht davon aus, die (vermeintlich) eindeutige Bedeutung von Texten zu erschließen, sondern betonen gerade die Mehrdeutigkeit, Instabilität und Veränderlichkeit von Bedeutung(en).

Innerhalb der lexikometrischen Verfahren lassen sich zwei Herangehensweisen unterscheiden: Als *corpus based* werden Verfahren bezeichnet, die das Korpus als eine Art Nachschlagewerk für Suchanfragen nutzen. Als *corpus driven* werden hingegen induktive Verfahren bezeichnet, die ohne im Voraus definierte Suchanfragen auskommen und damit die Chance bieten, auf Strukturen zu stoßen, an die man nicht schon vor der Untersuchung gedacht hat (Tognini-Bonelli 2001). Ein *corpus driven*-Vorgehen ist daher besonders für explorative Zwecke geeignet, das heißt, um einen ersten Überblick über Unterschiede und Gemeinsamkeiten sprachlicher Verweisstrukturen aufzuzeigen.

Grundlage lexikometrischen Arbeitens sind **digitale Textkorpora**. Korpora bestehen aus Texten, die das Sprechen über bestimmte Themen in einem bestimmten gesellschaftlichen Teilbereich möglichst gut repräsentieren. Dabei ist es hilfreich, wenn die Texte von einer möglichst homogenen Sprecherposition stammen und möglichst vollständig vorliegen. In den Analysen werden unterschiedliche Teile des Korpus miteinander verglichen. Für die Zusammenstellung des Korpus ist es entscheidend, dass – mit Ausnahme der zu analysierenden Variable (z. B. unterschiedliche Zeitabschnitte oder unterschiedliche Sprecherpositionen) – die Bedingungen der Aussagenproduktion möglichst stabil gehalten werden. Die folgenden Analysen zählen zu den lexikometrischen Standardverfahren. Sie können mithilfe spezieller Computerprogramme wie *Lexico3* und *Wordsmith* durchgeführt werden (Dzudzek et al. 2009).

- Frequenzanalysen zeigen, wie absolut oder relativ häufig eine spezifische Form in einem bestimmten Segment des Korpus auftritt.
- Konkordanzanalysen stellen die Kontexte eines Wortes bzw. einer Wortfolge in einem Textkorpus dar, das heißt die jeweils vor und hinter einem Schlüsselwort

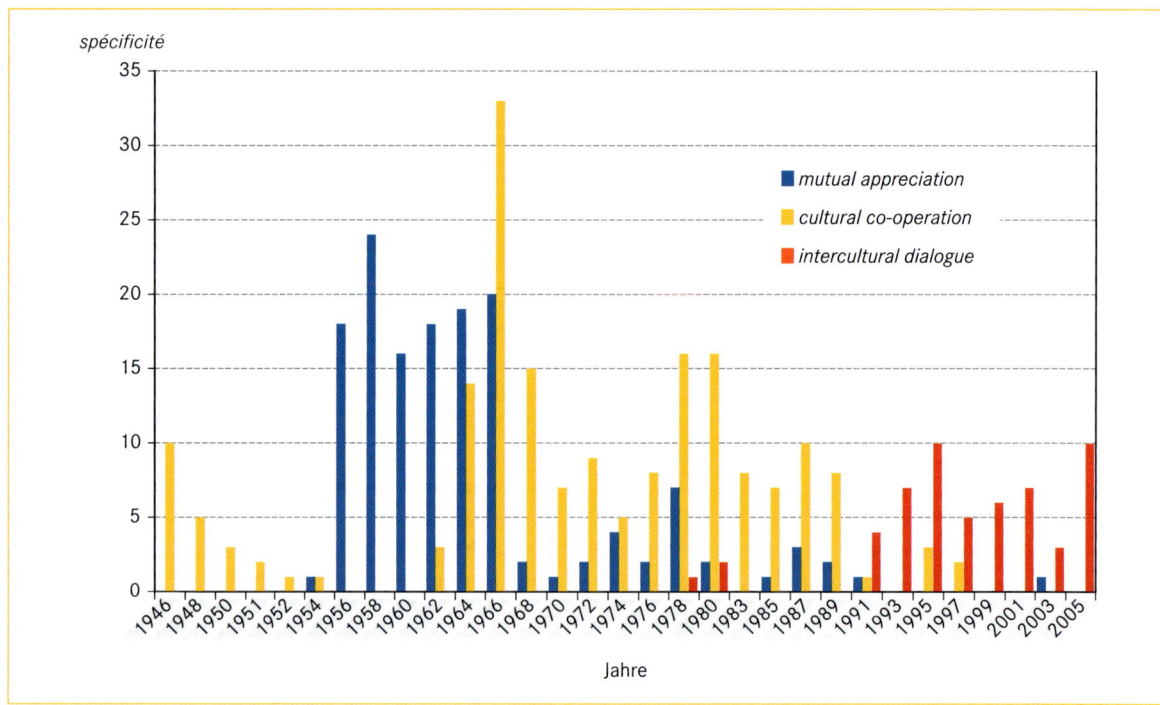

Abb. 7.4.1 Das Balkendiagramm zeigt das über-/bzw. unterzufällig häufige Auftreten (*spécificité*) von Begriffen in UNESCO-Resolutionen aus den Jahren 1946 bis 2005. Anhand des Verlaufs der Balken lässt sich eine diskursive Verschiebung vom Konzept der „gegenseitigen Anerkennung" (*mutual appreciation*) von Nationalkulturen über das Konzept der „kulturellen Kooperation" (*cultural co-operation*) hin zum Konzept des „interkulturellen Dialogs" (*intercultural dialogue*) ablesen. Sie verweist auf die Dezentrierung und räumliche Entankerung, die das Kulturkonzept in der UNESCO in den vergangenen Jahren erfahren hat. Wurde Kultur nach dem Ende des Zweiten Weltkriegs als Nationalkultur und damit als homogen und räumlich verortet gedacht, öffnet sich der Kulturbegriff im Laufe der Zeit immer mehr. Heute wird Kultur als lokal verankert und global vernetzt im Diskurs verhandelt und die Vielfalt von Kultur innerhalb von Gesellschaften betont (Quelle: Dzudzek 2011).

stehenden Zeichenfolgen. Konkordanzanalysen können sinnvoll als Vorbereitung und Hilfe für die qualitative Interpretation des Kontextes bestimmter Schlüsselwörter verwendet werden.

- Analysen der Charakteristika eines Teilkorpus zeigen, welche lexikalischen Formen für einen Teil des Korpus im Vergleich zum Gesamtkorpus bzw. einem anderen Teilkorpus spezifisch sind. Hierzu werden diejenigen Wörter ermittelt, die in einem bestimmten Teilkorpus signifikant über- oder unterrepräsentiert sind. Die Analysen von Charakteristika eines Teilkorpus sind also induktiv und *corpus driven*. Ein Beispiel für eine solche Analyse ist in Abbildung 7.4.1 dargestellt.
- Die Untersuchung von Kookkurrenzen (manchmal auch als Kollokationen bezeichnet) arbeitet heraus, welche Wörter und Wortfolgen (N-Gramme) im Korpus mit einer gewissen Signifikanz miteinander verknüpft werden, das heißt, welche Wörter in der Umgebung eines bestimmten Wortes überzufällig häufig auftauchen (Abb. 7.4.2).

- Eine sinnvolle Erweiterung der Kookkurrenzanalyse bieten multivariate Analyseverfahren von Differenzbeziehungen, mithilfe derer sich Kookkurrenzen verschiedener Begriffe in unterschiedlichen Teilkorpora in einen Zusammenhang bringen lassen (Dzudzek 2011). Eine mögliche Anwendung dieser Verfahren ist in Abbildung 7.4.3 dargestellt.

Kodierende Verfahren in der Diskursforschung

In Texten wird Bedeutung nicht nur durch die Verknüpfung einzelner lexikalischer Elemente hergestellt, sondern durch vielfältige Verbindungen und vielschichtige Relationen oberhalb der Wort- und Satzebene, häufig sogar oberhalb der Ebene einzelner konkreter Texte. Um diese im Rahmen einer diskursanalytischen Untersuchung greifen zu können, reichen Verfahren, die quantifizierend an der sprachlichen Oberfläche ansetzen (wie z. B. lexikometrisch-korpuslinguistische) vielfach nicht

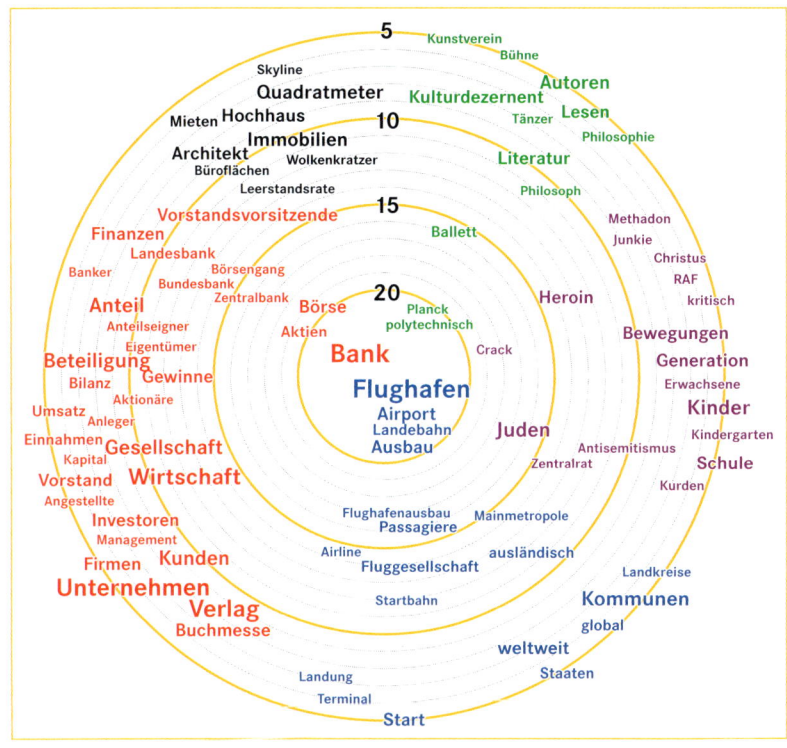

Abb. 7.4.2 Die Abbildung zeigt charakteristische Kookkurrenzen mit „Frankfurt am Main", die in einer vergleichenden Printmedienanalyse herausgearbeitet wurden. Alle Begriffe in der Abbildung treten statistisch signifikant häufiger im Zusammenhang mit der Stadt Frankfurt in Printmedien auf als mit den Vergleichsstädten Köln und Leipzig. Je weiter innen die Wörter stehen, desto signifikanter sind sie, das heißt desto spezifischer für Artikel zu Frankfurt. Die Zahlen 5 bis 20 innerhalb der Grafik bezeichnen das vom Analyseprogramm berechnete Maß für die Signifikanz. Die Größe der Begriffe entspricht der relativen Häufigkeit im untersuchten Teilkorpus. Der Übersicht halber wurden die Wörter nach farblich differenzierten Themen sortiert (Quelle: Mattissek 2008).

aus. Ein wichtiges Verfahren diskursanalytischer Arbeiten ist daher auch das stärker interpretative Kodieren von Elementen und deren Verknüpfungen. Das Ziel des Kodierens als Teilschritt einer Diskursanalyse ist es, Regelmäßigkeiten im (expliziten und impliziten) Auftreten (komplexer) Verknüpfungen von Elementen in Bedeutungssystemen herauszuarbeiten. Diese lassen sich dann als Hinweise auf diskursive Regeln verstehen. Dabei werden Techniken der interpretativen Textanalysen sowie der qualitativen Inhaltsanalyse angewendet, die allerdings an die theoretischen Vorannahmen der Diskurstheorie angepasst verwendet werden müssen (genauer dazu: Glasze et al. 2009).

Kodierende Verfahren können im Rahmen diskursanalytischer Untersuchungen hilfreich sein, um Regeln des Diskurses und damit Regeln der Konstitution von Bedeutung und Herstellung sozialer Wirklichkeit aufzudecken. Während der Ablauf der Kodierung (Markierung, Ordnung, Klassifizierung) in diskurstheoretisch orientierten Analysen also vielfach ähnlich verläuft wie in interpretativ-hermeneutisch orientierten Analysen (Reuber & Pfaffenbach 2005, Mayring 2008), ist der konzeptionelle Stellenwert des Kodierens jedoch ein anderer. Ziel ist hier, Regelmäßigkeiten in den Beziehungen von lexikalischen Elementen bzw. Konzepten in Diskursen herauszuarbeiten, um damit auf die Regeln der Konstitution von Bedeutung zu schließen.

Mikroverfahren der Auswertung von Texten: Argumentations- und Aussagenanalyse

Im Gegensatz zu lexikometrischen Verfahren setzen Argumentations- und Aussagenanalysen auf der Mikroebene einzelner Textpassagen an. Sie fokussieren darauf, wie die jeweiligen Verknüpfungen geschehen, ob einzelne Begriffe beispielsweise in ein Verhältnis der Ähnlichkeit, des Widerspruchs, der Zugehörigkeit oder der Kausalität zueinander gesetzt werden. Sie untersuchen, wie innerhalb von Texten durch die Verknüpfung sprachlicher Formen Sinn entsteht, welche Annahmen und welches Vorwissen dabei implizit beim Leser vorausgesetzt werden und welche Mehrdeutigkeiten und unterschiedlichen Sichtweisen sich möglicherweise bereits in kurzen Textausschnitten erkennen lassen.

Mithilfe der **Argumentationsanalyse** kann herausgearbeitet werden, welche Vorstellungen von Raum und räumlichen Konflikten, welche raumrelevanten Vorannahmen und welches implizite Wissen in einem bestimmten gesellschaftlichen Kontext vorherrschen.

Der methodische Kerngedanke der Argumentationsanalyse ist, dass Begründungen für bestimmte Behauptungen oftmals auf implizites (eben auch raumbezogenes) Hintergrundwissen zurückgreifen, welches sie als „gegeben" und damit als „wahr" voraussetzen. Dieses implizite Wissen – vergleichbar den Vorkonstrukten

Abb. 7.4.3 Die Abbildung zeigt das Ergebnis einer multivariaten Analyse von Differenzbeziehungen. Grundlage der hier dargestellten Hauptkomponentenanalyse sind charakteristische Begriffe mit Raumbezug aus dem Korpus aller UNESCO-Resolutionen seit ihrer Gründung. Die Abbildung visualisiert die diskursive Verschiebung von einer Fokussierung auf den Nationalstaat in der frühen und mittleren Phase hin zur sub- und supranationalen Ebene in der jüngeren Phase, in der Begriffe wie *subregional*, *regional*, aber auch *worldwide* und *global* relevant werden. Die räumliche Nähe der Begriffe zueinander zeigt potenzielle Differenzbeziehungen zwischen Begriffen an. Die Begriffe *colonialism* und *national liberation movements* beispielsweise werden diskursiv mit der Befreiung der *newly independant countries* vom Kolonialismus verknüpft. Die Dekolonisierung hat maßgeblich zur Dezentrierung des Nexus zwischen Kultur und Nationalstaat im Diskurs der UNESCO beigetragen (Quelle: Dzudzek et al. 2009).

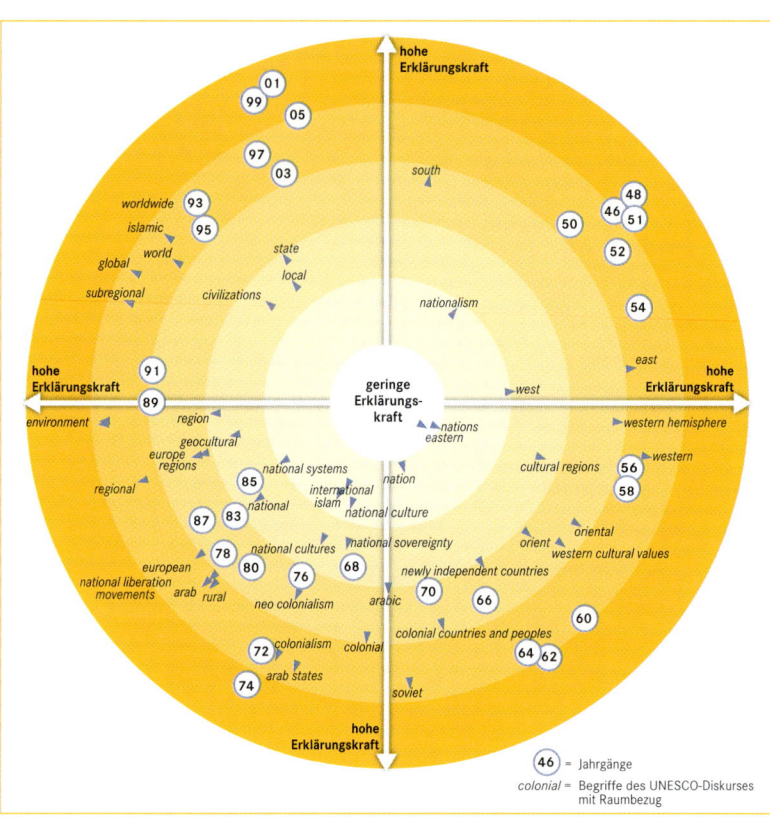

der Aussagenanalyse (s. u.) – kann somit Hinweise auf etablierte Deutungsmuster und Normen in einem bestimmten gesellschaftlichen Kontext geben.

Ein nützliches Instrument zur Erschließung der Argumentationsstruktur von Texten ist das **Argumentationsschema von Toulmin** (1958), welches in Abbildung 7.4.4 dargestellt ist. Dieses untersucht den tatsächlichen Gebrauch von Argumenten. Toulmin zufolge besteht ein Argument aus zwei Bestandteilen: aus einer Behauptung (*claim* oder *conclusion*) und einem Fakt (*data*), auf den sich diese Behauptung stützt. Aus diskursanalytischer Perspektive ist besonders ein dritter Bestandteil interessant, der nicht explizit im Text aufscheint, aber implizit darin enthalten ist: die Schlussregel (*warrant*), die den Übergang vom Fakt zur Behauptung gewährleistet. Die Schlussregel basiert ihrerseits wiederum auf Hintergrundwissen, das zum „Verständnis" der Schlussregel vorausgesetzt wird und damit grundlegend für die gesamte Argumentation ist.

Die **Aussagenanalyse** steht in der Tradition der französischen Schule der Diskursanalyse (Williams 1999). Sie geht davon aus, dass die Bedeutung einzelner Textpassagen nicht stabil und objektiv gegeben ist, sondern sich vielmehr erst aus der Vielzahl der möglichen Verbindungen mit bestimmten Äußerungskontexten

ergibt. Diese Vieldeutigkeit von Texten durch unterschiedliche, kontextabhängige Lesarten wird als **Überdeterminierung** bezeichnet. Die Operationalisierung dieser Überdeterminierung macht die Aussagenanalyse anschlussfähig an poststrukturalistische Ansätze der Diskurstheorie, die die Vieldeutigkeit und Heterogenität gesellschaftlicher Sinnproduktion betonen (Angermüller 2007, Mattissek 2008). Ziel der Aussagenanalyse ist

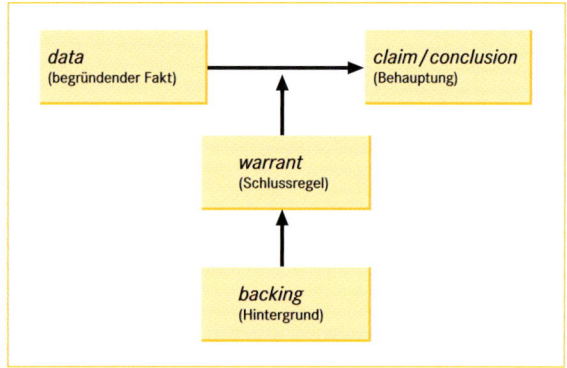

Abb. 7.4.4 Die Argumentationsstruktur von Texten nach Toulmin 1958 (Quelle: Felgenhauer 2009, verändert nach Toulmin 1958).

 **Exkurs 7.4.1**

Materialität und Diskurs

Diskursanalyse ist nicht nur Textanalyse. Das Verhältnis von Materialität, Räumlichkeit und Prozessen der Bedeutungskonstitution, insbesondere die Beziehung zwischen sprachlichen und nichtsprachlichen Entitäten und Praktiken, ist ein wichtiges Thema der Diskursforschung. Die Mehrzahl poststrukturalistischer und diskurstheoretischer Perspektiven ist sich darin einig, dass der Einbezug von nichtsprachlichen Praktiken und von materiellen Gegebenheiten in empirische Diskursanalysen aus konzeptioneller Sicht sinnvoll und notwendig ist (Laclau & Mouffe 1985, Foucault 1973). Grundlegend für diese Forderung ist die Einsicht, dass auch Praktiken, die nicht unmittelbar durch sprachliche Äußerungen begleitet oder kommentiert werden – etwa die Art und Weise, wie sich Individuen im Raum bewegen, was sie einkaufen, welche körperlichen Gesten sie vollziehen, wie sie materielle Artefakte nutzen – untrennbar mit gesellschaftlichen Denkmustern und Machtstrukturen verknüpft sind.

Innerhalb der Humangeographie lassen sich in den letzten Jahren vor allem drei Ansätze unterscheiden, die sich dezidiert um eine verstärkte Integration nichtsprachlicher Elemente und Praktiken in die Diskursforschung bemühen: Untersuchungen, die Foucaults Konzept des Dispositivs nutzen, die Untersuchung von „Technologien" in Anlehnung an jüngere Arbeiten Foucaults und Ansätze der Performativitätsforschung.

Dispositiv: Um das Zusammenspiel von Elementen unterschiedlicher Qualität konzeptionell greifbar zu machen, führt Foucault den Begriff des „Dispositivs" ein. Dieses charakterisiert er als ein „[...] entschieden heterogenes Ensemble, das Diskurse, Institutionen, architekturale Einrichtungen, reglementierende Entscheidungen, Gesetze, administrative Maßnahmen, wissenschaftliche Aussagen, philosophische, moralische oder philantropische Lehrsätze, kurz: Gesagtes ebensowohl wie Ungesagtes umfaßt [...] Das Dispositiv selbst ist das Netz, das zwischen diesen Elementen geknüpft werden kann" (Foucault 1978). Foucault unterscheidet in dieser Definition damit (anders als in früheren Publikationen) zwischen Diskursen (= sprachlichen Elementen) und anderen, nichtsprachlichen Entitäten (Institutionen, Architektur, Gesetze usw.). Kernaussage der Arbeiten Foucaults zu Dispositiven ist, dass Machteffekte weder allein durch materielle Gegebenheiten, noch durch rein sprachliche Interaktionen, sondern gerade aus dem Zusammenspiel von Materialitäten, Institutionen und sprachlichen Praktiken entstehen (zu aktuellen Weiterentwicklungen: Agamben 2008, Bührmann & Schneider 2008).

Technologien: Michel Foucault führt in seinen Arbeiten zur Regierung (Gouvernementalität) von Gesellschaften den Begriff der Technologien ein. Technologien bezeichnen materielle Hilfsmittel, beispielsweise Gefängnisse oder Überwachungskameras, Verfahren und Techniken, die in einem bestimmten Realitätsbereich zur Anwendung kommen und das Wissen in und über diesen prägen (Foucault 2004, Mattissek 2008, Füller & Marquardt 2010). Technologien erlangen ihre Bedeutungen und Machtwirkungen erst in diskursiven Zusammenhängen, haben also keine Wirkung „an sich". Der Zusammenhang zwischen Technologien und diskursiven Praktiken lässt sich am Beispiel von neuen Medien wie *Facebook* oder *Twitter* veranschaulichen: Die technischen Möglichkeiten dieser Kommunikationsplattformen determinieren nicht die neuen Interaktionen, Möglichkeiten der Identitätskonstruktion, Vernetzung und so weiter, aber können sozialer Interaktion neue Formen geben (beispielsweise der Artikulation politischer Proteste im Iran). Das bedeutet: Diskurse bedürfen bestimmter Technologien, um performativ in Gang gesetzt zu werden. Ähnliche Überlegungen stellen beispielsweise Ansätze der Akteur-Netzwerk-Theorie bzw. allgemeiner einer assoziativen Sozialforschung an, die auf der Basis von Arbeiten der Wissenschaftsforschung (*science studies*) die Bedeutung solcher Assoziationen von technischen Verfahren, materiellen Formen und menschlichen Akteuren herausarbeiten (Latour 2007).

Performativität: Forschungsprojekte, die sich auf das Performativitätskonzept beziehen, betonen die Rolle körperlicher und anderer materieller Praktiken für die Herstellung bestimmter sozialer Wirklichkeiten und gehen in diesem Sinne über eine einseitige Textorientierung hinaus (Butler 1991, 1997, Berndt & Boeckler 2009, Strüver & Wucherpfennig 2009, Everts 2009). Sie zeigen, dass es stets Praktiken bedarf, die Diskurse in Gang setzen und soziale „Wirk"-lichkeit werden lassen. Diskurse (im Sinne gesellschaftlicher Sinn- und Machtstrukturen) sind immer nur in Form sozialer und diskursiver Praktiken erfahrbar und umgekehrt ist jegliche Materialität nur dann sozial relevant, wenn sie in diskursive Strukturen eingebunden und mit Bedeutung aufgeladen wird. Judith Butler zeigt mit ihrem Konzept der kulturellen Performativität von Geschlecht, dass männliche und weibliche Körper erst durch permanente Wiederholungen bestimmter Praktiken als männlich oder weiblich hergestellt und erfahrbar werden. Für humangeographische Arbeiten ist dabei interessant, dass die performative Konstitution von Subjekten vielfach mit der (Re-)Produktion von unterschiedlichen Räumen beispielsweise als öffentlich oder privat einhergeht (Strüver & Wucherpfennig 2009).

es, die Regeln der Verknüpfungen einzelner Begriffe untereinander sowie von Text und Kontext offenzulegen. Im Folgenden werden drei Verfahren der Aussagenanalyse vorgestellt: die Analyse von Deiktika, Polyphonie und Vorkonstrukte.

Als **Deiktika** („Zeigewörter") werden solche Wörter bezeichnet, die Text und Kontext verknüpfen, indem sie auf die personellen, temporalen oder lokalen Charakteristika der Äußerungssituation verweisen, also wer, wo, wann eine bestimmte Aussage trifft (z. B. „ich", „hier" und „jetzt"). Solche Begriffe schicken den Leser auf die Suche nach den jeweiligen außersprachlichen Referenzen für diese Wörter – als wer ist hier „ich", was ist mit „hier" bezeichnet, was mit „nah", „dort", „jetzt" und so weiter (Bühler 1934, Williams 1999).

Die Analyse der **polyphonen Struktur** von Aussagen trägt ebenfalls dem Umstand Rechnung, dass Texte kei-

nen eindeutigen und objektiven Sinn haben, sondern dass die Bedeutung von Texten mehrdeutig, widersprüchlich und kontextabhängig sein kann (Ducrot 1984, Angermüller 2007). Ducrot (1984) zufolge sind in einer Aussage nicht nur eine Stimme (die des Sprechers), sondern eine ganze Reihe verschiedener Stimmen präsent, die durch Verbindungswörter wie „nein", „jedoch", „aber", „sondern" auf unterschiedliche Distanz gehalten werden. Die Analyse polyphoner Strukturen verdeutlicht die innere Heterogenität des Diskurses insofern, als sie aufzeigt, dass ganz unterschiedliche und durchaus widersprüchliche Positionierungen und Sichtweisen innerhalb einer einzigen Aussage präsent sein können, die wiederum auf größere diskursive Zusammenhänge verweisen.

Der Begriff des **Vorkonstrukts** trägt bei Pêcheux dem Umstand Rechnung, dass eine Äußerung nicht im

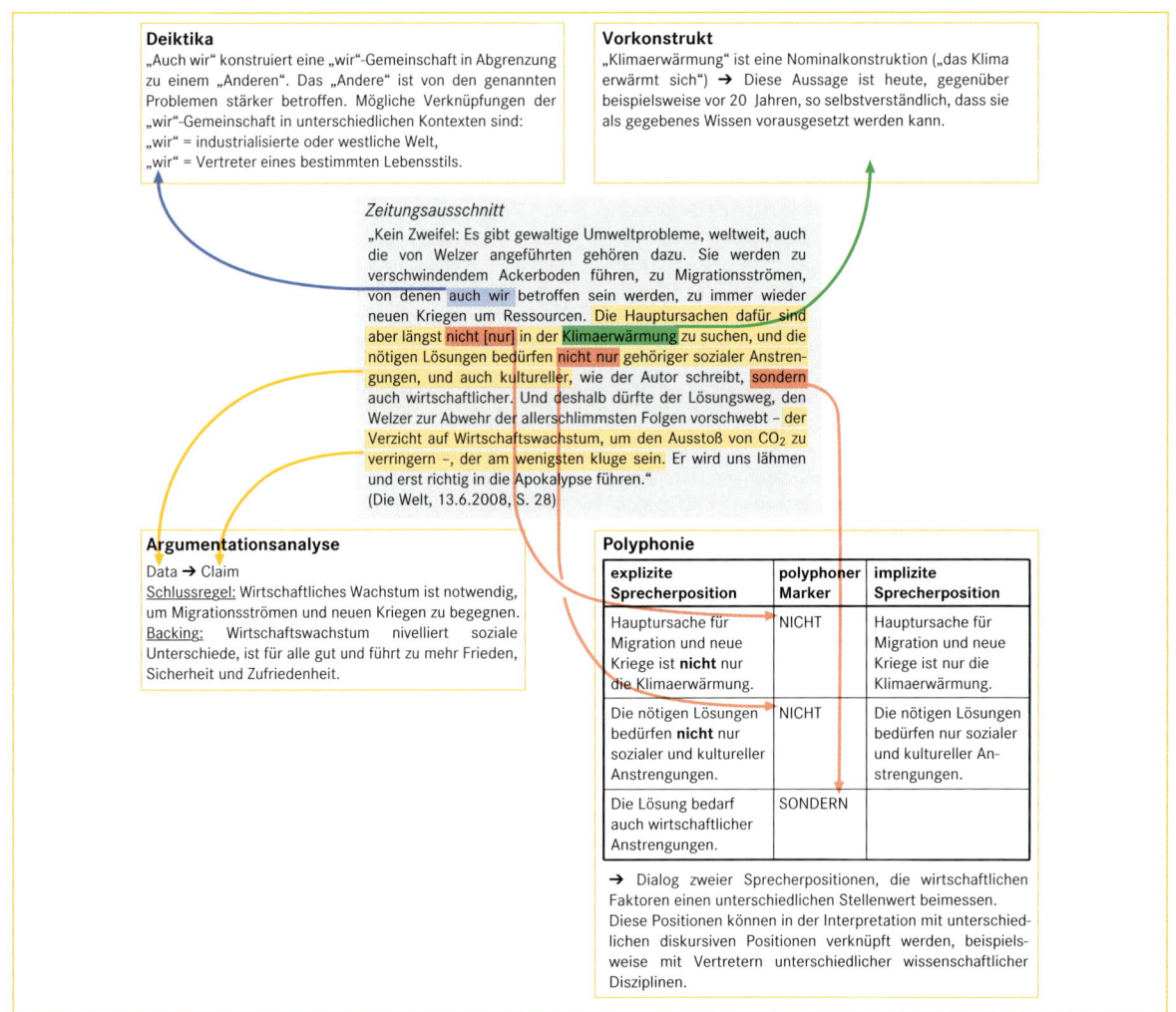

Abb. 7.4.5 Beispiele für die Anwendung von Mikroverfahren der Textanalyse.

luftleeren Raum steht, sondern an andere Äußerungen anschließt, die zuvor getroffen wurden (Pêcheux 1983). Vorkonstrukte verweisen insbesondere auf soziale und institutionelle Strukturen, in die eine Äußerung eingebettet ist. Neben den unmittelbar für das „Funktionieren" von Aussagen notwendigen Voraussetzungen wird dadurch ein ganzes Set an Wertungen und Positionierungen angesprochen, die den Hintergrund von Aussagen bilden. Das Auftreten von Vorkonstrukten lässt sich insbesondere an zwei grammatikalischen Formen festmachen: den nicht notwendigen Relativsätzen sowie an

Nominalisierungen, das heißt Substantiven, die als Kurzform für einen ganzen Satz mit Subjekt und Prädikat stehen und damit einen Transformationsprozess von der Verbform zum Nomen durchlaufen haben (Angermüller 2007, Williams 1999, Baker 2006).

Empirische Diskursanalysen greifen häufig auf eine Kombination der genannten Mikroverfahren der Textanalyse zurück. Eine mögliche Umsetzung dieser Verfahren am Beispiel eines kurzen Textausschnittes ist exemplarisch in Abbildung 7.4.5 skizziert.

Fazit

Das Feld der interpretativ-verstehenden Forschungsmethoden in der Geographie ist vielfältig; es hat in den letzten 20 Jahren zunehmend an Bedeutung gewonnen. Im Mittelpunkt stehen neben Formen der teilnehmenden Beobachtung vor allem verschiedene Verfahren qualitativer Interviews sowie an den Textwissenschaften orientierte Methoden der Textinterpretation (sowohl von historischen wie aktuellen Texten).

Seit einigen Jahren werden verstärkt Möglichkeiten der Diskursanalyse diskutiert, das heißt von Verfahren, bei denen es nicht um das Verständnis von „Texten" einzelner Autoren geht, sondern um zentrale Themen, die in einer Gesellschaft verhandelt werden und damit zur kollektiven Sinnproduktion beitragen.

Weiterführende Literatur

Beck F, Henning E (Hrsg) (2004) Die archivalischen Quellen. Mit einer Einführung in die Historischen Hilfswissenschaften. Köln

Bohnsack R (1991) Rekonstruktive Sozialforschung. Einführung in Mehtodologie und Praxis qualitativer Forschung. Opladen

Flick U et al. (1991) Handbuch qualitative Sozialforschung. Grundlagen, Konzepte, Methoden und Anwendungen. München

Flick U, Kardorff E, Steinke I (Hrsg) (2000) Qualitative Forschung. Ein Handbuch. Reinbek bei Hamburg

Franz E (2010) Einführung in die Archivkunde. Nachdr. d. 8. Aufl. Wissenschaftliche Buchgesellschaft, Darmstadt

Girtler R (1984) Methoden der qualitativen Sozialforschung. Anleitung zur Feldarbeit. Wien

Glynos J, Howarth DR (2007) Logics of critical explanation in social and political theory. Routledge, London

Heinze Th (2001) Qualitative Sozialforschung. Einführung, Methodologie und Forschungspraxis. Oldenburg

Lamnek S (1988) Qualitative Sozialforschung. Weinheim

Meier Kruker V, Rauh J (2005) Arbeitsmethoden der Humangeographie. Darmstadt

Meyring Ph (1990) Einführung in die qualitative Sozialforschung. Eine Anleitung zum qualitative Denken. Weinheim

Reuber P, Pfaffenbach C (2005) Methoden der empirischen Humangeographie. Braunschweig

Witzel A (1982) Verfahren der qualitativen Sozialforschung. Überblick und Alternativen. Frankfurt

Zitierte Literatur

Agamben G (2008) Was ist ein Dispositiv? Zürich

Angermüller J (2007) Nach dem Strukturalismus. Theoriediskurs und intellektuelles Feld in Frankreich. Bielefeld

Atteslander P (2000) Methoden der empirischen Sozialforschung. Berlin, New York

Baker P (2006) Using Corpora in Discourse Analysis. London

Beck F, Henning E (Hrsg) (2004) Die archivalischen Quellen. Mit einer Einführung in die Historischen Hilfswissenschaften. Köln

Berndt C, Boeckler M (2009) Geographies of Circulation and Exchange: Constructions of markets. Progress in Human Geography 33 (4): 535–551

Fortsetzung

Fortsetzung

Boeselager E, Frfr. v. (2004) Schriftkunde. Basiswissen. Verlag Hahnsche Buchhandlung, Hannover

Bühler K (1934) Sprachtheorie. Die Darstellungsfunktion der Sprache. Stuttgart

Bührmann A, Schneider W (2008) Vom Diskurs zum Dispositiv. Eine Einführung in die Dispositivanalyse. Bielefeld

Butler J (1991) Das Unbehagen der Geschlechter. Frankfurt a.M.

Butler J (1997) Körper und Gewicht. Die diskursiven Grenzen des Geschlechts. Frankfurt a. M.

Danielzyk R, Krüger R, Schäfer B (1995) Ostfriesland: Leben in einer „besonderen Welt": eine Unterscheidung zum Verhältnis von Alltag, Kultur und Politik in regionalen Maßstab. Oldenburg

Dicken P, Lloyd PE (1984) Die moderne westliche Gesellschaft: Arbeit, Wohnung und Lebensqualität aus geographischer Sicht. New York

Dipper C, Schneider U (Hrsg) (2006) Kartenwelten. Der Raum und seine Repräsentation in der Neuzeit. Primus, Darmstadt

Dreher M, Dreher E (1991) Gruppendiskussionsverfahren. In: Flick U et al. (Hrsg) Handbuch qualitative Sozialforschung. Grundlagen, Konzepte, Methoden und Anwendungen. München. 186–188

Ducrot O (1984) Le Dire et le Dit. Paris

Dülfer K, Korn H-E (2000) Gebräuchliche Abkürzungen des 16.–20. Jahrhunderts. 8. Aufl. Archivschule Marburg, Marburg

Dülfer K, Korn H-E (2004) Schrifttafeln zur deutschen Paläographie des 16.-20. Jahrhunderts. 11. Aufl. Archivschule Marburg, Marburg

Dzudzek I, Glasze G, Mattissek A, Schirmel H (2009) Verfahren der lexikometrischen Analyse von Textkorpora. In: Glasze G, Mattissek A (Hrsg.) Handbuch Diskurs und Raum. Bielefeld

Dzudzek I (2011) Umkämpfte Weltbilder – eine Genealogie kulturräumlicher Repräsentationen in der UNESCO. Münster

Eckardt HW, Stüber G, Trumpp T (1999) „Thun kund und zu wissen jedermänniglich". Paläographie – Archivalische Textsorten – Aktenkunde. Rheinland-Verlag, Köln

Escher A (1991) Sozialgeographische Aspekte raumprägender Entwicklungsprozesse in Berggebieten der Arabischen Republik Syrien. Erlanger Geographische Arbeiten Sonderband 20. Erlangen

Everts J (2009) Soziale Praktiken im multikulturellen Alltag. Bedeutungen migrantengeführter Lebensmittelgeschäfte. Berichte zur deutschen Landeskunde 83 (3): 281–296

Ewe H (2004) Bilder. In: Beck F, Henning E (Hrsg) Die archivalischen Quellen. Mit einer Einführung in die Historischen Hilfswissenschaften. Böhlau-Verlag, Köln. 140–148

Fischer H (2002) Einleitung: Über Feldforschungen. In: Fischer H (Hrsg) Feldforschungen. Erfahrungsberichte zur Einführung. Berlin. 9–24

Flick U (1995) Qualitative Forschung. Theorie, Methoden, Anwendung in Psychologie und Sozialwissenschaften. Reinbek bei Hamburg

Foucault M (1974) Die Ordnung des Diskurses. Frankfurt a. M.

Foucault M (1973) Archäologie des Wissens. Frankfurt a. M.

Foucault M (1978) Dispositive der Macht. Über Sexualität, Wissen und Wahrheit. Berlin

Foucault M (2002 [1971]) Nietzsche, die Genealogie, die Historie. In: Foucault M, Defert D, Bischoff M (Hrsg) Dits et Ecrits. Schriften 1970–1975. Frankfurt a. M. 166–191

Foucault M (2004) Geschichte der Gouvernementalität I. Sicherheit, Territorium, Bevölkerung. Frankfurt a. M.

Franz E (2010) Einführung in die Archivkunde. Nachdr. d. 8. Aufl. Wissenschaftliche Buchgesellschaft, Darmstadt

Füller H, Marquardt N (2010) Die Sicherstellung von Urbanität. Innerstädtische Restrukturierung und soziale Kontrolle in Downtown Los Angeles. Münster

Gerhard U (1991) Typenbildung. In: Flick U et al. (Hrsg) Handbuch Qualitative Sozialforschung. Grundlagen, Konzepte, Methoden und Anwendungen. München. 435–439

Giesecke M (2006) Der Buchdruck in der frühen Neuzeit. Eine historische Fallstudie über die Durchsetzung neuer Informations- und Kommunikationstechnologien. 4. durchges. Aufl. 2006 Suhrkamp, Frankfurt am Main

Girtler R (1984) Methoden der qualitativen Sozialforschung. Anleitung zur Feldarbeit. Wien

Girtler R (2001) Methoden der Feldforschung. Wien

Glasze G (2007) Vorschläge zur Operationalisierung der Diskurstheorie von Laclau und Mouffe in einer Triangulation von lexikometrischen und interpretativen Methoden. In: Bührmann AD, Diaz-Bone R, Rodríguez EG, Kendall G, Schneider W, Tirado F (Hrsg) Von Michel Foucaults Diskurstheorie zur empirischen Diskursforschung. Aktuelle methodologische Entwicklungen und methodische Anwendungen in den Sozialwissenschaften. Berlin

Glasze G, Mattissek A (Hrsg) (2009) Handbuch Diskurs und Raum. Theorien und Methoden für eine Humangeographie sowie die sozial- und kulturwissenschaftliche Raumforschung. Bielefeld

Gold RL (1958) Roles in sociological field observations. In: Social Forces 36: 217–223

Grotefend H (2007) Taschenbuch der Zeitrechnung des deutschen Mittelalters und der Neuzeit. 14. Aufl. Hahn, Hannover

Hauschild (2000) Feldforschung. In: Streck B (Hrsg) Wörterbuch der Ethnologie. Wuppertal. 63–67

Helbrecht I (1991) Das Ende der Gestaltbarkeit? Zu Funktionswandel und Zukunftsperspektiven räumlicher Planung. Wahrnehmungsgeographische Studien zur Regionalentwicklung 10. Oldenburg

Hermanns H (1991) Narratives Interview. In: Flick U et al. (Hrsg) Handbuch qualitative Sozialforschung. Grundlagen, Konzepte, Methoden und Anwendungen. München. 182–185

Hermanns H (2000) Interviewen als Tätigkeit. In: Flick U, Kardorff E v., Steinke I (Hrsg) Qualitative Forschung. Ein Handbuch. Reinbek bei Hamburg. 360–368

Hilberg R (2001) Die Quellen des Holocaust. Entschlüsseln und Interpretieren. S. Fischer, Frankfurt am Main

Hildenbrand B (2000) Anselm Strauss In: Flick U, Kardorff E v., Steinke I (Hrsg) Qualitative Forschung. Ein Handbuch. Reinbek bei Hamburg. 32–41

Hildenbrand B (2002) Grounded Theory. In: Brunotte E et al. (Hrsg) Lexikon der Geographie. Bd. 2. Heidelberg. 76–77

Jäger J (2009) Fotografie und Geschichte. Campus, Frankfurt am Main

Jahoda M, Lazarsfeld PF, Zeisel H (1933) Die Arbeitslosen von Marienthal. Ein soziographischer Versuch. Leipzig

Keitel C (Hrsg.) (2005) Serielle Quellen in südwestdeutschen Archiven. Kohlhammer, Stuttgart

Kleining G (1995) Lehrbuch entdeckende Sozialforschung. Bd. 1: Von der Hermeneutik zur qualitativen Heuristik. Weinheim

Kluge S (1999) Empirisch begründete Typenbildung. Zur Konstruktion von Typen und Typologien in der qualitativen Sozialforschung. Opladen

Kuny T (1998) The Digital Dark Ages? Challenges in the preservation of electronic information. In: International Preservation News 17: 8–13

Laclau E, Mouffe C (1985) Hegemony and Socialist Strategy. Towards a radical democratic politics. London

Lamnek S (1995) Qualitative Sozialforschung. Weinheim

Latour B (2007) Eine neue Soziologie für eine neue Gesellschaft. Frankfurt a. M.

Legewie H (1991) Feldforschung und teilnehmende Beobachtung. In: Flick U et al. (Hrsg) Handbuch qualitative Sozialforschung. Grundlagen, Konzepte, Methoden und Anwendungen. München. 189–193

Lexikon zur Soziologie (1995) Opladen

Lorimer H (2010) Caught in the nick of time. Archives and fieldwork. In: DeLyser D et al (Hrsg) The SAGE Handbook of Qualitative Geography. Sage, London. 248–273

Fortsetzung

Fortsetzung

Lüders Ch (2000) Beobachten im Feld und Ethnographie. In: Flick U, Kardorff E v., Steinke I (Hrsg) Qualitative Forschung. Ein Handbuch. Reinbek bei Hamburg. 384–401

Malinowski B (1922) Argonauts of the Western Pacific. An Account of Native Enterprise and Adventure in the Archipelagoes of Melanesian New Guinea. London

Matschenz A (2004) Karten und Pläne. In: Beck F, Henning E (Hrsg) (2004), Die archivalischen Quellen. Mit einer Einführung in die Historischen Hilfswissenschaften. Böhlau-Verlag, Köln. 128–139

Matt E (2000) Darstellung qualitativer Forschung. In: Flick U, Kardorff E v., Steinke I (Hrsg) Qualitative Forschung. Ein Handbuch. Reinbek bei Hamburg. 578–587

Matthes J (1981) Einführung in das Studium der Soziologie. Hamburg

Mattissek A (2008) Die neoliberale Stadt. Diskursive Repräsentationen im Stadtmarketing deutscher Großstädte. Bielefeld

Mayring P (1996) Einführung in die qualitative Sozialforschung. Eine Anleitung zum qualitativen Denken. Weinheim

Mayring P (2000) Qualitative Inhaltsanalyse. In: Flick U, Kardorff E v., Steinke I (Hrsg) Qualitative Forschung. Ein Handbuch. Reinbek bei Hamburg. 468–474

Mayring P (2008) Qualitative Inhaltsanalyse: Grundlagen und Techniken. Weinheim/Basel

Meier V (1989) Hermeneutische Praxis – Feldmethoden einer „anderen" Geographie? In: Sedlacek P (Hrsg) Programm und Praxis qualitativer Sozialgeographie. Wahrnehmungsgeographische Studien zur Regionalentwicklung 6. Oldenburg. 149–158

Meier Kruker V, Rauh J (2005) Arbeitsmethoden der Humangeographie. Darmstadt

Menne-Haritz A (2006) Schlüsselbegriffe der Archivterminologie. Nachdr. d. 3. Aufl. Archivschule Marburg, Marburg

Merkens H (2000) Auswahlverfahren, Sampling, Fallkonstruktion. In: Flick U, Kardorff E v, Steinke I (Hrsg) Qualitative Forschung. Ein Handbuch. Reinbek bei Hamburg. 286–299

Müller-Mahn D (2001) Fellachendörfer. Sozialgeographischer Wandel im ländlichen Ägypten. Erdkundliches Wissen 127. Stuttgart

Oevermann U et al. (1979) Die Methodologie einer „objektiven Hermeneutik" und ihre allgemeine forschungslogische Bedeutung in den Sozialwissenschaften. In: Soeffner H-G (Hrsg) Interpretative Verfahren in den Sozial- und Textwissenschaften. Stuttgart. 352–434

Pêcheux M (1983) Language, Semantics and Ideology. Stating the obvious. London/Basingstoke

Pfaffenbach C (1994) Frauen im Qalamun/Syrien. Auswirkungen sozioökonomischer und politischer Transformationen auf die alltägliche Lebenswelt und die räumlichen Handlungsmuster der Frauen in einer ländlichen Region. Erlangen Geographische Arbeiten Sonderband 21. Erlangen

Pfaffenbach C (2002) Die Transformation des Handelns. Erwerbsbiographien in Westpendlergemeinden Südthüringens. Erdkundliches Wissen 134. Stuttgart

Pohl J (1986) Geographie als hermeneutische Wissenschaft: ein Rekonstruktionsversuch. Münchner Geographische Hefte, 52. Kallmünz, Regensburg

Pohl J (1989) Die Wirklichkeit von Planungsbetroffenen verstehen. Eine Studie zur Umweltbelastung im Münchener Norden. In: Sedlacek P (Hrsg) Programm und Praxis qualitativer Sozialgeographie. Wahrnehmungsgeographische Studien zur Regionalentwicklung 6. Oldenburg. 39–64

Reichertz J (2000) Objektive Hermeneutik und hermeneutische Wissenssoziologie. In: Flick U, Kardorff E v., Steinke I (Hrsg) Qualitative Forschung. Ein Handbuch. Reinbek bei Hamburg. 514–524

Reinhardt C (1999) Die Richardstraße gibt es nicht: ein konstruktiver Versuch über lokale Identität und Ortsbindung. Frankfurt/Main

Reuber P (1993) Heimat in der Großstadt. Eine sozialgeographische Studie zu Raumbezug und Entstehung von Ortsbindung am Beispiel Kölns und seiner Stadtviertel. Kölner Geographische Arbeiten 58. Köln

Reuber P, Pfaffenbach C (2005) Methoden der empirischen Humangeographie: Beobachtung und Befragung. Konzeptionelle Grundlagen und ausgewählte Verfahren. Das Geographische Seminar. Braunschweig

Schmidt C (2000) Analyse von Leitfadeninterviews. In: Flick U, Kardorff E v., Steinke I (Hrsg) Qualitative Forschung. Ein Handbuch. Reinbek bei Hamburg. 447–455

Schneider U (2004) Die Macht der Karten. Eine Geschichte der Kartographie vom Mittelalter bis heute. Primus, Darmstadt

Schnell R, Hill P, Esser E (1999) Methoden der empirischen Sozialforschung. München, Wien

Schulz von Thun F (1999) Miteinander reden. Band 1. Reinbek bei Hamburg

Schütze F (1977) Die Technik des narrativen Interviews in Interaktionsfeldstudien: dargestellt an einem Projekt zur Erforschung von kommunalen Machtstrukturen. Bielefeld

Schwartz JM (Hrsg) (2003) Picturing Place. Photography and the geographical imagination. Tauris, London

Sedlacek P (Hrsg) (1989) Programm und Praxis der qualitativen Sozialgeographie. Wahrnehmungsgeographische Studien zur Regionalentwicklung 6. Oldenburg

Seiffert H (1991) Einführung in die Wissenschaftstheorie. Bd 2: Phänomenologie, Hermeneutik und historische Methode, Dialektik. München

Spittler G (2001) Teilnehmende Beobachtung als dichte Teilnahme. Zeitschrift für Ethnologie 126: 1–25

Stegmann B-A (1997) Großstadt im Image. Eine wahrnehmungsgeographische Studie zu raumbezogenen Images und zum Imagemarketing in Printmedien am Beispiel Kölns und seiner Stadtviertel. Kölner Geographische Arbeiten 68. Köln

Strüver A, Wucherpfennig C (2009) Performativität. In: Glasze G, Mattissek A (Hrsg) Handbuch Diskurs und Raum. Bielefeld

Thomas WI, Znaniecki F (1918) The Polish peasant in Europe and America. New York

Tognini-Bonelli E (2001) Corpus Linguistics at Work. Amsterdam

Toulmin SE (1958) Der Gebrauch von Argumenten. Weinheim

Trapp W (1999) Kleines Handbuch der Münzkunde und des Geldwesens in Deutschland. Reclam, Stuttgart

Trapp W (2001) Kleines Handbuch der Maße, Zahlen und Gewichte und der Zeitrechnung. 4. durchges. Aufl., Reclam, Stuttgart

Vismann C (2000) Akten. Medientechnik und Recht. S. Fischer, Frankfurt am Main

Weber M (1985) Wirtschaft und Gesellschaft. Grundriss der verstehenden Soziologie. Tübingen

Williams G (1999) French Discourse Analysis. The method of poststructuralism. London/New York

Wirth E (1984) Geographie als moderne theorieorientierte Sozialwissenschaft. In: Erdkunde 38: 73–79

Witzel A (1985) Das problemzentrierte Interview. In: Jüttemann G (Hrsg) Qualitative Forschung in der Psychologie. Weinheim. 227–255

Wolff S (2008) Dokumenten- und Aktenanalyse. In: Flick U et al (Hrsg) Qualitative Forschung. Ein Handbuch. 6. akt. Aufl. Rowohlt, Reinbek bei Hamburg. 502–513

Wood G (1994) Die Umstrukturierung Nordost-Englands. Wirtschaftlicher Wandel, Alltag und Politik in einer Altindustrieregion. Duisburger Geographische Arbeiten 13. Dortmund

Die Erstellung von Mental Maps zum Hochwasserrisiko in Antananarivo, Madagaskar, als Beispiel eines partizipativen Kommunikationsprozesses in der Entwicklungszusammenarbeit. Das Zeichnen kognitiver Karten dient in diesem Fallbeispiel der Erfassung der räumlichen Wahrnehmung von Hochwasserereignissen durch die Betroffenen. In einem weiteren Schritt wurden die Mental Maps mit Fernerkundungsdaten überlagert, um die Plausibilität der Darstellungen zu verifizieren. Beide Informationsebenen gingen anschließend in eine interaktive internetbasierte Plattform ein (Foto: A. Drescher).

Kapitel 8
Geokommunikation und Geomatik

Die zentrale Rolle und Bedeutung von Wissen in der heutigen Gesellschaft ist unumstritten. Neben der reinen nutzerangepassten Darstellung von raumbezogener Information wird angesichts der komplexen gesellschaftlichen Herausforderungen der Wissensaustausch zunehmend wichtiger. Die Beteiligung verschiedener Akteure in politischen, wirtschaftlichen und sozialen Entscheidungs- und Willensbildungsprozessen ist deshalb zu einer grundlegenden Voraussetzung geworden. Wissen an verschiedene Akteure und zwischen ihnen zu vermitteln, nimmt dabei eine zentrale Rolle ein, denn Entscheidungsprozesse erfordern aufseiten der Beteiligten umfangreiche und vor allem transparente Informationen. Sie sind in der Regel vielfältig und teilweise kompliziert. Eine Interpretation durch unterschiedliche Akteure im Sinne einer Entscheidungsrelevanz wird dementsprechend erschwert. Um in einer offenen und partizipativen Informations- und Kommunikationsstruktur gemeinsame Lösungen zu finden, müssen Informationen und Sichtweisen von beteiligten Akteuren auf verschiedenen Ebenen (Multi-Level-Ansatz) berücksichtigt werden. Spielen raumbezogene Informationen in Abstimmungs- und Aushandlungsprozessen oder einfach nur in Wissensvermittlung und Wissenstransfer eine wichtige Rolle, bieten sich Methoden der Geokommunikation zur Problemlösung an. Diese bedienen sich wiederum häufig Methoden der Geomatik.

8.1 Einführung

STEFFEN VOGT, HELMUT SAURER, STEPHANIE GLASER,
RÜDIGER GLASER, ALEXANDER ZIPF

Geokommunikation ist ein relativ junger Fachbereich, der sich mit der akteursorientierten Aufbereitung geographischer Daten zur Verbesserung der Kommunikationsabläufe befasst. Häufig spielt die Visualisierung verorteter oder statistisch aufbereiteter Daten dabei eine wichtige Rolle. Sie wird als **interdisziplinäres Forschungsfeld** verstanden und steht in engem Bezug zu Geographie, Kartographie, Informatik und Kommunikationswissenschaften. Geokommunikation nutzt die technische Basis der Informations- und Kommunikationstechnologien und verknüpft sie mit fachlichen Inhalten aus Geographie und Kartographie, um ein Kommunizieren wissenschaftlicher Erkenntnisse zwischen verschiedenen Akteuren (Wissenschaftlern, Bevölkerung, NGOs, politischen Entscheidungsträgern) zu ermöglichen. Durch die Datenaufbereitung und das Visualisieren der Inhalte sollen Menschen im Umgang mit komplexen Informationsstrukturen unterstützt werden. Die Fähigkeiten des Menschen mit visuellen Sinneseindrücken umzugehen, werden über die Möglichkeiten der Informationsdarstellung anhand von Computersystemen angesprochen (DiBiase 2000, Mayer 2009). In der Geographie haben sich die digitalen Medien und Techniken als wesentliche Werkzeuge durchgesetzt, wie an den Bereichen Geographische Informationssysteme und Fernerkundung sowie E-Learning deutlich wird (DiBiase 2000, Mosimann 2007, Saurer et al. 2004). Durch die Anwendung von Methoden und Techniken der Geokommunikation können wissenschaftliche Erkenntnisse zielgruppenspezifisch vermittelt werden. Interaktive, visuelle Darstellungen machen komplexe Sachverhalte verständlich und erleichtern somit die Gewinnung neuer Erkenntnisse. Geokommunikation kann hier als Brücke zwischen Realität (Geo-Raum) und Datengrundlage auf der einen Seite und Entscheidung auf der anderen Seite gesehen werden (Brodersen 2007).

Bisher standen in den Geowissenschaften Darstellungen klassischer Rauminformationen wie Karten, Fernerkundungsaufnahmen und GIS-Ableitungen im Vordergrund, und der Begriff Geokommunikation wurde im Sinne einer **Neo-Kartographie** verwendet, die für neue Entwicklungen im Bereich der digitalen Kartographie steht. Gerade die thematische Karte ist zweifelsohne seit jeher ein wichtiges Kommunikationsmittel für die Vermittlung komplexer, geographischer Sachverhalte und wissenschaftlicher Ergebnisse (Hake & Grünreich 1994). Die Untersuchung guter Gestaltungsprinzipien von Kar-

ten hat eine lange Tradition in der Kartographie und der Geographie (Hettner 1910, MacEachren 1995, Kraak & Brown 2000). Karten haben sich als geeignete Darstellungs- und Kommunikationsmittel bewährt, da ihr Inhalt zweckorientiert ausgewählt ist und sie gestalterisch auf die hohe Verarbeitungskapazität des visuellen menschlichen Wahrnehmungssinnes ausgerichtet sind (Buziek 2003).

Die digitale Kartenerzeugung, das Visualisieren zur Entscheidungsunterstützung und vor allem ein durch Interaktivität bedingtes dynamischeres Erscheinungsbild von kartographischen Ausdrucksformen werfen neue Fragen auf, die beantwortet werden müssen:

- Welche neuen Ansätze für Darstellungs- und vor allem Interaktionstechniken bieten die neuen Medien und wo liegen gegebenenfalls Grenzen der Darstellung?
- Welche Gestaltungsprinzipien der traditionellen Kartographie gelten auch für interaktive, digitale Darstellungen?
- Welche Regeln der Kartengestaltung müssen neu überdacht werden?
- Wie verwendet der Nutzer derart aufbereitete Information und inwiefern sind sie für ihn hilfreich?

Wissenschaftliche Resultate müssen mit entsprechenden Instrumenten zur Entscheidungsunterstützung, Methoden und Kenntnissen aufbereitet werden und an der **Schnittstelle von Wissenschaft und Praxis** kommuniziert werden, um Entscheidungsprozesse zweckmäßig unterstützen zu können (Fatt Siew 2009). Damit auch komplexe Thematiken eindeutig interpretiert, verstanden und bewertet werden können, ist ein effizienter Kommunikationsprozess notwendig. Eine Verständigung kann nur stattfinden, wenn die richtigen Kommunikationsmittel vorhanden sind, vor allem aber, wenn eine einheitliche Kommunikationsebene besteht und alle Kommunikationskomponenten richtig gedeutet werden können. Es wird davon ausgegangen, dass Informations- und Kommunikationstechnologien (IuK-Technologien) und insbesondere Methoden der Geokommunikation gerade an der Schnittfläche zur angewandten Forschung dazu dienen können, die Zielsetzungen effizienter zu erreichen, da sie die Kommunikation zwischen verschiedenen Akteuren fördern und unterstützen.

Geokommunikation wird verstanden als Entwicklung und Anwendung von Methoden zur computergestützten Lösung von Entscheidungsproblemen sowie deren **Ergebnisvisualisierung**. Die technologische Basis erlaubt die Inwertsetzung offener, partizipativer Grundkonzepte, die das traditionelle Sender-Empfänger-Schema der Kommunikation auflösen.

8.2 Visualisierung und Geokommunikation

Visualisierung ist integrativer Bestandteil der Geokommunikation. Der Begriff „wissenschaftliche Visualisierung" wurde 1987 in einer Sonderausgabe des *Journal Computer Graphics* von McCormick geprägt (McCormick et al. 1987). Gemäß Schumann (2004) soll „Mit der Visualisierung [...] das intuitive Erfassen wesentlicher Eigenschaften abstrakter Datenmengen unterstützt werden, um so große und komplexe Informationsbestände effektiv zu erforschen." Visualisierungen verhelfen einerseits zu vereinfachen und liefern dabei gleichzeitig vertiefte Erkenntnisse für die Analyse. Sie können einen Überblick verschaffen und dabei dennoch Details, Strukturen und Muster sichtbar machen sowie räumliche, zeitliche und kausale Zusammenhänge veranschaulichen. Beim Visualisieren werden Details der Ausgangsdaten weggelassen, wenn sie im Zusammenhang der gewünschten Aussage vernachlässigbar sind. Es kann aber auch sinnvoll sein, bestimmte Inhalte zu betonen. Außerdem sind gestalterische Entscheidungen hinsichtlich der Eignung spezifischer visueller Umsetzungen zu treffen. In diesem Sinne implizieren Visualisierungen stets eine **Interpretation der Ausgangsdaten**. Visualisierungen müssen dabei klar strukturiert sein, einfach zu interpretieren und die Daten, auf welchen sie basieren, wahrhaftig wiedergeben. Dies führt zu einem leichteren Erkennen der Zusammenhänge und zur Extraktion wesentlicher Informationen, die aus dem gegebenen Datenbestand nicht unmittelbar verständlich sind. Dabei ist das Ziel der wissenschaftlichen und didaktischen Visualisierung, diese Informationen mit Klarheit, Präzision und Effizienz darzustellen (Buziek 2003), um ein Kommunizieren der Inhalte zu ermöglichen. Visualisierung ist somit immer eng mit Kommunikation verknüpft.

Die kartographische Visualisierung ist in diesem Sinne eine Spezialisierung der wissenschaftlichen Visualisierung auf georäumliche Sachverhalte mit geeigneten Kommunikationsmedien und -mitteln. Ein wesentliches und viel zitiertes Modell der Kartennutzung beschreibt (MacEachre 1994). Charakteristisches Merkmal des von MacEachre bezeichneten Wirkungsraumes der kartographischen Visualisierung ist die von hoher Interaktion geprägte Kartennutzung, die es ermöglicht individuelle Wissensdefizite zu beheben.

Die aufgeführten Überlegungen zur kartographischen Visualisierung und Kommunikation sowie die noch offenen Fragen der multimedialen kartographischen Gestaltung und Entwicklung von Interaktionstechniken zur Entscheidungsunterstützung machen es erforderlich weitere theoretische Ansätze zu betrachten.

Hier ist vor allem die **Kommunikationstheorie**, eine ursprünglich auf dem Sender-Empfänger-Modell der Nachrichtentechnik (Shannon & Weaver 1949) basierende Wissenschaftsdisziplin, zu nennen. Heute beschäftigt sie sich einfach formuliert in erster Linie mit der Übertragung von Information (Wissen). In einem Ansatz von Krotz (2008) werden Handlungstheorien und symbolischer Interaktionismus als Grundlage kommunikationswissenschaftlicher Forschung gesehen. In diesem Zusammenhang müssen auch die Arbeiten des Begründers des Symbolischen Interaktionismus, George Herbert Mead (Mead & Straues 1969), sowie Jürgen Habermas' „Theorie des kommunikativen Handelns" (1988) mit einbezogen werden. Der Begriff „Handeln" verweist bei Habermas auf die individuellen Aspekte, der Begriff „Kommunikation" auf die Interaktion von Individuen. „Der Mensch erfährt Kommunikation zu allererst als Handeln in Bezug auf andere Menschen und damit als situative oder übergreifende Beziehung zu ihnen" (Krotz 2008). Kommunikation als individuelles Handeln ist dabei aber dennoch kulturell und gesellschaftlich strukturiert und institutionalisiert. Kommunikation ist also klassischerweise eine Mensch-Mensch-Interaktion. Wird allerdings über neue Medien kommuniziert, findet zusätzlich eine **Mensch-Computer-Interaktion** statt. In diesem Zusammenhang muss bedacht werden, wer letztendlich über die Inhalte entscheidet, die kommuniziert werden sollen, das heißt, welche Informationen werden herausgefiltert, visualisiert und dem Nutzer zu Verfügung gestellt. Inwiefern der menschliche Kommunikationsprozess durch diese Tatsache beeinflusst wird, ist gerade vor dem Hintergrund von Entscheidungsfindungsprozessen eine interessante Frage. Brodersen (2008) geht sogar davon aus, dass Kommunikation bei der Informationsübertragung stets die Absicht verfolgt, das Verhalten des Nutzers zu beeinflussen. Kommunikation oder „gelingende Kommunikation" (Habermas 1988) basiert auf Verständnis und macht ein bestimmtes Repertoire an Zeichen und Zeichenbedeutungen erforderlich. Sie erfordert deshalb eine Auseinandersetzung mit der **Zeichentheorie (Semiotik)** und mit Theorieansätzen zur menschlichen Informationsverarbeitung (Baddeley 2007, Paivio 1986, Mayer 2009). Diese Auseinandersetzung ist genauso wie kommunikationswissenschaftliche Aspekte weiterführenden Werken vorbehalten. Im Rahmen dieser kurzen Behandlung des Themas kann nicht tiefer darauf eingegangen werden. Im weiteren Verlauf werden daher lediglich die grundlegenden technischen Aspekte und Werkzeuge der Geokommunkation behandelt, die unter dem Begriff der Geomatik zu nennen sind.

Geokommunikation mobil – ortsbezogene Anwendungen und Navigationsunterstützung

ALEXANDER ZIPF

Das Aufkommen mobiler, netzfähiger und vor allem ortbarer Endgeräte, auf denen zunehmend anspuchsvollere Anwendungen realisierbar sind, eröffnete für den GIS-Markt vor einigen Jahren eine vorher ungeahnte Chance. Es waren plötzlich Anwendungen für einen Massenmarkt denkbar, die im Hintergrund GIS-Dienste und -Funktionen für Ortung, Geokodierung, Kartenvisualisierung, Tourenplanung und so weiter nutzten. Damit wandelte sich GIS von einem Werkzeug für Fachspezialisten zu einem Satz von Komponenten und Funktionen, die als Hilfsmittel in diversen Anwendungen für einen breiten End-Consumer-Markt eingesetzt wurden. Derartige Stadtinformationssysteme, Routing- und Kartendienste und so weiter zählen zum Standardrepertoire der Telekommunikationsanbieter.

Wesentlich war dabei die Möglichkeit, die Position des Geräts und damit des Kunden in neuen Anwendungen direkt als Parameter einfließen zu lassen. Derartige ortsbezogene Dienste (*Location Based Services*, LBS) bieten eine Reihe neuer Chancen zur Entwicklung interessanter nutzerfreundlicher mobiler Anwendungen unter Verwendung geographischer Information.

Der Ortsbezug allein ist sicherlich eine sinnvolle, aber keine hinreichende Bedingung für die erfolgreiche Etablierung neuer mobiler Dienste. Um mobile Dienste benutzerfreundlich zu gestalten, sollte insbesondere auf das erweiterte Aktionsumfeld (Mobilität des Nutzers) Rücksicht genommen werden. Also sollten bei Anwendungen, die sich gemäß Veränderungen des Umfelds des Nutzers entsprechend verhalten, neben dem Ortsbezug zusätzliche Parameter einbezogen werden. Ziel ist dabei die Vereinfachung der Interaktion zwischen Mensch und Computer (*Human Computer Interaction*, HCI). Bei ortsbezogenen Anwendungen (LBS) wird das Konzept der Anpassung an das mobile Umfeld (Adaptivität) seit mehreren Jahren gefordert und untersucht. Neben der Anpassung an den Nutzer ist die Einbeziehung weiterer Kontextinformationen eine Möglichkeit die Nutzbarkeit (*usability*) mobiler Geoanwendungen zu verbessern. Das damit neu formulierte Ziel mobiler Geokommunikation ist es, dem Anwender in der jeweiligen Situation (Ort, Zeit etc.) und für die konkrete Aufgabe richtige bzw. relevanteste Information auf die bestmögliche Art und Weise zu übermitteln.

Die bei mobilen Anwendungen durch das wechselnde Umfeld der Nutzung unterwegs beeinflussten kontextuellen Parameter umfassen insbesondere die aktuelle Position des Nutzers, technische Variablen, wie aktuelle Netzbandbreite, Displaygröße, Farbtiefe und Prozessorleistung, aber auch verschiedene andere Faktoren, die die aktuelle Situation des Benutzers beschreiben.

Kann sich ein System auch auf diese Faktoren einstellen, das heißt verändert (adaptiert) es dynamisch seine Ausgaben entsprechend dieser Parameter, bezeichnet man es als kontext-adaptiv.

8.3 Von Mercator zur virtuellen Welt

HELMUT SAURER UND HANS-JOACHIM ROSNER

Eine Übersicht einzelner Objekte in ihrer Lage, ihrem räumlichen Zusammenhang, ihrer zeitlichen Veränderung und ihrem Verbreitungsmuster ist Grundlage jeder Betrachtung von Situationen und Abläufen im Raum. Traditionell ist die **Karte** das geeignete Medium, die erfassten Daten zur Dokumentation und – je nach Fragestellung – zur weitergehenden Analyse oder Synthese bereitzustellen. Karten sind deshalb ein unverzichtbarer Bestandteil geographischer Arbeiten. Beginnend mit der Entwicklung und Nutzung von digitalen Geographischen Informationssystemen und Fernerkundungsverfahren in den 1980er-Jahren haben Karten durch die neue, digitale Form (Abb. 8.3.1) weiter an Bedeutung gewonnen. Dabei spielen insbesondere die Möglichkeiten einer **interaktiven, dynamischen Kartengestaltung** eine Rolle, die teilweise in Kombination mit Fotos oder realitätsnahen, künstlichen Ansichten erfolgen kann. Die Methoden der Raumdarstellung umfassen aus heutiger, moderner Sicht vier Bereiche:

- die klassische Karte in analoger und digitaler Form
- die Analyse und Abfragemöglichkeiten Geographischer Informationssysteme
- die Monitoringverfahren der Fernerkundung
- die Techniken der „virtuellen Realität"

Für ortsbezogene GI-Dienste lassen sich folgende Kategorien für adaptive Leistungen identifizieren:

- Adaption des Inhaltsangebotes (z. B. bezüglich Ausführlichkeit, Thematik)
- Adaption der visuellen Darbietung des Inhaltsangebotes – sowohl des Textes als auch der graphischen Information (Bilder, Karten, Video, Virtual-Reality-Modelle etc.)
- Adaption von Tourenplanung durch individuelle Gewichtung
- Adaption von Suchanfragen (orts- und interessenbezogene Hinweise)

Am häufigsten realisiert ist die mobile Geokommunikation mittels speziell aufbereiteter Karten. Karten bieten eine ideale Unterstützung für vielfältige Aufgaben – insbesondere unterwegs. Sie ermöglichen es, generell einen Überblick über eine Umgebung zu gewinnen, Routen zu planen oder darzustellen, auf wichtige Objekte hinzuweisen, thematische Phänomene in ihrer räumlichen Ausbreitung zu vermitteln und so weiter. Dabei spielt jedoch die Art der Darstellung der abgebildeten Objekte auf der Karte eine große Rolle, ebenso wie das, was nicht abgebildet wird. Im Sinne der Sicherstellung und Erleichterung der sachbezogenen Kommunikation und Verständlichkeit werden dabei besonders hohe Anforderungen an die Systeme zur Kartenerzeugung gestellt, um eine Adaption der Karten an die Nutzerbedürfnisse sicherzustellen.

Ein Beispiel aus dem Bereich Navigationssystem kann dies verdeutlichen: Wegbeschreibungen, die mit der aktuellen Generation kommerzieller Routenplaner und Navigationssysteme generiert werden, enthalten oft immer noch vor allem lediglich Richtungs- und Entfernungsangaben. Erste Systeme experimentieren mit 3D-Darstellungen verwenden diese jedoch nach wie vor hauptsächlich für die Darstellung einzelner Sehenswürdigkeiten. Diese klassische Form der Routenbeschreibung ist jedoch für viele Benutzer nicht optimal. Bekanntlich beschränken sich Personen, die eine Wegbeschreibung textuell oder graphisch anfertigen sollen, nicht nur auf die grundlegenden Elemente wie Straßennamen und Knickpunkte, sondern fügen der Beschreibung zusätzliche Orientierungshilfen (Landmarken) hinzu (Tversky & Lee 1999). Ebenso wird die Qualität der Wegbeschreibung nach der Verwendung von zusätzlichen Landmarken beurteilt (Lovelace et al. 1999, Michon & Denis 2001).

Für die Eignung von Geoobjekten als Landmarke sind neben der Sichtbarkeit und der visuellen Unterscheidbarkeit – der „Salienz" eines Geoobjektes (Winter et al. 2005) – auch die kontextabhängige unterschiedliche „Relevanz" eines Geoobjektes zum Beispiel auf der Basis seines Objekttyps oder des Nutzungstyps wesentlich (Zipf 2003, Raubal & Winter 2002). Grundsätzlich lassen sich Landmarken in vier Kategorien einteilen: geometrisch, visuell, semantisch und strukturell geprägte Landmarken. Um die finale Bewertung einer Landmarke durchzuführen müssen die verschiedenen Aspekte parametrisiert und gegeneinander gewichtet werden (z. B.: Ist ein bestimmtes Gebäude tagsüber versus nachts gleichermaßen gut identifizierbar?). Auf Basis dieser multikriteriellen Berechnung können dynamisch die für eine konkrete Wegbeschreibung geeignetsten Landmarken ausgewählt und bei der Erzeugung der Navigationsunterstützung genutzt werden. Anhand dieser Bewertung können wichtige Landmarken prominenter präsentiert werden, während die weniger relevante Information gemäß dem Konzept der focus maps zum Beispiel generalisiert und auch farblich zurückgenommen dargestellt werden kann. Wenn für den Nutzer interessante Landmarken in der Umgebung sind, die auf dem ursprünglich angeforderten Kartenausschnitt nicht zu sehen wären, kann zudem dieser Kartenausschnitt automatisch entsprechend angepasst werden.

Die Möglichkeiten, die sich aus der Nutzung Geographischer Informationssysteme ergeben, führen zu einer neuen Form der Kartographie, die als **Multimediakartographie** bezeichnet werden kann. Damit sind Produkte auf DVD oder im Internet angesprochen, die – ähnlich wie bei einem klassischen Atlas – ein geplantes wie auch exploratives Herangehen an raumbezogene Information stimulieren. Die interaktive Gestaltung von Karten und deren Kombination mit Text-, Bild-, Sprach- und Filmmedien sind die herausragenden Kennzeichen, dieser neuen Form der Kartographie. Sie ergänzt damit die klassische statische, zweidimensionale Kartographie und erweitert sie im Hinblick auf die komplexen und multidimensionalen Zusammenhänge aktueller Fragestellungen der Geographie. Bevor wir uns den Möglichkeiten zuwenden, die sich aus der Anwendung Geographischer Informationssysteme ergeben, betrachten wir einige Grundlagen der Kartographie.

Kartographie – ein zweidimensionales Bild der Erde

Ein Karte ist ein Bild von Erscheinungen auf oder nahe an der Erdoberfläche. Beispiele hierfür sind topographische Karten, geologische Karten oder Karten der Luftqualität in einer Stadt. Schon in der Antike wurden kartenähnliche Darstellungen zur Vermittlung von Wissen über die Anordnung von topographischen Gegebenheiten verwendet. In erheblichem Maße hat die Nutzung von Karten im Zeitalter der Entdeckungen, also zu

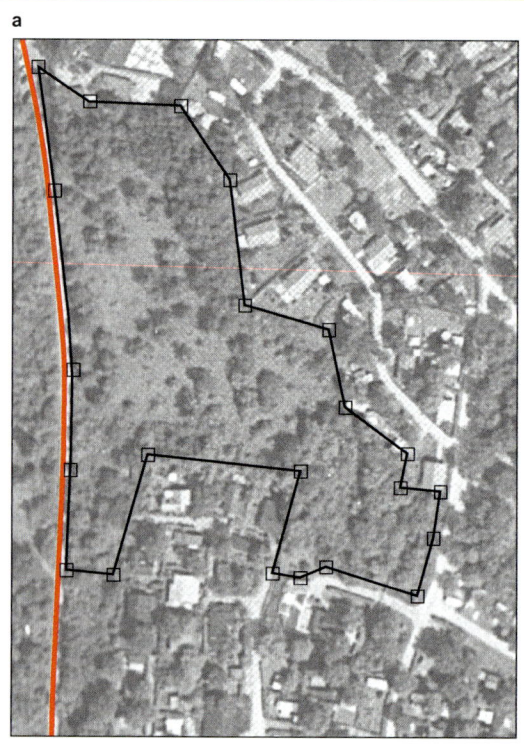
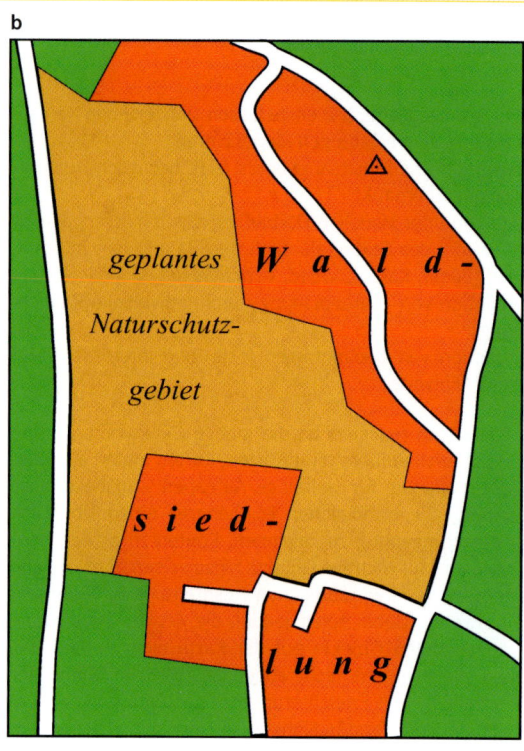

Abb. 8.3.1 Erzeugung einer Karte aus Vektordaten. Auf Grundlage eines Luftbildes (Orthofoto) wird im Rahmen einer Biotopkartierung eine Karte erzeugt. Die Grenzen eines geplanten Naturschutzgebietes und eines neuen Waldweges werden digitalisiert und mit Daten aus dem Amtlichen Topographisch-Kartographischen Informationssystem (ATKIS) der Vermessungsbehörden in einer Karte dargestellt (trigonometrischer Punkt, Bauflächen, Waldflächen). a) Im Luftbild werden der Waldweg als Linie und die vorgesehene Schutzgebietsgrenze als Polygon erfasst. Die digitalisierten Punkte des Polygons sind in der Abbildung durch kleine Quadrate kenntlich gemacht. b) Für die Ausgabe als Karte wird den verschiedenen Objekten eine bestimmte Darstellungsweise zugewiesen. Straßen und Wege werden als Doppellinie dargestellt. Im gezeigten Ausschnitt des Kartenfeldes liegt ein trigonometrischer Punkt, der mit einem Dreieckssymbol mit innen liegendem Punkt dargestellt wird. Die Flächen erhalten entsprechend ihrer Bedeutung unterschiedliche Farben (ocker: geplantes Naturschutzgebiet; rot: Wohngebiet; grün: Waldflächen). Schriftzüge ergänzen die Darstellung.

Beginn der Neuzeit zugenommen. Jedoch erst gegen Ende des 18. Jahrhunderts wurde die geregelte, auf der **Triangulation** gründende **Landesvermessung** eingeführt. Damit war erstmals auch die Erzeugung genauer großmaßstäbiger topographischer Karten möglich. Dies geschah vor dem Hintergrund der machtpolitischen Ansprüche des Absolutismus und der zwischenzeitlich erfolgten Entwicklung und Verbesserung entsprechender technischer Vermessungsgeräte.

Das grundsätzliche Problem der Abbildung größerer Teile der Erdoberfläche in Karten ist die Tatsache, dass die Erdoberfläche eine komplizierte Form hat und mathematisch nicht geschlossen zu beschreiben ist. Es ist notwendig, Näherungen zuzulassen. Ein gängiges Modell der Erde für Karten kleinen Maßstabs ist eine Kugel, für Karten mittlerer und großer Maßstäbe ein Ellipsoid. Ein Ellipsoid ist ein Körper, der durch die Rotation einer Ellipse um eine der Symmetrieachsen entsteht. Der Prozess der Erzeugung einer Karte besteht im Prinzip aus drei Schritten. Die zu kartierenden Punkte der Erdoberfläche werden ausgewählt, durch Lotfällung auf die Bezugsoberfläche (Kugel oder Ellipsoid) übertragen und anschließend nach festgelegten Rechenvorschriften auf eine Ebene, einen Zylinder oder einen Kegel abgebildet (Abb. 8.3.2). Daraus resultieren unterschiedliche **Geometrien des Kartennetzes** (Abb. 8.3.3) mit spezifische Eigenschaften wie **Winkeltreue** oder **Flächentreue**. Diese Eigenschaften sind im Hinblick auf den Einsatz der Karte von Bedeutung. Für die historische Seefahrt war die einfache Navigation wichtig. Dies war durch den Einsatz winkeltreuer Karten gegeben. Bei der Erzeugung einer Karte der Bevölkerungsdichte der Erde ist eine flächentreue Darstellung sinnvoll.

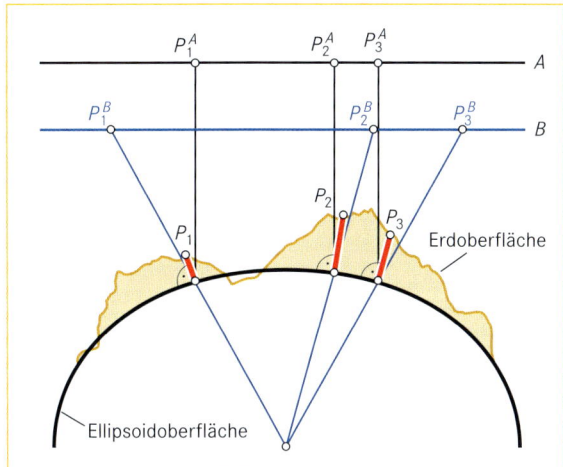

Abb. 8.3.2 Das Prinzip der Projektion: Die auf der Erdober-fläche ausgewählten Punkte (P_1 bis P_3) werden rechnerisch durch Lotfällung auf eine Kugel- oder Ellipsoidoberfläche über-tragen (siehe rote Linien), bevor sie nach unterschiedlichen Rechenvorschriften auf eine Ebene, einen Zylinder oder einen Kegel projiziert werden. Je nach Rechenvorschrift kann die Lage der Punkte in den resultierenden Karten (A und B) sehr unterschiedlich ausfallen. Die so entstehenden Verzerrungen lassen sich nicht vermeiden. Sollen die Lagefehler der Punkte in der Karte klein bleiben, können jeweils nur kleine zusam-menhängende Raumausschnitte kartiert werden. Gängige Koordinatensysteme hierfür sind das weltweit angewendete UTM (*Universal Transversal Mercatorsystem*) oder das in Deutschland übliche Gauß-Krüger-System.

Üblicherweise werden zwei Klassen von Karten unterschieden. Wird primär die Darstellung der räum-lichen Verteilung einzelner oder weniger Merkmale, bei-spielsweise der Bevölkerungsdichte, angestrebt, tritt die topographische Information in den Hintergrund und

man spricht daher von **thematischen Karten**. Karten dagegen, die hauptsächlich der Orientierung dienen, heißen **topographische Karten**. In dieser Klasse von Karten wird die räumliche Zweidimensionalität durch die Einbeziehung von Höheninformation in Form von Farben oder Isohypsen und Höhenangaben überwun-den. Die Höhenbezugsfläche ist üblicherweise der Mee-resspiegel. Beim Vergleich von Höhenangaben in Karten und von einem GPS-Empfänger zeigen sich häufig Unterschiede. Das liegt daran, dass die Höhenangaben eines GPS in der Regel auf ein einfaches mathematisches Modell der Erdoberfläche, ein sogenanntes Ellipsoid, bezogen sind. Die Höhenlage des Meeresspiegels variiert jedoch aufgrund der ungleichen Masseverteilung in der Erde (Exkurs 8.3.1) und erklärt damit die genannten Abweichungen.

Bei der Orientierung sind **Koordinaten** hilfreich, die auf topographischen Karten angefügt sind. Die Geogra-phischen Koordinaten Länge und Breite sind dabei vor allem auf Karten kleiner Maßstäbe nützlich, wenn große Teile der Erdoberfläche zusammen dargestellt werden. Längen- und Breitenangaben sind dagegen unpraktisch, wenn in Karten großer Maßstäbe Entfernungen oder Flächen gemessen werden sollen. Deshalb spielen in Plä-nen und topographischen Karten mit Maßstäben von 1:500 bis 1:100 000 die sogenannten **geodätischen Koordinaten** eine viel wichtigere Rolle. Geodätischen Koordinatensysteme wurden in vielen Staaten der Erde von den Vermessungsverwaltungen eingeführt und sind dementsprechend unterschiedlich. Mit dem UTM-Sys-tem hat sich ein weltweiter Quasi-Standard herausgebil-det (Abb. 8.3.4, Exkurs 8.3.2), der die landesspezifischen Systeme abgelöst hat oder parallel dazu verwendet wird.

Karten erlauben einen raschen Zugang und Über-blick über Strukturen und Prozesse im Raum. Bei

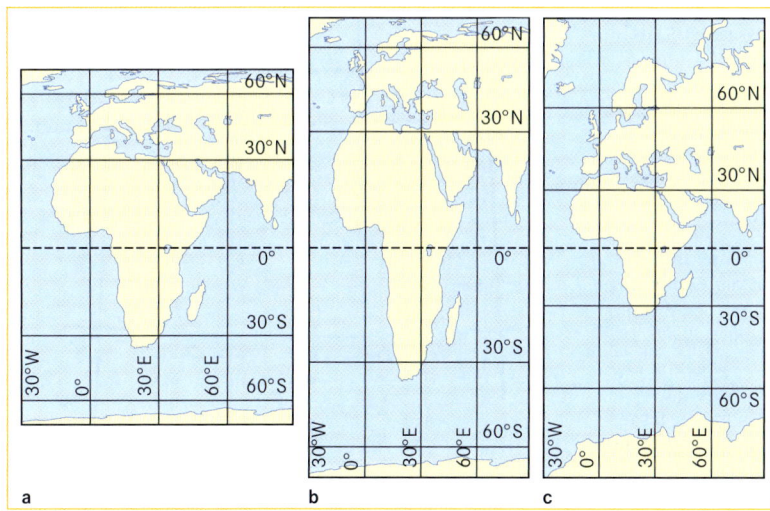

Abb. 8.3.3 Die Eigenschaften einer Pro-jektion sowie Lage und Form der Projek-tionsfläche bestimmen die Anordnung des Kartennetzes, also den Verlauf der Längen- und Breitenkreise und der Form und Lage von Meeren und Landflächen: a) flächentreue Zylinderprojektion nach Behrmann, b) flächentreue Peters-Pro-jektion und c) winkeltreue Mercator-projektion.

Exkurs 8.3.1

Geoid

Die Masseverteilung der Erde weist geringfügige Dichteunterschiede auf. Dabei spielen Gebirge und die Lage von auf- und absteigenden Ästen der Zirkulationsströme im Erdinnern eine Rolle. Als Resultat dieser Unterschiede ist die Anziehungskraft der Erde nicht immer ganz genau zum Erdmittelpunkt hin gerichtet. Für die Meeresoberfläche hat dieser Sachverhalt wiederum zur Folge, dass sie „nicht gleich hoch" liegt. Das bedeutet, dass sie an manchen Orten etwas näher am Erdmittelpunkt, an anderen etwas weiter vom Erdmittelpunkt entfernt ist. Die Unterschiede sind gering und betragen meist nur einige Meter, können aber bis knapp ±100 m um den mittleren Wasserstand pendeln. Eine gedachte Meeresoberfläche wird daher nicht genau einer Ellipsoidoberfläche entsprechen. Die Abweichungen sind in der Zwischenzeit weitgehend bestimmt, sodass es neben dem einfachen mathematischen Modell des Ellipsoids auch ein kompliziertes, physikalisches Modell der Erdoberfläche gibt. Als Erdoberfläche (Geoid) wird dabei eine Niveaufläche mit gleicher Lageenergie angesehen. Am Meer entspricht diese Fläche der Meeresoberfläche.

Die Unterschiede in den Höhenangaben können praktische Bedeutung haben. Zwei Länder, deren Vermessungsverwaltungen die Höhe auf den Meeresspiegel von zwei weit auseinander liegenden Orten beziehen, werden unterschiedliche Höhenwerte für einen Berg messen. Höhenangaben einer GPS-Messung sind auf ein Ellipsoid bezogen. Höhenwerte in Karten sind üblicherweise von Meeresspiegelständen, also der Geoidoberfläche, abgeleitet. Auch hier sind Unterschiede bis zum Dekameterbereich zu erwarten.

der **Karteninterpretation** wird Wissen aus der Allgemeinen Geographie konkret auf einen Raum angewendet und im Hinblick auf raumprägende Vorgänge in einer synthetischen Betrachtungsweise zusammengeführt. In wissenschaftlichen Fragestellungen werden bei dieser synthetisierenden Betrachtung oft mehrere verschiedene topographische und thematische Karten in die Überlegungen einbezogen. Damit kann ein Mehrwert erzielt werden, da die gleichzeitige Betrachtung mehrerer Themen und Einflussgrößen Rückschlüsse auf Prozesse erlaubt, die den einzelnen Karten jeweils nicht zu entnehmen sind.

Neben den gedruckten (analogen) Karten sind seit Mitte der 1990er-Jahre digitale Darstellungen sehr ver-

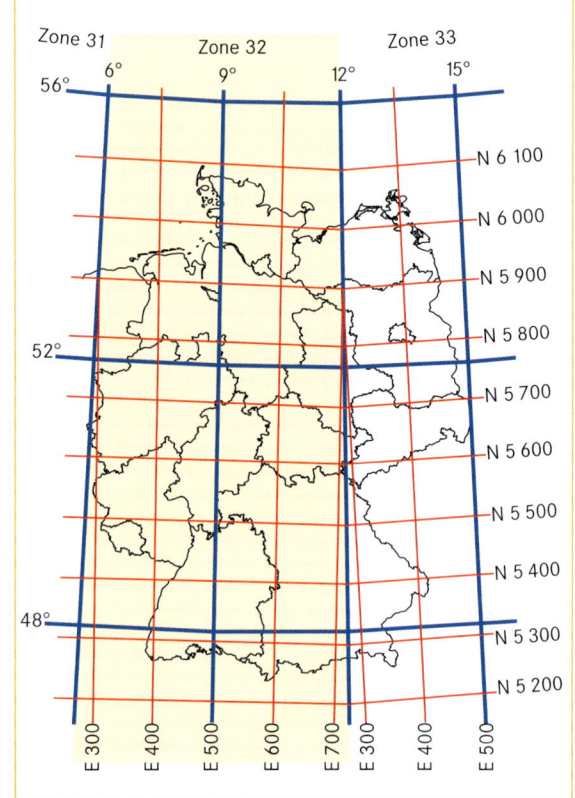

Abb. 8.3.4 UTM-Koordinaten: Die UTM-Koordinaten beziehen sich auf den Abstand vom Mittelmeridian und die Entfernung vom Äquator. Aufgrund der Breite einer UTM-Zone von 6° wird Deutschland von zwei Zonen des UTM-Systems abgedeckt. Die Koordinaten für Berlin-Mitte, die man aus der Abbildung entnehmen kann, lauten: Zone 33, E 395, N 5825 (Angaben in Kilometer). Verwendet man Karten größeren Maßstabs, lassen sich die Koordinaten genauer bestimmen. Die Mitte des Brandenburger Tors in Berlin hat beispielsweise die folgenden Werte: Zone 33, E 3900420, N 5820845 (Angaben in Meter).

Exkurs 8.3.2

UTM-System

Gerard De Kremer oder Gerhard **Mercator**, wie er sich später nannte, schuf auf Grundlage einer winkeltreuen **Zylinderprojektion** eine Weltkarte. Die von ihm entwickelte Projektion spielte wegen der einfachen Navigation in der Seefahrt eine bedeutende Rolle. Die Mercatorprojektion spielt auf großmaßstäbigen Karten auch heute noch eine wichtige Rolle, da sie Grundlage des weltweit verwendeten UTM-Systems ist.

Die transversale Mercatorprojektion ist eine Abbildung, bei der man sich einen Zylinder so an die Erde gelegt vorstellen kann, dass die Zylinderachse in der Äquatorebene liegt (Abb. 1). Wenn der Zylinderradius etwas kleiner ist als die kleine Halbachse des Ellipsoids, ergibt sich ein Schnittzylinder, der zwei Linien auf der Erdoberfläche längentreu abbildet. In der Nähe dieser Linien ist die Verzerrung klein. Dadurch können Ausschnitte der Erde nahezu verzerrungsfrei auf die Karte projiziert werden. Werden mehrere solcher Projektionen erstellt, in dem der Zylinder jeweils etwas gedreht wird, ergibt sich ein System von streifenförmigen Karten, das die ganze Erde oder größere Teile davon abdecken kann. Beispiele für derart erzeugte Meridianstreifensysteme sind das **deutsche Gauß-Krüger-System** und das **international verwendete UTM-System**.

Beim UTM-System werden 6° umfassende Streifen gebildet, die Zonen genannt werden. Die Zonen werden mit Nummern zwischen 1 und 60 bezeichnet. Die Zählung beginnt bei 180° westlicher Länge und steigt ostwärts an. Demzufolge umfasst Zone 1 den Längengradbereich von 180° w.L. bis 174° w.L. Die Zonen 32 und 33 mit ihren Mittelmeridianen bei 9° ö.L. und 15° ö.L. überdecken unter anderem die Landesflächen von Deutschland, Österreich und der Schweiz (Abb. 8.3.3).

Im UTM-System wird ein rechteckiges Raster an den Mittelmeridian angelegt. Für die Lageangabe eines Punktes wird ein Koordinatenpaar verwendet, deren Werte als *Easting* und *Northing* bezeichnet werden. Der **Easting-Wert** ergibt sich aus dem Abstand vom Mittelmeridian, dem ein willkürlicher Wert von 500 Kilometer zugeordnet wird, um negative Werte zu vermeiden. Die **Northing-Komponente** ergibt sich durch Zählung der Gitterlinien vom Äquator aus

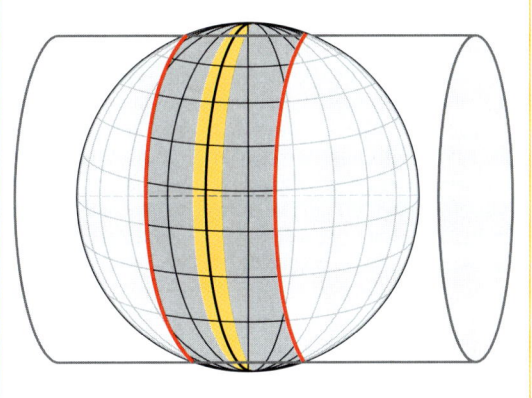

Abb. 1 Transversale Mercatorprojektion mit einem Schnittzylinder: Die Projektion der Erdoberfläche erfolgt auf einen Zylinder, der etwas kleiner ist, als der Erdradius beziehungsweise die kleine Halbachse eines Ellipsoids. Dadurch ergeben sich zwei Schnittlinien, die in gleicher Länge wie die entsprechende Strecke auf der Erdoberfläche abgebildet werden (rote Linien). In der Abbildung ist der Größenunterschied von Ellipsoid und Zylinder übertrieben dargestellt, damit das Prinzip erkennbar ist. Beim UTM-System ist der Zylinder tatsächlich nur wenig kleiner als der Erdradius. Daraus ergibt sich ein schmaler Streifen (gelbe Fläche) um den Mittelmeridian (schwarze Linie), in dem die Verzerrungen gering sind und deshalb bei darauf aufbauenden topographischen Karten vernachlässigt werden können. Diese gelbe Fläche stellt eine Zone des UTM-Systems dar.

(*Northing*-Wert 0 km). Durch Hinzufügen weiterer Stellen können die Koordinaten beliebig genau angeben werden. Für die Südhalbkugel beginnt die Zählung der *Northing*-Koordinate mit dem Wert 10 000 am Äquator. Der Abstand vom Äquator wird negativ gezählt. Ein Punkt 100 km südlich des Äquators erhält demzufolge eine *Northing*-Koordinate von 9 900.

---

breitet. Dafür wurden spezielle Datenformate entwickelt, die auf zwei grundsätzlich unterschiedliche Modelle zurückgeführt werden können: **Vektor- und Rastermodelle** (Abb. 8.3.5). Beide Modelle, haben jeweils spezifische Vorteile, wobei für die Kartographie das Vektormodell von größerer Bedeutung ist. Digitale Karten bieten gegenüber analogen Karten einige Vorteile. Sie

sind leichter zu aktualisieren und können für nutzerspezifische Bedürfnisse zusammengestellt werden. Das heißt, dass nur die Inhalte, die der Nutzer bei der gegebenen Aufgabenstellung benötigt, auch in die Karte aufgenommen werden. Damit gewinnen Karten an Übersichtlichkeit. Das Prinzip der interaktiven Kartengestaltung lässt sich an vielen Angeboten im Internet nachvollziehen.

Exkurs 8.3.3

Wie zeichnet ein Computer eine Karte?

Zur Beantwortung dieser Frage ist es nahe liegend, sich zu überlegen, was auf einer Karte enthalten ist: Einzelsymbole für kleine Einzelobjekte (Feldkreuze, topographische Punkte etc.), Linientypen für lang gezogene Objekte wie Straßen und schließlich Farben, Muster und Schraffuren für Objekte, die größere Flächenanteile einnehmen. Betrachtet man zunächst nur die Geometrie, geht es also um Punkte, Linien und Flächen. Deren Darstellung in der Karte ist abhängig von der Eigenschaft des Objektes. Geometriedaten auf der einen und Sachdaten auf der anderen Seite sind die Voraussetzung, dass eine Karte gestaltet werden kann. Grundsätzlich wird die gesamte Information zur Geometrie aus den Koordinaten einzelner Punkte aufgebaut. Bei der Darstellung von Linienobjekten hat der Computer die Anweisung die Punkte mit Linien zu verbinden. Bei Flächen schließlich werden alle Punkte miteinander verbunden, sodass sich als äußere Grenze ein Polygon ergibt, das entsprechend der Flächeneigenschaft mit Schraffuren oder Farben gefüllt werden kann. Die beschriebene Kombination von Geometrie- und Sachdaten ist Grundlage des Vektordatenmodells, das vielen digitalen Karten und Geographischen Informationssystemen zugrunde liegt.

Exkurs 8.3.4

Das Längengradproblem

Im königlichen Observatorium in Greenwich wird ein interessanter Aspekt der Geschichte der Kartographie gezeigt: das Problem der Bestimmung des Längengrades. Heute, im Zeitalter von GPS und Fahrzeugnavigationssystemen, ist es nur schwer nachvollziehbar, dass die Wissenschaft über Jahrhunderte hinweg keine Lösung zur genauen Bestimmung der geographischen Länge gefunden hat. Als Folge davon enthalten die Karten des Zeitalters der Entdeckungen viele Ungenauigkeiten und Abweichungen von der korrekten Lage.

Die Bestimmung der geographischen Breite ist einfach. Der **Äquator** ist die „natürliche" Bezugslinie. Für die Festlegung der geographischen Breite eines Ortes muss lediglich die Höhe von Sonne oder Sternen über dem Horizont bestimmt werden. Für die geographische Länge dagegen muss zunächst eine Bezugslinie, ein **Nullmeridian** (Abb. 1), festgelegt werden. Eine – im Prinzip einfache – Methode zur Bestimmung der geographischen Länge ist die Ermittlung der Zeitdifferenz zwischen dem Sonnenhöchststand am Nullmeridian und an einem beliebigen Ort. Diese Differenz beträgt pro Längengrad vier Minuten. Das Problem war lediglich der Bau einer Uhr, die auch auf langen Seereisen keine Gangungenauigkeiten zeigt. John Harrison, ein englischer Uhrmacher, widmete sich zeitlebens dem Längengradproblem. An seinem Meisterwerk, der H4, arbeitete er mehr als 13 Jahre. Eine Uhr mit der Genauigkeit der H4 ermöglichte es erstmals, die geographische Länge auch bei langen Reisen mit einer Genauigkeit von 1/10 Grad zu bestimmen.

Abb. 1 Der Nullmeridian in Greenwich (Foto: Antje Findeklee).

Die Geschichte der Lösung des Längengradproblems ist auch eine Geschichte der Intrigen, in der **John Harrison** lange Zeit um den verdienten Preis seiner Leistung gebracht wurde. Denn im so genannten *Longitude Act*, der am 8. Juli 1714 von der englischen Königin erlassen wurde, war für eine Methode zur Bestimmung der geographischen Länge mit einer Genauigkeit von mindestens einem halben Grad ein Preisgeld von 20 000 Pfund ausgesetzt worden. Davon erhielt John Harrison auch nach langem Kampf um die Anerkennung seiner Leistung lediglich einen Teil.

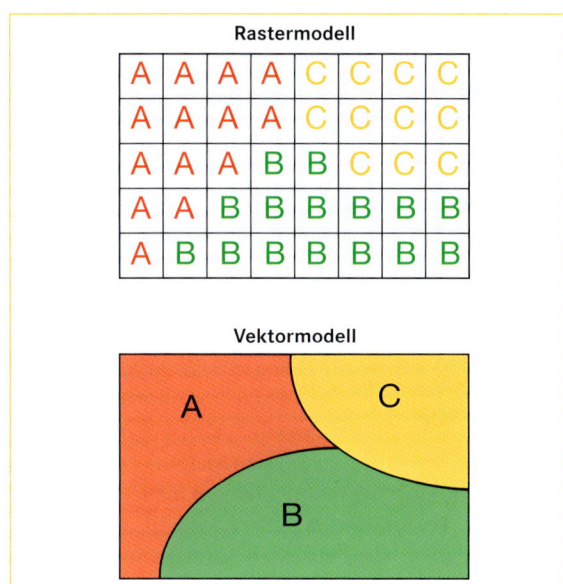

Abb. 8.3.5 Grundlegende Datenmodelle in Geographischen Informationssystemen.

Kritische Kartographie

GEORG GLASZE UND JÖRG MOSE

Kritische Kartographie interessiert sich für die (Re-) Produktion bestimmter Weltbilder in Karten sowie die Praktiken des Karten-Machens und des Karten-Lesens. Der Diskussions- und Forschungszusammenhang der Kritischen Kartographie entwickelte sich seit den 1980er-Jahren vor allem in einer kritischen Ausein-andersetzung mit der überkommenen, aber nach wie vor verbreiteten Vorstellung, dass Karten „Abbilder" der Erdoberfläche oder anderer Realitäten seien (Crampton 2010, Dodge et al. 2009). Besonders einflussreich waren dabei die Arbeiten von Brian Harley (als Sammelband herausgegeben von Laxton 2001), der sich seit den 1970er-Jahren, inspiriert von Michel Foucault, mit der Geschichte der Kartographie beschäftigte. Dabei lassen sich zwei Ansatzpunkte ausmachen: die Dekonstruktion des Kartenbildes und die Analyse von Praktiken, in die Karten eingebunden sind.

Karten als diskursive Artikulationen

Kritische Kartographie begreift Karten nicht als wissen-schaftlich exaktes Abbild der Erdoberfläche oder als Spiegel einer objektiven Realität, sondern als **Diskurs-fragment**, das soziale Wirklichkeit gleichzeitig darstellt und konstituiert. Karten sind als Macht-Wissens-Kom-plexe in Diskurse verstrickt und dadurch aktiv an der Produktion und Rezeption von allgemeinen gesell-schaftlichen Vorstellungswelten und besonders von *geo-graphical imaginations* beteiligt.

Ziel kritischer Karteninterpretation ist es daher auch nicht, anhand von Karten Rückschlüsse auf den Raum zu ziehen oder räumliche Prozesse zu analysieren. Vielmehr sollen gesellschaftlich kontextualisierte räum-liche Vorstellungen oder implizite soziale Ordnungen sichtbar gemacht werden (Mose & Strüver 2009). Kar-ten werden in der Diskursforschung also weniger als Dokumente betrachtet, die für etwas anderes stehen, sondern vielmehr als Verknüpfung von Elementen, sodass es Aufgabe der Forschung wird, die Elemente solcher Verknüpfungen zu identifizieren und deren regelmäßige Verwendung, Anordnung und Relationie-rung herauszuarbeiten. In eine semiologisch und iko-nologisch informierte Kartenanalyse, die sich beispiels-weise am Interpretationsschema des Kunsthistorikers Panofski orientieren kann, werden dabei unter ande-rem Art der Projektion, Art der Einteilung in Hemi-sphären, Orientierung, Vergrößerung, Maßstab, Farb-gebung, Kontrast, Hierachisierungen, Wahl von Kartenausschnitt und Kartenmitte, Beschriftung, Ver-wendung von Symbolen und dekorativen Elementen, Ortsnamen und ihre Darstellung einbezogen. Darüber hinaus kann aber auch **kartographisches Schweigen** (*cartographic silence*) offen gelegt werden. Grund für das Schweigen jeder Karte ist das Prinzip der Selekti-vität. Auswählen und Betonen bestimmter Elemente impliziert gleichzeitig Auslassen und In-den-Hinter-grund-Stellen anderer Elemente. Jede Art dieses Zusammenspiels aus Darstellen/Auslassen hat jedoch Auswirkungen auf die Vorstellung von Raum und ist somit zumindest im weiteren Sinne (geo-)politisch. Harley (2001) schlägt daher in Anlehnung an Foucault vor, solches Schweigen als „konstruktive Aussage (*posi-tive statement*)" zu behandeln.

Aber nicht nur die Karten selber werden untersucht. Insbesondere die Analyse der gesellschaftlichen Prakti-ken, in die Karten eingebunden sind, ermöglicht es, die gesellschaftliche Bedeutung von Karten offenzulegen.

Karten-Machen und Karten-Lesen als Praxis

Seit den 1990er-Jahren hat sich in der englischsprachi-gen Geographie eine Diskussion entwickelt, die das Kar-tieren und die gesamte Kartographie als Praxis fasst (Pickels 2004). Das Erstellen von Karten basierte lange Zeit auf technischen und geographischen Wissensbe-ständen, die nur einem kleinen Expertenkreis zur Verfügung standen. Aufgrund der strategischen Bedeutung waren es zumeist militärische oder staatliche Institutionen, die detaillierte Karten anfertigten. In Spanien wachte beispielsweise das *Casa de Contratación* über die Kartierung der Kolonien, die Vorrausetzung für ihre militärische Eroberung und somit auch für ihre wirtschaftliche Ausbeutung war. Die preußischen Urmesstischblätter wurden von Offizieren oder Vermessungstechnikern in militärischem Dienst aufgenommen und waren zunächst nicht für die Veröffentlichung bestimmt. Im Bereich der zivilen Kartographie war das aufwendige technische Wissen zum Erstellen und Drucken von Karten in wenigen Verlagshäusern konzentriert. Die Anfänge der modernen Geographischen Informationssysteme, welche raumbezogene Daten digital erfassen, verarbeiten, analysieren und kartographisch präsentieren, liegen am Ende der 1960er-Jahre. Mit der Entwicklung der satellitengestützten Fernerkundung sowie der zunehmenden Verbreitung georeferenzierter Statistiken sind raumbezogene Datengrundlagen mittlerweile weit verbreitet und einfach zugänglich geworden (Crampton 2010). Gleichzeitig führen insbesondere OpenGIS und *open-source-Standards* zu einer Öffnung oder zumindest einer Neustrukturierung kartographischer Märkte.

Auch das Lesen von Karten ist in machtgeladene Praxen eingebunden. Dies machen verschiedene beispielhafte Kontexte, in denen Karten im weitesten Sinne verwendet werden deutlich: von der Vermittlung „positiven Wissens" anhand von Karten in der Schule, über die alltägliche, iterative, eher beiläufige Rezeption von Karten im Wetterbericht oder den Nachrichten, die vorhandene räumliche oder territoriale Vorstellungen naturalisiert, bis zur Nutzung von GIS durch Rettungskräfte als Entscheidungshilfe in einer Notfallsituation, wie etwa nach dem Hurrikan Katrina (Ratliff 2007 zit. n. Crampton 2010). Generell gilt, dass Karten und GIS durch ihre wissenschaftliche Anmutung besonders glaubwürdig erscheinen. Entsprechende Forschungen nehmen den Evidenzeffekt, das heißt die Augenscheinlichkeit von Karten, ins Blickfeld.

Gleichzeitig verschwimmt durch kartographische Entwicklungen wie das Web 2.0 (z. B. OpenStreetMap) die Trennlinie zwischen einer kleinen Elite von Kartenerstellern und einer großen Zahl von Kartennutzern (Glasze 2010), was als eine zunehmende **Demokratisierung der Kartographie** interpretiert werden kann. Die Diskussion um die *digital divide* zeigt jedoch, dass der Zugang zu digitalen Medien und Bildung als Grundlage zur Herstellung und zum (kritischen) Lesen von Karten weiterhin stark von der sozialen Herkunft abhängt.

Mit dem Aufbrechen der strukturellen Oligopole bei der Produktion von Karten und mit der Aufweichung der Produktion-Konsumption-Dichotomie im Web 2.0 verändern sich die Praktiken der Kartographie derzeit rasant – ein gesellschaftlich relevantes und interessantes Forschungsfeld für eine „Kritische Kartographie 2.0".

8.4 Fernerkundung

Helmut Saurer, Hans-Joachim Rosner

Der Traum vom Fliegen ist eng mit der Fernerkundung verbunden. Die Dinge von oben – aus der Ferne – zu betrachten, ist ein Reiz, dem wir auch erliegen, wenn wir auf einen Berg oder einen Turm steigen. Dadurch gewinnen wir Übersicht und erhalten neue Eindrücke. Wenn wir Fernerkundung als Beobachtung aus der Ferne verstehen, ohne direkten Kontakt mit dem betrachteten Objekt, ist die Fernerkundung eine alte, weitverbreitete Methode. Im fachlichen Kontext ist der Begriff jedoch enger gefasst: Die Fernerkundung ist die Beobachtung eines Objektes mittels geeigneter Techniken zur Aufzeichnung **elektromagnetischer Strahlung**. Dies erfolgt entweder auf photographischem oder elektronischem Weg. Fernerkundungstechniken sind Methoden zur Informationsgewinnung, die zivil und militärisch vielseitig genutzt werden.

Als Träger für entsprechende Aufzeichnungsgeräte der Fernerkundung werden meist Flugzeuge oder Satelliten eingesetzt, die Beobachtungen „von oben" erlauben. Es gibt aber auch die umgekehrte Beobachtungsrichtung. Astronomen beobachten Galaxien von der Erde aus. Meteorologen verwenden bodengestützte Radargeräte, die eine flächendeckende Aussage über die Niederschlagsmengen erlauben. Archäologen nutzen elektromagnetische Resonanzverfahren, um im Untergrund verborgene Ruinen zu finden.

In der zivilen Nutzung der Umweltwissenschaften dominiert jedoch die Beobachtung mit **flugzeug- oder satellitengetragenen Systemen**. Dabei ist in der Meteorologie die Wettervorhersage der Bereich, in dem mit großem Abstand die größte Menge an Fernerkundungsdaten zur Analyse des Atmosphärenzustands operationell umgesetzt wird. Neben den bekannten Wettersatelliten wie Meteosat (Exkurs 8.4.1) werden auch andere Systeme eingesetzt, die beispielsweise den Ozongehalt der polaren Atmosphäre oder die Meereisverteilung bestimmen.

Der zweite große Bereich der zivilen Nutzung beschäftigt sich im weitesten Sinne mit einer thematischen Kartierung von Wasser- und Landoberflächen. Bei der Kartierung nutzt man das spezifische Reflexions- und Emissionsverhalten verschiedener Oberflächen (Exkurs 8.4.2). Vereinfacht könnte man sagen, man betrachtet

Exkurs 8.4.1

Geostationäre und sonnensynchrone Satelliten

Bei der Bewegung eines Satelliten um die Erde müssen sich die Gravitationskraft und die Zentrifugalkraft die Waage halten. Fliegt ein Satellit in geringer Höhe, ist die Anziehungskraft größer, er muss also schneller fliegen, damit er nicht abstürzt. Ist die Höhe größer, verringert sich die Umlaufgeschwindigkeit, in der zwischen den beiden Kräften Gleichgewicht herrscht.

Geostationäre Satelliten wie die Wettersatelliten der Meteosat-Serie befinden sich immer über demselben Punkt der Erde. Mit ihnen kann man daher den gleichen Ausschnitt der Erdoberfläche beliebig häufig beobachten. Damit ein Satellit eine solche Position einnehmen kann, muss er sich mit der gleichen Winkelgeschwindigkeit wie die Erde drehen. Für die Winkelgeschwindigkeit der Erde ($\omega = 2\pi/24h$) ist das Gleichgewicht zwischen Zentrifugal- und Gravitationskraft in einer Höhe von etwa 36 000 Kilometern über der Erdoberfläche erreicht. Die Bewegung muss außerdem um den Mittelpunkt der Erde, ihren Schwerpunkt, erfolgen. Das bedeutet, dass geostationäre Satelliten immer über einem Punkt des Äquators stehen müssen. Aufgrund der großen Höhe kann mit ihnen ein großer Ausschnitt (z. B. eine Halbkugel) gleichzeitig beobachtet werden. Allerdings sind damit auch einige Nachteile verbunden. Der erste Nachteil ist offensichtlich, wenn man einen Ball aus 1 oder 2 m Entfernung ansieht: Die Oberfläche wird an den Rändern verkürzt oder, anders ausgedrückt, verzerrt dargestellt. Der zweite Nachteil ergibt sich aus der großen Entfernung des Satelliten. Kleinere Objekte auf der Erdoberfläche kann man nicht mehr erkennen; damit sind diese, wie man in der Sprache der Fernerkundler sagt, nicht mehr detektierbar. **Sonnensynchrone Satelliten** bewegen sich so um die Erde, dass ihre Bahn einen Winkel von fast 90° mit der Äquatorebene bildet. Ihre Bahnspur deckt, mit Ausnahme kleinerer Bereiche um die Pole, jeden Punkt der Erdoberfläche ab. Bei einer geeigneten Flughöhe, das heißt Umlaufgeschwindigkeit, beobachten diese Satelliten jeden Bereich der Erdoberfläche im Abstand von mehreren Wochen zu einer bestimmten Tageszeit, woraus sich der Name „sonnensynchron" ableitet. Beispiele sind die Satelliten der Landsat-Serie. Sie werden seit den 1970er-Jahren vor allem zur Kartierung der Landnutzung und der Vegetationsentwicklung betrieben. Sie überfliegen die Erdoberfläche jeweils am späten Vormittag. Einerseits steht dann die Sonne schon möglichst hoch am Himmel und produziert nicht zu viele Schattenbereiche. Andererseits haben Verdunstung und Konvektion zu dieser Zeit üblicherweise noch nicht voll eingesetzt, wodurch eine klarere und wolkenärmere Atmosphäre erwartet werden kann. Satelliten der Landsat-Serie haben eine Umlaufzeit von 98 Minuten. Sie sind damit viel schneller als geostationäre Satelliten und können wesentlich tiefer fliegen. Landsat 7, der aktuelle Landsat-Satellit, fliegt in einer Höhe von ungefähr 700 km. Die räumliche Auflösung ist größer als bei geostationären Satelliten und damit werden kleinere Objekte und Strukturen auf der Erdoberfläche erkennbar. Nachteilig ist, dass solche Satelliten nur einen kleinen Teil der Erdoberfläche erfassen können und die zeitliche Auflösung gering ist.

Exkurs 8.4.2

Aktive und passive Fernerkundungsverfahren

Bei passiven Fernerkundungssystemen wird das reflektierte Sonnenlicht oder die von den Oberflächen emittierte Strahlung, beispielsweise die Wärmestrahlung von Erde und Wolken, aufgezeichnet. Damit sind Einschränkungen verbunden. In den Wellenlängen der solaren Strahlung können Gebiete grundsätzlich nur tagsüber beobachtet werden. Weil Wolken sowohl die solare wie auch die terrestrische Strahlung beeinflussen, können bestimmte Gebiete der Erde, über denen sich häufig Wolken befinden, kaum beobachtet werden. Eine Lösung dieser Probleme ergibt sich durch die Verwendung aktiver Verfahren. Dabei wird von den Satelliten selbst Strahlung ausgesendet und deren reflektierter Anteil aufgezeichnet. In RADAR-Systemen wird Mikrowellenstrahlung verwendet, bei der Wolken „durchsichtig" sind. Das heißt, dass die Strahlung von Wolken nicht oder nur sehr wenig beeinflusst wird. Die reflektierte Strahlung lässt deshalb auch bei Bewölkung oder nachts auf Oberflächentyp und Eigenschaften des beobachteten Ausschnitts der Erdoberfläche schließen.

Auflösung

In der Fernerkundung spielt der Begriff der Auflösung eine wichtige Rolle. Damit verbunden sind mehrere Eigenschaften von Sensoren und Trägersystemen. Die **zeitliche Auflösung** beschreibt die Frequenz, mit der Aufnahmen vom selben Gebiet erzielt werden können. Bei den Landsat-Satelliten liegt dieser Wert aufgrund der Flugbahn bei 16 Tagen. Meteosat dagegen hat eine zeitliche Auflösung von 30 Minuten.

Eine ähnlich große Spanne ergibt sich bei der **räumlichen Auflösung**. Mit dem aktuellen Meteosat-Satelliten (*Meteosat Second Generation*, MSG) können Objekte in der Größe von knapp unter 1 km² erkannt werden, während mit Quickbird oder IKONOS ein Bistro-Tisch auf einer Dachterrasse gerade noch detektierbar sein kann. Die räumliche

Auflösung von militärischen Systemen ist noch höher und liegt im Bereich um einen Dezimeter.

Als dritte Auflösung in der Fernerkundung ist die **radiometrische Auflösung** zu nennen. Darunter werden die Helligkeitswerte verstanden, physikalisch spricht man auch von der Energiestromdichte, die ein Sensor unterscheiden kann.

Schließlich gibt es die **spektrale Auflösung**, die die Unterscheidbarkeit von Strahlung in verschiedenen Wellenlängenbereichen beschreibt. Beschränken wir uns auf das sichtbare Licht, könnte man sagen: Die spektrale Auflösung gibt an, wie viele Farben ein Sensor unterscheiden kann.

Für unterschiedliche Anwendungen ergibt sich nach dem jeweiligen Bedarf ein optimaler Sensor oder eine bestmögliche Sensorkombination.

---

die unterschiedlichen Farben der Oberflächen, um sie zu klassifizieren. Die Zahl der Farben ist jedoch gering und die Reflexionswerte verschiedener Oberflächen im sichtbaren Licht ähneln sich. Deswegen werden für die Klassifikation auch Wellenlängen des elektromagnetischen Spektrums verwendet, die für das menschliche Auge nicht sichtbar sind. Ein sommerlicher Laubwald und eine Weide beispielsweise, sehen aus der Höhe im sichtbaren Licht ähnlich grün aus. In geeigneten Wellenlängen unterscheidet sich das Reflexionsverhalten jedoch. Bei Berücksichtigung entsprechender Spektralabschnitte können Sie vom Rechner als verschiedene Landnutzungen erkannt werden. Die Verwendung von Wellenlängen, die nicht aus dem sichtbaren Bereich stammen, führt zu Falschfarbenbildern (Abb. 8.4.1). Diese entstehen, wenn die Reflexionswerte, das heißt die Helligkeit einer beobachteten Fläche, beispielsweise aus dem nahen Infrarot, auf einem Bildschirm sichtbar gemacht und damit in einer anderen Wellenlänge dargestellt werden.

Die Welt im Blick –
Google Earth und Geodaten

Klaus Braun

Wohl kein anderes Produkt hat in den letzten Jahren die Möglichkeiten der Visualisierung raumbezogener Daten

und Sachverhalte mehr ins Bewusstsein der Öffentlichkeit gerückt als **Google Earth**.

Ob Nachrichtensendungen oder Wissenschaftsformate im Fernsehen, Internetseiten mit Routenvorschlägen für Urlauber oder die Präsentation von ortsbezogenen Digitalbildern und 3D-Aufnahmen, fast immer bilden Google Earth oder Google Maps mit den dahinter liegenden Geodaten die Basis für entsprechende Anwendungen.

Fast schon in Vergessenheit gerät, dass Google Earth nicht das einzige Programm ist, mit dem online verfügbare Fernerkundungsdaten betrachtet und für 3D-Darstellungen und Animationen genutzt werden können. So betrieb die **NASA** bis 2007 mit **World Wind** die Entwicklung eines vergleichbaren Earth Viewers, der sich jedoch nicht durchsetzen konnte. Ausgelöst durch den Siegeszug von Google Earth entstanden in den letzten Jahren zunehmend Alternativen, wobei Motivation und Zielgruppen variieren. Während das *rendering framework* **RATMAN** der CRS4 Visual Computing Group in Pula, Italien, eine Basis zur Entwicklung hoch performanter Algorithmen darstellt, handelt es sich bei dem webbasierten Angebot **Bing Maps** von Microsoft um ein direktes Konkurrenzprodukt, das auf den wachsenden Markt der Geodienste abzielt. Die Idee gemeinsam erhobener und über das Internet frei zugänglicher Geodaten und ein zunehmendes Unwohlsein gegenüber der Abhängigkeit von marktbeherrschenden Konzernen wiederum führten zur Entwicklung von Projekten wie **OpenStreetMap** oder zum Aufbau staatlich finanzierter

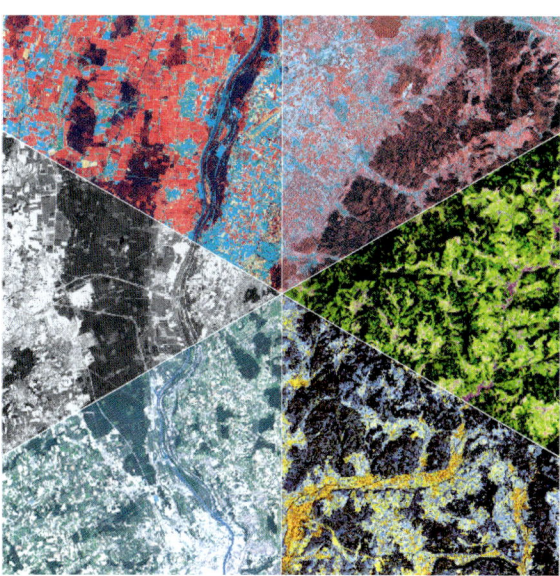

Abb. 8.4.1 Landsat-TM-Bild des südlichen Oberrheingebietes in verschiedenen Kanalkombinationen. Von Multispektralscannern wird die von der Erdoberfläche reflektierte oder emittierte elektromagnetische Strahlung in verschiedenen Wellenlängenbereichen getrennt aufgezeichnet. Zur Visualisierung werden die spektralen Signale kombiniert. Dabei ergeben sich Farbeindrücke, die als Falschfarbenbilder bezeichnet werden. Lediglich die Kombination, die das sichtbare Licht (rot, grün, blau) zeigt, erweckt einen Eindruck, der unserer Erfahrung entspricht (Echtfarbenbild im Sektor links unten). Die Helligkeitswerte eines einzelnen Kanales sind als Grautonbild sichtbar (Mitte links).

Geodaten-Portale wie dem *Portail des Territoires et des Citoyens* in Frankreich oder dem **NIBIS-Kartenserver** des Landesamts für Bergbau, Energie und Geologie in Niedersachsen.

Für die Geowissenschaften stellt Google Earth eine Möglichkeit dar, rasch und ohne großen technischen und finanziellen Aufwand Fernerkundungsdaten für eine visuelle Bildinterpretation zu nutzen und so erste Einblicke in natur- und kulturräumliche Strukturen und Prozesse zu bekommen.

Auch wenn die verfügbaren Satellitenaufnahmen von zahlreichen unterschiedlichen Plattformen und Sensoren stammen und hinsichtlich diverser Aspekte wie radiometrischer und geometrischer Auflösung oder Zeitpunkt und Aktualität der Aufnahme große Unterschiede aufweisen, so ist nicht von der Hand zu weisen, dass die Daten mit ihrer nahezu vollständigen globalen Abdeckung und das seit 2009 verfügbare „historische Bildmaterial" einen bislang unerreichten Fundus für vielfältige Betrachtungen darstellen. Weitere Möglichkeiten wie die Visualisierung des Terrains durch Überla-

gerung der Daten mit einer **Schummerung** auf der Basis von SRTM-Aufnahmen oder die Einbindung eigener Daten wie georeferenzierter Abbildungen, Routen und Tracks aus GPS-Geräten erweitern das Anwendungsspektrum von Google Earth. Unbestritten ist ebenfalls, dass ein Zugang zu Fernerkundungsaufnahmen mit einer Auflösung im Meterbereich wie sie bei Google Earth für ausgewählte Länder oder Regionen zur Verfügung stehen, so in der Form allein aus finanziellen Gründen vielfach nicht möglich wäre.

Vom Messen von Entfernungen über das Auffinden bislang verborgener archäologischer Stätten bis hin zum Monitoring der Entwicklung versiegelter Flächen gibt es daher fast nichts, wobei Google Earth nicht helfen könnte. Und doch: Google Earth ist nicht Fernerkundung und kein Geographisches Informationssystem. Nach wie vor fehlt aus wissenschaftlicher Sicht die Angabe essenzieller Metadaten wie Aufnahmesystem, Auflösung oder verwendete Bildbearbeitungsverfahren und schon für die Bestimmung von Flächen muss auf zusätzliche Software oder die kostenpflichtige Version **Google Earth Pro** zurückgegriffen werden. Da außerdem Möglichkeiten der Bildbearbeitung wie Kontrastspreizung, Filterung oder die Auswahl bestimmter Kanalkombinationen nicht vorgesehen sind, bleibt die Nutzung von Google Earth in Bezug auf die Fernerkundungsdaten auf eine visuelle Interpretation der an natürlichen Farben orientierten Darstellung beschränkt.

Hochaufgelöste und detaillierte Geodaten zur Verfügung zu haben, ist für viele wissenschaftliche Analysen eine verlockende Vorstellung. Kehrseite der damit verbundenen Datensammelwut ist das **Eindringen in die Privatsphäre** der Bevölkerung, was besonders im Zusammenhang mit der Bereitstellung von 3D-Ansichten ganzer Straßenzüge in **Google Street View** im Jahr 2010 zumindest in der Bundesrepublik Deutschland eine kritische Debatte auslöste. Zusammen mit einem diffusen Unbehagen bezüglich dessen, was von global agierenden Konzernen wie Google an Nutzerdaten auf zentralen Servern gespeichert wird, ergibt sich hier die Notwendigkeit, die teilweise gegenläufigen Interessen nach Erfassung und Bereitstellung von Geodaten auf der einen und Schutz der Privatsphäre auf der anderen Seite in Einklang zu bringen.

Aus Sicht der Geokommunikation liefert Google Earth einen nicht zu unterschätzenden Beitrag, Techniken und Anwendungen zur Kommunikation visualisierter Geodaten einer breiten Nutzerschicht zugänglich zu machen. Allein der Umstand dass **KML**, die von Google entwickelte Auszeichnungssprache zur Beschreibung von Geodaten, mittlerweile einen **OGC-Standard** darstellt, unterstreicht die Bedeutung von Google Earth für zukünftige Entwicklungen im Bereich der Geodienste.

Offen bleibt, ob am Ende proprietäre Produkte mit einschränkenden Lizenzbedingungen wie Google Earth, aus Steuergeldern finanzierte Geodaten und Geodienste oder nach dem Prinzip des *crowd sourcing* entwickelte und frei verfügbare Alternativen mit all ihren potenziellen Unschärfen eine größere Akzeptanz bei den Nutzern aufweisen werden.

8.5 Geographische Informationssysteme (GIS) – was ist wo?

HELMUT SAURER, HANS-JOACHIM ROSSNER

Einer der häufigsten Ansatzpunkte zur Definition Geographischer Informationssysteme geht vom Raumbezug der Daten aus. Viele Informationen, mit denen wir uns täglich auseinandersetzen, haben lokalen Bezug: das Geschehen, von dem wir in der Zeitung lesen, statistische Daten, Versorgungseinrichtungen unserer Städte – alle sind nur in Verbindung mit ihrer Lage im Raum sinnvoll zu verstehen. Die Lage im Raum wird dabei in der Regel als Position in einem kartesischen oder sphärischen Koordinatensystem angegeben. Die Herstellung eines Zusammenhangs der thematischen Information, man spricht hier von Sachdaten, mit den Angaben zur Position eines Objektes wird als **Georeferenzierung** bezeichnet. Geographische Informationssysteme erlauben die Speicherung und Weiterverarbeitung von georeferenzierter Information. Die in einem GIS abgelegten Daten können nach dem jeweiligen Bedarf geordnet, ausgewählt oder neu zusammengestellt werden (Abb. 8.5.1). Sehr häufig werden Geographische Informationssysteme zur Visualisierung raumbezogener thematischer Daten verwendet. Darüber hinaus liegen in Geographischen Informationssystemen wie in einem

Werkzeugkasten eine Vielzahl von Funktionen zur Analyse dieser Daten bereit. Logische („UND", „ODER") oder räumliche Abfragen („was ist wo?"), einfache oder auch komplexe mathematische Berechnungen mit thematischen Datensätzen (*map algebra*), die Bildung von Pufferflächen und räumliche Aggregation stellen nur eine kleine Auswahl der durchführbaren Operationen dar. Geographische Informationssysteme werden in nahezu allen Disziplinen genutzt, in denen räumliche Aspekte eine Rolle spielen. Die Anwendungen umspannen dementsprechend einen weiten Bogen, der von der Archäologie über die Logistik bis zur Zoologie reicht.

Die Entwicklung Geographischer Informationssysteme – ein kurzer „historischer" Abriss

Von allen Disziplinen, die zur Herausbildung Geographischer Informationssysteme beigetragen haben, sind an erster Stelle die **thematische Kartographie** und die **Computertechnik** zu nennen. In der thematischen Kartographie wurde früh mit der Überlagerung verschiedener Informationsebenen in Form transparenter Kartenfolien gearbeitet, die je nach Bedarf unterschiedlich kombiniert werden konnten. Viele Bereiche der Raumplanung nutzen thematische Karten. In diesem Zusammenhang wurden in den 1960er-Jahren erste Überlegungen angestellt, wie Erstellung und Fortführung thematischer Karten durch die Nutzung der sich gerade entwickelnden Computersysteme erleichtert werden könnten. Zu den Meilensteine der frühen Geschichte Geographischer Informationssysteme gehören das *Canada Geographic Information System* (CGIS) und die Forschungen in den *Harvard Labs*. Das CGIS startete im Jahr 1964 und wurde ursprünglich als Inventarisierungs- und Analyseinstrument für Kanadas Ressourcen genutzt. Am *Harvard Laboratory for Computer Graphics and Spatial Analysis* erfolgte vor dem fachlichen Hinter-

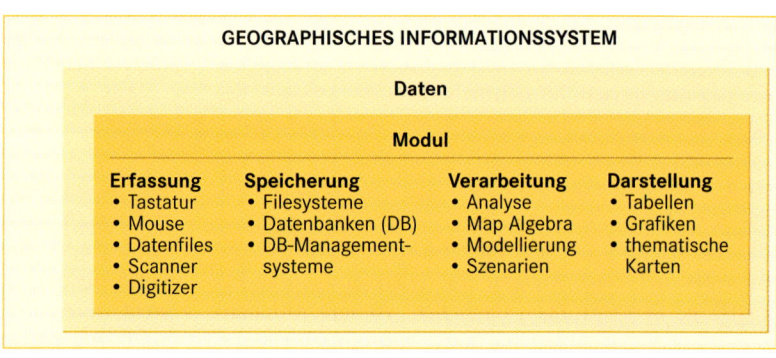

Abb. 8.5.1 Bestandteile eines Geographischen Informationssystems.

Exkurs 8.5.1

Metadaten

Datengewinnung und Datenerfassung setzen den Rahmen für die Datenqualität. Fehlerquellen sind vielfältig und reichen von Geräte- und Messfehlern über Falscheingaben bis zu Berechnungsfehlern in nachfolgenden Analyseverfahren. Außerdem haben viele Daten auch nur eine bestimmte zeitliche Gültigkeit. Daraus folgt, dass Angaben über die Genese der Daten, ihre Herkunft, Vollständigkeit, Konsistenz, zeitliche Gültigkeit sowie die verschiedenen Bearbeitungsschritte dokumentiert und gemeinsam mit den Daten festgehalten werden müssen. Ohne diese Metainformation, das bedeutet „Information über Information", verlieren viele Daten in kurzer Zeit ihren Wert oder werden falsch interpretiert.

grund der Landschaftsplanung zeitgleich die Entwicklung von Programmen zur graphischen Umsetzung dieser Planungsgrundlagen.

Weitere wichtige Bausteine hin zur digitalen Verarbeitung raumbezogener, thematischer Daten waren darüber hinaus die Entwicklung moderner **Programmiersprachen** sowie die Vorstellung des ersten Personalcomputers durch IBM im Jahr 1982 gewesen. Innerhalb weniger Jahre vollzog sich der Übergang vom bisher ausschließlich genutzten Großcomputer zu Mikrocomputern. Die 1980er-Jahre brachten auch für die allgemeine Infrastruktur von GIS einen großen Entwicklungsschub. Es wurden die ersten wichtigen Grundlagenwerke (Burrough 1985, Aronoff 1989) und Zeitschriften (*International Journal of Geographic Information Systems*) herausgegeben. In diese Zeit fällt auf nationaler Ebene die Schaffung von Einrichtungen wie des *National Center for Geographic Information and Analysis* (NCGIA), die sich bis heute der Weiterentwicklung der Arbeit mit GIS und der Forschung über GIS widmen.

Raummodelle

Zur räumlichen Darstellung von Daten in einem Geographischen Informationssystem werden zwei grundsätzlich verschiedene Raummodelle verwendet. Es wird zwischen einer **Raster-** und einer **Vektordarstellung** unterschieden. Im Vektormodell wird, wie bereits im Abschnitt zur Kartographie dargestellt, die Realität über ein System von georeferenzierten Punkten, Linien und Polygonen abgebildet, die mit Sachdaten verknüpft sind. Im Rastermodell wird die betrachtete Fläche in kleine, regelmäßige Teilflächen – in der Regel Quadrate – zerlegt. Der Lagebezug wird über die Angabe der absoluten Lagekoordinaten einer einzelnen Rasterzelle, deren Ausdehnung sowie der relativen Lageangabe in Form von Zeilen- und Spaltennummer einer beliebigen Zelle hergestellt. Dieses Raummodell ist Grundlage der Fernerkundung, spielt aber auch eine Rolle in der digitale Kartographie. Heute unterstützten viele Softwarelieferanten beide Modelle, haben aber in der Regel ihren Schwerpunkt auf einem der beiden Bereiche. Neue Entwicklungen zielen darauf hin, die darzustellenden Objekte zugleich mit ihren Eigenschaften und zugehörigen Funktionsumfängen abzubilden. Diese objektorientierten Geographischen Informationssysteme stellen die aktuelle Entwicklung im GI-Bereich dar.

Die Vektorwelt

Vektoren sind Größen, deren Eigenschaften durch einen Zahlenwert und eine Richtungsangabe ausgedrückt werden. Man spricht in diesem Zusammenhang auch von einer „gerichteten Strecke". Kleinster Baustein des Vektormodells ist der Punkt, der eine genaue Position und eine oder mehrere Attributeigenschaften besitzt. Aus einer Folge von mehreren Punkten setzen sich Linien und Flächen bzw. Polygone zusammen. In diesem Falle unterscheidet man Punkte unterschiedlicher Funktionalität: Knoten sind Anfangs- oder Endpunkte von Linien bzw. Polygonen oder sie sind Ursprung bzw. Ziel für mehrere aus- oder eingehende Vektoren („Knoten"). Ein **Vertex** dagegen übernimmt in diesem Zusammenhang die Funktion eines Hilfspunktes, der zum Beispiel die Richtungsänderung einer Linie anzeigt. Als Kennzeichen für ein Polygon ergibt sich daraus, dass Anfangs- und Endknoten identisch sein müssen.

Heute spielen vor allem zwei Grundtypen von Vektormodellen eine große Rolle: das topologische Modell und die triangulierten, unregelmäßigen Netzwerke.

Beim **topologischen Modell** erhält eine Linie durch die Angabe eines Anfangs- und Endpunktes eine Reihenfolge und damit eine Richtung. Aus dieser Richtung ergeben sich Nachbarschaftseigenschaften, welche zusätzliche Analysemöglichkeiten in Vektorsystemen eröffnen. Gemeinsame Grenzlinien werden nicht doppelt abgespeichert, sondern besitzen aufgrund der vorgege-

benen Richtungsangabe Informationen über Nachbarschaft, Eingeschlossenheit, Verbindung oder Einmündung. Ermöglicht wird dies durch die Speicherung der Daten in Koordinatentabellen (Richtungsangabe), Linientabellen (Nachbarschaften), Knotentabellen (Verbindung) und Polygontabellen (Nachbarschaften). Beim topologischen Modell gibt es keine Probleme mit

Exkurs 8.5.2

KGIS-Mapviewer

STEFFEN VOGT

King George Island ist die am dichtesten besiedelte Insel der Antarktis mit Forschungsstationen mehrerer Länder. Das *SCAR King George Island*-GIS-Projekt macht raumbezogene Daten für die Insel über das Internet zugänglich (Vogt et al. 2004). Aufgrund der vielen beteiligten Institutionen und der globalen Nutzergemeinde stützt sich das Projekt auf verteilte Datenbanken und Webschnittstellen, die auf OGC-Standards und ISO-Normen basieren (Exkurs 8.5.3). Mit

einem Mapviewer können die raumbezogenen Daten visualisiert oder Attribute von Objekten abgefragt werden (Abb. 1). Dabei wird beispielsweise auf eine Biodiversitätsdatenbank der *Australian Antarctic Division* zugegriffen. Externe Anwendungen können wiederum über OGC-Schnittstellen raumbezogene Daten von King George Island aus der SCAR KGIS-Datenbank beziehen, die auf einem Rechner der Universität Freiburg vorgehalten werden.

Abb. 1 Zugriff auf verteilte Datenbanken über ein WEBGIS.

der Mehrfachspeicherung von Daten (Redundanz) und es weist kaum Konsistenzprobleme auf. Aufbau und Pflege solcher Datensätze bedürfen allerdings eines großen Aufwandes. **Die triangulierten, unregelmäßigen Netzwerke** (*triangulated irregular network*, TIN) sind in ihrer Struktur dem topologischen Modell ähnlich, denn auch hier werden die Daten in verschiedenen Tabellen vorgehalten. Sie werden vor allem zur Modellierung von Oberflächen (Geländemodell, Kostenoberflächenmodell) eingesetzt. Kleinstes, strukturbildendes Element ist das Dreieck, dessen verschiedene Bestandteile (Eckpunkte, Seitenlinien, Flächen) in Tabellen abgelegt werden. Durch aufeinander aufbauende Koordinaten-,

Knoten- und Polygontabellen wird ebenfalls eine topologische Struktur gebildet, die die Abfragen von Nachbarschaftseigenschaften erlaubt. Über Lage- und Höheninformation der Eckpunkte können außerdem Gradienten und damit Neigung und Exposition der Dreiecksflächen berechnet werden.

Vergleich und Funktionalität

Große Vorteile ziehen die Rastermodelle aus ihrer einfachen Datenstruktur. Alle Methoden der digitalen Bildverarbeitung und damit ein sehr breites Spektrum effek-

Exkurs 8.5.3

WebGIS und OGC

STEFFEN VOGT

Mit Geographischen Informationssystemen im Internet (WebGIS) besteht die Möglichkeit auf Datenbestände zuzugreifen, die an verschiedenen Stellen und in unterschiedlichen Formaten vorliegen. Damit ein solches System funktionieren kann – oder in der Fachsprache ausgedrückt: interoperabel ist – müssen vielseitige Standards definiert und eingehalten werden. Die syntaktische Interoperabilität wird über einheitliche Datenformate und Schnittstellen erreicht. Die semantische Interoperabilität erfordert eine einheitliche Modellierung und einen definierten Bedeutungsgehalt der Daten oder, vereinfacht gesagt, eine einheitliche Legende.

Das **Open Geospatial Consortium** (OGC) vereint Firmen, Behörden und Forschungsinstitutionen aus dem Bereich der Geoinformation. Ziel von OGC ist die Definition und Standardisierung von Technologien, die die Geodatenverarbeitung über das Internet ermöglichen.

Zur Beschreibung von Geodaten hat das OGC die *Geography Markup Language* (GML) eingeführt. GML basiert auf XML und dient der formalen Beschreibung von räumlichen und nichträumlichen Daten und deren Beziehungen untereinander. Um technische Interoperabilität zu ermöglichen, hat das OGC mehrere Schnittstellen für Webdienste spezifiziert. Der **Web Map Service** (WMS) ist ein OGC-Webdienst zur bildhaften Darstellung von raumbezogenen Daten. Der *OGC* **Web Feature Service** (WFS) erlaubt den Zugriff auf und die Manipulation von Geoobjekten im Vektorformat, der *Web Coverage Service* (WCS) liefert Rasterdaten.

Das OGC kooperiert eng mit der Internationalen Organisation für Standardisierungsfragen (*International Organization for Standardization*, ISO), die im *Technical Committee* 211 Normen für digitale raumbezogene Daten erarbeitet. Die

Abbildung 1 zeigt schematisch, wie auf Grundlage der Standards verschiedene Anwender im Internet auf unterschiedliche Datenbestände zugreifen können.

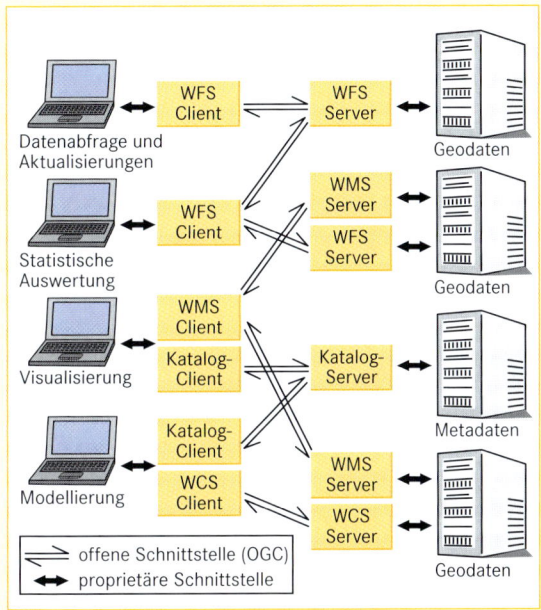

Abb. 1 Das Prinzip der verteilten Datenhaltung mit den nötigen standardisierten Schnittstellen in einer *Open-GIS*-Umgebung.

Standardisierte GIS-Analysen in Geodatenbanken

ALEXANDER ZIPF

Ein zentrales Werkzeug für die Verwaltung geographischer Informationen stellen zunehmend sogenannte Geodatenbanken dar. Diese unterscheiden sich von herkömmlichen Datenbankmanagementsystemen (DBMS) dadurch, dass sie neben den normalen alphanumerischen Datentypen (Zahlen, Buchstaben) oder auch Datumsangaben zusätzlich auch Datentypen für die Speicherung von Geoobjekten und den Zugriff auf Geoobjekte (*geographic features*) anbieten. Da heute in fast allen Institutionen (Firmen, Behörden, Organisationen etc.), die Geodaten nutzen, Datenbanken selbstverständlich sind, sind auch Geodatenbanken weit verbreitet und Kenntnisse in diesem Bereich werden erwartet. Die Bedeutung derselben wird dadurch unterstrichen, dass eine der ersten Spezifikationen, die das *Open Geospatial Consortium* (OGC) als Zusammenschluss aller wichtigen GIS-Anbieter entwickelte, sich genau mit dieser Thematik beschäftigte. Das Ergebnis – die sogenannte *Simple Features*

Specification (OGC SFS) – definiert nicht nur Datentypen für Geometrie (wie z. B. Point, LineString oder Polygon) und wie diese gespeichert werden, sondern auch verschiedene – auch räumliche – Operationen, die auf diesen Geodaten ausgeführt werden können (Abb. 1 und 2). Mit der auf (objekt-)relationale Geodatenbanken abzielende Version der OGC SFS für SQL (die *Structured Query Language* SQL stellt die standardisierte Basissprache für den Zugriff auf relationale Datenbanken dar) werden dabei sogar eine Reihe von typischen GIS-Operationen wie topologische Vergleichsoperationen, die die räumliche Beziehung zwischen zwei Geoobjekten überprüfen (die sogenannten EGENHOFER-Operationen), oder auch Verschneidungsoperationen, die aus zwei Geometrien neue Geodaten berechnen, direkt in der Datenbank verfügbar. Diese Spezifikation ist heute in zahlreichen Softwaresystemen (insbesondere auch *open-source*-Produkten wie z. B. PostGIS) verfügbar. Damit bieten moderne Geo-

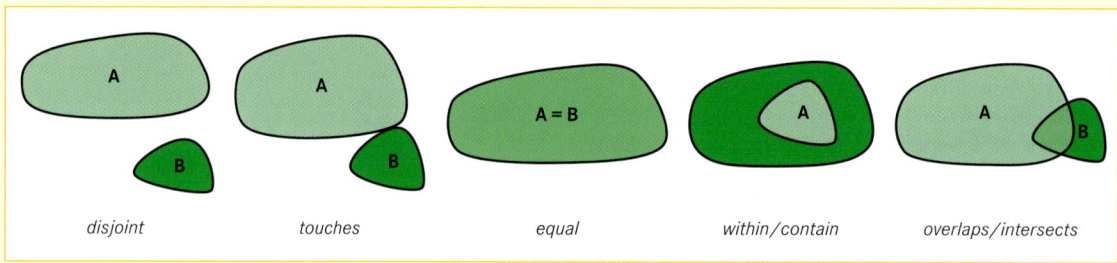

disjoint   touches   equal   within/contain   overlaps/intersects

Abb. 1 Einige Beispiele für topologische Beziehungen zwischen zwei Geoobjekten, die über die Methoden der OGC SFS für SQL überprüft werden können. Die Beispiele werden anhand von Flächen dargestellt, es werden aber auch andere Geometrietypen unterstützt und die Methoden unterscheiden sich jeweils leicht.

tiver Analysemöglichkeiten sind leicht anwendbar. Die Umsetzung logischer Operatoren oder mathematische Berechnungen im Sinne einer *map algebra* bereiten keine Schwierigkeiten. Problematisch gestaltet sich die Einbindung relationaler Datenbanken oder topologischer Strukturen. Die Bildung lokaler Ausschnitte oder die Anwendung von Nachbarschaftsoperationen sind ohne großen Rechenaufwand zu realisieren. Beziehungen im Sinne von „was ist rechts" oder „was ist links" sind dagegen kaum abzuleiten. Auch die Abgrenzung vor allem kleinerer Objekte wird durch die Flächenhaftigkeit der Information erschwert. Je nach Größe der Rasterzellen liegen in einer Zelle häufig Informationen

über mehrere Objekte vor. Darüber hinaus zeigen Grenzen und Linien häufig eine stark blockige Struktur, was die exakte Darstellung von Grenzlinien (Flur- oder Grundstücke) und Grenzpunkten erschwert.

Vektormodelle zeichnen sich durch ein hohes Maß an räumlicher Genauigkeit ab. Grenzverläufe können sehr exakt dargestellt werden, was sie vor allem für raumplanerische Anwendungen interessant macht. Bei diesen Modellen zeichnet sich das Spaghetti-Modell durch seine einfache, häufig aber auch redundante Struktur aus. Demgegenüber kennzeichnet das topologische Modell die Möglichkeit der Anbindung von Datenbanken an die einzelnen Strukturelemente, weit-

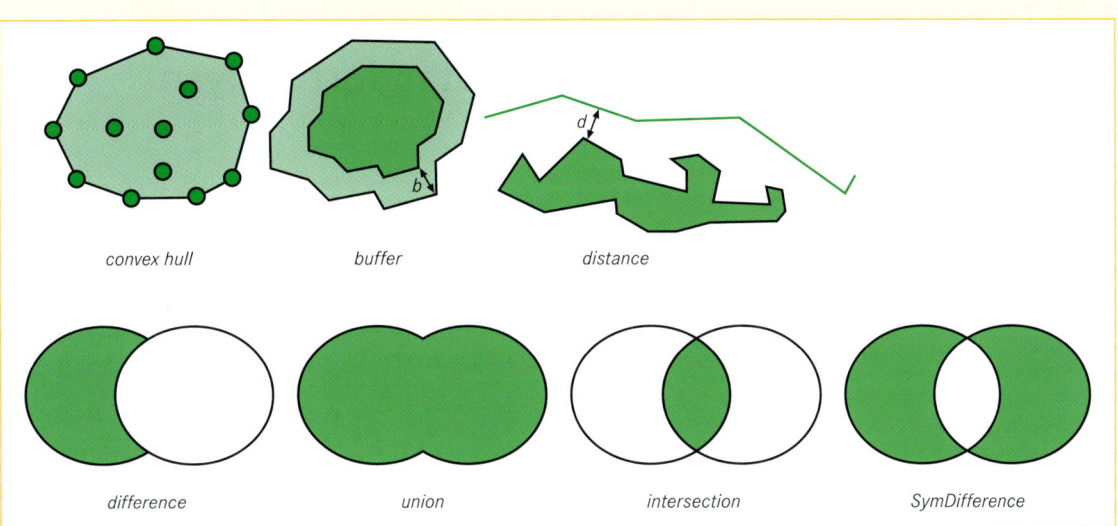

Abb. 2 Einige Beispiele für geometrische Analysen zwischen zwei Geoobjekten, die über die Methoden der OGC SFS für SQL berechnet werden können.

datenbanken neben der Verwaltung von Geodaten auch typische raumbezogene Analyseoperationen an, die ursprünglich typisch für „vollwertige GIS" angesehen wurden.

Die OGC SFS für SQL bietet unter anderem folgende topologische Operationen:

- *equal*: Prüfen auf geometrische Gleichheit
- *disjoint*: Sind zwei Geometrien räumlich getrennt?
- *intersects*: Schneidet eine Geometrie eine andere?
- *touches*: Berührt eine Geometrie eine andere?
- *contains*: Beinhaltet eine Geometrie eine andere?
- *overlaps*: Überlappen sich zwei Geometrien?
- *crosses*: Kreuzen sich zwei Geometrien?

Für geometrische Analysen stehen unter anderem folgende Methoden bereit:

- *distance*: die kürzeste Distanz zwischen zwei Punkten
- *buffer*: eine Geometrie, deren Punkte sich innerhalb eines maximalen Abstandes befinden
- *convex hull*: konvexe Hülle einer Geometrie
- *intersection*: Schnittmenge zweier Geometrien
- *difference*: Teil einer Geometrie, der sie von einer anderen unterscheidet
- *union*: Vereinigungsmenge zweier Geometrien

gehende Redundanzfreiheit und die Einbeziehung topologischer Zusammenhänge: Nachbarschaftsbeziehungen im Sinne von rechts/links oder innen/außen sind problemlos abzuleiten. Ähnliches gilt auch für das TIN-Modell.

3D/4D-GIS

Bisherige Umsetzungen Geographischer Informationssysteme waren weitgehend begrenzt auf zweidimensionale Daten. Die Verortung erfolgte in einem zweidimensionalen, in einem in der Regel kartesischen

Koordinatensystem. Wenn die Geländehöhe als Attribut verwendet wird, ist auch oft von 2,5-D-Modellen die Rede. Die jüngeren Entwicklungen zielen auf die Berücksichtigung der dritten Raumdimension (3D-GIS) ab. Durch die Einbeziehung der Zeit werden 4D-GIS ermöglicht. Vor allem die Entwicklung realitätsnaher Stadtmodelle und deren verschiedenen Gebäudeständen in Raum und Zeit sind heute aktuelle Forschungsgebiete mit vielfältigen Anwendungsmöglichkeiten (Coors & Zipf 2004).

Geomarketing – am Kurzbeispiel Standortanalyse und Einzugsberechnung

ALEXANDER ZIPF

Geomarketing kann als die Planung, Koordination und Kontrolle sowie Visualisierung kundenorientierter Marktaktivitäten mittels GIS, Statistik und Methoden des Data-Mining bezeichnet werden. Es umfasst je nach Autor unterschiedliche Teilaufgaben wie zum Beispiel die Geographische Marktsegmentierung, die Vertriebsgebietsplanung und -optimierung, die Mediaplanung sowie die Analyse von Märkten und Standorten. Der Exkurs beschränkt sich exemplarisch auf eine Standortanalyse in Zusammenhang mit der Einzugsberechnung: Bei der Platzierung von Einzelhandelsgeschäften ist unter anderem die Anzahl der Personen (und deren Kaufkraft) entscheidend, die in einem bestimmten Umkreis des Geschäfts wohnen. In dem Zusammenhang gibt es Fragestellungen aus verschiedenen Unternehmensbereichen wie der Vertriebssteuerung, der Kommunikationspolitik oder der Standortpolitik. Neben einigen generischen GIS-Basisfunktionen wie Pufferbildung, Verschneidung oder Aggregation ist die Berechnung von Einzugsgebieten erforderlich. In vielen Anwendungen werden zudem Markt- bzw. Kundenanalysen damit kombiniert.

Als Einzugsgebiet kann in diesem Fall ein geographisch abgegrenztes Gebiet bezeichnet werden, dessen Einwohner potenzielle Kunden des in Betracht gezogenen Standortes sind (Bienert 1996). Es existieren zahlreiche Verfahren zur Berechnung von Einzugsgebieten. Neben der sehr einfachen und ungenauen Berechnung von Einzugsgebieten per Distanz gemessen durch die Luftlinie (Umkreis) ist vor allem die Berechnung von Einzugsgebieten gemessen auf dem Straßennetz von Bedeutung. Exemplarisch kann das Vorgehen wie folgt vereinfacht beschrieben werden: Anhand eines Standortes wird das Einzugsgebiet auf dem Straßennetz berechnet. Anschließend werden die Gebietseinheiten ermittelt, welche das Einzugsgebiet schneiden. Im letzten Schritt werden schließlich die demographischen Daten (Bevölkerungszahl, evtlentuell Kaufkraft etc.) dieser Gebietseinheiten mithilfe von Aggregatfunktionen zusammengefasst und als zusätzliches Attribut an das berechnete Einzugsgebiet angehängt. Auf dieser Basis lassen sich weitere Bewertungen der Standorte vornehmen.

8.6 Stolpersteine und Grenzen – (selbst-)kritische Anmerkungen zu GIS und Geokommunikation

ALEXANDER ZIPF

Jede wissenschaftliche Methode bedarf der kritischen Reflexion bezüglich ihrer Probleme, Grenzen oder auch des wissentlichen oder unwissentlichen Missbrauchs. Für die Kartographie ist die suggestive Wirkung von Abbildungen und damit insbesondere Karten längst erkannt und wird in der „Kritischen Kartographie" diskutiert. Dies schlägt sich auf den umfassenden Kanon von kartographischen Gestaltungsregeln für topographische oder thematische Karten in den Lehrbüchern der Kartographie wider. Einführende Standardwerke

behandeln diese positiv oder eben auch negativ nutzbare *power of maps* (Wood 1992), die eben auch Karten als Instrument der Mach darstellt. Insbesondere da heute Karten zunehmend von Laien erstellt werden können und werden, besteht die Gefahr, dass selbst grundlegende Prinzipien der Kartographie (Farb-, Symbolwahl etc.) nicht bekannt sind. Beispielsweise sollen Choropletenkarten (flächenhafte Darstellungen von Attributwerten pro Gebietseinheit) keine absoluten Werte beinhalten, sondern nur auf die Flächenzahl (oder Grundgesamtheit) normierte relative Angaben, da diese Werte in der Regel mit der Flächengröße/Grundgesamtheit korreliert sind. Absolute Werte sollen dagegen über Kartogramme (z. B. Kreis-/Balkendiagramme) dargestellt werden. Selbst die Tutorials großer GIS-Anbieter vernachlässigen zum Teil derartige Grundlagen. Ein weiteres Problem ist der Einfluss der Aggregationsebene, des Maßstabs und sogar der geometrischen Form des Gebiets bei der aggregierten Darstellung von Messwerten. Unterschiedliche Wahl der Bezugsflächen (Gemeinden, Kreise, Postleitzahlenbereiche, Wahlkreise, (un-)regelmäßige Gitter etc.) können zu komplett gegensätzlichen kartographischen Darstellungen des untersuchten Phänomens führen. Dieses in der englischen Literatur auch als MAUP (*Modifiable Areal Unit Problem* [*Openshaw*]) bezeichnete Problem und die Wahl geeigneter Gebietseinheiten (*zoning*) erläutern Olbrich et al. (2002) anschaulich in ihrem Werk zu *desktop mapping*.

Hier können jedoch nicht die zahlreichen Regeln (z. B. für Gebiet und Kartentyp geeignete Projektionen) und zum Teil auch nur bedingt gelösten Probleme (Wahl geeigneter Klassengrenzen) der Kartographie wiedergegeben werden, sondern es sollen einige ausgewählte Aspekte, die auch GIS-Analysen betreffen, angesprochen werden. Gesellschaftliche Aspekte des Einsatzes von GIS als Methode zum Durchsetzen von Interessen ähneln denen der von Kartographie und können hier nicht tiefer erörtert werden.

Zunächst ist es ja das Ziel einer GIS-Analyse ein möglichst objektives und reproduzierbares Analyseergebnis zu erhalten – im Gegensatz zu subjektiven Einschätzungen – dies wird auch teilweise als **wissenschaftlicher Positivismus** kritisiert. GIS soll hier durch induktive, mathematisch-statistisch orientierte Verfahren neue Informationen erzeugen. Interpretativ-verstehende oder relational geprägte Ansätze der Geographie können diese dann neben eigenen Resultaten aufgreifen und in einer Synthese integrieren – soweit es die Fragestellung und Datenlage zulassen. Bei GIS ist Distanz sicherlich oftmals eine wichtige Kategorie, weswegen der Vorwurf des **Distanzdeterminismus** beachtet und immer die Eignung der jeweiligen Methode für die jeweilige Forschungsfrage berücksichtigt werden muss. Dies führt zu einer stärkeren Nutzung von GIS bei physiogeographischen Fragestellungen, während zum Beispiel soziale Phänomene in GIS schwerer zu modellieren sind, sodass hier zum Beispiel versucht wird, GIS mit agentenbasierten Ansätzen zu erweitern. Aber für viele humangeographische Anwendungsgebiete von Verkehr bis Planung bietet GIS hilfreiche Werkzeuge.

Bezüglich der angenommenen Objektivität ist allerdings schon beim Einsatz von GIS auch der Mensch nie wirklich ganz außen vor, sondern beeinflusst mit einer Vielzahl von Entscheidungen das Resultat (Auswahl der verwendeten Geodaten, Wahl der Attribute und Messbereiche, Wahl des Maßstabs, Wahl der Darstellung etc.). Gleichzeitig suggeriert allein schon die (vermutete) Genauigkeit bei der Verwendung eines Computers eine Genauigkeit, die eventuell gar nicht in den verwendeten Ausgangsdaten gegeben ist. Problematisch ist bei Vektordaten beispielsweise, dass diese in GIS leicht überlagert und miteinander über Verschneidungsoperationen kombiniert werden können, auch wenn sie ur-

sprünglich gänzlich unterschiedlichen Genauigkeiten bei der Datenerfassung unterliegen. So können Geodaten, die einem unterschiedlichen Ursprungsmaßstab entstammen und damit auch geometrisch stark unterschiedlich generalisiert sind, einfach übereinandergelegt werden. Hier sind Metadaten unerlässlich, die Informationen zur Entstehung, Genauigkeit, Auflösung, Generalisierung, Aktualität und so weiter beinhalten, um überhaupt Datensätze zu identifizieren, die in einem GIS-Projekt sinnvoll kombiniert werden können. Dem einzelnen Datensatz sieht man dies ohne derartige Metadaten nur bedingt an, vielmehr werden etwa die Koordinaten in höchster Genauigkeit mit mehreren Nachkommastellen im Computer gespeichert, selbst wenn sie ursprünglich auf wenige Meter (oder gar Kilometer) genau erfasst worden sind. Gerade Vektor-GIS ist erst einmal maßstabslos, das heißt, die Verantwortung für verwendete Geodaten und ihre jeweils nutzbaren Maßstabsbereiche liegt beim Anwender. Die Qualität von Geodaten zu bewerten und zu analysieren, ist damit eine wichtige Aufgabe bei jeder GIS-Analyse. Dabei können unterschiedliche Qualitätskriterien betrachtet werden. Üblicherweise werden hier Herkunft, Lagegenauigkeit, Richtigkeit der Attribute, Logische Konsistenz (bzgl. Topologie), Vollständigkeit, Semantische Korrektheit, Zweck- u. Nutzungseinschränkung sowie Aktualität (Aktualisierungsfrequenz) unterschieden.

Werden nun mehrere Geodatensätze (*layer*) miteinander verschnitten, können sogenannte **sliver polygons** entstehen. Diese resultieren einerseits auf der unterschiedlichen Erfassung der Geometrie der verschiedenen Informationsebenen, andererseits können je nach Implementierung der dabei im GIS intern verwendeten Algorithmen auch **Rundungsfehler** auftreten, denn auch wenn man dies üblicherweise kaum bemerkt, arbeiten Computer nur mit einer endlichen Genauigkeit. Problematisch kann dies werden, wenn sehr viele Informationsebenen oder sehr viele Wiederholungen derartiger Operationen in einer Analyse genutzt werden, da sich dann die entstehenden Fehler aufsummieren können und streng genommen eine Fehlerabschätzung vorgenommen werden müsste.

Insgesamt beruhen die Ergebnisse von GIS-Analysen auf der Implementierung von Algorithmen, die potenziell auch Fehler enthalten können. Es ist auch nicht immer klar dokumentiert, wie sie genau arbeiten und welche Annahmen oder Default-Parameter verwendet werden. Insbesondere kommerzielle Systeme lassen sich da nur bedingt „in die Karten schauen". Selbst die einfach erscheinende Frage der Distanz zwischen zwei Geoobjekten ist von verwendeter Metrik, Datenmodell und Verfahren abhängig. Bei einfachen Operationen ist dies in der Regel weniger problematisch, aber insbesondere bei komplexen Analyseverfahren ist es wünschenswert, wenn das verwendete Verfahren im Detail offengelegt ist, damit der Wissenschaftler dieses und die damit erzielten Ergebnisse bewerten kann. Hier haben die zunehmend leistungsfähiger werdenden *open-source*-GIS (wie z. B. GRASS, QGis, SAGA, gvSIG, PostGIS oder uDig; www.OSGEO.org, www.freegis.org) neben der Kostenfreiheit einen prinzipiellen Vorteil, da man hier die Implementierung der Verfahren potenziell nachvollziehen und auch selbst anpassen kann (Programmierkenntnisse vorausgesetzt).

Ein wesentlicher Aspekt bei vielen geographischen Phänomenen ist, dass diese oftmals keine ganz scharf umrissenen Grenzen oder Eigenschaften aufweisen. Am klarsten können in der Regel noch von Menschen beeinflusste Strukturen (Bauwerke oder administrative Grenzen) abgegrenzt werden, bei natürlichen (aber auch sozialgeographischen) Phänomenen wird das schon schwieriger. Hier setzen Überlegungen in der Forschung zur Definition unscharfer Grenzen (*fuzzy boundaries*) an. Verwandt damit ist das Problem, dass GIS-Operationen in der Regel auf einer binären Logik, die nur Ja/Nein kennt, basieren. Als Alternative zu dieser Schwarz-Weiß-Malerei versuchen Ansätze aus dem Bereich der mehrwertigen (unscharfen) Logik auch Grautöne zuzulassen (Fuzzy GIS).

All dies soll nicht vom Einsatz von GIS-Methoden abhalten, denn andere Methoden habe selbstverständlich ebenso ihre Probleme und Grenzen und der bewusste Einsatz des GIS-Methodenspektrums kann zu einer wissenschaftlichen Objektivierung und Reproduzierbarkeit von wissenschaftlichen Ergebnissen beitragen. Somit ist GIS und das erweiterte Spektrum EDV-gestützter raumbezogener Auswerteverfahren in vielen Fällen zur Ergänzung wissenschaftlicher Untersuchungen zu empfehlen. In vielen praktischen Aufgabenbereichen, die Geodaten in Wirtschaft und Verwaltung nutzen, ist es nicht mehr wegzudenken. Jedoch ist in jedem Fall ein tiefgehendes Verständnis der genutzten Methoden notwendig und es wird der bewusste und selbstkritische Umgang mit diesen gefordert. Hierzu ist ein Mindestmaß an Überblick über die zahlreichen Verfahren der (quantitativen) Geodatenanalyse (*spatial analysis*) nötig. Viele der typischen GIS-Verfahren sind als Unterstützung bei Entscheidungen etabliert (*Spatial Decision Support System*, SDSS), aber auf der anderen Seite des Bildschirms sitzt immer noch der Mensch, der die berechneten Ergebnisse selbst interpretieren und einordnen muss.

8.7 Geographie im Web 2.0

ALEXANDER ZIPF, PETRA KAIFLER, RÜDIGER GLASER, HELMUT SAURER UND UWE GRADWOHL

Ein Wesensmerkmal des auch als **„Mitmach-Web"** bekannte Web 2.0 sind von Nutzern freiwillig zur Verfügung gestellte Inhalte (Wikipedia, YouTube, Flickr, Social Networks etc.). Dies gilt insbesondere auch für georeferenzierte Informationen, das heißt durch Geo-Tags beschriebene – und damit räumlich verortbare – Texte, Bilder und so weiter sowie für Geodaten im engeren Sinne. Dieses Phänomen bezeichnet Goodchild (2007) als *Volunteered Geography* oder *Volunteered Geographic Information* (VGI)". Er sieht hierfür ein großes Zukunftspotenzial. VGI revolutioniert seit wenigen Jahren die Geoinformationswirtschaft und -wissenschaft, da nun plötzlich sehr große Mengen frei nutzbarer Geodaten über Web-Technologien zur Verfügung stehen, wie das Beispiel von OpenStreetMap (siehe unten) eindrucksvoll belegt. Das auch *crowd sourcing* (Howe 2006) genannte Erheben von VGI-Daten wird in vielen neuen sogenannten *citizen-science*-Projekten (Bonney et al. 2009, Cohn 2008, Devictor et al. 2010, Dickinson et al. 2010, Schmeller et al. 2009, Silvertown 2009, Sullivan et al. 2009) eingesetzt. Ermöglicht wurde die exponentielle Zunahme an neuen Projekten gegen Ende der 2000er-Jahre vor allem durch zwei Aspekte:

- Der massentaugliche Zugang zum Internet und die entsprechenden Fortschritte in der Softwareentwicklung zur Eingabe, Speicherung und Aufbereitung von Daten, insbesondere in der Spatial-Web-2.0-Technologie, erlauben einen ortsunabhängigen Informationsaustausch in Echtzeit.
- Die Bereitschaft in der Wissenschaft, die Bevölkerung als zur Verfügung stehendes Reservoir an Arbeitskraft, qualifiziertem Fachwissen, Computerkenntnissen und so weiter in den Forschungsprozess mit einzubeziehen, ist gestiegen.

Klassische *citizen-science*-**Projekte** kommen aus den Umweltwissenschaften und haben schon eine lange Tradition in der Vogelbeobachtung. Sie basieren auf den beiden Säulen Datenerhebung und *educational benefit*. Im Vordergrund steht hier die Aktivität der Teilnehmer, die selbst Analysen mit ihren Daten durchführen, in der Community mit Gleichgesinnten kommunizieren und in Interaktion mit den Wissenschaftlern treten möchten, um direkt Rückmeldungen zu bekommen, was mit „ihren Daten" passiert. Zudem nutzen sie aufbereitete Informationen zur Weiterbildung wie zum Beispiel Bestimmungsübungen zu Pflanzen. Letztlich kommen sie dadurch aktiv in Kontakt mit wissenschaftlichen Forschungsprozessen, was wiederum Auswirkungen auf die Akzeptanz von diskursiven Forschungsthemen in der Bevölkerung hat. Um vonseiten der Forschung das Potenzial des *crowd sourcing* für eine bestimmte Fragestellung aktiv zu nutzen, ist es erforderlich die *crowd* zu aktivieren. Das unten beschriebene Beispiel des „Apfelblütenland Projektes" des Südwestrundfunks (SWR) macht deutlich, dass dies gelingen kann. Am Ende des Winters sorgen die ersten Blüten bei vielen Menschen für eine positive Stimmung. Dadurch steigt auch die Bereitschaft, Daten zur Blüte aufzunehmen und weiterzugeben. Dies kann genutzt werden, um phänologische Daten für Klima-und Wetteranalysen zu sammeln. Die Blüten von leicht zu identifizierenden, weit verbreiteten Arten wie des Apfels mit ihren phänologischen Phasen (Beginn der Blüte, Vollblüte etc.) eignen sich hierzu besonders. Zudem ist die Beobachtung mit wenig Aufwand für die Beobachter verbunden. Neuere Ansätze von *citizen-science*-Projekten vertreten einen stärker partizipativen Ansatz (Abb. 8.7.1).

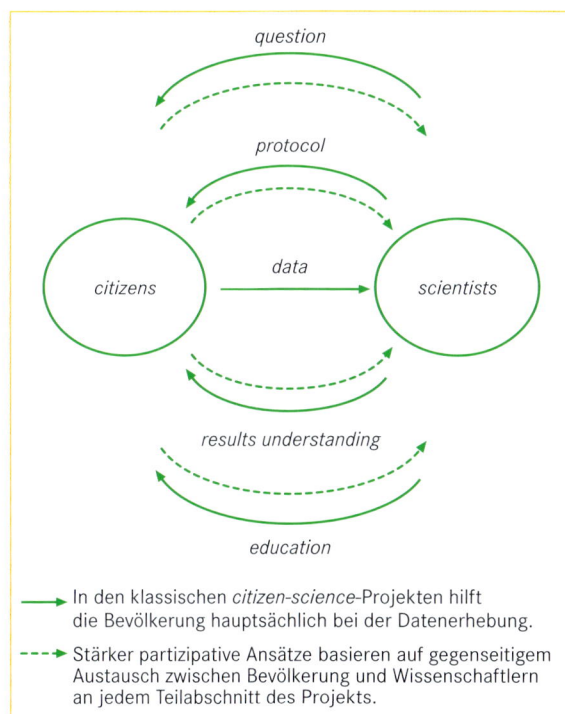

Abb. 8.7.1 Generelles Konzept von Citizen Science-Projekten in Bezug auf den *educational benefit*. Das Konzept umfasst die Spannweite von *top-down*-Projekten (durchgezogene Linien) bis zu *bottom-up* und mehr partizipativen Projekten (gestrichelte Linien) in Abhängigkeit davon wie stark die Bevölkerung mit einbezogen wird (verändert nach Devictor et al. 2010).

Das Projekt OpenStreetMap (OSM)

ALEXANDER ZIPF

Das Projekt OpenStreetMap (OSM) verfolgt äußerst erfolgreich das Ziel einen frei verfügbaren weltweiten Geodatensatz nach dem **Wiki-Prinzip** (jeder darf mitmachen) zu erstellen. OSM bietet somit einen rasant wachsenden freien Datensatz mit unterschiedlichsten geographischen Informationen weltweit.

Grundlegendes Prinzip von OSM ist, dass Geodaten durch Freiwillige mittels selbstaufgenommener GPS-Tracks oder durch Digitalisierung von frei verfügbaren Luftbildern erfasst und zur Verfügung gestellt werden. Die Datenbank wird dabei vor allem durch lokales Wissen der Mitglieder dieser Gemeinschaft (Community) auf aktuellem Stand gehalten (Ramm & Topf 2009). Dies wird auch als *crowd sourcing* bezeichnet. Daher sehen einige Wissenschaftler den Begriff *crowd sourced* GI auch als geeigneter an als den Begriff VGI, der lediglich die Freiwilligkeit der Datenerfassung hervorhebt.

Die Lizenz von OpenStreetMap sieht vor allem jedoch auch die kostenfreie Verwendung und die Möglichkeit der Weiterverarbeitung der Daten explizit vor, weshalb die Daten – im Gegensatz zu den reinen Hintergrundgrafiken kommerzieller Anbieter wie Google Maps – auch für verschiedenste GIS-Projekte und Analysen eingesetzt werden können.

OpenStreetMap wurde 2004 von Steve Coast in England begründet und wächst spätestens seit 2008 in beeindruckender Geschwindigkeit (Abb. 8.7.2). Dabei wurde besonders in europäischen Ballungsgebieten eine sehr gute Abdeckung erreicht, die mit der von kommerziellen Anbietern Schritt hält. Wesentlich für den Erfolg ist sicher die Größe der Community, denn je mehr Mitglieder die Geodaten betrachten, desto eher fallen Fehler auf und werden bereinigt. Noch schwankt die Vollständigkeit und Qualität der Daten in ihrer räumlichen Ausdehnung beträchtlich. In dicht besiedelten Gebieten Deutschlands zum Beispiel ist diese jedoch schon jetzt beeindruckend. Und gerade die räumliche und zeitliche Variabilität der Qualität macht die Daten auch selbst zu einem interessanten Untersuchungsgegenstand geographischer Forschung. So ist eine Abnahme der Datenmenge von den Ballungsgebieten und Stadtzentren hin zum Umland zu erkennen.

Als Beispiel für die Mächtigkeit des *crowd-sourcing*-Konzepts im Bereich Geoinformation kann die Erdbebenkatastrophe auf Haiti im Frühjahr 2010 dienen. Nach dem katastrophalen Erdbeben wurde innerhalb nur eines Tages klar, dass die OSM-Community sehr aktiv die Verfügbarkeit von digitalen Vektorkarten im

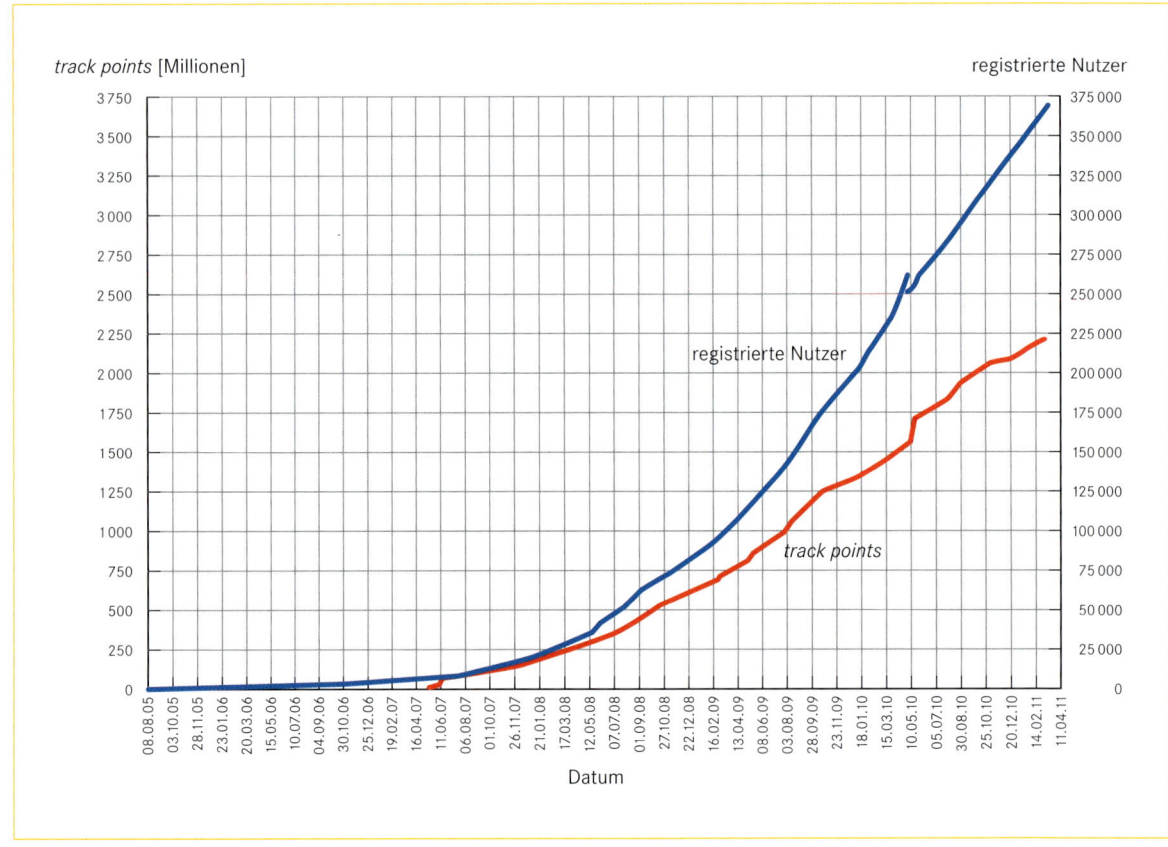

Abb. 8.7.2 Entwicklung von OpenStreetMap.

Gebiet unterstützen würde. Dies wurde insbesondere durch die Freigabe verschiedener aktueller und hochaufgelöster Satellitenbilder möglich, die als Grundlage zum Abzeichnen genutzt werden konnten. Die Abbildung 8.7.3 zeigt die beeindruckenden Veränderung der OSM-Karte in der Hauptstadt Port-Au-Prince in kürzester Zeit. Somit konnte schon zwei Tage nach dem Erdbeben ein **Online-Notfallroutenplaner** für Haiti auf Basis von OpenRouteService realisiert werden, der die Planung der humanitären Hilfsaktionen unterstützte, indem er als gesperrt definierte Gebiete oder Straßenabschnitte beim Routing berücksichtigte.

Eine Aufbereitung und Fehlerelimination der Daten ist natürlich notwendig, um diese überhaupt für GIS-Anwendungen wie Routenplanung tauglich zu machen.

Ein weiterer Vorteil von solch flexiblen Web-2.0 Projekten wie OpenstreetMap besteht darin, dass leicht neue eigen Daten integriert oder die Aufnahme zusätzlicher Eigenschaften ermöglicht wird. Ein Beispiel hierfür sind Spezialanwendungen für Zielgruppen mit besonderen Bedürfnissen an die in den Geodaten ent-

haltenen Attribute, wie etwa beim Projekt „Rollstuhl-Routing.de", bei dem für die Navigation von mobilitätseingeschränkten Personen zusätzliche Eigenschaften wie Fahrbahnbeschaffenheit, Treppen, Bodenrillen, Bordsteinhöhen, Rampenneigung und so weiter in den Datensatz eingebracht werden.

OSM war nie nur ein Projekt zur Aufnahme von Straßen. Vielmehr werden Geoobjekte verschiedenster Art kartiert. Das freie Tagging-Schema erlaubt es Objekttypen in unterschiedlichen Varianten zu definieren. Da die Community immer stärker wächst, werden auch zunehmend speziellere Objekttypen aufgenommen, wie zum Beispiel historische bzw. archäologische Objekte, die sowohl für Touristen, Historiker oder Landeskundler relevant sein können.

Neben 2D-Karten werden auch schon **3D-Szenen** aus OSM berechnet und daraus sogar virtuelle Globen abgeleitet, die gänzlich auf Basis freier Geodaten bestehen und damit viel offenere Nutzungsmöglichkeiten haben als die proprietären Alternativen.

Abb. 8.7.3 Daten von Port-au-Prince (Haiti) in OSM vor dem Erdbeben (a: 30.12.2009) und kurz danach (b: 29.01.2010; Daten von OpenStreetMap, veröffentlicht unter CC-BY-SA 2.0).

Apfelblüten auf dem Prüfstand – zum Nutzungspotenzial von *crowd sourced data*

Petra Kaifler, Rüdiger Glaser, Helmut Saurer und Uwe Gradwohl

Im Jahr 2006 startete der Südwestrundfunk (SWR) gemeinsam mit dem Westdeutschen Rundfunk (WDR) und dem Bayerischen Rundfunk (BR) im Rahmen der Sendereihe „Planet Wissen" die Aktion „Apfelblütenland". Zuschauer und Hörer sollten über ein einfaches **Onlineformular** den Zeitpunkt des Beginns der Blüte, der Vollblüte und das Ende der Blüte „ihres" Apfelbaums im Garten, des Apfelbaums auf dem Weg zur Arbeit oder am Urlaubsort melden. Im Rahmen des Projektes ergaben sich folgende Fragen:

- Können phänologische Daten auch *crowd sourced* erhoben werden? Mit *crowd sourced* ist gemeint, dass keine ausgebildeten Melder die Daten erheben, son-

dern Menschen, die vielleicht zufällig einen blühenden Apfelbaum sehen und dies einer Sammelstelle für phänologische Beobachtungen mitteilen.
- Welche Qualität haben diese Daten gegenüber den „amtlich" erhobenen Informationen des Deutschen Wetterdienstes (DWD) und wie lassen sich diese Daten verifizieren?
- Wie muss ein solches Messnetz in technischer Hinsicht und unter Marketinggesichtspunkten aufgebaut sein, damit es funktioniert und ausreichend viele und zuverlässige Daten liefert?
- Welche Möglichkeiten bieten die Methoden des Web 2.0 und der Einsatz moderner elektronischer Massenmedien wie Radio, Fernsehen und Internet?
- Könnte ein derartiger Ansatz das amtliche Erhebungsverfahren ergänzen oder ersetzen?

In Deutschland steht der Forschung mit dem vom Deutschen Wetterdienst 1952 eingerichteten phänologischen Messnetz auch im internationalen Vergleich eine sehr gute Datengrundlage zur Verfügung. Dem **Messnetz** gehörten zu Höchstzeiten in den 1970er-Jahren bis zu 4 000 ehrenamtliche Melder an, die Beobachtungen standardisiert und an festen, georeferenzierten Stationen erhoben haben. Die Abnahme der Melder auf rund 1 300 im Jahr 2011, die Überalterung der Teilnehmer und der nicht mehr zeitgemäße langsame Übermittlungsweg der Daten über den Postweg führten zu neuen Herausforderungen.

Citizen-science-Projekte in den Umweltwissenschaften hingegen beinhalten im Vergleich zu traditionellen Forschungsansätzen zahlreiche neue Perspektiven. In der Phänologie hängt die Datenqualität und somit die wissenschaftliche Belastbarkeit neben der richtigen Bestimmung der Art und der Identifizierung der korrekten phänologischen Phase auch von der exakten geographischen Verortung, die beim SWR über die Postleitzahlenbezirke erfolgt, sowie von der Aussagekraft zusätzlicher Standortinformationen ab. Für den Erfolg von *citizen-science*-Projekten inklusive der dauerhaften **Motivation der Teilnehmer** sind ferner die Gestaltung und Funktionalität der Website und die Kommunikation der Ergebnisse sowie online verfügbare aufbereite Materialien mit Hintergrundinformationen für verschiedene Zielgruppen vom interessierten Schüler bis zum ambitionierten Hobby-Naturbeobachter von entscheidender Bedeutung (z. B. www.ebird.org).

Im Zusammenhang mit dem SWR-Projekt gingen in den ersten 5 Jahren etwa 14 000 Meldungen ein. Die jährlichen **Meldungszahlen** schwankten mit der Länge des Blühzeitraums. Im sehr warmen und schnell abgeblühten Apfelblütenjahr 2007 erreichten etwa 2 000 Meldungen die Redaktion. Ein Jahr zuvor, im sehr kühlen und nur zögerlich aufblühenden Blütenjahr 2006, dagegen etwa 3 200 Meldungen. Insgesamt ist die Teilnehmerzahl über die 5 Jahre hinweg beständig leicht angestiegen. Allein auf das 5. Jahr (2010) entfielen dabei mehr als 4 000 Meldungen verteilt auf die drei phänologischen Phasen. Nach dem Prozess der Datenaufbereitung konnten über 2 500 Meldungen zum Beginn der Blüte in die zeitliche und räumliche statistische Analyse miteinfließen – mehr als doppelt so viele wie beim DWD.

Eine erste Analyse der Daten lässt folgende Schlüsse zu: Für den Beginn der Blüte lässt sich kleinräumig eine Korrelation des Eintrittstermins mit den mittleren Monatstemperaturen der vorhergehenden Monate nachweisen. Ebenso zeigt sich eine signifikante Korrelation mit der Höhenlage, die stark mit der abnehmenden Lufttemperatur zusammenhängt. In Baden-Württemberg kletterte die Apfelblüte im Jahr 2010 durchschnittlich um 32 m pro Tag in die Höhe ($p < 0,001$). Die Eintrittstermine des Blütenbeginns variierten für Baden-Württemberg zwischen dem 19. April 2010 (Tag 101) bei Freiburg auf 233 m und dem 23. Mai 2010 (Tag 134) bei St. Georgen auf 854 m im Schwarzwald.

Im deutschlandweiten Vergleich zeigt sich zudem die regionale klimatische Differenzierung. Die Gunsträume des Oberrheingebiets und die Kölner Bucht sowie das dicht bebaute Ruhrgebiet haben sehr frühe Eintrittstermine. Zuletzt tritt die Apfelblüte hingegen in den Mittelgebirgen, sowie im Nordosten an der Küste ein.

Aus der zeitlichen Analyse der SWR-Daten wird ersichtlich, dass diese innerhalb der jeweiligen Standardabweichung für die einzelnen Jahre der DWD-Daten liegen (Abb. 8.7.4). Abgesehen vom Jahr 2007, das aufgrund der warmen Witterung eine sehr kurze Frühlingsperiode hatte, ist im deutschlandweiten Vergleich wie auch in der kleinräumigen Analyse stets eine Verfrühung von bis zu 3 Tagen gegenüber dem Datensatz des DWD zu beobachten. Dies ist wahrscheinlich darauf zurückzuführen, dass die Beobachtungen des DWD an festen Stationen immer am selben Apfelbaum durchgeführt werden, während beim Datensatz des SWR die Beobachter, die Beobachtungsorte und die Meldehäufigkeit stark variieren und damit von einer subjektiven Auswahl geprägt sind. Des Weiteren ergibt sich aus der Zusammensetzung der Personen der Stichprobengröße, die sich an der räumlichen Bevölkerungsverteilung orientiert, eine Überrepräsentierung der städtischen Beobachtungsorte und damit, relativ gesehen, der wärmeren Standorte.

Die bisherigen Auswertungen zeigen, dass im Falle des Apfelblütenprojekts Daten von *citizen-science*-Projekten nach entsprechender Verifizierung für aktuelle Forschungsfragen Anwendung finden können. Die

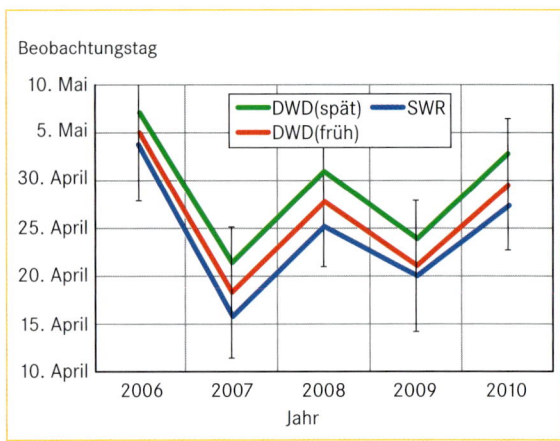

Abb. 8.7.4 Durchschnittlicher Beginn der Apfelblüte in Deutschland. Aufgetragen sind die Datensätze des SWR, der frühreifenden Arten des DWD und der spätreifenden Arten des DWD. Die Fehlerbalken tragen die durchschnittliche Standardabweichung der frühreifenden DWD-Arten auf.

räumliche und zeitliche Struktur der amtlichen und der *crowd sourced* erhobenen Daten weist eine **signifikant hohe Korrelation** auf, was als Beleg für die Güte der freiwillig erhobenen Daten gewertet werden kann. Dies gilt für die drei nachgefragten Parameter (Beginn der Blüte, Vollblüte und Ende der Blüte). Zweifelsohne differenzieren die offiziellen Daten des DWD stärker nach weiteren phänologischen Phasen.

Neben derartigen inhaltlichen Aspekten ergeben sich weitere: Die notwendige räumliche und zeitliche Auflösung der Daten nach traditionellen Erhebungsprozessen ist durch den Zeitbedarf und die Kosten meist auf Einzelstudien beschränkt, während bei entsprechender „Anwerbung" der Teilnehmer über Medien wie Fernsehen, Radio und Internet eine große geographische Reichweite und damit eine **gute zeitliche Auflösung** erreicht werden können. Perspektivisch gesehen wird auch der Einsatz von Smartphones, der im SWR-Projekt im Jahr 2011 sowie in anderen *citizen-science*-Projekten neu war, erweiterte Möglichkeiten für die Übermittlung der Daten „im Feld" eröffnen. Ferner besitzen der direkte Kontakt mit der Wissenschaft und der *educational benefit* für die Kommunikation der Forschungsergebnisse mit der Bevölkerung eine große Bedeutung. In der Phänologie wird in Form von selbst durchgeführten Beobachtungen der Klimawandel für den Einzelnen direkt erfahrbar. *Citizen-science*-Forschung kann somit als perspektivischer interdisziplinärer Ansatz im Fokus von Naturwissenschaften, Geomatik, Geokommunikation, Sozialwissenschaften und Bildungsforschung angesehen werden. Insgesamt kann hinsichtlich des Apfelblütenprojekts – nach einer ersten wissenschaftlichen Bewertung – ein positives Gesamturteil gezogen werden.

8.8 Virtuelle Landschaften

Rüdiger Glaser, Stephanie Glaser & Helmut Saurer

Spätestens seit Steven Spielbergs „Jurassic Park" sind virtuelle Landschaften einem breiten Publikum bekannt. Themen, die näher an der Geographie liegen, wurden – ungeachtet ihrer Realitätsnähe – beispielsweise mit „The Day After Tomorrow" oder „Twister" angesprochen.

Mit der raschen Entwicklung ist die Technik inzwischen nicht nur für millionenschwere Filmprojekte, sondern auch für breite Anwenderkreise nutzbar. Für die Geographie ergeben sich damit vielversprechende Möglichkeiten zur Ergänzung des Angebots in der Lehre und – mit Einschränkungen – auch in der Forschung:

- **Virtuelle Exkursionen** sind zur Wiederholung oder zur Ergänzung von Ausbildungseinheiten zur geographischen Erschließung eines Raumes hilfreich.
- Lang andauernde Prozesse der Landschaftsentwicklung können in der Kombination von **Modellansätzen** und der Visualisierung der Ergebnisse in virtuellen Landschaften leichter verständlich werden.
- Eingriffe in eine Landschaft werden in **Modellrechnungen** simuliert und deren Folgen realitätsnah visualisiert.

Klassische oder interaktive Karten in Kombination mit Techniken der virtuellen Realität erleichtern den Transfer von der allgemeinen Erfahrungswelt zur abstrahierten Darstellung von Situationen und Entwicklungen in Karten. Sie unterstützen damit das Verständnis von und den Umgang mit Karten und Plänen. Dies ist besonders wichtig bei Vorstellung und Diskussion von Forschungsergebnissen oder Planungsvorhaben in der breiten Öffentlichkeit, etwa im Rahmen von Bürgerbeteiligungsverfahren oder Ähnlichem. Fotorealistische Landschaftsvisualisierungen haben sich in jüngster Zeit als überzeugendes Darstellungsmittel bewährt und lösen zunehmend die klassischen Fotomontagen ab.

In unserer Alltagswelt werden computeranimierte Filme und Darstellungen oft eingesetzt. Meist ist der Hauptzweck dieser Visualisierungen, das Eintauchen in Fantasiewelten zu ermöglichen. Im Gegensatz steht die **3D-Geovisualisierung**. Mit ihr wird die Rekonstruktion vergangener realer Welten oder die Konstruktion künftiger Welten und nicht die Konstruktion von Visionen angestrebt. Die Geovisualisierung stellt eine Spezialform des wissenschaftlichen Visualisierens dar, deren Kennzeichen die Visualisierung georeferenzierter, also verorteter Geoobjekte ist. Voraussetzungen für die Geovisualisierung sind die Verfügbarkeit

- von klaren, wissenschaftlich fundierten Vorstellungen zur darzustellenden Situation oder zum darzustellenden Prozess,
- von digitalen Geländemodellen, die das Relief der Landoberfläche beschreiben, und
- von technischen und personellen Kapazitäten zur Nutzung von Visualisierungssoftware.

Es gibt eine ganze Reihe von Gründen, die für den Einsatz von 3D-Visualisierungen in allgemeinem Kontext, speziell aber in Fragen der vergangenen wie künftigen Landschaftsentwicklung sprechen. 3D-Ansichten ermöglichen ein besseres **Verständnis räumlicher Zusammenhänge**. Die Form der Erdoberfläche, Abschattungseffekte, Luv-Lee-Lagen und so weiter sind besser vermittelbar als in traditionellen 2D-Darstellungen. Zudem können Richtung, Distanz und Topographie mit hohem Detailgrad im Nahbereich und in generalisierter Form im Fernbereich visualisiert werden. Betrachtungsstandort und -richtung sind frei wählbar. 3D-Geovisualisierungen können sowohl ein symbolisiertes kartographisches, aber auch ein fotorealistisches Abbild der Realwelt sein. Sinne und Auffassungsvermögen des Menschen werden so besser angesprochen. Gerade bei der Darstellung raumzeitlicher Prozesse kommt die menschliche Vorstellungskraft an ihre Grenzen, besonders, wenn man eine Landschaft über einen Zeitraum von Millionen Jahren rekonstruieren möchte, der jenseits der Erfahrungswelt des Menschen steht. Ein weiterer Vorteil der 3D-Visualisierung gegenüber klassischen Darstellungen ist die Möglichkeit der Interaktion. Objektgeometrien können modifiziert werden, Darstellungsparameter lassen sich immer wieder ändern bis hin zum Durchwandern einer Landschaft. Dazu ist für die Geographie die GIS-Funktionalität und GIS-Kompatibilität der Visualisierungsprogramme von besonderem Interesse. Echtzeitdarstellungen geometrischer Objekte sind inzwischen „state-of-the-art" bei diesen Programmen. Im Bereich der GIS-Kompatibilität sind jedoch noch Ergänzungen erforderlich.

Die Vorteile des Einsatzes virtueller Landschaften können im Rahmen dieses Buches nur ansatzweise anhand eines Beispiels illustriert werden. Das Nachvollziehen und das Verständnis der Entwicklung einer Landschaft stellt für viele Studierende der Geographie und anderer Raumwissenschaften erfahrungsgemäß eine schwierige Aufgabe dar. Traditionell wird dieser

Lernprozess daher graphisch mit Kartenausschnitten, Skizzen und Schemazeichnungen unterstützt. Dennoch ist die Übertragung der abstrahierten und schematisierten Darstellungen auf das reale Landschaftsbild schwierig. Mit den Techniken der virtuellen 3D-Geovisualisierung entsteht diese Lücke zwischen Abstraktion und realer Welt erst gar nicht, da der Prozess in **fotorealistischer Darstellung** illustriert wird. Die Landschaftsentwicklung in den fränkischen Hassbergen wird hier in vier Zeitschnitten dokumentiert (Abb. 8.8.1). Über die Reliefentwicklung hinaus wird in den Abbildungen ein landschaftlicher Gesamtwandel deutlich, der sich auch im Vegetations- und Bodenzustand zeigt. Eine Visualisierung am Bildschirm erlaubt natürlich eine zeitlich dichtere Darstellung der Landschaftsentwicklung, für die hier aus Platzgründen lediglich vier Abschnitte ausgewählt werden konnten.

Die Geographie hat durch die digitalen Medien und Techniken vielfältig nutzbare Tools an die Hand bekommen, um fachwissenschaftliche Inhalte und Themen didaktisch stringent aufzuarbeiten, wie im Bereich des **E-Learning** (Kapitel 8.9) bereits vielfach geschehen.

Im Bereich der Softwareentwicklung wäre eine schnelle, intuitive Bedienung mit kürzerer Einlernzeit wünschenswert. Momentan ist die Erstellung wissenschaftlich fundierter, virtueller Landschaften noch sehr aufwendig und kostenintensiv.

Neben der fachwissenschaftlichen und didaktischen Integrität ist auch die Entwicklung und Analyse neuer **digitaler Räume** von besonderem Interesse. Die Geographie sollte dieses Medium weit stärker nutzen und vor allem Kriterien und Standards – ähnlich den Konventionen in der Kartographie – mitentwickeln, nach denen digitale Räume und virtuelle Landschaften gestal-

Abb. 8.8.1 Die Entwicklung eines Landschaftsausschnittes in den fränkischen Hassbergen von einer miozän-tropischen Flusslandschaft (links oben von einem Flusslauf aus gesehen, rechts oben ist eine Schrägsicht auf die entsprechende Rumpfflächenlandschaft dargestellt) über die Ausbildung einer Schichtstufe (links unten, unter ariden Bedingungen) bis zur gegenwärtigen Landschaft (rechts unten) mit ihren Nutzungsstrukturen (Quelle: M. Jung (2005): Zeitreise in Bildern – 3D Visualisierung mit Visual Nature Studio. Heidelberg).

tet werden können. Dies gilt vor allem auch für die Oberflächenstrukturen und Texturen, die von mehreren Softwareherstellern angeboten werden. Eine Visualisierung fällt in den Fällen besonders schwer, in denen die fachwissenschaftliche Kenntnislage lückenhaft oder gar kontrovers ausfällt. Visualisieren bedeutet „Farbe bekennen". Textliche Unschärfen müssen dabei auf den „(Bild-)Punkt" gebracht werden. Visualisierung kann deshalb auch zu einer Qualitätssteigerung wissenschaftlicher Untersuchungen beitragen und dient damit bei Weitem nicht nur der Darstellung von Forschungsergebnissen und von Planungsvorhaben.

Die Frage der geeigneten Darstellungsformen ist aktueller Forschungsgegenstand. Unbestritten ist jedoch die **Gefahr der Manipulation**. Je realistischer eine Darstellung wirkt, desto mehr Glaubwürdigkeit wird ihr beigemessen (Hearnshaw & Unwin 1994).

Die Geographie als klassische Raumwissenschaft muss es schaffen, auch Kompetenzen für die neuen, digitalen Räume zu erlangen.

8.9 E-Learning als interaktive mediale Lernform in der Geographie

RÜDIGER GLASER, HELMUT SAURER, STEPHANIE GLASER

Neben dem Lernen aus Büchern und der klassischen Wissensvermittlung in Vorlesungssälen und Seminarräumen haben sich mittlerweile zahlreiche weitere Lehr- und Lernformen etabliert. Lernen ist vielfältiger geworden und die stete Suche nach effektiveren und neuen Zugangswegen hat die „neuen" Techniken von Computer, Internet und Multimedia aufgegriffen.

Der Begriff E-Learning hat seinen Ursprung im Businessbereich und ist praktisch im „Windschatten" von E-Commerce und E-Business entstanden. Das „E" steht für *electronic* und wurde in Zeiten grenzenloser Interneteuphorie in vielen Branchen recht freizügig verwendet, um damit Technologie, Innovation und vor allem Onlinebezug zu proklamieren.

Neuerdings wird unter E-Learning auch *electronically supported learning* (*esl*) verstanden. Ins Deutsche übersetzt bedeutet dies zunächst so viel wie einfach **elektronisch unterstütztes Lernen**. Oft wird E-Learning aber auch als netzgebundenes bzw. **Online-Lernen** interpretiert oder steht für *effective* bzw. *easy learning*. Es ist also vor allem dem vorgestellten „E" zu verdanken, dass es bis heute keine einheitliche Definition von E-

Learning gibt. Vielmehr existieren mehrere Definitionen nebeneinander, die den Begriff nur unscharf fassen.

Minass (2002) definiert E-Learning als ein System, das „zeit- und ortsunabhängig Lerninhalte mittels digitaler Medien an Gruppen und Individuen vermittelt." Er benutzt E-Learning als einen Sammelbegriff für alle Formen des elektronisch gestützten Lernens und meint damit gleichermaßen Lernvideos, Hörkassetten, CD-ROMs und DVDs aber auch Online-Angebote.

Während die klassische Präsenzlehre abhängig von Ort und Zeit ist und auf der physischen Interaktion realer Personen aufbaut, ermöglicht E-Learning eine Unabhängigkeit von Ort und Zeit. Eine gewisse Zwischenstellung stellt das Distanzlernen dar, wie es vom Tele- oder Fernlernen bekannt ist. Nachteilig am Distanzlernen sind das Fehlen von Interaktivität und Kommunikation, der Grundlage klassischer Präsenzlernsituationen, welche in Online-Lernumgebungen leicht realisiert werden können.

Multimediales Lernen, das auf der Nutzung von Computern als zentralem Arbeitsmittel basiert, ist in mehreren technischen Formen realisiert. Das *computer based training* (*cbt*) ist dabei am weitesten verbreitet. Lernsoftware mittels CD-Rom oder DVD wird offline und somit unabhängig von einem Datennetz angeboten. Ein zeit- und ortsunabhängiger Einsatz wird dadurch möglich. Die Grenzen dieser Form sind jedoch zum einen eine standarisierte Rückmeldung, zum anderen aber auch die fehlende Möglichkeit zur Ergänzung oder Korrektur angebotener Inhalte. Die Isolierung des Lernenden ohne Kommunikation mit einem Ausbilder oder Berater ist ein weiterer Nachteil.

Das *web based training* (*wbt*) wird als Weiterentwicklung des *cbt* angesehen und bietet die Verteilung der Lerninhalte über das Inter- oder Intranet an. Die Lernanwendungen sind zentral beim jeweiligen Bildungsanbieter auf dem Web-Server abgelegt. Kommunikationselemente wie E-Mail, Chatrooms, Diskussions- und Newsforen sind für den Erfahrungsaustausch vorgesehen, sodass auch eine fachliche und individuelle Beratung möglich ist. Inhaltlich ist ein Trend zur Modularisierung gegeben, wobei kleine überschaubare Lerneinheiten und verstärkte Interaktion im Vordergrund stehen.

Lernumgebungen sind E-Learning-Portale, in die Coachingfunktionen und umfangreiche Sammlungen ergänzender Lernmedien wie FAQs, Studienbriefe, Praxisberichte und Lehrfilme mit eingebunden werden können. Darüber hinaus kann – je nach Produkt – das Lernen in virtuellen Räumen bzw. in sogenannten virtuellen Seminaren realisiert werden. So kann in Gruppen gelernt werden (*learning communities*), in denen gemeinsames Lernen über den Kontakt im Internet (*collaborative learning*) möglich wird. Umfassende Lernnetzwerke, Online-Diskussionen, synchrone aber ortsunabhängige Schulung mehrerer Teilnehmer, Integration aller Hilfsmittel der Multimedia- und der Netzwerktechnologie sind einige Vorteile dieser ausgereiften Form. Allerdings müssen auch erhebliche Nachteile in Kauf genommen werden. Diese liegen vor allem im emotionalen Bereich. Der Verlust von direkten persönlichen Beziehungen kann auf Dauer zu Motivationsproblemen und Vereinsamung führen.

Diese Lernformen und ihre zugrunde liegenden technischen Möglichkeiten bilden den Rahmen einer virtuellen Universität. Aufgrund der genannten Nachteile ist die vollständig virtuelle Universität jedoch nicht erstrebenswert. Die Kombination der Vorteile des E-Learning auf der Basis von Lernplattformen und klassischer Lehrformen als Ansatz des **blended learning** erscheint aus heutiger Sicht zukunftsweisend, denn neben der Ebene der Lerninhalte ist die Ebene der sozialen Interaktion besonders zu beachten. Sie ist für die Motivation und den Erfahrungsaustausch wichtig und in hohem Maße effizienzsteigernd. Eine Verschneidung der klassischen Präsenzlehre mit Lernphasen, die E-Learning-Angebote nutzen, ist daher unumgänglich.

Die bisherigen Angebote, die im weitesten Sinne geographische Inhalte vermitteln, sind mittlerweile recht vielfältig. Die zunehmend häufiger zu beobachtende Tendenz, Skripte „ins Netz zu stellen" reicht allerdings unter didaktischen Gesichtspunkten nicht aus, um sich mit dem Label „E-Learning" zu schmücken.

Das didaktische Konzept – Wissensvermittlung mit E-Learning

Die langjährige Erfahrung mit E-Learning-Angeboten, unter anderem mit webgeo.de (Abb. 8.9.1) sowie pemo.de, und die von verschiedenen Seiten erfolgte Evaluation haben einige fachdidaktische Aspekte und Konsequenzen für die neuen Medien ergeben (Saurer et al. 2004):

- Das **selbstorganisierte Lernen** in vernetzten Systemen ist dem reinen Wissenskonsum vorzuziehen, weil durch eigene Transferleistungen Strukturen und Zusammenhänge besser erkannt werden.
- Den verschiedenen persönlichen Stärken und Neigungen von Studierenden kann durch verschiedene Zugangswege zum Lernstoff besser begegnet werden. Damit wird auch **freies Lernen** im Sinne des gemäßigten Konstruktivismus möglich. Mögliche Zugänge sind:
  - *guided tours*, in denen Lernende – ähnlich einem kleineren Lehrbuchkapitel – durch den Stoff ge-

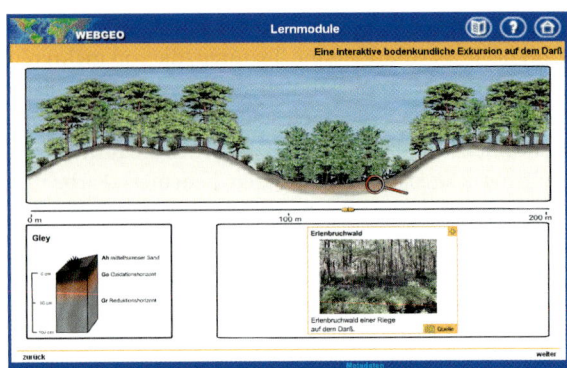

Abb. 8.9.1 Screenshot aus dem Modul „Eine interaktive bodenkundliche Exkursion auf dem Darß" (Quelle: www.webgeo.de).

führt werden und sich auch mit komplexen Strukturen auseinandersetzen müssen
  - Fragen, die zu bestimmten Lerninhalten führen und nach Interesse und Bedarf der Studierenden beantwortet werden
  - zusammenfassende Grafiken, die mit den entsprechenden Lehrmodulen verlinkt sind und damit den Aufbau einer individuellen Lernsequenz erlauben
- Die **multimediale Vielfalt** kann die Lernmotivation steigern und den Wissenstransfer bereichern.
- Die Abfolge von Stoffvermittlung einerseits sowie Übungen und Tests als Möglichkeit zur **Eigenkontrolle** des Lernfortschrittes ist, in Zusammenhang mit interaktiven Texten, Grafiken, Animationen und einem Glossar, besonders stimulierend.

Diese Sachverhalte erfordern einen konsequent modularen Aufbau der Lerninhalte bei gleichzeitiger Betonung interaktiver Elemente. Der inhaltliche Kernbereich sollte sich auf sogenannte vermittlungsresistente Grundeinsichten konzentrieren. Damit sind vor allem komplexe, sehr detailliert zu vermittelnde Thematiken gemeint, die dem Lernenden über die klassischen Lernmaterialien oder die Präsenzlehre nur schwierig näher gebracht werden können (Gossmann et al. 2003).

Perspektiven

E-Learning wird durch die neuen Anforderungen der modularisierten Lehre einen festen Stellenwert in modernen und aktuellen Lehrprogrammen haben. Dabei ist die weitere didaktische Begleitung unabdingbar, insbesondere auch die Evaluation durch die Nutzer.

Damit gehen neue Möglichkeiten der Lern- und Wissenskontrolle einher, die klar machen, an welchen Stellen Lernende die größten Probleme bei der Erarbeitung des Stoffes haben. Neben diesen didaktischen und pädagogischen Elementen werden die Einbeziehung der technischen Entwicklung im hoch dynamischen IT-Bereich sowie die Stärkung der Geoinformatikkompetenz im Fach Geographie eine wichtige Rolle einnehmen. E-Learning muss sich auf die Bereiche konzentrieren, in denen durch klassische Lehrformen Grenzen der Wissensvermittlung erkennbar sind. Von besonderem Interesse sollte die Einbindung skalenbezogener Darstellungen oder auch die Aufarbeitung regionaler Inhalte sein. Gefordert werden muss auch die Langzeitsicherung in Netzwerken mit der entsprechenden Bereitstellung von Kompetenz sowie von Hardware, Software und letztlich Finanzmitteln. Besonders ergiebig wird der Brückenschlag aus der Universität in die Schule und in die Planung mit E-Learning.

Fachwissenschaftlich ergibt sich aus der Aufbereitung von Lerninhalten für Module im E-Learning ein wissenschaftlicher Mehrwert über die inhaltliche Vertiefung insbesondere bei der Darstellung von Themen, die durch die klassischen Medien nur schwer vermittelbar sind. Bei der Umsetzung müssen Fachwissenschaftler gewissermaßen Farbe bekennen, wodurch sich vorhandene Kenntnisdefizite und damit Forschungsbedarf identifizieren lassen (Glaser et al. 2006).

fikation haben, um fachliche Inhalte speziell für Fachfremde zu kommunizieren.

Ein Grundproblem besteht darin, dass Begeisterung, Interesse und Staunen der **Gefühlsebene** angehören. Wissenschaftler sind jedoch trainiert, genau diese Gefühlskomponente in ihren Forschungsmethoden und ihrer Kommunikation auszublenden – obgleich auch sie persönlich nicht selten eine durchaus emotionale Beziehung zu ihrem Forschungsgegenstand haben und sich für den Erhalt von Natur, Landschaft, Kulturerbe und so weiter einsetzen.

Das Bildungskonzept der **Natur- und Kulturinterpretation** setzt genau an diesem Punkt an. Es bündelt spezielles Planungs- und Kommunikations-Know-how, um Interessierte oder auch zufällig vorbeikommende Passanten ganzheitlich, das heißt intellektuell und emotional, anzusprechen und an neue Themen heranzuführen.

Landschaftsinterpretation umfasst ein wichtiges Teilgebiet der Natur- und Kulturinterpretation, in dem das Natur- und Kulturerbe ortsbezogen bzw. in seinem landschaftlichen Kontext interpretiert wird (Gee et al. 2002). Andere Bereiche der Natur- und Kulturinterpretation interpretieren beispielsweise Sammlungen aus naturgeschichtlicher, sozialer oder kunsthistorischer Betrachtungsperspektive, sodass der Raumbezug keine wesentliche Rolle spielt.

8.10 Landschaftsinterpretation – Wissensvermittlung vor Ort

Patrick Lehnes & Rüdiger Glaser

Natur, Kultur, Geschichte in ihrer jeweils orts- und landschaftstypischen Ausprägung sind vielfach Gegenstand von Bildungs- und Erlebnisangeboten, die sich an fachlich nicht spezifisch vorgebildete Laien wenden. Ob Besucherzentren in Großschutzgebieten, Museen in Städten und ländlichen Regionen, Natur-, Stadt- und Themenführungen, Erlebnispfade oder Themenrouten – fast überall trifft man heute auf Wissensangebote, die Interessierten das **natürliche oder kulturelle Erbe** in seiner ortsspezifischen Eigenart vermitteln möchten.

Bislang wurde das inhaltlich-didaktische Konzept entsprechender Angebote oftmals allein von den jeweiligen Fachexperten erarbeitet. Das kann allerdings an Grenzen stoßen, wenn diese keine spezielle Zusatzquali-

Interpretation schlägt die Brücke zwischen Subjekten und Originalobjekten

Bereits im Jahre 1957 definierte Freeman Tilden Interpretation als *„educational activity which aims to reveal meanings and relationships through the use of original objects, by firsthand experience, and by illustrative media, rather than simply to communicate factual information"* (Tilden 1977).

Bloße Informationen durch Daten und Fakten reichen nicht. Auch bloße „Wahrnehmung mit allen Sinnen" garantiert kein Erlebnis. Interpretation ist viel mehr: Sie wählt die zu thematisierenden Inhalte und Phänomene sorgfältig aus und stellt sie in einen Sinnzusammenhang (Lehnes 2008a). Dieser Sinnzusammenhang wird so gestaltet, dass er die Brücke schlägt zwischen den vor Ort wahrnehmbaren Phänomenen bzw. der Thematik einerseits und dem Vorwissen sowie den Interessen der Besucher andererseits (Abb. 8.10.1).

Anstelle eines Sammelsuriums von Informationsbruchstücken folgt eine gute Interpretation einer über-

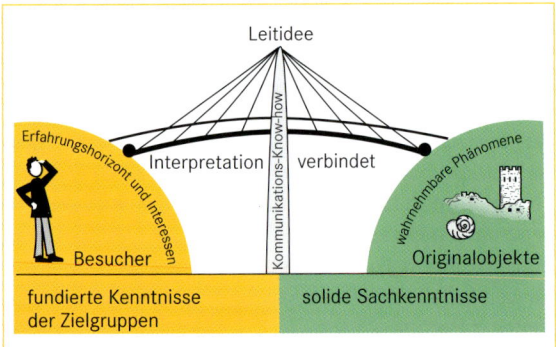

Abb. 8.10.1 Interpretation schlägt die Brücke zwischen Besuchern und Originalobjekten bzw. Originalschauplätzen geschichtlicher Ereignisse.

geordneten **Leitidee**. Dadurch fällt es den Besuchern leichter, die Einzelheiten zu verarbeiten und in einen größeren Kontext einzuordnen. Auf diese Weise wird es auch Menschen, die über kein fachliches Hintergrundwissen verfügen, ermöglicht, die Bedeutsamkeit eines Objektes in der Kulturlandschaft oder in einer Ausstellung zu erfassen. Interpreten sind sozusagen die Architekten dieser Verbindung zwischen den Besuchern und den authentischen Originalobjekten bzw. Originalschauplätzen bedeutsamer Ereignisse.

Während ein Fachpublikum in aller Regel **extrinsisch motiviert** ist, sich mit einer Thematik zu befassen, die für die berufliche Karriere von Belang ist, fehlt eines solche Motivation bei Fachfremden. Besucher von Erlebniswegen, Ausstellung oder Führungen lassen sich auf die Besonderheiten einer Landschaft nur dann und nur so lange ein, wie es gelingt sie **intrinsisch zu motiveren**, das heißt ihr persönliches Interesse zu wecken. Die persönliche Bereicherung, die ein neues Thema den Besuchern bietet, muss die damit verbundene Anstrengung rechtfertigen (Ham 1992). Entsprechende Interpretationsangebote müssen deshalb kurzweilig gestaltet werden, sodass sie ohne große Anstrengung aufgenommen werden können.

Hier wurden in der Vergangenheit häufig Fehler gemacht. Nachdem man bemerkt hatte, dass viele Lehrpfade alten Stils den Lesern zu viele Daten und Fachbegriffe zumuteten, verfielen manche in das Gegenteil: Sie vereinfachten so stark, dass schließlich nur noch Banalitäten übrig blieben – zwar kurz und verständlich, aber uninteressant.

Die Kunst der Interpretation besteht darin, jene Gesichtspunkte zu finden, die für das jeweilige Publikum eine Bereicherung darstellen können, die gegebenenfalls den Horizont erweitern und je nach Thema auch Anstöße geben, Klischees und Vorurteile zu überwinden. Damit dies gelingen kann, arbeiten Landschaftsinterpreten mit einem Projektteam zusammen. Interpreten fungieren dabei oft als „Anwalt der Besucher". Solide ortsbezogene Sachkenntnis bildet jedoch das Fundament. Sie wird von entsprechenden Experten beigesteuert, die mit den lokalen Gegebenheiten vertraut sind. Das sind in der Regel Fachwissenschaftler aus Universitäten, Behörden oder wissenschaftlichen Vereinigungen, aber auch interessierte Einheimische und Zeitzeugen. Im Team werden die landschaftstypischen Themen mit den vor Ort wahrnehmbaren konkreten Phänomenen in Beziehung gesetzt. Sorgfältig werden in einem iterativen Prozess jene Daten, Fakten und Hintergrundinformationen ausgewählt, die in die Interpretation aufgenommen werden.

Eine Herausforderung für Interpreten ist es, auch jene zu erreichen, die zunächst davon überzeugt sind, dass die jeweilige Thematik für sie uninteressant ist. Hierfür stützen sie sich auf ein detailliertes **Kommunikations-Know-how**. Die Kunst der Interpretation besteht zunächst darin, durch die Überschrift oder eine Abbildung Aufmerksamkeit zu erregen und erstes Interesse zu wecken. Dann muss die Einleitung schnell die Brücke zum Erfahrungshorizont der Besucher schlagen. Schließlich sollte jede Interpretation einen Spannungsbogen aufbauen, der in ein „Aha-Erlebnis", eine neue Einsicht, die für die Besucher relevant ist, mündet.

Je nach gewählter Vermittlungsform und je nach Medium sowie in Abhängigkeit von den Zielgruppen, müssen in der Praxis viele kritische Erfolgsfaktoren während der methodisch-didaktischen Auswahl und Anordnung der Inhalte sowie beim Texten und Layouten beachtet werden (Lehnes 2008b).

Der Zweck der Interpretation

Das Anliegen, die Vielfalt, Eigenart und Schönheit der Natur in Nationalparks sowie das kulturelle Erbe für kommende Generationen zu bewahren, war lange Zeit das wesentliche Motiv für Interpreten. In dieser Sichtweise diente Interpretation vor allem dazu, einer breiten Bevölkerung dieses Schutzanliegen besser nahezubringen bzw. sie für das schützenswerte Natur- und Kulturerbe zu begeistern. Vereinzelt wird auch heute die Auffassung vertreten, dass Interpretation immer der „Bewahrung" dient.

Tatsächlich hatte jedoch bereits Tilden (1977) einen viel umfassenderen Anspruch. Seine Definition macht deutlich, dass es ihm um ein Bildungskonzept ging, das den Besuchern ihnen ansonsten verborgene Bedeutungen und Zusammenhänge enthüllen soll. Noch deut-

Exkurs 8.10.1

USA – Vorreiter der Professionalisierung von *heritage interpretation*

Das informelle Bildungskonzept der Natur- und Kulturinterpretation stammt aus dem englischen Sprachraum und wird dort mit *heritage interpretation* (Tilden 1977, Merriman & Brochu 2006) oder *environmental interpretation* (Ham 1992) bezeichnet. Vielfach ist im Kontext von Parks, Museen, Ausstellungen, Führungen und so weiter einfach nur von *interpretation* die Rede.

Ausgehend von den US-Nationalparks wurde dieses Bildungskonzept in der zweiten Hälfte des 20. Jahrhunderts zunehmend professionalisiert. Seit den 1950er-Jahren gibt es in den USA Berufsverbände, die in Zusammenarbeit mit dem *US National Park Service* Fortbildungen sowie die Integration des Ansatzes in Forschung und Lehre vorantrieben. 2004 hatte die *National Association for Interpretation* knapp 5 000 Mitglieder. Es wird geschätzt, dass in diesem Bereich allein in den USA etwa 20 000 Menschen hauptberuflich und etwa 500 000 als Teilzeitangestellte, Saisonkräfte bzw. als Ehrenamtliche aktiv sind (Merriman & Brochu 2006). In vielen anderen englischsprachigen Ländern fanden ähnliche Entwicklungen statt. So sind Interpreten in Großbritannien bereits seit 1975 in der *Association for Heritage Interpretation* organisiert (www.ahi.org.uk).

licher drückt er dies aus, wenn er versucht die Quintessenz des Anliegens in wenige Worte zu fassen: *„Interpretation is the revelation of a larger truth that lies behind any statement of fact"* und *„Interpretation should capitalize mere curiosity for the enrichment of the human mind and spirit"*. Tilden sah in der Interpretation einen ganzheitlichen Bildungsansatz, wenn er forderte Besuchern ganzheitliche Ideen zu vermitteln, und den ganzen Menschen anzusprechen. Damit steht Interpretation in der Tradition des **humanistischen Bildungsideals**, das umfassende Bildung als Selbstzweck ansieht: Sie ist viel mehr als bloßes Kommunikations- und PR-Mittel zur Erreichung eines anderen guten Zwecks, wie der Bewahrung von Natur- und Kulturgütern, obgleich Letzteres durchaus auch oft eine große Rolle spielt.

Neben diesem übergeordneten Bildungsziel bzw. insoweit es nicht korrumpiert wird, kann Landschaftsinterpretation deshalb weiteren Zielsetzungen seitens der Trägereinrichtungen wie Parks, Gebietskörperschaften, Vereinen und gegebenenfalls auch der Privatwirtschaft dienen:

- Sensibilisierung für die Schutzwürdigkeit des Natur- oder Kulturerbes
- Stärkung der regionalen Identität und des Regionalimages
- Förderung eines nachhaltigen Natur- und Kulturtourismus
- Förderung der Vermarktung regionaltypischer, nachhaltig erzeugter Produkte

Systematische Interpretationsplanung

Mit dem Einsatz der Landschaftsinterpretation über den Bereich des Natur- und Denkmalschutzes hinaus ist die Interpretationsplanung dabei, sich zu einer wichtigen Komponente der **nachhaltigen Regionalentwicklung** zu entwickeln.

Die Ermittlung der Interpretationspotenziale umfasst zunächst die sinnlich wahrnehmbaren Phänomene sowie dahinterliegende Bedeutungen, Zusammenhänge, Geschichten und Symbolgehalte gegebenenfalls in Relation zu unterschiedlichen sozialen Gruppen. Darüber hinaus müssen in einem frühen Planungsstadium die Zielsetzungen eines Interpretationsvorhabens sowie die prioritären Hauptzielgruppen, zum Beispiel Ausflügler aus der Region, internationale Touristen, bestimmte Aktivitätsgruppen oder Familien mit Kindern, bestimmt werden (Brochu 2003). Des Weiteren werden die vorhandene Infrastruktur im Hinblick auf ihre Eignung für diese Zielgruppen sowie die Tragfähigkeit und gegebenenfalls gebotene Nutzungseinschränkungen aus Natur- und Denkmalschutzgründen überprüft.

Selbst wenn Interpretationsangebote für Besucher selten kostendeckend bzw. meist kostenlos angeboten werden, dürfte ihr Stellenwert innerhalb der Freizeit- und Tourismuswertschöpfungsketten künftig weiter zunehmen. Denn eine gelungene Interpretation prägt ein unverwechselbares Image der Destination und bietet ein Freizeitangebot, das nicht nur kurzweilig ist, sondern für die Besucher eine echte Bereicherung darstellt. Von der steigenden Zufriedenheit und Begeisterung der Besucher profitieren nicht nur Gastronomie und Übernachtungsgewerbe, sondern auch nachgelagerte Umsatzstufen. Über das erhöhte Steueraufkommen fließt schließlich auch ein gewisser Teil zurück in die öffentlichen Haushalte, aus denen solche Projekte oft gefördert werden.

Vor dem Hintergrund der neuen kulturwissenschaftlichen Paradigmen der Freizeit- und Tourismusgeographie greift Landschaftsinterpretation aktiv in die Sinnzuschreibungen ein und (re-)produziert selbst Symbolgehalte im Zuge von Inszenierungen für ein Freizeitpublikum. Solche Inszenierungen müssen bewusst und verantwortungsbewusst erfolgen. Aufgrund der mächtigen Kommunikationstechniken, die in der Landschaftsinterpretation zum Einsatz kommen, muss einem Missbrauch durch Verfälschung aufgrund einseitiger Darstellungen zur Förderung von Partikularinteressen entgegen gewirkt werden (*interpreganda*, Brochu 2003). Schutz der authentischen Kultur, auch in ihrer lebendi-

gen Weiterentwicklung, fachliche Richtigkeit sowie Ausgewogenheit bei kontroversen Themen sind wichtige ethische Anforderungen an professionelle Interpretation. In diesem Sinne hat ICOMOS – der *International Council of Museums and Sites* – im Oktober 2008 eine *Charta for the Interpretation and Presentation of Cultural Heritage Sites* verabschiedet.

Noch ist der Ansatz in Europa recht wenig bekannt. Dies zu ändern und für eine Qualitätssicherung einzutreten hat sich der 2010 gegründete, europaweit agierende Fachverband *Interpret Europe – European Association for Heritage Interpretation* zum Ziel gesetzt (www.interpret-europe.net).

Für die Geographie der dritten Säule stellt die Landschaftsinterpretation einen weiteren Mosaikstein dar, zumal fachdidaktische und pädagogische Elemente integrativer Bestandteil des Faches sind. Hinzu tritt der Aspekt des Arbeitsmarktes und die fachlich-konzeptionelle Herausforderung nach spezifischen inhaltlichen Konzepten der Informationsvermittlung und Geokommunikation.

Weiterführende Literatur

Albertz J (2009) Einführung in die Fernerkundung. Wissenschaftliche Buchgesellschaft, Darmstadt

Bertuch M, Loewe CA (2005) Welten schaffen. In: c't 2005/12: 156–163

Bill R (2010) Grundlagen der Geoinformationssysteme. Wichmann, Karlsruhe

Bratt S, Booth B (2000) Using ArcGIS 3D Analyst. ArcGIS 8. ESRI, Redlands

Brochu L (2003) Interpretive Planning. The 5-M Model for Successful Planning Projects

Buhmann E, Ervin S (Hrsg) (2003) Trends in Landscape Modeling. Wichmann, Karlsruhe

Burrough PA, McDonnell RA (2000) Principles of Geographical Information Systems. Oxford University Press, Oxford

Clarke KC (1997) Getting started with Geographic Information Systems. Upper Saddle River

Kappas M (2001) Geographische Informationssysteme. Westermann, Braunschweig

Lake R, Burggraf D, Trninic M, Rae L (2004) Geography Mark-Up Language – Foundation for the Geo-Web. John Wiley & Sons

Lange E (2001) The limits of realism: perceptions of virtual landscapes. Landscape and Urban Planning 54 (1-4): 163–182

Lehmkühler S (2001) Landscape planning and visualisation – World Construction @ Frankfurt. In: Schrenk M (Hrsg) Computergestützte Raumordnung. Beiträge zum 6. Symposon zur

Rolle der Informationstechnologie in der und für die Raumplanung – CORP2001. Wien. 237–244

Lillesand TM, Kiefer RW, Chipman JW (2008) Remote Sensing and Image Interpretation. New York

Longley PA et al. (Hrsg)(2005) Geographical Information Systems. 1. Principles and technical issues. 2. Management issues and applications. Wiley, Chichester

Maguire DJ, Goodchild MF, Rhind MF (Hrsg) (1991) Geographical Information Systems: Principles and Applications. Longman, Harlow

Saurer H, Behr FJ (1997) Geographische Information Systems. Eine Einführung. Wissenschaftliche Buchgesellschaft, Darmstadt

Schäfer R, Höchtl F, Reinbolz A (2005) Fantastische Landschaften – zur Rolle der Landschaft im Film „Der Herr der Ringe – Die Gefährten". Culterra 42

Sobel D (1997) Längengrad – Darmstadt. Wissenschaftliche Buchgesellschaft, Darmstadt

Star J, Estes J (1990) Geographic Information Systems – An Introduction. Prentice Hall, Englewood Cliffs, NJ

Zeh M (2001) Photorealistische 3D-Visualisierung am Beispiel der spät- und postglazialen Landschafts- und Vegetationsentwicklung im Südschwarzwald. Diplomarbeit, Heidelberg

Zgraggen K, Flury C, Jung M, Rieder P (2005) Agrarpolitik 2011 – verharren, liberalisieren oder sparen? AGRARForschung 12 (4): 156–161

Fortsetzung

Fortsetzung

Zitierte Literatur

Arnoff S (1989) Geographic Information Systems: A Management Perspective. WDL-Publishers, Ottawa

Baddeley A D (2007) Working memory, thought and action. Oxford, Oxford University Press

Bienert M (1996) Standortmanagement – Methoden und Konzepte für Handels- und Dienstleistungsunternehmen. Gabler, Wiesbaden

Bonney R, Cooper C, Dickinson J, Kelling S, Phillips T, Rosenberg K, Shirk J (2009) Citizen Science: A developing Tool for Expanding Science Knowledge and Scientific Literacy. Bioscience 59 (11): 977–984

Brodersen L (2007) Geokommunikation. Forlaget Tankegang

Brodersen L (2008) Geo-communication and information design. Journal for Theoretical Cartography 1: 1–13

Burrough PA (1985) Principles of geographical information systems for land resources assessment. Oxford University Press, Oxford

Buziek G (2003) Eine Konzeption der kartographischen Visualisierung. Fachbereich Bauingenieur- und Vermessungswesen Hannover, Leibniz Universität. Habilitation

Cohn J (2008) Can volunteers do real research? Bioscience 58 (3): 192–197

Coors V, Zipf A (Hrsg) (2004) 3D-Geoinformationssysteme. Grundlagen und Anwendungen. Huethig Verlag, Heidelberg

Crampton JW (2010) Mapping: A Critical Introduction to Cartography and GIS. Wiley-Blackwell Publishing, Malden

Devictor V, Whittaker R, Beltrame C (2010) Beyond scarcity: citizen science programmes as useful tools for conservation biogeography. 16 (3) 354–362

DiBiase D (2000) Visualization in the Earth Sciences. Earth and Mineral Sciences Bulletin 59(2): 13–18

Dickinson J, Zuckerberg B, Bonter D (2010) Citizen Science as an Ecological Research Tool: Challenges and Benefits. Annual review of ecology, evolution, and systematics. 41: 149–172

Dodge M, Kitchin R, Perkins C (2009) Rethinking Maps. New frontiers in cartographic theory. Routledge, London, New York

Fatt Siew T (2009) Scientific decision support for decision makers in practice through collaborative knowledge management. Faculty of Forest and Environmental Sciences, Albert-Ludwigs-Universität, Freiburg, PhD Thesis

Gee K, Glawion R, Kreisel W, Lehnes P (2002) Landschaft – kein Buch mit sieben Siegeln: Landschaftsinterpretation entschlüsselt das Natur- und Kulturerbe auf unterhaltsame Weise. In: Ehlers E, Leser H (Hrsg) Geographie heute – für die Welt von morgen. Klett-Perthes, Gotha

Glaser R, Jung M et al. (2006) Geography goes Cyberspace? Landschaftsvisualisierung als Teil einer virtuellen Geographie. Berichte zur Deutschen Landeskunde

Glasze G (2010) Kritische Kartographie. Geographische Zeitschrift 97, 4: 181–191

Goodchild M (2007) Citizen as sensors: The world of volunteered geography. Geojournal 69 (4): 211–221

Gossmann H, Fuest R, Albrecht, V Baumhauer R, Gläßer C, Glaser R, Glawion R, Nolzen H, Ries J, Saurer H, Schütt B (2003) Online-Lernmodule zur Physischen Geographie. Das Projekt WEBGEO. Geographische Rundschau, 55(2): 56–61

Habermas J (1988) Theorie des kommunikativen Handelns. Suhrkamp, Frankfurt/M.

Hake G, Grünreich D (1994) Kartographie. Walter de Gruyter, Berlin

Ham S (1992) Environmental Interpretation – A practical guide for people with big ideas and small budgets. Golden, Colorado Fulcrum

Harley JB (2001) Silences and Secrecy. The Hidden Agenda of Cartography in Early Modern Europe. In: Laxton P (Hrsg) J. B. Harley.The New Nature of Maps. Essays in the History of Cartography. John Hopkins University Press, Baltimore. 83–108

Hearnshaw HM, Unwin DJ (eds) (1994): Visualization in Geographic Information Systems. Wiley, Chichester

Hettner A (1910) Die Eigenschaften und Methoden der kartographischen Darstellung. Geographische Zeitschrift Jg. 16: 12–28 und 73–82

Howe J (2006) The Rise of Crowdsourcing. Wired (14)

Kraak MJ, Brown A (2000) Web cartography : developments and prospects. Taylor & Francis, New York

Krotz F (2008) Handlungstheorien und Symbolischer Interaktionismus als Grundlage kommunikationswissenschaftlicher Forschung Theorien der Kommunikations- und Medienwissenschaft. VS Verlag für Sozialwissenschaften, Wiesbaden. 29–47

Laxton P (Hrsg) (2001) J. B. Harley.The New Nature of Maps. Essays in the History of Cartography. John Hopkins University Press, Baltimore

Lehnes P (2008a) Landschaftsinterpretation für Touristen und Ausflügler oder: das Erlebnis entsteht (auch) im Kopf. In: Schindler R, Stadelbauer J, Konold W (Hrsg) Points of View. Landschaft verstehen – Geographie und Ästhetik, Energie und Technik. modo Verlag, Freiburg. 125–135

Lehnes P (2008b) Natur- und Kulturerbe fasziniert – wenn es wirkungsvoll in Szene gesetzt wird. In: Eder R, Arnberger A (Hrsg) Auf den Pfaden von Natur und Kultur. Wodurch werden Lehrpfade, Themen- und Erlebniswege zu attraktiven Destinationen? Tagungsband. Universität für Bodenkultur, Wien

Lovelace K, Hegarty M, Montello D (1999) Elements of Good Route Directions in Familar and Unfamiliar Environments. In: Freska C, Mark D (Hrsg) Spatial Information Theory, Proceedings COSIT 1999. Springer. 65–82

MacEachre AM (1994) Visualization in Modern Cartography: Setting the Agenda. Visualization in Modern Cartography. Elsevier Science, New Yok. 1–12

MacEachre AM (1995) How maps work: representation, visualization, and design. Guilford Press, New York, London

Mayer RE (2009) Multimedia learning. Cambridge University Press, Cambridge

McCormick BH et al. (1987) Visualization in Scientific Computing. Computer Graphics 21(6)

Mead GH, Straues A (1969) On social psychology: selected papers. U. of Chicago Pr.

Merriman T, Brochu L (2006) The History of Heritage Interpretation in the United States. Fort Collins, Co. InterpPress

Michon P, Denis M (2001) When and Why Are Visual Landmarks Used in Giving Directions? In: Freska C, Mark D (Hrsg) Spatial Information Theory, Proceedings COSIT 1999. Springer. 292–305

Minass E (2002) Dimensionen des E-Learning. SmartBooks

Mose J, Strüver A (2009) Diskursivität von Karten – Karten im Diskurs. In: Glasze G, Mattissek A (Hrsg) Handbuch Diskurs und Raum. Transcript, Bielefeld. 315–326

Mosimann T (2007) Multimedia in der Geographie. Berichte zur deutschen Landeskunde 81(1): 7–20

Olbrich G, Quick M, Schweikart J (2002) Desktop mapping: Grundlagen und Praxis in Kartographie und GIS. Springer, Heidelberg

Paivio A (1986) Mental representations: a dual coding approach. Oxford University Press, New York

Pickles J (2004) A History of Spaces: Cartographic Reason, Mapping, and the Geo-Coded World. Routledge, London

Ramm F, Topf J (2010) OpenStreetMap: Die freie Weltkarte nutzen und mitgestalten. Lehmanns media

Raubal M, Winter S (2002) Enriching Wayfinding Instructions with Local Landmarks. In: Egenhofer M, David M (Hrsg) Geographic Information Science. Lecture Notes in Computer Science, Vol. 2478. Springer, Berlin. 243–259

Fortsetzung

8

Fortsetzung

Saurer H, Fuest R, Gossmann H (2004) WEBGEO: Geographie Online lernen! Die nachhaltige Integration neuer Medien in die Grundausbildung. In: Plümer L, Asche H (Hrsg) Geoinformation – Neue Medien für eine neue Disziplin. 167–178

Schmeller D, Henry P, Julliard R, Gruber B, Clobert J, Dziock F, Lengyel S, Nowicki P, Deri E, Budrys E, Kull T, Tali K, Bauch B, Settele J, Van Swaay C, Kobler A, Babij V, Papastergiadou E, Henle K (2009) Advantages of Volunteer-Based Biodiversity Monitoring in Europe. Conservation Biology 23 (2): 307–316

Shannon CE, Weaver W (1949) The mathematical theory of communication. University of Illionois Press, Urbana Champaign

Silvertown J (2009) A new dawn for citizen science. Trends in Ecology & Evolution 24 (9): 467–471

Sullivan B, Wood C, Iliff M, Bonney R, Fink D, Kelling S (2009) eBird: A citizen-based bird observation network in the biological science. Biological Conservation 142 (10): 2282–2292

Tilden F (1977) Interpreting our Heritage. University of North Carolina Press, Chapel Hill

Tversky B, Lee P (1999) Pictorial and Verbal Tools for Conveying Routes. In: Freska C, Mark D (Hrsg) Spatial Information Theory, Proceedings COSIT 1999. Springer. 51–64

Winter S, Raubal M, Nothegger C (2005) Foacalizing Measures of Salience for Wayfinding. In: Meng L, Zipf A, Reichenbacher T (Hrsg) Map-based mobile services: theories, methods and implementations. Springer. 125–139

Wood D, Fels J (1992) The power of maps. Guilford Press

Zipf A (2003) Zur Bestimmung von Funktionen für die personen- und kontextsensitive Bewertung der Bedeutung von Geoobjekten für Fokuskarten. In: Strobl, Blaschke, Griesebner (Hrsg) Angewandte Geographische Informationsverarbeitung XV. Beiträge zum AGIT-Symposium Salzburg 2003. Herbert Wichmann Verlag, Heidelberg. 567–576

Teil IV

Physische Geographie

 9 Klimageographie

10 Geomorphologie

11 Bodengeographie

12 Biogeographie

13 Hydrogeographie

14 Landschafts- und Stadtökologie

Allgemeine Physische Geographie

RÜDIGER GLASER UND ULRICH RADTKE

Die Physische Geographie, die auch unter Physikalischer Geographie oder Physiogeographie firmiert, ist neben der Humangeographie die zweite große Säule der Allgemeinen Geographie. Sie beschäftigt sich mit den physikalisch-naturgesetzlichen Erscheinungen der verschiedenen Sphären der Erde (Geosphäre von griech. *geos* = Erde und griech. *sphaira* = Hülle). Im Laufe ihrer Forschungsgeschichte haben sich die Teilgebiete der Physischen Geographie – wie auch diejenigen der Humangeographie (Teil V) – sukzessive immer weiter ausdifferenziert (Kapitel 3 und 4). Strebte Alexander von Humboldt in seinem „Kosmos" noch eine Gesamtschau verschiedenster natürlicher wie kultureller räumlicher Phänomene an, so konzentrierte sich schon Ferdinand von Richthofen in seinem „Führer für Forschungsreisende" aus dem Jahr 1886 eindeutig auf die Physische Geographie, insbesondere auf Geologie und Geomorphologie, die sich mit der Lithosphäre (von griech. *lithos* = Stein) beschäftigen, ergänzt um die Klimabeobachtungen in der Atmosphäre (von griech. *atmós* = Dampf, Luft; von Richthofen 1883). Auch heute bilden die Geomorphologie und die Klimageographie zwei zentrale Forschungs- und Lehrgebiete der Physischen Geographie, die daher an den Anfang der folgenden Kapitel gerückt werden. Die Hydrogeographie der Gewässer des Festlandes und der Weltmeere (Hydrosphäre von griech. *hydros* = Wasser) wie auch das eisgebundene Wasser (Kryosphäre von griech. *kryos* = Eis) sind Thematiken, die insbesondere im Kontext angewandter Fragestellungen, wie beispielsweise des weltweiten Wassermangelproblems, des Hochwasserschutzes oder des Meeresspiegelanstiegs, eine steigende Bedeutung gewinnen. Die Bodengeographie beschäftigt sich mit der Pedosphäre (von griech. *pedon* = Boden*)* und leitet von der Betrachtung der abiotischen Faktoren der Geosphäre zu den biotischen über, welche insbesondere im Rahmen der Biogeographie (Vegetations- und Tiergeographie, Biosphäre von griech. *bios* = Leben) behandelt werden.

Die Einzeldisziplinen der Physischen Geographie haben das Ziel, qualitativ wie quantitativ in unterschiedlichen Raum- und Zeitskalen die abiotischen wie biotischen Bestandteile und Prozesse der Landschaft zu untersuchen. Die auf den ersten Blick strikte Trennung der einzelnen Disziplinen ist in der Praxis der letzten Jahre immer stärker in den Hintergrund getreten, da die komplexen Probleme zunehmend eine intra-, inter- und transdisziplinäre Arbeitsweise erfordern. Eine integrative Sicht innerhalb der Physischen Geographie bietet vor allem die Geoökologie (von griech. *oikos* = Haus, haushalten) oder die Landschaftsökologie, welche sich mit dem regelhaften Zusammenwirken verschiedener Geofaktoren befasst. Die Mensch-Umwelt-Forschung (Kapitel 27), ein zentrales Anliegen der Landschaftsökologie, könnte ohne die Einbeziehung der physisch-geographischen Teildisziplinen nicht existieren.

Etwa ab dem Zweiten Weltkrieg kam es verstärkt auch zu einer methodischen Spezialisierung innerhalb der Teilgebiete der Physischen Geographie und damit zwangsläufig zu einer Verengung der Betrachtungsweisen. Dies ist sicherlich auch ein Grund dafür, dass es seit dieser Zeit auch keine (deutschsprachige) Allgemeine Physische Geographie aus „einer Feder" mehr gab. Die sich beschleunigende Vertiefung, Ausweitung und Spezialisierung bedingte, dass die Einzeldisziplinen von verschiedenen Autoren dargestellt werden und, wie in diesem Lehrbuch, auch innerhalb der Teildisziplinen eine Vielzahl von Autoren zu Wort kommt.

Mit dem Einzug mathematisch gestützter Methoden und Geographischer Informationssysteme (GIS) ging die sogenannte Quantitative Revolution einher (Kapitel 7), die in der deutschen Physischen Geographie in den 1960er-Jahren einsetzte und letztendlich jedoch zu keinem grundlegenden Paradigmenwechsel führte (Leser & Schneider-Sliwa 1999). Seit Mitte der 1980er-Jahre ist wiederum eine Rückbesinnung auf die ursprünglichen Stärken der Geographie in Bezug auf ganzheitliche, integrative Betrachtungsweisen zu verzeichnen, ohne dass aber die zunehmende Spezialisierung im methodischen Bereich verlangsamt wird, denn nur hierdurch ist eine erfolgreiche Auseinandersetzung mit den schon immer stärker quantitativ arbeitenden Nachbardisziplinen der Physischen Geographie, wie beispielsweise der Geologie, Ozeanographie, Meteorologie, Hydrologie oder der Geobotanik, möglich.

In den Kapiteln 9 bis 14 dieses Buches wird systematisch der Lehrstoff der Teilgebiete der Allgemeinen Physischen Geographie behandelt. Problem- und Forschungsfelder wie Biodiversität, Naturschutz, Nachhaltigkeit, Naturkatastrophen, Klima- und Landnutzungswandel sowie Ressourcennutzung und -schutz (Tab. 1) bedürfen einer raum-zeitlichen Betrachtung von Mensch-Umwelt-Beziehungen von der lokalen bis zur globalen Maßstabsebene. Die Analyse dieser Probleme und die Entwicklung von Lösungsstrategien verlangen aufgrund ihres hohen Komplexitätsgrades auf lokaler wie auch globaler Ebene mehr als nur monokausale Forschungsansätze. Eine noch stärkere Beachtung wird zukünftig den Eingriffen des Menschen in den Landschaftshaushalt zukommen, wobei aber auch die historischen Aspekte dieser Einflussnahme zunehmende Bedeutung erfahren, wie an dem wachsenden Interesse an geoarchäologischen Fragestellungen abzulesen ist. Im internationalen Kontext hat sich zudem die Hazardforschung zu einem Schlüsselthema entwickelt, in dem die Physische Geographie eine wichtige Rolle spielt. Diesem Problemfeld ist in Kapitel 28 ausreichend Platz zur Darstellung aktueller Forschungsfelder gegeben. Bei der Analyse des globalen Wandels, welche unter dem Schlagwort der Global-Change-Forschung geführt wird (Kapitel 29), spielen die Einzeldisziplinen der Physischen Geographie, zusammen mit anderen Naturwissenschaften, eine sehr wichtige Rolle. Wenn auch die Forderung nach stärker anwendungsorientierter physisch geographischer Forschung beim Global Change besonders deutlich wird, so sehr ist dieses aber auch ein überzeugendes Argument für die Intensivierung der sogenannten „Paläo"-Forschung. Denn nur durch die Entschlüsselung der Paläoökologie (u. a. Paläoklima, Paläoböden, Paläovegetation; Brunotte et al. 2001) mitsamt seinen kurzfristigen Oszillationen oder längerfristigen Schwankungen können die aktuell ablaufenden Prozesse richtig bewertet werden.

Die im 18. und 19. Jahrhundert im Wesentlichen in den Naturwissenschaften entwickelten Wissenschaftskonzepte des Positivismus bzw. des logischen Empirismus wurden auch von der Physischen Geographie angewandt. Auf der Basis von Erfahrungen und vor dem Hintergrund der Komplexität des Erkenntnisobjektes „Landschaft", weniger auf der Grundlage von Experimenten, wurde versucht, „wertefreie" Theorien und Gesetze abzuleiten, die wiederholbar seien und auch Vorhersagen ermöglichten. Im 20. Jahrhundert entwickelte sich der sogenannte „Kritische Rationalismus", der zusätzlich durch ständige Kritik und empirischer Falsifikation versucht, der Wahrheit näher zu kommen (Brunotte et al. 2001). Auch wenn das Grundverständnis der Physischen Geographie nach wie vor primär ein naturwissenschaftliches ist, bedient man sich auch heute noch auf einigen Feldern eines hermeneutisch orientierten Ansatzes, das heißt, der wissenschaftliche Erkenntniswert

Tabelle 1 Die wichtigsten Umweltprobleme der nächsten 100 Jahre nach einer Einschätzung von 200 Umweltexperten und Wissenschaftlern der UNEP in Prozent (Mehrfachnennung, Stand: UNEP 2001, Quelle: Globus 7060 vom 21.05.2001).

Nr.	Umweltproblem	%
1	Klimawandel	51
2	Wasserknappheit	29
3	Zerstörung der Wälder / Wüstenbildung	28
4	Wasserverschmutzung	28
5	Verlust der Artenvielfalt	23
6	Mülldeponien	20
7	Luftverschmutzung	20
8	Bodenerosion	18
9	Störung der Ökosysteme	17
10	Belastung durch Chemikalien	16
11	Verstädterung	16
12	Ozonloch	15
13	Energieverbrauch	15
14	Erschöpfung natürlicher Ressourcen	11
15	Zusammenbruch des biogeochemischen Kreislaufs	11
16	Industrieabgase	10
17	Naturkatastrophen	7
18	Einschleppung fremder Arten	6
19	Gentechnik	6
20	Meeresverschmutzung	6
21	Überfischung	5
22	Veränderung der Meeresströmungen	5
23	schwerabbaubare Zellgifte (u. a. DDT)	4
24	El Niño	3
25	Anstieg des Meeresspiegels	3

wird nicht aus Messdaten und Laborergebnissen, sondern aus zum Beispiel Texten und Bildern gewonnen. Ergebnisreiche Beispiele liefert die Historische Klimatologie, in der aus schriftlichen Quellen lange Zeitreihen der Klimaentwicklung abgeleitet werden konnten (Bradley & Jones 1992, Pfister 1999, Glaser 2008). Auch auf dem Gebiet der Glazialmorphologie lassen sich Bildquellen und Beschreibungen zur Rekonstruktion historischer Gletscherstände und Ausbruchsphasen proglazialer Seen nutzen (Zumbühl & Holzhauser 1988) und selbst der Erdbebenforschung gelingt es, die langfristige Entwicklung in historischen Erdbebenkatalogen zu fassen (Leydecker 2007). Ähnliches gilt für Massenbewegungen (Glade et al. 2001).

Abschließend sei noch auf die Konkurrenzsituation innerhalb der verschiedenen Erdwissenschaften eingegangen. Häufig wird die Physische Geographie mit ihnen zusammen den „Geowissenschaften" als zugehörig eingestuft, andererseits wird sie aber auch im Verbund mit der Humangeographie ihnen gegenübergestellt. Zunehmend werden Forschungsfelder der Physischen Geographie von den Nachbarwissenschaften „neu" entdeckt, insbesondere die, die sich mit dem Einfluss des Menschen auf die verschiedenen Geosphären beschäftigen. Sicherlich ist die Positionierung einer Wissenschaft ein andauernder Prozess, in dem langfristig nur die erfolgreiche Umsetzung der gesetzten Ziele zählt, und so ist es natürlich auch möglich, dass ehemals originär „geographische" Fragestellungen von Nachbardisziplinen erfolgreicher bearbeitet werden können. Es sollte aber immer berücksichtigt werden, dass bei den zunehmend wettbewerbsorientierten Positionierungen innerhalb der Wissenschaftslandschaft die Einheit des Faches Geographie dabei zur Disposition gestellt wird. Humangeographie wie Physische Geographie sind zusammen eine Geowissenschaft und somit auch integraler Bestandteil einer *Earth System Science* (Pitman 2005), denn ohne Einbeziehung der Anthroposphäre bleibt die Erdsystemwissenschaft ein Torso. Die Physische Geographie als unverzichtbarer Bestandteil der Erdsystemforschung bietet eine Vielzahl hoch spannender Forschungsfelder, in denen Raumorientierung und ganzheitlich synthetische Lösungsansätze erfolgreiches Arbeiten versprechen.

Literatur

Bradley RS, Jones PD (1992) Climate since 1500. London

Brunotte E, Gebhardt H, Meuerer M, Meusburger P, Nipper J (Hrsg) (2001) Lexikon der Geographie. 4. Bde., Heidelberg

Glade T, Albini P, Frances F (Hrsg) (2001) The use of historical data in natural hazard assessment. Dodrecht

Glaser R (2008) Klimageschichte Mitteleuropas: 1200 Jahre Wetter, Klima, Katastrophen. Darmstadt

Leser H, Schneider-Sliwa R (1999) Geographie – eine Einführung. Braunschweig

Leydecker G (2007) Erdbebenkatalog für die Bundesrepublik Deutschland mit Randgebieten für die Jahre 800–2007. Bundesanstalt für Geowissenschaften und Rohstoffe (BGR)

Pfister C (1999) Wetternachhersage. Haupt, Bern

Pitman AJ (2005) On the role of Geography in Earth System Science. Geoforum, 36: 137–148

von Richthofen F (1883) Aufgaben und Methoden der heutigen Geographie. Leipzig

Zumbühl HJ, Holzhauser H (1988) Alpengletscher in der Kleinen Eiszeit. In: Die Alpen, 64/3: 129–322

Inversion am Rande des Oberrheingrabens. Kalte Luftmassen fließen, dem Relief folgend, in die Täler ab. Während sich in den Tieflagen unter der Wolkenschicht in der „dicken Suppe" nach und nach aufgrund von Emissionen Schadstoffe anreichern können, herrscht über der Inversionsgrenze strahlender Sonnenschein (Foto: S. Glaser).

Kapitel 9
Klimageographie

Kaum ein geographischer Themenkreis ist aktuell so im öffentlichen und politischen Diskurs verankert wie Klima, Klimaänderung und anthropogener Treibhauseffekt. Neben der Frage nach dem zukünftigen Trend von Temperatur und Niederschlag interessiert vor allem die nach der Entwicklung von Extremen wie Stürmen, Überschwemmungen und Dürren, die in den letzten Jahren gehäuft aufgetreten sind. In Gremien wie dem IPCC (*Intergovernmental Panel on Climate Change*) forschen Stäbe von Wissenschaftlern an Klimaszenarien und bemühen Modelle für unsere klimatische Zukunft. Wie fallen diese aus? Wie werden sich die Folgen des Klimawandels regional auswirken? Diese Fragen interessieren neben Klimatologen vor allem auch Ökonomen, Rückversicherungsgesellschaften und Politiker, die versuchen, Handlungs- und Anpassungsstrategien abzuleiten, um die möglichen Folgen bewältigen zu können. Andere Inhalte des Klimadiskurses umfassen die Wahrnehmung, den Umgang in den Medien oder aber auch die Fragen nach den technischen Pufferungsstrategien oder der Risikoabschätzung. Und schließlich sind Wetter, Witterung und Klima der Stoff, aus dem Drehbücher, literarische Vorlagen und Songtexte gemacht sind, wie die Erfolgstreifen *The Day after Tomorrow* oder *Twister* zeigen.

Was ist dabei spezifisch geographisch? Während sich die Meteorologie als Physik der Atmosphäre versteht, beschäftigt sich die Klimageographie explizit mit den Wirkungen des Klimas auf die Erdoberfläche und den Menschen sowie mit den räumlichen Mustern. Nicht zuletzt wegen der übergreifenden natur- und geisteswissenschaftlichen Struktur ist die Geographie daher besonders geeignet, die heute so wichtige Facette des *climatic impact* inhaltlich zu füllen. Als ein Spezifikum der Geographie kann die regionale Perspektive angesehen werden. Dabei besitzen in der großräumigen globalen Betrachtung Klimaklassifikationen ein gewisses Alleinstellungsmerkmal. Wesentlich waren und sind auch die Konzepte zur allgemeinen planetarischen Zirkulation und die heute weit verbreiteten Arbeiten zur Zirkulationsdynamik sowie zum Klimawandel. Eine weitere Spezifikation ist die Paläoklimatologie, das heißt die Rekonstruktion des Klimas auf verschiedenen zeitlichen und räumlichen Ebenen. Breiten Raum nehmen auch die Arbeiten zur Stadtklimatologie ein. Schließlich sind die noch vergleichsweise seltenen Arbeiten zur Wahrnehmung von Klimaphänomenen zu erwähnen. Alles in allem kann festgehalten werden, dass die Klimageographie wohl in einigen Bereichen eine Schnittmenge mit der Meteorologie bildet, dabei aber schon immer eigene Akzente und weiterführende Facetten entwickeln konnte.

9.1 Definitionen, Probleme, Forschungsfelder und Aufgaben

RÜDIGER GLASER

Dass Klima mit der Sonne bzw. mit den im Jahresverlauf wechselnden Einfallswinkeln der Sonnenstrahlen zu tun hat, war bereits prähistorischen Kulturen bekannt. Offensichtlich standen die Beobachtung der Sonnenbahn und die Kenntnisse um bestimmte Fixpunkte des Jahres bereits früh im Mittelpunkt des Interesses. Aus ihnen konnten wichtige Termine, beispielsweise für das Ausbringen der Saat, und Bearbeitungsphasen bestimmt werden, was für agrare Gesellschaften überlebensnotwendig war und oft als göttliches Wissen angesehen wurde. So finden sich in Stonehenge oder in den Gräbern von Newgrange in Großbritannien ebenso wie in *Casa Grande* (Abb. 9.1.1) im Südwesten der USA entsprechende bauliche Einrichtungen. In Thüringen wird derzeit ein 7 000 Jahre altes Sonnenobservatorium rekonstruiert, nicht weit von dem Sensationsfund der Himmelsscheibe von Nebra, die sich ebenfalls in diese Reihe einstellen lässt. Die besondere Bedeutung klimatologischen Wissens für die seefahrenden Nationen und deren imperiale Großreiche versteht sich von selbst.

Von Hippokrates (460 bis 375 v. Chr.) wurde der Begriff Klima aus dem Griechischen für „sich neigen" abgeleitet. Aus dem frühen antiken Klimabegriff entwickelte man nach und nach griffigere Definitionen. Alexander von Humboldt (1767 bis 1835) vermerkte unter Klima: „Alle Veränderungen in der Atmosphäre, von

denen unsere Organe merklich affiziert werden […] Die Temperatur, die Feuchtigkeit, die Veränderungen des barometrischen Druckes, der ruhige Luftzustand oder die Wirkungen ungleichnamiger Winde, die Ladung oder die Größe der elektrischen Spannung, die Reinheit der Atmosphäre oder ihre Vermengung mit mehr oder minder ungesunden Gasaushauchungen." In dieser stark auf den Menschen bezogenen Definition kommen schon mehrere Aspekte zum Tragen, die auch Joakim Frederik Schouw (1789 bis 1852) für die Unterscheidung von Meteorologie und Klimatologie anführte. Danach versteht man unter **Meteorologie** „die Lehre von den Beschaffenheiten der Atmosphäre im Allgemeinen" und weist sie als Teilgebiet der Geophysik aus. Unter **Klimatologie** wird hingegen eine „geographische Meteorologie" verstanden, die „als Lehre von den Beschaffenheiten der Atmosphäre in den verschiedenen Erdteilen" Teil der Physischen Geographie ist.

Im Laufe der Zeit hat sich eine ganze Kaskade von Begrifflichkeiten herausgebildet. Zu den wesentlichen zählt dabei die viel zitierte Trilogie „Wetter, Witterung und Klima". Unter **Wetter** wird dabei der augenblickliche Zustand der Atmosphäre als Zusammenwirken meteorologischer Messgrößen verstanden. Im Begriff **Witterung** spiegelt sich der allgemeine Charakter des Wetterablaufs über eine längere Beobachtungszeit von wenigen Tagen bis Monaten. Dies kommt in umgangssprachlichen Begriffen wie „milde Frühjahrswitterung" oder „heiße Sommerwitterung" zum Ausdruck. Dieser Begriff ist damit bereits geprägt durch einen mittleren vorherrschenden Grundcharakter über einen längeren Zeitraum. Dem gegenüber betont der Begriff **Klima** in der klassischen Klimatologie den mittleren Zustand und gewöhnlichen Verlauf der Witterung an einem Ort. Wla-

Abb. 9.1.1 *Casa Grande* südöstlich von Phoenix in Arizona, USA. Das vier Stockwerke hohe „Große Haus" bildet das Zentrum einer Anlage, die in die späte Hohokam-Periode (vermutlich 14. Jahrhundert) datiert wird. Wahrscheinlich diente dieses Haus als Observatorium, da seine Wände nach den Himmelsrichtungen ausgerichtet sind und verschiedene Öffnungen in den Mauern mit markanten Mond- und Sonnenstellungen wie dem Sommersolstitium übereinstimmen (Foto: R. Glaser).

dimir Köppen (1846 bis 1940) hat bereits sinnigerweise vermerkt: „Die Witterung ändert sich, während das Klima bleibt." Es handelt sich also um einen Begriff, der als klassische Mittelwertsklimatologie auf einen langen Zeitraum von sogenannten Standardperioden von 30 Jahren, zum Beispiel 1951 bis 1980, abhebt.

Neben dieser Mittelwertsklimatologie wird auch von einer **synoptischen Klimatologie** gesprochen. Darunter versteht man die Abfolge typischer Witterungslagen während eines längeren Zeitraums. Als synoptische Grundeinheiten werden Luftmassen, Fronten, Druckgebilde und Großwetterlagen herangezogen.

Im Zusammenhang mit der numerischen Behandlung wird auch von „klimatischen Gegebenheiten" (*climatic state*) gesprochen. Klimatische Größen werden dabei in definierten Zeiteinheiten innerhalb eines langfristigen Bezugsrahmens mit Größen wie Streuung, Häufigkeitsverteilung, Extremwerten aber auch Sturmfluten und Hochwässern in Beziehung gebracht.

Zu den heute zentralen Begriffen der **Klimaschwankungen** und **Klimaänderungen** lieferte bereits Victor Conrad (1876 bis 1962) folgende Definition: „Unter Klima verstehen wir den mittleren Zustand der Atmosphäre über einem bestimmten Erdort, bezogen auf eine bestimmte Zeitepoche mit Rücksicht auf die mittleren und extremen Veränderungen, denen die zeitlich und örtlich definierten atmosphärischen Zustände unterworfen sind." Oft werden die Klimaschwankungen und Klimaänderungen mit Normal- und Standardperioden in Beziehung gesetzt. Überschreiten die beobachteten

Werte definierte Grenzwerte dieser Bezugsperioden, beispielsweise mehrfache Standardabweichungen, dann wird von einer Klimaänderung gesprochen.

Die Klimatologie lässt sich auch nach verschiedenen Arbeitsgebieten beschreiben. So unterscheidet man neben einer allgemeinen eine spezielle und eine regionale (Abb. 9.1.2). Während in der **allgemeinen Klimatologie** Klima als statische Größe mit separativer (d. h. getrennter) Betrachtung der Einzelelemente behandelt wird, finden sich in der **speziellen Klimatologie** viele angewandte Bereiche, etwa die Bio- oder Agrarklimatologie sowie eine synoptische und dynamische Sicht des Klimas. Die **regionale Klimatologie** thematisiert hingegen individuelle Erdräume und die regionale Differenzierung globaler Prozesse und Phänomene.

Auch die räumlichen Dimensionen finden sich in verschiedenen Begrifflichkeiten wieder. Im Rahmen der **Mikroklimatologie** werden kleinräumige Wirkungen an der Erdoberfläche analysiert, wobei vor allem das Klima der bodennahen Luftschicht von besonderem Interesse ist (Geiger 1961). Demgegenüber behandelt die **Mesoklimatologie** Hang- und Talwindsysteme, Land-See-Windsystem sowie das Stadtklima – letztlich Vorgänge und Erscheinungsformen, die stark von der Geländetopographie und der Beschaffenheit der Erdoberfläche geprägt sind. Die **Makroklimatologie** hat hingegen großräumige Bewegungsvorgänge in der Atmosphäre zum Gegenstand. Hier sind vor allem die allgemeine Zirkulation sowie globale und zonale Betrachtungsweisen angesiedelt (Abb. 9.1.3).

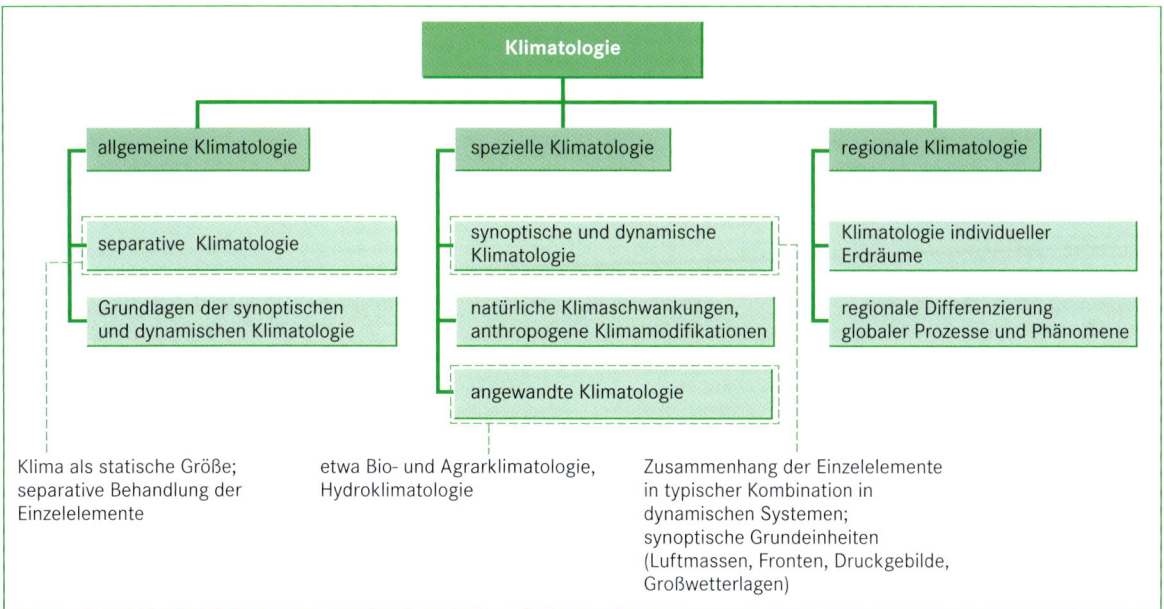

Abb. 9.1.2 Arbeitsgebiete der Klimatologie.

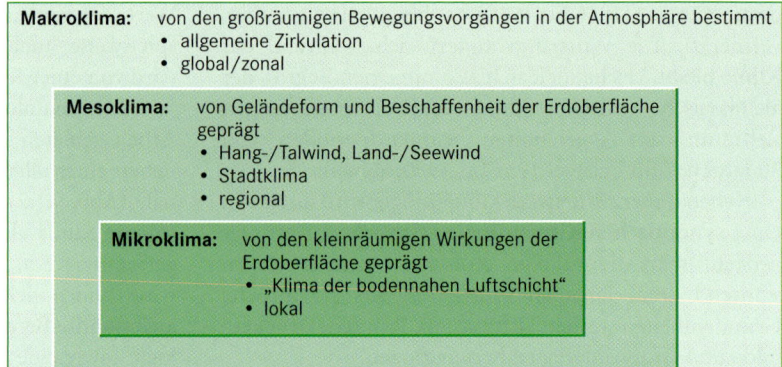

| Makroklima: | von den großräumigen Bewegungsvorgängen in der Atmosphäre bestimmt
• allgemeine Zirkulation
• global/zonal |

| Mesoklima: | von Geländeform und Beschaffenheit der Erdoberfläche geprägt
• Hang-/Talwind, Land-/Seewind
• Stadtklima
• regional |

| Mikroklima: | von den kleinräumigen Wirkungen der Erdoberfläche geprägt
• „Klima der bodennahen Luftschicht"
• lokal |

Abb. 9.1.3 Räumliche Dimensionen des Klimabegriffs.

Exkurs 9.1.1

Zur Entwicklung der Klimageographie

Die Entwicklung der Klimageographie, ihr Stellenwert innerhalb der Geographie sowie die im Lauf der Jahre wechselnden Themenschwerpunkte erschließen sich unter anderem aus den Analysen von Lehrstühlen, Forschungsprojekten, Publikationen und den Aktivitäten der einschlägigen Gremien. Inwieweit diese als Ausdruck wissenschaftlichen Erkenntnisgewinns gedeutet werden können oder aber durch die Schwerpunkte von Förderprogrammen der Geldgeber gesteuert sind oder gar den Zeitgeist reflektieren, soll hier nicht weiter hinterfragt werden.

Einen guten Überblick zur Entwicklung der Themen innerhalb der Geographie erhält man durch die Analyse der Tagungsbeiträge des regen Arbeitskreises „Klima" der Deutschen Gesellschaft für Geographie, der 1981 durch die Professoren Eriksen und Weischet gegründet wurde. Zunächst offenbaren die in den 1980er-Jahren abgehaltenen Tagungen eine große thematische Vielfalt, die von klassischen regionalen Fragestellungen bis zu bioklimatischen Betrachtungen und dem Einsatz von Fernerkundungsdaten reicht. Zu diesem Spektrum traten neben die Klassiker wie Klimaklassifikationen und angewandte Fragen der Agrarklimatologie neue Themen wie das Waldsterben. Mitte der 1980er-Jahre kamen die Themenkreise „Klimaänderungen", „Energie und Klima" sowie bioklimatische Fragestellungen auf. Fragen des Paläoklimas, Untersuchungen zum Ozon und zu Klimaextremen reicherten den breiten Themenkanon weiter an. In den nächsten Jahren wurden Aspekte der allgemeinen planetarischen Zirkulation, der Gelände- sowie der Stadtklimatologie aufgegriffen. Fragen von Messtechniken und Datenerfassung, Arbeiten zur regionalen Klimageographie mit stärkerem Planungsbezug folgten.

Weitere Forschungsleistungen wurden – nicht zuletzt durch das Mitte der 1980er-Jahre initiierte Paläoklimaprogramm der Bundesregierung – im Bereich der Paläoklimatologie erzielt. Diese Arbeiten beziehen sich auf Zeithorizonte von Jahrhunderten bis Jahrmillionen und basieren auf einem breiten Methodenspektrum von Klimazeigern wie Warven, Dendrodaten, aber auch chronikalische Aufzeichnungen.

Die Wertigkeit der Klimageographie innerhalb der Geographie kommt auch in der Ausrichtung der Lehrstühle zum Ausdruck: Einschlägige Lehrstühle bestehen in Augsburg, Basel, Berlin, Bern, Bonn, Essen, Freiburg, Marburg.

Ein weiterer Gradmesser ist die Zahl der bewilligten Forschungsvorhaben. Die Klimatologie stellt nach der Geomorphologie den zweitgrößten Anteil an den bewilligten Vorhaben, die von der Deutschen Forschungsgemeinschaft (DFG) gefördert wurden. Als weiterer Beleg für die Kreativität geographischer Forschungsleistungen steht die Zahl der Publikationen: Neben der entsprechenden Präsenz im Nationalatlas Deutschland konnte immer wieder in allen namhaften geowissenschaftlichen Zeitschriften durch einzelne Sonderhefte das aktuelle Forschungsspektrum der geographischen Klimaanalyse vorgestellt werden. Schwerpunkte lagen dabei in Bereichen Klimawandel sowie Klimaextreme und den regionalen Fallbeispielen. Besondere Beachtung verdienen die neueren Untersuchungen zu den regionalen Auswirkungen des Klimawandels, in denen sowohl natur- als auch sozialwissenschaftliche Ansichten und Zugangswege zusammengeführt werden. Die Geographie als Brückenfach ist besonders geeignet, die wichtigen Fragen des *climatic change* im regionalen Kontext zu entschlüsseln. In diesem Kontext stand auch die 2010 durchgeführte internationale Tagung *Continents under Climate Change* in Berlin (Endlicher & Gerstengarbe 2010).

Zusammenfassend kann festgehalten werden, dass die Klimageographie innerhalb des Faches einen hohen Stellenwert besitzt. In jüngster Zeit ist eine zunehmende Quantifizierung und eine verstärkte Hinwendung zu Modellierungen zu erkennen. E-Learning-Module (www.webgeo.de) erleichtern darüber hinaus das Verständnis von klimatologischen Sachverhalten in moderner Form.

Als **Klimaelemente** werden die physikalisch messbaren Erscheinungen der Atmosphäre wie Temperatur, Luftdruck oder Niederschlag bezeichnet, während **Klimafaktoren** das Klima beeinflussende Größen sind, wie die Erdbahnparameter, Solarstrahlung, aber auch die Höhenlage oder Luv- und Leelagenwirkungen.

9.2 Klimasystem

Die gescheiterten Versuche des amerikanischen Militärs, in den 1950er-Jahren in dem Vorhaben „*Cirrus*", Klima künstlich zu steuern und als strategische Waffe einzusetzen, und unsichere Klimaprognosen selbst in jüngster Zeit machen deutlich, dass Klima komplex ist. Es weist eine chaotische Struktur auf und oft sind Zusammenhänge und Folgewirkungen nicht klar ersichtlich. Das ist ein Grund, warum viele Modelle und Prognosen mit großen Unsicherheiten behaftet sind. Trotzdem ist durch die Anstrengungen der letzten Jahrzehnte das Wissen um das System „Klima" rapide angewachsen. Die Modelle und Szenarien wurden im gleichen Maße zuverlässiger.

Das Klimasystem besteht aus den Teilsystemen Atmo-, Bio-, Hydro-, Geo- und Kryosphäre. Angetrieben wird dieses System von den sogenannten *forcings*. Als wesentliche Steuerungsgröße müssen alle Veränderungen der **solaren Aktivität** angesehen werden. Sie haben entscheidenden Einfluss auf die bedeutendste Eingangsgröße des Klimasystems, die **Strahlung**. Grundlegende Variationen erfährt die Strahlung durch alle Änderungen der Erdbahnparameter, also der **Erdrotation**, der **Präzession** und der **Schiefe der Ekliptik**. Eine wesentliche Rolle spielt auch die **Zusammensetzung der Atmosphäre**, insbesondere die Menge der Spuren- und der Treibhausgase sowie Wasserdampf. Für uns heute einsichtige Grundtatsachen wie die globale Wolkenbedeckung wurden vor der Verfügbarkeit der Satellitentechnologie völlig unterschätzt. Dass Vulkanaktivitäten Einfluss auf das Klimasystem haben, konnte in den letzten Jahren immer wieder eindrucksvoll nachempfunden werden. Der Ausbruch des Mount Pinatubo Anfang der 1990er-Jahre führte durch die großen Mengen von Aerosolen, die in die obere Atmosphäre eingetragen wurden, nicht nur zu beeindruckenden Sonnenunter- und Sonnenaufgängen, sondern auch zu einer globalen Temperaturreduktion von bis zu 0,8 Grad, die sich über einen Zeitraum von 2 bis 3 Jahren nachweisen ließ.

Es ist ein Charakteristikum des Klimasystems und zugleich eine Erklärung für die Schwierigkeit seiner Entschlüsselung, dass die einzelnen Elemente internen Veränderungen unterliegen, die ihrerseits auf unterschiedlichen Zeitskalen ablaufen.

Zu den längerfristigen Einflussgrößen zählen die geotektonischen Änderungen im Zusammenhang mit der Plattentektonik. Diese führen zu verschiedenen Konstellationen der Kontinente und bestimmen beispielsweise das Land-Meer-Verhältnis oder, wie durch das Schließen des Isthmus von Panama, die Ausbildung spezifischer Meeresströmungen wie dem Golfstrom.

Die Salinität, aber auch die Form der einzelnen Ozeanbecken, die Oberflächentemperaturen, der Gehalt an Biomasse, vor allem aber die Ozeanströmungen steuern die Teilsysteme mit. Große Aufmerksamkeit hat in den letzten Jahren das weltweite „Förderband" der Meeresströmungen, der *Conveyor Belt*, erhalten. Eine besondere Rolle kommt dabei der sogenannten **thermohalinen Tiefenwasserzirkulation** im Nordatlantik zu, die auch mit dem Golfstrom in Verbindung steht. Das kalte salzhaltige und damit auch besonders dichte Wasser sinkt im Nordatlantik an der Südspitze von Grönland auf den Ozeanboden ab und fließt von dort Richtung Äquator. Als Ausgleichsströmung wird dabei warmes Wasser aus dem karibischen Raum über den Golfstrom nach Norden transportiert, was letztlich eine wichtige Energie- und Wärmeschaukel gerade für das europäische Klima darstellt. Offensichtlich hängt dieses System an einem sehr engen Temperatur- und Salinitätsbereich, das bei geringen Änderungen zum Erliegen kommen könnte. Als mögliche Folge eines derartigen Szenarios vermutet man einen Temperaturrückschlag, wie er bereits in der frühen Dryas durch das Ausfließen von großen Wassermassen der proglazialen Seen auf dem nordamerikanischen Kontinent schon einmal stattgefunden hat.

Auch die Landoberflächen sind ganz wesentliche Elemente des Klimasystems. Ihre Veränderung, insbesondere die Transformation der natürlichen Vegetation in agrare Nutzflächen, machte sich unter anderem über eine Änderung der Albedo bemerkbar, führte zur Freisetzung von Staub- und im Falle der Brandrodung von Rußpartikeln und zu Veränderungen des terrestrischen Wasserhaushalts. Zudem wurden dadurch die Kohlenstoffbilanzen verändert.

Die Interaktionen zwischen den einzelnen Teilsystemen werden oftmals mit eigenen Begrifflichkeiten belegt. Besondere Beachtung erfährt dabei die **Ozean-Atmosphäre-Kopplung**. In sie spielt die Eisbedeckung der Meere hinein, aber auch die sogenannten ozeanischen Aerosole und Spurengase, die zum einen beispielsweise durch die Spraywirkung von der Meeresoberfläche in die Atmosphäre abgegeben werden. Was in bildhaften Darstellungen (Abb. 9.2.1) mit vielen Kästchen und Wechselpfeilen dargestellt ist und

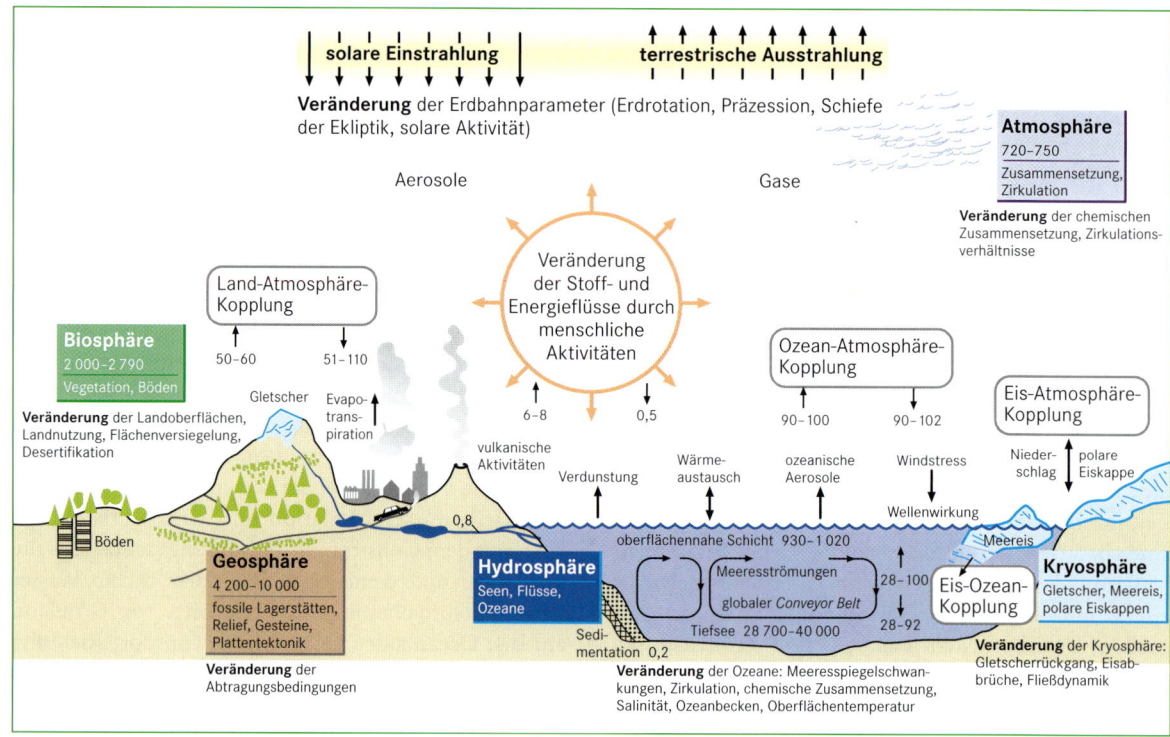

Abb. 9.2.1 Schematisierte Darstellung des Klimasystems der Erde mit Angabe der CO_2-Reservoire in Gt und der Kohlenstoffflüsse in Gt pro Jahr für die 1990er-Jahre (Entwurf R. Glaser und H. Saurer, verändert nach IPCC 2001).

zunächst sehr einfach und überschaubar wirkt, hat einen äußerst komplexen biochemischen sowie physikalischen und geographischen Hintergrund. Ein Teil der Grundlagen wird in den nachfolgenden Kapiteln inhaltlich vermittelt. Für einige Wechselwirkungen werden Kreisläufe bzw. kreislaufartige Abläufe und Strukturen angenommen, die beispielsweise im Kapitel 14.3 für den Kohlenstoff oder den Stickstoff im Detail beschrieben sind. Zunehmend werden die Speicher und Bezüge auch quantifiziert. Dabei existieren jedoch große Unschärfen. So ist die Abschätzung der terrestrischen Biomasse, die Freisetzung durch Verbrennungsprozesse und Nutzungssysteme des Menschen mit einer Unschärfe von über 140 Prozent behaftet.

Besondere Bedeutung erhalten Quantifizierungen des Klimasystems im Zusammenhang mit dem Klimawandel. Wie werden diese Systeme reagieren? Um nur ein Beispiel zu geben: In den letzten Jahrhunderten wirkte die boreale Vegetationszone als eine wesentliche Kohlenstoffsenke, die sich unter anderem aus über Jahrhunderten hinweg akkumuliertem Streu sowie aus Mooren und Böden zusammensetzt. Unter der Annahme einer Verdopplung der Treibhausgase und einer entsprechenden Erwärmung wird hingegen von einem raschen Zersatz und einer Freisetzung von Methan aus-

gegangen, sodass sich diese Landschaftszone zu einer signifikanten Quelle verändern würde.

Gerade das so anschaulich wirkende Klimasystem birgt noch viele offene Fragen.

9.3 Zusammensetzung und Aufbau der Atmosphäre

Wilfried Endlicher

Die Atmosphäre ist die durch die Gravitationskraft festgehaltene Gashülle der Erde. Alle Wetter- und Klimaprozesse finden in ihr statt. Sie kann vertikal nach verschiedenen Gesichtspunkten gegliedert werden (Abb. 9.3.1). Hinsichtlich der Zusammensetzung unterscheidet man die gut durchmischte **Homosphäre** von der Ausschichtung der Gase nach ihrem Molekulargewicht in der **Heterosphäre**. Nach der elektrischen Ladung der Atome und Moleküle, das heißt der Ionenkonzentration, gliedert man die **Ionosphäre** mit der dort schon starken elektrischen Ladung aus, die in der **Protonosphäre** bereits so stark ist, dass dort die Wasserstoff-

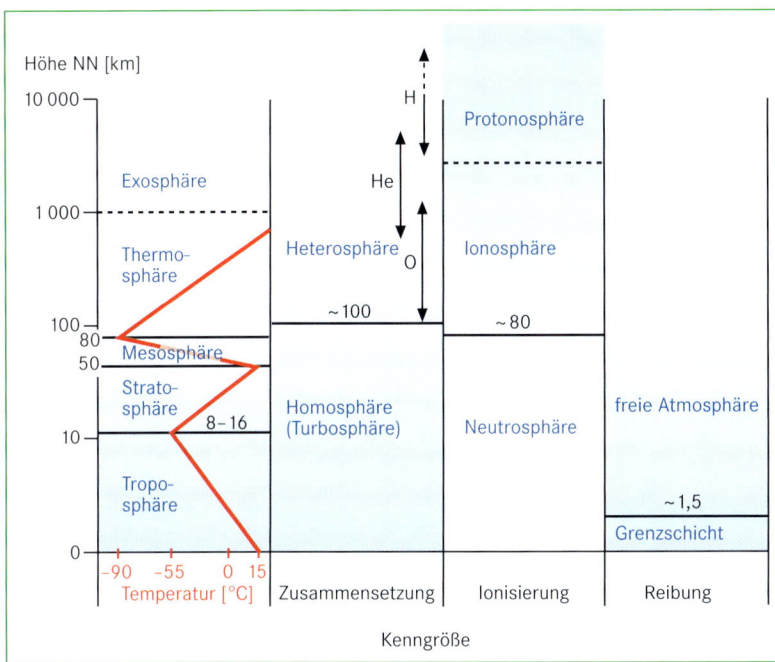

Abb. 9.3.1 Vertikalgliederung der Atmosphäre nach Temperatur, Zusammensetzung, Ionisierung und Reibung (verändert nach Liljequist & Cehak 1984, Schönwiese 2003).

atomkerne (Protonen) die überwiegenden Teilchen sind. Aus klimatologischer Sicht ist aber die durch unterschiedliche Temperaturen und den Reibungseinfluss bedingte Stockwerksgliederung relevant. Danach wird das unterste Stockwerk der Atmosphäre als **Troposphäre** bezeichnet. In ihr nimmt die Lufttemperatur mit zunehmender Höhe ab. Sie wird über den Polen in 6 bis 8 km, über dem Äquator bei zirka 16 bis 17 km durch eine gleichbleibende Temperaturschicht, die **Tropopause**, nach oben abgegrenzt. Die Troposphäre lässt sich noch weiter einteilen in die laminare Unterschicht, das heißt die untersten Millimeter, zum Beispiel über einer Straße oder einem Blatt, die bodennahe Grenzschicht bis zirka 2 m über Grund – viele Klimamessungen werden in Klimahütten an ihrer oberen Begrenzung durchgeführt – und die untersten zirka 50 m, die bodennahe Luftschicht (*canopy layer*), der am meisten untersuchte Bereich (Abb. 9.3.2). Die untersten 0,5 bis 3,0 km der Troposphäre werden planetarische Grenzschicht (*boundary layer*), Reibungsschicht oder **Peplosphäre** genannt. Sie wird nach oben durch die **Peplopause** von der „freien Atmosphäre" getrennt. Im Herbst und Winter ist die Peplopause gelegentlich an der Obergrenze einer Hochnebeldecke zu erkennen. Auf die Tropopause folgt die **Stratosphäre**, die durch eine bis zirka 50 km zunehmende Temperatur gekennzeichnet wird. Oberhalb der Isothermie der **Stratopause** nimmt die Temperatur in der **Mesosphäre** wieder ab. Bei 80 bis 90 km liegt die Mesopause und darüber nimmt die Lufttemperatur in

der **Thermosphäre** wieder zu. Oberhalb zirka 1 000 km ist die Gravitationskraft der Erde dann so gering, dass in der **Exosphäre** die Diffusion in den Weltraum überwiegt.

Die Troposphäre enthält ungefähr drei Viertel der Luftmasse, darunter den gesamten Wasserdampf. Deswegen spielen sich in ihr auch alle Vorgänge ab, für die Wasserdampf erforderlich ist, wie Wolkenbildung und Niederschlag. Damit ist die Troposphäre die eigentliche Wettersphäre. Wie geringmächtig die Troposphäre ist, lässt sich in einer Modellvorstellung im Maßstab 1 : 10 000 000 verdeutlichen: Die Erde hat dann einen Durchmesser von 1,27 m, die Mesopause liegt 8 mm über der Erdoberfläche, die Stratopause 5,5 mm und die Tropopause 0,8 bis 1,7 mm.

Die Atmosphäre setzt sich aus verschiedenen Gasen, Hydrometeoren (Wassertröpfchen und Eiskristalle) und Aerosolen zusammen, das heißt vorwiegend festen, zum Teil auch flüssigen Schwebepartikeln (Lithometeore). Die trockene, chemisch reine Atmosphäre ist in Bodennähe gut durchmischt. Ihre Hauptbestandteile sind Stickstoff mit einem Volumenanteil von 78,084 Prozent und Sauerstoff von 20,946 Prozent (Tab. 9.3.1). Argon hat einen Volumenanteil von 0,934 Prozent. Die Kohlendioxidkonzentration betrug um 1800 noch 0,028 Prozent (280 ppm), im Jahr 2000 bereits 370 ppm und sie nimmt weiter um 2 bis 3 ppm pro Jahr zu. Stickstoff wird aus organischen Verbindungen von denitrifizierenden Bakterien freigesetzt und von anderen, Stickstoff

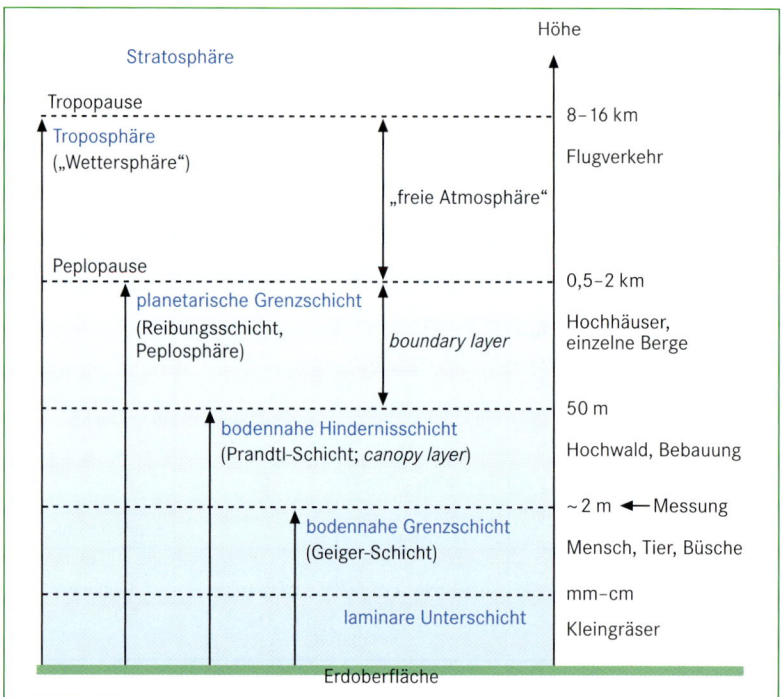

Abb. 9.3.2 Vertikalgliederung der Troposphäre (verändert nach Schönwiese 2003 u. a.)

bindenden Bakterien und Algen wieder in chemische Verbindungen zurückgeführt. Der vergleichsweise kleine Sauerstoffanteil wird von der Pflanzenwelt bei der Photosynthese produziert und bei Oxidationsprozessen (Atmung, Verbrennung) wieder gebunden. Argon entstammt als Zerfallsprodukt der Erdkruste.

Besonders relevant ist das **Kohlendioxid**, da sein Anteil in der Atmosphäre seit ungefähr 200 Jahren stetig ansteigt (Abb. 9.3.3). Wichtige natürliche Quellen sind Vulkanausbrüche, Verwesungsprozesse und Atmungsvorgänge. Vor allem wird es aber bei der Verbrennung von Holz, Gas, Kohle und Öl in die Atmosphäre eingebracht. Wichtigste Senke ist der Ozean. Außerdem enthält die Atmosphäre eine ganze Reihe von mehratomigen Spurengasen, die in ihrer Gesamtmenge zwar nicht mehr als 1 Promille des Volumenanteils der Atmosphäre ausmachen, aber in ihrer Qualität von großer Bedeutung für das gesamte Klimageschehen der Erde sind. Wichtige Spurengase sind Methan (ca. 1,75 ppm) und Distickstoffoxid (ca. 0,31 ppm), die beide wie CO_2 eine steigende Tendenz aufweisen. Sie werden auch als klimawirksame Spurengase bezeichnet, da sie zusammen mit dem Kohlendioxid über den sogenannten **Treibhauseffekt** der Atmosphäre eine schleichende Klimamodifikation verursachen. Ozon weist in der unteren Atmosphäre nur eine Konzentration von etwa 0,03 ppm auf. Dies ist ein günstiger Umstand, da Ozon eine hohe Toxizität für alles Leben besitzt. In der untersten Stratosphäre zwischen 20

und 30 km ist das Ozon aber mit 5 bis 10 ppm in der sogenannten **Ozonschicht** angereichert. Es wird dort über photochemische Prozesse, das heißt unter Einfluss der direkten Sonnenstrahlung über Dissoziierung von O_2 und Neukombination zu O_3, gebildet und abgebaut. Dabei wird der extrem kurzwellige und deshalb lebenszerstörende, ultraviolette Anteil der Sonnenstrahlung mit Wellenlängen zwischen 0,2 bis 0,3 µm absorbiert. An der Erdoberfläche beträgt die ultraviolette Strahlung deswegen nur 4 Prozent der gesamten an der Obergrenze der Atmosphäre ankommenden UV-Strahlung. Auf diese Weise bildet die Ozonschicht für alles Leben auf der Erde einen „lebensrettenden Sonnenschirm". Auch er wird aber durch menschliche Einflüsse bedroht; seit Jahren nimmt die Ozonkonzentration in der Stratosphäre ab. Drastische Ausmaße nimmt dies regelmäßig im südhemisphärischen Frühling über der Antarktis als sogenanntes **Ozonloch** an. Die stratosphärische Ozonzerstörung wird vor allem auf **Fluorchlorkohlenwasserstoffe** (FCKW, auch Chlorfluormethane genannt) und Halone (Bromverbindungen) zurückgeführt, die beispielsweise als Kühlmittel in Kühlschränken regelmäßig Verwendung fanden, bis ihre Produktion mit dem Montrealer Protokoll seit 1987 eingeschränkt wurde.

Außerdem enthält die Atmosphäre einen wechselnd großen Anteil an **Wasserdampf**, der im Mittel 2,6 Volumenprozent der Atmosphäre ausmacht. Der unsichtbare Wasserdampf ist ein ganz besonderer Stoff, denn er ist

Tabelle 9.3.1 Zusammensetzung trockener (wasserdampffreier) und reiner (aerosolfreier) Luft in Bodennähe, geordnet nach Volumenanteil (% bzw. ppm = 10^{-6}, ppb = 19^{-9} bzw. ppt = 10^{-12}, a = Jahr, m = Monat, d = Tag; Quelle: IPCC, Houghton et al. 1996, 2001, Schönwiese 2003, ergänzt).

Gas, chemische Formel	Volumenanteil V^*	Molekulargewicht M^* [10 kg/mol]	Verweilzeit t^* (mittl. molekulare)
Stickstoff, N_2	78,084 %	28,02	> 1000 a
Sauerstoff, O_2	20,946 %	32,01	> 1000 a
Argon, Ar	0,934 %	39,95	> 1000 a
Kohlendioxid, CO_2	0,039 % = 390 ppm[1]	44,02	5–15 a[2]
Neon, Ne	18,18 ppm	20,18	> 1000 a
Helium, He	5,24 ppm	4,00	> 1000 a
Methan, CH_4	1,80 ppm[1]	16,04	15 a
Krypton, Kr	1,14 ppm	83,80	> 1000 a
Wasserstoff, H_2	0,52 ppm	2,02	2 a
Distickstoffoxid (Lachgas), N_2O	0,31 ppm[1]	44,01	120 a
Xenon, Xe	0,09 ppm = 90 ppb	131,30	> 1000 a
Kohlenmonoxid, CO	50–100 ppb[3]	28,01	60 d
Ozon, O_3	15–50 ppb[4]	48,00	< 4 m
Stickoxide, NO_X ($NO+NO_2$)	0,5–5 ppb[3]	30,00, 46,01	~ 1 d
Schwefeldioxid, SO_2	0,2–4 ppb[3]	64,06	1–4 d
Ammoniak, NH_3	0,1–5 ppb	17,03	~ 5 d
Propan, C_3H_8	0,2–1 ppb	44,11	?
Dichlordifluormethan, CF_2Cl_2 (FCKW-12)	~ 0,5 ppb	120,91	100 a
Trichlorfluormethan, $CFCl_3$ (FCKW-11)	~ 0,3 ppb	137,37	50 a
Chlordifluormethan, $CHClF_2$ (FCKW-22)	~ 0,1 ppb	86,47	13 a

[1] Konzentration ansteigend, angegeben ist der Schätzwert für 2010
[2] kein einheitlicher Wert angebbar, Verweilzeit des anthropogenen Anteils ca. 120 (50–200) a
[3] räumlich-zeitlich stark variabel, in Ballungsgebieten bis ungefähr um den Faktor 10 höhere Werte möglich
[4] wie [3] und [1], in der Stratosphäre jedoch wesentlich höhere Konzentrationen von 5–10 ppm, dort abnehmend

das einzige Gas, das in der Atmosphäre auch noch in den beiden anderen Aggregatszuständen vorkommt. Der Anteil der vorwiegend festen Schwebpartikel in der Atmosphäre, der **Aerosole**, beträgt bei starken räumlichen und zeitlichen Schwankungen im Mittel 1,6 ppm. Beim Aerosol kann es sich um Staub, Rauch, Mikroorganismen, aber auch Salzpartikel handeln, wobei als Quellen auf der Erde die großen Trockengebiete (Wüstenstaub), die Vulkane (Vulkanasche) und die anthropogene Aktivität (Heizung, Verkehr) zu nennen sind.

Das Gewicht einer Luftsäule in unserer Atmosphäre pro definierte Flächeneinheit wird als **Luftdruck** bezeichnet:

$$\text{Druck} = \text{Dichte} \cdot \text{Volumen} \cdot \text{Schwerebeschleunigung/Fläche}$$

Er wird in Hektopascal gemessen (hPa, früher Millibar (mb); 1 hPa = 100 Pascal = 100 Newton pro Quadratmeter). Der Luftdruck nimmt mit zunehmender Höhe ab. Die Atmosphäre hat jedoch keine feste Obergrenze. In 800 km Höhe kommt noch etwa 1 Luftmolekül pro cm^3 vor. Das Gewicht einer Luftsäule pro Flächeneinheit beträgt in Meereshöhe im Mittel 1013,25 hPa.

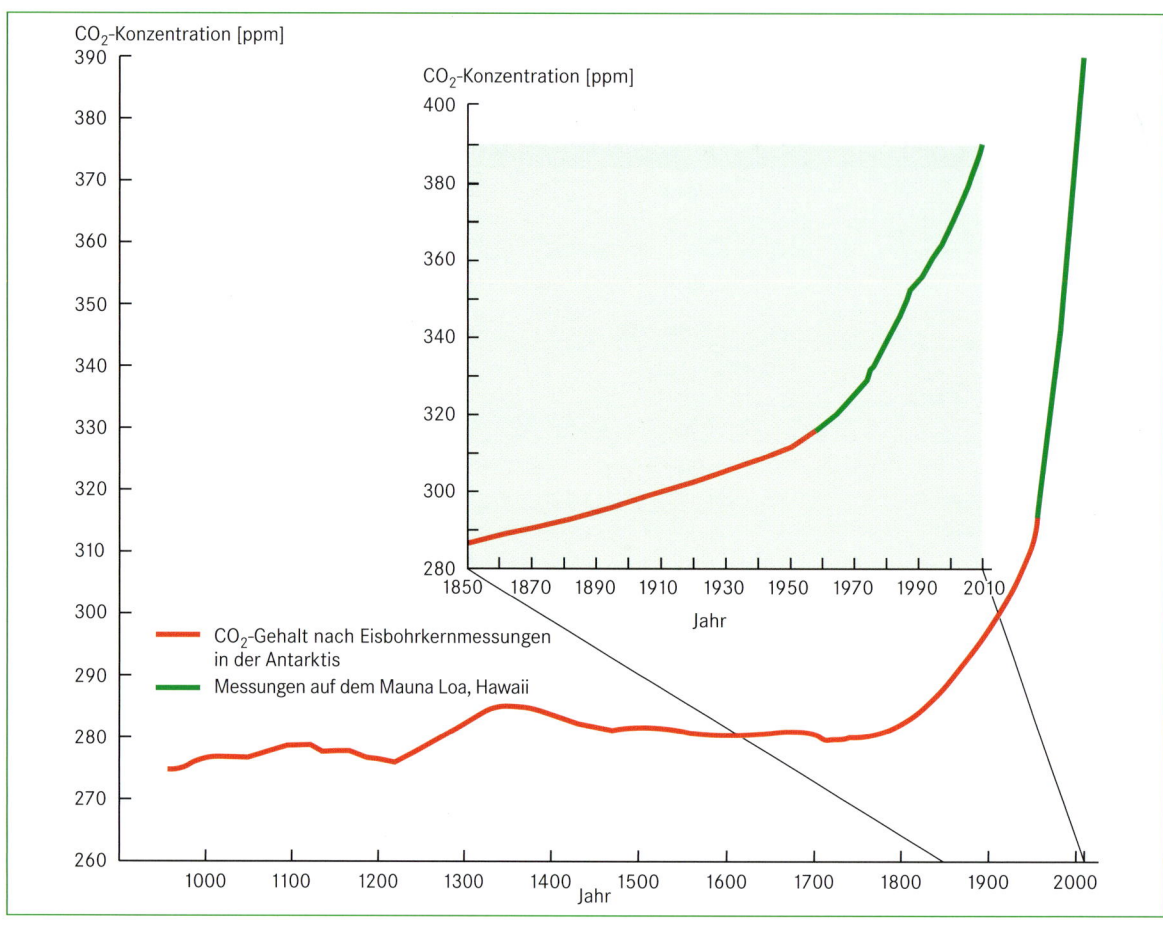

Abb. 9.3.3 Konzentration von CO_2 in der Erdatmosphäre in den letzten 1000 Jahren rekonstruiert nach Eisbohrkernmessungen in der Antarktis, seit 1958 auf der Basis von direkten Messungen auf dem Mauna Loa, Hawaii (verändert nach Houghton et al. 1996, 2001, ergänzt).

9.4 Strahlungs- und Wärmehaushalt der Erde

Astronomische und physikalische Grundlagen

Die Erde erhält ihre gesamte Energie von der Sonne, die damit auch die einzige Energiequelle für die Motorik der Atmosphäre darstellt. Die **Sonnenenergie** gelangt durch Strahlung (Energietransport ohne Materie) auf die Erde. Diejenige Energie, die bei einer mittleren Entfernung von der Sonne außerhalb der Atmosphäre pro Zeit- und pro Flächeneinheit senkrecht zum Strahlengang auftrifft, wird als Solarkonstante (S) bezeichnet. Sie ist über größere Zeiträume hinweg konstant, unterliegt

aber langfristigen Schwankungen. Sie beträgt ungefähr 1370 Wm^{-2} (= 1,96 cal $\cdot$ cm^{-2} $\cdot$ min^{-1} oder 33,5 kWh $\cdot$ m^{-2} $\cdot$ d^{-1}; nach Angaben bei Kraus (2001) 1373 Wm^{-2}, nach neueren Satellitenmessungen 1366 Wm^{-2}; der Jahresbedarf an Strom einer Wohnung beträgt bei uns zirka 3 500 kWh, an Heizung und Warmwasseraufbereitung 25 000 kWh). Die eingestrahlte Sonnenenergie differiert auf der Erde räumlich und zeitlich sehr stark, da das Energieangebot unter Vernachlässigung der Atmosphäre (sogenanntes solares oder Beleuchtungsklima) von der Bestrahlungsdauer und dem Einstrahlungswinkel abhängt. Beide werden bestimmt durch die Drehung der Erde in 24 Stunden um die eigene Achse, die Erdrotation als Ursache für Tag und Nacht, und vom Umlauf der Erde um die Sonne, der Erdrevolution mit um 23,5° geneigter Erdachse.

Der Umlauf der Erde um die Sonne ist aus heliozentrischer Sicht in Abbildung 9.4.1 festgehalten. Für einen

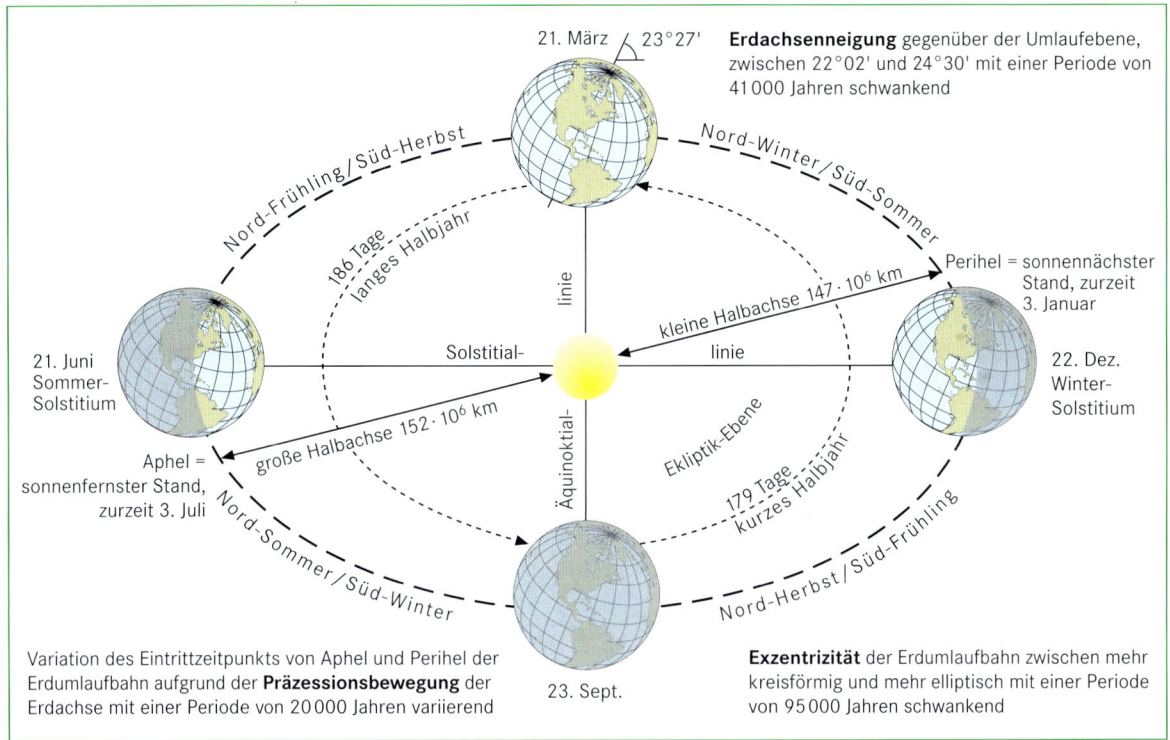

Abb. 9.4.1 Umlauf der Erde um die Sonne (Erdrevolution) mit um 23,5° gegen die Eklipitkebene geneigter Erdachse; Entstehung der Jahreszeiten sowie sonnenfernster und -nächster Punkt (Aphel und Perihel, verändert nach Weischet 1995).

Beobachter auf der Erde ergeben sich dabei aus geozentrischer Sicht scheinbare Sonnenbahnen, die je nach geographischer Breite und Jahreszeit variieren und in Abbildung 9.4.2 dargestellt sind. Aus der Überlagerung von Erdrevolution und Erdrotation können je nach Tageslänge und Sonnenhöhe in einer theoretischen Klassifizierung **solare** oder **Beleuchtungsklimazonen** abgeleitet werden. Sie lassen sich wie folgt resümieren:

- In den **Polargebieten** (zwischen Polarkreis 66,5° und Pol 90° N/S) bestehen extreme Unterschiede in den Jahreszeiten zwischen Polarsommer und Polarwinter. Die Sonne geht im Polarwinter über längere Zeit nicht auf (Polarnacht) und im Polarsommer nicht unter (Polartag). Im Extremfall (am Pol) kann dies ein halbes Jahr dauern, an den Polarkreisen jeweils an einem Tag im Jahr (Mitternachtssonne). Der Begriff „Tag" ist irreführend, da der den Lebensrhythmus bestimmende Tag-Nacht-Gegensatz aufgehoben ist. Expositionsunterschiede können in den Polargebieten vernachlässigt werden, da der Tagbogen der Sonne mit 360° um den Horizont führt. Die Dämmerung dauert viele Tage.
- In den **hohen Mittelbreiten** (zwischen Polarkreis und 45° N/S) steht die Sonne im Sommer bei langer Tagesdauer hoch über dem Horizont, bei kurzer Tagesdauer im Winter nur tief bis mittelhoch. Es gibt deswegen große Unterschiede in den strahlungsklimatischen Jahreszeiten. Charakteristisch sind im Gegensatz zum Polargebiet die langen Übergangsjahreszeiten Herbst und Frühling zur Zeit der Äquinoktien (Tag-und-Nacht-Gleiche). Die Expositionsunterschiede nehmen mit wachsender Entfernung vom Polarkreis zu. Die Dämmerung ist ganzjährig lang.
- Für die **Subtropen** (zwischen den Wendekreisen 23,5° und 45° N/S) ist ein **steiler Tagbogen der Sonne** charakteristisch. Die Dämmerung ist im Vergleich zu den hohen Mittelbreiten kurz. Zur Zeit des Sommersolstitiums (Sommersonnenwende) erreicht die Mittagssonne bei einer relativ kurzen Tageslänge von 14 Stunden einen sehr hohen Mittagssonnenstand von über 80°, beim Wintersolstitium (Wintersonnenwende) bei relativ langer Tagesdauer von 9 Stunden immerhin noch eine mittägliche Sonnenhöhe von zirka 35°. Daraus resultiert eine schwächere jahreszeitliche Differenzierung des Strahlungsklimas. Die Expositionsunterschiede erreichen ihr Maximum bei 40 bis 45° N/S und nehmen dann in Richtung auf die Tropen hin wieder ab.

- In den **Tropen** (zwischen den beiden Wendekreisen 23,5° N/S) wird bei ganzjährig hohem bis sehr hohem Sonnenstand und ebenfalls ganzjährig mittlerer Einstrahlungsdauer (10,5 bis 13,5 Stunden am Tag) eine große Energiemenge zugestrahlt, wobei es nur zu geringen Unterschieden im Laufe des Jahres kommt. Deshalb gibt es in den Tropen keine strahlungsklimatischen Jahreszeiten, sie haben ein Tageszeitenklima. Am Äquator steht die Sonne je nach Jahreszeit zur Mittagszeit im Norden oder im Süden, Expositionsunterschiede gleichen sich im Laufe eines Jahres aus und sind deshalb nicht vorhanden. Aufgrund des sehr steilen Tagbogens gibt es fast keine Dämmerung.

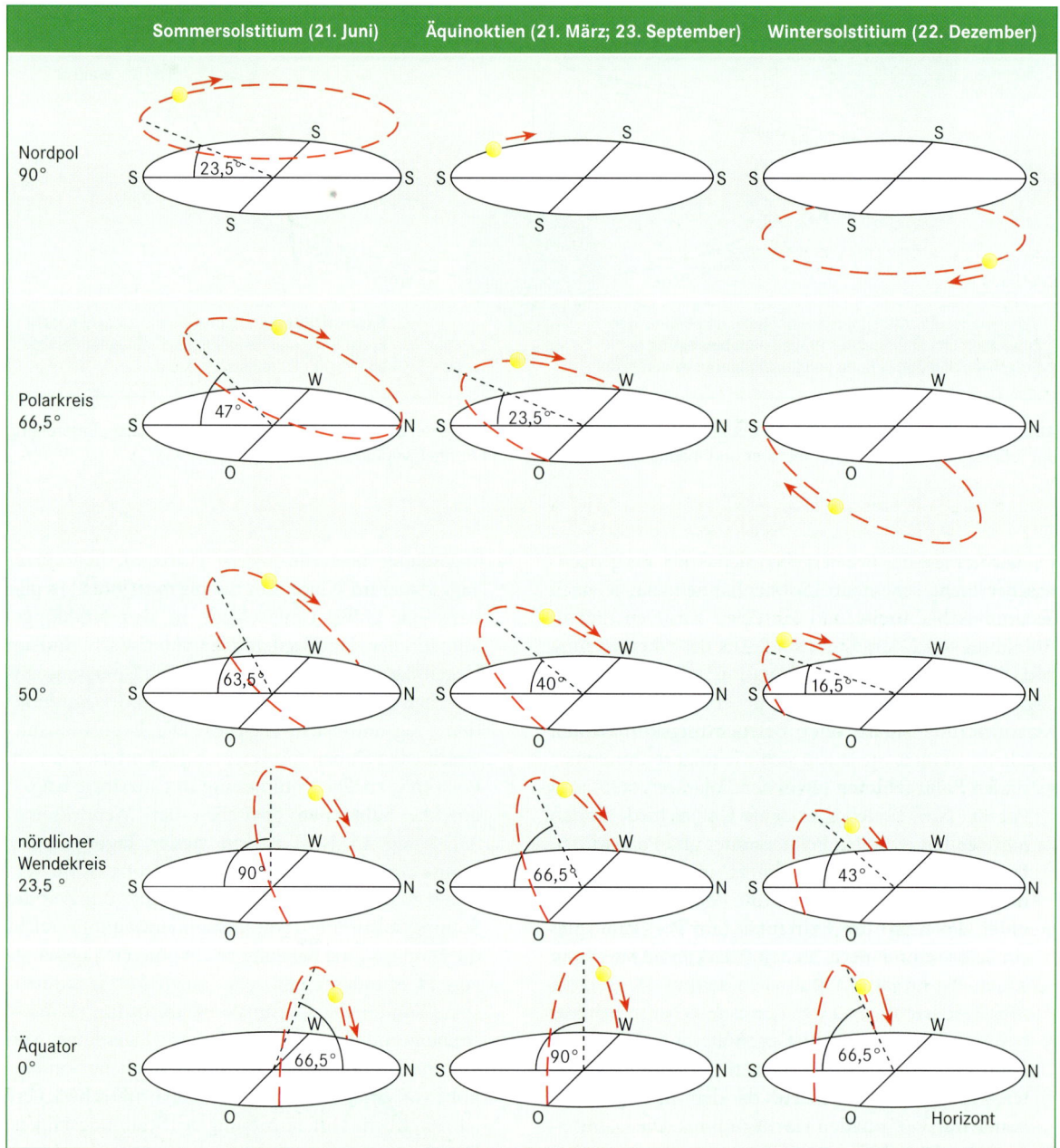

Abb. 9.4.2 Scheinbare Sonnenbahnen in verschiedenen geographischen Breiten der Nordhemisphäre (verändert nach Goßmann 1989).

Strahlungshaushalt

Die Sonnenenergie erreicht den Planeten Erde in Form von Strahlung. Dies ist elektromagnetische Wellenenergie. Jeder Körper, also die Sonne, die Erde und die Atmosphäre, emittiert Strahlung. Die von einem Körper ausgehende Energie- oder Strahlungsflussdichte folgt im Idealfall eines physikalisch absolut Schwarzen Körpers dem **Strahlungsgesetz von Planck**. Eine Teilaussage davon, das **Gesetz von Stefan und Boltzmann**, besagt, dass die von einem physikalisch Schwarzen Strahler ausgesandte Energieflussdichte Q proportional der 4. Potenz der absoluten Temperatur des Strahlers ist:

$$Q = \varepsilon\sigma T^4$$

(T = Oberflächentemperatur in Kelvin; σ = konst. = $5{,}6697 \cdot 10^{-8}$ Wm$^{-2} \cdot K^{-4}$; ε = Emissionsvermögen, das bei einem idealen Schwarzen Körper = 1 ist, bei der Erde ca. 0,95).

Die Intensität der ausgesandten Strahlung wächst also proportional der 4. Potenz der Oberflächentemperatur des Strahlers. Vergleicht man die Oberflächentemperaturen von Sonne (5 700 K) und Erde (288 K = 15 °C), so wird deutlich, dass die Energieflussdichte der Sonne um ein Vielfaches höher ist als die Ausstrahlung der Erde.

Ebenfalls aus dem Planck'schen Strahlungsgesetz abgeleitet ist das in diesem Zusammenhang interessierende Strahlungsgesetz von Wien. Das **Wien'sche Verschiebungsgesetz** beinhaltet, dass bei einem Schwarzen Strahler das Produkt aus der Wellenlänge des Strahlungsmaximums und der absoluten Temperatur konstant ist:

$$\lambda_{\text{max}} \, [\mu m] \cdot T \, [K] = 2898 \, [\mu m \cdot K]$$

Das heißt, dass Schwarze Körper mit hohen Oberflächentemperaturen, wie die Sonne, ihr Strahlungsmaximum in einem relativ kurzwelligen Bereich des elektromagnetischen Spektrums haben, Schwarze Körper mit niedrigen Oberflächentemperaturen, wie die Erde, dagegen in einem relativ langwelligen Bereich. Das Ausstrahlungsmaximum der Sonne liegt demnach bei ungefähr 0,48 μm, dasjenige der Erde bei ungefähr 10 μm. Die Aussagen des Stefan-Boltzmann-Gesetzes und des Wien'schen Verschiebungsgesetzes sind in Abbildung 9.4.3 in Diagrammform dargestellt. Den Spektralbereich von 0,38 bis 0,78 μm des elektromagnetischen Spektrums nehmen wir mit unseren Augen als sichtbares Licht wahr. Genau in seiner Mitte, im grünen Bereich, liegt das Strahlungsmaximum der Sonne. Vereinbarungsgemäß werden Wellenlängen kleiner als 3 μm als

kurzwellig bezeichnet, Wellenlängen größer 3 μm als **langwellig**. In der Klimatologie werden diese beiden verschiedenen Strahlungen deutlich unterschieden; denn die von der Sonne ausgehende Strahlung ist im Wesentlichen kurzwellig. Alle mit der Sonnenstrahlung zusam-

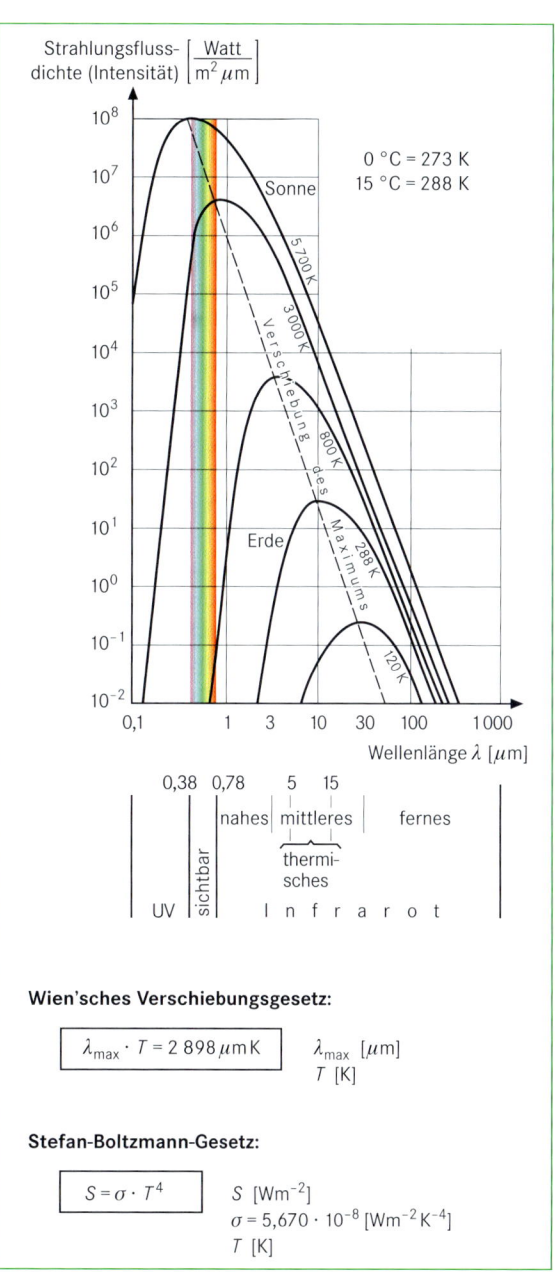

Abb. 9.4.3 Verdeutlichung der Gesetze von Stefan und Boltzmann sowie Wien: Energieflussdichte (Ordinate in doppelt logarithmischem Maßstab) von idealen Schwarzen Körpern in Abhängigkeit von der Wellenlänge (Abszisse) bei unterschiedlicher Temperatur (Planck'sche Kurvenschar mit Verbindung der Maxima; verändert nach Goßmann 1989, Kraus 2001 u. a.).

menhängenden Vorgänge in der Atmosphäre wie Reflexion und Streuung dieser Strahlung an Luftmolekülen und Aerosolteilchen liegen ebenfalls im kurzwelligen Bereich. Die vom Erdboden und der Atmosphäre ausgehende Strahlung ist dagegen wegen der niedrigeren Temperaturen beider Strahler langwellig und damit unsichtbar mit einem Maximum jenseits von Rot, im Infrarot.

Die Sonnenstrahlung erleidet auf ihrem Weg durch die Atmosphäre Veränderungen und einen Energieverlust. Er betrifft die verschiedenen Spektralbereiche unterschiedlich, die von zirka 0,1 μm, das heißt von ultraviolettem Licht, über den blauen, grünen und roten Bereich des Sichtbaren bis in den langwelligen Bereich bei 5 μm reichen. Das kurzwellige ultraviolette Licht von 0,1 bis 0,3 μm wird durch die photochemischen Prozesse in der Ozonschicht nahezu vollständig absorbiert und erreicht deshalb die Erdoberfläche nicht. Die dabei frei werdende Wärmeenergie führt zur Aufheizung der Stratosphäre mit einem entsprechenden, in der atmosphärischen Temperaturkurve sichtbaren Maximum (Abb. 9.3.1). Weiter wird die Sonnenstrahlung an den Luftmolekülen der Atmosphäre diffus nach allen Richtungen reflektiert. Der kurzwelligere Anteil der Sonnenstrahlung, also der blaue Spektralbereich, ist davon stärker betroffen als der langwelligere rote. Aufgrund dieser **Rayleigh-Streuung** sehen wir den Himmel blau und ist auch die Erde vom Weltraum aus gesehen der „**Blaue Planet**". Beim **Abendrot** und **Morgenrot** sehen wir die Sonne rot, weil beim dann langen Durchgang durch die Atmosphäre der blaue Anteil herausgenommen wird. Alle Wellenlängen des sichtbaren Lichtes zusammengenommen ergeben die weiße Farbe. Ein weiterer Teil der verbleibenden Solarstrahlung wird an den kleinen Aerosol- und Wolkentröpfchen reflektiert, und schließlich unterliegt auch noch ein geringer Anteil der Absorption an Wasserdampfmolekülen. Derjenige Anteil der solaren Strahlung, der schließlich die Erdoberfläche erreicht, wird als **Globalstrahlung** (engl. *insolation = incoming solar radiation*) bezeichnet. Sie setzt sich dementsprechend aus der direkten Sonnenstrahlung und dem diffusen Himmelslicht, dem Streulichtanteil aus der Atmosphäre, zusammen. Gemittelt über die gesamte Erde beträgt die Globalstrahlung etwa die Hälfte der extraterrestrischen Sonnenstrahlung an der Obergrenze der Atmosphäre. Die Globalstrahlung auf der Erde wird im Wesentlichen durch die Bewölkungsverhältnisse gesteuert. Die höchsten Werte werden dabei in den Bereichen der kontinentalen Subtropen erzielt. Dies ist auf den dort hohen Sonnenstand und niedrigen Bewölkungsgrad zurückzuführen. Die wolkenreiche Äquatorialzone verzeichnet dagegen ein relatives Minimum. Die absoluten Minima liegen in den Polargebieten.

Da die Erde im sichtbaren Bereich kein physikalisch Schwarzer Körper ist, reflektiert sie einen Teil der Globalstrahlung. Während Absorption von Strahlung einen Energiegewinn für den absorbierenden Körper darstellt, bedeutet Reflexion nur eine Umlenkung ohne Energieaufnahme. Eine frische Schneedecke reflektiert nahezu 95 Prozent und absorbiert nur 5 Prozent, ein dunkler Nadelwald absorbiert dagegen 95 Prozent und reflektiert nur 5 Prozent der einfallenden Globalstrahlung. Das Verhältnis zwischen Reflexion und Einstrahlungswerten wird als **Albedo** bezeichnet. Die Albedo landwirtschaftlicher Kulturen beträgt 15 bis 30 Prozent, von Wasser bei hoch stehender Sonne nur 5 bis 10 Prozent. Die Albedo des Planeten Erde, also des Gesamtsystems Erdoberfläche und Atmosphäre, beläuft sich auf 30 Prozent.

Trotz der permanenten Zustrahlung von der Sonne nimmt die Temperatur des Erde-Atmosphäre-Systems – einmal abgesehen vom aktuellen Prozess der globalen Erwärmung – nicht zu. Daraus ist zu schließen, dass die Erde selbst wieder Energie abstrahlen muss. Nach dem Wien'schen Verschiebungsgesetz liegt dabei das Maximum der Erdstrahlung im Bereich des fernen Infrarots. Dies ist nun gerade derjenige Spektralbereich, in dem einige Gase der Atmosphäre eine starke Absorptionswirkung haben. Hier ist vor allem der Wasserdampf zu nennen, der die langwellige Erdausstrahlung nur in den Bereichen von 3 bis 5 μm und 7 bis 13 μm durchlässt. Die Absorptionsbande des Wasserdampfs wird also durch ein kleines und ein größeres „Infrarotfenster" durchbrochen. Von den weiteren Gasen sind vor allem Kohlendioxid, Methan, Distickoxid, das Ozon der Tro-

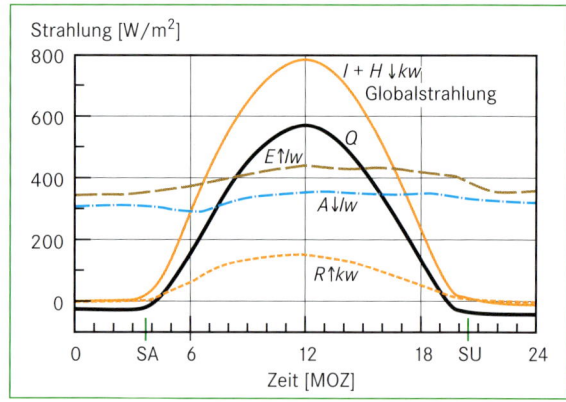

Abb. 9.4.4 Tagesgang der verschiedenen Strahlungsströme über einem Wiesenboden an einem wolkenlosen Sommertag in Hamburg. Q = Strahlungsbilanz, I = direkte Sonnenstrahlung, H = diffuses Himmelslicht, R = reflektierte Sonnenstrahlung, E = Ausstrahlung der Erdoberfläche, A = atmosphärische Gegenstrahlung; kw = kurzwellig, lw = langwellig (verändert nach Dirmhirn 1964 aus Kraus 2001).

posphäre und verschiedene Fluorchlorkohlenwasserstoffe zu nennen. Sie besitzen ebenfalls spezifische Absorptionsbanden und schließen die Infrarotfenster noch weiter. Von der langwelligen Ausstrahlung der Erdoberfläche wird also ein überwiegender Teil bereits wieder in der Atmosphäre absorbiert. Dieser Sachverhalt wird als natürlicher **Treibhauseffekt** der Erdatmosphäre bezeichnet. Sie selber strahlt entsprechend ihrer Temperatur auch im langwelligen Bereich. Ein Teil dieser atmosphärischen Strahlung geht in den Weltraum und ist für das Gesamtsystem verloren. Ein anderer Teil gelangt aber als atmosphärische Gegenstrahlung zurück auf die Erde. Ihr Energieinput für die Erdoberfläche ist etwa doppelt so groß wie das der Globalstrahlung!

Die einzelnen kurz- und langwelligen Strahlungsströme können für ein Erdoberflächenelement, das man sich masselos vorzustellen hat, in der **Strahlungsbilanzgleichung** wie folgt zusammengefasst werden:

$$Q^* = (I + H - R) - (E - A)$$

(Q^* = Strahlungsbilanz aus solarer und terrestrischer Ein- bzw. Ausstrahlung, I = direkte Sonnenstrahlung (Transmission durch Atmosphäre), H = diffuses Himmelslicht (kurzwellige Streustrahlung), R = an der Erdoberfläche reflektierter Anteil der Solarstrahlung (kurzwellig), E = langwellige Ausstrahlung der Erde (Eigenemission), A = langwellige Gegenstrahlung der Atmosphäre).

Der Tagesgang der einzelnen Strahlungsflussdichten über einer Rasenfläche ist für einen wolkenlosen Sommertag in Hamburg in Abbildung 9.4.4 festgehalten.

Für das Gesamtsystem „Erde-Atmosphäre" können nun die einzelnen Energieflüsse in einer Zusammenschau betrachtet werden. Hierbei sind Einnahmen und Ausgaben ebenso zu unterscheiden wie die drei Ebenen Erdoberfläche, Atmosphäre und von der Sonne her bzw. in den Weltraum hinaus (Abb. 9.4.5). Die Zahlenwerte beziehen sich auf die Größe der extraterrestrischen Son-

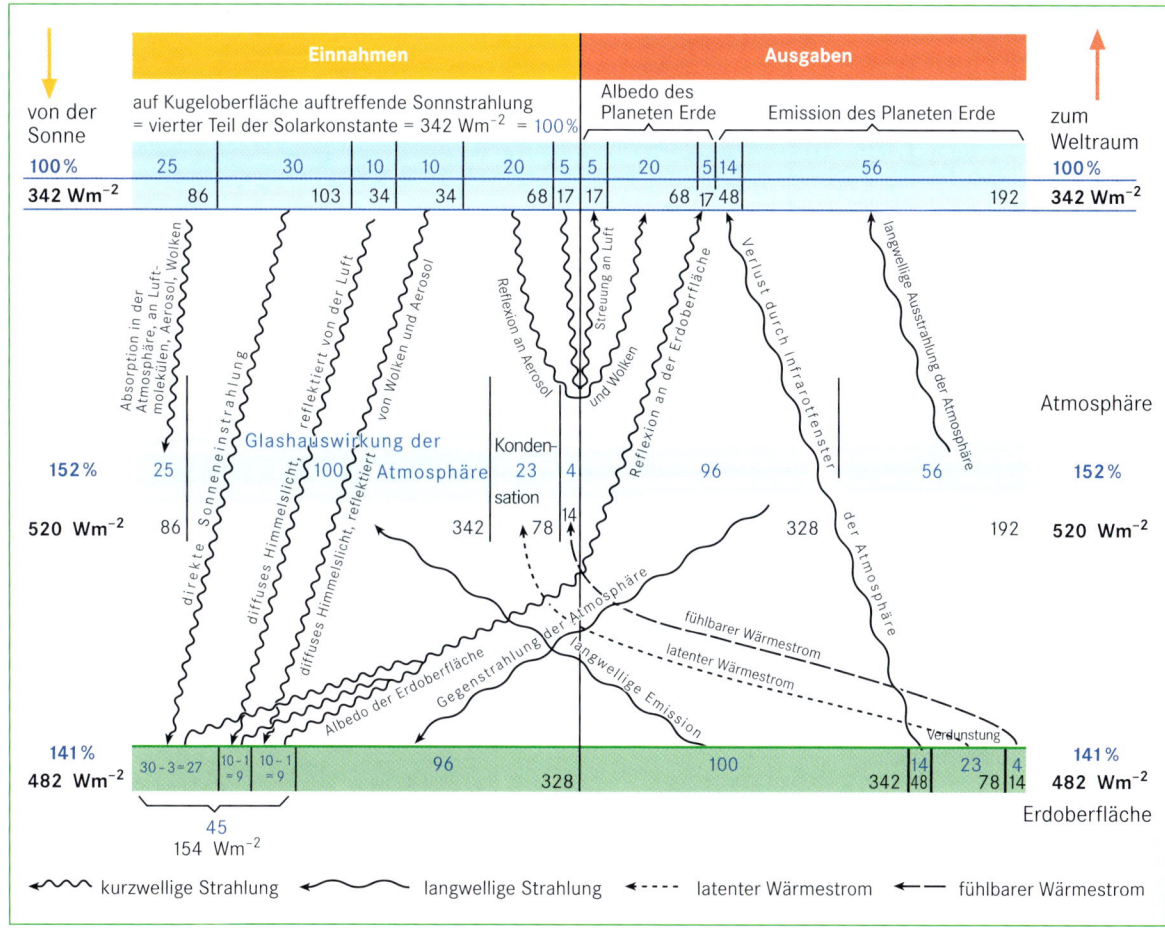

Abb. 9.4.5 Globaler mittlerer Energiehaushalt von Atmosphäre und Erdoberfläche mit Energieflüssen (extraterrestrische Einstrahlung auf die Erdkugeloberfläche = 100 Prozent; Datenquelle: Houghton et al. 1996).

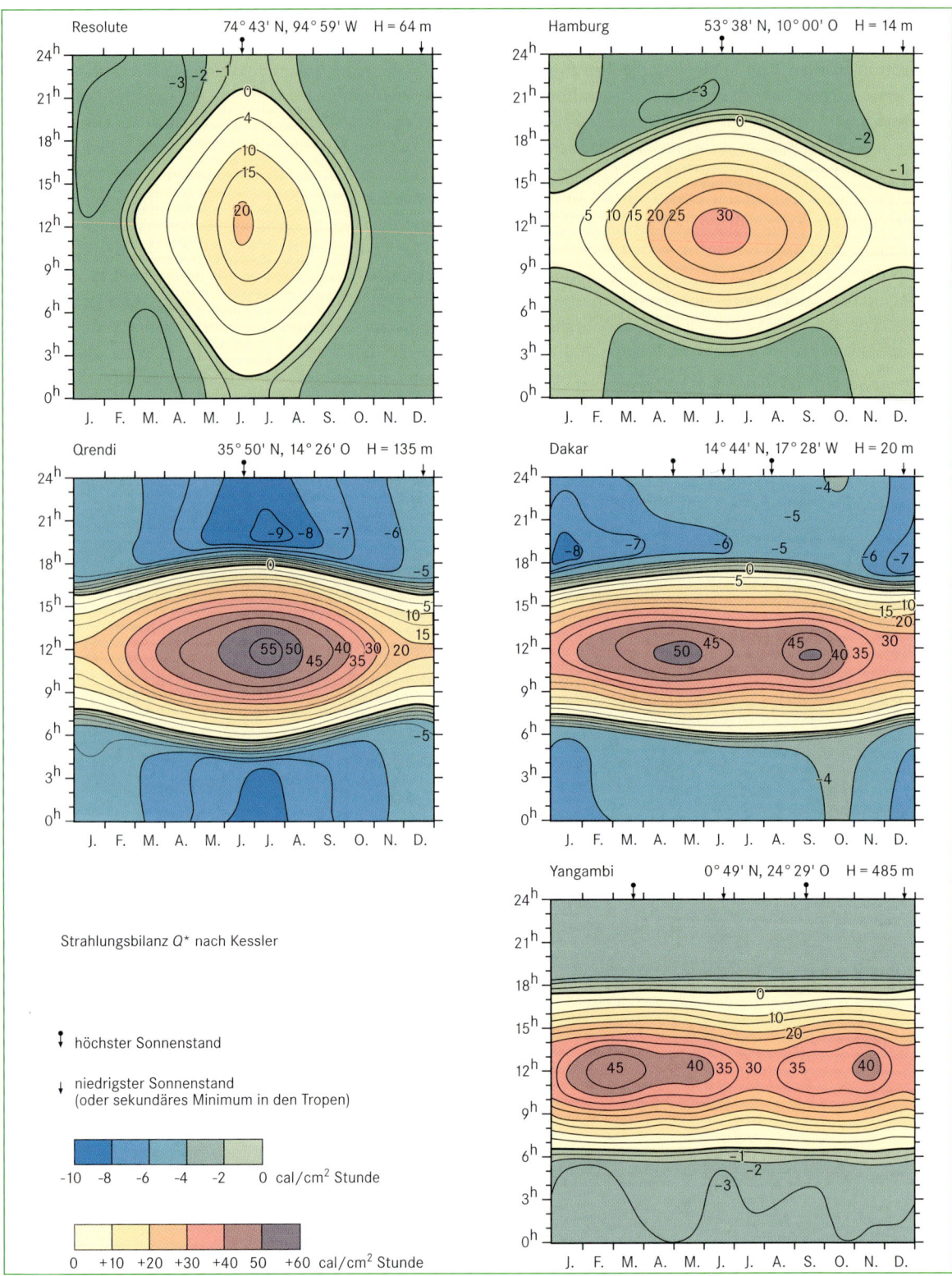

Abb. 9.4.6 Tages- und Jahresgang der Strahlungsbilanz in Isoplethendarstellung für verschiedene geographische Breiten; für Resolute (Baffin Island, Kanada), Qrendi auf Malta, Dakar in Senegal und Yangambi in der Demokratischen Republik Kongo (verändert nach Kessler 1985).

Exkurs 9.4.1

Verschiedene Tagesgänge der Energiebilanzkomponenten

Über einem Kiefernwald am Oberrhein stellen sich die Energie- bzw. Wärmehaushaltskomponenten an einem Apriltag wie folgt dar (Abb.1, Teil a): Die Strahlungsbilanz Q^* ist bei weitgehend wolkenlosem Strahlungswetter tagsüber positiv, nachts natürlich negativ, die Amplitude am Tag groß und in der Nacht klein. Der schwache Speicherterm Q_S ist am Tage in den Bestand hinein und ab Nachmittag und in der Nacht aus ihm herausgerichtet. Der große latente Wärmestrom Q_L zeigt am Tage eine starke Energieabfuhr, die aber nicht nur von der Strahlungsbilanz bestimmt, sondern auch durch die Transpiration der Pflanzen gesteuert wird. Der Rückgang am frühen Nachmittag geht auf die Reduktion der Transpiration durch Schließen der Stomata zurück. Der fühlbare Wärmestrom Q_H bezeugt tagsüber eine Energieabfuhr von der Erdoberfläche,

das heißt, die Luft wird von unten erwärmt; besonders deutlich ist dies gegen 13 Uhr, da mehr Energie aufgrund des Rückgangs des latenten Wärmestroms zur Verfügung steht. Insgesamt ist der fühlbare Energiefluss jedoch deutlich niedriger als der latente. Über einer Wüstenoberfläche stellt sich dies jedoch ganz anders dar (Abb.1, Teil b). Der latente Energiefluss ist wegen der fehlenden Bodenfeuchtigkeit sehr niedrig, sodass die meiste Energie für den fühlbaren Wärmestrom zur Verfügung steht und somit zur Erwärmung der Luft dient. Ganz anders stellt sich die Situation über dem Ozean dar, wo fast die gesamte Strahlungsenergie in den Speicherterm des Wassers geht, dagegen ein eher geringer Teil für den latenten Verdunstungswärmestrom verbraucht wird und der fühlbare Wärmestrom ganz vernachlässigbar ist (Abb.1, Teil c).

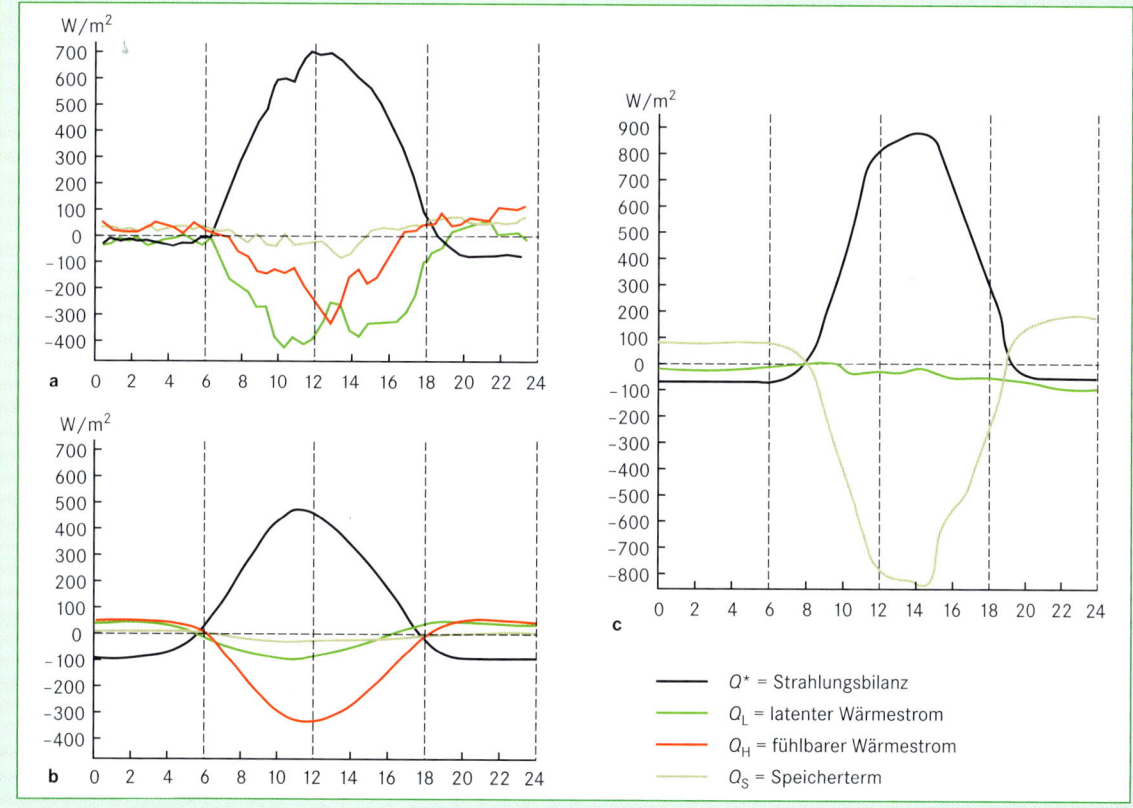

Abb. 1 Verschiedene Tagesgänge der Komponenten der Energiebilanz (Wärmehaushalt: a) Tagesgang der Komponenten der Energiebilanz über einem Kiefernwald bei Freiburg/Br. für die Tage 28. bis 30. April 1976; b) Tagesgang der Komponenten der Energiebilanz an der Erdoberfläche für einen Wüstenboden in Ikengüng, Gobi vom 11. bis 31. Mai 1931; c) Tagesgang der Komponenten der Energiebilanz an der Erdoberfläche für den tropischen Atlantik bei ruhigem Strahlungswetter auf dem Atlantischen Ozean, 8°30′ N, 23°30′ W, am 6. Juli 1974 (verändert nach Kessler, Jäger & Schott 1979; Albrecht in Kraus 2001, Gate in Kraus 2001).

nenstrahlung pro m^2 Kugeloberfläche, das heißt ein Viertel der Solarkonstante bzw. 342 Wm^{-2}, die 100 Prozent gesetzt wird. Es sind dabei die kurzwelligen und langwelligen Energieströme auseinanderzuhalten. Tages- und Jahresgänge der Strahlungsbilanz für das Äquatorialgebiet, die äußeren Tropen, die Subtropen, die höheren Mittelbreiten und das Nordpolargebiet sind in Isoplethendarstellungen in Abbildung 9.4.6 zusammengestellt.

Der Energiehaushalt von Erdoberfläche und Atmosphäre

Nach der Aufsummierung aller Energiezu- und -abfuhren bleibt an der Erdoberfläche ein Energieüberschuss übrig. Dieser wird für zwei Prozesse verbraucht: Zum einen wird Luft durch Kontakt mit der Erdoberfläche erwärmt, wodurch der Atmosphäre Energie zugeführt wird. Man bezeichnet dies als **fühlbaren Wärmestrom** Q_H, der, allerdings seltener, auch umgekehrt zur Erwärmung der Erdoberfläche führen kann. Dieser Energiefluss kann durch Messung des Energieinhaltes der Luft, das heißt der Lufttemperatur, erfasst werden. Zum anderen wird an der Erdoberfläche Wasser in Wasserdampf umgewandelt. Für diesen Prozess der Verdunstung ist eine Energie von etwa 2500 J pro g H$_2$O notwendig. Sie wird bei der Kondensation in der Atmosphäre wieder frei. Dieser versteckte Energietransport von der Erdoberfläche in die Atmosphäre – bei der Taubildung aber auch umgekehrt – wird **latenter Wärmestrom** Q_L genannt. Die Sonnenenergie gelangt also nicht nur durch Absorption der direkten Sonnenstrahlung in die Atmosphäre, sondern in einem viel größeren Maße auf indirektem Weg über die Erdoberfläche, also durch die Absorption der langwelligen Erdausstrahlung, durch den latenten und den fühlbaren Wärmestrom.

Strahlungsbilanz, fühlbarer und latenter Wärmestrom gehören zu den Komponenten des Wärme- oder Energiehaushaltes der Erdoberfläche. Wie die einzelnen Strahlungsströme können auch sie für eine masselose Grenzfläche dargestellt werden. Als vierte Komponente kommt hierbei der **Bodenwärmestrom** oder **Speicherterm** Q_S hinzu, das heißt die Energieleitung von der Erdoberfläche in den Boden – aber auch in einen Pflanzenbestand oder ein Wasservolumen – hinein oder aus ihm heraus. Zusammengefasst lautet die **Wärmehaushaltsgleichung** (Energiebilanz), in der alle Energieströme im Gleichgewicht sind, wie folgt:

$$Q^\star + Q_H + Q_L + Q_S = 0$$

$Q^\star$ ist die Strahlungsbilanz aus solarer und terrestrischer Ein- bzw. Ausstrahlung, Q_H ist der fühlbare Wärmefluss, Q_L der latente Wärmefluss und Q_S der Bodenwärmefluss, der oft auch Speicherterm genannt wird.

9.5 Klimaelemente

Lufttemperatur

Aus den astronomischen Grundlagen, dem Strahlungs- und dem Wärmehaushalt der Erdoberfläche lassen sich für die Tages- und Jahresgänge der Lufttemperatur in verschiedenen Erdregionen wichtige Schlüsse ableiten.

In der Abbildung 9.5.1 ist der Tages- und Jahresgang der Lufttemperatur an den Stationen Pará (Amazonasbecken), Quito (Hochanden), Oxford (England), Irkutsk (Sibirien) sowie Macquarie (Subpolarmeer) und Norway Base (Antarktis) in **Thermoisoplethendiagrammen** zusammengestellt. Wie in Kapitel 9.4. ausgeführt wurde, weisen die Strahlungsverhältnisse in den Tropen im Jahresgang nur geringfügige Variationen auf. Dies gilt auch bei Berücksichtigung der Atmosphäre. Daraus ergibt sich für die Lufttemperaturverhältnisse der Tropen die Konsequenz einer nur geringen jahreszeitlichen und sehr viel größeren tageszeitlichen Schwankung. Carl Troll (1943) spricht vom thermischen **Tageszeitenklima** der Tropen. Auch andere Klimaelemente zeigen ein entsprechendes Verhalten. Mit wachsender Breite werden die jahreszeitlichen Unterschiede in der Strahlungsbilanz größer. Für die hohen Mittelbreiten sind deswegen eine mittlere Jahresschwankung von 12 bis 18 °C normal. Lange Übergangsjahreszeiten sind dazwischengeschaltet. Die beiden Stationen Oxford und Irkutsk besitzen das typische **Jahreszeitenklima** der Außertropen. Extrem stellen sich die thermischen Verhältnisse im Polarsommer bzw. -winter dar. Außerdem schlagen sich die Einflüsse des hochozeanischen Südpazifiks und der antarktischen Landmasse deutlich im Temperaturverlauf nieder.

Vergleicht man die beiden Stationen der Tropen, so sieht man, dass sie zwar beide ein Tageszeitenklima besitzen. Der geringe Wasserdampfgehalt der Atmosphäre und ihre Wolkenarmut führen aber an der Hochandenstation Quito dazu, dass die atmosphärische Gegenstrahlung in der Nacht nur verhältnismäßig geringe Werte erreicht. Die Strahlungsbilanz ist deswegen stark negativ, was zu einer kräftigen nächtlichen Abkühlung führt. Konsequenz ist die große tageszeitliche Temperaturamplitude. Die Station Pará liegt dagegen im wasserdampf- und wolkenreichen Amazonasbecken. Die

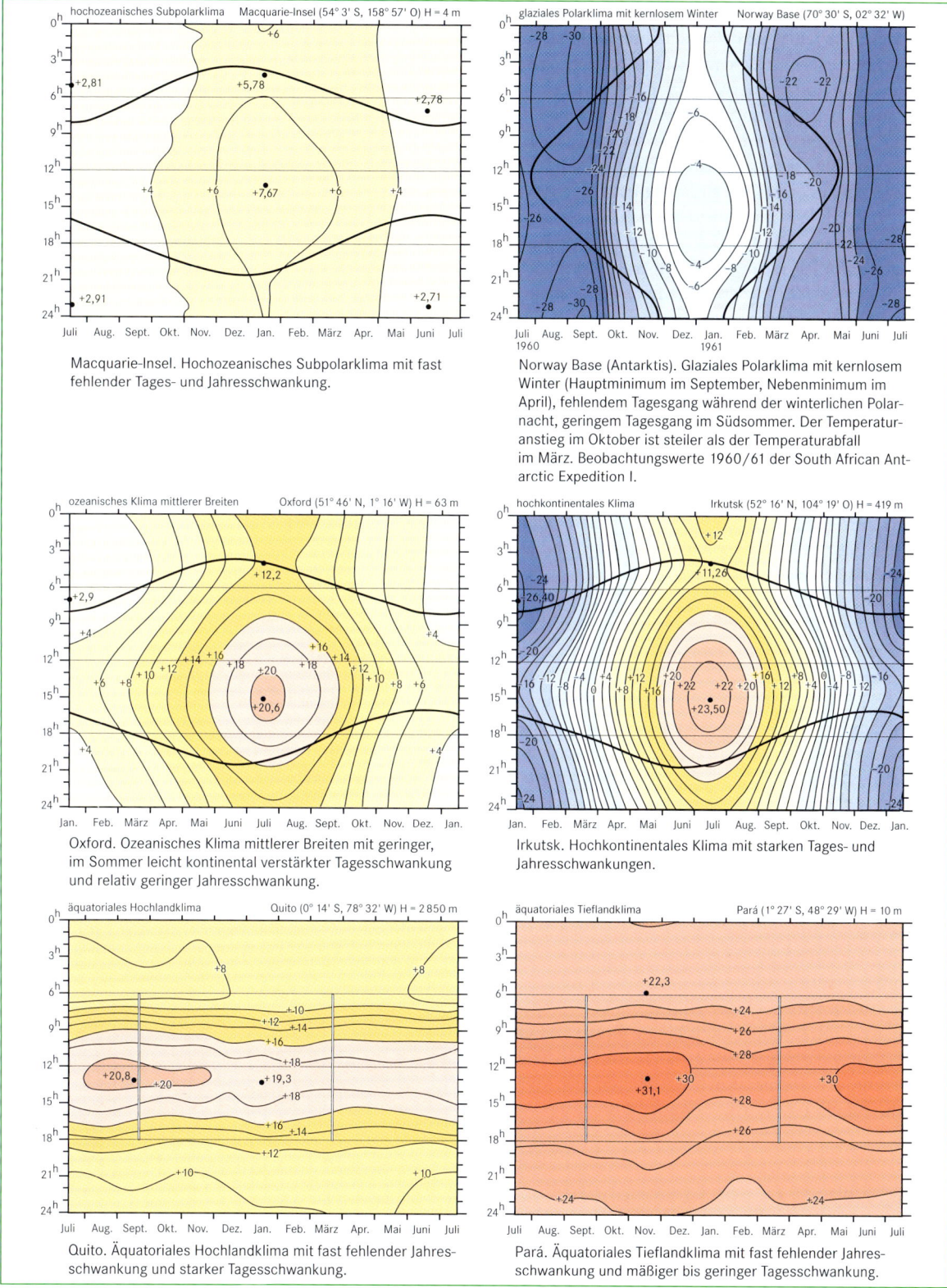

Abb. 9.5.1 Tages- und Jahresgänge der Lufttemperatur in Isoplethendarstellung in verschiedenen Klimazonen (verändert nach Troll 1943).

nächtliche Gegenstrahlung der Atmosphäre ist hoch, die Strahlungsbilanz auch in der Nacht nur sehr schwach negativ (Abb. 9.4.5). Außerdem liefern Kondensationsvorgänge (Taubildung) der Erdoberfläche Energie aus dem latenten Wärmestrom. Demzufolge kann die Lufttemperatur im äquatorialen Tiefland nachts nur wenig absinken und die Tagesamplitude nur gering sein.

Der Vergleich der beiden außertropischen Stationen Oxford und Irkutsk zeigt die Unterschiede zwischen einem **maritimen Klima** und einem **kontinentalen Klima** auf. Dem Jahresgang der Temperatur ist der Einfluss großer Wasser- bzw. Kontinentmassen überlagert. Wie aus der Abbildung zum Exkurs 9.4.1 zum Wärmehaushalt abzulesen ist, geht ein Großteil der Strahlungsbilanz über den Ozeanen in den Speicherterm. Außerdem hat Wasser eine fünfmal so hohe spezifische Wärme wie zum Beispiel Fels, das heißt, es wird die fünffache Energie benötigt, um ein Wasserquantum auf dieselbe Temperatur zu erwärmen. Die kurzwellige Sonnenstrahlung kann mehrere Dekameter tief in das Wasser eindringen und verteilt sich so auf eine größere Masse. Noch sehr viel effektiver ist außerdem die turbulente Einmischung des an der Oberfläche erwärmten Wassers. Sie ist tausendfach wirkungsvoller als die molekulare Wärmeleitung des Bodenwärmestroms auf dem Land. Dies alles führt dazu, dass selbst bei hoher Einstrahlung am Tage nur wenig Energie für den fühlbaren Wärmestrom, das heißt zur Erwärmung der Luft zur Verfügung steht. Nachts und in den Wintermonaten wird hingegen die am Tage und im Sommer im Wasser gespeicherte Energie langsam wieder an die Atmosphäre abgegeben. Ihr hoher Wasserdampfgehalt bedingt auch noch eine hohe atmosphärische Gegenstrahlung. Diese Zusammenhänge führen zu der thermisch ausgleichenden Wirkung großer Wassermassen: Tages- und Jahresgänge der Temperatur weisen in maritim geprägten Klimaten nur eine schwache Amplitude auf. Im Einflussbereich außertropischer Kontinentmassen sind die Verhältnisse dagegen ähnlich wie in den Hochgebirgen der Tropen, nur dass darüber hinaus noch der Jahresgang der Temperatur hinzukommt. Kontinentale Klimate fernab von großen Wassermassen zeigen eine große Jahres- und Tagesschwankung der Temperatur. Sie zeichnen sich durch sehr kalte Winter und warme Sommer aus.

Das Wasser in der Atmosphäre: Wasserdampf und Relative Feuchte

Wasser findet man in der Erdatmosphäre in allen drei Aggregatszuständen. Der unsichtbare **Wasserdampf**, ein variables Gas mit einem Volumenanteil an der Atmosphäre im Mittel von 2,6 bis maximal 4 Prozent, wird als **Dampfdruck** e [hPa], das heißt als derjenige Anteil am Gesamtluftdruck, der nur von den Wasserdampfmolekülen ausgeübt wird, gemessen. Der maximale oder **Sättigungsdampfdruck** E bezeichnet den maximal möglichen Gehalt an Wasserdampfmolekülen in der Atmosphäre. Er ist streng exponentiell abhängig von der Lufttemperatur und besitzt in Meereshöhe bei 30 °C den hohen Wert von 42,43 hPa, bei 0 °C dann 6,11 hPa und bei −20 °C nur noch 1,254 hPa. Das bedeutet, dass kalte Luftmassen, wie sie in den Polargebieten oder in großen Höhen auftreten, extrem arm an Wasserdampf sind und damit auch keine ergiebigen Niederschläge auftreten können. Das Verhältnis von tatsächlichem zu maximal möglichem Dampfdruck (e/E) ist als **Relative Feuchte** definiert. Sind aktueller und maximal möglicher Dampfdruck gleich ($e = E$), dann ist die Luft gesättigt und die Relative Feuchte beträgt 100 Prozent. Die dabei herrschende Temperatur wird **Taupunkt** bzw. Taupunkttemperatur genannt. Fällt die Lufttemperatur unter den Taupunkt, dann ist die Luft übersättigt und der Wasserdampf muss in den flüssigen Aggregatzustand überführt werden. Bei diesem Zustandswechsel wird je nach Temperaturniveau eine Umwandlungsenergie von ungefähr 2500 Ws (Joule) pro Gramm Wasser frei (Abb. 9.5.2). Auch beim Gefriervorgang, das heißt dem Übergang vom flüssigen in den festen Aggregatzustand, wird Umwandlungsenergie freigesetzt. Sie ist mit 335 Ws/g H₂O jedoch weniger bedeutend.

Auf die Relevanz der **Umwandlungsenergien** wurde schon bei der Behandlung des latenten Wärmestroms hingewiesen (Kapitel 9.4). Sie ermöglichen über den latenten Wärmestrom einen viel größeren Energietransport, als dies allein durch den Austausch von fühlbarer

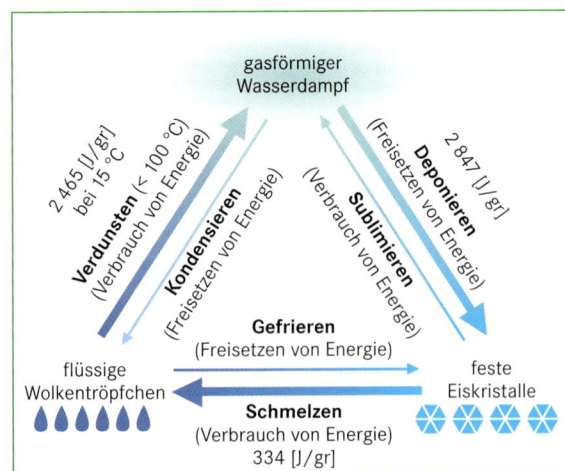

Abb. 9.5.2 Aggregatzustände des Wassers mit Umwandlungsenergien (verändert nach Schönwiese 2003 u. a.).

Wärme in unterschiedlich temperierten Luftmassen der Fall wäre. Energieabgabe- und Heizfläche ist dabei die Erdoberfläche, wo Wasser von Land- und Meeresflächen verdunsten kann oder von der Vegetation transpiriert wird. Die entstehenden Energieströme sind sowohl vertikaler (von der Erdoberfläche in die Atmosphäre gerichtet) als auch horizontaler Art (Transport latenter Wärme mit den Luftströmungen von den Tropen in die Außertropen).

Aus diesen Sachverhalten resultieren wichtige klimatologische Folgen:

- Alle Kältegebiete der Erde, wie zum Beispiel die Polargebiete, sind absolute Sperrgebiete für den Wasserdampftransport in der Atmosphäre. Kältegebiete sind aber auch alle Hochgebirge.
- Da warme Luft wesentlich mehr Wasserdampf enthalten kann als kalte, ist auch die nach seiner Kondensation mögliche Niederschlagsergiebigkeit unterschiedlich. Niederschläge in warmer, wasserdampfreicher Tropenluft sind meist kräftige Schauer, und in den Mittelbreiten sind die Sommergewitter von größerer Niederschlagsintensität als winterlicher Schneefall.
- Bei der Niederschlagsbildung spielen Aerosole, beispielsweise Salzkristalle oder Staub, als Kondensationskerne eine wichtige Rolle, da sie den Wasserdampfmolekülen als Ansatzpunkte beim Aggregatswandel zu Wolkentröpfchen dienen.

Wolken- und Niederschlagsbildung

Wolken sind in der Atmosphäre schwebende **Hydrometeore** und bestehen aus Wassertröpfchen oder Eispartikeln. **Wasserwolken** sind einem unteren Wolkenstockwerk zuzuordnen, bestehen ausschließlich aus Tröpfchen und bilden sich bei Temperaturen bis –12 °C (Abb. 9.5.3.). In den **Mischwolken** des mittleren Wolkenstockwerks befinden sich bei Temperaturen zwischen –12 und –35 °C Wolkentröpfchen und Eiskristalle nebeneinander, wobei die Letzteren auf Kosten der Ersteren wachsen, da der maximale Dampfdruck über Eis- geringer als über Wasseroberflächen ist. Das obere Wolkenstockwerk wird von reinen **Eiswolken** bei Temperaturen unter –35 °C gebildet. Physiognomisch können Eiswolken durch ihre faserige Struktur und eine nach allen Seiten unscharfe Begrenzung von den fest umrissenen Wasserwolken unterschieden werden. Letztere sind in vertikaler Richtung scharf abgegrenzt und durch eine, von ihrem Eigenschatten hervorgerufene, dunkle Unterseite gekennzeichnet.

Folgende **zehn Wolkengattungen** werden unterschieden: *Cirrus* (*Ci* = hohe Federwolke), *Cirrocumulus* (*Cc* = hohe Schäfchenwolke) und *Cirrostratus* (*Cs* = hohe Schleierwolke) sind Eiswolken des oberen Stockwerks, *Altocumulus* (*Ac* = grobe Schäfchenwolke) und *Altostratus* (*As* = mittelhohe Schichtwolke) bilden das mittlere und *Stratus* (*St* = niedrige Schichtwolke), *Cumulus* (*Cu* = Haufenwolke) sowie *Stratocumulus* (*Sc* = Haufen-Schichtwolke) das untere Stockwerk. Die Regen-Schichtwolke *Nimbostratus* (*Ns*) reicht vom unteren bis ins mittlere Stockwerk und die Schauer- und Gewitterwolke *Cumulonimbus* (*Cb*) durch alle drei Stockwerke bis an die Tropopause. An der Erdoberfläche aufliegende Schichtwolken bilden den Nebel.

Wird ein Luftquantum zum Aufsteigen gezwungen, so dehnt es sich aus. Die Energie für diesen Vorgang nimmt es dabei aus seinem eigenen Energieinhalt, der Vorgang erfolgt unter sogenannten adiabatischen Bedingungen. Diese Dilatation führt zur Abnahme der Temperatur der aufsteigenden Luft. Erfolgt bei diesen

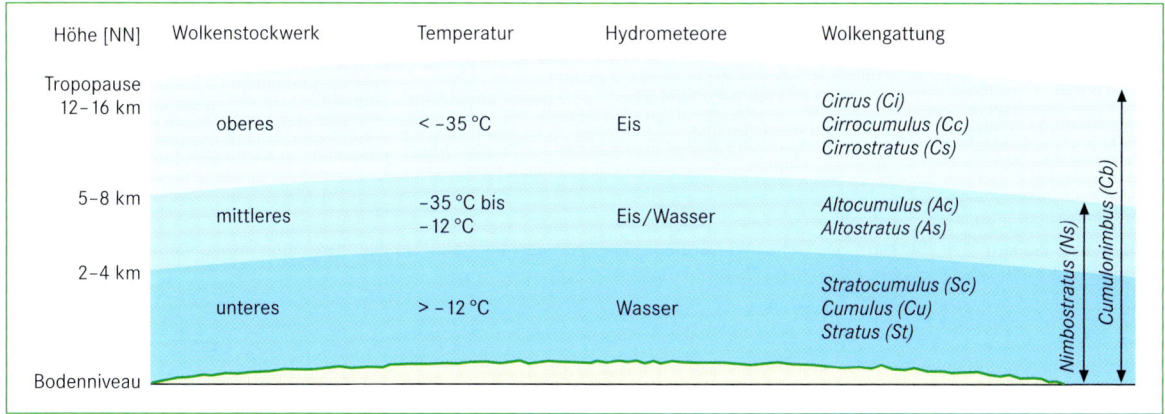

Abb. 9.5.3 Wolkenstockwerke und -gattungen (verändert nach Deutscher Wetterdienst 1987).

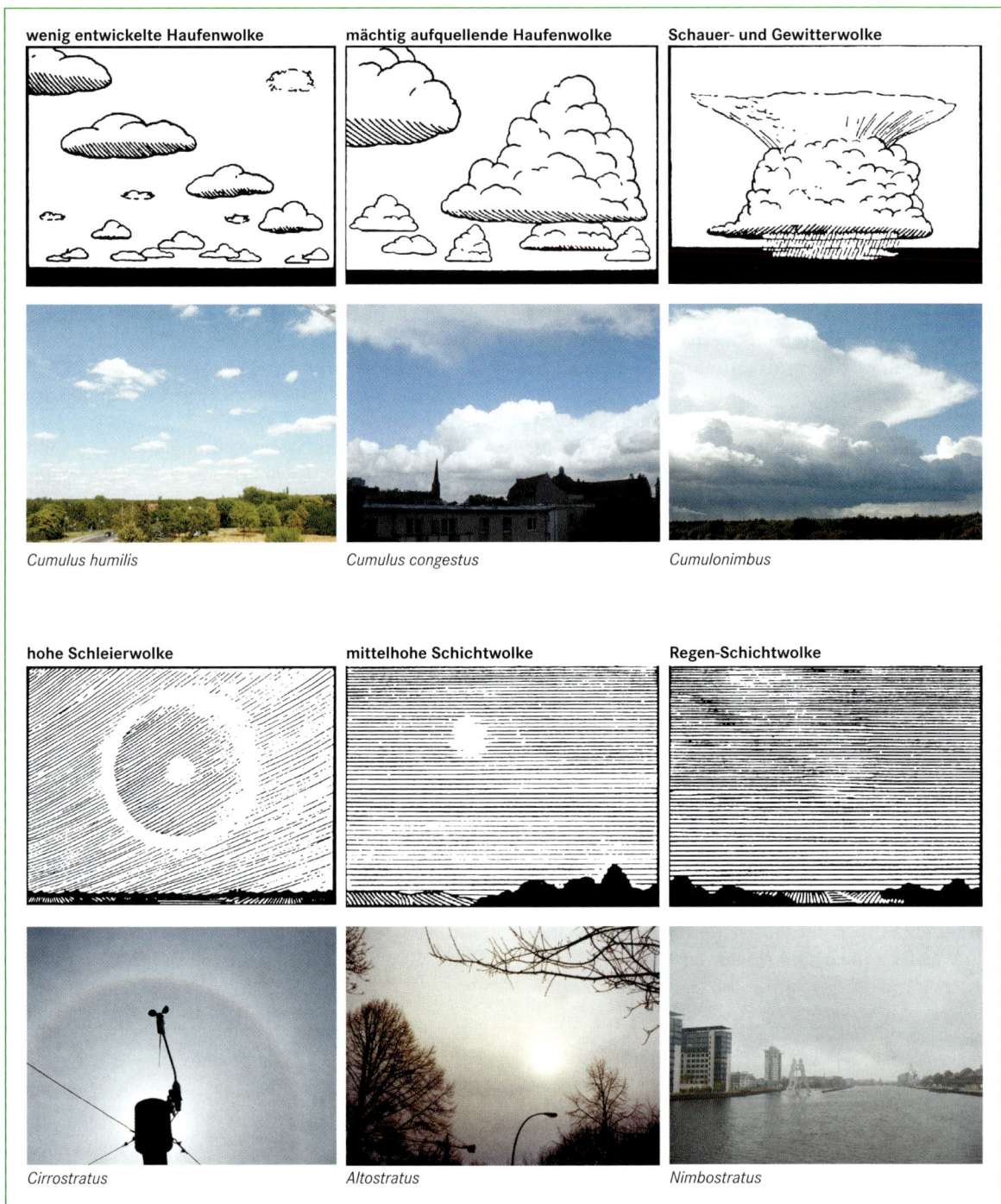

Abb. 9.5.4 Wolkenarten (Skizzen: Deutscher Wetterdienst (1990): Internationaler Wolkenatlas. Offenbach; Fotos: A. Pagenkopf).

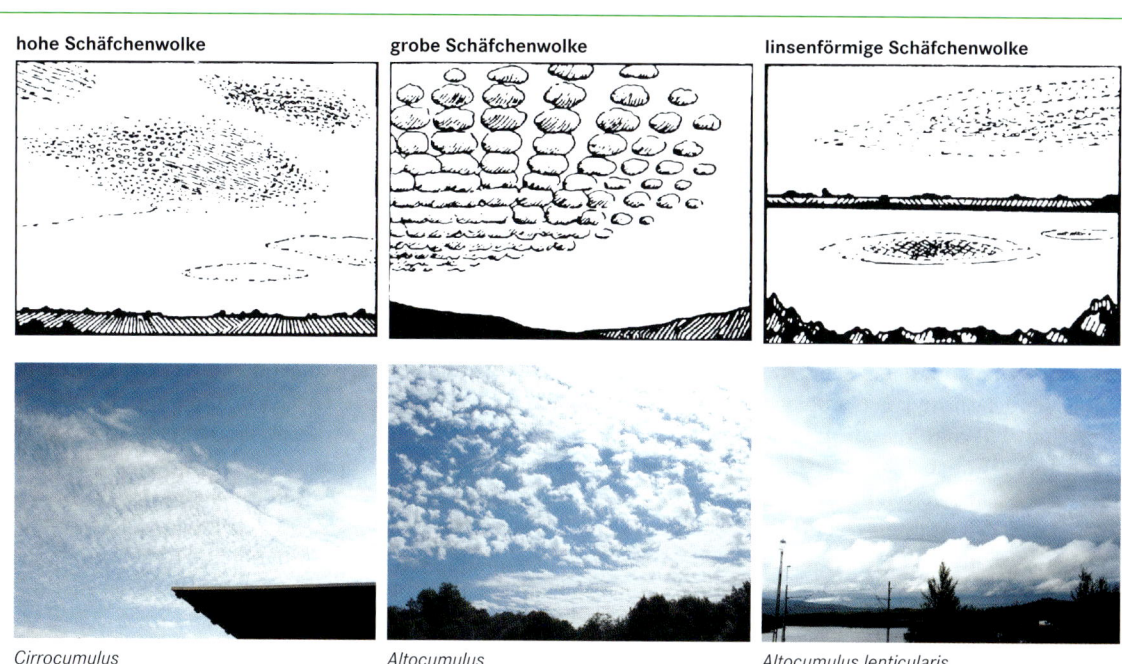

hohe Schäfchenwolke

grobe Schäfchenwolke

linsenförmige Schäfchenwolke

Cirrocumulus

Altocumulus

Altocumulus lenticularis

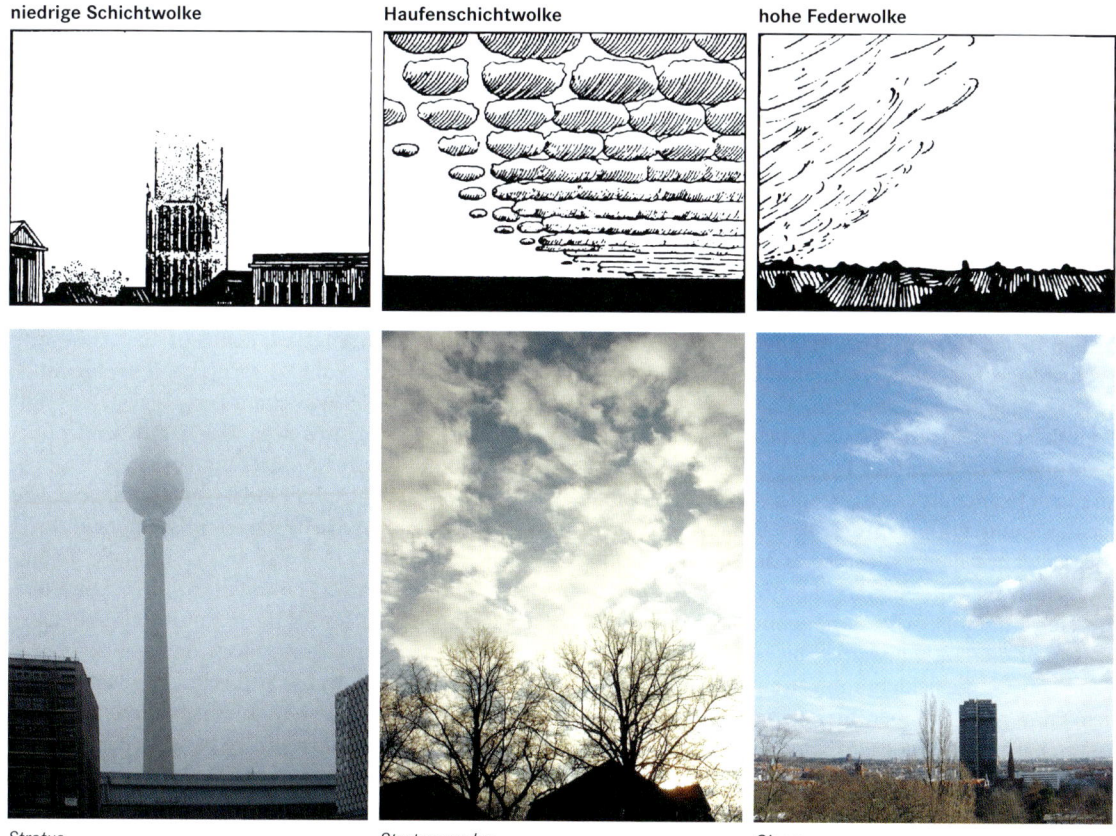

niedrige Schichtwolke

Haufenschichtwolke

hohe Federwolke

Stratus

Stratocumulus

Cirrus

Hebungsvorgängen keine Kondensation, so verliert die Luft pro 100 Höhenmeter 1 K (**trockenadiabatische Abkühlung**). Handelt es sich jedoch um ein mit Wasserdampf gesättigtes Luftpaket, so muss dieses beim Aufstiegsvorgang so viel Wasserdampf in Wassertröpfchen umwandeln, dass sein maximaler Sättigungsgrad nicht überschritten wird. Bei der Kondensation des Wasserdampfes wird aber Umwandlungsenergie freigesetzt. Diese verringert den Abkühlungsbetrag je nach dem Ausgangsniveau der Temperatur bzw. dem vorhandenen Wasserdampf auf nur noch 0,5 bis 0,9 K pro 100 Höhenmeter (**feuchtadiabatische Abkühlung**). Diese **Hebungskondensation** kann beispielsweise beim Überqueren eines Hochgebirges eintreten. Der freigesetzte Wasserdampf fällt dabei auf der Luvseite in Form von Stauniederschlag aus. Nach Erreichen des Gipfelniveaus und Auflösung der Wolken steigt die Luft wieder ab, was zu einer trockenadiabatischen Erwärmung von 1 K pro 100 m Abstieg führt. Da sich der Wassergehalt nun nicht mehr ändert, nimmt die Relative Feuchte immer mehr ab und die Luftströmung erreicht als warmer, trockener Föhnwind die Täler (Kapitel 9.9). Bekannte Föhngebiete finden sich neben dem Voralpengebiet auch im Lee der amerikanischen Kordillere (Chinook der Prärien, Zonda von Argentinien).

Die aktuelle Temperaturverteilung in der Troposphäre kann mit Ballonsonden gemessen werden. Nimmt die Temperatur mit wachsender Höhe zum Beispiel mehr als 1 K pro 100 Höhenmeter ab (hypsometrischer Temperaturgradient), dann ist ein aufsteigendes und sich feucht- oder trockenadiabatisch abkühlendes Luftquantum in allen Höhen immer wärmer und damit leichter als die Umgebungsluft. Seinem weiteren Aufstieg steht damit nichts im Wege, und es sind große, oft mit Niederschlagsprozessen verbundene vertikale Austauschvorgänge in der Troposphäre möglich. Eine derartige Luftschichtung, bei welcher der hypsometrische Temperaturgradient größer als einer der adiabatischen ist, wird als **labile Luftschichtung** bezeichnet. Bei **stabiler Schichtung** ist dagegen der hypsometrische Temperaturgradient kleiner als einer der adiabatischen. Ein aufsteigendes Luftquantum wird deswegen in allen Höhen immer kälter und damit schwerer als die Umgebungsluft sein, es muss in seine Ausgangsposition zurücksinken. Damit sind atmosphärische Austauschprozesse unterbunden. Nimmt die Lufttemperatur mit wachsender Höhe gar zu, dann ist die Schichtung extrem stabil und man spricht von einer **Temperaturinversion**. Bei solchen „austauscharmen Wetterlagen" kann es zu einer erheblichen Anreicherung von Schadstoffen in der atmosphärischen Grundschicht kommen.

Für den Wasserhaushalt spielt es eine große Rolle, ob der Niederschlag in fester oder flüssiger Form den Erd-

boden erreicht. In **fester Form** kann dies als Schnee (zusammengeballte Eiskristalle), Graupel (schalenförmige Eiskugeln mit < 5 mm im Durchmesser) oder Hagel (schalenförmige Eiskugeln mit > 5 mm im Durchmesser) erfolgen. Im Gegensatz zu flüssigem Niederschlag versickert Schnee weder sofort noch verdunstet er rasch und geht auch nicht direkt in den Abfluss. Er bildet somit einen ausgezeichneten Speicher, der den Abfluss verzögert. In den Gipfellagen des Schwarzwaldes oder des Harzes erreicht der Anteil des Schnees am Gesamtniederschlag 30 Prozent, in den deutschen Alpen fallen in 2 000 m Höhe ungefähr 60 Prozent, in 3 000 m Höhe 90 Prozent des Niederschlags in fester Form. Von besonderer Bedeutung ist der Schnee in den Gebirgen der Winterregen-Subtropen wie dem Apennin, der spanischen und kalifornischen Sierra Nevada oder den Anden Chiles. Dadurch, dass bei den niedrigen Temperaturen des Winterhalbjahres ein Großteil des Niederschlags als Schnee niedergeht, wird der Abfluss bis weit in den Hochsommer hinein verzögert. Die hohe Albedo des Schnees spielt dabei ebenso eine Rolle wie der Schuttreichtum der subtropischen Gebirge, wodurch die Schmelzwässer dem Verdunstungsprozess entzogen werden. Nicht nur die künstliche Bewässerung der subtropischen Fruchtkulturen im kalifornischen und mittelchilenischen Längstal basiert auf diesen Zusammenhängen, sondern auch die Trink- und Brauchwasserversorgung von Weltstädten wie Rom, Los Angeles oder Santiago de Chile.

Beim **flüssigen Niederschlag** kann Nieselregen oder Sprühregen mit einem Tropfendurchmesser bis 0,5 mm vom eigentlichen Regen (Tropfendurchmesser 0,5 bis 5 mm und mehr), der Nebeltraufe (bis 4 mm/h) oder dem Tau (0,1 bis 1 mm pro Nacht) getrennt werden. Niederschläge können aus genetischer Sicht verschiedenen Typen zugeordnet werden. Für die Außertropen sind an Fronten von Tiefdruckgebieten gebundene advektive Niederschläge charakteristisch. Die Aufgleitvorgänge an **Warmfronten** führen zu feintropfigem Niesel-, Staub- oder Sprühregen, der aus Schicht- oder Stratuswolken flächenhaft niedergeht. Da das Aufgleiten gegen eine stabile Schichtung erfolgt, geht dieser Prozess nur langsam vor sich, sodass es sich um lang anhaltenden Landregen bzw. Schneefall handelt. Die Niederschläge an der nachfolgenden **Kaltlufteinbruchsfront** sind dagegen kurzzeitige, großtropfige Schauer oder Gewitter. Der außertropisch advektive Niederschlagstyp ist insbesondere in den Winterhalbjahren der Mittelbreiten beider Halbkugeln verbreitet. Beim tropisch konvektiven Niederschlag gehen dagegen aus hoch reichenden Haufen- oder Konvektionswolken heftige Regengüsse in Form von Platzregen nieder. In solchen Wolkenbrüchen können Tropfendurchmesser von 4 bis

8 mm erreicht werden. Dieser großtropfige Schauerniederschlag ist nur durch die in den Wolken stattfindenden, vertikalen Umlagerungen möglich. Eiskristalle und Regentropfen werden dabei durch Aufwinde mehrfach in große Höhen getragen. Sie können schließlich so groß sein, dass sie bis zum Erdboden nicht mehr auftauen und als Graupel- oder Hagelkörner ausfallen. Idealtypisch sind örtlich eng begrenzte, kurzzeitige Gewitter, die in den Außertropen verbreitet im Sommerhalbjahr, in den Tropen dagegen ganzjährig den charakteristischen Niederschlagstyp darstellen.

Für die Frage, welcher Anteil des Niederschlags in den Abfluss geht, ist die Intensität des Niederschlags besonders wichtig. Dabei sind als Starkregen Intensitäten von mindestens 5 mm/5 min, 10 mm/20 min oder 17,1 mm/60 min definiert. Bei gleicher Niederschlagshöhe liefern derartige Regengüsse dem Abfluss viel und dem Grundwasser wenig, feintropfige Landregen und Dauerregen dem Abfluss dagegen weniger und dem Bodenwasser mehr. Die hohen Fallgeschwindigkeiten von 3 bis 8 m/s eines normal großtropfigen Regens (Tropfendurchmesser 0,7 bis 4 mm) führen bei vegetationslosem Boden darüber hinaus zur Ver- und Abschlämmung der obersten Bodenhorizonte. Je nach ökologischer Stabilität einer Region und dem Ineinanderwirken der verschiedensten klimatologischen, pedologischen, geobotanischen und anthropogenen Faktoren können schwere Erosionsschäden die Folge sein, wie sie aus dem Mittelmeerraum oder den Winterregen-Subtropen von Südamerika bekannt sind.

Als **orographischer Niederschlag (Stauniederschlag)** wird derjenige Niederschlag bezeichnet, der an quer zur dominierenden Windrichtung verlaufenden Reliefhindernissen auftritt. Im Bereich der außertropischen Westwinddrift ist dies insbesondere an den Westflanken der Skanden, der nordamerikanischen Rocky Mountains, der mittel- und südchilenischen Anden, der Südalpen Neuseelands, aber auch an Mittelgebirgszügen wie den Vogesen, dem Schwarzwald, der Eifel oder des Harzes der Fall.

Die zeitliche Verteilung der Niederschläge, ihr Jahresgang, kann zu **Niederschlagsregimen** zusammengefasst werden. Das tropische Regime besteht aus dem äquatorialen Typ der inneren immerfeuchten Tropen mit ganzjährigen Niederschlägen ohne Trockenzeit (Amazonasgebiet, Kongobecken, Indonesischer Archipel). Polwärts schließt sich daran ein Übergang zum tropischen Typ mit zwei Regenzeiten während des Sonnenhöchststandes (Äquinoktialregen) an, die in den Randtropen zu einer einzigen Regenzeit verschmelzen (Solstitialregen), der eine ausgedehnte Trockenzeit gegenübersteht. Das außertropische Regime wird vom tropischen durch die niederschlagsarme, subtropisch-randtropische Trockenzone getrennt. Beim außertropischen Regime sind ein maritimes und ein kontinentales Subregime zu unterscheiden. Beim maritimen Subregime ist ein spätsommerlich-herbstliches Niederschlagsminimum und ein winterliches Niederschlagsmaximum auszumachen. Beide werden durch den Einfluss der Wassermassen, das heißt die stabilisierende Wirkung ihrer relativ niedrigen Sommer- und die labilisierende ihrer relativ hohen Wintertemperaturen verursacht. Das kontinentale Subregime führt aufgrund der strahlungsmäßig verstärkten Sommerkonvektion zu einem Sommermaximum im Inneren der Kontinente. In den Winterregen-Subtropen stehen einem trockenen Sommerhalbjahr die periodischen Niederschläge des Frühjahrs (Anatolien), des Herbstes (Ostspanien, Norditalien) und des Winters (südliches Mittelmeergebiet, Portugal, Kalifornien, Mittelchile, Kapland, Südwest-Australien) gegenüber. Die periodisch feuchten Sommerregen-Subtropen von Korea, China und dem Südosten der USA haben ebenfalls zyklonale Niederschläge, die jedoch in Verbindung mit maritim feuchten Sommermonsun-Luftmassen gesehen werden müssen. Der polare Niederschlagstyp weist aufgrund der niedrigen Temperaturen und der damit verbundenen geringen Wasserdampfaufnahmekapazität der Luft ganzjährig nur geringe Niederschläge von 20 bis 40 mm pro Monat auf. Die Messung des Niederschlags erfolgt mit Regenmessern nach Hellmann, die eine Auffangfläche von 200 cm^2 besitzen und täglich um 7 Uhr Ortszeit geleert werden. Die Maßeinheit ist mm-Niederschlagshöhe. Eine Niederschlagshöhe von 1 mm entspricht dabei 1 l/m^2.

9.6 Thermische Schichtung der Atmosphäre, Luftbewegungen und Drucksysteme

Jucundus Jacobeit

Thermische Schichtung der Atmosphäre

Die thermische Schichtung der Atmosphäre spielt für viele vertikale und horizontale Austauschprozesse eine wesentliche Rolle. Sie bestimmt beispielsweise, ob ein durch äußere Kräfte initial gehobenes Luftpaket weiter aufsteigt (**labile Schichtung**) oder wieder in seinen Ausgangszustand zurückkehrt (**stabile Schichtung**). Bezugsgrößen für die thermische Schichtung sind die **trocken- und feuchtadiabatischen Temperaturgra-**

dienten (Exkurs 9.6.1). Ist die vertikale Temperaturabnahme in einer Luftmasse größer als der adiabatische Gradient, wird ein initial gehobenes Luftpaket, das sich gemäß dieses Gradienten abkühlt, im Zuge der Hebung relativ wärmer und damit spezifisch leichter als seine Umgebungsluft, es erfährt also eine freie Auftriebsgröße und setzt seinen Aufstieg fort. Ist dagegen die vertikale Temperaturabnahme in einer Luftmasse kleiner als der adiabatische Gradient, wird ein dementsprechend sich abkühlendes Luftpaket im Zuge einer Hebung relativ kälter und damit spezifisch schwerer als seine Umgebungsluft, es sinkt folglich ab und nimmt wieder seinen ursprünglichen Zustand an. Die labilen bzw. stabilen Schichtungsverhältnisse führen also zu einer Fortsetzung oder Intensivierung bzw. einer Abbremsung oder Unterbindung vertikaler Aufwärtsbewegungen mit dementsprechenden Konsequenzen (große bzw. geringe Vertikaldurchmischung, bei hinreichender Mächtigkeit verstärkte bzw. fehlende Konvektionsbewölkung). Entspricht die vertikale Temperaturabnahme in einer Luftmasse dem adiabatischen Gradienten, sprechen wir von einer neutralen oder indifferenten Schichtung. Die Abbildung 9.6.1 zeigt darüber hinaus den Sonderfall einer besonders intensiven stabilen Schichtung, bei der die Temperatur mit der Höhe sogar zunimmt (sog. **Inversion**). Weiterhin wird erkennbar, dass durch die notwendige Unterscheidung trocken- und feuchtadiabatischer Gradienten feuchtespezifische Schichtungen entstehen (trockenlabil und -stabil in nichtwasserdampfgesättigter Luft, feuchtlabil und -stabil nach Erreichen des Kondensationspunktes) und ein bemerkenswerter Übergangsbereich existiert, in dem bei ungesättigten Bedingungen noch stabile, bei Wasserdampf-

sättigung jedoch bereits labile Schichtungsverhältnisse vorliegen (trockenstabil bis feuchtlabil).

Horizontale Luftbewegungen

Bei den horizontalen Luftbewegungen unterscheidet man kleinräumige und großräumige. Die kleinräumigen Luftbewegungen sind von einer Erstreckung über einige Zehner von Kilometern gekennzeichnet und folgen weitgehend der Richtung ihrer antreibenden Gradientkraft G. Die zugrunde liegenden horizontalen Druckunterschiede sind dabei zumeist thermischer Natur und werden in Kapitel 9.9 erklärt.

Bei Luftbewegungen über Entfernungen von mehr als einigen Hundert Kilometern spricht man von großräumigen Luftbewegungen. Bei ihnen beginnt sich der **Ablenkungseffekt durch die Erdrotation** bemerkbar zu machen. Hier werden die Folgen für den einfachen Fall einer unbeschleunigten Strömung konstanter Geschwindigkeit betrachtet; weitergehende Effekte bei beschleunigter und abgebremster Luftbewegung werden im Kapitel 9.7 behandelt. Zu unterscheiden ist jedoch danach, ob weitere Kräfte wie Zentrifugal- und Reibungskraft zu berücksichtigen sind.

Im ersten betrachteten Fall seien geradlinige Isobaren und nahezu reibungsfreie Verhältnisse oberhalb der Peplosphäre unterstellt, die einzigen wirksamen Kräfte seien also **Gradientkraft** G und **Corioliskraft** C (Exkurs 9.6.1). Die Abbildung 9.6.2 geht von existenten Hoch- und Tiefdruckgebieten aus, deren Entstehung in Kapitel 9.7 beleuchtet wird. Die zugehörige, vom Hoch zum Tief gerichtete Gradientkraft löst eine Luftbewegung aus, die allmählich der Coriolisablenkung unterliegt (nach rechts auf der Nord-, nach links auf der Südhalbkugel). Ein Gleichgewichtszustand ist erreicht, wenn Gradient-

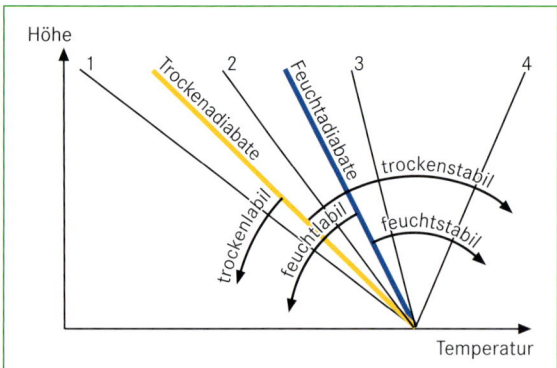

Abb. 9.6.1 Bereichsabgrenzung thermischer Schichtungen der Atmosphäre und verschiedene Fallbeispiele: 1 = trocken- und feuchtlabil, 2 = trockenstabil und feuchtlabil, 3 = trocken- und feuchtstabil, 4 = Inversion (verändert nach Hupfer & Kuttler 1998).

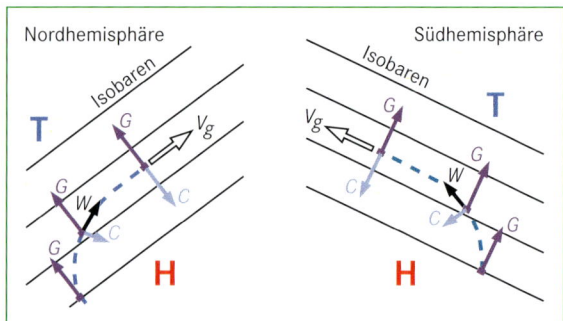

Abb. 9.6.2 Entstehung des geostrophischen Windes v_g auf der Nord- und Südhemisphäre (G = Gradientkraft, C = Corioliskraft, W = Windvektor, H = Hochdruckgebiet, T = Tiefdruckgebiet).

 **Exkurs 9.6.1**

Klimatologische Grundbegriffe zu Austauschprozessen

Trocken- und feuchtadiabatische Temperaturgradienten

Sie geben an, wie sich die Temperatur eines vertikal bewegten Luftpakets ohne Wärmezufuhr und -entzug von außen allein aufgrund des variierenden Luftdrucks verändert. Bei vertikalem Aufstieg dehnt sich Luft wegen des sinkenden Außendruckes aus, die dafür erforderliche Arbeit wird der inneren thermischen Energie des aufsteigenden Luftpakets entnommen, das entsprechend abkühlt. Bei Absinken wird Luft unter steigendem Außendruck komprimiert, die dafür aufgewendete Arbeit wird in innere thermische Energie des absinkenden Luftpakets umgewandelt, das sich entsprechend erwärmt. Aus dem ersten Hauptsatz der Thermodynamik lässt sich herleiten, dass der trockenadiabatische Gradient ohne Phasenänderungen des Wasserdampfes etwa 1 K/100 m beträgt (Hupfer & Kuttler 1998). Bei Wasserdampfsättigung verringert sich im feuchtadiabatischen Gradienten dieser Wert aufgrund freigesetzter Kondensations- oder Sublimationswärme auf zirka 0,4 bis 0,8 K/100 m in Abhängigkeit von der in die Phasenübergänge involvierten Wasserdampfmenge.

Gradientkraft

Antriebskraft horizontaler Luftbewegungen, die auf horizontale Druckunterschiede zurückgeht. Sie ergibt sich aus dem Produkt der invertierten Luftdichte ρ mit dem horizontalen Luftdruckgradienten dp/dn (Luftdruckänderung dp pro Streckeneinheit dn in senkrechter Richtung zu den Isobaren):

$$G = 1/\rho \cdot dp/dn$$

Corioliskraft und Coriolisparameter

Aufgrund der Erdrotation unterliegen großräumige Luftbewegungen einer Rechtsablenkung auf der Nord-, einer Linksablenkung auf der Südhalbkugel. Ursache dafür ist bei einer meridionalen (längenkreisparallelen) Strömung die sich mit der geographischen Breite verändernde Mitführungsgeschwindigkeit der Erde (z. B. 1 670 km/h am Äquator, 835 km/h in 60° Breite), an die sich bewegte Luftpakete aufgrund ihrer Massenträgheit erst mit zeitlicher Verzögerung anzupassen vermögen, sodass sie beim Transport in niedrigere (höhere) Breiten hinter der Erdrotation zurückbleiben (der Erdrotation vorauseilen). Bei zonaler (breitenkreisparalleler) Strömung resultieren ähnliche Ablenkungen, da die bei Westwinden (Ostwinden) verstärkte (abgeschwächte) Zentrifugalkraft eine zusätzliche Horizontalkomponente beinhaltet, die senkrecht zur Strömungsrichtung orientiert ist (nach rechts auf der Nord-, nach links auf der Südhalbkugel). Quantitativ bestimmt sich die auf die Masseneinheit bezogene ablenkende Corioliskraft der Erdrotation zu

$$C = 2\omega \cdot \sin\phi \cdot v$$

(ω = Winkelgeschwindigkeit der Erde; ϕ = geographische Breite; v = Windgeschwindigkeit).

Als Coriolisparameter f wird der von v unabhängige Term

$$f = 2\omega \cdot \sin\phi$$

bezeichnet. Er verdeutlicht die Breitenabhängigkeit der Coriolisablenkung (gleich null am Äquator und ansteigend mit zunehmender Breite).

Relative Vorticity

Die primär bedeutsame vertikale Komponente ζ der relativen Vorticity beschreibt Umdrehungssinn und Intensität horizontaler Drehbewegungen um vertikale Rotationsachsen relativ zum rotierenden Erdkörper. Sie setzt sich aus einem Krümmungs- und einem Scherungsanteil zusammen: Ersterer ergibt sich aus der Abweichung der Strömungsrichtung von der Tangentialrichtung an einem bestimmten Stromlinienpunkt (zyklonal bei Links-, antizyklonal bei Rechtsabweichung), Letzterer aus der Geschwindigkeitsänderung senkrecht zur Strömungsrichtung (zyklonal bei rechts-, antizyklonal bei linksseitiger Zunahme). Konventionsgemäß hat zyklonale Vorticity ein positives Vorzeichen, antizyklonale ein negatives. ζ lässt sich mittels der zonalen (u) und meridionalen (v) Windkomponenten auch darstellen als Veränderung (partielle Ableitung δ) von v in zonaler Richtung x und von u in meridionaler Richtung y:

$$\zeta = \delta v/\delta x - \delta u/\delta y$$

Die partiellen Differenzialquotienten lassen sich durch endliche Differenzen approximieren und erlauben somit eine näherungsweise Bestimmung von ζ aus Gitternetzdaten der horizontalen Windkomponenten (Jacobeit 1989).

und Corioliskraft gleich groß und entgegengerichtet sind, die entsprechende isobarenparallele Strömung wird **geostrophischer Wind** genannt. Er ist in der reibungsfreien Höhenströmung ein häufig zutreffendes Modell und lässt sich aufgrund der Übereinstimmung $G = C$ angeben als (Exkurs 9.6.1):

$$v_g = 1/\rho \cdot dp/dn \cdot 1/f$$

Dies impliziert, dass bei gleichem Druckgradienten und gleicher Luftdichte in niederen Breiten ein stärkerer geostrophischer Wind resultiert als in höheren Breiten. Wesentlich ist überdies, dass im Unterschied zu kleinräumigen Luftbewegungen geostrophische Winde aufgrund ihrer isobarenparallelen Strömungsrichtung keinen Druck- und Temperaturausgleich zu leisten vermögen.

Sind die Isobaren nicht geradlinig, sondern gekrümmt wie im Einflussbereich von Hoch- und Tiefdruckgebieten, kommt als weiterer Faktor die **Zentrifugalkraft** hinzu ($Z = v^2/r$ mit v = Umströmungswindgeschwindigkeit und r = Drehradius). Sie addiert sich als vom Rotationszentrum weg gerichtete Kraft beim Umströmen eines Tiefdruckgebietes (Gegenuhrzeigersinn) mit der Corioliskraft zum Gegengewicht der Gradientkraft ($G = C + Z$), beim Umströmen eines Hochdruckgebietes (Uhrzeigersinn) mit der Gradientkraft zum Gegengewicht der Corioliskraft ($G + Z = C$). Diese als Gradientwind bezeichnete Luftströmung auf gekrümmten Bewegungsbahnen ist bei gleichem Druckgradienten und gleicher Luftdichte also schwächer (stärker) als ein geradliniger geostrophischer Wind, wenn ein Tief (Hoch) umströmt wird.

In der reibungsbeeinflussten unteren Atmosphäre (Peplosphäre) entsteht der sogenannte **geotriptische Wind** (Abb. 9.6.3). Hier wird die Gradientkraft ausbalanciert durch die Resultierende aus Corioliskraft (senkrecht zur Bewegungsrichtung) und abbremsender Reibungskraft (entgegengesetzt zur Bewegungsrichtung). Das Gleichgewichtsergebnis ist ein Wind, der eine ageostrophische Komponente zum tiefen Druck hin aufweist; damit wird ein partieller Druckausgleich möglich. Allerdings hängt der Ablenkungswinkel gegenüber der geostrophischen Windrichtung von der Größe der Reibungskraft und der geographischen Breite ab: In den Mittelbreiten beträgt er über dem reibungsarmen Meer nur 15 bis 20°, über dem raueren Festland 25 bis 45°. In niedrigeren Breiten, wo die Corioliskraft geringere Werte annimmt, steigt der Ablenkungswinkel und kann schon über dem Meer Werte über 40° erreichen.

Die Abbildung 9.6.5 zeigt überdies, wie sich der Ablenkungswinkel innerhalb der reibungsbeeinflussten Atmosphäre mit der Höhe ändert: In Bodennähe ist er am

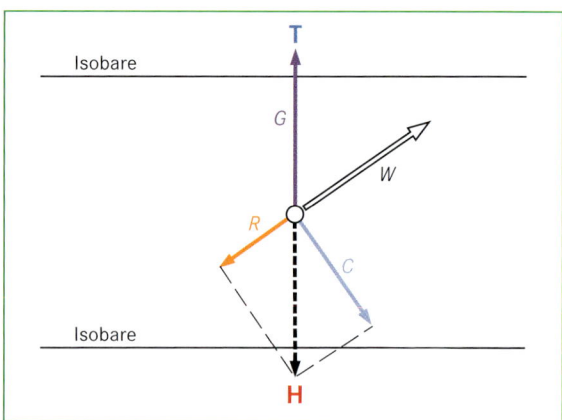

Abb. 9.6.3 Kräftegleichgewicht beim geotriptischen Wind (G = Gradientkraft, C = Corioliskraft, R = Reibungskraft, W = Windvektor, H = Hochdruckgebiet, T = Tiefdruckgebiet).

größten, um mit zunehmender Höhe sukzessive abzunehmen und die tatsächliche Windrichtung allmählich der geostrophischen anzunähern. Diese charakteristische Winddrehung, gepaart mit einer Geschwindigkeitszunahme unter nachlassendem Reibungseinfluss (vertikale Scherung), beschreibt eine sogenannte **Ekman-Spirale** (Abb. 9.6.5), die für die Windverhältnisse der Reibungsschicht kennzeichnend ist.

Zusammenfassend ergibt sich im bodennahen Strömungsfeld zwischen Hoch- und Tiefdruckkernen folgendes Kräftespiel (Abb. 9.6.4): Luftmassen, die dem Druckgradienten vom Hoch zum Tief folgend aus dem

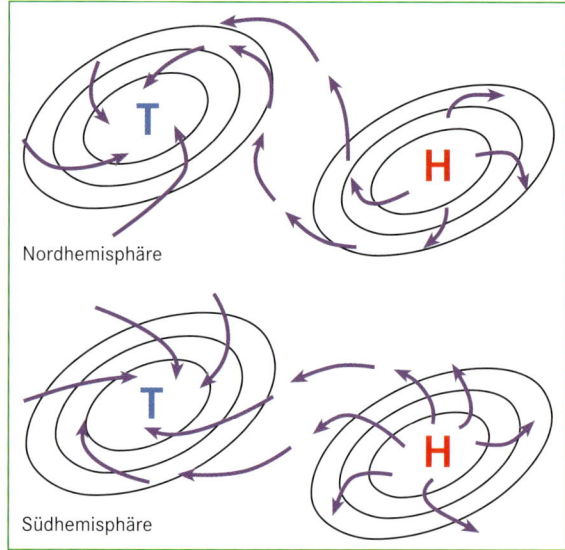

Abb. 9.6.4 Strömungsverhältnisse im bodennahen Luftdruckfeld.

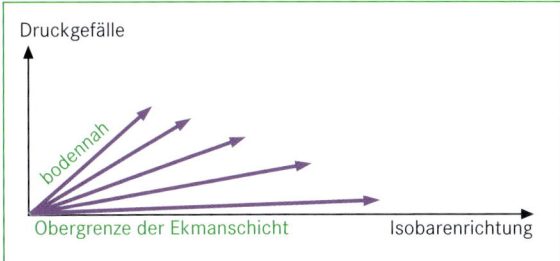

Abb. 9.6.5 Ekman-Spirale in der reibungsbeeinflussten Atmosphäre (verändert nach Malberg 2002).

Hochdruckgebiet ausströmen, unterliegen einerseits der Coriolisablenkung, woraus ein Ast antizyklonaler Umströmung des Hochdruckkerns resultiert (im Uhrzeigersinn auf der Nord-, entgegengesetzt auf der Südhalbkugel); andererseits ergibt sich aus dem bodennahen Reibungseinfluss eine zum Tief gerichtete Bewegungskomponente, die dort zum Einströmen führt und unter zyklonale Rotation gelangt (jeweils invertierter Umdrehungssinn zum antizyklonalen Fall). Bodennah sind also Hochdruckgebiete durch divergentes Ausströmen, Tiefdruckgebiete durch konvergentes Einströmen gekennzeichnet; beides verbindet sich mit entsprechenden Vertikalbewegungen (abwärts gerichtet im Hoch, aufwärts gerichtet im Tief).

Vertikale Luftbewegungen

Abgesehen von Gewitterzellen, in denen Vertikalgeschwindigkeiten bis zu 15 m/s auftreten können, sind vertikale Luftbewegungen vergleichsweise klein (einige cm/s) gegenüber horizontalen Winden (bei Jetstreams bis zu mehreren Hundert km/h). Wichtig sind sie dennoch wegen ihres erheblichen Vertikalaustausches und der thermodynamischen Zustandsänderungen etwa im Zusammenhang mit **Bildung und Auflösung von Wolken**. Es lassen sich verschiedene Ursachengruppen benennen:

1.) **Einfluss der Orographie:** Quer zur horizontalen Strömungsrichtung angeordnete Gebirgszüge bewirken im Luv eine orographisch erzwungene Hebung, im Lee orographische Fallwinde. Damit gehen häufig markante Witterungsphänomene einher (Steigungsniederschlag bzw. Föhneffekte).

2.) **dynamische Turbulenz:** Durch vertikale Änderung von Windrichtung (Drehung) und Windgeschwindigkeit (Scherung) – beispielsweise bei nachlassendem Reibungseinfluss oder im Bereich von Starkwindzonen – bilden sich verschiedenartige Wirbel,

die insbesondere auch vertikale Bewegungskomponenten beinhalten.

3.) **Advektion unterschiedlich temperierter Luftmassen:** Wird wärmere Luft gegen kältere geführt (Warmfront), gleitet Erstere als spezifisch leichtere auf Letztere auf, wobei selbst bei kleinem Steigungsverhältnis (unter 1 Prozent) eine Vertikalkomponente von einigen cm/s resultiert. Wird kältere Luft gegen wärmere geführt (Kaltfront), bricht Erstere als spezifisch schwerere in Letztere ein, wobei diese zum konvektiven Aufsteigen mit einigen m/s veranlasst wird.

4.) **labile Schichtung:** Diese Art der thermischen Schichtung kann unterschiedliche Gründe haben: zum einen die Aufheizung von der Unterlage (z. B. bei starker Sonneneinstrahlung), wobei bodennah erwärmte und spezifisch leichtere Luftpakete aufsteigen (thermische Konvektion) und in ihrer Umgebung kompensatorische Absinkbewegungen entstehen, zum anderen Kaltluftadvektion in der Höhe (z. B. auf der Rückseite von Frontalzyklonen), wodurch vor allem im Sommer ein reger Vertikalaustausch induziert werden kann.

5.) **Vergenzen im horizontalen Strömungsfeld:** Konvergenz (Massengewinn) in der unteren Troposphäre und Divergenz (Massenverlust) in der oberen Troposphäre führen zu aufwärts gerichteter Vertikalbewegung, die umgekehrten Konstellationen zu Absinkprozessen. In welchem dynamischen Kontext derartige Vergenzen zur Ausbildung gelangen, wird im Kapitel 9.7 behandelt.

6.) **Advektion relativer Vorticity:** Wird im horizontalen Strömungsfeld positive (negative) Vorticity herangeführt, führt dies zu aufsteigender (absinkender) Luftbewegung, wie sie für voll entwickelte Zyklonen (Antizyklonen) kennzeichnend ist.

Drucksysteme

Hoch- und Tiefdrucksysteme lassen sich gemäß ihrer Entstehung in thermische und dynamische Druckgebilde einteilen. Bei Ersteren erzeugt die jeweilige Temperatur einer Luftmasse über die damit gekoppelte Luftdichte einen typischen Druckunterschied zur Umgebung: So bildet Warmluft geringer Dichte gegenüber der kälteren Umgebung ein relatives Tiefdruckgebiet aus, das bei entsprechender Intensität als **Hitzetief** bezeichnet wird. Umgekehrt entsteht mit Kaltluft hoher Dichte gegenüber der wärmeren Umgebung ein relatives Hochdruckgebiet, das bei kräftiger Ausbildung als **Kältehoch** bezeichnet wird. Beide thermischen Drucksys-

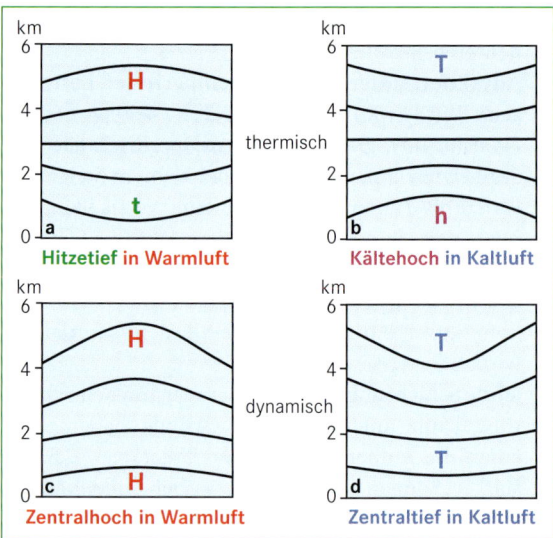

Abb. 9.6.6 Schematischer Aufbau thermischer und dynamischer Drucksysteme. Die schwarzen Linien indizieren Flächen gleichen Luftdrucks (verändert nach Barry & Chorley 2003).

teme haben allerdings nur eine begrenzte Vertikalerstreckung, da nach der barometrischen Höhenformel der Luftdruck in einer kalten Atmosphäre mit zunehmender Höhe schneller abnimmt als in einer warmen Atmosphäre, also über einem Kältehoch ein Höhentief und über einem Hitzetief ein Höhenhoch zur Ausbildung gelangt (Abb. 9.6.6).

Anders verhält es sich bei **dynamischen Drucksystemen**, auf deren Entstehung im Kapitel 9.7 eingegangen wird. Ein dynamisches Bodenhoch in Warmluft verstärkt sich sogar mit zunehmender Höhe und bildet ein vertikal mächtiges Zentralhoch, entsprechend intensiviert sich ein dynamisches Bodentief in Kaltluft nach oben und formt ein Zentraltief (Abb. 9.6.6). Entstehungsbedingt sind allerdings die dynamischen Drucksysteme vertikal geneigt, sodass die Bodendruckgebiete jeweils an der Vorderseite des entsprechenden Höhendruckregimes zu finden sind.

Eine weitere bedeutsame Abwandlung tritt in Gestalt der **außertropischen Frontalzyklonen** in Erscheinung. Sie sind nicht ausschließlich in Kaltluft ausgebildet, sondern beinhalten einen Warmsektor, an dessen Begrenzungen unterschiedliche Luftmassenfronten wetterwirksam sind: zum einen die gegen die Vorderseitenkaltluft vorrückende Warmfront, gekennzeichnet durch großräumige Aufgleitbewegungen, stratiforme Wolkenbildung und Landregen, zum anderen die durch nachrückende Rückseitenkaltluft entstandene Kaltfront, geprägt von erzwungener Konvektion, cumuliformer Wolkenbildung und Schauerniederschlägen. Frontalzy-

klonen sind mit dem mäandrierenden Polarfront-Jetstream der Höhenströmung verbunden, der ein wesentliches Glied der Planetarischen Zirkulation ist (Kapitel 9.7).

Tropische Zyklonen sind dagegen frontenlose Tiefdrucksysteme, bei denen die latente Energie eine wichtige Rolle spielt. Unter speziellen Bedingungen können sie intensitätsgesteigert als tropischer Wirbelsturm ausgebildet sein (Borchert 1993). Daneben gibt es eine Reihe **sekundärer Drucksysteme**, die hier lediglich benannt seien (Zwischenhoch, Randtief, Leedepression, Polartief).

9.7 Planetarische Zirkulation

Der großräumige Austausch von Masse, Wärme und Drehimpuls in der Atmosphäre wird ausgelöst durch den mittleren Temperatur- und Druckgegensatz zwischen niederen und höheren Breiten. Wie die Abbildung 9.7.1 schematisch verdeutlicht, sind die Tropen durch relativ homogene Warmluft, die Polargebiete durch relativ homogene Kaltluft gekennzeichnet, während sich das hemisphärische Temperaturgefälle jeweils auf die Mittelbreiten konzentriert (**planetarische Frontalzone**). Dieser Temperaturverteilung entspricht eine großräumige Druckverteilung, bei der die isobaren Flächen in der tropischen Warmluft mit der Höhe zunehmend angehoben sind und folglich in der Frontalzone ein nach oben sich verstärkendes Druckgefälle zu den Polargebieten ausgebildet wird (Abb. 9.7.1). In der reibungsfreien höheren Troposphäre entsteht daraus unter Berücksichtigung der ablenkenden Corioliskraft nach den geostrophischen Gleichgewichtsbedingungen in beiden Hemisphären eine **außertropische Westwinddrift**, die zunächst näher betrachtet werden soll, bevor auf die Zirkulation in den Tropen eingegangen wird.

Außertropische Zirkulation

Die zunächst abgeleitete zonale Höhenströmung vermag jedoch den meridionalen Temperatur- und Druckgegensatz nicht auszugleichen, er wird sich sogar weiter verschärfen (bedingt durch den unterschiedlichen Strahlungs- und Wärmehaushalt verschiedener Breitenzonen). Nach Weischet & Endlicher (2008) geht ab einem meridionalen Temperaturgradienten im 500-hPa-Niveau von 6 °C/1000 km – bei Freisetzung latenter Energie (Wolkenbildung) sogar schon ab

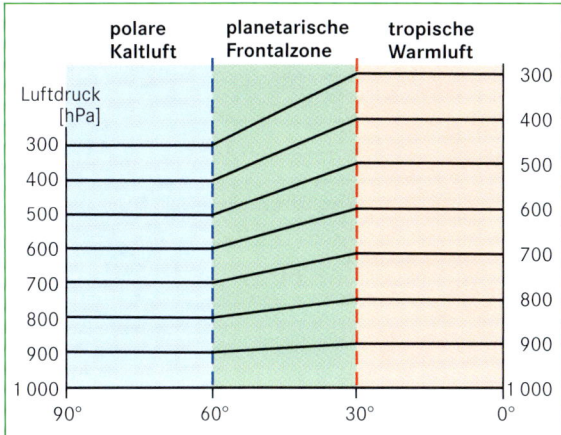

Abb. 9.7.1 Generalisierte Druckverteilung in der Troposphäre (verändert nach Flohn 1960).

3,5 °C/1 000 km – die Zonalzirkulation in eine **Wellenzirkulation** über, deren unterschiedliche Stadien verschiedenartige Zirkulationsformen konstituieren (Abb. 9.7.2): So kann man bei vorherrschend diagonal verlaufenden Strömungsästen von einer gemischten Zirkulation sprechen, während die amplitudenverstärkte Variante mit weit äquatorwärts vorstoßenden zyklonalen **Kaltlufttrögen** und weit polwärts vorstoßenden antizyklonalen **Warmluftrücken** als Meridionalzirkulation bezeichnet wird. Werden periphere Teile dieser unterschiedlich temperierten Luftmassen von ihrem Ursprungsgebiet abgeschnürt (*cut-off effect*), resultieren zyklonale Kaltlufttropfen bzw. antizyklonale Warmluftinseln, die insgesamt eine zelluläre Zirkulation konstituieren (Abb. 9.7.2). Dabei kann die Westwinddrift für

längere Zeit blockiert bleiben, bevor nach Auflösung der *cut-off*-**Zellen** sich erneut eine Zonalzirkulation herausbildet und ein weiterer, allerdings sehr variabler Zyklus der Zirkulationsformen durchlaufen werden kann. Kennzeichen der nichtzonalen Formen ist dabei ihre gesteigerte Austauschleistung zwischen niederen und höheren Breiten, vor allem in den Varianten meridionaler und zellulärer Zirkulation.

Die großskaligen Rücken und Tröge der Höhenströmung werden als lange Wellen oder Rossby-Wellen bezeichnet, der Mechanismus ihrer Entwicklung geht aus der Abbildung 9.7.3 hervor: Da gezeigt werden kann, dass bei großräumigen Luftbewegungen die absolute Vorticity (Summe aus Coriolisparameter f und relativer Vorticity ζ) erhalten bleibt, erfährt ein polwärts verfrachteter Luftkörper, für den f größer wird, ein abnehmendes ζ, das heißt, die Krümmung seiner Zugbahn wird antizyklonal und er kehrt in niedrigere Breiten zurück. Umgekehrt wird für einen äquatorwärts verfrachteten Luftkörper f kleiner, sodass mit zunehmendem ζ die Krümmung seiner Zugbahn zyklonal wird und er in höhere Breiten zurückkehrt. Nicht berücksichtigt in diesem vereinfachten Modell sind Scherungsanteile bei ζ und die erst in die sogenannte potenzielle Vorticity invers eingehende variable Vertikalerstreckung des Luftkörpers.

In der **barotropen Rossby-Gleichung** wird ein Zusammenhang zwischen der Rossby-Wellenlänge L und der Geschwindigkeit U des zonalen Grundstroms hergestellt:

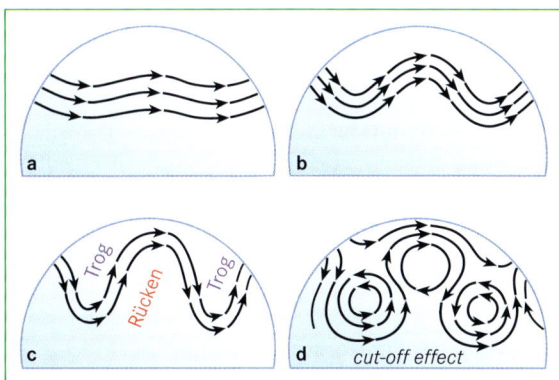

Abb. 9.7.2 Zirkulationsformen in der Höhenströmung der außertropischen Westwinddrift: a) Zonalzirkulation, b) gemischte Zirkulation, c) Meridionalzirkulation, d) zelluläre Zirkulation (verändert nach Barry & Chorley 2003).

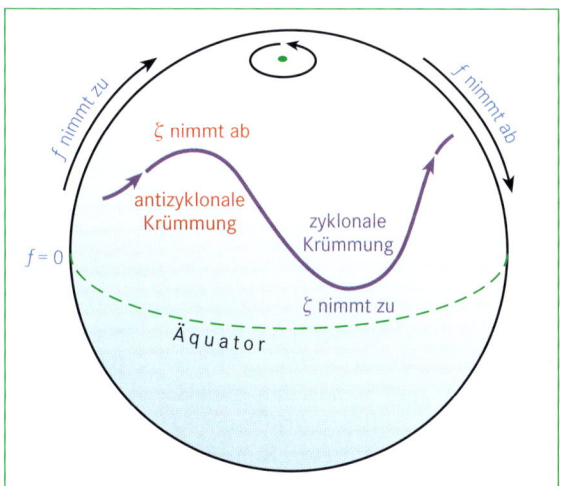

Abb. 9.7.3 Mechanismus der Rossby-Wellen-Entwicklung in der Höhenströmung der außertropischen Westwinddrift (f = Coriolisparameter, ζ = relative Vorticity; verändert nach Barry & Chorley 2003).

$$c = U - \beta \cdot (L/2\pi)^2$$

mit c als Phasengeschwindigkeit der Welle und β als meridionaler Änderung des Coriolisparameters. Speziell für stationäre Wellen ($c = 0$) ergibt sich:

$$L = 2\pi \cdot (U/\beta)^{1/2},$$

woraus für typische U-Werte von einigen m/s Wellenlängen von einigen Tausend Kilometern resultieren. Bedeutsam wird dies angesichts der Tatsache, dass quer zur Grundstromrichtung aufragende Hochgebirgszüge ortsfixiert immer wieder **Rossby-Wellen** auslösen (Borchert 1993). Im Mittel ergibt sich damit zum Beispiel im Lee der Rocky Mountains über Nordostamerika ein quasistationärer Höhentrog, dem als Sekundärschwingung über dem östlichen Mitteleuropa ein weiterer Höhentrog folgt. Ähnliche Effekte bewirken die zentralasiatischen Hochgebirge (ostasiatischer Höhentrog), während sie in der zum größten Teil über Meeresflächen ausgebildeten Westdrift der Südhemisphäre auf den zirkum-andinen Raum beschränkt bleiben.

Innerhalb der planetarischen Frontalzone wird der Gegensatz zwischen warmer und kalter Luft weiter zusammengedrängt zu nur mehr 100 bis 200 km breiten, polwärts geneigten baroklinen Zonen, in denen sich (anders als in barotropen Luftmassen) die isothermen und die isobaren Flächen schneiden und die Windgeschwindigkeit mit der Höhe bis zu Strahlstromintensität zunimmt. Man spricht bei diesem frontgebundenen Starkwindfeld vom **Polarfront-Jetstream** (Exkurs 9.7.1), der mit der Höhenströmung mäandriert und dabei Zonen unterschiedlicher Druckgradienten durchläuft. Die Abbildung 9.7.4a zeigt den Bereich eines Gradientmaximums mit Einzugsgebiet (konvergierende Isobaren bei zunehmender Gradientkraft) und Delta (divergierende Isobaren bei abnehmender Gradientkraft). Diese Situation führt zu Beschleunigung und Abbremsung der Luftbewegung und damit zu folgenträchtigen ageostrophischen Massenverlagerungen, die in die Bildung dynamischer Drucksysteme münden. Hintergrund dafür ist die Massenträgheit, aufgrund derer sich im Einzugsgebiet die Windgeschwindigkeit erst mit zeitlicher Verzögerung an die zunehmende Gradientkraft G anpasst; da die Corioliskraft C von der hier noch zu geringen Windgeschwindigkeit abhängt, wird $G > C$ und es resultiert eine Massenverlagerung zur polwärtigen Seite, die dort zur Konvergenz, auf der äquatorwärtigen Seite zur Divergenz führt. Umgekehrt wird im Deltabereich bei abnehmendem G trägheitsbedingt noch eine größere Windgeschwindigkeit beibehalten, die zum Ungleichgewicht $C > G$ und damit zu Massenverlust (Divergenz) auf der polwärtigen, zu Massenge-

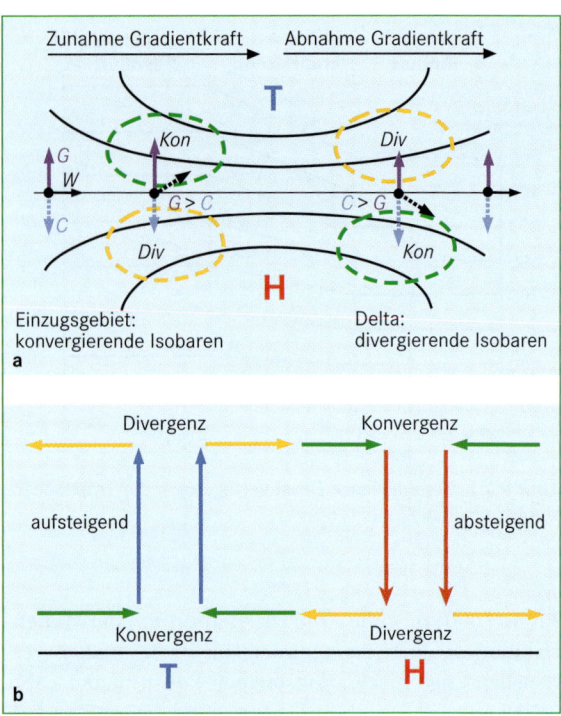

Abb. 9.7.4 a) Entstehung von Konvergenz- (*Kon*) und Divergenzgebieten (*Div*) im Höhenströmungsfeld eines Jetstreams bei variabler Gradientkraft und Windgeschwindigkeit (G = Gradientkraft, C = Corioliskraft, W = Windvektor. b) Zusammenhang von Massendivergenzen und -konvergenzen mit Bodenluftdruck und Vertikalbewegung (verändert nach Lauer & Bendix 2004).

winn (Konvergenz) auf der äquatorwärtigen Seite führt. Mit welchen Konsequenzen diese Vergenzen der Höhenströmung verbunden sind, wird schematisch in der Abbildung 9.7.4b verdeutlicht: Divergenz in der Höhe bedeutet Luftdruckfall am Boden, das dynamisch erzeugte Tief erfährt dort konvergentes Einströmen und vertikal aufsteigende Luftbewegung. Konvergenz in der Höhe dagegen führt zu Luftdruckanstieg am Boden, das dynamisch erzeugte Hoch unterliegt dort divergentem Ausströmen und vertikal absteigender Luftbewegung. Dieser als **Ryd-Scherhag-Effekt** bezeichnete Prozess wird weiterhin überlagert von der Advektion relativer Vorticity, die je nach ihrem Vorzeichen die Bildung von Hochs und Tiefs verstärkt bzw. abschwächt. So entstehen gerade an der Vorderseite zyklonaler Höhentröge mit positiver Vorticity-Advektion auf der polwärtigen Seite des Jetstream-Deltas dynamische Tiefdruckgebiete, während auf der äquatorwärtigen Seite bei negativer Vorticity dynamische Hochdruckgebiete generiert werden. Zusätzlich zu dieser breitendifferenzierten Entstehung scheren die Drucksysteme bei ihrer weiteren ostwärtigen Verlagerung noch etwas aus: Tiefdruckgebiete polwärts, Hochdruckgebiete äquatorwärts. Grund dafür ist der mit der geographischen Breite zunehmende Coriolisparameter, der an der polwärtigen Flanke der Drucksysteme etwas größer ist als an ihrer äquatorwärtigen. Da die Corioliskraft beim zyklonalen Umströmen von Tiefdruckgebieten nach außen, beim antizyklonalen Umströmen von Hochdruckgebieten aber nach innen gerichtet ist, resultiert ein leichtes Übergewicht in die genannten unterschiedlichen Richtungen. Als Folge häufen sich die dynamischen Tiefs in höheren Breiten an und bilden die **subpolare Tiefdruckrinne**, während sich die dynamischen Hochs in niedrigeren Breiten anhäufen und die **subtropische Hochdruckzone** bilden. Beide flankieren also gewissermaßen die außertropische Westwinddrift und grenzen sie zu benachbarten Zirkulationssystemen ab (polare und tropische Zirkulation), wobei aufgrund ihres zellulären Aufbaus jedoch vielfältige Austauschprozesse zwischen diesen Systemen stattfinden.

Da vor allem auf der Nordhemisphäre eine orographisch verankerte Anregung von Rossby-Wellen zu beobachten ist, gibt es überdies auch bevorzugte Regionen der Entstehung dynamischer Drucksysteme. Dies ist im Delta des Polarfront-Jetstreams stromabwärts der quasistationären Höhentröge im Lee von Rocky Mountains und zentralasiatischen Hochgebirgen, also in zentralen Teilen von Atlantik und Pazifik, der Fall. Die entsprechenden, häufig neu gebildeten oder regenerierten Drucksysteme sind als **Island-Tief** und **Azoren-Hoch** bzw. **Aleuten-Tief** und **Hawaii-Hoch** bekannt und werden als Aktionszentren des Luftdruckfelds bezeichnet.

An ihrer Rückseite existieren konvergierende Luftströmungen, die subpolare Kaltluft und subtropische Warmluft gegeneinanderführen und so erneute Frontogenese begünstigen, womit ein dynamischer Prozesskreislauf geschlossen wird.

Abschließend zu erwähnen bleiben räumliche und zeitliche Unterschiede in der Ausprägung der Westwinddrift. So ist sie auf der Südhalbkugel intensiver als im Norden, da das troposphärische Temperatur- und Druckgefälle (Abb. 9.7.1) von den Tropen zur inlandvereisten Antarktis größer ist als zum arktischen Polargebiet. Analog ist die Westdrift beider Hemisphären im jeweiligen Winter intensiver als im Sommer, da sich die meridionalen Gradienten entsprechend jahreszeitlich ändern. Damit ist auch eine Breitenverlagerung verbunden, bei der sich die winterlich intensivere Westdrift äquatorwärts ausdehnt.

Tropische Zirkulation

Der Einflussbereich der tropischen Zirkulation erstreckt sich über das weite Gebiet zwischen den subtropischen Hochdruckzonen beider Hemisphären, in dem zwangsläufig ein Bereich relativen Druckminimums ausgebildet sein muss, der stark generalisiert als **äquatoriale Tiefdruckrinne** bezeichnet wird. In der reibungsfreien höheren Troposphäre erwächst aus dieser äquatorwärts gerichteten Gradientkraft unter Berücksichtigung der unterschiedlichen Coriolisablenkung auf beiden Hemisphären ein zonaler Grundstrom von Osten nach Westen, der Anlass für die Sprechweise von der **tropi-**

 **Exkurs 9.7.1**

Jetstreams

Jetstreams sind Starkwindfelder in der höheren Atmosphäre mit Geschwindigkeiten > 30 m/s. Sie besitzen Dimensionen von 100 bis 500 km in der Breite, 1 bis 4 km in der Vertikalen und mehrere Tausend km in der Länge. Besonders wichtig ist der Polarfront-Jetstream, der sich den verschärften Druckgegensätzen im Bereich barokliner Zonen der planetarischen Frontalzone verdankt. Der subtropische Jetstream oberhalb der subtropischen Hochdruckzellen ist dagegen nicht an Fronten gebunden und geht primär auf die Erhaltung des Gesamtdrehimpulses G bei polwärtiger Massenverlagerung zurück:

$$G = m \cdot v \cdot R \cdot \cos\phi$$

mit Masse m, Windgeschwindigkeit v, Erdradius R und geographischer Breite ϕ. Wird mit zunehmender Breite der Radiusabstand $R \cdot \cos\phi$ zur Rotationsachse geringer, muss v entsprechend größer werden. In den Tropen wird zwischen Südostasien und Afrika im Nordsommer der *tropical easterly jet* (TEJ) ausgebildet, der sich dem verschärften Druckgefälle vom tibetanischen Höhenhoch in Richtung Äquator verdankt.

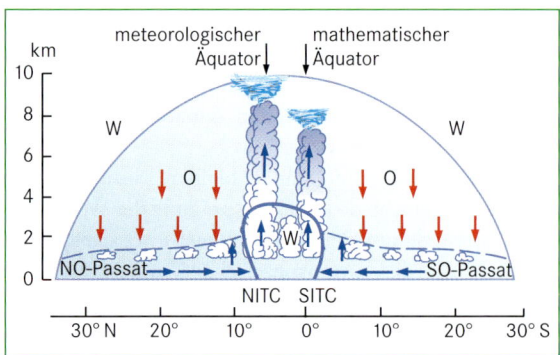

Abb. 9.7.5 Tropische Ostwindzone in kontinental geprägten Sektoren mit eingelagerter Westwindzone und zweigeteilter ITC (verändert nach Flohn 1960).

schen Ostwindzone ist. Unter Reibungseinfluss wird bodennah daraus der zum tieferen Druck hin abgelenkte geotriptische Wind, der hier die Bezeichnungen **NO-Passat** bzw. **SO-Passat** trägt. Entsprechend seiner Herkunft aus dem Einflussbereich der subtropischen Hochdruckzone ist er von einer dynamischen Absinkinversion (Passatinversion) begleitet, die abseits von gebirgsbedingtem Stau für niederschlagsfreie Verhältnisse sorgt. Allerdings steigt sie mit zunehmender Äquatorannäherung an, bis es im Bereich der **Innertropischen Konvergenzzone** (**ITC**) zu aufsteigender Luftbewegung und konvektiven Niederschlägen kommt.

Wie die Abbildung 9.7.5 zeigt, ist diese Konvergenz allerdings selten durch das unmittelbare Aufeinandertreffen der Passate beider Hemisphären bedingt, vielmehr findet sich in den kontinental geprägten Bereichen eine **Zone tropischer Westwinde** eingelagert, die mit einer Aufspaltung der ITC in einen nördlichen und einen südlichen Ast einhergeht. Dabei ist der auf der jeweiligen Sommerhalbkugel gelegene Ast der primäre (meteorologischer Äquator), während der sekundäre in Nähe des mathematischen Äquators zu finden ist. Die Abbildung 9.7.6 zeigt die Ausdehnung der tropischen Westwindzone, wobei die nördlichen und südlichen Begrenzungen den Extremalpositionen des primären ITC-Astes entsprechen. Man erkennt zum einen, dass über großen Teilen des Pazifiks und Atlantiks diese Westwindzone gänzlich fehlt, während sie zum anderen in einem äquatornahen Streifen der übrigen Gebiete sogar ganzjährig ausgebildet ist. Hintergrund ist das monsunale Zirkulationssystem der Tropen, das nach Flohn (1960) nicht etwa als kontinental vergrößertes Land-See-Windsystem verstanden werden darf, sondern auf die jahreszeitliche Verlagerung der großräumigen Druck- und Windsysteme zurückzuführen ist. So bildet sich in den kontinental geprägten Bereichen im jeweili-

gen Hemisphärensommer aufgrund eines dominanten Druckgefälles zu den markanten, in Nähe des Zenitstands der Sonne gelegenen randtropischen Hitzetiefs nach geostrophischen Regeln die genannte tropische Westwindzone, in der unter Reibungseinfluss bodennah die nordhemisphärischen **SW-Monsune** bzw. südhemisphärischen **NW-Monsune** entstehen. An den Rändern dieser Zone ergeben sich Konvergenzzonen mit den Passatströmungen der beiden Hemisphären, die die beiden oben erwähnten Äste der ITC bilden. Da die randtropischen Hitzetiefs jedoch vertikal nur geringmächtig sind, erreicht auch die tropische Westwindzone meist nur eine bescheidene Vertikalerstreckung von 1 bis 3 km. Lediglich im indischen Monsungebiet werden 5 bis 7 km erreicht; dies geht vor allem auf die großdimensionierte hochgelegene Heizfläche des Himalaya und des Hochlandes von Tibet zurück, wodurch die tropische Westwindzone in dieser Region auch ihre maximale polwärtige Ausdehnung entfaltet (Abb. 9.7.6). Gleichzeitig unterliegen die monsunalen SW-Winde an der Südflanke des Himalaya orographisch erzwungener Hebung, wodurch Spitzenwerte der latenten Energiefreisetzung erreicht werden und ein außergewöhnlich niederschlagsergiebiges Monsunregime entwickelt wird.

Immer aber ist bei der tropischen Monsunzirkulation auch die überlagernde Ostströmung zu berücksichtigen, in der sich entscheidende Prozesse für das monsunale Niederschlagsgeschehen abspielen. Dies umfasst beispielsweise Höhendivergenz- und Höhenkonvergenzgebiete, die fördernd bzw. hemmend auf die Konvektionsaktivität einwirken und analog zu Abbildung 9.7.4 in Beschleunigungs- wie Abbremsbereichen von Jetstreams aufgrund trägheitsbedingter ageostrophischer Massenverlagerungen entstehen. Prominentes Beispiel dafür ist der durch das sommerliche tibetanische Höhenhoch induzierte *tropical easterly jet* (TEJ), in dessen Einzugsbereich sich auf der polwärtigen Seite eine Höhendivergenz ausbildet, die mit dem asiatischen Monsuntrog der unteren Troposphäre in Zusammenhang steht und über Nordost-Indien sowie den östlich anschließenden Gebieten die Hauptzone der asiatischen Sommerniederschläge entstehen lässt. Im Delta des TEJ über Afrika kehren sich die Verhältnisse um, jetzt liegt die Höhendivergenz auf der äquatorwärtigen Seite mit dem Maximum monsunaler Niederschläge in deutlich südlicherer Lage als über Vorder- und Hinterindien, während die Höhenkonvergenz auf der polwärtigen Seite die Konvektionsaktivität im Umfeld der bodennahen ITC wirkungsvoll unterdrückt (ergiebige Niederschläge hier erst einige Hundert km weiter südlich).

Als weiteres Organisationsmoment tropischer Konvektionsaktivität sind östliche Wellenstörungen (*easterly waves*) von Bedeutung, die sich vor allem im unte-

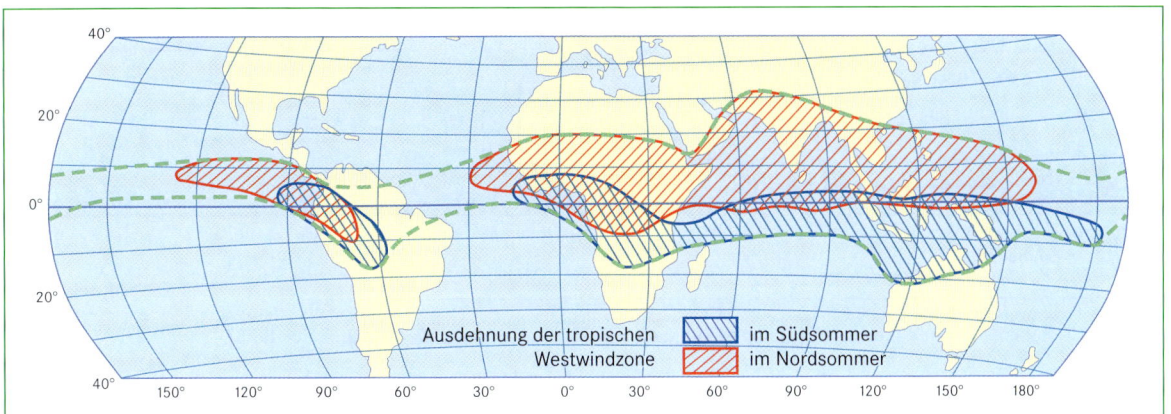

Abb. 9.7.6 Ausdehnung der tropischen Westwindzone (verändert nach Flohn 1971).

ren Teil der Troposphäre entwickeln und mit einem Großteil der tropischen Niederschläge in Zusammenhang stehen. Sie können sich beispielsweise bei vorübergehend verschärften Temperaturgradienten oder bei horizontalen wie vertikalen Windscherungen bilden. Riehl (1979) unterscheidet verschiedene Varianten nach dem Verhältnis von Windgeschwindigkeit und Phasengeschwindigkeit der Welle sowie nach dem vertikalen Aufbau (mit oder ohne eingelagerte monsunale Westströmung). Dementsprechend differiert auch die Lage des Hauptniederschlagsgebietes; bei der häufigsten Form liegt es – umgekehrt wie bei außertropischen Wellen – hinter der Trogachse, wo bei polwärtiger Strömungskomponente sowohl f als auch ζ größer werden (durch wachsende Breite bzw. zyklonale Krümmung) und die potenzielle Vorticity $(f + \zeta)/h$ nur dadurch erhalten werden kann, dass die Vertikalerstreckung h des transportierten Luftkörpers zunimmt, also eine Konvektionsbelebung eintritt. An der Vorderseite der *easterly wave* dagegen nehmen bei äquatorwärtiger Strömungskomponente f und ζ ab, kompensatorisch also auch h bei vorherrschender Absinktendenz. *Easterly waves* können sich zu geschlossenen Störungssystemen wie Monsundepressionen oder tropischen Zyklonen weiterentwickeln.

Die gesamte Zone organisierter Konvektion, in der der Hauptteil der tropischen Niederschläge fällt, verlagert sich in den kontinental geprägten Bereichen der Tropen bei rund einmonatiger Verzögerung mit der sonnenstandsbedingten Breitenverschiebung der Zirkulationszellen und verursacht in den äquatorferneren Gebieten den charakteristischen Wechsel von monsunaler Regenzeit im Sommer und passatischer Trockenzeit im Winter; in den äquatornäheren Gebieten, die nicht mehr vom stabilen Passat erreicht werden und

lediglich Intensitätszyklen der Konvektionsaktivität durchlaufen, resultieren meist immerfeuchte Verhältnisse mit zweigipfligem Niederschlagsjahresgang. Über großen Teilen des Pazifiks und Atlantiks reicht dagegen die geringe jahreszeitliche ITC-Verschiebung nicht mehr aus, um überhaupt tropische Westwinde und eine monsunale Zirkulation zu erzeugen (Abb. 9.7.6). Der Konvektionsbereich in der äquatorialen Tiefdruckrinne ist aber dennoch häufig zweigeteilt, da über den zentralen und östlichen Teilen dieser Ozeane normalerweise kühle Auftriebswässer in Äquatornähe atmosphärische Absinkbewegungen induzieren (pazifische El-Niño-Ereignisse verändern dies allerdings wieder grundlegend).

Konzeptionelle wie pragmatische Erwägungen legen es nahe, die tropische Zirkulation in einen mittleren meridionalen und einen mittleren zonalen Bestandteil zu zerlegen. Ersterer wird als **Hadley-Zirkulation** bezeichnet und kann aus Abbildung 9.7.5 erschlossen werden: Ihr absteigender Ast findet sich im Bereich der subtropischen Hochdruckzellen, die Meridionalkomponente der bodennahen Passatwinde bildet den äquatorwärts gerichteten Ast, die hoch reichende Konvektion im ITC-Bereich den aufsteigenden Ast und die Meridionalkomponente der Höhenströmung oberhalb der tropischen Ostwindzone (hier handelt es sich um hochtroposphärische Ausläufer der Westwinddrift) den schwach ausgebildeten polwärtigen Ast.

Die zonale **Walker-Zirkulation** (Abb. 9.7.7) hat ihre aufsteigenden Äste im Bereich kontinentaler Wärmequellen, ihre absteigenden Äste im Bereich ozeanischer Kaltwassergebiete und unterschiedliche zonale Äste je nach Orientierung der betreffenden Walker-Zelle: So bildet über Afrika und im Indik die Zonalkomponente der Monsune den bodennahen Horizontalast, die östli-

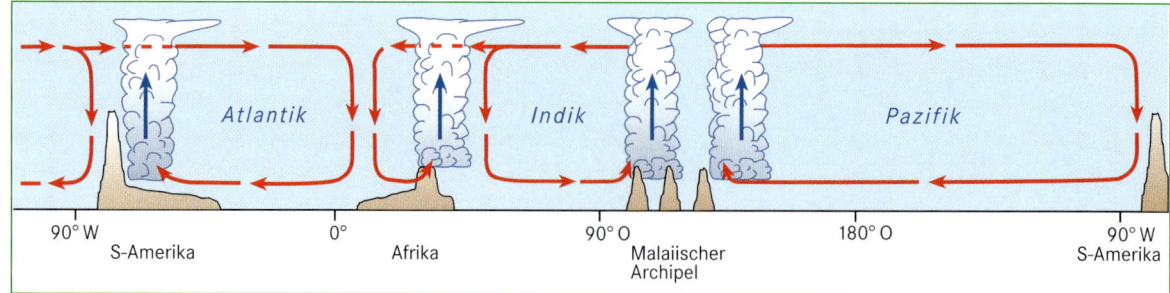

Abb. 9.7.7 Schema der mittleren zonalen Walker-Zirkulation in den Tropen (verändert nach Flohn 1975).

che Höhenströmung den hochtroposphärischen. Die entgegengerichteten Walker-Zellen des Pazifiks und Atlantiks werden vervollständigt von der Zonalkomponente der bodennahen Passate und von Ausläufern der Westwinddrift in der Höhe. Die in den Tropen häufig diagonal verlaufenden Strömungsäste der passatischen und monsunalen Windsysteme ergeben sich wieder aus der Überlagerung der meridionalen und zonalen Zirkulationszellen.

Planetarischer Überblick

Die Abbildung 9.7.8 erweitert das Zellenkonzept auf die gesamten Hemisphären, wobei hier nicht ganz zutreffend die Tropen nur durch die Hadley-Zelle repräsentiert werden. In den Mittelbreiten der planetarischen Frontalzone ist kaum eine vertikale Zirkulationszelle auszumachen, hier dominieren horizontale Wellen und Wirbel, die man zur **Ferrel-Zirkulation** zusammenfasst. Polwärts schließt sich noch eine flache **Polarzelle** an, bei der mit östlichen Komponenten Luft aus einem thermischen Polarhoch in Richtung dynamisches Subpolartief geführt wird. In Tropopausennähe gehören noch die Jet-

streams im Bereich der Polarfront bzw. oberhalb der Subtropenhochs zu den konstituierenden Elementen des allgemeinen Zirkulationsmodells.

Außerdem zeigt die Abbildung 9.7.9 die mittlere Bodenluftdruckverteilung im Januar und Juli sowie die Lage der ITC und der wichtigsten thermischen und dynamischen Druckzentren. Man erkennt den zellulären Aufbau der Drucksysteme und den Einfluss der Land-Meer-Verteilung etwa auf den ITC-Verlauf oder die Ausbildung wichtiger thermischer Druckgebiete. Für Europa ist dabei das winterliche Kältehoch über Russland von besonderer Bedeutung, das gelegentlich seinen Einfluss weit nach Westen ausdehnen kann und dort dann für streng winterliche Verhältnisse sorgt.

Damit ist bereits angedeutet, dass bei der großskaligen Zirkulation nicht nur die mittleren Verhältnisse, sondern auch die zeitlichen Schwankungen bedeutsam sind. Man kann sie beispielsweise durch geeignete Druckindizes erfassen, die charakteristische Teilsysteme der planetarischen Zirkulation repräsentieren. Die Abbildung 9.7.10 zeigt einige der wichtigsten, wobei jeweils immer eine Fernkopplung (Telekonnektion) zwischen weit entfernten Regionen wirksam ist. Die global bedeutsamste Zirkulationsschwankung liegt mit dem **ENSO-System** (*El Niño Southern Oscillation*) vor: In

Abb. 9.7.8 Generalisiertes Modell der planetarischen Zirkulation (verändert nach www.hamburger-bildungsserver.de).

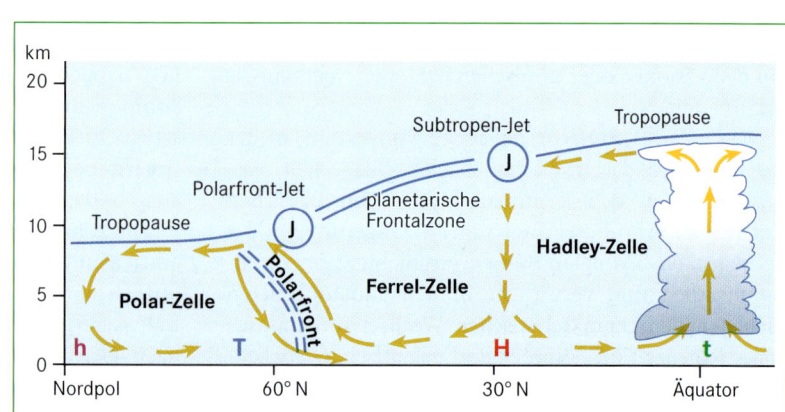

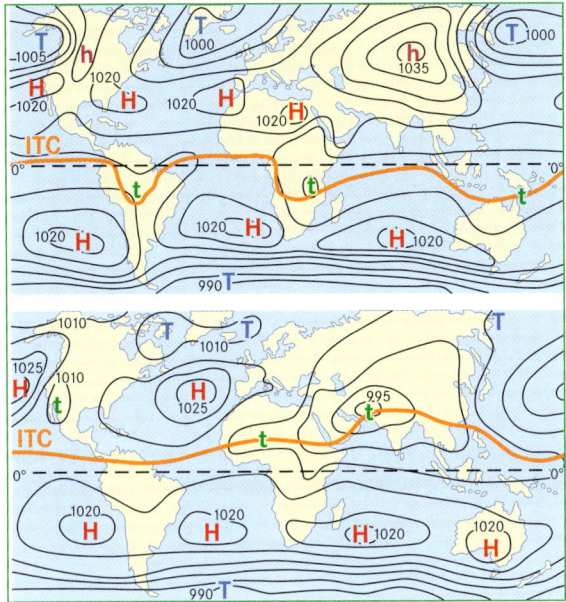

Abb. 9.7.9 Mittlere Bodenluftdruckverteilung im Januar (oben) und Juli (unten) sowie Lage der ITC und der wichtigsten thermischen (Kleinbuchstaben) und dynamischen (Großbuchstaben) Luftdruckzentren (verändert nach Malberg 2002, Weischet 2002).

unregelmäßigen Abständen kommt es im zentralen und östlichen Äquatorialpazifik zu anomal erhöhten Meeresoberflächentemperaturen (El-Niño-Ereignis), sodass sich das sonst über dem malaiischen Archipel positionierte Konvektionsgebiet über diese Meeresflächen verlagert, während jene Region Niederschlagsdefizite erlebt. Ein einfacher Zirkulationsindex, der diese Schwankung beschreibt, ist der *Southern-Oscillation-Index*. Er misst die Druckdifferenz zwischen Pazifik und Nordaustralien und indiziert bei stark negativen Werten ein El-Niño-Ereignis. Für Europa besonders wichtig ist

die **Nordatlantische Oszillation** (NAO). Sie beschreibt die Variation des Druckgegensatzes zwischen Azoren-Hoch und Island-Tief, wobei stark positive Werte eine kräftige Westströmung indizieren (milde Winter und kühle Sommer in Mitteleuropa!), während stark negative Werte eine abgeschwächte Westdrift oder nichtzonale Zirkulationsformen implizieren. Die Abbildung 9.7.11 zeigt den Verlauf eines rekonstruierten NAO-Index über die letzten 500 Jahre und lässt erkennen, dass es immer wieder längerfristige Phasen unterschiedlichen Zirkulationsgepräges gegeben hat (z. B. vorwiegend negative NAO-Werte zwischen Mitte des 16. und Ende des 17. Jahrhunderts, vorwiegend positive Werte etwa zwischen 1840 und 1930). Ein weiteres Einflussmoment in Europa ist durch das *Eurasian Pattern* (EU) gegeben, das über den Druckgegensatz zwischen Westeuropa und Südwestrussland die Variation der meridionalen Strömungskomponente darzustellen gestattet. Weltweit lassen sich einige Dutzend derartiger Zirkulationsschwankungen identifizieren, die den Komplexitätsgrad des Gesamtsystems unterstreichen.

9.8 Klimaklassifikationen

CHRISTOPH BECK

Aus den räumlichen Variationen der wesentlichen Klimasteuerungsmechanismen – externe Einflüsse und interne Wechselwirkungen – und der jeweils modifizierend wirksam werdenden **Klimafaktoren** (z. B. geographische Breite, Entfernung zum Ozean und Orographie) ergibt sich auf der Erdoberfläche ein sehr weites Variationsspektrum der einzelnen **Klimaelemente** und in der Folge aus deren vielfältigen Kombinationsmöglichkeiten eine Vielzahl unterschiedlicher Klimate.

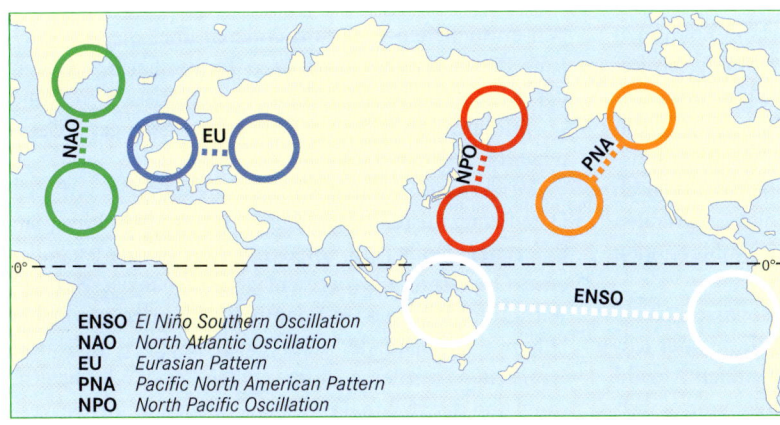

ENSO *El Niño Southern Oscillation*
NAO *North Atlantic Oscillation*
EU *Eurasian Pattern*
PNA *Pacific North American Pattern*
NPO *North Pacific Oscillation*

Abb. 9.7.10 Wichtige Zirkulationsschwankungen mit Darstellung ihrer ferngekoppelten Regionen (verändert nach Wanner et al. 2000).

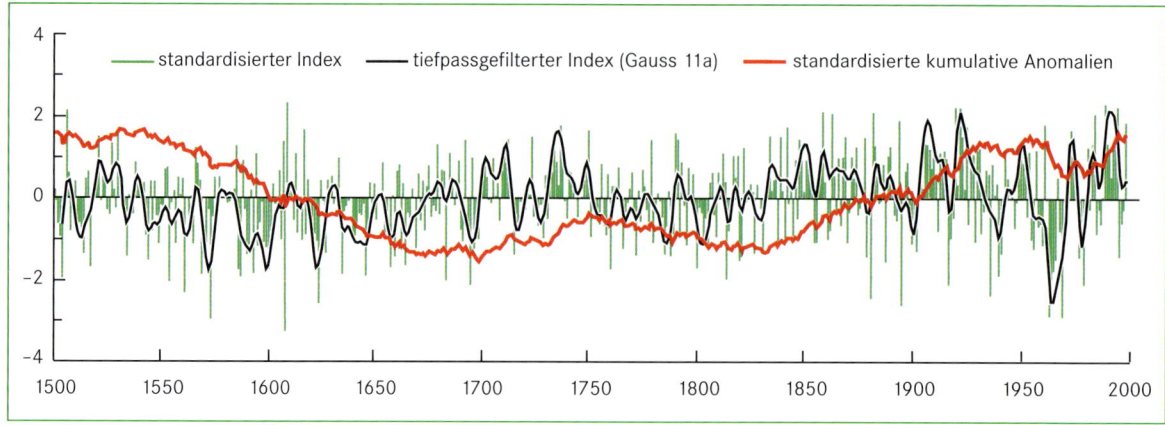

Abb. 9.7.11 Verlauf eines standardisierten Index der winterlichen (Dezember bis Februar) NAO über die letzten 500 Jahre, berechnet auf der Basis der von Luterbacher et al. (2002) rekonstruierten monatlichen bzw. saisonalen Bodenluftdruckfelder im nordatlantisch-europäischen Großraum.

Das Ziel von Klimaklassifikationen besteht darin, diese verschiedenen lokal ausgeprägten Einzelklimate in geeigneter Weise zu typisieren, die räumliche Lage und Ausdehnung der resultierenden Klimatypen zu ermitteln und in übersichtlicher Weise kartographisch darzustellen. Die Zusammenfassung ähnlicher Klimate zu übergeordneten, eindeutig voneinander abgrenzbaren Einheiten soll dabei unter Verwendung geeigneter, objektiv nachvollziehbarer Klassifikationskriterien erfolgen.

Da die räumlichen Variationen der verschiedenen klimatischen Variablen unterschiedlich geartet sind, ist es unmöglich, innerhalb einer Klassifikation Klimatypen zu ermitteln, die bezüglich aller klimarelevanten Größen die geforderte interne Homogenität und eindeutige gegenseitige Abgrenzbarkeit aufweisen.

Daher, aber auch entsprechend der vielfältigen zugrundeliegenden Fragestellungen werden im Rahmen der klassifikatorischen Zuordnung innerhalb verschiedener Klassifikationsansätze unterschiedliche klimarelevante Parameter bzw. Parameterkombinationen betrachtet. So können etwa pflanzenphysiologisch begründete lufttemperaturbezogene Schwellen- oder Andauerwerte wesentliche Abgrenzungskriterien innerhalb vegetationsökologisch ausgerichteter Klassifikationsansätze sein, während eine humanbioklimatologisch motivierte Klimaklassifikation eher solche Variablen berücksichtigt, die für das menschliche Wohlbefinden von entscheidender Bedeutung sind.

Wie allgemein bei der Klassifikation geowissenschaftlicher Sachverhalte, stellt sich auch im Rahmen der Klimaklassifikation die Frage nach der **optimalen Anzahl von Klassen** (Klimatypen). Zum einen sollen die einzel-

nen Klimatypen möglichst homogen sein und sich möglichst deutlich von den übrigen Klimatypen unterscheiden. Zum anderen sollte angestrebt werden, die Anzahl der resultierenden Klimatypen möglichst gering zu halten, um die Übersichtlichkeit und Anschaulichkeit der Klassifikationsergebnisse zu gewährleisten. Es muss folglich ein Kompromiss zwischen maximaler Trennschärfe und größtmöglicher Übersichtlichkeit der Klassifikationsergebnisse gefunden werden.

Auch wenn innerhalb der meisten Klimaklassifikationsansätze objektiv erfassbare Grenzdefinitionen – meist in Form von Schwellenwerten – herangezogen werden, sind die Definition derselben und damit auch die Entscheidung über die Anzahl der resultierenden Klimatypen letztlich immer stark von subjektiv geprägten Entscheidungen des Bearbeiters abhängig. In jüngster Zeit wurden allerdings Ansätze zur Klimaklassifikation unter Verwendung statistischer Methoden entwickelt, die zum einen eine objektive – statistisch begründete – Abgrenzung der verschiedenen Klimatypen ermöglichen und zum anderen über die Optimierung der statistisch erfassbaren Trennschärfe zwischen den Klimatypen auch zu einer – im statistischen Sinne – optimalen Anzahl von Klimatypen gelangen (Gerstengarbe & Werner 1997).

Idealerweise sollten Klimaklassifikationen auf den Daten einer ausreichend langen, einheitlich bestimmten **Referenzperiode** (z. B. von der WMO [*World Meteorological Organization*] vorgeschlagene 30-jährige Bezugszeiträume) beruhen und damit ein Bild der regionalen Differenzierungen der über einen längeren Zeitraum ermittelten mittleren klimatischen Zustände liefern. Aufgrund der regional unterschiedlichen zeitlichen Verfügbarkeit klimatologischer Daten kann dieser Anspruch allerdings nicht immer erfüllt werden.

Andererseits unterliegen die Ergebnisse aller Klimaklassifikationen, wie auch die ihnen zugrunde liegenden klimatischen Kenngrößen, zeitlichen Veränderungen. So zeigt beispielsweise die Anwendung eines objektiven Klimaklassifikationsverfahrens für Deutschland auf zeitlich gleitende 15-jährige Zeiträume (beginnend mit dem Zeitraum 1901–1915 bis 1986–2000, jeweils verschoben um ein Jahr) innerhalb des 20. Jahrhunderts teilweise deutliche Veränderungen hinsichtlich der Lage und der Flächenanteile der verschiedenen regionalen Klimatypen zwischen Anfang und Ende des 100-jähri-

gen Betrachtungszeitraums (Abb. 9.8.1). Aus der zeitlich variierenden räumlichen Verteilung und Ausdehnung der verschiedenen Klimatypen lassen sich demzufolge zum einen **Klimaschwankungen** nachvollziehen und bezüglich ihrer räumlichen Wirksamkeit erfassen (Gerstengarbe & Werner 2003, Beck et al. 2006). Zum anderen können objektiv nachvollziehbare Klimaklassifikationen aber auch zur räumlich differenzierten Diagnose möglicher zukünftiger **Klimaveränderungen** und zur Abschätzung von deren Auswirkungen auf verschiedene Kompartimente des Geoökosystems – je nach Klassifikationsansatz – herangezogen werden (Lohmann et al. 1993, Cramer & Solomon 1993, Rubel & Kottek 2010).

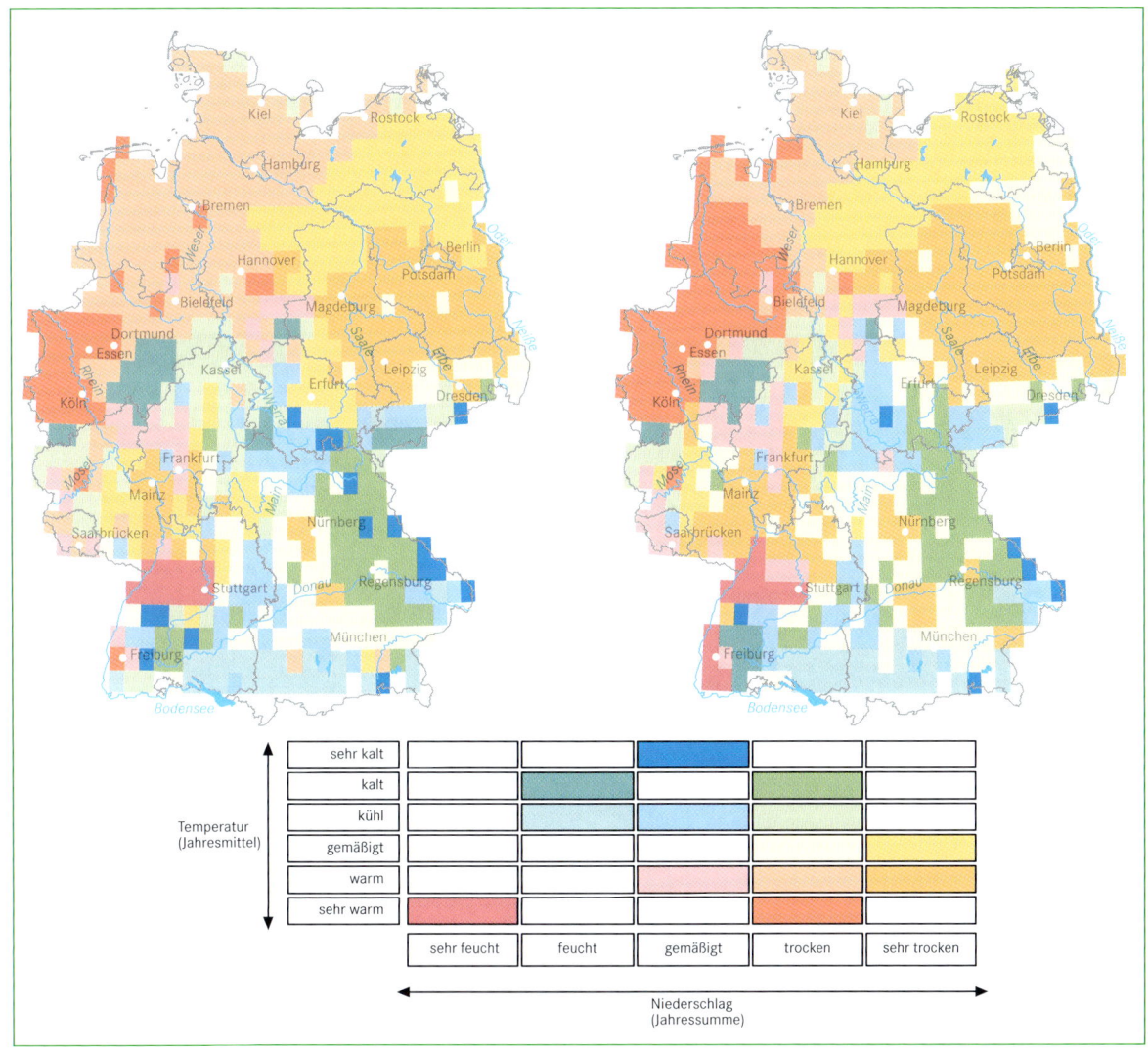

Abb. 9.8.1 Objektiv ermittelte regionale Klimatypen für Deutschland 1901 bis 1915 (links) und 1986 bis 2000 (rechts; verändert nach Gerstengarbe & Werner 2003).

Effektive und genetische Klimaklassifikationen

Klimaklassifikationen können für verschiedene räumliche Dimensionen des Klimas erstellt werden. Im Weiteren sollen aber nur Klassifikationen auf der globalen Maßstabsebene näher erläutert werden.

Seit dem Ende des 19. Jahrhunderts wurden zahlreiche Ansätze zur globalen Klimaklassifikation publiziert. Dabei kristallisierten sich im Wesentlichen zwei prinzipiell zu unterscheidende Herangehensweisen zur Klassifikation heraus. Zum einen die effektiven Klimaklassifikationen und zum anderen genetische Klassifikationsansätze.

Die sogenannten **effektiven Klimaklassifikationen** orientieren sich in erster Linie an den Auswirkungen des Klimas auf die natürlichen Systeme, vor allem die Vegetation. Bevorzugt werden dabei räumliche Verbreitungsgrenzen der potenziellen natürlichen Vegetation als Grundlage für die Herleitung klimatisch definierter Abgrenzungskriterien in Form von Schwellen- oder Andauerwerten herangezogen. Eine thermische Charakterisierung der Tropen, die das Erreichen oder Überschreiten einer Mitteltemperatur von 18 °C im kältesten Monat fordert, beruht beispielsweise auf der damit verbundenen Verbreitungsgrenze zahlreicher kälteempfindlicher tropischer Pflanzen, wie etwa der Kokospalme (Palmengrenze). Als weiteres wichtiges vegetationsbezogenes Abgrenzungskriterium sei die Baumgrenze genannt, die in verschiedenen Klassifikationsansätzen durch das in mindestens einem Monat zu verzeichnende Überschreiten einer Mitteltemperatur von 10 °C angenähert wird.

Eine der ältesten und die wohl bekannteste effektive Klimaklassifikation ist die von **Wladimir Köppen** (1900, 1918, 1936) seit Anfang des 20. Jahrhunderts erarbeitete und von verschiedenen Autoren (Geiger & Pohl 1954, Trewartha 1968) mehrfach modifizierte und erweiterte Klassifikation, die im Folgenden kurz erläutert werden soll. Eine äußerst gelungene und sehr viel detailliertere Darstellung des Klassifikationsschemas nach Köppen findet sich beispielsweise bei Kraus (2001). Eine auf räumlich hochaufgelösten Temperatur- und Niederschlagsdaten für den Zeitraum 1951 bis 2000 beruhende Weltkarte der Köppen'schen Klimaklassifikation erarbeiteten Kottek et al. (2006).

Tabelle 9.8.1 Klimazonen und Klimatypen sowie Abgrenzungskriterien der globalen Klimaklassifikation nach Köppen (1936).

	Klimazone		Klimatypen	
A	tropische Regenklimate $Tm_{min} \geq 18\,°C$	Af	feuchtheiße Urwaldklimate	$Rm_{min} \geq 6\,cm/mon$
		Aw	periodisch trockene Savannenklimate	$Rm_{min} < 6\,cm/mon$
B	Trockenklimate $R < RD$	BS	Steppenklimate	$R \geq RD/2$
		BW	Wüstenklimate	$R < RD/2$
C	warmgemäßigte Regenklimate $-3\,°C < Tm_{min} < 18\,°C$	Cs	warme, sommertrockene Klimate	$Rw_{max} \geq 3\,Rs_{min}$
		Cf	feuchttemperierte Klimate	$Rw_{max} < 3\,Rs_{min}$ und $Rs_{max} < 10\,Rw_{min}$
		Cw	warme, wintertrockene Klimate	$Rs_{max} \geq 10\,Rw_{min}$
D	boreale subarktische Klimate $Tm_{min} \leq -3\,°C$, $Tm_{max} > 10\,°C$	Df	winterfeucht-kalte Klimate	$Rs_{max} < 10\,Rw_{min}$
		Dw	wintertrocken-kalte Klimate	$Rs_{max} \geq 10\,Rw_{min}$
E	Schneeklimate $Tm_{max} < 10\,°C$	ET	Tundrenklimate	$0\,°C \leq Tm_{max} < 10\,°C$
		EF	Klimate des ewigen Frostes	$Tm_{max} < 0\,°C$

Erläuterungen zur Tabelle:
Tm_{min} = Temperatur-Monatsmittel des kältesten Monats
Tm_{max} = Temperatur-Monatsmittel des wärmsten Monats
T = Temperatur-Jahresmittel (in °C)
R = jährliche Niederschlagssumme (in cm)
Rm_{min} = Niederschlagssumme des niederschlagsärmsten Monats (in cm)
RD = 2T + 28 (bei Sommerregen)
RD = 2T + 14 (ohne deutliche jahreszeitliche Differenzierung)
RD = 2T (bei Winterregen)
Rw_{max} = Niederschlagssumme des niederschlagsreichsten Wintermonats (in cm)
Rw_{min} = Niederschlagssumme des niederschlagsärmsten Wintermonats (in cm)
Rs_{max} = Niederschlagssumme des niederschlagsreichsten Sommermonats (in cm)
Rs_{min} = Niederschlagssumme des niederschlagsärmsten Sommermonats (in cm)

Auf der Grundlage meist vegetationsbezogener Schwellen- und Andauerwerte der Lufttemperatur und des Niederschlages werden in der Klassifikation nach Köppen in fortschreitender räumlicher Differenzierung Klimazonen, Klimatypen und Klimauntertypen bestimmt und durch entsprechende Buchstabenkombinationen gekennzeichnet. Einen Überblick der beiden höchsten Hierarchieebenen der Klassifikation gibt Tabelle 9.8.1. Die räumliche Verbreitung der Klimatypen ist in Abbildung 9.8.2 dargestellt. Der erste Buchstabe der Köppen'schen Klimaformel bezeichnet hierbei die Klimazonen, die mit einer Ausnahme (Trockenklima B) jeweils über die Lufttemperatur abgegrenzt werden. Die weitere Differenzierung in Klimatypen erfolgt in erster Linie unter Berücksichtigung von Jahressumme und jahreszeitlicher Verteilung des Niederschlags (zweiter Buchstabe), während die Abgrenzung der in Tabelle 9.8.1 und Abbildung 9.8.2 nicht mehr aufgeführten Klimauntertypen (dritter Buchstabe), die nur für die Klimazonen B, C und D mit ihren bedeutsamen jahreszeitlichen Temperaturunterschieden durchgeführt wird, wiederum mithilfe der Lufttemperatur geschieht. Für die Klimazone C ergibt sich so beispielsweise letztlich

eine weitere Differenzierung der drei Klimatypen Cs, Cf und Cw in vier, jeweils durch heiße, warme oder kühle Sommer bzw. extrem kalte Winter charakterisierte Klimauntertypen.

Allerdings existieren nicht alle theoretisch möglichen Buchstabenkombinationen auch in der Realität, so treten kühle Sommer im C-Klima beispielsweise nicht in Verbindung mit sommerlicher Trockenzeit auf.

Ein Beispiel für die bereits erwähnten zeitlichen Variationen der Ergebnisse globaler Klimaklassifikationen ist, auf der Grundlage der oben skizzierten Einteilung in Klimazonen nach Köppen, in Abbildung 9.8.3 gegeben. Für die zweite Hälfte des 20. Jahrhunderts zeigen sich deutliche langfristige Flächenzunahmen der trockenen B-Klimate und – ab Mitte der 1960er-Jahre – der warmgemäßigten C-Klimate. Abnehmende Flächenanteile weisen hingegen die kalten bzw. Schneeklimate D und E auf. Für die tropischen A-Klimate ist kein eindeutiger Trend auszumachen. Der Vergleich der räumlichen Verteilung der Klimazonen in den beiden 15-jährigen Zeiträumen 1951 bis 1965 und 1986 bis 2000 verdeutlicht die räumlichen Schwerpunkte dieser langfristigen Veränderungen. Ausbreitungen der trockenen B-Klimate

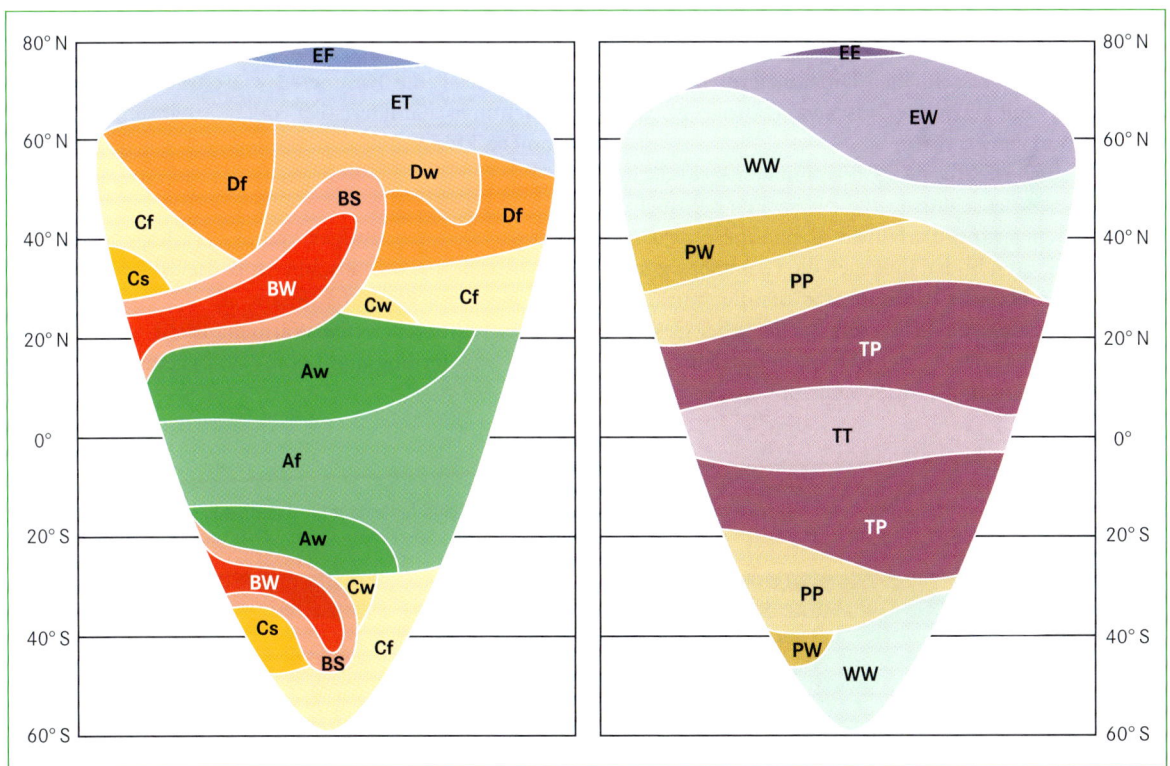

Abb. 9.8.2 Schematische Darstellung der räumlichen Verteilung der Klimatypen nach Köppen (links) und der Klimazonen nach Flohn (rechts) auf einem Idealkontinent (Bezeichnung der Klimatypen bzw. Klimazonen wie in Tabelle 9.8.1 bzw. Tabelle 9.8.2, verändert nach Barry und Chorley 1998).

sind insbesondere in Afrika und in Ostasien festzustellen. Die C-Klimate weiten sich, auf Kosten der D-Klimate, in die kontinentaleren Bereiche Eurasiens und Nordamerikas aus. Die resultierenden Flächenverluste der D-Klimate werden durch deren gleichzeitige polwärtige Verschiebung, insbesondere in Nordamerika, zwar abgemildert, aber nicht vollständig kompensiert. Für die E-Klimate schließlich ergibt sich als Konsequenz der beschriebenen Ausweitungs- und Verschiebungstendenzen eine deutliche Reduzierung des Flächenanteils.

Neben der besprochenen Klimaklassifikation nach Köppen und den verschiedenen darauf aufbauenden Ansätzen, existieren zahlreiche weitere effektive Klimaklassifikationen, von denen nur einige ausgewählte erwähnt werden sollen. Vegetationsbezogene Klassifikationen wurden etwa von Thornthwaite (1933) und von Lauer und Frankenberg (1985) vorgelegt. Troll und Paffen (1963) erarbeiteten eine Klimaklassifikation, die sich ebenfalls an den Beziehungen zwischen Klima und Vegetation orientiert, wobei die jahreszeitlichen Variationen von Lufttemperatur und Niederschlag ein maßgebliches Klassifikationskriterium darstellen. Eine stark an hydrogeographischen Aspekten ausgerichtete Klassifikation schließlich stammt von Penck (1910). Auf der Grundlage der kombinierten Betrachtung der wesentlichen, zur Klassifikation herangezogenen Variablen Niederschlagsmenge, Niederschlagsform und Verdunstung in ihrer jahreszeitlichen Differenzierung, werden Klimatypen mit charakteristischen hydrogeographischen Merkmalen ermittelt.

Ein Nachteil effektiver Klassifikationen besteht darin, dass sie keine Rückschlüsse auf die Ursachen räumlicher Klimadifferenzierungen erlauben. Genau diese verursachenden Faktoren bilden hingegen die Grundlage **genetischer Klimaklassifikationsansätze**, die die räumliche Ausprägung unterschiedlicher klimagenetischer Größen zu einer Systematisierung der Klimate heranziehen. Verschiedene genetische Klimaklassifikationen, die in sehr viel geringerer Zahl als die oben erwähnten effektiven Ansätze vorliegen, beziehen sich im Rahmen der Klassifikation auf den Strahlungs- und Wärmehaushalt der Erdoberfläche oder die großräumige atmosphärische Zirkulationsdynamik.

Das grundlegende Zuordnungskriterium im Rahmen des genetischen Klassifikationsansatzes von **Hermann Flohn** (1950) ist die Lage eines Raumes in Bezug zu den in zonaler Richtung orientierten Hauptwindgürteln der unteren Troposphäre (Kapitel 9.6). Es resultieren dementsprechend insgesamt sieben großräumige Klimate (Abb. 9.8.2, Tab. 9.8.2), von denen vier durch das ganzjährige Vorherrschen einer zonalen Strömungskomponente gekennzeichnet sind (stetige Klimate), während drei, räumlich betrachtet, zwischen den vier erstgenannten ausgeprägten Klimazonen einen jahreszeitlichen Wechsel der klimabestimmenden hauptsächlichen Anströmungsrichtung aufweisen (alternierende Klimate).

Ebenfalls unter Bezugnahme auf die großräumige atmosphärische Zirkulation führte Alissow (1950) eine genetische Systematisierung der Klimate nach dem vorherrschenden, jahreszeitlich variierenden Einfluss unterschiedlich charakterisierter Luftmassen durch.

Sehr viel komplexer verläuft die klassifikatorische Zuordnung innerhalb der von Hendl (1960) vorgeschlagenen Klassifikation. Neben verschiedenen Elementen der großräumigen Zirkulationsstruktur werden hier weitere relevante Parameter, wie etwa atmosphärische Schichtungscharakteristika oder orographische Luv- und Lee-Effekte, jeweils in ihrer jahreszeitlichen Variabilität als zusätzliche Klassifikationskriterien herangezogen.

Als weiterer wichtiger Vertreter genetischer Klimaklassifikationen sei abschließend die Klassifikation in Energie-Input-Output-Klimate, auf der Grundlage des räumlich differenzierten Wärmehaushalts der Erdoberfläche, von Terjung und Louie (1972) genannt.

Tabelle 9.8.2 Genetisch begründete Klimazonen der Erde nach Flohn (1950). Heller hinterlegt sind stetige Klimate, dunkler hinterlegt alternierende Klimate.

Klimazone		vorherrschende Windrichtung	
TT	innertropisches Klima	ganzjährig innertropische westliche Winde	
TP	randtropisches Klima	innertropische westliche Winde im Sommer,	tropische östliche Winde (Passate) im Winter
PP	subtropisches Trockenklima	ganzjährig tropische östliche Winde (Passate)	
PW	subtropisches Winterregenklima	tropische östliche Winde (Passate) im Sommer,	außertropische westliche Winde im Winter
WW	feuchtgemäßigtes Klima	ganzjährig außertropische westliche Winde	
EW	subpolares Klima	polare östliche Winde im Sommer,	außertropische westliche Winde im Winter
EE	hochpolares Klima	ganzjährig polare östliche Winde	

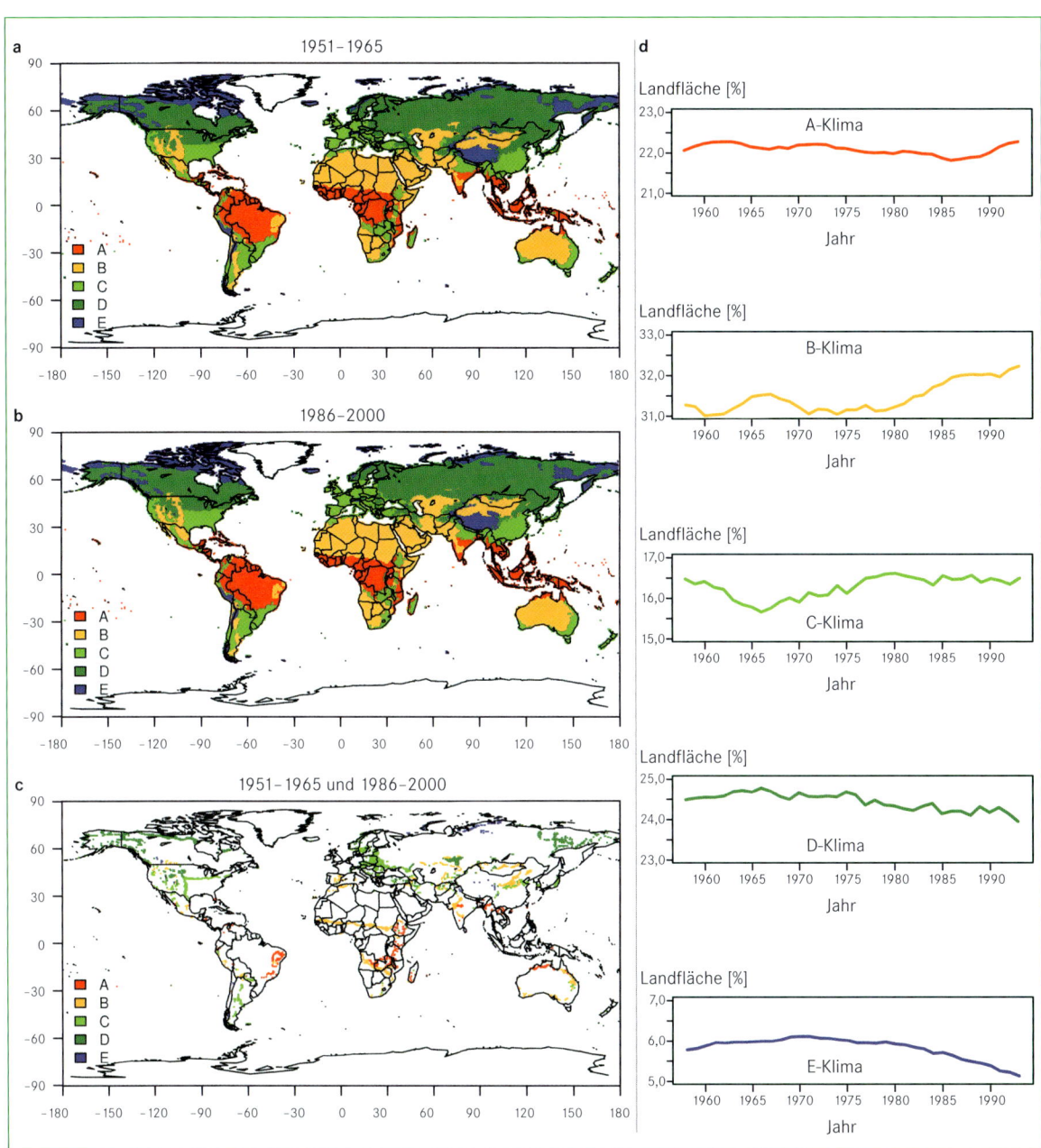

Abb. 9.8.3 Räumliche Verteilung der Klimazonen nach Köppen für die Zeitintervalle 1951 bis 1965 (a) bzw. 1986 bis 2000 (b). Veränderungen der räumlichen Verteilung der Klimazonen nach Köppen zwischen 1951 bis 1965 und 1986 bis 2000. Dargestellt ist die Klimazonenzuordnung im Zeitraum 1986 bis 2000 für Flächen die einen Wechsel der Klimazone aufweisen. Flächen für die sich keine Veränderungen zwischen den beiden Zeiträumen ergeben sind grau hinterlegt (c). Änderungen der Flächenanteile (in % der globalen Landflächen; ohne Grönland und Antarktis) der Klimazonen nach Köppen, im Zeitraum 1951 bis 2000. Ermittelt für zeitlich gleitende 15-jährige Teilzeiträume, jeweils verschoben um ein Jahr (d). Aus Gründen der Datenverfügbarkeit und -qualität sind Grönland und Antarktis nicht berücksichtigt (verändert und ergänzt nach Beck et al. 2006).

9.9 Regional- und lokal-
klimatische Besonderheiten

Unter **Regionalklima** und **Lokalklima** sollen im Folgenden die besonderen Klimaausprägungen verstanden werden, die sich in erster Linie in Abhängigkeit von den räumlich variierenden Erdoberflächeneigenschaften für Betrachtungsräume mit den typischen horizontalen Größenordnungen zwischen etwa 100 m und 100 km ergeben und die damit eine Abwandlung der übergeordneten großklimatischen Verhältnisse darstellen, wie sie etwa im Rahmen globaler Klimaklassifikationen (Kapitel 9.8) zum Ausdruck kommen. Die vielfältigen regional- und lokalklimatischen Strukturen existieren hierbei nicht isoliert, sondern vielmehr eingebettet in die großräumigen klimatischen Gegebenheiten.

Sowohl bezüglich gegenseitiger Abgrenzung und interner Differenzierung der verschiedenen klimatologischen Betrachtungsmaßstäbe als auch hinsichtlich ihrer Nomenklatur bestehen teils deutliche Unterschiede zwischen den Gliederungsansätzen verschiedener Autoren (Tab. 9.9.1). Die im Weiteren besprochenen regional- und lokalklimatischen Besonderheiten werden häufig auch mit den Begriffen **Landschaftsklima** bzw. **Standortklima** bezeichnet und können beide der raumzeitlichen Skala des Mesoklimas zugeordnet werden.

Von entscheidender Bedeutung für die Herausbildung regional- und lokalklimatischer Besonderheiten sind zum einen räumliche Differenzierungen des Strahlungs-, Wärme- und Wasserhaushalts an der Erdoberfläche, die verursacht sind durch Variationen der Erdbodeneigenschaften, der Bodenbedeckung und des Georeliefs. Diesbezügliche räumliche Unterschiede und daraus resultierende klimatische Effekte erfahren ihre maximale Ausprägung insbesondere dann, wenn bei Vorherrschen autochthoner Wetterlagen und dementsprechend minimierten großräumigen atmosphärischen Austauschvorgängen die solare Einstrahlung zum maßgeblichen Steuerungsfaktor klimatischer räumlicher Differenzierungseffekte wird.

Zum anderen kommt es in erster Linie unter dem Einfluss verschiedener Geländestrukturen aber auch unter allochthonen Witterungsbedingungen zu regionalen und lokalen Effekten, vor allem aufgrund von Modifikationen des großräumigen Druck- und Windfeldes (z. B. Luv-Lee- und Düseneffekte).

Die materialabhängigen spezifischen Eigenschaften des Untergrundes, wie Albedo, spezifische Wärmekapazität oder Wärmeleitfähigkeit, beeinflussen maßgeblich den Strahlungs- und Wärmehaushalt der Erdoberfläche und damit die thermischen Verhältnisse in der bodennahen Luftschicht. Deutlich unterschiedliche Temperaturverhältnisse entwickeln sich dementsprechend beispielsweise über Wasser- und Landoberflächen. Aber

Tabelle 9.9.1 Einteilung der Klimate in Abhängigkeit vom raumzeitlichen Maßstab nach verschiedenen Autoren (verändert nach Hupfer 1989).

Maßstab räumlich	zeitlich		Hupfer (1989)	Kraus (1983)	Mörikhofer (1948)	Beispiele
mm bis cm	Sekunden bis Minuten	MIKRO	Grenzflächenklima			Blatt, Einzelpflanze
m bis 10^2 m	Minuten bis Stunden		Kleinklima			Feld, Baumgruppe, Ufer
				Topobereich		
10^2 m bis km	Stunden bis Tage	MESO	Standortklima	Mikrobereich	Lokalklima	Insel, Waldgebiet, Dorf, Flugplatz
km bis 10^2 km	Tage bis Monate		Landschaftsklima	Mesobereich	Regionalklima	Großstadt, Küstengebiet, Mittelgebirge, Thüringer Becken
					Landschaftsklima	
10^2 km bis 10^3 km	Monate, Jahreszeiten, Jahre	MAKRO	Klimahaupttyp, Klimatyp	synoptischer Bereich	Großraumklima	Mittelmeerklima, Passatwechselklima, feucht-gemäßigtes Klima
10^3 km bis 10^4 km	Jahrzehnt und länger		Zonenklima	Makrobereich	Zonenklima	Polarklima, Tropenklima, Trockenklima
hemisphärisch, global			Globalklima			Klima der Erde

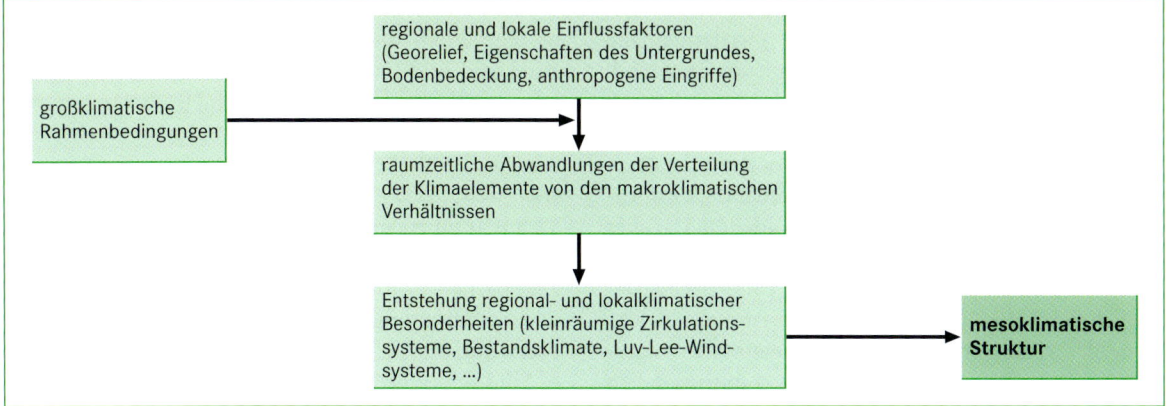

Abb. 9.9.1 Schema zur Herausbildung mesoskaliger klimatischer Strukturen (verändert nach Hupfer 1989).

auch in Abhängigkeit von Vorhandensein und Art der Bodenbedeckung mit Pflanzenbeständen entwickeln sich charakteristische thermische und auch hygrische Klimaausprägungen, die etwa als vielfältig differenzierte Waldklimate in Erscheinung treten. Die regional und lokal bedeutsame Klimarelevanz des Georeliefs, das sich durch die Parameter Hangneigung, -exposition und -wölbung charakterisieren lässt, besteht zum einen in der Modifikation des Strahlungs- und Wärmehaushalts (z. B. stärkere kurzwellige Einstrahlung auf südexponierten Hängen, verminderte effektive Ausstrahlung in Tälern) und zum anderen in der Beeinflussung der großräumigen atmosphärischen Dynamik (z. B. Stau- und Düseneffekte). Schließlich erfahren die regional- und lokalklimatischen Verhältnisse eine starke Beeinflussung durch anthropogene Eingriffe in den Naturhaushalt. Diese umfassen Modifikationen der Erdoberfläche durch spezifische Flächennutzungsformen (Bebauung, Bodenversiegelung) sowie Veränderungen der Zusammensetzung der Atmosphäre und direkte Energiezufuhr. In besonderem Maße spürbar werden diese anthropogenen Einflussfaktoren innerhalb des Stadtklimas als einem typischen Vertreter regionalklimatischer Strukturen, der aufgrund seiner herausgehobenen Bedeutsamkeit für den Menschen in einem gesonderten Kapitel behandelt wird (Kapitel 9.11).

Aus dem Zusammenspiel der großklimatischen Gegebenheiten und der genannten kleinräumig differenziert modifizierend wirksam werdenden Einflussfaktoren resultiert eine Vielzahl regional- und lokalklimatischer Besonderheiten (Abb. 9.9.1), von denen im Weiteren nur einige wenige kurz erläutert werden können. Die Analyse und Bewertung dieser Strukturen und gegebenenfalls die Abschätzung diesbezüglicher Veränderungen ist nicht allein von wissenschaftlichem Interesse, sie besitzen darüber hinaus auch gesellschaftliche Relevanz, beispielsweise im Rahmen der Planung und Durchführung von Flächennutzungsänderungen. Das im Rahmen regional- und lokalklimatologischer Untersuchungen verwendete methodische Instrumentarium umfasst unter anderem Kartenauswertungen, Geländebeobachtungen, meteorologische Messungen und insbesondere im Rahmen der Bewertung von Planungszuständen auch unterschiedliche Modellierungsansätze.

Kleinräumige Zirkulationssysteme

Als Folge des raumzeitlich variierenden Strahlungs- und Wärmeumsatzes infolge unterschiedlicher Erdoberflächengestaltung (Untergrund, Bodenbedeckung, Georelief) und daraus resultierender räumlicher Unterschiede der thermischen Verhältnisse der bodennahen Luftschicht entstehen kleinräumige Zirkulationssysteme, die als Ausgleichsströmungen zwischen thermisch bedingten regional ausgeprägten Hoch- und Tiefdruckgebieten verstanden werden können.

Tagesperiodisch ausgeprägte **Land-See-Windsysteme** entwickeln sich infolge unterschiedlicher Erwärmung von Land- und Wasseroberflächen im Küstenbereich (Abb. 9.9.2). Aufgrund der gegenüber Wasser geringeren spezifischen Wärmekapazität und damit rascheren Erwärmung des Untergrunds und der bodennahen Luftschichten kommt es bei starker Sonneneinstrahlung und großskalig ungestörten Witterungsbedingungen über Land tagsüber zu aufsteigender Luftbewegung. In der Höhe führt die aufsteigende Luft über Land zu einem Druckanstieg, der eine Ausgleichsströmung in Richtung Wasserfläche bewirkt, wo sich oberflächennah durch absinkende Luft ein Druckanstieg ergibt, über Land resultiert hingegen ein bodennah ausgeprägtes, thermisch bedingtes Tief. Das Zirkulationssystem wird geschlossen durch eine oberflächennahe Luftströmung vom Wasser zum Land, den Seewind. Nachts kehren sich die Druckunterschiede und damit das Zirkulationssystem aufgrund der schnelleren Abkühlung der Landoberfläche um und es entwickelt sich oberflächennah ein Landwind. Der Seewind ist im Allgemeinen stärker ausgeprägt als der Landwind. Darüber hinaus bestehen in Abhängigkeit von den herrschenden Temperaturunterschieden ausgeprägte Unterschiede bezüglich vertikaler Mächtigkeit und horizontaler Reichweite der Windsysteme. Bei sehr ausgeprägten Tagesgängen der Lufttemperatur in den randtropischen Trockengebieten kann der Seewind bis in 2 km Höhe reichen und eine horizontale Reichweite von bis zu 100 km aufweisen, während in den mittleren Breiten maximal 500 m bzw. 3 km erreicht werden. Ihre stärkste Ausprägung erfahren Land- und Seewinde an Meeresküsten, vergleichbare Windsysteme treten aber auch an großen Binnenseen (z. B. Bodensee) auf.

Bezüglich ihrer zugrunde liegenden Prozesse dem Land-Seewindsystem vergleichbar, aber sowohl von geringerer vertikaler und horizontaler Ausdehnung als auch von schwächerer Intensität sind das **Wald-Feld-Windsystem** und das **Stadt-Umland-Windsystem**. Verursacht durch die thermischen Gegensätze zwischen Wald und Feld (Wald tagsüber kühler, nachts wärmer) kann sich eine schwach ausgeprägte Strömung vom Wald zum Feld tagsüber und in entgegengesetzter Richtung in der Nacht einstellen. Eine solche Tagesperiodizität weist das Stadt-Umland-Windsystem nicht auf. Vielmehr führt das meist ganztägig feststellbare Temperaturgefälle zwischen Stadt und Umland zu einer ständigen, bezüglich ihrer Intensität sehr stark variierenden seichten Strömung in Richtung Stadt, dem sogenannten **Flurwind**.

Sind die bisher genannten kleinräumigen Windsysteme in erster Linie durch unterschiedliche physikalische Eigenschaften des Untergrundes bzw. der Bodenbedeckung bedingt, so spielen für die Entstehung von Hangwind- und **Berg-Tal-Windsystemen** unterschiedliche Strahlungs- und Wärmeumsätze an unterschiedlich geneigten und exponierten Oberflächen in stark reliefiertem Gelände eine wesentliche Rolle.

Hangwinde entstehen als Folge der unterschiedlich starken Erwärmung der auf Hängen auflagernden Luftschicht und der in gleicher Höhe befindlichen Luftmassen der freien Atmosphäre (Abb. 9.9.3). Aufgrund der starken Erwärmung im Hangbereich – variierend je nach Hangneigung und -exposition – entwickelt sich

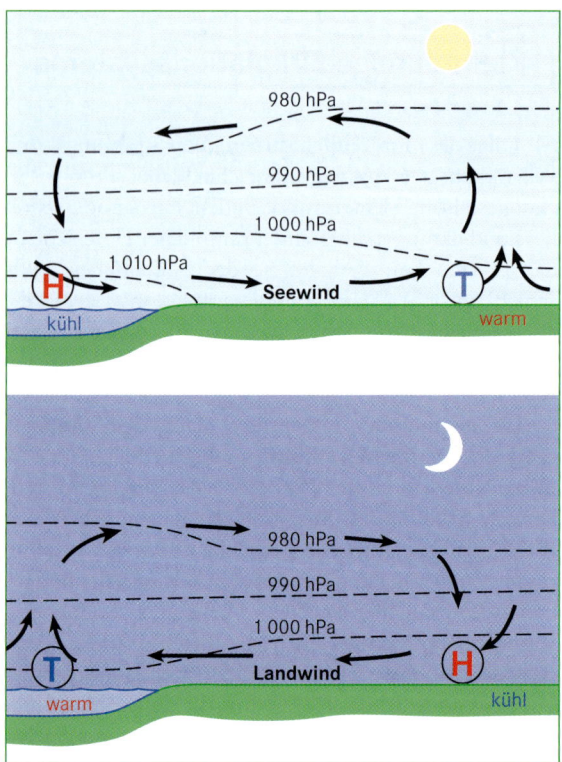

Abb. 9.9.2 Entstehung des Land-See-Windsystems (oben tagsüber, unten nachts; verändert nach Barry & Chorley 1998).

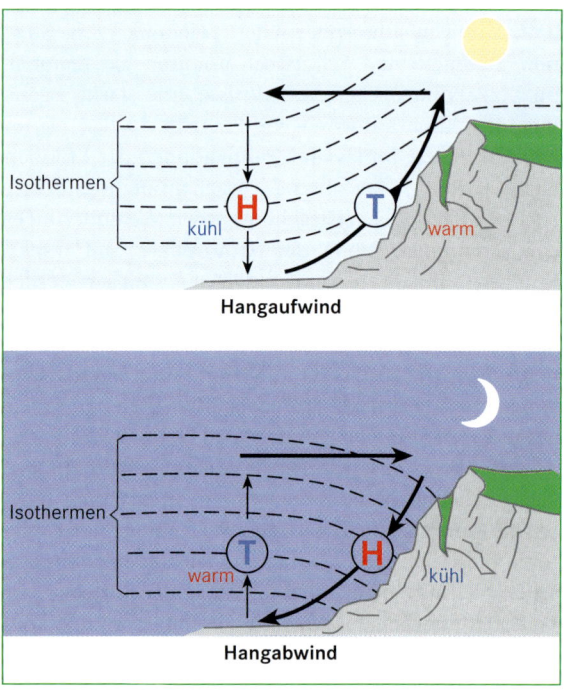

Abb. 9.9.3 Schema des Hang-Windsystems (oben tagsüber, unten nachts; verändert nach Schönwiese 2003).

dort tagsüber ein thermisches Tief, in größerer Entfernung vom Hang, in kühlerer Luft hingegen ein thermisches Hoch. Aus dieser Konstellation resultieren ein tagsüber ausgeprägter Hangaufwind, eine absinkende Luftbewegung in einiger Entfernung vom Hang und eine horizontale, vom Hang weggerichtete Ausgleichsströmung in der Höhe. Bei nächtlicher Abkühlung kehrt sich dieses Zirkulationssystem um, es setzt ein auf hangabwärts fließende Kaltluft zurückzuführender Hangabwind ein, der in Tal- und Muldenlagen zum einen zu gesteigerter Frostgefährdung führen kann, zum anderen aber gerade auch für besiedelte Bereiche eine wesentliche und wünschenswerte Frischluftzufuhr darstellt. Aus den geschilderten Prozessen ergibt sich in komplex strukturierter Gebirgslandschaft ein übergeordnetes tagesperiodisches System von Berg- und Talwinden, das modellhaft in Abbildung 9.9.4 dargestellt ist. Bei beginnender frühmorgendlicher Einstrahlung entwickelt sich das bereits besprochene System von Hangaufwinden, das zunächst noch durch einen kaltluftbedingten Bergwind ergänzt wird (Abb. 9.9.4a). Mit intensivierter Einstrahlung kehrt sich diese Strömungsrichtung im Laufe des Vormittags um und es bildet sich ein Talwind aus (Abb. 9.9.4b), der auch noch anhält, nachdem am frühen Abend die Hangwindzirkulation ihre Bewegungsrichtung ändert und sich Hangabwinde durchsetzen (Abb. 9.9.4c). In der Nacht ist schließlich ein durch die Strömungsrichtung der Kaltluft verursachtes System von Hangabwinden und Bergwinden zu beobachten (Abb. 9.9.4d). In der Höhe ist eine dem Berg- bzw. Talwind jeweils entgegengesetzte Ausgleichsströmung zu beobachten.

Fallwinde

Während die bisher angesprochenen kleinräumigen tagesperiodischen Lokalwindzirkulationen ihre deutlichste Ausprägung unter autochthonen Witterungsbedingungen (gradientschwache Strahlungswetterlagen) erfahren, setzt die Ausbildung sogenannter orographischer **Fallwinde** eine großräumige, quer zur Verlaufsrichtung eines orographischen Hindernisses (Gebirgszug) orientierte Luftmassenströmung voraus. Je nach thermischer Charakteristik der leeseitig ankommenden Luftmassen werden warme und kalte Fallwinde unterschieden. Typische Vertreter warmer Fallwinde sind unter anderen der **Föhn** in den Alpen oder der **Chinook** in den Rocky Mountains. Als Beispiel für einen kalten Fallwind sei die **Bora** im Lee des dalmatinischen Küstengebirges genannt. Am Beispiel des Alpenföhns (Abb. 9.9.5) sollen die großräumigen Voraussetzungen, die

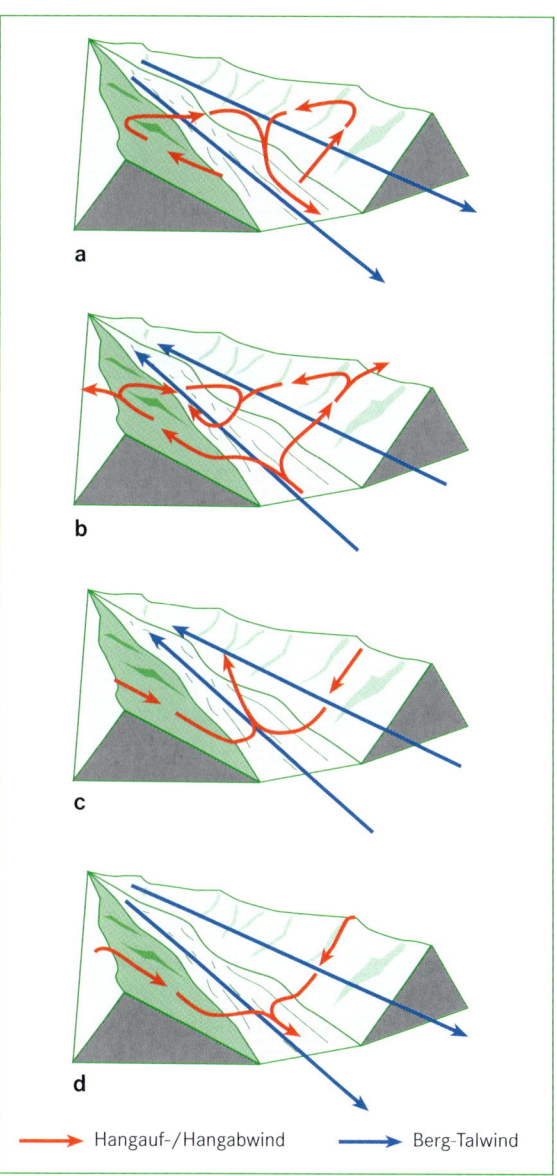

a

b

c

d

→ Hangauf-/Hangabwind   → Berg-Talwind

Abb. 9.9.4 Schema des Hang- und Berg-Tal-Windsystems zu verschiedenen Tageszeiten: a) Sonnenaufgang, b) Mittag, c) gegen Abend, d) Mitternacht (verändert nach Defant 1949).

wesentlichen atmosphärischen Prozesse und die regionalen Auswirkungen solcher Luv-Lee-Windsysteme kurz erläutert werden.

Konstituierend für die Ausbildung des Alpenföhns ist ein großräumiger Luftdruckgradient zwischen Luftdruckanomalien gegensätzlichen Vorzeichens nördlich und südlich der Alpen und eine daraus resultierende Luftströmung quer zum Alpenhauptkamm, die den erzwungenen Aufstieg der herangeführten Luftmassen an der Luvseite bedingt. Bei angenommener südlicher

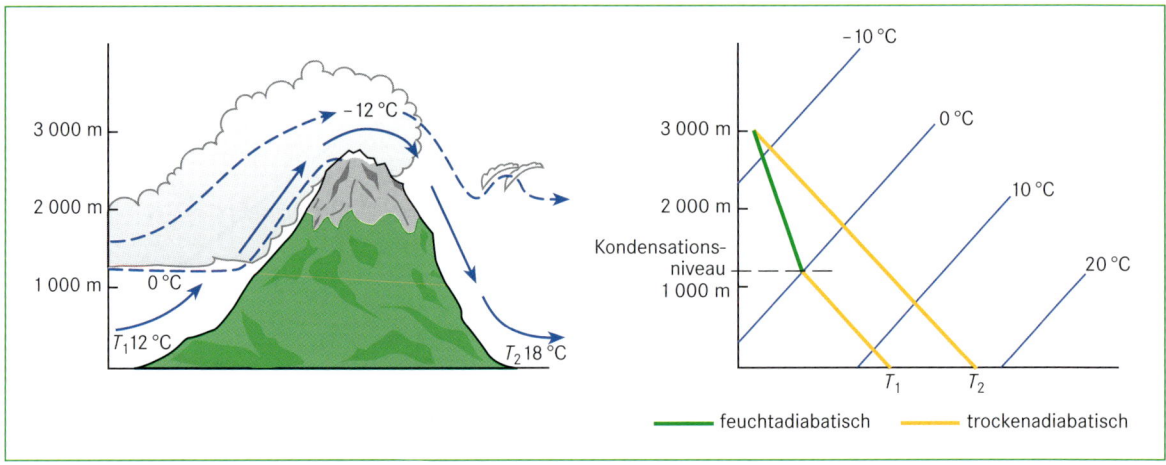

Abb. 9.9.5 Schematische Darstellung des Föhneffekts (verändert nach Barry & Chorley 1998).

Anströmung kühlt sich die Luft beim Aufstieg an der Alpensüdseite zunächst trockenadiabatisch um 1 K/100 m ab. Nach Überschreiten des Kondensationsniveaus reduziert sich die Abkühlungsrate aufgrund frei werdender Kondensationswärme. Der weitere Aufstieg erfolgt feuchtadiabatisch mit einer Abkühlung von etwa 0,5 K/100 m, es entsteht Bewölkung und gegebenenfalls Niederschlag. Auf der Alpennordseite steigen die Luftmassen mit nun deutlich reduziertem Luftfeuchtegehalt wieder ab und erwärmen sich dabei größtenteils trockenadiabatisch. Aus der Kombination feuchtadiabatisch dominierten Aufsteigens und im Wesentlichen trockenadiabatischen Absinkens resultieren in gleicher Höhe über NN Temperaturunterschiede zwischen Luv- und Leeseite, die bis zu 10 K betragen können. Neben ihrer relativ hohen Temperatur zeichnen sich Föhnluftmassen durch geringe Feuchtigkeit aus, die eine gute Fernsicht bedingt. Die leeseitig häufig zu beobachtende Lenticularisbewölkung ist das Ergebnis einer wellenartigen Strömung, ausgelöst durch die Überströmung des Gebirges. Ursächlich nur teilweise geklärt sind häufig mit dem Auftreten von Föhnlagen verbundene nachteilige humanbioklimatologische Auswirkungen.

In Ergänzung zu den orographischen Fallwinden lediglich erwähnt werden sollen auch regionale Windfeldmodifikationen, die – entsprechende großräumige Luftdruckkonstellation vorausgesetzt – beispielsweise als durch Düseneffekte in Tälern verursachte Winde in Erscheinung treten (z. B. Mistral im Rhônetal).

9.10 Atmosphärische Gefahren

Wilfried Endlicher

Schon immer waren die Menschen und ihre Umwelt atmosphärischen Gefahren wie Frost und Hitze, sintflutartigen Niederschlägen und lang anhaltenden Dürren ausgesetzt. Seit aber das *Intergovernmental Panel on Climate Change* (IPCC) in seinem 3. Statusbericht 2001 einen Zusammenhang zwischen der globalen Erwärmung und der Zunahme bzw. Intensivierung atmosphärischer Extremereignisse hergestellt hat, stellt sich dieser Problemkreis in neuer Relevanz dar. So klagt die Versicherungswirtschaft seit zwei Jahrzehnten über steigende Schadensbelastungen bei Naturkatastrophen, die zu zwei Drittel auf atmosphärische Phänomene wie Stürme, Überschwemmungen und Unwetter zurückgehen (Berz 2002, 2010).

Gewitter- und Hagelstürme sind an feuchtlabile Luftschichtung, konvektive Prozesse und meist auch an den Einbruch von polarer Kaltluft an Kaltfronten gebunden. Der großtropfige Niederschlag bildet sich in den *Cumulonimben* über die Eisphase. Hagel entsteht dann, wenn die Regentropfen in Aufwindschläuchen in große Höhen gerissen werden und gefrieren. An die Eiskörner lagert sich eine Schale von Schneekristallen an, die wiederum in wärmeren Luftschichten auftauen kann. Schmelz- und Gefrierprozesse können sich durch Auf- und Abwinde mehrfach wiederholen, bis schließlich Hagelkörner ausfallen. Im Mittel sind diese etwa 1 cm groß. Es wurden aber auch schon „Hagelsteine" von 38 cm Durchmesser und 70 g Gewicht gefunden. Hagelschläge sind besonders im Sonderkulturbau gefürchtet. Am 8. Juli 2004 verursachte ein 250 km langer Hagelzug an der Vorderseite einer Kaltfront in der Schweiz schwere Schäden. Allein aus der Landwirtschaft gingen an diesem Tag 7 000 Schadensmeldungen bei der Versicherungswirtschaft ein, die einen Gesamtumfang von etwa 100 Millionen Schweizer Franken ausmachten. Hinzu kamen etwa noch die Schäden an 30 000 Autos (Fraefel et al. 2005). Deshalb versucht man in den Weinbaugebieten der österreichischen Steiermark oder des argentinischen Cuyo bedrohliche Gewitterwolken von Kleinflugzeugen aus – oder gar mit Raketen – mit Silberjodid zu impfen, um diese früher – vor der Hagelkornbildung – zum Ausregnen zu bewegen. Möglicherweise ist aber ein Schutz der Rebkulturen durch Netze eine wirksamere Methode. Der teuerste Hagelsturm Deutschlands war mit 1,5 Milliarden Euro derjenige vom 12. Juli 1984 in München.

Unterschiedliche elektrische Ladungen innerhalb der Gewitterwolke – positive im oberen und negative im unteren Teil – werden durch **Blitze**, das heißt Entladungen bis 100 Millionen Volt, ausgeglichen. Weltweit verzeichnet man zirka 44 000 Gewitterstürme pro Tag und 100 bis 300 Blitze pro Sekunde. Blitze können Haus- und Waldbrände hervorrufen, Treibstofftanks zur Explosion bringen, Flugzeuge abstürzen lassen, elektronisches Gerät zerstören, zur Unterbrechung der Stromversorgung führen und Menschen erschlagen. Die von einem Blitz erhitzte Luft erreicht Temperaturen von 30 000 K – fünfmal höher als die Sonne an ihrer Oberfläche. Die Umgebungsluft dehnt sich in Millionstel Sekundenschnelle um einige Milli- bis Zentimeter aus; die entstehende Schockwelle nehmen wir als Donnerschlag war.

Tornados entwickeln sich in extremen Fällen aus Gewitterstürmen. Sie sind an den rotierenden Wolkenrüsseln aus kondensiertem Wasserdampf zu erkennen, der von der Wolkenbasis bis zum Erdboden reicht und einen Durchmesser von zirka 10 bis 1 000 m hat. An ihm können Windgeschwindigkeiten von bis zu 500 km/h auftreten. Die Schadenswirkung ist zwar auf die relativ schmale Zugschneise des Tornados beschränkt, jedoch bedingen die sehr hohen Windgeschwindigkeiten und die Windscherung – rasche Richtungs- oder Geschwindigkeitsänderungen – im Inneren des Rüssels selbst für Massivbauten ein hohes Risiko: Autos werden wie Spielzeuge herumgeschleudert, Glasscherben werden zu tödlichen Geschossen. Voraussetzung für die Entstehung von Tornados ist die Konvergenz von Luftmassen mit extremen Temperatur- und Feuchteunterschieden – also kalte und trockene Arktisluft aus Norden und feuchtwarme Subtropenluft aus Süden. Die beim Kondensa-

tionsprozess frei werdende Energie, die extrem feucht labile Luftschichtung und die hohe Windscherung – schwache Südwinde in der Grenzschicht und kräftige Nordwinde in der freien Atmosphäre – sind Voraussetzungen für die Entstehung eines Tornados. Die sich an der Scherfläche bildende „liegende Walze" wird durch die Aufwinde in den *Cumulonimben* aufgerichtet, sodass sich eine stehende „Mesozyklone" etabliert. Durch die Fliehkraft der rotierenden Luftmassen wird der Luftdruck im Inneren des Rüssels schließlich soweit erniedrigt, dass er durch den kondensierenden Wasserdampf sichtbar wird. Der extrem niedrige Luftdruck von unter 900 hPa im Rüssel und die damit verbundenen Windgeschwindigkeiten und Sogkräfte können Flachdächer wie Flugzeugtragflächen anheben. In der Tornadohäufigkeit steht das pol- und äquatorwärts nicht von Gebirgen geschützte Nordamerika an erster Stelle; die Great Plains des amerikanischen Midwest zwischen dem Felsengebirge und den Appalachen mit einem Maximum im Staat Oklahoma sind besonders gefährdet. Dort treten Tornados gehäuft im späten Frühjahr mit einem Tagesgang auf, der ein deutliches Maximum am Nachmittag und frühen Abend zeigt. Man geht von etwa 800 bis 1 000 Tornados pro Jahr allein in den USA aus. Berüchtigt ist der 31. Mai 1985, der „Schwarze Freitag"; an diesem Tag forderten nicht nur die 14 Tornados in der kanadischen Provinz Ontario zwölf Opfer, vielmehr kamen in den US-Bundesstaaten Ohio und Pennsylvania noch 83 Opfer hinzu, die von weiteren 28 Tornados verursacht wurden. Auch in Argentinien und Australien sind sie relativ häufig. Die Pionierleistung in Europa ist Alfred Wegener (1917) zuzuschreiben, dessen sorgfältige Analyse seinerzeit 100 europäische Tornados pro Jahr ergab. In der Tornadodatenbank für Deutschland (www.tornadoliste.de) sind seit dem Jahr 855 bereits 863 Tornados registriert. In Deutschland geht man aktuell von etwa 30 bis 40, in ganz Europa von ungefähr 300 Tornados pro Jahr aus. Das heißt, dass dieses Phänomen keineswegs so selten ist, wie man gemeinhin annimmt (Dotzek 2002, 2003; Abb. 9.10.1).

Tropische Wirbelstürme oder **Zyklone** sind im Gegensatz zu den lokalen Tornados ein großräumiges Phänomen mit einem Durchmesser von 500 bis 1 000 km. Diese riesigen Wolkenspiralen setzen sich aus einer Vielzahl von Gewittern zusammen, deren *Cumulonimben* sich bis an die tropische Tropopause in 16 km Höhe auftürmen. Sie entstehen über den Meeren der äußeren Tropen, sind aber keine häufigen Phänomene. Dreierlei Gefahren gehen von tropischen Wirbelstürmen aus: Sie sind mit extremen Windgeschwindigkeiten von 120 bis 300 km/h, sintflutartigen Niederschlägen und extremen Sturmfluten mit Wellenhöhen von 10 m und mehr verbunden. Voraussetzungen für die Bildung

Abb. 9.10.1 Am 27. März 2006 richtete ein Tornado in Hamburg in wenigen Minuten große Schäden an und kostete zwei Kranführern das Leben. Die Abbildung zeigt einen Tornado über dem Starnberger See am 17. September 2005 (Foto: Walter Stieglmair).

eines Zyklons sind Meeresoberflächentemperaturen von über 26 °C bis in Tiefen von 50 m. Die darüberliegenden Luftmassen werden dann angewärmt und angefeuchtet, wobei die Sättigungsfeuchte exponentiell mit der Temperatur zunimmt: Luftmassen mit einer Temperatur von 35 °C können vier Mal so viel Wasserdampf aufnehmen wie solche bei 10 °C. Hauptentstehungszeit der Zyklone ist also der Spätsommer und Herbst, da dann die Wasseroberflächentemperatur ihre höchsten Werte erreicht. Die Entstehung der Zyklone ist auf die äußeren Tropen beschränkt, da zu ihrer Entstehung auch die Coriolisbeschleunigung, die ablenkende Kraft der Erdrotation, benötigt wird. Als Scheinkraft ist diese am Äquator gleich null. Die inneren Tropen in einem etwa 5° breiten Streifen beiderseits des Äquators sind frei von Wirbelstürmen, da Druckgegensätze bei fehlender Coriolisbeschleunigung rasch ausgeglichen werden. Kommt es dagegen in der Passatströmung der äußeren Tropen zu Konvergenz und Konvektion und wird die Passatinversion durchbrochen, dann führt die Kondensation des reichlich vorhandenen Wasserdampfs zu Erwärmung der mittleren und oberen Atmosphäre, wodurch ein Selbstverstärkungseffekt des Tiefdruckgebietes durch Divergenz in der Höhe („Auspumpen") und Konvergenz im Bodenniveau eintritt. Den bisherigen Tiefdruckrekord verzeichnete am 12. Oktober 1979 der Taifun „Tip" mit einem Bodenluftdruck von 870 hPa (Tab. 9.10.1). Im Inneren eines Zyklons, im „Auge", lösen sich die Wolken durch Absinkprozesse auf. Tropische Wirbelstürme wandern nach ihrer Entstehung mit der tropischen Ostströmung mit einer Zuggeschwindigkeit von 20 bis 60 km/h. Solange sich der Zyklon über warme Meeresoberflächen bewegt, funktioniert er als thermodynamische Wärmemaschine und kommt auf eine Lebensdauer von mehreren Tagen bis wenigen Wochen. Er kann an der Ostseite der Subtropenhochs sogar in eine parabelförmige Bahn in die Westströmung einbiegen. Sobald er jedoch über Festland kommt, versiegt die Energiequelle, er wird abgebremst, und schwächt sich rasch zu einem einfachen tropischen Sturm ab (Tab. 9.10.2). Von im Jahresmittel etwa 80 Wirbelstürmen treten zirka 26 im Nordwestpazifik (Taifune), 17 jeweils im Nordostpazifik (Cordonazos) und Südindik (Mauritius-Orkane), zehn im Nordatlantik (Hurrikane; Abb. 10.8.2), neun im Südwestpazifik und fünf im Nordindik (Bengalen-Zyklone) auf. Von den neun Hurrikanen, die 2004 über die Karibik zogen und auf die amerikanische Ostküste trafen, verursachten allein „Charley", „Frances", „Ivan" und „Jeanne" Schäden in Höhe von 30 Milliarden US-Dollar. Hurrikan „Katrina" hat 2005 über 80 Milliarden US-Dollar an Schäden und 1 800 Tote hinterlassen.

Europäische Winterstürme, also außertropische Zyklonen, waren in den 1990er-Jahren ungewöhnlich häufig. Die Orkane „Daria" (25./26. Januar 1990), „Herta" (3./4. Februar 1990), „Vivian" (25. bis 27. Februar 1990) und „Wiebke" (28. Februar/1. März 1990) bildeten die erste, „Anatol" (3./4. Dezember 1999), „Lothar" (26. Dezember 1999) und „Martin" (27./28. Dezember 1999) die zweite Serie heftiger Stürme. In Deutschland wurden dabei maximale Windgeschwindigkeiten von 151 km/h in Karlsruhe, 184 km/h auf Sylt und 212 km/h auf dem Feldberg im Schwarzwald ge-

	Deutschland	weltweit
Lufttemperatur[1]		
höchste Temperatur	40,2 °C Gärmersdorf 1983, Freiburg & Karlsruhe 2003	57,3 °C El Asisija/Libyen 1923
niedrigste Temperatur	–37,8 °C Hüll/Niederbayern 1929	–89,2 °C Wostock/Antarktis 1983
Niederschlag[2]		
höchste 24stündige Niederschlagshöhe	312,0 mm Zinnwald/Osterzgeb. 2002	1870 mm Cilaos/La Réunion 1952
größte jährliche Niederschlagshöhe	3 503,1 mm Balderschwang/Allgäu 1970	26 461 mm Cherrapunji/Indien 1860/61
Luftdruck[3]		
höchster Luftdruck	1057,8 hPa Berlin 1907	1083,8 hPa Agata/NW-Sibirien 1968
niedrigster Luftdruck	955,4 hPa Bremen 1983	870 hPa Taifun „Tip" 1979
Wind		
höchste Böe	335 km/h Zugspitze 1985	416 km/h Mt. Washington/USA 1934

[1] Schattentemperatur gemessen 2 m über dem Erdboden
[2] 1 mm Niederschlag entsprechen 1 Liter/m^2
[3] Luftdruck auf Meereshöhe reduziert

Tabelle 9.10.1 Wetterextreme (verändert nach DWD 2005).

messen. Der europaweit versicherte Gesamtschaden von 2,4 Millionen Einzelschäden allein des „Weihnachtsorkans Lothar" belief sich dabei auf 5,9 Milliarden Euro. Der Gesamtschaden dürfte doppelt so groß gewesen sein. 110 Todesopfer waren zu beklagen. Die Hauptschäden traten an Dächern, Fassaden, Baugerüsten und -kränen, Wäldern, Freileitungen (Störung der Stromversorgung) sowie beim öffentlichen Verkehr (u. a. Schließung von Flughäfen) auf. Das bei „Lothar" in Frankreich angefallene Schadholz belief sich auf 140 Millionen m^3, was 300 Prozent der jährlichen Nutzung entspricht. Die versicherten Schäden, die Orkan „Kyrill" im Januar 2007 allein in Deutschland verursachte, beliefen sich auf ungefähr 3 Milliarden Euro.

Bei diesen Sturmereignissen handelt es sich um besonders intensive Tiefdruckgebiete mit extrem niedrigem Kerndruck. Es sind Randzyklonen des zentralen Island-Tiefs, die über dem Nordatlantik an der Polarfront entstehen (Tab. 9.10.2). Die Luftdruckdifferenz zwischen dem subtropisch-randtropischen Azoren-Hoch einerseits und dem subpolaren Island-Tief andererseits ist dabei von entscheidender Bedeutung. Aufgrund der Strahlungs-, Temperatur- und Luftdruckverhältnisse ist diese im Winter größer als im Sommer. Sturmzyklonen sind also auf das Winterhalbjahr beschränkt. Diese jahresperiodische Schwankung der Luftdruckdifferenz wird durch eine aperiodische in der Größenordnung von 5 bis 25 Jahren, der sogenannten

Nordatlantischen Oszillation (NAO), überlagert. Ist der NAO-Index hoch bzw. positiv, dann ist die Entwicklung von Sturmzyklonen bei verstärkter, zonaler Westzirkulation eher wahrscheinlich als bei einem niedrigen bzw. negativen Index, der ein Ausdruck für eine meridionale, ausgetrogte und windschwache Zirkulation mit Tendenz zu Blockaden der Westwinddrift und Kaltluftvorstößen aus dem kontinentalen Russland-Hoch ist. Die künftige Entwicklung des NAO-Index ist für die

Tabelle 9.10.2 Unterschiede zwischen einem tropischen Zyklon und einer außertropischen Zyklone (Quelle: Schweizerische Rückversicherungsgesellschaft 1969).

	extratropische Zyklone	tropischer Zyklon
Energiequelle	Nord-Süd Temperaturkontrast	Kondensation von Wasser
Sturmsaison (Nord-Halbkugel)	Oktober–März	Sommer/Herbst
Sturmregion	mittlere Breiten	Tropen/Subtropen
Sturmdurchmesser	1 000–2 000 km	500–1 000 km
Windböenspitzen	20–50 m/s	33–90 m/s
Sturmdauer an festem Ort	3–24 Stunden	2–6 Stunden
Niederschlag	mäßig	stark
zusätzliche Phänomene	Sturmflut	Sturmflut, Tornado
Schadensbild	viele Kleinschäden	Klein- und Großschäden

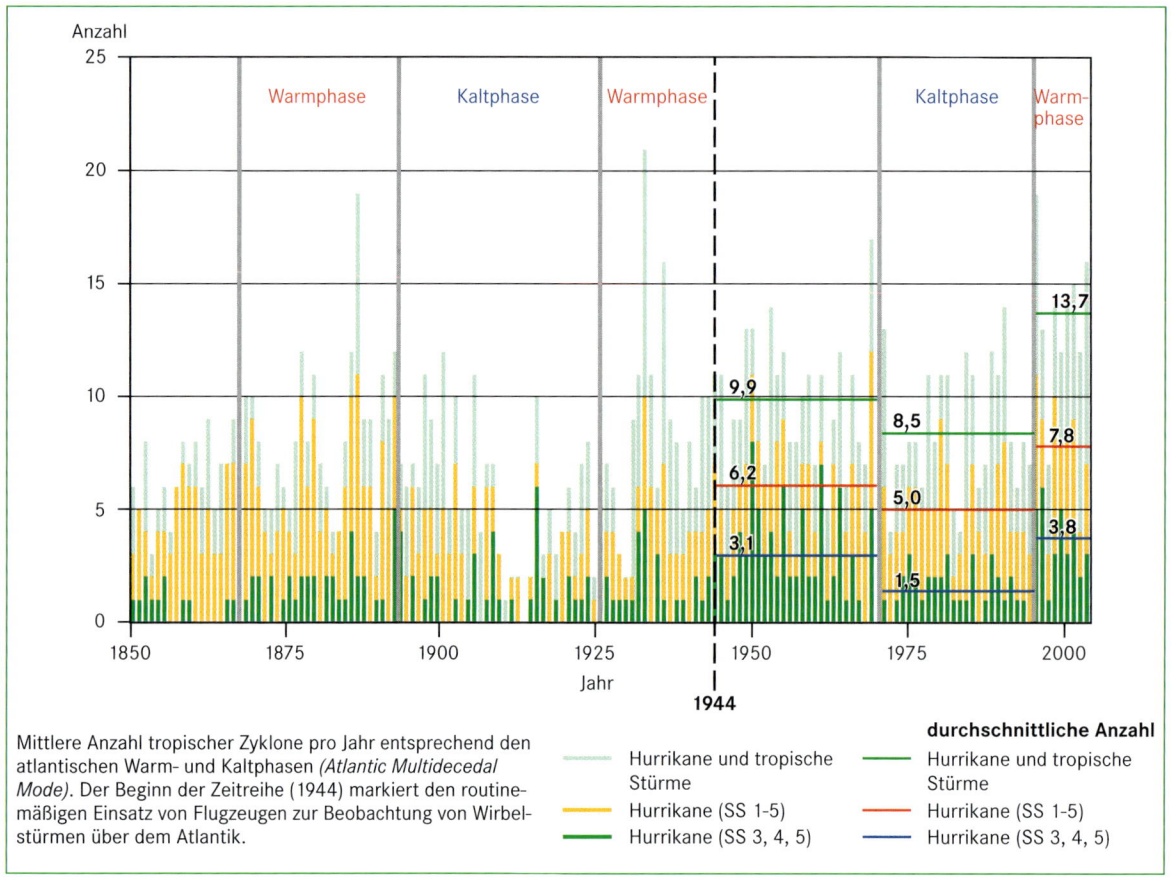

Mittlere Anzahl tropischer Zyklone pro Jahr entsprechend den atlantischen Warm- und Kaltphasen *(Atlantic Multidecedal Mode)*. Der Beginn der Zeitreihe (1944) markiert den routinemäßigen Einsatz von Flugzeugen zur Beobachtung von Wirbelstürmen über dem Atlantik.

Abb. 9.10.2 Jährliche Anzahl von tropischen Stürmen und Hurrikanen unterschiedlicher Stärke im Atlantik (SS 1-5; SS=Saffir-Simpson-Hurrikanskala, bei der die Stürme nach ihrer maximalen Windgeschwindigkeit in 5 Klassen eingeteilt werden; Exkurs 9.10.1; ergänzt nach NOAA).

Häufigkeit, Intensität und Zugbahnen winterlicher Sturmzyklonen über Europa von entscheidender Bedeutung. Es ist unbestritten, dass die Winter in Mitteleuropa in den letzten Jahrzehnten durch eine Zunahme der Westwetterlagen gekennzeichnet und damit milder und feuchter geworden sind. Aus der Abbildung 9.10.3 geht hervor, dass Starktiefs über dem Atlantik und Nordeuropa (a) und Starkwindtage im Binnenland (b) in den letzten Jahrzehnten häufiger aufgetreten sind. Die Untersuchung der Zusammenhänge zwischen NOA und globaler Klimaerwärmung ist derzeit ein wichtiges Forschungsthema.

Großflächige Dauerregen, Starkniederschläge und Überschwemmungen treten in Mitteleuropa oft im Zusammenhang mit besonderen Witterungsregelfällen und Großwetterlagen auf. So ist das **Weihnachtstauwetter** ein statistisch signifikanter Warmlufteinbruch in den letzten Tagen des Jahres, der mit zonalen Westlagen und maritimen, milden Luftmassen verbunden ist. Die

Niederschläge gehen in den Mittelgebirgen bis ins Gipfelniveau in Regen über, der bei gefrorenem Boden nicht versickern kann und in den oberflächlichen Abfluss geht. Verbunden mit der Schmelze des im Frühwinter gefallenen Schnees kann es so zu Hochwässern kommen. Bei besonders lang anhaltender atlantischer Witterung mitten im Winter sind Überschwemmungen an Mosel und Rhein nicht ausgeschlossen. In Erinnerung sind noch die beiden „Jahrhunderthochwasser" in den Jahren 1993 und 1995, bei denen der Rhein in Köln neue Rekordhöchststände erreichte und zahlreiche Stadtviertel am Niederrhein unter Wasser standen (Kapitel 13.2). Auch beim Pfingsthochwasser im Mai 1999 an der Donau spielten Schneeschmelze und Alpenstau eine große Rolle. Verbreitet fielen in diesem Monat über 300 mm Niederschlag (höchster Mai-Niederschlag am Hohenpeißenberg seit Beginn der Messreihe 1879).

Die sommerliche Oderflut im Juni 1997 und das **Hochwasser** an Donau und Elbe im August 2002 stehen

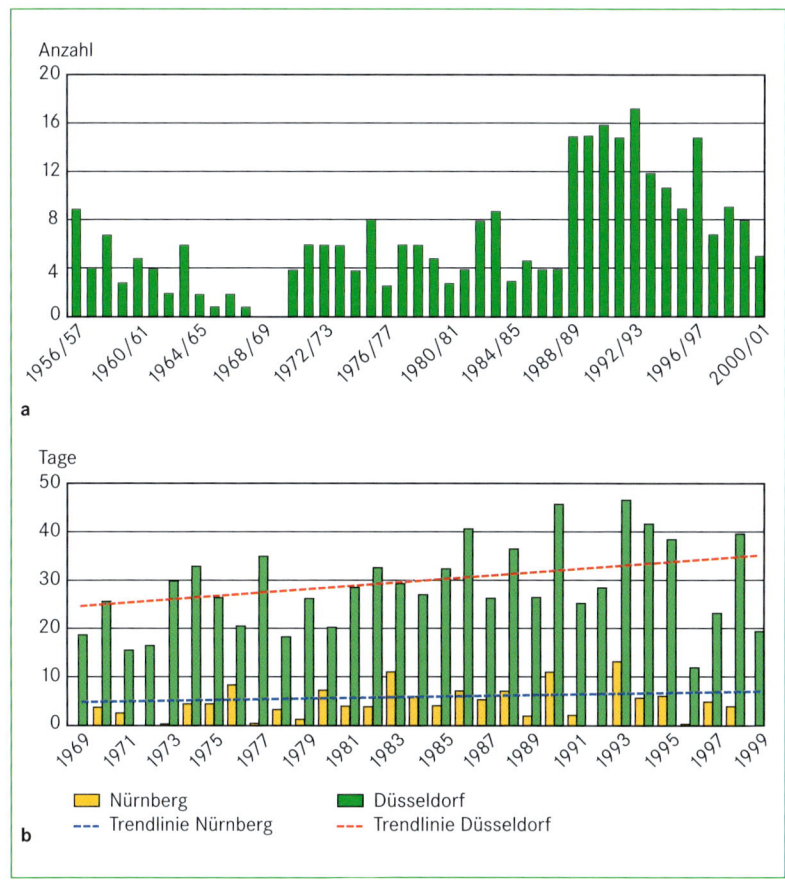

Abb. 9.10.3 a) Entwicklung von Sturmtiefs (< 950 hPa) über dem Nordatlantik und Europa und b) Starkwindtagen mit mindestens Beaufort 8 (ca. 20 m/sec oder 70 km/h) in Nürnberg und Düsseldorf (nach DWD).

dagegen im Zusammenhang mit seltenen, aber höchst wetterwirksamen zyklonalen Südostwetterlagen (retrograde Zyklonen mit ungewöhnlicher Zugbahn und Anströmrichtung aus Südosten). Ein abgeschnittener „Kaltlufttropfen" bzw. das über Österreich und Tschechien stationäre Tief „Ilse" saugte auf seiner Vorderseite warm-feuchte Mittelmeerluft aus Süden an, die aufgrund ihres hohen Wasserdampfgehaltes über den Randgebirgen des Böhmischen Beckens zu lang anhaltenden Starkregen führte. Hinzu kam noch auf seiner Rückseite der orographische Staueffekt des Erzgebirges auf die Nordwestströmung (DWD 2002). So wurde an der Station Zinnwald-Georgenfeld im Osterzgebirge mit 312 mm am 12. August 2002 der bisher mit Abstand größte Tagesniederschlag Deutschlands gemessen. Die Weißeritz, ein Nebenfluss der Elbe, übertraf den bisher nur einmal in 100 Jahren zu erwartenden Hochwasserabfluss von 350 m³/s fast um das Doppelte, kehrte in ihr altes Bett zurück und floss durch den Dresdener Hauptbahnhof. Dämme brachen an zahlreichen Flüssen des Elbeeinzugsgebietes und ganze Ortsteile verschwanden in Sachsen und Sachsen-Anhalt in den Fluten. Die volks-

wirtschaftlichen Schäden der Elbeflut wurden allein in Deutschland auf 9,2 Milliarden Euro geschätzt.

Die im Winter in Deutschland beobachtete Zunahme der zyklonalen Westlagen stimmt mit Modellberechnungen über die regionalen Auswirkungen des globalen Klimawandels überein. Auch sind in Deutschland in den letzten 40 Jahren des 20. Jahrhunderts Häufigkeit und Intensität von **Starkniederschlägen** – und deshalb auch die Hochwässer und Überschwemmungen – angestiegen. Das zufällige Eintreten zweier Jahrhunderthochwasser innerhalb eines Jahrzehnts wie in den 1990er-Jahren am Rhein ist zudem äußerst unwahrscheinlich (DWD 1998). Derartige Einzelereignisse sind plausibel für ein wärmeres Klima mit höherem Wasserdampfgehalt der Atmosphäre. Da sie sich aber auf einer anderen Zeitskala als der Klimawandel abspielen, eignen sie sich nicht als Beweis für ein sich änderndes Klima.

Der **Hitzesommer 2003** gilt als eine der größten europäischen Naturkatastrophen der letzten Jahrhunderte. Niemals seit Beginn der Temperaturmessungen 1761 wurden derartige monatliche Monatsmitteltemperaturen in Deutschland gemessen. Deutschlandweit

Exkurs 9.10.1

„Katrina" – der verheerendste Hurrikan in der Geschichte der USA

Am 29. August 2005 traf der Hurrikan „Katrina" auf die Küste der US-Staaten Louisiana und Mississippi. Die Wasseroberflächentemperaturen von zirka 30 °C im Golf von Mexiko lieferten die latente Energie für die darüber streichenden Luftmassen. Sintflutartige, tagelang anhaltende Niederschläge, extreme Luftdruckgegensätze sowie Windgeschwindigkeiten von bis zu 230 km/h waren die Folge. Im Zentrum eines solchen Tiefdrucksystems führt der durch die Rotation zusätzlich abgesenkte Luftdruck in der Höhe zum Absinken von Luftmassen und zur Wolkenauflösung („Auge des Zyklons"). An Küsten wird das Meereswasser durch die Orkanwinde zu mehrere Meter hohen Brechern aufgepeitscht. Bei „Katrina" erreichte die Sturmflut bis zu 7 m Höhe und ließ die Dämme des nördlich von New Orleans gelegenen Pontchartrain-Sees brechen. Die unter dem Meeresniveau im Mississippi-Delta gelegene, eingedeichte Stadt wurde großflächig überflutet. Trotz der angeordneten Evakuierung entlang von *Hurricane Escape Ways* waren über 1 000 Opfer zu beklagen und übertraf das Ausmaß der Katastrophe alle Vorstellungen. Ganze Ortschaften, wie beispielsweise die Stadt Biloxi, wurden durch die Gewalt der Windböen oder durch Überflutungen zerstört. In der Jazzmetropole musste zur Unterbindung von Plünderungen gar das Kriegsrecht verhängt werden. Die Beschädigung zahlreicher Bohrplattformen im Golf von Mexiko ließ den Rohölpreis innerhalb von einer Woche um 30 Prozent auf bisher unbekannte Höhen steigen.

Beim Auftreffen auf die Küste war „Katrina" bereits zu einem Hurrikan der Kategorie 4 (Tab. 1) abgeflaut. Nur wenige Wochen später, am 24. September, erreichte „Rita" als Hurrikan der Kategorie 3 westlich von New Orleans bei Port Arthur die texanische Golfküste. Erneut brachen in New Orleans die gerade geflickten Dämme; in Galveston kam es durch zerstörte Stromleitungen und Kurzschlüsse zu Großbränden. Etwa ein Viertel der US-amerikanischen Raffineriekapazität war durch vorsorgliche Schließung der Werke lahmgelegt. Vorausgegangen war die mit 3 Millionen Personen größte Evakuierungsaktion der amerikanischen Geschichte; denn „Rita" war im Golf von Mexiko zum drittstärksten, seit

Abb. 1 Hurrikan „Katrina" am 28. August 2005 um 17 Uhr UTC (Image courtesy of MODIS Rapid Response Project at NASA/GSFC).

1851 beobachteten tropischen Zyklon angewachsen. Wenig später zerstörte Hurrikan „Wilma" die mexikanische Touristenmetropole Cancún. Noch nie wurden in der Karibik so viele Hurrikane gezählt wie im Jahr 2005. Die Hurrikansaison dauerte bis in den Dezember hinein und die Anfangsbuchstaben des lateinischen Alphabets reichten für die Namensgebung nicht aus.

Tabelle 1 Windstärken ab 20 m/s werden als Sturm, ab 33 m/s (ca. 120 km/h) als Orkan bezeichnet. Zur weiteren Kategorisierung der Intensität von tropischen Zyklonen dient die Saffir-Simpson-Hurrikanskala.

Kategorie	Maximale Windgeschwindigkeit [m/s]	[km/h]	Druck im Zentrum des tropischen Zyklons [hPa]	Höhe der Sturmflutwelle [m]
1	33–42	120–153	≥980	1,0–1,7
2	43–49	154–178	979–965	1,8–2,6
3	50–58	179–210	964–945	2,7–3,8
4	59–69	211–248	944–920	3,9–5,6
5	>69	>248	<920	>5,6

lagen die Temperaturen in diesem Sommer (Juni bis August) 3,4 K über dem Durchschnittswert von 1961 bis 1990. Wochenlang übertrafen dabei die Extremtemperaturen vielerorts 30 °C. Der bisherige Temperaturmaximalwert für ganz Deutschland in Höhe von 40,2 °C wurde am 9. August in Karlsruhe und erneut am 13. August 2003 in Karlsruhe und Freiburg eingestellt. Am Oberrhein wurden insgesamt 53 „heiße Tage" (Temperaturmaximum mindestens 30 °C) und 83 „Sommertage" (Temperaturmaximum mindestens 25 °C) registriert. Beeindruckend neben der Länge der Hitzeperiode war vor allem die riesige Fläche, die zwischen Portugal und Rumänien betroffen war. Eine extreme Blockadesituation führte dazu, dass sich ein stabiles, dynamisches, das heißt durch die ganze Troposphäre reichendes Hochdruckgebiet wochenlang über Europa etablieren konnte. Hitzebedingt hat dieser Sommer in ganz Europa vermutlich 70 000 zusätzliche Menschenleben gekostet (Koppe et al 2004); denn hohe Temperaturen, verbunden mit hoher Globalstrahlung, niedrigen Windgeschwindigkeiten und vor allem hoher Luftfeuchtigkeit überfordern das Thermoregulationssystem insbesondere älterer Menschen. Dabei sind nicht nur die extremen Tagesmaxima, sondern die zu hohen nächtlichen Minima – „Tropennächte" mit Temperaturen über 20 °C in den Wärmeinseln der Großstädte – von Bedeutung. Verbunden mit der Hitze war auch ein erhebliches Niederschlagsdefizit, das aufgrund der gesteigerten Verdunstung zu erheblichen Schäden in der Land- und Forstwirtschaft führte (weiterer Anstieg der Waldschäden). Dieser „Jahrhundertsommer", der sonnenscheinreichste seit 1951 und fünft trockenste seit 1901, war somit auch ein **Dürresommer**. Weitere gravierende Auswirkungen waren die Ausfälle bei der Binnenschifffahrt wegen Niedrigwasser, die Kühlprobleme bei den Kraftwerken und die deutlich verminderte Leistungsfähigkeit der Arbeitnehmer; nicht zuletzt sind auch die Belastungen durch hohe Ozonwerte anzuführen.

Der Sommer 2003 passt gut zu den Ergebnissen, die numerische Klimamodelle als Folgen des anthropogen induzierten Zusatztreibhauseffektes errechnen. Es ist wahrscheinlich, dass derartige Hitzesommer in Zukunft häufiger eintreten werden – allerdings immer noch extrem selten – und bereits als Folge des Klimawandels zu interpretieren sind, das heißt „die Zukunft hat schon begonnen" (Schönwiese et al 2004).

ENSO (*El Niño Southern Oscillation*), die bedeutendste natürliche Klimaschwankung der Erde und eindrucksvolles Beispiel für die enge Koppelung der Teilsysteme Atmosphäre und Hydrosphäre im Gesamtklimasystem, ist zuerst als regionales **Warmwasserereignis** an der Pazifikküste des tropischen Südamerikas bekannt geworden. Seine Auswirkungen auf die Öko-

logie des Humboldt-Stromes – Versiegen des Kaltwasserauftriebs – und den Lebensraum der peruanisch-chilenischen Küstenwüste – Starkregen und Überschwemmungen – sind schon seit Jahrtausenden nachzuweisen (Caviedes 2005). Die „Luftdruckschaukel" der *Southern Oscillation* – hoher Luftdruck über dem tropischen Ostpazifik ist mit tiefem in der gleichen geographischen Breite über dem tropischen Westpazifik verbunden und umgekehrt – löst nun auch im austral-indonesischen Sektor des Pazifik tief greifende Änderungen im Witterungsgeschehen aus, nur mit umgekehrten Vorzeichen: Bei ENSO-Ereignissen verringern sich die Niederschläge über Ostaustralien, Neuguinea und dem indonesischen Inselarchipel drastisch bis hin zur Dürre (Endlicher 2001). Diese Klimastörung am südhemisphärischen Pazifik ist über atmosphärisch-ozeanische Telekonnektionen mit anderen, oft weitab gelegenen Regionen der Erde verknüpft und hat auch dort katastrophale Folgen, etwa Dürre in Nordostbrasilien, Abschwächung des Sommermonsuns in Indien oder Zunahme der Niederschläge in Kalifornien (Abb. 9.10.4). Aber auch eine besondere Verstärkung des Humboldtstroms, das **Kaltwasserereignis** einer *La Niña*, führt zu ähnlich gravierenden, nahezu weltweiten Klimastörungen wie *El Niño*, ein Beispiel ist die Überflutungskatastrophe 2011 in Australien. Inwieweit sich der Klimawandel auch auf Genese und Häufigkeit von ENSO auswirkt und ob in Zukunft bei wärmerer Atmo- und Hydrosphäre gar mit einem permanenten Warmwasserereignis zu rechnen ist, bleibt noch zu klären.

Der **weltweite Klimawandel**, das globale Experiment mit den klimawirksamen Spurengasen, birgt vielleicht das allergrößte Risiko. Der anthropogene Zusatztreibhauseffekt wird aber regional sehr unterschiedliche Auswirkungen haben. Sicher wird aufgrund der Ausdehnung des erwärmten Oberflächenwassers, des weltweiten Rückschmelzens der Gebirgsgletscher und sogar des möglichen Abtauens der großen Eisschilde von Grönland und der Westantarktis der Spiegel des Weltmeeres in den nächsten Jahrhunderten kontinuierlich ansteigen (Abb. 9.10.4). Weit weniger klar sind die Auswirkungen des globalen Wandels im regionalen Maßstab, beispielsweise auf die bodennahe Lufttemperatur oder den Niederschlag. Für Europa wird sogar der eher unwahrscheinliche Fall eines Temperaturrückgangs diskutiert, der durch ein Abreißen der thermohalinen Zirkulation im Nordatlantik ausgelöst werden könnte. Ob, wo und wann eine global höhere Lufttemperatur und damit verbunden ein größerer Wasserdampfgehalt zur regionalen Modifikation einzelner Klimaelemente führen wird, kann durch Berechnungen verschiedener Szenarien immer nur bis zu einem gewissen Grad an Genauigkeit prognostiziert werden, da der Wandel mit

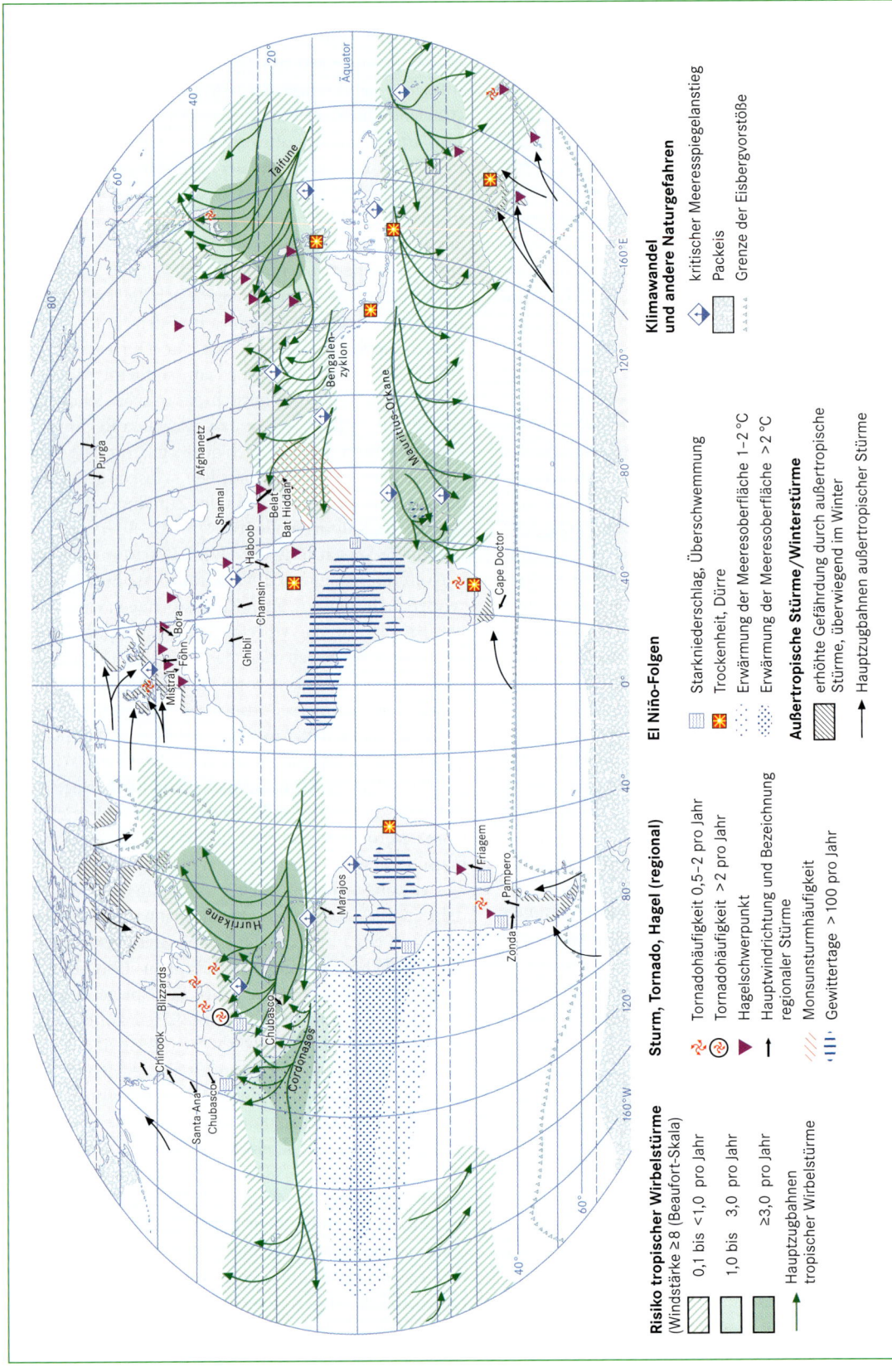

Abb. 9.10.4 Weltkarte atmosphärischer Gefahren (verändert nach Münchener Rückversicherung 1998).

Tabelle 9.10.3 Wahrscheinlichkeitslevel beobachteter und prognostizierter Veränderungen extremer Wetter- und Klimaereignisse (wahrscheinlich: 66 bis 90 Prozent; sehr wahrscheinlich: 90 bis 99 Prozent; Quelle: Cubasch 2002).

Phänomen	Wahrscheinlichkeitsstufe beobachteter Veränderungen (2. Hälfte 20. Jahrhundert)	Wahrscheinlichkeitsstufe prognostizierter Veränderungen (21. Jahrhundert)
■ höhere Maximaltemperaturen und mehr heiße Tage in nahezu allen Landgebieten	wahrscheinlich	sehr wahrscheinlich
■ höhere Minimumtemperaturen, weniger kalte Tage und Frosttage in nahezu allen Landgebieten	sehr wahrscheinlich	sehr wahrscheinlich
■ höherer Hitze-Index in Landgebieten	wahrscheinlich, in vielen Gebieten	sehr wahrscheinlich, in den meisten Gebieten
■ häufigere Starkregen	wahrscheinlich, in vielen Landgebieten der mittleren und höheren Breiten der Nordhalbkugel	sehr wahrscheinlich, in den meisten Gebieten
■ Zunahme kontinentaler Trockenheit und Dürrerisiken im Sommer	wahrscheinlich, in wenigen Gebieten	wahrscheinlich, in den meisten kontinentalen Gebieten der mittleren Breiten (Fehlen konsistenter Prognosen über andere Gebiete)
■ Zunahme der Windgeschwindigkeitsspitzen in Hurrikanen	in den wenigen vorliegenden Analysen nicht beobachtet	wahrscheinlich, in einigen Gebieten
■ Zunahme der mittleren und extremen Niederschlagsstärken bei Hurrikanen	zu wenige Daten für eine Beurteilung	wahrscheinlich, in einigen Gebieten

sozialen, demographischen, ökonomischen und technologischen Veränderungen verknüpft ist. Das IPCC rechnet aber mit einer Zunahme von Extremwetter und -witterung, das heißt mit einer Steigerung atmosphärischer Gefahren auch für die Gesundheit (Tab. 9.10.3, Jendritzky et al 2004). Die erwartete Klimaänderung wird auf alle Fälle größer sein als irgendeine in den letzten 10 000 Jahren; und die daraus resultieren Veränderungen ökologischer Beziehungen und biogeochemischer Systeme, die Klimafolgen, wird die Menschheit noch viele Jahrzehnte, vielleicht Jahrhunderte beschäftigen.

9.11 Besonderheiten des Stadtklimas

EBERHARD PARLOW

Unter dem Begriff Stadtklima versteht man die durch den Menschen stark modifizierten klimatischen Eigenschaften urbaner Räume. Diese können die luftchemischen Eigenschaften der städtischen Atmosphäre oder auch die durch die Bebauung veränderten physikalischen Randbedingungen für den Energieaustausch zwischen der urbanen Oberfläche und der Grenzschicht der Atmosphäre sein. In diesem Kapitel soll es um den zweiten Aspekt, den durch die Bebauung modifizierten Energie- und Strahlungshaushalt und die damit verbundenen Lufttemperaturbedingungen in Städten gehen.

Das Klima von Städten unterscheidet sich gegenüber dem ihres meist ruralen Umlandes durch folgende wichtige Eigenschaften:

- Städte sind Gebiete erhöhter aerodynamischer Rauigkeit, was Konsequenzen für die Windgeschwindigkeit und deren Vertikalverteilung hat.
- Städte setzen sich zusammen aus einem Mosaik von Oberflächen unterschiedlichen Versiegelungsgrades mit Auswirkungen auf Strahlungs- und Wärmehaushalt, insbesondere den latenten Wärmestrom (Verdunstung).
- Die verwendeten Baumaterialien besitzen gegenüber natürlichen Oberflächen unterschiedliche physikalische Eigenschaften bezüglich Wärmeleitfähigkeit und Wärmekapazität, was Auswirkungen auf das Wärmespeichervermögen hat und maßgeblich für den **städtischen Wärmeinseleffekt** verantwortlich zu machen ist.
- Städte sind eine wichtige Quelle für Luftschadstoffe und Gasemissionen aller Art, auch wenn sich in den

vergangenen Jahren hier durch gesetzgeberische Auflagen und technische Entwicklungen die Situation im Allgemeinen verbessert hat.

Die Stadtklimatologie ist heute ein wichtiges Gebiet der Angewandten Klimatologie. Stadtklimatologen erarbeiten Gutachten und Expertisen für die Stadt- und Regionalplanung und führen die damit verbundenen Messungen, Analysen und Bewertungen durch.

Der städtische Wärmeinseleffekt

Ein Kennzeichen des Klimas von Städten ist die Ausbildung eines städtischen Wärmeinseleffektes. Die Lufttemperatur liegt im Mittel um einige Grade (2 bis 6 K) höher als im Umland. Dies ist nicht auf den Sommer beschränkt, sondern ist für das ganze Jahr gültig. Die Wärmeinselintensität, das heißt die Größe des Temperaturunterschiedes, korreliert positiv mit der Größe der Stadt und es bestehen auch Unterschiede zwischen Städten verschiedener Kontinente (Oke 1983). Dies hängt mit unterschiedlichen Gebäudestrukturen und insbesondere mit der Ausstattung öffentlicher und privater Haushalte mit Klimaanlagen in Nordamerika und Ostasien zusammen und somit der Menge anthropogen erzeugter Wärme, welche der städtischen Atmosphäre zugeführt wird und diese zusätzlich aufheizt. Die spannende Frage ist jedoch, ob die Städte immer Lufttemperaturwärmeinseln sind. Luke Howard (1820), der Entdecker der städtischen Wärmeinsel (Exkurs 9.11.1), hatte ausdrücklich berichtet, dass die Lufttemperatur in London im Sommer niedriger war als im Umland – also doch ein städtischer Kälteinseleffekt? Nähern wir uns zunächst der Beantwortung dieser Frage in der zeitlichen Dimension, das heißt, indem man die Lufttemperatur über verschiedene Zeiträume integriert, also auf Jahres-, Monats- und Tagesmitteltemperaturen und dann auf Stunden- oder Minutenwerte geht. Faktum ist, dass alle Städte bezüglich ihrer Jahresmitteltemperatur deutlich erhöhte Werte aufweisen als deren rurale Umgebung. In Abbildung 9.11.1 sind die Differenzen der Monatsmitteltemperaturen (grüne Balken) und der Tagesmitteltemperaturen (rote Linien) zwischen zwei Messstationen in Basel Innenstadt (Station Basel Spalenring) und zirka 5 km entfernt in ländlicher Umgebung über einer Grasfläche (Station Basel Lange Erlen) für ein ausgewähltes Jahr 1994 dargestellt. In allen Monaten des Jahres liegen die Mitteltemperaturen in der Innenstadt zwischen 1,5 und 3 K höher mit der größten Differenz vorrangig während der Sommermonate. Betrachtet man die über 24 Stunden integrierten Tages-

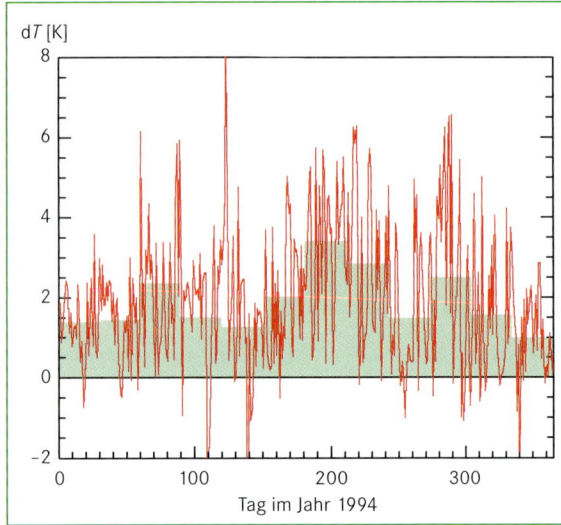

Abb. 9.11.1 Differenzen der Monatsmittel- und Tagesmitteltemperaturen zwischen einer Innenstadtstation (Basel Spalenring) und einer Messstation in ländlicher Umgebung (Basel Lange Erlen) für das Jahr 1994.

mitteltemperaturen, so ist die Situation von einigen Tagen abgesehen grundsätzlich ähnlich. Die Werte können auf Tagesbasis sogar bis zu 8 K höher liegen als in der ländlichen Umgebung. Man sieht aber auch, dass die Unterschiede von Tag zu Tag erheblich sein können. Lediglich an ungefähr 30 Tagen des Jahres war die Tagesmitteltemperatur in der Innenstadt niedriger als in der Umgebung.

Anders wird die Sache bei zeitlich hochaufgelöster Betrachtung, wenn also Tagesgänge aufgelöst werden. Die Abbildung 9.11.2 ist ein Isoplethendiagramm, das auf der X-Achse den Jahresgang und auf der Y-Achse den entsprechenden Tagesgang darstellt. Wiedergegeben ist die Temperaturdifferenz zwischen der Stadtstation Basel Spalenring und der ruralen Station Basel Lange Erlen. Durch die Mittelung der Jahre 1994 bis 2002 wird das Diagramm etwas geglättet und Messdatenausfälle oder einzelne witterungsbedingte Ausreißer werden eliminiert. Man sieht, dass die Stadt in den Nachtstunden, insbesondere in dem Abendstunden, um mehrere Grade wärmer ist, dass sich aber während des Tages die Situation umkehrt und die Stadt bis zu 1 K kühler ist als das Umland. Man erkennt auch, dass der Wechsel von positiven zu negativen Werten im Laufe des Jahres mit dem Sonnenaufgang bzw. Sonnenuntergang korreliert. Diese tageszeitlich das Vorzeichen wechselnde Temperaturdifferenz lässt sich in vielen Städten weltweit belegen und entspricht genau dem, was Luke Howard vor 200 Jahren für London bereits festgestellt hat.

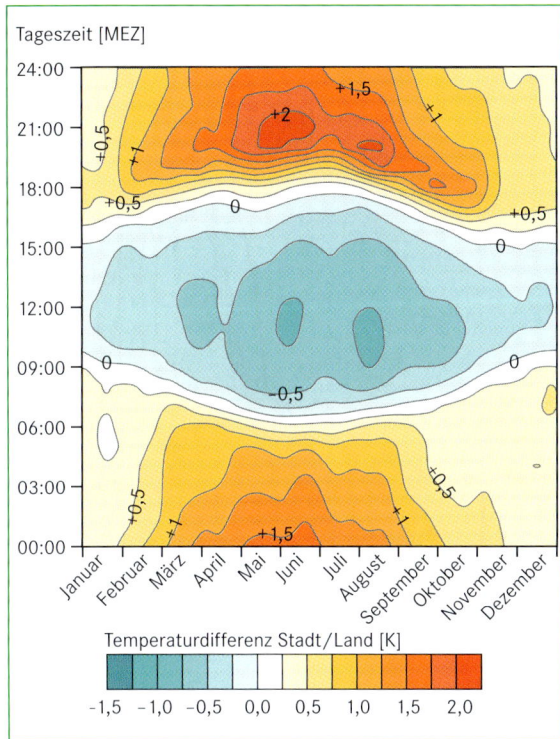

Abb. 9.11.2 Isoplethen der Lufttemperaturdifferenzen zwischen Basel Innenstadt (Station Basel Spalenring) und einer Messstation in ländlicher Umgebung (Basel Lange Erlen) als Mittelwert für die Jahre 1994 bis 2002 auf der Basis von zehnminütigen Messungen.

Dieser charakteristische Tagesgang der Temperaturdifferenz stellt sich auch in extrem heißen Jahren ein. Der Hitzesommer 2003 brachte in Basel im August mit 23,7 °C gegenüber dem klimatologischen Mittel von 18,1 °C die höchsten Monatsmitteltemperaturen seit dem Beginn der Aufzeichnungen im Jahr 1755. Die Abbildung 9.11.3 zeigt für vier ausgewählte Tage während der extrem heißen Phase des Monats August 2003 die Tagesgänge der Lufttemperaturdifferenz zwischen den beiden Basler Messstationen (Basel Klingelbergstraße [urban] und Basel Lange Erlen [rural]). Selbst während einer solchen extrem heißen Periode liegen die städtischen Lufttemperaturen am Tage mit 0,5 bis 1 K unter denen des Umlandes, während der Nacht und vor allem wiederum am Abend hingegen ist die Stadt um 3 bis 5 K wärmer.

Wie lässt sich dies physikalisch erklären? Kennen wir nicht aus zahlreichen Satellitendaten der vergangenen Jahrzehnte, dass Städte immer höhere Oberflächentemperaturen aufweisen als das Umland (Parlow 1998)? Wie lässt sich dies zusammenbringen: deutlich erhöhte Oberflächentemperaturen in den Städten am Tage bei gleichzeitig niedrigeren Lufttemperaturen? Um diese Frage zu beantworten, muss man sich mit dem Strahlungs- und Wärmehaushalt einer urbanen Oberfläche etwas ausführlicher auseinandersetzen.

Zunächst ist es wichtig, die Strahlungsbilanz der Oberfläche zu kennen, um darauf aufbauend die Glieder der Wärmehaushaltsgleichung zu berechnen. Die **Strahlungsbilanz** Q^* setzt sich aus folgenden Teilgliedern zusammen: die Globalstrahlung E_{sd}, die kurzwellige Reflexion E_{su}, die atmosphärische Gegenstrahlung E_{ld} und die über die Oberflächentemperatur geregelte langwellige Emission E_{lu}. Die Gleichung lautet dann:

$$Q^* = E_{sd} - E_{su} + E_{ld} - E_{lu}$$

Wegen der deutlich höheren Oberflächentemperatur städtischer Oberflächen ist auch deren langwellige Emission und damit der langwellige Verlustterm der Bilanzgleichung erhöht. Als Faustregel gilt: Pro 1 K höhere Oberflächentemperatur steigt die langwellige Emission um 5 bis 6 Wm^{-2} an. Falls dies nicht durch eine geringere Albedo und damit eine kleinere kurzwellige Reflexion überkompensiert wird, haben Städte am Tage geringere Strahlungsbilanzwerte aufzuweisen als das ländliche Umland. In der Regel gilt also: Städte haben am Tage eine geringere positive Strahlungsbilanz als deren vegetationsbedecktes Umland. Während der Nacht ist die Strahlungsbilanz in der Stadt und im Umland negativ, wegen ihrer deutlich erhöhten Oberflächentemperatur und dem damit verbundenen Strahlungsenergieverlust erreicht die Strahlungsbilanz in der Stadt jedoch noch negativere Werte.

Für die Erhöhung der Lufttemperatur ist aber nicht die Strahlungsbilanz, sondern der sensible (fühlbare) Wärmefluss verantwortlich, der ein Term der Wärmehaushaltsgleichung ist. Die **Wärmehaushaltsgleichung** lautet:

$$Q^* + Q_H + Q_L + Q_S = 0$$

Q^* ist wiederum die uns aus der vorherigen Gleichung bekannte Strahlungsbilanz, Q_H ist der fühlbare Wärmefluss, Q_L der latente Wärmefluss und Q_S der Bodenwärmefluss, der oft auch Speicherterm genannt wird. Da die Gleichung zu 0 aufgeht, heißt das, dass im Falle positiver Strahlungsbilanz den anderen Gliedern der Wärmehaushaltsgleichung Energie zur Verfügung steht, um die Lufttemperatur zu erhöhen, um zu verdunsten oder um die Bodentemperaturen zu erhöhen. Bei negativer Strahlungsbilanz, wie es in der Regel nachts der Fall ist, müssen diese Gleichungsterme die Strahlungsbilanz vollständig ausgleichen. Dies geschieht durch Lufttemperaturabsenkung, Kondensation von Wasserdampf

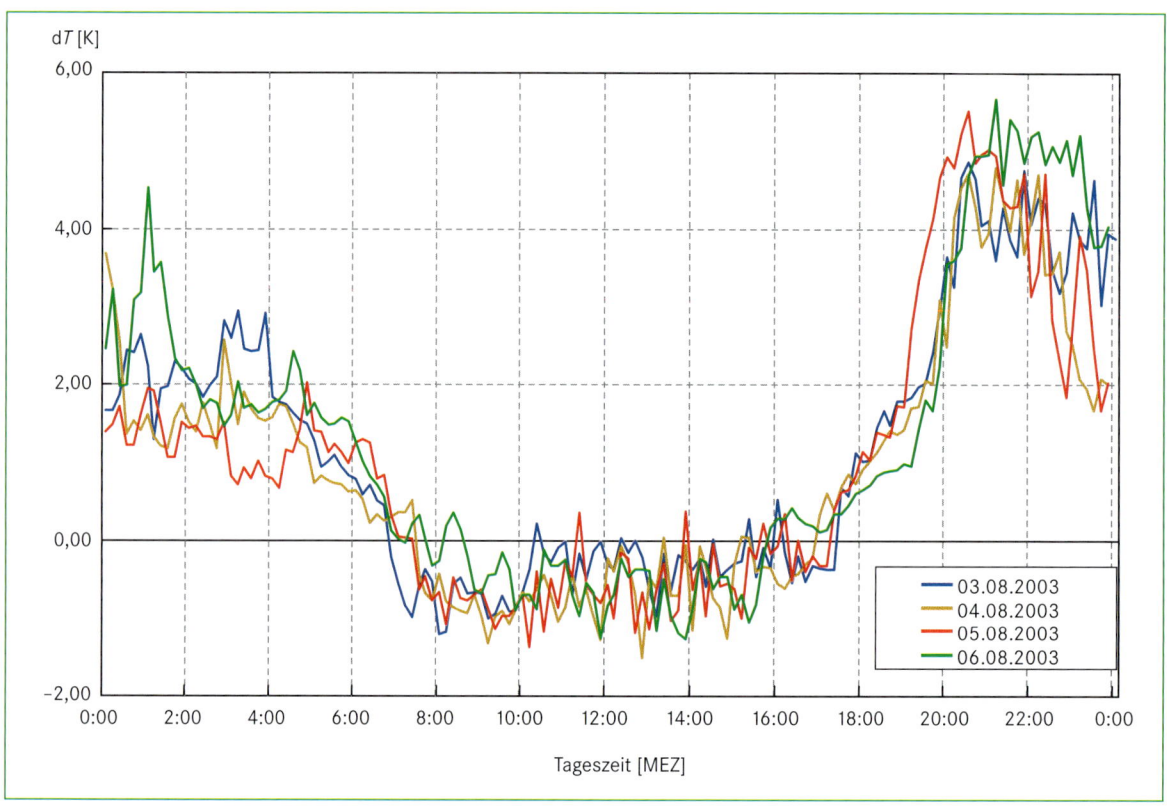

Abb. 9.11.3 Tagesgang der Lufttemperaturdifferenz an vier ausgewählten Tagen während des Hitzesommers 2003. Temperaturdifferenz zwischen Basel Innenstadt (Station Basel Spalenring) und einer Messstation in ländlicher Umgebung (Basel Lange Erlen).

oder Auskühlen des Bodens. Wie sieht nun die Aufteilung (Partitionierung) der Strahlungsbilanz in die verschiedenen Wärmeflüsse in einer Stadt aus? Durch den hohen Versiegelungsgrad städtischer Oberflächen verbunden mit anderen Materialeigenschaften künstlicher Baumaterialien (z. B. Wärmekapazität und Wärmeleitfähigkeit) gestaltet sich der Speicherterm, das heißt die Wärmeleitung in Straßen, Dächern und Hauswänden, völlig anders, als dies bei natürlichen Flächen der Fall ist. Ein markanter Unterschied ist der in den Städten immer deutlich höhere Speicherterm (Abb. 9.11.4). Er macht mindestens 30 Prozent der Strahlungsbilanz aus, kann aber auch Werte bis zu 55 Prozent erreichen, während er in ruralen Systemen im Bereich von 10 Prozent liegt (Parlow 2003, Oke et al. 1999). Was hat dies für Konsequenzen? Die städtischen Baumaterialien wirken wie eine Batterie, die am Tage voll geladen wird, somit sehr viel Energie aufnimmt und sie daher dem direkten turbulenten Austausch, das heißt dem sensiblen und latenten Wärmefluss am Tage entzieht. Liegt der Speicherterm über 40 Prozent gemessen an der Strahlungsbilanz und existiert noch ein Rest Verdunstung, wie es für europäische Städte typisch ist, dann kommt es häufig

dazu, dass der sensible Wärmefluss in der Stadt geringer ist als im Umland und die Lufttemperaturen in den Städten nicht so hohe Werte erreichen. Dies erklärt, warum Städte am Tage oftmals keine Wärmeinseln, sondern eher **urban cooling islands** sind. Die Überlegungen müssen aber noch einen letzten Schritt weitergehen, so muss nämlich die Frage beantwortet werden, was mit der am Tage gespeicherten Energie passiert, denn sie kann nicht einfach verschwinden – das verbietet die Physik. Es wurde bereits darauf hingewiesen, dass während der Nacht die Strahlungsbilanz einer Stadt negativere Werte als bei ruralen Flächen annimmt. Diese negative Strahlungsbilanz muss durch die Wärmeflüsse ausgeglichen werden. In der Abbildung 9.11.4 ist sehr schön zu sehen, dass sich im Falle der ruralen Station R1 alle Wärmeflüsse daran beteiligen. Es werden also Luft und Boden abgekühlt und eventuell kommt es auch zur Kondensation in Form von Tau- oder Nebelbildung. Dies ist für rurale Flächen ein völlig normaler Prozess. Anders verhält es sich bei der urbanen Station U1: Trotz negativer Strahlungsbilanz ändern weder sensibler noch latenter Wärmefluss ihre Richtung. Dies bedeutet, dass in der Stadt während der Nachtstunden Energie nicht

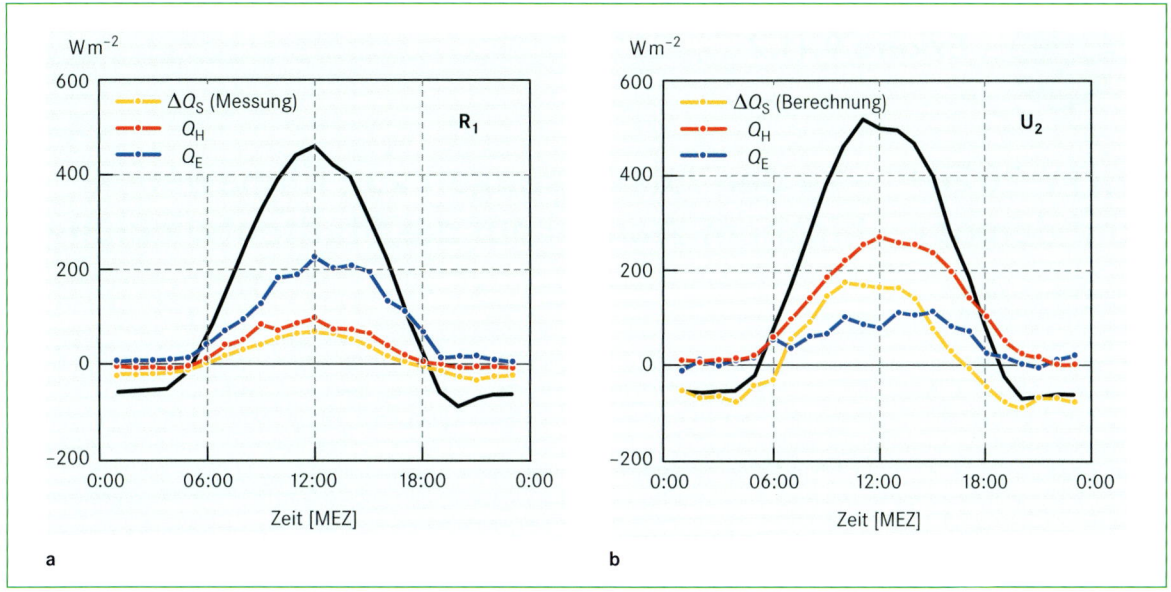

Abb. 9.11.4 Partitionierung der Wärmeflüsse an einer ruralen Station (R1) und einer urbanen Station (U1) im Raum Basel. Das Vorzeichen der Wärmeflüsse deutet die Richtung des Flusses an. Positive Flüsse sind von der Oberfläche weg gerichtet, negative zur Oberfläche hin gerichtet. Die Strahlungsbilanz ist als schwarze Linie angegeben.

nur für die Kompensation der negativen Strahlungsbilanz, sondern auch für die Aufrechterhaltung der von der Oberfläche weiterhin in die Atmosphäre gerichteten sensiblen und latenten Wärmeflüsse bereitgestellt werden muss. Man erkennt in Abbildung 9.11.4, dass der Speicherterm alleine diese Energie aufbringt. Auch in Abbildung 9.11.5 wird dies deutlich. Sie zeigt die Isoplethen des sensiblen Wärmeflusses der Innenstadtstation Basel Spalenring im Mittel der Jahre 1994 bis 2002 auf der Basis hochfrequenter Messungen. Es fällt auf, dass fast ganztägig und ganzjährig der sensible Wärmefluss

negativ bleibt, was entsprechend der mikrometeorologischen Vorzeichenkonvention einem von der Oberfläche in die Atmosphäre gerichteten Wärmefluss entspricht. Anders ausgedrückt, die städtische Atmosphäre trägt in der Nacht nicht zur Kompensation der negativen Strahlungsbilanz bei, sondern es bleibt einzig dem Speicherterm überlassen, für den Ausgleich des Wärmehaushaltes zu sorgen. Die Folge ist, dass die städtischen Lufttemperaturen in der Nacht nicht so weit absinken wie im Umland und sich daher während der Nachtstunden die Situation der städtischen Wärmeinsel ausbildet.

 **Exkurs 9.11.1**

Städtischer Wärmeinseleffekt

Das Phänomen des städtischen Wärmeinseleffekts (*urban heat island* [UHI] *effect*) wurde erstmals durch Luke Howard (1772 bis 1864) beschrieben, der in den Jahren 1818 bis 1819 in zwei Bänden *„The Climate of London"* publizierte und dabei feststellte, dass die Lufttemperaturen in London nachts höher waren als im Umland, am Tage hingegen die Stadt London geringere Temperaturen aufwies. Somit gilt Luke Howard als der Begründer der Stadtklimatologie und

der Entdecker des städtischen Wärmeinseleffektes. Luke Howard war kein Meteorologe und hatte nie Meteorologie studiert, sondern ein Geschäftsmann, der pharmazeutische Chemikalien herstellte. Er interessierte sich jedoch seit Jugendjahren für das Wetter, entwickelte als seine wohl wichtigste meteorologische Leistung die noch heute gültige Klassifikation der Wolken und wurde 1821 zum *Fellow of the Royal Society* ernannt.

 **Exkurs 9.11.2**

„CITY 2020+" – zu den Auswirkungen von Klimawandel und demographischem Wandel auf die Stadtentwicklung

CHRISTOPH SCHNEIDER

Im Projekt „City2020+" analysieren Klima- und Kulturgeographen, Architekten, Stadtplaner, Bauingenieure, Umweltmediziner, Historiker und Soziologen unter Federführung der Geographie neue Perspektiven der Stadtentwicklung unter den Gesichtspunkten Klimawandel und demographische Entwicklung am Beispiel von Aachen (Abb. 1). Eingebettet ist das Vorhaben in das Projekthaus HUMTEC (*Human Technology Centre*) an der RWTH Aachen.

Wurden in der Vergangenheit Aspekte des **Stadtklimas** in der Stadtplanung berücksichtigt, die beispielsweise auf eine Minderung der städtischen Wärmeinsel insbesondere im Hinblick auf sommerliche Hitzewetterlagen ausgerichtet waren oder die einen möglichst optimalen Luftaustausch zur Verringerung von Schadstoffkonzentrationen in der Stadtatmosphäre sicherstellten, rückten in jüngster Zeit vor allem bei mittelfristigen und stadtteilübergreifenden Planungen zunehmend auch die Anpassung der Städte an den anthropogenen Klimawandel und ihr Beitrag zur Minderung von Treibhausgasemissionen in den **Fokus der Stadtplaner**. Der stadtklimatische und lufthygienische Fragenkomplex ist dabei eingebettet in das Wechselspiel mit einer Vielzahl weiterer Fachplanungen, sodass eine zielführende Behandlung einer insbesondere klimatologisch nachhaltigen Stadtentwicklung zwingend zu interdisziplinären Ansätzen führt. Verbundforschungsprojekte, die diesen Fragenkomplex adressieren, sind in den vergangenen Jahren an einigen Orten oft

unter Beteiligung der Geographie initiiert worden. Im Zentrum der Überlegung steht die Aussicht auf bereits 1 bis 2 K höhere Mitteltemperaturen zur Mitte des Jahrhunderts, die im Sommer mit einem möglicherweise vermehrten Auftreten mehrtägiger niederschlagarmer und windschwacher Hitzeperioden verknüpft sind. Neben der Hitzebelastung zeichnen sich diese Witterungsperioden durch erhöhte Feinstaub- und Ozonbelastung aus, sodass sich negative gesundheitliche Konsequenzen ergeben, die zu Leistungsminderung und bei Personen mit Vorerkrankungen auch zu einer bedeutenden Übersterblichkeit führen können. Andererseits führt der demographische Wandel zu zunehmend größeren Anteilen älterer Bevölkerung verbunden mit der Notwendigkeit, dass auch ältere Erwerbstätige unter diesen Bedingungen leistungsfähig bleiben. Fragen der Umweltmedizin und der Lebensweise und sozialen Vernetzung insbesondere älterer Menschen, wie sie in der Soziologie und Sozialgeographie behandelt werden, sind hier eng mit klimageographischen Fragestellungen verknüpft.

Neue Baumaterialien und innovative Konzepte der **Gebäudeklimatisierung** vermögen zwar ein angenehmes Innenraumklima zu schaffen. Allerdings sind diese Maßnahmen mit hohen Investitionen im derzeitigen Baubestand und mit einer Erhöhung des sommerlichen städtischen Energieverbrauches verknüpft. Um bei schrumpfender Bevölkerung Städte als attraktive Standorte zu erhalten, befürworten

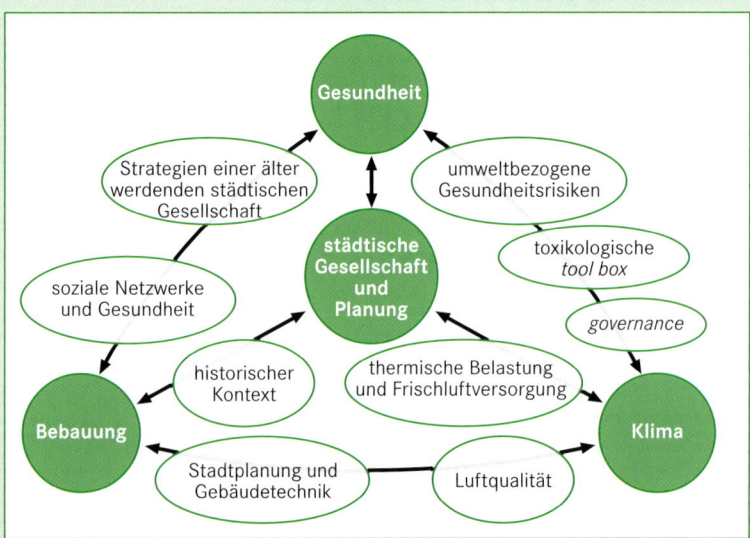

Abb. 1 Aspekte der Stadtentwicklung und zuzuordnende Teilprojekte im interdisziplinären Kontext des Forschungsprojektes City2020+.

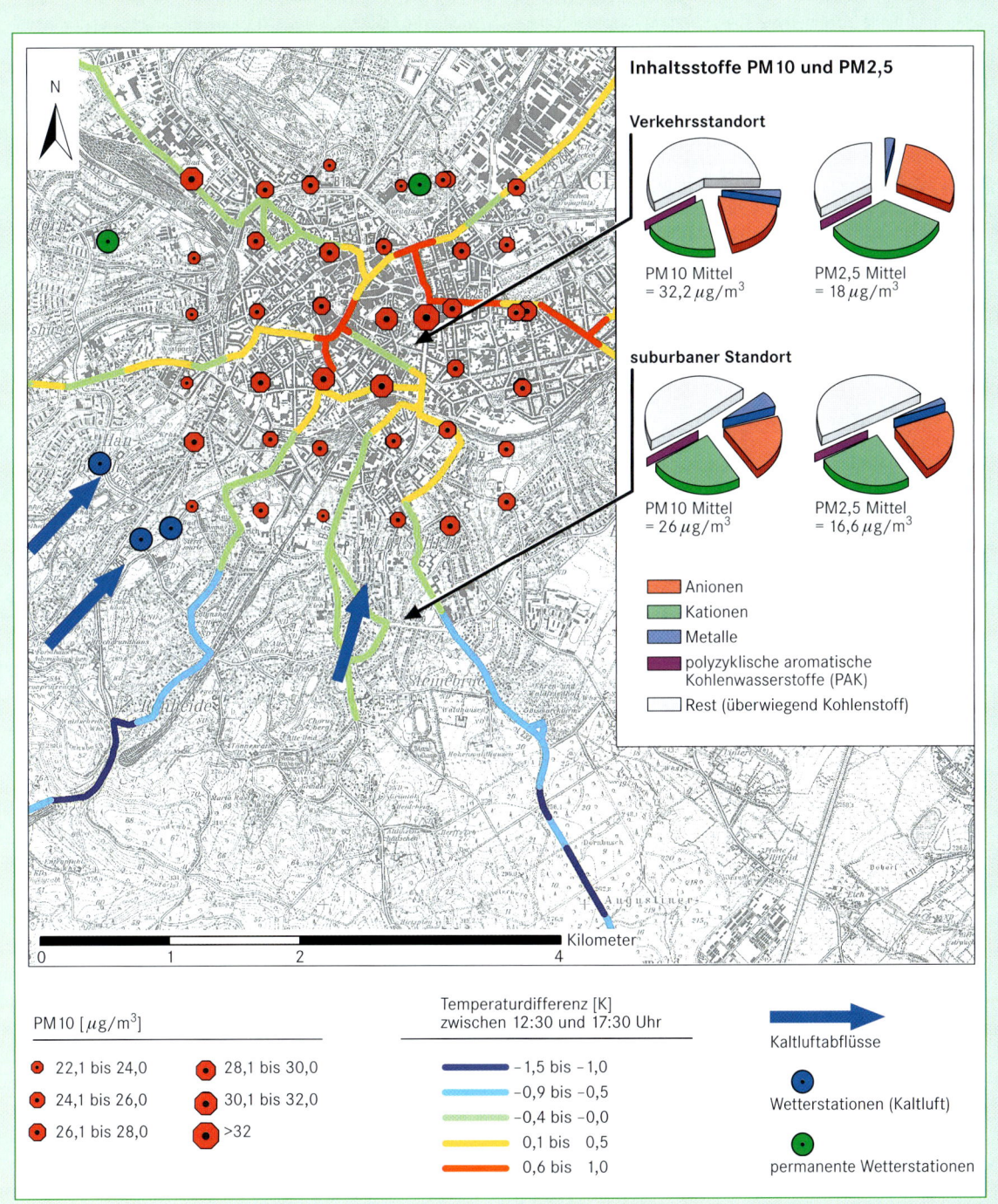

Abb. 2 GIS-basierte Ergebniszusammenfassung zur städtischen Wärmeinsel und zur innerstädtischen Belastung der Luft mit Feinstaub im Projekt City2020+ (PM = *Particulate Matter* für Feinstaub, PM2,5 steht für Stäube kleiner 2,5 µm Durchmesser, PM10 für Stäube kleiner 10 µm Durchmesser; Bearbeitung: M. Buttstädt, H. Merbitz, S. Michael und T. Sachsen, Projekt City2020+, RWTH Aachen 2010).

Fortsetzung

Fortsetzung

viele Stadtplaner die sogenannte **„kompakte Stadt"** der kurzen Wege. Dieses Konzept führt aus stadtklimatischer Sicht allerdings zu einer negativen Verstärkung der Überwärmung der Innenstädte und zur Verringerung des Luftaustausches, sodass Planungskonzepte sowohl notwendige Belüftungsschneisen als auch attraktive Elemente der kompakten Stadt auf Quartiersebene kombinieren müssen.

Auch die Wahrnehmung der kombinierten klimatischen und sozioökonomischen Problemlagen durch Akteure aus Politik, Verwaltung und Wirtschaft und die Frage partizipativer Gestaltung und vorausschauender Stadtentwicklung dürfen nicht außer Acht gelassen werden. Die Perspektive der *governance* urbaner Räume unter Beachtung des wirtschaftlichen Potenzials und unterschiedlicher Interessenslagen ist ein zentrales Element erfolgreicher interdisziplinärer Ansätze zur Anpassung von Städten an Klimawandel. Die Berücksichtigung der historischen Behandlung von Fragen insbesondere der Lufthygiene und der Wasserqualität seit der Industrialisierung schafft dabei einen notwendigen Rahmen, vor dem aktuelle Entwicklungen und zukünftige Möglichkeiten verstanden und eingeordnet werden können.

Im Projekt City2020+ zeigt sich, dass die der Thematik inhärente **Interdisziplinarität** sich insbesondere durch ein gemeinsames Methodenspektrum ergänzt und durch disziplinär im Einzelnen erforderliche spezielle empirische Methoden fördern lässt (Abb. 1). So kombinieren die Beiträge aus Sozialgeographie, Stadtplanung, Umweltmedizin, Sozio-

logie und Historik Methoden der Befragung mit Einzelinterviews und Archivrecherchen. Toxikologie und Klimatologie wiederum sind auf Datenerfassung im Gelände angewiesen. Fast alle Datenebenen können GIS-basiert räumlich dargestellt und verschnitten werden, sodass ein zentrales Werkzeug geographischen Arbeitens zum Zentrum der interdisziplinären Betrachtung wird. Die Abbildung 2 zeigt beispielhaft die Kombination von Temperaturmessungen entlang von Stadtbuslinien, die innerstädtische Feinstaubkonzentration an Einzelmesspunkten, die Inhaltsstoffe von Feinstaubproben unterschiedlicher Standorte und die Talachsen, entlang derer kühle und saubere Luft von den südlichen Randhöhen hinab in den Stadtkessel von Aachen während der Abend- und Nachtstunden strömt.

Trotz der hier dargestellten Breite an Interdisziplinarität kann City2020+ keine umfassende Analyse aller Aspekte liefern, da beispielsweise Fragen der Verkehrsentwicklung, der Stadtent- bzw. -bewässerung oder Fragen der ökomischen Entwicklung der Stadt nur marginal behandelt werden können. Allerdings wird der Impuls aus der angewandten Forschung in Aachen direkt in die Weiterentwicklung des **Flächennutzungsplans** der Stadt Aachen im Rahmen von Kooperationen mit der Stadtverwaltung und der von ihr beauftragten Planungsbüros eingespeist. Die Geographie liefert so durch ihre umfassende Forschungsperspektive einen maßgeblichen Beitrag zur nachhaltigen Stadtentwicklung.

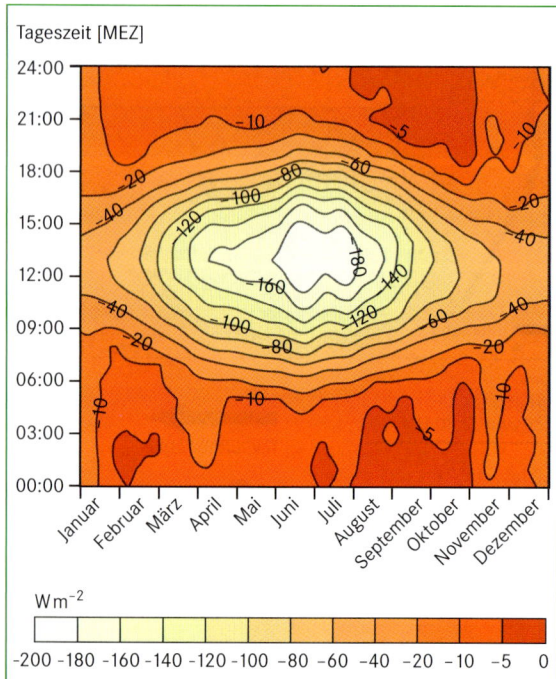

Abb. 9.11.5 Isoplethendarstellung des sensiblen Wärmeflusses an der Messstation Basel Spalenring (Innenstadt), Mittelwert der Jahre 1994 bis 2002 auf der Basis von zehnminütigen Messungen.

9.12 Klimaänderungen

CHRISTIAN-D. SCHÖNWIESE

Seit die Erde existiert – also seit zirka 4,6 Milliarden Jahren – ändert sich das Klima, und das in unterschiedlicher Art und aus unterschiedlichen Gründen. Da die Menschheit und mit ihr die gesamte Biosphäre (Leben) von günstigen Klimabedingungen abhängig ist, haben Klimaänderungen ökologische und sozioökonomische Folgen, die sehr gravierend sein können. Dies sowie die Tatsache, dass der Mensch seit der neolithischen Revolution, ganz besonders aber seit Beginn des Industriezeitalters, zu einem zusätzlichen Klimafaktor geworden ist, erklärt die besondere Aufmerksamkeit – in der Wissenschaft und Öffentlichkeit – für das Problem der Klimaänderungen.

Die Informationsquellen, die uns Erkenntnisse über das Klima und seine Änderungen in der Vergangenheit liefern, lassen sich in drei Bereiche einteilen (Schönwiese 2008):

- direkt gewonnene Messdaten: **instrumentelle Periode, Neoklimatologie**
- Informationen aus historischen Quellen, die direkt oder auch indirekt Rückschlüsse auf das Klima erlauben: **historische Periode**

- indirekte Rekonstruktionen mithilfe der Methoden der Paläoklimatologie: **paläoklimatologische Periode**, die sich aber durchaus mit der neoklimatologischen überschneidet, was für die Anwendung der Rekonstruktionstechniken wichtig ist

Dabei beträgt die maximale Reichweite bei der instrumentellen Periode regional zirka 350 Jahre (Temperaturmessungen in England seit 1659), in einigermaßen globaler Abdeckung aber nur zirka 150 Jahre (seit 1850/60), bei der historischen Periode zirka 5000 Jahre (Höhlenmalereien in Nordafrika, die im Gegensatz zu heute auf ein relativ regenreiches Klima schließen lassen) und bei der paläoklimatologischen Periode zirka 3,8 Milliarden Jahre (älteste erhaltene Sedimente). Details dazu können der Spezialliteratur entnommen werden (z. B. Endlicher & Gerstengarbe 2007, Frakes 1979, Glaser 2001, Huch et al. 2001, Pfister 1999, Rahmstorf & Schellnhuber 2007, Saltzmann 2002, Schönwiese 2008, Solomon et al. 2007).

Erscheinungsformen

Informationen, die uns Einblicke in die Klimaänderungen der Vergangenheit erlauben, werden zumindest neoklimatologisch meist in **Zeitreihenform** dargestellt (Abb. 9.12.1), das heißt die Daten der Klimaelemente,

wie sie jeweils an einer bestimmten Station erfasst werden, beziehen sich der Reihe nach auf feste Zeitpunkte bzw. Zeitintervalle, beispielsweise als Monats- oder Jahres- oder vieljährige Mittelwerte. Daraus können dann Flächenmittelwerte bis hin zu global gemittelten Daten abgeschätzt werden. Andererseits dienen die an den einzelnen Stationen erhobenen Daten auch dazu, mithilfe geeigneter Interpolationsverfahren regionale Änderungsstrukturen darzustellen, im Allgemeinen in Kartenform (Abb. 9.12.2, 9.12.3). Historische Informationen, die mehr oder weniger direkt das Klima betreffen, liegen nicht selten nur in verbaler Form vor, wobei es nicht einfach ist, sie in quantitative Aussagen umzusetzen. Die Paläoklimatologie liefert zum Teil wie die Neoklimatologie Zeitreihen, beispielsweise aufgrund von Sediment- oder Eisbohrungen.

Zeitlich gesehen lassen sich gegebenenfalls lineare oder nichtlineare Trends über relativ lange Zeitspannen erkennen, die aber immer von Fluktuationen verschiedener Art (d. h. mit unterschiedlicher Zykluslänge und Amplitude) überlagert sind. (Die Zykluslänge ist der mittlere Abstand von relativen Maxima bzw. Minima; periodische Schwankungen, bei denen beides konstant ist, kommen im Klimageschehen nicht vor.) Abweichungen der Einzeldaten vom Mittelwert (ggf. von einem definierten „Normalwert") bzw. Trend heißen **Anomalien**. Sie können ein extremes Ausmaß besitzen, das heißt sehr stark vom Mittelwert bzw. Trend abweichen (z. B. das Zweifache oder Dreifache der Standardabweichung),

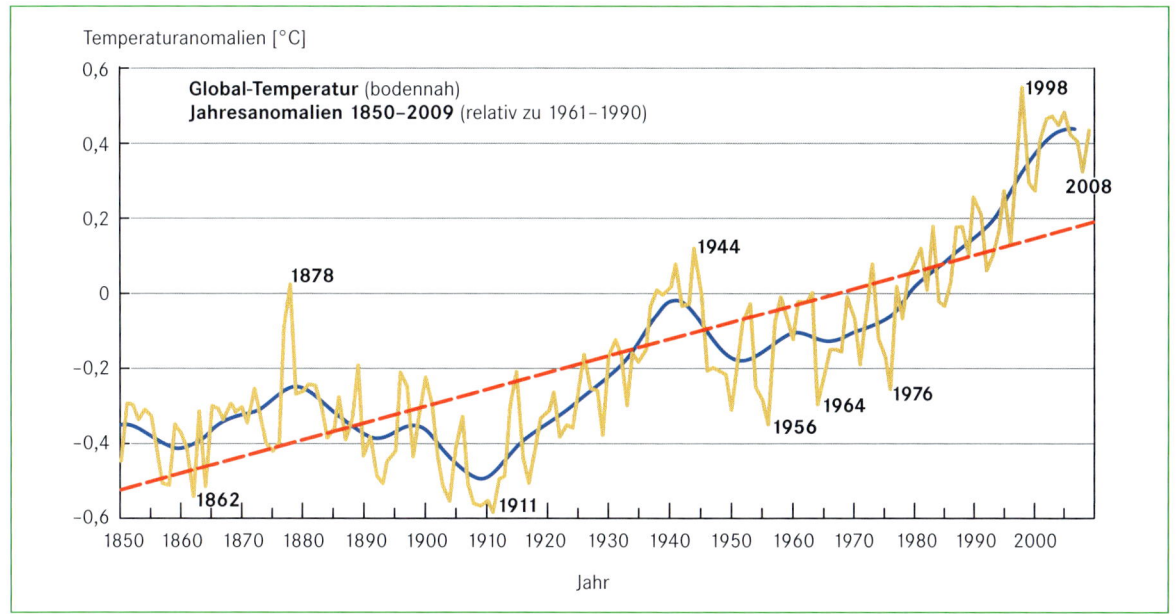

Abb. 9.12.1 Jährliche Anomalien 1850 bis 2009 (Abweichungen vom Referenzmittelwert 1961 bis 1990) der bodennahen Lufttemperatur in globaler Mittelung mit linearem Trend und 20-jähriger Glättung (verändert nach Jones et al. 1999, 2010).

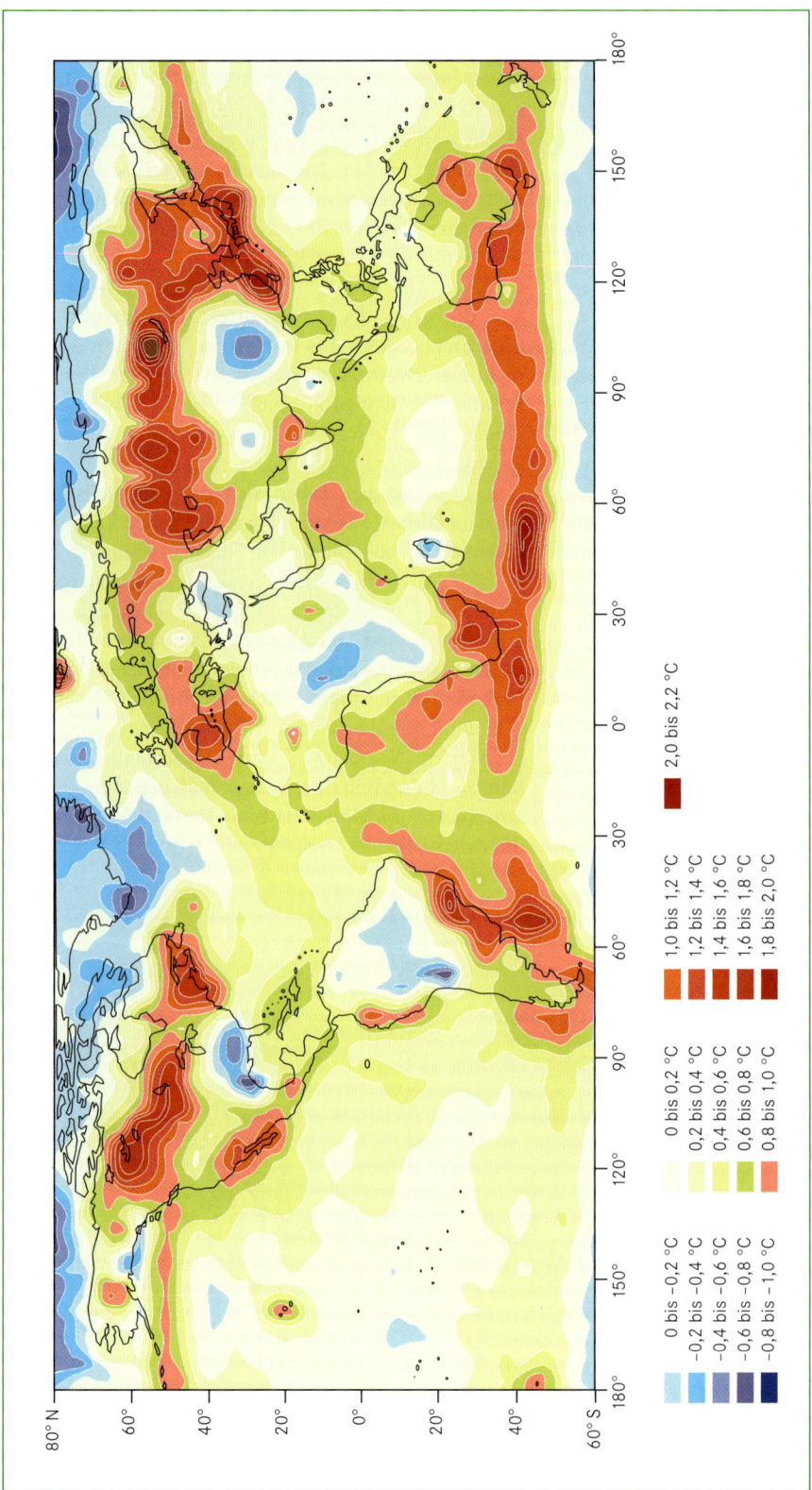

Abb. 9.12.2 Beobachtete lineare Trends 1901 bis 2000 der bodennahen Lufttemperatur in °C, Globalkarte in 5°-Auflösung (Datenquelle: Jones et al. 2010).

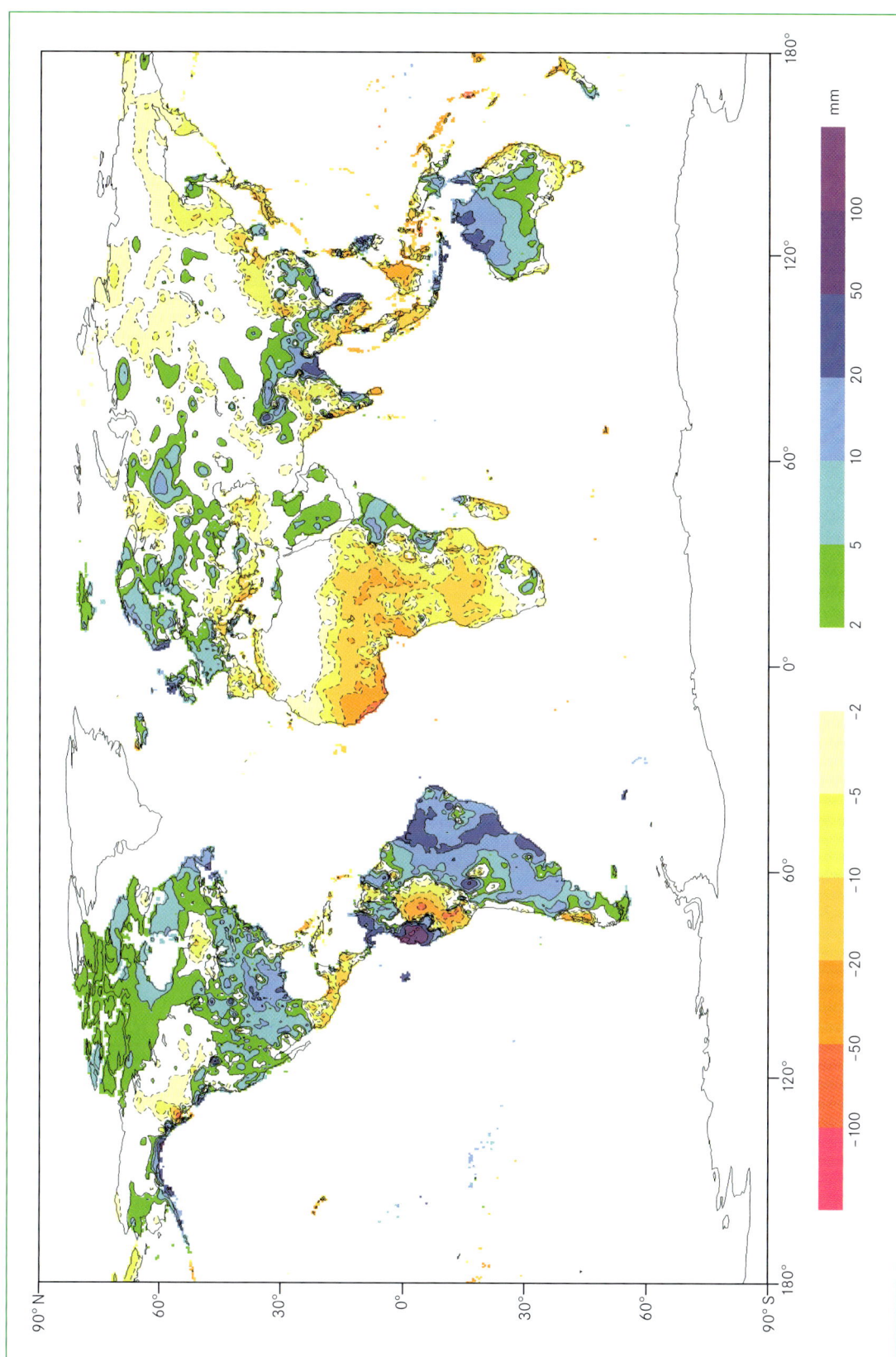

Abb. 9.12.3 Beobachtete lineare Niederschlagtrends 1951 bis 2000 in mm, Landgebiete (ausgenommen Grönland und Antarktis; verändert nach Beck et al. 2007).

mit jeweils Unterschieden in der Dauer, dem regionalen Bezug und sonstigen Ausprägungen (Kapitel 9.10).

Nordhemisphärischer Überblick und globale Klimaänderungen

Ausgehend von der Frühzeit der Erde hat zunächst eine markante Abkühlung stattgefunden, bis vor zirka 1 bis 2 Milliarden Jahren in etwa das heutige Temperaturniveau erreicht war, das derzeit mit einer global gemittelten bodennahen Lufttemperatur von zirka 15 °C angegeben wird. In Abbildung 9.12.4 ist, aus Gründen der Informationsverfügbarkeit auf die Nordhemisphäre begrenzt, ein Überblick der mittleren Variationen der bodennahen Lufttemperatur zusammengestellt, beginnend mit der letzten Jahrmilliarde und so weiter bis zum letzten Jahrtausend. Man erkennt zunächst die relativ kalten Epochen der Eiszeitalter von jeweils einigen Jahrmillionen Dauer und die wesentlich längeren, erheblich wärmeren Epochen (akryogenes Warmklima, d. h. ohne Eisvorkommen in den Polarregionen).

Innerhalb der Eiszeitalter existiert ein Wechselspiel zwischen relativ kalten Epochen, den **Kaltzeiten** oder **Eiszeiten** im engeren Sinn (Glazialen) und relativ wärmeren Epochen, den **Warmzeiten** (Interglazialen), deren auffälligstes Unterscheidungsmerkmal die variierende Eisbedeckung der Erdoberfläche ist. Dies gilt wahrscheinlich für alle Eiszeitalter, ist aber für das noch andauernde quartäre Eiszeitalter (Kapitel 9.13) verständlicherweise am besten erforscht. Während frühere Epochen, zuletzt die Würm-Kaltzeit bzw. -Eiszeit, die bis ungefähr 11000 Jahre vor heute angedauert hat, sehr wahrscheinlich durch eine ausgeprägte Klimavariabilität gekennzeichnet waren, ist die nachfolgende Warmzeit – genannt Neo-Warmzeit, Postglazial oder Holozän –, in der wir leben, bisher relativ stabil gewesen, was die kulturelle Entwicklung der Menschheit sicherlich begünstigt hat.

In den letzten ein bis zwei Jahrtausenden ist – unter relativ geringen, aber durchaus effektiven Fluktuationen – ein Abkühlungstrend zu erkennen, der uns nach gängigen Klimamodellrechnungen in die nächste Kaltzeit (Eiszeit der Zukunft, Präglazial) führen wird (mit Tiefpunkt in grob 60 000 Jahren, eiszeitähnlichen Gegebenheiten aber schon in einigen Jahrtausenden). Obwohl die letzten Jahrtausende – in paläoklimatologischer Perspektive – zur jüngsten Klimavergangenheit gehören und obwohl die bodennahe Lufttemperatur mit Abstand das am verlässlichsten rekonstruierbare Klimaelement (Kapitel 9.5) ist, bestehen bei solchen Rekonstruktionen erhebliche quantitative Unsicherheiten, sodass es für das letzte Jahrtausend (unterste Kurve in Abb. 9.12.4) meh-

rere Alternativen gibt (Solomon et al. 2007, Mann & Jones 2003a, Moberg et al. 2005). Daraus geht hervor, dass das sogenannte **Mittelalterliche Klimaoptimum** (Höhepunkte vermutlich um 900(?), 1000, 1100 und zuletzt um 1400 n. Chr.) zumindest regional ähnlich warm oder sogar noch wärmer gewesen ist als unser heutiges Klima (mit einer auffälligen Häufung extremer Ereignisse wie beispielsweise Sturmfluten an den Nordseeküsten; Glaser 2001; Kapitel 9.10).

Es folgte die etwas übertrieben „**Kleine Eiszeit**" genannte kühle Epoche (Tiefpunkte zuletzt um ca. 1600/1650 und 1850), die zum Teil von Missernten und Hungersnöten begleitet war (Glaser 2001, Lamb 1989, Pfister 1999), bevor dann im Industriezeitalter eine markante Erwärmung einsetzte, die oft als *global warming* bezeichnet wird. Da sie in die neoklimatologische (instrumentelle) Epoche fällt, ist sie in ihren zeitlichen und räumlichen Strukturen auch im Detail gut bekannt und mit einem weitaus geringeren Unsicherheitsausmaß belastet als die indirekten Rekonstruktionen. Zudem sind für diese Zeit außer der bodennahen Lufttemperatur auch relativ genaue Informationen über andere Klimaelemente verfügbar, wobei hier aber im Wesentlichen nur noch auf den Niederschlag eingegangen werden soll.

Zunächst aber zur bodennahen Lufttemperatur: Im globalen Mittel ist sie seit zirka 1850 um ungefähr 0,7 °C angestiegen (Abb. 9.12.1). Dieser Trend ist, wie bei jeder klimatologischen Zeitreihe, jedoch von Fluktuationen und Anomalien überlagert, sodass die wesentliche Erwärmung in die Zeit 1911 bis 1944 und seit 1976 fällt. Die Bezeichnung *global warming* ist insofern zu relativieren, als sie offenbar von regional begrenzten Abkühlungen überlagert ist (Abb. 9.12.2), hinsichtlich 1901 bis 2000 beispielsweise im Bereich des Nordatlantiks. Insgesamt überwiegt aber die Erwärmung, auf der Nordhalbkugel insbesondere in Kanada, Europa sowie dem nördlichen und östlichen Asien. Diese räumlichen Klimaänderungsstrukturen ändern sich jedoch von Zeitintervall zu Zeitintervall und von Jahreszeit zu Jahreszeit, sodass sich insgesamt ein sehr kompliziertes Bild ergibt. Das gilt in noch höherem Maß für den Niederschlag (Abb. 9.12.3). Wegen der – global gesehen – vor 1950 sehr unsicheren Datensituation ist hier nur das Zeitintervall 1951 bis 2000 erfasst. Dabei zeigen sich die deutlichsten Niederschlagszunahmen im östlichen Südamerika, dem südlichen und westlichen Nordamerika sowie dem nordwestlichen Australien (Europa siehe unten). Niederschlagsrückgänge finden sich vor allem in Afrika, dem Mittelmeergebiet sowie Teilen Ostasiens und Indonesiens.

Die zwar nicht global einheitliche, aber doch im globalen Mittel festzustellende Erwärmung der unteren Atmosphäre (Industriezeitalter) ist von einem Meeres-

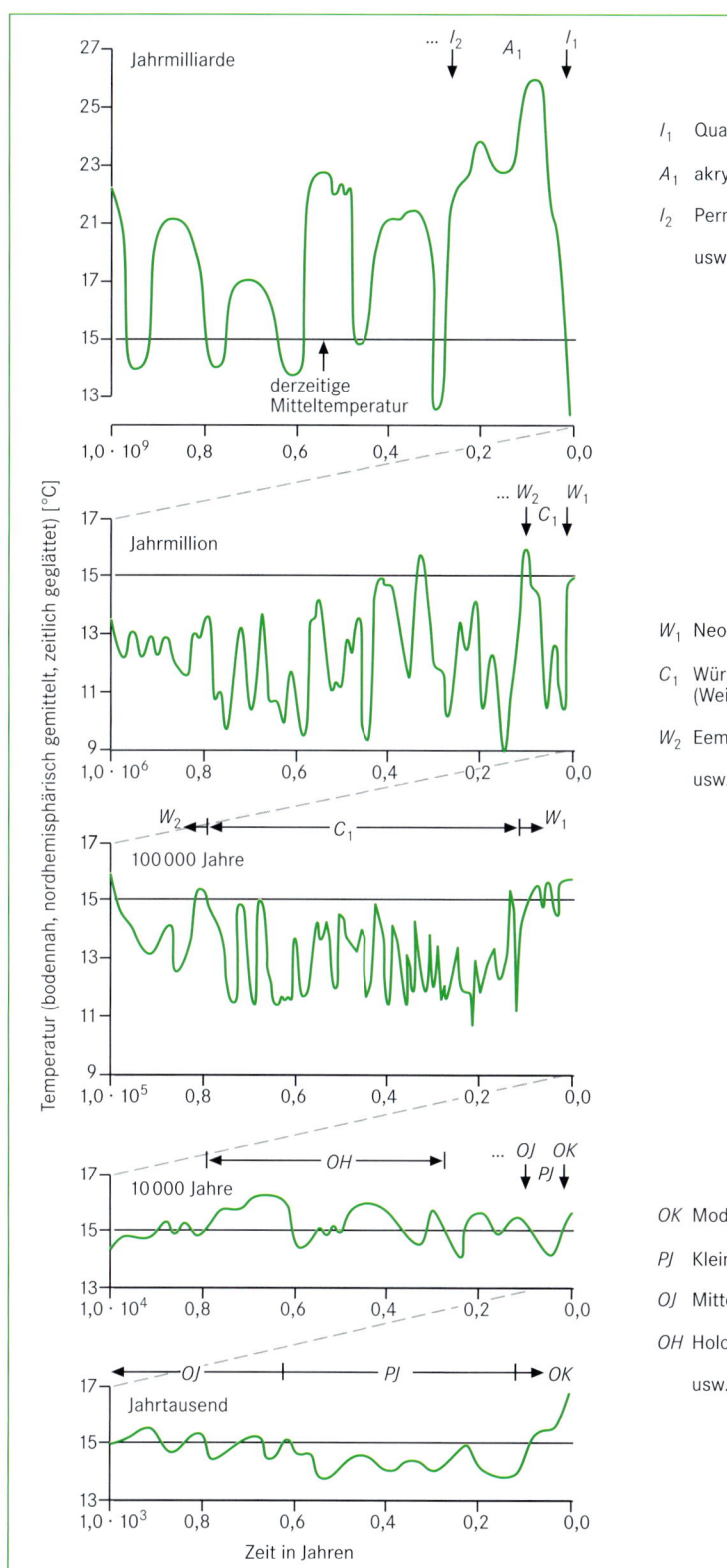

I_1 Quartäres Eiszeitalter

A_1 akryogenes Warmklima, hier Trias bis Teriär

I_2 Permokarbonisches Eiszeitalter

usw.

W_1 Neo-Warmzeit (Holozän, „postglazial")

C_1 Würm-Kaltzeit
(Weichsel-Kaltzeit, Wisconsin-Kaltzeit, …, „glazial")

W_2 Eem-Warmzeit („interglazial")

usw.

OK Modernes „Optimum"

PJ Kleine „Eiszeit"

OJ Mittelalterliches „Optimum"

OH Holozänes „Optimum" (Altithermum, „Hauptoptimum")

usw.

Abb. 9.12.4 Übersicht der Änderungen der nordhemisphärisch gemittelten bodennahen Lufttemperatur in der letzten Jahrmilliarde (ganz oben) der letzten Jahrmillion (darunter) usw. bis zum letzten Jahrtausend (ganz unten, verändert nach Schönwiese 2008).

spiegelanstieg begleitet, der im globalen Mittel seit 1901 auf fast 20 cm geschätzt wird, verursacht vor allem durch die thermische Expansion des oberen (Mischungsschicht-)Ozeans, aber auch durch das Rückschmelzen vieler Gebirgsgletscher (Solomon et al. 2007). Während sich die antarktische Landeisbedeckung im Industriezeitalter nur wenig verändert hat und in Zukunft eher zunimmt (als Folge des dortigen Niederschlaganstiegs), ist in der Arktis in jüngster Zeit nicht nur ein deutlicher Rückgang der Meereisbedeckung feststellbar, sondern auch ein beginnendes Rückschmelzen des Grönlandeisschilds. Für Windtrends, insbesondere was die Häufigkeit von tropischen Wirbelstürmen, Sturmtiefs in gemäßigten Breiten und Tornados betrifft (Kapitel 9.10), gibt es keine eindeutigen bzw. einheitlichen Indizien (Solomon et al. 2007), obwohl die Versicherungswirtschaft angesichts des enormen Schadensanstiegs durch Stürme, Überschwemmungen und so weiter alarmiert ist (Berz 2008, 2010).

Klimaänderungen in Europa und Deutschland

In Europa ist bei der bodennahen Temperatur die winterliche Erwärmung (in der Zeitspanne 1951 bis 2000) Nordskandinaviens (ca. 3 °C) sowie Osteuropas und der Alpen (jeweils ca. 2 °C) am auffälligsten, beim Niederschlag die Abnahme im Mittelmeerraum und die Zunahme in Skandinavien (in der Zeitspanne 1951 bis 2000 jeweils bis zu 20 Prozent; Schönwiese & Janoschitz 2008). In Deutschland lag 1901 bis 2000 die Erwärmung mit rund 1 °C etwas über dem globalen Mittel. Sie hat sich in den letzten Jahrzehnten intensiviert, insbesondere im Winter, verbunden mit einem sich ebenfalls verstärkenden Anstieg des Niederschlags, während im Sommer langzeitlich eher ein Rückgang des Niederschlags festzustellen ist (Tab. 9.12.1). Die Gebirgsgletscher der Alpen, die überwiegend thermisch gesteuert sind, haben sich im Gegensatz zu den südskandinavischen spektakulär zurückgezogen (Volumenverlust seit 1850 ca. 50 Prozent; Häberli et al. 2001).

Es ist möglich, dass die milder und niederschlagsreicher werdenden Winter Europas durch eine Verlagerung der Sturmzugbahnen auch von häufigeren Stürmen betroffen sind. Dies wird aber sicherlich durch die katastrophalen Nordsee-Sturmfluten, wie sie für die Zeit des Mittelalterlichen Klimaoptimums (am Höhepunkt und gegen Ende) dokumentiert sind, in den Schatten gestellt (Glaser 2008).

Ursachen

Noch komplizierter und vielfältiger als das globale bzw. regionale Erscheinungsbild der Klimaänderungen sind deren Ursachen. Prinzipiell wird zwischen internen Wechselwirkungen im Klimasystem (Kapitel 9.2) und externen Einflüssen darauf unterschieden. Die internen Wechselwirkungen umfassen zunächst die gesamte Zirkulation der Atmosphäre (Kapitel 9.7) einschließlich der Prozesse, die unter anderem zur Wolken- und Niederschlagsbildung führen, sodann deren Wechselwirkungen mit dem Ozean (insbesondere *El Niño Southern Oscillation*, zusammenfassend als ENSO-Mechanismus bezeichnet, und Umstellungen der ozeanischen Strömungen), dem Land- und Meereis, der Erdoberfläche und der Vegetation. Ein für Europa besonders wichtiger weiterer atmosphärischer Zirkulationsvorgang ist die Nordatlantische Oszillation (NAO; Kapitel 9.7).

Davon sind die externen Einflüsse auf das Klimasystem zu unterscheiden, die man am besten als Nichtwechselwirkungen definiert, obwohl das im konkreten Fall manchmal problematisch sein kann bzw. von der betrachteten zeitlichen Größenordnung (*scale*) abhängt. Ihr Einfluss wird stets von internen Wechselwirkungen modifiziert. Der wichtigste externe Einfluss ist die **Sonneneinstrahlung**, die als primärer Antrieb des gesamten atmosphärischen Strahlungshaushalts anzusehen ist (*radiative forcing*). Dabei sind im Zusammenhang mit Klimaänderungen weniger der Tages- und Jahresgang als vielmehr die Effekte der Variationen der Orbitalparameter (Kapitel 9.13) und die Sonnenaktivität mit mittleren Zykluslängen von zirka 11, 22, 76 und so weiter Jahren von Interesse. Auch der **Vulkanismus** gehört zu den externen Einflüssen, und zwar sowohl hinsichtlich einzelner explosiver Ausbrüche, die jeweils für wenige Jahre die Stratosphäre erwärmen und die untere Atmosphäre

Tabelle 9.12.1 Übersicht der Klimatrends für das Flächenmittel Deutschland.

Klimaelement	Zeitspanne	Frühling	Sommer	Herbst	Winter	Jahr
Temperatur	1901–2000	+0,8 °C	+1,0 °C	+1,1 °C	+0,8 °C	+1,0 °C
	1951–2000	+1,4 °C	+0,9 °C	+0,2 °C	+1,6 °C	+1,0 °C
Niederschlag	1901–2000	+13 %	−3 %	+9 %	+19 %	+9 %
	1951–2000	+14 %	−16 %	+18 %	+19 %	+6 %

abkühlen, als auch längerer Episoden mit mehr oder weniger Aktivität. Ein weiteres Beispiel ist die Kontinentaldrift, welche über extrem lange Zeiträume (viele Jahrmillionen) die Randbedingungen der Land-/Meerverteilung und somit der ozeanischen und atmosphärischen Zirkulation verändert. Kosmische Ereignisse wie Einschläge großer Meteore haben in geologischen Zeiträumen wiederholt drastische Folgen für das Klima und Leben auf der Erde gehabt.

Schließlich muss gegenüber diesen vielen natürlichen Ursachen von Klimaänderungen der Mensch genannt werden, der seit der neolithischen Revolution Natur- in Kulturlandschaften umgewandelt hat und dadurch klimarelevant die Stoff- und Energieflüsse an der Grenzfläche Erde/Atmosphäre verändert, besonders wirkungsvoll durch Waldrodungen. Auch das Stadtklima (Kapitel 9.11) ist hier einzuordnen. Besondere Aufmerksamkeit hat dabei der **anthropogene Treibhauseffekt** erlangt, der darin besteht, dass der natürliche Treibhauseffekt (Kapitel 9.4) durch die zusätzliche Emission von Kohlendioxid, Methan, Lachgas, FCKW und so weiter – im Zusammenhang mit Energienutzung und landwirtschaftlicher sowie industrieller Produktion – die Zusammensetzung der Atmosphäre und dadurch wiederum den Strahlungshaushalt verändert (Cubasch & Kasang 2000, Solomon et al. 2007, Schönwiese 2008). Nach gängigen Klimamodellrechnungen (Solomon et al. 2007) wird insbesondere die im Industriezeitalter beobachtete Erwärmung (Abb. 9.12.1) darauf zurückgeführt, aber unter anderem auch der Meeresspiegelanstieg und Niederschlagsumverteilungen. Dem anthropogenen Treibhauseffekt wirkt der ebenfalls anthropogene kühlende Sulfateffekt entgegen, und zwar durch die Anreicherung von Sulfatpartikeln (Sulfataerosol) in der unteren Atmosphäre aufgrund der Emission von Schwefeldioxid, ohne ihn allerdings kompensieren zu können, insbesondere nicht in den letzten Jahrzehnten.

Im Einzelnen ist die ursächliche Interpretation der Klimaänderungen mithilfe von **Klimamodellen** zwar möglich, aber quantitativ und insbesondere auch in den regional-jahreszeitlichen Ausprägungen unsicher. Das gilt in erhöhtem Maß für Zukunftsprojektionen anthropogener Effekte, die auf alternativen Szenarien der Bevölkerungsentwicklung, Energienutzung und so weiter beruhen (Kapitel 9.15). Derzeit werden aufgrund des anthropogenen Treibhauseffektes bis 2100 gegenüber 2000 unter anderem eine weitere Erhöhung der global gemittelten bodennahen Lufttemperatur der unteren Atmosphäre um 1,1 bis 6,4 °C, ein ebenfalls global gemittelter Meeresspiegelanstieg um 18 bis 59 cm (eventuell unterschätzt) und weitere Niederschlagsumverteilungen erwartet (Solomon et al. 2007). Möglicherweise muss – allerdings regional sehr unterschiedlich – auch mit häufigeren und intensiveren Extremereignissen gerechnet werden.

9.13 Vom wechselvollen Takt der Kalt- und Warmzeiten im Quartär

Ulrich Radtke und Gerhard Schellmann

Der mehrmalige signifikante Wechsel von Warm- und Kaltzeiten ist das prägende Element des globalen Klimasystems im Quartär. Das Quartär umfasst dabei das Pleistozän mit seiner Folge von mindestens vier global nachgewiesenen Kaltzeiten und dazwischenliegenden Warmzeiten sowie das Holozän, die aktuelle Warmzeit (Abb. 10.2.2).

Da der Gang des Paläoklimas eng verbunden ist mit der Entwicklung der Menschheitsgeschichte (Abb. 9.13.1) und mit ausgedehnten Vereisungen der polnahen Gebiete (Abb. 10.5.9), widmet sich ein multidisziplinär ausgerichteter Forschungszweig, die Quartärforschung, dieser jüngsten Periode der Erdgeschichte.

Der Übergang von der letzten Kaltzeit zur aktuellen Warmzeit, dem **Holozän**, vollzog sich nicht kontinuierlich, sondern wurde durch markante **Kälterückschläge** unterbrochen. Die letzte deutliche Kälteschwankung lag um zirka 12900 bis 11750 Jahren cal BP, also zirka 10950 bis 9800 Jahren BC (Angabe in kalibrierten (cal) Jahren vor heute (BP = Before Present, wobei als Gegenwart das Jahr 1950 festgelegt wurde, bzw. BC = Before Christ; Kapitel 6.3) und brachte insbesondere in Nordwesteuropa Abkühlungen von 10 bis 15 °C im Winter und 5 bis 7 °C Grad im Sommer. Diese sogenannte **Dryas-Zeit** (von der Tundrapflanze *Dryas octopetela*, Silberwurz) wird mit der Entleerung des riesigen spätglazialen Agassiz-Eisstausees im Zentrum Nordamerikas erklärt, dessen Wässer teilweise auch über das Gebiet des heutigen St.-Lorenz-Stromes in den Atlantik südwestlich von Grönland flossen und durch die dadurch bedingte oberflächennahe Versüßung des Meerwassers die thermohaline Zirkulation (Kapitel 13.7) eine bestimmte Zeit unterbrachen. Dieses führte zu einem zeitweiligen Aussetzen des Wärmetransportes nach Nord- und Westeuropa durch den Golfstrom.

In dem Zeitraum von zirka 3,5 bis 2,5 Millionen Jahren, das heißt bis zum Beginn des Quartärs, spaltete sich die Entwicklungslinie von *Australopithecus afarensis* in die Hominiden-Gattungen *Paranthropus* und *Homo*

(Abb. 9.13.1). Die entscheidenden Phasen der weiteren **Menschheitsentwicklung** vollzogen sich dann im Quartär und machen damit diesen Zeitabschnitt der Erdgeschichte – zumindest aus anthropozentrischer Sicht – zu einer ganz besonderen Epoche. Über *Homo habilis* (ca. 2,5 bis 1,5 Millionen Jahre), der erstmals Steinwerkzeuge herstellte, *Homo erectus* (ab ca. 1,5 Millionen Jahre), der das Feuer nutzte, entstand der *Homo sapiens*. Der Über-

gang von *H. erectus* zu *H. sapiens* geschah wahrscheinlich vor ungefähr 0,7 bis 0,5 Millionen Jahre. Formen, die mit dem heutigen Menschen (*H. sapiens*) vergleichbar sind, traten vor zirka 150 000 Jahren auf. Das Zusammenleben von *H. sapiens* und *Homo neanderthalensis* ist bis vor zirka 30 000 bis 40 000 Jahren belegt, eine Vermischung beider Arten wird für Vorderasien angenommen (Bradtmöller et al. 2010). Aufgrund der

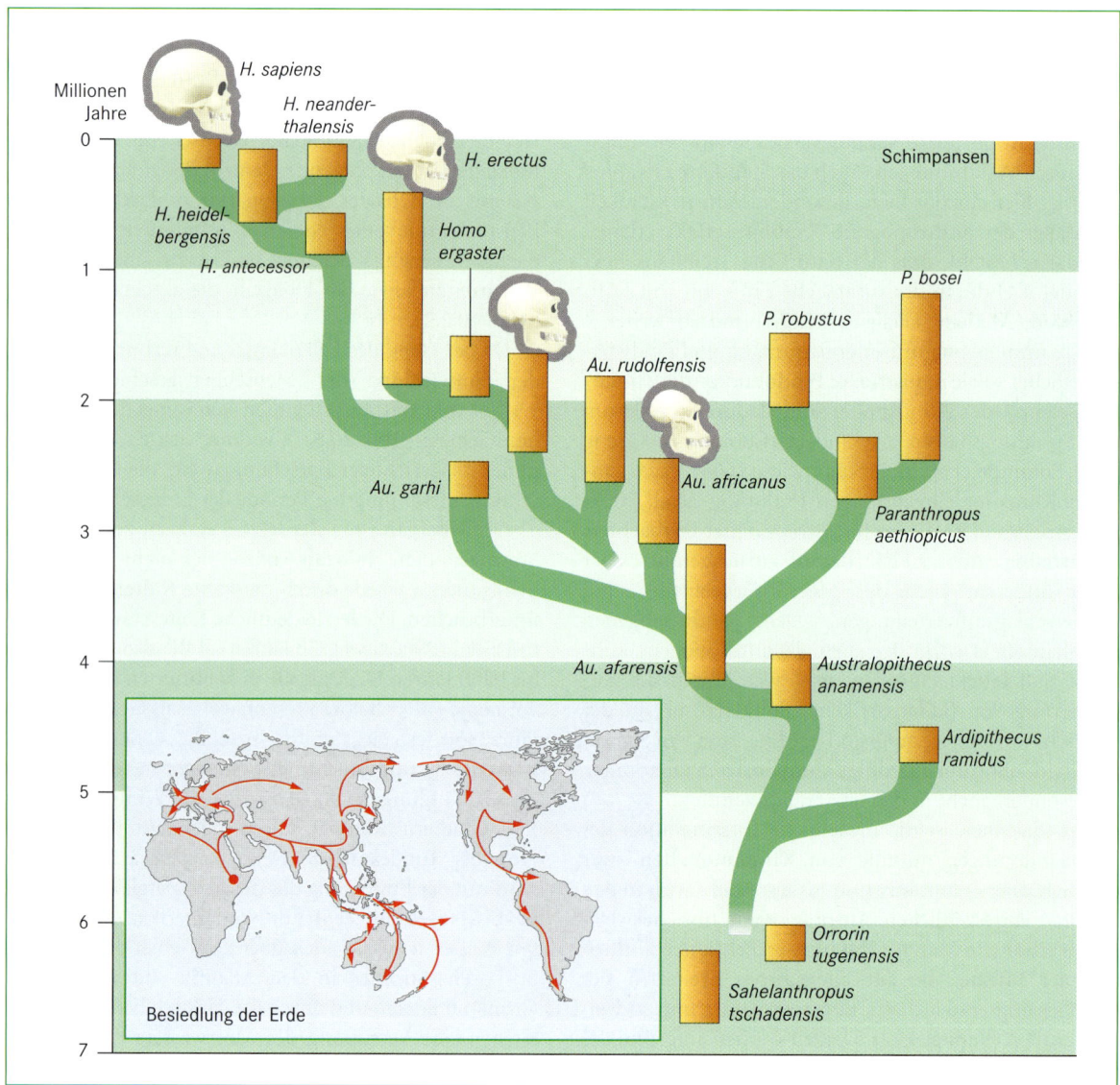

Abb. 9.13.1 Die Entwicklungsgeschichte der Hominiden. Die Balken stellen das erste und letzte nachgewiesene Auftreten der ausgestorbenen Spezies dar. Aufgrund der geringen Hominidenfunde, insbesondere bei den älteren Arten, und Schwierigkeiten der Datierung ist eine Veränderung dieses Schemas sehr wahrscheinlich. Die Gattung *Homo* erschien mit *Homo rudolfensis* und *Homo habilis* zum Beginn des Quartärs vor zirka 2,6 bis 2,4 Millionen Jahren, der moderne Mensch *Homo sapiens* trat vor zirka 150 000 Jahren auf und lebte längere Zeit parallel mit *Homo neanderthalensis*, der aber vor zirka 30 000 Jahren ausstarb. DNA-Untersuchungen belegen, dass zwischen *H. sapiens* und *H. neanderthalensis* in Vorderasien wahrscheinlich ein Erbgutaustausch stattgefunden hat (verändert nach Wood 2002, Bradtmöller et al. 2010).

wenigen pleistozänen Hominidenfunde weltweit wird die Entstehung sowie Chronologie und räumliche Verbreitung der menschlichen Rasse auch zukünftig noch für ausreichend Diskussionsstoff sorgen.

Entstehung der Eiszeiten

Ursächlich verantwortlich für die Entstehung des quartären Eiszeitalters mit seinen häufigen Wechseln von **Glazial- und Interglazialzyklen** war höchstwahrscheinlich die Drift des antarktischen Kontinents nach dem Zerfall des Urkontinents Gondwana in Richtung Südpol. Mit der Abspaltung von den Südkontinenten und dem Entstehen des zirkumantarktischen Meeresstromes wurde dort seit ungefähr 30 bis 20 Millionen Jahren der Aufbau eines mächtigen kontinentalen Eisschildes von mehr als 3 000 Meter Mächtigkeit möglich.

Es gibt eine Vielzahl von Theorien über den Ursprung der klimatischen Instabilität im Quartär und seine Glazial- und Interglazialzyklen, wie beispielsweise verstärkter Vulkanismus mit Abkühlungseffekten aufgrund erhöhten atmosphärischen Aerosoleintrages oder

verstärkte Hebung großer Gebirgszüge bis oberhalb der Schneegrenze mit klimatischen Effekten, wie erhöhter Albedo von Schnee- und Eisflächen (u. a. Tibet-Plateau) und dadurch induzierter Abkühlung. Die tektonische Heraushebung von Gebirgen wirkt auf das Klima unter anderem aber auch durch die verstärkte Freisetzung unverwitterten Gesteins mit nachfolgender Silikatverwitterung (Oxidation) und Entzug von Kohlenstoff (CO_2) aus der Atmosphäre und den Abtransport der im Boden gebildeten Kohlensäure (H_2CO_3) in die Ozeane (Abb. 9.13.2). Durch den CO_2-Entzug aus der Atmosphäre wird der „Treibhauseffekt" verringert und es kommt zur Abkühlung.

Weitestgehend akzeptiert als Ursache für die Entstehung der Klimazyklen sind die **Schwankungen der Erdbahnparameter** und die Auswirkungen auf die Solarstrahlung (Abb. 9.13.3). Zyklen von ungefähr 25 700 Jahren, 41 000 Jahren und 100 000 Jahren lassen sich zurückführen auf:

- **Änderung der Präzession** von Tag- und Nachtgleiche: Die Kreisbewegung der Erdachse um den Pol (0 bis 360°) und die Rotation der Bahnellipse um die Sonne bestimmen den Zeitpunkt im Jahr, wann die Erde der Sonne am nächsten ist; aktueller Wert ist

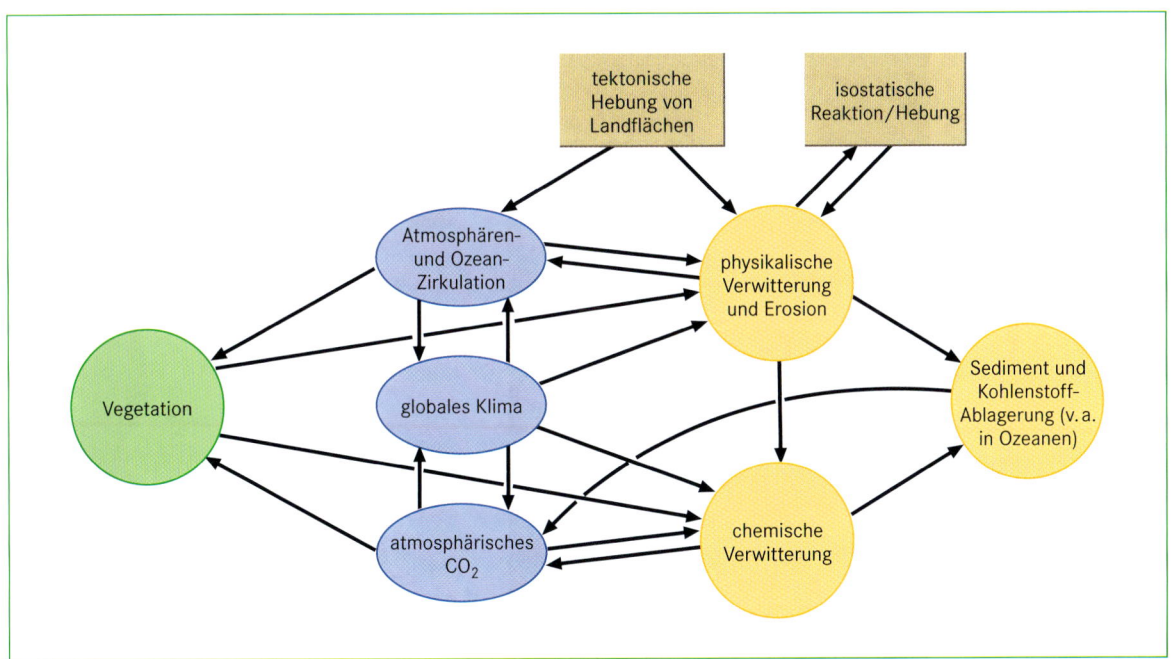

Abb. 9.13.2 Der Einfluss der Heraushebung von Gebirgen auf das Klima äußert sich in mannigfacher Form und ist durch eine Vielzahl von Wechselbeziehungen und Rückkopplungsmechanismen der verschiedenen Parameter gekennzeichnet. So bedingt beispielsweise die Erhöhung der Landfläche um 1 000 m eine Abkühlung von zirka 6,5 °C. Eine verstärkte und verlängerte Schneeauflage verändert die Albedo derart, dass die intensivierte Rückstrahlung zur Abkühlung führt. Die Bereitstellung unverwitterten Gesteinsmaterials ermöglicht und verstärkt Verwitterungsprozesse, die zum Entzug von CO_2 aus der Atmosphäre und somit zur Verringerung des Treibhauseffektes und zur Abkühlung führen (verändert nach Ruddiman 1997).

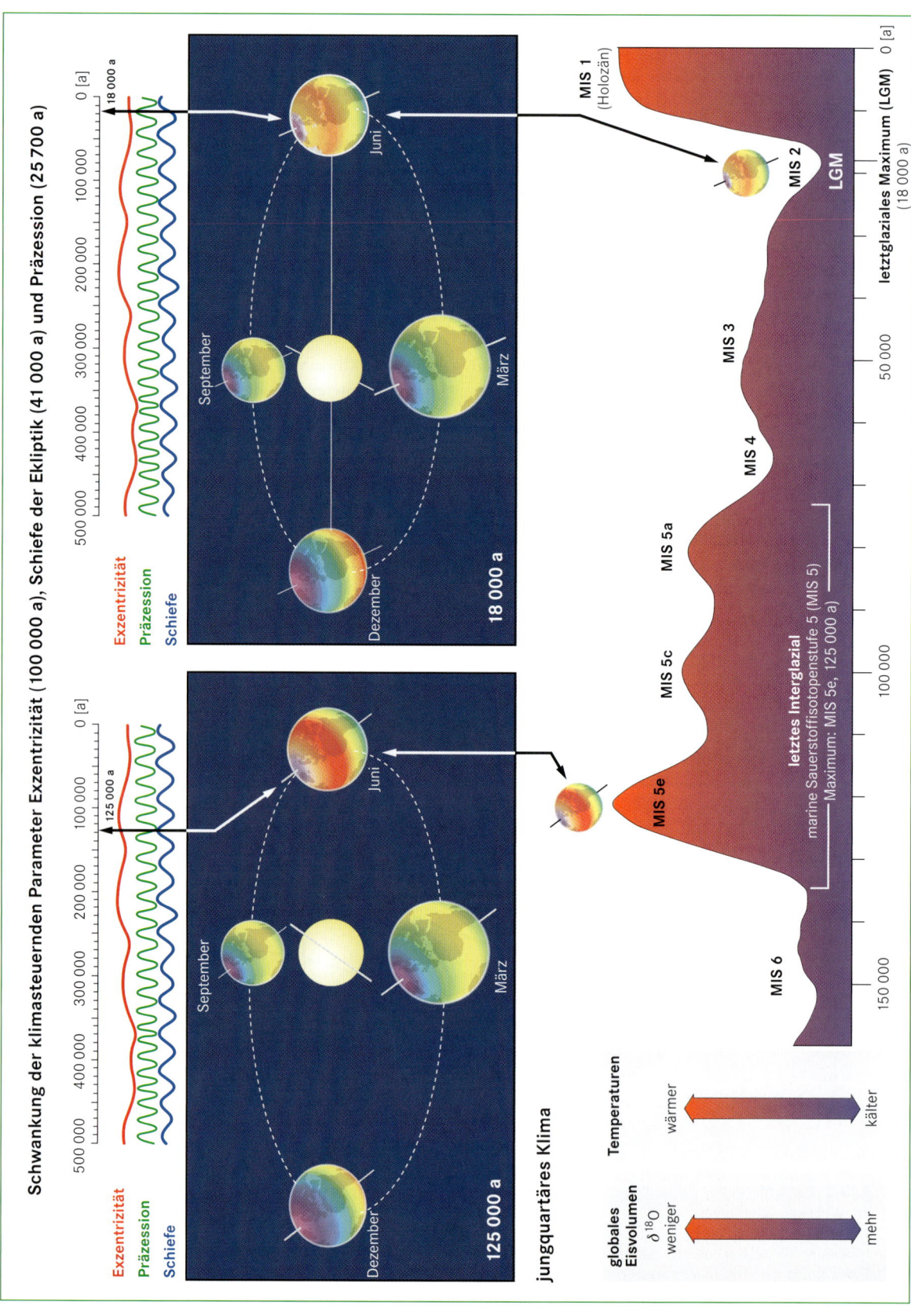

Schwankung der klimasteuernden Parameter Exzentrizität (100 000 a), Schiefe der Ekliptik (41 000 a) und Präzession (25 700 a)

jungquartäres Klima

◄ **Abb. 9.13.3** Zeitliche Veränderung der Erdbahnparameter. Der Zustand während des letztinterglazialen Wärmemaximums vor zirka 125 000 Jahren ist durch eine relativ hohe Exzentrizität, eine niedrige Präzession und eine hohe Schiefe der Ekliptik gekennzeichnet, zur Zeit des letztglazialen Temperaturminimums vor zirka 18 000 Jahren lagen umgekehrte Bedingungen vor. Die Sonnenferne und die geringe Schiefe bedingen, dass beispielsweise die für die Entstehung großer landfester Eismassen wichtige Nordhalbkugel während der Sommermonate weniger Strahlung erhielt, die winterlichen Schneedecken langsamer abtauten, wodurch somit eine Akkumulation von Schneemassen und dann Gletscherbildung auf der Nordhalbkugel ermöglicht wurden. Das höhere Eisvolumen während des letztglazialen Maximums (LGM, *Last Glacial Maximum*) spiegelt sich auch in der marinen Sauerstoffisotopie: hohe δ^{18}O-Werte während der Kaltzeit (MIS 2 [LGM], MIS 4 und MIS 6), niedrige δ^{18}O-Werte während der Warmzeiten (MIS 1 [Holozän] und MIS 5 [letztes Interglazial]).

102°30', letztglaziales Maximum vor zirka 18 000 Jahren war 164°.

- **Änderung der Schiefe der Ekliptik**: Veränderung der Lage der Erdachse von 22° bis 24°28' während der letzten 800 000 Jahre; aktuell: 23°27'; vor zirka 18 000 Jahren: 22°30'.
- **Änderung der Exzentrizität**: Veränderung von einer mehr elliptischen zu einer mehr kreisförmigen Umlaufbahn, Änderung von 0,0607 (mehr elliptisch) bis 0,0005 (mehr kreisförmig) in den letzten 800 000 Jahren; aktuell: 0,0167; vor 18 000 Jahren: 0,0195.

Herrschten zu Beginn des Quartärs noch Amplituden von 41 000 Jahren mit relativ geringer klimatischer Variabilität, gab es vor zirka 1,5 Millionen bis 900 000 Jahren eine Verstärkung der Perioden von 21 000 und 41 000 Jahren, danach dominierten 100 000-Jahres-Zyklen (Williams et al. 1998). In der Summe wird die Strahlungsbilanz durch die Veränderung der Orbit-Parameter kaum betroffen, entscheidend ist aber die Veränderung der **globalen Verteilung der Strahlung**; eine niedrigere Einstrahlung im Sommer in höheren Breiten reduziert zum Beispiel die Möglichkeit, den Winterschnee zu schmelzen und verstärkt somit die Gletscherbildung. Einen wesentlichen Beitrag zur Etablierung der astronomischen Theorie zur Entstehung der Eiszeiten lieferte Milutin **Milankovitch** zu Beginn des 20. Jahrhunderts. Er berechnete die Veränderungen der Erdbahnparameter für 65° nördliche Breite, die er als entscheidend für die Genese kontinentaler Eismassen ansah (auf der Südhalbkugel liegen zwischen 45° und 65° kaum Landflächen). Der Durchbruch seiner Theorie in der zweiten Hälfte des 20. Jahrhunderts ist eng mit den Ergebnissen der Sauerstoffisotopenanalyse karbonatischer benthi-

scher Foraminiferen aus Tiefseebohrkernen (Kapitel 6.3) verknüpft. Da die maximale Differenz der Gesamteinstrahlung durch die Veränderung der Umlaufparameter aber kleiner als 0,6 Prozent ist, wird vielfach ein einfacher Zusammenhang zwischen Umlaufzyklen und Klimaschwankungen bestritten. Auch wenn man verstärkende Rückkopplungsmechanismen heranzieht, lassen sich viele Phänomene des Klimawandels mit der astronomischen Theorie allein nicht erklären (Williams et al. 1998).

Zeugen des Klimawandels im Quartär

Der zu Beginn des Quartärs einsetzende Wandel im Ökosystem Erde kündigte sich den ersten Menschen durch Zunahme der Eismassen und Absinken des Meeresspiegels an. Diesen Ablauf kann man in verschiedenen sogenannten Geo-Archiven (Exkurs 9.13.2) nachweisen, sei es im litoralen und marinen Bereich, im Eis oder in limnischen, glazialen, fluvialen und äolischen Sedimenten (Ehlers 1994). Da den letztgenannten Sedimentationsprozessen eigene Abschnitte gewidmet sind (Kapitel 10), wird im Folgenden nur auf litorale, marine und kryogene Archive eingegangen.

Litorale Sedimente als Anzeiger von Meeresspiegelschwankungen

Das große Interesse an quartären Meeresspiegelveränderungen liegt unter anderem darin begründet, dass von ihnen unmittelbar auf das Eisvolumen geschlossen werden kann. Die Existenz mariner Terrassen (Kapitel 10) war schon früh mit Schwankungen des Meeresspiegels in Verbindung gebracht worden. Ging man bei der Erklärung litoraler Terrassentreppen jedoch zuerst noch von einem sinkenden Meeresspiegel durch sich erweiternde Ozeanbecken aus, erkannte man in der 2. Hälfte des 20. Jahrhunderts zunehmend, dass tektonische Prozesse zur Heraushebung der früheren Strandlinien geführt hatten. Mit der Kenntnis der Hebungsrate (R) ist es möglich, den Paläomeeresspiegel (L) zur Bildungszeit der Terrasse oder des Korallenriffs zu berechnen. Um aber die Hebungsrate zu bestimmen, benötigt man neben der aktuellen Höhenlage (E) das Alter (T) der Terrasse, welches beispielsweise mittels der Th/U- oder der ESR-Methode (Kapitel 6.3) an Mollusken oder Korallen bestimmt werden kann:

$$L = E - (R^* T)$$

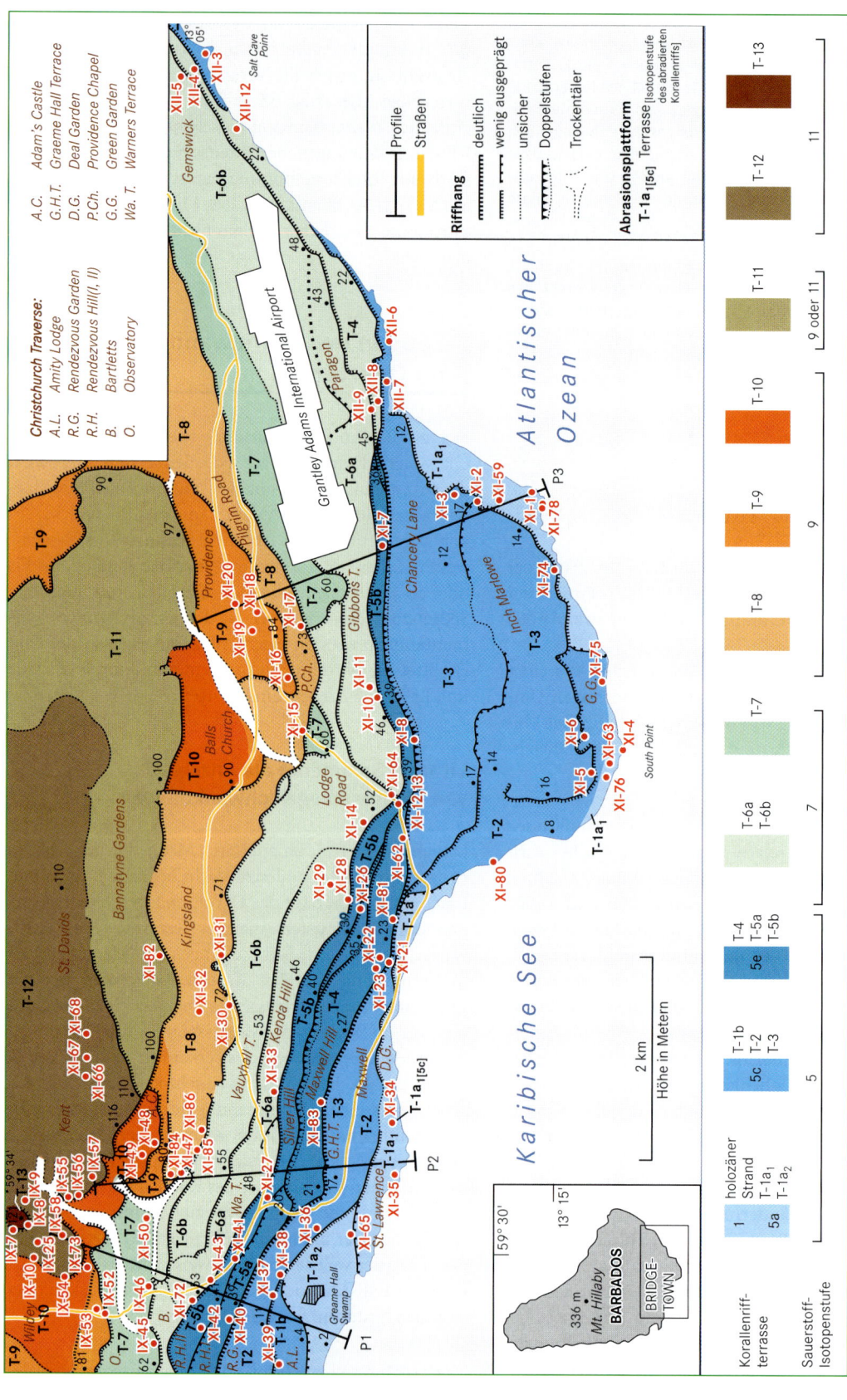

Abb. 9.13.4 Quartäre Korallenriffterrassen im Süden von Barbados (W. I., West Indies). Zwischen dem Meeresniveau und zirka 120 m Höhe befinden sich 13 fossile Korallenriff-terrassen mit Unterstufen aus den vergangenen vier Interglazialen seit zirka 400 000 Jahren (MIS 11, Hebungsrate ca. 0,27 m/1 000 a). Das Alter der Terrassen wurde durch die ESR-Datierung der Korallen ermittelt (verändert nach Schellmann & Radtke 2004).

Als Fixpunkt bei der Berechnung dient die Höhenlage des Meeresspiegels während des letzten Interglazials (MIS 5). An weitgehend stabilen Küsten erhält man hierzu Angaben von ungefähr 0 m bis +6 m über dem heutigen Niveau, das heißt, zum Maximum des letzten Interglazials um 128 000 Jahre (MIS 5e) war wahrscheinlich mehr Eis abgeschmolzen als heute.

Die Abbildung 9.13.4 zeigt eine Verbreitungskarte 13 **fossiler Riffterrassen** mit Unterstufen auf der für die marine Quartärforschung sehr wichtigen Insel Barbados (Schellmann & Radtke 2004). Alle Riffe wurden in den letzten zirka 400 000 Jahren in den Isotopenstufen 11, 9, 7, 5 und 1 gebildet. Aus der ungenauen Kenntnis der Höhenlage des letztinterglazialen Meeresspiegels (zirka

0 m bis +6 m) ergibt sich die Darstellung von zwei Paläomeeresspiegelkurven (Abb. 9.13.5) für die letzten zirka 400 000 Jahre. Geht man von 0 m letztinterglazialer Meereshöhe vor 128 000 Jahren aus, dann wäre der Meeresspiegel vor etwa 400 000 Jahren in ähnlicher Höhenlage wie heute gewesen, bei +6 m Meereshöhe wären alle vorhergehenden Interglaziale signifikant wärmer, und der Meeresspiegel hätte im viertletzten Interglazial sogar zirka +20 m erreicht.

Es wird deutlich, dass es zurzeit noch problematisch ist, exakte Angaben über die Höhenlage früherer interglazialer Meeresspiegelstände zu erhalten. Der Tiefstand von zirka −120 m im Maximum des letzten Glazials vor ungefähr 18 000 Jahren scheint gut belegt, über Tief-

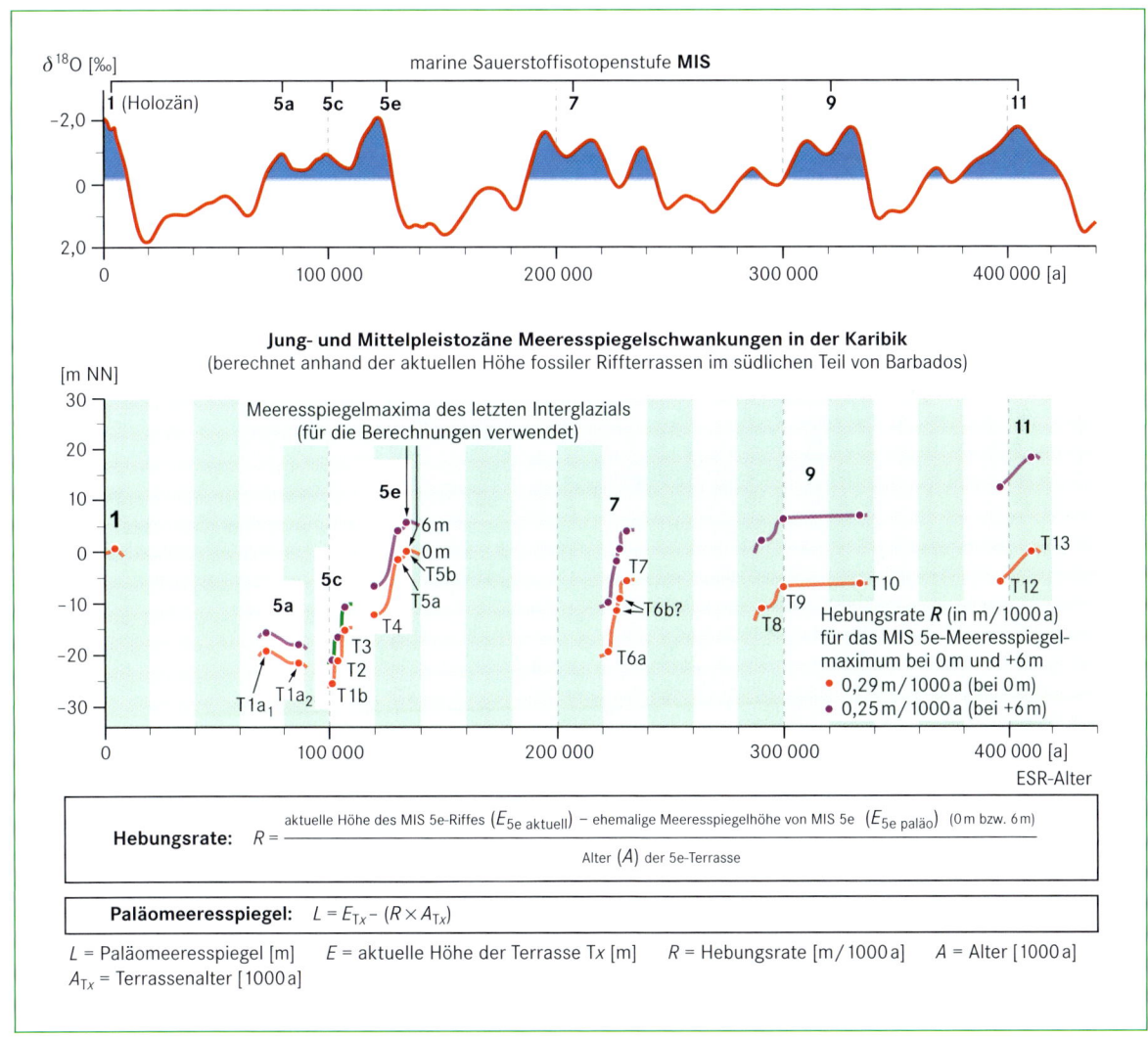

Abb. 9.13.5 Auf der Basis der Riffkartierung (Abb. 9.13.4) kann unter Kenntnis der Hebungsrate und dem Alter der Terrassen die Paläomeeresspiegelkurve für die vergangenen vier Interglaziale errechnet werden (verändert nach Schellmann & Radtke 2004).

Exkurs 9.13.1

Seesedimente – kontinuierliche und zeitlich hochauflösende Umwelt- und Klimaarchive

BERND ZOLITSCHKA

Seen sind relativ junge wassergefüllte Hohlformen der Kontinente (Abb. 1), die minerogenes und organisches Material akkumulieren, das sowohl aus dem Einzugsgebiet eingetragen als auch in der Wassersäule gebildet wurde. Solche Ablagerungen sind exzellente Archive für zahlreiche Fragen der Paläoumweltforschung, die interdisziplinär im Rahmen der Paläolimnologie und der Limnogeologie mit sedimentologischen, geochemischen, geophysikalischen und biologischen Untersuchungsmethoden (Last & Smol 2001) analysiert werden. Diese natürlichen Archive enthalten kontinuierliche Aufzeichnungen der Vergangenheit mit bis zu jährlicher Auflösung und speichern Informationen, die instrumentelle und historische Daten in zeitlicher Perspektive um viele Jahrtausende ergänzen. Sie erlauben präzise datierte **Rekonstruktionen der Dynamik vergangener Klima- und Umweltsysteme** mit lokalen und regionalen bis hin zu globalen Maßstäben. Die daraus abgeleiteten Daten werden als Proxydaten bezeichnet, da sie nur indirekt Aufschluss über vergangene Zustände von Klima und Umwelt liefern und ein weitergehendes Prozessverständnis zur Interpretation benötigen. Für eine bestmögliche Interpretation müssen Seesedimente zusätzlich präzise datiert werden. Diesem Zweck dienen relative Alterseinstufungen wie die Vegetationsentwicklung (Pollenstratigraphie), Variationen des Erdmagnetfeldes (Magnetostratigraphie), das Auftreten vulkanischer Aschelagen (Tephrochronologie), aber auch absolute Altersbestimmungsverfahren wie radiometrische (^{137}Cs, ^{210}Pb, ^{14}C) und Lumineszenzdatierungen (TL, OSL) oder die Warvenchronologie.

Die Sedimentgenese in Seen wird primär durch das Klima und das Ausgangsgestein im Einzugsgebiet gesteuert. Beide Faktoren kontrollieren außerdem die Bodenbildungsprozesse und die Vegetationsentwicklung ebenso wie die Wasserchemie und die davon abhängigen limnischen Lebensgemeinschaften. Da die Geologie eine konstante Größe ist, stehen im Sediment registrierte Variationen der Proxydaten mehrheitlich in komplexer Beziehung zum Klima. Allerdings kann in den letzten drei Jahrtausenden zunehmender menschlicher Einfluss durch intensivierte Landnutzung die natürlichen Prozesse überprägen.

Die klimatische Steuerung der Sedimentationsprozesse spiegelt sich in der Art der Ablagerungen wider. In Abhängigkeit vom Klima können drei Ablagerungstypen unterschieden werden:

- **klastisch:** Minerogene Partikel werden über Zuflüsse oder Wind in den See transportiert. Klastische Sedimente dominieren unter kalten polaren oder hoch alpinen Bedingungen mit vorherrschender physikalischer Verwitterung und bei gleichzeitig geringer Vegetationsbedeckung. Beim Vorherrschen dichter Vegetationsbedeckung in temperierten Klimaten werden klastische Komponenten im Einzugsgebiet fixiert und nur in geringem Umfang in den See eingetragen.
- **biogen:** Intensive biologische Produktivität eines Sees führt zur Bildung von organischen Ablagerungen. Sie dominieren meist unter humiden Klimaten. Ursache ist die chemische Verwitterung im Einzugsgebiet, die durch Lösung Nährstoffe freisetzt, sodass im See die Primärproduktion gesteigert wird. Dieser Prozess wird auch als natürliche Eutrophierung bezeichnet.
- **evaporitisch:** (Bio-)chemische Ausfällung von im Wasser gelösten Substanzen führt im See meist unter semiariden bis ariden Klimaten zur Bildung und Akkumulation von Mineralen wie unter anderem Kalzit oder Gips.

Obwohl die Bildung dieser Sedimenttypen definierten klimatischen Faktoren unterliegt, entstehen Seesedimente häufig aus einer Kombination dieser Prozesse, da sich die Umweltbedingungen saisonal verändern können.

Abb. 1 Laguna Potrok Aike – ein Maarsee im südpatagonischen Pali-Aike-Vulkanfeld (Argentinien) – als Beispiel für ein limnisches Archiv, das die Rekonstruktion von klimatischen und hydrologischen Umwelteinflüssen im letzten Glazial-Interglazial-Zyklus ermöglicht.

stände während vorangegangener Glaziale weiß man jedoch bisher nur wenig, wahrscheinlich reichten sie aber nicht tiefer als -150 m.

Marine Sedimente

Die Untersuchung mariner Bohrkerne ist ein wichtiger Bestandteil geowissenschaftlicher, paläoklimatologischer und paläoozeanographischer Forschung geworden. So trennt beispielsweise die Sauerstoffisotopenanalyse (Kapitel 6.3) deutlich Interglaziale und Glaziale; Warmzeiten werden mit ungeraden Zahlen versehen, Glaziale mit geraden. Deutlich ausgeprägte Glazial- und Interglazialzyklen mit einer Dauer von etwa 100 000 Jahren existieren nur in den letzten zirka 900 000 Jahren seit MIS 21/22 (ungefähr zehn bis elf Glazial- und Interglazialzyklen). Die Berechnung des Paläomeeresspiegels aus diesen Kurven ist aber problematisch, zumal das $^{18}O/^{16}O$-Isotopenverhältnis ($\delta^{18}O$-Wert) im Meerwasser nicht nur von der globalen Wasser- und Eisverteilung (glazial-isotopisches Signal), sondern unter anderem auch von der Wassertemperatur und dem Salzgehalt abhängig ist. Da ^{16}O in größerem Maße in Eis eingebaut wird als ^{18}O, steigt die Konzentration von ^{18}O im Meerwasser in Relation zu ^{16}O mit zunehmender Eisausdehnung auf der Erde, also mit Abnahme globaler Temperaturen, an. Die **Datierung der Bohrkerne** geschieht durch die Extrapolation einer als konstant angenommenen Sedimentationsrate und über einen Abgleich mit den Milankovitch-Zyklen (*orbital tuning*).

Hinweise auf Klimaschwankungen während der letzten Kaltzeit lieferten Bohrkerne aus dem Nordatlantik, die dort sechs Sedimentlagen mit einem hohen Gesteinsschuttanteil (Detritus) und wenig Foraminiferen vorfanden. Der Detritus stammt von driftenden Eisbergen, die beim Abschmelzen das in ihnen eingeschlossene Material verloren (IRD, *Ice Rafted Debris*), auch **Heinrich-Lagen** genannt nach ihrem Entdecker Hartmut Heinrich vom Bundesamt für Seeschifffahrt und Hydrographie Hamburg (Abb. 9.13.6).

Grönland- und Antarktis-Eis

Die in Bohrkernen gespeicherten Paläoklimainformationen haben eine große Bedeutung für die Quartärforschung. Zwar ist eine jährliche Auflösung nur in den obersten, einige Tausend Jahre umfassenden Schichten möglich, durch eine komplexe Extrapolation des Akkumulationsgeschehens sind aber auch die tiefer liegenden Schichten datierbar. Im Kontaktbereich von Eis und Fels wird die Interpretation der Kerne durch die Druckver-

flüssigung des Eiskörpers wie auch durch das Aufschmelzen in Folge der Erdwärme verhindert. Gleiches gilt für Bereiche mit Scherstörungen im Eis. Zwei ambitionierte Bohrprogramme (Abb. 9.13.6) haben in den 1990er-Jahren das zirka 3000 Meter mächtige Grönlandeis durchteuft. Zwar wurde hierbei weder das letzte noch das vorletzte Interglazial (MIS 5 und MIS 7) erreicht, wie anfangs angenommen (Williams et al. 1998), doch hat die Auswertung der Klimasignale der letzten 90 000 Jahre deutlich gemacht, dass es innerhalb von wenigen Jahrzehnten bis Jahrhunderten zu abrupten Klimaänderungen kam. Schnelle Wechsel der chemischen, der Isotopenzusammensetzung und der Gas- und Staubeinschlüsse belegen zwischen dem Beginn des letzten Glazials und dem Holozän 25 Wärme- und 26 dazugehörige Kälteschwankungen, sogenannte Dansgaard/Oeschger-Events (D/O) (Abb. 9.13.6).

Eine neue Bohrung (NGRIP = *North Greenland Ice Sheet Project*) auf Grönland liegt zirka 350 km nordwestlich von GRIP (*Greenland Ice Sheet Project*) und GISP (*Greenland Ice Sheet Project*) und weist erstmals Eisschichten des letzten Interglazials bis 123 000 Jahre in 3085 m Tiefe nach (Andersen et al. 2004, Abb. 9.13.6). Bis dato war nicht ausgeschlossen worden, dass Grönland während des letzten Interglazials eisfrei war.

Von besonderem Interesse für die Paläoklimaforschung ist der Vergleich mit den Eisbohrkerndaten der Antarktis, um unter anderem die Existenz oder Nichtexistenz einer Parallelität zwischen dem (Paläo-)Klimageschehen von Nord- und Südhalbkugel zu überprüfen. Zwar ist aufgrund der geringeren Niederschlagsmenge in der Antarktis die in zirka 3000 Meter Eis gespeicherte Information zeitlich umfangreicher, die Auflösung ist dafür aber dementsprechend geringer, sodass Vergleiche schwieriger werden. Im Jahr 2004 gelangte man mit der Bohrung *Dome C* der EPICA-Gruppe (*European Project for Ice Coring in Antarctica*) in 3190 Meter Tiefe auf 740 000 Jahre altes Eis, welches somit acht Glazialzyklen umfasst; die maximale Bohrtiefe beträgt 3309 Meter und reicht unter Umständen bis 1 Million Jahre zurück: ein **Meilenstein in der Quartärforschung** (Augustin et al. 2004). Wichtige Erkenntnisse sind beispielsweise, dass der CO_2-Gehalt in den Warmzeiten im Bereich von etwa 270 ppm lag, in den Kaltzeiten bei zirka 190 ppm, wobei der Methangehalt zwischen 700 und 350 ppb schwankte.

Zukünftige klimatische Entwicklung des Quartärs – eine Prognose

Vor dem Hintergrund des Wissens um die hohe Variabilität des quartären Klimas ist die Frage, ob eine nächste

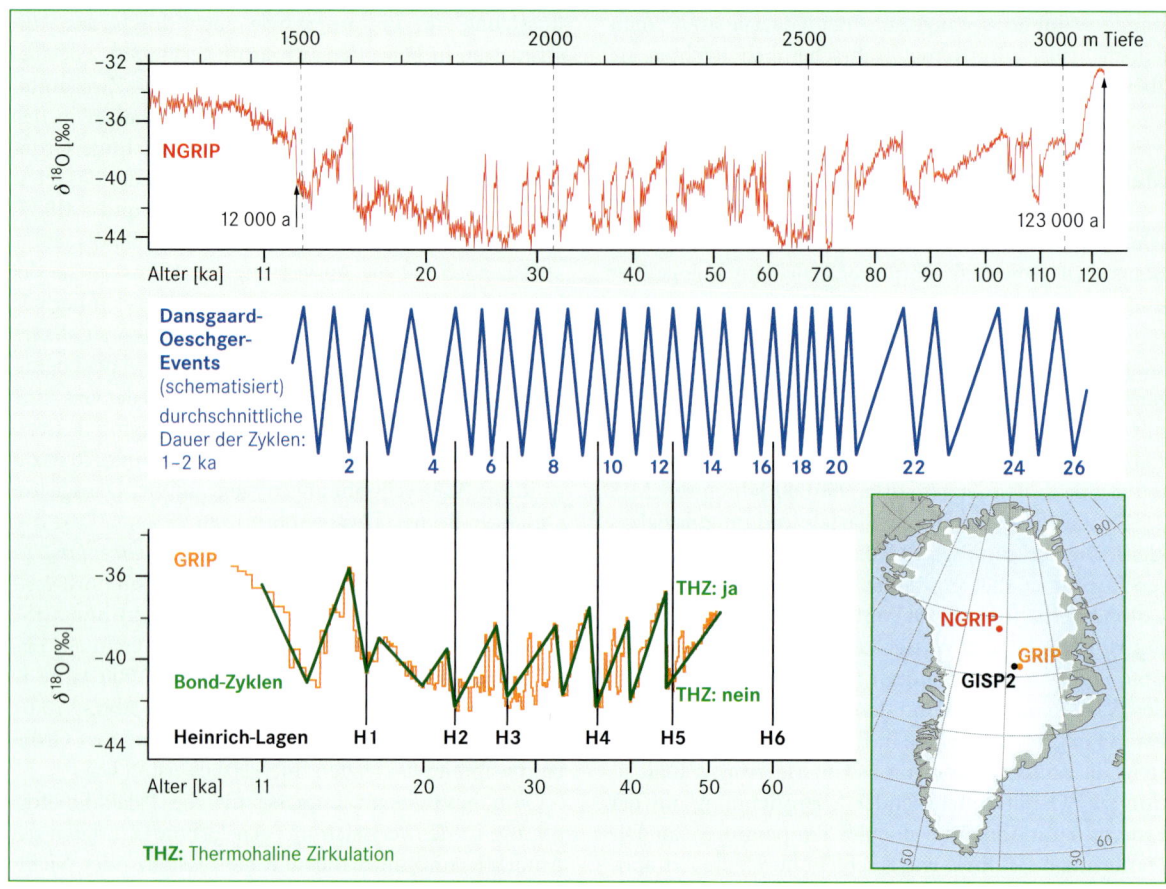

Abb. 9.13.6 δ^{18}O-Werte für die letzten 123 000 Jahre im Kern der Bohrung NGRIP (*North Greenland Ice Sheet Project*) sowie Dansgard/Oeschger-(D/O-)Events, Bond-Zyklen und Heinrich-Lagen (H). Jedes D/O-Event startet mit einer abrupten Erwärmung. Darauf folgt eine allmähliche Abkühlung über einige Jahrhunderte, die mit einem Rückfall in stadiale Verhältnisse endet. Sequenzen von D/O-Events können zu längerperiodischen Bond-Zyklen von etwa 7 000 bis 15 000 Jahren Dauer zusammengefasst werden, wobei jeder Bond-Zyklus mit einem starken (relativ warmen) D/O-Ereignis beginnt, dem dann zunehmend schwächere folgen. Die Heinrich-Lagen wurden auf zirka 14 000 (H1), 20 500 (H2), 27 000 (H3), 35 000 (H4), 52 000 (H5) und 69 000 Jahre (H6) datiert und markieren besonders kalte Phasen mit starker Eisbergablösung von den grönländischen und ostkanadischen Gletschern. Bei starken Abschmelzvorgängen wird die thermohaline Zirkulation (THZ) des Meereswassers unterbrochen, da das leichte „süße" Schmelzwasser über dem schweren „salzigen" Meerwasser liegt und somit die Tiefenwasserbildung, der Motor für die nordatlantischen Meeresströmungen, unterbunden wird. Bohrprogramme: GISP (*Greenland Ice Sheet Project*), GRIP (*Greenland Ice Core Project*), NGRIP (*North GRIP*; verändert nach Andersen et al. 2004).

Eiszeit „kurz" (im geologischen Sinn) bevorsteht, nicht unberechtigt. Die heutige orbitale Situation ist vergleichbar mit der, die vormals in Richtung Eiszeit führte: Die Erde ist nahe dem Perihel im nordhemisphärischen Winter (102°30'), Exzentrizität (0,0167) und Schiefe der Ekliptik (23,27°) sind relativ groß. Würde man auf Basis der Milankovitch-Theorie eine Vorhersage wagen, wäre in den nächsten 6 000 Jahren eine **Abkühlung** zu verzeichnen, eiszeitliche Temperaturen würden in zirka 55 000 Jahren erreicht werden (Williams et al. 1998). Nicht abzuschätzen ist aber der **anthropogene Einfluss** vor allem durch die Verbrennung fossiler Rohstoffe. Der CO_2-Gehalt der Atmosphäre hat sich von 270 bis 280 ppm in vorindustrieller Zeit auf mehr als 391 ppm erhöht, auch der Gehalt an anderen klimarelevanten Gasen ist stark angestiegen (Methan von 700 ppm auf > 1800 ppm) und wird die nächsten Jahre weiter wachsen. Insbesondere positive Rückkopplungsmechanismen durch beispielsweise das Auftauen der Permafrostgebiete und dem damit verbundenen Austreten von weiterem Methan sind zurzeit noch nicht berechenbar.

 **Exkurs 9.13.2**

Archive in Geographie und Geowissenschaften

JÜRGEN WUNDERLICH

Die Klimaänderungen des Quartärs hatten massive Auswirkungen auf die kontinentalen Eismassen, den Meeresspiegel sowie die terrestrischen Ökosysteme. Seit dem mittleren Holozän werden die klimatischen Einflüsse durch erhebliche Eingriffe des Menschen in den Naturhaushalt überlagert. Die längerfristigen quartären Klimaschwankungen sowie die Mensch-Umwelt-Interaktionen der Vergangenheit sind durch direkte Messungen nicht mehr quantifizierbar. Sie können jedoch durch die Auswertung geeigneter natürlicher Archive aus sogenannten Proxies (Stellvertreterdaten) rekonstruiert werden. Natürliche Archive sind Sedimente aus dem marinen wie auch aus dem terrestrischen Bereich sowie Korallenriffe, Eiskerne oder Baumringe. Da diese Archive Informationen sehr unterschiedlicher Qualität und zeitlicher Auflösung bergen, ergibt sich ein umfassendes, kohärentes Bild erst mit einem **Multi-Proxy-Ansatz**, das heißt durch die Einbeziehung und Verknüpfung möglichst vieler Proxies.

Untersuchungen **mariner Sedimente** haben in den letzten Jahrzehnten grundlegende Erkenntnisse über den Ablauf globaler Klimaveränderungen in sehr hoher zeitlicher Auflösung geliefert. Durch methodische Fortschritte der Isotopengeochemie wurde es beispielsweise möglich, aus den in den Kalkschalen von Foraminiferen fixierten $^{18}O/^{16}O$-Verhältnissen die Schwankungen der Ozean- und Lufttemperatur während des Quartärs und das Pliozäns abzuleiten. Die Verhältnisse der Sauerstoffisotopen geben so zugleich Auskunft über Phasen des Auf- und Abbaus der kontinentalen Eismassen während der Glaziale bzw. Interglaziale und damit indirekt über Schwankungen des Meeresspiegels. Die in den Tiefseesedimenten eingebetteten Organismen, wie Foraminiferen, Radiolarien und Diatomeen, enthalten aber weit mehr Informationen über Umweltparameter in der Vergangenheit. Sie geben beispielsweise Auskunft über den CO_2-Gehalt im Meerwasser und aus der Artenzusammensetzung lassen sich mittels Transferfunktionen Rückschlüsse auf die Nährstoffverhältnisse oder die biologische Aktivität ziehen.

Die **kontinentalen Eisschilde** der Erde stellen ebenfalls bedeutende Klima- und Umweltarchive dar. Bohrungen in den zentralen Bereichen des antarktischen und grönländischen Inlandeises und die Analyse von im Eis eingeschlossenen Gasen, Spurenstoffen und Stäuben haben zeitlich hochaufgelöste Informationen über Eisbildungsraten, Sauerstoffisotopenverhältnisse (Temperatursignal) sowie Veränderungen der Zusammensetzung und der Zirkulation der Atmosphäre geliefert. Die jahreszeitliche Schichtung des Eises ermöglicht zudem hoch genaue Datierungen.

Die in **marinen Sedimenten** und **Eiskernen** analysierten Proxies lassen sich unmittelbar in die für numerische globale Klimamodelle erforderlichen Klimadaten transformieren. Ein vertieftes Verständnis der Dynamik des Mensch-Umwelt-Systems erfordert jedoch Informationen darüber, wie beispielsweise die Vegetation oder das fluviale System auf klimatische Veränderungen und menschliche Eingriffe reagierte und welche Konsequenzen dies für die Stoffflüsse im terrestrischen Bereich hatte. Hinweise hierauf finden sich in limnischen Sedimenten, fluvialen Ablagerungen in Flussauen oder Deltas, in Kolluvien, Moorbildungen, Bodenbildungen oder Jahrringsequenzen von Bäumen. Diese können mit den Methoden der Sedimentologie, Geomorphologie, Pedologie, Palynologie und Dendroökologie ausgewertet, mithilfe der Geochronologie datiert und mit archäologischen Befunden in Beziehung gesetzt werden.

Laminierte **Seesedimente** sind dabei von besonderer Bedeutung (Exkurs 9.13.1). Die im Jahresverlauf variierende Sedimentation von organischem oder klastischem Material in Seen ermöglicht eine hohe zeitliche Auflösung und lässt Rückschlüsse auf die klimatischen Bedingungen sowie die Morphodynamik im Einzugsgebiet zu. In den Sedimenten konservierte Pollen liefern zudem Hinweise auf die regionale Vegetationsentwicklung. Diese spiegelt nicht nur den klimatischen Einfluss, sondern auch die Eingriffe des Menschen wider. Aussagen zur Vegetationsgeschichte lassen sich auch aus den durch gute Pollenerhaltung gekennzeichneten organogenen Ablagerungen in Mooren ableiten.

Fluviale Sedimente, Kolluvien sowie gekappte Bodenprofile, sind Ausdruck der fluvialen Geomorphodynamik, welche von externen und internen Faktoren gesteuert wird. Während als externe Faktoren das Klima und der Mensch (Landnutzung) das fluviale System beeinflussen, kommen als systemimmanente Faktoren Abfluss, Gefälle und Sedimentfracht sowie Relief, Geologie, Talgeschichte und Talkonfiguration hinzu. Die Komplexität des Systems mit Schwellenwerten, Rückkopplungen, Selbstorganisations- und Speichereffekten lässt eine zuverlässige Differenzierung natürlicher und anthropogener Einflussfaktoren bislang allerdings nicht zu.

9.14 Klima hat Geschichte

RÜDIGER GLASER UND DIRK RIEMANN

Für die Einschätzung der heutigen Klimadiskussion ist es sehr wichtig, die historische Klimaentwicklung zu kennen. Sie bietet zum einen die notwendigen Vergleichsmöglichkeiten mit Zeiten natürlicher bzw. quasinatürlicher Klimaschwankungen und -extreme. Zum anderen sind viele unserer Vorstellungen, Wahrnehmungen, aber auch Ängste, Irrungen und Mythen historisch verwurzelt. So ist die Frage nach der „Vorhersagbarkeit" des Klimas ein Desiderat seit Menschengedenken, dem auch stets mit unterschiedlicher Qualität entsprochen wurde. Klima unterlag immer auch Deutungen und spannenden Diskursen zwischen einem früher „gottgegebenen" und dem heute stereotypen „menschengemachten" Klima. Nicht unerheblich ist auch die Frage nach der Klimaabhängigkeit bzw. -sensitivität von Gesellschaften. Sie haben sich, wie auch die regionale Klimavulnerabilität, immer wieder in historischer Zeit gewandelt (Exkurs 9.14.1). Die Analyse des historischen Klimas schafft in vielerlei Hinsicht lebensnahe Vergleiche und erlaubt damit ein besseres Verständnis für historische Vorgänge, aber auch für unsere moderne Gesellschaft (Behringer 2007, Behringer et al. 2005).

Eine rückschauende Bewertung des Klimas und des Klimawandels kann zunächst auf der Grundlage standardisierter, amtlicher Instrumentenzeitreihen erfolgen, welche jedoch meist nur bis in die Mitte des 19. Jahrhunderts zurückreichen. Weiterführende Rückschreibungen basieren auf den frühen, nicht standardisierten Instrumentenaufzeichnungen, wie sie vereinzelt und mit vielen Unterbrechungen bis ins 17. Jahrhundert zurück vorliegen.

Weiter zurückreichende Informationen bieten schriftliche Quellen wie Stadtchroniken, Wettertagebücher, Annalen, Erntetagebücher und alle anderen Formen schriftlicher Überlieferungen. Als eigenständiger Forschungsbereich hat sich die **Historische Klimatologie** seit den 1960er-Jahren mit den Arbeiten von Le Roy Ladurie (1966), Lamb (1977), Pfister (1985, 1999), Bradley & Jones (1995), Alexandre (1987) und Glaser (2001, 2008) etabliert und in jahrelanger Archivarbeit ein detailliertes Bild der Klimageschichte aus Tausenden Schriftstücken zu zeichnen begonnen.

Deskriptive Witterungsaufzeichnungen

Die Historische Klimatologie nutzt die zahlreichen klimatischen Hinweise, die in schriftlichen Quellen enthalten sind wie zum Beispiel in dieser: „1709 war der grosse Winter, der in die 4. Monath gedauret, und seines gleichen seit […] 1608 nicht gehabt. […] Den 6. Januar erhob sich die Kälte wieder zu einer ausserordentlichen Strenge, die bis zum 23. fortgieng, allwo bey einigem Nachlaß eine ungemeine Menge Schnee fiel […]. Es hat dieser harte Winter in gantz Europa unsäglichen Schaden gethan, viel hundert Menschen sind hier und dar, auch so gar in Frankreich erfrohren, andere haben Nasen, Ohren, Hände und Füsse eingebüsset; das Wild in den Wäldern, die Vögel in der Lufft, die Fische im Wasser [sind] erfrohren [….] [Auch der] Zürcher See, ja so gar alle Canäle zu Venedig und der Ausfluß des Tagus zu Lissabon war mit harten Eyß belegt […]" (Dreyhaupt 1749).

Diese Quellen vermitteln originäre Bilder und Einsichten der Zeitzeugen. Dabei lassen sich beobachtende, realitätsnahe Darlegungen ebenso erschließen wie die mentalen Vorstellungen und Erklärungsmuster, die den jeweiligen Zeitgeist widerspiegeln. Neben allgemeinen Aussagen zur Temperatur, dem Niederschlag und dem Zustand der Atmosphäre finden sich häufig Angaben zu Wetter- und Klimaextremen wie Hochwasser, Unwetter und Stürmen sowie zu deren Auswirkungen. Aufgrund der besonderen Bedeutung der Ernährungssicherung sind die Angaben sehr häufig mit Hinweisen auf die Agrarproduktion und die Phänologie verbunden. Die **Datenstruktur**, aus der sich bereits wesentliche Facetten der Verfügbarkeit und Deutungen des klimatologischen Wissens ableiten lassen, kann für Mitteleuropa in folgende fünf Phasen untergliedert werden:

- Die ältesten Quellen, die ab dem **8. Jahrhundert** beispielsweise in den Editionen der *Monumenta Germaniae Historica* (MGH) vorliegen, sind eher sporadisch. Es handelt sich dabei um Beschreibungen von besonderen Einzelereignissen und Naturkatastrophen wie Winterstrenge, Sommerdürre, Überschwemmungen oder sonstigen Naturereignissen wie Nordlichtern, Erdbeben oder vulkanischen Erscheinungen. Die Beschreibungen sind meist knapp gehalten. Rückschlüsse auf die mentalen Welten lassen sich eher aus dem Umfeld der Chronisten und den damals vorliegenden Werken erschließen (Mone 1848–1867, Pertz 1826, Wattenbach et al. 1991).

- Seit dem **späten Mittelalter** (um 1300) liegen zunächst nahezu lückenlose Beschreibungen von Sommer und Winter vor, zunehmend jedoch auch

Exkurs 9.14.1

Klimavulnerabilität

Im Laufe der letzten 1000 Jahre haben sich die Muster klimavulnerabler Regionen Mitteleuropas mehrfach und mehrdimensional geändert. Gewinner- und Verliererregionen der einzelnen Klimaphasen können definiert und kartographisch dargestellt werden. Als besonders tragfähige Indikatoren dieser Veränderungen haben sich kurzfristige sowie langfristige Handlungsstrategien erwiesen. Als langfristig sind die Umstellung von Wurtensiedlungen auf Deichbau sowie die räumlichen Fluktuationen der Aufsiedlung von Mittelgebirgen im Rahmen der Binnenkolonisation und deren nachfolgende Wüstungen und Rücknahme zu sehen. Ebenso sind agrarstrukturelle Änderungen und Umstellungen einzuschätzen. Zur Bewertung der kurzfristigen, jährlichen Belastungen können Ertragsreihen bzw. witterungsbedingte Ernteausfälle und daraus resultierende Hungerkrisen herangezogen werden. Als weitere Indikatoren lassen sich gesellschaftliche Reaktionen und mentale Prägungen wie Bittgottesdienste oder Hexenverfolgungen verwenden. Hinsichtlich der Biodiversität liegen unterschiedliche und zum Teil widersprüchliche Angaben vor. Die klimabedingten Fluktuationen von

Arten werden dabei durch Änderungen, die sich im Zuge von Handelsbeziehungen und agrarpolitischen Strategien ergaben, überlagert.

Der Brückenschlag in die Moderne kann darin gesehen werden, dass die historischen Reaktions- und Anpassungsstrategien auf die Ernährungs- und Lebenssicherung und letztlich den Erhalt der Gesundheit abzielten. Dieser Aspekt wird in modernen Ansätzen in den Industrieländern durch Parameter wie Hitzestress, Schwülebelastung, Dürregefährdung und Hochwassergefahr zum Ausdruck gebracht. Das heißt die Fokussierung auf die gesundheitlichen Aspekte im Rahmen von *lifelihood*-Ansätzen bietet eine spannende Möglichkeit, historische Zusammenhänge mit modernen Einschätzungen zu verknüpfen und zu bewerten.

Die raumzeitliche Veränderung dieser Belastungen lässt sich kartographisch erfassen. Auf dieser Basis lassen sich regionale Unterschiede der Klimavulnerabilität darstellen und zeitabhängige Veränderungen von Gunst- und Ungunsträumen unterscheiden.

Tabelle 1 Änderung der regionalen Klimavulnerabilität in Mitteleuropa nach ausgewählten Indikatoren.

	um 1000 Mittelalterliches Wärmeoptimum	um 1600 Kleine Eiszeit	um 2025 prognostizierter Temperaturanstieg
Mittelgebirge	**niedrig** • Verlängerung der Vegetationsperiode • steigende Ertragssicherheit • Ausbauphase	**hoch** • signifikante Reduktion der Vegetationsperiode • Häufung von Missernten • Aufgabe von Höhenstandorten	**niedrig** • mögliche Zunahme von Stürmen • grundsätzliches Überwiegen der positiven Ausgleichswirkungen waldreicher Höhenstandorte
Beckenlandschaften	**niedrig – mittel** • Temperaturzunahme führt regional zu Ernteausfällen infolge Dürre und Unwetter	**niedrig** • Temperaturreduktion ohne erkennbare Auswirkungen auf Ertragsleistungen	**hoch** • Zunahme von Temperaturstress • Zunahme *vector born diseases* • Zunahme von Extremen, insbesondere Hochwassergefahren • Dürregefährdung
Hochgebirge	**mittel** • mögliche Änderung der Biodiversität? • mögliche Zunahme der Hanginstabilität?	**hoch** • Vorrücken der Gletscher und Andauern der Schneedecke • signifikante Reduktion der Vegetationsperiode • Missernten, Aufgabe der Höhenstandorte • Beeinträchtigung der Infrastruktur durch Schnee und Eis	**hoch** • Änderung der Biodiversität • Hanginstabilität • Änderung der Hochwassergefahren • Zunahme von Massenbewegungen
Küstenlandschaften	**hoch** • steigender Meeresspiegelanstieg • Zunahme der Überflutungen und Ingressionen • Beginn des Deichbaus	**hoch** • Zunahme von Sturmfluten • „Manndränken" • maximale Einbrüche, Bildung der Großbuchten • Verstärkung der Deiche	**mittel** • zu erwartender Meeresspiegelanstieg • Zunahme von Sturmfluten (durch bereits eingeleitete technische Maßnahmen kompensiert) • Verstärkung der Deiche

Informationen zu den Übergangsjahreszeiten. Die Beschreibungen werden differenzierter und lassen Einblicke in die mentalen Welten zu.

- Die Entwicklung des Buchdrucks im **15. Jahrhundert** veränderte die Quellenlage grundlegend. Die Quellenlage verdichtet sich erheblich, aber auch die Vielfalt der Darstellungsformen. Neben sporadischen Hinweisen in Chroniken treten nun systematisch geführte Tagebücher und Kalendarien auf – oft in Form von Prognostika mit dem Wunsch nach Wettervorhersagen. Seit dieser Zeit sind nahezu kontinuierliche Beschreibungen der monatlichen Witterungsverhältnisse möglich (Klemm 1973, 1976, 1979, 1983).
- **Seit 1680** werden diese Informationen durch Instrumentenmessungen ergänzt, die zunächst noch stark individuell geprägt und nicht homogenisiert waren und eher sporadisch experimentell angelegt wurden.
- Im **19. Jahrhundert** wurden auf der Basis von Instrumentenmessungen amtliche Messnetze etabliert.

Ein Teil des historischen Quellenmaterials wurde in Form von **Kompilationen** zugänglich gemacht und schon früh für erste Klimarekonstruktionen herangezogen (Glaser & Militzer 1993, Hellmann 1883, Henning 1904, Körber 1987, Pfister 1999, Weikinn 1958). Inzwischen existieren mehrere Datenbanken wie die Historische Klimadatenbank Deutschland (www.hisklid.de) und *EuroClimHist* (www.euroclimhist.ch), in denen die beeindruckende Quellenfülle dokumentiert ist.

Die Ableitung der Klimainformation: Zeitreihen und Synopsis

Die Historische Klimatologie hat mittlerweile weitreichende Standards der Quellenkritik, der Indexbildung und statistische Verfahren zur Ableitung quantitativer Zeitreihen über Transferfunktionen entwickelt (Bradley & Jones 1995, Brázdil et al. 2005, Glaser & Riemann, 2009). Ergebnis sind beispielsweise Temperatur- und Niederschlagsreihen für verschiedene Regionen und Jahreszeiten.

Aus der Zusammenführung historischer Klimaerkenntnisse konnten ab 1500 saisonale, ab 1659 sogar monatlich aufgelöste Druckdatenfelder für den Ausschnitt 30°W bis 40°E, 30°N bis 70°N abgeleitet werden, die Aussagen über zirkulationsdynamische Prozesse zulassen (Abb. 9.14.1; Jacobeit et al. 2002, 2003, Luterbacher et al. 2004, Luterbacher et al. 2002). Von Pauling et al. (2006) stammt eine entsprechende Rekonstruktion saisonaler Niederschlagsfelder.

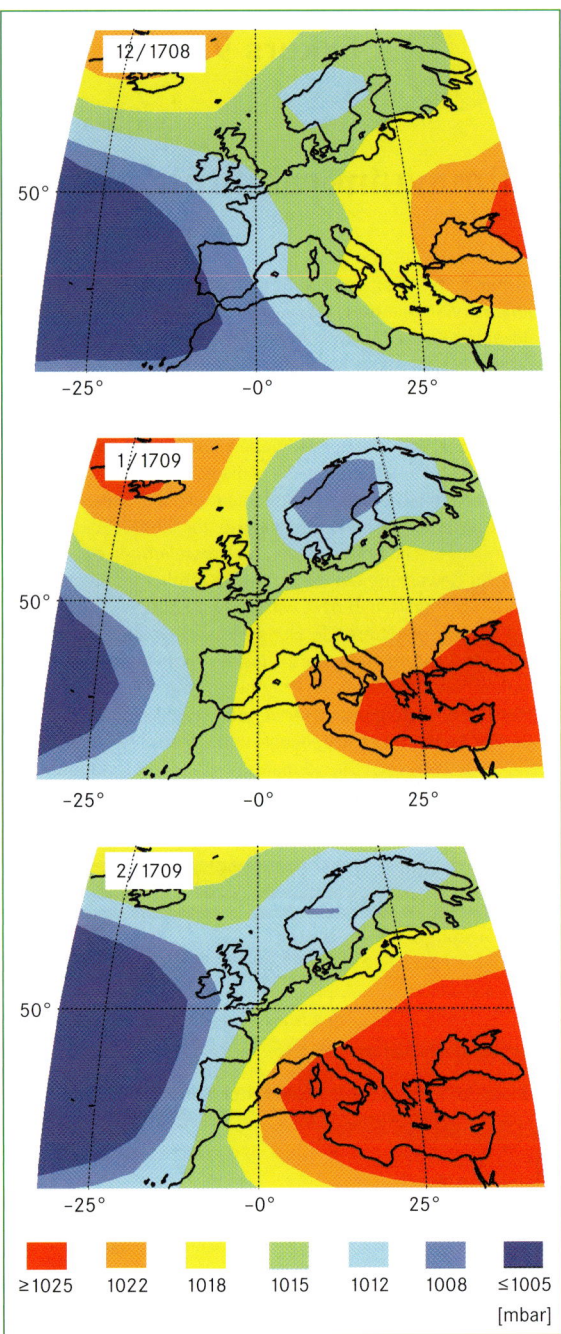

Abb. 9.14.1 Rekonstruierte monatliche Druckfelder für den Winter 1709 (Luterbacher et al. 2002).

Der Klimaverlauf ab dem Jahr 1000

Der Temperaturverlauf der letzten 1 000 Jahre nach der Rekonstruktion von Glaser & Riemann (2009) offenbart markante Änderungen der Jahresmitteltemperatur für

Mitteleuropa, die insgesamt in der Größenordnung von bis zu 2,5 °C für die dekadischen Mitteltemperaturen liegen. Neben den säkularen Änderungen lassen sich dekadische Schwankungen erkennen. Sie belegen unter anderem gleich mehrfach schnelle Temperaturstürze, aber auch markante Erwärmungsphasen, oft mehrfach in rascher Folge. Folgende mittelfristige Phasen lassen sich unterscheiden:

- Eine besonders markante Wärmeperiode von 1200 bis 1350 könnte man als sogenanntes **spätmittelalterliches Wärmeoptimum** bezeichnen. Dabei fällt auf, dass die gesamte Periode von schnellen Temperaturstürzen und -anstiegen gekennzeichnet ist. Besonders auffällig stellt sich dieses Muster im 14. Jahrhundert dar. Geprägt war diese Phase durch einen auffallenden Gegensatz von heißen Sommern und kalten bis strengen Wintern.
- Bis 1550 folgte eine **Übergangsperiode** mit einer zunehmenden Temperaturverschlechterung in der Größenordnung von rund 1 °C. Das Szenario dieser Temperaturverschlechterung wird bestimmt durch eine mittlere Verkürzung der Vegetationsperiode um etwa 14 Tage und dem verspäteten Einsetzen des Frühjahrs. Dies hatte eine signifikante Verschlechterung der agrarwirtschaftlichen Rahmenbedingungen mit häufigeren Missernten, Frostschäden und Ernteausfällen zur Folge.
- Die sogenannte „Kleine Eiszeit" zwischen 1550 und 1850 stellt eine signifikante negative Abweichung in der Größenordnung gegenüber heute um bis zu −1,5 °C dar. Die Verschlechterung der agrarwirtschaftlichen Bedingungen verschärfte sich weiter. Bemerkenswert ist aber auch eine darin eingeschlossene markante Erwärmung von rund 1 °C zwischen 1700 und 1800, die hinsichtlich ihres Umfangs ähnlich ausfiel, wie die des 20. Jahrhunderts – wenngleich auf einem niedrigeren Temperaturniveau. Der Temperaturverlauf zwischen 1800 und 1900 weist drei markante Zyklen eines Temperaturrückgangs und einer nachfolgenden Wiedererwärmung in der Größenordnung von bis zu 1 °C auf. Die Minima liegen kurz nach 1800, um 1850 und Ende des Jahrhunderts und lassen sich mit markanten Gletschervorstößen synchronisieren, wobei die verzögerte Reaktion der Gletscher zu berücksichtigen ist (Zumbühl 1980).
- Die **moderne Erwärmungsphase** seit etwa 1900 mit dem signifikanten Temperaturanstieg ab 1970. Zieht man das letzte Minimum Ende des 19. Jahrhunderts mit in Betracht, dann vollzieht sich in diesem Abschnitt eine signifikante Erwärmung um etwa 1 °C für die mittleren Temperaturen.

Im Vergleich mit der Temperaturentwicklung des 20. Jahrhunderts fällt auch auf, dass der Temperaturanstieg seit den 1970er-Jahren im Rahmen des Treibhauseffekts das Niveau des mittelalterlichen Wärmeoptimums überschritten hat. Im Kontext der jahreszeitlichen Betrachtung wird zudem deutlich, dass das moderne Treibhausklima und seine herausragende Erwärmung in den Wintermonaten durch eine Zunahme zonaler Zirkulationsformen entstanden sind. Das mittelalterliche Wärmeoptimum stellt also sowohl was das Niveau der Jahresmitteltemperaturen als auch hinsichtlich der Zirkulationsform keinen historischen Vergleichsfall des modernen Treibhausklimas dar (Glaser 2008).

Klimasimulationen und Klimamodellierungen

Neben den Klimazeitreihen auf der Basis chronikalischer Aufzeichnungen wurden im Laufe der letzten Jahre zahlreiche **Klimarekonstruktionen** vorgelegt, die auf naturwissenschaftlichen Daten wie Eisbohrkernuntersuchungen, Korallen oder auch Dendrodaten basieren (Fischer 2004). In sogenannten **Multiproxy-Ansätzen** werden diese verschiedenen Datentypen häufig über große Distanzen kombiniert. Hinzu kommen **Klimamodellierungen**, welche anhand von Rekonstruktionen externer Antriebmechanismen wie Bahnparametern, solarer Einstrahlung und Treibhausgaskonzentrationen den Klimagang der letzten 1000 Jahre simulieren. Ein wesentlicher Vorteil der Klimamodelle ist zweifelsfrei, dass sie Prognosen für die Zukunft erlauben. Für die Validierung der Simulationen ist jedoch der Vergleich mit möglichst langen, hochaufgelösten Zeitreihen unabdingbar.

In Abbildung 9.14.2 ist der Vergleich verschiedener Rekonstruktionen zur Temperaturentwicklung des letzten Jahrtausends dargestellt. Alle Reihen weisen einen weitgehend ähnlichen übergeordneten Verlauf auf: bis etwa 1400 Temperaturen im und oberhalb des Jahrtausendmittels, anschließend der Übergang in die Kleine Eiszeit bis etwa 1850 und der anschließende Übergang in die moderne Erwärmungsphase. In den dekadischen Schwankungen, aber auch in der Höhe der Amplituden weisen die Reihen hingegen Unterschiede auf, welche teilweise als Folge der unterschiedlichen räumlichen Bezüge gesehen werden müssen. So rekonstruieren Mann & Jones (2003b) und Moberg et al. (2005) die Mitteltemperaturen der nördlichen Hemisphäre, van Engelen et al. (2000) und Glaser & Riemann (2009) liefern Rekonstruktionen aus historischen Quellen für die Niederlande bzw. Deutschland und das Klimamodell

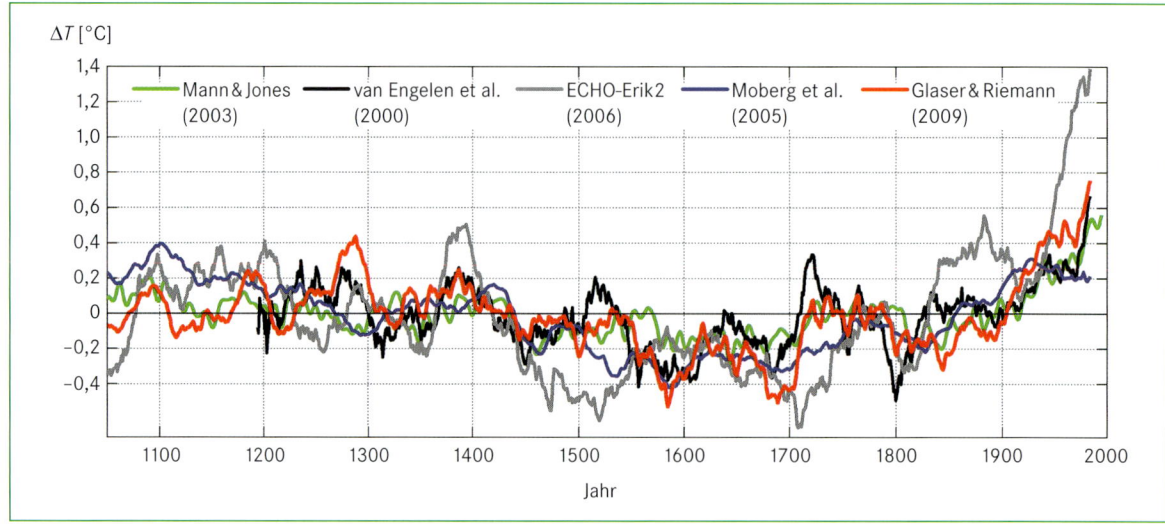

Abb. 9.14.2 Klimaverlauf seit dem Jahr 1000 aus verschiedenen Rekonstruktionen bzw. nach einem Klimamodell. Dargestellt ist das 31-jährig gleitende Mittel der Temperaturabweichungen vom Jahrtausendmittel.

ECHO-Erik2 (González-Rouco et al. 2006) liefert großräumig aufgelöste Daten für Mitteleuropa.

Diese Arten der Klimarekonstruktion genießen hohe Akzeptanz bis in politische Gremien hinein. Gründe für eine solch hohe Autorität mögen darin liegen, dass naturwissenschaftliche Daten als belastbar gelten und von renommierten Institutionen vorgetragen werden. Zunehmend werden jedoch auch die Vorteile der Historischen Klimatologie in der internationalen paläoklimatologischen Forschung wahrgenommen. Da die Aussagen auf direkten und unmittelbaren Beobachtungen zum Witterungsgeschehen beruhen, höher aufgelöst sind und meist eindeutig datiert werden können, ermöglicht gerade der Vergleich mit natürlichen Archiven eine wechselseitige Kontrolle und kann so helfen, die Aussagekraft der jeweiligen Klimazeiger einzuschätzen. Zudem lassen sich die Klimafolgen und die Reaktion der Gesellschaften auf die Klimaentwicklungen ergründen und tragen so zum besseren Verständnis des Mensch-Umwelt-Verhältnisses bei.

Hydrologische Extreme

Das klimatische Geschehen der historischen Vergangenheit weist neben den lang- und mittelfristigen Änderungen immer wieder auch Anomalien und Extreme auf. Die Frage nach deren Wiederkehrzeiten sowie den Trends und Häufungen impliziert geradezu eine historische Rückschau. Vor allem zu den historischen Hoch-

wassern liegt eine beachtliche Fülle von Befunden vor (Brázdil et al. 1999, 2006, de Kraker 2006, Demarée 2006, Glaser & Stangl 2004). Zu vielen Flussgebieten Mitteleuropas liegen nicht nur Einzelbetrachtungen, sondern lange Zeitreihen vor.

Für die Rekonstruktion von **historischen Hochwassern** sind Hinweise auf die sozialen und ökonomischen Auswirkungen besonders ergiebig (Deutsch & Rost 2005). Alle schadenbringenden Hochwasser bedingten administrative Maßnahmen, die in Ratsprotokollen oder Akten der Steuerbehörden und Bauämter niedergelegt sind und über die Art und Schwere der Schäden Rückschlüsse auf die Intensität ermöglichen (Abb. 9.14.3). Aus ihnen lassen sich Schemata zur Intensitätsklassifizierung historischer Hochwasser entwerfen. Generell waren schwere historische Hochwasser oftmals verbunden mit drastischer Lebensmittelverknappung, Problemen bei der Trinkwasserversorgung aufgrund verschmutzter Brunnen sowie Notständen in der Energieversorgung durch beschädigte Mühlen. Zu den sich hieraus ergebenden langfristigen Folgen zählten etwa Auswanderungen oder die Konkurse kleinerer Betriebe. Der hydrologische GAU von 1342 veränderte nach Bork et al. (1998) das Oberflächenbild Mitteleuropas. Die Ackerflächen wurden durch tiefe Erosionsrinnen zerfurcht und selbst unter Wald kam es zum Schluchtenreißen, ganze Hänge rutschten ab. In anderen Gegenden konnte man meterhohe Aufsedimentationen nachweisen.

Eine weitere Klimakatastrophe stellen **Dürren** dar. Ein Beispiel ist der Dürresommer von 1540, der in etwa den Verhältnissen von 2003 entsprach. Neben den be-

Abb. 9.14.3 Zeitgenössische Darstellung der Zerstörung einer Brücke durch Eisgang in Bamberg im Winter 1784.

kannten Phänomenen von Ernteertragseinbußen, Niedrigwasserständen selbst in den großen Flüssen, dem Versiegen von Quellen und Brunnen und Waldbränden, wuchs ein Jahrtausendwein, den man in Schmuckfässern aufbewahrte.

Die Erstellung langer Hochwasserreihen

Ähnlich wie für die Temperaturen können auch für Hochwasser lange Reihen abgeleitet werden. Besonders wertvoll sind Zeitreihen, die mit heutigen Wasserstandsmessungen in Bezug gesetzt werden können (Glaser & Stangl 2003). Alle historischen Reihen weisen markante Schwankungen auf verschiedenen Zeitskalen auf. Einige lassen sich auch großräumig verfolgen, was auf eine übergeordnete klimatische Steuerung hindeutet. Bemerkenswert ist die Häufung von Hochwässern, die bereits Mitte des 14. Jahrhunderts einsetzte (Abb. 9.14.4). An vielen Flüssen weisen auch die Abschnitte 1300 bis 1500, 1500 bis 1550, 1550 bis 1700 und 1700 bis 1995 signifikant unterschiedliche Hochwasserhäufigkeiten auf, die

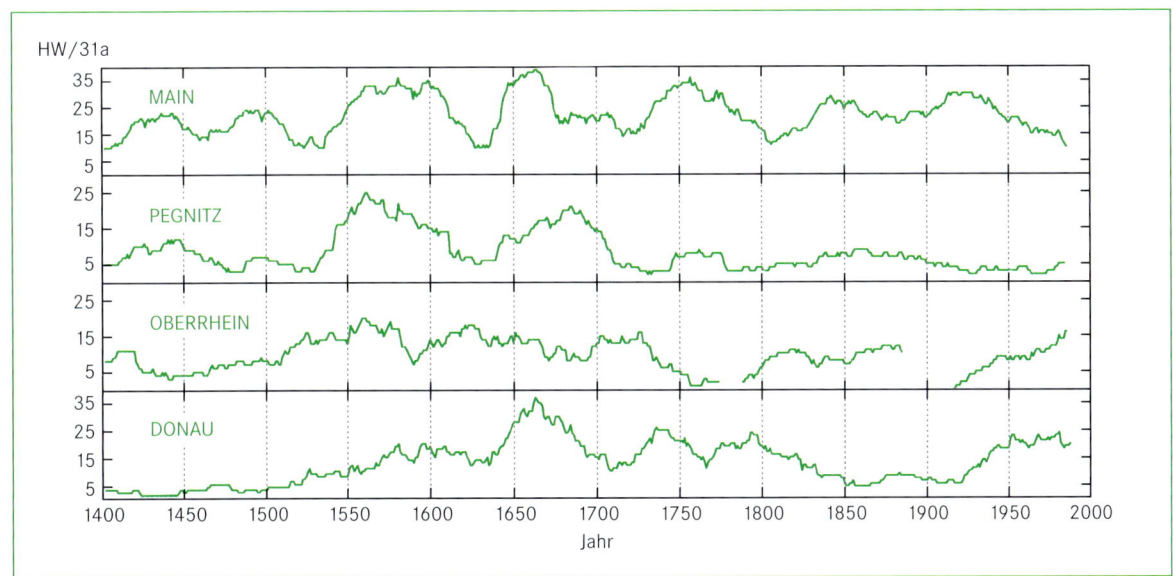

Abb. 9.14.4 Entwicklung der Hochwassersituation an der Donau bei Ulm, an der Pegnitz in Nürnberg, am Oberrhein und am Rhein ab Köln. Dargestellt sind 31-jährige gleitende Häufigkeiten (HW/31a). In der Zeitreihe von Ulm sind die Daten vor 1500 lückenhaft, weshalb es für diese Zeit zu abnehmenden Häufigkeiten kommt. Die Reihe des Oberrheins weist vor allem im Übergang zu den modernen Pegelmessungen Lücken auf.

 **Exkurs 9.14.2**

Erklärungsmodelle und Deutungsansätze

Neben der Rekonstruktion der klimatischen Entwicklung an sich, ist im historischen Kontext die Frage nach den Erklärungsmodellen und Zugangswegen, die dem jeweiligen Beobachter zur Verfügung standen, zu stellen. Vor allem im Zusammenhang mit der quellenkritischen Analyse findet dieser Aspekt Beachtung.

Grundsätzlich kann man davon ausgehen, dass in weiten Phasen eine Vielzahl von Erklärungsmodellen zur Verfügung stand, die oft auch gleichzeitig herangezogen wurden. So vermerkte Georg M. Gaisser (1595–1655), der als Abt des Benediktinerkloster St. Georgen und Villingen tätig war, am 14. Juli 1636 „beschäftige [ich] mich mit dem Lesen des Plinius" – ein Hinweis auf die Persistenz antiken Wissens. Seine Eintragungen fügte er in einen Hauskalender ein, der mit entsprechenden astrometeorologischen Prognosen versehen war. Seinen Unwillen über die darin enthaltenen falschen Wetterprognosen bringt er immer wieder zum Ausdruck: „Die Windbeutelei und Lügenhaftigkeit unserer Astrologen, die eine allzu große Milde des Winters prophezeiten, der größten seit langer Zeit, wird durch die Strenge des Winters Lügen gestraft". Andere Stellen belegen abergläubische, irrationale Vorstellungen. So schreibt er beispielsweise: „Legte heute mein 42. Lebensjahr zurück, das zugleich wegen der eintreffenden sechsfachen Siebenzahl kritisch ist". Als am 3. Februar 1638 während eines Unwetters Teile einer Kapelle einstürzten, sieht er dies als „unheilvolles Vorzeichen". In gleicher Weise spricht er am 27. September 1651 von „unheilverkündenden Regengüssen, die vielleicht ein Vorzeichen für den Tod des Herzogs von Bayern, der auf diesen Tag fiel, waren" – Deutungen, die im Prodigienglauben gründen. Den Frost am 26. Juli 1641 „von dem man Gefahr für die Baum- und Feldfrüchte befürchtete" bezeichnete er als „Geißel Gottes". Wegen der ungewohnten Kälte und den reichlichen Schneemassen veranstaltete er schließlich am 8. März 1651 Bittgottesdienste „zur Versöhnung der göttlichen Majestät", von der nach dem Glauben die Heftigkeit der Witterung ausging. In diesen Passagen steht Gaisser in der kirchlichen Tradition und Heilslehre. Ganz anders muten hingegen seine sehr realistischen Beobachtungen an, wenn er beispielsweise am 20. Januar 1648 die Inversion in der Umgebung von Villingen beschreibt. Damit offenbart der Abt Gaisser die zu seiner Zeit sehr typische „Mischung" verschiedener Erkenntnisformen.

sich mit Zirkulationsumstellungen im Rahmen der Kleinen Eiszeit erklären lassen (Jacobeit et al. 2003). Interessanterweise weisen die besonders schweren Hochwasser in den letzten Jahrhunderten keine signifikanten Änderungen auf. Es lassen sich alle 70 bis 80 Jahre fast schon zyklisch zu nennende Häufungen erkennen.

Historische Hochwasser im modernen Hochwassermanagement

Mittlerweile werden Angaben zu historischen Hochwassern im Rahmen des vorbeugenden **Hochwasserschutzmanagements** genutzt. Beispielsweise werden Analysen zum Hochwassergeschehen von 1824 am Neckar für ein integratives Hochwassermanagement eingesetzt, etwa zu einer neuen Standardisierung unter anderem für die Regionalisierung von HQ100-Hochwassern sowie in der Neuabschätzung und damit zur statistischen Verbesserung von Wiederkehrzeiten extremer Hochwasser (Bürger et al. 2006).

Die Langzeitanalysen verdeutlichen auch, dass in jedem Jahrhundert Extremhochwasser auftraten, die noch lange im Gedächtnis der Menschen verhaftet blieben. Zu erwähnen sind diejenigen von 1342, 1595, 1606, 1682, 1784 und 1845. Dabei war während der Kleinen Eiszeit häufig Eisgang für die besonders schweren Hochwasser verantwortlich.

Fazit und Perspektive

Historische Aufzeichnungen ermöglichen **quantitative Rekonstruktionen** zum Gang des Klimas und seiner Extreme und erweitern damit den klimatischen Erkenntnisraum erheblich. Neben Einzeldarstellungen liegen mittlerweile weltweit Klimazeitreihen zu Temperatur und Niederschlag vor. Ab 1500 können für weite Teile Europas Druck-, Temperatur- und Niederschlagsdatenfelder rekonstruiert werden. Der Bezug zur **aktuellen Klimadiskussion** ist vielfältig gegeben, indem beispielsweise die langfristigeren Vergleichsdaten zu Klimaextremen und deren Variation präsentiert werden können.

Betrachtet man die Ergebnisse, so wird zunächst offensichtlich, dass es zu allen Zeiten klimatische Extremereignisse gab. Immer wieder wurde die Bevölkerung von Hitzewellen und Dürren, Frostperioden und

Starkniederschlägen überrascht. In manchen Regionen übertrafen einzelne Hochwasserereignisse die „Jahrhunderthochwasser" des vergangenen Jahrzehnts deutlich. Ein Blick auf die langen Reihen offenbart die hohe Veränderlichkeit. Unsere Vorfahren waren in einigen Flussgebieten einem höheren Hochwasserrisiko ausgesetzt. Unter diesem Eindruck erscheint so manches Bild von „nie dagewesenen Klimakapriolen" oder den „hausgemachten Hochwassern" in einem anderen Licht. Weitergehende Untersuchungen sollen die Bedeutung der verschiedenen Einflussfaktoren erhellen und so eine wichtige Grundlage für gesellschaftliche Bewertungen und die Ableitung möglicher Handlungsszenarien liefern.

In Zukunft wird sich die Frage nach den Handlungsstrategien, der Mitigation und der Klimadeutung vor allem auch im historischen Kontext in den Mittelpunkt stellen. In diesem Zusammenhang spielen Fragen zur regionalen Klimavulnerabilität eine besondere – geographische – Rolle.

9.15 Klimaszenarien und mögliche Entwicklungen in Deutschland

HANS VON STORCH UND INSA MEINKE

Szenarien beschreiben denkbare zukünftige Entwicklungen (Schwartz 1991). Im Gegensatz zu Vorhersagen stehen bei Szenarien nicht Eintrittswahrscheinlichkeit und Treffgenauigkeit im Vordergrund, sondern es werden Faktoren und Zusammenhänge ermittelt, die künftige Entwicklungen beeinflussen können. Szenarien sind **plausibel** und in sich **konsistent**, aber **nicht unbedingt wahrscheinlich**. Mit Szenarien wird häufig das Ziel verfolgt, Verantwortungsträger mit möglichen zukünftigen Situationen zu konfrontieren, damit diese planbar werden. Oft ermöglicht der Einsatz von Szenarien rechtzeitige Entscheidungen, durch die künftige Entwicklungen mit unerwünschten Folgen vermieden werden können oder die Wahrscheinlichkeit für wünschenswerte Entwicklungen erhöht werden kann.

Im täglichen Leben wird laufend mit Szenarien geplant. Ein Beispiel ist der sommerliche Kindergeburtstag, den man im Frühjahr plant. Man überlegt sich, wie man den Tag gestalten könnte – falls schönes Wetter ist. Für den Fall, dass es kalt und regnerisch ist, kommt eine andere Planung zum Tragen. Auf Schneefall dagegen bereitet man sich gar nicht erst vor, weil dies für den Sommer kein plausibles Szenario ist.

In der Klimaforschung werden Szenarien seit dem Beginn des IPCC-Prozesses (*Intergovernmental Panel on Climate Change*) Ende der 1980er-Jahre intensiv genutzt (Houghton et al., 1990, 1992, 1995, 2001). Grundlage bilden **Gesellschaftsszenarien**, in denen Bevölkerungsentwicklung, Wirtschaftswachstum, Globalisierung sowie der langfristige Umgang mit natürlichen Ressourcen und fossilen Energieträgern in unterschiedlicher Weise abgebildet werden. Aus den verschiedenen Gesellschaftsszenarien werden mögliche zukünftige Entwicklungen von anthropogenen Emissionen klimatisch wirksamer Substanzen abgeleitet. Dabei handelt es sich vor allem um Kohlendioxid, aber auch um Methan und Aerosole industriellen Ursprungs. Im nächsten Schritt wird auf Basis dieser **Emissionsszenarien** mit komplexen globalen numerischen Klimamodellen abgeschätzt, welche klimatischen Folgen die zukünftigen Emissionen haben können. Diese **globalen Klimaänderungsszenarien** geben Auskunft über die erwarteten globalskaligen Klimaänderungen, die aufgrund der jeweiligen Emissionsentwicklung plausibel erscheinen. Regionale Details, beispielsweise für die Niederschlags- und Windverhältnisse in mitteleuropäischen Ländern, liefern sie nicht. Um diese zu erhalten, wird die Methode des „dynamischen Downscaling" verwendet. Dabei werden für bestimmte Regionen regionale Klimamodelle mit horizontalen Gittern von 10 bis 50 km von den großskaligen Zirkulationsverhältnissen angetrieben, die vorher in globalen Klimamodellen simuliert wurden. So ergeben sich **regionale Klimaänderungsszenarien**. Diese beschreiben, wie sich das regionale Klima auf Skalen von etwa 10 bis 50 Kilometern entwickeln könnte. Hierin sind auch seltene und kurzzeitige Ereignisse enthalten, wie Starkniederschläge oder extreme Stürme.

Methodisch werden diese Szenarien als bedingte Vorhersagen erzeugt. Man überlegt sich einige Schlüsselentwicklungen, die möglich, plausibel und konsistent, aber nicht notwendigerweise wahrscheinlich sind. Sie beziehen sich auf die wirtschaftlich-sozialen Prozesse, die zu Emissionen führen. Für jede Gruppe von Annahmen der Schlüsselentwicklungen ergeben sich andere zukünftige Entwicklungen der klimatischen Folgen. Dabei stellt sich heraus, dass in allen möglichen zukünftigen Entwicklungen die Lufttemperaturen und die Wasserstände steigen. Im Falle dieser beiden klimatischen Größen liegt also in allen bedingten Vorhersagen eine Konsistenz in Form eines generellen Anstiegs vor. Die Änderung dieser klimatischen Größen wird damit unabhängig von den angenommenen Schlüsselentwicklungen. Daher liegt eine echte unbedingte Vorhersage vor, sofern die sozioökonomischen Szenarien das gesamte Spektrum möglicher Entwicklungen abdecken.

Emissionsszenarien

Im *IPCC Special Report on Emissions Scenarios* (SRES; IPCC et al. 2000) sind 40 Emissionsszenarien veröffentlicht worden. Zunächst wurden vier mögliche Handlungsstränge (*storylines*) der zukünftigen gesellschaftlichen Entwicklung abgeleitet. Diese basieren auf unterschiedlichen Entwicklungen der wesentlichen Einflussfaktoren, wie beispielsweise dem demographischen Wandel, dem Umgang mit natürlichen Ressourcen sowie der ökonomischen und technologischen Entwicklung. Die daraus abgeleiteten Szenarien repräsentieren jeweils eine spezifische quantitative Interpretation des jeweiligen Handlungsstranges. Alle Szenarien, die auf demselben Handlungsstrang basieren, bilden eine Szenarienfamilie. Die vier **Szenarienfamilien** werden grob durch die vier Kriterien wirtschaftlich, ökologisch, global und regional unterschieden und tragen die Bezeichnung A1, A2, B1 und B2.

- Die A1-Szenarienfamilie beschreibt eine globalisierte Welt mit sehr schnellem Wirtschaftswachstum. Die Weltbevölkerung nimmt bis Mitte des 21. Jahrhunderts zu. Charakteristisch ist außerdem die schnelle Einführung von neuen Technologien mit gesteigerter Energieeffizienz.
- Die A2-Szenarienfamilie beschreibt eine sehr heterogene Welt, in der regionale Bräuche und Kulturen große Bedeutung haben und der Fokus auf ein schnelles Wirtschaftswachstum gerichtet ist. Die Weltbevölkerung steigt kontinuierlich weiter an.
- Die B1-Szenarienfamilie beschreibt, wie die A1-Szenarienfamilie, eine globalisierte Welt, in der die Weltbevölkerung bis Mitte des 21. Jahrhunderts weiter zunimmt. Der Schwerpunkt liegt auf globalen Lösungsansätzen zu ökonomischer, sozialer und ökologischer Nachhaltigkeit. In einer Dienstleistungs- und Informationsgesellschaft werden saubere und effiziente Technologien eingeführt.
- Die B2-Szenarienfamilie beschreibt eine Welt mit regionalen Lösungsansätzen für ökonomische, soziale und ökologische Nachhaltigkeit. Die Weltbevölkerung steigt stetig weiter an, jedoch schwächer als in der A2-Szenarienfamilie. Umweltschutz und soziale Gerechtigkeit auf regionaler Ebene haben einen höheren Stellenwert als das Wirtschaftswachstum.

Die für Klimaszenarien relevante Größe dieser Szenarienfamilien ist das abgeleitete Niveau der **Treibhausgaskonzentrationen**. Abbildung 9.15.1 zeigt die erwarteten SRES-Szenarien für die Emission von Kohlendioxid (in Gigatonnen Kohlenstoff) als wesentlichem Repräsentanten von Treibhausgasen und von Schwefeldioxid (in Megatonnen Schwefel) als Repräsentanten für Aerosole anthropogenen Ursprungs.

Die SRES-Szenarien treffen allerdings auf einige Vorbehalte. Diese wurden etwa dokumentiert durch eine Anhörung des *Select Committes of Economic Affairs* des *House of Lords in London* (2005). Ein wesentlicher Vorbehalt ist, dass die Erwartungen für wirtschaftlichen Wandel für die verschiedenen Wirtschaftsbereiche nach Marktwechselkurs (*market exchange ranges*, MER) statt nach Kaufkraftparität (*purchasing power parity*, PPP) berechnet werden. Zudem ist in den SRES-Szenarien implizit die Erwartung enthalten, dass sich die Schere im Pro-Kopf-Einkommen zwischen der entwickelten und der sich entwickelnden Welt zum Ende des 21. Jahrhunderts weitgehend schließen wird (Tol 2005). Ohne diese Annahmen würden die Emissionen bei gleicher wirtschaftlicher Entwicklung vermutlich als kleiner abgeschätzt werden. Außerdem werden politische Ziele mit Treibhausgas reduzierenden Maßnahmen in den Szenarien nicht berücksichtigt. Eine politische Steuerung der Treibhausgasemissionen erfolgt ausschließlich über die oben genannten wesentlichen Einflussfaktoren (IPCC 2000). Inzwischen sind neue IPCC-Szenarien entwickelt worden, die im fünften Sachstandsbericht des IPCC

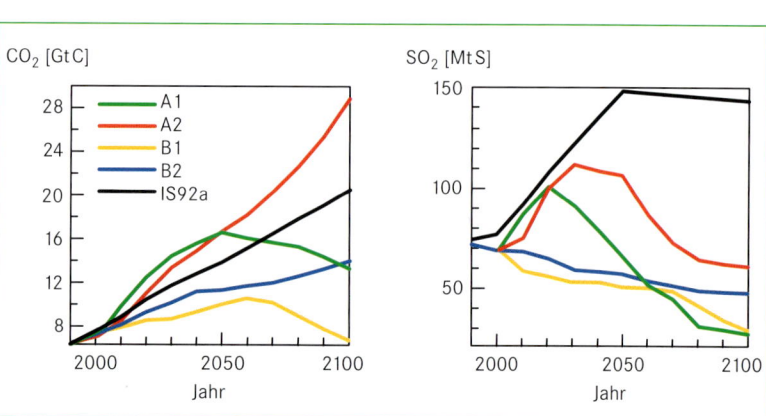

Abb. 9.15.1 Szenarien für Emissionen von Kohlendioxid (als Beispiel für Treibhausgase, in Gigatonnen Kohlenstoff pro Jahr) sowie von Schwefeldioxid (repräsentativ für Aerosole industriellen Ursprungs, in Megatonnen Schwefel pro Jahr). A1, A2, B1 und B2 sind SRES-Szenarien. IS92a ist ein früheres IPCC-Szenarien, das sogenannte *business-as-usual*-Szenario (BAU); nach IPCC 2000).

erstmalig eingesetzt werden. Die neuen IPCC-Szenarien werden durch den anthropogenen Strahlungsantrieb charakterisiert. Die Veröffentlichung ist für 2013/2014 geplant (Moss et al. 2008).

Globale Klimaänderungsszenarien

Die oben skizzierten Emissionsszenarien werden in mögliche zukünftige atmosphärische Treibhausgaskonzentrationen umgerechnet. Auf dieser Basis berechnen globale Klimamodelle ohne weitere Bereitstellung von Beobachtungsdaten eine oft 100-jährige Folge meist stündlichen Wetters. Ergebnisse der Klimamodellrechnungen sind eine große Anzahl von Wetterelementen und anderen Variablen in der Stratosphäre, der Troposphäre und in Bodennähe bzw. an der Grenzfläche Ozean/Meereis/Atmosphäre. Hierzu zählen beispielsweise Lufttemperatur, Bodentemperatur, Meeresoberflächentemperatur, Niederschlag, Salzgehalt im Ozean, Meereisbedeckung oder Windgeschwindigkeit.

Globale Klimamodellrechnungen enthalten **systematische Fehler**. Deshalb können Klimaänderungen nicht in Form von absoluten Werten aus Simulationen mit sich erhöhenden Treibhausgaskonzentrationen abgeleitet werden. Anders als im sozialen oder ökologischen Kontext gelten die erwarteten Klimaänderungen im geophysikalischen Sinne als klein. Deshalb erwartet man, dass die Änderungen aufgrund veränderter atmosphärischer Komposition richtig dargestellt werden. Aus diesem Grund werden Klimaänderungen aus der Differenz abgeleitet, den ein „Kontrolllauf" zu einem „Szenariolauf" aufweist. Während der Kontrolllauf das gegenwärtige Klima mit unveränderten Treibhausgaskonzentrationen beschreibt, liegen den Szenarioläufen die oben beschriebenen Treibhausgaskonzentrationen der verschiedenen Emissionsszenarien zugrunde.

Die Abbildung 9.15.2 zeigt die erwarteten Änderungen der Lufttemperatur in einer Simulation mit dem Szenario A2 und mit dem Szenario B2 für die letzten 30 Jahre des 21. Jahrhunderts im Vergleich zu einem „Kontrolllauf" des Referenzzeitraumes 1961 bis 1990. In beiden Szenarien steigen die Lufttemperaturen fast überall an. In Szenario A2 ist der Anstieg stärker als in B2. Der Anstieg ist über See wegen der höheren thermischen Trägheit des Ozeans langsamer. In arktischen Bereichen fällt die Erwärmung besonders stark aus, nachdem dort teilweise Permafrost und Meereis geschmolzen sind.

Wie sollten Emissionsszenarien eingesetzt werden?

Der zweite Bericht zu Emissionsszenarien des IPCC, SRES, empfiehlt für jede Auswertung, eine Spannbreite der Emissionsszenarien zugrunde zu legen (IPCC 2000). Demnach sollte immer mehr als eine Szenarienfamilie berücksichtigt werden. Von den 40 Emissionsszenarien hat der IPCC sechs **Markerszenarien** als kleinste Teilmenge identifiziert, mit deren Einsatz Unsicherheitsbereiche der zukünftigen sozio-ökonomischen Entwicklung beschrieben werden können. Hierzu zählen die Szenarien-Familien A2, B2 und B1 sowie drei Gruppen innerhalb der A1-Szenarienfamilie: A1B, A1FI und A1T, die jeweils alternative Entwicklungsstränge in Einsatz und Verbrauch von Energieträgern beschreiben. Innerhalb der Emissionsszenarien gibt es kein wahrscheinlichstes oder zentrales Szenario. Den einzelnen SRES-Szenarien werden keine Wahrscheinlichkeiten zugewiesen. Kein Szenario repräsentiert eine Abschätzung einer zentralen Tendenz wie Mittelwert oder Median. Deshalb sollte laut IPCC auch kein Szenario auf diese Weise interpretiert werden. Der IPCC empfiehlt einzelne SRES-Szenarien stets im Kontext der Spannbreite aller Szenarien zu bewerten. Eine Eintrittswahrscheinlichkeit einzelner Szenarien kann daraus jedoch nicht abgeleitet werden (IPPC 2000).

Regionale Klimaänderungsszenarien – Beispiel Deutschland

Mit regionalen Klimamodellen sind diverse globale Klimaänderungssimulationen durch die Methode des dynamischen Downscalings unter anderem für Europa und Deutschland regionalisiert worden. Die Ergebnisse der globalen und regionalen Klimamodellläufe werden größtenteils in der **CERA-Datenbank** des *World Data Center Climate* (WDCC) archiviert. Die Datenbank des WDCC enthält Rohdaten in Form von Zeitreihen und Tages- sowie Monatsmittel verschiedenster meteorologischer Parameter (Temperatur, Wind, Niederschlag). Weitere Informationen sind unter www.wdc-climate.de verfügbar. Außerdem wurden im Rahmen des EU-Projektes PRUDENCE **regionale Klimasimulationen** für Europa erstellt. Die Rohdaten dieser regionalen Klimarechnungen sind unter http://prudence.dmi.dk/ verfügbar. Auswertungen zeigten, dass Regionalmodelle bei verschiedenen globalen Modellantrieben merkliche Unterschiede in den regionalen Szenarien hervorbringen (Woth 2005). Erwartungen, wonach stärkere Emissionsszenarien regional deutlichere Veränderungen aus-

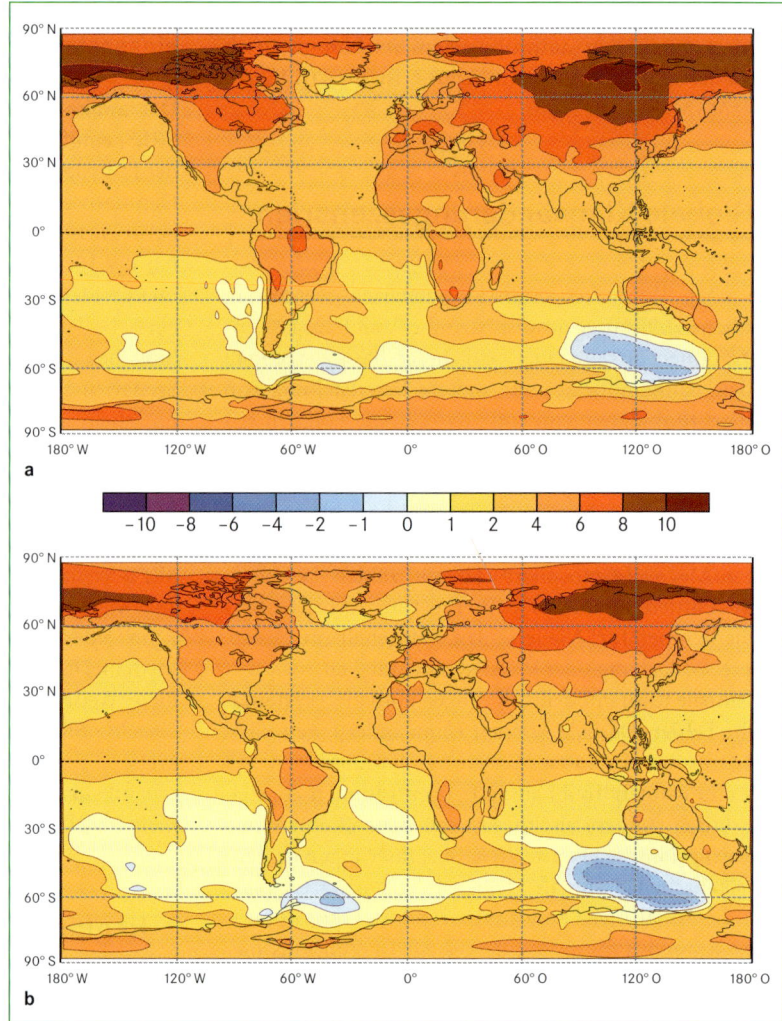

Abb. 9.15.2 Erwartete Änderung der mittleren Lufttemperatur von 1961–1990 bis 2071–2100. Szenario A2 (a) und B2 (b; Quelle: Danmarks Meteorologiske Institut).

prägen als schwächere, gelten nur eingeschränkt. Dies liegt daran, dass die Wetterdynamik auf der regionalen Skala variabler ist als im Fall großräumig gemittelter Größen. Das Verhältnis „Änderung/Wettervariabilität" wird immer stärker zugunsten der Wettervariabilität verschoben, je kleiner die betrachteten Gebiete werden.

Im **Norddeutschen Klimaatlas** (www.norddeutscher-klimaatlas.de) und im **Regionalen Klimaatlas** Deutschland (www.regionaler-klimaatlas.de) werden Rohdaten aus der CERA-Datenbank und der Datenbank des EU-Projektes PRUDENCE regional spezifisch ausgewertet und in Form von Karten und kurzen Texten verständlich aufbereitet und interpretiert. Den zuvor dargestellten Erkenntnissen zum Einfluss des globalen Modellantriebs sowie den Empfehlungen des IPCC zur Nutzung von Emissionsszenarien wurde in den Internetatlanten so weit wie möglich Rechnung getragen

(Meinke & Gerstner 2009, Meinke et al. 2010). In einem Ensemble von derzeit zwölf regionalen Klimarechnungen werden bisher drei verschiedene regionale Klimamodelle berücksichtigt, die mit drei unterschiedlichen globalen Modellsimulationen und variierten Anfangsbedingungen angetrieben wurden. Die globalen Modellsimulationen basieren auf den vier Treibhausgasszenarien A1B, B1, B2 und A2. Für die Emissionsszenarien A1FI und A1T liegen bislang keine Regionalisierungen für Deutschland vor, sodass diese bei der Ableitung von regionalen Klimaänderungen in Deutschland nicht berücksichtigt werden können. Wie zuvor beschrieben, sind bei regionalen Klimaszenarien Unterschiede zwischen den Emissionsszenarien verglichen mit dem antreibenden Globalmodell nicht primär von Bedeutung. Bereits bei einem Gebiet der Größe Deutschlands ist das Verhältnis „Änderung/Wettervariabilität" stark zugunsten der Wettervariabilität verschoben. Deshalb werden im Norddeutschen Klimaatlas und im Regionalen Klimaatlas Deutschland regionale Klimaänderungen in Form von Spannbreiten angegeben, die jeweils das gesamte Ensemble der regionalen Klimarechnungen umfassen. Für jede Klimarechnung werden Gebietsmittel für unterschiedliche Wetterelemente berechnet. Aus den Ergebnissen werden minimale und maximale Werte bestimmt, durch die die Spannbreiten definiert werden. Je nach Wetterelement, betrachtetem Zeitraum, Jahreszeit und Region werden Minima und Maxima von unterschiedlichen regionalen Klimarechnungen geliefert.

Temperatur

Wie in Kapitel 9.12. beschrieben, betrug der durchschnittliche Temperaturanstieg zwischen 1901 bis 2000 in Deutschland etwa 1°C. Bereits in den letzten Jahrzehnten zeigte sich jedoch eine beschleunigte Erwärmung. Die Szenarien weisen darauf hin, dass Ende des 21. Jahrhunderts aufgrund anthropogener Treibhausgasemissionen eine Erwärmung von 2,1°C bis 5,5°C möglich ist. Somit scheint sich die Erwärmung in Deutschland künftig mindestens zu verdoppeln; je nach zukünftiger Treibhausgaskonzentration kann sie sich bis zum Jahr 2100 jedoch auch verfünffachen. Alle Klimaszenarien ergeben für Deutschland in allen Jahreszeiten künftig **deutliche Erwärmungen**. Anders als bisherige Messungen zeigen, lassen die Szenarien vermuten, dass die stärkste Erwärmung bis zum Jahr 2100 in den Sommermonaten stattfindet. In diesen Monaten könnte es in Deutschland bis Ende des 21. Jahrhunderts um fast bis zu 7°C wärmer werden als heute. In den übrigen Jahreszeiten kann die Erwärmung in Deutschland im selben Zeitraum etwa bis zu 5°C erreichen (Abb. 9.15.3 a–d). Auch Tage, an denen die Temperatur bestimmte Schwellenwerte überschreitet, können zunehmen. Hierzu zählen sogenannte Sommertage, an denen es wärmer als 25°C wird und heiße Tage, an denen die Temperatur 30°C überschreitet. Insgesamt kann es in Deutschland bis Ende des Jahrhunderts etwa 17 bis 62 zusätzliche Sommertage und sieben bis 36 zusätzliche heiße Tage geben. Die Szenarien weisen außerdem darauf hin, dass diese Zunahme vor allem in den Sommermonaten stattfinden wird. Auch die **Anzahl der Frost- und Eistage** kann sich bis Ende des Jahrhunderts in Deutschland stark reduzieren. So kann es verglichen mit heute etwa 21 bis 50 weniger Tage geben, an denen es kälter als 0°C wird, und 8 bis 23 weniger Tage geben, an denen es nicht wärmer als 0°C wird (www.regionaler-klimaatlas.de, Meinke et al. 2010).

Niederschlag

Nach dem aktuellen Stand der Forschung ist unklar, wie sich der Niederschlag in Deutschland im Jahresmittel bis Ende des 21. Jahrhunderts (2071–2100) im Vergleich zu heute (1961–1990) ändern wird. Einige regionale Klimaszenarien zeigen eine Zu-, andere eine Abnahme. Die Änderung der Klimarechnung, die dem Ensemblemittel am nächsten ist, beträgt +1 Prozent. In den verschiedenen Jahreszeiten scheinen sich die bisherigen Trends der gemessenen Niederschlagsänderungen weiter fortzusetzen (Abb. 9.15.3 e–h). Im Winter ist mit einer deutlichen **Niederschlagszunahme** zu rechnen. Bis zum Jahr 2100 kann in Deutschland in den Wintermonaten 8 bis 33 Prozent mehr Niederschlag fallen (Abb. 9.15.3 h). Neben dieser Zunahme der Niederschlagsmenge kann es im Winter künftig auch häufiger regnen: Bis Ende des Jahrhunderts ist im Winter mit 2 bis 6 zusätzlichen Regentagen zu rechnen. Aufgrund der Erwärmung wird dieser Niederschlag hauptsächlich in Form von Regen fallen. Der **Schneefall** kann bis Ende des Jahrhunderts im Jahresmittel in Deutschland verglichen mit heute um etwa 58 bis 94 Prozent abnehmen.

Im Sommer scheint sich die bisher gemessene Niederschlagsabnahme weiter zu verstärken. In diesen Monaten kann in Deutschland Ende des 21. Jahrhunderts etwa 13 bis 46 Prozent weniger Regen fallen (Abb. 9.15.3 f). Gleichzeitig scheint auch die Niederschlagshäufigkeit abzunehmen. Die Szenarien weisen darauf hin, dass es in Deutschland bis Ende des 21. Jahrhunderts im Sommer etwa 6 bis 20 Regentage weniger geben kann. In den Übergangsjahreszeiten Frühling und Herbst ist die Änderung des Niederschlags nach den bisher vorliegenden regionalen Klimaszenarien bis Ende des 21. Jahrhunderts (2071–2100) unklar. Einige regionale Klimaszenarien zeigen eine Zu-, andere eine Abnahme. Die Simulationen, die dem Ensemblemittel am nächsten sind, zeigen in diesen Jahreszeiten eine Niederschlagszunahme (Abb. 9.15.3 e und g).

Wind

Mittlere Windgeschwindigkeiten können im Jahresmittel bis Ende des 21. Jahrhunderts in Deutschland leicht zunehmen (bis zu 3 Prozent; Abb. 9.15.3 i–k). Am stärksten kann sich diese Zunahme in den Wintermonaten ausprägen. Nach dem aktuellen Stand der Forschung kann in dieser Jahreszeit bis Ende des 21. Jahrhunderts (2071–2100) die mögliche größte Zunahme der mittleren Windgeschwindigkeit im Vergleich zu heute (1961–1990) bis zu 13 Prozent betragen. Im Sommer zeichnet sich eine entgegengesetzte Entwicklung ab. Bis Ende des

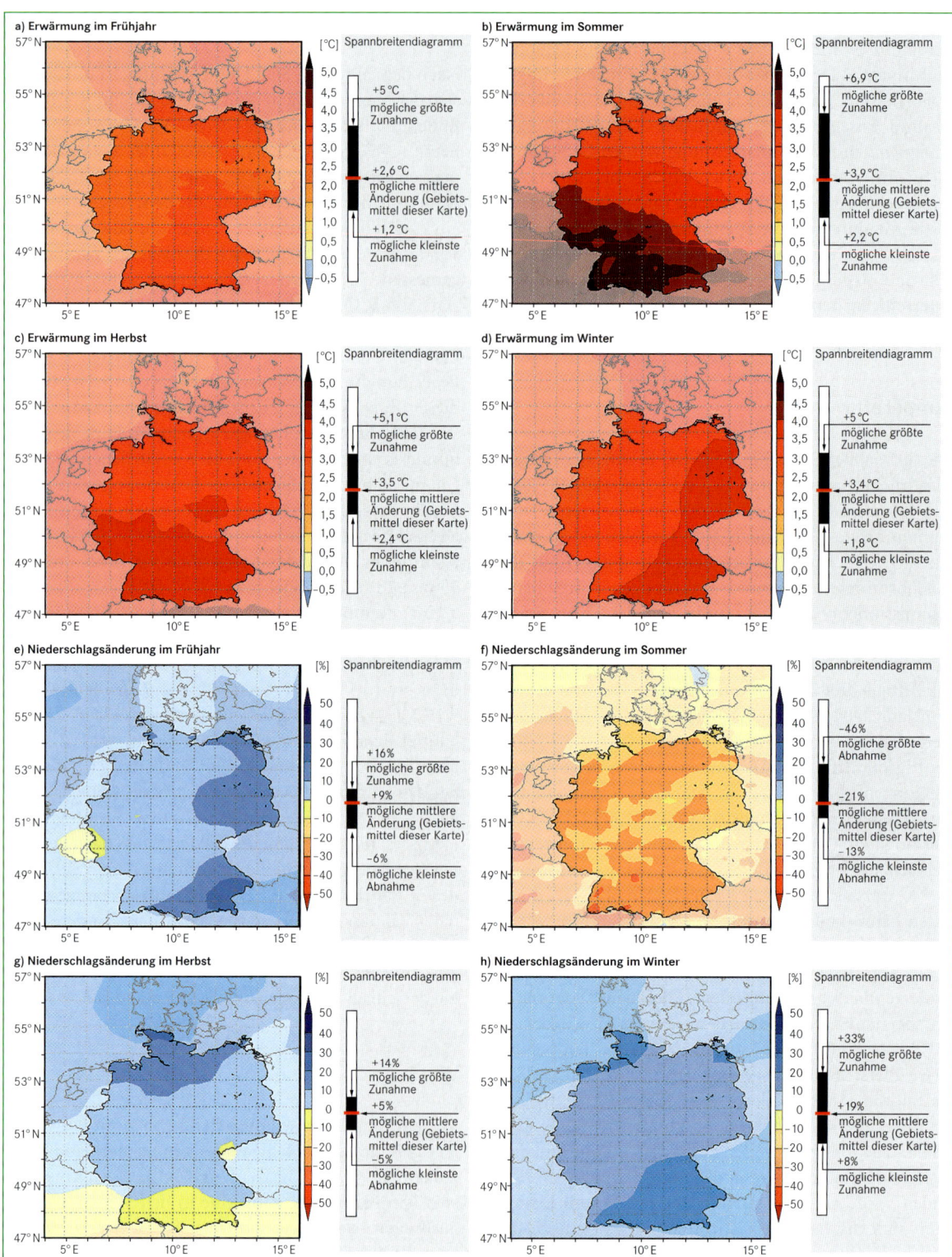

Abb. 9.15.3 Verschiedene regionale Klimaänderungsszenarien für Deutschland jeweils bis Ende des 21. Jahrhunderts (2071–2100) im Vergleich zu heute (1961–1990): a–d) mögliche zukünftige Erwärmung, e–h) mögliche zukünftige Niederschlagsänderungen, i–k) mögliche zukünftige Änderungen der Windintensität, l–n) mögliche zukünftige Änderung der Sonnenscheindauer (nach www.regionaler-klimaatlas.de, Meinke et al. 2010).

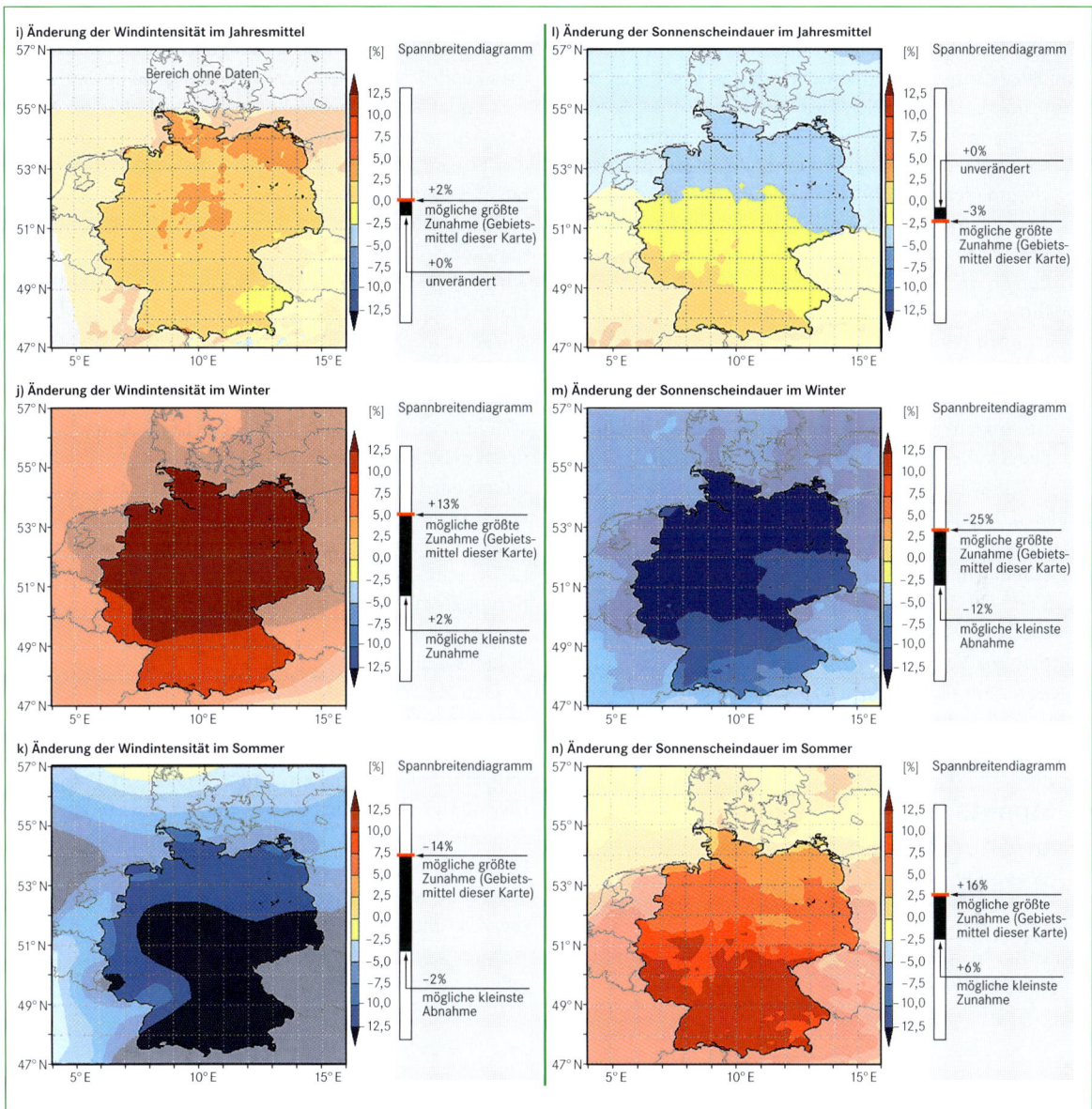

Abb. 9.15.3 (Fortsetzung)

21. Jahrhunderts (2071–2100) kann in Deutschland die mittlere Windgeschwindigkeit in den Sommermonaten im Vergleich zu heute (1961–1990) um bis zu 14 Prozent abnehmen. Diese sommerlichen Abnahmen scheinen sich im Norden Deutschlands schwächer zu vollziehen als in Süddeutschland. Dies gilt auch für die Übergangsjahreszeiten. Ähnliche Entwicklungen zeichnen sich auch bei den Sturmintensitäten ab.

Bewölkung und Sonnenscheindauer

Auch die Sonnenscheindauer kann sich laut Szenarien künftig verändern. Definiert ist die Sonnenscheindauer als Zeitraum, in dem die direkte einfallende kurzwellige Sonnenstrahlung 120 W/m² übersteigt. Im Jahresmittel kann die Sonnenscheindauer in Deutschland bis Ende des Jahrhunderts leicht (bis zu 3 Prozent) abnehmen (Abb. 9.15.3 l). Diese Entwicklung scheint sich in Norddeutschland am stärksten zu vollziehen. Innerhalb der

Jahreszeiten scheint sich diese Abnahme am deutlichsten in den Wintermonaten auszuprägen. In diesen Monaten kann die Sonnenscheindauer bis Ende des Jahrhunderts im Vergleich zu heute um 12 bis 25 Prozent abnehmen (Abb. 9.15.3 m). Im Sommer ist deutschlandweit im Mittel mit einer Zunahme der Sonnenscheindauer zu rechnen, die bis 2100 6 bis 16 Prozent betragen kann (Abb. 9.15.3 n). In Küstennähe ist diese Entwicklung jedoch unklar. Einige Klimarechnungen zeigen in dieser Region eine Zu-, andere eine Abnahme der sommerlichen Sonnenscheindauer. Die Änderungen der Sonnenscheindauer können zum Teil durch den Bedeckungsgrad erklärt werden. Im Sommer kann der Bedeckungsgrad deutschlandweit bis 2100 um 2 bis 16 Prozent abnehmen. Im Winter ist die Änderung des Bedeckungsgrades bis Ende des 21. Jahrhunderts (2071–2100) im Vergleich zu heute (1961–1990) jedoch unklar. Die starke winterliche Abnahme der Sonnenscheindauer steht möglicherweise im Zusammenhang mit einem zunehmenden Wasserdampfgehalt, der vor allem in den Wintermonaten aufzutreten scheint. So kann sich die spezifische Feuchte (Masse des Wasserdampfes im Verhältnis zur Masse der feuchten Luft), angegeben für das 850-hPa-Druckniveau, im Winter um 16 bis 27 Prozent erhöhen.

Impaktszenarien am Beispiel von Sturmfluten an der deutschen Nordseeküste

Mögliche Auswirkungen regionaler Klimaänderungen, beispielsweise auf Wasserstände, können mit zusätzlichen Impakt- bzw. Wirkmodellen berechnet werden. Dazu wird die 6-stündige Abfolge der Wind- und Luftdruckfelder verschiedener regionaler Klimaszenarien verwendet, um ein hydrodynamisches Modell der Nordsee anzutreiben (Woth et al. 2005). Auf diese Weise kann das Sturmflutgeschehen längs der Nordseeküste realitätsnah simuliert werden.

Bisher hat sich der vom Menschen verursachte Klimawandel kaum auf die Nordseesturmfluten ausgewirkt. Wie stark sich Sturmfluthöhen an der deutschen Nordseeküste ändern, hängt in erster Line vom Meeresspiegelanstieg und vom Windklima in der Deutschen Bucht ab (Abb. 9.15.4). Die Windverhältnisse haben sich über der Nordsee mit dem Klimawandel bisher nicht systematisch verändert. Sowohl Wind- als auch Luftdruckmessungen zeigen vielmehr, dass Stärke und Häufigkeit der Nordseestürme im letzten Jahrhundert starken Schwankungen unterlagen. Diese liegen jedoch im normalen Bereich. Eine Sturmsaison bringt heute weder heftigere noch häufigere Stürme in der Deutschen Bucht hervor als zu Beginn des letzten Jahrhunderts. Dementsprechend laufen Sturmfluten heute windbedingt nicht höher auf als vor 100 Jahren.

Der Meeresspiegel ist in den letzten 100 Jahren weltweit durchschnittlich etwa 2 Dezimeter angestiegen. Der Meeresspiegel der Nordsee hat mit dieser Entwicklung ungefähr Schritt gehalten. Durch das höhere Ausgangsniveau des mittleren Meeresspiegels laufen auch die Sturmfluten in der Nordsee durchschnittlich etwa 2 Dezimeter höher auf als vor 100 Jahren. Künftig können sie jedoch noch höher auflaufen. Klimarechnungen für die Zukunft weisen darauf hin, dass der Meeresspiegel weltweit künftig stärker ansteigen kann als bisher. In den letzten Jahrzehnten ist der globale Meeresspiegel durch-

meteorologisch bedingter Wasserstandsanteil
- Sturmflutwasserstände, Sturmflutseegang, Wellenauflauf am Deich
- Änderung z.B. durch Änderungen im Windklima

regionaler Meeresspiegel
- regionale Abweichungen vom globalen mittleren Meeresspiegel
- Änderungen z.B. durch ozeanische Zirkulationsänderungen

globaler mittlerer Meeresspiegel
- Volumen der Ozeane
- Änderungen z.B. durch thermische Ausdehnung, Abschmelzen kontinentaler Eismassen

Wellenauflauf am Deich

Abb. 9.15.4 Schematische Darstellung der Faktoren, die Sturmflutwasserstände beeinflussen können. Änderungen im globalen und regionalen Meeresspiegel beeinflussen sowohl die mittleren als auch die Sturmflutwasserstände. Änderungen im Windklima und Wellenauflauf sind dagegen nur für Sturmflutwasserstände von Bedeutung.

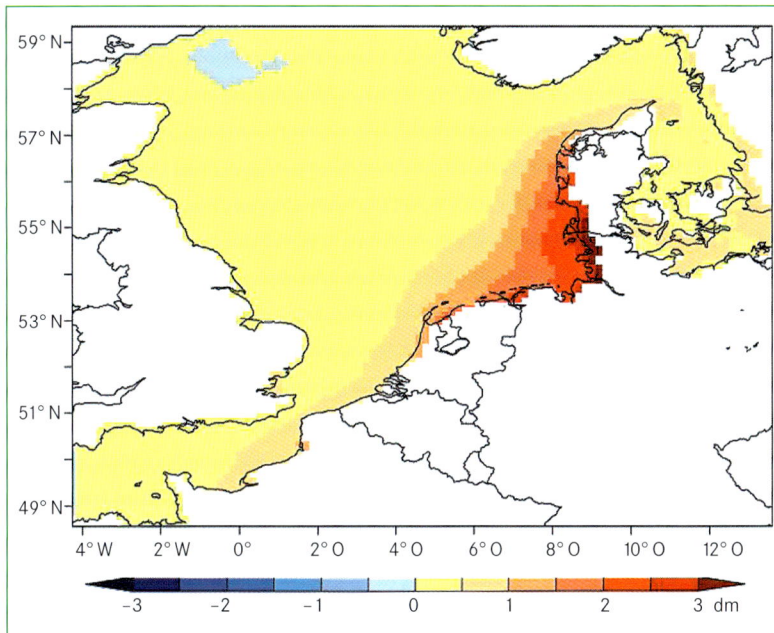

Abb. 9.15.5 Erwartete Unterschiede in den jährlichen 99-Prozentilen des Windstaus in der Nordsee. Dieses Szenario wurde konstruiert mit den A2-Emissionen, dem globalen Modell HadAM3 und dem regionalen Modell RCAO (Angaben in Dezimeter; nach Woth 2005).

schnittlich bereits stärker angestiegen als zu Beginn des letzten Jahrhunderts. Würde man die derzeitige Anstiegsrate auf 100 Jahre linear fortschreiben, läge der Meeresspiegelanstieg bei etwa 3 Dezimeter. Der UN-Klimarat IPCC erwartet bis Ende des 21. Jahrhunderts einen Meeresspiegelanstieg von etwa 2 bis 6 Dezimeter. Das bedeutet, dass sich die durchschnittliche bisherige Anstiegsrate des letzten Jahrhunderts (2 Dezimeter) im nächsten Jahrhundert verdreifachen kann, mindestens aber gleich bleibt. Bis 2030 könnte der Meeresspiegel im weltweiten Durchschnitt verglichen zu heute um etwa 1 bis 2 Dezimeter ansteigen. Außerdem können sich Prozesse in den großen Eisschilden Grönlands und der Antarktis so verstärken, dass sie den globalen Meeresspiegel zusätzlich ansteigen lassen. Insgesamt ist dann laut IPCC ein weltweiter Meeresspiegelanstieg von 2 bis 8 Dezimeter bis zum Ende des 21. Jahrhunderts plausibel (IPCC 2007).

Obwohl sich das Windklima über der Nordsee bisher nicht systematisch geändert hat, weisen Klimarechnungen für die Zukunft darauf hin, dass die Nordseestürme im Winter stärker werden können. Dies gilt vor allem für Stürme aus westlichen und nördlichen Richtungen. Hauptsächlich Stürme aus diesen Richtungen stauen auch die Wassermassen an der deutschen Nordseeküste auf. Modellrechnungen weisen darauf hin, dass Sturmflutwasserstände windbedingt bis zum Ende des Jahrhunderts höher auflaufen können (Abb. 9.15.5; Woth 2005).

Geht man nun davon aus, dass der Meeresspiegelanstieg an der deutschen Nordseeküste auch künftig etwa dem durchschnittlichen globalen Meeresspiegelanstieg entspricht, wird auch das Ausgangsniveau der Nordseesturmfluten in Zukunft weiter ansteigen. Zusammen mit einem veränderten Windklima können Nordseesturmfluten bis zum Ende des Jahrhunderts dann insgesamt etwa 3 bis 11 Dezimeter höher auflaufen als heute. Bis 2030 ist der aktuelle Küstenschutz an der Nordsee ungefähr noch so wirksam wie heute, denn bis dahin werden Sturmfluten voraussichtlich „nur" 1 bis 3 Dezimeter höher auflaufen als heute. Bis Ende des Jahrhunderts kann durch die erhöhten Sturmflutwasserstände allerdings Handlungsbedarf entstehen. Bis dahin müssten Küstenschutzmaßnahmen angepasst werden. Küstenbewohnern muss das Sturmflutrisiko bewusster werden, damit sie ihre Lebensbereiche vor möglichen Beeinträchtigungen schützen.

9.16 Klima in der Diskussion

Christian-D. Schönwiese und Urs Neu

Jede wissenschaftliche Disziplin lebt von Forschung und Diskussion. Neue Forschungsergebnisse werden hinsichtlich ihrer Gültigkeit und Aussagekraft diskutiert, alte dahingehend, ob sie möglicherweise an Gewicht verloren haben oder gar durch neue überholt sind. Und diese **wissenschaftliche Diskussion** umfasst auch die Frage nach neuem Forschungsbedarf, nach den Konsequenzen, die aus alten und neuen Forschungsergebnissen resultieren, und nach geeigneter Informationsvermittlung innerhalb und außerhalb der Fachwelt. Selbstverständlich gilt dies alles auch für das Klima, insbesondere den Problemkreis der Klimaänderungen, seien sie nun natürlich oder anthropogen (Kapitel 9.12 und 9.15).

Ob und inwieweit der Funke der Diskussion nun auf die Öffentlichkeit überschlägt, hängt von der Relevanz der Forschungsergebnisse für die Öffentlichkeit ab, wobei meist ökonomische, soziale und politische Aspekte im Blickpunkt stehen. Für das Klima bzw. für Klimaänderungen besteht diese öffentliche Relevanz zweifellos, denn:

- **Offensichtlich ist die Menschheit hochgradig von der Gunst des Klimas abhängig.** Die Kälte des Polarklimas oder die trocken-heißen Bedingungen des subtropischen Klimas (Kapitel 9.8) sind lebensfeindlich. Am günstigsten ist ein gemäßigtes Klima, wie es in mittleren Breiten vorherrscht. Nicht ohne Grund finden sich in dieser Klimazone daher auch die Staaten mit der größten Wirtschaftsleistung. Ändert sich dort das Klima in Richtung ungünstigerer Bedingungen oder wird es in Problemzonen noch ungünstiger, kann das niemandem gleichgültig sein.
- **Spätestens seit dem Industriezeitalter nimmt auch der Mensch auf das Klima Einfluss** und zwar global und mit zunehmender Intensität. Dies kann sich auf die Menschheit bzw. das gesamte Leben auf der Erde (Biosphäre) nachteilig auswirken und bringt zu den Rückkopplungen im Klimasystem (Kapitel 9.2) noch eine weitere hinzu, da der Mensch unter diesen Aspekten zugleich in die Verursachung und Auswirkung von Klimaänderungen eingebunden ist. Daraus resultiert eine besondere Verantwortung.

Es soll nun jedoch nicht die Problematik der anthropogenen Klimaänderungen beleuchtet werden, sondern vielmehr die **Problematik der öffentlichen Diskussion** dazu.

Dabei ist von vornherein klar, dass die öffentliche Diskussion, sofern sie von Laien geführt wird, im Allgemeinen nicht vor dem Hintergrund der eigentlich dafür notwendigen Breite und Tiefe relevanten Fachwissens vor sich geht. Dies ist so lange unproblematisch und ungefährlich, so lange Laien als Fragende gegenüber Fachwissenschaftlern auftreten und deren Kompetenz akzeptieren. Da Fachwissenschaftler, zumal in Details, nicht immer der gleichen Meinung sind, kann das durchaus zu Komplikationen führen. Wirklich problematisch aber wird die Situation erst dann, wenn sich die öffentliche Diskussion teilweise oder ganz verselbstständigt, aus welchen Gründen auch immer, und Laien ohne die notwendige fachliche Basis oder gar im Widerspruch

dazu „Fachmeinungen" vertreten. Selbstverständlich darf die Meinungsfreiheit nicht angetastet werden, aber die Gefahren, die damit verbunden sind und leider oft genug in Erscheinung treten, müssen doch gesehen werden. Dabei handelt es sich (ohne Anspruch auf Vollständigkeit) um:

- grundsätzliche fachliche Fehler
- isolierte Betrachtung von Einzelaspekten
- Über- bzw. Unterbewertung dieser Aspekte
- Emotionalisierung und Polarisierung
- Agitation aufgrund nichtfachlicher Interessen

In der öffentlichen Klimadiskussion ist nun oft festzustellen, dass dabei relativ häufig nur anthropogene Klimaänderungen thematisiert werden. Doch ist dies deswegen durchaus nahe liegend und verständlich, weil wir gegen natürliche Klimaänderungen machtlos sind, uns dabei nur die Strategie der Anpassung bleibt, während sich anthropogene Klimaänderungen im Prinzip vermeiden lassen. Schon problematischer ist die **Fokussierung auf einen ganz bestimmten Aspekt anthropogener Klimaänderungen**, nämlich die Klimaeffekte, die auf den direkten bzw. indirekten zusätzlichen Ausstoß von Treibhausgasen (CO_2 usw.), auf die Nutzung fossiler Energieträger (Kohle, Öl, Gas), Waldrodungen und einige weitere weniger bedeutsame Vorgänge zurückgehen. Kann es sein, dass wir uns durch solche von uns selbst produzierte Klimaänderungen in Schwierigkeiten bringen? Sägen wir sozusagen selbst an dem Ast, auf dem wir sitzen? Sind möglicherweise Extremereignisse wie Hitzewellen (z. B. die Hitzesommer 2003 und 2006 in weiten Teilen Europas), verbunden mit Dürren (wie z. B. auch 2004/2005 in Portugal und Spanien), und Überschwemmungen (wie in den Wintern 2003/04 und 2004/05 in der Rheinregion sowie in den Sommern 2002 bzw. 2005 in der Elbe- und in der Alpenregion) Indizien für den anthropogenen Klimawandel? Ist womöglich der in großen Teilen Europas und Nordasiens ungewöhnlich kalte Winter 2009/2010 ein Indiz dagegen (obwohl in Deutschland seit 1761 genau 76 Winter noch kälter waren)?

Auch diese Fragen sind verständlich, ja angebracht, weil es sich um einen besonders wichtigen Problemkreis handelt, der tatsächlich nicht nur für die Wissenschaft, sondern auch für die Öffentlichkeit eine Herausforderung darstellt. Es darf dabei nur nicht der Kontext der weiteren anthropogenen und natürlichen Klimaänderungen übersehen werden, einschließlich der Frage nach der Verlässlichkeit und Genauigkeit von Datenanalysen und Modellrechnungen. Dies gilt umso mehr beim Versuch, in die Zukunft zu blicken.

Leider ist aber gerade dabei relativ häufig **Über- und Unterbewertung, Über- und Untertreibung, Emotio-**

nalisierung und Polarisierung feststellbar, und ein Spiegelbild solcher Tendenzen ist die Berichterstattung in manchen **Medien**. So fand in Deutschland und auch anderswo das Klimaproblem in der Öffentlichkeit bemerkenswerterweise zunächst wenig Beachtung, bis am 11. August 1986 „Der Spiegel" vor der eindrucksvollen, aber sachlich völlig verfehlten Bildkollage des im Ozean versinkenden Kölner Doms titelte: „Die Klimakatastrophe – Pol-Schmelze, Treibhauseffekt: Forscher warnen" (Abb. 1.3.1).

Dies kann und muss durchaus nicht nur negativ, sondern ambivalent bewertet werden. Denn einerseits trugen solche und ähnliche Medienberichte dazu bei, dass national 1987 die Einrichtung einer ersten Enquête-Kommission des Deutschen Bundestags „Vorsorge zum Schutz der Erdatmosphäre" erfolgte (bis 1990; Nachfolgekommission 1990 bis 1994). International beschloss 1988 die UN-Vollversammlung, das *Intergovernmental Panel on Climate Change* (IPCC) ins Leben zu rufen, getragen von der Weltmeteorologischen Organisation (WMO) und dem UN-Umweltprogramm (UNEP), das bis heute in umfassenden und speziellen Berichten über den aktuellen Sachstand informiert (Kapitel 29.3), dies allerdings auf streng sachlich-wissenschaftlicher Basis.

Andererseits machte aber das Unwort von der **„Klimakatastrophe"**, das fast ausschließlich in der öffentlichen Diskussion verwendet wird, schnell die Runde und ist bis heute präsent. Der nicht selten auch inhaltlich maßlosen Übertreibung folgte einige Jahre später und bis heute eine Art Gegenbewegung, in der nicht weniger verfehlt von „Schwindel" die Rede ist mit der Unterstellung, Klimawissenschaftler hätten den anthropogenen Klimawandel erfunden, um sich wichtig zu machen und an Forschungsgelder heranzukommen. Das reicht tatsächlich bis zu Buch- und Filmtiteln wie „Der Klimaschwindel" oder „Der Treibhausschwindel". Etwas weniger drastisch, aber inhaltlich mit ähnlicher Stoßrichtung, formulierte am 25. Juli 1997 „Die Zeit": „Der Treibhauseffekt ist ein Märchen" und „Den Meteorologen ist die Katastrophe abhanden gekommen".

Hier zeigt sich eine Facette der öffentlichen Klimadiskussion, die eigentlich nicht hinnehmbar ist: das Ignorieren bzw. Leugnen wissenschaftlicher Grundtatsachen und der Versuch, Fachwissenschaftler lächerlich zu machen oder gar zu diffamieren. Die Strahlungsgesetze, die in der Atmosphäre gelten, und damit auch der natürliche sowie der zusätzliche anthropogene Treibhauseffekt sind Tatsachen; offen ist nur – unter anderem wegen der Rückkopplungen im Klimasystem – die quantitative Ausprägung, das heißt wie stark sich atmosphärische Konzentrationserhöhungen klimawirksamer atmosphärischer Spurengase auswirken und welche Relation dabei zu natürlichen und auch weiteren anthropogenen Einflüssen auf das Klima besteht. Interessant ist in diesem Zusammenhang eine Studie einer US-amerikanischen Professorin für Wissenschaftsgeschichte (Oreskes 2004), die anhand einer Stichprobe von 928 begutachteten Fachartikeln wissen wollte, ob in der Klimawissenschaft der anthropogene Klimawandel bezweifelt wird. Das Ergebnis: Rund 75 Prozent bejahten ihn, und rund 25 Prozent befassten sich nur mit dem Phänomen des Klimawandels, ohne sich zu den Ursachen zu äußern. Somit wurde kein einziger Fachwissenschaftler gefunden, der den anthropogenen Klimawandel bezweifelt. Rahmstorf & Schellnhuber (2007) berichten darüber und über eine entsprechende Studie von in US-Medien erschienenen Zeitungsartikeln. Dort wurde zumeist (53 Prozent) die „These" vom anthropogenen Klimawandel in etwa gleichgewichtig mit der Gegenthese vertreten (35 Prozent betonten ihn und erwähnten die Gegenthese eher beiläufig, 6 Prozent bezweifelten ihn und weitere 6 Prozent berichteten nur darüber, ohne die Gegenthese zu erwähnen). Somit gibt es einen krassen Gegensatz zwischen klimatologischen Fachartikeln und den Medienberichten dazu.

Andererseits sind sowohl Fachwissenschaftler als auch Fachgremien nicht unfehlbar. Im Allgemeinen werden solche Fehler im Rahmen der Fachdiskussion aufgedeckt und korrigiert. Dies ist weder etwas Neues und noch etwas Besonderes, wird nun aber gelegentlich zur Diffamierung ausgenutzt. So sind im letzten Bericht des IPCC – bemerkenswerterweise nicht im wissenschaftlichen Grundlagenbericht (Solomon et al. 2007), aber in dem Teil, der über die Auswirkungen des Klimawandels berichtet (Parry et al. 2007) – einige wenige Fehler enthalten, von denen einer eklatant ist: Bei der Möglichkeit, dass unter anderem die Himalajagletscher aufgrund des Klimawandels abschmelzen könnten, wird als Jahr, bis zu dem das geschehen könnte, 2035 statt 2350 angegeben. So etwas dürfte tatsächlich nicht passieren; es ist aber weit über das Ziel hinaus geschossen, deswegen die gesamte Arbeit des IPCC anzuzweifeln. Ähnlich einzuordnen ist der Versuch, durch „Knacken" der E-Mail-Korrespondenz des Leiters der *Climatic Research Unit* (CRU) der Universität Norwich (England), in der das Wort „Trick" auftauchte, diesem Betrug zu unterstellen (Exkurs 29.3.4). Ein eigens deswegen eingerichteter Ausschuss des britischen Unterhauses kam zu dem Ergebnis, dass der daraus abgeleitete Vorwurf der Datenmanipulation unberechtigt ist (Focus Online 2010).

Nichts gegen ein Hinterfragen vorherrschender Meinungen und sachlich begründete Kritik – wer aber wissenschaftliche Grundtatsachen laienhaft auf den Kopf stellt, dazu möglicherweise noch im Schafspelz des Besserwissers und im Versuch der Diffamierung, der erweist der Öffentlichkeit einen Bärendienst. Denn obwohl es an kompetenten populärwissenschaftlichen Darstellungen zum Klimaproblem eigentlich nicht mangelt, ist der Laie einfach überfordert, wenn er die Kompetenz des jeweiligen Schreibers oder Redners beurteilen und aus dem Zusammenhang gerissene Einzelaussagen richtig interpretieren und einordnen soll. Und obwohl derartige Darstellungen und Agitationen Eindruck machen, verunsichern sie auch. Das lässt sich auf den Nenner bringen: Zwischen „Katastrophe" und „Schwindel" – was ist nun eigentlich richtig?

Die Antwort ist natürlich in der Fachliteratur bzw. in der von Fachleuten geschriebenen populärwissenschaftlichen Literatur zu finden, ohne derartige Extrempositionen. Hier aber stellt sich die Frage, was wohl die **Motivation für solche Extrempositionen** in der öffentlichen Klimadiskussion sein mag. Bei der „Katastrophe" ist zumindest in den Medien ein **ökonomischer Aspekt** im Spiel. Mit der „unmittelbar bevorstehenden Katastrophe" lässt sich viel mehr **Aufmerksamkeit** erregen, als mit der „unter Umständen mit gewisser Wahrscheinlichkeit unter nicht unerheblichen quantitativen und regionalen Unsicherheiten eintretenden Klimaänderung" – so würde typischerweise ein vorsichtiger und abwägender Wissenschaftler formulieren –, und Aufmerksamkeit schlägt sich in Auflagenhöhen und Einschaltquoten nieder. Das Gleiche gilt für den Einfluss der Klimaänderung auf Extremereignisse. So ist die klare Zuordnung einer Überschwemmung oder eines Sturms wie „Katrina" zur Klimaänderung viel attraktiver als die aus wissenschaftlicher Sicht korrekte Beschreibung: „Ein Einzelereignis kann nicht durch die Klimaerwärmung ausgelöst werden. Der Klimawandel erhöht jedoch die Wahrscheinlichkeit für das Auftreten solcher Ereignisse". Ist die „Katastrophe" oft genug bemüht, erreicht man die Aufmerksamkeit dann eher mit dem Gegenteil: „Fehleinschätzung, Irrtum, Schwindel". Abweichende Meinungen und Streitpunkte sind besonders interessant, während die Bestätigung von allgemein akzeptiertem Wissen weniger mitteilungswürdig erscheint. Skeptiker haben es deshalb leichter, mediale Aufmerksamkeit zu erlangen und ihre Gedanken zu verbreiten.

Das Anzweifeln wissenschaftlicher Erkenntnisse zum Problemkreis des anthropogenen Klimawandels hat aber noch einen weiteren Hintergrund: Wer dieses Problem ernst nimmt, muss die Konsequenz der **Klimaschutzmaßnahmen** daraus ziehen (wobei natürlich nicht das Klima, sondern wir vor den nachteiligen Folgen anthropogener Klimaänderungen geschützt werden sollen), und das kostet **Geld** bzw. erfordert ein **Umdenken**. Angesichts solcher Forderungen erwächst Widerstand, weil manche meinen, Kosten (z. B. eine Ökosteuer) belasten die Wirtschaft und damit auch uns alle.

Und da liegt dann die Frage nahe: Muss das denn sein? Haben sich die Wissenschaftler vielleicht nicht doch geirrt?

Es ist verständlich, dass besonders Interessenträger zu solchen Einstellungen neigen können. Daraus sowie aus allzu technikgläubigen Mitmenschen, zum Teil aber auch aus „Einzelkämpfern", die es aus welchem Grund auch immer schick finden, eine andere als die Mehrheitsmeinung zu vertreten, setzt sich eine durchaus internationale Gruppierung zusammen, die gegenüber den Warnungen vor anthropogenen Klimaänderungen und insbesondere den daraus resultierenden Vorschlägen bzw. Forderungen zu Schutzmaßnahmen skeptisch bis ablehnend eingestellt sind, die sogenannten **„Klimaskeptiker"** (Kapitel 29.3). So werden sie übrigens nicht nur von Klimatologen genannt, die sich mit ihren Fragen bzw. Behauptungen bzw. Unterstellungen konfrontiert sehen; so nennen sie sich zum Teil auch selbst, manchmal mit Stolz.

Rahmstorf (2004), der sich auch auf seiner Homepage intensiv mit dem Phänomen der „Klimaskepsis" auseinandersetzt (Rahmstorf 2010), unterscheidet dabei „Trend-, Ursachen- und Folgenskeptiker". „Trendskeptiker" bezweifeln, dass es systematische Klimaänderungen in Form relativ langfristiger Trends überhaupt gibt und benutzen das Argument, es handele sich nur um Fluktuationen, ein ständiges Auf und Ab, das es immer gegeben habe und daher nichts Besonderes sei. „Ursachenskeptiker" erkennen die Existenz von Klimatrends an, auch die „globale Erwärmung" im Industriezeitalter (Kapitel 9.12), bezweifeln aber, dass der Mensch dafür verantwortlich sein könne. Relativ häufig isolieren sie die Problemstellung auf das Gegensatzpaar „(anthropogener) Treibhauseffekt" und „Sonnenaktivität" und meinen, behaupten zu können, die Sonnenaktivität sei der dominante oder gar alleinige ursächliche Faktor. Die „Folgenskeptiker" schließlich bezweifeln weder Klimatrends noch menschliche Beeinflussung, verbinden dies aber mit den durchaus auftretenden positiven Folgen, etwa für den Energiebedarf, die Landwirtschaft und das menschliche Wohlbefinden (in etwa nach dem Motto, ein Mittelmeerklima bei uns erübrige die Urlaubsfahrt nach Sizilien); die negativen Folgen (z. B. Hitzewellen und Dürreperioden, Überschwemmungen, Ausbreitung Wärme liebender Krankheitserreger) halten sie für weniger bedeutsam oder negieren sie. Da fachlich begründete Skepsis keinesfalls prinzipiell negativ ist, wird beim Bezweifeln bzw. Negieren wissenschaftlicher Tatsachen auch von „Klimaignoranten" oder „Klimaleugnern" gesprochen (z. B. Rahmstorf 2003).

Die Argumentation der Skeptiker folgt meist einem sehr ähnlichen Muster. Oft werden Zitate oder einzelne Resultate aus dem Zusammenhang der wissenschaftlichen Arbeit gerissen, damit sie ins gewünschte Bild passen. Auch fußt die Argumentation häufig auf Arbeiten, die in der wissenschaftlichen Diskussion längst widerlegt worden sind. Häufig werden auch Entwicklungen aus der Vergangenheit als Beispiele herangezogen. Dabei wird nicht beachtet, dass diese mit den Vorgängen während der letzten Jahrzehnte zum Teil gar nicht vergleichbar sind, sich auf ganz andere Zeitskalen oder auf geographisch begrenzte Gebiete beziehen (Exkurs 9.16.1).

Für den Laien ist aufgrund der Komplexität der Problematik meist kaum erkennbar, ob nun ein Bericht tatsächlich aus der Forschung, mit einem entsprechenden Qualitätsstandard, stammt oder ob es sich um eine Fehlinformation handelt. Skeptiker sammeln alles, was – zumindest auf den ersten Blick – gegen eine menschverursachte Klimaerwärmung sprechen könnte. Sie geben ihren Texten bewusst den **Anstrich der Wissenschaftlichkeit**, indem sie sehr viele Zitate verwenden. Zumeist zitieren sie jedoch lediglich Zeitungsberichte, ungeprüfte Ergebnisse Gleichgesinnter oder einzelne ausgewählte und häufig aus dem Zusammenhang gerissene Forschungsresultate. Die Skeptiker legen das Hauptgewicht auf die Verbreitung ihrer Meinung in der Öffentlichkeit. Die Hauptarbeit der Wissenschaft besteht hingegen in der Forschung. Die Öffentlichkeit wird nur im Falle wichtiger Resultate informiert. So entsteht bei Außenstehenden fälschlicherweise der Eindruck, die Diskussion in der Wissenschaft sei sehr kontrovers mit etwa gleich vielen Meinungen auf beiden Seiten.

Gibt es eine Strategie, in der öffentlichen Klimadiskussion **Fehlinformationen** der hier geschilderten Art zu **vermeiden**? Oder anders gefragt: Wie sollte der Laie vorgehen, wenn er sich sachlich fundiert und objektiv über das Problem der anthropogenen Klimaänderungen informieren möchte, nicht auf Verzerrungen und Unsinn hereinfallen möchte? Die Antwort lautet: Ja, es gibt eine Strategie, und dazu sollen hier abschließend einige Gesichtspunkte genannt sein (Matschullat 2010).

Ein formales Kriterium, das eigentlich immer zur Vorsicht mahnen sollte, ist die ironische oder gar aggres-

 **Exkurs 9.16.1**

Argumente der Skeptiker

„Andere Einflüsse sind viel bedeutender als die menschlichen Treibhausgase."

Kommentar: Sowohl das Klima als auch die Zusammensetzung der Atmosphäre hat sich im Verlaufe der Erdgeschichte immer wieder mehr oder weniger stark verändert. Verschiedene Einflussfaktoren wie die Verschiebung der Kontinente, Schwankungen der Erdumlaufbahn oder Veränderungen der Sonnenaktivität waren die Gründe. Der Mensch hatte bis vor einigen Hundert Jahren keinen nennenswerten Einfluss auf das Klima. Danach begannen großflächige Landnutzungsveränderungen (z. B. der Nassanbau von Reis) das Klima mindestens regional zu beeinflussen. Wie stark sich diese Veränderungen im letzten Jahrtausend tatsächlich ausgewirkt haben, ist noch Gegenstand von Debatten. Seit Beginn der Industrialisierung wurde die zunehmende Treibhausgaskonzentration in der Atmosphäre (CO_2, Methan u. a.) aufgrund der Verbrennung fossiler Energieträger zu einem immer bedeutenderen Klimaeinflussfaktor. Neben dem menschlichen Einfluss wird das Klima auf der Skala von Jahrzehnten und Jahrhunderten auch durch natürliche Faktoren, hauptsächlich Schwankungen der Sonnenaktivität und Vulkanaktivitäten, beeinflusst. Bis Mitte des 20. Jahrhunderts können die Klimaschwankungen mit den natürlichen Einflüssen begründet werden. Die Erwärmung insbesondere der letzten 30 bis 40 Jahre lässt sich jedoch nur durch den Anstieg der Treibhausgase erklären, da sich die natürlichen Faktoren, insbesondere die Sonneneinstrahlung, in dieser Zeit kaum verändert haben (Fröhlich 2000).

„Die Klimaänderungen der geologischen Vergangenheit zeigen, dass CO_2 gar nicht das Klima kontrolliert."

Kommentar: Es gibt eine Reihe von Ursachen für den Klimawandel in der Vergangenheit. CO_2 ist nur einer von mehreren Einflussfaktoren und keineswegs immer dominant. Während der letzten Eiszeit gab es abrupte Klimawechsel, die kaum etwas mit CO_2 zu tun hatten. Über andere Zeiträume, etwa wenn man viele Jahrmillionen betrachtet, hat sich zwar das CO_2 deutlich geändert, gleichzeitig änderte sich aber auch die Verteilung der Kontinente, die ebenfalls stark das Klima beeinflussen kann. Über einen bestimmten Zeitraum betrachtet, hat derjenige Faktor den größten Einfluss, dessen Wirkung sich in diesem Zeitraum am stärksten verändert. Je nach betrachteter Zeitskala und Erdzeitalter können dies andere Faktoren sein. Niemand behauptet, dass CO_2 der einzige oder stets dominante Klimafaktor sei. Es geht vielmehr darum, die Stärke des CO_2-Effekts zu bestimmen, das heißt: Wie viel Erwärmung bringen x Prozent Erhöhung der CO_2-Konzentration? Und in dieser Frage stimmen die Daten der Klimageschichte mit unserem heutigen Wissen über die Klimawirkung des CO_2 überein.

sive **Wortwahl** bzw. **Diffamierung**. Wer das nötig hat, um dessen fachliche Expertise ist es meist nicht gut bestellt und er gerät in den Verdacht, nicht informieren, sondern ideologisieren zu wollen. Ein weiteres Kriterium kann in Anlehnung an ein altes Sprichwort „Trau, schau, wem" formuliert werden: **Kompetenz**. Ist der Autor ein Wissenschaftler, der zu den Fragen, zu denen er sich äußert, auch eigene Forschungen durchgeführt und in begutachteten Fachzeitschriften publiziert hat, oder ist es ein Laie, der „unbelastet" von wissenschaftlicher Ausbildung und Forschung seine (höchst persönliche) Meinung verbreitet? Außer den – allerdings nicht immer aussagekräftigen – Homepages der Autoren bietet beispielsweise Google bei Eingabe des Namens eine Literatursuche an, aus der hervorgeht, zu welchen Themen der jeweilige Autor wie intensiv publiziert hat. Zudem hat zum Beispiel das Umweltbundesamt (2010a) skeptische Laienfragen und fachwissenschaftliche Antworten zusammengestellt.

9.17 Klimaschutz

Fabian Sennekamp und Rüdiger Glaser

Klimaschutz ist als Thema in der breiten Öffentlichkeit angekommen. Dazu beigetragen haben der vierte IPCC-Bericht aus dem Jahr 2007 und Klimakonferenzen wie in Kopenhagen 2009 sowie die entsprechende Aufarbeitung in den Medien. Mittlerweile dient der Begriff auch als Verkaufsargument in der Werbung, wie zum Beispiel die Kampagne „Mehrweg ist Klimaschutz" zeigt. Wann kam der Begriff Klimaschutz auf und was ist darunter zu verstehen? Der Begriff entwickelte sich im Laufe der 1990er-Jahre (Moser 1998) und lässt sich in Deutschland historisch mit dem Schlagwort der Energiewende in Verbindung bringen, deren Diskussion bereits in den 1970er-Jahren einsetzte und bis heute mit den Diskursen um regenerative Energieformen in Zusammenhang steht. Der weit gefasste Begriff des Klimaschutzes geht darüber hinaus und bezieht weitere Themen und Maßnahmen mit ein: Vermeidung von Autofahrten, Dämmung von Gebäuden, Inbetriebnahme einer Photovoltaikanlage sowie Errichtung von Windparks oder der Emissionshandel (Abb. 9.17.1 und 9.17.2). „Klimaschutz" ist als Wort wenig präzise, denn das Klima, ein hochkomplexes, träges System, das langfristig auf Veränderungen reagiert, lässt sich streng genommen nicht schützen. Auch ohne anthropogene Beeinflussung ändert sich das Klima durch eine Vielzahl an Faktoren (Kapitel 9.12).

In der Diskussion um Klimaschutz können zwei Ebenen unterschieden werden, die eng mit der Debatte um die Folgen des Klimawandels verknüpft sind. Einerseits müssen die **Auswirkungen des Klimawandels vermieden** werden (englisch *mitigation*). Dies kann durch Klimaschutzmaßnahmen erreicht werden. Neben der Vorbeugung gilt es jedoch auch, sich an die **Folgen des Klimawandels anzupassen** (englisch *adaptation*), denn nach überwiegender Meinung lässt sich der Klimawandel nicht mehr vollständig verhindern, sondern nur noch vermindern. Oftmals gehen beide Aspekte Hand in Hand. So sorgt eine verbesserte Energieeffizienz bei Gebäuden möglicherweise nicht nur für geringere Treibhausgasemissionen, sondern auch für eine bessere Kühlung in den prognostizierten heißeren Sommern. Das Beispiel macht deutlich, dass *mitigation* und *adaptation* im Begriff Klimaschutz nicht genau getrennt werden können, was auch folgende Definition zum Ausdruck bringt: „*Climate protection can be defined as the group of indirect policies of adaptation and mitigation finalised to reduce impacts of climate change on natural and anthropic systems on the one hand; and the reduction of all environmental externalities contributing to climate mutations in the medium to long term on the other*" (Musco 2009). Um eine trennschärfere Definition zu formulieren, sollen in diesem Beitrag unter Klimaschutz alle Maßnahmen verstanden werden, die darauf abzielen, anthropogen verursachte Treibhausemissionen in der Atmosphäre zu reduzieren.

Bei der Umsetzung von Klimaschutzmaßnahmen sind insbesondere zwei Probleme zu bewältigen. Erstens geht es um die Frage, wie dringlich Klimaschutzmaßnahmen ergriffen werden müssen. Der nach seinem Verfasser benannte Stern-Report zeigte im Jahr 2006, dass ein sofortiges Handeln billiger ist, als das Problem in die Zukunft zu vertagen. Zweitens müsste zu einem späteren Zeitpunkt eine stärkere Reduktion der Treibhausgase erreicht werden, wenn die erforderlichen Einsparungen kurzfristig nicht erreicht werden können. Wie stark sich die Folgen des Klimawandels bereits auswirken, machte der ein Jahr später zuletzt erschienene IPCC-Bericht deutlich.

Die Bekämpfung des Klimawandels bringt die nationalstaatliche Politik an ihre Grenzen, denn dessen Folgen wirken sich global aus und müssen daher auch global gelöst werden, wozu aber auch Beiträge der nationalen und subnationalen Ebene nötig sind (Lundqvist & Biel 2007).

Klimaschutz ist folglich ein **Mehrebenenproblem**, in das aus inhaltlichen Gründen weitere Akteure wie Wissenschaftler, Nichtregierungsorganisationen und Verbände einbezogen werden müssen. Mit dem Begriff *global governance*, den man mit Weltordnungspolitik

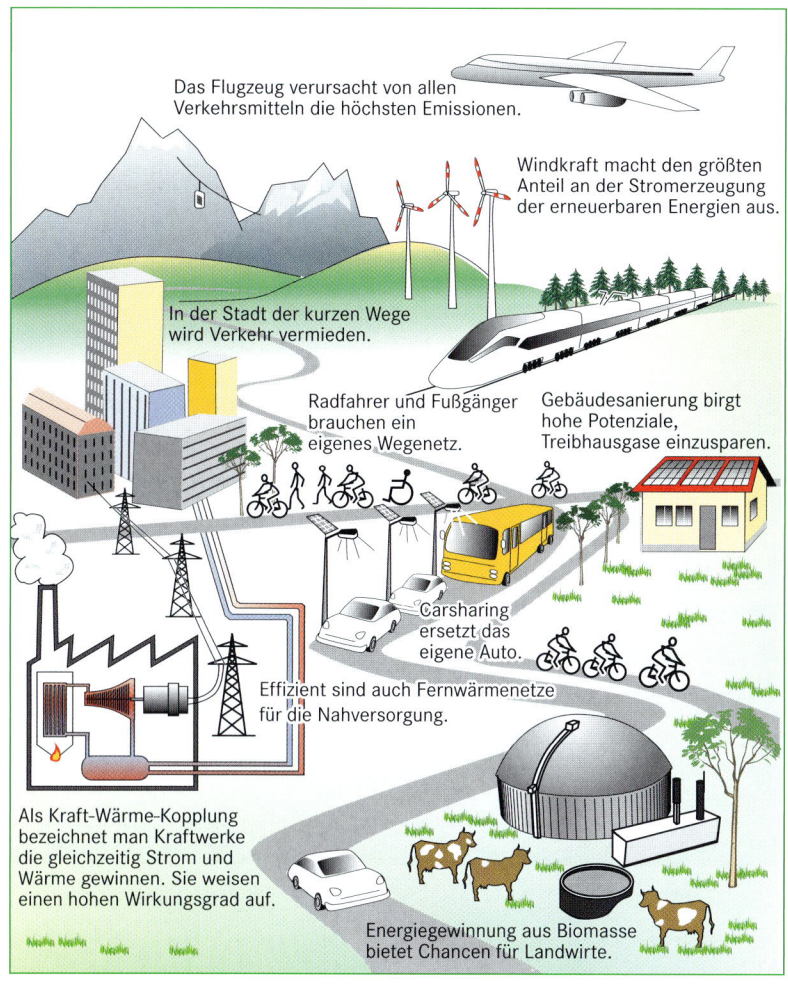

Das Flugzeug verursacht von allen Verkehrsmitteln die höchsten Emissionen.

Windkraft macht den größten Anteil an der Stromerzeugung der erneuerbaren Energien aus.

In der Stadt der kurzen Wege wird Verkehr vermieden.

Radfahrer und Fußgänger brauchen ein eigenes Wegenetz.

Gebäudesanierung birgt hohe Potenziale, Treibhausgase einzusparen.

Carsharing ersetzt das eigene Auto.

Effizient sind auch Fernwärmenetze für die Nahversorgung.

Als Kraft-Wärme-Kopplung bezeichnet man Kraftwerke die gleichzeitig Strom und Wärme gewinnen. Sie weisen einen hohen Wirkungsgrad auf.

Energiegewinnung aus Biomasse bietet Chancen für Landwirte.

Abb. 9.17.1 Beispiele für Klimaschutzmaßnahmen (verändert nach Musco 2009).

übersetzen könnte, versucht man, diese veränderten Steuerungsmechanismen auf globaler Ebene greifbar zu machen. Derzeit ringt die internationale Staatengemeinschaft um einen globalen Ordnungs- und Handlungsrahmen für den Klimaschutz.

Klimabasar? – Internationaler Klimaschutz

Grundlage für die internationalen Verhandlungen über Klimaschutz bildet die Klimarahmenkonvention (UNFCCC), die 1992 beschlossen wurde. Zum ersten Mal wird in Artikel 2 als Ziel festgeschrieben, „die Stabilisierung der Treibhausgaskonzentrationen in der Atmosphäre auf einem Niveau zu erreichen, auf dem eine gefährliche anthropogene Störung des Klimasystems verhindert wird". Konkrete Zeitvorgaben hierfür fehlen

allerdings. In Artikel 7 werden jährliche Treffen der Unterzeichnerstaaten der Klimarahmenkonvention definiert.

Mit dem 1997 beschlossenen und 2005 in Kraft getretenen **Kyoto-Protokoll** (Exkurs 29.3.3) wurden erstmals völkerrechtlich verbindliche CO_2-Reduktionsziele für die Vertragsstaaten festgelegt. Die USA als damals weltweit größter Verursacher von CO_2-Emissionen traten allerdings als einziges Industrieland nicht bei (Kappas 2009). Die Entwicklungsländer mussten ihre Treibhausgasemissionen nicht reduzieren. Sie verlangen, dass sie in ihrer wirtschaftlichen Entwicklung nicht durch Klimaschutzmaßnahmen behindert werden und argumentieren, dass die Höhe ihrer Emissionen deutlich niedriger als die von Industrienationen sei.

Einige Industrieländer waren in Kopenhagen bereit, mithilfe technischer und finanzieller Unterstützung den Klimaschutz in Entwicklungsländern voranzubringen.

Abb. 9.17.2 Windpark bei Palm Springs, Kalifornien, USA (Foto: S. Glaser).

Die Unterscheidung zwischen Industrie- und Entwicklungsländern hilft immer weniger weiter, weil die Voraussetzungen und Interessen selbst innerhalb dieser Gruppen sehr unterschiedlich sind (Abb. 9.17.3). Eine gerechte Lastenverteilung zwischen Industrie- und Entwicklungsländern zu erreichen, wird eine wichtige Aufgabe für ein Nachfolgeabkommen des Kyoto-Protokolls, das 2012 ausläuft. Um wirkungsvollen Klimaschutz auf internationaler Ebene zu gewährleisten, müssten auch Sanktionen verankert werden, wenn ein Staat seine Reduktionsziele nicht erreicht. Dies ist bisher noch nicht der Fall.

Die Weltklimakonferenz von Bali 2007 sah vor, auf der Weltklimakonferenz 2009 in Kopenhagen ein Post-Kyoto-Abkommen zu beschließen. Das Schlussdokument, der **Copenhagen Accord**, wurde jedoch von den Teilnehmern lediglich zur Kenntnis genommen und man konnte sich nur darauf verständigen, dass Staaten auf freiwilliger Basis Zielwerte an das UN-Klimasekretariat melden. „Die bisher gemachten Klimaschutz-Zusagen auf internationaler Ebene nach Kopenhagen führen

– im günstigen Falle – zu einer globalen Erwärmung von schätzungsweise 3,5° Celsius bis 2100 und damit zu einem Durchbrechen der weltweit anerkannten Leitplanke für die globale Mitteltemperatur, welche um nicht mehr als 2° Celsius gegenüber der vorindustriellen Zeit ansteigen sollte" (Wicke et al. 2010). Die Folgen des Klimawandels gelten als noch beherrschbar, wenn sich die Durchschnittstemperatur weltweit um nicht mehr als 2 °C gegenüber dem vorindustriellen Niveau erhöht. Dieses sogenannte **Zwei-Grad-Ziel** wird im *Copenhagen Accord* festgeschrieben. Bis 2015 soll überprüft werden, ob diese Zielvorstellung auf 1,5 °C verschärft werden kann. Diesen strengeren Wert hatte die Allianz der kleinen Inselstaaten gefordert, deren Mitgliedsstaaten nur wenig über dem Meeresspiegel liegen und somit besonders stark vom Klimawandel betroffen sind (WBGU 2010). Angesichts der Verhandlungen im Stil eines „Klimabasars" (WBGU 2009) in Kopenhagen mehren sich Stimmen, die eine Abkehr von den aufwendigen Weltklimakonferenzen fordern. Kein Staat will die ersten Zugeständnisse machen, sondern man wartet lie-

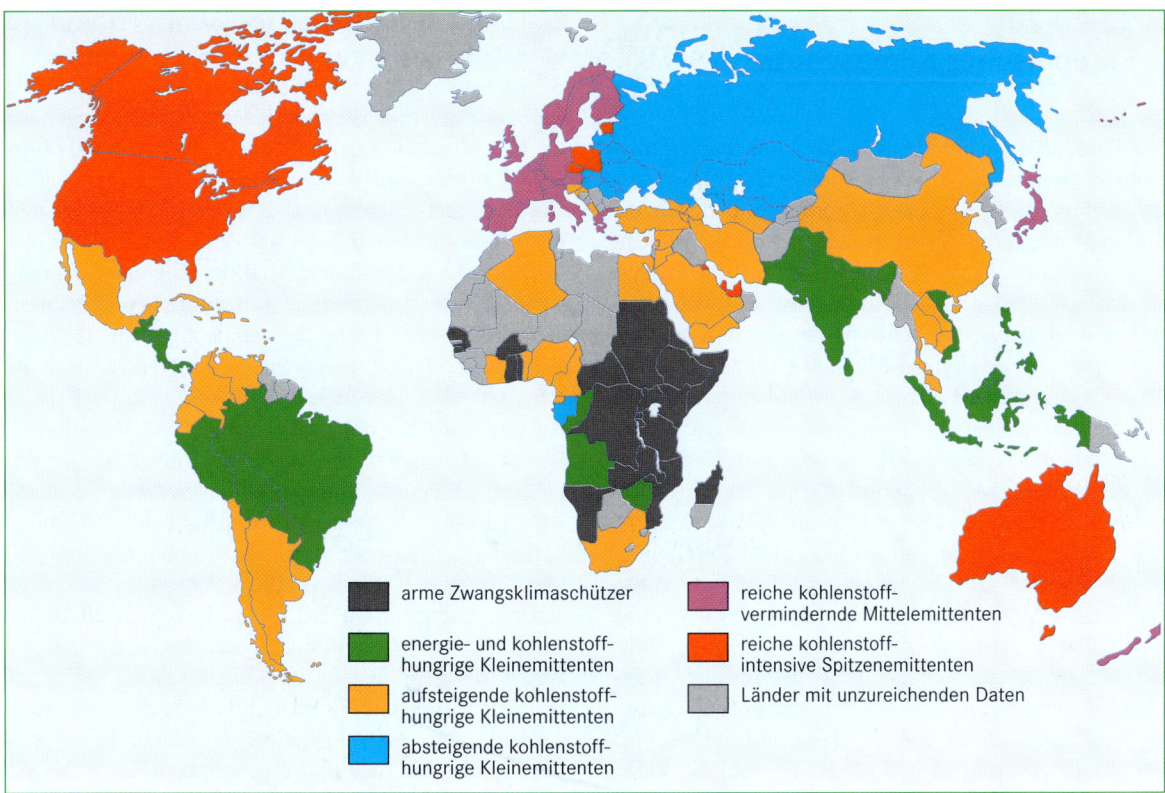

arme Zwangsklimaschützer

energie- und kohlenstoff-
hungrige Kleinemittenten

aufsteigende kohlenstoff-
hungrige Kleinemittenten

absteigende kohlenstoff-
hungrige Kleinemittenten

reiche kohlenstoff-
vermindernde Mittelemittenten

reiche kohlenstoff-
intensive Spitzenemittenten

Länder mit unzureichenden Daten

Abb. 9.17.3 Energiewirtschaftliche Ländertypen (verändert nach Brouns & Ott 2002).

ber auf die Angebote der anderen, um nicht benachteiligt zu werden. Da auf den Weltklimakonferenzen einstimmige Beschlüsse getroffen werden müssen, kann jedes Land den gesamten Verhandlungsprozess verzögern oder sogar stoppen.

Neben politischen Reduktionsvorgaben enthält das Kyoto-Protokoll marktwirtschaftliche Instrumente, um Fortschritte im Klimaschutz zu erreichen (Kappas 2009). Statt auf direkte Abgaben und Steuern zu setzen, hat das Kyoto-Protokoll die Idee aufgegriffen, Verschmutzungsrechte zu handeln. Sie geht auf nordamerikanische Wirtschaftswissenschaftler in den 1960er-Jahren zurück (Coase 1960, Dales 1970). Weltweit zum ersten Mal wurde ein solches System 1977 in den USA umgesetzt, um eine bessere Luftqualität zu erreichen (von Weizsäcker et al. 2010). Marktteilnehmer können Staaten oder Unternehmen sein.

Im Jahr 2008 begann das **Emissionshandelssystem** des Kyoto-Protokolls, bei dem sich Staaten Verschmutzungsrechte von anderen Staaten kaufen können, wenn sie mehr Treibhausgase emittieren, als sie zugestanden bekommen haben. Begründet wurde dies damit, dass es egal ist, wo Treibhausgase reduziert werden.

Derzeit wird ein weitergehender Ansatz diskutiert, der noch nicht verwirklicht ist. Jeder Staat würde die gleiche Menge an Emissionsrechten zugestanden bekommen. Legt man das Jahr 2010 zugrunde, wären es etwa 2,7 Tonnen pro Kopf (WBGU 2009), wenn man das Zwei-Grad-Ziel erreichen möchte. Die Verschmutzungsquoten sind handelbar. Staaten, die mehr emittieren, müssten sich von Staaten, die nicht alle Verschmutzungsrechte in Anspruch nehmen, entsprechend Quoten zukaufen. Dieses System könnte drei bisher nicht gelöste Probleme lösen (Wicke et al. 2010). Es wäre gerecht, da alle Staaten pro Kopf die gleiche Menge an Treibhausgasen zugewiesen bekämen. Durch diesen Emissionsrechtehandel würden Entwicklungsländer zusätzliches Geld einnehmen, mit dem sie Klimaschutzmaßnahmen finanzieren könnten. Für die Industrieländer entstünde ein finanzieller Anreiz, Klimaschutz zu betreiben. Bereits vor dem Emissionshandelssystem des Kyoto-Protokolls hatte die Europäische Union ein solches System aufgebaut. „Auf internationaler Ebene ist das mit Abstand wichtigste Handelsschema der von Europa ausgehende Handel mit Treibhausgasemissionen" (von Weizsäcker et al. 2010).

20-20-20: Europäischer Klimaschutz

Die Europäische Union begann 2005 mit ihrem **Emissionsrechtehandel**, der in der Theorie dazu führt, dass diejenigen Projekte umgesetzt werden, mit denen die Emissionsminderungen am kostengünstigsten erreicht werden können. Marktteilnehmer sind bei diesem System keine Staaten, sondern Unternehmen, die selbst entscheiden können, mit welchen Mitteln sie Emissionsreduktionen erzielen (Kappas 2009). Allerdings werden im Moment nur etwa 40 Prozent der Treibhausgasemissionen in das europäische Emissionshandelssystem (EU ETS) einbezogen (Europäische Kommission 2009). Dieser geringe Anteil, der sich am 1.1.2012 erhöhen wird, wenn der europäische Flugverkehr hinzukommt (Europäisches Parlament & Europäischer Rat 2008), wird ebenso kritisiert wie die Vergabe der Emissionsrechte. Eine EU-Richtlinie setzt den Rahmen für die Zuteilung der Quoten, während die Nationalstaaten mithilfe nationaler Allokationspläne für die Ausführung zuständig sind. Diese legen einerseits fest, wie groß die Menge an Treibhausgasen ist, die insgesamt emittiert werden darf. Andererseits wird darin definiert, wie die Emissionsrechte vergeben werden und welche Branchen wie viele davon bekommen (Deutsche Emissionshandelsstelle 2004). Dies ändert sich ab 2013, wenn eine EU-einheitliche Obergrenze (Cap) für Treibhausgasemissionen festgelegt wird, die bis 2020 jährlich sinkt (Europäische Kommission 2009). Kritiker monieren, dass zu viele Emissionsrechte gratis vergeben worden sind und es somit zu niedrigen Preisen für die Verschmutzungsrechte kommt, die kaum Anreize setzen, Treibhausgasemissionen zu verringern. Zudem wurden in der Praxis Projekte bekannt, die als Ausgleichsmaßnahmen anerkannt wurden, ohne dass Treibhausgase eingespart wurden (von Weizsäcker et al. 2010).

Der Emissionsrechtehandel ist die wichtigste Maßnahme des **Europäischen Programms zur Klimaänderung** (ECCP), das die Europäische Kommission 2000 startete und das 2005 fortgeschrieben wurde. Es soll sicherstellen, dass die im Kyoto-Protokoll zugesagte Reduktion der Treibhausgase um durchschnittlich 8 Prozent gegenüber 1990 erreicht werden kann. Diese Vorgabe wurde unter den Mitgliedsstaaten in Verhandlungen aufgeteilt (*burden sharing*), sodass jeder Mitgliedstaat ein individuelles verbindliches Reduktionsziel erfüllen muss (Abb. 9.17.4). Einige Staaten dürfen jedoch mehr emittieren. Nach dem gleichen Verfahren wurden nationale Ziele definiert, um in den Bereichen, die nicht in den Emissionshandel einbezogen werden (zum Beispiel Landwirtschaft), eine Reduktion der Treibhausgasemissionen um 10 Prozent bis 2020 gegenüber 2005 zu erreichen.

Als weitere Säule ihres Klimaprogramms möchte die Europäische Union die rechtlichen Voraussetzungen für die CO_2-Abscheidung und -Speicherung, auch als **Carbon Capture and Storage** (**CCS**) bekannt, schaffen (Europäische Kommission 2010). Darunter versteht man Technologien, die das bei Verbrennungsprozessen entstehende Kohlendioxid (z. B. in einem Kohlekraftwerk) abscheiden und in unterirdischen Speichern lagern. Befürworter erhoffen sich dadurch eine spürbare Senkung der CO_2-Emissionen. CCS ist jedoch umstritten, da bisher Erfahrungen mit diesen Technologien fehlen und zunächst hohe Forschungs- und Investitionskosten anfallen. Kritiker bezweifeln ähnlich wie bei der Suche nach einem atomaren Endlager, dass es geologische Schichten gibt, in denen das Kohlendioxid dauerhaft über Jahrtausende eingelagert werden könnte.

Weiterhin setzt die Europäische Union auf die erneuerbaren Energien, die Teil der sogenannten **20-20-20-Ziele** sind, die 2009 verbindlich beschlossen wurden. Ihr Anteil am Primärenergieverbrauch soll bis 2020 auf 20 Prozent ausgebaut werden und der Energieverbrauch soll um 20 Prozent sinken. Außerdem strebt die Europäische Union bis 2020 eine Reduktion ihrer Treibhausgase um 20 Prozent gegenüber 1990 an (Europäische Kommission 2010). Bei entsprechenden Zusagen anderer Industrieländer war die Europäische Union in Kopenhagen bereit, dieses Ziel auf 30 Prozent zu erhöhen, was unter anderem der deutsche Umweltminister Röttgen, der französischen Energieminister Borloo und sein britischen Kollege Huhne forderten, die zu bedenken geben, dass allein die Wirtschaftsrezession zu einem Rückgang der europäischen Emissionen um 11 Prozent gegenüber der Zeit vor der Krise geführt hat (Borloo et al. 2010).

Um Klimaschutz politisch aufzuwerten, gibt es seit 2010 in der Europäischen Kommission einen eigenen Kommissar mit diesem Zuständigkeitsbereich. Die Europäische Union wird ihr Kyoto-Ziel wahrscheinlich erreichen, sodass sie in den internationalen Verhandlungen deutlich machen kann, dass ambitionierter Klimaschutz machbar ist. „Die EU hat bei den Verhandlungen um einen Nachfolgevertrag zum Kyoto-Protokoll am konsequentesten Kurs auf die 2 °C-Leitplanke gehalten, die von über 100 Staaten anerkannt worden war […] Doch weder die EU noch einzelne Mitgliedstaaten können für sich die Rolle eines Pioniers oder gar eines Musterschülers reklamieren – zu zaghaft sind die tatsächlichen Verpflichtungen und zu uneinheitlich ist das Gesamtbild des europäischen Klimaschutzes" (WBGU 2010).

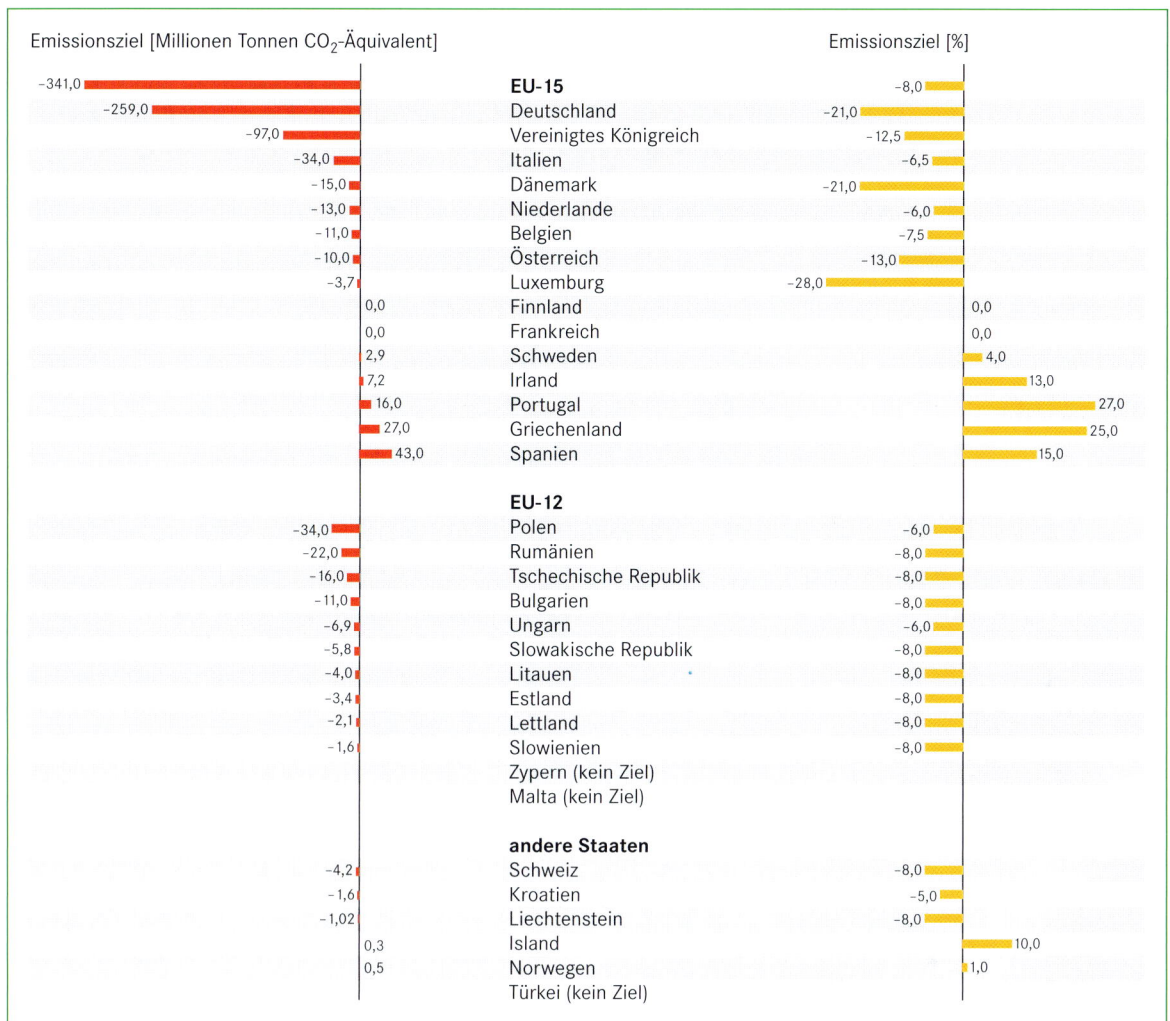

Abb. 9.17.4 Im Kyoto-Protokoll festgelegte Emissionsziele in Europa (2008–2012) gegenüber 1990. Negative Zahlen bedeuten, dass die entsprechenden Staaten ihre Treibhausgasemissionen mindern müssen. Einige Staaten dürfen mehr emittieren (positive Zahlen). Auf der linken Seite sind die absoluten Ziele, auf der rechten Seite die relativen Emissionsziele angegeben (Quelle: Europäische Umweltagentur 2009).

Klimaschutz in Deutschland

Die Debatte um den Klimawandel erreicht Ende der 1980er-Jahre die deutsche Öffentlichkeit (Beuermann & Jäger 1996) und etwa zur selben Zeit griff die Politik das Thema auf. So setzte die Bundesregierung 1987 eine parlamentarische Enquete-Kommission „Vorsorge zum Schutz der Erdatmosphäre" ein. Im Jahr 1990 gab es den ersten **Kabinettsbeschluss** zu Klimaschutzmaßnahmen in Deutschland (Schafhausen 2005). Etwa 2 Jahre später wurde der Wissenschaftliche Beirat der Bundesregierung Globale Umweltveränderungen (WBGU) gegründet. Die neun Wissenschaftler, die für 4 Jahre vom

Bundeskabinett ernannt werden, sollen die Bundesregierung über globale Umwelt- und Entwicklungsprobleme beraten. 1995 verpflichtete sich die Bundesregierung auf dem Klimagipfel in Berlin freiwillig, ihre CO_2-Emissionen bis 2005 um 25 Prozent gegenüber dem Wert von 1990 zu reduzieren, was nicht erreicht werden konnte. Ab 1999 setzte die Bundesregierung gegen den Widerstand der Industrie stufenweise eine **ökologische Steuerreform** um, die unter dem Begriff Ökosteuer in der Öffentlichkeit bekannt ist. Dabei handelt es sich nicht um eine Steuer, sondern es wurden mehrere Energiesteuern erhöht und eine Stromsteuer eingeführt. Sie sollten für eine ökologische Lenkungswirkung sorgen. Die Einnahmen werden jedoch nicht dazu verwendet,

Klimaschutzmaßnahmen umzusetzen, sondern um die Rentenversicherungsbeiträge stabil zu halten (Bach 2009). Das erste nationale **Klimaschutzprogramm** wurde im Jahr 2000 verabschiedet und 2005 fortgeschrieben (BMU 2000, 2005). Darin sind Maßnahmen definiert, wie die geplante Senkung der Emissionen erreicht werden soll. Auf freiwilliger Basis sagte die deutsche Wirtschaft ebenfalls einen Beitrag zu, den sie allerdings nicht erreichen konnte (Schafhausen 2009).

Im Jahr 2007 verabschiedete die Bundesregierung das **integrierte Energie- und Klimaprogramm** (IEKP), das folgende Klimaschutzziele bis 2020 vorsieht:

- Die deutschen Treibhausgasemissionen sollen um 40 Prozent gegenüber dem Referenzjahr 1990 reduziert werden.
- Der Anteil der erneuerbaren Energien soll dann an der Wärmeversorgung 14 Prozent betragen und an der Stromversorgung mindestens 30 Prozent.
- Biokraftstoffe sollen ohne die Gefährdung von Ökosystemen und Ernährungssicherheit ausgebaut werden.

Zusätzlich zu bestehenden Maßnahmen wie dem Emissionshandel wurden Eckpunkte formuliert, die sicherstellen sollen, dass die Ziele erreicht werden (BMU 2007). Sie zielen unter anderem auf einen Ausbau der erneuerbaren Energien, eine höhere Energieeffizienz, insbesondere bei Gebäuden und geringere Emissionen im Verkehrssektor. Wenn das integrierte Energie- und Klimaprogramm vollständig umgesetzt wird, können die Treibhausgasemissionen bis 2020 um etwa 35 Prozent gegenüber 1990 vermindert werden (Schafhausen 2009).

Deutschland muss seine CO_2-Emissionen laut Kyoto-Protokoll bis 2012 um 21 Prozent gegenüber dem Referenzjahr 1990 reduzieren, was bereits vorzeitig erreicht werden konnte (Umweltbundesamt 2010b). Lässt man außen vor, dass nach der Wiedervereinigung in Ostdeutschland zahlreiche Industriebetriebe geschlossen wurden, was den CO_2-Ausstoß deutlich senkte (Eichhammer et al. 2001), so ist es insbesondere die Entwicklung der erneuerbaren Energien, die es dies möglich machte.

Lokal handeln: Kommunaler Klimaschutz

Obwohl der Fokus meist auf internationalem und nationalem Klimaschutz liegt, spielen Kommunen ebenfalls eine wichtige Rolle. Sie können aufgrund der Nähe zum Bürger Klimaschutzmaßnahmen einfacher umsetzen, deren Anfänge bis Ende der 1980er-Jahre zurückreichen

(Rack 1999, Blümling 2000). Dieses frühe kommunale Engagement ist erstaunlich, denn Klimaschutz ist keine Pflichtaufgabe (Meyer & Prange 2009) und konkurriert daher mit anderen freiwilligen Angeboten wie dem Unterhalt eines Stadttheaters oder Zuschüssen für die Jugendarbeit von Vereinen. Zwar entstehen einer Kommune für eine Klimaschutzmaßnahme kurzfristig meist höhere Kosten, wenn zum Beispiel eine energetisch effizientere Heizung eingebaut werden soll, die sich jedoch langfristig amortisiert. Diese Logik in Haushaltsberatungen zu vermitteln, kann sich bei einer schlechten Haushaltslage schwierig gestalten. Städten und Gemeinden stehen vielfältige Instrumente zur Verfügung, Klimaschutzmaßnahmen umzusetzen. Sie agieren dabei in unterschiedlichen Rollen, wie Tabelle 9.17.1 deutlich macht.

In diesen Rollen hat eine Kommune einen unterschiedlich großen Spielraum. Städte und Gemeinden können mit ihrem eigenen klimafreundlichen Verhalten die Bürger motivieren. Hier spielen insbesondere **Förderprogramme zur energetischen Sanierung** von Altbauten eine wichtige Rolle, die große Potenziale bieten und zudem für Investitionen sorgen, die dem regionalen Handwerk zugutekommen. Die Rolle als Versorger und Anbieter hängt davon ab, ob und inwieweit eine Kommune in eigenen Stadtwerken Einfluss auf die örtliche Energieversorgung und den Nahverkehr nehmen kann. Die Möglichkeiten in der Rolle als Planer und Regulierer sind in Deutschland weitgehend auf Neubauten oder städtische Grundstücke, die verkauft werden, begrenzt. Bei Planungsverfahren können allerdings Erschließungsvarianten gewählt werden, die Verkehr vermeiden und für ein dichtes Rad- und Fußwegenetz sorgen. Nicht unerheblich sind auf kommunaler Ebene auch Bürgerinitiativen, die *bottom-up* mitunter sehr erfolgreiche Aktionen starten.

Immer mehr Städte und Gemeinden treten einem der **internationalen Städtenetzwerke** bei. Sie bieten Dienstleistungen sowie einen Erfahrungsaustausch an und stellen beispielhafte Klimaschutzprojekte der Mitglieder vor, deren Interessen sie in Brüssel vertreten (Kern & Bulkeley 2009). Teilweise haben sich die Netzwerke zu einer Reduktion ihrer Treibhausgasemissionen verpflichtet. Städte, die Mitglied in einem solchen Städtenetzwerk sind, sind im Klimaschutz aktiver (Henschel 1993). Dies gilt insbesondere, wenn sie mehreren Netzwerken beitreten (Kern et al. 2005), was zum Beispiel auf **Freiburg** zutrifft, das mit seinen etwa 220 000 Einwohnern als führend im Umwelt- und Klimaschutz bekannt ist (Abb. 9.17.5). 1996 verabschiedete der Gemeinderat ein Klimaschutzkonzept, das als Ziel vorsah, die CO_2-Emissionen bis 2010 um 25 Prozent zu senken. Obwohl dieser Wert nicht erreicht werden konnte, wurde das Konzept 2007 fortgeschrieben und eine neue Zahl defi-

Tab. 9.17.1 Die unterschiedlichen Rollen einer Kommune im Klimaschutz (verändert nach Kern et al. 2005, Sippel 2004).

Kommune in der Rolle als …			
Verbraucher und Vorbild	**Planer und Regulierer**	**Versorger und Anbieter**	**Berater und Promotor**
Energiemanagement in kommunalen Gebäuden	Niedrigenergiestandards bei Neubauten und dem Verkauf städtischer Grundstücke	Niedrigenergiehäuser und energetische Sanierung bei kommunalen Wohnungsbaugesellschaften	Förderprogramme für Altbausanierungen
Ökostrombezug für kommunale Gebäude, möglichst vor Ort produziert	Anschluss- und Benutzungszwang bei Fernwärmenetzen		Energieberatung für Bürger und Unternehmen
energetische Sanierung der kommunalen Gebäude	attraktives Rad- und Fußwegenetz	attraktives Rad- und Fußwegenetz	Runde Tische, Bürgerbeteiligung bei Klimaschutz
Müllvermeidung in den kommunalen Unternehmen	energetische Standards und ÖPNV-Anbindung bei der Siedlungsplanung	Ökostromangebot der Stadtwerke aus lokal erzeugten erneuerbaren Energien	Projekte an Schulen zu erneuerbaren Energien und nachhaltiger Mobilität
effizienter und umweltfreundlicher Fuhrpark, Job-Tickets	Verkehrsvermeidung in der Planung, Leitbild „Stadt der kurzen Wege"	mengenabhängige Müllgebühren	Förderprogramme zur Umstellung auf CO_2-arme Technologien
Beschaffung von energieeffizienten Geräten		Ausbau des Öffentlichen Personennahverkehrs	Öffentlichkeitsarbeit, Klimaschutzkampagnen

niert. Bis 2030 sollen 40 Prozent weniger CO_2-Emissionen ausgestoßen werden (Stadt Freiburg im Breisgau 2010b). Große Aufmerksamkeit erfährt der Vorzeigestadtteil Vauban, dessen Bewohner das *TIME Magazine* als „*Heroes of Environment 2009*" ausgezeichnet hatte. Auf den Flächen einer ehemaligen Kaserne am Stadtrand wurden Niedrigenergiehäuser und in einem Teil, der Solarsiedlung am Schlierberg, sogar Plusenergiehäuser errichtet, die mehr Energie produzieren, als ihre Bewohner verbrauchen. Ungewöhnlich ist auch, dass das Stadtviertel weitgehend autofrei ist. Die Bewohner müssen entweder einen Stellplatz in einem der beiden Parkhäuser am Rand des Viertels kaufen oder auf ein eigenes Auto verzichten, denn private Stellplätze gibt es nicht. Stattdessen erschließt eine neu gebaute Straßenbahnlinie das Quartier. Wer in Freiburg mit der Straßenbahn fährt, ist seit Januar 2009 emissionsfrei unterwegs, denn seitdem fährt sie mit Ökostrom. Dadurch werden jährlich 7 000 t Kohlendioxid eingespart (Freiburger Verkehrs AG 2008). Der gut ausgebaute öffentliche Nahverkehr wird seit langem intensiv genutzt. Dazu trug die günstige, übertragbare Monatskarte bei, die Freiburg 1984 als die bundesweit erste Stadt einführte (Stadt Freiburg im Breisgau 2010a).

Im Umfeld der Universität und des Fraunhofer Instituts für Solare Energiesysteme haben sich in Freiburg

Abb. 9.17.5 Aktion für den Klimaschutz auf dem Münsterplatz in Freiburg 2009, um die städtische Klimaschutzkampagne bekannt zu machen (Foto: R. Glaser).

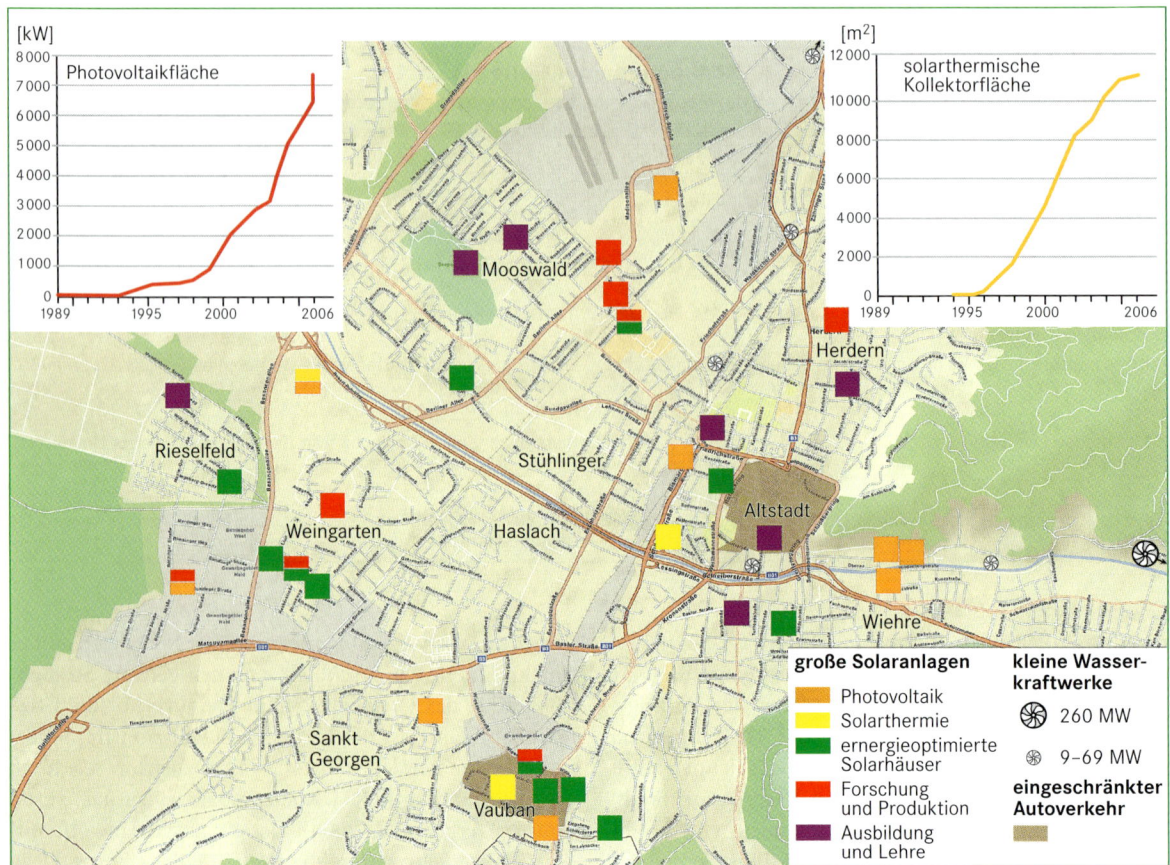

Abb. 9.17.6 Übersicht über erneuerbare Energien in Freiburg (Quelle: Bovet et al. 2008, Kartenhintergrund: ESRI World Street Map).

zahlreiche Firmen aus dem Bereich der erneuerbaren Energien angesiedelt. Die erneuerbaren Energien stellen mittlerweile einen bedeutenden Wirtschaftsfaktor dar, was sich national und international herumgesprochen hat, denn Freiburg verzeichnet immer mehr Fachtouristen und spricht diese Zielgruppe gezielt an. Unter dem Label *Green City* werden die Erfolge Freiburgs nach außen vermarktet. Die Stadt wurde eingeladen, sich auf der Expo 2010 in Shanghai zu präsentieren. Aufgrund des sonnenreichen Klimas bieten sich insbesondere Chancen für die Strom- und Wärmeerzeugung aus Sonnenenergie (Abb. 9.17.6).

Klimaschutz: Ein Thema für Geographen

Klimaschutz ist ein dynamisches Thema, das sich an der Schnittstelle zwischen Natur- und Geisteswissenschaf-

ten bewegt und als Mehrebenenproblem ein interdisziplinäres Denken erfordert. Geographen bringen ein breites Wissen über den Klimawandel und seine Folgen, aber auch über die erforderlichen **Vermeidungs- und Anpassungsmaßnahmen** mit. In der Verkehrsgeographie spielt zum Beispiel nachhaltige Mobilität eine wichtige Rolle. Stadtgeographen machen sich Gedanken, wie eine gute Stadtplanung Verkehr vermeiden kann und welche Energiekonzepte in Stadtteilen umgesetzt werden können. In der Klimageographie verfügt man über einen reichen Wissensfundus zu stadtklimatologischen Fragen. Dabei gibt es keine Universallösung, sondern in der Regel sind lokal angepasste Konzepte erforderlich, die Geographen als **Raumwissenschaftler** liefern können. Dementsprechend bieten sich hier für Geographen Berufschancen, die von einem Klimaschutzbeauftragten in Unternehmen über kommunale Umweltämter bis hin zu Politikberatung auf nationaler und internationaler Ebene reichen.

Fazit

Kaum ein geowissenschaftlicher Themenkreis ist derart tief in unserem Alltagsleben verwurzelt wie Wetter, Witterung und Klima. Alle reden vom Wetter und in den Medien ist es alltäglich präsent. Vor allem in der jüngsten Vergangenheit war es der Stoff für Weltuntergangsszenarien mit geradezu apokalyptischen Dimensionen. Wer sich mit den fachwissenschaftlichen Hintergründen beschäftigt, wird erkennen, wie viel an Kenntnissen notwendig ist, das komplexe Klimasystem von den physikalischen Grundlagen der Strahlungsgesetze über regionale Strukturen bis zur planetarischen Zirkulation zu verstehen. Wie in diesem Kapitel dargestellt, birgt das Klima, insbesondere die Klimaextreme vielfältigstes Gefahrenpotenzial. Der Mensch hat in das Klimasystem eingegriffen, er trägt zum Klimawandel bei und hat damit eines der größten Experimente losgetreten, dessen Ausgang nach wie vor Unsicherheiten birgt. Wie deutlich der Mensch seinen Fingerabdruck im Klimasystem bereits hinterlassen hat, wird offensichtlich, wenn wir uns die Besonderheiten des vom Menschen modifizierten Stadtklimas vergegenwärtigen oder die jüngste Klimaentwicklung vor Augen führen. Die Klimaänderung ist zu einem der gesellschaftspolitischen Leitthemen unserer Zeit geworden. Unsere klimatische Zukunft wird derzeit in verschiedenen Modellen berechnet.

Trotz der beeindruckenden Rechenleistungen bleiben die bisher erzielten Erkenntnisse mit Unsicherheiten behaftet. Von besonderer Bedeutung ist dabei die regionale Antwort auf die zu erwartenden Klimaveränderungen. Auf allen Ebenen sind Kopplungen mit sozioökonomischen Faktoren notwendig, um geeignete Pufferungsstrategien zu entwickeln. Die Geographie ist nicht zuletzt wegen ihrer regionalen wie auch globalen Kompetenz besonders gefordert, wirklichkeitsnahe Szenarien mitzuentwerfen.

Viele Anstrengungen werden zukünftig in die Verbesserung der Modelle und Szenarien fließen müssen. Die Skalenbezogenheit der Betrachtung wird eine größere Rolle spielen. Letztlich müssen aber nach wie vor Lücken geschlossen werden, etwa im Verständnis des Ozeansystems oder der Ozean-Atmosphäre-Kopplung, in der Kenntnislage zur höheren Atmosphäre und deren Auswirkungen. Auch auf dem Feld des um sich greifenden Emissionshandels, der Handlungsoptionen für Politik und Gesellschaft, der Klimapolitik und der Klimakommunikation liegen weitere Forschungsfelder. Fragen der Lufthygiene, insbesondere der Staubbelastung in Städten und am Arbeitsplatz, aber auch die Suche nach geeigneten Indikatoren im Rahmen von Monitoringsystemen sind weitere *emerging fields*.

Weiterführende Literatur

Bendix J (2004) Geländeklimatologie. Borntraeger, Berlin

Blüthgen J, Weischet W (1980) Allgemeine Klimageographie. De Gruyter, Berlin

Christen A (2005) Atmospheric Turbulence and Surface Energy Exchange in Urban Environments. Results from the Basel Urban Boundary Layer Experiment (BUBBLE). Stratus 11

Christen A, Vogt R (2004) Energy and radiation balance of a central European city. In: International Journal of Climatology 24, 11: 1395–1421

Cubasch U, Kasang D (2000) Anthropogener Klimawandel. Klett-Perthes, Gotha & Stuttgart

Endlicher W (1991) Klima, Wasserhaushalt, Vegetation. Wissenschaftliche Buchgesellschaft, Darmstadt

Feigenwinter C, Vogt R, Parlow E (1999) Vertical structure of selected turbulence characteristics above an urban canopy. In: Theoretical and Applied Climatology 62: 51–63

Flohn H (1964) Investigations on the Tropical Easterly Jet. Bonner Met. Abh. 4

Geiger R (1961) Das Klima der bodennahen Luftschicht. 4. Aufl. Vieweg, Braunschweig

Glaser R (2008) Klimageschichte Mitteleuropas. 1200 Jahre Wetter, Klima, Katastrophen. Primus/WBG, Darmstadt

Goßmann H (1989) Die Atmosphäre. In: Nolzen H (Hrsg) Handbuch des Geographieunterrichts. Darmstadt. Band 10/I: 97–193

Grimmond CSB, Oke TR (2002) Turbulent heat fluxes in urban areas: observations and a Local-scale Urban Meteorological Parameterization Scheme (LUMPS). In: Journal of Applied Meteorology, 41: 792–810

Hendl M (1984) Einführung in Aufgabe, Geschichte und Stand der globalen Klimaklassifikation. In: Zeitschrift für den Erdkundeunterricht 36: 380–399

Huch M. et al. (Hrsg) (2001) Klimazeugnisse der Erdgeschichte. Springer, Berlin etc.

Hupfer P, Kuttler W (1998) Witterung und Klima. 10. Aufl. Teubner, Stuttgart

Kraus H (2001) Die Atmosphäre der Erde. Springer, Berlin

Krishnamurti TN (1979) Tropical Meteorology. Compendium of Meteorology, Vol. II, Part 4

Lamb HH (1989) Klima und Kulturgeschichte. Rowohlt, Reinbek

Liljequist GH, Cehak K (1994) Allgemeine Meteorologie. Vieweg, Braunschweig

Lo CP, Quattrochi DA, Luvall JC (1997) Application of High-Resolution Thermal Infrared Remote Sensing and GIS to Asses the

Fortsetzung

Fortsetzung

Urban Heat Island Effect. In: International Journal of Remote Sensing, 18: 287–304

Lozán JL et al. (Hrsg) (1998) Warnsignal Klima. Wissenschaftliche Fakten. Wissenschaftliche Auswertungen & GEO, Hamburg (engl. aktualisiert 2001)

Oke TR (1987) Boundary Layer Climates. 2. Aufl. Methuen, London

Parlow E (1998) Net radiation of urban areas. In: Gudmandsen, P (Hrsg) Future trends in remote sensing. Rotterdam. 221–226

Parlow E (2000) Remotely sensed heat fluxes of urban areas. In: de Dear RJ, Kalma JD, Oke TR, Auliciems A (Hrsg) Biometeorology and urban climatology at the turn of the millennium. WMO/Techn. Document No. 1026. Genf. 523–528

Pfister C (1999) Wetternachhersage. 500 Jahre Klimavariationen und Naturkatastrophen. Haupt, Bern

Pichler H (1997) Dynamik der Atmosphäre. Bibliographisches Inst. Mannheim

Quattrochi DA, Ridd MK (1994) Measurement and analysis of thermal energy responses from discrete urban surfaces using remote sensing data. In: International Journal of Remote Sensing 15: 1991–2022

Rahmstorf S, Schellnhuber HJ (2007) Der Klimawandel. 4. Aufl. C.H. Beck, München

Rotach MW, Vogt R, Bernhofer C, Batchvarova E, Christen A, Clappier A, Feddersen B, Gryning S-E, Martucci G, Mayer H, Mitev V, Oke TR, Parlow E, Richner H, Roth M, Roulet Y-A, Ruffieux D, Salmond JA, Schatzmann M, Voogt JA (2005) BUBBLE – an Urban Boundary Layer Meteorology Project. In: Theoretical and Applied Climatology 81, 3–4: 231–261

Schönwiese C-D (2005) Climate variations. In: Hantel M (Hrsg) Observed global climate. Landolt-Börnstein Numerical Data and Functional Relationships in Science and Technology, New Series, Group V, Vol. 6. Springer, Berlin etc. 15-1–15-22

Schönwiese C-D (2008) Klimatologie. 3. Aufl. Ulmer (UTB), Stuttgart

Weischet W (1996) Regionale Klimatologie Teil 1: Die Neue Welt. Teubner, Stuttgart

Weischet W, Endlicher W (2000) Regionale Klimatologie Teil 2: Die Alte Welt. Teubner, Stuttgart

Weischet W, Endlicher W (2008) Einführung in die Allgemeine Klimatologie. Teubner Studienbücher. Stuttgart

Zitierte Literatur

Alexandre P (1987) Le climat en Europe au Moyen Âge. Éditions de l'Ecole des Hautes Études en Sciences Sociales, Paris

Alissow BP (1950) Klimatitscheskije oblasti sarubeshnych starn. Moskau (in deutscher Sprache [1954] Die Klimate der Erde. Dt. Verl. der Wiss., Berlin)

Andersen KK et al. (2004) High-resolution record of Northern Hemisphere climate extending into the last interglacial period. Nature 431: 147–151

Augustin L et al. (2004) Eight glacial cycles from an Antarctic ice core. Nature 429: 623–628

Bach S (2009) Ökologische Steuerreform in Deutschland. In: Rudolph S, Schmidt S (Hrsg) Der Markt im Klimaschutz. Welchen Beitrag leisten Emissionshandel und Ökosteuern zur Erreichung der Klimaziele in Deutschland und Europa? Metropolis, Marburg. 19–47

Barry RG, Chorley RJ (2003) Atmosphere, Weather and Climate. 8. Aufl. Routledge, London

Beck C, Grieser J, Kottek M, Rubel F, Rudolf B (2006) Characterizing Global Climate Change by means of Köppen climate classification. Klimastatusbericht 2005, Deutscher Wetterdienst: 139–149

Beck C, Rudolf B, Schönwiese C-D, Staeger T, Trömel S (2007) Entwicklung einer Beobachtungsdatengrundlage für DEKLIM und statistische Analyse der Klimavariabilität. Bericht Nr. 6. Inst. Atmosphäre Umwelt, Univ. Frankfurt/Main

Behringer W (2007) Kulturgeschichte des Klimas. Von der Eiszeit bis zur globalen Erwärmung. Beck, München

Behringer W, Lehmann H, Pfister C (2005) Kulturelle Konsequenzen der „Kleinen Eiszeit". Vandenhoeck & Ruprecht, Göttingen

Berz G (2008) Versicherungsrisiko Klimawandel. Promet 34: 3–9

Berz G (2010) Wie aus heiterem Himmel? Naturkatastrophen und Klimawandel. dtv, München

Beuermann C, Jäger J (1996) Climate Change Politics in Germany. How long will any double dividen last. In: O'Riordan T, Jaeger J (Hrsg) Politics of climate change. A European perspective. Global environmental change series. Routledge, London. 186–227

Blümling S (2000) Kommunaler Klimaschutz in Deutschland. Ökonomische Erklärung und Beurteilung der kommunalen Beiträge zum Schutz des Klimas. Volkswirtschaftliche Forschungsergebnisse 59. Dr. Kovac, Hamburg

Borchert G (1993) Klimageographie in Stichworten (Hirt's Stichwortbücher). 2. Aufl. Berlin, Stuttgart

Bork HR, Bork H, Dalchow C, Faust B, Prior HP, Schatz T (1998) Landschaftsentwicklung in Mitteleuropa. Stuttgart

Borloo J, Huhne C, Röttgen N (2010) „30 Prozent weniger Emissionen bis 2020". http://www.faz.net/s/RubEC1ACFE1EE274C81BC D3621EF555C83C/Doc~E3DB9D10B0F8F4D03AA2BB517818D 6769~ATpl~Ecommon~Scontent.html. Zuletzt geprüft am 30. September 2010

Bovet P, Rekacewicz P, Sinai A, Vidal D (Hrsg) (2008) Atlas der Globalisierung spezial: Klima. Über 100 aktuelle Karten und Schaubilder. Le monde diplomatique. TAZ-Verlags- und Vertriebs-GmbH, Berlin

Bradley RS, Jones PD (1995) Climate since A.D. 1500. Routledge, London, New York

Bradtmöller M, Pastoors A, Weninger B, Weniger G-C (2010) The repeated replacement model – Rapid climate change and population dynamics in Late Pleistocene Europe. In: Quaternary International

Brázdil R, Glaser R, Pfister C, Dobrovolny P, Antoine JM, Barriendos M, Camuffo D, Deutsch M, Enzi S, Guidoboni E, Kotyza O, Rodrigo FS (1999) Flood events of selected European rivers in the sixteenth century. Climatic Change 43: 239–285

Brázdil R, Kundzewicz ZW, Benito G (2006) Historical hydrology for studying flood risk in Europe. Hydrological Sciences Journal 51: 739–764

Brázdil R, Pfister C, Wanner H, von Storch H, Luterbacher J (2005) Historical Climatology in Europe – the state of the art. Climatic Change 70: 363–430

Brouns B, Ott HE (2002) Das globale Klimaregime. Umweltschutz durch internationale Verhandlungen. In: Hauser W (Hrsg) Klima. Das Experiment mit dem Planeten Erde. Wissenschaftliche Buchgesellschaft, Darmstadt. 318–331

Bundesministerium für Umwelt, Naturschutz und Reaktorsicherheit (2000) Nationales Klimaschutzprogramm. http://www.bmu.de/files/pdfs/allgemein/application/pdf/klimaschutzprogramm2000.pdf. Zuletzt geprüft am 29. August 2010

Bundesministerium für Umwelt, Naturschutz und Reaktorsicherheit (2005) Nationales Klimaschutzprogramm 2005. Beschluss der

Fortsetzung

Bundesregierung vom 13. Juli 2005. Sechster Bericht der Interministeriellen Arbeitsgruppe „CO_2-Reduktion". http://www.bmu.de/files/klimaschutz/downloads/application/pdf/klimaschutzprogramm_2005_lang.pdf. Zuletzt geprüft am 29. August 2010

Bundesministerium für Umwelt, Naturschutz und Reaktorsicherheit (2007) Eckpunkte für ein integriertes Energie- und Klimaprogramm. http://www.bmu.de/files/pdfs/allgemein/application/pdf/klimapaket_aug2007.pdf. Zuletzt geprüft am 28. August 2010

Bundesministerium für Umwelt, Naturschutz und Reaktorsicherheit (2010a) Entwicklung der erneuerbaren Energien in Deutschland im Jahr 2009. Grafiken und Tabellen. unter Verwendung aktueller Daten der Arbeitsgruppe Erneuerbare Energien-Statistik (AGEE-Stat). http://www.erneuerbare-energien.de/files/pdfs/allgemein/application/pdf/ee_in_deutschland_graf_tab_2009.pdf. Zuletzt geprüft am 30. September 2010

Bundesministerium für Umwelt, Naturschutz und Reaktorsicherheit (2010b) Einfluss der Förderung erneuerbarer Energien auf den Haushaltsstrompreis in den Jahren 2009 und 2010 – einschl. Ausblick auf das Jahr 2011. http://www.bmu.de/files/pdfs/allgemein/application/pdf/hintergrund_ee_umlage_bf.pdf. Zuletzt geprüft am 30. September 2010

Bundesregierung (2000) Vereinbarung zwischen der Bundesregierung und den Energieversorgungsunternehmen 14.6.2000. http://www.bmwi.de/BMWi/Redaktion/PDF/V/vereinbarung-14-juni-2000,property=pdf,bereich=bmwi,sprache=de,rwb=true.pdf. Zuletzt geprüft am 06. August 2010

Bürger K, Dostal P, Seidel J, Imbery F, Barriendos M, Mayer H, Glaser R (2006) Hydrometeorological reconstruction of the 1824 flood event in the Neckar River basin (southwest Germany). Hydrological Sciences Journal 51: 864–877

Caviedes CN (2005) El Niño. Klima macht Geschichte. Darmstadt

Christensen JH, Christensen OB (2003) Severe summertime flooding in Europe. Nature, Vol. 421: 805–806

Coase RH (1960) The Problem of Social Cost. Journal of Law and Economics 3: 1–44

Cramer WP, Solomon AM (1993) Climatic classification and future global redistribution of agricultural land. Clim. Res. 3: 97–110

Cubasch U (2002) Perspektiven der Klimamodellierung. In: Hauser W (Hrsg) Klima. Das Experiment mit dem Planeten Erde. Stuttgart. 151–159

Dales JH (1970) Pollution property and prices. An essay in policy-making and economics, Univ. of Toronto Press, Toronto

de Kraker A (2006) Flood events in the southwestern Netherlands and coastal Belgium, 1400–1953. Historical Hydrology 51: 913–929

Demarée GR (2006) The catastrophic floods of february 1784 in and around Belgium. A Little Ice Age event of frost, snow, river ice and floods. Hydrological Sciences Journal 51: 878–898

Deutsch M, Rost KT (2005) Schwere Hochwasserereignisse in Mitteldeutschland (1500 bis 1900) und ihre sozioökonomischen Folgewirkungen. Naturrisiken in der vorindustriellen Zeit und ihre Auswirkungen auf Siedlungen und Kulturlandschaft. Siedlungsforschung – Archäologie, Geschichte, Geographie. 209–226

Deutsche Emissionshandelsstelle (2004) Klimaschutz: Der Emissionshandel im Überblick. Grundlagen und Funktionsweise, Berlin. http://www.dehst.de/SharedDocs/Downloads/DE/Publikationen/Hintergrundmaterial_EH.pdf. Zuletzt geprüft am 28. Februar 2011

Deutscher Wetterdienst (1987) Allgemeine Meteorologie (Leitfaden Nr. 1 für die Ausbildung). Offenbach

Deutscher Wetterdienst (seit 1997) Jährliche Klimastatusberichte (www.dwd.de/FundE/Klima/KLIS/prod/KSB/index. html)

Dirmhirn I (1964) Das Strahlungsfeld im Lebensraum. Frankfurt a. M.

Dotzek N (2002) Tornados in Deutschland. In: Fiedler F et al (Hrsg) Naturkatastrophen in Mittelgebirgsregionen. Proceedings zum Symposium am 11. und 12. Oktober 1999 in Karlsruhe. Berlin. 29–51

Dotzek N (2003) An updated estimate for tornado occurence in Europe. Atmos. Res. 67–68: 153–161

Ehlers J (1994) Allgemeine und historische Quartärgeologie. Stuttgart

Eichhammer W, Boede U, Gagelmann F, Jochem E, Kling N, Schleich J, Schomann B, Chesshire J, Ziesing HJ (2001) Treibhausgasminderungen in Deutschland und UK. Folge „glücklicher" Umstände oder gezielter Politikmaßnahmen? Ein Beitrag zur internationalen Klimapolitik. Climate Change 2/01. Umweltbundesamt, Berlin. http://www.umweltdaten.de/publikationen/fpdf-l/2008.pdf. Zuletzt geprüft am 9. Juni 2008

Endlicher W (2001) Terrestrial Impacts of the Southern Oscillation and the Related El Niño and La Niña Events. In: Lozan J, Grassl H, Hupfer P (Hrsg) Climate of the 21st Century – Changes and Risks. Hamburg. 52–55

Endlicher W, Gerstengarbe F-W (2007) Der Klimawandel. Einblicke, Rückblicke und Ausblicke. PIK (Eigenverlag), Potsdam

Endlicher W, Gerstengarbe F-W (Hrsg) (2010) Continents under Climate Change. Nova Acta Leopoldina NF Nr 384 Bd 112

Europäische Kommission (2009) EU-Maßnahmen gegen den Klimawandel. Das Emissionshandelssystem der EU. Amt für Amtliche Veröffentlichungen der Europäischen Gemeinschaften, Luxemburg

Europäische Kommission (2010) The EU climate and energy package. http://ec.europa.eu/environment/climat/climate_action. htm. Zuletzt geprüft am 27. August 2010

Europäisches Parlament, Europäischer Rat (2008) Richtlinie 2008/101/EG des Europäisches Parlaments und des Rates vom 19. November 2008 zur Änderung der Richtlinie 2003/87/EG zwecks Einbeziehung des Luftverkehrs in das System für den Handel mit Treibhausgasemissionszertifikaten in der Gemeinschaft. http://www.bmu.de/files/pdfs/allgemein/application/pdf/rl_2008_101_eg_flugverkehr.pdf. Zuletzt geprüft am 28. August 2010

Europäische Umweltagentur (2009) Greenhouse gas emission targets in Europe under the Kyoto Protocol (2008–2012) relative to base-year emissions. http://www.eea.europa.eu/data-and-maps/figures/greenhouse-gas-emission-targets-in-europe-under-the-kyoto-protocol-2008-2012-relative-to-base-year-emissions. Zuletzt geprüft am 01. Oktober 2010

Fischer H (2004) The Climate in Historical Times. Towards a Synthesis of Holocene Proxy Data and Climate Models

Flohn H (1950) Neue Anschauungen über die allgemeine Zirkulation der Atmosphäre und ihre klimatische Bedeutung. Erdkunde 4: 141–162

Flohn H (1960) Zur Didaktik der Allgemeinen Zirkulation der Atmosphäre. In: Geographische Rundschau 5: 129–142 u. 189–195

Flohn H (1971) Arbeiten zur Allgemeinen Klimatologie. Wissenschaftliche Buchgesellschaft, Darmstadt

Flohn H (1975) Tropische Zirkulationsformen im Lichte der Satellitenaufnahmen. Bonner Met. Abh. 21

Focus Online (2010) Klimaforscher freigesprochen. http://www.focus.de/panorama/vermischtes/london-klimaforscher-freigesprochen_aid_494804. html (Zugriff am 16.08.2010)

Fraefel M, Jeisy M, Hegg C (2005) Unwetterschäden in der Schweiz im Jahre 2004. Eidg. Forschungsanstalt für Wald, Schnee und Landschaft Birmensdorf

Frakes LA (1979) Climates Throughout Geologic Time. Elsevier, Amsterdam

Freiburger Verkehrs AG (2008) Zwei „Rollende Visitenkarten" für den Klimaschutz. Freiburger Stadtbahn fährt mit Ökostrom von badenova. Freiburg. http://www.vag-freiburg.de/presse/archive/2008//article/zwei-rollende-visitenkarten-fuer-den-klimaschutz. html?tx_ttnews[backPid]=15&cHash=5cd5621416. Zuletzt geprüft am 18. Februar 2010

Fortsetzung

Fortsetzung

Fröhlich C (2000) Observations of irradiance variations. Space Science Reviews 94: 15–24

Geiger R (1961) Das Klima der bodennahen Luftschicht. Vieweg, Braunschweig

Geiger R, Pohl W (1954) Eine neue Wandkarte der Klimagebiete der Erde nach W. Köppens Klassifikation. Erdkunde 8: 58–61

Geres R (2005) Europäischer Emissionsrechtehandel. Beobachtungen und Perspektiven. In: Berz G (Hrsg) Wetterkatastrophen und Klimawandel. Sind wir noch zu retten? pg-Verlag, München. 194–203

Gerstengarbe FW, Werner PC (1997) Eine objektive Klimaklassifikation für Deutschland. Ann. Met. (Offenbach) 34: 73–74

Gerstengarbe FW, Werner PC (2003) Klimaänderungen zwischen 1901 und 2000. In: Deutsches Institut für Länderkunde (Hrsg) Nationalatlas Bundesrepublik Deutschland – Bd. 3 Klima, Pflanzen- und Tierwelt. Spektrum Akad. Verl., Heidelberg

Glaser R (2008) Klimageschichte Mitteleuropas. 1200 Jahre Wetter, Klima, Katastrophen. Primus Verlag, Darmstadt

Glaser R, Militzer S (1993) Perspektiven der regionalen historischen Klimatologie in Mitteleuropa. Ein Statusbericht der Arbeitsgruppe „Historische Klimatologie" zum Aufbau einer regionalen Klimadatenbank. Environmental History Newsletter 5: 15–30

Glaser R, Riemann D (2009) A thousand-year record of climate variations for Germany and Central Europe based on documentary data. Journal of Quaternary Science 24: 437–449

Glaser R, Stangl H (2003) Historical floods in the Dutch Rhine Delta. Natural Hazards and Earth System Sciences 3: 605–613

Glaser R, Stangl H (2004) Floods in Central Europe since AD 1300 and their regional context. Houille Blanche 5: 43–49

Gönnert G, Dube SK, Siefert W (2001) Global Storm Surges. Archie for Research and technology on the North Sea and Baltic Sea cost. Kuratorium für Forschung im Küsteningenieurwesen, Volume 63

González-Rouco JF, Beltrami H, Zorita E, von Storch H (2006) Simulation and inversion of borehole temperature profiles in surrogate climates: Spatial distribution and surface coupling. Geophysical Research Letters 33, L01703

Grossmann I, Woth K, von Storch H, Gönnert G (2006) Localization of global climate change: Storm surge scenarios for Hamburg in 2030 and 2085. Die Küste 71: 169–182

Häberli W et al. (2001) Glaciers as key indicator of global climate change. In: Lozan JL et al. (Hrsg) Climate of the 21th Century: Changes and Risks. Wissenschaftliche Auswertungen & GEO, Hamburg. 212–220

Hellmann G (1883) Repertorium der deutschen Meteorologie: Leistungen der Deutschen in Schriften, Erfindungen und Beobachtungen auf dem Gebiete der Meteorologie und des Erdmagnetismus von den ältesten Zeiten bis zum Schlusse des Jahres 1881. Engelmann, Leipzig

Hendl, M (1960) Entwurf einer genetischen Klimaklassifikation auf Zirkulationsbasis. Zeitschrift für Meteorologie 14: 46–50

Henning R (1904) Katalog bemerkenswerter Witterungsereignisse von den ältesten Zeiten bis zum Jahre 1800. Abhandlungen des Preußischen Meteorologischen Instituts 2

Henschel C (1993) Die Avantgarde der Kommunen? Städte engagieren sich für den Schutz des globalen Klimas. Arbeiten zur Risiko-Kommunikation, Jülich

Houghton JT, Jenkins GJ, Ephraums JJ (Hrsg) (1990) Climate Change. The IPCC scientific assessment. Cambridge University Press, Cambridge

Houghton JT, Callander BA, Varney SK (Hrsg) (1992) Climate Change 1992. Cambridge University Press, Cambridge

Houghton JT et al. (Hrsg) (1996) Climate Change 1995. The Science of Climate Change. Contribution of the Working Group I to the Second Assessment Report of the Intergovernmental Panel on Climate Change (IPCC). Cambridge University Press, Cambridge

Houghton JT et al. (Hrsg) (2001) Climate Change 2001. The Scientific Basis. Contribution of the Working Group I to the Third Assessment Report of the IPCC. Cambridge

House of Lords, Select Committee on Economic Affairs (2005) The Economics of Climate Change. Volume I: Report, 2nd Report of Session 2005-06, Authority of the House of Lords, London, UK; The Stationery Office Limited, HL Paper 12-I (http://www.publications.parliament.uk/pa/ld/ldeconaf.htm#evid)

Howard L (1820) The Climate of London Vol. 1, II, London

Hupfer P, Kuttler W (2005) Witterung und Klima (begründet von E. Heyer). 11. Aufl. Teubner, Stuttgart

IPCC (2007) Climate Change 2007: The Physical Science Basis. Contribution of Working Group 1 to the Fourth Assessment Report of the Intergovernmental Panel on Climate Change [Solomon S, Qin D, Manning M, Chen Z, Marquis M, Averyt KB, Tignor M, Miller HL (Hrsg)] Cambridge University Press, Cambridge, United Kingdom and New York

IPCC, Nakiçenoviç N, Swart R (Hrsg) (2000) Emissions Scenarios – A special Report of Working Group III of the Intergovernmental Panel on Climate Changes, Cambridge University Press

Jacobeit J (1989) Zirkulationsdynamische Analyse rezenter Konvektions- und Niederschlagsanomalien in den Tropen. Augsburger Geographische Hefte 9

Jacobeit J et al. (2003) Atmospheric circulation variability in the North-Atlantic-European area since the mid-seventeenth century. Climate Dynamics 20: 341–352

Jacobeit J, Glaser R, Luterbacher J, Wanner H (2002) Links between flood events in Central Europe since AD 1500 and large-scale atmospheric circulation modes. Geophysical Research Letters 30: 21.21–21.24

Jacobeit J, Glaser R, Luterbacher J, Nonnenmacher M, Wanner H (2003) Links between flood events in Central Europe since ad 1500 and the large-scale atmospheric circulation. In: Thorndycraft VR, Benito GBM, Llasat MC (Hrsg) Palaeofloods, Historical Data and Climatic Variability: Applications in Flood Risk Assessment

Jendritzky G, Koppe C, Laschewski G (2004) Klimawandel – Auswirkungen auf die Gesundheit. Internist. Prax. 44: 219–232

Jones PD et al. (1999) Surface air temperature and its variations over the last 150 years. Rev Geophys 37: 173–199

Kappas M (2009) Klimatologie. Klimaforschung im 21. Jahrhundert – Herausforderung für Natur- und Sozialwissenschaften. Spektrum Akademischer Verlag, Heidelberg

Kern K, Bulkeley H (2009) Cities, Europeanization and Multi-level Governance: Governing Climate Change through Transnational Municipal Networks. JCMS: Journal of Common Market Studies 47(2): 309–332

Kern K, Niederhafner S, Rechlin S, Wagner J (2005) Kommunaler Klimaschutz in Deutschland. Handlungsoptionen, Entwicklung und Perspektiven. Discussion Paper, Berlin

Kessler A (1985) Heat Balance Climatology. World Survey of Climatology, Vol. 1 A. Amsterdam, London

Kessler A, Jäger L, Schott R (1979) Auswirkungen der Sonnenfinsternis am 29. April 1976 auf die Energieströme an der Erdoberfläche. Meteorologische Rundschau 32: 109–115

Klemm F (1973) Die Entwicklung der meteorologischen Beobachtungen in Franken und Bayern bis 1700

Klemm F (1976) Die Entwicklung der meteorologischen Beobachtungen in Nord- und Mitteldeutschland bis 1700

Klemm F (1979) Die Entwicklung der meteorologischen Beobachtungen in Südwestdeutschland bis 1700

Klemm F (1983) Die Entwicklung der meteorologischen Beobachtungen in Österreich einschließlich Böhmen und Mähren bis zum Jahr 1700

Koppe Ch, Jendritzky G, Pfaff G (2004) Die Auswirkungen der Hitzewelle 2003 auf die Gesundheit. In Deutscher Wetterdienst (Hrsg)

Fortsetzung

Klimastatusbericht 2003, Offenbach 152–162 (www.dwd.de/FundE/Klima/KLIS/prod/KSB/index.html)

Köppen W (1900) Versuch einer Klassifikation der Klimate vorzugsweise nach ihren Beziehungen zur Pflanzenwelt. Geogr. Zeitschr. 6: 593–611 u. 657–679

Köppen W (1918) Klassifikation der Klimate nach Temperatur, Niederschlag und Jahreslauf. Petermanns Geographische Mitteilungen 64: 193–203 u. 243–248

Köppen W (1936) Das geographische System der Klimate. In: Köppen W, Geiger R (Hrsg) Handbuch der Klimatologie Bd. 1 Teil C. Borntraeger, Berlin

Körber HG (1987) Vom Wetteraberglauben zur Wetterforschung. Umschau, Frankfurt a. M.

Kottek M, Grieser J, Beck C, Rudolf B, Rubel F (2006) World Map of the Köppen-Geiger climate classification updated. Meteorol. Z. 15: 259–263

Kraus H (2001) Die Atmosphäre der Erde. 2. Aufl. Springer, Berlin

Lamb HH (1977) Climate: Present, past and future. Methuen, London

Last WM, Smol JP (Hrsg) (2001) Tracking environmental change using lake sediments. Developments in Paleoenvironmental Research, Bd. 1-4. Kluwer Academic Publishers, Dordrecht

Lauer W, Bendix J (2004) Klimatologie. Das Geographische Seminar. Braunschweig

Lauer W, Frankenberg P (1985) Versuch einer geoökologischen Klassifikation der Klimate. Geographische Rundschau 37: 359–365

Le Roy Ladurie E (1966) Les paysans de Languedoc. Flammarion

Liljequist GH, Cehak K (1984) Allgemeine Meteorologie. Vieweg, Braunschweig

Lohmann U, Sausen R, Bengtsson L, Cubasch U, Perlwitz J, Roeckner E (1993) The Köppen climate classification as a diagnostic tool for general circulation models. Clim. Res. 3: 177–193

Lundqvist L, Biel A (2007) From Kyoto to the Town Hall. Transforming national strategies into local and individual action. In: Lundqvist L, Biel A (Hrsg) From Kyoto to the town hall. Making international and national climate policy work at the local level. Earthscan, London. 1–12

Luterbacher J, Xoplaki E, Dietrich D, Rickli R, Jacobeit J, Beck C, Gyalistras D, Schmutz C, Wanner H (2002) Reconstruction of sea level pressure fields over the Eastern North Atlantic and Europe back to 1500. Climate Dynamics 18

Luterbacher J, Dietrich D, Xoplaki E, Grosjean M, Wanner H (2004) European seasonal and annual temperature variability, trends, and extremes since 1500. Science 303: 1499–1503

Luther J (2010) Smart grids, smart loads, and energy storage. In: Schellnhuber HJ, Molina M, Stern N, Huber V, Kadner S (Hrsg) Global sustainability. A Nobel cause. Cambridge University Press, Cambridge. 281–287

Malberg H (2002) Meteorologie und Klimatologie – eine Einführung. 4. Aufl. Springer, Berlin

Mann ME, Jones PD (2003a) Global surface temperatures over the past two millennia. Geophys Res Lett 30 (15): 1820, doi: 10.1029/2003GL017814

Mann ME, Jones PD (2003b) 2,000 Year hemispheric multi-proxy temperature reconstructions. IGBP PAGES/World Data Center for Paleoclimatology Data Contribution Series 2003-051. NOAA/NGDC Paleoclimatology Program, Boulder CO, USA

Matschullat J (2010) Klimawandel – Klimaschwindel? Mitteilungen Deut. Meteorolog. Ges. 2/2010: 21–36

Meinke I, Gerstner, E-M (2009) Digitaler Norddeutscher Klimaatlas informiert über mögliche künftigen Klimawandel. DMG Mitteilungen 3-2009: 17

Meinke I, Gerstner, E-M, von Storch H, Marx A, Schipper H, Kottmeier C, Treffeisen R, Lemke P (2010) Regionaler Klimaatlas Deutschland der Helmholtz-Gemeinschaft informiert im Internet über

möglichen künftigen Klimawandel. DMG Mitteilungen 2-2010: 5–7

Metz B (2010) Controlling Climate Change. Cambridge Uni. Press

Meyer B, Prange F (2009) Perspektiven der Ökologischen Steuerreform in Deutschland. In: Rudolph S, Schmidt S (Hrsg) Der Markt im Klimaschutz. Welchen Beitrag leisten Emissionshandel und Ökosteuern zur Erreichung der Klimaziele in Deutschland und Europa? Metropolis, Marburg. 191–220

Moberg A, Dmitry M, Sonechkin K, Holmgren N, Datsenko M, Wibjörn K (2005) Highly variable Northern Hemisphere temperatures reconstructed from low- and high-resolution proxy data. Nature 433: 613–617

Mone FJ (1848–1867) Quellensammlung der badischen Landesgeschichte. Karlsruhe

Moser P (1998) Klimaschutz vor Ort. Handlungen gesellschaftlicher Akteure im kommunalen Klimaschutzprozeß. eine Struktur- und Politikfeldanalyse. Secolo-Verlag, Osnabrück

Moss R, Babiker M, Brinkman S, Calvo E, Carter T, Edmonds J, Elgizouli I, Emori S, Erda L, Hibbard K, Jones R, Kainuma M, Kelleher J, Lamarque J-F, Manning M, Matthews B, Meehl J, Meyer L, Mitchell J, Nakiçenoviç N, O'Neill B, Pichs R, Riahi K, Rose S, Runci P, Stouffer R, van Vuuren D, Weyant J, Wilbanks T, van Ypersele JP, Zurek M (2008) Towards New Scenarios for Analysis of Emissions, Climate Change, Impacts, and Response Strategies. Intergovernmental Panel on Climate Change, Geneva

Münchener Rückversicherung (1998) Weltkarte der Naturgefahren. 3. Aufl. München (www.munichre.com)

Münchener Rückversicherung (2004) Wetterkatastrophen und Klimawandel. Selbstverlag, München

Musco F (2009) Policy Design for Sustainable Integrated Planning. From Local Agenda 21 to Climate Protection. In: van Staden M, Musco F (Hrsg) Local Governments and Climate Change. Sustainable Energy Planning and Implementation in Small and Medium Sized Communities. Springer, Berlin. 59–76

Oke T (1983) Boundary Layer Climates. London

Oke T, Spronken-Smith RA, Jauregui E, Grimmond CSB (1999) The energy balance of central Mexico City during the dry season. In: Atmospheric Environment, Nr. 33: 3919–3930

Oreskes N (2004) The scientific consensus on climate change. Science 306: 1686

Parlow E (1998) Analyse von Stadtklima mit Methoden der Fernerkundung. In: Geographische Rundschau 50: 89–93

Parlow E (2003) The Urban Heat Budget Derived from Satellite Data. In: Geographica Helvetica 2: 99–112

Parry ML et al. (Hrsg) (2007) Climate Change 2007. Impacts, Adaptation and Vulnerability. Contribution of WG II to the Fourth Assessmenst Report of the Intergovernmental Panel on Climate Change (IPCC). Cambridge University Press, Cambridge

Pauling A, Luterbacher J, Casty C, Wanner H (2006) Five hundred years of gridded high-resolution precipitation reconstructions over Europe and the connection to large-scale circulation. Climate Dynamics 26: 387–405

Penck A (1910) Versuch einer Klimaklassifikation auf physiogeographischer Grundlage. Sitzungsberichte der Kgl. Preußischen Akademie der Wissenschaften, Physikal.-Math. Klasse, Berlin. 236–246

Pertz GH (1826) Monumenta Germaniae Historica. Verlag Weidmann, Hannover

Pfister C (1985) Klimageschichte der Schweiz 1525–1860. Bern, Stuttgart

Pfister C (1999) Wetternachhersage. Haupt, Bern

Rack E (1999) Klimawandel & Klimaschutz als Thema kommunaler Öffentlichkeitsarbeit. Die Darstellung von Umweltwissen und Umweltschutzmaßnahmen zur Bildung von Umweltbewußtsein. Mit einer Analyse der Kampagne „Klimaschutz Heidelberg –

Fortsetzung

Fortsetzung

gemeinsam gegen dicke Luft". Natur – Raum – Gesellschaft 2. Institut für Didaktik der Geographie, Frankfurt am Main

Rahmstorf S (2003) Rote Karte für die Leugner. Bild d. Wiss. 1/2003: 56–61

Rahmstorf S (2004) Die Klimaskeptiker. In Münchner Rückversicherungs-Gesellschaft: Wetterkatastrophen und Klimawandel, München: 76–83

Rahmstorf S (2010) http://www.pik-potsdam.de/~stefan/ (Zugriff am 16.08.2010)

Rahmstorf S, Schellnhuber HJ (2007) Der Klimawandel. 4. Aufl. C.H. Beck, München

Riehl H (1979) Climate and weather in the tropics. London, New York, San Francisco

Rubel F, Kottek M (2010) Observed and projected climate shifts 1901–2100 depicted by world maps of the Köppen-Geiger climate classification. Meteorol. Z. 19: 135–141

Saltzmann B (2002) Dynamical Paleoclimatology. Academic Press, San Diego

Schafhausen F (2005) Klimaschutzoptionen. In: Berz G (Hrsg) Wetterkatastrophen und Klimawandel. Sind wir noch zu retten? Edition Wissen. pg-Verlag, München. 204–217

Schafhausen F (2009) Klimapolitik in Deutschland. In: Rudolph S, Schmidt S (Hrsg) Der Markt im Klimaschutz. Welchen Beitrag leisten Emissionshandel und Ökosteuern zur Erreichung der Klimaziele in Deutschland und Europa? Metropolis, Marburg. 151–189

Schellmann G, Radtke U (with contributions by Whelan F) (2004) The Marine Quaternary of Barbados. Kölner Geographische Arbeiten 81. Köln

Schönwiese C-D, Janoschitz R (2008) Klima-Trendatlas Europa 1901–2000. Bericht Nr. 7. Inst. Atmosphäre Umwelt, Univ. Frankfurt/Main

Schönwiese C-D, Staeger T, Trömel S, Jonas M (2004) Statistisch-klimatologische Analyse des Hitzesommers 2003 in Deutschland. In: Deutscher Wetterdienst (Hrsg) Klimastatusbericht 2003, Offenbach. 123–132 (www.dwd.de/FundE/Klima/KLIS/prod/KSB/index.html)

Schwartz P (1991) The art of the long view. John Wiley & Sons

Sippel M (2004) Global climate policy and corresponding activities on a city-level. a case study of Hamburg and its citypartnerships with a special focus on CDM-potentials. HWWA discussion paper 280. HWWA, Hamburg

Solomon S et al. (Hrsg) (2007) Climate Change 2007. The Physical Science Basis. Contribution of Working Group I to the Fourth Assessment Report of the Intergovental Panel on Climate Change. Cambridge University Press, Cambridge

Stadt Freiburg im Breisgau (2010a) Clever unterwegs – der Umweltverbund. http://www.freiburg.de/servlet/PB/menu/1178925/index.html#bus. Zuletzt geprüft am 31. August 2010

Stadt Freiburg im Breisgau (2010b) Umweltpolitik in Freiburg, Freiburg

Terjung WH, Louie SSF (1972) Energy input-output climates of the world: a preliminary attempt. Arch. Met. Geoph. Biokl. Ser. B 20: 129–166

Thornthwaite CW (1933) The climates of the earth. Geographical Review 23: 433–440

Tol RSJ (2005) Exchange rates and climate change: An application of FUND. Climatic Change

Trewartha GT (1968) An introduction to climate. 4. Aufl. McGraw-Hill, New York

Troll C (1943) Thermische Klimatypen der Erde. Petermanns Geogr. Mitt. 89: 81–89

Troll C, Paffen KH (1963) Jahreszeitenklimate der Erde. In: Rodenwaldt E, Jusatz HJ (Hrsg) Weltkarten zur Klimakunde. Berlin. 7–28

Umweltbundesamt (2010a) Antworten des UBA auf populäre skeptische Argumente. http://www.umweltbundesamt.de/klimaschutz/klimaaenderungen/faq/antworten_des_uba.htm (Zugriff am 16.08.2010)

Umweltbundesamt (2010b) Entwicklung der THG-Emissionen in Deutschland nach Sektoren. http://www.umweltbundesamt.de/uba-info-presse/2010/pdf/pd10-003_bild1.pdf. Zuletzt geprüft am 31. August 2010

van Engelen AF, Buisman J, Ijnsen F (2000) Reconstruction of the Low countries temperature series AD 764–1998. In: Mikami T (Hrsg) International Conference on Climate Change and Variability – Past, Present and Future. Tokyo Metropolitan University. 151–157

von Storch H, Güss S, Heimann M (1999) Das Klimasystem und seine Modellierung. Eine Einführung. Springer, Berlin

von Storch H (1999) The global and regional climate system. In: von Storch H, Flöser G (Hrsg) Anthropogenic Climate Change. Springer, Berlin. 3–36

von Storch H (2005) Veränderliches Küstenklima – die vergangenen und zukünftigen 100 Jahre. In Fansa M (Hrsg) Kulturlandschaft Marsch: Natur, Geschichte und Gegenwart, Isensee-Verlag, Oldenburg. 229–245

Wanner H et al (2000) Klimawandel im Schweizer Alpenraum. VDF Hochschulverlag, Zürich

Wattenbach W, Dümmler E, Huf F (1991) Deutschlands Geschichtsquellen im Mittelalter. Frühzeit und Karolinger. Essen

Wegener A (1917) Wind- und Wasserhosen in Europa. Braunschweig

Weikinn C (1958) Quellentexte zur Witterungsgeschichte Europas von der Zeitwende bis zum Jahre 1850. Berlin

Weischet W, Endlicher W (2008) Einführung in die Allgemeine Klimatologie. Teubner Studienbücher. Stuttgart

Weizsäcker EU von, Hargroves K, Smith M (2010) Faktor Fünf. Die Formel für nachhaltiges Wachstum. Droemer, München

Wicke L, Schellnhuber HJ, Klingenfeld D (2010) Nach Kopenhagen. Neue Strategie zur Realisierung des 2°max-Klimazieles. PIK Report, Potsdam

Williams M, Dunkerley D, De Decker P, Kershaw P, Chappell J (1998) Quaternary Environments. London

Wissenschaftlicher Beirat der Bundesregierung Globale Umweltveränderungen (2009) Kassensturz für den Weltklimavertrag – der Budgetansatz. Sondergutachten. o. Verlag, Berlin

Wissenschaftlicher Beirat der Bundesregierung Globale Umweltveränderungen (2010) Klimapolitik nach Kopenhagen. Auf drei Ebenen zum Erfolg. Politikpapier 6. WBGU, Berlin

Woth K (2005) Projections of North Sea storm surge extremes in a warmer climate: How important are the RCM driving GCM and the chosen scenario? Submitted to GRL

Woth K, Weisse R, von Storch H (2005) Climate change and North Sea storm surge extremes: An ensemble study of storm surge extremes in a changed climate projected by four different Regional Climate models. Ocean Dyn

Zumbühl HJ (1980) Die Schwankungen der Grindelwaldgletscher in den historischen Bild- und Schriftquellen des 12. bis 19. Jahrhunderts: Ein Beitrag zur Gletschergeschichte und Erforschung des Alpenraumes. Birkhäuser Verlag, Basel

Der Gletscher Perito Moreno in Argentinien fließt vom Südlichen Patagonischen Eisfeld mit einer 3 bis 4 km breiten und bis 60 m hohen Eisfront in den Lago Argentino. Er gehört zu den wenigen Hochgebirgsgletschern mit positiver Massenbilanz und durchtrennt wiederholt den südwestlichen Seeteil unter Bildung eines Eisstausees (Foto: U. Radtke).

Kapitel 10
Geomorphologie

Als Lehre von den Oberflächenformen der Erde beschäftigt sich die Geomorphologie mit demjenigen Bereich des Systems Erde, welcher in weiten Teilen einer direkten Beobachtung zugänglich ist, im Gegensatz zur Geologie, die sich mit den tieferen Erdschichten befasst.

Der Faszination spektakulärer Landformen konnten sich schon die ersten Forschungsreisenden nicht entziehen, einer Faszination, welche heute noch die Menschen in exotische Regionen leitet, höchste Gipfel erklimmen oder unerforschte Meerestiefen aufsuchen lässt.

Durch das Wechselspiel von Heraushebung und Abtragung ändert sich das Relief der Erde permanent. Die Erfassung der Landschaftsdynamik wird durch Geomorphologen im interdisziplinären Verbund mit anderen Erdwissenschaften wie Geologie, Geophysik und Geochemie immer weiter verfeinert. Mittels geodätischer Methoden lässt sich beispielsweise die aktuelle Hebung der Alpen bestimmen, durch Isotopenmessungen ihre Abtragungsrate. Andererseits beeinflusst das vorhandene Relief Stoffflüsse der Atmo-, Bio- und Hydrosphäre, sodass Meteorologen, Biologen und Hydrologen die Zusammenarbeit suchen. Der Reiz geomorphologischer Forschung liegt aber auch in der Untersuchung vorzeitlicher Umweltveränderungen; hier dienen unter anderem Sedimente von Flüssen, Seen, Wind oder Meer als wichtige Archive für deren Rekonstruktion.

In den letzten Jahren hat sich aus der reinen Geomorphologie eine Diversifizierung in stärker landschaftsökologische, bodengeographische oder anwendungsbezogene Bereiche entwickelt, wenn auch der Geomorphologie immer noch eine zentrale Bedeutung in der Physischen Geographie zukommt. Das anhaltende Interesse äußert sich unter anderem darin, dass viele Umweltprobleme mit Methoden der Geomorphologie bearbeitet werden können, wie beispielsweise die Unterscheidung zwischen natürlichen und von dem wirtschaftenden Menschen ausgelösten Landschaftsveränderungen. Im Zuge der sogenannten Global-Change-Forschung werden darüber hinaus auch die Auswirkungen eines prognostizierten wärmeren Klimas untersucht, welches unter anderem nicht nur einen Meeresspiegelanstieg und die Gefährdung von Küstenregionen zur Folge haben wird, sondern auch das Auftauen des Dauerfrostbodens mit Zunahme von Felsstürzen und verstärkter Freisetzung des klimawirksamen Methans.

10.1 Einführung

Definition und Entwicklung der Geomorphologie

RICHARD DIKAU & REINHARD ZEESE

Die Wissenschaftsdisziplin Geomorphologie hat das Ziel, die Entstehung (Genese) der Erdoberflächenformen unter Berücksichtigung ihrer geometrisch-topologischen und stofflichen Eigenschaften und die dafür verantwortlichen Erdoberflächenprozesse in Gegenwart und Vergangenheit zu beschreiben und zu erklären. Die zweidimensionale Erdoberfläche ist eine der Hauptenergieumsatzflächen im Erdsystem. Sie bildet die Grenzfläche zum dreidimensionalen lithosphärischen Fest- und Lockergestein unterschiedlicher Zusammensetzung und Entstehung. Sie wird durch räumlich und zeitlich variierende Energie- und Materialflüsse verändert. Die Geomorphologie ist deshalb mit einem vierdimensionalen Phänomen der Oberfläche des Erdsystems befasst, das auch als Reliefsphäre (Tab. 4.3.1) bezeichnet wird.

Bereits der Geologe Ferdinand von Richthofen (Abb. 3.1.4) stellte 1886 in seinem „Führer für Forschungsreisende" (von Richthofen 1886) Beziehungen zwischen Formen, Material und Prozessen her, deren Entwicklung durch **Geofaktoren** (Relief, Klima, Gestein, Boden, Wasserhaushalt, Pflanzendecke) gesteuert wird und die Teil des Erdsystems sind. Er gilt deshalb als Begründer der modernen Geomorphologie. Fast ein Jahrhundert zuvor (1795) beschrieb James Hutton, der die Grundlagen der modernen Geologie entwickelte, bereits den Gesteinskreislauf (Abb. 10.2.10). **Verwitterung**, **Abtragung**, **Transport** und **Ablagerung** bilden in diesem Kreislauf die geomorphologischen Prozesskomponenten. Das von Hutton begründete **Aktualitätsprinzip** basiert auf der Vorstellung, dass Prozesse, die durch innenbürtige (**endogene**; Kapitel 10.2.) und außenbürtige (**exogene**; Kapitel 10.4) Kräfte gesteuert werden und heute beobachtbar sind, in der Vergangenheit nach gleichen Gesetzmäßigkeiten abliefen, wenn vergleichbare Rahmenbedingungen vorlagen. Dementsprechend resultieren aus ihrem Wirken vergleichbare Erdoberflächenformen. **Formenanalyse**, **Materialanalyse** (synonym **Substratanalyse**) und **Prozessanalyse** sind deshalb bis heute Grundlagen geomorphologischer Arbeitsmethoden.

Ein weiterer Meilenstein in der Entwicklung des Faches war das im Jahr 1894 veröffentlichte zweibändige Werk „Morphologie der Erdoberfläche" des deutschen Geomorphologen Albrecht Penck (Penck 1894). Mit seiner **Formensystematik**, ergänzt durch eine quantitative Analytik der Oberflächengeometrie der Formen (**Geomorphometrie**), setzte er wichtige, bis heute wirksame Impulse für die geomorphologische Disziplin. Er entwickelte die Hypothese der globalen Verschiebung von Klimazonen, dem daraus resultierenden Wandel geomorphologischer Prozesse und ihre Konsequenzen für die Entstehung von Reliefformen. In seinem mit Eduard Brückner 1901 bis 1909 veröffentlichten dreibändigen Hauptwerk „Die Alpen im Eiszeitalter" (Penck & Brückner 1909) stellte er mit der **Glazialen Serie** (Abb. 10.5.12) eine naturgesetzliche Abfolge von Formen dar, die unter dem Gletscher, an seinem Rand und in seinem Vorfeld durch jeweils charakteristische „glazigene" (vom Gletscher bewirkte) Formungsprozesse zu erklären sind.

Bis in die Mitte des 20. Jahrhunderts hatten nicht nur im angloamerikanischen Sprachraum die Arbeiten des amerikanischen Geomorphologen William Morris Davis paradigmatische Bedeutung. Er publizierte 1899 die Hypothese eines *Cycle of Erosion*, wonach ein zyklisches, zeitliches Nacheinander von rascher Hebung der Erdkruste und nachfolgender lang anhaltender Umgestaltung durch Abtragung für die Eroberflächenformung verantwortlich sei (Davis 1899). Am Ende eines vollständig ablaufenden Zyklus soll nach Davis durch zunehmende Hangabflachung eine „Fastebene" (**Peneplain**) entstanden sein (Exkurs 10.5.1). Alternative Modelle der Hangentwicklung und Einrumpfung (Abtragung eines Gebirges bis auf seinen Rumpf) entwickelte Walther Penck in dem 1924 posthum veröffentlichten Werk „Die morphologische Analyse" (Penck 1924). Seine Annahmen, dass **endogene Prozesse** von Hebung und Senkung (Kapitel 10.2) **reliefbildend** und vor allem durch Klimaparameter gesteuerte **exogene Prozesse** (Kapitel 10.4) **reliefzerstörend** wirken, sind im Prinzip bis heute akzeptierte Vorstellungen der Geomorphologie. Danach ist „für die Gestaltung der Erdoberfläche […] das Intensitätsverhältnis der endogenen zu den exogenen Massenverlagerungen maßgeblich" (Penck 1924). Die Abtragung setzt mit Beginn der Hebung ein. Halten sich Hebung und Abtragung die Waage, bleibt trotz Abtragung die in Hebung begriffene Fläche erhalten (**Primärrumpf**). Eilt als Folge kräftiger Hebung die Eintiefung der Gerinnebetten durch Flusserosion dem allgemeinen Hangabtrag voraus, dann entstehen konvexe Talhänge (aufsteigende Entwicklung). Infolge geringer Hebung kommt es bei abgeschwächter Eintiefung zur Abflachung der Unterhänge und Ausweitung der Talsohlen und damit zur Entstehung konkaver Hänge (absteigende Entwicklung). Die Rückverlegung und weitere Abflachung dieser Hänge bei weiter nachlassender Hebung erfolgt bis zum Erlahmen der Abtragungstätigkeit und der Bildung einer **Endrumpffläche**. Walther Pencks Vorstellungen wurden durch den südafrikanischen Geomorphologen Lester C. King (King 1962) dahingehend verändert, dass durch die planparallele Rückverlegung eines Steilhanges der flache Hangfuß (Pediment) bis zum Endstadium der **Pediplain** ausgeweitet wird. Dieses Pediplanationsmodell (Exkurs 10.5.1) wurde durch den deutschen Geomorphologen Heinrich Rohdenburg (Rohdenburg 1971) weiterentwickelt.

Allen früheren Arbeiten gemeinsam ist, dass geomorphologische Reliefformen vor allem das Ergebnis endogener Einwirkungen durch tektonische (Abb. 10.2.5) und vulkanische Prozesse sind und auf Struktur, Typ, Lagerung und Klüftung des Untergrundgesteins steuernd wirken. Für die **Strukturgeomorphologie** gelten Klimaeinflüsse daher als nachrangig. Wichtiger sei vielmehr die Dauer der exogenen Einflüsse. Nach 1920 gewann die Vorstellung, dass die Reliefformung durch exogene, vor allem klimatisch gesteuerte Prozesse bewirkt wird, die aus der „endogenen Rohform" die „exogene Realform" herausbilden, zunehmend an Bedeutung. Die **Klimageomorphologie** setzt die Formenvielfalt einer Region in Beziehung zum dort herrschenden Klima und zieht vor allem exogen gesteuerte aktuelle Formungsprozesse zur Erklärung heran. Klimaspezifische Prozesskombinationen und Formen dienen dabei zur Abgrenzung klimageomorphologischer Zonen.

Unbestritten ist, dass Klimaschwankungen und Klimaveränderungen in langen Zeitskalen ablaufen (Kapitel 9.12) und Konsequenzen für die geomorphologische Formung hatten. Mehrfache Wechsel von Kalt- und Warmzeiten bestimmten und bestimmen das globale Klimasystem im Quartär (Kapitel 9.13). In Oberkreide und Alttertiär (Abb. 10.2.1) war die „Treibhauserde" eisfrei und weltweit wärmer. So findet man in Mitteleuropa Kappungsflächen mit Verwitterungsprofilen, deren Bildung einem feuchtheißen Klima zugeordnet wird (Exkurs 10.3.1). Diese Formen sind vergesellschaftet mit Formen, die in den Kaltzeiten des Quartärs unter Einfluss des Permafrostes und durch Gletschereis entstanden sind. In allen Fällen erklärt das heutige Klima weder die Geometrie- noch die Materialeigenschaften der Form, da diese aus vorzeitlichen Prozessen resultieren. Die **klimagenetische Geomorphologie** (Büdel 1981) setzt deshalb die Formen einer Region in Beziehung zur zeitlichen Abfolge von Klimaten und erklärt sie als Ergebnis zeitlich variierender exogen gesteuerter Formungsprozesse. Dabei wird vorausgesetzt, dass der spezifische Klimaeinfluss über einen so langen Zeitraum wirksam war, dass sich an das Klima angepasste Reliefformen entwickeln konnten.

Parallel zur Entwicklung der genetischen Geomorphologie bildete sich in Deutschland die von Carl Troll begründete Landschaftsökologie als eigenständige Wissenschaftsdisziplin (Kapitel 14), die Ökosysteme (Exkurs 14.1.1) untersucht und in denen die geomorphologischen Prozesse und die oberflächennahen Materialien der Formen ein Teilsystem (Abb. 14.1.3) darstellen. Die Entwicklung der **Prozess-Geomorphologie** geht bis in die Zeit des Zweiten Weltkriegs zurück. Ein wichtiger Motor dieser Entwicklung lag in den angloamerikanischen Ländern in zivilen und militärischen Anforderungen der **quantitativen Erkundung** der Erdoberfläche und der sie aufbauenden Materialien. Dabei stand das Verständnis der geomorphologischen **Materialtransportprozesse** an erster Stelle. In enger Verbindung mit den Erkenntnissen der Ingenieurwissenschaften setzte in den Vereinigten Staaten ab 1950 eine rege geomorphologische Forschungstätigkeit ein. Ihr Ziel war die direkte Beobachtung und Messung der Transportprozesse und ihre physikalische Erklärung mithilfe der klassischen Newton'schen Mechanik. Die Konsequenz dieser grundlegenden Veränderung der Forschungsrichtung war eine massive Verkleinerung der Raum- und Zeitskalen der untersuchten Objekte. Während die klassische Geomorphologie vor 1950 Erkenntnisse der Reliefformung zu erlangen versuchte, die Millionen Jahre in die Vergangenheit zurückreicht und ganze Kontinente umfasst, wurden nun Messungen bis in den Bereich weniger Sekunden oder Minuten und weniger Meter oder Kilometer notwendig. Nur dadurch war es möglich, ausreichend definierte Randbedingungen für **physikalische Prozessaussagen** zu erhalten.

In Deutschland erfuhr die Prozessgeomorphologie seit etwa 1970 eine verstärkte Aufmerksamkeit. Der Heidelberger Geomorphologe Dietrich Barsch initiierte Forschungsprogramme in den Themenfeldern der Periglazial- und Hochgebirgsgeomorphologie, der Bodenerosion und des Sedimenthaushaltes geomorphologischer Systeme. Auf dieser Basis wurde in Deutschland die **prozessorientierte und quantifizierende** geomorphologische Forschung und Lehre weiterentwickelt und ausgebaut. Die heutige Geomorphologie ist eine Disziplin der Erdsystemwissenschaften (*Earth System Science*). Sie beschäftigt sich in diesem Rahmen mit den Erdoberflächenprozessen Gesteinsverwitterung, Abtrag, Transport und Deposition und ist mit zahlreichen Nachbardisziplinen verbunden (Abb. 10.1.1).

Der Deutsche Arbeitskreis für Geomorphologie hat zu den Beiträgen der Disziplin zu diesen Entwicklungen eine Denkschrift veröffentlicht (Deutscher Arbeitskreis für Geomorphologie 2006). Geomorphologische Prozesse spielen in Erdoberflächensystemen eine zentrale Rolle, da sie für die **Veränderung der Erdoberfläche** selbst verantwortlich sind. Dies gilt für alle Zeitskalen der Systementwicklung, das heißt für frühere und heutige Systeme. Um diesen Fragestellungen nachgehen zu

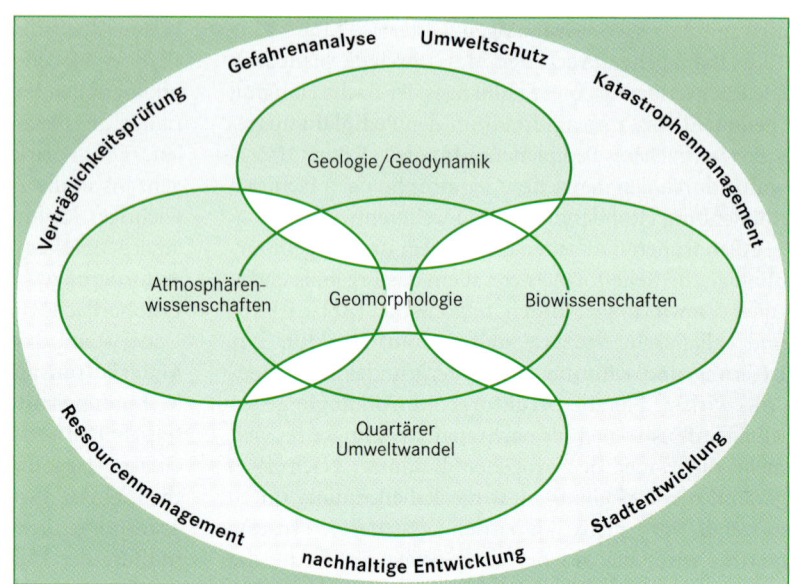

Abb. 10.1.1 Stellung der Geomorphologie an der Schnittstelle zu einigen anderen Disziplinen der Erdsystemwissenschaften. Geomorphologische Expertisen sind in zahlreichen gesellschaftlich relevanten Themenfeldern erforderlich und anwendbar.

können, setzt die heutige Geomorphologie moderne analytische Methoden und Messverfahren ein (Kapitel 6). Durch die flugzeug- und satellitengestütze Fernerkundung und die Verfügbarkeit von hochaufgelösten digitalen Höhenmodellen stehen der Geomorphologie heute moderne Technologien und Daten zur Verfügung, um die quantitative Analytik auch in größeren Raumskalen der Meso- und Makroebene durchzuführen. Durch die **Quantifizierung des Massenversatzes** an der Erdoberfläche (z. B. die Bewegung von Hangrutschungen oder die tektonische Hebung von Gebirgen) und der **kontinentalen Sedimentflüsse** können sehr große Objektflächen und -volumina erfasst werden. Es bieten sich neue Möglichkeiten bei der Identifikation und Kartierung geomorphologischer Objekte auf Basis hochaufgelöster, digitaler Höhen- und Bilddaten mit hohen Potenzialen einer modernen digitalen Kartographie der Erdoberfläche.

Mit ihrer Erklärungskompetenz von Prozessen an der Oberfläche des Erdkörpers ist die Geomorphologie im Zentrum der zukunftsrelevanten Geowissenschaften angesiedelt. Da die menschlichen Gesellschaften immer stärker in dieses System eingreifen (Tab. 10.4.3, Kapitel 11.7) und Wechselwirkungen zwischen Natur und Gesellschaft hervorrufen, erhält die Geomorphologie eine zunehmend wichtige Bedeutung. Mit dem zentralen Themenfeld der Naturgefahren und -risiken (Deutscher Arbeitskreis für Geomorphologie 2006) leistet die Geomorphologie unverzichtbare Beiträge zur Katastrophenvorsorge.

Grundlagen geomorphologischer Systeme

Richard Dikau

Die geomorphologischen Formen

Die geomorphologische Form bildet den zentralen Untersuchungsgegenstand der Geomorphologie. Sie weist **zwei- und dreidimensionale Eigenschaften** auf. Die Oberfläche des Erdkörpers bildet eine Grenzfläche zwischen der Lithosphäre und den erdexternen Komponenten der Atmosphäre, Hydrosphäre, Kryosphäre und Biosphäre. Diese Fläche hat einen zweidimensionalen Charakter. Sie bildet die externe Begrenzung des Erdkörpers, der aus Locker- oder Festgesteinsmaterial aufgebaut ist. Grenzfläche und Materialkörper bilden die geomorphologische Form, für die synonym auch die Begriffe Relief, Georelief, Reliefform oder Reliefsphäre verwendet wird. Geomorphologische Formen besitzen einen dualen Charakter. Sie sind einerseits das Produkt der geschichtlichen Entwicklung des Reliefs (Geomorphogenese) und resultieren andererseits aus den Steuerungsfaktoren aktueller Prozesse an der Grenzfläche des Erdkörpers (aktuelle Erdoberflächenprozesse).

Die geomorphologische Form kann **geometrisch-topologisch** beschrieben werden. Diese Beschreibung und Messung ist Aufgabe der **Geomorphographie** und **Geomorphometrie**. Diese traditionellen Teildisziplinen der Geomorphologie sind heute ein modernes Forschungsfeld (Dikau et al. 2004) mit interessanten Anwendungen **computergestützter Technologien** zahlreicher mit der Erdoberfläche befasster wissenschaftlicher Disziplinen und Organisationen (Hengl & Reuter 2009). Eine der Aufgaben liegt in der Systematisierung der Oberfläche der Reliefformen und ihrer Eigenschaften. Danach kann das Relief als Assoziation von Reliefeinheiten unterschiedlicher Geometrie, Topologie, Struktur und Größe quantitativ beschrieben werden (Kugler 1974). Eine Weiterentwicklung der Aufgaben der Geomorphographie und Geomorphometrie umfasst die Quantifizierung des **Baumaterials** der geomorphologischen Form, das heißt den dreidimensionalen Materialkörper. Beschreibende Eigenschaften sind etwa das Volumen von Sedimentkörpern oder ganzer Hochgebirgen, die Kluftdichte eines Festgesteinskörpers, das Volumen eines glazialen Trogtales oder die Geometrie einer Scherfläche.

Geomorphologische Formen werden durch die Oberflächeneigenschaften der Exposition, Neigung, Wölbung (konvex, konkav, gestreckt) charakterisiert, die neben Grundriss und Aufriss ihre Gestalt definieren. Erfasst wird weiterhin die Größe (Länge, Breite, relative Höhe) und die Umgebung und Nachbarschaft (Topologie) der Form. Mithilfe dieser Eigenschaften können Reliefformen unterschiedlich geometrisch-topologischen Charakters gegeneinander abgegrenzt werden, wie Täler, Hänge, Berge, Terrassen, kontinentale Schilde, Ebenheiten etc. Der Formkörper wird durch seine dreidimensionale Geometrie (Gestalt, Volumen, Mächtigkeit) und seine Materialeigenschaften (Fest- oder Lockergestein, Korngröße, Festigkeit, Wasser- oder Eisgehalt) beschrieben.

Die Reliefformen treten in Reliefformgemeinschaften auf, die in gegenseitigen Wechselwirkungen stehen. Sie bilden Formenmuster und werden in verschiedenen **Größenordnungen** gegliedert, die von mikroskaligen Rinnen oder Rillen über mesoskalige Hochgebirge bis zu den megaskaligen kontinentalen Schilden reichen (Exkurs 10.1.1). Reliefformen können in einer Formensystematik gegliedert werden, indem Reliefeinheiten höherer Ordnung durch Aggregation von Einheiten niedriger Ordnung gebildet werden. Die kleinsten in sich homogenen Einheiten des Reliefs sind die Reliefelemente. Sie werden auf Basis homogener Wölbungseigenschaften definiert (Abb. 10.1.2).

Aus ihnen setzen sich die Reliefformen zusammen, die ihrerseits zu Reliefformengesellschaften zusammengefasst werden (Exkurs 1.6.2). Die Anordnung der Reliefformen und ihrer Gesellschaften und Muster ist eine wichtige Grundlage für die Erklärung der Formenentstehung (Geomorphogenese). Da Erdoberflächenprozesse von Eigenschaften des Reliefs gesteuert werden (Regler- und Speicherfunktionen; Abb. 14.1.4), können

Reliefformen ebenfalls zur Abgrenzung geoökologischer Raumeinheiten genutzt werden (Kapitel 14.2). Reliefeigenschaften finden Eingang in Simulationen verschiedener Erdoberflächenprozesse (Otto & Dikau 2010).

Die geomorphologischen Prozesse

Die Prozessgeomorphologie (die synonym auch als Funktionalgeomorphologie bezeichnet wird) beschäftigt sich mit den formbildenden und -verändernden Prozessen. Unter einem geomorphologischen Prozess versteht man **physikalische** und **chemische Vorgänge** an der Erdoberfläche und in den Baumaterialien der Reliefform, die gelöste und ungelöste Stoffe und Materialien der Lithosphäre abtragen, transportieren und deponieren. Dieser prozessual-dynamische Ansatz der Geomorphologie wurde in den bahnbrechenden Arbeiten des amerikanischen Geomorphologen Arthur Strahler Anfang der 1950er-Jahre (Strahler 1952, 1957) in die Geomorphologie eingeführt. Er bezeichnet damit Prozesse, die auf die **elastischen, plastischen und viskosen Materialien** des Erdsystems einwirken, dabei charakteristische Beanspruchungen und Störungen erzeugen und zu bestimmten Reliefformen führen. Diese Beanspruchungen erkennen wir als Prozesse der Verwitterung und Abtragung sowie des Transports und der Deposition. Der Ansatz geht auf den amerikanischen Geomorphologen Grove Karl Gilbert zurück, der bereits im Jahre 1877 in seinem Buch „*Geology of the Henry Mountain*" (Gilbert 1877) physikalische Erosionsprozesse beschrieben und eine Konzeption des geomorphologischen Gleichgewichtes vorgelegt hat. Geomorphologische Prozesse können auf Basis der angreifenden physikalischen oder chemischen Prozesse klassifiziert werden (z. B. fluviale, glaziale, gravitative, periglaziale oder geochemische Prozesse).

Geomorphologische Formen können als ein Ausdruck der Beziehung zwischen den **physikalischen Antriebskräften** an der Erdoberfläche und der **Widerstandsfähigkeit des Materials** aufgefasst werden. Die Energie, die in geomorphologischen Systemen die Antriebskräfte erzeugt, wird durch das atmosphärische System, die Gravitation und den geothermischen Wärmefluss geliefert. Die Widerstandsfähigkeit des Materials der Form basiert auf den Eigenschaften des Fest- und Lockergesteins. Erst wenn diese Widerstandsfähigkeit überwunden wird, das heißt ein Schwellenwert überschritten ist, kann eine Formveränderung eintreten. Ein geomorphologischer Prozess ist daher ein physikalisch-chemischer Vorgang, bei dem ein **Systemzustand** in einen anderen überführt wird.

Exkurs 10.1.1

Komplexe nichtlineare Systeme und Panarchie

RICHARD DIKAU

Die in der zweiten Hälfte des 20. Jahrhunderts in der Physik und Chemie entwickelte Komplexitätstheorie hat zu einer Erweiterung der Erklärung der geomorphologischen Form-Prozess-Beziehung geführt (Dikau 2006). In komplexen nichtlinearen geomorphologischen Systemen besteht eine Unproportionalität zwischen der gesamten Spannbreite der das System beeinflussenden Inputfaktoren oder Störungen und der Systemreaktion (Abb. 1).

Das Systemverhalten ist durch **komplexe Wechselwirkungen** zwischen geomorphologischen Prozessen, Reliefformen und ihren Einflussfaktoren in unterschiedlichen Raum- und Zeitskalen charakterisiert (Dearing 2004). Sie befinden sich fernab thermodynamischer Gleichgewichte. Theorie und Analytik der Eigenschaften derartiger Systeme gelten als Weiterentwicklung der klassischen geomorphologischen Systemtheorie. Phillips (2003) benennt mehrere **phänomenologische Ursachen** für komplexes nichtlineares Systemverhalten:

- Schwellenwerte (*thresholds*)
- Masse- und Energiespeicher (*storages*)
- Sättigung und Entleerung (*saturation and depletion*)
- Selbstverstärkung durch positive Rückkopplung (*self-reinforcing by positive feedback*)
- Abschwächung durch negative Rückkopplung (*self-limitation by negative feedback*)
- konkurrierende Wechselwirkungen (*competitive relationships*)
- mehrfache Formen der Anpassung (*multiple modes of adjustment*)
- Selbstorganisation (*self-organization*)
- Hysterese (*hysteresis*)

Diese Ursachen werden häufig mit instabilen, chaotischen, fraktalen und selbstorganisierten Systemeigenschaften in Verbindung gebracht. Es soll betont werden, dass nicht alle nichtlinearen Eigenschaften von Systemen komplexer Natur sind. Nichtlineare Systeme können einfach und vorhersagbar sein, was für komplexe Systeme nicht zutreffen muss. Das heißt, dass die Nichtlinearität von Systemen und ihre Nichtdeterminierbarkeit nur eine von zahlreichen Eigenschaften dieser Systeme darstellen. Dieser Schnittbereich wird von Phillips (2003) als *complex nonlinear dynamics* (CND) bezeichnet.

Die Folgerungen aus dem komplexen nichtlinearen Verhalten von Systemen sind für die Geomorphologie höchst bedeutsam. Bereits Stanley Schumm beschreibt in seinem wichtigen Lehrbuch (Schumm 1991) nichtlineare Reaktionen eines fluvial-geomorphologischen Systems durch gleichzeitige **und** räumlich unterschiedliche Reaktionen auf einen externen Störungsimpuls. So kann am Oberlauf Einschnei-

dung stattfinden und gleichzeitig am Unterlauf oder im Deltabereich alluviales Sediment akkumuliert werden. Unter Verallgemeinerung dieser Aussage kann eine kausal lineare Beziehung zwischen Ursache (Klima- und Landnutzungsänderung) und Reaktion (Sedimentation oder Einschneidung) des Systems damit nicht mehr für das Gesamtsystem gefunden werden. Ein Grund für diese Nichtlinearität liegt in der internen **Systemkonfiguration**, das heißt im **internen Sys-**

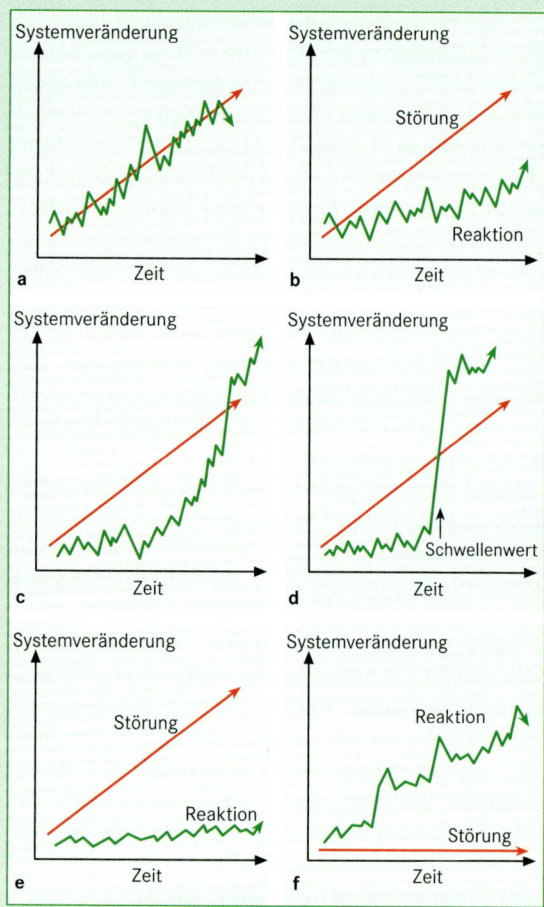

Abb. 1 In komplexen nichtlinearen Systemen bestehen zwischen einer Störung (System-Input) und der Systemreaktion komplizierte und häufig nicht vorhersagbare Beziehungen. Werden bestimmte Schwellenwerte („Kippamschalter") erreicht (Fall d), können extreme Veränderungen in kürzester Zeit auftreten.

temaufbau, der die Ursache-Wirkungs-Beziehung maßgeblich steuert und zeitlichen Veränderungen unterliegt. Es ist daher sinnvoll, eine Unterscheidung zwischen systeminternen und -externen Einflüssen und Schwellenwerten vorzunehmen und das System in seine Komponenten zu zerlegen. Auch die **Interpretation von Sedimentarchiven** wird durch derartige Prozesse extrem erschwert. Falls das System chaotischen Gesetzen folgt, genügen bereits kleine Störungen geringster Magnitude von kurzer Dauer, um zu massiven Veränderungen der Systemreaktion zu gelangen. Auch hier ist eine einfach kausale Beziehung zwischen Ursache und Wirkung nicht mehr ohne Weiteres erkennbar.

Ein Ansatz geomorphologischer Skalen geht davon aus, dass empirische Beziehungen zwischen der Formgröße und der Bildungs- sowie Existenzdauer der Form bestehen. Es können zwar Ausnahmen von dieser Regel auftreten, da zum Beispiel sehr große Bergstürze oder Megafluten innerhalb weniger Minuten oder Monate Relieformen beträchtlicher Größe aufbauen oder sehr kleine Formen, wie Gletscherschliffe in geschützten Erosionslagen, sehr lange Zeiträume überleben können, ohne zerstört zu werden. Jedoch scheint dies nicht die aus empirischen Beobachtungen abgeleitete generelle Regel der Existenzdauer-Größen-Beziehung von geomorphologischen Prozessen und Formen zu widerlegen (Abb. 2). Auch scheint es plausibel zu sein, dass höhere Volumina von Lithosphärenmaterial auch höhere Energie-

mengen und Zeiträume benötigen, um durch endogene und exogene Prozesse auf- oder abgebaut zu werden. Dieser traditionelle Skalenansatz wird durch die geomorphologische Komplexitätsforschung erweitert. Es besteht die Fragestellung ob und wie stark geomorphologische Prozesse der unterschiedlichen Raum- und Zeitskalen in gegenseitiger Abhängigkeit stehen. Skalenkopplungen würden zu prozessualen Interaktionen zwischen Formen und Prozessen beispielsweise der Mikro-, Meso- und Makrosysteme führen.

In der sozial-ökologischen Forschung wird das Phänomen der Skalenkopplung mit dem Begriff der **Panarchie** beschrieben (Gunderson & Holling 2002). In einem neuen Lehrbuch der Geomorphologie (Slaymaker et al. 2009) wird dieser Ansatz auf **geomorphologische Mehrskalensysteme** übertragen. Es geht um die Frage, ob zwischen den Skalen sowohl **Top-down**- als auch **Bottom-up-Wechselwirkungen** bestehen. Daraus würde folgen, dass die Dynamik eines Systems nicht verstanden werden kann ohne Berücksichtigung der Prozesse der hierarchisch über- und untergeordneten Systeme. Es wird vermutet, dass derartige Kopplungen zahlreiche geomorphologische Systeme kennzeichnen, dass sie jedoch in von menschlichen Aktivitäten beeinflussten Systemen besonderes häufig auftreten. So wird zum Beispiel in von Bodenerosionsprozessen betroffenen Weidewirtschaftssystemen Afrikas beobachtet, dass die langsam und schleichend ablaufenden Prozesse der Bodenabspülung

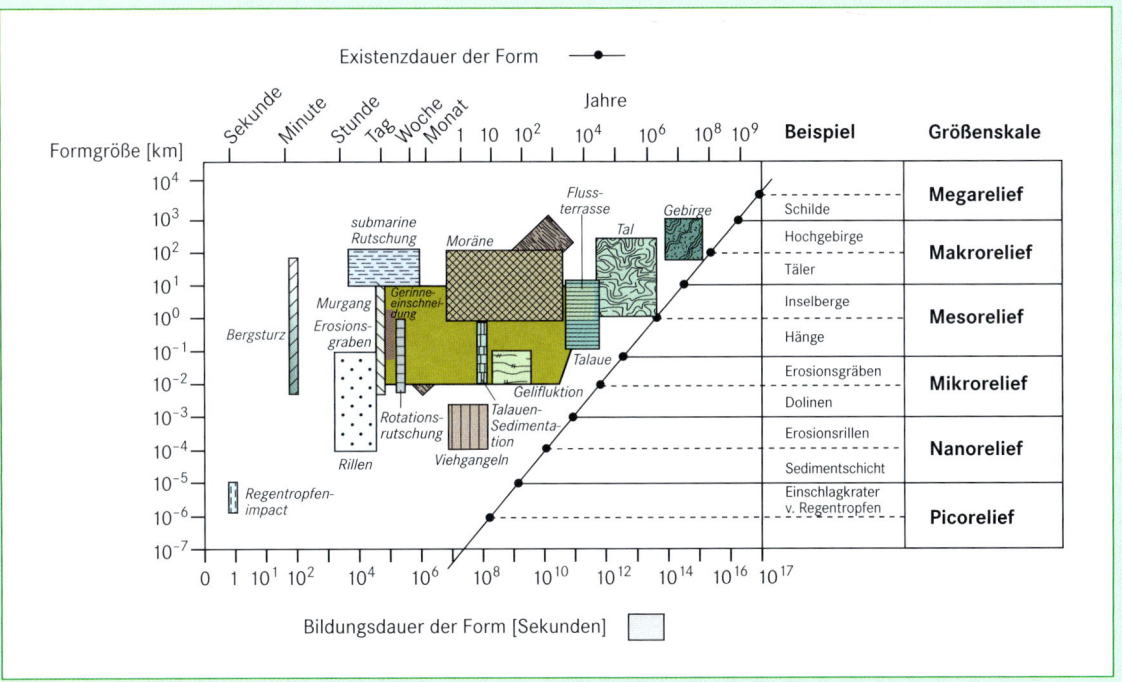

Abb. 2 Existenzdauer-Größen-Beziehung geomorphologischer Prozesse und Formen. Die Klassifikation erfolgt nach den Kriterien der Formgröße sowie der Bildungs- und Existenzdauer der Form (verändert nach Brunsden 1996, Kugler 1974).

Fortsetzung

Fortsetzung

nach Überschreiten eines Schwellenwertes ein damit gekoppeltes höherskaliges System irreversibel schädigen oder zerstören können. In fluvialen Sedimenttransportsystemen wird beobachtet, dass ein Ereignis geringer Magnitude der Mikroskale, wie ein Uferabbruch oder die Aufschüttung einer Kiesbank, zu einer starken Reaktion auf der Mesoskale des gesamten Flusses führen kann. In diesem Fall ist die **Sensitivität** des mesoskaligen Systems so hoch, das heißt seine **Robustheit** derart gering, dass die mikroskalige Störung nicht mehr absorbiert werden kann und eine überproportionale Systemreaktion eintritt (Abb. 1).

Komplexes nichtlineares Verhalten und Skalenabhängigkeit in geomorphologischen Systemen sind ein neues Forschungs- und Lehrgebiet der Disziplin, das noch, wie alle neuen Paradigmen, um seine Anerkennung kämpfen muss. Es hat, mit wenigen Ausnahmen (Goudie 2004, Huggett 2003), noch keinen nachhaltigen Eingang in geomorphologische Lehrbücher gefunden. Gleichwohl ist es ein Themenbereich, der die Disziplin mit der modernen Erdsystemforschung verbindet und große Zukunftspotenziale besitzt.

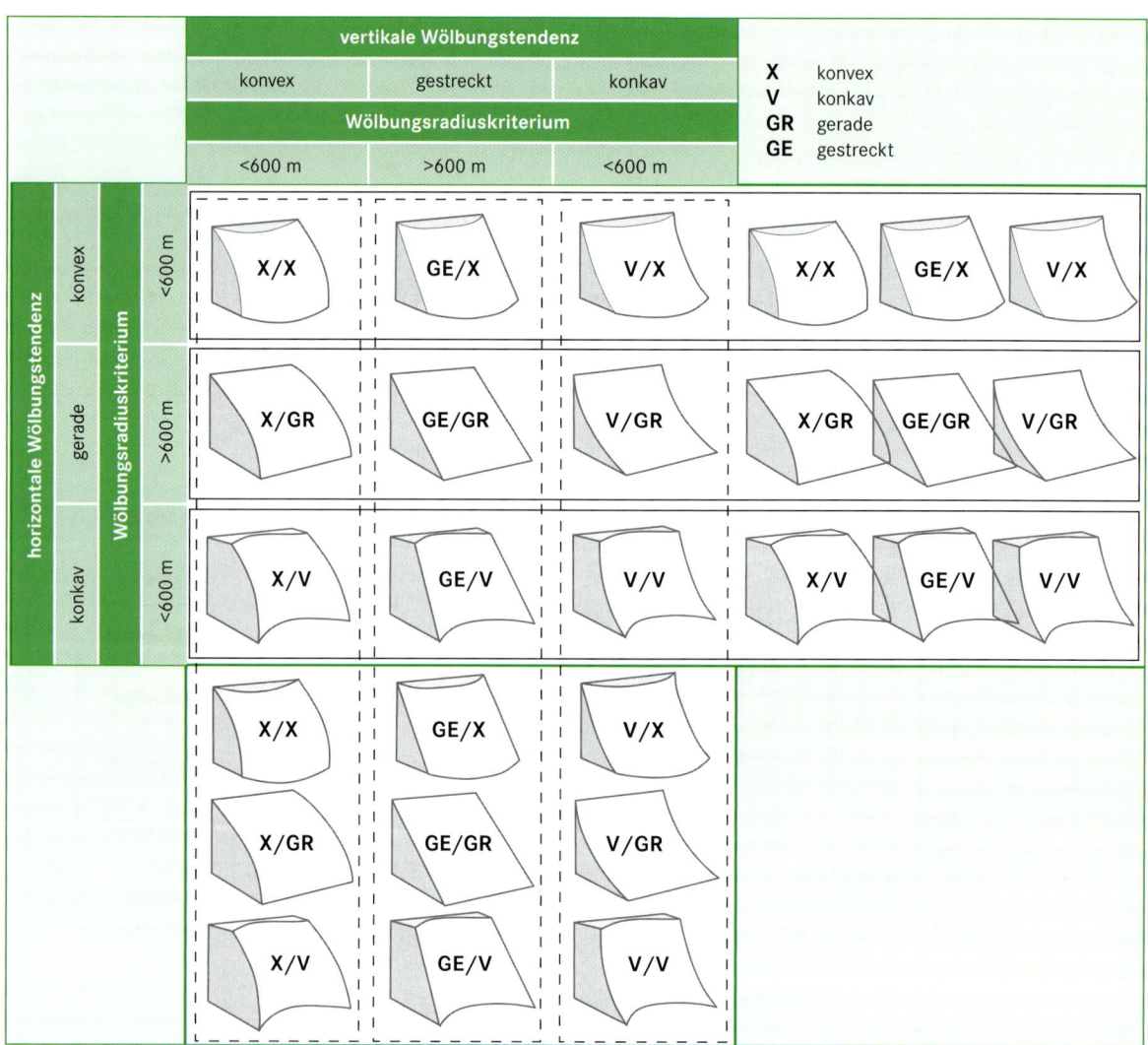

Abb. 10.1.2 Die geomorphometrische Eigenschaft einer einheitlichen vertikalen (in Richtung des Gefälles) und horizontalen (höhenlinienparallel) Wölbung dient zur Ableitung von Reliefelementen, die zu Relieformen aggregiert werden können.

Das Ziel der **Prozessgeomorphologie** besteht in der physikalisch-chemischen Messung, Beschreibung und Modellierung der Prozesse und ihrer Steuergrößen. Dazu zählen die Messung der Erosions-, Transport- und Depositionsraten, die auf die Form einwirkenden Kräfte und die Quantifizierung der Einflussfaktoren (z. B. Niederschlag, Temperatur und Gesteinsfestigkeit). Messungen werden im Gelände (z. B. die Sedimentfracht eines Flusses) und im Labor (z. B. die Kohäsion eines Sediments) durchgeführt. Beziehungen zwischen geomorphologischer Form und den Prozessen werden durch **mathematische Gesetze** beschrieben, mit denen Prognosen geomorphologischer Prozesse entwickelt werden können. Sie dienen der Angewandten Geomorphologie für die Erforschung der Konsequenzen menschlicher Eingriffe in das geomorphologische System (z. B. Flussbegradigungen oder Waldrodung).

Historisch-genetische Geomorphologie

Die Geomorphologie beschäftigt sich mit der Frage des Wann (**Geomorphochronologie**) und des Wie (**Geomorphogenese**) der Reliefformung. Dieser Ansatz wird retrospektiv genannt, da er sich auf sehr lange erdgeschichtliche Zeitdimensionen der Vergangenheit bezieht und Aussagen über frühere Prozesse trifft, die in der Gegenwart nicht mehr beobachtet werden können oder die derart langsam ablaufen, dass sie mit aktuellen Messungen nicht erfasst werden können. Die wichtigste Grundlage der historisch-genetischen Geomorphologie bildet das **Aktualitätsprinzip**. Es besagt, dass die Gegenwart der Schlüssel für die Vergangenheit ist. Das bedeutet, dass unser Wissen über aktuelle Formungsprozesse für die Hypothesenbildung früherer Prozesse herangezogen wird. Aus Formen der geomorphologischen Vergangenheit lassen sich im Vergleich mit den aktuellen Prozessen und Formen des geomorphologischen Systems Rückschlüsse über vorzeitliche Formungsprozesse ziehen. Weitere Indizien liefern **korrelate Sedimente**, das heißt die bei Verwitterungs-, Transport- und Depositionsprozessen entstandenen Lockergesteine. Ihre Eigenschaften (z. B. Zusammensetzung, Lagerung, Menge) werden mit den verantwortlichen Prozessen korreliert. Verwitterungsreste von Locker- und Festgesteinen (Exkurs 10.3.1) erlauben Rückschlüsse auf ältere klimatische Einflüsse. Relative und absolute Datierungen (Kapitel 6.3) von vorzeitlichen Oberflächenformen (**Vorzeitformen**), korrelaten Sedimenten und Verwitterungsresten haben deshalb für die historisch-genetische Geomorphologie eine hohe Bedeutung, da sie ein zunehmend stabileres Zeitgerüst für die Entstehungszeit und -dauer der Reliefformen liefern.

Geomorphologische Systeme

Seit der griechischen Antike bezeichnet ein System ein aus Teilen zusammengesetztes, gegliedertes und geordnetes Ganzes. Darunter können Phänomene der biotischen und abiotischen Natur, wie der Kosmos, die Erde oder Pflanzengesellschaften, verstanden werden. Systeme werden gegen ihre Umwelt abgegrenzt. Sie sind geistige Konstrukte und Abstraktionen, das heißt Idealisierungen und Modelle der realen Welt, die aus **Elementen** oder **Komponenten**, **Attributen** (Variablen und Werte) und **Beziehungen** (Relationen) zwischen Komponenten und Attributen (Detel 2007) bestehen. In den modernen Wissenschaften der globalen Stoff- und Energiekreisläufe und ihrer Beeinflussung durch die gesellschaftlichen Systeme spielen **systemische Ansätze** (d. h. Ansätze, die sich mit den Eigenschaften und Mechanismen von Systemen beschäftigen) eine zentrale Rolle. Diese Wissenschaft wird als Erd-System-Wissenschaft (*Earth System Science*, ESS) bezeichnet.

Die Konzeption geomorphologischer Systeme basiert auf den Arbeiten des britischen Geomorphologen Richard Chorley, der in den 1960er- und 1970er-Jahren die **Allgemeine Systemtheorie** in die Physische Geographie eingeführt hat (Chorley & Kennedy 1971). Die prozessualen Beziehungen zwischen Teilen des Systems entstehen durch die Material- und Energieflüsse innerhalb des Systems. Physisch-geographische Systeme sind offen, das heißt, von der Systemumwelt wird Material und Energie aufgenommen (**Input**) und an sie abgegeben (**Output**). Die Funktion eines Systems erfordert daher Antriebskräfte und Energiequellen. Durch Kopplung von Systemen oder Teilsystemen werden Netzwerke und Muster gebildet. Ein geomorphologisches System bezeichnet eine räumlich-materielle Struktur von in Wechselwirkung stehenden **Reliefformen** und formverändernden **Prozessen**. Ein Hochgebirge, ein Hang, ein Flusstal oder eine Erosionsrinne und die sie formenden Prozesse bilden in diesem Sinne geomorphologische Systeme.

In geomorphologischen Systemen stehen immer die Oberfläche der Form, das Material des Formkörpers und die einwirkenden Prozesse in Wechselwirkung. Es ist sinnvoll, geomorphologische Systeme unter diesen Gesichtspunkten zu klassifizieren. Der systemische Ansatz folgt einer **analytischen Zerlegung** (Disaggregation) in einfachere Komponenten, die einerseits separat (Form und Prozess) und andererseits in ihren gegenseitigen Wechselwirkungen (Form-Prozess-Kopplung) untersucht werden können. Weitere Systemkategorien ergeben sich aus der Betrachtung der langfristigen Reliefentwicklung (Geomorphogenese), aus beabsichtigten oder unbeabsichtigten menschlichen Eingriffen in die Systeme und aus der Systemkomplexität.

Folgende **Klassifikationskategorien** sind sinnvoll:

- Typ und räumlicher Wirkungsbereich des dominanten geomorphologischen Prozesses (z. B. fluviale, äolische, glaziale, tektonische oder geochemische Systeme)
- Größe und Alter der geomorphologischen Form (Raum- und Zeitskale)
- Geomorphometrie und materielle Zusammensetzung der geomorphologischen Form (z. B. steile oder flache Formen, Fest- oder Lockergestein)

Die erste Klassifikation geomorphologischer Systeme nach den Vorschlägen von Richard Chorley und seiner Schüler beruht auf den physikalischen Ansätzen des Gleichgewichtes. Es besagt, dass das System nach einer Störung in ein neues **Gleichgewicht** zurückkehren will und dies durch die Wirkung negativer **Rückkopplungen** erreicht wird. Theorien geomorphologischer Gleichgewichtssysteme sind in Deutschland vor allem durch den Geomorphologen Frank Ahnert (Ahnert 1996) thematisiert worden. Sie haben seit 1990 eine Erweiterung durch Theorien komplexer, nichtlinearer Systeme erfahren. Im Unterschied zu Gleichgewichtssystemen, die nach einer Relaxationszeit in einen neuen Gleichgewichtszustand zurückkehren, reagieren **Nichtgleichge-** **wichtssysteme** völlig anders. Hier reagiert das System auf anhaltende kleine Störungen mit dynamischer Instabilität und, im Verhältnis zum Ausmaß der Störung, mit unverhältnismäßig großen und lang anhaltenden Reaktionen (Exkurs 10.1.1). Geomorphologische Systeme können zusammenfassend in sechs Typen klassifiziert werden (Tab. 10.1.1). Es sind Systembeschreibungen auf Basis unterschiedlicher statischer und dynamischer Kategorien. Sie umfassen die zweidimensionale Oberfläche und den dreidimensionalen Körper der geomorphologischen Form, den geomorphologischen Prozess und ihre gegenseitigen Wechselwirkungen.

Formsysteme

Als Formsysteme werden **statische Systeme** bezeichnet, die keine Veränderung in der Zeit erfahren. Das Formsystem besteht aus dem dreidimensionalen Formkörper und der zweidimensionalen Formoberfläche. Das Formsystem wird durch Variablen beschrieben, die die Geometrie und Topologie (z. B. Hangneigung, Wölbung, Höhe, Lage im Hang, Größe), den Baukörper der Form (z. B. Gesteinstyp, Korngröße, Wassergehalt, Volumen) und ihre Beziehungen (z. B. Zusammenhang zwischen Hangneigung und Gesteinsklüftung) betreffen.

Tabelle 10.1.1 Klassifikation von geomorphologischen Systemtypen nach Chorley & Kennedy (1971) und Phillips (2003).

Systemtyp	Prozesse/Attribute/Eigenschaften	Beispiele
Formsystem (statisches System)	• zweidimensionale Oberfläche (Grenzfläche) der Reliefform (Erdoberfläche) • dreidimensionaler Körper der Reliefform	• Neigung des Hanges • Abgrenzung eines Einzugsgebiets • Volumen eines Sedimentkörpers • Korngröße eines Sedimentes
Kaskadensystem (Prozesssystem)	• sequenzielle Anordnung von Reliefelementen entlang einer Kaskade (Toposequenz)	• Hangsystem (Kopplung von Felswand und Schuttkegel) • fluviales System mit Kopplung der Hänge (Quellen) mit Senken (Flussauen, Ozean)
Prozessresponssystem	• Form–Prozess-System mit Rückkopplungen zwischen Form und Prozess	• Hangsystem (freie Felswand und Schuttkegel) mit negativer Rückkopplung zwischen Form und Prozess
geomorphogenetisches System	• Prozessresponssystem, das sich in mehreren Entwicklungsphasen gebildet hat und das als geomorphologisches Formen-Palimpsest bezeichnet wird	• glaziales Talsystem im Hochgebirge • Hoch- und Mittelgebirge • kontinentale Schilde mit glazigener Überprägung
geomorphologisches Kontrollsystem	• Prozessresponssystem, in das der Mensch beabsichtigt oder unbeabsichtigt eingreift	• Bodenerosion durch landwirtschaftliche Nutzung • Küstenverbau zur Verhinderung der Küstenerosion • Mäanderdurchstich eines Flusslaufes
komplexes nichtlineares System	• Unproportionalität zwischen der gesamten Spannbreite, der System-Input-Faktoren und der Systemreaktion • Selbstorganisation • Chaos	• Steinringe im Periglazial • Hangrutschung • Bodenerosion • Gerinnenetze

Kaskadensysteme

In Kaskadensystemen erfolgen die **Energie- und Materialflüsse** kaskadenartig entlang gekoppelter Transportwege (Trajektorien). Sie werden auch als Prozess- oder Fluss-(Flux-)systeme bezeichnet. Durch die gekoppelten Transportwege wird der Output eines Teilsystems zum Input des benachbarten Teilsystems. Kaskadensysteme verfügen über Energie- und Materialspeicher (z. B. in Form der Geländehöhe oder eines Talauensediments). Kaskadensysteme berücksichtigen den Zeitfaktor, das heißt, dass die Formveränderung in der Zeit eine Systemkategorie darstellt.

Prozessresponssysteme

Prozessresponssysteme werden auch als Prozessformsysteme bezeichnet. Sie kombinieren statische Formsysteme und Kaskadensysteme. Es sind geomorphologische Materialflusssysteme, in die als weitere Systemkategorie Rückkopplungen zwischen Form und Prozess (Eintrag, Transport, Deposition) eingeführt werden. Dabei ist von zentraler Bedeutung, dass die veränderte geomorphologische Form Veränderungen der zeitlich folgenden Prozesse hervorruft, was als **Pfadabhängigkeit** oder **Historizität** des Systems bezeichnet wird.

Geomorphogenetische Systeme

Der geomorphogenetische Systemtyp beschreibt ein Prozessresponssystem, das in mehreren Phasen der **geomorphologischen Vergangenheit** entwickelt wurde und das ein Formen-Palimpsest (geomorphologisches Erbe) erzeugt hat (Abb. 10.1.4). Es wird als eigener Systemtyp ausgewiesen, weil die geomorphologische Form aus Bestandteilen mehrerer **Entwicklungsphasen** (morphogenetische Sequenzen; Zeese 1983) zusammengesetzt sein kann, was bedeutet, dass die Form immer noch Eigenschaften von Bildungsprozessen aufweist, die heute nicht mehr auftreten (z. B. Moränenbildung durch Gletscher der Eiszeiten).

Geomorphologische Kontrollsysteme

Als geomorphologische Kontrollsysteme werden Prozessresponssysteme bezeichnet, in die der **Mensch** beabsichtigt oder unbeabsichtigt eingreift oder eingegriffen hat. Eine Böschungsversteilung (Straßenbau), eine Flussbegradigung (Mäanderdurchstich), eine Küstenbefestigung oder die historische und heutige Bodenerosion

sind zu diesem Systemtyp zu rechnen. Diese Thematik ist ein Bestandteil der Angewandten Geomorphologie und ihrer Nachbardisziplinen, zum Beispiel der Ingenieurgeologie oder des Wasserbaus. Weitere Anwendungsgebiete liegen in der Naturgefahrenbewertung und dem Risikomanagement. Die Kopplung geomorphologischer Systeme mit den Systemen der menschlichen Gesellschaften wird als **Geomorphologie des Anthropozäns** bezeichnet.

Komplexe nichtlineare Systeme

In komplexen nichtlinearen geomorphologischen Systemen bestehen nicht mehr einfach kausale Beziehungen zwischen Ursache (z. B. Niederschlag) und Wirkung (Bodenerosion). Derartige Systeme können sich fernab des thermodynamischen Gleichgewichtes befinden, äußerst instabil sein und auf kleinste Einflüsse (ein einziges auftreffendes Sandkorn) stark reagieren (zahlreiche Rutschungen; Exkurs 10.1.1).

Geomorphodynamisches Hauptsystem

Geomorphologische Systeme sind mit anderen Erdsystemen durch Energie- und Materialflüsse verbunden. Dazu sind zum Beispiel die Systeme der Lithosphäre, der Hydrosphäre oder der Biosphäre zu zählen (Tab. 4.3.1). Der Geomorphologe Frank Ahnert bezeichnet dieses System als geomorphodynamisches Hauptsystem (Ahnert 1996), das die Beziehungen zwischen der Erdoberfläche, den Baumaterialien der Formen und der Dynamik der geomorphologischen Prozesse einschließt. Angetrieben durch die intra- und extraterrestrische Energiezufuhr wird das geomorphologische Hauptsystem einerseits von den erdinnenbürtigen Kräften der endogenen Dynamik, der Tektonik, des Magmatismus und der Metamorphose angetrieben (Kapitel 10.2). Diese Kräfte wirken in der Regel reliefaufbauend und -erhöhend (endogen formschaffend). Ihre Gegenspieler bilden die erdaußenbürtigen Prozesse und Kräfte der Verwitterung (exogen formbestimmend; Kapitel 10.3) sowie von Materialabtragung, -transport und -deposition (exogen formschaffend). Sie haben in der Regel eine reliefvermindernde Wirkung, sind abhängig von den beteiligten Agenzien (z. B. Wasser, Eis oder Luft), können damit bestimmten Prozessgruppen zugeordnet werden und bilden charakteristische Formen und Formengesellschaften (Kap. 10.4). Zwischen exogenen und endogenen Prozessen bestehen Wechselwirkungen. Sie führen zur endogen gesteuerten Reliefformung, zum Beispiel der Bildung von Faltengebirgen, Gräben,

Schichtstufen oder Horsten. Die exogenen Abtragsprozesse führen zur Entlastung und Hebung der Kruste, was isostatische Ausgleichsbewegungen (Exkurs 10.2.2) nach sich zieht.

Die systemische Geomorphologie hat nach den Arbeiten von Richard Chorley vor allem in den USA und Großbritannien zahlreiche Erweiterungen und Konkretisierungen erfahren. Zu nennen sind hier der amerikanische Geomorphologe Stanley Schumm (Schumm 1991) und der britische Geomorphologe Denys Brunsden (Brunsden 1990, 1996). Von ihnen wurden die beschreibenden Kategorien geomorphologischer Systeme weiterentwickelt bzw. aus anderen naturwissenschaftlichen Disziplinen in die Geomorphologie importiert.

Verwitterungs- und Transportlimitierung geomorphologischer Systeme

Die in einem geomorphologischen System transportierten Materialmengen werden von zahlreichen Eigenschaften der Form und der auf sie einwirkenden Prozesse gesteuert und limitiert. Von einem verwitterungslimitierten System sprechen wir dann, wenn die Transportprozesse (z. B. Fallen, Bodenerosion, Gelifluktion) eine höhere Rate aufweisen als die Verwitterungsprozesse (Kap. 10.3), die das Festgestein chemisch, physikalisch und biologisch in eine Verwitterungsdecke umwandeln. In diesem Fall kann auf dem anstehenden Festgestein keine Verwitterungsdecke akkumuliert und damit auch keine Grundlage für die Bodenbildung (Kap. 11) gelegt werden. Von einem transportlimitierten System sprechen wir dann, wenn die Verwitterungsrate des Festgesteins die Transportrate der Abtragsprozesse übersteigt. Hier kann sich eine Verwitterungsdecke bilden, in der sich ein Boden entwickeln kann.

Frequenz, Magnitude, Effizienz

Die Raten geomorphologischer Abtrags-, Transport- und Depositionsprozesse (Materialmenge pro Zeiteinheit) treten in hoher Variabilität auf. Empirische Studien zeigen die generelle Tendenz, dass höhere Abflussmengen, stärkere Windgeschwindigkeiten, größere Bergstürze und höhere Sedimenttransporte seltener auftreten als kleinere Ereignisse, das heißt, dass Ereignisse höherer Magnitude auch eine geringere Frequenz aufweisen. Unter Frequenz verstehen wir die Anzahl der Prozesse pro Zeiteinheit. Offenbar besteht zwischen diesen beiden Größen ein Zusammenhang, der für die Wirkungsweise geomorphologischer Systeme von hoher Bedeutung ist. Dabei erhebt sich die Frage, welche Ereignisse des Frequenz-Magnitu-

den-Spektrums für die Reliefformung besonders effektiv sind. Für diesen Sachverhalt wurde der Begriff der **geomorphologischen Effizienz** eingeführt (Schumm 1991). Man geht häufig davon aus, dass ein höherer Energieaufwand auch zu einer größeren Reaktion des Systems in Form einer größeren verrichteten Arbeit führt. Wenn jedoch in einem System die höchsten Frequenzen der unabhängigen Variable (z. B. die Abflussrate eines Flusses) bei den mittelgroßen Magnituden auftreten, kann ein Effizienzmaximum (**geomorphologisches Wirkungsmaximum**) unter mittelgroßen Einflussbedingungen auftreten. Dieses Frequenz-Magnituden-Konzept geht auf die amerikanischen Geomorphologen Wolman und Miller (1960) zurück, die festgestellt haben, dass die bei geomorphologischen Ereignissen verrichtete Arbeit nicht notwendigerweise gleichbedeutend ist mit der relativen Bedeutung dieser Ereignisse für die Formung der Erdoberfläche.

Interne und externe Schwellenwerte, Sensitivität

Unter Schwellenwerten werden Zustandsvariablen des geomorphologischen Systems verstanden, bei deren Überschreiten Veränderungen auftreten. Diese Veränderungen können plötzlich und mit hoher Magnitude ablaufen (z. B. ein Bergsturz mit mehreren km^3 Volumen innerhalb weniger Minuten), aber auch langsam und kontinuierlich verlaufen (z. B. die „schleichenden" Prozesse der Bodenerosion im Zeitraum von Jahrtausenden). Die Hangneigung stellt einen solchen Schwellenwert dar. Wird ein bestimmter Wert überschritten, kann ein plötzlicher gravitativer Prozess in Form einer Hangrutschung ausgelöst werden, der den Zustand des gesamten Hangsystems verändert. Ähnliche Schwellenwerte liegen in fluvialen Systemen vor, in denen das Bettmaterial des Flusses erst bei einer bestimmten Kraft der Strömung in das Fluid aufgenommen und transportiert wird. Bei der Steuerung von geomorphologischen Prozessen und in Rückkopplungsmechanismen spielen Schwellenwerte eine wichtige Rolle. Deshalb können Schwellenwerte auch allgemeiner als Regulatoren von Systemen bezeichnet werden. In geomorphologischen Systemen können **externe und interne Schwellenwerte** unterschieden werden, was der amerikanische Geomorphologe Stanley Schumm beschrieben hat (Schumm 1991). Externe Schwellenwerte werden durch die Regulatoren der Systemumwelt erzeugt. Bei einem Hangsystem sind dies beispielsweise der Niederschlag, die tektonische Hebung oder die Solarstrahlung. Systeminterne Schwellenwerte liegen zum Beispiel als Zustandsvariablen der bodenmechanischen Eigenschaften oder der

Sedimentspeicherung vor. Je näher sich die Werte der Zustandsvariablen an den Schwellenwerten des Systems befinden, desto höher ist seine **Sensitivität**. Sie ist definiert als die Empfindlichkeit gegenüber einer externen oder internen Störung. Hoch sensitive Systeme reagieren selbst auf geringe Störungen mit Veränderungen, das heißt mit der Auslösung eines formverändernden Prozesses. Die Systemsensitivität ist **zeitlich variabel**. So kann zum Beispiel ein Hang durch Verwitterungsprozesse im Festgestein (Tonmineralbildung durch Saprolitisierung) im Laufe seiner Entwicklung seine bodenmechanische Stabilität verlieren und eine Voraussetzung für Hangrutschungen entwickeln.

Skalen geomorphologischer Systeme

Eine der wichtigsten Kategorien geomorphologischer Systeme bildet die Skale der geomorphologischen Prozesse und der durch sie erzeugten und veränderten Formen. Geomorphologische Prozesse wirken auf unterschiedlichen räumlichen Skalen und in unterschiedlich langen zeitlichen Phasen. Sie erzeugen Formen und Formenmuster. Eine zentrale Frage der geomorphologischen Forschung besteht darin, dieses komplizierte Muster empirisch zu beschreiben und in **Skalentheorien** und -**modelle** abzubilden. Erste Ansätze lieferte der deutsche Geomorphologe Albrecht Penck. Er publizierte im Jahre 1894 das Modell einer hierarchischen Reliefgliederung (Penck 1894), das auf der Vorstellung beruht, dass sämtliche Formen der Reliefsphäre bestimmten Basistypen zugeordnet werden können und dass größere Reliefeinheiten aus kleineren Einheiten aufgebaut werden können. Das darauf aufbauende **Skalenmodell** des deutschen Geomorphologen Hans Kugler (Kugler 1974) ist eine Weiterentwicklung dieses Ansatzes und **polyhierarchisch** aufgebaut. Es basiert auf einer Definition von Raumskalen unterschiedlicher Größe, die zum Beispiel das Mikro-, Meso- oder Makrorelief bilden. Das Entscheidende dieses Ansatzes ist, dass die Reliefformen auf jeder dieser Ebenen als voneinander weitgehend unabhängig zu betrachten sind (Abb. 10.1.3).

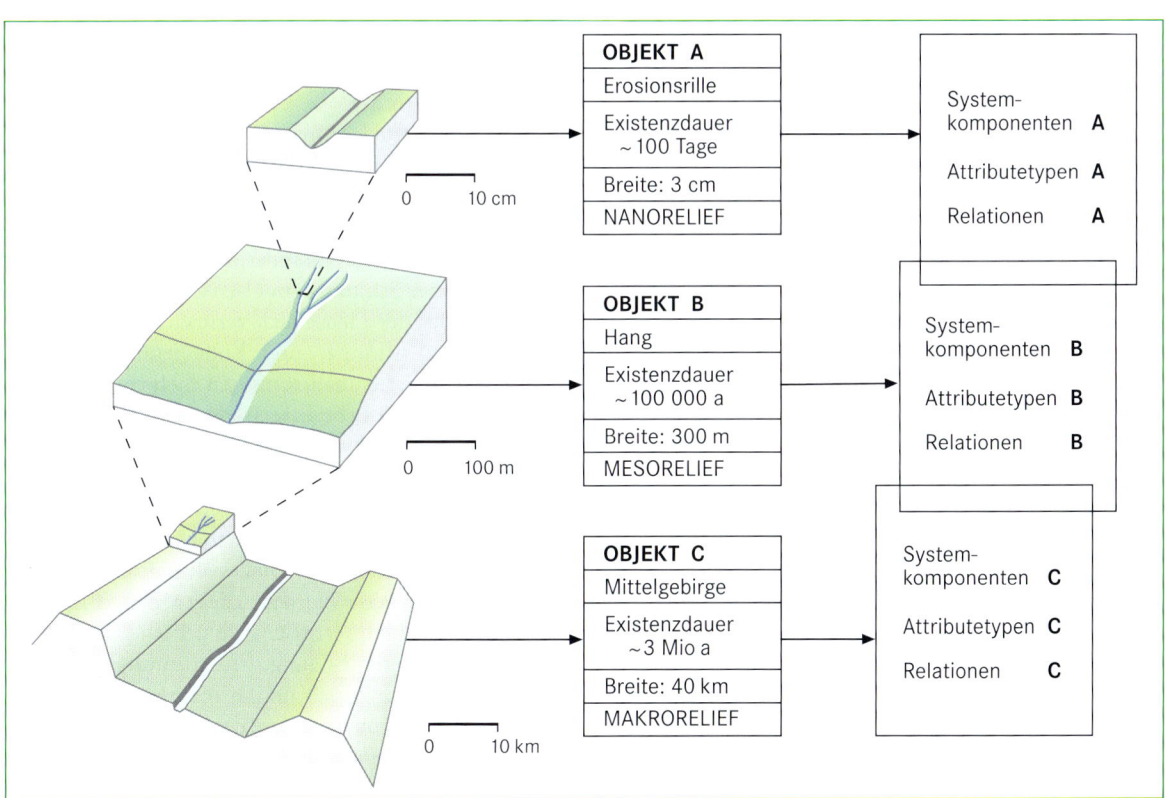

Abb. 10.1.3 Hierarchisches Reliefformenmodell nach Kugler (1974). Das Modell ist polyhierarchisch aufgebaut, was bedeutet, dass auf jeder Ebene eigenständige Reliefformen mit ihren spezifischen Komponenten, Attributen und Relationen auftreten. So besteht der mesoskalige Hang (Objekt B) aus den Komponenten Oberhang und Unterhang. Ihm aufgesetzt sind mikroskalige Erosionsrillen (Objekt A). Der Hang ist Bestandteil eines makroskaligen Mittelgebirges (Objekt C), das neben Hängen aus zusätzlichen Komponenten (z. B. Flussauen) und Relationen (z. B. Hang-Gerinne-Kopplungen) aufgebaut ist.

So muss eine Erosionsrille mit einer Breite von wenigen Zentimetern und einer Existenzdauer von wenigen Stunden oder Tagen anderen Bildungsprozessen zugeordnet werden als der Hang, auf dessen Oberfläche sie sich befindet und von dessen Oberflächenneigung sie gesteuert wird. Der Hang selbst ist das Produkt einer sehr viel längeren Bildungsdauer von Jahrtausenden und entsteht durch ein Prozessgefüge, das durch mehrere Prozesse und Klimazyklen gekennzeichnet sein kann (z. B. Lössanwehungen und Solifluktionsprozesse der letzten Kaltzeit und Hangrutschungen der aktuellen Warmzeit). Der Hang ist gleichzeitig eine der zahlreichen Komponenten eines auf einer höheren Skale angesiedelten Mittelgebirges, dessen Bildungsbedingungen auf zusätzlichen Prozessen beruhen, die auf der Hangskale nicht auftreten, wie die fluviale Erosion und Akkumulation oder die Kopplung des Hanges mit dem Flusssystem. Aus diesen Gründen ist es gemäß dieses Ansatzes nicht möglich, eine höherskalige Form durch einfaches Heraufskalieren aus niederskaligen Formen zu erzeugen.

Natürlich bestehen **Kopplungen zwischen den Skalen** des Systems. So können sich die spezifischen Prozesse auf der Hangskale erst entwickeln, wenn die tektonische Hebung und die fluviale Einschneidung auf der höheren Skale eine Hangentwicklung herbeiführen konnten. Andererseits bilden Eigenschaften des Hanges Randbedingungen für den Rillenerosionsprozess der kleineren Skale. Ein weiteres Beispiel liegt bei gravitativen Prozessen langsamer Hangbewegungen vor, wenn die abgehende Masse durch einen Scherprozess bewegt wird, während auf dem bewegten Körper gleichzeitig flächenhafte Abtragung durch Oberflächenabfluss stattfindet. Die Verallgemeinerung des geomorphologischen Skalenansatzes führt zu der Hypothese, dass zwischen der Größe einer Form und ihrer Bildungs- und Existenzdauer Beziehungen bestehen (Exkurs 10.1.1).

Geomorphologisches Erbe und Formen-Palimpsest

Das Georelief bildet ein Formenmuster, das durch geomorphologische Prozesse in unterschiedlichen erdgeschichtlichen Epochen bis in die Gegenwart gebildet wurde. Das heutige Relief trägt also ein **geomorphologisches Erbe**. Die Reliefformen sind durch Wirkung mehrerer unterschiedlicher geomorphologischer Prozesse eines Prozessgefüges entstanden, die gleichzeitig aber auch in zeitlicher Folge wirken können. In den zeitlich aufeinanderfolgenden Prozessphasen kann sich dieses Prozessgefüge verändern, das heißt, dass die Effizienz der formungsdominanten Prozesse zu- und abnehmen

kann. Diese Entwicklungsgeschichte beschreibt man mit den Begriffen **Polygenetik** und **Mehrphasigkeit**.

Eine Folge derartiger polygenetisch-mehrphasiger Entwicklungen geomorphologischer Formen führt dazu, dass in jeder Phase der Reliefentwicklung auch Reliefformen vorhanden sein können, die durch ältere Prozesse geschaffen wurden, die inzwischen jedoch nicht mehr wirksam sind, sodass die gebildeten Reliefformen in den zeitlich späteren Phasen durch andere Prozesse verändert wurden. Man bezeichnet diesen Vorgang als **Überformung**. So werden beispielsweise die Moränenkörper des Alpenvorlandes, die während der letzten Kaltzeit gebildet wurden, im Spätglazial und Holozän durch solifluidale, gravitative oder bodenerosive Prozesse überformt, sodass ihre Geometrie und materielle Zusammensetzung deutlichen Veränderungen unterworfen ist. Dagegen sind die ehemaligen hochalpinen Seitenmoränen weitgehend verschwunden, da sie seit dem Eisabbau nach dem Gletscherhöchststand starken erosiven Hangabtragsprozessen unterworfen gewesen sind. Ihre Sedimente befinden sich heute in den großen alpinen Tälern und in den Sedimentsenken der alpinen Vorländer. Die Polygenetik und Mehrphasigkeit von geomorphologischen Formen muss daher mit unterschiedlichen Bildungsbedingungen und -prozessen erklärt werden.

Eine für Mitteleuropa typische Polygenetik und Mehrphasigkeit der Reliefformung erklärt sich zum Beispiel aus dem Wechsel der externen Randbedingungen **mehrphasiger Klimaveränderungen** (Kalt- und Warmzeiten des Quartärs), Veränderungen der tektonischen Hebungs- oder Senkungsimpulse (Graben- und Horstbildung) oder der menschlich verursachten Bodenerosionsprozesse (Rinnen- und Kolluvienbildung). Das heutige Georelief enthält somit ein mehr oder weniger stark entwickeltes **Erbe** bzw. **Gedächtnis** aus früheren Phasen der Reliefentwicklung, die dazu geführt hat, dass an einem Standort zeitlich nacheinander gebildete Formen angetroffen werden können, die ein **ineinander verschachteltes Relieformenmuster** bilden.

Ein derartiges verschachteltes Reliefformenmuster bilden beispielsweise die deutschen Mittelgebirge, die aus Tälern, Talauen, Terrassen, Hängen und Verflachungen bestehen, deren Bildung, Überformung sowie völlige oder teilweise Zerstörung in mehreren Formungsphasen bis in die jüngste Phase der quartären Kaltzeiten reichen. Mit diesen Formengemeinschaften sind kleinere Formen **verschachtelt**, wie Erosionsgräben, Kolluvienkörper oder Flussterrassen, die einfacher aufgebaut sind und jüngeren bzw. aktuellen Formungsphasen des Holozäns zugeordnet werden. Reliefformen aus einer älteren Formungsphase bleiben allerdings nur dann erhalten, wenn die nachfolgenden Prozesse nicht in der

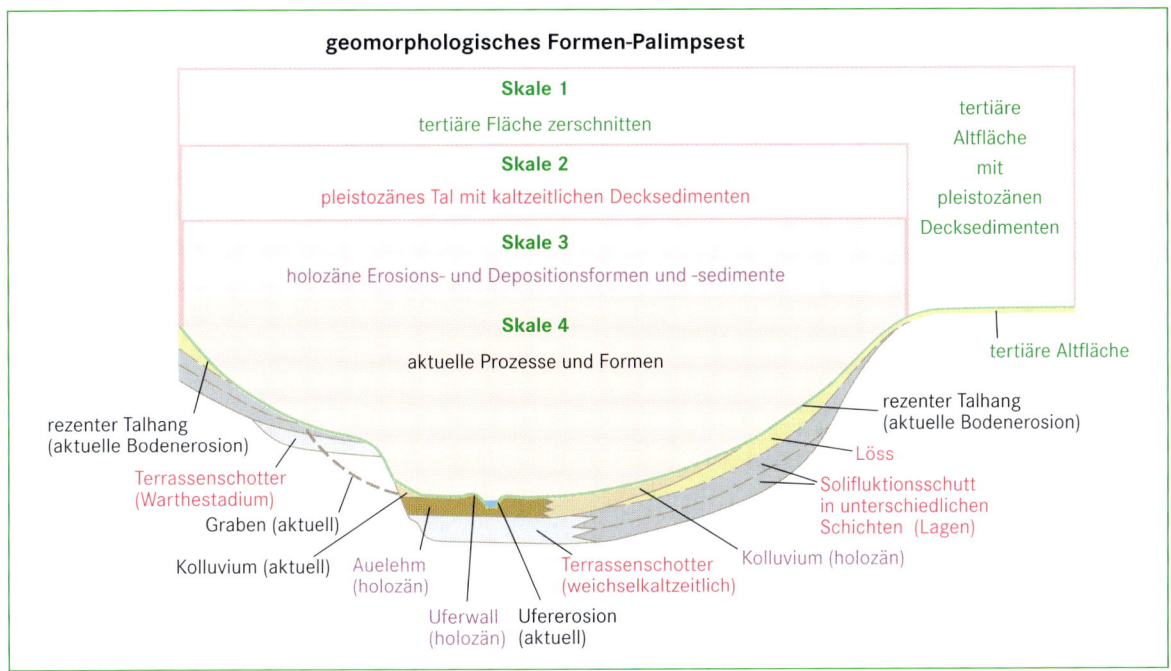

Abb. 10.1.4 Geomorphologisches Formen-Palimpsest (nach Kugler 1974). Die tertiäre Altfläche, die in Resten erhalten geblieben ist (Skale 1), wurde in der jüngeren Reliefentwicklungsphase des Pleistozäns zerschnitten (Skale 2) und durch jüngere holozäne (Skale 3) und aktuelle (Skale 4) Prozesse überformt. Auf diese Weise entstand eine verschachtelte Hierarchie von Relieformen unterschiedlichen Alters und unterschiedlicher Geometrie, Topologie und stofflicher Zusammensetzung.

Lage waren, die Vorzeitform vollständig zu zerstören und die formbildenden Materialien abzutransportieren, was der deutsche Geomorphologe Heinrich Rohdenburg (1989) als **Intensitäts-Auslese-Prinzip** bezeichnet hat. Eine derartige räumliche Verschachtelung von geomorphologischen Formen ist durch Chorley et al. (1984) als **Palimpsest** bezeichnet worden. Darunter verstehen wir ursprünglich eine aus Papyrus bestehende Manuskriptseite, die durch Abschaben mehrfach wiederverwendet wurde und nach den neuerlichen Verwendungen noch Teile der älteren Texte enthält. In Übertragung auf geomorphologische Formen wird damit ausgedrückt, dass ältere Formungsprozesse bereits abgeschlossen sind und Vorzeitformen erzeugt haben, die unter bestimmten Umständen im heutigen Georelief noch mehr oder weniger stark vorhanden sind. Sie bilden eine **Reliefformenhierarchie**, die wir als **Formen-Palimpsest** bezeichnen.

Ein Beispiel für ein derartiges geomorphologisches Formen-Palimpsest ist in Abbildung 10.1.4 dargestellt. Sie zeigt einen idealisierten Ausschnitt eines Mittelgebirgstales in Mitteleuropa. Die Formung dieser Relieffeinheit setzte im Tertiär mit Flächenbildungsprozessen und tiefgründigen Gesteinsverwitterungen (Saprolitisierung) ein. Im Pleistozän erfolgt ein Wechsel des Pro-

zessgefüges mit Taleintiefung, Lössakkumulation und periglazialer Hangabtragung, die das tertiäre Relief überformt und verändert haben. Im Holozän erfolgten weitere Überformungen durch Bodenerosion, Kolluvienbildung und Talauensedimentation. Als Ergebnis liegt heute ein hierarchisches, mehrskaliges System vor, in dem sich mehrere Phasen und Prozesse der Reliefentwicklung erkennen lassen.

10.2 Endogene Voraussetzungen, Prozesse und Formen der Reliefentwicklung

Oberflächenformen entstehen und vergehen aus dem Zusammenspiel endogener und exogener Prozesse, deren Antrieb endogen vor allem aus dem Abfluss von Wärmeenergie sowie der Gravitation und exogen aus der Eingabe, Umsetzung und Abgabe solarer Energie resultiert. Es sind Prozesse, die seit Hunderten von Jahrmillionen die Evolution der Erde mitbestimmen.

Geologische Grundlagen

Gerhard Schellmann

Geologische Zeitskala

Die zeitliche Ordnung geologischer und geomorphologischer Prozesse, Ablagerungen und Formen geschieht mithilfe der seit der ersten Hälfte des 19. Jahrhunderts entwickelten und wiederholt modernen Erkenntnissen angepassten geologischen Zeitskala. Da bisher nur wenige Kenntnisse aus den ersten 4 Milliarden Jahren Erdgeschichte, dem Präkambrium, vorliegen, ist erst die jüngste, 543 Millionen Jahre alte Erdgeschichte in der geologischen Zeitskala sehr detailliert gegliedert und in zahlreiche erdgeschichtliche Perioden, Epochen und so weiter eingeteilt. Die Abbildung 10.2.1 zeigt eine stark gekürzte geologische Zeitskala sowie einige wichtige erdgeschichtliche Ereignisse aus globaler und mitteleuropäischer bzw. deutscher Perspektive. Mit der Quartärforschung (Exkurs 10.2.1) widmet sich eine interdisziplinäre Forschungsrichtung dem jüngsten Abschnitt, der Periode des Eiszeitalters.

Der Schalenbau der Erde

Informationen über die Zusammensetzung des Erdinneren liefern unter anderem Bohrungen mit einer Reichweite von bisher maximal 12 200 m innerhalb der obersten Erdkruste, regional differierende geothermische Wärmeflüsse, regionale Unterschiede in der Schwereverteilung auf der Erde, Vulkane bzw. deren Magmen und vor allem seismische Wellen.

Aufzeichnungen von Erdbebenwellen (Exkurs 10.2.4), die als Raumwellen durch die Erde laufen, belegen einen schalenartigen Aufbau der Erde (Abb. 10.2.2). So findet man im Bereich der Kontinente eine Aufteilung der **Erdkruste** in eine obere und eine untere Schale. Im Bereich der Ozeane besteht die Erdkruste nur aus einer Schale der ozeanischen Erdkruste. Die Erdkruste wird im kontinentalen und ozeanischen Bereich vom oberen **Erdmantel** unterlagert, nach unten schließen sich der untere Erdmantel sowie der äußere und innere **Erdkern** an.

Die einzelnen Schalen der Erde sind durch sogenannte „seismische Diskontinuitätssprünge" getrennt, an denen sich die Ausbreitungsgeschwindigkeiten von seismischen Wellen und damit die Dichte, der Aggregatzustand und/oder die mineralogische Zusammensetzung des Erdinneren signifikant ändern (Abb. 10.2.2). Die Conrad-Diskontinuität trennt in einer Tiefe von etwa 10 bis 20 km die obere von der unteren kontinentalen Erdkruste. In der kontinentalen Oberkruste dominieren relativ leichte kieselsäurereiche Gesteine wie Granite, Granodiorite, Metamorphite und Sedimentite. In der kontinentalen unteren Erdkruste und in der ozeanischen Erdkruste überwiegen basische, kieselsäurearme Gesteine wie Basalte und Gabbros. Die Mohorovicic-Diskontinuität, kurz Moho-Diskontinuität genannt, begrenzt die Erdkruste gegen den oberen Erdmantel. Sie liegt unter den Kontinenten häufig in 20 bis 30 km Tiefe, im Bereich der Hochgebirge wie im Himalaja bis in 50 bis 80 km Tiefe. Unter den Ozeanen tritt sie bereits in einer Tiefe von 10 km auf, bereichsweise auch in noch geringerer Tiefe.

Im Erdmantel ist auffällig, dass sowohl P- als auch S-Wellen in einer Tiefe von etwa 45 bis 150 km, an anderen Orten zwischen 100 bis 400 km Tiefe, ein ausgeprägtes Geschwindigkeitsminimum erreichen. Man geht daher davon aus, dass in diesem Bereich des oberen Erdmantels, der sogenannten Asthenosphäre, die Gesteinsviskosität deutlich niedriger ist als ober- und unterhalb dieser Schicht und dass dort sehr langsame vertikale und horizontale Fließbewegungen in Form von **Konvektionsströmungen** existieren (Abb. 10.2.3). Unklar ist, inwieweit auch der untere Erdmantel einen eigenen Konvektionskreislauf besitzt. Die über der Asthenosphäre liegenden Schalen, der oberste feste Erdmantel und die Erdkruste, bilden die starre, bis zu 100 km mächtige **Lithosphäre**. Die Lithosphäre schwimmt auf der Asthenosphäre und wird von deren Konvektionsströmungen in Bewegung gehalten. Zusätzlich können isostatische Ausgleichsbewegungen (Exkurs 10.2.2) zu großräumig wirksamen Hebungen und Senkungen (**Epirogenese**) führen. Der feste bis zäh-plastische untere Erdmantel grenzt an der Wiechert-Gutenberg-Diskontinuität in etwa 2 900 km Tiefe an den flüssigen äußeren Erdkern. Erst der innere Erdkern ab etwa 5 100 km Tiefe ist vermutlich wieder fest.

Plattentektonik

Bereits Alfred Wegener hatte im Jahre 1912 in Frankfurt/Main eine langsame Bewegung der Kontinente (**Kontinentaldrift**) postuliert. Aber erst durch die intensive Untersuchung der Ozeane und Ozeanböden seit Anfang der 1960er-Jahre mit der Entdeckung der **mittelozeanischen Rücken**, mit der Kartierung der Magnetisierung des Ozeanbodens (paläomagnetische Streifung der Ozeankruste; Kapitel 6.3) und mit dem Kenntnisgewinn zur

Abb. 10.2.1 Vereinfachte geologische Zeitskala mit einigen ▶ globalen oder für Mitteleuropa bedeutsamen Ereignissen.

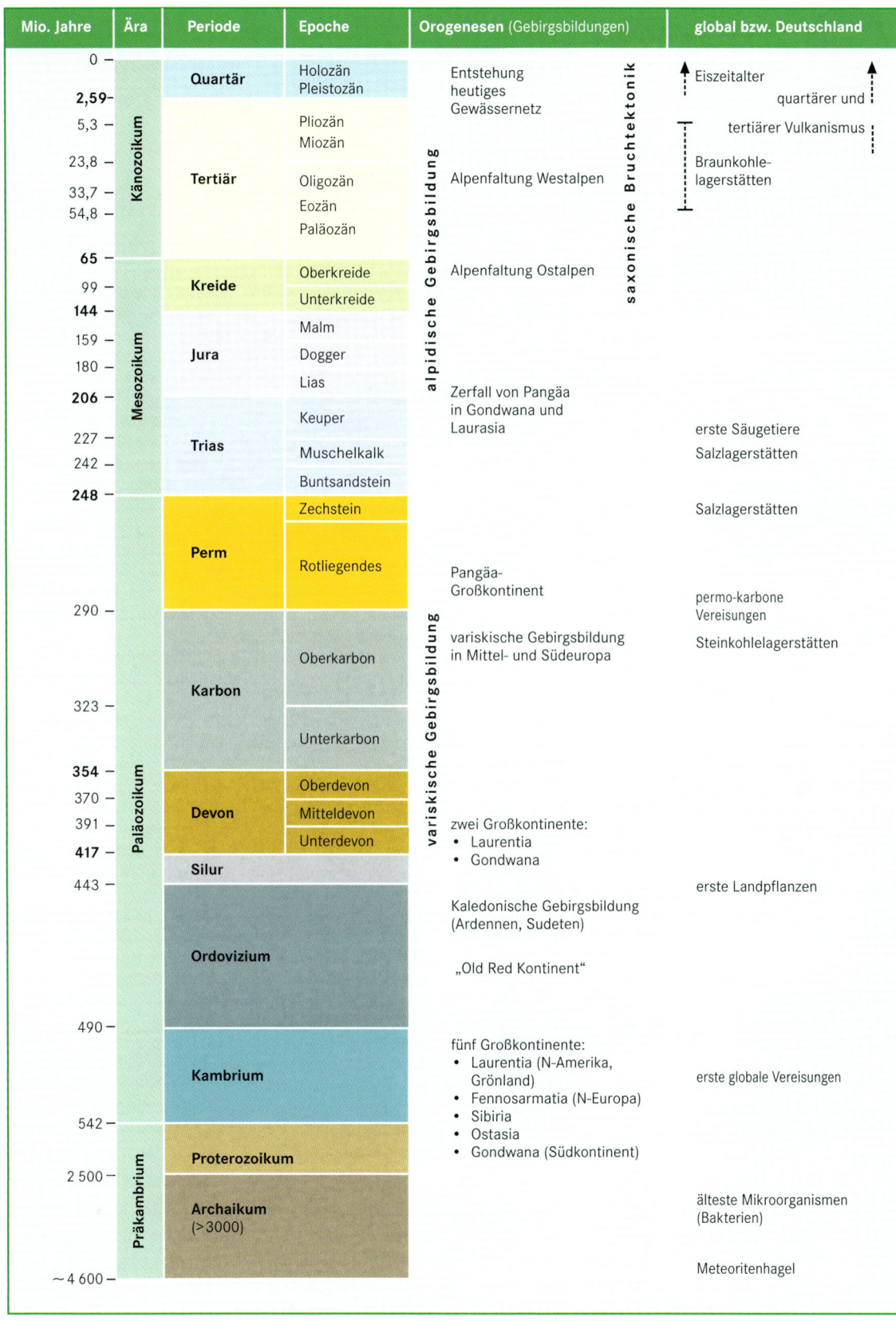

Mio. Jahre	Ära	Periode	Epoche	Orogenesen (Gebirgsbildungen)	global bzw. Deutschland
0	Känozoikum	Quartär	Holozän / Pleistozän	Entstehung heutiges Gewässernetz	Eiszeitalter / quartärer und tertiärer Vulkanismus
2,59					
5,3		Tertiär	Pliozän / Miozän		
23,8			Oligozän	Alpenfaltung Westalpen	Braunkohlelagerstätten
33,7			Eozän		
54,8			Paläozän		
65	Mesozoikum	Kreide	Oberkreide / Unterkreide	Alpenfaltung Ostalpen	
99					
144		Jura	Malm		
159			Dogger		
180			Lias		
206		Trias	Keuper	Zerfall von Pangäa in Gondwana und Laurasia	erste Säugetiere Salzlagerstätten
227			Muschelkalk		
242			Buntsandstein		
248	Paläozoikum	Perm	Zechstein		Salzlagerstätten
			Rotliegendes	Pangäa-Großkontinent	permo-karbone Vereisungen
290				variskische Gebirgsbildung in Mittel- und Südeuropa	Steinkohlelagerstätten
		Karbon	Oberkarbon		
323			Unterkarbon		
354		Devon	Oberdevon	zwei Großkontinente: • Laurentia • Gondwana	
370			Mitteldevon		
391			Unterdevon		
417		Silur			erste Landpflanzen
443		Ordovizium		Kaledonische Gebirgsbildung (Ardennen, Sudeten) „Old Red Kontinent"	
490		Kambrium		fünf Großkontinente: • Laurentia (N-Amerika, Grönland) • Fennosarmatia (N-Europa) • Sibiria • Ostasia • Gondwana (Südkontinent)	erste globale Vereisungen
542	Präkambrium	Proterozoikum			
2 500		Archaikum (>3000)			älteste Mikroorganismen (Bakterien)
~4 600					Meteoritenhagel

alpidische Gebirgsbildung

saxonische Bruchtektonik

variskische Gebirgsbildung

Exkurs 10.2.1

Quartärforschung

Ulrich Radtke und Gerhard Schellmann

Das besondere Interesse an der Quartärforschung beruht vor allem auf dem Phänomen der Klimaschwankungen, beispielsweise mit ausgedehnten Vereisungen der polnahen Gebiete, und dem Umstand, dass diese Epoche sehr eng mit der Menschheitsentwicklung verbunden ist.

Arduino (1714 bis 1795) war der Erste, der durch die ursprüngliche Aufteilung der Erdschichten in „Primär" (später Paläozoikum), „Sekundär" (Mesozoikum), „Tertiär" und „Quartär" (zusammen Känozoikum)" den Begriff „Quartär" verwendete; nachhaltig in die Wissenschaft eingeführt wurde der Begriff durch Desnoyers 1829. Lyell gab 1839 dem Post-Tertiär den Namen „Pleistozän", 1873 trennte er hiervon das Nacheiszeitalter (Rezent) ab; parallel dazu ersetzte Gervais (1867) den Begriff „Rezent" durch den Terminus „Holozän". Somit umfasst das **Quartär** in heutiger Gliederung **Pleistozän** und **Holozän**.

Der Beginn des Quartärs wurde im 19. und 20. Jahrhundert dort gesucht, wo Fossilien erstmalig eine deutliche Abkühlung des Klimas anzeigten, wie zum Beispiel Kälte liebende Mollusken oder Foraminiferen in marinen oder Pollen in terrestrischen Ablagerungen. Die Suche konzentrierte sich auf Süditalien, und schließlich einigte man sich 1948, die Lokalität Vrica in der italienischen Neogen-Formation als **Tertiär-Quartär-Grenze** festzulegen. Sie wurde auf 1,64 Millionen Jahre, später 1,81 Millionen Jahre datiert (Pillans & Naish 2004). Da aber nachgewiesen wurde, dass die Klimaverschlechterung weltweit nicht einheitlich verlief, stützen sich viele Wissenschaftler heute auf eine paläomagnetische Grenze am Übergang von der normal magnetisierten Gauss- zur reversen Matuyama-Epoche vor 2,588 Millionen Jahre (Abb. 6.3.1). Die **Pleistozän-Holozän-Grenze**, das heißt der Wechsel von der marinen **Sauerstoffisotopenstufe** 2 (MIS 2 [*Marine Isotope Stage*] = jüngste Stufe im letzten Glazial) zu MIS 1, der aktuellen Warmzeit, wird konventionell auf zirka 10 200 Radiokarbonjahre festgelegt. Legt man Auszählungen grönländischer Eisbohrkerne, kalibrierte ¹⁴C-Daten (Kapitel 6.3) oder laminierte Seesedimente (Warven, Exkurs 9.13.1) zugrunde, verschiebt sich die Grenze auf zirka 10 800 bis 11 650 Jahre.

Die Quartärforschung beschäftigt sich intensiv mit den zeitweise abrupten klimatischen Wechseln und den Folgen für die Menschheitsentwicklung (Abb. 9.13.1). Sie versucht, die Klimazyklen unter anderem über Schwankungen der Erdbahnparameter (Abb. 9.13.3) zu erklären und nutzt zur Rekonstruktion der Paläoklimate die unterschiedlichsten Archive (Exkurs 9.13.2), so auch tief reichende Kernbohrungen im „ewigen" Eis (Abb. 9.13.6). Die paläoklimatischen Untersuchungen (Kapitel 9.13) sollen Grundlagen geben für eine vorsichtige Prognose der Klimaentwicklung in naher Zukunft.

Nicht alle Aspekte der Quartärforschung können im Rahmen eines Lehrbuches der Geographie angesprochen werden. Um aber die Besonderheit und Eigenständigkeit der Quartärforschung deutlich zu machen, werden im Folgenden einige Kernaussagen in kompakter Form vorgestellt:

- Quartärforschung ist multidisziplinär angelegt, in ihr arbeiten unter anderem Geographen (insbesondere Geomorphologen), (Quartär-)Geologen, (Geo-)Physiker, (Geo-)Chemiker, (Paläo-)Bodenkundler, (Paläo-)Klimatologen, (Paläo-)Biologen, (Paläo-)Anthropologen und Archäologen intensiv zusammen.

- 1837 stellt Agassiz seine Theorie vor, die die Existenz von Findlingen allein auf Gletschertransport zurückführt und der Glazialtheorie zum Durchbruch verhilft. In Norddeutschland wird diese Theorie erst seit 1875 allgemein akzeptiert, als Torell Gletscherschrammen eindeutig als solche identifiziert.

- Das ausgehende Pliozän ist durch eine globale Klimaverschlechterung und eine zunehmende Variabilität des Klimas gekennzeichnet. In arktischen marinen Sedimenten findet sich vor zirka 4 Millionen Jahren erstmals, vor 2,8 Millionen Jahren verstärkt, durch Eisberge verfrachtetes Material (IRD, *Ice Rafted Debris*).

- Als Beginn des Quartärs wird die paläomagnetische Grenze bei 2,588 Millionen Jahren zwischen Gauss (normal) und Matuyama (revers magnetisiert) favorisiert. Sie stellt zwar keine biostratigraphische Grenze dar, die den ökologischen Wandel von warm zu kalt repräsentiert, ist dafür aber weltweit auffindbar und fällt zudem mit wichtigen Ereignissen des Klimawandels zusammen.

- Auslöser für die Klimaverschlechterung sind wahrscheinlich das zeitliche Zusammentreffen bestimmter Zustände von Erdbahnparametern (Milankovitch-Theorie, unter anderem niedrige Exzentrizität, Zunahme der Präzession)

Altersverteilung der ozeanischen Kruste entstand eine völlig neue Theorie der Plattentektonik, die man auch als Theorie des *seafloor spreading* bezeichnet. Danach sind im Laufe der Erdgeschichte wiederholt Ozeane neu entstanden und aufgezehrt worden, Kontinente zusammengedriftet, verschweißt und wieder auseinandergebrochen. Beispielsweise entstand der heutige Atlantik erst in den letzten 200 Millionen Jahren, seit am Ende der Trias der Superkontinent Pangäa zerbrach und auseinander driftete (Abb. 10.2.1). Im gleichen Zeitraum

in Kombination mit beispielsweise dem Schließen des Isthmus von Panama und der damit verbundenen Entwicklung des Golfstromes, der Vertiefung der Beringstraße und dem Herausheben des Tibetplateaus.

- Vor zirka 2,8 Millionen Jahren begann eine kontinuierliche Zunahme des marinen $\delta^{18}O$-Wertes in benthischen Foraminiferen. Dies dokumentiert eine zunehmende Eisakkumulation mit einem ersten Vergletscherungsmaximum vor zirka 2,6 Millionen Jahren (Pillans & Naish 2004).

Vor zirka 2,6 Millionen Jahren begann sich ein Muster von Glazial- und Interglazialzyklen einzustellen, die wahrscheinlich zuerst im Wesentlichen durch die Schwankungen in der Schiefe der Ekliptik (41 000 Jahresrhythmus) und später, ab zirka 900 000 Jahre vor heute, durch Schwankungen der Exzentrizität (100 000 Jahresrhythmus) gesteuert wurden.

- Die verschiedenen kontinentalen Vereisungen werden im marinen Bereich durch Meeresspiegelschwankungen begleitet. Minimale Werte während der glazialen Tiefstände liegen bei zirka –150 m, Hochstände während der interglazialen Maxima erreichen in den vergangenen 1 Million Jahre zirka +2 bis +10 m. Die Meeresspiegelstände manifestieren sich an Hebungsküsten in Terrassentreppen (oben alt, unten jung), in Senkungsgebieten (z. B. Po-Ebene) in Sedimentstapeln (oben jung, unten alt).
- Basierend auf Sauerstoffisotopenmessungen in marinen Sedimenten aus Tiefseebohrkernen werden die Glaziale mit geraden Zahlen, die Interglaziale mit ungeraden Zahlen durchnummeriert (MIS). Das letzte Interglazial erhält die Zahl 5, die aktuelle Warmzeit (Holozän, Beginn vor etwa 10 000 bis 11 600 Jahren) die Zahl 1. MIS 3 stellt ein Interstadial in der letzten Kaltzeit – MIS 2 und 4 – dar. Das Maximum von Temperatur wie Meeresspiegelniveau der letzten Warmzeit (MIS 5e), die wärmer als heute war, lag bei zirka 130 000 bis 116 000 Jahren, das Minimum der letzten Kaltzeit lag bei zirka 20 000 bis 18 000 Jahren (MIS 2; MIS 102 und 100 stellen die ersten Glaziale des Quartärs dar).
- In Mitteleuropa findet man eiszeitliche Sedimente von Gletschervorstößen als Zeugen verschiedener Glaziale im Alpenvorland, in Norddeutschland und in einigen Mittelgebirgen. Es werden in der Regel vier bis fünf Hauptvereisungsphasen ausgegliedert: in Norddeutschland Elster, Saale (mit Drenthe u. Warthe-Stadium) und Weichsel, in Süddeutschland Günz, Haslach, Mindel, Riß und Würm. Alle fallen wahrscheinlich in den Zeitraum der Brunhes-Epoche (< 780 000 Jahre), aber allein für die

jüngsten, letztglazialen Gletschervorstöße, Weichsel bzw. Würm, ist die zeitliche Zuordnung unstrittig (ca. 90 000 bis 16 000 Jahre). Während das jüngere Riß und Warthe wohl MIS 6 (ca. 180 000 bis 140 000 Jahre) entsprechen, ist eine Einordnung der älteren brunheszeitlichen Vorstöße MIS 8 bis 18 aufgrund des weitestgehenden Fehlens datierbaren Materials sehr problematisch. Über altquartäre (2,6 bis 0,8 Millionen Jahre) Gletschervorstöße in Mitteleuropa (z. B. Tegelen-, Menap-, Eburon- und Waal-Kaltzeit in den Niederlanden oder die Biber- und Donau-Kaltzeiten im Alpenvorland) ist bisher wenig bekannt. Die Temperaturen während der Eiszeiten lagen in Mitteleuropa etwa 5 bis 12 °C unter den heutigen Jahresmittelwerten.

- Aktuell sind zirka 15 Millionen km² der Erde mit Eisschilden oder Gletschern mit einem Volumen von ungefähr 29 Millionen km³ bedeckt; während des letztglazialen Maximums betrug das Eisvolumen dagegen zirka 72 Millionen km³. Würde das Grönlandeis (heute 3 Millionen km³) abschmelzen, erhöhte sich der Meeresspiegel um zirka 5 bis 6 Meter, beim Abschmelzen des antarktischen Eises (ca. 26 Millionen km³) würde der Anstieg bei zirka 60 Metern liegen.
- Eine ungefähr 180 Meter mächtige Lössablagerung mit 33 fossilen Böden in China stellt das wohl vollständigste terrestrische Archiv des Quartärs dar. An der Basis markiert eine Verdreifachung des Staubeintrages den Übergang von warmen humiden zu windreichen ariden Klimabedingungen.
- Je jünger der untersuchte Zeitabschnitt im Quartär ist, umso besser wird die Auflösung der Archive. In laminierten Seesedimenten (Exkurs 9.13.1) ist für die letzten Jahrtausende eine jährliche Auflösung möglich. Auch die Jahresringe von Bäumen (Dendrochronologie, bis zirka 11 650 Jahre) oder Korallen lassen eine jahresgenaue Auflösung zu. Durch die Untersuchung der jeweiligen Lagen mit geochemischen Methoden können anhand verschiedener Proxies (Stellvertreterdaten), wie zum Beispiel das $^{13}C/^{12}C$- bzw. $^{14}C/^{12}C$-, das $^{18}O/^{16}O$- oder das Sr/Ca-Verhältnis, sehr exakte Aussagen über den Verlauf des Paläoklimas gemacht werden.
- Die praxisorientierte Quartärforschung ist für die ehemals vereisten und die ehemaligen Periglazialgebiete von erheblicher wirtschaftlicher Bedeutung; Beispiele finden sich bei der Grundwassererkundung, der Anlage von Deponien, der Entnahme von Baustoffen, der Baugrunderkundung oder der Agarwirtschaft.

lief die alpidische Orogenese (= Gebirgsbildung) ab. Alpen und Himalaja wurden in der Knautschzone zusammenstoßender Kontinentschollen komprimiert.

Wichtige Aspekte der modernen Theorie der Plattentektonik sind:

- Die Lithosphäre ist zerstückelt in mehrere größere und viele kleinere Stücke, die Platten (*plates*) genannt werden. Neben den sechs Großplatten (Eurasische, Afrikanische, Nord- und Südamerikanische, Pazifische, Indo-Australische, Antarktische Platte) existieren noch

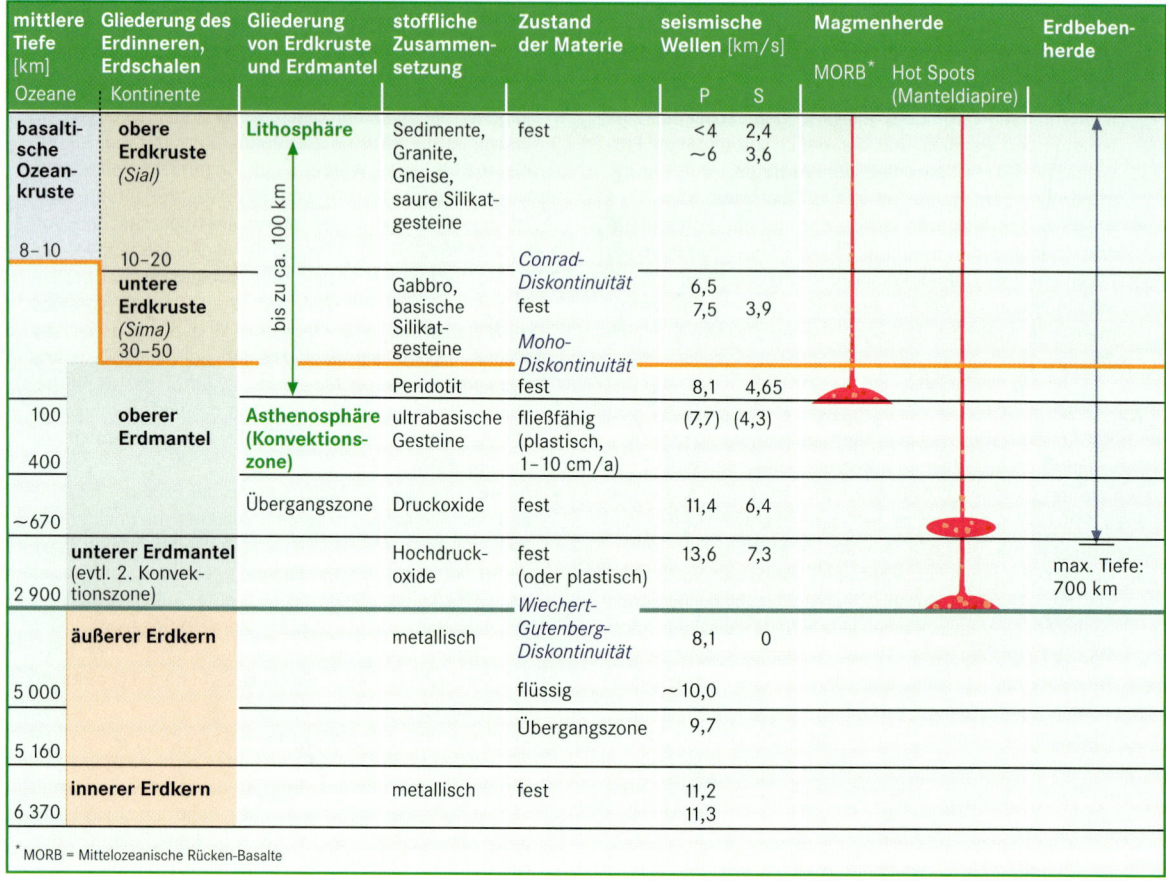

mittlere Tiefe [km] Ozeane	Kontinente	Gliederung des Erdinneren, Erdschalen	Gliederung von Erdkruste und Erdmantel	stoffliche Zusammensetzung	Zustand der Materie	seismische Wellen [km/s] P	S	Magmenherde MORB*	Hot Spots (Manteldiapire)	Erdbeben-herde
basalti-sche Ozean-kruste	obere Erdkruste (Sial)	Lithosphäre		Sedimente, Granite, Gneise, saure Silikat-gesteine	fest	<4 ~6	2,4 3,6			
8–10	10–20		bis zu ca. 100 km							
	untere Erdkruste (Sima) 30–50			Gabbro, basische Silikat-gesteine	*Conrad-Diskontinuität* fest *Moho-Diskontinuität*	6,5 7,5	3,9			
				Peridotit	fest	8,1	4,65			
100 400	oberer Erdmantel	Asthenosphäre (Konvektions-zone)	ultrabasische Gesteine	fließfähig (plastisch, 1–10 cm/a)		(7,7)	(4,3)			
~670		Übergangszone	Druckoxide	fest		11,4	6,4			
2 900	unterer Erdmantel (evtl. 2. Konvek-tionszone)		Hochdruck-oxide	fest (oder plastisch)		13,6	7,3			max. Tiefe: 700 km
5 000	äußerer Erdkern		metallisch	*Wiechert-Gutenberg-Diskontinuität* flüssig		8,1 ~10,0	0			
5 160				Übergangszone		9,7				
6 370	innerer Erdkern		metallisch	fest		11,2 11,3				

* MORB = Mittelozeanische Rücken-Basalte

Abb. 10.2.2 Der Schalenbau der Erde.

eine Reihe kleinerer Platten (Abb. 10.2.4). Abgesehen von der Pazifischen Platte besitzen die Großplatten auf der Erde sowohl kontinentale als auch ozeanische Krustenbereiche. So besteht die Südamerikanische Platte aus der kontinentalen Erdkruste Südamerikas und der ozeanischen Kruste des westlichen Südatlantiks bis zum Mittelatlantischen Rücken.

- Die Ränder der Platten werden **Plattengrenzen** genannt. Die Platten werden begrenzt durch divergente (oder konstruktive) Plattenränder, mehr oder weniger aktive konvergente (oder destruktive) Plattenränder und flächenneutrale (oder konservative) Plattenränder mit Parallelverschiebungen (Transform-Verwerfungszonen).
- In der Vertikalen umfassen die Platten die Lithosphäre, also die kontinentale oder ozeanische Erdkruste sowie darunter liegende Teile des festen oberen Erdmantels.
- Die Großplatten der Erde wachsen durch Neubildung von Erdkruste in den **Spreizungszonen** der Ozeane, den mittelozeanischen Rücken. Andererseits

sinkt ozeanische Lithosphäre an den **Subduktionszonen** in die Tiefe (Abb. 10.2.3 und Exkurs 10.2.3). An konvergenten (destruktiven) Plattenrändern wird Kruste komprimiert, gefaltet, überschoben und verdickt (**Orogenese = Gebirgsbildung**).

- Die Platten bewegen sich relativ zueinander als feste mechanische Einheiten. Die Horizontalgeschwindigkeiten variieren von 1 bis etwa 18 cm pro Jahr. Die höchsten Spreizungsraten findet man im Pazifik (Abb. 10.2.4).
- Erdbeben (Abb. 10.2.6) und vulkanische Eruptionen (Abb. 10.2.7) sind in einem schmalen Gürtel nahe den Plattengrenzen konzentriert und belegen die dort ablaufenden starken tektonischen Aktivitäten. Das Innere der Platten ist dagegen tektonisch relativ ruhig oder stabil. Verglichen mit den Plattenrändern findet man dort Gebiete mit viel weniger Erdbeben und vulkanischen Aktivitäten. Nur wenige lang gestreckte Graben- und Bruchzonen, wie die kontinentalen Rift-Zonen (z. B. Ostafrikanisches Grabensystem), sind tektonisch sehr aktiv.

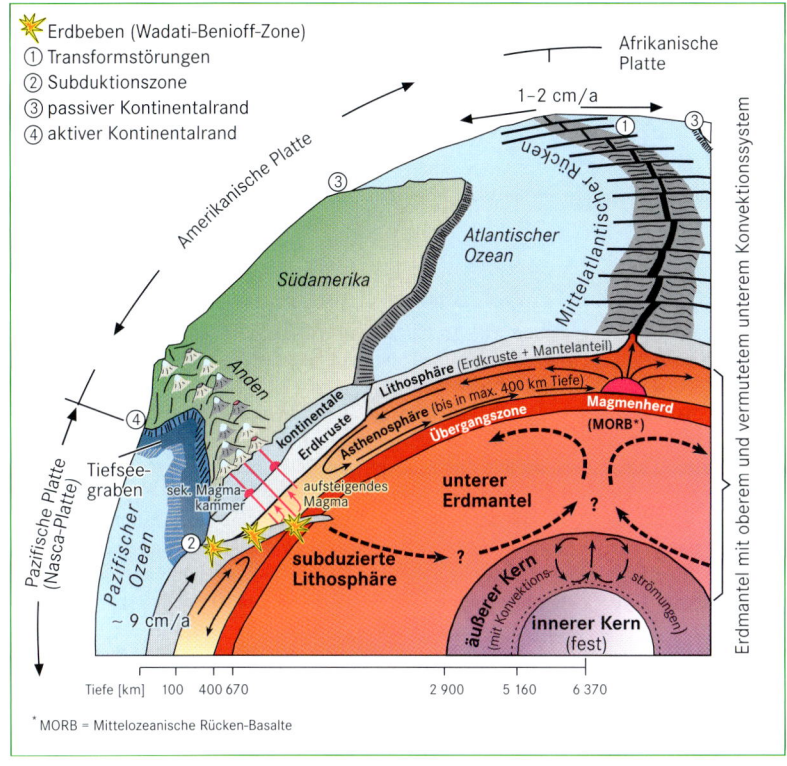

Abb. 10.2.3 Plattentektonische Zusammenhänge, Schalenbau und Konvektionsströmungen (verändert nach Wyllie 1976).

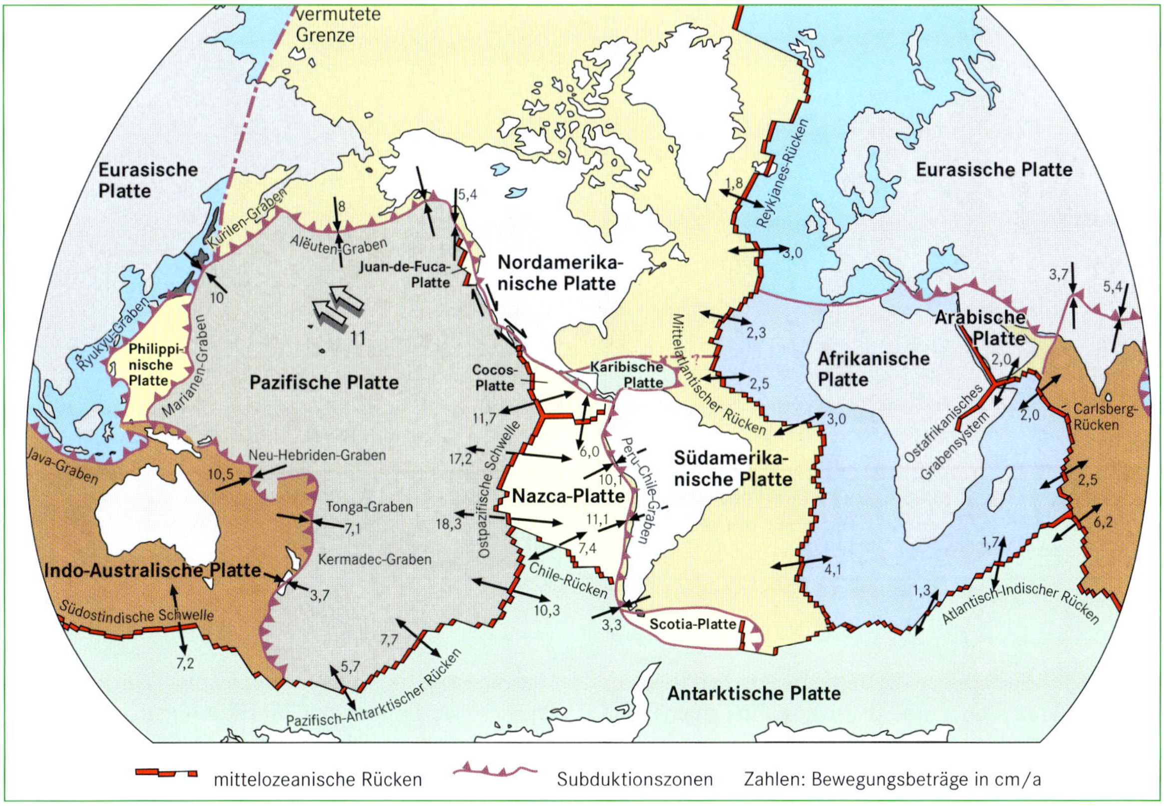

Abb. 10.2.4 Plattentektonische Gliederung der Erde (verändert nach Bahlburg & Breitkreuz 2004, Bolt 1995 u. a.).

Exkurs 10.2.2

Isostasie – Eustasie

Frank Lehmkuhl

Großräumige Vertikalbewegungen auf der Erde sind in den im Pleistozän vergletscherten Gebieten auf Ausgleichsbewegungen, die wegen der abnehmenden Eisauflast einsetzten, zurückzuführen. Diese als glazialisostatische Hebung bezeichnete Bewegung erreicht in den Zentren der ehemaligen Inlandeise Nordamerikas und Skandinaviens Beträge von bis zu 10 mm pro Jahr. Geomorphologische Indikatoren sind Küstenterrassen, Strandwälle und marine Sedimente. Der nacheiszeitliche, durch das Abschmelzen der pleistozänen Gletscher bedingte Meeresspiegelanstieg, das heißt der eustatische Meeresspiegelanstieg um mehr als 100 m, erschwert eine Abschätzung der Hebungsraten über längere

Küstenabschnitte. Zugleich senken sich aufgrund der elastischen Eigenschaften der Lithosphäre angrenzende Regionen, zum Beispiel die deutsche Ostseeküste oder das Norddeutsche Tiefland.

Veränderungen der Auflast werden nicht nur durch das Abschmelzen der Gletscher hervorgerufen. In Nordamerika löste das Austrocknen von Teilen des im Pleistozän wesentlich ausgedehnteren Lake Bonneville (Utah) ebenfalls eine isostatische Hebung (Hydroisostasie) aus. Darüber hinaus können auch durch Abtragung oder Ablagerung von mächtigen Gesteinsserien isostatische Bewegungen hervorgerufen werden (Bahlburg & Breitkreuz 2004, Ollier 1981).

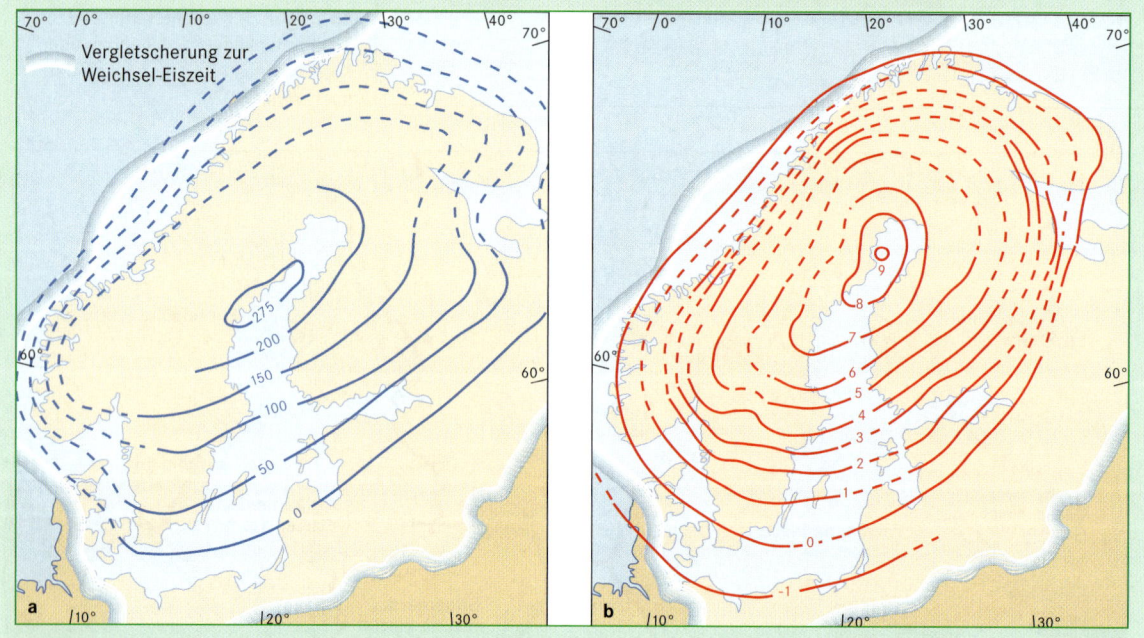

Abb. 1 Glazialisostatische Ausgleichsbewegungen in Skandinavien. a) Kumulative Hebung in m seit der letzten Eiszeit. b) Hebung bzw. Absenkung in mm pro Jahr (verändert nach Ahnert 2003).

Aus globaler Sicht bilden die mittelozeanischen Rücken, die Subduktionszonen und die sich seitlich aneinander vorbeibewegenden Plattengrenzen die geodynamisch aktivsten Zonen auf der Erde. Dort treten nicht nur Vulkanismus und Erdbeben gehäuft auf, auch das Großrelief der Erde mit Hochgebirgen und Tiefseegräben,

Tiefseebecken und ausgedehnten submarinen Gebirgszügen sowie imposanten innerkontinentalen Grabensystemen sind ein sichtbares Zeichen der im Erdinneren ablaufenden Prozesse. Spuren aktiver und vergangener Krustendynamik lassen sich aus den Deformationen der Gesteine ableiten.

Exkurs 10.2.3

Divergente, konvergente und flächenneutrale Plattenränder

GERHARD SCHELLMANN

Divergente Plattenränder besitzen unterschiedliche Ausbreitungsgeschwindigkeiten: im Mittel zwischen 1 bis 10 cm pro Jahr, im Extremfall bis zu 20 cm pro Jahr. Neben Plattendivergenz bei großen Grabenbrüchen auf den Kontinenten (intrakontinentales Rifting), wie beispielsweise dem Ostafrikanischen Graben, liegt der überwiegende Teil aller divergenten Plattengrenzen in Ozeanen. Dort bilden sie ein häufig mehr als 100 km breites und 2 000–3 000 m hohes, weltumspannendes ozeanisches Gebirgsrückensystem, das eine Länge von etwa 70 000 km besitzt. Der dynamisch aktive Teil dieses Systems liegt im Bereich seines axialen Rifttales. Es ist zugleich die eigentliche Plattengrenze. Zwischen den dort divergierenden Platten werden die sogenannten „Mittelozeanischen-Rücken-Basalte" (MORB) gefördert. Die Magmen stammen von aufgeschmolzenen Mantelperidotiten.

Die ozeanischen Rücken werden von Einkerbungen, die etwa rechtwinklig zum Rücken verlaufen, zerschnitten und versetzt. Diese Einkerbungen bezeichnet man als Transformverschiebungen, Transformstörungen oder *transform faults*. Sie können mehrere Zehner bis mehrere Hunderte von Kilometern Länge haben und dabei weit in Kontinente hineingreifen. Bekannteste Transformstörung ist die San-Andreas-Verwerfungszone in Kalifornien mit einem gegenläufigen Verschiebungsbetrag zwischen der Pazifischen und der Nordamerikanischen Platte von etwa 4 mm pro Jahr.

Konvergente Plattenränder sind alle Subduktionszonen sowohl an Kontinentalrändern als auch innerhalb ozeanischer Platten und zwischen zwei Kontinentalplatten. Subduk-

tionszonen wurden zuerst als geneigte Zone ausgeprägter Erdbebentätigkeit erkannt, die sogenannte „Wadati-Benioff-Zone". Die abtauchende Platte wird aufgeheizt und vom Erdinneren absorbiert, während die überfahrende Platte verdickt wird. Konvergente Plattengrenzen sind Bereiche komplexer geologischer Prozesse, einschließlich magmatischer Aktivität, krustaler Deformation und Gebirgsbildung. Bei Plattenkonvergenz entlang von Kontinentalrändern, die zu einer Kontinent-Kontinent-Kollision führen, haben alle kontinentalen Platten zu viel Auftrieb, um über längere Distanzen in den dichteren, unter ihnen liegenden Mantel subduziert zu werden. Stattdessen werden beide zusammengepresst und zu einem einzigen Kontinentblock verschweißt. Dabei ist die Krustenverkürzung eng verbunden mit Krustenverdickung, intensiver Metamorphose und Überschiebungstektonik. Die Verdickung der Erdkruste und die nachfolgende Hebung schaffen letztlich einen Faltengebirgsgürtel. Die Ursache seiner Heraushebung sind isostatische Ausgleichsbewegungen. Ein morphologisches Gebirge entsteht daher erst, nachdem das Gebirge geologisch durch Orogenese schon weitgehend entstanden ist.

Inwiefern ein Hoch- oder nur ein Mittelgebirge entsteht, ist abhängig von der Stärke der isostatischen Hebungsrate und der begleitenden Abtragungsdynamik. Ein hervorragendes Beispiel ist der Alpen-Himalaja-Faltengebirgsgürtel, der seit dem ausgehenden Mesozoikum als Folge der Kollision von Eurasia im Norden mit Afrika und Indien im Süden entstanden ist.

Krustendeformationen

Tektonische Kräfte können Gesteine verformen, räumlich verschieben und zerbrechen. Schnelle Verformung findet innerhalb weniger Zehner Sekunden statt und kann sich in Erdbeben äußern. Langsame tektonische Verformung von Gesteinen dauert mehrere Hunderttausend oder sogar Millionen Jahre an. Sie ist für die menschliche Wahrnehmung kaum feststellbar, aber viele Gesteinsformationen enthalten Beweise für solche sehr langsam ablaufende Deformationen. So besitzen viele Gebirgsketten heute steil stehende oder in Falten gelegte sedimentäre Gesteinsschichten, die ursprünglich horizontal am Meeresboden abgelagert wurden. Geologische Schichten können durch seitliche Scherkräfte aneinander vorbeigleiten, durch kompressive Kräfte zusammen-

gedrückt und verkürzt oder durch Dehnungskräfte auseinandergerissen werden.

Resultate tektonischer Verformung sind unter anderem **Falten**, **Verwerfungen** und **Überschiebungen**. Geologische Falten variieren von kleinen Fältelungen im Gestein bis hin zu ausgedehnten Faltenzügen in Gebirgszügen. Lang gezogene Faltensysteme im regionalen Maßstab werden als Faltengürtel bezeichnet und kennzeichnen die Faltengebirge. Verwerfungen sind Brüche, an denen Gesteinsschichten in horizontaler und/oder vertikaler Richtung verschoben werden. Gleichsinnig verlaufende Störungen mit treppenartig gegeneinander versetzten Schollen bezeichnet man als Staffelbruch (z. B. Oberrheingraben). Die Sprunghöhe bezeichnet den Hebungsunterschied zwischen zwei vertikal versetzten Gesteinspaketen. Bei Abschiebungen handelt es sich

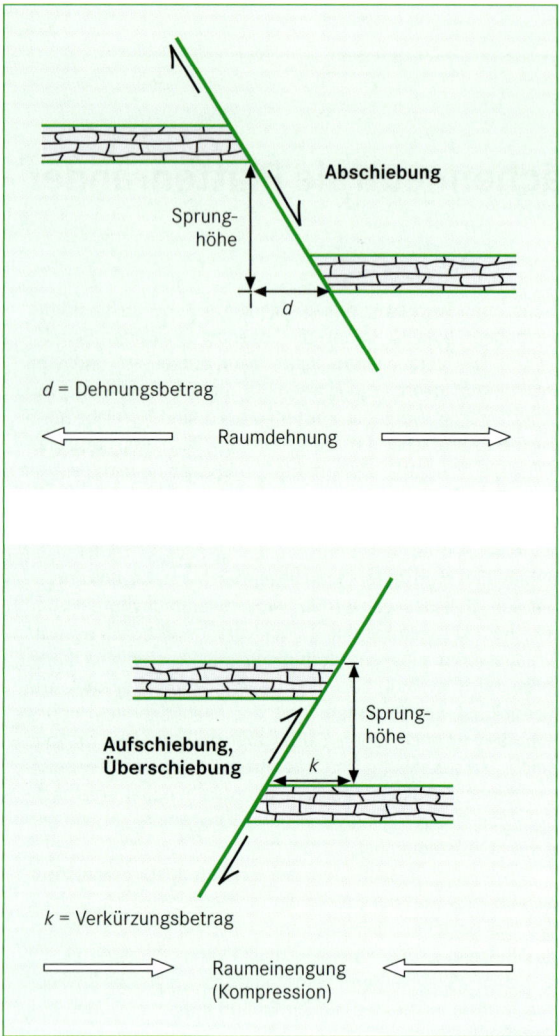

Abb. 10.2.5 Tektonische Auf- und Abschiebungen.

um Dehnungsbrüche mit Raumdehnung, bei Aufschiebungen um kompressive Brüche mit Raumeinengung (Abb. 10.2.5). Überschiebungen sind durch flach einfallende Aufschiebungen begrenzt. Überschiebungsdecken gelangen dadurch über den ortsfesten (autochthonen) Untergrund, der in tektonischen Fenstern sichtbar wird. Deckengebirge sind aus solchen Überschiebungsdecken aufgebaut.

Bruchtektonische Formen sind außerdem **Horste** und **Gräben**. Ein Horst ist eine nach oben geschobene Gesteinsscholle, ein Graben eine durch Abschiebungen begrenzte Gesteinsscholle. Geologische Gräben können morphologisch aber durchaus Bergrücken sein, was dann als Reliefumkehr bezeichnet wird.

Erdbeben

Keine Naturgewalt kann so plötzlich so viel Energie freisetzen und so viel Opfer und hohe Sachschäden verursachen wie ein Erdbeben. Im Laufe eines Jahres werden auf der Erde etwa 1 Million Erdbeben gemessen, von denen etwa 1 000 Schadensbeben sind, wobei fast jedes Jahr ein Erdbeben katastrophale Zerstörungen bringt (Kapitel 28).

Erdbeben ermöglichen aber auch Einblicke in das tektonische Spannungsfeld der Erde, in aktiv ablaufende Verschiebungs- und Deformationsprozesse. Erdbebengebiete sind nicht zufällig über die Erde verteilt, sondern treten zu etwa **95 Prozent an tektonischen Plattengrenzen** auf (Abb. 10.2.6). Flachbeben mit Herdtiefen von 0 bis 70 km kennzeichnen vor allem divergente Plattengrenzen und Transformverschiebungen, mitteltiefe Beben mit Herdtiefen zwischen 70 bis 300 km treten gehäuft an Konvergenzzonen im kontinentalen Bereich auf und Tiefbeben in 300 bis 720 km Tiefe sind weitgehend auf Subduktionszonen (Wadati-Benioff-Zone, Abb. 10.2.3) begrenzt.

Erdbeben entstehen durch die Speicherung von Verformungsenergie in Gesteinsschichten beiderseits einer Bruchfläche, so lange bis die Festigkeitsgrenze erreicht ist. Wird diese überschritten, kommt es zum Bruch, die Energie wird schlagartig freigesetzt und in seismische Wellen bzw. Erdbebenwellen (Exkurs 10.2.4) umgewandelt. Die überwiegende Zahl aller Erdbeben ist tektonischen Ursprunges, wobei Vulkanismus (vulkanische Beben), Einsturz von Hohlräumen (Gebirgsschläge, Bergschlag), Einschlag von Meteoriten (Impaktbeben) oder starke unterirdische Explosionen ebenfalls Beben auslösen können.

Komplizierte Erdbebenwellen entstehen durch Überlagerungen, Reflexionen und Refraktionen (Brechung) an Gesteinsgrenzen (Bolt 1995). Durch Reflexionen und Refraktionen können sich Wellen gleicher Phase kreuzen, überlagern und damit verstärken (positive Interferenz). Durch wiederholte Reflexionen und Refraktionen können Erdbebenwellen in einem Tal hin und her wandern und je nach Wellenphase an Energie gewinnen oder sich auch abschwächen.

Bei einem Erdbeben treffen zuerst die P-Wellen in Form vertikaler Bodenstöße ein, die im Allgemeinen nicht so große Zerstörungen anrichten. Einige Zeit später folgen dann die langsameren S-Wellen. Es kommt zu einem kräftigen Rütteln des Untergrundes als Folge heftiger vertikaler und horizontaler Scherbewegungen. Kurz nach oder auch gleichzeitig mit den S-Wellen folgen die Love-Wellen mit weit ausladenden Bodenschwingungen quer zur Laufrichtung der Wellen. Als Nächstes erzeugen die durchlaufenden Rayleigh-Wellen

Exkurs 10.2.4

Erdbebenwellen

GERHARD SCHELLMANN

Bei den Erdbebenwellen bzw. seismischen Wellen unterscheidet man zwischen Rayleigh-Wellen und Love-Wellen, die an der Erdoberfläche laufen, sowie P-Wellen (*primae undae*, Longitudinalwellen oder Kompressionswellen) und S-Wellen (*secundae undae*, Transversalwellen oder Scherwellen), die als Raumwellen durch das Erdinnere laufen. **P-Wellen** sind von beiden Raumwellen die schnelleren und benötigen etwa 20 Minuten, um die Erde zu durchlaufen (Abb. 10.2.2). Das Gestein wird bei deren Ausbreitung abwechselnd in Fortpflanzungsrichtung der Welle, also longitudinal zusammengedrückt und gedehnt.

P-Wellen verhalten sich damit ähnlich wie Schallwellen und werden an der Erdoberfläche als Stoß wahrgenommen. Da Flüssigkeiten, Gase und Gesteine komprimiert werden können, wandern P-Wellen sowohl durch feste als auch flüssige Medien.

S-Wellen treffen bei Erdbeben in der Regel als zweite seismische Wellenfront ein. Sie scheren und biegen das Gestein quer (transversal) zur Ausbreitungsrichtung. Das Gestein erfährt beim Durchlaufen einer S-Welle eine sinusförmige Vertikalbewegung verbunden mit einer hin- und zurückschwingenden Horizontalbewegung. S-Wellen können sich nur im festen Medium ausbreiten und nicht in Flüssigkeiten oder Gasen. Da deren Ausbreitung im Erdinnern an der Grenze vom Erdmantel zum äußeren Erdkern endet, weiß man, dass der äußere Erdkern flüssig ist. P- und S-Wellen breiten sich zudem in Gesteinen unterschiedlicher mineralogischer Zusammensetzung und unterschiedlicher Dichte verschieden rasch aus. Aus den Ausbreitungsgeschwindigkeiten können daher physikalische Informationen über das Erdinnere gewonnen werden (Abb. 10.2.2).

Oberflächenwellen sind Interferenzen von P- und S-Wellen. Rayleigh-Wellen erzeugen Bodenschwingungen ähnlich der Wirkung einer Wellengruppe, die über den Wasserspiegel läuft (retrograde elliptische Wellenbahn). Dabei können starke **Rayleigh-Wellen** die Erdoberfläche in wellenförmige Bewegungen mit Höhen von bis zu 0,5 m und Längen von 8 m versetzen, wodurch bei Erdbeben große Zerstörungen erzeugt werden können. **Love-Wellen** sind horizontale Querschwingungen des Gesteins und zählen wegen ihrer häufig großen Schwingungsamplitude zu den gefährlichsten Erdbebenwellen.

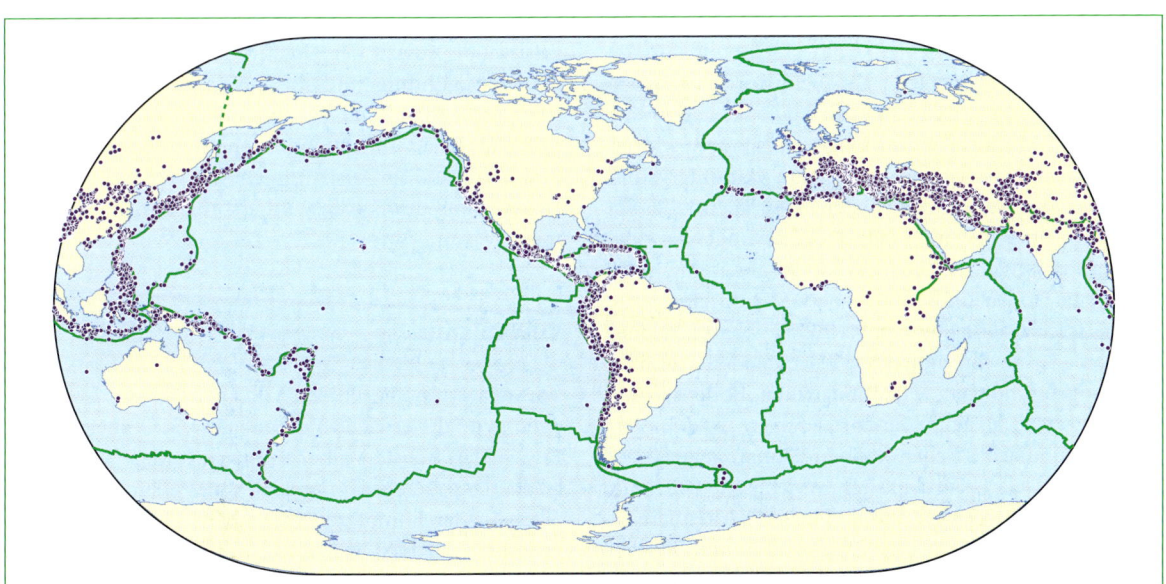

Abb. 10.2.6 Bedeutende Erdbeben in historischer Zeit (2150 v. Chr. bis 2004 n. Chr.; verändert nach NOAA, National Geophysical Data Center 2004).

Exkurs 10.2.5

Maßzahlen für die Erdbebenstärke und -intensität

GERHARD SCHELLMANN

Die Erdbebenmagnitude (*M*) ist eine Maßzahl für die maximale Energie, die in Form der seismischen Wellen abgestrahlt wird. Sie wird aus instrumentellen Aufzeichnungen als maximaler Wellenausschlag auf einem Seismogramm und unter Berücksichtigung der Entfernung des Seismographen vom Erdbebenherd bestimmt und häufig mithilfe der Richter-Skala dargestellt. Den arabischen Zahlen der Richter-Skala liegt der dekadische Logarithmus des Messwertes der seismischen Amplitudenmaxima zugrunde. Auf der Richter-Skala entspricht also eine Zunahme der Erdbebenmagnitude um 1 einer Verzehnfachung der beim Beben freigesetzten Energie. Die Richter-Skala ist nach oben offen, aber der Höchstwert, der je gemessen worden ist, lag bei 8,6 (Alaska 27. März 1964).

Die Intensität eines Erdbebens, das heißt die Stärke, mit der sich ein Beben an der Erdoberfläche bemerkbar macht, wird über die Auswirkungen eines Erdbebens auf Menschen, Gebäude und Landschaftsformen erfasst. Sie hängt von der Magnitude, der Herdtiefe und den Untergrundverhältnissen ab und wird häufig mithilfe der Mercalli-Skala dargestellt. Intensitäten werden mit römischen Ziffern von I (nicht fühlbar) bis XII (katastrophale Schäden und starke Landschaftsveränderungen) unterschieden. Selbst bei gleicher Magnitude auf der Richter-Skala können sich die Schadenswirkungen eines Erdbebens unter anderem je nach Herdtiefe, Geologie des Untergrundes und anthropogenen Faktoren deutlich unterscheiden.

kräftige rollende Bodenerschütterungen sowohl in Laufrichtung als auch in der Vertikalen.

Das **Gefahrenpotenzial** von Erdbeben ist vor allem abhängig von der Tiefenlage, Magnitude (Exkurs 10.2.5) und Nähe des Erdbebens. Besonders gefährlich sind Nachbeben mit hoher Magnitude. Der geologische Untergrund modifiziert den lokalen Ausbreitungsprozess von Erdbebenwellen eventuell mit Verstärkungs- und Abschwächungseffekten. Diese Gefahren können bisher nur über die lokale Erfahrung historischer Beben in einem Gebiet abgeschätzt werden. Die Schadenshöhe ist weiterhin von vielen anthropogenen Faktoren wie der Bauweise von Gebäuden und dem Bauuntergrund abhängig. Direkte Schäden entstehen vor allem über die seismisch ausgelösten Bodenerschütterungen, wobei sich im Extremfall ein Untergrund, der aus wenig komprimierten Tonen und Sanden besteht und eine hohe Porenwassersättigung besitzt, verflüssigen kann. Zudem kann eine Reihe von indirekten Folgeschäden auftreten wie Hangrutschungen, Schlammlawinen, Bodensetzungen oder Feuer als Folge zerstörter Strom- und Gasleitungen. Submarine Beben können Tsunamis auslösen, die sich mit Geschwindigkeiten von bis zu 800 km/h durch das Meer bewegen und im flachen Küstenbereich Wellen von bis zu 30 m Höhe erzeugen können (Kapitel 28). Die nahezu apokalyptischen Zerstörungspotenziale ließ das Beben von Tōhoku am 3. März 2011 erkennen. Um 14:46:23 Uhr Ortszeit setzte vor der Ostküste der japanischen Hauptinsel Honshū ein Seebeben ein, das die Stärke 9,0 der Momentmagnitudenskala erreichte.

Seine Primärwellen zerstörten unter anderem die Stromversorgung mehrerer Kernkraftwerke, so auch im 163 km südwestlich gelegenen Fukushima. Der nachfolgende Tsunami riss nicht nur über 20 000 Menschen in den Tod, sondern überrannte mit seinen dort 13 bis 15 m hohen Wellen den lediglich 5 m hohen Sicherungsdamm und setzte die 10 bis 13 m hoch über dem Meer errichteten Reaktorblöcke unter Wasser. Der daraus resultierende Ausfall der Notstromdieselgeneratoren, die fehlende Kühlung und die aus logistischen Gründen stark zeitverzögerten Gegenmaßnahmen bedingten eine partielle Kernschmelze in mehreren Reaktorblöcken und den massiven Austritt hoch radioaktiven Materials. Das Ausmaß der Folgen wird erst mittelfristig absehbar sein.

Vulkanismus

Von den etwa 550 aktiven Vulkanen auf der Erde brechen **pro Jahr etwa 60 Vulkane** aus (Schmincke 2000). Etwa jeder sechste Vulkanausbruch fordert Menschenleben. Das Gefahrenpotenzial von Vulkanen liegt vor allem in der komplexen Natur von Vulkaneruptionen zwischen friedlich exhalativ und bedrohlich explosiv sowie in dem unvorhergesehenen Wiedererwachen vermeintlich erloschener Vulkane. Direkte Bedrohungen können sich unter anderem durch die Förderung mächtiger vulkanischen Aschen oder giftiger Gasemissionen ergeben, durch mehrere Hundert Kilometer pro Stunde

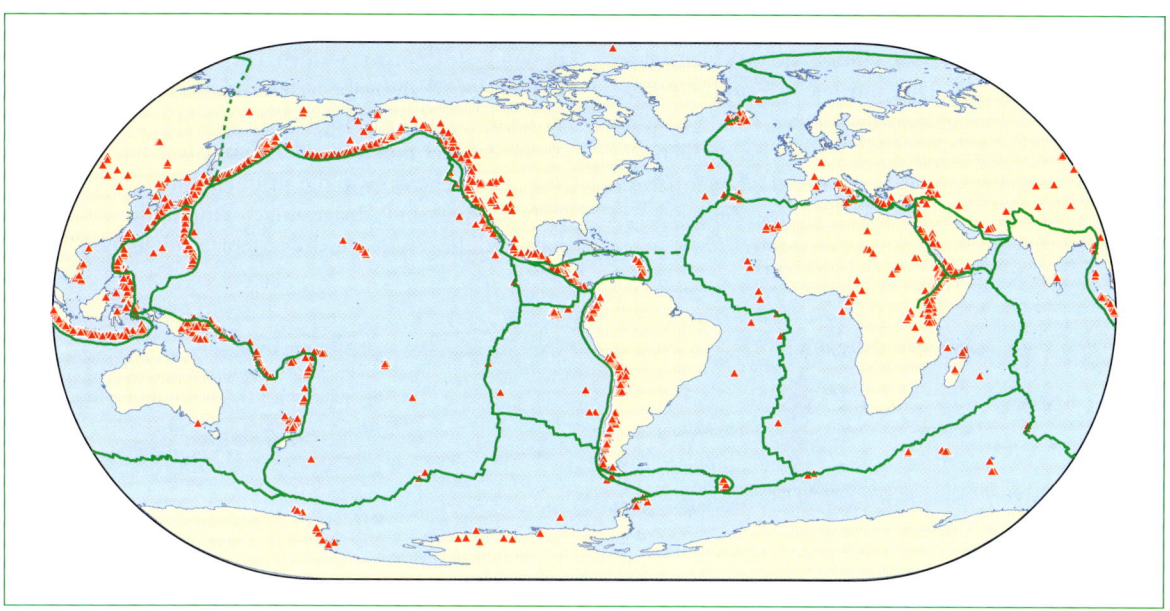

Abb. 10.2.7 Verbreitung der im Holozän aktiven Vulkane auf der Erde mit deutlicher Häufung an aktiven Kontinentalrändern und Subduktionszonen (n = 1318; verändert nach NOAA, National Geophysical Data Center 2004).

schnelle und sehr heiße pyroklastische Ströme oder durch Auslösung vulkanischer Schuttlawinen, vulkanischer Schlammströme (Lahare), Rutschungen und Bergstürze, durch den Einbruch von Magmakammern im Untergrund und der Entstehung ausgedehnter Einbruchsbecken (Calderen, Abb. 10.2.14). Indirekte Vulkangefahren resultieren unter anderem durch den Kollaps eines küstennahen oder submarinen Vulkans, wodurch mächtige Flutwellen, sogenannte Tsunamis (Kapitel 28), ausgelöst werden können. Langlebige vulkanische Aerosolwolken in der Stratosphäre können zudem weltweit Klimaabkühlungen hervorrufen und zu 1 bis 2 Jahre andauernden globalen Temperaturabsenkungen um bis zu 1 bis 2 °C führen. Insgesamt werden die direkten und indirekten Bedrohungen durch Vulkanismus aufgrund der wachsenden Siedlungsdichte in Vulkangebieten in Zukunft zunehmen.

Vulkanismus hat aber auch viele positive Folgen. Dazu zählen beispielsweise die Förderung von juvenilem, also nährstoffreichem Gesteinsmaterial (fruchtbare vulkanische Böden), eine erhöhte Erdwärme (geothermische Energie), die Bildung von Lagerstätten (Schwefelabbau an Sulfarolen, aber auch hydrothermale Erzlagerstätten oder vulkanische Baustoffe) und nicht zuletzt der Tourismus (Schönheit von Vulkanlandschaften mit Fumarolen, Mofetten, Geysiren, Lavaströmen und Lavafontänen, Stratovulkanen usw.). Auch aus diesen Gründen sind viele Vulkangebiete dicht besiedelt.

Vulkane sind nicht gleichmäßig über die Erde verteilt, sondern folgen tektonischen Schwächezonen (Abb. 10.2.7). Fast 85 Prozent der bekannten historischen Vulkaneruptionen und fast alle großen explosiven Ausbrüche stammen von **Vulkanen über Subduktionszonen** (Schmincke 2000), wie zum Beispiel die hochexplosiven Vulkane Tambora (Sumbawa, 1815), Krakatau (Sundastraße, 1883), Mt. St. Helens (Washington, 1980), El Chichón (Mexiko, 1982), Nevado del Ruiz (Kolumbien, 1985), Pinatubo (Philippinen, 1991) oder Cerro Hudson (Chile, 1991).

Vulkane treten aber auch an divergierenden ozeanischen und kontinentalen Plattengrenzen auf. Dazu zählen die mittelozeanischen Rücken mit zahlreichen submarinen Vulkanen und der Vulkaninsel Island sowie einige Vulkane entlang kontinentaler Grabensysteme wie des Ostafrikanischen Grabens (z. B. Kilimandscharo). Weiterhin findet man regellos verteilt **Intraplattenvulkane** oder **Hot-spot-Vulkane**. Intraplattenvulkane umfassen alle ozeanischen (*seamount* und *guyots*) und kontinentalen Vulkane, die nicht an konvergierenden oder divergierenden Plattengrenzen liegen. Beispiele in den Ozeanen sind die Hawaii-Emperor-Inselkette und zahlreiche weitere Inselketten im Pazifik mit überwiegend dunklen basaltischen Laven (Basalte) oder die Kanarischen Inseln mit Förderung überwiegend heller saurer Laven (Rhyolithe, Trachyte, Phonolithe), Tephren und Ignimbriten. Ein Beispiel für kontinentalen Intraplattenvulkanismus sind die etwa 340 quartären West- und Osteifel-Vulkane (Schmincke 2000). Auch kontinentale Intraplattenvulkane können hochexplosiv, ultraplinianisch (Abb. 10.2.8) ausbrechen. Das war zum Beispiel beim allerödzeitlichen Laacher-See-Ausbruch vor etwa 11 200 ^{14}C-Jahren (12 880 limnische Warven-Jahre; Kapitel 6.3) der Fall. Die bimsreiche Eruptionswolke wurde durch süd- und nordwestliche Winde in zwei breiten Sektoren bis zur Ostsee bzw. bis südlich des Bodensees verteilt. In den Verbreitungsgebieten ist die Laacher-See-Tephra heute eine wichtige Zeitmarke in spätglazialen See- und Auenablagerungen.

Durch Vulkanismus können feste und gasförmige Bestandteile gefördert werden. Die Gasabgabe nennt man **Exhalation**, die Abgabe fester und flüssiger Bestandteile **Effusion** und das Auswerfen glutflüssiger und/oder fester Partikel **Ejektion** oder **Explosion**. Diese Förderarten sind ebenso wie die resultierenden vulkanischen Reliefformen und Ablagerungen sehr stark vom Gasgehalt und der Viskosität des Magmas abhängig. Die Vis-

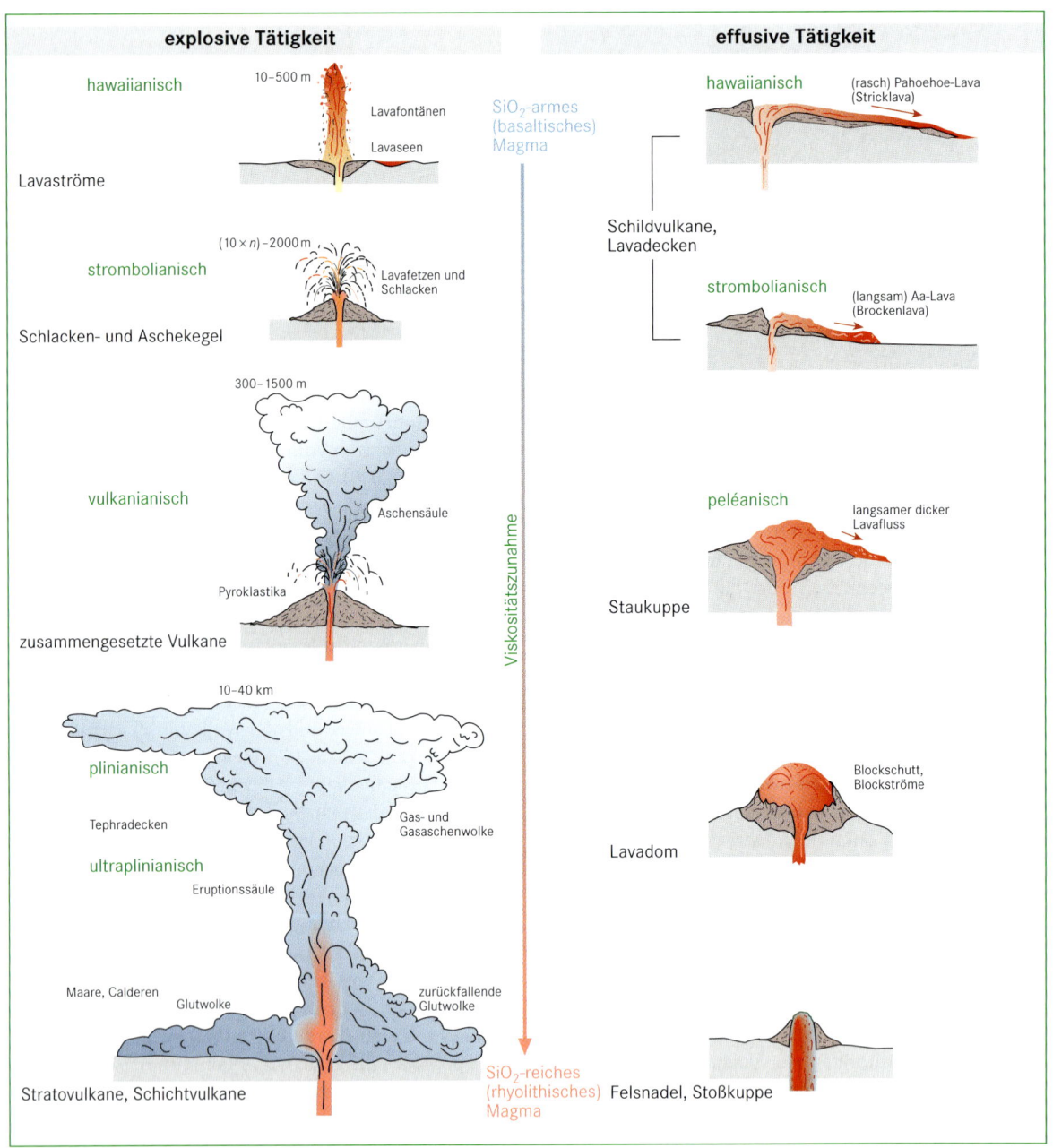

Abb. 10.2.8 Vulkanische Eruptionsarten, Vulkanformen und vulkanische Förderprodukte (verändert nach Schmincke 2000, Schmincke et al. 1993 u. a.).

kosität, die unter anderem vom SiO_2-Gehalt abhängt, steuert das Fließverhalten einer Lava vom schnellen Strömen bis zum langsamen, zähen Gleiten. Der Gasgehalt beeinflusst dagegen vor allem die Förderart der Lava. Die Stärke einer Vulkanexplosion kann bedeutend gesteigert werden durch Kontakt der Lava mit Grund- oder Oberflächenwasser bzw. Eis. Explosives Verdampfen des Wassers kann dann eine heftige phreatomagmatische Reaktion auslösen. Generell gilt, dass basische, SiO_2-arme, basaltische Magmen, die heiß (1 000 bis 1 200 °C), dünnflüssig und gasarm sind, überwiegend effusiv gefördert werden. Dagegen werden SiO_2-reiche, saure rhyolithische Magmen, die kühler (ca. 700 bis 900 °C), zähflüssig und gasreich sind, häufig explosiv gefördert (Abb. 10.2.8). Vulkanismus kann rein effusiv hawaiianisch, gemischt effusiv und explosiv strombolianisch, schwach explosiv vulkanianisch, hochexplosiv plinianisch und extrem explosiv ultraplinianisch sein (Abb. 10.2.8). Das Ergebnis effusiver Förderungen von Lava sind Lavaströme (Strick- bzw. Pahoehoe-, Brocken- bzw. Aa- sowie Kissen- bzw. Pillow-Laven) und Lavadecken, aber auch relativ kleine Stau- und Stoßkuppen (Abb. 10.2.8), größere Lavadome und mächtige Schildvulkane (Abb. 10.2.8). Explosive Vulkaneruptionen können flächenhaft ausgebreitete pyroklastische Ablagerungen (Tephradecken, Ignimbrite) erzeugen, aber auch stärker dem Relief angepasste Ablagerungen vulkanischer Schutt- und Schlammströme (Lahare). Je nach Stärke und Dauer der Eruptionen können relativ kleine, wenige Zehner bis wenige Hunderte von Metern hohe Tuffvulkane und Schlackenkegel oder auch hohe und komplex aufgebaute Stratovulkane (Schichtvulkane) entstehen. Explosionskrater, Maare und Calderen (Abb. 10.2.14) sind weitere signifikante Formen eines explosiven Vulkanismus. Befindet sich ein Vulkan in einer längeren Ruhephase oder ist er am Erlöschen, zeugen häufig nur noch ausströmende Gas- und Dampfexhalationen (bis zu 1 000 °C heiße Fumarolen, schwefelhaltige Solfataren, CO_2-reiche Mofetten, Geysire, Thermen) von der ruhenden magmatischen Aktivität im Untergrund.

Gesteine und der Kreislauf der Gesteine

Unter den in der Erdkruste anstehenden Gesteinen dominieren mit etwa 65 Prozent magmatische Gesteine, gefolgt von metamorphen Gesteinen (etwa 27 Prozent). Zwar ist der Massenanteil der sedimentären Gesteine in der Erdkruste mit rund 8 Prozent relativ gering, aber sie bedecken etwa 75 Prozent der Erdoberfläche. Gesteine bestehen in der Regel aus einem Mineral, mehreren Mineralen, Mineral- und Gesteinsbruchstücken oder aus einer natürlichen Ansammlung tierischer oder pflanzlicher Reste. Ein Gestein ist zudem immer auch ein Archiv, in dem Informationen über vergangene geologische Prozesse gespeichert sind.

Die meisten Gesteine bestehen aus Mineralen, also aus festen, homogenen anorganischen Verbindungen. Primäre Minerale entstehen überwiegend durch Kristallisation aus einem Magma, aber auch durch Umwandlung existierender Minerale bei der Gesteinsmetamorphose unter veränderten Druck- und Temperaturbedingungen, durch chemische Ausfällung aus Dämpfen und Lösungen (u. a. Kalzite, Dolomite, Salzmineralien) oder durch biogene Skelettbildungen (u. a. Kieselskelette, karbonatische Gerüst- und Schalenbildungen). Als Folge von Verwitterungsprozessen können zudem neue sekundäre Minerale gebildet werden wie zum Beispiel Tonminerale, Eisenoxide und Eisenhydroxide. Minerale können kristallin sein, also ein Kristallgitter besitzen, oder amorph sein. Die Mineralzusammensetzung eines Gesteins bestimmt nicht nur das Aussehen, sondern viele seiner chemischen und physikalischen Eigenschaften.

Etwa 91 Prozent der häufigsten Minerale in der Erdkruste sind **Silikate** (incl. Quarz, SiO_2), daneben existieren unter anderem Karbonate, Sulfate, Sulfide und Chloride (NaCl), Oxide und Hydroxide und Phosphate (Apatit).

Wichtige silikatische Minerale sind beispielsweise Quarze, Feldspäte (Orthoklase, Plagioklase), Glimmer (u. a. Muskovit, Biotit), Pyroxene, Amphibole, Olivine oder amorphe Varietäten wie Opal. Die Verwitterungsstabilität nimmt bei ihnen im Allgemeinen von den dunklen Mineralen Olivin < Pyroxen < Amphibol < Biotit zu den hellen Mineralen Feldspat < Muskovit < Quarz zu.

Oxide und **Hydroxide** sind zu etwa 4 Prozent am Aufbau der Erdkruste beteiligt. Viele braune und rote Farben in der Natur stammen von verschiedenen Eisenoxiden und -hydroxiden wie dem braun färbenden Goethit (α-FeOOH) oder dem rot färbenden Hämatit (Fe_2O_3).

Eine besondere morphologische Bedeutung besitzen leicht lösliche karbonatische Minerale wie Kalzit ($CaCO_3$) sowie verschiedene Sulfate (Gips, Anhydrit) und Salze (z. B. Steinsalz). Aufgrund ihrer besonderen Fällungs- und Lösungseigenschaften trifft man in Gebieten, in denen sie anstehen, besondere morphologische Formen an, die sogenannten Karstformen (Kapitel 10.4).

Anhydrit wird bei Kontakt mit Grundwasser unter Quellung zu Gips umgewandelt. Dieser Quellungsdruck kann zum Verbiegen und Verstellen der umgebenden Gesteinschichten (**Gipstektonik**) führen. Salzgesteine besitzen die Fähigkeit, viskos zu fließen, und sind zudem

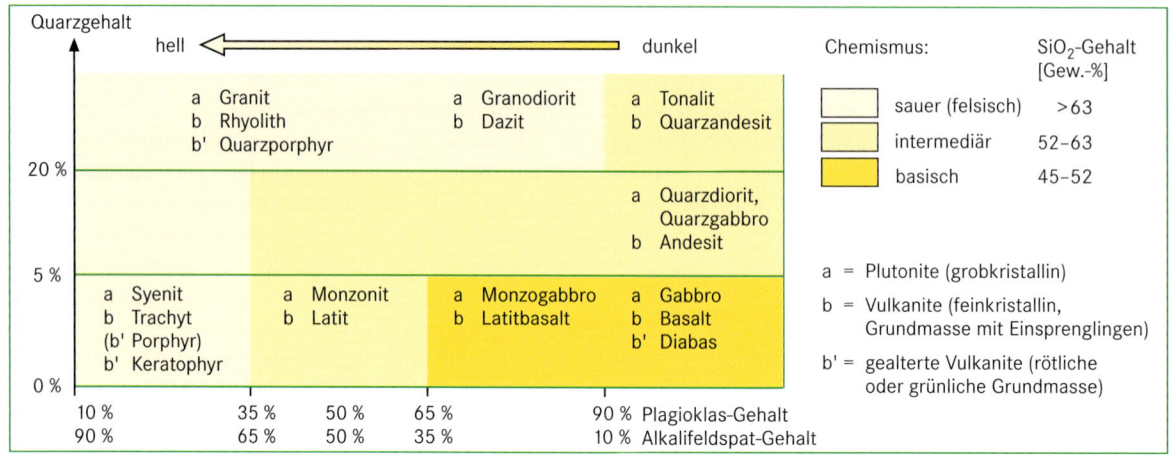

Abb. 10.2.9 Auswahl häufiger magmatischer Gesteine (verändert nach Matthes 1996 u. a.).

leichter als viele andere Gesteine. Bei einer Überlagerung von Salzgesteinen durch andere, dichtere Gesteine kommt es häufig zum viskosen Fließen und zum Aufstieg des Salzes.

Es können sich mächtige Salzkissen, Salzstöcke und Salzdome (Diapire) bilden. Darüberliegende hangende Schichten werden verdrängt, verstellt und verbogen (**Salztektonik**, halokinetische Tektonik). Salze werden zudem bei Kontakt mit dem Grundwasserspiegel leicht gelöst und es entstehen Subrosionssenken, Erdfälle und andere Lösungshohlformen.

Magmatische Gesteine (**Magmatite**) entstehen durch Kristallisation während der Abkühlung aus einer silikatischen Gesteinsschmelze, dem Magma. Sein Chemismus hängt vom Entstehungsort ab und kann sich auf dem Weg zur Erdoberfläche vor allem durch gravitative Kristallisationsdifferenzierung und die Assimilation von Nebengesteinen ändern. Die Folge ist eine große Bandbreite saurer (> 63 Gewichtsprozent SiO_2), intermediärer (52 bis 63 Gewichtsprozent SiO_2), basischer (mit 45 bis 52 Gewichtsprozent SiO_2) und ultrabasischer (< 45 Gewichtsprozent SiO_2) Magmatite (Abb. 10.2.9). Die Gesteinsgruppen der Plutonite (Tiefengesteine), Subvulkanite und Vulkanite (Ergussgesteine) repräsentieren verschiedene Abkühlungs- und Erstarrungsorte des Magmas, woraus unterschiedliche Erscheinungsbilder und physikalische Eigenschaften resultieren. Fast jeder Plutonit hat einen vom Mineralbestand her ähnlichen vulkanischen Vertreter (Abb. 10.2.9), zum Beispiel bestehen der Plutonit Granit und der Vulkanit Rhyolith überwiegend aus den hellen Mineralen Feldspat, Quarz und Glimmer. Während aber die Minerale des Granits grobkristallin und damit mit dem Auge erkennbar sind, sind sie beim Vulkanit Rhyolith bis auf wenige Mineraleinsprenglinge in seiner hellen feinkris-

tallinen Grundmasse verborgen. Die schnelle Abkühlung des Magmas verhindert bei den vulkanischen Gesteinen ein entsprechend großes Mineralwachstum. Erkaltet eine Lava sehr plötzlich, wie es beim explosionsartigen Ausschleudern von Lava der Fall sein kann, können amorphe vulkanische Gläser wie Bims und Obsidian entstehen.

Sedimente und Sedimentgesteine (**Sedimentite**) bestehen manchmal aus organischen Substanzen, überwiegend aber aus Gesteinsmaterial, das abgetragen und wieder abgelagert und/oder aus wässerigen Lösungen ausgefällt wurde. Lockersedimente können durch verschiedene Prozesse verfestigen, die man unter dem Begriff Diagenese zusammenfasst.

Klastische (mechanische) Sedimente (Sedimentgesteine) bestehen aus eckigen oder gerundeten Fragmenten von Gesteinen oder Mineralen und werden aufgrund ihrer **Korngröße** in Ton (< 0,002 mm), Silt oder Schluff (0,002 bis 0,63 mm), Sand (0,63 bis 2 mm), Kies und Schutt (2 bis 63 mm) sowie Blöcke und Steine (> 63 mm) unterteilt. Durch Kompaktion und Zementation von karbonatischen, kieselsäurehaltigen oder tonigen Bindemitteln kann aus Lockersedimenten ein Festgestein entstehen.

Chemische Sedimentgesteine werden nach ihrer stofflichen Zusammensetzung unterteilt in Kieselgesteine, Karbonate und Dolomite, Evaporite (Salzgesteine), Phosphatgesteine und eisenreiche Gesteine. Biogene Sedimentgesteine sind unter anderem Diatomite (Kieselskelett von Diatomeen), Fossilkalksteine (Korallenkalksteine u. a.), Torfe und Kohlen, Harze und Bitumengesteine.

Metamorphe Gesteine (**Metamorphite**, Umwandlungsgesteine) entstehen durch Gesteinsmetamorphose: a) bei Versenkung von Gesteinen in tiefere Krustenbe-

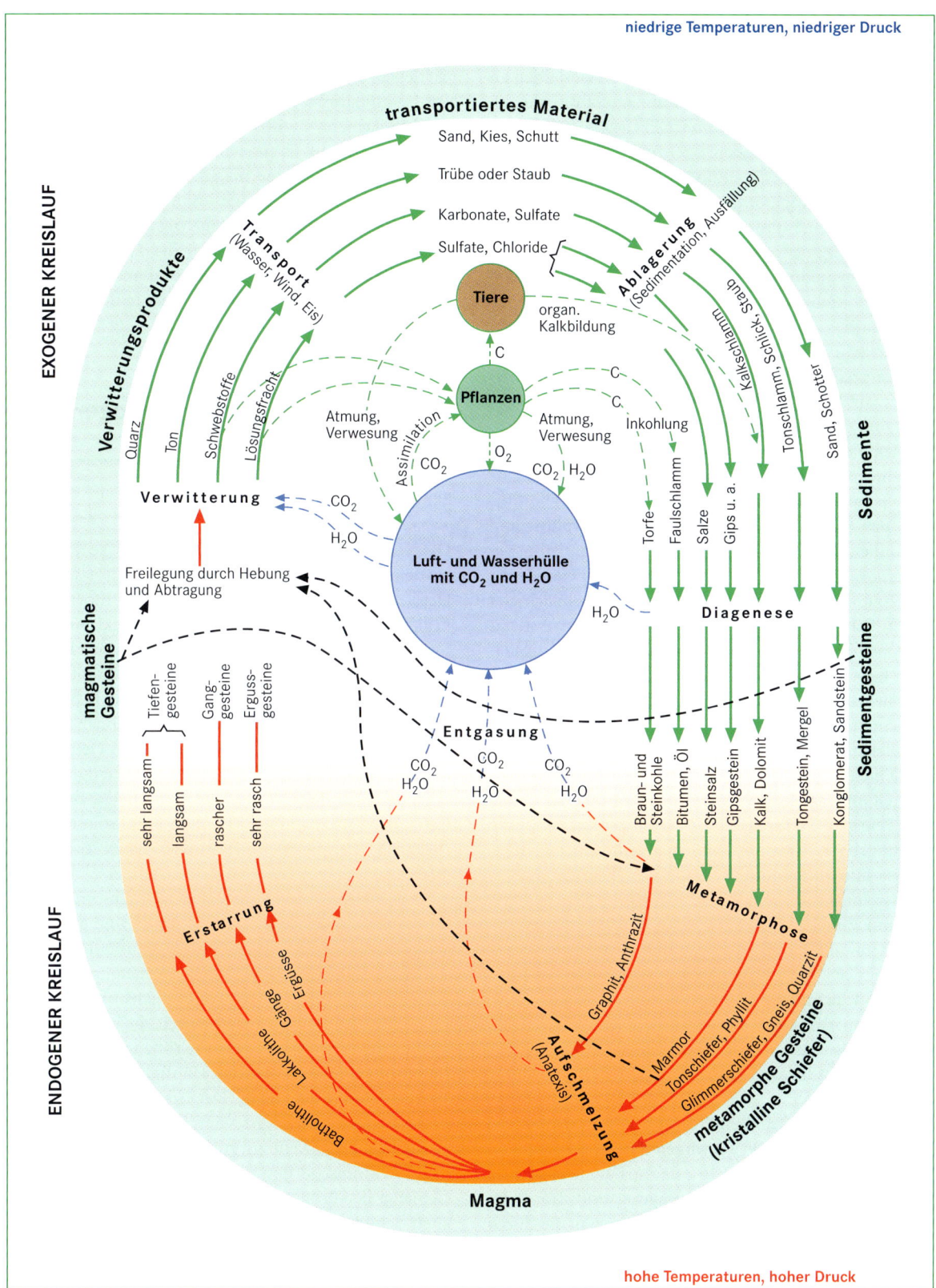

Abb. 10.2.10 Kreislauf der Gesteine (verändert nach Schwegler et al. 1969).

reiche (**Regionalmetamorphose**), b) durch Intrusion eines Magmas in die Erdkruste (**Kontaktmetamorphose**) oder c) durch Verschiebungen von Gesteinen an tektonischen Störungen (**Dislokationsmetamorphose**). Metamorphose setzt in H_2O-reichen Gesteinen bei etwa 200 bis 300 °C ein, die obere Grenze der Metamorphose liegt je nach Druckverhältnissen bei ungefähr 600 bis 1 000 °C. Bei Temperaturen von über 800 °C beginnen Sedimentgesteine und SiO_2-reiche Magmatite teilweise aufzuschmelzen (Anatexis). Metamorphose ist also eine temperatur- und/oder druckbedingte Umwandlung von Gesteinen unterhalb der Erdoberfläche, wobei neue metamorphe Minerale gebildet werden und dem Gestein häufig ein neues Aussehen, ein metamorphes Gefüge gegeben wird. Typische metamorphe Gesteinsgefüge sind das Schiefer-, Phyllit-, Glimmerschiefer-, Fels- und Gneisgefüge.

Metamorphe Gesteine können aus Sedimenten und Metamorphiten (Paragesteine) oder auch aus Magmatiten (Orthogesteine) hervorgegangen sein. Dabei bestimmen das Ausgangsgestein und der Metamorphosegrad wesentlich das Aussehen und die Zusammensetzung des metamorphen Gesteins. Einige häufige metamorphe Gesteine sind die im Folgenden beschriebenen: Schiefer ist ein Sammelname für fein- bis mittelkörnige metamorphe Gesteine, die leicht trennbare Schieferungsflächen besitzen und deren Feldspatgehalte unter 20 Prozent liegen. Phyllite sind dünnschiefrig-blätterig (mm- bis cm-starke Absonderung) mit seidig glänzenden Schieferungsflächen (Seidenglanz vom Serizit). Glimmerschiefer besitzen zahlreiche mit dem Auge erkennbare Glimmer (Muskovit und/oder Biotit) sowie Quarz und Feldspat (Feldspatanteil < 20 Prozent). Fels ist ein metamorphes Gestein mit ungerichtetem Gefüge. Gneise sind quarz- und feldspatreiche (Feldspatanteil > 20 Prozent) Gesteine mit einem Parallelgefüge aus hellen und dunklen Mineralbändern. Bei der metamorphen Umwandlung von Sandstein in Quarzit oder von Kalkstein in Marmor findet sogar nur eine Vergrößerung und dichtere Verzahnung der Kristalle statt, was aber dennoch mit deutlichen Änderungen der physikalischen Eigenschaften und des Aussehens verbunden ist. Zum Beispiel glitzern Marmore und Quarzite auf ihren Bruchflächen.

Magmatische, sedimentäre und metamorphe Gesteine sind durch einen **ständigen Kreislauf** miteinander verbunden (Abb. 10.2.10), der aus alten Gesteinen neue schafft. Verwitterung, Abtragung und Transport können mächtige Lockersedimente erzeugen, die durch Diagenese (Kompaktion und Zementation) verfestigt werden. Bei anschließender Versenkung in größere Tiefe, oder bei Intrusion eines Plutons, verändern sich das Gefüge und die Mineralzusammensetzung der Sedimentgesteine, sie werden zu metamorphen Gesteinen. Bei hohen Temperaturen kann die Metamorphose von partieller Aufschmelzung begleitet sein. Die Teilschmelzen (sekundäre Magmen) steigen vom Ort ihrer Entstehung in flachere Niveaus der Erdkruste, teilweise bis zur Erdoberfläche auf. Es entstehen je nach Lage des Erstarrungsortes verschiedene magmatische Gesteine. Durch langsame Hebungsvorgänge können Plutonite, Metamorphite und Sedimentgesteine bis an die Erdoberfläche gelangen, und der Kreislauf der Gesteine beginnt erneut. Durch Hebungsvorgänge und andere endogene Prozesse werden Formen gebildet oder in ihrer Entwicklung beeinflusst.

Formenbildung durch endogene Prozesse: Neotektonik

Frank Lehmkuhl und Wolfgang Römer

Die Neotektonik befasst sich mit der Analyse der jüngsten tektonischen Vorgänge und der damit assoziierten Deformationsstrukturen und Oberflächenformen der Erdkruste. Zeitlich wird der Begriff Neotektonik häufig für Bewegungen verwendet, die im Quartär einsetzten und bis in die Gegenwart reichen. Allerdings gibt es hier unterschiedliche Auffassungen über die zeitliche Reichweite. Nach einer allgemeineren Definition handelt es sich bei neotektonischen Bewegungen um Deformationen der Erdkruste, die durch die gegenwärtig vorherrschenden Spannungen ausgelöst werden. Die dabei auftretenden Verschiebungen können kontinuierlich oder ruckartig, beispielsweise während eines Erdbebens, erfolgen.

Tektonische Bewegungen bilden Bruch- und Bruchlinienstufen, tektonische Gräben, Horste und Falten. Die Dimensionen reichen von mehreren Tausend Kilometer langen Störungssystemen mit oft Kilometer großen Versatzbeträgen bis hin zu kleineren Bruchstufen oder Falten im Meter- und Dezimeterbereich, die im Gelände als Kleinformen sichtbar sind. Die Größe und Ausprägung der Formen ist von der Dauer, Häufigkeit und Intensität der Bewegungen abhängig. Der Erhaltungszustand dieser Strukturformen wird vom Material und von der Intensität der Abtragungsprozesse bestimmt.

Neotektonische Bewegungen sind aus nahezu allen Gebieten der Erde bekannt und werden selbst auf den alten Schilden beobachtet. Die gegenwärtig tektonisch besonders aktiven Gebiete liegen an Plattengrenzen oder in jüngeren Gebirgen. Darüber hinaus treten tektonisch aktive Gebiete auch in Bereichen auf, in denen es in der Vergangenheit zu einer Umverteilung der Spannungen in der Erdkruste gekommen ist. Beispiele aus Deutschland sind der Oberrheingraben, Teile des Alpenvorlandes oder die Niederrheinische Bucht.

Zu den deutlichsten Indikatoren neotektonischer Aktivität gehören **Erdbeben**, die oft mit katastrophalen Folgen verbunden sind. In den Ozeanen entstehen die durch **Seebeben** ausgelösten **Tsunamis** (Kapitel 28). Bei größeren Ereignissen sind horizontale und vertikale Verschiebungen von mehreren Metern keine Seltenheit. Dabei können Flüsse vor den gehobenen Bereichen aufgestaut werden oder in tiefere Zonen abgelenkt werden. Veränderungen in der Lage des Grundwasserspiegels sind ebenfalls häufige Begleiterscheinungen. In der Vergangenheit mögen solche Vorgänge am Untergang älterer Kulturen, wie beispielsweise der Harappa-Kultur in Pakistan, beteiligt gewesen sein (Jorgensen et al. 1993). Rutschungen, auch submarine, und Bergstürze werden nicht nur durch die Erschütterungen selbst ausgelöst, sondern können auch später noch durch neu gebildete Trennflächen oder als Folge der Verschiebung von Schollen auftreten.

Während eines Bebens sind in der Regel nur kurze Segmente einer Störung aktiv. Neuere Untersuchungen haben gezeigt, dass an einzelnen Störungssegmenten Erdbeben und Verschiebungen sich offensichtlich zeitlich konzentrieren und von Intervallen geringerer Aktivität unterbrochen werden, in denen es an anderen, zum Teil weit entfernten Segmenten zu Bewegungen kommt (Burbank & Anderson 2001). In manchen Fällen haben sich Krustenbewegungen und die Erdbebentätigkeit während des Quartärs verlagert. Dies gilt auch für die seit etwa 20 bis 30 Millionen Jahren existierende San-Andreas-Blattverschiebung im Westen der USA. Erdbeben und tektonisches Kriechen haben hier zu einer mittleren Verschiebung von 5 bis 6 cm pro Jahr beigetragen (Burbank & Anderson 2001). Zur San-Andreas-Störung gehört eine etwa 100 km breite Zone mit zahlreichen Zweigverschiebungen. In Kalifornien trifft dieses Verschiebungssystem auf ein von Ost nach West verlaufendes Störungssystem, das sich bei der Dehnung der Basin-and-Range-Provinz bildete. Dabei entstand ein komplexes Bewegungsmuster aus aufeinanderzulaufenden und divergierenden Schollen, zu dem unter anderem auch der tektonische Graben des Death Valley gehört (Abb. 10.2.11).

In Zentralasien ist ein ähnlich aktives und komplexes Störungsmuster bei der Kollision Indiens und Asiens entstanden (Abb. 10.2.12). Obwohl die meisten Störungen als Blattverschiebungen angesprochen werden können, treten an ihnen Ab- und Aufschiebungen, Überschiebungen und Falten auf. Falten und Auf- und Überschiebungen entstehen vor allem dann, wenn Schollen kon-

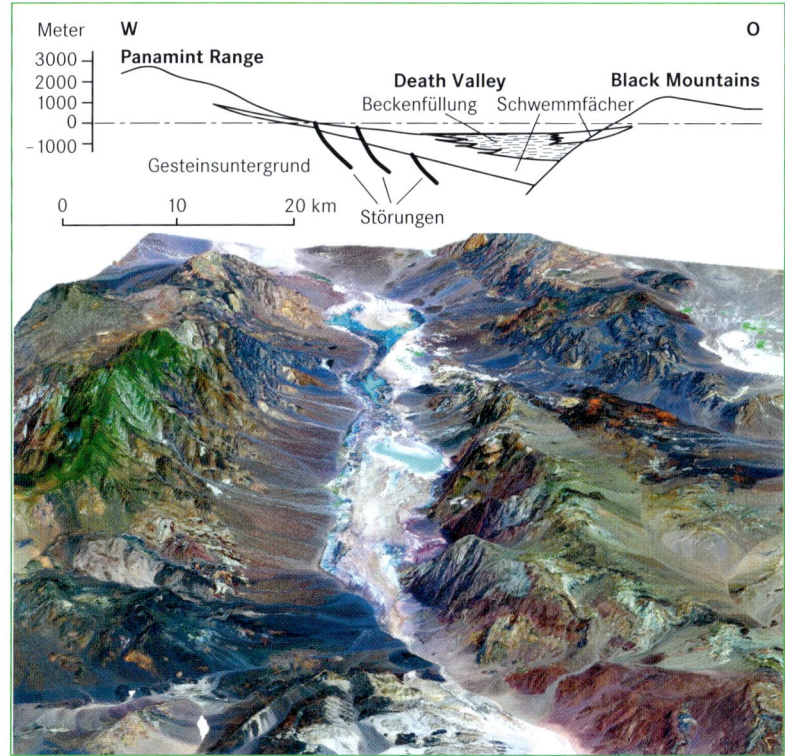

Abb. 10.2.11 Tektonischer Graben des Death Valley (USA). Die Verschneidung von digitalen Höhendaten (SRTM) mit Landsat-7-EMT-Daten (Kanäle 7-4-1) zeigt deutlich einen Halbgraben. Die einseitige Kippung des Grabens resultiert in einer unterschiedlichen relativen Hebung der Gebirge im Osten und Westen. Diese bedingt verschiedene Grabenflanken, Einzugsgebietsgrößen und Schwemmfächerformen (Entwurf: F. Lehmkuhl, R. Löhrer; Kartographie: H.-J. Ehrig, R. Löhrer).

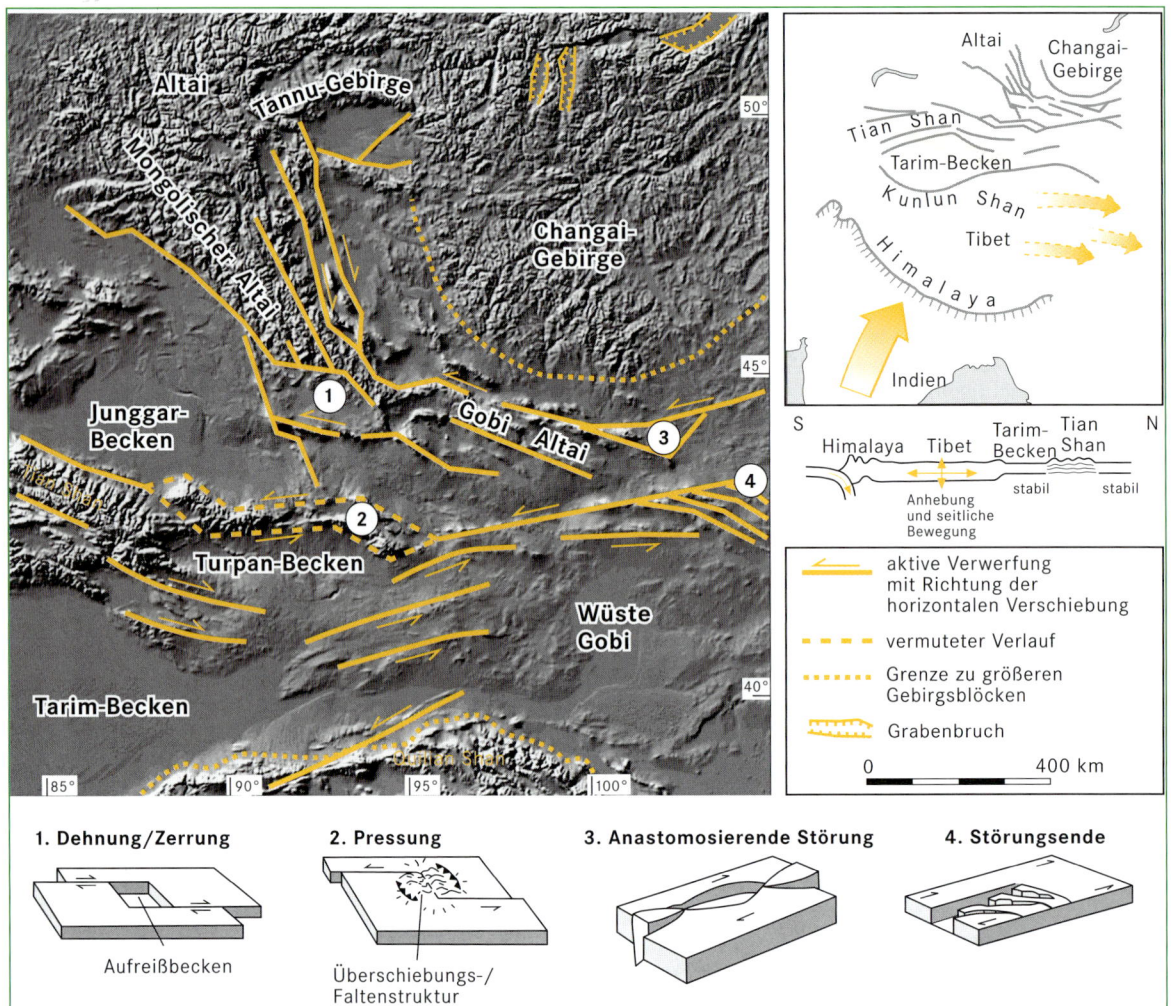

Abb. 10.2.12 Die Kollision Indiens mit dem asiatischen Kontinent bewirkt die Hebung Tibets und die Bildung unterschiedlicher Gebirgssysteme in Innerasien. Die stabilen Platten im Norden Asiens und das variskische Changai-Gebirge wirken als Widerlager und lenken die Hauptbewegung Tibets an Blattverschiebungen nach Osten. Dadurch entsteht ein komplexes, neotektonisches Muster mit Aufreißbecken (*pull-apart*-Becken) und Aufpressungsgebirgen (1 und 2). Teilweise sind diese Störungen anastomosierend (3) und diese fächern sich in der Gobi (4) und im Altai-Gebirge auf (*horse-tail-structure*; Entwurf: F. Lehmkuhl; Kartographie: H.-J. Ehrig, R. Löhrer).

vergieren (Cunningham et al. 1996). Bei divergierenden Schollenbewegungen bilden sich durch die Zerrung der Kruste tektonische Gräben und *pull-apart*-Becken (Abb. 10.2.12).

Die morphologischen Anzeichen für neotektonische Aktivitäten sind vielfältig. Zu den auffälligsten gehören kaum zerschnittene oder in Dreiecksfacetten zerlegte, geradlinige Bruch- und Bruchlinienstufen. Anomalien im Gewässernetz oder an einzelnen Flussläufen, zum Beispiel Anzapfungen, scharfe Umbiegungen, lange gerade Flusssegmente, versumpfte Talabschnitte, Knickpunkte, Wasserfälle im Flusslängsprofil oder verschiedene Schwemmfächergenerationen, können jüngere tektonische Bewegungen anzeigen. Verschiebungen, die nicht bis an die Oberfläche reichen, sogenannte blinde Störungen, zeichnen sich in deformierten oder versetzten Sedimentschichten oder in Falten ab. Beim El-Asnam-Erdbeben (*M* 7,3) 1980 in Algerien hob sich der Scheitelbereich eines über einer Störung gelegenen Sattels um fast 5 m (Abb. 10.2.13). Bis zu 6 000 Jahre alte Seeablagerungen und hoch gelegene, den Sattel querende Talkerben, sprechen für einen häufigeren Aufstau des Chéliff-Flusses und eine durch die Hebung des Sattels verursachte Umlenkung eines seiner Nebenflüsse (Meghraoui et al 1988).

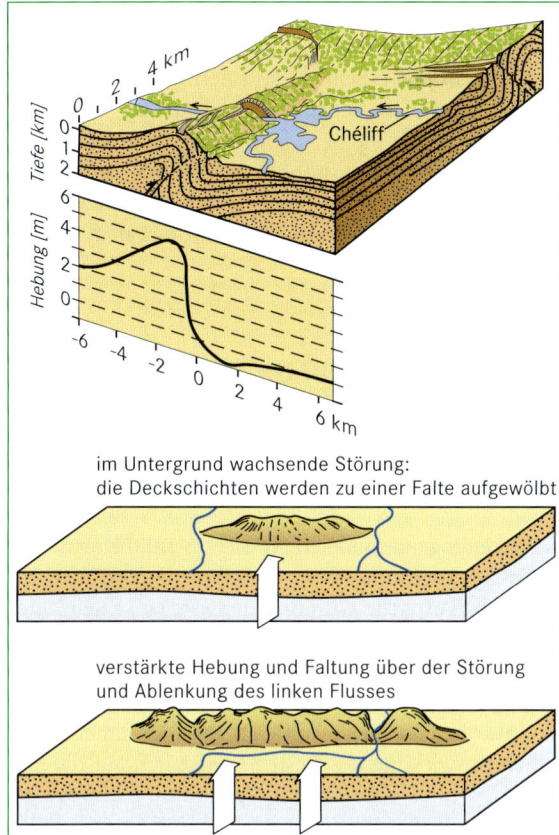

Abb. 10.2.13 Durch neotektonische Bewegungen gebildete Falte bei El Asnam in Algerien (oberer Teil der Abbildung). Die Hebung während des 1980 (*M* 7,3) erfolgten Erdbebens ist in einer Kurve skizziert. Im Vorfeld der Falte wurde dabei ein See aufgestaut. Im unteren Teil der Abbildung ist die Ablenkung eines Flusses vor einer sich ausdehnenden Falte schematisch dargestellt. Ein vergleichbarer Vorgang hat bei El Asnam offensichtlich mehrfach während des Quartärs stattgefunden (Entwurf: W. Römer; Kartographie: H.-J. Ehrig).

Morphostrukturelle Großeinheiten der Festländer

REINHARD ZEESE

Die geomorphologischen Großformen (Megaformen) der Erde werden unterschieden nach ihren strukturellen Eigenschaften und nach Ausmaß und Dauer der subaerischen Einflüsse (Verwitterung und Abtragung/Aufschüttung).

So können die **jungen Falten- und Deckengebirge** (zum Beispiel Alpen) als Produkte der alpidischen Orogenese (spätes Mesozoikum, Tertiär und teilweise bis in die Gegenwart anhaltend) von den **alten Falten- und Deckengebirgen** (zum Beispiel Appalachen) unterschie-

den werden, die im Erdaltertum orogen geprägt wurden und im frühen Mesozoikum bereits weitgehend eingerumpft (Exkurs 10.5.1) waren. Faltungsstrukturen in den **Kratonen** und **Schilden** (Beispiel Fennoskandischer Schild) liegen mit ihrer Bildung zeitlich noch weiter zurück. Sie sind Ergebnis präkambrischer Orogenesen. Oft liegen bei den Kratonen die kristallinen Gebirgswurzeln an der Oberfläche. Es waren vor allem isostatische Ausgleichsbewegungen (Exkurs 10.2.2) als Folge von Reliefreduktion, die in den Schildregionen Hebungsimpulse und damit weitergehende Abtragung möglich machten.

Bruchtektonische Beanspruchungen durch die Bewegungen der Platten ließen regional die Gebirgsrümpfe in Schollen zerbrechen, es entstanden **Rumpfschollengebirge** (zum Beispiel Rheinisches Schiefergebirge). Auch die großen **Grabenzonen** (zum Beispiel Mittelmeer-Mjösen-Zone mit dem Oberrheingraben) gehören zu den Megaformen.

Daneben finden sich große **sedimentäre Ebenen** (zum Beispiel Norddeutsches Tiefland als Küstentiefland und Alpenvorland als Saumtiefe), in denen überwiegend känozoische, noch wenig verfestigte Ablagerungen einen unterschiedlich gestalteten Untergrund verhüllen. Des Weiteren treten großräumig **sedimentäre Plateaus** (Beispiel Süddeutsches Schichtstufenland) in flachlagernden bis wenig geneigten Sedimentgesteinen und **vulkanische Plateaus** (Beispiel Hochland von Dekkan) im Bereich mächtiger Deckenergüsse (Flutbasalte) mit Mächtigkeiten von über 1 000 m auf.

Formenbildung durch endogene Prozesse: Vulkanformen

GERHARD SCHELLMANN

Viskosität, Gasgehalt und Temperatur sind wichtige Parameter, die Formenbildung durch Vulkanismus steuern. Ist das Magma sehr zähflüssig (rhyolithisch bis andesitisch) und erkaltet nahe der Oberfläche, dann kann es zur Aufwölbung des Deckgebirges (Magmendom) und zur Bildung steilböschiger **Quellkuppen** oder bei Austritt der Laven zur Entstehung von **Staukuppen, Lavadomen** und **Felsnadeln** kommen (Abb. 10.2.8). Großflächiger wirksam sind dünnflüssige (basische bis ultrabasische) Laven.

An **Linearvulkanen** mit lang anhaltender Lieferung dünnflüssiger basaltischer Lava (**Flutbasalte**), die meist von einer heißen Mantelaufwölbung (Hot-Spot) beliefert wird, entstehen ausgedehnte **Deckenbasalte** (Flutbasalte, Trappbasalte). Bekannte Beispiele kontinentaler

Flutbasaltprovinzen mit mehreren Hundert bis mehreren Tausend Metern Mächtigkeit sind unter anderem die Dekkan-Basalte Indiens, die Columbia-River-Basalte der USA, die Karroo-Basalte Südafrikas oder die Paranáflut-Basalte Brasiliens. Regionen mit aktiven Linearvulkanen sind die ozeanischen und intrakontinentalen Riftzonen auf der Erde.

Zentralvulkane besitzen einen zentralen Förderschlot, der über ein Magmenzufuhrsystem von einer in der Erdkruste liegenden sekundären Magmenkammer genährt wird. Bei intensiver effusiver Tätigkeit entstehen breit ausladende **Schildvulkane** (Abb. 10.2.8). Sie sind im Wesentlichen aus zahlreichen wenige Meter mächtigen basaltischen Lavadecken aufgebaut, die überwiegend von Pahoehoe-Lavaströmen abgelagert wurden. Innerhalb der Lavadecken treten wiederholt **Lavatunnel** auf, das sind röhrenförmige Hohlräume mit oft mehreren Metern Durchmesser. In diesem Röhrensystem konnte die Lava ohne wesentlichen Wärmeverlust über weite Strecken bis an die Lavafront fließen. Da basaltische Lava relativ dünnflüssig und selbst bei geringen Oberflächenneigungen von 1° fließfähig ist, haben Schildvulkane einen großen Basisdurchmesser bei vergleichsweise geringer Höhenerstreckung.

Eindrucksvolle **Reliefformen** eines **explosiven Vulkanismus** sind mächtige Stratovulkane, Calderen (Abb. 10.2.14), Maare und Explosionskrater. **Stratovulkane** oder Schichtvulkane sind Hunderte bis Tausende von Metern hoch, besitzen relativ steile Hänge (bis ca. 33° Hangneigung) und einen mehr oder minder symmetrisch gebauten Vulkankegel aus überwiegend vulkanischen Lockerprodukten (explosive Tätigkeit) und einzelnen Lavadecken (effusive Tätigkeit), die gegenüber Verwitterung und Abtragung unterschiedlich reagieren. Stratovulkane sind typische Vulkane der Subduktionszonen.

Von einem vulkanischen Krater unterscheiden sich Calderen (spanisch „Kessel"; Abb. 10.2.14) schon durch deren wesentlich größere Dimensionen mit Durchmessern von bis zu mehreren Kilometern. Explosionscalderen entstehen bei gasreichen Magmen häufig in Verbindung mit extremen phreatomagmatischen Eruptionen. Dagegen entstehen **Einbruchscalderen** unabhängig von den Eigenschaften des Magmas allein durch Entleerung und den anschließenden Einsturz einer darunterliegenden Magmenkammer.

Neben Vulkankratern und Calderen sind **Maare** rundliche, häufig wassergefüllte vulkanische Hohlformen mit einem Durchmesser von meist wenigen Hundert Metern. Sie sind Explosionstrichter und entstanden durch eine phreatomagmatische Eruption. Anders als bei vulkanischen Kratern besitzen Maare einen niedrigen Ringwall, der überwiegend aus Nebengesteinsfrag-

menten besteht. Die Maare der West- und Osteifel sind eine weltweit bekannte Typuslokalität für dieses vulkanische Phänomen (Schmincke 2009).

Die häufigsten Zentralvulkane auf der Erde sind allerdings relativ klein, im Mittel wenige Zehner bis wenige Hundert Meter hohe **Tuff-** (Tephra-) **und Schlackenvulkane**. Sie besitzen einen zentralen Krater, umgeben von einem meist geschlossenen Ringwall aus vulkanischem Lockermaterial.

Formbestimmende endogene Prozesse: strukturbedingte Formen

Reinhard Zeese

Neben endogen gebildeten Formen (Strukturformen im eigentlichen Sinne) gibt es eine Fülle von Formen, die zwar durch exogene Formungsprozesse entstehen, deren Gestalt jedoch in unterschiedlichem Maße von den Strukturen des Untergrundes beeinflusst wird. Es sind strukturbedingte oder zumindest strukturangepasste Skulpturformen. Sie resultieren aus der unterschiedlichen Auswirkung der Gesteinsstrukturen auf die Prozesse der Aufbereitung durch Verwitterung und aus der unterschiedlichen Abtragungswirkung bei unterschiedlicher Resistenz der Gesteine. Wesentliche strukturelle Vorgaben lassen sich deshalb ableiten aus der Litho- und Petrofazies (Ausprägung des Gesteins) und der Lagerung des Gesteins sowie aus den Deformationen, die es erfahren hat, und der Klüftung, die aus unterschiedlicher Beanspruchung resultiert.

Die petrofazielle (gesteinsabhängige) Steuerung der Reliefentwicklung wird besonders deutlich im Zusammenhang mit dem Aufdringen und Erkalten von Magmen. Diese können nicht nur an der Erdoberfläche als Vulkanite, sondern auch in der Erdkruste als plutonischer und nahe der Erdoberfläche als subvulkanischer Intrusionskörper erstarren und nachfolgend durch Abtragung freigelegt werden. Oft sind sie morphologisch deutlich resistenter als die Gesteine, in die der Glutfluss eingedrungen ist und werden deshalb zu Vollformen herausgearbeitet. Plutonische Intrusionskörper, die in Tiefen von mehr als 3 bis 5 km erkalteten (Batholith), bilden oft mehrere Zehner Kilometer breite kuppelförmig gewölbte Erhebungen wie der Brocken im Harz oder mächtige Gebirgszüge wie die patagonischen Anden (Andenbatholith). Morphologisch auffällige Ringstrukturen ehemaliger Vulkanwurzeln (Subvulkane) kennzeichnen viele Inselgebirge des ehemaligen Gondwana-Kontinentes (Abb. 10.2.14). Magmatische Gangfüllungen (Dykes), die als lang gestreckte, vertikal

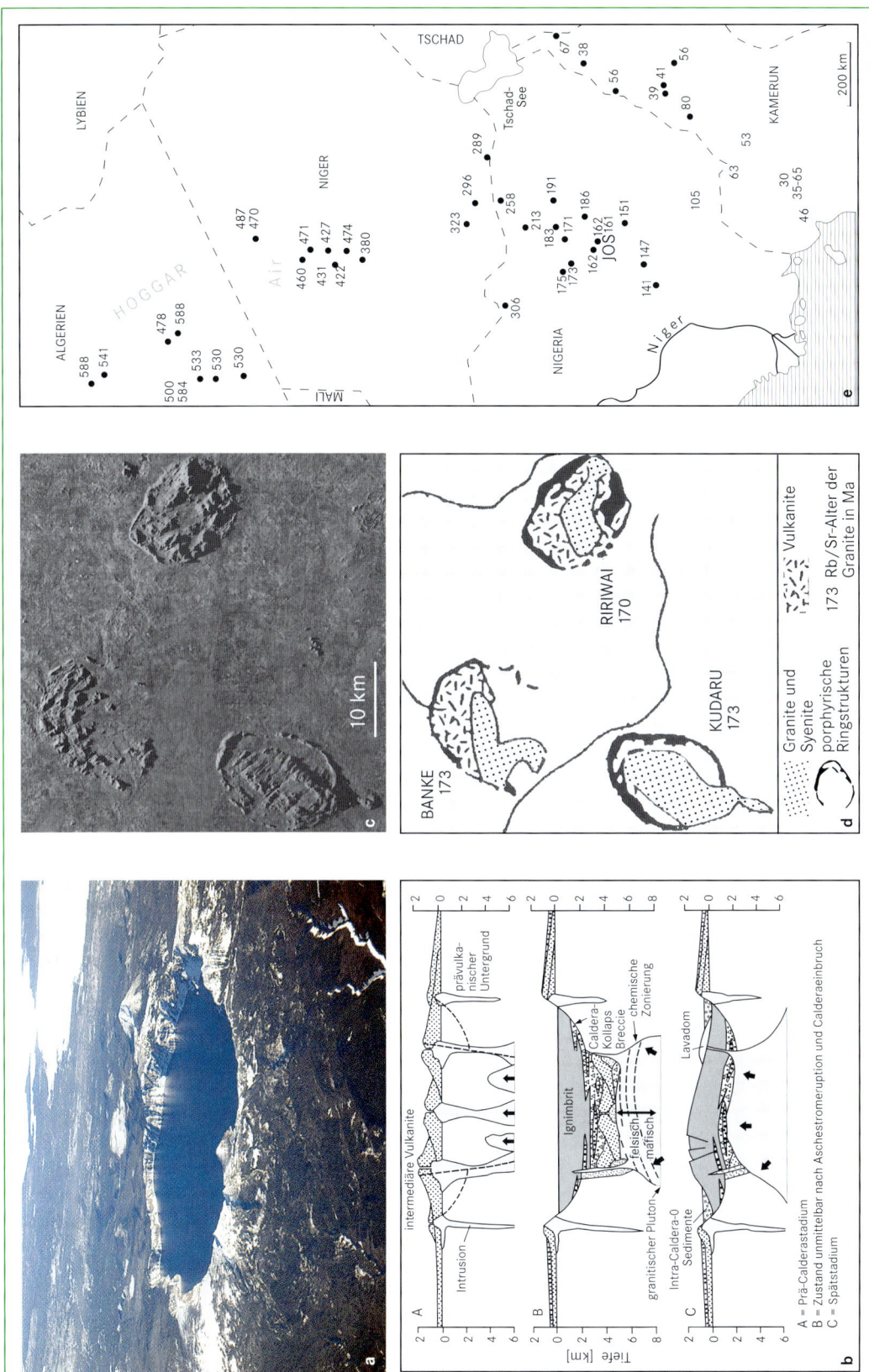

Abb. 10.2.14 Von der Caldera zum Inselgebirge. a) Crater Lake; Caldera des Mount Mazama; Ausbruch 6850 Jahre v. h. (aus Schmincke 2000, Foto: Mike Douglas, U.S. Geol. Surv.), b) Tertiäre Calderaentwicklung im westlichen Nordamerika (nach Lipman 1984 aus Schmincke 2000), c) Inselgebirge durch Freilegung von Subvulkanen (SLAR *south looking*), d) Gesteine der Subvulkane; Quarzporphyre betonen die Ringstrukturen (nach Bowden & Kinnaird 1984), e) Rb/Sr-Alter (in Mio. Jahren) der subvulkanischen Gesteine Westafrikas; die Kruste driftete über einen intrakontinentalen Hotspot (2 400 Kilometer in etwa 550 Mio. Jahren; nach Petters 1991; ergänzt nach Bowden & Kinnaird 1984).

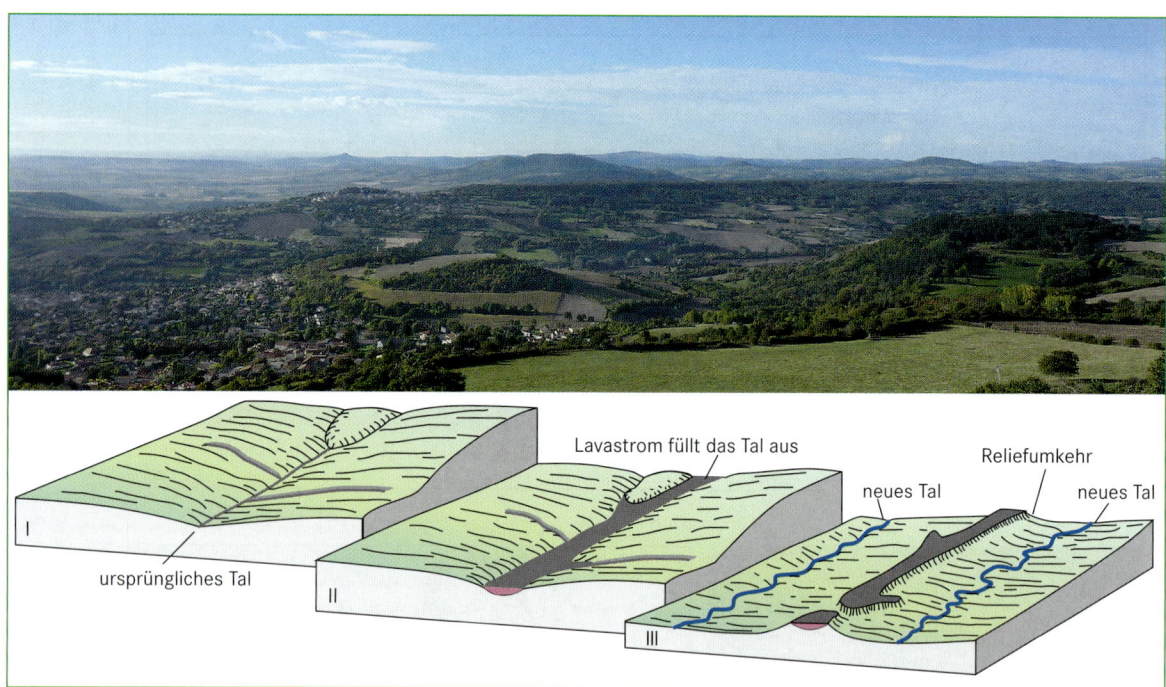

Abb. 10.2.15 Basaltplateau durch Reliefumkehr; Montagne de la Serre, Blick vom Plateau von Gergovie, Zentralmassiv, Frankreich (Foto: R. Zeese). Die Limagne im nordwestlichen Zentralmassiv ist ein Halbgraben zwischen den Monts du Forez im Osten und der Auvergne im Westen, der vom Obereozän bis zum Untermiozän einsank und mit Seesedimenten verfüllt wurde. Im Untermiozän aktive Vulkane schickten ihre Lavaströme in die zur Senke führenden Täler und bedeckten die unterlagernden Lockersedimente mit Basalt. Eine im Pliozän einsetzende Hebung des Massivs führte zur teilweisen Ausräumung der Tertiärfüllung. Die abtragungsresistenten Basalte wurden zu Plateaus und lang gestreckten Rücken umgewandelt (Reliefumkehr). So auch das Plateau von Gergovie und die Montagne de la Serre.

verlaufende Spaltenfüllungen in der Erdkruste auftreten, können als bizarre mauerartige Erhebungen freigelegt werden. Schlotfüllungen werden, sofern sie abtragungsresistenter sind als das Umgebungsgestein, zu oft steilwandigen Härtlingen umgestaltet. In Täler abgeströmte und dort erkaltete Lava wird, sofern das Nachbargestein leicht ausgeräumt werden kann, Sporne und Plateaus vor rascher Abtragung schützen (Abb. 10.2.15).

Wechsellagernde, unterschiedlich widerständige Gesteine führen je nach Einfallen der Gesteine zur Entwicklung von Schichttafeln, Schichtstufen (Abb. 10.5.1a) und Schichtkämmen (Abb. 10.5.1b; Abb. 10.5.2).

Deformationen sind oft Hunderte von Millionen Jahren nach den Deformationsprozessen noch steuernd wirksam. So können aus einem Faltenrumpf die alten Faltenstrukturen wieder herausgearbeitet werden wie zum Beispiel in den Appalachen.

Klüfte sind ebenfalls von großer Bedeutung bei der exogenen Morphodynamik, da sie als Leitbahnen für das Wasser Verwitterung (Kapitel 10.3) und Abtragung beeinflussen (Kapitel 10.4). Das entlang der Klüfte verwitterte Material (Grus, Lehm, Saprolit) kann herausge-

spült und der Gesteinsrest zu bizarren Formen gestaltet werden (franz. *relief ruiniforme*). So entstehen Felsenstädte („Verzauberte Städte"; Lehmann 1970) in klüftigen Sedimentgesteinen wie Sandstein und Dolomit oder Felsburgen (Abb. 10.5.4) und andere Formen der „Wollsackverwitterung" (Abb. 10.3.1 und 10.3.4) bevorzugt in Plutoniten wie dem Granit.

10.3 Verwitterung als Voraussetzung für Bodenbildung, Pflanzenwuchs und Relieformung

DOMINIK FAUST UND ARNO KLEBER

Die Oberfläche der Erde unterliegt durch endogene und exogene Prozesse einem kontinuierlichen Wandel. Der Verwitterung kommt in diesem Prozessgefüge eine

Schlüsselstellung zu, denn durch sie werden Festgesteine in Lockermaterialien bzw. grobkörnige Substrate in feinere zerlegt. Diese wiederum bilden die Voraussetzung für Bodenbildung und Pflanzenwuchs, aber auch für die Abtragung. Die dabei wirkenden Prozesse verändern Gesteine an der Erdoberfläche in ihren physikalischen, chemischen und/oder mineralogischen Eigenschaften. Hierbei können grob physikalische und (bio-)chemische Prozesse unterschieden werden.

Die Agenzien der Verwitterung sind im Wesentlichen Luft, Wasser und Lebewesen, die mit dem Gestein in Kontakt treten. Hauptangriffsflächen bieten neben bloßliegenden Gesteinsoberflächen besonders Klüfte – wie sie zum Beispiel durch tektonische Beanspruchung, Druckentlastung oder bereits bei der Abkühlung der Erstarrungsgesteine entstehen – und Schichtfugen in Fest- sowie Porenhohlräume in Lockergesteinen.

Physikalische Verwitterung

Die physikalische Verwitterung führt zur Zerkleinerung von Gesteinen, die im Extremfall bis zur Grobtonfraktion führen kann. Die physikalische Verwitterung bewirkt durch den mechanischen Gesteinszerfall eine Vergrößerung der spezifischen Oberfläche und leistet somit der chemischen Verwitterung Vorschub. Außerdem schafft sie Hohlräume und fördert die Wasserwegsamkeit. Die physikalische Verwitterung kann in verschiedene parallel oder nacheinander ablaufende Teilprozesse untergliedert werden.

Insolationsverwitterung

Voraussetzung für die Insolationsverwitterung (auch Temperatursprengung genannt) sind starke tageszeitliche Temperaturschwankungen von idealerweise mehr als 50 °C bzw. der Wechsel zwischen starker Sonneneinstrahlung und nachfolgender starker Abkühlung. In Wüsten kann die Temperatur während der Dämmerung innerhalb einer Stunde um mehr als 25 °C abfallen. Auch starker Regen kann zu einer raschen Abkühlung der Gesteinsoberfläche führen. Kurzwellige Sonneneinstrahlung wird teilweise durch das Gestein, insbesondere durch dunkles, wenig reflektierendes, absorbiert, welches sich bis zu 2,5-mal stärker erwärmt als die umgebende Luft. Der Grad der Erwärmung ist dabei abhängig von der Gesteins- und Mineralart (Farbe, Wärmeleitfähigkeit usw.). Generell haben Gesteine eine geringe Wärmeleitfähigkeit. Deshalb erhitzen sich die Festgesteine oder einzelne Gesteinstrümmer tagsüber auch

besonders an ihrer Oberfläche. Dadurch kommt es zu Unterschieden in der Ausdehnung zwischen der Gesteinsoberfläche und dem Gesteinsinneren. Besonders bei heterogenen Gesteinen wie Granit dehnen sich bei Sonneneinstrahlung auch die einzelnen Minerale ungleich aus und es kommt zu Spannungen nahe der Oberfläche, was das Gesteinsgefüge lockert und neue Fugen im Gestein bildet. Bei Erwärmung dehnen sich besonders auch Salze weit stärker aus als umliegende Silikate. In tropischen und subtropischen Bergländern kommt es außerdem bei tief stehender Sonne zu starken Temperaturunterschieden zwischen Sonnen- und Schattenseiten der Gesteinsblöcke. Besonders wirksam wird der Vorgang der Insolationsverwitterung in schon vorhandenen Schwächezonen, wie Kluft- und Schichtflächen oder den Grenzflächen zwischen einzelnen Mineralen.

Das Gestein kann sich schalen- bis schuppenförmig ablösen (**Desquamation**, Abb. 10.3.1) oder in einzelne Mineralkörner zerfallen (**Abgrusung**). Jedoch muss man die Insolationsverwitterung immer im Kontext mit anderen Verwitterungsformen wie der Hydratation oder auch der Salz- und Frostsprengung sehen, da sonst viele beobachtete Verwitterungsergebnisse nicht hinreichend begründbar sind. Deshalb spielt die Insolationsverwitterung in der heutigen komplexen Betrachtungsweise eine eher untergeordnete Rolle.

Abb. 10.3.1 Kernsprung in Namibia. Die Form des Blockes, der als Kernblock (Wollsack) im Saprolit durch Tiefenverwitterung entstand, fördert gravitativ bewirkte Zugspannungen und erleichtert damit die Spaltung entlang meist vorgegebener Schwächeflächen (hier vor allem Salzsprengung, in kälteren Klimaten auch Frostsprengung). Die Oberflächen der Blöcke im Bild zeigen Desquamation (Abschuppung), hier durch die Kombination von Insolations- und Salzverwitterung (Foto: O. Bubenzer).

Frostverwitterung

Flüssiges und gasförmiges Wasser, das sich in feinen Haarrissen, Poren, Kapillarräumen, Fugen und Klüften im Gestein anreichert, dehnt sich beim Gefrieren aus. Das Gefrieren von Wasser ist mit einer Volumenzunahme von 9 Prozent verbunden. Vor allem tritt dieser Vorgang bei wiederholtem Temperaturwechsel um die Null-Grad-Grenze auf. Nach beginnendem Gefrieren setzt das Auseinanderdrücken durch das Wasser bzw. Eis erst bei ca. −0,5 °C ein, da erst der Druckerwärmungseffekt überwunden werden muss. In den Kapillaren gefriert das Wasser deshalb erst bei noch viel tieferen Temperaturen. Das Maximum der Ausdehnung wird bei −25 °C erreicht. Bei noch tieferen Temperaturen nimmt das spezifische Volumen wieder ab, weil das Eis dann einer Kontraktion unterliegt. Die Intensität der Frostverwitterung bzw. deren Produkte sind von der Art der Gesteine abhängig, wobei als besonders anfällig grobkörnige Sandsteine, geschichtete Kalksteine und auch einige Granite gelten.

Durch Frostverwitterung entstehen vorwiegend eckiger Schutt, Grus und Sand, aber auch feinere Korngrößen bis hin zum Grobton. Auch die Frostverwitterung wirkt meist nahe der Oberfläche (ca. 0,2 bis 2 m tief) am stärksten.

Salzverwitterung

Dringen salzhaltige Lösungen in Gesteinshohlräume, so verdunstet in ariden und semiariden Klimaregionen häufig das Wasser und es kommt zur Entstehung von Salzkristallen, deren Wachstum zu einer Druckwirkung auf das umgebende Gestein führt. Bei erneuter Befeuchtung der Salze spielt die Hydratation eine wichtige Rolle. Dabei kann eine Anlagerung von Wassermolekülen an Oberflächen oder deren Einlagerung in das Kristallgitter zur Volumenzunahme führen, wie beispielsweise bei der Umwandlung von Anhydrit zu Gips, die mit einer Volumenänderung um etwa 60 Prozent einhergeht.

$$CaSO_4 + 2H_2O \rightarrow CaSO_4 \cdot 2H_2O$$

Diese Verwitterungsform gehört eigentlich der physikalischen wie auch der chemischen Verwitterung an, da zwar in dem hier geschilderten Zusammenhang die mechanische Wirkung des Kristallwachstums entscheidend ist, andererseits dabei auch neue chemische Substanzen entstehen. Die bei der Salzverwitterung entstehenden Verwitterungsprodukte sind mit denen der Frostverwitterung vergleichbar.

Insbesondere in wechselfeuchten Gebieten kommt es dazu, dass Gesteinsoberflächen schnell austrocknen,

Tabelle 10.3.1 Druckwirkung physikalischer Verwitterungsprozesse (durchschnittliche Belastungsfähigkeit von Gestein: zirka 25 MPa).

Verwitterungsprozess	maximale Druckwirkung [MPa]
Insolationsverwitterung	50
Frostsprengung	200
Salzsprengung	30
Pflanzenwurzeln	1,5

während das Wasser im Inneren der Gesteine länger verbleiben und damit auch verwitternd (durch Salz-, möglicherweise auch durch chemische Verwitterung) wirken kann. Dadurch kommt es zu einer inneren Auflösung äußerlich noch intakt wirkender Gesteine. Entstehen Öffnungen in der äußeren Kruste solcher Formen, so kann das verwitterte Material ausgeräumt werden, und es entstehen Hohlräume, sogenannte Tafoni.

Druck von Pflanzenwurzeln

Pflanzen dringen mit ihren Wurzeln in Klüfte und Spalten des Gesteinsverbands ein. Durch das Dickenwachstum entsteht ein Druck, der auf Dauer das Gefüge des umgebenden Materials lockern kann (Tab. 10.3.1).

Druckentlastung

Mit zunehmender Tiefe in der Erdkruste erhöht sich der Druck auf die Gesteine. Wenn hangende Gesteinspakete durch Abtragung entfernt werden und die Auflast und damit der Druck auf das Gestein nicht mehr gegeben ist, können sich die oberen Bereiche des entlasteten Materials ausdehnen. Hierbei entstehen oberflächenparallele Kluftsysteme, an denen sich Gesteinsschalen (**Exfoliation**) ablösen. Druckentlastungsklüfte treten bevorzugt in massigen Gesteinen (besonders in Plutoniten mit oberflächenparallelen Lager- und Druckentlastungsklüften) auf. In diesen Klüften können weitere Verwitterungsprozesse ansetzen.

Zerkleinerung durch Transport, Tiere und menschliche Aktivitäten

Steine oder Blöcke werden durch gravitative Massenbewegungen, Wind, Wasser und Eis verlagert. Im Zuge des Transports kommt es durch Kollision und Abrieb zur Verkleinerung der mitgeführten Materialien (sogenannte Erosionswaffen). Das Transportgut kann dabei auch schleifend auf festen Untergrund wirken. Hinzu kommt die Wirkung des Unterdrucks (Kavitation), der an Wasserfällen oder Brandungsküsten beim Auf- und Rückprall des Wassers an festen Oberflächen angreifen kann.

Auch Tiere können zur mechanischen Zerkleinerung von Gestein beitragen. Ein Beispiel sind Bohrschnecken in Küstenregionen, die auf der Suche nach Algen unter der Gesteinsoberfläche das Gestein mit ihren Kauwerkzeugen bearbeiten (Abb. 10.4.23f).

Seitdem der Mensch Werkzeuge herstellt, schafft er Artefakte und Gesteinstrümmer. Im Zuge des Pflügens, zunehmend mit schweren Landmaschinen, kommt es zum Beispiel zur Zerkleinerung von festen Gesteinsfragmenten und zur Lockerung des oberflächennahen Untergrunds.

Chemische Verwitterung

Der Begriff der chemischen Verwitterung fasst alle gesteinsumwandelnden Prozesse zusammen, bei denen sich die chemische Mineralzusammensetzung ändert. Eine intensive chemische Umwandlung von Mineralen erfordert eine große Oberfläche, Gase wie CO_2 und O_2 und ausreichend Wasser, versetzt mit Lösungen sowie organischen und anorganischen Säuren. In Gebieten mit niedrigen Temperaturen (Arktis) oder geringen Niederschlägen (aride Gebiete) ist die chemische Verwitterung deshalb wenig bedeutsam. Ganz anders in humid-tropischen Regionen. Dort kann die Verwitterungsfront Dekameter unter die Geländeoberfläche reichen.

Eine Grundvoraussetzung für die Effizienz der chemischen Verwitterung ist, dass sich keine Sättigung einstellen darf, das heißt, die Produkte der Verwitterung müssen entweder mit dem Sickerwasserstrom weggeführt werden oder im Boden in neue Verbindungen (Oxide, Hydroxide, Tonminerale) überführt werden.

Hydratation und Lösungsverwitterung

Unter Hydratation versteht man die Lockerung des Gesteins durch **Anlagerung von Wassermolekülen**. Voraussetzung hierfür ist lediglich das Vorhandensein frei beweglicher Wassermoleküle in gasförmiger oder flüssiger Phase sowie Risse und Spalten im Gestein, damit die Wassermoleküle eindringen können. Beide Voraussetzungen sind in nahezu allen Klimazonen gegeben und somit wenig vom Klima abhängig.

Aufgrund des Dipolcharakters von Wasser neigen Grenzflächenkationen zur Anlagerung von Wassermolekülen. In der Folge umschließt eine Hydrathülle frei liegende Ionenoberflächen. Die angelagerten Wassermoleküle an den Grenzflächen verändern die chemischen Bindungen im Kristall. Eine Lockerung des Gesteins ist die Folge. Andere Verwitterungsarten wie Hydrolyse oder Salzsprengung können dann problemlos ansetzen. Ionisch gebundene, leicht lösliche Salze (z. B. Steinsalz, Gips) können alleine durch Hydratation gänzlich in Lösung überführt werden (**Lösungsverwitterung**), weil die Anziehung durch die Wasserdipole ausreicht, die Ionenbindung zu überwinden (Dissoziation); in der Lösung umhüllen die Wasserdipole die Ionen und verhindern dadurch, dass sich Kationen und Anionen wieder zu einem Gitterverband zusammenfügen.

Hydrolyse, Kohlensäureverwitterung und Tonmineralneubildung

Bei der Hydrolyse werden Silikate und Karbonate durch dissoziiertes Wasser chemisch umgewandelt. Da die hydrolytische Verwitterung der wichtigste Prozess bei der Silikatzersetzung ist, wird sie auch als **Silikatverwitterung** bezeichnet. Dabei findet eine stoffliche Veränderung im Kristallgitter des Gesteins statt. Die H^+-Ionen des dissoziierten Wassers sind bestrebt, die Kationen der Grenzflächen (K^+, Na^+, Ca^{2+}, Mg^{2+}) am Mineral auszutauschen. Somit gehen die Kationen in die Bodenlösung über. Bei fortschreitender Verwitterung werden nicht nur die Grenzionen, sondern auch tiefer im Mineral gebundene Kationen ersetzt. Auf diese Weise verliert das Mineral seinen Zusammenhalt und Kieselsäure und Al-Ionen lösen sich aus dem Verband (Abb. 10.3.2). Die ausgetauschten Kationen aus dem Mineralverband, die sich dann in der Sickerwasserlösung befinden, werden in der Regel in das Grundwasser abgeführt.

Säuren beschleunigen die hydrolytische Verwitterung, da sich bei ihrer Anwesenheit die Konzentration der H^+-Ionen erhöht. Das wegen der ubiquitären Verfügbarkeit von Kohlendioxid (CO_2) bedeutendste Beispiel ist die Lösung von CO_2 in Wasser, bei der **Kohlensäure** entsteht. Das CO_2 wird zu einem Teil aus der freien Atmosphäre (Kapitel 9) bereitgestellt, der weitaus größere Teil stammt jedoch aus der Bodenluft, wo die Atmung der Bodenorganismen den CO_2-Gehalt um ein Vielfaches ansteigen lässt (zum Vergleich: Der CO_2-Partialdruck in der Bodenluft kann den der freien Atmosphäre um das Dreihundertfache überschreiten). Da Feldspäte einen bedeutenden Teil der die Erdkruste bildenden Minerale ausmachen, soll hier genauer auf ihre Verwitterung eingegangen werden:

$$2\,KAlSi_3O_8 + 2\,H_2CO_3 + H_2O \rightarrow$$
$$Al_2Si_2O_5(OH)_4 + 4\,SiO_2 + 2\,K + 2\,HCO_3$$

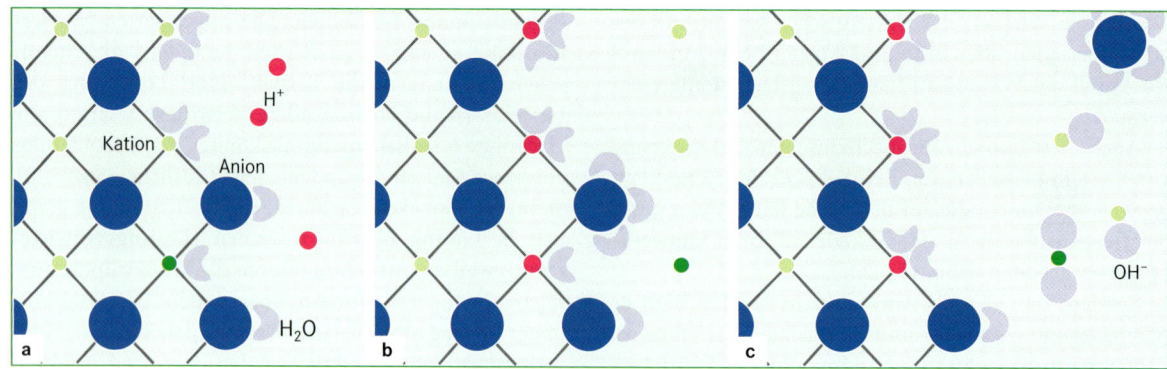

Abb. 10.3.2 Schema der Hydrolyse. a) H$^+$-Ionen kommen in Kontakt mit einem Kristall, das an seiner Oberfläche Kationen besitzt, die nicht komplett ins Gitter eingebunden sind (hellgrün) bzw. die sich nicht im Gleichgewicht innerhalb des Kristallgitters befinden (dunkelgrün). b) Die H$^+$-Ionen ersetzen Kationen, welche in Lösung gehen. c) Anionen, deren Bindung im Gitter damit weiter verschlechtert ist, gehen ebenfalls in Lösung. Die Kationen gehen neue Bindungen, zum Beispiel mit OH$^-$-Ionen, ein.

Feldspat (hier: Orthoklas) reagiert mit Kohlensäure und Wasser zu Kaolinit, Kieselsäure, Kalium und Hydrogenkarbonat. Letzteres geht dabei in Lösung und wird meist abgeführt. Die anderen Produkte werden ausgefällt bzw. in die Synthese weiterer Tonminerale eingebunden.

Aus den gesteinsbildenden Mineralen, den sogenannten Primärmineralen, entstehen durch die chemische Verwitterung **Tonminerale**. Bei den Schichtsilikaten wie Glimmer und Chlorit lässt die chemische Verwitterung Tonminerale entstehen, die strukturell dem Ausgangsmineral ähnlich sind. Auch können strukturverwandte Teile wie zum Beispiel das oktaedrisch angeordnete Eisen (Fe) eines Olivins bei einer Neubildung übernommen werden. Bei Primärmineralen mit komplexer Struktur (z. B. Feldspat als Gerüstsilikat) muss diese erst aufgelöst werden, bevor sich Tonminerale bilden können, weil bei deren Umwandlung beispielsweise tetraedrisches Aluminium (Al) in oktaedrisches umgebaut werden muss.

Welche Tonminerale letztlich entstehen, hängt vom pH-Wert (Maß für die Stärke der sauren bzw. basischen Wirkung) der Lösung, von den in ihr bereits gelösten Stoffen, sowie der Löslichkeit der Minerale ab. Auch spielt die Zeit eine wichtige Rolle, da fortschreitende Verwitterung in der Regel mit einer kontinuierlichen Entbasung (Versauerung) des Milieus einhergeht. So kann aus dem **Dreischicht-Tonmineral** Smectit durch Lösung und Abfuhr von Silizium (Si) bei lang anhaltender tropischer Verwitterung Kaolinit (**Zweischicht-Tonmineral**) entstehen. Aus der Tonmineralzusammensetzung eines Bodens kann grob auf den Grad der Bodenbildung und somit auf dessen Bildungsalter geschlossen werden.

Oft wird die **Verwitterung von Karbonaten** als eigenständige Verwitterungsart angesprochen. Che-

misch liegt jedoch der gleiche Grundprozess vor wie bei der Hydrolyse unter Beteiligung von Kohlensäure, mit dem einzigen Unterschied, dass alle entstehenden Reaktionsprodukte hochgradig wasserlöslich sind und damit meist abgeführt werden:

$$CaCO_3 + H^+ + HCO_3^- \rightleftharpoons Ca^{2+} + 2HCO_3^-$$

Kalkstein reagiert mit Kohlensäure zu Kalziumhydrogenkarbonat. (Die hier benutzte Ionenschreibweise belegt, dass die Reaktionsprodukte in der Regel dissoziieren und damit bis zur Sättigung in Lösung bleiben.) Zwar nehmen die Karbonatgesteine nur einen kleinen Teil der Erdkruste ein, wegen ihrer starken Anfälligkeit gegenüber der Hydrolyse haben sie weltweit jedoch überproportionalen Anteil an der chemischen Verwitterung. Eine weitere Besonderheit geht auf diese Anfälligkeit zurück: In Mischsedimenten mit karbonatischen und silikatischen Anteilen neutralisiert die Hydrolyse der Karbonate die Säuren, bis die Karbonate aufgebraucht sind; erst dann kann in wesentlichem Maß auch silikatisches Material durch Hydrolyse angegriffen werden.

Oxidationsverwitterung

Bei Mineralen, die bestimmte Metalle (insbesondere Eisen und Mangan) in reduzierter Form im Kristallgitter enthalten (vor allem dunkel gefärbte Silikate), können diese Elemente in Kontakt mit Luftsauerstoff kommen und oxidiert werden. Durch die Elektronenabgabe nimmt ihre Wertigkeit zu, was einen Ladungsausgleich innerhalb des Kristallgitters unmöglich macht, ihren Ionenradius verringert und somit das Kristallgitter mechanisch desta-

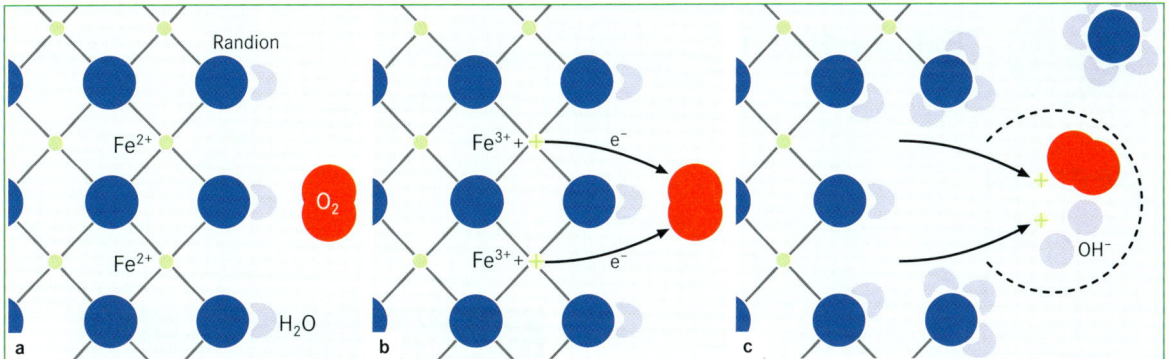

Abb. 10.3.3 Schema der Oxidationsverwitterung. a) Zweiwertiges Eisen (Fe^{2+}) im Gesteinsverband kommt in Kontakt mit Sauerstoff (O_2). b) Durch Elektronenabzug (e^-) ändern sich Größe und insbesondere Wertigkeit des Fe; es wird dreiwertig (Fe^{3+}) und wird damit aus dem Kristall abgestoßen. c) Das Fe verbleibt nicht mehr im Kristallgitter und geht mit dem Sauerstoff und den OH-Ionen des dissoziierten Wassers eine Reaktion zu Goethit (Strukturformel FeOOH) ein (gestrichelter Kreis). Die verbleibenden H^+-Ionen fördern die weitere Hydrolyse (nicht dargestellt). Durch das Herauslösen des Fe aus dem Verband werden weitere Randionen angreifbar, die mit einer dickeren Hülle aus Wasserdipolen umgeben sind und zum Teil abgeführt werden.

bilisiert. Beides führt zur Lockerung und zur Absonderung der oxidierten Metalle aus dem Kristallgitter (Abb. 10.3.3). Sie werden in der Regel als braun, schwärzlich oder rötlich gefärbte **Oxide** oder **Hydroxide** ausgeschieden. Werden sie abgeführt, ist diese Verwitterungsart eine sehr effektive Ergänzung der Hydrolyse, die gerade diese Metalle oft nur schwer angreifen kann. Verbleiben sie jedoch auf der Mineraloberfläche, umgeben sie diese mit einer schwer löslichen Hülle und schützen sie vor weiterem Verwitterungsangriff.

Vergrusung, Saprolitisierung, Desilifizierung und Ferralitisierung

REINHARD ZEESE

Grus ist das überwiegend feinkiesige, kantige Verwitterungsprodukt körniger Gesteine durch unterschiedliche Gefügelockerung. Absanden und **Abgrusen** erfolgt durch das Zusammenspiel verschiedener Prozesse der physikalischen Verwitterung (Halo-, Thermo-, Cryoklastik) an Felswänden und liefert abspülbares Material. Bei der **Vergrusung** wird unter einer Verwitterungsdecke das Gestein durch Hydratation gelockert und in sandig-kiesige Komponenten in Abhängigkeit von Mineralgröße und Rissbildungen zerkleinert. Vergrusung führt bei Gesteinen mit quaderförmigen Kluftmustern zur Zurundung der Ecken. Lediglich der Kern des ehemaligen Quaders bleibt als Wollsack (engl. *core stone*) unverwittert (Abb. 10.3.4). Vergrusung ist Wegbereiter für weitere Prozesse der chemischen Verwitterung, die bis zur nahezu vollständigen Umgestaltung des Gesteins und Verlehmung der Verwitterungsdecke führen kann.

Saprolit ist das oft mehrere Dekameter (bis > 150 m) tief reichende Produkt intensiver chemischer Gesteinsverwitterung (**Tiefenverwitterung**), das aus verwitterungsresistenten Schwermineralen, neugebildeten Tonmineralen und Sesquioxiden besteht. Im feuchten Zustand lässt sich der Saprolit mit dem Messer schneiden. Im Unterschied zum Gefüge des Bodens (Solum), das durch Bioturbation, Durchwurzelung, Quellung und Schrumpfung geprägt wurde, zeigt der Saprolit das unveränderte Gesteinsgefüge (Abb. 10.3.5), da ausschließlich chemische Verwitterung und Auswaschung wirksam wurden. Bei grobklüftigen Gesteinen ist der Übergang zum unverwitterten Anstehenden durch das Auftreten von Wollsäcken gekennzeichnet. Saprolit ist immer autochthon, also an Ort und Stelle entstanden. Oft ist er von umgelagertem Material unterschiedlichster Herkunft (**Regolith**, Exkurs 10.3.1) überdeckt.

Abb. 10.3.4 Vergrusung und Wollsackverwitterung in Quarzdiorit; römischer Steinbruch, Felsberg, Odenwald (Foto: R. Zeese).

Exkurs 10.3.1

Regolith

REINHARD ZEESE

Als Regolith wird die Lockermaterialdecke über dem anstehenden Gestein bezeichnet (Merrill 1897, zitiert nach Ollier & Pain 1996), die mehrere Hundert Meter mächtig sein kann. Regolith besteht aus dem in situ durch Verwitterung gebildeten Saprolit einschließlich der Vergrusungszone und den darüber liegenden Deckschichten, die unterschiedlich aufbereitete, unterschiedlich weit und durch unterschiedliche Medien transportierte, vor Ort oft mehrschichtig abgelagerte und dort durch Verwitterung und Bodenbildung überprägte Komponenten enthalten. Der Boden selber ist ebenfalls Teil des Regolith und aus diesem entstanden. Grundsätzlich ist davon auszugehen, dass die Bodenbildung das jüngste Teilglied einer Kette von Prozessen ist, durch die Regolith, Deckschichten und Boden gebildet wurden und die unterschiedlich lange Zeiträume dokumentieren. Der Regolith ist somit ein wichtiges Archiv der jüngeren Erd- und Landschaftsgeschichte. Mit der Verfeinerung der Analysemethoden wurde in den letzten Jahrzehnten deutlich, dass die Zusammensetzung des oberflächennahen Regolith ganz

LH

LB1

LB2

SP

a

Abb. 1 a) Saprolite (SP) bilden in vielen Mittelgebirgen ▶ nahezu flächendeckend den oberflächennahen Untergrund und werden von periglazialen Deckschichten überlagert. Sie steuern die Materialeigenschaften insbesondere der Basislage (LB) und nehmen Einfluss auf die Zusammensetzung der Lösslehme in Mittel- (LM) und Hauptlage (LH; Foto: J. Völkel).

Die Hydrolyse in einem feucht-warmen Milieu (vor allem tropische bis suptropische Regenwaldklimate) geht mit der Auswaschung von basischen Kationen K$^+$, Na$^+$, Ca^{2+} und Mg^{2+} (**Entbasung**) und freigesetzter Kieselsäure einher (**Desilifizierung**). Lediglich verwitterungsresistente Schwerminerale bleiben erhalten. Als neu gebildete Tonminerale entstehen neben Kaolinit vor allem Eisen- und Aluminiumoxide und -hydroxide (**Ferralitisierung**, synonym **Ferralisation**) und werden durch Auswaschung der löslichen Elemente angereichert (**relative Anreicherung**). Bei fortschreitender Desilifizierung werden selbst Kaolinit zerstört und Primärquarz korrodiert. In der **Oxidationszone** des Saprolit und vor allem im sich daraus entwickelnden Boden (Ferralsol, Abb. 11.6.1) bewirkt die relative Anreicherung von Hämatit eine intensive Rotfärbung (**Rubefizierung**). Absolute Anreicherung (d'Hoore 1954) von Eisen resultiert aus der Verlagerung von mobilem Fe^{2+}, das im Grundwasser (vadose Zone) bei tiefem Redoxpotenzial über große Strecken lateral und vertikal transportiert werden kann. Im Kontakt mit Sauerstoff wird es dann an oder nahe der Geländeoberfläche ausgefällt und umhüllt Festpartikel in oft konzentrisch-schaligen Ausfällungsrinden (Pisoide, Pisolith) oder verfüllt Poren (Gley-Dynamik, Kapitel 11). Im Wechsel von Durchfeuchtung und Austrocknung entsteht **Plinthit** (Pseudogley-Dynamik). Er stellt ein Gemenge aus meist kaolinitischem Ton und Sesquioxiden dar, das im feuchten Zustand plastisch ist und bei Austrocknung irreversibel verhärtet. Aus einem Plinthosol kann dadurch eine **Eisenkruste** (Petroplinthit, engl. *ferricrete*) entstehen, die dank ihrer hohen Porosität und Festigkeit den dar-

Abb. 1 b) Saprolit aus Granit mit Wollsack, überlagert von geringmächtigen Sandlagen (Abspülprodukte), in denen die Eisenkruste (*ferricrete*) eines Reliktbodens entwickelt ist (Foto: R. Zeese); c) vereinfachtes Regolith-Profil über Granit in den wechselfeuchten Tropen (verändert nach Ollier & Pain 1996)

wesentlich Abtragung und/oder Bodenbildung (Lorz 2008) steuert. Trotz der großen Vielfalt an vorzeitlichen Umwelteinwirkungen lassen sich in Regolithen regionaltypische Abfolgen erkennen. Während der Regolith in Mitteleuropa vor allem durch kaltzeitlich gebildete Deckschichten über teilweise saprolitisiertem Anstehenden (Abb. 1a) gekennzeichnet ist (Völkel et al. 2002, Sauer & Felix-Henningsen 2006), sind es in den Schildregionen der wechselfeuchten Tropen unterschiedlich stark gekappte Saprolite mit auflagernden spülaquatisch-fluvialen oder äolischen Sedimenten und/oder Reliktböden (Abb. 1b). Häufig markiert eine *stoneline* die Grenze zwischen Saprolit und stark bioturbat beeinflussten Böden (Abb. 1c).

unterliegenden Saprolit vor verstärkter Abtragung schützt (Kapitel 10.6). Die Reduktionszone, aus der das leicht mobilisierbare Fe^{2+} abwanderte, ist entsprechend verarmt und besteht überwiegend aus Kaolinit, das den Saprolit leuchtend weiß färbt (**Bleichzone**). Kaolinitreiche, eisenarme Tone sind unter anderem der Rohstoff für die Porzellanherstellung.

Biologisch-chemische Verwitterung

DOMINIK FAUST UND ARNO KLEBER

Durch die Aktivität von Bodenflora und Pflanzenwurzeln werden die meisten chemischen Verwitterungsprozesse intensiviert. Oft bedecken **Pilzhyphen** oder **Algen** die Mineraloberflächen, wobei es in diesem engen Kontaktbereich durch Ausscheidung von organischen Säuren zur verstärkten Zersetzung des Gesteins kommt. Auch Pflanzen scheiden an ihren Feinwurzelspitzen organische Säure aus, um besser in Spalten und Klüfte vorzudringen. Weiterhin sondern Wurzeln sogenannte Siderophore an ihre unmittelbare Umgebung ab. Diese Eisen komplexierende Ausscheidung löst dreiwertiges Eisenoxid und unterstützt somit die Pflanzenernährung.

Aus Wüstengebieten wird eine Verwitterungsform beschrieben, die durch **Cyanobakterien** hervorgerufen wird. Dabei dringen etappenweise Mikroorganismen in den Gesteinsverband ein. Ihre Stoffwechselprodukte produzieren Säuren und lösen Eisen und Mangan. Als Folge kommt es zur oberflächenparallelen Abschuppung (Desquamation) des Gesteins oder zur Anreiche-

Abb. 10.3.5 Saprolit aus Metamorphit, Makroreliktgefüge der Faltenstrukturen, Färbung: weiß durch Kaolinit, rot bis violett durch Hämatit; Jos-Plateau, Zentralnigeria (Foto: R. Zeese).

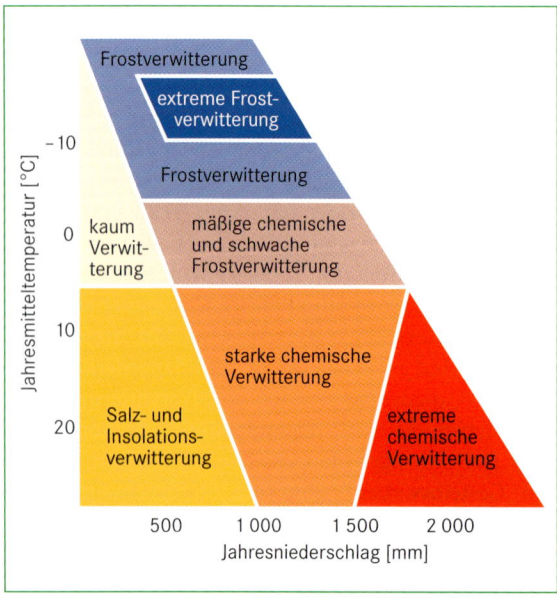

rung von Krusten (Wüstenlack) an seiner Oberfläche. Diskutiert wird auch eine mikrobielle Anreicherung der genannten Metalle aus der Luft. Der Nachweis der Bakterien ist bisher meist gescheitert.

Außerdem können Huminsäuren, die durch den Streuabbau des abgestorbenen Pflanzenmaterials entstehen und eine starke chemische Zersetzung begünstigen, für die chemische Verwitterung bedeutsam werden. Sie sind auch im Rahmen bodenbildender Prozesse wichtig.

10.4 Exogene Voraussetzungen, Prozesse und Formen der Reliefentwicklung

Einführung

Reinhard Zeese

Verwitterung ist eine wesentliche Voraussetzung, damit Abtragung, Transport und Ablagerung ablaufen können, denn nur wenige endogen bereitgestellte Materialien, wie zum Beispiel vulkanische Aschen, sind direkt transportfähig. Der Transport erfolgt durch verschiedene Medien (Wasser, Luft), deren Antrieb (kinetische Energie) vor allem von der Erdanziehung (Gravitation) und der umgesetzten Strahlungsenergie der Sonne gespeist wird. Die Wirkung der Medien wird durch zahlreiche **Geofaktoren** (Gestein, Reliefenergie, Vorform, Klima, Boden, Wasserhaushalt, Pflanzendecke) beeinflusst. Daraus resultieren unterschiedliche geomorphologische Prozessresponssysteme mit charakteristischen Prozesskombinationen und Formengesellschaften. In nahezu allen Systemen ist Wasser in unterschiedlicher Ausprägung und Bedeutung an den Prozessen beteiligt. Bei **gravitativen Prozessen** wirkt die Schwerkraft oft

◀ **Abb. 10.3.6** Schema der Abhängigkeit der Verwitterung vom Klima. Bei sehr grober Betrachtung lassen sich Verwitterungsregionen auf der Grundlage klimatologischer Basisdaten (Niederschlag und Temperatur) ausgliedern. In Frostklimaten herrscht die Frostverwitterung vor, solange ein Mindestmaß an Wasser verfügbar ist. Die größte Intensität tritt jedoch nicht in den kältesten Regionen auf, da dort seltener Frostwechsel um den Gefrierpunkt vorkommen. Die feucht-gemäßigten Breiten sind sowohl noch durch Frost als auch durch chemische Verwitterung charakterisiert. Letztere nimmt zu warm-feuchten Zonen hin zu, um ihr Maximum in den humiden Tropen zu erreichen. In trocken-warmen Räumen überwiegen Salz- und Insolationsverwitterung.

unter Beteiligung von Wasser, bei **spülaquatisch-hang-fluvialen Prozessen** trägt Wasser ab, ohne sich linear bedeutend einzutiefen, bei **fluvialen Prozessen** können sich Eintiefung und Aufschüttung abwechseln. **Lösungsprozesse** schaffen einen eigenständigen Karstformenschatz; bei **glazialen Prozessen** ist Wasser in fester und flüssiger Phase wirksam, wobei die Auflast des Gletschereises für die Formung von besonderer Bedeutung ist; **periglaziale Prozesse** sind gebunden an Bodenfrost mit häufigen Frostwechseln; sie werden gefördert durch einen dauernd gefrorenen Untergrund (Permafrost) mit einer maximal wenige Meter tiefen sommerlichen Auftauzone. Bei **marin-litoralen Prozessen** wirken die Gezeiten, Meeresströmungen und Wellen, wobei Letztere überwiegend durch den Wind erzeugt werden. **Äolische Prozesse** sind windabhängig, während **anthropogene Prozesse** durch den Einsatz unterschiedlichster technischer Medien gekennzeichnet sind. Diese in der Abstraktion getrennten Prozessgruppen sind auf unterschiedliche Weise miteinander verkoppelt und können sich gegenseitig beeinflussen. Unabhängig vom Gesamtsystem Erde sind **kosmogene Prozesse** (Meteoriteneinschläge).

Bei der Darstellung der Abtragungsprozesse ist man mit einem terminologischen Problem konfrontiert. Während in franko- und anglophonen Ländern Abtragung als Erosion bezeichnet wird, unterscheidet man im deutschen Sprachraum zwischen linearem Abtrag durch Fließgewässer, der als Erosion bezeichnet wird und der flächenhaft wirksamen Denudation. Dieser Begriff ist per se nicht unproblematisch, da damit Freilegung (lat.

denudatio = Entblößung) gemeint ist, auch im Englischen (*denudation*) und Französischen (*dénudation*). Im Verlauf des internationalen Gedankenaustausches wird flächenhaft wirksamer Bodenabtrag durch spülaquatisch-hangfluviale Prozesse auch in Deutschland mittlerweile als Erosion (Bodenerosion, Kapitel 11.7) bezeichnet. Die Begriffe Gletschererosion und Winderosion bürgern sich ebenfalls immer mehr ein. Dennoch wird der Begriff „Denudation" weiter im Gebrauch bleiben.

Formbildung durch gravitative Massenbewegungen

Thomas Glade

Gravitative Massenbewegungen sind hangabwärts gerichtete, der Schwerkraft folgende Verlagerungen von Fels, Schutt und Feinsubstrat. Die Verlagerungsprozesse beinhalten das Kippen, Fallen/Stürzen, Rutschen/Gleiten, Fließen und die kombinierte, komplexe Bewegung (Dikau et al. 1996, Cruden & Varnes 1996). In Abbildung 10.4.1 ist beispielhaft eine komplexe gravitative Massenbewegung dargestellt. Detailliertere Beschreibungen und Darstellung der einzelnen Typen finden sich bei Dikau et al. (1996).

Die Größe des einzelnen Objektes variiert zwischen einigen Kubikmetern und mehreren Kubikkilometern. Gravitative Massenbewegungen sind an distinkte Loka-

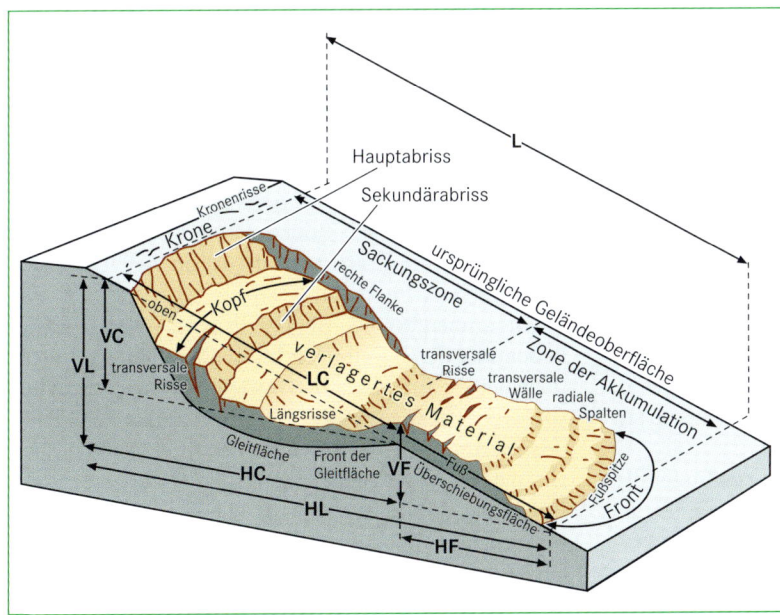

Abb. 10.4.1 Eine schematische gravitative Massenbewegung mit Sackungs- und Akkumulationszonen und typischen Strukturen wie Krone, Streckungs- und Stauchungszonen, Spalten, Rissen und Wällen (L = Schrägdistanz, LC = Schrägdistanz der Sackungszone, HL = Horizontale Gesamtlänge, HF = Horizontale Fußlänge, HC = Horizontale Sackungslänge, VL = Vertikale Gesamtlänge, VF = Vertikale Fußlänge, VC = Vertikale Sackungslänge; verändert nach Cruden & Varnes 1996, Übersetzung in Anlehnung an WP/WLI 1993).

litäten gebunden, können aber auch bei entsprechenden natürlichen Dispositionen (z. B. Hangneigung, schwach bindiges Substrat, Änderung der Vegetation durch Entwaldung) und einem auslösenden Ereignis zu Zehntausenden Auftreten. Auslöser sind meist **Erdbeben** (z. B. Chi-Chi-Erdbeben in Taiwan 2001, Pakistan 2005, China 2008) und **Niederschläge** mit entweder extremer Intensität (z. B. Extremniederschläge in Venezuela 1999) oder in lang anhaltenden Feuchteperioden. Häufig bedingen sich die Auslöser gegenseitig, beispielsweise reduziert zwar ein Erdbeben die Hangfestigkeit, die eigentliche Bewegung wird aber erst durch das darauffolgende Niederschlagsereignis ausgelöst, bzw. lang anhaltende Feuchtigkeit vermindert die Hangstabilität, die Initiierung der Bewegung erfolgt erst durch ein Erdbeben. Neben den natürlichen Bedingungen sind besonders die **menschlichen Eingriffe** in das Hangsystem durch Hangunterschneidung, Veränderung der Hanggeometrie, hydrologische Eingriffe wie Wassereinleitung oder Verhinderung des Wasseraustritts durch Verbauung wichtig für die Landschaftsentwicklung. Diese Eingriffe bedingen eine erhöhte Empfindlichkeit der betroffenen Hangsegmente gegenüber dem auslösenden Ereignis. Auch der Auslöser kann direkt vom Menschen gesteuert sein, zum Beispiel über Explosionen. Je nach natürlichen Dispositionen und Typ der Massenbewegung und des Auslösers variieren die Bewegungsraten zwischen mm bis cm/a (kriechende, schleichende Bewegung) und m/sec (extrem schnelle Bewegung).

Aktuelle Untersuchungen weisen auf die Bedeutung der gravitativen Massenbewegungen für die Formgebung hin (Hovius et al. 1997). Bedeutend ist der Einfluss gravitativer Massenbewegungen auf das fluviale Prozesssystem beispielsweise im Sinne einer Sedimentaufbereitung für das fluviale System, der Einfluss auf die Talformen und die Tallängsprofile oder im Hinblick auf eine langfristige Beeinflussung des fluvialen Netzes (Abb. 10.4.2). Zusätzlich ist davon auszugehen, dass die Bedeutung der gravitativen Massenbewegungen für die Formgebung in den gleichen Räumen zu den unterschiedlichen Zeiten sehr stark variierte (Cendrero & Dramis 1996). Die starke Prägung der kaltzeitlichen Hangformung durch die gravitativen Massenbewegungen ist nicht nur für alpine Gebiete wichtig, sondern wird auch für die deutschen Mittelgebirge betont, beispielsweise für das Rheinhessische Tafel- und Bergland, die Schwäbische Alb oder die Wellenkalk-Schichtstufe in Thüringen (Dikau & Schmidt 2001).

Ein zentrales Problem bei der Untersuchung der Bedeutung der gravitativen Massenbewegungen für die Reliefentwicklung ist der sich ständig ändernde Systemzustand eines Hanges. Viele Analysen gehen von einem statischen, das heißt sich nicht veränderndem Hangsys-

Abb. 10.4.2 Das extreme Niederschlagsereignis am 6. August 2002 löste in Gisborne (Neuseeland) eine komplexe Massenbewegung aus, die das Tal blockierte und zur Bildung eines Sees führte. Die gestrichelte Linie zeigt die Flanke und den Fuß der Massenbewegung, der Pfeil weist auf den Versatz des Feldweges von zirka 200 m hin (Foto: M. J. Crozier).

tem aus (Schmidt & Preston 2003). Jedoch wird das **Systemverhalten des Hanges** nicht ausschließlich von rutschungsauslösenden Ereignissen (z. B. Niederschläge, Erdbeben) gesteuert, sondern auch über sich verändernde interne Eigenschaften (z. B. Materialveränderung durch Verwitterung). Damit ist ein **Prozessresponssystem** beschrieben, das im Sinne von Schumm (1979) an systeminterne Schwellenwerte gebunden ist (Kapitel 10.1). Dies bewirkt, dass ein Hang nicht immer gleich auf externe Störungen reagiert, das heißt, dass der identische Niederschlag oder das gleiche Erdbeben zu zwei verschiedenen Zeiten nicht immer linear zu gleichen Folgen führen. Dies ist besonders bei der Modellierung der Auswirkungen des Klimawandels auf Massenbewegungen von zentraler Bedeutung (z. B. Schmidt & Glade 2003). Bei Modellansätzen zur Reliefentwicklung werden die gravitativen Massenbewegungen meist entweder als flachgründige Rutschungen mit hangparallelen Scherflächen, als Rotationsrutschungen oder als Bewegungen des Festgesteins berücksichtigt (Hergarten & Neugebauer 1999).

Zusammenfassend ist festzustellen, dass bei der Bedeutung der gravitativen Massenbewegungen für die Reliefentwicklung und die Formbildung strikt zwischen vorbereitenden, auslösenden und prozesskontrollierenden Faktoren unterschieden werden muss. Hierbei spielen natürlich die unterschiedlichen Prozesstypen der Bewegungen (Fallen, Kippen, Gleiten, Fließen), das transportierte Substrat und die verschiedenen Auslöser eine entscheidende Rolle. Zentrale offene Fragen für das Zusammenspiel der Massenbewegungen und der Reliefentwicklung und Formbildung sind die Bedeutung der Lithologie und Geomorphometrie für die Ausprägung des Ereignisses, der Zusammenhang zwischen dem Hangsystem und dem fluvialen System mit all den Zwischenspeichern, die Zeitverzögerung im Ursache-Wirkungsgefüge sowie der Einfluss des Umweltwandels und des Menschen auf diese natürlichen Geosysteme. Da gravitative Massenbewegungen über die Zeit weite Hangbereiche umgestalten, werden sie zu den hangdenudativen Prozessen gerechnet.

Formbildung durch spülaquatisch-hangfluviale Prozesse

Reinhard Zeese

Flächenhaft wirksame Abtragung (Denudation) an Hängen erfolgt vor allem durch Niederschläge und oberflächlich abfließendes Wasser (Abb. 10.4.3). Bereits Regentropfen aus Starkregen können durch den Aufprall auf Lockermaterial Aggregate zerschlagen und beim Zerspratzen wegschleudern (**Regentropfenabtrag**, engl. *splash erosion*). Das durchfeuchtete Bodenmaterial kann infolge der Durchfeuchtung dispergieren und dadurch dichter gelagert und in Poren eingeschwemmt werden. Damit wird die Infiltration weiter reduziert und Oberflächenabfluss erleichtert. Ton geht in Suspension und wird abtransportiert. Oberflächenabfluss tritt epi-

sodisch auf, wenn mehr Wasser durch Niederschläge und/oder starke Schneeschmelze geliefert wird, als der Untergrund aufnehmen kann (Infiltrationskapazität; Abb. 13.2.6). Neben hoher Niederschlagsintensität und fehlendem Vegetationsschutz braucht es geringe Hangneigungen, um einen geschlossen abströmenden Wasserfilm zu erhalten, dessen Schichtdicke hangabwärts zunächst ohne Abflusskonzentration zunimmt (**Schichtflut**, engl. *sheet wash*) und feinkörniges Material abträgt. Dabei können bereits feine Rillen (**Rillenspülung**, engl. *rill wash*) und etwas tiefere Rinnen entstehen (Abb. 11.7.2, Abb. 13.2.9). Schichtflut und Rillenspülung sind Teilaspekte der **Flächenspülung**. Flächenspülung kann bei Vegetationsfreiheit und geeignetem Material am gesamten Hang dominieren. Oft geht sie am Hangfuß oder bei stärkerer Hangneigung schon früher in einen teilweise linearen Abfluss über. Der Übergang von spülaquatischen zu hangfluvialen Prozessen ist oft fließend oder läuft parallel. Es entstehen Rinnen und Runsen, deren Abtragungswirkung insgesamt flächenhaft ist. Das gilt auch für die noch tiefer eingekerbten Racheln (Abb. 10.4.4). Die Hangrückverlegung an Schichtstufen in semiarid-ariden Klimaten erfolgt in den morphologisch wenig widerständigen Sockelbildnern vor allem durch hangfluviale Prozesse, der Stufenbildner weicht durch gravitative Sturzdenudation zurück (Abb. 10.4.4). Widerständige Gesteinspartien im morphologisch wenig widerständigen Material wie zum Beispiel Findlinge in Moränenmaterial, vulkanische Bomben in Ignimbriten oder auch nur stärker kalkig gebundene Partien in Mer-

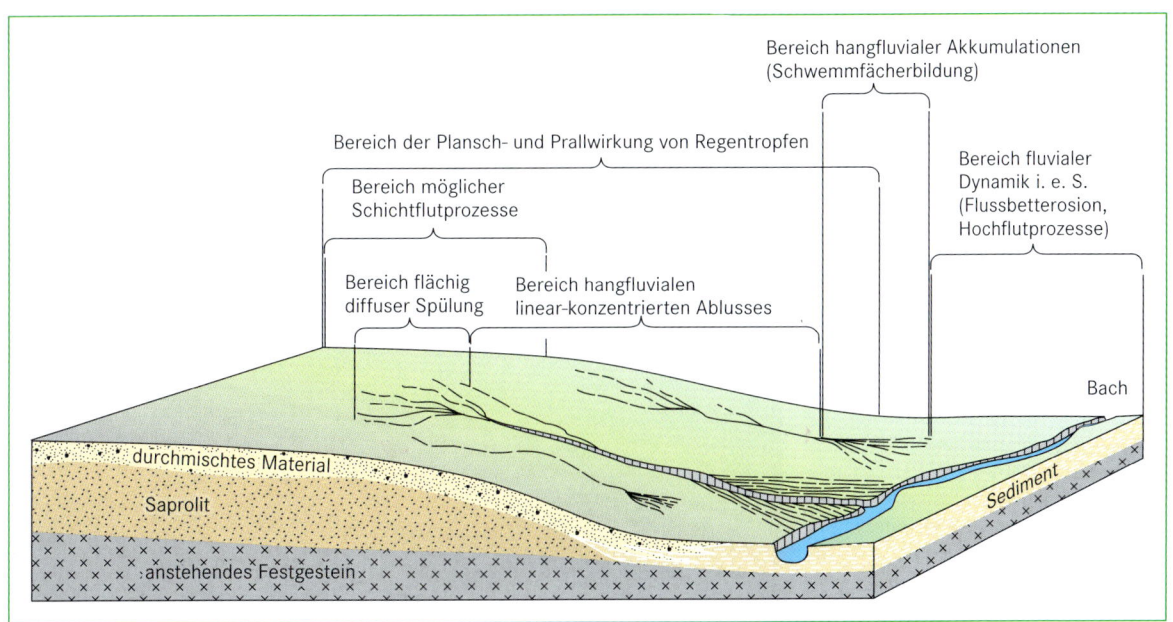

Abb. 10.4.3 Spülaquatische und hangfluviale Prozesse (nach Leser 2009, Hendl & Bramer 1983).

Abb. 10.4.4 Kerbtalförmige Racheln, deren Hänge durch Rillen ziseliert sind, Unterhang der Mesa-Verde-Schichtstufe, Schieferton der Mancos-Formation, Colorado (Foto: R. Zeese).

geln schützen darunterliegende Partien kurzfristig vor den hangfluvialen Einwirkungen und lassen **Erdpfeiler** entstehen. Im Extremfall entsteht eine nicht einmal durch Viehhaltung mehr nutzbare Landschaft (*badlands*, Abb. 10.4.5).

Spülaquatische und hangfluviale Prozesse und die daraus resultierenden Formen treten als zonale Prozessresponssysteme nur in Gebieten auf, in denen die Vegetationsperiode zu kurz ist, eine ganzjährig geschlossene Vegetationsdecke zu erzeugen. Azonal können die Prozesse in „Bodenwunden", zum Beispiel in Abrissnischen von gravitativen Massenbewegungen, wirksam sein (Abb. 10.6.13d). Sie treten aber auch dann auf, wenn durch den Menschen der Vegetationsschutz so stark beeinträchtigt ist, dass es zur Bodenerosion (Kapitel 11.7) kommt, bei der neben dem Windabtrag vor allem spülaquatisch-hangfluviale Prozesse beteiligt sind. In tropisch-subtropischen Klimaten, aber nicht nur dort, kommt es weit verbreitet zum Reißen von Gräben und

Schluchten (Abb. 10.4.5, *badlands*), die mehrere Zehner von Metern in den Hang eingetieft sein können (Abb. 11.7.3).

Formbildung durch fluviale Prozesse

KARL-HEINZ SCHMIDT

Mit den fluvialen Prozessen beschäftigt sich die **Fluvialgeomorphologie**, die eine zentrale Stellung innerhalb der Geomorphologie einnimmt. Der Begriff „fluvial" geht auf das lateinische Wort für Fluss (*fluvius*) zurück. Das System eines Flusseinzugsgebiets empfängt als offenes System Energie durch die Sonnenstrahlung, die durch tektonische Prozesse erzeugte Reliefhöhe sowie durch das Aufprallen des Niederschlags. Energie wird durch Verdunstung, Verlust von Biomasse und Material-

Abb. 10.4.5 *Badlands* im Lukanischen Hügelland (Süditalien). Deutlich erkennt man die Linearzerschneidung in Form von Erosionsrunsen (*calanchi*) in den Tonen der Calabriano-Formation. Die wenig konsolidierten jungen Sedimentgesteine, die relativ starke Reliefenergie und der Einfluss des Menschen haben im Zusammenspiel mit der typisch mediterranen Starkregenmorphodynamik zur Landschaftszerstörung geführt. Längst sind die ursprünglichen Hartlaubwälder einer Kulturlandschaft gewichen (Foto: H. Brückner).

austrag exportiert. Das System empfängt Material durch den Niederschlag und gibt Material durch Verdunstung und Abfluss ab. Mit dem Niederschlagswasser werden gelöste Stoffe (z. B. Säuren und Salze) und Feststoffpartikel (z. B. Staub aus Schluff und Sand) zugeführt. Weitere Materialzufuhren erhält das Flusssystem durch die vor Ort stattfindende Verwitterung von Festgestein, das heißt durch systeminterne Prozesse. Organisches und anorganisches Material werden durch den Fluss als Lösungs- und Feststofffracht transportiert und aus dem System ausgetragen.

Das Niederschlagswasser, das dem Flusseinzugsgebiet nicht durch Verdunstung entzogen wird, gerät direkt oder nach mehr oder weniger langem Aufenthalt in den Systemspeichern in den Abfluss. Der Abfluss wird in Gerinnen gesammelt und schließlich dem Hauptgewässer des Systems zugeführt. Dort kann der Abfluss an einer Messstelle (Pegel) für das gesamte Einzugsgebiet gemessen werden. Der **Messung des Abflusses** kommt eine entscheidende Bedeutung in der Fluvialgeomorphologie bei Berechnungen der Abtrags- und Transportleistung von Fließgewässern zu. Der Abfluss wird in der Regel als Volumen pro Zeiteinheit als Abflussmenge Q [m^{3}s^{-1}] ausgedrückt. Um die Wasserhaushaltseigenschaften und die Abflussproduktivität von verschieden großen Gebieten vergleichbar zu machen, bezieht man die Abflussmenge auf eine Einheitsfläche und erhält die Abflussspende q [l s^{-1}km^{-2}] als Quotient aus der Abflussmenge und der Fläche des Einzugsgebietes.

Das Abflussverhalten eines Gewässers kann durch die Abflusshauptzahlen als Ausdruck der mittleren und extremen Abflussmengen und durch das Abflussregime (langjährige zeitliche Verteilung der Monatsmittelab-flüsse) beschrieben werden (Busskamp & Schmidt 2003). Dabei übt die Ausstattung eines Einzugsgebietes mit natürlichen (Vegetation, Boden, Seen) und künstlichen Speichern (Talsperren, Rückhaltebecken) einen entscheidenden Einfluss auf das Abflussgeschehen aus. Das Flusseinzugsgebiet ist ein offenes System, das im Massenaustausch (Input und Output) mit seiner Umgebung steht. Es empfängt Masse durch den Niederschlag und dessen Inhaltsstoffe und gibt Masse durch Verdunstung und den Abfluss samt den mitgeführten Sedimenten ab.

Das fluvialgeomorphologische System „Flusseinzugsgebiet" und seine Teilsysteme

Das übergeordnete System „Einzugsgebiet" kann hierarchisch in Subsysteme untergliedert werden, zu denen das Gewässernetz (Talnetz), die Gewässerabschnitte (Talabschnitte) und die Gerinnebettquerschnitte gehören. Für alle Systembereiche können für die Fluvialgeomorphologie bedeutende morphometrische Parameter definiert werden, die sich auf deren Fläche, Länge, Relief und Gestalt beziehen (Tab. 10.4.1; Schmidt 1984, 1988). Mit der zunehmenden Verwendung von digitalen Geländemodellen ist zum einen die Ermittlung der Parameter wesentlich vereinfacht und zum anderen deren Anwendungspotenzial in der Modellierung der Abfluss- und Sedimentdynamik im Einzugsgebiet erheblich besser erschlossen worden (Gündra et al. 2000).

Einige der in der funktionalen Geomorphologie im Sinne von Ahnert (2003) für das Prozess- und Formbildungsgefüge in Flusssystemen zentralen Parameter sol-

Tabelle 10.4.1 In der Fluvialgeomorphologie verwendete morphometrische Parameter (Benennung nach Schmidt 1984, 1988).

	Einzugsgebiet	Gewässernetz Talnetz	Gewässerabschnitt Talabschnitt	Gerinnequerschnitt
Fläche	Fläche des Einzugsgebiets (F_E), Fläche des Niederschlagsgebiets (F_N)	Fläche von natürlichen und künstlichen Gewässern (F_S)	keine Angaben	Fläche (F)
Länge	Länge des Einzugsgebiets (L_E)	Länge des Gewässernetzes (L_F) und des Talnetzes (L_T), Gewässerdichte ($D_F = L_F/F_E$), Taldichte ($D_T = L_T/F_E$)	Länge des Hauptgewässers (L_G)	Länge (L)
Relief	Reliefindex ($Z - z = H_E$: Höhendifferenz zwischen höchstem und tiefstem Punkt), relatives Relief (H_E/L_E), mittlere Höhe (H_m), mittleres Gefälle (J_E)	keine Angaben	Gefälle (J)	Gefälle (J)
Gestalt	Umfang (U_E), Streckungsindex (E), Kreisförmigkeitsindex (C)	Gabelungsfaktor (R_b), qualitative Formbeschreibung (dendritisch, radial, parallel etc.)	Sinuositätsindex (P) Mäandereigenschaften (Wellenlänge, Amplitude, Krümmungsradius)	Breite (b) Tiefe (d) benetzter Umfang (U) hydraulischer Radius ($R = F/U$)

len hier herausgestellt werden: Die **Einzugsgebietsfläche** eines Fließgewässers (F_E) wird durch die Wasserscheide von benachbarten Systemen abgegrenzt. Kompliziert wird die Einzugsgebietsabgrenzung durch den Sachverhalt, dass häufig die unterirdische, tatsächliche Wasserscheide nicht mit der aus topographischen Karten ersichtlichen oberirdischen Wasserscheide übereinstimmt. Da nur in den seltensten Fällen eine genaue Information über den Verlauf der unterirdischen Wasserscheide vorliegt, ermittelt man in der Regel die Fläche des **Niederschlagsgebietes** (F_N), das innerhalb der oberirdischen Wasserscheide liegt.

Für die Bestimmung der **Länge des Einzugsgebietes** (L_E) hat sich als relativ einfach und zuverlässig erwiesen, die Entfernung zwischen dem Ausgang des Einzugsgebietes und dem am weitesten entfernten Punkt auf der Wasserscheide zu messen. Vor der Entwicklung der digitalen Geländemodelle war es schwer, für das Relief einen geeigneten Indexwert zu finden (Tab. 10.4.1). Heute lassen sich das mittlere Gefälle und die mittlere Höhe leicht ermitteln (Gündra et al. 2000). Zur quantitativen Beschreibung der Form des Einzugsgebietes sind der Streckungsindex (*elongation ratio* nach Schumm 1956) und der Kreisförmigkeitsindex (*circularity* nach Miller 1953) die gebräuchlichsten Indizes (Schmidt 1984, 1988).

Gewässer- und Talnetz besitzen für die Beurteilung der Zusammenhänge zwischen fluvialen Formen und Prozessen ein sehr wesentliches Informationspotenzial, da sie selbst sehr empfindlich auf den Einfluss anderer Steuerungsfaktoren reagieren. Das Gesamtsystem des Gewässer- oder Talnetzes kann in einzelne Segmente aufgegliedert werden, denen eine Ordnungszahl (*o*) beigegeben wird. Das Verfahren geht im Wesentlichen auf Horton (1945) und Strahler (1957) zurück. Nach der Strahler-Methode erhalten die Anfangsstränge des Netzes die Ordnungszahl 1. Wenn zwei Segmente der Ordnungszahl 1 aufeinander treffen, entsteht ein Gewässer (Tal) der Ordnungszahl 2. Generell entsteht beim Zusammentreffen von zwei Abschnitten gleicher Ordnungszahl ein Gewässer (Tal) nächsthöherer Ordnungszahl. Dass die Ordnungszahl eine gute Kennzeichnung der Netzstruktur darstellt, zeigt sich an den vielen klaren Beziehungen (**Gesetze der fluvialen Morphometrie**), die zwischen der Ordnungszahl und anderen Form- und Prozessvariablen bestehen (Horton 1945, Schmidt 1984). Das erste Gesetz besagt beispielsweise, dass die Anzahl der Gewässer (Täler) einer Ordnungszahl mit wachsender Ordnungszahl in Form einer inversen geometrischen Reihe abnimmt. Der Faktor, um den die Anzahl der Abschnitte von einer Ordnungszahl zur nächsthöheren abnimmt, wird **Gabelungsfaktor** (*bifurcation ratio*, R_b) genannt (Tab. 10.4.1). Er charakterisiert die Gestalt des Gewässernetzes. Langgestreckte Netze

haben hohe Gabelungsfaktoren und im Vergleich mit Einzugsgebieten gleicher Fläche geringere Scheitelwerte der Hochwasserganglinien (Schmidt 1988). Die Gewässerdichte (Taldichte) kann als Quotient aus der Gesamtlänge aller Gewässer (Täler) und der Einzugsgebietsfläche berechnet werden. Die Gewässerdichte zeigt regional große Unterschiedlichkeiten, sie wird nicht nur durch das Wasserangebot gesteuert, sondern auch wesentlich durch die Lithologie des Untergrundes und das Relief. So zählen in Deutschland die Mittelgebirgsregionen in undurchlässigen Gesteinen zu den Gebieten mit hohen Dichtewerten (z. B. Rheinisches Schiefergebirge, Bayerischer Wald), die in löslichen Karbonaten entwickelten Stufenflächen der Schwäbischen und Fränkischen Alb hingegen zu den Gebieten mit geringen Gewässerdichten (Liedtke et al. 2003). Die Form des Gewässer- oder Talnetzes ist quantitativ schwer fassbar. Man ist weitgehend auf qualitative Beschreibungen angewiesen wie dendritisch, parallel, rechtwinklig, radial usw. (Ahnert 2003, Twidale 2004). Beispiele für Formtypen des Gewässernetzes in Deutschland finden sich in Liedtke et al. (2003).

Gewässer- und Talabschnitte werden im Wesentlichen durch ihre Breite und Länge sowie ihr Gefälle beschrieben. Nach ihrer Gestalt (Laufmuster, *channel pattern*) kann man Flussabschnitte in drei grundsätzliche Kategorien einordnen: geradlinig, gewunden bis mäandrierend (Abb. 10.4.6, Abb. 10.4.7a) und verzweigt (verwildert mit wandernden Sedimentbänken [Abb. 10.4.7c] oder anastomosierend mit fixierten Inseln). Geradlinige Flüsse kommen in der Natur recht selten vor. Bei gewundenen Flüssen stimmt die Flusslänge nicht mit der zugehörigen Tallänge überein. Wenn die Flusslänge mehr als das Anderthalbfache der Tallänge ausmacht, spricht man von einem Mäander. Ein anschaulicher quantitativer Ausdruck für das Maß der Gewundenheit ist der **dimensionslose Sinuositätsindex** (*P*) nach Schumm als Quotient aus Fluss- und Tallänge. Geradlinige Flüsse haben einen Wert von 1. Für den stark mäandrierenden Mancos River in Abbildung 10.4.7a, der frei in seiner Aue pendelt (Wiesenmäander), liegt der Index bei 3,4. Gewässer mit hohen Indexwerten zeichnen sich durch hohes Retentionsvermögen und verzögerte Fortpflanzungsgeschwindigkeiten von Hochwasserwellen aus. Weitere Formeigenschaften von Mäanderbögen sind die Wellenlänge, die Amplitude und der Krümmungsradius. Zwischen diesen Parametern und der Abflussmenge gibt es eine Vielzahl von empirisch nachgewiesenen Beziehungen (Gregory & Walling 1973), ein Dokument der funktionalen Kopplungen in der Fluvialgeomorphologie. In Verbindung mit dem geschwungenen Verlauf des Stromstrichs kommt es in den Mäanderbögen zur Ausbildung von **Prallhängen** (vorherrschende Seitenerosion) und **Gleithängen** (vorherrschende Akkumulation). Prall- und Gleithänge lassen sich auch gut in Abbildung 10.4.7a erkennen. Das Querprofil in den Mäanderbögen ist asymmetrisch mit einer umlaufenden Querströmung. Mit der Prallhangerosion und der Talabwärtsverlagerung der Bögen kommt es zu Mäanderhalsdurchbrüchen und zur Abschnürung von Altarmen (Knighton 1998, Thiele et al. 2001). Auch in Abbildung 10.4.7a ist erkennbar, dass in der Bildmitte ein Mäanderhalsdurchbruch bevorsteht. Tieft sich ein Fließgewässer in ein Hebungsgebiet ein, können Talmäander entstehen (Abb. 10.4.9b). Kommt es zu einem Mäanderhalsdurchbruch, dann entsteht ein Umlaufberg (10.4.7b).

Ein **verwilderter Fluss** (*braided river*) ist in zwei oder mehrere Abflussbahnen aufgegliedert, die durch mobile Schotterbänke getrennt sind (Abb. 10.4.7c). Nach jedem stärkeren Abflussereignis kann sich die Lage der einzelnen Rinnen verändern. Verwilderte Flüsse nehmen häufig den gesamten Talboden ein, sie sind durch den Transport von gröberem, wenig standfestem Material (Sand und gröbere Schotter) gekennzeichnet und finden sich vor allem in Gebieten mit vorherrschender physikalischer Verwitterung und stoßweisem Abfluss (Schneeschmelze, Gletscherschmelzwasser), insbesondere in Periglazialräumen und in Hochgebirgen. Bei gleichem ufervollem Abfluss (*bankfull discharge*) neigen Flüsse mit größerem Gefälle zur Ausbildung eines verzweigten Laufmusters (Leopold et al. 1964).

Für den Gerinnebettquerschnitt sind dessen Fläche, Länge und Gefälle die elementaren morphometrischen Parameter. Es kommt eine Reihe von Gestalteigenschaften hinzu wie die Breite und Tiefe. Aus diesen Messgrößen ergibt sich das Breite-Tiefe-Verhältnis (*width-depth-ratio*), welches in den gekrümmten und gestreckten Abschnitten von mäandrierenden Flüssen unterschiedliche Werte annimmt (Abb. 10.4.6). In verzweigten Flüssen ist das Breite-Tiefe-Verhältnis generell höher (Rosgen 1996). Der benetzte Umfang entspricht der Länge der vom Wasser berührten Ufer- und Sohlabschnitte und wird auch von der Rauheit des Bettes bestimmt. Der in vielen grundlegenden Formeln zur Berechnung der Fließgeschwindigkeit und des Sedimenttransports in Gerinnen verwendete **Kennwert des hydraulischen Radius** ergibt sich aus dem Quotienten von Querschnittsfläche und benetztem Umfang (Tab. 10.4.1).

Sedimenttransport

Die Sedimentfracht eines Fließgewässers lässt sich untergliedern in die **Lösungsfracht** und die **Feststofffracht**. Letztere setzt sich zusammen aus Schwebfracht, Schwimmfracht und Bodenfracht, auch Geschiebefracht genannt. Die Lösungsfracht umfasst die im Wasser gelösten Stoffe, zu denen auch Umweltschadstoffe zählen. Zur Schwimmfracht gehört das auf dem Wasser schwimmende Material wie natürliche organische Sub-

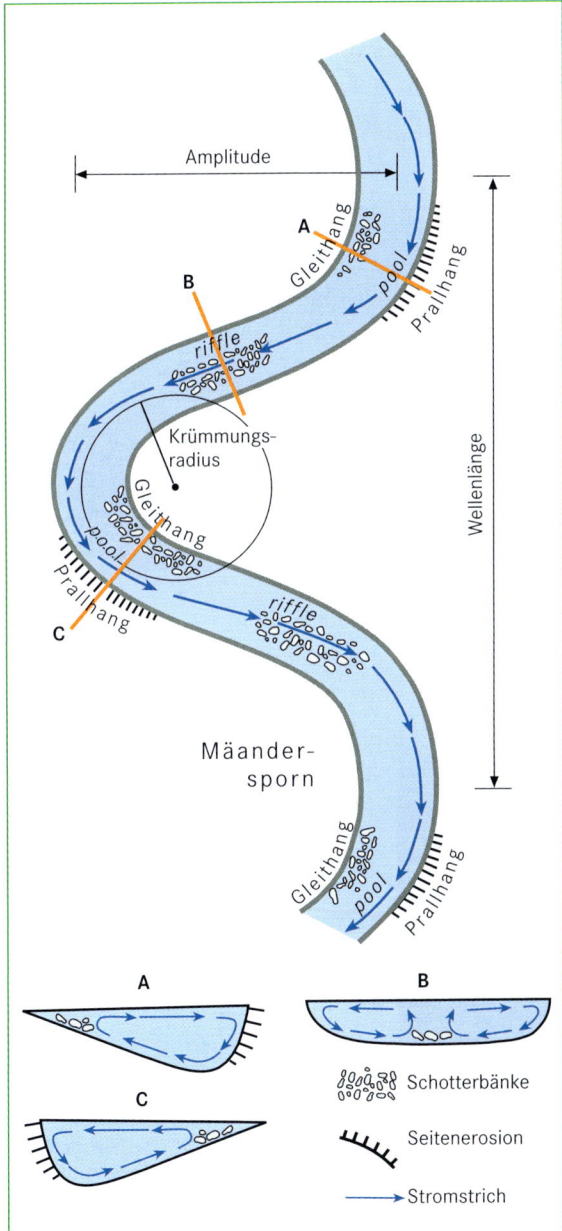

Abb. 10.4.6 Schematischer Grundriss eines mäandrierenden Gewässers mit zugehörigen morphometrischen Eigenschaften und Beispielen von Gerinnebettquerschnitten (verändert nach Ahnert 2003).

stanzen (Äste, Blätter), aber auch anthropogen eingebrachtes Material wie Autoreifen oder Styropor. Das im Fließgewässer in Suspension gehaltene Material wird Schwebfracht genannt. Es ist für die Trübung des Wasserkörpers verantwortlich. An die Schwebfracht gekoppelt können **Schadstoffe** transportiert werden. Die Bodenfracht ist das an der Sohle im schiebenden, rollenden und springenden Transport mitgeführte Material. Die Korngrößengrenze zwischen Schweb- und Bodenfracht eines Gewässers ist nicht zeitkonstant, sondern je nach Abflussmenge und Fließgeschwindigkeit unterschiedlich. Die Sedimentfracht wird als Masse pro Zeiteinheit ausgedrückt (kgs^{-1}; ta^{-1}). Um sie zu bestimmen,

braucht man bei Schweb- und Lösungsfracht die Angaben zur Abflussmenge (m^3s^{-1}) und zur Sedimentkonzentration, die als Masse pro Volumeneinheit ausgedrückt wird (mgl^{-1}, gm^{-3}).

Die Lösungskonzentration ist im Gerinnebettquerschnitt in der Regel recht gleichmäßig verteilt. Deswegen genügt meist eine einzelne Probennahme, um die durchschnittliche Gesamtlösungskonzentration oder die Konzentration einzelner Elemente festzustellen. Eine indirekte Orientierung über die Konzentration von gelösten Stoffen im Wasser gibt dessen **elektrische Leitfähigkeit** (μScm^{-1}). Es besteht für das jeweilige Gewässer generell eine gute Korrelation zwischen Gesamt-

Abb. 10.4.7 a) Stark mäandrierendes Fließgewässer: Mancos River am Südrand der Mesa Verde, Colorado, USA. Die Fließrichtung verläuft von rechts nach links. Prallufer- und Gleituferausbildung sind gut zu erkennen. Die Gleitufer treten duch die hellen Schotterbänke hervor. Das Laufmuster der freien Mäander ist sehr mobil, und Mäanderhalsdurchbrüche mit Totarmentwicklung stehen bevor (Foto: K.-H. Schmidt). b) Umlaufberg mit ehemaligem Prallhang und verlassener Talsohle, ein Wasserfall markiert den Mäanderhalsdurchbruch. Cirque de Navacelles, Causse de Larzac, Französisches Zentralmassiv (Foto: R. Zeese). c) Verzweigter Fluss mit separaten Einzelabflussbahnen: Matanuska River bei Palmer, Alaska, USA. Die Aufnahme entstand im späten August bei Niedrigwasser. Der Fluss führt im späten Frühjahr und im Sommer Schnee- und Gletscherschmelzwasser. Er wird unter anderem vom Matanuska-Gletscher gespeist. Bei hohen Schmelzwasserabflüssen ist der gesamte Talboden mit Wasser bedeckt. Als Zeichen der Mobilität (verwilderter Fluss, *braided river*) sind die Schotterbänke vegetationsfrei (Foto: K.-H. Schmidt).

lösungskonzentration und elektrischer Leitfähigkeit (Schmidt 1984). Im Gegensatz zur Lösungskonzentration ist die Schwebkonzentration im Gerinnebettquerschnitt nicht gleichmäßig verteilt, was sich verkomplizierend auf ihre Messung auswirkt (Schmidt 1996). Die Bodenfracht ist der am schwersten zu erfassende Teil der Sedimentfracht. Dazu werden Fanggeräte wie der Helley-Smith-Sampler, Geschiebefallen an der Flusssohle oder Tracermethoden (Schmidt & Ergenzinger 1992) eingesetzt. Die Sedimentfrachtkomponenten reagieren in unterschiedlicher Weise auf Veränderungen der Abflussmenge. Die Lösungskonzentration sinkt in der Regel bei steigendem Abfluss wegen des Verdünnungseffektes. Die Schwebkonzentration erhöht sich hingegen mit steigender Abflussmenge, jedoch lässt sich eine zuverlässige Korrelation besonders in kleinen Gewässern häufig nur für einzelne Ereignisse oder bestimmte Teile der Abflussganglinie berechnen (Schmidt 1996). Ähnliches gilt in verstärkter Form für die Beziehung zwischen Bodenfracht und Abfluss. Einen Überblick über verschiedene Methoden der Sedimenttransporterfassung geben Barsch et al (1994).

Talformen

In der geomorphologischen Definition ist ein Tal eine nach einer Seite offene Hohlform mit gleich gerichtetem Gefälle, das heißt, ein Tal darf nicht durch größere geschlossene Hohlformen (Seebecken) unterbrochen sein. Dennoch kann es durchaus kurze Abschnitte mit gegenläufigem Gefälle geben, wie in Talbereichen, die durch *riffles* und *pools* oder *steps* und *pools* gegliedert sind. Ein Tal als polymorphe Form besteht aus mehreren Reliefelementen, den Talhängen, dem Flussbett und dem Talboden. Je nach der Gestaltung dieser Reliefelemente ergeben sich sehr verschiedenartige Talquerschnittstypen (Talformen, Abb. 10.4.8). Bei manchen Taltypen ist ein Talboden nicht entwickelt, und die Hänge grenzen direkt an das Flussbett (Klamm, Schlucht, Kerbtal, häu-

Abb. 10.4.8 Talquerschnittsformen: a) Muldental in altpleistozänen Flussablagerungen am Ville-Ostrand, b) Kerbtal am Stufenrand des Lias (Kalkstein-Sandstein-Wechsellagen) bei Schwäbisch Gmünd in Ostwürttemberg, c) Klamm (*slot canyon*) des Antelope Canyon, Navajo Sandstein, Arizona, USA (Fotos: R. Zeese).

fig auch Canyon). Täler sind das Ergebnis des Zusammenwirkens von fluvialer Erosion und Hangdenudation. Die relative Bedeutung der beiden Prozesse spiegelt sich in der Steilheit der Hänge und im **Breite-Tiefe-Verhältnis** der Täler wider. Flankierend werden die Talquerschnittsformen gesteuert durch die Widerständigkeit der beteiligten Gesteine und ihre Lagerung, durch die Höhenverhältnisse und das Gefälle, durch das Abflussgeschehen und den Sedimenttransport. Flüsse neigen zur Tiefenerosion, wenn die Transportkapazität größer ist als die Menge des zu transportierenden Materials und bei umgekehrten Bedingungen zur Akkumulation. Bei Leser (2003) wird in diesem Zusammenhang der Begriff „**Belastungsverhältnis**" verwendet.

Die große Fülle an fluvial geschaffenen Talquerschnitten kann auf drei Grundtypen reduziert werden: Das **Muldental** (Abb. 10.4.8a) mit flach konkaven Hängen (Neigung < 20°) und ohne deutlich eingetieftes Gerinnebett, das **Kerbtal** (Abb. 10.4.8b), dessen Tiefenlinie bei abgehendem Wasser vollständig geflutet ist und im Sonderfall der **Klamm** überhängende Wände besitzt (Abb. 10.4.8c) sowie das **Sohlental** (Abb. 10.4.7b) mit bis zu mehrere Hundert Metern breiter Talsohle und unterschiedlich steil ansteigenden, oft asymmetrischen Hängen. Eine ausgeprägte Talasymmetrie mit Prall- und Gleithängen tritt in Talmäandern auf (Abb. 10.4.7b). Die Talhänge der Sohlentäler sind häufig durch **Terrassen** gegliedert (Abb. 10.4.9a, Abb. 10.5.8). Eine spezielle Talquerschnittsform bietet ein Canyon (Abb. 10.4.9b).

Er wird geformt in Sedimentgesteinen wechselnder Resistenz bei horizontaler bis wenig geneigter Schichtlagerung. Die Hänge sind gestuft mit wandartiger Versteilung in den resistenten Gesteinen und mäßiger Neigung in den weniger widerständigen Gesteinen. Die Oberflächen resistenter Gesteine begünstigen die Ausbildung von Felsterrassen an den Talflanken. Die Felsterrassen sind strukturangepasste Oberflächen (Schichtflächen). Großartige Beispiele dieser Talform zeigt der Colorado River in Utah und Arizona.

Formbildung durch Lösungsprozesse

Barbara Sponholz

Der Begriff **Karst** bezeichnet in der Geomorphologie Landformen, die durch die **vorherrschende Lösungsverwitterung und -abfuhr** entstanden sind (Ahnert 1996). Karstrelief und Karstwasserhaushalt kennzeichnen die Karstlandschaft.

Je nach verkarstetem Gestein unterscheidet man:
- **Salinarkarst**
  - Salzkarst, zum Beispiel in Steinsalz (NaCl) und Kalisalz (KCl), weist die höchste Löslichkeit auf. Oberflächig findet man ihn nur in extrem ariden Regionen (z. B. Atacama, Zentraliran). Im Untergrund kommt es durch Grundwasser zu Auslau-

Abb. 10.4.9 a) Flussterrasse im Tal des Dades am Südrand des Hohen Atlas, Marokko. Der rezente Talboden des Dades (im Mittelgrund) ist mit Schottern bedeckt. Er grenzt an eine Steilwand, in der verfaltete Schichten des Atlassüdrandes aufgeschlossen sind. Diskordant über den älteren Gesteinen liegen auf einer Erosionsoberfläche (Schnittfläche) Flussschotter. Die Flussschotter unterlagern die eigentliche Terrassenfläche, auf der, das ebene Relief nutzend, ein Dorf angelegt wurde. b) Canyon des Colorado River am Deadhorse Point im Canyonlands National Park, Utah, USA. Der Colorado hat in Sedimentgesteinen des Jura (Canyonrand) bis Perm (Flusssohle) einen tiefen Canyon eingeschnitten. Am Hang wechseln wandartig versteilte Abschnitte in resistenten Gesteinen (Sandsteine, Konglomerate, Kalke) mit mäßig geneigten Abschnitten in gering resistenten Gesteinen (Feinsandsteine, Siltsteine, Tonsteine, Mergel). Auf der Oberkante der resistenten Gesteine haben sich weite Felsterrassen gebildet wie auf dem White-Rim-Sandstein im Bildmittelgrund auf halber Canyonhöhe oder im Shafer-Kalkstein auf dem Mäandersporn im Vordergrund. Es handelt sich dabei nicht um Flussterrassen, sondern um Strukturflächen, die durch denudative Abräumung von geringer resistenten überlagernden Schichten entstanden sind (Fotos: K.-H. Schmidt).

gung (Subrosion) und darüber zu Senkungser-
scheinungen (z. B. Norddeutschland).

– Gipskarst: Gips ($CaSO_4 \cdot 10\ H_2O$) und Anhydrit
sind verkarstungsfähige Sulfate.

- **Karbonatkarst:** Die wichtigste Gruppe der Karstgesteine ist die der verbreiteten Karbonate, deren Löslichkeit stark vom Kohlensäuregehalt des Wassers
abhängt. Neben Kalk ($CaCO_3$) ist hier Dolomit
($CaMg(CO_3)_2$) zu nennen.

- **Silikatkarst**: Karst in silikatischen Gesteinen, speziell
auch Sandsteinkarst (Mainguet 1972, Wiegand et al.
2004)

Wichtig für effiziente Verkarstung ist eine hohe Reinheit
des Gesteins. Sonst reichern sich Ton- und Schluffparti-
kel weniger leicht löslicher Minerale an und blockieren
als Residualtone bzw. -lehme die Karstwasserbahnen. Es
muss ausreichend Wasser im Karstsystem zirkulieren,
was Wasserwegsamkeit und Drainage zum Vorfluter
notwendig macht. Zur Karbonatlösung muss das Wasser
CO_2 enthalten, das es vor allem aus der Bodenluft aufnimmt.

Karstgebiete werden unterirdisch entwässert. Nieder-
schlagswasser und allochthoner Zufluss versickern dif-
fus oder konzentriert in Schlucklöchern (Ponoren). Die
Karsthohlräume bilden ein System kommunizierender
Röhren, in denen Druckunterschiede das Fließen des
Wassers modifizieren.

Zwischen Erdoberfläche und der je nach Wasserzufuhr variablen Karstwasserfläche liegt die **vadose Zone**.
Sie ist meist luftgefüllt und wird vom Sickerwasser von
oben nach unten durchflossen. Das Wasser sammelt sich
darunter in der vollständig wassergefüllten **phreatischen Zone**. Das Fließverhalten von Karstwässern kann
beispielsweise durch fluoreszierende oder schwach
radioaktive Tracer nachvollzogen werden. Karstquellen
reagieren schnell auf Veränderungen der Wasserzufuhr
und ihre Schüttung kann stark schwanken. Hungerbrunnen sind Quellen an höher gelegenen Hangpositio-
nen, die nur bei Hochständen der phreatischen Zone
schütten. Bei Quelltöpfen erfolgt die Schüttung druck-
bedingt entgegen der Schwerkraft. Wenn Wasser unter
Druck durch die Hohlräume des Karstsystems gepresst
wird, spricht man von Druckfließen (Pfeffer 1990).

Wegen der oft großen Fließgeschwindigkeiten und
Röhrendurchmesser in Karstwassersystemen ist die Filterung der Wässer sehr gering, was Probleme bei der
Nutzung von Karstwässern als Trinkwasser infolge Ver-
unreinigungen im Einzugsgebiet, zum Beispiel durch
Düngung von Ackerflächen oder den Eintrag von Fäkalien, bedingen kann.

Die Korrosion von Kalk erfolgt durch CO_2-haltiges
Wasser. Pro Liter Wasser können in Abhängigkeit von

CO_2-Gehalt und Temperatur etwa 100 bis 400 mg
$CaCO_3$ aufgenommen werden (Zepp 2002). Bei der Kalklösung (Abb. 10.4.1) verbinden sich CO_2 und Wasser zu
Kohlensäure (H_2CO_3). Der gering lösliche Kalk ($CaCO_3$)
reagiert mit der Kohlensäure und wird zu wasserlösli-
chem Kalziumhydrogenkarbonat ($Ca(HCO_3)_2$).

Die Lösungsintensität hängt unter anderem vom
CO_2-Partialdruck der Bodenlösung, der Wassertemperatur sowie pflanzlichen und mikrobiologischen Aktivitäten ab. Wenn der Lösung CO_2, beispielsweise durch
Photosynthese treibende Pflanzenteile, entzogen wird,
kommt es zur Kalkausfällung. Werden die Pflanzen
dabei von Kalk umkrustet, entsteht Kalktuff. Wenn eine
Kalklösung an der Erdoberfläche austritt, kann ebenfalls
CO_2 entweichen und es kommt zur Bildung von Sinter-
kalken. Die Abbildung 10.4.10 zeigt das Lösungsgleich-
gewicht zwischen Kalk und Kohlensäure und das Phänomen der Mischungskorrosion (Bögli 1964). Letzteres
führt durch die Mischung zweier kalkgesättigter Wässer
unterschiedlicher Temperatur zur Freisetzung neuer
Lösungskapazität. Karst tritt an der Erdoberfläche
(**Oberflächenkarst**) oder im Untergrund (**Tiefenkarst**)
auf. Beim bedeckten Karst ist das Gestein von Boden
und meist auch Vegetation bedeckt. Fehlt diese Auflage,
spricht man von nacktem Karst. Überdeckter Karst
bezeichnet eine nachträglich mit Sediment bezogene
Karstfläche. Unterirdischer Karst umfasst die Gesamtheit der unterirdischen Karstphänomene. Die unterirdischen Hohlräume können Einbrüche oder Sackungen
an der Erdoberfläche auch in unlöslichen Deckschichten
verursachen (Erdfälle). Häufig treten die verschiedenen
Karstformen vergesellschaftet auf.

Die **Kleinformen des Karstes** werden als **Karren**
bezeichnet. Nach ihrer Form unterscheidet man länglich
ausgeformte Rillen- (scharfkantig, auf offenen Gesteins-

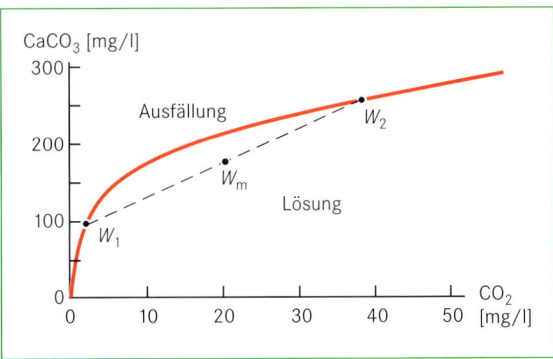

Abb. 10.4.10 Sättigungskurve und Mischungskorrosion. Die
Mischung der beiden mit W_1 bzw. W_2 bezeichneten gesättigten
Kalklösungen ergibt die ungesättigte Kalklösung W_m, sodass
weitere Kalklösung möglich ist (verändert nach Bögli 1964).

Abb. 10.4.11 Doline, Causse de Larzac, Französisches Zentralmassiv (Foto: R. Zeese).

oberflächen) oder Rinnenkarren (abgerundet, häufig im bedeckten Karst entwickelt), teils in Orientierung am Kluftnetz mit dessen starker Betonung (Kluftkarren), und eher rundliche Lochkarren, Napfkarren oder Spritzwasserkarren im unmittelbaren Küstenbereich.

Die in nahezu allen außertropischen Karstgebieten anzutreffende Leitform des Oberflächenkarstes ist die **Doline** (Abb. 10.4.11). Es gibt Einsturzdolinen mit senkrechten bis überhängenden Wänden durch Nachbruch über Hohlräumen im Untergrund (z. B. auf der Schwäbischen Alb und der Hohenloher Ebene) und Lösungsdolinen durch Gesteinslösung mit in der Tiefe abnehmender Lösungsintensität (z. B. in den Eifel-Kalkmulden und zahlreichen Gipskarstgebieten wie dem südlichen Harzvorland und dem Steigerwaldvorland). Sie finden sich häufig an besonders lösungsanfälligen Stellen wie beispielsweise Kluftkreuzungen. Hier können auch senkrechte Karstschlote weit in den Untergrund eingreifen. Mit Residualien und Akkumulationsmaterial verfüllte Kluftkarren und Dolinen mit geringem Durchmesser nennt man Schlotten, die bei enger Scharung als geologi-

sche Orgel bezeichnet werden. **Uvalas** entstehen vermutlich aus dem Zusammenwachsen mehrerer Lösungsdolinen und besitzen mehrere entwässernde Tiefenzentren. **Poljen** sind die größten geschlossenen Hohlformen des Karstes. Ihr ebener Boden, der häufig etwa auf dem Niveau der Karstwasserfläche liegt, ist von Residualien und allochthonem Material bedeckt. Dadurch stellen die Poljen Gunsträume für die Landwirtschaft in Karstgebieten dar. Dolinen, Uvalas und Poljen sind typische Großformen des dinarischen oder ektropischen Karstes.

Der **tropische Karst** ist durch Vollformen mit zwischengeschalteten Senken gekennzeichnet. Mit fortschreitender Lösung vergrößern sich die Senkenareale, bis sie sich – teils entlang von Kluftlinien orientiert – gegenseitig berühren und dadurch eine in der Aufsicht polygonale Struktur aufweisen (polygonaler Karst). Die Vollformen (Kegel- oder Turmkarst, Mogotes, besonders gut z. B. in Guilin in Südost-China und auf Kuba entwickelt) sind Reste der großenteils bereits weggelösten Karstgesteine (Abb. 10.4.12). Die Basis der steilwandigen Vollformen liegt etwa auf dem Niveau des Karstwasserspiegels oder über unlöslichem Gestein. Je nach relativer Höhe und Steilheit werden die Vollformen als Karstkegel oder Karsttürme bezeichnet. Mit fortschreitender Lösung und Herauspräparierung dieser Megaformen entstehen gleichfalls für die Tropen typische Hohlformen: Eine Sonderform der Doline im tropischen Karst sind Cockpits, große Hohlformen mit sternförmigem Grundriss und ebenem Boden, die aus der Weiterentwicklung des polygonalen Karstes resultieren.

Neben den Formen des tropischen Karstes kommen in den Tropen auch alle Formen des dinarischen Karstes vor. Die unterschiedliche Entwicklung des tropischen

Abb. 10.4.12 Tropischer Karst in Form von Karsttürmen in Südchina (Foto: B Sponholz).

und des ektropischen Karstes ist noch nicht endgültig geklärt. Nach Grund (1914) verläuft die Genese von Karstlandschaften in einem **Karstzyklus** (Abb. 10.4.13), der mit der Anlösung einer Karstgesteinsfläche beginnt und in der Auflösung des Gesteins mit nur noch wenigen Resten – den Vollformen – endet. Nach Lehmann (1953) und anderen spielen aber auch die (Paläo-)Klimabedingungen und Unterschiede in der Gesteinsstruktur eine große Rolle.

Die **Höhle** ist die Leitform des Tiefenkarstes. Höhlen bilden sich bevorzugt im Schwankungsbereich der Karstwasserfläche, weshalb man auch von epiphreatischen Höhlen spricht. Nach Niederschlägen strömt frisches, CO_2-reiches Wasser zu und das Niveau des nun lösungsaktiveren Wassers steigt. Außerdem wirkt die Mischungskorrosion. Die Hebung eines Karstgebietes und/oder die Eintiefung des Vorfluters kann zur Ausbildung mehrerer Höhlenstockwerke führen.

Zur **Kalkausfällung** kommt es, wenn dem Wasser durch Druckminderung beim Austritt aus Klüften CO_2 entzogen wird. Es bilden sich Sinterkalke oder Tropfsteine (Stalaktiten: von der Decke herabwachsend, Stalagmiten: vom Boden aufwachsend). Zusammenfassend werden die Ausfällungsformen des unterirdischen Karstes als Speleotheme bezeichnet. Paläokarst und fossiler Karst wurden unter Vorzeitklimaten gebildet und unterliegen aktuell nicht mehr der Verkarstung.

Karst ist auch in wenig löslichen Gesteinen bekannt. Vor allem in paläozoischen Sandstein- und Quarzitvorkommen in der Sahara und in Südamerika, aber auch in Granit (Seychellen) sind solche Karstgebiete nachgewiesen. Sie werden unter dem Begriff Silikatkarst bzw. Sandsteinkarst, selten Parakarst (Choppy 1984/85) geführt. Analytisch sind auch in diesen Gesteinen echte Lösungsvorgänge nachweisbar, die im Allgemeinen in enger Verbindung mit intensiver chemischer Verwitte-

rung ablaufen. Der Begriff **Pseudokarst** sollte hingegen Formen vorbehalten bleiben, die zwar dem Karst ähneln, aber nicht primär auf Lösung zurückzuführen sind, zum Beispiel Thermokarst durch Austauen von Eis (Abb. 10.4.21) oder Vulkanokarst (Bildung von Hohlräumen im Zuge der Lavaförderung).

Formbildung durch glaziale Prozesse

Gerhard Schellmann

Außerpolare Gebirgsgletscher und Eiskappen nehmen zwar gegenwärtig nur etwa 4 Prozent der gesamten vergletscherten Fläche auf der Erde ein, aber während der Hochstände quartärer Kaltzeiten waren deren Ausdehnungen um ein Mehrfaches größer. Daher können glaziale Formen und Ablagerungen durchaus das Landschaftsbild gegenwärtig nur wenig oder gar nicht mehr vergletscherter Gebirge und ihrer Gebirgsvorländer auf der Erde auch außerhalb der Polargebiete prägen.

Die Formung eines Gebietes durch glaziale Prozesse resultiert aus der Wechselwirkung zwischen dem sich bewegenden, mehr oder minder stark schuttbelasteten Gletschereis und der Erosionswiderständigkeit (u. a. abhängig von der Petrographie, Klüftung, geologischen Gesteinslagerung, präglazialen Verwitterung), der Topographie (z. B. Hindernisse und Steilstrecken), dem Reibungswiderstand und dem Gefälle des Gesteinsuntergrundes. Dabei wird das Erosions- und Akkumulationsvermögen eines Gletschers wesentlich beeinflusst von der Fließgeschwindigkeit und der Zeitdauer der Gletscherbewegung, der Art der Fließbewegung (plastisches Fließen, basales Gleiten sowie Blockschollenbewegung), der Eismächtigkeit und Eistemperatur, dem

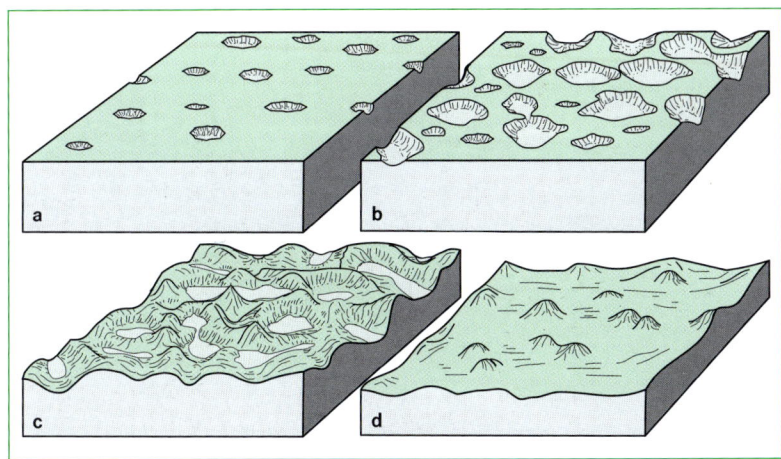

Abb. 10.4.13 Karstzyklus: a) junger Karst, bei dem zwischen den Dolinen noch die Urform erkennbar ist. b) spätjunger Karst mit größeren, zahlreicheren und zum Teil zusammengewachsenen Dolinen. c) Cockpitlandschaft mit reifem Karst. Die Urform ist verschwunden, große Dolinen und Uvalas liegen zwischen den Cockpithügeln. d) Cockpitlandschaft mit altem Karst, bei der zwischen den Hügeln, die isoliert über die werdende Rumpffläche ragen, das Land eingeebnet ist (verändert nach Grund 1914).

Abb. 10.4.14 Gletscherschrammen und Reibungsrisse auf Kalkstein, Tsanfleurongletscher, Savièse, Schweiz: der Gletscher kam von rechts oben (Foto: R. Zeese).

Erreichen oder Nicht-Erreichen des Druckschmelzpunktes an der Gletscherbasis (temperierter, kalter sowie polythermaler Gletscher), der Schuttführung sowie dem Auftreten subglazialer Schmelzwässer (Menge, Fließgeschwindigkeit, hydrostatischer Druck).

Gletscher wirken abtragend durch das sich bewegende Eis (basales Gleiten, Blockschollenbewegungen), das mitgeführte Gestein (Korngröße und Petrographie) und die subglazialen Schmelzwässer (Menge, Fließgeschwindigkeit, Strömungsturbulenzen, hydrostatischer Druck). Beim temperierten Gletscher kommt es an der Gletschersohle zur Druckverflüssigung und damit zur Bildung eines saisonalen Schmelzwasserfilms (Regelationsschicht). Dieser ermöglicht ein Gleiten der Glet-

scherbasis über den festen Gesteinsuntergrund. Dabei wirken Gesteinspartikel, die zwischen der Gletschersohle, an der sie angefroren sein können, und dem Gletscherbett mitgeführt werden, abtragend auf den Untergrund (Abb. 10.4.14). Die Abtragung erfolgt schleifend-polierend (Gletscherschliff, engl. *polishing*) oder kritzend-schrammend (Gletscherschrammen, engl. *striation*). Beide Prozesse umfasst der Begriff **Detersion** (synonym glaziale Abrasion oder Gletscherschliff). Feinkörniges Gesteinsmehl wird als Gletschertrübe („Gletschermilch") durch subglaziale Schmelzwasser abtransportiert.

Starke Druckänderung an der Gletscherbasis führt zu Spannungsunterschieden im Gestein und dadurch zu einer subglazialen Zerrüttung von Festgestein. Zunächst entstehen Risse und Klüfte, an denen nachfolgend Gesteinsfragmente durch Temperaturschwankungen um den Druckschmelzpunkt (Frostwechsel, Regelation) gelockert werden, die dann als subglazialer Schutt (engl. *debris*) abtransportiert werden können. Besonders leicht geschieht dies, wenn der Schutt an der Gletscherbasis anfriert. Der Gletscher zieht dann das gelockerte Bruchstück heraus und nimmt es mit. Dieser Vorgang wird als **Detraktion** bezeichnet (lat. *detrahere* = herausziehen) und setzt Rissbildung, Zerrüttung und Lockerung des Untergrundgesteins voraus. An der Gletschersohle dominiert die Detraktion im Lee von Hindernissen (zum Beispiel auf der Leeseite von Rundhöckern). Dort ist der Auflastungsdruck des Eises geringer, wodurch basale Gefrier- und Auftauprozesse möglich werden (Abb. 10.4.15). Ergebnisse der Detraktion sind steile und kantige Felsoberflächen im Gegensatz zu den geglätteten Detersionsformen. Eine verstärkte Detraktion erfolgt an den Gletscherrändern und am Bergschrund, weil dort

Abb. 10.4.15 Rundhöcker auf Kalkstein, Tsanfleurongletscher, Savièse, Schweiz (Foto: R. Zeese).

gehäuft Frostwechsel mit entsprechend erhöhter Frostverwitterung und damit Lockerung des Gesteinsverbandes auftritt.

Gesteinsbruchstücke an der Gletscherbasis können nicht nur kritzen, sondern durch den Druck auf das Gestein des Gletscherbettes auch Risse (Reibungsrisse, engl. *friction cracks*) hervorrufen. Nachfolgende Druckentlastung zerrüttet das Gestein, das dann herausgebrochen werden kann (Abb. 10.4.14).

Exaration (lat. *exarare* = herauspflügen) bezeichnet die Abtragung von Lockersedimenten und wenig widerständigem Gestein, wodurch vor allem Zungenbecken und Stauchmoränen, aber auch rückläufige Gefällsabschnitte mit wannenartigen Vertiefungen im Bereich von Gebirgstälern entstehen. Dies erfolgt vor allem an der Gletscherzunge durch Auflastungsdruck sowie Vorwärts- und häufig auch Aufwärtsbewegung des Gletschereises. Dabei kommt es neben einfachem Ausschürfen und Anfrieren von Lockermaterial an der Gletscherbasis, vor allem zur Deformation von nicht gefrorenem Lockermaterial sowie zum Abscheren von gefrorenem Gesteinsmaterial und ganzen Gesteinspaketen (**glazitektonisch**).

Die **subglaziale Schmelzwassererosion** ist ein Phänomen temperierter und polythermaler Gletscher. Ihre Intensität ist neben der Lithologie und Durchlässigkeit des Gesteinsuntergrundes vor allem abhängig von der Menge und der Fließgeschwindigkeit des Wassers, der Intensität von Strömungsturbulenzen sowie der Menge der mitgeführten Sedimentfracht. Die unter hydrostatischem Druck stehenden subglazialen Schmelzwässer können quer und sogar bergauf entgegen dem Untergrundgefälle strömen. Subglazialen Schmelzwasserrinnen und -tälern fehlt ein Quellgebiet, sie enden manchmal abrupt und besitzen häufiger ein unausgeglichenes Längsprofil.

Insgesamt ist das Ausmaß der Glazialerosion (Detersion, Detraktion, Exaration, subglaziale Schmelzwassererosion) am effektivsten und am weitflächigsten verbreitet unter temperiertem Gletschereis.

Das Zusammenspiel von glazialen und fluvioglazialen Erosionsprozessen erzeugt für eine Glaziallandschaft typische Formen unterschiedlicher Größe. Sie reichen von Kleinformen (< 1 m Größe) wie unter anderem Kritzungen, Gletscherschrammen (Abb. 10.4.14), Sichelbrüchen bzw. Sichelwannen oder Parabelrissen auf Gesteinsoberflächen bis hin zu größeren, meso- bis makroskaligen Formen (1 m bis mehrere Kilometer Größe). Großformen der Glazialerosion sind unter anderem abgeschliffene Felsoberflächen mit glatt polierten Felswannen und Felsrücken, Rundhöcker und Felsdrumlins, Kare, Trogtäler und Fjorde, Zungenbecken und subglaziale Rinnen oder Tunneltäler.

In Fließrichtung eines Gletschers können Felsrücken durch eine Kombination von Detersion und Detraktion glazialerosiv zu länglichen **Rundhöckern** (Abb. 10.4.15; franz. *roches moutonnées*) umgestaltet werden, die häufig in Gruppen auftreten. Ihre Längsachsen liegen in der Bewegungsrichtung des Eises. Sie besitzen an ihrer Luvseite (das ist die der Bewegungsrichtung des Eises zugewandte Seite) als Folge ausgeprägter Detersion eine weniger steile und geglättete Felsoberfläche. Dagegen hat die Leeseite (die der Bewegungsrichtung abgewandte Seite) durch starke Detraktion eine raue Felsoberfläche, die dabei in der Regel zusätzlich versteilt worden ist.

Ein **Kar** (engl. *cirque*) ist idealtypisch betrachtet eine lehnstuhlartige glazialerosive Hohlform im Festgestein. Es besitzt im Längsschnitt eine steile Karrückwand und einen beckenartig eingetieften Karboden (Karwanne), der oft durch einen rundhöckerartig überschliffenen Felsriegel, die Karschwelle (Karriegel), vom Vorland getrennt ist. Die glazialerosive Übertiefung des Karbodens resultiert vor allem aus der dort größeren Eismächtigkeit. Die laterale Vergrößerung eines Kars geschieht im Zusammenspiel von glazialerosiver Tieferlegung des Karbodens sowie periglazialer Hangabtragung der Karrückwand unter Beteiligung intensiver Frostverwitterung und gravitativer Massenbewegungen vor allem in Form von Steinschlägen und Felsstürzen.

Trogtäler (engl. *glacial troughs*) oder U-Täler (Abb. 10.4.16) und ebenso die beim postglazialen Meeresspiegelanstieg überfluteten Fjorde sind durch Glazialerosion übertiefte und verbreiterte präglaziale Kerbtäler und Kerbsohlentäler. Trogtäler besitzen einen ebenen Talboden aus glazifluvialen und fluvialen Ablagerungen und steile, bis an die ehemalige Schliffgrenze vom Gletschereis glazialerosiv beanspruchte Trogwände als Talflanken. Oberhalb der Schliffgrenze sind die Talhänge durch periglaziale Formungsprozesse gestaltet, besitzen raue Felsoberflächen, scharfkantige Grate und mächtige Felssturz- und Steinschlagkegel. Seitentäler münden in der Regel mit Gefällsbrüchen als sogenannte „Hängetäler" (engl. *hanging valleys*) ins Haupttal ein (Abb. 10.4.16). Geringere Eismächtigkeiten der Seitengletscher in diesen Tälern sind die Ursache für ihre verminderte glazialerosive Eintiefung.

Fjorde (engl. *fjords*) unterscheiden sich von Trogtälern sowohl durch deren Überflutung im Laufe des spätglazialen und holozänen Meeresspiegelanstiegs als auch durch die normalerweise geringere glazialerosive Eintiefung an der ehemaligen Kalbungsfront des Gletschers. Dort schwamm das Eis auf und konnte nicht mehr erodierend wirksam werden.

Im Bereich der Gletscherzungen erstrecken sich als Teil der glazialen Serie (Abb. 10.5.12) lang gestreckte, oft wassererfüllte Becken (**Zungenbecken, Zungenbecken-**

seen), bei deren Entstehung Exaration und subglaziale Schmelzwassererosion zusammenspielten.

Gletscher hinterlassen verschiedene glaziale, glazifluviale und glazilimnische Sedimente und Akkumulationsformen. Sedimente nehmen sie subglazial (basal) im Zuge der glazialen Erosion und supraglazial auf. Die supraglaziale Sedimentaufnahme erfolgt überwiegend durch Steinschlag, Fels- und Blockstürze oder Lawinen, die von Nunatakkern (Singular: **Nunatak**), aus dem Eis herausragenden und der Frostverwitterung ausgesetzten Bergen (Abb. 10.4.16), oder von den Gletscherflanken aufs Eis niedergehen.

Die Rekonstruktion des Einzugsgebietes einer ehemaligen Vergletscherung ist unter anderem anhand

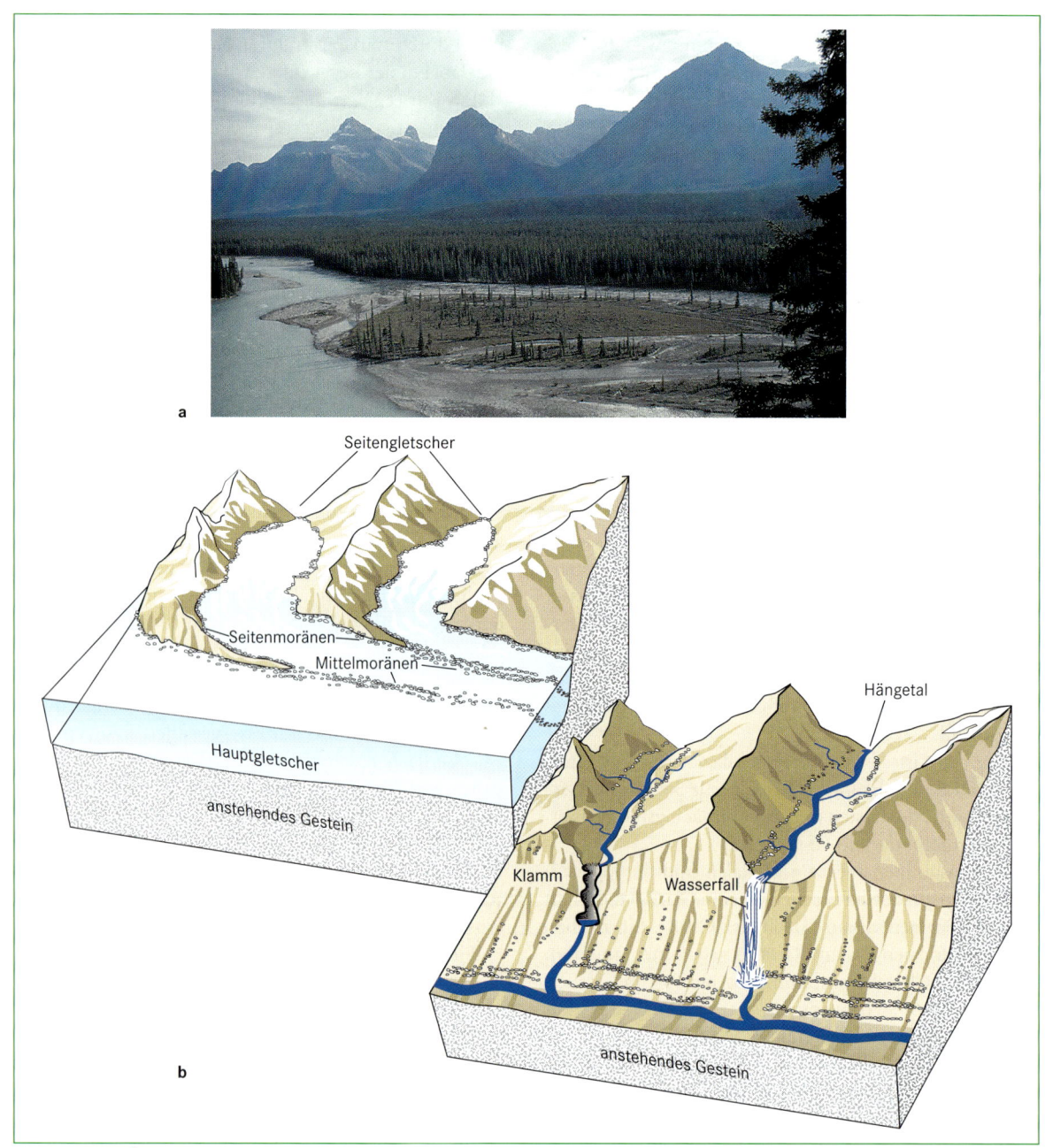

Abb. 10.4.16 a) Trogförmige glaziale Hängetäler, Athabasca Lookout, Jasper NP, Kanada (Foto: R. Zeese). Ehemals nicht von Eis bedeckte Berge (Nunatakker) bilden scharfkantige Felsformen. b) Schema der glazialen Hängetalbildung (nach Press & Siever 2003).

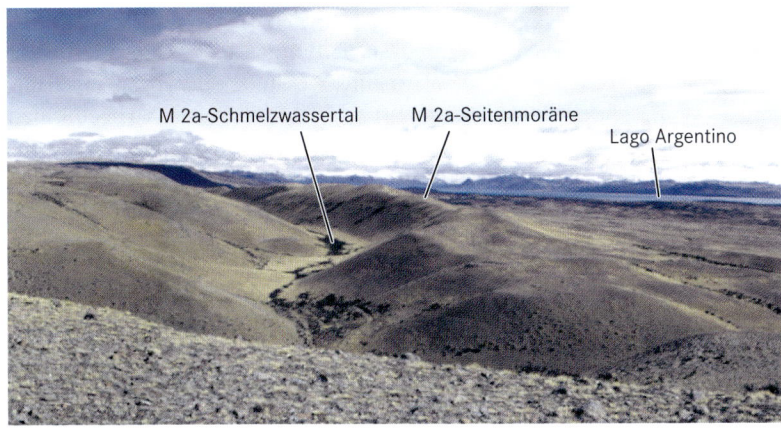

M 2a-Schmelzwassertal   M 2a-Seitenmoräne

Lago Argentino

Abb. 10.4.17 Markante mittelpleistozäne Seitenmoräne des M 2a-Glazials (zur Vergletscherungsgeschichte in Patagonien: Schellmann 1998) am südöstlichen Rand des Lago-Argentino-Zungenbeckens (Patagonien/Argentinien, Foto: G. Schellmann 2003).

charakteristischer **Leitgeschiebe** (Gesteine, deren Ursprungsort eng begrenzt ist) möglich, die als Findlinge (erratische Blöcke) in der Landschaft besonders auffällig sind. Sie erlauben Aussagen über die Eishöhe und die Reichweite der Vergletscherung (z. B. Feuerstein- bzw. Flintlinie in Norddeutschland).

Am Rande eines Gletschers häuft sich durch die Fließbewegung und das Abschmelzen (Ablation) des Eises der mitgeführte Schutt zu **Moränenwällen** auf. Je nach der Lage zum Gletscher werden sie als Seiten- oder Ufermoränen (engl. *lateral moraine*; Abb. 10.4.17) bzw. als End- oder Stirnmoränen (engl. *terminal moraine*) bezeichnet. Die Moräne als Sediment (engl. *till*) besteht in der Regel aus ungeschichtetem Material mit einem breitem Korngrößenspektrum (Blockmoräne, Geschiebemergel, Geschiebelehm), in dem häufig leicht kantengerundete, polierte, vereinzelt auch gekritzte Geschiebe eingelagert sind (Abb. 10.4.18). Die Rekonstruktion früherer Eisrandlagen gründet sich insbesondere auf der Kartierung altersgleicher End- und Seitenmoränenwälle. Grundmoränen bestehen aus den beim Abschmelzen des Gletschers frei werdenden Schuttablagerungen oder aus dem an der Basis des Gletschers transportierten und dabei deformierten Schutt. Als kuppige Grundmoränenlandschaft bezeichnet man das Gebiet im Hinterland ehemaliger Eisrandlagen, das durch den Wechsel von Hügeln und Senken, von Mooren und Seen sowie durch ein unregelmäßiges Gewässernetz gekennzeichnet ist.

Weitere vom Gletscher und seinen Schmelzwässern geschaffene Reliefformen sind vor allem in Richtung der Eisbewegung sich erstreckende Drumlinscharen und Oser (Esker) sowie beim Abschmelzen am Außenrand von Gletschern entstandene Kamesterrassen und Toteislöcher (Sölle).

Ein **Drumlin** (von gälisch *druim* = Hügel) ist ein stromlinienförmiger Rücken aus Lockermaterial mit

steilerer, der Eisbewegung zugewandter Luv- und flach auslaufender Leeseite. Drumlins treten meist vergesellschaftet als Drumlinscharen oder Drumlinschwärme innerhalb des ehemaligen Vereisungsgebietes auf. Es sind subglaziale Formen, die im Zehrgebiet von temperierten Gletschern gebildet werden.

Oser (schwedisch *Åsker*) bzw. **Esker** (irisch *eiscir*) sind extrem lang gestreckte, im Grundriss oft geschwungene wallartige Rücken mit steilen Hängen. Sie sind Akkumulationsformen aus geschichteten Sanden und Kiesen, die von Schmelzwässern in Tunnelröhren an der Basis (subglazial) – oder seltener in Tunnelsystemen

Grundmoräne (Ablationsmoräne)

laminierte Staubeckensedimente

Abb. 10.4.18 Mittelpleistozäne Grundmoräne (Ablationsmoräne) des M 4a-Glazials (zur Vergletscherungsgeschichte in Patagonien: Schellmann 1998) aus überwiegend ungeschichtetem Material aller Korngrößen am Nordrand des Río-Santa-Cruz-Tales (Patagonien, Argentinien; Foto: G. Schellmann).

im Eis (englazial) – in Schmelzwasserrinnen auf dem Gletscher (supraglazial) oder subaquatisch abgelagert wurden.

Kames (schottisch *kaim*) sind Formen aus geschichteten Schmelzwassersanden und -kiesen (glazifluvial), die zwischen Talhang und Außenrand des Gletschers (Kamesterrasse, Kamesplateau) oder auf und zwischen Toteis (Kameshügel und -rücken) abgelagert wurden.

Die Oberflächen von Sedimentkörpern, die auf Toteis abgelagert wurden, besitzen häufig kreisförmige bis längliche abflusslose Hohlformen, die als **Toteislöcher** (engl. *kettle holes*; Abb. 10.5.12), **Sölle** (Singular: „Soll“) oder „Kessel“ bezeichnet werden. Sie können wenige bis einige Hundert Meter Durchmesser und Tiefen von wenigen bis einigen Zehnern von Metern erreichen und sind sekundär erst im Laufe des langsamen Abtauens von Toteis im Untergrund entstanden.

Vor einem Gletscher erstrecken sich als Schmelzwasserablagerungen zum Teil ausgedehnte Sanderflächen und Schotterfelder (Abb. 10.5.12). Zudem prägen das Vorland zahlreiche kleinere und größere proglaziale Schmelzwassertäler und bei einer Ablenkung der präglazialen Entwässerung parallel zum ehemaligen Eisrand verlaufende Urstromtäler (Abb. 10.5.11).

Formbildung durch periglaziale Prozesse

Wilfried Haeberli & Jörg Völkel

Periglaziale Formen entstehen unter der Wirkung von **Frost im Untergrund** (French 2007). Die Dynamik solch frostgesteuerter Prozesse hängt besonders stark von klimatischen Bedingungen ab. In tropischen Hochgebirgen dominieren Effekte des Tageszeitenfrostes, in höheren Breiten dagegen des Jahreszeitenfrostes und des Dauerfrostes (Permafrost). Die Tiefenwirkung liegt beim Tageszeitenfrost im Zentimeter- bis Dezimeterbereich, beim Jahreszeitenfrost im Dezimeter- bis Meterbereich, während Permafrost bei marginalen Existenzbedingungen mit mittleren jährlichen Oberflächentemperaturen um 0 °C einige Meter, in sehr kalten Gebieten (Sibirien, Hochgebirgsgipfel) aber bis über 1 000 Meter mächtig sein kann. Im Permafrost bildet sich während der warmen Jahreszeit bis zu einer Tiefe von einigen Dezimetern bis Metern eine Auftauschicht an der Oberfläche aus, jahreszeitliche Temperaturschwankungen dringen rund 15 bis 20 Meter tief in den Untergrund ein, darunter steigt die Temperatur als Folge des Wärmeflusses aus dem Erdinnern im Fall eines thermischen Gleichgewichtes mit etwa 3 °C/100 m an. Als

Folge des atmosphärischen Temperaturanstiegs seit etwa 100 Jahren ist allerdings vielerorts eine thermische Anomalie (Wärmeflussreduktion oder sogar -inversion) bis in Tiefen von rund 50 bis 100 Metern zu beobachten.

Der Verteilung der Landmassen auf der Erde entsprechend ist Permafrost primär ein Phänomen der Nordhalbkugel und der Hochgebirge. Entscheidend für die geomorphologischen Prozesse wie auch für die klimarelevanten Auswirkungen sind die thermischen Verhältnisse (Nähe zur Schmelztemperatur) sowie der Eisgehalt der gefrorenen Schichten im Untergrund. Letzterer kann das ursprüngliche Porenvolumen des Ausgangsgesteins weit übersteigen (Eisübersättigung) und bestimmt das mechanische Verhalten des gefrorenen Materials (Hebung/Setzung, Festigkeit, Kriechen, Rissbildung). Kalte Gebirge mit komplexer Topographie und ausgedehnte Flachländer subpolarer Breiten werden durch unterschiedliche Prozessketten charakterisiert (Romanovsky et al. 2007).

Die Volumenexpansion beim Gefrierprozess spielt sich vor allem im Oberflächenbereich (Tageszeitenfrost) ab und führt zur Bildung von Verwitterungsprodukten kleiner Korngrößen (Silt, Sand, Steine). In größerer Tiefe (Jahreszeiten- und Permafrost) bilden sich bei negativen Temperaturen und genügend Wassernachschub Eislinsen, die umfangreichere Gesteinspakete zerstören und größere Komponenten freisetzen (Blöcke, Felspartien). Entsprechende Sturzvorgänge in Felswänden (Steinschlag, Block- und Felsstürze; Abb. 10.4.19) bauen Schutthalden und -kegel auf mit typischen Oberflächenneigungen (25 bis 35°) und charakteristischer

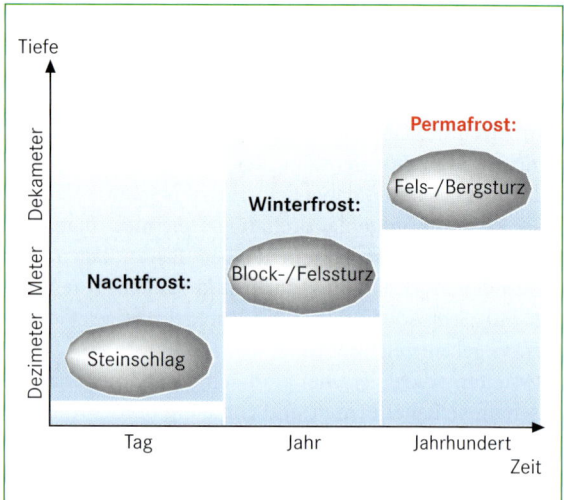

Abb. 10.4.19 Zeitskalen und Tiefenwirkungen der Frostverwitterung in periglazialen Felswänden und entsprechender Sturzphänomene.

Korngrößensortierung (Feinmaterial oben, grobe Blöcke vorwiegend unten).

In dauernd gefrorenem Schutt mit hohem Eisgehalt ist die innere Reibung (Kontakte zwischen den Felspartikeln) reduziert, der innere Zusammenhalt (Kohäsion) jedoch erhöht und die Übertragung von Spannungen dadurch über große Distanzen möglich. Auf Berghängen kriechen solch eisreiche Schuttmassen mit typischen Geschwindigkeiten von Zentimetern bis Metern pro Jahr talwärts. Über Zeiträume von Jahrtausenden (Holozän) führt die kumulative Verformung gefrorener Schutthalden zur Bildung von lavastromartigen Schuttströmen (Blockgletscher; Abb. 10.4.20; Haeberli et al. 2007). Diese sind Archive der holozänen Verwitterungs- und Steinschlaggeschichte. Auch dauernd gefrorene Moränen zeigen vergleichbare Verformungen, oft als Resultat komplexer Interaktionen zwischen Gletschern und Permafrost.

Abb. 10.4.20 Kriechender Permafrost (Blockgletscher) am Piz Albana, Engadin, Schweizer Alpen, 1990. Die heutige Landschaftsform ist durch fortgesetzte Kriechverformung des eisreichen Schuts im Verlauf des Holozäns entstanden. Charakteristisch für die Grenzzone des Gebirgspermafrostes sind auch die verschiedenen beidseits des Blockgletschers erkennbaren Formen von periglazialen Murgängen (Foto: W. Haeberli).

Im Gegensatz zu solchen Phänomenen des Permafrostes führen Frier-Tau-Prozesse im Tages- und Jahreszeitenrhythmus zu frostgesteuerten Fließprozessen der Oberflächenschichten (**Solifluktion**) an Steilhängen (Exkurs 10.3.1) und zu auffälliger Materialsortierung in flacheren Gebieten (Strukturböden). Murgänge aus Steilhängen treten unter periglazialen Bedingungen gehäuft auf (Abb. 10.4.20). Zusammen mit der oft kargen Vegetation erlaubt der auf die kurze Jahreszeit mit positiven Temperaturen konzentrierte Wasserabfluss in gestreckten (meist murfähigen) Gerinnen an Steilhängen und vorwiegend verzweigten Gerinnen in flachen Talsohlen eine effiziente Sedimentumlagerung in gebirgiger Topographie (Abb. 10.6.4).

In den ausgedehnten kalten Flachländern vor allem Nordamerikas und Eurasiens sind die Abtragsraten hingegen bescheiden und große Mengen von Feinmaterial aus der Frostverwitterung werden abgelagert. Die Siltfraktion ist dabei intensiven äolischen Transportprozessen (Löss; Exkurs 10.4.1) unterworfen. Beim Gefrierprozess solcher feinkörniger Sedimente mit optimaler Kombination aus Durchlässigkeit und Kapillareffekt entstehen große Eisgehalte (Eislinsen, Eisgehalt insgesamt oft 60 bis 90 Prozent Volumenanteil). Bei geringer Schneebedeckung und rascher Abkühlung bilden sich in solchen Materialien Kontraktionsrisse, die sich vor allem im Frühjahr mit Eis füllen, das durch Wiederholung des Vorgangs in der Dicke über Jahre wächst. Es entstehen großräumig orthogonale Netze von vertikalen Eiskeilen (Abb. 10.4.21).

Wo Ansammlungen von Wasser an der Oberfläche das Eindringen des Winterfrostes verhindern, schmilzt das Eis im Untergrund. Bei entsprechender Volumenabnahme setzt sich dieser und vergrößert die anfänglichen Tümpel zu Thermokarstseen. Entleert oder verfüllt sich ein solcher Thermokarstsee, dringt der Permafrost von der Oberfläche her wieder in den oberflächlich aufgetauten Untergrund ein. Dessen unter Druck geratendes Porenwasser wird gegen die Oberfläche gedrückt, bildet an der Gefrierfront massives Eis und wölbt die Oberfläche zu auffälligen Hügeln (**Pingos**) in der Tundra (Abb. 10.4.22). Eisbildung bei der Frosthebung kann auch zu kleineren Hügeln führen (z. B. **Palsas** als gefrorene Partien von Torfmooren).

Ein fortgesetzter atmosphärischer Temperaturanstieg führt zu einer Erwärmung des Permafrostes (Romanowsky et al. 2010), verstärkt Thermokarstprozesse in Tiefländern hoher Breiten und reduziert die Stabilität dauernd gefrorener Berghänge (Exkurs 10.4.2). Besonders kritische Stabilitätsbedingungen hinsichtlich größerer Sturzereignisse ergeben sich in Steilflanken mit warmen Permafrostbedingungen (ca. 0 bis −2 °C), da dort reibungsarme Eis-/Wasser-/Felskontakte existieren

 **Exkurs 10.4.1**

Löss

Ludwig Zöller

Löss ist die am weitesten verbreitete quartäre Ablagerung auf den Kontinenten. Es handelt sich um **äolischen Schluff** mit geringen Anteilen von Ton und Sand. Nach Pécsi & Richter (1996) bildet sich aus Staubablagerungen erst unter bestimmten ökologischen Bedingungen das Lockergestein Löss durch diagenetische Prozesse, unter anderem die Bildung feinster Kalkbrücken zwischen den Körnchen (*loessification*). Lockergesteine, die einige, aber nicht alle Kriterien von Löss erfüllen, nennen sie Lössderivate. Lössbildung erfordert demnach ein recht enges „ökologisches Fenster" mit gewisser Aridität sowohl im Liefer- als auch im Ablagerungsgebiet. Nach Kukla (1977) versteht man unter Löss einen gelblichen, kalkhaltigen, porösen, windtransportierten Schluff.

Typischer Löss gilt als äolisches Sediment des Periglazialbereiches, aber bei seiner Ablagerung herrschte nicht notwendigerweise Dauerfrostboden. Lokal wurden auch interglaziale äolische Schluffe beobachtet. Als Auswehungsgebiete des Lösses werden oft nur die glazialen Sander- und Schotterflächen genannt. Die Verbreitungsmuster und Mächtigkeitsverteilungen von Löss, in China bis über 300 m, zwingen aber zur Annahme weiterer Liefergebiete. Dazu zählen auch verwilderte periglaziale Flusstäler (*braided rivers*), Frostböden, Pedimente und Schwemmfächer arider bis semiarider Gebiete, intramontane Becken der Trockengebiete und glazialeustatisch trockengefallene Schelfe in ehemaligen Periglazialgebieten. Kältewüsten wie zum Beispiel die Wüste Gobi sind auf jeden Fall auch als Liefergebiete zu nennen, während dieses für die heißen Wüsten noch diskutiert wird. In der jüngeren Forschung wird der Begriff „**Wüstenlöss**" bzw. Wüstenrandlöss (*desert loess* bzw. *desert margin loess*) zunehmend gebraucht. Trotz vieler Gemeinsamkeiten unterscheiden sich Wüstenlösse, in der Regel Wüstenrandlösse, wo eine Strauch-, Kraut- und Grasvegetation den Staub auskämmen und fixieren kann, vor allem durch eine schlechtere Sortierung der Korngrößen von „typischen" Lössen. Heute ist die Sahara der größte Staubexporteur der Erde, Staubfahnen können bis ins Amazonasbecken nachgewiesen werden, wo sie zur natürlichen Düngung der Böden beitragen.

Die Gliederung von Lössen ist wegen ihrer oft fehlenden Schichtung und häufiger – zum Teil sehr schwer erkennbarer – Erosionslücken oftmals schwierig. Als gebräuchlichste Gliederungsprinzipien haben sich eingeschaltete Paläoböden (Pedostratigraphie) und vulkanische Tephren (Tephrostratigraphie) erwiesen, in jüngster Zeit dienen gesteinsmagnetische Verfahren (u. a. magnetische Suszeptibilität) als hochauflösende Hilfsmittel; die Interpretation als Paläoumwelt-Proxydaten ist aber noch nicht vollständig erforscht und eng verknüpft mit dem Problem der **Datierung von Lössen** (Kapitel 6.3). Die ältesten Lösse, beispielsweise im Chi-

nesischen Lössplateau, reichen bis zirka 2,6 Millionen Jahre zurück (paläomagnetische Datierung). Die ^{14}C-Methode stößt auf methodische Schwierigkeiten (Kapitel 6.3), die Lumineszenzdatierung kann bis zirka 100 000 Jahre zuverlässige Lössalter liefern. Die Standard-Chronostratigraphie des Chinesischen Lössplateaus, deren Gliederungsschema weltweit mehr und mehr übernommen wird, zeigt die Abbildung 1.

Die enormen Fortschritte der Paläoklimatologie durch die Untersuchung zeitlich hochauflösender Tiefsee- und Eisbohrkerne hat in jüngster Zeit auch die **Lössforschung** stimuliert. Lumineszenzdatierungen belegen, dass die Lössbildung während der letzten Eiszeit in Mitteleuropa in kurzen, heftigen Pulsen erfolgte, welche durch Phasen interstadialer Bodenbildungen unterbrochen wurden. Diese rasch im Zeitraum von Jahrhunderten bis wenigen Jahrtausenden wechselnden Paläoklima- und Paläoumweltverhältnisse lassen sich mit den Klimaarchiven der Eisbohrkerne korrelieren und erlauben eine exaktere Rekonstruktion vorzeitlicher Zirkulationsmuster und Klimagradienten. Vollständige Lössprofile (Abb. 2) werden damit zu bedeutenden kontinentalen, regionalisierbaren Klima- und Umweltarchiven, insbesondere im Hinblick auf aktuelle Herausforderungen in Bezug auf *rapid global change* (Zöller 2010).

Lössböden werden aufgrund hoher nutzbarer Feldkapazität, Nährstoffreichtums, hoher Basensättigung und leichter Bearbeitbarkeit seit dem Neolithikum als gute bis sehr gute Ackerböden (Kapitel 11.6) geschätzt. Daraus resultiert aber auch eine hohe Gefährdung von Lössböden durch Übernutzung und – begünstigt durch die Korngrößenzusammensetzung – durch Bodenerosion über lange Zeiträume, bis hin zur Degradierung postglazialer Parabraunerden zu Acker-Pararendzinen. Die Bodenerosion stellt eine große Gefahr für das Naturraumpotenzial von Lössgebieten dar. Lössschluchten, wie sie für kontinentale Lössgebiete Osteuropas sowie Innerasiens charakteristisch sind, werden in West- und Mitteleuropa als *on-site*-Schäden kaum beobachtet, dennoch verlangt unter dem Aspekt der Nachhaltigkeit auch die „schleichende Bodenerosion" (Richter 1998) unter Bedingungen der industrialisierten Landwirtschaft verstärkte Bodenschutzmaßnahmen. Mittlere Bodenverluste von 10 bis 20 bis weit über 100t/ha/a sind nicht tolerierbar. Die *off-site*-Schäden der Bodenerosion manifestieren sich in Kolluvien an Unterhängen, in Aufhöhung und Vernässung der Talauen, zeitlicher Drängung und erhöhter Amplitude von Hochwässern bis hin zur Verschlammung von Siedlungsgebieten.

Hohlwege, die ihre Existenz der hohen Standfestigkeit von Löss und ihrer Jahrhunderte langen Nutzung verdanken, gelten als kulturlandschaftliche Besonderheit in Lössgebieten. Da sie zudem aufgrund ihrer extremen Expositionsunter-

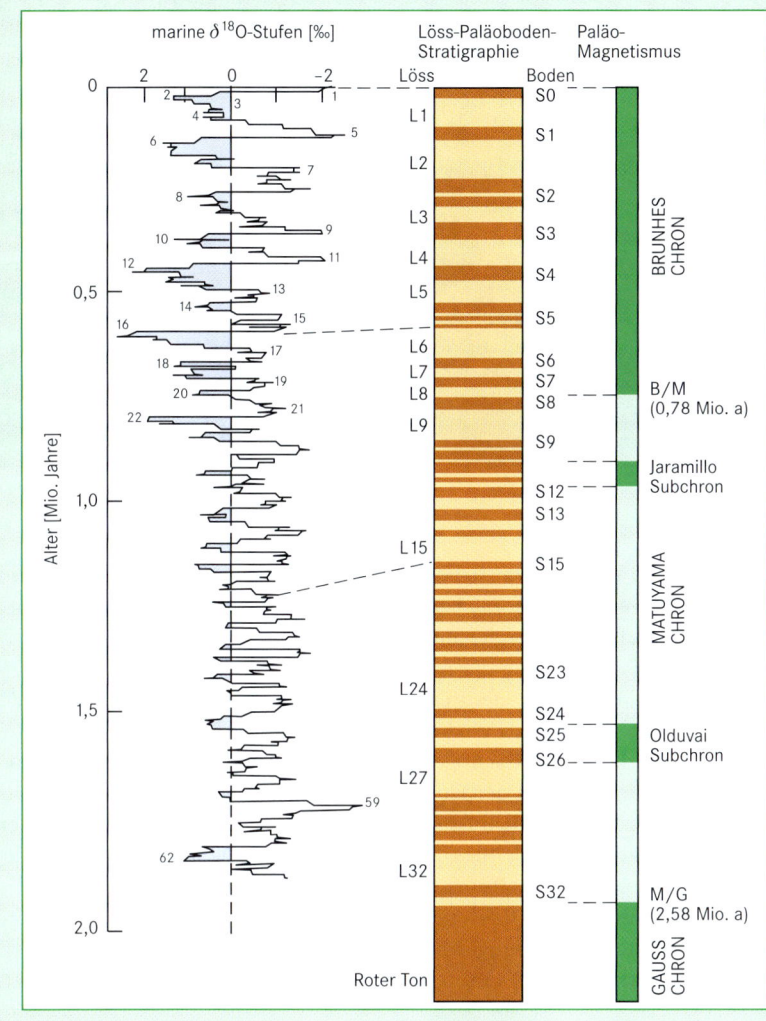

Abb. 1 Löss-Paläoboden-Sequenz und Chronostratigraphie des Profils Baoji im chinesischen Lössplateau. „L" in der zweiten Spalte steht für (kaltzeitlichen) Löss und entspricht den (kaltzeitlichen) geraden marinen Sauerstoff-Isotopenstufen (linke Spalte); „S" steht für (warmzeitlichen) Boden und entspricht den ungeraden (warmzeitlichen) Isotopenstufen. Diese Korrelation, die durch die magnetische Polaritätsskala (rechte Spalte) gestützt wird, kann eine Datierung ermöglichen (Kapitel 6.3; verändert nach Porter in Derbyshire 2001).

schiede ökologische Nischen für seltene Pflanzen- und Tierarten darstellen, werden sie vielfach unter Schutz gestellt.

Geotechnische Probleme von zertalten Lössplateaus stellen, begünstig durch episodisch sehr starke Durchfeuch-tung oder mechanische Beanspruchung, Kollapserscheinungen von Lössen dar. Sie können große wirtschaftliche Schäden verursachen und sind daher Gegenstand angewandter Lössforschung.

Abb. 2 Löss-Paläoboden-Sequenz des Profils Mircea Voda, Dobrugea, Rumänien. Die warmzeitlichen Paläoböden S 1 bis S 5 entsprechen nach bisheriger Kenntnis denen im chinesischen Löss (Abb. 1) und erscheinen deutlich rotbraun, die Lösse hellbraun bis gelbbraun. Der S 2 ist wie in China in typischer Weise gedoppelt. Im Löss oberhalb S 1 erkennt man bis zu zwei schwächer rotbraun gefärbte Interstadialböden (Foto: Ulrich Hambach).

Abb. 10.4.21 Teilweise ausgeschmolzene Eiskeilnetze im Mackenzie-Delta, Kanada (Foto: W. Haeberli).

(Gruber & Haeberli 2007). Periglaziale Prozesse und Phänomene waren eiszeitlich auch in niedrigeren Breiten weit verbreitet (z. B. Mitteleuropa) und liefern wichtige Indikationen über die damaligen Klimaverhältnisse wie zum Beispiel trockenkalte Bedingungen aufgrund von Eiskeilrelikten im Löss.

Das periglaziale Erbe aus den Kaltzeiten ist für die Reliefgestaltung, aber auch für den wirtschaftenden Menschen in den mittleren Breiten von enormer Bedeutung. Die bis mehrere Dekameter mächtigen Lössdecken aus den trockenkalten Abschnitten der Glaziale verhüllen in den Lössebenen (Börden in Norddeutschland, Gäue in Süddeutschland) und Lösshügellandschaften (zum Beispiel der Kaiserstuhl im Oberrheingraben)

ältere Reliefelemente. Mit ihren Schwarzerden und basenreichen Parabraunerden wurden sie dank hervorragender Standorteigenschaften früh vom Steinzeitmenschen besiedelt. Andererseits sind sie anfällig gegen Bodenerosion (Kapitel 11.7) und nach Jahrtausenden agrarischer Nutzung oft bis zum Rohlöss abgetragen.

Mächtige Schotterlagen in den Tiefländern und entlang der Flüsse, abgelagert durch die verwilderten Periglazialflüsse, sind sehr ergiebige Grundwasserträger dank ihres großen Porenraums. Sie sind aber auch wichtiges Rohmaterial für die Baustoffindustrie.

Durch periglaziale Auswehung, Solifluktion und Abspülung wurden ältere Böden weitgehend abgetragen und durch unterschiedlich frisches Material ersetzt.

Abb. 10.4.22 Pingos im Permafrost bei Tuktoyktuk, Mackenzie-Delta, Kanada (Foto: W. Haeberli).

Exkurs 10.4.2

Permafrost an der Zugspitze

MICHAEL KRAUTBLATTER

Zu den wenigen aktuellen Permafrostvorkommen in Deutschland zählt die Zugspitze, die mit 2 962 m NN Deutschlands höchster Berg ist. Direkt neben dem Gipfel hat sich vor 3 700 Jahren ein 300 bis 400 Millionen m³ großer Bergsturz gelöst. Das Volumen entspricht einem 66 000 km langen Güterzug (bei 80 m³ pro Güterwaggon). Der Bergsturz hat sich als Sturzstrom im heute dicht besiedelten Becken von Garmisch-Partenkrichen auf 16 km² ausgebreitet. Einige Autoren gehen davon aus, dass die Erwärmung des Permafrostes mit einiger Reaktionszeit nach dem holozänen Klimaoptimum den Bergsturz ausgelöst haben könnte (Gude & Barsch, 2005, Jerz & Poschinger 1995). Auch beim Bau der Zahnradbahn 1928 bis 1930, dem Bau der Seilbahn vom Eibsee 1960 bis 1962 und der Erweiterung der Zahnradbahn 1985 wurde immer wieder Permafrost auf dem Gipfel und auf dem Zugspitzplatt angetroffen, was die Bauarbeiten behinderte und zum Beispiel aufgrund von Wassereinbrüchen auch zu Unterbrechungen führte. 1990 stürzte eine 30 m tiefe eisgefüllte Höhle in der Nähe des Gipfels ein (Überblick in Krautblatter et al. 2010, Ulrich & King 1993).

Heute wird der Permafrost auf der Zugspitze intensiv überwacht. Das Bayerische Landesamt für Umwelt hat im August 2007 direkt unter der Seilbahnstation am Zugspitzgipfel ein 43,5 m langes Bohrloch quer durch den Gipfel bohren lassen, das mit mehr als 20 Temperatursensoren ständig den Permafrost überwacht (www.lfu.bayern.de). Daneben wurde versucht, das räumliche Vorkommen von Permafrost an der Zugspitze mithilfe von thermischen Untergrundmodellen zu simulieren (Noetzli et al. 2010). Die Überprüfung der Aussagen einer solchen Modellierung im steilen Felsgelände der Zugspitze erweist sich allerdings als schwierig, weil die lokale Topographie der Felshänge, die stark variable Schneebedeckung und Wasserflüsse entlang der Trennflächen und der Karstgefäße im Fels starken Einfluss auf die Verbreitung von Permafrost haben.

Deshalb wurde das geophysikalische Verfahren der elektrischen Resistivitätstomographie weiterentwickelt, um räumliche Verbreitungsmuster und Veränderungen des Permafrosts detektieren zu können (Krautblatter & Hauck 2007). An 140 Stahlelektroden werden entlang eines 300 m langen Ganges, der vor mehr als 80 Jahren nahe der Zugspitze-Nordwand angelegt wurde (Abb. MK 1b), mehr als 1 000 Widerstandskombinationen gemessen (Krautblatter et al. 2010). Aus den Widerstandswerten wird mithilfe von sogenannten Inversionsverfahren eine zweidimensionale Tomographie des gefrorenen Felsens erstellt, die bis an die 30 m vom Gang entfernte Außenwand reicht (Abb. 2). Die spezifischen Widerstandswerte einer solchen Tomographie können mit Laborwerten von gefrorenem Zugspitzdolomit verglichen werden. Dabei zeigt sich auf 2 800 m NN eine

Abb. 1 a) Die Ausbruchsnische (punktiert) des 300 bis 400 Millionen m³ großen Eibsee-Bergsturzes, der vor 3 700 Jahren zum Teil aus Permafrostfelsen an der Zugspitze abbrach. b) Heutiges Testtransekt in einem Stollen von 1926 an der Zugspitz-Nordwand in 2 800 m Höhe, an dem mithilfe elektrischer Resistivitätstomographie, Refraktionsseismiktomographie und Temperaturmessungen der Zustand der Permafrostfelsen überwacht wird.

Fortsetzung

Fortsetzung

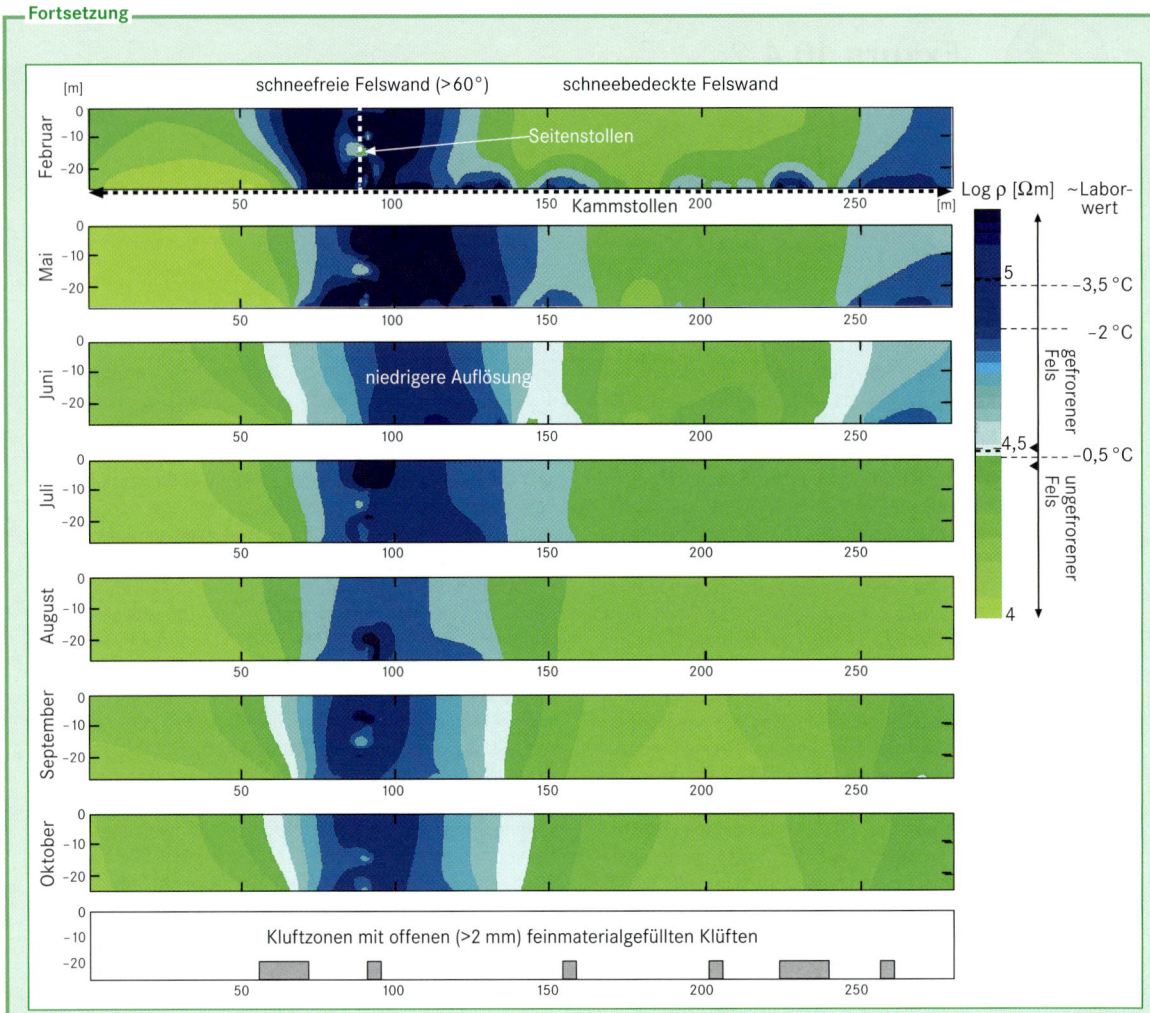

Abb. 2 Monatliche Veränderungen des gefrorenen Felsens um die Permafrostlinse bei Gangfenster 2 nach dem warmen Extremwinter 2006/2007. Von 50 m bis 120 m (horizontal) befindet sich ein steiler Bereich der Nordwand. Im Februar kühlt der Fels von der Außenwand (0 m vertikal) her ab; bis zum August dreht sich dieses Bild um und tief gefrorener Permafrost überdauert vor allem in Abständen von mehr als 20 m von der Felswand; ab September fallen die Außentemperaturen wieder unter 0 °C und der Fels friert wieder von der Außenwand her (nach Krautblatter et al. 2010).

reliktische Permafrostlinse mit Kerntemperaturen (Temperaturlogger siehe Abb. 1) von –0,5 bis –1,5 °C, die sich mit dem steilen Felsbereich bei Gangfenster 2 deckt, der im Winter schneefrei bleibt und dadurch viel Wärme abgeben kann. In den im Winter schneebedeckten Nordwandbereichen ist der Permafrost weitgehend verschwunden – auch von den ehemals Hunderten von Metern des ganzjährig vereisten Ganges sind nur mehr die in der Tomographie erkennbaren 50 m zurückgeblieben.

Monatliche Wiederholung der tomographischen Messungen zeigen die Veränderungen der Permafrostlinse, die sensitiv auf warme Sommer reagiert. Nach dem warmen Winter 2006/2007 mit einer mehr als 2 ° zu warmen Periode von November bis Februar im Vergleich zu 1991 bis 2007 konnte sich im folgenden Sommer nur ein kleiner Restbestand Permafrost halten (Abb. 1). Während die Jahresmitteltemperaturen an der Zugspitze 1991 bis 2007 (–3,9 °C) lediglich um ca. 1 °C gegenüber 1901 bis 1930 (–5,0 °C), 1931 bis 1960 (–4,7 °C) und 1961 bis 1990 (–4,8 °C) zugenommen haben, zeigen die Messungen im Kammstollen die hoch sensitive Reaktion des Permafrostes, der an der Zugspitze heute gerade noch in den steilsten nordexponierten Bereichen überdauern kann.

Flächendeckend ausgebildet und von herausragender Bedeutung sowohl für die Hangentwicklung als auch für die Talentwicklung der Mittelgebirge sind die kaltzeitlichen periglazialen Hangsedimente (Exkurs 10.4.3). Mehrere Meter mächtige **Fließerden** und -schutte kleiden als gelisolifluidal laminar bewegte Deckschichten das Hangrelief aus und begleichen es. Sie werden Basislagen genannt, liegen entweder dem Festgestein auf oder konservieren die saprolitische Verwitterungszone (Exkurs 10.3.1). Die hohe Wasserwegsamkeit der Basislagen steuert den Hangwasserabfluss und begründet die geringe Dichte von Gerinnen sowie das geringe Ausmaß der Zerschneidung und Ausräumung der Hangsedimente. Den stets lösslehmfreien Basislagen sitzen geringermächtige Mittel- und Hauptlagen auf, die kryoturbat durchmischt sind, Löss oder Lösslehm führen und im kalt-ariden Klima vor allem des Hochglazials gebildet wurden.

Lössdecken, Schotterfluren und Hangsedimente bestimmen den oberflächennahen Untergrund im ehemaligen Periglazialraum, sind als oberster Teil des Regolith (Exkurs 10.3.1) Ausgangsmaterial für die holozäne Bodenbildung und wirken somit in die Gegenwart.

Formbildung durch litorale Prozesse

DIETER KELLETAT UND HELMUT BRÜCKNER

Küsten sind Grenzräume zwischen Land, Meer und Atmosphäre. Es gibt sie in allen geographischen Breiten und Klimaten. Da 71 Prozent der Erdoberfläche vom Weltmeer eingenommen werden, verwundert es nicht, dass Küsten mit einer Länge von mindestens einer Million Kilometer die am weitesten verbreiteten Geo- und Ökosysteme unserer Erde sind. Wegen der raschen Veränderungen des Meeresspiegelniveaus sind die heutigen Küstenkonfigurationen nur eine Momentaufnahme. Geologisch gesehen sind sie ohnehin höchstens 6 000 bis 7 000 Jahre alt, denn nach dem Tiefstand von etwa -120 m vor 20 000 Jahren erreichte der Meeresspiegel erst im Atlantikum sein heutiges Niveau. Allerdings können in den holozänen Küstenformen auch Relikte aus früheren Meeresspiegelhochständen stecken, da das Meeresspiegelniveau in den meisten Interglazialen ähnlich war wie heute (Exkurs 10.2.2).

An der Formbildung von Küsten wirken Komponenten aus fünf verschiedenen Bereichen mit:

- Lithosphäre mit allen Locker- und Festgesteinstypen und jeder erdenklichen geodynamischen Situation (z. B. aktive Tektonik oder stabile Schilde, Hebung, Senkung oder Kippung)
- Atmosphäre mit Einfluss von Temperaturen (einschließlich Boden- und Permafrost), Niederschlägen und Starkwinden
- ozeanische Hydrosphäre mit chemischen (Salz- und Kalkgehalt) und physikalischen (Wellen, Gezeiten, Strömungen, Temperaturen) Eigenschaften sowie absoluten und relativen Meeresspiegelschwankungen ganz unterschiedlicher Ursache (eustatische durch Volumenveränderung des Meerwassers infolge Eisbildung oder Temperaturschwankungen, isostatische durch Be- und Entlastung von Festland und Meeresboden im Verlauf von Kalt- und Warmzeiten oder

Exkurs 10.4.3

Geoökologische Bedeutung periglazialer Hangsedimente

ARNO KLEBER

Von den vielen verschiedenartigen Sedimenten, die den oberflächennahen Untergrund unserer Mittelgebirge bis weit in die Tal- und Beckenlagen hinein prägen, haben solche, die während der Kaltzeiten unter periglazialen Klimabedingungen entstanden, bei Weitem die größte Verbreitung. Sie können differenziert werden in a) rein äolische (allochthone), in den Mittelgebirgen allenfalls lokal auftretende, b) ausschließlich den am Ort und hangaufwärts anstehenden Gesteinen entstammende (parautochthone), vorwiegend durch Gelifluktion und Kryoturbation entstandene Formen und c) Mischformen.

Typ b und c werden gewöhnlich unter den Begriffen „**Deckschichten**" oder „**Lagen**" zusammengefasst (Exkurs 10.3.1).

Es lassen sich vereinfacht drei Grundtypen der Beziehung zwischen Deckschichtenfolgen und ihren Böden (Kapitel 10) erkennen: Zweischichtprofile (Haupt- über Basislage) zeigen eine Tendenz zur Verbraunung, wenn die Hauptlage in

Fortsetzung

Fortsetzung

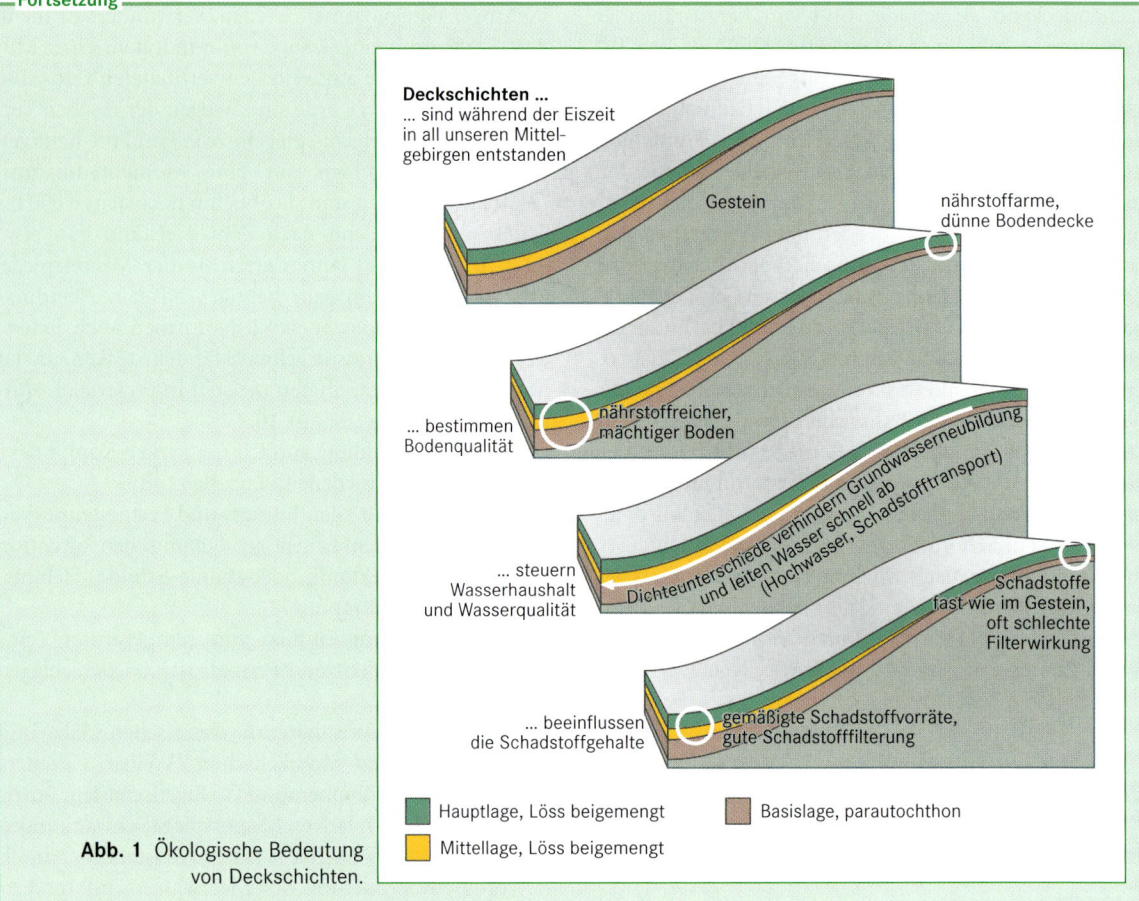

Abb. 1 Ökologische Bedeutung von Deckschichten.

maßgeblichem Umfang Löss enthält. Ist dies nicht der Fall und sind auch die autochthonen Komponenten von geringer Pufferfähigkeit, tendiert die Pedogenese hingegen zur Podsolierung. In Dreischichtprofilen dominiert in nahezu allen Fällen die Tonverlagerung. Allen Böden aus Deckschichten ist gemeinsam, dass sich ihre Horizontgrenzen an die präexistierenden Schichtgrenzen anlehnen. Die genannten Tendenzen können insbesondere bei geringer Geländeneigung durch Pseudovergleyung, die meist von wenig durchlässigen Basislagen ausgeht, überlagert sein.

Die Deckschichten haben wesentlichen Einfluss auf die mineralogischen und chemischen Eigenschaften des oberflächennahen Untergrunds. Hier sind vor allem zwei Fälle von Bedeutung:

Löss entspricht nach der Entkalkung geochemisch meist annähernd dem Erdkrustendurchschnitt; somit mäßigt er vom Gestein her gegebene große und erhöht geringe Massenanteile an bestimmten Stoffen, zum Beispiel an Schwermetallen. Starke Schwankungen in der Zusammensetzung des Untergrunds treten auf, wenn Hangsedimente Material aus hangaufwärts anstehenden, stark wechselnden Gesteinen rekrutieren.

Die Deckschichten steuern darüber hinaus den Hangwasserhaushalt, da sich die beteiligten Sedimente in ihren hydraulischen Eigenschaften erheblich unterscheiden, was insbesondere im geneigten Relief laterale Abflüsse gegenüber der Versickerung zum Grundwasser begünstigt. Hierbei spielen nicht nur Schichtgrenzen eine steuernde Rolle, sondern auch richtungsabhängige Unterschiede in den Wasserleitfähigkeiten innerhalb einzelner Sedimentpakete. Dies hat Einfluss auf das Zustandekommen von Hochwässern und auf den Transport von Schadstoffen in der Umwelt.

durch Delta- und Vulkanbelastung sowie durch Vertikalbewegungen der Erdkruste)
- Biosphäre aufgrund von Aufbau, Schutz und Zerstörung durch pflanzliche und tierische Organismen
- Anthroposphäre durch direkte (Deichbau, Landgewinnung) oder indirekte (Meeresverschmutzung,

Rückhaltung von Sedimenten in Flusssystemen, Dünenbepflanzung u. a.) Einflüsse des Menschen.

Die Tabelle 10.4.2 zeigt eine **Systematik der Küstentypen**, die Abbildung 10.4.23 eine Auswahl häufig vorkommender Formen. Die wesentlichen **geomorphody-**

Tabelle 10.4.2 Vereinfachte Systematik der genetischen Küstengestaltstypen (verändert nach Kelletat 1999).

aufgetauchte Küsten				Meeresbodenküsten	
aufgebaute Küsten	organisch gestaltet	phytogen		Mangroven-, Seetangküsten, Kalkalgenbiohermata	
		zoogen		Korallenriffe, Vermetidensäume, Bryozoen- und Serpulidenriffe	
	anorganisch gestaltet	thalassogen	schwache (Gezeitenwirkung)	Haff-Nehrungsküsten	Strandhaken, Standwälle, Tomboli
			starke (Gezeitenwirkung)	Watten und Nehrungsinseln	
		potamogen		Deltas, Schwemmlandküsten	
		vulkanische Küsten		Lavazungenküsten, Kraterinseln	
untergetauchte Küsten (Ingressionsküsten)	tektonisch gestaltet			Bruchküsten	
	glazial und fluvioglazial gestaltet	erosiv	dirigierte (Glazialerosion)	Fjord-Schären-Küsten	
			freie (Glazialerosion)	Förden-, Bodden- und Fjärd-Schären-Küsten	
		akkumulativ		Moränen-, Boddenküsten	
	fluvial gestaltet			Canale-, Riaküsten	
	äolisch gestaltet			Dünentalküsten	
	denudativ und korrosiv gestaltet			Dolinen- und Kegelkarstküsten, Rumpfflächen- und Inselbergküsten, Thermoabrasionsküsten	
zerstörte Küsten	anorganisch			Kliffe, Schorren, Thermoabrasionsküsten	
	organisch			Bioerosionsküsten	

namischen **Prozesse** basieren auf Wellen und Gezeiten. Sie steuern Abtragungs- und Akkumulationsvorgänge, doch ist ihre Wirkgröße weitgehend abhängig von den vorgegebenen Formen, der Resistenz der Gesteine und der im Wesentlichen vom Wind gesteuerten Wellenenergie. Es gibt eine Reihe von Küstenformen, bei denen praktisch keine litorale Veränderung nach dem relativen Auf- oder Untertauchen stattgefunden hat, beispielsweise bei Schären und Fjorden in hartem Festgestein (Abb. 10.4.23a). Außerordentlich vielgestaltig sind Ertränkungs- oder Ingressionsformen. Hierbei handelt es sich um terrestrische Reliefeinheiten (Täler, Karstgebiete, Fußflächen, Dünenfelder, Glaziallandschaften usw.), die im Zuge des postglazialen Meeresspiegelanstiegs partiell geflutet wurden, jedoch ihre Grundform noch weitgehend erhalten haben. Im angelsächsischen Sprachgebrauch werden sie *primary coasts* genannt, im Gegensatz zu den *secondary coasts*, die überwiegend eigenständigen litoralen Prozessen wie Brandung, Küstenversatz oder Aufbau durch Organismen ihre Gestalt verdanken.

Brandungswellen können sowohl zerstörende Wirkung (Kliffe, Brandungshohlkehlen, Abrasionsplattformen; Abb. 10.4.23b) als auch aufbauende Wirkung haben (Strandwälle, Strandhaken [Abb. 10.4.23c], Nehrungen). Dabei erfolgt die Zerstörung im Wesentlichen mithilfe von Brandungswaffen (Sand, Schotter, Blockwerk) in der Zone der Wellenbrechung, während die Aufbauformen abhängig sind von der Verfügbarkeit von Lockermaterial des nahen Meeresbodens oder des Festlandes (über Flüsse bzw. durch Abbau nahe gelegener Kliffe) sowie vom Küstenlängstransport. Die Höhe des Tidenhubs (0 bis max. 16 m) ist zusammen mit dem Gefälle des küstennahen Unterwasserhangs entscheidend für die Ausdehnung der Gezeitenzone, dem sogenannten Watt, sowie für die Intensität der Gezeitenströmungen. Sie entscheiden darüber, ob Nehrungen kontinuierlich zusammenwachsen können (Frische und Kurische Nehrung an der Ostseeküste) oder als Nehrungsinselreihen ausgebildet sind (West- und Ostfriesische Inseln). Aufbauende Organismen an den Küsten sind unter anderem Muscheln, Austern, Wurmschnecken (Abb. 10.4.23d) oder Kalkalgen mit Schutzfunktion (Bioprotektion), vor allem aber riffbildende Korallen (Saumriffe, Barriereriffe, Atolle; Biokonstruktion). Diese erfordern neben einer Mindesttemperatur von ungefähr 18 °C auch klares Wasser mit viel Lichteinfall und ausreichender Nährstoffversorgung am Ort, wobei kräftige Brandung hilfreich sein kann. Trübung des Meerwassers durch Sedimenteintrag (etwa aufgrund von Abholzung oder Landwirtschaft) ist ebenso schädlich wie eine Erwärmung über 30 °C. Tropische und subtropische Gezeitenlandschaften tragen oft ausgedehnte Mangrovenwälder mit Stelz-, Stütz- und Atemwurzeln (Abb. 10.4.23e), deren Geflecht Sedimente einfängt und Kinderstube für eine große Zahl von Organismen ist.

Abb. 10.4.23 Häufig vorkommende Formenelemente an Küsten: a) Fjord an der Südküste Neuseelands, b) Kliff und Felsschorre in Neufundland, c) Strandhaken durch seitlichen Materialtransport auf Tasmanien, d) riffähnliche Plattform und Wülste durch Wurmschnecken im Westen Kretas, e) Stelz- und Stützwurzeln der Mangrovenart *Rhizophora* spec. (Australien), f) durch Organismen im Kalkgestein eingefressene Hohlkehle (Curacao, Niederländische Antillen; Fotos: D. Kelletat).

Mangroven sind ein wesentlicher Schutzfaktor dieser Küsten vor Sturmwellen. Eine ähnliche Funktion können in Kaltwassergebieten Riesentangwälder haben.

Chemische Prozesse an Küsten sind im Wesentlichen auf Salzsprengung begrenzt. Diese wirkt auch mechanisch, ebenso wie Treibeis. Keinesfalls ist Meerwasser wegen seiner Übersättigung mit gelösten Karbonaten (pH-Wert von ungefähr 8) zur Kalklösung in der Lage, wie fälschlicherweise häufig angegeben (sogenannte Lösungshohlkehlen). Hohlkehlenbildung im Bereich der Tideschwankungen (Abb. 10.4.23f) und stark „zerfressene" Oberflächen in der Spitzwasser- und Sprayzone (*rock pools*) an Kalkküsten, die an Karstformen erinnern und auch **Salzwasserkarst** genannt werden, sind das Ergebnis der bohrenden Tätigkeit endolithisch lebender Mikroorganismen (*Cyanophyceen* und *Chlorophyceen*) und vor allem der diese mitsamt der obersten Gesteinsschicht abraspelnden Schnecken (**Bioerosion**). Erst im Initialstadium der Erforschung befindet sich die Frage, ob singuläre Ereignisse großer Formungskraft wie Hurrikane oder Tsunami (Kapitel 28) eine größere Formungsintensität an den Küsten der Erde entfaltet haben als die Ereignisse mit hoher Frequenz, aber geringer Magnitude (z. B. der ständige Wellenschlag).

Besonders in Regionen mit Hebung – etwa durch glazialisostatische Entlastung oder infolge von Tektonik – sind frühere Küstenablagerungen wie Strandwallfolgen, Meeresterrassen oder Korallenriffsequenzen (Abb. 10.5.15, Exkurs 10.2.2) erhalten. Sie stellen wichtige Geoarchive zur Entschlüsselung der lokalen und regionalen Landschaftsgeschichte dar, insbesondere der Tektogenese, zur Analyse der früheren Meeresspiegelschwankungen und gegebenenfalls auch zur Feststellung ehemaliger Wassertemperaturen. Günstigenfalls erlauben sie Aussagen über weltweite paläoklimatische und paläoozeanographische Veränderungen.

Küsten sind für die Menschheit Lebens-, Wirtschafts- und Erholungsräume. Sie sind daher einem starken Konflikt der Interessen ausgesetzt. Gefährdung und Stress werden zunehmen. In vielen Gebieten hat sich die Küstenbevölkerung in den letzten 50 Jahren verzehnfacht bis verdreißigfacht (z. B. in der Karibik). Mehrere Hundertmillionen Touristen zieht es jedes Jahr als temporäre Bewohner in diese Landschaften, oft ohne dass Vorsorge für die Bewahrung der litoralen Ökosysteme vor Zerstörung, Verschmutzung oder anderweitiger Schädigung getroffen wird. Hinzu kommen Belastungen aus dem offenen Meer (z. B. Öl von Tankerunfällen) und aus dem Landesinnern (z. B. Öl- und Schwermetalleinträge aus Industrie und Verkehr). Die Gefahr eines steigenden Meeresspiegels infolge Klimaerwärmung wird zwar in zahlreichen Veröffentlichungen diskutiert, doch sind Ausmaß (nach den neuesten IPCC-Scenarien von 2009 Anstieg bis zum Jahre 2100 um 48 cm bis 88 cm bei sehr pessimistischen Annahmen über das Abschmelzen der Inlandeise) und Konsequenzen für die Küstenökosysteme noch weitgehend umstritten. In jedem Falle werden Landschaften beschädigt oder vernichtet, die – im Gegensatz zu einer weit verbreiteten Ansicht – noch gar nicht ausreichend erforscht sind.

Formbildung durch äolische Prozesse

OLAF BUBENZER

Gegenüber Wasser und Eis tritt der **Wind** in der unmittelbaren Formungsstärke zurück. Trotzdem gibt es weite Regionen, in denen äolische Formung (von altgriechisch *aeolus* für Gott des Windes) dominiert oder ausschließlich wirkt. Dies sind vor allem die semiariden und ariden Gebiete, in denen Wasser ganzjährig oder phasenweise einen Mangelfaktor darstellt, die zumindest zeitweise eine lückenhafte Vegetationsdecke aufweisen und in denen trockenes transportables Material die Oberfläche bildet. Außer in den Wüsten, die weltweit etwa ein Drittel der Festlandsfläche umfassen, herrschen solche Bedingungen an Sandstränden, in zeitweise austrocknenden Flussbetten oder im Umfeld von Gletschern. So zeugen beispielsweise Binnendünen in den humid-gemäßigten Breiten als Vorzeitformen von spätglazialer äolischer Morphodynamik im Bereich von Sanderflächen und Urstromtälern. Schließlich sind noch jene Areale zu nennen, die der Mensch gewollt, zum Beispiel durch Ackernutzung, oder ungewollt, zum Beispiel infolge Überweidung, ihrer schützenden Vegetationsdecke beraubt hat und wo der Wind dann Bodenmaterial austragen kann.

Die äolische Aufnahme von Oberflächenlockermaterial hängt vor allem von der Windgeschwindigkeit, dem Relief, der Vegetationsdichte sowie der Korngrößenverteilung und dem Feuchtigkeitsgehalt des Untergrundes ab. Diesen flächenhaften Vorgang bezeichnet man als **Deflation**. Für Luftströmungen gelten dieselben physikalischen Gesetzmäßigkeiten wie für fließendes Wasser. Die Dichte der Luft beträgt jedoch nur etwa ein Tausendstel der Dichte von Wasser und die Viskosität etwa nur ein Fünfzigstel. Dies führt bereits in schwachen Luftströmungen zu Turbulenzen und erklärt, warum Wind generell nur kleinere Partikel bewegen kann (Abb. 10.4.24). Ausnahmen bilden extreme Windstärken wie sie zum Beispiel in Wirbelstürmen auftreten. Analog zum fließenden Wasser benötigen auch die Körner der Ton- und Schlufffraktion höhere Geschwindigkeiten als

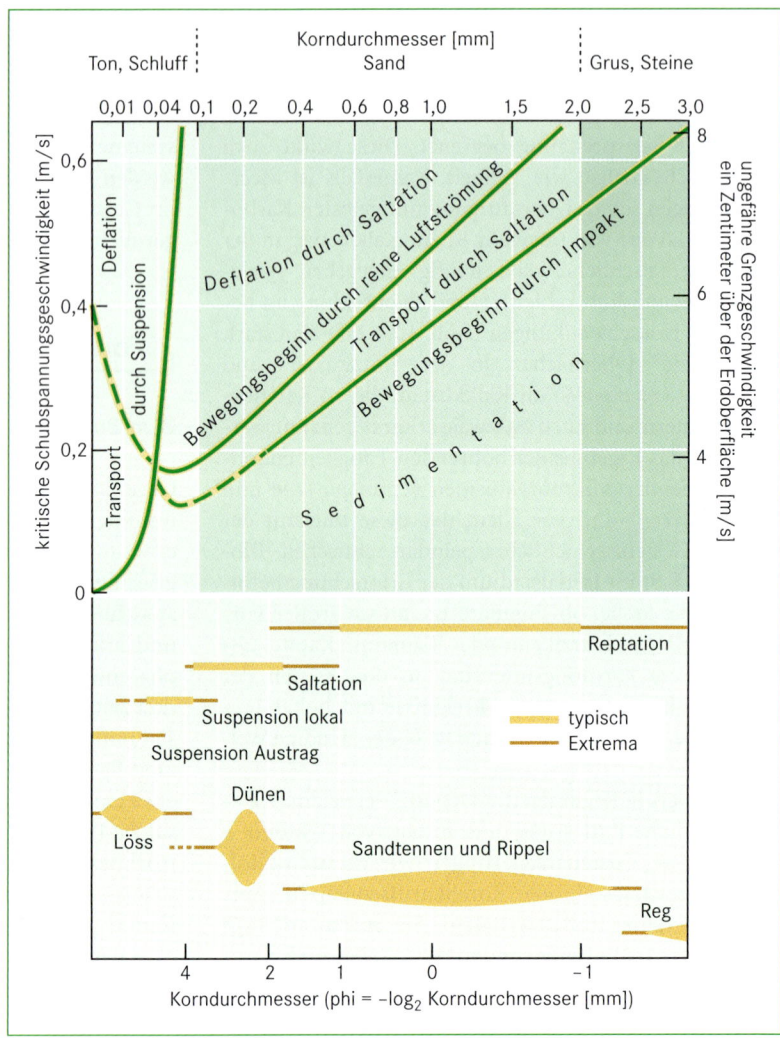

Abb. 10.4.24 Kritische Schubspannungsgeschwindigkeiten für Deflation, äolischen Transport und Sedimentation in Abhängigkeit von den Korngrößen sowie typische Formungsbeispiele (verändert nach Bagnold 1941, Mabbutt 1977).

Sand, um deflatiert zu werden. Dies ist in der geringeren aerodynamischen Rauigkeit und einer mit sinkenden Korndurchmessern wachsenden Bedeutung interpartikulärer kohäsiver und, bei Durchfeuchtung, kapillarer Kräfte begründet. Eine weitere Besonderheit ist, dass Luft größere Strecken bergauf gegen die Schwerkraft strömen kann. So erklärt sich die Ausblasung von geschlossenen Hohlformen, sogenannter Deflationspfannen oder -wannen, aber auch die Akkumulation von freien Dünen.

Um Partikel aufnehmen und transportieren zu können, muss die kritische Schubspannungsgeschwindigkeit als Tangentialgeschwindigkeit der Luftwirbel erreicht werden. Da nur bestimmte Korngrößen deflatiert werden, kann der Wind Felsmassive alleine nicht abtragen. Ist das Gestein jedoch bereits verwittert oder durch andere morphodynamische Prozesse aufbereitet, können Teilchen aufgenommen werden. Die selektive

Deflation ermöglicht die relative Anreicherung gröberer Komponenten, Steinpflaster entstehen. Hier unterscheidet man Hamada- (kantiger Felsschutt, Abb. 10.6.9) von Serirflächen (gerundetes Kiesmaterial, Abb. 10.6.10). Mischungen werden als Reg bezeichnet. Auch Sandtennen entstehen so, wobei die schützende Deckschicht hier aus einer Grobsand- bis Feinkieslage besteht. Ist die Oberfläche mit gröberen Komponenten abgepflastert, kann ungestört keine weitere Auswehung mehr stattfinden.

In der Luftströmung werden Schluff- und Tonpartikel überwiegend in Suspension und über weite Strecken befördert (Exkurs 10.4.1) Sandpartikel gehen nur ab Sturmstärke kurzzeitig in Suspension und werden im Allgemeinen springend (**Saltation**), rollend oder stoßweise (**Reptation**) bewegt. Bei der Saltation wirken Windschub, Windsog und Auftrieb, vor allem aber die Aufprallenergie bereits zuvor aufgewirbelter Körner. Es

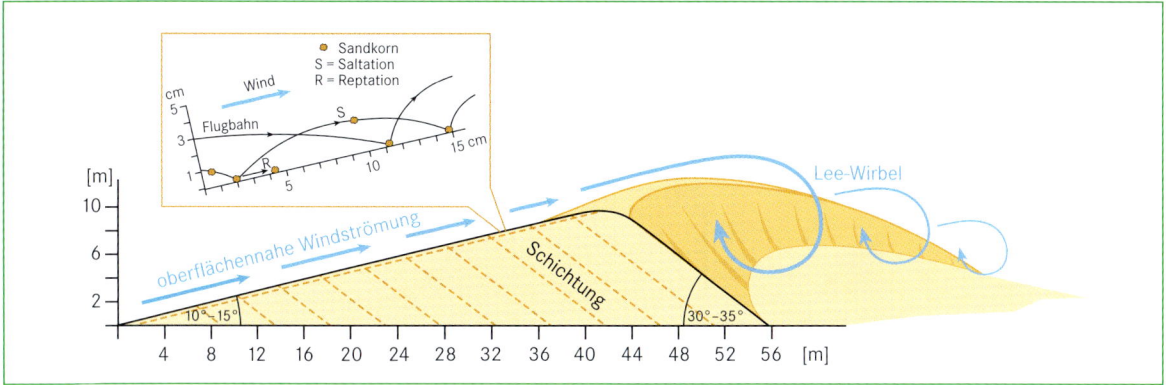

Abb. 10.4.25 Barchan im Anschnitt und Sandbewegung.

ergeben sich parabelförmige Flugbahnen von einigen Zenti- bis Dezimetern, in Extremfällen 1 bis 3 m Höhe (Abb. 10.4.25). Das Höhen-Weiten-Verhältnis beträgt dabei etwa 1:6 (Besler 1992). Trifft ein Sandkorn beim Aufprall ein anderes, geht dieses in Saltation oder kann durch den Impuls vorwärts geschoben werden. Hinzu kommen elektrostatische Kräfte. Bagnold (1941) zeigte, dass Sandbewegung erst ab einer Windgeschwindigkeit von 4,4 m/s (in 1 m Höhe) einsetzt und exponentiell mit dieser zunimmt.

Trifft das transportierte Material auf anstehendes Gestein, kann es dieses, je nach Härte, im Luv durch Windschliff (**Korrasion**) formen. So entstehen Oberflächenpolituren und aus einzelnen Steinen Windkanter. An exponierten Felsen können in Bodennähe, wo der stärkste Sandtrieb auftritt, Hohlkehlen geformt werden. Im Extremfall bilden sich Pilzfelsen. Bei unidirektionalem Wind können im Zusammenwirken von Deflation und Korrasion aus ehemaligen Seesedimenten oder gar Festgesteinen tropfen- bis seehundförmige, sich zum Lee hin stromlinig verjüngende Vollformen, sogenannte Yardangs, mit Höhen von ungefähr 1 bis 2 m (max. 10 m) und Längen von 5 bis 10 m (max. mehrere Hundert Meter) entstehen. Mit bis zu mehreren Kilometern Länge sind schließlich als größte Korrasionshohlformen die Windgassen zu nennen.

Verringert sich der Luftdruckgradient, wird der Untergrund feuchter oder stellen sich der Luftströmung Hindernisse in den Weg, verringert sich infolge erhöhter Reibung und der Leewirkung die Windgeschwindigkeit und Sedimentation wird möglich. Nach Thomas (1997) bedecken äolische Sande etwa 20 Prozent der ariden Gebiete.

Windrippel sind mit Höhen von maximal 0,5 m die kleinsten äolischen Akkumulationsformen. Wie am Meeresboden entstehen sie durch Reibung und Turbulenzen an Grenzflächen unterschiedlich stark bewegter Substrate, hier zwischen der Luftströmung und den Sandkörnern. Sie verlaufen quer zur vorherrschenden Windrichtung, besitzen Wellenlängen (λ) von weniger als 5 m, haben wie alle äolischen Akkumulationsformen steilere Lee- als Luvseiten, bilden sich in kurzer Zeit und helfen so, die äolische Morphodynamik zu untersuchen.

Größere Akkumulationsformen aus Sand werden als Dünen (λ = 5 bis 500 m), Megaformen als Draa ($\lambda > 500$ m) bezeichnet. Dünen erreichen Höhen bis einige Dekameter, weisen charakteristische Korngrößen und eine zum Leehang parallele Schichtung aus Fein- und Grobsandlagen auf. Aktive Dünen sind luvseitig mit Rippeln bedeckt. Ihre Leehänge haben meist Neigungen von 30 bis 35°, bis zu denen loser Sand standfest bleibt (Grenzneigungswinkel). Bei höheren Neigungen kommt es zu den für aktive Leehänge typischen Rutschungen. Nach ihrer Lage werden Strand- oder Küstendünen von Binnendünen unterschieden. Morphodynamisch unterscheidet man freie von gebundenen Dünen, Querdünen (Transversaldünen) von Längsdünen (Longitudinaldünen) sowie komplexe von Einzeldünen. Gebundene Dünen entstehen an Hindernissen. Fangen und durchwurzeln Pflanzen den Sand, entstehen Kupsten (oder Nebkas, Abb. 10.4.26 und 10.4.27). Im Luv von Erhebungen können sich Sandrampen oder, bei steilen Hindernissen (> 45° Neigung mit Wirbelbildung), Echodünen bilden. **Leedünen** können mehrere Kilometer lang werden, haben ca. 20° geneigte Flanken und einen zentralen Dünenkamm (Abb. 10.4.28). *Lunettes* (franz. für Bogendünen) entstehen am Leerand von Deflationswannen durch Akkumulation an Ufervegetation. Parabeldünen bilden sich nur auf gras- oder krautbewachsenem Untergrund. Im Gegensatz zu den Barchanen eilt ihr zentraler Hauptteil den Enden (Hörnern) voraus, da diese von Vegetation zurückgehalten werden.

Einzelne **freie Dünen** treten als Quer- oder Längsdünen auf. Der Barchan (auch Sicheldüne, Abb. 10.4.29)

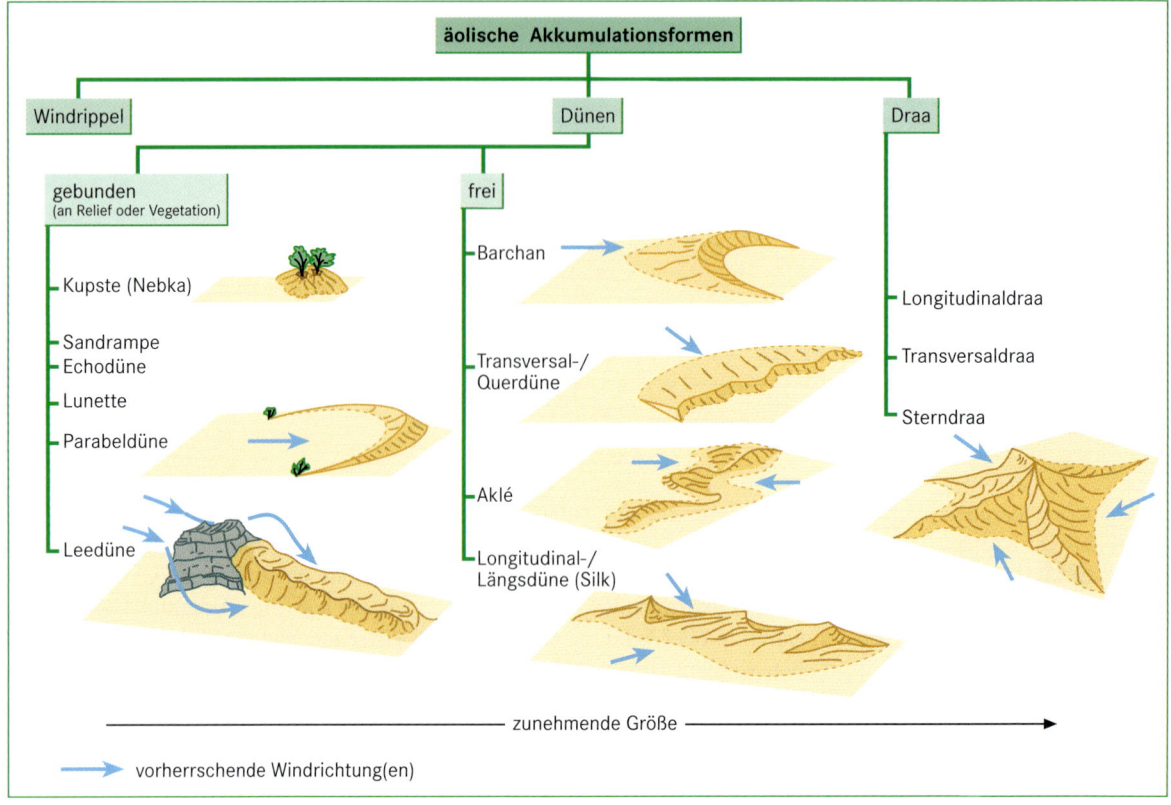

Abb. 10.4.26 Klassifikation äolischer Akkumulationsformen (nicht maßstäblich verändert nach Thomas 1997).

gilt als einzige echte Wanderdüne, da seine gesamte Sandmasse umgewälzt und in Windrichtung verlagert wird. Am Luvhang werden die Sandkörner aufwärts transportiert, um dann am Leehang abwärts zu rutschen, wodurch die innere Schichtung und der scharfe Dünenkamm entstehen. Neben einer nur mäßigen Sandzufuhr sind für die Bildung von Barchanen ein unimodales Windsystem (Windrichtungsdrehung bis max. 20°) und ein fester, vegetationsfreier Untergrund Voraussetzung. Sie entstehen zumeist aus isolierten Sandflecken oder durch „Abspalten" im distalen Bereich von Längsdünen. Da die umzuwälzende Sandmasse an den Hörnern geringer ist als im zentralen Teil, eilen diese dem Wind in Bewegungsrichtung voraus. Die Wanderungsgeschwindigkeit von Barchanen ist umgekehrt proportional zu ihrer Höhe (1 bis 30 m, max. 80 m) und liegt zwischen einigen und bis zu etwa 30 m pro Jahr. Ist bei sonst gleichen Bedingungen die Sandzufuhr stärker, entstehen Transversaldünen. Komplexere Querdünen, sogenannten Aklé, bilden sich bei jahreszeitlich etwa gegenläufigen Winden, die die Hänge umkehren. Die einfachste Längsdüne ist der Si(e)f (von *seif*, arabisch für Säbel). Sie ist nur leicht gekrümmt und entsteht durch

jahreszeitlich wechselnde, mit einem Winkel schräg aufeinanderzulaufende Winde (20° bis < 180°). Da sich dieser Dünentyp in die resultierende Gesamtrichtung verlängert, treten häufig mehrere Sif hintereinander auf und werden als Silk bezeichnet.

Megaformen, das heißt Sandakkumulationen von zirka 100 bis maximal 200 m Höhe werden als Draa bezeichnet. Diese kommen im Gegensatz zu Dünen nur in den großen Dünenmeeren (Ergs) vor und sind stets Paläoformen. Typisch sind Hunderte Kilometer lange Sandrücken (*whalebacks*), die gleiche Abstände von 1 bis 2 km aufweisen und von Gassen getrennt werden. Die Genese dieser Längsdraa resultierte vermutlich aus helikalen (korkenzieherartigen) gegenläufigen Wirbelbewegungen in einer lang andauernden und starken unimodalen Windströmung, wie sie für das Pleistozän angenommen wird. Die Entstehung von Quer- und Sterndraa ist noch unklar.

Untersucht man Draa- und Dünensande bezüglich verschiedener Parameter (z. B. Korngrößenverteilung, Oberflächenstrukturen, Sedimentationsalter) lassen sich Erkenntnisse zur Klima- und Landschaftsgeschichte ableiten. Neuste hochauflösende Satellitenbilder und

Abb. 10.4.27 Kupste (Nebka), Ägypten
(Foto: O. Bubenzer).

Abb. 10.4.28 Leedüne, Ägypten
(Foto: O. Bubenzer).

Abb. 10.4.29 Barchane, Ägypten
(Foto: O. Bubenzer).

digitale Geländemodelle ermöglichen eine detaillierte und flächendeckende Untersuchung der riesigen unbewohnten Wüstengebiete. So sind in den kommenden Jahren neue Erkenntnisse zur äolischen Morphodynamik, aber auch zu ehemaligen, aktuellen und zukünftigen Nutzungspotenzialen zu erwarten (Kapitel 29.3).

Formbildung durch quasinatürliche und anthropogene Prozesse

MANFRED FRÜHAUF

Quasinatürliche durch menschliches Eingreifen ermöglichte und/oder veränderte (Abschwächung, Verstärkung, Richtungsänderung u. a.) Prozesse und anthropogene, auf direkte und indirekte Einwirkung des Menschen zurückzuführende Formänderungen laufen in geomorphologischen Kontrollsystemen häufig in räumlicher und zeitlicher Ebene nach-, aber auch miteinander ab (Tab. 10.1.1). Es sind von menschlichem Handeln (bewusst oder teilweise auch unbewusst) beeinflusste und mehr oder weniger kontrollierte Prozessresponssysteme.

Seit der neolithischen Revolution kam es zu einer bedeutenden Intensivierung der Störungen des Landschaftshaushaltes, bei der die Konversion der bis dahin entwickelten Ökosysteme durch ackerbauliche und weidewirtschaftliche In-Wertsetzung eine dominante Rolle spielte. Als Folge hiervon zeigte sich in unterschiedlichen Klimaräumen über meist positive Rückkoppelungseffekte eine Steigerung der Art, Intensität und Raumwirksamkeit der Prozesse der **Bodenerosion** durch Wasser und Wind (Kapitel 11.7). Neben der Schädigung der Böden selbst erfolgte damit auch eine Zunahme der **Auensedimentation**. Bei beiden Erscheinungen wurden die Raten des natürlichen Bodenabtrages (Tabelle 10.4.3), aber auch der bis dahin abgelaufenen Akkumulation von Hochwasserabsätzen in den Flussauen bei Weitem übertroffen (Goudie 1994). So führten insbesondere Extremereignisse, wie in dem von Bork et al. (1998) in diesem Zusammenhang genannten „Katastrophenjahr 1342", auf den durch die starke Waldreduktion (zu dieser Zeit betrug die Waldfläche sogar nur 50 Prozent der heutigen) entstandenen landwirtschaftlichen Flächen Mitteleuropas zu den stärksten Bodenerosionsereignissen der letzten 2 000 Jahre überhaupt. Diese hatten wiederum gravierende ökologische und sozioökonomische Folgen.

Gewaltige Staubstürme sowie die damit einhergehenden Bodenschädigungen bzw. Dünenaufwehungen durch **Winderosion** kann man aber auch in Konsequenz der ackerbaulichen In-Wert-Setzung und der wenig angepassten Form der Landnutzung in den trockeneren Prärie- bzw. Steppengebieten Nordamerikas sowie Eurasiens beobachten (Frühauf et al. 2004). Auch die riesigen Dünen an der polnischen Ostseeküste bei Leba (unweit von Danzig) sind ursächlich ebenfalls im Kontext der großflächigen, mittelalterlichen bis frühneuzeitlichen Entwaldungen in dieser Region entstanden und stellen eine Reaktion des geomorphologischen Systems auf die veränderten Landschaftsbedingungen dar. Dies trifft auch für die südlich der Sahara beobachtbare Remobilisierung von eigentlich im letzten Hochglazial entstandenen und in der Zwischenzeit durch die Vegetationsentwicklung fixierten Dünen der Dornstrauch- und Trockenwälder zu. Hier spielen ebenfalls der Ackerbau und die Überweidung eine Hauptursache für diese heute beobachtbaren Prozesse.

Auf Eingriffe durch den Menschen zurückzuführen ist auch die Beschleunigung von **Auslaugungsprozessen**

Tabelle 10.4.3 Gegenüberstellung der Größenordnungen des natürlichen und des vom wirtschaftenden Menschen bewirkten flächenhaften Bodenabtrags in diversen Klima- und Wirtschaftsbereichen (nach Eichler 1993).

natürlicher Bodenabtrag	
• unter tropischem Regenwald in Neuguinea	0,5–1,07 mm/Jahr
• unter tropischem Regenwald in Amazonien	
im Flachland	0,2 mm/Jahr
an Steilhängen	1,25 mm/Jahr
• süddeutsche Mittelgebirge	0,01 mm/Jahr
• süddeutsches Lösshügelland	0,003 mm/Jahr
• im dinarischen Karst im mediterranen Klimabereich	0,01–0,04 mm/Jahr
• im warmgemäßigten bis subtropischen Einzugsgebiet des Mississippi	0,07–0,1 mm/Jahr
anthropogen beschleunigter Abtrag (Bodenerosion)	
• in der agrarisch genutzten Lösshügellandschaft des Kraichgaus	2–3 mm/Jahr
• auf Rodungsflächen im tropischen Regenwald Amazoniens	
Weidenutzung (Flachland)	0,3–3 mm/Jahr
Ackerbau (Flachland)	1,5–4 mm/Jahr
Ackerbau (Hanglagen)	30–60 mm/Jahr
• auf Ackerflächen im Lössgebiet Chinas in der inneren Mongolei	30 mm/Jahr

Abb. 10.4.30 Tagesbrüche im ehemaligen Kupferschieferbergbaugebiet Mansfelder Land (Foto: M. Frühauf 2003).

(Subrosion) durch bergbauliche Grubenwasserhaltung, wie dies beispielsweise als Folge des Kupferschieferabbaus im Liegenden der (löslichen) Zechsteinablagerungen im östlichen Harzvorland beobachtbar ist. Dadurch kommt es an der Erdoberfläche zu intensiveren Geländesenkungen (mit Gebäude- bzw. Straßenschädigungen), aber auch häufigeren Tagesbrüchen (Abb. 10.4.30). In diesem Ursache-Wirkungszusammenhang müssen auch Erdrutsche, Murabgänge oder Lawinen gesehen werden. Diese treten nach Rodungsmaßnahmen in hängigen Gebieten und einer sich häufig anschließenden touristischen Intensivnutzung nicht nur gehäuft, sondern mit größerer Intensität und hierdurch bedingten erhöhten Schadwirkungen auf. Die hierdurch entstandenen Formen sind in ihrer (ursprünglichen) Anlage zwar häufig als quasinatürlich zu bezeichnen; ihre Dimension (Größe, Flächenerstreckung) sowie die Häufigkeit ihres Auftretens (z. B. bei den genannten Tagesbrüchen) sind allerdings oftmals größer.

Formverändernd wirkt der Mensch auch durch den Einsatz technischer Geräte bei der Landnutzung. Dadurch entstehen andersartige oder gar neue Formen, die so unter natürlichen Bedingungen kaum vorstellbar sind, wie beispielsweise **Wald-Ackerrandstufen**. Hierzu gehören auch sogenannte Wölbäcker, bei denen durch konvexe Bodenaufschüttung und sie begleitende Furchen versucht wurde, über verbesserte Humus- bzw. Dränageverhältnisse auch günstigere Ertragsbedingungen zu erreichen.

Der Mensch steuert damit geomorphologische Prozesse und demzufolge die hieraus resultierenden Formen nicht nur bewusst oder unbewusst; es kann auch zwischen direkten sowie indirekten Einflussnahmen unterschieden werden. Ein weit verbreitetes Phänomen indirekter menschlicher Einwirkungen sind die aus

Schmalstreifen und Stufenrain zusammengesetzten **Ackerterrassen**, die durch isohypsenparalleles Pflügen über Jahrhunderte entstanden und heute weitgehend dem technisierten Landbau zum Opfer gefallen sind. Zur direkten Einflussnahme gehören zum Beispiel Oberflächenveränderungen, wie es unter anderem Terrassierungen im Wein- oder Reisbau verdeutlichen. Als besonders markant sind diesbezüglich aber vor allem durch Bergbauaktivitäten geschaffene Formen zu bezeichnen. So entstehen beispielsweise durch den Braunkohleabbau riesige, teilweise 500 m tief reichende Tagebaue mit weitreichenden Konsequenzen. Diese zeigen sich besonders deutlich an Grundwasserabsenkungen, die allerdings auch durch übermäßige Grundwasserentnahme, wie zum Beispiel im Central Valley in Kalifornien, belegt werden können. Neben irreversiblen Schädigungen der Grundwasseraquifere (z. B. durch eindringendes Salzwasser) sind damit oftmals auch Geländeeinsenkungen verbunden, die im Central Valley teilweise über 8,5 m erreichen, die neuartige Oberflächenformen entstehen lassen.

Für die Formenbildung durch Bergbauaktivitäten bilden aber insbesondere die dabei realisierten gewaltigen Materialumlagerungen eine entscheidende Grundlage. So wurden für die „Aushöhlung" der 774 m tiefen und eine Fläche von 7,2 km² einnehmenden Grube des Bingham-Kupferbergwerkes in Utah 3,355 Milliarden Tonnen Aushub – und damit sieben Mal so viel Erdmaterial wie beim Bau des Panamakanals umgelagert wurde – bewegt. Es verwundert deshalb kaum, dass durch den Bergbau auch imposante Vollformen, wie zum Beispiel die 150 m hohen „Pyramiden" des Mansfelder Landes als markante Zeugen der Kupferschiefergewinnung (Abb. 10.4.31) entstehen. Eine Dimension kleiner sind Pingen, die als quasinatürliche Einsturzfor-

Abb. 10.4.31 Spitzhalde des Kupferschieferabbaus bei Luther-stadt Eisleben (Foto: M. Frühauf 2000).

men des mittelalterlichen Bergbaus ebenso Zeugnisse der Nutzung natürlicher Ressourcen darstellen wie Kalk- oder Torfgruben sowie Steinbrüche.

Nach Holdgate et al. (1982) werden jährlich durch **Erd- und Felsbewegungen** im Zuge von Bergbauaktivitäten rund 3 000 Milliarden Tonnen bewegt. Im Vergleich dazu erreichen die Mengen, die alle Flüsse der Erde pro Jahr in die Weltmeere tragen mit 24 Milliarden Tonnen (Judson 1968) nur einen „Bruchteil" dieser anthropogenen Umlagerungen.

Wenn man diese Formen oftmals als unbeabsichtigtes Nebenprodukt einer bestimmten Nutzungsaktivität bezeichnen kann (zu denen leider auch die auf 170 000 ha Vietnams durch Kriegseinwirkungen entstandenen 2,6 Millionen Bombenkrater gehören, Goudie 1994), schafft der Mensch auch bewusst und zielgerichtet neuartige Formen. Dazu gehören beispielsweise **Deiche** oder **Wälle**, die dem Hochwasser- oder Lärmschutz dienen, aber auch der Limes mit seiner Schutzfunktion. Auch Einschnitte, Böschungen oder Dämme, die für Straßen oder Eisenbahnen angefertigt werden, müssen in diesem Sachzusammenhang ebenso genannt werden wie **Kanäle**, künstlich geschaffene Flussläufe (z. B. im Oberrheingebiet) oder gar durch Landgewinnung entstandene Kunstformen wie dies zum Beispiel in den Niederlanden, an der schleswig-holsteinischen Nordseeküste oder auch am Flughafen von Hongkong zu beobachten ist. Gerade in diesen Räumen versucht der Mensch, den natürlichen Prozessen der Küstenformung mit verschiedenen Maßnahmen und Bauten des Küstenschutzes Widerstand entgegenzusetzen, um seine Nutzungsinteressen nicht zu gefährden. Dies erfolgt in anderer Hinsicht auch durch **Staudämme**, die bekanntermaßen meistens polyfunktionaler Natur und nicht nur (immer) auf den Hochwasserschutz ausgerichtet sind. Die Staudämme müssen aber ungeachtet ihrer Form bzw. Materialzusammensetzung auch

hinsichtlich ihrer morphologischen Wirksamkeit gesehen werden. Dieses bezieht sich sowohl auf eine Funktion als Sedimentfalle zum Beispiel mit verschiedenartigen Schwemmkegelformen, aber auch hinsichtlich der unterhalb des Dammes gegenüber natürlichen Verhältnissen beobachtbaren Vertiefung des Flussbettes infolge sogenannter Klarwassererosion (Galay 1983).

Insgesamt wird aus diesen Darlegungen deutlich, dass der Mensch im Laufe seiner Entwicklung und den damit in Zusammenhang stehenden sich wandelnden Nutzungsinteressen in vielfältiger Art und Weise quasinatürliche morphologische Prozesse, aber auch anders geartete, die gesamte Landschaft und ihren Stoff-, Wasser- und Energiehaushalt prägende Erscheinungen, verändert hat. Die hieraus, aber auch durch völlig neuartige Prozesse entstandenen Formen lassen sich daher oftmals nicht immer zweifelsfrei den natürlichen oder den anthropogenen Ursachen zuordnen. Mit Ausnahme solcher Erscheinungen wie Tagebaue, Halden oder Dämme stellen die entstandenen Formen meistens Formen dar, bei denen der Mensch und seine Wirkung nur eine Komponente in einem komplexen (Ursachen-)System darstellt.

Dies berücksichtigend lassen die aufgezählten Beispiele aber auch erkennen, dass der Mensch besonders in den letzten Jahrzehnten in besonderer Intensität und Raumwirksamkeit diese Prozesse in immer stärkerem Maße beeinflusst und/oder verändert. Dabei zeigt sich in zunehmendem Maße, dass die Auswirkungen bestimmter, meistens nutzungsorientierter Maßnahmen zeitlich und räumlich vom Ort der Verursachung abweichen und Folgewirkungen in ferner gelegenen Gebieten bewirken. Die diesbezüglich beobachtbaren Ursache-Wirkungszusammenhänge erfahren dadurch eine neue zeitliche und räumliche Dimension. Ihre Analyse und Bewertung erfordert nicht nur eine stetige Weiterentwicklung des Methodenspektrums, sondern in zunehmendem Maße auch eine immer intensivere interdisziplinäre Zusammenarbeit. Erst dadurch kann es auch gelingen, die sich aus diesen Prozessen ergebenden Folgen – insbesondere hinsichtlich der Gefährdungen für den Menschen – zeit- bzw. ortsgenauer zu beurteilen.

Formbildung durch Meteoriteneinschläge

DIETER KELLETAT

Unsere Erde wird pausenlos von **extraterrestrischen Körpern** bombardiert. Die meisten verglühen bereits in der Atmosphäre. Weisen sie aber einen Durchmesser von mehreren Metern auf, können sie die Erdoberfläche

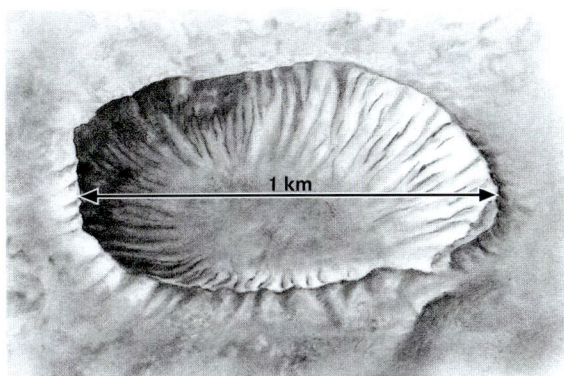

Abb. 10.4.32 Der sogenannte Barringer-Meteorkrater in Arizona mit einem Alter von etwa 49 000 Jahren.

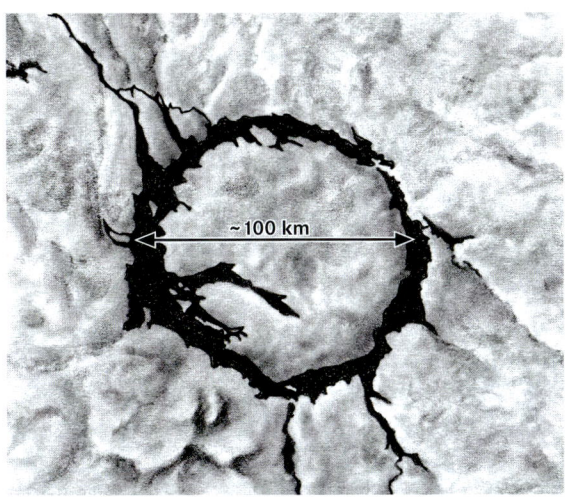

Abb. 10.4.33 Der über 200 Millionen Jahre alte Manicouagan-Krater im nordöstlichen Kanada ist trotz mehrfacher Überformung durch eiszeitliche Gletscher noch gut erhalten.

mit einer Geschwindigkeit von ungefähr 20 km/sec erreichen. Beim Einschlag verwandelt sich der größte Teil der Masse in Energie, was eine gewaltige Explosion zur Folge hat, die auch dann einen kreisrunden Krater erzeugt (Abb. 10.4.32), wenn das Objekt – Asteroid, Meteorit oder Komet – unter sehr flachem Winkel einfliegt. Die Kraterränder sind aufgebogen, teilweise auch mit ausgeworfenem Schutt bedeckt. Das führt zu einer Abschirmung gegenüber Verfüllung, sodass sich Impaktkrater lange morphologisch erhalten können. Der bekannteste Meteorkrater liegt in Arizona (Barringer-Krater). Er entstand vor 49 000 Jahren durch den Einschlag eines ungefähr 50 m großen Nickel-Eisen-Meteoriten von rund 4 Millionen t Gewicht, hat einen Durchmesser von etwa 1,2 km und eine Tiefe von 175 m. Damit ist das Volumen des Kraters etwa 1 500-mal so groß wie das des Einschlagkörpers. Gewöhnlich ist der Kraterdurchmesser etwa 20-mal so groß wie der Durchmesser des Meteoriten. Kleine Krater haben eine Relation von Durchmesser zu Tiefe wie 5 : 1 bis 7 : 1, große von etwa 10 : 1 bis 20 : 1. Bei Letzteren ist das Zentrum als Reaktion der Erdkruste auf den Einschlag hügelartig aufgewölbt. Bei sehr großen Kratern nimmt die zentrale Wölbung des Bodens den meisten Raum ein, sodass nur noch eine ringförmige Vertiefung unterhalb der Kraterränder verläuft (Abb. 10.4.33).

Wir stehen erst am Anfang unserer Kenntnis über die wirkliche Verbreitung von **Einschlagkratern** auf der Erde. Im Jahre 1972 waren gerade einmal 42 bekannt, heute sind es 173 (Abb. 10.4.34), darunter das Nördlinger Ries mit 24 km Durchmesser und das Steinheimer Becken mit 3,8 km Durchmesser, beide zirka 15 Millionen Jahre alt. Von diesen 173 Kratern auf dem Festland (auf dem Meeresboden müssen es mehr als doppelt so viele sein) sind 26 im Quartär und davon 11 im Holozän entstanden. Der älteste bisher bekannte Krater ist gleich-

zeitig der größte. Es ist der Sudbury Crater in Ontario, Kanada, mit 250 km Durchmesser und einem Alter von über 1,8 Milliarden Jahren. Die Erhaltung ist in alten herausgehobenen Schilden besonders gut gewährleistet, da hier eine Verschüttung erschwert ist. Heute ist man in der Lage, die Gefahr bzw. Häufigkeit möglicher Meteoriteneinschläge durch die zunehmende Kenntnis über sogenannte Near Earth Objects (NEOs) besser abzuschätzen. Im Jahre 1900 kannte man erst einen (und dazu 17 erdnahe Kometen), heute sind es bereits 2 146, davon 630 mit einem Durchmesser von mehr als 1 km. Daraus ergibt sich eine potenzielle Einschlaghäufigkeit von etwa alle 10 Jahre für ein Objekt von 10 m Durchmesser, von alle 1 000 bis 5 000 Jahre für ein solches von 100 m Durchmesser, und von alle 300 000 bis 400 000 Jahre für einen Meteoriten von 1 km Durchmesser.

Eine Gefahr mit besonderer Fernwirkung besteht beim Einschlag in die Ozeane, weil sich dadurch Tsunamis (Kapitel 28) mit großer Höhe und Reichweite entwickeln können. Bei einem Eisenmeteoriten der Dichte 7,9 und 1 000 m Durchmesser ist die theoretische Wellenhöhe bei 5 000 m tiefem Wasser in 50 km Entfernung vom Einschlagort über 1 100 m, in 500 km noch 112 m und in 2 000 km um 28 m. Bei einem Steinmeteoriten gleicher Größe (Dichte 3,0) lauten die Werte für die anzunehmende Wellenhöhe 336 m, 33,6 m und 8,4 m. Die Wahrscheinlichkeit, dass diese *impacts* innerhalb des Quartärs zu Zeiten hoher Meeresspiegelstände stattgefunden haben und die heute bekannten Küstenkonturen beeinflussen konnten, liegt bei mehreren Hundert und sicher einigen Dutzend von küstenmorphologisch relevanten Ausmaßen, doch fehlt bisher dazu jeder unzwei-

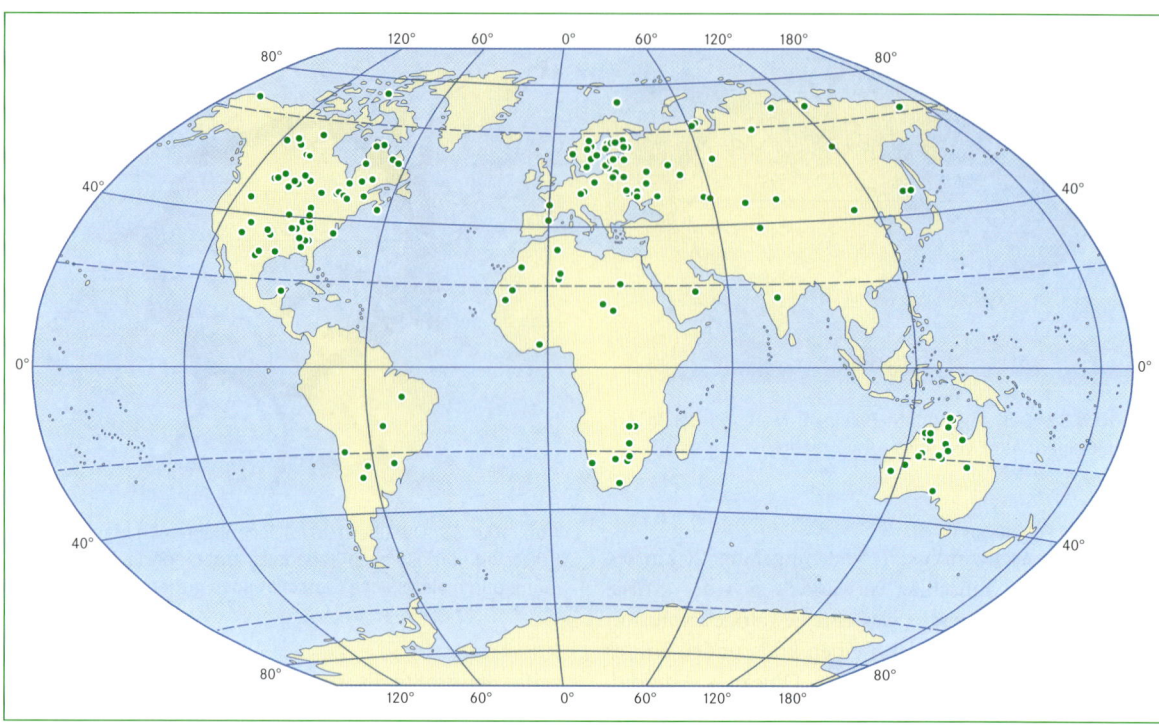

Abb. 10.4.34 Verbreitung der im Jahre 2002 bekannten Meteoriteneinschlagkrater auf den Landflächen der Erde.

felhafte Feldnachweis. Es ist jedoch davon auszugehen, dass etliche Tsunamiablagerungen an den Küsten der Erde auf solche außerirdischen Einschlagkörper zurückgehen.

10.5 Typlandschaften

Einführung

REINHARD ZEESE

In Abhängigkeit von den endogenen und exogenen Voraussetzungen und Prozessen und deren Wirkungsdauer gibt es zahlreiche geomorphogenetische Systeme (Kapitel 10.1), die durch typische Formengemeinschaften gekennzeichnet sind. Schichtstufenlandschaften aus wechselnd widerständigen Sedimentgesteinen, Rumpfflächen- und Inselberglandschaften in den Kristallingesteinen der Schildregionen, Fußflächenlandschaften vor hoch aufragenden Bergländern, Flussterrassenlandschaften in Hebungsgebieten mit deutlichen, paläoklimatisch oder tektogen gesteuerten Wechseln von Auf-

schüttung und Eintiefung durch Flüsse, Glaziallandschaften in ehemals vergletscherten Gebieten sowie Strandterrassen und Atolle sind solche Typlandschaften.

Schichtstufen und Schichtkämme

ERNST BRUNOTTE

Schichtkämme und Schichtstufen gibt es in allen Klimazonen der Erde. Sie entwickeln sich vorwiegend im Ausstrich des Deckgebirges, wie es an den Rändern der alten Festlandskerne weit verbreitet ist. In ihrem Grund- und Aufriss spiegeln sie die geologische Struktur des Untergrundes wider. Großartige Beispiele liefern in Mittel- und Westeuropa das niedersächsische Bergland, die süddeutsche Schichtstufenlandschaft, das Pariser Becken wie auch der Süden Englands.

In ihrem Aufriss zeichnen sich typische **Schichtstufen** (Abb. 10.5.1a, Abb. 10.5.2) durch ein deutlich asymmetrisches Querprofil aus. Entsprechend der Sinnbedeutung des Begriffs Stufe sind sie durch den Gegensatz von annähernd ebenen Stufenflächen (Landterrasse) und steilen, meist scharf davon abgesetzten Stufenhängen gekennzeichnet. Die Bildung von Schichtstufen setzt

Abb. 10.5.1 a) Walm-Schichtstufe der Schwäbischen Alb bei Reutlingen; Stufenrand der Schichtflächen-Alb: schwach konkaver Unterhang in den Impressa-Mergeln (Oxfordium), steilerer Oberhang; Walm und Schichtfläche in den Wohlgeschichteten Kalken (Unter-Kimmeridgium); darüber Zeugenberge (Großer und Kleiner Rossberg) und Stufenrand der Kuppenalb (Lacunosa-Mergel (Unter-Kimmeridgium unter Felsenkalk/Ober-Kimmeridgium); b) Schichtkamm aus paläozoischen Sedimentgesteinen (vor allem Kalksteine) mit *flat irons* am Rückhang; Maligne Lake, Jasper National Park, Kanada (Fotos: R. Zeese)

einen Wechsel horizontal bis schwach geneigt lagernder Schichtfolgen unterschiedlicher Verwitterungsresistenz voraus. Da schwach resistente, meist wasserstauende und kluftarme Schichtglieder leichter abtragbar sind, entsteht durch selektive Abtragung eine Stufe mit dem stark resistenten Gestein als Stufenbildner und dem schwach resistenten Gestein als Sockelbildner. Der **Stufenbildner** schützt die erhabenen Teile der Schichtstufe, also die stufenrandnahe Stufenfläche und den oberen, zumeist steilsten Abschnitt des Stufenhangs an der Stirnseite der Stufe vor rascher Abtragung. Der **Sockelbildner** unterlagert den Stufenbildner und tritt im mittleren und unteren Teil des Stufenhangs zutage. Die petrographische Grenze wird in Trockengebieten regelhaft durch einen Hangknick (Abb. 10.4.4), im humiden Gebieten eher durch Quellaustritte und eine schwach konkave Hangabflachung markiert. Größe und Erscheinung der Schichtstufe sind primär von der Mächtigkeit und Schichtneigung ihrer Sockel- und Stufenbildner (und deren Relationen), sekundär von der Eintiefung der subsequenten Fließgewässer des Stufenvorlandes wie auch von der flächenhaften Abtragung des Stufenbildners abhängig. Stufenflächen können im Einfallen der

Schichten als Schichtflächen (synonym Strukturflächen) oder, spitzwinklig zu den Schichten, als Schnittflächen (synonym Kappungsflächen, Skulpturflächen) entwickelt sein. Nach ihrem Querprofil werden drei Schichtstufentypen unterschieden: Bei der **Walmstufe** vermittelt eine konvexe Übergangsböschung vom First, dem höchsten Punkt im Querprofil, zum sigmoidalen Stufenhang. Bei der **Traufstufe mit Walm** verschneidet sich der konkave Stufenhang mit dem Walm zu einer scharfen Stufenkante. Fällt diese Kante mit dem First (Verbindungslinie der orographisch höchsten Punkte am Stufenrand) zusammen, liegt eine **reine Traufstufe** (ohne Walm) vor.

Bezüglich des geologischen Baus unterscheidet man Achter- und Frontstufen. Bei Achterstufen fallen die Schichten zum (konformen) Stufenhang hin ein, Frontstufen sind entgegen dem Schichteinfallen (konträr) ausgerichtet.

Der Grundriss der Schichtstufen zeichnet sich häufig dadurch aus, dass die Stufenstirn durch Stufenrandbuchten gegliedert und oft auch durch kilometerweit in die Stufenfläche eingreifende Stufenrandtäler in Sporne und Vorsprünge aufgelöst ist. Als Ausdruck der Rück-

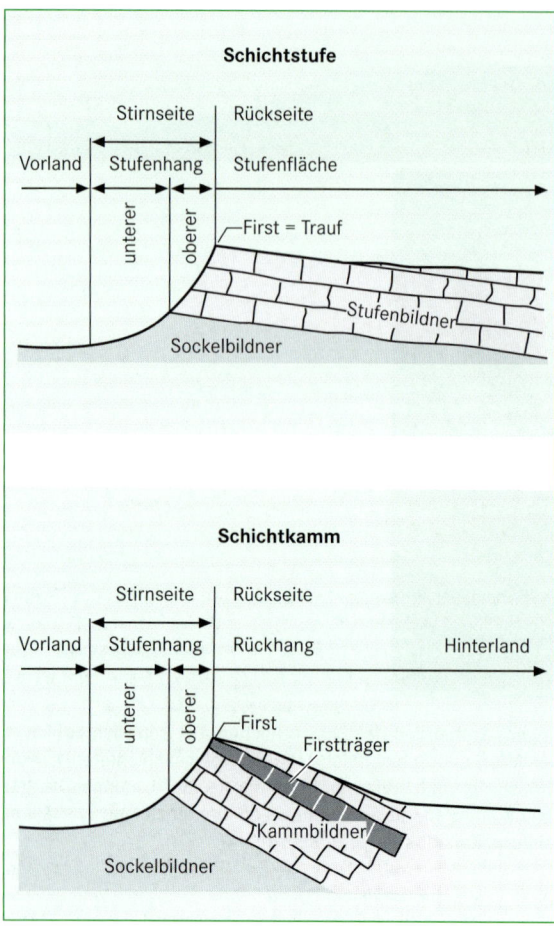

Abb. 10.5.2 Morphographisches Schema für Schichtstufen und Schichtkämme.

Stufen, die im Aufriss den Schichtstufen *sensu stricto* gleichen, aber andere Bildungsvoraussetzungen haben (Zeese 1998). Unverwitterter Basalt wirkt über Aschen oder Saprolit als Stufenbildner (Abb. 10.2.15), das unterlagernde Material als Sockelbildner. Saprolit ist ebenfalls Sockelbildner bei vielen Krustenstufen (Blume 1994), bei denen der resistente Stufenbildner aus einer Kalkkruste (*calcrete*), Kieselkruste (*silcrete*) oder Eisenkruste (*ferricrete*) besteht (Abb. 10.6.5).

In seinem Habitus hebt sich das **Schichtkammrelief** deutlich vom Schichtstufenrelief ab (Abb. 10.5.1b, Abb. 10.5.2). Als Ausdruck besonders enger Bindung an die strukturellen Gegebenheiten des geologischen Untergrundes folgen Schichtkämme streng dem Ausstrich stark resistenter Gesteine, deren Schichten in der Regel mit mehr als etwa 10 bis 12° einfallen. Im Grundriss verlaufen sie – in deutlichem Unterschied zu Schichtstufen – weitgehend geradlinig, können aber auch dem umlaufenden Streichen von Syn- und Antiklinalen folgen, wie beispielsweise in der Hils-Mulde in Südniedersachsen. Zeugenberge und Auslieger fehlen ebenso wie große Stirnseitentäler. Analog zu den petrographischen Verhältnissen der Schichtstufen unterscheidet man stark resistente Kamm- und gering resistente Sockelbildner. Der Aufriss der Schichtkämme ist durch eine kammartige Zuschärfung des Querprofils gekennzeichnet: Stirn- und Rückhang verschneiden sich zumeist in einem **First**. Das Schichtkammquerprofil kann sowohl symmetrisch als auch asymmetrisch sein. Bei senkrecht gestellten Sedimentgesteinen entstehen **Schichtrippen**.

Der untere Stirnhang geht über eine Hangfußzone in die vor dem Schichtkamm gelegene konträre Fußfläche über. Der Schichtkammrückhang leitet in die konforme Fußfläche des Hinterlandes über. Er schneidet in der Regel die Gesteinsschichten. Wo diese aus einer Wechselfolge von gering und stark resistenten Schichtfolgen bestehen, können infolge engständiger Rückhangzertalung kleinere Stufen mit dreieckigem Grundriss auftreten (Abb. 10.5.1b), sogenannte *chevrons* oder *flat irons*.

verlegung der Stufenstirn (**Stufenrückverlegung**) durch eine Kombination von Taleintiefung und Hangabtrag wird diese oft von Zeugenbergen und Ausliegern gesäumt, wobei Letztere durch den Sockelbildner mit der Stufe verbunden sind.

Die geomorphogenetische Entwicklung lässt sich bei Schichtstufen unterschiedlich weit in die Vergangenheit zurückverfolgen. Nach Eberle et al. (2007) kann für die besonders gut untersuchte süddeutsche Schichtstufenlandschaft davon ausgegangen werden, dass aus einer tiefgründig verwitterten alttertiären Flachlandschaft (Exkurs 10.5.1) als Folge deutlicher Hebungsimpulse seit dem Oligozän Schichtstufen entstanden sind, die ein Palimpsest unterschiedlich alter Formungsreste darstellen. Die holozäne Formung beschränkt sich an den Stufenstirnen weitgehend auf Quellerosion und zumeist lokale Rutschungen, Schollengleitungen und Bergstürze.

Neben dem klassischen Typ, der Schichtstufe in wechselnd widerständigen Sedimentgesteinen, gibt es

Rumpfflächen, Rumpfstufen und Inselberge

HELMUT BRÜCKNER

Rumpfflächen sind Endstadien einer Entwicklung, in der exogen gesteuerte Formungsprozesse (Verwitterung und Abtragung) langfristig dominieren. Das erfordert tektonische Ruhe – eine Prämisse für die Einrumpfung eines Gebirges, die von W. M. Davis bereits 1899 erhoben wurde. Rumpfflächen im ursprünglichen Sinn des

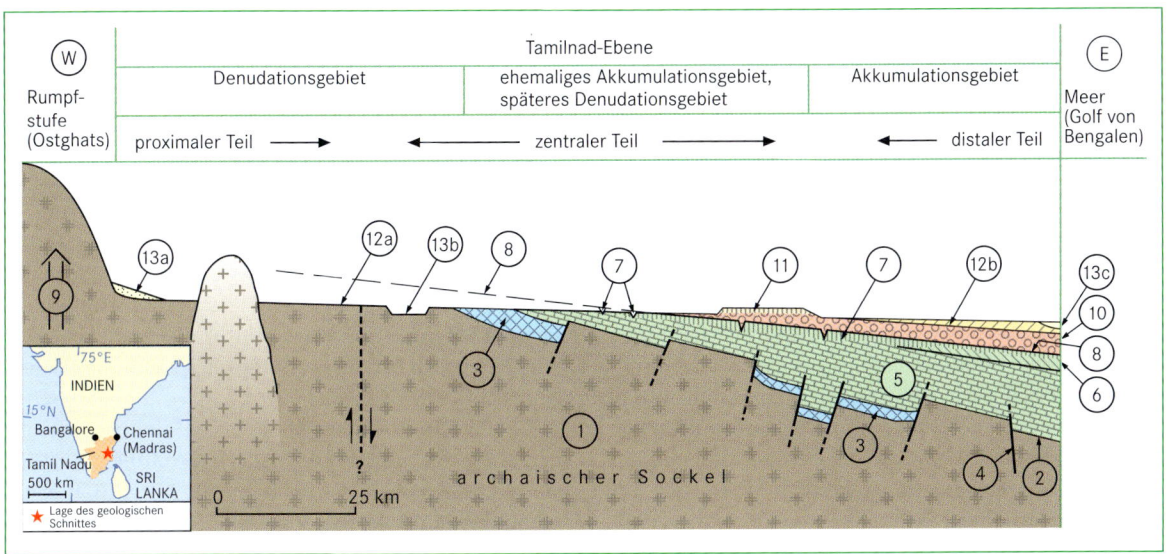

Abb. 10.5.3 Generalisierter geologischer Schnitt durch die Tamilnad-Ebene in Südindien bei Ariyalur (etwa 11° 10' nördliche Breite) mit Abfolge der geologischen und geomorphologischen Ereignisse (Einfallen der Schichten stark überhöht): 1–2 = Bildung der archaischen Sockelgesteine vor etwa 2 500 Millionen Jahren, danach viele Phasen unbekannter Orogenese, Tektogenese und Morphogenese (u. a. Rumpfflächenbildung durch Zyklen von Verwitterung und Abtragung), 3 = Ablagerung der Gondwana-Schichten (Oberjura bis Unterkreide), 4 = Beginn des *rifting* von Gondwana vor etwa 150 Millionen Jahren und der Drift Indiens (dabei Bildung von Horsten und Gräben sowie Kippung), 5–6 = Sedimentation kretazischer und paläozäner Schichten (vorwiegend Kalke), dann vermutlich Einrumpfung vor etwa 50 Millionen Jahren (*Indian Cycle*), 7 = feucht-tropische Verwitterung mit Bauxitisierung des Basement und Verkarstung der Kalke (Eozän bis Oligozän?), 8 = Einrumpfung, dabei teilweise Zerstörung der Bauxitkruste, korrelate Sedimente in den Karstdepressionen (Unter- und Mittelmiozän), 9 = tektonisches Ereignis revitalisiert Reliefenergie (Miozän?), 10 = Ablagerung der Cuddalore-Sandstein-Formation (Obermiozän bis Unterpliozän), 11 = Verwitterung (Oberpliozän), 12–13 = letzte Phase der Genese der Tamilnad-Ebene *sensu stricto*: flächenhafte Abtragung des saprolitischen Zersatzes (12a) mit korrelater Akkumulation in Küstennähe und auf dem Schelf (12b; Alt- und Mittelquartär), 13 = Ende der aktiven Phase der Einebnung: Akkumulation von Schwemmfächern an einigen Bergflanken mindestens seit 100 000 Jahren (13a), Zertalung im Zentralteil der Ebene (13b), Akkumulation der letztinterglazialen Meeresterrasse im distalen Teil (13c; verändert nach Brückner 1989).

Begriffs sind zu verstehen als die tieferen Teile eines Gebirges („Rumpfgebirge" nach Ferdinand von Richthofen 1886), das bis auf seinen Rumpf aus Kristallingesteinen (Plutonite und Metamorphite; Abb. 10.2.10) abgetragen wurde. Inzwischen werden von vielen Autoren alle Skulpturflächen (synonym Schnittflächen, Kappungsflächen), die über Gesteine unterschiedlichster morphologischer Härte hinweggreifen und durch reliefreduzierende (planierende) Prozesse entstanden, als Rumpfflächen und nicht als Einebnungsflächen (*planation surfaces*), was terminologisch korrekt wäre, bezeichnet. Diese „Aufweichung" des Begriffes ist sicher nicht unproblematisch, obwohl ein Grundgedanke, der für Rumpfflächen zutrifft, auch für Skulpturflächen in Sedimentgesteinen gilt. Damit eine diskordant die Gesteine kappende Abtragungsfläche entstehen kann, müssen alle Gesteine durch die Verwitterung in abtragbare Korngrößen aufbereitet sein. Das ist am ehesten durch intensive chemische Verwitterung zu erreichen, deren Produkt, der Saprolit (Abb. 10.3.5, Abb. 10.5.5), auf Kappungsflä-

chen im Grund- wie auch im Deckgebirge zu finden ist. Während tiefgründige Saprolitisierung (Tiefenverwitterung) viel Feuchtigkeit und Wärme benötigt und deshalb unter Regenwaldbedeckung am effektivsten ist, erfolgt großflächige Abtragung durch Schichtfluten (*sheet wash*) dort, wo der Schutz durch Vegetationsbedeckung weitgehend fehlt. Das sind die tropisch-subtropischen Trockengebiete, in denen die episodischen Niederschläge meist als Starkregen fallen. Sehr kontrovers wird bis heute diskutiert, unter welchen weiteren Bedingungen Rumpfflächen entstehen beziehungsweise trotz Hebung und Abtragung erhalten bleiben (Exkurs 10.5.1).

In der deutschen Geomorphologie ist die Forschung über diesen Themenkomplex durch das „Modell der doppelten Einebnungsflächen" von Julius Büdel (zuletzt 1981) stark belebt worden. Prototyp einer aktiven Rumpffläche war für Büdel die Tamilnad-Ebene in Südindien. Detaillierte geomorphologische, sedimentologische und paläopedologische Untersuchungen haben jedoch gezeigt (Brückner 1989, Brückner & Bruhn 1992): Die mit dem extrem flachen Gefälle von nur 0,1 bis 0,3 Prozent meerwärts abdachende Tamilnad-Ebene (Abb. 10.5.3) – und das gilt wohl für viele ausgedehnte Einebnungsflächen – ist eine sowohl zeitlich als auch räumlich polygenetische Ausgleichsfläche, die nur in ihrem proximalen, das heißt bergwärtigen, und zum Teil auch im zentralen Bereich aus dem eingeebneten kristallinen Grundgebirge besteht. Im bergwärtigen Teil herrschen Prozesse der Pedimentation vor, im Zentralteil erfolgt Flächenspülung und im distalen Teil in Meernähe dominieren Akkumulationsprozesse. Der Zentralteil gliedert sich geomorphologisch in Spülmulden und Spülscheiden (Büdel 1981) bzw. in Flachmuldentäler (Louis & Fischer 1979). Anhand der *on*- und *offshore* (Schelfprofile) abgelagerten Sedimente lässt sich die Entstehung der Ebene nachvollziehen (Brückner 1989, Brückner & Bruhn 1992). Die Genese einer Rumpffläche kann weder monokausal noch monoklimatisch erklärt werden. Vielmehr haben viele Zyklen von **Tiefenverwitterung** (Saprolitisierung, *etching*) – vorzugsweise unter feuchttropischem Klima – und nachfolgender **flächenhafter Abtragung** (Denudation, *stripping*) – vorzugsweise unter (semi-)aridem Klima – zu ihrer Entstehung beigetragen (Brückner 1989, Brückner & Bruhn 1992, Zeese 1983).

Die Ausdehnung einer Rumpffläche lässt sich etwa mit dem Hangrückzugsmodell durch **Pedimentation** erklären (Rohdenburg 1969). Dieses Modell impliziert, dass die Fläche in ihrem proximalen, also bergwärtigen Teil bedeutend jünger ist als in ihrem distalen. Man spricht dann von metachronen Flächen (Ahnert 2003), bei denen es schwierig ist, ein Alter anzugeben.

Häufig treten Rumpfflächen stockwerkartig angeordnet in mehreren Höhenniveaus auf. Bei derartigen Rumpftreppen ist bezeichnend, dass der Zerschneidungsgrad mit der Höhe zunimmt. Das gilt übrigens auch in Südindien für die mit einer Rumpfstufe gegen die Tamilnad-Ebene abgegrenzte höher gelegene Bangalore-Fläche. Dies ist ein Hinweis darauf, dass die aktive Einebnung in Meernähe geschieht, da viele Abtragungsprozesse – außer bei endorhëischer Entwässerung – letztlich auf das Meer als absolute Erosionsbasis eingestellt sind. Auch im Rheinischen Schiefergebirge scheint das Zusammenspiel zwischen Tiefenverwitterung einerseits und Denudationsprozessen in Meernähe andererseits wesentlich für die Formung der Verebnungsflächen gewesen zu sein (Semmel 1996).

Große Rumpfflächenlandschaften finden sich auf den Kratonen und Schilden der Urkontinente Gondwana und Laurasia (Wirthmann 1994). Das bezeugt schon ihre lange Entwicklungsgeschichte. Aber auch im Rheinischen Schiefergebirge gibt es mindestens zwei prominente Rumpfflächen. Wenn ihnen alt- bzw. mitteltertiäre Alter zugewiesen werden, so kann sich dies nur auf die letzte Formungsphase beziehen. Denn bereits im Mesozoikum unterlagen die devonisch abgelagerten und jungpaläozoisch (variszisch) gefalteten Gesteine der subaerischen Verwitterung und Abtragung, sodass Felix-Henningsen (1991) zu Recht von der **mesozoisch-tertiären Verwitterung** (MTV) spricht. Dass es sich heute bei diesen Rumpfflächen um vorzeitliche Formen handelt, belegt ihre Zerschneidung vor allem durch die quartärzeitliche Taleintiefung (Semmel 1996 zur komplexen Entwicklungsgeschichte der Verebnungsflächen im Rheinischen Schiefergebirge).

Inselberge und Rumpfflächen bilden eine Formengemeinschaft. In Karstlandschaften lassen sich Karstkegel bzw. -türme und Karstrandebenen als analoges Formenensemble deuten. Generell unterscheidet man zwischen

Abb. 10.5.4 Inselberg am Ostrand der Namib: Im Zuge der jungtertiären und quartären Aridisierung Südwestafrikas wird durch dominant (semi-)arid geomorphodynamische Prozesse die präexistente Verwitterungsdecke (Saprolit) entfernt und die ehemalige Verwitterungsbasis freigelegt. Deutlich erkennbar ist der Einfluss des Kluftgitters auf die vorzeitliche chemische Tiefenverwitterung (Wollsackverwitterung). Das aktuelle Trockenklima bewirkt vor allem physikalische Veränderungen an der Gesteinsoberfläche (Abgrusung, Desquamation, Hartrindenbildung; Foto: W. D. Blümel).

Abb. 10.5.5 Südliche Tamilnad-Ebene bei Panaikkudi: Im Vorder- und Mittelgrund sind Schildinselberge zu erkennen, die aus dem teilweise erodierten saprolitischen Zersatz „herauswachsen". Der wesentliche Grund für die starke flächenhafte Abtragung ist die Beseitigung der Vegetation durch den Menschen. Im Hintergrund erheben sich die Ostghats (Foto: H. Brückner).

folge sind viele Inselberge lithologisch oder strukturell bedingt. Aufgrund ihrer Gesteinshärte (z. B. Großer Feldberg im Taunus) oder ihrer Struktur (z. B. Ayers Rock in Zentralaustralien) widersetzen sie sich der Einebnung (Wirthmann 1994). Auf den Gondwanakernen handelt es sich oft um ehemalige Granitintrusionen in den archaischen Gneissockeln (Abb. 10.2.14), die im Zuge der Abtragung freigelegt wurden (Petrovarianz). Ein berühmtes Beispiel ist der sogenannte Zuckerhut von Rio de Janeiro. Dabei setzt offenbar ein Selbstverstärkungseffekt ein, der bei den gerade erst aus der Ebene „herauswachsenden" Schildinselbergen studiert werden kann: Die nackte Gesteinsoberfläche trocknet nach Niederschlägen schnell ab, während der umgebende saprolitische Zersatz aufgrund der lange anhaltenden Durchfeuchtung weiter in die Tiefe verwittert. Bei folgenden Niederschlägen wird ein Teil des Zersatzes abgespült, während die Oberfläche des Schildinselberges praktisch kaum verändert erhalten bleibt (divergierende Verwitterung und Abtragung; Bremer 1989, Abb. 10.5.5).

Vergleicht man die Verteilung von Inselbergen auf großen Rumpfflächen, so fallen Regelhaftigkeiten auf. Nicht selten sind sie linear angeordnet, was ihre Herkunft aus Intrusionskörpern entlang ehemaliger Schwächezonen im Sockelgestein unterstreicht. Die Mehrzahl der Inselberge liegt im proximalen Teil, ein Argument

hohen, monolithisch erscheinenden Inselbergen, Inselbergen mit durch Verwitterung geweiteten Klüften und Wollsäcken (Felsburg, engl. *tor*; Abb. 10.5.4) und flachen, nur wenig die Ebene überragenden Schildinselbergen (Abb. 10.5.5 und 10.5.6). Petrographischen Analysen zu-

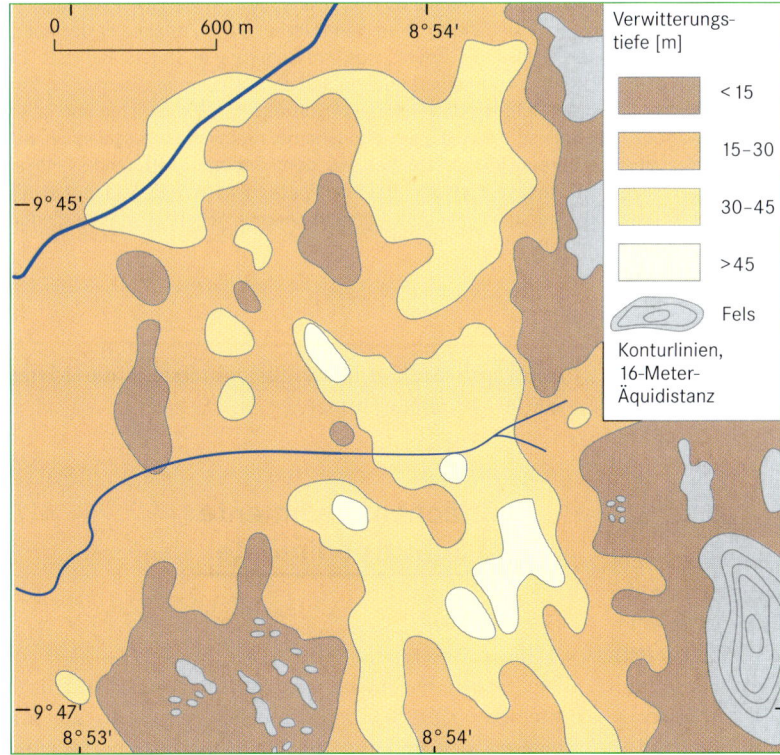

Abb. 10.5.6 Regolithmächtigkeit über Granit im Jos-Plateau, Zentralnigeria (nach Thomas 1994).

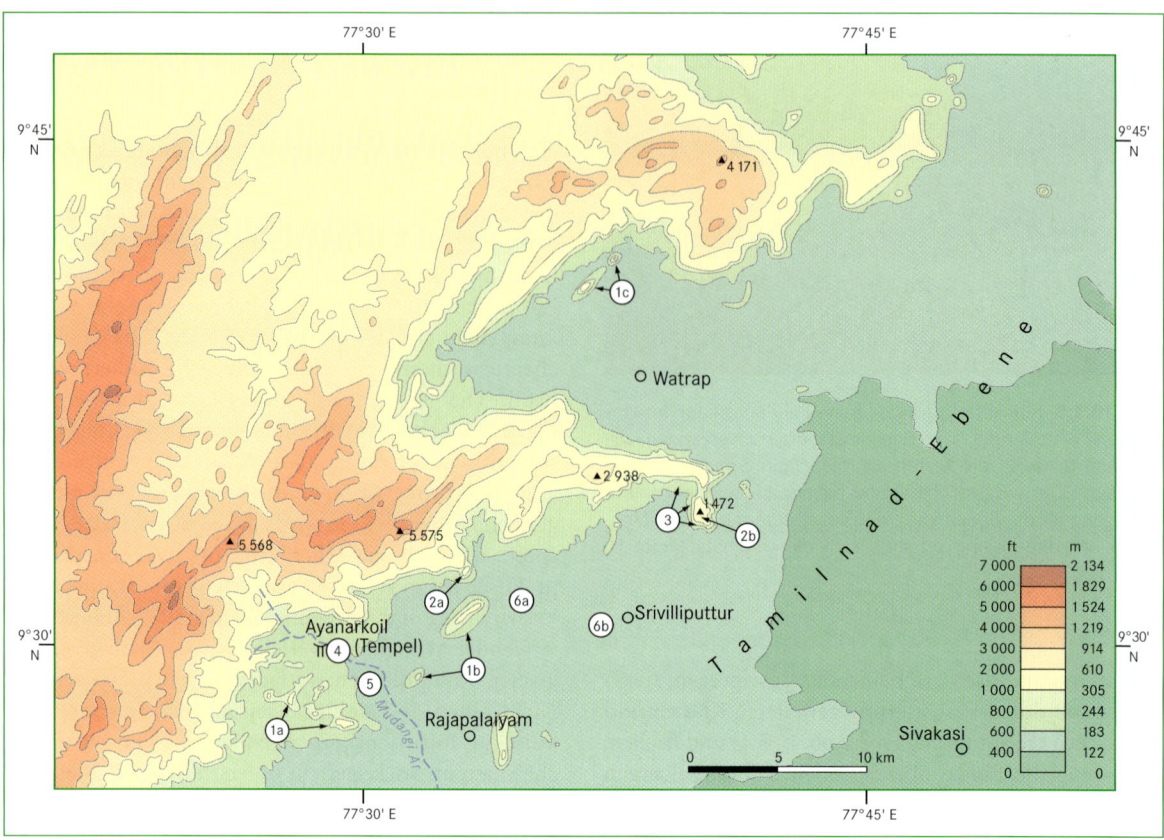

Abb. 10.5.7 Die Tamilnad-Ebene in der Umgebung von Rajapalaiyam. Die topographische Karte zeigt einen Ausschnitt des proximalen und zentralen Teils dieser Rumpffläche sowie ihren Übergang zu den Varushanad Hills (Höhen dort in Fuß). Deutlich erkennt man den Kontrast im Relief zwischen der ausdruckslosen Rumpffläche und dem reliefierten Bergland. Die Zerlappung der Randstufe deutet auf Hangrückverlegung hin. Dabei bleiben Inselberge als Härtlinge zurück, was ihre Scharung in Stufennähe (z. B. 1a, 1b, 1c) und ihr weitgehendes Fehlen im Zentralteil belegen. Noch mit der Stufe verbundene heißen Auslieger-Inselberge (2a, 2b). Auffällig ist die NO-SW-Ausrichtung vieler Inselberge, die die Streichrichtung des Gebirges nachzeichnet. Die meisten von ihnen verdanken als ehemalige Intrusionskörper der Petrovarianz ihre Genese. Dass die Morphodynamik räumlich unterschiedlich verläuft, belegt der Gebirgsfuß: Felspedimente existieren bei 3, während im Bereich der aus dem Gebirge austretenden Flüsse Schwemmfächer (4) und etwas weiter entfernt Flussterrassen (5) akkumuliert wurden. Bei Srivilliputtur gibt es Spülmulden (6a, 6b), in denen der im Zuge der Flächenspülung sedimentierte Ton für die Herstellung von Ziegeln und Keramik abgebaut wird (verändert nach Brückner 1989).

für das Rückwandern der Rumpfstufe, da sich die Inselberge als Härtlinge offenbar diesem Prozess widersetzen und erst viel später abgetragen werden (Abb. 10.5.7).

Bekanntlich ist es schwierig, Erosionslandschaften zu datieren. Das ist wohl der Hauptgrund für die zahlreichen Spekulationen über Alter und Genese von Rumpfflächen und Inselbergen. Hier wird die Forschung neue Impulse erhalten durch die noch junge Methode der Oberflächenaltersdatierung (Kapitel 6.3) mittels kosmogener Nuklide, beispielsweise mit *in situ* produziertem [10]Be und [26]Al. An australischen Inselbergen wurden mit der kombinierten [26]Al/[10]Be-Methode extrem niedrige durchschnittliche Denudationsraten von unter 0,7 ±

0,1 m pro Million Jahre für mindestens die letzten 500 000 Jahre bestimmt.

Fußflächen: Pedimente und Schuttpedimente

Gerd Wenzens

Der Begriff **Fußfläche** wird physiognomisch für flach geneigte (< 10°) Übergangszonen verwandt, die mit einem Knick am Fuße von Gebirgsflanken einsetzen und in die vorgelagerten Ebenen übergehen. Fußflächen treten überall dort auf, wo aufgrund der klimatischen und geologisch-tektonischen Gegebenheiten das Gebirgsvorland so eingeebnet und tiefergelegt wird, dass die Abflussbedingungen es ermöglichen, sowohl den im Gebirge anfallenden Schutt als auch das im Vorland erodierte Material während eines längeren Zeitraumes abzutransportieren. Als **Pedimente** werden die am Fuße der Gebirgshänge ansetzenden meist steiler geneigten Teile der Fußflächen bezeichnet, deren Oberfläche vorwiegend aus Anstehendem besteht, wobei es sich sowohl um morphologisch hartes (z. B. Quarzit, Sandstein) als auch weiches (z. B. Tonschiefer) Gestein handeln kann. Die Pedimente gehen in die sich anschließenden mit Verwitterungs- und Abtragungsmaterial bedeckten **Schuttpedimente** über, bei denen die morphodynamischen Prozesse zwar noch die oberen Partien der Alluvionen erfassen, der liegende Teil jedoch nicht mehr bewegt wird. Eine aktive Pedimentation setzt also voraus, dass auf dem Pediment nur kurzfristig eine lückenhafte, noch bewegliche Schuttbedeckung auftritt, insgesamt aber eine flächenhafte Tieferlegung stattfindet und gleichzeitig auch auf dem Schuttpediment flächenhaft wirkende Abtragungsprozesse einen Teil der Schuttdecke erodieren. Die Abtragungsprozesse auf Fußflächen erfolgen vorwiegend durch flächenhaft wirkende Gerinne, die nur wenig eingetieft sind und ihren Verlauf mehrfach ändern. Dies ist dadurch möglich, dass sie zeitweise trockenfallen, sodass sich nach Starkregen neue Gerinne bilden.

In der französischen Literatur wird das Pediment als *surface d'érosion* oder *glacis d'érosion*, das Schuttpediment als *glacis couvert* oder *glacis d'accumulation* bezeichnet. Die Verwendung des Begriffes Glacis im deutschen Sprachgebrauch ist daher ungenau bzw. missverständlich. Günstige Voraussetzungen für die Entstehung von Pedimenten bieten die *basin-and-range*-Landschaften (z. B. im Westen der USA), bei denen weit gespannte Fußflächen zwischen den Gebirgsketten (*ranges*) und den im Vorland absinkenden Becken (*basins*) entstanden. An deren Stelle kann auch ein Fluss treten, der den Abtransport der meist äußerst feinkörnigen Sedimente übernimmt. In diesen Fällen nehmen bei andauernder aktiver Pedimentation die Tieferlegung der Fußfläche und die des Vorfluters weitgehend gleiche Ausmaße an. Ermöglichen es jedoch die Abflussbedingungen nicht, den im Gebirgsbereich bereitgestellten Schutt vollständig in das Vorland zu verfrachten, bilden sich in den Übergangszonen statt Fußflächen Bergfußschwemmfächer. Diese ähneln zwar Fußflächen, sind jedoch reine Akkumulationsformen.

Insgesamt zeigt sich, dass aktive Pedimentation Niederschlags- und Temperaturverhältnisse voraussetzt,

wie sie am ehesten im Übergangsbereich von ariden zu semiariden Regionen in warm-gemäßigten Klimazonen auftreten. Befinden sich jedoch die *ranges*, wie beispielsweise die nördliche Umrahmung des Death Valley über 3 000 m ü. M., so fallen während der winterlichen Frostperioden so große Mengen Schutt an, dass dieser während der anschließenden Erosionsphase nicht vollständig in das sich tektonisch absenkende *basin* transportiert werden kann. Hier entstanden mächtige, steil abfallende Schuttkegel, deren Ansätze 500 m über dem Death Valley liegen. In vielen Trockengebieten wurden während der quartären Kaltzeiten die höher gelegenen *ranges* von periglazialen Prozessen erfasst, sodass es im unmittelbar anschließenden Vorland zur Akkumulation von Schutt kam, der dort die Pedimentation einschränkte oder sogar zum Erliegen brachte (Wenzens 1995). Auch Flussumlenkungen oder tektonische Heraushebung des Gebirges bzw. Absenkung des Vorlandes beenden meist die aktive Pedimentation (Wenzens & Wenzens 1995).

Die meisten Theorien zur **Pedimentgenese** gehen davon aus, dass sich seit dem Beginn der Fußflächenbildung bis zur Gegenwart die klimatischen Gegebenheiten nicht wesentlich gewandelt haben und versuchen daher, mit den rezent wirksamen bzw. vermuteten Prozessen Entstehung und Weiterbildung der Pedimente zu erklären. Zu diesen Prozessen zählen zum Beispiel die Hangrückverlegung und eine dadurch bewirkte Ausdehnung der Pedimente, die Einebnung durch Schichtfluten (*sheetflooding*) oder Seitenerosion. Es handelt sich jedoch um Vorgänge, die nur wirksam werden können, wenn Pedimente bereits vorhanden sind.

Flussterrassen

Gerhard Schellmann

Mittel- und langfristige Abschätzungen zukünftiger flussdynamischer Entwicklungen benötigen, ebenso wie die Rekonstruktion der Entstehung und fluvialen Ausformung unserer Täler in der Vergangenheit, eine räumlich und altersmäßig möglichst detaillierte Erfassung der erhaltenen Zeugnisse fluvialer Dynamiken.

Das morphologisch-geologische Ergebnis mittel- und langfristiger fluvialer Dynamiken sind Flussterrassen (morphologisch) einschließlich ihrer Terrassenkörper (geologisch) und fluviatilen Fazies (sedimentologisch; Abb. 10.4.9a). Aus den Zeiten vorherrschender Talausräumung fehlen in der Regel entsprechende (korrelate) Sedimente. Ebenso existieren entlang eines Flusslaufes Laufstrecken, wie in Engtalstrecken, in denen ältere Ablagerungen erodiert sind.

 **Exkurs 10.5.1**

Modelle zur Erklärung flacher Abtragungslandschaften

REINHARD ZEESE

Die Entstehung flacher Abtragungslandschaften zu erklären, ist seit dem rasch verworfenen Versuch Ferdinand von Richthofens (1886), sie als Abrasionsplattformen zu verstehen und die Wellen des Meeres für die Entstehung verantwortlich zu machen, eine reizvolle Aufgabe geomorphologischer Forschungen geblieben (Abb.1). Es wurden Modelle entwickelt, um die Abtragung und **Einebnung** von Faltengebirgen bis auf ihren Rumpf (**Rumpfflächenbildung**) oder die **Tieferlegung** bereits existierender Flächen zu erklären.

Flächenbildung durch Reliefabflachung bis hin zur **Peneplain** (Fastebene) wird meist durch den Formungszyklus (engl. *cycle of erosion*) von W. M. Davis (1899) erläutert. Der Formungszyklus (Abb. 2) setzt nach einer Hebungsphase einen langen Zeitabschnitt tektonischer Ruhe voraus. Nach der Hebung führt die einsetzende Zerschneidung zu zunehmender Reliefierung (dem Jugend- und frühen Reifestadium) und nachfolgender Abflachung (spätes Reife- und Altersstadium) bis hin zur Peneplain (Greisenstadium). Je flacher die

Landschaft wird, umso geringer ist die Abtragung. Um das Greisenstadium zu erreichen, ist eine sehr lange Zeitdauer erforderlich. Strahler & Strahler (1999) haben das Modell eines Denudationssystems entwickelt, bei dem tektonische Hebung, isostatische Kompensation und Denudation in die Berechnungen einfließen. Sie errechnen daraus für einen Block von etwa 100 km Breite, der innerhalb von 5 Millionen Jahren um 6 000 Meter gehoben wurde, einen Zeitraum von mindestens 60 Millionen Jahren, bis in einem feuchten Klima mit hohem Wasserüberschuss eine Peneplain entstanden ist.

Eine extreme Reliefabflachung durch Abtragung aller Gesteine setzt deren Aufbereitung bis in kleine Korngrößen voraus. In feucht-heißem Klima ist selbst im Hügelrelief das anstehende Gestein von einer mächtigen Saprolitdecke überzogen, aus der wenige isolierte Felsen herausragen. Eine Reliefminderung erfolgt hier nicht durch Oberflächenabtrag, sondern durch extreme Verwitterungs- und Lösungs-

	Abtragungsflächen entstehen					
	1. aus reliefiertem Gelände durch			**2. aus einer Fläche durch**		
Vorgang	**Einebnung**			**Tieferlegung**		
Begriff	*planation surface*, Einebnungsfläche					
	Einebnung erfolgt durch			**Tieferlegung erfolgt durch**		
Vorgang	1. Talsohlenausweitung	2. Hangabflachung	3. Hangrückverlegung	1. *etching & stripping*[1]	2. doppelte Einebnung[2]	3. Parapedimentation
			dynamic etchplanation			
Begriff	*panplain*	a) Peneplain Fastebene b) *plaine de corrosion*	Pediplain	*etchplain*	Rumpffläche i. S. v. BÜDEL	Parapediment
Hauptautoren	CRICKMAY ROHDENBURG	a) DAVIS[3] b) DEMANGEOT WIRTHMANN[4]	W. PENCK L.C. KING ROHDENBURG	THOMAS & THORP WAYLAND THOMAS	BÜDEL BREMER	BRUNOTTE

[1] Wechsel von intensiver chemischer Verwitterung (= *etching*) und Abtragung (= *stripping*)
[2] planparallele Tieferlegung von Spülfläche und Verwitterungsbasisfläche
[3] durch subaerische Abtragung
[4] Reliefreduzierung vorwiegend durch Lösungsabtrag

Abb. 1 Entstehung von Abtragungsflächen.

prozesse, die bis zur Desilifizierung und Ferrallitisierung führen. Durchspülung ist an den höheren Reliefteilen am stärksten. Darauf hat Wirthmann seit 1965 hingewiesen. Eine durch Lösungsabtrag (Korrosion) entstandene Ebene kann als **Korrosionsebene (**Demangeot 1978) oder *etchplain* (Thomas 1989) bezeichnet werden.

Dem Konzept einer Abflachung von Talhängen bis zur Entstehung einer Fastebene steht die Beobachtung entgegen, dass bereits bei nachlassender Eintiefungstendenz der Flüsse von Talsohlen ausgehend durch Hangrückverlegung (Pedimentation) Fußflächen (Pedimente) entstehen (W. Penck 1924, L.C. King 1962, Rohdenburg 1989). Bei lang anhaltender Pedimentation bewirkt das Zusammenwachsen der Hangpedimente die Entstehung einer weitgespannten **Pediplain**. Solche Pediplains (Abb. 2) dachen zu den Vorflutern hin ab, die Abdachung von Rumpfebenen jedoch ist dem Gefälle der Vorfluter gleichgerichtet. Dies erklärt Rohdenburg (1983) durch Seitenerosion der Flüsse (Talbodenpedimentation). Nach Crickmay (1933) entsteht durch laterale Ausweitung der Flussbettränder eine *panplain*. Großräumig wirksame Pediplanationsprozesse werden semiariden Klimaräumen zugeordnet, wo Spüldenudation ohne Vorflutereintiefung ablaufen soll.

Auf Fußflächen in wenig widerständigen Gesteinen ist die korradierende Wirkung des durchtransportierten Schuttes weitaus effizienter als auf morphologisch hartem Gestein. Lithofaziell gesteuert kann dadurch eine Steilstufe im widerständigen Gestein herausgebildet werden, während im „weichen" Gestein durch flächenhaften Oberflächenabfluss eine Tieferlegung der Fußfläche erfolgt. Diese sollte nach Brunotte (1986) als **Parapediment** bezeichnet werden.

Das seit rund einem halben Jahrhundert zunächst national, dann international am meisten diskutierte Konzept zur flächenhaft wirksamen Tieferlegung von flachen Abtragungslandschaften ist der **Mechanismus der doppelten Einebnungsfläche** (Büdel 1957). In den Savannenlandschaften der wechselfeuchten Tropen, der „Zone exzessiver Flächenbildung" (Büdel 1981), soll demnach eine derartig starke chemische Aufbereitung aller Gesteine erfolgen, dass bei langsamer epirogener Heraushebung die Verwitterungsbasis, die Büdel (1981) als „untere Einebnungsfläche" bezeichnet, genauso rasch tiefergelegt wird wie die Spüloberfläche (Abb. 2). Gegen Begriff und Konzeption gibt es gravierende Einwände (siehe auch Wirthmann 1987, Brückner 1989, Skowronek 2010):

- Es ist keine Einebnung, sondern eine Tieferlegung gemeint. Der Begriff ist falsch gewählt.
- Bei der „Unteren Einebnungsfläche" handelt es sich in Abhängigkeit von der Lithofazies oft um ein kryptogenes Grundhöckerrelief (Büdel 1981).
- Eine großräumige planparallele Tieferlegung von Verwitterungsbasis und Landoberfläche über Jahrmillionen erfordert einen synchronen Ablauf von Aufbereitung und Abtransport. Sie setzt zudem ein lang anhaltendes

Gleichgewicht zwischen endogenen und exogenen Bedingungen voraus – eine unrealistische Annahme (Wirthmann 1987).
- Die Mächtigkeit des Regolith (Exkurs 10.3.1) vieler Rumpfflächenlandschaften ist Folge tiefgreifender Saprolitisierung. Die Entstehung über 100 m mächtiger Verwitterungsprofile benötigt je nach Gestein bis Jahrmillionen subaerischer Abtragungsruhe (Nahon & Lappartien 1977), vor allem dann, wenn es sich überwiegend um relative Anreicherung durch Abtransport der löslichen Komponenten einschließlich der Kieselsäure handelt (Desilifizierung). Noch erhaltene Ferralsol-Relikte in den wechselfeuchten Tropen sind zudem zweifelsfrei unter Regenwald gebildet worden.

Aus der Diskussion über die Gültigkeit der verschiedenen Erklärungsversuche wurde ein Konzept entwickelt, bei dem Veränderungen paläoklimatischer Rahmenbedingungen berücksichtigt werden. Von Wayland (1933) erstmalig formuliert geht es von einem Alternieren verstärkter chemischer Verwitterung (engl. *etching*) und verstärkter Abtragung (engl. *stripping*) aus. Nach Thomas (1994) wechselten in den Tropen im Quartär Tieferlegung der Verwitterungsbasis durch chemische Verwitterung (engl. *continuous etching*) in feuchtem Klima, Hangpedimentation mit Aufschüttung am Hangfuß in (semi-)aridem Klima und Taleintiefung in einem Pluvial miteinander ab. Er bezeichnet dies als *dynamic (episodic) etchplanation* (Thomas & Thorp 1985), eine Prozesskombination, mit der die jüngere (quartäre) Überformung der **Inselberg- und Rumpfflächenlandschaften** zufriedenstellend erklärt werden kann. Allerdings sollte man die Wirkung quartärer feuchtklimatischer Einflüsse (Saprolitisierung), aber auch das Ausmaß der Abtragung in den Schildregionen der wechselfeuchten Tropen nicht zu hoch einstufen. Auf Rumpfflächen sind im Regolith (Exkurs 10.3.1) im und über dem Saprolit pedogene Verwitterungsreicherze aus dem Tertiär erhalten (Zeese et al. 1994). Nur dort, wo durch Krustenverstellung ein erhöhter Abtragungsimpuls wirksam wurde (Zeese 1996), sind sie als Krustenstufen (Zeese 1998) aus ihrer Umgebung herausgearbeitet worden. Der Saprolit wirkt dabei als Sockelbildner. Weit verbreitet sind, auch in Rumpfebenen, Umlagerungsprodukte im Vorfluterbereich. Rumpfebenen sind somit in Teilen auch Ausgleichsflächen (Abb. 10.5.3).

Rumpfflächen sind polygenetische Formen, deren Entwicklung vom Bergland zum Flachrelief so weit in die Vergangenheit zurückreicht, dass sich nicht so sehr die Frage stellt „Wie ist diese Fläche entstanden?", sondern „Wie ist diese Fläche trotz Hebung und Abtragung erhalten geblieben?".

Fußflächen (Exkurs 10.5.2) sind – in geologischen Zeiträumen betrachtet – dagegen sehr junge Formen. Sie bestehen aus dem Pediment im Festgestein und dem Schuttpediment, das zum Vorfluter überleitet und sind Folge von Abtrag und

Fortsetzung

Fortsetzung

Rückverlegung des Steilhanges, aber auch von Teilen der Fußfläche selbst. Diesen Pedimentationsvorgang sollte man jedoch nicht mit der Bildung von „Mikropedimenten" im Regolith gleichsetzen, deren begrenzende Stufe oft nur wenige Meter hoch ist. Und es gilt zu berücksichtigen, dass in den wechselfeuchten Tropen, wo diese Mikropedimentation weit verbreitet auftritt, die initiale Zerschneidung meist auf vom Menschen verursachte Systemstörungen zurückzuführen ist und es sich um Formen der Bodenerosion handelt (Kapitel 11.7).

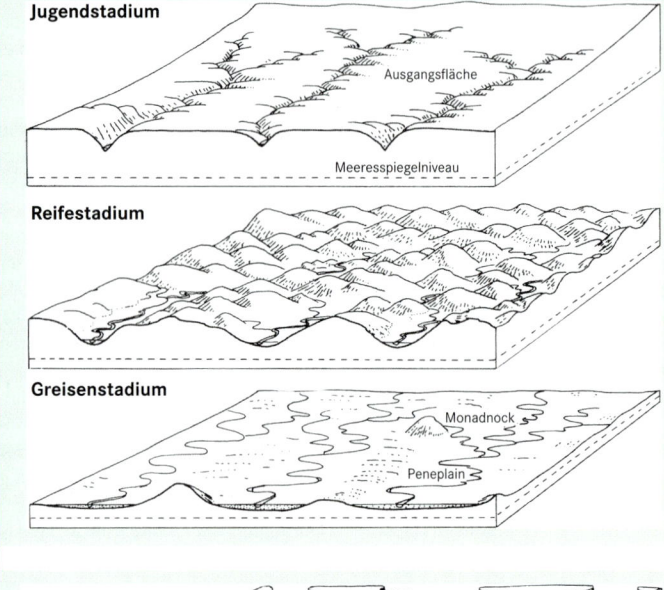

Zyklenmodell von

W. M. DAVIS

Peneplain (Fastebene)

entsteht durch Hangabflachung

nach Hebung und Taleintiefung.

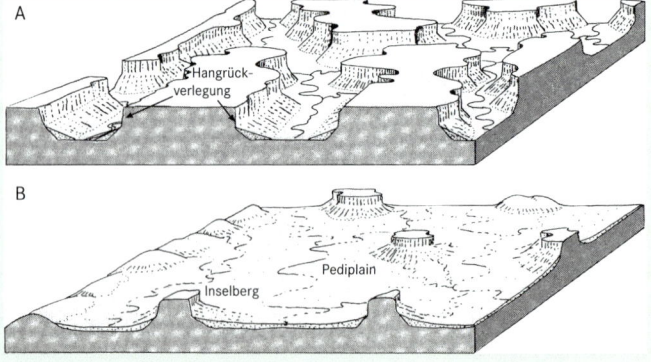

Pediplanationsmodell

von L.C. KING

H. ROHDENBURG

Pediplain (Fußebene)

entsteht durch hangparallele Rückverlegung

von Geländestufen (Talhängen) nach Hebung

und Taleintiefung.

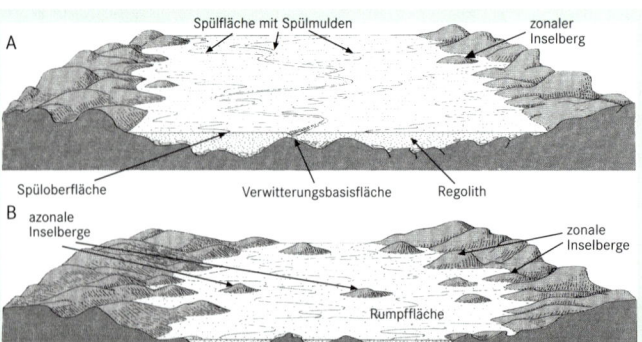

Modell der Doppelten Einebnung

von J. BÜDEL

Rumpffläche (Spülfläche)

bleibt trotz Hebung und Abtragung erhalten,

da Spülfläche und Verwitterungsbasisfläche

planparallel tiefergelegt werden.

Abb. 2 Peneplain – Pediplain – Rumpffläche (nach Pritchard 1979).

Eine Flussterrasse ist eine morphologisch klar abgrenzbare Verebnung, die durch steilere Böschungen begrenzt ist. Flussterrassen können als Terrassentreppe in unterschiedlich hohen Verebnungsniveaus im Tal auftreten, sie können als Reihenterrassen im annähernd gleich hohen Oberflächenniveau aneinandergrenzen oder als geologische Terrassenstapelungen aufeinander liegen (Abb. 10.5.8). Entlang eines Flusslaufes können gleich alte Terrassen in verschiedenen Talabschnitten einmal als Terrassentreppe, ein anderes Mal als Reihenterrassen aneinandergrenzen.

Eine Flussterrasse *sensu strictu* ist der Rest eines alten Talbodens, der nach weiterer Eintiefung des Flusslaufes als höher gelegene Verebnung erhalten geblieben ist. Eine Mäanderterrasse ist der Rest eines verlassenen Mäanderbogens, der nach fluvialer Durchschneidung des Mäanderbogens als morphologisch klar abgrenzbare Verebnung zurückbleibt.

Genetisch gesehen existieren zwei Haupttypen von Flussterrassen: Erosions- und Akkumulationsterrassen. **Erosionsterrassen** resultieren aus extremer fluvialer Erosion, wie sie nur bei hohen Strömungsgeschwindigkeiten und damit hohem Transportvermögen des Wassers, zum Beispiel als Folge hoher Reliefenergie, oder beim Brechen von Dämmen, möglich ist. Sie erzeugen Felssohlenterrassen, die nur mit relativ dünner Schotterdecke oder Schotterstreu bedeckt sind.

Akkumulationsterrassen sind das Ergebnis fluvialer Sedimentablagerungen. Abgesehen von den stark litoral beeinflussten Deltaterrassen, können Akkumulationsterrassen in zwei genetisch und sedimentologisch unterschiedliche Haupttypen unterteilt werden:
a) vertikal aufgehöhte, überwiegend horizontal geschichtete Terrassen verwilderter Flüsse (*braided-river*-Flusstyp); V-(Vertikal-)Schotter (Schirmer 1983), denen häufig eine flussbegleitende Aue fehlt
b) lateral gewachsene, großbogig, schräg geschichtete Terrassenkörper (Gleithangschichtung) mäandrierender Flüsse, deren Terrassenoberflächen von Altarmen und Aurinnen durchzogen sind (Mäanderterrassen, L-(Lateral-)Schotter (Schirmer 1983)

Braided-river-Terrassen (Abb. 10.5.9) entstehen bei kräftiger Sedimentation von Flussbettsedimenten in zahlreichen, sich häufig verlagernden Abflussrinnen. Verwilderte Abflussverhältnisse findet man aktuell vor allem in vielen warmen und kalten Trockenklimaten mit jahreszeitlich stoßweise erhöhtem Abflussgang und in Gebieten mit hohem Talgefälle. Hohe Schuttbelastung und insgesamt geringer, jahreszeitlich konzentrierter Abfluss bedingen eine starke Verschüttung und Aufhöhung des Talbodens.

Mäanderterrassen (Abb. 10.5.9) werden von perennierenden Flüssen in humiden und semihumiden

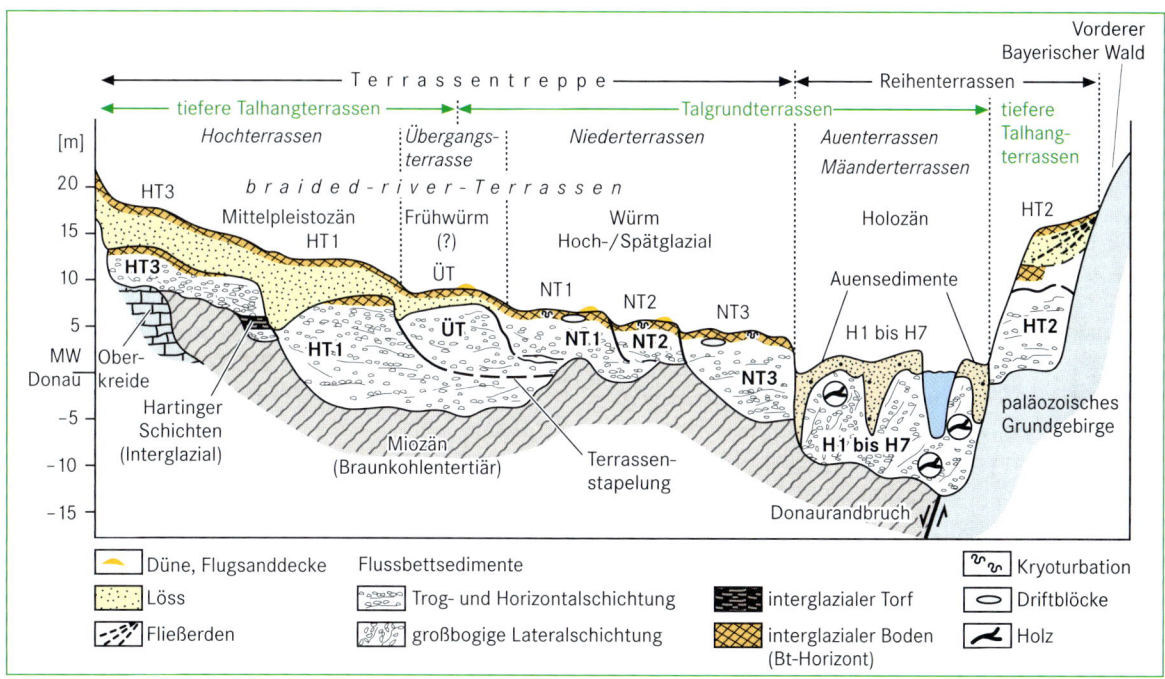

Abb. 10.5.8 Terrassenbaustil jung- und mittelpleistozäner Donauterrassen unterhalb von Regensburg (verändert nach Schellmann 1994).

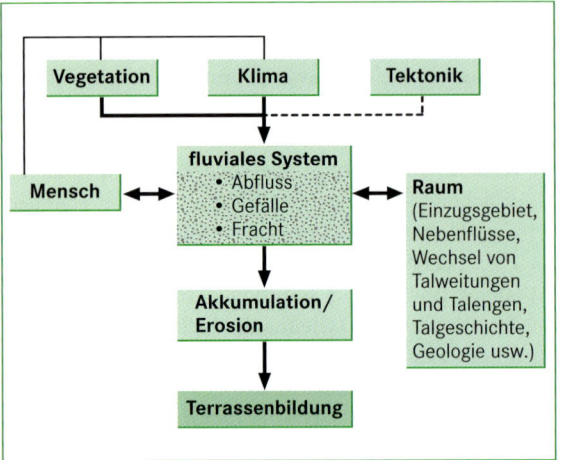

Abb. 10.5.9 Wesentliche Einflussfaktoren auf die fluviale Dynamik und Terrassenbildung bei Betrachtung mittel- und langfristiger Zeiträume (10^2 bis 10^4 Jahre).

Regionen bei stabilen Uferverhältnissen und relativ geringer Bodenfracht gebildet, sofern nicht extremes Flussgefälle oder Talengen ein Mäandrieren des Flusslaufes verhindern. Die horizontale und vertikale Ausdehnung von Mäanderterrassen wird vor allem von folgenden flussinternen Faktoren beeinflusst: von der fluvialen Seitenerosionsleistung am Prallhang, vom Tiefenerosionsvermögen und von der Höhenlage des Wasserspiegels bei bordvollem Abfluss.

Es gibt vier wichtige externe Steuerungsmechanismen, die eine Bildung ausgedehnter Flussterrassen verursachen können:

a) **Tektonik bzw. Krustenbewegungen:** Tektonische Hebung verursacht Erhöhungen des Gefälles und damit eine Steigerung der fluvialen Transportkraft, wodurch es verstärkt zur Tiefenerosion und damit zu rückschreitender Einschneidung des Flusses in die bestehende Talsohle kommt. Langsame tektonische Hebungen sind in vielen Gebieten der Erde die Ursache für die Existenz von Terrassentreppen an den Talhängen (Abb. 10.5.9). Die generelle Eintiefungstendenz mit Bildung relativ schmaler Engtäler in vielen deutschen Mittelgebirgen ist zum Beispiel das Ergebnis ihrer stärkeren Heraushebung vor allem seit dem älteren Mittelpleistozän. Tektonische Senkungsgebiete sind dagegen Sedimentfänger mit mächtigen Stapelungen von Terrassenkörpern, wie es beispielsweise im Niederrhein- und Oberrheingebiet der Fall ist. In solchen Gebieten sind an der Oberfläche überwiegend nur relativ junge Flussterrassen verbreitet.

b) **eustatische oder isostatische Meeresspiegelschwankungen:** Die relativ kurze Zeitdauer von einigen 10^3

bis 10^4 Jahren extremer eustatischer oder isostatischer Hoch- oder Tiefstände des Meeresspiegels (Exkurs 10.2.2) im Quartär reicht nicht aus, um sich rückschreitend über den küstennahen Unterlauf der Flüsse hinweg flussaufwärts bis in den Mittel- oder Oberlauf auszuwirken. Im Mündungsbereich, inklusive eines eventuell vorgelagerten Schelfes, und eventuell auch noch im Unterlauf führt ein fallender Meeresspiegel zu einer ausgeprägten fluviatilen Tiefenerosionsphase, sofern diese Tendenz nicht durch hohen Sedimenteintrag aus dem Einzugsgebiet kompensiert wird. Bei einem Meeresspiegelanstieg bildet sich bei starker Sedimentführung ein Delta.

c) **Klimaschwankungen und Vegetationsveränderungen:** Sie wirken sich direkt auf Abflussverhältnisse und Schuttbelastungen von Flüssen und damit auf deren Erosions- und Akkumulationsverhalten aus. Flussterrassen in den größeren Tälern der ehemaligen Periglazialgebiete Mitteleuropas sind überwiegend ein Ergebnis des wiederholten Wechsels von Kaltzeiten mit Permafrost sowie von Warmzeiten mit dichter Waldvegetation. In den Kaltzeiten kam es zur Verwilderung der Flüsse (*braided river*) und zur kräftigen Aufschotterung der Talböden als Folge von hohen solifluidalen und abluatiiven Sedimenteinträgen aus den Einzugsgebieten. Mit der Wiedererwärmung und Wiederbewaldung im Spätglazial führten das Auftauen des Dauerfrostbodens und die Ausbreitung einer dichten Waldvegetation zu einem stark verringerten Frachtaufkommen. Gleichzeitig kam es warmzeitlich bedingt zur Erhöhung des Abflusses bei nun ganzjährigem Abflussgang und zu einer Stabilisierung der Flussufer durch Bäume. Verringerte Bodenfracht, erhöhter ganzjähriger Abfluss und stabilere Uferverhältnisse führten zur Konzentration des Abflusses auf einen mäandrierenden Flussarm, der sich in wenigen Jahrhunderten in den kaltzeitlich stark aufgehöhten Talboden eintiefte und in der Folgezeit eine aus Mäanderterrassen bestehende flussbegleitende Aue schuf. Eine starke Eintiefung der Gerinne ist außerdem für die feucht-kalten Abschnitte der Kaltzeiten anzunehmen (Rohdenburg 1989).

d) **Flussanzapfungen:** Durch sie wird die Abflusshöhe von Flüssen verändert und damit auch deren Erosions- und Akkumulationsleistung. Eine Erhöhung des Abflusses erhöht das Transportvermögen, wodurch es zur Tiefenerosion und damit zur Tieferlegung der Flussbett- bzw. der Talsohle kommt. Umgekehrt kommt es in dem angezapften Flusssystem als Folge nun verringerter Abflussmengen zu einem Erlahmen der Transportkraft und damit zur Verschüttung der ehemaligen Talsohle.

Externe fluviale Steuerungsmechanismen oder Impulsgeber wirken sich direkt auf die flussinternen Größen Abfluss, Gefälle und Sedimentfracht und deren innere Rückkoppelungen aus (Abb. 10.5.9).

In wenigen Jahrtausenden können dann in einem Talabschnitt vom sedimentologischen, morphologischen und geologischen Baustil her unterschiedliche Flussterrassenkörper entstehen. Der individuelle Terrassenbaustil eines Tales wird dabei wesentlich von den dort abgelaufenen flussinternen (*autogenic*) Rückkoppelungen zwischen Abfluss, Gefälle und Fracht (*complex responses, process-response model*; Kapitel 10.1) und der Raumsituation bestimmt (Schellmann 1994).

Unter Raumsituation sind Einflüsse zu verstehen, die unter anderem aus der Geologie des Tales, seiner Lage oberhalb, innerhalb oder unterhalb einer Engtalstrecke, im Bereich einmündender Nebentäler, aus der Talgeschichte, der Verfügbarkeit von Sedimenten oder aus menschlichen Eingriffen in den Naturhaushalt des Tales und seiner Einzugsgebiete resultieren. Insofern ist es nicht verwunderlich, dass nicht nur verschiedene Täler, sondern auch jeder größere Talabschnitt einen eigenen Baustil der dort verbreiteten Flussterrassen und Terrassenkörper besitzt.

Der auslösende Mechanismus, der flussdynamische Impuls für die Bildung neuer ausgedehnter Flussterrassen in den größeren Tälern der Erde stammt in der Regel von externen (*allogenic*) Einflussfaktoren wie Klima- und Vegetationsveränderungen, tektonische Bewegungen oder Meeresspiegelschwankungen.

Glazial geprägte Landschaften

Konrad Rögner

Glazial geprägte Landschaften sind und werden im weitesten Sinne durch **Gletscherwirkung** geschaffen. Die Gletschervorstöße können und konnten vielfach, mehrfach oder nur ein einziges Mal erfolgen. Glazial geprägte Landschaften bestehen sowohl aus Erosions- als auch aus Akkumulationsformen, wobei es oftmals schwierig ist, einen größeren Landschaftsausschnitt exakt dem einen oder dem anderen Formungsmechanismus zuzuschreiben, da beide sich räumlich stark abwechseln können und daher vergesellschaftet nebeneinander existieren.

In glazial geprägten Landschaften treten aber auch Bereiche auf, die von Schmelzwasser und periglazialen Prozessen geformt wurden, da bereits mit dem Abschmelzen des Eises ein prozessualer Wandel einsetzt. Es sind geomorphogenetische Systeme (Tab. 10.1.1). Und

in den meisten Fällen, besonders bei den Inlandvereisungen wie auch bei den Vorlandvergletscherungen, sind die Landschaften nicht während eines einzigen Gletschervorstoßes mit nachfolgendem einmaligem Abschmelzen geschaffen worden. Zum einen haben die Gletscher auch während einer einzigen Eiszeit bei ihren Vorstößen oszilliert, das heißt, dass der Vorstoß bis zur Lage der Maximalmoränen von Phasen des Abschmelzens unterbrochen war. Andererseits haben die Gletscher – wie es in beispielhafter Weise für die jüngste Vereisung, die Würm-/Weichseleiszeit, zu zeigen ist – neben einem markanten Maximalwall, welcher oft den weitesten Eisvorstoß dokumentiert, mehrere nahezu ebenso ausgeprägte Endmoränenwälle, die sogenannten Rückzugsstadien (Wiedervorstoß während eines langfristig betrachteten allgemeinen Abschmelzens), hinterlassen.

Heute machen die zwei großen Areale der Vergletscherung, der Kontinent Antarktika und die größte Insel der Erde, Grönland (jeweils mit benachbarten Inseln), fast 99 Prozent der **aktuell vergletscherten Erdoberfläche** aus. Etwas mehr als 1 Prozent entfallen auf die vergletscherten Hochgebirge. Trotz einer kontinentweiten Erstreckung umfassen das antarktische und grönländische Eis nur einen kleinen Teil derjenigen Eismassen, die im Verlaufe des Pleistozäns die Kontinente (vor allem auf der Nordhemisphäre, Abb. 10.5.10) bedeckten. Während im Eiszeitalter etwa 45 Millionen km^2 von Gletschern bedeckt waren, sind es heute nur noch 15 Millionen km^2. Die Gletscherzone war damals die am weitesten verbreitete Geozone, da mit 45 Millionen km^2 etwa ein Drittel der gesamten Festlandsfläche (149 Millionen km^2) vergletschert war; heute sind es nur 10 Prozent. Allein schon deshalb kommt den glazial geprägten Landschaften ein hoher Stellenwert zu, denn sie repräsentieren einen sehr großen Bereich der Erdoberfläche.

Während des Pleistozäns waren große Teile des norddeutschen Tieflandes, der deutschen Alpen sowie ihres Vorlands und in weit geringerem Umfang einige der Mittelgebirge (Harz, Schwarzwald, Bayerischer Wald) mehrfach vergletschert (Abb. 10.5.11). Die Tatsache, dass heute die ehemaligen Nährgebiete der Gletscher nahezu vollkommen eisfrei sind, zeigt, dass Klimaänderungen für die nord- und süddeutschen Vereisungen verantwortlich waren; das die Vergletscherungen begünstigende Klima war deutlich kälter als heute. Für die Gegend um Memmingen, das heißt für die Region, in welcher Penck das System der „glazialen Serie" entwickelte, kann eine Absenkung der Jahresdurchschnittstemperatur von 8 ° K angenommen werden.

Die von den Inlandvereisungen in Norddeutschland und den Vorlandvergletscherungen am Alpennordrand hinterlassenen Formen können idealtypisch mit dem

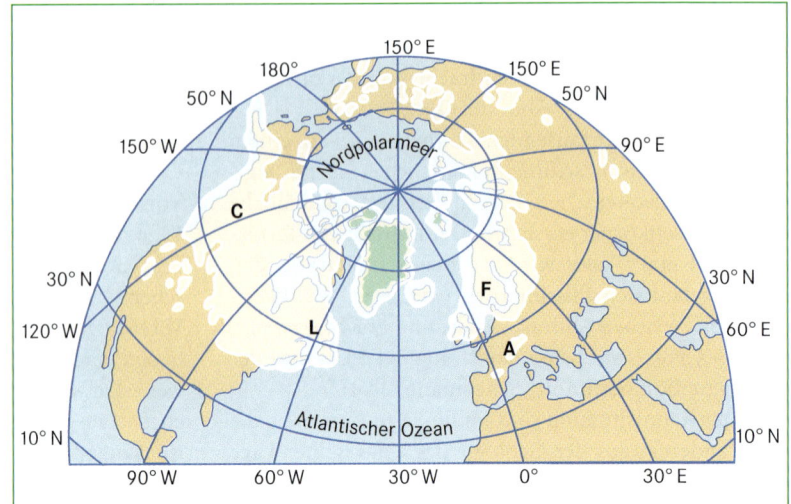

Abb. 10.5.10 Die wahrscheinliche maximale Ausdehnung der pleistozänen (weiß) und der heutigen (grün) Vergletscherung auf der Nordhalbkugel. Bei der heutigen Vergletscherung sind die Gebirgsgletscher nicht dargestellt. C = Kordilleren-Vergletscherung, L = Laurentisches Inlandeis, F = Fennoskandische oder Nordische Vereisung, A = Alpine Vereisung (verändert nach Goudie 2002, Press & Siever 2003).

Begriff **„glaziale Serie"** (Abb. 10.5.12) beschrieben und geordnet werden. Die glaziale Serie (im Sinne Albrecht Pencks) ist ein Modell, das die regelhafte Abfolge von glazialen Erosions- und Akkumulationsformen sowie von glazialen und fluvioglazialen Typen der Sedimentation zeigt, die am Rande der Eisschilde, aber auch anderer kleinerer Gletscher bzw. Eismassen im Idealfall zu beobachten sind.

In der Regel bildet ein durch Exaration übertieftes Gletscherbecken den gebirgsnächsten Bereich. Heute werden einige dieser Gletscherbecken von Seen eingenommen. Im Bereich der nordischen Vereisungen bildet die Ostsee ein derartiges übertieftes Becken. Etliche der ehemaligen Zungenbecken sind heute ausgelaufen, verfüllt oder verlandet.

An die Zungenbecken, die sich teilweise auch deshalb erhalten haben, weil beim Schwinden des Eises längere Zeit dort noch Toteismassen lagen, schließt sich entsprechend der Angaben Pencks die Grundmoränenlandschaft an. Deren Sedimente bestehen direkt an der Oberfläche aber weniger aus Grundmoränenmaterial im Sinne von Geschiebemergel, als vielmehr aus Ablagerungen, die beim Niedertauen der Gletscher entstanden sind (N in Abb. 10.5.12). Erst unterhalb dieser aus dem schmelzenden Eis abgesetzten Sedimente findet sich die Grundmoräne. Diesem Bereich sind auch die Drumlins zuzurechnen, deren Genese kontrovers diskutiert wird. Sie scheinen sowohl auf glaziale Erosion wie auch auf Akkumulation zurückzuführen zu sein. Charakteristisch ist, neben ihrer walfischartigen Form, ihr Aufbau aus Lockermaterial und ihr schwarmartiges Vorkommen am Rande der Zungenbecken.

Weiter distal zu den Zungenbecken gelegen und anfangs noch entgegen dem zum Vorfluter gerichteten allgemeinen Gefälle ansteigend, findet man zuerst den Innensaum der Endmoränen, dann zumeist einen ausgeprägten Endmoränenwall und an diesen, zum Vorfluter hin anschließend, einen Übergangskegel. Auf dem Endmoränenwall ändert sich das Gefälle, und die Moränensedimente gehen im Idealfall in eine ausgewaschene Schottermoräne und letztlich dann in die fluvioglazialen Schotter oder Sander über. In Schottern und Sandern fehlen dann als Folge des fluvialen Transports die feineren Komponenten (Schluff und Ton). Sander und Schotterfelder sind auch infolge des anders gearteten Transportmediums an ihren Oberflächen eben, da sie ehemalige Abflussgerinnebetten widerspiegeln.

Die Zerschneidung eines Schotterkegels durch die Schmelzwässer eines jüngeren, schwächeren Eisvorstoßes konnte in Süddeutschland zur Bildung von Trompetentälchen führen. In Norddeutschland werden die Sanderflächen von Urstromtälern begrenzt, die sowohl das Schmelzwasser der Gletscher als auch aus dem nach Norden abdachenden Periglazialraum die sommerlichen Zuflüsse sammelten, da deren Weg zum Vorfluter Ostsee durch das Eis blockiert war. Der Verlauf der Urstromtäler zeichnet deshalb die ehemaligen Eisrandlagen nach.

Da in fast allen Fällen die **Gletschervorstöße** unterschiedliche Reichweiten hatten, können entsprechend der räumlichen Anordnung verschiedene glaziale Serien nachgewiesen werden. Weder im Bereich der nordischen Inlandvereisung noch im Bereich der süddeutschen Alpenvorlandvergletscherung ist es möglich, den weitesten Gletschervorstoß der gleichen Vereisung zuzuordnen. Je nach Gletschervorland schwankt beispielsweise in Süddeutschland die „Maximalvereisung" zwischen Riß und Mindel (Abb. 10.5.11), in Österreich sogar bis

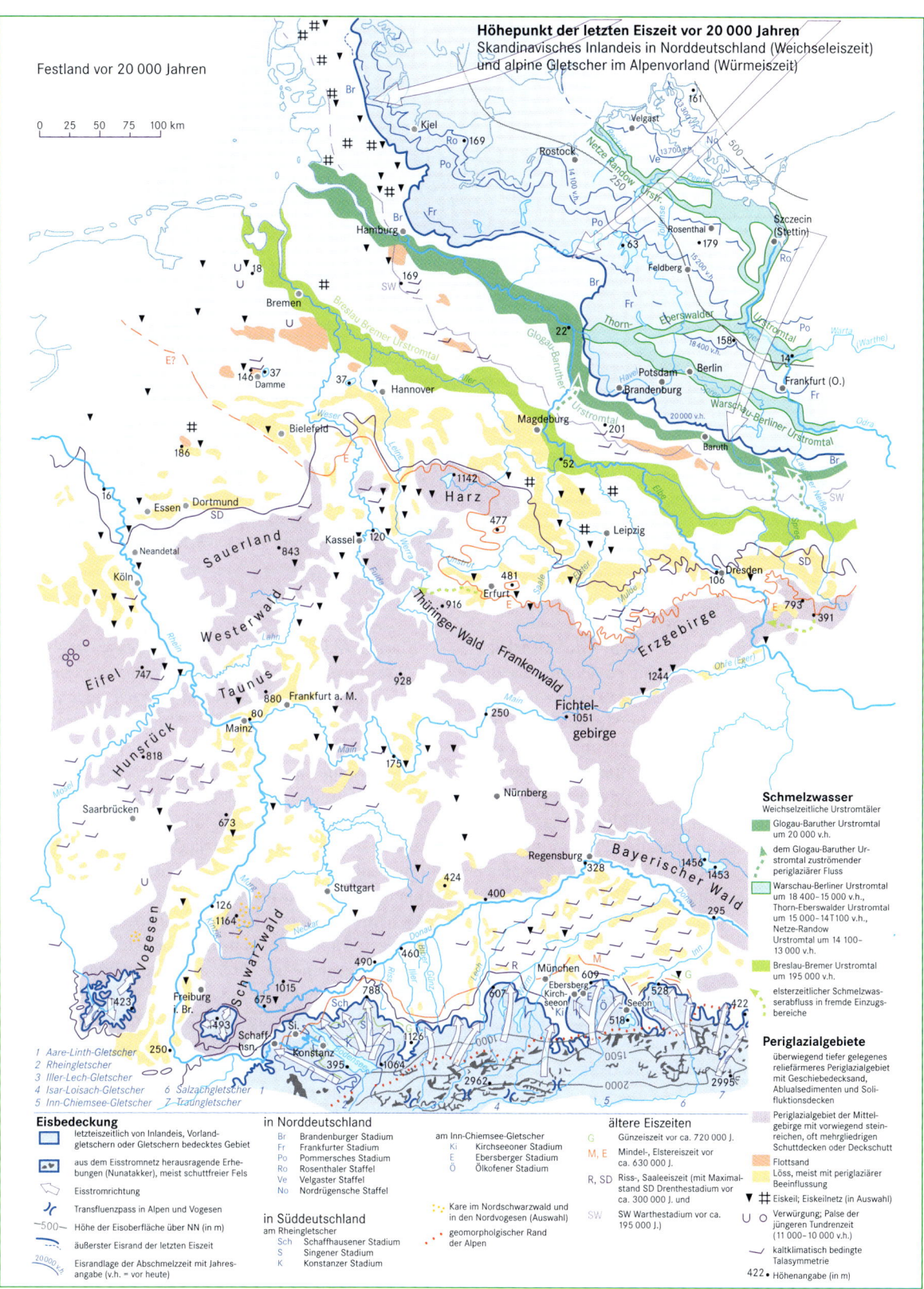

Abb. 10.5.11 Deutschland zur letzten Eiszeit (verändert nach Liedtke 2003).

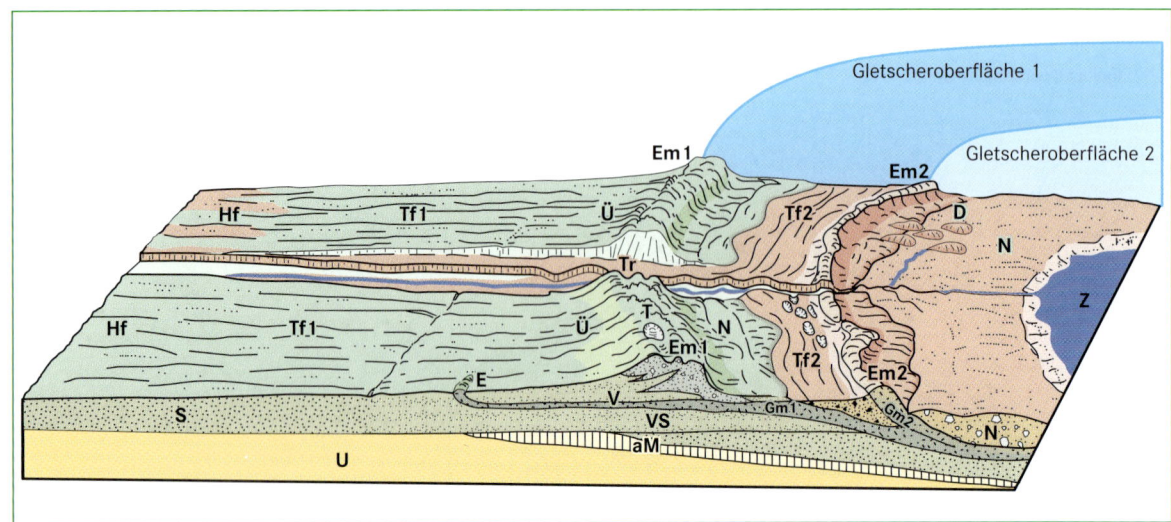

Abb. 10.5.12 Die „glaziale Serie". aM = Moräne einer vorangegangenen Eiszeit, D = Drumlin, E = Moräne des weitesten Vorstoßes, Em = Endmoränenwall, Gm = Grundmoräne, Hf = Hauptfeld, N = Niedertaulandschaft, S = Schotter/Sander, T = Toteisloch, Tf = Teilfeld, Tr = Trompetental/-tälchen, U = Untergrund meist präquartär, Ü = Übergangskegel, V = Grundmoräne des weitesten Vorstoßes, VS = Vorstoßschotter, Z = Zungenbecken mit See und Verlandung an den Ufern. Die Zahlen 1 und 2 geben zusammengehörende glaziale Komplexe an. Die beiden Teilfelder der Komplexe Tf 1 und Tf 2 vereinigen sich zu einem einzigen Hauptfeld = Hf (verändert nach Penck & Brückner 1901–09, German 1968, Schreiner 1992).

Günz. Die letzte Vereisungszeit, Würm oder Weichsel, scheint aber in nahezu allen Gebieten kleiner als die jeweilige Maximalvereisung geblieben zu sein.

Im Landschaftsbild zeigen sich die Moränenwälle der älteren Vergletscherungen im Vergleich mit denen der jüngeren als weniger markant. Die **älteren Ablagerungen** sind „verwaschen", sie zeigen stärker abgeflachte Böschungen, in ihnen fehlen Toteishohlformen. All das wird auf die Wirkung der periglazialen Prozesse zurückgeführt, die beispielsweise durch Solifluktion die markanteren Formen ausgeglichener gestaltet oder Hohlformen verfüllt haben.

Marine Terrassen und Atolle

GERHARD SCHELLMANN UND ULRICH RADTKE

Marine Terrassen (Strandterrassen und Korallenriffterrassen) sind Verebnungen an Land, die durch Heraushebung des Landes und/oder durch eustatische Meeresspiegelabsenkungen (Exkurs 10.2.2) trockengefallen sind und nicht mehr im Einflussbereich des Meeres liegen. Genetisch können sie Akkumulations- oder Abrasionsformen sein. Verebnungen im Bereich von Schwemmlandebenen und Deltas sind dagegen primär durch fluviale Vorgänge gestaltet.

Marine Akkumulationsterrassen bestehen überwiegend aus litoralen Sedimentablagerungen in Form sandiger oder kiesiger Strandwallsequenzen oder aus biokonstruktiven Formen, wie den aus Steinkorallen aufgebauten Korallenriffterrassen.

Strandwälle sind sandige oder kiesige Sturmablagerungen, die in der Auslaufzone von Sturmwellen oberhalb der Hochwasserlinie an Lockermaterialküsten gebildet werden. Dabei variiert die Höhenlage von Strandwalloberflächen über dem aktuellen Meeresspiegel je nach Wellenexposition der Küste häufig um etwa 1 bis 3 m. Dadurch wird die Rekonstruktion von Meeresspiegelveränderungen mithilfe der Höhenlage fossiler Strandwallsysteme in ihrer Aussagequalität sehr eingeschränkt (Schellmann & Radtke 2007). Landwärts absteigende Strandwälle sind ein Indikator für einen steigenden Meeresspiegel, meerwärts treppenartig absteigende Strandwälle für einen fallenden Meeresspiegel.

Strandwälle sind wallartige Formen, die manchmal dammartig ein tiefer gelegenes Hinterland vor den Sturmwellen des Meeres schützen. Eine geschlossene Strandwallbarriere vor einer abgeschnürten Meeresbucht bzw. Lagune bezeichnet man auch als Nehrung.

Voraussetzung für die Bildung von Strandwällen sind küstenparallele Strömungen, die im Überschuss sandige oder kiesige Sedimente in der Strandzone ablagern. Bei günstigen Bildungsbedingungen können dann ausgedehnte Strandwallsysteme aus Hunderten von Einzel-

Abb. 10.5.13 Gehobene Korallenriffterrassen an der Küste der Huon-
Halbinsel, Papua Neuguinea.

wällen in ähnlicher Höhenlage entstehen. Gruppen von Einzelwällen verlaufen häufiger winkeldiskordant zueinander und belegen dadurch deutliche Veränderungen küstennaher Strömungsverhältnisse und Wellenrichtungen. Ein einzelner Strandwall kann bereits während weniger Sturmereignisse innerhalb eines Jahres gebildet werden (Schellmann 1998). Strandwallsysteme mit mehreren Hundert Einzelwällen benötigen dagegen selbst an sehr sturmreichen und lockermaterialreichen Küsten einige Jahrhunderte Bildungsdauer.

Korallenriffterrassen entstehen meist durch Heraushebung von Saumkorallenriffen (Abb. 10.5.13), die nur durch eine flache Lagune vom Festland getrennt sind. Sie gelangen bereits bei leichter tektonischer Hebung über den Meeresspiegel und vergrößern die Küstenzone. Korallenriffterrassen bestehen aus abgestorbenen Organismen schnellwüchsiger und riffbildender Steinkorallen, deren Verbreitung als Riffbildner auf die warmen Meeresgebiete der Erde mit ganzjährigen Wassertemperaturen von mehr als 18 °C begrenzt ist (Kelletat 1999). Das morphologische Erscheinungsbild und auch der Riffkörper gehobener Korallenriffterrassen spiegeln die ehemalige submarine Riffmorphologie und Riffzonierung wider. Handelt es sich bei der Korallenriffterrasse um ein gehobenes Saumriff, dann wird die meerwärts gelegene ehemalige Riffkrone aus sturmresistenten Korallenarten in der Regel landwärts von einer tiefer gelegenen ehemaligen Lagune begleitet, die überwiegend mit feinklastischem Riffschutt verfüllt ist. Diese Paläolagune grenzt landwärts entweder an den früheren Strand oder an ein Kliff, an dem manchmal eine Hohlkehle (Abb. 10.4.23f) im Bereich der früheren Wasserlinie erhalten ist. Bioerosiv entstandene Hohlkehlen sind auf einige Dezimeter genaue Indikatoren für die Rekon-

struktion des ehemaligen Tidenhochwassers, wobei allerdings deren Altersdatierung oft nicht möglich ist (Schellmann & Radtke 2004). Gehobene Korallenriffkronen sind ausgezeichnete, auf wenige Dezimeter genaue Indikatoren für die Rekonstruktion des ehemaligen Niedrigwasserspiegels. Zudem kann das Alter von Steinkorallen mithilfe des Elektronenspinresonanz-(ESR-)Verfahrens und des Thorium/Uran-(Th/U-)Datierungsverfahrens bis maximal 400 000 Jahre vor heute bestimmt werden (Kapitel 6.3).

Abrasionsterrassen (Abrasionsflächen, Brandungsplattformen) sind schmale, im Extremfall wenige 100 m breite Verebnungen. Sie sind destruktiv durch mechanische und/oder bioerosive Kliffrückverlegung als Schnittflächen in das anstehende Küstengestein angelegt worden. An der Südostküste von Barbados existiert ein schönes Beispiel für die abrasive Überprägung eines Korallenriffes aus dem vorletzten Interglazial (Abb. 10.5.14). Durch Heraushebung der Küste gelangte dort ein etwa 200 000 Jahre alter Riffkörper vor etwa 120 000 Jahren, also im letzten Interglazial, für einige Jahrtausende unter Brandungswirkung. Dadurch konnte eine bis zu 200 m breite Abrasionsplattform eingeschnitten werden. Die Abrasionsplattform ist bedeutend jünger als der unterlagernde Korallenriffkörper, was bei der Datierung und Rekonstruktion von Meeresspiegelveränderungen zu berücksichtigen ist (Schellmann & Radtke 2004).

Atolle sind eine Spezialform von Korallenriffen, vor allem entstanden aus der Wechselwirkung von vertikalem Korallenriffwachstum (biokonstruktive Form) und tektonischem Absinken des Meeresgrundes. Wie bereits von Darwin angenommen, kann bei absinkendem Meeresboden und vertikalem Riffwachstum über ein Saum-

ca. 200 000 Jahre (MIS 7) alte
T6b-Korallenriffterrasse

ca. 117 000 Jahre (MIS 5e-1) alte
T4[7]-Abrasionsplattform,
eingeschnitten in das ca.
200 000 Jahre alte T-6b-Korallenriff

Abb. 10.5.14 Etwa 117 000 Jahre alte
(MIS 5e-1) Abrasionsplattform angelegt
in einem 200 000 Jahre (MIS 7) alten
Korallenriffkörper an der Südostküste
von Barbados (MIS = Marine Isotopen-
stadien verändert nach Schellmann &
Radtke 2004).

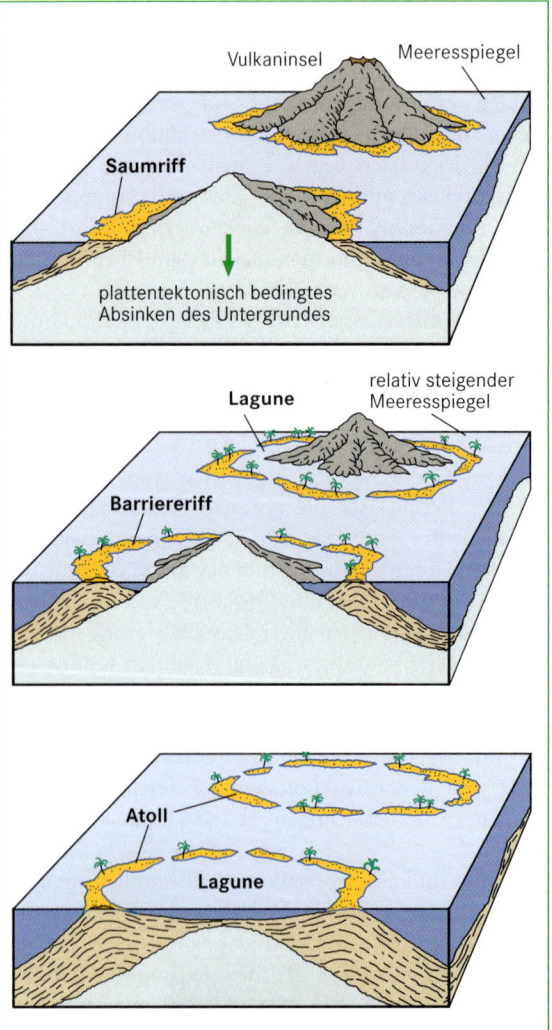

Vulkaninsel   Meeresspiegel

Saumriff

plattentektonisch bedingtes
Absinken des Untergrundes

relativ steigender
Meeresspiegel

Lagune

Barriereriff

Atoll

Lagune

riff- und Barriereriff-Stadium ein Atoll entstehen (Abb.
10.5.15). Atolle können daher mehrere 100 m mächtige
Riffkörper besitzen (Kelletat 1999).

10.6 Geomorphodynamische Zonen und Höhenstufen

WOLF DIETER BLÜMEL

Aus der Erkenntnis klimatisch begründbarer Verwit-
terungs- und Abtragungsprozesse (Aktualismusprinzip) resultierte der Versuch zur Ausgliederung zonal
angeordneter, den Großklimazonen entsprechender
Reliefeinheiten (Büdel 1969). Ein solcher stark klima-
betonender Ansatz zur Erklärung der Reliefsphäre, ob
aktualistisch oder paläogeomorphologisch ausgerichtet,
provoziert zwangsläufig zahlreiche Fragen und kritische
Einwendungen.

Nicht das Klima schafft die Form, sondern das
Zusammenspiel von exogenen Kräften mit der Petrovarianz der betroffenen Lithosphäre: Reliefbildung wird
durch **Verwitterungs- und Abtragungsprozesse** gesteuert (Abb. 10.6.1), deren Wirkung und Dynamik **zonal
variiert**. Ihre konkrete form- bzw. reliefbildende Funk-

◄ **Abb. 10.5.15** Entwicklung vom Saumriff über das Barriereriff
zum Atoll im Sinne von Darwin (verändert nach Kelletat 1999).

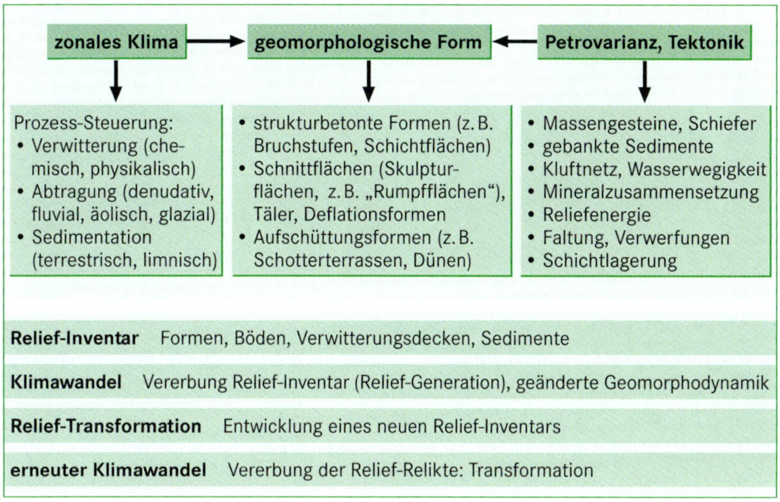
zonales Klima
geomorphologische Form
Petrovarianz, Tektonik
Prozess-Steuerung:
• Verwitterung (chemisch, physikalisch)
• Abtragung (denudativ, fluvial, äolisch, glazial)
• Sedimentation (terrestrisch, limnisch)
• strukturbetonte Formen (z. B. Bruchstufen, Schichtflächen)
• Schnittflächen (Skulpturflächen, z. B. „Rumpfflächen"), Täler, Deflationsformen
• Aufschüttungsformen (z. B. Schotterterrassen, Dünen)
• Massengesteine, Schiefer
• gebankte Sedimente
• Kluftnetz, Wasserwegigkeit
• Mineralzusammensetzung
• Reliefenergie
• Faltung, Verwerfungen
• Schichtlagerung
Relief-Inventar Formen, Böden, Verwitterungsdecken, Sedimente
Klimawandel Vererbung Relief-Inventar (Relief-Generation), geänderte Geomorphodynamik
Relief-Transformation Entwicklung eines neuen Relief-Inventars
erneuter Klimawandel Vererbung der Relief-Relikte: Transformation

Abb. 10.6.1 Schema reliefbildender Faktoren und Wechselwirkungen.

tion wird aber ganz maßgeblich bestimmt durch die petrographische Unterschiedlichkeit, deren regionales Verteilungsmuster anderen Gesetzmäßigkeiten folgt. Die endogene Rohform wird in ihrem regionalen Erscheinungsbild lediglich modifiziert durch das jeweilige Verwitterungs- und Transportgeschehen als elementarer Bestandteil des zugehörigen Ökosystems. Als konträres Beispiel seien Stufenlandschaften unter Wald- oder Halbwüstenvegetation angeführt: Die Weiterentwicklung des Reliefs geschieht unter Waldbedeckung durch völlig andersartige Prozesse als unter der subaerischen Abspül- und Deflationsdynamik eines Halbwüstenklimas. Die geomorphologische Form aber entspricht in beiden Fällen der eines petrographisch geprägten endogenen Prozessresponssystems („Strukturrelief"). Andererseits treten bisweilen frappierende Konvergenzerscheinungen beispielsweise zwischen den heißen Trockengebieten und periglazialen Räumen in Erscheinung (u. a. Hangmorphologie, Pedimente, Spüldenudation, Deflation; Abb. 10.6.4). Hier sind es vor allem die beiden Beispielen gemeinsamen oberflächigen Abspülprozesse (episodische Regenfälle bzw. Schneeschmelze), die ähnliche Hangformen (Runsen, Racheln) zur Folge haben (Abb. 10.4.4).

Das System der **klimagenetischen Geomorphologie** (synonym geomorphogenetisches System; Tab. 10.1.1) begründet sich durch den Nachweis von Vorzeitformen und ihre korrelaten Sedimente oder Paläoböden (= Reliefgenerationen), das bedeutet eine nur unvollständige Transformation (bisweilen nur Überprägung) des Vorreliefs durch die geomorphodynamischen Prozesse des Nachfolgeklimas (Abb. 10.6.2 und Abb. 10.6.3).

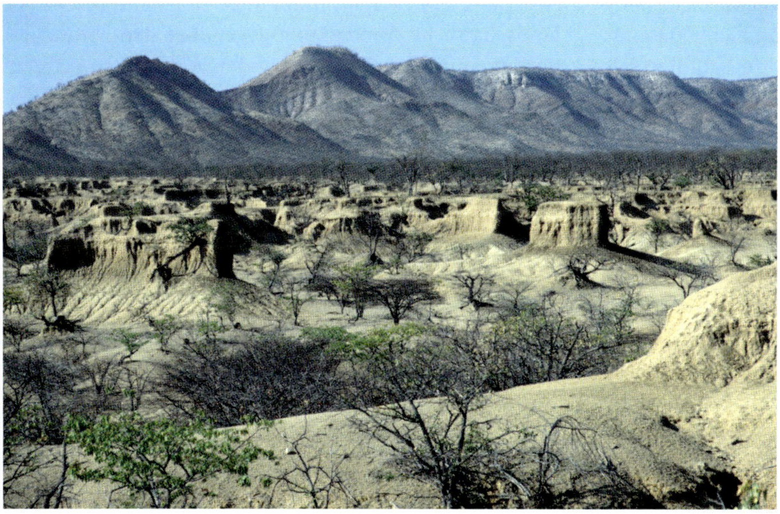

Abb. 10.6.2 Polygenetische Reliefbildung: Eine im Zeitraum vom letzten Hochglazial (LGM = *Last Glacial Maximum*) bis zum Altholozän abgelagerte äolisch-fluviale Beckenfüllung (Schluff) mit Paläo-Bodenbildungen unterliegt der Ausräumung durch die aktuelle Klimadynamik. Das präexistente Relief des verschütteten felsigen Beckenbodens wird sukzessive wieder frei gelegt (Kaokoveld in NW-Namibia, Foto: W. D. Blümel).

Abb. 10.6.3 Der Hang zeigt die komplexe Reliefentwicklung im Tal eines würmzeitlichen Eisstromnetzes: Die rundlichen Hangnischen und kräftigen Runsen sind als Formen subaerischer Abtragung auf den letzten hochglazialen Eisstand in diesem Fjord eingestellt. Der Rückgang der Vergletscherung hinterließ akzentuierte Seiten- und Grundmoränen, deren Sedimente zum Teil in die postglaziale Fjordfüllung eingingen (Nähe Adventdalen, Westspitzbergen, Foto: W. D. Blümel).

Die Oberflächenformen sind als Formen-Palimpseste zu verstehen (Abb. 10.1.4, Abb. 10.6.2 und Abb. 10.6.4). Form und aktuelle Dynamik bilden somit keine Einheit im Sinne einer eng verstandenen zonalen (klimatischen) Geomorphologie.

Ein weiterer Störfaktor einer dominant zonal orientierten globalen Reliefausprägung liegt in der regionalen Tekto- und Orogenese begründet. Neogene Gebirgsbildungsprozesse erzeugen endogene Rohformen, deren „Jugendlichkeit" (v. a. hohe Reliefenergie) die zonale Geomorphodynamik variiert. Besonders die gravitativen Teilprozesse sind erheblich gesteigert und in der Dynamik modifiziert gegenüber Abtragungsräumen, die im Sinne des Davis'schen Reliefzyklus deutlich „gealtert", das heißt flacher sind.

Innerhalb von Großklimazonen auftretende Gebirge entwickeln in ihren Höhenstufen jeweils eine eigenständige Geomorphodynamik – zur horizontalen Zonalität stößt eine vertikal orientierte Reliefbildungsabfolge mit zugehörigem Formenschatz. Diese wiederum kann durch Luv-Lee-Effekte weiter modifiziert werden – die geomorphologische Realität ist dann äußerst komplex und nur bedingt in ein zonales Vorstellungsmuster zu pressen.

Die Ökumene ist zudem ein geomorphologisches Kontrollsystem, in das der Mensch seit Jahrtausenden einwirkt (Tabelle 10.4.3). Eine realitätsbezogene Lehre der Reliefentwicklung kann sich also mit stark vereinfachten, monokausalen Modellvorstellungen nicht begnügen. In der Mehrzahl sind Oberflächenformen morphogenetische Systeme, in denen ererbte Eigenschaften (Vorreliefinfluenz) wesentlich die aktuelle Formung mitbestimmen.

Formengemeinschaften der polaren und subpolaren Breiten

In ihrer räumlichen Struktur und landschaftlichen Differenzierung sind die beiden Polargebiete der Erde kaum vergleichbar: Die **Arktis** umfasst das zentrale Polarmeer mit ganzjähriger oder saisonaler Eisbedeckung, größtenteils umgeben von weiträumigen unvergletscherten, von Permafrost unterlagerten Periglazialgebieten unterschiedlichster geomorphologischer Gestaltung. Sie gliedert sich in Kältewüsten und artenreiche, teils üppige Tundren. Grönland stellt mit seiner Inlandvereisung (8 Prozent des globalen Gletschereises) in der Großreliefgestaltung der Arktis eine Ausnahme dar, ebenso wie die teilweise vergletscherten Inseln des kanadischen Archipels, Spitzbergen und einige sibirische Inseln. Als landschaftliche Abgrenzung gegenüber den Mittelbreiten wird zumeist die Baum- oder Waldgrenze benutzt. Die **Antarktis** ist dagegen ein von winterlich gefrorenen Meeresflächen (ca. 22 Millionen km^2) umgebener, zu 98 Prozent eisbedeckter Kontinent mit 14 Millionen km^2 Fläche. Ihr teils bis über 4 000 m mächtiger Eisschild birgt mehr als 90 Prozent des weltweiten Gletschereises, dessen Zuwächse am Rand riesiger Schelfeisplatten und an steilen Eiskliffen abgekalbt werden. Antarktika ist mit einer durchschnittlichen Meereshöhe von 2 000 Metern der höchste Kontinent in Gestalt einer extremen Eiswüste mit eingestreuten oder randlichen „Oasen" – also kleinflächigen Periglazialgebieten mit wenigen niederen Pflanzen (Blümel 1999). Generell gilt – mangels entsprechendem Festland – der 60. südliche Breitengrad als Grenze der Antarktis.

Abb. 10.6.4 Dreiteiliger Frosthang mit Runsen, Kryopediment, Flussterrasse und verwildertem Flusslauf (Radde-Tal, Südostspitzbergen).Das ehemals glazial ausgeformte Tal wird durch die aktuellen periglazialklimatischen Prozesse unter Betonung der Petrovarianz umgestaltet (Transformation). Auffällig sind die geomorphologischen Konvergenzerscheinungen: Ähnliche Hangkonfigurationen sind weit verbreitet in tropischen bzw. subtropischen oder kontinentalklimatischen semiariden bis ariden Gebieten (Foto: U. Glaser).

Bezogen auf die geomorphologischen Formengemeinschaften sind die Polargebiete zu gliedern in aktuell vergletscherte Gebiete und aktuell unvergletscherte Gebiete.

Zu den **vergletscherten Gebieten** zählen **Inlandeismassen** auf Antarktika und Grönland sowie **Plateauvereisungen** und Eiskappen (Teile Grönlands, Spitzbergens, Alaskas und der sibirischen Inseln). Sie sind als Eiskörper dem Basisrelief mit seinen präexistenten Formen übergeordnet und werden in ihrer Bewegungsrichtung dadurch nur wenig beeinflusst. Hochpolare Inlandeiskörper sind zu großen Teilen „kalte Gletscher", das heißt, sie zeigen auch im Polarsommer keinen subglazialen Schmelzwasserabfluss. Ihre geomorphologische Formungswirkung ist gegenüber den sogenannten *wet-based glaciers* relativ gering (Campbell & Claridge 1987). Kalte Gletscher entwickeln geomorphologisch nur unbedeutende Endmoränen und keine Sander- oder Schotterstränge. Der größte Teil des Eisnachschubs Antarktikas und Grönlands wird durch Kalbungsvorgänge abgebaut (Schelfeiskanten, Eiskliffe, Auslassgletscher in Fjorden).

Eisstromnetze sind Mischformen aus Plateau- und Talvergletscherungen und damit nur in den Hauptnährgebieten dem Relief übergeordnet. Sie zeigen meist saisonalen Abfluss und damit eine bedeutende subglaziale Erosionsdynamik, Letztere häufig unterstützt durch Phasen schneller Bewegung (*surges*). Aktuelle Eisstromnetze folgen dominant den Tiefenlinien (Täler, Fjorde) vorausgehender stärkerer Vergletscherung, wobei typischerweise aber auch Passüberfließungen keine Seltenheit sind. Ihre Vorländer zeigen die üblichen glazialen und fluvioglazialen Akkumulationsformen (Schotterflä-

chen, Moränen; Abb. 10.6.3). Teile der Eisstromnetze münden als Auslassgletscher mit steilen Kalbungsfronten ins Meer.

Die **aktuell unvergletscherten Gebiete** umfassen zum einen während pleistozäner Kaltphasen vereiste Gebiete. Es sind diverse glazigene Erosions- oder Akkumulationsoberflächen, die heute einer geomorphologischen Transformation durch subaerische periglaziale Prozesse unterliegen (geomorphogenetische Systeme). Wichtige Formengemeinschaften bilden zum einen glazigene Täler und Fjorde (marin überflutete Gletschertäler). Ihre exponierten Flanken werden mittels gravitativer Frostverwitterungsdynamik durch Schuttkegel, -halden und Murkegel umgeformt. Tal- und Fjordböden werden aus nivalen oder glazialen Einzugsgebieten aufgefüllt, streckenweise unter Terrassenbildung zerschnitten. Die Flüsse treten nur jahreszeitlich auf, verwildern (Abb. 10.6.4) aufgrund des heftigen kurzzeitigen Schmelzwasseranfalls und verfügen über eine hohe Schleppkraft. Geländepartien außerhalb der Talsohlen und abseits von steilen Hängen unterliegen dem gesamten Spektrum periglazialer Reliefformung wie vor allem diversen Solifluktions- und Abspülungsprozessen (Abluation).

Teile des ehemaligen subglazialen Reliefs liegen heute unter dem Meeresspiegel (Fjord-Unterläufe Grönlands, Spitzbergens und Teile der westlichen Antarktis bzw. der Antarktischen Halbinsel). Sie zeugen zusammen mit Spuren flächenhafter Glazialerosion und Grundmoränenmaterial für eine kaltzeitliche Überprägung von Schelfmeerbereichen und damit für eine wesentlich weitere Ausdehnung von Inlandeis, Schelfeis und Eisstromnetzen. In Bereichen früherer Eisauflast – und deren

Rändern – dokumentiert sich die nacheiszeitliche isostatische Ausgleichbewegung (Exkurs 10.2.2) in Form von gehobenen Strandterrassen und -plattformen, regional auch durch inaktive Kliffküsten.

Ehemals vergletscherte, eingerumpfte Flachlandschaften wie Teile des Kanadischen Schilds zeigen heute – unter einem lückenhaften Grundmoränenschleier – ein Muster an selektiven Erosionsformen, das durch zahllose Seen in den Tiefenlinien auffällt. Dem stehen überschliffene höhere Gesteinspartien (Rundhöcker, *roches moutonnées*, Abb. 10.4.15) unterschiedlicher Dimension gegenüber. In dieser Formengruppe zeigen sich deutlich Petrovarianz und tektonische Strukturen in ihrem Einfluss auf die glazigene Formung. In hochpolaren Gebieten mit harten Sedimentgesteinen resultieren glazial überformte Flach- und Stufenlandlandschaften (z. B. Inseln in der kanadischen Arktis). Ihre Oberflächen wie Stufen sind stark durch mechanischen Gesteinszersatz und teils ältere Grundmoränenstreu geprägt (Kältewüsten) und ähneln auffällig den Hamadas in heißen Wüstengebieten (Konvergenzformen).

Je nach aktueller geographischer Breitenlage und Klimatypus präsentieren sich diese Formengruppen im Detail unterschiedlich: So ist beispielsweise die stark ozeanisch beeinflusste Antarktische Halbinsel mit ihrem vergleichsweise milden und feuchten Klima durch mechanische wie auch chemische Verwitterung und Bodenbildung geprägt (Blümel 1999). Den Kontrast dazu findet man in der extrem kontinental-kalten und trockenen Ost-Antarktis (Victoria-Land, Dry Valleys), wo neben Tieffrostkontraktionsspalten (*rock polygons*) im eisarmen bzw. -freien Permafrost wiederum eine den heißen Wüsten vergleichbare Reliefumformung zu beobachten ist (u. a. Salz- und Insolationsverwitterung, gravitative Prozesse, äolische Dynamik; Campbell & Claridge 1987).

Neben den oben behandelten ehemals vergletscherten Gebieten gehören zu den aktuell unvergletscherten Polarregionen der Erde die bereits seit mehreren Kaltzeiten durchgehend existierenden **Periglazialgebiete**. Dies sind vor allem Teile Sibiriens und Alaskas. Hier existiert meist tief reichender Permafrost und ein ausgeprägter, reifer periglazialer Formenschatz. Eine fehlende kaltzeitliche Vergletscherung ist in erster Linie auf Trockenheit durch hochkontinentales Klima im Lee großer Eisschilde (Barentsee-Eisschild) oder von Gebirgen (Rocky Mountains) zurückzuführen. Die Jahrzehntausende oder Jahrhunderttausende anhaltende subaerische Exposition der waldlosen Landoberflächen und die niedrige geothermische Tiefenstufe führten zu Permafrostmächtigkeiten bis 1 500 m. Es entwickelten sich im oberen Permafrostprofil mit seinen periodisch-episodischen Temperatur- und Volumenschwankungen mächtige „Eisrinden", also von großen Blankeiskörpern (Abb. 10.4.22), Eislinsen und Eiskeilen (Abb. 10.4.21) durchsetzte Sediment- oder Gesteinspartien (Washburn 1979). Zur oberflächlich sichtbaren Formengemeinschaft dieser hochpolaren (wie auch der weniger extremen subpolaren) Räume zählen Eiskeilpolygone, alle Spielarten kryogener Reliefbildungsprozesse wie Kryoklastik, Solifluktion und Kryoturbation (Karte 1979) und typische biotische Phänomene (Palsen, Thufure usw.) oder verwilderte Flüsse (Abb. 10.6.4), deren Seitenerosion in Tieflandsbereichen durch den eisreichen Permafrost unterstützt wird.

Formengemeinschaften der wechselfeuchten Tropen

Jürgen Runge und Reinhard Zeese

Das morphogenetische System der wechselfeuchten Tropen ist in den Grundgebirgsregionen (Schilde, Kratone) der als Gondwana-Kontinente bezeichneten Gebiete in Südamerika, Afrika, Indien und Australien durch ein Formen-Palimpsest gekennzeichnet, dessen Genese sich teilweise sehr weit in die Vergangenheit zurückverfolgen lässt. Der Großformenschatz wird von **Rumpfflächen**, **Rumpfstufen** und **Inselbergen** beherrscht. Wichtige reliefbestimmende Parameter sind, neben dem Faktor Zeit und der tektonischen Ruhe, die intensive chemische Tiefenverwitterung (Saprolitisierung, Abb. 10.3.5) des Anstehenden (=*etching*) unter feuchtwarmen Vorzeitklimaten und die zu Beginn der Regenzeit dominierende Spüldenudation (=*stripping*). Büdel (1981) sprach deshalb von der randtropischen exzessiven Flächenbildungszone (Exkurs 10.5.1). Innerhalb dieser Zone sind für das Quartär deutliche Klimaschwankungen mit erheblichen Veränderungen der Savannen- und Regenwaldökosysteme und derer Verbreitung nachweisbar. Besonders gut dokumentiert sind die hochglazialzeitliche Aridisierung und das Klimaoptimum im Holozän (Neolithisches Pluvial, ca. 8 000 bis 5 000 Jahren BP). So wurde der Regenwald im Kongobecken Zentralafrikas während des „Letzten Glazialen Maximums" vor rund 18 000 Jahren (Abb. 9.13.3) fast vollständig durch Savannen verdrängt (Runge 2001). Innerhalb des erdgeschichtlich älteren Rumpfflächen- und Inselbergreliefs haben diese Klima- und Umweltveränderungen durch das daran gekoppelte morphodynamische Prozessgefüge zahlreiche Spuren hinterlassen. Neben geomorphologischen Kleinformen wie Runsen, Gräben (*gullies*) und Hangpedimentationsstufen lässt sich eine vorzeitlich modifizierte Morphodynamik auch über Diskonti-

Abb. 10.6.5 Rumpfstufe und Rumpfbergland (Ganawuri-Berge) mit aufsitzendem Eisenkrusten-Tafelberg am Rand des Jos-Plateaus, Zentralnigeria. Am Hang des Tafelberges sind etwa 90 Meter der tertiären fluviovulkanischen Serie aufgeschlossen, einer Wechsellage aus überwiegend basischen vulkanischen Gesteinen mit zwischengeschalteten quarzsandreichen Ablagerungen. Die Gesteine sind vollständig zu einem kaolinitisch-ferralitischen Saprolit verwittert. Das Dach bildet ein sehr kompakter Eisenpanzer (franz. *carapace*), dessen Entstehung mindestens ins Pliozän zurückdatiert. Bis zur abschließenden absoluten Eisenanreicherung liefen die Prozesse in orographisch tiefer Position ab (Tal oder Hangfuß). Solche Tafelberge kennzeichnen weite Teile des Jos-Plateaus. Die fluviovulkanische Serie am Hang der Tafelberge dokumentiert ein im Tertiär wirkendes geomorphogenetisches System mit häufigen Vulkanausbrüchen, vor allem hygrisch wechselnden Klimaten bei insgesamt deutlich höheren Durchschnittstemperaturen als im Quartär (Abb. 9.12.4) und deshalb intensiverer chemischer Verwitterung in den feuchten Paläoklimaten. Als Folge einer sukzessiven Hebung des Plateaus im Jungtertiär und Quartär und einer damit verbundenen großflächigen Abtragung des Regolith (Exkurs 10.2.2) wurden nicht nur die Tafelberge gebildet, sondern mit der Freilegung subvulkanischer Granitintrusionen (Abb. 10.2.15) Rumpfstufen (Resistenzstufen) herauspräpariert. Die Wollsackformen machen eine ehemalige Regolithbedeckung (Exkurs 10.3.1) des Steilhanges wahrscheinlich (Foto: R. Zeese).

nuitäten in der Zusammensetzung des oberflächennahen Untergrundes nachweisen, beispielsweise durch Steinlagen (*stone-lines*) und Deckschichten (*hillwash*; Thomas 1994). Trockenere Zeiträume sind in Westafrika über fossile Schwemmlösse (Zeese 1991), feuchtere über strukturmorphologisch bedeutende Eisenkrusten (Lateritkrusten, engl. *ferricrete*, franz. *cuirasse*) dokumentiert.

Aufgrund ihrer ausgeprägten morphologischen Härte (Petrovarianz) können die Krusten Tafelberge (Abb. 10.6.5), kuppenartige Hügel oder kleine Geländestufen hervorrufen, die die Eintönigkeit der fast ebenen Rumpfflächen unterbrechen. Es herrscht weitgehende Einigkeit, dass absolute Eisenanreicherung durch vertikale und vor allem laterale Verlagerung zu Tiefenlinien und Hangfüßen erfolgt. Dazu ist Sickerwasser notwendig, das Fe^{2+} durch Verwitterung freisetzt und im Regolith bis zum Kontakt mit Sauerstoff transportiert. Eine absolute Anreicherung kann lokal bei günstigen Bedingungen in wenigen Jahrhunderten erfolgen, erfordert aber meist eine länger anhaltende Biostasie (subaerische Formungsruhe unter Vegetationsbedeckung), wie sie in den Feuchtwäldern der wechselfeuchten Tropen ohne Einfluss des Menschen gegeben war. Bei Dominanz der Spüldenudation, die eine weitgehende Vegetationsfreiheit voraussetzt, werden die ursprünglich in den Tiefenbereichen gebildeten Eisenkrusten im Sinne einer Reliefumkehr als Vollformen in der Landschaft herauspräpariert. Im frankophonen Westafrika werden drei an Eisenkrusten gebundene quartäre Flächenniveaus bzw. **Krustenstufen** unterschieden, die als *haut glacis* (Altquartär), *moyen glacis* (Mittelquartär) und *bas glacis* (Jungquartär) bezeichnet werden (Michel 1973, Grandin 1976). Sie werden überragt von Tafelbergen, deren Krustenbildung ins Pliozän (Eisenpanzer, franz. *carapace*) und Eozän (Bauxitische Kruste) gestellt wird (Grandin 1976). Aus Zentralnigeria werden von Zeese et al. (1994) mehrere tertiäre Eisenkrusten und -panzer aus der wahrscheinlich oligo-miozänen fluviovulkanischen Serie des Jos-Plateaus beschrieben (Abb. 10.6.5).

Die Tatsache, dass auch unter heutigen Regenwäldern Eisenkrusten gefunden wurden, für deren Aushärtung ein Klima mit mehrmonatiger Trockenzeit oder eine Rodung des Waldes erforderlich ist, ist ein weiteres Indiz dafür, dass Klima- und Vegetationswandel tatsächlich stattgefunden haben.

Im heutigen wechselfeuchten Tropenklima sind in den Rumpfflächen Mikropedimentationsstufen verbreitet, die die Hänge rückschreitend bis zur flachen Wasserscheide hinaufwandern (Abb. 10.6.6). Dieser Vorgang unterstreicht die mehrphasige und vor allem klimamorphologisch gesteuerte Entwicklungsgeschichte der Rumpfflächen. Das von Rohdenburg (1969) und Fölster (1969) in Nigeria entwickelte Pedimentationsmodell erklärt sowohl die Entstehung der Stufen, als auch den wenig sortierten Hangschutt (*stone-line*) mit dem darüberliegenden Feinmaterial auf den flachen Hängen

Abb. 10.6.6 Hangpedimentation und Stufenrückverlegung im Akagera-Nationalpark an der Grenze von Ruanda und Tansania, Ostafrika. Unter wechselfeuchtem Tropenklima erfolgt hangaufwärts durch rückschreitende Erosion die Zurückverlegung und „Aufzehrung" von oberflächennahen Lockermaterialdecken (*hillwash*). Im Vorfeld dieser kleinen Geländestufen akkumulieren sich gröbere Quarze; das sandig-lehmige Feinmaterial wird bei denudativen Starkregen in Richtung Vorfluter ausgeschwemmt. In der abgebildeten Deckschicht aus dem Osten Ruandas entdeckte man zahlreiche Mikrolithe; das sind Artefakte wie kleine Klingen und Schaber, die auf eine frühe menschliche Besiedlung dieses Raumes zu Beginn des Holozäns hindeuten (Foto: J. Runge).

(Abb. 10.6.7). Der oberflächennahe Untergrund in den wechsel- und immerfeuchten Tropen wird danach oft von allochthonen, mehrschichtigen Pedisedimenten gebildet. Meist liegen diese über unterschiedlich stark abgetragenem Saprolit. Steinlagen werden jedoch nicht nur durch das Pedimentationsmodell erklärt. Sie können auch als oberflächliche Residualablagerungen von verwitterungsresistenten Quarzen (*palaeopavements*) aufgefasst werden (Exkurs 10.3.1), die im Laufe der Land-

schaftsgeschichte durch feinkörniges Material überdeckt wurden. Dabei spielt die zoogene Materialaufbringung durch Bioturbation eine nicht zu unterschätzende Rolle. Die Mächtigkeiten der vor allem durch Termiten akkumulierten Deckschichten im Regolith (Exkurs 10.3.1) Afrikas und Australiens schwanken zwischen 5 und 75 cm je Jahrtausend (Runge & Lammers 2001).

In stärker reliefiertem Gelände, wie man es zum Beispiel im ostafrikanischen Ruanda findet, muss auch Bodenkriechen (*creep*), zumindest während des Holozäns, in Betracht gezogen werden (Moeyersons 2001). In unmittelbarer Umgebung gegenwärtiger und früherer fluvialer Systeme können Steinlagen auch als Schotterfluren von Altarmen und als terrassenartige Sedimente verstanden werden, die in der weiteren Entwicklung durch alluviales und kolluviales Feinmaterial bedeckt wurden. Die Frage, was von dem geschilderten Inventar auf wechselnde Entwicklungsphasen (geomorphogenetische Systeme), was auf den Menschen (geomorphologisches Kontrollsystem) und was auf das klimazonale Prozessresponssystem zurückzuführen ist, kann noch nicht befriedigend beantwortet werden.

Formengemeinschaften der ariden und semiariden Gebiete

BERNHARD EITEL

Typische Formengesellschaften treten sowohl in den trockenen Mittelbreiten als auch in den subtropisch-tropischen Trockengebieten auf. In den Steppen und benachbarten (Halb-)Wüsten der Erde fällt der Niederschlag vorwiegend advektiv durch auslaufende (innerkonti-

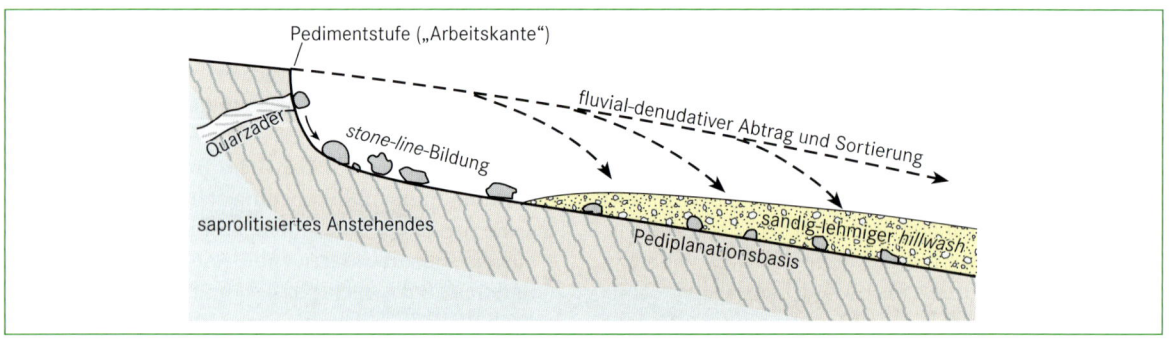

Abb. 10.6.7 Schema der Hangpedimentation nach Fölster (1969) und Rohdenburg (1969). In einer Savannenlandschaft mit jahreszeitlich stark schwankender Vegetationsbedeckung (Trocken- und Regenzeit) wird das saprolitisierte Anstehende durch Hangpedimentation entlang einer flachen Geländestufe hangaufwärts zurückverlegt. Widerständige Quarzadern innerhalb des Verwitterungsmantels liefern das Ausgangsmaterial für die *stone-lines*. Fluvial-denudative Prozesse sorgen für die hangabwärtige Verteilung und Sortierung des Feinmaterials (Abb. 10.6.6, verändert nach Fölster 1969).

nentale Lage) oder sehr abgeschwächte Tiefdruckausläufer (z. B. durch Lee-Lage) innerhalb der Westwindzone. Kennzeichnend für die Niederschläge in den niederen Breiten sind die mit zunehmender Trockenheit wachsende raumzeitliche Variabilität und die überwiegend konvektiv, das heißt im Zuge von Gewitter, fallenden Starkregen. Die Landoberflächen unterliegen in den Trockengebieten einem komplexen **Wirkungsgefüge aus fluvialer und äolischer Geomorphodynamik** und sind vielfach Übergangslandschaften zwischen den Feuchtklimaten einerseits und den ariden Landschaften (Halbwüsten und Wüsten) andererseits. Der Wechsel von Feucht- und Trockenphasen über größere Zeiträume hinweg (Klima- und Umweltwandel im Verlauf der Erdgeschichte) hat die Formen-Palimpseste unter semiaridem Klima ebenso geprägt wie jahreszeitliche Wechsel zwischen Regen- und Trockenzeit. Das Zusammenspiel von Niederschlag und Abfluss mit äolischer Dynamik wird besonders am Beispiel der Pfannen und Lunette-Dünen deutlich, die für viele sehr **flache semiaride Landoberflächen** typisch sind, besonders, wenn feinkörnige Sedimentgesteine anstehen. Der Auslöser für die Entstehung von Pfannen ist eine Vegetationsschädigung beispielsweise durch die Konzentration von Weidetieren an einer kleinen Wasserstelle nach der Regenzeit. Die Tiere zerstören nicht nur die Vegetation, sondern lösen vor allem durch Huftritte auch Feinmaterial aus dem Boden- oder Sedimentverband, sodass die Auswehung in der nachfolgenden Trockenzeit sehr effizient ansetzen kann. Die allmähliche Tieferlegung verstärkt ihrerseits den Oberflächenzufluss in der nächsten Regenzeit und die Abspülung der flachen Hänge, sodass sich immer mehr Wasser und etwas Feinmaterial in der entstehenden Deflationswanne sammeln kann. Dies erhöht wiederum die Attraktivität für Wildtiere oder Nutztiere, führt zu beschleunigter Vegetationszerstörung, vermehrter Auswehung und Tieferlegung. Ein sich selbst verstärkender Formungsprozess kommt in Gang, der durch intensivierte Verwitterungsprozesse am Boden der Hohlform vor allem über Salzverwitterung und Hydratation noch beschleunigt wird. Sobald sich in der Regenzeit ein flacher See ausbilden kann, entsteht die Pfanne. Ihr flacher Boden ist vegetationslos, da er saisonal geflutet ist und in der Trockenzeit den Hauptauswehbereich darstellt. Nun entwickelt sich die Pfanne nur noch langsam in die Tiefe, aber umso effizienter in die Breite. Durch Abspülung der Hänge und Deflation des eingetragenen Materials dehnt sich die Pfanne immer stärker aus. Unterstützt durch eine bevorzugte Windrichtung (z. B. im Wirkungsfeld quasistationärer Hochdruckgebiete) erfolgt zudem die Auswehung vor allem auf der windabgewandten Pfannenseite. Während die staubigen Partikel der Schluff- und Tonfraktion in

Suspension weit fortgetragen werden, wird der Sand saltierend aus der Pfanne geweht und auf ihrem Rand zu Dünen (*lunette dunes*) akkumuliert. Die Formengesellschaft der Pfannen und ihrer Randdünen ist damit – typisch für semiaride Gebiete – fluvio-äolisch entstanden.

Semiaride (Mittel-)Gebirgsreliefs sind vor allem durch die fluviale Dynamik geprägt. In heute sehr trockenen, aber ehemals feuchteren Gebirgsländern sind Wüstenschluchtenreliefs typisch. Die heftigen, aber oft räumlich eng begrenzten, regenzeitlichen Niederschläge führen bei hoher Reliefenergie zu starken Abtragungsereignissen und zum Transport nicht nur des feinen, sondern auch des groben Verwitterungsmaterials. Die lokalen Niederschlagsereignisse erzeugen aber nur begrenzten Abfluss. Bereits nach kurzer Distanz versickert oder verdunstet das Wasser, sodass nicht nur in der Trockenzeit die Flussbetten immer wieder trockenfallen. Binnensedimentation ist damit häufig. Dies kann zur Verfüllung weiter Becken ebenso wie zur Akkumulation in engen Talzügen und Schluchten führen. Enden die Abflussereignisse immer wieder im gleichen Talabschnitt, können viele Meter mächtige feinkörnige Flutauslaufsedimente (*river-end deposits*) akkumuliert werden. Aber auch kurzzeitige hoch turbulente Hochflutereignisse mit viel Suspensionsfracht sind in der Lage, hinter Fels-

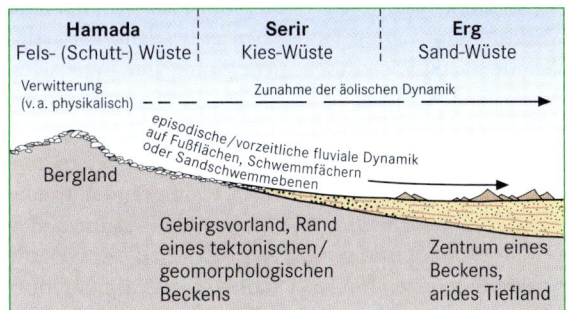

Abb. 10.6.8 Modellhafte Darstellung der wichtigsten Großformengesellschaften des ariden Dreiklangs: Hamada, Serir und Erg sind letztlich polyklimatische Formengesellschaften und stehen in einer gesetzmäßigen Abfolge, die aus dem Wechsel von Feucht- (früher auch Pluvialzeit genannt) und Trockenzeiten im Laufe der jüngeren Erdgeschichte (vor allem im Quartär) hervorgegangen ist. Die Hamada stellt ein dauerhaftes Abtragungsgebiet dar. Unterschiedlichste Verwitterungsprozesse haben hier residualen, groben Verwitterungsschutt produziert, während kleinere Verwitterungsmaterialien fluvial und äolisch abgetragen wurden. Die Formengenese unter feuchtklimatischem Einfluss führte vor allem zu den weiten Serirflächen, die meist aus ehemaligen Schwemmfächern gebildet werden. Die äolische Geomorphodynamik dominiert in den Ergs, wo die ehemals fluvial antransportierten Sande zu Dünen akkumuliert wurden oder werden.

Abb. 10.6.9 Hamada im Hochland von Nordjemen: Grober basaltischer Verwitterungsschutt prägt hier die Abtragungslandschaft (Foto: B. Eitel).

hindernissen oder in tributär einmündenden Talweitungen Feinsedimente abzulagern (*slackwater deposits*). Hygrische Oszillationen führen so zu ausgeprägten Terrassen, die sehr viel Feinmaterial enthalten, das wieder äolisch umgelagert werden kann. Besonders die ausgewehten Schluffe können in umgebenden semiariden Landschaften mit ihrer dichten Grasvegetation (Trockensteppen bzw. Savannen) ausgedehnte Lösslandschaften bilden (Trockengebietslöss).

An **Steilstufen** oder **Gebirgsrändern mit flachem Vorland** sind häufig Fußflächen entwickelt. Derartige Großformen bilden durch wiederholte Klimawechsel in semiariden Gebieten oft komplexe Fußflächensysteme. Bereits geringe Schwankungen hin zu feuchteren Bedingungen ermöglichen die Zerschneidung bzw. Zertalung der Fußflächen. Anschließender Klimawandel wieder zurück zu trockeneren Verhältnissen mit raumzeitlich punktuellen Starkregen fördert dagegen erneut die Schichtflutendynamik und damit die Pedimentation. Ineinander geschachtelte Fußflächen sind die Folge derartiger Klimaschwankungen. In vielen semiariden Gebieten münden diese Flächen in Seen, Salzseen (z. B. Bolsone, Schotts) oder große Flusstäler, in denen die Schichtfluten auslaufen und zuletzt viel Feinsediment ablagern.

Viele **Wüsten** der Erde waren vormals semiarid und besitzen reliktisch Formengesellschaften wie sie oben skizziert wurden. Den größten Teil nimmt der sogenannte aride Dreiklang ein (Abb. 10.6.8), Landschaftstypen, die genetisch eng mit der Formung in Gebirgen und den zu den angrenzenden tektonischen Becken gerichteten Vorländern verknüpft sind. Die felsigen

Abb. 10.6.10 Serir in der Südwest-Kalahari, Namibia: Die Schotter und Kiese belegen die fluviale Formung der Landoberfläche, aus der viel Feinmaterial ausgeweht wurde, sodass die gröberen Komponenten häufig ein dichtes Wüstenpflaster bilden (Foto: B. Eitel).

Abb. 10.6.11 Erg in der nördlichen Atacama, Peru: Der Dünensand, der über Fußflächen und ephemere Abflusssysteme fluvial in die Wüste transportiert und zusammengeweht wurde, bildet eine Landschaft aus Dünen unterschiedlicher Genese und Dynamik (Foto: B. Eitel).

Hochgebiete mit ihrem groben Verwitterungsschutt werden als Hamada (arabisch für „die Unfruchtbare", Abb. 10.6.9) bezeichnet. Die zu den Becken überleitenden Flächen sind meist ehemalige Fußflächen oder Schwemmfächer, die abhängig von ihrem Alter mehrere 100 km Längserstreckung haben können. Da die feineren Sedimente längst aus den Oberflächensedimenten ausgeweht wurden, hat sich oft ein Wüstenpflaster aus Schotter und Kies gebildet. Dieser Wüstentyp wird auch als Serir (arabisch für „die Kleine", Abb. 10.6.10) bezeichnet. Diese Flächen dachen in Richtung großer Tiefländer und Becken ab, in denen unter feuchteren Bedingungen einst Seen oder weite Flussauen entstanden. Das fluvial herangebrachte Feinmaterial wurde und wird unter ariden weitestgehend vegetationslosen Bedingungen äolisch verfrachtet. Diese ariden Tiefländer sind bedeutende Quellen für Mineralstaub, der in Suspension weiträumig verweht wird (z. B. Saharastaub bis ins Amazonasbecken). Die Sande dagegen werden über kürzere Distanzen zusammengetragen und bilden dann große Dünenfelder, die sich bis zu einem Erg (arabisch für „Sandwüste"; Abb. 10.6.11) entwickeln können. Alte stationäre Großdünen (Draa-Dünen), die sich an das regionale Windfeld angepasst haben, bilden hier zusammen mit verschiedensten Typen von Wanderdünen eine eigenständige Formengesellschaft (Abb. 10.4.26).

Formengemeinschaften der Gebirge

HEINZ VEIT

Das Gebirgsrelief ist sehr komplex und in seiner Ausprägung von einer Vielzahl von Faktoren abhängig. Neben dem Klima zählen hierzu vor allem der geologisch-tektonische Baustil und das Alter der Gebirge. Das Alter steuert die mögliche Anzahl an Reliefgenerationen, die sich unter unterschiedlichen Klimabedingungen der Vergangenheit und durch unterschiedlich starke tektonische Heraushebung entwickeln konnten. Alte kaledonische und variskische Gebirge, wie beispielsweise das schottische Hochland oder der Ural sind in der Regel stark abgetragen und zeigen ein eher weiches Relief mit Hochflächen, in die stellenweise tiefe Täler eingeschnitten sind. Größere Höhen werden bei diesen alten Gebirgen nur erreicht, wo durch jüngere Reaktivierungen, beispielsweise durch postglaziale Glazial-Isostasie (Skanden, Exkurs 10.2.2), Heraushebung stattfand. Känozoische Gebirge ragen oft bis über die Wald- und Schneegrenze hinaus. Sie sind in der Regel rezent vergletschert, oder wiesen in den Eiszeiten – je nach Klimazone – eine mehr oder weniger starke Vergletscherung auf. Ganz jungen vulkanischen Hochgebirgen wie auf Hawaii oder in Teilen der südamerikanischen Anden fehlen die glazialen Überprägungen und ein typisch „alpines" Relief dagegen vollständig.

Hochgebirge weisen aufgrund ihrer großen Vertikalerstreckung einen **hypsometrischen Formenwandel** auf. Je höher die Gebirge sind und je näher sie sich den Tropen befinden, umso mehr geomorphologische Höhenstufen sind entwickelt. In den Polargebieten reicht die nivale bzw. periglaziale Höhenstufe bis auf das Meeresniveau hinab, während in äquatorialen Breiten über der oberen Waldgrenze noch mehrere Höhenstufen folgen (Abb. 10.6.12).

Als älteste Formenelemente treten in den Hochlagen der Gebirge Flächenstockwerke auf, die durch eine Kombination von tropisch-randtropischen Klimaten im Tertiär und phasenhafter tektonischer Heraushebung

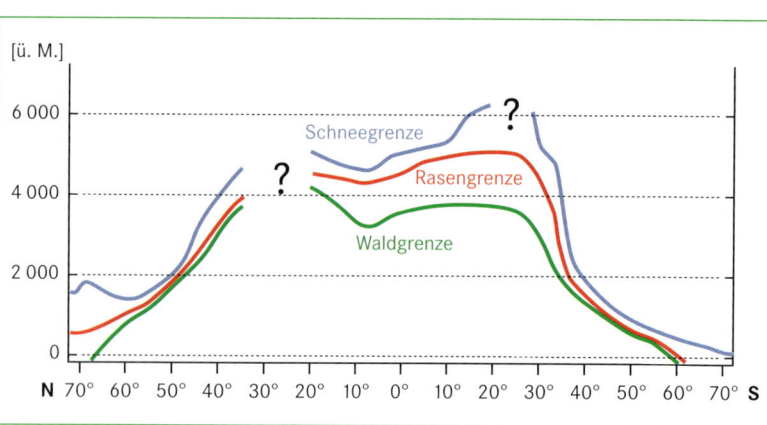

Abb. 10.6.12 Ausgewählte Höhengrenzen der Gebirge entlang eines Meridionalprofils durch Nord- und Südamerika. Im subtropischen Nordamerika reichen die Gebirgshöhen nicht aus, um die Wald-, Rasen- oder Schneegrenzen zu erreichen. In den südamerikanischen Subtropen ist es zu trocken für die Ausbildung von Gletschern (verändert nach Richter 1996).

entstanden sind. Häufig tragen diese Flächen noch Reste der ursprünglichen Verwitterungsdecke, wie tropische Rotlehme oder Saprolite. In subtropisch-randtropischen Trockenklimaten, wie zum Beispiel in den zentralen Anden, und auf durchlässigen Gesteinen, wie beispielsweise in den ostalpinen Kalkalpen, sind die Flächenstockwerke häufig noch gut erhalten, während sie in den humiden Gebirgen der Tropen und Ektropen auf undurchlässigen Gesteinen stärker abgetragen und teilweise bis zur Unkenntlichkeit zerschnitten sind.

Höhenstufen reagieren sensitiv auf Klimaschwankungen mit Änderungen der Höhenlage und der vertikalen Ausdehnung sowie Intensitätsschwankungen der Formungsprozesse innerhalb einer Höhenstufe. Im

Abb. 10.6.13 Formengemeinschaften der Hochgebirge: a) alpines Relief an der Südflanke des Aconcagua (argentinische Anden), b) Glatthang-Relief in den eiszeitlich weitgehend unvergletscherten Abschnitten der subtropischen Anden (Nordchile), c) Schutthalden an den Drei Zinnen in den Dolomiten (Alpen) und d) Rutschung unter dichtem tropischem Bergwald (Bolivien, Fotos: H. Veit).

Wechsel von quartären Eis- und Warmzeiten erreichten diese Höhenänderungen in vielen Gebirgen der Erde Dimensionen von deutlich mehr als 1 000 m (Schneegrenze, Waldgrenze), was Spuren im Relief hinterließ. In humiden Gebirgen der Ektropen reichten eiszeitlich die Gletscher und die periglaziale Höhenstufe häufig bis weit in die Vorländer bzw. bis auf das Meeresniveau und ließen den typischen Formenschatz der **glazialen Serie** mit Sandern, Endmoränen, Zungenbeckenseen und Grundmoränen zurück (Abb 10.5.12). In den Hochlagen bildeten sich Erosionsformen wie Kare, Trogschultern, Trogtäler, Rundhöcker (Abb. 10.4.15), Hängetäler (Abb. 10.4.16) und Talübertiefungen (Abb. 10.6.13a). In den trockenen Subtropen und Tropen dagegen blieben die Gletscher in der Regel auch während der Maximalvergletscherung in den Gebirgstälern stecken, was sich – neben einem meist weniger intensiv ausgebildeten glazialen Formenschatz (Abb. 10.6.13b) – durch den Wechsel von typischen glazial geprägten Trogtälern in den Hochlagen zu fluvial geformten Kerbtälern in den unteren Höhenstufen widerspiegelt. Am Ende der letzten Eiszeit setzten mit dem massiven Abschmelzen der Gletscher verstärkt Prozesse der Massenverlagerung (Schutthal-

den, Bergstürze, Rutschungen) an den übersteilten Hängen ein (Abb. 10.6.14). Auch in eiszeitlich unvergletscherten Gebirgen sind die gravitativen Prozesse wegen der Steilheit der Hänge in Abhängigkeit vom geologischen Untergrund und von der Gesteinslagerung bis heute sehr aktiv (Abb. 10.6.13 c, 10.6.13d). Wir erleben derzeit aktuell, wie durch den verbreiteten Anstieg der Schneegrenze, durch den **Rückgang der Gletscher**, das Abtauen des Permafrostes und durch die damit einhergehende Zunahme der Massenverlagerungen, selbst relativ kleine Klimaänderungen gravierende Auswirkungen auf die geomorphologischen Prozesse im Hochgebirge haben können (Veit 2002).

Die rezenten Höhenstufen und damit die aktuelle geomorphologische Formung zeigen einen typischen globalen Verlauf (Abb. 10.6.12). Die **Schneegrenze** erreicht nicht am Äquator, sondern in den subtropischen Trockengebieten ihre höchsten Lagen. Bei extremer Aridität, wie in den chilenischen Anden, ist überhaupt keine Schneegrenze ausgebildet, weil es kein Höhenstockwerk gibt, in dem die Akkumulation die Ablation überwiegt. Hier vermisst man trotz Gebirgshöhen von mehr als 6 000 m ü. M. den typisch alpinen Formenschatz (Abb.

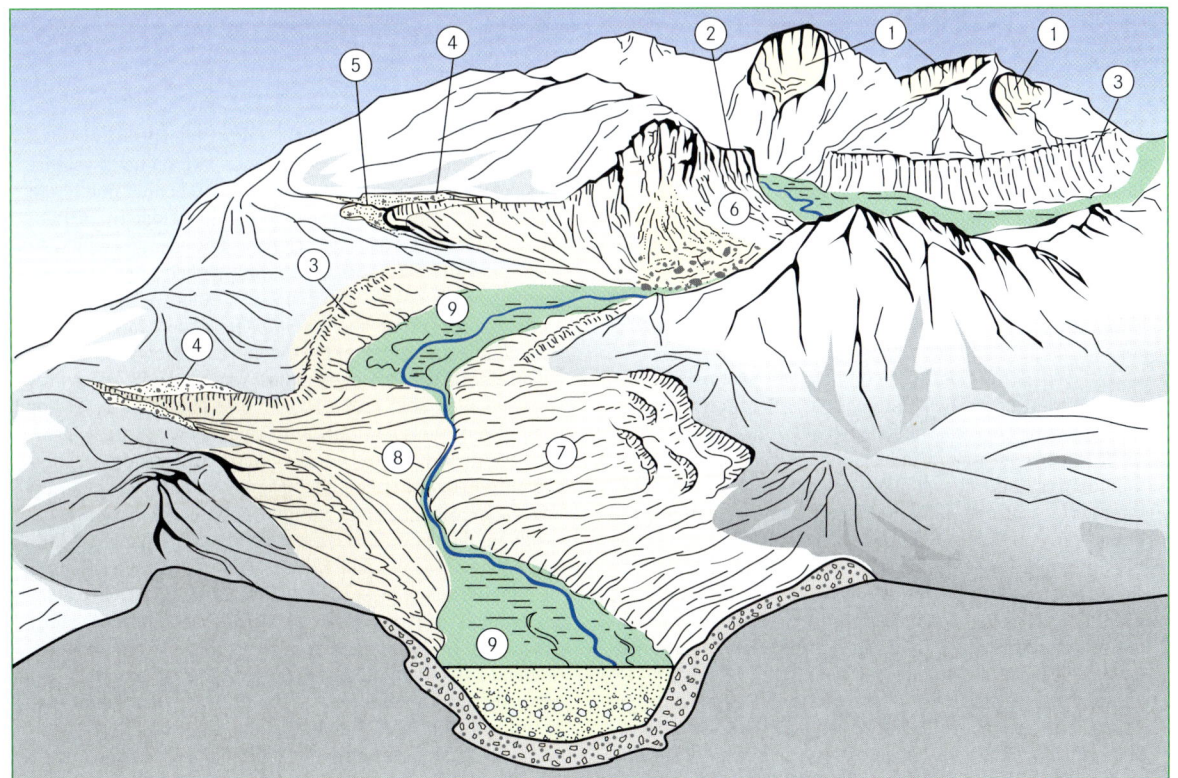

Abb. 10.6.14 Formenschatz und Ablagerungen eines glazial überprägten Tales. 1 = Kar; 2 = Trogschulter; 3 = Moräne; 4 = Kamesterrasse; 5 = Hängetal; 6 = Bergsturz; 7 = Bergzerreißung und Talzuschub; 8 = Schwemmkegel; 9 = Talboden mit holozänen und quartären Lockersedimenten (verändert nach van Husen 1987).

10.6.13a). Es dominieren relativ glatte, unzerschnittene Hänge. Der alpine „Hochgebirgscharakter" ist dagegen in polaren Breiten bereits direkt oberhalb des Meeresspiegels ausgebildet. Die Schneegrenze trennt die nivale von der periglazialen Höhenstufe, die ihrerseits nach unten hin meist bis an die **Waldgrenze** stößt. Die periglaziale Höhenstufe ist in der Regel zweigeteilt in eine untere (alpine) Höhenstufe mit Vegetationsbedeckung (alpine Rasen, Puna, Páramo) und in die von Polsterpflanzen dominierte bzw. weitgehend vegetationsfreie Frostschuttstufe (subnivale Höhenstufe) oberhalb der **Rasengrenze**. Die periglaziale Höhenstufe erreicht ihre maximale vertikale Ausdehnung von bis zu mehr als 2 000 Höhenmetern in den trockenen Gebirgen der Subtropen. Es dominieren flachgründige Solifluktion und die Ausbildung von periglazialen Kleinformen (Steinstreifen, Polygone) sowie Blockgletscher. In extrem ariden Abschnitten der Anden können wegen Wassermangels sogar die Blockgletscher fehlen. In den Gebirgen der feuchten hohen Breiten schrumpft die periglaziale Höhenstufe auf ein schmales Band zusammen und

Waldgrenze und Schneegrenze haben nur eine geringe Vertikaldistanz von wenigen 100 Höhenmetern. Innerhalb der periglazialen Höhengrenze ändert sich die frostbedingte Dynamik vom Jahreszeitenklima der Ektropen zum Tageszeitenklima der Tropen, was sich vor allem im unterschiedlichen Tiefgang des Bodenfrostes, der Anzahl der Frostwechsel und in der Intensität der Frostsprengung bemerkbar macht. Unterhalb der Waldgrenze dominieren schwerkraftbedingte Prozesse und fluviale Formung.

Aus der Summe dieser kurz skizzierten Faktoren haben sich in den unterschiedlichen Gebirgsräumen der Erde **typische Formengemeinschaften** gebildet, die man grob in eine Abfolge von tertiären Flächensystemen und quartärer glazigener, periglazialer, fluvialer und durch Massenverlagerungen bedingter Formen gliedern kann. Die Komplexität der vertikalen Gliederung in geomorphologische Höhenstufen und die Ausbildung der einzelnen Formen variiert je nach Breitenlage, Geologie, Gebirgsalter und den klimatischen Verhältnissen (Rathjens 1982).

 **Fazit**

Die Darstellung der Themenbereiche geomorphologischer Forschung folgt einer Struktur, die von Grundvorstellungen und Grundbegriffen der Geomorphologie ausgeht, über die geologischen Grundlagen und die Verwitterung hinleitet zur Schilderung der verschiedenen Formungsprozesse und der morphologischen Einzelformen und abschließt mit der Betrachtung wichtiger polygenetischer und mehrphasiger Formen und Formengemeinschaften und ihren Abhängigkeiten von klimatischen und tektonischen Bedingungen.

Die Separierung der Geomorphologie in form- und prozessorientierte Forschung ist aber nicht unproblematisch – noch die jüngere Vergangenheit hat gezeigt, dass dieses nicht im gewünschten Ausmaß zu den erwarteten Synergien geführt hat. Die früher stärker qualitativ arbeitende formorientierte morphogenetische Forschung hat gelernt, die beteiligten Prozesse stärker zu berücksichtigen, dagegen hat die Prozessgeomorphologie die Pflicht, neben der quantitativen Erfassung von Prozessen und deren Formwirksamkeit, die Entwicklung von geomorphologischen Formen über längere Zeiträume im Auge zu behalten. Die integrative Betrachtung der Genese der Formen wie der aktuell wirkenden Prozesse muss das Ziel einer „kompletten" Geomorphologie sein. Dieses Ziel ist heute eher zu verwirklichen, als noch vor wenigen Jahren, da es bedeutende wissenschaftliche und methodische Fortschritte gegeben hat. Dieses gilt insbesondere für die Untersuchung von Sedimentarchiven und Sedimentflüssen, der Messung geomorphologischer Prozesse

und deren Modellierung wie auch der Optimierung digitaler Geländemodelle und Geographischer Informationssysteme (GIS). Große Erfolge hat die Archivforschung durch die Anwendung neuer Altersbestimmungsmethoden erzielt, unter anderem mittels der „Optisch Stimulierten Lumineszenz" oder der Oberflächendatierung anhand der Messung kosmogener Nuklide. Durch diese Methoden können Formen in ihren räumlichen Kontexten datiert werden und Sedimentsequenzen direkt in die Interpretation geomorphogenetischer Abläufe eingebunden werden. Auch in der Prozessforschung sind große Fortschritte auf dem Gebiet der qualitativen wie quantitativen Analyse längerfristiger Landschaftsentwicklungen gemacht worden. Zentrale Themen geomorphologischer Forschung sind, neben der Rekonstruktion geomorphologischer Formen und der Landschaftsentwicklung, die Untersuchung der rezenten Formung der Erdoberfläche sowie aktuelle Mensch-Umweltinteraktionen und ihre direkten Einflüsse auf die Reliefsphäre, wie aber auch der Einfluss des Menschen in historischer und prähistorischer Zeit. Hier stehen sogenannte „Reaktive Räume" wie Hochgebirge, Periglazialgebiete oder Wüstenränder, die besonders sensibel auf Veränderungen im Ökosystem reagieren, im Zentrum der Untersuchungen. Selbst kleinere hygrische oder thermische Schwankungen können sehr schnell zu sichtbaren Landschaftsveränderungen führen. Zunehmend wichtig werden auch Analyse und Bewertung von Naturrisiken auf der Basis geomorphologischer Prozess-

Fortsetzung

Fortsetzung

untersuchungen; in diesem Bereich entstehen bei der Gefahrenabschätzung und der Katastrophenvorsorge neue Aufgabenfelder für die Geomorphologie.

Es lässt sich festhalten, dass die Geomorphologie eine wichtige Funktion im Kanon der Erdwissenschaften einnimmt. Neben ihrer Rolle als reine Erdwissenschaft ist sie aber auch eine integrative Disziplin an der Schnittstelle natur- und kulturwissenschaftlicher Fachrichtungen. Ohne die Kenntnis der Entstehung der Oberflächenformen der Erde wie auch der Prozesse, die zu ihrer Umgestaltung führten und führen, ist eine sinnvolle Prognose der in vielen Teilen der Erde ablaufenden anthropogen intensivierten reliefverändernden Prozesse nicht möglich. Für die Zukunft der Menschheit gewinnt das Verständnis um die Dynamik der Erde zunehmend überlebenswichtige Bedeutung, denn geomorphologische Prozesse sind irreversibel, einmal veränderte Lebensräume können nicht wieder hergestellt werden. Auf der Grundlage dieser Erkenntnis erwächst der Geomorphologie eine wichtige Aufgabe in der Vermittlung von Kenntnissen und Fähigkeiten für eine nachhaltige Entwicklung der Erde und damit für die Zukunftssicherung (Arbeitskreis Geomorphologie 2005).

Weiterführende Literatur

AG Boden (2005) Bodenkundliche Kartieranleitung. Schweizerbart, Hannover

Barsch D, Mäusbacher R (1993) Flüsse und Flusslandschaften. Die Erfassung der fluvialen Dynamik. Geographische Rundschau 45: 736–743

Benn DI, Evans DJA (1998) Glaciers & Glaciation. Arnold Publisher, New York

Bennet MR, Glasser NF (1996) Glacial Geology. Ice sheets and landforms. Wiley, Chichester

Birkeland PW (1999) Soils and Geomorphology. Oxford Univ. Press, Oxford, New York

Blum MD, Törnqvist TE (2000) Fluvial responses to climate and sea-level change: a review and look forward. Sedimentology 47 (Suppl. 1): 2–48

Brückner H, Schellmann G, van der Borg K (2002) Uplifted beach ridges in Northern Spitsbergen as Indicators for Glacio-Isostasy and Palaeo-Oceanography. Z. f. Geomorphologie, N.F. 46: 309–336

Burga CA, Klötzli F, Grabherr G (Hrsg) (2004) Gebirge der Erde. Landschaft, Klima, Pflanzenwelt. Ulmer, Stuttgart

Busche D (1974) Die Entstehung von Pedimenten und ihre Überformung, untersucht an Beispielen aus dem Tibesti-Gebirge, Rép. du Tschad. In: Berliner Geographische Abhandlungen 18: 1–227

Chorley RJ, Schumm SA, Sudgen D E (1984) Geomorphology. Methuen, London, New York

Cooke R, Warren A (1973) Geomorphology in Deserts. London

Coudé-Gaussen G (1991) Les poussières sahariennes. John Libbey Eurotext, Paris

Ehlers J (1994) Allgemeine und historische Quartärgeologie. Enke Verlag, Stuttgart

Eitel B, Blümel WD (1997) Pans and dunes in the southwestern Kalahari (Namibia): Geomorphology and paleoclimatic evidence. Zeitschrift für Geomorphologie N. F. Suppl.-Bd. 111: 73–95

Füchtbauer H (Hrsg) (1988) Sedimente und Sedimentgesteine. Stuttgart

Geister J (1983) Holozäne westindische Korallenriffe: Geomorphologie, Ökologie und Fazies. Facies 9: 173–284. Erlangen

Gerrard AJ (1990) Mountain Environments: An examination of the physical geography of mountains. MIT Press, Cambridge

Goudie AS, Livingstone I, Stokes S (1999) Aeolian environments, sediments and landforms. Wiley, Chichester

Goudie AS, Wells GL (1995) The nature, distribution and formation of pans in arid zones. Earth Science Reviews 38: 1–69

Hatcher RD Jr. (1995) Structural Geology. Prentice Hall, New Jersey

Jacobshagen V, Arndt J, Goetze H-J, Mertmann D, Wallfass C (2000) Einführung in die geologischen Wissenschaften. Stuttgart

Jäger H (1994) Einführung in die Umweltgeschichte. Wissenschaftliche Buchgesellschaft, Darmstadt

Kelletat D (1999) Physische Geographie der Meere und Küsten. Stuttgart

Lenz L, Wiedersich B (1993) Grundlagen der Geologie und Landschaftsformen. Leipzig

Mattauer M (1999) Berge und Gebirge. Werden und Vergehen geologischer Großstrukturen. Schweizerbart, Stuttgart

Matthes S (1996) Mineralogie. Eine Einführung in die spezielle Mineralogie, Petrologie und Lagerstättenkunde. Berlin

Mensching H (1973) Pediment und Glacis, ihre Morphogenese und Einordnung in das System der klimatischen Geomorphologie auf Grund von Beobachtungen im Trockengebiet Nordamerikas (USA und Nordmexico). In: Zeitschrift für Geomorphologie Suppl.-Bd. 17: 133–155

Miall AD (1982) Analysis of fluvial depositional systems. Education Course Series 20, Tulsa. American Association of Petroleum Geologists

Morisawa M, Hack JT (Hrsg) (1985) Tectonic Geomorphology. Allen & Unwin, Boston, London, Sidney

Owens PN, Slaymaker O (2004) Mountain Geomorphology. Arnold, London

Pfeffer K-H (2010) Karst. Stuttgart

Press F, Siever R, Grotzinger J, Jordan TH (2003) Understanding Earth. W. H. Freeman, New York

Fortsetzung

Fortsetzung

Rathjens C (1979) Die Formung der Erdoberfläche unter dem Einfluss des Menschen. Teubner Studienbücherei Geographie, Stuttgart

Rothe P (1994) Gesteine: Entstehung – Zerstörung – Umbildung. Darmstadt

Rust U (1999) River-end deposits along the Hoanib-River, northern namib: archives of Late Holocene climatic variation on a subregional scale. South African Journal of Science 95: 205–208

Sabel KJ (1989) Zur Renaissance der Gliederung periglazialer Deckschichten in der deutschen Bodenkunde. In: Frankfurter Geowiss. Arbeiten D 10: 9–16

Scheffer F, Schachtschabel P, Hartge KH, Blume H-P, Brümmer G, Schwertmann U, Horn R, Kögel-Knabner I, Wilke B-M, Stahr K (2002) Scheffer/Schachtschabel: Lehrbuch der Bodenkunde. Spektrum Akad. Verlag, Heidelberg, Berlin

Scheidegger A E (2004) Morphotectonics. Springer-Verlag, Berlin, Heidelberg, New York

Schreiner A (1997) Einführung in die Quartärgeologie. Schweizerbart, Stuttgart

Schultz J (2002) Die Ökozonen der Erde. Stuttgart

Schumm SA, Dumont JF, Holbrook JM (2002) Active Tectonics and Alluvial Rivers. Cambridge Univ. Press, Cambridge

Semmel A (1994) Zur umweltgeologischen Bedeutung von Hangsedimenten in deutschen Mittelgebirgen. In: Z. Dt. Geol. Ges. 145: 225–232

Stahr A, Hartmann, T (1999) Landschaftsformen und Landschaftselemente im Hochgebirge. Springer, Berlin

Strahler A, Strahler A (2005) Introducing Physical Geography – Media Version. Wiley, New York

Strahler AH, Strahler A-N (1999) Physische Geographie. Eugen Ulmer Verlag, Stuttgart

Summerfield M A (2000) Geomorphology and Global Tectonics. Wiley & Sons, Chichester

Taylor M, Stone GW (1996) Beach-ridges: A review. Journal of Coastal Research 12: 612–621. Fort Lauderdale, Florida

Völkel J (1995) Periglaziale Deckschichten und Böden im Bayerischen Wald und seinen Randgebieten als geogene Grundlagen landschaftsökologischer Forschung im Bereich naturnaher Waldstandorte. Z. Geomorph. N.F. Suppl. 96

Wagner HG (2001) Mittelmeerraum. Darmstadt

Weise O (1974) Zur Hangentwicklung und Flächenbildung im Trockengebiet des iranischen Hochlandes. In: Würzburger Geographische Arbeiten 42 (1974): 39–54

Wenzens G (1974) Morphologische Entwicklung ausgewählter Regionen Nordmexicos unter besonderer Berücksichtigung des Kalkkrusten-, Pediment- und Poljeproblems. In: Düsseldorfer Geographische Schriften 2

Yardley BWD (1997) Einführung in die Petrologie metamorpher Gesteine. Stuttgart

Zitierte Literatur

Ahnert F (1978) Gegenwärtige Forschungstendenzen der Physischen Geographie. Die Erde 190: 49–80

Ahnert F (1994) Equilibrium, scale and inheritance in geomorphology. Geomorphology 11: 125–140

Ahnert F (1996) Einführung in die Geomorphologie. Stuttgart

Ahnert F (2003) Einführung in die Geomorphologie. Ulmer, Stuttgart

Arbeitskreis Geomorphologie (2005) Die Erdoberfläche – Lebens- und Gestaltungsraum des Menschen. Forschungsstrategische und programmatische Leitlinien zukünftiger geomorphologischer Forschung und Lehre

Bagnold RA (1941) The physics of blown sand and desert dunes. London

Bahlburg H, Breitkreuz C (2004) Grundlagen der Geologie. München

Ballantyne CK, Harris C (1994) The Periglaciation of Great Britain. Cambridge University Press, Cambridge

Barsch D, Mäusbacher R, Pörtge K-H, Schmidt K-H (1994) (Hrsg) Messungen in fluvialen Systemen. Feld- und Labormethoden zur Erfassung des Wasser- und Stoffhaushalts. Springer, Heidelberg

Barsch D, Stäblein G (1982) Erträge und Fortschritte der geomorphologischen Detailkartierung – Beiträge zum GMK-Schwerpunktprogramm III. Berliner Geographische Abhandlungen

Besler H (1992) Geomorphologie der ariden Gebiete. Erträge der Forschung Bd. 280, Wissenschaftliche Buchgesellschaft, Darmstadt

Blume H (1994) Das Relief der Erde. Stuttgart

Blümel W D (1999) Physische Geographie der Polargebiete. Stuttgart

Bögli A (1964) Mischungskorrosion. Ein Beitrag zum Verkarstungsproblem. Erdkunde 18

Bolt BA (1995) Erdbeben. Heidelberg

Bork H-R, Bork H, Dalchow C, Faust B, Piorr H-P, Schatz T (1998) Landschaftsentwicklung in Mitteleuropa – Wirkung des Menschen in der Landschaft. Klett-Perthes, Gotha, Stuttgart

Bowden P, Kinnaird JA (1984) Geology and mineralization of the Nigerian anorogenic Ring Complexes. Geol. Jb. Reihe B, Heft 56

Bremer H (1989) Allgemeine Geomorphologie. Berlin, Stuttgart

Brückner H (1989) Küstennahe Tiefländer in Indien – ein Beitrag zur Geomorphologie der Tropen. Düsseldorfer Geographische Schriften 28, Düsseldorf

Brückner H (1994) Das Mittelmeergebiet als Naturraum. In: Martin J (Hrsg) Das Alte Rom. 13–29. Gütersloh, München

Brückner H (1997) Coastal changes in western Turkey – Rapid delta progradation in historical times. In: Briand F, Maldonado A (Hrsg) Transformations and evolution of the Mediterranean coastline. CIESM Science Series, no. 3: 63–74 (Bulletin de l'Institut océanographique, numéro spécial 18. Musée océanographique, Monaco), Monaco

Brückner H, Bruhn N (1992) Aspects of weathering and peneplanation in Southern India. Zeitschrift für Geomorphologie N.F. Suppl.-Bd. 91: 43–66

Brunsden D (1990) Tablets of stone: toward the Ten Commandments of Geomorphology. Zeitschrift für Geomorphplogie N.F. Suppl.-Bd. 79: 1–37

Brunsden D (1996) Geomorphological events and landform change. Zeitschrift für Geomorphologie N.F. 40: 273–288

Büdel J (1969) Das System der klima-genetischen Geomorphologie. Erdkunde 23: 165–183

Büdel J (1981) Klima-Geomorphologie. Berlin, Stuttgart

Burbank DW, Anderson RS (2001) Tectonic Geomorphology. Blackwell Science, Abingdon

Busskamp R, Schmidt K-H (2003) Mittlerer jährlicher Abfluß und Abflußvariabilität. In: Liedtke H, Mäusbacher R, Schmidt K-H (Hrsg) Nationalatlas Bundesrepublik Deutschland, Relief, Boden und Wasser. Spektrum-Verlag, Heidelberg, Berlin

Campbell IB, Claridge GGC (1987) Antarctica: Soils, weathering processes and environment. Amsterdam, Oxford, New York

Cendrero A, Dramis F (1996) The contribution of landslides to landscape evolution in Europe. Geomorphology, 15(3-4): 191–211

Fortsetzung

Choppy J (1984/85) Curieuse destinée d'un mot: le Parakarst. Le Grotte d'Italia (4)XII

Chorley RJ, Kennedy BA (1971) Physical Geography – a system approach. Prentice Hall International, London

Cruden DM, Varnes DJ (1996) Landslide types and processes. In: Turner AK, Schuster RL (Hrsg) Landslides: investigation and mitigation: National Academy Press

Cunningham WD, Windley BF, Dorjnamjaa D, Badamgarov G, Saadar MA (1996) Structural transect across the Mongolian Western Altai: Active transpressional mountain building in central Asia. Tectonics 15: 142–156

Davis WM (1899) The geographical cycle. Geographical Journal 14: 481–504

Dearing J (2004) Non-linear Dynamics. In: Goudie A (Hrsg) Encyclopedia of Geomorphology. Routledge, London. 721–725

Derbyshire, E. (ed.) (2001) Recent Research on Loess and Paleosols, Pure and Applied. Earth Sci. Rev. 54

Deutscher Arbeitskreis für Geomorphologie (Hrsg) (2006) Die Erdoberfläche – Lebens- und Gestaltungsraum des Menschen. Zeitschrift für Geomorphologie N.F. Suppl.-Bd. 148

Dikau R (1994) Computergestützte Geomorphographie und ihre Anwendung in der Regionalisierung des Reliefs. Petermanns Geographische Mitteilungen 138: 99–114

Dikau R (2006) Komplexe Systeme in der Geomorphologie. Mitt. Österr. Geogr. Ges. 148: 125–150

Dikau R, Brunsden D, Schrott L, Ibsen M (Hrsg) (1996) Landslide Recognition. Identification, movement and causes: John Wiley & Sons Ltd.

Dikau R, Rasemann S, Schmidt J (2004) Hillslope, Form. In: Goudie A (Hrsg) Encyclopedia of Geomorphology. London

Dikau R, Schmidt K-H (Hrsg) (2001) Mass movements in south and west Germany. Zeitschrift für Geomorphologie 192, Schweizerbart, Stuttgart

Eberle J, Eitel B, Blümel WD, Wittmann P (2007) Deutschlands Süden vom Erdmittelalter zur Gegenwart. Heidelberg

Emmet WW (1975) The channels and waters of the upper Salmon River area, Idaho. United States Geological Survey, Professional Paper No. 870 A

Felix-Henningsen P (1991) Die mesozoisch-tertiäre Verwitterungsdecke (MTV) im Rheinischen Schiefergebirge. Relief, Boden, Paläoklima 6: 1–192. Berlin, Stuttgart

Fölster H (1969) Slope development in SW-Nigeria during Late Pleistocene and Holocene. Gießener Geogr. Schriften 20: 3–56

Ford D und Williams P (1989) Karst Geomorphology and Hydrology. Chapman & Hall, London

French HM (1996) The Periglacial Environment. Longman, Essex

Frühauf M, Meinel T, Belaev V (2004) Ecological Consequences of the Conversion of Steppe to arable Land in Western Siberia. In: EUROPA Regional 12, H 1:13–21. Leipzig

Galay VJ (1983) Causes of river bed degradation. Water resources research 19, 5: 1057–1090

Gilbert GK (1877) Report on the Geology of the Henry Mountains. Washington

Godard A, André M-F (1999) Les milieux polaires. Paris

Goudie A (1994) Mensch und Umwelt: eine Einführung. Spektrum Akademischer Verlag, Heidelberg, Berlin, Oxford

Goudie A (2002) Physische Geographie – Eine Einführung. Spektrum Akademischer Verlag, Heidelberg, Berlin

Goudie A (2004) Encyclopedia of Geomorphology. London

Grandin G (1976) Aplanissement cuirassés et enrichment des gisements de manganèse dans quelques régions d'Afrique de l'Ouest. Mémoire de l'ORSTOM Série Géologie 1: 11–16

Gregory K J, Walling D E (1973) Drainage Basin. Form and Process. Arnold, London

Gruber S, Haeberli W (2007) Permafrost in steep bedrock slopes and its temperature-related destabilization following climate change.

Journal of Geophysical Research 112, F02S18 doi: 10.1029/2006JF000547

Gruber S, Hoelzle M, Haeberli W (2004) Permafrost thaw and destabilization of Alpine rock walls in the hot summer of 2003. Geophysical Research Letters 31/L13504

Grund A (1914) Der geographische Zyklus im Karst. Zeitschrift Gesell. Erdkunde Berlin

Gude M, Barsch D (2005) Assessment of the geomorphic hazards in connection with permafrost occurrence in the Zugspitze area (Bavarian Alps, Germany). Geomorphology 66(1-4): 85–93

Gunderson LH, Holling CS (2002) Panarchy. Understanding Transformations in Human and Natural Systems. Washington D.C.

Gündra H, Assmann A, Jäger S (2000) Geomorphometrische Parameter mit hydrologischer Relevanz und die Qualität der zugrunde liegenden digitalen Höhenmodelle. Hydrologie und Wasserwirtschaft 44: 114–121

Haeberli W, Burn C (2002) Natural hazards in forests – glacier and permafrost effects as related to climate changes. In: Sidle RC (Hrsg) Environmental Change and Geomorphic Hazards in Forests. IUFRO Research Series 9: 167–2002

Hengl T, Reuter HI (2009) Geomorphometry. Amsterdam

Hergarten S, Neugebauer HJ (Hrsg) (1999) Process Modelling and Landform Evolution. Springer-Verlag

Holdgate MW, Kassas W, White GF (1982) The world environment 1972–1982. Tycooly, Dublin

Horton RE (1945) Erosional development of streams and their drainage basins. hydrophysical approach to quantitative morphology. Bull. Geol. Soc. Am. 56: 275–370

Hovius N, Stark CP, Allen, PA (1997) Sediment flux from a mountain belt derived from landslide mapping. Geology 25: 231–234

Huggett R (2003) Fundamentals of Geomorphology. London

Husen D v (1987) Die Ostalpen in den Eiszeiten. Geologische Bundesanstalt, Wien

Hutton J (1795) Theory of the earth with proofs and illustrations. Edinburgh

Jerz H Poschinger Av (1995) Neuere Ergebnisse zum Bergsturz Eibsee-Grainau. Geologica Bavarica 99: 383–398

Jorgensen WD, Harvey MD, Schumm SA, Flam L (1993) Morphology and dynamics of the Indus River: implications for the Mohen jo Daro site. In: Shroder JF Jr. (ed) Himalaya to the sea. Routledge, London. 288–326

Judson S (1968) Erosion rates near Rome (Italy). Science 160: 1444–1445

Kakkuri J (1992) Recent vertical crustal movement (Atlas map 6). In: Freeman R, Mueller SA (1992) Continent revealed: the European Geotraverse. Atlas of compiled data. Cambridge University Press, Cambridge

Karte J (1979) Räumliche Abgrenzung und regionale Differenzierung des Periglaziärs. Bochumer Geographische Arbeiten 35

Kelletat D (1999) Physische Geographie der Meere und Küsten. Teubner Verlag, Stuttgart

King LC (1962) Morphology of the Earth. Edinburgh

Klug H, Lang R (1983) Einführung in die Geosystemlehre. Wissenschaftliche Buchgesellschaft, Darmstadt

Knighton D (1999): Fluvial Forms and Processes. Edward Arnold, London

Knox JC, Kundzewicz ZW (1997) Extreme hydrological events, palaeoinformation and climate change. Hydr. Sc. Journals 43: 765–769

Krautblatter M, Hauck C (2007) Electrical resistivity tomography monitoring of permafrost in solid rock walls. Journal of Geophysical Research – Earth Surface 112(F2): F02S20

Krautblatter M, Verleysdonk S, Flores-Orozco A, Kemna A (2010) Temperature-calibrated imaging of seasonal changes in permafrost rock walls by quantitative electrical resistivity tomography (Zugspitze, German/Austrian Alps). Journal of Geophysical Research-Earth Surface 115: F02003

Fortsetzung

Fortsetzung

Kugler H (1974) Das Georelief und seine kartographische Modellierung. Dissertation B. Martin Luther Universität Halle, Wittenberg

Kugler H, Schwab M, Billwitz K (1980) Allgemeine Geologie, Geomorphologie und Bodengeographie. Haack, Gotha, Leipzig

Kugler H, Schaub D (1997) Allgemeine Geomorphologie. In Hendl M, Liedtke H (Hrsg) Lehrbuch der Allgemeinen Physischen Geographie: 141–231. Gotha

Kukla G (1977) Pleistocene Land-Sea Correlations. Earth Sci. Rev. 13: 307–344

Lehmann H (1953) Die Karstentwicklung in den Tropen. Die Umschau, Wissenschaft und Technik

Lehmann H (1970) Über verzauberte Städte in Carbonatgesteinen Südwesteuropas. Sitzungsbericht der Wiss. Ges. an der Johann Wolfgang Goethe Universität, Frankfurt

Leopold LB, Wolman MG, Miller JP (1964) Fluvial Processes in Geomorphology. San Francisco, Freeman

Leser H (1997) Landschaftsökologie. UTB für Wissenschaft, Ulmer Verlag, Stuttgart

Leser H (1998) Geomorphologie. Das Geographische Seminar, Braunschweig

Leser H (2003) Geomorphologie. Westermann, Braunschweig

Leser H, Stäblein G (1975) Geomorphologische Kartierung. Berliner Geographische Abhandlungen Sonderheft

Liedtke H, Marcinek J (2002) Physische Geographie Deutschlands. Perthes, Gotha, Stuttgart

Liedtke H, Mäusbacher R, Schmidt K-H (2003) Relief, Boden und Wasser, eine Einführung. In: Liedtke H, Mäusbacher R, Schmidt K-H (Hrsg) Nationalatlas Bundesrepublik Deutschland, Relief, Boden und Wasser. Spektrum-Verlag, Heidelberg, Berlin

Liedtke H, Mäusbacher R, Schmidt K-H (Hrsg) Nationalatlas Bundesrepublik Deutschland, Relief, Boden und Wasser. Spektrum-Verlag, Heidelberg, Berlin

Lorz C (2008) Ein substratorientiertes Boden-Evolutions-Konzept für geschichtete Böden. Relief Boden Paläoklima Band 23. Stuttgart

Louis H (1966) Heterolithische und homolithische Schichtstufen. Tijdschrift v. h. Kon. Nederl. Aardrijksk. Gen. 83: 266–271

Louis H, Fischer K (1979) Allgemeine Geomorphologie. Berlin, New York

Mabbutt JA (1977) Desert Landforms. Cambridge, Massachusetts

Mainguet M (1972) Le modelé des grès: problèmes généraux. IGN Paris

Matthews JA, Brunsden D, Frenzel B, Gläser B, Weiß MM (Hrsg) (1997) Rapid mass movement as a source of climatic evidence for the holocene. Palaeoclimate Research. Gustav Fischer Verlag, Stuttgart, Jena, Lübeck, Ulm

Meghraoui M, Jaegy R, Lammali K, Albarede F (1988) Late Holocene earthquake sequences on the El Asnam (Algeria) thrust fault. In: Earth and Planetary Science Letters V. 90: 187–203

Merrill GP (1897) A treatise on rocks, rock weathering and soils. New York

Michel P (1973) Les bassins du fleuve Sénégal et Gambie: étude géomorphologique. Mém. ORSTOM 63: 1–752

Migoń P, Lidmar-Bergström K (2001) Weathering mantles and their significance for geomorphological evolution of central and northern Europe since the Mesozoic. In: Earth-Science Review 56: 285–324

Moeyersons J (2001) The palaeoenvironmental significance of Late Pleistocene and Holocene creep and other geomorphic processes, Butare, Rwanda. Palaeoecology of Africa 27: 37–50

Morisawa M, Hack JT (Hrsg) (1985) Tectonic Geomorphology. Allen & Unwin, Boston, London, Sidney

Nahon D, Lappartient, JR (1977) Time factor and geochemistry in iron crust genesis. Catena 4: 249–254

Noetzli J, Gruber S, Poschinger Av (2010) Modellierung und Messung von Permafrosttemperaturen im Gipfelgrat der Zugspitze, Deutschland. Geographica Helvetica 65(2): 113–123

Ollier C, Pain C (1996) Regolith, soils and landforms. Wiley, Chichester

Ollier C (1981) Tectonics and landforms. London, New York. Longman

Otto J, Dikau R (2010) Landform – Structure, Evolution, Process, Control. Heidelberg

Pécsi M, Richter G (1996) Löss. Z. Geom. N.F. Supplbd. 98. Berlin, Stuttgart

Penck A (1894) Morphologie der Erdoberfläche, Bd. 1 und 2. Stuttgart

Penck A, Bückner E (1909) Die Alpen im Eiszeitralter (3 Bände). Leipzig

Penck W (1924) Die morphologische Analyse, ein Kapitel der physikalischen Geologie. Stuttgart

Petters SW (1991) Regional geology of Africa. Spektrum, Berlin

Pfeffer KH (1990) Karstmorphologie. WBG Erträge der Forschung Bd. 79. Darmstadt

Phillips JD (2003) Sources of nonlinearity and complexity in geomorphic systems. Progress in Physical Geography 27: 1–23

Press F, Siever R (2003) Allgemeine Geologie. Heidelberg

Pritchard JM (1979) Landform and Landscape in Africa. London

Rathjens C (1982) Geographie des Hochgebirges. 1. Der Naturraum. Teubner, Stuttgart

Richter G (Hrsg) (1998) Bodenerosion. Analyse und Bilanz eines Umweltproblems. Darmstadt

Richter M (1996) Klimatologische und pflanzenmorphologische Vertikalgradienten in Hochgebirgen. Erdkunde 50: 205–238

Rohdenburg H (1969) Hangpedimentation und Klimawechsel als wichtigste Faktoren der Flächen- und Stufenbildung in den wechselfeuchten Tropen an Beispielen aus Westafrika. Gießener Geogr. Schriften 20: 57–152

Rohdenburg H (1971) Einführung in die klimagenetische Geomorphologie. Gießen

Rohdenburg H (1989) Landschaftsökologie – Geomorphologie. Cremlingen

Römer W (2004) Geomorphologische Untersuchungen zur Hang- und Inselbergentwicklung in Süd-Simbabwe. Aachener Geogr. Arbeiten 38

Rosgen D (1996) Applied River Morphology. Pagosa Springs

Rother K (1984) Mediterrane Subtropen. Geographisches Seminar Zonal. Braunschweig

Rother K, Tichy F (2000) Italien. Wissenschaftliche Länderkunden. Darmstadt

Runge J (2001) Landschaftsgenese und Paläoklima in Zentralafrika. Relief, Boden, Paläoklima 17: 1–294

Runge J (2002) Holocene landscape history and palaeohydrology evidenced by stable carbon isotope ($\delta^{13}C$) analysis of alluvial sediments in the Mbari valley, CAR. Catena 48: 67–87

Runge J, Lammers K (2001) Bioturbation by termites and Late Quaternary landscape evolution on the Mbomou plateau of the Central African Republic (CAR). Palaeoecology of Africa 27: 153–169

Sauer D, Felix-Henningsen P (2006) Saprolite, soils, and sediments in the Rhenish Massif as records of climate and landscape history. Quaternary International 156–157: 4–12

Schellmann G (1994) Wesentliche Steuerungsmechanismen jungquartärer Flussdynamik im deutschen Alpenvorland und Mittelgebirgsraum. Düsseldorfer Geogr. Schr. 34: 123–146

Schellmann G (1998) Jungkänozoische Landschaftsgeschichte Patagoniens (Argentinien). Andine Vorlandvergletscherungen, Talentwicklung und marine Terrassen. Essener Geographische Arbeiten 29

Schellmann G (2000) Tektonik und Meeresspiegelveränderungen an der patagonischen Atlantikküste seit dem jüngeren Mittelpleistozän. In: Blotevogel HH, Ossenbrügge J, Wood G (Hrsg) Lokal verankert – Weltweit vernetzt. Verhandlungsband des 52. Deutschen Geographentages in Hamburg 1999. Steiner Verlag, Stuttgart. 101–110

Schellmann G (2003) Südpatagonien – Gletschergeschichte in einem Trockengebiet der südhemisphärischen Mittelbreiten. Geographische Rundschau, 2003 (2): 2–27

Schellmann G, Radtke U (2004) The marine Quaternary of Barbados. Kölner Geographische Schriften 81

Fortsetzung

Fortsetzung

Schellmann G, Radtke U (2007) Neue Befunde zur Verbreitung und chronostratigraphischen Gliederung holozäner Küstenterrassen an der mittel- und südpatagonischen Atlantikküste (Argentinien) – Zeugnisse holozäner Meeresspiegelveränderungen. Bamberger Geogr. Schr. 22: 1–91

Schirmer W (1983) Die Talentwicklung an Main und Regnitz seit dem Hochwürm. Geol. Jb., A 71: 11–43. Hannover

Schmidt J, Preston NJ (2003) Towards quantitative modelling of landform evolution through frequency and magnitude of processes: a model conception. In: Evans IS, Dikau R, Tokunaga E, Ohmori H, Hirano M (Hrsg) Concepts and Modelling in Geomorphology: International Perspectives. Terrapub, Tokyo. 115–129

Schmidt K-H (1984) Der Fluß und sein Einzugsgebiet. Hydrogeographische Forschungspraxis. Steiner, Wiesbaden

Schmidt K-H (1988) Einzugsgebietsparameter für die hydrologische Vorhersage. Geoökodynamik 9: 1–16. Bensheim

Schmidt K-H (1996) Messung und Bewertung der zeitlichen und räumlichen Variabilität des Schwebstofftransports. Heidelberger Geogr. Arbeiten 104 (Barsch-Festschrift): 352–372. Heidelberg

Schmidt K-H (1998) Klimageomorphologie und Strukturgeomorphologie – Stand der Forschung. Verhandlungsband des Deutschen Geographentages Bonn 1997: 211–213. Steiner, Stuttgart

Schmidt K-H, Ergenzinger P (1992) Bedload entrainment, travel lengths, step lengths, rest periods – studied with passive (iron, magnetic) and active (radio) tracer techniques. Earth Surface Processes and Landforms 17: 147–165. Chichester

Schmidt M, Glade T (2003) Linking global circulation model outputs to regional geomorphic models: a case study of landslide activity in New Zealand. Climate Research 25 (2): 135–150

Schmincke H-U (2000) Vulkanismus. Darmstadt

Schmincke H-U (2009) Vulkane der Eifel. Aufbau, Entstehung und heutige Bedeutung. Heidelberg

Schmincke H-U, Behncke B, Dehn J, Ippach P (1993) Vulkanismus. In: Platte E (Hrsg) Naturkatastrophen und Katastrophenvorbeugung. Weinheim. 252–407

Schrott L, Hördt A, Dikau R (2003) Geophysical applications in Geomorphology. Zeitschrift für Geomorphologie, Suppl.-Bd. 132

Schultz J (2000) Handbuch der Ökozonen. Stuttgart

Schumm S (1960): The shape of alluvial channels in relation to sediment type. United States Geogr. 4: 485–515

Schumm SA (1977) The Fluvial System. New York

Schumm SA (1979) Geomorphic thresholds: the concept and its applications. Transactions Institute of British Geographers (New Series) 4 (4): 485–515

Schumm SA (1991) To Interpret the Earth – Ten ways to be wrong. Cambridge

Schwartz D (1988) Histoire d'un paysage: le Lousséké. Paléoenvironnements Quaternaires et podzolisation sur sables Batéké. ORSTOM Etudes et Thèses, Paris

Schwegler E, Schneider P, Heissel W (1969) Geologie in Stichworten. Hirts Stichwortbücher, Kiel

Semmel A (1996) Geomorphologie der Bundesrepublik Deutschland. Erdkundliches Wissen 30. Stuttgart

Slaymaker O, Spencer T, Embleton-Hamann Ch (2009) Geomorphology and Global Environmental Change. Cambridge

Stein RS, Yeats RS (1989) Erdbeben aus versteckten Herden. Spektrum der Wissenschaft 8: 72–71

Stoops G (1967) Le profil d'altération au Bas-Congo (Kinshasa). Pédologie 17, 1: 60–105

Strahler AN (1957) Quantitative analysis of watershed geomorphology. Transactions of the American Geophysical Union 38: 913–920

Tapponnier P, Molnar P (1979) Active faulting and Cenozoic tectonics of the Tian Shan, Mongolia, and Baykal regions. Jour. Geophys. Res. 84: 3425–3459

Thiele K, Vetter T, Schmidt K-H (2001) Laufmusterveränderungen der Mulde im Raum Bitterfeld und deren morphodynamische und anthropogene Steuerung. Hallesches Jahrbuch für Geowissenschaften, Reihe A, 23:1 7–29. Halle

Thomas DSG (1997) Arid zone geomorphology. Wiley, Cichester

Thomas MF (1994) Geomorphology in the tropics – a study of weathering and denudation in low latitudes. Chichester, New York, Brisbane

Troll C (1975) Vergleichende Geographie der Hochgebirge der Erde in landschaftsökologischer Sicht. Geographische Rundschau 27: 185–198

Twidale CR (2004) River patterns and their meaning. Earth Science Reviews 67: 159–218

Ulrich R, King L (1993) Influence of mountain permafrost on construction in the Zugspitze mountains, Bavarian Alps, Germany, 6th Int. Conf. on Permafrost, Bejing. 625–630

Veit H (2002) Die Alpen - Geoökologie und Landschaftsentwicklung. Ulmer, Stuttgart

Völkel J, Leopold M, Mahr A, Raab T (2002) Zur Bedeutung kaltzeitlicher Hangsedimente in zentraleuropäischen Mittelgebirgslandschaften und zu Fragen ihrer Terminologie. In: Petermanns Geogr. Mitt. 146: 50–59

von Richthofen F (1886) Führer für Forschungsreisende. Berlin

Washburn A L (1979) Geocryology. A survey of periglacial processes and environments. London

Wenzens G (1995) Der Einfluss kaltzeitlicher Hochgebirgsdynamik auf das aride Vorland der nördlichen Henry Mountains (Utah/USA). In: Mitteilungen der Österreichischen Geographischen Gesellschaft, 137. Jg.: 203–222. Wien

Wenzens G, Wenzens E (1995) The influence of Quaternary tectonics on river capture and drainage patterns in the Huércal-Overa basin, southeastern Spain. In: Lewin J, Macklin MG, Woodward JC (Hrsg) Mediterranean Quaternary River Environments, Balkema, Rotterdam. 55–63

Wiegand J, Fey M, Haus N, Karmann I (2004) Geochemische und hydrochemische Untersuchung zur Genese von Sandstein und Quarzitkarst in der Chapada Diamantina und im Eisernen Viereck (Brasilien). Z. dt. Geol. Ges. 155/1

Wirthmann A (1987) Geomorphologie der Tropen. Darmstadt

Wirthmann A (1994) Geomorphologie der Tropen. Erträge der Forschung 248. Darmstadt

Wolman MG, Miller JP (1960) Magnitude and frequency of forces in geomorphic processes. J. Geol. 68: 54–74

WP/WLI (International Geotechnical Societies' UNESCO Working Party on World Landslide Inventory) (1993) Multilingual Landslide Glossary. Bitech, Richmont, B.C.

Wüthrich C, Thannheiser D (2002) Die Polargebiete. Braunschweig

Wyllie P (1976) The way the earth works: an introduction to the new global geology and its revolutionary developments. New York

Zeese R (1983) Reliefentwicklung in Nordost-Nigeria – Reliefgenerationen oder morphogenetische Sequenzen. Zeitschr. Geomorph. Suppl. Bd. 48: 225–234

Zeese R (1991) Äolische Ablagerungen des Jungquartär in Zentral- und Nordostnigeria. Sonderveröff. Geol. Inst Univ. Köln 82: 343–351

Zeese R (1996) Oberflächenformen und Substrate in Zentral- und Nordostnigeria. Ein Beitrag zur Landschaftsgeschichte. Aachen

Zeese R (1998) Schichtstufen und analoge Formen in Nigeria.Paderborner Geogr. Stud. 11, 105–122

Zeese R, Schwertmann U, Tietz GF, Jux U (1994)Mineralogy and stratigraphy of three deep lateritic profiles of the Jos plateau (Central Nigeria). Catena 21: 195–214

Zepp H (2002) Geomorphologie. UTB, Paderborn

Zöller L (2010) New approaches to European loess: a stratigraphic and methodical review of the past decade. Cent. Eur. J. Geosci. 2, 19-31, DOI: 10.2478/v10085-009-0047-y

Mit diesem Bild und dem Slogan „Nur wer den Boden kennt, kann ihn schützen" warb der Geologische Dienst NRW 1989 für die amtliche Bodenkarte 1:50 000. Zehn Jahre später erst, am 1. März 1999, trat das Bundesbodenschutzgesetz in Kraft (Bild: Theo Windges, Geologischer Dienst NRW [www.gd.nrw.de]).

Kapitel 11
Bodengeographie

Die Böden der Erde überziehen nahezu flächendeckend die Landoberfläche der Erde. Auf die Bodendecke wirken alle Faktoren ein, die an der Erdoberfläche zusammentreffen, von der Sonneneinstrahlung bis hin zur menschlichen Tätigkeit. Die Pedosphäre bildet daher die wichtigste Energieumsatzfläche auf der Erde. Man hat in diesem Zusammenhang auch schon vom Boden als Reaktor (Richter 1986) gesprochen.

Die Bodenbildung aus Gesteinen, vor allem aber in vorverwittertem Sediment geht mit einer Nährstofffreisetzung aus Mineralen bzw. einer Nährstoffspeicherung für die Pflanzendecke einher. Die Böden der Erde bilden damit die Grundlage für die Ernährung und damit das Leben an Land und nehmen eine zentrale Stellung im Landschaftsökosystem ein. Damit stehen sie auch in ganzheitlich geographischen Forschungen im Mittelpunkt und bilden ein Bindeglied beispielsweise zwischen Forschungsgegenständen der Vegetationsgeographie, Geomorphologie, Hydrogeographie, Klimageographie und der Humangeographie.

Die Böden der Erde sind äußerst vielfältig. Sie spiegeln nicht nur die aktuellen landschaftsökosystemaren Zusammenhänge wider. Sie sind über Jahrhunderte und Jahrtausende gewachsene Phänomene. Einige Böden der Erde sind Hunderttausende von Jahren alt, manche – zumindest mit einigen Bodenbestandteilen – sogar Jahrmillionen. Damit sind Böden auch Archive der Erd- und Landschaftsgeschichte, die ein historisches Erbe in sich tragen.

Besorgniserregend ist die Geschwindigkeit und die Radikalität, mit der der Mensch in die Pedosphäre eingegriffen hat und eingreift. So wurden, beispielsweise ausgelöst durch hemmungslose Vegetationsdegradation und großflächigen Ackerbau, nahezu im gesamten Mittelmeergebiet die Böden degradiert und abgetragen bzw. umgelagert. In Mitteleuropa hat die Bodenerosion seit der Bronzezeit nicht nur die Tragfähigkeit der Ackerflächen reduziert, sondern auch zu beschleunigter Auensedimentation geführt. Historische Beispiele – wie im Fall der Polynesier auf der Osterinsel, die den Wald abgeholzt, die Böden ackerbaulich genutzt, damit ausgelaugt und der Erosion preisgegeben haben – zeigen, wie durch Bodendegradation ganzen Gesellschaften die Existenzgrundlage entzogen werden kann. Neue Belastungen der Pedosphäre hat der „Landschaftsverbrauch" im 19. und 20. Jahrhundert gebracht, nicht nur durch Überbauung, sondern auch durch Schad- und Giftstoffeinträge (z. B. durch Blei als Treibstoffzusatz oder radioaktiven „Fallout" wie in Tschernobyl) und durch Überdüngung. Das Bewusstsein von den Böden als endliche Ressource hat inzwischen den Gesetzgeber veranlasst, die Nutzung der Böden zu steuern („Grenzwertdebatte"), Böden zu schützen und Bodendenkmäler auszuweisen.

11.1 Definition und Bodenbildungsfaktoren

Dominik Faust

Für den Begriff Boden gibt es mehrere Definitionen, meist in Abhängigkeit seiner Funktion, die er für die unterschiedlichen Arbeitsrichtungen besitzt. Für die Geographie ist der Boden der extrem dünne, oberste belebte Bereich der Erdoberfläche von der Streu bis zum anstehenden Gestein oder unverwittertem Lockersediment. Vielfältige Wechselwirkungen zwischen Organismen, Wasser und Luft in diesem dynamischen System führen mit der Zeit zu **Abbau**, **Umbau** und **Verlagerung** von organischen und anorganischen Stoffen im Boden. Grundsätzlich entstehen Böden nach folgendem Ablauf: Das Zusammenwirken **bodenbildender Faktoren** löst **bodenbildende Prozesse** aus, die im Boden Merkmale hervorrufen, nach denen die Böden differenziert werden können.

Welcher Boden bzw. welche Bodenmerkmale entstehen, hängt von dem Produkt der Faktoren der Bodenbildung ab, die in ihrer Stärke variieren. Unter Berücksichtigung der Faktoren kann folgende Gleichung aufgestellt werden:

$$B = f(K, G, R, W, FF, M, Z, \dots)$$

Hierbei steht K für Klima, G für Gestein, R für Relief, W für Zuschusswasser, FF für Flora und Fauna, M für menschliche Wirtschaftsweise und Z für die Zeit. Für die Pünktchen können unspezifizierte Faktoren eingesetzt werden, die lokal oder regional von besonderem Interesse sind, wie beispielsweise Meerwassersalze.

Das Klima wird häufig als die stärkste Kraft der **Bodenentwicklung** angesehen. Temperatur, Niederschlag und Wind und die daraus resultierende Verdunstung sind die wichtigsten **Klimagrößen**. Ihre Intensität und jahreszeitliche Verteilung haben Einfluss auf alle bodenbildenden Prozesse. So bestimmt die von der Sonnenstrahlung abhängige Bodentemperatur die Geschwindigkeit der Zersetzung organischen Materials stark mit. Die chemischen Verwitterungsprozesse werden durch steigende Temperaturen im Boden erheblich intensiviert. Weniger die absolute Menge des Niederschlags, sondern der Anteil, der als Sickerwasser tatsächlich in den Boden eindringt und ihn passiert, ist ausschlaggebend für die Stoffverlagerung im Boden. Der Wind ist einer der bestimmenden Faktoren der Verdunstung. Übersteigt die Verdunstungs- die Niederschlagshöhe, stellen sich aride Zustände ein. Das hat zur Folge, dass die chemische Verwitterung nahezu unterbleibt, dass Salze nicht ausgewaschen, sondern im Boden angereichert werden können. Dies kann durch allochthone karbonatische Fremdeinträge mit deszendenter Einarbeitung oder durch Aszendenz (Aufstieg) der Bodenlösungen bis in den Oberboden erfolgen. Gerade in den vegetationsarmen ariden Zonen fördern starker Wind und die seltenen extrem starken Niederschläge die Bodenerosion, ein Vorgang, der die gesamte Bodenlandschaft stark verändert. Bodenprofile werden durch Erosion verkürzt und am Hangfuß oder in Senken werden Böden von dem Erosionsmaterial (Kolluvium) überdeckt (fossiliert). In diesen Kolluvien können sich dann neue Böden entwickeln. Das Klima dominiert die Bodenentwicklung großflächig stärker als alle anderen Faktoren. Ein Vergleich der Karte der Klimazonen mit der Weltbodenkarte zeigt auffällige Übereinstimmung zwischen Klima und Bodentyp.

Das **Gestein** bzw. das **Sediment** ist der bodenbildende Faktor, der die Bodenart (Korngrößenzusammensetzung), den Mineralbestand und damit den Bodenchemismus, das Bodengefüge und die Bodenfarbe maßgeblich beeinflusst. Für physikalische und chemische Verwitterungsprozesse ist die Beschaffenheit des Gesteins von besonderer Bedeutung (Kapitel 10.2). So hängt die Verwitterungsstabilität des Gesteins davon ab, ob es sich um lockeres (z. B. Löss) oder festes (Gneis), um schiefriges (Phyllit) oder massiges (Eklogit), um grobkristallines (Granit) oder feinkristallines (Basalt) Gestein handelt. Hinzu kommt die tektonische Vorbelastung der Gesteine. Die Struktur der gesteinsbildenden Minerale beeinflusst ebenso die Geschwindigkeit der Mineralverwitterung. Je komplexer die Struktur, desto verwitterungsresistenter ist das Mineral. In festen Sedimentgesteinen hängt die Verwitterung sehr stark von der Art des Bindemittels ab. So ist die Tiefenentwicklung des Bodens zum Beispiel bei karbonatischem Bindemittel verzögert, weil der Boden erst entkalkt sein muss, um eine Silikatverwitterung zu bewerkstelligen. Grundsätzlich entstehen Böden aber in Materialdecken, die durch Vorlaufprozesse entstanden sind. In Mitteleuropa sind es vor allem die mehrfach geschichteten periglazialen Umlagerungsdecken, die weit verbreitet als Ausgangsmaterial der Bodenbildung anzusehen sind.

Das **Relief** ist insofern einer der wichtigsten bodenbildenden Faktoren, da es durch seine Lage die Gesteinsbeschaffenheit, die kleinklimatischen Verhältnisse und damit die Lebewelt sowie die Bewegungsrichtung des Wassers vorzeichnet. Bergländer sind überwiegend durch einen Festgesteinsuntergrund gekennzeichnet, während Becken- und Tiefländer weit verbreitet aus Sediment- und Lockergestein bestehen. Die absolute Höhenlage im Relief gibt die klimatischen Bedingungen vor (Höhenstufen). Kleinklimatische Verhältnisse werden durch die Berg-Tal-Verteilung und die Hangexposition bedingt. So sind Südhänge durch höhere Sonneneinstrahlung und trockenere Verhältnisse mit den jeweiligen Konsequenzen für die Umwelt gekennzeichnet. Die Geländegeometrie – insbesondere im Hangbereich – wirkt auf die Bewegungsrichtung des Wassers auf und in dem Boden. In tiefer gelegenen Talpositionen spielt stagnierendes Grundwasser eine wichtige Rolle. Der Hang ist im konvexen Oberhangbereich gekennzeichnet durch Oberflächenabfluss und Bodenerosion, im gestreckten Mittelhang durch Transport und laterale Stoffverlagerung, während der konkave Unterhang bereits als Akkumulations- bzw. Anreicherungsbereich mit vermehrt vertikaler Wasserbewegung im Boden anzusehen ist. Konvergente und divergente Wasserbewegung sind an komplexe Formen (z. B. Hangmulden oder Sporne) gebunden.

Das **Wasser im Boden** kann in Sickerwasser, Haftwasser, Kapillarwasser, Stauwasser und Grundwasser unterschieden werden. An den meisten Bodenbildungsvorgängen ist Sickerwasser, Haftwasser und Kapillarwasser beteiligt. Im Gegensatz zu Sickerwasser, das ausschlaggebend für die Stoffverlagerung und Horizontdifferenzierung im Boden ist, wird das Haft- und Kapillarwasser gegen die Schwerkraft im Boden gehalten. Wird Wasser zum bestimmenden Faktor, dann stellen sich im Boden sogenannte hydromorphe Merkmale ein, die in einer besonderen Bodenbleichung (Reduktionsmerkmal) und Rostfleckung (Oxidationsmerkmal) erkennbar werden. Dies ist vor allem der Fall, wenn das Wasser im Überangebot vorhanden ist, sei es als Stauwasser über einem dichten, tonreichen Bodenhorizont oder als Grundwasser in Tiefenlagen.

Die **Flora und Fauna** eines Bodens ist sehr stark klima- und gesteinsabhängig. Die Pflanzenrückstände (**Streu**) sind das organische Ausgangsmaterial des Bodens, das von Bodentieren und Mikroorganismen in **Huminstoffe** umgewandelt und zu seinen mineralischen Ausgangsstoffen wieder abgebaut wird. Die Vegetation schützt den Boden vor Abtragung und beeinflusst den Bodenwasserhaushalt, sie entzieht dem Boden Nährstoffe und trägt mit den Wurzelsäuren zur Verwitterung bei. Bodentiere und Mikroorganismen haben bei der Bodenbildung wichtige Funktionen. Einerseits wirken sie bei der Schaffung stabiler Bodengefügeformen mit (z. B. Wurmlosungen) und andererseits mischen sie durch ihre wühlende Tätigkeit organisches Material in den Boden ein.

Der **Mensch** rodet Vegetation, pflügt Böden um, bearbeitet sie, düngt sie und be- oder entwässert landwirtschaftliche Nutzfläche. Er trägt Bodenmaterial und Streu auf und entnimmt sie an anderer Stelle. Damit

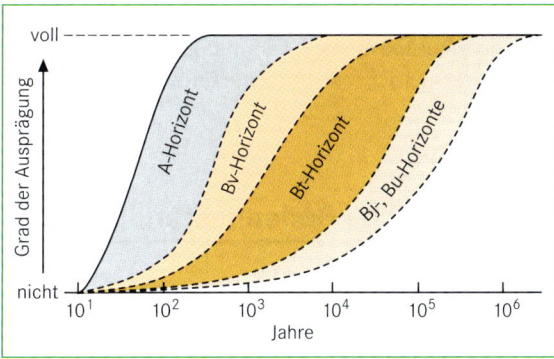

Abb. 11.1.1 Geschätzte Zeitdauer für die Ausprägung charakteristischer Bodenhorizonte (verändert nach Birkeland 1999).

greift er in die natürlich ablaufenden Bodenprozesse ein. Die negativen Folgen dieser direkten Eingriffe zeigen sich in **Degradationserscheinungen** wie Bodenerosion und Nährstoffverlust. Indirekt fördern Emissionen einerseits die Versauerung der Böden und kontaminieren andererseits Böden mit schädigenden Schwermetallen. Auch ist der Mensch ein Faktor des globalen Klimawandels, wodurch bis in die regionale Ebene bodenbildende Prozesse modifiziert werden können (Exkurse 11.7.1 und 11.7.2).

Mit **Zeit** ist die Dauer der Bodenbildung gemeint. Sie übt als solche keine energetische Wirkung auf den Boden aus. Dennoch können die bodenbildenden Prozesse in schnell verlaufende (Horizontdifferenzierung, Humifizierung) und langsam verlaufende (Mineralneubildung) untergliedert werden. Da sich im Laufe der Zeit die Bedingungen und damit die Faktoren der Bodenbildung oft verändert haben, finden wir vielfach Böden vor, die unterschiedliche Entwicklungsphasen durchlaufen haben und als polygenetische Bildungen anzusehen sind. Grundsätzlich entwickelt sich ein Boden bis zu einem gewissen „Reifezustand" erst langsam, dann beschleunigt und zum Ende hin wieder verlangsamt. Dieser Verlauf kann bei nahezu sämtlichen bodenbildenden Prozessen angenommen werden (Abb. 11.1.1).

11.2 Bodenbestandteile

Durch physikalische Verwitterungsprozesse werden die Gesteine in Bruchstücke unterschiedlicher Korngröße zerlegt. Durch biochemische Prozesse wird das zerkleinerte Gestein stofflich verändert und in Tonminerale umgewandelt. Auch das abgestorbene Pflanzenmaterial unterliegt einer mechanischen und biochemischen Zerkleinerung. Die Lagerung der einzelnen Körner im

Boden lässt Hohlräume und Poren, aber auch größere Zwischenräume entstehen. Sie sind mit Wasser und Luft gefüllt oder werden von Bodentieren und Wurzeln eingenommen.

Mineralische Bodenbestandteile

Mineralische Bodenbestandteile ergeben sich aus der Art und Zusammensetzung des Ausgangsgesteins und den herrschenden Verwitterungsbedingungen. Bei geringer Verwitterung und Bodenbildung spiegelt der Mineralbestand des Bodens den des Ausgangsgesteins wider, während Mineralneubildungen, die aus der Bodenentwicklung entstehen, um so mehr in Böden angetroffen werden, je intensiver und länger anhaltend diese Verwitterungsvorgängen ausgesetzt waren. Die Sand- und Schlufffraktion eines Bodens besteht daher überwiegend aus den schwer verwitterbaren, stabilen Mineralen wie einigen Feldspäten, Quarz und Glimmer und einigen Schwermineralen (z. B. Disthen, Turmalin oder Zirkon). Die aus der Verwitterung und Bodenbildung entstandenen Tonminerale und Oxide sind oft aus den leichter verwitterbaren Mineralen und Schwermineralen (z. B. einige Plagioklase, Amphibole, Olivin, Pyroxene, Granat) gebildet. Aus diesem Grunde kann

der Anteil der leicht verwitterbaren Minerale im Bodenprofil als **Gradmesser der Verwitterung** angesehen werden. Doch nicht immer weist ein hoher Gehalt an Tonmineralen und Oxiden im Boden auf eine intensive Verwitterung hin. Gerade in Sedimentgesteinen kann man davon ausgehen, dass die Tonminerale bei der Sedimentation abgelagert wurden und somit „ererbt" sind. Aber auch innerhalb der Familie der Tonminerale gibt es unterschiedliche Spektren, die auf den Verwitterungsgrad im Boden hinweisen. Eine genaue Tonmineralanalyse lässt eine Unterscheidung zwischen Tonmineralen aus geringerer Verwitterungsintensität (**Wechsellagerungsminerale**, **Smectit**, **Vermiculit** und **Illit**) und Tonmineralen wie **Kaolinit** sowie dem Al-Hydroxid **Gibbsit** zu, die, sofern sie nicht direkt aus dem Gestein stammen, auf intensive Verwitterungsvorgänge schließen lassen.

Im Hinblick auf die Bodenfruchtbarkeit kommt der Korngrößenzusammensetzung eines Bodens eine wichtige Rolle zu. Einerseits fungiert im Wesentlichen die Schlufffraktion im Verlauf des Verwitterungsprozesses als „Nährstoffpool" und andererseits bestimmt die Zusammensetzung der Tonfraktion das Sorptionsvermögen und die Nährstoffverfügbarkeit eines Bodens entscheidend mit. Eine quantitative Aussage über die Korngrößenzusammensetzung eines Bodens erfolgt durch eine Korngrößenanalyse (Kapitel 6.2).

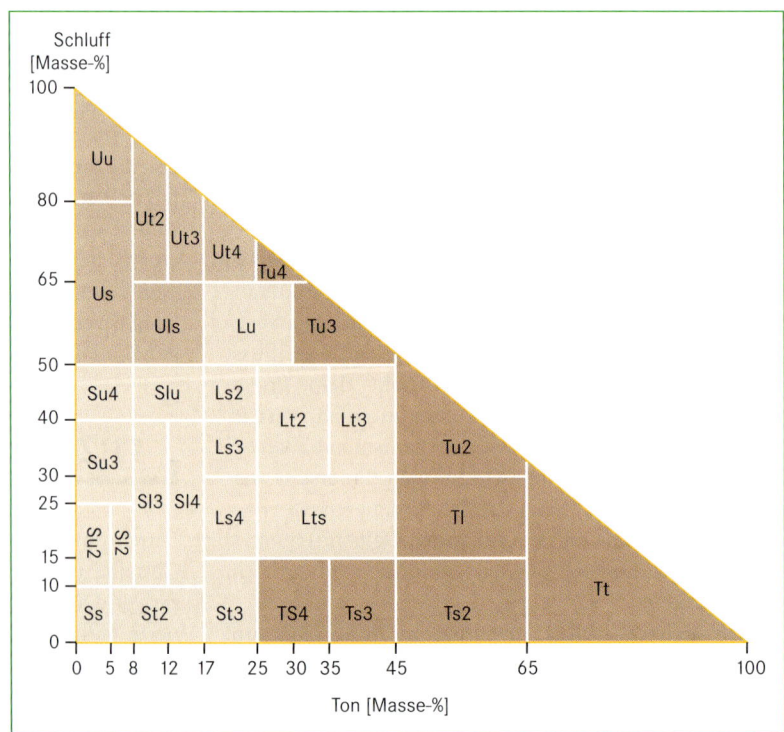

Abb. 11.2.1 Bodenartendiagramm der 31 Bodenartenuntergruppen des Feinbodens (U = Schluff, S = Sand, T = Ton, Us = sandiger Schluff usw.). Der Sandanteil errechnet sich wie folgt: x% S = 100%–(y% U + 2% T); (verändert nach AG Boden 2005).

Körnung und Bodenart

Normalerweise sind die Körner (Primärteilchen) eines Bodens durch Humus, Karbonate, Fe- und Al-Oxide und durch Tonsubstanz zu Aggregaten verkittet. Die Zerlegung der Aggregate in einzelne Kornfraktionen (Dispergierung) ist der erste Schritt für die Ermittlung der **Korngrößenverteilung** im Boden. Die Primärteilchen des Bodens haben aufgrund spezifischer Verwitterungsvorgänge unterschiedliche Durchmesser, die als Maß für die Korngröße betrachtet werden. Die Korngrößenverteilung oder Körnung eines Bodens beschreibt somit die auf die Teilchengröße bezogene Zusammensetzung (Kapitel 6.2).

Die mineralischen Bestandteile eines Bodens setzen sich aus Körnern unterschiedlicher Größe zusammen und bilden somit ein Gemisch. Für diese Körnungsmischung des Feinbodens hat sich der Begriff **Bodenart** durchgesetzt. Hauptbodenarten sind **Sand**, **Schluff**, **Ton** und **Lehm**, wobei Lehm ein Dreikorngemisch ist, bei dem die Fraktionen Sand, Schluff und Ton in erkennbaren Gemengeanteilen auftreten. Aus den Ergebnissen einer Korngrößenanalyse kann mithilfe eines Dreieckdiagramms (Abb. 11.2.1) direkt die Bodenart ermittelt werden.

Organische Bestandteile

Die organischen Bodenbestandteile eines Bodens setzen sich in ihrer Gesamtheit aus der abgestorbenen organischen Substanz (Humus), dem Bodenleben (Edaphon) sowie aus lebenden Pflanzenwurzeln zusammen. Davon entfallen auf die organische Substanz etwa 80 bis 85 Prozent, auf das Edaphon zirka 5 bis 10 Prozent und auf die lebende Wurzelbiomasse etwa 10 Prozent. Organische Bodenbestandteile sind im oberen Bodenprofilbereich angereichert und für eine charakteristische Dunkelfärbung des obersten Bodenhorizontes (Ah-Horizont) verantwortlich (Abb. 11.2.2).

Die lebenden pflanzlichen und tierischen Bodenorganismen bilden eine Lebensgemeinschaft und werden als **Edaphon** bezeichnet. Das Edaphon ist durch bodenbiologische Umsetzungsprozesse direkt an der Bodenentwicklung beteiligt. Die Geschwindigkeit des Abbaus und Umbaus der organischen Substanz hängt maßgeblich von der Zusammensetzung und der Quantität und Aktivität der Bodenorganismen ab. Zusammensetzung, Quantität und Aktivität des Edaphons variieren raum- und zeitbezogen in Abhängigkeit der Bodentiefe, der Reliefsituation, der Jahreszeit, des Geländeklimas und der Vegetationsdecke. Das Edaphon kann in **Bodenfauna** und **Bodenflora** untergliedert werden. Die Bodenfauna wird anhand unterschiedlicher Körpergrößen in Megafauna (z. B. Regenwurm, Maulwurf), Makrofauna (z. B. Käferlarven, Asseln), Mesofauna (z. B.

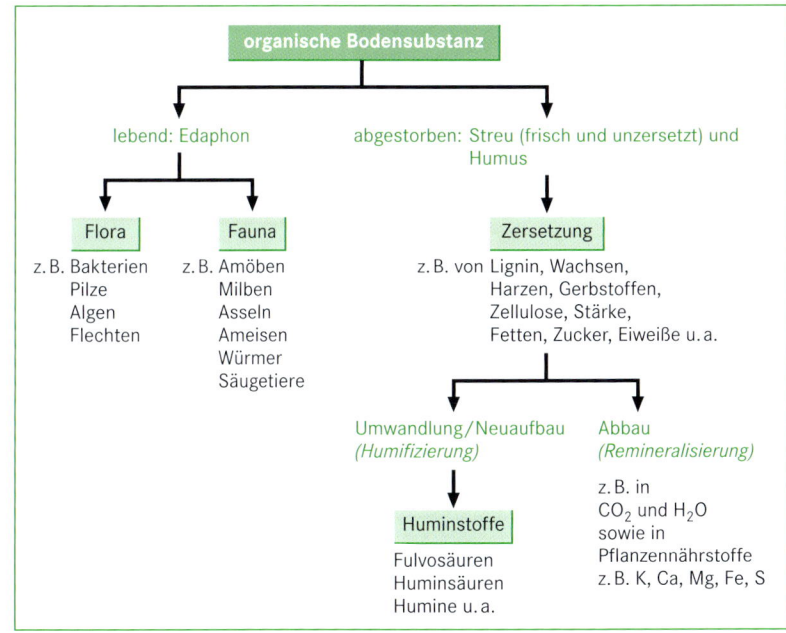

Abb. 11.2.2 Zusammenstellung und Unterscheidung der wichtigsten organischen Substanzen im Boden (verändert nach Eitel 2001).

Springschwanz) und Mikrofauna (z. B. Flagellate, Amöben) eingeteilt. Die Mikrofauna zählt hierbei schon zu der Gemeinschaft der Mikroorganismen, die durch die Bodenflora (z. B. Bakterien, Pilze, Algen) komplettiert wird.

Die Gesamtheit der **organischen Substanz** eines Bodens wird als **Humus** bezeichnet, darin sind alle abgestorbenen pflanzlichen und tierischen Stoffe und deren Umwandlungsprodukte enthalten. Für die Umwandlung und Zersetzung der organischen Substanz ist überwiegend das Edaphon verantwortlich. Nach dem Zersetzungsgrad lässt sich die organische Substanz in **Streu** (schwach umgewandelte und kaum zersetzte Pflanzenreste und abgestorbene Bodenorganismen) und **Huminstoffe** (stark umgewandelte Substanz, Pflanzenrückstände nicht mehr erkennbar) untergliedern. Der Abbau oder die Zersetzung der organischen Substanz vollzieht sich in unterschiedlichen Schritten. Der Zersetzungsprozess beginnt meist mit einer mechanischen Zerkleinerung des Bestandsabfalls. Den vollständigen Abbau der organischen Ausgangsstoffe durch Mikroben (mikrobiell) nennt man **Mineralisierung.** Endprodukte der Mineralisierung sind Wasser, CO_2 und Pflanzennährstoffe. Der geringere Teil der organischen Substanz wird während des Zersetzungsprozesses humifiziert. Bei der **Humifizierung** handelt es sich um einen Umbau bzw. Neuaufbau, bei dem Huminstoffe mit unterschiedlichen ökologischen Eigenschaften entstehen.

Die unterschiedlichen Abbaubedingungen der organischen Substanz zeigen sich in der Ausbildung bestimmter **Humusformen** mit unterschiedlichen charakteristischen Merkmalen. Sind die Rahmenbedingungen für mikrobielle Aktivität günstig, vollzieht sich der Abbau und Umbau der organischen Substanz rasch und es bildet sich die Humusform **Mull** aus. Bei stark gehemmtem Abbau entwickelt sich in der Regel ein **Rohhumus**, der durch eine hohe Anreicherung organischen Materials gekennzeichnet ist. Die Humusform Moder nimmt eine Zwischenstellung ein (Abb. 11.2.3).

Bodenwasser

Niederschläge und Tau führen dem Boden Wasser zu. Dieses Wasser kann auf und in dem Boden sehr unterschiedliche Funktionen wahrnehmen. Als **Oberflächenwasser** wird das an der Oberfläche abfließende Wasser bezeichnet, das nicht vom Boden aufgenommen werden kann. Sein Anteil ist umso höher, je intensiver die Niederschläge fallen. Auch Verdichtungen an der Bodenoberfläche hindern das Niederschlagswasser am Eindringen in den Boden. Nach lang anhaltenden

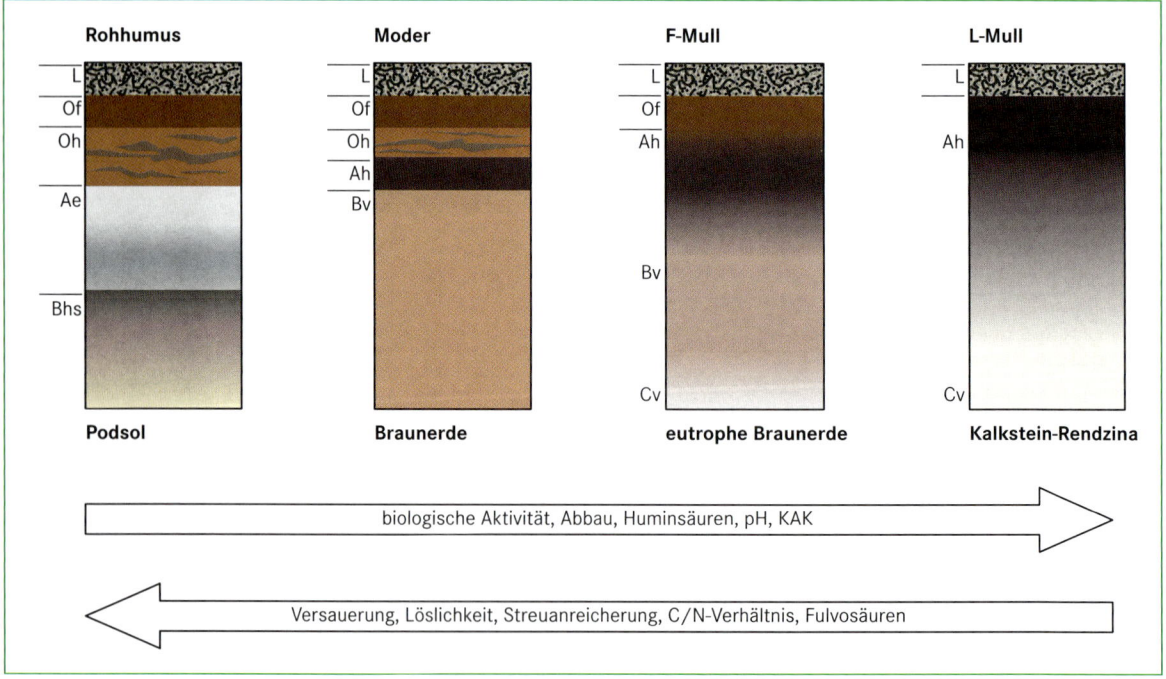

Abb. 11.2.3 Wichtige Merkmale der Humusformen und entsprechende charakteristische Bodenhorizontierungen (verändert nach AG Boden 2005).

Niederschlägen kann ein Boden bereits mit Wasser gesättigt sein. Er ist dann nicht mehr in der Lage, weiteres Niederschlagswasser aufzunehmen. Das Oberflächenwasser ist wesentlich verantwortlich für Bodenerosionsvorgänge. Da es nicht in den Boden eindringt, gehört es streng genommen nicht zum Bodenwasser.

Das in den Boden eindringende Wasser hat als Nährstoffträger eine für den Pflanzenwuchs herausragende ökologische Funktion. Außerdem ist das Wasser im Boden als Bodenbildungsfaktor an fast allen pedogenetischen Prozessen beteiligt. Je nach der Art, wie sich das Wasser im Boden bewegt und wie es den Bodenzustand beeinflusst, ist eine Unterteilung des Bodenwassers möglich. Das Wasser, das sich unter der Schwerkraft in den größeren Hohlräumen im Boden abwärts bewegt, wird als **Sickerwasser** bezeichnet. Es ist im Boden frei beweglich und wird bei ausreichender Menge dem **Grundwasser** zugeführt. Mit dem Sickerwasserstrom werden Stoffe innerhalb des Bodenprofils transportiert. Bei geringen Niederschlägen kann die Sickerwasserfront bereits vor Erreichen des Grundwasserspiegels zum Erliegen kommen. Dies kann vor allem in stark sandigen Böden beobachtet werden, in denen die Sickerwasserfront durch eine Farbbänderung im Unterboden zu erkennen ist. Das frei bewegliche Sickerwasser füllt entweder den Grundwasserspeicher auf oder kann von einem wasserundurchlässigen Bodenhorizont gestaut werden. **Stauwasser** und Grundwasser verursachen im Bodenprofil Reduktions- und Oxidationsmerkmale.

Ein weiterer Teil des Bodenwassers ist nicht frei beweglich und wird gegen die Schwerkraft im Boden als **Haftwasser** festgehalten. Die Wasserbindung beruht auf der Wirkung verschiedener Kräfte zwischen den festen Bodenpartikeln und den Wassermolekülen (Adhäsionskräfte) sowie zwischen den Wassermolekülen untereinander (Kohäsionskräfte). Das Haftwasser wird je nach Art der Bindung daher in **Adsorptionswasser** und **Kapillarwasser** unterteilt.

Das Adsorptionswasser umhüllt die festen Bodenpartikel in mehreren Schichten. Die dem Bodenteilchen am nächsten liegende Schicht wird mit der höchsten Wasserspannung an die Teilchenoberfläche gebunden. Ausgetrocknete Böden haben aus diesem Grunde eine extrem hohe Saugkraft (Wasserspannung) und können auch Wasser aus der Luft (Luftfeuchte) binden. Je höher die spezifische Oberfläche der Bodenpartikel, desto höher ist die Saugspannung. Die Wasserbindung steigt demnach mit abnehmender Korngröße. Höchste Wasserbindung herrscht in Tonböden vor. Bei den Tonmineralen steigt die Wasserbindung mit der spezifischen Oberfläche des Tonminerals, vom Kaolinit über Illit zu den aufgeweiteten Dreischichttonmineralen wie beispielsweise Vermiculit. Adsorptionskräfte sind Van-der-Waal'sche Kräfte und elektrostatische Anziehungskräfte, denn feste Bodenpartikel besitzen an ihren Oberflächen nicht abgesättigte elektrische Ladungen, welche die dipolaren Wassermoleküle an die feste Bodensubstanz binden.

Das Kapillarwasser wird im Boden über Menisken gehalten. Menisken entstehen an der Berührungsstelle zwischen Wasser und Feststoff (Eitel 2001) und werden durch das Zusammenwirken von Adhäsionskräften und Kohäsionskräften gebildet. In Klimaten mit hohen Verdunstungsraten kann das in Kapillaren gebundene Wasser im Boden aufsteigen. Die Wasserbindung steigt mit der Feinkörnigkeit des Bodens an, denn damit ist eine Abnahme des Porendurchmessers verbunden. Je feiner die Poren, desto mehr Energie wird benötigt, um das Wasser den Pflanzen verfügbar zu machen. Die Beweglichkeit des Kapillarwassers steigt somit mit Zunahme der Porendurchmesser.

Der überwiegende Teil des Bodenwassers wird durch Kapillar- und Adsorptionskräfte gegen die Schwerkraft im Boden gehalten. Je höher der Wassergehalt im Boden ist, desto höher ist der Anteil an Kapillarwasser gegenüber dem Adsorptionswasser. Die Wassermenge, die ein wassergesättigter Boden gegen die Schwerkraft festhalten kann, wird als **Feldkapazität** bezeichnet. Hierbei ist das Totwasser der Anteil des Haftwassers, den Pflanzenwurzeln mit der Saugkraft ihrer Wurzeln nicht mehr erschließen können.

Bodenluft

Etwa 50 Prozent des Bodenkörpers werden durch Poren gebildet. Unter feuchten Bedingungen sind die Mittel- und Feinporen mit Haftwasser gefüllt. Der Luftgehalt des Bodens steigt mit Zunahme des Anteils an Grobporen. Der Sauerstoff der Bodenluft setzt in erster Linie Oxidationsprozesse in Gang, die im Boden durch Eisenoxide und -hydroxide eine charakteristische Rot- und Braunfärbung verursachen. Die gleichmäßige Brauntönung bei der Braunerde weist auf eine gleichmäßige, immer während Belüftung des Bodens hin. Ausreichende Luftversorgung zeigt sich auch in reger Edaphontätigkeit und raschem Ab- und Umbau des organischen Bestandsabfalls. **Luftmangel** führt dagegen zu Reduktion und anaeroben Bedingungen im Boden. Indikatoren hierfür sind die graugrünlichen Reduktionshorizonte der Grundwasserböden (Gleye) und die Humusakkumulation der Anmoorböden.

Die Bodenluft enthält aufgrund der Atmung der Organismen und Pflanzenwurzeln wesentlich mehr CO_2 als die Luft der Atmosphäre. Mit zunehmender Bodentiefe steigt der CO_2-Gehalt des Bodens relativ an, da CO_2 schwerer ist als Luft. Durch Diffusion findet ein regelmäßiger Austausch zwischen Bodenluft und Luft der freien Atmosphäre statt.

11.3 Bodenkörper

CHRISTIAN OPP

Böden bzw. Bodenkörper stellen ein Vierphasensystem dar, das aus den folgenden Systemelementen bzw. Bodenbestandteilen besteht:

- Festsubstanz (mineralische und organische Bodenbestandteile bzw. Stoffneubildungen)
- Bodenwasser (Teil des Bodenhohlraumsystems)
- Bodenluft (Teil des Bodenhohlraumsystems)
- Bodenlebewelt bzw. Edaphon

Zwischen den vier Phasen kommt es zu vielfältigen Wechselwirkungen. Je höher das Festsubstanzvolumen, desto geringer ist das Hohlraum- bzw. Porenvolumen. Je höher der Füllungsgrad der Bodenporen mit Wasser, desto geringer das Luftvolumen. Im sogenannten wassergesättigten Zustand reduziert sich das Luftvolumen auf nahezu 0 Prozent; das heißt, auch Regenwürmer, als Vertreter der Bodenmakrofauna, verlassen den Bodenkörper. Zu berücksichtigen ist aber auch, dass im Bodenwasser suspendierte Festsubstanz und in den Mineralpartikeln Kristallwasser enthalten sein kann.

Kenntnisse allein über die Korngrößenzusammensetzung – die sogenannte Textur – der mineralischen Festsubstanz und über den Humuskörper, die meist in Form der Bodenart und des Humusgehalts angegeben werden, erlauben nur eine sehr eingeschränkte Kennzeichnung von Bodeneigenschaften. Diese kann erst durch Kenntnisse über das Bodengefüge erweitert werden.

Bodengefüge

Unter Bodengefüge versteht man die Anordnung der festen Bodenbestandteile in Beziehung zu dem daraus resultierenden wasser- und luftgefüllten Bodenhohlraumsystem (dessen Größe, Form und Anordnung). Auf die Herausbildung des Bodenkörpers bzw. seines Bodengefüges nehmen viele Faktoren Einfluss, beispielsweise Gefrieren und Tauen, Durchfeuchten und Austrocknen, Quellen und Schrumpfen, Wurzelwirkung der Pflanzen, Wirkung der Bodentiere (vor allem durch Graben und Fressen), Regentropfenaufprall (*splash*),

Abspülung (*wash*), Windwirkung, einschließlich Verdunstungssog, sowie Bodenbearbeitung.

Faktoren der Gefügebildung sind abhängig von der Lage im Profil bzw. zur Bodenoberfläche, aber auch von der Textur, der organischen Bodensubstanz, dem $CaCO_3$- und Eisenhydroxidgehalt sowie dem Edaphon.

Daraus folgt, dass der Bodenkörper auch dynamischen Veränderungen unterliegt. Es kann zwischen bodenkörperinterner und bodenkörperexterner Dynamik unterschieden werden. Bodenkörperinterne Veränderungen laufen in der Regel kurzzeitig ab. Es kommt zum Beispiel infolge von Witterungseinflüssen zu unterschiedlichen Füllungsgraden des Bodenhohlraumsystems mit Wasser und Luft. Damit können bei sehr tonhaltigen Böden Prozesse des Quellens und Schrumpfens einhergehen. Bodenkörperinterne Veränderungen führen meist nicht zur Bildung einer neuen Bodengefügeform. Bodenkörperexterne Veränderungen sind meist eine Folge mittel- und langfristiger Einwirkungen auf den Bodenkörper zum Beispiel durch Klimawandel oder kontinuierliche („schleichende") Profilüberdeckung und damit Zunahme der Dichte bzw. des Eigengewichts des überdeckten Profilbereichs. Auch kontinuierliche Profilkappung und damit Reduzierung der Dichte bzw. der Auflast können Bödenkörperveränderungen hervorrufen. Dadurch stellt sich eine neue Bodengefügeform ein. Allerdings können auch sogenannte seltene Ereignisse wie außergewöhnlich intensive Niederschläge, intensives Bodenfließen oder menschliche Einflussnahmen kurzzeitig zu bodenkörperexternen Veränderungen führen.

Die Art und Form der Lagerung der Gefügekörper hat großen Einfluss auf alle an das Bodenwasser gebundenen Prozesse, beispielsweise auf vertikale und laterale Wasserbewegung, auf die Luftdiffusion, auf Nährstofftransport oder -auswaschung, auf die Festigkeit und die mechanische Belastbarkeit von Böden. Dies macht deutlich, dass eine genaue Kennzeichnung des Bodengefüges von großer Bedeutung ist. Obwohl die Bodengefügeansprache ohne Messwerte auskommt, kann damit die Dichte, die Festigkeit und die Wasserwegsamkeit im Boden abgeschätzt werden. Bodengefügekennzeichnungen gestatten auch Rückschlüsse auf die Bodengenese und auf die Standortbedingungen in Vergangenheit und Gegenwart.

Becher (2000) unterscheidet Bodengefüge auf der Makro-, Meso- und Mikroebene. Am häufigsten wird jedoch zwischen dem visuell sichtbaren **Makrogefüge** (im mm-, cm- und dm-Bereich) und dem mikroskopisch aus Dünn- oder Anschliffen identifizierbaren **Mikrogefüge** (im < mm-Bereich) unterschieden (Scheffer 2002). Im Folgenden wird nur das Makrogefüge behandelt. Grundsätzlich gibt es gegliederte Makrogefüge (Gefügekörper können im Gefügeverband unterschieden werden) in Form von Aggregaten, Segregaten und Fragmenten sowie ungegliederte Makrogefüge (kompakte oder lose Gefügekörper). Drei Hauptgefügeformentypen werden unterschieden: Einzelkorn-, Kohärent- und Aggregatgefüge. Eine lose Lagerung der Körner bzw. geringe Lagerungsdichten sind für das ungegliederte **Einzelkorngefüge** kennzeichnend. Es tritt vor allem in Böden mit ton- und eisenoxidarmen Sanden und Kiesen, vereinzelt in frisch abgelagerten Schluffen und Schlicken auf, deren Profilwände nur eine geringe Stabilität aufweisen. **Kohärentgefüge** gehören zu den ungegliederten Bodengefügeformen, dessen Bodenbestandteile durch Kohäsion bzw. Kontraktion der Meniskenwirkung zusammengehalten werden. Eine Sonderform des Kohärentgefüges stellt das sogenannte

„Kittgefüge" dar, bei dem die Sandkörner, zum Beispiel von Ortsteinhorizonten, durch Eisenoxyd- und ggf. organische Hüllen verkittet sind. Aus Einzelkorngefügen können sich infolge von bodenbildenden Prozessen, (z. B. Humusanreicherung und Mineralneubildung) Kohärentgefüge entwickeln. Aber auch umgekehrt ist eine Entwicklung vom Kohärent- zum Einzelkorngefüge, beispielsweise durch Podsolierung, möglich. Haben sich durch Mineralneubildung oder Verlagerung Tongehalte > 15 Prozent eingestellt (Kuntze et al. 1994), können sich aus (ehemals) Einzelkorn- und Kohärentgefügen infolge Wechselfeuchte durch Quellungs- und Schrumpfungsprozesse Aggregate entwickeln (Abb. 11.3.1). **Aggregatgefüge** sind die am häufigsten vorkommenden Gefüge. Grundsätzlich kann zwischen sogenannten Absonderungsgefügen – auf Schrump-

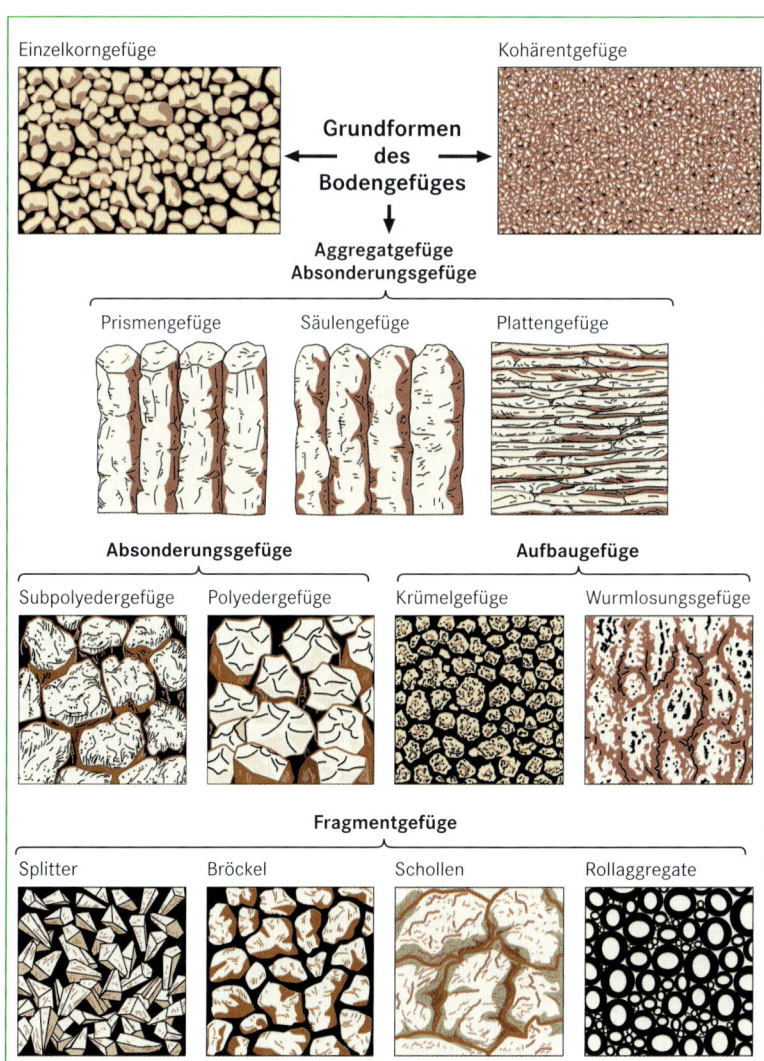

Abb. 11.3.1 Grundformen des Bodengefüges: Bodengefüge liegen ungegliedert (Einzelkorn- und Kohärentgefüge) sowie gegliedert (Aggregatgefüge) vor. Neben diesen drei Grundformen wird das Aggregatgefüge weiter untergliedert: Natürliche Gefüge bildende Prozesse erzeugen entweder Absonderungsgefüge (insbesondere durch Schrumpfung bzw. Kontraktion) oder Aufbaugefüge (durch biogene Aggregierung). Fragmentgefüge stellen durch anthropogene Einwirkungen, insbesondere durch Bodenbearbeitung, erzeugte Bodengefüge dar (verändert nach Becher 2000).

fungsprozessen basierend – und sogenannten Aufbaugefügen – eine Zusammenballung der Bodenteilchen durch bodenbiologische Prozesse – unterschieden werden. Zu den im Gelände am deutlichsten erkennbaren Aggregatgefügen gehören das Prismen-, das Säulen- und das Plattengefüge, die alle Absonderungsgefüge darstellen. Prismengefüge bestehen aus senkrecht „stehenden" fünf- oder sechsseitigen Gefügekörpern, die häufig Tonüberzüge aufweisen. Die einzelnen Prismen können in Polyeder oder Subpolyeder zerlegbar sein bzw. aus Prismengefügen können sich Polyeder- oder Subpolyedergefügen entwickeln. Sie treten oft in Verbindung mit Bt-Horizonten auf. Säulengefüge weisen gegenüber Prismengefügen meist glattere, stärker gerundete Gefügekörper auf. Sie kommen in Pelosol-Pseudogleyen, Knickmarschen und Solonetzböden vor. Für Plattengefüge ist die laterale Lagerungsweise der Gefügekörper charakteristisch. Sie können sowohl durch natürliche Sackungsverdichtung beispielsweise infolge von Tonverlagerung aus dem Al-Horizont als auch durch Pflugsohlenverdichtung entstehen. Je nach Größe der Gefügekörper kann zwischen den > 20 mm großen „Platten" und den 3 bis 20 mm großen „Lamellen" unterschieden werden. Subpolyedergefüge und Polyedergefüge stellen ebenfalls Absonderungsgefüge dar. Die zum Teil porösen Gefügekörper der Ersteren weisen stumpfe Kanten auf, die durch meist raue Flächen begrenzt sind. Polyedergefüge haben scharfe Kanten, in der Regel größere Gefügekörper als Subpolyedergefüge und meist Tonüberzüge. Krümelgefüge und Wurmlosungsgefüge gehören zu den Aufbaugefügen. Krümelgefüge kommen überwiegend in Ah- und zum Teil in Ap-Horizonten vor. Die Krümel sind meist rau, rundlich und porös. Durch organomineralische Komplexe sind die Krümel miteinander verbunden und verfügen trotz geringer Lagerungsdichte über eine bedeutende Stabilität. Wurmlosungsgefüge weisen ähnliche Eigenschaften mit allerdings deutlicheren, meist länglichen Spuren von Kot-Aggregaten auf. Dies geht auf einen höheren Edaphonbesatz und intensivere Umsatzprozesse der organischen Substanz zurück. Rollaggregate, Splitter-, Bröckel- und Schollengefüge sind typische, durch anthropogene Eingriffe entstandene Bodengefügeformen (Becher 2000).

Physikalische Eigenschaften des Bodenkörpers

Der **Verfestigungsgrad** von Böden, der meist horizontbezogen ermittelt wird, dient auch zur Kennzeichnung der Übergänge zwischen Einzelkorn- und Kittgefüge sowie zur Beurteilung des Aggregierungsgrades bei Übergängen zwischen Kohärent- und Aggregatgefügen. Es handelt sich dabei um den vom Wassergehalt mehr oder weniger unabhängigen Zusammenhalt von Bodenhorizonten oder -schichten durch verkittende Substanzen wie zum Beispiel Eisenverbindungen (AG Boden 2005).

Die **Festigkeit** des Bodens, das heißt dessen Widerstand gegenüber mechanischen Eingriffen, wird außer durch den Verfestigungsgrad insbesondere durch die Porosität und den Bodenfeuchtegehalt bestimmt. Qualitativ wird die Festigkeit durch den Eindringwiderstand eines Messers oder Spachtels an der Profilwand horizontbezogen abgeschätzt. Mit einem Penetrometer kann der **Eindring- und Durchdringungswiderstand** auch kontinuierlich über die Profiltiefe gemessen werden (Abb. 11.3.2). Noch stärker als beim Durchdringungswiderstand wird die Bodenfeuchteabhängigkeit bei der Konsistenz deutlich.

Konsistenz des Bodens ist jene Eigenschaft, die auf Kohäsion (Anziehung zwischen Teilchen gleicher Art, z. B. Moleküle) und Adhäsion (Anziehung zwischen Teilchen unterschiedlicher Art, z. B. Bodenteilchen und Reifen) beruht. Sie beschreibt den Widerstand des Bodens gegenüber Formveränderung. Die Konsistenz wird vor allem durch die Textur (Körnung), den Bodenfeuchtegehalt (vor allem die Meniskenwirkung), den Gehalt an organischer Bodensubstanz, das Bodengefüge und zum Teil durch den Kationenbelag bestimmt. Die vier **Konsistenzbereiche** (fest, halbfest, plastisch und flüssig) werden durch die folgenden Grenzwertparameter voneinander getrennt: Haftgrenze (Wassergehalt, bei dem Gefügekörper beginnen zusammenzuhaften), Plastizitätsgrenze oder Ausrollgrenze (Wassergehalt, bei dem eine 3 bis 4 cm dicke Rolle nicht mehr in 1 bis 2 cm große Bröckel zerfällt), Klebegrenze (Wassergehalt, bei dem das Kleben des Bodens an einem Metallstab gerade beginnt) sowie Fließgrenze (Wassergehalt, bei dem der Boden ohne Druckanwendung zu fließen beginnt). Welcher Wasser- bzw. Bodenfeuchtegehalt vorliegt, hängt ursächlich vom Porensystem ab.

Das mit Wasser und Luft gefüllte Bodenhohlraum- oder Porensystem kann nach Größe (Durchmesser), Gestalt (Verteilung), Form und Vernetzung (Kontinuität) der Poren gekennzeichnet werden. Das Gesamtvolumen eines betrachteten Bodenausschnitts bzw. einer Stechzylinderprobe setzt sich aus dem Feststoffvolumen und dem Porenvolumen zusammen (Abb. 11.3.3), welches sich wiederum aus Grob-, Mittel- und Feinporen aufbaut. Nach dem Porendurchmesser unterscheidet man schnell dränende Grobporen (GP1 $> 50\,\mu m$, meist luftgefüllt, weil Wasser schnell versickert), langsam dränende Grobporen (GP2 > 10 bis $50\,\mu m$, Wasser versi-

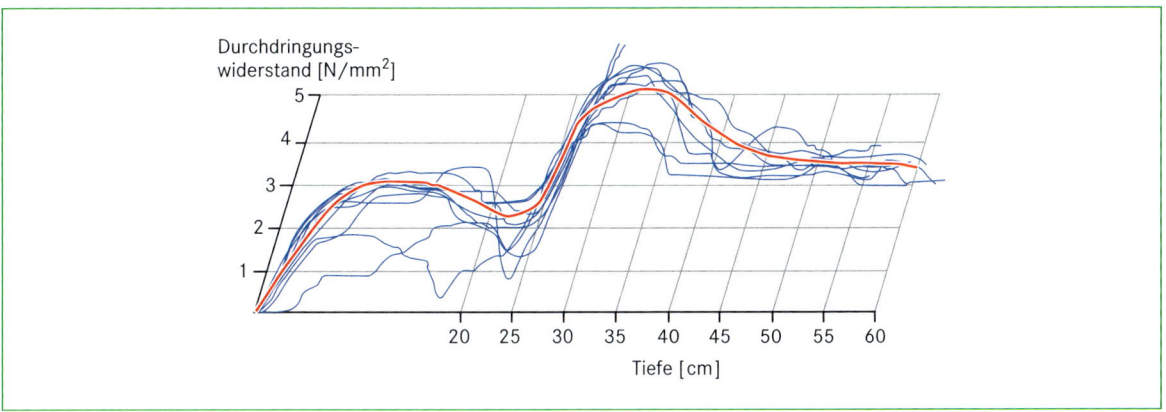

Abb. 11.3.2 Durchdringungswiderstand einer Fahlerde aus Sandlöss über saalezeitlichem Moränenkieslehm bei Schkeuditz, Sachsen. Aus ungefähr 10 bis 15 Parallelmessungen wurde der mittlere Verlauf (rot) der Kurven des Durchdringungswiderstandes ermittelt. Der deutliche Anstieg des Durchdringungswiderstandes zwischen 25 und 35 cm geht mit der in diesem Tiefenbereich vorhandenen Pflugsohlenverdichtung einher. Hier ist der Boden so stark verdichtet, dass bei einigen Messungen der maximale Messwertbereich von 5 N/mm² deutlich überschritten wurde. Unterhalb der Pflugsohlenverdichtung, im Bereich des Moränenmaterials, verläuft der Durchdringungswiderstand auf relativ hohem Niveau (zwischen 3 und 4 N/mm²).

ckert langsam), Mittelporen 1 (MP1 <10 bis 3 µm) und Mittelporen 2 (MP2 <3 bis 0,2 µm), in denen Wasser gegen die Schwerkraft festgehalten werden kann, das aber noch beweglich und für Wurzeln verfügbar ist, sowie Feinporen (FP <0,2 µm, Wasser wird mit >15 at [1 at = 980,66 hPa]) festgehalten, das für Pflanzenwurzeln nicht mehr verfügbar ist und deshalb als „totes Wasser" bezeichnet wird). Je kleiner der Porendurchmesser, desto größer ist die Wasserbindung (Saugspannung), die von Pflanzenwurzeln überwunden werden muss, um Wasser aufzunehmen. Darüber hinaus beeinflussen die Porengrößen die mikrobielle Aktivität, den Wasser- und Gasaustausch mit der bodennahen Luftschicht sowie das Wurzel- und Pilzmyzelwachstum. Ein sogenanntes ausgeglichenes **Porengrößenverhältnis**, das heißt mit mehr oder weniger gleichen Anteilen an Grob-, Mittel- und Feinporen, wie es die meisten Schluff-, Lehm- und Mergelböden haben, ist für das Pflanzenwachstum sowie die meisten anderen Funktionen des Bodens günstiger zu bewerten als die Konzentration des Porenvolumens auf wenige Risse und Spalten. Tonböden weisen im Durchschnitt die größten Porenvolumina auf, allerdings meist mit einem sehr hohen Feinporenanteil. Sand- und Moorböden sowie Böden aus vulkanischen Aschen sind für ihren hohen Grobporenanteil bekannt. Vorwiegend senkrecht orientierte Mittelporen sind für das Pflanzenwachstum günstiger zu bewerten als waagerechte. Je niedriger das Porenvolumen, desto höher ist die **Lagerungsdichte** des Bodens.

Die Dichte des Bodens spiegelt den Lagerungs- bzw. Verdichtungszustand von Böden wider. Es gilt, je höher die Auflast, desto dichter die Lagerung von Böden. Lage-

rungsdichten unterliegen aber – wie das Bodengefüge – auch Veränderungen. Durch mechanische Belastung, beispielsweise durch die Landtechnik oder Viehtritt, kommt es bei Überschreiten der überwiegend konsistenzabhängigen Tragfähigkeit von Böden zu Bodenver-

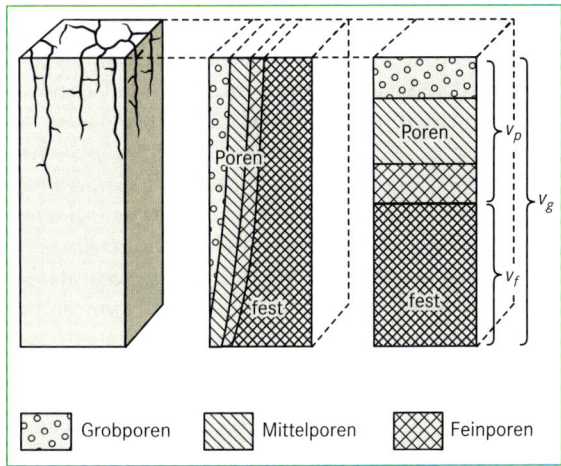

Abb. 11.3.3 Porenvolumen (Vp), Porengrößen (Grob-, Mittel- und Feinporen) und Festsubstanzvolumen (Vf) in idealisierten Anteilen am Gesamtbodenvolumen (Vg). Der Anteil des Porenvolumens am Gesamtbodenvolumen ist von der Textur (Korngrößenzusammmensetzung), der Kornform, vom Gehalt an organischer Bodensubstanz und von der Bodenentwicklung abhängig. In der Textur sanddominierte Böden, organogene Böden und Horizonte sind meist grobporenreich, tondominierte Böden und Horizonte sind meist feinporenreich, schluff- und lehmdominierte Böden sind meist mittelporenreich (verändert nach Scheffer 2002).

dichtungen, mit denen erhebliche Folgen ökologischer und wirtschaftlicher Art einhergehen (Opp 1998, 1999). Bodenverdichtungen sind stets das integrale Ergebnis aus der Vorverdichtung (Verdichtungszustand) und dem Verdichtungsimpuls (z. B. Überfahrt) sowie aus der Verdichtbarkeit und Verformbarkeit (plastische und elastische) von Böden.

Physikalisch-chemische Eigenschaften des Bodenkörpers

Natürliche und anthropogene Stoffeinträge in den Boden, Mineralisierungs-, Humifizierungs- und Remineralisierungsprozesse einerseits sowie Ionenaustauschprozesse zwischen den Oberflächen der festen Bodenpartikel, den im Bodenwasser gelösten Ionen und der Bodenluft andererseits bestimmen die **Zusammensetzung der Bodenlösung**. Der pH-Wert und die elektrische Leitfähigkeit stellen zwei wichtige Summenparameter zur qualitativen Kennzeichnung der Bodenlösung dar. Die **elektrische Leitfähigkeit** (in µS/cm oder mS/cm) ist eine Maßzahl für den Gesamtgehalt gelöster Ionen in der Bodenlösung. Sie gilt als Indikator für den Salzgehalt, die Intensität des Stoffumsatzes (Ionenaustausch) und für anthropogene Stoffeinträge in den Boden. Der **pH-Wert** (dekadischer Logarithmus der Wasserstoff-Ionenkonzentration) ist eine Maßzahl für die Bodenreaktion (basisch, neutral, sauer). Er gibt zugleich den Azidititätsgrad (Säuregrad) – entscheidend für die meisten mitteleuropäischen Böden – oder den Basizitätsgrad eines Bodens an. Zu einer pH-Wert-Erniedrigung kommt es durch sauren Regen, Atmung der Wurzeln und der Bodentiere sowie bei der Mineralisierung (durch Verwitterung) und Remineralisierung der organischen Bodensubstanz. Durch Ionenaustausch (H-Ionen-Bindung an Tonminerale und Huminstoffe), durch Abtransport der H-Ionen mit dem Bodenwasser sowie durch neutralisierend wirkende Puffersubstanzen kommt es zur pH-Wert-Erhöhung. Der pH-Wert kann als ein Indikator des biochemischen Reaktionsmilieus, der Migrierfähigkeit der Stoffe zum Grundwasser und zu den Pflanzenwurzeln sowie damit für die Pflanzenverfügbarkeit von Nähr- und Schadstoffen, der Azidität und Basizität sowie der Pufferkraft von Böden gegenüber Säureeinträgen verstanden werden.

Das Vermögen des Bodens, trotz Säureeinträgen und Versauerungsprozessen im Boden, den pH-Wert konstant zu halten, bezeichnet man als **Pufferung**. Die Pufferkraft eines Bodens wird außer von der H^+-Nachlieferung vor allem von seiner **Säureneutralisationskapazität** (SNK) bestimmt. Die Pufferreaktionen laufen an sogenannten Puffersubstanzen in sich überlappenden pH-Wert-Bereichen im Laufe der Versauerung ab. Scheffer (2002) unterscheidet Erdalkalikarbonate, Austauscher mit variabler Ladung, Silikate sowie Oxide/Hydroxide/Hydroxysulfate als Puffersubstanzen mit jeweils weiten pH-Wertbereichen. Nach Feger (1996) kommt unterhalb des Karbonat-Pufferbereichs (<pH 5,6) vor allem dem pH-Bereich, unter dem austauschbares Al in der Bodenlösung auftritt (ca. 4,8 bis 4,5 $CaCl_2$-Bereich), eine erhöhte Bedeutung zu. Pufferreaktionen sind Bestandteil von Bodenbildungsprozessen. Sie beeinflussen auch die Nährstoffverarmung und Schadstofffreisetzung.

In der Bodenlösung vorhandene Ionen können von den Austauscherflächen der Bodenkolloide (Tonminerale, Huminstoffe, Sesquioxide) adsorbiert (angelagert) werden. Die Adsorption erfolgt im Austausch gegen Ionen in adäquaten Mengen, die dafür in Lösung gehen (Desorption). Dies geschieht im Bereich von Millisekunden und Sekunden. Je nach Ladung der Austauscher wird zwischen Kationenaustausch und Anionenaustausch unterschieden. Die größere Bedeutung für Böden hat der **Kationenaustausch**. Er basiert auf der Menge der austauschbar gebundenen Kationen (vor allem Ca^{2+}, Mg^{2+}, K^+, Na^+, NH_4^+, H^+, Al^{3+}). So wichtige bodenbildende Prozesse wie Verwitterung, Verlehmung und Tonverlagerung werden durch den Kationenaustausch gesteuert. Beispielsweise kommt es durch Kationenaustausch im Zuge der Bodenbildung auf eingedeichten, ehemals marinen Sedimenten zur Bildung einer Kalkmarsch. Dabei ändert sich die Kationenbelegung der Austauscherflächen (vom Schlick zur Kalkmarsch) nach Brümmer (1968) wie folgt:

- Ca^{2+} 18 → 85 Prozent
- Mg^{2+} 42 → 9 Prozent
- K^+ 10 → 5 Prozent
- Na^+ 30 → < 1 Prozent

Tonminerale (vor allem im Unterboden) und Huminstoffe (vor allem im Oberboden) weisen aufgrund des negativen Ladungsüberschusses eine hohe **Kationenaustauschkapazität** (KAK) auf. Daraus folgt, dass der Gehalt an Tonmineralen, Huminstoffen sowie die Größe der zugänglichen Austauscheroberflächen und deren Ladung die Größenordnung des Kationenaustauschs bestimmen. 2:1-Tonminerale (z. B. Smectite und Vermiculite) besitzen eine hohe KAK, weil ihre spezifische Oberfläche aufgrund ihrer starken Quellfähigkeit und ihr negativer Ladungsüberschuss groß sind. Je „besser" die Humusqualität (je enger das C/N-Verhältnis), desto höher ist die KAK. Nach AG Boden (2005) kann zwischen effektiver (auf den aktuellen pH-Wert bezogener) und potenzieller (auf pH 7 bis 7,5 bezogener) KAK

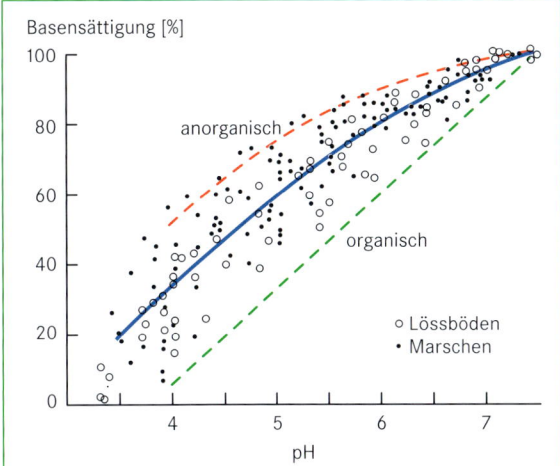

Abb. 11.3.4 Beziehung zwischen der Summe an austauschbarem Ca, Mg, K und Na in Prozent der KAK$_{pot}$ und dem pH-Wert von Lössböden und Marschen. Der Anteil der einzelnen Kationen am Ionenaustausch kann sehr unterschiedlich sein. Er ist vor allem pH-abhängig. Mit sinkendem pH-Wert nimmt der Al- und H-Anteil, bei steigendem pH-Wert nimmt der Ca-, Mg-, K- und Na-Anteil an der Kationenbelegung der Austauscherflächen zu. Effektive Düngung und Beregnung erfordern Kenntnisse über den pH-Wert und die Kationenaustauschkapazität der Böden (verändert nach Scheffer 2002).

unterschieden werden. Die sogenannte **Basensättigung** (BS) bezeichnet den prozentualen Anteil der Summe der austauschbaren Ca^{2+}-, Mg^{2+}-, Na^+- und K^+-Ionen an der KAK (Abb. 11.3.4). Je höher der pH-Wert, desto größer die Basensättigung. Höherwertige Kationen werden in

der Regel fester an die Austauscherflächen gebunden, das heißt:

$$Al^{3+} > Ca^{2+} > Mg^{2+} > NH_4^+ > K^+ > H_3O^+ > Na^+$$

In die gleiche Richtung nimmt die Eintauschstärke aus der Bodenlösung zu.

Der **Anionenaustausch** kennzeichnet die Adsorption und Desorption von Anionen an feste Bodenbestandteile. Davon betroffen sind negativ geladene Ionen und Verbindungen von Salzen wie Sulfate und Phosphate oder andere umweltrelevante Stoffe (z. B. Fluorid und Arsenat). Durch Anlagerung eines zusätzlichen Protons sind dazu wiederum hauptsächlich Sesquioxide und Tonminerale befähigt. Der Anionenaustausch nimmt mit sinkendem pH-Wert zu (Abb. 11.3.5), da an den Austauschern die positiv geladenen Teilchen (H^+, NH_2^+, OH_2^+) zunehmen. Die **Anionenaustauschkapazität** bezeichnet die Summe der austauschbaren Anionen. In der Regel gilt: Der Kationenaustausch ist im Oberboden größer als im Unterboden, aber der Anionenaustausch ist im Unterboden größer als im Oberboden.

11.4 Bodenentwicklung

JÖRG VÖLKEL

Im Kontaktbereich mit Atmosphäre, Hydrosphäre und Biosphäre verändern sich Minerale und Gesteine. Der Vorgang wird Verwitterung genannt (Kapitel 10.3) und

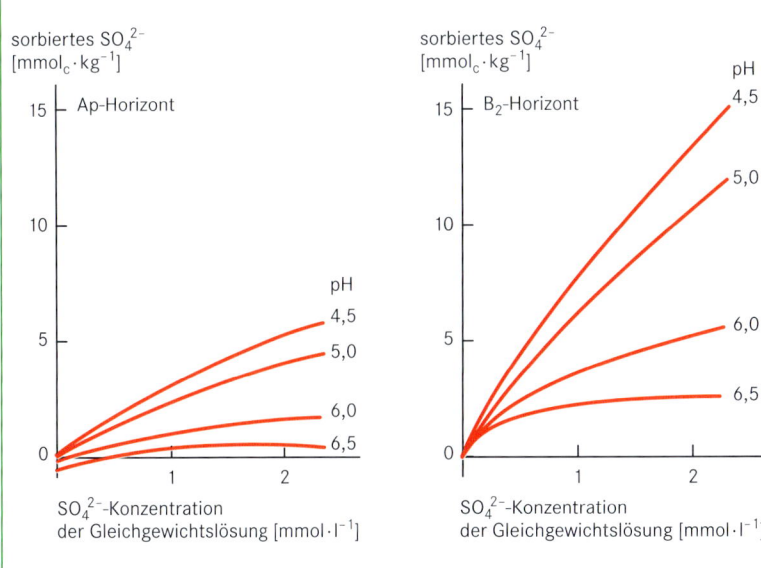

Abb. 11.3.5 Sulfat-Adsorption des Ap- und B-Horizonts eines *Oxisols* (nach *Soil Taxonomy*) in Abhängigkeit von der SO$_4$-Gleichgewichtskonzentration bei unterschiedlichen pH-Werten. Der Anionenaustausch nimmt mit sinkendem pH-Wert zu. Im humusarmen bis humusfreien Unterboden (z. B. B-Horizonte kann bei noch relativ hohen pH-Werten bei gleicher Lösungskonzentration mehr SO$_4$ adsorbiert werden als im humusreichen Oberboden (z. B. A-Horizonte, verändert nach Scheffer 2002).

ist neben der Humifizierung der wichtigste stoffverändernde Prozess im Boden. Mit der Verwitterung von Locker- und Festgesteinen setzt unter Beteiligung biologischer Umsetzungsprozesse die Bodenentwicklung ein. Sie ist neben der Zersetzung mineralischer und biotischer Komponenten zuvorderst ein aufbauender sowie trennender Vorgang unter Bildung bodeneigener Stoffe und Gefüge. Diese Vorgänge finden eine räumliche Differenzierung sowohl innerhalb der bodeneigenen Gefügestrukturen als auch in Form einer vertikalen Gliederung bestimmter Reaktionsbereiche. Es entstehen die Bodenhorizonte. Die Geschwindigkeit der Bodenbildung wird von den Standortfaktoren, der Zeit und nicht zuletzt vom geomorphodynamischen Umfeld gesteuert.

Transformationsprozesse

Sowohl Lockergesteine als auch Festgesteine weisen gesteinstypische Strukturen und Lagerungsverhältnisse auf, die von einsetzender Bodenbildung in Form von Transformationsprozessen aufgelöst werden. Man unterscheidet Prozesse überwiegend physikalischer Natur unter Stoffdesintegration von Prozessen chemischer Umsetzung mit Stoffdekomposition, der Verwitterung. Sichtbarer Vorgang der Transformationsprozesse im Rahmen der Bodenbildung ist die Verwitterung der mineralischen Bestandteile unter Korngrößenverkleinerung, damit einhergehender Oxidation und färbender Wirkung von Metallen, insbesondere Eisen. Verlehmung und Verbraunung sind die wesentlichen Transformationsprozesse im Rahmen der Bodenentwicklung.

Mechanische Gesteinsaufbereitung

Die mechanische Aufbereitung des oberflächennahen Untergrundes und der Substrate der Bodenbildung muss nicht zeitgleich mit der eigentlichen Bodenbildung erfolgen. Insbesondere in den mittleren Breiten nahmen die quartären Klimawechsel von Kalt- und Warmzeiten auch in erdgeschichtlich jüngster Zeit erheblichen Einfluss auf die mechanische Gesteinsaufbereitung und auf die Bereitstellung bodenbildender Substrate. Beispiele dafür sind glazigene Sedimentationsräume, äolische Überdeckung des oberflächennahen Untergrundes mit Flugsanden und Lössen, vor allem aber die von Gefrier- und Auftauprozessen gesteuerte periglaziale Dynamik in den nicht vergletscherten Gebieten. Es bildeten sich von Solifluktion, Kryoturbation und Solimixtion getragene Fließerden und Schutte, die in direkter Abhängigkeit

von zeitlich und räumlich differierenden geomorphodynamischen Bedingungen von unterschiedlichster Ausprägung sein können, letztendlich aber einem überregional gültigen Merkmalskatalog und Gliederungsschema zuzuordnen sind. Diese Form der mechanischen Gesteinsaufbereitung wird unter dem Begriff der kaltzeitlich gebildeten periglazialen Hangsedimente zusammengefasst (Exkurs 10.4.3). Mit Mächtigkeiten von wenigen Dezimetern bis hin zu mehreren Metern stellen sie in den mittleren Breiten die bedeutsamste Form der mechanischen Gesteinsaufbereitung dar und bilden die Substrate für die nachfolgende Bodenbildung. Rezent laufen diese Prozesse in den eisfreien polaren sowie subpolaren Zonen der hohen Breiten als auch oberhalb der Waldgrenze der Hochgebirge ab.

Die **physikalisch gesteuerte Gesteinsaufbereitung** findet im Verbund mit oder auch losgelöst von geomorphodynamischen Prozessen vor allem über mechanischen Stress statt, der von Volumenveränderungen des Locker- oder Festgesteins entlang dessen innerer Unstetigkeitsflächen getragen wird. Diese können durch gegenseitige mechanische Beanspruchung der Gesteine, ausgelöst vor allem durch Druckentlastung und direkte Temperaturwechsel im Gesteinsverband, durch das Eindringen wässriger Lösungen und nachfolgender Eis- und Salzsprengung sowie durch Wurzeldruck insbesondere in Form des Dickenwachstums von Haltewurzeln hervorgerufen werden.

Minerale haben infolge ihrer unterschiedlichen Färbung und ihres mineralspezifisch differenzierten Baus andere Absorptionseigenschaften des Sonnenlichts und unterschiedliche Ausdehnungskoeffizienten. Die erzeugten Spannungen von bis zu $500\,kg/cm^2$ können zu einer Zerstörung des Mineralverbands führen, wobei tägliche Temperaturschwankungen zum Beispiel des Tageszeitenklimas in ariden Gebieten und Hochgebirgen der Tropen größere Wirkung haben als jährliche. Das Gefrieren von Wasser ist mit einer Volumenzunahme von etwa 9 Prozent verbunden. Bei $-22\,°C$ übt Wasser einen Druck von $2\,100\,kg/cm^2$ aus. Damit die sogenannte Frostsprengung wirken kann, muss der Poren- und Kapillarraum eines Gesteins oder Bodens mindestens zu 91 Prozent mit Wasser gefüllt sein. Die Kristallisation von Salzen in Haarrissen des Gesteins erzeugt einen Druck von ungefähr $1\,000\,kg/cm^2$. Hydratisierte Kristalle mancher Salze nehmen gegenüber ihrer wässrigen Lösung ein bis zu 300 Prozent größeres Volumen ein (u. a. $CaSO_4$, Na_2CO_3). Der Turgordruck pflanzlicher Zellen zum Beispiel eines in Haarrisse eingewachsenen Feinwurzelgeflechts kann das Gesteinsgefüge mit Drücken über $10\,kg/cm^2$ angreifen. Das Dickenwachstum der Haltewurzeln dikotyler Pflanzen arbeitet diesem Effekt erheblich zu. Diese beiden Prozesse werden auch physikalisch-biologische Gesteins-aufbereitung genannt.

Chemische Gesteinsaufbereitung

Die **chemische Verwitterung** setzt sich zusammen aus den Prozessen der Hydratation, der Hydrolyse (Abb. 10.3.2) bzw. Protolyse sowie der Oxidation (Abb. 10.3.3) und Komplexierung. Unter Hydratation versteht man die Anlagerung von Wasserdipolen unter Aufbau einer Hydrathülle als Folge des Hydratationsbestrebens der Minerale aufgrund negativer Oberflächenladung. Dabei beginnen randständige und innere Bestandteile der Minerale mit dissoziiertem Wasser zu reagieren. Hydro-lytisch zersetzt werden Verbindungen, die aus schwacher Säure und schwacher Base bestehen wie Silikate und Karbonate als Hauptbestandteile der gesteinsbildenden Minerale. Im humiden Klima erfolgt überwiegend eine Reaktion mit Protonen, weshalb der Vorgang auch Pro-tolyse genannt wird. Mit steigender Konzentration an H^+ steigt der Umfang der Reaktion. Ein wesentlicher Vorgang chemischer Gesteinsaufbereitung ist die **Kar-bonatverwitterung**. Schwer löslicher Dolomit wird durch die leicht flüchtige Kohlensäure zu leicht löslichen Hydrogenkarbonaten des Ca und Mg zersetzt (Abb. 11.4.1). Im Gegensatz dazu steigt die **Silikatverwitte-rung** sowohl zum sauren als auch zum alkalischen Bereich hin an. Das ist die Grundvoraussetzung für Ver-lehmung und Verbraunung als bodenbildende Prozesse im alkalischen Bodenmilieu warm-arider Klimate. Im Zuge der Protolyse freigesetzte Metalle werden oxidiert. Auch das in primären Mineralen zumeist in zweiwerti-ger, reduzierter Form enthaltene Fe und Mn wird bereits im Kontakt mit der Atmosphäre zu Oxiden (Abb. 10.3.3) und Hydroxiden umgesetzt. Die gebildeten Fe(III)-Oxide sind meist braun, gelb oder rot. Sie stehen für die Verbraunung im Zuge der Verwitterung und Bodenbildung. Freigesetztes Si kann mit H_2O wässrige Lösungen eingehen. Diese sogenannten Kieselgele sind Grundbausteine für den Aufbau bodeneigener Mine-rale. Mit der Hydrolyse verbunden ist der Umbau pri-märer Minerale zu sekundären (Ton-)Mineralen.

Humusbildung

Humus ist ein unspezifischer Überbegriff für die post-mortale organische Substanz tierischer und pflanzlicher Herkunft sowie für deren Umwandlungsprodukte in und auf dem Mineralboden. Dem gegenüber steht die lebende Flora und Fauna im Boden, das Edaphon sowie die lebende Wurzelmasse. Die organische Bodensub-stanz wird durch Zersetzung, nachfolgende Humifizie-rung und letztlich Mineralisierung abgebaut. Dabei spielen enzymatische Reaktionen zur Zerlegung hoch polymerer Verbindungen in Einzelbausteine unter Aus-waschung und Verlust mineralischer Nährstoffe wie K und Mg eine Rolle, begleitet von der mechanischen Zer-kleinerung und Einarbeitung in den Boden durch die bodeneigene Makro- und Mesofauna, bis hin zur stoff-lichen Umsetzung und Oxidation durch Pilze und Bak-terien, welche die organische Bodensubstanz zu CO_2, H_2O und Mineralstoffen abbauen.

Im Zuge der Humifizierung bilden sich über Aufbau-prozesse neuerlich höher bis hoch molekulare Struk-turen. Kaum umgewandelte, noch schlecht zersetzte organische Substanzen werden als Streustoffe oder Nichthuminstoffe bezeichnet, stark umgewandelte Stoffe ohne erkennbare Gewebestrukturen sowie hoch molekulare Verbindungen als Huminstoffe. Letztere zei-gen sich gegenüber Mineralisierung stabil und haben im Gegensatz zu den Streustoffen eine hohe Verweildauer im Boden. Die Mineralisierung stellt den vollständigen mikrobiellen Abbau der organischen Bodensubstanz dar, über welchen die in der organischen Substanz ange-reicherten Nährelemente wieder freigesetzt werden. Die organische Substanz setzt sich stofflich zusammen aus (Hemi-)Zellulose, Lignin, Stärke, Eiweißen, Fetten, Wachsen und Harzen. Kohlenstoff ist im Mittel mit 50 Prozent an der chemischen Zusammensetzung betei-ligt, ferner N, H, O, S, P und verschiedene Metalle. Von den Metallen liegen vor allem K, Ca und Mg als soge-nannte Makronährelemente in leicht austauschbarer Form vor, während Al, Fe, Cu, Mn und Zn komplex gebunden und nur schwer verfügbar sind. Art und Menge von Huminstoffen und organischer Streu sowie ihre Anordnung in Humuskörper und Humusprofil sind von den Standortfaktoren abhängig, einerseits von der stofflichen Zusammensetzung der Biomasse selbst und ihren Anteilen an Nährstoffen für die Zersetzer und an Hemmstoffen, andererseits von der Temperatur, der

$$
\begin{array}{ll}
(1) & H_2O + CO_2 \rightleftharpoons H_2CO_3 \rightleftharpoons H^+ + HCO_3^- \rightleftharpoons 2\,H^+ + CO_3^{2-} \\[2mm]
(2) & CaCO_3 + H_2CO_3 \rightleftharpoons Ca(HCO_3)_2 \\[2mm]
(3) & CaMg(CO_3)_2 + 2\,H_2CO_3 \rightleftharpoons Ca(HCO_3)_2 + Mg(HCO_3)_2
\end{array}
$$

Abb. 11.4.1 Kohlendioxid der Bodenluft verbindet sich mit Wasser zur leicht flüchtigen Kohlensäure (1). Kohlensäure überführt schwerer lösliches Kalziumkarbonat in leichter lösli-ches Kalziumhydrogenkarbonat (2). Auch Dolomit, ein Kalzium-Magnesium-(Bi)Karbonat, unterliegt der Karbonatverwitterung (3).

Bodenfeuchte, der Sauerstoffverfügbarkeit und weiteren Standortparametern.

Streustoffe und Huminstoffe bilden gemeinsam den Humuskörper, dessen jeweiliger morphologischer Aufbau in Form einer Horizontierung das Humusprofil des Bodens ergibt. Streustoffe können sich als Auflagehorizonte mit jeweils unterschiedlichem Umwandlungsgrad auf dem Mineralboden anreichern. Die Abfolge dieser Auflagehorizonte ergibt die Zuordnung zu unterschiedlichen Humusformen variierender bodenökologischer Gunst. Die ungünstigste **Humusform** aeromorpher Ausprägung ist der Rohhumus, der sich bei geringer biotischer Aktivität und behinderter Remineralisation des jeweiligen Bestandsabfalls bildet. Insbesondere die Of-Horizonte als typische Bereiche gebremsten Stoffumsatzes können mehrgliedrig sein und Abbaujahrgänge darstellen. Im Falle der Humusform Moder (Abb. 11.2.3) gehen die vollständig entwickelten Auflagehorizonte bereits unscharf ineinander über und es bildet sich darunter ein deutlich ausgeprägter humoser mineralischer Oberboden in Form eines Ah-Horizontes aus. Beim Mull als der bodenökologisch günstigsten Humusform wird der Streufall in der folgenden Vegetationsperiode vollständig umgesetzt. Ein Auflagehumus fehlt weitgehend. Die organische Substanz wird im Ah-Horizont angereichert und bildet mächtige organische Oberböden. In Form von Ton-Humus-Komplexen sowie von Metall-Humus-Verbindungen (Chelaten) geht sie hoch reaktive Verbindungen mit der mineralischen Bodensubstanz ein. Sie sind im Rahmen des Gefügeaufbaus, der Stoffsorption und der Wasserhaltefähigkeit der Böden von besonderer Bedeutung.

Translokationsprozesse

Unter Translokationsprozessen versteht man alle bodenbildenden Vorgänge, mit deren Hilfe Stoffe vertikal oder lateral im Boden verlagert werden. Derartige Stoffverlagerungen sind entscheidend für die Ausbildung von Bodenhorizonten und diagnostischen Merkmalen, die für die Bodentypisierung bzw. die Bodenansprache eine große Rolle spielen (Kapitel 11.5).

Entbasung

Entbasung ist ein Begriff, der für den Verlust des Bodens an basisch wirkenden Kationen wie Ca, K, Mg, Na steht, wie er im Zuge der natürlichen Bodenversauerung bei abwärts gerichteter Bodenwasserbewegung in humiden Klimaten entsteht. Sauer wirkende Kationen wie Al und

Fe geraten in erhöhtem Maße in die Bodenlösung und in den Kationenbelag der Bodentauscher. Diesem Prozess steht die Alkalisierung der Böden bis hin zur Krustenbildung entgegen, die insbesondere in tropischen Trockenklimaten auftritt. Bodenversauerung ist fester Bestandteil der natürlichen Pedogenese und beruht auf dem Gehalt der Böden an gelösten Feststoffsäuren. Sie läuft unter Schüben ab durch Zufuhr von Protonen, die nicht mehr neutralisiert und abgepuffert werden können. Auf die Kapazität des Bodens, Säuren zu neutralisieren, folgt bei zunehmender Versauerung die Fähigkeit, Basen zu neutralisieren. **Bodenversauerung** ist daher im weiteren Sinne der Verlust des Bodens an Säureneutralisationskapazität. Die jeweiligen Stufen des Aziditätsmilieus werden Pufferbereiche genannt. Auf karbonathaltigen Gesteinen wie Löss, Mergeln, Kalksandsteinen und Massenkalken ist ein saures Bodenmilieu Voraussetzung für einsetzende Verlehmung und Verbraunung als ein wesentliches Ergebnis der Silikatverwitterung. Silikatverwitterung ist nur im sauren Milieu, gegebenenfalls erst nach Lösung der Karbonate und Auswaschung der entsprechenden Kationen möglich. Alle nachfolgenden Translokationsprozesse in Böden wie Tonverlagerung oder Podsolierung setzen in jeweils unterschiedlichem Maße den natürlichen Verlust basisch wirkender Kationen im pedochemischen Milieu des jeweiligen Horizontes voraus.

Tonverlagerung

Die pedogene Tonverlagerung (**Lessivierung**) umschreibt den komplexen Prozess der vertikalen Verlagerung von Bestandteilen der Tonfraktion (v. a. Feinton $< 0,2\,\mu m$) in festem Zustand. Verlagert werden grundsätzlich alle mineralischen und organo-mineralischen Komponenten, vor allem aber Phyllosilikate, feinkörnige Fe-, Al- und Si-Oxide sowie Ton-Humus-Komplexe. Bodentypologisch entstehen dabei Parabraunerden, die einen an Bestandteilen der Tonfraktion ($< 2\,\mu m$) verarmten, das heißt lessivierten Oberboden (Al-Horizont) und einen mit diesen Stoffen angereicherten Unterboden (Bt-Horizont) aufweisen. Infolge des Verlusts von färbenden Metalloxiden, insbesondere den aus der Silikatverwitterung unter Verlehmung und Verbraunung freigesetzten pedogenen Eisenoxiden sowie der dispers verteilten organischen Substanz, erfährt der lessivierte Oberboden eine charakteristische fahlgelbe Aufhellung. Dem Unterboden geben die Oxide und Hydroxide, die Ton-Humus-Komplexe sowie die Minerale der Tonfraktion selbst eine rotbraune Färbung. In den typischen nativen Löss-Parabraunerden Niederbayerns mit etwa 40 Prozent Karbonat im Ausgangssubstrat weisen die lessivierten Oberböden ungefähr 14 bis 18 Prozent Ton auf, während sich in den tonangereicherten Unterböden ungefähr 35 bis 40 Prozent Ton finden. Auf Löss und Geschiebemergeln erreicht die Tonverlagerung Mengen von 40 bis 110 kg Ton pro m^2.

Die Prozesse der Tonverlagerung setzen mit der Dispergierung der zu verlagernden Stoffe bei niedriger Salz- und Elektrolytkonzentration der Bodenlösung ein, unter erhöhter hydrophiler Reaktion insbesondere der Tonteilchen. Abnehmende Ca-Sättigung unter vorheriger Auflösung vorhandener Primärkarbonate ist Voraussetzung (pH <7), während eine Na-Sättigung den Dispergierungsgrad fördert, insbesondere im Falle Na-haltiger Böden wie Solonetzen. Quellfähige Phyllosilikate leisten der Dispergierungsneigung der Tonfraktion Vorschub und werden bevorzugt verlagert. Dispergierung und Verlagerung erfolgen optimal in einem pH-Bereich zwischen 6,5 und 5, während im stark sauren Bereich von pH <5 der Dispergierungsgrad wegen der koagulierenden Wirkung austauschbarer und freier Ionen, insbesondere Al, stark abnimmt. Die Tonverlagerung kommt dann zum Erliegen. Schnell bewegliches Sickerwasser in Form des Makroporenflusses entlang feiner Schrumpf- und Trockenrisse sowie entlang der Grenzflächen der Bodengefüge ist der Träger der Lessivierung.

Podsolierung

Podsolierung ist die abwärts gerichtete Verlagerung organischer Stoffe aus dem Oberboden in den Unterboden, oft zusammen mit Al und Fe. Sie wird begünstigt durch ein saures Bodenmilieu (pH <5), kühlfeuchtes Klima, schwer zersetzbare, nährstoffarme Streu, wasserdurchlässiges Ausgangsgestein und niedrige Fe-Gehalte der das Substrat der Pedogenese bildenden Minerale. Im Zuge der Verlagerung reduzieren organische Säuren Fe und Al und komplexieren beide aus pedogenen Oxiden. Es entstehen metallorganische Komplexe, sogenannte **Chelate**, die insbesondere bei einem hohen Kohlenstoff/Metall-Verhältnis (C/M) wasserlöslich und verlagerungsfähig sind. Der erste Schritt im Oberboden ist in Form einer Kornpodsoligkeit zu erkennen, die zur Entwicklung eines gebleichten Horizontes führt, dem Eluvialhorizont (Ae-Horizont). Im Unterboden als dem Illuvialhorizont lassen sich die Anreicherungen oftmals in Bereiche trennen, in denen die organischen Komplexe in Form eines markant dunkel gefärbten, humosen Horizontes (Bh-Horizont) hervortreten, unterlagert von einem rötlich gefärbten Bereich mit ausgefällten Sesquioxiden (Bs-Horizont). Podsolierung ist ein natürlicher Prozess, der allerdings in übernutzten Kulturland-

schaften der humid-gemäßigten Breiten eine Verstärkung und teils auch Initialisierung erfahren hat. Sie kann in sogenannter **Ortsteinbildung** enden, mit massiv entwickelten Bs-Horizonten auf Sandböden, die zuvor Braunerden oder Bänderparabraunerden trugen. Allein ein Bestockungswechsel vermag am selben Standort infolge nutzungsbedingt gesteigerter Bodenversauerung Podsolierung zu provozieren. So initialisieren Fichtenmonokulturen den Prozess auch auf gut gepufferten Böden wie Lössparabraunerden unter Ausbildung markanter Aeh-Horizonte.

Hydromorphierung

Unter Hydromorphierung werden Prozesse verstanden, welche durch Grund-, Stau-, Quell- oder Sickerwassereinwirkung die Ver- und Umlagerung färbender Metalloxide bedingen. Meist geschieht dies infolge O_2-Mangels, was einzelne Horizonte oder das gesamte Bodenprofil mit redoximorphen Merkmalen überzieht, hervorgerufen durch Wassersättigung im Bodenprofil. Nur im Falle von Quell- und stark strömenden Sickerwässern herrscht vordergründig kein O_2-Mangel. Allerdings stellt sich aufgrund der ganzjährigen Durchnässung mittelfristig ebenfalls ein reduzierendes Bodenmilieu ein. Die färbenden pedogenen Metalloxide werden durch sogenannte Nassbleichung fortgeführt, der betreffende Horizont dadurch punktuell oder auch entlang des Sickerwasserstroms charakteristisch aufgehellt und gebleicht. Bei Wassersättigung des Porenraumes im Boden besteht indes eine O_2-Diffusionsblockade zur atmosphärischen Luft. Die im Boden befindlichen Mikroorganismen benötigen beim oxidativen Abbau von organischer Substanz ständig Sauerstoff. Aufgrund dieser Bodenatmung ist bereits wenige Tage nach Eintreten der Wassersättigung das restliche O_2 weitgehend verbraucht. Infolge der Elektronenabgabe bei Oxidationsprozessen muss stets ein Reduktionsprozess in Gang gesetzt werden, welcher als Elektronenakzeptor dient. Wenn kein Luft-O_2 als Elektronenakzeptor mehr vorhanden ist, werden andere Verbindungen reduziert, unter anderem Fe- und Mn-Oxide. Diese Redoxreaktionen verursachen Lösungs-, Verlagerungs- und Ausfällungserscheinungen färbender Bodenmetalloxide und hinterlassen charakteristische Merkmalsausprägungen.

Das Maß für die Redoxbedingungen sind die Redoxpotenziale (*Eh*, Potenzialdifferenz in Volt). Diese geben das Verhältnis zwischen der oxidierten Stufe und der reduzierten Stufe wieder, wobei ein hohes Redoxpotenzial oxidierende Bedingungen, ein niedriges Redoxpotenzial reduzierende Bedingungen anzeigt. Bei welchem

Redoxpotenzial eine jeweilige Verbindung reduziert bzw. oxidiert wird, hängt vom Standardpotenzial der Verbindung selbst und vom pH-Wert der Bodenlösung ab. Je niedriger der pH-Wert, desto eher findet eine Reduktion statt, bei welcher die Verbindungen meist in Lösung gehen und mit dem Sickerwasser im Boden lateral sowie vertikal verlagert werden können. Ferner wandern gelöste Verbindungen über Diffusion zu Bereichen mit einem höheren Redoxpotenzial, wo sie wieder oxidieren und erneut als Metalloxide bzw. -hydroxide auskristallisieren. Solche diffusionsbedingten Verlagerungen können innerhalb von Bodenaggregaten erfolgen oder horizontübergreifend wirken. Die Verlagerung der reduzierten Verbindungen schafft hellgrau gebleichte Bereiche, sowohl auf Aggregatebene als auch ganze Horizonte betreffend. Besonders ausgeprägt ist die Weißbleichung beim Stagnogley. Reduzierte Fe(II)-Hydroxide wiederum ergeben eine charakteristisch blaugrüne Reduktionsfärbung. Weitere Reduktionsfarben sind Schwarz und Blau. Sie entstehen, wenn die reduzierten Fe-Ionen eine Verbindung mit Sulfiden oder Phosphaten eingehen.

Man unterscheidet aufgrund unterschiedlicher Bodenwasserbedingungen und entsprechend abweichender redoximorpher Bodenbildungsprozesse zwei hydromorphe Merkmalsausprägungen. Der unter Grundwassereinfluss ablaufenden **Vergleyung** (semiterrestrischer Bodentyp Gley) steht die nur zeitweilige Wassersättigung stauwasserbeeinflusster Horizonte in Form der sogenannten **Pseudovergleyung** mit Wechseln zwischen Nass- und Trockenphase bzw. zwischen oxidierenden und reduzierenden Bedingungen gegenüber (terrestrischer Bodentyp Pseudogley). Im Falle des grundwasserbeeinflussten Gleys ist der stets wassergesättigte Horizont charakteristisch grau gefärbt und gebleicht (Gr-Horizont). Nicht zuletzt aufgrund des jahreszeitlich schwankenden Grundwassersaums geraten reduzierte Verbindungen in darüber liegende Bereiche mit mehr Sauerstoff (Go-Horizont). Es entstehen stark kristalline Eisenoxide wie Lepidokrokit und Goethit oder auch gering kristallisierte Formen wie Ferrihydrit. Merkmalsprägend ist daher eine sehr kleinräumige und punktuelle Ausbildung von gebleichten Zonen und rotorange bis schwarz gefärbten Zonen innerhalb des Go-Horizonts. Sie führt zur charakteristischen hydromorphen Fleckung und zur Marmorierung, die über Rostflecken hinaus auch Konkretionen entstehen lassen können. Das gilt gleichermaßen für den Stauwasser leitenden Sw-Horizont im Falle der Pseudovergleyung. Dieser wird vom dichten, Wasser stauenden Sd-Horizont des Pseudogleys unterlagert, der andere Hydromorphiemerkmale aufweist. Aufgrund ständiger Wechsel zwischen Feucht- und Trockenphase verbleibt im Inneren der Aggregate der Sd-Horizonte während der Wassersättigungsphase Restsauerstoff, sodass sich ein Diffusionspotenzial vom reduktomorphen Milieu entlang der Aggregataußenflächen in deren Inneres aufbaut. Die Oxidation und Wiederausfällung der Metallverbindungen schafft eine charakteristische oxidative Rostfleckung innerhalb der Aggregate.

Turbation

Die Pedogenese wird von unterschiedlichen solimixtiven Prozessen beeinflusst. Dazu gehören die Kryoturbation, die Bioturbation und die Peloturbation. **Kryoturbation** erfolgt im Verbund mit der Substrat aufbereitenden Kryoklastik auf Basis von Gefrier- und Tauprozessen. Sie findet prinzipiell mit jeder Bodengefrornis statt und ist unter anderem verantwortlich für das sogenannte Steinewachsen auf Ackerflächen. Von besonderer Bedeutung war sie für alle Böden der mittleren Breiten im Zuge der Genese periglazialer Hangsedimente (Kapitel 10.4) der jüngsten Kaltzeit. Sie findet ihren Ausdruck insbesondere in der ubiquitären Verbreitung der kryoturbat und solimixtiv entstandenen Hauptlage. Von ebenso hoher Bedeutung ist die **Bioturbation**, getragen vom Edaphon (Lumbriciden, Termiten und bodenwühlende Nager) – vor allem auch durch Windwürfe mit Reißen der Wurzelteller. Bodenwühler transportieren Unterbodenmaterial an die Oberfläche und können die Böden in wenigen Jahrzehnten bis Jahrhunderten bis in Tiefen über 1 m komplett durchmischen. Schrumpfen und Quellen stark tonhaltiger Böden mit gut quellfähigen Phyllosilikaten unter wechselndem Bodenwasserregime ist für die **Peloturbation** (Selbstmulchprozess) verantwortlich. Sie findet vor allem in den wechselfeuchten Tropen statt. Während der Trockenzeiten entstehen Risse von über 2 m Tiefe, in welche Bodenmaterial hineinfällt. Während der Regenfallzeiten und unter feuchtem Bodenregime quillt der Boden infolge der Dominanz smectitischer Tonminerale stark. Das in Form eines Absonderungsgefüges entwickelte Bodengefüge vergrößert sein Volumen, bildet charakteristische Scherflächen aus und wird durch den Quellungsvorgang sogar ganz aufgelöst. Peloturbation kann einen regelrechten Selbstmulcheffekt der Böden bewirken wie bei den Vertisolen.

Versalzung, Krustenbildung

Insbesondere in warm-ariden Klimaten kann infolge aszendenter Bodenwasserbewegung eine Anreicherung wasserlöslicher Salze in den oberen Bereichen terrestrischer Böden oder an deren Oberfläche erfolgen. Im humiden Klima finden sich Versalzungserscheinungen natürlicherweise nur in Meeresnähe und in den Flussmarschen. Salzhaltige Böden können schwach sauer bis stark alkalisch sein. Im Falle von Alkalisierung mit hohem Anteil an Na-Ionen an den Bodentauschern wird das bodeneigene Gefüge destabilisiert, was Verschlämmung und Tonverlagerung begünstigt (Solonetze). Insbesondere bei einer grundwassergestützten Versalzung der Böden und niedrigen Jahresniederschlägen entstehen in den Unter- und Oberböden Verkrustungen. Salzkrusten finden sich zumeist in den oberen Profilteilen, müssen aber keineswegs eine Oberflächenverkrustung bewirken. Vielmehr reißt der von hoher Evaporation provozierte Kapillarwasseraufstieg in Folge Verdunstung einige cm bis wenige dm unter der Bodenoberfläche ab. In Form einer Löslichkeitsreihe finden sich Karbonate vor allem in den lCv-Horizonten, gefolgt von Gips, Soda und Natriumsulfat, während leicht lösliche Chloride und Nitrate mit dem Kapillarwassersog bis in die Oberböden oder an die Bodenoberfläche verfrachtet werden können.

Ferrallitisierung, Lateritisierung

Bei besonders hohem Wirkungsgrad der Silikatverwitterung, wie sie unter anderem im feuchten Tropenklima ablaufen kann, wird nach Verlust der Alkali- und Erdalkali-Ionen in zunehmendem Maße Kieselsäure abgeführt. Mit der Desilifizierung geht die relative Anreicherung kristallisierter Sesquioxide, insbesondere Fe und Al einher. Typische Vertreter der Fe-Oxide sind neben dem gelb färbenden Goethit der bereits in geringen Mengen stark rot färbende **Hämatit** sowie **Maghemit**. Ihre hohe Präsenz drückt sich in der Rubefizierung der B-Horizonte aus (Bu-Horizonte). Die Spektren der sekundären Tonminerale als pedogene Produkte der Silikatverwitterung werden von Kaolinit und Al-Chlorit dominiert, wobei das Alumohydroxid Gibbsit als Endprodukt der Desilifizierung hinzukommt. Typische Böden als Folge der Ferrallitisierung sind Roterden bzw. Ferralsole. Sie treten auch außerhalb der Bodenzonen rezenter Ferrallitisierung als reliktische oder fossile Paläoböden auf und werden Ferrallite genannt. Bei starker Anreicherung von Fe-Oxiden kann unter Bildung von Konkretionen in den Bu-Horizonten der Ferralsole eine Fe-Verkrustung entstehen. Infolge eines Wechsels im Bodenwasserregime, etwa durch Unterschneidung eines Hanges oder aufgrund eines Klimawechsels, können diese plinthitischen Horizonte irreversibel verhärten. Es entstehen Plinthosole, auch Laterite genannt, die typisch für alte Landoberflächen mit Bodenbildungen etwa aus dem

Tertiär sind. Lateritisierung schützt vor Erosion, weshalb sie vielfach in erhabenen Reliefpositionen anzutreffen ist, stellt bodenökologisch jedoch eine der größten Ungunstformen dar.

Bodenhorizonte als Ergebnis der Bodenentwicklung

Merkmale und Eigenschaften der Böden sind das Ergebnis geogener und pedogener Prozesse. Geogene Vorgänge verursachen Schichten. Bodenhorizonte (Exkurs 11.5.1) sind das Ergebnis pedogenetischer Prozesse, die das Ausgangsgestein verändern. Sie werden von charakteristischen Merkmalen gekennzeichnet wie Gefüge, Bodenart, Farbe oder Fleckung. Bodenhorizonte verlaufen zumeist oberflächenparallel und daher mit dem Gefälle. Sie zeigen über ihre vertikale Abfolge im Bodenprofil die Pedogenese auf und bestimmen die typologische Zuordnung der Böden. Innerhalb der Pedosphäre sind die Gesteine sowohl an der Oberfläche als auch in vertikaler Abfolge in der Regel nicht einheitlich. Ungeschichtete Bodenprofile sind eher die Ausnahme als die Regel. Im Falle der Bodenentwicklung auf jüngeren, vor allem auf holozänen fluvialen und äolischen Sedimenten fehlt die Schichtung. Auch im Falle von mächtigeren Lösssedimenten fällt eine stets gleichartige Entwicklungstiefe der lessivierten **Al-Horizonte** auf. Neben der Annahme der nachhaltigen Wirkung einer spätkaltzeitlichen Kryoturbationszone im sommerlichen Auftaubereich des Permafrostes bietet sich auch die Hypothese einer thermischen Sprungschicht an, welche die warmzeitliche, aktuelle Eindringtiefe der Tagestemperaturwechsel in den humid-gemäßigten Breiten und auch die der maximalen Gefrornis über die Wintermonate markiert. Schichtverläufe können insbesondere im Bereich der Unterböden die Ausbildung der Horizonte beeinflussen und wirken häufig als physikochemische Barrieren innerhalb eines Bodenprofils. Das gilt vor allem in den Verbreitungsbereichen der periglazialen Hangsedimentation, die durch gelisolifluidale, solimixtive und äolische Prozesse des kaltzeitlichen periglazialen Milieus unter teils markanten Wechseln der paläoklimatisch gesteuerten Geomorphodynamik entstanden und in Haupt-, Mittel- und Basislagen unterschieden werden. Zusammensetzung und Aufbau der periglazialen Hangsedimente legten weitgehend deren pedogene und bodentypologische Entwicklung fest.

Horizontmerkmale erschließen sich zuvorderst am feldfrischen Profil im Gelände. Eine umfassende Kennzeichnung der Böden ist in Form der Ansprache definierter pedogener und lithogener Merkmale möglich.

Die Verwendung entsprechender Symbole richtet sich nach den anzuwendenden Bodenklassifikationen und -systematiken (Kapitel 11.5). In genetisch basierten Kartier- und Klassifikationssystemen werden die auf dem Mineralboden befindlichen Humusauflagen in bis zu drei verschiedene Auflagehorizonte unterteilt. Der **L-Horizont** steht für die unzersetzte Blattstreu und den jährlich anfallenden biotischen Detritus. Im **Of-Horizont** finden Fermentationsprozesse statt. Die organische Substanz wird zerkleinert, wobei Gewebestrukturen noch erkennbar sind. Im humifizierten **Oh-Horizont** ist

die organische Substanz zu einer feindispersen schwarzen Masse umgebaut. Darunter folgt der mit humoser Substanz angereicherte **Ah-Horizont**, der als mineralischer Oberboden bezeichnet wird. Er ist in Abhängigkeit vom Bodentyp und der Humusform im Falle von Braunerden wenige Zentimeter mächtig. Die Humusform Mull bedingt Mächtigkeiten der Ah-Horizonte von wenigen Dezimetern. Im Falle von Mull-Moder-Rendzinen im Gebirge sowie von Schwarzerden kann der humose Mineraloberboden noch größere Mächtigkeiten einnehmen. Auch die mineralischen Oberböden von

Exkurs 11.5.1

Bodenhorizonte der deutschen Systematik

Oberbodenhorizonte
- Ai = mineralischer Oberbodenhorizont mit geringer Akkumulation organischer Substanz und initialer Bodenbildung, charakterisiert durch lückige Entwicklung und geringe Mächtigkeit (< 2 cm)
- Ah/Ap = mineralischer Oberbodenhorizont mit bis zu 30 Prozent organischer Substanz und mindestens 2 cm Mächtigkeit (Ah); wenn regelmäßig bearbeitet, dann Ap (p von pflügen)
- Axh = mineralischer Oberbodenhorizont mit ausgeprägter Bioturbation (Regenwurmtätigkeit) und stabilem Aggregatgefüge, > 10 cm mächtig und Basensättigung ≥ 50 Prozent
- Aa = mineralischer Oberbodenhorizont mit 15 bis 30 Prozent organischer Substanz, unter Grund- oder Stauwassereinfluss entstanden

organische Horizonte
Beträgt der Gehalt an organischer Substanz in Ober- oder Unterbodenhorizonten über 30 Masse-Prozent, so spricht man von organischen Horizonten (H- oder O-Horizonte), wobei die O-Horizonte immer an der Bodenoberfläche auftreten. Beispiele hierfür sind:
- hH = H-Horizont, der ausschließlich aus Resten von Hochmoorpflanzen unter Wasserüberschuss entstand
- nH = H-Horizont, der vorwiegend aus Resten von Niedermoortorf bildenden Pflanzen unter Wasserüberschuss entstand
- Of = organischer Horizont über dem Mineralboden oder über Torf mit meist über 10 Volumen-Prozent organischer Feinsubstanz

Unterbodenhorizonte in terrestrischen Böden
Die chemisch-physikalische Verwitterung führt in Abhängigkeit vom Ausgangsmaterial und der Intensität der Verwitterung zur Ausbildung von unterschiedlichen mineralischen Unterbodenhorizonten:
- Bv = mineralischer Unterbodenhorizont durch Verwitterung verbraunt (Eisenoxidation) und verlehmt (Tonbildung bzw. Bildung eines Lösungsrückstandes)
- P = mineralischer Unterbodenhorizont aus Ton- oder Tonmergelgestein mit Polyeder oder Prismengefüge, ausgeprägter Quellungs- und Schrumpfungsdynamik und einem Tongehalt von über 45 Masse-Prozent
- T = mineralischer Unterbodenhorizont aus dem Lösungsrückstand von Karbonatgesteinen entstanden mit mindestens 65 Masse-Prozent Ton, ausgeprägtem Polyedergefüge und frei von Primärkarbonaten
- M = im Holozän entstandener, mineralischer Unterbodenhorizont aus fortlaufend sedimentiertem Solummaterial; das Material kann fluviatilen oder äolischen Ursprungs sein oder es kann durch Abspülung an Hängen oder durch Bodenbearbeitung verlagert worden sein

Vertikale Translokationsprozesse führen im Boden zu einer Umverteilung mineralischer oder organischer Substanzen, die im Bodenprofil in Verarmungs- bzw. Anreicherungshorizonten ihren Ausdruck finden:
- Al/Bt = Ober-/Unterbodenhorizonte, die durch Verarmung/Anreicherung an Tonpartikeln entstanden sind (Tonverlagerung)
- Ae/Bhs = Ober-/Unterbodenhorizonte, die durch Verarmung/Anreicherung an Huminstoffen (Bh) und Sesquioxiden (Bs) entstanden sind („Podsolierung" oder „Sauerbleichung")
- Ael/Bt = Ober-/Unterbodenhorizonte, die durch Verarmung/Anreicherung an Tonpartikeln und gleichzeitiger

Lössparabraunerden erreichen als Al-Horizonte Mächtigkeiten von über 40 cm. Die Unterbodenhorizonte werden als **B-Horizonte** bezeichnet, das Ausgangssubstrat in Form von Locker- oder Festgestein als **C-Horizont**. Die genaueren Merkmalsausprägungen werden unter präziser Definition mittels Präfixen und Suffixen angegeben und sind in den jeweiligen Kartierschlüsseln festgelegt (Kapitel 11.5).

11.5 Bodenklassifikationssysteme

Thomas Gaiser

Seitdem der Mensch begann den Boden zu nutzen, hat er versucht, die in seinem Umfeld vorhandene Vielfalt der Böden in Kategorien zu ordnen. Dabei stand ursprünglich die Bewertung der Böden bezüglich ihrer

starker Bodenversauerung entstanden sind („Tonverlagerung" und „Sauerbleichung")

Mineralbodenhorizonte, die durch spezielle anthropogene Eingriffe entstanden sind:
- R = durch regelmäßiges Tiefpflügen oder Rigolen entstandener mineralischer Mischhorizont mit über 40 cm Mächtigkeit
- E(x) = durch Auftragen großer Mengen an Plaggen- oder Kompostmaterial entstandener Mineralbodenhorizont, in der Regel mit Kulturresten und/oder stark erhöhtem Phosphatgehalt
- Y = durch die Anwesenheit von Reduktgasen (CH_4, CO_2, H_2S) charakterisierter Horizont, die durch anthropogene Einflüsse (Gasleckagen, künstliche Böden bzw. Abfallaufträge) oder natürlicherweise in vulkanischen Mofetten in höheren Konzentrationen (> 10 Volumen-Prozent) in der Bodenluft auftreten; typisch für die Reduktosole (Tab. 11.5.2)

Eine besondere Stellung nehmen Unterbodenhorizonte ein, die unter paläoklimatischen Verhältnissen entstanden sind (Exkurs 11.6.1) und die trotz veränderter Klimabedingungen ihre Eigenschaften erhalten haben (reliktische Bodenhorizonte) bzw. die sich dem Einfluss der Bodenbildung durch Verschüttung entzogen (fossile Bodenhorizonte):
- Bj = weitgehend kaolinitisierter fersiallitischer Unterbodenhorizont
- Bu = ferrallitischer Unterbodenhorizont mit extrem geringen Gehalten an verwitterbaren Mineralen, einer potenziellen Kationenaustauschkapazität der Tonfraktion unter 16 $cmol_c\,kg^{-1}$ und einer effektiven Kationenaustauschkapazität der Tonfraktion unter 10 $cmol_c\,kg^{-1}$

Unterbodenhorizonte, die durch eine schlechte interne Dränage des Bodens mehr oder weniger häufig unter dem Einfluss von Stauwasser stehen, erhalten folgende Bezeichnungen:
- Sw = Stauwasser leitender Horizont, mit höherer Wasserleitfähigkeit als der darunter liegende Stauhorizont, daher nur zeitweise wassergesättigt

- Srw = Sw-Horizont mit lang anhaltender Vernässung und deutlichen Reduktionsmerkmalen
- Sd = Wasser stauender Horizont mit geringerer Wasserleitfähigkeit als der darüber liegende Horizont, in der Regel 50 bis 70 Flächen-Prozent Rost- und Bleichflecken („Marmorierung")
- Sg = Unterbodenhorizont mit > 80 Flächen-Prozent Nassbleichungs- und Oxidationsmerkmalen sowie Sd-Merkmalen, Luftmangel bereits bei Feldkapazität wegen geringer Luftkapazität und wegen hohem Anteil an haftwassererfüllten Mittelporen („haftnass")

Unterbodenhorizonte in semiterrestrischen Böden
Bei den Unterbodenhorizonten, die unter dem Einfluss von Grundwasser stehen, werden unter anderem folgende Horizonte unterschieden:
- Go = oxidierter Horizont im Grundwasserschwankungsbereich mit >10 Flächen-Prozent Rost- und Karbonatflecken
- Gr = Unterbodenhorizont, der an über 300 Tagen im Jahr wassergesättigt ist und daher ein vorwiegend reduzierendes Milieu darstellt, morphologisch ist der Reduktionszustand an gräulichen bis schwarzen Farben der Bodenmatrix zu erkennen

Untergrundhorizonte zur Charakterisierung des Ausgangsmaterials
Mineralische Untergrundhorizonte, die bei ungeschichteten Böden dem Ausgangsgestein entsprechen, werden nach der Art des Substrates unterschieden:
- mC = Untergrundhorizont, im feuchten Zustand mit dem Spaten nicht grabbares Material
- lC = Lockermaterial, mit dem Spaten grabbar
- aC = Lockermaterial aus Fluss- oder Bachablagerungen
- Cv = angewittertes bis verwittertes Ausgangsmaterial meist im Übergang zum frischen Gestein

Nutzungspotenziale im Vordergrund. Auf regionalem und nationalem Niveau werden daher häufig sogenannte effektive Systeme verwendet. Die **effektiven Klassifikationssysteme** orientieren sich an der Nutzbarkeit des Bodens bzw. eines Standorts. Da diese jedoch nur für die jeweilige in Betracht gezogene Nutzung Aussagen zulassen und oft nur regionale Gültigkeit besitzen, haben sich zur systematischen Ordnung der Bodendecke der Erde genetische und morphologische Klassifikationssysteme durchgesetzt. Die **genetische Klassifikation** richtet sich hauptsächlich nach der Wirkung der bodenbildenden Faktoren insbesondere des Klimas, des Ausgangsmaterials der Bodenbildung oder der Vegetation. Die international gebräuchlichen Systeme (*Soil Taxonomy* und *World Reference Base for Soil Resources*, WRB) sind eher **morphologische Klassifikationssysteme**, das heißt, sie beruhen vor allem auf quantifizierbaren Auswirkungen der Bodenbildung im Gesamtprofil oder in charakteristischen Bodenhorizonten.

Klassifikationssysteme in der Bundesrepublik Deutschland

Unter den effektiven Klassifikationssystemen, die in der Bundesrepublik Deutschland angewendet werden, sind die **deutsche Reichsbodenschätzung** für die Bewertung der Ertragsfähigkeit von Ackerböden zur Besteuerung landwirtschaftlicher Betriebe (BoSchätz-Ges vom 16.10.1934, Rothkegel 1952) und die **forstliche Standortskartierung** für die Charakterisierung von Waldböden (AK Standortskartierung 1996) besonders zu erwähnen. Nutzungsunabhängige Klassifikationssysteme orientierten sich historisch gesehen zuerst an den Wirkungen der bodenbildenden Faktoren und führten zur Definition von Gesteinsbodentypen, Vegetationsbodentypen oder Reliefbodentypen. Das zurzeit in Deutschland verwendete System geht auf den Ansatz von Kubiena (1953) und Mückenhausen zurück und klassifiziert die Böden nach ihrem Profilaufbau, insbesondere nach dem Vorhandensein bzw. der Abfolge charakteristischer Bodenhorizonte (AK Bodensystematik 1986, AG Boden 2005). Das System ist hierarchisch gegliedert nach **Abteilungen**, **Klassen**, **Bodentypen**,

Subtypen, **Varietäten** und **Subvarietäten** (Tab. 11.5.1). Das System ist nach unten offen, das heißt, es ist möglich neue, in der Systematik noch nicht spezifizierte, Sub- oder Übergangstypen mit ihren Varietäten und Subvarietäten zu bilden.

Ab dem Niveau der Bodentypen wird dem Bodennamen zusätzlich der Substrattyp, das heißt eine Angabe zum Ausgangsmaterial der Bodenbildung, nachgestellt (AG Boden 2005, Altermann et al. 2000). Die Kombination aus Bodentyp und Substrattyp wird **Bodenform** genannt.

Die Klassifizierung der Böden hängt von der vertikalen Abfolge bestimmter **Bodenhorizonte** in einem Boden ab. Bodenhorizonte sind parallel zur Erdoberfläche verlaufende Lagen, die sich durch eines oder mehrere Merkmale voneinander unterscheiden. Die Ausdifferenzierung solcher Bodenhorizonte ist das Ergebnis bodenbildender Prozesse, die wiederum von Art und Intensität der bodenbildenden Faktoren Klima, Ausgangsmaterial, Relief, biotische Faktoren und der Zeit abhängen (Kapitel 11.4). So führt beispielsweise der Prozess der Humusanreicherung in mineralischem Ausgangsmaterial zur Ausbildung von mineralischen Oberbodenhorizonten, die mehr oder weniger starke Anreicherung von organischer Substanz zeigen. Im Exkurs 11.5.1 werden ausgewählte Horizonte beschrieben, die nach der deutschen Bodensystematik für die Klassifikation von Böden auf dem Niveau des Bodentyps von Bedeutung sind.

Die Tabelle 11.5.2 gibt einen vereinfachten Überblick über die in der deutschen Systematik definierten Bodentypen. Sie zeigt, welche Horizonte bzw. Horizontkombinationen für welche Bodentypen charakteristisch sind. Beispielsweise muss ein als Syrosem bezeichneter Boden immer sowohl einen initialen Ai-Horizont als auch einen nicht grabbaren Untergrundhorizont (mC-Horizont) aufweisen. Allerdings müssen für die exakte Klassifizierung eines Bodens in der Regel bestimmte Mindestmächtigkeiten oder Tiefenkriterien für einen Horizont bzw. für Horizontkombinationen erfüllt sein. So besitzt ein Kolluvisol immer einen durch kolluvialen Auftrag gekennzeichneten M-Horizont sowie einen Ah- oder Ap-Horizont, allerdings muss die Untergrenze des M-Horizontes unterhalb von 40 cm Bodentiefe liegen. Wenn dies nicht der Fall ist, erfüllt der Boden nicht die

Tabelle 11.5.1 Einordnung der Böden nach Abteilungen, Klassen, Bodentypen und Subtypen in der deutschen Bodensystematik.

Abteilung	Klassen	Bodentypen	Subtypen
terrestrische Böden	13 Klassen	28 Typen	> 134 Subtypen
semiterrestrische Böden	3 Klassen	16 Typen	> 60 Subtypen
subhydrische Böden	2 Klassen	5 Typen	> 7 Subtypen
Moore	2 Klassen	3 Typen	> 10 Subtypen

Tabelle 11.5.2 Übersicht über die in der deutschen Bodensystematik definierten Bodentypen mit ihren charakteristischen Bodenhorizonten (X = obligatorisch, O = optional; nach AG Boden 2005).

Bodenhorizonte

	Ai	Aa	Ah/Ap	Axh	Al	Ael	Ae	Bv	Bt	Bhs	Bj/Bu	mC	IC	aC	E(x)	F	Go	Gr	hH	nH	M	Of	P	R	Sw/Sd	Srw/Sd	T	Y
terrestrische Böden																												
Felshumusböden												x										x						
Skeletthumusböden													x									x						
Syrosem	x											x																
Lockersyrosem	x												x															
Ranker [1]			x									x																
Regosol [1]			x										x															
Pararendzina [2]			x									o	o															
Rendzina [3]			x									o	o															
Tschernosem [9]				x								o	o															
Kalktschernosem [9]				x								o	o															
Pelosol																							x					
Braunerde								x																				
Parabraunerde					x				x																			
Fahlerde						x			x																			
Podsol							x			x																		
Terra fusca																											x	
Terra rossa																											x	
Pseudogley																									x			
Haftnässepseudogley [10]																									x			
Stagnogley																										x		
Reduktosol																												x
Ferrallit/Fersiallit											x																	
Kolluvisol			x																		x							
Plaggenesch			x												x													
Rigosol / Treposol			x																					x				
Hortisol [13]			x												x													
semiterrestrische Böden																												
Rambla	x													x														
Paternia / (Kalk-[9])			x											x														
Tschernitza				x										x														
Vega			x											x							x							
Gley			x														x	x										
Nassgley																	x	x										
Anmoorgley		x															x	x										
Moorgley																	x	x	x									
Rohmarsch [4]																	x	x										
Kalkmarsch [5]			x														x	x										
Kleimarsch			x														x	x										
Knickmarsch [6]																	x	x							x			
Haftnässemarsch [11]																	x	x							x			
Dwogmarsch [12]																	x	x							x			
Organomarsch [7]																	x	x										
Moore																												
Hochmoor																			x									
Niedermoor																				x								
Moorkultisole	Untergliederung nach Art des anthropogenen Eingriffs in Fehn-, Sanddeck- und Sandmischkultur																											
subhydr. Böden [8]	Watt, Protopedon, Gyttja, Sapropel, Dy																											

[1] <2% Karbonate (karbonatarm bzw. karbonatfrei)
[2] 2–75% Karbonate (karbonathaltig)
[3] >75% Karbonate (Karbonatgestein)
[4] meist karbonat- und salzhaltig
[5] kalkhaltig
[6] Sd wird hier als Sq bezeichnet
[7] lithogen bedingter hoher Humusgehalt
[8] Unterscheidung nach Häufigkeit und Intensität der Überflutung, Humusgehalt und -form
[9] gesamtes Solum mit Sekundärkarbonaten angereichert
[10] ähnlich Pseudogley, statt Sw/Sd nur Sg
[11] Sg-Go statt Sw/Sd
[12] Stauhorizonte werden von begrabenen (fossilen) Horizonten gebildet
[13] Ap + Ex > 4 dm

Anforderungen für einen Kolluvisol und es müssen andere Kriterien zur Klassifizierung herangezogen werden.

Das Klassifikationssystem der USA

Während die deutsche Bodensystematik sich historisch betrachtet aus vorwiegend bodengenetisch geprägten Ansätzen entwickelte, war die Bodensystematik in den USA von ihren Wurzeln her mehr an den chemischen und physikalischen Eigenschaften des Bodens und seiner Horizonte, also bodenmorphologisch, orientiert. Das aktuell gültige Klassifikationssystem geht auf das System der **Soil Taxonomy** zurück, welches 1960 durch das zum *US Department of Agriculture* (USDA) gehörige *Soil Survey Staff* eingeführt worden war. Die Böden werden nach dem Vorhandensein von sogenannten diagnostischen Horizonten oder diagnostischen Eigenschaften in Ordnungen (*Orders*), Unterordnungen (*Suborders*) und Hauptgruppen (*Great Groups*) eingeteilt, wobei die Benennung der Hauptgruppen sich aus einer Zusammenstellung von Silbenbruchstücken der entsprechenden Ordnung sowie weiterer diagnostischer Horizonte bzw. Eigenschaften zusammensetzt. Die zurzeit gültige neunte Fassung der *Soil Taxonomy* definiert zwölf Ordnungen (USDA 2003). Die Reihenfolge wird durch einen Bestimmungsschlüssel wie folgt definiert:

- **Gelisols:** Böden mit Permafrost (von lat. *gelare* = zum Gefrieren bringen)
- **Histosols:** Böden mit organischem Bodenmaterial (von griech. *histos* = Gewebe)
- **Spodosols:** Böden mit einem *spodic* B-Horizont (von griech. *spodos* = Holzasche)
- **Andisols:** Böden mit andischen Eigenschaften, meist junge Vulkanascheböden (von japan. *an* = dunkel)
- **Oxisols:** Böden mit stark verwittertem Unterboden (*oxic* B, von oxisch)
- **Vertisols:** tonige Böden mit starker Quellungs- und Schrumpfungsdynamik (von lat. *vertere* = wenden)
- **Aridisols:** Böden mit aridem Feuchteregime und hohem Salzgehalt oder Oberboden mit geringem Humusgehalt (*ochric* A, von lat. *aridus* = trocken)
- **Ultisols:** Böden mit basenarmem Unterboden (Basensättigung < 35 Prozent) und Tonanreicherungshorizont (*argillic* oder *kandic* B)
- **Mollisols:** Böden mit mächtigem durch Akkumulation von grauschwarzen Huminstoffen gekennzeichnetem Oberboden und hoher Basensättigung (von lat. *mollis* = weich)
- **Alfisols:** Böden mit einem Tonanreicherungshorizont (*argillic* B) im Unterboden (von dem amerikanischen Fachwort *pedalfs* = entkalkter Boden)

- **Inceptisols:** schwach entwickelte Böden mit erkennbaren Horizonten (von lat. *inceptum* = Anfang)
- **Entisols:** unentwickelte Böden ohne erkennbare Horizonte (von engl. *recent* = jung)

Die unterstrichenen Silben dienen zur Bildung des Namens der nächsten Unterordnung. Dabei wird die jeweilige Silbe eines diagnostischen Horizonts (Tab. 11.5.3 und 11.5.4) mit der charakteristischen Silbe der Ordnung kombiniert. Es entstehen Kunstnamen wie *Aquert* (ein *aquic* [= vernässter] *Vertisol*), *Humult* (ein *humic* [= humos] *Ultisol* mit humosem Oberboden) oder *Umbrept* (ein *Inceptisol* mit einem *umbric* Horizont). Die weitere Unterteilung der Unterordnungen in die Hauptgruppen erfolgt durch Anfügung weiterer Silbenbruchstücke diagnostischer Horizonte oder Eigenschaften an den Namen der Unterordnung. So entstehen Namen wie *Salaquert* (ein *salic aquic Vertisol*) oder *Haplaquert* (ein *haplic* [von gr. *haplos* = einfach] *aquic Vertisol*).

Auf dem Niveau der Ordnungen lassen sich relativ eindeutige Zuordnungen von Bodentypen nach der deutschen Systematik treffen (Tab. 11.5.5). Bei untergeordneten taxonomischen Einheiten wie den Haupt- oder Untergruppen ist die Zuordnung zu einem bestimmten Bodentyp nicht immer eindeutig und muss daher fallweise entschieden werden.

Das Klassifikationssystem lässt eine Unterteilung in weitere taxonomisch untergeordnete Einheiten wie Untergruppen, Familien und Varietäten zu. Da die *Soil Taxonomy* nicht nur in den USA mit ihrer großen Spannbreite an Klima- und Vegetationszonen, sondern auch in einer Reihe anderer Länder in tropischen und subtropischen Gebieten angewandt wird, deckt sie einen weiten Bereich von Bodentypen ab und wird weltweit eingesetzt. Außerdem können durch die detaillierte Untergliederung der taxonomischen Einheiten bis auf Familien- und Varietätenniveau auch bei großmaßstäbigen Bodenkartierungen sehr feine Unterschiede zwischen Bodeneinheiten abgegrenzt werden. Die Benennung dieser Einheiten erfolgt durch Vorstellung von Adjektiven vor den Namen der Hauptgruppe (z. B. *very fine, smectitic aridic Salaquert* oder *clayey, carbonatic ustifluventic Haplocambid*).

Globale Vereinheitlichung der Bodensystematik

Da es lange Zeit kein international einheitliches Klassifikationssystem für die Bodendecke der Erde gegeben hat (obgleich die Diversität der Böden keinesfalls der Vielfalt anderer Naturkörper nachsteht), haben sich in ein-

Tabelle 11.5.3 Zusammenfassung dominierender Merkmale sowie von Grenzwerten für Horizontmächtigkeiten diagnostischer Horizonte nach der WRB ([ST] nur *Soil Taxonomy*, USDA 2003; verändert nach Scheffer 2002 und IUSS 2006).

Horizont	Eigenschaften (teilw. vereinfacht; Farbe = nach Munsell-Farbtafel; *value* = Farbhelligkeit, *chroma* = Farbtiefe; feu = feucht, tro = trocken, R = Fels, TRB = Gesamtbasenreserve, kru = krümelig, pol = polyedrisch, sub = subpolyedrisch; weitere Abkürzungen s. unten)	Mächtigkeit [cm]
agric[ST]	Kultivierungsfolge, d.h. Ton-, Schluff- und Humuseinschlämmung unterhalb des Ap-Horizonts	≥10
albic (gebleicht)	Auswaschungshorizont trocken mit *value* ≥7 und *chroma* ≤3 tro oder *value* 5 oder 6 und *chroma* ≤2; wenn feucht, entweder *value* ≥6 und *chroma* ≤4 oder *value* 5 und *chroma* ≤3 oder *value* 4 und *chroma* ≤2	≥1
anthraquic	bearbeitete Schicht: Farbe 7,5 YR oder gelber oder GY, B oder BG, *value* ≤4 feu, *chroma* ≤2 feu; Bodenaggregate sortiert, blasenförmige Poren; verdichtete Pflugsohle: Plattengefüge, d_B ≥1,2 d_B der bearbeiteten Schicht, Fe/Mn-Flecken oder -Überzüge	≥20
anthric	Eigenschaften eines *mollic* oder *umbric* Horizontes und Merkmale anthropogener Eingriffe; unterhalb der Pflugtiefe <5 Vol-% Hohlräume durch Aktivität von Bodentieren entstanden	≥20
argic (lessiviert)	≥8 % Ton; ≥3 % mehr Ton als Oberboden wenn < 15 % Ton oder 1/5 mehr Ton wenn Tongehalt 15 % bis 40 % oder >8 % mehr Ton wenn Tongehalt ≥40 %; dabei Tonanstieg innerhalb von 15 cm bzw. 30 cm, wenn Tonbeläge vorhanden	≥7,5
argillic[ST]	wie *argic*, aber bei Schichtung nur Tonbeläge nötig, im Oberboden <8 % Ton möglich	>1/10
calcic (sekund. Kalk)	≥ 15 % Kalk und ≥5 % Kalk als folgender Horizont	≥15
cambic (verändert)	*very fine sand* oder feiner; aggregiert oder <50 Vol.-% Steine/Kies; entkalkt oder verbraunt oder höherer Tongehalt als im Liegenden; nicht in einer Pflugschicht und nicht aus *organic material* bestehend	≥15
cryic (gefroren)	permanent über mindestens zwei aufeinanderfolgende Jahre: massives Eis, Verfestigung durch Eis und visuell erkennbare Eiskristalle oder durchschnittliche Bodentemperatur ≤0 °C, wenn sehr trocken	≥5
duric (hart), *duripan*[ST]	> 10 Vol.-% *silcrete* (Si-verfestigte) Aggregate mit >1 cm Ø, <50 % zerfallen in 1M HCl, ≥50 % zerfallen in konzentrierter KOH oder NaOH	≥10
ferralic, *oxic*[ST] (stark verwittert)	*sandy loam* oder feiner; <80 % Steine + Kies + Konkretionen; KAK_{Ton} < 16 $cmol_c$ kg^{-1} und < 10 % verwitterbare Minerale im Feinsand, nicht *andic* oder *vitric*	≥5
ferric	≥15 % Rostflecken mit Farbe 7,5 YR oder röter und *chroma* >5 feu oder ≥5 Vol-% rötlich bis schwarze Konkretionen ≥2 mm; <40 % verhärtete Konkretionen; keine kontinuierlich verhärteten oder aufgebrochenen Platten; <15 Vol-% Konkretionen oder Flecken, die bei Austrocknung irreversibel verhärten	≥15
folic	„trockene" org. Auflage, d.h. ≥20 Masse-% C_{org}, und nass an <30 Tagen pro Jahr	≥10
fragic, *fragipan*[ST]	≥50 Vol-% in Wasser zerfallende Klumpen mit 5 bis 10 mm Ø; verhärtet nicht bei wiederholtem Austrocknen und Befeuchten; kein Aufschäumen mit 10 % HCl; <0,5 % C_{org}	≥15
fulvic	*andic* (s.u.), *value* oder *chroma* >2 feu; ≥6 % C_{org}	≥30
fragipan[ST]	ähnlich *fragic*, aber ohne C_{org}-Einschränkung	≥25
glossic[ST] (zungenförmig)	Einstülpungen eines hangenden *albic*-Horizonts (s.o.) mit 15 bis 85 Vol.-% in einen *argillic*-, *kandic*- oder *natric*-Horizont	≥5
gypsic	≥5 % Gips und ≥ 1 Vol-% Pseudomycelien, Kristalle oder Puder; cm Mächtigkeit·Gips% ≥ 150	≥15
histic (faserig)	„nasse" organische Auflage, d.h. C_{org} ≥ 18 % oder C_{org} ≥ (12 + Ton%·0,1)%	≥10
hortic	*value* und *chroma* ≤ 3 feu; C_{org} ≥1 %; P_2O_5 (0,5 M $NaHCO_3$) ≥ 100 mg kg^{-1}; BS ≥50 %; ≥25 Vol-% Hohlräume durch Aktivität von Bodentieren entstanden	≥20
hydragric	Unterboden mit Fe/Mn-Anreicherung oder >2fach Fe_d oder >4fach Mn_d gegenüber Oberboden oder rostfleckig, oder Nassbleichung	≥10
irragric	oberster Horizont höherer Tongehalt als nachfolgender Horizont, C_{org} ≥ 0,5 %; ≥ 25 Vol-% Hohlräume durch Aktivität von Bodentieren entstanden; berieselt	≥20
kandic[ST]	ähnlich *argillic*, aber ohne nachweisbare Tonbeläge und KAK_{Ton} ≤ 16 $cmol_c$ kg^{-1} und effektive KAK_{Ton} ≤ 12 $cmol_c$ kg^{-1}	≥30, >15/R
melanic (schwarz)	*andic* (s. unten); *value* und *chroma* ≤2 feu und *melanic*-Index <1,7; ≥6 % C_{org}	≥30
mollic	Ah mit *value* und *chroma* <3,5 feu; *value* <5,5 tro; ≥0,6 % C_{org}; aggregiert, nicht fest; BS ≥50 %	≥25, ≥10/R
natric (Na-reich)	säulige oder prismatische Struktur oder kohärentes Aussehen, BS_{Na} ≥ 15 % oder BS_{Na}+Mg > BS_{Ca}+H (bei pH 8,2); sonst wie *argic*	≥7,5
nitic (glänzend)	Polyeder mit glänzenden Oberflächen; ≥ 30 % Ton mit < 1/5 Anstieg in 12 cm gegenüber Liegendem und Hangendem; Schluffgehalt geteilt durch Tongehalt <0,4; Gehalt an H_2O dispergierbarem Ton geteilt durch Gesamttongehalt <0,1; Fe_o/Fe_d >0,05; Fe_d ≥ 4 %; Fe_o ≥0,2 %	≥30
ochric[ST]	Oberbodenhorizont <0,6 % C_{org} oder *value* feu ≥ 4, tro ≥6 oder *chroma* ≥4 oder Mächtigkeit < *mollic* oder *umbric*; ohne Schichtung	
petrocalcic	verhärteter *calcic*-Horizont (siehe oben); starkes Aufschäumen mit 10 % HCl, nicht grabbar	≥10
petroduric, *duripan*[ST]	≥50 % *silcrete* (Si-verfestigte) Aggregate in einem Unterhorizont, sichtbare Si-anreicherungen, <50 % zerfallen in 1M HCl, ≥50 % zerfallen in konzentrierter KOH oder NaOH, nicht durchwurzelbar außer in vertikalen Rissen	≥1
petrogypsic	≥5 % Gips und ≥1 Vol-% sichtbare sekundäre Gipsausfällungen, verhärtet und nicht durchwurzelbar außer in vertikalen Rissen	≥10
petroplinthic	kontinuierliche oder durchbrochene Lagen aus stark zementierten oder verhärteten a) Konkretionen oder b) plattig, polygonal oder retikulär orientierten Rostflecken; Eindringwiderstand ≥4,5 MPa in ≥50 Vol-%, Fe_o/Fe_d <0,1	≥10

(Fortsetzung)

Tabelle 11.5.3 (Fortsetzung)

Horizont	Eigenschaften (teilw. vereinfacht; Farbe = nach Munsell-Farbtafel; *value* = Farbhelligkeit, *chroma* = Farbtiefe; feu = feucht, tro = trocken, R = Fels, TRB = Gesamtbasenreserve, kru = krümelig, pol = polyedrisch, sub = subpolyedrisch; weitere Abkürzungen s. unten)	Mächtigkeit [cm]
pisoplinthic	≥40 Vol-% stark zementierte oder verhärtete, rötliche bis schwarze Konkretionen mit ≥2 mm Ø	≥15
plaggic	*sand, loamy sand, sandy loam* oder *loam*; enthält < 20 % *artefacts*; *value* ≤4 feu oder ≤5 tro und *chroma* ≤2 feu; C_{org} ≥ 0,6 %; in lokal erhöhtem Gelände	≥20
placic[ST]	verfestigt durch Fe/Mn-Oxide	0,1 … 1
plinthic (Ziegel)	≥15 Vol-% rot-weiß gefleckte Mischung aus Fe-Oxiden und Kaolinit (Gibbsit), bei Austrocknung irreversibel hart; ≤40 Vol-% stark zementierte oder verhärtete Konkretionen; keine kontinuierlichen oder durchbrochenen Lagen; >2,5 % Fe_d oder > 10 % in Konkretionen oder Rostflecken; Fe_o/Fe_d <0,1	≥15
salic (salzig)	EC d. GBL ≥15 mS cm^{-1} oder >8 bei pH >8,5; >1 % Salz; EC · cm Mächtigkeit > 450	≥15
sombric	Unterbodenhorizont mit sichtbar eingeschlämmtem Humus oder C_{org} > hangender Horizont; *value* oder *chroma* < hangender Horizont; BS ≤50 %; nur in Hochlagen der (Sub)Tropen	≥15
spodic	pH_{H2O} <5,9 außer wenn kultiviert; C_{org} ≥0,5 % oder ODOE > 0,25; Farbe (feu) 5YR oder stärker rot oder 7,5YR mit *value* ≤5 und *chroma* ≤4 oder 10YR mit *value* und *chroma* ≤2; zementiert durch organische Substanz und Al in ≥50 Vol-% oder Al_o + 1/2Fe_o ≥ 0,5 % und ≤0,25 % im Oberboden, oder ODOE ≥ 0,25 % und ≤ 0,125 % im Oberboden (wenn albic-Horizont vorhanden, reichen die ersten drei Bedingungen)	≥2,5
takyric	aride Eigenschaften; plattig oder dicht; Oberbodenkruste mit Rissgefüge und sehr hart wenn trocken und *sandy clay loam, clay loam, silty clay loam* oder feiner; EC d. GBL < 4 mS cm^{-1} oder kleiner als im Liegenden	
terric	durch Auftrag entstandener Oberbodenhorizont, Farbe ähnlich dem Auftragsmaterial, enthält <20 Vol-% *artefacts*, BS ≥50 %; lokal erhöhtes Gelände, keine Schichtung; *lithological discontinuity* an der Unterkante	≥20
thionic	pH_{H2O} < 4,0; gelbe Jarosit-/Schwertmannit-Flecken oder -Überzüge oder Flecken mit Farbe kräftiger gelb als 2.5YR und *chroma* ≥6 oder über *sulphidic material* oder ≥0,05 % Sulfat	≥15
umbric	Ah wie *mollic*, aber BS <50 %	s. *mollic*
vertic (selbstwendend)	>30 % Ton; *slicken sides*; *wedge-shaped* oder *parallel piped* Aggregate	≥25
voronic	Krümel oder Subpolyeder; *chroma* <2 feu, *value* <2 feu und <3 tro; ≥50 % Wurmröhren und Krotowinen; C_{org} ≥1,5 %; BS ≥80 %	≥35
yermic	aride Eigenschaften; Steinpflaster mit Wüstenlack oder Windschliff oder Steinpflaster mit blasiger Schicht oder plattige Kruste über blasiger Schicht	

Al_p, Al_o	= Pyrophosphat-/Oxalatlösliches Aluminium	GBL	= Gleichgewichtsbodenlösung
BS	= Basensättigung	KAK_{Ton}	= Kationenaustauschkapazität der Tonfraktion
COLE	= *Coefficient of linear extensibility* (linearer Ausdehnungskoeffizient)	*melanic*-Index	= Verhältnis der Absorption bei 450 nm und 520 nm eines 0,5 M NaOH-Extrakts
C_{org}	= org. Kohlenstoff		
d_B	= Lagerungsdichte (g cm^{-3})	Mn_d	= Dithionitlösliches Mangan
EC	= elektrische Leitfähigkeit	ODOE	= *Optical density of oxalate extract*
$EKAK_{Ton}$	= Effektive Kationenaustauschkapazität (1 M KCl) der Tonfraktion	P_{ret}	= Phosphat-Retension
		Slicken sides	= polierte Scherflächen auf Aggregaten
Fe_d, Fe_o	= Dithionit-/Oxalatlösliches Eisen	ST	= *Soil taxonomy*

zelnen Ländern sehr unterschiedliche Vorgehensweisen entwickelt. Seit den 1960er-Jahren ist es das Bestreben der FAO (*Food and Agriculture Organisation*) bzw. der UNESCO die zahlreichen nationalen Klassifikationssysteme in einer international anerkannten Bodensystematik zu harmonisieren. Die Vorteile eines globalen Klassifikationssystems liegen auf der Hand: Erleichterung der Verständigung und des Datenaustauschs und die Vereinheitlichung der nationalen Bodenkarten zu einer **Weltbodenkarte**. Die Bemühungen führten 1974 zur ersten internationalen Bodennomenklatur auf deren Grundlage die FAO die Weltbodenkarte im Maßstab 1 : 5 000 000 veröffentlichte (FAO 1974). Diese erste Annäherung umfasste 26 Bodengruppen (*Soil groups*) mit insgesamt 118 Bodeneinheiten (*Soil units*). Eine weitere Differenzierung in sogenannte *Phases*, welche Einschränkungen für die landwirtschaftliche

Nutzung zum Ausdruck bringen, ist möglich. So wird Steinbedeckung auf der Bodenoberfläche durch das Adjektiv *stony* oder erhöhtes Überflutungsrisiko durch das Adjektiv *inundic* spezifiert. Die Weltbodenkarte enthält zudem noch Informationen über die vorherrschende Körnungsklasse des Oberbodens (0 bis 30 cm) und die Hangneigungsstufe. Weitere Verbesserungen und Verfeinerungen dieser ersten Annäherung wurden 1988 und 1994 veröffentlicht (FAO-UNESCO 1994), bis schließlich 1998 die **World Reference Base for Soil Resources (WRB)** durch die Internationale Bodenkundliche Union (IUSS) verabschiedet wurde. In ihrer zweiten Fassung unterscheidet die WRB weltweit 32 Bodengruppen, die je nach Auftreten von diagnostischen Horizonten oder Eigenschaften in Bodeneinheiten unterteilt werden (Tab. 11.5.6). Die weitere Unterteilung der Bodengruppen erfolgt durch sogenannte *qualifiers*,

Tabelle 11.5.4 Zusammenfassung dominierender Merkmale diagnostischer Eigenschaften und Materialien nach der WRB (ST nur *Soil Taxonomy*; Abbkürzungen siehe Tab. 11.5.3; rH = neg. dek. Log. des Wasserstoffpartialdrucks in der Bodenlösung; verändert nach Scheffer 2002 und IUSS 2006).

diagnostische Eigenschaft	Definition
abrupt textural change	≥8% Ton im Liegenden; Erhöhung des Tongehalts innerhalb von 7,5 cm: a) bei <20% Ton im Hangenden um das 2fache, b) bei ≥ 20% Ton im Hangenden um 20%
albeluvic tonguing	Einstülpungen des hangenden Auswaschungshorizonts in einen Tonanreicherungshorizont *(argic)*; Farbe wie *albic*; ≥10 Vol-% im Tonanreicherungshorizont
andic (veränd. Pyrokl.)	$Al_o + \frac{1}{2}Fe_o ≥ 2\%$; $d_B ≤ 0,9$ kg l^{-1}; $P_{ret} > 85\%$; $C_{org} ≤ 25\%$
aquicST (wasserreich)	periodisch oder ständig wassergesättigt und dann reduziert; *endoaquic* entspricht weitgehend *gleyic*, *epiaquic* entspricht *stagnic*
aridic	obere 20 cm <0,6% C_{org} (Sande <0,2%); mit Flugsand gefüllte Spalten oder Steine der Oberfläche mit Windschliff oder Flugsandüberdeckung bzw. Erosionsspuren; BS ≥75%; *value* ≥3 feu oder 4,5 tro; *chroma* ≥2 feu
continuous rock	Festgestein unter dem Solum, ausgenommen zementierte, durch Bodenbildung entstandene Horizonte (z.B. *petrocalcic*); Risse ≤20 Vol-%
ferralic	$KAK_{Ton} < 24$ $cmol_c$ kg^{-1} oder KAK <4 $cmol_c$ kg^{-1} und *chroma* ≥5 feu
geric	$EKAK_{Ton} < 1,5$ $cmol_c$ kg^{-1}; $pH_{KCl} - pH_{H2O} ≥ 0,1$
gleyic (grundwassernah)	Grundwassersättigung zumindest zeitweilig; ≥5% Rostflecken oder ≥90% gebleicht (Farbklassen N1, N8, 2,5Y, 5Y, 5G, 5B)
lithological discontinuity	bei Auftreten eines der folgenden Merkmale: 1) abrupte Veränderung der Körnung, die sich nicht aus der Bodenentwicklung erklären lässt oder 2) Verhältnis zwischen Grobsand, Mittelsand und Feinsand ändert sich um ≥20% oder 3) Gesteinsreste, die nicht mit dem Festgestein übereinstimmen oder 4) unverwitterte Gesteinsbruchstücken im Hangenden über einer Schicht mit angewittertem Gestein oder 5) kantige Gesteinsbruchstücke im Hangenden über einer Schicht mit angerundeten Gesteinsresten oder 6) abrupte Veränderung der Farbe ohne Beziehung zur Bodengenese oder 7) deutliche Unterschiede in der Größe und Form von verwitterungsresistenten Mineralen
reducing conditions	anaerobe Verhältnisse (rH <20) oder freies Fe^{2+} oder Auftreten von Fe-Sulfiden oder von Methan
secondary carbonates	Kalkbeläge an ≥50% der Aggregatoberflächen und/oder ≥5%-Vol. Kalkkonkretionen
stagnic colour patterns	Auftreten von gebleichten Aggregatoberflächen und einer stärker rötlichen oder zumindest stärker gefärbten Aggregatmatrix
usticST (wechselfeucht)	Böden mit temporärem Wasserdefizit, aber ausreichendem Wasserangebot während der Vegetationsperiode (z.B. wenn Jahresmitteltemperatur >22 °C, dann >90 d a^{-1} trocken und > 180 d a^{-1} feucht)
vertic	>30% Ton über eine Mächtigkeit von ≥ 15cm; *slicken sides* oder *wedge-shaped*-Aggregate oder Schrumpfrisse ≥ 1cm breit oder COLE ≥0,06 gemittelt über 100 cm Tiefe
vitric (glasartig)	≥5% vulkanische Gläser in der Sand- oder in der Grobschluff-Fraktion; $Al_o + \frac{1}{2}Fe_o ≥ 0,4\%$; $P_{ret} ≥ 25\%$; $C_{org} ≤ 25\%$

diagnostische Materialien	Definition
artefacts	feste oder flüssige Substanzen (weitgehend unverändert), die industriellen oder handwerklichen Ursprungs sind oder durch menschliche Aktivitäten aus größeren Tiefen an die Oberfläche gebracht wurden
calcaric	Material, das mit 1 M HCl aufschäumt; enthält ≥2% $CaCO_3$
colluvial	sedimentiertes Bodenmaterial aus anthropogen bedingter Erosion; Körnung, Farbe, pH ähnlich dem umliegenden Oberboden; enthält oft *artefacts*
fibricST	schwach humifizierter Torf (>2/3 Streurückstände)
fluvic	frische fluviale, limnische u. marine Sedimente, die rezent abgelagert werden oder bis in die jüngste Zeit abgelagert wurden
gypsiric	Material mit ≥5% Gips
hemicST	mittel humifizierter Torf (1/6 bis 4/6 Streurückstände)
limnic	subaquatische Ablagerungen bestehend aus vorwiegend organischem Material, Kieselalgen, Mergel oder einem Gemisch aus mineralischem und humifiziertem organischen Material
mineral	C_{org} <20% bei Wassersättigung an weniger als 30 aufeinanderfolgenden Tagen oder C_{org} <(12 + Ton% · 0,1)% oder C_{org} ≤ 18% wenn Ton ≥60%
organic	C_{org} ≥20% oder bei Wassersättigung an mehr als 30 aufeinanderfolgenden Tagen, C_{org} ≥18% oder C_{org} ≥(12 + Ton% · 0,1) %
ornithogenic	Rückstände von Vögeln (Knochen, Federn, Exkremente) und P_2O_5 (1% Zitronensäure) ≥0,25%
sapricST	stark humifizierter Torf (< 1/6 Streurückstände)
sulphidic	≥0,75% Schwefel und <3faches an $CaCO_3$-Äquivalenten; pH_{H2O} ≥4,0
technic hard rock	verfestigtes Material industriellen Ursprungs
tephric	≥30% vulkanische Gläser in der Sand- und Grobschluff-Fraktion und weder *andic*- noch *vitric*-Eigenschaften

die dem Namen der Bodengruppe vor- oder nachgestellt werden, wobei die vorgestellten *qualifiers* Vorrang vor den Nachgestellten haben. Es wurde ein Bestimmungsschlüssel entwickelt, der das Vorhandensein von diagnostischen Horizonten bzw. Eigenschaften systematisch abfragt (IUSS 2006).

Die Reihenfolge der Bodengruppen ist im Bestimmungsschlüssel wie folgt festgelegt:

Tabelle 11.5.5 Beispiele für typische Vertreter der zwölf Ordnungen der *Soil Taxonomy* nach der deutschen Bodensystematik.

Soil Taxonomy (Order)	deutsche Bodensystematik (Bodentyp)
Gelisols	n. d.
Histosols	Hochmoor, Niedermoor
Spodosols	Podsol
Andisols	Lockerbraunerde
Oxisols	Ferrallit
Vertisols	Pelosol
Aridisols	n. d.
Ultisols	Ferrsiallit
Mollisols	Tschernosem
Alfisols	Parabraunerde
Inceptisols	Braunerde
Entisols	Ranker, Lockersyrosem

n. d. = in der deutschen Systematik nicht definiert

- **Histosols:** Böden, die aus vorwiegend organischem Bodenmaterial bestehen
- **Anthrosols:** vom Menschen stark beeinflusste Böden
- **Technosols:** Böden, die einen höheren Anteil an Substanzen industriellen Ursprungs haben
- **Cryosols:** durch Permafrost gekennzeichnete Böden
- **Leptosols:** flachgründige Böden im Anfangsstadium der Bodenentwicklung bzw. stark erodiert
- **Vertisols:** Böden mit starker Quellungs-/Schrumpfungsdynamik
- **Fluvisols:** junge, aus fluviatilen, marinen oder lakustrinen Sedimenten entstandene Böden
- **Solonetz:** Böden mit hoher Natriumsättigung
- **Solonchaks:** Böden mit hohem Salzgehalt
- **Gleysols:** durch oberflächennahes Grundwasser gekennzeichnete Böden
- **Andosols:** meist junge, aus Vulkanaschen entstandene Böden
- **Podzols:** Böden, die Umlagerung von Huminstoffen und Eisenoxiden aufweisen („sauergebleicht")
- **Plinthosols:** Böden, die einen eisenoxid- und kaolinitreichen und gleichzeitig huminstoffarmen Horizont besitzen, der bei Sauerstoffzutritt irreversibel verhärtet
- **Nitisols:** tonreiche Böden (> 30 Masse-Prozent Ton), die eine allmähliche Tonzunahme mit der Tiefe sowie polyedrische Aggregate mit glänzenden Oberflächen aufweisen
- **Ferralsols:** stark verwitterte Böden
- **Planosols:** Böden mit abruptem Körnungssprung und unter humiden bzw. subhumiden Bedingungen nass gebleichtem Oberboden

- **Stagnosol:** durch oberflächennahes Stauwasser gekennzeichnete Böden
- **Chernozems:** Böden mit mächtigem durch Akkumulation von grauschwarzen Huminstoffen gekennzeichnetem Oberboden und Sekundärkarbonat im Unterboden, aber ohne sekundäre Gipsanreicherung
- **Kastanozems:** ähnlich Chernozem, jedoch unter ariden Bedingungen und daraus resultierender geringerer Bioturbation sowie stärkerer Akkumulation von Sekundärkarbonaten oder Gips
- **Phaeozem:** Böden mit Akkumulation von grauschwarzen Huminstoffen im Oberboden und hoher Basensättigung, jedoch ohne Sekundärkarbonate
- **Gypsisols:** Böden mit starker Anreicherung von sekundärem Gips
- **Durisols:** Böden mit durch Kieselsäure verfestigten Aggregaten im Unterboden, die sich weder in Säure noch in Lauge lösen lassen
- **Calcisols:** Böden mit mindestens einem Horizont, der hohe Anreicherung von Sekundärkarbonaten aufweist
- **Albeluvisols:** Böden mit, durch starke Versauerung, gebleichtem Oberboden, der zungenförmig in einen durch Tonverlagerung entstandenen, tonreichen Unterboden übergeht
- **Alisols:** Im Unterboden entbaste Böden mit einem Tonanreicherungshorizont, dessen Tonfraktion eine hohe Kationenaustauschkapazität ($\geq 24\,\mathrm{cmol_c\,kg^{-1}}$) aufweist
- **Acrisols:** Böden mit einer Basensättigung von überwiegend unter 50 Prozent im Unterboden sowie einem Tonanreicherungshorizont, dessen Tonfraktion eine geringe Kationenaustauschkapazität ($< 24\,\mathrm{cmol_c\,kg^{-1}}$) aufweist
- **Luvisols:** im Unterboden wenig entbaste Böden mit einem Tonanreicherungshorizont, dessen Tonfraktion eine hohe Kationenaustauschkapazität ($\geq 24\,\mathrm{cmol_c\,kg^{-1}}$) aufweist
- **Lixisols:** andere Böden mit einem Tonanreicherungshorizont, die weder zu *Alisols* noch zu *Nitisols*, *Acrisols* oder *Luvisols* gehören
- **Umbrisols:** Böden mit einem mächtigen, durch Akkumulation von grauschwarzen Huminstoffen gekennzeichneten Oberboden, der eine Basensättigung von unter 50 Prozent aufweist
- **Arenosols:** tiefgründige, durchweg sandige Böden ohne höhere Stein- oder Kiesgehalte (< 40 Vol.-%)
- **Cambisols:** relativ junge Böden, die Merkmale von Verwitterungs- und Tonmineralneubildungsprozessen aufweisen (siehe *cambic horizon* in Tab. 11.5.3)
- **Regosols:** Böden, die keiner der oben genannten Bodengruppen zugewiesen werden können

Tabelle 11.5.6 Übersicht über die in der *World Reference Base for Soil Resources* (WRB) definierten Bodengruppen und ihren diagnostischen Bodenhorizonten bzw. -eigenschaften (X = obligatorisch, – = ausgeschlossen, O = optional, aber mindestens eines zutreffend).

Bodengruppe	albic	anthr-/Hydragric	argic	calcic/Petrocalcic	cambic	cryic	duric	ferralic	fragic	gypsic	hortic	irragric	mollic	natric	nitic	petroduric	petrogypsic	petroplinthic	pisoplinthic	plinthic	plaggic	salic	spodic	terric	thionic	umbric	vertic	abrupt text.	albeluvic tongu.	andic	gleyic color patt.	cont. rock	reducing cond.	second. carb.	stagnic colour	vitric	artefacts	fluvic	organic	technic hard rock
Acrisols [1]	O		X																										X											
Albeluvisols			X																																					
Alisols [2]			X																																					
Andosols		O						–			O	O						–	–	–	O		–	O			O		X	O	X		X			O				
Anthrosols [3]		O	–						–	O	O	O									O		–	O			O			–						–				
Arenosols [4]			–	–				–	–		–	–						–	–	–	–		–				O			–						–				
Calcisols			–	X						O																								O						
Cambisols	O		–	X	O				–	O			X					O	O	O				O			O			O			X	O		O				
Chernozems [5]				X									X														O							O						
Cryosols						X																																		
Durisols							O									O																								
Ferralsols			–					X										–	–	–							O			–	X		X			–				
Fluvisols																															X		X					X		
Gleysols [6]	O									O							O														X		X							
Gypsisols				–						O							O																	O		–				
Histosols [7]																									X														X	
Kastanozems [8]				O									X																			X		O						
Leptosols [9]				–																		O										X				–				
Lixisols [10]			–					–										O	O	O											–									
Luvisols [11]			X																																					
Nitisols								–							X				–								O			–					–	–				
Phaeozems [12]													X														O													
Planosols	O																											X	–						O					
Plinthosols																		X	X	X								–			X		X		O					
Podzols																							X																	
Regosols [13]																																								
Solonchaks														X								X		–												–				
Solonetz														X								X												O	O					
Stagnosols																		–	–					–									X		O					
Technosols [14]																																					O			O
Umbrisols																										O														
Vertisols																											+													

[1] Kationenaustauschkapazität der Tonfraktion <24 cmol$_c$ kg^{-1} zumindest in Teilen des *argic* Horizonts und Basensättigung größtenteils <50% von 50 bis 100 cm Tiefe

[2] Kationenaustauschkapazität der Tonfraktion ≥24 cmol$_c$ kg^{-1} mindestens in den oberen 50 cm des *argic* Horizont und Basensättigung größtenteils <50% von 50 bis 100 cm Tiefe

[3] entweder *hortic, irragric, plaggic, terric* oder *anthraquic* mit liegendem *hydragric* Horizont ≥50 cm Tiefe

[4] gewichtete mittlere Körnung *loamy sand* oder gröber bis mindestens 100 cm Tiefe, außer wenn liegendes *plinthic, petroplinthic, pisoplinthic* oder *salic*; <40% Grobanteile

[5] *chroma* ≤2 feucht bis 20 cm unter GOF; *calcic* Horizont oder *second. carb.* innerhalb 50 cm unter einem *mollic*-Horizont; Basensättigung ≥50%

[6] *reducing conditions* und *gleyic colour pattern* innerhalb von 50 cm unter GOF

[7] Mächtigkeit des *histic*-Horizonts >40 cm, außer über Festgestein oder ≥75 Vol-% Moosrückstände

[8] *calcic*-Horizont oder *second. carb.* innerhalb 50 cm unter einem *mollic*-Horizont; Basensättigung ≥50%

[9] *continuous rock* innerhalb 25 cm unter GOF oder <20 % Feinerde im Profil

[10] Böden mit *argic*-Horizonten, die keiner anderen Bodengruppe zuzuordnen sind

[11] Kationenaustauschkapazität der Tonfraktion ≥24 cmol$_c$ kg^{-1} mindestens in den oberen 50 cm des *argic*-Horizonts

[12] Basensättigung ≥ 50 % im gesamten Profil

[13] Böden, die keiner anderen Bodengruppe zuzuordnen sind

[14] entweder ≥ 20 % *artefacts* innerhalb von 100 cm unter GOF oder *technic hard rock* innerhalb von 5 cm unter GOF

Maßgeblich für die Klassifikation ist das Vorhandensein bestimmter diagnostischer Horizonte oder Eigenschaften sowie die Rangfolge im Bestimmungsschlüssel (IUSS 2006). Beispielsweise muss ein Boden, der zur Bodengruppe der Chernozems gehört sowohl einen *mollic* (mächtiger dunkler Oberboden) als auch einen *calcic horizon* oder Anreicherung von sekundären Karbonaten aufweisen, während ein Fluvisol die Eigenschaft *fluvic* (= frische fluviale, lakustrine oder marine Sedimente) besitzen muss. Die weitere Differenzierung einer Bodengruppe in Bodeneinheiten erfolgt durch Vor- oder Nachstellung der Bezeichnung eines *qualifiers*, der oft mit der Bezeichnung von diagnostischen Horizonten oder Eigenschaften übereinstimmt. Zum Beispiel ist ein *Salic Fluvisol* ein Boden aus fluvialen, lakustrinen oder marinen Sedimenten mit erhöhtem Salzgehalt. Falls keine weiteren Horizonte auftreten, die von Bedeutung sind, erhält der Boden den *qualifier* „Haplic" (z. B. *Haplic Fluvisol*). Weitere Untergruppen können durch Kombination aus mehreren *qualifiers* gebildet werden (z. B. S*alic Gleyic Fluvisol* [*Thionic*]). Die Parallelen zwischen der deutschen Systematik und der WRB sind vielfältig. Eine Korrelation zwischen den Bodengruppen der WRB und den Bodentypen der deutschen Systematik ist, außer bei Bodengruppen extremer Klimate, die in Deutschland nicht vertreten sind, prinzipiell möglich, aber nicht immer eindeutig. Die Übertragung der Bodenansprache von einem System in das andere muss daher fallweise geprüft werden.

11.6 Bodenverbreitung

Bernhard Eitel

Überblick zur Verbreitung der wichtigsten Böden der Erde

Die unterschiedlichen Wechselwirkungen zwischen den Bodenbildungsfaktoren führen zu sehr verschiedenartigen Böden. Man unterscheidet grundsätzlich zwischen der Gruppe der **Pedocale**, den Trockengebietsböden mit Anreicherung von Kalziumsalzen (v. a. $CaCO_3$, $CaSO_4$) und anderen Salzen (z. B. NaCl), und den **Pedalferen**, den Böden der humiden Klimate mit intensiver Aluminium- und Eisendynamik (Al + Fe). Mit verschiedenen Bodennomenklaturen und -systematiken (Kapitel 11.5) wurden diese beiden Gruppen in Bodentypen bzw. Hauptbodengruppen gegliedert. Erstmals wurde dies in der FAO-UNESCO-Weltbodenkarte weltweit kartogra-

phisch umgesetzt, die vor allem in den 1970er- und 1980er-Jahren erstellt wurde. Die Abbildung 11.6.1 basiert auf diesem umfangreichen Werk und illustriert die Abhängigkeit der Bodenbildung besonders vom geoökozonalen Wandel mit der Breitenlage (Strahlungszone) bzw. mit der Distanz von den Küsten (Kontinentalität/Maritimität). Zusätzlich modifizieren selbst auf dieser kleinen Maßstabsebene noch erkennbar die Gebirgsregionen und Küstenwüsten sowie das unterschiedliche Alter der Böden die Bodenzonierung.

Ein Boden ist ein vierdimensionales, das heißt in Raum und Zeit „lebendiges" Naturphänomen mit einer eigenen Geschichte. Ein Pedon (auch Bodenindividuum) gleicher Form bildet kleine geschlossene Pedotope. Dagegen treten Böden auf größeren Flächen fast immer als komplexes Mosaik aus Bodenformen auf, das als Bodengesellschaft bezeichnet wird. Schnitte durch derartige repräsentative Bodengesellschaften und die räumlich gesehen zugehörigen Bodenlandschaften sind ein wichtiges geographisches Darstellungsmittel. Eine typische Abfolge von Leitböden in einem Landschaftsquerschnitt stellt eine Bodentoposequenz dar. Stehen die Böden darüber hinaus in einer, meist reliefgesteuerten genetischen Beziehung zueinander, dann spricht man von einer Catena (lat. = Kette; Milne 1935).

Böden in den feuchten Mittelbreiten

Während in den borealen Waldgebieten (von griech. *boreas* = der Norden) Podsole, Gleye und Moore dominieren (*Podzol-Gleysol-Histosol*-Zone), gehören die Böden Mitteleuropas stellvertretend für die feuchten Mittelbreiten bodenzonal zur Parabraunerde/Braunerde-Zone (*Luvisol-Cambisol*-Zone). Die **Braunerden** (*Cambisols*) sind typische Verwitterungsböden, in denen sich die einsetzende Silikatverwitterung in rostbraunen Farben (Verbraunung) und in Tonmineralbildung (Verlehmung) zeigt. **Parabraunerden** (*Luvisols*) unterscheiden sich von ihnen vor allem durch die Lessivierung, also die vertikale Tonmineralverlagerung, was dazu führt, dass die Parabraunerden auf gut durchlässigen, jungen Substraten vorherrschen (Abb. 11.6.2).

Beide Bodentypen sind überwiegend Waldböden und sind an Lockersedimente bzw. Verwitterungsdecken gebunden. Braunerden (*Cambisols*) treten vorzugsweise an Hängen und besonders in gröberen silikatreichen Solifluktionsdecken der Mittelgebirge und in Teilen der Deckgebirgslandschaften in den Vordergrund, während die Parabraunerden (*Luvisols*) vor allem in den süd- und westdeutschen Lösslandschaften und auf Sand-Kies-Gemischen der Beckenlandschaften vorherrschen.

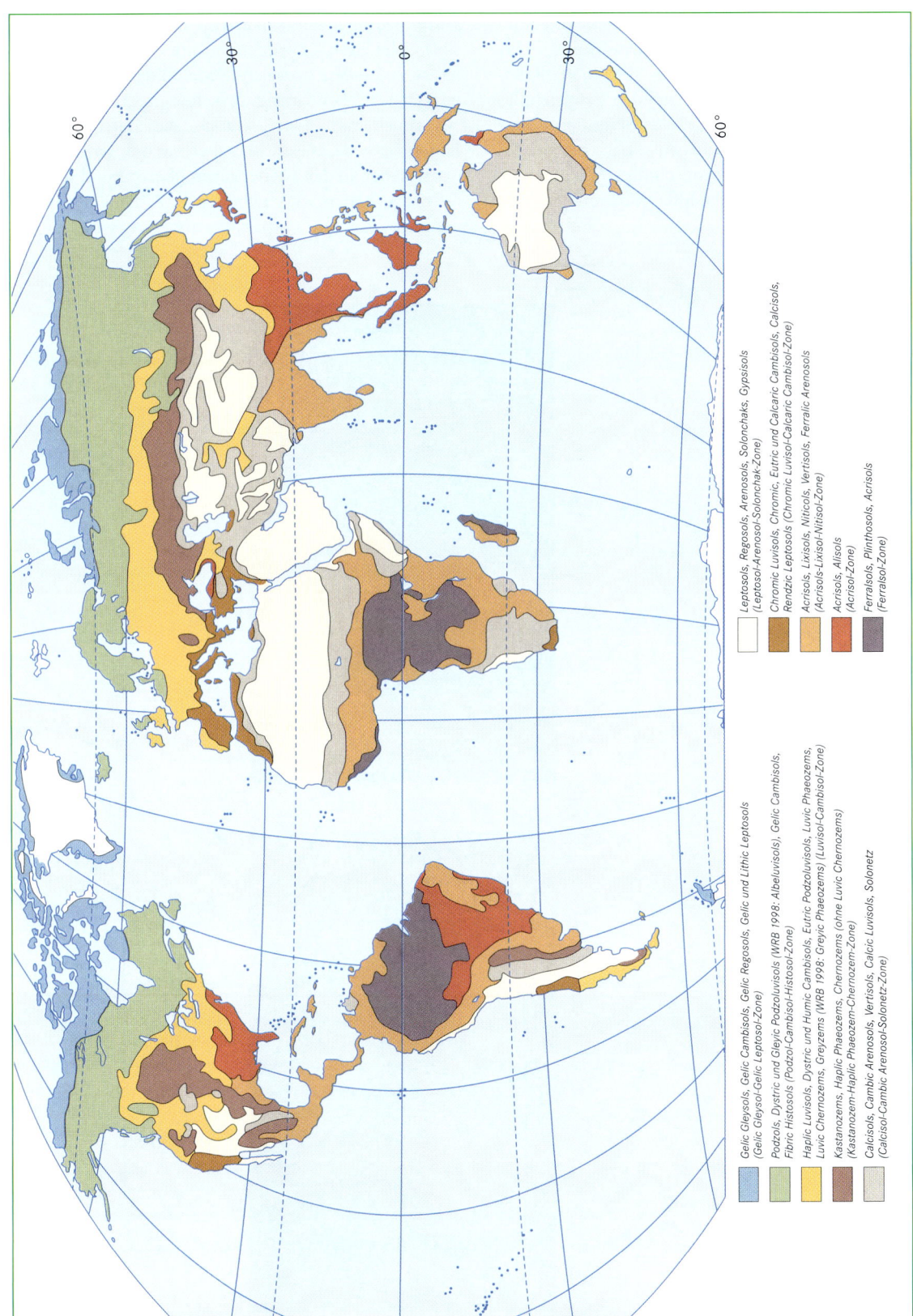

Legenden (Kartenlegende, rechts):

Leptosols, Regosols, Arenosols, Solonchaks, Gypsisols
(Leptosol-Arenosol-Solonchak-Zone)

Chromic Luvisols, Chromic, Eutric und Calcaric Cambisols, Calcisols,
Rendzic Leptosols (Chromic Luvisol-Calcaric Cambisol-Zone)

Acrisols, Lixisols, Nitisols, Vertisols, Ferralic Arenosols
(Acrisols-Lixisol-Nitisol-Zone)

Acrisols, Alisols
(Acrisol-Zone)

Ferralsols, Plinthosols, Acrisols
(Ferralsol-Zone)

Gelic Gleysols, Gelic Cambisols, Gelic Regosols, Gelic und Lithic Leptosols
(Gelic Gleysol-Gelic Leptosol-Zone)

Podzols, Dystric und Gleyic Podzoluvisols (WRB 1998: Albeluvisols), Gelic Cambisols,
Fibric Histosols (Podzol-Cambisol-Histosol-Zone)

Haplic Luvisols, Dystric und Humic Cambisols, Eutric Podzoluvisols, Luvic Phaeozems,
Luvic Chernozems, Greyzems (WRB 1998: Greyic Phaeozems) (ohne Luvic Chernozems)
(Luvisol-Cambisol-Zone)

Kastanozems, Haplic Phaeozems, Chernozems (ohne Luvic Chernozems)
(Kastanozem-Haplic Phaeozem-Chernozem-Zone)

Calcisols, Cambic Arenosols, Vertisols, Calcic Luvisols, Solonetz
(Calcisol-Cambic Arenosol-Solonetz-Zone)

Abb. 11.6.1 Bodenzonenkarte der Erde (verändert nach Eitel 2001).

Während in den Jungmoränenlandschaften Nord- und Süddeutschlands Parabraunerden (*Luvisols*) und Pseudogleye dominieren, treten in den Altmoränenlandschaften Norddeutschlands und auf den Sandsteinflächen Süddeutschlands Podsole (*Podzols*) und podsolige Böden häufig auf. Podsole haben einen gebleichten Oberboden, der durch fast vollständige Silikatzerstörung, Oxidlösung und Nährstoffabfuhr infolge sehr saurer Bedingungen (silikatarme Lockersubstrate, gerbstoffreiche Streu) in feuchtem Klima entstand (verbreitet auch in den borealen Nadelwaldgebieten und in quarzsandreichen innertropischen Becken). Es sind zusammen mit den *Ferralsols* die unfruchtbarsten Böden der Erde. Diesen Böden an gut dränierten Standorten stehen in den Niederungen überwiegend semiterrestrische Böden wie Aueböden (z. B. *Fluvisols*), Gleye

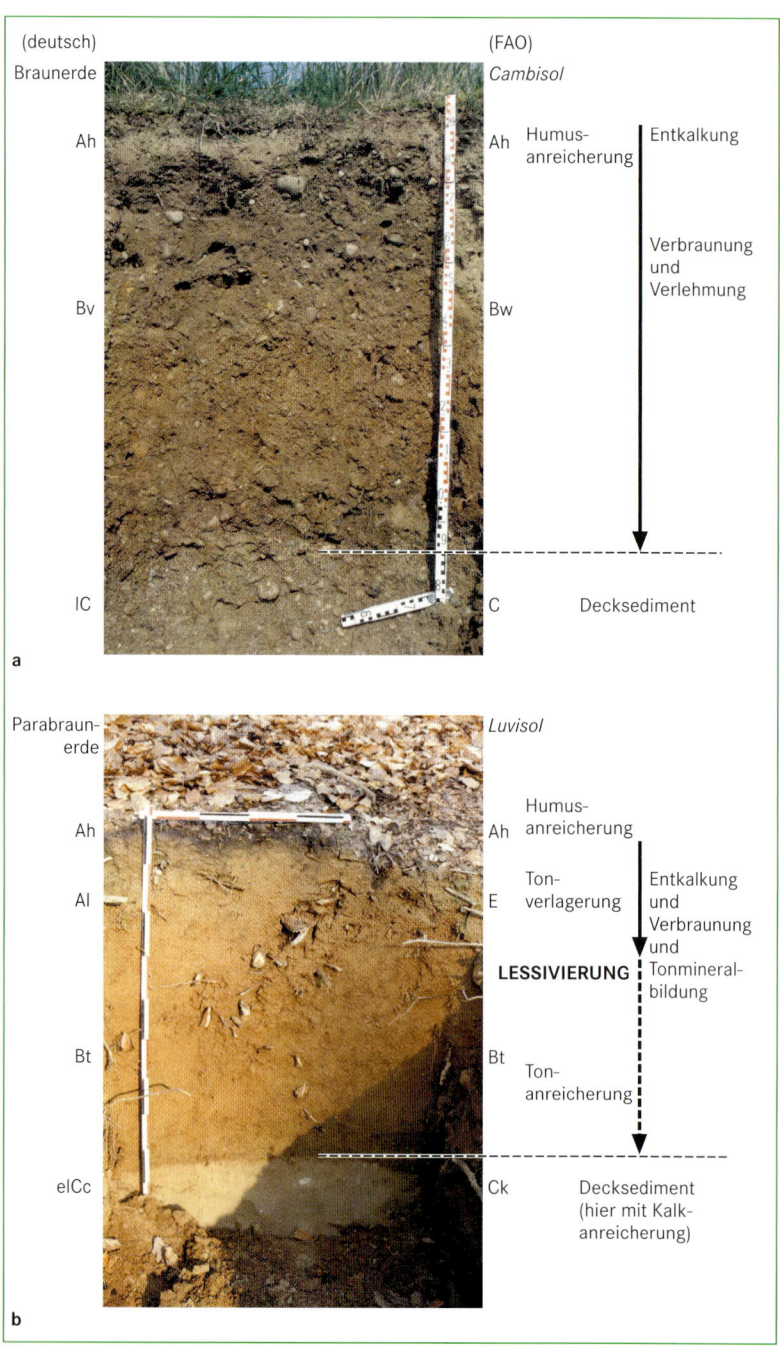

Abb. 11.6.2 a) Braunerde (WRB: *Cambisol*) auf den Inn-Terrassen im bayerischen Alpenvorland; b) Parabraunerde (WRB: *Luvisol*) im Kraichgau/Südwestdeutschland mit waldwirtschaftlich degradiertem humosen Oberboden (Fotos: B. Eitel).

und Marschen sowie semisubhydrische Böden (Watt, *Gleysols*) und Moore (*Histosols*) entgegen. Diese mehr oder weniger hydromorphen Böden sind durch besondere Bodenbildungsprozesse im Zuge reduzierender (Sauerstoffabschluss) und/oder oxidierender (mit Sauerstoff) Bedingungen gekennzeichnet.

Die Böden Mitteleuropas sind überwiegend in Substraten entstanden, die aus dem Spätglazial (ca. 15 000 bis 11 700 Jahre vor heute) stammen. Diese Böden sind zwar mehr oder weniger reife, aber in globalem Vergleich noch keine besonders alten Böden. Die chemische Verwitterung und Stoffabfuhr haben, mit Ausnahme besonders der podsolierten Böden, die Silikate (v. a. Feldspäte, Glimmer) und die Nährstoffträger (v. a. Tonminerale, Ton-Humus-Komplexe, Huminstoffe) noch nicht zerstört, sondern durch die Verwitterungsprozesse meist nur verändert. Nährstoffe, beispielsweise wichtige Basen (K, Mg, P, N usw.), werden damit im Boden gehalten und pflanzenverfügbar gemacht. (Para-)Braunerden sind daher vergleichsweise fruchtbar, zumal in dem gemäßigten Mittelbreitenklima auch die organische Auflage relativ schnell humifiziert oder remineralisiert wird, wodurch den Böden und letztlich auch den Pflanzen die Nährstoffe wieder zugeführt werden.

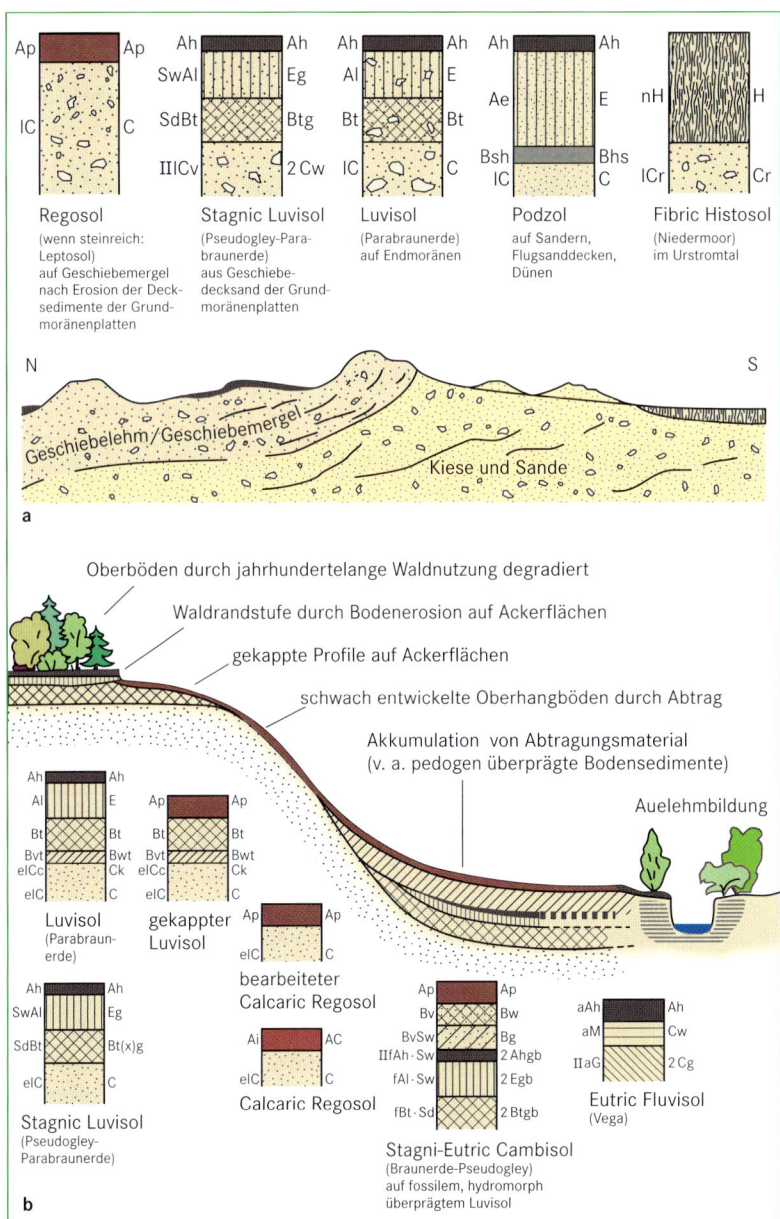

Abb. 11.6.3 Beispiele für eine Bodentoposequenz der norddeutschen Jungmoränenlandschaft (a) und eine Bodencatena in einer süddeutschen Lösslandschaft (b). Beide Landschaften sind mehr oder weniger anthropogen überprägt. Im zweiten Fall hat dies zu besonders starken Erosionsprozessen geführt, die die catenare Bodenentwicklung überprägten.

Die landschaftliche Kleinkammerung, die in Mitteleuropa besonders ausgeprägt ist, führt zu vielen Übergangsbodentypen und zu einem sehr differenzierten Bodenmosaik, da sich das Zusammenwirken der Bodenbildungsfaktoren häufig kleinräumig stark verändert. Böden „wachsen" zudem nicht auf Festgesteinen, sondern fast immer in Sedimenten. Dies macht ihre enge genetische Bindung an die Reliefentwicklung und Landschaftsgeschichte deutlich. Typische Bodentoposequenzen und Catenen verdeutlichen diese kleinräumigen Wechsel. Im norddeutschen Jungmoränengebiet sind beispielsweise häufig Parabraunerden (*Luvisols*), Podsols (*Podzols*) und Moore (*Histosols*) miteinander vergesellschaftet (Abb. 11.6.3a). Typische catenare, vom Relief geprägte Beziehungen bestehen auch oft zwischen den Böden einer Lösshügellandschaft. Hier werden zudem die menschlichen Eingriffe in die Bodenlandschaft und die damit verbundene Erosion der Böden deutlich (Abb. 11.6.3b).

Böden in den feuchten Subtropen und Tropen

Viele der (sub-)tropischen Böden sind von intensiverer Bodenfarbe bis hin zu leuchtenden Rottönen gekennzeichnet. Dies ist eine Folge periodisch-episodischer Austrocknung, wobei dann aus den Fe-Hydroxiden (braun bis gelb), die aus der Silikatverwitterung oder aus Eisenkarbonaten bei Kalksteinen entstehen, Fe-Oxide (v. a. Hämatit, rot) gebildet werden. Hämatit ist sehr stabil und wird daher kaum noch umgewandelt. Diese Rotfärbung (**Rubefizierung**) wird durch die Anwesenheit von verkarsteten Kalkgesteinen, verbreitet zum Beispiel im Mittelmeergebiet, noch gefördert. Sie ist aber auch ein Zeichen höheren Alters der Böden, da sich das Verhältnis von mesostabilen Hydroxiden zu sehr stabilen Oxiden mit der Häufigkeit der Bodenaustrocknung zunehmend verschiebt. *Terrae rossae*, also rötliche Braunerden (*chromic Cambisols*) und rötliche Parabraunerden (*chromic Luvisols*) können so entstehen.

In den immerfeuchten Gebieten der Subtropen und Tropen ist zudem die Effizienz der chemischen Verwitterung der Minerale besonders hoch. Bei guter Dränage der Böden wirkt vor allem die Hydrolyse und zerstört die Silikate. Hinzu kommt die beschleunigte Zersetzung und Remineralisierung der organischen Auflage, was sich vielerorts in dünnen Humusauflagen und wenig humosen Oberböden zeigt. Alles zusammen genommen charakterisiert dies eine beschleunigte Tiefenverwitterung mit Entkalkung und Basenabfuhr, was mit der Verlagerung der Tonminerale (Lessivierung) einhergeht. Bei starker

Wasserperkolation über lange Zeitspannen wird zudem die **Desilifizierung** wirksam, also die Lösung und Abfuhr von Si, womit die Silikate und letztlich sogar die Quarze (Siliziumdioxid) zerstört werden. Aus Si-reichen Dreischichtsilikaten mit hoher Kationenaustauschkapazität (KAK = Summe aller austauschbaren Kationen) entstehen so Si-arme Zweischicht-Tonminerale (Kaolinit) mit geringer KAK. Die Kationenaustauschkapazität und die Basensättigung (BS = Anteil von Ca, Mg, Na und K an der gesamten KAK) sind wichtige bodentypisierende Kennzeichen (Abb. 11.6.4).

Letztlich werden mit zunehmender Verwitterung und wachsendem Bodenalter die residualen Oxide angereichert, wodurch zunächst **fersiallitische Böden**, also vor allem Böden mit Fe- und Al-Oxiden sowie mit Si-armen Zweischicht-Tonmineralen wie Kaolinit (z. B. *Acrisols* und *Lixisols*) und letztlich **ferallitische Böden** entstehen, die fast ausschließlich aus übriggebliebenen Fe- und Al-Oxiden aufgebaut sind. Diese Ferralsols sind sehr nährstoffarm. Auch eine Düngung (z. B. durch Brandrodung und Asche oder mit Kunstdünger) bringt keine nachhaltige Verbesserung, da die Tonminerale und Huminstoffe und damit die potenziellen Nährstoffspeicher in diesen Böden weitestgehend verwittert sind.

Die *Ferralsol*-Zone ist bodengeographisch auf diejenigen Tropenregionen konzentriert, in denen alt verwitterte kristalline Schilde die Landoberfläche bilden (Äquatorialafrika, Amazonasbecken) und die Böden $> 10^5$ bis $> 10^6$ Jahre alt sind. Verschiedene Klimate wirkten dabei auf die Böden (polyklimatische Böden) und führten in ihrer Summe zu den oxidischen, nährstoffarmen Bildungen (*Ferralsol*-Zone). Diese *Ferralsol-Acrisol*-Bodengesellschaften sind damit ein besonders altes Erbe dieser Landschaften. Auf jüngeren Substraten in den feuchten (Sub-)Tropen dominieren dagegen die tief verwitterten lessivierten Böden (*Acrisol*-Zone).

Demgegenüber gibt es aber auch in den Tropen Gunsträume, in denen die Pflanzenproduktion von jungen, nährstoffreichen Böden sowie großzügigem Feuchte-, Wärme- und Lichtangebot profitiert. Beispiele hierfür sind die großen Schwemmländer Süd- und Südostasiens, die Vulkangebiete auf Java oder in Teilen Ostafrikas, tropische Vulkaninseln und letztlich auch viele Gebirgsregionen in den niederen Breiten. Die landwirtschaftliche Produktion ist hoch und eine große Zahl von Menschen kann hier ernährt werden.

Wie in den Mittelbreiten sind auch in den Subtropen und Tropen besondere Böden in den Tiefenlinien, Mulden und Talzügen anzutreffen. *Gleysols* und *Fluvisols* sind weltweit zu finden. Eine Besonderheit der Randtropen, vor allem der Savannen, stellen die *Vertisols* dar. Sie sind durch besonders hohe Anteile quellfähiger Dreischicht-Tonminerale (Smectite) gekennzeichnet, die

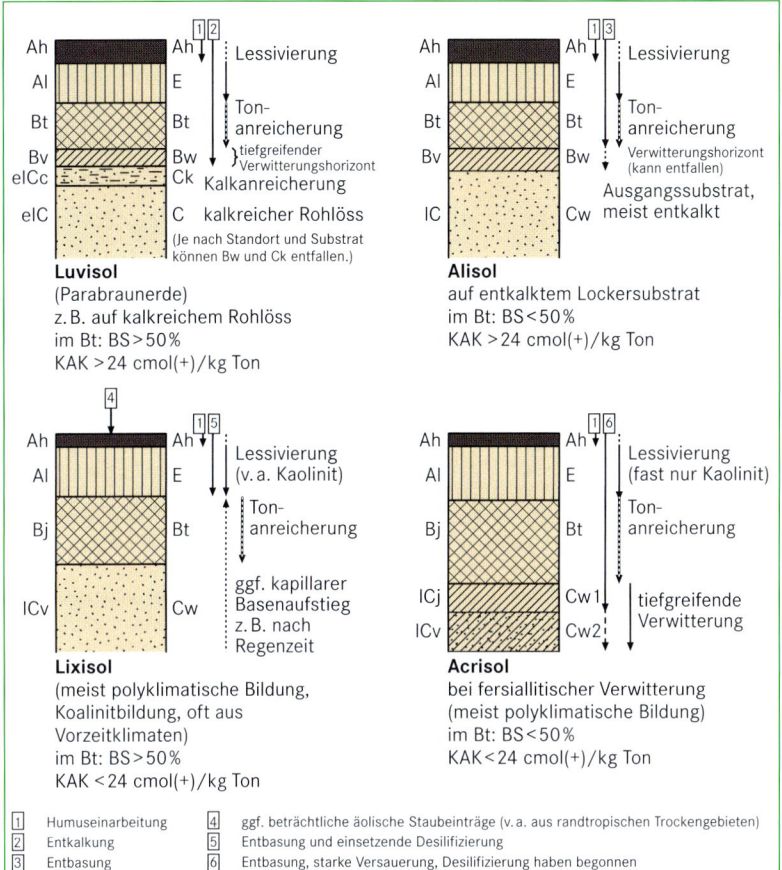

Abb. 11.6.4 Die lessivierten Böden der Erde (nach FAO-UNESCO Weltbodennomenklatur, Eitel 2001). Im Gelände sind die Böden oft schwer unterscheidbar (die Bodenfarbe ist hierzu kaum verwendbar). Lessivierte Böden sind abhängig von der Kationenaustauschkapazität (KAK) und der Basensättigung (BS) unterschiedlich fruchtbar und nutzbar. Bei hoher KAK, aber niedriger BS sind sie beispielsweise mit Düngemitteleinsatz (Basenzufuhr) vergleichsweise einfach zu verbessern, da genügend Nährstoffadsorbenten (v. a. Dreischicht-Tonminerale) vorhanden sind. Umgekehrt ist Düngung bei Böden mit niedriger KAK wenig wirkungsvoll.

entweder durch Lösungszufuhr aller dafür benötigter Stoffe entstanden und/oder durch Abtrag aus höheren Geländepartien in den Tiefenlinien akkumuliert wurden. Durch das Quellen und Schrumpfen der Tonminerale im Zuge regenzeitlicher Durchfeuchtung und trockenzeitlicher Austrocknung entsteht ein Selbstmulcheffekt (**Peloturbation**), durch den immer wieder frisches Material und Humus tiefgründig in den Boden eingearbeitet werden. Die Folge des fein verteilten Humus ist die Bildung stabiler Ton-Humus-Komplexe, die den Boden intensiv schwarz färben (**Melanisierung**), ohne dass der Humusgehalt besonders hoch wäre. Die anhaltende Stoffzufuhr einerseits und die hohe KAK der Smectite andererseits machen die Vertisols zu besonders fruchtbaren, aber auch sehr schweren, nur aufwendig zu bearbeitenden Böden. In den immerfeuchten Tropen treten in besonders flachen und schlecht dränierten Bereichen *Plinthosols* zu den *Ferralsol-Acrisol*-Gesellschaften. *Plinthosols* sind kaolinitische oxidische Böden, deren Fe-Al-Reichtum gesteigert wird, indem weiteres Al und Fe in reduzierter Form und damit in Lösung mit dem Bodenwasser zugeführt wird.

Werden Plinthosols dräniert oder durch Erosion exhumiert und trocknen sie aus, können sich aus dem Ton-Oxid-Gemisch (Plinthit) ziegelartige Krusten bilden (früher auch Laterit). Dieser Effekt hat häufig zur Nutzung von *Plinthosols* (griech. *plinthos* = Ziegel) als Baustein geführt.

Böden in den Trockengebieten der Erde

Die Böden der Trockengebiete zeichnen sich im Gegensatz zu denen der humiden Gebiete durch Basenanreicherung aus. Dies ist vor allem eine Folge mangelnder Durchfeuchtung, weil nicht ausreichend Sickerwasser zur Verfügung steht, um die gelösten Stoffe abzutransportieren. Andererseits kann eine oberflächennahe Basenanreicherung auch die Folge aszendenter Bodenlösung sein, wenn der Grundwasserspiegel hoch liegt und genügend Feinmaterial für einen starken Kapillarsog sorgt. Diese Anreicherung erlaubt sogar die Bildung

 **Exkurs 11.6.1**

Böden als Klimaarchive

Thomas Scholten

Spätestens seit Dokuchaev (1898, zitiert in Jenny 1980) geht man davon aus, dass Eigenschaften des Klimas, neben den anderen bodenbildenden Faktoren Gestein, Relief, Biota und Zeit, maßgeblichen Einfluss auf die Bodenbildung ausüben. So bewirken zum Beispiel die regelmäßigen Niederschläge in den kühl-gemäßigten, maritim geprägten norwegischen Küstengebieten oder auch im Norden von Schottland eine stetige Durchspülung des Bodens. Gekoppelt an eine sehr hohe Bodenacidität geht damit eine Abwärtsverlagerung bzw. Auswaschung von Huminstoffen und pedogenen Oxiden einher. Dadurch bilden sich Podsole, die auch als typische klimazonale Böden für den borealen Raum (D-Klimate nach Köppen) angesehen werden können. Ähnlich verhält es sich mit den anderen Klimaten der Erde, die jeweils charakteristische Böden hervorbringen. Gemäß der Kausalkette der Pedogenese stellen sich also bestimmte Merkmalskombinationen ein. Wenn das **Klima der dominierende bodenbildende Faktor** ist, können diese Merkmale als diagnostisch für definierte klimatische Bedingungen angesehen werden (Retallack 1990).

Die Pedogenese benötigt zur Ausbildung derartiger diagnostischer Merkmale im Allgemeinen Zeiträume von einigen Hundert Jahren bis zu Jahrmillionen, je nach Ausprägung der bestimmenden klimatischen Faktoren und nach Intensität der Bodenbildung. Im Vergleich mit schnell reagierenden biologischen Systemen und eher langsamen geologischen Systemen nimmt die Bodenentwicklung bezüglich ihres zeitlichen Ausmaßes also eine Mittelstellung ein. Die dabei entstandenen pedogenetischen Merkmale sind in der Regel sehr stabil und bleiben über Tausende bis Millionen von Jahren erhalten. Lediglich leicht oxidierbare Komponenten, wie beispielsweise die organische Substanz, unterliegen einem relativ raschen Abbau. Man kann also schlussfolgern, dass Böden in aller Regel die Bildungsbedingungen in Form von diagnostischen Merkmalen konservieren.

Wenn sich nun das aktuelle Klima von demjenigen zur Zeit der Bildung eines bestimmten Bodens unterscheidet, werden die zuvor geprägten Eigenschaften des Bodens erhalten und man kann sagen, dass dieser die klimatischen Bedingungen zur Zeit seiner Entstehung archiviert hat. Der Boden fungiert als Klimaarchiv. Der Archivierungsfunktion des Bodens wird auch im deutschen Bundesbodenschutzgesetz (BBodSchG) Rechnung getragen, wo dem Boden unter anderem die Funktion als **Archiv der Natur- und Kulturgeschichte** (§ 2 Abs. 2) zugeordnet ist.

Vom rezenten Klima ausgehend hat es die letzte einschneidende Klimaänderung an der Grenze vom Pleistozän zum Holozän gegeben. Böden mit klimatischer Archivfunktion entstanden also in Bodenbildungsphasen vor dem Holozän. Sie werden in der Bodenkunde als Paläoböden bezeichnet. In Deutschland sind die meisten Paläoböden quartären bis tertiären Alters. Die quartären Böden sind in der Regel während der pleistozänen Interglaziale und Interstadiale entstanden. Typisch sind Tundragleye, Nassböden, Parabraunerden, Podsole, Braunerden oder Humuszonen. Tertiäre Böden wie Plastosole und Latosole, die nach Bodenkundlicher Kartieranleitung (AG Boden 2005) in der Klasse der fersiallitischen und ferrallitischen Paläoböden zusammenge-

fester Bodenkrusten aus Kalk, Gips oder anderen Salzen. Treten in den Trockengebieten ältere, unter einst feuchteren Klimabedingungen gebildete Böden auf (Exkurs 11.6.1), so können durch diese Anreicherungsprozesse neue Bodenmerkmale und -typen entstehen. Beispielsweise können ehemals entkalkte Braunerden wieder aufgekalkt (*calcaric Cambisols*) oder saure *Acrisols* wieder mit Basen gesättigt werden (*Lixisols*). Dies ist überwiegend in den Übergangsgebieten zwischen Feucht- und Trockengebieten der Fall.

In den subtropisch-tropischen Trockengebieten und Wüsten bilden die vom Substrat gekennzeichneten, humusarmen Böden die größten Flächen. Steinige Rohböden (*Leptosols*) formen somit zusammen mit den Sandböden (*Arenosols*) und den Salzböden (*Solonchaks*) die **Leptosol-Arenosol-Solonchak-Zone.** Dem hygrischen Gradienten und der Löslichkeit der Salze folgend, dominieren in der Dornstrauchsavanne (maximal 500 mm Jahresniederschlag) die Kalkanreicherungsböden (*Calcisols*), die mit zunehmender Aridität in den Wüsten von Gipsböden (*Gypsisols*) und Salzböden (*Solonchaks*) abgelöst werden und mit den Rohböden eigene Bodengesellschaften bilden. In karbonatischem Mg-reichem Milieu der trockenen Semiarid-Landschaften ist die pedogene Bildung besonderer Tonminerale wie *Palygorskit* und *Sepiolith* möglich, die nur unter den herrschenden Trockenklimaten stabil sind und damit als Klimazeiger in der Paläoumweltforschung dienen. In

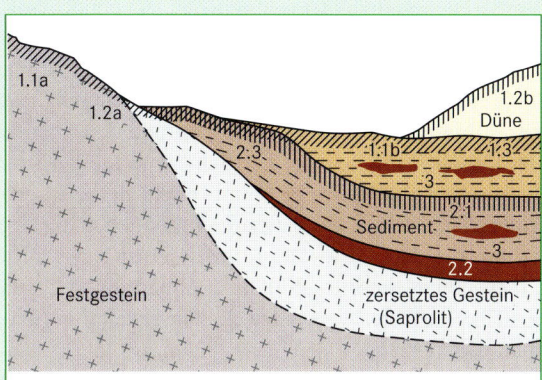

1. **holozäne Böden**
1.1 a rezente Böden auf Festgestein
    b rezente Böden in quartären Sedimenten
1.2 a rezente Böden auf Erosionsflächen
    b rezente Böden in jungen holozänen Sedimenten
1.3 fossile Böden unter holozänen Sedimenten bzw.
    anthropogenen Aufträgen
2. **Paläoböden**
2.1 fossile Böden, pleistozän
2.2 fossile Böden, präpleistozän
2.3 Reliktboden, rezenter Boden mit reliktischen Merkmalen
3. **umgelagerte Paläobodenrelikte**

Abb. 1 Vorkommen von Böden unterschiedlichen Alters in einer Landschaft (verändert nach Felix-Henningsen 1994).

Abb. 2 Paläobodensequenz auf der Riß-Hochterrasse am Standort Trindorf südwestlich von Linz, Österreich (Foto: T. Scholten).

fasst werden, zeichnen sich durch eine kaolinitische, häufig ton- und eisenreiche rote Matrix aus, die auf lange Bildungszeiträume unter warm-humiden, tropischen Klimabedingungen hindeutet. Paläoböden in älteren Gesteinen des Mesozoikums und Paläozoikums sind in Deutschland nur selten anzutreffen, da die Sedimentgesteine aus diesen Zeiträumen größtenteils marinen Ursprungs sind. Erst nach der Meerestransgression im Tertiär setzte eine Bodenbildung im terrestrischen Milieu ein.

Entsprechend ihres Vorkommens in der Landschaft (Abb. 1) kann man zwischen fossilen Böden und Reliktböden unterscheiden. Fossile Böden liegen vor, wenn Paläoböden von jüngeren Sedimenten bedeckt und damit begraben (lat. *fossilis*=begraben) sind. Je nach ihrer Tiefenlage waren diese dann von einer Überprägung durch die aktuelle Pedogenese weitgehend entkoppelt. Befindet sich der Paläoboden dagegen an der heutigen Landoberfläche, unterliegt er dem Einfluss der rezenten Pedogenese. Die archivierten klimarelevanten Merkmale werden je nach ihrer Stabilität mehr oder minder stark verändert und durch die aktuelle Bodenbildung überprägt. Man bezeichnet diese Paläoböden daher als Reliktböden.

den Wüsten sind viele Böden durch ein **Wüstenpflaster** aus Grobmaterial gekennzeichnet, das aus der Auswehung feinerer Komponenten residual erhalten blieb. Unter dem Wüstenpflaster befindet sich häufig noch ein feinmaterialreicher **Vesikularhorizont**, der schwach zementiert eine Bläschenstruktur aufweist, die auf das plötzliche Entweichen der Bodenluft bei episodischen Regengüssen zurückzuführen ist.

In den trockenen Mittelbreiten mit weniger als zirka 400 mm Jahresniederschlag, den Steppen, ist die Biomasseproduktion besonders groß. Da die sommerliche Trockenheit und die Winterkälte einen schnellen Abbau der toten pflanzlichen Substanz verhindern, reichert sich viel Humus an, der durch die Bodentiere (**Biotur-** bation) in den Mineralboden eingearbeitet wird. Sehr fruchtbare Böden mit mächtigen humusreichen Oberböden (bis >1 m) sind die Folge. Auch hier sind Veränderungen der Bodengesellschaften mit dem hygrischen Gradienten zu beobachten. Während die schwarzgefärbten Tschernoseme (*Chernozems*) der Langgrassteppen gegen die feuchten Mittelbreiten in Parabraunerden übergehen, werden sie in trockeneren Gebieten von braunen Kastanozems (Kurzgrassteppe) abgelöst. In den Übergangsgebieten zum borealen Nadelwald treten immer mehr Merkmale der Bleichung und Podsolierung auf (*Greyzems*, WRB seit 1998: *Greyic Phaeozems/Albeluvisols*).

11.7 Bodenerosion

Johannes Ries

Bodenerosion ist die bei Weitem problematischste Form der **Bodendegradation**. Sie vermindert alle Bodenfunktionen, insbesondere Bodenfruchtbarkeit, Puffer- und Speichervermögen und kann zur Vernichtung der gesamten Bodensubstanz führen.

Der aus dem Amerikanischen *soil erosion* ins Deutsche übertragene Begriff gilt in der Geomorphologie und Bodengeographie nur für die vom Menschen ausgelöste oder verstärkte Abtragung von Boden-/Lockermaterial. Diese beschleunigten Abtragungsprozesse übersteigen das natürliche Maß der Abtragung meist deutlich. Der Mensch ist durch Verminderung und/oder Auflockerung der Vegetationsbedeckung, zumeist durch Rodung oder durch Überweidung sowie durch nicht angepasste landwirtschaftliche Nutzung, Auslöser und als Landnutzer auch Betroffener. Bodenerosion wird heute als geomorphologischer Prozesskomplex von Ablösung, Transport und Ablagerung der Bodenteilchen verstanden, dessen landschaftshaushaltliche Wirkungen über das Nutzungspotenzial des Bodens hinausgreifen und weitreichende negative Auswirkungen auf Wasser- und Stoffkreisläufe haben.

Neben der Schädigung durch Verlust auf den direkt betroffenen Flächen (*on site*) sind die durch Bodenein- und -auftrag entstehenden Schäden außerhalb (*off site*) zu beachten. Bodenerosion betrifft vorrangig Ackerflächen, auch Wiesen und Weideland, und ist sogar unter Wald zu finden. Wasser und Wind, aber auch Bodenbearbeitung (*tillage erosion*) und Weidetiere (*sheep erosion*) verursachen die Ablösung und Verlagerung von Bodenteilchen.

Im Gegensatz zu anderen Bodenschädigungen muss die Bodenerosion als weitgehend irreversibel betrachtet werden, da die Abtragsraten die Bodenneubildungsraten um das 10- bis 100-Fache übersteigen.

Verbreitung von Bodenerosion

Betroffen sind nahezu alle landwirtschaftlich genutzten Regionen der Erde. Die Schwerpunkte liegen in den **wechselfeuchten Tropen** und **Subtropen** und den **trockenen Mittelbreiten**. Sehr stark betroffen sind der Mittelmeerraum, Osteuropa, wo Getreide- und Hackfruchtbau meist ohne bodenschützende Maßnahmen agro-industriell betrieben werden, Südosteuropa und Vorderasien vorrangig durch Überweidung sowie die dicht besiedelten Regionen Süd- und Südostasiens durch nicht angepasste ackerbauliche Nutzung. Im Mittleren Westen der USA und in den Steppenprovinzen Kanadas sind die hoch technisierte Agrarwirtschaft, in Mexiko, ganz Mittelamerika, Nordost- und Südostbrasilien und Südafrika nicht angepasste Landwirtschaftssysteme infolge unzureichender Einkommensverhältnisse der Bevölkerung und in der Sahelzone die unsichere Ernährungssituation als hauptursächlich anzusehen. Weite Teile der landwirtschaftlich genutzten Gebirgsräume der Erde sind aufgrund des Reliefs gefährdet. Einen ersten Überblick gibt die in Abbildung 11.7.1 dargestellte Karte der weltweiten Bodendegradation (Oldeman et al. 1991).

Bodenerosion ist kein neuzeitliches Phänomen. Landschaften wie der Mittelmeerraum und der Vordere Orient sind in ihrem heutigen Erscheinungsbild und ihrem eingeschränkten landwirtschaftlichen Nutzungspotenzial das Ergebnis einer mehr als tausendjährigen Nutzungs- und Erosionsgeschichte. Schon Autoren der Antike betonen, wie der Boden in einigen Regionen (z. B. Attika und Ionische Inseln) vollständig degradiert war, und verwenden das drastische Bild eines bis auf das Skelett entblößten Körpers. Dagegen sind die *badland*-Landschaften im Mittleren Westen der USA infolge nicht angepasster ackerbaulicher Nutzung, die starke Bodendegradierung in Mittelchile und die Zerschluchtung in der Provinz Sichuan/Südwestchina infolge von Rodung während weniger Jahrzehnte in jüngerer und jüngster Vergangenheit entstanden (Bork 2006, Exkurs 11.7.1).

Typen der Bodenerosion

Wassererosion

Bodenerosion durch **Wasser** ist der mit Abstand am weitesten verbreitete Typ und in vielen Ländern, zum Beispiel in Deutschland, auch der wichtigste (Auerswald 1998, Auerswald et al. 2009). Hauptauslöser großer Erosionsereignisse sind Starkregen mit hoher Intensität (> 10 mm/h), welche auf spärlich bedeckte oder unbedeckte Bodenoberfläche, zum Beispiel auf Ackerflächen nach der Saatbettbereitung, auftreffen. Durch die Regentropfenschlagwirkung (*splash*) werden die Bodenaggregate zerschlagen, die Partikel von der Bodenoberfläche abgelöst und für den Abtransport bereitgestellt. Übersteigt die Niederschlagsintensität die aktuelle Infiltrationsrate, kommt es zu oberflächlichem Abfluss, welcher weitere Bodenbestandteile ablöst. Das Feinmaterial wird verspült (flächenhafte Erosion, *sheet wash*). Ent-

11

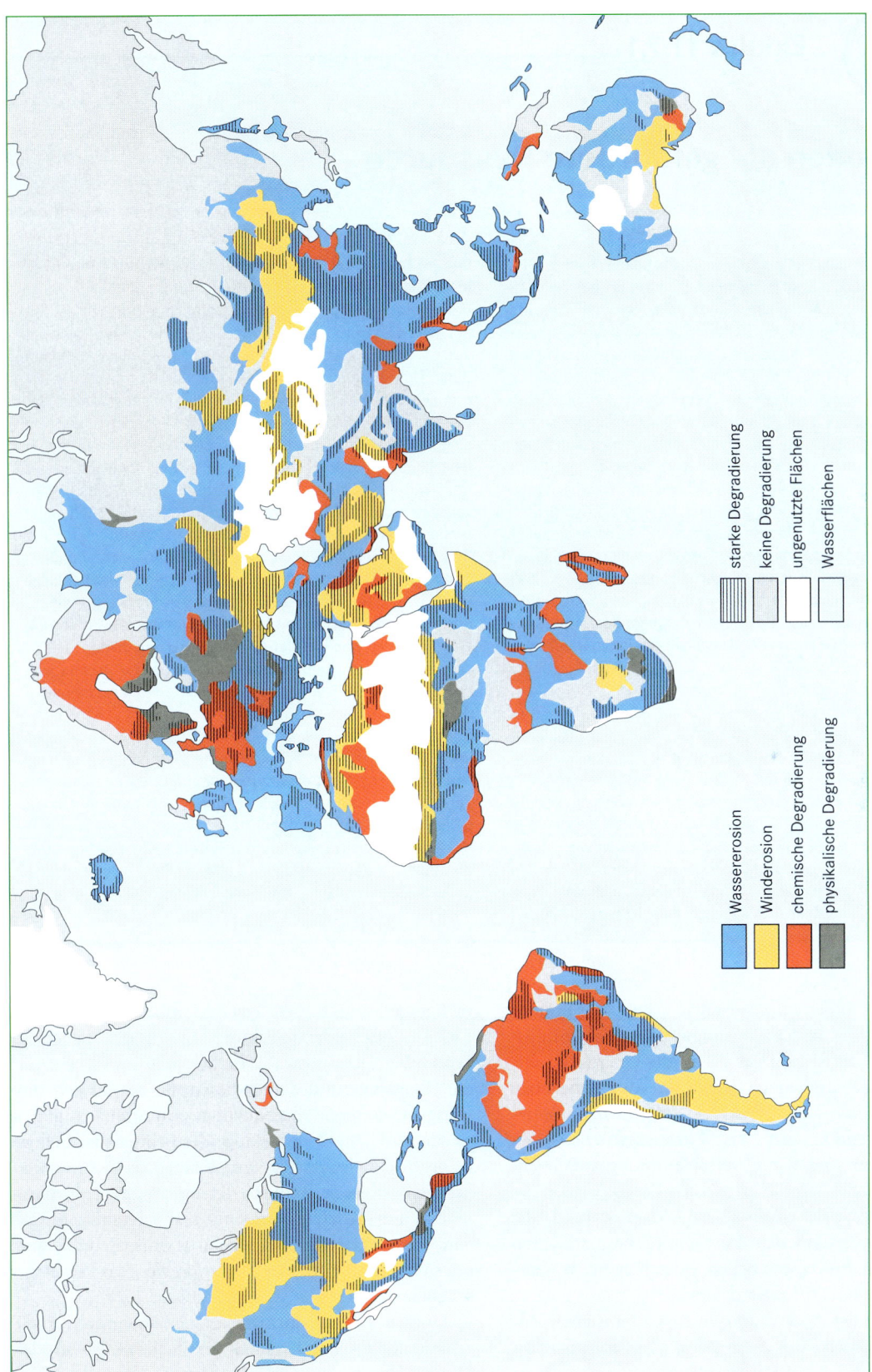

Abb. 11.7.1 Karte der weltweiten Bodenerosionsgefährdung und physikalischer sowie chemischer Degradierung (vereinfacht und ergänzt nach Richter 1998 [nach Oldeman et al. 1991]. Es gilt zu beachten, dass die Datenlage sehr unterschiedlich ist und bereits aus den späten 1980er-Jahren stammt. Die Autoren selbst betrachten die Studie kritisch. Trotzdem liegt sie bis heute nahezu allen überregional vergleichenden Darstellungen zur Verbreitung und Stärke der Bodenerosion zugrunde.).

Wassererosion
Winderosion
chemische Degradierung
physikalische Degradierung

starke Degradierung
keine Degradierung
ungenutzte Flächen
Wasserflächen

 **Exkurs 11.7.1**

Der Boden als gefährdete Ressource

RUPERT BÄUMLER

Als fundamentaler Bestandteil terrestrischer Ökosysteme ist die Pedosphäre mit ihrer Vielfalt an Böden an der Schnittstelle zwischen Atmosphäre, Lithosphäre, Hydrosphäre und Biosphäre eng mit diesen Sphären über Wasser-, Energie- und Stoffflüsse verknüpft. Die dadurch bedingten multiplen Regulations-, Puffer-, Transformator- und Speicherfunktionen sind Lebensgrundlage und Lebensraum für alle Lebewesen in und auf dem Boden. Böden gehören daher neben Wasser und Luft zu unseren kostbarsten natürlichen Ressourcen. Ihr Vorkommen ist allerdings im globalen Durchschnitt auf die obersten 60 cm der Erdoberfläche beschränkt. Dadurch und aufgrund ihrer langen Entwicklungsdauer stellen sie ein begrenztes, kurzfristig nicht erneuerbares Gut dar mit einem Langzeitgedächtnis, das sie zu einem ausgezeichneten Archiv der Landschafts-, Kultur- und Umweltgeschichte macht. Auf der anderen Seite unterliegen Böden aber auch vielfältigen, insbesondere anthropogenen Nutzungsansprüchen. Diese haben sich im Laufe der menschlichen Entwicklung von der ursprünglich reinen Ernährungssicherung hin zu einem ständig steigenden Bedarf an Siedlungs-, Verkehrs-, Deponierungs- und Erholungsflächen stark verändert und erweitert. In gleicher Weise stieg bis heute die Bedeutung von Böden als Rohstoffquelle über die Bereitstellung (und Aufbereitung) von Wasser, von nachwachsenden Rohstoffen und von Bodenmaterialien wie Sand, Ton oder Torf. Im wahrsten Sinne des Wortes bilden Böden die Grundlage der meisten wirtschaftlichen und nicht wirtschaftlichen Nutzungsaktivitäten des Menschen. Dies kann aber auch zu erheblichen Belastungen bis hin zu irreversiblen Schädigungen der Ressource Boden

führen. Durch Fehl- oder Übernutzung sind aktuell weltweit etwa 2 Milliarden ha Bodenfläche in ihren natürlichen Funktionen stark gefährdet. Allein in Deutschland gehen derzeit bei einer Gesamtbodenfläche von 357 031 km^2 pro Tag etwa 100 ha, also 1 ‰ pro Jahr, natürlich gewachsener Boden durch Umwandlung in Siedlungs- und Verkehrsflächen verloren. Durch fortlaufende Bodendegradation steigt zudem der Druck auf Böden mit ungünstigen Standortbedingungen hinsichtlich des Klimas, des Reliefs oder des Nährstoffnachlieferungsvermögens insbesondere in Regionen mit hoher Bevölkerungsdichte und hohen Geburtenraten. Dies erhöht wiederum das Gefährdungspotenzial und bedingt teils kostenintensive, Ressourcen schonende Investitionen und Schutzmaßnahmen, um nicht nur die Böden selbst, sondern über den Bodenpfad auch andere Schutzgüter wie den Menschen oder das Grundwasser nicht zu gefährden. Angesichts der Tatsache, dass Böden die Grundlage für die Ernährung einer ständig wachsenden Weltbevölkerung bilden, ergibt sich dringender Handlungsbedarf. Umweltpolitisches wie erzieherisches Ziel des 21. Jahrhunderts sollte es daher sein, die begrenzte, lebensnotwendige natürliche Ressource Boden viel stärker ins öffentliche Bewusstsein zu bringen und über Bodeninformationssysteme und intelligentes Ressourcenmanagement einer zunehmenden Degradierung und Zerschneidung der Landschaft und Naturräume im Sinne einer nachhaltigen Bodennutzung entgegenzuwirken, um das Gleichgewicht zwischen der Rate der Erneuerung über die Prozesse der Bodenbildung und der Rate der Belastung über die Bodennutzung aufrechtzuerhalten.

scheidend für diesen Prozess ist der Zustand der Bodenoberfläche: Die bodenartbedingte Verschlämmungsneigung und die Anzahl der bis an die Oberfläche reichenden schnell dränenden Grobporen (durch die letzte Bearbeitung, Trocken-, Frostrisse, Regenwurm-, Wurzelgänge) steuern jetzt das Prozessgeschehen. Bei schluffreichem und damit verschlämmungsanfälligem Substrat verschließen die losgelösten Bodenpartikel die Poreneingänge (*soil sealing* und *crusting*) und die Abflussmenge erhöht sich drastisch. Ohne merklichen Übergang im Prozessgeschehen entstehen im Wasserfilm kleine Rillen (*rill-interrill flow*).

Kann sich der Abfluss konzentrieren, entstehen Rillen (Tiefe im 1- bis 2-cm-Bereich), Rinnen (dm-Bereich; Abb. 11.7.2) und bei entsprechender Abfluss-

menge Erosionsgräben (*gullys*, im m-Bereich, Abb. 11.7.3). Entscheidende Faktoren hierfür sind neben der Erodibilität des Substrats, die Steilheit des Hanges und die Hanglänge und damit die Größe des lokalen Einzugsgebietes sowie die Nutzung. Grundsätzlich gilt: Je steiler und länger der Hang, desto erosionsanfälliger ist er. In der Realität verkomplizieren das Sekundärrelief des Hanges (z. B. durch Terrassierung), das Mikrorelief durch die letzte Bearbeitung, Wiederablagerungen von abgetragenem Bodenmaterial, die Reinfiltration oder Wasseraustritte von *sub surface flow* das Prozessgeschehen.

Lineare Erosionsformen setzen sich durch rückschreitende Erosion hangaufwärts fort. Infolge Strudelbildung (*head cut retreat*) werden schon in Rillen klein-

Abb. 11.7.2 Verspülung von Feinmaterial und Rinnenerosion auf einer Mandelplantage in Andalusien. Auf dieser frisch gepflügten Mandelplantage lösten starke Regenfälle Verspülung von Feinmaterial aus. Rinnenerosion schnitt sich in die Sedimente ein (Foto: J. B. Ries).

ste Stufen herauspräpariert und wandern durch Unterschneidung der Stufe und Nachbrechen nach oben. *Piping*-Prozesse können unterhalb der Bodenoberfläche durch Subrosion Material abführen. Nicht selten brechen *pipes* ein und zeichnen den Verlauf von Rinnen und *gullys* vor. **Gully**-Erosion zerstört die Flächen unwiederbringlich für die landwirtschaftliche Nutzung. Dieser spektakuläre Erosionsprozess liefert die größten Abtragsraten und bietet das Bild einer hochgradig durch Bodenerosion geschädigten Landschaft (Abb.11.7.3).

Ein vorrangig in Osteuropa, Westasien und Kanada weit verbreiteter Erosionstyp ist die **Schneeschmelzerosion**. Durch rasches Abschmelzen der Schneedecke kommt es auf Ackerflächen zu erheblichen Bodenverlusten durch starke Rinnenerosion. Neben Relief, Nutzung und Bodenbearbeitung sind die lokale Schneeverteilung, Frosttiefe, Temperaturentwicklung und Auftaugeschwindigkeit die entscheidenden Formungsparameter (Schmidt 2003).

Obwohl die Erosionsraten je nach Niederschlagsgeschehen, Hangneigung, -form und -länge, Grad und Art der Bodennutzung, insbesondere der Bodenbedeckung (Vegetationsbedeckung, -struktur, Steinbedeckung), erheblich variieren, kann von folgenden Größenordnungen ausgegangen werden: Durch *splash* werden etwa 10- bis 40-mal mehr Bodenbestandteile bewegt als durch den flächenhaften Abtrag und die Rillenerosion auf Ackerflächen. Diese wird mit Größenordnungen von 0,03 bis maximal 740 t/ha/a angegeben, wobei von einer mittleren Abtragsrate von 25 bis 35 t/ha/a auf Ackerflächen, zum Beispiel in den USA, unter ungünstigen Verhältnissen wie in Zimbabwe auch von bis zu 80 t/ha/a

ausgegangen werden kann (Schwertmann et al. 1987, Risse et al. 1993, Elwell 1984). Kommen die stärker linear wirksamen Erosionsprozesse Rinnenerosion und *gully*-Erosion hinzu, so erhöht sich der Abtrag um etwa eine Zehnerpotenz.

Als **off-site-Schäden** sind die Überschüttung von Nutzpflanzen, von Infrastruktur, wie Straßen, Wege und Kanäle, die Sedimentationsproblematik in Speicherbecken und die Eutrophierung durch Nährstoffeintrag sowie die Kontamination durch Schadstoffeintrag in die Gewässer zu beachten.

Winderosion

Die zweite weltweit verbreitete Form ist die Bodenerosion durch **Wind** (Winderosion oder Bodenverwehung; Hassenpflug 1998). Betroffen sind aufgrund der schütteren Vegetationsbedeckung vorrangig die **Trockengebiete** und deren Randbereiche sowie Flächen mit fein- bis mittelsandigem Substrat. Winderosion ist korngrößenabhängig, 0,05 bis 0,3 mm große Partikel werden am leichtesten in Bewegung gesetzt, größere sind zu schwer, kleinere oft durch Kohäsionskräfte gebunden. Die Prozesse gliedern sich in Deflation, Transport und Akkumulation. Die Ablösung, der eigentliche Erosionsprozess, erfolgt durch tangential an der Oberfläche wirksamen Windschub (*fluid impact*; Bagnold 1941, Abb. 10.4.24). Für die Ablösung sind die maximalen Windgeschwindigkeiten (Böen) ursächlich, welche die kritische Schubspannungsgeschwindigkeit überschreiten, oberhalb derer einzelne Bodenpartikel in Bewegung

Abb. 11.7.3 *Gully*-Erosion im Zentralen Ebrobecken. Auf diesem großmaßstäbigen Luftbild ist die hangaufwärtige Entwicklung des *gullys* an der Zerschneidung der Ackerterrassen und der Verlegung des Weges (Ausbuchtung) gut nachzuvollziehen. Die *head-cut*-Entwicklung wird durch *piping*-Prozesse gesteuert. *Pipe*-Eingänge sind auf der obersten linken Terrasse zu erkennen. Dieses Foto wurde aus 150 m Höhe von einem ferngesteuerten Heißluftzeppelin aufgenommen. Die mit Wiederholungsaufnahmen abgeschätzte Wachstumsgeschwindigkeit liegt mit 0,5 m/a im Bereich vieler *gullys* im Mediterranraum (Foto: Marzolff/Ries).

pact). Dadurch werden auch zunächst nicht erodierbare Aggregate und Krusten zerschlagen und Material für den Transport bereitgestellt. Die Flugbahnen erreichen mehrere Dezimeter Höhe und mehrere Meter Länge. Von Saltation betroffen sind vorrangig die Korngrößen von 0,06 bis 1 mm. Die Reichweite variiert von wenigen bis einigen Hundert Meter. In Schwebe gehalten und über weite Strecken (regional bis transkontinental) transportiert werden Korngrößen bis etwa 0,07 mm. Dieser Fraktion gehören auch die wichtigen organischen Bestandteile an, welche durch ihr geringes Gewicht, einmal abgehoben, sehr weit verfrachtet werden können. Weitere wichtige Faktoren sind neben der Windgeschwindigkeit die Rauigkeit, der Feuchtegrad und die Bearbeitung der Oberfläche. Experimentelle Untersuchungen zur Anfälligkeit von Ackerflächen zeigen, dass quer zur Windrichtung bearbeitete Ackerflächen nur rund die Hälfte gegenüber solchen mit Längsfurchen liefern. Am anfälligsten sind geeggte und gewalzte abgetrocknete Oberflächen, welche um etwa eine Zehnerpotenz höhere Abträge als gepflügte auslösen (Fister & Ries 2009). Angaben zum Ausmaß sind weit schwieriger zu treffen als bei der Wassererosion. Hassenpflug (1998) gibt 16 bis 99 t/ha Verlust durch Suspension bei einem Starkwindereignis in Norddeutschland an. Saltationsverluste kommen in der gleichen Größenordnung hinzu. Auf den Flächen ist neben dem Substrat- und Nährstoffverlust auch der Sandschliff an Pflanzen als Schädigung von Bedeutung.

Als *off-site*-**Schäden** sind bedeutsam: Überschüttung von Nutzpflanzen, Anhaften von Bodenpartikeln an Feldfrüchten auch in weiterer Entfernung, Überdeckung von Infrastruktur wie Straßen, Wege und Kanäle und der Ferntransport von Partikeln in Siedlungen. Letzteres führt in Dörfern und Städten in der Umgebung großer Trockengebiete, zum Beispiel im Norden Chinas, zu einer Verminderung der Wohnqualität und zu einer ernsthaften gesundheitlichen Gefährdung der Bevölkerung.

Tillage erosion

Durch wiederholtes **Pflügen** mit Wendepflug oder Scheibenegge werden beträchtliche Bodenmengen hangabwärts bewegt. Die Raten liegen bei konventionellen Wendepflügen zwischen 280 kg/m (bei hangauf- und -abwärtigem Pflügen) und 140 kg/m (bei hangparallelem Pflügen; Poesen et al. 1997) und summieren sich über die Jahre zu problematischen Beträgen. Ackerrandstufen am oberen Feldrand und mächtige Kolluvien am unteren sind ein deutliches Anzeichen für die Wirksamkeit dieses Prozesses über Jahrzehnte bis Jahrhunderte.

gesetzt werden können. Der Transport erfolgt bei den gröberen Bestandteilen (0,5 bis 2 mm) kriechend und wird als **Reptation** (Abb. 10.4.25) bezeichnet. Die Bodenpartikel werden durch kleinere springende (saltierende) Körner angestoßen. Die Transportstrecken sind gering, meist nur wenige Meter. Der bei Weitem wichtigste Prozess ist die **Saltation** (Abb. 10.4.25). Die von der Bodenoberfläche aufgenommenen Bodenpartikel gelangen in Schichten größerer Windgeschwindigkeiten, werden beschleunigt und fallen in parabelförmiger Bahn zur Bodenoberfläche zurück. Dort übertragen sie ihre kinetische Energie auf ruhende Partikel, die ebenfalls wegspringen, oder, wenn sie dafür zu groß sind, weitergeschoben oder gerollt werden (*particle im-*

Viele unbefestigte Ackerterrassen entstanden durchaus gewollt auf diese Weise. In jüngster Zeit haben die Beträge in den intensiv ackerbaulich genutzten Regionen durch tiefer greifende Pflugscharen zugenommen. Zur *tillage erosion* gehört auch die **harvest erosion**. Hackfrüchten, wie Zucker-/Futterrüben und Kartoffeln, haften bei der mechanisierten Ernte beträchtliche Mengen Bodenmaterial an. Sie werden bis zum Feldrand, in Teilen aber auch bis in die Verarbeitungsbetriebe transportiert. Da es sich hier um sich jährlich wiederholende Vorgänge handelt, ist der direkte Bodenverlust, welcher in den Lösslandschaften Mitteleuropas mit 8 bis 12 t/ha/Ernte angeben wird (Poesen et al. 2001), als beträchtlich anzusehen.

Sheep erosion

Ein bisher wenig beachtetes Phänomen ist der direkte Einfluss von **Weidetieren** auf die Bodenverlagerung. Zwar werden Ziegen und Schafe in den Trockenregionen für die weitverbreitete Vegetationsdegradation als Voraussetzung für Abtrag durch Wasser und Wind (Überweidungsproblematik, Desertifikation) als haupt-

---

 **Exkurs 11.7.2**

Bodenschutz

RUPERT BÄUMLER

Wie kein anderes Medium nehmen Böden als nach allen Richtungen offene Systeme mit ausgeprägter Quellen- und Senkenfunktion jede noch so kleine Veränderung oder Verunreinigung auf, können diese über längere Zeiträume speichern, können dabei teils irreversibel geschädigt oder degradiert werden oder können Stoffe wieder an umgebende Medien wie das Grundwasser und die Atmosphäre abgeben. Zu den Belastungsursachen gehören insbesondere lokale bis diffuse Einträge von umweltrelevanten Stoffen anthropogener Herkunft, nutzungsinduzierte Erosion, mechanische Verdichtung, Überdüngung, Bodenversalzung, Versauerung, Nährstoffverarmung sowie Überbauung und Flächenversiegelung. Allerdings sind Böden erst Ende des 20. Jahrhunderts unter dem Druck der Befriedigung der Lebensbedürfnisse einer ständig wachsenden Weltbevölkerung und der Diskussionen über Ursachen und Folgen globaler Umweltveränderungen als schützenswert ins Blickfeld von Politik und Öffentlichkeit geraten. 1972 wurden Böden in der **Bodencharta des Europarates** als Schutzgut eingestuft, wonach alle erdenklichen Anstrengungen unternommen werden müssen, die vielfältigen Funktionen von Böden zu erhalten und Bodenzerstörung sowie jegliche Art von Belastung zu vermeiden oder zu beheben. Heute besteht darüber grundsätzlich breiter gesellschaftlicher wie politischer Konsens. Den natürlichen Funktionen, zum Beispiel einer Ernährungssicherung über die Böden als Pflanzenstandort und Nährstoffspeicher, stehen allerdings menschliche Nutzungsansprüche gegenüber. Sie sind ebenso berechtigt, ihre Umsetzung geht aber häufig mit Interessenskonflikten und rechtlichen Problemen einher und beinhaltet wiederum ein erhebliches Gefährdungspotenzial für die natürlichen Funktionen. Ein Beispiel hierfür ist die Nutzung des Bodens als Fläche zur Deponierung von Abfällen. Dabei ist allein die weltweite Vielfalt an natürlich gewachsenen Böden an sich als fundamentaler Bestandteil unseres Ökosystems bereits schützenswert.

All diesen Forderungen und Konflikten muss Bodenschutz in ausreichender Form gerecht werden. Auf der einen Seite sind dazu präventive Maßnahmen erforderlich, um Beeinträchtigungen zu vermeiden und die vorhandene Ressource in ihrer Substanz und Fläche sowie die natürlichen Funktionen nachhaltig zu sichern. Dabei muss es sich nicht zwangsläufig um primäre Schutzmaßnahmen für den Boden selbst handeln. Auch indirekte Maßnahmen zu Luftreinhaltung und Gewässerschutz, oder die Ausweisung von Naturschutzgebieten zum Schutz seltener Pflanzen und Tiere und damit automatisch auch ihres dazugehörigen Lebensraumes Boden können dazu beitragen. Auf der anderen Seite beinhaltet Bodenschutz Sanierung und Rekultivierung, falls schädigende Bodenveränderungen bereits vorliegen. In Deutschland ist dazu am 1. März 1999 das **Bundesbodenschutzgesetz** in Kraft getreten. Die Umsetzung erfordert neben einer Integration auf administrativer, planerischer wie geographisch lokaler bis länderübergreifender Ebene eine vorausschauende Bodennutzung über den Aufbau von Bodeninformationssystemen und Datenbanken, die Erarbeitung von Schutz-, Sanierungs- und Finanzierungskonzepten bei unsachgemäßer Nutzung, die Bewertung des Nutzungs- und Gefährdungspotenzials oder bereits erfolgter Schädigungen, Nutzungsbeschränkungen, um irreparable Schädigungen des Schutzgutes Boden selbst oder die Gefährdung anderer Schutzgüter einschließlich des Menschen zu vermeiden, Maßnahmen zur Wiederherstellung der natürlichen Funktionen, die Vermittlung guter fachlicher Praxis und nicht zuletzt Forschungsförderung. Bodenschutz und nachhaltige Bodennutzung gehören national wie international zu den großen Herausforderungen und Prioritäten des 21. Jahrhunderts.

 **Exkurs 11.7.3**

Anthrosole – das Sündenregister der Industriegesellschaft

MARTIN SAUERWEIN UND THOMAS SCHOLTEN

Anthrosole oder anthropogene Böden sind in erster Linie geprägt durch menschliche Einflussnahme. Grundsätzlich kann man dabei zwei Kategorien unterscheiden. Zunächst kann es sich um natürliche Böden handeln, die in ihrem **Aufbau sehr stark umgestaltet** wurden, sodass die ursprüngliche Horizontabfolge weitgehend verloren ging (Meuser & Blume 2005). Dieses ist der Fall, wenn Oberbodenmaterial durch Wasser- und Winderosion oder durch Bearbeitungsmaßnahmen umgelagert wurde. Durch Erosion oder die Anhäufung von Ackerbergen bilden sich Kolluvien, durch Plaggenwirtschaft entstehen Plaggenesche, die intensive Gartenkultur sowie der Weinbau bringen Hortisole hervor und nach einem Tiefumbruch oder nach turnusmäßigem tiefen Rigolen entwicklen sich Treptosole und Rigosole als neue Böden (AG Boden 2005).

Die zweite Kategorie umfasst Böden, die auf **anthropogenen Ablagerungen** entstehen. Es können Ablagerungen aus natürlichen und aus technogenen Substraten unterschieden werden. Zu den erstgenannten gehören Ablagerungen im Zusammenhang mit dem Lagerstättenabbau wie Ton-, Lehm-, Mergel-, Sand- und Kiesgewinnung, Torfaubbau, Kohleabbau, Uran-, Salz- und Erzbergbau. Technogene Substrate sind dagegen Materialien, die erst durch den Menschen entstanden sind wie beispielsweise Bauschutt, Schlacken, Aschen, Müll und Klärschlämme.

Weltweit nimmt der städtische Verdichtungsraum oder urbane Raum und die damit verbundene Flächeninanspruchnahme stetig zu. In Deutschland werden zurzeit etwa 100 ha Fläche pro Tag versiegelt. Stellt man die Frage, welche Bedeutung Böden im städtischen Ökosystem haben, so stehen die Standortfunktion für die Vegetation und die Funktion für den städtischen Wasserhaushalt im Vordergrund. Gleichzeitig unterliegt die städtische Pedosphäre quantitativen und qualitativen stofflichen Beeinflussungen, die zu entsprechenden Änderungen der urbanen Böden beitragen (Tab. 1, Burghardt 1996) und die urbane Bodenbildung somit auf unterschiedliche Art und Weise beeinflussen (Tab. 2).

Zusammenfassend kann man die Eigenschaften urbaner Böden wie folgt charakterisieren (Sauerwein 2005): Es handelt sich um ein kleinräumiges Bodenmosaik der städtischen Siedlungsfläche, das von Meter zu Meter sehr stark differieren kann. Bei **fortschreitender Urbanisierung** nehmen die Eingriffe in die Bodenstruktur besonders durch bauliche Maßnahmen, mechanische Belastungen sowie Fremd- und Schadstoffeinträge zu, und es kommt zum Rückgang der oberflächenbildenden Böden bzw. offenen Freiflächen.

Auf den offenen Freiflächen (Vor-, Haus-, Kleingärten, Grünanlagen) ist die Spannbreite von humusarmen Schütt- und Aufschüttungsböden bis zu dunklen humus- und nährstoffreichen Substraten (durch intensive, künstliche Dün-

Tabelle 1 Stoffliche Beeinflussungen urbaner Böden.

Stoffbestand	• Feststoffaufträge von natürlichen und technogenen Substraten oder Gemengen aus diesen • Stoffeinträge, gasförmig, gelöst oder fest aus der Atmosphäre, Produktions- und Siedlungsstätten, Verkehr, Infrastruktureinrichtungen • Schadstofftransfer • Humusbildung und Grundwasserabsenkung
Stoffaustausch zwischen den Sphären	• Klimaveränderung • Bodenverdichtung und Versiegelung • Wassereinzugsgebietsveränderungen • Veränderungen des Abstandes Bodenoberfläche – Grundwasser
Überprägung natürlicher Merkmals- und Prozessstrukturen	• anthropogene Raummuster • vertikale und horizontale Heterogenisierung • anthropogen gesteuerter Reliefwandel
Zeitraum ihrer Bildung und der Häufigkeit des Flächennutzungswandels	
Veränderung der Speicher- und Transferfunktionen der Böden für Schadstoffe	

Tabelle 2 Art und Weise der Beeinflussung der urbanen Bodenbildung.

Humusanreicherung	Regosole (kalkfrei) und Pararendzinen (kalkhaltig)
Karbonatanreicherung	vorwiegend aus Bauschutt, Entstehung von Pararendzinen
Mischung von Substraten technischen Ursprungs mit natürlichem Boden	Phyrolithe
Ablagerungen von Substraten technischen Ursprungs (Bauschutt, Aschen etc.)	Technolithe
Stauwasserbildung über künstlichen Stausohlen	Pseudogleye
reduktomorphe Prozesse infolge Sauerstoffzehrung, z.B. durch Methanbildung	Methanosole, Reduktosole
Partikeleinlagerung	zwischen das Skelett (Gestein)

gung) sehr hoch. Dabei ist die Mehrzahl der Stadtböden humusarm, was durch die Beseitigung des Laubs und der Streu (Humusbildner) durch intensive Pflegemaßnahmen auf den Grünflächen (insbesondere der Parkanlagen) begründet ist.

Die wichtigste physiko-chemische Kenngröße – der pH-Wert – liegt bei der Mehrzahl der Stadtböden als Folge von kalkreichen Bauschuttresten und aufgewehtem Staub im neutralen Bereich, Werte über 7,5 findet man beispielsweise in den Pararendzinen der Ruderalflächen auf Trümmerschutt.

Die Reduktion des Porenvolumens senkt zugleich die Wasserspeicherkapazität der Böden, sodass plötzlich auftretende große Wassermengen (durch Starkregen und aufgrund der Versiegelung erhöhten Oberflächenabfluss) nur zum Teil im Boden versickern können. Die feinmaterialreichen, oberflächlich abfließenden Wässer verschlämmen zusätzlich den Oberboden.

Die Belastung der Stadtböden kann erfolgen durch **Schadstoffeinträge** aus der Luft, durch Regen- und Taufall, durch Hochwässer (insbesondere bei Auenböden), durch Altlasten, Auftausalze, Leitungsleckagen, Havarien, unsachgemäße Lagerung von umweltgefährdenden Stoffen oder Überdüngung. Belastungsarten können dabei eine erhöhte Säurebelastung durch sauren Regen sein oder eine Stoffbelastung durch stadttypische Schwermetalle (Blei, Kupfer, Zink, Nickel, Mangan, Cadmium) und organische Schadstoffe (PAK, PCB), die sich über Jahre zu erheblichen Mengen anreichern. Die Gruppe der persistenten, das heißt im Boden nicht oder nur in langen Zeiträumen abbaubaren, problematischen Stoffe bildet so ein wachsendes Gefahrenpotenzial. Die Anreicherung kann zu latenten, bei Überschreiten bestimmter Belastungsgrenzen deutlichen Beeinträchtigungen von Bodenflora und Bodenfauna und bis hin zu akuten Gefährdungen auch des Menschen durch direkten Kontakt bzw. über die Nahrungskette und das Grundwasser führen. **Gefährdungspfade** für Bodenschadstoffe zum Mensch sind (Abb. 1):

- Belastungspfad Boden-Luft-Mensch (pulmonale/direkte Aufnahme)
- Belastungspfad Boden-Mensch (orale/direkte Aufnahme)
- Belastungspfad Boden-Mensch (kutane/direkte Aufnahme)
- Belastungspfad Boden-Grundwasser-Trinkwasser-Mensch (orale/indirekte Aufnahme)
- Belastungspfad Boden-Pflanzen-Nahrung-Mensch (orale Aufnahme über die Nahrungskette)

Hinsichtlich der Funktionen städtischer Böden im urbanen Ökosystem ist es von entscheidender Bedeutung, dass eine Stadt den Boden nicht nur als Standort für Infrastruktureinrichtungen benötigt. Der Boden bildet als offenes System den Durchsatzraum für eine Vielzahl von Stoffen, und der urbane Wasserhaushalt ist eng mit dem des Bodens verknüpft. Insgesamt können urbane Böden als stark gestört angesehen werden, die lediglich eingeschränkte Bodenfunktionen erfüllen.

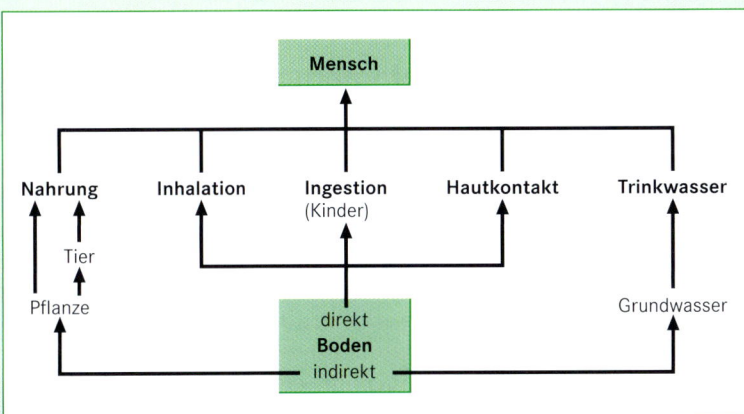

Abb. 1 Urbane Böden als Belastungsquelle für den Menschen.

ursächlich gesehen, und Rinder mit Bodenverdichtung und erhöhtem Abfluss in humiden Regionen in Verbindung gebracht, jedoch gibt es kaum Vorstellungen über das Ausmaß der Verlagerung von Bodenmaterial und Steinen durch die Tiere selbst. Als Grund hierfür ist die schwierige Erfassung solcher Raten anzusehen. Experimentelle Messungen mit Ziegen auf *in-situ*-Flächen (Zwergstrauchbestände in Südspanien) lassen darauf schließen, dass hier von beträchtlichen Raten auszugehen ist. Auf ebenen, schluffigen, stark verschlämmten Oberflächen konnte eine Bodenmaterialablösung von 66 t/ha/600 Ziegen und entlang von Ziegenpfaden auf einem 20° steil geneigten Hang eine Bodenverlagerungsrate von 62 t/ha/600 Ziegen erfasst werden. Je nach *trail*-Dichte und Überlaufhäufigkeit pro Zeiteinheit ergeben sich Werte weit oberhalb einer als unproblematisch einzustufenden Größenordnung für solche extensiv genutzten Weideflächen. Auch die Winderosion wird durch das Laufen der Weidetiere verstärkt. Fister & Ries (2009) konnten mit experimentellen Versuchen eine Verfünffachung des Austrages während simulierter Beweidung erfassen.

Tolerierbarer Bodenabtrag

Aus prozessmorphologischer und bodengeographischer Sicht kann nur eine Bodenerosionsrate im Bereich der Bodenneubildungsrate als akzeptabel eingestuft werden. Diese ist unter vielen Nutzungssystemen jedoch so gering, dass grundsätzlich Nutzungs- und Bearbeitungssysteme ohne nennenswerte Abtragsraten anzustreben sind. Hiervon gilt es Landnutzer und Entscheidungsträger zu überzeugen. Als realistischer Zwischenschritt wären Abtragsraten in Kauf zu nehmen, welche das Ertragspotenzial in einem Zeitraum von 300 bis 500 Jahren nicht entscheidend schwächen (Schwertmann et al. 1987). In Regionen mit eingeschränkter Nahrungssicherheit und hohem Selbstversorgungsgrad (z. B. Äthiopisches Hochland) mögen übergangsweise Abtragsraten bis 10 t/ha/a akzeptabel sein. In Industrienationen mit hohem Technisierungsgrad in der Landwirtschaft und vielfachen Möglichkeiten des Erosionsschutzes müssen Werte deutlich unter 3 t/ha/a (tolerierbarer Bodenabtrag) erreicht werden (Exkurs 11.7.2).

Gegenmaßnahmen

Die effektivste Maßnahme gegen Wasser- und Winderosion ist die Erhöhung bzw. Erhaltung einer möglichst dichten Bodenbedeckung durch Vegetation, Ernterückstände oder aufgebrachten Mulch bzw. durch geeignete Weiderotation. Dies gilt besonders für die Zeit mit erhöhter Starkniederschlags- und/oder -windhäufigkeit. Vegetation und Mulch verringern durch Interzeption die *splash*-Wirkung, reduzieren die Abflussgeschwindigkeit und die Windgeschwindigkeit an der Bodenoberfläche, halten Bodenpartikel fest und fangen transportierte wieder ein, fördern die Infiltration entlang von Wurzeln, welche den Boden fixieren, erhöhen die Aggregatstabilität und beeinflussen die mikroklimatischen Bedingungen positiv. Auf Ackerflächen wird dies als **conservation tillage** heute vielfach propagiert und schon praktiziert. Das Pflügen mit dem Wendepflug unterbleibt, stattdessen erfolgt Direkteinsaat. Die Überfahrhäufigkeit wird reduziert, Ernterückstände und Wurzeln verbleiben soweit möglich im Boden. Auch eine dichte Steinbedeckung kann positive Effekte haben; sie reduziert die *splash*-Wirkung und erhöht die Infiltrationsraten. Im Steillagenweinbau an der Mosel ist sie seit Jahrhunderten verbreitet und führt zu vergleichsweise geringen Abtragsraten.

Terrassierung stellt eine sehr wirkungsvolle Verminderung der Hangneigung auf den Terrassenflächen dar; dafür erhöht sich die Neigung an den neu geschaffenen Terrassenstufen. Auch die Hanglänge wird deutlich verkürzt. Seit Jahrtausenden werden deshalb Ackerterrassen erstellt, die Terrassenstufen mit Steinen oder dichter Vegetation stabilisiert und so selbst steile Hänge nutzbar gemacht, allerdings unter großen Bodenmaterialbewegungen fast ausschließlich hangabwärts und unter großem Aufwand für die Erhaltung dieses künstlichen Reliefs. Deshalb gilt Terrassierung heute nur eingeschränkt als sinnvolle Gegenmaßnahme. Vorhandene Ackerterrassen und dicht begrünte Ackerraine sollten jedoch erhalten werden. Dies gilt besonders, wenn im Rahmen von Flurzusammenlegungen für Maschineneinsätze die Hanglängen vergrößert werden.

Herausforderungen der Bodenerosionsforschung

Bis heute gibt es kein zuverlässiges Inventar weltweiter Bodenerosionsraten. Die Zusammenstellung für Deutschland zeigt erschreckende Lücken von Messwerten in vielen Regionen und für viele Landnutzungen (Auerswald et al. 2009). Nach einer Phase mit aufwendigen Testflächenmessungen in der zweiten Hälfte des letzten Jahrhunderts wurden im vergangenen Jahrzehnt die Hoffnungen auf die Modellierung gesetzt. Die Ergebnisse sind nur teilweise befriedigend. In Zukunft müssen

Messreihen gezielt in Regionen mit geringer und/oder schlechter Datenlage hinzugewonnen werden. Die prozessorientierte Modellierung gilt es zu intensivieren. Hierzu bedarf es experimenteller Forschung zur Partikelablösung. Techniken und Methoden müssen weiterentwickelt und besser abgestimmt werden (Ries et al. 2009). Der engen Verzahnung von Experiment und Modell kommt die größte Bedeutung zu. Die Interaktion zwischen Wind- und Wassererosionsprozessen ist weitgehend unbekannt. Die Ablösungsprozesse am Hang und die Verbindung zu den Gerinnen sind noch zu wenig verstanden (Seeger et al. 2009). Viele Arbeiten der vergangenen Jahre deuten darauf hin, dass viel mehr Material abgetragen und auf den Hängen umgelagert als

in das fluviale System eingetragen wird (Bork 2006). Die Rolle der Bodenerosion im Kohlenstoffkreislauf ist unklar. Das Monitoring größerer Erosionsformen (Rinnen, *gullys*) zur Bestimmung der Prozessdynamik hat gerade erst begonnen (Aber et al. 2010, Marzolff & Ries 2007). Durch den aktuellen Landnutzungswandel (Zunahme erosionsfördernder Nutzungen) und den erwarteten Klimawandel (Zunahme an Starkregen, -winden) wird sich die Bodenerosion tendenziell erhöhen, in welchem Ausmaß ist unklar. Aber nur, wenn durch experimentelle und modellierende Forschung unser Wissen vergrößert wird, können erosionsvermindernde Maßnahmen effektiv eingesetzt werden.

 **Fazit**

Die **Bodengeographie** ist eine Teildisziplin der Physischen Geographie und der Bodenkunde (Pedologie). Bodengeographische Forschung widmet sich der Entstehung und Verbreitung verschiedener Bodentypen und Bodengesellschaften auf der Erde. Dabei befasst sie sich auch mit dem Alter und der (Weiter-)Entwicklung von Böden sowie mit den komplexen räumlich-funktionalen Wechselwirkungen in der Ökosphäre. Sie liefert damit Grunddaten zur Lösung landschaftsgeschichtlicher Fragestellungen (u. a. mithilfe der **Paläopedologie**), für landschaftsökologische Untersuchungen und Modelle sowie für Bodeninformationssysteme.

Die Art und Genauigkeit der bodengeographischen Informationen sind abhängig von der Größe des betrachteten Raums. Die kleinste bodengeographische Raumeinheit ist das **Pedon**, das als monotypisches **Pedotop** eine nur geringe Variation der Bodenmerkmale und -eigenschaften aufweist (z. B. Braunerde). In Teilbereichen einer Landschaft können Pedotope zu **Bodengesellschaften**, also zu einem kleinräumigen Bodenmosaik zusammengefasst werden. Stehen die Pedotope in einer reliefgesteuerten pedogenetischen Abhängigkeit, dann spricht man von einer **Bodencatena**. Ein einfacher Schnitt durch eine Bodenlandschaft mit typischen Bodengesellschaften (**Pedochore**) führt zu einer **Bodentoposequenz**. **Bodenregionen** und **Bodenprovin-**

zen werden letztlich zu **Bodenzonen** zusammengefasst, die nur noch auf kleinmaßstäbigen Karten mit stark eingeschränkter Detailinformation dargestellt werden können.

Informationen über die Bodenverbreitung und Bodenvergesellschaftung bieten **Bodenkarten**, in denen Bodeneinheiten flächenhaft und maßstabsabhängig zusammengefasst werden und in der Regel mit Leit- und Begleitböden erläutert werden. Bodenkarten erfassen den Bodenaufbau im Allgemeinen bis in 2 m unter Geländeoberfläche. Gebräuchlich sind Karten im Maßstab 1 : 5 000 bis zu 1 : 5 000 000 im Fall der Weltbodenkarte. In Deutschland existiert in der **Bodenkundlichen Kartieranleitung** (derzeit 5. Auflage, herausgegeben von der AG Bodenkunde der Geologischen Landesämter) ein wichtiges Regelwerk für die Ansprache der Böden im Gelände und ihre Kartierung auf der Grundlage der Deutschen Bodensystematik. International dominieren die **FAO-Bodennomenklatur** (auf der Basis der FAO-Weltbodenkarte der 1970er- und 1980er-Jahre) und ihre Weiterentwicklung durch die *World Reference Base for Soil Resources* (**WRB**) sowie die US-amerikanische *Soil Taxonomy*, die in unterschiedlicher Weise gemeinsam haben, für die Bodenkartierung nicht nur regional oder national, sondern weltweit anwendbar zu sein. Damit bestehen international verständliche „Bodensprachen".

Weiterführende Literatur

Adler G, Behrens J, Eckelmann W, Feinhals J, Hartwich R, Krug D (2004) Übersetzungsschlüssel zum Transfer von Bodendaten aus den deutschen Klassifikationen KA3 nach KA4 und von KA4 in die Internationale Klassifikation WRB und FAO. Arbeitshefte Boden. Heft 1. Schweizerbart, Stuttgart

AG Boden (2005) Bodenkundliche Kartieranleitung. 5. Aufl. Schweizerbart, Stuttgart

Blume H-P (Hrsg) (1990) Handbuch des Bodenschutzes: Bodenökologie und -belastung. Vorbeugende und abwehrende Schutzmaßnahmen. Ecomed Verlag, Landsberg/Lech

Blume H-P, Eger H, Fleischhauer E, Hebel A, Reij C, Steiner KG (Eds) (1998) Towards Sustainable Land Use. Advances in Geoecology 31, Vol. I & II. Catena Verlag, Reiskirchen

Blume H-P, Felix-Henningsen P, Fischer RW, Frede H-G, Horn, Stahr R & K (2004) Handbuch der Bodenkunde. Landsberg/Lech (Losebl.-Ausg.)

Bundesbodenschutzgesetz (1998) Gesetz zum Schutz vor schädlichen Bodenveränderungen und zur Sanierung von Altlasten. BGB II, vom 17.03.1998. 502–510

Driessen J, Nachtergaele F, Spaargaren O (1991) World Reference base for Soil Resources – introduction. Acco, Leuven, Niederlande

Driessen PM, Dudal R (1991) The major soils of the world. Agric. Univ. Wageningen, Niederlande

Eitel B (2001) Bodengeographie. Das Geographische Seminar. Westermann, Braunschweig

Europäische Umweltagentur (2002) Bodendegradation und nachhaltige Entwicklung in Europa. Eine Herausforderung für das 21. Jahrhundert. Umweltthemen-Serie 16

Felix-Henningsen P (1990) Die mesozoisch-tertiäre Verwitterungsdecke (MTV) im Rheinischen Schiefergebirge. Aufbau, Genese und quartäre Überprägung. Relief, Boden, Paläoklima 6. Borntraeger, Stuttgart

Felix-Henningsen P, Bleich K (2001) Böden und Bodenmerkmale unterschiedlichen Alters. In: Blume H-P, Felix-Henningsen P, Fischer WR, Frede H-G, Horn R, Stahr K (1996, 21. Erg. Lfg. 2005) Handbuch der Bodenkunde. Ecomed

Fiedler HJ (2001) Böden und Bodenfunktionen in Ökosystemen, Landschaften und Ballungsgebieten. Expert Verlag, Renningen-Malmsheim

Hartge KH und Horn R (1992) Die physikalische Untersuchung von Böden. 3. Aufl. Enke, Stuttgart

Hartge KH (1992) Bodennutzung und Bodenschutz. Die Geowissenschaften 10 (1): 4–9

Hartwich R (1995) Bodenübersichtskarte der BRD. Bundesanst. Geowiss. Rohstoffe, Hannover

Hiller DA, und Meuser H (1998) Urbane Böden. Springer. Berlin

Hintermayer-Erhard G, Zech W (1997) Wörterbuch der Bodenkunde. Enke, Stuttgart

Institut der deutschen Wirtschaft Köln (2004) Deutschland in Zahlen. Deutscher Instituts-Verlag GmbH, Köln

McBratney AB, Mendonca Santos ML, Minasny B (2003) On digital soil mapping. Geoderma 117: 3–52

Pietsch J, Kamieth H (1991) Stadtböden. Entwicklungen, Belastungen, Bewertung und Planung. Blottner, Taunusstein

Reiche E-W (2004) Boden-Informationssysteme. In: Blume HP (Hrsg) Handbuch des Bodenschutzes. Ecomed. 3. Aufl. 594–604

Richter G (1998) Bodenerosion als Weltproblem. In: Richter G (Hrsg) Bodenerosion. Analyse und Bilanz eines Umweltproblems. Wissenschaftliche Buchgesellschaft, Darmstadt

Scheffer/Schachtschabel (2002) Lehrbuch der Bodenkunde. Spektrum Akademischer Verlag, Heidelberg

Scull P, Franklin J, Chadwick OA, McAthur D (2003) Predictive soil mapping: a review. Progress Physical Geography 27: 171–197

Semmel A (1993) Grundzüge der Bodengeographie. 3. Aufl. Teuber, Stuttgart

Shary PA, Sharaya LS, Mitusov AV (2002) Fundamental quantitative methods of land surface analysis. Geoderma 107: 1–35

Summer ME (1999) (Ed.) Handbook of Soil Science. London

Winkel H (1991) Historische Entwicklung der Vorstellung von der Bodenfruchtbarkeit und ihr Bezug zu den produktionstechnischen, ökonomischen und gesellschaftlichen Rahmenbedingungen. Berichte über Landwirtschaft, Sonderheft 203: 14–28

Zitierte Literatur

Aber J, Marzolff I, Ries JB (2010) Small-Format Aerial Photography – Principles, Techniques and Geoscience Applications. Elsevier, Amsterdam

AG Boden (2005) Bodenkundliche Kartieranleitung. 5. Aufl. Schweizerbart, Stuttgart

AK Bodensystematik (1986) Soils and landscapes in Germany. Mitt. Dtsch. Bodenk. Ges. Band 46–51

AK Standortkartierung (1996) Forstliche Standortsaufnahme. 5. Aufl. IHW, Eching

Altermann M, Kühn D, AK Bodensystematik (2000) Systematik der bodenbildenden Substrate. In: Blume et al. Handbuch der Bodenkunde. Ecomed, Landsberg

Auerswald K (1998) Bodenerosion durch Wasser. In: Richter G (Hrsg) Bodenerosion. Analyse und Bilanz eines Umweltproblems. Wissenschaftliche Buchgesellschaft, Darmstadt

Auerswald K, Fiener P, Dikau R (2009) Rates of sheet and rill erosion in Germany - A meta-analysis. Geomorphology 111: 182–193

Bagnold RA (1941) The physics of blown sand and desert dunes. London

Becher HH (2000) 2.6.2.1 Morphologie. In: Handbuch der Bodenkunde, 8. Erg. Lfg., Landsberg a. L.

Behrens T, Förster H, Scholten T, Steinrücken U, Spies E-D, Goldschmitt M (2005) Digital soil mapping using artificial neural networks. Journal of Plant Nutrition and Soil Science 168, 1: 21–33

Fortsetzung

Fortsetzung

Birkeland PW (1999) Soils and Geomorphology. Third Edition. New York, Oxford

Bork H-R (2006) Landschaften der Erde unter dem Einfluss des Menschen. Wissenschaftliche Buchgesellschaft, Darmstadt

Brümmer G (1968) Untersuchungen zur Genese der Marschen. Diss. Univ. Kiel

Burghardt W (1996) Boden und Böden in der Stadt. In: Arbeitskreis Stadtböden der Deutschen Bodenkundlichen Gesellschaft (Hrsg) Urbaner Bodenschutz. Springer, Berlin u. a.

Elwell HA (1984) Sheet erosion from arable lands in Zimbabwe: prediction and control. Challenges in African Hydrology and Water Resources, IAHS Publ. No. 144: 429–438

Eitel B (2001) Bodengeographie. 2. Aufl., Braunschweig, Westermann

FAO-UNESCO (1994) Soil map of the world (überarb. Legende). ISRIC, Wageningen Niederlande

FAO (1974) Soil map of the world. FAO, Rome Italy

Fister W, Ries JB (2009) Wind erosion in the Central Ebro Basin under changing land use management. Field experiments with a small, portable wind tunnel. Journal of Arid Environments 73 (11): 996–1004

Hassenpflug W (1998) Bodenerosion durch Wind. In: Richter G (Hrsg) Bodenerosion. Analyse und Bilanz eines Umweltproblems. Wissenschaftliche Buchgesellschaft, Darmstadt

IUSS (2006) World reference base for soil resources 2006. 2nd edition. World Soil Resources Reports No. 103. FAO, Rome

Jenny H (1980) The Soil Resource. Springer, 377 pp.

Kubiena WL (1953) Bestimmungsbuch und Systematik der Böden Europs. Enke, Stuttgart

Kuntze H, Roeschmann G, Schwertfeger G (1994) Bodenkunde. 5. Aufl., Stuttgart

Marzolff I, Ries JB (2007) Gully monitoring in semi-arid landscapes. Z. Geomorph. 51 (4): 405–425

McBratney AB, Pringle MJ (1997) Spatial variability in soil – implications for precision agriculture. In: Stafford JV (ed.) Precision Agriculture 1997, Bios, Oxford, England. pp 3–32

Meuser H, Blume H-P (2005) Anthropogene Böden. In: Blume H-P (Hrsg): Handbuch des Bodenschutzes, 573–592. Ecomed

Müller U (2004) Auswertungsmethoden im Bodenschutz – Dokumentation zur Methodenbank des NIBIS. 7. erweiterte und ergänzte Auflage. Arbeitshefte Boden Band 2004 Heft 2. Geo-Zentrum Hanover

Oldeman LR, Hakkeling RTA, Sombroek WG (1991) World Map of the Status of Human-induced Soil Degradation (Revised ed.) Three maps and explanatory note. ISRIC, Wageningen and UNEP, Nairobi

Opp C (1998) Geographische Beiträge zur Analyse von Bodendegradationen und ihrer Diagnose in der Landschaft (Bodenkundlich-geoökologische und geographisch-landschaftsökologische Beiträge zur Umweltforschung). Leipziger Geowissenschaften 8. Leipzig

Opp C (1999) Bodenverdichtungen. In: Bastian O, Schreiber KF (Hrsg) Analyse und ökologische Bewertung der Landschaft. 2. Aufl., Heidelberg, Berlin. 225–231

Poesen J, van Wesemael B, Govers G, Martinez-Fernandez J, Desmet P, Vandaele K, Quine T, Degraer G (1997) Patterns of rock fragment cover generated by tillage erosion. Geomorphology 18: 183–197

Poesen JWA, Verstraeten G, Seynaeve L, Soenens R (2001) Soil losses caused by Chicory root and sugar beet harvesting in Belgium: Importance and Implications. In: Stott DE, Mohtar RH, Steinhardt GC (eds) Substaining the Global Farm. Selected papers from the 10th International Soil Conservation Organization Meeting held May 24–29, 1999 at Purdue University and the USDA-ARS National Soil Erosion Research Laboratory. 312–316

Retallack EJ (1990) Soil of the Past, an Introduction to Paleopedology. Harper Collins Academic. London

Richter J (1986) Der Boden als Reaktor. Modelle für Prozesse im Boden. Stuttgart

Ries JB, Seeger M, Iserloh T, Wistorf S, Fister W (2009) Rainfall simulation experiments – drop size distribution, fall velocity and distribution pattern of artificial rainfall evaluated by different methods. Soil and Tillage Research, Special issue on Soil Erosion and Degradation on Agricultural Land. 109–116

Risse LM, Nearing MA, Nicks AD, Laflen JM (1993) Error Assessment in the Universial Soil Loss Equation. Soil Science Society of America Journal 57, 3: 825–833

Rothkegel W (1952) Geschichtliche Entwicklung der Bodenbonitierung und Wesen und Bedeutung der deutschen Bodenschätzung. Ulmer, Stuttgart

Sauerwein M (2005) Urbane Bodenlandschaften – Eigenschaften, Funktionen und Stoffhaushalt der siedlungsbeeinflussten Pedosphäre im Geoökosystem. Hallesche Studien zur Geographie

Scheffer F (2002) Lehrbuch der Bodenkunde. Scheffer/Schachtschabel. 15. Aufl., Heidelberg, Berlin

Schmidt R-G (2003) Vorgänge und Formen der Bodenerosion durch Schneeschmelze. J. Plant Nutr. Soil Sci. 166 (1): 131–133

Scholten T (2003) Verbreitungssystematik und Eigenschaften pleistozäner periglaziärer Lagen in deutschen Mittelgebirgen. Relief, Boden, Paläoklima 19. Borntraeger. 154 S.

Scholten T, Behrens T (2004) Methoden der GIS-gestützten Erstellung von Bodenprognosekarten am Beispiel des Ostharzes und des Schwarzerdegebiets in Sachsen-Anhalt. In: Möller M, Helbig H (Hrsg) GIS-gestützte Bewertung von Bodenfunktionen – Datengrundlagen und Lösungsansätze: 45–66. Wichmann, Heidelberg

Schwertmann U, Vogl W, Kainz M (1987) Bodenerosion durch Wasser – Vorhersage des Abtrages und Bewertung von Gegenmaßnahmen. Ulmer, Stuttgart

Seeger M, Marzolff I, Ries JB (2009) Identification of Gully-development Processes in Semi-arid Landscapes. Z. Geomorph. N. F. 53: 417–431

Ulrich B (1981) Ökologische Gruppierung von Böden nach ihrem chemischen Bodenzustand. Zeitschr. Pflanzenernähr. Bodenk. 144: 289–305

USDA (2003) Soil taxonomy. 2. Aufl. Handbook 436 US Dept. Agric. Soil Consev. Serv., Washington USA

Webster R, Oliver M (2001) Geostatistics for environmental scientists. John Wiley & Sons, Chichester

In den küstennahen Nebelwüsten Namibias ist das „lebende Fossil" *Welwitschia mirabilis* anzutreffen. Die Pflanzen erreichen ein Alter von 1 500 Jahren. *Welwitschia* ist zweihäusig; die weibliche Pflanze bringt kleine Zapfen hervor, die auf ihre Verwandtschaft mit den Nadelbäumen hinweisen. Nur zwei lebenslang wachsende Laubblätter sitzen ebenerdig am verholzten Stamm, der bis zu 3 Meter tief im Wüstenboden wächst (Fotos: R. Glawion).

Kapitel 12
Biogeographie

Mit dem Ausruf „Oh du Wunderbare!" soll Chroniken zufolge der österreichische Botaniker Dr. Friedrich Welwitsch im Jahr 1859 vor einer überaus seltsamen, unbekannten Pflanze auf die Knie gefallen sein, die er auf einer Forschungsexpedition durch den Süden Angolas entdeckte. Was war so besonders an diesem urtümlich anmutenden Gewächs, das man nach seinem Namen und seinem begeisterten Ausruf *Welwitschia mirabilis* taufte? Die Pflanze gab in jeder Hinsicht Rätsel auf: Sie hat einen Stamm wie ein Baum, der jedoch im Boden vergraben ist; sie hat Zapfen wie ein Nadelbaum, aber Blätter wie eine Blütenpflanze; sie kann ein Alter von 1500 Jahren erreichen, besitzt aber Zeit ihres Lebens nur zwei Blätter; sie wächst in der Wüste und scheint ohne Wasser auszukommen. Mit biogeographischen Methoden kam man allmählich den Geheimnissen auf die Spur: *Welwitschia mirabilis* gehört zu den Zapfen tragenden Nadelgehölzen, hat aber auch Eigenschaften der Blütenpflanzen, sodass sie in der Vegetationsgeschichte ein *Missing Link* zwischen der Evolution dieser beiden wichtigen Pflanzengruppen darstellt. Dieses „lebende Fossil" kommt nur in der Namibwüste vor. Der bis zu drei Meter lange, kegelförmige Stamm liegt fast vollständig im Wüstenboden vergraben. Nach unten hat seine kräftige Pfahlwurzel Anschluss an unterirdische Wasservorkommen, nach oben entspringen an seinem breiten Rand nur zwei vom Wind zerzauste, bis zu acht Meter lange, immergrüne ledrige Blätter, die pro Jahr 20 bis 30 Zentimeter in die Länge wachsen. Ein feines, oberflächennahes Wurzelwerk nimmt zusätzlich Feuchtigkeit auf.

Dass die Verjüngung von *Welwitschia* heute kaum noch in der Wüste stattfindet und sich in die angrenzende, feuchtere Dornsavanne verlagert hat, ist ein Hinweis auf Klimaveränderungen in jüngerer Zeit: Die Wüste Namib muss vor vielen Hundert Jahren dort, wo wir heute die „alten" Welwitschias finden, feuchter gewesen sein als heute! Also ist *Welwitschia* gar keine Wüstenpflanze, obwohl sie dort am häufigsten verbreitet ist, sondern eine Savannenpflanze!

Biogeographische Fragestellungen reichen von der Evolution der Arten bis zum rezenten Klimawandel; Biogeographen beschäftigen sich mit der Verbreitung, der erdgeschichtlichen Entwicklung und den landschaftlichen Umweltbeziehungen der Tier- und Pflanzengemeinschaften in den verschiedenen Erdräumen. Sie verstehen die Lebewesen als Umweltbereiche der Ökosysteme, als Elemente bzw. Ausstattungsmerkmale der Landschaften und als Bioindikatoren zur Kennzeichnung der Erdräume und der dort auftretenden Veränderungen.

12.1 Grundlagen

Rainer Glawion

Was ist Leben?

Was unterscheidet Lebewesen von leblosen Systemen oder Gebilden? Die klassischen **Lebensmerkmale**, die in ihrer Summe eine Abgrenzung zu leblosen Systemen ermöglichen, sind (nach Bresinsky et al. 2008):

- **stoffliche Zusammensetzung:** In der Trockenmasse aller Lebewesen dominieren organische Moleküle (Proteine, Nucleinsäuren, Polysaccharide, Lipide), die nur von Lebewesen synthetisiert werden (Biosynthese).
- **Bewegung:** Jeder aktiv lebende Organismus und jede Zelle lassen Bewegungen erkennen (Motilität).
- **Reizaufnahme und -beantwortung:** Alle Organismen und Zellen empfangen Umweltsignale mit Rezeptoren (Perzeption) und setzen sie in geeignete Reaktionen um.
- **Ernährung und Stoffwechsel:** Lebewesen müssen zur Aufrechterhaltung ihrer hohen strukturellen und funktionellen Ordnung Energie zuführen. Sie nehmen energiereiche Stoffe bzw. Photonen (bei grünen Pflanzen) auf und geben energiearme Stoffe ab (Stoffwechsel).
- **Wachstum und Entwicklung:** Vielzellige Organismen beginnen ihre Individualentwicklung meist mit einer einzigen Zelle. Sie wachsen unter Zellvermehrung zu ihrer Endgröße heran. Dabei verändert sich – im Gegensatz zu wachsenden Kristallen – auch ihre Gestalt. Gleichzeitig differenzieren sich die zunächst ähnlichen Zellen des Keims.
- **Fortpflanzung:** Die Generationenfolge besteht aus zeitlich aneinander gereihten Lebens- oder Fortpflanzungszyklen. Dadurch wird das Leben einer Sippe fortgesetzt.
- **Vermehrung:** Fortpflanzung ist normalerweise mit Vermehrung verbunden, um den Fortbestand einer Sippe trotz Verlusten durch äußere Einflüsse zu sichern. Eine Bakterienzelle teilt sich unter Optimalbedingungen alle 20 Minuten. Bei ungehemmter Vermehrung würde die Zellmasse ihrer Nachkommen schon in knapp zwei Tagen das Volumen der Erde ausfüllen.
- **Vererbung:** Durch Vervielfältigung und Weitergabe einer genetischen Information verläuft die Individualentwicklung in aufeinanderfolgenden Generationen im Wesentlichen gleich.
- **Evolution:** Bei längeren Generationenfolgen kommt es in der genetischen Information zu Veränderungen, die vererbt werden (Mutationen). Unter dem Selektionsdruck der Umwelteinflüsse etablieren sich neue Arten, die an die Umweltbedingungen besser angepasst sind.

Als übergeordnetes Lebenskriterium erscheint bei allen Organismen ihre Fortpflanzungsfähigkeit. Bei allen Organismen enthält die genetische Information den Entwicklungsplan für eine komplexe molekulare Maschinerie, deren Hauptfunktion ihre eigene Reproduktion ist.

Gegenstand und Fragestellungen der Biogeographie

Das Arbeitsfeld der Biogeographie umfasst nicht nur die Vegetation und Tierwelt, sondern auch die Wechselwirkungen mit den Umweltfaktoren Mensch, Boden, Klima, Relief und Gestein, die auf das Pflanzen- und Tierleben einwirken. Sämtliche Umweltbereiche bilden zusammen mit ihren direkten bzw. indirekten ökologischen Wechselwirkungen ein Beziehungsgefüge, das als Ökosystemmodell darstellbar ist (Abb. 12.1.1). Der von Organismen bewohnbare Raum der Erde, der die Gesamtheit der Ökosysteme umfasst, wird als Biosphäre bezeichnet. Die Biosphäre wird von Lebensgemeinschaften (Biozönosen) bewohnt. Teildisziplinen der Biogeographie sind die Pflanzengeographie (**Vegetationsgeographie**) und die **Tiergeographie**.

In der Biogeographie werden folgende Fragestellungen verfolgt, aus denen sich einzelne Arbeitsrichtungen ergeben:

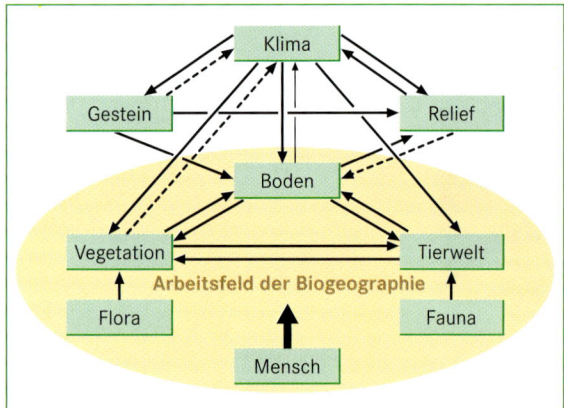

Abb. 12.1.1 Das Arbeitsfeld der Biogeographie im Beziehungsgefüge der Umweltbereiche, dargestellt als einfaches Ökosystemmodell.

- Wie sind die einzelnen Tier- und Pflanzensippen auf der Erde verbreitet? Hiermit beschäftigt sich die **Arealkunde** (Kapitel 12.2).
- Welche Beziehungen bestehen zwischen den Tieren und Pflanzen untereinander und zu ihrem Lebensraum? Diese Fragestellung bearbeitet die **Ökologie der Pflanzen und Tiere** (Kapitel 12.3).
- Welche erd- und stammesgeschichtlichen Ursachen führten zur Entwicklung und heutigen Verbreitung der Tiere und Pflanzen? Welcher zeitlichen Dynamik und welchem zeitlichen Wandel unterliegen die Lebensgemeinschaften? Auf diese Fragen versucht die **Paläobiogeographie** mit speziellen Methoden Antworten zu finden (Kapitel 12.4).
- Welche Lebensgemeinschaften bilden Tiere und Pflanzen heute und wie sind diese verbreitet? Lassen sich bestimmte Raummuster von Biozönosen erkennen und wie können diese klassifiziert werden? Mit diesen systematischen Fragestellungen beschäftigt sich die **Biozönologie** (Kapitel 12.5).

Kausal betrachtet ist die heutige Verbreitung der Pflanzen- und Tiersippen im Raum (Arealkunde) und ihrer Vergesellschaftungen (Biozönologie) das Resultat von rezenten Umweltfaktoren (Ökologie) sowie paläogeographischen und evolutionsgenetischen Vorgängen (Paläobiogeographie).

Sippensystematik der Pflanzen und Tiere

Bis heute sind etwa 1,7 Millionen lebende Organismenarten weltweit beschrieben. Drei Viertel gehören dem Reich der Tiere an (1 275 000 Arten), rund ein Sechstel dem Pflanzenreich (275 000 Arten), und die verbleibenden 150 000 Arten werden den **Protobionten** zugeordnet, zu denen die Algen, Flechten und Pilze zählen.

Von den 275 000 lebenden Pflanzenarten gehören rund 240 000 zu den **Samenpflanzen** (*Spermatophyta*). Bis auf etwa 800 Nacktsamer (*Gymnospermae*), zu denen unsere Nadelgehölze zählen, werden sie der Gruppe der bedecktsamigen Blütenpflanzen (*Angiospermae*) zugeordnet, zu denen unter anderem unsere Laubgehölze, krautigen Pflanzen und Gräser gehören. Auf etwa 10 000 Arten werden die **Farnpflanzen** und auf rund 24 000 die **Moose** geschätzt (Klink 1998).

Das Tierreich wird von den Insekten dominiert, die mit rund 850 000 Arten zwei Drittel aller Tierarten bzw. die Hälfte aller Organismenarten der Erde stellen. Dagegen sind die Wirbeltiere nur mit etwa 50 000 Arten vertreten (3 Prozent aller Organismenarten).

Tabelle 12.1.1 Sippensystematik der Pflanzen am Beispiel des Gänseblümchens (*Bellis perennis*).

taxonomische Kategorien	taxonomische Einheiten (Beispiel)	
Reich	Pflanzen	
Unterreich	*Cormobionta*	= Gefäßpflanzen
Abteilung	*Spermatophyta*	= Samenpflanzen
Unterabteilung	*Angiospermae*	= Bedecktsamer
Klasse	*Dicotyledonae*	= Zweikeimblättrige
Ordnung	*Asterales*	
Familie	*Asteraceae*	= Korbblütler
Gattung	*Bellis*	
Art (species, spec.)	*Bellis perennis*	= **Gänseblümchen**
Unterart (subspecies, ssp.)		
Varietät (varietas, var.)		
Form (forma, f.)	*hortensis* (gefüllt)	

Die tatsächliche Anzahl der auf der Erde lebenden Tier- und Pflanzenarten wird um ein Vielfaches höher geschätzt (bis zu 20 Millionen Arten). Allerdings zerstört der Mensch die Lebensräume in heutiger Zeit weltweit mit so großer Geschwindigkeit, dass der anthropogen bedingte Artenschwund auf rund 100 Arten pro Tag geschätzt wird. Somit werden jährlich 30 000 bis 40 000 Arten ausgerottet, von denen die meisten nicht bekannt sind und ihr potenzieller Wert für die Ernährung oder die Medizin niemals erfasst werden konnte.

Um die Vielfalt der Arten überschaubarer zu machen, wurde ein hierarchisch taxonomisches System entwickelt, das den natürlichen phylogenetischen Verwandtschaftsbeziehungen folgt. Eine Sippe (Taxon, Plural: Taxa) bezeichnet eine Individuengruppe gleicher Abstammung innerhalb einer beliebigen systematischen Kategorie dieses Systems. Sippen niederen Ranges setzen sich zu umfassenderen Sippen höheren Ranges zusammen. Sämtliche systematischen Einheiten werden mit lateinischen Namen belegt, um die internationale Verständlichkeit zu erleichtern. Die Art (Spezies) ist die Grundeinheit im System der Pflanzen und Tiere. Sie umfasst die Gesamtheit der Individuen, die sich auf natürliche Weise untereinander uneingeschränkt fortpflanzen und in allen typischen Merkmalen untereinander und mit ihren Nachkommen übereinstimmen. Arten, die sich durch bestimmte gemeinsame Merkmale von anderen unterscheiden, werden zu einer Gattung zusammengefasst. Mehrere verwandtschaftlich ähnliche Gattungen bilden eine Familie, mehrere Familien werden zu Ordnungen zusammengefasst und so weiter (Tab. 12.1.1 und 12.1.2).

Die Arten werden nach der **binären Nomenklatur** von Carl von Linné (1753) benannt. Der Artname besteht aus einem Substantiv, das die Zugehörigkeit zur Gattung, beispielsweise *Bellis* angibt, und einem nachge-

Tabelle 12.1.2 Sippensystematik der Tiere am Beispiel der Stubenfliege (*Musca domestica*).

taxonomische Kategorien	taxonomische Einheiten (Beispiel)	
Reich	Tiere	
Unterreich	*Metazoa*	= vielzellige Tiere
Stamm	*Arthropoda*	= Gliederfüßler
Unterstamm	*Tracheata*	= Tracheenatmende
Klasse	*Hexapoda*	= Insekten
Unterklasse	*Pterygota*	= geflügelte Insekten
Ordnung	*Diptera*	= Zweiflügler
Unterordnung	*Brachycera*	= Fliegen
Familie	*Muscidae*	= echte Fliegen
Gattung	*Musca*	
Art	*Musca domestica*	= **Große Stubenfliege**

stellten Substantiv oder Adjektiv, dem Artepithet (z. B. *perennis*). Es folgt der Name des Erstbeschreibers (z. B. L. für Carl von Linné). Der vollständige Artname für das Gänseblümchen in diesem Beispiel lautet also *Bellis perennis* L. (Tab. 12.1.1). Die Große Stubenfliege als Beispiel aus der Tierwelt trägt den Artnamen *Musca domestica* (Tab. 12.1.2).

12.2 Arealkunde

Elisabeth Schmitt und Thomas Schmitt

Arealsysteme

Systematische Einheiten (z. B. Arten, Gattungen, Familien) und Lebensgemeinschaften des Pflanzen- und Tierreiches sind nicht einheitlich und gleichmäßig auf dem Globus verteilt, sondern zeigen alle ein sehr spezifisches Verbreitungsgebiet, ihr Areal. Im Laufe ihrer Evolution und der damit einhergehenden Eroberung von Lebensraum hat jede Art besondere Eigenschaften hinsichtlich ihrer Gestalt, Struktur und Physiologie entwickelt, die es ihr erlauben, unter bestimmten Umweltbedingungen leben, sich fortpflanzen und verbreiten zu können. Vor allem durch diese entwicklungsgeschichtlichen Anpassungen bestimmen, gestalten und begrenzen physikalische und biotische Umweltfaktoren und ihre geographische Anordnung das Verbreitungsgebiet von Lebewesen und Lebensgemeinschaften. Arten bemächtigen sich ihres Areals mithilfe unterschiedlicher verbreitungsökologischer Mechanismen und in zahlreichen Ausbreitungsschritten. Die Ausbreitung erfolgt aktiv aus eigener Kraft wie bei vielen Tierarten (**Auto-**

chorie) oder wie bei den meisten Pflanzenarten passiv (**Allochorie**) mithilfe von Ausbreitungsmedien beispielsweise durch Wind (Anemochorie), Wasser (Hydrochorie), Tiere (Zoochorie) oder durch den Menschen (Hemerochorie). Die theoretisch erreichbare äußerste Ausbreitungsgrenze und damit die **potenzielle Arealgröße** ist in der Regel von der ökologischen Valenz, konkurrierenden Sippen und der Ausbreitungsfähigkeit abhängig. Ihr Erreichen setzt eine ausreichend große Zeitspanne voraus. Doch selbst wenn diese gegeben ist, gelangen die meisten Arten nicht zwangsläufig und überall an die Grenzen ihres potenziellen Areals, da sich der Ausbreitung immer wieder sogenannte Ausbreitungsbarrieren – das sind für die jeweilige Art unbesiedelbare Räume – entgegenstellen können. Dabei kann die Barrierefunktion dieser Räume klimatischen Ursprungs (z. B. kühles Höhenklima für eine Wärme liebende Flachlandart) oder geomorphologischer Art (z. B. Gebirge, Meere) sein. Um als Ausbreitungshindernis wirken zu können, muss ihre Ausdehnung in jedem Fall größer sein als der mit den natürlichen Ausbreitungsmechanismen der Art noch überbrückbare Raum. Aber auch in den erreichbaren Teilen des potenziellen Areals gelingt der Art eine hundertprozentige Arealausfüllung nicht, da das vorhandene Standortmosaik auch solche Standorte beinhaltet, die aufgrund ungünstiger edaphischer Bedingungen (Bodenfeuchte, Nährstoffsituation, Bodenreaktion) oder beeinträchtigender biotischer Faktoren (übermäßige Konkurrenz, Fressfeinde) eine dauerhafte Ansiedlung nicht erlauben. Aufgrund solcher Ausbreitungs- und Ansiedlungshindernisse schrumpft das potenzielle Areal einer Art auf das in der Regel eine deutlich kleinere Fläche umfassende reale Areal zusammen. So wird beispielsweise das reale Areal der Rotbuche (*Fagus sylvatica*) in Europa nach Norden durch zu kalte Winter, nach Osten durch zu geringe Niederschläge, in Südeuropa durch Sommerdürre in den Tieflagen und auf den britischen Inseln durch eine unvollständige Einwanderung begrenzt (Abb. 12.2.1). Aber selbst in ihrem Hauptverbreitungsgebiet Mitteleuropa gibt es Standorte wie Moore oder Felshänge, die aufgrund der edaphischen Bedingungen nicht besiedelt werden können.

Die Darstellung der Verbreitungsmuster von Pflanzen- und Tierarten erfolgt in **Arealkarten**. Grundlage hierfür sind topographische Karten, in die jeder Fundort der jeweiligen Art mit einem Punkt eingetragen wird (Punktkarte). Bei genauer Kenntnis der ökologischen Ansprüche einer Art lassen sich Lücken zwischen Fundorten auf ihr dortiges Vorkommen bzw. Fehlen hin interpretieren. Aus der Verbindung aller Fundorte, inklusive der positiv beurteilten Lücken, mit einer Linie ergibt sich eine Umrisskarte als Abgrenzung des Areals.

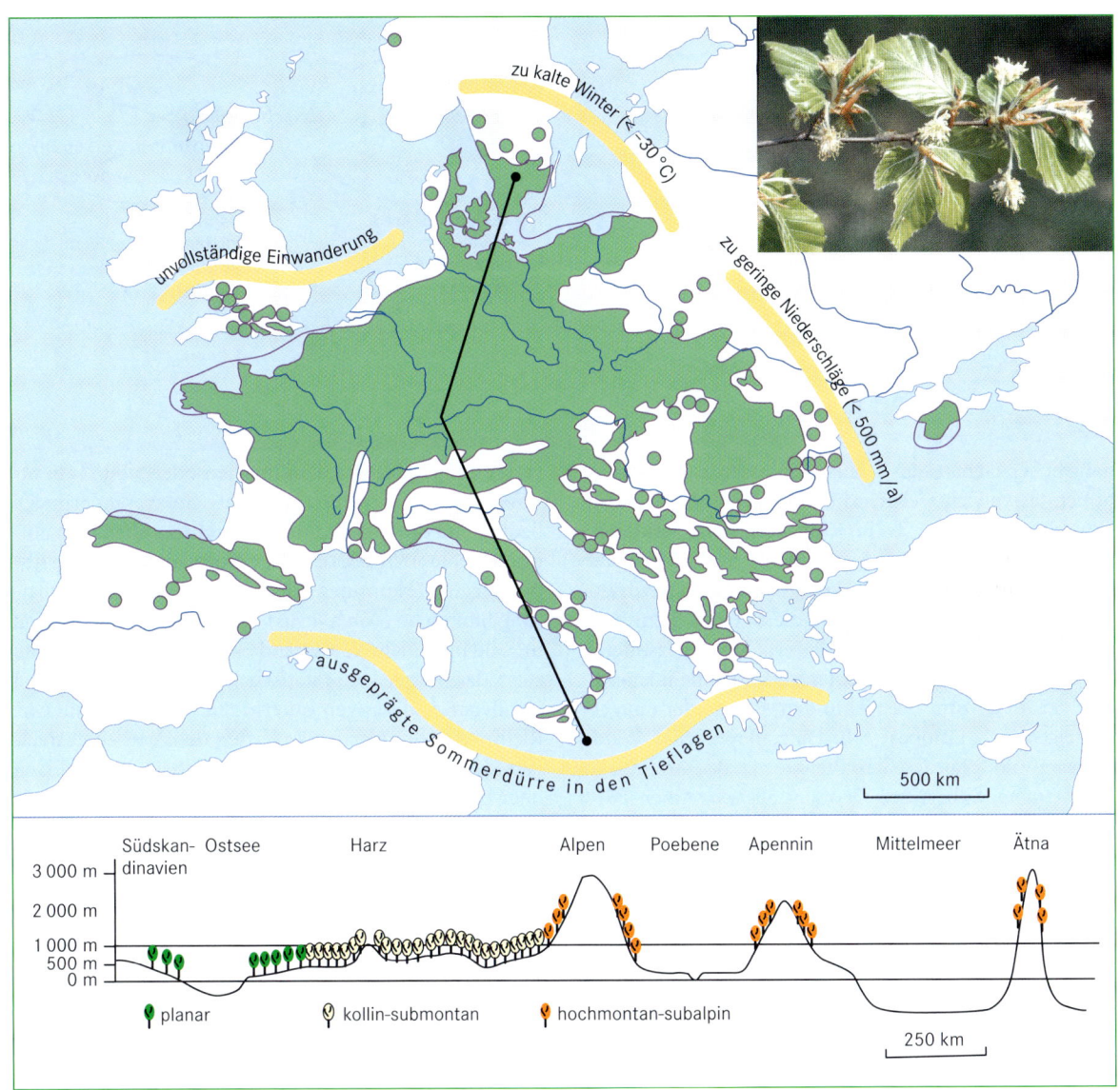

Abb. 12.2.1 Areal der Rotbuche (*Fagus sylvatica*) in Europa (verändert nach Schroeder 1998, Foto: T. Schmitt).

Die Ermittlung von Artarealen und die Erstellung von Arealkarten erfolgt auf der Basis von umfangreichen Literatur- und Herbarauswertungen sowie auf sehr zeitaufwendigen Geländekartierungen. Ein umfassendes Beispiel hierfür ist die **floristische Kartierung Mitteleuropas**, bei der die Rasterflächen der topographischen Karten 1 : 25 000 systematisch auf das Inventar ihrer Gefäßpflanzen hin untersucht wurden. Als Ergebnis entstanden für die einzelnen Arten Punktrasterkarten, zusammengestellt in Florenatlanten (Haeupler & Schönfelder 1989). Die eingesetzte standardisierte und jederzeit wiederholbare Methodik entspricht bei regelmäßiger Anwendung einem **Biomonitoring**. Auf der

Basis der Ersterhebung liefert sie wichtige Informationen über einen eventuellen Artenverlust und geeignete Maßnahmen des Artenschutzes.

Entsteht bei der Anfertigung einer Umrisskarte aufgrund der Anordnung der Fundorte eine einzige Fläche, so wird von einem **geschlossenen Areal** gesprochen. Einzelne außerhalb der geschlossenen Fläche liegende Fundorte, sogenannte Exklaven, können auf eine potenzielle Ausweitung des Areals hindeuten. Bei einer Zersplitterung des Areals in mehrere gleich große oder häufiger ungleich große Teilareale handelt es sich um ein **disjunktes Areal** (Abb. 12.2.2). Eine Arealdisjunktion liegt dann vor, wenn zwischen den Teilgebieten ein

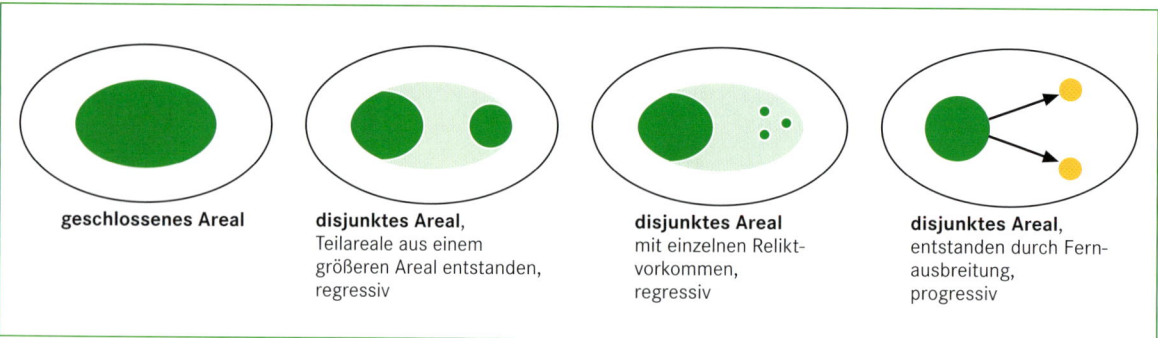

Abb. 12.2.2 Geschlossene und disjunkte Areale.

natürlicher Genaustausch ausgeschlossen ist. Disjunktionen lassen sich vielfach durch die Veränderung von Umweltbedingungen (z. B. Klimaänderung) erklären, wenn physiologische Kälte- oder Hitzegrenzen erreicht werden oder konkurrenzstärkere Arten einen Verdrängungsprozess verursachen. Auf diese Weise kann ein geschlossenes Areal in Teilareale zerfallen, und isolierte Vorkommen abseits des Hauptareals bilden Reliktstandorte. So treten zum Beispiel in den Alpen oder einigen Mittelgebirgen Europas (z. B. Harz, Bayerischer Wald, Schwarzwald, Tatra) Glazialrelikte (z. B. Zwergbirke *Betula nana*, Silberwurz *Dryas octopetala*, Alpen-Bärlapp *Lycopodium alpinum*) auf, die in der letzten Eiszeit deutlich weiter verbreitet waren und heute ihr Haupt-

verbreitungsgebiet in Skandinavien oder Sibirien besitzen. Neben dieser durch klimatische Veränderungen bedingten Form der Disjunktion kann es aber auch aufgrund geologisch-tektonischer Prozesse zur Bildung disjunkter Areale kommen. Ein Beispiel hierfür ist die Gattung Südbuche (*Nothofagus*) mit ihren zwei Teilarealen in Südaustralien/Neuseeland und Südamerika. Dies zeigt, dass Areale keine statischen Gebilde sind, sondern ständigen Änderungen unterliegen. Generell sind zwei Richtungen der Arealveränderung denkbar: eine Arealverkleinerung (regressives Areal) wie bei Glazialrelikten oder Baumarten, die im Tertiär über die gesamte Nordhemisphäre verbreitet waren und sich heute auf kleine Areale in Ostasien (z. B. Ginkgobaum *Ginkgo biloba*)

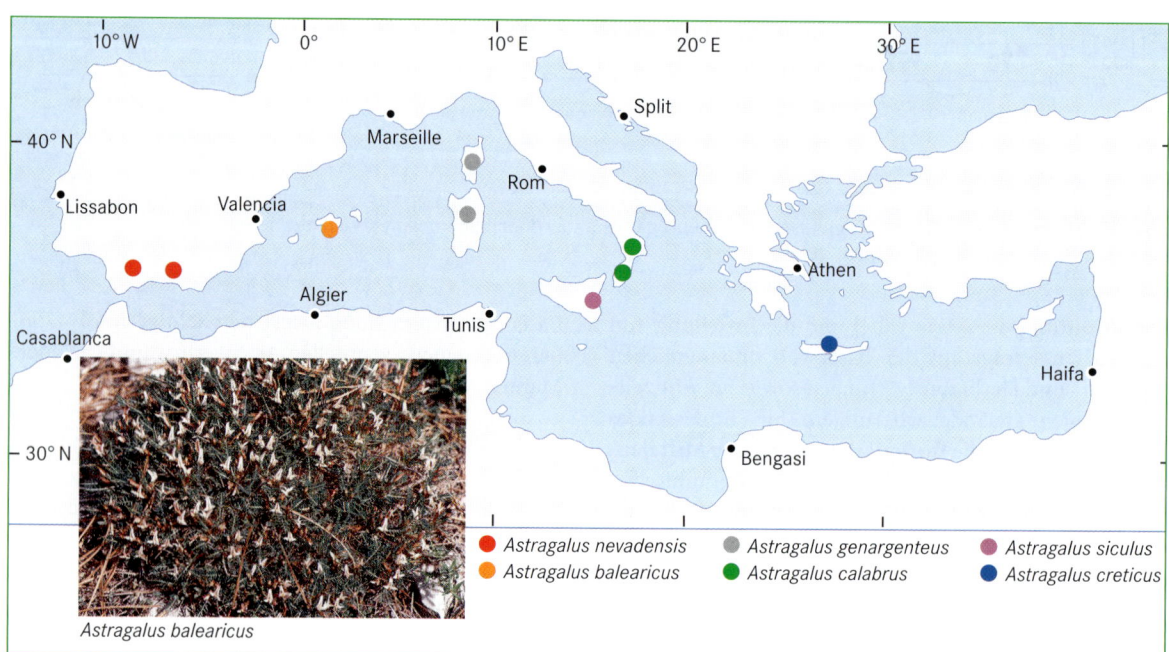

Abb. 12.2.3 Areal endemischer *Astragalus*-Arten im Mittelmeerraum (Foto: T. Schmitt).

oder Nordamerika (z. B. Mammutbaum *Sequoia sempervirens et gigantea*) beschränken, oder eine Arealausweitung (progressives Areal) in bislang unbesiedeltes Gebiet aufgrund veränderter Umwelt- und Lebensbedingungen bzw. durch die Überwindung bestehender Ausbreitungsbarrieren mithilfe des Menschen (z. B. Neophyten und Neozoen).

Gerade Sippen, deren Vorkommen stark an menschliche Einflüsse gebunden sind, treten weltweit, auf fast allen Kontinenten auf. Sie zählen zur Gruppe der **Kosmopoliten**. Neben der engen Bindung an den Menschen (z. B. Löwenzahn *Taraxacum officinale*, Brennnessel

Urtica dioica, Einjähriges Rispengras *Poa annua*) sind eine breitere ökologische Toleranz und effiziente Ausbreitungsfähigkeiten (z. B. Schilf *Phragmites communis*, Adlerfarn *Pteridium aquilinum*, Rauchschwalbe *Hirundo rustica*, Wanderfalke *Falco peregrinus*, Distelfalter *Vanessa cardui*) wichtige Voraussetzungen für ein globales Areal. Im krassen Gegensatz zu den Kosmopoliten stehen Sippen, deren Verbreitung auf ein räumlich eng begrenztes Gebiet beschränkt ist. Diese sogenannten **Endemiten** (Abb. 12.2.3) sind bevorzugt auf Inseln oder in Gebirgen zu finden, das heißt in isolierten Lebensräumen, in denen ein floristischer bzw. faunistischer Aus-

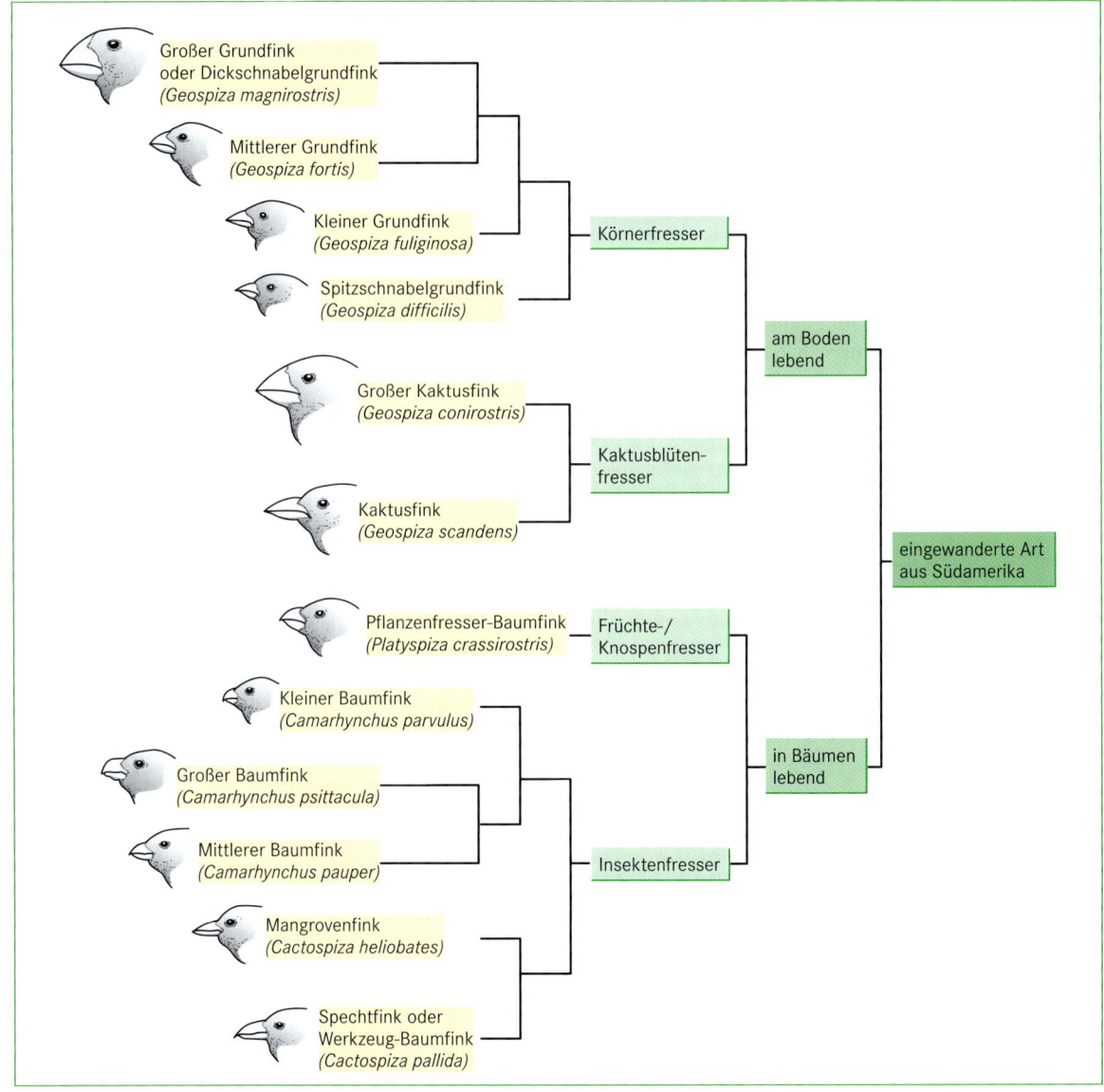

Abb. 12.2.4 Darwin-Finken auf den Galapagos-Inseln als Beispiel einer adaptiven Radiation (verändert nach Odum 1991).

tausch mit Nachbargebieten weitgehend fehlt und sich so eine eigenständige evolutionäre Entwicklung vollzieht. Man unterscheidet **Paläoendemiten** (Reliktendemiten) und **Neoendemiten**. Bei den Paläoendemiten handelt es sich um ehemals weiter verbreitete Sippen, die sich über geologische Zeiträume hinweg in isolierten Lebensräumen erhalten konnten, während sie in Regionen mit floristischem Austausch durch Konkurrenzdruck und evolutionäre Prozesse ausgestorben sind (z. B. Arten der Pflanzengattung Tragant *Astragalus* in mediterranen Gebirgen). Neoendemiten sind dagegen Sippen in Gattungen, die sich in isolierten Räumen durch eine intensive Artbildung auszeichnen. Auf der Zeitskala der Evolution „gerade" neu entstanden, fehlen ihnen geeignete Ausbreitungsmechanismen, um die Isolation ihrer Lebensräume zu überwinden. Klassisches Beispiel hiefür sind die Darwin-Finken auf den Galapagos-Inseln, wo sich aus einer Elternart insgesamt 13 verschiedene Finkenarten entwickelten (Abb. 12.2.4). Möglich wurde diese intensive Artaufspaltung durch die Erschließung und Besetzung unterschiedlicher ökologischer Nischen (adaptive Radiation). Forciert wurde sie durch die fehlenden räumlichen Entfaltungsmöglichkeiten der ursprünglichen Sippe. Weitere Beispiele der Neoendemismenbildung finden sich bei den hawaiianischen Kleidervögeln bzw. im Pflanzenreich in den West- und Südalpen (z. B. Steinbrech *Saxifraga*, Primel *Primula*) und auf den Kanarischen Inseln (z. B. Natternkopf *Echium*, Hauswurz *Aeonium*). Die durch adaptive Radiation erzielte extreme Spezialisierung auf bestimmte Nahrungsquellen oder Standortbedingungen erhöht das ursprüngliche Verbreitungshindernis zusätzlich.

Auf Inseln sind neben der Entfernung zum Festland letztlich die Standortvielfalt (Inselgröße, Reliefausbildung) und die damit verbundene **Anzahl ökologischer Nischen** für den Endemitenreichtum verantwortlich. Zwischen den beiden angesprochenen Extremen, Kosmopoliten einerseits und Endemiten andererseits, gibt es alle vorstellbaren Übergänge im Raummuster von Arten.

Vergleicht man die Areale von zwei Sippen miteinander, so werden diese nicht völlig identisch sein, da der gegenseitige Konkurrenz- und Selektionsdruck zu groß wäre. In Lage, Größe und Form lassen sich aber vielfach Übereinstimmungen erkennen, die beispielsweise auf vergleichbaren ökologischen Ansprüchen oder ähnlicher Ausbreitungsgeschichte beruhen. Gruppen von Pflanzen- oder Tiersippen mit annähernder Gleichheit ihrer Areale werden zu **Arealtypen** zusammengefasst, die eine biotische Gliederung und ökologische Bewertung eines Raumes erlauben (Meusel et al. 1965, Walter & Straka 1970).

Floren- und Faunenreiche

Die Zusammenfassung von Sippen mit einer ähnlichen Verbreitung zu Arealtypen ist die Basis für eine hierarchische, biogeographische Ordnung der Erde. Als ranghöchste Einheiten werden in diesem Ordnungssystem sogenannte Floren- und Faunenreiche ausgegliedert. Die Einteilung und Abgrenzung der einzelnen Floren- und Faunenreiche beruht auf empirischen Werten zur Ähnlichkeit von Flora und Fauna bzw. zu ihrem Wandel im Raum. So sind für die Grenzziehung zwischen zwei Reichen die Stärke des Floren- oder Faunenkontrastes und das floristische bzw. faunistische Gefälle verantwortlich. Der Kontrast ergibt sich aus der Summe der Sippen a, die in einem Gebiet A vorkommen und im Gebiet B fehlen, und den Sippen b, die im Gebiet B vorkommen und im Gebiet A fehlen. Bei vollständiger Verschiedenheit entspricht dies der Gesamtzahl der Sippen aus beiden Gebieten, bei Gleichheit dem Wert Null. Das Gefälle markiert den Kontrast, der sich auf 100 Kilometer Entfernung zwischen den beiden Gebieten vollzieht. Warum dieser Kontrast bzw. das Gefälle besteht, ob aus rezenten ökologischen Gründen oder aufgrund von entwicklungsgeschichtlichen Ursachen, spielt für die Aufteilung des Globus in die verschiedenen Floren- oder Faunenreiche keine Rolle. Mit dieser Vorgehensweise lässt sich die Erde in **sechs Florenreiche** bzw. **sieben Faunenreiche** (Schroeder 1998, Sedlag 1995) gliedern (Abb. 12.2.5), die sich jeweils durch einen großen biologischen Kontrast verbunden mit einem steilen Gefälle an ihren Grenzen auszeichnen.

In ihren geographischen Grundzügen sind sich die beiden Ordnungssysteme, Florenreiche auf der einen Seite und Faunenreiche auf der anderen, sehr ähnlich. Ursache hierfür ist, dass ihre Einteilungen nicht auf der Gesamtheit von Flora und Fauna, sondern auf Blütenpflanzen und Säugetieren beruhen, die sich am Ende der Kreide ausbreiteten und deren Ausbreitung durch vergleichbare Barrieren begrenzt wurde. Dies wird am **holarktischen Florenreich** sehr deutlich, das sich über die gesamte Nordhalbkugel erstreckt. Insbesondere Zoogeographen nehmen eine Untergliederung in **Nearktis** und **Paläarktis** vor, doch ist der Kontrast zwischen beiden aufgrund der erst späten Trennung von Nordamerika und Eurasien im Alttertiär relativ gering. Die vorhandenen Gegensätze sind vornehmlich durch die pleistozänen Kaltzeiten bedingt. Zwischen Südamerika (**Neotropis**) und Afrika (**Paläotropis**), die sich bereits in der Unterkreide trennten, bestehen weitaus geringere biogeographische Bezüge. So sind nur 13 Prozent der tropischen Blütenpflanzengattungen in beiden tropischen Florenreichen vertreten. Die **Australis** unter-

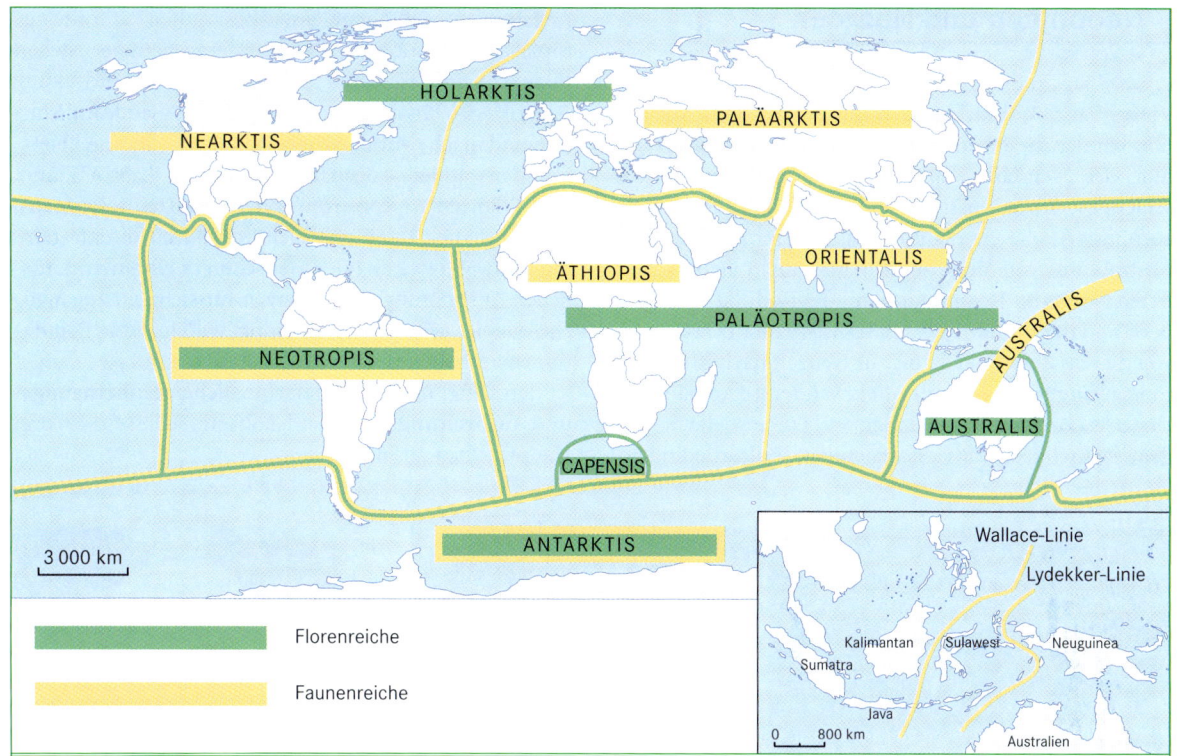

Abb. 12.2.5 Floren- und Faunenreiche der Erde (verändert nach Schroeder 1998, Sedlag 1995).

lag durch die frühe Abtrennung vom Urkontinent einer langen Eigenentwicklung. Mit 86 Prozent endemischen Blütenpflanzen und durch das einzigartige Vorkommen von Beutelsäugern besitzt sie sowohl unter den Floren- als auch den Faunenreichen eine isolierte Stellung.

Trotz vieler Gemeinsamkeiten lassen sich auch deutliche Unterschiede in der Einteilung und geographischen Anordnung zwischen den Floren- und Faunenreichen erkennen, die sich unter anderem in einer Aufspaltung des paläotropischen Florenreichs in jeweils zwei Faunenreiche manifestieren. Auch besteht zwischen den Floren der verschiedenen Kontinente größere Ähnlichkeit als in der Säugetierfauna. Begründet liegt dies:

- in der erdgeschichtlich früheren Ausbreitung von Blütenpflanzen, zu einer Zeit, als die Trennung der Kontinente noch nicht so weit fortgeschritten war,
- in den deutlich höheren Aussterberaten bei Säugetieren und
- in der größeren Fähigkeit zur Ausbreitung bei Blütenpflanzen.

Ein weiterer wesentlicher Unterschied ist die Ausdifferenzierung eines eigenen Florenreichs an der Südspitze Afrikas (**Capensis**), das mit über 6000 Blütenpflanzen

einen großen Artenreichtum besitzt. Neben der Fülle an Endemiten, in denen sich die eigenständige Entwicklung widerspiegelt, zeigen mehrere Pflanzenfamilien (z.B. *Proteaceae, Restionaceae*) floristische Beziehungen zum australischen und **antarktischen Florenreich**. Nicht immer sind die Grenzen zwischen den einzelnen Floren- und Faunenreichen scharf, was Biogeographen dazu veranlasste, Übergangsgebiete auszugliedern. Das wohl bekannteste Beispiel diesbezüglich ist die Überlappung der Faunen der Orientalis und Australis in der indo-malaiischen Inselwelt Südostasiens, die von einigen Zoogeographen sogar als eigenständiges Reich „Wallacea" ausdifferenziert wird (Abb. 12.2.5). Die schon im 19. Jahrhundert von Russel Wallace gezogene Linie (**Wallace-Linie**) zwischen asiatischer und australischer Avifauna bildet dabei die westliche Grenze, die auch gleichzeitig die Verbreitungsgrenze von Beuteltieren darstellt. Nach Osten wird die Wallacea durch die **Lydekker-Linie** (benannt nach Richard Lydekker) begrenzt. Die beiden benachbarten, zur Orientalis gehörenden Inseln Java und Bali besitzen ein zu 97 Prozent gleiches Vogelartenspektrum, wogegen die östlich von Bali und jenseits der Wallace-Linie liegende Insel Lombok mit Bali nur zu 50 Prozent die gleichen Vogelarten besitzt.

Neophyten und Neozoen

Viele Pflanzen- und Tierarten mit progressiven Arealen überwinden bestehende Ausbreitungshindernisse mithilfe des Menschen, indem sie unbeabsichtigt eingeschleppt oder bewusst eingeführt werden. In Mitteleuropa fand die erste anthropogene Einbringung und Ausbreitung von ursprünglich hier nicht heimischen Arten bereits im Neolithikum mit der Rodung von Wäldern und der Einführung des Ackerbaus statt. Arten, die von diesem Zeitpunkt an bis zur Neuzeit nach Mitteleuropa gelangten, werden als Alteinwanderer (Archäophyten bzw. Archäozoen) bezeichnet. Diese vielfach aus dem Mittelmeerraum stammenden, kulturbedingten

Adventivarten sind heute fester Bestandteil der mitteleuropäischen Flora und Fauna. Demgegenüber stehen Pflanzen- und Tierarten, die erst nach der Entdeckung Amerikas 1492 (Beginn der Neuzeit) von anderen Kontinenten nach Mitteleuropa gelangten. Diese gebietsfremden Sippen, sogenannte Neobiota (Abb. 12.2.6), sind Pflanzen- (Neophyten) oder Tierarten (Neozoen), die vorsätzlich oder unabsichtlich durch direkte oder indirekte Mitwirkung des Menschen in ein unter natürlichen Ausbreitungsbedingungen für sie nicht zugängliches Gebiet gelangt sind und dort wild lebende Populationen aufbauen (Geiter et al. 2002).

Betrachtet man die unterschiedlichen **Einbringungs- und Ausbreitungswege der Neobiota**, so lassen sich drei Hauptformen ausgliedern:

Abb. 12.2.6 Beispiele für Neophyten in Deutschland: a) Schmalblättriges Greiskraut (*Senecio inaequidens*), b) Indisches Springkraut (*Impatiens glandulifera*), c) Riesen-Bärenklau (*Heracleum mantegazzianum*) und Beispiele für Archäophyten in Deutschland: d) Klatschmohn (*Papaver rhoeas*), e) Esskastanie (*Castanea sativa*); Fotos: T. Schmitt.

- bewusste Einführung zur Kultivierung und Zucht (Auswilderung, z. B. durch Flucht aus Pelztierfarmen, Zierpflanzen aus Gärten)
- absichtliche Einbürgerung (z. B. Ausbringung von Pflanzen als Wild- und Bienenfutter, Ansiedlung von jagdbarem Wild)
- unbeabsichtigte Verschleppung (z. B. von Pflanzensamen in Saatgut oder Wolle, von Tieren im Ballastwasser von Schiffen)

Auch in Deutschland treten fast überall Neophyten und Neozoen auf, wobei jedoch nur ein Bruchteil der Arten in ihrer dritten Generation innerhalb der einheimischen Pflanzen- und Tierwelt noch fest etabliert sind (Agriophyten, Agriozoen), sich vermehren und ihre Vorkommen ausdehnen. Von den ca. 12 000 nach Deutschland eingebrachten Gefäßpflanzen (Neophyten und Archäophyten) sind 1 000 unbeständig (Ephemerophyten) und nur 400 können als etabliert eingestuft werden, was etwa 13 Prozent der Gesamtflora entspricht (Klingenstein et al. 2005). Neophyten erweisen sich gegenüber einheimischen Pflanzenarten an Standorten mit häufiger anthropogener Störung (z. B. Siedlungsflächen, Ruderalfluren, Äcker) als sehr konkurrenzstark, da sie an das dort herrschende warm-trockene Mikroklima besser angepasst sind. In Verbindung mit einer meist sehr hohen fertilen oder generativen Reproduktionsrate sind viele Arten typische **Pionierbesiedler**. Die Ausbreitungszentren von Neophyten in Deutschland (z. B. Rhein-Main-Neckar-Raum, Rheinschiene und Ruhrgebiet, Berlin, Region Halle-Leipzig) sind hierfür ein eindeutiger Beleg. Dabei dienen vor allem lineare Landschaftsstrukturen (z. B. Fließgewässer, Verkehrsachsen) als Expansionsbahnen, wie die Beispiele des Indischen Springkrauts (*Impatiens glandulifera*) entlang von Flussufern oder des Schmalblättrigen Greiskrautes (*Senecio inaequidens*) an Straßen und Bahngleisen belegen. Von den derzeit in Deutschland bekannten 1 123 Neozoen sind 262 (23 Prozent) etabliert. Es handelt sich hierbei meist um Tierarten, die durch hohe Mobilität oder Fertilität in der Lage sind, sich mit hohem Raumgewinn sehr rasch geeignete Lebensräume zu erschließen. Beispiele hierfür sind der Kartoffelkäfer (*Leptinotarsa decemlineata*), der sich in Europa innerhalb von 35 Jahren von der Westküste Frankreichs bis zum Schwarzen Meer ausbreitete (Abb. 12.2.7), oder das Wildkaninchen (*Oryctolagus cuniculus*) mit einer Ausbreitungsgeschwindigkeit von bis zu 100 Kilometern pro Jahr in Australien (Sedlag 1995). Vielfach besitzen die Arten ein breites Nahrungsspektrum (z. B. Waschbär *Procyon lotor*) oder sind auf häufig angebaute Pflanzen (z. B. Kartoffelkäfer, Reblaus *Viteus vitifolii*) spezialisiert.

Das Auftreten von Neobiota ist meist die Folge der Störung und Zerstörung naturnaher Lebensgemeinschaften. Dabei können sie selbst ebenfalls zu einer Verdrängung der einheimischen Flora und Fauna beitragen; in welchem Ausmaß dies geschieht, ist artspezifisch und somit sehr unterschiedlich. Arten mit einer solchen Schadwirkung werden als **biologische Invasoren** oder **invasive Arten** bezeichnet. Für die biologische Vielfalt können invasive Arten eine Bedrohung darstellen und werden deshalb zum Teil aktiv bekämpft. In Deutschland gelten etwa 30 Blütenpflanzen als ökologisch problematisch (Kowarik 2003), weil sie einheimische Pflanzenarten, vornehmlich entlang von Flussufern, verdrängen oder wie beispielsweise der Riesen-Bärenklau

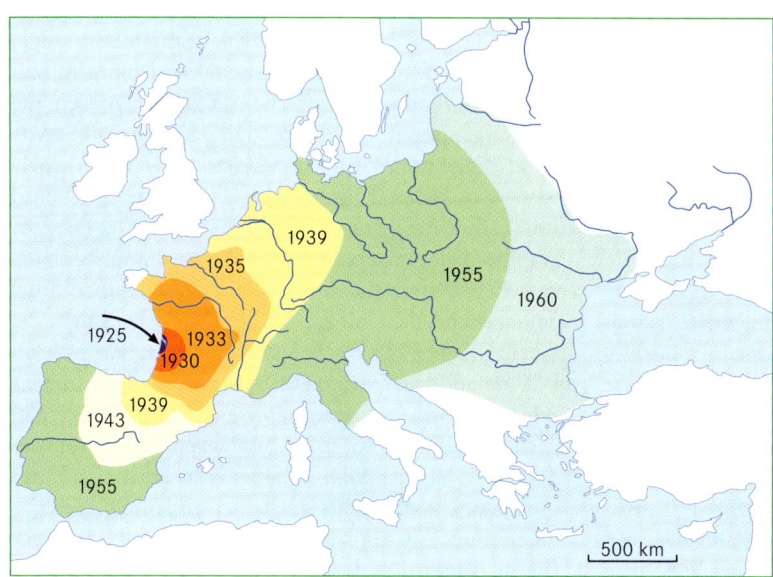

Abb. 12.2.7 Ausbreitung des Kartoffelkäfers in Europa (verändert nach Sedlag 1995).

(*Heracleum mantegazzianum*) eine direkte Gefahr für die menschliche Gesundheit darstellen. Auch die **Hybridisierung** ist ein Aspekt des Biodiversitätsverlustes: Kommt es zwischen indigenen Arten und neu eingewanderten Arten zu einer zwischenartlichen Fortpflanzung und sind die Nachkommen ihrerseits fortpflanzungsfähig, bewirkt dies einen Verlust an indigener genetischer Information und langfristig den Verlust einheimischer Arten. Belegt ist ein solcher Prozess bei Enten, Gänsen, Großfalken und Finkenvögeln (Geiter et al. 2002). Nicht zuletzt können vor allem Neozoen als Schadorganismen ein hohes ökonomisches Risiko in der Landwirtschaft sein (z. B. Reblaus, Kartoffelkäfer). Die Ausbreitung und Etablierung gebietsfremder Arten ist ein globales Phänomen, das in Mitteleuropa mit seiner langen menschlichen Nutzungsgeschichte ein weit geringeres Problem darstellt als in anderen Erdteilen. Weltweit wird die Überfremdung der autochthonen Pflanzen- und Tierwelt durch Neobiota neben der direkten Lebensraumzerstörung als wichtigste Ursache für den Verlust an Biodiversität angesehen (Brown & Lomolino 1998). Insbesondere auf ozeanischen Inseln (z. B. Hawaii- und Galapagos-Inseln, Polynesien) wird die indigene Pflanzen- und Tierwelt durch Neubürger sehr geschädigt, da Rückzugsräume für die Indigenen fehlen und die Neubürger freie ökologische Nischen bei fehlender Regulation ihrer Populationen durch Konkurrenten und Fressfeinde besetzen können. Das Einschleppen von Ratten, Aussetzen und Verwildern von Haustieren führte hier nachweislich zur Vernichtung von endemischen Arten, insbesondere in der Vogelfauna. So etablierten sich auf den Hawaii-Inseln 63 Prozent der eingeführten Vögel und über 90 Prozent der Säugetiere und Reptilien und bewirkten das Aussterben von 34 Prozent der endemischen Vogelarten (Loope & Mueller-Dombois 1989).

Inseln als Forschungsobjekte der Arealdynamik

Inseln sind isolierte Räume von limitierter Größe, die mit scharfen Grenzen in eine für ihre Tier- und Pflanzenarten lebensfeindliche Umwelt eingebettet sind. Gerade deshalb sind sie ein bevorzugtes und zentrales Objekt der biogeographischen Forschung. Ihre klare Abgegrenztheit und Überschaubarkeit erlauben es, so grundlegende biogeographische Prozesse und Faktoren wie Besiedlungsgeschichte, Ausbreitungsverhalten und Anpassungsprobleme von Arten, die Wirkung von Konkurrenzfaktoren sowie Verdrängungsmechanismen und Aussterberaten (Müller 1980) exakt zu verfolgen. Ihre

räumliche und daher genetische Isolation ist ein Schlüsselfaktor für den evolutionären Wandel von Arten, die oft eingeschränkte Ausbreitungs- bzw. Flugunfähigkeit (z. B. Kiwis *Apteryx*, Kakapo *Strigops habroptilus* und Takahe *Notornis manteilli* auf Neuseeland) und Endemismus bewirkt. Eine Besonderheit des Insellebens sind Sippen, die sich in ihrer Größe von verwandten Artgenossen auf dem Festland sehr deutlich unterscheiden. Gigantismus findet man zum Beispiel bei dem Komodowaran (*Varanus komodensis*) auf Komodo, den Riesenschildkröten auf Galapagos und den Seychellen oder bei den mittlerweile ausgerotteten Laufvögeln Moa (*Dinornis maximus et giganteus*) von Neuseeland und Dodo (*Raphus cucullatus*) von Mauritius. Als Begründung für die Größe kann Konkurrenzarmut und das Fehlen natürlicher Feinde herangezogen werden. Als gegenläufige Entwicklung können Inselformen aber auch kleiner (Nanismus) als verwandte Formen auf dem Festland sein (z. B. Zwergelefanten im Pleistozän auf Mittelmeerinseln, Sikahirsch *Sika nippon* in Japan, Sumatratiger *Panthera tigris sumatrae* auf Sumatra), was an den begrenzten Nahrungsressourcen auf Inseln liegen kann. So verwundert es auch nicht, dass die 1859 von Charles Darwin und Alfred Russel Wallace unabhängig voneinander formulierte **Evolutionstheorie** zur Entstehung von Arten das Ergebnis umfangreicher Arbeiten, Untersuchungen und Beobachtungen auf Inseln ist.

In den zentralen Überlegungen der Arealkunde zum Vorkommen und zur Ausbreitung von Arten ist weiterführend auch ihr Fortbestand im Raum und die Artenzahl eines Gebietes von Interesse sowie die Faktoren, die hierauf entscheidenden Einfluss nehmen. Die Artenzahl ist eine wichtige und gleichzeitig wohl die einfachste Kenngröße einer Artengemeinschaft. MacArthur und Wilson untersuchten in den 1960er-Jahren sehr eingehend die auf Inseln herrschenden Beziehungen zwischen ausbreitungsökologischen Prozessen, Ansiedlung von Organismen, Artenzahl und Flächengröße (Art-Areal-Beziehungen) und erarbeiteten die **Inseltheorie** (*theory of island biogeography*; MacArthur & Wilson 1967). Ihre herausragenden Arbeiten zur Inselbiogeographie belegen einen eindeutigen Zusammenhang zwischen Artenzahl und Flächengröße einer Insel dahingehend, dass mit Zu- bzw. Abnahme der Fläche die Artenzahl ebenfalls zu- bzw. abnimmt. MacArthur und Wilson fanden ein exponentielles Wachstum der Artenzahl auf Inseln mit deren Größe und schlussfolgerten, dass die Zahl der Arten in Inselräumen auch von der dortigen Habitatvielfalt abhängt. Die Ergebnisse ihrer umfangreichen Forschungsarbeiten zur Inselbiogeographie münden in der sogenannten **Gleichgewichtstheorie**. Sie besagt, dass die Entwicklung der Artenzahl einer

Insel von der Besiedlungs- und Aussterberate bestimmt wird. Entspricht die Zahl der neu einwandernden Spezies der Zahl der abwandernden (aussterbenden), dann sind ein stabiles Gleichgewicht und eine konstante Zahl an Inselbewohnern erreicht. Zu- und Abwanderung bedingen jedoch weiterhin eine permanente Änderung in der Artenzusammensetzung. Bei dieser stetigen Artenverschiebung, die auch als Umsatzrate (*species turn over*) bezeichnet wird, handelt es sich um ein dynamisches Fließgleichgewicht. Für die Besiedlungsrate einer Insel ist ihre Entfernung zum Diasporen liefernden Festland von entscheidender Bedeutung: Je größer die Distanz zwischen beiden ist, umso größer ist der Besiedlungswiderstand. Eventuell zwischen einer Insel und dem Festland gelegene weitere Inseln, sogenannte **Trittsteine**, können ihren Isolierungsgrad jedoch mildern und so die Besiedlungswahrscheinlichkeit günstig beeinflussen. Auch der Artenpool des Festlandes und die darin enthaltenen zur Besiedlung geeigneten Sippen spielen eine Rolle für die Einwanderung neuer Arten. Die Aussterberate wird hingegen überwiegend von der Größe der Insel determiniert. Je größer die Inselfläche umso größer ist in der Regel ihre Habitatvielfalt, ihr Ressourcen- und Energieangebot und umso mehr Individuen einer Art finden in dem vorhandenen Raum Platz und Auskommen, sodass mit zunehmender Ausdehnung der Insel auch größere Populationen entstehen können, die mit einer deutlich geringeren Aussterbewahrscheinlichkeit behaftet sind als kleinere Populationen. Daraus leitet sich ab, dass kleine Inseln üblicherweise höhere Aussterberaten, höhere Umsatzraten und eine geringere Artenzahl aufweisen als große und dass kontinentnahe Inseln einen größeren Artenreichtum und höhere Umsatzraten haben als weit entfernt liegende und aufgrund ihres geringeren Isolierungsgrades nach eventuellen Störeinflüssen auch schneller als diese wieder in ihr Gleichgewicht zurückfinden.

Moderne Untersuchungen stützen die ausgeführte Inseltheorie in ihren Kernaussagen, zeigen jedoch auch Einschränkungen in ihrer Gültigkeit auf (Nentwig et al. 2003). Speziell die der Theorie zugrunde liegenden Annahmen geben Anlass zur Kritik. Beispielsweise berücksichtigt die klassische Inseltheorie bei der Besiedlung von Inseln nur die Einwanderung, nicht aber die Evolution von Arten. Gerade die Evolution hat aber auf Inseln einzigartige, nur dort vorkommende Tier- und Pflanzenarten entstehen lassen. Beispiele hierfür sind die Darwin-Finken auf Galapagos (Abb. 12.2.4) und die Kleidervögel auf Hawaii.

12.3 Ökologie der Pflanzen und Tiere

Rainer Glawion

Der ökologische Standortbegriff

Ökologie ist die Wissenschaft von den Wechselwirkungen der Lebewesen untereinander und mit ihrer abiotischen Umwelt. Zentraler Forschungsgegenstand der Ökologie ist das **Ökosystem** (Abb. 12.1.1) als Wirkungsgefüge aus Lebewesen, unbelebten natürlichen und vom Menschen geschaffenen Bestandteilen, die untereinander und mit ihrer Umwelt in energetischen, stofflichen und informatorischen Wechselwirkungen stehen (ANL 1994). Ein abiotischer bzw. biotischer Ökosystembestandteil einschließlich der von ihm ausgehenden Wirkungen auf Organismen oder Lebensgemeinschaften wird als Standortfaktor (Umweltfaktor, ökologischer Faktor) bezeichnet (Abb. 12.3.1). Somit umfasst der ökologische Standort die Gesamtheit der am ständigen Aufenthalts- oder Wuchsort eines Organismus oder einer Biozönose (Lebensgemeinschaft) auf diese einwir-

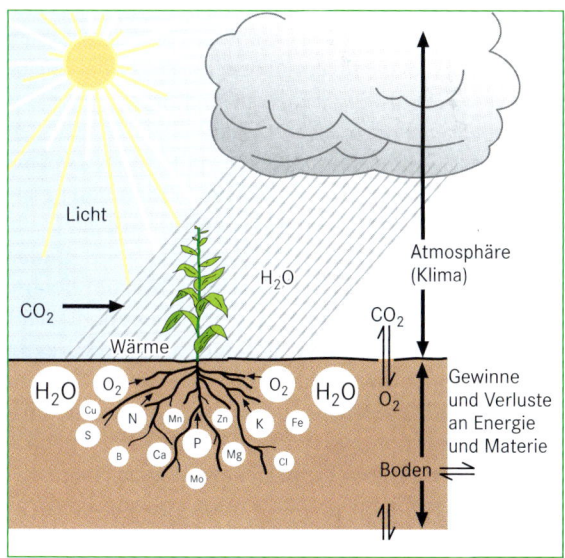

Abb. 12.3.1 Der ökologische Standort als Summe der auf die Pflanze einwirkenden Umweltfaktoren. Die Pflanze benötigt Licht (Sonnenstrahlung), Wärme, Wasser, Kohlendioxid, Sauerstoff sowie Nährstoffe und Spurenelemente des Bodens (primäre Standortfaktoren). Die jeweilige Verfügbarkeit der Umweltfaktoren charakterisiert den individuellen Standort. Zur Wirkung der Umweltfaktoren auf die Pflanze siehe Abb. 12.3.2 (verändert nach Klink 1998 und Schroeder & Blum 1992).

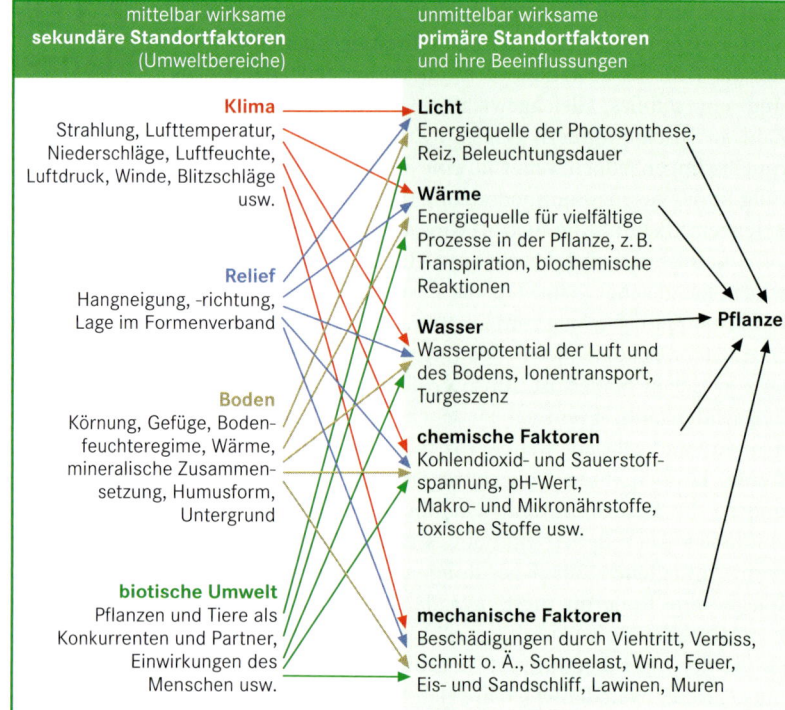

Abb. 12.3.2 Beziehungen zwischen den mittelbar wirksamen Gegebenheiten des Geländes (sekundäre Standortfaktoren) und den unmittelbar auf die grüne Pflanze einwirkenden Umweltfaktoren (primäre Standortfaktoren, verändert nach Klink 1998).

kenden physikalischen und chemischen Bedingungen (reale Lebensstätte). Einige Autoren der Pflanzenökologie (Pfadenhauer 1997, Schmithüsen 1968) betrachten den Standort unabhängig von den ihn aktuell besiedelnden Lebewesen als Gesamtheit aller naturgegebenen, für das Leben wichtigen Eigenschaften einer bestimmten Stelle im Gelände (Raumqualität, potenzielle Lebensstätte). Dieser Standort drückt einen bestimmten agrar- oder forstwirtschaftlichen Produktionswert aus.

Teilsysteme des Ökosystems wie Klima, Relief, Boden und die biotische Umwelt (Mitbewerber um Raum, Licht, Wasser, Nährstoffe) sind im Hinblick auf den einzelnen Organismus ökologisch nur indirekt wirksam und werden als **sekundäre Standortfaktoren** bezeichnet (Abb. 12.3.2). Sie steuern oder beeinflussen die Ausprägung der ökophysiologisch direkt wirksamen **primären Standortfaktoren** Licht, Wärme, Wasser, chemische Faktoren (insbesondere Nährstoffe) und mechanische Einwirkungen (Tierfraß, Wind, Feuer usw.), die die Lebensprozesse der Pflanzen und Tiere bestimmen. So beeinflusst das Relief die Ausbildung des Geländeklimas und damit die Licht-, Wärme- und Wasserverhältnisse am Standort.

Die Wirkung der primären Standortfaktoren

Licht und Wärme

Die kurzwellige Einstrahlung der Sonne als primärer Energielieferant des globalen Wärme-, Wasser- und Biomassehaushalts schafft die Voraussetzungen für eine belebte Umwelt (Abb. 12.3.3). Die **Photosynthese** ist ein biochemisch-physiologischer Prozess, bei dem aus anorganischen Stoffen unter katalytischer Mitwirkung des Blattgrüns (Chlorophyll) und unter Ausnutzung der Sonnenenergie Kohlenhydrate aufgebaut werden. Diese **Assimilation** des Kohlendioxids und Wassers verläuft nach der Gleichung:

$$6CO_2 + 6H_2O \rightarrow C_6H_{12}O_6 + 6O_2$$

Die Photosynthese ermöglicht primär das Leben der autotrophen Pflanzen und sekundär das aller heterotrophen Organismen (z. B. Tiere). Da das zur Photosynthese benötigte Licht (Wellenlängenbereich von ungefähr 340 bis 680 nm, mit Extinktionsmaxima des Chlorophylls bei 430 bis 450 und 640 bis 660 nm) beim Durchdringen von Pflanzenbeständen zunehmend reflektiert und absorbiert wird (Abb. 12.3.4), haben die

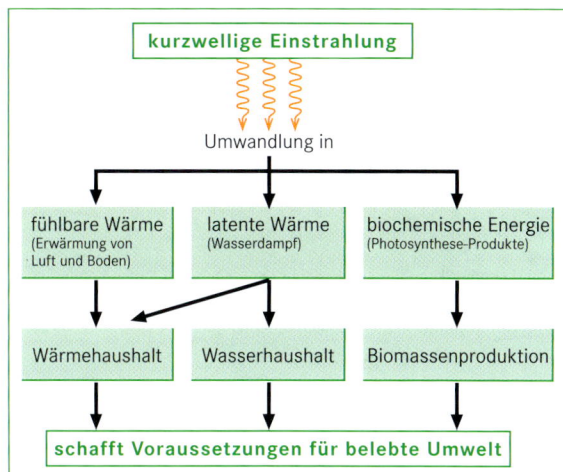

Abb. 12.3.3 Funktion des Sonnenlichts für Leben und Umwelt.

Pflanzen morphologische und physiologische Anpassungsformen an die unterschiedlichen Beleuchtungsverhältnisse entwickelt:

- Die **Sonnenpflanzen** der Offenlandstandorte (z. B. Ruderal- und Schlagfluren) sowie die Sonnenblätter (Abb. 12.3.5) von Laubbäumen im oberen Kronenbereich haben einen größeren Blattquerschnitt zur effektiveren Nutzung des Lichtes und eine verstärkte Cuticula (Schutzschicht) zur Verminderung der cuticulären Transpiration als die **Schattenpflanzen** bzw. Schattenblätter, die in den unteren Vegetationsschichten mit teilweise weniger als 2 Prozent des vollen Sonnenlichts auskommen müssen (Abb. 12.3.4). Die Lichtversorgung einer Pflanze für die Photosynthese wird durch die Relative Beleuchtungsstärke als Quotient aus Lichtstärke am Wuchsort (z. B. am Waldboden) und der Lichtstärke des vollen Tageslichts ausgedrückt. Sie ist unter anderem vom Blattflächenindex (*Leaf Area Index*, LAI) als Maßzahl für die Belaubungsdichte der Pflanzendecke abhängig. Der LAI gibt an, wie groß die Oberfläche sämtlicher Blätter der Pflanzen über einer bestimmten Bodenfläche ist.

- **Epiphyten** sind nichtparasitäre Aufsitzerpflanzen, die auf ihrem pflanzlichen Wirt zur Erlangung günstiger Lichtverhältnisse siedeln (zahlreiche Flechten- und Moosarten, aber auch höhere Pflanzen).

- **Frühjahrsgeophyten** sind Lebensformen mit Überdauerungsorganen im Boden (Exkurs 12.5.1), die im zeitigen Frühjahr unter Ausnutzung des vollen Sonnenlichts vor der Laubentfaltung der Bäume austreiben, blühen und fruchten (z. B. Bingelkraut *Mercurialis perennis*, Waldmeister *Galium odoratum*, Bärlauch *Allium ursinum*).

- Bestimmte Baumarten zeigen eine unterschiedliche **Schattentoleranz** in ihren Entwicklungsstadien. Während zum Beispiel die Keimlinge der Rotbuche (*Fagus sylvatica*) und der Stieleiche (*Quercus robur*) schattentolerant sind (Keimung auf dem dunklen Waldboden), entwickeln die adulten Bäume Sonnenblätter im oberen Kronenbereich.

- **Pflanzensukzessionen** (Vegetationsdynamik; Kapitel 12.4) beginnen meist mit einem lichtholzdomi-

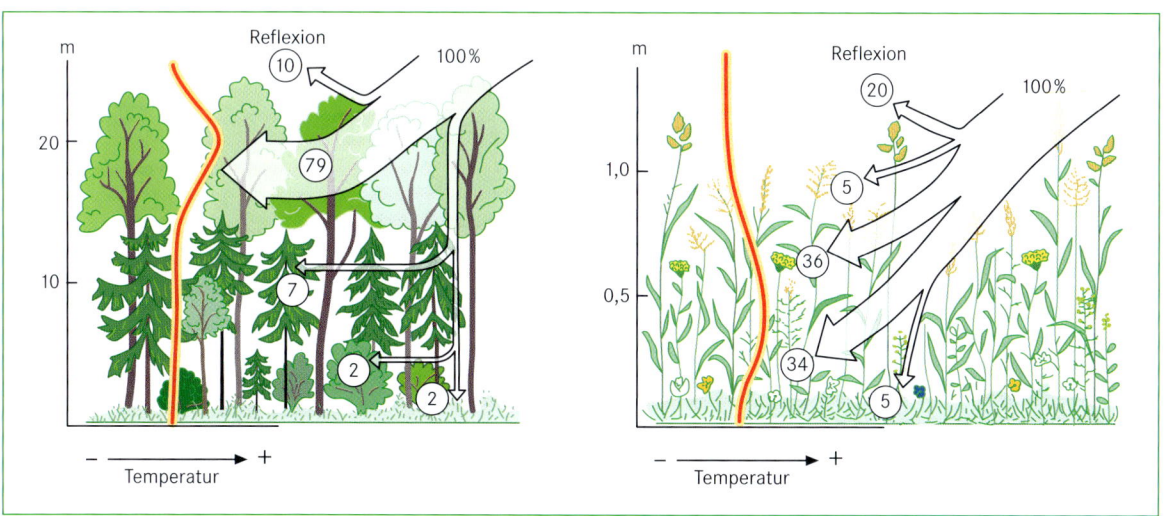

Abb. 12.3.4 Lichtverteilung in einem stockwerkartig aufgebauten Laub-Nadel-Mischwald und in einer Hochgraswiese (Angaben in Prozent der an der Bestandesoberfläche einfallenden kurzwelligen Einstrahlung). Die roten Kurven kennzeichnen den Temperaturverlauf in den Pflanzenbeständen (verändert nach Klink 1998 und Larcher 1984).

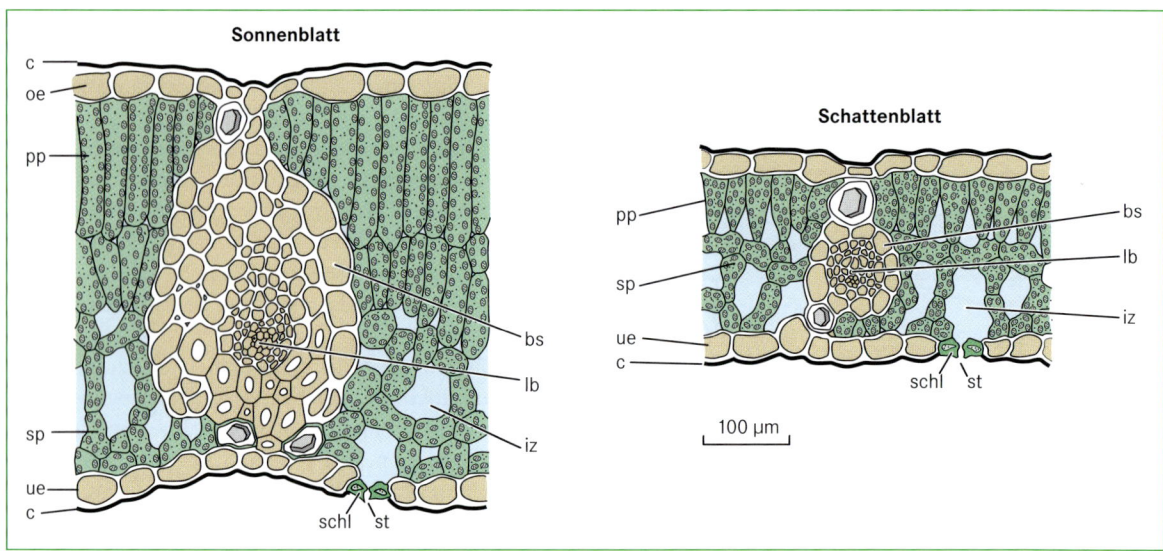

Abb. 12.3.5 Querschnitt durch ein Sonnen- und ein Schattenblatt der Rotbuche (*Fagus sylvatica*). c = Cuticula, oe = obere Epidermis, pp = Palisadenparenchym, sp = Schwammparenchym, ue = untere Epidermis, schl = Schließzelle, st = Stoma (Spaltöffnung). In der Mitte ist ein Leitbündel (lb) in einer Bündelscheide (bs) dargestellt. Nur die Parenchym- und Schließzellen (grün dargestellt) enthalten Chlorophyll. Der Gasaustausch (CO_2, O_2, H_2O) zwischen Blattgewebe und Atmosphäre findet über die Interzellularen (iz) statt (verändert nach Lerch 1991).

nierten Pionierstadium, während die Folgestadien und insbesondere das Schlussstadium aus Schattenholzarten aufgebaut sind.

In der Biogeographie bezeichnet Produktion die Erzeugung und Umformung von Biomasse in Organismen und Biozönosen. **Primärproduktion** ist die autotrophe Erzeugung von Biomasse durch Photo- oder Chemosynthese, **Sekundärproduktion** die heterotrophe Erzeugung von Biomasse durch Assimilation von autotroph erzeugter Biomasse. Hierbei kann jeweils die Bruttoproduktion als die gesamte Erzeugung von der Nettoproduktion als den vom Produzenten nicht verbrauchten Anteil unterschieden werden. Bei der Bestandsentwick-

Abb. 12.3.6 Die Veränderung von Primärproduktion, Bestandszuwachs, Abfall und Atmung in einer gleichaltrigen Waldformation mit fortschreitendem Bestandsalter. Die Biomassezunahme (Bestandszuwachs) ergibt sich aus der Bruttoprimärproduktion abzüglich der Verluste aus der Atmung (Respiration), dem Bestandsabfall (Abwurf von Blättern, Ästen, Früchten) und dem Tierfraß. Der Bestandszuwachs ist in der frühen Reifephase am größten. Nach Ende dieser maximalen Zuwachsphase ist der Forstbestand schlagreif (verändert nach Schultz 2000).

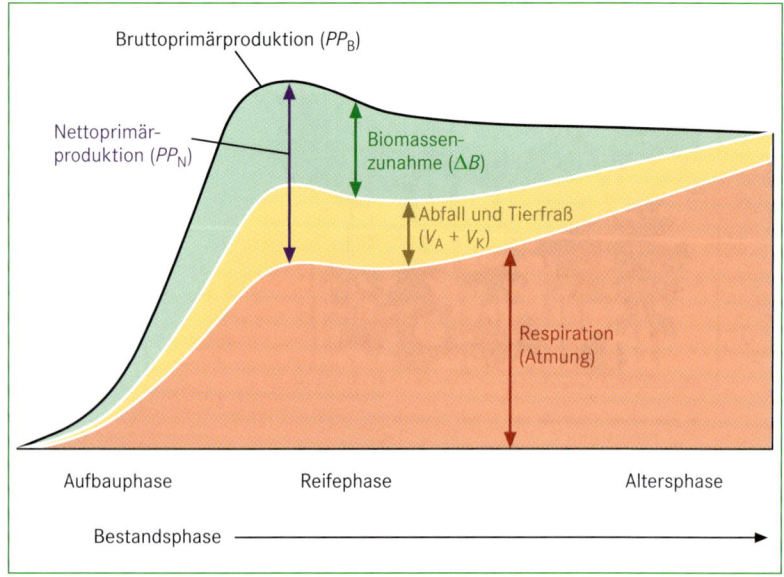

lung eines gleichaltrigen Waldes (z. B. Fichtenaufforstung nach Kahlschlag) wird die höchste Nettoprimärproduktion (PP_N) beim Übergang von der Aufbau- zur Reifephase erreicht; dann ist auch der Bestandszuwachs (ΔB) am größten (Abb. 12.3.6). Danach nimmt die Atmung, da das Verhältnis von produktiven Blättern zu unproduktiven Achsen und Wurzeln immer ungünstiger wird, relativ schneller zu und somit die PP_N wieder ab. Da zugleich auch der Abfall anteilig ansteigt, fällt der Rückgang des Bestandszuwachses noch schärfer als der der PP_N aus. In der Altersphase übersteigt die Abfallrate die Nettoproduktionsrate, das heißt die Phytomasse schrumpft. Alle beschriebenen Veränderungen können abgemildert oder aufgehoben sein, wenn parallel zur Alterung eine kontinuierliche Verjüngung vor sich geht (z. B. durch Plenterschlag).

Die kurzwellige Einstrahlungsenergie wird am Boden oder in der Pflanzendecke in langwellige Wärmestrahlung (fühlbare Wärme) und in latente Wärme (Wasserdampf) umgewandelt (Abb. 12.3.3). Während in einem mehrschichtigen Waldbestand der vertikale Bereich maximaler Strahlungsumwandlung („aktive Oberfläche") im oberen Kronenraum liegt, verteilt er sich in einem Hochgrasbestand auf 0,1 bis 1 Meter Höhe (Abb. 12.3.4). In Wüsten oder vegetationsarmen Formationen findet der gesamte Strahlungsumsatz am Erdboden statt, sodass hier durch hohe Tageserwärmung und starke nächtliche Abkühlung maximale Temperatur-

amplituden zu verzeichnen sind, die für Pflanzen einen großen Hitze- und Kältestress verursachen (Abb. 12.3.7).

Hitzestress bedeutet Membranschädigung und Eiweißdenaturierung, die schon bei Temperaturen > 40 °C zum Hitzetod führen können. Wüstenpflanzen schützen sich durch Ummantelung mit isolierenden Luftpolstern (Haare, Korkschichten, abgestorbene Teile). Eine Transpirationskühlung ist nur bei ständigem Wasserzustrom möglich. Da die Kugelform die geringste der Strahlung ausgesetzte Oberfläche im Verhältnis zu einem gegebenen Volumen aufweist, besitzen viele Sukkulenten (Kakteen, Euphorbiaceen) eine Kugel- oder Säulengestalt. Die Temperatur des Pflanzengewebes nimmt von außen nach innen rasch ab (Abb. 12.3.7).

Auch auf Kältestress reagieren die Pflanzen, je nach Wuchsgebiet und physiologischer Konstitution, unterschiedlich:

- **Erkältungsempfindliche Pflanzen** (tropische Pflanzen) werden schon bei niederen Temperaturen über dem Gefrierpunkt geschädigt.
- **Gefrierempfindliche Pflanzen** (meist subtropische Pflanzen) werden bei Temperaturen unter dem Gefrierpunkt geschädigt.
- **Gefrierbeständige Pflanzen** (arktische und viele temperate Pflanzen) überleben das extrazelluläre Ausfrieren und die damit verbundene Dehydratation des Protoplasmas.

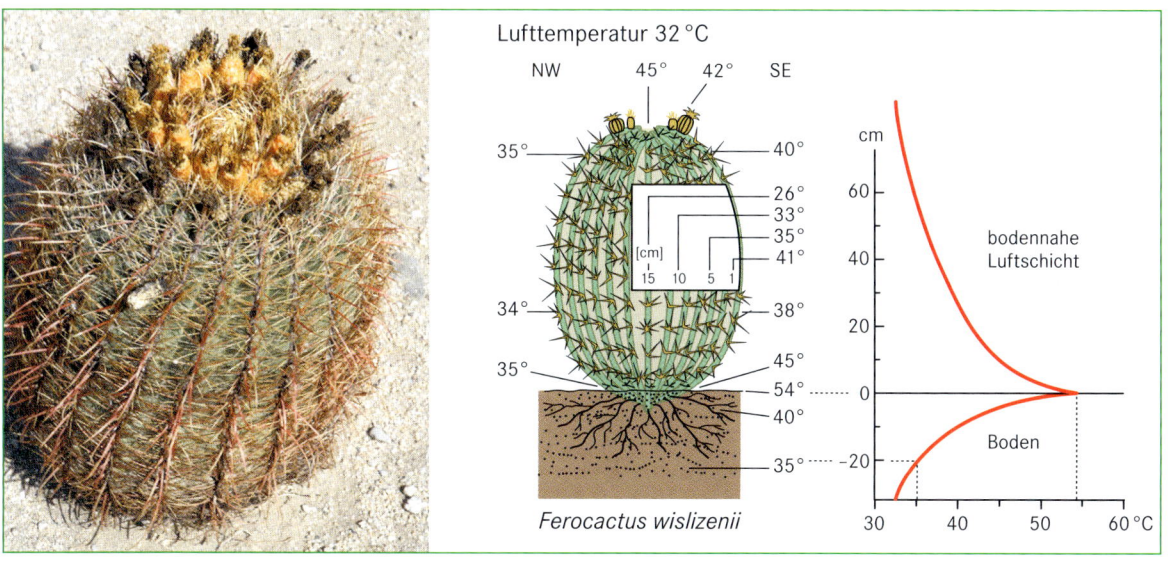

Abb. 12.3.7 Temperaturverteilung in einem subtropischen Kaktus (*Ferocactus wislizenii*) in Arizona auf 900 m NN am Vormittag (10 bis 11 Uhr). Graphik rechts: Schematischer Temperaturverlauf im Boden und in der bodennahen Luftschicht bei Einstrahlung an einem Sommertag in der Wüste. Die höchsten Gewebetemperaturen mit 45°C werden in diesem Beispiel am Scheitelpunkt des Kaktus und am Wurzelhals (Kontaktpunkt mit der 54°C heißen Bodenoberfläche) erreicht (verändert nach Lerch 1991, Foto: R. Glawion).

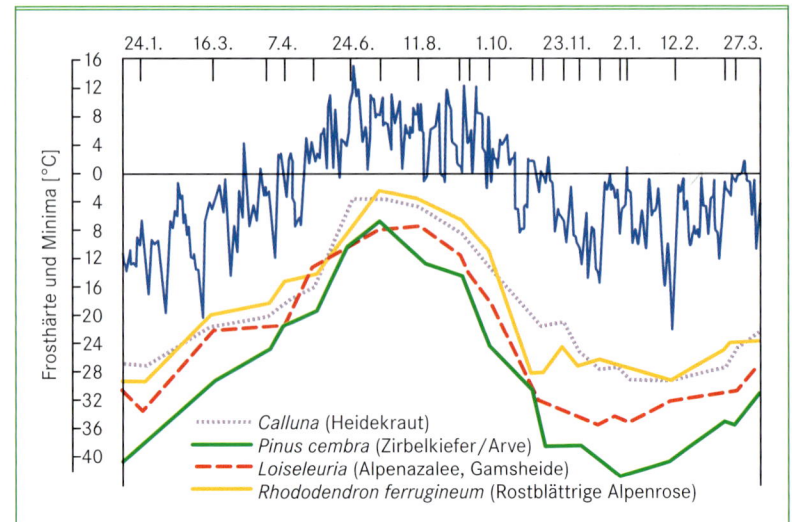

Abb. 12.3.8 Jahresgang der Temperaturminima (obere Kurve) und Jahresgang der Frosthärte alpiner Pflanzen. Der Abhärtungsvorgang wird durch die ersten frühherbstlichen Frostereignisse ausgelöst. Als Frosthärte wird die Temperatur bezeichnet, bei der nach zweistündiger Behandlung 50 Prozent der Pflanzen absterben (verändert nach Schmidt 1969).

Der Abhärtungsvorgang der gefrierbeständigen Pflanzen beginnt mit den ersten kühlen Nächten im Frühherbst (Abb. 12.3.8). Durch Umbau der Biomembranstrukturen und Enzyme werden die Zellen auf den Wasserentzug des Protoplasmas bei extrazellulärem Gefrieren des Pflanzengewebes (z. B. Wasserleitungsbahnen) vorbereitet. Der Protoplast selber gefriert nicht, da er durch Zellsaftkonzentration unterkühlbar wird. Bei Tauwetter verlieren die Pflanzen schnell ihre winterliche Frosthärte. Während die Frosthärte von Nadelbäumen an der Waldgrenze (z. B. Arve *Pinus cembra*) im Winter bei −40 °C liegt, erreicht sie im Sommer nur −7 °C (Abb. 12.3.8). Bei großer Kälte kann die **Frosttrocknis** zum Tod führen, wenn die Pflanze bei gefrorenem Boden kein Wasser für die Transpiration mehr aufnehmen kann.

Pflanzen schützen sich gegen Hitze, Kälte und Trockenheit durch ähnliche morphologische und physiologische Anpassungsmerkmale, da bei Auftreten eines dieser drei Stressfaktoren stets Gewebeschäden durch Wasserverlust drohen. Hierzu gehören die Isolation der Oberfläche (dichter Haarfilz, dicke Borke usw.), die Ausbildung konvergenter Gestalttypen (Sukkulenz und Polsterwuchs bei Wüsten- und Hochgebirgspflanzen, Hartlaubigkeit und Skleromorphie bei Mediterran- und Borealklimaten) und der Rückzug der Überdauerungsorgane unter schützende Oberflächen (Boden, Wasser, Schneedecke, Exkurs 12.5.1).

Abb. 12.3.9 Gebirgskamm der High Divide (1 670 m NN) in den Olympic Mountains an der Pazifikküste des US-Bundesstaates Washington. Der südexponierte Hang (S) ist bis zum Grat mit *Abies-lasiocarpa-Tsuga-mertensiana*-Gebirgsnadelwald bestanden. Dagegen ist der nordexponierte Hang aufgrund der kurzen Vegetationsperiode (hier Aperzeit) waldfrei. Jeder Pfeil symbolisiert eine gleiche Energiemenge kurzwelliger Einstrahlung. Die vom gleichen Strahlenbündel mit Energie versorgte Fläche ist am Nordhang in diesem Beispiel um das Mehrfache größer als am Südhang, das heißt die Energiemenge pro Quadratmeter ist entsprechend geringer. Sie reicht nicht mehr aus, um den Schnee im Sommer vollständig abzuschmelzen (Foto: R. Glawion).

Abhängig von Breitlage, Meereshöhe, Exposition und Hangneigung, atmosphärischer Trübung und Oberflächenstruktur stehen den Ökosystemen unterschiedliche Energiemengen zum Betrieb ihres Wärmehaushalts und zum Pflanzenwachstum zur Verfügung. Auf der Nordhemisphäre liegt die Waldgrenze in gemäßigten und borealen Klimaten an südexponierten Hängen teilweise mehrere Hundert Höhenmeter über der Waldgrenze des nordexponierten Hangs (Abb. 12.3.9). Der Wärmemangel verhindert nicht nur das Baumwachstum, sondern auch die frühzeitige Schneeschmelze, sodass die Vegetationsperiode (hier Aperzeit) stark verkürzt wird.

Wasser und Nährstoffe

Die Wasseraufnahme der höheren Pflanze erfolgt nur durch die Wurzel aus dem Boden bzw. einem wässrigen Medium. Eine direkte Aufnahme von Feuchtigkeit aus der Luft durch die Oberfläche der oberirdischen Organe ist nur bei bestimmten niederen Pflanzen möglich. Der Bodenwasserspeicher wird durch Niederschläge (Regen, Schnee, Kronentraufe, Nebel, Tau) oder durch kapillaren Aufstieg von Grund- bzw. Stauwasser aufgefüllt.

Der **Wasserhaushalt** der Pflanze (Abb. 12.3.10) ist erklärbar aus

- dem Wasserpotenzial im Boden (abhängig von Bodenart, Porengröße usw.),
- dem Wasserpotenzial der Pflanze (als Bilanz aus osmotischem und Wanddruck-Potenzial) und
- dem Wasserpotenzial der Atmosphäre (abhängig von Temperatur und Luftfeuchte).

Das **Wasserpotenzial** (Wasserspannung) eines Körpers (gemessen in Druckeinheiten, 1 MPa = 10 bar) ist sein Saugvermögen, Wasser aus der Umgebung bis zur Sättigung aufzunehmen (Lerch 1991). Die Pflanze ist zwischen Boden und Atmosphäre in ein Wasserpotenzialgefälle eingebunden.

Landpflanzen müssen mit ihren Saugkräften die Wasserspannung des Bodens überwinden. Das pflanzenverfügbare Bodenwasser wird durch Welkepunkt (WP) und Feldkapazität (FK) bestimmt (Abb. 12.3.11). Der **Welkepunkt** kennzeichnet den Grenzwert der Saugkraft einer Pflanze, bei dessen Überschreiten die Pflanze kein Wasser mehr aus dem Boden zu entnehmen vermag und infolgedessen welkt. Die **Feldkapazität** gibt die maximale Haftwassermenge an, die am natürlich gelagerten Boden mit freiem Wasserabzug gemessen wird (ml H_2O/100 ml Boden). Der Feldkapazität entspricht eine bestimmte Wasserspannung. Wird diese durch weitere Wasserzufuhr unterschritten, so gelangt das über-

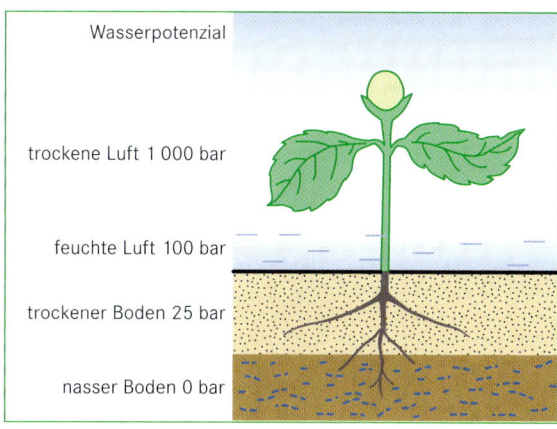

Abb. 12.3.10 Wasserpotenzialgefälle (Saugspannung), in das eine Pflanze zwischen Boden und Atmosphäre eingebunden ist. Das Wasserpotenzial eines Körpers (gemessen in Druckeinheiten, 1 bar = 0,1 MPa) ist sein Saugvermögen, Wasser aus der Umgebung bis zur Sättigung aufzunehmen. Je höher der Wert, desto stärker die Bindungskraft (verändert nach Larcher 1984).

schüssige Wasser in den abwärts gerichteten Sickerwasserstrom und geht damit der Pflanze verloren. Der pflanzenverfügbare Teil des Haftwassers im Bereich zwischen WP und FK wird als **nutzbare Feldkapazität** (nFK) bezeichnet. Oberhalb des Welkepunkts ist das Wasser in Bodenporen <0,2 μm zu fest gebunden, unterhalb der Feldkapazität in Poren >10 μm so locker, dass es versickert (Abb. 12.3.11). Wegen ihres hohen Anteils an Mittelporen (0,2 bis 10 μm) besitzen Lehmböden gegenüber Sand- und Tonböden den höchsten pflanzenverfügbaren Wassergehalt und weisen daher in der kühl-gemäßigten immerfeuchten Zone die besten Wasserversorgungseigenschaften für Nutzpflanzen auf.

Die Wasserspannung wird wegen des weiten Spannungsbereichs durch den logarithmischen **pF-Wert** angegeben:

$$pF = \log \text{cm Wassersäule (WS)}$$

Die Wasserspannung beträgt bei Feldkapazität 0,3 bar = $10^{2,5}$ cm WS = pF 2,5 und beim Welkepunkt 15 bar = $10^{4,2}$ cm WS = pF 4,2 (ungefährer Wert für Kulturpflanzen). Zur Überwindung des hohen Wasserpotenzials in versalzten oder trockenen Böden liegt die Saugspannung bei Salzpflanzen bei 30 bis 55 bar, bei Wüstensträuchern sogar bei 55 bis 90 bar.

Durch das Wasserpotenzialgefälle zwischen Boden und Atmosphäre entsteht ein Transpirationsstrom (Abb. 12.3.10), durch den das Wasser und die darin gelösten Nährsalze durch die Sprossachse in die Blätter transportiert werden. Bei der Wasserabgabe der Pflanze

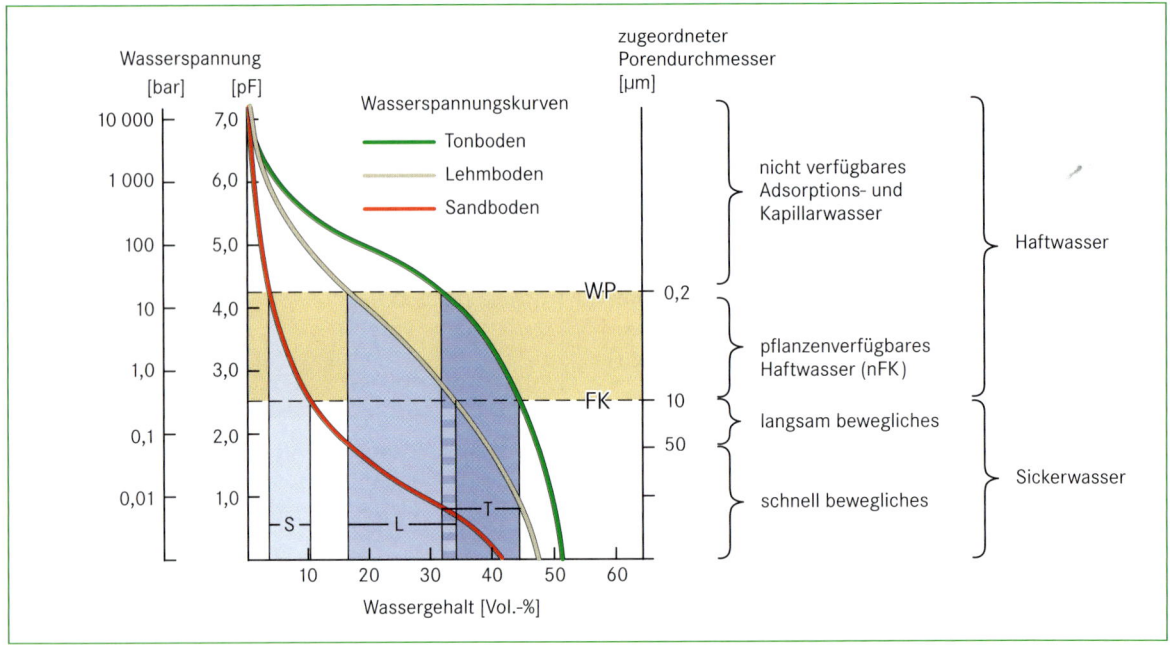

Abb. 12.3.11 Wasserspannungskurven eines Sandbodens, eines Lehmbodens und eines Tonbodens (logarithmische Darstellung). Der Anteil des pflanzenverfügbaren Wassers (nFK) zwischen den Grenzwerten WP (Welkepunkt) und FK (Feldkapazität) liegt in diesem Beispiel für einen Sandboden (S) bei ca. 7 Vol.-%, für einen Tonboden (T) bei ca. 11 Vol.-% und für einen Lehmboden (L) bei ca. 16 Vol.-% (verändert nach Klink 1998 und Schroeder & Blum 1992).

an die Atmosphäre (Transpiration) wird zwischen **cuticulärer** – durch die Cuticula von Blättern oder Sprossen erfolgende – und **stomatärer** – durch Spaltöffnungen (Stomata) der Blätter erfolgende – **Transpiration** unterschieden. Während Erstere durch passive Schutzeinrichtungen (Behaarung, Wachsschichten usw.) weitgehend unterdrückt wird, kann Letztere durch aktive Regulation der Stomata von der Pflanze kontrolliert werden (Abb. 12.3.5). Der aus der Spaltöffnung entweichende Wasserdampf bildet eine überfeuchtete Dampfglocke, die vom trockenen Wind weggetragen und sofort durch eine neue Dampfglocke ersetzt wird (Abb. 12.3.12). Wenn die Pflanze diesen Wasserverlust durch Schließen der Stomata einschränkt, kann sie kein CO_2 für die Photosynthese mehr aufnehmen. Die Pflanze steht also vor dem Dilemma, zu verhungern (keine CO_2-Aufnahme bei geschlossenen Spaltöffnungen) oder zu verdursten (Wasserverlust bei geöffneten Stomata). Einige Pflanzengruppen haben die Aufnahme und Vorfixierung des CO_2 in die kühlen Nachtstunden verlagert, um tagsüber bei geschlossenen Stomata zu assimilieren (CAM-Pflanzen). Viele Wüstenpflanzen haben eingesenkte Spaltöffnungen, um die Transpiration einzuschränken. Pflanzen feuchter Standorte besitzen ausgestülpte Stomata, um den Transpirationsstrom zu fördern (Abb. 12.3.12). Auf der Grundlage von Anpassungsmerkmalen werden

bestimmte Wasserhaushaltstypen von Pflanzen unterschieden (Exkurs 12.3.1).

Mit dem Bodenwasser nehmen die Pflanzen die darin gelösten **Nährelemente** (Kapitel 14.3) in unterschiedlichen Mengen auf, die teils als Kationen (z. B. Kalium, Calcium, Magnesium) und teils als Anionen (z. B. Stickstoff, Phosphor, Schwefel) vorliegen (Tab. 12.3.1). Nur CO_2 wird aus der Luft aufgenommen. Bei einigen Pflanzen erfolgt eine mikrobielle Stickstoffbindung aus der Luft. Ist ein Nährelement in zu geringen Mengen vorhanden, treten Mangelsymptome auf (z. B. Nekrosen, Chlorosen), in zu hoher Konzentration kann es toxisch wirken. Nährelemente werden durch Verwitterung der Minerale und Gesteine bzw. Verwesung der abgestorbenen organischen Substanz langsam freigesetzt (Abb. 12.3.13). Enthält der Boden genügend Bodenkolloide (Tonminerale, Huminstoffe; Kapitel 11.3), wie dies bei tonigen, lehmigen und humusreichen Böden der Fall ist, so werden die freigesetzten Ionen nicht direkt mit dem Bodenwasserstrom ausgewaschen, sondern reversibel an die Bodenkolloide (Austauscher) gebunden. Die Wurzel gibt nun Säuren (H^+- und HCO_3^--Ionen) und niedermolekulare organische Verbindungen in die Bodenlösung ab, wodurch die basischen Kationen (mineralische Nährstoffe) von den Austauschern mobilisiert und über die Bodenlösung von den Wurzeln aufgenommen werden.

Exkurs 12.3.1

Wasserhaushaltstypen der Pflanzen

poikilohydre Pflanzen (Thallophyten, ohne Abschlussgewebe): Wasserzustand („Hydratur") des Plasmas passt sich der Umgebung an. Pflanzen verhalten sich wie Quellkörper. Hierzu gehören fast ausschließlich niedere Pflanzen (Moose, Pilze, Algen, Flechten).

homoiohydre Pflanzen (Kormophyten, mit Wurzel- und Leitungssystem und Abschlussgewebe): Wasserzustand des Plasmas ist gegen das erhebliche Potenzialgefälle Pflanze/Atmosphäre regelbar. Pflanzen haben große Vakuolen. Hierzu gehören fast alle Gefäßpflanzen (Schachtelhalme, Farne, Blütenpflanzen). Bei den homoiohydren Pflanzen unterscheidet man:

- **Xerophyten** (Pflanzen trockener, warmer, meist besonnter Standorte): Kennzeichnend sind xerophytische Merkmale wie sklerenchymreiche Organe, gerollte, gefaltete oder stark reduzierte Blätter, Behaarung, gestauchte Sprossachsen. Eine Untergruppe bilden die Sukkulenten mit Wasserspeichergewebe (Abb. 12.3.7).

- **Mesophyten** (Pflanzen mäßig feuchter bis mäßig trockener Standorte): Sie haben weder xero- noch hygrophytische Merkmale. Stomataregelung meist nur schwach ausgebildet. Hierzu zählen viele Waldbodenpflanzen, Wiesengräser und -kräuter.
- **Hygrophyten** (Pflanzen dauernd feuchter, meist schattiger Standorte): Sie sind angepasst an immer ausreichend mit verfügbarem Wasser ausgestattete Böden und haben meist große, weiche, leicht welkende Blätter, sklerenchymarme Organe.
- **Helophyten** (Sumpfpflanzen): Sie sind angepasst an Wasserüberschuss im Wurzelraum. Typisch ist Aerenchym (Luftgewebe) im Spross. Viele Grasartige (*Juncus-, Carex-*Arten) gehören dazu.
- **Hydrophyten** (Wasserpflanzen): Sie sind ganz oder größtenteils untergetaucht oder Schwimmblattpflanzen.

(nach Larcher 1984, Pfadenhauer 1997)

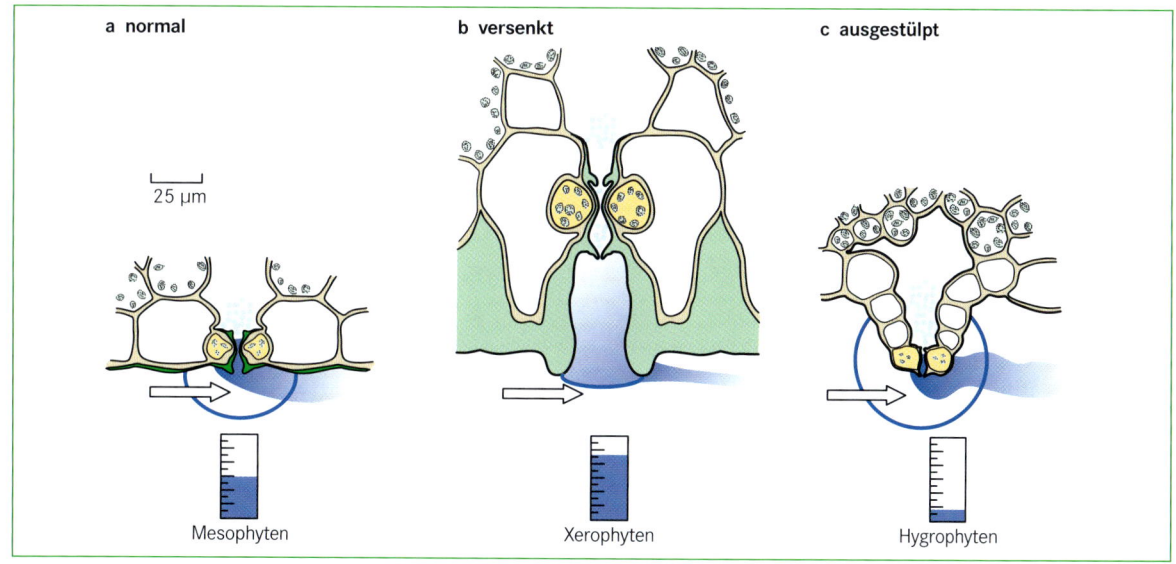

Abb. 12.3.12 Ökologische Spaltöffnungstypen: a) „normal": typisch für Mesophyten (Pflanzen frischer bis mäßig feuchter Standorte, z. B. Waldbodenpflanzen und Wiesengräser gemäßigter immerfeuchter Breiten). b) „versenkt": typisch für Xerophyten (Pflanzen trockener, warmer Standorte, oft Sukkulenten mit Wasserspeichergewebe). c) „ausgestülpt": typisch für Hygrophyten (Pflanzen dauernd feuchter Standorte). Je nach Spaltöffnungstyp bilden sich kleine bis große, überfeuchtete Dampfglocken an der Außenseite der Spaltöffnung. Der Wind trägt die Dampfglocke fort und bringt neue trockene Luft an die verdunstende Blattoberfläche. Ein gleichartiger Windstoß führt bei den versenkten Spaltöffnungen die geringste Wasserdampfmenge fort, bei den ausgestülpten Stomata die größte (vgl. Messzylinder mit nicht verdunsteter Wassermenge in ursprünglich vollen Behältern). Somit können Pflanzen durch ihren Spaltöffnungsbau die Transpiration fördern oder einschränken und sich so Standorten mit verschiedenen Feuchtigkeitsverhältnissen anpassen (grün = verdickte cuticuläre Leisten im Bereich der Stomata, gelb ausgefüllt = Schließzellen, braun umrandet = Epidermiszellen bzw. (mit Chloroplasten) Schwammparenchym-Zellen (verändert nach www.webgeo.de).

Tabelle 12.3.1 Die Haupt- und Spurennährelemente des Bodens. Wichtige Quellen sind Minerale und Gesteine sowie organische Substanzen. Durch Verwitterung bzw. Verwesung werden sie freigesetzt (vgl. Abb. 12.3.13; verändert nach Klink 1998, Schroeder & Blum 1992).

	Elemente	Ionen-Form bei der Aufnahme	wichtige Quellen	häufige Gesamtgehalte
Hauptnährelemente	Stickstoff N	NO_3^- NH_4^+	organische Substanzen, N_2 der Atmosphäre (nur über symbiontische Mikroorganismen)	0,03–0,3%
	Phosphor P	$H_2PO_4^-$ HPO_4^{2-} (PO_4^{3-})	Ca-, Al-, Fe-Phosphate	0,01–0,1%
	Schwefel S	SO_4^{2-}	Fe-Sulfide, Ca-Sulfat	0,01–0,1%
	Kalium K	K^+	Glimmer, Illit, K-Feldspäte	0,2–3,0%
	Calcium Ca	Ca^{2+}	Ca-Feldspäte, Augite, Hornblenden, Ca-Carbonate, Ca-Sulfat	0,2–1,5% [1]
	Magnesium Mg	Mg^{2+}	Augite, Hornblenden, Olivin, Biotit, Mg-Carbonate	0,1–1,0% [2]
Spurennährelemente	Bor B	$H_2BO_3^-$ (HBO_3^{2-}) $(B(OH)_4^-)$	Turmalin, akzessorisch in Silikaten und Salzen	5–100 ppm
	Molybdän Mo	MoO_4^{2-}	akzessorisch in Silikaten, Fe-, Al-Oxiden und Al-Hydroxiden	0,5–5 ppm
	Chlor Cl	Cl^-	diverse Chloride	50–> 1000 ppm
	Eisen Fe	Fe^{2+} Fe^{3+}	Augite, Hornblenden, Biotit, Olivin, Fe-Oxide, Fe-Hydroxide	0,5–4,0% [3]
	Mangan Mn	Mn^{2+} (Mn^{3+})	Manganit, Pyrolusit, akzessorisch in Silikaten	200–4000 ppm
	Zink Zn	Zn^+	Zn-Phosphat, Zn-Carbonat, Zn-Hydroxid, akzessorisch in Silikaten	10–300 ppm
	Kupfer Cu	Cu^{2+} (Cu^+)	Cu-Sulfid, Cu-Sulfat, Cu-Carbonat, akzessorisch in Silikaten	5–100 ppm

(grün: kationische Nährelemente, gelb: anionische Nährelemente)

[1] mit Ausnahme von Kalk-Böden
[2] mit Ausnahme von Dolomit-Böden
[3] mit Ausnahme von Fe-Anreicherungshorizonten

Mechanische Einflüsse

Mechanische Einflüsse wirken hauptsächlich verformend oder zerstörend auf den pflanzlichen Organismus ein. Bei anhaltender, gleichförmiger Beanspruchung rufen sie bestimmte Wuchsformen hervor und führen zu einer Auslese unter den Pflanzen. Wind, Eisschliff, Schneebruch, Blitzschlag und Feuer, Bodenkriechen, Steinschlag, Tierverbiss und -tritt, Holzeinschlag und Mahd sind die wichtigsten natürlichen und anthropogenen pflanzenökologisch wirksamen mechanischen Einflüsse.

Durch die Einwirkung beständiger Starkwinde aus einer vorherrschenden Richtung entstehen an Meeresküsten und im Hochgebirge Bäume und Sträucher mit winddeformierten Kronen (**Windschurformen**). Die

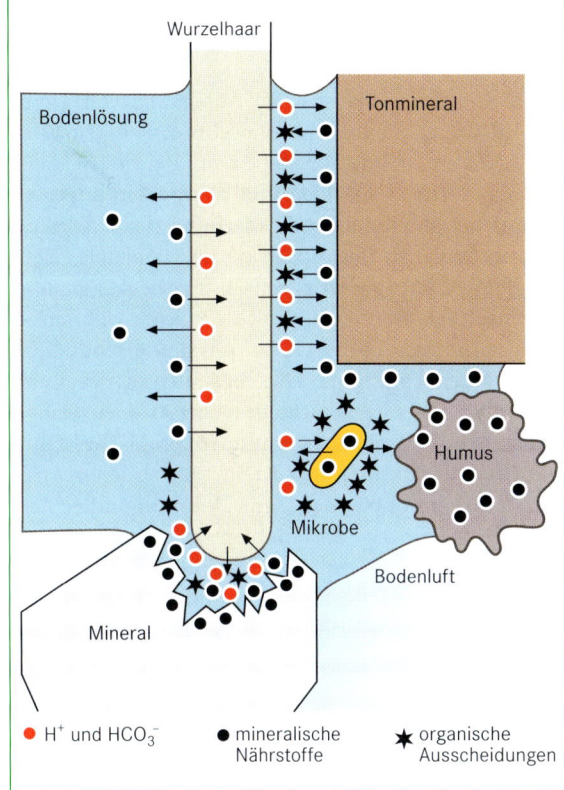

Abb. 12.3.13 Mobilisierung mineralischer Nährstoffe im Boden und Mineralstoffaufnahme durch die Wurzel. Mineralische Nährstoffe werden durch die Verwitterung der Minerale und Gesteine (Reserve-Fraktion) langsam freigesetzt und an den Bodenkolloiden (Tonminerale, Huminstoffe) zwischengespeichert (als austauschbare Fraktion). Geben die Wurzelhaare Säuren und organische Ausscheidungen in die Bodenlösung ab, werden die mineralischen Nährstoffe von den Bodenkolloiden verdrängt und über die Bodenlösung (als lösliche Fraktion) von den Pflanzenwurzeln aufgenommen (verändert nach Larcher 1994).

luvseitigen Zweige bleiben im Wachstum zurück oder sterben ganz ab, sodass die Baumkronen in Leerichtung verformt erscheinen. Waldränder an der Küste erscheinen als Folge der dauernden Windschur rampenförmig aufgebaut (Abb. 12.3.14). Die Oberseite solcher windgeschorener Gehölze besteht aus sehr dichtem, undurchdringlichem Geäst, das den Wind nach oben ablenkt.

Besonders zerstörend wirkt die Kraft des Windes, wenn er Eiskristalle über eine Schneeoberfläche treibt, die aus dem Schnee herausragende Pflanzenteile abschleifen. Das **Eisgebläse** im Hochgebirge ist ein waldgrenzbestimmender Faktor. Es tötet die Pflanzenteile an der dem Wind zugekehrten Seite, die aus der Schneedecke herausragen (Abb. 12.3.15). Gelingt es einzelnen Sprossen dennoch, über den Hauptwirkungsbereich des Eisgebläses an der Schneedeckenoberfläche hinauszuwachsen, so kann der Baum oberhalb seine Entwicklung weitgehend ungestört fortsetzen. Auf diese Weise entstehen die charakteristischen Wipfeltisch- und Fahnenformen im alpinen und polaren Waldgrenzbereich.

In semiariden Graslandschaften (Steppe, Savanne) und Hartlaubformationen der Winterregengebiete, aber auch in borealen Nadelwäldern mit sommerlichen Trockenperioden ist **Feuer** durch Blitzschlag ein natürlicher Standortfaktor. Die meisten Waldbrände sind heute aber anthropogenen Ursprungs. In den Savannen der Randtropen wird das trockene Gras regelmäßig abgebrannt, um den als Weidegras benötigten Jungwuchs zu fördern und um in den feuchteren Regionen eine Wiederbewaldung zu verhindern. Einige Gehölzarten (z. B. die nordamerikanischen Kiefernarten *Pinus ponderosa* und *P. contorta* oder australische Eukalyptusarten) verdanken ihre weite Verbreitung dem Feuer, da sich ihre Zapfen erst nach Hitzeeinwirkung eines Brandes öffnen (**Pyrophyten**).

Abb. 12.3.14 Windschurrampe aus Sitkafichten (*Picea sitchensis*) an der Pazifikküste des Olympic National Park im US-Bundesstaat Washington. Die dicht gewachsene Gehölzoberfläche lenkt die starken Westwinde über den dahinter liegenden temperierten Regenwald ab (Foto: R. Glawion).

Abb. 12.3.15 Wipfeltischform und vorherrschende Umwelt-einflüsse am Beispiel einer drei Meter hohen Fichte auf dem Feldberg im Schwarzwald (1 493 m NN, Foto: R. Glawion).

Labels in image: „Fahne", Hauptwindrichtung, Obergrenze des Eisgebläses, Eisgebläse, mittlere Schneedeckenhöhe, „Wipfeltisch"

Tritt und Verbiss durch Tiere veränderten die Vegetationsdecke weltweit schon vor der Domestikation von Wildtieren durch den Menschen. Herbivore Großwildherden in den Savannenlandschaften Afrikas oder Bisonherden in den Prärien Nordamerikas schufen charakteristische Biome (Pflanzenformationen mit den darin lebenden Tiergemeinschaften), die ohne natürliche Beweidung so nicht entstanden wären. Heute sind es hauptsächlich die Weidetiere des Menschen, die das Vegetationsbild der natürlichen Waldlandschaften der Erde zusätzlich stark verändert haben. Waldvernichtung, Artenverdrängung durch selektive Beweidung und Trittschädigung, Bodenerosion und Verhagerung sind einige Merkmale der Vegetations- und Standortveränderungen, die weltweit durch Überweidung auftreten.

Biotische Einflüsse

Thomas Schmitt

Außer von der artspezifischen Anpassung von Tieren und Pflanzen an abiotische Umweltbedingungen hängt ihr Vorkommen und Überleben im Raum von einer Vielzahl biotischer Einflüsse und Wechselwirkungen ab, unter denen die **inner- und zwischenartliche Konkurrenz** um begrenzte Ressourcen die entscheidende Größe darstellt. Jede Art besitzt genetisch festgelegt gegenüber exogenen Faktoren (z. B. Feuchte, Licht, Nährstoffe) einen optimalen Lebensbereich (**physiologisches Optimum**, Potenzoptimum). Dies bedeutet in der freien Natur aber in der Regel nicht, dass eine Art hier zwangsläufig auch ihr Existenzoptimum (**ökologisches Optimum**) findet, da die Konkurrenz von anderen Arten mit ähnlichem physiologischem Optimum außer Acht bleibt. So besitzen die meisten mitteleuropäischen Baumarten bezogen auf Bodenfeuchte oder -reaktion das gleiche physiologische Optimum, unterscheiden sich aber sehr stark in ihrem ökologischen Optimum (Abb. 12.3.16). Nur bei der Rotbuche (*Fagus sylvatica*) sind aufgrund ihrer hohen Konkurrenzkraft beide Optima identisch. Andere weniger konkurrenzstarke Arten (z. B. Waldkiefer *Pinus sylvestris*, Stieleiche *Quercus robur*) werden durch sie in die Randbereiche ihrer ökophysiologischen Amplitude (Potenzbereich) gedrängt. Hier sind die Wachstumsbedingungen zwar nur noch suboptimal, dafür kommt die Rotbuche hier aber nicht mehr vor. Am Beispiel der Waldkiefer wird deutlich, dass mit zunehmender Konkurrenzschwäche einer Art ihr Existenzoptimum mehr und mehr vom Potenzoptimum abweicht.

Arten mit einem sehr breiten Potenzbereich werden als **euryök** (Generalisten), solche mit einer engen Amplitude idealer Voraussetzungen als **stenök** (Spezialisten) bezeichnet. Generalisten fügen sich mühelos in ein breites Spektrum von Umweltbedingungen ein. Sie tolerieren eine große Schwankungsbreite in den Licht-, Temperatur- oder Feuchtebedingungen, können eine große Zahl unterschiedlicher Ressourcen als Nahrungsquelle nutzen (Tiere) bzw. sehr verschiedene Nährstoffsituationen akzeptieren (Pflanzen) und finden somit in der Regel eine weite Verbreitung (z. B. Kohlmeise *Parus major*, Rotbuche *Fagus sylvatica*). Spezialisten sind dagegen eng an eine spezielle Ausprägung und Kombination von Umweltfaktoren gebunden, wie dies beispielsweise bei Arten von Hochmooren und Trockenrasen der Fall ist, oder sind monophag an eine Nahrungspflanze gebunden (z. B. Apollofalter *Parnassius apollo*). Ist das von einer spezialisierten Art benötigte Faktorengefüge an einem Standort nicht exakt ausgeprägt, fällt er als Lebensraum für sie aus. Die Verbreitung von Spezialis-

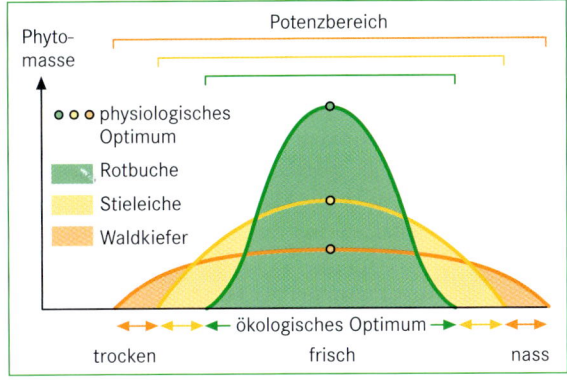

Abb. 12.3.16 Physiologisches und ökologisches Optimum von Rotbuche, Stieleiche und Waldkiefer in Mitteleuropa (verändert nach Pfadenhauer 1997).

ten ist im Vergleich zu Generalisten daher sehr stark eingeschränkt. Zu beachten bleibt, dass Arten bezüglich eines Umweltfaktors einen engen Potenzbereich, hinsichtlich eines anderen Faktors aber durchaus einen weiten Potenzbereich besitzen können. Das Existenzoptimum einer Art ist letztlich ein Kompromiss zwischen den miteinander in Wechselwirkung stehenden Umweltfaktoren (Kratochwil & Schwabe 2001).

Bezogen auf die unterschiedlichen Konkurrenzmechanismen haben sich in der Pflanzen- und Tierwelt auch reproduktionsbiologische Strategietypen herausgebildet, die in der Zahl der Verbreitungseinheiten und der Länge des Lebenszyklus differieren. Gleichzeitig stellen diese Typen auch eine Anpassung an Umweltstress und -störungen dar. Man unterscheidet zwischen **Konkurrenz-(K-)Strategen** und **Ruderal-(r-)Strategen**: Die langlebigen K-Strategen (z. B. Baumarten, Großsäuger, Greifvögel) besitzen eine nur geringe Reproduktionsrate und besiedeln stabile Lebensräume, die kaum Störung erfahren. Dort entwickeln sie mit ihrer Fähigkeit, das Ressourcenangebot gleichmäßig und intensiv zu nutzen, eine starke Konkurrenzkraft, maximale Populationsgrößen und eine hohe Überlebensdauer in Raum und Zeit. Die r-Strategen (z. B. Ackerwild- und Ruderalpflanzen, Feldmaus *Microtus arvalis*, Wanderheuschrecke) hingegen sind in der Lage, mit ihrer sehr hohen Reproduktionsrate neu entstehende oder gestörte, instabile Lebensräume rasch, aber mit geringer Konkurrenzkraft zu besiedeln. Aufgrund ihrer hohen Reproduktionsrate und Kurzlebigkeit ertragen sie Störungen ihrer Standorte nicht nur, sondern ihr Überdauern ist vielfach an solche gebunden, da diese sie vor der übermächtigen, verdrängenden Konkurrenz der K-Strategen schützen. Bei K- und r-Strategen handelt es sich um die Endpunkte eines Kontinuums.

Betrachtet man die Wechselwirkungen zwischen zwei Arten, so können diese positiv, negativ oder neutral sein. Konkurrenz bedeutet zumindest für eine der beiden Arten eine negative Wirkung, das Gleiche trifft auf Räuber-Beute- und Wirt-Parasit-Beziehungen zu. Räuber-Beute-Beziehungen kennzeichnen Nahrungsketten und enden in der Regel mit dem Tod der Beute und dem Energiegewinn des Räubers. Zwischen beiden Gruppen besteht eine koevolutive Entwicklung dahingehend, dass Beutetiere geeignete Strategien entwickeln, um die letale Begegnung mit einem Räuber zu verhindern (z. B. Ausweichen, Tarnen, Verteidigen). Andererseits versuchen Räuber durch entsprechende Vorkehrungen diese Gegenmaßnahmen zu umgehen bzw. zu überwinden. Im Rahmen einer natürlichen Auslese setzen sich die Individuen durch, die dies am besten beherrschen. Von diesen „echten" Räuber-Beute-Beziehungen müssen Pflanzen fressende **Konsumenten** getrennt betrachtet werden, da sie in der Regel nicht zum Tod der Pflanze führen. Gleichwohl besteht für die Pflanzen ein enormer Selektionsdruck, der dazu führt, dass sich Pflanzen durch unterschiedliche Anpassungen (z. B. Ausbildung von Dornen oder Stacheln, Bitter- und Giftstoffe, hohe vegetative Regeneration) gegen Fraß schützen und sich an Standorten mit hohem Fraßdruck nur speziell angepasste Arten durchsetzen.

Parasiten sind Organismen, die in den Stoffkreislauf von Wirtsindividuen eindringen und von diesen Nährstoffe für ihr eigenes Wachstum beziehen. Dies ist meist mit einer Schädigung des Wirtes, vor allem durch die Abgabe von Stoffwechselgiften, verbunden, führt aber nicht zu dessen unmittelbarem Tod. Die Wirkung des Parasiten auf den Wirt ist dichteabhängig, das heißt sie steigt mit der Anzahl der Parasiten pro Wirt und reduziert so dessen Überlebenswahrscheinlichkeit. Unter den pflanzlichen Parasiten sind Bakterien und Pilze die häufigsten, aber es existieren weltweit auch rund 3 000 parasitische höhere Pflanzen. Bei Letzteren wird unterschieden zwischen **Hemiparasiten** (z. B. Mistel *Viscum-*, Klappertopf *Rhinanthus-*, Wachtelweizen *Melampyrum-*Arten), die Photosynthese betreiben können, und **Holoparasiten** (z. B. Sommerwurz *Orobanche* spec., Seide *Cuscuta* spec.), die nicht zur Photosynthese befähigt sind. Sowohl bei den Hemi- als auch den Holoparasiten gibt es Artengruppen, die mit Ihren Saugorganen (Haustorien) entweder in die Wurzeln oder die Sprossachse eindringen. Teilweise sind die Beziehungen wie bei den Sommerwurz-Arten so eng, dass die Parasiten auf nur eine Wirtspflanze spezialisiert sind. Tierische Parasiten treten in vielen Faunengruppen auf (z. B. Zecken, Bandwürmer, Nematoden, Blattläuse) und können sowohl Pflanzen als auch Tiere befallen.

Spezies können aber auch ohne negative Wirkungen nebeneinander existieren (Koexistenz), wobei dies häufig sogar für einen der beiden Partner positiv ist:

- Eiderenten nisten in Brutkolonien von Möwen (Schutz vor Räubern).
- Farne oder Moose wachsen auf Bäumen (höherer Lichtgenuss).
- Früchte oder Samen werden im Gefieder oder Fell von Tieren verbreitet.

Als **Symbiose** werden Wechselbeziehungen zwischen zwei Organismen bezeichnet, von denen beide einen Vorteil besitzen. Die aus einem Pilz und einer Alge bestehenden Flechten sind hierfür ein klassisches Beispiel. Der Pilz profitiert von der Kohlenhydratproduktion der Alge, verbessert aber gleichzeitig deren Wasser- und Nährstoffversorgung und dient ihr als Stützgerüst. Weitere Beispiele sind die bei der Mehrzahl der Landpflanzen zu findenden Symbiosen aus Pilz und Wurzeln (**Mykorrhiza**) oder Luftstickstoff fixierende **Knöllchenbakterien** bei den Leguminosen. Auch der Blütenbesuch und der Verzehr von Früchten ist für beide Seiten, das heißt sowohl für die Pflanze (Bestäubung, Ausbreitung) als auch das Tier (Nahrung), positiv. Dieser gegenseitige Nutzen ist meist für beide Partner lebensnotwendig.

12.4 Zeitliche Dynamik und zeitlicher Wandel

Arne Friedmann

Methoden der Altersdatierung

Es gibt zahlreiche physikalische, chemische, biologische und stratigraphische Methoden zur Altersdatierung biogeographisch relevanter Ereignisse, Prozesse und Materialien (Kapitel 6.3). Welche Datierungsmethode angewandt wird, hängt von dem zu datierenden Ausgangsmaterial, dem zu erwartenden Alter und dem Grad der angestrebten Datierungsgenauigkeit ab. Man unterscheidet absolute, radiometrische und relative Datierungsmethoden (Geyh 2005). Absolute Methoden der Altersdatierung ermöglichen die direkte Bestimmung von Kalenderaltern, die radiometrischen Methoden liefern Jahresangaben mit unterschiedlich großem Fehlerbereich und die relativen Methoden ermöglichen eine relative zeitliche Einordnung eines Horizonts im Vergleich zu einem anderen, woraus eine zeitliche Reihenfolge abgeleitet werden kann.

Eine Methode der **absoluten Altersbestimmung** ist die Dendrochronologie, bei der die Gehölz-Jahresringe gezählt und analysiert werden. Die Warvenchronologie bestimmt anhand jährlich geschichteter Seesedimente das Alter. Beide Methoden eignen sich zur Altersdatierung von maximal spätglazialen Ablagerungen. Die Lichenometrie benutzt die Maximaldurchmesser ausgewählter Flechtenarten mit bekannter lokaler Wachstumsrate zur Berechnung des Erstbesiedlungsjahres des exponierten Ausgangsmaterials. Hiermit können wenige Jahrhunderte alte Oberflächen datiert werden.

Die **radiometrischen Methoden** basieren auf dem Zerfall radioaktiver Elemente mit konstanter Halbwertszeit. Aus der relativen Konzentration des radioaktiven Elementes und seines Zerfallsproduktes lässt sich dann das Probenalter mit unterschiedlich großem Fehlerbereich berechnen. Dabei eignet sich die Uran-Thorium-Methode (^{230}Th/^{234}U) zur Altersbestimmung von Sedimenten und Gesteinen, die ein Alter von 1 000 bis 500 000 Jahre aufweisen, die Kalium-Argon-Methode deckt eine Zeitspanne von etwa 10 000 bis über 1 Million Jahre hinaus ab und wird häufig zur Datierung von Fossilien eingesetzt. Die Radiokohlenstoff-/^{14}C-Methode ist zur Datierung von maximal 70 000 Jahre alten organischen Materialien anwendbar. Mit der Radiokarbonmethode wird der radioaktive Kohlenstoffgehalt einer organischen Substanz bestimmt. Die Altersbestimmung toten Gewebes wird möglich, da der ^{14}C-Gehalt nach dem Absterben der Organismen durch radioaktiven Zerfall gesetzmäßig innerhalb der physikalischen Halbwertszeit von $5 730 \pm 40$ Jahren abnimmt. Zur Altersdatierung wenige Jahrzehnte alter Ablagerungen wird unter anderem die ^{210}Blei-Methode angewendet.

Als **relative Altersdatierungsmethode** verwendet die Tephrochronologie Ablagerungen von Vulkanausbrüchen (z. B. Aschen) als Zeitmarker. Auf die Umpolung des Erdmagnetfeldes stützt sich die paläomagnetische Datierung. Mithilfe der Pollen- und Sporenanalyse können lokale und regionale Biozonen ausgewiesen werden und zur relativen Altersabschätzung eingesetzt werden. Die Einordnung mithilfe archäologischer Artefakte (z. B. Keramik) ist in besiedelten Gebieten mit großem Fundreichtum möglich.

Zur Altersdatierung jungquartärer Ablagerungen wird heutzutage überwiegend die Radiokohlenstoffmethode eingesetzt, deren konventionelle Radiokarbonalter (^{14}C-Alter BP = Jahre vor 1950) dendrochronologisch korrigiert werden in kalibrierte ^{14}C-Alter (cal BP).

Vegetationsentwicklung im Spät- und Postglazial Mitteleuropas

ARNE FRIEDMANN

Der raumzeitliche Ablauf der spät- und postglazialen Vegetationsgeschichte (Tab. 12.4.2, 12.4.3) zeigt zwischen verschiedenen Landschaften Mitteleuropas deutliche Unterschiede (Firbas 1952, Lang 1994, Berglund et al. 1996, Küster 1996). Ganz grob lassen sich das Norddeutsche Tiefland mit den Küstengebieten, die Mittelgebirge mit deutlichen Unterschieden zwischen West (z. B. Schwarzwald) und Ost (z. B. Bayerischer Wald), die warm-trockenen klimatischen Gunsträume wie zum Beispiel Thüringer Becken und Oberrheintiefland, das Alpenvorland und der in sich stark differenzierte Alpenraum selbst unterscheiden.

Die spätglaziale Vegetationsgeschichte Süddeutschlands wird im Folgenden anhand eines Beispiels aus dem bayerischen Alpenvorland (Profil Unterer Inselsee/Allgäu, 703 m NN) erläutert (Friedmann et al. 2003). Die holozäne Vegetationsentwicklung eines südwestdeutschen Mittelgebirgsraums soll ein Pollendiagramm (Abb. 12.4.1) aus dem Schwarzwald (Profil Schurtenseekar, 830 m NN) verdeutlichen, welches mit der Vegetationsentwicklung in einem edaphisch-klimatischen Gunstraum (Oberrheintiefland) verglichen wird (Friedmann 2000).

Die **spätglaziale Vegetationsentwicklung** (Tab. 12.4.3) ist durch die von Klimaschwankungen geprägte diskontinuierliche Erwärmung nach der letzten Kaltzeit charakterisiert. Die Tundren- und Kältesteppenvegetation wird unter anderem durch einen hohen Anteil von Süß- und Sauergräsern, dem Beifuß (*Artemisia*) und der

Silberwurz (*Dryas octopetala*) aufgebaut. Durch die Erwärmung im frühen Spätglazial erfolgt die Einwanderung erster Strauch- und Baumarten, die die Licht liebende Tundrenvegetation zurückdrängen. Auch die Höhengrenze der Baumverbreitung in den Gebirgen (Wald- und Baumgrenze) steigt an. Ab dem Bölling kann sich ein lichter Kiefernwald etablieren, der sich, unterbrochen durch Kälterückschläge und sich wieder ausbreitender Kältesteppenvegetation, bis ins Präboreal mit der einsetzenden dauerhaften Erwärmung halten kann.

Die **holozäne Vegetationsgeschichte** (Abb. 12.4.1, Tab. 12.4.3) beginnt im Präboreal. Im Schwarzwald herrscht zu dieser Zeit ein Kiefern-Birkenwald vor, in den die Hasel erfolgreich einwandert und nachfolgend zur Dominanz gelangt. Eiche, Ulme und Linde wandern langsam ein, und Kiefer und Birke werden seltener. Im Boreal herrschen haselreiche Wälder mit Kiefer, Eiche und Ulme vor. Ab Mitte des Boreals breiten sich Linde, Ulme und Eiche weiter aus, und die Kiefer verliert weiter an Bedeutung. Im frühen Atlantikum geht der Haselpollenanteil langsam zurück, da zuerst Ulme, dann Linde und schließlich die Eiche die Waldgesellschaften beherrschen (*Quercetum mixtum*). In den Mittelgebirgen setzt eine Differenzierung der Vegetation nach Höhenstufen ein (Friedmann 2000). Im späten Atlantikum wandern Buche und Tanne ein und kommen im frühen Subboreal zur Massenausbreitung. Vorherrschende Waldgesellschaft ist nun der Buchen-Tannenwald, wobei Eiche, Linde und Ulme langsam an Bedeutung verlieren. Die Fichte wandert ab dem Subboreal von Osten kommend in den zentralen Hochschwarzwald ein und kann sich danach weiter ausbreiten. Mit dem Beginn des Subatlantikums (Eisen- und Römerzeit) kommt es zu den ersten menschlichen Eingriffen in den Wald. Auch ist Pollen von *Cerealia* (Getreide) erstmals vereinzelt seit der Bronzezeit nachweisbar. Durch großflächige Rodungen kommt es im jüngeren Subatlantikum (Mittelalter) zur Zurückdrängung des Waldes, besonders der Buche und Tanne. *Cerealia*-Pollen tritt seit dem frühen Mittelalter kontinuierlich auf. Durch neuzeitliche Aufforstungen erhöht sich in den Wäldern der Anteil von Fichte und Kiefer.

Im Schwarzwald ist der Ablauf der holozänen Vegetationsgeschichte gut mit der **„Grundfolge der mitteleuropäischen Waldentwicklung"** nach Rudolph (1930) und Firbas (1949, 1952) zu parallelisieren. Es zeigt sich die holozäne Vegetationsabfolge (regionale Pollenzonen): Kiefern-Birkenzeit – Hasel-Kiefernzeit – Eichenmischwald-Haselzeit – Buchen-Tannenzeit – Fichten-Kiefern-Tannen-Nichtbaumpollen-Zeit. Die Vegetationsentwicklung im Oberrheintiefland passt jedoch nicht in dieses Schema. Die holozäne Vegetationsabfolge sieht dort wie folgt aus: Kiefernzeit – Kie-

Tabelle 12.4.2 Chronostratigraphische Spät- und Postglazialgliederung in Mitteleuropa (Daten nach Litt 1997 unpubl., Stebich 1999, Andres & Litt 2000).

	Zeitabschnitt [Chronozone]	Zeitdauer [cal BP]
Holozän	Subatlantikum	2 800–0
	Subboreal	5 100–2 800
	Atlantikum	8 200–5 100
	Boreal	9 800–8 200
	Präboreal	11 590–9 800
Spätglazial	Jüngere Dryas	12 680–11 590
	Alleröd	13 370–12 680
	Ältere Dryas	13 535–13 370
	Bölling	13 670–13 535
	Älteste Dryas	13 810–13 670
	Meiendorf	14 446–13 810
	Hochglazial	>14 446

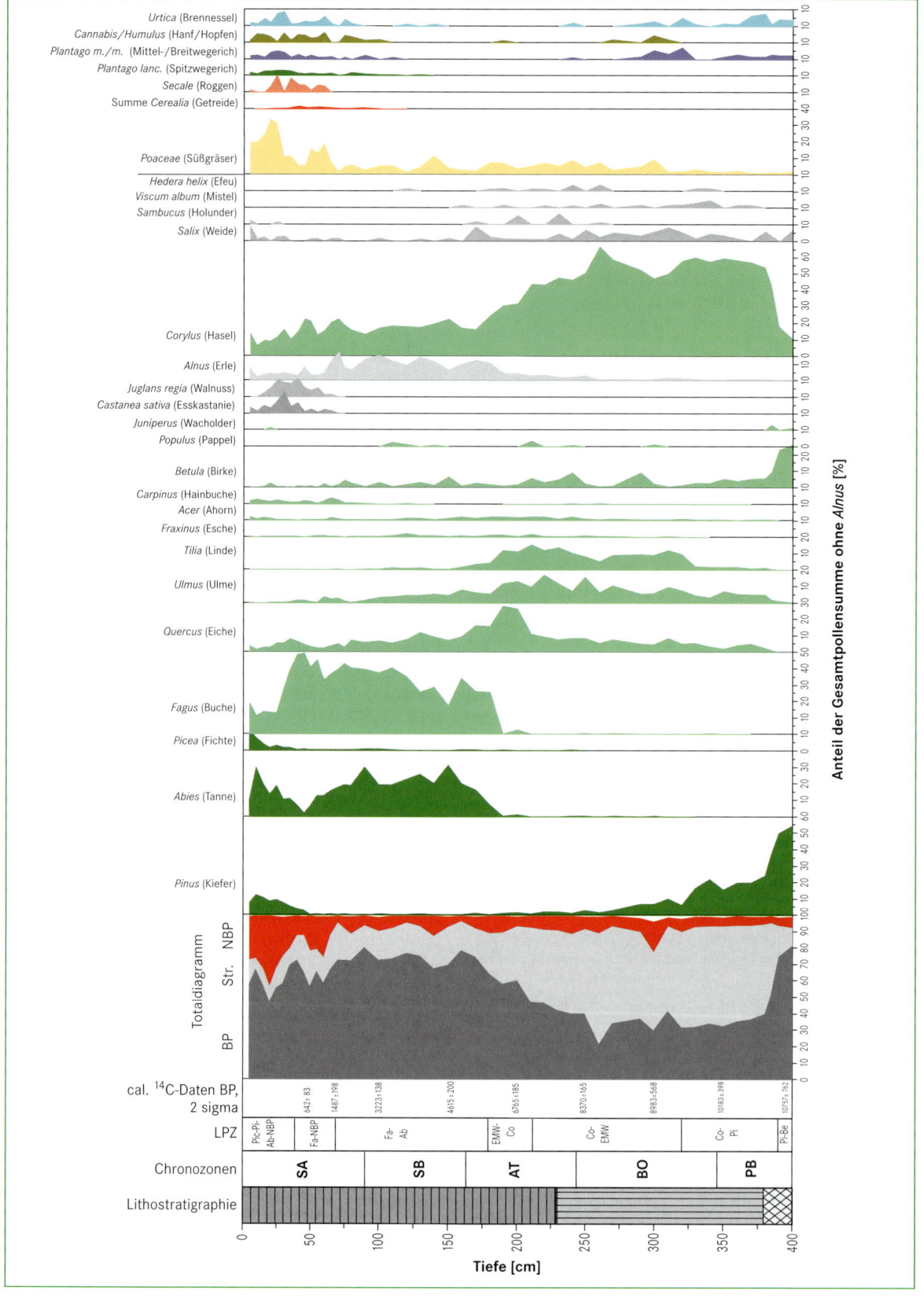

Tabelle 12.4.3 Spät- und postglaziale Vegetations- und Klimaentwicklung mittlerer Lagen in Süddeutschland (verändert nach Friedmann 2000).

Zeitabschnitt	Klimatrend	Vegetation	archäologische Kulturstufen
Subatlantikum		Forste, Kulturlandschaftszeit	Neuzeit, Mittelalter Römerzeit Eisenzeit
Subboreal	feuchter, kühler	Mischwälder aus Buchen und Tannen, teilweise Fichten	Bronzezeit Neolithikum
Atlantikum	warm-feucht	Mischwälder mit Eiche, Ulme, Linde, Esche, Ahorn und Hasel	
Boreal	warm-trocken	haselreiche Wälder mit Kiefer, Eiche, Ulme, Linde und Esche	Mesolithikum
Präboreal	warm-trocken	geschlossene Kiefernwälder mit Birken	
Jüngere Dryas (bis 11 590 cal BP)	Abkühlung	sehr lichte Kiefernwälder mit Weiden, Birken, Wacholder und höheren Offenlandanteilen (Kältesteppe)	Paläolithikum
Alleröd	deutliche Erwärmung	lichte Kiefernwälder	
Ältere Dryas	Abkühlung	sehr lichte Kiefernwälder mit Birken	
Bölling	stärkere Erwärmung	lichter Kiefernwald mit Birken	
Älteste Dryas	wieder kälter	Strauchvegetation aus Birken, Wacholder, Weiden und höheren Offenlandanteilen	
Meiendorf	erste Erwärmung	Strauchvegetation aus Birken, Sanddorn, Wacholder und Weiden	
Würmhochglazial (vor 14 446 cal BP)	trocken-kalt	baumlose Tundrenvegetation	

fern-Haselzeit – Kiefern-Eichenmischwald-Haselzeit – Eichenmischwald-Kiefernzeit – Kulturlandschaftszeit. Die unterschiedliche Vegetationsabfolge hat klimatische und standörtliche Ursachen, wodurch sich die Kiefer im Holozän viel länger behaupten und Tanne und Buche sich nicht ausbreiten können. Als weiterer bedeutender Unterschied ist die frühe Besiedlung dieses Gunstraumes ab dem Neolithikum zu nennen.

Umwandlung der Vegetation durch den Menschen

Deutschland ist ein natürliches Waldland und wäre ohne menschliche Eingriffe zu ungefähr 95 Prozent bewaldet. Nur Moore, Felsgebiete und Küsten sind natürlich waldfrei.

Die **aktuelle oder reale Vegetation** ist das Resultat der vegetationsgeschichtlichen Entwicklung Europas und der seit über 6 000 Jahren durch den Menschen verursachten nachhaltigen Veränderungen. Dies entspricht der realen Vegetation unter den heutigen Umwelt- und Nutzungsverhältnissen (Kowarik 1987), die stark geprägt ist durch anthropogene Ersatzgesellschaften (sekundäre Vegetation). Im Unterschied dazu bezeichnet der Begriff **„ursprüngliche natürliche Vegetation"** (primäre Vegetation) die Vegetationsverhältnisse an einem Ort ohne jemalige menschliche Eingriffe. Der Begriff der **potenziell natürlichen Vegetation** (pnV) bezeichnet den Vegetationszustand, der sich einstellen würde, wenn die menschlichen Eingriffe in die Natur aufhören würden, diejenigen der Vergangenheit aber mitberücksichtigt werden (Gedankenexperiment: Was wäre, wenn …).

Der Mensch beeinflusst die Standortbedingungen, die Diasporenverbreitung und führt neue Pflanzenarten ein. Durch die anthropogenen Eingriffe ist die heutige Pflanzendecke in Mitteleuropa jedoch nicht mehr natürlich, sondern verändert (hemerob). Unter Hemerobie versteht man den Grad der beabsichtigten

◀ **Abb. 12.4.1** Prozent-Pollendiagramm Schurtenseekar, Mittlerer Schwarzwald, 830 m NN. Die Lithostratigraphie umfasst von unten nach oben Schilf-, Seggen- und Sphagnumtorf. BP = Baumpollen, NBP = Nichtbaumpollen, Str. = Sträucher, LPZ = Lokale Pollen-Zonen, PB = Präboreal, BO = Boreal, AT = Atlantikum, SB = Subboreal, SA = Subatlantikum. Die ¹⁴C-Daten sind als kalibrierte Daten BP mit einer Standardabweichung von 2 sigma dargestellt. Die Kurven der Taxa *Populus, Juniperus, Castanea, Juglans, Salix, Sambucus, Viscum, Hedera, Cerealia, Secale, Plantago, Cannabis/Humulus* und *Urtica* sind zehnfach überhöht dargestellt (Analyse: A. Friedmann).

Tabelle 12.4.4 Hemerobiegrade der Vegetation (verändert nach Pfadenhauer 1997).

Hemerobiegrad		anthropogener Einfluss	Beispiele	Neophyten-anteil [%]
H 0	natürlich (ahemerob)	vom Menschen unbeeinflusst	ungestörte Hochmoore, Urwälder	0
H 1	naturnah (oligohemerob)	durch den Menschen gering beeinflusst	standortgerechte Steilhangwälder	<5
H 2	halbnatürlich (mesohemerob)	durch extensive Nutzung mäßig beeinflusst	Niederwälder, Magerwiesen	5–12
H 3	naturfern (euhemerob)	starke Veränderung durch intensive Nutzung	Intensivgrünland, Gärten, Äcker, Monokultur-Forstplantagen	13–20
H 4	naturfremd (polyhemerob)	vom Menschen geschaffene Vegetation	Zierrasen, Pioniervegetation an anthropogenen Standorten (Deponien, Bahndämme etc.)	21–80
H 5	künstlich (metahemerob)	Vegetation vernichtet bzw. versiegelt	Straßen, Gebäudeüberbauung	–

und unbeabsichtigten menschlichen Beeinflussung von Ökosystemen (Wittig & Streit 2004). Der Hemerobiegrad richtet sich unter anderem nach dem Anteil der Neophyten, der Therophyten und dem Artenverlust der natürlichen Flora. Der Grad der Veränderung wird in verschiedene Stufen (Tab. 12.4.4) eingeteilt (Sukopp 1972).

Mit dem Beginn des Ackerbaus und der Sesshaftwerdung des Menschen in den lössbedeckten Gunsträumen (Altsiedelland) im Neolithikum veränderte der Mensch die Landschaft. Die Mittelgebirgsräume wurden erst ab dem Frühmittelalter im Zuge des Erzbergbaus und der klösterlichen Erschließung besiedelt (Jungsiedelland). Im ausgehenden Neolithikum begann die Umwandlung der Naturlandschaft in eine Kulturlandschaft. Die anthropogenen Eingriffe waren anfänglich punkthaft und lokal wirksam, weiteten sich infolge der Bevölkerungszunahme immer mehr aus, bis sie zu regionalen und schließlich globalen Veränderungen führten. Der Verlauf der Vegetationsentwicklung ist in Mitteleuropa in den letzten 7 000 Jahren eng mit der Siedlungsgeschichte verknüpft (Exkurs 12.4.1).

 **Exkurs 12.4.1**

Phasen der holozänen Vegetationsveränderung durch den Menschen

Bedeutende historische Eingriffe des Menschen in die Landschaft mit Auswirkungen auf die Vegetation sind unter anderem die Rodung von Wald zur Gewinnung von Offenland, die Waldweide, Nutzholzgewinnung für Bau-, Werk- und Feuerholz, Erzverhüttung und Salzsiederei, die Aufforstung mit standortfremden Baumarten, Ackerbau und Grünlandnutzung, Drainage von Feuchtgebieten und die Einschleppung neuer Pflanzenarten (Neophyten). Die holozänen Vegetationsveränderungen durch den Menschen in Mitteleuropa lassen sich in die folgenden Phasen einteilen (Lang 1994, Pfadenhauer 1997, Friedmann 2000):

- natürliche Waldentwicklung: in Siedlungsgunsträumen bis ungefähr 7000 BP, in Mittelgebirgsräumen teilweise bis ungefähr 1000 BP
- Beginn des Ackerbaus: Entstehung von Ackerflächen, Waldweide, Einführung neuer Pflanzenarten (u. a. Kulturpflanzen), Artenzunahme

- Veränderung der Wälder durch Rodung, Nutzung und Beweidung (Rinder, Schweine u. a.), Sekundär- und Nutzwälder entstehen, **Entstehung einer Kulturlandschaft**
- ab dem Mittelalter (ca. 1000 BP) vollständige und nachhaltige Veränderung fast aller natürlichen Vegetationsgebiete in Deutschland durch menschliche Nutzung
- ab dem 18. Jahrhundert Einsetzen der Aufforstung marginaler Flächen mit standortfremden Baumarten, Entstehung der fichtenreichen Kulturforste
- Ausräumung der historischen Kulturlandschaft im 20. Jahrhundert im Zuge der Mechanisierung der Landwirtschaft, Artenverarmung, **Entstehung einer flurbereinigten Produktionslandschaft**

Vegetationsdynamik

Die Pflanzendecke ist nicht statisch oder konstant, sondern ständigen Veränderungen unterworfen. Die Vegetationsdynamik umfasst jede zeitliche Veränderung der Pflanzendecke nach Art der Zusammensetzung, Textur und Struktur sowie im Raum in horizontaler und vertikaler Erstreckung. Nach Art, Dauer und Richtung der Veränderung lassen sich drei Typen der Dynamik unterscheiden:

- **Saisonale Veränderungen nach den Jahreszeiten** (**Symphänologie**), wobei es sich um kurzzeitige, gesetzmäßig sich jährlich wiederholende Veränderungen handelt, die sich am klimatischen Jahresrhythmus orientieren (Periodizität).
- **Vegetationsschwankungen** (**Fluktuationen**), die über einige Jahre verlaufende, teilweise rhythmische und räumlich ablaufende Veränderungen innerhalb einer oder zweier benachbarter Pflanzengesellschaften umfassen. Diese sind abhängig von jährlich wechselnden Witterungsverhältnissen oder externen fluktuierenden Ereignissen wie beispielsweise Überschwemmungen.

- **Vegetationsentwicklung** (**Sukzession/Syndynamik**), bei der es sich um längerfristige gerichtete, azyklische Veränderungen, die mehrere Pflanzengesellschaften betreffen, handelt. Diese werden von einmaligen Ereignissen oder langfristigen Standortveränderungen ausgelöst und gesteuert (Exkurs 12.4.2).

Die Sukzession läuft in verschiedenen Sukzessionsstadien (Sukzessionsreihe) so lange ab, bis die Vegetation wieder im Einklang mit den herrschenden Umweltverhältnissen steht (Gleichgewichtszustand). Beim Ausgangsstadium (Pionierstadium, Erstbesiedlung) treten kurzlebige Licht liebende Pioniergesellschaften (z.B. Steinschuttgesellschaften) auf, die an extreme Umweltverhältnisse angepasst sind. Sie sind die Wegbereiter für weitere Pflanzen zum Beispiel durch Bodenverbesserung und Düngung. Darauf folgen in den Zwischen- oder Übergangsstadien Folgegesellschaften (wie z.B. Verbuschungsstadien) bis schließlich ein Endstadium (Schlussgesellschaft/Klimax oder Subklimax) erreicht wird, das mit seiner Umwelt im Gleichgewicht steht. Wird als Schlussgesellschaft eine Klimax erreicht, endet die Sukzessionsserie. Die Schlussgesellschaft unterliegt aber weiterhin einer inne-

Exkurs 12.4.2

Sukzessionstypen

Die Sukzession zeigt sich in einer gesetzmäßig aufeinanderfolgenden Serie von Stadien und Phasen. Man unterscheidet natürliche und anthropogene Sukzessionen. Es können alle genannten Sukzessionstypen in Kombination miteinander, nebeneinander und zeitlich gestaffelt auftreten. Die **Sukzessionstypen** lassen sich nach verschiedenen Kriterien untergliedern (Dierschke 1994, Richter 1997):

- **primäre** und **sekundäre Sukzession**: Primäre Sukzession erfolgt auf bisher unbesiedelten Standorten (Rohböden), wie beispielsweise frisch freigegebene Gletschervorfelder, Kiesflächen in Wildflussauen, oder nach Vulkaneruptionen auf jungen vulkanischen Aschen (Fesq-Martin et al. 2004). Sekundäre Sukzession erfolgt auf bereits von Pflanzen besiedelten Standorten, wie zum Beispiel auf Ackerbrachen. Sie läuft schneller ab als die primäre Sukzession.
- **autogene** und **allogene Sukzession**: Untergliederung der Sukzession nach den wirkenden internen und externen Kräften. Autogene Sukzession beschreibt eine Vegetationsveränderung, die vor allem durch die Lebenstätigkeit des Pflanzenbestandes selbst verursacht wird, wie beispielsweise Konkurrenzverhalten, Schattentoleranz, Bodenverän-

derungen. Dies sind Bedingungen, die bei einer von außen ungestörten Entwicklung der Pflanzengesellschaft ablaufen. Allogene Sukzession erfolgt bei einer Pflanzenbestandsentwicklung unter von außen einwirkenden Störungen, wie beispielsweise Klimaveränderungen, Grundwasserschwankungen, Feuer oder menschliche Eingriffe.

- **progressive** und **regressive Sukzession**: Hier wird die Sukzession nach der Entwicklungsrichtung unterteilt. Dies ist abhängig vom Zustand und den Kräften, die auf den Standort wirken. Bei der progressiven Sukzession entwickelt sich die Pflanzengesellschaft hin zu einer Schlussgesellschaft. In Mitteleuropa stellt die Schlussgesellschaft überwiegend einen geschlossenen Wald dar. Bei der regressiven Sukzession (Retrogression) wird die Entwicklung durch natürliche oder anthropogene Faktoren gestört und verläuft rückwärts, zum Beispiel vom geschlossenen Wald durch Kahlschlag, Windbruch oder Waldbrand zu einem offenen Standort mit geringer Vegetation. Als Beispiel für eine sekundäre regressive Sukzession ist die Brandrodung von tropischem Regenwald zu nennen (Kapitel 18). Das Auftreten von primärer regressiver Sukzession ist fraglich und definitionsabhängig.

ren Dynamik der zyklischen Regeneration und ist nicht statisch.

Die zyklische Regeneration umfasst endogene Vorgänge einer fortlaufenden Artenreproduktion im Rahmen eines dynamischen Gleichgewichts (Richter 1997), bei der in aufeinanderfolgenden Schritten der Ausgangszustand wieder hergestellt wird. Es handelt sich also um einen wiederholten Wechsel von regressiver und sekundär progressiver Entwicklung. Ein Beispiel ist die natürliche Waldverjüngung: natürliches Absterben alter Bäume und neues Aufwachsen von Jungwuchs Jahr für Jahr, wobei sich Jugend-, Optimal-, Alters- und Zerfallsphase der Wälder raumzeitlich nebeneinander vollziehen (**Mosaik-Zyklus-Konzept**; Remmert 1991).

Jedoch kann es auch zur katastrophischen Verjüngung kommen, wenn die Baumschicht auf größerer Fläche durch exogene Störungen wie Windwurf, Feuer, Schädlinge o. Ä. zerstört wird. Es läuft dann eine sekundäre progressive Sukzession ab, die von einem Verjüngungsstadium (Pioniergebüsch, Pionierwald) über Folgestadien (Übergangswald) wieder zu einer Schlussgesellschaft führt.

Beide Prozesse führen bei Primärwäldern zu einem Nebeneinander von verschiedenen Altersstadien und bedingen die Heterogenität des Lebensraums, die Artenvielfalt und damit die dynamische Stabilität des Ökosystems.

12.5 Klassifikation und Raummuster von Biozönosen

Elisabeth Schmitt und Thomas Schmitt

Wesentliche Merkmale des Lebens sind seine Vielfalt, seine hierarchische Ordnung und die Tatsache, dass Organismen nie alleine vorkommen. Individuen der gleichen Art bilden in einem Raumausschnitt Fortpflanzungsgemeinschaften (**Populationen**), um den langfristigen Erhalt ihrer Art zu sichern. Aber auch Populationen sind keine solitären Phänomene, sondern fügen sich mit Populationen anderer Arten zu Lebensgemeinschaften (**Biozönosen**) zusammen. Eine Biozönose besteht stets aus **Phytozönose** (Pflanzengemeinschaft) und **Zoozönose** (Tiergemeinschaft), die aufgrund von intensiven Wechselwirkungen untrennbar miteinander verflochten sind. Beide zusammen bilden jedoch nur einen, wenn auch den optisch dominierenden Ausschnitt der Biozönose, zu der auch die große Gruppe der Mikroorganismen (Pilze, Bakterien) zu rechnen ist, ohne die

ökologische Prozesse und Funktionen nicht denkbar wären. Betrachtungen von Lebensgemeinschaften zeigen, dass unter ähnlichen Umweltbedingungen einzelne Arten oder Artengruppen gemeinsam vorkommen (**Koinzidenz**), das heißt, es treten vergleichbare Artenkombinationen auf. Hierin liegt der Schlüssel, um die große Vielfalt an Biozönosen zu ordnen, wobei Phytozönosen aufgrund ihrer Ortsbindung deutlich einfacher zu untersuchen und zu identifizieren sind als mobile, nicht immer sicht- bzw. auffindbare Tierarten. Typisierung und Ordnung dienen der Vereinheitlichung komplexer Sachverhalte im wissenschaftlichen Diskurs. Wie bei vielen komplexen Sachverhalten ist die Abgrenzung von Lebensgemeinschaften weniger durch klare, scharfe Grenzen als durch fließende Übergänge charakterisiert (Kontinuum). Eine Klassifikation von Biozönosen ist nur unter Verwendung umfangreicher Datensätze und Informationen über ihre Artenzusammensetzung und Standortbedingungen möglich sowie unter Einsatz standardisierter Verfahren bei der Stichprobenauswahl, Datenerhebung und Typisierung (Dierschke 1994, Kratochwil & Schwabe 2001).

Methoden der Vegetationsklassifikation

Bei der Klassifikation und räumlichen Analyse von Phytozönosen werden in Abhängigkeit vom Maßstab grundsätzlich zwei unterschiedliche Ansätze verfolgt. Auf kleiner Maßstabsebene erfolgt eine Gliederung und Typisierung nach physiognomisch-ökologischen Kriterien, auf großer Maßstabsebene stehen dagegen floristisch-ökologische Verfahren im Vordergrund. Der physiognomisch-ökologische Ansatz der Vegetationsklassifikation geht in seinen Ursprüngen auf Alexander von Humboldt mit seinen „Ideen zu einer Physiognomik der Gewächse" (1807) zurück und versucht, die Vegetation eines fremden Raumausschnittes über die **Wuchs- oder Lebensformen** der dominanten Sippen zu deuten. Grundgedanke ist, dass das äußere Erscheinungsbild der Pflanzen (Physiognomie) wie zum Beispiel Wuchshöhe, Blattbau oder -ausdauer eine Anpassung an die vorherrschenden, insbesondere großklimatischen Umweltbedingungen ist. Physiognomisch einheitliche Pflanzenbestände sind somit der Ausdruck bestimmter ökologischer Bedingungen und lassen unter weitgehender Vernachlässigung des taxonomischen Systems eine Typisierung in unterschiedliche Pflanzenformationen zu. Nomenklatorisch wird meist zwischen den beiden Begriffen Wuchs- und Lebensformen nicht klar getrennt, obwohl die Wuchsform eigentlich nur morphologische Merkmale charakterisiert und genetisch vorgegeben ist. Die Lebensform ist ein umfassenderer Begriff, der neben ähnlicher morphologischer Ausprägung auch einen ähnlichen Lebensrhythmus einschließt, insbesondere die Anpassung an besondere Lebensbedingungen. Vor allem bei geographischen Fragestellungen hat das Lebensformen-System nach Raunkiaer (Exkurs 12.5.1) große Akzeptanz gefunden, da hier leicht zu erkennende und mit dem Makroklima in Verbindung stehende Kriterien Anwendung finden. Dementsprechend weisen die Klimazonen der Erde (Kapitel 9.8), teilweise aber auch kleinere Raumeinheiten, wesentliche Unterschiede im Anteil der einzelnen Lebensformen an der Flora auf, was in **Lebensformenspektren** dokumentiert werden kann. Überwiegen aufgrund der günstigen klimatischen Bedingungen in den immerfeuchten Tropen die Phanerophyten, so treten diese mengenmäßig in allen anderen Zonen zurück. An Trockenheit sind Therophyten am besten angepasst, wogegen in kühleren Regionen Hemikryptophyten und Chamaephyten durch den Kälteschutz, den abgeworfenes Laub oder Schnee gewähren, Vorteile haben. Der Zusammenhang zwischen pflanzlichen Lebensformen und Klima kommt auch darin zum Ausdruck, dass sich in unterschiedlichen Erdteilen unter vergleichbaren klimatischen Bedingungen in taxonomisch nicht verwandten Sippen häufig analoge Lebensformen ausgebildet haben (**Konvergenz**). Beispiele hierfür finden sich in den Trockengebieten der Erde mit den stammsukkulenten Kakteen (*Cactaceen*) der Neotropis und den sehr ähnlich aussehenden Wolfsmilchgewächsen (*Euphorbiaceen*) der Paläotropis oder in den tropischen Hochgebirgen mit den weltweit dort beheimateten Schopfblattgewächsen. Andererseits kann es bei verwandten Sippen durch veränderte Umweltbedingungen zur Ausbildung unterschiedlicher Lebensformen kommen. So sind die Arten der Gattung Weiden (*Salix*) in der gemäßigten Zone überwiegend den Phanerophyten zuzurechnen, in der Arktis dagegen handelt es sich um niedrige Chamaephyten.

Bei der Vegetationsanalyse auf einer größeren Maßstabsebene gelangt das System der Lebensformen relativ schnell an seine Grenzen. Der Versuch in einem mitteleuropäischen Waldgebiet (z. B. Schwarzwald, Eifel, Taunus), die einzelnen, standortökologisch unterschiedlichen Waldbestände mithilfe des Systems Raunkiaers zu typisieren, wird aufgrund des vielfach identischen Lebensformenspektrums weitgehend scheitern. In diesem Fall helfen nur **floristisch-ökologische Klassifikationsverfahren** der Vegetation weiter. Sie basieren auf dem taxonomischen System und typisieren Pflanzenbestände anhand ihres Arteninventars, das heißt, wesentliche Voraussetzung für die Anwendung dieser artgebundenen Klassifizierung sind sehr gute Artenkenntnisse. Über die konkreten Kriterien, nach denen

---

 **Exkurs 12.5.1**

Lebensformen nach Raunkiaer

Dem ursprünglich für Gebiete mit Kälteruhe entwickelten Lebensformen-System nach Raunkiaer liegen Anpassungsmerkmale der Pflanzen an ungünstige Jahreszeiten (Winterkälte, Trockenzeit) zugrunde, die durch eine jahreszeitliche Dynamik der Umweltfaktoren Licht, Temperatur und Feuchtigkeit bestimmt werden. Für die zentrale Frage, wie Pflanzen die ungünstige Jahreszeit überdauern, bietet die Lage der Erneuerungsknospen (Überdauerungsorgane) eine Antwort. Auf dieser Basis wurden von Raunkiaer fünf Hauptgruppen an Lebensformen unterschieden:

- **Phanerophyten**: Knospen befinden sich in beträchtlicher Höhe über dem Erdboden an langlebigen, häufig verholzten Sprossachsen (Bäume, Sträucher); je nach Höhe wird zwischen Makro- (über 2 Meter) und Nanophanerophyten (bis 2 Meter) unterschieden
- **Chamaephyten**: Zwergsträucher oder auch krautige Pflanzen, deren Knospen nur wenig über dem Erdboden angeordnet sind (25 Zentimeter)

- **Hemikryptophyten**: krautige Pflanzen (z. B. Gräser, Rosettenpflanzen) mit eng dem Erdboden anliegenden Knospen und einem weitgehenden Absterben der oberirdischen Teile in der ungünstigen Jahreszeit
- **Kryptophyten**: Pflanzen, deren Teile periodisch völlig absterben und deren Überdauerungsorgane sich im Boden (Geophyten) oder Wasser (Hydrophyten) befinden
- **Therophyten**: einjährige Pflanzen, deren Überdauerung in Form von Samen erfolgt

Dieses System kann durch die Einbeziehung weiterer Merkmale wie zum Beispiel Verholzungsgrad, Blattausdauer, oder Verzweigungstyp erweitert werden (Dierschke 1994). Erst diese Verfeinerung des Systems ermöglicht seine sachgemäße Anwendung auch außerhalb von Gebieten mit Kälteruhe und damit eine weltweite Vergleichbarkeit.

Methodik der Pflanzensoziologie

Zu Beginn einer jeglichen raumbezogenen wissenschaftlichen Datenaufnahme steht die Auswahl geeigneter Stichprobenflächen, denn die Qualität des Ergebnisses wird maßgeblich von der Qualität der Stichprobe bestimmt. Bezogen auf die Analyse und Beschreibung von konkreten Pflanzenbeständen im Gelände bedeutet dies: Für die Inventarisierung des floristischen Artenbestandes (Vegetationsaufnahme) müssen Flächen mit einem physiognomisch einheitlichen Pflanzenbewuchs und einheitlichen Standortbedingungen ausgewählt werden (Prinzip der Homogenität), das heißt, speziell von Grenzbereichen oder Störstellen (z. B. Randstrukturen, Windwurf oder Wege im Wald) sollte ein großer Abstand gehalten werden. Ein zweiter wichtiger Grundsatz ist das Prinzip der Vollständigkeit, das heißt, für eine Typisierung und ökologische Charakterisierung des Pflanzenbestandes ist eine möglichst komplette Erfassung aller diagnostisch wichtigen Arten notwendig. Hierfür muss die Probefläche in Abhängigkeit von der Struktur des Bestandes und der Artenvielfalt eine gewisse Mindestgröße (Minimumareal) besitzen. Auch wenn die Auswahl der Probeflächen unter Berücksichtigung der genannten drei Kriterien sorgfältig erfolgt, bleibt sie jedoch nicht völlig frei von der subjektiven Einschätzung des Bearbeiters. Dieser gewisse Grad an Subjektivität und die anscheinend damit verbundene, fehlende Reproduzierbarkeit der Ergebnisse sind ein wesentlicher Kritikpunkt an der Methode nach Josias Braun-Blanquet. Dem ist zu entgegnen, dass vermeintlich objektivere Auswahlverfahren (gleichmäßige Verteilung nach einem Raster oder zufällige Verteilung) meist schlechtere Ergebnisse bei kleinräumig wechselnden Pflanzenbeständen bringen. Es besteht dabei in hohem Maße die Gefahr, dass inhomogene Aufnahmeflächen bearbeitet werden, die eine Typisierung zum Teil unmöglich machen.

Nach der Auswahl geeigneter Probeflächen gliedert sich die Vorgehensweise der pflanzensoziologischen Methodik in drei Arbeitsschritte (Dierschke 1994):

- Durchführung der Vegetationsaufnahme
- Bearbeitung der Vegetationsaufnahmen und Ausgliederung von Vegetationstypen mittels Tabellenarbeit
- Einordnung der ausdifferenzierten Vegetationstypen in das pflanzensoziologische System

Die Vegetationsaufnahme wird durch ein Aufnahmeprotokoll dokumentiert und enthält neben allgemeinen Standortangaben als wesentlichen Bestandteil eine Artenliste mit Angaben zur Artmächtigkeit (Kombination aus Individuenzahl und Deckungsgrad) getrennt nach den Schichten des Pflanzenbestandes.

Im Anschluss werden die einzelnen Vegetationsaufnahmen in Tabellen zusammengestellt und nach ökologischen oder strukturellen Merkmalen vorsortiert. Im Rahmen der weiteren Auswertung der Geländedaten durch Tabellenarbeit erfolgt in mehreren Schritten eine Ordnung mit der Zielsetzung, floristisch ähnliche Bestände herauszuarbeiten. Dabei kommt es vor allem darauf an, Arten zu erkennen, die sich gegenseitig ausschließen und mit hoher Bindungsstärke nur in bestimmten Vegetationsaufnahmen auftreten, die dann aufgrund dieser Charakterarten eine Pflanzengesellschaft bilden. Neben Charakterarten treten als zweite wichtige Gruppe Differenzialarten auf, die meist einen hohen ökologischen Indikatorwert besitzen und zur Untergliederung von Pflanzengesellschaften in verschiedene Ausbildungen (z. B. feuchte oder trockene Ausbildung) dienen. Da sich die Ordnung nicht automatisch ergibt, findet eine Steuerung durch die Kenntnisse und Präferenzen des Bearbeiters statt. Diese subjektive Komponente kann durch den Einsatz computergestützter Verfahren minimiert werden.

In der Regel werden die erzielten Ergebnisse in einem dritten Arbeitsschritt mithilfe regionaler und überregionaler Literatur- und Tabellenvergleiche einer exakten Benennung zugeführt. Derartig ermittelte und benannte Pflanzengesellschaften (z. B. *Luzulo-Fagetum, Galio-Carpinetum, Arrhena-*

---

das Arteninventar analysiert und typisiert wird, existieren unterschiedliche Auffassungen. Die entscheidende Grundlage aller eingesetzten Verfahren ist jedoch die Annahme, dass die Artenzusammensetzung an einem Standort nur selten rein zufällig besteht, sondern bestimmte Artenkombinationen sich unter vergleichbaren Standortbedingungen wiederholen. Phytozönosen, die eine ähnliche Artenkombination und vergleichbare Standortbedingungen besitzen, können so zu einem Typus zusammengefasst werden (**Pflanzengesellschaft**). Die in Europa vorherrschenden Verfahren zur

Ausgliederung von Pflanzengesellschaften können in folgender Weise gegliedert werden:
- Klassifikation nach **dominanten Arten**: Dieses Verfahren findet vor allem bei artenärmeren Pflanzengemeinschaften Skandinaviens und Osteuropas seine Anwendung und typisiert Phytozönosen als Soziationen nach der vorherrschenden Art in jeder Schicht (Baum-, Strauch-, Kraut-, Moosschicht).
- Klassifikation nach **Charakterarten** (soziologische Artengruppen): In Gebieten mit einer artenreicheren Flora hat sich das Soziationskonzept nicht durchge-

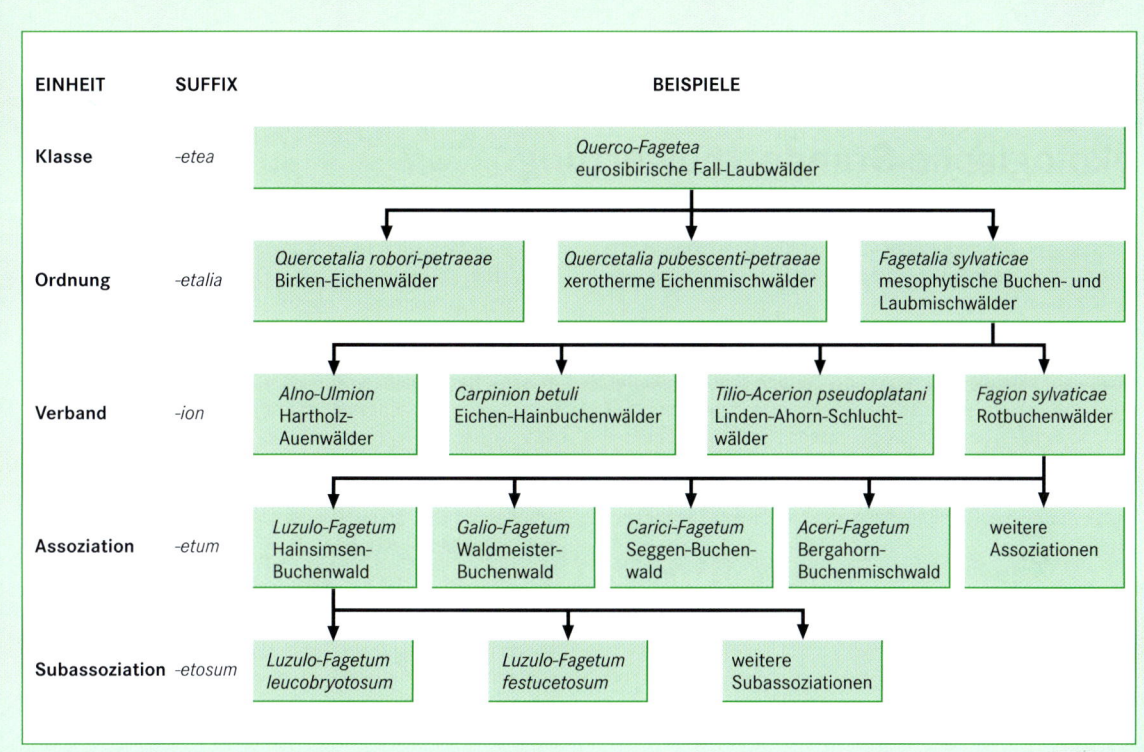

EINHEIT	SUFFIX	BEISPIELE			
Klasse	-etea	*Querco-Fagetea* eurosibirische Fall-Laubwälder			
Ordnung	-etalia	*Quercetalia robori-petraeae* Birken-Eichenwälder	*Quercetalia pubescenti-petraeae* xerotherme Eichenmischwälder	*Fagetalia sylvaticae* mesophytische Buchen- und Laubmischwälder	
Verband	-ion	*Alno-Ulmion* Hartholz-Auenwälder	*Carpinion betuli* Eichen-Hainbuchenwälder	*Tilio-Acerion pseudoplatani* Linden-Ahorn-Schluchtwälder	*Fagion sylvaticae* Rotbuchenwälder
Assoziation	-etum	*Luzulo-Fagetum* Hainsimsen-Buchenwald	*Galio-Fagetum* Waldmeister-Buchenwald	*Carici-Fagetum* Seggen-Buchenwald	*Aceri-Fagetum* Bergahorn-Buchenmischwald / weitere Assoziationen
Subassoziation	-etosum	*Luzulo-Fagetum leucobryotosum*	*Luzulo-Fagetum festucetosum*	weitere Subassoziationen	

Abb. 1 Syntaxonomie mitteleuropäischer Laubwaldgesellschaften.

theretum elatioris) sind als Assoziation, das heißt als kleinste Einheit mit eigenen Charakterarten im hierarchisch gegliederten pflanzensoziologischen System, einzuordnen. Vergleichbar der Pflanzentaxonomie werden auch in der pflanzensoziologischen Taxonomie „verwandte" Assoziationen zu höheren syntaxonomischen Einheiten gruppiert. Dies geschieht über den Grad der floristischen Ähnlichkeit, das heißt, Assoziationen mit gemeinsamen Arten, die anderen Assoziationen fehlen, können zu einer Einheit höheren Ran-

ges zusammengefasst werden: Assoziationen zu Verbänden, Verbände zu Ordnungen und Ordnungen zu Klassen. Hieraus ergibt sich ein hierarchisches System, in dem die Einheiten jeder Ebene durch Charakterarten gekennzeichnet sind, die wiederum aber auch in den taxonomisch nachrangigen Einheiten für die Typisierung wichtig sind (Abb. 1). Basierend auf den ausgegliederten Assoziationen können nun weitergehende Analysen wie großmaßstäbige Vegetationskartierungen oder Standortcharakterisierungen erfolgen.

setzt, da Dominanzstrukturen hier eher selten sind und standörtliche Unterschiede durch dominante Arten mit einer häufig weiten ökologischen Amplitude verdeckt werden könnten. Eine Typisierung erfolgt hier über sogenannte Charakterarten (Kennarten), die ein gleiches oder ähnliches Verhalten gegenüber einer komplexen Standort- und Nutzungsausprägung besitzen und dadurch ihren Verbreitungsschwerpunkt (hohe Stetigkeit) in einer bestimmten Pflanzengesellschaft haben. Diese durch floristischen Vergleich von Vegetationsaufnahmen

gefundenen soziologischen Artengruppen grenzen die betreffende Gesellschaft gegen alle übrigen bekannten Gesellschaften ab. Eine solche Pflanzengesellschaft mit bestimmter floristischer Zusammensetzung (Charakterarten, stete Begleiter), einheitlichen Standortbedingungen und einheitlicher Physiognomie wird Assoziation genannt und bildet die Grundeinheit des pflanzensoziologischen Klassifikationssystems (Exkurs 12.5.2).

- Klassifikation nach **Zeigerarten** (ökologische Artengruppen): Die Zuhilfenahme von Zeigerarten, die ein

Exkurs 12.5.3

Zeigerwerte – Pflanzen als Indikatoren für eine ökologische Standortbewertung

Der Einsatz von Pflanzen als (An-)Zeiger für standörtliche Bedingungen hat in der forst- und agrarökologischen Praxis eine recht lange Tradition. 1965 entwickelte Heinz Ellenberg für Mitteleuropa das Konzept der Zeigerwerte, das bis heute einer stetigen Erweiterung und Ergänzung unterliegt. Darin werden Pflanzen, die ein spezifisches Verhalten gegenüber wichtigen klimatischen und/oder edaphischen Faktoren erkennen lassen, sogenannte Zeigerwerte zugeordnet. Es handelt sich hierbei nicht um gemessene oder experimentell ermittelte Werte, sondern um Erfahrungswerte aus der Vegetationskunde, Forst- und Agrarökologie. Als Zeigerwerte werden bei Gefäßpflanzen unterschieden (Ellenberg et al. 1991):

- L = Lichtzahl, von 1 (Tiefschattenpflanze) bis 9 (Volllichtpflanze)
- T = Temperaturzahl, von 1 (Kältezeiger) bis 9 (extreme Wärmezeiger)
- K = Kontinentalitätszahl, von 1 (hoch ozeanische Art) bis 9 (hoch kontinentale Art)
- F = Feuchtezahl, von 1 (Starktrockniszeiger) bis 9 (Nässezeiger), 10 (Wechselfeuchtezeiger), 11 (Wasserpflanze) und 12 (submerse Wasserpflanze)
- R = Reaktionszahl, von 1 (Starksäurezeiger) bis 9 (Basen- und Kalkzeiger)
- N = Stickstoffzahl, von 1 (stickstoffärmste Standorte) bis 9 (stickstoffreichste Standorte)
- S = Salzzahl, von 0 (kein Salz ertragend) bis 9 (auf extrem salzhaltigen Substraten wachsend)

Die Zeigerwerte der Pflanzen sind abgeleitet aus ihrem ökologischen Verhalten unter Konkurrenzbedingungen im Freiland. Die tatsächlichen physiologischen Ansprüche der Pflanzen können daraus ebenso wenig entnommen werden wie exakte quantitative Angaben über den jeweiligen Standortfaktor. Da es sich um ordinal skalierte Daten handelt, müssen Berechnungen für einzelne Vegetationsaufnahmen oder ganze Pflanzengesellschaften (z. B. Mittelwert, Median) sehr vorsichtig interpretiert werden. Die vielfach geübte Kritik an den Zeigerwerten, nämlich dass sie komplexe Zusammenhänge zu stark vereinfachen, die ökologische Amplitude nicht erkennbar ist, die genetische und ökologische Variabilität von Arten fehlt oder ihnen keine exakten Messdaten zugrunde liegen, ist zu einem gewissen Grad nicht unberechtigt. Allerdings erlaubt die Kenntnis der Zeigerwerte von Pflanzen im Gelände eine rasche, aufwandslose, während der Vegetationsperiode jederzeit vorzunehmende und annähernd zuverlässige qualitative Einschätzung der Standorteigenschaften. Es gibt kein anderes methodisches Verfahren in der Vegetationskunde, das die komplexen Standortbeziehungen auf eine so relativ leicht verständliche Weise erschließt wie die Zeigerwerte. Aufgrund der guten räumlichen und zeitlichen Auflösung sind sie auch für einen qualitativen, räumlichen Vergleich der Standorteigenschaften geeignet.

bestimmtes Verhalten gegenüber einem Standortfaktor (z. B. Kalk-, Trockenheits- oder Staunässezeiger) aufweisen, oder das umfassendere Konzept der ökologischen Artengruppen sind weitere Möglichkeiten der floristischen Typisierung. Ökologische Artengruppen werden aus dem empirischen Vergleich von Vegetation und Standort (z. B. Vegetationsaufnahmen entlang ökologischer Gradienten, Bezüge zu ökologischen Messdaten) abgeleitet und umfassen Pflanzensippen mit annähernd gleicher ökologischer Potenz. Derartige ökologische Artengruppen existieren in Mitteleuropa unter anderem für Waldboden-, Ackerwildkraut-, Grünland- sowie Fließgewässerpflanzen und sind ein wichtiger Indikator bei der Standortcharakterisierung in den jeweiligen Vegetationseinheiten. Ein Instrumentarium, das weit über die ökologischen Artengruppen hinausgeht und in

der ökologischen, aber auch agrar- und forstwirtschaftlichen Standortbeurteilung nicht mehr wegzudenken ist, sind die Zeigerwerte nach Ellenberg (Exkurs 12.5.3).

Neben diesen qualitativ-semiquantitativen Verfahren zur Vegetationsklassifikation werden insbesondere im angelsächsischen Sprachraum **numerische und multivariate Klassifikationsverfahren** eingesetzt. Sie haben das Ziel, charakteristische Artengruppen und Typisierungen nach vermeintlich „objektiven und reproduzierbaren" Kriterien sowie mathematischen Berechnungsverfahren (z. B. Cluster-, Hauptkomponenten- oder Korrespondenzanalyse) auszugliedern (Dierschke 1994).

Zonale Gliederung der Biosphäre

Auf der globalen Maßstabsebene bietet sich aus Gründen der Übersicht und der Praktikabilität eine Gliederung der Vegetation nach dem äußeren Erscheinungsbild der Pflanzen und der von ihnen gebildeten Bestände an (physiognomisch-ökologischer Ansatz). Dabei orientiert sich die Einteilung an den optisch vorherrschenden Wuchs- und Lebensformen, die sich in physiognomisch unterschiedliche Formationen gliedern lassen. Der Begriff „Formation" wurde bereits 1838 von August Grisebach eingeführt und als eine Gruppe von Pflanzen mit einheitlichem physiognomischem Charakter definiert. Im modernen wissenschaftlichen Sprachgebrauch ist der Begriff **Pflanzenformation** gängig. Entscheidend für die Ausweisung von Pflanzenformationen sind gleiche Lebensformengemeinschaften in größeren Landschaftsräumen. In der ökologischen Aussagekraft von Lebensformen und ihrer raschen und leichten Erfassbarkeit, vor allem in Gebieten, in denen der Artenbestand nur sehr schwer und mit hohem Aufwand zu ermitteln wäre (z. B. tropischer Regenwald) liegt der Vorteil der Erfassung von solchen physiognomisch-ökologischen Vegetationseinheiten. Das System der physiognomisch-ökologischen Klassifizierung der Pflanzenformationen der Erde wurde von Ellenberg und Mueller-Dombois (1967) als Grundlage für eine weltweite Vegetationskartierung im Maßstab 1 : 10 000 000 erarbeitet. In diesem hierarchischen System werden als ranghöchste Kategorie sieben Formationsklassen unterschieden, die in Formationsgruppen, Formationen im eigentlichen Sinne und Subformationen unterteilt sind (Tab. 12.5.1). Neben den Wuchs- und Lebensformen als oberstes Gliederungskriterium sind die Dichte der Vegetation und ökologische Aspekte weitere Kriterien der Klassifikation. Je niedriger das Gliederungsniveau ist, umso stärker werden ökologische Faktoren zur Einteilung herangezogen (Schroeder 1998) und die ökologische Bedingtheit in der Benennung der Einheiten zum Ausdruck gebracht. Da Pflanzenformationen in der Regel in Beziehung zu großklimatischen Faktoren stehen, zeigen sie eine globale, annähernd breitenkreisparallele Zonierung, die mit den Klimazonen der Erde übereinstimmt. Sie formen also Vegetationszonen (Abb. 12.5.1 und Abb. 12.5.2), die durch ein eigenes Spektrum an Vegetationstypen gekennzeichnet sind.

Die auf mittleren Standorten charakteristischen und flächenmäßig dominierenden Vegetationstypen einer Vegetationszone stehen mit dem dort herrschenden Makroklima in Einklang und bilden die **zonale Vegetation**. Ihre floristische Zusammensetzung wandelt sich nur über große Distanzen und meist in Zusammenhang mit der Änderung des Klimas. Beispiele für zonale Pflanzenformationen sind die sommergrünen Laub- und Mischwälder der feuchten Mittelbreiten (z. B. Mitteleuropa), die Nadelwälder der borealen Zone (z. B. Sibirien) oder die Hartlaubvegetation der winterfeuchten Subtropen (z. B. Mittelmeerregion). Unter natürlichen Bedingungen wird die zonale Vegetation nur an Sonderstandorten mit edaphischen oder mikroklimatischen Extrembedingungen verdrängt. An edaphischen Sonderstandorten wird sie ersetzt von Vegetationstypen, deren Vorkommen nicht an eine bestimmte Vegetationszone gebunden ist, sondern allein von einer besonderen bodenkundlich-morphologischen Faktorenkonstellation bedingt wird (**azonale Vegetation**). Es ist diese spezifische standörtliche Merkmalskombination, die die Artenzusammensetzung der azonalen Vegetationstypen bestimmt, weshalb sie über die Grenzen von Vegetationszonen hinweg floristisch viele Gemeinsamkeiten und große Ähnlichkeit haben. Charakteristische Beispiele für azonale Vegetation in Mitteleuropa sind Vegetationstypen auf nassen Standorten (Hochmoorgesellschaften, Auenwälder) oder salzhaltigen Substraten (Salzwiesen). Bei starker, meist reliefbedingter Abweichung der mikroklimatischen Bedingungen von den durchschnittlichen klimatischen Verhältnissen treten anstelle der zonalen Vegetation sogenannte extrazonale Vegetationstypen auf. Ihr eigentliches Verbreitungsgebiet liegt – wie der Name bereits andeutet – in einer Vegetationszone, deren großklimatische Verhältnisse den mikroklimatischen Bedingungen der Sonderstandorte entsprechen. Typische Beispiele für **extrazonale Vegetation** in Mitteleuropa sind subkontinentale Steppen-Rasen oder submediterrane Flaumeichenwälder an trocken-warmen Südhängen.

Wird die Tierwelt in die Gliederung der Biosphäre mit einbezogen, dann muss der Begriff Pflanzenforma-

Tabelle 12.5.1 Klassifikation der Pflanzenformationen (verändert nach Ellenberg & Mueller-Dombois 1967).

Einheit	Bezeichnung
Formationsklasse I	geschlossene Wälder
Formationsunterklasse 12	Laub werfende Wälder
Formationsgruppe 121	winterkahle Wälder
Formation 1211	temperierte winterkahle Wälder
Formationsklasse II	offene Wälder
Formationsklasse III	Gebüsch-Formationen
Formationsklasse IV	Zwergstrauch-Formationen
Formationsklasse V	Kräuter- und grasreiche Fluren
Formationsklasse VI	Wüsten und edaphische Trockenstandorte
Formationsklasse VII	Wasserpflanzenformationen

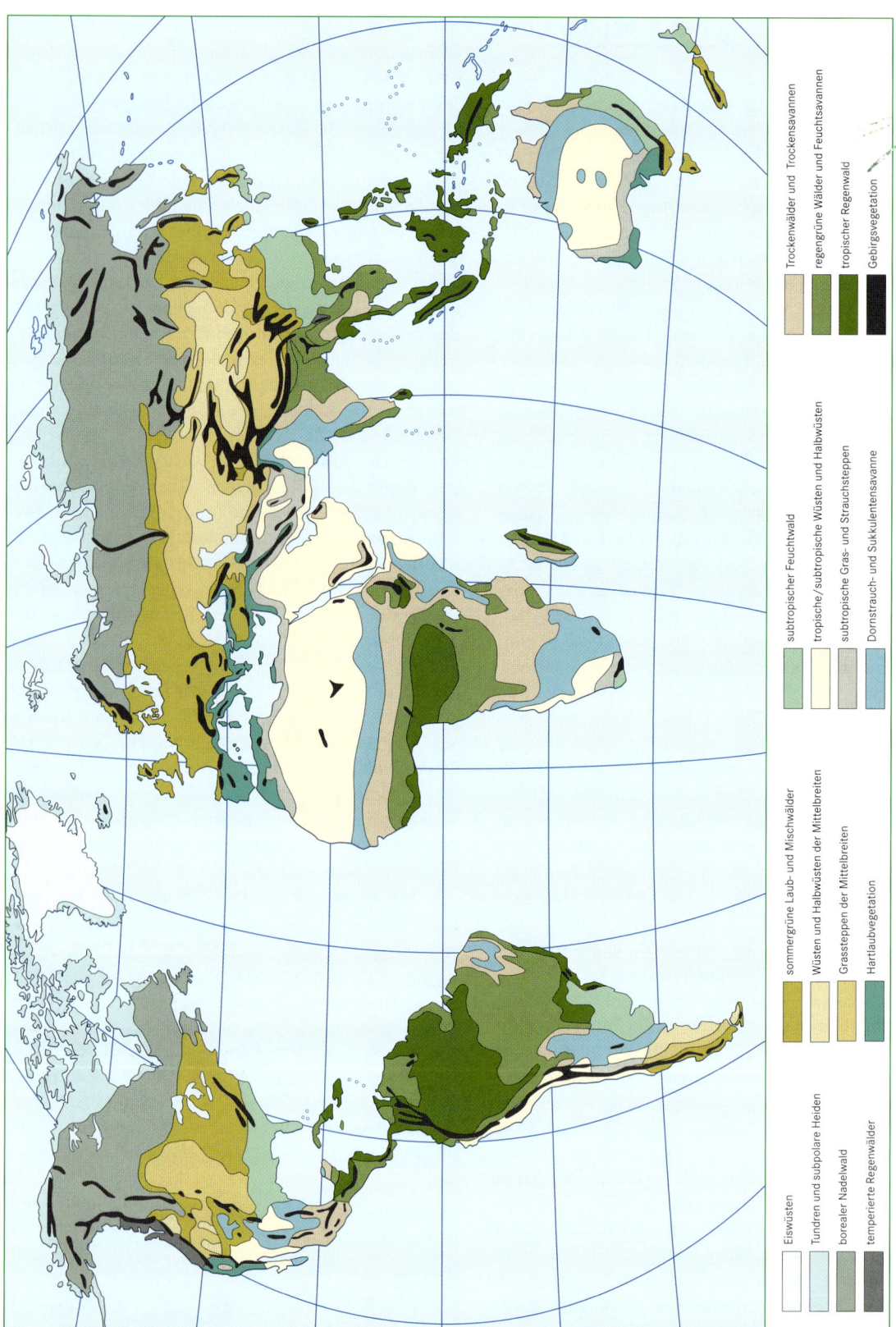

Eiswüsten

Tundren und subpolare Heiden

borealer Nadelwald

temperierte Regenwälder

sommergrüne Laub- und Mischwälder

Wüsten und Halbwüsten der Mittelbreiten

Grassteppen der Mittelbreiten

Hartlaubvegetation

subtropischer Feuchtwald

tropische/subtropische Wüsten und Halbwüsten

subtropische Gras- und Strauchsteppen

Dornstrauch- und Sukkulentensavanne

Trockenwälder und Trockensavannen

regengrüne Wälder und Feuchtsavannen

tropischer Regenwald

Gebirgsvegetation

Abb. 12.5.1 Vegetationszonen der Erde (verändert nach Goudie 2002).

Abb. 12.5.2 Beispiele für Pflanzenformationen der Erde: a) tropischer Regenwald auf Sumatra, b) Trockensavanne in Somalia, c) Halbwüste in Namibia, d) mediterraner Hartlaubwald in Andalusien, e) sommergrüner Laubwald in der Eifel, f) borealer Nadelwald in Nordwest-Kanada und g) Strauchtundra in Lappland (Fotos: Björn Hendel, Ulrich Scholz, E. Schmitt).

tion ersetzt werden durch den Begriff Bioformation bzw. den gebräuchlicheren Ausdruck **Biom**. Der Terminus Biom bezieht sich auf die gesamte Lebewelt (einschließlich des Menschen) in einer ökologisch homogenen Region. Biome sind zonale Pflanzenformationen mit den in ihnen vorkommenden tierischen Lebensgemeinschaften. Gelegentlich werden aber auch extreme Standortkomplexe wie die Mangrove an subtropisch-tropischen Küsten als Biome gefasst, obwohl sie durch sehr spezielle edaphische Standortbedingungen (aquatische Schlickstandorte im Gezeiteneinfluss) und nicht großklimatisch bedingt sind. Solche Sonderfälle – eigentlich azonale Ökosysteme – werden von Walter und Breckle (1983) als Pedobiome klassifiziert. Die den Biomen entsprechenden zonalen Landschaftsräume werden von Walter und Breckle als Zonobiome bezeichnet. Es handelt sich dabei um Großlebensräume mit homogenem Klimacharakter, einheitlicher Vegetation (einschließlich landwirtschaftlicher Nutzformen) und eigener spezieller Tierwelt. Hochgebirge kommen in allen Zonobiomen vor und nehmen eine Sonderstellung ein. Ihre verschiedenen Höhenstufen sind von klimatisch-ökologischen Besonderheiten geprägt, die nicht in das „normale" Standortspektrum ihres jeweiligen Zonobioms passen. Aufgrund ihrer räumlichen Ausdehnung erscheint es sinnvoll, Hochgebirge als eigenständige ökologische Einheiten, sogenannte Orobiome, zu fassen. Aufbauend auf der Biom-Gliederung teilt Schultz (2000) die Erde in neun **Ökozonen** ein. In ihrer Abgrenzung und dem damit verfolgten Anliegen, nämlich ein naturräumliches Ordnungsmuster der Erde aufzuzeigen, sind die Ökozonen den als Zonobiomen bezeichneten Großlebensräumen sehr ähnlich. Die Kriterien, die zu ihrer Charakterisierung führen, beschränken sich jedoch nicht nur auf die Betrachtung qualitativer Merkmale wie beispielsweise Vegetationsstruktur oder Bodeneinheiten. Vielmehr werden weiterführend Stoff- und Energievorräte in den verschiedenen Systemkompartimenten (z. B. Biomasse, Mineralstoffe in Vegetation und Boden) sowie Stoff- und Energieumsätze zwischen den

Kompartimenten (z. B. Primärproduktion, Mineralstoff- und Wasserkreislauf) quantitativ erfasst und zur ökologischen Kennzeichnung der Zonen herangezogen. Des Weiteren fließen sehr viel stärker agrar- und forstwirtschaftliche Aspekte in die Gliederung und Charakterisierung der Ökozonen der Erde ein als dies in der Biom-Gliederung der Fall ist.

Welche der angeführten biogeographischen Gliederungen der Erde auch immer herangezogen wird, sie alle gliedern Landschaftsräume aus, die sich durch gemeinsame Merkmale und Merkmalskombinationen auszeichnen. Ihre Kenntnis erlaubt es, jeden Ort auf dem Globus in seinen ökologischen Rahmenbedingungen zu charakterisieren sowie Nutzungspotenziale und -grenzen abschätzen zu können. Gleichzeitig ist sie Basis und Einstieg für weiterführende Detailuntersuchungen. Denn die großen biogeographischen Zonen der Erde – ganz gleich, ob es sich um Vegetationszonen, Zonobiome oder Ökozonen handelt – sind durch eine enorme standörtliche, ökologische und biozönologische Vielfalt in sich stark gegliedert, was jedoch nicht im Widerspruch zu ihrer Abgrenzung steht. Für die Aneignung zonaler Kenntnisse sei auf das Studium folgender Literatur verwiesen: Richter (2001), Schultz (2000), Walter & Breckle (1983).

Vegetationsgliederung und -erfassung in Mitteleuropa

Die Vegetation Mitteleuropas gehört zonal gesehen zu den sommergrünen Falllaubwäldern der temperaten Zone. Mit zunehmender Meereshöhe ändern sich jedoch die klimaökologischen Grundbedingungen, somit auch die Vegetations- und Lebensgemeinschaften und es kommt zur Ausbildung von **Höhenstufen** der Vegetation (Abb. 12.5.3). Die planar-kolline Stufe (0 bis 300 m NN) des westlichen Mitteleuropas ist von Eichen-Rotbuchenwäldern geprägt, die in ausgesprochen trockenen Leelagen von Mittelgebirgen (z. B. herzynisches und rheinhessisches Trockengebiet) bei Jahresniederschlagssummen von etwa 500 mm in reine Eichenwälder übergehen. Diese kommen ebenso mit zunehmender Kontinentalität gemeinsam mit Hainbuchen- und Kiefernwäldern zur Dominanz. In der submontan-montanen Stufe (300 bis 800 m NN) herrschen Rotbuchenwälder vor. In den höheren Lagen einiger Mittelgebirge (z. B. Harz, Schwarzwald, Bayerischer Wald), oberhalb von 800 Meter, und in den Alpen werden diese von Nadelwäldern aus Fichte (*Picea abies*) und Tanne (*Abies alba*) abgelöst. Eine deutliche, auf die Verkürzung der Vegetationszeit zurückzuführende höhenbedingte

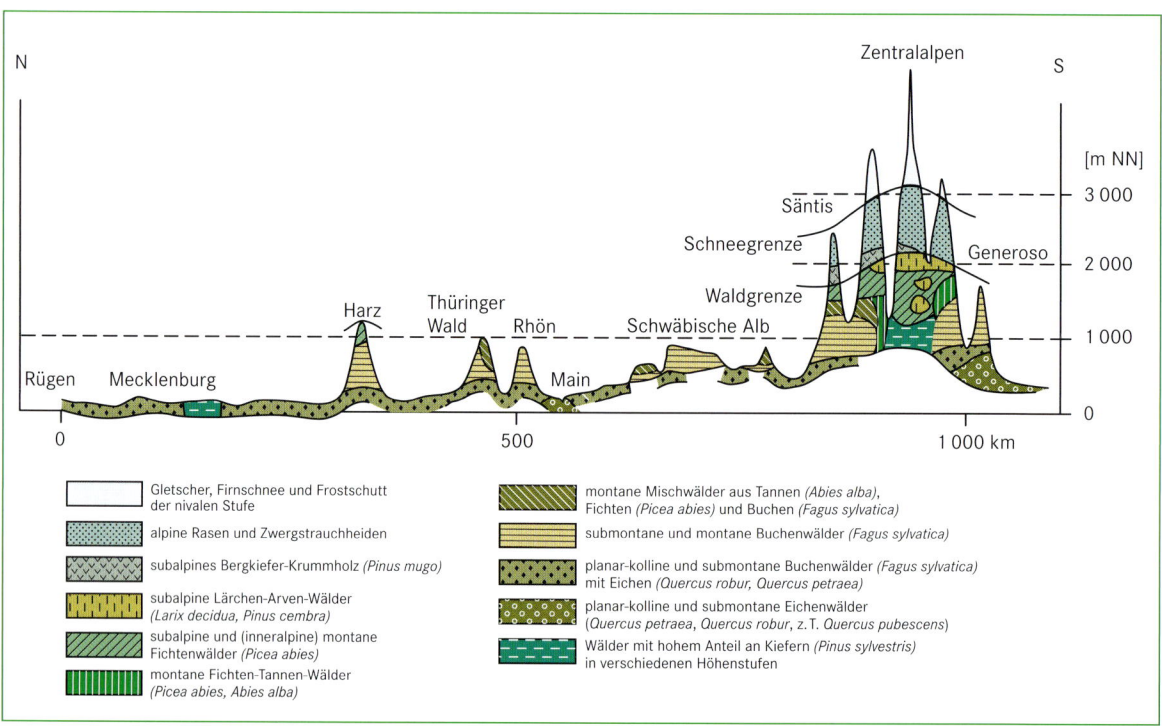

Abb. 12.5.3 Vegetationsprofil durch Mitteleuropa (verändert nach Ellenberg 1996).

Waldgrenze ist nur in den Alpen (Nordalpen: 1 700 bis 1 800 m, Zentralalpen: 2 100 bis 2 200 m) und den Sudeten (1 200 m) ausgebildet. Vereinzelt wird in den windexponierten höchsten Gipfellagen der Mittelgebirge, zum Beispiel auf dem Brocken im Harz oder dem Feldberg im Schwarzwald, die Kampfzone des Waldes erreicht. Die Trockengrenze des Waldes ist in Mitteleuropa edaphisch bedingt und tritt eher selten, zum Beispiel an sehr steil geneigten, südexponierten, feinerdearmen Hängen von großen Flusstälern (Mittelrhein-, Mosel-, Donautal) in Erscheinung. Häufiger anzutreffen sind dagegen aufgrund von Vernässungen entstehende waldfreie Standorte wie beispielsweise Hochmoore, Niedermoore oder Verlandungsbereiche von Seen. Bis auf diese Sonderstandorte wäre Mitteleuropa ohne den Einfluss des Menschen unter den heutigen Standortverhältnissen durchgehend bewaldet (potenziell natürliche Vegetation). Die Waldbestände der potenziell natürlichen Vegetation würden nur von einigen wenigen Baumarten dominiert, wobei **Rotbuchenwälder** aufgrund ihrer Konkurrenzstärke bestimmend wären (Abb. 12.5.4). Nur an feuchten oder trockenen Standorten fände ein Verdrängungsprozess, vor allem durch Eichenwälder (*Quercus robur, Quercus petraea*), statt. Im Gegensatz zur potenziell natürlichen Vegetation ist die heutige reale Vegetation durch ein vielfältiges und differenziertes Mosaik der unterschiedlichsten Vegetationstypen (z. B. naturnahe Wälder, Forste, Heiden, Wiesen, Weiden, Moore) geprägt, die in den Arbeiten von Ellenberg (1996) und Pott (1995) umfassend beschrieben

werden. Eine detaillierte Analyse und Klassifizierung der bestehenden großen Vielfalt an Pflanzenbeständen erfolgt auf der Grundlage ihres floristischen Inventars mithilfe von soziologischen Artengruppen (Charakterarten) gemäß der seit den 1920er-Jahren gebräuchlichen Methodik nach Braun-Blanquet. Bei dieser Methodik handelt es sich um ein standardisiertes Verfahren, das die Erfassung von konkreten Pflanzenbeständen im Gelände und die anschließende Auswertung der erhobenen Daten und Informationen bis hin zur **Typisierung von Pflanzengesellschaften** in Form sogenannter Assoziationen umfasst (Exkurs 12.5.2). Gemäß diesem pflanzensoziologischen System werden in Mitteleuropa zur Zeit etwa 700 bis 800 Assoziationen unterschieden, die in 160 Verbänden, 80 Ordnungen sowie 50 Klassen hierarchisch gegliedert sind. Neben dem Axiom, dass sich in einem floristisch einheitlichen Gebiet unter ähnlichen Standortbedingungen bestimmte Artenkombinationen wiederholen, ist das Diskontinuitätsprinzip eine wesentliche Grundannahme der pflanzensoziologischen Methodik. Es postuliert, dass sich die Vegetation im Gelände sehr plötzlich ändert, das heißt, dass unvermittelt und auf kleinstem Raum ein plötzliches Einsetzen (oder Aufhören) von vielen Sippen erkennbar ist. Von dieser Voraussetzung ausgehend werden konkrete Pflanzenbestände zu abstrakten pflanzensoziologischen Einheiten zusammengefasst (typisiert), als solche kartiert und so mit scharfen (abstrakten) Grenzen versehen und gegeneinander getrennt.

Methoden der Klassifikation von Tiergemeinschaften

Vergleichbar der Klassifikation von Phytozönosen können auch Zoozönosen auf recht unterschiedliche Weise erfasst und typisiert werden. Jedoch bestehen hierbei einige grundsätzliche Probleme, die vor allem die räumliche Konkretisierung von Tiergemeinschaften deutlich erschweren:

- Die meisten Tierarten besitzen keine feste Ortsbindung, sondern nutzen unterschiedliche Lokalitäten für ihre spezifischen Ansprüche (z. B. Nahrung, Nistplätze, Schlafstätten).
- Zoozönosen sind wesentlich artenreicher als Phytozönosen.
- Kurze Lebensdauer, versteckte Lebensweise und Nachtaktivität erfordern spezielle Erfassungsmethoden.
- Viele Tierarten durchlaufen in ihrem Leben verschiedene Entwicklungsstadien (z. B. Ei, Larve, Imago), die unterschiedliche Ansprüche besitzen.

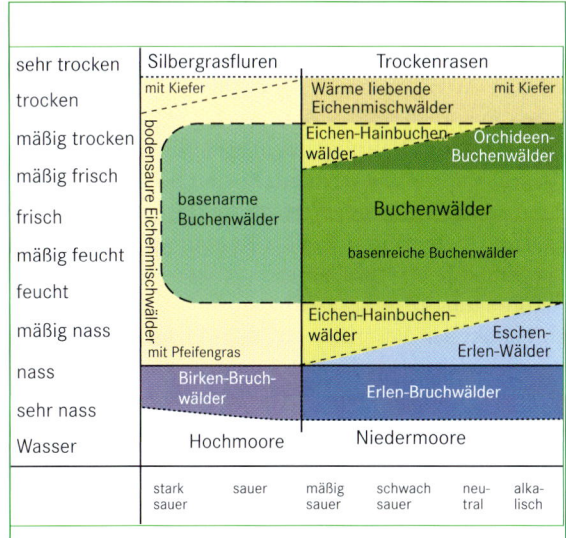

Abb. 12.5.4 Ökogramm mitteleuropäischer Laubwälder (verändert nach Ellenberg 1996).

- Das biotische Beziehungsgefüge ist deutlich komplexer als in Phytozönosen.
- Meist sind keine Dominanzstrukturen ausgebildet.

Diese Aspekte sind dafür verantwortlich, dass zur Beschreibung und Typisierung von Zoozönosen nicht die gesamte Artenkombination identifiziert werden kann, sondern eine erfassungsmethodische Beschränkung erfolgen muss auf Leit- und Indikatorarten, taxonomische Artengruppen (**Taxozönosen**) oder funktionelle Artengruppen (Gilden).

Da für die meisten Tierarten der pflanzliche Teil der Biozönose eine wichtige Ressource und Struktur für ihre eigene Existenz bildet, sind vegetationskundlich definierte Lebensraumtypen eine wichtige Bezugsbasis für die Festlegung der auszuwählenden faunistischen Arten oder Gruppen (Trautner 1992, Kratochwil & Schwabe 2001).

Für die Koinzidenz zwischen Pflanzen und Tieren auf der Ebene von Pflanzenformationen gibt es vielfältige Beispiele wie Großherbivoren in Savannen oder Tundren, Menschenaffen in tropischen Regenwäldern oder Bläulinge in Trockenrasen. Eine vergleichbare Beziehung zwischen Tiergemeinschaft und Pflanzengesellschaft ist dagegen selten herstellbar, da weniger floristische als strukturelle Eigenschaften der Vegetation für das Vorkommen bestimmter Tierarten verantwortlich sind. Koinzidenzen lassen sich aus diesem Grund viel eher mit Vegetationskomplexen (z. B. Verlandungsbereich eines Sees, Hudelandschaften, Xerothermstandorte) finden.

Aufgrund der genannten Probleme gelangt bei der Erfassung und Klassifizierung von Tiergemeinschaften vielfach das **Konzept der Leitarten** zur Anwendung. Leitarten sind Spezies, die ähnlich wie die Charakterarten in der Pflanzensoziologie, signifikant hohe Treuegrade und Häufigkeitswerte in einem bestimmten Lebensraum besitzen, weil nur dieser die lebensnotwendigen Ressourcen und Strukturen in optimaler Weise bereitstellt. Auch gilt hier einschränkend, dass faunistische Leitarten nur eine begrenzte räumliche Gültigkeit für ein faunistisch einheitliches Gebiet besitzen. Für die Bindung von Leitarten, aber auch von Tierarten allgemein, an bestimmte Lebensraumtypen lassen sich in etwas generalisierender Weise drei unterschiedliche Gründe erkennen:

- **trophische Bindung:** Benötigte Futterpflanzen oder -tiere sind stenök (z. B. Hochmoor- oder Trockenrasenpflanzen).
- **mikroklimatische Bindung:** Die Entwicklung von Eiern oder Larven erfolgt nur bei bestimmten Temperatur- und Feuchtewerten (z. B. bei Insekten und Reptilien).
- **strukturelle Bindung:** Gewisse Vegetationsstrukturen (z. B. Gebüsch in einer Wiese, offene Bodenstellen in der Krautschicht, Höhlen in Bäumen) sind unentbehrlich für die Jagd, als Versteck oder Nistplatz, zur Thermoregulation und vieles mehr.

Diese drei Bindungsformen dürfen jedoch nicht isoliert betrachtet werden, da sie zu komplexen Beziehungen miteinander verknüpft sein können.

Die Vielfalt innerhalb von Tiergemeinschaften wird über das Konzept der Leitarten nur sehr eingeschränkt wiedergegeben und kann durch die Betrachtung von Teilzoozönosen deutlich erweitert und substanziell verbessert werden. Einzelne, gut sichtbare Verwandtschaftsgruppen (Taxozönosen) als Typisierungselemente heranzuziehen, wie beispielsweise die Vogel-, Tagfalter- oder Heuschreckengemeinschaft einer Wacholderheide, ist für einen ersten Eindruck hilfreich. Eine ökologisch und biozönotisch größere Aussagekraft haben aber funktionelle Artengruppen (Gilden), deren Mitglieder in einer Biozönose die gleiche Funktion ausüben (z. B. Blütenbesucher als Bestäuber, Fruchtfresser als Samenverbreiter, Räuber als Regulatoren).

Die Ausgliederung von Gilden ist daher eines der gängigsten Verfahren zur Typisierung von Teilzoozönosen, das heißt von Tierartengruppen, die Umweltressourcen in ähnlicher Weise nutzen (Tab. 12.5.2). Bei der Nutzung von Umweltressourcen durch Tierarten spielt die Nahrungsaufnahme eine besondere Rolle, weshalb die Erfassung von **Ernährungsgilden** (z. B. Blütenbesucher, Carnivore, Herbivore, Substratfresser) die häufigste Anwendung findet. Aber auch eine Differenzierung nach Neststandorten, Fortbewegungsweise oder einer kombinierten Faktorenkonstellation (z. B. carnivore Höhlenbrüter) ist denkbar. Im Gegensatz zu den ökologischen Artengruppen bei Pflanzen sind die ökologischen Ansprüche von Arten einer Gilde nicht identisch. Sie finden ihre Nahrung durchaus in unterschiedlichen Kleinhabitaten oder bevorzugen zum Beispiel als carnivore Baumvögel unterschiedliche Insektenarten. Bei exakter Übereinstimmung der Ressourcennutzung wäre der Konkurrenzdruck so stark, dass zwangsläufig ein Verdrängungsprozess stattfinden würde. Zum Studium von konkreten Beispielen zur Typisierung von faunistischen Gilden sei auf weiterführende Literatur hingewiesen: zu zentraleuropäischen Vogelarten des Binnenlandes (Kratochwil & Schwabe 2001), Insekten an Disteln (Redfern 1995), Kleinsäugern der mitteleuropäischen Kulturlandschaft (Schröpfer 1990).

Tabelle 12.5.2 Gilden zentral-europäischer Vogelarten des Binnenlandes (verändert nach Kratochwil & Schwabe 2001).

Gilde	Beispiele
überwiegend carnivore Bodenvögel	Heidelerche, Kiebitz, Singdrossel, Amsel, Grünspecht
überwiegend herbivore Bodenvögel	Haussperling, Goldammer, Birkhuhn, Stieglitz
Stamm- und Felskletterer	Buntspecht, Schwarzspecht, Kleiber
überwiegend carnivore Baum- und Gebüschvögel	Blaumeise, Kohlmeise, Buchfink, Pirol
überwiegend herbivore Baum- und Gebüschvögel	Tannenhäher, Kernbeißer
Ansitzjäger auf Wirbeltiere	Mäusebussard, Waldohreule, Raubwürger
Ansitzjäger auf Insekten	Neuntöter, Hausrotschwanz, Rotkehlchen
Flugjäger, Suchflieger	Steinadler, Wanderfalke, Rauchschwalbe
Wasservögel mit Pflanzen- und/oder Kleintiernahrung	Stockente, Höckerschwan, Teichralle
Fischfresser	Haubentaucher, Eisvogel, Graureiher

Raummuster von Tiergruppen

Die Erfassung und Darstellung faunistischer Raummuster stellt in Anbetracht der oben dargelegten Probleme eine besondere methodische Herausforderung dar. Im Allgemeinen orientieren sich diese Raummuster nach drei Grundprinzipien:

- durch die Vegetation bedingte räumlich-strukturelle Ausstattung (z. B. Schichtung und Höhe der Vegetation)
- physikalisch-chemische Umweltbedingungen (z. B. Kleinklima, Bodentextur)
- biotische Interaktionen und Netzwerke (z. B. Konkurrenz, Räuber-Beute-Beziehungen, Symbiose, soziales Verhalten, Vorkommen von Futterpflanzen)

Betrachtet man die Raummuster von Tiergruppen auf chorischer Ebene, so lassen sich bei der Bindung an Biotope (Lebensraum einer Biozönose) recht unterschiedliche Strategien erkennen:

- **Mono-Biotopbewohner** besiedeln mit allen ihren Entwicklungsstadien nur ein einziges Biotop.
- **Verschieden-Biotopbewohner** besiedeln recht unterschiedliche Biotope (z. B. Trockenrasen und Feuchtwiese), aber ohne diese zu verlassen.
- **Biotopkomplexbewohner** besitzen unterschiedliche Ansprüche bei einzelnen Lebensvorgängen (z. B. Nahrungsaufnahme, Paarung, Eiablage) oder in verschiedenen Entwicklungsstadien (z. B. Ei, Larve, Imago) und nutzen deshalb unterschiedliche Biotope (Doppel- und Mehrfachbiotopansprüche).

Diese Doppel- und Mehrfachbiotopansprüche stehen in Zusammenhang mit der **Mobilität** der Arten und erfordern häufig einen engen räumlichen Kontakt der benötigten Biotope. So führen unter anderem Amphibien einen sehr markanten **Biotopwechsel** durch. Sie benötigen für ihre Existenz die räumliche Kombination einer aquatischen Lebensstätte zur Entwicklung vom Laich zum Individuum mit einer terrestrischen Lebensstätte für die adulten Tiere. Nur wenn beides in ausreichender Qualität vorhanden ist und zusätzlich der dazwischen liegende, saisonal genutzte Migrationsraum überwindbar bleibt, ist ein Überleben im Raum gewährleistet. Eine besondere Form des aktiven Biotopwechsels findet sich bei Tieren, die ökologisch oder genetisch bedingt Wanderungen zur Überwinterung, Nahrungssuche oder Fortpflanzung in regionischer oder geosphärischer Dimension leisten. Wanderungen über große Entfernungen führen Zugvögel zwischen Sommer- und Winterquartier (z. B. die Küstenseeschwalbe *Sterna paradisaea* von der Arktis in die Antarktis), Großsäuger der Savannen und Steppen (z. B. Zebras *Equus*, Gnus *Connochaetes*, Bison *Bison bison*) oder auch Wanderfische (z. B. Atlantischer Lachs *Salmo salar*) durch. Dieses Phänomen tritt in Regionen mit einem ausgeprägten jahreszeitlichen Wechsel und einem damit verbundenen Nahrungsengpass auf und fehlt in den immerfeuchten Tropen. Bei hohen Reproduktionsraten kann es bei manchen Sippen (z. B. Wüstenheuschrecke *Schistocera gregaria*, Lemminge *Lemmus*) zu kurzfristigen, expansionsartigen Massenwanderungen kommen. Eine langfristige Erweiterung des Lebensraums ist damit jedoch nur in den seltensten Fällen verbunden (Müller 1977).

Selbst auf der topischen Ebene besiedeln Tierarten vielfach nicht ein Biotop, sondern einen Ausschnitt oder sogar nur charakteristische Elemente desselben (z. B. Blüten in einer Wiese, Altholz im Wald). In der Tierökologie werden auf der topischen Ebene aus diesem Grund weitere Untereinheiten ausgegliedert, um die für die Tiere lebensnotwendigen, spezifischen Teillebensräume methodisch in den Griff zu bekommen. Man unterscheidet:

- **Stratotope**: die Schichtung eines Biotops gibt die horizontalen Strukturen wieder (Baum-, Strauch-, Kraut-, Streu-, Bodenschicht)
- **Choriotope**: klar abgrenzbare vertikale Strukturen innerhalb eines Biotops oder Stratotops (z. B. Einzelbaum, Baumstumpf, Ameisenhaufen)
- **Merotope**: kleinste Strukturelemente innerhalb eines Strato- oder Choriotops (z. B. Blatt, Blüte, Rinde)

Für jeden dieser Teillebensräume existieren charakteristische Teilzoozönosen, wobei je nach Entwicklungsstadium und Mobilitätsgrad von derselben Art durchaus unterschiedliche Teillebensräume genutzt werden. Das heißt, das Prinzip der Mehrfachansprüche besteht nicht nur auf chorischer, sondern auch auf topischer Ebene. Wesentliche Voraussetzung für das Vorkommen einer bestimmten Tierart ist also die Ausstattung eines Biotops (Art, Qualität, Menge) mit notwendigen, spezifischen Kleinstrukturen sowie deren Anordnung und Gruppierung zu Raum- und Strukturmustern. In diesem Zusammenhang spielen vor allem auch Übergangsbereiche zwischen unterschiedlichen Lebensräumen (Ökotone) eine wichtige Rolle (z. B. Waldränder, Hecken), da hier Teillebensräume in enger räumlicher Nachbarschaft vorliegen. Aber auch die hohe Pflanzendiversität, die Vielzahl an Kleinhabitaten und das große Ressourcenangebot bedingen eine hohe Tierdichte und das Vorkommen spezieller Ökotonbewohner.

 **Fazit**

Die **Biogeographie** beschäftigt sich mit der Verbreitung, der erdgeschichtlichen Entwicklung und den landschaftlichen Umweltbeziehungen der Tier- und Pflanzengemeinschaften in den verschiedenen Erdräumen. Sie betrachtet die Lebewesen als funktionale Bestandteile der Ökosysteme, versteht sie als Elemente bzw. Ausstattungsmerkmale der Landschaften und verwendet sie als Bioindikatoren zur Kennzeichnung der Erdräume und der dort auftretenden Veränderungen. Demnach umfasst das Arbeitsfeld der Biogeographie nicht nur die Vegetation und Tierwelt, sondern auch die Wechselwirkungen mit den Umweltfaktoren Mensch, Boden, Klima, Relief und Gestein innerhalb der Biosphäre als dem von Organismen und Biozönosen bewohnbaren Raum der Erde. Die Problemstellungen der Biogeographie werden in folgenden Arbeitsrichtungen mit unterschiedlichen methodischen Ansätzen behandelt:

- Die **Arealkunde** klassifiziert auf der Basis der Sippensystematik Arealsysteme nach ihrer Form, Lage, Größe und Dynamik. Wichtige Methoden stellen die Arealdiagnose und die Florenanalyse dar. Als ranghöchste Einheit von Arealen spiegeln die Floren- und Faunenreiche Resultate erdgeschichtlicher Vorgänge wider. Besondere Aufmerksamkeit schenkt die Arealkunde den durch den Menschen verbreiteten Neophyten und Neozoen. Wichtige Forschungsobjekte zur Aufklärung der Arealdynamik stellen Inseln dar.
- Die Wechselwirkungen der Lebewesen untereinander und mit ihrer abiotischen Umwelt werden von der **Tier- und Pflanzenökologie** untersucht. Als wichtige Methoden zur Aufklärung der Leben-Umwelt-Beziehungen dienen die Standortanalyse und die Ökosystemmodellierung. Dabei kommt der Wirkung der primären Standortfaktoren Licht,

Wärme, Wasser und Nährstoffe sowie den mechanischen und biotischen Einflüssen auf Pflanzen und Tiere eine besondere Bedeutung zu. Angewandte Fragestellungen zur Biomassenproduktivität, zu den Anpassungsmechanismen gegen Hitze, Kälte, Trockenheit, Feuer, Überweidung, Parasiten und andere Schädigungen sowie spezialisierte Formen des Zusammenlebens zwischen Tieren und Pflanzen verdienen besondere Beachtung.

- Die Lebewelt ist einem beständigen zeitlichen Wandel unterworfen. Die **Paläobiogeographie** versucht, die Evolutions- und Ausbreitungsgeschichte der Pflanzen nachzuzeichnen (Florengeschichte) und die Umweltbedingungen vergangener Zeiten zu rekonstruieren (Paläoökologie). Als wichtige Methoden zur Altersdatierung biogeographisch relevanter Ereignisse, Prozesse und Materialien werden unter anderem die Pollenanalyse, die Dendrochronologie, die Radiokarbonanalyse und die Warvenchronologie verwendet. Wegen der unterschiedlichen zeitlichen Einsatzbereiche dieser Methoden ist die Klima- und Vegetationsentwicklung in Mitteleuropa im Quartär am genauesten dokumentiert. Es hat sich herausgestellt, dass der Mensch bereits seit dem mittleren Holozän die Vegetation Mitteleuropas massiv umgewandelt hat.
- Die **Biozönologie** klassifiziert Lebensgemeinschaften (Biozönosen) und ihre Raummuster. Zu den Methoden der Vegetationsklassifikation gehören physiognomisch-ökologische Verfahren, die die Pflanzenwelt nach Lebensformen und Gestalttypen ordnen, und floristisch-ökologische Verfahren, die auf dem taxonomischen System basieren und die Pflanzenbestände anhand ihres Arteninventars typisieren. Während die zonale Gliederung der Biosphäre aufgrund der globalen Maßstabsebene nur mit dem

Fortsetzung

Fortsetzung

physiognomisch-ökologischen Ansatz gelingt, kann die Vegetationsgliederung Mitteleuropas aufgrund ihres bekannten Arteninventars mithilfe pflanzensoziologischer Methoden vorgenommen werden. Im Vergleich zu den vegetationsgeographischen Arbeitsweisen ist die Klassifikation von Tiergemeinschaften und ihrer Raummuster ungleich problematischer. Wegen der geringeren Ortsbin-

dung, der größeren Artenvielfalt und Komplexität von Zoozönosen lässt sich ihre Typisierung nur auf der Basis von ausgewählten Indikatorarten oder funktionellen Artengruppen vornehmen. Die Darstellung faunistischer Raummuster muss sich weitgehend an floristisch-strukturell abgegrenzten Biotopen orientieren.

Weiterführende Literatur

Beierkuhnlein C (2007) Biogeographie. Ulmer, Stuttgart

Cox CB, Moore PD (1987) Einführung in die Biogeographie. Fischer, Stuttgart

Ellenberg H (1996) Vegetation Mitteleuropas mit den Alpen. 4. Aufl. Ulmer, Stuttgart

Glavac V (1996) Vegetationsökologie. Fischer, Stuttgart

Klink HJ (1998) Vegetationsgeographie. 3. Aufl. Westermann, Braunschweig

Kloft W, Gruschwitz M (1998) Ökologie der Tiere. 2. Aufl. Ulmer, Stuttgart

Richter M (1997) Allgemeine Pflanzengeographie. Teubner, Stuttgart

Schmithüsen J (1968) Allgemeine Vegetationsgeographie. Berlin

Schroeder FG (1998) Lehrbuch der Pflanzengeographie. Quelle & Meyer, Heidelberg

Schultz J (2000) Handbuch der Ökozonen. Ulmer, Stuttgart

Schulze ED, Beck E, Müller-Hohenstein K (2002) Pflanzenökologie. Spektrum Akademischer Verlag, Heidelberg/Berlin

Smith TM, Smith RL (2009) Ökologie. 6. Aufl. Pearson, München

Zitierte Literatur

Andres W, Litt T (1999) Termination I in Central Europe. Quarternary International 61: 1–4

Bayerische Akademie für Naturschutz und Landschaftspflege (ANL) (Hrsg) (1994) Begriffe aus Ökologie, Landnutzung und Umweltschutz. Informationen 4. 3. Aufl. Laufen/Frankfurt

Berglund B, Birks H, Ralska-Jasiewiczowa M, Wright H (Hrsg) (1996) Palaeoecological events during the last 15000 years. Wiley, Chichester

Bresinsky A et al. (2008) Strasburger. Lehrbuch der Botanik. Spektrum Akademischer Verlag, Heidelberg

Brown JH, Lomolino MV (1998) Biogeography. 2. Aufl. Sunderland

Dierschke H (1994) Pflanzensoziologie. Ulmer, Stuttgart

Ellenberg H (1996) Vegetation Mitteleuropas mit den Alpen. 4. Aufl. Ulmer, Stuttgart

Ellenberg H, Mueller-Dombois D (1967) A key to Raunkiaer plant life forms with revised subdivisions. Ber Geobot Inst ETH Stiftung Rübel 37: 56–73

Ellenberg H, Weber HE, Düll R, Wirth V, Werner W, Paulissen D (1991) Zeigerwerte der Pflanzen in Mitteleuropa. Scripta Gebotanica 18. Göttingen

Faegri K, Iversen J (1989) Textbook of Pollen Analysis. Wiley, Chichester

Fesq-Martin M, Friedmann A, Peters M, Behrmann J, Kilian R (2004) Late-glacial and holocene vegetation history of the Magellanic rainforest in southwestern Patagonia, Chile. Veget Hist Archaeobot 13: 249–255

Firbas F (1949/52) Spät- und nacheiszeitliche Waldgeschichte Mitteleuropas nördlich der Alpen. Band 1, 2. Gustav Fischer, Jena

Frenzel B, Pesci M, Velichko A (1992) Atlas of paleoclimates and palaeoenvironments of the Northern Hemisphere. Late Pleistocene-Holocene. Gustav Fischer, Stuttgart

Frey W, Lösch R (2010) Geobotanik. Spektrum Akademischer Verlag, Heidelberg

Friedmann A (2000) Die spät- und postglaziale Landschafts- und Vegetationsgeschichte des südlichen Oberrheintieflands und Schwarzwalds. Freiburger Geogr H 62. Freiburg

Friedmann A (2002) Die Wald- und Landnutzungsgeschichte des Mittleren Schwarzwalds. Ber dt Landeskunde 76(2/3): 187–205

Friedmann A, Bull A, Schneider Th (2003) Die spätglaziale und frühholozäne Vegetationsgeschichte des Allgäu. Tagungsband des AK Vegetationsgeschichte der Reinhold-Tüxen-Gesellschaft. Wiesbaden

Geiter O, Homma S, Kinzelbach R (2002) Bestandsaufnahme und Bewertung von Neozoen in Deutschland. Texte des Umweltbundesamtes 25/02. Berlin

Geyh M (2005) Handbuch der physikalischen und chemischen Altersbestimmung. Wissenschaftliche Buchgesellschaft, Darmstadt

Goudie A (2002) Physische Geographie. 4. Aufl. Spektrum Akademischer Verlag, Heidelberg

Fortsetzung

Fortsetzung

Haeupler H, Schönfelder P (1989) Atlas der Farn- und Blütenpflanzen der Bundesrepublik Deutschland. Ulmer, Stuttgart

Humboldt A (1807) Ideen zu einer Physiognomik der Gewächse. In: Humboldt A, Ansichten der Natur. Tübingen

Jacomet S, Kreuz A (1999) Archäobotanik: Aufgaben, Methoden und Ergebnisse vegetations- und agrargeschichtlicher Forschung. Ulmer, Stuttgart

Klaus W (1986) Einführung in die Paläobotanik. Band II: erdgeschichtliche Entwicklung der Pflanzen. Deuticke, Wien

Klingenstein F, Kornacker PM, Martens H, Schippmann U (2005) Gebietsfremde Arten. BfN-Skript 128. Bonn

Klink HJ (1998) Vegetationsgeographie. 3. Aufl. Westermann, Braunschweig

Kowarik I (2003) Biologische Invasionen: Neophyten und Neozoen in Mitteleuropa. Ulmer, Stuttgart

Kowarik I (1987) Kritische Anmerkungen zum theoretischen Konzept der potenziellen natürlichen Vegetation mit Anregungen zu einer zeitgemäßen Modifikation. Tuexenia 7: 53–67

Kratochwil A, Schwabe A (2001) Ökologie der Lebensgemeinschaften. Ulmer, Stuttgart

Kühl N, Gebhard C, Litt T, Hense A (2002) Probability density functions as botanical-climatological transfer functions for climate reconstruction. Quat Res 58: 381–392

Küster H (1996) Geschichte der Landschaft in Mitteleuropa. Von der Eiszeit bis zur Gegenwart. Beck, München

Lang G (1994) Quartäre Vegetationsgeschichte Europas. Gustav Fischer, Jena

Larcher W (1984) Ökologie der Pflanzen auf physiologischer Grundlage. 4. Aufl. Ulmer, Stuttgart

Larcher W (1994) Ökophysiologie der Pflanzen. 5. Aufl. Ulmer, Stuttgart

Lerch G (1991) Pflanzenökologie. Akademie-Verlag, Berlin

Loope LL, Mueller-Dombois D (1989) Characteristics of invaded islands, with special reference to Hawaii. In: Drake JA et al. (eds) Biological invasions: a global perspective. John Wiley and Sons, New York. 257–280

MacArthur RH, Wilson EO (1967) The theory of island biogeography. Princeton Univ. Press, Princeton

Mai HD (1995) Tertiäre Vegetationsgeschichte Europas. Gustav Fischer, Jena

Meusel H, Jäger E, Weinert E (1965) Vergleichende Chorologie der zentraleuropäischen Flora. Jena

Moore P, Webb J, Collinson M (1991) Pollen Analysis. Blackwell, Oxford

Müller P (1977) Tiergeographie. Teubner, Stuttgart

Müller P (1980) Biogeographie. Ulmer, Stuttgart

Nentwig W, Bacher S, Beierkuhnlein C, Brandl R, Grabherr G (2003) Ökologie. Spektrum Akademischer Verlag, Heidelberg

Odum EP (1991) Prinzipien der Ökologie. Spektrum Akademischer Verlag, Heidelberg

Pfadenhauer J (1997) Vegetationsökologie. Ein Skriptum. 2. Aufl. IHW Verlag, Eching

Pott R (1995) Die Pflanzengesellschaften Mitteleuropas. 2. Aufl. Ulmer, Stuttgart

Redfern M (1995) Insects and thistles. Richmond Publ. Comp., Richmond

Remmert H (1991) Das Mosaik-Zyklus-Konzept und seine Bedeutung für den Naturschutz: Eine Übersicht. Laufener Seminarbeiträge 5/91: 5–15

Richter M (1997) Allgemeine Pflanzengeographie. Teubner, Stuttgart

Richter M (2001) Vegetationszonen der Erde. Klett-Perthes Verlag, Gotha

Rudolph K (1930) Grundzüge der nacheiszeitlichen Waldgeschichte Mitteleuropas. Beih Bot Cbl 47/2: 11–176

Schmidt G (1969) Vegetationsgeographie auf ökologisch-soziologischer Grundlage. Leipzig

Schmithüsen J (1968) Allgemeine Vegetationsgeographie. Berlin

Schroeder FG (1998) Lehrbuch der Pflanzengeographie. Quelle & Meyer, Heidelberg

Schröder D, Blum W (1992) Bodenkunde in Stichworten. 5. Aufl. Hirt, Berlin, Stuttgart

Schröpfer R (1990) The structure of Europaen small mammal communities. Zool Jb Syst 117: 355–367

Schultz J (2000) Handbuch der Ökozonen. Ulmer, Stuttgart

Sedlag U (1995) Tiergeographie. Urania Tierreich, Leipzig

Stebich M (1999) Palynologische Untersuchungen zur Vegetationsgeschichte des Weichsel-Spätglazial und Frühholozän an jährlich geschichteten Sedimenten des Meerfelder Maares (Eifel). Diss Bot 320: 1–127

Sukopp H (1972) Wandel von Flora und Vegetation in Mitteleuropa unter dem Einfluss des Menschen. Ber. Landwirtschaft 50: 112–139

Thenius E (2000) Lebende Fossilien. Pfeil, München

Trautner J (Hrsg) (1992) Arten- und Biotopschutz in der Planung. Methodische Standards zur Erfassung von Tierartengruppen. Ökologie in Forschung und Anwendung 5. Weikersheim

Walter H, Breckle SW (1983ff) Ökologie der Erde. 4 Bände, Fischer, Stuttgart

Walter H, Straka H (1970) Arealkunde. 2. Aufl. Ulmer, Stuttgart

Wittig R, Streit B (2004) Ökologie. Ulmer, Stuttgart

Etwa 30 km östlich seines Ausflusses aus dem Tana-See erreicht der Blaue Nil die Tis-Issat-Wasserfälle (äthiopisches Hochland) mit einer Fallhöhe von 45 m, wo seit 2001 die Tis-Abay-II-Hydroelektrizitätsanlage in Betrieb ist. Während noch vor dem Bau des Assuan-Staudamms die aus dem äthiopischen Hochland stammenden Nilschlämme wertvoller Nährstoffträger für den Ackerbau im Niltal waren, führt heute die starke Bodenerosion im äthiopischen Hochland zu einer zunehmenden Verschlammung des Blauen Nils und damit zu Einschränkungen bei der Gewinnung von Hydroelektrizität (Foto B. Schütt).

Kapitel 13
Hydrogeographie

In 20 Jahren werden die Menschen in weiten Teilen der Erde erheblich unter Wasserknappheit leiden. So ergeben es die kombinierten Szenarien der Klimaänderungen und des Bevölkerungswachstums bis zum Jahr 2025. Sie zeigen, dass in weiten Teilen der Welt das verfügbare Wasser nicht mehr ausreichen wird, um den steigenden Bedarf zu decken (IWMI 2000). Länder mit physikalischer Wasserknappheit werden, trotz der höchsten Effizienz und Produktivität der Wassernutzung, 2025 nicht genug Wasserressourcen zur Verfügung haben, um den Bedarf in Landwirtschaft, Städten, Industrie und im Umweltbereich zu decken – viele Länder können es schon heute nicht. Staaten mit ökonomischer Wasserknappheit werden 2025 zwar über ausreichend Wasserressourcen verfügen, aber sie müssen Lagerung, Beförderung und Regulierung des Wassers um 25 Prozent über den Stand von 1995 erhöhen (Abb. 13.6.3).

Schon heute gibt es viele Regionen auf der Erde, wo der Wasserverbrauch größer ist als die natürliche Verfügbarkeit von Wasser, so beispielsweise im Nordwesten Chinas in den randlichen Oasen der Wüste Gobi. Der hohe Wasserverbrauch für die Bewässerungslandwirtschaft ließ hier in den letzten Jahrzehnten den Grundwasserstand kontinuierlich sinken, die natürliche Grundwasserneubildung konnte mit der starken Entnahme nicht Schritt halten. Man ist dazu übergegangen, Wasser aus dem südlich angrenzenden Gebirge, dem Qilian Shan, über weite Strecken heranzuleiten. Das Wasser fließt in großen Kanälen Stauseen zu, aus denen die Oasen mit Wasser versorgt werden. In den letzten Jahren reicht auch dieses Wasser nicht mehr aus, weil die scheinbar „unbegrenzte Verfügbarkeit von Wasser" die Menschen zur Ausweitung der Bewässerungsflächen verleitet hat. Die Folge ist, dass man immer weiter entfernte „Wasserquellen" sucht. Ein Teufelskreis aus steigendem Wasserangebot und steigender Nachfrage ist entstanden, vollkommen abgekoppelt von nachhaltiger Wasserbewirtschaftung mit den lokal verfügbaren Wasserressourcen. So geschieht es derzeit in vielen Trockengebieten der Erde.

Aber auch in den gemäßigten Klimaten ist Trinkwasser zu einem knappen Gut geworden. In Deutschland gibt es Regionen, die ihren Wasserverbrauch nicht aus den örtlichen Grundwasserspeichern decken können. Fernwassertransport ist unerlässlich, so beispielsweise die Versorgung weiter Teile Baden-Württembergs mit Bodenseewasser oder die Versorgung des Ruhrgebiets mit Wasser aus dem Sauerland. Aber nicht nur die Menge des verfügbaren Wassers spielt dabei eine entscheidende Rolle, sondern auch dessen Qualität, die aus den im Wasser enthaltenen Stoffen resultiert.

13.1 Themenfelder der Hydrogeographie

Achim Schulte, Brigitta Schütt, Steffen Möller

Mit den Phänomenen des Wassers auf der Erde beschäftigt sich die **Hydrologie** als „Lehre von den physikalisch, chemisch und biologisch bedingten Erscheinungsformen des Wassers über, auf und unter der Erdoberfläche, speziell seiner Verteilung nach Raum und Zeit sowie seiner Wirkungen einschließlich der anthropogenen Einflüsse" (Wilhelm 1997). Auf diesen Grundlagen basierend beschäftigt sich die **Hydrogeographie** speziell mit dem Wasserhaushalt, den räumlichen und zeitlichen Veränderungen der Speicherinhalte (z. B. Oberflächen- oder Grundwasser) und dem Abflussverhalten hinsichtlich Quantität, beispielsweise Niedrig- und Hochwasserabfluss, und Qualität, beispielsweise Gewässergüte (Wilhelm 1997). Das ist die Grundlage für dieses Kapitel, in dem zunächst die Wasser- und Stoffkreisläufe und der Wasserhaushalt hinsichtlich **Wasserverfügbarkeit und -bedarf** in unterschiedlichen Regionen der Erde behandelt werden. Grundsätzlich zeichnen sich die Fließgewässer durch stark wechselnde Abflusszustände aus, auch mit den entsprechenden Risiken für den Menschen. Aus den Abflussdaten werden die charakteristischen Abflussregime abgeleitet. In der **Europäischen Wasserrahmenrichtlinie** (EU-WRRL) wird der ökologische Zustand der Gewässer betrachtet. Interessant dabei ist, dass manche Kriterien zur Bewertung des ökologischen Zustandes europaweit nicht angewendet werden können. Die „ganzjährige Durchgängigkeit" von Fließgewässern (Mindestwasserabfluss) gilt für die perennierenden Gewässer Mittel- und Nordeuropas, in den Mittelmeerländern trocknen kleinere Flüsse im Sommer aus, eine Durchgängigkeit ist natürlicherweise nicht gegeben. Durch Staustufen geregelte Fließgewässer sind stehenden Gewässern sehr ähnlich, was zu den **Seen** und zur Thematik Seeökologie überleitet. Die **marinen Ökosysteme** stellen die Vorflut für die terrestrischen Fließgewässer und damit das Ende der Speicherkaskade für Wasser und Inhaltsstoffe dar.

Thematisch ist die Hydrogeographie eng mit den Phänomenen der Klimageographie (Kapitel 9) verbunden. Daher wird hier auf einzelne meteorologische Prozesse nicht näher eingegangen, zum Beispiel die Evapotranspiration (Verdunstung von Oberflächen und Transpiration durch Pflanzen), die in Kapitel 9 näher behandelt werden. Ähnlich verhält es sich mit der Geomorphologie (Kapitel 10) bzw. Bodengeographie (Kapitel 11), zu denen auch enge Verknüpfungen

bestehen (Morphologie von Flussgebieten oder Bodenwasserkreislauf).

13.2 Wasserkreislauf und Wasserhaushalt

Wasserkreislauf

Der Weg des Wassers beschreibt mit Niederschlag, Verdunstung und Abfluss einen kontinuierlichen Kreislauf. Unter Verwendung erheblicher Energiemengen verdunstet das Wasser über Land- und Meeresflächen, der Wasserdampf in der Luft speichert diese Energie als latente Wärme. Diese wird wieder freigesetzt, wenn die Luft aufsteigt, sich dabei abkühlt und das in ihr enthaltene Wasser kondensiert. Die Wassertropfen bzw. Eiskristalle wachsen und fallen schließlich als Niederschlag in unterschiedlicher Form (z. B. Regen, Schnee, Hagel) auf Meeres- und Landflächen.

Wenn der Niederschlag die Erdoberfläche erreicht, kann er dort unterschiedlich lange verweilen (in Vegetation, Boden, Grundwasser, Fluss, See, Gletscher), bis er schließlich durch Verdunstung wieder in die Atmosphäre gelangt oder in Flüssen dem Meer zufließt und dort verdunstet. Die genannten Speicher können ober- oder unterirdisch lokalisiert sein. Gletscher, Flüsse, Seen und Meere bilden die oberirdischen Speicher, Boden und Gestein stellen die unterirdischen Speicher dar. Im Meer schließt sich der Kreislauf endgültig (Abb. 13.2.1). Derjenige Teil des Wasserkreislaufes, der ausschließlich die Festlandsflächen umfasst, wird als **„kleiner Wasserkreislauf"** bezeichnet. Es handelt sich um ein offenes System mit Input- und Outputgrößen, die die Systemgrenzen überschreiten. Werden sowohl das Festland als auch das Meer in die Betrachtung einbezogen, spricht man vom **„großen Wasserkreislauf"**. Bei globaler Betrachtung läuft der Wasserkreislauf in einem „geschlossenen System".

Der **globale Wasserkreislauf** wird in Abbildung 13.2.1 in Form von Werten dargestellt, die der Höhe einer Wassersäule in cm entsprechen. Dabei entspricht 1 mm – auf eine Fläche bezogen – einem Liter pro Quadratmeter. Da die Meeresflächen mit 361 Millionen km^2 etwa 2,42-mal so groß sind wie die Festlandsflächen (149 Millionen km^2), vergrößern sich die Angaben um diesen Faktor, wenn von der Meeresfläche auf die Festlandsfläche gewechselt wird. Beim Übergang von der Festlands- zur Meeresfläche ist es umgekehrt. Die Darstellung verdeutlicht den grundsätzlichen Unterschied

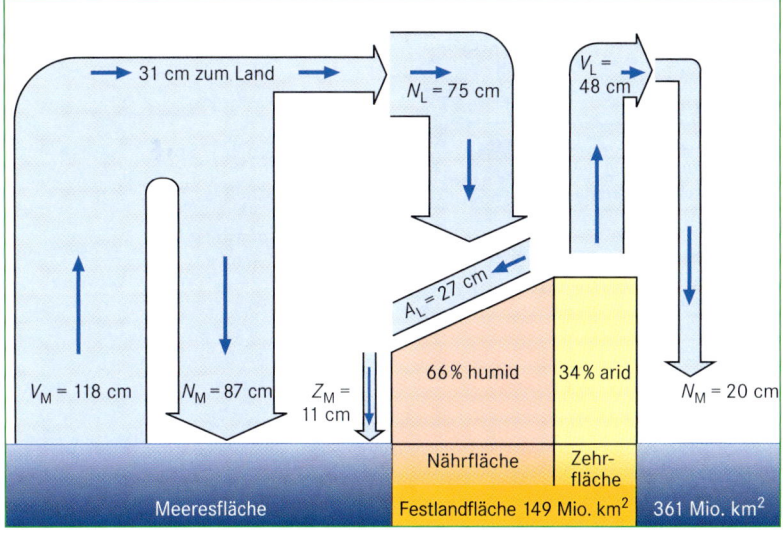

Abb. 13.2.1 Schematische Darstellung des Wasserkreislaufs. V_M = Verdunstung über dem Meer, N_M = Niederschlag über dem Meer, Z_M = Zufluss zum Meer, A_L = Abfluss von den Landflächen, N_L = Niederschlag auf das Land, V_L = Verdunstung vom Land. Entsprechend der globalen Land-Meer-Flächenanteile wird beim Übergang vom Meer zum Land mit einem Faktor von 2,42 gerechnet (entsprechend umgekehrt; verändert nach Wilhelm 1997).

zwischen **humiden und ariden Gebieten** (66 bzw. 34 Prozent der Festlandsflächen). Humide Gebiete, in denen der Niederschlag grundsätzlich höher als die Verdunstung ist, führen dem Meer überschüssiges Wasser in Form von Oberflächen- und Grundwasserabfluss zu (27 cm bzw. 11 cm). Ariden Gebieten fehlt der Abfluss bis zum Meer, sie sind durch starke Verdunstung gekennzeichnet. Eine Ausnahme sind Fremdlingsflüsse, wie beispielsweise der Nil, die zwar durch aride Zonen fließen, ihre Quellen aber in humiden Regionen haben. Aus der schematischen Darstellung in Abbildung 13.2.1 geht jedoch nicht hervor, dass auch in humiden Gebieten Verdunstung stattfindet und in ariden Gebieten Niederschlag fällt.

Wasserhaushalt

Die Bilanzierung des Wasserhaushalts kann für zwei verschiedene Arten von Gebieten vorgenommen werden, entweder für eine politische Raumeinheit, beispielsweise das Staatsgebiet der Bundesrepublik Deutschland, oder für ein natürlich abgegrenztes Gebiet, in der Regel ist das das **Einzugsgebiet eines Flusses**. Es wird durch die Wasserscheide abgegrenzt, wobei man zwischen dem oberirdischen Einzugsgebiet (durch Relief abgegrenzt) und dem unterirdischen Einzugsgebiet (z. B. durch das Einfallen geologischer Schichten im Untergrund abgegrenzt) unterscheidet. Im Einzugsgebiet strömt alles Oberflächen- und Grundwasser an einem Punkt zusammen. So fließt beispielsweise im Einzugsgebiet der Elbe das Wasser, ob aus dem tschechischen Riesengebirge

und Böhmerwald, dem Erzgebirge oder dem Havelland stammend, zur Elbemündung bei Cuxhaven.

Wird ein politisch abgegrenztes Gebiet anstelle eines natürlich abgegrenzten Gebietes betrachtet, so muss berücksichtigt werden, dass als Input-Größe nicht nur der Niederschlag, sondern auch der ober- und unterirdische Zufluss aus den benachbarten Staaten in die Bilanzierung einbezogen wird. Im Falle eines natürlichen Einzugsgebietes ist dies in der Regel nicht nötig, sofern das unterirdische Einzugsgebiet mit dem oberirdischen Einzugsgebiet identisch ist. Ist dies nicht der Fall, beispielsweise in Karstlandschaften, so muss ein unterirdischer Zustrom in den Input und ein unterirdischer Abstrom in den Output eingerechnet werden.

Für eine Bilanzierung der Wasserverhältnisse in einem natürlichen Einzugsgebiet werden die Input-Größen den Output-Größen gegenübergestellt. Ein einfaches Modell berücksichtigt als einzige Inputgröße den Niederschlag (N) und als Output-Größen die Verdunstung (V) und den Abfluss, der in der Hydrologie das Formelzeichen Q trägt. Die **Wasserhaushaltsgleichung** hierfür lautet:

$$N = V + Q$$

Bei genauerer Betrachtung werden zusätzlich die **Speicher** (S) quantifiziert bzw. deren Änderung (ΔS). Speicher können natürliche oder künstliche Seen, Boden- und Grundwasservorräte, Schneedecken oder Gletscher sein. Die Wasserhaushaltsgleichung lautet dann:

$$N = V + Q + \Delta S$$

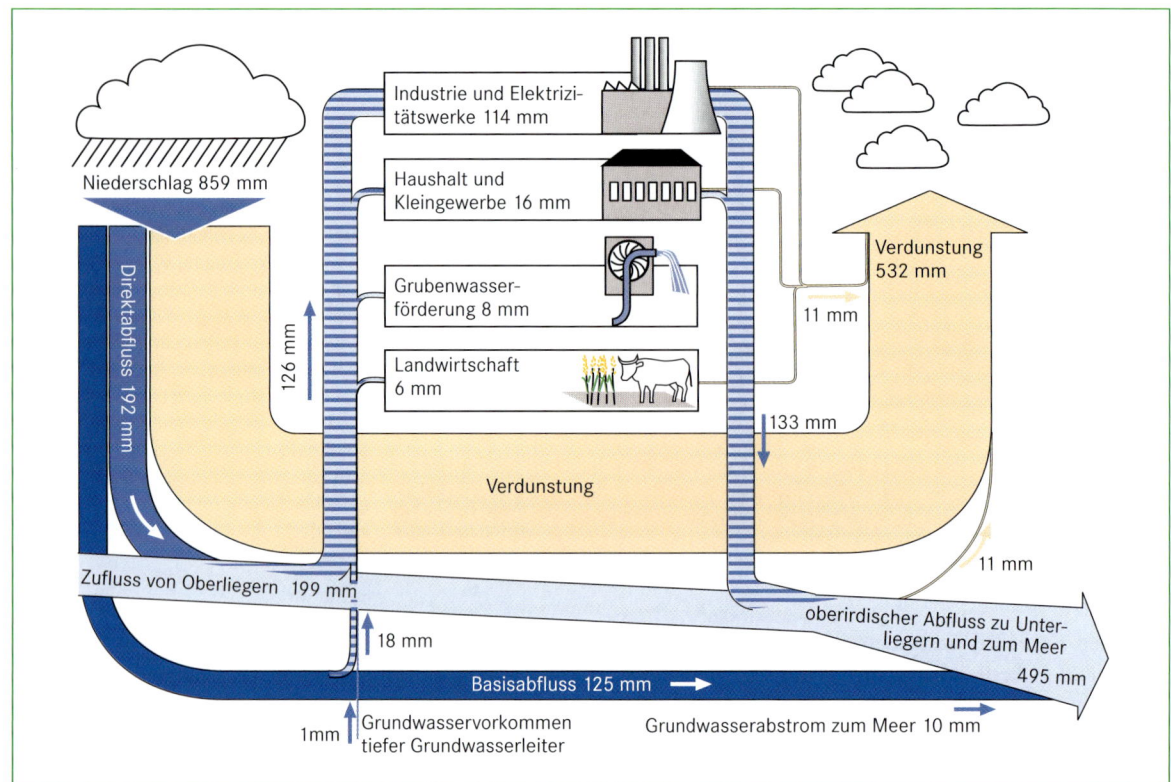

Abb. 13.2.2 Langjährige Wasserbilanz der Bundesrepublik Deutschland. 859 mm Niederschlag + 199 mm Zufluss von Oberliegern + 1 mm tiefes Grundwasser = 1 059 mm Input, 532 mm Verdunstung + 11 mm aus Industrie etc. + 11 mm aus oberirdischem Abfluss + 495 mm oberirdischer Abfluss + 10 mm Grundwasserabstrom = 1 059 mm Output (Wasserbilanz ausgeglichen; verändert nach Jankiewicz & Krahe 2003).

Als Beispiel kann die in Abbildung 13.2.2 gezeigte Wasserbilanz der Bundesrepublik Deutschland auf Jahresbasis herangezogen werden, bei der der Oberflächenzustrom (Z) und Grundwasserzustrom (GwZ) von den Oberliegern und der Grundwasserabstrom (GwA) an die Unterlieger einzubeziehen ist:

$$N + Z + GwZ = V + Q + \Delta S + GwA$$

Die **Input-Größen** der jährlichen Wasserhaushaltsrechnung für Deutschland sind:

- Niederschlag: 859 mm
- Zufluss von den Oberliegern, das heißt von Flüssen, die Deutschland aus den angrenzenden Ländern erreichen (u. a. die Elbe aus Tschechien, die Oder aus Polen, der Rhein aus der Schweiz): 199 mm
- Grundwasserzustrom: 1 mm

Die **Output-Größen** sind:

- Verdunstung aus dem Niederschlag: 532 mm
- Verdunstung aus oberirdischen Speichern (Flüsse, Seen, Talsperren): 11 mm

- Verdunstung aus Speichern der Wassernutzung (Industrie, Landwirtschaft, Gewerbe, Haushalte): 11 mm
- oberirdischer Abfluss zum Meer (Nordsee und Ostsee) und oberirdischer Abfluss zu den Unterliegern (u. a. über den Rhein in die Niederlande): 495 mm
- Grundwasserabstrom zum Meer: 10 mm

In der Summe stehen damit aus den Input-Größen Niederschlag und Zustrom aus Oberliegern und Grundwasser 1 059 mm zur Verfügung. Die Summe der Output-Größen Verdunstung, oberirdischer und unterirdischer Abstrom ergibt ebenfalls 1 059 mm. Deutschland verfügt demnach über eine **ausgeglichene Wasserbilanz**. Die berechneten Werte gelten streng genommen nur für längere Zeiträume, das heißt ohne die Veränderung interner Speichergrößen. Vergleicht man kürzere Zeiträume miteinander, beispielsweise Monate, Jahre oder einzelne Jahreszeiten, so spielt die Änderung von Speichern eine größere Rolle. Im Winter wird der Niederschlag oft in einer Schneedecke zwischengespeichert. Ein Skigebiet hätte daher im Winter eine negative,

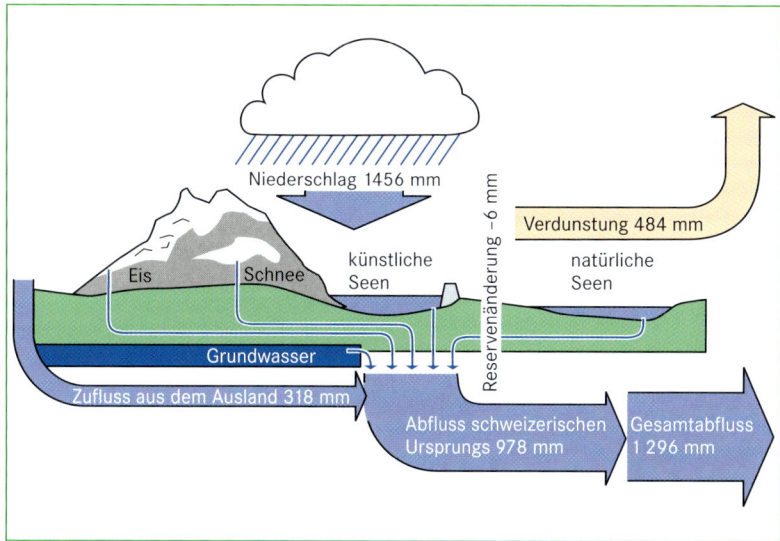

Abb. 13.2.3 Der Wasserhaushalt der Schweiz im Durchschnitt der Jahre 1901 bis 1980. Aus der Bilanz (318 mm Zufluss + 1 456 mm Niederschlag) – (484 mm Verdunstung + 1 296 mm Gesamtabfluss) ergibt sich eine Speicheränderung von –6 mm. Unter Berücksichtigung der deutlich zugenommenen Gletscherschmelze in den Sommer- und Herbstmonaten dürfte diese Speicheränderung gegenwärtig deutlich höher sein. Zu ergänzen ist, dass es auch Phasen positiver Vorratsänderungen gibt, so 1961 bis 1980 mit +7,5 mm/a, die auf eine positive Massenbilanz der Gletscher und zu einem kleinen Teil auf das Auffüllen neu erstellter Speicherbecken zurückzuführen sind (Bundesamt für Wasser und Geologie der Schweiz 2001).

im Sommer eine positive Wasserbilanz. Um derartige Effekte auszuschließen, wird bei der Betrachtung kurzer Zeiträume aufseiten der Outputgrößen die Speicheränderung berücksichtigt. Auch über längere Zeiträume können die Speichergrößen die Wasserbilanz beeinflussen, wie es beispielsweise die Wasserbilanz der Schweiz sehr eindrücklich zeigt (Abb. 13.2.3). Die langjährige Zunahme der Lufttemperatur führt zu einer zunehmenden Gletscherschmelze, die in erster Linie dafür verantwortlich ist, dass es in dem Zeitraum 1901 bis 1980 einen Massenverlust von 6 mm pro Jahr gab.

Niederschlagsbildung und Niederschlagsvariabilität

Die wichtigste Input-Größe der Wasserbilanz ist der Niederschlag. Neben der Verdunstung stellt er das zweite Bindeglied zwischen der Atmosphäre und der Erdoberfläche dar. Während die Verdunstung jedoch die Bewegung von Wasserdampf zur Atmosphäre beinhaltet, besteht der Niederschlag aus Wasser in flüssigem oder festem Aggregatszustand, das der Schwerkraft folgend zur Erdoberfläche fällt. Die Prozesse, die zum Übergang des Wasserdampfes in der Atmosphäre zu flüssigem Wasser oder festem Eis führen, werden unter dem Begriff **Niederschlagsbildung** zusammengefasst (Kapitel 9.5).

Wasserdampf, der sich an den bodennahen Oberflächen (Vegetation, Häuser u. a.) als Tau oder Reif absetzt, ist dabei von so geringer Menge (0,2 bis 0,3 mm pro Nacht), dass er von den Messinstrumenten in der Regel nicht erfasst wird. In den Trockengebieten bildet er allerdings häufig die einzige Quelle der Wasserversorgung (Baumgartner & Liebscher 1996).

Nicht der gesamte aus einer Wolke fallende Niederschlag erreicht die Erdoberfläche (Abb. 13.2.4). Ein Teil des Niederschlags verdunstet bereits im Fallen, ein anderer Teil bleibt im Blätterdach der Vegetation (Interzeption) oder auf der am Boden liegenden Streu hängen und verdunstet ebenfalls (E_p = Interzeptionsevaporation von Pflanzen, E_L = Interzeptionsevaporation von Streu). Ein anderer Teil der Interzeption tropft zu Boden oder fließt am Stamm ab. Dieser Teil bildet zusammen mit dem Niederschlag, der direkt durch das Kronendach der Bäume fällt, den Bestandsniederschlag (N_B). Generell wird die Verdunstung vom Boden, von der Pflanzenoberfläche und von offenen Wasserflächen als Evaporation bezeichnet (E). Das Wasser, das von Organismen über ihren Stoffwechsel ausgeschieden wird und danach von deren Oberfläche verdunstet, wird der Transpiration zugeordnet (T). Beide Größen zusammen ergeben die Evapotranspiration.

Der Niederschlag weist zeitliche und räumliche Strukturen auf, die für die Wasserhaushaltsbilanzierung bedeutsam sind. Eine wichtige räumliche Differenzierung in Gebirgsräumen unterscheidet zwischen Luv und Lee. Im Luv eines Gebirges muss die heranströmende feuchte Luftmasse aufsteigen (orographisch bedingte Konvektion). Der Wasserdampf kondensiert und es kommt zu ergiebigen Regenfällen, die sich durch ihre hohe Intensität auszeichnen. Im Lee, auf der von der Strömung abgewandten Seite des Gebirges, sinkt die Luft wieder ab. Dabei erwärmt sie sich und die noch nicht abgeregneten Wassertropfen verdunsten. Im

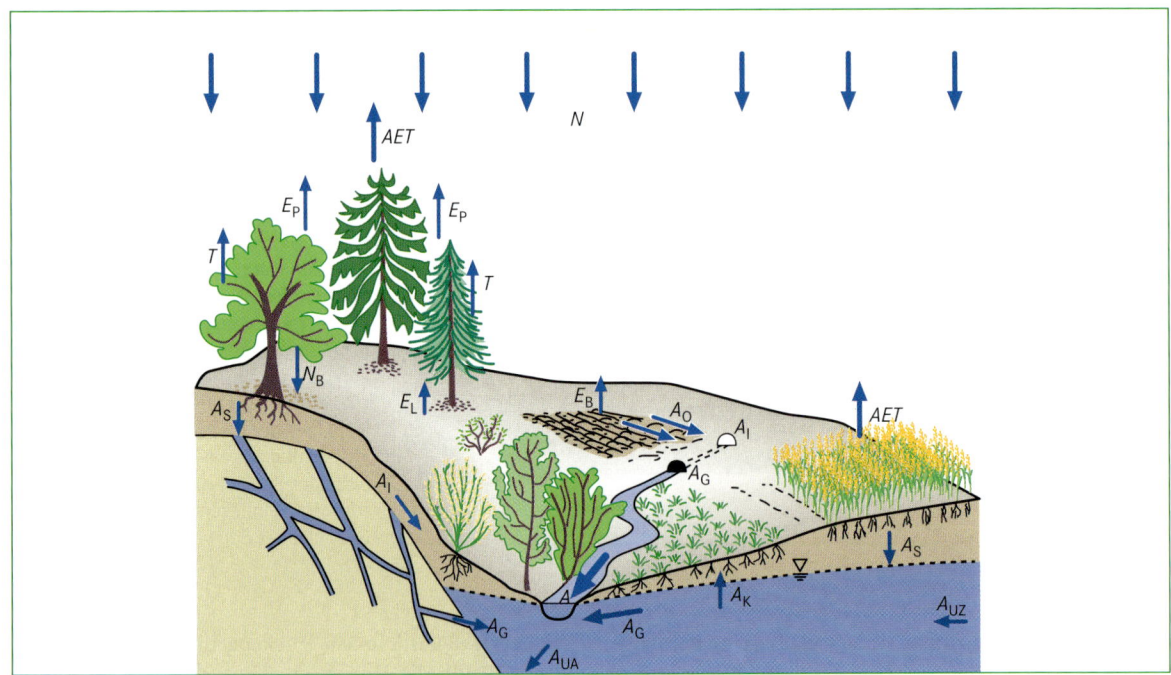

Abb. 13.2.4 Der räumliche Zusammenhang zwischen den einzelnen Komponenten des Wasserkreislaufs eines Einzugsgebietes, das von der schwarzen Linie als oberirdische Wasserscheide abgegrenzt wird. N = Niederschlag, AET = Aktuelle Evapotranspiration (tatsächliche Verdunstungshöhe), E_P = Pflanzeninterzeptionsevaporation (Verdunstung von Pflanzenoberflächen), T = Transpiration (Verdunstung aus Spaltöffnungen der Pflanzen), N_B = Bestandsniederschlag (Teil des Freilandniederschlags, der durch die Vegetation auf die Bodenoberfläche gelangt, inklusive Stammablauf), E_L = Streuinterzeptionsevaporation (Verdunstung von der Streuoberfläche), E_B = Bodenevaporation (Verdunstung von der Bodenoberfläche), A = Abfluss, A_O = Oberflächenabfluss, A_I = Zwischenabfluss, A_G = Grundwasserabfluss, A_S = Sickerwasserabfluss, A_K = Kapillarer Wasseraufstieg, A_{UZ} = unterirdischer Zustrom, A_{UA} = unterirdischer Abstrom (verändert nach Wohlrab et al. 1992).

Lee fällt daher deutlich weniger Niederschlag als im Luv. Luv- und Leelagen können sich in der Jahresniederschlagssumme deutlich widerspiegeln, wenn die Frontalzyklonen (Kapitel 9.5) eine bevorzugte Anströmungsrichtung aufweisen. In Deutschland überwiegen westliche Windrichtungen und damit Luftmassen, die vom Atlantik heranströmen. Sie weisen eine hohe Feuchtigkeit auf und bringen den nach Westen exponierten Gebirgslagen höhere Niederschlagssummen. Auf der nach Westen exponierten Seite des Harzes in Seesen beispielsweise fallen 845 mm Niederschlag im Jahr, während es im Lee in Harzgerode nur 635 mm sind (Hendl 2002). Einer der stärksten hypsometrischen Gradienten in Mitteleuropa herrscht zwischen dem Gipfelbereich der Vogesen und dem westlichen Oberrheingraben im Lee der Vogesen.

Die niederschlagsreichsten Monate in Deutschland sind Juli und August. Zwar sichern die Frontalzyklonen über das ganze Jahr hinweg eine relativ gleichmäßige Niederschlagsverteilung, doch in den Sommermonaten treten zusätzlich konvektive Niederschläge auf, die das jährliche Niederschlagsmaximum erzeugen (Lauer 1993). Dennoch führen viele Flüsse in diesen Monaten Niedrigwasser, was durch die hohe sommerliche Evapotranspiration begründet ist und sich auch auf die Grundwasserneubildung auswirkt (Exkurs 13.2.1).

Neben der jahreszeitlichen Niederschlagsverteilung spielt die **Niederschlagsintensität** eine große Rolle für die Abflussbildung. Sie wird als Quotient aus Niederschlagsmenge und betrachteter Zeiteinheit angegeben (z. B. mm/Stunde). Bei konvektiven Niederschlagsereignissen entstehen Eiskristalle durch das sofortige Gefrieren von Wasserdampf (Sublimation). Im Fallen schmelzen sie und bilden Regentropfen mit großem Durchmesser. Wenn Wasserdampf dagegen kondensiert und kleine Wassertröpfchen bildet, die durch Zusammenstoßen anwachsen können (Koagulation), entsteht nur Niederschlag mit geringem Tropfenradius, sodass auch die Intensität des Niederschlags geringer ausfällt. Insbesondere die Niederschläge an der Warmfront einer Zyklone weisen geringe Tropfengrößen und Niederschlagsintensitäten auf, zeichnen sich aber durch relativ

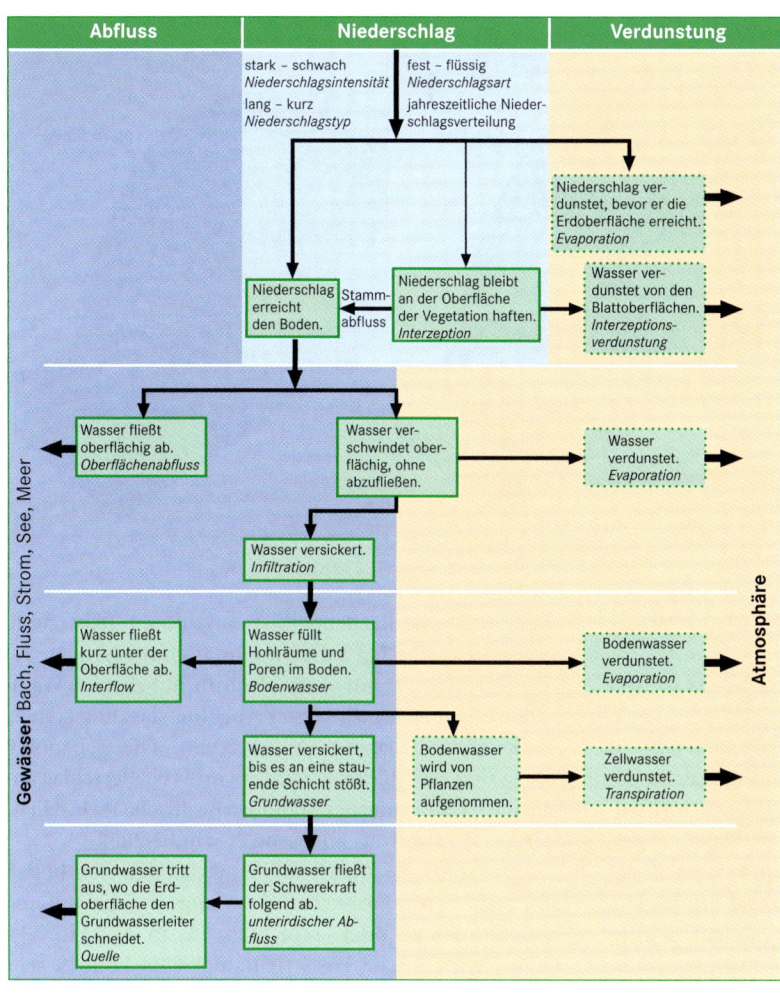

Abb. 13.2.5 Der systemare Zusammenhang zwischen den einzelnen Komponenten des Wasserhaushaltes. Fett umrandet sind die beobachtbaren Erscheinungen und Prozesse, gestrichelt umrandet sind erschließbare Erscheinungen und Prozesse (Böhn & Schütt 2002).

lange Dauer aus und erstrecken sich über ein großes Gebiet (Landregen, Dauerregen). Die sommerlichen konvektiven Niederschlagszellen erreichen dagegen nur geringe räumliche Ausdehnung und decken häufig auch kleine Einzugsgebiete nicht vollständig ab. In einem Gewitterregen wird eine Niederschlagsintensität von 100 mm/h und mehr erreicht. In einem Nieselregen sind es nur 0,5 mm/h (Auerswald 1998).

Abflussbildung und Abflusskonzentration

Wasserkreislauf und Wasserhaushalt beschreiben quantitativ die Austauschvorgänge zwischen den Komponenten Niederschlag, Verdunstung und Abfluss, je nach betrachtetem Zeitraum auch die Änderungen von Speichergrößen. Im Folgenden soll näher auf die Prozesse

der Abflussbildung und -konzentration eingegangen werden, da sie den Abflussverlauf (Hoch-, Mittel- und Niedrigwasserabfluss) in den Bächen und Flüssen (Vorflutern) steuern. Das abfließende Wasser transportiert zudem Sedimente und formt so die Gewässerlandschaft. Auch die **Grundwasserneubildung** hängt unmittelbar von der Versickerung auf den Flächen des Einzugsgebietes bzw. der Abflussbildung ab (Abb. 13.2.4 und 13.2.5).

Für hydrologische Fragestellungen ist bedeutsam, wie viel Niederschlag direkt an der Bodenoberfläche abfließt, also ohne vorher in den Boden und eventuell weiter bis zum Grundwasser zu versickern. Dieser sogenannte **effektive Niederschlag** ($N_{eff.}$) bestimmt in kleinen Einzugsgebieten die Höhe einer Hochwasserwelle, da das Wasser besonders von versiegelten Flächen (Straßen, Wege), verdichteten oder gefrorenen Ackerböden oder mit Wasser gesättigten Böden schnell in das Gewässernetz abfließt. In großen Einzugsgebieten spielen zusätzliche Faktoren eine bedeutende Rolle, beispiels-

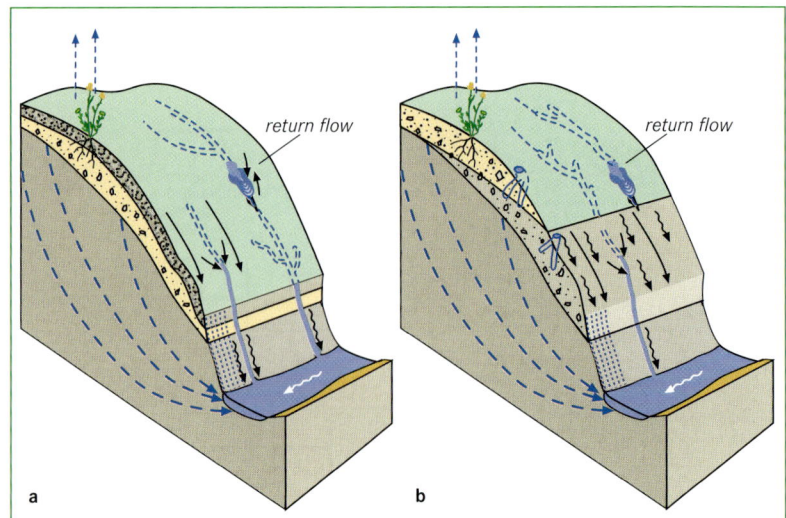

Abb. 13.2.6 Bildung von Landober-
flächenabfluss am Hang: a) infolge
Infiltrationsüberschusses (*Horton overland flow*), b) infolge Sättigungsüber-
schusses (*Dunne saturation overland
flow*; verändert nach Kölla 1987 aus
Baumgartner & Liebscher 1996).

weise die Überlagerung von Hochwasserwellen verschiedener Zuflüsse.

Entscheidend für den Weg des Regenwassers ist dessen Intensität, das heißt die Menge an Wasser, die in einem bestimmten Zeitraum auf den Erdboden fällt. Ist die Regenintensität gering, verdunstet das Wasser an der Oberfläche oder infiltriert in den Boden. Die **Infiltrationsrate** ist zusätzlich von anderen Faktoren abhängig, wie beispielsweise Hangneigung, Substrat und Bedeckung bzw. Bewuchs (Wald, Wiese, Acker). Im Verlauf des Regens nähert sich die Infiltrationsrate einem konstanten Wert, der für verschiedene Substrate unterschiedlich ist: Bei ebenen Flächen infiltriert Wasser beispielsweise in Ton mit einer Geschwindigkeit von 0 bis 4 mm/h, in Schluff mit 2 bis 8 mm/h und Sand mit 3 bis 12 mm/h (Kirkby 1969). Bei gleichem Substrat erhöht sich der Einfluss der Hangneigung, denn mit steigendem Gefälle steigt auch der Anteil des Niederschlags, der oberflächlich abfließt (Hendrichson et al. 1963 in Wilhelm 1997).

Vollkommen versiegelte Flächen (z. B. asphaltierte Straßen) infiltrieren kein Wasser, Siedlungsflächen haben einen Versiegelungsgrad von durchschnittlich 30 Prozent. Auf landwirtschaftlichen Brachflächen versickert weniger Wasser als in bewachsenem Boden. Für Maispflanzen auf schluffig-lehmigem Substrat werden 3,2 mm/h, für Grasflächen auf gleichem Substrat 11,0 mm/h angegeben (Holtan & Musgrave 1964). Waldboden hat durch die organische Auflage und den humus- und porenreichen Boden die besten Infiltrationseigenschaften.

Eine Niederschlagsmenge von 5 mm (entspricht 5 l/m²) in 30 Minuten wird als Mindestintensität angesehen, um die maximale Infiltrationskapazität zu erreichen und Oberflächenabfluss auszulösen (Auerswald 1998; A_O in Abb. 13.2.4). Im Durchschnitt können auf einer Weidefläche nur zirka 20 mm/h, auf ebenem Waldboden 60 bis 75 mm/h versickern, ohne dass es zu Oberflächenabfluss kommt (VDG 2003). Die genannten Werte sind als externe Schwellenwerte (Niederschlagsintensität) oder interne, standortspezifische Schwellenwerte (z. B. Substrat) anzusehen (Schulte 2006).

Das infiltrierte Wasser füllt zunächst den Oberboden auf, sickert bei ausreichender Menge in die unteren Bodenhorizonte oder -schichten (A_S in Abb. 13.2.4). Deren hydraulische Wasserleitfähigkeiten können sehr unterschiedlich sein, abhängig unter anderem von der Dichte und der Porosität. Durch weite Grobporen mit einem Äquivalenzdurchmesser > 50 μm perkoliert das Sickerwasser relativ schnell, durch enge Grobporen (50 bis 10 μm) wesentlich langsamer (zum Vergleich: Menschenhaar hat einen mittleren Durchmesser von etwa 40 bis 60 μm). Mittel- und Feinporen (< 10 μm) sind nicht am dränierenden Prozess beteiligt (AG Boden 1994, Wohlrab et al. 1992).

Dort, wo das Regenwasser in den Boden infiltriert, erfolgt der weitere Transport des Wassers in den Untergrund nicht ungehindert. Natürlicherweise gibt es Bodenhorizonte oder Bodenschichten, die unterschiedliche Lagerungsdichte oder Porosität aufweisen, beispielsweise der tonreiche Bt-Horizont bei der Parabraunerde, der Stauhorizont Sd beim Pseudogley (Kapitel 11) oder die Bodenschichten eines Schwemmfächers, die aus Wechsellagerungen von Sedimenten unterschiedlicher Korngrößen bestehen. Das hat zur Folge, dass das von oben einsickernde Wasser gestaut wird. Ein Teil fließt parallel zwischen Bodenoberfläche und Grundwasserspiegel hangabwärts und wird daher

 **Exkurs 13.2.1**

Grundwasserneubildung

Niederschlagswasser, das in den Boden infiltriert, kann kapillar wieder aufsteigen und an der Erdoberfläche verdunsten (Evaporation, A_K in Abb. 13.2.4), über die Pflanzen wieder verdunsten (Transpiration), über den Bodenwasserstrom dem Vorfluter zugeführt werden (Zwischenabfluss) oder bis zum Grundwasserspiegel versickern und den Grundwasserspeicher auffüllen (Grundwasserneubildung).

Für die Grundwasserneubildung sind zwei Faktoren entscheidend. Grundwasserneubildung kann am effektivsten stattfinden, wenn Niederschlag mit geringer Intensität fällt und außerdem die Evapotranspiration eingeschränkt ist.

Eine hohe Niederschlagsintensität unterstützt den Oberflächenabfluss, da in einer bestimmten Zeit mehr Niederschlag fällt, als infiltrieren kann. Bei geringer Niederschlagsintensität kann ein größerer Teil des Wassers infiltrieren und eventuell bis zur wassergesättigten Zone im Boden – dem Grundwasserspiegel – vordringen. Der zweite Faktor, der die Grundwasserneubildung bestimmt, ist die Evapotranspiration. Laubbäume weisen sehr hohe Evapotranspirationsraten auf, weil sie durch die Blätter und die sich auf der Unterseite befindenden Spaltöffnungen über eine große zur Verdunstung beitragende Oberfläche verfügen. Im Frühjahr und Sommer erreicht die Evapotranspiration daher ihr Maximum.

Da in diesen Jahreszeiten auch der Anteil konvektiver Niederschläge mit größeren Intensitäten am höchsten ist, findet im Frühjahr und Sommer in der Regel keine Grundwasserneubildung, sondern Grundwasserverbrauch statt. Im Herbst und Winter dagegen füllt sich der Grundwasserspeicher aufgrund der vielen advektiven Niederschläge geringerer Intensität und der aufgrund der niedrigen Lufttemperatur eingeschränkten Evapotranspiration wieder auf.

Die Bedeutung der Grundwasserneubildung liegt sowohl auf ökologischer als auch auf ökonomischer Seite. Der Grundwasserspeicher speist den Basisabfluss des Vorfluters, sodass auch in trockenen Zeiträumen ein Mindestabfluss gewährleistet ist und die Lebensbedingungen für die Pflanzen und Tiere im Ökosystem Bach bzw. Fluss aufrechterhalten bleiben.

Die ökonomische Komponente der Grundwasserneubildung liegt in der Trinkwassergewinnung. In den Bundesländern, die sich über die Region des norddeutschen Tieflandes erstrecken, liegt der Anteil der Grundwasserförderung für die Trinkwassergewinnung zwischen 35,8 Prozent in Nordrhein-Westfalen und 100 Prozent in Schleswig-Holstein, Hamburg und Berlin (Busskamp 2003). In den Flächenländern Brandenburg und Mecklenburg-Vorpommern werden mehr als drei Viertel des Trinkwassers aus den Grundwasservorräten gewonnen. Doch gerade in diesen Regionen ist die Grundwasserneubildung gering.

Die mittlere Grundwasserneubildung liegt in Deutschland bei etwa 135 mm pro Jahr (Neumann & Wycisk 2003). Vom mittleren Niederschlag in Höhe von 859 mm pro Jahr erreichen also nur 16 Prozent das Grundwasser und tragen zur Auffüllung des Speichers bei.

Die regionale Differenzierung zeigt jedoch, dass die Mittelgebirge, das Alpenvorland sowie der nordwestliche Teil des norddeutschen Tieflandes eine jährliche Grundwasserneubildung aufweisen, die über dem Mittelwert für Deutschland liegt. Ungunsträume sind dagegen in den Leelagen der Mittelgebirge, insbesondere in den Bördelandschaften vom Rheinland bis nach Sachsen-Anhalt, im Thüringer Becken und im Osten Deutschlands zu finden (Neumann & Wycisk 2003). Die Ursache für die geringere Grundwasserneubildung in diesen Regionen ist zum einen im geringeren Jahresniederschlag aufgrund der Leelage zu sehen. Zum anderen nimmt die Kontinentalität in Richtung Osten zu. Da sich die kontinentalen Gebiete durch einen größeren Anteil sommerlicher Konvektionsniederschläge am Gesamtjahresniederschlag auszeichnen, im Sommer jedoch die Evapotranspiration ihr Maximum erreicht, kann nur wenig Niederschlagswasser bis zum Grundwasserspiegel vordringen.

Die Trinkwasserversorgung der Gemeinden Nordostdeutschlands, die zu mehr als 75 Prozent auf Grundwasserförderung basiert, muss die minimale Grundwasserneubildung berücksichtigen, um diese Ressource vor übermäßiger Nutzung zu schützen.

---

als Zwischenabfluss bezeichnet (Interflow, A_I in Abb. 13.2.4). Dieser wird in einen schnellen und langsamen Zwischenabfluss unterschieden, der auch wieder an die Bodenoberfläche treten kann (*return flow*). Entsprechend tragen diese Komponenten unterschiedlich schnell zur Entstehung einer Hochwasserwelle bei.

Fällt in einer bestimmten Zeitspanne mehr Niederschlag als in den Boden infiltrieren kann, muss das Was-

ser oberflächig abfließen, auch wenn unter der Bodenoberfläche noch luftgefüllter Porenraum zur Verfügung steht (Infiltrationsüberschuss oder **Oberflächenabfluss nach Horton**, *Horton overland flow*). Oberflächenabfluss entsteht aber auch, wenn sich der Oberboden mit Wasser sättigt bzw. der Grundwasserspiegel ansteigt und der Boden daher kein weiteres Wasser mehr aufnehmen kann (Sättigungsüberschuss oder **Sättigungsflächenab-**

fluss nach Dunne, *Dunne saturation overland flow*). Während im ersten Fall der Oberflächenabfluss durch die zu große Niederschlagsintensität bzw. eine zu geringe Infiltrationskapazität hervorgerufen wird, ist der Sättigungsflächenabfluss auf Bodeneigenschaften und den ansteigenden Grundwasserspiegel zurückzuführen und wird durch eine Sättigung „von unten" bedingt (Abb. 13.2.6; Peschke 2001). In der Realität sind die beiden Abflussarten eng miteinander verbunden (Symader 2004) und führen beide dazu, dass ein großer Teil des Niederschlagswassers den Grundwasserspeicher nicht erreicht und damit für das Auffüllen des Grundwasserkörpers nicht zur Verfügung steht. Als vollständig mit Wasser gefüllter Porenraum garantiert der Grundwasserkörper den Niedrigwasserabfluss der Flüsse, demnach ist die Grundwasserneubildung überaus wichtig (Exkurs 13.2.1).

Im Einzugsgebiet eines Flusses sind die genannten Abflussarten Oberflächen-, Zwischen- und Basisabfluss räumlich und zeitlich stark variabel, je nach Großwetterlage, Jahreszeit und anderen Faktoren. Dennoch lassen sich in einem Einzugsgebiet abflusswirksame Flächen erkennen, die überproportional zum Oberflächenabfluss beitragen. Sie vernässen gegenüber anderen Flächen relativ schnell und zeigen damit an, dass kein weiteres Niederschlagswasser infiltrieren kann. International bezeichnet man diese Flächen gegenwärtig als *variable source areas*, worin sehr gut zum Ausdruck kommt, dass ihre Abflusswirksamkeit zeitlich und räumlich variabel ist (Symader 2004).

 **Exkurs 13.2.2**

Bestimmung des oberirdischen Abflusses

Die Abflussmenge eines Fließgewässers ist einer der wichtigsten hydrologischen Parameter, um beispielsweise den Wasserhaushalt eines Einzugsgebietes oder die mitgeführten Frachten (Lösungs-, Schweb- und Bettfracht) zu bestimmen. So ist zum Beispiel auch für die Gewässergüte die abfließende Wassermenge von entscheidender Bedeutung, da sie – neben der Menge des zufließenden Stoffs – über deren Konzentration im Fluss entscheidet. Zur Berechnung des Abflusses gibt es verschiedene Methoden, am exaktesten wird er jedoch mit folgender Formel bestimmt:

Abfluss = Fließquerschnitt · Durchflussgeschwindigkeit

Der **Wasserstand** [cm, m] ist eine Hilfsgröße, um den Fließquerschnitt des durchflossenen Gerinnes zu bestimmen, unter der Voraussetzung, dass sich dieser bei unterschiedlichen Abflusszuständen nicht verändert (Niedrig-, Mittel- und Hochwasserabfluss). Der Wasserstand wird in der Regel an einem fest installierten Lattenpegel abgelesen oder mit einem registrierenden Pegel kontinuierlich aufgezeichnet (z. B. Schwimmerpegel, Druckluftpegel). Die kontinuierliche Aufzeichnung ermöglicht die Erstellung einer Wasserstandsganglinie, die zur weiteren Verarbeitung beispielsweise auf Stundenwerte reduziert wird. Der gewählte Zeittakt dieser Daten ist abhängig von der Größe des Flusseinzugsgebietes (kleiner Bach: schnelle Wasserstandsänderungen bei Ereignissen; großer Fluss, z. B. der Rhein bei Köln: langsame Wasserstandsänderungen).

Die **Durchflussgeschwindigkeit** [cm/s, m/s] ist die Geschwindigkeit des Wassers, das durch eine bestimmte Querschnittsfläche abfließt. Diese Fließgeschwindigkeit kann zum Beispiel mit einem hydraulischen Messflügel ent-

lang von Messlotrechten gemessen werden, das heißt an senkrecht verlaufenden Messlinien, die den durchflossenen Querschnitt gleichmäßig unterteilen.

Bei kleinen Bächen kann die **Abflussmenge** [l/s] unterhalb eines Wehres direkt durch Füllen eines Gefäßes pro Zeiteinheit bestimmt werden. Verwendet man ein gleichschenkliges, rechtwinkliges Durchflussprofil (z. B. das Thompsonwehr), so kann die Durchflussmenge mithilfe der folgenden Gleichung (h = Wasserstand im Dreieckswehr) bestimmt werden (Wilhelm 1997):

$$Q = 0{,}0146\, h^{2{,}5}$$

Bei sehr turbulentem Fließen empfiehlt es sich, ein Tracerverfahren zu verwenden. Dabei werden partikuläre oder gelöste Inhaltsstoffe, beispielsweise Salz, in das abfließende Wasser künstlich eingebracht, die sich während des Fließprozesses entsprechend der Wassermenge verdünnen. Über die Konzentrationsänderung lässt sich die Abflussmenge berechnen.

Bei größeren Bächen, Flüssen oder Strömen kann die Abflussmenge über einen Zeitraum hinweg nicht direkt bestimmt werden. Das weltweit am häufigsten angewendete Verfahren erfolgt hier über den „Umweg" der kontinuierlichen Aufzeichnung des Wasserstands und die Erstellung einer Wasserstandsganglinie. Nun werden bei unterschiedlichen Wasserständen die Abflussmengen gemessen und daraus eine mathematisch formulierte Beziehung erstellt. Mit dieser Abflusskurve kann jedem Wasserstand eine Durchflussmenge zugeordnet werden. Mithilfe der **Abflusskurve** lässt sich aus der Wasserstandsganglinie eine **Abflussganglinie** erzeugen.

Bemerkenswert ist, dass unter dem Eindruck der **Hochwasserkatastrophen** der letzten etwa 15 Jahre (Oder 1997, Elbe 2002) die sächsische Landesregierung den Hochwasserentstehungsgebieten eine besondere Bedeutung beimisst: „Hochwasserentstehungsgebiete sind Gebiete, insbesondere in den Mittelgebirgs- und Hügellandschaften, in denen bei Starkniederschlägen oder bei Schneeschmelze in kurzer Zeit starke oberirdische Abflüsse eintreten können, die zu einer Hochwasserwelle in den Fließgewässern und damit zu einer erheblichen Gefahr für die öffentliche Sicherheit und Ordnung führen können. Die höhere Wasserbehörde setzt die Hochwasserentstehungsgebiete durch Rechtsverordnung fest" (Neufassung des Sächsischen Wassergesetzes vom 18.10.2004, §100b, 1).

Global betrachtet gibt es zwei Zonen, in denen Oberflächenabfluss verstärkt auftritt. Dies sind zum einen die polaren und subpolaren Bereiche, in denen das Schneeschmelzwasser nicht in den Untergrund versickern kann, da dieser durch ständige Bodengefrornis (Permafrost) nicht in der Lage ist, das Wasser aufzunehmen. Zum anderen handelt es sich um die wechselfeuchten Tropen. Hier fällt der Regen mit hoher Intensität direkt auf feinkörniges Bodensubstrat, da die Bodenbedeckung nicht geschlossen ist (Trockensavanne). Der Aufprall der Regentropfen führt dazu, dass die Bodenpartikel aus ihrem Aggregatverband gelöst werden, kleine Vertiefungen auffüllen und so die Bodenoberfläche verschlämmen. Das hat zur Folge, dass die Infiltration in den Boden gehemmt wird und die Infiltrationsrate wesentlich kleiner ist als die Niederschlagsintensität (Infiltrationsüberschuss; Wilhelm 1997). Die knappe Ressource Wasser fließt zu großen Teilen oberflächlich ab und verdunstet häufig aus versalzenden Endseen. Um in größerem Maße für die menschliche Nutzung zur Verfügung zu stehen, müsste ein größerer Teil des Wassers in den Grundwasserkörper versickern, was aber nicht dem natürlichen Prozessgefüge dieser Ökozone entspricht.

Benachteiligt ist diese Zone zusätzlich dadurch, dass die Oberfläche der Landschaft grundsätzlich durch Flächenbildung gekennzeichnet ist. Dies führte dazu, dass Büdel (1981) die Zone klimamorphologisch als „randtropische Zone exzessiver Flächenbildung" eingestuft hat. Für die Nutzung hat das sehr negative Auswirkungen, nämlich ein sehr flaches Relief, das vielfach keine Möglichkeiten bietet, Stauanlagen zu errichten. Für die gegenwärtige und zukünftige Verfügbarkeit des Wassers sind diese Phänomene von außerordentlicher Bedeutung (Weischet 1984).

Abflussganglinie

Die angeführten Komponenten Oberflächen-, Zwischen- und Grundwasserabfluss (A_O, A_I, A_G in Abb. 13.2.4) bilden den **Abfluss in einem Gerinne**. Quantitativ ist darunter das Wasservolumen zu verstehen, das unter Einfluss der Schwerkraft in einer bestimmten Zeiteinheit einen definierten, oberirdischen Fließquerschnitt durchfließt und einem Einzugsgebiet zugeordnet werden kann (DIN 4049 1992). Er wird mit dem Formelzeichen Q abgekürzt und in m^3/s oder l/s angegeben. Wird diese Wasserführung unabhängig von der Zuordnung zu einem Einzugsgebiet betrachtet, spricht man von Abfluss oder Durchfluss. Wird die Abflussmenge auf die Einzugsgebietsfläche bezogen, so wird sie entweder als Abflussspende (l/s · km²) oder als Abflusshöhe h_A (mm/Zeiteinheit) angegeben (Baumgartner & Liebscher 1996). Die Abflussspende (Quotient aus Abfluss und Fläche des zugehörigen Einzugsgebietes) ist ein häufig verwendeter Parameter, wenn es darum geht, die Abflusswirksamkeit von unterschiedlichen bzw. unterschiedlich großen Einzugsgebieten oder deren Teilflächen zu vergleichen.

Die Abbildung 13.2.7 zeigt beispielhaft die **Abflussganglinie** der Saar am Pegel Fremersdorf im hydrologischen Jahr 1994. Während im hydrologischen Winterhalbjahr (1. November 1993 bis 30. April 1994) ein hoher Basisabfluss mit mehreren aufgesetzten Hochwasserwellen – darunter das „Jahrhunderthochwasser" vom 22. Dezember 1993 – zu sehen ist, dominiert im Sommerhalbjahr (1. Mai 1994 bis 31. Oktober 1994) ein geringer Basisabfluss, der auch nur selten von Hochwasserwellen erhöht wird. Das **hydrologische Jahr** setzt sich aus dem hydrologischen Winterhalbjahr (grundwasserneubildende Winterniederschläge) und dem hydrologischen Sommerhalbjahr (grundwasserzehrende Vegetationsperiode) zusammen. Da diese natürliche saisonale Wasserbilanz zum Kalenderjahr zeitlich vorverschoben ist, beginnt das hydrologische Jahr zwei Monate früher.

Die Beziehung zwischen Niederschlag und Abflussereignis kann nach DIN 4049 schematisch gegliedert werden (Abb. 13.2.8). Es ist zu erkennen, dass Niederschlag zu Oberflächen-, Zwischen- und einem leicht steigenden Grundwasserabfluss (Basisabfluss) führt. Das Hochwasser beginnt mit dem Anstieg der Ganglinie bis zum Hochwasserscheitel. Er wird durch den maximalen Oberflächenabfluss im Einzugsgebiet gebildet, entsprechend der Fließwege zur Messstelle zeitlich verzögert. Der Zwischenabfluss erreicht sein Maximum später als der Oberflächenabfluss, da der Abflussprozess durch den Untergrund verlangsamt stattfindet. Oberflächen- und Zwischenabfluss bilden den Direktabfluss.

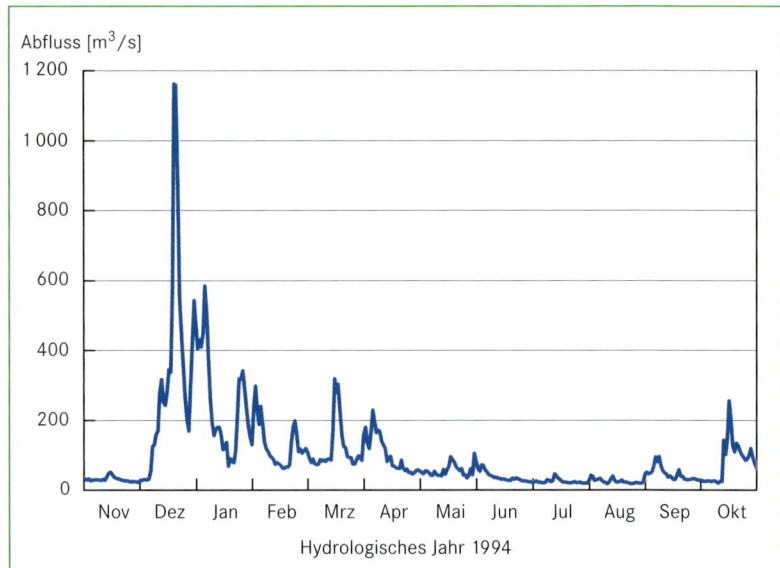

Abb. 13.2.7 Abflussganglinie der Saar am Pegel Fremersdorf im hydrologischen Jahr 1994 (1. November 1993 bis 31. Oktober 1994) mit dem „Weihnachtshochwasser" 1993.

Auffallend ist, dass die Fläche des Zwischenabflusses unter der Hochwasserganglinie einen größeren Anteil hat als der Oberflächenabfluss. Das bedeutet, dass das in den Untergrund einsickernde und oberflächenparallel abfließende Wasser, trotz des langsameren Fließens, einen größeren Anteil an der Hochwasserwelle hat als der Oberflächenabfluss. Große Bedeutung kommt daher den oben genannten stauenden Horizonten oder Schichten im Untergrund zu. Auch die Pflugsohle (Abb. 13.2.9) kann einen Beitrag zur Verschärfung der Hochwasserwelle beitragen.

Der nur leicht steigende Basisabfluss (hauptsächlich Wasser aus dem Grundwasserkörper) erreicht sein Maximum mit dem Ende der Hochwasserdauer. Ab hier bleibt er die einzige Abflusskomponente, die den Basisabfluss in den Bächen und Flüssen über einen längeren, niederschlagsfreien Zeitraum aufrechterhält, wie das für Vorfluter in Klimazonen mit ganzjährigem Niederschlagsüberschuss gegenüber Verdunstung charakteristisch ist (z. B. gemäßigte Breiten, immerfeuchte Tropen). Das zeitlich verzögerte Eintreffen der Maxima der Abflusskomponenten sorgt für den typischen Verlauf

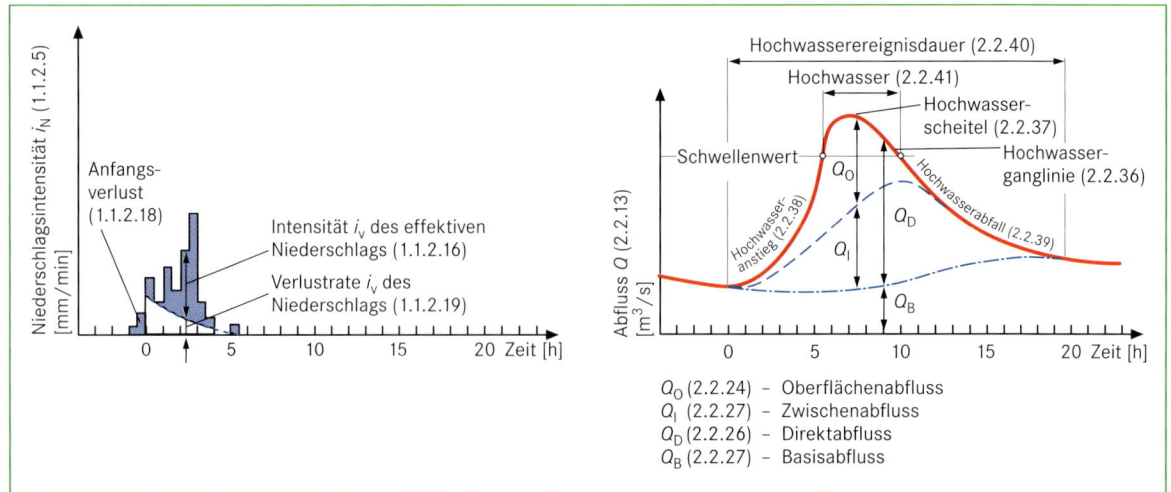

Abb. 13.2.8 Schematischer Ablauf einer Hochwasserwelle nach DIN 4049 (1992). Die zeitlich später auftretenden Maxima des Zwischen- (Q_I) und Basisabflusses (Q_B) formen den abfallenden Ast der Hochwasserwelle flacher als den Anstieg.

Abb. 13.2.9 Die Erosionsrinne auf einem Feld im Kraichgau (SW-Deutschland) dokumentiert linienhaften Abfluss und Bodenerosion durch einen Starkniederschlag. Durch die landwirtschaftliche Bearbeitung wird der Ap-Horizont (p von Pflughorizont) aufgelockert, der Unterboden aber durch das Befahren mit schweren Maschinen über die Jahre so stark verdichtet, dass selbst oberflächlich abfließendes Wasser diese Pflugsohle nicht aufreißen kann. Es ist leicht vorstellbar, dass durch diese „Sohle" nur wenig Wasser in den Untergrund versickern kann, sondern als Oberflächen- bzw. Zwischenabfluss im Ap-Horizont abfließen muss. Eine pfluglose konservierende Bodenbearbeitung würde dieses Problem beheben (Foto: A. Schulte).

der Hochwasserganglinie mit steilem Anstieg und flachem Hochwasserabfall. Daraus folgt, dass der Schwerpunkt unter der Hochwasserganglinie später auftritt als der Hochwasserscheitel, was der Modellfunktion der Pearson-III-Verteilung entspricht, die bei der Hochwassermodellierung und -vorhersage eine wichtige Rolle spielt.

Neben den Einzelereignissen werden in der Hydrologie und Hydrogeographie **Abflussdaten** über eine längere Zeitspanne benötigt, um mittlere Zustände über eine Saison oder ein oder mehrere Jahre wiederzugeben. Der „verregnete" Sommer mit hohen Abflusswerten in 2002 (mit Extremhochwasser im August 2002 an der Elbe) und der trockene, heiße Sommer 2003 mit entsprechend geringen Abflusswerten (Presse-Schlagzeile: „Spree – Fluss auf dem Trockenen" und „Versteppung Brandenburgs") sind sehr anschauliche Beispiele. Auch um die außergewöhnlichen Abflusszustände nach ihrer statistischen Eintrittswahrscheinlichkeit einzustufen, sind die im Folgenden genannten Mittelwerte notwendig (nach DIN 4049, 1992):

- *HHQ:* höchster Hochwasserabfluss – der höchste jemals gemessene Wert (an vielen Pegelstationen im Einzugsgebiet der Elbe beim Hochwasser 2002 erreicht)
- *HQ:* Hochwasserabfluss, das heißt der in einer längeren Zeitspanne gemessene höchste Abflusswert
- HQ_x: der Abfluss mit einer statistischen Wiederkehrperiode von x Jahren, zum Beispiel HQ_{10} (10-jährlicher Hochwasserabfluss), HQ_{50} oder HQ_{100}. Meist wird das HQ_{100} als Bemessungshochwasser verwendet, das heißt, nach dem entsprechenden Wasserstand (HW_{100}) wird zum Beispiel die Deichhöhe oder das maximale Durchflussprofil unter Brü-

cken bemessen. Ein höheres Bemessungshochwasser (HQ_{200} oder HQ_{500}) wird aus Kostengründen nur bei besonders zu schützenden Objekten verwendet (z. B. neue Oderdeiche auf HQ_{200} ausgebaut). Die Bemessung von Deichen und anderen Bauten an Fließgewässern wird durch Normen und Regelwerke vorgeschrieben (DIN, ehemaliger DVWK = Deutscher Verband für Wasserwirtschaft und Kulturbau, heute DWA = Deutsche Vereinigung für Wasserwirtschaft, Abwasser und Abfall e.V.).

- *MHQ:* mittlerer Hochwasserabfluss, das heißt die höchsten Abflusswerte arithmetisch gemittelt über eine bestimmte Zeitspanne (z. B. die Jahresreihe 1970 bis 2005)
- *MQ:* mittlerer Abfluss, das heißt arithmetisches Mittel aller Hauptbeobachtungen innerhalb einer festgelegten Zeitspanne, zum Beispiel einer Reihe von Jahren
- *MNQ:* mittlerer Niedrigwasserabfluss, das heißt die niedrigsten Abflusswerte arithmetisch gemittelt über eine bestimmte Zeitspanne (z. B. eine Jahresreihe)
- *NQ:* Niedrigwasserabfluss, das heißt der in einer längeren Zeitspanne beobachtete niedrigste Abflusswert
- NQ_x: Niedrigwasserabfluss mit einer statistischen Wiederkehrperiode von x Jahren. Dieser Abflusswert hat als Mindestwasserabfluss große Bedeutung für das Ökosystem Fließgewässer, so beispielsweise um die Abwassereinleitungen in abflussarmen Jahreszeiten zu begrenzen. Entsprechend der Bedeutung ist die Abwassereinleitung im WHG (Wasserhaushaltsgesetz) geregelt.
- *NNQ:* niedrigster Niedrigwasserabfluss, das heißt der niedrigste jemals gemessene Abflusswert

Hydrologische Modellierung

Wer Aussagen über das Abflussverhalten von Flüssen machen möchte, um beispielsweise den Verlauf von Hochwasserereignissen genauer vorherzusagen, benötigt eine große Anzahl an Daten über das Einzugsgebiet: Unter anderem sind Gebietsniederschlag, Relief (digitales Geländemodell), Bodenart und Flächennutzung wesentliche Parameter, die in die Betrachtung der hydrologischen Prozesse eingehen. Viele dieser Parameter liegen nicht flächenhaft vor bzw. können durch Messungen nicht flächenhaft erfasst werden. Daher wurden Modelle entwickelt, die als vereinfachtes Abbild der Realität die Komplexität der Natur reduzieren und dadurch eine Simulation natürlicher Vorgänge ermöglichen.

Am Anfang der hydrologischen Modellierung standen Modelle, die aus dem Verlauf eines Niederschlagsereignisses die Abflussganglinie zu rekonstruieren versuchten, zum Beispiel der *Unit Hydrograph* von Sherman (1932). Im *Unit Hydrograph* werden statistische Informationen der Niederschlagsverteilung als Input verwendet, um eine Abflussganglinie als Output zu generieren, ohne dass die dazwischen geschalteten Prozesse der Abflussbildung betrachtet werden. Solche Modelle, die nur den Input analysieren, um einen Output zu modellieren, werden als **Black-Box-Modelle** bezeichnet.

Eine zweite Modellgruppe stellen die **konzeptionellen Modelle** dar, die physikalische Prozesse durch einfache Näherungen beschreiben und damit die Komplexität der Natur stark reduzieren. Die Anzahl der zu messenden Parameter wird gering gehalten und damit Aufwand und Rechenzeit im Vergleich zu komplexeren Modellen reduziert (**Grey-Box-Modelle**). Vertreter der Gruppe konzeptioneller Modelle sind unter anderem PRMS (*Predicted Runoff Modelling System*) oder NASIM (Niederschlag-Abfluss-Simulation).

Die dritte Gruppe stellen **physikalisch basierte Modelle** dar. Sie bauen auf physikalischen Grundlagen auf, die die ablaufenden hydrologischen Prozesse beschreiben. Dazu gehört beispielsweise das Darcy-Gesetz über die Wasserbewegung im Boden. Da sich das Wasser in verschiedenen Bodenarten mit unterschiedlicher Geschwindigkeit bewegt, ist es ratsam, Flächen verschiedener Bodenarten in einem Einzugsgebiet abzugrenzen und auch im Modell zu unterscheiden. Flächendifferenzierte Modelle geben die räumliche Verteilung von Gebietseigenschaften und Prozessen als kleinste definierte Flächeneinheiten wieder. Dadurch kann eine räumliche Differenzierung der Input- und Output-Daten vorgenommen werden.

Derartige Modelle berücksichtigen die Komplexität der zu modellierenden Natur am besten. Jedoch muss zum einen eine Vielzahl von Inputgrößen gemessen werden und zum anderen ist die Rechenzeit länger als bei Black-Box- oder Konzeptmodellen und damit der Aufwand für die Modellanwendung sehr groß. Zur Gruppe der physikalischen Modelle gehört unter anderem das auf der Richards-Gleichung für Wasserbewegung in der gesättigten Zone des Bodens basierende Modell WaSiM-ETH Version 2 (Wasserhaushalts-Simulationsmodell der Eidgenössischen Technischen Hochschule Zürich), das entwickelt wurde, um den Einfluss von Klimaänderungen auf den Wasserhaushalt zu simulieren.

Die Anwendbarkeit von Modellen richtet sich nicht ausschließlich nach der Frage des bestmöglichen Abbildes der komplexen Realität, sondern nach Anwendbarkeit, Rechenzeit, Kosten und hauptsächlich nach der zu untersuchenden Fragestellung und der Größe des Einzugsgebietes. Für die Hochwasservorhersage in kleinen Einzugsgebieten spielen beispielsweise Niederschlags-Abfluss-Modelle, die auf physikalischen Gesetzen der Abflussbildung beruhen, eine große Rolle, während in größeren Fließgewässern Modelle eingesetzt werden können, die die Laufzeit und die Veränderung der Hochwasserwelle auf dem Weg von einem Pegel zum nächsten berücksichtigen.

Abflussregime

Weniger bedeutsam für die Darstellung von einzelnen Hochwasserereignissen, sondern mehr für die langfristige Wasserhaushaltsbetrachtung und -bilanzierung ist die Frage nach dem mittleren Abflussverhalten eines Flusses an einer Pegelstation. Entsprechend der Milieufaktoren Klima, Relief, Vegetation, Geologie und so weiter lässt sich für jeden Fluss ein charakteristischer **Abflussgang** beschreiben. Hierbei kommen nicht einzelne Hochwasserereignisse oder kurzzeitige Trockenphasen zum Ausdruck, wie in der Abflussganglinie, sondern mittlere Abflusszustände im Verlauf eines Jahres. Nach den grundlegenden Arbeiten von Pardé (1947, 1960) bezeichnet man sie als Abflussregime (später auch Keller 1968, Grimm 1966, 1968, Nippes 1970). Dabei wird der Quotient aus den langjährigen Monatsmitteln (MQ_{Monat}) und dem Jahresmittel (MQ_{Jahr}) gebildet. Diese Art der Darstellung hat wesentliche Vorteile:

- Der so ermittelte monatliche Abflusskoeffizient ist dimensionslos und ermöglicht, das charakteristische Abflussverhalten unterschiedlich großer Flussgebiete

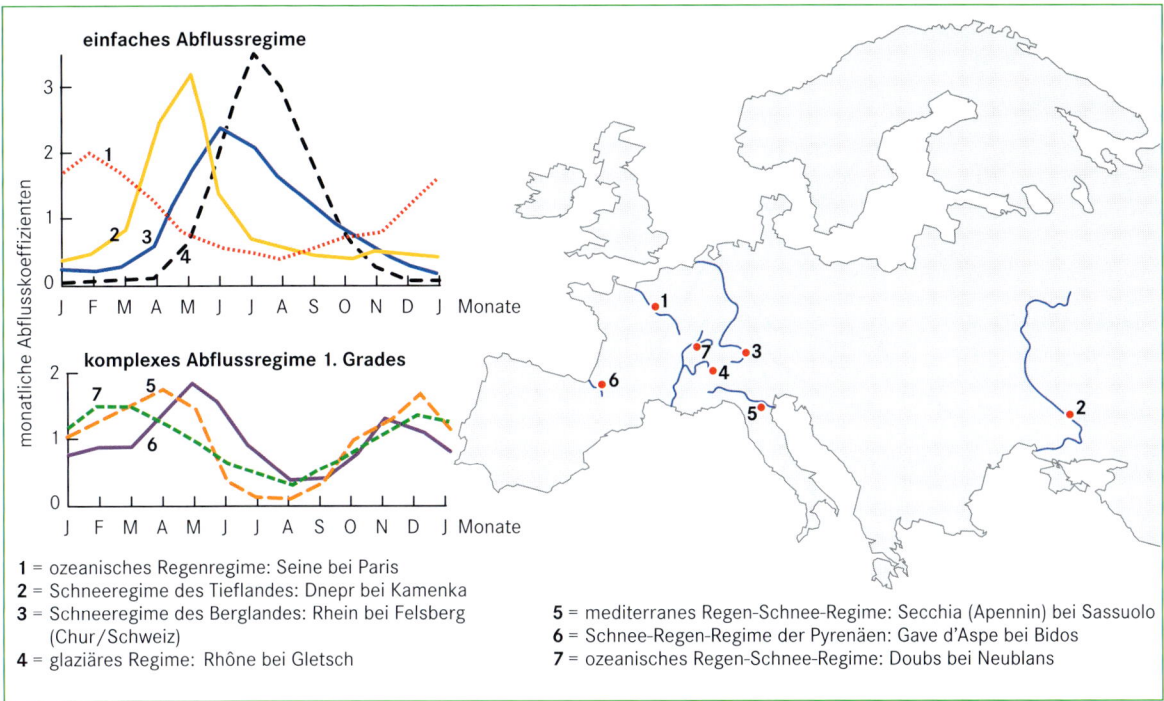

1 = ozeanisches Regenregime: Seine bei Paris
2 = Schneeregime des Tieflandes: Dnepr bei Kamenka
3 = Schneeregime des Berglandes: Rhein bei Felsberg (Chur/Schweiz)
4 = glaziäres Regime: Rhône bei Gletsch

5 = mediterranes Regen-Schnee-Regime: Secchia (Apennin) bei Sassuolo
6 = Schnee-Regen-Regime der Pyrenäen: Gave d'Aspe bei Bidos
7 = ozeanisches Regen-Schnee-Regime: Doubs bei Neublans

Abb. 13.2.10 Abflussregime verschiedener europäischer Flüsse (verändert nach Baumgartner & Liebscher 1996).

oder solche unterschiedlicher naturräumlicher Ausstattung zu vergleichen.

- Das Abflussjahr kann in abflusswirksame Niederschlagszeiten und abflussreduzierende Verdunstungszeiten unterschieden werden, was besonders für die Planung der Wassernutzung in wechselfeuchten Klimaten von Bedeutung ist.
- Große Grundwasservorkommen oder Seeflächen (ebenfalls für die Nutzung von großer Bedeutung) dämpfen wegen der Speicherwirkung die Amplitude.

Folgende **Abflussregime** werden unterschieden (Abb. 13.2.10):

- **einfache Regime:** Der Abflussgang wird lediglich durch einen variablen Faktor (z. B. Niederschlag oder Verdunstung) gesteuert. Entsprechend der jahreszeitlichen Ausprägung ist das Abflussregime eingipfelig. In den Tropen kann der Verlauf auch zweigipfelig sein, wenn es zwei ausgeprägte Regenzeiten gibt.
- **komplexe Regime 1. Grades:** Folgen zwei abflusswirksame Prozesse im Verlauf des Abflussjahrs aufeinander, wie zum Beispiel Schneeschmelze im Frühjahr und Regen im Herbst, kann es zwei Abflussmaxima geben.
- **einfache und komplexe Regime 1. Grades:** Sie werden für einen definierten Abflussmesspunkt am Fluss angegeben.

- **komplexe Regime 2. Grades:** Auch sie sind durch zwei Abflussmaxima pro Jahr gekennzeichnet, allerdings verändern sich die Amplituden der beiden Maxima im Verlauf des Flusses. Wesentlich ist, dass sie auf ihrer Laufstrecke den Regimetyp wechseln.

Einfache Regime können durch Gletscherschmelze (glazial), Schneeschmelze (nival) oder Regenniederschlag (pluvial) gesteuert sein. Glaziale Regime treten in den Polargebieten und Hochgebirgen auf, wo Einzugsgebiete ganzjährig mindestens zu 15 bis 20 Prozent mit Schnee oder Eis bedeckt sind. Das Abflussmaximum liegt in der warmen Jahreszeit, die übrigen Niederschläge über das Jahr kommen ebenso wenig zur Geltung wie die Verdunstung in den Sommermonaten. Nivale Regime treten in den winterkalten Bergregionen und Tiefländern auf. Gelegentlich wird das nivale Regime des Berglandes von dem des Tieflandes unterschieden, da im Tiefland die Schneeschmelze früher und ausgeprägter auftritt, was in starken Hochwassern des Tieflandes zum Ausdruck kommt (z. B. Wolga, Ob). Das pluviale oder ozeanische Regime spiegelt die winterlichen Regenniederschläge wieder, was beispielsweise das Regime der Seine prägt (Abb. 13.2.10).

Komplexe Regime 1. Grades sind beispielsweise die nivo-pluvialen Regime, die durch die zeitliche Aufeinanderfolge von Schneeschmelze und Regen zwei

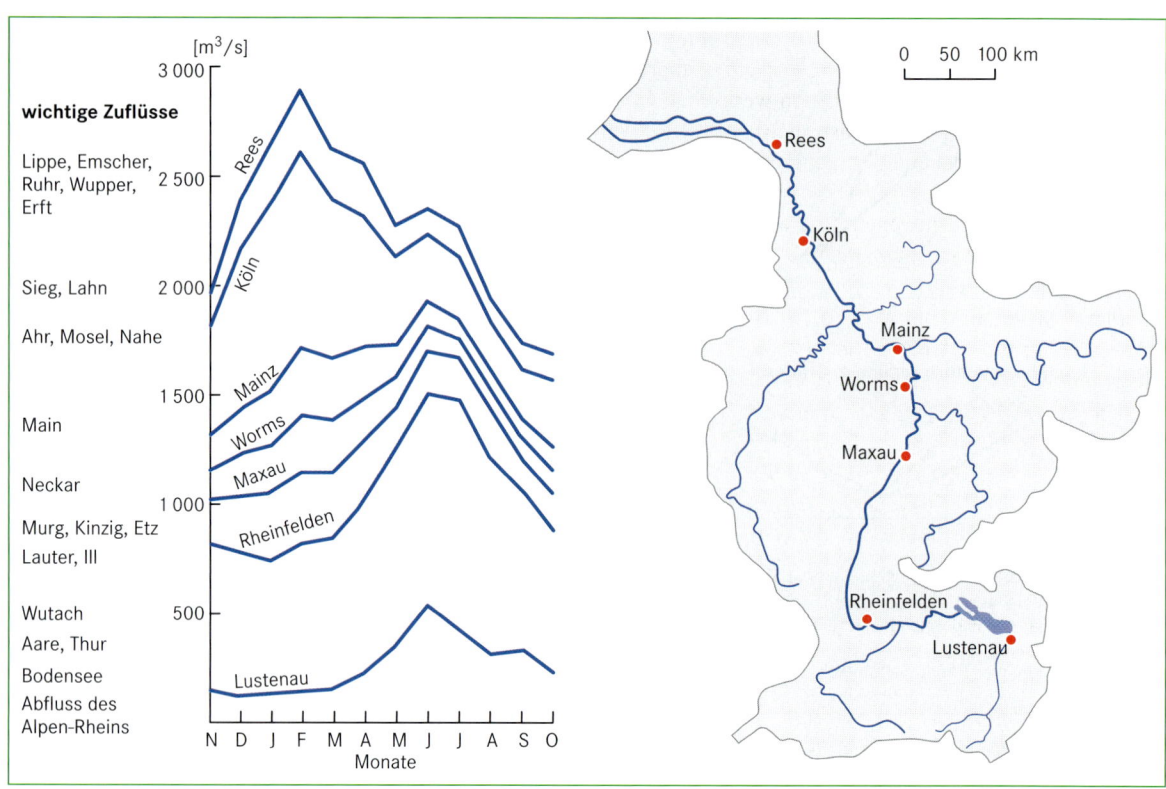

Abb. 13.2.11 Der Rhein als Beispiel eines komplexes Abflussregimes 2. Grades (verändert nach Marcinek & Schmidt 2002).

Maxima im Jahr zeigen (Abb. 13.2.10). Das Maximum durch die Schneeschmelze ist höher, weshalb das „nivo" vorangestellt wird. Das pluvio-nivale Regime hat entsprechend ein höheres Maximum durch Regenniederschlag.

Ein schönes Beispiel für ein komplexes Regime 2. Grades ist der Rhein (Abb. 13.2.11). Die vergletscherten Flächen in den Quellflüssen Vorder- und Hinterrhein umfassen beim Pegel Domat/Ems lediglich 2,3 Prozent (BAFU Schweiz 2009), weshalb der nivale Charakter ausschlaggebend ist. Vor der Mündung in den Bodensee hat daher auch der Alpenrhein ein einfaches nivales Regime mit dem Abflussmaximum im Juni. Das bleibt am Hochrhein bis Basel bestehen, da die Zuflüsse (z. B. Aare) ebenfalls nivale Regime haben. Bis Mainz münden zahlreiche Flüsse, deren Abflussmaxima durch winterlichen Regen gekennzeichnet sind, wodurch sich im Februar ein zweites Maximum entwickelt. Der Rhein bei Mainz wechselt dadurch in ein nivo-pluviales Regime. Der Winterregen gewinnt flussabwärts immer mehr an Bedeutung und übertrifft bei Köln das nivale Maximum, ab hier herrscht also ein pluvio-nivales Regime.

Das Abflussmaximum des Alpenrheins verdankt seine Entstehung der späten Schneeschmelze in den Alpen und ist nicht auf die hohen Niederschlagssummen in den Monaten Juni bis August zurückzuführen. Normalerweise verweilt das Niederschlagswasser in den Sommermonaten aufgrund der hohen potenziellen Verdunstung nur kurz im Boden. Entsprechend gering ist der Anteil des Wassers, das bis zum Grundwasserkörper versickert. Entsprechend gering ist die Grundwasserneubildung. Am Ende des Sommers ist der Grundwasserspeicher nur wenig gefüllt und es kann in Regionen mit Trinkwassergewinnung aus Grundwasserschichten zu Wasserknappheit kommen. Im Winter dagegen ist die Evaporation aufgrund der niedrigen Temperaturen und die Transpiration aufgrund der geringen Vegetationsbedeckung eingeschränkt. Das Niederschlagswasser infiltriert zu einem größeren Anteil in den Boden und dringt bis zur gesättigten Zone des permanenten Grundwassers vor und führt zu einer Auffüllung des Grundwasserspeichers (Grundwasserneubildung). Der Grundwasserspeicher wiederum speist den Basisabfluss auch in Zeiten mit geringen Niederschlägen und sorgt daher für eine ganzjährige Wasserführung.

Gewässer mit einem ganzjährigen Abfluss werden als perennierend bezeichnet. Ihr Hauptverbreitungsgebiet sind die immerfeuchten Tropen (Tageszeitenklima) und humiden Außertropen. Einen Fluss, der mindestens einen Monat im Jahr trockenfällt, bezeichnet man als periodisch Wasser führenden Fluss (in wechselfeuchten Klimaten Nordamerikas und Australiens). In extremen Trockengebieten, in denen über mehrere Jahre nur gelegentlich Niederschlag fällt, treten episodisch Wasser führende Gerinne auf, zu denen die Wadis in Nordafrika zählen (Wilhelm 1997). Besonders kritisch stellt sich diesbezüglich das Sahelgebiet Nordafrikas dar, das am Übergang zwischen wechselfeuchten Tropen und Wüstengebieten über Niederschlag verfügt, der aber mit so hoher zeitlicher Variabilität fällt, dass sich das entsprechend im episodischen Abflussverhalten ausdrückt.

Hinsichtlich des Wasserdargebots und des Verlaufs unterscheidet man folgende **Flusstypen**:

- **endoreïsch:** Die Flüsse entspringen im humiden Randbereich einer Trockenregion, verlieren das Wasser beim Durchfließen der ariden Region (Verdunstung > Niederschlag) und münden in einen Endsee, aus dem das verbleibende Wasser gänzlich verdunstet. Die im Wasser enthaltenen Salze bleiben zurück und bilden landwirtschaftlich schwer oder nicht nutzbare Salzkrusten (z. B. Wolga, viele Flüsse am Rand der Wüste Gobi in N-China und der Mongolei).
- **areïsch:** Die Flüsse entspringen und enden in ariden Gebieten (z. B. Wadis in Nordafrika, Humboldt-Fluss im Großen Becken der USA).
- **diareïsch:** Diese Flüsse haben ihr Quell- und Mündungsgebiet in humiden Regionen (Niederschlag > Verdunstung), durchfließen aber unter erheblichem Wasserverlust aride Gebiete (z. B. Nil, Niger). Sie werden auch als Fremdlingsflüsse oder allochthone Flüsse bezeichnet, da ihre Wasserführung in der ariden Region nicht den dortigen klimatischen Bedingungen entspricht.

Eine sehr heterogene Wasserführung, beispielsweise bei periodischen Flüssen, führt oft zu ökologischen Problemen. Die Flora und Fauna des Ökosystems hat sich zwar auf die stark schwankenden Abflüsse eingestellt, aber durch den Eingriff des Menschen treten Probleme bei der Wasserqualität auf. Oft werden Fließgewässer als Vorfluter für Abwässer aus Industrie, Landwirtschaft und Haushalten genutzt. Eine ganzjährig hohe Wasserführung sorgt für einen Verdünnungseffekt bei der Einleitung des Abwassers. Doch in Flüssen mit schwankender Wasserführung steht in Niedrigwasserzeiten nicht ausreichend Wasser zur Verfügung, um eine effektive Verdünnung der zufließenden Abwässer hervorzurufen, sodass Nähr- und Schadstoffe in größeren Konzentrationen vorliegen und das Ökosystem beeinträchtigen. Die Kenntnis von Wasserführung und Stoffkreisläufen

in Gewässern bietet somit die Möglichkeit, Gefahrenpotenziale für das Ökosystem besser abschätzen und rechtzeitig Gegenmaßnahmen ergreifen zu können.

13.3 Stoffkreisläufe

Stoffe können im Wasser in unterschiedlicher Form vorkommen. Sie können gelöst sein (z. B. Salze) und sind in der Regel optisch nicht wahrnehmbar. Die schwimmend oder schwebend im Fluss transportierten Komponenten sind deutlich sichtbar, letztgenannte führen zur schlammfarbenen Eintrübung des Wassers. Der Gerölltransport an der Flusssohle ist wiederum schwer zu beobachten, da Schweb- und Gerölltransport häufig gemeinsam während Hochwasser stattfinden.

Die Bilanzierung von Stoffkreisläufen in Geosystemen basiert auf der Erfassung von Stoffeinträgen und Stoffausträgen. Dementsprechend gibt die Stoffbilanz Massengewinne und Massenverluste für einzelne Stoffe wieder. Bezugszeitraum ist jeweils das hydrologische Jahr vom 1. November bis 31. Oktober des Folgejahres.

Haushalt gelöster Stoffe

Die enge Beziehung zwischen Bodenwasserhaushalt und dem Haushalt gelöster Stoffe ermöglicht auf der Grundlage des Wasserhaushaltes und der Modellvorstellungen des Linearspeichers (Abb. 13.2.5) auch die Darstellung gelöster Stoffe in einem Flusseinzugsgebiet.

Stoffquellen

Die gelösten Stoffe im Abfluss eines Flusses können natürlichen oder anthropogenen Ursprungs sein. Die **atmosphärischen Stoffeinträge** erfolgen auf Pflanzenoberflächen, auf unbewachsenen Boden oder direkt ins Gewässer. Sie sind in drei Gruppen zu unterscheiden:

- Neutralstoffe und Nährstoffe
- Säuren
- potenzielle Giftstoffe

Der Eintrag von Stoffen in Fließgewässer wird als Immission bezeichnet. Er kann in Form einer feuchten oder trockenen Deposition erfolgen. Bei der Niederschlagsbildung fungieren Aerosolpartikel häufig als Kondensationskerne, an die sich Wasserdampf anlagert und zu Wasser kondensiert oder zu Eiskristallen sublimiert. Gelangen die Partikel dann mit dem Niederschlag zur Erdoberfläche, spricht man von *rainout*. Werden Gase und Aerosole nicht in die Niederschlagsbildung einbezogen, sondern von fallenden Regentropfen adsorbiert, wird dieser Prozess als *washout* bezeichnet. Sedimentieren die Aerosole bzw. Gase ohne den Einfluss des Niederschlags, wird dies als trockene Deposition bezeichnet. Die **Aerosole** setzen sich zusammen aus Staub, Rauch, Dämpfen und Mikroorganismen. Anorganische Partikel werden als Staub angesprochen. Vegetationslose oder vegetationsarme Gebiete und Vulkanausbrüche sind natürliche Staubquellen. In dicht besiedelten Gebieten gewinnen Emittenten (Abgabe von Stoffen) für die Suspension anorganischer Partikel in der Troposphäre an Bedeutung. Staubemittenten sind die Industrie (96,2 Prozent), Hausbrand und Kleingewerbe (3,4 Prozent) und der Kfz-Verkehr (0,4 Prozent).

Dem atmosphärischen Stoffeintrag steht der **anthropogene Stoffeintrag** in Form von Düngung gegenüber. Neben einem Ausgleich des Nährstoffentzugs durch die Bewirtschaftung verfolgt insbesondere die Forstwirtschaft mit der Düngung eine Pufferung des atmosphärischen Säureeintrags (Rehfuess 1990).

In einem Flusseinzugsgebiet entstehen gelöste Stoffe darüber hinaus beim Zersatz organischer Substanz bzw. bei der chemischen Verwitterung von mineralischen Feststoffen. In beiden Fällen ist Wasser das unverzichtbare Agens. Während der Zersatz organischer Substanz vornehmlich durch bakterielle Tätigkeit gesteuert wird (Humifizierung), führen in Abhängigkeit von Umgebungstemperatur und Milieu die chemischen Verwitterungsprozesse der Hydrolyse, Hydratation und Oxidation (Kapitel 10.3) in Boden und Untergrund zu einer Aufbereitung des mineralischen Materials.

Das **Bodenwasser** ist sowohl „Reaktionsmedium" für chemische Umwandlungsprozesse im Boden als auch Transportmedium, das die Verlagerung gelöster Stoffe bis hin zu ihrem Export aus dem System ermöglicht. Die physikalischen Bedingungen für den Transport gelöster Stoffe im Boden ergeben sich aus den Eigenschaften des fließenden Mediums (Dichte, Viskosität und Kompressibilität) und der Permeabilität des Bodens. Diese Eigenschaften werden im Durchlässigkeitsbeiwert (DIN 4049, 4.59) ausgedrückt.

Im Boden wird zwischen immobilem und mobilem Bodenwasser unterschieden. Das immobile Bodenwasser setzt sich aus dem Adsorptionswasser und dem Kapillarwasser der Mikroporen zusammen. Es enthält die aus der Bodenmatrix gelösten Ionen und entspricht dem Reaktionsmedium Bodenwasser. Das Transportmedium Bodenwasser (mobiles Wasser) liegt überwiegend als Kapillarwasser in den Makroporen vor. Bei relativ geringen Kohäsions- und Adhäsionskräften geht es als Sickerwasser ins Grundwasser über oder fließt als Interflow in den Vorfluter. Bei Wassersättigung wird das immobile Bodenwasser nicht bewegt. Erst mit zunehmender Wasserspannung können bei langsamer Wasserbewegung Ionen und Moleküle aufgenommen werden.

Der **Lösungsaustausch** der verschiedenen Bodenwasserphasen lässt sich über drei aus der chemischen Verfahrenstechnik bekannte Mechanismen beschreiben:

- **Diffusion:** Zwischen zwei Wasserkörpern mit unterschiedlicher Ionenkonzentration entstehen ungerichtete Molekularbewegungen, die einem Ausgleich des Konzentrationsgefälles dienen.
- **Konvektion:** Gelöste Stoffe werden aufgenommen und mit dem Bodenwasser durch den Boden transportiert, ohne dass es zu Vermischungseffekten kommt.
- **hydrodynamische Dispersion:** Infolge von Reibung an den Porenwandungen und der Ausrichtung des Wasserstroms entlang der Kapillaren entstehen Unterschiede in der Fortbewegungsgeschwindigkeit der Wasserteilchen. Durch konvektiv mitgeführte Stoffe entstehen lokale Konzentrationsunterschiede, die über die Molekulardiffusion ausgeglichen werden.

Transport im Boden

Über trockene und feuchte Deposition in einem Flusseinzugsgebiet abgelagerte Stoffe werden vom Oberflächenabfluss abgewaschen und gelangen somit ohne große zeitliche Verzögerung direkt in den lokalen Vorfluter oder mit dem Sickerwasser in den Untergrund.

Das Sickerwasser gelangt zunächst in den **organischen Bodenspeicher**, wo die Humifizierung zur Zersetzung ober- und unterirdischer Streu führt. Hierbei werden durch Mikroorganismen Cellulose, Hemicellulose und Lignin abgebaut. Degradationsprodukte neben Humus sind Huminstoffe (u. a. Polysaccharide, Alkylverbindungen), also an Kohlenstoff reiche Verbindungen. Im Wasser organischer Böden und organischer Bodenauflagen ist somit gelöster organischer Kohlenstoff in hohen Konzentrationen vorhanden. Jedoch wird im Sickerwasser gelöster organischer Kohlenstoff mit zunehmender Bodentiefe mikrobiell abgebaut (Albertsen et al. 1980), sodass bei Erreichen der wassergesättigten Zone der gelöste organische Kohlenstoff vollständig abgebaut ist. Auch das Bodenwasser, das dem Vorfluter lateral aus dem an organischer Substanz reichen Oberboden direkt zufließt (Interflow), weist im Allgemeinen nur noch geringe Konzentrationen an gelöstem organischem Kohlenstoff auf.

Im **mineralischen Bodenspeicher** erfolgen in Abhängigkeit insbesondere von den Eigenschaften des Ausgangsgesteins, von der Temperatur, Wasserverfügbarkeit und dem pH-Wert des Sickerwassers chemische Verwitterungsprozesse und Pufferreaktionen, sodass aus dem mineralischen Boden- und Gesteinskörper Stoffe freigesetzt werden und in gelöster Phase vom Sickerwasser mitgeführt werden können.

Hohe Konzentrationen an Huminstoffen im Sickerwasser führen zu einem stark sauren Milieu, in dem der Aluminium-, Eisen- und Manganpufferbereich aktiv wird (Ziechmann & Müller-Wegener 1990). Alle drei Metalle werden bevorzugt in metallorganischen Komplexverbindungen (Chelate) gebunden und verlagert (Priezel, Baur & Feger 1989). Im Bodenwasser gelöstes und an metallorganische Komplexe gebundenes Aluminium, Eisen und Mangan werden mit mikrobiellem Abbau der Huminstoffe und damit Zerstörung der Chelate immobil und in Folge ausgefällt. In der wassergesättigten Zone (phreatische Zone) kann insbesondere Eisen in reduzierter Form im anaeroben Milieu in geringem Umfang in gelöster Form vorliegen (Heikinnen 1990).

Silizium ist ein im Boden häufig vorkommendes chemisches Element. Die Konzentrationen gelösten Siliziums nehmen im mineralischen Bodenspeicher mit zunehmender Bodentiefe zu. Die Mobilisierung von Silizium ist dabei abhängig von der Intensität der Hydrolyse der Silikate. Je höher die Temperaturen und Niederschlagsmengen sind, desto intensiver läuft die Hydrolose ab. In Mitteleuropa reichen die vorherrschenden Temperatur- und Niederschlagsbedingungen jedoch nur für einen eingeschränkten Ablauf der Hydrolyse aus.

Alkalimetalle (z. B. Na, K) und Erdalkalimetalle (z. B. Mg, Ca) können in allen Profiltiefen freigesetzt werden. Die Konzentrationen gelöster Alkali- und Erdalkalimetalle in den einzelnen Speicherzuflüssen unterscheiden sich in der Regel nur geringfügig voneinander. Bei den in verschiedenen Milieus aktiven Verwitterungsprozessen und Pufferreaktionen werden Alkali- und Erdalkalimetalle mobilisiert und sowohl durch laterale Bodenwasserbewegungen als auch mit dem Sickerwasser ausgewaschen.

Diese Vorstellungen zu Ausmaß und Art der Freisetzung und des Transportes gelöster Stoffe im Boden sind jedoch nur eingeschränkt gültig, wenn anthropogene Eingriffe in den Stoffhaushalt vorliegen. Mit der Fäkaliendüngung in landwirtschaftlich genutzten Gebieten werden dem Boden hohe Konzentrationen an Phosphor- und Stickstoffverbindungen zugeführt, die außerdem in leicht auswaschbarer Form vorliegen (Aigner 1983).

Gelöste Stoffe in Fließgewässern

Auf der Grundlage des Chemismus von Fließgewässern und ihres Abflussverhaltens wird eine Abschätzung der chemischen Denudationsraten im Einzugsgebiet und eine Bewertung der Prozess steuernden Faktoren möglich. So ist der Chemismus eines Fließgewässers zunächst Ausdruck der chemischen Beschaffenheit des Ausgangsgesteins in seinem Einzugsgebiet und der Intensität, mit der Prozesse der chemischen Gesteinsaufbereitung erfolgen. Darüber hinaus sind Relief und Boden steuernde Faktoren des natürlichen Gewässerchemismus, da die Verweil- bzw. Reaktionszeit des infiltrierten Wassers in Boden oder Gestein durch das hydraulische Gefälle, die Fließstrecke und die Porosität des durchflossenen Mediums bestimmt wird. In landwirtschaftlich genutzten und besiedelten Gebieten ist der anthropogene Einfluss auf den Gewässerchemismus dominierend. Nur etwa 6,5 Prozent der Stickstoffverbindungen und 2 Prozent der Phosphorverbindungen in den Gewässern stammen aus natürlichen Quellen (Hamm et al. 1991), die Restbeträge ergänzen sich aus anthropogenen diffusen oder punktförmigen Quellen.

Die **Lösungskonzentration** ebenso wie die chemische Zusammensetzung der Lösung während eines Abflussereignisses ist unmittelbarer Ausdruck der einzelnen Abflusskomponenten, die den Abfluss zusammensetzen: Der überwiegend aus dem Grundwasser gespeiste Basisabfluss weist in der Regel die höchsten Lösungskonzentrationen auf, wobei die absoluten Werte ebenso wie die chemische Zusammensetzung in Abhängigkeit von der Zusammensetzung der Ausgangsgesteine im Einzugsgebiet unterschiedlich sind. Mit ansteigender Hochwasserwelle kommt es zu einem sogenannten Verdünnungseffekt, da nun zunächst vornehmlich Oberflächenabfluss in den Vorfluter gelangt, der hauptsächlich detritische Stoffe (Gesteinsschutt oder zerriebene Organismenreste) mit sich führt, aufgrund der kurzen Reaktionszeit bei hohen Fließgeschwindigkeiten jedoch nur vergleichsweise geringe Konzentrationen gelöster Stoffe. Mit dem Zufluss des Interflows aus dem Boden steigt dann die Gesamtlösungskonzentration im Abfluss zunächst leicht an. In Abhängigkeit von der Herkunft des Interflows tragen gelöste organische Stoffe (organischer Bodenspeicher) und gelöste anorganische Stoffe (mineralischer Bodenspeicher) zur Erhöhung der Lösungskonzentration bei. Mit Auslaufen der Hochwasserwelle und entsprechend abnehmendem Einfluss zunächst des Oberflächenabflusses, dann des Interflows, kommt es zu einer sukzessiven Zunahme der Lösungskonzentration, die schließlich bei Erreichen des Basisabflusses wieder maximale Werte erreicht.

Schwebstoffhaushalt

Schwebstoffe sind in Wasser oder eventuell einem anderen Umgebungsmedium enthaltene mineralische oder organische Stoffe, die nicht in Lösung gehen. Im Abwasser bestehen die Schwebstoffe meist aus kleinen Schlammflocken. Die Entfernung aus dem Abwasser ist in Kläranlagen durch beispielsweise Absetzbecken (Absetzen von Feststoffteilchen aufgrund von Schwer- oder Zentrifugalkraft), chemische Fällung, Flotation (Trennen von Stoffen durch die selektive Anlagerung feiner Luftblasen, die künstlich eingeblasen werden) oder Filterung zu 95 Prozent möglich.

Im Allgemeinen unterliegt der **Schwebstofftransport** in natürlichen Gewässern einer größeren Variabilität als der Transport gelöster Stoffe (Schmidt 1981). Der größte Teil der Schwebstoffe wird während weniger extremer Hochwasserereignisse aus dem Einzugsgebiet ausgetragen (Nippes 1986–1989, Schulte 1995). Daraus resultiert das Problem, die während relativ kurzer Messperioden erhobenen Werte zum Schwebstoffhaushalt in Abtragungsraten hochzurechnen (Renau & Dietrich 1991, Barsch et al. 1998).

Durch Oberflächenabtrag in den Einzugsgebieten mobilisiertes Material gelangt entweder unmittelbar oder nach Zwischenablagerung in den Vorfluter (Seiler 1980). Dort wird es gemeinsam mit dem durch Erosion und Resuspension aus Bachbett und Ufer zur Verfügung gestellten Material als Schwebstoff transportiert (Schulte 1995). Der Schwebstoff kann als Auelehm oder im Flussbett im Lee von Hindernissen sedimentiert werden oder mit dem Abfluss aus dem Einzugsgebiet exportiert werden. Eine Hochrechnung der Schwebstofffrachten des Vorfluters auf Abtragsleistungen in seinem Einzugsgebiet ist nur als grobe Schätzung zulässig. Die Erfassung der tatsächlichen Abtragungsraten erfordert eine zusätzliche Berücksichtigung von Zwischendepositionen im Einzugsgebiet, ebenso wie die Einbeziehung der Abtragungsraten durch den Austrag gelöster Stoffe.

Die Analyse des Schwebstoffhaushaltes erfolgt in der Regel in Zusammenhang mit Untersuchungen zum Wasserhaushalt. Eine positive Korrelation von Schwebstoffkonzentration und Abfluss ist allgemein anerkannt. Die Maxima der Schwebstoffkonzentrationen und des Abflusses treten in der Regel gleichzeitig bzw. mit geringem zeitlichen Versatz auf, da der Oberflächenabfluss das Abflussmaximum herbeiführt und über ihn die Schwebstoffe aus dem Einzugsgebiet in den Vorfluter eingetragen werden. Wenn ein Großteil der transportierten Schwebstoffe aus dem Gerinnebett stammt, kann das Maximum der Schwebstoffkonzentration auch zeitlich vor dem Scheitelabfluss des Hochwassers liegen.

Menge und Verlauf der Schwebstofffrachten werden durch die Einzugsgebietseigenschaften gesteuert. In vielen Fallstudien wurde versucht, den Einfluss einzelner Einzugsgebietsparameter auf den Schwebstoffhaushalt zu bewerten, wobei neben Niederschlagsmenge und Niederschlagsverteilung die Vegetationsbedeckung besonderes Interesse fand. Rogers & Schumm (1991) postulieren, dass die Zunahme der Schwebstofffracht sich nicht linear oder exponentiell zur abnehmenden Vegetationsbedeckung verhält, sondern bei Vegetationsbedeckungen von weniger als 15 Prozent langsamer ansteigt. Darüber hinaus besteht eine direkte Beziehung zwischen Schwebstofffrachten und baulichen Maßnahmen im Einzugsgebiet, insbesondere Dränagemaßnahmen.

Der Schwebstoffhaushalt unterliegt weiterhin einer Saisonalität, die im Wesentlichen Ausdruck jahreszeitlich variierender Hangabtragungsprozesse ist und durch die jahreszeitlichen Charakteristika der Niederschlagsereignisse, die saisonal schwankende Vegetationsbedeckung und in landwirtschaftlich genutzten Gebieten durch den Stand der Feldbearbeitung gesteuert wird.

Gerölltransport an der Gerinnesohle

Gerölle sind Komponenten, die an der Gerinnesohle gleitend, rollend, springend und sich einander anstoßend transportiert werden. Die Größe der Steine liegt überwiegend im Bereich zwischen 2 und 20 mm, aber selbst in deutschen Mittelgebirgsflüssen können bei Hochwasser Blöcke mit einigen Dezimetern Größe transportiert werden. Der Transportprozess ist abhängig von einer Reihe von Faktoren, unter anderem von der Fließgeschwindigkeit des Flusses. Wenn der Abfluss gering ist, ist dies in der Regel mit geringen Fließgeschwindigkeiten verbunden, die die Aufnahme oder den Transport von Sediment an der Gerinnesohle natürlich belassener Fließgewässer häufig nicht erlauben. Bei auflaufendem Hochwasser steigt der Wasserstand und die Fließgeschwindigkeit nimmt zu, sodass einzelne Partikel von der Sohle aufgenommen werden. Dieser Moment wird mit der kritischen Schubspannung beschrieben. Allgemein beschreibt die Schubspannung (τ) bei laminarem Fließen die auf eine Flächeneinheit bezogene Reibungskraft. Sie wird durch die Dichte des Wassers, das Sohlgefälle und die Abflusshöhe bestimmt. Die kritische Schubspannung (τ_{crit}) ist zusätzlich abhängig von der Masse, der Form und der Lagerung der Gerölle an der Gewässersohle.

Ist das granulare Material erst einmal in Bewegung, werden an der Gewässersohle ähnliche Formen gebildet, wie man es von äolischen Prozessen kennt (Rippeln, Dünen, Antidünen). In extremen Fällen werden Gerölle in Dezimetergröße selbst auf die Vorländer gespült, was erhebliche Schäden an der dortigen Infrastruktur verursachen kann. Das Hochwasser im August 2002 hat das beispielsweise in den engen Tälern des Erzgebirges deutlich gezeigt.

Unter künstlichen Bedingungen zum Beispiel in hydraulischen Teststrecken können die Prozesse des Gerölltransports mit Klarwasser und im Maßstab reduziertem Granulat nachgestellt, beobachtet und gemessen werden. In der Natur ist die Beobachtung oder Messung des Gerölltransports dagegen schwierig. Daher verwendet man häufig Erosions- und Akkumulationsformen, die nach einem Hochwasser Hinweise auf diese Prozesse geben. So dokumentieren auch die Erosionsstrecken an der Elbe zwischen Torgau und der Saalemündung und am Oberrhein unterhalb der Staustufe Iffezheim eine langjährige Tiefenerosion, der man in den stark durch den Menschen veränderten Gerinnen wiederum nur durch die künstliche Geschiebezugabe entgegenwirken kann.

Tabelle 13.4.1 Seen mit mehr als 10 000 km² Fläche (Quelle: Schwoerbel 1984).

See	Kontinent	Fläche [km²]	Volumen [km³]
Kaspisches Meer	Asien	436 400	79 319
Lake Superior	Nordamerika	83 300	12 000
Lake Victoria	Afrika	68 800	2 700
Aralsee	Asien	62 000	970
Lake Huron	Nordamerika	59 510	4 600
Lake Michigan	Nordamerika	57 850	5 760
Lake Tanganyika	Afrika	34 000	23 100
Baikal See	Asien	31 500	23 000
Lake Malawi	Afrika	30 800	8 400
Großer Sklavensee	Nordamerika	30 000	7 000
Großer Bärensee	Nordamerika	29 500	?
Lake Erie	Nordamerika	25 300	470
Lake Winnipeg	Nordamerika	24 530	3 100
Lake Ontario	Nordamerika	18 760	1 720
Ladogasee	Europa	18 734	920
Balchaschsee	Asien	17 575	112
Tschadsee	Afrika	16 500	24

13.4 Seen

Die **Limnologie** beschäftigt sich mit den Seen und den darin ablaufenden physikalischen, chemischen, biochemischen und biologischen Prozessen. Seen haben mit 1,8 Prozent (1,5 Millionen km²) einen vergleichsweise geringen Flächenanteil an der Hydrosphäre. Weltweit sind nur 17 Seen größer als 10 000 km² (Tab. 13.4.1) und nur zwei Seen sind tiefer als 1 000 m: der Lake Tanganyika mit ungefähr 1 500 m Tiefe und der Baikalsee mit ungefähr 1 620 m Tiefe.

Genese von Seen

Seen werden auch als **stehende Gewässer** bezeichnet und bilden sich in Hohlformen. Die Genese dieser Hohlformen kann natürlichen Ursprungs oder durch den Menschen geschaffen sein. In der Regel werden die Seen durch Oberflächen- und Grundwasserzufluss mit Wasser gespeist. Haben die Seen auch einen oberirdischen Abfluss, sind sie exoërisch, fehlt ihnen ein oberirdischer Abfluss, sind sie endoërisch.

Natürliche Prozesse, die zur Ausbildung von Hohlformen führen, in denen sich Seen entwickeln, können einerseits exogen gesteuert sein durch:

- lokale glaziale und glazifluviale Übertiefung des Untergrundes (Karseen, Zungenbeckenseen, Rinnenseen)
- Korrosion in Kalkgebieten (Höhlenseen, Dolinenseen, Poljeseen)
- Abdämmung von Tälern durch Bergsturzmassen, Moränen, Kalksinterausfällungen, Lavaströme (Bergsturzstausee, randglaziale Seen, Moränenstausee, Surgegletschersee, Kalksinterbarrierensee, Lavastromstausee)
- Deflation (Endseen)

Andererseits können Hohlformen durch endogene Prozesse gebildet werden, wie:
- tektonische Bewegungen (Synklinaltalseen oder Grabenseen)
- Vulkanismus (Kraterseen, Maare und Calderen)
- in seltenen Fällen auch infolge von Meteoriteneinschlägen

Darüber hinaus gibt es eine Vielzahl **künstlicher, durch den Menschen geschaffener Seen**, die der Vorratshaltung des Wassers sowohl für die Trink- und Brauchwassernutzung wie für die Umsetzung in Hydroelektrizität dienen. Hierzu gehören einerseits Talsperren, die durch die künstliche Abdämmung von Tälern geschaffen werden. Seen in vollständig künstlich geschaffenen Hohlformen sind sogenannte Teiche. Sie haben und hatten verschiedene Funktionen, wie beispielsweise die Bereithaltung von Lösch- und Bewässerungswasser. Ebenso dienen sie aber auch der reinen Zierde (z. B. Gartenteiche).

Horizontale und vertikale Zonierung von Seen

In einem See wird zwischen dem **Pelagial** (Freiwasserbereich eines Stillgewässers) und dem **Benthal** (Boden- bzw. Sedimentbereich eines Gewässers) unterschieden (Abb. 13.4.1). Das Benthal ist von einem Unterwasserboden aus meist mit organischen limnischen Sedimenten bedeckt. Ist dieser Unterwasserboden durch das Vorkommen von Faulschlämmen gekennzeichnet, nährstoffreich, schlecht durchlüftet und reich an Metallsulfiden, spricht man hier auch von **Saprobel**. Das Benthos wird unterschieden in das **Litoral**, den Benthalbereich oberhalb der Kompensationsebene, in dem Licht bis auf den Grund dringt (Uferzone) und das **Profundal**, das unterhalb der Kompensationsebene liegt. Innerhalb des Litorals wird darüber hinaus noch das **Eulitoral** als Zone zwischen Hoch- und Niedrigwasserlinie, in der Organismen wechselnde Wasserstände überstehen können müssen, dem dauernd Wasser führenden **Sublitoral** gegenübergestellt, das ein rein aquatischer Siedlungsraum ist. Das Vorhandensein bzw. Fehlen von Lichtenergie teilt den Lebensraum See darüber hinaus in die trophogene Zone (Aufbauzone), in der Licht für die Photosynthese vorhanden ist und die unbeleuchtete tropholytische Zone (Abbauzone).

Innerhalb des Pelagials kommt es zu regelhaften Durchmischungen des Wasserkörpers, die in tages- und jahreszeitlichen Rhythmen auftreten können und im Wesentlichen eine Folge der Dichteanomalie des Wassers sind. In einem geschichteten Wasserkörper ist die obere, erwärmte Wasserschicht (Epilimnion) durch die Sprungschicht (Metalimnion) von der unteren Wasserschicht (Hypolimnion) getrennt.

Das **Epilimnion** ist in der Regel vom Tageslicht durchleuchtet, gut durchlüftet und den Lufttemperaturen angepasst. Das **Hypolimnion** ist dagegen vergleichsweise sauerstoffarm und durch deutlich niedrigere Temperaturen gekennzeichnet. Die Temperaturen in einem geschichteten See verändern sich von oben nach unten, vom Epilimnion zum Hypolimnion, im Allgemeinen nicht kontinuierlich. Vielmehr liegt zwischen beiden Zonen das **Metalimnion**, die Sprungschicht, die durch eine große Temperaturdifferenz gekennzeichnet ist. Jeder, der in den Sommermonaten in einem See zum Baden geht, kennt diesen Tiefenbereich der schnellen Temperaturabnahme mit der Tiefe aus eigener Erfahrung. Aufgrund der großen Dichteunterschiede zwischen kaltem und warmem Wasser kommt es im Sommer kaum zu einem vertikalen Austausch des Wassers zwischen Epi- und Hypolimnion (Stagnation). Der Prozess der Durchmischung eines Seewasserkörpers, auch als Seezirkulation bezeichnet, ist abhängig von den klimatischen Bedingungen und dem Wärmeaustausch mit der Atmosphäre, ebenso wie von der Tiefe des Seekörpers. Die Durchmischung wird vor allem durch Massenaustausch infolge Dichteveränderungen des Wassers bei Veränderung von dessen

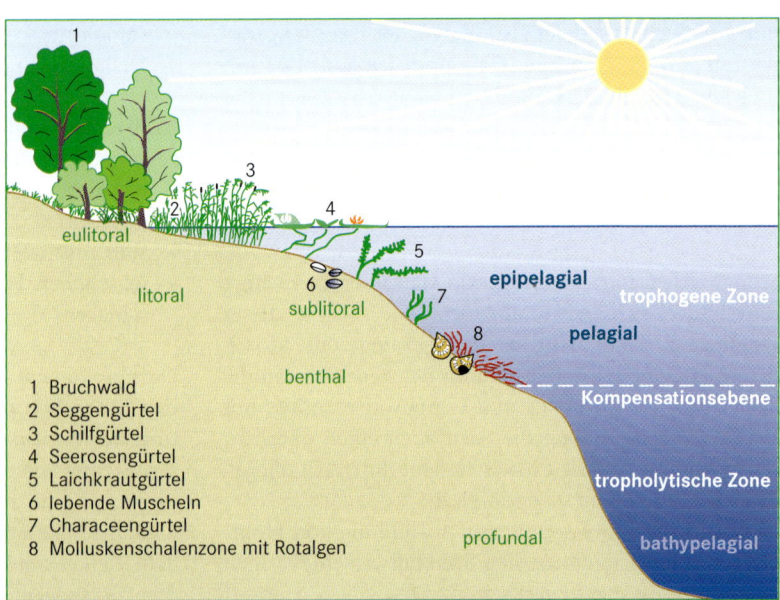

Abb. 13.4.1 Zonierung eines eutrophen Sees (verändert nach Bick 1998).

Temperatur angetrieben. Darüber hinaus können durch Wind hervorgerufene Wellenbewegungen eine Durchmischung anregen.

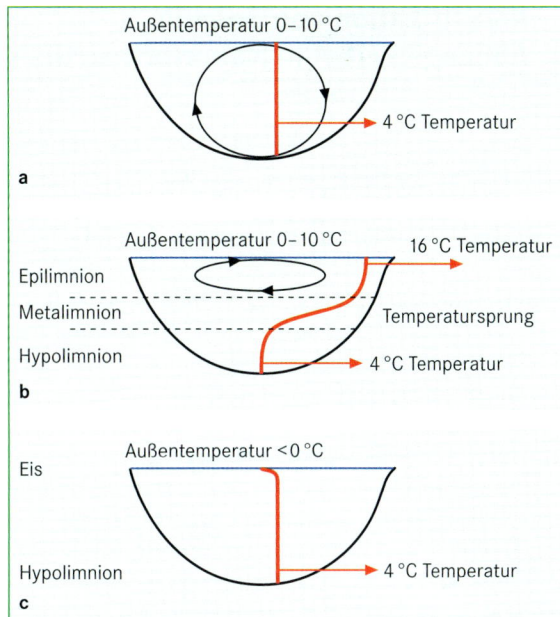

Klassifikation von Seen in Abhängigkeit von der Durchmischung

Entsprechend dem Maß und der Häufigkeit der Durchmischung eines Seewasserkörpers werden verschiedene **Durchmischungstypen** unterschieden:

- **holomiktisch:** Der Seewasserkörper wird mindestens einmal jährlich vollständig durchmischt.
- **amiktisch:** Eine Durchmischung ist aufgrund des permanent festen Aggregatzustandes nicht möglich. Dies tritt bei Seen mit permanenter Eisbedeckung in Arktis und Antarktis sowie in extremen Höhenlagen auf.
- **kalt monomiktisch:** Polare und subpolare Seen, die im Sommer auftauen, können in dieser Zeit vollständig zirkulieren. Aufgrund der kurzen Sommer kann sich hier jedoch keine Sommerstagnation einstellen.
- **dimiktisch:** Es kommt zweimal jährlich zur Vollzirkulation (Herbst, Frühjahr) und zweimal jährlich zur Stagnation (Sommer, Winter). Dieser Durchmischungstypus ist im nördlichen Nordamerika und in weiten Bereichen Mittel- und Osteuropas verbreitet.
- **warm monomiktisch:** In den warmen Mittelbreiten und den Subtropen ist die Sommerstagnation sehr ausgeprägt. Nur während der Wintermonate führt die Auskühlung des Epilimnions zu einer einheitlichen Temperatur im gesamten Wasserkörper (Homothermie), sodass durch Winde angeregt eine winterliche Vollzirkulation erfolgen kann (z. B. Gardasee, Lago Maggiore).
- **oligomiktisch:** Eine regelmäßige Vollzirkulation fehlt vielfach. Seen dieses Typs findet man in den tropischen Tiefländern.
- **polymiktisch:** Ein ausgeprägtes Tageszeitenklima führt zu einer nahezu ständigen Vollzirkulation. Man trifft diesen Typ vor allem in tropischen Hochgebirgslagen an.
- **meromiktisch:** Hierbei werden ausschließlich die oberflächennahen Bereiche durchmischt, während sich tiefe Schichten nicht mischen.

Mitteleuropäische Seen sind in der Regel dimiktisch (Abb. 13.4.2). Für sie kann der Jahresgang der Durchmischung folgendermaßen aussehen:

Im Frühjahr (Abb. 13.4.2a) hat der gesamte Wasserkörper eine einheitliche Temperatur von 4 °C (Homo-

Abb. 13.4.2 Zirkulationsverhältnisse in einem dimiktischen See im Frühjahr (a), im Sommer (b; Sommerstagnation) und im Winter (c; Winterstagnation).

thermie). Durch Wind angeregte Wasserbewegungen erfassen den gesamten Wasserkörper (Vollzirkulation).

Im Sommer (Abb. 13.4.2b) führt starke Einstrahlung zur Schichtbildung. Das Epilimnion ist sonnendurchflutet und erwärmt sich, Windbewegungen führen zu einer Durchmischung des Epilimnions, wodurch es zur Ausbildung des durch einen abrupten Temperaturabfall gekennzeichneten Metalimnions im Übergang zum Hypolimnium kommt. Durch Wind initialisierte Wasserbewegungen betreffen Hypo- und Metalimnion nicht.

Im Herbst wird die Stabilität der Sommerschichtung wieder abgebaut. Die Abkühlung des Epilimnions führt hier zu einer Temperatur- und Dichteangleichung an das Hypolimnion (Homothermie wie in Abb. 13.4.2a). Durch Wind angeregt kann es jetzt zu einer Durchmischung des nun durch eine labile Schichtung gekennzeichneten Wasserkörpers kommen (Vollzirkulation).

Im Winter (Abb. 13.4.2 c) hält die Abkühlung der Lufttemperatur an. Es kommt in dem vollständig durchmischten Wasserkörper ebenfalls zu einer oberflächennahen Abkühlung, die infolge der Dichteanomalie des Wassers mit einer Dichteverminderung einhergeht. Entsteht bei anhaltender Abkühlung eine Eisdecke, verhindert diese jede weitere Einwirkung durch Wind. Erst mit Auftauen der Eisschicht im Frühjahr wird die Voraussetzung für eine erneute Vollzirkulation geschaffen.

Klassifikation von Seen in Abhängigkeit vom Nährstoffhaushalt

Betrachtet man den Stoffhaushalt eines Sees, ist zwischen dem Wasserhaushalt, dem Sedimenthaushalt und dem biogenen Stoffhaushalt zu differenzieren. Der Wasserhaushalt beinhaltet im Wesentlichen Stoffflüsse zwischen Atmosphäre und Hydrosphäre, das heißt den Input von Wasser durch Niederschläge und Zuflüsse und den Output von Wasser durch Verdunstung und Abfluss. Die Bioaktivität der Organismen zeichnet sich vor allem durch Stoff- und Energiekreisläufe aus mit den Prozessen der Produktion, Konsumption und Destruktion. Der Sedimenthaushalt umfasst sowohl organische als auch anorganische Sedimente. Er umfasst neben dem Eintrag gelöster und partikulärer Stoffe in ein Seesystem und ihrer Akkumulation im Benthos die Ad- und Desorption gelöster Stoffe an organischen und anorganischen Feststoffen, ebenso wie den Austausch gelöster Stoffe zwischen Wasser- und Sedimentkörper durch chemischen und organismischen Stoff- und Energietransport (Schwoerbel 1984).

Der Nährstoffhaushalt eines Sees wird auch in seinem **Trophiegrad** (Tab. 13.4.2) zusammengefasst, der die Intensität photoautotropher Primärproduktion beschreibt.

Die Eutrophierung des Bodensees

In Mitteleuropa ist Nährstoffreichtum von Seen vielfach eine Folge menschlichen Eingriffs in den Landschaftshaushalt. Eines der bekanntesten Beispiele hierfür ist der Bodensee, der in den 1960er-Jahren starke Anzeichen der Eutrophierung zeigte und durch aufwendige Sanierungsmaßnahmen heute wieder in einen quasi natür-

lichen Zustand zurückgeführt wurde. Worin der menschliche Einfluss besteht und welche negativen Rückwirkungen hierdurch wiederum für den Menschen entstehen können, soll für den Bodensee an einigen Rückkopplungsmechanismen gezeigt werden:

In mitteleuropäischen Seen ist der als Phosphat gelöste Phosphor Minimumfaktor für das Wachstum von Algen und Wasserpflanzen (Primärproduktion). Wird dem See durch einmündende Oberflächenabflüsse Phosphor, der in allen menschlichen und tierischen Fäkalien vorkommt, in erhöhtem Maße zugeführt, kommt es zu verstärkter Primärproduktion im See. Während sich an der Oberfläche durch die Aktivität der Algen in erhöhtem Maße Sauerstoff ansammelt (Nährzone oder trophogene Zone), fehlt der Sauerstoff in der Tiefe des Sees (Zehrzone oder tropholytische Zone; Abb. 13.4.1 und 13.4.3). Die abgestorbene Biomasse sinkt ab und wird während des Absinkprozesses ebenso wie im Sedimentkörper mikrobiell abgebaut. Dieser Abbauprozess geht mit einem Verbrauch von Sauerstoff einher. Fällt mehr tote, abzubauende organische Substanz an, als über den verfügbaren Sauerstoff im Wasser durch aerobe Bakterien abgebaut werden kann, werden nach vollständiger Aufzehrung des Sauerstoffs anaerobe Bakterien aktiv. Hierdurch entsteht in den obersten Zentimetern des Benthos ein sauerstoffarmes, lebensfeindliches Milieu, das zweierlei gravierende Folgen für das Ökosystem hat. Zum einen ist das Benthos der Laichplatz der Fische, der Fischlaich wird jedoch unter anaeroben Bedingungen nicht überleben, womit die Fischbestände sukzessive dezimiert werden. Zum anderen bedeuten anaerobe Bedingungen im Benthos eine erhöhte Mobilität und eventuelle Remobilisierung von organischen und anorganischen Schadstoffen (z. B. *persistant organic pollutants*, Schwermetalle), die bisher im Sediment adsorbiert waren.

Da der Bodensee aber nicht nur ein wichtiger Fischereistandort ist (ca. 170 Berufsfischer im Jahr 2005),

Tabelle 13.4.2 Trophiegrade von Seen (verändert nach Mauch 1998).

Trophiegrad	allgemeine Charakterisierung	ges. P [mg/m³]	Chlorophyll a (Mittel der trophogenen Zone) [mg/m³]	Sauerstoffsättigungsindex im Hypolimnion [%]
oligotroph	nährstoffarm, gering produktiv, Sichttiefe meist >5 m	<14	<3	>70
mesotroph	mäßig produktiv, mittlere Sichttiefe >2 m	14–45	3–8	30–70
eutroph	nährstoffreich, hochproduktiv, zeitweise starke Algenentwicklung mit Wassertrübung, Sauerstoffübersättigung im Epilimnion, mittlere Sichttiefe <2 m	>45–160	>8–25	0–30
hypertroph (polytroph)	übermäßig nährstoffreich, stark produktiv, geringe Sichttiefe infolge häufigen Massenwuchses von Algen, Entwicklung von Faulschlamm und H_2S, mittlere Sichttiefe <1 m	>160	>25	0 (bereits im Frühsommer)

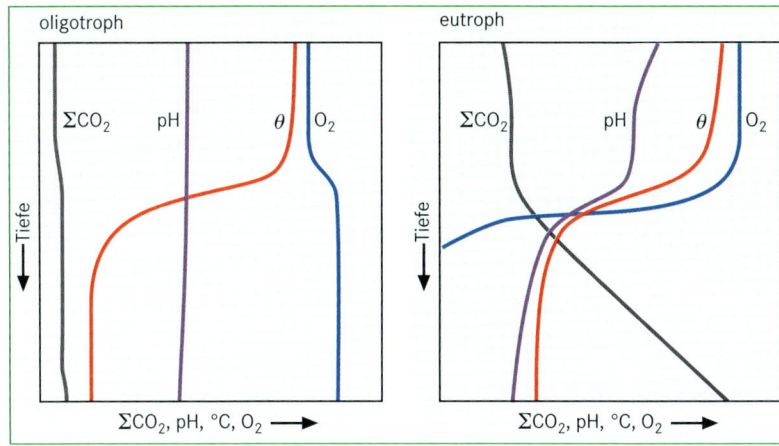

Abb. 13.4.3 Typische Tiefenprofile der hydrologischen Summenparameter Kohlendioxid, pH-Wert, Temperatur und Sauerstoffgehalt für einen oligotrophen und einen eutrophen See. Besonders Kohlendioxid und Sauerstoff machen den Unterschied deutlich.

sondern auch über die Bodenseewasserversorgung in Sipplingen einer der wichtigsten Trinkwasserspeicher Südwestdeutschlands ist (Abb. 13.4.4 und 13.4.5), hatten beide ökologische Folgen wiederum direkt Auswirkung auf die Qualität des menschlichen Lebensraumes und besonders seiner Nahrungsmittel. Zur Bewältigung der Eutrophierung des Bodensees wurde in den **Kläranlagen** des gesamten Bodensee-Einzugsgebietes die **Phosphorfällung** in die sogenannte 3. Klärstufe integriert (1. Klärstufe: mechanische Reinigungsverfahren für Schwebstoffe, Sinkstoffe und Schwimmstoffe; 2. Klärstufe: biologische bzw. mikrobielle Abwasserreinigung für Kohlehydrate, Eiweiß und Fette; 3. Klärstufe: Eliminierung der Pflanzennährstoffe, das heißt chemische Phosphorfällung, mikrobielle Denitrifikation, Abbau von Nitrat zu Stickstoff und Sauerstoff durch bestimmte Mikroorganismen). Die Koordinierung dieser Maßnahmen, die deutlichen Erfolg zeigten, ebenso wie die Koordinierung des Monitorings der Gewässerqualität obliegt bis heute der 1959 gegründeten Internationalen Gewässerschutzkommission für den Bodensee (IGKB).

13.5 Die EU-Wasserrahmenrichtlinie

Am 17. Juli 2005 begingen mehrere Hunderttausend Menschen den ersten europäischen Flussbadetag. Gebadet wurde in den einstmals schmutzigsten Flüssen des Kontinents: in der Seine, der Rhône, dem Po und vor allem in der Elbe. Diese Aktion, die in den Jahren 2010

Abb. 13.4.4 Der Bodensee mit der Aufbereitungsanlage Sipplinger Berg im Vordergrund (Foto: Zweckverband Bodensee-Wasserversorgung).

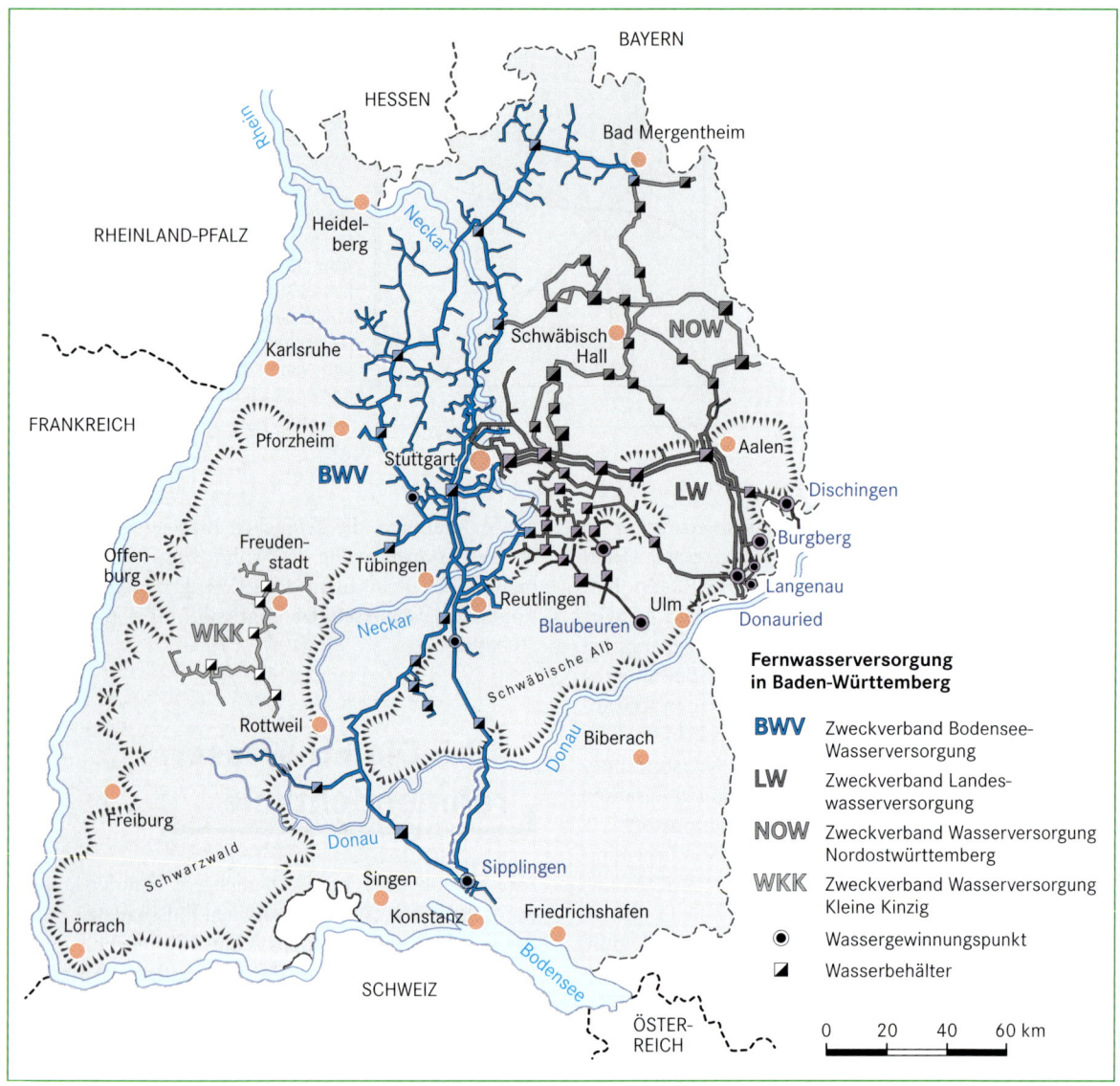

Abb. 13.4.5 Die Fernwasserversorgung in Baden-Württemberg wird von den Zweckverbänden Landeswasserversorgung (Ostwürttemberg), Nordostwürttemberg, Kleine Kinzig und der Bodensee-Wasserversorgung betrieben. Letztere leistet die größte Fernwasserversorgung in Deutschland mit einer Jahresabgabe von 135 Millionen Kubikmeter Wasser und über 1 700 Kilometer Leitungen. Rund 4 Millionen Menschen erhalten ihr Trinkwasser täglich aus dem Bodensee (nach Umweltministerium Baden-Württemberg 2005).

und 2015 wiederholt wurde bzw. wird, soll die Europäische Wasserrahmenrichtlinie unterstützen und begleiten.

Im Dezember 2000 verabschiedeten die Mitgliedsstaaten der Europäischen Union eine einheitliche EU-Wasserrahmenrichtlinie. Ziel dieser Richtlinie ist die Einführung europaweiter **Standards in der Flussgebietsbewirtschaftung**. Bislang wurden die Wassergesetze von den einzelnen Mitgliedsstaaten erlassen und

waren auf die Bewirtschaftung politisch administrativer Einheiten ausgerichtet. Mit der ganzheitlichen Bewirtschaftung eines Flusseinzugsgebietes von den Quellen bis zur Mündung besteht die Chance, einheitlich definierte ökonomische und ökologische Rahmenbedingungen unabhängig von Staats- oder Verwaltungsgrenzen umzusetzen.

Mithilfe der Richtlinie soll für Oberflächengewässer und Grundwasser ein sogenannter „guter ökologischer

Zustand" erreicht werden. Für Oberflächengewässer wird dieser „gute ökologische Zustand" über chemische, biologische und morphologische Parameter definiert, für Grundwasser gelten chemische und Mengenparameter. Um den ökologischen Zustand eines Oberflächengewässers zu bewerten, werden Referenzgewässer ausgewählt, die als Leitbilder eines natürlichen Gewässerzustandes ohne menschlichen Einfluss dienen und das Prädikat „sehr guter Zustand" erhalten. Für die Beurteilung des chemischen Gewässerzustandes wurden einerseits die Grenzwerte der europaweiten oder nationalen Rechtsnormen herangezogen, andererseits wurden 33 prioritäre Gefahrenstoffe benannt, deren Einleitung in die Gewässer begrenzt oder komplett unterbunden werden soll. Zu diesen prioritären Stoffen gehören unter anderem die Schwermetalle Quecksilber, Nickel, Blei und Cadmium. Da sie auch in der natürlichen Umwelt vorkommen, beschränkt sich die Umsetzung der Wasserrahmenrichtlinie darauf, das Vorkommen dieser Stoffe im Oberflächen- und Grundwasser auf die natürlich bedingte Hintergrundkonzentration zu begrenzen.

Der Zeitplan für die Umsetzung der Richtlinie sah zunächst eine Bestandsaufnahme des Ist-Zustandes bis Dezember 2004 vor. Bis zum Jahr 2006 sollten Überwachungsprogramme eingerichtet werden, die die Entwicklung des Ist-Zustandes insbesondere für die biologischen, chemischen und Mengenparameter kontrollieren. Maßnahmenprogramme und Bewirtschaftungspläne für die Erreichung des „guten ökologischen Zustandes" sollten bis Dezember 2009 erstellt und bis 2012 umgesetzt werden. Der „gute ökologische Zustand" soll spätestens bis Ende 2015 erreicht sein. Danach werden die Bewirtschaftungspläne im Sechs-Jahres-Zyklus aktualisiert. Eine permanente Überwachung der Entwicklung der Qualitätsparameter garantiert die langfristige Sicherung.

Das Novum dieser Wasserrahmenrichtlinie war der Wechsel von einer administrativen Bewirtschaftungsebene auf die Ebene der Flussgebiete, die mit den Einzugsgebieten identisch sind bzw. bei kleineren Flüssen mehrere Einzugsgebiete beinhalten. Die für Deutschland relevanten Flussgebiete sind Eider, Schlei/Treene, Warnow/Peene, Ems, Weser, Elbe, Oder, Maas, Rhein und Donau. Die Aufstellung der Bewirtschaftungspläne für grenzüberschreitende Flussgebiete geschieht in Kooperation mit den jeweiligen Anrainerstaaten, wie beispielsweise Polen und Tschechien für das Flussgebiet der Oder. Die EU-Wasserrahmenrichtlinie kann damit eine Vorbildfunktion für das *watershed management* in Entwicklungsländern erfüllen.

13.6 *Watershed management*

Nur 2,5 Prozent des Wassers auf der Erde ist Süßwasser. Davon sind mehr als zwei Drittel in Gletschern und ständigen Schneedecken gebunden und nur ein Drittel der Süßwasservorräte ist Grund- oder Oberflächenwasser und damit für die Trinkwassergewinnung nutzbar (Dyck & Peschke 1995). **Wasserknappheit** stellt daher ein globales Problem dar, vor allem für Menschen in semiariden und ariden Gebieten. Rund 1,2 Milliarden Menschen haben heute keinen Zugang zu sauberem Trinkwasser (Trittin 2003). In den Industrieländern herrscht zwar ein hoher Pro-Kopf-Wasserverbrauch, jedoch ist er in den letzten Jahren nur noch gering angestiegen (Stiftung Entwicklung und Frieden 1999) und in Deutschland sogar von durchschnittlich knapp 140 Litern pro Einwohner und Tag zu Beginn der 1990er-Jahre auf etwa 122 Liter pro Einwohner und Tag im Jahr 2007 gesunken. Der Pro-Kopf-Wasserverbrauch wird in den Ländern der Dritten Welt, in denen ein starker Bevölkerungszuwachs zu verzeichnen ist, in den kommenden Jahren und Jahrzehnten stetig zunehmen (Abb. 13.6.1). Nicht allein die steigende Bevölkerungszahl vergrößert den Wasserbedarf, auch steigender Wohlstand geht mit einem steigenden Wasserverbrauch einher. Dabei stellt weniger der Trinkwasserverbrauch, der technisch leicht kontrolliert werden kann, ein Problem dar, sondern vielmehr die Landwirtschaft, die global den größten Wasserverbrauch aufweist.

Im Jahr 2025 werden viele Länder der Dritten Welt infolge der angestiegenen Bevölkerungszahlen unter ökonomischer Wasserknappheit leiden (Abb. 13.6.2 und Abb. 13.6.3). Für das Jahr 2050 besagen Schätzungen, dass ungefähr 4 Milliarden Menschen nicht über ausreichend Wasser verfügen werden (Lal 2000). In vielen Regionen Afrikas und Asiens wird das Problem der begrenzten Wasservorräte zusätzlich durch deren Verschmutzung verschärft und damit werden Beeinträchtigungen der Gesundheit, Lebensbedingungen und Artenvielfalt einhergehen (Heathcote 1998). Nach Schätzungen der WHO sterben jährlich etwa 3,3 Millionen Menschen an Durchfallerkrankungen (FAO 2003). Ein Schutz der natürlichen Ressource Wasser muss daher neben der Sicherung der Wasserverfügbarkeit auch eine Sicherung der Wasserqualität beinhalten.

Die Nutzung der Ressource Wasser soll nach internationalen Maßstäben der heutigen Zeit nachhaltig und umweltverträglich erfolgen. Seit der Konferenz für Umwelt und Entwicklung 1992 in Rio de Janeiro wird hierfür der Begriff **watershed management** verwendet. *Watershed management* als Entwicklungsinstrument besagt, dass die in einem definierten Flusseinzugsgebiet

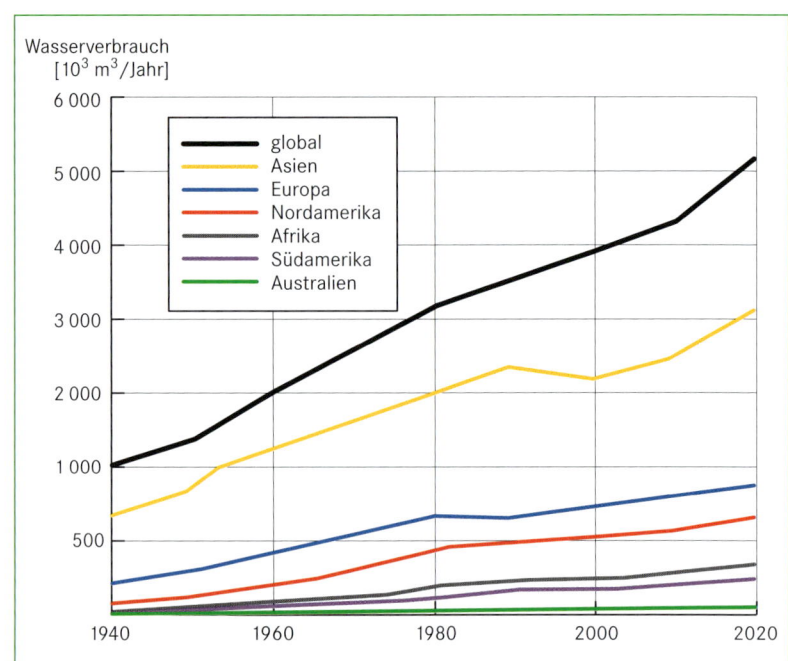

Abb. 13.6.1 Weltweiter Wasserverbrauch 1940 bis 2020 (Quelle: Aktuelle Ergänzungen zum Medienpaket Umweltschutz in Wirtschaft und Gesellschaft 1995).

(*watershed*) verfügbaren Ressourcen im Interesse der dort lebenden Bevölkerung sowie im Einklang mit der natürlichen Umwelt zu nutzen sind. Ähnlich wie in der EU-Wasserrahmenrichtlinie wird das gesamte Flusseinzugsgebiet als ökologisches System in die Betrachtung und Bewirtschaftung einbezogen. Eine Ressourcennutzung soll nur in dem Rahmen erfolgen, in dem sich die Ressource auch regenerieren kann, damit diese Lebensgrundlage für die zukünftigen Generationen der Menschen im Einzugsgebiet erhalten bleibt.

Nach den Grundsätzen des *watershed management* soll die Produktivität der Ressourcennutzung auf eine Art und Weise vergrößert werden, dass sie ökologisch, ökonomisch und auch institutionell nachhaltig geschieht (Farrington et al. 1999). Dieses Prinzip entstand aus der Erkenntnis, dass Wasser nicht mehr nur sektoral

Abb. 13.6.2 Dürre in Niger. Das Land leidet bereits heute unter Wassermangel. Bis zum Jahr 2025 werden sich die Probleme noch verschärfen (Foto: Jan Krause).

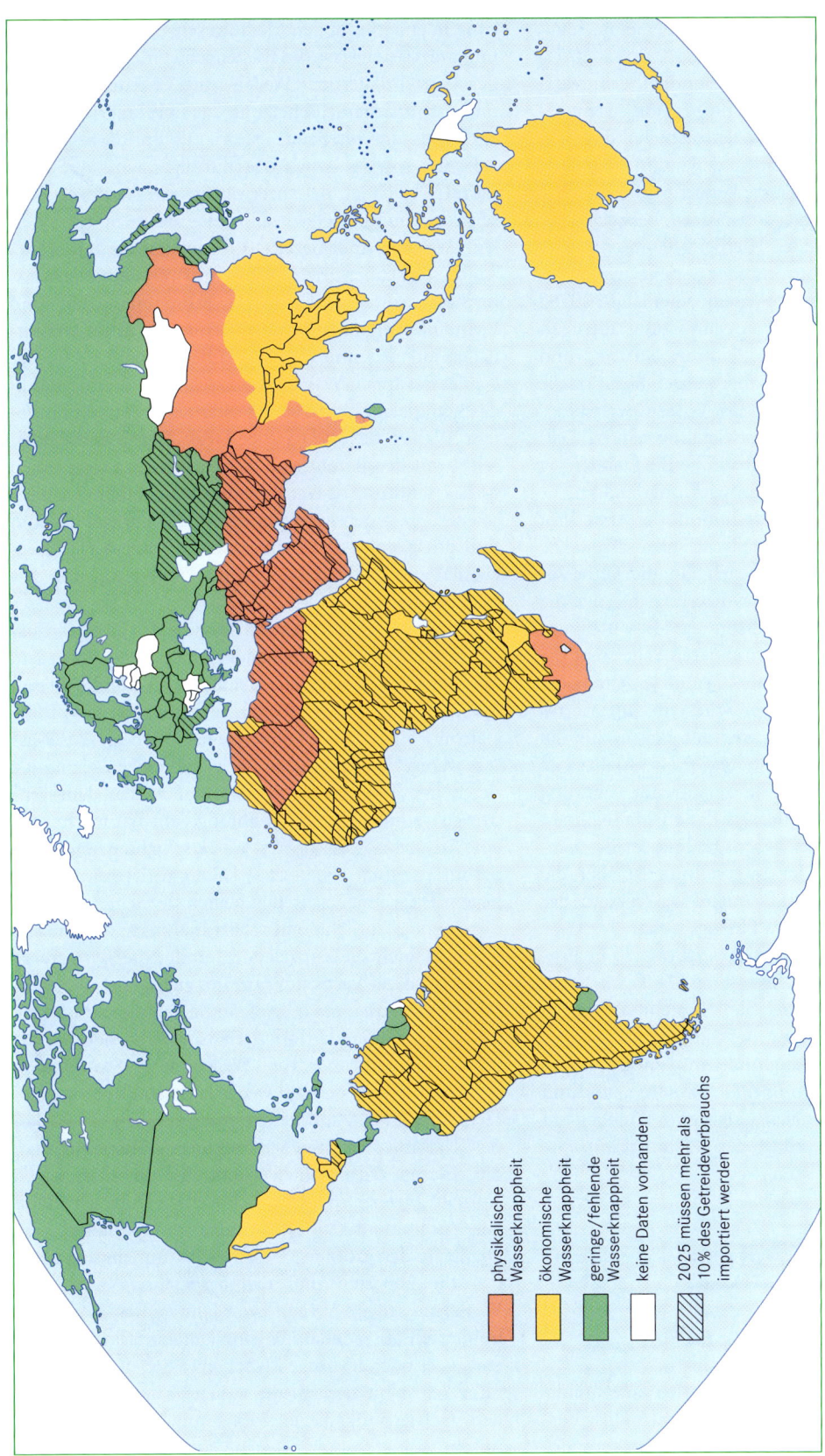

Abb. 13.6.3 Die Karte zeigt die Länder, die 2025 unter physikalischer und ökonomischer Wasserknappheit leiden werden (verändert nach IWMI 2000).

betrachtet werden soll, sondern den Kern einer nachhaltigen Entwicklung und Armutsbekämpfung bildet. Da Wasser auch mit den Fragen von Gesundheit, Landwirtschaft, Bodenschutz, Energiegewinnung und Artenvielfalt verknüpft ist, stellt es einen zentralen Teil der Ziele der Umweltkonferenz 1992 in Rio de Janeiro dar (BMU 2003). Der Schutz der Ressource Wasser geht damit einher mit dem Schutz anderer Ressourcen, beispielsweise des Bodens oder der Wälder. Hierbei sollen Kenntnisse im nachhaltigen Ressourcenmanagement vermittelt werden, um der Bevölkerung Wege zu einer langfristigen und umweltschonenden Ressourcennutzung aufzuzeigen. Die Bevölkerung soll an Planung, Nutzung und Überwachung partizipieren. Dabei werden traditionelle Sozialstrukturen und traditionelles Wissen der einheimischen Bevölkerung für die Entwicklung genutzt. Dies ermöglicht zusätzlich einen Aufbau und die Etablierung demokratischer Strukturen in Entwicklungsländern.

Gegenwärtig basiert die Definition des *watershed management* auf zwei verschiedenen Denkansätzen: Die ländliche Regionalentwicklung zielt auf die Verbesserung der Lebensqualität der Bevölkerung, bei der die Gesundung der natürlichen Ressourcen als Mittel zum Zweck angesehen wird. Auf der anderen Seite steht die Grundanschauung, Wasser als Grundelement allen Lebens zu betrachten. Hierbei wird ein integriertes Maßnahmenpaket entwickelt, um das Wasser für die Steigerung der Biomassenproduktion verfügbar zu machen und gleichzeitig seine zerstörende Wirkung durch Erosion zu verringern. Aus diesen Maßnahmen folgt eine Verbesserung der Lebensqualität der Bevölkerung. Zentraler Ansatz der Intervention ist aber die nachhaltige Nutzung der Ressource Wasser und der Schutz anderer Ressourcen im Einzugsgebiet.

Die Umsetzung des *watershed management* in Projekten der Technischen Zusammenarbeit integriert verschiedene Arbeitsschritte: die Bestandsaufnahme (Monitoring), die Bewertung des aktuellen Zustandes (*assessment*), die Entwicklung und Umsetzung von Planungsmaßnahmen (*environmental management*) und die Ausbildung der regionalen Akteure im Hinblick auf eine nachhaltige Umsetzung der Planungskonzepte (*capacity building*).

13.7 Marine Regime

HELMUT BRÜCKNER UND DIETER KELLETAT

Im Gegensatz zum Festland gestaltet sich eine dreidimensionale Gliederung der Ozeane wegen der Unsicherheit der Grenzziehung bzw. deren ständiger Veränderung in einem mobilen Medium schwierig. Am ehesten und präzisesten ist sie im Küstengebiet möglich, wo man den Gürtel dauernder Wellen- und Gezeitenbewegung und damit sicherer Benetzung das Eulitoral nennt. Der landwärts anschließende Saum mit Spritzwasser und Salzspray sowie seltenen Überflutungen wird als Supralitoral bezeichnet, der meerwärtige mit ständiger Wasserbedeckung bei gleichzeitigem Einfluss starker Wellenbewegung und Gezeitenströmungen als Sublitoral. An diesen schließt sich weiter meerwärts ein Flachwassergebiet mit relativ hohem Nährstoffangebot und Lichteinfluss an, die neritische Zone. Sie ist im Wesentlichen identisch mit dem Schelfmeer (Abb. 13.7.1). Das Gebiet des freien Wassers der Ozeane wird unterteilt in das hemipelagische bzw. in weiter Küstenferne und tiefem Wasser das pelagische Areal. Der Meeresboden selbst mit den darauf und darin lebenden Organismen ist das Benthos. Die Geologie unterteilt zudem – je nach Wassertiefe – den Meeresboden in das Bathyal bis zum Fuß des Kontinentalabhangs, das Abyssal der Tiefseeebenen und das Hadal der größten Meerestiefen in den Tiefseerinnen.

Im Vertikalschnitt der Wassersäule des Ozeans müssen weitere Räume voneinander unterschieden werden, und zwar mindestens die oberen noch durchlichteten Bereiche (euphotische Zone), in denen Photosynthese stattfinden kann – sie können je nach Klarheit des Wassers wenige Meter bis über 100 m tief reichen –, und die tiefen lichtlosen (aphotischen) Stufen. Mit dem Eindringen von Licht und Strahlung geht natürlich auch eine Erwärmung der oberen Wasserschichten einher, die damit spezifisch leichter auf kälterem tieferem Wasser liegen. Die Grenze zwischen beiden Bereichen ist meist durch eine deutliche und scharf markierte **thermische Sprungschicht** gekennzeichnet, an der die Temperatur auf sehr kurzer Vertikaldistanz um viele Grad abnimmt. Natürlich werden die Lage dieser Sprungschicht und die Temperaturdifferenz dort auch vom Grad der Durchmischung aufgrund von Wellen und Strömungen bestimmt. Sie ist deshalb weder lagestabil noch waagerecht ausgebildet, sondern zeigt gewöhnlich ein stärkeres Relief mit ständigen Schwankungen. Betrachtet man die gesamte ozeanische Wassersäule von meist vielen Tausend Metern, so zeigen sich weitere Unterschiede in der Zusammensetzung, Temperatur und damit auch Dichte: In den größten Meerestiefen sammeln sich nämlich die kältesten und damit spezifisch schwersten Wassermassen im Verlaufe von Jahrzehnten bzw. Jahrhunderten als sogenannte ganz kalte antarktische Tiefenwasser oder arktische Zwischenwasser, deren Temperatur selbst im Bereich des Äquators nur wenig über dem Gefrierpunkt liegen kann. Aufgrund dieser thermisch bedingten hohen Dichte sind sie sehr lagestabil

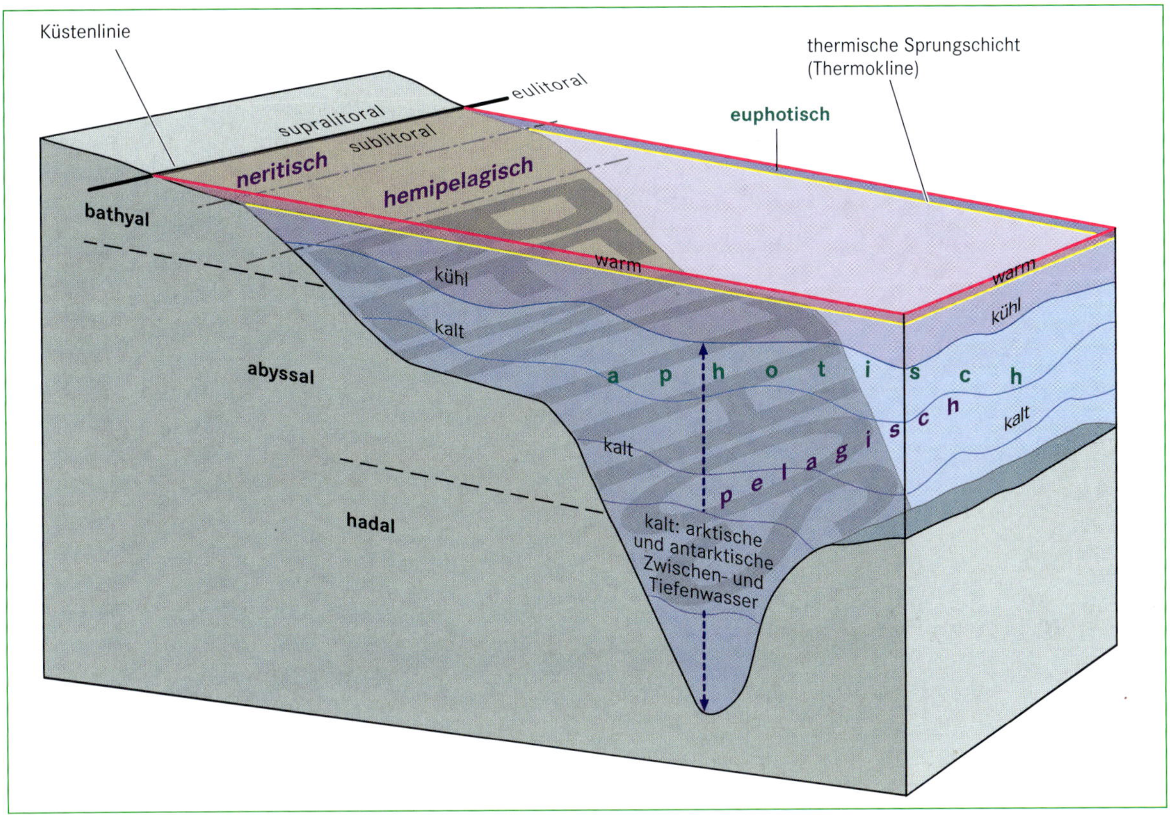

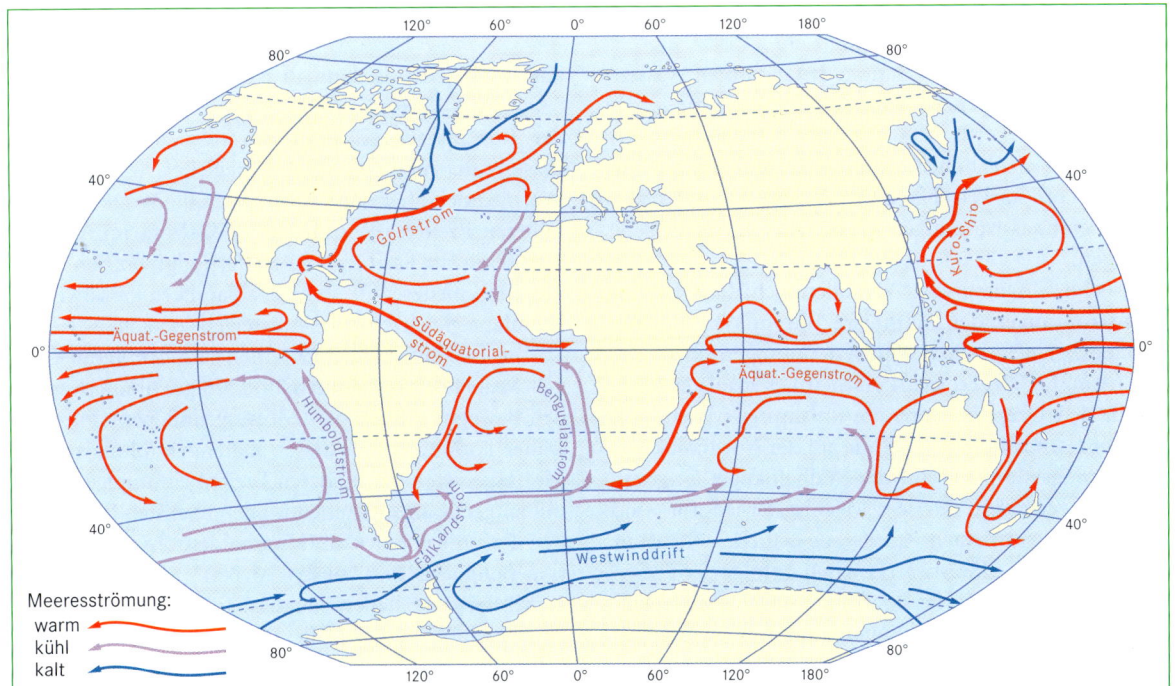

Abb. 13.7.1 Dreidimensionale Gliederung der Meeresregionen.

Abb. 13.7.2 Oberflächenströmungen der Weltmeere.

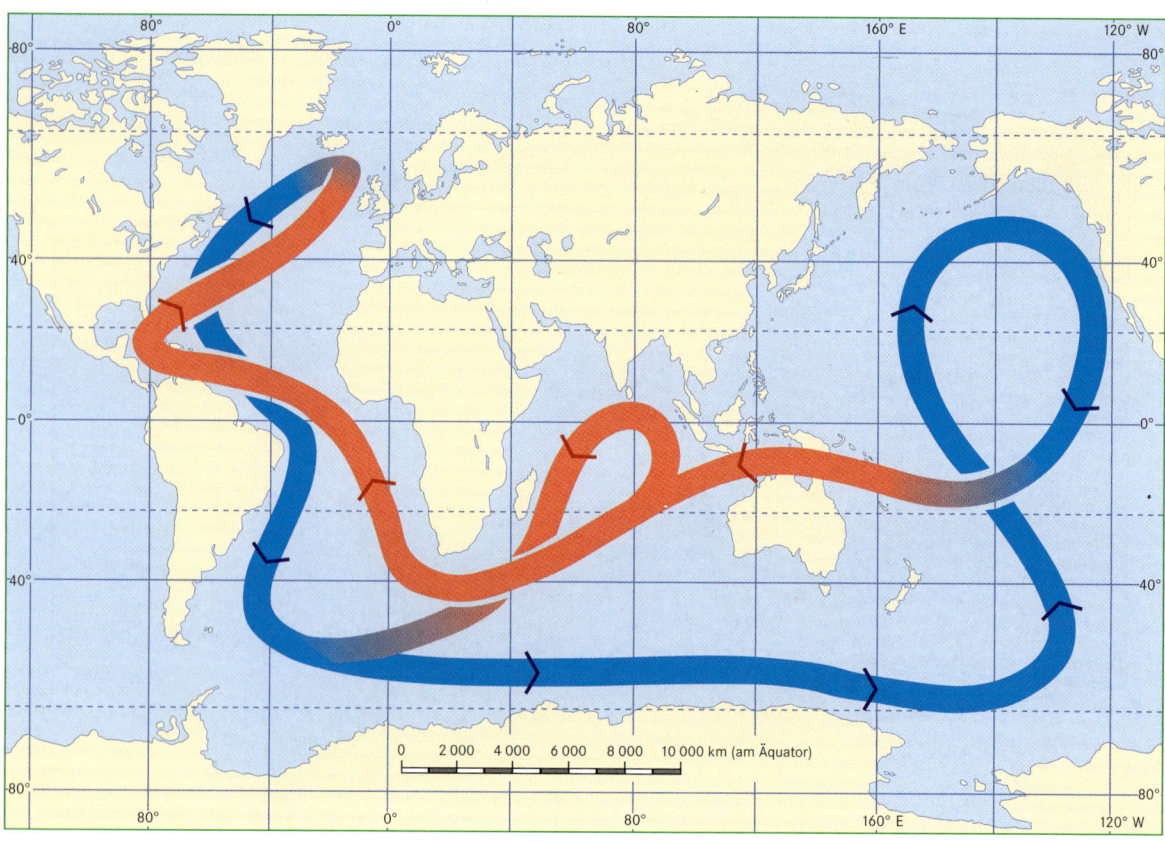

Abb. 13.7.3 *Conveyor belt*, das zusammenhängende Band der Oberflächen- und Tiefenströmungen der Weltmeere (rot = Oberflächenzirkulation, blau = Tiefenzirkulation).

und werden nur ganz langsam in den gesamten Wasserkreislauf einbezogen. Ergänzt werden sie durch die absinkenden Oberflächenwasser bei winterlicher Abkühlung in den hohen geographischen Breiten. In Regionen mit starken ablandigen Winden können sie als Kompensationsströmungen wieder an die Oberfläche gelangen.

Erheblich dynamischer verhalten sich die **Oberflächenströmungen der Weltmeere**, die im Wesentlichen durch die planetarischen Windsysteme angetrieben werden (Abb. 13.7.2). Zunächst erscheint es so, als existierten in den Ozeanen getrennte Strömungssysteme auf der Nord- und Südhalbkugel, die auf der Nordhalbkugel im Uhrzeigersinn und auf der Südhalbkugel entgegen dem Uhrzeigersinn kreisen. Wichtigster Motor sind dabei die äquatornahen Passate aus östlichen Richtungen, die das Wasser westwärts treiben. Infolge der Erdrotation bewirkt die Corioliskraft im Norden eine Ablenkung nach rechts und im Süden nach links. Wenn das Wasser in den höheren geographischen Breiten auf beiden Halbkugeln in die Westwinddrift gerät, wird es nach Osten zurückgetrieben. Erneut nach rechts bzw. links

abgelenkt kehrt es dann in Richtung Äquator an den Anfang des Kreises zurück. Dabei werden die Ostseiten der Kontinente mit polwärts strömendem warmem Wasser aus niederen Breiten begleitet, welches seine Wärme noch über den Ozean bis an die Westküsten der höheren Breiten transportiert (Golfstrom im Atlantik, Kuroschio im Pazifik). Die Entfernung von den Westküsten in niederen Breiten bei ablandigen Passatwinden veranlasst gleichzeitig das Aufsteigen von kaltem Tiefenwasser. Es kann aufgrund seiner geringen Temperatur viel Sauerstoff aufnehmen und ist gewöhnlich wegen der Bewegung über den Meeresgrund nährstoffreich. Daher konnte sich in diesen kalten, strahlungsreichen Meeresgebieten der niederen Breiten ein üppiges Leben mit langer Nahrungskette und den reichsten Fischgründen der Erde entwickeln (Humboldtstrom vor Südamerika, Benguelastrom vor SW-Afrika).

Mittlerweile haben langfristige und umfangreiche Untersuchungen über die Ozeanzirkulation näheren Aufschluss über die Zusammenhänge von Oberflächen- und Tiefenzirkulation erbracht und vor allem über die Schlüsselstellen, welche das System aufrechterhalten. Es sind unter anderem die Absinkgebiete von kaltem Oberflächenwasser südlich von Grönland, die sozusagen den Golfstrom an sich ziehen. In Form eines sogenannten *conveyor belt* (Abb. 13.7.3) sind alle Meeresregionen strömungsmäßig miteinander verbunden. Temperatur- und Salinitätsänderungen infolge von Klimaschwankungen an der Oberfläche oder auf dem Festland (Eiszeiten, Warmzeiten, vermehrter Schmelzwasseranfall usw.) sind dabei die Motoren der **thermohalinen Zirkulation**. Sie wirken sich direkt und relativ kurzfristig auf den Wärmetransport in den Ozeanen aus und beeinflussen daher auch das Klima in weiter Entfernung vom Ort der Veränderungen. Wie stark das Klima in

Europa vom Golfstrom abhing und abhängt, wurde erst in den letzten Jahren erkannt. Tiefseesedimentkerne aus dem Nordatlantik zeigen, dass Ver- und Enteisungsphasen des Quartärs wesentlich von der Intensität des Golfstroms gesteuert wurden. Ein mögliches Zukunftsszenario prognostiziert ein relativ baldiges Abschwächen des Golfstroms und damit den Beginn der nächsten Eiszeit, wenn etwa südlich von Grönland durch einen größeren Anfall von spezifisch leichtem süßem Schmelzwasser (infolge Klimaerwärmung) die winterliche Absenkung des Oberflächenwassers entfällt und damit die wichtigste Antriebsursache für den Golfstrom ausgeschaltet wird.

 **Fazit**

Das in der Einleitung genannte Beispiel der **Bewässerungslandwirtschaft** zeigt, dass der Mensch in vielen Regionen der Erde in zunehmendem Maße in den natürlichen Wasserhaushalt eingreift – entsprechend müssen wirtschafts- und sozialwissenschaftliche Faktoren in Zukunft stärker berücksichtigt werden. Das ändert die Betrachtungsweise und stellt neue Herausforderungen an die Hydrogeographie, die regional sehr unterschiedliche Wasserverfügbarkeit im Hinblick auf die zukünftige Nachfrage durch den Menschen abzuschätzen. Untersuchungsgegenstand ist dabei in der Regel das **Einzugsgebiet** unterschiedlicher Größe (Bach, Fluss, Strom), in dem – durch die Wasserscheide begrenzt – Niederschlag, Verdunstung und Abfluss gemessen und bilanziert werden können. Das administrative Ende eines Untersuchungsgebietes an einer Landes- oder Staatsgrenze verhindert eine integrative Betrachtung natürlicher fluvialer Systeme. Sehr deutlich machen das die Untersuchungen an der Elbe nach dem Hochwasser im August 2002 (IKSE

2004), in die das gesamte Einzugsgebiet auf tschechischer und deutscher Seite einbezogen wird. Vergleichbares gilt für das Hochwasserwarnsystem grenzüberschreitender Flüsse. Eine große Herausforderung für die Hydrogeographie ist die Erstellung von **Prognosen** oder **Szenarien** zukünftiger Systemzustände bzw. -veränderungen, die es erlauben, negative – nicht nachhaltige – Entwicklungen rechtzeitig entgegenzusteuern. Dazu müssen aber die Kompartimente des Systems (Speicher, Prozesse, Stoff- und Energieströme und Einflussfaktoren) modellhaft, das heißt durch Algorithmen dargestellt werden können, was eine genaue Betrachtung und Quantifizierung der Systemparameter und -zusammenhänge erforderlich macht (Symader 2004). Es existiert schon eine ganze Reihe von EDV-gestützten Programmen, mithilfe derer hydrologische und hydraulische Prozesse, Wasserbilanzen und Stofftransporte in unterschiedlichen räumlichen und zeitlichen Skalen modellhaft dargestellt werden können.

Weiterführende Literatur

Barsch D, Schukraft G, Schulte A (1998) Der Eintrag von Bodenerosionsprodukten in die Gewässer und seine Reduzierung – das Geländeexperiment „Langenzell". In: Richter G (Hrsg) Bodenerosion – Analyse und Bilanz eines Umweltproblems
Baumgartner A, Liebscher H-J (1996) Allgemeine Hydrologie. Quantitative Hydrologie. (Lehrbuch der Hydrologie, Band 1). 2. Aufl. Berlin, Stuttgart
Bick H (1998) Grundzüge der Ökologie. Stuttgart, Jena
Böhm HR, Deneke M (Hrsg) (1992) Wasser. Eine Einführung in die Umweltwissenschaften. Darmstadt

Büdel J (1981) Klima-Geomorphologie. 2. Aufl. Berlin u. a.
Deutsches Institut für Normung (1994) DIN 4049 – Hydrologie. Berlin
Dyck S, Peschke G (1995) Grundlagen der Hydrologie. 3. stark bearb. Aufl. Berlin
Farrington J, Turton C, James AJ (1999) Participatory watershed development. Oxford
Grimm FD (1968) Zur Typisierung des mittleren Abflussganges (Abflussregime) in Europa. Freiburger Geographische Hefte 6: 51–64

Fortsetzung

─ **Fortsetzung** ─────────────────────────────

Haar U de (1974) Beitrag zur Frage der wissenschaftssystematischen Einordnung und Gliederung der Wasserforschung. Beiträge zur Hydrologie 2: 85–100

Heiden S, Erb R, Sieker F (Hrsg) (2001) Hochwasserschutz heute. Nachhaltiges Wassermanagement. Initiativen zum Umweltschutz 31. Berlin

Immendorf R (Hrsg) (1997) Hochwasser. Natur im Überfluß? Heidelberg

Institut für Länderkunde (Hrsg) Nationalatlas Bundesrepublik Deutschland. Relief, Boden und Wasser. Heidelberg, Berlin

Keller R (Hrsg) (1968) Flußregime und Wasserhaushalt. 1. Bericht der IGU – Commission on the International Hydrological Decade. Freiburger Geographische Hefte 6

Liedtke H, Marcinek J (Hrsg) (2002) Physische Geographie Deutschlands. 3. Aufl. Gotha, Stuttgart

Mendel HG (2000) Elemente des Wasserkreislaufs. Eine kommentierte Bibliographie zur Abflußbildung. Berlin

Nippes KR (1970) Die Abflussverhältnisse Spaniens unter besonderer Berücksichtigung des Duerogebietes. Geographisches Taschenbuch 1970/1972: 31–44

Parde M (1960) Les facteurs des regimes fluviaux. Norris Poitiers 7

Richter G (Hrsg) (1998) Bodenerosion – Analyse und Bilanz eines Umweltproblems. Darmstadt

Schwoerbel J (1984) Einführung in die Limnologie. Stuttgart

Symader W (2004) Was passiert, wenn der Regen fällt? Eine Einführung in die Hydrologie. Stuttgart

van Dam J C (2005) Impacts of climate change and climate variability on hydrological regimes. Cambridge

Wilhelm F (1997) Hydrogeographie. (Das Geographische Seminar). 3. verb. Aufl. Braunschweig

Wohlrab B, Ernstberger H, Meuser A, Sokollek V (1992) Landschaftswasserhaushalt. Hamburg, Berlin

Zitierte Literatur

AG Boden (1994) Bodenkundliche Kartieranleitung. Stuttgart

Aigner H (1983) Organische Düngung. In: Ruhr-Stickstoff AG (Hrsg) Faustzahlen für die Landwirtschaft. 10. Aufl. Bochum. 207–221

Albertsen M, Matthes G, Pekdeger A, Schulz HD (1980) Quantifizierung von Verwitterungsvorgängen. Geologische Rundschau 69/2: 532–545

Auerswald K (1998) Bodenerosion durch Wasser. In: Richter G (Hrsg) Bodenerosion – Analyse und Bilanz eines Umweltproblems. Darmstadt. 33–42

BMU (2003) Das Internationale Jahr des Süsswassers. Herausforderung und Chance für einen bewussteren nachhaltigen Umgang mit Wasser

Böhn D, Schütt B (2002) Von der Beobachtung zur Modellbildung. Das Beispiel des Wasserhaushaltes. Geographie und ihre Didaktik 30 (Heft 2): 57–71

Bronstert A, Niehoff D, Fritsch U (2003) Auswirkungen von Landnutzungsänderungen auf die Hochwasserentstehung. PGM 147 (Heft 6): 24–33

Bundesamt für Wasser und Geologie – Landeshydrologie (Hrsg) (2001) Hydrologischer Atlas der Schweiz. Bern.

Busskamp R (2003) Unsere Wasserversorgung. In: Institut für Länderkunde (Hrsg) Nationalatlas Bundesrepublik Deutschland. Relief, Boden und Wasser. Heidelberg, Berlin. 150–151

FAO (Hrsg) (2003) Water and people: whose right is it?

Grünewald U (2003) Die „hydrologische Problematik" von Tagebauseen: Wassermenge, Wasserqualität und zukünftige Nutzung. PGM 147 (Heft 6): 14–23

Hamm A, Gleisberg D, Hegemann W, Krauth KH, Metzner G, Sarfert F, Schleypen P (1991) Stickstoff- und Phosphoreintrag aus punktförmigen Quellen. In: Hamm A (Hrsg) Studie über Wirkung und Qualitätsziele von Nährstoffen in Fließgewässern. St. Augustin. 765–805

Heathcote IW (1998) Integrated watershed management. New York

Heikkinen K (1990) Seasonal changes in iron transport and nature of dissolved organic matter in a humic river in Northern Finland. Earth, Surface, Processes and Landforms 15: 583–596

Hendl M (2002) Klima. In: Liedtke H, Marcinek J (Hrsg) Physische Geographie Deutschlands. 3. Aufl. Gotha, Stuttgart. 17–126

IKSE - Internationale Kommission zum Schutz der Elbe (2004) Dokumentation des Hochwassers vom August 2002 im Einzugsgebiet der Elbe. Magdeburg

International Water Management Institute (IWMI) (2000) Water Issues for 2025: A research perspective. The contribution of the International Water Management Institute to the World Water Vision for food and rural development. IWMI, Colombo, Sri Lanka

Jankiewicz P, Krahe P (2003) Abflussbilanz und Bilanzierung der Wasserströme. In: Institut für Länderkunde (Hrsg) Nationalatlas Bundesrepublik Deutschland. Relief, Boden und Wasser. Leipzig. 148–149

Kirkby MJ (1969) Infiltration, throughflow, and overlandflow. In: Chorley RJ. Water, Earth and Man. London. 215–229

Lal R (2000) Integrated watershed management in the global ecosystem. Boca Raton et al.

Lauer W (1993) Klimatologie. Das Geographische Seminar. Braunschweig

Leibundgut C, Kern F-J (2003) Die Wasserbilanz der Bundesrepublik Deutschland – Neue Ergebnisse aus dem Hydrologischen Atlas Deutschland. PGM 147 (Heft 6): 6–13

Marcinek J, Schmidt K-H (2002) Gewässer und Grundwasser. In: Liedtke H, Marcinek J (Hrsg) Physische Geographie Deutschlands. 3. Aufl. Gotha, Stuttgart. 157–182

Mauch E (1998) Kartierung der Trophie von Fließgewässern in Bayern. Münchener Beiträge zur Abwasser-, Fischerei- und Flußbiologie. 51. Integrierte ökologische Gewässerbewertung: Inhalte und Möglichkeiten. München/Wien. 412–434

Musgrave GW, Holtan HN (1964) Infiltration. In: Chow VT (Hrsg) Handbook of applied hydrology. A compendium of water-resources technology. New York

Neumann J, Wycisk P (2003) Mittlere jährliche Grundwasserneubildung. In: Institut für Länderkunde (Hrsg) Nationalatlas Bundesrepublik Deutschland. Relief, Boden und Wasser. Heidelberg, Berlin. 144–145

Nippes KR (1986-1989) Dynamik der Schwebstofführung im Schwarzwald. In: Beiträge zur Hydrologie 11 (1): 39–49

Peschke G (2001) Bodenwasserhaushalt und Abflussbildung. Geogr. Rundschau 53 (5): 18–23

Prietzel J, Baur S, Feger K-H (1989) Al-Spezierung im Sickerwasser von Schwarzwaldböden – Berechnung von Löslichkeitsgleichgewichten. Mitt. Dtsch. Bodenkundl. Gesellsch. 59/I: 453–458

Rehfuess KE (1990) Waldböden. Entwicklung, Eigenschaften und Nutzung. Pareys Studientexte 29. Hamburg, Berlin

Reneau SL, Dietrich WE (1991) Erosion rates in the southern Oregon Coast Range: evidence for an equilibrium between hillslope erosion and sediment yield. Earth, Surface, Processes and Landforms 16: 307–322

Rogers RD, Schumm SA (1991) The effect of spoose vegetation cover on erosion and sediment yield. Journal of Hydrology 123: 19–24

Fortsetzung

Fortsetzung

Schmidt K-H (1981) Der Sedimenthaushalt der Ruhr. Z. f. Geomorphologie N.F. Suppl.-Bd. 39: 59–70

Schulte A (1995) Hochwasserabfluß, Sedimenttransport und Gerinnebettgestaltung an der Elsenz im Kraichgau. Heidelberger Geographische Arbeiten 98. Heidelberg

Schulte A (2006) Schwellenwerte in der Geomorphologie. In: Deutscher Arbeitskreis für Geomorphologie (Hrsg) Oberfläche der Erde – Lebens- und Gestaltungsraum des Menschen. Forschungsstrategische und programmatische Leitlinien zukünftiger geomorphologischer Forschung und Lehre. Zeitschrift für Geomorphologie

Seiler W (1980) Messeinrichtung zur quantitativen Bestimmung des Geoökofaktors Bodenerosion in der topologischen Dimension auf Ackerflächen im Jura (Südöstlich Basel). Catena 7: 233–250

Stiftung Entwicklung und Frieden (Hrsg) (1999) Globale Trends 2000. Fakten, Analysen, Prognosen. Frankfurt/M.

Trittin J (2003) Das Internationale Jahr des Süsswassers. Editorial der BMU-Zeitschrift „Umwelt" 4/2003

Vereinigung Deutscher Gewässerschutz e.V. (VDG) (2003) Hochwasser. Naturereignis oder Menschenwerk? Schriftenreihe der Vereinigung Deutscher Gewässerschutz 66. Bonn, Kassel

Ward AD (1995) Environmental hydrology. 2. Aufl. Boca Raton

Weischet W (1984) Agrarwirtschaft in den feuchten Tropen. Geographische Rundschau 7: 344–351

Wirtschaftskammer Österreich (1995) Aktuelle Ergänzungen zum Medienpaket Umweltschutz in Wirtschaft und Gesellschaft. Wien

Ziechmann W, Müller-Wegener U (1990) Bodenchemie. Mannheim, Wien, Zürich

Das Hundertwasserhaus „Waldspirale" auf dem ehemaligen Schlachthofgelände in Darmstadt. Der Wiener Künstler Friedensreich Hundertwasser versuchte in seinen Projekten ein natur- und menschengerechteres Wohnen zu verwirklichen. Der von Kritikern oft als „Aufhübscherei" diffamierte Baustil verdeutlicht die Vorstellung des Umweltphilosophen an vielen Details: Die Abkehr von streng geometrischen Elementen soll die Freude am Wohnen und Leben zurückbringen. In die Fassade integrierte Bäume, soge-nannte Baummieter, sowie das begrünte Dach sollen den Menschen das gemeinsame Erlebnis von Stadt und Natur ermöglichen (Foto: R. Glaser).

Kapitel 14
Landschafts- und Stadtökologie

Auf den ersten Blick mag es seltsam erscheinen, dass scheinbar so gegensätzlich anmutende Disziplinen wie Stadt- und Landschaftsökologie den Weg in ein und dasselbe Kapitel gefunden haben. Landschaft und Ökologie sind in unserer Vorstellungswelt leicht zusammenzuführen, aber was hat die Betonwüste Stadt mit Ökologie zu schaffen? Bei genauerer Betrachtung wird man feststellen, dass beide Disziplinen zwar ein physiognomisch deutlich unterscheidbares Gebilde untersuchen, jedoch gelten in beiden die gleichen biologischen, chemischen oder physikalischen Gesetzmäßigkeiten. Zwar ist die Beschäftigung mit der Ökologie seit dem 19. Jahrhundert die Domäne biologischer Wissenschaften, da von diesen aber zuvorderst die biotischen und nicht die abiotischen Komponenten betrachtet wurden, füllt die integrativ angelegte geographisch geprägte Landschaftsökologie diese Lücke.

Das Hauptproblem ökologischer Untersuchungen, die sich mit dem Gesamthaushalt von Landschaften auseinandersetzen, ist die Tatsache, dass diese als Ganzes für den Forscher nicht so einfach zu erfassen sind; man kann weder Teilkomponenten in das Labor transportieren und dort analysieren, noch ist der Versuch geglückt, erfolgreich autark funktionierende Ökosysteme anzulegen. Landschaften sind hochgradig komplexe Ökosysteme, für deren Erforschung man deshalb besondere Strategien entwickeln muss. Bei den ersten landschaftsökologischen Studien seit Mitte des 20. Jahrhunderts stand die Auswertung von Luftbildern, Kartierungen oder Landkarten im Vordergrund. Darüber hinaus werden heute verstärkt biologische, physikalisch-chemische, geowissenschaftliche und auch zunehmend gesellschaftswissenschaftliche Methoden zur Analyse herangezogen. Erst aus der Synthese der Ergebnisse der Einzelwissenschaften erschließen sich aber Funktions- und Wirkungsweisen der Systeme. Von der Vorstellung einer detaillierten Gesamterfassung aller Landschaftsparameter sollte man sich aber verabschieden: Auch die Verfeinerung der Untersuchungsmethoden und die dadurch entstehende Datenflut, die selbst schon zu einem Untersuchungsgegenstand geworden ist, kann nur Größenordnungen oder Trends ermitteln, allenfalls in Mikrosystemen kann man versuchen, die wichtigen Stoffflüsse zu erfassen.

In der Geographie haben die Forschungsbereiche Landschafts- und Stadtökologie ihren Platz vor allem als interdisziplinäre und raumbezogene Umweltwissenschaften mit jeweils hohem Anwendungsbezug gefunden. Die im Neolithikum begonnene und sich immer noch beschleunigende anthropogene Umgestaltung erfordert die Entwicklung von problemadäquaten Handlungsstrategien: Stadt und Landschaft sollen auch nachhaltig wirtschaftlich nutzbar und vom Menschen bewohnbar sein.

14.1 Einführung in die Landschaftsökologie: der ökologische Blick auf die Landschaft

Thomas Mosimann

Was ist Landschaftsökologie?

Die Landschaftsökologie bzw. Geoökologie befasst sich mit:

- komplexen, vom Menschen beeinflussten Prozessen in der Natur, die sie immer in räumlicher Perspektive betrachtet,
- der Erklärung grundlegender Zusammenhänge landschaftlicher Ökosysteme (Geoökosysteme) in allen geographischen Betrachtungsdimensionen,
- der Entwicklung von Methoden und Modellen zur Erfassung, Abschätzung und Bewertung von Zuständen, Abläufen, Einflüssen, Risiken und Entwicklungen in der Umwelt und
- der Planung und dem Management von Räumen verschiedener Größenordnung (lokales Einzugsgebiet bis Region).

Landschaftsökologie beschäftigt sich implizit oder explizit mit **Landnutzung**, **Landmanagement** und **ökologischer Planung**. In diesen Bereichen liegen die Ausgangspunkte der Fragestellungen und die Abnehmer der Antworten. Landschaftsökologie ist damit von ihrem Grundverständnis her in Inhalt und Fragestellungen sehr breit, vielfältig und anwendungsorientiert. Die geforderte vernetzende Sicht verlangt das Überschreiten der Grenzen zwischen den Fächern. Landschaftsökologie ist deshalb vor allem eine Arbeitsperspektive (Leser 1999). Sie steht in vielerlei Hinsicht zwischen den Teildisziplinen der Geographie (Abb. 14.1.1) und verbindet zudem ökologische Ansätze der Biologie und der Geographie. Der methodische Ansatz lässt sich wie folgt charakterisieren:

- Landschaftsökologie betrachtet Probleme, Zusammenhänge, Prozesse und Wirkungen kompartiment- bzw. systemübergreifend. Der Gegenstand ist primär der Landschaftsraum und nicht primär ein Umweltmedium. Landschaftsökologische Arbeit zielt immer auf flächendifferenzierende Aussagen.
- Landschaftsökologie strebt eine maßstabsübergreifende Betrachtung von der Parzelle bis zur Region (und umgekehrt) an (Steinhardt 1999). Ein kontinu-

ierliches *up- and downscaling* ist jedoch heute noch nicht verwirklicht.

- Landschaftsökologie verknüpft die Sach- und Werteebene. Sie stellt damit ihre naturwissenschaftlichen Befunde den Nutzungsansprüchen, Schutzzielen und Entwicklungszielen der Gesellschaft und ihrer Akteure gegenüber (Abb. 14.1.5).

Landschaftsökologisches Denken ist also in systemarer, prozessualer, räumlicher und maßstabsbezogener Sicht übergreifend. Dies gilt nicht in gleichem Maße für die Inhalte der einzelnen Arbeiten in Forschung und Anwendung. Nur theoretische und konzeptionelle Arbeiten beschäftigen sich mit landschaftlichen Ökosystemen im umfassenden Sinne (z. B. ökologisch begründete Landschaftsleitbilder). Die experimentellen, das heißt, quantifizierenden Arbeiten sind auf Teilsysteme (vor allem Boden und/oder Vegetation), Einzelprozesse (aus dem Wasser-, Stoff- und Lufthaushalt) und Einzelfunktionen fokussiert. Typisch ist also nicht unbedingt die Breite der Forschungsinhalte, sondern die Breite der Einflüsse und Abhängigkeiten, die im jeweiligen Zusammenhang betrachtet werden. Der Kontext muss breit und systemar angelegt werden (Abb. 14.1.4).

Der Übergang von einem Kernbereich der Landschaftsökologie zu ihren stärker spezialisierten ökolo-

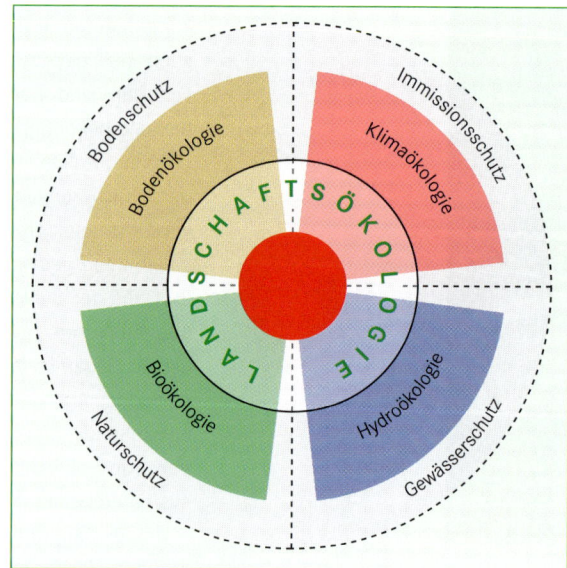

Abb. 14.1.1 Landschaftsökologie im Bezugsfeld ökologischer Spezialdisziplinen und des Umweltschutzes: Auf der höchsten Integrationsebene werden wichtige Prozesse aus allen vier Teilbereichen untersucht und verknüpft. Die einzelnen Teilbereiche arbeiten mit einer mehr oder weniger stark ausgeprägten landschaftsökologischen Perspektive.

gisch arbeitenden Nachbardisziplinen ist also fließend (Abb. 14.1.1). Soweit sie entsprechend den oben beschriebenen Prinzipien und Arbeitsperspektiven arbeiten, können die auf Teilsysteme orientierten Disziplinen als Teil einer übergreifenden Landschaftsökologie gesehen werden. Es gibt aber **Kernthemen** und **Schlüsselfragestellungen**, die wirklich im Zentrum zwischen den Teilsystemen Boden, Wasser, Klima und Biozönosen stehen. Dazu gehören Landnutzung und Ressourcenschutz, Modellierung des Landschaftshaushaltes, Abschätzung und Bewertung landschaftsökologischer Funktionen, ökologische Raumgliederung, ökologische Risikoanalyse, Umweltbeobachtung und -bewertung und die Entwicklung von Landschaftsleitbildern.

Die Entwicklung der Landschaftsökologie

Der Begriff Landschaftsökologie wurde bereits 1939 von **Carl Troll** ein erstes Mal verwendet. Er bezeichnete schon ganz am Anfang Landschaftsökologie „als das Studium des gesamten in einem bestimmten Landschaftsausschnitt herrschenden komplexen Wirkungsgefüges zwischen den Lebensgemeinschaften und ihren Umweltbedingungen". Carl Troll war inspiriert von den in den 1930er-Jahren aufkommenden Luftbildern. Luft-

bilder ermöglichten zum ersten Mal, die Erdoberfläche nicht nur auf Karten, sondern in ihrer ganzen Vielfalt der realen Erscheinungen zu betrachten. Dies brachte Troll auf den Gedanken, vor allem die Vegetation in ihren räumlichen Abhängigkeiten in einer gesamtheitlichen Betrachtung zu studieren.

Die „Initialzündung" von Troll bewirkte zunächst nicht viel, sicher auch bedingt durch die Zäsur des Krieges. Erst Anfang der 1950er-Jahre begann eine Entwicklung, welche über mehrere Phasen zum heutigen Verständnis von Landschaftsökologie geführt hat. Die Abbildung 14.1.2 stellt fünf Hauptphasen der Herausbildung der Disziplin mit den wichtigsten methodischen Entwicklungssträngen zusammenfassend dar.

Die **Phase 1** beginnt Ende der 1940er-Jahre mit der **naturräumlichen Gliederung**. In einer heute nicht mehr vorstellbaren Fleißarbeit wurde die ganze Bundesrepublik in ein hierarchisches System von „Naturlandschaftstypen" gegliedert, und zwar nach einem gesamtheitlichen physiognomischen Ansatz. Mehr oder weniger parallel dazu setzte sich in der Geobotanik das Konzept der **potenziell natürlichen Vegetation** (Kapitel 12) zur ökologischen Gliederung von Landschaften durch. Beide Werke waren auf ihre Weise Ansatz für eine allmählich einsetzende Kritik fehlender Quantifizierung der Rauminhalte und der Grenzen. Die noch rein „beschreibende" Phase 1 bereitete damit den großen Umbruch in Phase 2 vor.

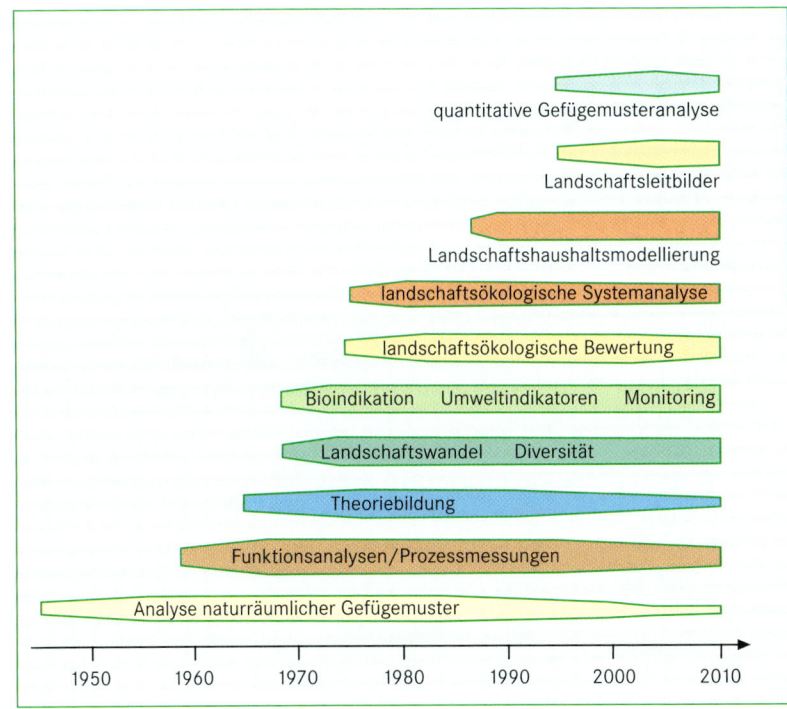

Abb. 14.1.2 Entwicklung in der Landschaftsökologie: Hauptstränge der Theoriebildung, Methodenentwicklung und Forschungsperspektiven.

Mit **Phase 2** beginnt die auf Feldmessungen und Laboruntersuchungen beruhende quantitative landschaftsökologische Analyse. Vorläufer waren die ab ungefähr Mitte der 1950er-Jahre in verschiedenen Nachbardisziplinen etablierten Feldmessstationen beispielsweise zum Standortswasserhaushalt, zur Bodenerosion oder zum Mikroklima. In den 1960er-Jahren etablierte sich dann zunächst in der ehemaligen DDR eine vor allem mit dem Namen von **Ernst Neef** verknüpfte neue Theorie und Methodik der naturräumlichen Erkundung: die „**naturräumliche Ordnung**". Entscheidend war der Übergang zur quantitativen Analyse der Landschaftsstruktur (Reliefparameter, physikalische und chemische Bodenmerkmale) und zur Messung von Prozesszuständen am Standort (Bodenwasser, Klimagrößen). Mit dem Bodenwasserhaushalt wurde zum ersten Mal ein Prozess Hauptmerkmal der Erfassung landschaftlicher Zusammenhänge. Die Saat der Phase 2 ging allerdings erst ab Mitte der 1970er-Jahre mit der landschaftsökologischen Systemanalyse voll auf.

Phase 3 markiert im Wesentlichen die Entstehung der Landschaftsökologie in ihrer heutigen Ausprägung mit der ganzen methodischen Vielfalt. Drei methodische Entwicklungsstränge finden hier ihren Anfang: Landschaftswandel/Diversität, Indikation/Monitoring und landschaftsökologische Bewertung. Zudem reifte in dieser Phase das Theoriegebäude landschaftsökologischer Raumanalyse zu seiner heutigen Gestalt. Phase 3 war auch charakterisiert durch den Übergang der Messung von Einzelprozessen zur Systemanalyse. Mit der Einführung der **landschaftsökologischen Systemanalyse** wurde das Konzeptmodell (Abb. 14.1.4) zur Grundlage der Festlegung des jeweiligen Untersuchungszusammenhanges und der zu messenden Einzelparameter und Prozesse. Die methodischen Entwicklungen in Phase 3 sind so vielfältig, dass sie sich in wenigen Sätzen nicht angemessen charakterisieren lassen. Entscheidend bleibt jedoch, dass in dieser Phase auch die Angewandte Landschaftsökologie entstanden ist, mit Methoden und Produkten, die auch heute noch in der ökologischen Planung und im Natur- und Umweltschutz angewendet bzw. erstellt werden.

Phase 4 markiert auch in der Landschaftsökologie den entscheidenden methodisch-technischen Wandel mit der Einführung Geographischer Informationssysteme (GIS) und der rasterbasierten Modellierung. Die in den Spezialdisziplinen entwickelten Simulationsmodelle für Prozesse des Klima-, Wasser- und Stoffhaushalts hatten etwa Mitte der 1990er-Jahre einen Reifegrad erreicht, der einen Einsatz in übergreifenden landschaftsökologischen Analysen möglich machte (Kapitel 6.5). Damit wurde die **Landschaftshaushaltsanalyse** Wirklichkeit.

Die Einführung Geographischer Informationssysteme in die landschaftsökologische Analyse war nicht nur ein technischer Schritt. Sie hat das Vorgehen auch theoretisch und methodisch verändert. GIS ermöglichen die Modellierung und bessere Darstellung von Kontinua bzw. „Prozessfeldern". Damit konnte die statische Betrachtung landschaftsökologischer Raumeinheiten verlassen und das nicht realitätsnahe Homogenitätsprinzip der Abgrenzung von Räumen teilweise verlassen werden. GIS ermöglichen zudem die Entwicklung von Transfermodellen für die Übertragung von Punktdaten auf die Fläche und für den Skalentransfer allgemein.

Phase 5 umfasst die neuesten Entwicklungen und lässt sich deshalb noch nicht in Form eines „großen Trends" charakterisieren. Elemente neuer methodischer Entwicklungen sind die quantitative Gefügemusteranalyse (vor allem im englischen Sprachraum) und die modellgestützte Ableitung von Landschaftsleitbildern.

Im englischsprachigen Raum gibt es eine „geographische" Landschaftsökologie, wie sie im deutschsprachigen Kulturraum verstanden und betrieben wird, nicht. In Nordamerika ist „**Landscape Ecology**" im Wesentlichen eine räumlich arbeitende (biologische) Ökologie. Im Vordergrund stehen Pflanzen und Tiere mit ihren Verbreitungsmustern in Landschaften (Rowe & Barnes 1994). Geoökologische Prozessforschung findet in andern Disziplinen statt. Anwendungsorientierte Landschaftsökologie gibt es nur vereinzelt. Dem geographischen Verständnis von Landschaftsökologie am nächsten sind Naveh und Lieberman (1994).

Vom System zum Modell

Gegenstand, Problemstellungen und Betrachtungsperspektiven der Landschaftsökologie verlangen einen **systemaren Ansatz**. Die Entstehung, Entwicklung und heutige Stellung der Disziplin ist stark mit dem Ökosystemparadigma verbunden (Exkurs 14.1.1). Dieses Paradigma versteht „Natur" allgemein und die vom Menschen genutzten Erdräume im Besonderen als Ökosysteme.

Landschaft als System begreifen – was heißt das?

- **holistische Betrachtung**: Die Strukturelemente und Prozesse in der Landschaft werden in ihrer Vielfalt und räumlich vergleichend untersucht. Dies zielt auf das Erkennen prägender Effekte und Analogien sowie deren Verallgemeinerung.
- **offenes System**: Jeder Erdraumausschnitt tauscht Energie, Wasser und Stoffe mit der Atmosphäre, Lithosphäre und mit den benachbarten Arealen aus.

Dabei findet Input, Output und Transformation statt.

- Die Vorgänge sind **dynamisch** und nichtlinear. Prozesse und Entwicklungen werden in Zeiträumen von Tagen bis Jahrzehnten betrachtet.
- Standortbedingungen ergeben sich aus dem Zusammenwirken energie-, wasser- und stoffhaushaltlicher Prozesse. Die Landschaft hat einen **„Haushalt"**. Die haushaltlichen Prozesse werden in Abhängigkeit der Geofaktoren (Relief, Boden, Klima, Vegetation, gebaute Elemente) betrachtet.
- Der **Mensch** greift in naturgesetzliche Abläufe ein. Er nutzt, beeinträchtigt und reguliert diese. Der Systembegriff der Landschaftsökologie bezieht also den Menschen explizit als abhängigen und steuernden Faktor mit ein.
- Jede Landschaft ist das Ergebnis des **Zusammenwirkens** naturgesetzlicher, ökonomischer und sozialer Prozesse.

Das kleinste System der Landschaftsökologie ist eine Parzelle oder ein **Ökotop** (repräsentiert durch einen „Standort", an dem das System untersucht wird), das größte System ist ein Flusseinzugsgebiet oder ein Landschaftsraum. Auch geographische Zonen werden systemar betrachtet (Schultz 2002). Da die Landschaftsöko-logie aber immer das Zusammenwirken von Klima, Vegetation, Relief und Boden untersucht, kann auch die zonale Betrachtung nur an konkreten Landschaftsräumen geschehen. In diesem Sinne sind die größten betrachteten Räume immer Landschaften. Weitergehende Erläuterungen zum systemaren Ansatz liefern Steinhardt et. al (2005).

Systeme werden als Modelle formuliert. Das Modell bildet die konkrete Vorstellung über den betrachteten Systemausschnitt und Systemzusammenhang ab. Es definiert damit, welche Elemente, Prozesse und Wirkungsbeziehungen analysiert, simuliert und prognostiziert werden. Vereinfacht lassen sich in der Landschaftsökologie drei Gruppen bzw. Ebenen von Modellen unterscheiden:

- **Holistische Modelle** stellen ganz allgemein die betrachteten Systemteile, Systemelemente und Relationen dar. Zu den holistischen Modellen gehören alle allgemeinen Ökosystemmodelle, Landschaftsstrukturmodelle und Mensch-Umwelt-Systemmodelle. Holistische Modelle sind „Überblicksmodelle". Sie zeigen, „was" untersucht wird, differenzieren aber die Elemente und Abhängigkeiten nicht genauer. Sie vermitteln damit nur eine ganz allgemeine Vorstellung eines Systemzusammenhanges. Leser (1997) gibt einen Überblick über solche Modelle und ihre

---

Exkurs 14.1.1

Ökosystemparadigma

Ein Ökosystem ist ein offenes und in begrenztem Maße zur Selbstregulation befähigtes Wirkungsgefüge aus einer Gesamtheit von Lebewesen, die mit der anorganischen Umwelt in Wechselwirkung stehen. Die wichtigsten Merkmale eines Ökosystems sind die Lebensgemeinschaft aus Primärproduzenten, Konsumenten und Zersetzern (trophische Struktur), die im definierten Naturraumausschnitt ablaufenden physikalischen, chemischen und biochemischen Prozesse und das Prinzip des offenen Systems, in dem Energie, Wasser und Stoffe umgesetzt werden (Ein- und Austrag, Nährstoffkreislauf).

Der Begriff des Ökosystems wurde 1935 von A.G. Tansley eingeführt, geht jedoch in ersten Ansätzen auf das späte 19. Jahrhundert zurück. In den 1950er-Jahren etablierten sich ökosystemare Ansätze in der Forschung, wurden jedoch in der Physischen Geographie und weiten Teilen der Wissenschaft noch kaum wahrgenommen.

Der Durchbruch des Ökosystemparadigmas kam erst Ende der 1960er-Jahre. Nach 1970 wurden Theorie und Konzept des „landschaftlichen Ökosystems" auch in der Geographie zum leitenden Prinzip integrativer Betrachtung räumlicher Zusammenhänge. In dieser Zeit entstanden die theoretischen Systemmodelle für die verschiedenen Dimensionsstufen landschaftlicher Betrachtung. Entscheidender Auslöser war die klassische Arbeit von R.J. Chorley und B. Kennedy *„Physical Geography. A Systems Approach"*. Daraus entwickelte sich unter anderem das Prozess-Korrelations-Modell als konzeptionelle Leitlinie landschaftsökologischer Analyse (Mosimann 1997, Abb. 14.1.4).

Das Ökosystemparadigma brachte einen grundlegenden Wandel in der Forschung, im Verständnis der Welt und in der politischen Diskussion. Das Zusammenwirken der verschiedenen Naturfaktoren und das Prinzip der Vernetzung wurden zu zentralen Fragen der Forschung. In der Geographie hat das Ökosystemparadigma den Wandel von einer strukturellen zu einer funktionellen Betrachtung wesentlich vorangetrieben.

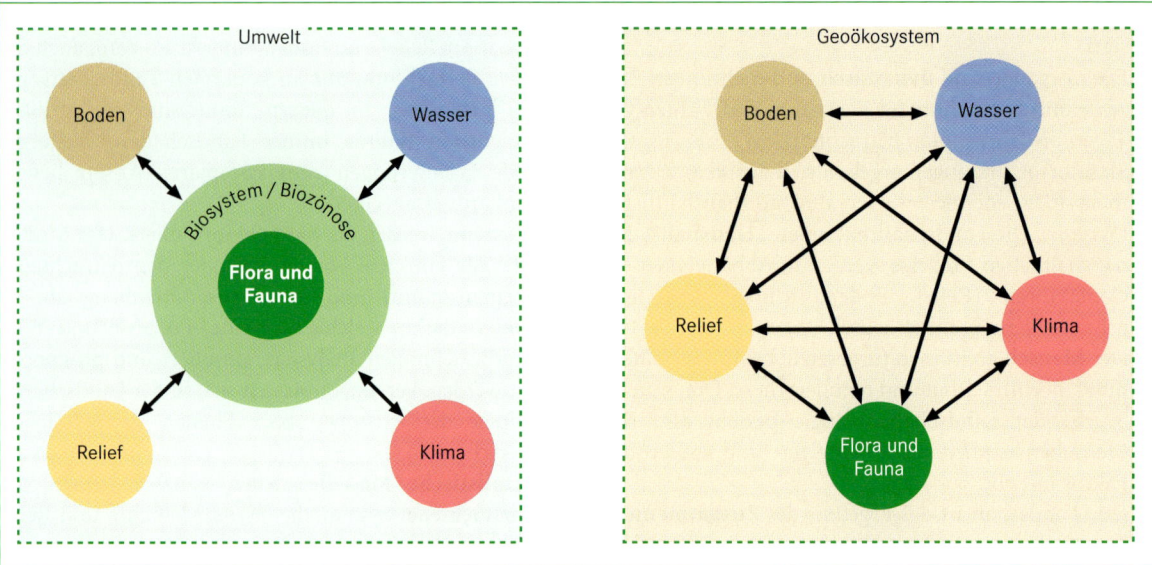

Abb. 14.1.3 Der Unterschied in den Sichtweisen der Ökologie bzw. Bioökologie (links) und der Geoökologie (rechts) liegt vor allem im Schwergewicht der Betrachtungsperspektive (primär biotische oder abiotische Komponenten) und in der Sicht auf die Wechselwirkungen zwischen den Teilsystemen Biozönose, Boden, Wasser, Klima und Relief. Deshalb unterscheiden sich auch die untersuchten Systemzusammenhänge. Der geoökologische Systemzusammenhang in Abb. 14.1.4 zeigt, wie ein geoökologischer Systemansatz für die landschaftsökologische Feldforschung operationalisiert wird.

Probleme. Einfachste holistische Modelle zeigt die Abbildung 14.1.3.

- **Kybernetische Konzeptmodelle** formulieren und visualisieren einen landschaftsökologischen Systemausschnitt mit kybernetisch definierten Variablen, Prozessen, Abhängigkeiten, Wechselbeziehungen und Rückkopplungen (Abb. 14.1.4). Die systemare Funktion der einzelnen Variablen wird dabei in Prozesse, Speicher, Regler und Korrelationsvariablen differenziert. Dies definiert deren Stellung im System. Jede betrachtete Abhängigkeitsrelation zwischen den einzelnen Elementen wird präzise benannt. Kybernetische Konzeptmodelle zeigen damit das landschaftsökologische System, wie es konkret untersucht, quantifiziert und damit erklärt wird. Sie sind ein Instrument der theoretischen Basierung und Planung ökologischer Forschung (Mosimann 1997).
- **Mathematische Modelle** (Berechnungsalgorithmen, Simulationsmodelle) formulieren rechenbare oder mit Algorithmen ableitbare Beziehungen zwischen den Elementen eines Systems. Es handelt sich also quasi um die „Einzelmodelle", die in einer landschaftsökologischen Systemanalyse eingesetzt werden. Mathematische Modelle berechnen einzelne Prozesse und Systemzustände, leiten Struktur- und Prozessgrößen aus Basisdaten ab (z. B. die Wasserspeicherfähigkeit aus der Bodenart), extrapolieren

Punktdaten auf die Fläche und so weiter. Die mathematischen Modelle stammen überwiegend nicht aus der Landschaftsökologie, sondern aus den jeweiligen Nachbardisziplinen. Sie werden von der Landschaftsökologie angewendet, jedoch dabei beispielsweise auch für die jeweiligen Räume neu kalibriert. Eigenständige Modelle der Landschaftsökologie sind dagegen die Schätz- und Bewertungsmodelle für die Praxis in Planung und Umweltschutz.

Landschaftsökologische Systemanalyse von Einzugsgebieten: der Landschaftshaushalt

Der Landschaftshaushalt umfasst den Ein- und Austrag sowie vertikale und laterale Transporte von Energie, Wasser und Stoffen in einem Gebiet einschließlich der dabei stattfindenden Stoffumwandlungsprozesse. Diese Prozesse werden in ihren Abhängigkeiten von der geoökologischen Struktur (Relief, Boden, Vegetation, Gesteinsuntergrund) und der Nutzung betrachtet. Wichtig sind dabei Wechselwirkungen zwischen den Prozessen selbst und ihren beeinflussenden Faktoren. Die kleinste räumliche Einheit des Landschaftshaushaltes ist das lokale Einzugsgebiet. Es können aber auch

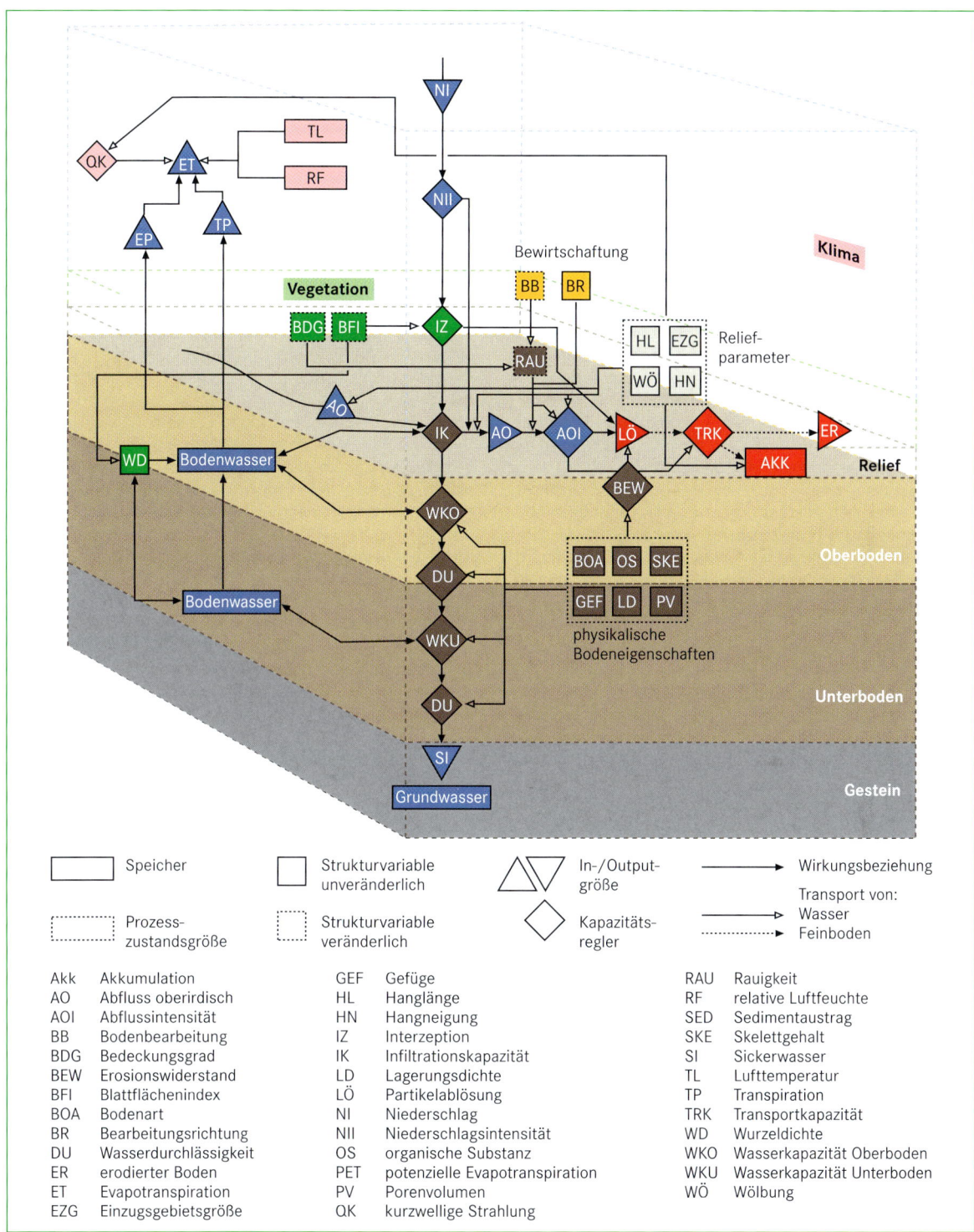

Abb. 14.1.4 Das Prozess-Korrelations-System der Abflussbildung und Erosion in Agrarlandschaften ist ein typisches Beispiel aus dem Landschaftshaushalt. Der Austrag von Feinerde und daran gebundener Stoffe lässt sich nur mit einem landschaftsökologischen Systemansatz erklären, weil Wirkungen und Teilprozesse aus allen Teilsystemen der Umwelt einschließlich der Bewirtschaftung wichtig sind. Das Prozess-Korrelations-Modell zeigt, welche Prozesse, Regelgrößen und beeinflussenden Faktoren dabei zu erfassen sind. Der dargestellte Systemzusammenhang ist ein Konzeptmodell für ein konkretes Forschungsvorhaben. Er illustriert, welche ökologische Komplexität in der geographischen Feldforschung im Maximum bewältigbar ist (verändert nach Duttmann 1999).

Exkurs 14.1.2

Wichtige Systembegriffe

Ein **Geoökosystem** ist ein dreidimensionaler Ausschnitt der Erdoberfläche mit einem vertikalen Aufbau aus Gestein, Boden, Vegetation und bodennaher Luftschicht. In diesem „Raumkörper" werden Energie, Wasser und Stoffe transportiert, gespeichert und umgesetzt sowie organische Substanz auf- und abgebaut. Geoökosysteme sind offene Wirkungsgefüge, deren Struktur vom Menschen fast immer verändert wurde. Ihre Funktionen laufen zwar naturgesetzlich ab. Der Mensch greift aber direkt oder indirekt stark in diese Abläufe ein. Die elementaren Geoökosysteme der Landschaft sind die als Areale abgrenzbaren Ökotope. Geoökosysteme drücken das geographische Verständnis eines Ökosystems aus. Sie unterschieden sich vom Ökosystemverständnis in den biologischen Wissenschaften in ihrer räumlichen Mindestdimension (ein abgrenzbares Areal einer Landschaft), der Gleichwertigkeit der Betrachtung der Systemkompartimente Gestein, Boden, Wasser, Luftschicht und Biozönose und der stärkeren Fokussierung auf abiotisch gesteuerte Funktionen. Das jeweils konkret betrachtete Geoökosystem lässt sich mit kybernetischen Prinzipien darstellen (Abb. 14.1.4).

Ein **Korrelationssystem** ist die Abbildung eines Systemzusammenhanges mit einer Menge ausgewählter Elemente und deren Abhängigkeitsrelationen. Ein Korrelationssystem stellt also nur Wirkungsbeziehungen dar, aber keine Flüsse und In-/Output-Relationen. Diese Form der systemaren Abstraktion soll die wesentlichen strukturellen und funktio-nellen Verflechtungen eines Wirkungsgefüges sichtbar machen. Als Korrelationssysteme lassen sich Systeme sehr unterschiedlicher Art darstellen, also sowohl naturgesetzlich bestimmte als auch ökonomisch oder gesellschaftlich gesteuerte. Es ist jedoch wichtig, den zu formulierenden Systemzusammenhang klar abzugrenzen, alle Systemelemente auf vergleichbarer Ebene anzusiedeln und die räumliche Dimension des abzuleitenden Systemzusammenhanges festzulegen.

Ein **Prozesssystem** ist in der Landschaftsökologie und Hydrologie die kybernetische Darstellung der Transporte von Wasser, Stoffen und Energie und der In-/Output-Relationen zwischen den Kompartimenten eines Geoökosystems. Ein Prozesssystem besteht aus den Elementen Speicher, Regler und Flüsse. Es stellt dar, auf welchen Wegen Stoffe und Energie transportiert werden, welche wichtigen Zwischenspeicher existieren, welche Systemgrößen diese Flüsse in Menge und Richtung steuern und wo an den Systemgrenzen der In- und Output stattfindet. Prozesssysteme sind also auch eine Grundlage für eine korrekte Bilanzierung.

Ein **Prozess-Korrelations-System** ist eine Systemabbildung, welche die kybernetischen Darstellungsprinzipien des Korrelations- und Prozesssystems miteinander verknüpft (Abb. 14.1.4).

Ein **Prozess-Response-System** ist ein Prozesssystem, in welchem über Abhängigkeitsrelationen Rückkopplungen dargestellt sind.

Exkurs 14.1.3

Raumbegriffe in der Landschaftsökologie

Ein **Ökotop** bezeichnet eine elementare ökologische Raumeinheit der Landschaft mit innerhalb definierter Grenzen einheitlicher und gegenüber der Umgebung abgrenzbarer abiotischer und biotischer Struktur und einem zugehörigen energie-, luft-, wasser- und stoffhaushaltlichen Prozessgeschehen. Ökotope sind die räumliche Repräsentation der elementaren Geoökosysteme. Ökotope erreichen Größen zwischen 0,1 ha und 1–2 km². Der Raumbegriff des Ökotops ist unabhängig von der Schutzwürdigkeit eines Gebietes.

Ein **Biotop** bezeichnet den Lebensraum bzw. die Lebensstätte einer Biozönose, also einer Lebensgemeinschaft von Pflanzen und Tieren. Das Biotop verfügt über eine einheitliche, gegenüber seiner Umgebung abgrenzbare Beschaffenheit und damit einheitliche Lebensbedingungen. Es kann räumliche Ausdehnung im geographischen Sinn aufweisen (z. B. ein Moor). Viele Biotope sind aber keine geographischen Räume, sondern „punkthafte Objekte" (z. B. Kleingewässer) oder linienhafte Objekte (z. B. Trockenmauern) in der Landschaft. In der Praxis wird vereinfacht unter einem Biotop häufig nur die Lebensstätte einer Tierart oder Population verstanden.

In der Naturschutzpraxis gibt es nur den Begriff Biotop. Der naturschutzrechtliche Begriff Biotop schließt als Oberbegriff naturnahe Ökotope im geographischen Sinn und Biotope im Sinne von Lebensstätten mit ein.

Eine weiterführende Darstellung zu den Raumbegriffen liefert Löffler (2002).

ganze Landschaftsräume haushaltlich betrachtet werden; allerdings ändern sich mit größer werdendem Bezugsraum Art und Umfang der betrachteten Prozesse. Auf regionaler Ebene treten anstelle eines aufgeschlüsselten Wirkungssystems regionale Wasser- und Stoffbilanzen. Die wichtigsten **Prozesse des Landschaftshaushaltes** sind: Strahlungs- und Wärmehaushalt der verschiedenen Oberflächen, Speicherung und Umsetzung von Wasser im Boden, Wasserbilanz der verschiedenen Nutzungseinheiten oder Ökotope, autochthone Luftströmungen, Wasser- und Winderosion, Oberflächenabfluss und damit verlagerte Stoffe einschließlich Stofftransporte in die Oberflächengewässer, vertikale Stoffverlagerung von der Bodendecke in den Untergrund, Nähr- und Schadstoffverteilung in der Landschaft und deren Folgewirkungen auf Vegetation und Nutzung.

Modellierung des Landschaftshaushaltes bedeutet nicht alleine die Simulation eines Einzelprozesses. Es handelt sich viel mehr um eine prozess- und funktionsorientierte landschaftsökologische Raumanalyse. Dies schließt die Erfassung und Modellierung der Raumstruktur (Relief, Oberflächenstruktur, Bodeneigenschaften usw.), die Ermittlung von Punkt-Fläche-Beziehungen (Transfermodell), die flächendifferenzierte Vorhersage einzelner Prozesse, die verkoppelte Modellierung mehrerer Funktionen und Prozesse sowie die ökologische Bewertung und Verknüpfung (Potenziale, Empfindlichkeiten, Risiken) mit ein. Diese Modellschritte müssen aufeinander abgestimmt sein. **Landschaftshaushaltsanalyse** geschieht heute zwingend mit GIS-gekoppelter Modellierung (Dabbert et. al. 1999, Duttmann 1999, 2001).

Zentrale Begriffe der angewandten landschaftsökologischen System- und Raumanalyse: Funktionen, Potenziale und Risiken

Untersuchungen zum Landschaftshaushalt sind die Grundlage für ökologische Planung und Landnutzungsmanagement (Dabbert 1999). Die **angewandte Landschaftsökologie** betrachtet nicht nur den einzelnen Prozess in seiner naturgesetzlichen Ausprägung und seinen Abhängigkeiten. Es stellen sich weiterführende Fragen: Welche für die Gesellschaft nutzbare **ökologische Leistung** ergibt sich aus dem Prozess? Welche **Funktionen** kann ein Areal auf Grund seiner Eigenschaften und ökologischen Systemausprägung für Mensch, Tiere und Pflanzen übernehmen? Welche **ökologischen Risiken**

entstehen aus verschiedenen Nutzungsansprüchen? Um diese Fragen zu beantworten, benutzt die System- und Raumanalyse in der Landschaftsökologie besondere Kategorien und Verfahren zur Beschreibung der geographisch-ökologischen Realität.

Die landschaftsökologischen Funktionen sind die Fähigkeiten von Flächen in der Landschaft (also landschaftlichen Ökosystemen), lebensnotwendige Güter zu produzieren, die Lebensbedingungen für den Menschen und die Entwicklung von Biozönosen zu verbessern, durch Nutzung ausgelöste schädliche Prozesse und daraus resultierende Belastungen zu minimieren sowie schädliche Stoffe aus dem Nahrungs- und Wasserkreislauf und der Luft zu entfernen. Prozessual gesehen werden diese Funktionen als „Leistungsvermögen des Landschaftshaushaltes" bezeichnet. Dazu gehören beispielsweise Immissionsschutzfunktion, Luftregenerationsfunktion, Abflussregulationsfunktion, Grundwasserschutzfunktion, biotisches Ertragspotenzial und weitere. Die landschaftsökologischen Funktionen werden zudem unter den Aspekten Produktion, Schutz, Regulation und Pufferung weiter ausdifferenziert.

Naturraumpotenziale beschreiben die ökologische Fähigkeit einzelner Flächen zur Produktion natürlicher Stoffe und anderer lebensnotwendiger Umweltgüter (Pflanzenproduktion in Land- und Forstwirtschaft, Frischluftproduktion, Anreicherung von sauberem Grundwasser usw.).

Schutz- und Entwicklungsfunktionen sind Fähigkeiten von Arealen zur Beherbergung natürlicher Lebensgemeinschaften (Biotopentwicklung), zur Entwicklung eines naturbestimmten Standort- bzw. Ökotopmusters (Prozessschutz im Sinne des Naturschutzes) und zur Bewahrung von Formen und Erscheinungen der unbelebten Natur (Geotopschutz). Auch die Verhinderung der Verunreinigung von Luft und Wasser durch Filterung gehört zu den Schutzfunktionen (Immissionsschutz, Grundwasserschutz).

Regulationsfunktionen dienen der ausgleichenden Steuerung natürlicher Prozesse, der Rückhaltung und Transformation schädlicher Stoffe, dem Abbau ökologischer Belastungen und generell der Verbesserung der Funktionsfähigkeit aller Teilsysteme der Landschaft. Wichtige Regulationsfunktionen sind die Hochwasser-, Nährstoff- und Schadstoffretention sowie die Schadstofftransformation im Boden.

Die **Pufferfunktionen** dienen in intensiv genutzten Landschaften der Minimierung von Konflikten, die sich aus dem oft unvermeidbaren Nebeneinander intensiv genutzter emittierender Flächen und empfindlicher Nachbarflächen ergeben (Lärmemissionen, lateraler Stoffaustrag über bodennahe Luft und Oberflächenabfluss). Eine Fläche hat Pufferfunktion, wenn sie schädli-

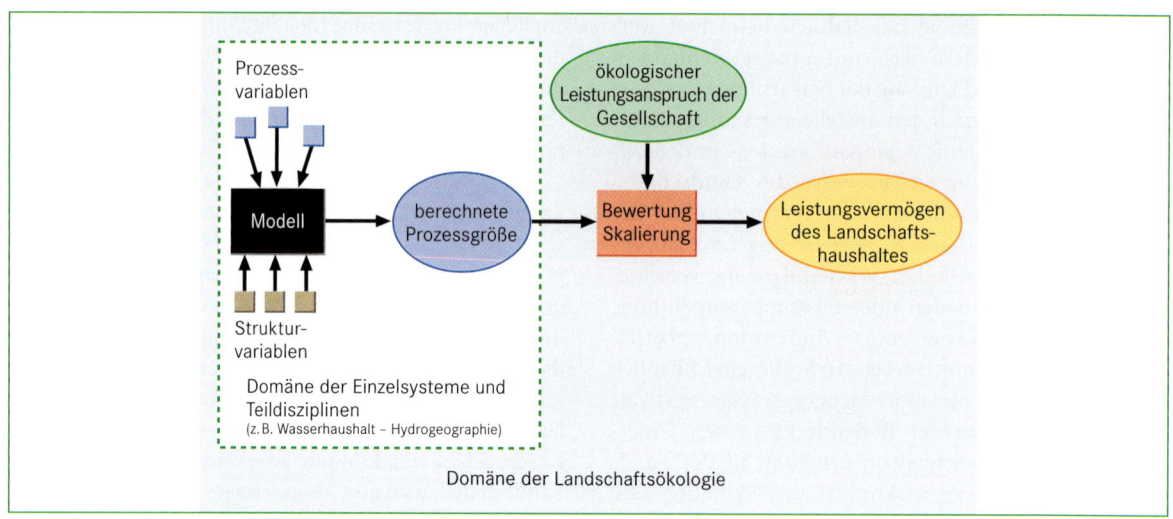

Abb. 14.1.5 Der Schritt von der Modellierung ökologischer Prozesse zur anwendungsorientierten Aussage über das Leistungsvermögen des Landschaftshaushaltes: Landschaftsökologische Bewertung stellt den Bezug her zwischen einem ökologischen Prozess (z. B. der Sickerwassermenge) und einem ökologischen Leistungsanspruch der Gesellschaft (z. B. der Gewinnung von sauberem Grundwasser). Das Dargebot von Grundwasser, die Filterung von Luft, die Resistenz des Bodens gegen Erosion trotz teilweise fehlender Pflanzen im Ackerbau usw. sind Leistungen des Landschaftshaushaltes. Landschaftsökologische Bewertungsverfahren ermitteln, in welchem Umfang diese Leistungen auf den einzelnen Arealen eines Raumes erbracht werden (Marks et al. 1989, Bastian & Schreiber 1999) und welche Veränderungen durch geplante Eingriffe resultieren.

che Einwirkungen auf Schutzflächen und empfindliche Nutzungen verhindert oder vermindert.

Jede **menschliche Nutzung** führt zu Druck auf die Lebensgemeinschaften von Pflanzen und Tieren. Natürliche Prozesse werden verändert, beeinträchtigt oder ganz unterbunden. Es besteht also immer ein ökologisches Risiko im Sinne der Eliminierung von Lebensräumen und der Zerstörung von Lebensgrundlagen, der Störung ökologischer Prozessabläufe, der Beeinträchtigung der Funktionsfähigkeit des Naturhaushaltes und der Verminderung des Leistungsvermögens des Landschaftshaushaltes. Der Begriff des **ökologischen Risikos** ist also vielschichtig und verlangt deshalb im konkreten Fall immer eine Abgrenzung der betroffenen Lebensgemeinschaften, Landschaftskompartimente, Funktionen und Prozesse. Das ökologische Risiko ergibt sich allgemein aus dem Umfang der möglichen Schädigung, der Möglichkeit und Dauer einer Regeneration und der Eintrittswahrscheinlichkeit des Schadens. Wegen der Komplexität ökologischer Zusammenhänge lässt sich das ökologische Risiko nicht berechnen, sondern nur mit Hilfe von Relativskalen (niedrig bis hoch) in Klassen abschätzen. Am häufigsten wird dabei die Intensität eines Eingriffes der Empfindlichkeit der betroffenen Schutzgüter gegenübergestellt. Dies geschieht durch Verknüpfung von Indikatoren, die innerhalb der gesetzlichen Grenzen und dem Stand der Wissenschaft individuell festgelegt und regional angepasst werden können.

Die ökologische Risikoanalyse ist ein Instrument der **Umweltverträglichkeitsprüfung** (UVP) und der ökologischen Planung. Sie hat sich in der Praxis vor allem als Methode der Konfliktminimierung und zur Festlegung optimaler Standorte für Eingriffe bewährt.

Das Prinzip der **landschaftsökologischen Funktionen und Risiken** ist die theoretische und methodische Basis zur Umsetzung modellierter ökologischer Prozesse und Zusammenhänge in planungsrelevante Größen. Erst aus einem Leistungsanspruch der Gesellschaft, einer bestimmten Nutzung und räumlichen Abhängigkeiten wird ein naturhaushaltlicher Prozess zur Funktion, zur Leistung oder zum Risiko. In der Landschaftsökologie findet also eine Bewertung statt, bei der quantitative naturhaushaltliche Größen an einem Leistungsanspruch oder einer Schutznorm gemessen werden (Abb. 14.1.5). Hierzu dienen **landschaftsökologische Schätz- und Bewertungsverfahren** (Marks et al. 1989, Bastian & Schreiber 1999). Die Bewertung überführt ökologische Größen in für die Planung und das Landnutzungsmanagement relevante Kategorien. Auch die **ökologische Optimierung** der Landnutzung (Haber 1972) basiert auf der Gegenüberstellung von Funktionen, Eignungen und Risiken (Abb. 14.1.6). Ziel ist es, die Nutzungen in der Landschaft so zu ordnen, dass jede Nutzung auf den Arealen stattfindet, die natürlich geeignet sind, und zwar durch hohen Ertrag oder hohen Wert bei gleichzeitig geringem Risiko. Gleichzeitig soll auch

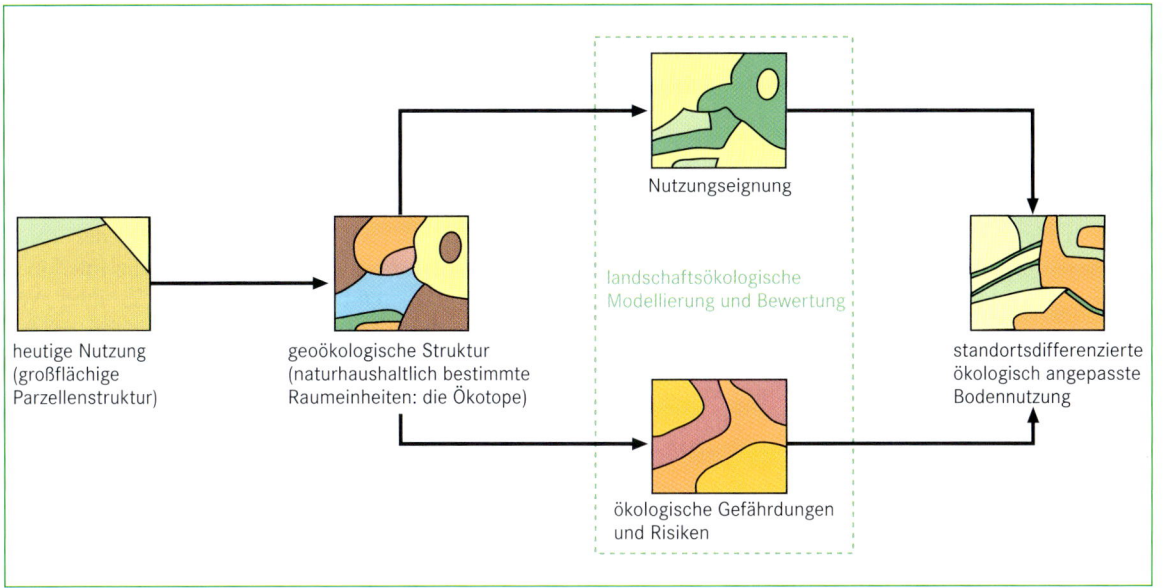

Abb. 14.1.6 Planung standortdifferenzierter, ökologisch angepasster Bodennutzung durch landschaftsökologische Raumanalyse, Modellierung und Bewertung: Auf der Basis einer landschaftsökologischen Analyse mit GIS werden die landwirtschaftliche Nutzungseignung und die ökologischen Risiken (Grundwassergefährdung, Erosionsgefährdung, Verdichtungsempfindlichkeit der Böden, Risiko für die Abschwemmung von Stoffen) abgeleitet. Die ökologisch angepasste Bodennutzung wird durch ein Muster kleinräumigerer Parzellenteilung erreicht. Jede Nutzung kommt dorthin, wo die natürlichen Bedingungen geeignet sind und gleichzeitig ein geringes Risiko schädlicher Folgen besteht.

die Anordnung der Nutzungen ökologische Risiken minimieren. Auch landschaftsökologisch begründete **Leitbilder für Landschaften** folgen diesem Prinzip (Mosimann 2001).

14.2 Landschaftsökologische Datenerfassung

Gerhard Gerold

Landschaftsökologisches Messen und Daten – Anspruch und Grundprobleme

Landschaftsökologisches Arbeiten mit dem Anspruch der Analyse des ökologischen Wirkungsgefüges eines Landschaftsausschnittes wie auch der Prognosefähigkeit über Modellanwendungen erfordert einen erheblichen Mess- und Datenaufwand. Unter Berücksichtigung der geographischen Dimension, ökosystemarer Untersuchungsmethoden und der Modellvorstellungen

vom „Landschaftsökosystem" hat sich eine Vielzahl fachdisziplinärer wie interdisziplinärer Analyse- und Bewertungsmethodiken entwickelt. Einführend zum Kapitel „Grundprobleme landschaftsökologischer Daten" schreibt daher Leser (1997): „Ökosysteme sind per se nicht messbar, ebenso kann Landschaft nicht gemessen werden".

Problematisch hierbei ist, dass gemessene Einzelgrößen an einem Ort und zu einem Zeitpunkt Aussagen über ökologische Funktionen und räumliche Zusammenhänge liefern sollen und darüber hinaus auch in komplexe Modelle integrierbar sein sollen. Die Besonderheit und der Anspruch an landschaftsökologische Daten fasst Leser (1997) wie folgt zusammen:

- Kartier- und Messdaten sind die wesentliche Grundlage, Exaktheit im strengen Sinne ist aufgrund der Komplexität der Landschaft nicht immer möglich.
- Ortsgebundene Basisdaten in der topologischen Dimension (z. B. Klimastation) besitzen als Stützpunktmessungen für flächenhafte Aussagen eine große Bedeutung (z. B. Niederschlagsverteilung).
- In kleinen und mittleren Maßstabsbereichen muss meist mit Sekundär- oder Schätzdaten gearbeitet werden.
- Es gibt eine Verknüpfungsproblematik landschaftsökologischer Daten.

- Die Übertragbarkeit der Punktdaten in die Fläche und deren räumliche Gültigkeit erweist sich als zentrales methodisches Problem landschaftsökologischer Feldforschung.

Als eine Arbeitsmethode der landschaftsökologischen Grundlagenforschung in der topologischen Dimension hat sich die **landschaftsökologische Komplexanalyse** entwickelt (Leser 1997). Sie hat das Ziel, Struktureigenschaften der Landschaft und ihr Beziehungsgefüge zu erfassen, um eine Landschaftstypisierung (z. B. Ökotop- oder Biotopdifferenzierung), Landschaftsbewertung (z. B. Biotopwert), prozessgestützte Bilanzierung (z. B. Wasserbilanz) und/oder Modellierung (z. B. Bodenerosion, Wasserhaushalt) zu ermöglichen.

Kartier- und Messmethoden im Rahmen der landschaftsökologischen Komplexanalyse

Wie das Schema der landschaftsökologischen Komplexanalyse zeigt (Abb. 14.2.1), wird im abstrakten Sinne ein dreidimensionaler Raumausschnitt in eine horizontale und vertikale Betrachtungsrichtung differenziert. Die flächenhafte Arbeitsweise (z. B. Kartierungen, Luft- und Satellitenbildauswertung) dient der Analyse der landschaftlichen Horizontalstruktur und wird durch eine vertikal geschichtete Erfassungsmethodik (z. B. Bodenansprache) ergänzt. Beiden Methoden liegt der ökosystemare Ansatz der Kompartimentierung des Landschaftskomplexes zugrunde, welcher Einzelmerkmale (Niederschlag, Temperatur, Bodenart) in ihrer Verbreitung oder vertikalen Abfolge erfasst, um aus der Merkmalskombination typische Landschaftsstrukturen oder Funktionen in der Landschaft charakterisieren zu können.

Während in der wissenschaftstheoretischen und forschungspraktischen Entwicklung der Methodik in Europa (Geoökologischer Arbeitsgang = GAG; Leser 1997, Mosimann 1984) die horizontale Betrachtung auf die flächenhafte Erfassung der Landschaftsstruktur und die vertikale Betrachtung auf lokale Funktionen bis hin zu Stoff- und Energiebilanzen gerichtet ist, wird in Nordamerika in der *landscape ecology* vor allem das Anordnungsmuster der Landschaften (*pattern*) mit ihren ökologischen Funktionen untersucht. Für die

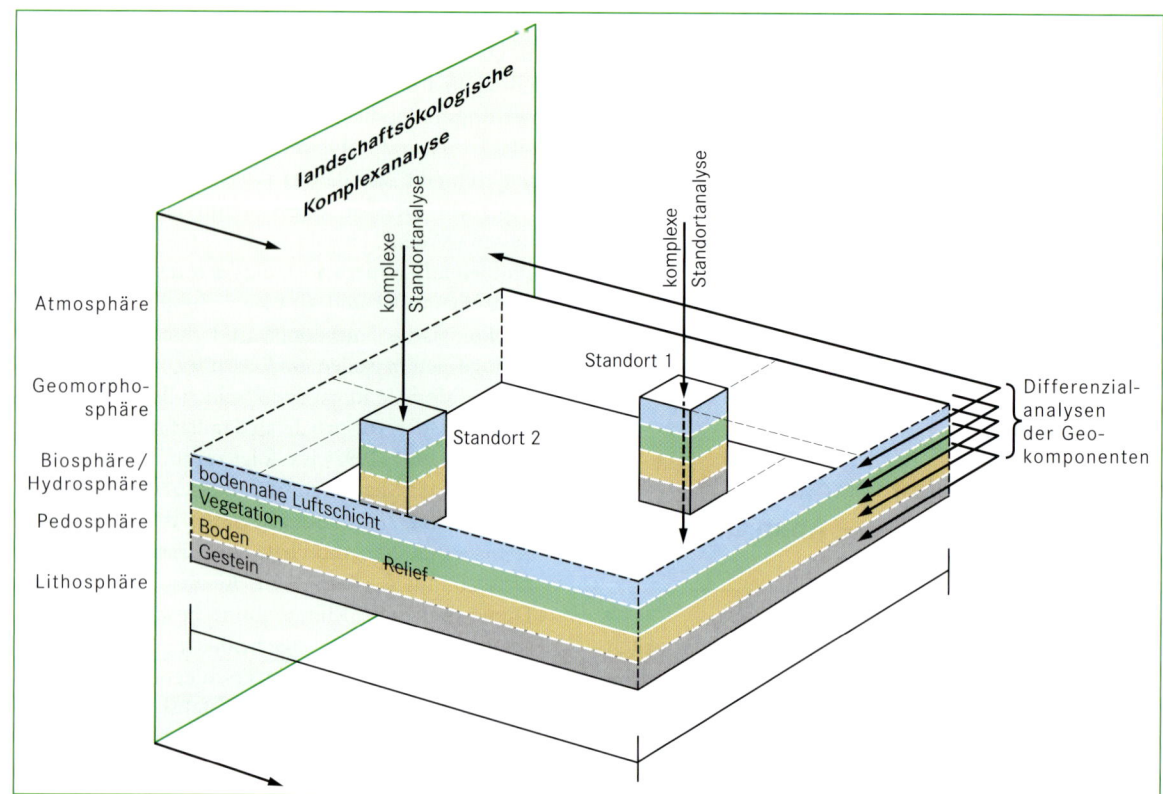

Abb. 14.2.1 Schema der landschaftsökologischen Komplexanalyse (verändert nach Mosimann 1984).

landschaftsökologische Methodik und Datenerfassung sind daher zwei grundlegende Bereiche nach Leser (1997) und Mosimann (1984) zu definieren: So dient die ausstattungsorientierte **Differenzialanalyse** vielfach der Auswahl der Untersuchungsstandorte für die komplexe Standortanalyse. Die **komplexe Standortanalyse** hingegen erfasst die lokalen Funktionen und gegenseitigen Abhängigkeiten, wobei die vertikalen Funktionszusammenhänge repräsentativ und anhand der statischen Ausstattungsmerkmale wie auch temporärer und/oder wandernder Messnetze (z. B. Niederschlag) in die Fläche übertragbar sein sollen (Steinhardt et al. 2005). Für konkrete landschaftsökologische Untersuchungen sind beide Verfahren nicht unabhängig voneinander, sondern müssen in der Vorerkundung und Konzeptphase aufeinander bezogen werden.

Für Landschaftsplanung, Landnutzungsplanung und Naturschutz wird vielfach aufgrund des Zeit- und Kostenaufwandes allein die Differenzialanalyse eingesetzt, um aus den Aufnahmen (Kartierungen), digitalen Landschaftsdaten (z. B. NIBIS) oder Kartenwerken (z. B. ATKIS) landschaftsbezogene Aussagen wie Biotop- oder Pedohydrotopdifferenzierung abzuleiten (Bastian & Schreiber 1999).

Horizontalstruktur der Landschaft

Das räumliche Muster der Landschaften setzt sich aus den Merkmalskombinationen der Kompartimente Atmo-, Geomorpho-, Bio-/Hydro-, Pedo- und Lithosphäre zusammen (Abb. 14.2.1), welche in ihrer Vergesellschaftung das Landschaftsgefüge charakterisieren und das in Abhängigkeit von der Betrachtungsdimension (Tope, Chore oder Region) über Inventar, Anordnungsmuster und Nachbarschaftsbeziehungen typisiert wird.

Zur Erfassung der **Horizontalstruktur** der Landschaft stehen eine Vielzahl von Methoden, Karten- und Datengrundlagen zur Verfügung. Im Sinne der landschaftsökologischen Differenzialanalyse ist ein Merkmalsinventar zu erstellen, welches sowohl die eher stabilen Ausstattungskomponenten (Relief, Substrat, Boden, Vegetation) als auch die dynamischen Komponenten (Klima, Wasser) umfasst (Tab. 14.2.1). Jede Geokomponente wiederum setzt sich ihrerseits aus einer Vielzahl von Landschaftselementen zusammen. Mit der landschaftsökologischen Komplexanalyse und der Verwendung landschaftsökologischer Daten sind gegenüber den Fachkartierungen von Geologie, Bodenkunde, Geomorphologie und Geobotanik jedoch andere Zielsetzungen verbunden, die auf eine ganzheitliche Landschaftstypisierung mit Kennzeichnung ökologischer

Tabelle 14.2.1 Strukturelle Grundgrößen, Prozess- und Bilanzgrößen des Landschaftshaushaltes (verändert nach Steinhardt et al. 2005)

strukturelle Grundgrößen	
Relief	Formentyp, Genese, Höhe, Position, Exposition, Neigung, Wölbung
Substrat und Boden	Typ, Gründigkeit, Körnung, Steingehalt, Volumenverhältnisse, Humusgehalt, Humusform, Sorptionskapazität, Karbonatgehalt, Nährstoffgehalt, Bodenfeuchte
Vegetation	Formation, Biotoptyp, Schichtung, Pflanzengesellschaft, ökologische Artengruppen, Zeigerpflanzen, Lebensformen
Klima	Klimatyp, Witterungsablauf, geländeklimatische Besonderheiten
Wasser	Fluss- bzw. Seentyp, Grundwassertiefe, Chemismus von Oberflächen- und Grundwasser
Prozessgrößen mit Kennwertcharakter	
Relief	Denudationsrate, Erosionsrate
Substrat und Boden	Vorrat organischer Substanz, Zersetzungsrate
Klima	Einstrahlung, Ausstrahlung, Niederschlag, Verdunstung, Temperaturgang, dominante Windrichtung
Wasser	Versickerung, Zu- und Abfluss, Chemismus
Bilanzgrößen	
Klima	Energiebilanz
Boden	Nährstoffbilanz, Bodenfeuchtebilanz
Wasser	Wasserbilanz (Oberflächen- und Grundwasser)
Vegetation	pflanzliche Stoffbilanz

Funktionen abzielen, was bedeutet, dass bei landschaftsökologischen Arbeiten eine andere Merkmalsauswahl und Merkmalsgewichtung vorzunehmen ist.

Basierend auf der **Geoökologischen Kartieranleitung** (GÖK 1:25 000, Leser & Klink 1988) wurde daher ein umfangreiches Methodenbuch zur Aufnahme und Erfassung landschaftsökologischer Daten und Ausweisung landschaftsökologischer Raumeinheiten verfasst (Zepp & Müller 1999). Ferner sind in Barsch et al. (2000) die wesentlichen Feld- und Labormethoden der Geokomponentenaufnahme und Kartierung beschrieben.

Mit der Aufnahme und Analyse der strukturellen Grundgrößen ist eine Differenzierung nach landschaftsökologischen Raumeinheiten möglich, für deren einzelne Kompartimente die Ausstattungsfaktoren erfasst und beschrieben werden. Anschließend kann eine großmaßstäbige Typisierung in Bio-, Pedo-, Morpho-, Klima- und Hydrotope durchgeführt werden. Für Fachplanungen wie Landnutzungsplanung, Bauleitplanung und Naturschutz können solche typischen Raumeinheiten mit ihrem Merkmalsinventar (z. B. Biotopkarte mit Arteninventar) bereits wichtige Hinweise geben. Für

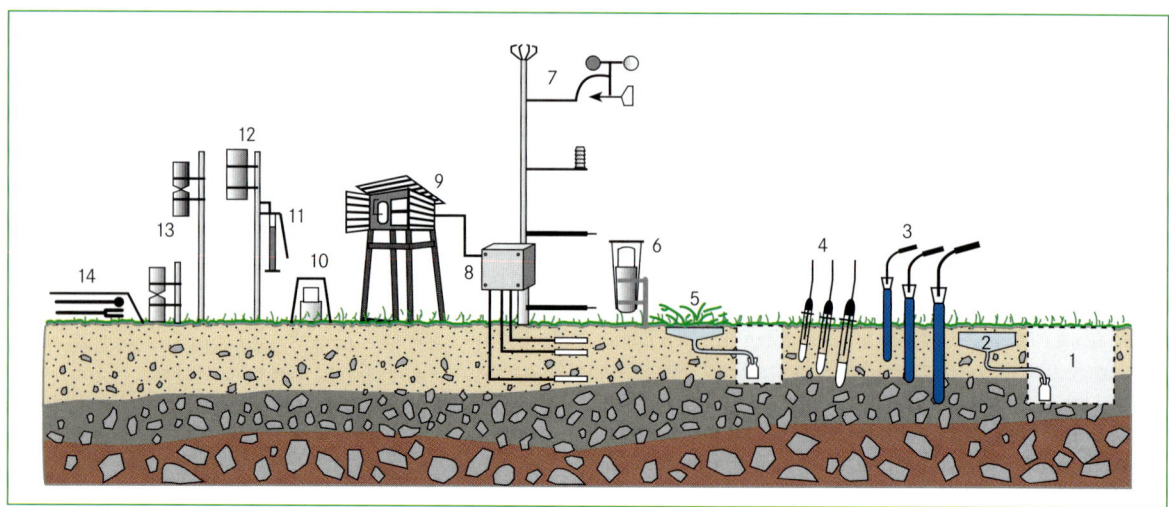

Abb. 14.2.2 Ausstattung eines Messplatzes für eine komplexe geoökologische Standortanalyse in der Arktis (1 = Bodenprofil; 2 = Bodenlysimeter; 3 = Saugkerzen; 4 = Tensiometer; 5 = Humuslysimeter; 6 = Nebelsammler; 7 = Luftthermistoren, Anemometer, Pyranometer, Bodenthermistoren; 8 = Datalogger; 9 = Thermohygrograph, Max/Min-Thermometer, Temperatur- und Feuchtesensor in Wetterhütte; 10 = Tankevaporimeter; 11 = Piche-Evaporimeter; 12 = Regensammler; 13 = Bulk-Niederschlagssammler; 14 = Bodenoberfläche Max/Min-Thermometer (verändert nach Leser 1993).

eine landschaftsökologische Typisierung mit Physiotopen oder Ökotopen reicht dies jedoch nicht aus. Landschaftsökologische Kartierungen und Typisierungen unterliegen im mittleren Maßstab einer nicht vereinheitlichten Auswahl ökologischer Hauptmerkmale (z. B. Bodenform, Vegetationstyp, Stoffumsatzindikatoren) oder dominanter Prozessgefüge (Wasser- und Stoffhaushaltsgrößen) sowie einer subjektiven Arealabgrenzung und Bewertung der räumlichen Anordnungen. Einen kurzen Überblick über verfügbare landschaftsökologische Karten in Deutschland geben Steinhardt et al. (2005).

Die landschaftsökologische Differenzialanalyse mit der räumlichen Abgrenzung der einzelnen Kompartimente (wie Relieftypen, Bodentypen usw.) oder dominanter Merkmale (wie Textur, Humusgehalt, gesättigte Wasserleitfähigkeit) kann mittels GIS miteinander „verschnitten" werden. Dabei werden die Kompartimentebenen nach dem „*layer*-Prinzip" übereinandergelegt und Struktureinheiten erzeugt („kleinste gemeinsame Geometrien").

Vertikalstruktur der Landschaft

Um mithilfe landschaftsökologischer Daten zeitlich variable Prozesse zu erfassen, ist im Rahmen der landschaftsökologischen Komplexanalyse eine standörtliche Analyse der Vertikalstruktur der Landschaft durchzuführen. Dabei geht es um Prozessgrößen mit Kennwert-

charakter (Tab. 14.2.1), die an repräsentativen Standorten für einen bestimmten Zeitraum aufgenommen werden. Für die Auswahl der Messplätze, sowie die Instrumentierung und zeitliche Auflösung der Messungen kommen je nach Zielsetzung und Landschaft verschiedene Methoden in Frage (z. B. Catenaprinzip). Mittels digitaler Datenerfassung über Datalogger ist heute eine zeitlich hochauflösende Messung mit anschließender statistischer Datenverarbeitung üblich. Allerdings löst diese „Datenflut" nicht das Problem der Ableitung charakteristischer Prozessgrößen und deren Analyse ihrer hinsichtlich des Landschaftshaushaltes wichtigen Varianz. So gewonnene Daten werden anhand der Physiotop-/Geotop- oder Ökotopdifferenzierung bzw. anhand GIS-gestützter Ableitungen auf ähnlich ausgestaltete Raumeinheiten übertragen.

Im Zentrum der standörtlichen Erfassung der Vertikalstruktur steht die Dynamik geoökologischer Prozesse (Zepp & Müller 1999) bzw. die Bilanzierung der Energie-, Wasser- und Stoffumsätze. Beispielhafte Prozesse für eine Ökotopklassifikation sind: Kenngrößen des Bodenwasserhaushaltes und der Wasserbilanz, Parameter des Nährstoff- und Energiehaushaltes und die Transportneigung für Stoffe (Marks et al. 1989). Ein vereinfachter Kartenausschnitt der **Ökotopklassifikation** ist in Leser (1997) abgebildet.

Zepp (1994) hat zur Ableitung von Prozessgefügehaupttypen flächenhafte Parameter, die leicht GIS-gestützt verarbeitet werden können, eingesetzt: Lage im Relief, Hangneigung, lateraler Wasser- und Stofftransport, Nutzungs- bzw. Vegetationstyp, Überflutungen, Grund- und Stauwasser. Für den untergeordneten Prozessgefügetyp sind es wiederum quantitativ zu messende Größen des Wasser- und Nährstoffhaushaltes mit Durchsickerungshöhe, Bodenfeuchteregime, Pufferbereich und biotische Aktivität.

Mit der landschaftsökologischen Komplexanalyse (Abb. 14.2.1) kann aus der Kombination von Differenzialanalyse, der flächenhaften Geokomponenten und der vertikalen Prozesse am Standort der Landschaftshaushalt eines Raumausschnittes charakterisiert werden. Da die Landschaft ein offenes System darstellt, sind je nach Fragestellung die äußeren Grenzen in der Vertikalstruktur (Atmosphäre bis Lithosphäre) und Horizontalstruktur (z. B. Einzugsgebiet oder Landkreis/Naturschutzgebiet für Fachplanungen) festzulegen. Nach den theoretischen Grundlagen der Landschaftsdynamik sind diejenigen Prozesse zu analysieren, die wesentliche ökologische Funktionen wie beispielsweise Lebensraumfunktion (pflanzliche Stoffproduktion) oder Regulationsfunktion bedingen. Wird zum Beispiel ein Regenwald gerodet, verstärkt sich der vertikale und/oder laterale Stoff- und Energiedurchsatz über verstärkte Tiefensickerung und/oder Oberflächenabfluss und damit die Nährstoffauswaschung bei verringerter Nährstoffzufuhr (über Niederschlag und Laubstreu), sodass bei fehlendem Ausgleich durch die Bodennährstoffvorräte über die Zeit das Ökosystem Regenwald seine Fähigkeit zur Selbstorganisation verliert und die Landschaftsstruktur sich hin zu einem „*Imperata*-Grasland" verändert (Gerold 2002).

Ökologische Prozesse und vertikale Bilanzierung

Will man beispielsweise den Nutzungseingriff mit Umwandlung des Regenwaldes in Kakaoplantagen oder Weidenutzung im Hinblick auf die Veränderung des Landschaftshaushaltes, insbesondere der Regulationsfunktionen und Produktivfunktion bewerten, so sind im Flachrelief die wichtigsten zugehörigen Wasser- und Stoffumsatzprozesse zu quantifizieren und messtechnisch zu erfassen. Mit der Methodik der **vertikalen Kompartimentierung** müssen die Hauptspeicher (wie Interzeption, Oberflächenspeicher, Bodenwasserspeicher), In-/Outputprozesse (wie Niederschlag, Oberflächenabfluss, Interflow, Tiefensickerung) und Flüsse zwischen den Kompartimenten (Transpiration, Kronendurchlass, Infiltration) erfasst werden. Zugehörige messtechnische Möglichkeiten sind in Abbildung 14.2.3 für eine komplexe Messstation dargestellt. Gekoppelt an die Wasserflüsse kann der Nährstofffluss über die zuge-

hörigen Nährstoffkonzentrationen zum Beispiel im Bestandsniederschlag und Sickerwasser gemessen werden.

Anhand der Mittel- oder Medianwerte der Messergebnisse können der Wasser- und Nährstoffumsatz charakterisiert und zum Beispiel im standörtlichen Vergleich Merkmale und Unterschiede herausgearbeitet werden. So zeigt Abbildung 14.2.4 die veränderten Wasserflüsse mit starker Erhöhung der Sickerwassermengen aufgrund verringerter oberirdischer Biomasse und damit Evaporationsverlusten von Regenwald, über Kakao und Kaffee bis hin zum Weidesystem.

Sowohl durch natürliche Bedingungen – wie Jahreszeiten, Klimavarianz – als auch durch weltweite menschliche Eingriffe weist der **Landschaftshaushalt** eine große räumliche und zeitliche Heterogenität auf, sodass landschaftsökologische Messdaten zur Erfassung von geoökologischen Prozessen meist nur eine zeitliche Momentaufnahme darstellen.

In der Erforschung des Landschaftshaushaltes treten sowohl ökosystemimmanente wie praktisch-messtechnische Probleme auf. Ausgehend von den Fragestellungen, insbesondere in der Angewandten Landschaftsökologie, sind immer Kompromisse aufgrund zeitlicher und finanzieller Restriktionen einzugehen. Nur in großen Forschungsverbundvorhaben können Langzeitstudien mit detaillierten Wasser- und Stoffhaushaltsuntersuchungen durchgeführt werden, wie sie beispielsweise in den Ökosystemforschungszentren in Kiel (Bornhöveder Seenkette, Fränzle et al. 1997–2000), sowie Bayreuth und Göttingen (Sollingprojekt, Ellenberg et al. 1986) realisiert wurden.

Vielfach kann die Witterungsabhängigkeit die jährliche wie innerannuelle Varianz und die standörtliche Varianz der Messdaten nur stichprobenhaft oder über Summenindikatoren (z. B. Invertzuckertemperaturmessung, Windweg für den Luftumsatz), indirekte Messwerte (z. B. Zellulosetest für biotische Bodenaktivität) oder Berechnungen erfasst werden. Methodisch ist die Anwendung sogenannter integrativer **Schlüsselparameter** zur Charakterisierung des Landschaftszustandes oder Einschätzung der Änderung von landschaftshaushaltlichen Funktionen eine wichtige Aufgabe in der Landschaftsökologie.

Vom Messen zum Modellieren

Landschaftsökologische Daten werden zur Analyse aktueller Landschaftszustände sowie zur Charakterisierung und Typisierung landschaftlicher Ökosysteme erfasst. Sie sind jedoch auch ein unverzichtbarer Be-

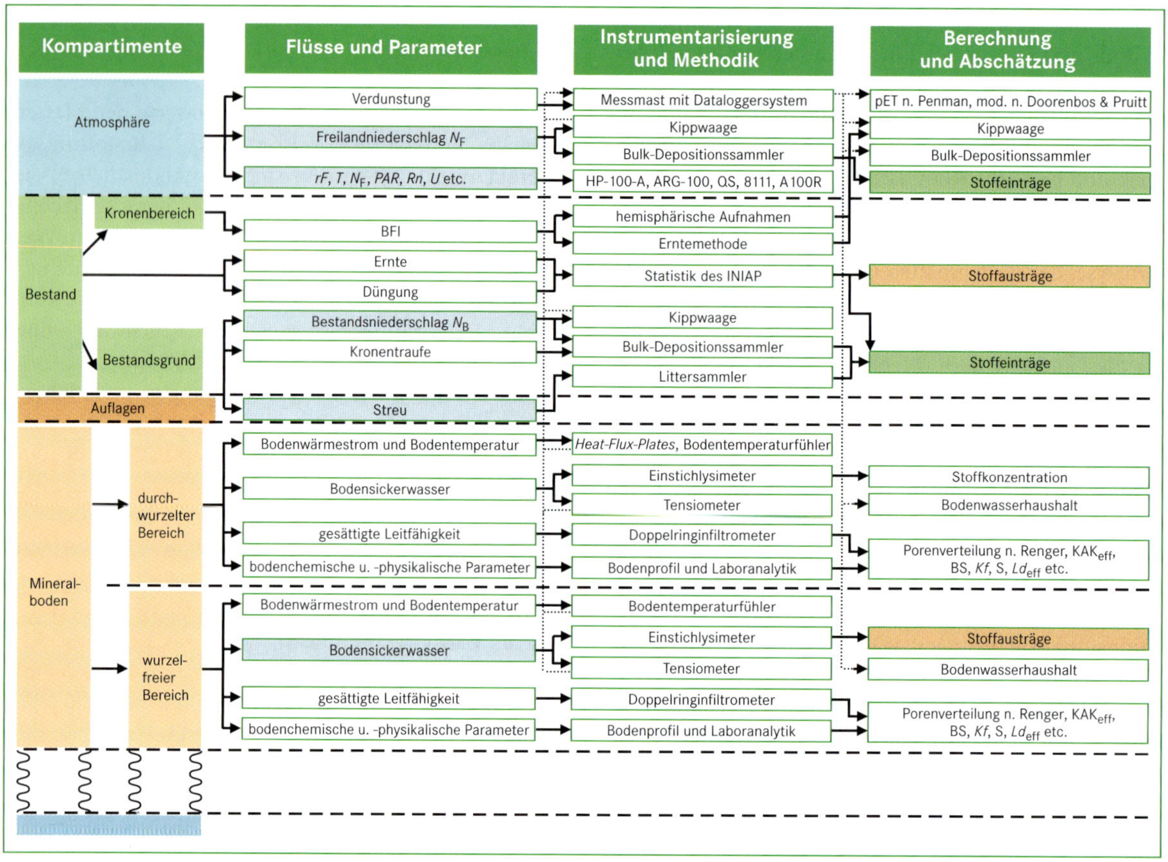

Kompartimente
Flüsse und Parameter
Instrumentarisierung und Methodik
Berechnung und Abschätzung
Atmosphäre
Verdunstung
Freilandniederschlag N_F
rF, T, N_F, PAR, Rn, U etc.
Messmast mit Dataloggersystem
Kippwaage
Bulk-Depositionssammler
HP-100-A, ARG-100, QS, 8111, A100R
pET n. Penman, mod. n. Doorenbos & Pruitt
Kippwaage
Bulk-Depositionssammler
Stoffeinträge
Kronenbereich
Bestand
Bestandsgrund
BFI
Ernte
Düngung
Bestandsniederschlag N_B
Kronentraufe
hemisphärische Aufnahmen
Erntemethode
Statistik des INIAP
Stoffausträge
Kippwaage
Bulk-Depositionssammler
Littersammler
Stoffeinträge
Auflagen
Streu
Mineral-boden
durch-wurzelter Bereich
Bodenwärmestrom und Bodentemperatur
Bodensickerwasser
gesättigte Leitfähigkeit
bodenchemische u. -physikalische Parameter
Heat-Flux-Plates, Bodentemperaturfühler
Einstichlysimeter
Tensiometer
Doppelringinfiltrometer
Bodenprofil und Laboranalytik
Stoffkonzentration
Bodenwasserhaushalt
Porenverteilung n. Renger, KAK_{eff}, BS, Kf, S, Ld_{eff} etc.
wurzel-freier Bereich
Bodenwärmestrom und Bodentemperatur
Bodensickerwasser
gesättigte Leitfähigkeit
bodenchemische u. -physikalische Parameter
Bodentemperaturfühler
Einstichlysimeter
Tensiometer
Doppelringinfiltrometer
Bodenprofil und Laboranalytik
Stoffausträge
Bodenwasserhaushalt
Porenverteilung n. Renger, KAK_{eff}, BS, Kf, S, Ld_{eff} etc.

Abb. 14.2.3 Instrumentierung und Messmethodik im Projekt „Wasser- und Nährstoffumsatz von Agroökosystemen im Amazonasregenwald von Ecuador" (verändert nach Lanfer 2003).

Niederschlag
3 050 mm
Interzeption
Wald 454 mm = 15 %
Kakao 300 mm = 10 %
Kaffee 359 mm = 12 %
aET
Wald 1 803 mm = 59 %
Kakao 1 746 mm = 57 %
Kaffee 1 507 mm = 49 %
Weide 637 mm = 21 %
BIOMASSE
Sickerwasser
Wald 1 247 mm = 41 %
Kakao 1 304 mm = 43 %
Kaffee 1 543 mm = 51 %
Weide 2 413 mm = 79 %

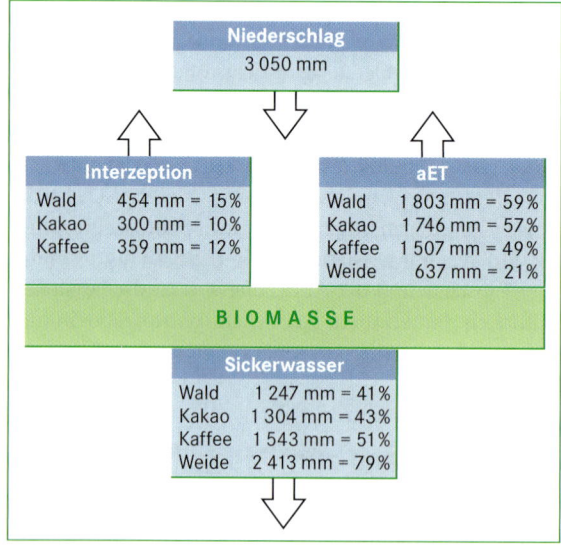

Abb. 14.2.4 Wasserumsatz im Tieflandregenwald und in Agroökosystemen im Oriente Ecuadors (1997/1998, verändert nach Lanfer 2003).

standteil zur Beschreibung geoökologischer Prozesse und damit Voraussetzung für die Entwicklung oder Anwendung von Modellen. Nach Anpassung, Eichung und Verifikation eines Modells (z. B. Wasserhaushaltsmodell für ein Einzugsgebiet) anhand der Messdaten können Szenarien wie Auswirkungen von Klima- oder Nutzungsänderungen auf den Wasserhaushalt errechnet und simuliert werden. Allgemeine Schritte der **Modellbildung** sind in Steinhardt et al. (2005) beschrieben.

Praktikabel und in Entwicklung ist die Modellierung von Teilsystemen, die zu **komplexen Modellen** (z. B. Wasser- und Stoffumsatzmodelle mit Produktionsmodellen für die Agroökosystemmodellierung) aggregiert werden. Eine Modellierung der Gesamtlandschaft, die alle darin ablaufenden Prozesse in ihrer Vernetzung quantitativ erfasst, ist allerdings noch in weiter Ferne. Um nicht vor der Größe des Unterfangens zu verzweifeln, sollte sich jeder Landschaftsökologe immer folgende Aussage des deutschen „Altmeisters" der Landschaftsökologie in Erinnerung rufen: „Aber innerhalb eines so kompliziert aufgebauten Systems, wie es die

Landschaft darstellt, ist die Ermittlung von Größenordnungen und Trends schon ein gewaltiger Fortschritt der Erkenntnis. Man sollte das erreichbare Ziel ins Auge fassen und nicht einer unerreichbaren und den reellen Verhältnissen nicht entsprechenden Genauigkeit nachjagen" (Neef 1967).

So sind zum Beispiel zur Erfassung des Landschaftswasserhaushaltes in einem Einzugsgebiet eine Vielzahl von Ausstattungsgrößen und Wasserprozessen für die Modellierung notwendig, will man zum Beispiel Nutzungseinflüsse oder Klimaänderungen in ihrer Wirkung auf Wasserressourcen und Abflussgeschehen prognostizieren. Beispielhaft sind die erforderlichen Parameter und Messgrößen mit dem physikalisch basierten Wasserhaushaltsmodell WASIM-ETH aufgezeigt. Sowohl die hydrologischen Auswirkungen der Waldrodung wie der El-Niño-Klimazyklen (Kapitel 9) konnten mit diesem Modell für Einzugsgebiete in Indonesien aufgezeigt werden (Kleinhans 2004, Leemhuis 2005).

Um den Wasserhaushalt in Einzugsgebieten detailliert zu erfassen und nutzungsbedingte Unterschiede für die Planung herauszuarbeiten, sind eine Kombination aus standörtlicher Analyse der Wasserflüsse sowie Differenzialanalyse der strukturellen Grundgrößen und eine Prozessanalyse des Niederschlag-Abflussgeschehens (integrale Abflussinformation am Gebietsauslass – Pegelstation) erforderlich.

14.3 Stoffkreisläufe

Wasser im Landschaftshaushalt

Wasser besitzt eine grundlegende existenzielle Bedeutung für das Leben auf der Erde sowie für die meisten biochemischen Prozesse. Als ein Ergebnis komplexer zeitlich und räumlich hoch variabler Prozesse stellt der Wasserkreislauf der Erde (Kapitel 13) eine Grundlage für das Verständnis des Klimasystems der Erde, für den Wasserumsatz und damit die Wasserverfügbarkeit wie auch für die Klimavariabilität, einschließlich der vom Menschen induzierten Klimaveränderungen (Kapitel 29), dar. Im Rahmen der globalen Umweltfragen (Lozán et al. 2005, CCSP 2003) besitzt das Verständnis und die Modellierung der Wasserkreislaufprozesse höchste Priorität: „*What are the mechanisms and processes responsible for the maintenance and variability of the water cycle; are the characteristics of the cycle changing and, if so, to what extend are human activities responsible for those changes?*" (CCSP 2003).

Als Wasserkreislauf bezeichnet man die Transportprozesse und den Weg des Wassers durch die verschiedenen Aggregatzustände und durch die einzelnen Sphären wie Litho-, Hydro-, Bio- und Atmosphäre der Erde. Dabei zirkulieren die schnellen Komponenten vor allem zwischen den Festländern und Meeren. Langfristig betrachtet geht kein Wasser verloren und wird immer wieder verwendet.

Die Wassermengen auf der Erde

Die Wassermenge des Wasserplaneten Erde wird mit $1\,566 \times 10^6$ km^3 angegeben. 94,23 Prozent davon befinden sich im Weltmeer. Von der Gesamtwassermenge liegen 98,08 Prozent in flüssiger und 1,92 Prozent in fester sowie 0,001 Prozent in dampfförmiger Phase vor. Im Laufe der Erdgeschichte hat sich die Verteilung der Wassermengen auf die drei Aggregatzustände immer wieder verändert. So wurden in den Glazialzeiten dem Wasserkreislauf große Wassermengen für den Aufbau der Eisschilde entzogen. Während der Kaltzeitmaxima dürfte der **Meeresspiegel** um 140 m abgesunken sein. Die Erdoberfläche wird mit den Weltmeeren (361,2 Millionen km^2 = 70,8 Prozent) vom Wasser dominiert. Zusammen mit den Eisflächen (16,1 Mio. km^2 = 3,16 Prozent) ergibt sich eine Wasserbedeckung von über 75 Prozent. Von den gesamten Wasservorräten der Erde wird weniger als 6 Prozent auf den Kontinenten gespeichert (Tab. 14.3.1). Der größte Anteil der gesamten Süßwasservorkommen ist in tiefem Grundwasser oder in Gletschern und Inlandeismassen gebunden (90×10^6 km^3 = 95 Prozent der Süßwasservorkommen, Tab. 14.3.1) und besitzt mit 5000 bis 7500 Jahren eine lange mittlere Verweilzeit (Erneuerungsrate gering). Die dem schnellen Wasserkreislauf zugehörigen nutzbaren **Süßwasservorräte** aus den Flüssen und Seen machen nur etwa 0,35 Prozent des gesamten Süßwassers und damit 0,019 Prozent der gesamten globalen Wasservolumina aus ($0,29 \times 10^6$ km^3, Tab. 14.3.1). Das Oberflächenwasser in Flüssen und Seen und das Grundwasser in der Zone des aktiven Wasseraustausches (obere Grundwasserleiter) sind aufgrund ihrer häufigen Erneuerung mit geringer Verweilzeit (17 Tage bis 280 Jahre) und Verfügbarkeit die bedeutendsten Wasserressourcen. Ihre Nutzung wie auch Gefährdung (Schadstoffkontamination) unterliegt einer schnellen kurzfristigen Dynamik. Aufgrund der schnellen Durchflussraten (kurze Verweilzeit) können Schadstoffgefährdungen schnell erkannt und durch Austausch- und Sanierungsmaßnahmen relativ rasch behoben werden (z. B. Flusswasserqualität). Für die Speicher mit langer Verweilzeit (Meere, Seen, tiefe Grundwasserleiter) werden Verschmutzungen lange nicht erkannt und eine

Tabelle 14.3.1 Wasservorkommen auf der Erde (Quelle: Lozán et al. 2005).

Fläche der Erde (510·10^6 km²)	Volumen [10³ km³]	Volumenanteil [%]	Erneuerung [Jahre]
Ozeane	1 476 000	94,23	2 911
Grundwasser	60 000	3,84	5 000
Gletscher uund Permafrost	30 000	1,92	7 500
Seen und Sümpfe	290	0,0185	7,4
Flusswasser	2	0,00013	17 Tage
Wasser im Boden/Bodenfeuchte	16	0,001	390 Tage
Wasser in Lebewesen	2	0,00013	14 Tage
Wasser in der Atmosphäre	14	0,0009	8 Tage

Sanierung ist kaum oder nur mit sehr hohen Kosten möglich. Die Komponenten der Hydrosphäre besitzen somit sehr unterschiedliche Zeit- und Raummaßstäbe und sind für das globale Klima über ein schnelles und ein langsames Wechselwirkungssystem von Atmosphäre, Meeren und Landflächen gekoppelt:

- Der **schnelle Wasserkreislauf** besteht zwischen Atmosphäre, Landoberfläche und ozeanischer oberer Mischungsschicht.
- Der **langsame Wasserkreislauf** besteht aus der Tiefenzirkulation der Ozeane, den Inlandeismassen und den Gebirgsgletschern.

Der Landschaftswasserhaushalt

Betrachtet man den Wasserhaushalt konkreter Landschaften, so sind eine Vielzahl von **Speichern** und **Wasserflüssen** zu berücksichtigen. Bei der Analyse und Modellierung des Wasserhaushaltes geht man von vertikal gegliederten Einzelstandorten, sogenannten homogenen kleinsten Landschaftsausschnitten (Ökotop, Physiotop, Pedohydrotop) mit vertikaler zweidimensionaler Flussbetrachtung aus, oder von Fluss- und Bacheinzugsgebieten als hydrologischen Raumeinheiten mit einer dreidimensionalen Betrachtung der vertikalen und lateralen Wasserflüsse (Abb. 13.2.4). Die Einzugsgebietsdimensionen können zwischen mehreren Tausend Quadratkilometern (Makroskala) und wenigen Hektar (Mesoskala) liegen (Wohlrab et al. 1992). Die Anwendung der allgemeinen Wasserhaushaltsgleichung ist im Prinzip für das Gesamtsystem (z. B. Flusseinzugsgebiet) wie auch für Einzelkompartimente (z. B. Bodenwasserhaushalt) möglich, wobei die Wasserhaushaltskomponenten in einzelne Teilprozesse weiter untergliedert werden können. Bei der Anwendung der Wasserhaushaltsgleichung auf Bodenmonolithe, wie es beispielsweise für Lysimeteruntersuchungen typisch ist, geht es neben der Bilanz vorwiegend um die vertikale Bodenwasserbewegung. Betrachtet man hingegen einen Hang, dann werden Bodenhorizonte oder die unterirdischen Substratschichten wichtiger und laterale Bodenwasserbewegungen dominieren.

Für das Verständnis der hydrologischen Prozesse ist die Frage zu beantworten, wie die eingetragene Energie (Strahlung) und Feuchte (Niederschlag) zeitlich und räumlich an einem Standort oder in einem Flusseinzugsgebiet durch Relief, Landnutzung und Boden verteilt werden. Die Abbildung 13.2.3 zeigt schematisch ein Einzugsgebiet mit den wichtigsten Teilsystemen und Teilprozessen der Wasserflüsse (Kapitel 13).

Veränderungen des Wasserkreislaufes

Der Wasserkreislauf und die damit verbundene Wasserverfügbarkeit bestimmt die hygrische Differenzierung auf der Erde nach Landschaftszonen (z. B. Wüstengebiete, immerfeuchte innere Tropen) und hat über die Verteilung der Süßwasserressourcen unmittelbare Auswirkungen auf Landnutzung und Lebensbedingungen der Bevölkerung. Aufgrund der engen Kopplung des Wasserkreislaufes mit dem Klimasystem Erde, insbesondere über Niederschlag und Verdunstung und den damit gekoppelten Energieumsätzen (Kapitel 9.2), wirken sich natürliche Klimaschwankungen (Kapitel 9.12) wie auch die anthropogenen Klimabeeinflussungen unmittelbar auf den Wasserkreislauf aus. Die direkten **Nutzungseingriffe** des Menschen in die Pedo- und Biosphäre beispielsweise durch Waldrodung, durch Bodenversiegelung (z. B. Megastädte) und Bodenverdichtung werden bisher vor allem in Fallstudien und in ihren regionalen Auswirkungen analysiert und modelliert (z. B. Desertifikationsproblematik, Kapitel 29.3). Es ist eine offene und spannende **Forschungsproblematik**, im Rahmen der „*Global-Change*-Thematik" (Kapitel 29) diese regionalen Auswirkungen im Wasserhaushalt auf zukünftige globale Klimaänderungen hin zu analysieren. So führt das *Intergovernmental Panel on Climate Change* – kurz IPCC – (CCSP 2003) aus: „*Inadequate understanding of* *and limited ability to model and predict water cycle processes and their associated feedbacks account for many of the uncertainties associated with our understanding of long-term changes in the climate system and their potential impacts".*

Für die weitere Klimaentwicklung gehen jüngste Studien, die den langfristigen natürlichen Klimaverlauf ohne Berücksichtigung des anthropogenen Treibhauseffektes auf der Basis der Änderung der Erdbahnparameter untersuchen, davon aus, dass die gegenwärtige „Warmzeit" erst nach etwa 50 000 Jahren von einer Abkühlung abgelöst werden könnte (Berger & Loutre 2002). Der anthropogene Treibhauseffekt hat daher zukünftig einen wesentlich stärkeren Einfluss auf das Klima als die natürliche Variabilität.

Globale Auswirkungen des Treibhauseffektes

Ausgehend von einem Anstieg des CO_2-Gehalts von 370 ppm auf 550 bis 950 ppm am Ende des 21. Jahrhunderts (A2-Szenario) liefern die Modellprognosen eine globale Erwärmung von 1,4 bis 5,8 °C (IPCC 2001). Analysen für den Zeitraum 1958 bis 2001 (Bengtsson et al. 2004) belegen pro °C globaler Temperaturzunahme eine Zunahme des Wasserdampfgehaltes der Atmosphäre um 1,55 mm (+6 Prozent). Für den globalen Wasserhaushalt werden bei +2,3 °C höherer globaler Durchschnittstemperatur bis 2050 jeweils Erhöhungen der Verdunstung und des Niederschlages um 5,2 Prozent – das heißt um 50 mm pro Jahr – prognostiziert (Wetherald & Manabe 2002, Alcamo et al. 2003). Generell verstärken sich nach den Modellrechnungen Verdunstung und Niederschlag mit steigender Temperatur, die Niederschlagsverteilung auf der Erde ändert sich jedoch regional sehr unterschiedlich und ist nach den verschiedenen Klimaszenarien bisher nicht einheitlich prognostiziert. Nach dem Hamburger ECHAM-Modell nehmen die Nettoniederschläge (N–V) in den Polar- und Subpolargebieten bis über 1 mm/d und in den äquatorialen Gebieten des Pazifik und Indischen Ozeans bis 5 mm/d zu, während in den Subtropen und Mediterrangebieten gegenüber heute eine stärkere Verdunstung mit höherem Wasserdefizit auftritt (Lorenz et al. 2005). Allgemein muss mit einer Zunahme von Niederschlagsextremen und der Gefahr von Dürren und Hochwasser gerechnet werden (Kapitel 29). Eine größere Umverteilung des globalen Wassers vom festen zum flüssigen Zustand hätte erhebliche Rückwirkungen auf das Klima und Leben auf der Erde, wie es für eine anhaltende Temperaturerhöhung von +3 °C bis zum Jahre 2100 mit einem Meeresspiegelanstieg von maximal 100 cm global modelliert wird (IPCC 2001). Globale Klimamodelle liefern jedoch noch immer auf regionaler Ebene recht grobe Informationen.

Daher werden regionale **Klimamodelle** in globale Berechnungen eingebettet. Um die Veränderung des Wasserkreislaufes in Europa in seinen regionalen Auswirkungen abzuschätzen, werden im EU-Projekt „*Prudence*" verschiedene Modelle dafür eingesetzt. Für das Klimaänderungsszenario A2 mit einer global mittleren Temperaturerhöhung um etwa 3,5 °C bis 2100 zeigt ein Vergleich zu heute einen Niederschlagsanstieg für das Ostseeeinzugsgebiet von +10 Prozent mit der stärksten Zunahme bis zu +40 Prozent im Winter. Bei ebenfalls ansteigender Verdunstung würde die Abflussmenge in die Ostsee Ende des Winters bzw. Frühjahrs um über 20 Prozent zunehmen. Für das Donaueinzugsgebiet wird jedoch eine starke Abnahme der Niederschläge im Sommer prognostiziert, die bei Zunahme der Verdunstung insgesamt in der Jahresbilanz sich in einer Abflussverminderung von ungefähr 20 Prozent auswirkt. Regionale Klimamodelle zeigen somit eine räumlich stark differenzierte Veränderung des Wasserkreislaufes an, zudem sind Änderungen in der Niederschlagsintensitätsverteilung wahrscheinlich (Jacob & Hagemann 2005).

Regionale Auswirkungen auf den Abfluss durch Landnutzungsänderungen

Auswirkungen von Landnutzungsänderungen auf den Abfluss sind vor allem auch in Zusammenhang mit der Hochwasserproblematik untersucht und modelliert worden (Kapitel 13). Bronstert und Engel (2005) fassen die Ergebnisse der **Abflusssimulation** am Beispiel dreier mesoskaliger Rheineinzugsgebiete (115 bis 455 km²), die sehr unterschiedliche Flächennutzungen (Wald, landwirtschaftliche Nutzung, Siedlungsanteile) aufweisen, zusammen. Dabei wurden für die Nutzungsszenarien (Aufforstung, Stilllegung von Anbauflächen, Zunahme Siedlungsfläche um 50 Prozent) zwei Niederschlagstypen (advektiv und konvektiv) zugrunde gelegt. Für das Extremszenario mit 50 Prozent Zunahme der Siedlungsfläche sind sehr unterschiedliche Abflussänderungen mit 4 bis 55 Prozent Abflussvolumenzunahme für das dicht besiedelte Einzugsgebiet zu verzeichnen. Durch Urbanisierung (z. B. Versiegelung) verschärft sich das Abflussmaximum deutlich (Mendel 2000). Die Abflussänderungen im dicht bewaldeten Lenne-Einzugsgebiet sind minimal, wobei jedoch auch in Mittelgebirgslagen die Abflussdämpfung des Waldes vielfach überschätzt wird. Aufgrund der Reliefierung, meist geringmächtiger Böden und gering durchlässigen Festgesteins sind Waldböden prädestiniert für rasche unterirdische Abflussbildung, was bei lang anhaltenden Niederschlägen zur

Hochwasserentwicklung führen kann (z. B. Elbehochwasser im Jahr 2002).

So beschreiben auch Wohlrab et al. (1992) aufgrund der Auswertung von **Mittelgebirgseinzugsgebieten** für den Wechsel von Wald zu Grünland und Acker, dass eine generelle Abflusserhöhung nicht immer gegeben ist. Oberflächenabfluss von landwirtschaftlichen Nutzflächen trägt weniger zur Jahressumme bei, kann jedoch zu singulären Hochwässern einen entscheidenden Beitrag leisten. Für kleine Einzugsgebiete sind mit Zunahme der Versiegelung und Landnutzungsänderung (z. B. Waldrodung) deutliche Abflussänderungen mit Zunahme der Abflussmengen und Abflussspitzen zahlreich belegt. Mit wachsender Einzugsgebietsgröße überlagern sich jedoch zahlreiche ereignisabhängige Abflussbildungsprozesse, sodass der anthropogen verursachte Anteil bei der modellgestützten Quantifizierung nicht immer klar fassbar ist. „Es ist der Mangel an hinreichend quantitativen Nachweisen über alle Maßstabsbereiche, weshalb selbst bei den Wasserwirtschaftlern und den Geowissenschaftlern die Meinungen über das Ausmaß der Hochwasserverschärfung und der Minderungsstrategien auseinander gehen" (Mendel 2000).

Während der globale Wasserkreislauf weiterhin als sich im Gleichgewicht befindender Kreisprozess zwischen Atmosphäre, Land und Meer betrachtet werden kann, verändern sich zeitlich und räumlich die einzelnen Wasserhaushaltskomponenten durch die Nutzungseingriffe, durch den Wandel der terrestrischen Ökosysteme wie auch über die Veränderung der Zusammensetzung der Atmosphäre (Treibhausgase). Sowohl für die zukünftige **Variabilität des Wasserkreislaufes** wie für die Ökosysteme und Wassernutzungspotenziale sind diese Veränderungen bisher noch nicht exakt quantifizierbar und prognostizierbar. Im Bericht des CCSP (*Strategic Plan for Climate Change Science Program – water cycle*, 2003) wird daher die Frage gestellt:

„*What are the consequences over a range of space and time scales of water cycle variability and change for human societies and ecosystems and how do they interact with the earth system to affect sediment transport and nutrient and biogeochemical cycles?*"

Biogeochemische Stoffkreisläufe: Kohlenstoff- und Stickstoffkreislauf

STEPHAN GLATZEL

Die rapide Zunahme der troposphärischen Kohlendioxidkonzentration und der zunehmend als sicher geltende Zusammenhang der Konzentration an **Treibhausgasen** mit der weltweiten **Klimaerwärmung** (Kapitel 9.12) unterstreichen die Relevanz biogeochemischer Stoffkreisläufe für den Menschen. Von besonders großer Bedeutung für den Menschen sind die Kreisläufe des Kohlenstoffs und Stickstoffs.

Kohlenstoff (C) ist Hauptbestandteil lebenden Gewebes und die photosynthetische Kohlenstofffixierung beeinflusst die atmosphärische Sauerstoffkonzentration, die wiederum das Oxidationspotenzial auf der Erde steuert. Über Redoxreaktionen sind die Kreisläufe anderer Elemente an die weltweiten Kohlenstoff- und Sauerstoffkreisläufe gekoppelt (Schlesinger 1997).

Obwohl **Stickstoff** (N) Hauptbestandteil unserer Luft ist (Kapitel 9.3), werden das Pflanzenwachstum und damit die Nettoprimärproduktion oft durch einen Mangel an pflanzenverfügbarem Stickstoff eingeschränkt. An der Erdoberfläche liegt Stickstoff in mehreren Oxidationsstufen vor und die häufigste Stickstoffform, der molekulare Stickstoff (N_2), kann von den meisten Pflanzen nicht direkt aufgenommen werden. Seit dem 19. Jahrhundert greift der Mensch massiv in den Stickstoffkreislauf ein.

Im Folgenden werden die Kohlenstoff- und Stickstoffformen, die an der Erdoberfläche vorkommen, genannt und die Prozesse, die für die Umsetzungen verantwortlich sind, vorgestellt. Weiterhin werden die Kohlenstoff- und Stickstoffspeicher und deren Umsatzraten auf dem globalen Maßstab aufgezeigt und Mechanismen, die deren regionale Differenzierung bedingen, dargestellt.

Kohlenstoff: Speicher und Flüsse

Die größten **Kohlenstoffspeicher** auf der Erde sind Sedimentgesteine (5×10^7 Pg) und die Ozeane (38 900 Pg). Wichtiger als die Größe der Speicher sind aber die Flussraten: Die Rate des durch Sedimentation in Gestein gebundenen Kohlenstoffs beträgt jährlich weniger als 1 Pg (Petagramm; $1 Pg = 10^{15}$ g). Der Beitrag des jährlich natürlicherweise in die Atmosphäre freigesetzten lithogenen Kohlenstoffs (Vulkanismus) beträgt 0,2 bis 0,5 Pg. Nur ein kleiner Teil des in Sedimentgesteinen gebundenen Kohlenstoffs (5 000 bis 10 000 Pg) eignet sich als fossiler Brennstoff, jedoch sind die anthropogenen Freisetzungsraten aus diesem Speicher mit 6 Pg pro Jahr hoch. Der in den Ozeanen gebundene Kohlenstoff liegt zum Großteil (97 Prozent) in organischer Form als Phyto- und Zooplankton vor. Der anorganische Kohlenstoff in den Ozeanen besteht aus CO_2, CO_3^{2-} und $2 HCO_3^-$. Gegenwärtig werden jährlich 92 Pg Kohlenstoff in Ozeanen gelöst und nur 90 Pg in die Atmosphäre freigesetzt (IPCC 2001, Abb. 14.3.1).

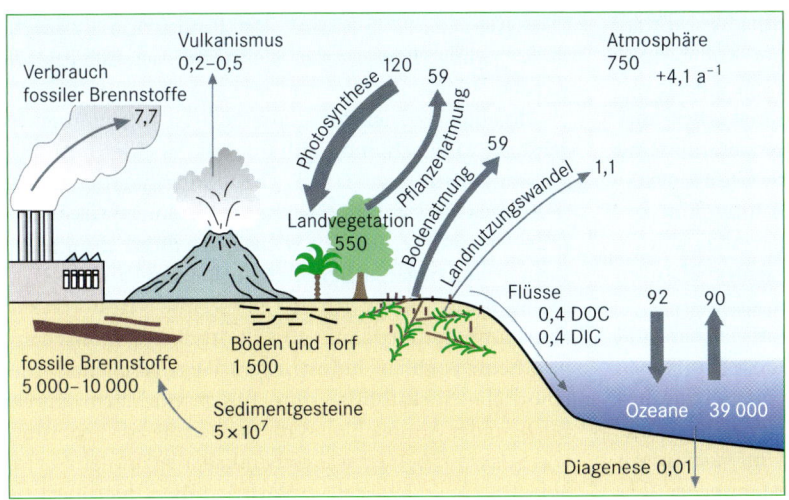

Abb. 14.3.1 Der heutige globale Kohlenstoffkreislauf. Alle Speicher in 10^{15} g Kohlenstoff und alle Flüsse in 10^{15} g Kohlenstoff pro Jahr als Durchschnittswert für die 1980er-Jahre (verändert nach Schlesinger 1997, Houghton 2005, Killops & Killops 1997, Global Carbon Project 2010).

Böden und Torf speichern 1 500 Pg und damit mehr als doppelt so viel wie die Atmosphäre (780 Pg) und die Pflanzen (550 Pg). Der Kohlenstoffgehalt der Atmosphäre steigt jährlich um 3,2 Pg. Im Vergleich zu Pflanzen (99,9 Prozent der biosphärischen C-Speicherung) spielen Tiere (0,1 Prozent der biosphärischen C-Speicherung) kaum eine Rolle. Die höchsten Flussraten treten im System Pflanze-Boden auf: Über Photosynthese werden 120 Pg Kohlenstoff pro Jahr von Pflanzen in Kohlenhydrate umgewandelt, doch nur ungefähr die Hälfte davon wird in pflanzliches Gewebe eingebaut, da die übrigen 59 Pg im Rahmen der Pflanzenatmung (autotrophe Respiration) wieder in die Atmosphäre freigesetzt werden. Die im Pflanzengewebe gespeicherte Energie wird über die Pflanzenfresser (Herbivore) an Fleischfresser (Carnivore) weitergereicht. Das Gewebe der Pflanzen und Tiere nach dem Absterben sowie deren Ausscheidungen werden als Detritus bezeichnet. Die Zersetzung des Detritus durch Bakterien und Pilze (heterotrophe Respiration) setzt die andere Hälfte des assimilierten Kohlenstoffs (59 Pg C pro Jahr) in die Atmosphäre frei. In Feuchtgebieten wird hierbei unter Sauerstoffabschluss neben CO_2 auch Methan (CH_4), das ebenfalls ein wichtiges Treibhausgas ist, produziert. Mit den Flüssen gelangen je 0,4 Pg gelöster anorganischer Kohlenstoff (DIC = *Dissolved Inorganic Carbon*) und

organischer Kohlenstoff (DOC) in die Ozeane. Durch Landnutzungswandel (zurzeit meist die Rodung von tropischem Regenwald) setzt der Mensch weitere 1,1 Pg Kohlenstoff pro Jahr in die Atmosphäre frei.

Bilanziert man die genannten Flüsse, fällt auf, dass die Ozeane und Pflanzen mehr aufnehmen, als sie abgeben, und dass die Zunahme des Kohlenstoffgehalts der Atmosphäre die **anthropogene Kohlenstofffreisetzung** nicht kompensiert. Es lässt sich daher die in Tabelle 14.3.2 wiedergegebene Gleichung formulieren.

Weniger als die Hälfte der knapp 8,8 Pg Kohlenstoff, die jedes Jahr durch menschliche Aktivität in die Atmosphäre freigesetzt werden, akkumulieren sich dort. Der größere Teil des freigesetzten Kohlenstoffs wird in anderen Kompartimenten aufgenommen: Durch die erhöhte atmosphärische CO_2-Konzentration puffern die Ozeane einen großen Teil des nicht in der Atmosphäre verbleibenden Kohlenstoffs ab. Die Probleme bei der Suche nach dem Verbleib der fehlenden 2,9 bis 3,6 Pg pro Jahr waren so groß, dass von einer fehlenden **Kohlenstoffsenke** (*missing carbon sink*) gesprochen wurde. Mittlerweile ist bekannt, dass mehr als 50 Prozent des emittierten CO_2 zu gleichen Anteilen von Ozeanen und der terrestrischen Biosphäre aufgenommen werden, doch eine genauere Benennung der Speicher ist bis heute schwierig. Man geht davon aus, dass in terrestrischen

Nettoemission		= Nettoänderung des Kohlenstoffkreislaufs		
Freisetzung durch Verbrennung fossiler Brennstoffe	+ Landnutzungswandel	= Zunahme in der Atmosphäre	+ Aufnahme in den Ozeanen	+ Aufnahme in terrestrischer Biosphäre
7,7 ± 0,5	+ 1,1 ± 0,7	= 4,1 ± 0,1	+ 2,3 ± 0,4	+ 2,4

Tabelle 14.3.2 Quellen und Senken atmosphärischen Kohlendioxids in 10^{15} g pro Jahr (Quelle: Global Carbon Project 2010).

Ökosystemen vor allem Wälder der Nordhalbkugel starke Kohlenstoffsenken sind. Die erhöhte Kohlenstoffaufnahme durch die Pflanzen ist eine Folge einer CO_2-Düngung, denn geht man von der Verfügbarkeit aller anderen Nährstoffe und günstigen Temperatur- und Feuchtebedingungen aus, führt eine erhöhte CO_2-Verfügbarkeit zu höherer Photosyntheseleistung. Eine genaue geographische Eingrenzung der terrestrischen C-Senke wie auch die Beantwortung der Frage, ob Pflanzen oder Böden den größeren Teil speichern, steht aus.

Aufgrund der Größe der Kohlenstoffspeicher und Kohlenstoffumsätze in der Pedo- und Biosphäre haben sich in den letzten Jahrzehnten Boden- und Pflanzenwissenschaftler den Randbedingungen der Kohlenstoffspeicherung gewidmet. So haben sich Untersuchungen zur Stabilität der organischen Bodensubstanz gegenüber mikrobiellem Abbau zu einem eigenen Forschungsfeld entwickelt und die Erforschung der Begrenzung des Pflanzenwachstums und damit auch der Humusbildung durch andere Nährstoffe wie dem Stickstoff hat zunehmend an Bedeutung gewonnen.

Stickstoff: Speicher und Flüsse

Während kohlenstoffhaltige Gase in der Atmosphäre nur in Spuren vorkommen, ist Stickstoff deren Hauptbestandteil (Kapitel 9.3). In der Atmosphäre befinden sich $3\,950\,000\,000$ Tg (Teragramm; $1\,\text{Tg} = 12^{10}$ g) Stickstoff. Die Lithosphäre speichert in Sedimentgesteinen etwa 10^9 Tg Stickstoff. Im Vergleich dazu sind die anderen Stickstoffspeicher klein: In den Ozeanen befinden sich $20\,570\,000$ Tg und in Pflanzen und Böden der Welt befinden sich $190\,000$ Tg. Um zu verstehen, warum trotz des großen atmosphärischen Stickstoffvorrats in vielen

Ökosystemen der Stickstoff die Produktion limitiert, müssen einige Prozesse der Stickstoffumsetzung geklärt werden:

Molekularer Stickstoff – also N_2 – ist aufgrund einer starken Dreifachbindung, die die beiden Atome zusammenhält, sehr stabil. Um pflanzenverfügbar zu sein, muss Stickstoff in eine andere Bindungsform überführt (fixiert) werden. Die wichtigsten dieser Bindungsformen sind **organischer Stickstoff**, **Ammoniak** (NH_3), **Ammonium** (NH_4), **Nitrit** (NO_2) und **Nitrat** (NO_3). Stickstofffixierung kann auf abiotischem, biotischem und heute auch auf industriellem Wege geschehen. Die abiotische Stickstofffixierung findet vor allem durch Blitze in der Atmosphäre statt. Ihr Beitrag zur Fixierung von Stickstoff beträgt wahrscheinlich 5 Tg pro Jahr, es ist jedoch sehr schwierig, exakte Angaben hierüber zu machen und generell sind viele Komponenten des Stickstoffkreislaufs schwierig zu quantifizieren (Galloway 2005). Die Flussraten in Abbildung 14.3.2 sind daher lediglich Annäherungen. Die biologische Stickstofffixierung erfolgt durch frei lebende Bakterien und solche, die symbiotisch in oder an den Wurzeln bestimmter Pflanzen (Leguminosen) leben (Larcher 2001). Biologisch werden 150 Tg pro Jahr fixiert. Davon stammen 40 Tg pro Jahr aus der Landwirtschaft (vor allem dem Sojaanbau). Die Entwicklung der industriellen Stickstofffixierung durch Fritz Haber und Carl Bosch resultierte (neben der Vergabe des Nobelpreises für Chemie 1918 und 1931) in einem massiven Eingriff in den Stickstoffhaushalt der Erde: Heute werden jährlich (unter hohem Energieaufwand) mehr als 80 Tg Stickstoff industriell fixiert und die Verbrennung fossiler Brennstoffe setzt jährlich 20 Tg Stickstoff aus organischer N-Bindung frei. Neben vielen anderen Anwendungen ermöglicht die industrielle Stickstoffsynthese eine Agrarproduktion

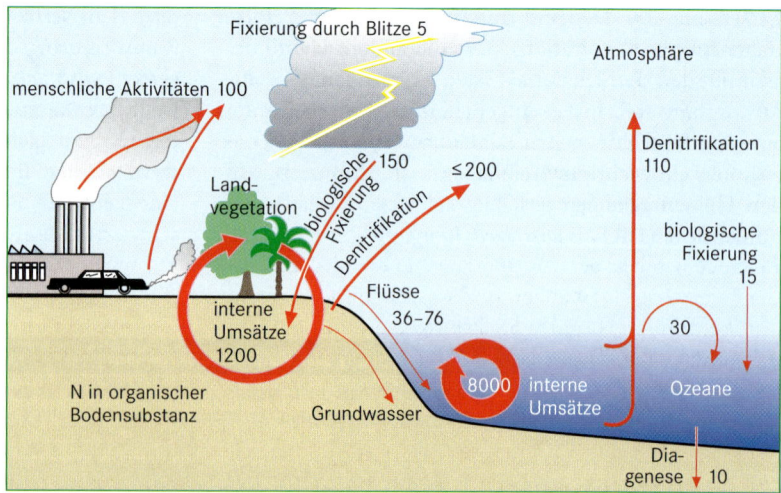

Abb. 14.3.2 Der globale Stickstoffkreislauf (alle Flüsse in 10^{12} g Stickstoff pro Jahr, verändert nach Schlesinger 1997, Galloway 2003).

auf hohem Niveau und damit eine verbesserte Ernährung der Weltbevölkerung (Abb. 14.3.2).

Die Pflanze nimmt fixierten N als NO_3 oder NH_4 auf und überführt diesen in organische Formen. Nach dem Absterben pflanzlichen oder tierischen Gewebes bleibt Stickstoff entweder im Rahmen der Humifizierung (Kapitel 11) in organischer Form oder wird durch Mikroorganismen in NH_4 umgewandelt (Ammonifikation). Bei ausreichender Sauerstoffzufuhr wird NH_4 in NO_3 umgewandelt (Nitrifikation). Unter nassen und kalten, aber auch unter sehr heißen Bedingungen verläuft die Ammonifikation schneller als die Nitrifikation, es wird NH_4 angereichert. Das im Gestein enthaltene NH_4 spielt quantitativ keine große Rolle, jedoch kann NH_4 aus Gestein und Ammonifikation in den Zwischenschichten von Tonmineralen enthalten sein (Scheffer 2002). Bei der Verdunstung von NH_4 entsteht NH_3, dessen stechender Geruch in der Nähe von Ställen auffällt.

Bei ausschließlicher Betrachtung der bisher genannten Speicher und Flüsse müsste der Stickstoffgehalt in den Ozeanen und an Land laufend zunehmen. Dass dem nicht so ist, ist auf die Umwandlung von NO_3 in N_2 (Denitrifikation) zurückzuführen. Man unterscheidet Denitrifikation durch Mikroorganismen und Denitrifikation bei Verbrennungsprozessen (Pyrodenitrifikation). Etwa 30 Prozent des im Brennstoff erhaltenen Stickstoffs werden durch Pyrodenitrifikation zu N_2 denitrifiziert. Die Biomasseverbrennung setzt jährlich zirka 24 Tg in Form von N_2 frei (Schlesinger 1997). Denitrifikation durch Mikroorganismen verläuft in mehreren Zwischenschritten und hängt von der Sauerstoffversorgung ab. Wichtige Produkte auf dem Weg zum N_2 sind Stickoxide wie Stickstoffmonoxid (NO) oder Distickstoffmonoxid (N_2O, Lachgas), die zur Schädigung der stratosphärischen Ozonschicht und zum anthropogenen Treibhauseffekt beitragen (Kapitel 9.12). Die beiden letztgenannten Gase können auch im Rahmen der Nitrifikation entstehen. Nur bei sehr niedrigen Redoxverhältnissen, also bei nassem, sauerstoffarmem Milieu entsteht durch Mikroorganismen N_2, daher konzentriert sich die Denitrifikation in Feuchtgebieten. Abschätzungen über die Größenordnung der Denitrifikation in terrestrischen Ökosystemen schwanken zwischen 13 und 290 Tg pro Jahr (Galloway 2005).

Da die im oben stehenden Abschnitt geschilderten Prozesse von Temperatur und Feuchte – und damit von der Witterung – abhängen und das Pflanzenwachstum von kontinuierlich guter Stickstoffversorgung, ist es in der landwirtschaftlichen Praxis schwierig, ungewollte **Stickstoffverluste** zu vermeiden. Eines unserer größten Umweltprobleme in Agrarlandschaften ist die Überdüngung und nur ein Bruchteil des ausgebrachten Stickstoffdüngers endet im landwirtschaftlichen Produkt.

Der größere Teil verlässt den Boden mit dem Vorfluter als NO_3 oder geht als N_2, Stickoxid oder NH_3 in die Gasphase über. Mit den Flüssen gelangen jährlich zwischen 36 und 76 Tg Stickstoff in die Ozeane (Galloway 2005) und die Quantifizierung dieses Stickstoffs sowie die Erforschung dessen Verbleibs ist einer der Schwerpunkte biogeochemischer Forschung. Neben der Landwirtschaft produzieren viele Verbrennungsprozesse Stickoxide. Erhöhte sommerliche Ozonkonzentrationen in der Nähe von Ballungsräumen ist auf das Zusammentreffen großer Mengen an Stickoxiden aus Verkehr und Industrie und Sauerstoff durch Photosynthese zurückzuführen.

Die Stickstofffraktion, die als Stickoxid oder NH_3 in die Atmosphäre eingetragen wird, nimmt dort an einer Vielzahl von Reaktionen teil. **Stickoxide** werden in der Atmosphäre in Salpetersäure umgewandelt, die als Bestandteil des „**sauren Regens**" wieder auf die Erdoberfläche trifft. Ammoniak wirkt basisch und ist in der Lage, atmosphärische Säuren zu neutralisieren. Beide Stickstoffformen tragen jedoch zu einer diffusen Düngung der Erdoberfläche bei. Dieser Düngungseffekt ist im Lee von Gebieten mit intensiver landwirtschaftlicher Produktion oder von Industrie- und Ballungsräumen besonders groß. In europäischen Wäldern wurden jährliche atmosphärische Stickstoffeintragsraten von bis zu 100 kg pro ha festgestellt (Rehfuess 1990). In Ökosystemen mit einem niedrigeren Bedarf an Stickstoff führen diese Einträge kurzfristig zu Stickstoffüberschüssen im Boden, Stickstofffreisetzung in die Gasphase, den Vorfluter und das Grundwasser und zu erhöhter Mineralisierung der organischen Auflage. Langfristig bewirken sie eine Veränderung der Pflanzengesellschaft.

Wie beim Kohlenstoff unterliegt nur eine relativ kleine Menge (10 Tg) des jährlich umgesetzten Stickstoffs der Diagenese. Auch in den Ozeanen wird Stickstoff fixiert, mineralisiert und denitrifiziert und der organisch gebundene Stickstoff wird in den marinen Nahrungsnetzen verarbeitet. Betrachtet man die Abbildung 14.3.2, fällt jedoch auf, dass der ozeanische Stickstoffkreislauf nicht geschlossen ist. Es werden größere Mengen denitrifiziert als fixiert oder mit Flüssen oder atmosphärischer Deposition eingetragen. Trotz großer Unsicherheiten bei der Quantifizierung des ozeanischen Stickstoffkreislaufs und einer möglichen N_2O-Aufnahme in den Ozeanen deutet diese Bilanzlücke auf eine Abnahme des ozeanischen Stickstoffgehalts hin. Die **Ozeane** befinden sich im Bezug auf den Stickstoffkreislauf nicht im Gleichgewicht und geben hohe Mengen an Stickstoff, die sich während der letzten Kaltzeit dort akkumuliert haben, bis heute ab (Schlesinger 1997). Die vergleichsweise kleine Bilanzlücke auf dem Land ist wahrscheinlich auf Ungenauigkeiten bei der Abschätzung der Denitrifikation zurückzuführen. Darüber hinaus geht die erwähnte Zunahme von organisch gebundenem Kohlenstoff mit der Akkumulation von Stickstoff in der terrestrischen oder ozeanischen Senke einher und weist auf eine Kopplung der Kohlenstoff- und Stickstoffkreisläufe hin, die auf allen Skalen vom Molekül bis zur globalen Skala auftritt.

Perspektiven

Die biogeochemischen Kohlenstoff- und Stickstoffkreisläufe sind miteinander und mit den Kreisläufen weiterer Elemente (Eisen, Phosphor, Schwefel und viele andere) gekoppelt. Sie finden außerdem in unterschiedlichen zeitlichen und räumlichen Skalen (<1 Sekunde bis $>20\,000$ Jahre, $<mm^3$ bis $>km^3$) statt. Diese multiskalige **Verknüpfung von biogeochemischen Kreisläufen** verschiedener Elemente erfordert von Forschern umfassendes System- und Prozessverständnis und interdisziplinäre Kompetenz. Aus diesem Grunde wird biogeochemische Forschung von verschiedenen bio-, geo-, agrar- und forstwissenschaftlichen Disziplinen betrieben.

Auf der Einzugsgebietsebene werden der Kohlenstoff- und der Stickstoffkreislauf vor allem mithilfe von Stoffhaushaltsmessungen untersucht. Diese Messungen sind Basis für ein Prozessverständnis, das die Formulierung von Gesetzmäßigkeiten ermöglicht. Diese Gesetzmäßigkeiten werden als mathematische Gleichungen formuliert und parametrisiert. Die Gleichungen werden mit neuen Datensätzen validiert oder falsifiziert. Oft müssen die ursprünglichen Gleichungen verändert werden. Auf diese Art und Weise gehen bei der Erforschung von Stoffkreisläufen Messung und Modellierung Hand in Hand. Auf der Makroskala, wo größere räumliche Einheiten erforscht werden, und bei der Beschreibung ozeanischer und atmosphärischer Prozesse spielt die mathematische Modellierung eine größere Rolle. Immer noch wird das Prozessverständnis durch Probleme bei der Messung bestimmter Flüsse begrenzt. So ist es beispielsweise außerordentlich schwierig, den Fluss von N_2 aus dem Boden in die zum Großteil aus N_2 bestehende Atmosphäre zu messen, denn das Grundrauschen überdeckt das sehr kleine Signal. Moderne Isotopentechniken können diesen Mangel zwar beheben, doch sie verursachen meist Störungen an anderen Stellen des untersuchten Ökosystems.

Eine wichtige geographische Perspektive ist die Regionalisierung von biogeochemischen Prozessen und Funktionen. In den letzten Jahren wurden **biogeochemische Modelle** wie DNDC (Li 2000) oder ECOSYS (Grant 2001) entwickelt, in denen auf Grundlage detaillierten Prozessverständnisses der Kohlenstoff- und

Stickstoffhaushalt von Ökosystemen modelliert werden kann. Bemühungen, diese an wenigen Orten geeichten Modelle für den gesamten Raum verfügbar zu machen, stoßen oft an durch mangelnde Datenverfügbarkeit gesetzte Grenzen. Hier ist es oft notwendig, Vereinfachungen durchzuführen, die die wichtigsten Stoffflüsse berücksichtigen und mithilfe von Fernerkundungsdaten und Geographischen Informationssystemen zu flächenhaften Aussagen zu gelangen.

14.4 Stadtökologie

Jürgen Breuste, Wilfried Endlicher, Manfred Meurer

Problemlage und Positionierung der Disziplin

Immer mehr Menschen leben in Städten, in Deutschland derzeit etwa 80 Prozent der Bevölkerung. Die **Urbanisierung** wird sich allen Prognosen zufolge fortsetzen. Die weiter zunehmende Verstädterung der Erde, insbesondere die Ausbildung von **Megacities** mit über 10 Millionen Einwohnern, macht integrative Wissenschaftsansätze zu Fragen von Natur und Umwelt in urbanen Räumen deutlich (Kapitel 21.4).

Stadtökologie strebt dabei an, die komplexen Wirkungsgefüge, welche die verschiedensten Prozesse in der Stadt steuern, qualitativ und quantitativ aufzudecken. Sie untersucht vorrangig die **Wechselwirkungen** zwischen menschlichem Handeln und physischen Umweltbedingungen und muss sich dabei auch mit den Handlungsmotiven sowie den Prozessen der Umweltnutzung befassen. Der Stadtökologie fällt so die Aufgabe zu, die vielfältigen, im Laufe der Entwicklung immer stärker fragmentierten Spezialforschungen, denen nur noch das Untersuchungsobjekt gemeinsam ist, wieder zusammenzuführen und dabei den Grenzbereichen zwischen traditionellen Forschungsgebieten verstärkte Beachtung zu schenken. Der Geographie mit ihren natur- und humanwissenschaftlichen Teildisziplinen kommt dabei eine besondere Rolle zu, da Stadtökologie erfolgreich nicht sektoral, sondern – ganz im Sinne der Geographie – nur integral betrieben werden kann.

„Stadtökologie ist im weiteren Sinne ein integriertes Arbeitsfeld mehrerer Wissenschaften aus unterschiedlichen Bereichen und von Planung mit dem Ziel einer Verbesserung der Lebensbedingungen und einer dauerhaften umweltverträglichen Stadtentwicklung" (Sukopp & Wittig 1998).

Die räumliche Struktur des Stadtökosystems

Unterschiedliche themenbezogene Betrachtungsweisen der „Stadtumwelt" bedürfen einer zusammenführenden gemeinsamen räumlichen Arbeitsgrundlage, der räumlich-ökologischen Gliederung des Stadtökosystems. Anfänglich wurden dabei konzentrische Stadtmodelle entwickelt (Abb. 14.4.1).

Ausgehend von der Erkenntnis, dass in der Stadt die Nutzung der grundlegende ökologische Einflussprozess sei, wurde die Gliederung der Stadt und ihres Umlandes in vergleichbare, typisierbare Raumausschnitte (Stadtstrukturtypen) in Geographie, Raumplanung und Ökologie als eine praktikable und zweckmäßige Methode der stadtökologischen Raumgliederung entwickelt, um ökologisch unterschiedliche Stadtbereiche zu identifizieren, zu charakterisieren und damit Grundlagen für das Umweltmanagement in Städten zu legen (Stadtstrukturtypenansatz).

Stadtstrukturtypen (Kapitel 21) sind Flächen vergleichbarer typischer, deutlich voneinander physiognomisch unterscheidbarer Ausstattung und Konfiguration von Bebauung und Freiflächen. Sie sind weitgehend homogen bezüglich Art, Dichte und Flächenanteilen der Bebauung und der verschiedenen Ausprägungen der Freiflächen (versiegelte Flächen, Vegetationstypen und Gehölzausstattung). Beispiele solcher Stadtstrukturtypen sind:

- geschlossene Blockbebauung mit Baustrukturen in den Blockinnenbereichen
- Einzel- und Reihenhausbebauung mit Hausgärten
- Villenbebauung mit Parkgärten

Flächen mit einer einheitlichen strukturellen Ausstattung und Nutzung weisen vergleichbare Lebensraum- oder Landschaftshaushaltsfunktionen auf. Somit können Aussagen zu Biotop- und Vegetationsstruktur, zu Klimaverhältnissen, Bodenbeschaffenheit, Versiegelungsintensität oder Grundwasserneubildung abgeleitet werden. Stadtstrukturtypen fassen damit Flächen ähnlicher Umweltverhältnisse zusammen. Durch die Nutzung definierte Hauptstrukturtypen können weiter hinsichtlich ihrer Ausstattungsmerkmale (z. B. Bebauung, Freiflächen, Vegetation) in ökologische Subtypen untergliedert werden.

Stadtstrukturtypen sind Schnittstellen zwischen Wissenschaft und Stadtplanung. Aufgrund der Ausgliede-

rungsmerkmale nach Nutzung und Baustruktur bestehen direkte Bezüge des wissenschaftlichen Ansatzes der Stadtstrukturtypen mit den städtebaulichen Instrumenten der Gebietstypen in der Bauleitplanung und der Biotopkartierung. Wissenschaftlich analytische Erkenntnisse können damit direkt in administrative, politische und legislative Handlungsansätze einfließen und umgesetzt werden. Stadtstrukturtypen bilden daher eine Schnittstelle zwischen Wissenschaft und städtebaulicher Planung.

Die Stadt als natürliches System

Die beiden Teile des **Stadtökosystems** – das natürliche System Stadt und das gesellschaftliche System Stadt – stehen in einer engen Wechselwirkung (Endlicher 2004, Marzluff et al. 2008). Aus dem Blickwinkel des Leitbildes der Nachhaltigkeit sind dabei in einzelnen urbanen Teilsystemen die im Folgenden beschriebenen Prozesse von besonderer Bedeutung, bei denen der Mensch eine zentrale Akteursrolle einnimmt (Abb. 14.4.2).

Atmosphäre: Stadtklima

Das Kompartiment Atmosphäre des städtischen Systems zeichnet sich durch vielfache Veränderungen der regionalklimatischen Rahmenbedingungen aus (Kapitel 9). So wird durch die Bausubstanz sowohl eine Modifikation der kurzwelligen Strahlungsströme – mit der Ausbildung spezifischer Schattenzonen am Tage – als auch der langwelligen erreicht, wobei der Speicherterm der Kunstbauten (Bodenwärmestrom) eine große Rolle spielt. Überhaupt ist der Energiehaushalt nicht nur durch eine Veränderung der Strahlungsbilanz, sondern auch durch eine Umkehrung der Bowen-Ratio, dem Quotienten zwischen dem fühlbaren und dem latenten Wärmestrom, gekennzeichnet; denn aufgrund des hohen städtischen Versiegelungsgrades und der geringen Freiflächen ist der Verdunstungswärmestrom über der Stadt herabgesetzt, sodass mehr Energie für den fühlbaren Wärmestrom und somit zur direkten Erwärmung der Luft zur Verfügung steht.

Wirksam wird dieser Umstand vor allem im Sommer, wenn die größten Energiemengen umgesetzt werden, und in der Nacht, wenn der Speicherterm zur Erwärmung der Stadtatmosphäre beiträgt und dadurch der Unterschied zwischen Stadt und Umland besonders signifikant hervortritt. Dieses Phänomen ist als **städtische Wärmeinsel** bekannt (Kuttler 1998). Neben dem veränderten Strahlungs- und Wärmehaushalt spielt

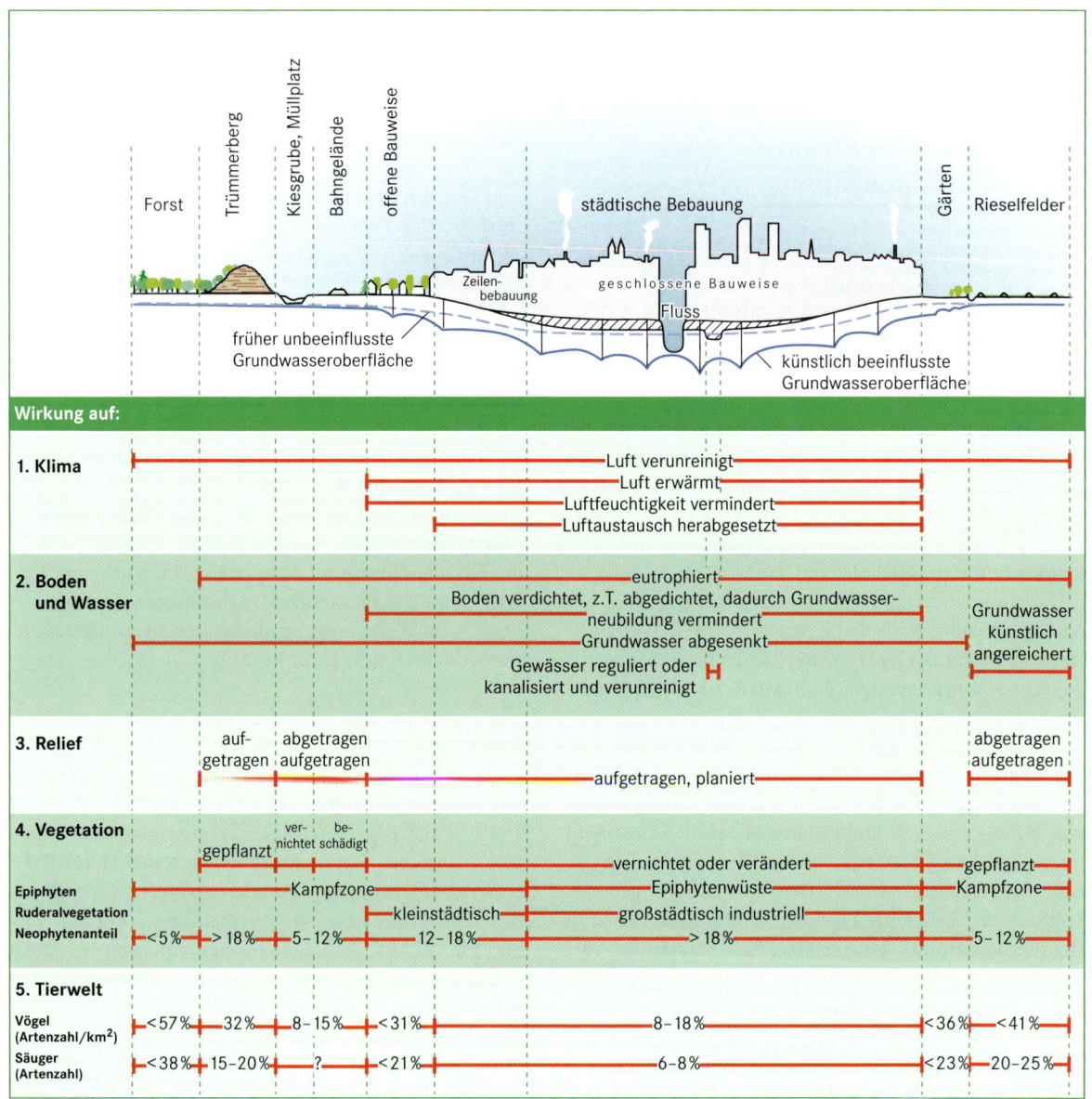

Abb. 14.4.1 Wirkung der städtischen Bebauung auf Klima, Boden, Relief, Vegetation, Tierwelt (verändert nach Sukopp & Wittig 1998).

auch noch der anthropogene Eingriff in die Zusammensetzung der Atmosphäre eine Rolle. Der Mensch bringt, etwa durch Verbrennungsprozesse, Partikel (z. B. Ruß) und Gase (z. B. Stickoxide, flüchtige Kohlenwasserstoffe) in die Atmosphäre ein, die zum Sommer- und Wintersmog beitragen oder auch, wie die Kohlenstoffpartikel, direkte Auswirkungen auf die Gesundheit haben können.

Pedosphäre: Stadtböden

Der wichtigste Faktor der urbanen Pedosphäre (Kapitel 11.6 und Exkurs 11.7.3) ist ihr geringer Anteil in der Stadt. Die Versiegelung, die durch die Häuser einerseits, die Verkehrsflächen andererseits hervorgerufen wird, zählt mit zu den wichtigsten Einflüssen der Pedosphäre auf die anderen Teilsysteme. Umso relevanter sind die in der Stadt verbliebenen nicht versiegelten Flächen, etwa private Stadtgärten oder öffentliche Grünanlagen. Aber

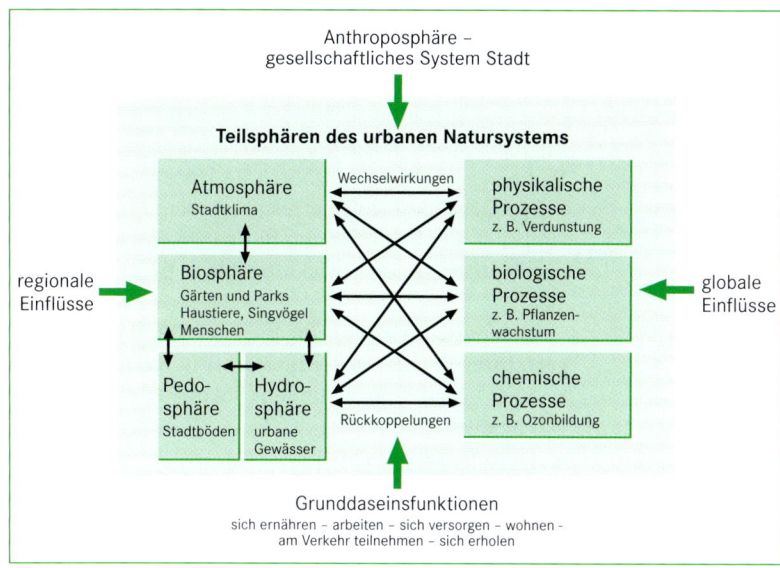

Abb. 14.4.2 Teilsphären (verändert nach Endlicher & Simon 2005).

auch die Bodeneinträge in die Pflasterritzen und die Bodenaufträge bei Dachbegrünungen stellen kleine Mosaiksteine der urbanen Pedosphäre dar. Physikalische Prozesse, wie die Bodenverdichtung, chemische Prozesse, wie sie etwa bei der Überdüngung in Schrebergärten auftreten oder im Zusammenhang mit Emissionen von Schwermetallen und Kohlenwasserstoffen (z. B. PAK) an Tankstellen und entlang von Straßen gemessen werden können, und schließlich die Beeinträchtigung der biologischen Prozesse, wie sie durch die Beschädigung von Wurzeln an den Baumscheiben des Straßenbegleitgrüns beobachtet werden, sind im Teilsystem der Pedosphäre zu berücksichtigen.

Hydrosphäre: Stadtgewässer

Vielfach wirksam sind auch die Wechselbeziehungen zwischen Atmosphäre, Pedosphäre und Hydrosphäre (Kapitel 13). Die Niederschläge werden zum Großteil über Leitungssysteme (Dachrinnen, Gullys, Abwasserleitungen) den Vorflutern zugeführt. Man versucht, dem Problem der beeinträchtigten **Grundwasserneubildung** durch ausgewiesene Versickerungsflächen in Neubaugebieten Rechnung zu tragen. Die reduzierte Verdunstung von den wenigen städtischen Wasserflächen, Stadtböden und von der Stadtvegetation hat nicht nur Konsequenzen für die Atmosphäre, sondern führt auch dazu, dass Städte lokal Trockeninseln mit reduzierter Luftfeuchte bilden. Die Vorfluter werden bei Starkregenereignissen aus dem Überlaufen der Mischwasserkanalisation durch Haushaltsabwässer belastet. Immerhin braucht beispielsweise die Spree im Mittel einen Monat, um das

Berliner Stadtgebiet zu durchqueren. Wird während dieser Zeit aus der Mischwasserkanalisation mit Fäkalien belastetes Abwasser eingeleitet, führt dies zu lang anhaltender, unerwünschter Kontamination des Fließgewässers.

Biosphäre: Stadtvegetation und städtische Tierwelt

Tier- und Pflanzenwert spiegeln die besonderen Bedingungen der Stadt wider. Dabei sind die Arten je nach den spezifischen urbanen Standortbedingungen in **Zeigerpflanzengruppen** (Kapitel 12.6) untergliedert und nach den differenzierten Lebensbedingungen im städtischen Raum typisiert worden. So befinden sich unter den charakteristischen Verbreitungstypen beispielsweise stadtfliehende (urbanophobe) Arten, wie zahlreiche Orchideen und Lilien (Wittig 2002). Im kleinräumig mosaikartig differenzierten städtischen Raum sind sie zum Teil eng benachbart verbreitet mit urbanoneutralen Arten, wie beispielsweise dem Breitblättrigen Wegerich oder dem Vogel-Knöterich. Deutliche Dominanz besitzen hingegen stadtbevorzugende (urbanophile) Arten wie die Mäusegerste (*Hordeum murinum*), aber auch orbitophile Arten (Besiedler von Gleisanlagen und Bahnhöfen) mit ihren besonderen Ansprüchen an den saisonal differenzierten Temperatur- und Bodenfeuchtegang. Zentralen Einfluss nimmt dabei der Mensch, der vielfach verändernd in die Pflanzendecke eingreift. Grad und Intensität dieser anthropogenen Beeinflussung wird durch die Hemerobieskala aufgezeigt. Ihr Maß resultiert aus den engen Wechselbeziehungen zwischen Versiegelungsgrad des urbanen Raumes und Artenzahl (Sukopp & Wittig 1998). Floristische Analysen belegen, dass ein erheblicher Anteil der urbanen Flora durch Adventivarten gestellt wird (Kowarik 2003). Diese hat der Mensch bewusst oder unbewusst in den Ökosystemkomplex Stadt eingeschleppt bzw. eingebracht. Dazu zählt auch der erhebliche Anteil an allochthonen Stadtbäumen.

Anwendungsbeispiele stadtökologischer Forschung

Stadtplanung

„Wenn man unter Ökologie die Wissenschaft von den Beziehungen der Lebewesen zu ihrer Umwelt versteht und die ‚Lebewesen‘ nicht nur auf Pflanzen und Tiere beschränkt, sondern die Menschen bewusst einbezieht, so gibt es keinen Zweifel darüber, dass Stadtplanung und Stadtentwicklung ohne Beachtung ökologischer Gegebenheiten und Erfordernisse nicht denkbar sind. Leider wurde dies in der Vergangenheit zu wenig beachtet" (Haber 1992).

Stadtplanung im weiteren Sinne als Raum- und Landschaftsplanung berücksichtigt mit ihren Leitbildern wie **„Ökologischer Stadtumbau"** und **„Ökologische Stadtentwicklung"** die Ansprüche des Menschen an seinen unmittelbaren Lebensraum und die ökologischen Bedingungen des Wirkungsgefüges Stadtökosystem. Trotzdem haben städtebauliche Gestaltungsmaßnahmen oft deutlich ökologisch negative Auswirkungen. Dazu zählen:

- weitere bauliche Verdichtung der Innenstädte
- Zunahme der Verkehrs- und Gewerbeemissionen in dicht bebauten Kernstädten
- Zerschneidung und Zerstörung von Stadtstrukturen durch Straßenverkehrswege und Flächen des ruhenden Verkehrs
- räumliche Trennung von Arbeits-, Wohn- und Freizeitbereichen, verbunden mit dem anwachsenden privaten Kraftfahrzeugverkehr (einschließlich der Pendlerströme)
- Verlust städtischer Vielfalt und Individualität
- unnötiges Beanspruchen von immer mehr Flächen für städtische Nutzungen
- Zunahme der städtischen Lärm- und (teilweise) Abgasbelastungen
- Mangel an nutzergerechten, wohnungsnahen Grün- und Freiflächen

Aus der Erkenntnis heraus, diese Entwicklung in der Zukunft nicht fortsetzen zu können, begannen in den 1980er-Jahren Überlegungen, einen „Ökologischen Stadtumbau" in Angriff zu nehmen. Von der vorhandenen Struktur der Städte ausgehend, sollen Verbesserung der Umweltqualität schrittweise ermöglicht werden. Im Rahmen von Einzelprojekten (Niedrigenergiehaus, Wohnen ohne Pkw und begrünte Höfe) konnten erste beispielgebende Erfolge erreicht werden. Ein genereller Umbruch der Stadtplanung hin zur ökologischen oder nachhaltigen Stadtentwicklung blieb trotzdem bisher aus.

Ökologische Grundprinzipien der **Stadtlandschaftsgestaltung** müssen weiterhin stärker in realer stadtplanerischer Arbeit Eingang finden (Sukopp & Wittig 1998). Dazu zählen:

- Optimierung des Energieeinsatzes
- Vermeidung unnötiger und Zyklisierung unerlässlicher Stoffflüsse
- Schutz aller Lebensmedien
- kleinräumige Strukturierung und reichhaltige Differenzierung
- allgemeine Erhaltung und Förderung von Natur

Biotop-, Natur- und Landschaftsschutz im urbanen Raum

Ausgangspunkt einer flächenhaften Einbeziehung von urbanen Grünflächen in Planungskonzepte ist zunächst die Ausweisung von Biotopen, ihre Analyse und Kartierung sowie die darauf basierende Biotopverbundplanung (Jedicke 1994).

Als aussagekräftiges Fallbeispiel kann Luzern als eine Stadt des schweizerischen Mittellandes herangezogen werden, in der seit 1986 umfangreiche floristische und vegetationskundliche Analysen erfolgt sind. Ein auffallendes Resultat dieser Studien ist der Nachweis einer großen Zahl an Pflanzenarten mit insgesamt 855 Gefäßpflanzen, angesiedelt in zahlreichen Biotopen. Dazu zählen zum Beispiel Mikrohabitate, künstliche Felsstandorte, Splittergrün, Industrie- und Gewerbegebiete, Verkehrsflächen und städtische Brachflächen. Hierbei können in der Luzerner Stadtnatur vier Kategorien der Natur (Abb. 14.4.3) nachgewiesen werden mit:

- Biotopen der Naturlandschaft
- Biotopen der ländlich geprägten Kulturlandschaft
- Biotopen der Garten- und Parkanlagen
- Biotopen der urban-industriellen Stadtlandschaft

Ressourcenschutz

Dem Schutz der natürlichen Ressourcen muss in der Stadt besondere Betrachtung geschenkt werden. Der in

Abb. 14.4.3 Luzerner Stadtnatur (in Zusammenarbeit mit Stefan Herfort).

Gang gesetzte globale Klimawandel wird zukünftig lokal zu vermehrtem Hitzestress mit gesteigerter Morbidität und Mortalität führen, wobei der Jahrhundertsommer 2003 kein Einzelfall bleiben wird. Die Qualität der Stadtluft hat sich zwar in den vergangenen drei Jahrzehnten entscheidend verbessert, wobei jedoch das Problem der hohen Partikelbelastung, insbesondere durch Kohlenstofffeinstäube als Eintrag aus dem Straßenverkehr, weiterhin ungelöst ist und eine erhebliche Gefährdung für die Stadtbevölkerung darstellt. Auch die Stickoxide als Ozonvorläufersubstanzen gehen trotz der Kfz-Katalysatoren nicht weiter zurück. Der zunehmenden **Versiegelung der Stadtböden** versucht man durch Entsiegelungsprojekte entgegenzuwirken, die wiederum eine verbesserte Versickerung des Niederschlagswassers ermöglichen und über eine erhöhte Evapotranspiration zur Verbesserung des Stadtklimas beitragen. Auch die Sanierung bzw. der Schutz von sich unter den Städten befindenden Grundwasservorräten ist eine hoch komplexe, stadtökotoxikologische Zukunftsaufgabe.

Zusammenfassung

Die dargelegten Zusammenhänge zeigen, dass die Prozesse in und zwischen den Teilsystemen des Gesamtsystems „Umwelt und Natur in der Stadt" und ihre Strukturbildung in einem weit gefassten, transdisziplinären Ansatz von Stadtökologie bearbeitet werden müssen. Besonders wichtig ist dabei das Verständnis für Wechselwirkungen und Rückkoppelungen sowie die Quantifizierung der Stoff- und Energieflüsse als Voraussetzung für **Modellierungen**. Diese sind ganz besonders schwie-

rig bzw. müssen als Szenarien angelegt werden, da der Mensch mit seinem Verhalten die entscheidende Rolle spielt; Verhaltensweisen können sich aber ändern. So muss ein ganz besonderes Augenmerk auf die Eingriffe des Menschen in die einzelnen Teilsysteme gelegt werden. Dabei reicht eine separative Betrachtung der natürlichen Teilsysteme allein nicht aus, vielmehr muss das sozioökonomische System Stadt zum Gesamtverständnis herangezogen werden.

Die **moderne Stadtökologie** bleibt nicht bei der Bestandsaufnahme und der Aufdeckung stadtökologischer Wirkungszusammenhänge stehen. Sie ist vielmehr handlungsbezogen, indem sie die Konsequenzen des Handelns aufzeigt. Dies gilt sowohl für Prognosen unter der Bedingung unveränderten Handelns – eine Status-quo-Prognose – als auch für spezielle Planungsziele, denn insbesondere aus der Stadtökologie heraus eröffnet sich der Blick für häufig unbeabsichtigte oder unerwünschte Nebeneffekte bei der Optimierung eines Zieles. Gerade kommunales Handeln ist in starkem Maße von der Fragmentierung des Handelns der Verwaltung geprägt, die sich aus dem Ressortprinzip ergibt. Angewandte Stadtökologie greift hier einerseits bis in die Aufbau- und Ablauforganisation der Verwaltungen ein, indem sie Hinweise auf problemadäquate Organisationsformen liefert. Andererseits beschafft sie in stadtökologischen Analysen die Grundlagen, welche eine integrative Stadtentwicklungspolitik und Stadtplanung benötigt, um die Stadtentwicklung stärker am Ziel der Nachhaltigkeit orientieren zu können. Dazu erarbeitet sie lokale Umweltqualitätsziele, die in örtlichen Satzungen Rechtswirksamkeit erlangen und so auch das Handeln der Menschen beeinflussen (Breuste et al. 2002).

 **Fazit**

Stadt- und Landschaftsökologie sind junge Disziplinen innerhalb der Geographischen Wissenschaft, die sich von der noch deskriptiv orientierten naturräumlichen Gliederung der 1940er- und 1950er-Jahre über eine zunehmende Quantifizierung mit Feld- und Labormessungen bis hin zur ganzheitlichen **Landschaftshaushaltsanalyse** entwickelte. Die Einführung Geographischer Informationssysteme (GIS) in den 1990er-Jahren war einerseits ein wichtiger technischer Fortschritt, andererseits erlaubte die neue Methodik eine bessere Modellierung und das Verlassen einer bislang noch eher statischen Betrachtung landschaftsökologischer Raumeinheiten bis zur Entwicklung von Transfermodellen.

Vom kleinsten System der Landschaftsökologie, dem Ökotop, bis zu zonalen Landschaftsräumen versucht die Landschaftsökologie das Zusammenwirken von Klima, Vegetation, Boden, Relief und auch Mensch dergestalt zu analysieren, dass eine Erfassung des Landschaftshaushaltes möglich wird. Die dabei verwendeten **Methoden** sind oft aus den Nachbarwissenschaften wie Klimatologie, Hydrologie, Pedologie, Geomorphologie oder Geobotanik entlehnt. Eine Modellierung der Gesamtlandschaft, wie noch in den 1970er-Jahren optimistisch in Aussicht gestellt, liegt allerdings in weiter Ferne und wird sicherlich in Gänze nie erreicht werden können. Innerhalb eines so komplexen Systems wie der Landschaft ist die Erfassung von Größenordnungen oder Trends schon ein großer Erkenntnisfortschritt.

Untersuchungen zum Landschaftshaushalt sind die Grundlage für ökologische Planung und Landnutzungsmanagement und in der **Angewandten Landschaftsökologie** wird auch nach den für die Gesellschaft nutzbaren ökologischen Leistungen gefragt. Hier stehen beispielsweise die Beschreibung von Naturraumpotenzialen, Schutz- oder Entwicklungsfunktionen, sowie Regulations- und Pufferfunktionen im Zentrum des Interesses. Da jede menschliche Nutzung zur Störung natürlicher ökologischer Prozessabläufe führt, ist es notwendig, dass die theoretische und methodische Basis zur Umsetzung modellierter ökologischer Prozesse und Zusammenhänge in planungsrelevante Größen erfolgt.

Dass die Störung des Landschaftshaushaltes schon in vorhistorischer Zeit stattfand, wird durch die zunehmende Zahl geoarchäologisch orientierter Forschungen bewiesen. Die Untersuchung des **Paläoaspekts** in den Mensch-Umwelt-Beziehungen ist sehr hilfreich für die Einschätzung aktuell ablaufender Landschaftsveränderungen; manch ökologische Katastrophe in der Vergangenheit mit der Konsequenz des Aussterbens ganzer Völker sollte eine Mahnung für aktuelles Handeln sein.

In der **Stadtökologie**, einer wichtigen Teildisziplin der Landschaftsökologie, wird deutlich, wie stark der Mensch aktuell und zum Teil irreversibel in Ökosysteme eingreift. Eine global stark zunehmende Zahl von Megastädte erfordert eine Hinwendung zu einer mehr handlungsbezogenen Ebene. So greift die Angewandte Stadtökologie beispielsweise auch in die Ablauforganisation kommunaler Verwaltungen ein. Sie schafft nicht nur wissenschaftliche Grundlagendaten zum Ökosystem Stadt, sondern erstellt Projektionen und Lösungsansätze.

Dass das Unterfangen einer Landschaftshaushaltserfassung und das Erreichen der handlungsbezogenen Ebene kein triviales ist, wird unter anderem auch in der Komplexität der vorgestellten **Wasser-, Kohlenstoff- und Stickstoffkreisläufe** überdeutlich. Die aber ein immer größeres Ausmaß annehmenden globalen Landnutzungsänderungen mit oft katastrophalen Konsequenzen erfordern eine schnelle Optimierung der Erfassung der einzelnen Elemente der Kreisläufe. Dass diese in den Fachdisziplinen der Bio-, Hydro- oder Geowissenschaften ablaufenden Forschungen sich nicht von der integrativ arbeitenden geographischen Landschaftsökologie abkoppeln, ist vordringliches Ziel. Nur im engen Forschungsverbund kann geographisches, landschaftlich ausgerichtetes, ökosystemares Arbeiten erfolgreich sein und der Geograph den Standortvorteil als Mittler zwischen Gesellschafts- und Umweltwissenschaften mit einem ganzheitlich orientierten Arbeitsansatz erfolgreich nutzen und die Zukunft der Landschaftsökologie sichern.

Weiterführende Literatur

Aber JD, Mellillo JM (Hrsg) (2001) Terrestrial Ecosystems. 2. Aufl. Academic Press, San Diego

Bastian O, Steinhardt U (Hrsg) (2002) Development and perspectives of landscape ecology. Kluwer, London

Baumgartner A, Reichel E (1975) Die Weltwasserbilanz – Niederschlag, Verdunstung und Abfluss über Land und Meer sowie auf der Erde im Jahresdurchschnitt. Oldenbourg, München

Baumgartner A, Liebscher H-J (1990) Lehrbuch der Hydrologie Bd. 1: Allgemeine Hydrologie – Quantitative Hydrologie. Gbr. Bornträger, Berlin, Stuttgart

Baur F (1970) Meteorologisches Taschenbuch. 2 Bd. Geest & Portig, Leipzig

Bendix J (1997) Natürliche und anthropogene Einflüsse auf den Hochwasserabfluss des Rheins. Erdkunde 51: 292–308

Beniston M (ed.) (2002) Climatic change: implications for the hydrological cycle and for water management. Kluwer Academic Publishers, Amsterdam

Bernhardt D (2003) Klimawandel und Wasser. Brot für die Welt. Stuttgart

Blumenstein O, Schachtzabel H, Barsch H, Bork HR, Küppeers U (Hrsg) (2000) Grundlagen der Geoökologie. Springer

BMU (Hrsg) (2003) Hydrologischer Atlas von Deutschland. 3. Lieferung. Berlin

RMZ (1999) Wasser – Konflikte lösen, Zukunft gestalten. Materialien 099

Brechtel HM (1969) Wald und Abfluss – Methoden zur Erforschung der Bedeutung des Waldes für das Wasserdargebot. Deutsche Gewässerkundliche Mitt. Sonderheft. 24–31

Bronstert A, Niehoff D, Fritsch U (2003) Auswirkungen von Landnutzungsänderungen auf die Hochwasserentstehung. Pet. Geogr. Mitt. 147/6: 24–33

Brückner E (1905) Die Bilanz des Kreislaufes des Wassers auf der Erde. Geogr. Zschr., Leipzig. 436–445

Burak A, Zepp H (2003) Geoökologische Landschaftstypen. In: Inst.f. Länderkunde (Hrsg) Nationalatlas Bundesrepublik Deutschland Bd. 2, Relief, Boden und Wasser. Spektrum, Heidelberg

Chahine MT (1992) The hydrological cycle and its influence on climate. Nature, 359: 373–380

DFG (1999) Hydrologie und Regionalisierung. Kleeberg, Mauser, Peschke, Streit (Hrsg) Wiley, Weinheim

Dooge JCI (1994) Climate change and new water balance. In: Keane T, Doly E (Hrsg) The balance of water – present and future. Proc. AGMED Conf. Dublin. 215–224

Duttmann R, Mosimann T (1995) Der Einsatz Geographischer Informationssysteme in der Landschaftsökologie. In: Buziek G (Hrsg) GIS in Forschung und Praxis: 43–59

DVWK-Merkblätter 238 (1996) Merkblätter zur Wasserwirtschaft M-238: Ermittlung der Verdunstung von Land- und Wasserflächen

Dyck S, Peschke G (1995) Grundlagen der Hydrologie. Berlin

Ehlers M, Leser H (Hrsg) Geographie heute – für die Welt von morgen. Gotha, Stuttgart

Ellerbrock H (1986) Wasserbilanz der Bundesrepublik Deutschland – Grundlage für großräumige Wasserversorgungskon-

zeptionen. In: DVAG Wasser und Abwasser. Engpassfaktoren der Umweltvorsorge. Material zur Angewandten Geographie 10: 3–19

Eltahir EAB, Bras RL (1996) Precipitation recycling. Rev. Geophys. 34: 367–378

Endlicher W, Hostert P, Kowarik, I, Kulke E, Lossau J, Marzluff J, Mieg H, Nützmann G, Schulz M, Wessolek G, van der Meer E (2001) Perspectives of Urban Ecology – Studies of ecosystems and interactions between humans and nature in the metropolis of Berlin. Springer, Berlin

Engelmann R, Dye B, Leroy P (2000) Mensch. Wasser. Report über die Entwicklung der Weltbevölkerung und die Zukunft der Wasservorräte. In: Deutsche Stiftung (Hrsg) Weltbevölkerung. Balance Verlag

Ernstberger H (1987) Einfluss der Landnutzung auf Verdunstung und Wasserbilanz. Beiträge zur Hydrologie, Kirchzarten

European Environment Agency (2003) Europe's water: An indicator-based assessmant. Copenhagen (http://www.eea.eu.int)

Frederick KD, Major DC (1997) Climate change and water resources. Climatic Change 37: 7–23

Gerold G, Sutmöller J, Krüger J-P, Herbst M, Busch G, Peschke G, Zimmermann S, Etzenberg C, Töpfer J (2003) Reliefgestützte und wissensbasierte Regionalisierung in der Hydrologie. Eco Regio 6. Göttingen

Global Carbon Project (2010) Carbon budget and trends 2009. http://globalcarbonproject/carbonbudget

Goodchild MF, Steyaert LT, Parks BO, Johnston C, Maidment D, Crane M, Glendinning S (eds) (1996) GIS and environmental modelling: progress and research issues. GIS World Books, Ft. Collins

Grimes DIF, Pardo-Iguzquiza E, Bonifacio R (1999) Optimal rainfall estimation using raingauges and satellite data. Journal of Hydrology 222: 93–108

Gustafson EJ (1998) Quantifying landscape spatial pattern: what ist he state of the art? Ecosystems 1: 143-156

Hörmann G (1998) Wasserhaushalt von Ökosystemen. In: Fränzle, Müller, Schröder (Hrsg). Handbuch der Umweltwissenschaften. Ecomed, IV-2.2.1

Hoyningen-Huene J v., Braden H, Löpmeier FJ (1986) Methoden zur Bestimmung der Verdunstung. Promet 16: 14–20

Kessler A (1968) Globalbilanzen von Klimaelementen. Ber. Inst. f. Meteorol. u. Klimatologie der TH Hannover 3

Kirk G (2004) The Biogeochemistry of Submerged Soils. John Wiley & Sons, Chichester

Krahe P, Glugla M (1996) Abfluss- und Wasserbilanz der Bundesrepublik Deutschland. BfG-Inf. 1: 1–3

Leibundgut C, Kern F-J (2003) Die Wasserbilanz der Bundesrepublik Deutschland – Neue Ergebnisse aus dem Hydrologischen Atlas Deutschland. Pet. Geogr. Mitt. 147/6: 6–11

Maidment DR (Ed.) (1993) Handbook of Hydrology. McGraw-Hill

Manahan SE (2000) Environmental Chemistry. 7. Aufl. Lewis Publishers, Boca Raton

Marcinek J, Rosenkranz E (1996) Das Wasser der Erde. Gotha

Fortsetzung

─ Fortsetzung ──────────────

Meurer M, Müller H-N (1992) Erfassung der Umweltbelastung in einem Stadtökosystem. Das Fallbeispiel Luzern. In: Geographische Rundschau. Braunschweig. 44, H. 10: 562–567

Meynen E, Schmithüsen J (Hrsg) (1953–1962) Handbuch der naturräumlichen Gliederung Deutschland. 9 Bände, Remagen

Mosimann T (1998) Landschaftsökologie in der Schule – Grundlage für das Verständnis der Welt von heute und morgen. Die Erde 129, 1: 21–37

Mosimann T (2002) Modellierung des Landschaftshaushaltes. In: Geographische Rundschau 54. H. 5: 45–50

Naef F (1993) Der Abflusskoeffizient: einfach und praktisch? – Zürcher Geogr. Schr. 53: 193–199

Odum EP (1991) Prinzipien der Ökologie. Lebensräume, Stoffkreisläufe, Wachstumsgrenzen. Spektrum der Wissenschaft, Heidelberg

Oki T(1999) The Global Water Cycle. In: Browning KA, Gurney RJ (Hrsg) (1999) Global Energy and Water Cycles. Cambridge University Press. 10–29

Pagano TC, Sorooshian S (2004) Global water cycle (fundamental, theory, mechanisms). In: Malcolm G Anderson (Hrsg) Encyclopedia of Hydrological Sciences. Wiley & Sons

Schneider-Sliwa R, Schaub D, Gerold G (Hrsg) (1999) Angewandte Landschaftsökologie. Grundlagen und Methoden. Berlin-Heidelberg. Springer

Schrödter H (1985) Verdunstung. Anwendungsorientierte Messverfahren und Bestimmungsmethoden. Berlin

Shaw EM (1994) Hydrology in practice. London

Singh VP (Hrsg) (1995) Computer models of watershed hydrology. Water resources Publ. Colorado

Tobias K (1991) Konzeptionelle Grundlagen zur angewandten Ökosystemforschung. Beiträge zur Umweltgestaltung, Band A 128. Berlin

Troll C (1968) Landschaftsökologie. In: Tüxen R. (Hrsg) Pflanzensoziologie und Landschaftsökologie. Int. Vereinigung für Vegetationskunde. Kunk, den Haag. 1–21

Turner MG, Gardner RH (1991) Quantitative Methods in Landscape Ecology. Springer. New York

UNESCO (2003) Water for People – Water for Life – The UN World Water Development Report. UNESCO Publ.

Wittig R, Streit B (2004) Ökologie. UTBbasics. Stuttgart

Zitierte Literatur

Alcamo J, Märker M, Flörke M, Vassolo S (2003) Water and Climate: A global perspective. Kassel, World Water Series 6. Univ. of Kassel

Arbeitsgruppe Boden (2005) Bodenkundliche Kartieranleitung. Bundesanstalt für Geowissenschaften und Rohstoffe. Hannover

Barsch H, Billwitz K, Bork HR (Hrsg) (2000) Arbeitsmethoden in der Physiogeographie und Geoökologie. Klett-Perthes, Gotha

Bastian O, Schreiber KF (1999) Analyse und ökologische Bewertung der Landschaft. Spektrum, Heidelberg, Berlin

Bengtsson L, Hagemann St, Hodges KI (2004) Can Climate Trends be Calculated from Re-Analysis Data? J. Geophys. Res. Vol. 109, No. D11

Berger B, Loutre MF (2002) An exceptionally long interglacial ahead? Science 297: 1287–1288

Breuste J, Meurer M, Vogt J (2002) Stadtökologie – Mehr als nur Natur in der Stadt. In: Leser H, Chorley RJ, Kennedy B (1971) Physical Geography. A systems approach. London. Prentice-Hall International

Bronstert A, Engel H (2005) Veränderung der Abflüsse. In: Lozán JL (Hrsg) Warnsignal Klima: Genug Wasser für alle? Hamburg. 175–181

Brückner H, Vött A, Schriever M, Handl M (2005) Holocene delta progradation in the eastern Mediterranean – case studies in their historical context. Méditerrannée

CCSP (2003) Strategic Plan for the Climate Change Science Program: www.usgcrp.gov/usgcrp/ProgramElements/water.htm

Dabbert S, Herrmann S, Kaule G, Sommer M (1999) Landschaftsmodellierung für die Umweltplanung. Methodik, Anwendung und Übertragbarkeit am Beispiel von Agrarlandschaften. Springer, Berlin, Heidelberg

Duttmann R (1999) Partikuläre Stoffverlagerungen in Landschaften. Geosynthesis 10. Hannover

Duttmann R (2001) Bodenfeuchte als Steuergröße der Bodenerosion. In: Geographische Rundschau 53/5: 24–32

Ellenberg, H, Mayer R, Schauermann J (Hrsg) (1986) Ökosystemforschung – Ergebnisse des Sollingprojektes 1966-1986. Stuttgart

Endlicher W (2004) Die Stadt als natürliches System. Berlin. Berliner Geogr. Arbeiten 97: 33–38

Endlicher W, Simon U (eds) (2005) Perspectives of urban Ecology. Special Issue. Die Erde 136: 97–202

Fränzle O, Müller F, Schröter W (Hrsg) (1997-2000) Handbuch der Umweltforschung. Grundlagen und Anwendung der Ökosystemforschung. Ecomed, Landsberg am Lech

Galloway JN (2003) The Global Nitrogen Cycle. In: Schlesinger WH (Hrsg) Biogeochemistry. Vol. 8 Treatise on Geochemistry. 557–584

Gerold G (2002) Geoökologische Grundlagen nachhaltiger Landnutzung in den Tropen. In: Geogr. Rdsch. 5: 4–11

Grant RF (2001) A review of the Canadian ecosystem model ecosys. In: Shaffer M (ed). Modeling Carbon and Nitrogen Dynamics for Soil Management. CRC Press. Boca Raton. 173–264.

Haber W (1972) Grundzüge einer ökologischen Theorie der Landnutzungsplanung. In: Innere Kolonisation 21: 294–298

Haber W (1992) Natur in der Stadt – der Beitrag der Landespflege zur Stadtentwicklung – Vorwort – Gutachterliche Stellungnahme

Houghton RA (2003) The Contemporary Carbon Cycle. In: Schlesinger WH (Hrsg) Biogeochemistry. Vol. 8 Treatise on Geochemistry. 473–513

IPCC (2001) Climate Change 2001: The Scientific Basis. Contribution of Working Group I to the Third Assessment Report of the Intergovernmental Panel on Climate Change. Houghton JT, Ding Y, Griggs DJ, Noguer M, van der Linden PJ, Dai X, Maskell K, Johnson CA (eds). Cambridge University Press, Cambridge, United Kingdom and New York

IPCC (2001) Climate Change. Synthesis report: www.ipcc.ch/pub/un/syreng/spm.pdf

Jacob DA, Hagemann S (2005) Verstärkung und Schwächung des regionalen Wasserkreislaufs – wichtiges Kennzeichen des Klimawandels. In: Lozán JL (Hrsg). Warnsignal Klima: Genug Wasser für alle? Hamburg. 167–170

Jedicke E (1994) Biotopverbund – Grundlagen und Maßnahmen einer neuen Naturschutzstrategie. Stuttgart

Killops SD, Killops VJ (1997) Einführung in die organische Geochemie. Enke, Stuttgart

Kleinhans A (2004) Einfluss der Waldkonversion auf den Wasserhaushalt eines tropischen Regenwaldeinzugsgebietes in Zentral

Fortsetzung

Sulawesi (Indonesien). Experimentelle Analyse und Modellierung unter Berücksichtigung von Landnutzungsszenarien. EcoRegio, SUB-Diss. Göttingen

Kowarik I (2003) Biologische Invasionen: Neophyten und Neozoen in Mitteleuropa. Stuttgart

Krönert R, Steinhardt U, Volk M (eds) (2001) Landscape Balance and Landscape Assessment. Springer, Berlin

Kuttler W (1998) Stadtklima. In: Hupfer P, Kuttler W. (Hrsg) Witterung und Klima. Stuttgart, Leipzig. 328–364

Lanfer N (2003) Landschaftsökologische Untersuchungen zur Standortbewertung und Nachhaltigkeit von Agroökosystemen im Tieflandsregenwald Ecuadors. EcoRegio 9. Göttingen

Larcher W (2001) Ökophysiologie der Pflanzen. 6. Aufl. UTB, Stuttgart

Leemhuis C (2005) The Impact of El Niño Southern Oscillation Events on Water Resource Availability in Central Sulawesi, Indonesia. EcoRegio, SUB-Diss. Göttingen

Leser H (1993) Das geeoökologische Forschungskonzept im SPE-Projekt. Material zur Physiogeographie 15: 7–16

Leser H (1997) Landschaftsökologie. Ulmer, Stuttgart

Leser H (1999) Das landschaftsökologische Konzept als interdisziplinärer Ansatz – Überlegungen zum Standort der Landschaftsökologie. In: Petermanns Geographische Mitteilungen, Ergänzungsheft 294. Gotha. 65–88

Leser H, Klink HJ (Hrsg) (1988) Handbuch und Kartieranleitung Geoökologische Karte 1:25 000. KA GÖK 25. Forsch. z. dt. Landeskunde 228. Trier

Li CS (2000) Modeling trace gas emissions from agricultural ecosystems. Nutr. Cycl. Agroecosys. 58: 259–276

Löffler J (2002) Landscape complexes. In: Bastian O, Steinhardt U (Hrsg) (2002) Development and Perspectives of Landscape Ecology. S. 58–68. Kluwer, Dordrecht, Boston, London

Lozán JL, Graßl H, Hupfer P, Menzel L, Schönwiese CD (Hrsg) (2005) Warnsignal Klima: Genug Waooor für alle? Hamburg

Lorenz SJ, Kasang D, Lohmann G. (2005) Globaler Wasserkreislauf und Klimaänderungen – eine Wechselbeziehung. In: Lozàn JL et al. (Hrsg) Warnsignal Klima: genug Wasser für alle? Hamburg. 153–158

Marks R, Müller MJ, Leser H, Klink HJ (1989) Anleitung zur Bewertung des Leistungsvermögens des Landschaftshaushaltes. Forschungen zur deutschen Landeskunde, Band 229. Trier

Marzluff J, Shulenberger E, Endlicher W, Alberti M, Bradley C, Ryan C, Simon U, ZumBrunnen C (2008) Urban Ecology: An International Perspective on the Interaction Between Humans and Nature. Springer, New York

Mendel HG (2000) Elemente des Wasserkreislaufs. BfG. 244 S.

Mosimann T (1984) Landschaftsökologische Komplexanalyse. Wiesbaden

Mosimann T (1997) Prozess-Korrelations-System des elementaren Geoökosystems. In: Leser H (Hrsg) Landschaftsökologie. 262–270. Ulmer, Stuttgart

Mosimann T (2001) Funktional begründete Leitbilder für die Landschaftsentwicklung. In: Geographische Rundschau 53/9: 4–10

Naveh S, Lieberman Z (1994) Landscape Ecology – Theory and Application. Springer, New York, Berlin, Heidelberg

Neef E (1967) Die theoretischen Grundlagen der Landschaftslehre. Haack, Gotha

Rehfuess KE (1990) Waldböden. Entwicklung, Eigenschaften und Nutzung. Pareys Studientexte 29. 2. Aufl. Verlag Paul Parey. Hamburg, Berlin

Rowe JS, Barnes B (1994) Geo-ecosystems and Bio-ecosystems. In: Bulletin of the Ecological Society of America 75: 40–41

Scheffer F (2002) Lehrbuch der Bodenkunde. 15. Aufl. Spektrum Akademischer Verlag, Heidelberg/Berlin

Schlesinger WH (1997) Biogeochemistry. An Analysis of Global Change. 2. Aufl. Academic Press, San Diego

Schultz J (2002) Die Ökozonen der Erde. Stuttgart. Ulmer UTB

Steinhardt U (1999) Die Theorie der geographischen Dimensionen in der angewandten Landschaftsökologie. In: Schneider-Sliwa R, Schaub D, Gerold G (Hrsg) (1999) Angewandte Landschaftsökologie. Grundlagen und Methoden. Springer, Berlin, Heidelberg

Steinhardt U, Blumenstein O, Barsch H (2005) Lehrbuch der Landschaftsökologie. Spektrum, Heidelberg

Sukopp H, Wittig R (Hrsg) (1998) Stadtökologie. 2. Aufl., Stuttgart

Troll C (1939) Luftbildplan und ökologische Bodenforschung. In: Z. d. Ges. f. Erdkunde zu Berlin. 241–298

Wetherald RT, Manabe S (2002) Simulation of hydrologic changes associated with global warming. Journal of Geophysical Research 107 4379

Wittig R (2002) Siedlungsvegetation. Stuttgart

Wohlrab B, Ernstberger H, Meuser A, Sokollek V (1992) Landschaftswasserhaushalt. Parey, Hamburg

Zepp H (1994) Geoökologische Ansätze zur Bewertung des Leistungsvermögens des Landschaftshaushaltes. Versuchungen, Grenzen und Möglichkeiten aus derSicht der universitären Praxis. Norddeutsche Naturschutzakademie Berichte 1: 105–114

Zepp H, Müller MJ (Hrsg) (1999) Landschaftsökologische Erfassungsstandards. Ein Methodenbuch. Forsch. z. dt. Landeskunde Bd. 244. Flensburg

Teil V

Humangeographie

15 Humangeographie im Spannungsfeld von Gesellschaft und Raum

16 Sozialgeographie

17 Bevölkerungsgeographie

18 Geographische Entwicklungsforschung

19 Politische Geographie

20 Geographie des ländlichen Raumes

21 Stadtgeographie

22 Wirtschaftsgeographie

23 Geographie des Handels und des Konsums

24 Geographie der Freizeit und des Tourismus

25 Verkehrsgeographie

26 Historische Geographie

Einführung

HANS GEBHARDT UND PAUL REUBER

Gegenüber der ersten Auflage wurde im Teil V „Humangeographie" des Lehrbuchs „Geographie" einiges verändert. In einem neuen Kapitel 15 werden die derzeit aktuellen und teildisziplinübergreifenden Trends und Ansätze dieses Teilbereichs der Geographie vorgestellt.

Die darauffolgenden Kapitel orientieren sich in ihrer Struktur an den gängigen Teildisziplinen der Humangeographie. Diese Systematik bildet aber keine monolithische Ordnungsstruktur, sondern eher einen heuristischen Orientierungsrahmen, um die vielfältigen Inhalte in eine für das Lehrbuch passende Struktur zu bringen. Ein Anspruch auf Allgemeingültigkeit oder Vollständigkeit wird damit nicht erhoben. Andere Lehrbücher würden andere Gliederungsformen für die Humangeographie wählen. Ferner steht, wie im gesamten Lehrbuch, die sachsystematische Abhandlung im Vordergrund, während regionale Forschungsschwerpunkte der Humangeographie zwar zuweilen als Fallbeispiele, aber nicht als eigene Darstellungsebene berücksichtigt werden.

Die meisten Kapitel wurden für die vorliegende Neuauflage des Lehrbuchs gründlich überarbeitet und auf den neuesten Stand gebracht. Der „Reigen" wird von einem stärker forschungsgeschichtlich ausgerichteten Beitrag zur Sozialgeographie (Kapitel 16) eingeleitet, welche von manchen Humangeographen als eine Art innerdisziplinäres „Integrationsfach" betrachtet wird, da sie unterschiedliche Bereiche der Humangeographie einbezieht und in ihren handlungs- und akteursbezogenen Konzepten eine theoretische und methodologische Basis auch für andere Zweige der Humangeographie liefert. Vor dem Hintergrund zunehmender raumbezogener Konflikte auf verschiedenen Maßstabsebenen erhalten Untersuchungen zur Raum-Macht-Thematik im Bereich der Politischen Geographie (Kapitel 19) eine steigende Bedeutung; das deutlich erweiterte Kapitel reflektiert entsprechend auch die konzeptionellen Erweiterungen der letzten Jahre. Neu verfasst wurde das Kapitel zur Wirtschaftsgeographie (Kapitel 22), das nunmehr neben klassischen Standortfragen insbesondere Probleme der weltweiten Vernetzung der Wirtschaft behandelt und als eigene Abschnitte Ausführungen zur Finanzgeographie und zur internationalen Immobilienwirtschaft enthält. Das Kapitel zur Geographie des Handels und der Dienstleistungen (Kapitel 23) stellt nunmehr den Konsum stärker in den Mittelpunkt und behandelt in einem neuen Abschnitt die Transnationalisierung und Globalisierung von Einzelhandel und Konsum; als Schnittfeld zwischen Sozial- und Wirtschaftsgeographie wird die Freizeit- und Tourismusgeographie (Kapitel 24) vorgestellt. Mit zentralen Zukunftsfragen befassen sich die beiden Kapitel zur Bevölkerungs- und zur Entwicklungsgeographie (Kapitel 17 und 18). Im Kapitel Stadtgeographie (Kapitel 21) geht es neben einer Auswahl traditioneller Untersuchungsperspektiven in exemplarischen Teilkapiteln auch um Aspekte der postmodernen Stadtentwicklung, der Megastädteproblematik und der damit verbundenen Fragen der Unsicherheit und „Versicherheitlichung". Weitere Teilgebiete der Humangeographie können schon aus Platzgründen nicht umfassend behandelt werden; hier war jeweils eine Auswahl zu treffen. So wurden im Kapitel über den ländlichen Raum (Kapitel 20) exemplarisch Strukturen und Planungsfragen ländlicher Räume in Mitteleuropa den Problemen tropischer Agrarräume gegenübergestellt, im Kapitel über Historische Geographie (Kapitel 26) werden auch Fragen der genetischen Siedlungsforschung angesprochen.

Zwischen den Straßen von Yangon und Berlin liegen Tausende von Kilometern – und doch haben sie vieles gemeinsam. Wo in Yangon welkende Zeugnisse der kolonialen Stadtarchitektur von alltäglichen Praktiken der burmesischen Stadtgesellschaft neu inszeniert werden, spielt in Berlin der postmoderne Architekt Aldo Rossi mit eben solchen historisch-symbolischen Versatzstücken und zeigt, wie mehrdeutig und hybrid „der Raum" gesellschaftlich konstruiert und interpretiert werden kann. Die Humangeographie analysiert die Vielfalt der Formen gesellschaftlicher Räumlichkeiten in einer Palette von Themen, die von der Bestandsanalyse über die Ausleuchtung sozial- und wirtschaftsräumlicher Strukturen bis zu Fragen von Macht und Herrschaft reichen (Fotos: P. Reuber).

Kapitel 15
Humangeographie im Spannungsfeld von Gesellschaft und Raum

Humangeographie ist eine der faszinierendsten und abwechslungsreichsten Wissenschaften überhaupt; es gibt kaum ein Thema oder kaum eine aktuelle Problemstellung, mit der sich Humangeographen nicht befassen könnten, kaum einen inhaltlichen Kontext der Gesellschaftswissenschaften, in den sich nicht auch die Humangeographie produktiv einbringen könnte.

Die Kehrseite dieser zunächst durchaus erfreulichen Breite und Vielfalt zeigt sich bei der Schwierigkeit, kurz und bündig zu erklären, was denn nun das „Wesen" einer solchen Humangeographie ausmacht, welches ihr Kerngebiet ist und wo ihre fachlichen Grenzen liegen. Geographen umschiffen diese Schwierigkeit gerne mit der etwas salopp klingenden Formel *„geography is what geographers do"*, und doch ist eine solche Umschreibung ernsthafter, als sie auf den ersten Blick scheint: Sie hebt auf die Tatsache ab, dass auch in der Humangeographie das wissenschaftliche Arbeiten eingebunden ist in die gesellschaftlichen Rahmenbedingungen seiner jeweiligen Zeit. Entsprechend ist auch die Humangeographie hybrid, fluid und wandelt sich mit den Anforderungen und Problemlagen der Gesellschaft ebenso wie mit den wissenschaftlichen Ansätzen und Methoden, die zu deren Bearbeitung herangezogen werden.

15.1 Was ist Humangeographie?

Hans Gebhardt und Paul Reuber

Die Vielfalt der Humangeographie wird bereits deutlich, wenn man ohne Anspruch auf Vollständigkeit einige der neueren Definitionen aus aktuelleren Lehrbüchern vergleicht:

- „Erkenntnisobjekte der Humangeographie sind anthropogen bedingte bzw. bestimmte Sachverhalte in ihrer räumlich-zeitlichen Dimension hinsichtlich ihrer Verbreitungen, Verflechtungen, prozessualen Veränderungen und ihrer materiell-immateriellen Wechselwirkungen" (Heineberg 2003).
- „Die gesellschaftswissenschaftlich ausgerichtete Humangeographie […] befasst sich mit der Struktur und Dynamik von Kulturen, Gesellschaften und Ökonomien und der Raumbezogenheit des menschlichen Handelns" (Definition der Deutschen Gesellschaft für Geographie, www.geographie.de).
- Humangeographie „befasst sich wissenschaftlich mit dem wechselseitigen Zusammenhang zwischen Gesellschaften einerseits und den räumlichen Organisationsmustern und ihren zeitlichen Veränderungen andererseits" (Heiner Dürr in Brunotte et al. 2001).
- „Anthropogeographie: derjenige Teilbereich der Allgemeinen Geographie, der sich mit der Raumwirksamkeit des Menschen und mit der von ihm gestalteten Kulturlandschaft und ihren Elementen in ihrer räumlichen Entwicklung und Differenzierung befasst" (Leser & Schneider-Sliwa 2001).
- *„For us, human geography´s take on the world derives from its standing on the ground of the triad of space-place-nature. If there is such a positioning, then it is important to discuss and develop the debates and ideas which are peculiar to it"* (Massey et al. 1999).
- „Humangeographie handelt von der Beobachtung, der Erklärung und vom Verständnis der Abhängigkeiten und Wechselbeziehungen zwischen Standorten und Räumen, sie sucht dabei nach Regelhaftigkeiten, ohne die Individualität und Einzigartigkeit dieser Räume aus dem Blick zu verlieren" (Knox & Marston 2001).

Gemeinsam ist allen Definitionen die zunächst eher vage Vorstellung, dass die Humangeographie es mit der Untersuchung des **Zusammenhanges von gesellschaftlichen und räumlichen Phänomenen** zu tun hat. Die meisten Wissenschaftler sind sich zusätzlich darin einig, dass „der Raum" dabei sinnvoll nur aus der Perspektive der Gesellschaft, das heißt als gesellschaftliche Räumlichkeit (Miggelbrink 2002), konzeptualisiert und analysiert wird. Gleichwohl deuten die Definitionen auch auf unterschiedliche Schwerpunktsetzungen hin, die nicht nur vordergründig inhaltlicher Natur sind, sondern teilweise auf tiefer liegende Differenzen in den erkenntnistheoretischen und methodologischen Grundhaltungen unterschiedlicher Formen von Humangeographie verweisen. So wird zum Beispiel die Frage, welcher Stellenwert dem Raum bei der Strukturierung der Gesellschaft zukommt und in welchem Verhältnis dabei die Bedeutung räumlicher Repräsentationen und der physisch-materiellen Struktur stehen, sehr unterschiedlich beantwortet. Die Meinungen gehen auch bei der Frage auseinander, in welchem Maße sich die Humangeographie zusätzlich zu ihren allgemeinen Fragestellungen auf die Untersuchung und Herausarbeitung regionaler Unterschiede gesellschaftlicher Phänomene konzentrieren sollte. In dieser Hinsicht signalisiert zum Beispiel die Definition von Knox und Marston eine starke Akzentuierung der regionalen Perspektive, und sie geht dabei stillschweigend von der Voraussetzung aus, dass sich Gesellschaften je nach ihrer räumlichen Verortung unterscheiden. Bei der Definition der Deutschen Gesellschaft für Geographie hingegen werden „Kulturen, Gesellschaften und Ökonomien" stärker in den Vordergrund gerückt und deren regional spezifische Ausprägung eher implizit thematisiert. Daneben finden sich aber auch Formen von Humangeographie, die einer regionalen Perspektive explizit kritisch gegenüberstehen und die davon ausgehen, dass die geographische Identifizierung regionaler Unterschiede zum Beispiel von Kulturen eher ein gesellschaftspolitischer Machteffekt als eine wissenschaftlich haltbare Position ist (Gregory 1994; Kapitel 15.3.1; Kapitel 29). Massey et al. verweisen entsprechend angemessen mit dem *„for us"* in ihrer Definition auf den Umstand, dass es keine weltweit allgemein verbindliche Humangeographie gibt, sondern eine unauflösliche Heterogenität, eine *multiplicity of stories"* (1999).

Dennoch besteht jenseits solcher Differenzen eine gewisse Einigkeit, dass sich die Humangeographie mit **raumbezogenen menschlichen Aktivitäten** und entsprechenden räumlichen Mustern, Strukturen, Repräsentationen, Raumproduktionen und so weiter auseinandersetzt. Vereinfacht gesprochen ist es in einer solchen Perspektive eine der Kernaufgaben der Humangeographie, das „Raum-Machen" der Gesellschaft (Werlen 1995, 2010; Kapitel 16) und die daraus entstehenden „Geographien" als raumbezogene und performativ wirksame Strukturierungen wissenschaftlich zu untersuchen. In dieser Lesart wird deutlich, dass eigentlich nicht das objektive „materielle Substrat" von Räumen primär entscheidend sein kann, sondern deren gesellschaftliche „Bedeutung" von zentralem Interesse ist:

- So wohnt es beispielsweise dem gelblich glänzenden Metall, dass man an einigen Stellen aus der Erde graben oder auswaschen kann, nicht von vornherein inne, dass es zum Äquivalent für Wert, Geld und gesellschaftliche Leistung wurde. Diese Bedeutung haben ihm die Menschen gegeben. Der Siegeszug des Goldes als Messgröße für Landeswährungen, als Vermögensanlage, als Schmuckstück, allgemein als einer der am höchsten eingeschätzten materiellen Wertgegenstände der Gesellschaft mit fast globaler Gültigkeit liegt nicht im Gold „an sich" begründet. Er liegt in der Bedeutung, die dem Gold von der Gesellschaft zugeschrieben worden ist, und die – wenn man die jüngsten Schwankungen des Goldpreises im Angesicht der globalen Finanzkrise noch einmal Revue passieren lässt – keineswegs objektiv feststeht, sondern immer wieder neu bewertet und austariert wird.
- In ähnlicher Weise ist, um ein zweites Beispiel zu nennen, auch der Kölner Dom nicht in erster Linie als gestapelter Haufen Sandsteine bedeutend, sondern in seiner Rolle als „religiöses Wahrzeichen", das zudem für die Bürger Kölns zu einem unverzichtbaren Teil ihrer kollektiven wie individuellen raumbezogenen Identitäten und Ortsbindungen geworden ist. Wie wirkmächtig solche räumlichen Repräsentationen sein können, zeigt die Zerstörung der *Twin Towers* in New York, die gerade nicht wegen ihrer materiellen Synthese aus Stahl, Beton und Glas zum Ziel eines terroristischen Angriffs wurden, sondern weil sie den Attentätern als „Wahr"-Zeichen, als Symbol einer von den USA dominierten marktwirtschaftlich-kapitalistischen Globalisierung galten.

Vor diesem Hintergrund wird deutlich, warum Humangeographie auch über die Zeit gesehen kein statisches, sondern ein sich **veränderndes Konzept** sein muss. Da das Geographie-Machen und die Geographien der Gesellschaft den Gegenstand der Analyse bilden und diese im Lauf der Zeit immer wieder Veränderungen unterliegen, muss sich auch die Forschung diesem Wechsel flexibel und dynamisch anpassen. Hinzu kommt, dass die Rolle, welche die Wissenschaft – und damit auch die Humangeographie – in einer Gesellschaft übernehmen, sich sukzessive verschiebt. Das bedeutet, dass die Humangeographie immer im Fluss und aktuell ist, und so gilt auch aus diesem Blickwinkel Thrift's Statement: *„Human geography is a profoundly trendy subject"* (Thrift 2000).

15.2 Aktuelle Leitlinien der Strukturierung und Entwicklung der Humangeographie

Entsprechend hat sich die Humangeographie in den vergangenen drei Jahrzehnten vermehrt an die großen konzeptionellen und inhaltlichen Debatten in den Gesellschaftswissenschaften angeschlossen und dabei eine teilweise stürmische Entwicklung durchlaufen. Aus den vielfältigen Einzelaspekten lassen sich in einer etwas zugeschärften Form zumindest **fünf Trends** herausarbeiten:

- der Trend von einem oft unreflektierten empirischen Deskriptivismus zu einer stärker theoriegeleiteten Forschung
- der Trend von eher naiv-deutenden Erklärungen primär physiognomischer (in der „Landschaft" sichtbarer) Elemente zur Erklärung bzw. zum Verstehen der Zusammenhänge zwischen Gesellschaft und Raum
- der Trend von methodisch eher weniger reflektierten Gesamtdarstellungen über eine analytisch-szientistisch ausgerichtete humangeographische Raumwissenschaft hin zu einer Multiperspektiven-Wissenschaft
- der Trend von einer zunehmenden Ausdifferenzierung einzelner Teildisziplinen der Humangeographie („Bindestrich-Geographien") hin zu einer stärker problem- und themenzentrierten humangeographischen Querschnittsforschung
- damit einhergehend der Trend von der disziplinären Verengung hin zu einer stärker interdisziplinären Öffnung in Richtung der gesellschaftswissenschaftlichen Nachbardisziplinen und einer aktiven, konzeptionell reflektierten Teilnahme an den transdisziplinär verhandelten „großen Debatten"

Die Beschreibung dieser Veränderungen will trotz ihrer „von-nach"-Rhetorik keine Teleologie implizieren, denn natürlich entwickelte sich das Fach nicht zielgerichtet zu einer Form, die ausgerechnet jetzt, zu Beginn des 21. Jahrhunderts, erreicht wäre; die Vordenker der Humangeographie in den letzten 100 Jahren haben sich ja auch nicht als „Steigbügelhalter" einer solchen Entwicklung empfunden (Kapitel 3). Bei einer Skizzierung der Entwicklungslinien eines Faches ist es angemessener, darauf hinzuweisen, dass bereits im „teleo"-logischen Gestus ein **Grundgedanke der Moderne** wohnt, der das Motiv des Fortschritts oder der ständigen Verbesserungen nicht nur zum Basiswortschatz der gesellschaftlichen

Rhetorik, sondern besonders auch der Wissenschaft werden ließ. Aktuellere Reflexionen der Wissenschaftsforschung über die Rolle, den Stellenwert und das Selbstverständnis von Disziplinen machen daher immer wieder deutlich, dass solche Formen von Geschichtsschreibung nichts anderes sein können als kontextabhängige Konventionen. Sie sind Formen des wissenschaftsinternen *writing history* und in dieser Form als Teilfacetten eines breiteren gesellschaftlichen Diskurses auch von dessen hegemonialen diskursiven Logiken beeinflusst. Und gerade in dieser Hinsicht verschieben sich in den letzten Dekaden die Leitmotive der zugrunde liegenden großen Narrationen. An die Stelle eines „ständigen Fortschrittsgedankens" treten zunehmend stärker Formen der Betrachtung, die die Pluralität, Differenz und Vielstimmigkeit des wissenschaftlichen Betriebes akzentuieren: *„One thing is clear, namely that [...] we have entered an era of epistemological relativism and methodological pluralism"* (Gregory et al. 1994).

Der Vorteil einer solchen Perspektive besteht zum einen darin, unterschiedliche wissenschaftstheoretische und methodologische Perspektiven, die im Fach parallel existieren, nicht nur aushalten, sondern als produktive wechselseitige Ergänzungen ansehen zu können. Auf eine solche Notwendigkeit weist nicht zuletzt das vorliegende Lehrbuch mit der darin enthaltenen Breite und Heterogenität der wissenschaftlichen Grundüberzeugungen und konzeptionellen Herangehensweisen hin. Wichtiger ist jedoch das inhaltliche Argument, dass die Humangeographie mit dieser Perspektive der Vielfältigkeit und Widersprüchlichkeit gesellschaftlicher Phänomene besser gerecht wird und dass es ihr auf diese Weise gelingt, deren Problemfelder mit einem breiteren und für verschiedene forschungsleitende Fragestellungen mehr Spielraum eröffnenden Set von Theorien und Methoden bearbeiten zu können. Nur so kann es gelingen, die Humangeographie in sehr unterschiedlichen Feldern der gesellschaftlichen Diskussion als eine Wissenschaft zu positionieren, von der sich die Menschen entsprechend auch differenzierte Formen der „Resonanz", das heißt der angemessenen Bearbeitung ihres Problems, erwarten können.

Vor diesem Hintergrund haben auch die **Teildisziplinen**, die nachfolgend eine Leitlinie der Darstellung der fachlichen Inhalte bilden (Kapitel 16 bis 26), als tradierte innere Ordnungsstruktur der Humangeographie keinen quasi absoluten, feststehenden Charakter, sondern auch sie stellen lediglich eine Art Momentaufnahme mittleren Beharrungsgrades dar. Sie sind auf diese Weise gleichwohl in der Lage, nicht nur das wissenschaftliche „Gebäude" der Humangeographie zu strukturieren, sondern insbesondere auch den Studierenden in den nachfolgenden Kapiteln des Lehrbuchs einen systemati-

schen Überblick über die jüngere Fachentwicklung der Humangeographie zu vermitteln.

Was die Teildisziplinen voneinander unterscheidet, sind unterschiedliche Fokussierungen auf bestimmte inhaltlich definierte Bereiche (z. B. Wirtschaftsgeographie, Verkehrsgeographie, Agrargeographie). Gleichzeitig gibt es jedoch ein Set von Perspektiven, Denk- und Forschungstraditionen innerhalb der Humangeographie, die sie alle gemeinsam haben, das heißt von denen sie in bestimmten Perioden der Disziplinentwicklung gemeinsam betroffen waren oder sind. Hier ist das historisch gewachsene Selbstverständnis von einer multiperspektivischen Ausrichtung der gesamten Humangeographie zu nennen sowie die für die jüngeren konzeptionellen Innovationen der Humangeographie relevanten Strömungen des *spatial turn* sowie des *cultural turn* die derzeit in entsprechend ausgerichteten Forschungsprojekten quer durch die Teildisziplinen ihren Niederschlag finden.

Der *spatial turn* und die konzeptionelle Rolle des Raumes in der Humangeographie

Die Raumkonzepte, die in der Humangeographie heute disziplinprägend sind, haben sich erst in den letzten Jahrzehnten differenzierter entwickelt. In den ersten Dekaden nach dem Zweiten Weltkrieg bewegte sich das Fach von seinen theoretischen Ansätzen her eher im Windschatten anderer Gesellschaftswissenschaften. Die Humangeographie betrachtete sich damals zwar als **Wissenschaft „vom Raum"**, ohne allerdings allzu dezidiert darüber nachzudenken, was damit genau gemeint sei, ob es sich um Realräume, Containerräume, Wahrnehmungsräume oder konstruierte Räume handeln sollte.

Dies hat sich mittlerweile deutlich geändert: „Der Raum" ist im Zuge einer Entwicklung, die allgemein als *spatial turn* apostrophiert wird, zu einem der **Mode-Forschungsgegenstände** der Gesellschaftswissenschaften geworden, und dabei hat sich die Humangeographie zunehmend von der Rolle einer theorieimportierenden zu einer auch theorieexportierenden Wissenschaft gewandelt. Diese Konstellation bildet ein *window of opportunity*, das Humangeographen je nach Kontext durchaus strategisch nutzen, um ihre eigenen Forschungsperspektiven und Inhalte in den Dialog mit den Nachbarwissenschaften einzubringen (z. B. die interdisziplinäre Anschlussfähigkeit der geographischen Diskursforschung, Glasze & Mattissek 2009; die feministischen Ansätze in der Humangeographie, Bauriedl,

Schier & Strüver 2010; die *Radical Geography* bzw. die Kritische Geographie, Belina & Michel 2007). Diese Entwicklung soll im Folgenden etwas genauer umrissen werden.

Spätestens seit Mitte der 1990er-Jahre ist „Raum" oder präziser gesagt die Rolle des Raumes im Kontext gesellschaftlicher Strukturierungsprozesse stärker in den Fokus einer intensiven und konzeptionell reichhaltigen Diskussion in den Gesellschaftswissenschaften getreten. Entsprechend haben seitdem eine ganze Reihe von traditionell eher „raumblinden" Wissenschaften den „Raum" für sich entdeckt. Die neue „Raumbegeisterung" in den Gesellschaftswissenschaften hat sicher unter anderem damit zu tun, dass die ökonomische und kulturelle Globalisierung nicht, wie Anfang der 1990er-Jahre noch häufig vermutet, räumliche Unterschiede im „globalen Dorf" zunehmend einebnete und damit regionale Ausstattungsunterschiede und Spezifika obsolet machte (Castells 2001), sondern dass vielmehr umgekehrt erdumspannende Kommunikations- und Austauschbeziehungen die Konstruktion regionalisierter Identitäten und einen entsprechenden Rückgriff auf Formen räumlich symbolisierter **Wir-Gemeinschaften** nachgerade zu beflügeln schienen. Vor diesem Hintergrund ist es nicht verwunderlich, dass sich Soziologen, Ethnologen, Politologen, Kulturanthropologen und viele andere in ihren eigenen Makrotheorien auf die Suche nach der Rolle raumbezogener Strukturierungsprinzipien in dieser gesellschaftlichen Transformation machen, dort allerdings oft auf einem Reflexionsstand enden, über den die Geographie bereits hinausgegangen ist.

Diese neue Bedeutung der Humangeographie beschreibt beispielsweise der Historiker Karl Schlögel. In seinem Buch „Im Raume lesen wir die Zeit" (2003) greift er auf zahlreiche geographische Autoren zurück, unter anderem auf den US-amerikanischen Geographen Ed Soja (1989), der mit seinen Überlegungen zum *thirdspace* einen wichtigen Impuls für diese Suche der Gesellschaftswissenschaften nach Ansätzen für eine angemessene Integration des „Räumlichen" geliefert hat. Tatsächlich ist Sojas Entwurf aber nur einer der konzeptionellen Entwürfe in einer insgesamt wesentlich breiteren und auf allen Ebenen der Theoriebildung ablaufenden Entwicklung (vgl. die *geographical imaginations* von Derek Gregory (1994) oder Doreen Masseys (2003) *spaces of politics*). Als viel zitierte Impulsgeber dieser breiteren Debatte fungieren vor allem die Franzosen Henri Lefebvre (1974) und Michel Foucault. Während Lefebvre mit seinen Entwürfen zur Produktion des Raumes eine konzeptionelle Grundlage für die neomarxistischen Ansätze in der Humangeographie bereitstellte (Kapitel 15.3 und 19.4), wurden Foucaults Ansätze vor allem zur Referenz im Rahmen poststrukturalistischer

Raumkonzeptionen, weil er in vielen seiner Studien auch Aspekte von Räumlichkeit und Körperlichkeit diskutiert hat (beispielhaft etwa in „Überwachen und Strafen", 1977), und weil er insbesondere mit den posthum veröffentlichten Vorlesungen zur Gouvernementalität (2004) eine breitere gesellschaftswissenschaftliche Diskussion zur Rolle auch materieller Praktiken als Technologien der Macht und des Regierens anstoßen konnte.

Raum ist dabei aus humangeographischer Sicht im Sinne des *spatial turn* weniger als „objektive Struktur", sondern als **gesellschaftliche Räumlichkeit**, das heißt als sozial, ökonomisch und/oder politisch konstruierter Raum bedeutsam. Er ist auf diese Weise nicht nur die „Arena", sondern auch das soziale und politische Werkzeug gesellschaftlicher Transformation. Mit räumlichen Chiffren aufgeladene Diskurse und Symbole werden auf den verschiedensten Maßstabsebenen wirksam, das zeigt das zerstörte *World Trade Center* ebenso wie der (neue) deutsche Nationalstolz eines fußballschwangeren Weltmeisterschaftssommers 2006 oder das neoliberal informierte Imagemarketing von Regionen und Städten, welche über „Raumetiketten" mit entsprechenden Füllungen und Abgrenzungsdiskursen sichtbar werden und ökonomischen Erfolg verzeichnen wollen (Mattissek 2008).

Es ist im Rahmen eines einführenden Geographie-Lehrbuches nicht der Ort, diese Ansätze und ihre teilweise überlappenden, teilweise eigenständigen Konzeptionalisierungen „des Raumes" nachzuvollziehen (ausführlich bei Miggelbrink 2002, Weichhart 2008, Werlen 2010). Die wenigen Ausführungen machen aber bereits deutlich, dass sich „der Raum" je nach theoretischer Perspektive in humangeographischen Analysen (teilweise sehr) unterschiedlich darstellen kann:

- Aus der klassischen quantitativ-szientistischen Sicht einer Humangeographie im Sinne des *spatial approach* ist er beispielsweise eine Art Matrix, deren innere Ordnungen und Regelhaftigkeiten mithilfe standardisierter Verfahren zu analysieren sind.
- Aus strukturalistischer Sicht ist er – je nach Perspektive – eine Ressource, ein Regelsystem, ein Text, ein Medium, in dem soziales Handeln kodiert und koordiniert ist.
- Aus handlungsorientierter Sicht ist er eine materielle oder symbolische Ressource, die einzelne Akteure der Gesellschaft nutzen, um sie ihren eigenen Interessen und Zwecken entsprechend in Wert zu setzen.
- Aus sprach- und zeichentheoretischer Sicht ist er nicht nur ein vielfältig mit symbolischer Bedeutung aufgeladenes Bezugssystem, sondern spiegelt und repräsentiert in sehr differenzierter, teilweise subtiler Art und Weise gesellschaftliche Machtbeziehungen.

Die Humangeographie als Multiperspektiven-Fach

Diese in Teilen durchaus unterschiedlichen Konzeptualisierungen „des Raumes" sind – das zeigen bereits die oben angedeuteten Verweise – in erster Linie auf verschiedene wissenschafts- und/oder erkenntnistheoretische Grundpositionen zurückzuführen, die sich mittlerweile auch innerhalb der Humangeographie deutlicher herausgebildet haben. Vor dem Hintergrund dieser Entwicklung hat sich derzeit in der Humangeographie ein **Multiperspektivenansatz** herausgebildet, bei dem weniger das „Alte" durch das „Neue" abgelöst als vielmehr bestehende Ansätze immer wieder um neue Perspektiven erweitert worden sind (Kapitel 3, 16.3 und 21.1). Der Vorteil dieser Situation liegt – wie oben bereits kurz angedeutet – vor allem darin, innerhalb des Faches für unterschiedliche Fragestellungen sehr verschiedene wissenschaftstheoretische und methodologische Positionen zur Verfügung zu haben, die in unterschiedlichen inhaltlichen und methodischen Forschungskontexten selektiv zur Analyse spezifischer Sachverhalte und Forschungsfragen genutzt werden können (Kapitel 5 bis 7).

Bezogen auf ihre theoretische Grundlegung folgt die Humangeographie dabei heute – etwas vereinfacht – vier nebeneinander herlaufenden **Entwicklungspfaden**. Diese sollten weniger als konkurrierende Perspektiven betrachtet werden (obwohl sie teilweise von verschiedenen erkenntnistheoretischen und methodologischen Prämissen ausgehen), sondern als sich wechselseitig ergänzende, für unterschiedliche Fragestellungen je spezifisch geeignete Forschungsperspektiven.

Die raumwissenschaftliche Perspektive

Die raumwissenschaftliche Perspektive der Humangeographie hat sich im angloamerikanischen Raum seit den 1960er-Jahren entfaltet, in Deutschland mit dem typischen Zeitverzug gut ein Jahrzehnt später. Die damalige Unzufriedenheit mit dem deskriptiv-länderkundlichen Arbeiten in der Geographie, das heißt mit einer weitgehend unreflektiert auf Alltagsbeobachtungen, auf dem vermeintlich intuitiven Beobachtungsgespür des legendären „unbewaffneten Auges des Geographen im Gelände" aufbauenden Wissenschaft, brachte eine Orientierung der Humangeographie am seinerzeit tonangebenden Konzept des **Kritischen Rationalismus**. Einer der Protagonisten dieser Wende wurde der Wirtschaftsgeograph **Dietrich Bartels** (1970). Seine raumwissenschaftliche Geographie ist modellorientiert auf

empirischer Basis, die Bewältigung großer Datenmengen erfolgte mit den damals breiter zugänglich werdenden Möglichkeiten der Informationstechnologie. Die formalen Kategorien der raumwissenschaftlichen Perspektive, das heißt die Analyse von Verteilungen (Punkten und Linien und deren räumliche Korrelationen), Feldern (d. h. räumlichen Anordnungen, in denen sich die Abstufung von Merkmalen als Funktion der Distanz von einer punkt- oder linienförmigen Bezugsbasis erweist), Regionen (d. h. Gebieten, die aufgrund der Deckung verschiedener Areale bzw. durch Heranziehung verschiedener Merkmalsdimensionen konstruiert werden) und der Genese von Ausbreitungsprozessen (z. B. Diffusion von Innovationen), erlauben grundsätzlich die inhaltliche Bearbeitung verschiedenster Themen und geographischer Gegenstandsbereiche (sowohl aus dem Bereich der Physischen Geographie wie der Humangeographie).

Die raumwissenschaftliche Perspektive hat sich in allen Bereichen der Humangeographie ausgebreitet, eine besondere Rolle spielte sie bei der Entwicklung einer **systematischen Wirtschaftsgeographie** (Schätzl 2003, Kapitel 22), in der Raumplanung und in den Regionalwissenschaften. Ihre Stärken liegen unter anderem in ihrem praktischen Anwendungsbezug sowie in der intersubjektiven Überprüfbarkeit der Verfahren und der Möglichkeit, statistisch abgesicherte Prognosen zu erstellen. Auf der Basis der raumwissenschaftlichen Perspektive entwickelte sich die Humangeographie zu einer planungsrelevanten, auch außerhalb der Schule anwendbaren Raumwissenschaft mit vielfältigen Dokumentations-, Planungs- und Prognoseaufgaben, wobei heute insbesondere auch Geographische Informationssysteme (GIS) aufgrund ihrer vielfältigen Einsatzmöglichkeiten eine zunehmende Bedeutung und entsprechende Marktanteile erlangen. Nicht immer werden dabei Forschungsarbeiten in der Tradition dieses Ansatzes mit der konzeptionellen Strenge durchgeführt, die ein hypothesengeleitetes, mit statistischen Prüfverfahren auf Falsifikation angelegtes Forschungsdesign im Sinne von Poppers Kritischem Rationalismus eigentlich erwarten lassen dürfte. Zwar kommen teilweise in der **Regionalanalyse** ausgefeilte, auch multivariate Analyseverfahren zum Einsatz, aber immer wieder werden quantitativ erzeugte Daten auch lediglich auf eine univariate, deskriptive und damit eher dokumentarische Weise verarbeitet, oder die Prüfung von Untersuchungshypothesen erfolgt nicht auf analytisch-statistische, sondern nur auf interpretative Weise.

Die handlungsorientierte Perspektive

Die handlungsorientierte Perspektive hat sich in Deutschland seit den 1980er-Jahren entfaltet. Innerhalb der Geographie spielten solche Konzeptionen als „entscheidungsorientierte Ansätze" zunächst vor allem in der **Industriegeographie** eine Rolle (Hamilton 1974), in der das Entscheidungsfindungsverhalten von Einzelunternehmern oder multinationalen Konzernen und ähnliche Fragen zu zentralen Themen wurden. Eine genauere konzeptionelle Durchdringung und Grundlegung erfuhren handlungsorientierte Ansätze dann in der **Sozialgeographie** durch Werlen (1995). Werlen geht es, schlagwortartig gesprochen, um die Erschließung des Verhältnisses von Individuum, Gesellschaft und Raum und dabei insbesondere um das **alltägliche „Geographie-Machen"** verschiedener Akteure (Kapitel 16).

Ausgangspunkte handlungsorientierter Analysen des Geographie-Machens bilden bei Werlen die Ziele und Motive individueller Akteure sowie die gesellschaftlichen Kontexte ihrer Handlungen. Dazu gehören auch die physisch-materiellen Bedingungen, die hier in Form einer konstruktivistischen Konzeption von Raum eingebunden werden. Dieser Ansatz eröffnet auch eine differenzierte Thematisierung der Machtkomponente, die generell die Durchsetzungsfähigkeit der eigenen Ziele und dabei auch die Zugriffsmöglichkeiten auf physisch-materielle Ressourcen, deren räumliche Anordnung und Verfügbarkeit beeinflusst. Die handlungstheoretische Sozialgeographie ist damit unter anderem in der Lage, den Lebensbedingungen spätmoderner Gesellschaften Rechnung zu tragen, wobei auch die Klärung des Verhältnisses von lokalem Handlungskontext und globalen Konsequenzen besondere Beachtung findet.

Die politökonomische Perspektive

Die politökonomische Perspektive betrachtet räumliche Muster und Disparitäten als Elemente kapitalistischer Herrschaftsverhältnisse. Sie entwickelte sich vor allem im angloamerikanischen Kontext bereits seit den 1970er-Jahren. Den Startpunkt bildeten hier die Ansätze von David Harvey, der – mit Bezug auf die Raumkonzeption von Henri Lefebvre – mit der *Radical Geography* den Grundstein für ein theoretisches Konzept politischer und sozioökonomischer räumlicher Ungleichheit legte (Kapitel 15.3. und 19.4). Sie beeinflusste die gesamte angloamerikanische Kulturgeographie so stark, dass sie lange Zeit als *a leading and, for many, the leading school of contemporary geographic thought"* angesehen wurde (Peet & Thrift 1989). Die konzeptionellen Wurzeln der politökonomischen Perspektive liegen im Neomarxismus und in der Kritischen Theorie, sie stellen für die Humangeographie eine Variante strukturalistischer Theorieansätze dar, wie sie auch in anderen Gesellschaftswissenschaften anzutreffen sind (z. B. *International Political Economy*).

Im deutschen Sprachraum hat sich in diesem Kontext weniger die *Radical Geography*, sondern zunächst im Bereich der Wirtschaftsgeographie die **Regulationstheorie** und mittlerweile als Querschnittsfeld innerhalb der Humangeographie die **Kritische Geographie** entwickelt (Kapitel 15.3 und 19). Dabei geht es darum, die materiellen und institutionellen Rahmenbedingungen sowie die Aushandlungsprozesse und Konflikte in kapitalistischen Gesellschaften als Zusammenwirken im Wesentlichen politischer und ökonomischer Strukturierungsprinzipien zu untersuchen. Bei dieser Perspektive wird zum Beispiel aus Sicht der Regulationstheorie die gesamtgesellschaftliche Entwicklung als eine nicht deterministische Abfolge von stabilen Entwicklungsphasen (bezeichnet als „Formationen") und entsprechenden Krisen und Umbrüchen („Formationskrisen") angesehen. Mit einer solchen Konzeptualisierung ist für die Humangeographie die Möglichkeit gegeben, die klassische Segmentierung zwischen wirtschaftsgeographischen und politisch-geographischen Betrachtungsperspektiven zu überschreiten und das Spannungsfeld von Ökonomie, Raum und Macht vor dem Hintergrund der Globalisierung angemessen analysieren zu können. Aus Sicht der Kritischen Geographie treten dabei insbesondere noch einmal die daraus resultierenden Phänomene **sozial-räumlicher Ungleichheit** und **Ausgrenzung** ins Blickfeld sowie die entsprechenden Sicherheits-, Kontroll- und Überwachungspraktiken (Kapitel 15.3).

Die poststrukturalistische Perspektive

Die poststrukturalistische Perspektive innerhalb der Humangeographie schreibt mit Bezug auf diskurstheoretische Ansätze der **Sprache** und der symbolischen Bedeutung physisch-materieller Strukturen eine entscheidende Bedeutung für die Konstitution der Gesellschaft zu. „Der Konzeption liegt die Annahme zugrunde, dass Sprache jedem individuellen Akt vorangeht, unser Denken und Handeln somit durch die Sprache strukturiert wird […] Es gibt keine Bedeutung außerhalb von Sprache – Sinn entsteht durch ein relationales Spiel von Differenzen innerhalb einer (sprachlichen) Struktur" (Mattissek 2005, Glasze & Mattissek 2009). Von Bedeutung ist es dabei, zu erkennen, dass Sprache kein invariantes, geschlossenes Verweissystem darstellt, sondern vieldeutig, brüchig und offen ist.

Diese erkenntnistheoretische Perspektive führte zu einem *linguistic turn* in vielen Gesellschaftswissenschaften, so auch in Teilbereichen der Humangeographie. Sie bietet bei der Untersuchung von *geographical imaginations* (Gregory 1994), geopolitischen Repräsentationen und Leitbildern (Reuber & Wolkersdorfer 2004), raumbezogenen Images und Identitäten sowie vielen anderen verwandten Themen Ansatzpunkte für eine konzeptionell reflektierte und dabei gesellschaftsrelevant-aktuelle humangeographische Forschung, die Fragen stellen und beantworten kann, die auf Grundlage der anderen Perspektiven in dieser Form bisher nicht untersucht werden konnten. Für solche Projekte ist insbesondere die generelle Kritik an absoluten Wahrheiten und am Universalismus bzw. Totalitätsanspruch der wissenschaftlichen Moderne hilfreich. Von dieser Basis aus kann auch eine veränderte Konzeptualisierung von Phänomenen wie Macht und Hegemonie abgeleitet werden, die es unter anderem möglich macht, eingefahrene Muster von Regionalisierungen und geopolitisch wirksamen Leitbildern auf den unterschiedlichsten Maßstabsebenen durch Dekonstruktionen zu hinterfragen (Reuber 2012) und ein Plädoyer für Differenz und für die Legitimität alternativer Deutungsmuster zu entwickeln (Kapitel 15.3). Mit Bezug auf Foucaults Gouvernementalitätsansätze (2004) gelingt es überdies, auch physisch-materielle Praktiken angemessen in entsprechende Technologien der Macht zu integrieren (Kapitel 19.7).

Die Humangeographie zwischen Teildisziplinen und übergreifenden Forschungsfeldern

Die klassische Ordnung, die sich in der wissenschaftlichen „Landschaft" der deutschsprachigen wie auch teilweise der internationalen Humangeographie ausgebildet hat, ist wie oben bereits angesprochen eine **Strukturierung in Teildisziplinen**. Von den Anfängen einer breiteren Institutionalisierung der Disziplin im 19. Jahrhundert bis in die ersten Nachkriegsjahrzehnte hinein war entsprechend eine zunehmende Segmentierung und Spezialisierung der Humangeographie kennzeichnend.

Dieser Trend kann durchaus genereller als ein konstitutives Merkmal von Wissenschaft als aufblühender Institution der Gesellschaft in der Epoche der Moderne interpretiert werden. So wie sich deren Gegenstandsbereiche ständig weiter ausdifferenziert haben, so haben sich auch wissenschaftliche Kompetenzen in Form stärker verzweigter Ordnungen von Teildisziplinen spezialisiert.

Mittlerweile ist jedoch parallel zu dieser Segmentierung in der Humangeographie auch eine Gegenbewegung zu beobachten, die das Denken in den traditionellen Engführungen der Teildisziplinen stellenweise beiseite lässt und zur Bearbeitung komplexer gesellschaftlicher Fragestellungen und Probleme stärker **übergreifende Forschungsdesigns** entwickelt. Diese Entwicklung wird von manchen Autoren durchaus mit dem gesellschaftlichen Wandel in Verbindung gebracht, der die letzten Jahrzehnte gekennzeichnet hat und der durch Schlagworte wie die „neue Unübersichtlichkeit" (Habermas 1987), die „feinen Unterschiede" (Bourdieu 1987), die „Risikogesellschaft" (Beck 1995), Globalisierung und „Netzwerkgesellschaft" (Castells 2001), „Kampf der Kulturen" (Huntington 1996), „Tod des Sozialen", (Rose 2000), „Securitisation" (Buzan & Weaver 2003) oder „Ausnahmezustand" (Agamben 2004) nur ansatzweise gekennzeichnet werden kann.

Von der Kraft dieses Trends in den Humanwissenschaften zeugen die beeindruckend konvergenten Entwicklungen mancher theoretischer Diskussionen quer durch alle Disziplinen. Aktuelle Konzepte wie der **Poststrukturalismus** (Kapitel 15.3), die **Postkolonialismusdebatte** (Kapitel 15.3), die **feministischen und postfeministischen Ansätze** (Kapitel 15.3), der *semiotic turn*, der *linguistic turn* oder der *performative turn* (Kapitel 15.3) folgen längst nicht mehr den disziplin- oder teildisziplinspezifischen Labels, sie werden in an der jeweiligen Fragestellung orientierten Netzwerken kompetenter Forscher aus unterschiedlichen Disziplinen diskutiert. An dieser Entwicklung hat auch die Humangeographie Anteil, in mancher Hinsicht sogar eine besondere Rolle, da sie schon immer aufgrund ihres traditionell stärker integrierenden Blickwinkels die Möglichkeit geschult hat, vernetzte Probleme aus unterschiedlichen Bereichen „zusammenzudenken" und in hybriden Ansätzen über Disziplin- und Teildisziplingrenzen hinweg zu analysieren. Bereits 1999 haben Massey et al. diesen Trend anschaulich umrissen und ihn als sinnvolle und konsequente Anpassung humangeographischer Forschungen an veränderte gesellschaftliche Rahmenbedingungen gekennzeichnet: *„Perhaps, indeed, one of the many good things which has been happening in human geography is a diminution in the significance of that particular kind of division"* (Massey et al. 1999).

Während im Rahmen des Exkurses 15.2.1 zur Neuen Kulturgeographie kurz einige konzeptionelle Gemeinsamkeiten und der wissenschaftssoziologische Kontext der entsprechenden Debatten im deutschsprachigen Raum angesprochen werden, gibt das nachfolgende Teilkapitel 15.3 exemplarisch Einblick in einige aktuelle Querschnittsansätze vor allem in theoretisch-konzeptioneller Hinsicht, die derzeit in einer jüngeren Genera-

 **Exkurs 15.2.1**

Neue Kulturgeographie

Was ist Neue Kulturgeographie?

Als Gemeinsamkeit der inhaltlich sehr divergierenden Arbeiten zur Neuen Kulturgeographie lässt sich das grundsätzliche Anliegen benennen, zur Weiterentwicklung einer wissenschafts- und gesellschaftstheoretisch reflektierten Humangeographie und zum längst überfälligen Anschluss an die konzeptionellen Debatten der gesellschaftswissenschaftlichen Nachbarwissenschaften beizutragen. Die dabei gemeinsam eingenommene Perspektive besteht in einem anti-essenzialistischen und konstruktivistischen Blick auf die zu untersuchenden Phänomene; es geht um eine Sichtbarmachung oft unhinterfragt naturalisierter bzw. als *taken-for-granted* angenommener Formen und Regeln gesellschaftlichen Zusammenlebens, um die Dekonstruktion des vermeintlich Offensichtlichen. Machtvolle und in diesem Sinne „herrschende" gesellschaftliche Konventionen, Narrative oder Diskurse, die in oft subtiler Art und Weise die Strukturen der Gesellschaft rahmen, sollen in ihrem Wirken transparent gemacht werden. Ein charakteristisches Merkmal dieses Perspektivenwechsels besteht auch darin, darauf hinzuweisen, dass wissenschaftliches Arbeiten nicht die eine und letztgültige Form des Wissens oder gar eine objektive Wahrheit erzeugt. Entsprechend geht es der Neuen Kulturgeographie mit Foucault und vielen anderen poststrukturalistischen Denkern nicht um die Einführung eines neuen, universell gültigen Paradigmas, sondern um eine generelle Dezentrierung des Blicks. Das bedeutet aber auch anzuerkennen, dass unterschiedliche Perspektiven der (wissenschaftlichen) Weltdeutung nebeneinander existieren und gleichberechtigt nebeneinander stehen, weil sie mit ihren spezifischen Blickwinkeln je unterschiedliche Aspekte der empirischen Welt sichtbar machen.

In dieser Sichtweise liegt ein gewisser Unterschied zur *New Cultural Geography* im angloamerikanischen Sprachraum. Während dort, wie die große Zahl jüngst erschienener Reader und Sammelbände dokumentiert (Anderson et al. 2003, Crang 1999, Mitchell 2000b u. a.), in vielen Fällen stärker inhaltlich definierte Felder von „Kultur" im Mittelpunkt oft auch empirischer Forschungen stehen, konzentriert sich die deutsche Diskussion (bisher) vor allem auf eine fundierte gesellschaftstheoretische Erweiterung und Konzeption von Teilen der Humangeographie, ähnlich der angloamerikanischen Diskussion in Readern wie *Human Geography Today* (Massey et al. 1999).

All diese Ansätze setzen auf der Repräsentationsebene, insbesondere auf der Ebene der Sprache an. Das bedeutet jedoch nicht, dass sie damit gesellschaftliche und materielle Aspekte und Prozesse ausblenden, denn die oben geschilderten theoretischen Ansätze verfolgen gemeinsam gerade das Ziel, aufzuzeigen, wie über sprachliche Prozesse Handlungen legitimiert, gesellschaftliche Strukturen fixiert und damit auch die Verteilung materieller und sonstiger Ressourcen organisiert wird.

Die dargestellte erkenntnistheoretische Verschiebung hin zu einer konstruktivistischen Perspektive, der Dekonstruktion gesellschaftlicher Diskurse und der sozialen Produktion von Räumen und so weiter bildet zwar eine notwendige Akzentuierung und damit auch Innovation in der Humangeographie, sie stellt aber natürlich noch kein inhaltliches Forschungsprogramm für eine wie auch immer geartete Kulturgeographie dar.

Themenfelder und Forschungscluster der Neuen Kulturgeographie

„In dieser Hinsicht lässt sich prinzipiell unter dem Signum ‚Neue Kulturgeographie' vieles thematisieren, was wir im Zuge der Globalisierung beobachten können: die Zerfaserung fixer Arbeits- und Kapitalbeziehungen, die Semiotisierung und Visualisierung des Wissens, die Kommerzialisierung von Lebensbereichen, einschließlich der Freizeit, die Verwischung und Transversalität lebensweltlicher Identitäten, die Teilung der Welt in Sehende und Übersehene und die interkulturelle (Nicht-)Kommunikation" (Sahr 2005).

Ein Blick auf die empirischen Themen, die im Kontext der Neuen Kulturgeographie verhandelt werden, lässt aber gleichwohl bei vielen Arbeiten eine Gemeinsamkeit in inhaltlicher Hinsicht erkennen. Sie wenden sich häufig Themen zu, die als hybride Felder quer zu den klassischen Segmenten gesellschaftlicher Strukturierung (und damit auch quer zu den gängigen „Bindestrich-Geographien") verlaufen. Kernbereiche stellen hier die Forschungsfelder Kultur und Natur, Kultur und Ökonomie, Politik und Ökonomie, Kultur und Politik, Ökonomie und Stadt und so weiter dar. In diesen „Überlappungsbereichen" zwischen den klassischen Teildisziplinen der Humangeographie liegen zahlreiche Probleme in einer sich zunehmend vernetzenden, multimedialen Welt.

Der Rekurs auf Kultur und Neue Kulturgeographie findet sich dabei in sehr unterschiedlichen Lesarten. Neben Arbeiten, die darunter eher eine Perspektive der wissenschaftlichen Herangehensweise verstehen (siehe oben) setzen sich andere Projekte mit der inhaltlichen Bedeutung einzelner Facetten des Kulturbegriffs für die gesellschaftliche Strukturierung und Repräsentation auseinander. Zu Letzteren zählen beispielsweise Arbeiten, die sich mit Aspekten wie Unternehmenskultur oder Transkulturalität beschäftigen, mit „Konsumentenkulturen" und kulturellen Ökonomien der unternehmerischen Stadt, aber auch Forschungen, die die Rolle von kulturellen Repräsentationen im Rahmen neuer geopolitischer Leitbilder nach dem Ende des Kalten Krieges untersuchen, den „Krieg gegen den Terror" in den sprachlichen Chiffren eines „Kampfs der Kulturen".

Fortsetzung

Fortsetzung

Um solche Kernbegriffe herum lassen sich im Rückgriff auf Projekte und Arbeiten aus den letzten Jahren einige „Forschungscluster" identifizieren, die eine gewisse Schwerpunktbildung innerhalb des inhaltlichen Spektrums der Neuen Kulturgeographie andeuten:

- Cluster „Neuverhandlung des Spannungsverhältnisses von Natur/Kultur"
- Cluster „Identität und Raum"
- Cluster „Sicherheit und Raum"
- Cluster „Kulturelle Regionalisierungen"
- Cluster „Kultur und geopolitische Leitbilder"
- Cluster „Kulturelle Geographien der Ökonomie"
- Cluster „Postmoderne Stadt und Kultur"
- Cluster „Postmoderne Freizeitstile in der Tourismusgeographie"

Anmerkungen zur politischen Relevanz der Neuen Kulturgeographie

Der Neuen Kulturgeographie fehle die Ideologiekritik, so lautet ein häufig zu hörender Einwand, ihr fehle die gesellschaftliche Rückbindung. „Soziale Gruppierungen, Klassenlagen, systemische Zusammenhänge auf überindividueller Ebene sowie Macht- und Herrschaftsverhältnisse würden [...] in den neuen kulturgeographischen Arbeiten weitgehend ausgeblendet" (Lippuner 2005; vgl. Mitchell 1995, 2000b, Arnold 2004).

Solche Einwände wären, bezogen auf eine Kulturgeographie als „Blümchengeographie" postmoderner Gesellschaft, sicher berechtigt. Gegenüber einer Neuen Kulturgeographie als veränderter Perspektive innerhalb der Humangeographie sind sie es nicht, im Gegenteil: Eine konstruktivistische, an den gesellschaftlichen Repräsentationen, Praktiken und Strukturierungen ansetzende Betrachtungsweise vermag tiefer liegende, für das Handeln der Menschen entscheidende, in der Alltagsbeobachtung und in den Alltagsnarrativen gleichwohl oft wenig transparente Aspekte der Disziplinierung und deren implizite Machtasymmetrien offenzulegen.

Dabei muss jedoch beachtet werden, dass die solchen Untersuchungen zugrunde liegenden allgemeinen Sprach- und Kommunikationstheorien auch selbst blinde Flecken beinhalten. Dies gilt insbesondere im Vergleich zu klassischen gesellschaftstheoretischen Entwürfen, die weniger den allgemeinen Modus der Organisation von Gesellschaft thematisieren, sondern vielmehr konkretere Aspekte der Strukturierung von Gesellschaft in den Mittelpunkt der Betrachtung rücken. Gemeint sind beispielsweise Fragen sozialer Schichtung und Ungleichheit, Fragen sozialer Kontrolle, Fragen von Macht, Herrschaft und Unterwerfung und so weiter. Bezogen auf diese Aspekte findet auch in der Neuen Kulturgeographie derzeit eine stärkere Sensibilisierung statt. Während noch vor wenigen Jahren viele Projekte vornehmlich grundsatzorientiert an Aspekten der Funktionslogik von Sprache, Zeichen und Kommunikation orientiert waren, mehren sich mittlerweile auch Entwürfe, die gerade in der Einbindung klassischer und neuer Entwürfe aus dem Bereich der Sozial- und Gesellschaftstheorien ein Potenzial

sehen, mit dem sich Relevanzkriterien auch für politische (Re-)positionierungen aus wissenschaftlicher Sicht ableiten lassen.

Gerade in diesem Feld geht es auch um eine Thematisierung der Materialität sozialer Verhältnisse, allerdings unter veränderten erkenntnistheoretischen Vorzeichen. Im Fokus stehen dann eben nicht allein Sprache und Zeichen, sondern im weiteren Sinne gesellschaftliche Praktiken (Whatmore 2006), die sich durch performative Wiederholungen zu gesellschaftlichen Tatsachen verdichten (Schlottmann 2005).

Ausblick

Mit einem vorsichtigen Blick zurück auf die letzten Jahre „Neue Kulturgeographie" im deutschsprachigen Wissenschaftskontext lässt sich sagen, dass sich das Interesse an dieser Art von geographischer Forschung nach wie vor auf breiter Basis erhalten hat. Davon zeugen unter anderem die jährlichen Tagungen zur Neuen Kulturgeographie, die vor allem vom wissenschaftlichen Nachwuchs in starkem Maße nachgefragt werden. Die Arbeiten und laufenden Diskussionen machen dabei deutlich, dass die Neue Kulturgeographie nicht dabei stehen geblieben ist, lediglich den großen Perspektivwechsel von einer implizit realistischen zu einer konstruktivistischen Sichtweise zu vollziehen. Mittlerweile lassen sich gerade in konzeptioneller Hinsicht eine Reihe von Weiterentwicklungen verzeichnen, die auf je spezifischen Feldern die Diskussionen an die großen gesellschaftstheoretischen Debatten anschließen und dabei insbesondere die Räumlichkeit gesellschaftlicher Praktiken in Form eines *spatial turn* stärker bewusst, transparent und empirisch fassbar machen, als es in den traditionell eher raumblinden benachbarten Kultur- und Gesellschaftswissenschaften der Fall war (z. B. die Einschätzung von Bachmann-Medick 2006).

Weiterentwicklungen haben sich auch auf der methodischen und methodologischen Ebene vollzogen. Was die Neue Kulturgeographie dabei teilweise auszeichnet, ist die Tatsache, dass sich die unterschiedlichen inhaltlichen Perspektiven dort miteinander vernetzen, wo sie mit ähnlichen erkenntnistheoretischen, methodologischen und methodischen Zugriffen arbeiten. Dabei lassen sich in der derzeitigen Weiterentwicklung zwei große Stränge unterscheiden. Der eine davon richtet sich eher auf den Bereich der Sprache (vgl. z. B. das Wissenschaftsnetz zur Diskursanalyse, Glasze & Mattissek 2006), der andere konzentriert sich eher auf den Bereich der gesellschaftlichen Praktiken und deren empirische Untersuchungen. Gerade das Feld der empirischen Umsetzungen zeigt, dass sich dieses Forschungsfeld nicht allein in theoretischen Reflexionen erschöpft, sondern durch die Anpassung bestehender und die Einführung neuer Methoden in der Lage ist, die erkenntnistheoretischen Grundlagen auch in der praktischen Forschungsarbeit umsetzbar und fruchtbar zu machen".

(Passagen entnommen aus: Gebhardt H, Mattissek A, Reuber P, Wolkersdorfer G (2007): Neue Kulturgeographie? Perspektiven, Potentiale und Probleme. In: Geographische Rundschau 59 (7/8): 12–20)

tion von Nachwuchswissenschaftlern diskutiert werden. Die Kapitel stellen teilweise gründlich überarbeitete Texte aus der Erstauflage dar; häufig wurden sie völlig neu verfasst, um den inzwischen sich entfaltenden aktuellen Debatten beispielsweise über Geographien des Performativen oder über Kritische Geographie gerecht zu werden. Mitunter weisen sie über den vereinfachenden sprachlichen Rahmen eines Lehrbuchs hinaus, doch sie eröffnen damit auch den jüngeren Studierenden sowie den an moderner Geographie interessierten Lesern dieses Buches einen Einblick in Bereiche des Faches, die derzeit „in der Entwicklung" sind und sich dabei intensiv mit ihrer gesellschaftstheoretischen Grundlegung befassen.

15.3 Beispiele für neuere disziplinübergreifende Querschnittsansätze in der Humangeographie

Postkoloniale Ansätze: Zum Verhältnis von kultureller Identität und Raum

Julia Lossau

Im Alltag wird oft ein Bild von der Welt als einem „kulturellen Mosaik" gezeichnet, in dem unterschiedliche Kulturen klar voneinander getrennt über die Erdoberfläche verteilt sind. Gemäß dieser Vorstellung liegt Deutschland im europäischen Kulturraum und hat damit eine andere Kultur als beispielsweise die Staaten des „afrikanischen Kulturerdteils"; Indien unterscheidet sich kulturell von Mexiko, China von Kanada und so weiter. So selbstverständlich uns dieses Mosaik erscheinen mag – es stellt sich die Frage, ob heute, im Zeitalter der Globalisierung, noch von einer wohlgeordneten kulturräumlichen Wirklichkeit ausgegangen werden kann. In Deutschland zum Beispiel leben (nicht erst) seit der Anwerbung der sogenannten „Gastarbeiter" in den 1950er- und 1960er-Jahren Menschen aus anderen Ländern; die meisten von ihnen stammen aus der Türkei (Abb. 15.3.1).

Die Existenz von „deutschen Türken" bzw. „türkischen Deutschen" verweist darauf, dass die vermeintliche Einheit von Kultur, Gesellschaft und Raum brüchig geworden ist. Auch wenn das einigen nicht passen mag:

Abb. 15.3.1 Ausländer in Deutschland. In Deutschland leben legal über 6 Millionen Menschen, die keinen deutschen Pass haben. Obwohl sich die Bundesrepublik lange Zeit nicht als Einwanderungsland begriff, beträgt der sogenannte „Ausländeranteil" an der Gesamtbevölkerung in einigen deutschen Städten über 20 Prozent. Seit Anfang des Jahres 2005 regelt das Zuwanderungsgesetz Zuzug und Aufenthaltstitel von Migranten. Mit dem Gesetz verbindet sich nicht zuletzt die Hoffnung, Ausländer besser in die Gesellschaft integrieren, das heißt miteinbeziehen, zu können. Es stellt sich jedoch die Frage, inwieweit dies vor dem Hintergrund der Vorstellung von der Welt als kulturellem Mosaik gelingen kann. In ihrer Logik muss auch ein „integrierter Ausländer" streng genommen stets ein Fremder bleiben, weil seine Existenz die Vorstellung einer Erdregion voraussetzt, in die er eigentlich gehört, und einer Erdregion, in die er eigentlich nicht gehört (Foto: J. Lossau).

Die Vorstellung von der Welt als einem von kulturellen Grenzen durchzogenen Mosaik kann heute kaum aufrechterhalten werden. Diese Erkenntnis fand auch in der sozial- und kulturwissenschaftlichen Theoriebildung ihren Niederschlag. Eine wichtige Referenz für die Beschäftigung mit den neuen und nicht mehr wohlgeordneten kulturellen Identitäten bildet die **postkoloniale Theorie**. Ausgehend von den Erfahrungen der kolonialen Vergangenheit und ihres ungleichen Kulturaustauschs bieten die damit verbundenen Ansätze eine Fülle von Bezugspunkten für geographisches Arbeiten. Sie wurden seit den frühen 1990ern zunächst von eng-

Exkurs 15.3.1

Postkoloniale Theorie

Julia Lossau

Der Begriff des Postkolonialismus stammt ursprünglich aus der Literaturwissenschaft, wurde aber von anderen Disziplinen aufgenommen und spielt heute in allen Kultur- und Sozialwissenschaften eine Rolle. Die postkoloniale Theorie geht davon aus, dass koloniale Denkmuster und Strukturen auch nach dem formalen Ende des Kolonialzeitalters weiterwirken und zwar sowohl in den ehemaligen Kolonien als auch in den ehemaligen Kolonialstaaten. So können rassistische Wissensformen, eurozentrische Raumordnungen, ungerechte globale Wirtschaftsbeziehungen und (neo-)imperiale Politikformen ebenso als Erbe des Kolonialismus gesehen werden wie der Widerstand, der ihnen entgegengesetzt wird.

Auf dem Grund der asymmetrischen Macht- und Herrschaftsstrukturen zwischen Zentrum und Peripherie liegt – aus postkolonialer Sicht – der (konstruierte) Gegensatz zwischen einem modernen, rationalen „Westen" als Subjekt der Weltgeschichte und einem passiven, rückständigen, außereuropäischen „Rest". Entsprechend richtet sich das postkoloniale Denken gegen binäre Identitätskonzepte, in denen das Eigene klar von einem Fremden abgegrenzt ist. Dem Denken in kulturellen Dichotomien (das Eigene vs. das Fremde) stellt die postkoloniale Theorie das Konzept der „kulturellen Hybridität" entgegen, das sich den gängigen Vorstellungen kultureller Eindeutigkeit oder Authentizität widersetzt.

Zu den bekanntesten postkolonialen Theoretikerinnen und Theoretikern gehören Homi K. Bhabha, Gayatri Chakravorty Spivak, Edward Said und Stuart Hall. Ihnen ist gemeinsam, dass sie – obwohl „nicht westlicher" Herkunft – an angesehenen westlichen Universitäten und Instituten tätig waren oder es noch sind. Stuart Hall etwa leitete bis 1979 das renommierte *Centre for Contemporary Cultural Studies* (CCCS) in Birmingham. Dort wurde unter anderem die Frage diskutiert, wie „Kultur" als Modus der sinnhaften Welt-Deutung das alltägliche Leben konstituiert und gleichzeitig diszipliniert. In Halls Person zeigt sich die enge Verbindung, die zwischen *cultural studies* einerseits und *postcolonial studies* andererseits besteht.

In Deutschland setzte die Auseinandersetzung mit dem Postkolonialismus vergleichsweise spät ein. Dies wird manchmal mit dem Hinweis begründet, dass Deutschland nicht im großen Stil über Kolonien verfügt (und somit den Postkolonialismus gewisser Maßen „nicht nötig") habe. Als Erklärung plausibler erscheint jedoch, dass die deutschsprachigen Kulturwissenschaften erst in jüngerer Zeit den sogenannten *cultural turn* nachvollzogen und sich von ihrem traditionellen, essenzialistischen Kulturbegriff verabschiedet haben.

---

lischsprachigen Fachvertretern wie Derek Gregory (1994) oder Doreen Massey (1999) rezipiert und spielen auch in der deutschsprachigen Geographie eine immer größere Rolle. Die Beschäftigung mit der postkolonialen Theorie hat maßgeblich zur Neuausrichtung der Humangeographie im *cultural turn* beigetragen (Exkurs 15.3.1).

Die „Zerrüttung" von Identität und ihre Folgen für die Analyse raumbezogener Identitätskonstruktionen

Traditionell wurde Identität essenzialistisch, das heißt von einem inneren Wesen ausgehend, gedacht. So gehen wir auch im Alltag ganz selbstverständlich von der Existenz eines unhintergehbaren Selbst aus – von einem uns eigenen und stabilen Kern, der bestimmt, wer und wie wir sind. Die Ursprünge dieser Vorstellung von Identität

können bis zum „Vater der modernen Philosophie", René Descartes, und dessen Maxime „Ich denke, also bin ich" zurückverfolgt werden. Seit einiger Zeit wird dieses „moderne" Identitätskonzept von verschiedenen Ansätzen als zu stark bzw. machtvoll betrachtet und abgelehnt. Auch die postkoloniale Theorie wendet sich gegen eine Vorstellung, der zufolge Identitäten aus sich selbst heraus entstehen und gleichsam selbstgenügsam sind. Aus postkolonialer Sicht sind Identitäten vielmehr auf Bilder und Vorstellungen von anderen angewiesen, in deren Spiegel sie sich erschaffen und reproduzieren können. Dies gilt für die personale Identität jedes Einzelnen ebenso wie für die kollektiven sozialen Identitäten der Rasse, Klasse, des sozialen Geschlechts und der Nation. Es sind diese kollektiven Identitäten, entlang derer sich die Identitäten von individuellen Subjekten wie in einem Koordinatensystem stabilisieren und positionieren können. Mit dem Politikwissenschaftler Benedict Anderson (1988) kann man die mit den kollektiven

Identitäten verbundenen Gruppen – die Schwarzen, die Frauen, die Deutschen und so weiter – daher als *imagined communities*, als „vorgestellte Gemeinschaften" bezeichnen.

Eine der am meisten diskutierten Formen kollektiver Identität stellt diejenige „des Westens" dar; sie befindet sich gleichsam im Zentrum der postkolonialen Kritik. So hat unter anderem Stuart Hall, ein bedeutender Vertreter postkolonialen Denkens, argumentiert, dass „der Westen" sich nur deshalb als modern und fortschrittlich entwerfen konnte, weil er über den vermeintlich passiven und rückständigen kolonialen „Rest" verfügte (Hall 1994). Trotz seines „vorgestellten", konstruierten Charakters – „den Westen" gibt es nicht – ist die Idee von dessen Überlegenheit mitverantwortlich für die Unterordnung und Marginalisierung „des Restes", der im Rahmen des Kolonialismus zum Objekt europäischer Expansionsbestrebungen wurde. Dabei wurde die sogenannte „Neue Welt" in westliche Begriffsraster eingebunden, nach westlichen Normen beurteilt und insgesamt westlichen Repräsentationssystemen einverleibt.

Die damit angesprochene gewaltsame Aneignung „des Rests" in den eigenen Kategorien steht im Zusammenhang mit dem widersprüchlichen Ideal des Humanismus: Der **Humanismus**, der sich mit Fragen von Menschlichkeit und Menschenwürde befasst, maßte sich einerseits an, alle Menschen der Welt gleichermaßen zu betreffen. Andererseits musste er das koloniale Andere ausschließen, weil die Existenz eines Anderen notwendig zum Konstitutionsprozess des Eigenen gehört. Dabei war zu Beginn des kolonialen Projektes noch keinesfalls entschieden, wie mit dem kolonialen Anderen umzugehen sei und ob, so die berühmte Frage des Disputs von Valladolid (1550 bis 1551), es sich bei den Bewohnern der „Neuen Welt" überhaupt um „wirkliche", freie Menschen – und nicht etwa um natürliche Sklaven – handele. Erst im Lauf der Aufklärung wurden „alle Formen des menschlichen Lebens über den universalen Leisten einer einzigen Seinsordnung geschlagen, sodass Differenz dem fortwährenden Markieren und Neumarkieren von Positionen innerhalb eines einzigen diskursiven Systems […] eingepasst werden musste" (Hall 1997). Entsprechend formuliert einer der Begründer der postkolonialen Kritik, Frantz Fanon:

„Der westliche bürgerliche Rassismus gegenüber dem Neger oder dem ‚Bicot' [abschätzige Bezeichnung für Nordafrikaner] ist ein Rassismus der Verachtung; es ist ein Rassismus, der abwertet. Aber der bürgerlichen Ideologie, die die Wesensgleichheit der Menschen proklamiert, gelingt es, die ihr eigene Logik zu bewahren, indem sie die Untermenschen auffordert, sich durch die westliche Humanität, die sie verkörpert, zu vermenschlichen" (Fanon 1981).

Ob also „aus Irrtum oder schlechtem Gewissen: Nichts ist bei uns konsequenter als ein rassistischer Humanismus, weil der Europäer nur dadurch sich zum Menschen hat machen können, dass er Sklaven und Monstren hervorbrachte" (Sartre 1981). Anders ausgedrückt: Patriarchalische, koloniale und rassistische Herrschaftsstrukturen stellen keine Schönheitsfehler, sondern integrale Bestandteile des humanistischen und „zivilisierten" Denkens des Westens dar. Der koloniale Blick blendete die Differenz des Fremden gegenüber dem Eigenen aus, „um über das Fremde im eigenen Begriffsschema verfügen zu können" (Hölz 1998). In dieser Form der Selbstidentifikation zeigt sich die „eigentlich moderne Form des Kulturaustausches" (Stauth 1993): Sie „ist machtvoll, weil sie egalistisch ist; sie ist egalistisch, weil sie Verständnis der anderen unterstellt, dabei aber den selbstkonstitutiven Akt der Fremderkenntnis verschleiert" (ebd.).

Dass die Kolonialgeschichte unterschiedliche Blicke auf die „Sklaven", „Monstren" und „Untermenschen" kennt – fundamental ist dabei die Dichotomie zwischen dem „edlem Wilden" einerseits und dem „barbarischen" oder „kannibalischen Wilden" andererseits –, tut dieser Argumentation keinen Abbruch (Abb. 15.3.2). Der edle und der kannibalische Wilde bilden aus postkolonialer Sicht die beiden Seiten ein- und derselben Medaille. So kann man die kulturkritischen Texte Jean-Jacques Rousseaus, die das Stereotyp vom edlen Wilden transportieren, als Spiegelbilder der sogenannten **Stufentheorien** lesen. Letztere wurden unter anderem von Thomas Hobbes sowie John Locke formuliert und beschreiben die Geschichte der Menschheit als kontinuierliche Entwicklung, an deren Ende der „kultivierte" und „zivilisierte" Westen als „das Modell, der Prototyp und der Maßstab" (Hall 1994) steht.

Imaginative Geographien und die Politik der Verortung

In „*Orientalism*", einem postkolonialen Klassiker, zeigt Edward Said (1978), wie es Europa gelang, sich im Spiegel des Orients selbst zu erschaffen: Im Zuge der kolonialen Aneignung wurde nicht nur definiert, was orientalisch ist. Im Negativ dieses Bilds erschien auch, was fürderhin als westlich bzw. europäisch gelten sollte. Damit stellen der Orient und Europa nicht mehr einfache geographische Gegebenheiten, sondern voraussetzungsvolle Konstruktionen dar. Said selbst hat diese Konstruktionen als **imaginative Geographien** bezeichnet. Damit meinte er nicht, dass Europa und der Orient Hirngespinste seien, die nur in den Köpfen, nicht aber in Wirklichkeit existieren. Im Gegenteil: Aus einer sozial-

Abb. 15.3.2 Bilder des Fremden. Die Folien des „edlen Wilden" einerseits und des „rohen Wilden" andererseits haben ihre Bedeutung für die Produktion einer „zivilisierten" westlichen Identität noch nicht verloren. Auch wenn sie uns heute in aktualisierter Form begegnen, sind sie nach wie vor in den Köpfen präsent. So wirbt die Tourismusbranche mit Bildern von „verführerischen Südparadiesen", in denen Reisende die exotischen Sitten und Bräuche der gastfreundlichen Einheimischen „entdecken" können. Nicht weniger populär ist das inverse (Feind-)Bild vom Fremden als dem Unberechenbaren, dem Irrationalen, Wahnsinnigen. Folgt man der These vom „Kampf der Kulturen", so ist der Feind des Westens seit dem Ende des Kalten Krieges insbesondere im „islamistischen Gotteskrieger" verkörpert. Tatsächlich haben sich Reichweite und Wirkungsmacht des Bildes vom „islamischen Fundamentalisten" im Anschluss an die Anschläge vom 11. September 2001 noch erhöht.

und kulturtheoretisch informierten Perspektive wird die Welt überhaupt erst real und verständlich, weil sie symbolischer Natur ist, das heißt weil sie aus einer Vielzahl von Deutungen, Sinnzuweisungen und vor allem Grenzziehungen besteht (Lossau 2008). Entsprechend wahr ist daher auch das Wissen, dass es Europa und den Orient wirklich gibt, dass der Orient nicht in Europa liegt und dass er durch eine andere Kultur gekennzeichnet ist. Doch wie kommt es, dass wir dazu neigen, imaginative Geographien als einfache geographische Gegebenheiten zu betrachten – und nicht als komplexe soziale Konstruktionen, die ebenso umstritten wie veränderlich sind?

Eine Antwort auf diese Frage findet sich im **Prinzip der Verortung**. Es besteht darin, Objekte und Identitäten entlang von (vermeintlich) objektiven Unterschieden im Raum festzuschreiben. Zwar bringt dieses Festschreiben unsere komplexe, prinzipiell immer auch anders mögliche Welt in eine augenscheinlich objektive Ordnung und weist uns unseren Platz darin zu. Dabei bleibt aber verborgen, dass erst die Verortung nach dem Muster „hier/dort" die Überzeugung herzustellen vermag, die entstandene Ordnung sei dem Prozess des Verortens vorgängig und die Identitäten seien wirklich

unterschiedlich. Dieser Effekt sei anhand eines Zitats aus „*Orientalism*" verdeutlicht:

„*It is perfectly possible to argue that some distinctive objects are made by the mind, and that these objects, while appearing to exist objectively, have only a fictional reality. A group of people living on a few acres of land will set up boundaries between their land and its immediate surroundings and the territory beyond, which they call 'the land of the barbarians'. In other words, this universal practice of designating in one's mind a familiar space which is 'ours' and an unfamiliar space beyond 'ours' which is 'theirs' is a way of making geographical distinctions that can be entirely arbitrary. I use the world 'arbitrary' here because imaginative geography of the 'our land-barbarian land' variety does not require that the barbarians acknowledge the distinction. It is enough for 'us' to set up these boundaries in our own minds; 'they' become 'they' accordingly, and both their territory and their mentality are designated as different from 'ours'*" (Said 1978).

Said argumentiert in diesen Zeilen, dass die Wirklichkeit durch den Einsatz einer bestimmten **Unterscheidung** erst geschaffen wird. Die vermeintliche Tatsache, dass die Barbaren anders sind als wir, setzt zunächst den Einsatz der Unterscheidung zivilisiert/

barbarisch voraus. In diesem Einsatz vollzieht sich dann, wie im Anschluss an Pierre Bourdieu formuliert werden kann, „eine heimliche Umkehrung von Ursache und Wirkung" (Bourdieu 1997). Dabei wird die Fremdheit der Barbaren zur ideologischen Grundlage für die Errichtung einer Grenze zwischen uns und ihnen – obwohl es doch eigentlich die Grenze zwischen uns und ihnen ist, vermittels der die Barbaren als fremde und homogene Entität erst erschaffen werden. Mit anderen Worten: Wir sehen die Fremdheit der Barbaren, die uns als Legitimation dient, eine Grenze zwischen uns und ihnen zu errichten. Dabei sehen wir nicht, dass die Barbaren uns nur fremd sind, weil wir die Unterscheidung zivilisiert/barbarisch vorgenommen haben.

Der **Prozess der Verortung** wird also entlang einer je spezifischen Unterscheidung vorgenommen, deren Spezifik selbst nicht sichtbar ist. Dass zum Ordnen der Welt auch ganz andere Unterscheidungen eingesetzt und dass die Dinge auch ganz anders verortet werden könnten, wird ausgeblendet. Insofern Said auf den kontingenten Charakter der Verortungspraxis aufmerksam macht, bezieht er Stellung gegen eine Haltung, die man mit Felix Driver als „geographischen Essenzialismus" bezeichnen könnte – *„the notion that there are geographical spaces with indigenous, radically ‚different' inhabitants who can be defined on the basis of some religion, culture, or racial essence proper to that geographical space"* (Said 1978, Exkurs 15.3.2).

Herausforderungen für die Humangeographie

Die Überlegungen von Edward Said lassen sich auf die eingangs erwähnte Vorstellung von der Welt als kulturellem Mosaik übertragen. Aus postkolonialer Perspektive können Deutschland und Afrika, Indien und Mexiko, China und Kanada als Elemente einer **imaginativen Geographie der Welt** betrachtet werden, wie sie bei der „Erfindung" vermeintlich stabiler Identitäten entstehen. Da Identitäten ihre Stabilität umgekehrt erst durch ihre Verortung in vermeintlich natürlichen, homogenen Räumen erlangen, kann man sagen, dass Räume und kulturelle Identitäten in einem Verhältnis der wechselseitigen Konstitution stehen. Dennoch, oder gerade deshalb, kann es eindeutig voneinander abgegrenzte (Kultur-)Räume ebenso wenig per se geben wie essenzialistische und exklusive (kulturelle) Identitäten. Diese Einsicht stellt gerade für die Geographie eine große Herausforderung dar. Lange Zeit wurde im Fach davon ausgegangen, dass sowohl Räume als auch Kulturen der Imagination vorgängig sind, also gewissermaßen auf natürliche Weise existieren und einen wesenhaften Charakter haben. So bestand das Ziel der traditionellen

Geographie als Landschafts- oder Länderkunde darin, unterschiedliche Kulturräume zu erforschen, in denen das physisch-materielle Substrat und die Kultur vermeintlich zu einer Einheit zusammengewachsen waren (Werlen 2000). Vor dem Hintergrund dieses Forschungsprogramms ist die Geographie zu einer **Kolonialwissenschaft** par excellence geworden. Dies zeigt etwa das Beispiel von Friedrich Ratzel (1844–1904), dem Begründer der Anthropogeographie, der als Gründungsmitglied des Deutschen Kolonialvereins und später der Deutschen Kolonialgesellschaft dazu beitrug, das traditionelle geographische Paradigma zu dynamisieren und an den zeitgenössischen Imperialismus anzupassen (Schultz 1998).

Die Verwicklungen zwischen Geographie und Kolonialpolitik kommen aber nicht nur im Werk prominenter Fachvertreter zum Ausdruck. Vielmehr trug das geographische Wissen auf sehr vielfältige Weise dazu bei, koloniales Land zu „entdecken" und zu unterwerfen. Hier sind die Praktiken des Kartierens und Kartographierens ebenso zu nennen wie die territoriale Restrukturierung durch die koloniale Raum- und Stadtplanung; mehr oder weniger willkürliche Grenzziehungen ebenso wie Um- und Neubenennungen geographischer Gegebenheiten, die damit der Deutungsmacht der Kolonialherren unterworfen wurden. Das koloniale Projekt beruhte auf einer ganzen Reihe von Akten „geographischer Gewalt" (Edward Said), deren Ziel darin bestand, den annektierten Raum zu ordnen und seine Bevölkerung durch verwaltungstechnische Maßnahmen unter Kontrolle zu bringen.

Vor diesem Hintergrund bestehen die Herausforderungen der postkolonialen Ansätze zunächst darin, weiter daran zu arbeiten, die kolonialen Dimensionen der geographischen Fachgeschichte aufzuarbeiten. Darüber hinaus ist es aus postkolonialer Sicht aber ebenso wichtig, **(neo-)koloniale Wissensstrukturen** in der heutigen Geographie aufzuspüren und zu überwinden. Gerade die letzte Aufgabe – das Überwinden (neo-)kolonialer Wissensstrukturen – ist sehr schwierig: Eurozentrische Denkmuster und Wissenskategorien sind so fest in unserer Art und Weise, Wissenschaft zu betreiben, verankert, dass es nicht leicht ist, sie überhaupt als solche zu identifizieren. In diesem Zusammenhang hat die Geographin Verena Meier (1998) darauf hingewiesen, dass bereits die auf den ersten Blick harmlosen Bevölkerungsdiagramme in geographischen Lehrbüchern implizite Vorstellungen über die „richtige" Zuordnung von Menschen zu räumlichen Einheiten transportieren und – eingebunden in den Diskurs der „Bevölkerungsexplosion" – unter der Hand Aussagen darüber enthalten, wo Menschen „überzählig" sind und wo nicht. Vergleichbare, nur vermeintlich objektive Wahrheiten

 **Exkurs 15.3.2**

Geographie in Beispielen – zur Verortung der Türkei zwischen Orient und Okzident

Julia Lossau

„Orient" und „Okzident" – die beiden Kategorien rufen eine Kaskade antagonistischer Bilder hervor. Während mit dem **Orient** das Feilschen auf dem gleichnamigen Basar ebenso assoziiert wird wie Märchenhaftigkeit aus „1001 Nacht", steht der **Okzident** für rationale Kalkulation und nüchterne Wissenschaftlichkeit. Aufgrund der Gegensätzlichkeit der jeweiligen Bilderwelten fällt es nicht schwer, einzelne Länder einer der beiden Kategorien zuzuordnen: So gelten Syrien, Ägypten oder Marokko als orientalische Länder, während Deutschland zweifelsfrei als dem Okzident zugehörig betrachtet wird. Was aber ist mit der Türkei? Ist sie ein Teil des Orients oder ein Teil des Okzidents?

Die Antworten auf diese Frage fallen unterschiedlich aus. Einerseits wird die Türkei immer wieder als orientalisches Land dargestellt. Wer denkt beim Stichwort Türkei nicht an Moscheen, an Wasserpfeifen und den obligatorischen Mocca? „C-A-F-F-E-E, trink nicht so viel Kaffee, nicht für Kinder ist der Türkentrank, schwächt die Nerven, macht dich blass und krank. Sei doch kein Muselmann, der das nicht lassen kann": Mit diesem Kanon lernen schon Kinder die Türkei als irgendwie unheimliches, jedenfalls fremdes Land und seine Bewohnerinnen und Bewohner als irrational und unbeherrscht kennen. Andererseits gibt es in den meisten Köpfen auch eine moderne, eine westliche Türkei. Diese Türkei des Okzidents erleben zum Beispiel diejenigen, die beim Urlaub in der Türkei *all modern conveniences* genießen – iro-

nischer Weise auch dann, wenn sie eigentlich auf der Suche nach orientalischer Mystik sind.

Auch in der offiziellen deutschen Politik ist noch nicht abschließend geklärt, wohin die Türkei gehört. Über 40 Jahre nach dem Abschluss eines Assoziationsabkommens zwischen der Türkei und der damaligen EWG ist die **politische Verortung** des Landes immer noch umstritten (Leggewie 2004). Gegen eine Vollmitgliedschaft des Landes in der EU wird eine Reihe von Gründen ins Feld geführt. Hierzu zählen neben der Leistungsfähigkeit der türkischen Wirtschaft vor allem Defizite in den Bereichen Demokratie und Menschenrechte. So wird immer wieder darauf hingewiesen, dass die Kopenhagener Kriterien von der Türkei nur unzureichend erfüllt werden. Als hauptsächliches Hindernis aber müssen wohl die „kulturellen Unterschiede" gelten, auf die insbesondere von konservativer Seite seit Jahren immer wieder verwiesen wird und aufgrund derer dem islamischen Land „ein Platz in der europäischen Zivilisation" verwehrt wird.

Trotz aller Vorbehalte betonen aber auch die konservativen Parteien immer wieder die Notwendigkeit, der Türkei die Tür nach Europa nicht oder wenigstens nicht ganz zu verschließen. Dabei wird zum einen auf die guten Wirtschaftsbeziehungen und zum andern auf die über 2,5 Millionen in Deutschland lebenden türkischen Mitbürger verwiesen, durch die die Türkei mit Europa und insbesondere mit Deutschland verbunden sei. Zudem gilt die Türkei geostrate-

---

werden auch in der Stadtgeographie reproduziert (King 2005). Die Modelle der kulturgenetischen Stadtforschung – allen voran die der orientalischen und der lateinamerikanischen Stadt – zementieren einen westlichen Blick, der die heutigen Städte vor allem als Produkte kolonialer Praktiken betrachtet und lokale, indigene Wissensformen und Widerstände tendenziell unberücksichtigt lässt. Eurozentrische Fallstricke finden sich nicht zuletzt in denjenigen Bereichen der Humangeographie, die sich zum Beispiel mit Migration, der Integration von „Ausländern", ethnischer Segregation oder mit Fragen des Tourismus beschäftigen, sowie in der Geographischen Entwicklungsforschung.

In Anbetracht der Gefahr, **asymmetrische Macht- und Herrschaftsstrukturen** zwischen Zentrum und Peripherie, zwischen dem Eigenen und dem Anderen, zwischen (westlichen) Forschenden und (nichtwest-

lichen) Beforschten zu reproduzieren, ist es aus postkolonialer Sicht notwendig, geographische Forschung in ihren politischen Bezügen zu sehen und zu fragen, wer von welchem Standpunkt aus Wahrheiten über wen produziert, nach wessen Kriterien Wirklichkeiten produziert werden, wer davon profitiert und wessen Wahrheit dadurch marginalisiert wird (Meier 1998). Anstatt auf der Objektivität wissenschaftlicher Aussagen über die postkoloniale Wirklichkeit zu bestehen, muss es darum gehen, Forschungsergebnisse als **strategische Schließungen** mit notwendig partiellem Wahrheitsgehalt anzuerkennen und die eigene Situiertheit bzw. Positioniertheit im Forschungsprozess in Rechnung zu stellen. Auf diese Weise kann daran gearbeitet werden, die (post-)kolonialen Gehalte des eigenen Arbeitens zu reflektieren und geographische Wissensproduktionen kontinuierlich zu „entkolonialisieren".

Abb. 1 Ausländerkinder zwischen zwei Stühlen (aus: ZEITLUPE „Ausländerkinder", Bundeszentrale für politische Bildung/bpb, Bonn 1985).

gisch als wichtiger Partner bzw. Brückenkopf, dem auch in Anbetracht der veränderten Sicherheitslage nach dem Ende des Kalten Krieges noch eine große Bedeutung beigemessen wird.

Diese **Ambivalenz** in der Verortung hat zur Folge, dass die Türkei vielfach als „Land der Gegensätze", als „Land zwischen zwei Welten", „zwischen zwei Stühlen" oder eben „zwischen Orient und Okzident" dargestellt wird. Der daraus resultierende Status des Dazwischen kann jedoch nicht einschließend wirken oder gar, wie es das postkoloniale Konzept der Hybridität impliziert, einen Weg zu einer Politik der Entgrenzung bzw. Dezentrierung aufzeigen. Denn die deut-

sche Identitätspolitik bietet nur wenig Raum für kulturelle Entgrenzung. Oder besser: Sie kann nur wenig Raum für kulturelle Entgrenzung bieten, weil die eigene Identität nur in der Ausgrenzung von Anderen immer wieder normalisiert und fixiert werden kann. Dies zeigt auch das Bild des „Ausländerkindes zwischen zwei Stühlen", das in vielen deutschen Schulbüchern zu finden ist (Kunz 2000). Es schreibt die komplexen Realitäten der in Deutschland lebenden Migranten auf eine binäre Formel fest. Die Position des Dazwischen wird dabei auf eine negative Ambivalenz reduziert, die eine vollständige Aufnahme in den „Raum des Eigenen" letztlich unterminiert (Lossau 2002).

Postkoloniale Ansätze zwischen Identität und Differenz

Die skizzierten Herausforderungen machen nicht nur den theoretischen Reiz der postkolonialen Ansätze aus. Sie verleihen ihnen auch empirische Relevanz in einer Zeit, in der das wohlgeordnete kulturelle Mosaik der Welt in eine verwirrende Unordnung geraten ist. Wer kann heute noch mit Sicherheit sagen, was eigentlich deutsch oder türkisch, indisch oder mexikanisch ist? In diesem Sinn besteht die vielleicht größte Herausforderung der postkolonialen Theorie darin, das Denken in Identitäten – wir Deutschen vs. die Türken – durch ein Denken in Differenzen zu ersetzen, welches die Vielfalt von Weltbildern, Lebensentwürfen und kulturellen Selbst- und Fremdzuschreibungen innerhalb der alten Identitätskategorien anerkennt.

Zwar kommt auch aus postkolonialer Perspektive niemand ohne **Identität** aus. Ohne Identität gäbe es für uns keine Position, von der aus wir unsere Aussagen treffen könnten, keinen Ort, von dem aus wir sprechen könnten: „Es scheint mir, dass die Menschen der Welt nicht handeln, sprechen, etwas erschaffen [...] und reden, über ihre eigene Erfahrung nachdenken könnten, wenn sie nicht von irgendeinem Ort kommen, von irgendeiner Geschichte, wenn sie nicht eine bestimmte kulturelle Tradition erben" (Hall 1999). Identität ist aber nur die eine Seite der postkolonialen Medaille – Differenz die andere. **Differenz** bedeutet, die Vielfalt von Positionen anzuerkennen und sich die Partialität des eigenen Standpunkts, der eigenen Positioniertheit, der eigenen Perspektive bewusst zu sein: „Das Sprechen muss einen Ort und eine Position haben [...]. Erst wenn ein Diskurs vergisst, dass er verortet ist, versucht er für alle zu sprechen" (Hall 1994).

Vor diesem Hintergrund zielen die postkolonialen Ansätze darauf ab, Identität nicht mehr im essenzialistischen, sondern im differenten Sinne zu denken. Sie erkennen Differenz als Kennzeichen von Identität an und machen darauf aufmerksam, dass es Unterscheidungen sind, die Identität erst möglich machen.

Poststrukturalismus und Diskursforschung in der Humangeographie

Georg Glasze und Annika Mattissek

Wie lässt sich verstehen, dass die Grenzen Europas in verschiedenen sozio-politischen und historischen Kontexten sehr unterschiedlich gezogen wurden und werden und dabei die „Identität Europas" jeweils ganz anders bestimmt wird? Warum kann ein Taifun als „Naturkatastrophe", als „Strafe Gottes" und als „Konsequenz des anthropogenen Klimawandels" bewertet werden? Poststrukturalistische Ansätze wie insbesondere die poststrukturalistischen Diskurstheorien bieten die Chance, die **Herstellung von Bedeutungen** und damit die Produktion spezifischer sozialer Wirklichkeiten sowie die damit verbundenen Machteffekte zu konzeptionalisieren. Damit kann die Diskursforschung der Humangeographie neue Antworten auf die skizzierten Fragestellungen geben sowie weitere Fragestellungen eröffnen. Gegenstand der Diskursforschung sind überindividuelle Strukturen des Denkens, Sprechens, Sichselbst-Begreifens und Handelns sowie die Widersprüche, Brüche und Veränderungen dieser Strukturen. Indem bestimmte Diskurse hegemonial und andere marginalisiert werden, werden bestimmte Wahrheiten und letztlich bestimmte soziale Wirklichkeiten hergestellt. Hierin liegt der Machteffekt von Diskursen. Die humangeographische Diskursforschung untersucht dabei insbesondere, welche Rolle die diskursive Herstellung bestimmter Räume (im Sinne der Abgrenzung, Benennung, Kategorisierung, Bewertung sowie der materiellen Produktion) für die Etablierung bestimmter sozialer Wirklichkeiten hat.

Konzeptionelle Grundlagen von Poststrukturalismus und Diskurstheorie

Poststrukturalismus und Diskurstheorie sind aus Sicht der Humangeographie zunächst Theorieimporte. Ihre Wurzeln entstammen dem Theoriegebäude des Strukturalismus. Dabei handelt es sich um eine **Makrotheorie**, die Aussagen darüber macht, wie Bedeutungsmuster und gesellschaftliche Strukturen entstehen. Um den analytischen Mehrwert dieser Perspektiven für humangeographische Anwendungsbereiche zu verstehen, ist es notwendig, zunächst einige Basisannahmen strukturalistischer und poststrukturalistischer Theoriebildung kurz zu umreißen.

Grundsätzlich versteht der Strukturalismus Formen gesellschaftlicher Sinnproduktion, wie zum Beispiel die Bedeutung, die bestimmten Kleidungsstücken, Architektur, Stadtquartieren oder Regionen beigemessen wird, nicht als Ausdruck von deren „inneren Eigenschaften", sondern als Ergebnis von deren Stellung in bestimmten symbolischen Systemen, von denen das wichtigste die Sprache ist. Deshalb spielen für die strukturalistische Theoriebildung die **strukturalistischen Sprachwissenschaften** eine zentrale Rolle. Der Schweizer Linguist Saussure verwirft die Vorstellung, dass (Sprach-)Zeichen die Welt einfach so abbilden können „wie sie ist" (also das Repräsentationsmodell von Sprache). Sprache wird vielmehr als produktives System von Zeichen konzipiert, das erst Bedeutung herstellt. Nach Saussure vereinigt das sprachliche Zeichen das Bezeichnende (den Signifikanten) und das Bezeichnete (das Signifikat). So verweist die gesprochene Laut- bzw. die geschriebene Buchstabenfolge „H u n d" (der Signifikant) auf das Konzept bzw. die physische Vorstellung „Hund" (das Signifikat). Kernidee von Saussure ist nun, dass diese Beziehung zwischen Signifikanten und Signifikat arbiträr ist. Isoliert betrachtet, könnte das geschriebene oder gesprochene Wort „H u n d" auch auf irgendein anderes Konzept verweisen.

Aber auch die Konzepte gehen nicht dem Sprachsystem voraus. Wäre dies der Fall, dann müssten in allen Sprachen die gleichen Konzepte existieren, die nur mit jeweils anderen Signifikanten verknüpft wären. **Übersetzung** wäre dann immer einfach und präzise. Viele Konzepte existieren aber nur in bestimmten Sprachen, in anderen jedoch nicht. Übersetzung ist daher immer mit Schwierigkeiten verbunden (Husseini 2009). Das Konzept „Heimat" der deutschen Sprache existiert zum Beispiel in vielen anderen Sprachen überhaupt nicht. Dies zeigt, dass auch die Signifikate nicht dem Sprachsystem vorausgehen, sondern erst im Sprachsystem gebildet werden. Sprache wird gedacht wie ein Netz (Phillips & Jørgensen 2002, Abb. 15.3.3). Das heißt, im strukturalistischen Denken wird Bedeutung als ein Effekt der Differenzierung von Einheiten gedacht, die für sich alleine ohne Bedeutung sind. Bedeutung wird danach als analysierbarer und eindeutig identifizierbarer Effekt einer Struktur betrachtet.

Poststrukturalistische Ansätze gehen wie strukturalistische Ansätze davon aus, dass Bedeutung ein **Effekt relationaler Abgrenzungsbeziehungen** ist. Im Gegen-

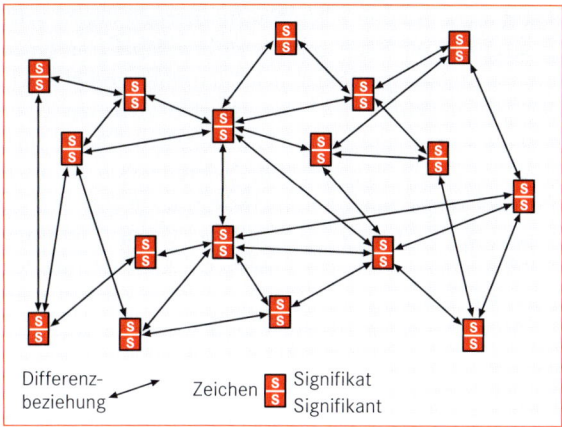

Differenz-beziehung → Zeichen [S/S] Signifikat / Signifikant

Abb. 15.3.3 Die Fixierung von Bedeutung in einer strukturalistischen Perspektive.

satz zum Strukturalismus betonen die poststrukturalistischen Arbeiten jedoch, dass je nach Kontext unterschiedliche Differenzierungen und damit immer wieder neue Bedeutungen möglich sind. So ist auch zu erklären, dass ein und dasselbe Wort in verschiedenen Kontexten immer wieder unterschiedliche Bedeutungen haben kann. Die Wortfolge „elfter September" hat heutzutage beispielsweise andere Bedeutungen als noch in den 1990er-Jahren. Und die Bedeutung des Wortes „Hund" ändert sich je nachdem, ob von Tieren in einem Hundesportverein oder zum Beispiel von Autohändlern die Rede ist – ohne dass aber dann jeweils genau eine Bedeutung feststehen würde. Die Suche des Strukturalismus nach invarianten und ewig gültigen Gesetzen muss daher scheitern. Entsprechend verhält es sich auch mit „raumbezogenen" Begriffen. Das Wort „Deutschland" bezeichnet zum einen denjenigen Raumausschnitt, der über gesellschaftliche Konventionen, wie etwa politische Grenzziehungen, auf der Erdoberfläche lokalisiert werden kann. Darüber hinaus dienen Bezüge auf „Deutschland" und „Deutsch-sein" vielfältigen Formen der Identifikation und Abgrenzung, die sowohl historisch als auch abhängig von den jeweiligen Bezugskontexten variieren und zur Legitimation und Begründung unterschiedlicher Praktiken dienen. Letztlich lässt sich aber für solche „raumbezogenen" Signifikanten keine endgültige Bedeutung festmachen.

Diskurse als machtvolle Stabilisierungen veränderlicher Bedeutungen

Die poststrukturalistisch orientierte **Diskurstheorie** interessiert sich vor diesem Hintergrund für die Frage,

wie angesichts der Veränderlichkeit und Flüchtigkeit von Bedeutungen dennoch immer wieder bestimmte Bedeutungen und bestimmte soziale Wirklichkeiten reproduziert werden. Das zentrale Argument der Diskurstheorie ist, dass Bedeutungen und soziale Wirklichkeiten dadurch reproduziert werden, dass regelmäßig bestimmte Elemente in einer bestimmten Art und Weise miteinander verknüpft werden. Diskurse sind danach als **partielle und temporäre Fixierungen** von Bedeutungen zu sehen.

Wenngleich diskurstheoretische Arbeiten empirisch oftmals auf sprachliche Prozesse fokussieren, lassen sich die Vorstellungen zur sprachlichen Bedeutungskonstitution prinzipiell auch auf nichtsprachliche Zusammenhänge, etwa Bilder, Karten, Filme, Architekturen oder Alltagspraktiken, übertragen. Die Arbeiten der **Kritischen Kartographie** zeigen beispielsweise in Bezug auf dieses zentrale geographische Arbeitsmedium, dass auch Karten sinnvollerweise nicht als „Abbilder der Erdoberfläche" konzipiert werden können, sondern dass Karten benennen, abgrenzen, positionieren, ausrichten und so weiter und damit bestimmte Weltbilder (re-)produzieren und andere ausblenden bzw. marginalisieren. Arbeiten des Postkolonialismus und der Genderforschung haben deutlich gemacht, dass auch die Wahrnehmung und Konstituierung von Körperlichkeit, Ethnizität und Geschlechtlichkeit als diskursiv hergestellt interpretiert werden kann – als konstituiert durch die regelmäßige Verknüpfung spezifischer nichtsprachlicher und sprachlicher Praktiken (Butler 1990, 2004). Postkolonialismus und Genderforschung machen dabei insbesondere auch die gesellschaftliche Brisanz und die politischen Implikationen einer solchen Perspektive deutlich. Denn sie zeigen auf, dass viele der im Alltag westlicher Gesellschaften als „objektiv wahr" geltenden Annahmen, Identitäts- und Weltkonstruktionen nur spezifische, nämlich euro- bzw. androzentristische soziale Wirklichkeiten sind. Daneben existieren andere soziale Wirklichkeitsentwürfe, die unterdrückt und ausgeschlossen werden.

Besonders eindrücklich zeigen sich die Machteffekte dieser Wirklichkeitskonstruktionen, wenn es um die Konstitution von Subjekten und Identitäten geht, wobei hier aus einer humangeographischen Perspektive vor allem Identitätskonstruktionen in den Fokus rücken, die sich auf bestimmte Räume beziehen. Denn ähnlich wie in Bezug auf sprachliche Bedeutungen gehen poststrukturalistische und diskurstheoretische Ansätze auch in Bezug auf Subjektivität und Identitäten davon aus, dass diese nicht gegeben und quasi im Individuum verankert sind, sondern verstehen diese als permanent veränderbar und in sich widersprüchlich. Damit kritisieren sie grundlegend das Subjektverständnis der westlichen Moderne mit ihrer Vorstellung autonomer und rationaler Akteure mit gegebenen Identitäten und daraus abgeleiteten Intentionen.

Eine solche Perspektive führt zu grundlegend veränderten Fragestellungen in Bezug auf die Alltagspraktiken von Individuen. Steht im Mittelpunkt von **akteurs- und handlungszentrierten Ansätzen** die Frage, durch welche Intentionen und Motivationen Handlungen angetrieben werden (für die Sozialgeographie Kapitel 16, für die Politische Geographie Kapitel 19), fragen **diskurstheoretische Ansätze** vielmehr danach, wie Individuen in gesellschaftlich machtvollen Wirklichkeitskonstruktionen überhaupt erst auf die Idee gebracht werden, dass bestimmte Praktiken sinnvoll, angemessen oder wünschenswert sind. Aus einer solchen Perspektive kann dann beispielsweise untersucht werden, wie und vor allem in Abgrenzung zu wem sich bestimmte ethnische, geschlechtsbezogene und/oder raumbezogene Identitäten kontextabhängig konstituieren und welche Machtbeziehungen damit reproduziert werden. Für die Humangeographie ist dabei insbesondere von Interesse, wie die Abgrenzung des „Eigenen" und des „Anderen" durch die Verknüpfung mit raumbezogenen Differenzierungen (wir/hier versus die anderen/dort) naturalisiert wird.

Mit der damit einhergehenden Überwindung der Vorstellung allgemeingültiger Wahrheiten in den Sozial- und Kulturwissenschaften verbindet sich eine Absage an die Idee objektiver wissenschaftlicher Beschreibungen. Damit ändert sich auch die gesellschaftliche Rolle von Sozial- und Kulturwissenschaft im Allgemeinen und der Humangeographie im Besonderen – Ziel kann nicht länger sein, vermeintlich universal richtige und objektive Beschreibungen zu liefern. Vielmehr geht es darum zu verdeutlichen, dass vielfach als natürlich und unumstößlich repräsentierte Kategorien und Konzepte diskursiv hergestellt und machtgeladen sind, damit immer kontingent und veränderlich. Die Offenlegung der Strukturprinzipien gesellschaftlicher Sinnproduktion zielt im Sinne einer **„Öffnung des Diskurses"** also darauf ab, die Diskussion um zusätzliche Optionen zu erweitern, marginalisierte Positionen stärker ins Blickfeld zu rücken und vermeintlich „natürliche" Objektivierungen zu hinterfragen und aufzubrechen.

Humangeographische Diskursforschung

Diskurstheoretische Ansätze haben in einer Vielzahl sozial- und kulturwissenschaftlicher Disziplinen in den letzten Jahren an Aufmerksamkeit gewonnen. In der deutschsprachigen Humangeographie ist die Hinwendung zu diskurstheoretischen Ansätzen eng verknüpft mit der Rezeption von Ansätzen des *cultural turn* und

damit der konzeptionellen **Neufundierung der Kulturgeographie**. Wichtige Impulse kamen dabei zum einen aus der englischsprachigen *new cultural geography* sowie den poststrukturalistisch orientierten Arbeiten einer Postkolonialen und einer Feministischen Geographie. Die deutschsprachige Debatte zeichnet sich dadurch aus, dass enge interdisziplinäre Kontakte zur sozial-, sprach- und kulturwissenschaftlichen Diskursforschung bestehen, dass auch eine Auseinandersetzung mit den (vielfach französischen) Originalautoren gesucht wird und Fragen der empirischen Operationalisierung eine wichtige Rolle spielen (Kapitel 7 zu Methoden der Diskursanalyse).

Thematisch ist die humangeographische Diskursforschung durch Schwerpunktsetzungen auf Fragen der Konstruktion von Räumen und der Konstitution von Gesellschaft-/Umweltverhältnissen gekennzeichnet (Glasze & Mattissek 2009). Im Folgenden werden beispielhaft vier zentrale Themenfelder humangeographischer Diskursforschung vorgestellt.

Grenzziehungsprozesse, Territorialisierungen und raumbezogene Identitäten

Mit der Abkehr von der Vorstellung gegebener Räume und gegebener Identitäten rücken die diskursiven Prozesse ins Blickfeld, in denen räumliche Grenzen gezogen werden und raumbezogene Identitäten konstituiert werden. Insbesondere eröffnen sie neue Perspektiven darauf, wie räumliche Differenzierungen („hier/dort") mit sozialen Differenzierungen verknüpft werden und wie dadurch Bereiche des „Eigenen" und des „Fremden" abgegrenzt werden. Solche **Verräumlichungen** haben enorme gesellschaftliche Auswirkungen, da sie die (komplexe und widersprüchliche) soziale Welt in vermeintlich homogene Einheiten einteilen und damit Freund- und Feindbilder etablieren, die auf den unterschiedlichsten Maßstabsebenen handlungsrelevant werden (Strüver 2005a, Glasze & Pütz 2007).

Steuerung von raumbezogenen Praktiken

Die Frage, wie sich Regelmäßigkeiten raumbezogener Praktiken erklären lassen, ist eines der zentralen Themen der Humangeographie. Diskurstheoretische Ansätze erklären diese als Konsequenz von Denk- und Wahrnehmungsmustern, die zu bestimmten Zeiten und in bestimmten Kontexten hegemonial sind, und deren Interaktionen mit materiellen Arrangements (Mattissek 2008). Ein Beispiel hierfür sind Sicherheitspolitiken in deutschen Städten. Diese unterlagen im letzten Jahrzehnt einem diskursiven Wandel, in dem die Grenzen dessen, was als „Sicherheitsrisiko" betrachtet wird, auf

Tätigkeiten wie „Herumlungern", „Störungen der öffentlichen Ordnung" und Beeinträchtigungen der Sauberkeit ausgedehnt wurden. Durch diese **gewandelten Deutungsmuster** wurden Praktiken wie Videoüberwachung und Patrouillen privater Sicherheitsdienste legitimiert (Glasze et al. 2005, Mattissek 2005, Schreiber 2005, Belina 2006, Füller & Marquardt 2008).

Kulturelle Geographien der Ökonomie

Die wissenschaftliche Beschäftigung mit dem Verhältnis von Ökonomie und Raum war (und ist) im raumwirtschaftlichen Paradigma von der Suche nach allgemeinen Gesetzmäßigkeiten und optimalen Lösungen, zum Beispiel für **Standortentscheidungen**, geprägt. So wurde insbesondere in der Wirtschaftsgeographie eine Reihe von Modellen entwickelt, die zum Ziel hatten, allgemeine Gesetzmäßigkeiten raumrelevanter wirtschaftlicher Handlungen aufzuzeigen. Diskurstheoretisch motivierte Ansätze haben eine andere Perspektive. Sie können in diesem Kontext einen Beitrag sowohl zu wissenschaftlichen als auch zu politisch-planerischen Debatten leisten, indem sie „wirtschaftliche Notwendigkeiten" und „ökonomische Gesetzmäßigkeiten" als spezifische Diskursstrukturen verstehen. Damit wird es möglich, wirtschaftliche Zusammenhänge – genau wie andere Formen gesellschaftlicher Strukturierung – als sozial hergestellte, das heißt kulturelle und damit veränderliche und hinterfragbare Konstruktionen zu thematisieren (Boeckler & Berndt 2005). In anderen Worten: Auch die Gesetze der Wirtschaft, des Marktes und ihrer vielfältigen räumlichen Ordnungen sind in dem Sinne politisch, dass sie auf Entscheidungsprozessen und Hegemonialisierungen beruhen.

Konstitution von Gesellschaft-Umwelt-Beziehungen

Aus einer diskurstheoretischen Perspektive lassen sich nicht nur innergesellschaftliche Differenzierungsprozesse, sondern auch Fragestellungen im Bereich der sogenannten Gesellschaft-Umwelt- bzw. Mensch-Natur-Beziehungen neu interpretieren, indem die vermeintliche Gegebenheit von „Natur" bzw. „Umwelt" aufgebrochen und herausgearbeitet wird, wie jeweils die **Grenze zwischen Mensch und Natur** bzw. Gesellschaft und Umwelt gezogen wird und wie sich diese Grenzziehungen historisch verändert haben. Die Frage danach, ob Überschwemmungen, Dürren oder andere klimatische Extremereignisse als „natürlich" und damit als außerhalb des Einflusses von Menschen stehend oder aber als Ausdruck des anthropogenen Klimawandels interpretiert werden, lässt sich danach also nur dann beantworten, wenn herausgearbeitet werden kann, wie „Natur" in

einem bestimmten diskursiven Kontext konstituiert wird (Kapitel 27; Flitner 1998, Zierhofer 1998).

Zusammenfassung

Poststrukturalismus und Diskurstheorie öffnen der Humangeographie den Blick dafür, dass die Art und Weise, wie Individuen die Welt wahrnehmen, welche Schlüsse sie aus diesen Wahrnehmungen ziehen, was sie für richtig und für falsch halten und welche Praktiken sich daraus ergeben, von den gesellschaftlich etablierten Deutungsmustern abhängen, in die Menschen jeweils eingebettet sind. Für die Humangeographie bieten diese Ansätze insbesondere das Potenzial, Räume, raumbezogene Identitäten sowie die Vorstellungen von Natur und Umwelt als hergestellt, damit kulturell und veränderbar und folglich als „politisch" zu konzeptionalisieren.

Geographien des Performativen

Marc Boeckler und Anke Strüver

Auf den ersten Blick mag es merkwürdig erscheinen, wenn sich Geographen mit den Choreographien bewegter Körper in Fußgängerzonen, mit den gequälten Gesichtern von Marathonläufern im Stadtpark oder den tänzelnden und zappelnden Gliedmaßen von Brokern auf dem Börsenparkett beschäftigen. Es mag verwundern, dass sich überhaupt jemand mit diesen **räumlichen Inszenierungen von Alltagspraktiken** beschäftigt. Allerdings übersieht man in diesem Fall ein grundlegendes Problem konventioneller Sozialtheorien, für das die Geographien des Performativen fragend nach Lösungen suchen: die Erforschung der Veränderbarkeit gesellschaftlicher Phänomene. Sozialwissenschaftler sind lange Zeit von einer quasi-natürlichen Kontinuität und Stabilität des Sozialen ausgegangen und haben dafür je nach Perspektive die Begriffe Struktur oder (routinisierte) Handlung in Anschlag gebracht. Die grundlegende Einsicht des poststrukturalistisch inspirierten *cultural turn* in die Unabschließbarkeit von Bedeutungs- und Sinnzuschreibungen hat diese Ausgangsthese allerdings grundlegend erschüttert. Insbesondere die philosophischen Beiträge von Jacques Derrida (1976, 1986) und Gilles Deleuze (1968) konnten einflussreich auf die Unmöglichkeit identischer Wiederholungen hinweisen, von denen man lange unhinterfragt ausgegangen war.

Derridas Konzept der *différance* beschreibt Bedeutungserzeugung als Prozess, der über die Doppelstrategie von Verschiedenheit (Vielfalt) und Verschiebung (Wandel) funktioniert. Jede Wiederholung einer sozialen Praxis ist notwendigerweise anders als die zu wiederholende Praxis selbst, weil sich sonst beide an der identischen Raum-Zeit-Stelle befinden müssten. Selbst scheinbar identische Wiederholungen, wie beispielsweise das Zitieren eines Zeichens, verknüpfen die zeitliche Auf- und die räumliche Verschiebung mit Andersheit und Veränderung. Diese Einsicht löst eine **Revolution des Denkens** aus. Nicht länger kann davon ausgegangen werden, dass der Ausgangspunkt von Gesellschaft in der stabilen Differenz bestehender Identitäten zu suchen ist. Vielmehr ist es der Prozess fortwährender Differenzierung ohne originäres Zentrum oder Fundament, der Gesellschaft als ein instabiles Beziehungsgeflecht hervorbringt. Differenz löst sich in der Bewegung der Differenzierung auf, Identität geht in unabschließbare Identitätsprozesse über (Boeckler 2005, Strüver 2005b). Kurz: Fortan steht die Frage nach den **Herstellungsweisen von Gesellschaft** im Mittelpunkt. Das ist der Ausgangspunkt für eine poststrukturalistisch verankerte Humangeographie und radikalisiert findet sich der Umgang mit dieser Einsicht in den Geographien des Performativen.

Performanz und Performativität

Der Sprachphilosoph John Austin (2002 [1962]) hat seine Begriffsschöpfung „performatorisch" bzw. „performativ" selbst als ein „garstiges Wort" beschrieben und wollte ihm keine große Bedeutung beimessen. Hier hat er sich geirrt. Mit dem Neologismus **„performative Äußerungen"** bezeichnete Austin die damals revolutionäre Entdeckung, dass mit Sprache nicht nur Fakten beschrieben oder Sachverhalte behauptet werden, sondern dass eine sprachliche Äußerung die Handlung, die sie benennt, vollzieht, dass sie „konstituiert, was sie konstatiert" (Krämer & Stahlhut 2001; Abb. 15.3.4): Wenn zum Beispiel ein Dozent im universitären Seminar vor den Versammelten stehend die Worte „Ich darf Sie herzlich zur ersten Stunde in diesem Semester begrüßen" ausspricht, dann wird die Begrüßung nicht nur behauptet, sondern die Handlung der Begrüßung wird vollzogen. Gleichzeitig wird mit dieser sprachlichen Platzierung eine sozial-räumliche Differenzierung zwischen sitzenden Studierenden und stehenden Lehrenden einbezogen, aktualisiert und vorübergehend stabilisiert.

Austins garstige Neuschöpfung sollte sich als äußerst produktiv erweisen. Austin (2002 [1962]) hatte bei seiner Diskussion von Performativität noch „unernste", insbesondere zitatförmige Äußerungen als nicht handlungsrelevant ausgeschlossen. Insbesondere diese Be-

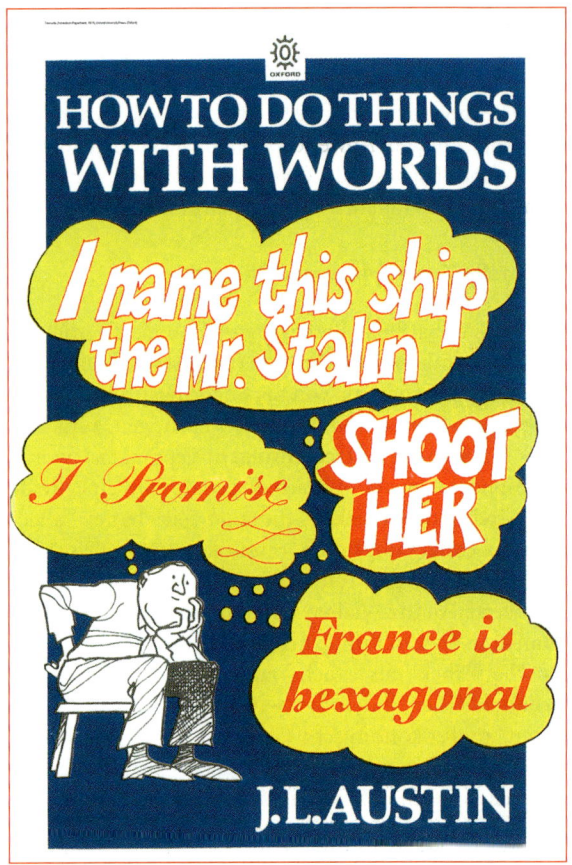

Abb. 15.3.4 *„How to do things with words"* – Titelseite der englischen Taschenbuchausgabe (2. Auflage, Oxford University Press, Oxford, 1976).

hauptung hat die dekonstruktivistische Lektüre des Begriffs durch Derrida (1976) und andere stimuliert und schließlich deutlich gemacht, dass alle performativen Aussagen, um gelingen zu können, notwendigerweise als Zitat identifizierbar sein müssen.

Heute zeigt sich das Performative als eine **kulturtheoretische Grundperspektive**, die in so unterschiedlichen Disziplinen zur Anwendung kommt wie Sprachphilosophie und Soziologie, Linguistik und *Gender Studies*, Ethnologie und Theaterwissenschaften, Germanistik und Geographie. Humangeographisch wird von der Performativität von Immobilienmärkten gesprochen, die Performativität ökonomischer Modelle wird genauso thematisiert wie die von Landkarten oder die performative Konstruktion von Identität, Körper und Geschlecht. Stadt wird zu einer Performanz, und die Symbolik von Räumen ist ein performatives Event. Die Rekonstruktion der Performativität von touristischen Räumen und Erinnerungsorten ist unter dem Label des

Performativen ebenso ein Thema wie Tanz, Country-Musik, Oper, Urlaubsfotografie oder die Analyse von Praktiken des Wartens, Gehens, Hörens, Schauens und Fühlens.

Die vielfältigen Anwendungsfelder deuten an, dass Austins spezifisches Begriffsverständnis in der jüngeren sozial- und kulturwissenschaftlichen Rezeption eine Ausweitung zu **allgemeinen Begriffen des Performativen** erfahren hat, die trotz ihrer Vielfalt und mitunter auch Widersprüchlichkeit über die polyseme adjektivische Ableitung (performativ) der beiden Begriffe „Performativität" und „Performanz" verbunden bleiben. Während Performativität auf den wirklichkeitskonstituierenden Aspekt sozialer Praktiken zielt, nimmt Performanz stärker den Auf- und Ausführungscharakter dieser Praktiken in den empirischen Blick. Beide Positionen stehen gemeinsam im Zentrum einer praxistheoretischen Neubestimmung allgemeiner Sozialtheorie und teilen als Ausgangspunkt den Vollzugscharakter sozialer Wirklichkeit. Daraus folgen weitere konzeptionelle Verschiebungen, die trotz sehr unterschiedlicher Schwerpunktsetzung von performativen Ansätzen geteilt werden, und die in sehr vielfältiger und unterschiedlicher Weise auch für entsprechend ausgerichtete Forschungen aus humangeographischer Sicht Bedeutung besitzen.

Erstens werden Materialität im Allgemeinen und menschliche Körper im Besonderen jenseits der sprachlichen Bedeutungszuschreibung ernst genommen. Allerdings nicht in essenzialistischer Absicht. Vielmehr wird gefragt, wie menschliche Körper in diskursive Subjektivierungsprozesse eingelassen sind. **Geschlechtsidentität** beispielsweise wird dann nicht einem vorgängig biologisch definierten männlichen oder weiblichen Körper eingeschrieben, sondern die Materialisierung des geschlechtlichen Körpers selbst ist untrennbar verknüpft mit der „Macht des Diskurses, das hervorzubringen, was er benennt" (Butler 1997).

Performative Ansätze sind aber auch für eine **Materialität sozialer Prozesse** sensibilisiert, die über den menschlichen Körper hinausgeht. Schließlich sind an der praktischen Verwirklichung von Gesellschaft auch zahlreiche nichtmenschliche, sozio-technische Akteure mit handlungsgenerierenden Kompetenzen beteiligt. Das „Handy" macht nicht nur sprachlich die Hand zum Telefon und das Telefon zur Hand. Versteht man Gesellschaft als eine praktische Versammlung von Assoziationen, dann bringt die klug gewordene Mobiltelefon-Mensch-Software-Assemblage (Smartphone) beispielsweise ein *geosocial network* hervor, das in Metropolen des Nordens menschliche Körper durch die verortete Präferenzhierarchie digitaler Freundeskreise navigiert. In entlegenen Gebieten Ostafrikas transformiert diese Assemblage Kleinbauern zu Mikroversiche-rungsnehmern und verknüpft sie mit einem global gespannten Kalkulationsapparat, der die Beziehung von bäuerlicher Existenz und natürlichen Klimaereignissen über das Mobiltelefon neu justiert.

Außerdem beabsichtigen performative Geographien, die Beschäftigung mit sozialen Phänomenen auch methodisch wieder zum Leben zu erwecken. Hat man sich bis vor Kurzem vor allem mit in Texten, Bildern, Fragebögen, Interviewtranskripten, Statistiken und so weiter geronnenen, gewissermaßen verstorbenen Praktiken beschäftigt – *„dead geographies – and how to make them live"* (Thrift & Dewsbury 2000, Thrift 2008), zelebrieren Geographien des Performativen die Kunst der **Herstellung von Gegenwart**: *„the world is always in process, becoming and thereby encountering"* (Thrift 1997). Wenn Gesellschaft in alltäglichen Praktiken auf- und ausgeführt wird, dann gilt es auch für Projekte aus Sicht einer alltagsweltlich ausgerichteten Humangeographie, sich diesen körperlichen Performanzen methodisch selbst zu nähern, teilzunehmen und den lebhaften Inszenierungen so nahezukommen wie nur möglich.

Weiterhin und als direkte Folge dieser methodischen Reorientierung stellen sich die theoretische Frage nach der Referentialität von Praktiken und die epistemologische Frage nach Darstellungsweisen jenseits des engen Spektrums textlicher Repräsentation. Hier bietet sich eine Art *„more-than-representational"-theory* im Sinne Lorimers (2005, 2010) an, die zwar ebenfalls der Ebene des Textes bei der Darstellung wissenschaftlicher Ergebnisse nicht entkommen kann, aber zumindest mit poetischeren und dramatischeren Stilmitteln beobachtete Praktiken lebendig wiederzugeben versucht.

Identität

Geographien des Performativen haben durch ihre Beschäftigung mit den Herstellungs- und Veränderungsprozessen sozialer und räumlicher Wirklichkeiten insbesondere zur Auseinandersetzung mit Identität, Identitätsarbeit und Identitätspolitiken beigetragen. „Identität" macht das „Selbst" in der Eigen- und Fremdwahrnehmung verständlich, ist aber niemals „selbstverständlich". **Subjektidentität** ist weder naturgegeben noch unveränderlich, vielmehr ist sie Ausdruck individualisierender Identifikationsprozesse innerhalb herrschender Gesellschaftsordnungen und diese Identifikationsprozesse bestehen aus der sprachlichen Platzierung entlang sozioökonomischer und räumlicher „Kenn-Zeichen".

Vor diesem Hintergrund hat sich insbesondere Judith Butler (1997, 1998) auf die identitätskonstituierenden Funktionen von performativen Sprechakten bzw. deren Wiederholungen und Verschiebungen konzentriert. Sie verdeutlicht dies anhand ihrer Anmerkungen über das biologische Geschlecht. Aber auch die Praxis, einen Namen zu erhalten, gehört nach Butler zu den Bedingungen, durch die sich Subjektidentität performativ konstituiert und auf „seinen Platz verwiesen" wird (Abb. 15.3.5) Die Benennung wiederum ist kein rein sprachlicher Akt, sondern immer auch eine performative Praxis der Hervorbringung und temporären Fixierung von Normen und Formen: „Tatsächlich besteht die Norm nur in dem Ausmaß als Norm fort, in dem sie in der sozialen Praxis durchgespielt und durch die täglichen sozialen Rituale des körperlichen Lebens" (re)produziert wird (Butler 2009).

Damit konzentriert sich Butler auf den ritualisierten, zitierenden und sich wiederholenden Charakter von **Sprechakten** und deren Effekte für die Identitätskonstitution, die häufig als scheinbar natürliche Ausdrucksformen unhinterfragt bleiben, ein Aspekt, der aus Sicht der Humangeographie auch für raumbezogene Elemente von Identitätskonstruktionen gilt und an entsprechenden Beispielen untersucht werden kann.

Ökonomisierung

Auf performative Ansätze trifft man in jüngerer Zeit auch in Feldern, die sich gegenüber kulturtheoretischen Reflexionen als widerständig erweisen. Als vielversprechend hat sich hier die Beschäftigung mit ökonomischen Gegenständen erwiesen. Betrachtet man die Ökonomie als Vollzugswirklichkeit im oben skizzierten

Verständnis, dann stellt sich die Frage nach Inszenierungen ökonomischer Rollen und performativen Subjektivierungsprozessen, die beispielsweise Manager oder Börsenmakler hervorbringen (Thrift 2002), nach der Performativität ökonomischer Modelle und nach der Materialität ökonomischer Praktiken. Der Computerbildschirm, mit dem ein Aktienhändler interagiert, ist keineswegs nur ein technisches Instrument, das Informationen zu Märkten abbildet, sondern der Schirm ist die **lokale Realisierung eines globalen Markts** und als solcher ein sozio-technischer Akteur, der über die eingelassene Reaktionsanwesenheit globale Mikrostrukturen ökonomischer Wirklichkeit schafft (Knorr Cetina & Bruegger 2002).

Eine besondere Rolle nimmt in diesem praktischen Herstellungsprozess die wissenschaftliche Disziplin der **Ökonomik** ein. Mit seiner revolutionären Einsicht, „*economy is embedded in economics, not in society*" hat Michel Callon (1998, 2007) gezeigt, wie Ökonomen die ökonomische Wirklichkeit nicht nur erklären und beschreiben, sondern im performativen Vollzug selbst herstellen. Mit Blick auf eine neoliberal orientierte Weltpolitik lautet die zentrale Frage dieses Ansatzes, durch welche konkreten Übersetzungsprozesse (Rekonfiguration von Menschen und Dingen, Ansprüchen, Argumenten und Legitimitäten) die ökonomische und gesellschaftliche Wirklichkeit jenen Laborbedingungen angepasst wird, unter denen marktradikale Modelle neoklassischer Ökonomik funktionieren können. Wie wird beispielsweise rationale Kalkulation atomisierter Individuen möglich, wie es neoklassischen Modellen als

Abb. 15.3.5 Vornamen als Beispiel für sozioökonomische, körperliche und räumliche „Platzierungen" im Prozess der performativen Fremd- und Selbstidentifikation – einschließlich ihrer Veränderbarkeit.

Annahme zugrunde liegt? Dabei mutieren so scheinbar unbedeutende Apparaturen wie Supermarktregale und Einkaufswagen zu mikrogeographisch relevanten Kalkulationsapparaten, die über den evaluatorischen Vergleich und das räumliche Arrangement von Produkten eine Individualisierung der Konsumierenden ermöglichen. Auch professionelle Marktforschung kann mit ihren Kundenbindungsinstrumenten so gelesen werden, dass mit der Vermessung konsumtiver Präferenzen individualisierte Angebote geschaffen werden, die ihrerseits Konsumierende weiter individualisieren.

Einen wichtigen Bestandteil des performativen Ökonomisierungsprozesses stellen auch jene Ökonomen dar, die außerhalb des akademischen Betriebs an der marktförmigen Gestaltung gesellschaftlicher Praktiken mitwirken. So können Wirtschaftsberater die Einrichtung anonymisierter, auktionsgesteuerter Produktmärkte entlang ihres akademisch vermittelten Lehrbuchwissens vorantreiben (Garcia-Parpet 2007) oder als Entwicklungsexperten das wissenschaftliche Konzept der *Global Commodity Chains* in ein entwicklungspolitisches Instrument für die marktorientierte Förderung von Agrarökonomien des globalen Südens übersetzen. Ökonomik, so könnte man zusammenfassen, wird unter der Perspektive des Performativen zu einem grundlegend kulturalisierten Projekt, das mit Nachdruck daran arbeitet, die Welt, in der wir leben, den Bedingungen des neoklassischen Labors anzupassen (Berndt & Boeckler 2007, 2011).

Zusammenfassung

Zusammenfassend auf den Punkt gebracht interessieren sich Geographien des Performativen im Anschluss an grundlegende poststrukturalistische Positionen im weitesten Sinn für die vielfältigen und flüchtigen, intentionalen und kontingenten, geplanten und ungeplanten, rationalen und emotionalen **Herstellungsweisen sozialer Wirklichkeit** jenseits von handlungs- oder strukturorientierten Zugängen zu räumlichen Bezügen sozialer Beziehungen. Kurz: „Performativität" hat das sprachwissenschaftliche Labor verlassen, und „Performanzen" findet man nicht länger nur auf Theaterbühnen: Performt werden die verkörperten Geographien sozialer Wirklichkeit, nicht mehr und nicht weniger.

Der kleine Unterschied und seine großen Folgen – humangeographische Perspektiven durch die Kategorie Geschlecht

Anke Strüver

Seit mehr als 30 Jahren ist die politische Geschlechterfrage eng mit der Wissenschaftsfrage verknüpft. Dabei ging es zunächst um die Situation von Frauen in den Wissenschaften, das heißt um ihre Unsichtbarkeit sowie die Einführung der Analysekategorie Geschlecht – um die Integration von Frauen als Forschungssubjekte und -objekte. Später wurde auch berücksichtigt, dass die erkenntnistheoretischen, ethischen und politischen Implikationen der Wissenschaften androzentristisch sind, das heißt männerdominiert und -zentriert. Die feministische Kritik der damit verbundenen Konzeptionen von Wissen, Wahrheit und Objektivität entlarvt das Selbstverständnis der neuzeitlichen Wissenschaftskultur als ein männliches. Ziel der Arbeiten im Rahmen der feministischen Erkenntnistheorien ist jedoch nicht, „falsche Wissenschaften" durch neue, bessere, „weibliche" Erkenntnistheorien zu ersetzen. Vielmehr bemühen sie sich um eine feministische Perspektive zur allgemeinen Erneuerung der Wissenschaften.

In diesem Beitrag wird der „kleine Unterschied" der Kategorie Geschlecht über feministische Ansätze aus der sogenannten Frauenbewegung und -forschung hergeleitet. Mit Letzterem deutet sich bereits die Verschränkung von politischen und wissenschaftlichen Aspekten an, die dem Thema zugrunde liegt – und die auch in den nun folgenden Ausführungen im Zusammenhang mit geographischen Betrachtungsweisen immer wieder an die Oberfläche drängt. Da darüber hinaus feministische Ansätze, insbesondere die poststrukturalistische Dekonstruktion, die theoretisch-konzeptionellen Debatten in den Sozial- und Kulturwissenschaften (einschließlich der Humangeographie) entscheidend geprägt haben, sind die weiteren Ausführungen vergleichsweise theoriebezogen angelegt.

Entwicklungsphasen von Gender-Theorien in Feminismus und Geographie

Das zentrale Anliegen der Berücksichtigung der Kategorie Geschlecht in der Humangeographie ist die Offenlegung und Dekonstruktion der Beziehungen zwischen räumlichen und geschlechtlichen Unterschieden. Der wissenschaftliche Aspekt ist dabei eng mit dem Alltagsleben von Frauen und Männern sowie mit gesellschafts-politischen Ansprüchen verknüpft.

Seit Anfang der 1970er-Jahre wurden parallel zu den Arbeiten der **Radical Geography** (Kapitel 19), die sich mit sozialer Ungleichheit bzw. sozialer Gerechtigkeit auseinandersetzten, auch in der Geographie erste Untersuchungen über soziostrukturelle Defizite und Formen der systematischen Benachteiligung von Frauen in verschiedenen gesellschaftlichen Bereichen durchgeführt. Dabei handelte es sich vor allem um Arbeiten im Sinne eines feministischen Empirismus, um sogenannte Situationsanalysen, die die Benachteiligung von Frauen in verschiedenen Lebensbereichen erfassen. Geforscht wurde dabei beispielsweise innerhalb der Stadtgeographie zu städtebaulichen Strukturen, dem Wohnumfeld, den Mobilitätschancen und der räumlichen Verteilung von öffentlichen Einrichtungen sowie deren Erreichbarkeit unter geschlechtsspezifischen Gesichtspunkten. Dies geschah vor dem Hintergrund der Feststellungen, dass gebaute Raumstrukturen und die sich daraus für Männer und Frauen ergebenden Nutzungsbedingungen und Aneignungsmöglichkeiten unterschiedlich sind und dass diese unterschiedlichen Aneignungsformen wiederum auch das Geschlechterverhältnis beeinflussen. Geschlechtsspezifische Ungleichheiten in der Raumnutzung und -aneignung spiegeln sich zum Beispiel darin, dass Frauen über weniger „öffentlichen" Raum und seltener über einen PKW verfügen sowie viel öfter mit Kind(-ern) unterwegs sind als Männer (Buschkühl 1989, Spitthöver 1990, Zibell 1993).

Zeitgleich entstanden Studien und kartographische Darstellungen über regionale Unterschiede in den Lebensbedingungen von Frauen (Seager 1998, 2009, Bühler 2001) sowie wissenschaftssoziologische Arbeiten über die fehlende Präsenz von Frauen als Forschungsobjekte und -subjekte innerhalb der Disziplin (Binder 1989, Wastl-Walter 1989). Ein weiterer Schwerpunkt lag in dieser Zeit auf der Untersuchung der räumlichen und geschlechtsspezifischen Trennung von Arbeitsplätzen bzw. von Erwerbs- und Haushaltsarbeit – und damit von öffentlichen und privaten Räumen (Massey 1984, Schier & von Streit 2004; Abb. 15.3.6).

Im Laufe der folgenden Jahre verschob sich der Fokus von der Idee der universellen Gleichheit und der damit verbundenen Forderung nach Gleichberechtigung auf die Betonung der **Differenzen zwischen Frauen und Männern** sowie auf die Erforschung der spezifisch weiblichen Erfahrung und auch auf die geschlechtsspezifische Konstruktion von Wissen. Ausgangsprämissen waren, dass die Identität des Erkenntnissubjekts nicht vom Erkenntnisprozess zu trennen sei und dass Erkenntnis auf theoretisierter Erfahrung beruhe. Bekannt geworden sind diese stark epistemologisch orientierten Ansätze zur Wissenschaftskritik und Theoriebildung als „feministische Standpunkttheorien" (Harding 1990, 1994).

Feministische Erkenntnistheorien verstehen Wissenschaften als kulturelle Praktiken der Erzeugung von Bedeutungen und der Konstruktion von Wahrheit und Wirklichkeit. Die Aneignung und Produktion von Wissen ist damit ein politischer Prozess, der durch die Machtverhältnisse, in denen sich die Akteure befinden, ermöglicht bzw. beschränkt wird. Zur Dekonstruktion der universalisierenden Wahrheitsansprüche der Wissenschaft sowie der dadurch erzeugten Bedeutungen hat die Wissenschaftshistorikerin Donna Haraway (1995) das **Konzept des situierten Wissens** als eine Form der „verkörperten Objektivität" entwickelt. An die Stelle der herkömmlichen Auffassung von Objektivität als distanzierte, transzendentale und totalisierende „Wahrheit" setzt sie die partiale Perspektive als lokalisierbare und verkörperte Wissensform. Ziel ist dabei nicht ein hoffnungsloser Relativismus, sondern partielles, spezifisch-situiertes Verantwortungsbewusstsein.

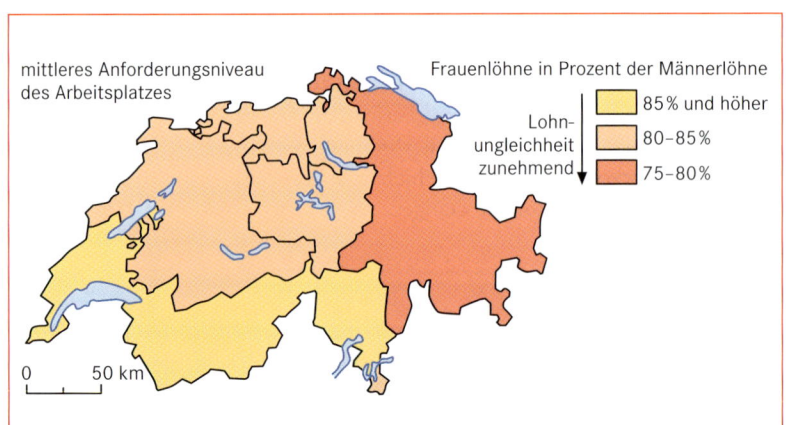

Abb. 15.3.6 Lohnungleichheit in Schweizer Großregionen 1996 (verändert nach Bühler 2001).

Im Gegensatz zu der bis dahin wichtigen Differenz zwischen Männern und Frauen geht es seit den 1990er-Jahren hauptsächlich um die **Differenzen unter Frauen** sowie die Vielfalt der Lebensbedingungen von Frauen. Die Kategorie Geschlecht wird dadurch als eine neben vielen anderen gesellschaftlichen Distinktionen wie Hautfarbe, Religion, Sexualität, ethnische und sozioökonomische Herkunft usw. betrachtet (s. u.). Damit einher geht die Thematisierung der sozialen Konstruktion von Geschlecht(sidentität) sowie der vielfältigen gesellschaftlichen Machtverhältnisse, die das gesellschaftliche Zusammenleben prägen und innerhalb derer die Beziehungen zwischen Frauen und Männern bedeutungsvoll werden. Diese Verschiebung ist – neben der Berücksichtigung der Differenzen zwischen Frauen – auf die Entwicklung konstruktivistischer und vor allem poststrukturalistischer Ansätze in der feministischen Theorie und deren ontologische Orientierung auf Subjektivität und Identität zurückzuführen (Fleischmann & Meyer-Hanschen 2005, McDowell 1999, Wastl-Walter 2010, WGSG 1997; Abb. 15.3.7).

Im Kontext dieser neueren Ansätze konzentrieren sich aktuelle Forschungsthemen auf

- die Analyse der sozialen Konstruktion von Identitäten in unterschiedlichen Räumen und damit auch auf die Analyse der Rolle des Raumes bei der Konstruktion von geschlechtsspezifisch differenzierten Subjekten und
- gesellschaftliche Distinktionsprinzipien, die neben der Kategorie Geschlecht wirksam sind (z. B. Sexualität, Ethnizität, Behinderung, Religion, Alter).

Die im Rahmen geschlechtsspezifischer Perspektiven bereits etablierten Fragen zu Arbeitsteilung und Mobilitätschancen wurden dadurch mittlerweile um (post-) koloniale, transnationale und ethnische Aspekte ergänzt. Zudem gewinnen Themen wie Männlichkeit, Kindheit, Krankheit und Gesundheit an Bedeutung (Bauriedl, Schier & Strüver 2010).

Auch der Feminismus als politische Bewegung hat sich von einer eher separatistischen Bewegung in den 1970er-Jahren hin zu einem integrativen Konzept entwi-

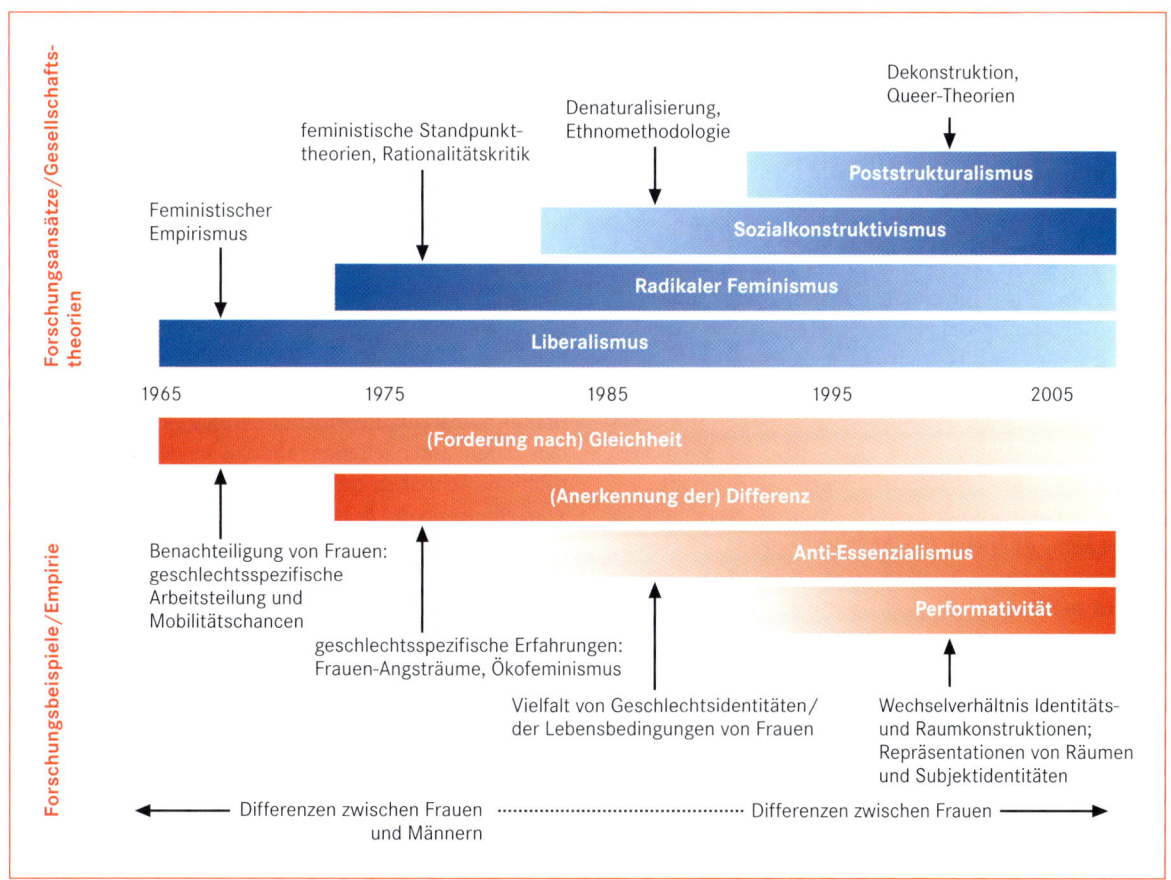

Abb. 15.3.7 Entwicklung feministischer Forschung in der Geographie.

ckelt, das auch die Belange unterschiedlichster Frauen bzw. weiblicher Lebenszusammenhänge berücksichtigt. Während in der frühen Phase in enger Verbindung zu den sogenannten „neuen sozialen Bewegungen" der Kampf gegen Sexismus, Androzentrismus und Heteronormativität im Vordergrund stand, wurde im Laufe der 1990er-Jahre Identitätspolitik zum übergeordneten Thema.

Die soziale Konstruktion von Geschlecht

Feministische Theorien spielen in der konstruktivistischen Wende in den Sozial- und Kulturwissenschaften eine zentrale Rolle, insbesondere im Hinblick auf ein vertieftes Verständnis gesellschaftlicher Differenzen sowie auf die Dekonstruktion aller essenzialisierenden und normierenden Identitätskategorien wie zum Beispiel Geschlecht und des Anspruches auf Wahrheit, Objektivität und Universalität. Diese Wende basiert auf der These, dass Zweigeschlechtlichkeit sowie Weiblich- und Männlichkeit gesellschaftlich hergestellt werden – und nicht von der Natur vorgegeben sind.

Die Vorstellung von der natürlichen Zweigeschlechtlichkeit als unmittelbar erlebbare, körperlich begründete und nicht weiter zu hinterfragende „objektive Realität" wird somit als **soziales Konstrukt** und **generatives Muster** zur Herstellung einer gesellschaftlichen Ordnung entlarvt, die die grundlegende Ebene der Herstellung sozialer Wirklichkeit ist (Gildemeister & Wetterer 1992). Die „Alltagstheorie der Zweigeschlechtlichkeit", die lange Zeit die nicht hinterfragte Grundlage feministischer, aber auch allgemeiner sozialwissenschaftlicher Kategorienbildung darstellte, besteht aus vier Annahmen, die aus konstruktivistischer Perspektive zunehmend in Frage gestellt wurden:

- Es gibt nur zwei Geschlechter.
- Die Zugehörigkeit zum einen oder anderen Geschlecht ist über körperliche Merkmale festgelegt.
- Geschlechtszugehörigkeit ist exklusiv, das heißt es gibt keine doppelte Zugehörigkeit oder Mischungen.
- Geschlechtszugehörigkeit ist invariant, das heißt sie wird bei der Geburt festgelegt und ein Wechsel ist ausgeschlossen (Heintz 1993).

Zentral an dieser Infragestellung ist dabei nicht, zu belegen, dass es keine Frauen oder Männer gäbe. Vielmehr geht es um ein erweitertes Verständnis von Geschlecht als gesellschaftlich produzierte Kategorien. Dieses Verständnis setzt an der vorgenommenen Trennung von „Geschlecht" in die Dimensionen Sex und Gender und an der „Natürlichkeit" der Zweigeschlechtlichkeit an. Der Begriff „Gender" entstammt der feministischen Dis-

kussion um gesellschafts- und geschlechtsspezifische Unterdrückungsmechanismen und bezieht sich auf das **soziale Geschlecht** von Männern und Frauen, auf die Geschlechtsidentität. Dem gegenübergestellt ist „Sex" als **biologisches Geschlecht**, das durch Anatomie, Morphologie, Physiologie, Hormone usw. bestimmt wird. Die analytische Trennung von Sex und Gender wird seit den 1960er-Jahren vorgenommen und hat die Funktion, auf die Unbedeutsamkeit körperlich-biologischer Unterschiede zwischen Männern und Frauen hinzuweisen sowie die liberale Forderung nach sozialer Gleichberechtigung von Frauen zu untermauern. Der **Sex-Gender-Dualismus** dient zudem als Nachweis, dass geschlechtsspezifische Unterschiede als historisches Ergebnis zu betrachten sind, das heißt, dass sich die soziale Ungleichheit zwischen den Geschlechtern nicht aus ihrer „natürlichen" Ordnung ergeben hat, sondern soziokulturell und variabel ist (Becker-Schmidt & Knapp 2003).

Die Denaturalisierung der Geschlechterdifferenz

Im Rahmen der Dekonstruktion der Annahme der reinen Zweigeschlechtlichkeit wird mittlerweile auch das (begriffliche) Verhältnis bzw. die Trennung von Sex und Gender zunehmend problematisiert. Denn die „Alltagstheorie der Zweigeschlechtlichkeit" behandelt den Körper als einen außerkulturellen Tatbestand und nimmt eine scharfe Trennung zwischen Körper und Geist bzw. Natur und Kultur vor. Diese Trennung bezieht sich allerdings nicht auf voneinander unabhängige Bereiche, sondern beschreibt eine Abhängigkeit: Die Geschlechtsidentität („Kultur") wird durch die körperlichen Geschlechtsmerkmale („Natur") bestimmt – Gender gilt somit als soziokulturelle Aneignung einer biologisch sexuellen Differenz. Durch die Unterscheidung in Sex und Gender in Form eines Kausalzusammenhangs (Geschlechtsidentität als kohärente Repräsentation des Geschlechts) bleiben daran anschließende Ansätze tendenziell biologistisch und schreiben essenzialisierende und normierende Vorstellungen von „männlich" und „weiblich" fort.

Durch die **Denaturalisierung der Geschlechterdifferenz** wiederum gilt Zweigeschlechtlichkeit nicht länger als biologisch definiert, sondern als Effekt der gesellschaftlichen Ordnung, die sich in Subjekte und auch in ihre Körper einschreibt. In diesem Zusammenhang verlieren die „natürlichen" geschlechtsspezifischen Merkmale von Subjekten im Vergleich zu den ihnen zugeschriebenen sozialen Bedeutungen zunächst an Gewicht. Diese Verschiebung zielt darauf ab, zu verdeutlichen, dass Menschen „von Natur aus" durch und durch gesellschaftliche Wesen sind, deren Geschlechtlichkeit Ergebnis soziokultureller Prozesse und institutionalisierter Machtverhältnisse ist.

Die Annahme vom weiblichen Körper als biologischem Schicksal und die damit verbundenen essenzialistischen Vorstellungen der Kategorie „Frau" wurden bereits Mitte des letzten Jahrhunderts von Simone de Beauvoir widerlegt. Anhand ihres programmatischen Ausspruchs *„on ne naît pas femme, on le devient"* („Man wird nicht als Frau geboren, man wird zur Abweichung [Frau] gemacht") rekonstruiert sie, wie Frauen die Rolle des „anderen Geschlechts" durch Männer zugewiesen bekommen – und zwar in Abgrenzung zum bzw. Abhängigkeit vom Mann (de Beauvoir 1992). Trotz dieses frühen Bewusstseins über die soziale Konstruktion von Geschlecht beschränkten sich daran anschließende feministische Ansätze ausschließlich auf die Erörterung des sozialen Geschlechts (Gender) – das biologische Geschlecht (Sex) und seine Konstruktionsweisen blieben außen vor bzw. wurden als materielle Basis weiblicher Erkenntnis und Erfahrung thematisiert. Dies ist umso erstaunlicher, als dass schon de Beauvoir den „Leib als eine (kulturelle) Situation" – und nicht als eine (natürliche) Gegebenheit beschrieben hat (de Beauvoir 1992, Butler 1991).

Wieder aufgegriffen wurde die These von Leib und Geschlecht als kultureller Situation vor allem in den 1990er-Jahren. Im Zusammenhang mit der Thematisierung der sozialen und diskursiven Konstitution von körperlicher Zweigeschlechtlichkeit und der Fokussierung auf poststrukturalistische Ansätze richtet sich das Interesse somit nicht länger auf das, was Subjekte haben, sondern auf das, was sie tun *(doing gender, performing identity).*

Poststrukturalistische Gender-Theorien

Poststrukturalistische Ansätze sind im Wesentlichen Weiterentwicklungen der **strukturalistischen Linguistik** und damit der Auffassung, dass sich Wirklichkeit erst durch Sprache konstituiert. Die heterogenen Positionen innerhalb des Poststrukturalismus teilen gewisse Grundannahmen zur Bedeutung von Sprache, zur Dezentrierung des Subjekts, zur Rationalitätskritik, zur Ablehnung von Universaltheorien sowie zur Betonung von Heterogenität und Vielfalt. Der Fokus der Ansätze richtet sich dabei auf die Beziehungen zwischen Sprache, Gesellschaftsordnung, Subjektivität und Macht bzw. darauf, wie in gesellschaftlichen Diskursen Macht ausgeübt wird und wie über Sprache als Zeichen- bzw. Repräsentationssystem symbolische wie faktische Zuschreibungen konstruiert werden, zum Beispiel Geschlechtsmerkmale und -rollen (Weedon 2001). Das diesen Ansätzen zugrunde liegende Subjektverständnis ist weder ein humanistisches, noch ein zweckrationales,

sondern eines, in dem das Subjekt durch Sprache und gesellschaftliche Praktiken konstituiert wird; in dem das Subjekt Ausdruck der individuellen Identifikationsprozesse innerhalb der herrschenden Gesellschaftsordnung ist.

Sprache als **Zeichensystem** zu verstehen, beinhaltet ein Verständnis von Zeichen, das in sich ein Bezeichnendes (Laut- oder Schriftbild, z. B. FRAU) und ein Bezeichnetes (Vorstellung bzw. Bedeutung, z. B. der weiblichen Anatomie oder „typisch weiblicher Rollenmuster") vereint. Das Verhältnis zwischen den beiden basiert dabei nicht auf einem inhärenten Zusammenhang, sondern auf dem Gebrauch bestimmter Konventionen (z. B. der – wechselnden – weiblichen Schönheits-„Ideale"). Damit wird die gesellschaftliche Konstruktion des Zeichens deutlich und die Auffassung, dass Bedeutungen originär seien, widerlegt. An die Stelle der Vorstellung von Sprache als Abbild der Wirklichkeit tritt die Auffassung von Sprache als Konstruktionsprinzip der Wirklichkeit, einschließlich der Geschlechtlich- und der Körperlichkeit. Ein Sprachzeichen konstituiert sich darüber hinaus nicht als selbstständige Einheit, welche an sich Bedeutung hat. Vielmehr erhält es sie durch die Relationen bzw. Abgrenzungen zu anderen Zeichen: Ein Mann ist ein Mann, weil er keine Frau ist – und umgekehrt.

Durch die genannten Beispiele wird bereits deutlich, dass Geschlecht Teil eines komplexen Zeichensystems ist, das die Geschlechter (und ihre Bedeutungen bzw. Rollenzuschreibungen) konstruiert. Das „Zeichen" (-System) vereint dabei in sich das „materiell-biologische" Geschlecht einerseits und gesellschaftliche Vorstellungen davon andererseits. Dies beinhaltet, dass Geschlechtsidentitäten ihre Bedeutungen nicht durch die biologische Körperlichkeit erhalten, sondern durch die mit ihnen assoziierten Vorstellungen von beispielsweise „weiblich" oder „männlich" und die ihnen zugrunde liegende Differenz bzw. Abgrenzung vom jeweilig Anderen (zur allgemeinen Bedeutungskonstruktion durch Zeichensysteme; Derrida 1976).

Zentral ist in den poststrukturalistischen Ansätzen die **Dekonstruktion**. Damit wird im Allgemeinen die Infragestellung aller normierenden Identitätskategorien und des Anspruches auf Wahrheit, Objektivität und Universalität bezeichnet. Ziel der Dekonstruktion ist das Aufbrechen der Bedeutungen hierarchischer Dualismen (wie z. B. Frau – Mann oder Natur – Kultur; Exkurs 15.3.3) durch Pluralisierung sowie die Anerkennung von Differenzen im Allgemeinen und die der vielfältigen Lebensrealitäten im Besonderen.

Die Dekonstruktion ermöglicht die Infragestellung aller Kategorien, die das abendländische Denken prägen und die für die moderne Rationalität von Bedeutung

 **Exkurs 15.3.3**

Dualismen

ANKE STRÜVER

Dualistisches Denken in der Geographie findet sich in der Trennung und Gegenüberstellung von beispielsweise Natur und Kultur, von Orient und Okzident, von so genannter Dritter und Erster Welt, von privatem und öffentlichem Raum sowie von Frauen und Männern wieder. Beispiele sind also:

- Frau – Mann
- Subjektivität – Objektivität
- Privatheit – Öffentlichkeit
- Primitivität – Zivilisation
- Imagination – Realität

In all diesen Dualismen stehen sich binär verfasste Kategorien gegenüber, die das Denken in Alltag und Wissenschaft (vor-)strukturieren, den Eindruck von Ordnung und Stabilität generieren und dabei hierarchisch eine Abhängigkeit produzieren und damit immer eine Seite des Dualismus überbewerten und die andere abqualifizieren.

Die Überwindung des dualistischen Denkens stellt ein wichtiges Moment geschlechtsspezifischer und feministischer Forschungsansätze dar. Wie unter anderem Gillian Rose (1993) betont hat, basiert die traditionelle Geographie auf männlichen Erfahrungen und Lebensrealitäten, die generalisiert bzw. als universell gültig verstanden wurden. Als Folge davon war beispielsweise der Themenkomplex „Arbeit" lange Zeit auf Lohn- bzw. Erwerbsarbeit beschränkt. Die überwiegend von Frauen geleistete häusliche Reproduktionsarbeit sowie die mit den beiden Arbeitsformen verbundene Trennung in private und öffentliche Räume blieb unberücksichtigt. Ein weiteres klassisches Beispiel findet sich in der Politischen Geographie: Durch die männliche Dominanz in der Regierungs- und Institutionenarbeit bleibt auch der dort geregelte Zugang zu Ressourcen ungleich verteilt und es werden auf Regierungs- bzw. Institutionenebene überwiegend männliche Interessen vertreten – im Namen „der Allgemeinheit" oder „der Öffentlichkeit". Beiden Bereichen liegt die assoziative Verbindung „Frauen – privater Raum" zugrunde (WGSG 1997).

sind. Dadurch werden Begriffe wie Wahrheit, Objektivität, Essenzialität bzw. Universalität sowie die Prozesse, die das handlungsfähige Subjekt konstituieren und kategorisieren, dekonstruiert. Diese Vorgehensweise verdeutlicht, dass Identitäten immer in Abgrenzung zu einem Anderen definiert werden, beispielsweise weiblich – männlich, homosexuell – heterosexuell, alt – jung, krank/behindert – gesund usw. Ziel der Dekonstruktion ist eine über die Ansätze des Relativismus hinausgehende Erfassung der Herstellung und Wirkung von einander widersprechenden und sich verändernden Bedeutungen, das heißt die Erläuterung und Anerkennung von Differenzen.

Als wissenschaftliche und politische Strategie fragt die Dekonstruktion, warum Binaritäten als Gegensätze verstanden werden und in welchen Herrschaftsverhältnissen sie (re-)produziert werden. Sie wird dadurch zu einem Versuch, die **Machtstrukturen aufzuspüren**, in denen sich Bezeichnungs- und Bedeutungspraktiken ereignen, und sie eröffnet den Blick auf die Komplexität der gesellschaftlichen Verhältnisse, in denen sich soziale Kategorien wie zum Beispiel Geschlecht bewegen.

Geschlecht als „Zeichen" gesellschaftlicher Machtbeziehungen

Vor diesem Hintergrund und in Radikalisierung des Sozialkonstruktivismus wird im Rahmen feministisch-poststrukturalistischer Ansätze die Essenzialisierung und normierende bzw. universalisierende Vorstellung von Gender kritisiert. Es wird gezeigt, dass die Bestimmung der Geschlechtsidentität von einer kohärenten Beziehung zwischen Sex und Gender ausgeht, und dass diese Kohärenz auf der unkritischen Voraussetzung einer biologisch-anatomisch gegebenen Zweigeschlechtlichkeit beruht. Folge dieser vermeintlichen Kohärenz wiederum ist zum einen die Ausblendung der Vielfalt von kulturellen und gesellschaftlichen Realitäten, in denen unterschiedlichste Geschlechtsidentitäten konstruiert und gelebt werden können. Zum anderen bleiben die Interdependenzen verschiedener Identitätspositionen im einzelnen Subjekt unberücksichtigt. Die Erfassung dieser Interdependenzen geschieht in jüngster Zeit mithilfe **intersektionaler Forschungsansätze**, die sich auf die Wechselwirkungen ungleichheitsgenerierender Gesellschaftsstrukturen und die Durchkreuzung bzw. das Ineinandergreifen und gleichzeitige Wirken unterschiedlicher sozialer Identitäts- und Differenzkategorien (wie Geschlecht, Alter, Ethnizität, sozioökonomische Herkunft und vieler mehr) im verkörperten Subjekt konzentrieren und alle Formen normierender Universalisierungen und reifizierender Identitätspolitiken kritisieren (Walgenbach et al. 2007, Winker & Degele 2009).

In diesem Zusammenhang geht es auch um das „Und-viele-mehr": So kritisiert beispielsweise die poststrukturalistisch arbeitende Feministin Judith Butler (1991) an vielen Theorien zur Subjektkonstitution, dass der Reihung von Identitätskategorien wie Geschlecht, Sexualität, Ethnizität, Klasse und Gesundheit stets ein „verlegenes usw." am Ende der Liste folgt. Butler selbst begreift in ihrer Analyse der Geschlechterdifferenz bzw. der Kategorien Geschlecht und Geschlechtsidentität diese als Effekte vielfältiger gesellschaftlicher Machtformationen (Butler 1997, 1998, 2009). Anhand der Kategorie Geschlecht verdeutlicht Butler, dass die Geschlechterdifferenz häufig mit biologischen Unterschieden begründet wird und dass dabei der normative Charakter der Kategorie Geschlecht unberücksichtigt bleibt. Dadurch wird die Kategorie zu einem „regulierenden Ideal", das heißt die Kategorie Geschlecht ist Produkt und zugleich Produzent einer regulierenden Praxis, die Geschlechter und Identitäten herstellt. Anstelle der Vorstellung einer natürlich-originären (Geschlechts-)Identität setzt Butler das **Konzept des Geschlechts als kulturelle Performanz**, das auf der Annahme basiert, dass Geschlechtsidentität die wiederholte Inszenierung (Performanz) derselben erfordert. Geschlechtsidentität reinszeniert bereits etablierte Bedeutungskomplexe von Männlich- und Weiblichkeit und stellt damit die bekannten Formen gesellschaftlicher Regulation dar. Diese Inszenierungen sind dabei so wirkungsvoll, dass die Regulierungen von den Wirkungen nicht zu unterscheiden sind: Geschlecht ist in diesem Sinne nicht etwas rein Biologisches, Gegebenes, dem die Geschlechtsidentität auferlegt ist, sondern eine kulturelle Norm bzw. eine kulturell-materialisierte Situation. Eine kulturelle Norm wiederum bedarf der körperlichen Alltagsrituale der sozialen Praxis: einerseits, um sich als Norm(ierung) durch Wiederholungen gesellschaftlich zu reproduzieren, und andererseits, um durch die Einverleibung dieser Normen identifizierbare Subjekte zu konstituieren (*performing identity*; Butler 2009). Dabei werden Normen nicht über autonome Entscheidungen angenommen oder verworfen, sondern durch das Platzieren und Platziertwerden entlang gesellschaftlich definierter Subjektpositionen bzw. Identitäts- und Differenzkategorien.

Zugleich findet durch den feministischen Poststrukturalismus eine kritische Überprüfung der Legitimationsmuster feministischer Theoriebildung statt. Aus diesem Blickwinkel kann weder mit einer unreflektierten Kategorie Frau noch mit der des Geschlechts gearbeitet werden. Vielmehr geht es um die Konstitutionsbedingungen und -prozesse der politischen Kategorienbildung sowie deren Repräsentationen in der Gesellschaft. Damit erschließt sich die feministische Gesellschaftstheorie eine neue Analyseebene: die Dimension der hegemonialen Machtverhältnisse bzw. die der diskursiv-kulturellen Praktiken einer Gesellschaft. Darüber hinaus ermöglichen diese Ansätze die Erfassung der über Zeit, Raum und Kultur variierenden gesellschaftlichen Diskurse, die verschiedene Normen von Weiblichkeit und Männlichkeit hervorgebracht haben, einschließlich ihrer Interdependenzen zu anderen Identitätskategorien sowie ihren jeweiligen Veränderbarkeiten.

Feministisch-poststrukturalistische Reflexionen über Subjektidentitäten haben geographische Debatten über die Bedeutungen („Identitäten") von Räumen und die sie nutzenden Personengruppen maßgeblich beeinflusst. Und auch jenseits der explizit feministischen Perspektive steht der Poststrukturalismus in enger Verbindung zum sogenannten *cultural turn* in der Humangeographie sowie zum *spatial turn* in den Sozial- und Kulturwissenschaften, zur Einbeziehung der räumlichen Dimension in gesellschaftliche Überlegungen. Zentral sind dabei die Konstruktionsweisen und Bedeutungen von Räumen in gesellschaftlichen Praktiken – basierend auf der Annahme, dass die Bedeutungen durch die Verwendung kulturell bestimmter Zeichensysteme sowie durch die Wechselbeziehungen zwischen Subjektidentitäten und Raumstrukturen konstituiert werden. In diesem Kontext konzentrieren sich feministische Geographien als wissenschaftliches und politisches Projekt auf die Konstitutionsprinzipien von Subjektidentitäten und gesellschaftlichen Unterschieden – nicht nur die zwischen Männern und Frauen – sowie auf die machtvollen Wirkungen von Identitätskategorisierungen und ihren assoziativen Verbindungen zu Raumstrukturen (Probyn 2003, Wucherpfennig et al. 2003).

Feministische Überlegungen zum Raumkonzept

Der „öffentliche" Raum in der Stadt ist seit den 1970er-Jahren Anknüpfungspunkt einer Vielzahl von Arbeiten in der Frauenforschung, die sich schwerpunktmäßig mit den unterschiedlichen Lebensbedingungen von Frauen und Männern in der bebauten Umwelt beschäftigen und die die Annahme zulassen, dass sich geschlechtsspezifische Ungleichheiten auch im Aufenthalt in unterschiedlichen Räumen niederschlagen. Der „öffentliche" Raum ist für viele Frauen weniger Aufenthalts- als Durchgangsraum. In vielen Fällen wird er durch die Angst vor sexualisierter Gewalt zum **Angstraum**, das heißt er wird entweder möglichst schnell und verspannt durchquert oder ganz gemieden (Valentine 1989, 1992).

Die Gründe hierfür sind vielschichtig und gehen nicht auf das „Frausein" an sich zurück. Vielmehr sind die Frauen zugeschriebenen („Weiblichkeits-")Rollen (als Hausfrau und Mutter bzw. Sexualobjekt) und die sich daraus ergebenden Tätigkeits- und Erfahrungsbereiche für ihre geringere Präsenz und Bewegungsfreiheit verantwortlich.

Die oben ausgeführten Überlegungen zur Konstitution von (Geschlechts-)Identitäten werden im Rahmen der Gender-Forschung nicht nur in Beziehung zu Raumstrukturen gesetzt, sondern auch auf das Raumverständnis übertragen, sodass Räume ebenfalls als materialisierte Effekte gesellschaftlicher Machtverhältnisse konzipiert werden. Ähnlich der Konstruktionsprinzipien von Identitäten basieren auch die der Bedeutungen von Räumen auf dem Sinn stiftenden System der Sprache sowie dem Prinzip der Differenz (z. B. öffentliche und private Räume) und werden als dualistische Konzeption dementsprechend kritisiert. Feministische Ansätze in der Geographie verstehen Raum hingegen relational. Gillian Rose (1993) hat in diesem Zusammenhang ein Konzept von offenem und veränderbarem Raum entwickelt, das kritisch gegenüber allen Formen von gesellschaftlichen Machtbeziehungen und Ausschlussmechanismen ist und damit Dualismen und Ausschlüsse nicht reproduziert. Und auch Doreen Massey plädiert für ein **relationales Raumkonzept**, das auf ähnlichen Prinzipien basiert wie feministisch-poststrukturalistische Identitätskonzepte. Ihr Konzept basiert auf dem Anliegen *„to conceptualize space as constructed out of interrelations"* (Massey 1994, 2005). Dies beinhaltet die Anerkennung, dass auch Räume **keine inhärenten Bedeutungen** in sich tragen, sondern diese durch die Relationen bzw. Abgrenzungen zu anderen Räumen erhalten (neben der bereits erwähnten Gegenüberstellung von privaten und öffentlichen Räumen zum Beispiel auch ländliche Räume – städtische Räume, Inland – Ausland usw.). Darüber hinaus hat Massey herausgearbeitet, dass Räume materialisierte Bedeutungen durch die Nutzung durch unterschiedliche Gesellschaftsgruppen und deren Machtverhältnisse untereinander erhalten und dass sich Subjektidentitäten und Raumstrukturen wechselseitig bedingen.

Im Anschluss an feministische Ansätze legt Massey dar, dass zum einen die Strukturen und Bedeutungen von Räumen geschlechtlich kodiert sind und dass es zum anderen räumliche Unterschiede in der Konstruktion von Weiblichkeit und Männlichkeit gibt. Schließlich betont sie, dass sowohl geschlechtlich kodierte Raumstrukturen und -bedeutungen als auch Konstruk-

tionen von Weiblichkeit und Männlichkeit durch gesellschaftliche Machtverhältnisse bestimmt sind. Ihre Überlegungen zeigen, dass „Räume und Orte und die Art und Weise, wie wir sie erfassen, durch und durch geschlechtsspezifisch bestimmt sind" (Massey 1993), dass diese Arten zudem historisch und kulturell variabel sind und dass geschlechtlich kodierte Räume im Konstitutionsprozess der Kategorie Geschlecht eine Rolle spielen.

Geschlechtsidentitäten und Räume werden demnach nicht unabhängig voneinander konstituiert, sondern stehen in einem unmittelbaren Zusammenhang. Das heißt, dass sowohl Raumstrukturen als auch unterschiedliche Geschlechtsidentitäten mit spezifischen Rollenzuschreibungen sich gegenseitig produzieren und tendenziell die dominanten Strukturen reproduzieren. An die Stelle der Feststellung und damit Reifizierung geschlechtsspezifisch differenter Raumnutzungsstrukturen tritt somit die Konzentration auf die gesellschaftliche Co-Konstitution geschlechtlich kodierter Räume und Identitäten – und diese Identitäten werden zu dem Ort, an dem sich soziale und räumliche Strukturen materialisieren und für Subjekte „spürbar" werden.

Räume befinden sich stets im Wandel und erhalten ihre Bedeutungen durch die in ihnen lebenden und handelnden Menschen. Die sozialen und diskursiven **Konstruktionen von Raum und Geschlecht** haben ihren jeweiligen Ursprung in den gesellschaftlichen Machtverhältnissen. Darüber hinaus stehen Raum und Geschlecht in einem Wechselverhältnis, sodass sich ihre jeweiligen Bedeutungen „co-konstituieren", sodass die Bedeutungen von Räumen durch die Nutzung durch verschiedene Personen zugeschrieben werden und dass diese Räume zugleich einen Teil des Konstruktionsprozesses von Identitäten ausmachen (Strüver 2003, 2005b).

Humangeographische Perspektiven durch die Kategorie Geschlecht als Querschnittsanalysen – nicht als Teildisziplin

Die vorherigen Ausführungen haben deutlich gemacht, dass sich die Berücksichtigung der Kategorie Geschlecht und ihrer Konstitutionsprinzipien in der Geographie sowohl auf wissenschaftstheoretische und methodische als auch auf inhaltliche und institutionelle Aspekte bezieht, dass „die Kategorien Raum und Geschlecht einander bedingen und bestätigen" (Wastl-Walter 2010). Die Ansätze der Genderforschung thematisieren geschlechtlich kodierte Ungleichheiten in allen Lebensbereichen und in verschiedenen räumlichen Kontexten sowie insbesondere die Wechselwirkungen von Geschlechter- bzw. Gesellschaftsverhältnissen einerseits und Raumnutzungs- bzw. Raumstrukturen andererseits. Anhand der wechselseitigen Bedingtheiten wird darüber hinaus deutlich, dass räumliche Strukturen nicht länger als Abbild sozialer (Ungleichheits-)Strukturen verstanden werden können, sondern als **Medium sozialer Zusammenhänge** (Massey 2005). Und schließlich wird dadurch auch ersichtlich, dass eine Fokussierung auf geschlechtlich kodierte Gesellschafts- und Raumverhältnisse in der Geographie keine Teildisziplin darstellt, die beispielsweise neben Sozial- oder Wirtschaftsgeographie steht. Vielmehr sollte sie alle geographischen Teilbereiche durchziehen, wenn auch mit unterschiedlichsten Schwerpunktsetzungen und im Rückgriff auf verschiedene theoretisch-konzeptionelle Ansätze.

Der Fokus **geschlechtsspezifischer Perspektiven** hat sich dabei im Laufe der Jahre von der Kategorie „Frau" auf die gesellschaftlichen Verhältnisse zwischen den Geschlechtern und die ihnen zugrunde liegenden Konstruktionsmechanismen verschoben sowie um das Konzept der **Intersektionalität**, das heißt um die Berücksichtigung der Durchkreuzung von unterschiedlichen sozialen Identitätskategorien im verkörperten Subjekt erweitert. Dies wirkt zum einen gesellschaftspolitisch der meist unhinterfragten Vorstellung der „natürlichen" Unterschiede zwischen Männern und Frauen (und ihren gesellschaftlichen Rollen) sowie wissenschaftlich der Herstellung eines „Sonderforschungsgegenstandes Frau" entgegen. Zum anderen wird den Tatsachen Rechnung getragen, dass Geschlecht nur eine von vielen – interdependenten – gesellschaftsstrukturierenden Identitätskategorien darstellt und dass Geschlechterverhältnisse als gesellschaftliche und auch räumliche Strukturmerkmale Teil der sozialen Realität aller Menschen darstellen, da es keine geschlechtsneutrale Wirklichkeit gibt.

Kritische Geographie

Bernd Belina

Die Bezeichnung „Kritische Geographie" ist im deutschsprachigen Raum erst seit einigen Jahren gebräuchlich und in ihrer Bedeutung nicht exakt festgelegt. Im Folgenden wird in einem ersten Teil eine Variante vorgestellt, wie das Kritische an „Kritischer Geographie" bestimmt werden kann, und in einem zweiten Teil skizziert, was hieraus für die Geographie folgt. Dieser Vorschlag steht in der Tradition kritischer Theorie, die sich auf die Arbeiten von Karl Marx (1818–1883) bezieht

und die von Autoren wie David Harvey (geboren 1935) und Neil Smith (geboren 1954) für geographische Forschung fruchtbar gemacht wurde und wird. Andere Varianten „Kritische Geographie" zu bestimmen, die (leicht) andere theoretische Zugänge und Schwerpunkte wählen, finden sich etwa bei Best (2009) oder Blomley (2006). Zahlreiche Verbindungen und Gemeinsamkeiten existieren zudem zur Feministischen Geographie, zu poststrukturalistischen Ansätzen sowie zur Politischen Geographie (Kapitel 19).

Kritik und Kritische Geographie

Die Formulierung „Kritische Geographie" ist unglücklich. Keine akademische Wissensproduktion versteht sich als „unkritisch", auch keine geographische. Mindestens, so Harvey (2006), kritisieren alle Geographen andere Geographen. Wenn also von „Kritischer Geographie" die Rede ist, so muss näher bestimmt werden, was mit „Kritik" gemeint ist.

Mit Max Horkheimer (1895–1973), einem der „Väter" der **Frankfurter Schule der Kritischen Theorie**, zeichnet „kritische Theorie" im Gegensatz zu „traditioneller Theorie" aus, dass sie „die Menschen als die Produzenten ihrer gesamten historischen Lebensformen zum Gegenstand [hat]" (Horkheimer 1988). Alles, was unser Leben beeinflusst, ist demnach von Menschen gemacht. Dies ist der Ausgangspunkt der Bestimmung von Kritik, die hier vertreten werden soll. Vier Aspekte sind zu spezifizieren.

Erstens ist der **Plural von „die Menschen"** entscheidend: Alles, was Individuen tun, tun sie in gesellschaftlichen Kontexten und Strukturen (Exkurs 15.3.4). David Harvey (2007) benutzt das Beispiel der letzten Mahlzeit um zu zeigen, dass jede individuelle Tätigkeit in mannigfaltige soziale Beziehungen eingebettet ist, die insbesondere Herstellung, Transport und Kauf der Bestandteile der Mahlzeit betreffen. Am selben Beispiel verdeutlicht er, dass diese komplexen Beziehungen in dem Moment, in dem wir unsere Mahlzeit zu uns nehmen, keine Rolle spielen. Das ist völlig unproblematisch, wenn man einfach nur essen will. Sich kritisch mit der Mahlzeit zu befassen hingegen bedeutet, sich für eben die ausgeblendeten gesellschaftlichen Aspekte ihrer Herstellung und so weiter zu interessieren. Kritisch vorzugehen heißt dann: ernst nehmen, dass in jede individuelle Praxis und in jedes Phänomen gesellschaftliche Verhältnisse eingehen, die es zu untersuchen gilt, will man die Praxis bzw. das Phänomen verstehen. Kritischer Theorie erscheinen „die Verhältnisse der Wirklichkeit, von denen die Wissenschaft ausgeht, […] nicht als Gegebenheiten" (Horkheimer 1988), sondern als gesellschaftlich produziert. Kritisch geographisch vorzugehen bedeutet dementsprechend: ernst nehmen, dass in jede individuelle Praxis komplexe gesellschaftliche Geographien eingehen. Denn für die Kritische Geographie sind die räumlichen Verhältnisse, in denen wir leben, nichts Gegebenes, sondern gleichermaßen etwas gesellschaftlich Produziertes.

Zweitens will Horkheimer, wenn er betont, dass alles von Menschen gemacht ist, keineswegs die **Existenz einer äußeren Natur** mit eigenen Gesetzen leugnen. Er schreibt: „Was jeweils gegeben ist, hängt nicht allein von der Natur ab, sondern auch davon, was der Mensch über

sie vermag" (Horkheimer 1988). Was Horkheimer aber – wie viele andere – betont, ist, dass diese Natur niemals an sich und unvermittelt auf gesellschaftliches Leben einwirkt, sondern dass Natur durch Menschen in sozialer Praxis angeeignet wird. Die Aneignung von Natur unter Nutzung der Naturgesetze kann planvoll geschehen, etwa in Form von Landwirtschaft oder Wasserkraftwerken, sie kann aber auch, etwa bei Naturkatastrophen, eine nie vollständig planbare Notwendigkeit darstellen, die scheinbar „von außerhalb" der Gesellschaft auf sie einwirkt, deren jeweilige Wirkungsweise aber erst durch ihre gesellschaftliche Aneignung

---

 **Exkurs 15.3.4**

Soziale Praxis und räumliche Praxis

BERND BELINA

Der zentrale philosophische Ausgangspunkt von Karl Marx (1818–1883) und vielen Theoretikern, die in seiner Tradition arbeiten, ist in Marx' erster These zu Feuerbach enthalten:

„Der Hauptmangel alles bisherigen Materialismus [...] ist, dass der Gegenstand, die Wirklichkeit, Sinnlichkeit, nur unter der Form des Objekts oder der Anschauung gefasst wird; nicht aber als menschliche sinnliche Tätigkeit, Praxis; nicht subjektiv. Daher die tätige Seite abstrakt im Gegensatz zu dem Materialismus vom dem Idealismus – der natürlich die wirkliche, sinnliche Tätigkeit als solche nicht kennt – entwickelt" (Marx 1969).

Mit dem „bisherigen Materialismus" bezieht sich Marx auf den Philosophen Ludwig Feuerbach (1804–1872), für den die materielle Welt den Ausgangspunkt alles Gesellschaftlichen bildet. Ihm wirft Marx hier vor, diese materielle Welt getrennt von ihrer gesellschaftlichen Aneignung zu betrachten, so als wirke sie unmittelbar und direkt auf Menschen ein. Demgegenüber räumt Marx ein, dass im Idealismus, womit er die Philosophie von Georg Wilhelm Friedrich Hegel (1770–1831) meint, die tätigen Individuen weit wichtiger sind, weil sie in ihrem Denken und Handeln Ideen verwirklichen und auf diese Weise die Welt erschaffen. Dieser Idealismus, der von Ideen, vom Denken und vom Geist ausgeht (und nicht von der Materie), kennt aber, so Marx, keine „wirkliche, sinnliche Tätigkeiten", weil er alles Materielle auf die Verwirklichung von Ideen reduziert und das Geistige absolut setzt. Marx hingegen betont, dass gerade das Verhältnis und die Vermittlung von Materie und Geist in sozialer Praxis das Entscheidende ist, dass also indem Menschen tätig sind, sie sich die materielle Welt aneignen, und zwar in einer Art und Weise, über die sie sich zuvor – mehr oder weniger ausführliche – Gedanken gemacht haben. Die-

sen Zusammenhang illustriert Marx in „Das Kapital" folgendermaßen:

„Was aber von vornherein den schlechtesten Baumeister vor der besten Biene auszeichnet, ist, dass er die Zellen im Kopf gebaut hat, bevor er sie in Wachs baut. Am Ende des Arbeitsprozesses kommt ein Resultat heraus, das beim Beginn desselben schon in der Vorstellung des Arbeiters, also schon ideell vorhanden war. Nicht dass er nur eine Formveränderung des Natürlichen bewirkt; er verwirklicht im Nützlichen zugleich seinen Zweck, den er weiß, der die Art und Weise seines Tuns als Gesetz bestimmt und dem er seinen Willen unterordnen muss" (Marx 1971).

Die Zwecke und Ideen des Baumeisters entstammen wie jene des Kritischen Geographen zwar zunächst dem eigenen Kopf, dort hineingekommen sind sie aber nur im Austausch mit anderen, durch Tätigkeit also, die immer und notwendig gesellschaftlich ist. An anderer Stelle fasst Marx dieses Verhältnis von individueller Tätigkeit und Gesellschaft folgendermaßen:

„Die Menschen machen ihre eigene Geschichte, aber sie machen sie nicht aus freien Stücken, nicht unter selbstgewählten, sondern unter unmittelbar vorgefundenen, gegebenen und überlieferten Umständen" (Marx 1972).

Zu diesen selbst gesellschaftlich produzierten „Umständen" zählt auch die räumliche Organisation der Welt mit zum Beispiel Grundstücken mit Privateigentümern oder Nationalstaaten mit Grenzen, mit der sich jede neue Raumproduktion auseinandersetzen muss. Wie „die Menschen" ihre eigene Geographie machen, wer dies jeweils genau tut, zu welchen Zwecken und mit welchen Erfolgen, das interessiert die Kritische Geographie.

bestimmt wird. Zur „Katastrophe" wird das Naturereignis erst durch seine gesellschaftliche Aneignung, wie es auch der Schriftsteller Max Frisch (1981) formuliert hat: „Katastrophen kennt allein der Mensch, sofern er sie überlebt; die Natur kennt keine Katastrophen." Der Geograph Neil Smith (2006) zeigt am Beispiel des Hurrikans „Katrina", durch den 2005 große Teile von New Orleans verwüstet wurden, dass bei dieser „Naturkatastrophe" „Gründe, Verwundbarkeit, Vorbereitet-Sein, Resultate, Reaktionen und Wiederaufbau" (ebd.) durch und durch gesellschaftlich sind. An einer Naturkatastrophe, so seine zugespitzte Formulierung, ist demnach nichts „natürlich". Derselbe Autor hat auch die Formulierung von der „Produktion der Natur" geprägt (Smith 1984), womit gemeint ist, dass Natur gesellschaftlich nicht nur reaktiv angeeignet, sondern auch aktiv in sozialer Praxis hergestellt wird. Die materielle Welt wird in gesellschaftlicher Tätigkeit immer umgeformt, im Kapitalismus geschieht dies nach Maßgabe des Zwecks „Profit" (etwa bei gentechnisch manipuliertem Saatgut). Weil auch diese profitorientierte „Produktion der Natur" die komplexen Naturgesetzlichkeiten nicht umgehen kann, ist stets mit unintendierten Folgen zu rechnen, die dann wiederum gesellschaftlich angeeignet werden müssen (etwa in Form des Handels mit Verschmutzungsrechten als – selbst neue Profitmöglichkeiten eröffnende – Form der Aneignung der Folgen des anthropogenen Treibhauseffektes).

Drittens verweist die eben getroffene Unterscheidung, nach der die Produktion von Natur allgemein bei jeder tätigen Aneignung der materiellen Welt vonstattengeht – dies ist speziell im Kapitalismus wegen der Profitorientierung auf spezifische Weise der Fall –, darauf, dass der **Bezug auf „Gesellschaft" nicht allgemein** bleiben kann, sondern immer auf die je vorliegende Gesellschaftsformation zu beziehen ist. Sozialräumliche Segregation etwa ist grundsätzlich ein gesellschaftliches Phänomen, ihre genauen Gründe unterscheiden sich aber in deutschen, chinesischen oder brasilianischen Städten, und erst recht in jenen im real existierenden Sozialismus, im Mittelalter oder der Antike. Weil die Gesellschaft, in der wir leben, geprägt ist von sozialen Verhältnissen wie Privateigentum, staatlichem Gewaltmonopol, Zweigeschlechtlichkeit und Nationalismus und weil all diese Verhältnisse **Machtverhältnisse** sind, wird man bei der Erklärung so ziemlich jedes sozialen Phänomens, bei der letzten Mahlzeit ebenso wie beim Hurrikan „Katrina" oder bei der städtischen Segregation, auf eben diese und andere gesellschaftlichen Verhältnisse stoßen. Mit dem Philosophen Michel Foucault (1926–1984) gilt es den „strikt relationalen Charakter der Machtverhältnisse" (Foucault 1997) zu betonen. Macht ist nicht ausschließlich als Repression „von oben

nach unten" zu verstehen, sondern als Zusammenhang „einer komplexen strategischen Situation in einer Gesellschaft" (ebd.). Nur indem die gesellschaftliche Produktion der Lebensumstände, von der Horkheimer spricht, in die jeweilige gesellschaftliche Situation eingebettet wird, das heißt erst wenn zu ihrer Erklärung auf die verschieden wirkenden Machtverhältnisse Bezug genommen wird, ist eine Untersuchung tatsächlich kritisch.

Viertens gilt das Bisherige, demzufolge alles gesellschaftlich produziert ist, auch für die **Subjekte der tätigen Praxis**, also für uns alle, und zwar nicht nur im biologischen Sinn, sondern auch im Bezug darauf, was ein tätiges Subjekt ausmacht. Die Art und Weise, sich als Subjekt auf die Welt zu beziehen, hat seinen Grund, so Marx, nicht im „menschlichen Wesen", sondern dieses ist selbst „in seiner Wirklichkeit […] das Ensemble der gesellschaftlichen Verhältnisse" (Marx 1969). Und dies gilt selbstverständlich auch für kritische Wissenschaftler und Geographen.

Wer kritische Wissenschaft auf der Basis des Skizzierten betreibt und sich mit sozialen – und nach dem Bisherigen ist klar, dass dies auch beinhaltet: geographischen – Phänomenen beschäftigt, sollte stets bedenken: „Die Tatsachen, welche die Sinne uns zuführen, sind in doppelter Weise gesellschaftlich präformiert: durch den geschichtlichen Charakter des wahrgenommenen Gegenstands und den geschichtlichen Charakter des wahrnehmenden Organs" (Horkheimer 1988). Mit „geschichtlich" ist hier gemeint, dass beide in gesellschaftlichen Verhältnissen geworden, mithin „durch menschliche Aktivität geformt" (ebd.) sind. Im Gegensatz zur „traditionellen Theorie", die das Gegebene nicht als Produziertes begreift und hinterfragt und deshalb ausschließlich Fragen stellt, „die sich mit der Reproduktion des Lebens innerhalb der gegenwärtigen Gesellschaft ergeben" (ebd.), betreibt „kritische Theorie" eine „rücksichtslose Kritik alles Bestehenden", die „sich nicht vor ihren Resultaten fürchtet" (Marx 1970). Ihre Fragen weisen über die „gegenwärtige Gesellschaft" hinaus, weil sie die bestehenden gesellschaftlichen und Machtverhältnisse zur Erklärung des infrage stehenden Phänomens heranzieht, womit sie diese selbst als gesellschaftlich hergestellt und damit veränderbar versteht. Eben dies zu tun, schickt sich die Kritische Geographie im Bezug auf geographische Gegenstände an.

Geographie und kritische Theorie

Geographische Themen und Fragestellungen gehen von räumlichen Unterschieden aus. Diese gilt es im Sinne der Kritischen Geographie als Voraussetzung, Mittel und Resultat sozialer Praxis zu begreifen. Zentral hierfür ist ein Verständnis von „Raum" als etwas in seiner Dinglichkeit und Bedeutung Hergestelltem. Dieser Gedanke wurde beginnend in den 1970er-Jahren unter der Formulierung „Produktion des Raums" ausgearbeitet. Neben den bereits erwähnten geographischen Autoren Harvey (1973, 2007) und Smith (1984) ist in diesem Zusammenhang vor allem der Sozialphilosoph Henri Lefebvre (1901–1991) zu nennen, dessen Buch „*La production de l'espace*" (Lefebvre 1974), insbesondere seit einer Übersetzung ins Englische als „*The Production of Space*" im Jahr 1991, als wichtige Quelle gilt.

Nach Lefebvre besteht „Raum" aus **drei Dimensionen**, die gleichermaßen aus sozialer Praxis hervorgehen: die Materialität des Raums, seine Bedeutung und schließlich der im Alltag von Nutzern „gelebte Raum". Raum gilt ihm – ganz im Sinne der ersten Feuerbachthese (Exkurs 15.3.4) – weder als „an sich" und außerhalb der Gesellschaft existente „Sache" noch als reine Idee ohne Verbindung zur Materialität der Welt. Raum ist demnach kein „da draußen" einfach vorliegendes Objekt (Materialismus), aber auch kein reines Gedankenkonstrukt (Idealismus), sondern das **Produkt konkreter sozialer Praxen** (historischer Materialismus). „Die räumliche Praxis einer Gesellschaft sondert ihren Raum ab" (Lefebvre 1974). Wie auch Harvey, der

betont, dass es „keine philosophischen Antworten gibt auf philosophische Fragen, die das Wesen des Raums betreffen – die Antworten liegen in der menschlichen Praxis" (1973), geht es Lefebvre nie um „den Raum". Dieser ist vielmehr „nur Medium, Umgebung und Mittel, Werkzeug und Zwischenstufe. [...] Er existiert niemals ‚an sich', sondern verweist auf ein Anderes" (Lefebvre 1972). Von Interesse ist damit die Rolle und Relevanz der Produktion des Raums in sozialer Praxis. Diese Rolle kann für das Verständnis von Gesellschaft wichtig sein, weil sich **im sozial produzierten Raum** abstrakte soziale Prozesse und Gesetzmäßigkeiten ausdrücken, weil sie in ihm konkret und damit, so Lefebvre, erst wirklich werden: „Die sozialen Beziehungen, konkrete Abstraktionen, haben keine echte Existenz außer im und durch den Raum. Ihre Grundlage ist räumlich" (Lefebvre 1974). Die tatsächliche Rolle, die dem produzierten Raum dabei zukommt, hängt damit von den jeweiligen sozialen Prozessen ab, innerhalb derer er auf die eine oder andere Weise relevant wird. Dies gilt es dann jeweils in concreto zu untersuchen: „Die Verbindung ‚Grundlage – Verhältnis' bedarf in jedem Einzelfall der Analyse" (ebd.). Wie diese in der Praxis aussehen kann, wie also eine kritisch geographische Untersuchung auf der Basis des bisher Ausgeführten vorgeht, sei abschließend anhand eines Beispiels angedeutet.

Abb. 15.3.8 Einsatzgebiete der Europäischen Grenzschutzagentur FRONTEX: Die Grenze Europas wird an der Westküste Afrikas gesichert, damit Flüchtlingsboote sich erst gar nicht auf dem Weg in Richtung der Kanarischen Inseln machen (Quelle: http://news.bbc.co.uk/2/hi/europe/5331896.stm).

Die **Herstellung der Außengrenze der EU** ist von zwei Logiken bestimmt: Einerseits stellen Grenzen und Kontrollen ein Hindernis für den erwünschten Handel und Personenverkehr dar, weshalb die störenden Verzögerungen minimiert werden sollen; andererseits will die EU unerwünschte Menschen nicht auf ihr Territorium lassen. Diese beiden sich ausschließenden Logiken – **Öffnung hier, Abgrenzung dort** – schlagen sich in der Art und Weise nieder, in der das Territorium der EU als begrenzter Raum in der Praxis produziert wird. So werden an Flughäfen und Grenzstationen technische Lösungen installiert, die zuvor als „erwünscht" registrierten Reisenden eine schnellere Abfertigung ermöglichen (z. B. Geschäftsreisenden). Gleichzeitig wird die selektive Schließung der Grenzen auf verschiedene Weise betrieben. An der Südgrenze etwa werden Boote mit potenziellen Flüchtlingen aus Afrika bereits vor deren „Eindringen" in das Seeterritorium der EU aufgebracht und zur Rückkehr gezwungen. Weil die Flüchtlingsboote als Reaktion darauf stets nach neuen Routen suchen, geschieht dieses Aufbringen inzwischen auch vor den Küsten des Senegal und Mauretaniens (Abb. 15.3.8). Weiterhin werden nordafrikanische Staaten von der EU beim Bau von Grenzbefestigungen und Lagern unterstützt, um dafür zu sorgen, dass Migranten sich erst gar nicht auf den Weg in die EU machen. Den Ländern werden hierfür kleinere oder (etwa im Falle Libyens) größere Zugeständnisse in den wirtschaftlichen Beziehungen gewährt. An der EU-Ostgrenze hat die Einführung einer Visumspflicht und dann die deutliche Erhöhung der Kosten für ein Einreisevisum dazu geführt, dass der **Kleinhandel über die Grenzen** hinweg weitgehend zum Erliegen gekommen ist (Abb. 15.3.9

und 15.3.10) – und damit eine Einkommensquelle in der lokalen Armutsökonomie weggefallen ist. An deutschen Flughäfen schließlich werden mit dem **„Flughafenasylverfahren"** im Transitbereich vor der Passkontrolle durch das Recht Räume geschaffen, in denen Menschen sich physisch auf dem Territorium der EU befinden, ohne als „eingereist" zu gelten. Passend zu den genannten selektiv schließenden Praktiken der materiellen Raumproduktionen werden dem Territorium der EU mit raumbezogenen Metaphern von (einzudämmenden) „Flüchtlingsströmen" oder dem (stets zu vollen) „Boot" legitimierende Bedeutungen zugeschrieben, die mit Slogans wie „kein Mensch ist illegal" (www.kmii-koeln.de) oder „Demokratie statt Integration" (www.demokratie-statt-integration.kritnet.org) kritisiert werden – wobei auffällt, dass diese ohne expliziten Raumbezug auskommen und die hinter den exkludierenden Rauproduktionen der EU stehenden sozialen Verhältnisse ins Zentrum stellen.

Diese und andere Phänomene des EU-Grenzregimes untersucht eine Kritische Geographie, indem sie die konkreten Raumproduktionen als Moment von gesellschaftlichen Machtverhältnissen versteht und erklären will. Der Blick richtet sich dann auf die Art und Weise, in der seitens der EU Raum produziert wird, um die Zwecke durchzusetzen, auf die sich die in ihr zusammengeschlossenen Staaten und Staatsapparate geeinigt haben, und darauf, wie hiervon betroffene Individuen und Gruppen reagieren (u. a. mit eigenen Raumproduktionen). Dazu ist es notwendig, die komplexen sozialen Verhältnisse mit ihren ökonomischen, (sicherheits-) politischen und rechtlichen Dimensionen in den Blick zu nehmen, innerhalb und wegen derer die EU-Raum-

Abb. 15.3.9 Kleinhändler am Grenzbahnhof Sokólka in Ostpolen beim Umpacken von Waren, die sie nach Weißrussland bringen wollen im April 2007 (vor Erhöhung der Visumskosten; Foto: Bernd Belina).

Abb. 15.3.10 Verkauf von aus Rumänien eingeführten Waren in Solotvyno, Ukraine, im April 2007 (Foto: Bernd Belina).

produktionen betrieben werden, also Themen wie die EU als globale Wirtschaftsmacht, als geo- und sicherheitspolitischer Akteur und als Staatenbund, der auf den Nationalismen seiner Mitglieder basiert, in denen „Fremde" zunächst grundsätzlich als störend angesehen werden.

Kritische Geographie? Einfach machen!

Der Autor des vorliegenden Beitrages hat sich bemüht, in dieser Skizze einige Grundlegungen einer Variante von „Kritischer Geographie" zu diskutieren und zu illustrieren. Damit liegt selbstverständlich keine „Gebrauchsanweisung" vor – nicht nur, weil das in der Kürze nicht leistbar ist, sondern vor allem, weil das den hier vorgestellten Grundlegungen von der Sache her widersprechen würde. Wenn gilt, dass die Gegenstände der Wissenschaft „in doppelter Weise gesellschaftlich präformiert [sind]" (Horkheimer 1988), dann ist auch der Gegenstand „Kritische Geographie" nicht als gegeben anzusehen, sondern als einerseits im Werden begriffen, andererseits von jeder und jedem Einzelnen mittels des eigenen „wahrnehmenden Organs" (ebd.) aktiv anzueignen. Die beste Art, etwas über Kritische Geographie zu erfahren, ist dann sie zu betreiben, sich also an geographischen Gegenständen kritisch abzuarbeiten und an den Debatten um „Kritische Geographie" zu beteiligen (Exkurs 15.3.5).

 **Exkurs 15.3.5**

„Kritische Geographie" institutionalisiert

Bernd Belina

„Kritische Geographie" wird im hier skizzierten oder ähnlichen Sinn in verschiedenen institutionalisierten Formen betrieben. Im internationalen Kontext seien vor allem die *International Conferences of Critical Geography* genannt, die seit 1997 in mehrjährigen Abständen an verschiedenen Orten stattfinden (2011 etwa in Frankfurt am Main, www.iccg2011.org), sowie die Zeitschriften ACME (Online-Zeitschrift unter: www.acme-journal.org), *Human Geography* und Antipode. Im deutschsprachigen Raum existieren in Österreich der Verein Kritische Geographie (www.kritische-geographie.at), in Deutschland der studentische AK Kritische Geographie (criticalgeography.blogsport.de) sowie die seit 2008 stattfindenden Treffen namens Forschungswerkstatt Kritische Geographie (www.kritischegeographie.de).

Fazit

Die Humangeographie ist derjenige Teilbereich der Geographie, der sich mit der Rolle „des Raums" für die Menschen beschäftigt. Entsprechend geht es hier nicht in erster Linie um seine objektive Struktur und physisch-materielle Beschaffenheit, sondern um gesellschaftlich relevante Formen von Räumlichkeit. Sie sind ausgesprochen vielgestaltig und reichen von siedlungsstrukturellen Mustern und ökonomischen Reichweitensystemen über Verkehrs- und Kommunikationsnetzwerke bis hin zur symbolischen und normativen Rolle von Raumkonstruktionen für die gesellschaftliche Struktur und Ordnung.

Diese vielfältigen Ordnungsmuster gesellschaftlicher Räumlichkeit befinden sich in einem ständigen Fluss, in einem ständigen Ringen zwischen der Beharrlichkeit des Gewordenen und den gesellschaftlichen Kräften, die auf die Veränderung der gewachsenen Strukturen drängen. In diesem Spannungsfeld findet die Humangeographie ein reiches Terrain für konzeptionell-theoretische wie empirische Forschungen, in dem sie die raumbezogenen Konstruktionen und Strukturen untersucht und die oft machtvollen gesellschaftlichen Auseinandersetzungen um deren Veränderung analysiert. Vor dem Hintergrund der Dynamik dieses gesellschaftlichen Feldes verwundert es nicht, wenn auch die Humangeographie eine sehr bewegliche Wissenschaft ist,

deren Kanon sich sowohl durch „tradierte" und „bewährte" Forschungsinhalte, andererseits aber auch durch immer wieder neue konzeptionelle Debatten und empirische Forschungsfelder auszeichnet.

In diesem Sinne werden nach einführenden Definitionen in diesem Kapitel zunächst aktuelle Leitlinien der Strukturierung und Entwicklung der Humangeographie vorgestellt. Hier geht es um übergreifende Trends, die die Disziplinentwicklung der letzten Jahrzehnte kennzeichnen, um die konzeptionellen *„turns"*, die die Humangeographie in den vergangenen Jahren durchlaufen hat, sowie um eine kurze Darstellung der unterschiedlichen Ansätze, die die Humangeographie als „Multiperspektivenfach" heute kennzeichnen. Da in den nachfolgenden Kapiteln die einzelnen Teildisziplinen der Humangeographie mit ihren jeweils spezifischen Schwerpunkten vorgestellt werden, enthält dieses Einführungskapitel zusätzlich einen Abschnitt, in dem Beispiele für teildisziplinübergreifende Querschnittsansätze in der Humangeographie vorgestellt werden, die derzeit aktuell in der Diskussion und Entwicklung sind. Dazu zählen die postkolonialen, die poststrukturalistischen und die kritisch-geographischen Ansätze ebenso wie die *„geographies of gender"* und neuere Konzepte zur Performativität.

Weiterführende Literatur

Belina B, Michel B (Hrsg) (2007) Raumproduktionen: Beiträge der Radical Geography. Eine Zwischenbilanz. Westfälisches Dampfboot. Münster

Gebhardt H, Mattissek A, Reuber P, Wolkersdorfer G (2007) Neue Kulturgeographie? Perspektiven, Potentiale und Probleme. In: Geographische Rundschau 59 (7/8): 12–20

Glasze G, Mattissek A (Hrsg) (2009) Handbuch Diskurs und Raum. Theorien und Methoden für die Humangeographie sowie die sozial- und kulturwissenschaftliche Raumforschung. Bielefeld

Knox PL, Marston SA, Gebhardt H, Joseph H (2008) Humangeographie. Heidelberg

Kitchin R, Thrift N (eds) International Encyclopedia of Human Geography. Elsevier, Oxford

Lossau J (2002) Die Politik der Verortung. Eine postkoloniale Reise zu einer anderen Geographie der Welt. Transcript, Bielefeld

Mitchell D (2000) Cultural Geography: a critical introduction. Oxford

Zitierte Literatur

Anderson B (1988) Die Erfindung der Nation. Zur Karriere eines folgenreichen Konzepts. Campus, Frankfurt a. M.

Anderson K et al. (Hrsg) (2003) Handbook of Cultural Geography. London

Arnold H (2004) Rezension „Kulturgeographie. Aktuelle Ansätze und Entwicklungen". Geographische Revue 6/2: 99–102

Austin JL (2002 [1962]) Zur Theorie der Sprechakte (How to do things with Words). Reclam, Ditzingen

Bachmann-Medick D (2006) Cultural Turns. Neuorientierungen in den Kulturwissenschaften. Reinbek

Bartels D (1970) Wirtschafts- und Sozialgeographie. Neue Wissenschaftliche Bibliothek 35. Köln, Berlin

Bauriedl S, Schier M, Strüver A (Hrsg) (2010) Geschlechterverhältnisse, Raumstrukturen, Ortsbeziehungen: Erkundungen von Vielfalt und Differenz im spatial turn. Münster

Beauvoir S, de (1992) Das andere Geschlecht. Reinbek (Original 1949)

Fortsetzung

Fortsetzung

Beck U (1995) Risikogesellschaft. Auf dem Weg in eine andere Moderne. Frankfurt a. M.

Becker-Schmidt R, Knapp GA (2003) Feministische Theorien zur Einführung. Hamburg

Belina B (2006) Raum, Überwachung, Kontrolle. Vom staatlichen Zugriff auf städtische Bevölkerung. Münster

Belina B, Michel B (Hrsg) (2007) Raumproduktionen: Beiträge der Radical Geography. Eine Zwischenbilanz. Westfälisches Dampfboot. Münster

Berndt C, Boeckler M (2007) Kulturelle Geographien der Ökonomie: Zur Performativität von Märkten. In: Berndt C, Pütz R (Hrsg) Kulturelle Geographien. Transcript, Bielefeld. 193–238

Berndt C, Boeckler M (2011) Geographies of markets: Materials, morals and monsters in motion. Progress in Human Geography (in print) DOI:10.1177/0309132510384498

Best U (2009) Critical Geography. In: Kitchin B, Thrift N (Hrsg) International Encyclopedia of Human Geography. Band 2. Oxford. 345–357

Binder E (1989) Männerräume – Männerträume. Ebenen des Androzentrismus in der Geographie. Wien

Blomley N (2006) Uncritical critical geography? In: Progress in Human Geography 30: 87–94

Boeckler M (2005) Geographien kultureller Praxis. Syrische Unternehmer und die globale Moderne. Transcript, Bielefeld

Boeckler M, Berndt C (2005) Kulturelle Geographien der Ökonomie. In: Zeitschrift für Wirtschaftsgeographie 49 (2): 67-80

Bourdieu P (1987) Die feinen Unterschiede: Kritik der gesellschaftlichen Urteilskraft. Frankfurt a. M.

Bourdieu P (1997) Männliche Herrschaft revisited. Feministische Studien 15: 8–99

Brunotte E, Gebhardt H, Meurer M, Meusburger P, Nipper J (Hrsg) (2001) Lexikon der Geographie. Heidelberg, Berlin

Bühler E (2001) Frauen- und Gleichstellungsatlas Schweiz. Zürich

Buschkühl A (1989) Frauen in der Stadt: räumliche Trennung der Lebensbereiche, Mobilität von Frauen, veränderte Planung mit Frauen. In: Bock S et al. (Hrsg) Frauen(t)räume in der Geographie. Kassel. 101–115

Butler J (1990) Gender trouble. Feminism and the subversion of identity. New York

Butler J (1997) Körper von Gewicht. Suhrkamp, Frankfurt a. M.

Butler J (1998) Hass spricht. Zur Politik des Performativen. Berlin Verlag, Berlin

Butler J (2004) Undoing gender. New York

Butler J (2009) Die Macht der Geschlechternormen und die Grenzen des Menschlichen. Suhrkamp, Frankfurt a. M.

Buzan B, Wæver O (2003) Regions and powers: The structure of international security. Cambridge, New York

Callon M (1998) Introduction: The embeddedness of economic markets in economics. In: Callon M (Hrsg) The Laws of the Markets. Blackwell, Oxford. 1–57

Callon M (2007) What does it mean to say that economics is performative? In: MacKenzie D, Muniesa F, Siu L (Hrsg) Do Economists Make Markets? On the Performativity of Economics. Princeton University Press, Princeton. 311–357

Castells M (2001) Das Informationszeitalter Band 1. Die Netzwerkgesellschaft. Opladen

Crang M (1999) Cultural Geography. London, New York

Deleuze G (1968) Différence et Répétition. Presse Universitaires de France, Paris

Derrida J (1976) Randgänge der Philosophie. Ullstein, Frankfurt a. M.

Derrida J (1986) Positionen. Gespräche mit Henri Rose, Julia Kristeva, Jean-Louis Houdebine, Guy Scarpetta. Wien

Deutsche Gesellschaft für Geographie (2006) Was ist Geographie? In: www.geographie.de (abgerufen am 18.8.2006)

Fanon F (1981) Die Verdammten dieser Erde. Suhrkamp, Frankfurt a. M.

Fleischmann K, Meyer-Hanschen U (2005) Stadt Land Gender. Einführung in Feministische Geographien. Königstein

Flitner M (1998) Konstruierte Naturen und ihre Erforschung. In: Geographica Helvetica 53 (3): 89–95

Foucault M (1977) Überwachen und Strafen. Die Geburt des Gefängnisses. Frankfurt a. M.

Foucault M (1997) Der Wille zum Wissen. Sexualität und Wahrheit 1. Frankfurt a.M. (1976)

Foucault M (2004) Sicherheit, Territorium, Bevölkerung: Geschichte der Gouvernementalität I. Frankfurt a. M. Suhrkamp

Franzen J, Beger N (2002) „Zwischen die Stühle gefallen". Ein Gespräch über queere Politik und Geschlechterentwürfe. In: polymorph (Hrsg) (K)ein Geschlecht oder viele? Transgender in politischer Perspektive. Querverlag, Berlin. 53–68

Frisch M (1981) Der Mensch erscheint im Holozän. Frankfurt a. M.

Füller H, Marquardt N (2008) Mit Sicherheit zuhause. Master Planned Communities als Technologie der Exklusion und sozialen Kontrolle. In: Klimke D (Hrsg) Exklusion in der Marktgesellschaft. Wiesbaden: 145–157

Garcia-Parpet MF (2007) The Social Construction of a Perfect Market: The Strawberry Auction at Fontaines-en-Sologne. In: MacKenzie D, Muniesa F, Siu L (Hrsg) Do Economists Make Markets? On the Performativity of Economics. Princeton University Press, Princeton. 20–53

Gebhardt H, Glaser R, Radtke U, Reuber P (2007) Geographie. Physische Geographie und Humangeographie. München

Gebhardt H, Mattissek A, Reuber P, Wolkersdorfer G (2007): Neue Kulturgeographie? Perspektiven, Potentiale und Probleme. In: Geographische Rundschau 59 (7/8): 12–20

Gildemeister R, Wetterer A (1992) Wie Geschlechter gemacht werden. In: Knapp GA, Wetterer A (Hrsg) Traditionen Brüche. Freiburg. 201–254

Glasze G, Mattissek A (2006) Wissenschaftliches Netzwerk „Diskursforschung in der Humangeographie". In: Rundbrief Geographie 202: 9

Glasze G, Mattissek A (Hrsg) (2009) Handbuch Diskurs und Raum. Theorien und Methoden für die Humangeographie sowie die sozial- und kulturwissenschaftliche Raumforschung. Bielefeld

Glasze G, Mattissek A (2009) Diskursforschung in der Humangeographie: Konzeptionelle Grundlagen und empirische Operationalisierungen. In: Glasze G, Mattissek A (Hrsg) Diskurs und Raum. Theorien und Methoden für die Humangeographie sowie die sozial- und kulturwissenschaftliche Raumforschung. Transcript, Bielefeld. 11–60

Glasze G, Pütz R (2007) Sprachorientierte Forschungsansätze in der Humangeographie nach dem linguistic turn. In: Geographische Zeitschrift 95 (1+2): 1–4

Glasze G, Pütz R, Rolfes M (Hrsg) (2005) Diskurs – Stadt – Kriminalität. Städtische (Un-)Sicherheiten aus der Perspektive von Stadtforschung und Kritischer Kriminalgeographie. Bielefeld

Gregory D (1994) Geographical imaginations. Blackwell, Cambridge

Gregory D, Martin R, Smith G (Hrsg) (1994) Human Geography. Society, Space and Social Science. London

Habermas J (1987) Die Neue Unübersichtlichkeit. Frankfurt a. M.

Hall S (1994) Rassismus und kulturelle Identität. Ausgewählte Schriften 2. Argument, Hamburg

Hall S (1997) Wann war „der Postkolonialismus"? Denken an der Grenze. In: Bronfen E, Marius B, Steffen T (Hrsg) Hybride Kulturen. Beiträge zur anglo-amerikanischen Multikulturalismusdebatte. Stauffenburg, Tübingen. 219–246

Hall S (1999) Ethnizität: Identität und Differenz. In: Engelmann J (Hrsg) Die kleinen Unterschiede. Der Cultural Studies-Reader. Campus, Frankfurt a. M., New York. 83–98

Hamilton FEJ (Hrsg) (1974) Spatial Perspectives on Industrial Organization and Decision-Making. London

Fortsetzung

Fortsetzung

Haraway D (1995) Die Neuerfindung der Natur. Primaten, Cyborgs und Frauen. Frankfurt a. M.

Harding S (1990) Feministische Wissenschaftstheorie. Zum Verhältnis von Wissenschaft und sozialem Geschlecht. Hamburg

Harding S (1994) Das Geschlecht des Wissens. Frankfurt a. M.

Harvey D (1973) Social Justice and the City. London

Harvey D (2006) The geographies of critical geography. In: Transactions of the Institute of British Geographers 31: 409–12

Harvey D (2007) Zwischen Raum und Zeit: Reflektionen zur Geographischen Imagination. In: Belina B, Michel B (Hrsg) Raumproduktionen. Münster: 36–60 [1990]

Heineberg H (2003) Einführung in die Anthropogeographie/Humangeographie. Paderborn

Heintz B (1993) Die Auflösung der Geschlechterdifferenz. Entwicklungstendenzen in der Theorie der Geschlechter. In: Bühler E et al. (Hrsg) Ortssuche. Zur Geographie der Geschlechterdifferenz. Zürich. 17–48

Hölz K (1998) Das Fremde, das Eigene, das Andere. Die Inszenierung kultureller und geschlechtlicher Identität in Lateinamerika. Schmidt, Berlin

Horkheimer M (1988) Traditionelle und kritische Theorie. In: Gesammelte Schriften Bd. 4. Frankfurt a. M. 162-225 [1937]

Huntington S (1996) Der Kampf der Kulturen. München

Husseini S (2009) Die Macht der Übersetzung. Konzeptionelle Überlegungen zur Übersetzung als politische Praktik am Beispiel kulturgeographischer Forschung im arabischen Sprachraum. In: Social Geography 5: 145–172

King A D (2005) Postcolonial Cities/Postcolonial Critiques: Realities and Representations. Soziale Welt Sonderband 16: 67–83

Knorr Cetina K, Bruegger U (2002) Global Microstructures: The Virtual Societies of Financial Markets. American Journal of Sociology 107: 905–950

Knox PL, Marston S (Hrsg) (2002) Humangeographie. Spektrum Akademischer Verlag, Heidelberg

Krämer S, Stahlhut M (2001) Das „Performative" als Thema der Sprach- und Kulturphilosophie. Paragrana: Internationale Zeitschrift für Historische Anthropologie 10: 35–64

Lefebvre H (1972) Die Revolution der Städte. München [1970]

Lefebvre H (1974) La Production d l'Espace. Paris

Leggewie C (2004) Die Türkei und Europa. Die Positionen. Suhrkamp, Frankfurt a. Main

Leser H, Schneider-Sliwa R (1999) Geographie – eine Einführung. Aufbau, Aufgaben und Ziele eines integrativ-empirischen Faches. Braunschweig

Lippuner R (2005) Reflexive Sozialgeographie. Bourdieus Theorie der Praxis als Grundlage für sozial- und kulturgeographisches Arbeiten nach dem cultural turn. Geographische Zeitschrift 93/3: 135–147

Lorimer H (2005) Cultural geography: the busyness of being 'more-than-representational'. Progress in Human Geography 29: 83–94

Lorimer H (2010) Forces of Nature, Forms of Life: Calibrating Ethology and Phenomenology. In: Anderson B, Harrisson P (Hrsg) Taking-Place: Non-Representational Theories and Geography. Ashgate, Aldershot. 55–78

Lossau J (2002) Die Politik der Verortung. Eine postkoloniale Reise zu einer anderen Geographie der Welt. Transcript, Bielefeld

Lossau J (2008) Kulturgeographie als Perspektive. Zur Debatte um den cultural turn in der Humangeographie – eine Zwischenbilanz. Berichte zur Deutschen Landeskunde 82: 317–334

Lyotard JF (1999) Das Postmoderne Wissen. Ein Bericht. Wien

Marx K (1969) Thesen über Feuerbach. In: Marx-Engels-Werke. Berlin. Band 3: 5-7 [1844]

Marx K (1970): Brief an Ruge. In: Marx-Engels-Werke. Berlin. Band 1: 343-346 [1843]

Marx K (1971) Das Kapital. Band 1. In: Marx-Engels-Werke. Berlin. Band 23 [1867]

Marx K (1972) Der achtzehnte Brumaire des Louis Bonaparte. In: Marx-Engels-Werke. Berlin. Band 8: 115-123 [1852]

Massey D (2003) Spaces of Politics. Raum und Politik. In: Gebhardt H, Reuber P, Wolkersdorfer G (Hrsg) Kulturgeographie. Aktuelle Ansätze und Entwicklungen. Heidelberg, Berlin. 31–46

Massey D (1984) Spatial Divisions of Labour. London

Massey D (1993) Raum, Ort und Geschlecht. In: Bühler E et al. (Hrsg) Ortssuche. Zur Geographie der Geschlechterdifferenz. Zürich. 109–122

Massey D (1994) Space, Place and Gender. Cambridge

Massey D (1999) Power-Geometries and the Politics of Space-Time. Hettner Lectures 2. Department of Geography, Heidelberg

Massey D (2005) For Space. London

Massey D, Allen J, Sarre P (Hrsg) (1999) Human geography today. Cambridge

Mattissek A (2005) Diskursive Konstitution von Sicherheit im öffentlichen Raum am Beispiel Frankfurt am Main. In: Glasze G, Pütz R, Rolfes M (Hrsg) Diskurs – Stadt – Kriminalität. Städtische (Un-)Sicherheiten aus der Perspektive von Stadtforschung und Kritischer Kriminalgeographie. Bielefeld. 105–136

Mattissek A (2008) Die neoliberale Stadt. Diskursive Repräsentationen im Stadtmarketing deutscher Großstädte. Bielefeld

Mattissek A (2005) Kasten: Strukturalismus – Poststrukturalismus. In: Reuber P, Pfaffenbach C (2005) Methoden der empirischen Humangeographie. Das Geographische Seminar. Braunschweig

McDowell L (1999) Gender, Identity and Place. Understanding Feminist Geographies. Minneapolis

Meier V (1998) Jene machtgeladene soziale Beziehung der „Konversation"... Poststrukturalistische und postkoloniale Geographie. Geographica Helvetica 53: 107–112

Miggelbrink J (2002) Der gezähmte Blick. Zum Wandel des Diskurses über „Raum" und „Region" in humangeographischen Forschungsansätzen des ausgehenden 20. Jahrhunderts. Institut für Länderkunde, Leipzig

Mitchell D (1995) There's no such thing as culture: Towards a reconceptualization of the idea of culture in geography. Transactions of the Institute of British Geographers, New Series 20: 102–116

Mitchell D (2000a) The end of culture? – Culturalism and cultural geography in the Anglo-American „University of excellence". Geographische Revue 2/2: 3–17

Mitchell D (2000b) Cultural Geography: a critical introduction. Oxford

Phillips L, Jørgensen MW (2002) Discourse analysis as theory and method. London

Probyn E (2003) The spatial imperative of subjectivity. In: Anderson K et al. (eds) Handbook of Cultural Geography. London. 290–299

Reuber P (2002) Die Politische Geographie nach dem Ende des Kalten Krieges. Neue Ansätze und aktuelle Forschungsfelder. In: Geographische Rundschau, 54 (7-8): 4–9

Reuber P (2012) Politische Geographie. In Vorbereitung.

Reuber P, Wolkersdorfer G (2004) Auf der Suche nach der Weltordnung? Geopolitische Leitbilder und ihre Rolle in den Krisen und Konflikten des neuen Jahrtausends. In: Petermanns Geographische Mitteilungen 148 (2): 12–19

Rose G (1993) Feminism & Geography. The Limits of Geographical Knowledge. Oxford

Rose N (2000) Tod des Sozialen? Eine Neubestimmung der Grenzen des Regierens. In: Ulrich Bröckling U, Krasmann S, Lemke T (Hrsg) Gouvernementalität der Gegenwart. Studien zur Ökonomisierung des Sozialen, Frankfurt a. M. 72-109

Sahr WD (2005) Neues vom Fliegenden Holländer. Gedanken zu Eckhard Ehlers und Helmut Klüters Buchkritik von „Kulturgeographie. Aktuelle Ansätze und Entwicklungen" und ihren Anmerkungen zu einer „babylonischen" bzw. „feuilletonistischen" Geographie. Berichte zur deutschen Landeskunde 79/4: 501–516

Fortsetzung

Fortsetzung

Said E (1978) Orientalism. Vintage, New York

Sartre J-P (1981) Vorwort. In: Fanon F (Hrsg) Die Verdammten dieser Erde. Suhrkamp, Frankfurt a. M. 7–27

Saussure F de (1931 [1916]) Grundfragen der allgemeinen Sprachwissenschaft. Berlin

Schätzl L (2003) Wirtschaftsgeographie. Band 1: Theorie. Paderborn

Schier M, von Streit A (2004) Perpektivenwechsel: Die Konzepte „Alltag" und „Biographie" zur Analyse von Arbeit in der geographischen Geschlechterforschung. In: Bühler E et al. (Hrsg) Geschlechterforschung. Neue Impulse für die Geographie. Zürich. 21–42

Schlögel K (2003) Im Raume lesen wir die Zeit: Über Zivilisationsgeschichte und Geopolitik. München u. a.

Schlottmann A (2005) RaumSprache. Ost-West-Differenzen in der Berichterstattung zur deutschen Einheit. Eine sozialgeographische Theorie. München

Schreiber V (2005) Regionalisierungen von Unsicherheit in der Kommunalen Kriminalprävention. In: Glasze G, Pütz R, Rolfes M (Hrsg) Diskurs – Stadt – Kriminalität. Bielefeld. 59–103

Schultz H-D (1998) Herder und Ratzel: Zwei Extreme, ein Paradigma? Erdkunde 52: 127–143

Seager J (1998) Der Fischer Frauen-Atlas: Daten, Fakten, Informationen. Frankfurt

Seager J (2009) The Atlas of Women in the World. London

Smith N (1984) Uneven Development. Oxford

Smith N (2006) There's No Such Thing as a Natural Disaster. Abrufbar unter: http://understandingkatrina.ssrc.org/Smith [28.09.10]

Soja EW (1989) Postmodern Geographies. The Reassertion of Space in Critical Social Theory. London

Spitthöver M (1990) Frauen und Freiraum. In: Dörhöfer K (Hrsg) Stadt – Land – Frau. Soziologische Analysen – feministische Planungsansätze. Freiburg. 81–104

Stauth G (1993) Islam und westlicher Rationalismus. Der Beitrag des Orientalismus zur Entstehung der Soziologie. Campus, Frankfurt a. M., New York

Strüver A (2003) „Das duale System": Wer bin ich – und wenn ja, wie viele? Identitätskonstruktionen aus feministisch-poststrukturalistischer Perspektive. In: Gebhardt H et al. (Hrsg) Kulturgeographie. Aktuelle Ansätze und Entwicklungen. Heidelberg. 113–128

Strüver A (2005a) Stories of the „boring border". The Dutch-German borderscape in people's minds. Münster

Strüver A (2005b) Macht Körper Wissen Raum? Ansätze für eine Geographie der Differenzen. Beiträge zur Bevölkerungs- und Sozialgeographie, Bd. 9. Wien

Strüver A, Wucherpfennig C (2009) Performativität. In: Glasze G, Mattissek A (Hrsg) Handbuch Diskurs und Raum. Theorien und Methoden für die Humangeographie sowie die sozial- und kulturwissenschaftliche Raumforschung. Transcript, Bielefeld. 107–127

Thrift N (1997) The still point. In: Pile S, Keith M (Hrsg) Geographies of Resistance. Routledge, London. 124–151

Thrift N (2000) Pandora's box? Cultural geographies of economies. In: Clark GL, Feldmann MP, Gertler MS (Hrsg) The Oxford handbook of economic geography. Oxford. 689–704

Thrift N (2002) Performing cultures in the new economy. In: du Gay P, Pryke M (Hrsg) Cultural Economy: Cultural Analysis and Commercial Life. Sage, London. 201–234

Thrift N (2008) Non-Representational Theory: Space, Politics, Affect. Routledge, London, New York

Thrift N, Dewsbury JD (2000) Dead geographies – and how to make them live. Environment and Planning D: Society and Space 18: 411–432

Valentine G (1989) The geography of women's fear. In: Area 21: 385–390

Valentine G (1992) Images of danger: women's sources of information about the spatial distribution of male violence. In: Area 24: 22–29

Walgenbach K, Dietze G, Hornscheidt A, Palm K (Hrsg) (2007) Gender als interdependente Kategorie. Neue Perspektiven auf Intersektionalität, Diversität und Heterogenität. Opladen

Wastl-Walter D (1989) Geographie – eine Wissenschaft der Männer? Eine Reflexion über die Frau in der Arbeitswelt der wissenschaftlichen Geographie und über die Inhalte der Disziplin. In: Klagenfurter Geographische Schriften 6: 157–169

Wastl-Walter D (2010) Gender Geographien. Geschlecht und Raum als soziale Konstruktionen. Stuttgart

Weedon C (2001) Wissen und Erfahrung. Feministische Praxis und poststrukturalistische Theorie. Zürich

Weichhart P (2008) Entwicklungslinien der Sozialgeograpie. Von Hans Bobek bis Benno Werlen. Stuttgart

Werlen B (1995) Sozialgeographie alltäglicher Regionalisierungen. Band 1: Zur Ontologie von Gesellschaft und Raum. Stuttgart

Werlen B (2000) Sozialgeographie. Eine Einführung. Haupt, Bern, Stuttgart, Wien

Werlen B (2010) Gesellschaftliche Räumlichkeit 2. Konstruktion geographischer Wirklichkeiten. Franz Steiner Verlag, Stuttgart

WGSG (Women and Geography Study Group) (1997) Feminist Geographies. Explorations in Diversity and Difference. Essex

Whatmore S (2006) Materialist returns: practising cultural geography in and for a more-than-human world. Cultural geographies. 600–609

Winker G, Degele N (2009) Intersektionalität. Zur Analyse sozialer Ungleichheiten. Bielefeld

Wucherpfennig C, Strüver A, Bauriedl S (2003) Wesens- und Wissenswelten – Eine Exkursion in die Praxis der Repräsentation. In: Hasse J, Helbrecht I (Hrsg) Menschenbilder in der Humangeographie. Oldenburg. 55–87

Zibell B (1993) Frauen in der Raumplanung – Raumplanung von Frauen. In: Bühler E et al. (Hrsg) Ortssuche. Zur Geographie der Geschlechterdifferenz. Zürich. 145–172

Zierhofer W (1998) Umweltforschung und Öffentlichkeit. Das Waldsterben und die kommunikativen Leistungen von Wissenschaft und Massenmedien. Opladen

In seinem berühmten Lehrbuch „*Geography – A Global Synthesis*" zeigt der englische Geograph Peter Haggett, wie sich ein Strand im Verlauf eines Sonnentags nach bestimmten räumlichen und sozialen Regeln füllt: Zunächst werden die besten Plätze besetzt und auf genügend Abstand zum Nachbarn geachtet, dann werden die freien Räume aufgefüllt und Familien oder Cliquen rücken enger zusammen. Liegestühle oder Strandkörbe werden mit Handtüchern belegt und Reviere mit Sandburgen markiert. Am Strand, wie hier an der mecklenburgischen Küste bei Heringsdorf, zeigt sich also im Kleinen, wie der „Mensch als sozialer Akteur" seinen Alltag organisiert, wie mit sozialen Regeln Geographie „gemacht" wird (Foto: H. Gebhardt).

Kapitel 16
Sozialgeographie

BENNO WERLEN UND ROLAND LIPPUNER

Menschen machen nicht nur, wie Karl Marx schreibt, ihre Geschichte selbst, sie machen auch ihre eigene Geographie – oder besser: ihre eigenen Geographien. Diese Einsicht bildet den Ausgangspunkt der zeitgenössischen Sozialgeographie. Nicht die Natur oder naturräumliche Bedingungen beherrschen und bestimmen den Werdegang von Gesellschaften, sondern deren kulturell geprägte Interpretation und ökonomische Inwertsetzung.

Als der Begriff „Sozialgeographie" Ende des 19. Jahrhunderts geschaffen wurde, befand sich das zentrale Forschungsthema dieser Fachrichtung – das Verhältnis von Gesellschaft und Raum – in einer ähnlich dramatischen Phase der Umgestaltung wie heute. Damals veränderte der Prozess der Industrialisierung die geographischen Lebensbedingungen. Heute ist es der Prozess der Globalisierung. Beide führen zu völlig neuen geographischen Konstellationen. Ein besonderes Merkmal der aktuellen Verhältnisse besteht in der Möglichkeit, über Distanz in Echtzeit zu handeln. Damit sind tief greifende Veränderungen des gesellschaftlichen Zusammenlebens verbunden, die eine neue sozialgeographische Weltsicht notwendig machen. Zwar verbringen die meisten Menschen ihr Alltagsleben hauptsächlich in einem lokalen Kontext. Trotzdem sind ihre Lebensbedingungen in globale Prozesse eingebettet. Lokales und Globales sind ineinander verwoben. Globale Prozesse äußern sich im Lokalen, gleichzeitig können lokale Lebensformen weltweite Verbreitung finden. Dies ist ein wesentliches Merkmal der neuen geographischen Bedingungen in zeitgenössischen Gesellschaften. Für deren Analyse und Erklärung erlangt die Sozialgeographie, die sich mit den räumlichen Bedingungen menschlicher Tätigkeiten befasst, eine hervorragende Bedeutung.

In diesem Kapitel werden sozialgeographische Perspektiven in historischer Abfolge vorgestellt. Eine Auseinandersetzung mit der Entwicklung des Fachs ist wichtig, um beurteilen zu können, welche Ansätze aktuelle Problemlagen erfassen. Außerdem ist zu beachten, dass man von einem komplexen Gegenstand wie der Gesellschaft nur dann einen umfassenden Eindruck bekommt, wenn man ihn aus unterschiedlichen Blickwinkeln betrachtet.

16.1 Die Welt sozial-geographisch sehen

Das Kernthema der Sozialgeographie – die wissenschaftliche Erforschung des Verhältnisses von Gesellschaft und (Erd-)Raum – beinhaltet die beiden folgenden Grundfragen: Wie organisieren sich Gesellschaften in räumlicher Hinsicht? Welche Rolle spielen die räumlichen Bedingungen für das Zusammenleben in einer Gesellschaft? Beiden Kernfragen geht die sozialgeographische Forschung in verschiedenen Theoriehorizonten und einem breit gefächerten Themenfeld nach.

Am historischen Anfang sozialgeographischer Forschung – Ende des 19. Jahrhunderts – ging es Geographen vor allem um den wissenschaftlichen Nachweis, dass die (natur-)räumlichen Bedingungen für das menschliche Handeln verantwortlich sind. Man vermutete, dass die Wirkkräfte der Natur für menschliche Kulturen und Gesellschaften dieselbe Bedeutung haben, wie beispielsweise jene des Klimas für die Pflanzenwelt (bzw. die Pflanzengesellschaften) einer bestimmten Erdgegend. Vor dem Hintergrund dieser Zielsetzung schien es sinnvoll, die Geographie der menschlichen Gesellschaften analog zur Geographie der Natur zu erforschen.

Im Vordergrund stand also zuerst die Annahme, dass der Raum die Gesellschaft prägt. Die Forschungsergebnisse der Sozialgeographie konnten diese Hypothese jedoch nicht bestätigen. Deshalb geht man heute davon aus, dass die räumlichen Bedingungen für das menschliche Handeln erst in kulturell, gesellschaftlich und wirtschaftlich interpretierter Form relevant sind. Dieser Perspektivenwechsel findet beispielsweise auch im Ver-

ständnis von Staatsgrenzen seinen Ausdruck. Nahm man früher an, dass Staaten von „natürlichen Grenzen" umgeben sind bzw. sein sollten, begreift man Staatsgrenzen heute als Ausdruck von politisch erreichten Festlegungen, die dazu dienen, die Zuständigkeiten von Staaten zu regeln (Kapitel 19).

Dem entsprechend wird heute die Aufgabe der Sozialgeographie in der wissenschaftlichen Untersuchung der geographischen Praktiken – des **alltäglichen „Geographie-Machens"** – gesehen. Die aktuellen Forschungsfragen richten sich auf die Analyse jener Geographien, welche die Menschen als soziale Akteure mittels ihrer Tätigkeiten schaffen. Diese geographischen Praktiken sollen wissenschaftlich rekonstruiert und erklärt werden. Darüber hinaus gehen Sozialgeographen der Frage nach, welche Bedeutung veränderte geographische Bedingungen für das gesellschaftliche Zusammenleben haben.

Die sozialgeographische Betrachtung der Welt macht es möglich (und notwendig) zwei zentrale humangeographische Begriffspaare zu präzisieren und auf neue Weise miteinander in Beziehung zu setzen: das Begriffspaar „Bevölkerung und Gesellschaft" (Kapitel 17) einerseits sowie „Mensch und sozialer Akteur" anderseits.

Bevölkerung und Gesellschaft

Den Bedeutungsunterschied der Begriffe „Bevölkerung" und „Gesellschaft", die in der Alltagssprache häufig gleichgesetzt werden, klar hervorzuheben, ist in vielerlei Hinsicht wichtig. Dabei ist zuerst deutlich zu machen,

 **Exkurs 16.1.1**

Sozialgeographie historisch

Die Sozialgeographie erforscht ...

„... den Einfluss der Wanderwege auf Rassen und Völker und daraus entstandene Völkertypen" (Demolins 1901).

„... die Darstellung der regionalen Verbreitung sozialer Phänomene und die Bedeutung sozialer Faktoren bei der Umgestaltung der Natur durch den Menschen" (Hoke 1907).

„... die sozial und landschaftlich geprägten Lebensformgruppen [...] [als] Elemente der Gesellschaft im geographischen Sinne" (Bobek 1948).

„... die Gesetze menschlichen Zusammenlebens [und] die räumliche Kammerung der Gesellschaft" (Hartke 1959).

„... die räumlichen Organisationsformen und raumbildenden Prozesse der Daseinsgrundfunktionen menschlicher Gruppen und Gesellschaften" (Ruppert & Schaffer 1969).

„... die erdoberflächlichen Verbreitungs- und Verknüpfungsmuster im Bereich menschlicher Handlungen und ihrer Motivationskreise (Bartels 1970).

„... die Aktionsketten menschlicher Verhaltensvollzüge" (Thomale 1974).

„... das alltägliche Geographie-Machen auf wissenschaftliche Weise" (Werlen 1993).

dass Bevölkerung im Sinne von Population primär einen biologischen, nicht aber einen sozialen Bezug aufweist. So kann man bei allen Lebewesen von Populationen sprechen, unabhängig davon, ob sie zueinander in Beziehung stehen. **Population** bezeichnet in diesem Sinne die Zahl von Organismen einer spezifischen biologischen Gattung innerhalb bestimmter geographischer Grenzen. Als **Bevölkerung** bezeichnet man dementsprechend die menschliche Population eines Staates, einer Region oder einer Ortschaft. Diese kann mit weiteren Merkmalen spezifiziert werden – zum Beispiel wenn von der Wohnbevölkerung oder der arbeitenden Bevölkerung die Rede ist. Kurz, der Begriff „Bevölkerung" bezieht sich primär auf die organische Einheit „Mensch" und in den genannten Zusammenhängen auf eine Mehrzahl von Menschen. Entsprechend interessieren unter dem Gesichtspunkt der Bevölkerungsforschung auch die primär biologischen Aspekte wie die Vermehrung, die Geburten- und Sterbefälle oder die Schrumpfung einer Bevölkerung sowie deren räumliche Verteilung.

Gesellschaft als Kernbegriff der Sozialwissenschaften und der Sozialgeographie rückt dagegen die Beziehungen der Einzelnen untereinander ins Zentrum. Grundsätzlich ist auch unter Gesellschaft das Zusammenleben einer größeren Zahl von Lebewesen (Pflanzen, Tieren, Menschen) über längere Zeit hinweg in einem räumlichen Kontext zu verstehen. In den Sozial- und Kulturwissenschaften ist die Begriffsverwendung aber auf den menschlichen Bereich begrenzt. Allen sozialwissenschaftlichen Begriffsverständnissen ist außerdem gemeinsam, dass mit Gesellschaft nicht bloß eine bestimmte Menge von Menschen bezeichnet wird, sondern insbesondere der Zusammenhang, der aus dem Handeln, Kommunizieren, Tauschen von Waren und so weiter resultiert. Wird mit „Bevölkerung" der Akzent auf die menschlichen Organismen und deren Zahl gelegt, bezieht sich „Gesellschaft" auf Beziehungen sowie die Bedingungen, Mittel und Folgen sozialen Handelns.

Mensch und sozialer Akteur

Steht für die Anthropogeographie und die Bevölkerungswissenschaften der Mensch „als solcher" im Zentrum, thematisieren die Sozialgeographie und die Sozialwissenschaften die Menschen als soziale Akteure. Jeder Mensch wird als eine sozialisierte Persönlichkeit betrachtet. Damit ist gemeint, dass die Menschen nur dann handlungsfähig sind, wenn sie sich gesellschaftliche Regeln und Gepflogenheiten angeeignet haben. Aufgrund dieses Aneignungsprozesses, der die gesamte Lebensspanne umfasst, wird es ihnen beispielsweise möglich, den allgemeinen Erwartungen anderer zu entsprechen oder diese Erwartungen sogar an die eigene Person zu stellen (und sich ihnen zu widersetzen). Demzufolge wird das Gestaltungspotenzial, über das ein sozialisierter Mensch als sozialer Akteur verfügt, einerseits immer durch **gesellschaftliche Normen und Regeln** begrenzt. Andererseits wird die Handlungsfähigkeit der Akteure über die Sozialisation aber auch erst ermöglicht.

Im Vergleich zu anderen sozialwissenschaftlichen Disziplinen zeichnet sich die Sozialgeographie dadurch aus, dass bei der Erforschung menschlicher Tätigkeiten

 **Exkurs 16.1.2**

Geographie, Sozialgeographie und Soziologie

Geographie und Soziologie im Vergleich
Geographie:
- wissenschaftliche Disziplin der Erforschung räumlicher Konstellationen
- Beschreibung und Erklärung von Erscheinungsformen der Erdoberfläche

Soziologie:
- Wissenschaftsbereich der Gesellschaftsforschung
- Analyse der gesellschaftlichen Dimension menschlicher Lebensformen

Sozialgeographie und Soziologie im Vergleich
Soziologie:
- körperlose Akteure und raumlose Gesellschaft
- soziales Handeln und soziale Strukturen
- Natur weitgehend aus Betrachtung ausgeschlossen

Sozialgeographie:
- Gesellschaft – Erdraum – Natur
- soziale Akteure sind körperliche Wesen
- soziale Akteure stehen in Beziehung zur und im „Austausch" mit der Natur

Abb. 16.1.1 Max Weber wurde 1864 in Erfurt geboren. Er war der Begründer der vorstehenden Soziologie und soziologischen Handlungstheorie und neben Karl Marx und Émile Durkheim der einflussreichste Gesellschaftstheoretiker des 19. und frühen 20. Jahrhunderts. Er starb 1920 in München.

die erdräumlichen und natürlichen Bedingungen in die Untersuchung einbezogen werden. Andere sozialwissenschaftliche Forschungsrichtungen haben den physisch-materiellen Lebensgrundlagen in der Vergangenheit wenig Beachtung geschenkt oder den Umgang mit „Natur" und „Raum" nicht näher reflektiert. Nach Max Weber (1980) – einem Klassiker der Soziologie (Abb. 16.1.1) – sind dies bloße „Daten, mit denen zu rechnen ist". Ihre Erforschung sei aber nicht das Ziel der Sozialwissenschaften. Konsequenterweise werden in den Sozialwissenschaften die sozialen Akteure auch nicht als körperliche Wesen thematisiert.

In sozialgeographischer Betrachtung hingegen werden Akteure als Wesen thematisiert, die aufgrund ihrer Körperlichkeit in Beziehung zur und im Austausch mit der Natur leben. Diese Beziehung zwischen Natur und menschlichem Körper wurde in der naturdeterministischen Sichtweise der traditionellen Geographie allerdings überinterpretiert. Man sah in dieser Beziehung eine kausale Determiniertheit der Menschen durch die Natur. Daraus wurde die Behauptung abgeleitet, dass

alle beobachtbaren Kultur- und Wirtschaftsformen durch die natürlichen Grundlagen kausal vorbestimmt sind. „Wie die Natur, so Kultur und Wirtschaft" lautete die entsprechende Parole.

Von der Natur- zur Gesellschaftsforschung

Die naturdeterministischen Hypothesen konnten letztlich jedoch nicht bestätigt werden. Sozialgeographische Forschungen zeigten, dass die gesellschaftlichen, kulturellen und wirtschaftlichen Bedingungen für die Art der Naturnutzung viel entscheidender sind, als die natürlichen Bedingungen für die vorherrschenden sozial-kulturellen und ökonomischen Verhältnisse. Damit kann der lange Zeit dominierende Erklärungsanspruch des geographischen **Natur- oder Geodeterminismus** als widerlegt betrachtet werden. Festzuhalten bleibt, dass die traditionelle Geographie die Bedeutung der natürlichen Bedingungen für die Konstitution gesellschaftlicher Wirklichkeiten überbetont hat. Von der sozialwissenschaftlichen Forschung wurde sie hingegen lange Zeit ignoriert. Während die traditionelle Geographie dem Raum eine eigene Wirkkraft beigemessen hat, schenkte die sozialwissenschaftliche Forschung der räumlichen Dimension des gesellschaftlichen Lebens wenig Beachtung – Gesellschaften wurden als raumlose Gegebenheiten gesehen.

Mit der sozialgeographischen Fokussierung des Verhältnisses von Gesellschaft und Raum kann die entstandene Lücke zwischen der „Raumversessenheit" der traditionellen Geographie einerseits und der „Raumvergessenheit" der Sozialwissenschaften andererseits geschlossen werden. In der Zentrierung des Interesses auf die Bedeutung der räumlichen Dimension für das gesellschaftliche Zusammenleben vereinen sich der geographische und der sozialwissenschaftliche Tatsachenblick zu einem besonderen Erfahrungsstil. Die Sozialgeographie stellt in diesem Sinne das Brückenfach zwischen Geographie und Soziologie dar.

Unter welchen Bedingungen konnte die Überwindung der disziplinären Einseitigkeiten mit der Begründung der Sozialgeographie gelingen? Bevor in die vielfältigen Forschungsperspektiven der Sozialgeographie eingeführt wird, soll zuerst eine Antwort auf diese Frage gegeben werden. Dies ermöglicht es, sowohl auf einige grundlegende Aspekte der Wissenschaftsgeschichte einzugehen, als auch einige zentrale gesellschafts- und wissenschaftspolitische Probleme in der Auseinandersetzung mit dem **Gesellschafts-Natur-Verhältnis** anzusprechen.

16.2 Die Wegbereiter der Sozialgeographie

Die Idee der wissenschaftlichen Sozialgeographie ist in der zweiten Hälfte des 19. Jahrhunderts im intellektuellen Umfeld von **Elisée Reclus** (1911) in Frankreich entstanden. Reclus (Abb. 16.2.1) war in wesentlichem Maße durch „*Man and Nature: Physical Geography Modified by Human Action*" von George P. Marsh (1864) beeinflusst, einem der grundlegenden Texte der Ökologie. Mit der übergeordneten Zielsetzung seiner Forschungen – „*to indicate the character and, approximately, the extend of the changes produced by human action in the physical conditions of the globe we inhabit*" – stellt Marsh (1864) die in der Geographie zu dieser Zeit vorherrschende natur- und geodeterministische Fragerichtung auf den Kopf. Ihn interessierten die Art und das Ausmaß der Veränderungen physischer Bedingungen durch das menschliche Handeln.

Zwei andere wichtige Inspirationsquellen für Reclus waren die Arbeiten der katholisch-konservativen **Le-Play-Schule der Soziologie** und die Gedankenwelt der anarchistischen Bewegung. Der Begründer der Familiensoziologie – Frédéric le Play – erforschte die Veränderungen der Lebensbedingungen von Familien durch die Industrielle Revolution. Seine Analysen gingen von den drei Schlüsselbegriffen „Ort", „Arbeit" und „Familie" aus. Da die Familienbudgets Ausdruck der Arbeit sind und die Arbeit in traditionellen Agrargesellschaften unmittelbar auf die natürlichen Lebensbedingungen gerichtet ist, wurden bei diesen Untersuchungen konsequenterweise immer auch die geographischen Verhält-

Abb. 16.2.1 Elisée Reclus wurde 1830 in Saint-Foy-la-Grande geboren und starb 1905 in Brüssel (Belgien). Er ist der Verfasser des Monumentalwerkes „*Géographie Universelle*" und Begründer der Sozialgeographie.

nisse in die Analyse einbezogen. Auf diese Weise wurde die *social-survey*-Methode mit einer Regionalanalyse verbunden.

Die Beziehung zur anarchistischen Bewegung, in der die utopische Sichtweise von Reclus begründet war, bestand vor allem durch die enge Zusammenarbeit mit dem russischen Geographen **Peter Kropotkin**. Kropotkin vertrat grundsätzlich Darwins Evolutionstheorie. Er wandte sich aber gegen dessen These, wonach die Menschheitsgeschichte nichts anderes sei als der Aus-

Exkurs 16.2.1

Gesellschaft und Raum in Sozialwissenschaft und Sozialgeographie

Gesellschaft
- allgemeine Sichtweisen: Zusammenleben einer größeren Zahl von Lebewesen (Pflanzen, Tieren, Menschen) über längere Zeit hinweg auf einem bestimmten Gebiet
- sozialwissenschaftliche Sichtweisen: Regelungen, die aus dem Zusammenleben hervorgegangen und die für die Beziehungen zwischen den Mitgliedern einer Gesellschaft aktuell verpflichtend sind

Raum
- allgemeine Sichtweisen: erdoberflächliche Konstellationen und Anordnungen physisch-materieller Gegebenheiten
- sozialgeographische Sichtweisen: eine soziale Konstruktion, die das Ergebnis und Mittel alltäglicher geographischer Praktiken darstellt

Abb. 16.2.2 Der Wandel geographischer Lebensbedingungen zu Zeiten der Industrialisierung wird deutlich an der Ablösung der Dominanz der ländlich-dörflichen Siedlungsstruktur durch die urban-städtische. Den Gegensatz zwischen Dorf und Stadt zeigen hier die Bilder von Bardou im Languedoc (links) und Paris (rechts; Fotos: C. Martin, H. Gebhardt).

druck des Kampfes aller gegen alle. Diese Behauptung wurde von ihm durch die Idee der gegenseitigen Hilfe ersetzt. Danach kann zwar ein Kampf zwischen den Arten bestehen, doch innerhalb der Arten hat das Solidaritäts- und nicht das Feindschaftsprinzip vorzuherrschen, falls die Art überleben will. Daraus leitete er die Folgerung ab, dass die Geselligkeit und das Leben in Gemeinschaft die fundamentalen Grunderfordernisse des gesellschaftlichen Zusammenlebens wären. Die Verwirklichung dieser Grundprinzipien verlangt auch nach einer besonderen Geographie des Sozialen: Die Gesellschaft sollte, nach Ansicht von Kropotkin darauf ausgerichtet sein, „das lokale unabhängige Leben in kleinsten Einheiten zu schaffen, in Straße, Haus, Viertel und Gemeinde" (Kropotkin 1896). Daran sollte sich unter anderem die Siedlungsweise industrialisierter Gesellschaften orientieren.

Der Ausgangspunkt der Sozialgeographie, wie er von Reclus und seinem intellektuellen Umfeld konzipiert wurde, besteht somit aus der Verbindung der Frage nach der Mensch-Umwelt-Beziehung (Marsh) mit der räumlichen Ordnung des gesellschaftlichen Zusammenlebens (Le-Play-Schule und Anarchisten). Diese beiden Grundfragen sind im Zusammenhang mit der Industriellen Revolution und dem damit einhergehenden **Wandel der geographischen Lebensbedingungen** zu sehen, der sich zum Beispiel in der Ablösung einer vorwiegend ländlich-dörflichen Siedlungsstruktur durch die urban-städ-

tische zeigt: Bewohnte in der vorindustriellen bzw. vormodernen Zeit der größte Teil der Weltbevölkerung dörfliche Siedlungen (Kapitel 20), nahm der Anteil der städtischen Bevölkerung im Verlaufe der Industrialisierung rasant zu (Kapitel 21). Heute – in der nachindustriellen Zeit – lebt der größte Teil der Weltbevölkerung in städtischen Agglomerationen (Abb. 16.2.2).

16.3 Forschungsorientierungen im 20. Jahrhundert

Von der Entwicklung der ersten Ansätze eines sozialgeographischen Forschungsprofils Ende des 19. Jahrhunderts in Frankreich bis zur Etablierung der Sozialgeographie an deutschsprachigen Universitäten dauerte es etwa 50 Jahre. Dies hat im Wesentlichen damit zu tun, dass die Gesellschafts-Raum-Debatte bereits vor dem Ersten Weltkrieg zunehmend von der **Blut-und-Boden-Ideologie** vereinnahmt und schließlich von der nationalsozialistischen Geopolitik bis zum Ende des Zweiten Weltkrieges beherrscht worden war. Für das Verständnis der Entwicklung der Sozialgeographie in Deutschland ist außerdem wichtig zu sehen, dass diese vom System der klassischen Geographie geprägt ist und in der Landschaftsforschung ihre historischen Wurzeln hat. Diese

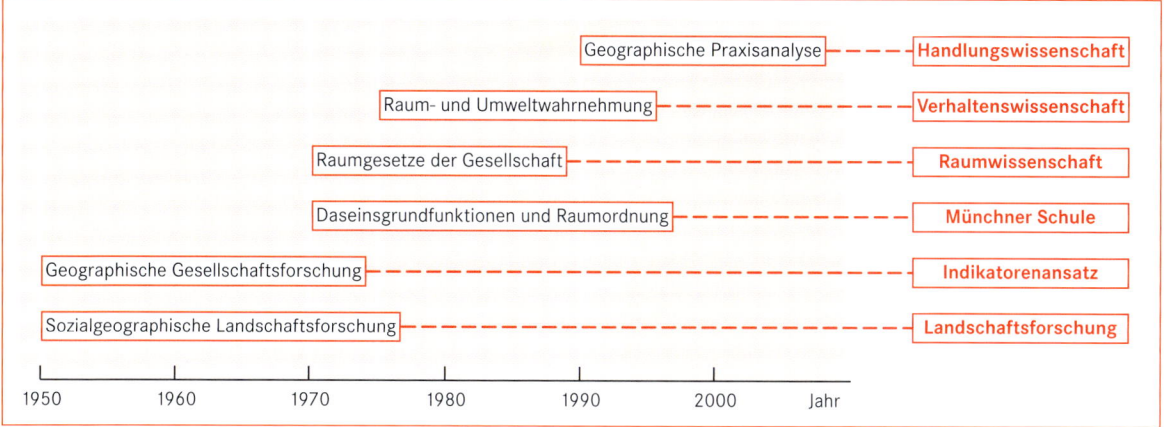

Abb. 16.3.1 Zeittafel der Entwicklungsgeschichte der deutschen Sozialgeographie.

Zusammenhänge werden in der Zeittafel der Entwicklungsgeschichte der deutschen Sozialgeographie erkennbar (Abb. 16.3.1).

Landschaft und Gesellschaft

Die Erklärung der Kulturlandschaft bildet nach dem Ende des Zweiten Weltkrieges das oberste Ziel der Sozialgeographie. Deren Aufgabe wird von **Hans Bobek** (1948) bzw. der „Bobek-Schule" in der Identifizierung jener sozialen Kräfte gesehen, welche der Herstellung von Kulturlandschaften zugrunde liegen. Der Begriff der „Landschaft" bezeichnet dabei den „Gesamtinhalt eines Teilstücks der Erdoberfläche" (Bobek & Schmithüsen 1949). Die frühe Sozialgeographie interessierte sich also vornehmlich für den Zusammenhang zwischen sozialer Wirklichkeit und kulturlandschaftlichen Verhältnissen. Sie ging davon aus, dass sich die Vielfalt der Kulturen und Gesellschaften in der Vielfalt der Kulturlandschaften äußert. Jede Kulturlandschaft wird somit als Spiegelbild der Umgestaltung der Natur durch die Gesellschaft begriffen.

Daraus ergeben sich die drei zentralen Forschungsfragen der **sozialgeographischen Landschaftsforschung**:

- Welches sind die landschaftsprägenden Daseinsfunktionen?
- Wie werden sie verwirklicht?
- Von wem werden sie verwirklicht?

Als Antwort auf die erste Frage identifiziert Bobek (1948) landschaftsprägende Funktionen, die als „soziales Kräftefeld" (Bobek 1948) die Gestaltung der Kulturlandschaft bestimmen. Sie umfassen die Bevölkerungsentwicklung, die Siedlungsweise, die Mobilität der Bevölkerung bzw. den Verkehr, die Wirtschaftsform, die Organisation der Machtausübung (Politik) sowie die Kultur (beispielsweise religiöse Überzeugungen). Jede Kulturlandschaft ist als Ausdruck der Verwirklichung dieser Daseinsfunktionen (Abb. 16.3.2) zu begreifen.

Darüber hinaus können, als Antwort auf die zweite Frage, unterschiedliche **Lebensformen** als spezifische Arten der Verwirklichung und der Kombination dieser Daseinsfunktionen identifiziert werden. Bobek unterscheidet im Hinblick darauf, wie die genannten Funktionen verwirklicht werden zwischen den folgenden Lebensformen (Abb. 16.3.3):

- primäre Lebensform: Nutzung der Natur
- sekundäre Lebensform: Transformation der Natur
- tertiäre Lebensform: Organisation und Koordination der Arbeitsteilung

Für die Beantwortung der dritten Frage müssen im Rahmen der Erklärung der Kulturlandschaft schließlich die sozialen Gruppierungen identifiziert werden, welche innerhalb der jeweiligen Lebensform für die Verwirklichungen der Daseinsfunktionen zuständig sind. Es gilt, mit anderen Worten, die „Träger" der Funktionen zu bestimmen. Als solche betrachtet Bobek (1948) „Gruppen gleichartig handelnder Menschen", die sich „zu bestimmten, konkreten, historisch und regional begrenzten größeren Komplexen" zusammenfügen. Alle Menschen, die die genannten Funktionen auf gleiche Weise ausüben, bilden eine „sozialgeographisch relevante Gruppe". Sie stellen „Gruppierungen nach der einheitlichen Lebensform", sogenannte **„Lebensformgruppen"** dar (Bobek 1948).

Die sozialgeographische Landschaftsforschung beinhaltet aber auch eine **historische Forschungsperspektive**. Diese zeigt, dass das Potenzial der Menschen, die natürlichen Grundlagen zu transformieren, einer-

Abb. 16.3.2 Daseinsgrundfunktionen.

seits den Ablauf der Menschheitsgeschichte bestimmt und andererseits in deren Verlauf stetig zunimmt. Konsequenterweise geht es der sozialgeographischen Landschaftsforschung auch um die Rekonstruktion der stufenartigen Entwicklung der verschiedenen Gesellschafts- und Wirtschaftsformen. Für jede Epoche und für jeden Gesellschafts- bzw. Wirtschaftstypus ist das „zeiträumliche Koordinatensystem" (Bobek 1959) der sozialökonomischen Entwicklungsgeschichte zu rekonstruieren.

In historischer Hinsicht unterscheidet Bobek eine **Stufenabfolge gesellschaftlicher Formationen**, für deren Abgrenzung jeweils das Potenzial der Umformung naturräumlicher Grundlagen ausschlaggebend ist:

- Wildbeuter, Sammler, Jäger und Fischer: primäre Lebensform mit Anpassung an die Natur
- Sippenbauerntum, Hirtennomadismus, herrschaftlich organisierte Agrargesellschaft: primäre Lebensform mit Domestizierung der Natur
- älteres Städtewesen: primäre Lebensform und sekundäre Lebensform mit Machtdifferenzierung zwischen Stadt und Land bei der Naturnutzung
- Industriegesellschaft: sekundäre Lebensform mit zunehmend von Menschen gestalteter Umwelt
- Dienstleistungsgesellschaft: tertiäre Lebensform mit zunehmend von der Natur unabhängiger (virtueller) Umwelt

Zielt die Forschungskonzeption der Bobek-Schule auf die sozialgeographische Erklärung der Kulturlandschaft, so plädiert der **Indikatorenansatz** von **Wolfgang**

Hartke dafür, die Ausprägungsformen der Kulturlandschaft für die Erklärung der Gesellschaft und des sozialen Wandels fruchtbar zu machen. Hartke begriff die Kulturlandschaft als „Registrierplatte", auf der Spuren menschlicher Aktivitäten eingetragen sind, die als Anzeiger (Indikatoren) sozialer Prozesse interpretiert werden können. Die sozialgeographische Landschaftsforschung konzentriert sich dementsprechend auf die Entschlüsselung sozialer Prozesse durch die Interpretationen räumlicher Äußerungsformen der Tätigkeiten sozialer Akteure.

Ein Beispiel für einen kulturlandschaftlichen Indikator sozialen Wandels ist das von Hartke so bezeichnete Phänomen der **„Sozialbrache"**. Darunter sind (Nutz-) Flächen zu verstehen, die aufgrund sozialer Veränderungen vorübergehend brachliegen. In den von Hartke empirisch untersuchten Fällen handelte es sich durchweg um Folgen der Industrialisierung bzw. um Konsequenzen der Abwanderung von Landwirten in den Industriesektor. Solche brachliegenden Parzellen sind wichtige Anzeiger gesellschaftlicher Veränderungen.

Der Ausgangspunkt für diese Ausrichtung des sozialgeographischen Forschens ist die Einsicht, dass nicht nur Wissenschaftler Geographie machen, sondern auch Landwirte, Unternehmer und Politiker. Auch sie sind *„geography-maker"*, wie sich Hartke ausdrückt. Das Spurenlesen in der Kulturlandschaft soll somit Einblicke in die vielfältigen Formen der alltäglichen geographischen Praktiken eröffnen. Die **Analyse geographischer Praktiken** setzt zunächst die Freilegung der Gründe der entsprechenden Tätigkeiten voraus. Da jeder Mensch nicht nur an einer bestimmten Stelle der Erde, sondern „auch in eine bestimmte Sozialgruppe" (Hartke 1959) hineingeboren wird, ist jede Person mit den Erwartungen der anderen Gruppenmitglieder konfrontiert. Eingriffe in die physische Welt sind sowohl von den in der Gruppe vorherrschenden Werten und Normen als auch von subjektiven Erwägungen mitbestimmt. Geofaktoren werden demzufolge nur unter wertspezifischen Gesichtspunkten in die subjektiven Überlegungen einbezogen. Für die Transformation der Natur sind somit nicht primär die physischen Konstellationen einer Gegend, sondern „die ständig sich wiederholenden Bewertungsprozesse" (Hartke 1959) der natürlichen Tatsachen durch die Akteure ausschlaggebend. Welche Rolle die natürlichen Faktoren für die geographischen Praktiken spielen „wird bestimmt von der jeweils gültigen Wertordnung der betreffenden sozialen Gruppen" (Hartke 1959).

Die Rekonstruktion der geographischen Praktiken soll aber nicht nur auf den Naturbezug eingehen, sondern vor allem angemessene wissenschaftliche Regionalisierungen ermöglichen. Jede Form von **Regionalisie-**

Abb. 16.3.3 Sozialgeographische Lebensformgruppen im Sinne von Bobek existieren heute kaum noch. Die folgenden Bilder mögen die Idee symbolisieren: a) Wildbeuter, Sammler, Jäger und Fischer (Fischer am Songhram-Fluss in Thailand), b) Sippenbauerntum, Hirtennomadismus, herrschaftlich organisierte Agrargesellschaft (Reisanbau mit der Großfamilie in Thailand), c) älteres Städtewesen (die an der historischen Weihrauchstraße in Südarabien gelegene, aus Lehmziegeln erbaute, Jahrtausende alte „Hochhausstadt" Shibam, d) Industriegesellschaft (das Volkswagenwerk in Wolfsburg während der Zeit des „Wirtschaftswunders" in den 1950er-Jahren), e) Dienstleistungsgesellschaft (das Freizeit- und Glücksspielparadies Las Vegas in den USA, Fotos: H. Gebhardt, VOLKSWAGEN AG).

rung steht vor dem Problem, ein bestimmtes Kriterium für die Begrenzung zu wählen. Die traditionelle Geographie geht dabei von naturräumlichen Gegebenheiten bzw. „natürlichen Grenzen" aus. Diese lehnte Hartke (1948) nicht zuletzt deswegen ab, weil er hier „eine der Wurzeln der missverstandenen ‚Blut- und Boden'-Beziehungen" sah. Eine richtig verstandene Sozialgeographie solle nicht fragen, wo die Grenzen liegen, „sondern: Welche Raumbeziehung des täglichen Lebens wünscht man sich am wenigsten durch eine Grenze getrennt?" (Hartke 1948). Nicht physische Kriterien sollen zur Abgrenzung administrativer, politischer oder anderer Regionen verwendet werden, sondern die Reichweiten der Aktionskreise. In diesem Sinne sind Regionen immer sozialer und nicht natürlicher Art. Was aktionsräumlich zusammengehört, soll zum Beispiel nicht durch administrative Grenzen getrennt werden. Die Aufgabe der von Hartke erstmals geforderten **„Angewandten Geographie"** soll es sein, „Gesetze menschlichen Zusammenlebens" (Hartke 1959) aufzudecken und daraus die wissenschaftlichen Maßgaben für die Raumplanung sowie regionalpolitische Maßnahmen für verschiedene Maßstabsstufen abzuleiten.

Exkurs 16.3.1

Sozialgeographisch belangreiche Funktionen

- biosoziale Funktionen: Fortpflanzung und Aufzucht zwecks „Erhaltung der eigenen Art"
- ökosoziale Funktionen: Wirtschaftsbedarfsdeckung und Reichtumsbildung
- politische Funktionen: Behauptung und Durchsetzung der eigenen Geltung

- toposoziale Funktionen: Siedlungsordnung des bewohnten oder genutzten Landes
- migrosoziale Funktionen: Wanderung, Standortänderung
- Kulturfunktionen: soweit landschafts- oder länderkundlich belangreich

(Bobek 1948)

Aktionsräume, räumliche Strukturen und Gesellschaft

Die Entwicklung der Industrie- und Dienstleistungsgesellschaft in der zweiten Hälfte des 20. Jahrhunderts macht es notwendig, die Analyse und Erforschung der gruppenspezifischen Aktionsräume genauer zu spezifizieren. Zu diesem Zweck kann man – wie dies bereits Bobek vorgeschlagen hat – die Aktionsräume in Bezug auf Daseinsfunktionen erheben und mit raumplanerischen Leitideen in Beziehung bringen. Im Rahmen der **Münchner Schule** der Sozialgeographie wurde deshalb die Erforschung der Aktionsräume mit einem Konzept von sieben **Daseinsgrundfunktionen** verbunden. Man ging davon aus, dass alle verorteten Einrichtungen der Infrastruktur, um die sich die Aktionsräume der Menschen aufspannen, der Befriedigung der sieben Grundbedürfnisse „Wohnen", „Arbeiten", „Sich-Versorgen", „Sich-Bilden", „Sich-Erholen", „Verkehrsteilnahme" und „In-Gemeinschaft-Leben" dienen (Abb. 16.3.2).

In Bezug auf diese sieben Daseinsgrundfunktionen werden durch die Vertreter der Münchner Schule zwei Zielsetzungen sozialgeographischer Forschung formuliert. Erstens soll in rekonstruktiv-analytischer Hinsicht die bestehende räumliche Ordnung durch die Darstellung ihrer Herstellungsprozesse erklärt werden. Zweitens soll in konstruktiv-planerischer Hinsicht über die (raumplanerische) Bereitstellung von Nutzflächen für die Möglichkeit einer ausgewogenen Befriedigung menschlicher Bedürfnisse gesorgt werden.

Mit diesem doppelten Auftrag wird die Sozialgeographie zur „Wissenschaft von den räumlichen Organisationsformen und raumbildenden Prozessen der Daseinsgrundfunktionen menschlicher Gruppen und Gesellschaften" (Ruppert & Schaffer 1969). Die räumlichen Muster der Daseinsgrundfunktionen sind dabei als Ausdruck der Prozesse entsprechender Bedürfnisbefriedigung zu betrachten – sie stellen „geronnene Durchgangsstadien früher abgelaufener Prozesse" dar (Maier et al. 1977, Abb. 16.3.4).

Wie zahlreiche empirische Forschungen zeigen, ist im Verhältnis von Prozess und Struktur das **Prinzip der Persistenz** enthalten. Denn mit allen Investitionen in Infrastruktur wird nicht nur Bedürfnisbefriedigung ermöglicht. Die Gesellschaft schränkt auch „ihre eigene Handlungsfreiheit in erheblicher Weise" ein (Maier et al. 1977). Die räumliche Infrastruktur einer jeden Gesellschaft stellt sowohl eine ermöglichende als auch eine einschränkende Instanz dar, die für die Gesellschaft gleichzeitig stabilisierend wirkt. Die Persistenz der räumlichen Infrastruktur kann sich in Phasen des sozialen Umbruchs durchaus als Hinderungsfaktor entpuppen. Ändern sich soziale Institutionen und Verhaltensmuster, während die räumlichen Strukturen aufgrund des Prinzips der Persistenz stabil bleiben, können sich problematische Spannungsverhältnisse entwickeln. Ein Beispiel hierfür ist der Niederschlag der bürgerlichen Familienideale in der räumlichen Anordnung von Einrichtungen der Kinderbetreuung. Aufgrund der klaren geschlechterspezifischen Aufteilung von Erziehungsaufgaben und Erwerbsarbeit sind sowohl die Anzahl als auch die räumliche Anordnung der Kinderhorte auf die bürgerliche Familie abgestimmt. Wenn sich aktuell Familien dazu entschließen, dieses Modell durch ein gleichmäßiges Engagement in Erziehung und Erwerbsarbeit zu ersetzen, kann das Erreichen dieses Ziel durch die räumliche Ordnung der Kinderhorte verunmöglicht werden.

Mit der Verschränkung der rekonstruktiv-analytischen und konstruktiv-planerischen Aufgaben hat die Sozialgeographie eine große praktische Relevanz erlangt. Eine strengere wissenschaftstheoretische Begründung der Erforschung des Gesellschafts-Raum-Verhältnisses ist hingegen das Ziel der **raumwissenschaftlichen Fach-**

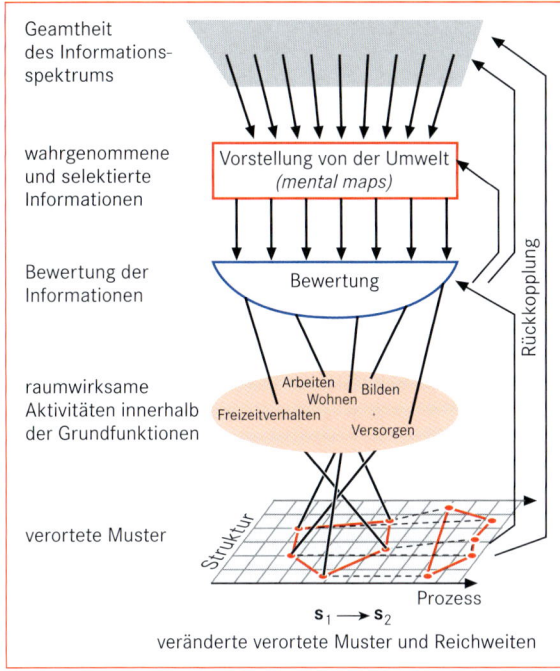

Abb. 16.3.4 Die räumlichen Reaktionsketten nach Ruppert.

verschiedenen Aspekten des Handelns aufgedeckt werden; Bartels nennt etwa den Zusammenhang zwischen der Berufsstruktur einer Region und dem dortigen Verkehrsaufkommen.

Nachdem die unterschiedlichen Verteilungen begrifflich erfasst sind, soll es in einer dritten Etappe darum gehen, die Verteilung der Elemente „in ihrer erdräumlichen Distanzabhängigkeit" (Bartels 1970) zu erklären. Dabei ist zwischen einer mikro-analytischen und einer makro-analytischen Forschungsebene zu unterscheiden. Der mikro-analytische Zugang erforscht Aktionsräume einzelner Akteure bzw. die „status- und zweckabhängigen Aktionsreichweiten" (Bartels 1970). Die makro-analytische Untersuchung beschäftigt sich mit den von Menschen hervorgebrachten Strukturmustern. Dabei ist eine Erklärung der Verteilung und des Zusammenhangs der Systemelemente zu leisten. Die Wirkkraft der räumlichen Distanz wird dadurch hypothetisch zum zentralen Erklärungsfaktor für erdräumliche Verteilungen sozialer Gegebenheiten und infrastruktureller Einrichtungen erhoben.

orientierung. Die Sozialgeographie wird hier als eine „handlungsorientierte Raumwissenschaft" verstanden.

Im Rahmen seines kritisch-rationalen Wissenschaftsverständnisses forderte **Dietrich Bartels** (1968), dass es die vorrangige Aufgabe des Faches sein soll, **Raumgesetze** aufzudecken. Diese Aufgabe umfasst laut Bartels (1970) auch die „Erfassung und Erklärung erdoberflächlicher Verbreitungs- und Verknüpfungsmuster im Bereich menschlicher Handlungen und ihrer Motivationskreise". Damit ist gemeint, dass die sozialgeographische Forschung einerseits die Strukturmuster der räumlichen Verbreitung von sozialen Gegebenheiten wie Normen, Werten, Motiven, Verhaltensweisen und so weiter aufdecken und andererseits räumliche Verknüpfungen über Pendler-, Warenaustausch-, Geld- und Informationsströme erklären soll.

Dieses Ziel ist auf der Grundlage eines dreistufigen Forschungsprozesses zu erreichen. In einer ersten Forschungsetappe ist die erdräumliche Verteilung der sozialen Gegebenheiten aufzuzeichnen und kartographisch darzustellen. In einer zweiten Etappe soll untersucht werden, wo gleichförmige Aktivitäten, gleiche Interaktionsmuster, Werthaltungen, Normen und so weiter auftreten. Die Grundmuster der erdräumlichen Verteilung sind bei Feststellung „chorischer Korrelationen dann im Sinne einer Theorie des Zusammenhangs als empirische Gesetzmäßigkeiten zu interpretieren" (Bartels 1970). Derart sollen Regionalzusammenhänge zwischen den

Raumwahrnehmung und Image – wahrnehmungs- und verhaltens-wissenschaftlicher Ansatz

Während der raumwissenschaftliche Ansatz die Aufdeckung objektiver räumlicher Gesetzmäßigkeiten zum Ziel hat, richtet sich die Aufmerksamkeit in der **verhaltenswissenschaftlichen Sozialgeographie** auf die subjektive Raumwahrnehmung. Ihre Zielsetzung besteht zwar auch in der Erklärung von Raumstrukturen. Doch die Forschungsanstrengungen richten sich auf die menschlichen Tätigkeiten, aus denen die Raumstrukturen hervorgegangen sind. Dafür geht man – ähnlich, wie dies bereits Wolfgang Hartke postuliert hatte – nicht mehr von einer objektiven Wirklichkeit aus. Denn, so lautet eine der Basisprämissen, die räumliche Umwelt wird nur in der Form verhaltensrelevant, wie sie von den Individuen wahrgenommen wird. Daraus werden drei Fragestellungen und entsprechende Forschungsfelder abgeleitet (Tab. 16.3.1). Diese drei allgemeinen Forschungsfragen können schließlich wie in Abbildung 16.3.5 dargestellt in das allgemeine Erklärungsmodell integriert werden.

Die Erforschung subjektiver Wahrnehmung von Räumen, die **geographische Perzeptionsforschung**, umfasst die drei Teilbereiche

- kognitive Karten (*mental maps*)
- Distanzwahrnehmung
- Objektwahrnehmung

Tabelle 16.3.1 Fragestellungen und sich daraus ergebende Forschungsfelder.

Frage	Untersuchungsfeld
Was halten die Individuen in ihrer Umwelt für wichtig?	subjektive Raumwahrnehmung
Wie gewichten sie die verschiedenen Umweltfaktoren?	Bewertungsverhalten
Wie beeinflussen diese Faktoren die Verhaltensweisen?	Entscheidungsverhalten

Die Erhebung und Auswertung von *mental maps* ist auf die Klärung der Frage ausgerichtet, wie Individuen die räumliche Umwelt subjektiv in ihrem Bewusstsein abbilden. Dazu wird untersucht, welche Beziehungen zwischen den subjektiven Repräsentationen und den objektiven Verhältnissen bestehen. Die Erforschung der **Distanzwahrnehmung** zeigt, dass Entfernungen von individuell weniger bevorzugten zu bevorzugten Orten in der Regel kürzer eingeschätzt werden, als in umgekehrter Richtung. Das heißt, von bevorzugten zu weniger bevorzugten Orten werden die Distanzen größer geschätzt, als sie objektiv sind. Die Analyse der **Wahrnehmung von Objekten** zeigt, dass jede Objekt- und Problemwahrnehmung selektiv ist und dass die Selektivität durch die vorherrschenden Motive gesteuert ist. Die Intensität der Objektwahrnehmung hängt somit davon ab, ob man dem gegebenen Objekt gegenüber

eine eher aufsuchende oder meidende Einstellung einnimmt.

Bei der verhaltenstheoretischen Auseinandersetzung mit Umweltfaktoren steht die Frage im Vordergrund, wie die selektiv wahrgenommenen Objekte und Sachverhalte bewertet werden. Im Zusammenhang mit der **Bewertung von Naturrisiken** präzisiert Geipel (1977) die Frage dahingehend, dass man daran interessiert ist zu wissen, wie die Bewohner eines Gebietes ihre Aktivitäten auf das Gefahrpotenzial abstimmen (Kapitel 28). Folglich ist zu untersuchen, ob und wie beispielsweise der Siedlungsbau den potenziellen Gefahren Rechnung trägt (Abstände von Lawinenzügen, Bebauungsweisen in Erdbebengebieten usw.). Die Forschungsergebnisse tragen dazu bei, dass angemessene Maßnahmen ergriffen werden können. In der verhaltenswissenschaftlichen Stadtforschung fragt man, wie die Präferenzbildung bezüglich bestimmter Stadtquartiere als Wohnstandorte zustande kommt. Zudem will man wissen, auf welchen Wertestandards Image-Attribuierungen beruhen und welche symbolischen Gehalte Objekte oder Regionen aufweisen.

Bei der Analyse des Zusammenhangs von Wahrnehmung und Standortwahl werden sowohl die Standortwahl der eigenen Wohnung und entsprechendes Wanderungsverhalten (Weichhart 1987) als auch die Standortwahl von Produktions- und Dienstleistungsstätten untersucht. Beide Bereiche sind von denselben Fragestellungen geleitet: „Aufgrund welcher erdräum-

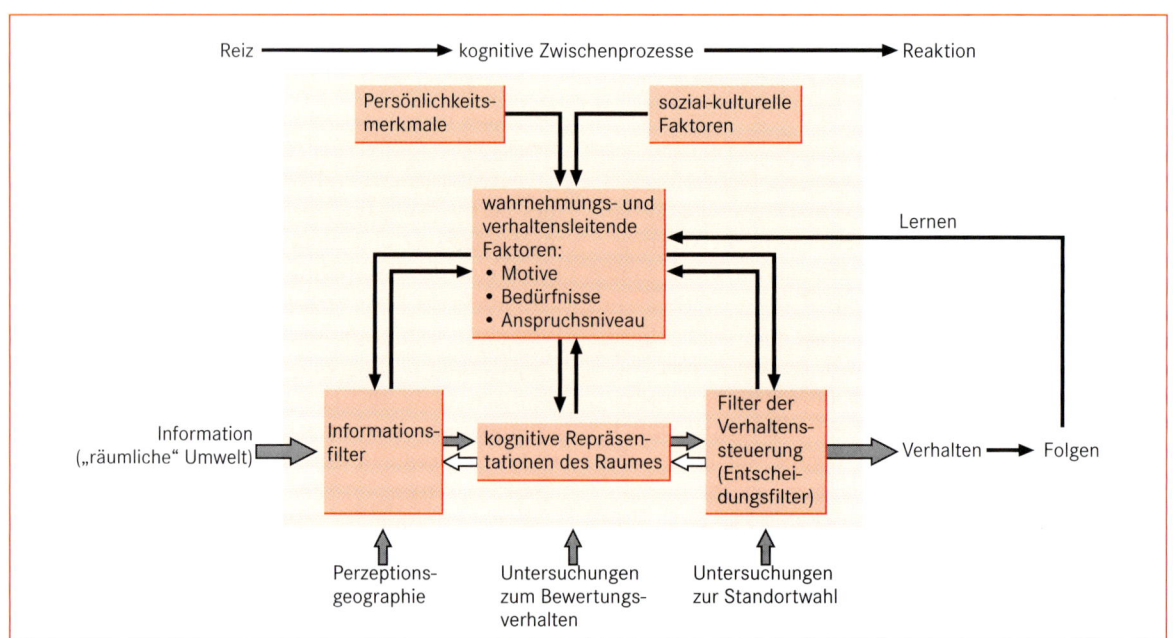

Abb. 16.3.5 Verhaltensmodell behaviouristischer Geographie (verändert nach Werlen 1987).

Typen von Regeln und Ressourcen

Regeln

- Deutungsschemata: semantische Regeln der Interpretation
- Normen: Sanktionsregeln, nach denen Handlungen beurteilt werden
  - formell/juristisch: Verfassung und Gesetz (sozial-politisch)
  - informell/moralisch: Benimmregeln (sozial-kulturell)

Ressourcen

- allokative: Vermögensgrade der Kontrolle physisch-materieller Bedingungen und Güter (Herrschaftsverhältnisse beim Zugang zu Rohstoffen, Wasser, Produktionseinrichtung usw.)
- autoritative: Vermögensgrade der Kontrolle von Personen über die raumzeitliche Organisation des gesellschaftlichen Lebens und entsprechender Territorialisierungen.

lich differenzierten Informationen (Informationsfelder) wählen die Individuen zwischen Alternativen aus?" und „Welche Bedeutung kommt dabei den **Images von Orten** und dem individuellen Anspruchsniveau zu?" Die Hauptthesen der entsprechenden Untersuchungen sind:

- Nach einem neuen Standort wird bei Unterschreitung des Anspruchsniveaus Ausschau gehalten. Dabei wird zwischen drei verschiedenen Typen unterschieden. Beim Typus *optimizer* wird das Anspruchsniveau sehr leicht unterschritten, da er immer optimale Bedingungen haben möchte. Der *sub-optimizer* wechselt den Standort bereits weniger rasch, da er sich auch mit nicht optimalen Bedingungen abfindet. Der dritte Typus schließlich, der sogenannte *satisfizer*, weist das größte Beharrungsvermögen auf, da dieser gar nicht erst auf perfekte, sondern auf befriedigende Verhältnisse ausgerichtet ist.
- Das Individuum sucht stets innerhalb eines bestimmten Informationsfeldes nach Informationen über bestehende Alternativen.
- Bei der Standortwahl sind die subjektive Distanzeinschätzung, das Image der verschiedenen Orte sowie das individuelle Anspruchsniveau und die erwarteten Standortnutzenvorteile entscheidende Faktoren.

Mit der verhaltenswissenschaftlichen Sozialgeographie wurde die „**kognitive Wende**" (Wirths 2001) der Sozialgeographie eingeleitet. Das Interesse richtete sich nun auf die kognitive Repräsentation des Raumes. Diese Neuorientierung wurde jedoch auf Kosten einer Psychologisierung der Akteure erlangt, bei der die sozialen Aspekte in den Hintergrund treten. Dadurch wurde die Kernthematik der Sozialgeographie – die Erforschung des Verhältnisses von Gesellschaft und Raum – in die

Frage nach dem Verhältnis von Individuum und Raum überführt. Mit anderen Worten: Die verhaltenswissenschaftliche Geographie ist weniger eine Sozial- als vielmehr eine „Psychogeographie".

Um die gesellschaftliche Wirklichkeit tätigkeitszentriert erforschen zu können, sollte diese nicht – wie es im Verhaltensmodell geschieht – als Umwelt vorausgesetzt werden. Es ist vielmehr eine Konzeption von sozialer Praxis notwendig, welche die Konstitution und Reproduktion gesellschaftlicher Verhältnisse zu beschreiben erlaubt. Die Theorie des sozialen Handelns, auf der die handlungstheoretische Sozialgeographie aufbaut, ist ein Ansatz, der dies beansprucht.

16.4 Sozialgeographie heute: raumbezogene Gesellschaftsforschung

Erforschung geographischer Praktiken – die handlungsorientierte Sozialgeographie

Die Aufgabe der handlungstheoretischen Sozialgeographie ist es, die alltäglichen Formen des Geographie-Machens auf wissenschaftliche Weise zu untersuchen. Dieser Ansatz geht nicht nur davon aus, dass die Menschen ihre eigenen Geographien machen, er berücksichtigt auch, dass sie dies nicht unter selbst gewählten, sondern zum größten Teil unter gesellschaftlich auferlegten

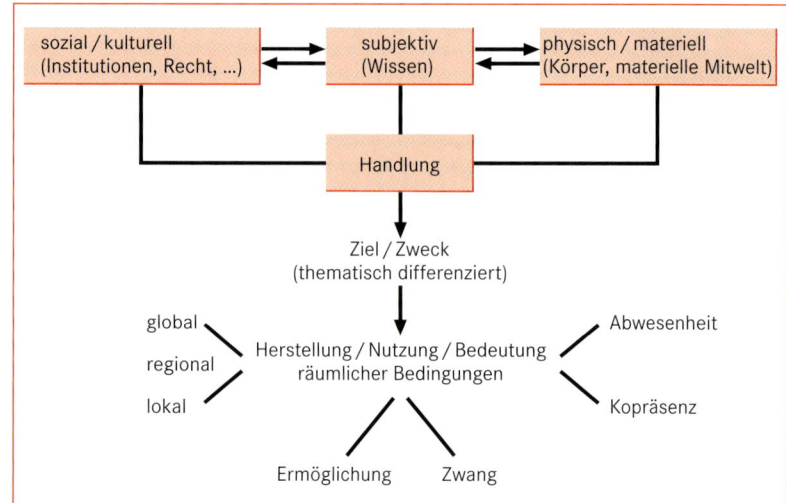

Abb. 16.4.1 Handlungstheoretische Konzeption (verändert nach Werlen 1993).

Umständen tun. Diese gesellschaftlich auferlegten Umstände führen dazu, dass nicht alle Menschen über dieselbe Macht bzw. dasselbe Gestaltungspotenzial verfügen.

Bei der Erforschung geographischer Praktiken wird **Handlung** als menschliche Tätigkeit im Sinne eines intentionalen Aktes begriffen, bei dem sowohl sozialkulturelle und subjektive als auch physisch materielle Komponenten bedeutsam sind. Die Situation des Handelns wird gemäß dieser Auffassung von den Subjekten in Bezug auf ihre Intention, das Ziel, definiert. Einige der Situationselemente werden als Mittel der Ermöglichung der Zielerreichung erkannt, nicht verfügbare zielrelevante Elemente bilden Zwänge, die einzelne Ziele ausschließen können. Die Folgen einer Handlung können beabsichtigt oder unbeabsichtigt sein und sich im Rahmen zeitgenössischer Lebensbedingungen auf lokaler, regionaler oder globaler Ebene äußern (Abb. 16.4.1).

Für die Analyse der geographischen Praktiken fragt man zuerst, was jemand tut, bevor man nach den räumlichen Bedingungen und den räumlichen Konsequenzen Ausschau hält. Nicht die Erforschung regionaler Lebensformen steht im Zentrum des Interesses, wie dies beispielsweise bei der sozialgeographischen Landschaftsforschung der Fall ist. Es geht vielmehr um die Erforschung der **Regionalisierung der Alltagswelt** über persönlich definierte Lebensstile. Dabei ist zu fragen, wie Subjekte in ihren Handlungen, ihrem Geographie-Machen, die Welt auf sich beziehen. Die Einbettungen ihrer Tätigkeiten in globale Handlungszusammenhänge sind zu rekonstruieren, und die Subjekte sind auch mit jenen Folgen ihres Tuns zu konfrontieren, die sich außerhalb ihres unmittelbaren Erfahrungsbereichs äußern.

Jede Handlung setzt eine handelnde Person voraus. Über die Fähigkeit des Handelns verfügt immer nur eine individuelle Person, nicht aber ein Kollektiv, ein Staat oder eine soziale Gruppe. Zwar können Personen im Namen eines Kollektivs handeln oder ihre Tätigkeit auf die Handlungen der anderen Mitglieder der Gruppe abstimmen. Handeln können jedoch immer nur einzelne soziale Akteure.

Die Fähigkeit des Handelns setzt bestimmte Eigenschaften und Fähigkeiten auf der Seite des handelnden Subjekts voraus. Die wichtigste davon ist die **Reflexivität**, das heißt die auf dem Bewusstsein beruhenden Fähigkeiten des Überlegens und Vorstellens. Freilich wird damit nicht behauptet, dass alles, was wir tun, immer wohl überlegt und an einer klaren Vorstellung orientiert ist. Es wird aber davon ausgegangen, dass wir über diese Möglichkeit verfügen und dass diese Möglichkeit bei der wissenschaftlichen Thematisierung menschlicher Tätigkeiten berücksichtigt werden soll.

Mit Anthony Giddens (1992) kann man drei Ebenen des Bewusstseins unterscheiden, die je unterschiedliche Voraussetzungen menschlicher Tätigkeiten beinhalten (Tab. 16.4.1):

● Unterbewusstsein
● praktisches Bewusstsein
● diskursives Bewusstsein

Tabelle 16.4.1 Bewusstseinsformen und Handeln nach Giddens.

Bewusstseinsform	Bezug zum Handeln
Unterbewusstsein	allgemeine Orientierung
praktisches Bewusstsein	Routine
diskursives Bewusstsein	reflexive Steuerung

Während die Grenze zwischen praktischem und diskursivem Bewusstsein fließend ist, ist das **Unterbewusstsein** von den letzteren beiden durch Verdrängungsmechanismen getrennt. Im Gegensatz zu Sigmund Freud versteht Giddens das Unterbewusstsein allerdings nicht als den Ort irgendwelcher dunkler Kräfte („Triebe"). Es besteht vielmehr aus den nicht bewussten Motiven, den Bedürfnissen und Wünschen der Handelnden. Diese bestimmen nicht per se das Handeln. Aus der Tatsache, dass wir bestimmte Bedürfnisse und Wünsche haben, folgt keinesfalls, dass unser Handeln von diesen auch vollständig determiniert wird. Bedürfnisse und Wünsche geben vielmehr eine allgemeine Richtung des Handelns an.

Vieles von dem, was Handelnde über die Welt und ihre Handlungsbereiche wissen, ist Bestandteil des **praktischen Bewusstseins**. Das heißt, dass die Akteure es auf unartikulierte Weise wissen. Die meisten alltäglichen Aktivitäten sind Routinen und beruhen auf diesem praktischen Bewusstsein. Wir sind in der Lage, Dinge zu tun, die dieses Wissen voraussetzen, sind aber oft nicht unmittelbar in der Lage, darüber Auskunft zu geben. Praktisches Bewusstsein umfasst ein Wissen, über das man verfügt, ohne genauer darüber nachzudenken (bzw. nachdenken zu müssen).

Diskursives Bewusstsein umfasst hingegen jene Wissensbestände, die im Handeln nicht nur zur Anwendung gebracht werden, sondern von der handelnden Person auch artikuliert werden können. Das diskursive Bewusstsein bildet gemäß Giddens die Grundlage für eine reflexive und kontrollierte Steuerung des Handelns.

Was Subjekte zu tun vermögen, hängt aber nicht nur von deren Bewusstsein und von individuellen Merkmalen ab, sondern auch von den ökonomischen, sozialen und kulturellen Bedingungen. Welche intendierten Tätigkeiten tatsächlich realisierbar sind, ist nicht zuletzt eine Frage der verfügbaren **Macht**. Für den Einbezug der Machtkomponente in die Analyse menschlicher Tätigkeiten ist es hilfreich, diese als strukturierte und strukturierende Praktiken zu begreifen. Etwas vereinfacht formuliert könnte man sagen, dass eine Tätigkeit in höherem Maße strukturiert ist, je geringer die Machtkomponente eines Handelnden ausgeprägt ist, und umso strukturierender wirkt, je umfassender dessen Handlungsmacht ist. Unabhängig davon, in welcher Form die Machtkomponente ausgeprägt ist, nimmt jede menschliche Praxis immer auf strukturelle Bedingungen Bezug. Als Hauptelemente der **sozialen Strukturen** werden im Rahmen der handlungstheoretischen Sozialgeographie – unter Bezugnahme auf Giddens (1992) – Regeln und Ressourcen betrachtet (Tab. 16.4.2).

Sozial-kulturell vorgegebene **Regeln** liegen der symbolischen Repräsentation, dem Interpretieren sowie dem Verstehen und dem bewertenden Beurteilen (Sanktionieren) menschlichen Handelns zugrunde. Sie sind Bestandteil von „Deutungsmustern", die typische Regelmäßigkeiten der Sinnzuweisung zu natürlichen wie sozialen Bedingungen des Handelns hervorrufen. Laut Oevermann (2001) besitzen diese „voreingerichteten Interpretationsmuster" einen „hohen Grad der Verallgemeinerungsfähigkeit" und kommen in einer Vielzahl von Situationen zur Anwendung. Sie äußern sich im habituellen Tun und umfassen Regeln darüber, wie Praktiken und Situationen zu gestalten sind. Zusammen mit den Normen (Sanktionsregeln) legen sie fest, was von anderen erwartet werden kann und was Symbole bedeuten. Deutungsmuster können religiös begründet sein. Sie sind aber in jedem Fall historisch entstanden und somit wandelbar. Sie beruhen oft auf einem stillschweigenden, impliziten Wissen (*tacit knowledge*) und sind Bestandteil dessen, was Giddens (1992) als praktisches Bewusstsein bezeichnet.

Unter **Ressource** wird – anders als in der Wirtschaftsgeographie – nicht ein Rohstoff für die wirtschaftliche Produktion verstanden, sondern vielmehr der Vermögensgrad der Kontrolle natürlicher und sozial-kultureller Bedingungen des Handelns. Der Begriff der Ressource verweist also auf die Gestaltungsfähigkeit des eigenen Handelns und die Möglichkeiten des Einbezugs natürlicher und sozial-kultureller Wirklichkeitsbereiche (Werlen 1997). Das Kontroll- und Transformationspotenzial der natürlichen Bedingungen – sowie die dazu notwendigen Mittel (technisches Gerät, Maschinen usw.) – werden als **allokative Ressourcen** bezeichnet. Das Vermögen, über die sozialen Akteure bestimmen zu können, ist dagegen mit der Bezeichnung **autoritative Ressourcen** gemeint. Das Maß, in dem zum Beispiel die Produzenten den Zugang zu Rohstoffen und die dafür notwendigen Produktionseinrichtungen kontrollieren können, ist Ausdruck ihrer allokativen Ressourcen. Aufseiten der Konsumenten äußert sich die Kontrollfähigkeit in unterschiedlicher Kaufkraft. Die Verfügbarkeit autoritativer Ressourcen zeigt sich im Kontrollpotenzial über Personen, wie es beispielsweise durch Arbeitsverträge festgelegt wird. Sie betrifft auch das Gestaltungspotenzial der raumzeitlichen Organisation der Handlungsabläufe.

Tabelle 16.4.2 Macht: Regeln und Ressourcen.

Regeln	Ressourcen
Deutungsschemata (semantische Regeln)	allokative Ressourcen
Normen (Sanktionsregeln)	autoritative Ressourcen

Tabelle 16.4.3 Typen alltäglichen Geographie-Machens.

Haupttypen	Forschungsbereiche
produktiv–konsumtiv	Geographien der Produktion Geographien der Konsumtion
normativ–politisch	Geographien normativer Aneignung Geographien politischer Kontrolle
informativ–signifikativ	Geographien der Information Geographien symbolischer Aneignung

Unter Bezugnahme auf die klassischen Handlungstheorien (Werlen 1987) und Giddens' (1992) Theorie der Strukturierung können drei Analysefelder alltäglichen Geographie-Machens unterschieden werden (Tab. 16.4.3).

Der erste Bereich bezieht sich auf die Handlungskontexte der Produktion und Konsumtion. Die **„Geographien der Produktion"** äußern sich am offensichtlichsten anhand von Standortentscheidungen und deren Verwirklichung als Produktions- und Verkehrseinrichtungen sowie den damit verbundenen Festlegungen der Aktionsräume und Warenströme. Dabei interessieren zuerst die Herstellungs- bzw. Entscheidungsprozesse, die den räumlichen Anordnungsmustern der Produktionseinrichtungen zugrunde liegen. Von besonderer Bedeutung sind hier die unterschiedlichen Gestaltungs-

potenziale und die mit ihnen verbundenen Möglichkeiten des Handelns über Distanz im Rahmen des Globalisierungsprozesses der Wirtschaft.

Mit zunehmender Reflexivität und fortschreitender Globalisierung steigt auch das Gestaltungspotenzial der Konsumtion. Lokaler Konsum hat – wie Meier (1994) und Ermann (2005) zeigen – Einfluss auf die Geographien der in die Produktion involvierten Subjekte, selbst an weit entfernten Orten. Sozialgeographisch interessieren die alltäglichen **„Geographien der Konsumtion"** vor allem durch den Einfluss, den unterschiedliche Lebensstile auf die Warenströme haben. Diese Lebensstile sind es, die – anstelle landschaftlicher Einheiten – einer ökologischen Beurteilung unterworfen werden können (Exkurs 16.4.1).

Unter einem normativ-politischen Gesichtspunkt liegt der Schwerpunkt auf präskriptiven Regionalisierungen, welche sowohl auf staatlicher als auch auf privater Ebene vorzufinden sind. Damit sind einerseits Territorialisierungen gemeint, die Zugang und Ausschluss von Nutzungen normativ regeln und bei deren Missachtung mit Sanktionen zu rechnen ist. Andererseits sind aber auch solche Territorialisierungen angesprochen, die eine Kontrolle von Personen und Mitteln der Gewaltanwendung beinhalten. Der erste Subbereich bezieht sich auf die alltäglichen **„Geographien der Allokation"**, das heißt auf die Herrschaft über natürliche

 **Exkurs 16.4.1**

Lebensstile

Postmoderne Gesellschaften können durch die Unterteilung in soziale Schichten oder Klassen nicht mehr hinreichend beschrieben werden. Neben dieser sozio-ökonomischen Gliederung spielt das kulturelle Muster der „feinen Unterschiede" eine wesentliche Rolle (Bourdieu 1982). Seit den 1980er-Jahren hat daher das Lebensstilkonzept an Bedeutung gewonnen. Darunter lassen sich raumzeitlich strukturierte Muster der alltäglichen Lebensführung verstehen, welche von materiellen Ressourcen, der Haushalts- und Familienform und Werthaltungen abhängen. Es geht um typische Formen alltäglicher Lebenspraxis, wie die Art, sich zu kleiden, zu essen oder die Wahl bevorzugter Aufenthaltsorte (Werlen 2004). Das nächtliche Ambiente im angesagten römischen Stadtteil Trastevere zeigt beispielhaft den Lebensstil der dortigen Restaurantbesucher (Abb. 1).

Abb. 1 Restaurantbesucher im römischen Stadtteil Trastevere (Foto: H. Gebhardt).

Ressourcen, materielle Objekte und Artefakte. Dies umfasst auch die Erforschung der Einbezugsmöglichkeiten von materiellen Artefakten in Handlungsverwirklichungen, die über Eigentums- und Nutzungsrechte geregelt sind.

Mit alltäglichen **„Geographien autoritativer Kontrolle"** können politische Regionalisierungen im Sinne der nationalstaatlichen Organisation der Gesellschaft verstanden werden. Sie sind als Mittel der (demokratisch legitimierten) Herrschaft über Personen zu interpretieren. Die Kernbereiche sind die territoriale Überwachung der Mittel der Gewaltanwendung, aber auch staatliche Territorialisierungen zur Aufrechterhaltung des nationalen Rechts und der politischen Ordnung. Regionalistische und nationalistische Bewegungen (Aschauer 1987, Schwyn 2007) werden als Kräfte alltäglichen Geographie-Machens gesehen, die gegen aktuelle autoritative Kontrollen gerichtet sind. Weitere normative Regionalisierungen beziehen sich auf alters-, status-, rollen- und geschlechtsspezifische Regelungen des Zugangs und Ausschlusses von alltagsweltlichen Lebensbereichen. Aktuell erlangen die Erforschung der geschlechtsspezifischen Regionalisierungen (Scheller 1995, Werlen & Reutlinger 2005) und die Geographien Jugendlicher (Reutlinger 2003, Werlen 2005) besondere Beachtung.

Wie sehr in Nationalstaaten die Herrschaft über Personen an die Territorialisierung des gesellschaftlichen Zusammenlebens gebunden ist, zeigt Katja Schwyn (2008) in einer empirischen Untersuchung der US-amerikanischen Reservationspolitik anhand des Beispiels der *Apache Reservation* in Arizona. Bisherige geographische Erforschungen der Reservatspolitik von Hofmeister (1975, 1976, 1980) und Frantz (1993) blieben dem landschafts- und regionalgeographischen Tatsachenblick verpflichtet. Dementsprechend sind sie raum- und nicht praxiszentriert ausgerichtet. Reservate werden darin als räumliche Phänomene zu erklären versucht. Der politische Aspekt – Reservate als Form der autoritativen Kontrolle von Menschen – wird als geographisch wenig relevant ausgeklammert. In der handlungstheoretischen Sozialgeographie steht diese Form alltäglicher Regionalisierung aber gerade im Zentrum des geographischen Forschungsinteresses.

Die zentralen Fragen von Schwyns empirischer Untersuchung zielen dementsprechend auf die Rekonstruktion der Raumkontrolle als Form der Herrschaft über Personen ab: „Wie werden Regionen als Mittel politischer Herrschaft konstituiert und reproduziert?" und „Welche Formen sozialer Aneignung der natürlichen Bedingungen sind dafür notwendig?" Regionalisierung ist dabei als Form der Institutionalisierung einer administrativen Einheit „Region" zu begreifen. Bei der

Reservatspolitik handelt es sich zudem um einen politischen Prozess, bei dem die traditionalen Lebensformen der Apache-Indianer und die modernen Handlungspraktiken der Einwanderer mit Staatsgründungsinteressen aufeinanderprallen.

Informativ-signifikative Regionalisierungen der Lebenswelt bezeichnen symbolische Aneignungen auf der Basis des verfügbaren Wissens. Vom Wissen der Subjekte sind, wie die phänomenologische Philosophie und die interpretative Sozialwissenschaft zeigen, alle Arten der Bedeutungskonstitution abhängig. Subjektspezifische **„Geographien der Information"** bilden den Rahmen für die Aneignung des subjektiven Wissensvorrates. Deshalb betrifft der erste Untersuchungsaspekt das Verhältnis von globaler Kommunikation und lokal fixierten *Face-to-face*-Beziehungen. Kopräsenz (Anwesenheit) ist für Sozialisationsprozesse bzw. die Sozialgeographie der Kinder (Monzel 2007, Werlen 1995, Bunke 2005) besonders bedeutsam. Die Steuerung potenzieller Informationsaneignung ohne körperliche Anwesenheit erfolgt hingegen über verschiedene Medien (Presse, Bücher, TV usw.) und Kanäle (Programme). Organisationen und Programme der Medien sind in diesem Sinne wichtige Faktoren der informativen Regionalisierung der Alltagswelt.

Das Analysefeld der signifikativen Regionalisierungen umfasst zudem das alltägliche Geographie-Machen in sprachlicher Praxis, einschließlich der damit verbundenen gesellschaftlichen Implikationen. Dabei geht es unter anderem darum zu verstehen, wie räumliche Strukturierungsmuster auf kulturelle Sachverhalte übertragen und somit für Prozesse der Integration und Diskriminierung bedeutsam werden. Emotionale Bezüge in Form von „Heimatgefühl" und „Regionalbewusstsein" (Blotevogel et al. 1987, Pohl 1993) bzw. „raumbezogener Identität" (Weichhart 1990, Felgenhauer et al. 2005, Weichhart et al. 2006) sind die offensichtlichsten Ausprägungen von alltäglichen **„Geographien symbolischer Aneignung"**. Auf symbolischen Aneignungen beruhen aber auch die Bedeutungen von regionalen Wahrzeichen oder die Images von Orten und Regionen, an die vielfältige „Identitätspolitiken" (Helbrecht 2004) anschließen.

Regionale Wahrzeichen können in handlungszentrierter Perspektive als Ausdruck symbolischer Aneignungen verstanden werden, die häufig auf einer (reifizierenden) Gleichsetzung von Bedeutung und Vehikel der Symbolisierung beruhen. Man hält dann das Vehikel der Bedeutungsrepräsentation für die Bedeutung selbst. Diese „Technik" der Reifikation ist nicht nur im Alltag beobachtbar, sie gelangte auch in der traditionellen Kulturlandschaftsforschung regelmäßig zur Anwendung (Kapitel 26). Auf dieser Basis wurden die symbolischen und praktischen Bedeutungen, die die Elemente der Kulturlandschaft für unterschiedliche Akteure aufweisen, als „objektivierter Geist" (Schwind 1951) zu Eigenschaften der Landschaft „an sich" erklärt.

In einer empirischen Untersuchung aus handlungstheoretischer Sicht ermittelt Richner (2007) diejenigen Prozesse der symbolischen Aneignung, die der Bedeutung der Luzerner Kapellbrücke als regionales Wahrzeichen zugrunde liegen. Symbolische Aneignungen beruhen laut Richner auf Deutungsprozessen, die als diskursive Praktiken verwirklicht werden. Eine Rekonstruktion des symbolischen und repräsentativen Gehaltes eines Wahrzeichens erfordert demzufolge eine Analyse dieser Diskurspraktiken. Dass die Kapellbrücke gleichzeitig einen „Holzsteg über die Reuß", ein „wertvolles Kulturdenkmal" und eine „geliebte Freundin" darstellen kann, wird erst verständlich, wenn man zwischen verschiedenen Diskursen unterscheidet, die diesen sinnhaften Konstitutionen zugrunde liegen. Im technischen Diskurs („Holzsteg über die Reuß") wird festgehalten, dass ein Bauwerk gebrannt hat, wie dieses Bauwerk als ausgedehntes Objekt beschaffen war und wie sein Standort die Brandbekämpfung erschwert hat. Im kunsthistorischen Diskurs („wertvolles Kulturdenkmal") erhält dieses lokalisierte Objekt die Weihen eines Originals. Die Kapellbrücke stellt als bedeutendes Baudenkmal ein Objekt dar, das sich von anderen aufgrund dieser Qualität unterscheidet. Ein regionales Wahrzeichen ist die Kapellbrücke damit aber noch nicht, denn der kunsthistorische Diskurs ist ein universaler Diskurs. Erst die Betroffenheitserzählung (z. B. die Rede vom Verlust einer „geliebten Freundin") vollzieht diesen „Sakralisierungsschritt". Die Kapellbrücke wird zum Ort der Heimat, weil sie diese Heimat symbolisiert und gleichzeitig Bestandteil der Metapher „Heimat" ist: Teil einer inkorporierten Umgebung, in der sinnhafte Bedeutungszuschreibung und materielles Vehikel der Repräsentation zu einer Einheit verschmelzen.

In der handlungstheoretischen Konzeption vollzieht die Sozialgeographie die mit dem verhaltenswissenschaftlichen Ansatz eingeleitete **„kognitive Wende"** hin zu einer sozialwissenschaftlichen Disziplin. Steht am Anfang ihrer Entwicklungsgeschichte die soziale Erklärung von erdräumlichen Konstellationen wie „Kulturlandschaft" oder „Raumstrukturen" im Zentrum des Interesses, verlegt sich der Fokus der Sozialgeographie im Verlaufe der Zeit immer stärker auf die sozialgeographische Erforschung menschlicher Tätigkeiten. Dabei wird immer offensichtlicher, dass die Geographie der Gesellschaften und Kulturen nicht vorgegeben ist. Geographien – im Plural – werden vielmehr von sozialen Akteuren mit unterschiedlichen Machtpotenzialen produziert und aufrechterhalten oder verändert. An diese

Ausrichtung des Forschungsinteresses schließen auch die jüngsten Versuche an, auf der Basis anderer sozialwissenschaftlicher Theorien weitere Erklärungen der gesellschaftlichen Produktion und Bedeutung geographischer Wirklichkeiten zu finden.

Ein verbreiteter Einwand gegenüber der klassischen Handlungstheorie betrifft die idealistische Annahme, dass handelnde Akteure stets bewusst und zielorientiert agieren. Ein großer Teil der täglichen Aktivitäten entspricht nicht dieser Vorstellung – Menschen handeln vielfach nicht wie rationale Akteure auf der Basis nüchterner Kalküle. Sie führen ihre Vorhaben oft nicht nach klar durchdachten Plänen aus, sondern gehen Gewohnheiten nach und tun (auf erstaunlich zuverlässige Weise) das, was von ihnen erwartet wird. Außerdem, so die weiterführenden Einwände, würden strukturelle Zwänge und körperliche Grenzen menschlichen Handelns von handlungstheoretischen Ansätzen nur indirekt berücksichtigt.

Die **handlungstheoretische Sozialgeographie** (Werlen) entkräftet diese Einwände durch den Einbezug der **Strukturationstheorie** (Giddens). Ein anderer Ansatz, der ebenfalls die blinden Flecken klassischer Handlungstheorie aufgreift und versucht, den Gegensatz von strukturzentrierter objektivistischer und subjektzentrierter individualistischer Erklärung menschlichen Handelns aufzulösen, ist der „Entwurf einer Theorie der Praxis" des französischen Soziologen Pierre Bourdieu (1976 und 1987). Obwohl Bourdieus Werk seit Ende der 1970er-Jahre auch auf Deutsch übersetzt wird, wurde seine Theorie in der deutschsprachigen Geographie mit wenigen Ausnahmen (Helbrecht & Pohl 1995) erst in den letzten Jahren für die Konzeption einer sozialgeographischen Perspektive verwendet (Dörfler et al. 2003, Lippuner 2005). Einen Überblick über die Rezeption in der angelsächsischen Theoriedebatte geben die Beiträge von Joe Painter (2000) und Gary Bridge (2010).

Sozialer und angeeigneter Raum – Sozialgeographie im Sinne einer Theorie der Praxis

In Bourdieus Entwurf einer Theorie der Praxis steht der Begriff des **Habitus** an zentraler Stelle. Damit bezeichnet Bourdieu Wahrnehmungs-, Denk- und Handlungsschemata, auf deren Grundlage die Akteure sich und ihre Umgebung begreifen und bewerten (Abb. 16.4.2). Diese Schemata kommen routinemäßig, das heißt ohne reifliche Überlegung und ohne explizites Abwägen zur Anwendung. Sie beinhalten handlungsleitende Orientierungsmuster und erzeugen ein intuitives Verständnis

Abb. 16.4.2 Die Gegenstände, mit denen wir uns im Alltag umgeben, haben einen symbolischen Wert und zeigen soziale Positionen an. Sie bilden laut Bourdieu eine regelrechte Sprache. Was die einzelnen Objekte bedeuten, können Akteure, die über die entsprechenden Wahrnehmungs- und Deutungsschemata (Habitus) verfügen, quasi intuitiv erschließen. Eine „Harley" ist in diesem Sinne nicht bloß ein Motorrad, sondern das Emblem eines Lebensstils, wie der üppige Goldschmuck, Rassehunde oder extravagante Kleidung evtentuell Ausdruck der Zugehörigkeit zu einer bestimmten Gruppe sind (Fotos: H. Gebhardt).

für die mit sozialen Situationen verbundenen Verpflichtungen, Notwendigkeiten und Möglichkeiten. Sie ermöglichen, mit anderen Worten, ein „quasi körperliches Antizipieren" der Bedeutung von Objekten, Äußerungen und Praktiken (Bourdieu 2001). Dass die mit dem Begriff des Habitus bezeichneten individuellen Einstellungen bei Individuen gleicher sozialer Herkunft ähnlich ausfallen, erklärt Bourdieu damit, dass der Habitus in der sozialen Welt erworben und gemäß den dort herrschenden Konventionen konfiguriert wird. Das geschieht in Form eines subtilen Lernprozesses, bei dem die Logik der sozialen Praxis verinnerlicht wird. Die Akteure „inkorporieren" dabei die jeweils geltenden Unterscheidungsprinzipien, nach denen Akteure, Dinge und Praktiken interpretiert und bewertet werden. Der Habitus ist deshalb nicht nur eine subjektive Handlungsgrundlage, sondern repräsentiert zugleich die objektiven Strukturen der sozialen Welt.

Für die Beschreibung der sozialen Welt verwendet Bourdieu häufig die Metapher des **sozialen Raums**. Damit will er deutlich machen, dass die soziale Welt ein relationales Geflecht von Positionen darstellt, die alle aufgrund ihrer Beziehung zu anderen, das heißt gemäß ihren Nachbarschaftsverhältnissen – der Nähe oder Ferne zu andern Positionen – definiert sind (Bourdieu 1998). Der soziale Raum stellt also kein Gefäß (Container) dar, sondern vielmehr eine Art „soziale Topologie" (Lippuner 2007a). Das Maß der Entfernung zwischen den verschiedenen Punkten im Raum und damit die „Koordinatenachsen" des sozialen Raums sind verschiedene Formen von Kapital. Neben dem ökonomischen Kapital berücksichtigt Bourdieu gleichberechtigt soziales und kulturelles Kapital. Als **soziales Kapital** werden (ähnlich wie in der Strukturationstheorie von Giddens mit dem Begriff der autoritativen Ressourcen) Verfügungsrechte bezeichnet, die sich aus sozialen Beziehungen wie Verwandtschaft, Freundschaft, Vertrag und so weiter ergeben. **Kulturelles Kapital** meint hingegen Handlungspotenziale, die auf Bildung, Bildungstiteln und besonderen Fähigkeiten beruhen (z. B. sogenannte *soft skills*). Diese drei Kapitalsorten sind die hauptsächlichen Determinanten der Bestimmung von Positionen im sozialen Raum.

Aus sozialgeographischer Sicht besonders interessant ist die Annahme, dass sich die Struktur des sozialen Raums im physischen Raum abzeichnet. Die Verteilung des ökonomischen, sozialen und kulturellen Kapitals im sozialen Raum findet, wie man zum Beispiel am Sozialstatus von Stadtteilen ablesen kann, auch in der Geographie einer Stadt ihren Niederschlag. Deshalb sei in einer hierarchischen Gesellschaft auch der „bewohnte Raum" hierarchisch gegliedert (Bourdieu 1991). Umgekehrt kann der Ort, den ein sozialer Akteur (oder eine Gruppe) im Raum einnimmt bzw. sich angeeignet hat, selbst wiederum **„Raumprofite"** abwerfen. Solche Raumprofite bestehen beispielsweise in der Verfügungsmacht über Raum, die es ermöglicht, störende oder unerwünschte Dinge und Personen auf Distanz zu halten. Raumprofite ergeben sich aber auch aus der Nähe zu seltenen oder begehrten Gütern und Einrichtungen. Die „gute Adresse" (Hermann & Leuthold 2002) wertet die Bewohner eines angesehenen Stadtteils symbolisch auf und verschafft ihnen damit Vorteile, die sich eventuell in der Verteilung des sozialen und ökonomischen Kapitals äußern. Dieser „Klub-Effekt" wirkt freilich auch in seiner Umkehrung als „Ghetto-Effekt", zum Beispiel als **Stigmatisierung** aufgrund einer bestimmten Herkunft (Bourdieu 1997). Signifikative Praktiken der Abgrenzung und „Be-Deutung" von Orten können deshalb als „symbolischer Kampf" um die „legitime Sicht der Welt" betrachtet werden (Bourdieu 1990). Stadtgeographische Forschungen im Sinne von Bourdieus Theorie zeigen außerdem, welche Inklusionen und Exklusionen damit einhergehen (Exkurs 16.4.2; Haferburg 2007, Dirksmeier 2009, Janoschka 2009).

In jüngerer Zeit werden Bourdieus Arbeiten auch in der Geographischen Entwicklungsforschung vermehrt rezipiert (Rothfuß 2006, Deffner 2010). Vor allem das Konzept der Vulnerabilität (Verwundbarkeit) kann mithilfe der Theorie Bourdieus in einem größeren sozialtheoretischen Rahmen dargestellt und als Problem der Ausstattung mit verschiedenen Sorten von Kapital differenziert beschrieben werden (Bohle 2005, Deffner 2007, Sakdapolrak 2007). Darüber hinaus ist Bourdieus Theorie der Praxis aber auch eine Theorie der Produktion von Wissen – das heißt eine Theorie der wissenschaftlichen Praxis. Als solche lenkt sie die Aufmerksamkeit auf die Bedingungen, unter denen wissenschaftliche Beobachtungen vorgenommen und Erklärungen angefertigt werden. Sozialgeographische Forschung, die sich auch für die Art und Weise interessiert, wie ihre eigenen Erkenntnisse produziert werden, kann in Anlehnung an Bourdieu und Wacquant (1996) als **„reflexive Sozialgeographie"** (Lippuner 2006) bezeichnet werden.

Diskurse und Zeichenpraktiken – Sozialgeographie im Sinne der Sprach- und Kulturtheorie

Eine andere Möglichkeit, die mit dem Subjektivismus klassischer Handlungstheorien verbundenen Schwierigkeiten zu entschärfen, bietet die **Diskurstheorie** (Kapitel 7.4). Als Diskurs wird in den Sozial- und Kulturwis-

 **Exkurs 16.4.2**

Die Räumlichkeit sozialer Ungleichheit

ULRIKE GERHARD

Nicht alle handelnden Menschen verfügen über dasselbe Gestaltungspotenzial. Dort, wo die Möglichkeiten des Zugangs zu allgemein verfügbaren sozialen Gütern und Positionen, die mit unterschiedlichen Macht- und Interaktionsmöglichkeiten ausgestattet sind, dauerhaft eingeschränkt und die Lebenschancen von Gruppen oder Individuen beeinträchtigt werden, herrscht soziale Ungleichheit vor (Kreckel 2004). In den hierarchisch vertikalen Gesellschaftsmodellen galten Klasse und Schicht als die strukturbestimmenden Determinanten von Ungleichheit. In jüngerer Zeit steht jedoch die horizontale Dimension von Ungleichheit in zunehmendem Maße im Brennpunkt sozialer Konflikte – und somit auch sozialgeographischer Betrachtungen. Es geht um die Ungleichheit zwischen den Geschlechtern, zwischen Erwerbstätigen und Nichterwerbstätigen, zwischen Alleinerziehenden und Alleinstehenden, zwischen Wohlfahrtsempfängern und Selbstständigen sowie um die Ungleichverteilung sozialer Lasten und Aufgaben, die wie unsichtbare Mauern die Zugangs- und Handlungsmöglichkeiten ganzer Generationen einschränken und zur sozialen wie auch räumlichen Isolation führen.

Diese soziale Ungleichheit nimmt in Deutschland seit Jahren zu. Selbst wohlhabende Städte haben mit einer wachsenden Armutsbevölkerung zu kämpfen, die sich in bestimmten Stadtteilen konzentriert und auf der Mikroebene zum Teil noch stärker ausgeprägt ist. So variiert zum Beispiel in Heidelberg die Arbeitslosenrate zwischen den nördlichen und südlichen Stadtteilen von 4 bis 19 Prozent, innerhalb der Stadtteile liegen die Disparitäten sogar bei 4 bis 25 Prozent (Gerhard & Hahn 2009). Durch das enge Nebeneinander steigt die relative Armut: Einzelne Bevölkerungsgruppen werden marginalisiert und ihre Teilhabe am gesellschaftlichen, kulturellen und politischen Leben wird eingeschränkt.

Soziale Ungleichheit – oder räumlich gesprochen – Ungleichverteilung lässt sich auf verschiedenen Maßstabsebenen messen: zum Beispiel über den Vergleich von Armutsraten und Sozialhilfedichten (Farwick 2004, Klagge 1998) oder über die Segregations- und Dissimilaritätsindizes von Städten (Häußermann & Siebel 2004). Was sagt diese sogenannte objektive Ungleichverteilung jedoch aus? Lassen sich in Deutschland bereits „amerikanische Verhältnisse" von Ungleichheit beobachten (Häußermann 1998) oder aber sind es Besonderheiten wie die lokale Wirtschaft, die für das Entwicklungspotenzial von benachteiligten Stadtvierteln bedeutsam sind (Klagge 2001)? Auch der Raum selbst kann als strukturbestimmende Variante gelten, in dem er eine soziale Welt schafft, die Handlungs- und Wahrnehmungsstrukturen bedingt und Ungleichheit im Raum weiter festschreibt (Schneider-Sliwa 1996, Wacquant 2008a).

Diese Mehrdimensionalität (neuer) sozialer Ungleichheit kann auch in Deutschland nicht ausschließlich aus sozioökonomischer Perspektive analysiert werden. Vielmehr ist eine gesellschaftstheoretische Perspektive anzustreben, bei der soziale Ungleichheit über Prozesse wie Exklusion (Bude & Willisch 2008, Kronauer 2002), Verdrängung (Lees et al. 2007, Slater 2009), Neoliberalisierung (Wilson 2007) und staatliche Intervention (Wacquant 2008b) untersucht wird. Erst dann können die soziale Grammatik der Räumlichkeit sozialer Ungleichheit analysiert und intransparente Machtdifferenziale, die Ungleichheitsstrukturen verfestigen und durch die Handlungen des Alltags weiter fortgeschrieben werden, offengelegt werden.

senschaften eine Verflechtung von Signifikationen bezeichnet, im Rahmen derer Objekte mit Bedeutungen versehen, (Subjekt-)Positionen festgeschrieben und Weltbilder erzeugt werden. Erste Vorschläge für die Verwendung von zeichen- und diskurstheoretischen Ansätzen wurden in der deutschsprachigen Sozialgeographie Mitte der 1990er-Jahre unter anderen von Markus Richner (1996, 2007) und Günter Arber (1996, 2007) unterbreitet. Julia Lossau (2001) zeigt anschließend aus poststrukturalistischer Sicht, wie die Produktion politischer Weltordnungen als diskursive Praxis der **Verortung kultureller Differenzen** begriffen werden kann. Dabei wird unter anderem deutlich, welche Machtver-

hältnisse durch solcherart symbolisches Geographie-Machen erzeugt und aufgrund der Verräumlichung buchstäblich festgeschrieben bzw. der Verfügbarkeit entzogen werden. Auf der Basis solcher Überlegungen entstand im Überschneidungsbereich von Sozialgeographie, Kulturgeographie und Politischer Geographie ein diskurstheoretisches Forschungsfeld, das gegenwärtig zu den aktivsten und innovativsten Arbeitsgebieten der Humangeographie gehört (Glasze & Mattissek 2009). Die Anwendung diskurstheoretischer Methoden erstreckt sich unter anderem auf so unterschiedliche Themen wie Stadtmarketing (Mattissek 2008), kommunale Kriminalitätsprävention (Schreiber 2005), nachhaltige

Entwicklung (Bauriedl 2007) oder die Folgen des Klimawandels (Rham 2010).

Während die diskurstheoretische Forschung in der Geographie stark an den (post-)strukturalistischen Theorien französischer Provenienz orientiert ist, schließt ein anderer Zweig sprachtheoretisch informierter Sozialgeographie stärker an Traditionen aus der deutschen sowie der angelsächsischen Philosophie an. Ausgehend von der handlungstheoretischen Sozialgeographie (Werlen) zeigen Antje Schlottmann (2005) und Tilo Felgenhauer (2007), wie alltägliches Geographie-Machen als Ergebnis von **Sprechakten** begriffen werden kann und welcher Begründungslogik dieses raumbezogene Sprechen folgt. Felgenhauer bezieht sich dabei auf die Theorie des kommunikativen Handelns (Habermas) und Konzepte der Argumentationstheorie (Toulmin und Brandom). Schlottmann dagegen zeigt, wie handlungstheoretische Überlegungen mit sprachphilosophischen Gedanken von Searle kombiniert und mit methodischen Verfahren nach Lakoff und Johnston forschungspraktisch umgesetzt werden können.

Raumsemantiken und strukturelle Kopplungen – Sozialgeographie im Sinne der Theorie sozialer Systeme

Systembegriffe und systemisches Denken haben in der Geographie eine lange Tradition. Die in den Sozialwissenschaften seit den 1970er-Jahren dominierende Theorie sozialer Systeme von Niklas Luhmann tritt in der Sozialgeographie jedoch erst 1986 in Erscheinung. Helmut Klüter (1986) verwendet Luhmanns Theorie als Grundlage für einen sozialgeographischen Ansatz, der nach der Funktion von Raumbegriffen – sogenannten „Raumabstraktionen" – in der gesellschaftlichen Kommunikation fragt. Mit **Kommunikation** ist dabei nicht nur das Sprechen oder Schreiben gemeint, sondern auch das Handeln in verschiedenen Tätigkeitsfeldern des täglichen Lebens. Klüter zeigt, dass vor allem Organisationen (Behörden oder Firmen) die mit der Verwendung von Raumbegriffen und räumlichen Darstellungen (z. B. Karten) einhergehenden Möglichkeiten nutzen, komplizierte Abläufe einfacher darzustellen (Komplexitätsreduktion) und in die gewünschte Richtung zu lenken (Steuerung). Die von Klüter entworfene Konzeption einer systemtheoretischen Sozialgeographie wurde zunächst jedoch eher wenig beachtet.

Erst vor einigen Jahren wurde die **Systemtheorie** für die sozialgeographische Theorie und Forschung wiederentdeckt. Ausgangspunkt für die aktuelle Rezeption der Systemtheorie ist der für Geographen zunächst eher ent-

täuschende Befund, dass die Gesellschaft nichts anderes als ein Kommunikationssystem sei und als solches keine räumlichen Grenzen habe (Luhmann 1997). Die Grenzen der Gesellschaft sind nach Ansicht der Systemtheorie die Grenzen der Kommunikation im Gegensatz zu Nichtkommunikation (Außengrenzen der Gesellschaft) oder Differenzen zwischen unterschiedlichen Modi bzw. Medien des Kommunizierens (innere Differenzierung der Gesellschaft). Vor dem Hintergrund dieser Feststellung zeigt sich jedoch, dass die Kommunikation fortwährend **„Raumsemantiken"** produziert, mit denen kommunikative Prozesse geordnet und koordiniert werden. Solche Raumsemantiken können Einheit suggerieren, wo (funktionale) Differenzierung und Fragmentierung vorherrschen. Sie erlauben die symbolische Wiederherstellung einer aus den Fugen geratenen Welt und werden deshalb in politischen Diskussionen häufig verwendet (Redepenning 2006). Auch in anderen Themenfeldern trifft man fortwährend auf Raumsemantiken: Im Tourismus dienen sie zum Beispiel dazu, die Erwartungen der Touristen mit den Angeboten der Touristiker kompatibel zu machen (Pott 2007); von der Wissenschaft werden sie eingesetzt, um Evidenz und Verständnis in der Alltagswelt zu erzeugen (Lippuner 2005).

Darüber hinaus erstreckt sich die Anwendung systemtheoretischer Grundlagen unter anderem auf Fragen der Migrationsforschung (Goeke 2007) oder die sozialgeographische Analyse von (Natur-)Risiken (Egner & Pott 2010, Zehetmair 2009, Mayer & Pohl 2010). Außerdem kann mithilfe der Systemtheorie das Verhältnis von Gesellschaft und Umwelt neu konzeptualisiert werden. Dieses Verhältnis wurde in der Geographie traditionell als Beziehung von Mensch und Natur behandelt. Die Systemtheorie zielt dagegen auf eine sozialwissenschaftliche Beschreibung von Gesellschaft und Umwelt ab. Dabei zeigt sie, dass die Gesellschaft nur durch Kommunikation auf Umweltprobleme reagieren und sich völlig unangepasst verhalten kann (Luhmann 1986, Egner 2008). Gleichwohl ist die Gesellschaft auf eine funktionierende Umwelt angewiesen, sodass man es mit der paradoxen Situation eines Systems zu tun hat, das sich völlig autonom verhalten kann und gleichzeitig von seiner Umwelt abhängig ist. Diesen Zusammenhang beschreibt die Systemtheorie als eine **strukturelle Kopplung** (Luhmann 1997). Sie liefert damit einen Ausgangspunkt für die Auseinandersetzung mit den ökologischen Problemen der Gegenwart im Rahmen einer „Geographie sozialer Systeme" (Lippuner 2007b und 2009).

Gesellschaftskritik und Geschlechterdifferenz – Sozialgeographie im Sinne der marxistischen und der feministischen Theorie

Lange Zeit bestand der Anwendungsbezug der (deutschen) Sozialgeographie vornehmlich darin, Grundlagen für die (Raum-)Planung bereitzustellen. Dementsprechend stand das Fach in der zweiten Hälfte des 20. Jahrhunderts hauptsächlich im Dienste der etablierten Politik. Nur ganz vereinzelt machten sich Stimmen bemerkbar, die eine Hinterfragung gesellschaftlicher Zusammenhänge im Sinne der „Kritischen Theorie" marxistischer Prägung forderten. Die Vorstellung, dass es die Aufgabe der Sozialwissenschaften sei, bestehende Herrschaftsverhältnisse auf ihre Legitimität hin zu überprüfen und Ungleichheiten beim Zugang zu Ressourcen oder Räumen zu thematisieren, wurde zum Beispiel in Teilen der Geographischen Entwicklungsforschung vertreten (Exkurs 16.4.2; Schmidt-Wulffen 1987). Außerdem orientierten sich einzelne Autoren bei der kritischen Diskussion der traditionellen Geographie an der **marxistischen Theorie** (Leng 1973, Eisel 1980, Belina et al. 2009).

In den letzten Jahren hat die Auseinandersetzung mit der marxistischen Theorie an Popularität gewonnen und zur Etablierung einer Diskussionsgemeinschaft junger Forscher geführt, die sich in Anlehnung an die angelsächsische *critical geography* als **„Kritische Geographie"** bezeichnet. Die wichtigsten theoretischen Bezugsquellen für diese Diskussion sind neben den Schriften von Marx und Beiträgen aus der angelsächsischen Debatte vor allem Henri Lefebvres Werke über die „Produktion des Raumes" (Lefebvre 1974) und die „Revolution der Städte" (Lefebvre 1972).

Die Thematisierung von **Geschlechterdifferenzen** als einer zentralen Strukturierung gesellschaftlicher Praxis gehört heute zum Standardprogramm der Sozialwissenschaften. Die theoretischen Grundlagen dazu lieferten Autorinnen wie Simone de Beauvoir, Luce Irigaray oder Judith Butler. In der Sozialgeographie sind feministische Theorien und Ansätze der **Genderforschung** seit Ende der 1980er-Jahre verbreitet. Vorreiterinnen dieser Theorie- und Forschungsrichtung waren angelsächsische Fachvertreterinnen, wie Gillian Rose (1993), Gill Valentine (1989) oder Linda McDowell (1993a, b). Sie machten darauf aufmerksam, dass die Wahrnehmung und die Aneignung von Orten durch geschlechtsspezifische Dispositionen geprägt sind und dass der Zugang zu bestimmten Räumen gemäß den Rollenerwartungen an die beiden Geschlechter unterschiedlich gewährleistet bzw. sanktioniert wird. Seit die Sozialgeographie Mitte der 1980er-Jahre eine sozialwissenschaftliche Ausrichtung bekommen hat, konnten auch deutschsprachige Arbeiten immer wieder zeigen, wie gewinnbringend eine geschlechtersensitive Forschung gerade für ein Fach ist, das in seinem Mainstream eher „geschlechtsblind" ist (Fleischmann & Meyer-Hanschen 2005, Bauriedl et al. 2010).

Fazit

Am Anfang der Entwicklungsgeschichte der Sozialgeographie steht die soziale Erklärung von erdräumlichen Konstellationen wie „Kulturlandschaften" oder „Raumstrukturen" im Zentrum des Interesses. Im Verlaufe der Zeit verlagert sich der Fokus jedoch immer stärker auf die sozialgeographische Erforschung menschlicher Tätigkeiten. Dabei wird immer offensichtlicher, dass die Geographie der Gesellschaften und Kulturen nicht vorgegeben ist. Geographien – im Plural – werden vielmehr von sozialen Akteuren mit unterschiedlichen Machtpotenzialen produziert und aufrechterhalten oder verändert. Im handlungstheoretischen Ansatz wird dieses Geographie-Machen ins Zentrum des Forschungsinteresses gestellt. Damit vollzieht die Sozialgeographie jene „kognitive Wende" hin zu einer sozialwissenschaftlichen Disziplin, die mit dem verhaltenswissenschaftlichen Ansatz eingeleitet wurde. An diese Ausrichtung schließen auch die jüngsten Versuche an, auf der Basis anderer sozialwissenschaftlicher Theorien weitere Erklärungen der gesellschaftlichen Produktion und Bedeutung geographischer Wirklichkeiten zu finden.

In Anbetracht tief greifender Transformationsprozesse, denen die soziale Welt durch die fortschreitende Globalisierung gegenwärtig unterliegt, wird der Bedarf an sozialgeographischem Wissen für die Ausbildung eines zeitgemäßen geographischen Bewusstseins und für das Verständnis der eigenen Lebenssituation weiter zunehmen. Forschung und Lehre haben dafür die Voraussetzungen zu schaffen. Wie wir die Welt sehen und wie wir unser Handeln darauf beziehen, hängt von der Weltsicht und den Weltbildern ab (Werlen 2010). Die wissenschaftliche Erforschung der Konstitution dieser Weltbilder und das Aufzeigen der Implikationen für das Handeln unter globalisierten Bedingungen sind wichtige Aufgaben der Sozialgeographie der Gegenwart und der Zukunft.

Weiterführende Literatur

Castree N, Gregory D (Hrsg) (2006) David Harvey: A Critical Reader. Oxford

Döring J, Thielmann T (Hrsg) (2008) Spatial Turn. Das Raumparadigma in den Kultur- und Sozialwissenschaften. Bielefeld

Dünne J, Günzel S (Hrsg) (2006) Raumtheorie. Grundlagentexte aus Philosophie und Kulturwissenschaften. Frankfurt a. M.

Giddens A (1992) Die Konstitution der Gesellschaft. Grundzüge einer Theorie der Strukturierung. Frankfurt a. M.

Gregory D (1994) Geographical Imaginations. Oxford

Günzel S (Hrsg) (2010) Raum. Ein interdisziplinäres Handbuch. Stuttgart

Hard G (2002) Landschaft und Raum. Aufsätze zur Theorie der Geographie, Band 1. Osnabrück.

Hard G (2003) Dimensionen geographischen Denkens. Aufsätze zur Theorie der Geographie, Band 2. Osnabrück

Harvey D (2003) The New Imperialism. Oxford

Häußermann H, Kronauer M, Siebel W (Hrsg) (2009) An den Rändern der Städte. Suhrkamp Verlag, Frankfurt a. M.

Hubbard P, Kitchin R (Hrsg) (2010) Key Thinkers on Space and Place. Second Edition, London

Lippuner R (2005) Raum, Systeme, Praktiken. Zum Verhältnis von Alltag, Wissenschaft und Geographie. Stuttgart

Lossau J (2002) Die Politik der Verortung. Eine post-koloniale Reise zu einer „anderen" Geographie der Welt. Bielefeld

Meusburger P (Hrsg) (1999) Handlungszentrierte Sozialgeographie. Benno Werlens Entwurf in kritischer Diskussion. Stuttgart

Reuber P (1999) Raumbezogene politische Konflikte. Geographische Konfliktforschung am Beispiel von Gemeindegebietsreformen. Stuttgart

Schmid C (2005) Stadt, Raum und Gesellschaft. Henri Lefebvre und die Theorie der Produktion des Raumes. Stuttgart

Wastl-Walter D (2010) Gender Geographien. Geschlecht und Raum als soziale Konstruktionen. Stuttgart

Weichhart P (2008) Entwicklungslinien der Sozialgeographie. Von Hans Bobek bis Benno Werlen. Stuttgart

Weichhart P, Weiske C, Werlen B (2006) Place Identity und Image. Wien

Werlen B (1997) Sozialgeographie alltäglicher Regionalisierungen. Band. 2: Globalisierung, Region und Regionalisierung. Stuttgart

Werlen B (Hrsg) (2007) Sozialgeographie alltäglicher Regionalisierungen. Band 3: Ausgangspunkte und Befunde empirischer Forschung. Franz Steiner Verlag

Werlen B (2008) Sozialgeographie. Eine Einführung. Bern

Werlen B (2010) Gesellschaftliche Räumlichkeit, 1. Orte der Geographie. Stuttgart

Werlen B (2010) Gesellschaftliche Räumlichkeit, 2. Konstruktion geographischer Wirklichkeiten. Suttgart

Wirths J (2001) Geographie als Sozialwissenschaft!? Kasseler Schriften zur Geographie und Planung. Band 72. Kassel

Zitierte Literatur

Arber G (1996) Alltägliche Regionalisierungen und Medien. Fallbeispiel „Platzspitz/Letten". Diplomarbeit am Geographischen Institut der Universität Zürich. Zürich

Arber G (2007) Medien, Regionalisierungen und das Drogenproblem. Zur Verräumlichung sozialer Brennpunkte. In: Werlen B (Hrsg) Sozialgeographie alltäglicher Regionalisierungen. Band 3: Ausgangspunkte und Befunde empirischer Forschung: 251–270. Stuttgart

Aschauer W (1987) Regionalbewegungen. Aspekte eines westeuropäischen Phänomens und ihre Diskussion am Beispiel Südtirol. Kassel

Bartels D (1968) Zur wissenschaftstheoretischen Grundlegung einer Geographie des Menschen. Wiesbaden

Bartels D (1970) Einleitung. In: Bartels D (Hrsg) Wirtschafts- und Sozialgeographie. Köln, Berlin. 13–48

Bauriedl S (2007) Spielräume nachhaltiger Entwicklung. Die Macht stadtentwicklungspolitischer Diskurse. München

Bauriedl S, Schier M, Strüver A (Hrsg) (2010) Geschlechterverhältnisse, Raumstrukturen, Ortsbeziehungen. Erkundungen von Vielfalt und Differenz im spatial turn. Münster

Belina B, Best U, Naumann M (2009) Cirtical geography in Germany: from exclusion to inclusion via internationalisation. Social Geography 4: 47–58

Blotevogel HH, Heinritz G, Popp H (1987) Regionalbewusstsein – Überlegungen zu einer geographisch-landeskundlichen Forschungsinitiative. Informationen zur Raumentwicklung 7/8: 409–418

Bobek H (1948) Stellung und Bedeutung der Sozialgeographie. Erdkunde 2: 118–125

Bobek H (1959) Die Hauptstufen der Gesellschafts- und Wirtschaftsentfaltung in geographischer Sicht. Erde 90/3: 257–297

Bobek H, Schmithüsen J (1949) Die Landschaft im logischen System der Geographie. Erdkunde 3: 112–120

Bohle H-G (2005) Soziales oder unsoziales Kapital? Das Konzept von Sozialkapital in der Geographischen Verwundbarkeitsforschung. Geographische Zeitschrift 93/2: 65-81

Bourdieu P (1976) Entwurf einer Theorie der Praxis. Frankfurt a. M.

Bourdieu P (1982) Die feinen Unterschiede. Kritik der gesellschaftlichen Urteilskraft. Frankfurt a. M.

Bourdieu P (1987) Sozialer Sinn. Kritik der theoretischen Vernunft. Frankfurt a. M.

Bourdieu P (1990) Was heißt sprechen? Die Ökonomie des sprachlichen Tauschs. Wien

Bourdieu P (1991) Physischer, sozialer und angeeigneter physischer Raum. In: Wentz M (Hrsg) Stadt-Räume. Frankfurt a. M.

Bourdieu P (1997) Ortseffekte. In: Bourdieu P et al. Das Elend der Welt. Zeugnisse und Diagnosen alltäglichen Leidens an der Gesellschaft. Konstanz

Bourdieu P (1998) Praktische Vernunft. Zur Theorie des Handelns. Frankfurt a. M.

Bourdieu P (2001) Meditationen. Zur Kritik der scholastischen Vernunft. Frankfurt a. M.

Bourdieu P, Wacquant L J D (1996) Reflexive Anthropologie. Frankfurt a. M.

Bridge G (2010) Pierre Bourdieu. In: Hubbard P, Kitchin R (Hrsg) Key Thinkers on Space and Place. London

Fortsetzung

Fortsetzung

Bude H, Willisch A (Hrsg) (2008) Exklusion. Die Debatte über die „Überflüssigen". Suhrkamp Verlag, Frankfurt

Bunke K (2005) Geographie(n) der Kinder: Von Räumen und Grenzen (in) der Postmoderne. München

Deffner V (2010) Habitus der Scham – die soziale Grammatik ungleicher Raumproduktion. Eine sozialgeographische Untersuchung der Alltagswelt Favela in Salvador da Bahia (Brasilien). Passauer Schriften zur Geographie, Band 26. Passau

Demolins E (1901) Les grandes routes des peuples. Essai de géographie sociale. Paris

Dirksmeier P (2009) Urbanität als Habitus. Bielefeld

Dörfler T, Graefe O, Müller-Mahn D (2003) Habitus und Feld. Anregungen für eine Neuorientierung der geographischen Entwicklungsforschung auf der Grundlage von Bourdieus „Theorie der Praxis". Geographica Helvetica 58/1: 11–23

Egner H (2008) Gesellschaft, Mensch, Umwelt – beobachtet. Ein Beitrag zur Theorie der Geographie. Stuttgart

Egner H, Pott A (2010) Risiko und Raum. Das Angebot der Beobachtungstheorie. In: Egner H, Pott A (Hrsg) Geographische Risikoforschung. Zur Konstruktion verräumlichter Risiken und Sicherheiten. Stuttgart

Eisel U (1980) Die Entwicklung der Anthropogeographie von einer „Raumwissenschaft" zur Gesellschaftswissenschaft. Kassel

Ermann U (2005) Regionalprodukte. Vernetzungen und Grenzziehungen bei der Regionalisierung von Nahrungsmitteln. Stuttgart

Felgenhauer T (2007) Geographie als Argument. Eine Untersuchung regionalisierender Begründungspraxis am Beispiel „Mitteldeutschland". Stuttgart

Felgenhauer T, Mihm M, Schlottmann A (2005) The making of „Mitteldeutschland". On the function of implicit and explicit symbolic features for implementing regions and regional identity. Geografiska Annaler 87/1: 45–60

Fleischmann K, Meyer-Hanschen U (2005) Stadt Land Gender. Einführung in Feministische Geographien. Königstein/Taunus

Frantz K (1993) Die Indianerreservationen in den USA. Erdkundliches Wissen 109. Franz Steiner Verlag, Stuttgart

Geipel R (1977) Friaul. Sozialgeographische Aspekte einer Erdbebenkatastrophe. Münchener Geographische Hefte, Nr. 40. Kallmünz, Regensburg

Gerhard U, Hahn B (2009) Städte und Siedlungsentwicklung. In: Hänsgen D et al. (Hrsg) Deutschlandatlas. Wissenschaftliche Buchgesellschaft, Darmstadt

Giddens A (1992) Die Konstitution der Gesellschaft. Grundzüge einer Theorie der Strukturierung. Frankfurt a. M.

Glasze G, Mattissek A (Hrsg) (2009) Handbuch Diskurs und Raum. Theorien und Methoden für die Humangeographie sowie die sozial- und kulturwissenschaftliche Raumforschung. Bielefeld

Goeke P (2007) Transnationale Migrationen. Post-jugoslawische Biografien in der Weltgesellschaft. Bielefeld

Haferburg C (2007) Umbruch oder Persistenz? Sozialräumliche Differenzierungen in Kapstadt. Hamburger Beiträge zur Geographischen Forschung 6. Hamburg

Hartke W (1948) Gliederungen und Grenzen im Kleinen. Erdkunde 2: 174–179

Hartke W (1956) Die „Sozialbrache" als Phänomen der geographischen Differenzierung der Landschaft. Erdkunde 10/4: 257–269

Hartke W (1959) Gedanken über die Bestimmung von Räumen gleichen sozialgeographischen Verhaltens. Erdkunde 13/4: 426–436

Häußermann H, Siebel W (2004) Stadtsoziologie. Campus Verlag, Frankfurt, New York

Helbrecht I (2004) Stadtmarketing. Vom Orakel zum Consulting – Identitätspolitiken in der Stadt. In: Hilber ML, Ergez A (Hrsg) Stadtidentität. Zürich

Helbrecht I, Pohl J (1995) Pluralisierung der Lebensstile: Neue Herausforderungen für die sozialgeographische Stadtforschung. Geographische Zeitschrift 83, 3/4: 222–237

Hermann M, Leuthold H (2002) Die gute Adresse. Divergierende Lebensstile und Weltanschauungen als Determinanten der innerstädtischen Segregation. In: Mayr A, Meurer M, Vogt J (Hrsg) Stadt und Region – Dynamik von Lebenswelten. Tagungsbericht und wissenschaftliche Abhandlungen, 53. Deutscher Geographentag 2001 in Leipzig: 236–250

Hofmeister B (1975) Vorläufige Ergebnisse einer Forschungsreise durch den Südwesten der USA. Die Erde 106: 201–214

Hofmeister B (1976) Indianerreservationen in den USA. Territoriale Entwicklung und wirtschaftliche Eignung. Geographische Rundschau 28: 507–518

Hofmeister B (1980) Die Grenze von Indianerreservationen in USA. Landschaftselemente, rechtlicher Status, ökonomische Bedeutung, Veränderlichkeit. In: Kishimoto H (Hrsg) Geography and its Boundaries. Gedenkschrift H. Boesch. Kümmerli und Frey, Bern. 69–80

Hoke GW (1907) The study of social geography. Geographical Journal, vol. 14, no. 1: 64–67

Janoschka M (2009) Konstruktion europäischer Identitäten in räumlich-politischen Konflikten. Stuttgart

Klagge B (1998) Armut in westdeutschen Städten. Ursachen und Hintergründe für die Disparitäten städtischer Armutsraten. Geographische Rundschau 50, 3: 139–145

Klagge B (2001) „Armutsghettos" in westdeutschen Städten? Konzeptionelle Überlegungen und empirische Befunde. Die Erde 132: 141–160

Klüter H (1986) Raum als Element sozialer Kommunikation. Giessener Geographische Schriften 60. Gießen

Kreckel R (2004) Politische Soziologie der Ungleichheit. Frankfurt, New York

Kropotkin P (1896) L'anarchie, sa philosophie, son idéal. Paris

Lefebvre H (1972) Die Revolution der Städte. München

Lefebvre H (1974) La production de l'espace. Paris

Leng G (1973) Zur „Münchner" Konzeption der Sozialgeographie. Geographische Zeitschrift 61: 121–134

Lippuner R (2005) Raum – Systeme – Praktiken. Zum Verhältnis von Alltag, Wissenschaft und Geographie. Stuttgart

Lippuner R (2006) Reflexive Sozialgeographie. Bourdieus Theorie der Praxis als Grundlage für sozial- und kulturgeographisches Arbeiten nach dem cultural turn. Geographische Zeitschrift 93/3: 135–147

Lippuner R (2007a) Sozialer Raum und Praktiken. Elemente sozialwissenschaftlicher Topologie bei Pierre Bourdieu und Michel de Certeau. In: Günzel S (Hrsg) Topologie. Bielefeld. 265–277

Lippuner R (2007b) Kopplung, Steuerung, Differenzierung. Zur Geographie sozialer Systeme. Erdkunde 61/2: 174–185

Lippuner R (2009) Hybridität und Differenz. Zur (Neu-)Thematisierung der materiellen Welt in der Humangeographie. Berichte zur deutschen Landeskunde 83/2: 143–161

Lossau J (2001) Die Politik der Verotung. Eine postkoloniale Reise zu einer ANDEREN Geographie der Welt. Bielefeld

Luhmann N (1986) Ökologische Kommunikation: Kann die moderne Gesellschaft sich auf ökologische Gefährdungen einstellen? Opladen

Luhmann N (1997) Die Gesellschaft der Gesellschaft. Zwei Bände. Frankfurt a. M.

Maier J, Paesler R, Ruppert K, Schaffer F (1977) Sozialgeographie. Braunschweig

Marsh GP (1864) Man and Nature: Physical Geography Modified by Human Action. Burlington

Mattissek A (2008) Die neoliberale Stadt. Diskursive Repräsentationen im Stadtmarketing deutscher Großstädte. Bielefeld

Mayer J, Pohl J (2010) Risikokommunikation. In: Bell R, Mayer J, Pohl J, Greiving S, Glade T (Hrsg) Integrative Frühwarnsysteme für gravitative Massenbewegungen (ILEWS). Monitoring, Modellierung, Implementierung. Essen

McDowell L (1993a) Space, place and gender relations. Part 1: Feminist empiricism and the geography of social relations. Progress in Human Geography 17/2: 157–179

Fortsetzung

Fortsetzung

McDowell L (1993b) Space, place and gender relations. Part 2: Identity, difference, feminist geometries and geographies. Progress in Human Geography 17/3: 305–319

Meier V (1994) Frische Blumen aus Kolumbien - Frauenarbeit für den Weltmarkt. Geographica Helvetica 49/1: 5–10

Monzel S (1995) Kinderfreundliche Wohnumfeldgestaltung!? Eine sozialgeographische Untersuchung als Orientierungshilfe für Politik und Planung. Anthropogeographische Schriftenreihe 13. Zürich

Oevermann U (2001) Zur Analyse der Struktur von sozialen Deutungsmustern. Sozialer Sinn 1/1: 35–81

Painter J (2000) Pierre Bourdieu. In: Crang M, Thrift N (Hrsg) Thinking Space. London

Pohl J (1993) Regionalbewusstsein als Thema der Sozialgeographie. Theoretische Überlegungen und empirische Untersuchungen am Beispiel Friaul. Münchner Geographische Hefte 70. Kallmünz, Regensburg

Pott A (2007) Orte des Tourismus. Eine raum- und gesellschaftstheoretische Untersuchung. Bielefeld

Reclus E (1911) Correspondence. Paris

Redepenning M (2006) Wozu Raum? Systemtheorie, critical geopolitics und raumbezogene Semantiken. Leipzig

Reutlinger C (2003) Jugend, Stadt und Raum. Wiesbaden

Rham S (2010) Politische Geographie des Klimawandels. Zur Rekonstruktion der diskursiven Regionalisierungspraxis in den Konflikten um das Abschmelzen des arktischen Eises. Jenaer Sozialgeographische Manuskripte 10

Richner M (1996) Sozialgeographie symbolischer Regionalisierungen. Zur Konstruktion des Wahrzeichens Kapellbrücke. Diplomarbeit am Geographischen Institut der Universität Zürich

Richner M (2007) Das brennende Wahrzeichen. Zur geographischen Metaphorik von Heimat. In: Werlen B (Hrsg) Sozialgeographie alltäglicher Regionalisierungen. Band 3: Ausgangspunkte und Befunde empirischer Forschung. Stuttgart

Rose G (1993) Feminism and geography. The limits of geographical knowledge. Cambridge

Rothfuß E (2006) Hirtenhabitus, ethnotouristisches Feld und kulturelles Kapital. Zur Anwendung der »Theorie der Praxis« (BOURDIEU) im Entwicklungskontext: Himba-Rindernomaden in Namibia unter dem Einfluss des Tourismus. Geographica Helvetica 1: 32–40

Ruppert K, Schaffer F (1969) Zur Konzeption der Sozialgeographie. Geographische Rundschau 21/6: 205–214

Sakdapolrak P (2007) Water related health risks, social vulnerability and Pierre Bourdieu. Source 6. Bonn

Scheller A (1995) Frau – Macht – Raum. Geschlechtsspezifische Regionalisierungen der Alltagswelt als Ausdruck von Machtstrukturen. Zürich

Schlottmann A (2005) RaumSprache. Ost-West-Differenzen in der Berichterstattung zur deutschen Einheit. Eine sozialgeographische Theorie. Stuttgart

Schmidt-Wulffen W D (1987) 10 Jahre entwicklungstheoretischer Diskussion. Ergebnisse und Perspektiven für die Geographie. Geographische Rundschau 39/3: 130–135

Schneider-Sliwa R (1996) „Hyper-Ghettos" in amerikanischen Großstädten: Lebensräume und Konstruktionsprinzip der urban underclass. Geographische Zeitschrift 3: 27–43

Schreiber V (2005) Regionalisierungen von Unsicherheit in der kommunalen Kriminalprävention. In: Glasze G, Pütz R, Rolfes M (Hrsg) Diskurs-Stadt-Kriminalität. Bielefeld. 59–103

Schwind M (1951) Kulturlandschaft als objektivierter Geist. Deutsche Geographische Blätter. Band 46: 6–28

Schwyn M (2007) Regionalistische Bewegungen und politische Alltagsgeographien. Das Beispiel „Rassemblement jurassien". In:

Werlen B (Hrsg) Sozialgeographie alltäglicher Regionalisierungen. Band 3: Ausgangspunkte und Befunde empirsicher Forschung: 185–211. Stuttgart

Schwyn K (2008) Nationalstaat, Territorialität und Regionalisierung. Die amerikanische Reservatspolitik im 19. Jahrhundert am Beispiel der San Carlos Indian Reservation, Arizona, 1863–1886. In: Werlen B, Gäbler K (Hrsg) Geographische Praxis I. Territorialisierungen und territoriale Konflikte. Sozialgeographische Manuskripte 3: 27–58. Jena

Slater T (2009) Missing Marcuse: On Gentrification and Displacement. City 13, 2 & 3: 292–311

Thomale E (1974) Geographische Verhaltensforschung. Marburger Geographische Schriften 61: 9–30

Valentine G (1989) The geography of women's fear. Area Vol. 21: 385–390

Wacquant L (2008) Urban Outcasts. A Comparative Sociology of Advanced Marginality. Polity Press, Cambridge, Malden

Weber M (1980) Wirtschaft und Gesellschaft. Tübingen

Weichhart P (1980) Individuum und Raum. Ein vernachlässigter Erkenntnisbereich der Sozialgeographie. Mitteilungen der Geographischen Gesellschaft München 65: 63–92. München

Weichhart P (1987) Wohnsitzpräferenzen im Raum Salzburg. Subjektive Dimensionen der Wohnqualität und die Topographie der Standortbewertung. Salzburger Geographische Arbeiten 15

Weichhart P (1990) Raumbezogene Identität. Bausteine zu einer Theorie räumlich-sozialer Kognition und Identifikation. Erdkundliches Wissen 102. Stuttgart

Weichhart P, Weiske C, Werlen B (2006) Place Identity und Images. Das Beispiel Eisenhüttenstadt. Abhandlungen zur Geographie und Regionalforschung. Band 9. Wien

Werlen B (1987) Gesellschaft, Handlung und Raum. Grundlagen handlungstheoretischer Sozialgeographie. Stuttgart

Werlen B (1993) Gibt es eine Geographie ohne Raum? Zum Verhältnis von traditioneller Geographie und zeitgenössischen Gesellschaften. Erdkunde 47/4: 241–255

Werlen B (1995) Sozialgeographie alltäglicher Regionalisierungen. Band 1: Zur Ontologie von Gesellschaft und Raum. Stuttgart

Werlen B (1997) Sozialgeographie alltäglicher Regionalisierungen. Band 2: Globalisierung, Region und Regionalisierung. Erdkundliches Wissen 119. Stuttgart

Werlen B (2000) Sozialgeographie. Eine Einführung. Bern

Werlen B (2005) Raus aus dem Container! Ein sozialgeographischer Blick auf die aktuelle (Sozial-)Raumdiskussion. In: Projekt „Netzwerke im Stadtteil" (Hrsg) Grenzen des Sozialraums. Kritik eines Konzepts – Perspektiven für Soziale Arbeit. Wiesbaden. 15–35

Werlen B (2010) Epilog. Neue geographische Verhältnisse und die Zukunft der Gesellschaftlichkeit. In: Werlen B (Hrsg) Gesellschaftliche Konstruktion geographischer Wirklichkeiten. Stuttgart

Werlen B, Reutlinger C (2005) Sozialgeographie. In: Kessel F, Reutlinger C, Maurer S, Frey O (Hrsg) Handbuch Sozialraum. Wiesbaden. 49–67

Wilson D (2007) Cities and Race. America's New Black Ghetto. Routledge, London, New York

Wirths J (2001) Geographie als Sozialwissenschaft!? Kasseler Schriften zur Geographie und Planung. Band 72. Kassel

Zehetmair S (2009) Die Rolle struktureller Kopplungen bei der Evolution sozialer Systeme - dargestellt an Beispielen aus der Naturrisikoforschung. In: Koch A (Hrsg) Mensch – Umwelt – Interaktion. Überlegungen zum theoretischen Verständnis und zur methodischen Erfassung eines grundlegenden und vielschichtigen Zusammenhangs. Salzburger Geographische Arbeiten, Band 45: 107–119. Salzburg

Jahrmarkt in Delhi unterhalb des *Red Fort* (Foto: P. Gans).

Kapitel 17 Bevölkerungsgeographie

PAUL GANS UND ANDREAS POTT

Im Jahre 2012 wird nach der neuesten Projektion der Vereinten Nationen die Weltbevölkerung die 7-Milliarden-Marke überschreiten. Das außerordentliche relative wie absolute Wachstum im 20. Jahrhundert wird sich in Zukunft zwar abschwächen, doch bleibt bis 2050 eine Kluft, ein *demographic divide* (Kent & Haub 2005): Viele arme Staaten sind von hohen Geburtenüberschüssen trotz niedriger Lebenserwartung, junger Altersstruktur und weit überdurchschnittlicher Bevölkerungszunahme gekennzeichnet, während die Bevölkerung in meist wohlhabenden Ländern eine so niedrige Geburtenhäufigkeit und geringe Sterblichkeit aufweist, dass eine rasche Alterung und ein Rückgang der Einwohnerzahlen unabwendbar erscheinen. Diese Kluft wirkt sich auf den Status quo von armen wie reichen Nationen aus, da beide Trends die ökonomischen, politischen und sozialen Bedingungen in den einzelnen Staaten verändern.

Die Bevölkerungsentwicklung in einer Region hängt von zwei Komponenten ab: den natürlichen und den räumlichen Bevölkerungsbewegungen. Die natürlichen Bewegungen werden nach Fruchtbarkeit (Fertilität oder Geburtenhäufigkeit) und Sterblichkeit (Mortalität) differenziert. Sie werden sowohl von individuellen Verhaltensweisen, von gesellschaftlichen Wertvorstellungen und Normen als auch von der Altersstruktur der jeweiligen Bevölkerung beeinflusst. Bei den räumlichen Bewegungen unterscheidet man zwischen internationalen Migrationen (Außenwanderungen) und (innerstaatlichen) Binnenwanderungen. Die wirtschaftliche Entwicklung, die Situation auf dem Arbeits- und Wohnungsmarkt, politische Konflikte, Naturkatastrophen, die wahrgenommene landschaftliche Attraktivität oder andere, durch Massenmedien oder soziale und familiäre Netzwerke vermittelte Informationen können auf die Entscheidung, den Wohnort zu wechseln, einwirken und derart als *pull*- oder *push*-Faktoren Wanderungen initiieren und beeinflussen. Beide Komponenten der Bevölkerungsentwicklung hängen nicht nur eng mit der Struktur der Bevölkerung in den betreffenden Gebieten zusammen, sondern auch mit gesellschaftlichen Strukturen und Prozessen. Migrationen beeinflussen die Bilanz der natürlichen Bevölkerungsbewegung und sind aufgrund ihrer Selektivität folgenreich für die demographische, soziale und ethnische Zusammensetzung der Einwohner von Regionen. Im Vergleich zu anderen Disziplinen, die ebenfalls Fragen der Bevölkerungsentwicklung untersuchen, zeichnet sich die Bevölkerungsgeographie durch ihren räumlichen Bezug aus. Unter Berücksichtigung der beiden Komponenten beschreibt, vergleicht und analysiert sie die Bevölkerungsentwicklung von bestimmten Räumen (Staaten, Regionen, Städte etc.) und ihre Folgen für die Gesellschaft.

17.1 Weltweite Bevölkerungsentwicklung

Zu Beginn des Neolithikums um 10 000 v. Chr. kann man von einer Erdbevölkerung von zirka 6 Millionen Menschen ausgehen (Tab. 17.1.1). Die zahlenmäßige Entwicklung der Bevölkerung lässt sich drei technologisch-kulturell geprägten Phasen zuordnen: der Jäger- und Sammlerwirtschaft, dem sesshaften Bauerntum mit Ackerbau und Viehzucht ab ca. 10 000 v. Chr. und der Industrialisierung ab 1750. Zumindest für die Industriestaaten ist seit den 1970er-Jahren eine postindustrielle Phase zu ergänzen.

Das **Wachstum der Weltbevölkerung** beschleunigt sich seit etwa 1800 (Abb. 17.1.1). Die zeitlichen Abstände bis zum Erreichen der nächsten Milliarde werden bis Ende des 20. Jahrhunderts deutlich kürzer, dann wieder länger. Diese Entwicklung ähnelt im Verlauf den Wachstumsphasen, die für das **Modell des demographischen Übergangs** charakteristisch sind (Abb. 17.1.2): der mehr oder minder regelhafte Übergang von relativ hohen, stark schwankenden Geburten- und Sterberaten zu niedrigen, vergleichsweise stabilen Werten der natürlichen Bevölkerungsbewegungen mit zeitlich begrenzten relativ hohen natürlichen Zuwachsraten während der Transformationsphase.

Tabelle **17.1.1** Weltweite Bevölkerungsentwicklung von 10 000 v. Chr. bis 2000 n. Chr. (Quelle: Livi-Bacci 2001, United Nations 2009).

Zeit/Jahr	Bevölkerungs-zahl [Mio.]	jährliches Wachstum [%]	Verdoppe-lungszeit [Jahre]
		0,008	8 369
10 000 v. Chr.	6		
		0,037	1 854
0	252		
		0,064	1 083
1750 n. Chr.	771		
		0,596	117
1950 n. Chr.	2 529		
		1,689	41
2010 n. Chr.	6 909		

in der prätransformativen Phase wiesen je nach wirtschaftlichen Bedingungen, Agrarverfassungen oder gesellschaftlichen Wertvorstellungen Geburtenhäufigkeit, Lebenserwartung und insbesondere die Säuglingssterblichkeit sowie das Heiratsalter räumliche Variationen auf (Livi-Bacci 2001).

Das Modell des demographischen Übergangs: das Beispiel Deutschland

Die prätransformative oder präindustrielle Phase

Für das Deutsche Reich ist vor 1870 ein nahezu paralleler Verlauf von hohen Geburten- und Sterbeziffern bei relativ starken, unregelmäßigen Schwankungen zu erkennen (Abb. 17.1.3). Der kurzfristigen Zunahme der Mortalität beispielsweise nach den Hungerkrisen 1816/17 oder den Epidemien von 1831/32 folgte verzögert ein Anstieg der Geburtenrate aufgrund vermehrter Familiengründungen. Diese beeinflussten, reguliert über Heiratsalter und -häufigkeit, die Entwicklung der Einwohnerzahlen. Heiratserlaubnisse waren an ein sicheres Einkommen geknüpft und wurden beispielsweise im Falle der Erschließung neuer Flächen für die landwirtschaftliche Nutzung häufiger erteilt. Die Familie war aufgrund religiöser Normen und Werte sowie rechtlicher Vorgaben Leitbild in der Gesellschaft. Die außereheliche Fruchtbarkeit spielte keine Rolle. Schon

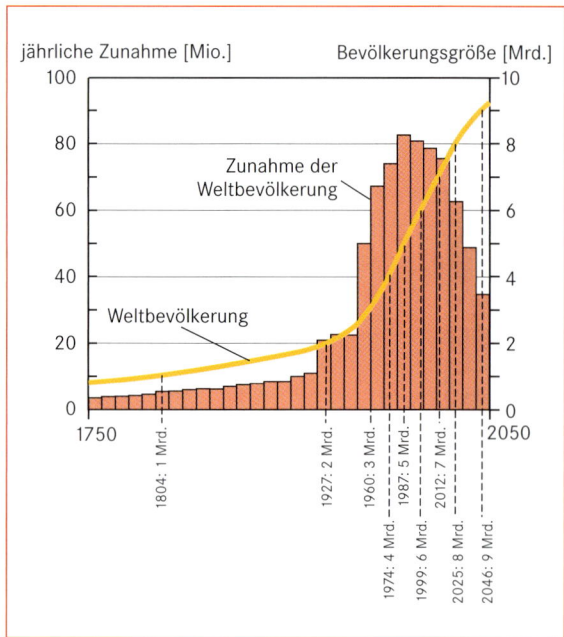

Abb. **17.1.1** Weltweite Bevölkerungsentwicklung (1750 bis 2050; Quelle: Bähr 1999, Livi-Bacci 2001, United Nations 2009).

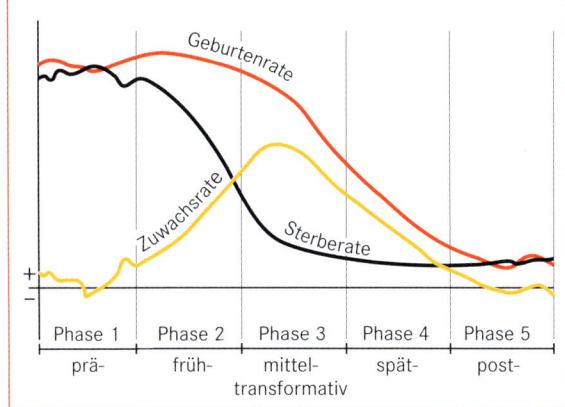

Abb. 17.1.2 Modell des demographischen Übergangs (verändert nach Bähr, Jentsch & Kuls 1992).

Sterblichkeitsrückgang in der frühtransformativen Phase

Etwa ab 1870 verringerte sich die Sterbeziffer kontinuierlich (Abb. 17.1.3). Bei weiterhin hohen Geburtenraten öffnete sich die sogenannte Bevölkerungsschere, der demographische Übergang begann, das natürliche Bevölkerungswachstum erhöhte sich. Der Anstieg der Lebenserwartung basierte auf einer merklichen Verbesserung der Ernährungssituation. Modernisierung und Intensivierung der Landwirtschaft sowie der expandierende Welthandel sicherten zunehmend die Nahrungsmittelversorgung. Mit dem Ausbau der Verkehrswege im Zuge der Industrialisierung konnten regionale Krisen beim Lebensmittelangebot rasch ausgeglichen werden.

Von den Fortschritten profitierten vor allem Kinder und Erwachsene. Dagegen litten Säuglinge vor allem in den damaligen Metropolen wegen fehlender Trink- und Abwassersysteme sowie Defiziten bei Frischmilchtransporten und Milchsterilisierung unter einer erhöhten Mortalität.

Fruchtbarkeitsrückgang in der mittel- und spättransformativen Phase

Gegen Ende des 19. Jahrhunderts erreichte die natürliche Bevölkerungsbilanz maximale Werte. Medizinische Fortschritte, der Ausbau des Gesundheitswesens (Infrastruktur und verstärkte Ausbildung von Fachpersonal), die Verbesserung der hygienischen Verhältnisse und die Hebung des Lebensstandards verursachten eine deutlich rückläufige Säuglingssterblichkeit. Doch nach der Jahrhundertwende verringerten sich die Geburtenüberschüsse, die Fruchtbarkeit nahm merklich ab. Die „Bevölkerungsschere" begann, sich nun zu schließen, das natürliche Wachstum ging zurück (Abb. 17.1.3). Die Reduktion der Fertilität von etwa vier auf zwei Geburten je Frau war eine wesentliche Folge des gesellschaftlichen Modernisierungsprozesses (Exkurs 17.1.3). Dieser äußerte sich in einer zunehmenden Verstädterung sowie im Wandel von einer agraren zu einer industriellen Erwerbsstruktur. Weitere Merkmale dieses Prozesses waren die beginnende Emanzipation der Frauen, die allgemeine Hebung des Lebensstandards, rechtliche Änderungen wie die Einführung einer allgemeinen Schulpflicht und die Etablierung von sozialen Sicherungs- und Wohlfahrtssystemen (Exkurs 17.1.2).

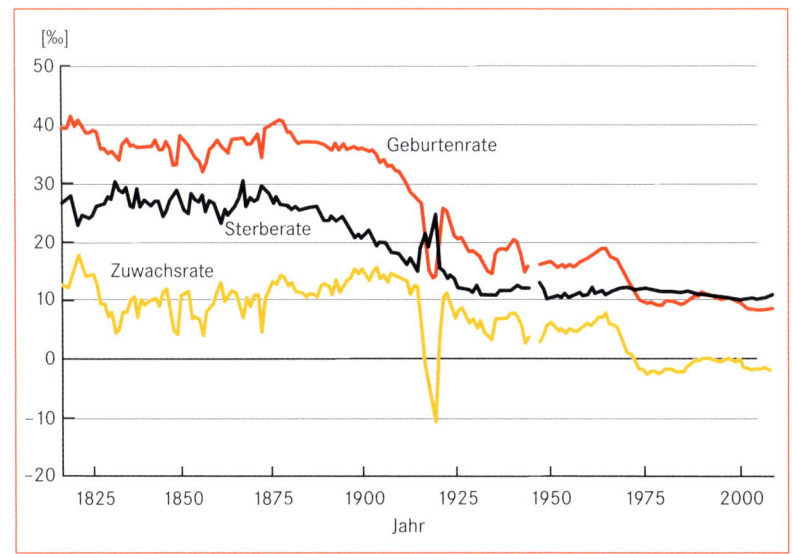

Abb. 17.1.3 Geburten-, Sterbeziffern und natürliche Zuwachsraten in Deutschland (1817–2008, Quelle: Chesnais 1992, Statistisches Bundesamt diverse Jahrgänge).

Exkurs 17.1.1

Messen der Geburtenhäufigkeit und der Sterblichkeit

Die rohe **Geburtenrate** oder Geburtenziffer bezieht die Zahl der Lebendgeborenen in einem Kalenderjahr auf 1 000 Einwohner in der jeweiligen Region. Allerdings erfasst sie das Fruchtbarkeitsniveau für raumzeitliche Vergleiche unzureichend, da sie alle Einwohner und nicht den Anteil von Frauen im gebärfähigen Alter berücksichtigt. Diesen Nachteil vermeidet die Totale Fruchtbarkeitsrate (TFR) als Summe der altersspezifischen Geburtenraten. Die TFR lag 2008 in Deutschland bei 1 374, das heißt 1 000 Frauen würden im Durchschnitt 1 377, eine Frau im Mittel etwa 1,4 Kinder gebären, wenn sie während ihrer gesamten reproduktiven Phase den altersspezifischen Fruchtbarkeitsbedingungen des Jahres 2008 unterworfen wäre und die Sterblichkeit unberücksichtigt bleibt.

Die rohe **Sterberate** oder Sterbeziffer bezieht die Zahl der Sterbefälle innerhalb eines Kalenderjahres auf 1 000 Einwohner in der jeweiligen Region. Die Sterberate beschreibt die Sterblichkeitsverhältnisse in einer Region für

raumzeitliche Vergleiche unzureichend. So liegt trotz erheblich günstigerer Mortalitätsbedingungen die Sterberate von 10,1 Promille (2005/10) in den weiter entwickelten Ländern mit ihrem relativ hohen Anteil älterer Menschen über der Ziffer von 8,1 Promille (2005/10) in den weniger entwickelten Ländern. Die Lebenserwartung von Neugeborenen ist unabhängig von der Altersstruktur. Auf der Grundlage der altersspezifischen Sterberaten gibt sie die mittlere Zahl von Jahren an, die eine Person zum Zeitpunkt der Geburt unter den gegebenen Sterblichkeitsverhältnissen einer Bevölkerung zu leben erwarten kann. 2006/08 betrug die Lebenserwartung für Frauen in Deutschland 82,4 Jahre, das heißt, falls alle 2006/08 in Deutschland geborenen Frauen während ihres gesamten Lebens dem gleichen Mortalitätsrisiko, gemessen durch die mittleren altersspezifischen Sterberaten der Jahre 2006/08, ausgesetzt wären, dann würden diese Frauen im Durchschnitt ein Alter von 82,4 Jahren erreichen.

Ausklingen des demographischen Übergangs in der posttransformativen Phase

Nach 1945 erreichen Geburten- und die Sterbeziffern in der Bundesrepublik Deutschland ein niedriges und stabiles Niveau. Die Bilanz aus Geburten und Sterbefällen war zunächst positiv, stieg sogar noch leicht an, weist aber seit Anfang der 1970er-Jahre überwiegend negative

Werte auf. Der Hintergrund dieser Entwicklung ist ein markantes Absinken der Geburtenrate zwischen 1965 und 1975 als Folge eines Fruchtbarkeitsrückgangs unter das Reproduktionsniveau.

Die erste demographische Transformation, die nach dem Zweiten Weltkrieg in Europa endete, war eng mit einem wachsenden Wohlstand aller gesellschaftlichen Gruppen und mit neuen, materialistisch orientierten

Exkurs 17.1.2

Wealth-flow-Theorie – mikroökonomische Überlegungen zum Fruchtbarkeitsrückgang

In traditionellen Gesellschaften setzen soziale Institutionen und Wertvorstellungen Bedingungen für eine hohe Fruchtbarkeit. Kinder stehen für Prestige, billige Arbeitskraft und soziale Absicherung. Der gesellschaftliche Wandel kehrt aufgrund rechtlicher, sozialer und ökonomischer Voraussetzungen den *wealth flow* von den Eltern zugunsten ihrer Nachkommen um. In Gesellschaften mit geringer Geburtenhäufigkeit fließt er aufgrund rechtlicher, sozialer und ökono-

mischer Voraussetzungen von den Eltern zu den Nachkommen. Die Entscheidung über die Kinderzahl treffen die Paare selbst. Das Ziel, dem Nachwuchs zum Beispiel durch Bildung gute Lebenschancen zu sichern, begrenzt aufgrund der damit verbundenen Aufwendungen die Zahl der Geburten. Die Umkehrung des *wealth flow* in Verbindung mit dem sozialen Wandel ist nach Auffassung von Caldwell (1982) entscheidend für einen nachhaltigen Fruchtbarkeitsrückgang.

Wertvorstellungen verknüpft. Der am Beispiel Deutschlands beschriebene schematische Verlauf von Geburten- und Sterberate trifft weitgehend auch für andere Länder Europas, Nordamerikas, für Australien und Neuseeland zu. In Frankreich setzte um 1800 der Rückgang von Fruchtbarkeit und Mortalität nahezu gleichzeitig ein, das natürliche Wachstum verzeichnete nie überdurchschnittliche Werte. In den weniger entwickelten Ländern sank die Sterblichkeit dagegen sehr rasch ab, und der Fruchtbarkeitsrückgang erfolgte verzögert von einem höheren Niveau, da in der prätransformativen Phase Heiratsbeschränkungen weniger verbreitet waren als in großen Teilen Europas. Die „Bevölkerungsschere" öffnete sich weit (Abb. 17.1.4).

Das Modell des demographischen Übergangs kann nicht die abweichenden gesellschaftlichen Bedingungen des Fruchtbarkeitsrückgangs in den weniger entwickelten Ländern begründen. Zudem steht es im Widerspruch zum Absinken der Geburtenhäufigkeit unter das Reproduktionsniveau in den meisten Industriestaaten sowie zum Anstieg der Mortalität beispielsweise in Russland oder aufgrund von AIDS in Afrika südlich der Sahara.

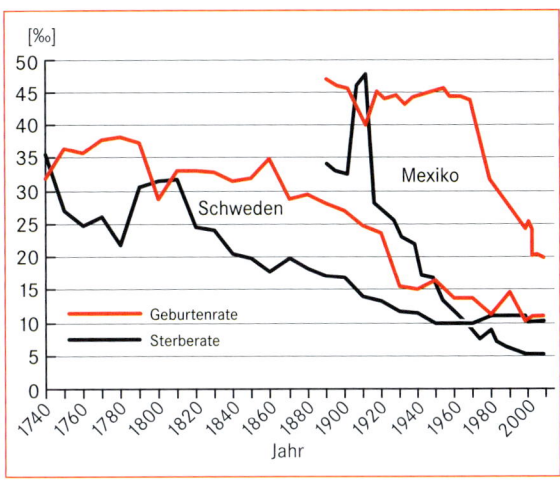

Abb. 17.1.4 Entwicklung von Geburten- und Sterberaten in Schweden und Mexiko (Quelle: Bähr 1999; ergänzt World Population Data Sheet 2000 ff.).

Fruchtbarkeitstransformation und sozialer Wandel in Entwicklungsländern

Anfang der 1950er-Jahre war die Geburtenhäufigkeit in den Industriestaaten mit durchschnittlich 2,8 Kindern je Frau deutlich geringer als in den sogenannten Entwick-

lungsländern mit etwas über sechs Geburten (Abb. 17.1.5). Bis 2010 verringerte sich in allen Großräumen und Kontinenten die Fruchtbarkeit. In Europa fiel sie unter das für die natürliche Bestandserhaltung notwendige Niveau von 2,1 Geburten je Frau, in den am wenigsten entwickelten Ländern liegt jedoch die TFR mit 4,4 nach wie vor beträchtlich darüber (Exkurs 17.1.1). Der *demographic divide* verläuft heute nicht mehr zwischen dem globalen Norden und Süden, sondern differenziert innerhalb des Südens, insbesondere zwischen den weniger und am wenigsten entwickelten Ländern, wie die zum Teil beachtlichen Unterschiede der Geburtenzahl je

 **Exkurs 17.1.3**

Diffusions- versus Anpassungsprozess? – Thesen auf der Makroebene

Der Fruchtbarkeitsrückgang begann in den großen Städten und setzte sich dort verstärkt fort. Hier konzentrierten sich aufstiegswillige Gruppen, die im Sinne einer Wohlstandssteigerung genauso wie die Angehörigen unterer Einkommensschichten aus Armutsgründen die Kinderzahl begrenzten. Der Fruchtbarkeitsrückgang kann demnach als Diffusion von neuen generativen Verhaltensweisen aufgrund sich ändernder Normen und Wertvorstellungen verstanden werden.

Allerdings bestanden schon in der prätransformativen Phase regionale Unterschiede in der Geburtenhäufigkeit, die sich auch während der Industrialisierung nicht anglichen. Dieser Sachverhalt spricht gegen eine Diffusion neuer generativer Verhaltensweisen als Folge einer Informationsausbreitung. Nach Carlsson (1966) ist der Fruchtbarkeitsrückgang daher ein Anpassungsprozess an den sozioökonomischen Wandel.

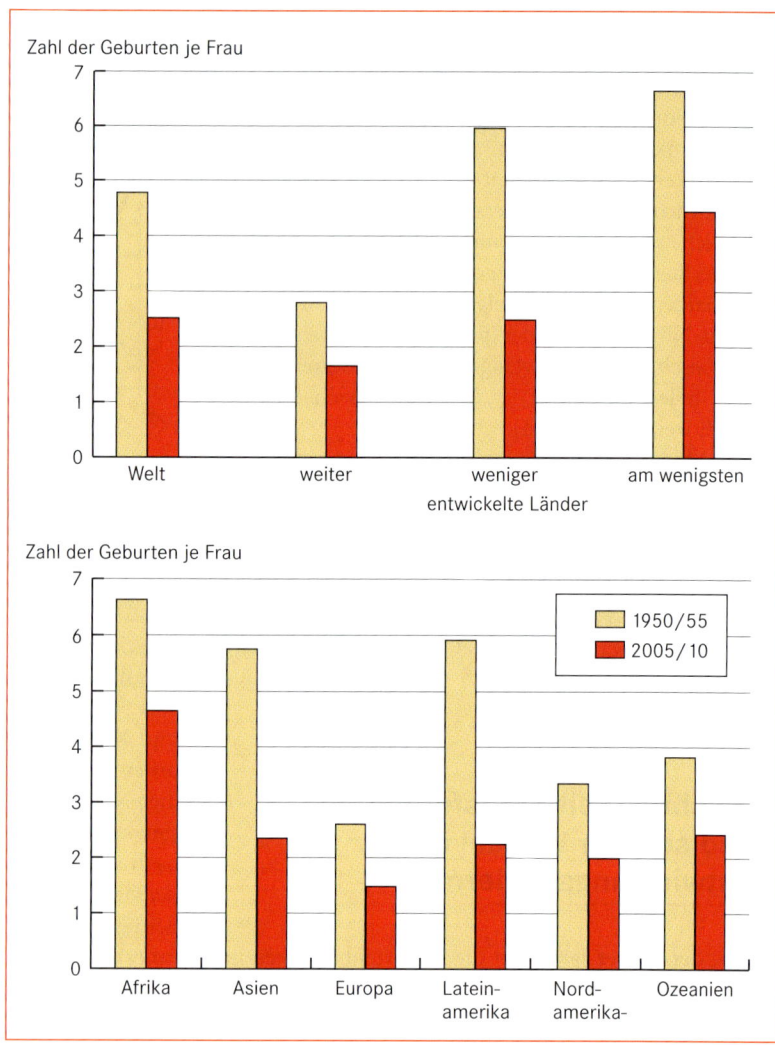

Zahl der Geburten je Frau

Abb. 17.1.5 Rückgang der Geburtenzahlen je Frau in den Großräumen
der Erde (1950/55–2005/10;
Quelle: United Nations 2009).

Frau in Afrika (1,9 bis 7,2), Asien (1,0 bis 6,5) oder
Lateinamerika (1,5 bis 4,2) im Mittel der Jahre 2005/10
dokumentieren.

Die rückläufige Geburtenhäufigkeit in den meisten
weniger entwickelten Ländern hängt nur schwach mit
einer Zunahme der Wirtschaftskraft oder dem fortschreitenden Verstädterungsprozess zusammen (Gans
2001). Die Ursache liegt vielmehr in einem **gesellschaftlichen Wandel**, wozu der **Anstieg der Alphabetenquote**
von Frauen ein guter Indikator ist (Lutz u. a. 2010). Der
Schulbesuch stärkt ihren sozialen Status, sie heiraten
später, gewinnen an Autonomie bei der Entscheidung
über ihre Heirat sowie über die Zahl ihrer Geburten. Der
soziale Wandel verschiebt den *wealth flow* (Exkurs
17.1.2) von den Eltern zugunsten der Kinder. Familien-
planung kann diese Effekte auf den Geburtenrückgang
noch beschleunigen, vor allem Programme, die Familien

und insbesondere Männer einbeziehen und überall eine
differenzierte Auswahl an Kontrazeptiva ermöglichen
(Abb. 17.1.6).

Die Politik kann den gesellschaftlichen Wandel aktiv
unterstützen, wie das Beispiel Iran demonstriert (Abb.
17.1.7). Im Rahmen des **Familienplanungsprogramms**,
das Ende der 1980er-Jahre implementiert wurde, baute
die Regierung im ganzen Land Gesundheitseinrichtungen aus, die zugleich Zentren der nationalen Kampagne
für erstrebenswerte kleine Familien mit idealerweise
zwei Kindern wurden. Heute realisieren mehr als 90
Prozent der Frauen vor jeder Geburt mindestens zwei
pränatale Vorsorgeuntersuchungen, bei 95 Prozent der
Geburten ist ein Arzt oder medizinisch ausgebildetes
Personal anwesend. Die Säuglingssterblichkeit ging von
100 Promille (1975/80) auf 29 Promille (2005/10)
zurück und liegt deutlich unter dem Wert von 55 Pro-

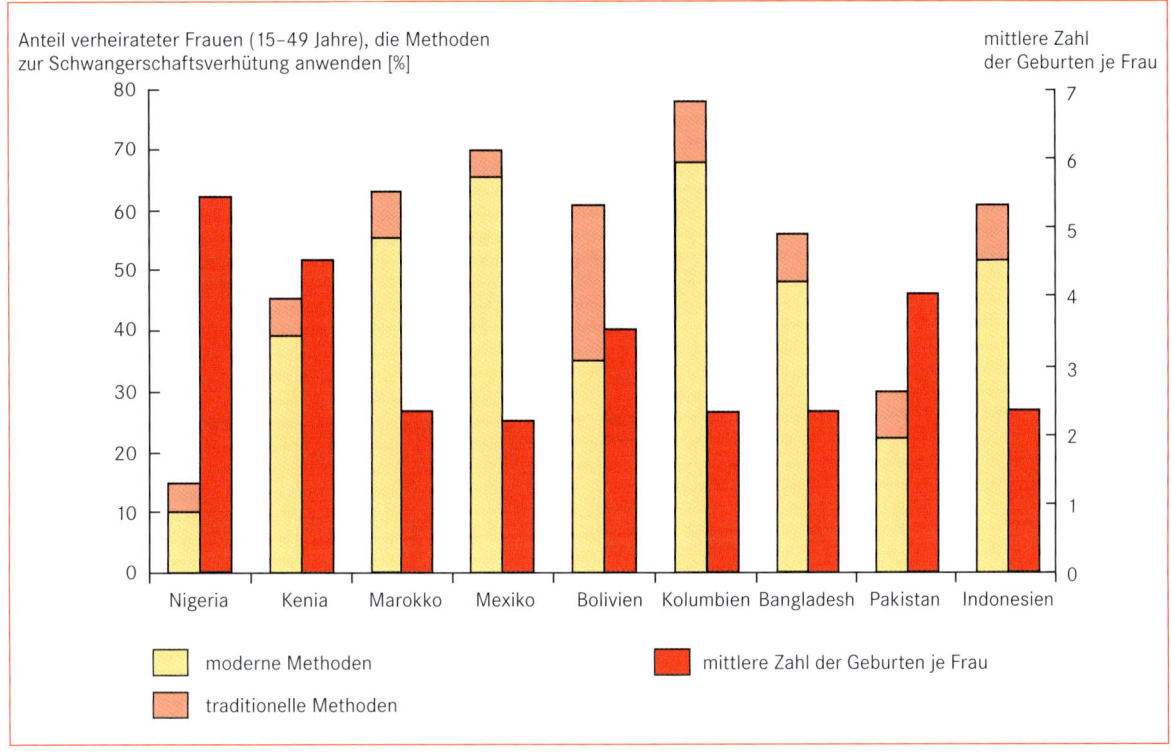

Abb. 17.1.6 Zugang zu Verhütungsmitteln und Zahl der Geburten je Frau (2010; Quelle: World Population Data Sheet 2010).

mille in Indien oder 64 Promille in Pakistan. Dieses Familienplanungsprogramm verfolgte außerdem das Ziel, insbesondere Mädchen verstärkt einzuschulen (Lutz u. a. 2010). Das Beispiel Iran belegt somit eindrucksvoll den Zusammenhang zwischen gesellschaftlichem Wandel und generativen Verhaltensweisen (Abb. 17.1.8).

Geburtenrückgang und zweite demographische Transformation in Europa

In den meisten europäischen Staaten fiel die Geburtenhäufigkeit ab den 1960er-Jahren – in einem relativ kur-

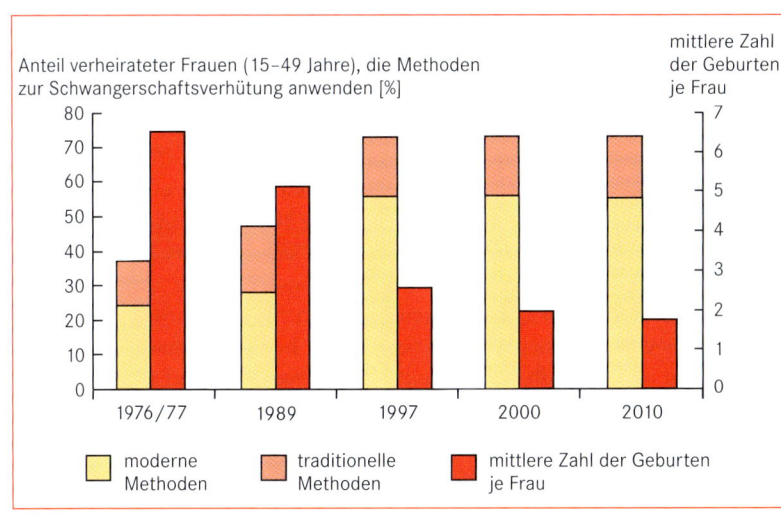

Abb. 17.1.7 Iran: mittlere Zahl der Geburten je Frau und Verwendung von Verhütungsmitteln (1976 bis 2010; Quelle: Population Today, July/August 1999 u. May/June 2002, World Population Data Sheet 2010).

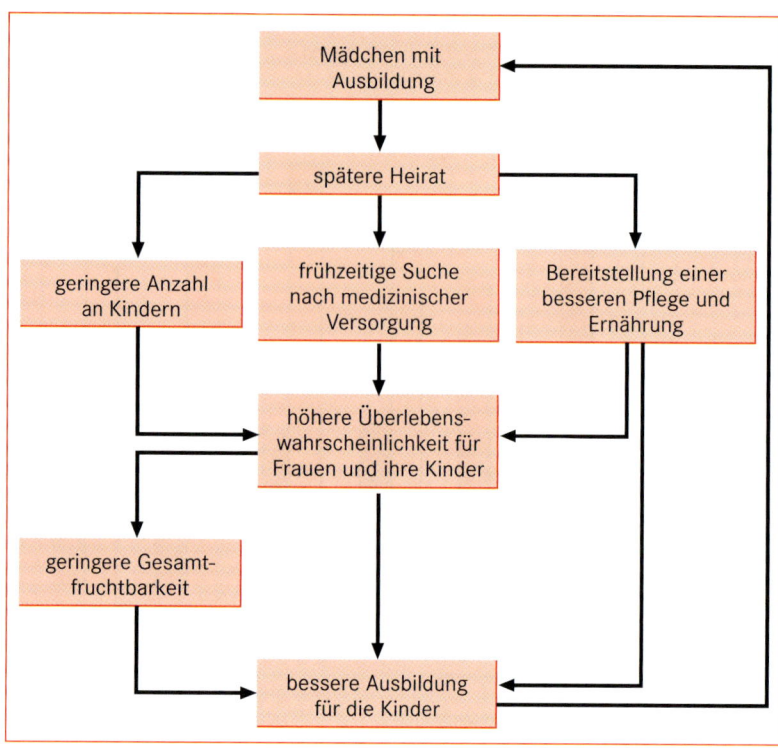

Abb. 17.1.8 Der Einfluss von Frauen mit Schulbildung auf die demographische und soziale Entwicklung (Quelle: Gans 2011).

zen Zeitraum – deutlich unter das Reproduktionsniveau (Abb. 17.1.5). Dieser Rückgang setzte in den einzelnen Ländern zu unterschiedlichen Zeitpunkten ein, in Deutschland fand er etwa von 1965 bis 1975 statt (Abb. 17.1.3). In den alten Ländern schwankt die Geburtenhäufigkeit seitdem nur wenig um einen Wert von 1,4 Kindern je Frau. Van de Kaa (1987) bezeichnete diesen Fruchtbarkeitsrückgang unter das natürliche Bestandserhaltungsniveau als **zweite demographische Transformation** (Exkurs 17.1.4). Sie ist im Vergleich zum ersten demographischen Übergang durch eine sinkende Heiratsneigung und vermehrte Scheidungen gekennzeichnet, außerdem durch Eheschließungen in einer späteren Lebensphase, einen Anstieg des mittleren Alters von Frauen bei der Geburt ihres ersten Kindes, eine sich ausbreitende Kinderlosigkeit und die Zunahme nichtehelicher Lebensgemeinschaften (Gans & Leibert 2007). Insbesondere Frauen eröffneten sich beispielsweise aufgrund ihrer besseren Ausbildung und im Zuge der Tertiärisierung der Beschäftigungsstruktur erhöhte Chancen auf dem Arbeitsmarkt, ihre Erwerbsquoten stiegen an. Der Wandel zugunsten postmaterialistischer Wertvorstellungen stärkte die Autonomie von Personen und schwächte zugleich den Einfluss sozialer Institutionen auch auf das generative Verhalten von Individuen. Als Folge dieser tief greifenden gesellschaftlichen Veränderungen verloren Ehe und Familie ihre Bedeutung als

Leitbild. Die **Pluralisierung der Lebensentwürfe** wird zu einem weiteren Kennzeichen der zweiten demographischen Transformation (Van de Kaa 1987), für deren weltweite Ausbreitung erste Anzeichen – wie etwa das steigende Erstheiratsalter in südostasiatischen Ländern – vorliegen (Lesthaeghe 2010).

Sterblichkeitsrückgang in Industrie- und Entwicklungsländern

In der zweiten Hälfte des 20. Jahrhunderts erlebte die Menschheit den höchsten Sterblichkeitsrückgang in ihrer Geschichte. So stieg weltweit die Lebenserwartung von 46,6 (1950/55) auf 67,6 Jahre (2005/10; Tab. 17.1.2). Diese positiven Entwicklungen verdecken jedoch sehr unterschiedliche Tendenzen in den einzelnen Großregionen. So erhöhte sich in Asien, Lateinamerika und Nordafrika die Lebenserwartung um weit über 20 Jahre, während die Zunahme in Europa und Nordamerika bei einem relativ hohem Ausgangsniveau nur halb so hoch ausfiel. In Osteuropa und in Afrika südlich der Sahara blieb der Trend unter Berücksichtigung des jeweiligen Entwicklungsstandes deutlich hinter der allgemeinen Entwicklung zurück. Der *demographic divide* verläuft heute damit nicht mehr zwischen Nord

Großregion	Säuglingssterblichkeit [‰]		Lebenserwartung von Neugeborenen [Jahre]	
	1950/55	2005/10	1950/55	2005/10
Afrika südlich der Sahara	174	89	37,8	51,5
Nordafrika	183	42	42,8	68,0
Asien	175	42	41,2	68,9
Vorderer Orient	192	30	44,8	71,1
Südasien	168	56	39,1	64,0
Ostasien	182	22	42,9	74,1
Nordamerika	29	6	68,8	79,3
Lateinamerika und Karibik	126	22	51,3	73,4
Europa	72	7	65,6	75,1
Osteuropa	91	11	64,2	69,2
weiter entwickelte Länder	59	6	66,0	77,1
weniger entwickelte Länder[1]	171	43	41,7	67,7
am wenigsten entwickelte Länder	194	82	36,4	55,9
Welt	152	47	46,6	67,6

[1] Die am wenigsten entwickelten Länder sind hier nicht berücksichtigt.

Tabelle 17.1.2 Trends in der Sterblichkeit nach Großregionen, 1960/70-2010 (Quelle: Barrett 2000, World Population Data Sheet 2010).

und Süd wie noch Anfang der 1950er-Jahre, sondern zwischen den Staaten innerhalb des globalen Nordens wie des Südens.

Auch die Konvergenz der Entwicklung der Sterblichkeit, die in den 1970er-Jahren von den Vereinten Nationen aufgrund des bis dahin beobachteten Mortalitätsrückgangs postuliert wurde (Abb. 17.1.9), ist zu hinterfragen (Caselli et al. 2010): Denn die weniger entwickelten Länder verzeichneten bis zu diesem Zeitpunkt durchweg deutlich höhere Zuwächse als die Industriestaaten und konnten dadurch die Spanne zum Beispiel zu den Ländern in Europa deutlich verringern. Die Erfolge basierten auf dem Zurückdrängen von Infektionskrankheiten durch Impfkampagnen, auf dem Auf- und Ausbau der Bildungs- und Gesundheitssysteme nach Erlangen der Unabhängigkeit, der Anwendung moderner Medikamente wie Penicillin oder der Bekämpfung von Malaria durch den Einsatz von DDT in der Landwirtschaft (Soares 2007). Nur einzelne afrikanische Länder südlich der Sahara erzielten zu geringe Fortschritte, um dem konvergenten Trend folgen zu können (Abb. 17.1.9).

Anfang der 1970er-Jahre setzte jedoch eine bis heute anhaltende Divergenz innerhalb der weiter und der weniger entwickelten Länder ein (Abb. 17.1.9). In den USA, Deutschland, Korea oder Chile dauerte die Steigerung der Lebenserwartung aufgrund medizinischer Fortschritte zur Behandlung degenerativer Krankheiten wie Krebs oder des Herz-Kreislaufsystems als Haupttodesursachen an. Vergleichbare Erfolge konnten in den ehemals sozialistischen Ländern Europas nicht erzielt werden. Die Mortalität stagnierte und erhöhte sich

sogar vorübergehend nach dem politischen Umbruch. Die dadurch bedingten gesellschaftlichen Umwälzungen verstärkten nicht nur den sozialen Stress sowie für die Gesundheit negative individuelle Verhaltensweisen, sondern verschlechterten auch institutionelle Rahmenbedingungen der Gesundheitsversorgung.

In Afrika südlich der Sahara liegt aktuell die höchste Mortalität vor. Das Niveau veränderte sich seit Ende der 1980er-Jahre nur noch wenig. Diese Tendenz basiert im Wesentlichen auf der **Ausbreitung von HIV/AIDS**; allerdings spielen weitere Faktoren wie bewaffnete Konflikte, ökonomische Stagnation oder das Wiederaufleben von Krankheiten wie Tuberkulose und Malaria eine beträchtliche Rolle (United Nations 2009). Die entscheidende Ursache für die rückläufige Lebenserwartung in etlichen afrikanischen Ländern südlich der Sahara ist die Ausbreitung von HIV/AIDS. Der *Human-Immunodeficiency*-Virus zerstört schrittweise das menschliche Immunsystem und bricht im Mittel etwa 11 Jahre nach der Infektion aus. Weltweit stabilisiert sich seit kurzem die Zahl der HIV-infizierten Personen im Alter von 15 bis 49 Jahren, allerdings auf hohem Niveau von gut 33 Millionen, was knapp 0,5 Prozent der Weltbevölkerung entspricht (Tab. 17.1.3). Seit dem Höchststand 1996 von 3,5 Millionen Neuinfizierten verringerte sich diese Zahl um etwa ein Viertel auf etwa 2,6 Millionen Menschen. Auch die Todesfälle aufgrund von HIV/AIDS gingen seit 2004 von 2,2 Milllionen um knapp ein Fünftel bis Ende 2009 zurück.

Die Stabilität dieser Entwicklung impliziert, dass der Virus nach wie vor in einem kleinen Teil der Bevölke-

 **Exkurs 17.1.4**

Regionale Konsequenzen der zukünftigen Bevölkerungs-entwicklung – der demographische Wandel

Zu Beginn des 21. Jahrhunderts liegt in den meisten europäischen Ländern die Geburtenhäufigkeit als Folge der zweiten demographischen Transformation deutlich unter dem für die natürliche Reproduktion notwendigen Niveau von 2,1 Kindern je Frau (Abb. 17.1.5). Diese geringe Fruchtbarkeit hat weitreichende Konsequenzen, die alle Lebensbereiche der Gesellschaft betreffen. Die bevölkerungsbezogenen Aspekte werden unter dem Begriff des demographischen Wandels in der Öffentlichkeit diskutiert. Niedrige Geburtenhäufigkeit und längere Lebenserwartung, Bevölkerungsrückgang, Alterung, Vereinzelung sowie Heterogenisierung aufgrund anhaltender Außenwanderungsgewinne fassen schlagwortartig die Teilprozesse des demographischen Wandels zusammen (Gans & Schmitz-Veltin 2006). Sie prägen die zukünftige Bevölkerungsentwicklung in den weiter entwickelten Ländern.

Eine Geburtenhäufigkeit von etwa 1,3 Kindern je Frau seit Mitte der 1970er-Jahre setzt in Deutschland quantitative Rahmenbedingungen. Nach den regionalen Vorausberechnungen des Bundesinstituts für Bau-, Stadt- und Raumforschung in Bonn werden bis 2020 knapp 60 Prozent der etwa 440 Kreise in Deutschland eine Zunahme der Einwohnerzahlen verzeichnen, gut 40 Prozent jedoch einen Rückgang.

Eine Geburtenhäufigkeit unter dem Reproduktionsniveau setzt auch qualitative Rahmenbedingungen, die in der fortschreitenden Alterung der Bevölkerung zum Ausdruck kommen. So steigt in Deutschland der Anteil der mindestens 60-Jährigen von 25 Prozent (2005) auf etwa 33 Prozent (2025), während im gleichen Zeitraum der Prozentsatz der unter 20-Jährigen von ungefähr 20 Prozent auf unter 17 Prozent fällt. Die Implikationen dieser Alterung beispielsweise für die sozialen Sicherungssysteme deutet der Altenquotient an, die Zahl der mindestens 60-Jährigen auf 100 Personen im Alter von 20 bis unter 60 Jahren. Er erhöht sich in Deutschland von 45 auf 64, in den alten Ländern von 45 auf 60, in den neuen Ländern von 45 auf 80. Die Zunahmen

der Altenquotienten für ausgewählte Agglomerationen und ländliche Regionen sowohl in West- wie in Ostdeutschland belegen jedoch (Tab. 1), dass auch nichtdemographische Faktoren die regionale Differenzierung von Alterung und zukünftiger Bevölkerungsentwicklung wesentlich bestimmen. In diesem Zusammenhang kommt den Migrationsprozessen eine entscheidende Bedeutung zu. Wanderungen verstärken aufgrund ihrer Selektivität insbesondere die qualitativen Auswirkungen des demographischen Wandels. Die Bevölkerung in Räumen mit überwiegend Abwanderungstendenzen wird beispielsweise stärker vom Rückgang der Einwohnerzahlen und von der Alterung betroffen sein als in Regionen mit Zuzugsüberschüssen.

Der demographische Wandel mit seinen Auswirkungen auf die zukünftige räumliche Verteilung der Bevölkerung nach Zahl und Struktur ist eine zentrale Problemstellung für die Regional- und Stadtentwicklung. Der Rückgang der Einwohnerzahlen produziert Leerstände, reduziert die Auslastung der Netzinfrastruktur, verringert die Nachfrage nach privaten Gütern und Diensten, erhöht die wirtschaftlichen Schwierigkeiten vom Einzelhandel bis zum Rechtsanwaltbüro, dünnt ÖPNV-Angebote aus, vergrößert die Einzugsbereiche von privaten wie öffentlichen Dienstleistungsangeboten, verlängert die Wege, steigert die Kosten, senkt die Attraktivität des Angebots, führt zu Betriebsstilllegungen und zur Schließung von Infrastrukturangeboten, verstärkt die Bereitschaft junger Menschen zur Abwanderung und beschleunigt damit den Schrumpfungsprozess. Arbeits- und Wohnungsmarkt nehmen eine zentrale Position ein.

Rückläufige Zahlen von Personen im erwerbsfähigen Alter werden die regionalen Arbeitsmärkte prägen. Der steigende Anteil von älteren Erwerbstätigen stärkt zwar das Erfahrungswissen, der gleichzeitig merkliche Rückgang junger Erwachsener, deren Ausbildung auf dem neuesten Stand ist, verlangsamt jedoch die Rate der Wissensakkumulation,

rung präsent ist, sich aber in anderen Gruppen kaum ausbreitet. Eine Erklärung dieses Phänomens ist, dass sich die Bevölkerung in jeder Region bzw. in jedem Land aus ganz unterschiedlichen Gruppen zusammensetzt, deren Infektionsrisiko wiederum verschieden hoch ist (Bongaarts et al. 2008). Hohe HIV-Raten sind bei Personen mit höherem Einkommen (mehr Reisen, mehr Partner), besserer Bildung (Loslösung von traditionellen Normen und Werten), aber auch bei armen Menschen (mehr Partner als Überlebensstrategie) festzustel-

len. Zudem sind Personen in bestimmten Berufen stärker betroffen als andere (Leisch 2001): Arbeitsmigranten, Händler, Lkw-Fahrer, Militärangehörige, Polizisten, Prostituierte. In Afrika südlich der Sahara sind Frauen (57 Prozent der Fälle) häufiger mit HIV infiziert als Männer. Armut ist nur ein Teilaspekt der Erklärung; zu nennen sind auch familiäre Abhängigkeiten, geringer sozialer Status, Heiratsverhalten, Diskriminierung auf dem Arbeitsmarkt, sexuelle Beziehungen zu männlichen Partnern in höherem Alter.

kann die Innovationskraft von Unternehmen und damit die Wettbewerbsfähigkeit der regionalen Ökonomie gefährden. Die Konkurrenz der Regionen um junge und gut ausgebildete Fachkräfte wird sich verstärken, deren Zahl in wachstumsschwachen Regionen, Agglomerationen wie ländlichen Gebieten, überproportional abnehmen wird. Dort zeigt die Alterung eine hohe Intensität (Tab. 1). Dagegen werden die strukturstarken Regionen in Ost- wie in Westdeutschland Wettbewerbsvorteile haben, in den alten Ländern insbesondere auch bei ausländischen Fachkräften, da dort Arbeitsplätze attrahierend wirken und Migrantennetzwerke vorhanden sind.

Prosperierende Regionen mit Wanderungsgewinnen, die sogar den negativen natürlichen Saldo mehr als ausgleichen, verzeichnen auch zukünftig Neubautätigkeit. In strukturschwachen Regionen rufen Sterbeüberschüsse und Wanderungsverluste rückläufige Nachfrage, Wohnungsleerstände, geringe Marktgängigkeit des Bestandes sowie den Verfall der Immobilienwerte hervor (Kapitel 18.7 und 21.1) und stellen Privathaushalte, beispielsweise im Hinblick auf ihre private Altersvorsorge, Wohnungs- und Bauwirtschaft vor Probleme. Demographischer Wandel und sozioökonomische Veränderungen in der Gesellschaft, insbesondere Individualisierung und Pluralisierung der Lebensentwürfe und die dadurch entstehende Vielfalt von Konsummustern, beeinflussen die Relation von Nachfrage und Angebot auf den regionalen Wohnungsmärkten. Damit wird ein räumliches Nebeneinander von Neubau und Leerstand auch in Gebieten mit rückläufigen Einwohner- und Haushaltszahlen zu beobachten sein.

In allen Teilräumen ist eine wachsende Nachfrage nach altengerechten Wohnmöglichkeiten abzusehen. Bei leichtem Bevölkerungsrückgang bis 2025 erhöht sich die Zahl der mindestens 60-Jährigen in Westdeutschland um knapp 28 Prozent, in Ostdeutschland um 27 Prozent, die Zahl der mindestens 75-Jährigen sogar um 40 Prozent in den alten und 59 Prozent in den neuen Ländern. Die Nachfrage älterer Menschen, insbesondere auch der Hochbetagten, nach spezifischen Wohnangeboten und infrastrukturellen Leistungen wird zunehmen. Mit der Vereinzelung heute mangelt es in Zukunft vermehrt an familiären Netzwerken, deren Tätigkeiten von Nichtfamilienmitgliedern übernommen werden müssen.

Tabelle 1 Bevölkerungsentwicklung und Alterung in ausgewählten Regionen mit unterschiedlicher Siedlungsstruktur (2005 bis 2025; eigene Auswertung nach Angaben des BBSR).

Regionen	Altenquotient 2005	Altenquotient 2025	Bevölkerungsentwicklung [%]
Agglomerationen			
Berlin	40	55	0,8
Leipzig	49	78	−11,1
Dresden	51	78	−8,8
Rhein-Main	43	52	4,7
München	40	49	10,0
Duisburg/Essen	49	65	−5,3
ländliche Regionen			
Uckermark-Barnim	45	89	−47
Westmecklenburg	43	90	−13,7
Südthüringen	48	94	−17,7
Emsland	41	61	5,2
Landshut	42	59	8,7

Die räumliche Differenzierung des demographischen Wandels wird unter Einbeziehung nichtdemographischer Faktoren die gegenwärtigen regionalen Disparitäten eher verschärfen als abschwächen. Die Konsequenzen des demographischen Wandels lassen auch angesichts der Finanzsituation der öffentlichen Haushalte eher daran zweifeln, ob in Zukunft weiterhin am Leitbild der Verwirklichung gleichwertiger Lebensverhältnisse in allen Teilräumen Deutschlands festgehalten werden kann. Ist die gegenwärtig auf Wachstum ausgerichtete flächenhafte Förderung überhaupt geeignet, Unterschiede zwischen den verschiedenen Regionen auszugleichen? Könnte eine stärkere räumliche Konzentration der begrenzten Finanzressourcen unter Berücksichtigung profilbestimmender Wirtschaftsbranchen wenigstens einzelne Regionen in die Lage versetzen, die Gefahr von kumulativen Schrumpfungsprozessen abzuwenden, die für strukturschwache Regionen, ländliche Räume wie Agglomerationen besteht?

Im südlichen Afrika weitete sich HIV/AIDS zu einer „Entwicklungskrise" der Staaten aus und betrifft heute alle Lebensbereiche der Menschen (Krüger 2002, Gould 2005): eine Lebenserwartung von zum Teil weniger als 40 Jahren bei Geburt, eine sich erheblich ändernde Altersstruktur aufgrund der Übersterblichkeit junger Erwachsener, fehlende Arbeitskräfte, sinkendes Humankapital, rückläufige Investitionsbereitschaft von Unternehmen, Arbeitslosigkeit. Dass Erfolge bei der Bekämpfung von HIV/AIDS auch in Afrika ohne teure Medikamente erzielt werden können, zeigt das Beispiel Uganda (Abb. 17.1.12). Seit 1993 verringert sich dort die HIV-Rate. Die Regierung ging das Problem unter Einbeziehung aller gesellschaftlicher Gruppen offen an und startete eine Informationskampagne über die Ursachen von AIDS sowie über Möglichkeiten, sich vor einer Infizierung zu schützen: Benutzung von Kondomen bei Geschlechtsverkehr (*safer sex*), Beginn von sexuellen Beziehungen in nicht zu jungem Alter, geringere Zahl von Partnern, Aufklärung in den Schulen.

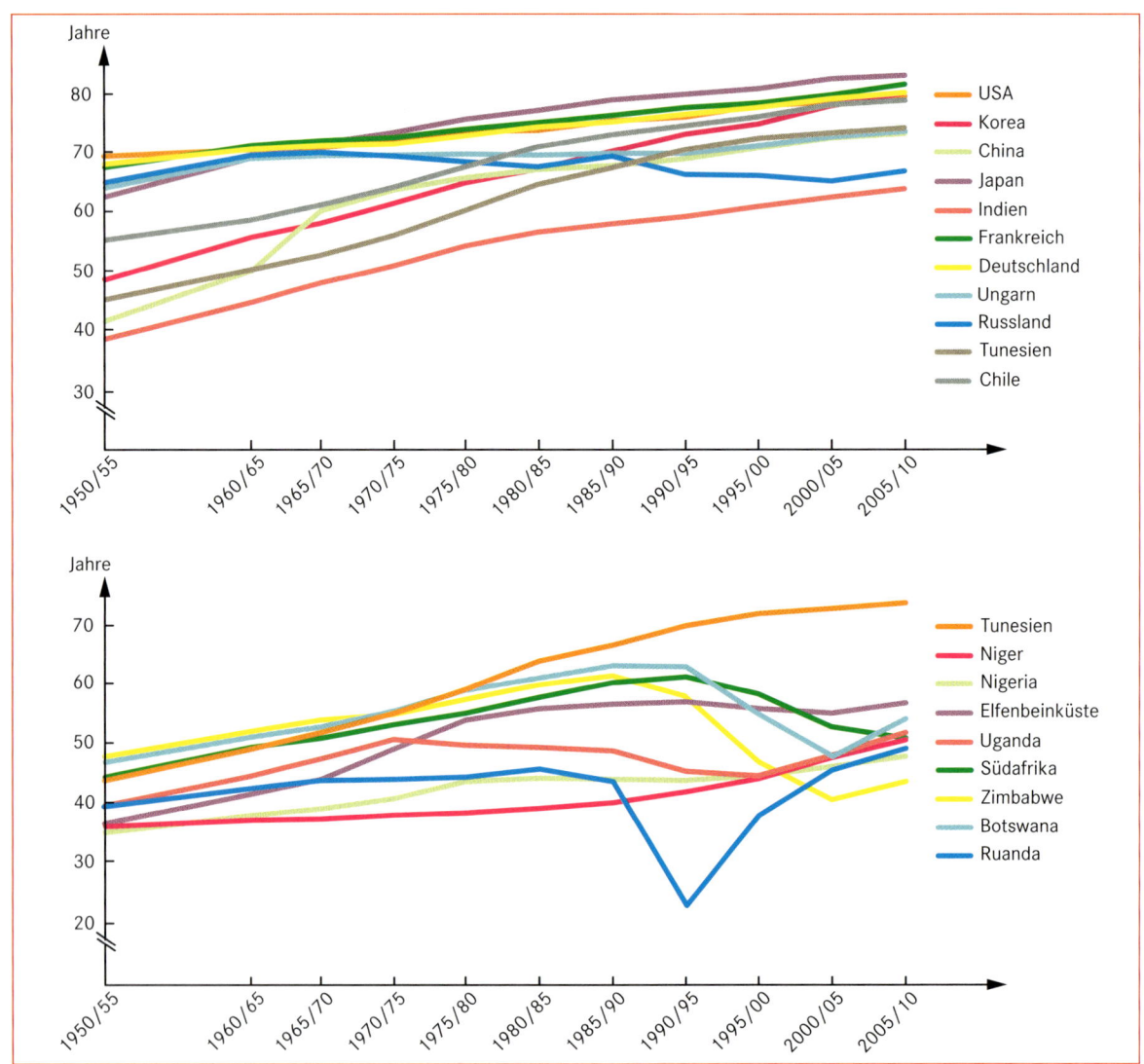

Abb. 17.1.9 Konvergente wie divergente Entwicklung der Lebenserwartung für ausgewählte Länder (1950/55–2005/10; Quelle: Gans 2011).

Tabelle 17.1.3 HIV/AIDS in den Großräumen der Erde 2008 (Quelle: UNAIDS/WHO 2009).

Großraum	Zahl der HIV-Infizierten [in Mio.]	Zahl der neu Infizierten [in 1 000]	Todesfälle wegen AIDS [in 1 000]
West- und Mitteleuropa	0,82	31	8,5
Osteuropa und Zentralasien	1,40	130	76
Ostasien	0,77	82	36
Süd- und Südostasien	4,10	270	260
Ozeanien	0,057	4,5	1,4
Nordafrika und Vorderer Orient	0,46	75	24
Afrika südlich der Sahara	22,50	1 800	1 300
Nordamerika	1,50	70	26
Karibik	0,24	17	12
Zentral- und Südamerika	1,4	92	58
Welt	33,30	2 600	1 800

Abb. 17.1.10 Familie in einem Dorf in Nordindien. Links ist das Großelternpaar der Enkel, die dann rechts folgen und ganz rechts steht der Sohn. Die Schwiegertochter ist nicht auf dem Bild. Es zeigt somit die Abgeschlossenheit, in der viele Frauen in Nordindien noch leben, und verweist auch auf die geringe Autonomie der Frauen und ihren niedrigen sozialen Status in der Gesellschaft. Ein Grund für die nach wie vor hohe Fruchtbarkeit im ländlichen Raum Nordindiens (Foto: P. Gans).

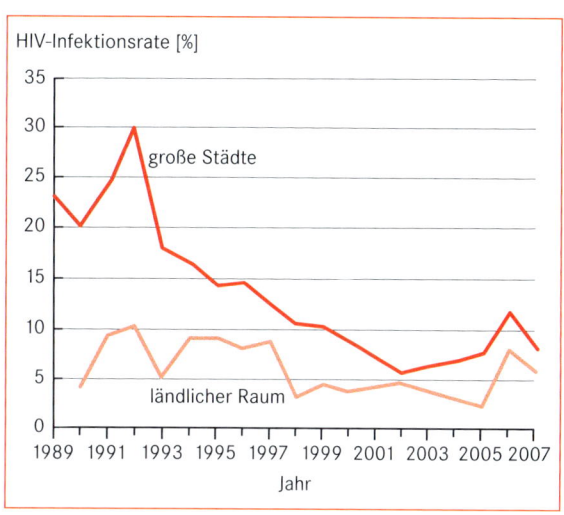

Abb. 17.1.12 Verbreitung von HIV/AIDS in den größten Städten und ländlichen Gemeinden Ugandas (1989 bis 2008; Quelle: Government of Uganda 2010, Gans 2011).

Weitere Fortschritte in der Verringerung der weltweiten Sterblichkeit können nur erzielt werden, wenn die Ursachen bekannt sind, warum Menschen krank werden und sterben. Das *health-field*-**Konzept** fasst die Einflussgrößen auf das Mortalitätsgeschehen zu vier Faktorengruppen zusammen: Die „menschliche Natur" basiert auf der körperlichen sowie mentalen Verfassung von Personen und hängt mit dem genetischen Potenzial zusammen. „Umwelt" subsumiert alle Ursachen, die Individuen nur in geringem Umfang beeinflussen können. Die soziale Umwelt schließt Sozialstruktur wie Wertvorstellungen, die beispielsweise zu Diskriminie-

rungen von Mädchen bei der Ernährung oder Gesundheitsversorgung führen können, ein. Die physische Umwelt bezieht sich auf Unfallrisiken, auf die Wohnbedingungen, auf Naturgefahren. „Gesundheitswesen" betrifft die gesamte materielle, institutionelle und personelle Infrastruktur zur Versorgung der Bevölkerung. Eine große Bedeutung kommt in den am wenigsten entwickelten Ländern beispielsweise pränatalen Vorsorgeuntersuchungen zur reproduktiven Gesundheit von Müttern und Säuglingen zu. „Lebensstil" umfasst alle Faktoren, über die das Individuum eine gewisse Kontrolle hat. Hierzu zählen beispielsweise die Ernährungsweise, das Rauchen, der Alkoholkonsum oder Fehlverhalten im Verkehr.

Abb. 17.1.11 Straßenszene in einer kleinen Stadt nördlich von Delhi. Bei den Personen auf dem Foto handelt es sich fast nur um Männer. Diese Szene verweist auf die räumliche Separation von Frauen und dokumentiert ihren geringen sozialen Status in der Gesellschaft (Foto: P. Gans).

17.2 Bevölkerungsverteilung und Bevölkerungsstruktur

Die zeitlich differenzierte Geburten- und Sterblichkeitsentwicklung in den Großräumen der Erde hat eine zunehmend ungleiche Bevölkerungsverteilung in den verschiedenen Weltregionen zur Folge (Abb. 17.2.1). Mitte des 20. Jahrhunderts wohnte noch ein Drittel aller Menschen in den sogenannten Industriestaaten, im Jahre 2010 etwa 18 Prozent, und 2050 werden es knapp 14 Prozent sein (Exkurs 17.2.1). Wanderungsgewinne aus den weniger entwickelten Ländern und die anfangs noch höhere Fertilität der zugewanderten Frauen ver-

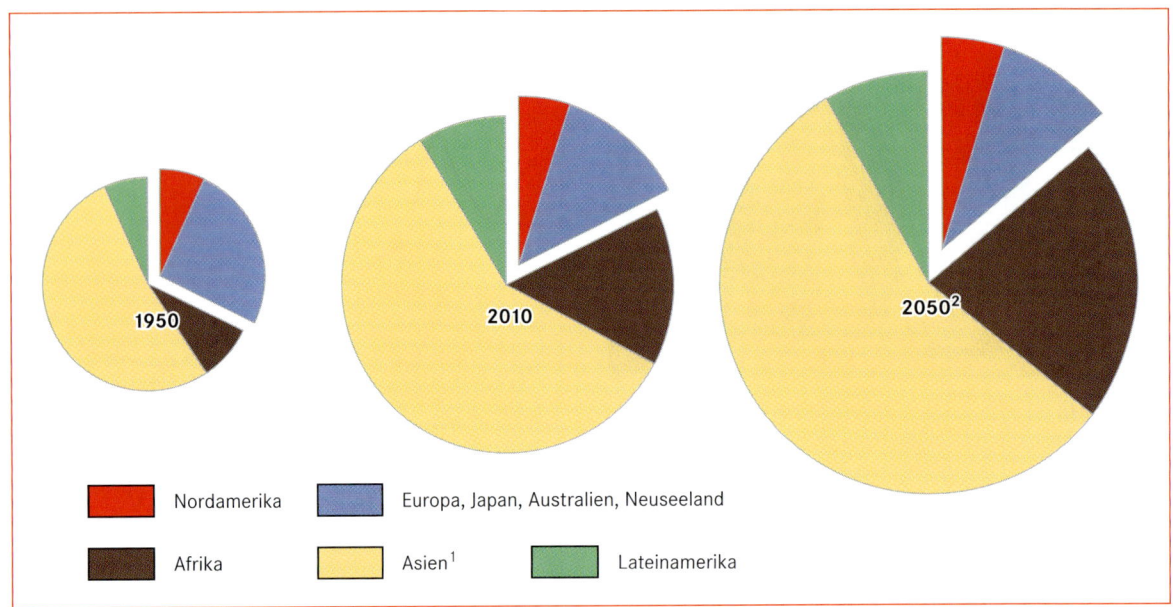

Abb. 17.2.1 Weltweite Bevölkerungsverteilung (1950, 2010, 2050; [1] ohne Japan, mit Ozeanien ohne Australien und ohne Neuseeland, [2] mittlere Annahmen zur Fruchtbarkeit und Sterblichkeit; Quelle: United Nations 2009).

langsamen den Bevölkerungsrückgang als Konsequenz aus den Sterbeüberschüssen. In den Entwicklungsländern machte sich nach 1950 das Öffnen der „Bevölkerungsschere" voll bemerkbar. Vor allem der Anteil der Weltbevölkerung, die in Afrika lebt, wird von knapp 15 Prozent (2010) aufgrund der anhaltend hohen Geburtenüberschüsse auf fast 22 Prozent (2050) ansteigen. Im Vergleich dazu geht die bevölkerungsanteilige Bedeutung von Asien trotz der relativ hohen Fruchtbarkeit in Indien, Pakistan oder Bangladesch leicht auf 57 Prozent zurück.

Die Bevölkerungsentwicklung variiert auch innerhalb der einzelnen Weltregionen: Kennzeichnend ist eine weltweit überdurchschnittliche Zunahme der städtischen Bevölkerung. Die Urbanisierung setzte in den Industriestaaten ein, in denen die Verstädterungsquote in den 1920er-Jahren noch unter 30 Prozent lag. 1950 betrug sie weltweit 29,3 Prozent und erhöhte sich bis 2009 auf 50,1 Prozent. 2050 erwarten die Vereinten Nationen einen Anteil von 68,7 Prozent (United Nations 2010). Vor allem in den „Entwicklungsländern" wird der **Verstädterungsprozess** von einer intensiven **Metropolisierung** (Vergroßstädterung) begleitet. Im Jahre 1975 lag eine von drei Megacities mit mindestens 10 Millionen Einwohner in einem Staat der Dritten Welt, 2009 waren es 15 von 21 und 2050 werden es 23 von 29 sein. Entscheidend für das städtische Wachstum sind die Geburtenüberschüsse aufgrund der jungen Altersstruktur, zu der die Land-Stadt-Wanderung wesentlich beiträgt. Es führt in ärmeren städtischen Quartieren zu außerordentlich hohen **Bevölkerungsdichten**, welche die Einwohnerzahl zur Fläche des jeweiligen Gebietes in Beziehung setzen. Als relativ definierte Größe drückt sie die „Belastung" eines Gebietes durch die dort wohnende Bevölkerung aus. Solche qualitativen Probleme kommen zum Beispiel im Begriff des *crowding* zum Ausdruck, der die Folgen hoher Dichtewerte für das menschliche Verhalten und für seine Gesundheit in den Vordergrund rückt.

Geburtenhäufigkeit, Sterblichkeit und Migrationen beeinflussen auch die **Struktur der Bevölkerung** in Regionen, insbesondere in Bezug auf Alter, Geschlecht, ethnische oder nationale Zugehörigkeit. Die Einteilung der Einwohner in die drei Lebensabschnitte Kindheit/Jugend, Erwerbstätigkeit und Ruhestand erlaubt eine vergleichende Betrachtung altersstruktureller Veränderungen der Bevölkerung in verschiedenen Regionen (Abb. 17.2.2). Die zeitliche Dynamik verdeutlicht einen markanten *demographic divide* zwischen den weiter und den am wenigsten entwickelten Ländern. Kennzeichnend für die Industriestaaten ist ein Rückgang des Anteils der unter 15-Jährigen von etwa 30 auf unter 20 Prozent bis 2010 und anschließend eine deutliche Zunahme der mindestens 65-Jährigen auf über 25 Prozent. In diesem Trend spiegeln sich die Folgen des demographischen Wandels wider. Die niedrige Geburtenhäufigkeit, die in vielen weiter entwickelten Ländern seit den 1970er-Jahren nicht das Reproduktionsniveau

Exkurs 17.2.1

Bevölkerungsdaten

Aus welchen Quellen stammen Angaben zur Bevölkerung?

Bevölkerungswissenschaftler benutzen eine Vielzahl von Ziffern und Maßen, deren Aussagekraft von der Qualität der zugrunde liegenden Erhebungen abhängig ist. Viele Angaben basieren auf der Registrierung demographischer Ereignisse wie Geburt, Heirat, Scheidung, Wohnungswechsel oder Todesfall, die in Melderegistern zusammengeführt werden. Bei einer Volkszählung oder einem Zensus handelt es sich um eine Totalerhebung in einem festgelegten Gebiet zu einem bestimmten Zeitpunkt (Kapitel 6.3). In fast allen Staaten werden heute Volkszählungen in Zeitabständen von 10 Jahren durchgeführt und oft mit Erhebungen beispielsweise zu Arbeitsstätten, zu Gebäuden und Wohnungen verknüpft. Volkszählungen bilden eine unverzichtbare Grundlage für eine effiziente öffentliche Verwaltung, für Planungen, für Unternehmensentscheidungen, für Versicherungen, für die Finanzierung der Sozialsysteme. Zwar sind Volkszählungen durchaus mit Fehlern behaftet, aber wie die letzte Total-

erhebung 1987 in der BRD zeigte, können andere Erhebungsarten (Mikrozensus, Melderegister) die Volkszählung trotz ihrer hohen Kosten nicht ersetzen.

Wozu dienen Informationen zur zukünftigen Bevölkerungsentwicklung?

Bevölkerungsprojektionen schätzen die zukünftigen Einwohnerzahlen auf der Erde, in Kontinenten, Staaten oder Regionen. Die Modellrechnungen basieren auf Annahmen zu den Trends der einzelnen Komponenten der Bevölkerungsentwicklung und beziehen sich in der Regel auf Zeithorizonte zwischen 5 bis 50 Jahren. Bevölkerungsprojektionen bilden eine wertvolle Grundlage für Infrastrukturplanungen oder für Investitionen von Unternehmen. Sie ermöglichen es auch, zu modellieren, wie Fruchtbarkeit und Sterblichkeit verlaufen müssen, um beispielsweise bestimmte Ziele der Weltbevölkerung zu erreichen.

---

erreicht, führt zu einer kontinuierlich schwächer werdenden Besetzung der jüngeren Jahrgänge bei steigendem Anteil älterer Gruppen. In den am wenigsten entwickelten Ländern erhöht sich vor 1970 noch der Anteil der unter 15-Jährigen und bleibt bis 1990 auf hohem Niveau. Diese Zunahme ist ein Indikator für das Öffnen der „Bevölkerungsschere" während des ersten demographischen Übergangs. 2010 beträgt der Anteil der unter 15-Jährigen etwa 40 Prozent. Erst dann schließt sich die Bevölkerungsschere, der Prozentsatz der 15- bis unter 65-Jährigen erhöht sich, während der der mindestens 65-Jährigen bis 2050 unter 10 Prozent verbleibt.

Die **Alterspyramiden** für die alten und neuen Bundesländer (Abb. 17.2.3) veranschaulichen Gemeinsamkeiten, aber auch Unterschiede im Altersaufbau, die von den jeweiligen gesellschaftlichen Bedingungen beeinflusst sind. Der Frauenüberschuss bei den älteren Jahrgängen basiert zum einen auf der längeren Lebenserwartung von Frauen, zum andern ist es auch eine Folge des Zweiten Weltkrieges. Die Ausbuchtungen bei den etwa 45-Jährigen beruhen auf dem Nachkriegs-Babyboom. Dann macht sich in beiden deutschen Teilstaaten der Geburtenrückgang bemerkbar, dem in den alten Ländern kontinuierlich abnehmende Zahlen für die jüngeren Altersgruppen folgen. Dagegen führte die

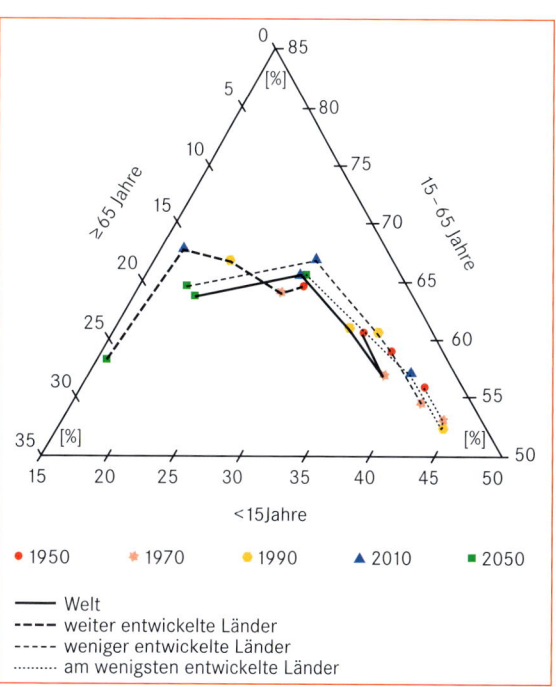

Abb. 17.2.2 Entwicklung der Altersstruktur der Bevölkerung in Großräumen (1950 bis 2050; Quelle: United Nations 2009, Gans 2011).

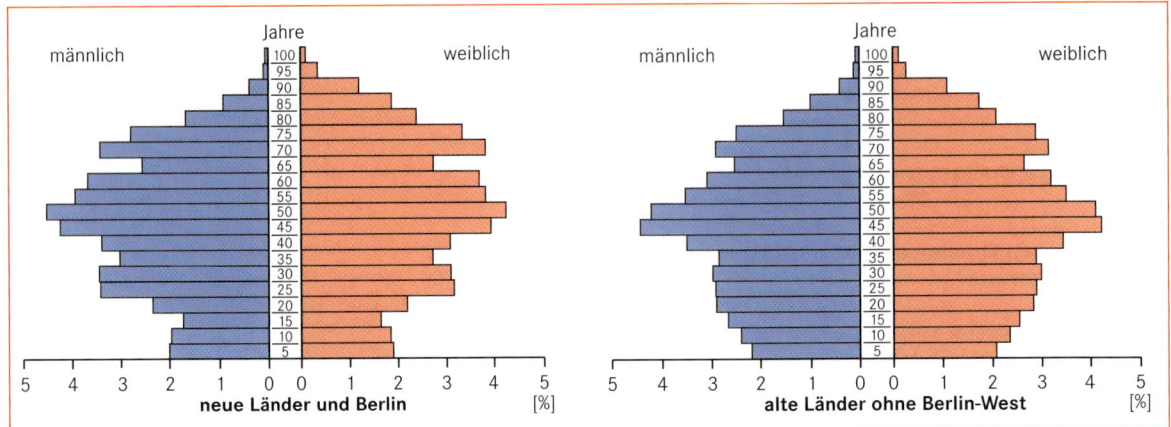

Abb. 17.2.3 Alterspyramide für die Bevölkerung in West- und Ostdeutschland (2008; Quelle: Statistisches Bundesamt).

pronatalistische Bevölkerungspolitik in der DDR zu einer stärkeren Besetzung der bis 1980 geborenen Jahrgänge. Die Umbruchsituation in den neuen Ländern nach 1989 verursachte einen massiven Geburtenrückgang und damit deutlich zurückgehende Zahlen für die 15- bis 20-Jährigen. Der Anstieg bei den Jüngsten basiert sowohl auf der Zunahme der Geburtenhäufigkeit als auch auf altersstrukturellen Effekten. Die annähernd konvexe Außenbegrenzung der Alterspyramiden hebt zum einen die Überalterung in beiden Bevölkerungen hervor, die sich aufgrund des Geburtenrückganges von der Basis und aufgrund der stetig zunehmenden Lebenserwartung von der Spitze der Alterspyramide her ergibt, zum anderen den zukünftigen Bevölkerungsrückgang, da ältere Jahrgänge stärker besetzt sind als jüngere.

Dieser Trend ist für die Industrieländer insgesamt zu erkennen. In den Entwicklungsländern verlangsamt sich zukünftig das Wachstum, die Bevölkerungsschere schließt sich bei beschleunigter Alterung. Die ideale Form der Alterspyramide geht in die einer Urne über (Exkurs 17.2.2).

Die ethnische Struktur einer Bevölkerung ist statistisch schwerer zu erfassen als demographische Charakteristika. Insbesondere internationale Migranten werden häufig als ethnische Minderheiten oder als Mitglieder einer **ethnischen Gruppe** wahrgenommen. Doch askriptive Merkmale ethnischer Gruppen wie Herkunft und Geschichte, Kultur (Sprache, Religion, Werte und Traditionen), physische Merkmale oder Verhaltensweisen lassen sich bevölkerungswissenschaftlich nur

Abb. 17.2.4 Die citynahen Mannheimer Stadtteile Westliche Unterstadt und Jungbusch haben seit den 1960er-Jahren einen überproportionalen Ausländeranteil. Der Migrantenanteil im Jungbusch liegt heute bei über 60 Prozent. Migranten prägen das Stadtbild, sei es durch ihre Anwesenheit auf den Straßen, ihre Teilnahme am lokalen Wohnungs- und Arbeitsmarkt, ihre vielfältigen Unternehmen oder durch die repräsentative Yavuz-Sultan-Selim-Moschee (Fotos: P. Gans, Immanuel Giel/Wikimedia Commons).

 **Exkurs 17.2.2**

Alterspyramiden

Die Alterspyramiden für die Bevölkerung der ausgewählten Länder verweist auf drei Grundtypen: Die Pyramidenform für Niger mit ihren stark besetzten jüngeren Jahrgängen zeigt eine rasch sinkende Säuglingssterblichkeit bei weiterhin hohen Geburtenzahlen an. Die Bienenkorbform liegt am ehesten für Chile vor, wo die Zahl der Geburten über einen relativ langen Zeitraum etwa konstant blieb und erst in der jüngsten Vergangenheit rückläufig ist. Für Thailand und Indien ist bereits der Übergang zur Urnenform zu erkennen, der die Erfolge von Familienplanungsprogrammen besonders widerspiegelt. Im Falle von Italien werden die Konsequenzen der zweiten demographischen Transformation sowie in Russland von einschneidenden historischen Ereignissen für die Altersstruktur einer Bevölkerung deutlich.

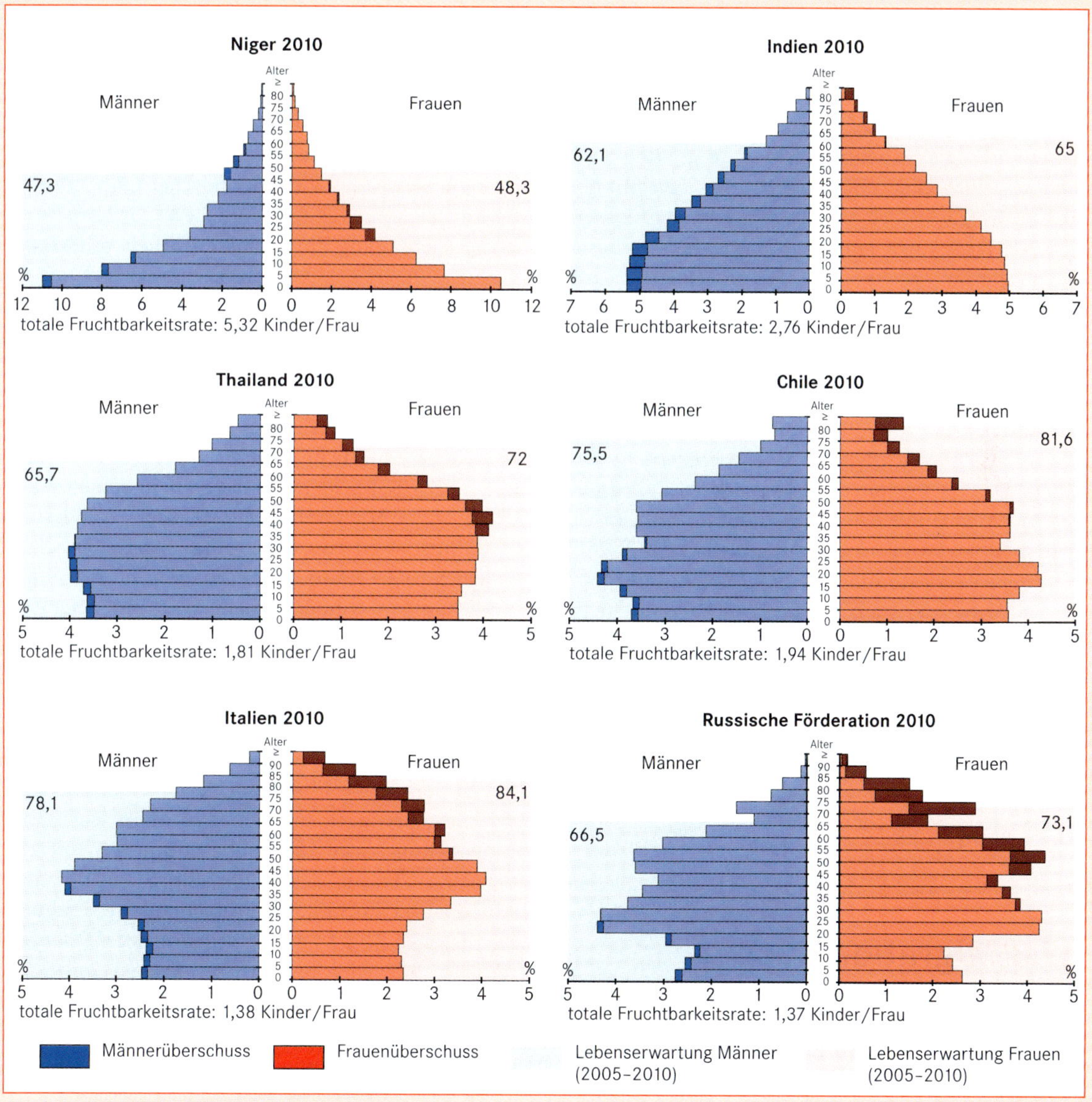

Niger 2010
Männer — Frauen
47,3 — 48,3
totale Fruchtbarkeitsrate: 5,32 Kinder/Frau

Indien 2010
Männer — Frauen
62,1 — 65
totale Fruchtbarkeitsrate: 2,76 Kinder/Frau

Thailand 2010
Männer — Frauen
65,7 — 72
totale Fruchtbarkeitsrate: 1,81 Kinder/Frau

Chile 2010
Männer — Frauen
75,5 — 81,6
totale Fruchtbarkeitsrate: 1,94 Kinder/Frau

Italien 2010
Männer — Frauen
78,1 — 84,1
totale Fruchtbarkeitsrate: 1,38 Kinder/Frau

Russische Förderation 2010
Männer — Frauen
66,5 — 73,1
totale Fruchtbarkeitsrate: 1,37 Kinder/Frau

Männerüberschuss — Frauenüberschuss — Lebenserwartung Männer (2005–2010) — Lebenserwartung Frauen (2005–2010)

Abb. 1 Alterspyramide ausgewählter Länder (Quelle: Gans 2011).

grob analysieren. Zumeist bezieht man sich auf Variablen wie Sprache, Geburtsort oder Staatsangehörigkeit. Die Limitationen, die die Reduktion der ethnischen Gruppenzugehörigkeit oder des Merkmals Migrant auf die Staatsangehörigkeit (z. B. Ausländer/Inländer) hervorbringt, sind offensichtlich: Eingebürgerte Migranten werden ebenso wenig wie die Kinder von Migranten oder (Spät-)Aussiedler erfasst. So ist es nicht überraschend, dass der Anteil von Personen mit internationalem Migrationshintergrund in Deutschland doppelt so hoch wie der der ausländischen Wohnbevölkerung ist: Während der Ausländeranteil im Jahr 2008 nach Angaben des Statistischen Bundesamtes bei 8,8 Prozent liegt, hat bereits fast jeder fünfte Einwohner Deutschlands einen Migrationshintergrund; 19 Prozent der Bevölkerung sind seit 1950 zugewandert oder als Nachkommen von Zugewanderten in Deutschland geboren und aufgewachsen.

Eine typische Folge von internationalen Migrationsprozessen ist die Konzentration von Migranten und ethnischen Einwanderungsgruppen in bestimmten Regionen des Ziellandes oder bestimmten städtischen Quartieren. Diese ungleichmäßige räumliche Verteilung kann auf lokale Arbeits- und Wohnungsmärkte, auf **Migrantennetzwerke**, auf die Diskriminierung durch die Mehrheitsbevölkerung, aber auch auf historische Bedingungen zurückgeführt werden. So ist in Deutschland der Ausländeranteil (2001) im früheren Bundesgebiet mit 10,1 Prozent deutlich höher als in den neuen Ländern (einschließlich Berlin) mit 4,3 Prozent, in den Agglomerationen der alten Länder mit 11,5 Prozent höher als in den ländlichen Räumen mit 5,7 Prozent. In den Kernstädten Westdeutschlands erreicht er 16,7 Prozent mit einem Maximum von 25,9 Prozent in Offenbach. Frankfurt am Main ist die Großstadt mit dem höchsten Migrantenanteil (38 Prozent), gefolgt von Stuttgart mit 36 Prozent (2008). Auch innerhalb der Kernstädte konzentrieren sich Ausländer und Migranten in einigen Vierteln. Zum Beispiel beträgt der Ausländeranteil in Mannheim 1998 gut 20 Prozent, die Werte in den Stadtbezirken mit mindestens 5 000 Einwohnern schwanken jedoch zwischen 7 und 66 Prozent.

17.3 Migration

Die zweite Komponente, welche die Bevölkerungsentwicklung eines Gebietes neben der natürlichen Bevölkerungsbewegung (Fruchtbarkeit bzw. Geburtenhäufigkeit und Sterblichkeit bzw. Mortalität) beeinflusst, sind Migrationen oder Wanderungen von Personen. Diese

räumlichen Bevölkerungsbewegungen von einem Herkunfts- in ein Zielgebiet (Kontinent, Staat, Region, Stadt, Wohnquartier) sind eine Form der Mobilität, für die die auf Dauer angelegte oder dauerhaft werdende Wohnsitzverlagerung von Personen oder Haushalten kennzeichnend ist (Treibel 1999). Während in Deutschland alle Wohnsitzwechsel, ungeachtet zeitlicher Festlegungen, als Migrationen gelten, wird auf internationaler Ebene zwischen permanenter und temporärer Migration unterschieden, je nachdem, ob die Wohnortverlagerung mehr oder weniger als ein Jahr Bestand hat. Im zeitlichen Verlauf sind Migrationen oft deutlichen Schwankungen unterworfen. Dies illustriert das Beispiel des Wanderungsgeschehens zwischen Ost- und Westdeutschland in den Jahren nach 1989 (Abb. 17.3.1). Aufgrund ihrer Selektivität wirken sich Wanderungen auf die Bevölkerungsentwicklung und -verteilung und damit auch auf die Entwicklung der Abwanderungs- und Zuwanderungsregionen aus: Migranten unterscheiden sich beispielsweise von Nichtmigranten bezüglich demographischer, sozioökonomischer und ethnischer Merkmale (Abb. 17.3.2, Abb. 17.3.3).

In Orientierung am nationalstaatlichen Territorialprinzip differenziert die Bevölkerungsgeographie üblicherweise zwischen **Binnenmigration** (innerstaatlicher Wanderung) und **internationaler Migration** (Außenwanderung). Zu den wichtigsten Gesetzmäßigkeiten räumlicher Bevölkerungsbewegungen zählt, dass die überwiegende Mehrzahl aller Wanderungsvorgänge nur über kurze räumliche Distanzen hinweg erfolgt, wie dies bereits Ravenstein (1885/1889) in seinen *Laws of Migration* formuliert hat. Die meisten Wanderungen sind Binnenwanderungen.

Gleichwohl erfahren internationale Migrationen deutlich mehr Aufmerksamkeit. Die mit Migrationsprozessen im Allgemeinen aufgerufenen Fragen der Zugehörigkeit und der Integration in die sozialen Zusammenhänge des Zielgebiets werden im Falle internationaler Migrationen nicht nur komplexer, sondern gewinnen auch eine politische Dimension, weil Migration die politische Einteilung der Weltbevölkerung in Staatsbevölkerungen infrage stellt: Man denke an die Ermöglichung oder Abwehr bestimmter Wanderungsformen, an Fragen des rechtmäßigen Aufenthalts auf dem Staatsterritorium, die Problematik der irregulären oder illegalen Migration, die Bedeutung der Staatsangehörigkeit oder der Sprache für Integrationsprozesse oder für Identitätskonstruktionen von Migranten und ihren Kindern oder die Leistungs- und Loyalitätsbeziehungen zwischen Wohlfahrtsstaaten und ausländischer Wohnbevölkerung. Wie der Migrationsthematik insgesamt wird diesen Aspekten große gesellschaftspolitische und wissenschaftliche Relevanz zugeschrieben,

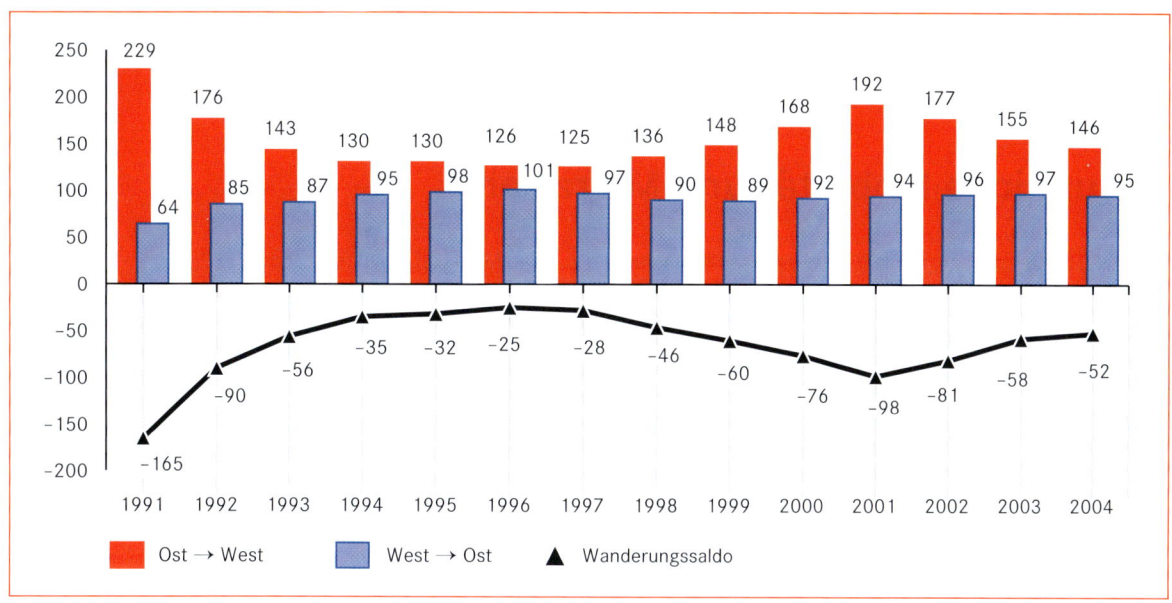

Abb. 17.3.1 Wanderungen zwischen Ost- und Westdeutschland (1991–2004; Quelle: Mai & Schon 2005).

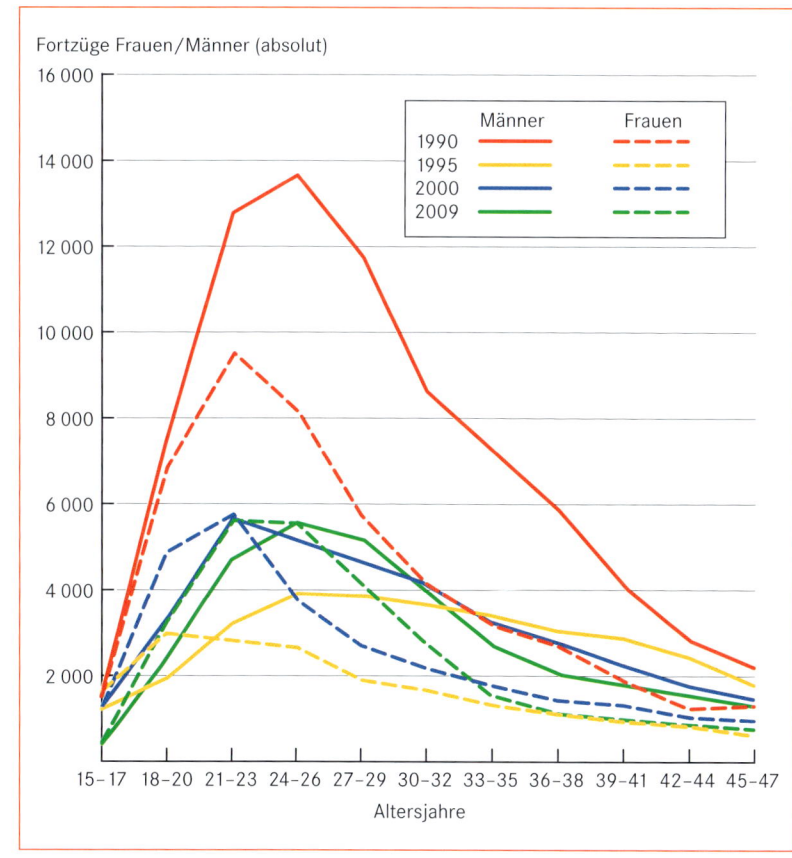

Abb. 17.3.2 Altersspezifische Fortzugs-
ziffern von Männern und Frauen
für Sachsen (1990, 1995, 2000, 2009;
Quelle: Statistisches Landesamt des
Freistaates Sachsen 2011).

Exkurs 17.3.1

Räumliche Mobilität und Migration

Mobilität bezeichnet allgemein die Bewegung und den Positionswechsel von Personen oder Gruppen. Die für die Bevölkerungsgeographie bedeutsame räumliche Mobilität ist von der sozialen Mobilität zu unterscheiden. Von sozialer Mobilität spricht man mit Bezug auf den Wechsel zwischen unterschiedlichen Gesellschaftspositionen, was sowohl soziale Auf- oder Abstiege (vertikale soziale Mobilität) als auch die Bewegung zwischen sozialstrukturell gleichgestellten Gruppen oder Milieus (horizontale soziale Mobilität) umfasst. Im Gegensatz dazu spricht man von räumlicher Mobilität, um Positionswechsel zwischen verschiedenen Orten oder Raumeinheiten zu bezeichnen, wie sie durch Menschen beispielsweise zwischen den Verwaltungseinheiten einer Stadt, eines Staates oder auch zwischen verschiedenen Staaten oder Kontinenten vollzogen werden. Bei räumlicher Mobilität wird weiter danach unterschieden, ob der Wohnsitz verlagert wird oder nicht: Während der Wohnsitz bei Wanderungen oder Migrationen permanent oder zumindest temporär verlagert wird, wird er im Falle sogenannter zirkulärer Mobilität beibehalten. Wichtige Formen der zirkulären Mobilität sind tägliche oder wöchentliche Pendelbewegungen zwischen Wohnort und Arbeitsplatz oder die vielfältigen räumlichen Bewegungen im Zusammenhang mit Dienstreisen, Freizeit und Tourismus. Im Gegensatz zum Berufspendeln, zu Einkaufsbewegungen oder zu touristischen Ortswechseln geht mit der räumlichen Mobilitätsform Migration häufig auch eine soziale Mobilität einher.

Die **Mobilitätstransformation** von Zelinsky (1971) postuliert einen Zusammenhang zwischen Modernisierungsprozess, demographischem Übergang und der Veränderung der Wanderungsvorgänge. Zelinsky unterscheidet fünf Entwicklungsstufen, die den Übergang von einer weitgehend immobilen traditionellen bzw. vorindustriellen zu einer hoch mobilen nachindustriellen Gesellschaft kennzeichnen: Eine insgesamt geringe Mobilität prägt die präindustrielle Gesellschaft mit hohen Geburten- und Sterberaten und relativ stabiler Bevölkerungszahl. Der in der frühen Transformationsphase entstehende Bevölkerungsdruck (zurückgehende Sterberate, Geburtenüberschuss) führt zu einem Anstieg der Land-Stadt-Wanderungen und der Auswanderungen. In der späten Transformationsphase schließt sich die „Bevölkerungsschere" wieder, das natürliche Wachstum klingt ab. Der sozioökonomische Strukturwandel im Zuge der Industrialisierung erhöht den Umfang der Land-Stadt-Wanderungen. In der hoch mobilen modernen Gesellschaft dominieren interurbane Wanderungen, Wohnungswechsel innerhalb von Städten, und zirkuläre Bewegungen, zu denen auch die stark wachsenden Freizeit- und Tourismusbewegungen gehören. Zugleich verstärkt sich die internationale Zuwanderung. In die Agglomerationen der Industrieländer migrieren sowohl höher qualifizierte oder bildungsorientierte internationale Migranten als auch gering qualifizierte Arbeitskräfte aus weniger entwickelten Ländern. Für die postindustrielle Gesellschaft erwartet Zelinsky stagnierende oder zurückge-

nicht zuletzt von den Massenmedien, wo sie ebenfalls intensiv diskutiert werden. Vor dem Hintergrund der gegenwärtigen Alterungsprozesse und des Bevölkerungsrückgangs in den weiter entwickelten Ländern wie Deutschland werden mit internationalen (Zu-)Wanderungsprozessen nach Jahren der politischen Nichtthematisierung oder gar Abwehr zunehmend auch (wieder) positive Erwartungen und spezifische Potenziale verknüpft. So betreiben seit einigen Jahren nicht nur einzelne, vom demographischen Wandel erfasste Länder, sondern auch regionale Zusammenschlüsse wie die EU die gezielte Anwerbung von Saisonarbeitern und hoch qualifizierten Arbeitsmigranten und werben verstärkt um ausländische Bildungsmigranten (Exkurs 17.3.2).

Im Fall von Binnenwanderungen wird entweder grob zwischen **Nah-** und **Fernwanderungen** unterschieden. Oder das Merkmal der Wanderungsdistanz wird durch Zuhilfenahme politisch-administrativer Grenzziehungen präzisiert: Von **intraregionalen Wanderungen** oder

Wohnortverlagerungen ist die Rede, wenn sich Wanderungen als Umzüge innerhalb einer bestimmten Gebietseinheit vollziehen, zum Beispiel innerhalb des gleichen Stadtbezirks von einer Straße zur nächsten oder als Wohnungswechsel aus einer Stadt in ihr Umland. Dagegen gelten Wohnortverlagerungen bzw. Fortzüge von einer Stadt, einer Region oder einem Bundesland in eine andere Stadt, Region oder ein anderes Bundesland als Formen **interregionaler Migration**. Folgt man der aktionsräumlichen Differenzierung von Wanderungen nach Roseman (1971), ist die interregionale Wanderung dadurch gekennzeichnet, dass die Verlagerung des Wohnsitzes einer Person oder eines Haushaltes mit einer vollständigen Änderung aller Aktivitätsstandorte, die vom früheren Wohnstandort aus regelmäßig (i. d. R. wöchentlich) aufgesucht worden sind, verbunden ist. Können dagegen vom neuen Wohnsitz aus weiterhin alle oder zumindest ein Teil der bisherigen Aktivitätsstandorte ohne größeren Aufwand aufgesucht werden,

	Faktoren, die eine Wanderungsentscheidung begünstigen		
	pull-Faktoren	*push*-Faktoren	Netzwerke
ökonomische Gründe	Arbeitskraftnachfrage, höhere Löhne	Arbeitslosigkeit, Unterbeschäftigung, niedrige Löhne	Informationsströme zu Arbeitsplätzen und Löhnen
nichtökonomische Gründe	Familienzusammenführung	Krieg, Verfolgung, politische Unsicherheit	Kommunikationsstrukturen, Hilfsorganisationen

Tabelle 1 Beispiele von „abstoßenden" und „anziehenden" Faktoren zur Erklärung von Migration in *Push-and-pull*-Modellen.

hende Migrationen; die weiter zunehmenden zirkulären Bewegungen und die Fortschritte in der Informations- und Kommunikationstechnologie machen viele Wanderungen überflüssig.

Die quantitative **Analyse des Wanderungsgeschehens** setzt bei Maßen zur Wanderungshäufigkeit einer Bevölkerung bzw. einer bestimmten Teilgruppe in einer Region an. Dabei werden Zu- (*Z*) und Fortzüge (*F*), Wanderungsvolumen (*Z+F*) und Wanderungsbilanz oder -saldo (*Z–F*) auf 1 000 Einwohner bezogen. Die Wanderungseffektivität fasst die Auswirkungen der Wanderungsbewegungen auf die regionale Bevölkerungsverteilung zusammen und entspricht dem Quotienten aus Wanderungssaldo und Wanderungsvolumen. Die Ziffer schwankt zwischen 1 (nur Zuzüge) und –1 (nur Fortzüge). Ein Wert von 0 liegt bei ausgeglichenem Saldo vor. In diesem Falle wirkt sich die Mobilität unabhängig von der Wanderungshäufigkeit nicht auf die Entwicklung der Einwohnerzahlen aus, durchaus aber auf die Bevölkerungsstruktur.

Wanderungstheorien haben zum Ziel, das Phänomen Migration mit seinen vielfältigen Formen einer einheitlichen und allgemeingültigen Erklärung zuzuführen. Wanderungstypologien sind ein Schritt zur Systematisierung und theoretischen Erfassung. Allerdings fällt auf, dass es bis heute bestenfalls Teiltheorien gibt, die ausgewählte Aspekte und Perspektiven auf Migration in den Vordergrund stellen (z. B. die Bedeutung von Netzwerken für die Initiierung von Migrationsprozessen und die Aufrechterhaltung internationaler Wanderungsbeziehungen zwischen verschiedenen Regionen). Es existiert keine Wanderungstheorie, welche das moderne Wanderungsphänomen in seiner ganzen Komplexität erfasst. Während verhaltensorientierte Wanderungsmodelle von individuellen Wanderungsmotiven ausgehen, erklären klassische *Push-and-pull*-Modelle internationale und interregionale Migrationen mithilfe aggregierter gebietsspezifischer Daten. Kennzeichnend ist die integrierte Analyse von in der Herkunftsregion wirkenden „abstoßenden" Faktoren und den „anziehenden" Kräften im Zielgebiet, teilweise unter Berücksichtigung „intervenierender" Hindernisse oder Variablen (z. B. Einwanderungsgesetze, Distanz, Migrantennetzwerke, Informationsmangel bzw. Integrationsströme). Beispiele zeigt die Tabelle 1.

bleiben mithin die wöchentlichen Bewegungszyklen weitgehend stabil, handelt es sich um eine intraregionale Wanderung. Typischerweise handelt es sich bei diesen Wanderungen um wohnungs- oder wohnumfeldorientierte Wohnsitzverlagerungen, während interregionale Wanderungen überwiegend aus einem Wechsel des Arbeitsplatzes resultieren oder in erster Linie arbeitsplatzorientiert sind.

Ein Beispiel für eine bedeutsame Zahl von interregionalen Wanderungsbewegungen stellen die Wanderungen zwischen Ost- und Westdeutschland nach dem Beitritt der Deutschen Demokratischen Republik (DDR) zur Bundesrepublik (BRD) dar (Abb. 17.3.1). Die Wanderungen waren mehrheitlich nach Westen ausgerichtet: Die westdeutschen Bundesländer profitierten von Wanderungsüberschüssen; das Wanderungssaldo des Gebiets der früheren DDR war jahrelang negativ.

Im Falle internationaler Wanderungen gehören der neue und der alte Wohnstandort zu verschiedenen Staatsgebieten. Zu den schon die interregionalen Wanderungen kennzeichnenden Änderungen des wöchentlichen Bewegungszyklus treten weitere grundlegende Kontextänderungen wie Sprache, Arbeitsmärkte und rechtliche Rahmenbedingungen hinzu. Daher spielen **Migrantennetzwerke** eine besondere Rolle. Sie können emotionale, psychologische oder finanzielle Kosten und Risiken, die mit der Wanderung in ein Land mit abweichenden politischen, ökonomischen, rechtlichen oder soziokulturellen Bedingungen verbunden sind, verringern. Sie ermöglichen einen Informationsaustausch beispielsweise über soziale Aufstiegschancen, Arbeits- und Verdienstmöglichkeiten oder über die Beschaffung kostengünstigen Wohnraums nach Ankunft. Mit anderen Worten: Migrantennetzwerke können die Migrationsentscheidungen einzelner Personen initiieren und moderieren sowie Migrationsprozesse ermöglichen und kanalisieren (Kettenwanderungen). Auf diese Weise tragen sie dazu bei, die Migrationsströme und -beziehun-

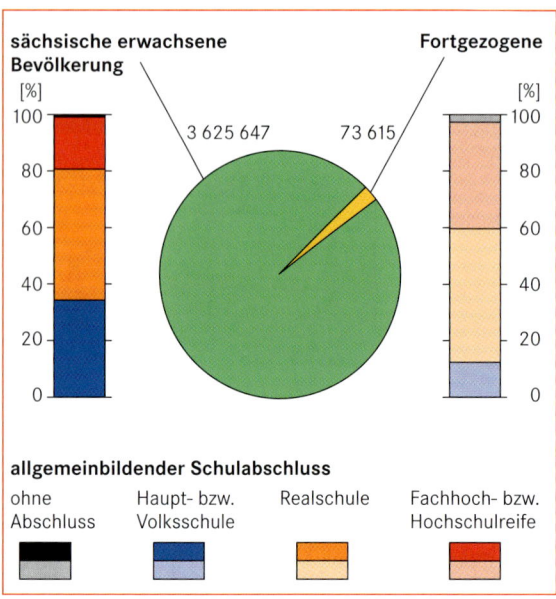

sächsische erwachsene Bevölkerung

[%]

3 625 647

Fortgezogene

73 615

[%]

allgemeinbildender Schulabschluss

ohne Abschluss

Haupt- bzw. Volksschule

Realschule

Fachhoch- bzw. Hochschulreife

Abb. 17.3.3 Höchster allgemeinbildender Schulabschluss der Fortgezogenen aus dem Freistaat Sachsen und der sächsischen Bevölkerung ab 18 Jahre (2000; Quelle: Statistisches Landesamt des Freistaates Sachsen 2002).

Commonwealth) demonstrieren, sind nicht nur Wanderungsdistanzen entscheidend, sondern auch gesellschaftliche Faktoren, etwa politische und historische Beziehungen, Arbeitsmöglichkeiten, gezielte Anwerbungspolitiken, Verwertbarkeit von Bildungsabschlüssen oder medial verfestigte Bilder des Ziellandes als attraktive Migrationsoption. Dass räumliche Nähe, je nach Form der Migration (z. B. Arbeitsmigration, Bildungsmigration, Heiratsmigration oder Flucht), ein zusätzlicher Faktor in der Migrationsentscheidung sein kann, ist damit unbestritten. Die irregulären Migrationsströme aus Mexiko in die USA oder aus Nordafrika nach Südeuropa belegen dies. Die Verlagerung der zunehmend kontrollierten Migrationsrouten nach Europa – gegenwärtig von Westen (Straße von Gibraltar) nach Osten (türkisch-griechische Grenze) – zeigen dabei erneut: Migrationsentscheidungen sind trotz aller möglichen Bedeutung von Nähe vor allem als Reaktionen auf gesellschaftliche Verhältnisse und ihre Veränderungen zu deuten. Neben *push*-Faktoren im Quellkontext und *pull*-Faktoren im Zielkontext spielt hier unter anderem die europäische Flüchtlings- und Migrations(verhinderungs-)politik eine Rolle.

Untersucht man die Bedeutung von Migrationen für die Bevölkerungsentwicklung eines Gebiets, ist auch die **zeitliche Dimension** zu beachten. Anders als die Vorstellung der dauerhaften Wohnsitzverlagerung nahelegt, finden Migrationen als Mobilitätsereignisse im Leben von Personen nicht nur einmalig statt. In vielen Fällen handelt es sich um temporäre Mobilitätsformen von Personen, die sich zu einem späteren Zeitpunkt erneut und manchmal wiederholt zu Wanderungen entschließen.

Gut erforscht sind diesbezüglich intraregionale Wanderungen, die eng mit dem **Lebenszyklus** eines Haushalts zusammenhängen (und an denen natürlich auch internationale Migranten partizipieren). So sind die unterschiedlichen Lebensphasen mit bestimmten Anforderungen an die Wohnung und ihre Lage innerhalb von (Stadt-)Regionen verknüpft. Änderungen im Lebenszyklus bewirken ein Auseinanderdriften zwischen Wohnbedürfnissen und ihrer Erfüllung, und dieser Stress kann Umzüge initiieren. Verlässt ein junger Erwachsener die elterliche Wohnung und gründet einen eigenen Haushalt, geht dies mit einer Wanderung einher. Diese Wanderungen von jungen Erwachsenen sind häufig interregional von anderen Städten bzw. weniger verdichteten städtischen Räumen auf Agglomerationen und deren Kernstädte bzw. auf Großstädte gerichtet. Die Ein- oder Zweipersonenhaushalte finden preiswerten Wohnraum in citynahen Quartieren. Durch die Geburt von Kindern erhöhen sich die Bedürfnisse zumindest bezüglich der Wohnungsgröße und ein Umzug in eine

gen zwischen Herkunfts- und Zielgebieten zu stabilisieren und zu perpetuieren.

Deutlich wird dies an mehrjährigen, oft jahrzehntelangen, plurilokalen **Migrationssystemen**: Beispiele liefern die europäischen Überseewanderungen nach Nord- und Südamerika, die Gastarbeiterwanderungen der 1950er- bis 1970er-Jahre aus den Mittelmeerländern nach Norden, die nach dem Zusammenbruch des Warschauer Paktes wiederhergestellten Migrationsbeziehungen zwischen Ost- und Westeuropa sowie die aktuellen Migrationssysteme zwischen der MENA-Region (Middle East, North Africa) und der EU oder zwischen der Golfregion und dem asiatischen Raum (Abb. 17.3.4).

Obwohl Binnenwanderungen empirisch häufiger vorkommen als internationale Wanderungen über größere Entfernungen, kann man doch heute nicht mehr fraglos davon ausgehen, dass die Häufigkeit von Wanderungsfällen zwischen zwei Raumeinheiten umgekehrt proportional zur **Distanz** steht, die zwischen beiden Räumen liegt. Zwar war auch die Bevölkerungsgeographie lange auf der Suche nach distanz- und raumbezogenen Gesetzen. Doch in Zeiten der Globalisierung und der modernen Kommunikations- und Transporttechnologien, scheint diese Suche aussichtsloser denn je. Wie die Beispiele der globalen Zielregion USA oder der postkolonialen Migrationsbeziehungen zwischen Großbritannien und dem indischen Subkontinent (*New*

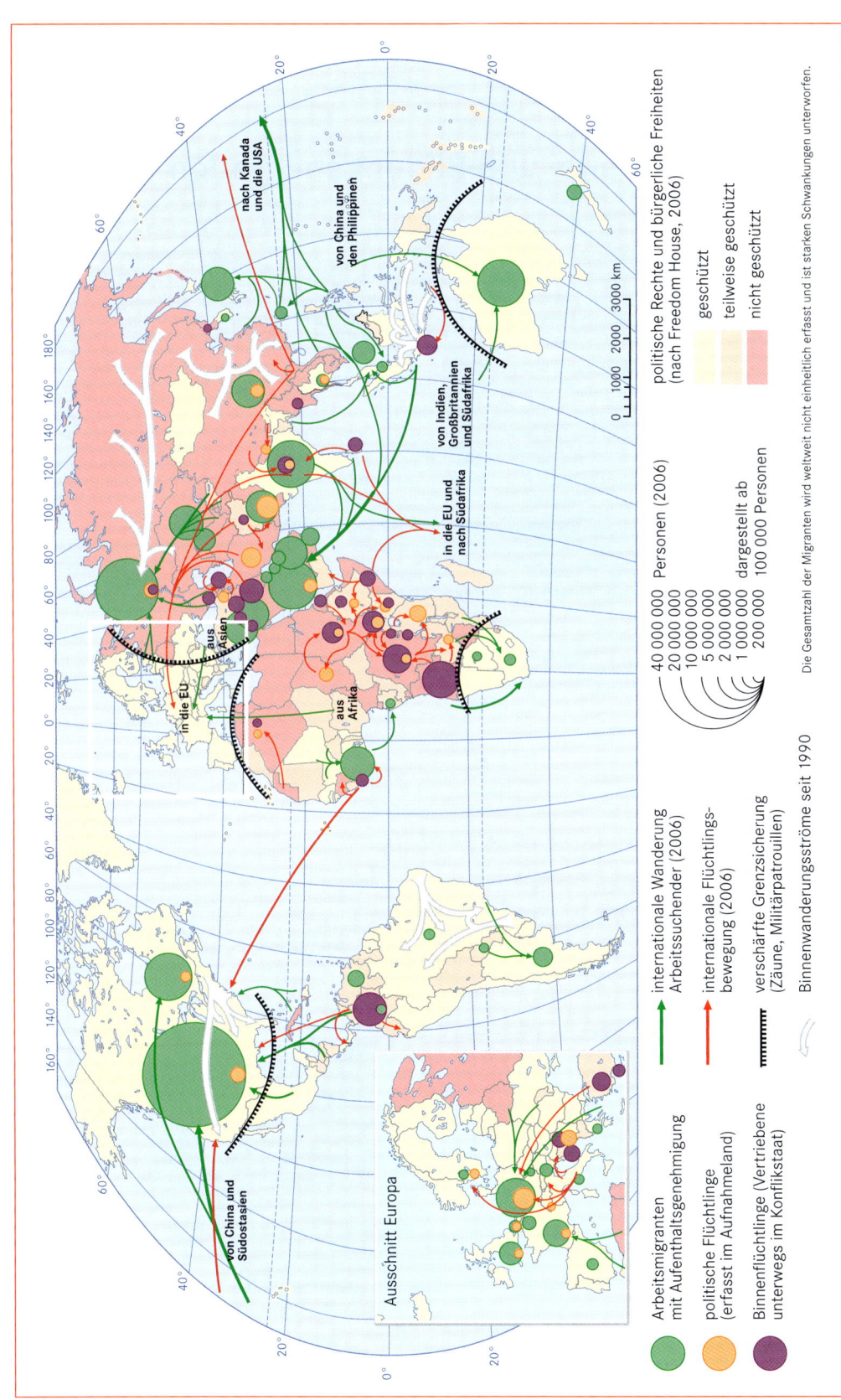

Abb. 17.3.4 Internationale Migration weltweit (Quelle: Diercke Weltatlas, Westermann, Braunschweig 2008).

Exkurs 17.3.2

Neue Formen der Arbeits- und Bildungsmigration

Aktuell bemühen sich die Mitgliedsländer der Europäischen Union (EU), des *North American Free Trade Agreement* (NAFTA), der *Organization for Economic Co-Operation and Development* (OECD) und anderer regionaler bzw. globaler Zusammenschlüsse verstärkt um die selektive und temporäre Anwerbung von hoch, aber auch von geringer qualifizierten Arbeitskräften. Wie im Fall der zwischen 1955 und 1973 in Europa implementierten „Gastarbeiter"-Programme ist das erklärte politische Ziel der Anwerbeländer oder -regionen nicht die dauerhafte Zuwanderung und Niederlassung ausländischer Arbeitskräfte. Beabsichtigt ist vielmehr eine lediglich saisonale bzw. zeitlich befristete, zirkuläre und nur im Hinblick auf bestimmte Tätigkeiten oder Branchen ermöglichte Gewährung kombinierter Arbeits- und Aufenthaltserlaubnisse. In einigen Ländern werden solche Programme bereits seit Jahren erfolgreich praktiziert (Beispiele: polnische Saisonarbeit in der deutschen Landwirtschaft oder das spanische System der *contingentes*).

Die OECD stellt bei den saisonalen bzw. temporären Anwerbeprogrammen, die sich vornehmlich an alleinstehende, unverheiratete und junge Arbeitskräfte richten, die

working holiday makers (insbesondere USA), die *trainees* (Auszubildende) und die *intra-company transferees* besonders heraus (Tab. 1). Die letztgenannte Kategorie der innerbetrieblich, aber zugleich international versetzten Arbeitnehmer multinationaler Unternehmen wird, den Einschätzungen der OECD und der International *Organization for Migration* (IOM) zufolge, in den kommenden Jahren im Zuge fortschreitender Globalisierung erheblich an Bedeutung gewinnen (IOM 2008, OECD 2008).

Eine wachsende Bedeutung kommt auch der internationalen Wanderung sogenannter „Bildungsmigranten" zu. Mit großem Abstand vor Großbritannien, Deutschland und Frankreich nehmen die USA eine globale Spitzenposition ein, sie bilden das bevorzugte Ziel der ebenfalls meist jungen und alleinstehenden ausländischen Studierenden. Im Anschluss an ihre universitäre Ausbildung im Ausland und ihre eigentlich als temporär konzipierte Zuwanderung ins Ausbildungsland bemühen sich diese oft direkt um eine berufliche Anstellung und somit einen weiteren Verbleib im Zielland (Abb. 1). Das Problem des *brain drain* besteht darin, dass die hohe Qualifikation der Bildungsmigranten bei ihrem

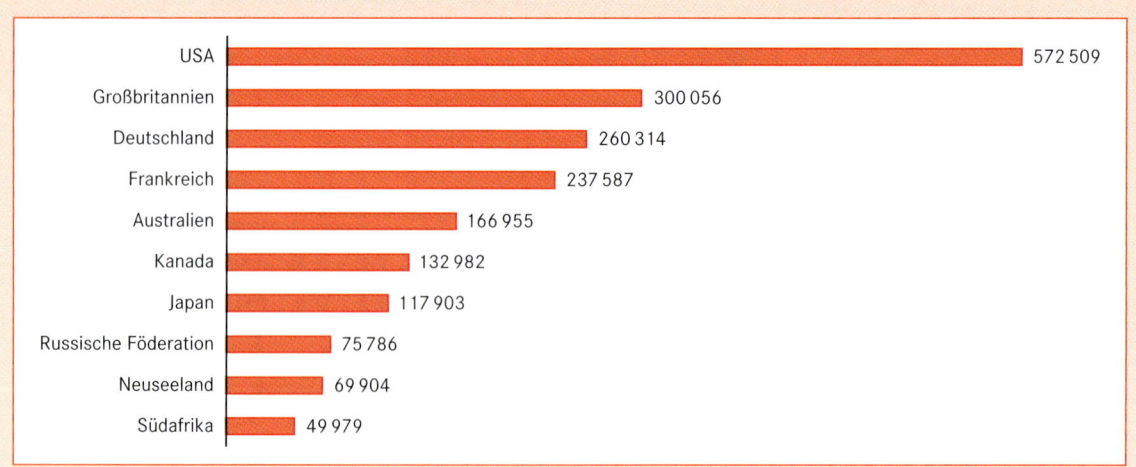

Abb. 1 Zielländer ausländischer Studierender 2004 (Quelle: OECD 2008).

Mietwohnung in einer weniger zentralen Lage ist – bei ausreichenden finanziellen Ressourcen – wahrscheinlich. Zieht eine Familie mit Kindern in ein eigenes Haus, werden weitere Familienwanderungen unwahrscheinlich; häufig ziehen die Eltern erst wieder mit dem Erreichen des Ruhestandes um. Dieser vereinfachte, idealtypische Ablauf nach dem Lebenszykluskonzept spiegelt die Realität in spät- und postindustriellen Gesellschaften immer weniger wider. Mittlerweile ist eine Pluralisierung der Lebensformen und -stile eingetreten, die mit

Verbleib im Ausland den Herkunftsländern wenig nützt, weil das erworbene entwicklungsförderliche Humankapital nicht mehr – qua Rückwanderung – direkt reinvestiert wird. Durch neue, zugleich migrations-, entwicklungs- und auf die EU-Integration bezogene Partnerschaften mit den Herkunftsländern von Bildungsmigranten versuchen die EU-Staaten dieser Entwicklung entgegenzuwirken (Beispiel: Mobilitätspartnerschaften der Europäischen Kommission). Die Schaf-fung neuer temporär-zirkulärer Zuwanderungsmodelle für Arbeits- und Bildungsmigranten scheint geboten, betrug die Auswanderungsrate von Graduierten mit einem tertiären Bildungsabschluss im Fall von Ländern wie Guyana, Jamaika und Guinea-Bissau nach Angaben der OECD im Jahr 2000 doch mehr als 70 Prozent und in Kenia, Ghana, Sierra Leone, Gambia und Mosambik immerhin zwischen knapp 30 und 52 Prozent (OECD 2009).

	2003	2004	2005	2006
Saisonarbeitskräfte	545	568	571	576
working holiday makers	442	463	497	536
trainees	146	147	161	182
intra-company transferees	89	89	87	99
andere temporäre Arbeitskräfte	958	1093	1085	1105
Alle Kategorien	**2180**	**2360**	**2401**	**2498**
Australien	152	159	183	219
Belgien	2	31	33	42
Dänemark	5	5	5	6
Deutschland	446	440	415	379
Frankreich	26	26	27	28
Großbritannien	137	239	275	266
Italien	69	70	85	98
Japan	217	231	202	164
Kanada	118	124	133	146
Südkorea	75	65	73	86
Mexiko	45	42	46	40
Neuseeland	65	70	78	87
Niederlande	43	52	56	83
Norwegen	21	28	22	38
Österreich	30	27	15	4
Portugal	3	13	8	7
Schweden	8	9	7	7
Schweiz	142	116	104	117
USA	577	612	635	678

Tabelle 1 Zunahme temporärer Beschäftigungsmöglichkeiten für Zuwanderer in ausgewählten OECD-Staaten, 2003–2006 (in Tausend; Quelle: OECD 2008).

neuen, oft kürzeren Arbeitsverhältnissen und höherer räumlicher Mobilität einhergeht. Nicht alle Menschen heiraten und gründen Familien, zunehmende Scheidungsraten und die Möglichkeit der Gründung neuer Familien nach einer Wiederverheiratung oder das Zusammenleben in neuen alternativen Haushaltsformen können ebenfalls Wanderungen auslösen.

Im Laufe eines Lebens sind auch mehrfache interregionale Wanderungen keine Seltenheit, beispielsweise Wanderungen zwischen verschiedenen Städten und Ver-

Abb. 17.3.5 Hinweise auf mexikanische Immigranten bei San Diego, Kalifornien (Foto: Michael Richter).

dichtungsräumen. Eine andere Mehrschrittigkeit kennzeichnet internationale Migrationen: Häufig gehen ihnen interregionale Binnenwanderungen, vor allem Land-Stadt-Wanderungen, voraus. In der Forschung findet außerdem Beachtung, dass internationale Migrationen zunehmend **temporären** Charakter haben. Neben Rückwanderungen und ihrer Bedeutung für die Regionalentwicklung geraten insbesondere transnationale Migrationsprozesse (Pries 2008) sowie wiederholte grenzüberschreitende und **zirkuläre Wanderungsformen** in den Blick (Exkurs 17.3.2).

Fragt man nach den Gründen für Wanderungen, bietet es sich an, zunächst zwischen erzwungenen und freiwilligen Wanderungsformen zu differenzieren, auch wenn zwischen beiden Formen fließende Übergänge bestehen. Eine **Zwangswanderung** liegt dann vor, wenn Migranten (Sklaven, Flüchtlinge, Vertriebene etc.) wegen Gewalt und Furcht um ihre körperliche Unversehrtheit ihren Wohnstandort aufgeben. Von **Wanderungsentscheidungen auf freiwilliger Basis** wird gesprochen, wenn eine Person oder ein Haushalt aufgrund einer Abwägung von (sozioökonomischen) Vor- und Nachteilen einen Entschluss zugunsten eines Wohnungswechsels fällt. Die **Ursachen** solcher Wanderungen kann man in vier übergeordneten Motivgruppen zusammenfassen: Ausbildung, Beruf/Arbeitsmarkt, Wohnung und Familie. Die Gründe für eine Migration treten selten isoliert voneinander auf, überwiegen in bestimmten Altersgruppen und können in Abhängigkeit von der Wanderungsdistanz variieren. Die **Motive**, die Anlass zur Migration geben, beeinflussen auch die Wahl des neuen Wohnstandortes. Sehr deutlich wird dies bei intra- und interregionalen Wanderungen. Hier spielen Informationen und Vorstellungen über den Arbeits- und Wohnungsmarkt eine Rolle, die Art der Informationsbeschaffung über Arbeitsmöglichkeiten oder freie Wohnungen sowie das individuelle oder fami-

liäre Suchverhalten. Einkommen und Lebensstile begrenzen die Suche nicht nur räumlich auf bestimmte Zielgebiete, sondern sie haben zum Beispiel auch Einfluss auf Kredite zum Kauf einer Wohnung. Diskriminierungen auf dem Wohnungsmarkt oder gesetzliche Vergabebedingungen wie im Falle von Sozialwohnungen begrenzen die Auswahl einer neuen Wohnung ebenfalls (Kapitel 21.1).

Interregionalen und internationalen Wanderungen liegen häufig Ausbildungs- und arbeitsplatzorientierte Gründe zugrunde. Positive Wanderungsbilanzen (Wanderungsgewinne) können in weiter entwickelten Ländern vor allem Agglomerationen verzeichnen, die ein vielseitiges Arbeitsplatzangebot und damit gute Beschäftigungsmöglichkeiten und berufliche Aufstiegschancen sowie eine günstige wirtschaftliche Entwicklungsdynamik aufweisen. Ländliche Räume registrieren Wanderungsüberschüsse, wenn sie über eine gewisse städtische Infrastruktur in Mittelzentren verfügen, gut erreichbar sind und sich durch eine gewisse landschaftliche Attraktivität auszeichnen.

Zur Erklärung vor allem internationaler Migrationen wurden verschiedene **Modelle** und **Theorien** entwickelt, die neben individuellen Motiven auch gesellschaftliche und regionale Bedingungen und Faktoren berücksichtigen. Die neoklassische Argumentation erklärt internationale Migrationen zum Beispiel mit Unterschieden im Einkommen, im wirtschaftlichen Wachstum und in der Arbeitskräftenachfrage zwischen Ziel- und Herkunftsgebieten. Die individuelle Entscheidung für eine Auswanderung resultiert aus der Hoffnung auf eine Maximierung des zukünftigen Nutzens (*cost-benefit*-Modelle), in Abstimmung mit anderen Haushaltsmitgliedern ist oft eine Diversifizierung der Existenzgrundlage im Sinne einer Risikominimierung beabsichtigt (*new economics of migration*). Andere Erklärungsansätze gehen von der Segmentierung der Arbeitsmärkte und globalen Zentrum-Peripherie-Strukturen aus. Die Nachfrage nach billigen Arbeitskräften verursacht Zuwanderungen aus Staaten mit niedrigeren Löhnen. Zum einen bringt das ökonomische Gefälle zwischen Ländern internationale Migrationen hervor, zum anderen nehmen Personen in potenziellen Herkunftsgebieten bestehende Disparitäten aufgrund einer fortschreitenden Homogenisierung von Werten und Normen sowie Informationsdurchdringung eher wahr. Bei allen Unterschieden ähneln sich die vielfältigen Erklärungsversuche in ihrer Betonung der gesellschaftlichen Entstehungsbedingungen und Folgen von Migration.

17.4 Geographische Migrationsforschung

An den gesellschaftlichen Bedingungen und Folgen von Migration setzt die Geographische Migrationsforschung an. Anders als in der Bevölkerungsgeographie, die sich raumbezogen auf Fragen der Bevölkerungsentwicklung konzentriert, ist ihre Leitreferenz nicht Bevölkerung, sondern **Gesellschaft**. Die Geographische Migrationsforschung geht von einer charakteristischen Querstellung von Migration und gesellschaftlichen Strukturen aus. Nicht überraschend ist dann, dass die bisherigen Versuche der Entwicklung von allgemeinen Migrationstheorien kaum über eine typisierende Beschreibung von Merkmalen und Regelmäßigkeiten hinauskommen. Migration ist nicht im gleichen Sinne theoriefähig wie Wirtschaft, Politik, Recht, Massenmedien, Sozialisation, Erziehung usw. (Bommes 1999). Erforderlich ist daher der systematische und interdisziplinäre Bezug auf gesellschaftliche Kontexte und ihre jeweils spezifischen In-

und Exklusionsbedingungen. An ihnen richten sich Migranten aus, so wie umgekehrt dauerhafte wie temporäre Wanderungen und die durch sie bewirkten Veränderungen der Bevölkerungsstruktur für ökonomische, politisch-rechtliche, massenmediale, erzieherische, aber auch für lokale Kontexte wie Städte unterschiedliche Bedeutungen haben können.

Zur geographischen Untersuchung des Zusammenhangs von (Welt-)Gesellschaft und (internationaler) Migration gehört auch die kritische Reflexion der **Territorialisierung von Migration** in der alltäglichen und wissenschaftlichen Praxis. Die damit aufgerufenen Fragen der Konstruktion von Räumen und ihrer Relevanz für migrationsbezogene Problemstellungen behandelt die Geographische Migrationsforschung an so unterschiedlichen Feldern wie Integration, Segregation, transnationalen Netzwerken, Arbeitsmärkten und globalen Warenketten, Migrations- und Entwicklungspolitik, Stadt- und Regionalentwicklung, Bildungskarrieren oder neuen individuellen und kollektiven Identitätsformen.

Fazit

Bevölkerungsgeographische Analysen zur Entwicklung der Einwohnerzahl und zur Bevölkerungsstruktur zeichnen sich durch ihren Bezug zu unterschiedlichen räumlichen Ebenen aus. Untersuchungen der Bevölkerungsgeographie berücksichtigen die Dynamik der natürlichen Bewegungen (Geburtenhäufigkeit, Sterblichkeit) sowie der räumlichen Bewegungen (Migration), interpretieren sie vor dem Hintergrund gesellschaftlicher, ökonomischer und politischer Veränderungen und zeigen ihre Konsequenzen zum Beispiel für die regionale Entwicklung auf.

Aus einer weltweiten Perspektive wird ein beschleunigtes Bevölkerungswachstum seit etwa 1800 deutlich. Es setzt in Europa ein, verlangsamt sich dort jedoch nach dem Zweiten Weltkrieg. Diese Entwicklung lässt sich, wie am Beispiel Deutschlands dokumentiert, mit dem Modell des demographischen Übergangs beschreiben. Erklärungsansätze hängen auf der Makroebene eng mit tief greifenden gesellschaftlichen Veränderungen zusammen, die Rahmenbedingungen für eine geringere Kinderzahl von Paaren oder den bewussten Verzicht auf eine Familiengründung setzen. Auch in Entwicklungsländern begünstigt der soziale Wandel in hohem Maße die Verringerung der Sterblichkeit und den allmählichen Fruchtbarkeitsrückgang: Ausbau des Bildungs- und Gesundheitswesens, Alphabetisierung, Stärkung des sozialen Status von Frauen sind einflussreiche Faktoren, die in Verbindung mit breit angelegten Familienplanungsprogrammen noch verstärkt werden können.

Das Modell des demographischen Übergangs kann die Veränderungen von Geburten- und Sterberate zwar beschreiben, wird aber den in den sogenannten Entwicklungs- und Schwellenländern bestehenden, abweichenden gesellschaftlichen und politischen Bedingungen (Beispiel Zwangssterilisation in der Volksrepublik China) nicht gerecht und steht außerdem im Widerspruch zum Absinken der Geburtenhäufigkeit unter das Reproduktionsniveau („zweiter demographischer Wandel") in den meisten Industriestaaten sowie zum Anstieg der Mortalität in einigen Großräumen der Erde.

Die raumzeitlichen Veränderungen von Geburtenhäufigkeit und Sterblichkeit haben Konsequenzen für die Verteilung und die Struktur der Bevölkerung auf den Kontinenten, in Staaten oder Regionen. Je kleinräumiger der Bezug ist, desto intensiver ist der Einfluss von Migrationen. Sie sind eine Form der räumlichen Mobilität, bei der eine Person oder ein Haushalt seinen Wohnsitz dauerhaft oder zumindest temporär verlagert. Wanderungen verzeichnen im zeitlichen Verlauf häufig starke Schwankungen und beeinflussen die Bevölkerung nach Zahl und Struktur sowohl im Herkunfts- als auch im Zielgebiet, da sich Migranten durch demographische, soziale oder ethnische Merkmale von Nichtmigranten unterscheiden.

Die Mobilitätstransformation postuliert einen Zusammenhang zwischen Modernisierungsprozess, demographischem Übergang und der Veränderung der Wanderungsvor-

Fortsetzung

Fortsetzung

gänge. Zelinsky (1971) unterscheidet fünf Entwicklungsstufen, die den Übergang von einer weitgehend immobilen vorindustriellen zu einer hoch mobilen nachindustriellen Gesellschaft kennzeichnen. Erklärungsansätze zu räumlichen Bevölkerungsbewegungen gehen beispielsweise von der neoklassischen Argumentation aus (Unterschiede im Einkommen oder beim wirtschaftlichen Wachstum zwischen Ziel- und Herkunftsregionen), von der Maximierung des individuellen Nutzens der Migranten oder von der Wirksamkeit von Migrantennetzwerken, welche die Kosten und Risiken einer Wanderung über größere Distanzen verringern helfen können.

Zusammengefasst untersucht die Bevölkerungsgeographie die Bevölkerungsentwicklung von bestimmten Räumen. Diese hängt neben der natürlichen Bevölkerungsbewegung (Fertilität, Mortalität) auch von Zu- und Abwanderungsprozessen ab. Mit der Aufmerksamkeit für Migration und ihre Folgen gerät ein komplexer Gegenstandsbereich in den Blick, der nicht nur auf Bevölkerung und Regionen, sondern vor allem auch auf Gesellschaft verweist. Denn als besondere Form der räumlichen Mobilität reagieren Wanderungen auf die In- und Exklusionsverhältnisse der Gesellschaft. Während sich die Bevölkerungsgeographie raumbezogen mit dem Verhältnis von Bevölkerungsentwicklung, natürlicher Bevölkerungsbewegung und Migration beschäftigt, fokussiert die Geographische Migrationsforschung stärker auf das Verhältnis von Gesellschaft, Migration und Raum. Damit sind sowohl fruchtbare Überschneidungsbereiche als auch unterschiedliche Perspektiven benannt.

Weiterführende Literatur

Bähr J (unter Mitarbeit von Gans P) (2010) Bevölkerungsgeographie. Verlag Eugen Ulmer, Stuttgart

Bähr J, Jentsch Ch, Kuls W (1992) Bevölkerungsgeographie. Walter de Gruyter, Berlin

Gans P (2011) Bevölkerung. Geschichte – Struktur – Entwicklung. WBG, Darmstadt

Gans P, Kemper F-J (Hrsg) (2001) Bevölkerung. Bd. 4, Nationalatlas Bundesrepublik Deutschland. Spektrum Akademischer Verlag, Heidelberg, Berlin

Gans P, Kemper F-J (2010) Die Bevölkerung und ihre Dynamik. In: Hänsgen D, Lentz S, Tzschaschel S (Hrsg) Deutschlandatlas. WBG, Darmstadt. 15–36

Gans P, Schmitz-Veltin A (Hrsg) (2006) Demographische Trends in Deutschland – Folgen für Städte und Regionen. Räumliche Konsequenzen des demographischen Wandels, Teil 6. Forschungs- und Sitzungsberichte der Akademie für Raumforschung und Landesplanung, Bd. 226. Hannover

Gans P, Schmitz-Veltin A, West C (2009) Bevölkerungsgeographie. Diercke Spezial, Braunschweig

Kent MM, Haub C (2005) Global demographic divide. Population Bulletin 60 (4)

de Lange N, Geiger M, Pott A (2012) Bevölkerungsgeographie. Bevölkerung – Migration – Gesellschaftlicher Wandel. Schöningh/UTB, Stuttgart [in Vorbereitung]

Livi-Bacci M (2001) A concise history of world population. Blackwell, Malden

McFalls JA, Jr. (2007) Population: A lively introduction. Population Bulletin 62 (1)

Pries L (2008) Internationale Migration. Geographische Rundschau 60 (6): 4–10

Treibel A (1999) Migration in modernen Gesellschaften. Soziale Folgen von Einwanderung, Gastarbeit und Flucht. Juventa Verlag, Weinheim, München

Wehrhahn R, Sandner Le Gall (2011) Bevölkerungsgeographie. WBG, Darmstadt

Zitierte Literatur

Bähr J (1999) Tag der 6 Mrd. Menschen. Zur jüngeren Entwicklung der Weltbevölkerung. Geographische Rundschau 51: 570–573

Bommes M (1999) Migration und nationaler Wohlfahrtsstaat. Ein differenzierungstheoretischer Entwurf. Westdeutscher Verlag, Opladen

Caldwell JC (1982) Theory of fertility decline. Adademic Press, London

Carlsson G (1966) The decline of fertility: Innovation or adjustment process. Population Studies 20: 149–174

Caselli G, Meslé F, Vallin J (2010) Epidemiologic transition theory exceptions. Genus, Journal of Population Sciences 9 (1): 9–51

Chesnais J-C (1992) Demographic transition: Stages, patterns and economic implications. A longitudinal study of sixty-seven countries covering the period 1720–1984. Clarendon Press, Oxford u. a.

Gans P (2001) Weltweite Entwicklung der Geburtenhäufigkeit von 1970 bis 2000. Geographische Rundschau 53: 10–17

Gans P, Leibert T (2007) Zweiter demographischer Wandel in den EU-15-Staaten. Geographische Rundschau 59 (2): 4–18

Fortsetzung

Fortsetzung

Gould WTS (2005) Vulnerability and HIV/AIDS in Africa: From demogrphy to development. Population, Space and Place 11: 473–484

Government of Uganda (2010) UNGASS Country Progress Report Uganda. January 2008 – December 2009

International Organization for Migration (IOM) (2008) World Migration 2008. Managing Labour Mobility in the Evolving Global Economy. Geneva

King R, Skeldon R, Vullnetari J (2008) Internal and International Migration: Bridging the Theoretical Divide. Working Paper No 52. Sussex Centre of Migration Research, University of Sussex

Krüger F (2002) From Winner to Looser? Botswana's society under the impact of Aids. Petermanns Geographische Mitteilungen 148: 50–59

Leisch H (2001) Die AIDS-Pandemie – regionale Auswirkungen einer globalen Seuche. Geographische Rundschau 53: 26–31

Lesthaeghe R (2010) The unfolding story of the second demographic transition. Population and Development Review 36: 211–251

Lutz W, Crespo Cuaresma J, Abbasi-Shavazi MJ (2010) Demography, education, and democracy: Global trends and the case of Iran. Population and Development Review 36 (2): 253–281

Mai R, Schon M (2005) Binnenwanderung zwischen Ost- und Westdeutschland. BiB-Mitteilungen 26 (4): 25–33

Organization for Economic Co-Operation and Development (OECD) (2008) International Migration Outlook. SOPEMI Annual Report 2008 Edition. Paris

Organization for Economic Co-Operation and Development (OECD) (2009) International Migration Outlook. SOPEMI Annual Report 2009 Edition. Special Focus: Managing Labour Migration Beyond the the Crisis. Paris

Ravenstein EG (1885/89) The Laws of Migration. Journal Royal Statistical Society 48: 167–227 u. 52: 241–301

Roseman CC (1971) Migration as a Spatial and Temporal Process. Annals of the Association of American Geographers 61 (3): 589–598

Soares RR (2007) On the determinants of mortality reductions in the developing world. Population and Development Review 33 (2): 247–287

Statistisches Bundesamt (Hrsg) (versch. Jahrgänge) Statistisches Jahrbuch für die Bundesrepublik Deutschland. Wiesbaden

Statistisches Landesamt des Freistaates Sachsen (Hrsg) (2002) Sächsische Wanderungsanalyse. Sonderheft, Kamenz

United Nations (2009) World population prospects: The 2008 revision. Vol. I: Comprehensive Tables. New York

United Nations (2010) World population urbanization prospects: The 2009 revision. Highlights. New York

Van de Kaa DJ (1987) Europe's second demographic transition. In: Population Bulletin Nr. 1: 1–57

World Population Data Sheet (div. Jg.)

Zelinsky W (1971) The Hypothesis of the Mobility Transition. The Geographical Review 61: 219–249

Am Rand von Städten in Entwicklungsländern entstehen häufig Marginalsiedlungen und Slums, welche sich von der übrigen Bebauung deutlich unterscheiden. Das Bild zeigt entsprechende Behausungen in Siem Reap in Kambodscha (Foto: H. Gebhardt).

Kapitel 18 Geographische Entwicklungs- forschung

„Vom Raum zum Menschen" – so könnte man die Geographische Entwicklungsfor-schung umschreiben, die sich maßgeblich in den letzten 30 Jahren als neue Teildis-ziplin der Geographie aus der Entwicklungsländergeographie entwickelt hat. Die Wendung ist gelungen – die Geographische Entwicklungsforschung versteht sich heute als mehrdimensionaler, transdisziplinärer Ansatz, sie forscht problemorien-tiert, theoriegeleitet aber vor allem auf den Menschen bezogen. Entwicklungsfor-schung heute ist nicht nur eine Schnittstellenwissenschaft zwischen Raum und Gesellschaft bzw. *structure* und *agency*, sondern sie betreibt in starkem Maße auch Krisen- und Konfliktmanagement. Im Mittelpunkt stehen Fragen und Aspekte, die für Millionen von Menschen über Leben und Tod entscheiden: Wie würden wir (über-)leben, wenn nur jeder Zweite von uns sauberes Trinkwasser hätte wie in Tan-sania? Wenn nur jedem Zehnten von uns Geld und Nahrungsmittel zur Verfügung ständen, um nicht in Hunger und Armut zu leben wie in Sambia? Wenn wir jeden Tag aufs Neue unsere Existenz sichern müssten wie in den Berggemeinden von Peru? Wie sollen Menschen ihren trockenen Acker bewirtschaften, wenn jahrzehntelang Bürgerkrieg herrscht wie in Sri Lanka?

Hier offenbart sich das breite Spektrum der Forschungsfelder; es geht eindeu-tig um mehr als Bodenerosion, Naturkatastrophen und Nahrungsmittelknappheit. Die Geographische Entwicklungsforschung nutzt Ansätze aus der Sozialforschung, greift aber auch Entwickiungen des eigenen Faches wie die „Wiederentdeckung des Kulturellen" und die Konstruiertheit von Räumen auf; sie nimmt als handlungs- und akteursbezogene Wissenschaft politische Konflikte und sozio-ökonomische Umbrü-che, gesellschaftliche und ökologische Verwundbarkeit, Marginalisierung und Ver-elendung, Überlebensstrategien und Umweltwissen, Machtverhältnisse und Nah-rungsmittelzugang unter die Lupe. Mit den Fragestellungen verschiebt sich die Maßstabsebene: Das Kapitel zeigt, dass mit der fragmentierenden Entwicklung unserer Welt, die zu Aus- und Entgrenzungen, Nationalismen und Regionalismen führt, regionale und lokale Institutionen und Akteure und die zwischen ihnen gespannten Netze immer wichtiger werden, während die Nationalstaaten an Bedeu-tung verlieren.

18.1 Vom Raum zum Menschen: Geographische Entwicklungsforschung als Handlungswissenschaft

HANS-GEORG BOHLE

Ein neues Paradigma entsteht: von der Entwicklungsländergeographie zur Geographischen Entwicklungsforschung

Geographische Entwicklungsforschung bezeichnet ein neues Teilgebiet der Geographie, das darauf abzielt, gesellschaftliche Entwicklungsprozesse und Entwicklungsprobleme in ihren räumlichen Dimensionen und Strukturen zu erfassen und zu erklären. Damit stehen nicht nur, wie bei der herkömmlichen Entwicklungsländergeographie, Länder und Regionen an sich, nicht mehr geographische Forschungen in oder über Entwicklungsländer im Vordergrund des Forschungsinteresses, sondern die räumliche Artikulation und Relevanz von Entwicklung und Unterentwicklung (Scholz 2004). Als wissenschaftliches Programm wurde der Ansatz einer Geographischen Entwicklungsforschung 1979 von Jürgen Blenck in die Geographie eingeführt. Ironischerweise erschien sein grundlegender Aufsatz „Geographische Entwicklungsforschung" in einem Themenheft mit dem Titel „Geographische Beiträge zur Entwicklungsländerforschung". Dieses Themenheft enthielt eine erste Dokumentation des von Fred Scholz 1976 in Göttingen gegründeten „Geographischen Arbeitskreises Entwicklungstheorien". Dieser Arbeitskreis markiert den eigentlichen Beginn der Geographischen Entwicklungsforschung (Leng & Taubmann 1988).

In seinem programmatischen Aufsatz „Geographische Entwicklungsforschung" ging Jürgen Blenck (1979) davon aus, Wissenschaft sei ein von der Gesellschaft für die Gesellschaft finanziertes Unternehmen. Daher habe sie die Aufgabe, problemorientiert zu arbeiten und sich mit gesellschaftlichen Problemlösungsansätzen zu befassen. Im Zentrum der Geographischen Entwicklungsforschung steht Blenck zufolge die These, es gäbe keine „geographischen" Probleme an sich, der Raum habe also keine Probleme, sondern nur Menschen, menschliche Gruppen und Gesellschaften, die sich mit ihrer geographischen Umwelt auseinanderzusetzen haben. Genau hier müsse die geographische Beschäftigung mit Entwicklungsländern ansetzen. Der wissenschaftliche Gegenstand sei demzufolge nicht länger das Entwicklungsland selbst, sondern Entwicklung bzw. Unterentwicklung rücken in das Zentrum des Interesses. Entwicklung, nicht der geographische Raum, wird so zur erklärenden Variablen. Wenn dieser Ansatz ernst genommen wird, so beschäftigt sich Geographische Entwicklungsforschung in erster Linie mit den gesellschaftlichen Problemen der Entwicklungsländer. Geographie könne daher auch nicht wertneutral und unpolitisch vorgehen, sondern es sei erforderlich, den entwicklungstheoretischen bzw. gesellschaftlichen Standort des Wissenschaftlers in seinem Verhältnis zu Entwicklungsfragen offenzulegen. In der Geographischen Entwicklungsforschung werde insofern der Schritt weg von der strikten Raumwissenschaft hin zur **Gesellschaftswissenschaft** vollzogen. Wollte man allerdings gesellschaftliche Probleme von Entwicklung bzw. Unterentwicklung erklären, so sei es unabdingbar, auch sozialwissenschaftliche Entwicklungstheorien in die Analyse einzubeziehen. Genau dies war das Anliegen des oben erwähnten „Geographischen Arbeitskreises Entwicklungstheorien". Dieser Arbeitskreis verfolgt bis heute das Ziel, die Geographische Entwicklungsforschung „nach innen" an die interdisziplinäre Theoriediskussion heranzuführen und „nach außen" die Bedeutung des Räumlichen mithilfe empirisch fundierter Regionalstudien in den sozialwissenschaftlichen Entwicklungsdiskurs einzubringen (Scholz 1988).

Erst allmählich fand dieses neue Paradigma bei der Beschäftigung mit Entwicklungsländern Eingang in den Mainstream der Geographie, nicht zuletzt auch als verspätete Reaktion auf die fundamentale fachinterne Kritik an der Länder- und Landschaftskunde Ende der 1960er-Jahre (Scholz 2004). Der grundlegende Aufsatz von Fred Scholz über „Position und Perspektiven Geographischer Entwicklungsforschung" (1988) sowie die dreiteilige Dokumentation über Stand und Trends Geographischer Entwicklungsforschung im Rundbrief Geographie (Scholz & Koop 1998) gaben dem neuen Ansatz weiteren Auftrieb. Die Gründung der ersten wissenschaftlichen Reihe zur Geographischen Entwicklungsforschung durch Hans-Georg Bohle 1993 (Freiburger Studien zur Geographischen Entwicklungsforschung; ab 2001 Studien zur Geographischen Entwicklungsforschung, herausgegeben von H.-G. Bohle und T. Krings) war ein weiterer Schritt bei der Etablierung der neuen Teildisziplin. Die Reihe „Entwicklungsforschung – Beiträge zu interdisziplinären Studien in Ländern des Südens", herausgegeben von Andreas Dittmann et al., ergänzt dieses Publikationsforum. Zwischenzeitlich ist, wie in dieser neuen Reihe ersichtlich, auch der wertbeladene (weil nachholende Entwicklung implizierende)

Terminus „Entwicklungsländer" in die Kritik geraten und allmählich durch den neutraleren Begriff **„Länder des Südens"** (Scholz 2000) ersetzt worden. Erst das 2004 erschienene wegweisende Lehrbuch von Fred Scholz über „Geographische Entwicklungsforschung – Methoden und Theorien" dürfte dem neuen Paradigma einer problemorientierten, theoriegeleiteten und auf den Menschen bezogenen Geographischen Entwicklungsforschung wirklich zum Durchbruch verholfen haben.

Im Folgenden sollen vier **Leitfragen** angesprochen werden:

- Wie erklärt Geographische Entwicklungsforschung Entwicklung bzw. Unterentwicklung?
- Welche Dimensionen von Entwicklung verknüpfen die Geographische Entwicklungsforschung mit neuen Ansätzen der Sozialwissenschaften?
- Welche mehrdimensionalen, interdisziplinären Ansätze helfen der Geographischen Entwicklungsforschung, Entwicklung bzw. Unterentwicklung besser zu verstehen?
- Welche Gesellschaftstheorien lassen sich in der Geographischen Entwicklungsforschung einsetzen und empirisch nachvollziehen?

Entwicklungstheorien in der Geographischen Entwicklungsforschung

Wenn Entwicklung bzw. Unterentwicklung zum zentralen wissenschaftlichen Gegenstand einer Geographischen Entwicklungsforschung werden, so muss sie auch theoretische Erklärungsansätze für Entwicklung bzw. Unterentwicklung aufgreifen und die daraus abgeleiteten entwicklungsstrategischen Folgerungen thematisieren. Als sich Geographische Entwicklungsforschung in den 1970er-Jahren herausbildete, war der sozialwissenschaftliche Entwicklungsdiskurs in zwei Theorie-„Lager" (Scholz 2004) gespalten: die Modernisierungstheorie und die Dependenztheorie. Aus **modernisierungstheoretischer Sicht** (Behrendt 1968) wird Unterentwicklung als gesellschaftliche, wirtschaftliche und kulturelle Rückständigkeit interpretiert, das heißt aus internen Faktoren der Länder heraus. Die mangelnde Entwicklungsdynamik ergäbe sich aus einer Blockierung der (durchaus vorhandenen) endogenen Potenziale der Entwicklungsländer infolge von Traditionalität. Traditionelle Verhaltensmuster (z. B. mangelnde Innovationsfähigkeit), traditionelle sozio-kulturelle Strukturen (z. B. das indische Kastenwesen mit seinen fehlenden sozialen Aufstiegschancen) und traditionelle Wirtschafts- sowie Raumstrukturen (z. B. segmentäre Siedlungs- und Marktstrukturen) verhinderten demzufolge eine dyna-

mische Wirtschaftsentwicklung nach dem Muster der Industrieländer, mit den Folgen von Stagnation, wirtschaftlicher Rückständigkeit und Massenarmut. In der Geographischen Entwicklungsforschung steht beispielsweise die Habilitationsschrift von Dirk Bronger (1976) in diesem theoretischen Kontext. Entwicklung bzw. Überwindung von Unterentwicklung beinhaltet aus modernisierungstheoretischer Sicht folgerichtig eine umfassende Modernisierung von traditionsbehafteten Wertvorstellungen, Verhaltensweisen und Gesellschaftsstrukturen, sodass nachholende Entwicklung nach dem Vorbild der Industrieländer möglich wird. Der rasche Aufstieg der Entwicklungsländer wird aus modernisierungstheoretischer Sicht in zweierlei Hinsicht begünstigt: Zum einen können die historischen Erfahrungen der Industrieländer genutzt und ihre Fehler vermieden werden (Senghaas 1982). Zum anderen steht den Entwicklungsländern technische und finanzielle Hilfe aus den Industrieländern in Form von wirtschaftlicher und technischer Zusammenarbeit zur Verfügung.

Ganz anders dagegen die **Dependenztheorien**, die insbesondere von Senghaas (1974) in den deutschen Entwicklungsdiskurs eingebracht worden sind. Unterentwicklung wird hier aus einer Deformation der gesellschaftlichen, wirtschaftlichen und räumlichen Strukturen der Entwicklungsländer infolge einer abhängigen Entwicklung erklärt, zum Beispiel durch Kolonialismus und Imperialismus. Nicht die endogenen Strukturen, sondern die durch „strukturelle Unterentwicklung" hervorgerufene Blockierung von Entwicklung verursache Unterentwicklung. Solche Deformationen zeigen sich beispielsweise in Form eines systematischen Abzuges von Ressourcen aus den Entwicklungsländern infolge kolonialer Extraktions- und Ausbeutungsmechanismen, in Form von disparitären Raumstrukturen (z. B. koloniale Brückenköpfe als Zentren einer ausgebeuteten ländlichen Peripherie) und in Gestalt polarisierter Gesellschaftsstrukturen mit wenigen prosperierenden Gewinnern und zahllosen verarmenden Verlierern. Da sich die derart deformierten Strukturen auch lange nach Beendigung formaler Abhängigkeitsbeziehungen erhalten, ist eine dynamische Entwicklung – die auch von der Dependenztheorie grundsätzlich als nachholende Entwicklung verstanden wird – auf Dauer blockiert. Nur eine vorübergehende Abkopplung aus dem Weltmarkt, eine selektive „Dissoziation" und ein autozentrierter, auf endogene Stärken und Potenziale gerichteter Entwicklungsweg können aus dependenztheoretischer Sicht strukturelle Unterentwicklung auf Dauer aufbrechen (Senghaas 1979).

In der sich etablierenden Geographischen Entwicklungsforschung wurde auf der Grundlage empirischer Regionalstudien früh erkannt, dass sich die Entstehung und Fortsetzung von Unterentwicklung nicht einseitig durch endogene (Modernisierungstheorie) bzw. exogene Faktoren (Dependenztheorie) erklären lässt. In aller Regel sind deformierte Raumstrukturen das Ergebnis einer strukturellen Verknüpfung endogener und exogener Determinanten, oft in der Form, dass vorkoloniale Gesellschafts- und Raumstrukturen systematisch für koloniale Zwecke vereinnahmt und auf koloniale Interessen ausgerichtet wurden. Exemplarisch stehen hierfür die Arbeiten von Scholz über Belutschistan (1974a, 1974b), von Rauch über Nigeria (1981) und von Bohle über Südindien (1981).

Die geringen Erfolge der Entwicklungspolitik und die beschränkte Erklärungskraft von Modernisierungs- und Dependenztheorien, speziell für die ärmsten Länder der Erde, haben in den späten 1980er-Jahren zu dem Eingeständnis geführt, dass die großen Theorien gescheitert sind (Menzel 1991). Gerade in der Geographischen Entwicklungsforschung sind daher **Theorien mittlerer Reichweite** besonders beachtet worden. Hierzu gehören beispielsweise die Debatte über Produktionsweisen in Indien (Bohle 1986a) oder die Frage, wie differenzierte Entwicklungspfade innerhalb der Dritten Welt (z. B. der sogenannten Schwellenländer oder der Tigerstaaten Ost- und Südostasiens, etwa in Vergleich zu den immer weiter verarmenden Ländern Afrikas) zu erklären sind. Die Auseinanderentwicklung innerhalb der Dritten Welt scheint, anders als die globale Disparitätenentwicklung, stärker in ökonomischen Nischen, soziokulturellen Rahmenbedingungen und in den Aktivitäten und institutionellen Umfeldern von Kleingruppen verankert zu sein (Kreutzmann 2003). Die Suche nach entwicklungstheoretisch begründeten Entwicklungsmustern auf der mittleren Ebene wurde in der Geographischen Entwicklungsforschung daher zunehmend durch kleinräumige Studien im alltagsweltlichen Handlungsraum der Entwicklungsakteure vorgenommen, zum Beispiel bei Kleinhändlern in Südindien (Bohle 1986b), Elendsflüchtlingen in Städten der Sahelzone (Gertel 1993, Lohnert 1995), marginalisierten Frauen in Peripherräumen der Karibik (Ulbert 1999) oder Müllsammlern in einer Megastadt Indiens (Köberlein 2003). Angeregt durch die Arbeiten der Bielefelder Entwicklungssoziologie zum sogenannten **Verflechtungsansatz** (Evers 1988) rückten global-regional-lokal verflochtene Handlungsebenen allmählich in den Mittelpunkt Geographischer Entwicklungsforschung. Damit richtete sie ihren Fokus auf eine institutionen- und akteursbezogene Multi-Ebenenforschung (Kreutzmann 2003, Rauch 2009). Einen umfassenden Überblick über theoretische und praktische Ansätze der Entwicklungsforschung gibt das Themenheft „Theorie und Praxis der Entwicklungsforschung" von Geographica Helvetica (2003/1), speziell die Ein-

führung von Hermann Kreutzmann. Zurzeit stehen solche Ansätze im Vordergrund Geographischer Entwicklungsforschung, die Raumstrukturen als regionale gesellschaftliche Erscheinungen und Prozesse begreifen und die Raum als „Arena" gesellschaftlicher Aushandlungsprozesse und als „Bühne" von gesellschaftlichem Handeln verstehen (Scholz 2004). Damit rückt, wie auch in anderen geographischen Teildisziplinen, das erkenntnistheoretisch schwer fassbare Spannungsverhältnis zwischen Räumlichkeit und Sozialem, zwischen Raum und Entwicklung, zwischen Struktur und menschlichem Handeln (*structure* und *agency*, Giddens 1988) in das Zentrum handlungsorientierter Geographischer Entwicklungsforschung.

Sozialwissenschaftliche und humangeographische Bezüge der Geographischen Entwicklungsforschung

Im Folgenden soll dargelegt werden, dass die Forschungsfelder der Geographischen Entwicklungsforschung immer auch Ausdruck aktueller Diskurse in der Sozialwissenschaft gewesen sind. Dabei gilt es auch zu zeigen, wo Defizite der Geographischen Entwicklungsforschung bei der Umsetzung neuerer Ansätze von Sozialwissenschaft und Humangeographie liegen und welche Perspektiven sich der Geographischen Entwicklungsforschung dadurch bieten.

Ökonomische Dimensionen von Entwicklung in der Geographischen Entwicklungsforschung

Lange Zeit ist Entwicklung mit wirtschaftlicher Entwicklung gleichgesetzt worden. Entwicklung wurde zum Beispiel in den jährlichen Weltentwicklungsberichten der Weltbank am Wachstum des Bruttosozialprodukts gemessen. Dabei wurden zunächst weder die Verteilung von Reichtum innerhalb der betreffenden Gesellschaften thematisiert, noch Fragen, die sich damit beschäftigten, was mit den wirtschaftlichen Ressourcen einer Volkswirtschaft für die Menschen und ihre Bedürfnisse tatsächlich geschaffen werden konnte. Immerhin zeigen die Weltentwicklungsberichte, wie eklatant die Entwicklungsschere zwischen armen und reichen Ländern auseinanderklafft und wie rasant das Tempo der Entwicklungskluft zwischen Arm und Reich zugenommen hat (Abb. 18.1.1). Erst die 1990 eingeführten **Berichte zur Menschlichen Entwicklung** der Weltentwicklungsorganisation UNDP (*United Nations Development Pro-*

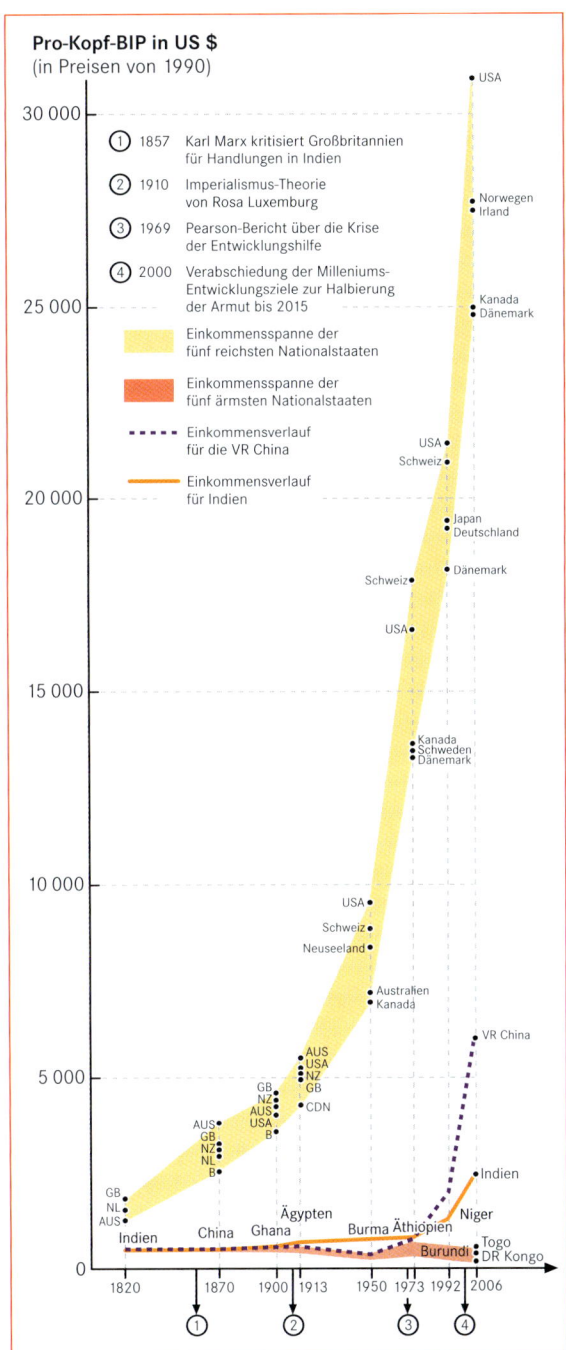

Abb. 18.1.1 Entwicklungsschere zwischen armen und reichen Ländern (verändert nach Kreutzmann 2008).

Ein weiterer wesentlicher Diskussionsstrang der Geographischen Entwicklungsforschung richtet sich auf die Rolle von Institutionen im wirtschaftlichen Entwicklungsprozess und knüpft damit an Strömungen in den Wirtschaftswissenschaften („Neue Institutionenökonomie"; North 1990), in der Wirtschaftsgeographie (z. B. im Kontext von Dezentralisierungsprozessen; Rauch 2001, Thomi 2001) und in der Politologie an (z. B. in Bezug auf Governance-Strukturen im Prozess des globalen Umweltwandels; Biermann 2007).

Soziale Dimensionen von Entwicklung in der Geographischen Entwicklungsforschung

Im sozialwissenschaftlichen und sozialgeographischen Kontext der Geographischen Entwicklungsforschung haben in jüngerer Zeit akteursorientierte und handlungstheoretisch ausgerichtete Ansätze einen Aufschwung erfahren. Meist geht es dabei um Analysen, die Entwicklungsakteure auf allen geographischen Verflechtungsebenen – von der lokalen bis zur globalen Ebene – betrachten und dabei ihre auf unterschiedliche Interessen ausgerichteten und auf ungleichgewichtigen Machtmitteln beruhenden Handlungsmöglichkeiten bzw. Handlungszwänge beleuchten (Krüger 2003). Für solche gesellschaftlichen Akteure, die in risikobehafteten Lebensumständen nach Sicherheit suchen, spielen handlungsermöglichende Schlüsselressourcen wie Land, Geld, Fertigkeiten, Gesundheit, Bildung oder soziale Netzwerke eine zentrale Rolle für einen aktiven Umgang mit dem Risiko und für die Überlebenssicherung. Diese Ressourcen werden bezeichnenderweise auch Aktiva (UNDP 1997) oder Kapitalien (Weltbank 2001) genannt. Der Zugang zu den Aktiva wird seinerseits durch institutionelle Regelungen bestimmt; gesellschaftliches Handeln ist immer auch in ein System kollektiver Regeln eingebunden. Insofern berücksichtigt eine handlungsorientierte Geographische Entwicklungsforschung auch strukturelle Rahmenbedingungen und thematisiert, im Sinne von Anthony Giddens (1988), das dialektische Verhältnis von *structure* und *agency*. Ein eindrucksvolles Beispiel für eine solche Sichtweise ist die Habilitationsschrift von Sabine Tröger (2004) über „Handeln zur Ernährungssicherung" in Tansania.

Politische Dimensionen von Entwicklung in der Geographischen Entwicklungsforschung

In jüngerer Zeit hat sich innerhalb der Humangeographie auch eine handlungsorientierte Politische Geographie herausgebildet (Wolkersdorfer 2001, Reuber 2000),

gramme) bezogen mit ihrem Index zur Menschlichen Entwicklung – ebenso wie spätere Weltbankberichte (z. B. Weltbank 2001) – soziale Aspekte wie Alphabetisierung und Lebenserwartung in den Entwicklungsbegriff ein (Coy & Kraas 2003; Abb. 18.1.2).

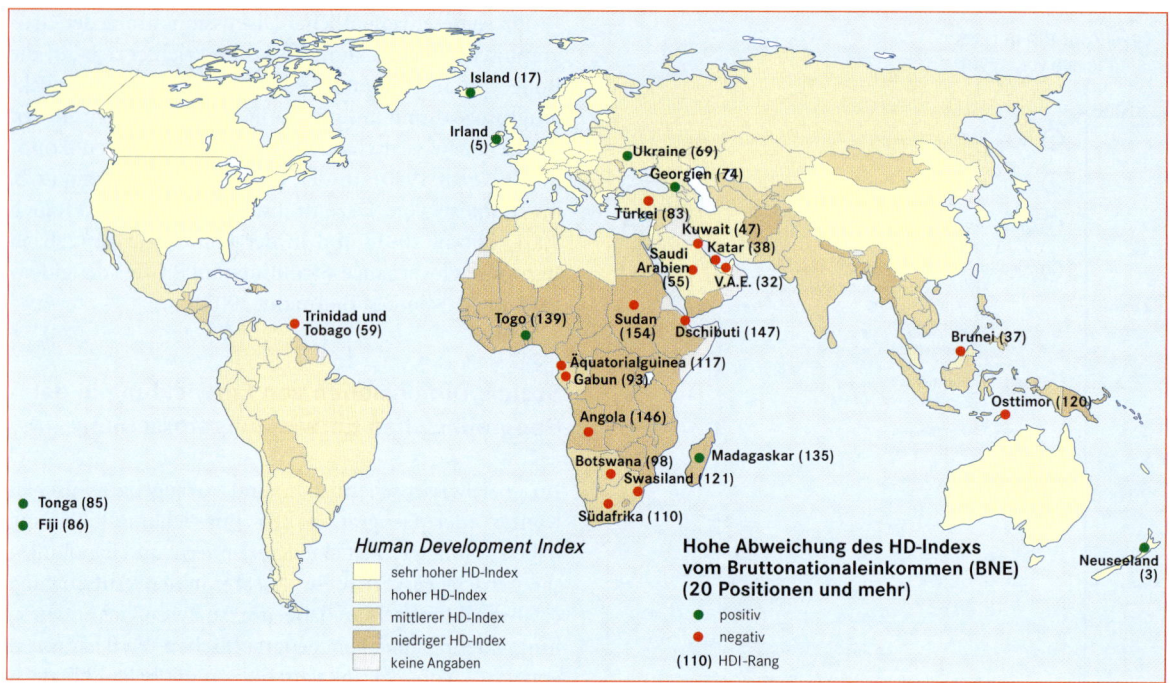

Abb. 18.1.2 *Human Development Index* 2007 (Quelle: UNDP 2010, Kartographie: M. Gref).

die den politischen Akteuren im Spannungsfeld von Raum, Macht und politischen Interessen besondere Beachtung schenkt (Kapitel 19). Reuber (2000) nennt als neue Forschungsfelder von handlungsorientierter Politischer Geographie: politische Auseinandersetzungen um ökologische Ressourcen, politische Konflikte um territoriale Kontrolle (Macht) und Grenzen, Globalisie-

rung und neue internationale Beziehungen, regionale Konflikte und neue soziale Bewegungen, politische Konflikte und raumbezogene Identitäten und die symbolische Repräsentation politischer Macht. Bereits diese Auswahl deutet an, so Reuber (2000), wie breit die Politische Geographie heute gefächert ist, wie aktuell ihre Themen sind und welche Bedeutung ihr auch im Rah-

Abb. 18.1.3 In vielen Entwicklungsländern gibt es landlose Bevölkerung, welche dann oft – wie hier in Südbrasilien – die Flächen von Großgrundbesitzern besetzt und illegale, provisorische Siedlungen errichtet. Je nach politischen Rahmenbedingungen werden solche Squattersiedlungen mit Gewalt wieder beseitigt oder aber in einem längeren Aushandlungsprozess „legalisiert" (Fotos: H. Gebhardt).

Abb. 18.1.4 Wochenmärkte bilden das traditionelle Versorgungssystem in vielen Entwicklungsländern. An die Stelle der alten Märkte auf freiem Feld (a) treten in jüngerer Zeit verstärkt Märkte längs der Überlandstraßen, auf denen direkt vom LKW verkauft wird (b, Fotos: H. Gebhardt).

men einer zeitgemäßen Kulturgeographie zukommt (Bohle 2004).

Die Geographische Entwicklungsforschung hat die politische Dimension von Entwicklung bislang nicht systematisch aufgegriffen. Im Zusammenhang mit institutionellen Regelungen im Entwicklungsprozess sind natürlich auch Ansätze von Strukturanpassung, Dezentralisierungs- oder Umweltpolitik bzw. Fragen von *empowerment*, politischer Diskriminierung oder politischer Ausgrenzung thematisiert worden. Auch politische Konflikte geraten zunehmend in den Blickpunkt politisch-geographisch ausgerichteter Entwicklungsforschung. Die Arbeiten von Dietsche (2004) über konfliktive Dimensionen der Erdölpipeline Tschad/Kamerun und die Studie von Fünfgeld (2007) über die sozio-ökologischen Auswirkungen des Gewaltkonflikts auf Sri Lanka gehören in diese Kategorie. Ein Themenheft von Petermanns Geographische Mitteilungen (2/2004) über „Krisen und Konflikte" hat zum Beispiel über die aktuelle Rolle von geopolitischen Leitbildern, über Konfliktpotenziale und Konfliktbewältigung in Südostasien, über Chinas verschwiegene Umweltkrisen und -konflikte oder über konfliktbeladene ethnische Heterogenität in Ostafrika berichtet (Kraas & Bork 2004). Auch das Themenheft „Neue Kriege, Gewaltökonomien und Geographien der Gewalt" (Themenheft der „Zeitschrift für Wirtschaftsgeographie" 3-4/2007) greift politische Konflikte auf (Krings & Schneider 2007).

Kulturelle Dimensionen von Entwicklung in der Geographischen Entwicklungsforschung

Auch die Kulturgeographie hat innerhalb der deutschen Humangeographie eine Neubelebung zu verzeichnen.

Kultur, so Gebhardt et al. (2003) in ihrem Reader zur Kulturgeographie, sei auf dem Weg, noch stärker als bisher zum Motor der sozialen und politischen Differenzierung unserer Welt zu werden. Gleichzeitig reüssiere „Raum" in den Kulturwissenschaften zu einer symbolischen Kategorie sozialer Distinktion und kultureller Differenzierung. Eine „Verräumlichung" der Kulturwissenschaften gehe also einher mit einer „Wiederentdeckung des Kulturellen" in der Humangeographie.

Auch in der Geographischen Entwicklungsforschung lassen sich Ansätze kulturwissenschaftlich orientierter Forschung erkennen, beispielsweise an der Schnittstelle von Ethnologie und Umweltwissenschaften. So beschäftigt sich die **Ethnoökologie** (Müller-Böker 1995, 1999) mit den Mensch-Umwelt-Beziehungen traditioneller vorindustrieller Kulturen, speziell mit tradierten Erfahrungswerten und kulturellen Strategien, die ein Überleben unter extremen Umweltbedingungen ermöglicht haben (z. B. in Trockenräumen oder Hochgebirgsregionen). Ethnoökologische Ansätze der Geographischen Entwicklungsforschung konzentrieren sich im Sinne einer handlungsorientierten Geographie auf die aktive Suche nach kulturell eigenständigen, angepassten Strategien der Überlebenssicherung, beispielsweise auf autochthones Umweltwissen, ethnospezifische Umweltbewertungen, indigene ökologische Klassifikationssysteme oder lokal angepasste Nutzungssysteme (Krings 1992).

Kulturelle Dimensionen greifen auch empirische Studien zu sozialen Netzwerken auf. So hat zum Beispiel Lohnert (2007) die Rolle von sozialen Netzwerken und Sozialkapital für Migration und Stadt-Land-Verflechtungen in Südafrika thematisiert. Noe (2007) hat soziale Netzwerke von Marginalgruppen in Colombo in Hinsicht auf die Bewältigungen von Krankheit und den

Erhalt von Gesundheit untersucht. Die Arbeit von Steinbrink (2009) über Migration in Südafrika zeigt, dass die Überlebenssicherung verwundbarer Haushalte nur durch transnationale soziale Netzwerke funktioniert. Ein geographischer Beitrag zum Konzept von Sozialkapital (Bohle 2005) hat schließlich herausgestellt, dass dieser Ansatz für die Geographische Entwicklungsforschung vor allem in den Themenbereichen *empowerment*, Überlebenssicherung und Wahlfreiheiten der Verwundbaren fruchtbar gemacht werden kann.

Kulturwissenschaftliche Aspekte von Geographischer Entwicklungsforschung sind auch in der **geographischen Konfliktforschung** thematisiert worden. Die diskursive Verkopplung von Kultur (z. B. Sprache, Religion, Ethnizität, Identität), Territorialität und Macht, so zum Beispiel Gebhardt et al. (2003), ermögliche eine Verortung des Eigenen und des Fremden (Kapitel 19). Hierin liege auch der Keim für die aktive Ausgrenzung von Minderheiten (z. B. durch Stigmatisierung und Diskriminierung im Kontext von HIV/AIDS; Geiselhart 2009) und für daraus abgeleitete territoriale Konflikte. Diskurse über Raum und Kultur erzeugten so eine symbolische „Architektur der Macht". Sie würden damit zu einem Nährboden für vielfältige Konflikte um Raum und Macht, von der lokalen sozialen Segregation über regionale Standort- und Verteilungskonflikte bis hin zu ethnischer Säuberung und Völkermord (Wolkersdorfer 2001).

So ist beispielsweise der Bürgerkrieg auf Sri Lanka als ein „ethnisierter" Konflikt dargestellt worden (Bohle 2004). Selbstmordattentate, unvorstellbare Gräueltaten, ethnische Säuberungen und Völkermord haben hier, ganz im Sinne von Michael Watts (2000), neue „Geographien von Gewalt" geschrieben. Auch diskursive Auseinandersetzungen und lokale Deutungsprozesse im Schnittfeld von Naturgefahren, Hungerkriegen, Konflikten und externen Interventionen (Rettberg 2009 über die Afar-Nomaden in Äthiopien) sind hier zu nennen.

Erst an der Schnittstelle zwischen Politik, Ökonomie, Kultur, Ökologie und Raum, so ein Fazit dieser Analyse, kann eine konfliktbezogene, akteursorientierte und handlungsgeleitete Geographische Entwicklungsforschung wirklich fruchtbar werden. Insofern haben zurzeit solche Ansätze Konjunktur, die verschiedene Dimensionen von Entwicklung bzw. Unterentwicklung miteinander verknüpfen und interdisziplinär vorgehen. Eine weitgefasste geographische Verwundbarkeitsforschung ist hierfür ebenso ein Beispiel wie neue Ansätze in der geographischen *resilience*-Forschung.

Vieldimensionale Geographische Entwicklungsforschung: das Beispiel der geographischen Verwundbarkeits- und *resilience*-Forschung

Ansätze von sozialer und ökologischer Verwundbarkeit

Der Verwundbarkeitsansatz wurde in den 1980er-Jahren sowohl im Rahmen der sozialwissenschaftlichen Entwicklungsforschung (Chambers 1989) als auch innerhalb der entwicklungsorientierten Umweltwissenschaften (Timmermann 1981) eingeführt. In den Sozialwissenschaften ging es zunächst um eine Erweiterung des Armutsbegriffes und um seine „Disaggregierung" (Swift 1989). Soziale Verwundbarkeit wurde hier als eine Funktion der Risikoexposition und der Schutzlosigkeit gesellschaftlicher Gruppen sowie ihres Mangels an Bewältigungs- und Anpassungsmöglichkeiten verstanden. Diese Funktion aus Exposition einerseits und Reaktion andererseits bildet bis heute den Kern des sozialwissenschaftlichen Verwundbarkeitskonzeptes (Krüger 2003).

Als Grundgerüst **sozialer Verwundbarkeit** haben Watts und Bohle (1993) die „Koordinaten" von Risikoexposition, Bewältigung und Folgeschäden herausgestellt und drei Ursachenkomplexe zur Erklärung von sozialer Verwundbarkeit vorgeschlagen. Soziale Verwundbarkeit beruht demzufolge auf gesellschaftlichen Strukturen und Beziehungen, welche die verwundbaren Gruppen und Gesellschaften in ein Netzwerk aus kritischer Ressourcenbasis, mangelnden Verfügungsrechten und prekären Abhängigkeitsverhältnissen und damit in eine riskante Position der Benachteiligung rücken (Krüger 2003). Diese Risikoexposition bildet dann als „externe" Seite von Verwundbarkeit (Chambers 1989) ein Strukturgeflecht im Sinne von Giddens' (1988) Strukturationstheorie. Innerhalb von risikobehafteten Rahmenbedingungen (*structure*) suchen verwundbare Gruppen und Gesellschaften aktiv nach Anpassungsmöglichkeiten und Bewältigungsoptionen (*agency*), um ihr Überleben zu sichern und drohende negative Folgewirkungen abzuwehren. Auf diese „interne" Seite von Verwundbarkeit richten sich verstärkt die handlungsorientierten Ansätze der geographischen Verwundbarkeitsforschung (Bohle 2001a). Auch erste Versuche einer konsequenten Operationalisierung des Verwundbarkeitskonzeptes (Birkmann 2006) haben sich ganz auf die Aktivitätsmuster verwundbarer Gruppen konzentriert.

Aus sozialwissenschaftlicher Sicht ist gesellschaftliche Verwundbarkeit demzufolge immer ein relationales und dynamisches Konzept, das gesellschaftliche Beziehungen und Prozesse als Bestimmungsfaktoren von Verwundbarkeit sieht, zum Beispiel Machtverhältnisse, verfügungsrechtliche Beziehungen, Partizipationschancen oder sich verändernde Mensch-Umwelt-Beziehungen. Da Beziehungen von Macht und Ohnmacht, Partizipation und Marginalisierung, Verfügungsrechten und Ausgrenzung immer auch politischer Natur sind, können Verwundbarkeitsanalysen niemals ganz wertneutral sein. Darüber hinaus ist sozialwissenschaftliche Verwundbarkeitsforschung stets gesellschaftliche Mehrebenen-Analyse, beispielsweise im Kontext von individuellen *livelihoods*-Krisen, regionalen Sozialkrisen und umfassenden Gesellschaftskrisen (Abb. 18.1.5). Auch die gesellschaftlichen Bedrohungen sind mehrskaliger Natur und vielschichtig. Sie reichen von individueller Risikoexposition gegenüber Krankheit, Armut oder Hunger über gruppenspezifische Schutzlosigkeiten in Form von Nahrungskrisen oder Verfall sozialer Sicherungssysteme bis hin zu umfassenden Gesellschaftskrisen wie Bürgerkriegen, Megaurbanisierung oder Fragmentierung (Abb. 18.1.5, Exkurse 18.1.1, 18.1.2).

Wie in der sozialwissenschaftlichen Verwundbarkeitsforschung wird auch **ökologische Verwundbarkeit**

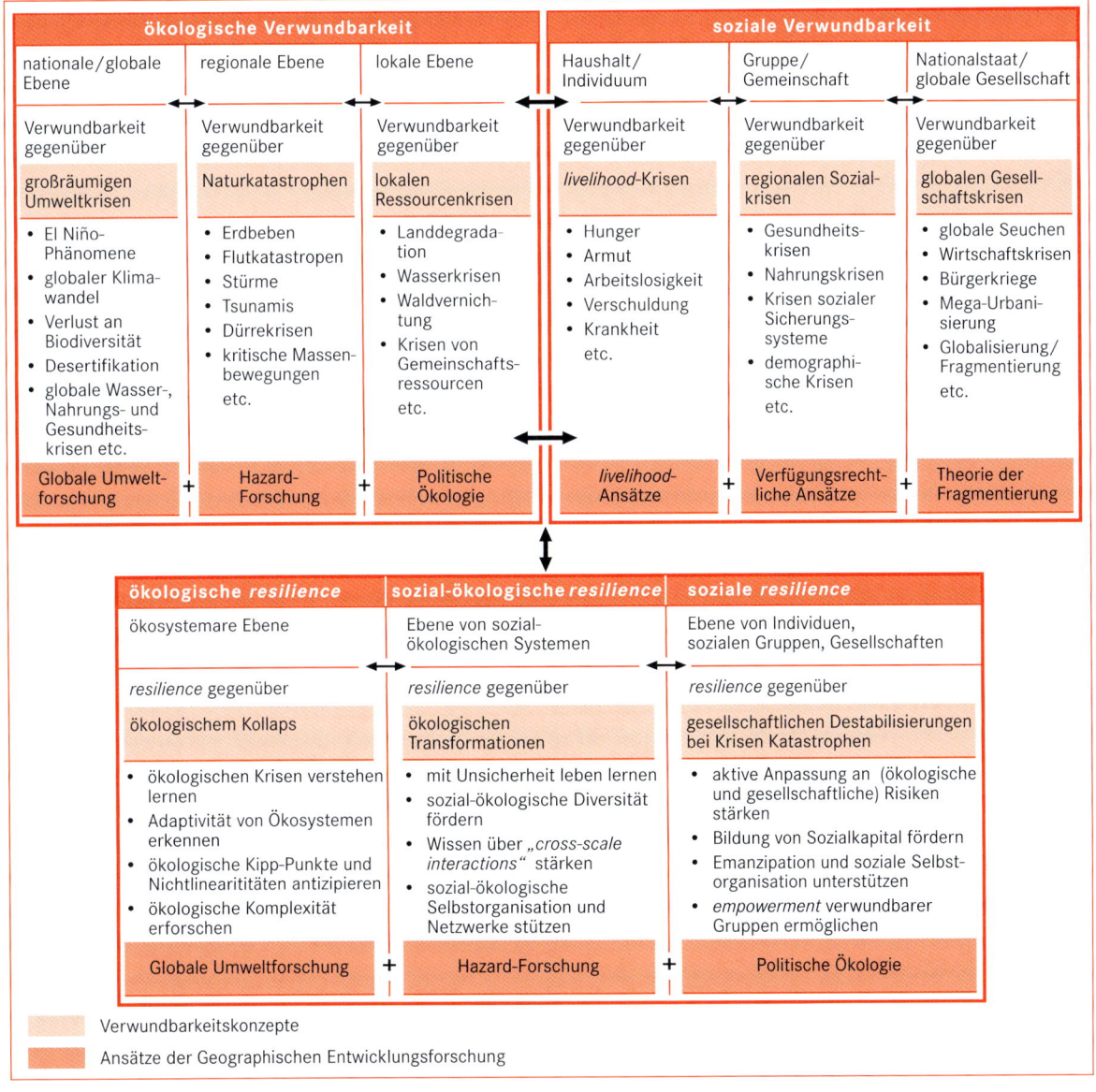

Abb. 18.1.5 Ein Analyserahmen zur Verwundbarkeitsforschung und zur Stärkung von *resilience*.

Exkurs 18.1.1

Ansätze zu *livelihoods* (nach Bohle 2009)

In der sozialwissenschaftlichen Verwundbarkeitsforschung richtet sich der Fokus auf der individuellen oder der Haushaltsebene schwerpunktmäßig auf die Faktoren, die im Kontext risikoreicher Lebensbedingungen eine nachhaltige Sicherung von Lebenssystemen (*sustainable livelihoods security*) ermöglichen. *Livelihoods* umfassen dabei alle Fähigkeiten, Ausstattungen und Handlungen, die zur Existenzsicherung erforderlich sind. Das *livelihoods*-Konzept, das vom *Institute of Development Studies* in Sussex entwickelt wurde (Scoones 1998) und von Entwicklungsorganisationen wie der britischen Entwicklungsbehörde DFID, OXFAM oder CARE als praktische Arbeitsgrundlage aufgegriffen wurde (DFID 1999), richtet sich auf die Portfolios von Ausstattungen, die einen Haushalt je nach seinem spezifischen Verwundbarkeitskontext existenziell abzusichern vermögen. Ein Lebenshaltungssystem ist dann nachhaltig, wenn es Stress- oder Schockereignisse abfedern, bewältigen und sich davon erholen kann und dabei die verfügbaren materiellen und immateriellen Vermögenswerte sichert, ohne die natürliche Ressourcenbasis auszuhöhlen (Krüger 2003). Insofern ist dieses Konzept ein typisches Beispiel für handlungsorientierte Entwicklungsforschung im Spannungsfeld von *structure* und *agency*.

Im Mittelpunkt von *livelihoods*-Ansätzen steht das sogenannte *livelihoods*-Framework, das die zentralen Elemente und Strategien von Lebenssicherung abbildet und die gewünschten Ergebnisse aufführt (Abb. 1). Der Analyserahmen geht von den in einem Pentagon angeordneten fünf *livelihoods assets* aus: Humankapital (Wissen, Fähigkeiten, Fertigkeiten, Gesundheit usw.), Naturkapital (Land, Wasser, Boden, Biodiversität usw.), Sozialkapital (soziale Netzwerke, traditionelle Sicherungssysteme usw.), Sachkapital (Infrastruktur, Produktionsmittel, Wohnraum usw.) und Finanzkapital (Einkommen, Ersparnisse, Kreditzugang usw.; Krüger 2003). Im Kontext von strukturellen Rahmenbedingungen (*vulnerability context, transforming structures and processes*) münden diese Aktiva bzw. Kapitalien in Lebenssicherungsstrategien ein und werden dadurch in gesicherte Lebensbedingungen (*livelihoods outcomes*) umgesetzt (Abb. 1). Empirische Erhebungen der Geographischen Entwicklungsforschung, die das *livelihoods*-Framework genutzt haben (Bohle 2001b über Bergbauern in Nepal), konnten die analytische Brauchbarkeit des *livelihoods*-Konzeptes durchaus nachweisen. Allerdings wurde auch deutlich, dass wichtige Bestimmungsfaktoren von Lebenssicherung in dem Konzept fehlen, beispielsweise die Frage nach der Entstehung von *livelihoods*-Portfolios, nach den Bedingungen von Zugang zu bzw. Kontrolle über existenzsichernde Aktiva und nach den Möglichkeiten der Akteure, ihre Portfolios im Kontext gesellschaftlicher und ökologischer Transformationsprozesse mehr oder weniger erfolgreich an neue Rahmenbedingungen anzupassen. Auch ist es keineswegs vorgegeben, dass Lebenssicherungssysteme immer auch in erfolgreiche Lebenssicherung einmünden. In der Entwicklungspraxis hat der *livelihoods*-Ansatz dennoch dazu beigetragen, einen systematischen Zugang zum Überlebenshandeln besonders verwundbarer Individuen, Haushalte oder gesellschaftlicher Gruppen zu ermöglichen und somit Ansatzpunkte für externe Interventionen aufzuzeigen (Krüger 2003).

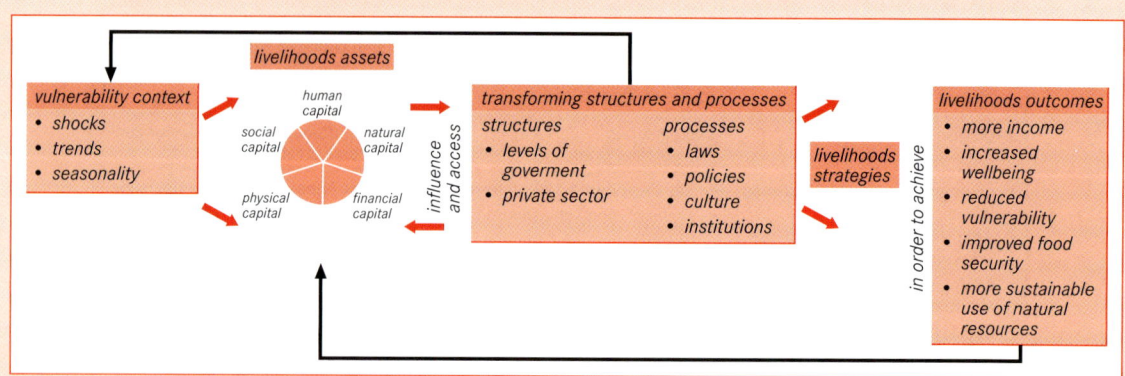

Abb. 1 Das *livelihoods*-Framework (verändert nach DFID 1999).

Exkurs 18.1.2

Verfügungsrechtliche Ansätze (nach Watts und Bohle 2003)

In seinen Untersuchungen über Armut und Hungerkrisen in Indien, Äthiopien und Bangladesh ist Amartya Sen (1981) zu der Einsicht gelangt, dass es nicht in erster Linie die mangelnde Produktion oder das physische Nichtvorhandensein von Nahrungsmitteln ist, wodurch Hungersnöte verursacht werden, sondern der eingeschränkte Zugang zu – durchaus vorhandenen – Nahrungsmitteln. Die Bestimmungsfaktoren, die den Zugang zu Nahrungsmitteln regeln und Zugangsrechte ausmachen, nennt Sen *entitlements*. Dabei unterscheidet er vier Typen von Verfügungsrechten: solche, die auf Austausch beruhen (***trade-based entitlements***), die auf Produktion basieren (***production-based entitlements***), die sich auf eigene Arbeitskraft stützen (***own-labour entitlements***) oder die Transfers wie Renten, Erbschaften oder Spenden umfassen (***inheritance and transfer entitlements***). Mit dem verfügungsrechtlichen Ansatz gelingt es Sen, die gesellschaftlichen Bedingungen von Hungerkrisen zu erfassen und zu operationalisieren. Allerdings wird wenig über die Mechanismen und gesellschaftlichen Kräfte gesagt, die spezifische Verfügungsrechte hervorbringen oder die den Zugang zu Verfügungsrechten bestimmen. Sen zollt nämlich weder den Kräften nähere Beachtung, die Verfügungsrechte erzeugen oder verändern, noch der Frage, wie Verfügungsrechte eigentlich geschützt oder gefördert werden könnten (Watts & Bohle 2003).

Empirische Studien der Geographischen Entwicklungsforschung zu Nahrungssystemen und Hungerkrisen haben dagegen gezeigt, wie vielfältig die sozialen Interaktionen sind, durch die Verfügungsgewalt über Nahrung erst wirksam wird, welche komplexen Lebenssicherungsstrategien dazu verwendet werden und wie stark der Zugang zu Nahrung durch indigene Institutionen, kulturelle Praxis und soziale Beziehungsmuster beeinflusst wird (Tröger 2002). Verfügungsrechte über Nahrung und der dadurch vermittelte „Nahrungskontrakt" lassen sich vereinfacht anhand von vier Dimensionen darstellen: direkte, staatliche, institutionelle und globale Verfügungsrechte (Abb. 1). In der Praxis sind diese vier Grundpfeiler von Verfügungsrechten jedoch in

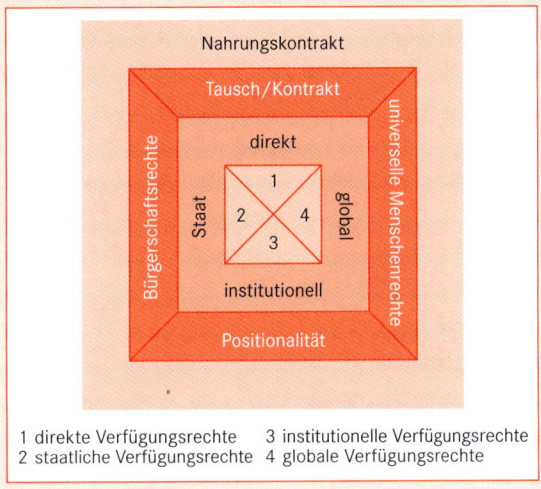

1 direkte Verfügungsrechte   3 institutionelle Verfügungsrechte
2 staatliche Verfügungsrechte   4 globale Verfügungsrechte

Abb. 1 Verfügungsrechtliche Netzwerke (verändert nach Watts & Bohle 2003).

komplexer Weise miteinander verknüpft. Erstens sind Verfügungsrechte soziale Konstrukte, sie sind Ausdruck sozialer Prozesse und gesellschaftlicher Repräsentationen. Zweitens sind Verfügungsrechte komplexe Gefüge kultureller, institutioneller und politischer Praxis, die grundsätzlich instabil sind: Verfügungsrechte werden durch Konflikt, Verhandlung und Streit immer wieder neu konstituiert und reproduziert. Drittens bestätigen so verstandene gesellschaftliche Verfügungsrechte die von Sen nicht weiter ausgeführte Beobachtung, dass das Verhältnis zwischen Menschen und Nahrungsmitteln als ein Netzwerk von verfügungsrechtlichen Beziehungen verstanden werden müsse. Damit sind gerade die verfügungsrechtlichen Ansätze der sozialwissenschaftlichen Verwundbarkeitsforschung ausgesprochen relationaler Natur.

---

als ein mehrskaliges und vieldimensionales Phänomen gesehen, das lokale Ressourcenkrisen ebenso umfasst wie Naturkatastrophen auf regionaler Ebene oder globale Umweltkrisen. Auf der mittleren Maßstabsebene sind von Kasperson et al. (1995) die Begriffe *regions at risk* oder *critical regions* in die ökologische Verwundbarkeitsforschung eingeführt worden. Die Kritikalität ökologischer Syndrome oder Verwundbarkeitskontexte

äußert sich dabei in einer Kombination von kleinräumigen Prozessen wie Landdegradation, Übernutzung von Waldressourcen oder lokalen Wasserkrisen über regionale Naturkatastrophen wie Dürrekrisen oder Flutkatastrophen bis hin zu großräumigen Umweltkrisen in Form von globalem Umweltwandel oder Desertifikation (Exkurse 18.1.3, 18.1.4 und 18.1.5).

 **Exkurs 18.1.3**

Politische Ökologie (nach Krings 1998, 1999, 2008)

Der Ansatz der Politischen Ökologie – im Wesentlichen auf den grundlegenden Arbeiten von Blaikie und Brookfield (1987) und Bryant und Bailey (1997) basierend – kombiniert das Anliegen der Ökologie mit einer sehr weit gefassten politischen Ökonomie (Krings 1998, Kapitel 27.3). Zentral für die Politische Ökologie ist die Analyse der Beziehung zwischen politisch-gesellschaftlichen Rahmenbedingungen und Umweltwandel, Umweltkrisen und Umweltkonflikten. Prozesse der Umweltveränderung, so eine der Kernthesen des Ansatzes, werden immer auch durch soziale Verhältnisse bestimmt (Büttner 2001). Dabei fasst die Politische Ökologie Umweltkrisen und -konflikte als Interaktionsergebnis von Akteuren verschiedener Handlungsebenen auf, die unterschiedliche Interessen verfolgen. Im Kontext ungleicher Machtbeziehung stehen ihnen unterschiedliche Handlungsspielräume zur Verfügung, und sie profitieren in unterschiedlichem Maße von den Ergebnissen des Umweltwandels bzw. sie verlieren dabei. Daraus resultieren Akkumulations-

und Marginalisierungsprozesse auf den unterschiedlichsten Handlungsebenen (Abb. 1). Als soziale Gegenbewegungen sind gerade in den periphersten und am stärksten degradierten Regionen oft ökologisch motivierte Befreiungsbewegungen zu beobachten (*Liberation Ecologies*, Peet & Watts 1996). Umweltwandel, Umweltkrisen und Umweltkonflikte müssen daher im Kontext von Armut, Marginalität und Verwundbarkeit einerseits und von lokaler, regionaler und globaler Verfügungs- und Entscheidungsmacht andererseits betrachtet werden (Krings 1999). Im Themenheft der „Geographischen Rundschau" 12/2008 hat Thomas Krings als Herausgeber die Grundlagen und aktuellen Arbeitsfelder der Politischen Ökologie zusammenfassend dargelegt. Krings (2008) hat dabei herausgestellt, dass die Politische Ökologie eine zunehmende Bedeutung für kontroverse Debatten über Natur, Umwelt und Ressourcen erlangt hat, und dies nicht nur für weniger entwickelte Länder, sondern auch für die Industriestaaten.

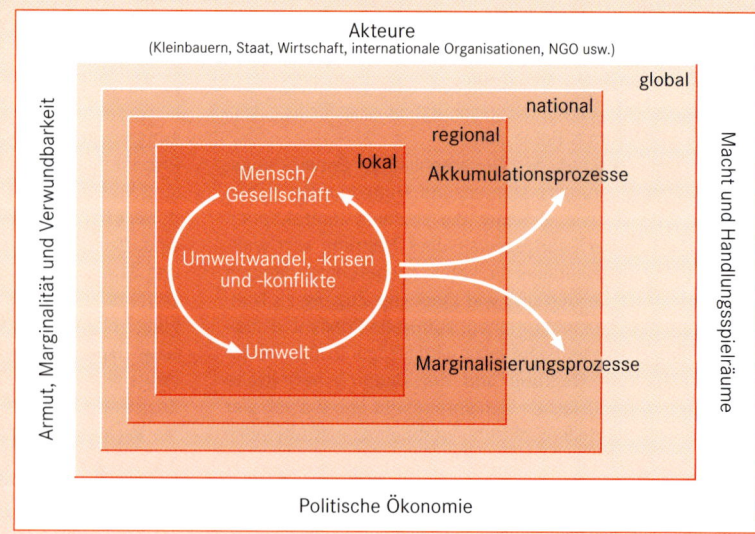

Abb. 1 Das Konzept der Politischen Ökologie (verändert nach Sakdapolrak 2005).

Neue Ansätze der *resilience*-Forschung

Das Konzept von *resilience* wird speziell in der globalen Umweltforschung als ein Ansatz gehandelt, der Antworten auf die Frage ermöglicht, wie verwundbare Menschen und Gesellschaften innerhalb von komplexen, sich schnell transformierenden sozial-ökologischen Systemen „navigieren" können (so der Buchtitel von Berkes

et al. 2003). Der Aufbau oder die Stärkung von ökologischer, sozial-ökologischer und sozialer *resilience* gilt allgemein als ein Schlüssel für nachhaltige Entwicklung und speziell für die Überlebenssicherung von verwundbaren Gruppen (IFRC 2004). Den Kontext für neue geographische Ansätze der *resilience*-Forschung bilden krisenhafte, zum Teil katastrophale ökologische und gesellschaftliche Veränderungen in der „Weltrisikoge-

Exkurs 18.1.4

Ansätze der Hazardforschung (nach Wisner et al. 2004)

In ihrem weit beachteten Buch *„At risk: natural hazards, people's vulnerability and disasters"* haben Ben Wisner et al. (2004) versucht, die Zusammenhänge zwischen Naturkatastrophen und Verwundbarkeit systematisch aufzuarbeiten. Ihrer Analyse zufolge ereignet sich eine Naturkatastrophe (*disaster*), wenn verwundbare Menschen einer Naturgefahr (Hazard) ausgesetzt sind und dadurch ihr Lebenssicherungssystem (*livelihoods system*) so in Mitleidenschaft gezogen wird, dass sie sich ohne fremde Hilfe nicht mehr davon erholen können (Kapitel 28). Das Modell von *Pressure and Release* (PAR) dient dazu, diese Zusammenhänge systematisch aufzudecken (Abb. 1) und zu zeigen, dass eine Naturkatastrophe immer ein Zusammenspiel von zwei wechselseitig wirksamen Kräften ist: einerseits die Prozesse, die Verwundbarkeit erzeugen, und andererseits das natürliche Extremereignis selbst. Die Wirkung ist die eines „Nussknackers", der auf die betroffenen Menschen von beiden Seiten

aus (Naturgefahr versus Verwundbarkeit) Druck (*pressure*) ausübt. Die Idee von Druckentlastung (*release*) richtet sich auf die Verminderung von Verwundbarkeit als der einzig wirklich sinnvollen Möglichkeit, Naturgefahren auf Dauer zu begegnen. Daher widmet das PAR-Modell seine Aufmerksamkeit auch ganz dem Aspekt von Verwundbarkeit. Dem Modell zufolge entsteht Verwundbarkeit durch eine Abfolge von Grundursachen (*root causes*), dynamischen Druckfaktoren (*dynamic pressures*) und unsicheren Verhältnissen (*unsafe conditions*). Das Modell deutet auch an, dass das extreme Naturereignis selbst oft funktional und räumlich von den Bedingungen getrennt ist, die Verwundbarkeit hervorbringen. Verwundbarkeit gegenüber Naturgefahren, so das Fazit des PAR-Modells, ist in gesellschaftlichen Prozessen und Ursachenbündeln begründet, die letztlich mit den Naturgefahren selbst wenig zu tun haben müssen.

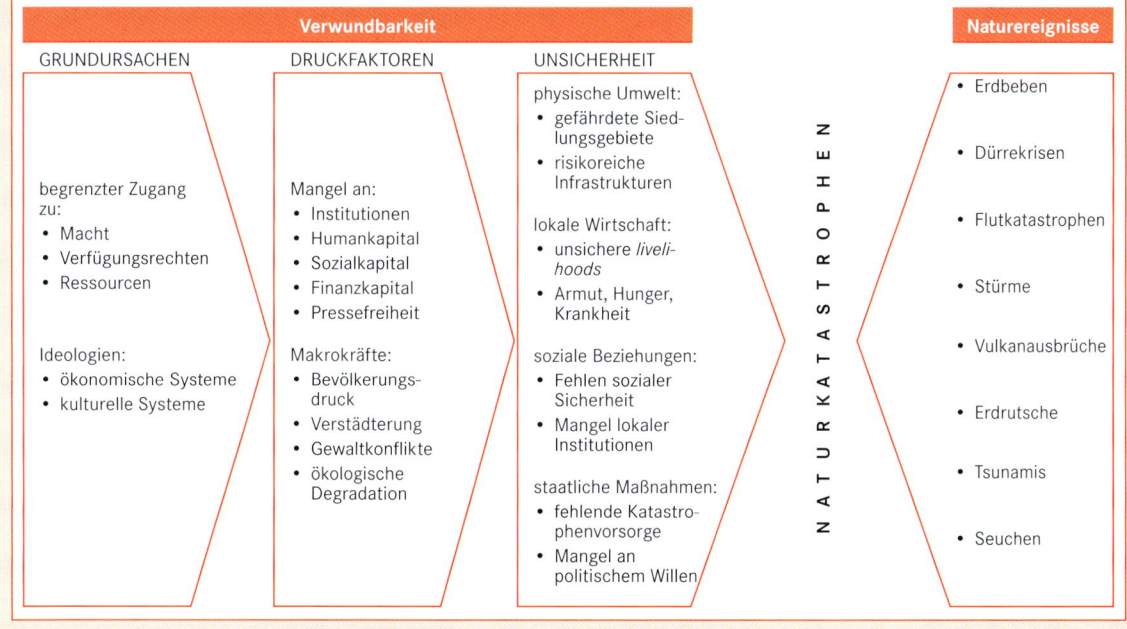

Abb. 1 Das *Pressure-and-release*-Modell (PAR-Modell, verändert nach Wisner et al. 2004).

sellschaft" (Beck 2007), in der die Analyse von Naturrisiken und Sozialkatastrophen ein zentrales geographisches Forschungsfeld bildet (Felgentreff & Glade 2008). *Resilience* ist in diesem Zusammenhang auch als ein neues Paradigma für „Leben mit Risiko" und für die

„Risikowelten von morgen" (Bohle 2008a) bezeichnet worden.

Das Konzept von *resilience* stammt aus der ökologischen Forschung. Ansätze **ökologischer *resilience*** wurden 1973 von Holling begründet (Exkurs 18.1.6). Mit

Exkurs 18.1.5

Globale Umweltforschung (nach GECAFS Science Plan 2005)

Für die Geographische Entwicklungsforschung sind besonders solche Ansätze der globalen Umweltforschung von Interesse, die systematisch Fragen von globalen ökosystemaren Veränderungen mit Problemen von globalen wirtschaftlichen und gesellschaftlichen Transformationen verknüpfen. Das Forschungsprogramm *Earth System Science Partnership* (ESSP) ist hierfür exemplarisch. In einem Forschungsverbund von *World Climate Research Programme* (WCRP), *International Geosphere-Biosphere Programme* (IGBP), *Diversitas* und *International Human Dimensions of Global Environmental Change Programme* (IHDP) richtet sich eine integrierte Gesellschaft-Umwelt-Forschung auf Fragen von globalen Kohlenstoffkreisläufen, Wassersystemen, menschlicher Gesundheit, Nahrungssystemen und *governance*-Strukturen. Gerade der Zusammenhang von Wasser, Nahrung und Gesundheit (Bohle 2008b) im Kontext von globalem Umweltwandel und Globalisierung (*double exposure*; Leichenko & O'Brien 2008) ist für die Geographische Entwicklungsforschung ein zentrales, integrierendes Zukunftsthema. In dem ESSP/IHDP-Kernprogramm *Global Environmental Change and Food Systems* (GECAFS) wird zum Beispiel in einem interdisziplinären Zugang über den Zusammenhang zwischen Ernährungssicherung, Umweltwandel und Globalisierung geforscht. Ziel des Projekts ist es, Strategien zu entwickeln, wie Gesellschaften mit dem Einfluss von „Global Change" auf sich schnell transformierende Nahrungssysteme umgehen können, welche Herausforderungen für Ernährungssicherung dabei bewältigt werden müssen und wie adaptive Institutionen und *governance*-

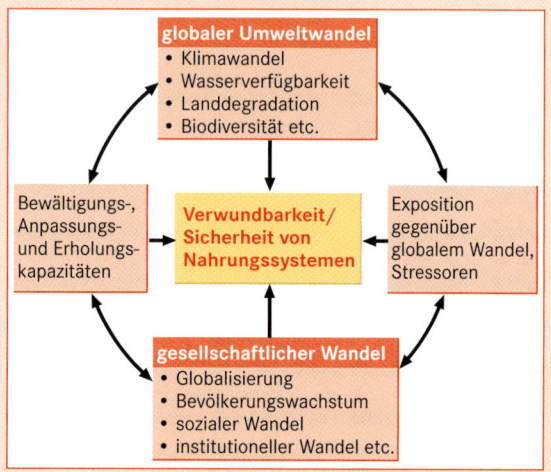

Abb. 1 Verwundbarkeit von Nahrungssystemen und Ernährungssicherheit im Spannungsfeld zwischen Umwelt- und Gesellschaftswandel (verändert nach GECAFS 2005).

Strukturen aussehen müssen (Bohle et al. 2009b), um sich proaktiv auf die zu erwartenden Probleme der globalen Ernährungssicherung einzustellen. Der Analyserahmen, der im *Science Plan* von GECAFS vorgestellt wurde (Abb. 1), veranschaulicht die Komplexität dieser Forschungen.

---

einem Fokus auf Zyklen von Adaptivität und auf die Komplexität und Dynamik von Ökosystemen hat Holling auch zentrale Bausteine für neuere Ansätze der sozial-ökologischen und sozialen *resilience*-Forschung entwickelt (Holling 2003).

Die Vorstellung von **sozial-ökologischer *resilience*** wurde schwerpunktmäßig von der *resilience alliance* propagiert. Sie definiert sozial-ökologische *resilience*, ganz im Sinne von Holling, als die adaptive Kapazität von sozial-ökologischen Systemen (z. B. von Agrarsystemen), sich nach Schocks, Störungen oder Stress so zu reorganisieren, dass ihre ökologischen Funktionen und zugleich ihre gesellschaftlichen Leistungen schnellstmöglich wiederhergestellt werden (z. B. die *ecosystems services*; MA 2005). In der Geographischen Entwicklungsforschung sind bislang vor allem solche Ansätze der sozial-ökologischen *resilience*-Forschung verfolgt

worden, die die Transformationen von ressourcenbasierten Managementsystemen (Exkurs 18.1.7) analysieren und resiliente Übergänge einfordern.

Die offizielle Definition der *resilience alliance* (RA 2010) fasst *resilience* als „*the capacity of a system to absorb disturbance, moderate change, and still retain essentially the same function, structure, identity and feedbacks*". Das 2007 gegründete *Stockholm Resilience Centre* unter der wissenschaftlichen Leitung von Carl Folke ist ein Meilenstein in der jüngsten Entwicklung der *resilience*-Forschung. Hier wird *resilience* pointiert als „*the capacity to deal with change and continue to develop*" definiert. Als Hauptaufgabe dieses Instituts gilt die Forschung zur *governance* von sozial-ökologischen Systemen.

Die Vorstellung von **sozialer *resilience*** ist ein ganz neues Forschungsfeld, das sich speziell in der Entwick-

Exkurs 18.1.6

Ökosystemare *resilience*-Forschung (nach Holling 2003)

Die herkömmliche Auffassung von Ökosystemen als stabile, im Gleichgewicht befindliche Gefüge wurde von C.S. Holling 1973 radikal infrage gestellt. Er ersetzte diese statische Vorstellung durch eine dynamische Konzeption von Ökosystemen, die durch Zyklizät (Abb. 1), Elastizität und *resilience* gekennzeichnet sind. *Resilience* meint dabei die Fähigkeit von Ökosystemen, Schocks zu absorbieren, sich nach Störungen zu reorganisieren und dadurch ihre Funktion langfristig aufrechtzuerhalten. Maßzahlen für ökologische *resilience* sind somit die Robustheit des Systems sowie die Geschwindigkeit, mit der es sich nach Störungen zu reorganisieren und anzupassen vermag.

Mit seinen Arbeiten zur ökologischen *resilience* hat Holling den Fokus auf komplexe adaptive Systeme gerichtet. Diese neue Auffassung, die später in die sozial-ökologische *resilience*-Forschung einfloss (Holling 2003), hat erhebliche praktische Bedeutung, etwa beim Management von natürlichen Ressourcen. Die alte gleichgewichtsorientierte Vorstellung, Ressourcenmanagement müsse Harmonie, Ordnung und Gleichgewicht der Ökosysteme zum Ziel haben, wird durch neue Formen eines adaptiven Ressourcenmanagements ersetzt, das Ökosysteme als komplexe dynamische Systeme versteht. Nach dieser Auffassung können Störungen sogar die *resilience* von Ökosystemen stärken, indem ihre Anpassungsfähigkeit durch ökologische Lernef-

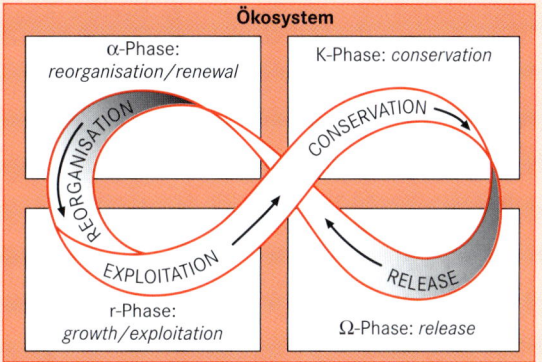

Abb. 1 Adaptiver Zyklus (verändert nach Berkes et al. 2003).

fekte und den Aufbau eines „ökologischen Gedächtnisses" zunimmt. Für die soziale *resilience*-Forschung ergeben sich daraus ebenfalls neue Perspektiven, zum Beispiel die Vorstellung von adaptiven Institutionen und *governance*-Systemen, die verwundbare Lebenshaltungssysteme stützen und zu einer Quelle resilienter gesellschaftlicher Transformationen werden können (Exkurs 18.1.8).

lungspraxis von Nichtregierungsorganisationen (IFCR 2004) und in der Geographischen Entwicklungsforschung herausgebildet hat. Die adaptiven Kapazitäten von gesellschaftlichen Akteuren auf allen Ebenen, tiefgreifende Transformationsprozesse und die damit verbundenen Risiken zu bewältigen (z. B. in den Megastädten der Dritten Welt), stehen dabei im Mittelpunkt. Dabei geht es beispielsweise um Nahrungssysteme in Dhaka/Bangladesh (Keck et al. 2008) oder um Gesundheitssysteme in Chennai/Indien (Sakdapolrak 2011).

Abb. 18.1.6 Plakatwände in Vietnam (a) und Laos (b) zeigen, dass hier trotz Wirtschaftsliberalisierung dem Aufbau des Sozialismus gefolgt wird (Fotos: H. Gebhardt).

 **Exkurs 18.1.7**

Sozial-ökologisches *resilience thinking* (nach Walker & Salt 2006)

Unter dem Stichwort *resilience thinking* gehen Walker & Salt (2006) aus der *resilience alliance* der Frage nach, wie tief greifende sozialökologische Transformationen (z. B. der globale Umweltwandel mit Klimawandel, Biodiversitätsverlusten, Wasser- und Agrarkrisen etc.) besser verstanden werden können und wie soziale Akteure angesichts krisenhafter sozial-ökologischer Dynamiken „resilient" leben und überleben können. Sowohl ökologische als auch soziale Systeme erscheinen dabei als hoch adaptiv und – im Sinne der Komplexitätstheorie – als nichtlinear, schwer zu managen und kaum prognostizierbar. Dabei wird von der These ausgegangen, dass Unkenntnis über die generellen Prinzipien von

sozial-ökologischer *resilience* leicht zu Katastrophen führen kann. Erst das Denken in Kategorien von *resilience* (*resilience thinking*) gibt der Gesellschaft daher auf allen Ebenen der Betroffenheit und der Entscheidungsfindung Möglichkeiten an die Hand, mit ökologischen und gesellschaftlichen Unsicherheiten, Überraschungen, Komplexitäten und Kipp-Punkten aktiv umzugehen. Krisen und sich anbahnende Katastrophen können so besser bewältigt werden, und gesellschaftliche Anpassungsprozesse werden den neuen sozial-ökologischen Herausforderungen eher gerecht, als die alten Vorstellungen von Stabilisierung, Optimierung und rein technokratischem sozial-ökologischem Management.

Lernen, mit Wandel und Unsicherheit umzugehen	**Diversität für Reorganisation und Erneuerung fördern**
• Störungen hervorrufen • von Krisen lernen • das Unerwartete erwarten	• ökologisches Gedächtnis fördern • soziales Gedächtnis erhalten • sozial-ökologisches Gedächtnis erhöhen

verschiedene Wissensformen des Lernens kombinieren	**Möglichkeiten für Selbstorganisation eröffnen**
• empirisches und experimentelles Wissen kombinieren • Strukturwissen auf Funktionswissen ausdehnen • Prozesswissen in Institutionen einbauen • Komplementarität von Wissenssystemen fördern	• die Interaktion zwischen Diversität und Störung anerkennen • mit vielskaligen Dynamiken umgehen • Ebenen von Ökosystemen und politischen Strukturen zusammenbringen • externe Kräfte einbeziehen

Abb. 1 Die vier Grundprinzipien von *resilience* (verändert nach Berkes et al. 2003).

Eine anerkannte Definition von sozialer *resilience* steht noch aus. In erster Annäherung kann unter sozialer *resilience* die adaptive Kapazität von gesellschaftlichen Akteuren verstanden werden, innovative und kreative Lösungen für sozial-ökologische Krisen hervorzubringen (Adger 2006), dabei Potenziale für gesellschaftliche Selbstorganisation und soziales Lernen freizusetzen (Berkes et al. 2003) und über kollektive, oft informelle, in adaptive Institutionen eingebettete soziale Praktiken die gesellschaftliche Widerstandskraft gegenüber Krisen und Katastrophen zu mobilisieren (Exkurs 18.1.8; Bohle et al. 2009a).

Plädoyer für eine gesellschafts-theoretische Fundierung der Geographischen Entwicklungsforschung

Nachdem, wie zuvor beschrieben, die gesellschaftstheoretischen Vorstellungen von Anthony Giddens über den Zusammenhang von Struktur und Handeln Eingang in die Geographische Entwicklungsforschung gefunden hatten, lassen sich erste zaghafte Versuche erkennen, die Geographische Entwicklungsforschung in weit stärkerem Maße als bisher gesellschaftstheoretisch zu fundieren.

Schon relativ verbreitet sind inzwischen empirische Forschungen, die sich auf den französischen Soziologen

 **Exkurs 18.1.8**

Soziale *resilience* als *agency* (nach Bohle et al. 2009b)

Das Konzept von sozialer *resilience* leitet sich aus neueren Definitionen von *resilience* ab, die sich auf gesellschaftliche Akteure und ihre soziale Praxis richten. In der aktuellen sozial-ökologischen *resilience*-Forschung richtet sich der Blick zum Beispiel auf die Möglichkeiten, adaptive Kapazitäten aufzubauen, Reorganisation und Erneuerung krisenhafter sozial-ökologischer Systeme voranzutreiben und Potenziale für Selbstorganisation und soziales Lernen freizusetzen (Berkes et al. 2003). Außerdem wird gefordert, sozialen Akteuren Möglichkeiten einzuräumen, neue, innovative Lösungen für sozial-ökologische Problemstellungen und Krisen selbst zu kreieren (Adger 2006). Im Kern geht es bei sozialer *resilience* darum, die Kreativität, Potenziale und

Kapazitäten verwundbarer sozialer Akteure so zu stärken, dass „resiliente" Transformationen von *livelihood*-Systemen möglich werden (Bohle et al. 2009b). Eine solche Perspektive erfordert es, Forschung zu sozialer *resilience* auf die *agency* von gesellschaftlichen Akteuren auszurichten, das heißt, die Kapazitäten (*capabilities*) von Menschen so zu stärken, dass sie eigenständige, selbstverantwortliche Entscheidungen treffen und dabei ihre eigenen Prioritäten setzen können (Etzold et al. 2009 zur Rolle von Informalität). Ein Analyserahmen zur Erforschung sozialer *resilience* umfasst daher akteurs- und handlungsorientierte Perspektiven, normative Setzungen, Indikatoren für soziale *resilience* sowie Ansätze zum Aufbau resilienter *livelihood*-Systeme (Abb. 1).

Perspektiven von *human agency*	verwundbare soziale Akteure	umstrittene sozialräumliche Arenen	konflikthafte politische Agenden
normative Setzungen	Freiheitsgrade sozialer Akteure	Fairness institutioneller Kontexte	Gerechtigkeit sozialer Beziehungen
Indikatoren für soziale *resilience*	Robustheit der Verfügungsrechte	Partizipation der Verwundbaren	Möglichkeiten kollektiven Handelns
Aufbau von sozialer *resilience*	Unterstützung von sozialem Lernen	Stärkung adaptiver und fairer Institutionen	*empowerment* der Verwundbaren

Abb. 1 Analyserahmen für soziale *resilience* (verändert nach Berkes et al. 2003).

Pierre Bourdieu beziehen und seine Vorstellungen über eine Theorie der Praxis, über Habitus und Feld sowie über die Rolle von Kapitalien im gesellschaftlichen Entwicklungsprozess thematisieren (Bourdieu 1977). Der Aufsatz von Dörfler et al. (2003), der eine Neuorientierung der Geographischen Entwicklungsforschung auf der Grundlage von Bourdieu's Theorie der Praxis anregt, ist ein erster solcher Versuch. Inzwischen werden die Ansätze Bourdieu's zum Beispiel für die empirische Analyse von Krankheit und Gesundheit in der Megacity Chennai/Indien (Kapitel 29; Sakdapolrak 2011) sowie des städtischen Nahrungssystems von Dhaka/Bangladesh (Etzold 2011) eingesetzt.

Nachdem die poststrukturalistischen und diskurstheoretischen Vorstellungen des französischen Philosophen **Michel Foucault** (Foucault 2003) bereits in den empirischen Arbeiten von Michael Watts zur Gouvernementalität in Nigerias Öl-Ökonomie (Watts 2008) eingesetzt worden waren, gibt es auch in der deutschen Geographischen Entwicklungsforschung inzwischen erste empirische Forschungen, die sich auf die gesell-

schaftlichen theoretischen Vorstellungen von Foucault stützen. Dabei geht es zum Beispiel um *governmentality* als organisierte soziale Praxis, als Rationalität und als „Techniken von Regierungen", wobei der Staat zielgerichtet versucht, seine Staatsbürger im Sinne spezifischer Machtinteressen diskursiv zu disziplinieren. Eine laufende empirische Untersuchung über den Zusammenhang von Staatlichkeit und Bürgerrechten bei der Organisation von Abwassersystemen in Delhi/Indien (Zimmer & Sakdapolrak 2011) ist hierfür ein Beispiel. In diesen Kontext fallen auch anerkennungstheoretische Ansätze, zum Beispiel von **Axel Honneth** (2003). Sie gehen davon aus, dass sich die subjektive Identifikation von Menschen erst durch gegenseitige Anerkennung herausbildet. Das Habilitationsvorhaben von Rothfuss (2010), der in den Favelas Brasiliens den Kampf der Bewohner um soziale Anerkennung durch die privilegierten Stadtbewohner empirisch untersucht hat, fällt in diese Kategorie.

Die gesellschaftliche „Produktion von Raum" steht in den gesellschaftstheoretischen Arbeiten des marxisti-

Abb. 18.1.7 Ein zentrales Problem in vielen Entwicklungsländern ist die Verkehrsanbindung der ländlichen Regionen. Die Bilder zeigen eine abgelegene Siedlung im Hochgebirgsraum des Jemen und den Zufahrtsweg dorthin (Fotos: H. Gebhardt).

schen französischen Soziologen **Henri Lefebvre** im Mittelpunkt. Stadträume werden aus dieser Perspektive als gesellschaftliche Räume interpretiert, die interessengeleitet konstruiert, als Produktionsmittel eingesetzt und mithilfe von Bedeutungszuschreibungen für die Kontrolle, Beherrschung und Machtausübung über Stadtbewohner genutzt werden (Lefebvre 1991). Eine laufende Forschung über die globalisierten Transformationsprozesse im peri-urbanen „Zwischen"-Raum von Chennai/Indien (Bohle & Homm 2010) bedient sich solcher Vorstellungen. In diesen gesellschaftstheoretischen Kontext fallen auch die Arbeiten des französischen Soziologen **Bruno Latour** (2000) über „hybride" Räume und die des amerikanischen Geographen **Edward Soja** (1996) über *thirdspace*. Beide stellen die gängigen dichotomen Selbstbeschreibungen von Gesellschaften und ihren Räumlichkeiten infrage und fordern eine „Befreiung" der hybriden Mischwesen. Die peri-urbanen Räume und die Megacities des Südens lassen sich beispielsweise als solche Mischformen oder *thirdspaces* interpretieren.

Auch gesellschaftstheoretische Vorstellungen über Modernität und Postmoderne gehen allmählich in die empirische Forschung der deutschen Geographischen Entwicklungsforschung ein. Ein Beispiel ist das Konzept von *liquid modernity*, das der polnisch-britische Philosoph **Zygmunt Bauman** (2000) entwickelt hat. In seinen theoretischen Überlegungen bewegt sich Macht in der „verflüchtigten" Moderne mit der Geschwindigkeit elektronischer Signale (z. B. Finanztransaktionen). Machtbeziehungen werden daher immer schwerer greifbar, exterritorialisiert und vom physischen Raum unab-

hängig: Macht „rinnt" durch Raum und Zeit. Eine Arbeit über illegalisierte Migration in der „flüssigen Moderne" (Etzold 2009) hat diese Vorstellung aufgegriffen und auf die Grenzsicherungspolitik Europas gegenüber Migranten aus Afrika übertragen. Auch gesellschaftstheoretische Vorstellungen über „multiple Modernitäten", so wie sie etwa von dem israelischen Soziologen **Shmuel N. Eisenstadt** (2007) entwickelt wurden, werden in der Geographischen Entwicklungsforschung zur Kenntnis genommen, zum Beispiel in einem laufenden Forschungsvorhaben zur Modernisierung des Einzelhandelssystems von Dhaka/Bangladesh (Bohle, von Hauff & Keck 2010). Dabei geht es um die empirische Analyse des Neben- und Miteinanders moderner Formen des Einzelhandels (z. B. Supermärkte) und herkömmlicher Handelsinstitution, etwa des informellen Bereichs von *street food* (Etzold et al. 2008).

Aus der Fülle der möglichen gesellschaftstheoretischen Fundierungen in der Geographischen Entwicklungsforschung können schließlich auch „postkoloniale" Ansätze herausgestellt werden. Der aus Kolumbien stammende amerikanische Anthropologe **Arturo Escobar** (1995) hat zum Beispiel die Entwicklungspraktiken der Industrieländer angeprangert und alternative Visionen für neue Entwicklungspfade (*postdevelopment*) vorgeschlagen. Postkoloniale Ansätze, zum Beispiel die von **Edward Said**, richten sich dagegen auf die soziale Konstruiertheit kolonialisierter Länder durch die Kolonialmächte (z. B. *orientalism*; Said 1978). Sie thematisieren auch die noch heute erkennbaren Strukturen kolonialen Herrschaftsdenkens in den Ländern des Südens. Die von Martin Coy und Mitarbeitern organisierte Sitzung des

„Geographischen Arbeitskreises Entwicklungstheorien" in Innsbruck (Oktober 2010) hat versucht, solche Ansätze für die Geographische Entwicklungsforschung fruchtbar zu machen.

18.2 Die Auflösung von Norden und Süden: neue Raumbilder als Herausforderungen für die Geographische Entwicklungsforschung

Detlef Müller-Mahn

Globale Gegensätze

Die Himmelsrichtungen Norden und Süden werden in der Entwicklungsdebatte als Metaphern für die Positionsbestimmung von Ländergruppen und Regionen in einem globalen Koordinatensystem der Entwicklung verstanden. Sie dienen der Beschreibung von sowohl räumlichen als auch qualitativen Gegensätzen in der Welt: hier die reichen Länder, dort die armen. Inwieweit eine solche Zweiteilung jedoch die Realität der globalen Entwicklung erfassen kann, ist heute immer mehr umstritten. Denn während auf der einen Seite die Kluft zwischen Armen und Reichen immer größer wird, lässt sich auf der anderen Seite eine Neuordnung und partielle Auflösung der alten territorialen Muster beobachten. Die in der Überschrift dieses Teilkapitels angesprochene „Auflösung von Norden und Süden" meint daher nicht die Überwindung von Disparitäten, sondern die Tatsache, dass globale Gegensätze zunehmend diffuser in ihrem räumlichen Erscheinungsbild werden. Die sich hier abzeichnenden neuen Raumbilder von Entwicklung und Unterentwicklung stellen die Geographische Entwicklungsforschung vor Herausforderungen, die den Anstoß zu kritischer Reflexion und auch zu einer möglichen Neuorientierung liefern können (Müller-Mahn & Verne 2010).

Als Ausgangspunkt dient die von Fred Scholz in der **„Theorie der fragmentierenden Entwicklung"** aufgestellte Hypothese, dass die Globalisierung eine „nachholende Entwicklung" für die Masse der Menschen des Südens unmöglich mache (Scholz 2000, 2002, 2004, 2010; Kapitel 18.1). Globalisierung verändert die Geo-graphie der Welt durch eine Welle von Transformationsprozessen, die im Wesentlichen auf einer Intensivierung von grenzüberschreitenden Beziehungen und einer Verschärfung von Konkurrenzverhältnissen beruhen. Im Folgenden geht es zunächst um die Frage, welche Auswirkungen diese Veränderungen auf das Verhältnis von Norden und Süden haben, um dann zu diskutieren, welche Raumbilder daraus entstehen und wie diese in der Geographischen Entwicklungsforschung aufgegriffen werden.

Seit Beginn der Industrialisierung klafft die Schere der **Einkommensdisparitäten** zwischen Industrie- und Entwicklungsländern immer weiter auseinander, wie die Graphik der Pro-Kopf-Einkommen der fünf reichsten bzw. ärmsten Länder für ausgewählte Jahre seit 1820 zeigt (Abb. 18.1.1). Während die volkswirtschaftliche Gesamtleistung pro Kopf der Bevölkerung in den Ländern an der Spitze exponentiell anstieg, war der Verlauf in den ärmsten Ländern tendenziell sogar rückläufig: Die Menschen sind hier immer ärmer geworden. Dieser zunehmende ökonomische Gegensatz spiegelt sich auch in den drei sozialen Entwicklungsindikatoren (durchschnittliche Lebenserwartung bei Geburt, Alphabetisierungsrate, reale Kaufkraft pro Kopf), die in den *Human Development Index* (HDI) Eingang finden (Abb. 18.1.2). Besonders hervorzuheben ist, dass der HDI in einigen Teilen der Welt im Jahrzehnt 1993 bis 2003 sogar rückläufig war, das heißt, dass sich hier die Lebensbedingungen weiter verschlechtert haben. Dazu gehörten einige der ehemals sozialistischen Transformationsländer, vor allem aber die ärmsten Länder im subsaharischen Afrika.

Doch die klassischen Dualismen von Industrie- und Entwicklungsländern, Erster und Dritter Welt, Zentrum und Peripherie werden gegenwärtig immer diffuser, weil wir unter den Bedingungen der Globalisierung eine Pluralisierung von Entwicklungspfaden und eine Auflösung alter territorialer Einheiten erleben. Grenzüberschreitende Verflechtungen nehmen zu, Nationalstaaten verlieren an Einfluss auf das wirtschaftliche Geschehen, und auch in kleinräumigen Kontexten verlaufen Entwicklungsprozesse zunehmend heterogener. Mitten in den Metropolen des Nordens entstehen durch Deindustrialisierung, Verarmung und Zuwanderung Enklaven des Südens, während sich in vielen Entwicklungsländern die Reichen in den geschützten Wohlstandsinseln ihrer *gated communities* gegenüber der Masse der ärmeren Bevölkerung abschotten. Norden und Süden sind heute nicht mehr so eindeutig wie früher als große Blöcke gegeneinander abzugrenzen. Sie durchdringen sich, ohne die Gegensätze zu überwinden. Die Beziehungen werden komplexer und verlieren ihre einfachen raumbezogenen Strukturen.

Die aktuellen Prozesse zunehmender globaler Verflechtungen haben vielfältige Auswirkungen auf das Verhältnis zwischen Industrie- und Entwicklungsländern. Dies äußert sich in neuen Mustern der Verteilung von Wohlstand und Teilhabechancen und zwar sowohl im Weltmaßstab als auch innerhalb einzelner Länder und sogar in kleinräumigen Kontexten. Globalisierung verändert die Rahmenbedingungen für lokale Entwicklungsprozesse, lässt dadurch etablierte Grundauffassungen der Entwicklungsdebatte fragwürdig erscheinen und stellt auch die Entwicklungspolitik vor neue Herausforderungen.

Zum Verhältnis von Entwicklung und Globalisierung

Entwicklung und Globalisierung, die beiden Kernbegriffe der aktuellen Entwicklungsdebatte, bezeichnen zwei grundsätzlich verschiedene Prozesse. Beide Begriffe sind im wissenschaftlichen Diskurs problematisch, weil es für sie keine allgemein akzeptierten Definitionen gibt, weil sie diffuse Wertungen transportieren und weil sie zu viele verschiedene, ja sogar widersprüchliche Positionen unter einem gemeinsamen Etikett zusammenfassen (Kössler 1998, Dörfler et al. 2003).

Was bedeutet „Entwicklung"?

In der entwicklungspolitischen Praxis wird unter Entwicklung ein zielgerichteter Prozess verstanden, dessen Zielbestimmung die Verbesserung eines Zustands oder darauf ausgerichteter Indikatoren ausdrückt (Rauch 2009). Der so definierte Entwicklungsbegriff beinhaltet die Vorstellung, dass die Prozesse, die zu der angestrebten Verbesserung führen, in irgendeiner Weise planbar, steuerbar und messbar sind, zum Beispiel durch Projekte der **Entwicklungszusammenarbeit**. In der Wissenschaft ist der Entwicklungsbegriff jedoch umstritten, weil seine Definitionen normativ aufgeladen sind und deshalb letztlich von den Wertvorstellungen derjenigen abhängen, die die Ziele vorgeben. Damit kann „Entwicklung" völlig verschiedene Bedeutungen und Prioritäten umfassen, zum Beispiel Wirtschaftswachstum, Beschäftigungsförderung, Gerechtigkeit, Partizipation oder Unabhängigkeit – oder gleich alles zusammen. Die Meinungen über die „richtigen" Ziele und Wege der Entwicklung gehen weit auseinander, was unter anderem auch an den unterschiedlichen Auffassungen über die Ursachen der zu überwindenden Probleme liegt. Die antagonistischen „Theorielager", die seit den 1970er-Jahren die Entwicklungsdebatte bestimmten (Tab. 18.2.1 ; Scholz 2004; Kapitel 18.1), konvergieren aber letztlich in der Vorstellung einer durch wirtschaftliches Wachstum zu erreichenden nachholenden Entwicklung. Heute stellt sich jedoch die Frage, wie realistisch die Perspektiven einer nachholenden Entwicklung unter den Bedingungen der Globalisierung sein mögen.

Was ist „Globalisierung"?

Der Globalisierungsbegriff ist ein empirischer Begriff, das heißt, er bezieht sich nicht auf eine Konsens stiftende Theorie, sondern auf Alltagserfahrungen – und die sind, je nach Standpunkt des Betrachters, ausgesprochen heterogen. Wir erleben jeden Tag aufs Neue, wie eng manche Ereignisse und Veränderungen in verschiedenen, weit voneinander entfernten Teilen der Welt verknüpft sind, wie zeitnah diese Zusammenhänge wirken, und wie unterschiedlich die Folgen sein können. Globalisierung ist ein zutiefst widersprüchliches Phänomen unserer Gegenwart, das zugleich weltumspannende Verbindungen hervorbringt und auch neue Trennlinien. Im Zentrum dieses Prozessgefüges der Globalisierung stehen zunehmende grenzüberschreitende Verflechtungen in Produktion, Handel, Kapital und Informationen. Ein

Tabelle 18.2.1 Grundpositionen von Modernisierungs- und Dependenztheorien (UE = Unterentwicklung).

	Modernisierungstheorien	Dependenztheorien
Ursachen der UE	primär endogene Faktoren: Rückständigkeit	primär exogene Faktoren: Kolonialismus, strukturelle Deformation, Abhängigkeit, ungleicher Tausch
Indikatoren der UE	niedrige Pro-Kopf-Einkommen	Verschuldung, *terms of trade*
Konzepte und Raummuster der UE	Dualismus von entwickelten/unterentwickelten Regionen	Zentrum – Peripherie, Marginalisierung, strukturelle Heterogenität
Entwicklungsstrategie	nachholende Entwicklung durch Modernisierung, Exportorientierung	nachholende Entwicklung durch autozentrierte wirtschaftliche Entfaltung, Importsubstituierung
Leitbild der Entwicklung	„Fortschritt", Vorbild der Industrieländer	Emanzipation, Bedürfnisse der Entwicklungsländer
Entwicklungsziele	Modernisierung und Wachstum	Unabhängigkeit und Wachstum

kennzeichnendes Merkmal ist zudem die beispiellose Beschleunigung dieser Vorgänge in den letzten zwei Jahrzehnten des 20. Jahrhunderts, die durch Fortschritte der Kommunikationstechnologie und des Transportwesens ermöglicht wurde (Beck 1997).

Beschleunigung und **Intensivierung von Austauschbeziehungen** führen zu einer extremen Verschärfung des globalen Wettbewerbs. Dies hat weitreichende Auswirkungen in verschiedensten Bereichen von Politik, Wirtschaft und gesellschaftlichem Wandel. Die Gestaltungsmacht von Nationalstaaten über die inländische Wirtschaft wird durch globale Verflechtungen infrage gestellt. Die Strukturierungskraft von räumlichen Distanzen, Grenzen und Standorten sinkt, während die von Strömen von Kapital, Informationen und Waren zunimmt. Globalisierung geht einher mit einer Rekonfiguration von Raum, die in der Geographie und ihren Nachbarwissenschaften in den letzten Jahren zu einer grundlegenden konzeptionellen Neuorientierung führte. Im Mittelpunkt steht hier eine relationale Perspektive, also die Betonung von Beziehungen, Interaktionen und Netzwerken (Kapitel 1.1). Castells (1996) diagnostiziert eine „Verflüssigung" des Raumes, die sich in einer Transformation von einem Raum der Orte zu einem Raum der Ströme äußere. Die neue Logik des Raumes in der „Netzwerkgesellschaft" wird nicht mehr maßgeblich durch abgrenzbare Territorien und politisch-administrative Einheiten bestimmt, sondern durch die Steuerungszentralen, Kreuzungspunkte und Netzwerke von globalen Strömen.

Die Widersprüchlichkeit der Globalisierung und ihrer Phänomene ist wesentlich auf die veränderte Bedeutung von Raum zurückzuführen. Einerseits beobachten wir Prozesse der „Entterritorialisierung", der Auflösung von Grenzen und der zunehmenden Ubiquität von Waren und Wissen, andererseits aber kommt es zur „Re-Territorialisierung", gewinnen lokale Kulturen an Bedeutung, und auch der Raum der Ströme manifestiert sich an bestimmten Orten. Globalisierung führt also keineswegs zum Ende der Geographie, sondern zu ihrer fundamentalen Transformation (Swyngedouw 1997). Dies betrifft insbesondere jenen Gegenstandsbereich, mit dem sich die Geographische Entwicklungsforschung befasst.

Eine der Voraussetzungen für die aktuellen globalen Verflechtungsprozesse war die **Überwindung des Ost-West-Konfliktes** und des Gegensatzes zwischen Erster und Zweiter Welt gegen Ende der 1980er-Jahre (Kapitel 17). Der Begriff der Dritten Welt wurde damit zwar obsolet, aber das ändert nichts daran, dass die Masse der Menschen in den Entwicklungsländern bis heute von der „Welt der Ströme" ausgegrenzt bleibt, zumindest nicht an den Gewinnen der zunehmenden Verflechtun-

gen partizipiert. Die Globalisierung der Wirtschaft verläuft also genau genommen nicht global, sondern sie konzentriert sich auf die Länder der Triade, das heißt auf Europa, Nordamerika und Ostasien (Scholz 2010). Dies hat unmittelbare Auswirkungen auf die Beziehungen zwischen Industrie- und Entwicklungsländern und damit auf die Entwicklungschancen des Südens. Zeller (2004) interpretiert die Globalisierung als aktuelle Phase des kapitalistischen Akkumulationsregimes, das gegenwärtig im Rahmen einer extrem ungleichen internationalen Arbeitsteilung weltweit durchgesetzt wird und in eine „globale Enteignungsökonomie" (Exkurs 18.2.1) mündet.

Fragmentierende Entwicklung

Die Geographie der Globalisierung ist nicht nur durch globale Verbindungen und Grenzüberschreitungen gekennzeichnet, sondern auch durch Prozesse der Ausgrenzung, der Schaffung neuer Barrieren und der Verschärfung von Disparitäten. Fragmentierung stellt gewissermaßen die **Kehrseite der Globalisierung** dar (Menzel 1998). In der „Theorie der fragmentierenden Entwicklung" formuliert Scholz (2004) einen geographischen Erklärungsansatz, der das Phänomen einer „Welt in Bruchstücken" thematisiert und Aussagen zu den Nord-Süd-Beziehungen und ihren zukünftigen Perspektiven macht. Die durch grenzenlosen Wettbewerb verursachte fragmentierende Entwicklung führt zur Herausbildung räumlich-funktionaler Einheiten mit unterschiedlichem Grad der Integration und materiellen Teilhabe im globalen wie auch im lokalen Maßstab (Kapitel 1.1).

In kleinräumig-lokalen Kontexten zeigt sich die Fragmentierung im Nebeneinander räumlich segregierter Stadtfragmente mit unterschiedlichem globalen Integrationsgrad. Ein Indikator für die Fragmentierung ist in vielen Metropolen des Südens die ungleiche Versorgung der Bevölkerung mit öffentlichen Dienstleistungen, beispielsweise mit Trinkwasser (Müller-Mahn et al. 2010). Insbesondere die globalisierten Orte sind geprägt durch scharfe räumlich-soziale Kontraste zwischen abgeschirmten Wohngebieten der Reichen (*gated communities*) und ausgedehnten Armenvierteln (Wehrhahn 2010). Aber auch mitten in den Metropolen des Nordens breiten sich Elendsviertel aus, die häufig von Zuwanderern aus den Ländern des Südens bewohnt werden. Unter den Bedingungen der Globalisierung befinden sich die Standorte und die an ihnen lokalisierten Akteure in extremem Wettbewerb. Insbesondere die globalisierten Orte können von heute auf morgen in die neue Peripherie zurückfallen, wenn die *global players*

Exkurs 18.2.1

Globale Enteignungsökonomie

HANS GEBHARDT

Im Verständnis einer „globalen Enteignungsökonomie", wie sie der bekannte britische Geograph David Harvey (2003) in seinem Buch „The New Imperialism" formuliert hat, scheiden immer größere Teile der Welt aus der regulären Ökonomie aus und „shiften" in den Bereich informeller und krimineller Ökonomien (Drogenhandel etc.). Weltweit bildet inzwischen der informelle Sektor, die „Schattenwirtschaft", die Lebenswelt des größten Teils der erwerbsfähigen Bevölkerung – nach Schätzung der Internationalen Arbeitsorganisation (ILO) 4 Milliarden Menschen. Das globale „Bruttokriminalprodukt", von dem knapp die Hälfte auf Drogengeschäfte entfällt, wird auf jährlich 1 500 Milliarden US-Dollar geschätzt.

Diese unterschiedlichen Ökonomien werden im Zuge der Globalisierung zunehmend miteinander vernetzt und damit indirekt in die reguläre Ökonomie integriert. Schattenaktivitäten wie Geldwäsche, Drogenhandel und illegale Migration werden zu einer spezifischen Form der Teilhabe an Globalisierung.

Allerdings zu einer sehr einseitigen und abhängigen Form. Die „Sieger" der Globalisierung sitzen eindeutig in den Industriestaaten. Über die entfesselten Kapitalflüsse der network economy laufen spektakuläre Raubzüge, die von hedgefonds und anderen Institutionen des Finanzkapitals betrieben werden. So trieben beispielsweise in den späten 1990er-Jahren hedgefonds durch die Herbeiführung einer Liquiditätskrise in Südostasien eigentlich profitable Unternehmen in die Asian Crisis und leiteten eine massive Überführung von südostasiatischem Eigentum ins Ausland (in die USA, Japan und Europa) ein, ein Prozess den David Harvey (2003) als accumulation by disposession (Akkumulation durch Enteignung) bezeichnet. Dies führt zu einem stetigen Zufluss an Ressourcen in die Metropolen der Kernräume der Weltwirtschaft.

entscheiden, Produktionsstätten in Länder mit noch niedrigeren Lohnkosten zu verlagern, wenn Touristenströme aufgrund politischer Unruhen andere Urlaubsgebiete aufsuchen oder wenn sich Konsum- und Nachfragemuster im Norden verändern.

Der neue Süden besteht gemäß der Logik der fragmentierenden Entwicklung aus wenigen **globalisierten Orten**, die isoliert in einem **„Meer der Armut"** liegen. Globalisierung ist nach diesem Verständnis im Wesentlichen ökonomisch begründet, sie umfasst aber auch kulturelle und gesellschaftliche Dimensionen, die verschiedene Raumbilder des neuen Südens produzieren.

Raumbilder des neuen Südens

Die globalisierten Orte liegen in den Ländern des Südens, sind aber eng in den Weltmarkt und seine Konjunkturen eingebunden. Sie stehen untereinander in einem scharfen globalen Wettbewerb um Investitionskapital und Marktzugänge, der sie zur Schaffung günstiger Standortfaktoren zwingt, beispielsweise durch niedrige Lohnkosten, unternehmensfreundliche Steuergesetzgebung oder reduzierte Umweltschutzauflagen. Kennzeichnend für die räumliche Entwicklung globali-

sierter Orte sind die hohe Wachstumsdynamik der weltmarktintegrierten Wirtschaftsbereiche, Verdrängungsprozesse zulasten aller anderen Sektoren, scharfe soziale Kontraste und räumlich-soziale Fragmentierung, aber auch eine extreme Volatilität und Unberechenbarkeit der wirtschaftlichen Entwicklung.

Globalisierte Orte: Bangalore und Kairo als Beispiele

Die aufgezählten Merkmale eines globalisierten Ortes lassen sich beispielhaft in der indischen Industriestadt **Bangalore** beobachten, die seit Mitte der 1980er-Jahre zu einer **Hightech-Metropole** und zum Standort von mehr als 700 IT-Unternehmen mit etwa 80 000 Beschäftigten aufstieg (Dittrich 2004). Die IT-Branche ist hochgradig außenabhängig, was sich darin äußert, dass über die Hälfte der Betriebe in Bangalore aus dem Ausland stammt und 80 Prozent der Produktion exportiert werden. Die Karte (Abb. 18.2.1) zeigt, dass die weltmarktorientierten Wirtschaftsformationen wegen ihrer höheren Kaufkraft in der Lage sind, sich im CBD und zentrumsnahen wohlhabenden Wohnvierteln auszubreiten und die lokal verankerten Wirtschaftsformationen aus diesen Lagen zu verdrängen. Die hohen Löhne

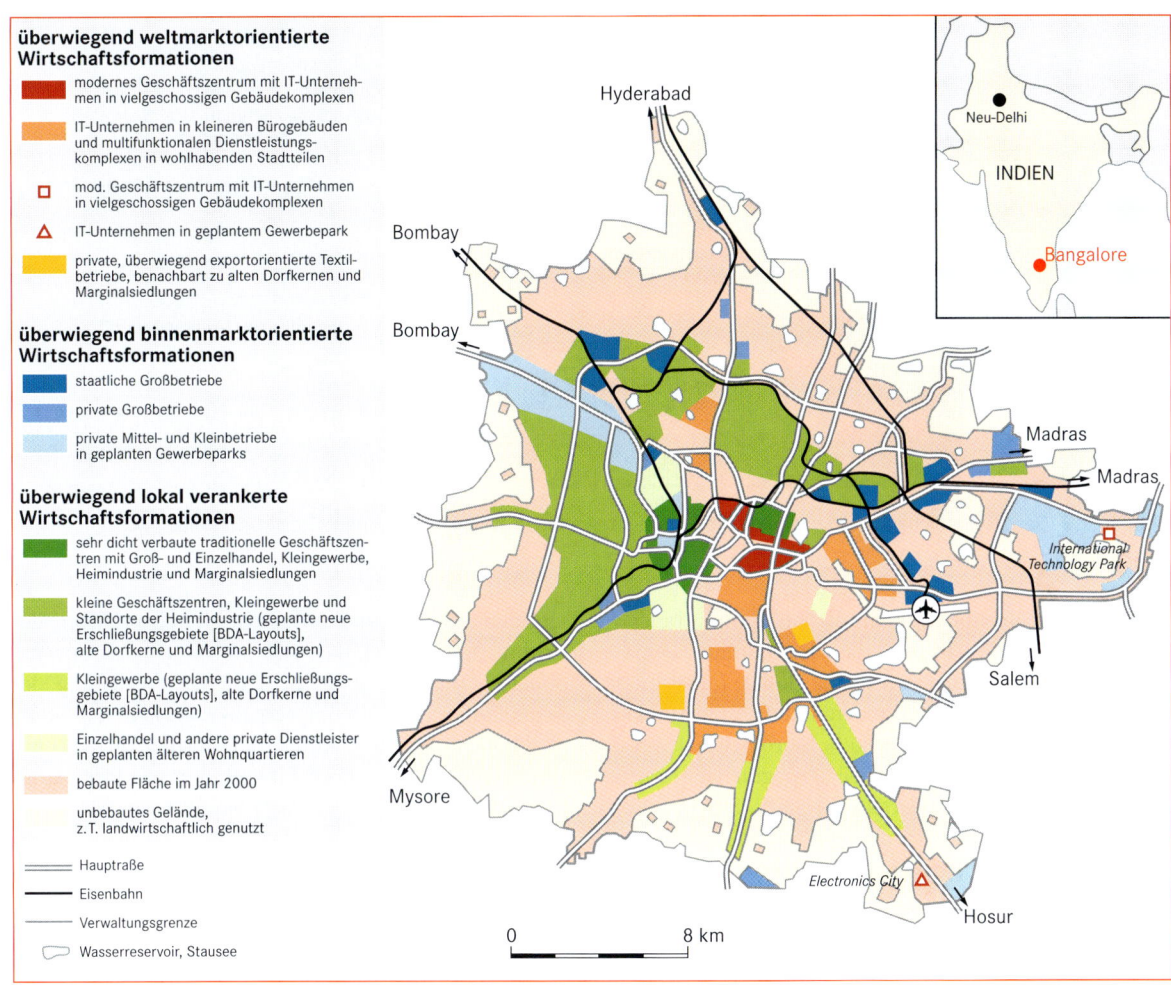

Abb. 18.2.1 Fragmentierung und Weltmarktintegration in Bangalore (verändert nach Dittrich 2004).

in der IT-Branche haben **Ausstrahlungseffekte** auf den modernen Dienstleistungssektor (Ärzte, Privatschulen etc.), dessen Beschäftigtenzahl auf bis zu 100 000 geschätzt wird, und auf einen noch wesentlich größeren informellen Sektor, zu dem die Bau- und Transportbranche, der Kleinhandel und ein Heer von Haushaltshilfen und Dienstboten gehören. Mit der vom Weltmarkt induzierten Wachstumsdynamik sind aber auch zahlreiche Probleme verbunden, beispielsweise die extreme Verknappung von Wasser, die prekäre Energie- und Wohnraumversorgung der städtischen Armutsbevölkerung und die Ausbreitung von Marginalsiedlungen. Wenn man die sozialen Auswirkungen der Globalisierung in Bangalore betrachtet (Abb. 18.2.2), lässt sich feststellen, dass im Wesentlichen die Angehörigen der Oberschicht und Teile der Mittelschicht von den Einkommenssteigerungen der global integrierten Wirtschaft profitieren, während die Masse der Bevölkerung

davon abgekoppelt bleibt und über Verdrängungs- und Auslagerungseffekte sogar negativ betroffen wird.

Ein zweites Beispiel für die fragmentierende Wirkung von Globalisierung in einem globalisierten Ort ist **Kairo** (Abb. 18.2.3). Die Einwohnerzahl im Agglomerationsraum der ägyptischen Hauptstadt hat sich in den vergangenen drei Jahrzehnten annähernd verdoppelt auf heute etwa 15 Millionen. Der **Bevölkerungszuwachs** konzentrierte sich auf die Siedlungen des informellen Wohnungsbaus, die stark in die Fläche expandierten, und auf die Altstadtquartiere, die eine extreme Verdichtung erfuhren. Ein wirtschaftlicher Wachstumsmotor Ägyptens ist der internationale Tourismus, was sich im Stadtbild unter anderem im Neubau einer Reihe von Luxushotels in prominenter Lage im Zentrum der Stadt niederschlägt.

Reichtum und Armut bestehen in Kairo wie auch in Bangalore in unmittelbarer Nachbarschaft, was zu Span-

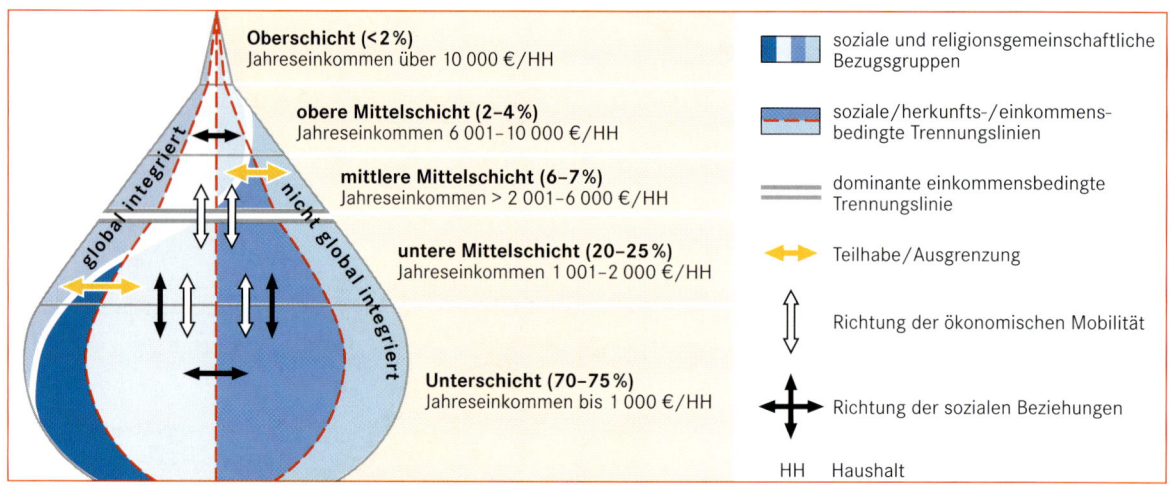

Abb. 18.2.2 Gesellschaftliche Auswirkungen der Weltmarktintegration in Bangalore (verändert nach Dittrich 2004).

nungen führt. Brisant erscheint die Situation in beiden Fällen vor allem deshalb, weil die wirtschaftliche Dynamik dieser globalisierten Orte an die globale Integration einer einzelnen Branche gebunden und dadurch anfällig gegen kurzfristige Störungen ist: In Kairo beispielsweise finden die radikalen islamischen Bewegungen starken Rückhalt in den Armutsvierteln der Stadt. Der internationale Tourismus reagiert äußerst sensibel, wenn es nicht gelingt, dieses latente Sicherheitsrisiko unter Kontrolle zu halten.

Das „Meer der Armut"

Als **„neue Peripherie"** oder „Meer der Armut" werden jene ausgedehnten Gebiete bezeichnet, die in der aktuellen Wachstumsdynamik der Weltwirtschaft nur eine marginale Position einnehmen (Scholz 2004). Etwa 3 Milliarden Menschen müssen mit weniger als 2 Dollar pro Kopf und Tag auskommen. Fast 1,4 Milliarden Menschen leben sogar in absoluter Armut und verfügen nur über weniger als einen Dollar pro Tag. Absolute Armut bedeutet, dass die Betroffenen nicht einmal in der Lage sind, ihre elementaren Grundbedürfnisse zu decken, dass sie an Mangel- oder Fehlernährung leiden, keinen Zugang zu sauberem Trinkwasser, Gesundheitsversorgung oder Bildungseinrichtungen haben und rechtlich benachteiligt werden. Weltweit leiden nach wie vor fast 1 Milliarde Menschen an Hunger.

Am höchsten ist der Anteil der Hungernden mit etwa einem Drittel der Gesamtbevölkerung im subsaharischen Afrika. Von den 49 Ländern der Erde, die laut UN-Klassifikation zu den *Least Developed Countries* gehören, liegen 34 in Afrika. Der Kontinent bildet gewis-

sermaßen den Mittelpunkt im globalen „Meer der Armut". Auffällig ist, dass sich laut Statistiken internationaler Organisationen die regionale Verteilung der Armut auf der Welt in den vergangenen Jahren deutlich verschoben hat. Der Anteil der absolut Armen mit einem täglichen Pro-Kopf-Einkommen von weniger als 1 Dollar sank im Zeitraum 1981 bis 2001 von zwei Fünftel auf ein Fünftel der Weltbevölkerung, was vor allem auf den deutlichen Rückgang der Einkommensarmut in Ost- und Südasien zurückzuführen ist. Im Gegensatz zu diesem globalen Trend stieg die Quote im subsaharischen Afrika noch weiter an und umfasst heute fast die Hälfte der Bevölkerung.

Nach der Logik der Globalisierung ist die Masse der Armen für die Weltwirtschaft bedeutungslos. Diese Menschen spielen im globalen Kontext als Konsumenten keine Rolle, da sie sich die Luxusgüter des Nordens nicht leisten können. Auch als Produzenten werden nur wenige von ihnen für die Extraktion von Bodenschätzen und Rohstoffen benötigt. Abgesehen von solchen zumeist nicht nachhaltigen Wirtschaftsformen verfügen die Menschen in der neuen Peripherie über nur wenige Teilhabechancen an der aktuellen Entwicklung der Weltwirtschaft. Trotzdem bleiben sie von den globalen Veränderungen nicht unberührt, und die Bezeichnung als **„ausgegrenzte Restwelt"** ist insofern vielleicht irreführend, weil sie sich auf die untergeordnete Position dieser Länder in einer globalen Hierarchie von Macht und Wohlstand bezieht, aber dadurch andere Beziehungen und Wechselwirkungen ausklammert. Dazu gehören unter anderem politische Destabilisierungen, grenzüberschreitende Migration und kultureller Austausch. Auch diese Prozesse prägen die Raumbilder des neuen Südens, wie die nachfolgenden Beispiele zeigen.

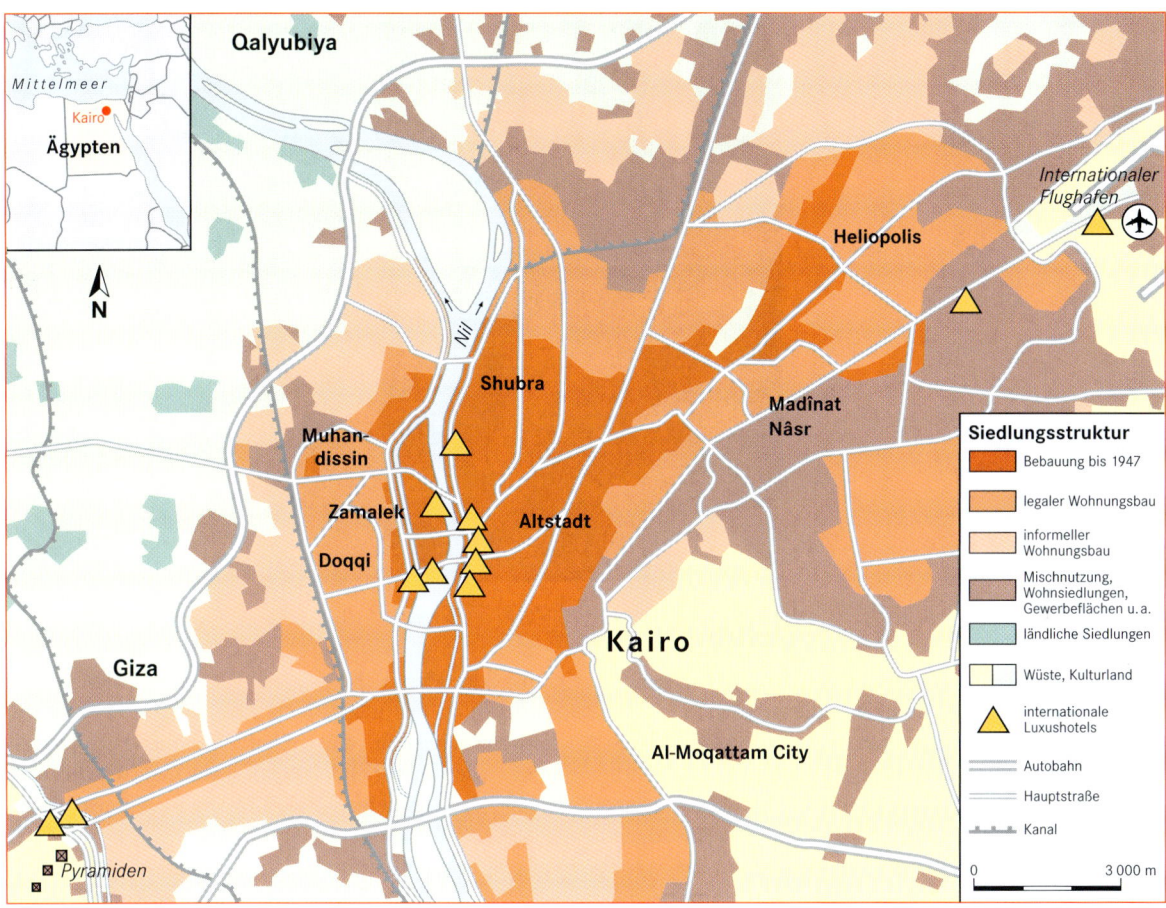

Abb. 18.2.3 Luxushotels und Armenviertel in Kairo.

Konflikt- und Gewalträume: Nord-Süd im „Kampf der Kulturen"?

Die öffentliche Diskussion wird bis heute durch die aus den frühen 1990er-Jahren stammende These vom **„Kampf der Kulturen"** des amerikanischen Politikwissenschaftlers Samuel Huntington (1996) beeinflusst, die neue Konfliktmuster nach Ende der Ost-West-Konfrontation durch eine Art weltweiter kultureller Plattentektonik zu erklären versucht und damit wiederholt Munition für eine interventionistische US-amerikanische Außenpolitik lieferte (Kapitel 1.1, Kapitel 2.5). Nach diesen Vorstellungen entstehen die neuen großen Konfliktherde durch das Zusammenprallen religiös-kultureller Großräume (*clash of civilizations*) und manifestieren sich insbesondere an deren Grenzen. Die konfliktträchtigste der interkulturellen Konfliktzonen liegt dieser Auffassung zufolge gegenwärtig dort, wo der islamische Orient und die christlich-liberalen westlichen Gesellschaften aufeinander stoßen: Balkan, Mittelmeerraum, Irak.

Die **These des** *clash of civilizations* stieß in der wissenschaftlichen Auseinandersetzung auf massive Kritik, unter anderem wegen der Projektion von Kulturen in territoriale Einheiten mit festen Außengrenzen (Kreutzmann 2002). Trotzdem konnte dieses Weltbild politisch wirksam werden: Der von den USA nach den Anschlägen vom 11. September 2001 ausgerufene „Krieg gegen den Terrorismus" richtet sich gegen einen Gegner, der primär in der islamischen Welt lokalisiert wird. Folge davon ist, dass ein großer Teil des Südens in das Fadenkreuz einer hegemonialen Welt-Sicherheitspolitik gerät, und dass Entwicklungspolitik wieder in ein Freund-Feind-Denken verfällt, das schon einmal in der Zeit des Kalten Krieges vorherrschte.

Dabei wird übersehen, dass viele lokale Konflikte ursprünglich nichts mit einem „Zusammenprall von Kulturen" zu tun haben, sondern innerhalb kultureller Großräume und nicht zwischen ihnen stattfinden. Dies gilt ganz besonders für den afrikanischen Kontinent, wo die meisten bewaffneten Konflikte und Bürgerkriege der

Abb. 18.2.4 Afar-Nomaden in Äthiopien (Foto: D. Müller-Mahn).

letzten Jahre nicht auf Auseinandersetzungen zwischen verschiedenen Ordnungsvorstellungen zurückzuführen sind, sondern auf die Schwächung oder sogar den **Kollaps von staatlichen Ordnungssystemen** (Abb. 18.2.6). Das Phänomen der *failing states* in Afrika steht in engem Zusammenhang mit der Globalisierung, weil die zügellose globale Konkurrenz um Bodenschätze, der Welthandel mit Waffen und die ausufernde Korruption die Ausbreitung von Bandenkriegen und schließlich den Zusammenbruch ganzer Staaten begünstigt haben.

Die „Globalisierung der Unsicherheit" (Altvater & Mahnkopf 2002) äußert sich in einer zunehmenden Informalisierung von Staatlichkeit, Normen, Arbeitsorganisation oder auch von Kapitaltransfer. Folge ist eine Schwächung der menschlichen Sicherheit in verschiedensten Bereichen, beispielhaft erkennbar in Phänomenen wie zunehmender Korruption, Geldwäsche, Auflösung von Solidarsystemen bis hin zu „gekaperten Staaten" in der Hand von Kriminellen.

Teilaspekte dieser Informalisierung lassen sich jedoch auch als Strategie des Südens interpretieren, sich den hegemonialen Kontrollversuchen des Nordens zu entziehen. Informelle Beziehungen zwischen weit entfernt voneinander liegenden Orten des Südens basieren häufig auf Netzwerken, wie beispielsweise jenen der chinesischen Minoritäten in Südostasien oder den bereits seit

Abb. 18.2.5 Nomadenkrieger im äthiopisch-somalischen Grenzgebiet (Foto: Simone Rettberg).

Jahrhunderten bestehenden Verbindungen zwischen Südarabien und Ostafrika (Müller-Mahn 2005). Solche **transnationalen Netzwerke** erleichtern wirtschaftliche Beziehungen unter den Bedingungen von Unsicherheit und globaler Konkurrenz. Ein Beispiel dafür ist das ursprünglich auf den arabischen Fernhandel zurückgehende Hawala-System, das einen allein auf mündlichen Absprachen und Codewörtern beruhenden und damit spurenlosen Transfer von Bargeld erlaubt. In Ländern, die über kein funktionierendes Bankwesen verfügen, können auf diese Weise grenzüberschreitende Geldüberweisungen getätigt werden. Für somalische Arbeitsmigranten auf der arabischen Halbinsel ist dies die einzige Möglichkeit, Geld zu ihren Verwandten zu schicken.

Zugleich wird dieses Transfersystem jedoch verdächtigt, den internationalen Terrorismus zu finanzieren.

Transnationale soziale Räume

Grenzüberschreitende und selbst transkontinentale Migrationsströme folgen dem globalen Wohlstandsgefälle von Süden nach Norden und stellen die ihrem Selbstverständnis nach offenen Gesellschaften in Europa zunehmend vor Probleme: Liberalität und Integrationspolitik, aber auch das Interesse an billigen Arbeitskräften geraten in Konflikt mit Sicherheitsbedenken, Überfremdungsangst und einer **Politik der Abschottung**.

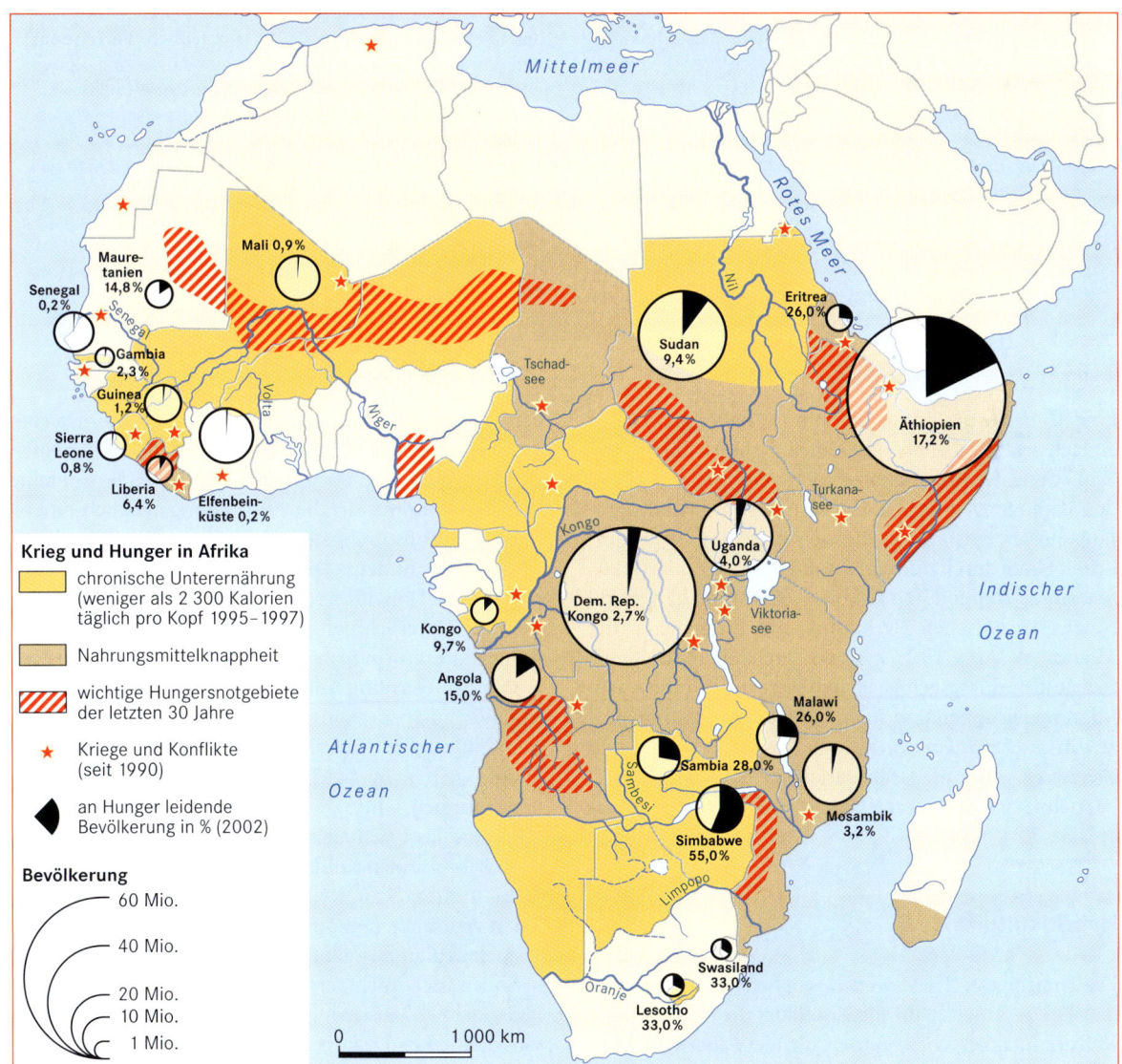

Abb. 18.2.6 Krieg und Hunger in Afrika seit 1990 (verändert nach Berliner Zeitung 2003, Le Monde diplomatique 2003).

 **Exkurs 18.2.2**

Failing States und Geographien der Gewalt

HANS GEBHARDT

Der klassische „Staatenkrieg" ist zu einem „Auslaufmodell" geworden, an seine Stelle treten immer häufiger parastaatliche oder auch private Akteure: lokale *warlords* und Guerillagruppen, aber auch weltweit operierende Söldnerfirmen bis hin zu internationalen Terrornetzwerken, für die der Krieg zu einem dauerhaften Betätigungsfeld geworden ist.

Die **neuen Kriege** haben sich „ökonomisiert" und sind daher oft nur schwer zu beenden. „Sie werden durch reiche Privatleute, Staaten oder Emigrantengemeinden finanziell unterstützt, verkaufen Bohr- und Schürfrechte für die von ihnen kontrollierten Gebiete, betreiben Drogen- und Menschenhandel oder erpressen Schutz- und Lösegeld, und durchweg profitieren sie von den Hilfslieferungen internationaler Organisationen, da sie die Flüchtlingslager (oder zumindest die Zugänge zu ihnen) kontrollieren" (Münkler 2002).

Vor allem drei Entwicklungen sind kennzeichnend für diese neuen (und doch alten) Kriege. Neben der Entstaatlichung bzw. **Privatisierung** von Gewalt, welche dadurch

möglich wird, dass leichte Waffen billig zu haben sind und keine komplexe Ausbildung benötigen, ist zum Zweiten die **Asymmetrisierung kriegerischer Gewalt** kennzeichnend, also der Umstand, dass meist keine gleichartigen Gegner miteinander kämpfen, dass es keine Fronten gibt und es daher selten zu regelrechten Schlachten kommt, sondern dass sich die Gewalt vielmehr gegen die Zivilbevölkerung richtet. Hochhäuser werden zu Schlachtfeldern, Fernsehbilder zu Waffen. Schließlich ist drittens typisch die **Tendenz zur Verselbstständigung** oder Autonomisierung vorher militärisch eingebundener Gewaltformen, wobei den Gewaltakteuren der Krieg als Auseinandersetzung zwischen Gleichartigen fremd ist.

Kurz: In den neuen Kriegen verschwimmt die Grenze zwischen Krieg (üblicherweise als politisch motivierte Gewalt zwischen organisierten politischen Gruppen definiert), organisiertem Verbrechen (privat motivierte, normalerweise auf finanziellen Gewinn abzielende Gewalttaten) und massiven Menschenrechtsverletzungen (Kaldor 2000).

Eine Kontrolle der „Transmigration" ist aber nicht mehr einfach wie zu Zeiten des Kalten Krieges durch eine Schließung der Außengrenzen der EU erreichbar. Unter den Bedingungen der Globalisierung sind neue Migrationsmuster entstanden, die sich nicht im herkömmlichen Sinne durch *push-and-pull*-Faktoren erklären lassen, sondern eher durch zirkuläre Zusammenhänge und Netzwerke zwischen Herkunfts- und Zielgebieten der Migranten (Abb. 18.2.7). Dieses grenzüberschreitende soziale Beziehungsgefüge strukturiert das Handeln von Migrantengruppen und stellt daher den Migrationsprozess in einen gemeinsamen Kontext von Herkunfts- und Zielgebiet, der als „transnationaler sozialer Raum" bezeichnet werden kann (Pries 1998; Kapitel 1.4; Exkurs 18.2.3).

Hybridkulturen

Die Huntington-These vom *clash of civilizations* richtet den Fokus einseitig auf die Konflikte, die sich aus dem Kulturkontakt ergeben können, blendet dabei jedoch die Prozesse des Austausches und der Vermischung vollkommen aus. Tatsächlich hat die Dominanz des Nor-

dens in der wirtschaftlichen Globalisierung ambivalente Auswirkungen auf die Kulturen der Welt. Auf der einen Seite verstärken globale Machthierarchien, Kontakte und Kommunikation die Ausbreitung westlich-amerikanischer Konsummuster und Lebensstile auch in den Ländern des Südens. Die **Tendenzen der Vereinheitlichung** („McDonaldisierung") werden durch global operierende Unternehmen getragen und gezielt durch die weltweite Kulturindustrie (Hollywood) und die Instrumente der Werbung unterstützt. Auf der anderen Seite ist aber auch zu konstatieren, dass die Übernahme fremdkultureller Praktiken häufig recht oberflächlich bleibt, weil nicht gleich der komplette Überbau mit übernommen wird. Der Verzehr von amerikanischem Fast Food lässt sich auch in Moskau oder Mekka problemlos mit lokalen Kulturen verbinden, und Berlin wird nicht türkisch, nur weil der Döner Kebab die Currywurst verdrängt. Dies sind – nüchtern betrachtet – recht unspektakuläre Vorgänge, denn die Kulturen der Welt befinden sich nicht erst seit Einsetzen der aktuellen Phase der Globalisierung in intensivem Kontakt. Im wissenschaftlichen Diskurs bleibt jedoch umstritten, ob die genannten Phänomene als Ausdruck einer Konvergenz globaler Kulturen interpretiert werden sollten, oder ob

Exkurs 18.2.3

Ägyptische Migranten in Paris

Beispielhaft lässt sich die Entstehung eines „transnationalen sozialen Raumes" anhand der Migration von Arbeitern aus dem ägyptischen Dorf Sibrbay nach Paris darstellen. Mehrere Hundert Männer (und später auch viele Frauen) sind in den vergangenen drei Jahrzehnten nach Frankreich übergesiedelt, wo sie fast alle als Anstreicher und Maler arbeiten (Müller-Mahn 2002). Die Karte zeigt die breit aufgefächerten Anreisewege aus einer untersuchten Stichprobe dieser Migranten, die sich in verschiedene Korridore und Ströme von Zuwanderern einreihten, um die Außengrenzen der Schengen-Staaten zu überwinden. Sie kamen alle ohne offizielle Dokumente als *sans-papiers* in Paris an und waren daher zunächst auf die Hilfe von bereits länger dort lebenden Verwandten und Nachbarn aus ihrem Heimatdorf angewiesen, um Arbeit und Einkommen in der für sie fremden Umgebung zu finden. Dank ihrer Netzwerke waren fast alle Migranten aus Sibrbay relativ rasch so erfolgreich, dass sie

ihre Schulden für die hohen Reisekosten zurückzahlen und beginnen konnten, einen Teil ihres Verdienstes nach Hause zu transferieren. Im Heimatdorf werden die Rimessen (Rücküberweisungen von Geldsummen der Arbeitsmigranten) überwiegend für den Immobilienerwerb und den Unterhalt der Familien verwendet. Dadurch werden jedoch die sozioökonomischen Disparitäten innerhalb des Dorfes verschärft. Der Kapitalzufluss hat zu einem enormen Anstieg der Bodenpreise in Sibrbay geführt und verstärkt damit wiederum den Migrationsdruck für alle jungen Männer, die für eine Familiengründung ein Haus bauen wollen. Die meisten Arbeitsmigranten aus Sibrbay haben vor, wieder zurückzukehren, wenn sie genug Geld im Ausland verdient haben. So leben sie viele Jahre lang in einer Art Übergangsraum zwischen ihrem Heimatdorf und ihrer Arbeitsstelle in Europa und versuchen, sich an beiden Orten einzurichten.

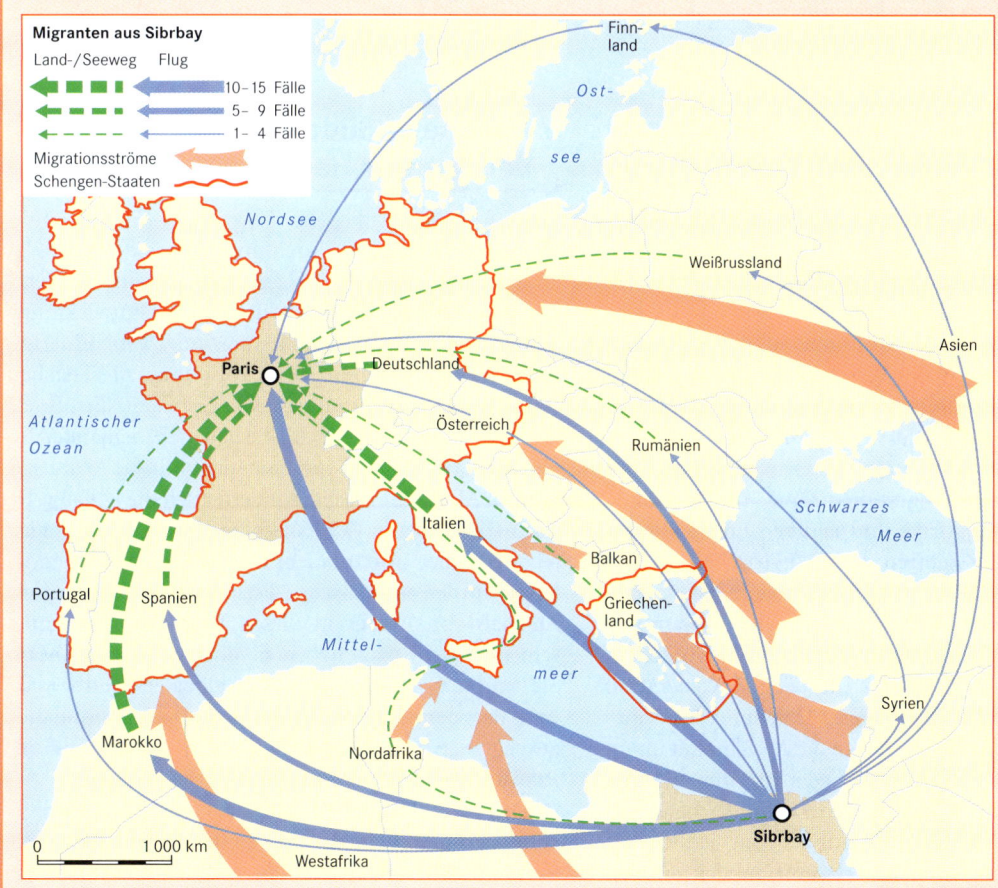

Abb. 1 Migrationsströme nach Europa.

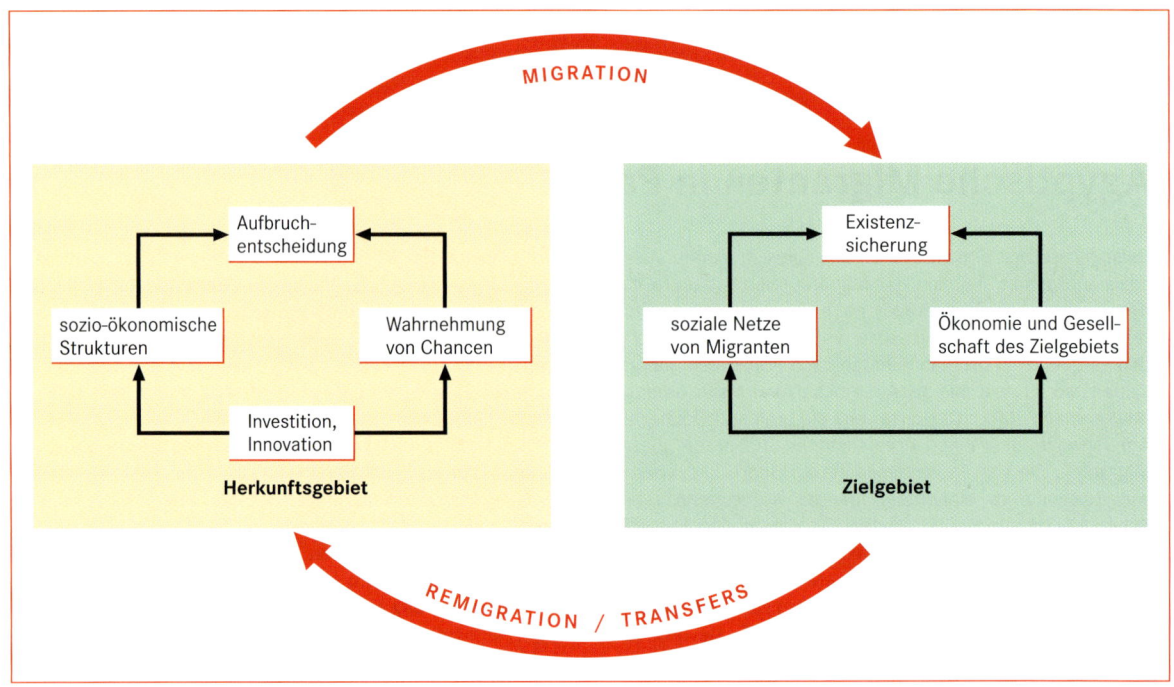

Abb. 18.2.7 Zusammenhänge zwischen Herkunfts- und Zielgebieten von Transmigration.

dies Nebenschauplätze einer in Wirklichkeit sehr viel tiefer gehenden kulturellen Transformation sind.

Kennzeichnend für die kulturellen Folgen der Globalisierung scheinen Prozesse der Aneignung, der Abwehr und der Mischung zu sein, die zur Veränderung bestehender und Entstehung neuer Kulturen führen. **Kulturelle Hybridität** entsteht durch die Verknüpfung von Elementen verschiedener Kulturen zu etwas Neuem. Dies geschieht durch die Verschränkung von lokalen und globalen Handlungshorizonten oder auch dadurch, dass globale Einflüsse lokal angeeignet werden. Ein Motor für die Entstehung von Hybridkulturen sind die transnationalen Migrationsströme, die Millionen von Menschen aus Afrika und anderen Entwicklungskontinenten in die Zentren der Weltwirtschaft geführt haben. Ein typisches Beispiel für die hier entstehenden sogenannten „Hybridkulturen" bieten die Einwanderer aus dem Maghreb in Frankreich oder die Türken in Deutschland. Die Migranten der ersten Generation unterhalten zumeist noch enge Beziehungen in ihre Herkunftsländer, und viele haben die Absicht, mit ihrem ersparten Geld eines Tages wieder in ihre Heimat zurückzukehren. Die nächste Generation der bereits in Europa geborenen Migrantenkinder hat jedoch oft andere Vorstellungen und verknüpft in der eigenen Lebensführung verschiedene kulturelle Bezüge.

Der „neue Süden" vor unserer Haustür

Die „eine Welt" wird durch grenzenlosen Wettbewerb zusammengeschweißt und zugleich auseinandergerissen: Norden und Süden, Industrie- und Entwicklungsländer sind unter den Bedingungen der Globalisierung nicht mehr als abgrenzbare Großräume zu verstehen, sondern sie werden in Fragmente gespalten, die oftmals in enger räumlicher Nachbarschaft nebeneinander liegen. Der „neue Süden" umfasst nicht nur die Armutsgebiete in Afrika und Asien, sondern auch die kollabierten Industrieviere in Ostdeutschland, die Migrantenviertel westlicher Metropolen oder die schrumpfenden Städte in der europäischen Peripherie. Auch wenn das Ausmaß von Armut in diesen Regionen sehr unterschiedlich sein mag, haben sie doch eines gemeinsam: Sie sind aus den Prozessen des globalen Wettbewerbs und der damit einhergehenden Kapitalakkumulation ausgegrenzt, sie dienen lediglich als Reserveräume und Rohstofflager.

Das Paradoxe und Widersprüchliche der Globalisierung wird besonders deutlich an den Folgen der Migration und der Herausbildung transnationaler sozialer Räume: Während die Globalisierungsbefürworter immer wieder auf die zunehmende globale Verflechtung und die Überwindung von Grenzen hinweisen, wirkt die Migrationsabwehr, wie sie derzeit an den europäischen Außengrenzen betrieben wird, wie das Bauprogramm für einen neuen Limes. Aus der **Widersprüchlichkeit von Entgrenzung und neuerlicher Abgrenzung** ergeben sich massive innenpolitische Probleme in den Gesellschaften der Zielländer der globalen Migration, deren Lösung nicht mit einfachen Rezepten erreichbar sein wird. Abschottung hilft nicht, weil der Süden längst im Norden angekommen ist. Doch auch eine Integrationspolitik im alten Stil, die die Migranten in erster Linie assimilieren wollte, hilft nicht weiter, weil sich immer mehr Zuwanderer gegen die von ihnen so empfundene kulturelle Fremdbestimmung wehren. Die europäischen Gesellschaften werden sich selbst ändern müssen, vor allem müssen sie lernen, mit den neuen Raumbildern der Globalisierung umzugehen.

Post-development: Geographische Entwicklungsforschung jenseits binärer Raumbilder

Detlef Müller-Mahn, Julia Verne

Die oben dargestellten neuen Raumbilder sind Ausdruck einer Neuorganisation der Welt unter den Bedingungen der Globalisierung. Massiv negativ betroffen von diesen umwälzenden Veränderungen sind vor allem die Menschen in den Ländern des Südens. Dies stellt auch die Geographische Entwicklungsforschung in vielerlei Hinsicht vor neue methodische Herausforderungen. Zwar steht die Suche nach Forschungsansätzen, die in der Lage sind, die aktuellen Phänomene und neuen Raumbilder angemessen zu erklären, erst in den Anfängen. Doch zeichnen sich in der (vor allem angelsächsischen) wissenschaftlichen Debatte inzwischen einige neue Strömungen ab, die unter den Schlagworten *post-colonialism* (Radcliffe 2005) und *post-development* (Simon 2006, Ziai 2006) zusammengefasst werden können und hier abschließend kurz skizziert seien. Der Begriff *post-development* thematisiert am deutlichsten die kritische Auseinandersetzung mit der bisherigen Entwicklungsforschung und Entwicklungspolitik. Dabei wird das Verhältnis zwischen Norden und Süden aus einem anderen Blickwinkel als durch die „Entwicklungsbrille" betrachtet, und vor allem wird mit Skepsis auf den „Reparaturbetrieb" der internationalen Entwicklungszusammenarbeit geschaut.

Eine Grundidee für den hier geforderten anderen Blickwinkel bildet die Infragestellung binärer Konzepte und Raumbilder, die nach wie vor geographische Vor-

stellungen von der Welt prägen. Zu diesen binären Konzepten gehört auch die Gegenüberstellung von Entwicklung und Unterentwicklung, ausgedrückt in den Raummetaphern des globalen Nordens und Südens. Eine Zusammenstellung solcher „binären Geographien" findet sich in einer von Cloke & Johnston (2005) herausgegebenen Aufsatzsammlung, die deutlich macht, dass das Denken in binären Kategorien eine gängige Praxis in der humangeographischen Forschung darstellt, beispielsweise in den Gegenüberstellungen des Lokalen und des Globalen, von Handeln und Struktur oder von Natur und Kultur. Solche **Dichotomien** dienen im alltäglichen Sprachgebrauch dazu, Orientierungen zu erleichtern, Zugehörigkeiten zu definieren und komplexe Sachverhalte auf einfache Dualismen zu reduzieren, etwa im Gegensatz von „wir" und „die anderen". Doch wenn „**binäre Geographien**" in wissenschaftlichen Versuchen der Welterklärung unkritisch verwendet werden, laufen diese Gefahr, einseitig das Trennende zu betonen und damit die Verbindungen, Übergänge, Zwischenformen und Beziehungen mehr oder weniger auszublenden. Damit reproduzieren sie Raum- bzw. Weltbilder, die zwar einfach und überzeugend erscheinen mögen, die aber der zunehmenden Komplexität der Welt nicht gerecht werden und dann, wenn sie in konkretes Handeln umgesetzt werden, zu Missverständnissen führen.

In einem Artikel über Entwicklungsforschung und Praxis in Afrika analysiert der Entwicklungssoziologe Elísio Macamo, in welcher Weise Missverständnisse das Verhältnis zwischen Gebern und Nehmern bestimmen (Macamo 2010). Das größte Missverständnis sieht er in dem „gewaltigen Apparat" der Entwicklungszusammenarbeit: „Jener Dauerbetrieb […] der Entwicklung speist sich aus dem Anspruch, dem Werdegang der europäischen Geschichte Gesetzmäßigkeiten zu entnehmen, auf deren Grundlage Maßnahmen formuliert werden könnten, welche der ‚Entwicklung' Afrikas dienen" (Macamo 2010). In diesem Sinne setzen sich *post-development*-Ansätze kritisch mit den im Entwicklungsbegriff mitschwingenden Vorstellungen auseinander, die das Objekt der Entwicklung mit dem Makel des Unvollkommenen behaftet (Ziai 2003, 2006, Radcliffe 2005).

Das zentrale Anliegen der entwicklungskritischen Strömungen vor allem in der angelsächsischen Debatte liegt in der Auseinandersetzung mit den Erkenntniszielen, den unhinterfragten Annahmen und Raumbildern der etablierten Entwicklungsdiskurse (Sidaway 2007). Aus dieser kritischen Perspektive wird die „Dritte Welt" als ein Phänomen gesehen, das nicht per se gegeben ist, sondern das erst durch die Interventionen, die medialen Präsentationen und letztlich auch durch die Forschung des Nordens reproduziert und damit perpetuiert wird.

 **Exkurs 18.2.4**

Neue Raummuster in kartographischer Darstellung

DETLEF MÜLLER-MAHN, FLORIAN WEISSER

Die im Zusammenhang mit der Auflösung von Norden und Süden entstehenden neuen Raumbilder und räumlichen Muster lassen sich nur mit Einschränkung in Form thematischer Karten darstellen. Trotzdem soll hier ein Versuch gewagt werden, bisher wenig beachtete Themenkomplexe in kartographische Darstellungen zu übersetzen, die die höchst ambivalenten Beziehungen zwischen Norden und Süden exemplarisch visualisieren.

Land grabbing in Afrika

Die überproportionalen Verknappungen und Preissteigerungen in der globalen Nahrungsmittelproduktion haben seit 2007 einen Schub der Landnahme (*land grabbing*) durch ausländische Investoren in Afrika ausgelöst. Agrarunternehmen aus dem Norden sichern sich auf diese Weise in großem Umfang Agrarland in Ländern des Südens, um von der steigenden globalen Nachfrage nach Nahrungsmitteln und Biokraftstoffen zu profitieren. Der afrikanische Kontinent ist von diesem neuerlichen *scramble for Africa* besonders schwerwiegend betroffen oder genauer gesagt die ärmsten Länder Afrikas, in denen ein hoher Anteil der Bevölkerung schon jetzt nicht ausreichend ernährt wird (Abb. 1).

In Staaten wie Sambia, Madagaskar und der Demokratischen Republik Kongo, in denen der Anteil der an Hunger leidenden Bevölkerung an der Gesamtbevölkerung im Jahr 2006 über 30 Prozent lag, sind Aufkäufe von Agrarland dokumentiert, welche die Größenordnung von 1 Million Hektar deutlich überschreiten. Diese erreichen damit einen Umfang, der in etwa der Fläche Schleswig-Holsteins entspricht. In Kenia und Äthiopien überstiegen in den letzten Jahren die ausländischen Investitionen in Agrarland mit 2,3 Milliarden US-Dollar bzw. 4,1 Milliarden US-Dollar sogar das Volumen der jährlich zufließenden Entwicklungshilfe. Die Investoren sind dabei nicht mehr ausschließlich im „Norden" beheimatet, sondern zunehmend auch in den Golfstaaten, im asiatischen Raum oder im Falle von Südafrika, Ägypten und Libyen sogar auf dem afrikanischen Kontinent selbst.

Diese Investitionen wurden hinsichtlich ihres Umfangs und der Zusammensetzung der Beteiligungen bisher noch nicht systematisch dokumentiert. Die hier dargestellten Daten beruhen daher in erster Linie auf der Auswertung von Pressemeldungen. Dabei erscheint ein Sachverhalt in politischer Hinsicht besonders bedeutsam: Die Prozesse des weltweiten *land grabbing* werden von der Weltbank durch die Förderung von Auslandsdirektinvestitionen im Agrarsektor sogar noch unterstützt (Daniel & Mittal 2010), obwohl dies möglicherweise verheerende Auswirkungen auf die globale Nahrungsmittelsicherheit und die Existenz von Millionen von Kleinbauern haben kann. Die Unterstützung erfolgt durch den *Foreign Investment Advisory Service* (FIAS) der Weltbank, der sich im Zuge von neoliberalen Reformen für weitgehende Erleichterungen des Landerwerbs durch ausländische Investoren einsetzt, in jüngerer Vergangenheit zum Beispiel in Ghana, Mali, Mosambik und Sierra Leone.

Die Bedeutung von Entwicklungshilfe

Das zweite Kartenbeispiel (Abb. 2) zeigt die unterschiedliche Zusammensetzung der internationalen Kapitalzuflüsse in den Ländern des Südens. Die Kreisdiagramme stellen die absolute Höhe und die Verteilung der Zuflüsse aus Entwicklungshilfe, Auslandsdirektinvestitionen und Rücküberweisungen von internationalen Migranten (sog. *remittances*) dar.

Dabei wird deutlich, dass die Zuweisungen im Rahmen der internationalen Entwicklungszusammenarbeit in vielen Ländern des Südens nur eine vergleichsweise geringe Bedeutung haben, zum Beispiel in der Karibik, in Mittel- und Südamerika und in weiten Teilen Asiens. Hier tragen die Rücküberweisungen und Auslandsdirektinvestitionen erheblich stärker zu den internationalen Kapitalzuströmen bei. Ausnahmen bilden lediglich Afghanistan und der Irak, wo nach offiziellen Angaben die Entwicklungshilfe die weltweit höchsten Werte erreicht (3,96 Milliarden US-Dollar bzw. 9,18 Milliarden US-Dollar). Dieser Umstand ist den massiven Wiederaufbaubemühungen und den umfangreichen Militäreinsätzen in diesen Staaten geschuldet. Der Anteil der Entwicklungshilfe erreicht im subsaharischen Afrika die höchsten Anteile an den Kapitalzuflüssen, in einigen Ländern bis zu 70 Prozent. Aber auch in Afrika ergibt sich kein einheitliches Bild. Während die nordafrikanischen Staaten Marokko und Algerien hauptsächlich von Rücküberweisungen profitieren, sind es in Botswana, Namibia und Sambia Auslandsdirektinvestitionen. Diese fließen hauptsächlich in die Förderung und Veredelung von mineralischen Rohstoffen und kommen zu einem nicht geringen Anteil von südafrikanischen Investoren. Lesotho stellt im subsaharischen Afrika eher eine Ausnahme dar. Dort tragen die vor allem im Nachbarland tätigen Migranten mit ihren Rücküberweisungen massiv zu den gesamten Kapitalzuflüssen bei. Die indische Diaspora überwies so im Jahre 2007 35,26 Milliarden US-Dollar in ihr Heimatland. Die Auslandsdirektinvestitionen im gleichen Jahr beliefen sich „nur" auf 25,13 Milliarden US-Dollar. Ähnliches gilt für Bangladesch (666 Millionen US-Dollar bzw. 6,56 Milliarden US-Dollar) und die Philippinen (2,92 Milliarden US-Dollar bzw. 16,29 Milliarden US-Dollar).

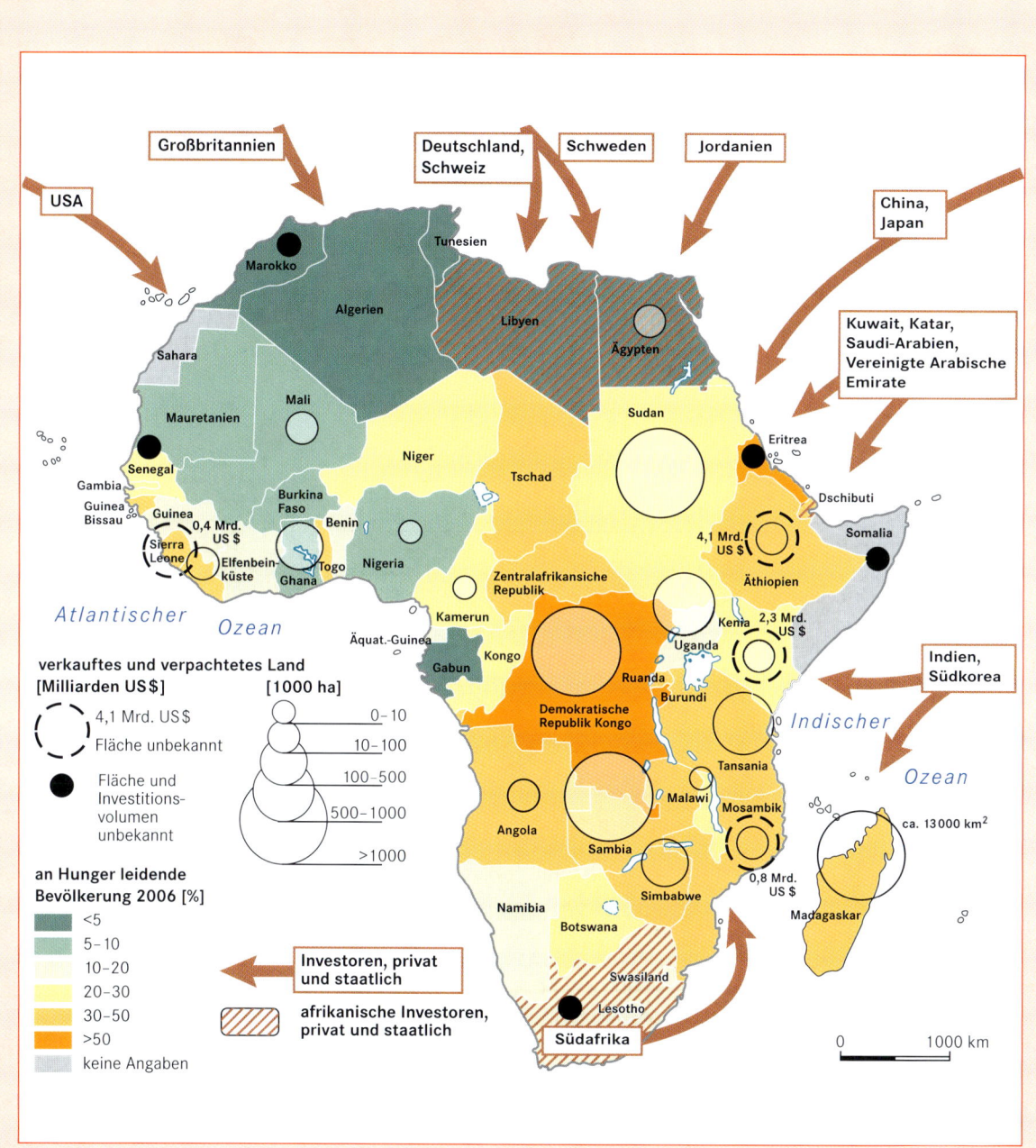

USA

Großbritannien

Deutschland, Schweiz

Schweden

Jordanien

China, Japan

Kuwait, Katar, Saudi-Arabien, Vereinigte Arabische Emirate

Indien, Südkorea

Tunesien

Marokko

Algerien

Libyen

Ägypten

Sudan

Eritrea

Dschibuti

Somalia

Äthiopien

Sahara

Mauretanien

Mali

Niger

Tschad

Senegal

Gambia

Guinea Bissau

Guinea

Sierra Leone

Burkina Faso

Benin

Togo

Ghana

Elfenbein- küste

Nigeria

0,4 Mrd. US$

4,1 Mrd. US$

2,3 Mrd. US$

Kenia

Zentralafrikansiche Republik

Kamerun

Äquat.-Guinea

Gabun

Kongo

Uganda

Ruanda

Burundi

Demokratische Republik Kongo

Tansania

Malawi

Mosambik

0,8 Mrd. US$

Angola

Sambia

Simbabwe

Namibia

Botswana

Madagaskar

ca. 13000 km²

Swasiland

Lesotho

Südafrika

Atlantischer Ozean

Indischer Ozean

verkauftes und verpachtetes Land
[Milliarden US$]

[1000 ha]

4,1 Mrd. US$
Fläche unbekannt

Fläche und Investitions- volumen unbekannt

0–10
10–100
100–500
500–1000
>1000

an Hunger leidende
Bevölkerung 2006 [%]

<5
5–10
10–20
20–30
30–50
>50
keine Angaben

Investoren, privat und staatlich

afrikanische Investoren, privat und staatlich

0   1000 km

Abb. 1 *Land grabbing* und an Hunger leidende Bevölkerung in Afrika (Quellen: IFPRI 2009, Grain 2008, FAO 2009, The Oakland Institute 2008; Entwurf: F. Weisser; Kartographie: M. Wegener).

Fortsetzung

Fortsetzung

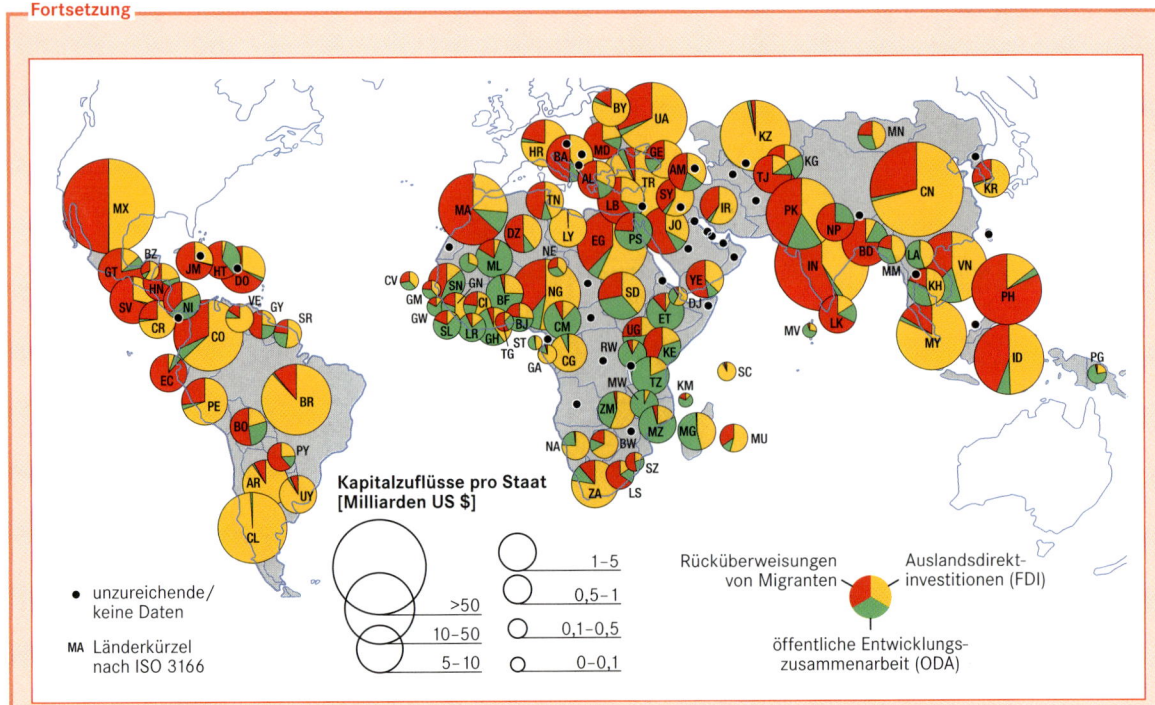

Abb. 2 Zufluss von Rücküberweisungen, Auslandsdirektinvestitionen und Entwicklungshilfe in Länder des Südens (Quellen: Human Development Report 2009, OECD StatExtracts 2010, World Investment Report 2009; Entwurf F. Weisser; Kartographie: M. Wegener).

Letztlich wird das internationale Entwicklungsgeschäft selbst für das verantwortlich gemacht, was der Titel einer der grundlegenden Arbeiten zur *post-development*-Debatte als *the making and unmaking of the third world* bezeichnet (Escobar 1995).

Post-development-Theorien setzen sich kritisch mit den westlichen Vorstellungen von Überlegenheit, Expertentum und Sendungsbewusstsein auseinander, die oftmals unterschwellig entwicklungspolitische Maßnahmen begleiten. Der zentrale methodische Ansatz besteht in einer Dekonstruktion von vorherrschenden Leitbildern (Saunders 2002), von modernistischen Vorstellungen und den dahinterstehenden Eigeninteressen des Nordens (Simon 2003). Zentrale Forderung ist eine kritische Distanzierung gegenüber Entwicklung und deren scheinbare Selbstverständlichkeiten. Dazu gehört auch eine kritische Auseinandersetzung mit der vorherrschenden Verräumlichung des Entwicklungsdenkens, den *imagined geographies of difference* (Power 2003), und deren Konsequenzen für das Handeln entwicklungspolitischer Akteure. Die Auflösung von „Norden" und „Süden" macht eine Überwindung des Denkens in „binären Geographien" erforderlich. Für die Geographische Entwicklungsforschung bietet gerade diese Auseinandersetzung die Chance zu einer grundlegenden Neuorientierung (Lindner & Ouma 2010; Müller-Mahn & Verne 2010).

Fazit

Im Schlusskapitel seines Lehrbuches zur Geographischen Entwicklungsforschung hat Fred Scholz (2004) die zukünftigen Herausforderungen für Geographische Entwicklungsforschung folgendermaßen formuliert:

- entgrenzte Konkurrenzen
- zunehmende Konflikte
- bruchhafte soziale und räumliche Sonderungen
- unstete Fluktuationen
- transnationale Bewegungen
- ersatzloser Verlust zum Beispiel von öffentlicher Sicherheit und regionaler Identität
- wettbewerbsgesteuerte Herausbildung von Netzwerkregionen
- radikales Aufleben von Nationalismen und Regionalismen

Vor diesem Hintergrund und auch im Zusammenhang mit den aufgeführten Beispielen erscheint es erforderlich, dass die Geographische Entwicklungsforschung zunehmend als eine **krisen- und konfliktorientierte Querschnittsforschung** (Bohle 2007b) konzipiert wird. Dazu gehören beispielsweise die folgenden Orientierungen:

- eine Verknüpfung der Ansätze von handlungsorientierten Sozialwissenschaften mit denen von problemorientierten Umweltwissenschaften
- eine Mehrebenenanalyse (Rauch 2009) mit Ausrichtung auf hierarchisch verknüpfte „glokale" Akteursbeziehungen und auf vielskalige ökologische Systemzusammenhänge und Interaktionen (Doevenspeck 2005 über Migration im ländlichen Benin)
- eine Fokussierung auf Krisenerscheinungen, Konflikte und Fragmentierungsprozesse, von der lokalen bis hin zur globalen Ebene (Bohle 2008b)

- eine Ausrichtung auf gekoppelte Mensch-Umwelt-Systeme (Turner et al. 2003) mit einem Schwerpunkt auf nachhaltigem Krisen- und Konfliktmanagement
- eine diskursive Verkoppelung der Kategorien von Raum bzw. Räumlichkeit mit konstruktivistischen Konzeptionen von Natur, Kultur und Gesellschaft (Zimmer & Sakdapolrak 2010)

In einer Geographischen Entwicklungsforschung, die sich zusätzlich zu den bisherigen Herausforderungen wie Armut, Hunger oder Nachhaltigkeit auch noch neuen Problemfeldern wie Krisen, Konflikten, Fragmentierungen oder Ausgrenzungen zuwendet, muss auch das **Konzept von Raum bzw. Räumlichkeit** (Bohle 2007a) **neu gefasst** werden. Für Geographische Entwicklungsforschung ist Raum nämlich nicht nur eine Arena von ökologischen und gesellschaftlichen Prozessen, Raum ist darüber hinaus in vielerlei Hinsicht auch das soziale und politische Werkzeug von Transformationen. Dabei ist Raum nicht in erster Linie „an sich" bedeutsam, sondern als ein Produkt von Beziehungen und skalenübergreifenden Interaktionen, als Quelle von Fragmentierungen und Pluralitäten und gleichzeitig als ein Konstrukt, das heißt als ein sozial, kulturell und ökologisch belegter, instrumentalisierter, interpretierter und imaginierter Raum. Erst mit einer solchen Konzeption von Räumlichkeit im Kontext gesellschaftlicher Entwicklungsprozesse und Entwicklungsprobleme ist der Übergang von herkömmlicher Entwicklungsländergeographie hin zu einer zukunftsfähigen Geographischen Entwicklungsforschung vollzogen – zu einer Entwicklungsforschung, die gesellschaftstheoretisch und empirisch fundiert ist und die sich den großen Zukunftsfragen der Gesellschaft im Zeitalter des Globalen Umweltwandels, der Globalisierung und der Postmoderne zuwenden kann.

Weiterführende Literatur

Bohle HG (2007) Geographien von Verwundbarkeit. In: Geographische Rundschau 59 (10): 20–25

Coy M (2005) Entwicklungsländergeographie. In: Schliephake K, Schenk W (Hrsg) Allgemeine Anthropogeographie, Perthes, Gotha. 727–766

Kreutzmann H (2003) Theorie und Praxis in der Entwicklungsforschung. Einführung zum Themenheft. In: Geographica Helvetica 58 (1): 2–10

Krüger F (2003) Handlungsorientierte Entwicklungsforschung: Trends, Perspektiven, Defizite. In: Petermanns Geographische Mitteilungen 147 (1): 6–15

Müller-Mahn D, Verne J (2011) Geographische Entwicklungsforschung: alte Probleme, neue Perspektiven. In: Geographische Rundschau 62 (10): 4–11

Rauch T (2009) Entwicklungspolitik. Teil 1. Westermann Verlag, Braunschweig

Scholz F (2004) Geographische Entwicklungsforschung. Methoden und Theorien. Gebrüder Borntraeger Verlagsbuchhandlung, Berlin, Stuttgart

Fortsetzung

Fortsetzung

Zitierte Literatur

Adger N (2006) Vulnerability. In: Global Environmental Change 16 (3): 268–281

Altvater E, Mahnkopf B (2002) Globalisierung der Unsicherheit: Arbeit im Schatten, schmutziges Geld und informelle Politik. Münster

Bauman Z (2000) Liquid Modernity. Polity Press, Cambridge

Beck U (1997) Was heißt Globalisierung? Suhrkamp Verlag, Frankfurt/Main

Beck U (2007) Weltrisikogesellschaft. Auf der Suche nach der verlorenen Sicherheit. Suhrkamp Verlag, Frankfurt/Main

Behrendt RF (1968) Soziale Strategie für Entwicklungsländer. Fischer Verlag, Frankfurt/Main

Berkes F, Colding J, Folke C (Hrsg) (2003) Navigating Social-Ecological Systems. Building Resilience for Complexity and Change. Cambridge University Press, Cambridge

Biermann F (2007) Earth system governance as a cross-cutting theme of global change research. In: Global Environmental Change 17: 326–337

Birkmann J (Hrsg) (2006) Measuring Vulnerability to Natural Hazards: Towards Disaster Resilient Societies. UNU Press, Tokyo

Blaikie P, Brookfield H (1987) Land Degradation and Society. Methuen, London

Blenck J (1979) Geographische Entwicklungsforschung. In: DGFK-Hefte 12: 11–20

Bohle HG (1981) Bewässerung und Gesellschaft im Cauvery-Delta (Südindien). Erdkundliches Wissen, Geographische Zeitschrift, Beihefte 57, Wiesbaden

Bohle HG (1986a) Die Diskussion über Produktionsweisen in Indien. Mit Anmerkungen zur Bedeutung von Theorien „mittlerer Reichweite" für geographische Entwicklungs(länder)forschung. In: Geographische Zeitschrift 74 (1): 106–119

Bohle HG (1986b) Südindische Wochenmarktsysteme. Theoriegeleitete Fallstudien zur Geschichte und Struktur polarisierter Wirtschaftskreisläufe im ländlichen Raum der Dritten Welt. In: Geographische Zeitschrift, Beihefte 82, Wiesbaden

Bohle HG (2001a) Vulnerability and Criticality: Perspectives from Social Geography. In: IHDP-Update 2/01: 1–5

Bohle HG (2001b) Neue Ansätze der geographischen Risikoforschung. Eine Analyserahmen zur Bestimmung nachhaltiger Lebenssicherung von Armutsgruppen. In: Die Erde 132: 119–140

Bohle HG (2004) Geographien von Gewalt – Kulturgeographische Interpretationen des Bürgerkrieges auf Sri Lanka. In: Petermanns Geographische Mitteilungen 148 (2): 22–31

Bohle HG (2005) Soziales oder unsoziales Kapital? Das Konzept von Sozialkapital in der Geographischen Verwundbarkeitsforschung. In: Geographische Zeitschrift 93 (2): 65–81

Bohle HG (2007a) Geographien von Verwundbarkeit. In: Geographische Rundschau 59 (10): 20–25

Bohle HG (2007b) Geographies of Violence and Vulnerability. An Actor-Oriented Analysis of the Civil War in Sri Lanka. In: Erdkunde 61 (2): 129–146

Bohle HG (2008a) Leben mit Risiko – Resilience als neues Paradigma für die Risikowelten von morgen. In: Felgentreff C, Glade T (Hrsg) Naturrisiken und Sozialkatastrophen. Spektrum Akademischer Verlag, Heidelberg: 435–441

Bohle HG (2008b) Krisen, Katastrophen, Kollaps – Geographien von Verwundbarkeit in der Risikogesellschaft. In: Kulke E, Popp H (Hrsg) Umgang mit Risiken. Katastrophen-Destabilisierung-Sicherheit. Deutsche Gesellschaft für Geographie, Bayreuth, Berlin: 69–82

Bohle HG et al. (2009a) Resilience as Agency. In: IHDP Update 2, Magazine of the International Human Dimensions Programme on Global Environmental Change: 8–13

Bohle HG et al. (2009b) Adaptive Food Governance. In: IHDP Update 3, Magazine of the International Human Dimensions Programme on Global Environmental Change: 53–58

Bohle HG, Homm S (2010) Globalisierte Transformationsprozesse im peri-urbanen „Zwischen"-Raum von Chennai. Landkonflikte, Governance-Strukturen und die Perspektiven der lokalen Bevölkerung

Bohle HG, von Hauff M, Keck M (2010) Multiple Modernities in the Megacity? Economic and Spatial Restructuring of Food Markets in Dhaka/Bangladesh

Bourdieu P (1977) Outline of a Theory of Practice. Cambridge University Press, Cambridge

Bronger D (1976) Formen räumlicher Verflechtung von Regionen in Andhra Pradesh/Indien als Grundlage einer Entwicklungsplanung. Bochumer Geographische Arbeiten, Sonderreihe 5, Bochum

Bryant R, Bailey S (1997) Third World Political Ecology. Routledge, London

Büttner H (2001) Wassermanagement und Ressourcenkonflikte. Eine empirische Untersuchung zu Wasserkrise und Water Harvesting in Indien aus der Perspektive sozialwissenschaftlicher Umweltforschung. Freiburger Studien zur Geographischen Entwicklungsforschung 19. Verlag für Entwicklungspolitik, Saarbrücken

Castells M (1996) The Rise of the Network Society. Cambridge, Mass

Chambers R (1989) Editorial Introduction: Vulnerability, Coping and Policy. In: IDS Bulletin 20 (2): 1–7

Cloke P, Johnston R (Hrsg) (2005) Spaces of Geographical Thought. Deconstructing Human Geography´s Binaries. London

Coy M, Kraas F (2003) Kann man Entwicklung messen? In: Petermanns Geographische Mitteilungen 147 (1): 56–57

Daniel S, Mittal A (2010) (Mis)Investment in Agriculture. The Role of the International Finance Corporation in Global Land Grabs. The Oakland Institute 2010. http://www.oaklandinstitute.org/pdfs/misinvestment_web.pdf

DFID (Department for International Development UK) (1999) Sustainable Livelihood Guidance Sheet. DFID, London

Dietsche C (2004) Die Erdölpipeline Tschad-Kamerun und Konflikte um ihre Auswirkungen. Wahrnehmung und diskursive Reproduktion eines globalen Projektes. Studien zur Geographischen Entwicklungsforschung 28. Verlag für Entwicklungspolitik, Saarbrücken

Dittrich C (2004) Bangalore – Globalisierung und Überlebenssicherung in Indiens Hightech-Kapitale. Studien zur Geographischen Entwicklungsforschung 25. Verlag für Entwicklungspolitik, Saarbrücken

Doevenspeck M (2005) Migration im ländlichen Benin. Sozialgeographische Untersuchungen an einer afrikanischen Frontier. Studien zur Geographischen Entwicklungsforschung 30. Verlag für Entwicklungspolitik, Saarbrücken

Dörfler T, Müller-Mahn D, Graefe O (2003) Habitus und Feld. Anregungen für eine Neuorientierung der geographischen Entwicklungsforschung auf der Grundlage von Bourdieus Theorie der Praxis. In: Geographica Helvetica 58 (1): 11–23

Dörfler T, Graefe O, Müller-Mahn D (2003) Habitus und Feld. Anregungen für eine Neuorientierung der geographischen Entwicklungsforschung auf der Grundlage von Bourdieus „Theorie der Praxis". Geographica Helvetica (1): 11–23

Eisenstadt SN (2007) Mulitple Mondernities. Der Streit um die Gegenwart. Kulturverlag Kadmos, Berlin

Escobar A (1995) Encountering Development: The Making and Unmaking of the Third World. Princeton University Press, Princeton

Etzold B (2009) Illegalisierte Migration in der Flüssigen Moderne. Migration aus Afrika und die europäische Grenzsicherungspolitik. Entwicklungsforschung 5. Wissenschaftlicher Verlag, Berlin

Fortsetzung

Fortsetzung

Etzold B (2011) Street Food Governance in Dhaka (Bangladesh). Dissertation Universität Bonn

Etzold B, Keck M, Bohle HG, Zingel WP (2009) Informality as agency. Negotiating food security in Dhaka. In: Die Erde 140 (1): 3–24

Evers HD (1988) Subsistenzproduktion, Markt und Staat: der sog. Bielefelder Verflechtungsansatz. In: Leng G, Taubmann W (Hrsg) Geographische Entwicklungsforschung im interdisziplinären Dialog. Bremer Beiträge zur Geographie und Raumplanung 18: 131–143

Felgentreff C, Glade T (Hrsg) (2007) Naturrisiken und Sozialkatastrophen. Spektrum Akademischer Verlag, Heidelberg

Fünfgeld H (2007) Fishing in Muddy Waters. Socio-Economic Relations under the Impact of Violence in Eastern Sri Lanka. Studien zur Geographischen Entwicklungsforschung 32. Verlag für Entwicklungspolitik, Saarbrücken

Foucault M (2003) Die Ordnung der Dinge. Suhrkamp, Frankfurt/Main

Gebhardt H, Reuber P, Wolkersdorfer G (Hrsg) (2003) Kulturgeographie. Aktuelle Ansätze und Entwicklungen. Spektrum Akademischer Verlag, Heidelberg, Berlin

GECAFS (Global Environmental Change and Food Systems) (2005) Science Plan and Implementation Strategy (Hrsg. Ingram J, Gregory P, Brklacich M) Earth System Science Partnership, Report No. 2, Wallingford

Geiselhart K (2009) The Geography of Stigma and Discrimination. HIV and AIDS-Related Identities in Botswana. Studien zur Geographischen Entwicklungsforschung 36. Verlag für Entwicklungspolitik, Saarbrücken

Gertel J (1993) Krisenherd Karthoum. Geschichte und Struktur der Wohnraumpolitik in der sudanesischen Hauptstadt. Freiburger Studien zur Geographischen Entwicklungsforschung 2. Verlag für Entwicklungspolitik, Saarbrücken

Giddens A (1988) Die Konstitution der Gesellschaft. Grundzüge einer Theorie der Strukturierung. Campus Verlag, Frankfurt/Main, New York

Harvey D (2003) The new imperialism. Oxford

Holling CS (1973) Resilience and Stability of Ecological Systems. In: Annual Review of Ecology and Systematics 4: 1–23

Holling CS (2003) Foreword: The backloop to sustainability. In: Berkes F et al. (Hrsg) Navigating Social-Ecological Systems. Building Resilience for Complexity and Change. Cambridge University Press, Cambridge. XV–XXI

Honneth A (2003) Kampf um Anerkennung. Zur moralischen Grammatik sozialer Konflikte. Suhrkamp, Frankfurt/Main

IFCR (International Federation of Red Cross and Crescent Societies) (2004) World Disasters Report. Focus on Community Resilience, Geneva

Kaldor M (2000) Neue und alte Kriege: organisierte Gewalt im Zeitalter der Globalisierung. Frankfurt/Main

Kasperson JX, Kasperson RE, Turner II BL (1995) Regions at risk: comparisons of threatened environments. United Nations University Press, Tokyo

Keck M, Etzold B, Zingel WP, Bohle HG (2008): Reis für die Megacity. Die Nahrungsversorgung von Dhaka zwischen globalen Risiken und lokalen Verwundbarkeiten. In: Geographische Rundschau 60 (11): 28–37

Köberlein M (2003) Living from Waste. Livelihoods of the Actors Involved in Delhi's Informal Waste Recycling Economy. Studies in Development Geography 24, Verlag für Entwicklungspolitik, Saarbrücken

Kraas F, Bork HR (2004) Editorial zum Themenheft Krisen und Konflikte. In: Petermanns Geographische Mitteilungen 148 (2): 1

Kreutzmann H (2002) Die globale Entwicklungsschere – Retrospektive auf Wohlstand und Armut der Nationen. In: Peripherie 85/86: 210–222

Kreutzmann H (2003) Theorie und Praxis in der Entwicklungsforschung. Einführung zum Themenheft. In: Geographica Helvetica 58 (1): 2–10

Kreutzmann H (2008) Dividing the World: Conflict and Inequality in the Context of Growing Global Tension. In: Third World Quarterly 29 (4): 675–689

Krings T (1992) Die Bedeutung des autochthonen Agrarwissens für die Ernährungssicherung in den Ländern Tropisch Afrikas. In: Geographische Rundschau 44 (2): 88–93

Krings T (1998) Mensch-Umwelt-Beziehungen in den Tropen und Subtropen unter besonderer Berücksichtigung der Politischen Ökologie als Gegenstand der Geographischen Entwicklungsforschung. In: Rundbrief Geographie 149: 22–25

Krings T (1999) Editorial: Ziele und Forschungsfragen der Politischen Ökologie. In: Zeitschrift für Wirtschaftsgeographie 43 (3/4): 129–130

Krings T (2008) Politische Ökologie. Grundlagen und Arbeitsfelder eines geographischen Ansatzes der Mensch-Umwelt-Forschung. In: Geographische Rundschau 60 (12): 4–9

Krings T, Schneider H (2007) Editorial: Neue Kriege, Gewaltökonomien und Geographien der Gewalt. In: Zeitschrift für Wirtschaftsgeographie 51 (3/4): 145–149

Krüger F (2003) Handlungsorientierte Entwicklungsforschung: Trends, Perspektiven, Defizite. In: Petermanns Geographische Mitteilungen 147 (1): 6–15

Latour B (2000) Die Hoffnung der Pandora. Untersuchungen zur Wirklichkeit der Wissenschaft. Suhrkamp, Frankfurt/Main

Lefebvre H (1991) The Production of Space. Blackwell, Oxford

Leichenko R, O'Brien K (2008) Environmental Change and Globalization: Double Exposures. Oxford University Press, Oxford

Leng G, Taubmann W (1988) Einleitung. In: Leng G, Taubmann W (Hrsg) Geographische Entwicklungsforschung im interdisziplinären Dialog. Bremer Beiträge zur Geographie und Raumplanung 18: 1–8

Lindner P, Ouma S (2010) Von Märkten und Reisenden: Wirtschaftsgeographien des globalen Südens. In: Geographische Rundschau 62 (10)

Lohnert B (1995) Überleben am Rande der Stadt. Ernährungssicherungspolitik, Getreidehandel und verwundbare Gruppen in Mali – das Beispiel Mopti: Freiburger Studien zur Geographischen Entwicklungsforschung 8. Verlag für Entwicklungspolitik, Saarbrücken

Lohnert B (2007) Social Networks: Potentials and Constraints. Indications from South Africa. Studien zur Geographischen Entwicklungsforschung 33. Verlag für Entwicklungspolitik, Saarbrücken

MA (Millennium Ecosystem Assessement) (2005) Ecosystems and Human Well-being: Synthesis. Island Press, Washington/DC

Macamo E (2010) Entwicklungsforschung und Praxis – Kritische Anmerkungen aus der Sicht eines Beforschten. In: Geographische Rundschau 62 (10): 58–64

Menzel U (1991) Das Ende der „Dritten Welt" und das Scheitern der großen Theorie. Zur Soziologie einer Disziplin in auch selbstkritischer Absicht. In: Politische Vierteljahresschrift. Zeitschrift der Deutschen Vereinigung für Politische Wissenschaft 32: 4–33

Menzel U (1998) Globalisierung versus Fragmentierung. Suhrkamp Verlag, Frankfurt/Main

Müller-Böker U (1999) The Chitawan Tharus in Southern Nepal. An Ethnoecological Approach. Nepal Research Centre Publications 21, Stuttgart

Müller-Böker U (1995) Ethnoökologie. Ein Beitrag zur Geographischen Entwicklungsforschung. In: Geographische Rundschau 47 (6): 375–379

Müller-Mahn D (2005) Sansibar und der Wandel arabischer Händler-Netzwerke in Ostafrika. In: Geographische Rundschau 57 (11): 32–40

Müller-Mahn D, Verne J (2010) Geographische Entwicklungsforschung: alte Probleme, neue Perspektiven. In: Geographische Rundschau 10: 4–11

Fortsetzung

Fortsetzung

Müller-Mahn D, Beckedorf AS, Abdallah SM, Zug S (2010) Wasserversorgung und Stadtentwicklung in Khartum. In Geographische Rundschau 10

Münkler H (2002) Die neuen Kriege. Schriftenreihe der Bundeszentrale für Politische Bildung, Bd. 387

Noe C (2007) Soziale Netzwerke und Gesundheit. Health Vulnerability städtischer Marginalgruppen in Colombo/Sri Lanka. Studien zur Geographischen Entwicklungsforschung 34. Verlag für Entwicklungspolitik, Saarbrücken

North N (1990) Institutions, Institutional Change and Economic Performance. Cambridge University Press, Cambridge, New York, Melbourne

Peet R, Watts MJ (1996) Liberation ecologies: environment, development, social movements. Routledge, London

Power M (2003) Rethinking Development Geographies. Routledge, London

Pries L (1998) Transnationale soziale Räume. In: Beck U (Hrsg) Perspektiven der Weltgesellschaft. Frankfurt/Main. 55–86

Radcliffe S (2005) Development and Geography: towards a postcolonial development geography? In Progress in Human Geography 29: 291–298

Rauch T (1981) Das nigerianische Industrialisierungsmuster und seine Implikationen für die Entwicklung peripherer Räume. Ein Beitrag zur Erklärung der Raumstruktur in peripher-kapitalistischen Ökonomien. Hamburger Beiträge zur Afrikakunde 24, Hamburg

Rauch T (2001) Dezentralisierung ist kein Allheilmittel. Zur Notwendigkeit einer kontextspezifischen Dezentralisierungspolitik am Beispiel der Kommunalentwicklung in Südafrika. In: Geographica Helvetica 56 (1): 13–27

Rauch T (2009) Entwicklungspolitik. Das Geographische Seminar. Braunschweig, Westermann

Resilience Alliance (2010) Definitionen: www.resalliance.org

Rettberg S (2009) Das Risiko der Afar. Existenzsicherung äthiopischer Nomaden im Kontext von Hungerkrisen, Konflikten und Entwicklungsinterventionen. Studien zur Geographischen Entwicklungsforschung 35. Verlag für Entwicklungspolitik, Saarbrücken

Reuber P (2000) Die Politische Geographie als handlungsorientierte und konstruktivistische Teildisziplin – angloamerikanische Theoriekonzepte und aktuelle Forschungsfelder. In: Geographische Zeitschrift 88 (1): 36–52

Rothfuss E (2010) Favelas: Städte der Missachtung in den Metropolen Brasiliens. Eine anerkennungstheoretische Perspektive auf die Raumpathologie geteilter Stadtwelten am Beispiel von Salvador de Bahia. Habiliationsvorhaben Universität Passau

Said E (1978) Orientalism. Pantheon Books, New York

Sakdapolrak P (2011) Orte und Räume der Health Vulnerability. Bourdieu's Theorie der Praxis für die Analyse von Krankheit und Gesundheit in megaurbanen Slums von Chennai, Südindien. Studien zur Geographischen Entwicklungsforschung 39. Verlag für Entwicklungspolitik, Saarbrücken

Scholz F (1974a) Belutschistan (Pakistan). Eine sozialgeographische Studie des Wandels in einem Nomadenland seit Beginn der Kolonialzeit. Göttinger Geographische Abhandlungen 63, Göttingen

Scholz F (1974b) Seßhaftmachung von Nomaden in der Upper Sind Frontier Province (Pakistan) im 19. Jahrhundert – Ein Beitrag zur Entwicklung und gegenwärtigen Situation einer peripheren Region in der Dritten Welt. In: Geoforum 18: 29–46

Scholz F (1988) Position und Perspektiven geographischer Entwicklungsforschung. Zehn Jahre Arbeitskreis Entwicklungstheorien. In: Leng G, Taubmann W (Hrsg) Geographische Entwicklungsforschung im interdisziplinären Dialog, Bremer Beiträge zur Geographie und Raumplanung 18: 9–35

Scholz F (2000) Perspektiven des „Südens" im Zeitalter der Globalisierung. In: Geographische Zeitschrift 88(1): 1–20

Scholz F (2002) Die Theorie der „fragmentierenden Entwicklung". In: Geographische Rundschau 54 (10): 6–11

Scholz F (2004) Geographische Entwicklungsforschung. Studienbücher der Geographie. Berlin, Stuttgart

Scholz F (2010) Globalisierung. Genese – Strukturen – Effekte. Diercke Spezial, Westermann. Braunschweig

Scholz F, Koop K (Hrsg) (1998) Geographische Entwicklungsforschung 3 Teile, Rundbrief Geographie: 148–150

Scoones J (1998) Sustainable Rural Livelihoods: A Framework for Analysis. IDS Working Paper 72, Brighton

Sen A (1981) Poverty and Famines. An Essay on Entitlement and Depriration. Oxford University Press, Oxford

Senghaas D (Hrsg) (1974) Peripherer Kapitalismus. Analysen über Abhängigkeit und Unterentwicklung. Suhrkamp Verlag, Frankfurt/Main

Senghaas D (1979) Dissoziation und autozentrierte Entwicklung. Eine entwicklungspolitische Alternative für die Dritte Welt. In: Senghaas D (Hrsg) Kapitalistische Weltökonomie. Kontroversen über ihren Ursprung und ihre Entwicklungsdynamik. Suhrkamp Verlag, Frankfurt/Main

Senghaas D (1982) Von Europa lernen. Entwicklungsgeschichtliche Betrachtungen. Suhrkamp Verlag, Frankfurt/Main

Sidaway J (2007) Spaces of postdevelopment. Progress in Human Geography 31 (3): 345–361

Simon D (2003) Dilemmas of development and the environment in a globalising world: theory, policy and praxis. Progress in Development Studies 3 (1): 5–41

Simon D (2006) Seperated by common ground? Bringing (post) development and (post)colonialism together. The Geographical Journal 172 (1): 10–21

Soja E (1996) Thirdspace: Journey to L.A. and other Real-and-Imagined Places. Basil Blackwell, Oxford

Steinbrink M (2009) Leben zwischen Stadt und Land. Migration, Translokalität und Verwundbarkeit in Südafrika. VS Verlag für Sozialwissenschaften, Wiesbaden

Swift J (1989) Why are Rural People Vulnerable to Famine? In: IDS Bulletin 20(2): 49–57

Swyngedouw E (1997) Neither Global nor Local: „Glocalization" and the Politics of Scale. In: Cox K (Hrsg) Spaces of Globalization. Reasserting the Power of the Local. New York, London. 137–166

Thomi W (2001) Institutionenökonomische Perspektiven im Kontext der Reorganisation subnationaler Gebietskörperschaften. In: Geographica Helvetica 56 (1): 4–12

Timmermann P (1981) Vulnerability, resilience and the collapse of society. Environmental Monograph 1, Toronto

Tröger S (2002) Gesellschaftliche Umverteilung, ein gesellschaftliches Muss? Verwundbarkeit und soziale Sicherung im Zeichen gesellschaftlichen Umbruchs – Beobachtungen aus Tanzania in akteursorientierter Interpretation. In: Geographica Helvetica 57(1): 34–45

Tröger S (2004) Handeln zur Ernährungssicherung im Zeichen gesellschaftlichen Umbruchs. Untersuchungen auf dem Ufipa-Plateau im Südwesten Tansanias. Studien zur Geographischen Entwicklungsforschung 27. Verlag für Entwicklungspolitik, Saarbrücken

Turner II BL et al. (2003) A framework for vulnerability analysis in sustainability science. In: Proceedings of the National Academy of Science (USA) 100 (14): 8074–8079

Ulbert V (1999) Partizipative Gender-Forschung. Umweltprobleme und Strategien der Ressourcennutzung in der Dominikanischen Republik. Freiburger Studien zur Geographischen Entwicklungsforschung 17. Verlag für Entwicklungspolitik, Saarbrücken

UNDP (United Nations Development Programme) (1997) Bericht über die menschliche Entwicklung. Uno-Verlag, Bonn

Walker BH, Salt DA (2006) Resilience Thinking. Sustaining Ecosystems and People in a Changing World. Island Press, Washington/DC

Watts M (2000) Geographies of Violence and the Narcissism of Minor Difference. In: Gebhardt H, Meusburger P (Hrsg) Struggles over Geography. Hettner Lecture 3. Heidelberg: 7–34

Fortsetzung

Watts M (2008) Imperial Oil: the anatomy of a Nigerian oil insurgency. In: Erdkunde 62 (1): 27–39

Watts M, Bohle HG (1993) The Space of Vulnerability: the Causal Structure of Hunger and Famine. In: Progress in Human Geography 17(1): 43–67

Watts M, Bohle HG (2003) Verwundbarkeit, Sicherheit und Globalisierung. In: Gebhardt H et al. (Hrsg) Kulturgeographie. Aktuelle Ansätze und Entwicklungen. Spektrum Akademischer Verlag, Heidelberg, Berlin. 67–82

Weltbank (2001) Weltentwicklungsbericht 2000/2001. Bekämpfung der Armut. Uno-Verlag, Bonn

Wisner B, Blaikie P, Cannon T, Davis I (2004) At risk: natural hazards, people's vulnerability and disasters. Routledge, London

Wolkersdorfer G (2001) Politische Geographie und Geopolitik zwischen Moderne und Postmoderne. Heidelberger Geographische Arbeiten 111, Heidelberg

Zeller C (2004) Ein neuer Kapitalismus und ein euer Imperialismus? In: Zeller C (Hrsg) Die globale Enteignungsökonomie. Münster. 61–125

Ziai A (2000) Globalisierung als Chance für Entwicklungsländer? Ein Einstieg in die Problematik der Entwicklung in der Weltgesellschaft. Demokratie und Entwicklung, Bd. 43. Münster u. a.

Ziai A (2003) Globale Strukturpolitik oder nachhaltiger Neoliberalismus? Anmerkungen zum Entwicklungsdiskurs des BMZ unter der rot-grünen Bundesregierung. In: Peripherie 90/91 (23): 152–170

Ziai A (2006) Zwischen Global Governance und Post-Development: Entwicklungspolitik aus diskursanalytischer Perspektive. Westfälisches Dampfboot, Münster

Zimmer A, Sakdapolrak P (2011) The social practices of governing. Viewing waste water governance in Delhi's slums with Foucault and Bourdieu. In: Urban Studies

AFGHANISTAN

Kinderleicht und schnell angezettelt wirkt ein Krieg gegen Afghanistan beim „Risiko"-Spiel. Die Beliebtheit von Spielen wie „Risiko" oder auch „Monopoly" deutet darauf hin, wie tief die Ausübung von Macht über Räume Teil unserer alltäglichen sozialen und politischen Praxis ist. Die Macht-Raum-Thematik scheint für die Gesellschaft so zentral zu sein, dass bereits ihre Kinder und Jugendlichen früh in spielerischer Form in diese vereinfachende Art des Denkens und Handelns eingeführt werden – vom lokalen Konflikt um einzelne Straßen und Plätze beim „Monopoly" bis zur globalen Geopolitik beim „Risiko" (Foto: C. Martin).

Kapitel 19
Politische Geographie

Paul Reuber

Viele Anzeichen sprechen dafür, dass auch im neuen Jahrtausend Konflikte um Raum und Macht im Zentrum der Gesellschaft stehen werden. Sie erzeugen eine Spirale der Gewalt, die fast täglich die Schlagzeilen in den Medien bestimmt. An dieser Front herrscht selten Ruhe. Das zeigen die längst nicht abgeschlossenen Fragmentierungs- und Restrukturierungsprozesse in Ost- und Südosteuropa sowie in Zentralasien, der internationale Terrorismus und die daraus erwachsenen Kriege, die nicht enden wollenden Auseinandersetzungen in vielen afrikanischen Gewaltökonomien, die Krisenherde im Nahen und Mittleren Osten – die Liste ließe sich beliebig erweitern. Globalisierung und Neoliberalisierung induzieren gleichzeitig einen dramatischen gesellschaftlichen Umbruch, der zu neuen Koalitionen und Netzwerken von Akteuren auf globaler wie lokaler Ebene führt. Er beeinflusst auch auf der lebensweltlichen Ebene die Struktur und den Ablauf raumbezogener Auseinandersetzungen massiv. Der Rückzug von Teilen der Gesellschaft in semi-private Überwachungsinseln, die Neuordnungs- und Verdrängungsprozesse im öffentlichen Raum, eine repressive, an das *zero-tolerance*-Modell angelehnte Stadtpolitik und viele andere Auseinandersetzungen markieren hier die neuen „Grabenkämpfe" der Gesellschaft nach innen, die ebenfalls in vielfacher Weise als Konflikte um Macht und Raum angesehen werden müssen.

All diese Entwicklungen dürfen die Politische Geographie nicht kalt lassen, im Gegenteil, sie müssen als permanenter Auftrag verstanden werden, die sich ständig verschiebenden und neu konfigurierenden Aushandlungsprozesse um räumlich lokalisierte Ressourcen mit einer kritischen Forschung zu begleiten. Welche Theorien und Konzepte können dabei hilfreich sein? Welche Forschungsfelder ergeben sich daraus? Welchen Beitrag kann die Politische Geographie mit ihren Analysen zur politischen Bildung und Beratung einer demokratischen Gesellschaft leisten?

Auf den Spuren dieser Leitfragen gibt das folgende Kapitel einen Überblick über den aktuellen Diskussionsstand im Bereich der Politischen Geographie. Dies ist nicht möglich, ohne die Entstehungsbedingungen und politischen Verstrickungen der Teildisziplin im Kontext von Imperialismus und Nationalsozialismus zu skizzieren. Erst vor diesem Hintergrund wird klar, warum in der Nachkriegsphase ein konzeptioneller Neuanfang notwendig war, der in den 1970er-Jahren im angloamerikanischen Sprachraum begann und heute zu einer breiten Renaissance politisch-geographischer Forschungen geführt hat. Im Mittelpunkt des Beitrages stehen die aktuellen theoretisch-konzeptionellen Leitlinien der Politischen Geographie im Rückgriff auf die internationale Forschungsentwicklung. Darauf aufbauend folgt ein stärker empirisch ausgerichteter Teil, der die laufenden Forschungsfelder und Forschungsthemen der Politischen Geographie systematisiert, umreißt und an einigen Beispielen verdeutlicht.

19.1 Politische Geographie heute

Das traditionelle Forschungsspektrum der Politischen Geographie hat sich in den letzten Jahren deutlich verändert und erweitert. Die alte Zentrierung auf Staaten und deren Interaktionen im Weltgeschehen wird zunehmend aufgehoben. Sie bleibt zwar eine wichtige Säule der Teildisziplin, hinzu treten jedoch Analysen von Macht-Raum-Konflikten in unterschiedlichsten gesellschaftlichen Zusammenhängen und auf unterschiedlichen Maßstabsebenen. Diese Form der Politischen Geographie untersucht Themen, die von lokalen Standort- und Nutzungskonflikten über regionale Geographien der Gewalt und neue soziale Bewegungen bis hin zu politischen und räumlichen Konsequenzen der zunehmenden Neoliberalisierung, Transnationalisierung und Netzwerkorientierung der Gesellschaft (transnationale Unternehmensnetzwerke, globale Umwelt- und Hilfsorganisationen, internationaler Terrorismus) reichen.

Die Attraktivität der Politischen Geographie speist sich aber nicht nur aus der erweiterten Palette der Forschungsthemen, sondern vor allem auch aus der damit einhergehenden Abkehr von deskriptiven Analysen und einer Hinwendung zur Entwicklung von neuen Theorieansätzen über den Zusammenhang von Gesellschaft, Macht und Raum, wie sie mittlerweile auf breiterer Ebene im Rahmen der Neuen Kulturgeographie (Kapitel 15) auch in der deutschsprachigen Humangeographie diskutiert werden.

Diese Vielfalt macht es zunächst schwieriger, eine allgemein verbindliche Definition der Politischen Geographie zu entwickeln, die in kurzer Form den breiten Kanon dieser Teildisziplin repräsentiert. Dabei müssen von vornherein all diejenigen traditionellen Begriffsbestimmungen ausscheiden, die primär auf eine staatenorientierte Perspektive abzielen. Vor diesem Hintergrund verbleiben nur sehr umfassende und allgemeine Definitionen, wie sie beispielsweise John Agnew (2002) vorgeschlagen hat: Politische Geographie ist *„the study of how geography is informed by politics. […] Whatever the geographical scale or context – urban, regional, national, world-regional or global – as long as power pooled up in some places, political organization privileged some in some places over others elsewhere, and territorial boundaries were used to exclude and include, political geography has research questions of interest"*. Diese Definition zeigt zum einen die neue inhaltliche Ausrichtung und Vielfalt der Politischen Geographie, sie zeigt zum anderen auch, was Politische Geographie heute nicht mehr sein will: eine

natur- und/oder raumdeterministisch argumentierende Fachrichtung. Ein solcherart verengter Blickwinkel hatte die traditionelle Politische Geographie in ihren Gründerjahren und den ersten Jahrzehnten danach gekennzeichnet und damit die Grundlage für eine massive politische Instrumentalisierung und für ideologischen Missbrauch gelegt.

Zeitgemäße Fassungen der Politischen Geographie zeichnen sich jedoch durch eine dezidierte Abkehr von natur- und/oder raumdeterministischem Denken aus. Ihre gemeinsame erkenntnistheoretische Basis ist der **Konstruktivismus**. In dieser Lesart ist nicht der Raum an sich als vermeintlich „reale" Erscheinung für das politische Handeln der Menschen und die Ausbildung politischer Territorien verantwortlich. Was die Menschen vom Raum wahrnehmen und welche Rolle der Raum entsprechend als strukturierendes Element des sozialen und politischen Handelns für die Gesellschaft spielt, basiert vielmehr auf sozialen bzw. diskursiven Konstruktionen und Bedeutungszuschreibungen des Raumes. Raum ist in vielfältiger Hinsicht Träger kollektiver Bedeutungen. Im Raum ist politische Ordnung und Macht kodiert. Das zeigt die Zerstörung des *World Trade Centers* durch islamistische Terroristen ebenso wie die Diskussionen um den Wiederaufbau von *Ground Zero* oder die zahllosen Standortkonflikte um den Bau von Moscheen in deutschen Städten und Gemeinden. Solche Beispiele rücken die Frage, wie die Gesellschaft mithilfe raumbezogener Symbolisierungen und Repräsentationen politische Macht auf allen Maßstabsebenen kodiert und ausübt, ins Zentrum des Forschungsprogramms der Politischen Geographie.

Auf dieser gemeinsamen Grundlage sollen nach einem kurzen, aber gerade im Falle der Politischen Geographie unverzichtbaren Einblick in die historische Entwicklung die verschiedenen konzeptionell-theoretischen Strömungen der Teildisziplin geschildert werden. Anschließend werden überblicksartig die aktuellen Forschungsfelder des Faches vorgestellt.

19.2 Die historische Entwicklung und politische Verstrickung der Politischen Geographie

Die Politische Geographie ist eine Teildisziplin, die in ihrer geschichtlichen Entwicklung – besonders in Deutschland – enormen Veränderungen unterworfen war. Dies gilt nicht nur für die konzeptionellen Phasen und Innovationen, die prinzipiell alle geographischen Teildisziplinen kennzeichnen, sondern ganz besonders für ihre politische Bedeutung. Keine andere Teildisziplin der Geographie hat wie die Geopolitik in manchen Phasen ihrer Geschichte so sehr im Brennpunkt des politischen Geschehens gestanden und sich an der unseligen Verquickung mit der politischen Macht so sehr die Finger verbrannt. Keine andere Teildisziplin ist anschließend so tief gefallen und für Jahrzehnte zur wissenschaftlichen und gesellschaftspolitischen Bedeutungslosigkeit herabgesunken. Schon aus diesen Gründen bildet die historische Aufarbeitung der Geschichte dieser Teildisziplin ein unverzichtbares Element, um Werden, Position und Ausrichtung einer zeitgemäßen Politischen Geographie nach der Jahrtausendwende angemessen verstehen zu können. Insbesondere das Wissen um die Verstrickung geopolitischer Wissenschaftler in die Blut-und-Boden-Ideologie der Nationalsozialisten stellt einen notwendigen Eckstein für das Verständnis der Nachkriegsentwicklung in der deutschsprachigen Politischen Geographie dar. Die Disziplingeschichte ist in der Politischen Geographie also mehr als eine historische Reminiszenz, denn sie verweist auf das generelle, vielleicht unauflösliche Dilemma einer politisch ambitionierten Wissenschaft: auf die Balance zwischen gesellschaftlicher Einbindung, Gestaltungsmacht und kritischer Verantwortung.

Der Beginn der Politischen Geographie und die Verwicklung in die nationalsozialistische Blut-und-Boden-Politik

Die meisten Geschichtsschreibungen der Politischen Geographie verorten deren Anfänge vor allem in Deutschland. Als Begründer gilt ihnen **Friedrich Ratzel**, der Ende des 19. Jahrhunderts in München und Leipzig lehrte (Exkurs 19.2.1). Es ist alles andere als Zufall, dass sich die Geographie im Allgemeinen und die Teildisziplin der Politischen Geographie im Besonderen in diesem historischen Kontext entwickeln konnten. In der Blütezeit der Politischen Geographie entwickelte sie sich als wissenschaftliche Unterstützung für **Kolonialismus, Imperialismus** und Flottenpolitik, das heißt, ihr fielen ganz konkrete hoheitliche Aufgaben zu. Wichtige Geographen dieser Zeit wurden so auch zu einflussreichen politischen Beratern.

Die Geographie übernahm die Aufgabe, den Erdraum zu beschreiben, zu vermessen und in Form von politisch anschlussfähigen Regionalisierungen zu unterteilen; die Politische Geographie im Sinne von Protago-

nisten wie Ratzel oder **Halford Mackinder** (britischer Geograph und Geopolitiker, 1861–1947, Begründer der *Heartland*-Theorie; Exkurs 19.2.2) lieferte darauf aufbauend entsprechende geopolitische Ordnungsvorstellungen und dynamische, oft naturdeterministisch und/oder biologistisch informierte Theorien über die Entstehung globaler Raum-Macht-Gradienten und „natürlicher" Konflikte zwischen bestimmten Räumen (Mackinders geopolitisches Weltbild, Exkurs 19.2.2; **Staatsorganizismus**-Konzept von Ratzel, Exkurs 19.2.1).

Dieses Grundprinzip der Konstruktion, bei dem die Welt – entlang verschiedener inhaltlicher Achsen (z. B. Kulturen, Lage im Raum etc.) – in unterschiedliche „Raumcontainer" eingeteilt wurde, kennzeichnet bis heute die geopolitischen Leitbilder, die in politischen *think tanks* und in vielen Bereichen der internationalen Beziehungen das politische Handeln anleiten (Exkurs 19.8.1). Dabei kam (und kommt) es zu einem räumlichen Denken in Gegensätzen (Dichotomien), zu räumlichen Repräsentationen des Eigenen und des Fremden, die von den Geographen der damaligen Zeit mit jeweils mehr oder weniger exakten Grenzen versehen wurden. Jede Seite dieses dichotomen Modells konstruierte sich darüber, was es im Gegensatz zum anderen nicht war. „West gegen Ost", „Nord gegen Süd", „Morgenland gegen Abendland", „Seereich gegen Kontinentalreich" sind nur Beispiele einer viel größeren Zahl solcher geopolitischer Denkmuster und Verortungsweisen (Wolkersdorfer 2001).

Wie politiknah und gleichzeitig fatal sich die Konstruktion einer solchen räumlichen Containerlogik des „Eigenen" und des „Fremden" auswirken konnte, zeigt besonders eindringlich die Geschichte der deutschen **Geopolitik.** Sie war von Anfang an ideologisch eingebettet in die Sonderstellung des Deutschen Reiches, die als „Deutscher Sonderweg" in der Geschichtsschreibung breit besprochen ist. In diesem geistigen Klima entwickelten die deutschen Protagonisten der Geopolitik ihre Ideen (Schultz 1998). Der Weg von den deterministischen und biologistischen geopolitischen Entwürfen der Geographen Ratzel und Haushofer bis zu Hitlers „Blut-und-Boden"-Politik war folglich nicht sehr weit (Rössler 1990, Wolkersdorfer 2001).

Nach dieser inhaltlichen und personellen Verwicklung in die Ideologie des Nationalsozialismus waren die Geopolitik und damit auch die Politische Geographie in Deutschland diskreditiert und in den ersten Jahrzehnten der Nachkriegszeit weitgehend nicht existent (Kost 1997). Ein Neubeginn dieser Teildisziplin mit Konzepten aus der Kritischen Theorie, der Politischen Ökonomie, aus handlungs- und konfliktorientierten Ansätzen (Oßenbrügge 1983) und später aus dem Bereich des Poststrukturalismus vollzog sich daher verständlicher-

Exkurs 19.2.1

Friedrich Ratzel – Begründer der Politischen Geographie

Im Jahr 1897 erschien Friedrich Ratzels „Politische Geographie". Er begründete die Disziplin auf der konzeptionellen Basis der in dieser Zeit weit verbreiteten, aus heutiger Sicht jedoch überaus problematischen, darwinistischen Theorieansätze. Für Ratzel ist der Staat in dieser Lesart mit den Eigenschaften eines Lebewesens, eines Organismus ausgestattet, der nur dann Gesundheit und Stärke ausstrahlt, wenn er zu beständigem Wachstum, das heißt zur ständigen Territorialexpansion, fähig ist. Entsprechend sieht Ratzel in der historischen Bewegung und Gegenbewegung der Völker und Staaten im Raum den Kern politisch-geographischer Betrachtung. Entsprechend der darwinistischen Grundthese legitimiert eine solche Perspektive Imperialismus und Expansionismus, solange er nur geographisch bedingt ist. Gründe für Wachstums- und Schrumpfungsprozesse der einzelnen Staaten sieht Ratzel in der Kulturstufe des jeweiligen Volkes sowie im natürlichen Potenzial des von ihm beherrschten Raumes. Dem nie ruhenden Raumbedürfnis des Lebens steht bei ihm der begrenzte Raum der Erdoberfläche entgegen; aus diesem „Widerspruch" ergibt sich für ihn auf der ganzen Erde ein Kampf von „Leben mit Leben um Raum".

Wiederholt stellt Ratzel einen engen Zusammenhang zwischen „wachsendem Volk" und „wachsendem Raum" her und konkretisiert diesen Anspruch dann bezogen auf das Deutsche Reich im Vorfeld des Ersten Weltkriegs: „Wohin wir sehen, wird also Raum gewonnen und Raum verloren. Rückgang und Fortschritt an allen Enden; es wird immer herrschende und dienende Völker geben. Auch die Völker müssen Amboss und Hammer sein. Keinesfalls darf Deutschland sich auf Europa beschränken; unter Weltmächten kann es nur als Weltmacht hoffen, seinem Volk den Boden zu sichern, den es zum Wachstum nötig hat" (Ratzel 1906).

Friedrich Ratzel
(1844–1904)

Auf diese Weise lieferte Ratzel mit wissenschaftlich reputierten Argumenten die politisch-geographische Basis für die Kolonien- und Flottenpolitik des Deutschen Kaiserreiches. Die hier vollzogene Verbindung von Politik und Wissenschaft führte nach dem Ersten Weltkrieg zu einem schnellen Ausbau der Politischen Geographie an den Hochschulen. Letztlich gab Ratzel mit der Dynamisierung seiner Politischen Geographie durch das „Gesetz der wachsenden Räume" auch den entscheidenden Impuls zur Entstehung der Lebensraumideologie. „Ratzels Theorie war somit nicht nur anschlussfähig an das klassische Konzept der Geographie, sondern auch an die Lebensraumideologie des Dritten Reiches. Die Umorientierung auf die Rasse als die entscheidende Macht der Geschichte ist bei ihm selbst schon angelegt" (Schultz 1998).

weise im angelsächsischen Sprachraum deutlich früher als in Deutschland. Seit Ende der 1990er-Jahre etablieren sie sich auch hier und erfahren sowohl auf der konzeptionellen Ebene als auch in empirischen Fallstudien eine kontinuierliche Weiterentwicklung.

Die Transformation des internationalen Systems und die Veränderung der Politischen Geographie

Seit ihrer Gründung war die Politische Geographie lange Zeit in ihrer Forschungskonzeption auf die National-

staaten und die darauf aufbauende internationale Ordnung der Staatengemeinschaft fixiert. Diese galten als unverrückbare Bausteine des geopolitischen Systems, als „selbstverständlich gegebenes und universell gültiges Organisationsprinzip" (Oßenbrügge 1997). Ihre erste Blütezeit erlebten die **Nationalstaaten** und entsprechende Konzepte im 19. Jahrhundert und ihre Wirkkraft steigerte sich bis in die Phase des Kalten Kriegs hinein. Nationalstaaten sind, historisch gesehen, allerdings ein relativ junges Projekt. Darauf weisen zum Beispiel diskursanalytisch angelegte Studien hin. Sie arbeiten heraus, dass sich die Konzepte der territorialen Ordnung im Lauf der Zeit stark gewandelt haben (Elden 2010) und dass auch der Nationalstaat kein quasi-natürlicher Bestandteil gesellschaftlicher Ordnung ist, sondern ein

Exkurs 19.2.2

Ein frühes geopolitisches Leitbild mit beachtlicher Breitenwirkung

Der Antagonismus zwischen Meer und Land, zwischen Kontinentalreich und Seemacht bildet die Grundlage für das in der frühen angelsächsischen Geopolitik zentrale geodeterministische Leitbild Halford Mackinders. Die von ihm 1904 vor der *Royal Geographical Society* vorgestellte Machtdichotomie der Welt in Land- und Seemächte lieferte die Basis für viele bis heute gültige geopolitische Leitbilder. Russland stellt hier das klassische Machtzentrum des Kontinentalreiches, das sogenannte Herzland (*Heartland, Pivot Area*), ohne direkten Zugang zur See dar. Rund um dieses herum drapiert findet sich ein Saum von Gebieten, die Zugänge zu den Weltmeeren haben. Sie zeichnen sich durch eine konflikthafte Zwitterstellung aus, in der sich gleichermaßen ozeanische wie kontinentale Einflüsse überlappen und miteinander interagieren. Um diesen Saum herum ist die restliche Welt angeordnet. Diese äußeren Gebiete wie Japan, Großbritannien und die Vereinigten Staaten sind rein ozeanisch geprägt. Das Machtgleichgewicht (*Balance of Power*) bzw. die Machtverschiebungen innerhalb dieser dualen Weltstruktur sind für Mackinder Triebfedern jeglicher Entwicklung, wobei die Austragung der Konflikte in der Übergangs- bzw. Saumzone stattfindet. Die innere Region Eurasiens bildet für Mackinder den zentralen Angelpunkt (*Pivot Area*) der Weltpolitik.

Die Kontrolle dieses Gebietes ist für ihn der Schlüssel zur Weltherrschaft. Dies führt aus seiner Sicht zur langfristigen Beherrschung des Seereiches durch das kontinentale Machtzentrum. Mit diesem Schreckensszenario konfrontierte Mackinder das seegestützte britische Empire. Ein Großteil des „Erfolges" seines Modells ist deshalb durch die Konstruktion eines für die britische und später US-amerikanische Politik nachvollziehbaren Bedrohungs- und Sicherheitsdiskurses erklärbar.

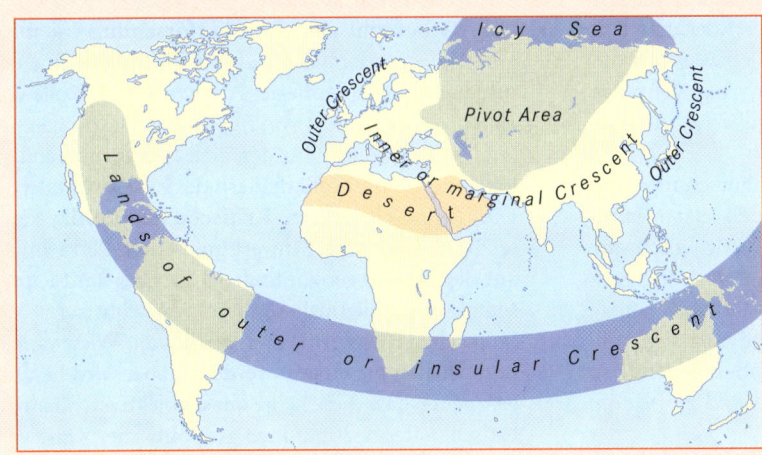

Abb. 1 *The Natural Seats of Power* nach Mackinder.

Effekt historisch spezifischer Herrschaftsdiskurse und Techniken des Regierens (Dean 2007 mit Rekurs auf Foucaults Geschichte der Gouvernementalität).

Entsprechend muss das gesellschaftliche Denken in Nationalstaaten aus theoretisch-konzeptioneller Sicht sowohl als Verengung des Blicks als auch als Gefahr angesehen werden. Der Politische Geograph John Agnew (1994) hat das Kernproblem der Naturalisierung einer solchen Sichtweise mit der griffigen Metapher der *territorial trap* umschrieben. Nach Agnew beruht die „territoriale Falle", verstanden als spezifische Form der territorialen Verfasstheit moderner Gesellschaften, auf drei Grundannahmen, die analytisch zu trennen sind, jedoch breite Überlappungsbereiche besitzen:

- darauf, dass die Souveränität des modernen Staates klar abgegrenzte Gebietskörperschaften schafft, in denen das Eigene und das Fremde mit klaren räumlichen Grenzlinien versehen werden,
- darauf, dass in Form der „Staatsgrenze" eine strikte Trennung zwischen Innen und Außen, zwischen der Innen- und Außenpolitik herrscht und
- darauf, dass der Territorialstaat als räumlicher Identitätscontainer der *imagined communities* der Nationalgesellschaften (Anderson 1983) fungiert.

Aufgrund dieser derzeit hegemonialen Konstruktion erscheinen die Nationalstaaten als getrennte, abgeschlossene und eigenständige Einheiten, deren Existenz zu vielfältigen politischen Praktiken und gesellschaftlichen Folgen führt, die von den unterschiedlichen Feldern der Innen- und Außenpolitik über Migrations- und Grenzfragen bis zu „inter"-nationalen Konflikten und Kriegen reichen. Gleichzeitig mehren sich die Anzeichen dafür, dass sich diese „quasi-natürliche" Architektur der Macht derzeit im Zuge gesellschaftlicher Wandlungsprozesse verändert: So hat die zunehmende Globalisierung der letzten Jahrzehnte zu einer deutlich sichtbaren „Entgrenzung der Staatenwelt" geführt (Brock & Albert 1995), zu einer **Netzwerkgesellschaft** (Castells 2001), in der die politische Macht längst nicht mehr allein in den Händen der Nationalstaaten konzentriert ist. Die weltweite Neuordnung der politischen Kräfteverhältnisse nach dem Ende des Kalten Kriegs beschleunigt diese Entwicklung; die politischen Gestaltungsansprüche transnationaler Unternehmen haben ebenso zugenommen wie diejenigen terroristischer Netzwerke. In welcher Weise sich hier ein neues Machtgleichgewicht zwischen territorial basierten und netzwerkbasierten Institutionen einpendeln wird, ist derzeit durchaus offen, und der Ruf nach einer Rückkehr von „mehr Staat" ertönt im Umfeld von Debatten um die innere Sicherheit ebenso laut wie im Angesicht der zunehmenden Krisenanfälligkeit deregulierter internationaler Finanzmärkte.

Diese Entwicklungen haben das Forschungsprogramm der Politischen Geographie in den letzten Jahrzehnten grundlegend verändert. Die vordringlich auf Nationen gerichtete Politik-und-Raum-Forschung verlor ihre traditionelle Basis angesichts der oben angesprochenen Pluralisierungsprozesse und sah sich mit der Frage konfrontiert, wie sich die raumbezogenen Diskurse und Praktiken am Ende des alten und zu Beginn des neuen Jahrtausends neu ordnen.

Wenn die Politische Geographie all diese Aspekte sinnvoll untersuchen will, helfen ihr – wie in der Einleitung bereits bemerkt – klassische Ansätze ebenso wenig weiter wie ein „realistisches" Raum-Politik-Verständnis. Wer nachvollziehen will, wie die (geo-)politischen Konflikte des neuen Jahrtausends auf unterschiedlichen Maßstabsebenen ablaufen, der muss die gesellschaftspolitische Konstruktion und Produktion von Raum stärker in den Mittelpunkt rücken und deren Wirkungsweisen analysieren. Nur eine solche Perspektive macht angemessen deutlich, wie sehr im Raum oder in der Sprache über Raum Macht kodiert ist. Diese äußert sich nicht allein in Symbolisierung und Bedeutungszuschreibung, sondern auch in Materialität und Funktion. Kernziel einer zeitgemäßen Politischen Geographie ist es deshalb,

den Wandel der gesellschaftlichen Raum-Macht-Strukturen auf allen Maßstabebenen und seine Konsequenzen für gesellschaftliche Praktiken sowohl mit neuen theoretischen Konzepten als auch mit neuen Forschungsfragen und empirischen Ansätzen zu untersuchen.

19.3 Aktuelle Konzepte der Politischen Geographie im Überblick

In der Politischen Geographie haben sich dazu derzeit vor allem vier **Forschungsperspektiven** herausgebildet, die sowohl in der theoretischen Grundlagenforschung als auch bei empirischen Fallanalysen Verwendung finden.

- Die *Radical Geography* und die **Kritische Geographie** (Kapitel 19.4) verorten sich selbst in Abgrenzung zu klassisch-staatenorientierten Ansätzen mit einem deutlich breiter angelegten Forschungsfeld als neomarxistisch ausgerichtete, politisch ambitionierte Geographie mit „kleinem p".
- Die **Geographische Konfliktforschung** (Kapitel 19.5) konzentriert sich auf der Grundlage nutzen- und handlungsorientierter Ansätze auf die Rolle von Akteuren im Kontext von Auseinandersetzungen um „Macht und Raum" in den sich neu formierenden, lokal-globalen Konfliktfeldern des 21. Jahrhunderts.
- Die *Critical Geopolitics* (**Kritische Geopolitik**; Kapitel 19.6) legen den Schwerpunkt ihrer Betrachtung auf die Analyse geopolitischer Leitbilder und Repräsentationen, die insbesondere von Politikern und politischen Beratern, aber auch von Wissenschaft und Medien produziert werden. Dabei wird herausgearbeitet, dass diese keine quasi objektiven oder realistischen Repräsentationen geopolitischer Kräfteverhältnisse darstellen, sondern als sprachliche bzw.

Strömung	theoretische Grundlagen
Radical Geography / Kritische Geographie	politökonomische Theorieansätze
Geographische Konfliktforschung	handlungs- und konflikttheoretische Ansätze
Critical Geopolitics / Kritische Geopolitik	Kombination Handlungstheorie und konstruktivistische Raumtheorie
poststrukturalistische Politische Geographie	Diskurstheorie Gouvernementalitätsansätze

Abb. 19.3.1 Aktuelle konzeptionelle Strömungen in der Politischen Geographie.

kartographische Konstruktionen an der Konstituierung geopolitischer Machtverhältnisse mitwirken.

- Die **poststrukturalistische Politische Geographie** (Kapitel 19.7) entwickelt ein diskurstheoretisches Verständnis für die Analyse von Konflikten um Raum und Macht, dass sich vor allem in konzeptioneller Hinsicht als Weiterentwicklung der Ansätze der Kritischen Geopolitik verstehen lässt. Mit ihrer Hilfe gelingt es, die Wahrnehmungen und politischen Praktiken von Akteuren als Ergebnis überindividueller Deutungsschemata bzw. hegemonialer Diskurse zu analysieren, die darüber entscheiden, was in einer bestimmten Situation als „richtig" oder „falsch" erscheint.

19.4 *Radical Geography* und Kritische Geographie

Einen wesentlichen Impuls für die Politische Geographie brachte die im angloamerikanischen Sprachraum entwickelte *Radical Geography*, die mittlerweile auch im deutschsprachigen Raum unter dem Label „Kritische Geographie" eine zunehmend breiter werdende Forschungsperspektive ausgebildet hat. Sie sieht sich selbst – wie oben bereits angesprochen – eher als breiter angelegte politische Geographie „mit kleinem p", deren neomarxistisch-kritische Perspektive in viele Teilbereiche der Humangeographie hineinragt und sich dort mit spezifischen Forschungsansätzen wiederfinden lässt (z. B. im Bereich feministische Geographie, Wirtschaftsgeographie oder Sozialgeographie). Vor diesem Hintergrund wird die Kritische Geographie als eine von mehreren querschnittsorientierten Neuentwicklungen genauer im Einführungskapitel zur Humangeographie dargestellt (Smith 1996, Belina 2000, Belina & Michel 2007a).

Trotzdem bestehen gerade zwischen der *Radical Geography* und der Politischen Geographie traditionell eine Reihe enger Verbindungen, die nachfolgend kurz skizziert werden sollen. Die Darstellung folgt der Generalthese, dass es im wesentlichen die *Radical Geography* war, die in den 1970er- und 1980er-Jahren die **Neukonzeptualisierung der Politischen Geographie** als eine gesellschaftstheoretisch argumentierende Teildisziplin einleitete. Spätestens ab den 1990er-Jahren verbreiterte sich dann die Theoriebasis der Politischen Geographie, sodass kritische Ansätze heute eine von mehreren Analyseperspektiven neben handlungsorientierter Konfliktforschung, *Critical Geopolitics* und poststrukturalistischen Konzeptionen darstellen.

Es war die *Radical Geography*, die damals den Fokus der Analyse politisch-geographischer Phänomene verschob, und ihn von den Nationalstaaten auf generelle Raum-Macht-Asymmetrien erweiterte (z. B. auch im lokalen Kontext von Städten und Gemeinden). Sie setzte sich von einer an statistischen Datenanalysen orientierten Forschung im Sinne des *spatial approach* ab, nicht nur in der Politischen Geographie, sondern, wie oben bereits gesagt, in der Humangeographie generell. Sie verstand sich dabei als Teil einer reformorientierten Gesellschaftstheorie mit Bezug zum **Neomarxismus**, und in dieser Tradition entwickelten Geographen wie David Harvey und seine zahlreichen Schüler für die Humangeographie zum ersten Mal ein politisch ambitioniertes, normatives Konzept zur Erforschung sozioökonomischer räumlicher Ungleichheit.

Ausgangspunkt und politische Wurzel der *Radical Geography* war und ist bis heute die Kritik am marktwirtschaftlich-kapitalistischen System. Bereits in „*Social Justice and the City*" arbeitet David Harvey (1975) die dezidiert „linke" politische Perspektive dieses Ansatzes heraus. Er hatte Erfolg bei einer konzeptionell und politisch interessierten Generation von (oftmals jungen) Geographen. Die *Radical Geography* machte im wahrsten Sinne des Wortes Schule, denn ein Großteil der in den 1980er- und 1990er-Jahren im angloamerikanischen Kontext bekannt gewordenen Geographen sind in ihrem Umfeld sozialisiert worden.

Mit ihrer konzeptionellen Verwurzelung im Neomarxismus richtet die *Radical Geography* ihren kritischen Blick vor allem auf die gravierenden sozialen Ungleichheiten in einer marktwirtschaftlich-kapitalistischen Welt, in der politische und ökonomische Eliten die Kontrolle über die räumlich lokalisierten Ressourcen ausüben und dabei einen Großteil der Menschen politisch unterdrücken und wirtschaftlich ausbeuten.

Bezogen auf den räumlichen Ansatz übernimmt die *Radical Geographie* bzw. die Kritische Geographie zentrale Leitgedanken von Henri Lefebvre (1974), die auch für den Bereich der Politischen Geographie grundsätzliche Bedeutung haben. Lefebvre sah, Marx folgend, die Handlungen der einzelnen Menschen vor allem als Ergebnis der gesellschaftlichen Zwänge und Rahmenbedingungen, als Resultat der sie umgebenden Strukturen an (Soja 2007). Im Rahmen dieser gesellschaftlichen Strukturen kommt den räumlich-materiellen Arrangements noch einmal eine besondere Bedeutung zu. Gerade in der Produktion des Raums sieht Lefebvre einen der entscheidenden Erfolgsfaktoren bei der Ausbreitung der kapitalistischen Wirtschaftsweise. „Denn der (soziale) Raum ist nicht eine Sache unter anderen Sachen, irgendein Produkt unter den Produkten, er schließt die produzierten Dinge ein, er umfasst ihre

Beziehungen in ihrer Koexistenz und in ihrer Simultanität" (Lefebvre 1974, zit. n. Belina & Michel 2007b). Um dies deutlicher herauszuarbeiten, konzeptualisiert er diesen Raum „in den Dimensionen von Materialität, Bedeutung und ,gelebtem Raum' als Produkt sozialer Praxis. [...] Demnach ist auch Raum kein ,da draußen' einfach vorliegendes Objekt (Materialismus), aber eben auch kein reines Gedankenkonstrukt (Idealismus), sondern das Produkt konkreter sozialer Praxen (historischer Materialismus)" (Belina & Michel 2007b). Mit dieser Konzeption dreht sich die Betrachtungsperspektive, denn „von Interesse ist nicht der Raum ,an sich', sondern seine Rolle in sozialer Praxis. Diese Rolle kann für das Verständnis von Gesellschaft wichtig sein, weil sich im sozial produzierten Raum abstrakte soziale Prozesse und Gesetzmäßigkeiten ausdrücken, weil sie in ihm konkret und damit erst wirklich werden" (ebd.).

Diese Grundperspektive lässt sich auch für politisch-geographische Analysen auf unterschiedlichen Maßstabsebenen nutzen. Mit der *scale*-Debatte und der lokalen Ungleichheitsforschung sollen nachfolgend zwei Felder vorgestellt werden, die die Breite der Herangehensweisen entsprechender Untersuchungen von der Ebene der globalen Geopolitik bis zur lokalen Ebene einzelner Städte und Quartiere deutlich machen.

Bedingungen, unter denen sie entstehen und sich stabilisieren, andererseits aber – mit Blick auf eine politisch ambitionierte Wissenschaft – auch die Voraussetzungen, unter denen sich die *politics of scale* ändern können. Entsprechend unterscheiden sich stabile Phasen, die als *scalar fixes* bezeichnet werden, von historischen Prozessen des *rescaling*, die als Anzeiger gesellschaftlicher Dynamik besonders intensiv untersucht werden.

Betrachtet man die Formen solcher maßstabsräumlichen Ordnungen genauer, so findet man bei einer bestimmten historischen Konstellation auf jeder Maßstabsebene noch einmal – als Ausdruck ungleicher räumlicher Entwicklung und darauf aufbauender Inklusions- und Exklusionsprozesse – eine Ausdifferenzierung von Kernen und Peripherien, von zentralen und marginalen Räumen (Brenner 2008, Lefebvre 1974, Soja 1985). Bezogen auf die derzeitige Organisation des globalen Systems unterschied Peter Taylor (2000) in Anlehnung an den **Weltsystemansatz** von Immanuel Wallerstein) drei Typen von Regionen mit unterschiedlichen Machtpotenzialen (Abb. 19.4.1):

- *core regions*, wo sich die Ausbeuter im globalen Wirtschafts- und Politiksystem befinden
- *semi-periphery* mit Ausbeutern und Ausgebeuteten
- *periphery* als die von den Zentralregionen ausgebeuteten, randlichen und abgelegenen Regionen

Die *scale*-Debatte

Die *scale*-Debatte weist auf die politische Bedeutung unterschiedlicher Maßstabsebenen territorialer Organisation hin. Sie zeigt, dass es sich dabei nicht um „neutrale" Kategorien gesellschaftlicher Strukturierung handelt, sondern um Formen von Herrschaft und Kontrolle. Die gesellschaftliche Produktion von Maßstabsebenen (*scales*) unterstützt – so die These – die ungleiche räumliche Entwicklung (Brenner 2008). Ihre (herrschafts-) politische Funktion besteht darin, dass sie die sozialen Machtasymmetrien, die sie hervorbringen und beflügeln, gleichsam unter dem Deckmantel der räumlichen Containerlogik kaschieren (Wissen 2008). So abstrahieren zum Beispiel Darstellungen des globalen Klimawandels als Problem der Weltgesellschaft oder als nationale Bedrohung von dem Umstand, dass auf der Mikroebene unterschiedliche Individuen in sehr unterschiedlichem Maße von den Auswirkungen des Klimawandels betroffen sind (Kapitel 29.3)

Vor diesem Hintergrund ist es nicht verwunderlich, wenn die Machtwirkungen der *scales* von der *Radical Geography* verstärkt untersucht werden. Von besonderem Interesse sind in diesem Rahmen einerseits die

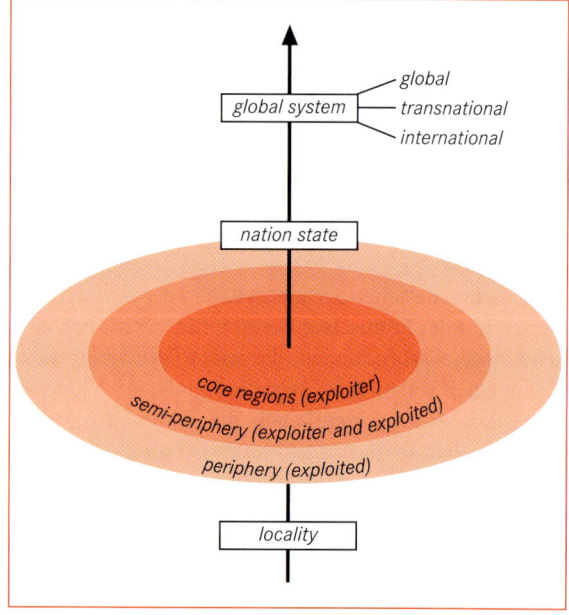

Abb. 19.4.1 Das System politisch-geographischer Maßstabsebenen und Abhängigkeitsbeziehungen aus der Sicht der *Radical Geography*.

Lokale Ungleichheitsforschung

Neben der globalen Ebene gelten derzeit die großen Städte als ein weiteres Beispiel mit deutlich sichtbaren Dynamiken in den Mustern von Macht und Herrschaft. In konkreten Forschungsprojekten untersucht die *Radical Geography* dabei die *Global Cities* und ihre *Global City Networks* als institutionelles Rückgrat der Globalisierung und als Orte einer schnellen gesellschaftlichen Transformation (Kapitel 21). In diesem Kontext finden sich eine Reihe von Fallstudien, die sich auf die daraus resultierenden Phänomene der sozialräumlichen Ungleichheit und Verdrängung in Städten konzentrieren (z. B. Armut, Ausgrenzung, Kriminalisierung). Neil Smith (1996) beschreibt beispielsweise mit seinem Konzept der *revanchist city* die zunehmende politische Marginalisierung sozial benachteiligter Gruppen in Städten, unter anderem im Rahmen von *gentrification*-Prozessen.

Aus politisch-geographischer Perspektive ist dabei interessant, dass die Auseinandersetzungen zwischen sozialen Gruppen oft über räumlich-territoriale Repräsentationen und Praktiken ausgefochten werden. Häufig geht es um Fragen der Zugangsberechtigung bzw. Ausgrenzung bestimmter Personen und Gruppen, zum Beispiel in öffentlichen und semiöffentlichen Räumen vor dem Hintergrund zunehmender Städtekonkurrenz. Das Ergebnis ist eine partielle Einschränkung der Zugänglichkeit für traditionell öffentliche Räume sowie die aktive Ausgrenzung bestimmter Personengruppen bis hin zur Durchsetzung von Betretungs- und Aufenthaltsverboten durch öffentliche und private Sicherheitsdienste (Belina 2000). Mit solchen Analysen macht die *Radical Geography* deutlich, wie sehr städtischer bzw. öffentlicher Raum Arena, Gegenstand und Mittel gesellschaftspolitischer Auseinandersetzungen ist (Mitchell 2007).

In diesem Sinne liegt für die *Radical Geography* das zentrale politische Ziel wissenschaftlicher Arbeit nach wie vor darin, das aus ihrer Sicht ungerechte gesellschaftliche System und seine räumliche Ordnung zu überwinden und eine sozial gerechtere Gesellschaft zu schaffen. Mit dieser Programmatik ist eine politisch argumentierende Geographie nicht länger „Erfüllungsgehilfe" der Politik, sondern nimmt mit ihrer Forschung eine kritische Distanz zum politischen Alltagsgeschäft der Mächtigen ein. Etwas zugespitzt kann man vielleicht sagen: Die *Radical*-Schule hat (auch) die Politische Geographie emanzipiert und sie zum Baustein einer demokratischen partizipativen *civil society* gemacht.

19.5 Die Geographische Konfliktforschung – Analyse von Auseinandersetzungen um räumlich lokalisierte Ressourcen

Ein großer Teil der Konflikte zwischen Akteuren und Gruppen in unserer Gesellschaft hat einen „räumlichen" Bezug, das heißt, sie drehen sich um räumlich lokalisierte Ressourcen. Das gilt auf allen Maßstabsebenen von der lebensweltlichen Mikroebene bis zur globalen Geopolitik. Ob es sich um die hierarchische Verteilung der Büros in einer öffentlichen Verwaltung handelt, die Planung neuer Gewerbegebiete, die architektonische Repräsentation der Macht eines Staates im Zentrum seiner Hauptstadt, die Nutzung und Kontrolle ökologischer Ressourcen, regionale Stammeskonflikte in afrikanischen Gewaltökonomien oder grenzüberschreitende, internationale Konflikte: In allen Beispielen bilden physisch-materielle Aspekte nicht nur die Arena, sondern oft sogar den Dreh- und Angelpunkt sozialer Auseinandersetzungen, die sich damit als Verfügungs-, Gestaltungs- und Kontrollkonflikte über räumlich lokalisierte Ressourcen und symbolische Potenziale entpuppen.

Kurzum – soziale Konflikte sind vielfach Konflikte um Raum und Macht. Darin zeigt sich bereits, wie sehr der Raum nicht nur der Container menschlichen Handelns, sondern in vielfältiger Weise ein Strukturierungsmerkmal sozialer Organisation ist. Die Analyse raumbezogener Konflikte hat in der Politischen Geographie bereits eine lange Tradition (**räumliche Konfliktforschung**; Oßenbrügge 1983) und wird vor dem Hintergrund einer zunehmenden Ressourcenverknappung auf allen Ebenen zu einem der Kernbereiche einer zukunftsorientierten, an der Gestaltung des gesellschaftlichen Wandels im neuen Jahrtausend orientierten Teildisziplin.

Eben dieser Wandel scheint es mit sich zu bringen, dass an Konflikten um „Macht und Raum" heute auch in den etablierten westlichen Demokratien mit zunehmender Tendenz Gruppen und Akteure jenseits der politisch gewählten und legitimierten Institutionen teilnehmen. Die Erosion der Macht politischer Institutionen zieht sich durch alle Ebenen der politischen Entscheidungsfindung und scheint Kritikern bereits seit geraumer Zeit so weit fortgeschritten, dass sie eine „Neuerfindung des Politischen" (Beck 1993) fordern. Gerade bei ressourcenbezogenen Konflikten treten die neue Vielfalt der Akteure sowie die neue Unübersichtlichkeit entsprechender *governance*-Prozesse besonders deutlich hervor. Von transnationalen Lobbyorganisationen bis zu weltweit agierenden Nichtregierungsorganisationen (NGO), von globalen Medienkonzernen bis zu lokalen Bürgerinitiativen beeinflusst heute eine zunehmend unübersichtliche Phalanx von Interessengruppen und Akteuren die Auseinandersetzungen um räumlich lokalisierte Ressourcen.

Welche Akteure beteiligen sich an raumbezogenen politischen Konflikten und über welche Machtpotenziale verfügen sie? Welche Interessen und Ziele leiten sie? Mit welchen Strategien setzen sie ihre Ziele um und welche Kontrollfunktion üben die normativen Spielregeln politischer Institutionen aus? Solche Fragen als Programm einer praxisrelevanten, auch empirisch leistungsfähigen Politischen Geographie im Sinne einer **„Geographischen Konfliktforschung"** (Reuber 1999) bedürfen theoretischer Konzepte, die sich grundsätzlich mit den Spielregeln, Akteuren und Rahmenbedingungen raumbezogenen politischen Handelns auseinander setzen (Abb. 19.5.1).

Solche Konzepte bietet eine handlungsorientierte Politische Geographie. Sie zeigt die Prinzipien auf, nach denen politische Auseinandersetzungen um räumlich gebundene Ressourcen ablaufen. Eines ihrer Kernanliegen ist dabei, in der Rekonstruktion und Interpretation von Konflikten auch verdeckte Intentionen und Vorgehensweisen offenzulegen.

Dabei folgt eine handlungstheoretische Rückbindung der Geographischen Konfliktforschung im Kern der Überlegung, dass raumbezogene Konflikte zunächst nichts anderes sind als eine Variante menschlicher Interaktion bzw. gesellschaftlichen Handelns. Dies hat den Vorteil, dass sie sich in ganz erheblichen Teilen auf die bereits existierenden und sehr gut ausgearbeiteten Entwürfe der handlungsorientierten Sozialgeographie

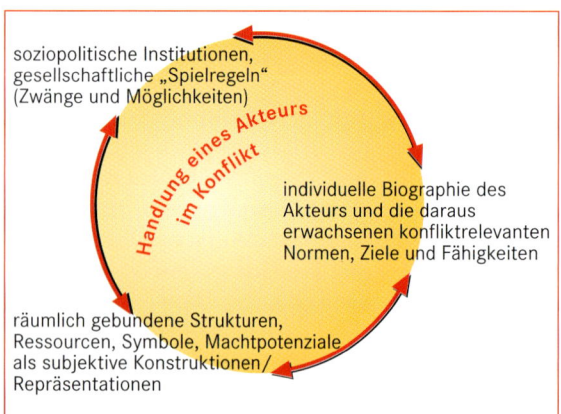

Abb. 19.5.1 Handlungen eines Akteurs im Konflikt.

(Werlen 1995, 2000) bezieht und diese für den jeweils spezifischen Kontext der Analyse von raumbezogenen Konflikten entsprechend reformulieren und erweitern kann.

In dieser Tradition richtet die handlungsorientierte Betrachtung ihren Blickwinkel auf drei wesentliche Elemente: den einzelnen Akteur, die gesellschaftspolitischen Rahmenbedingungen und die räumlichen Strukturen. Dazu lassen sich drei Leitfragen formulieren, die auch den Orientierungsrahmen für die nachfolgende Skizzierung der theoretischen Grundlagen einer handlungsorientierten „Geographischen Konfliktforschung" bilden (Reuber 1999):

- Nach welchen Zielen und mit welchen Strategien handelt der einzelne Akteur innerhalb raumbezogener Auseinandersetzungen?
- Wie beeinflussen das Zusammenwirken der Akteure und die gesellschaftspolitischen Strukturen und Institutionen den raumbezogenen Konflikt?
- In welcher Weise lassen sich räumliche Bezüge konzeptionell angemessen in eine handlungsorientierte Politische Geographie integrieren?

Das Konzept stellt die Handlungen einzelner Akteure in den Mittelpunkt und begreift sie als Produkte individueller Präferenzen, gesellschaftlicher Spielregeln und räumlicher Rahmenbedingungen. In Werlens Sozialgeographie klingt das so: „Nur Individuen können Akteure sein. Aber es gibt keine Handlungen, die ausschließlich individuell sind, […] weil Handlungen immer auch Ausdruck des jeweiligen sozial-kulturellen (und räumlichen) Kontextes sind" (Werlen 1995). Mit Bezug auf Giddens lassen sich die gesellschaftlichen Strukturen als ein System von Ressourcen und Regeln konzeptualisieren, die die in einen Konflikt involvierten Akteure mit situativ sehr unterschiedlichen Macht- und Durchsetzungspotenzialen versehen (Abb. 19.5.2).

Wie löst man das Problem einer angemessenen Integration „des Räumlichen" in ein handlungsorientiertes Theoriekonzept, das über die Funktion des Raumes als „Container" gesellschaftlichen Handelns hinausgeht und das Raumdeterminismus-Denken der klassischen Politischen Geographie vermeidet? Hier stützt sich das Konzept auf die Renaissance des Wissens um die Konstruiertheit und Relativität jeglicher Erkenntnis der Welt. Diese **„Konstruktivismus-Prämisse"** bildet das zweite Fundament der Geographischen Konfliktforschung: Wer eine handlungstheoretische Konzeption für die Politische Geographie entwickeln will, kann sie nur auf einem solchen Hintergrund aufbauen. Diese Erkenntnis folgt der Argumentation, dass die Basis des Handelns, die von einem Akteur wahrgenommene „Realität", immer eine Konstruktion darstellt, die sich aus

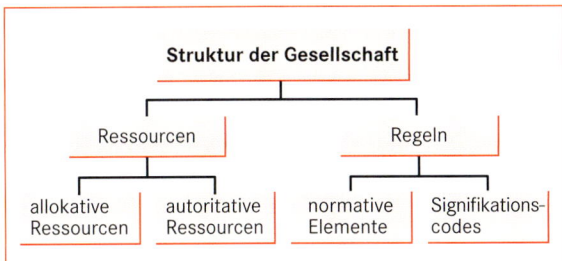

Abb. 19.5.2 Die Struktur der Gesellschaft in Anlehnung an Giddens Strukturationstheorie.

den gesellschaftlich vorhandenen raumbezogenen Repräsentationen, Symboliken und Deutungsmustern speist, welche selbst als konstruierte Ordnungen angesehen werden müssen. Das tritt in raumbezogenen Konflikten besonders deutlich zutage: Hier bilden akteursspezifisch unterschiedliche Sichtweisen und (raumbezogene) Interessen explizit den Ausgangspunkt der Auseinandersetzungen. Entsprechend verlagert sich der Blickwinkel politisch-geographischer Untersuchungen. Man stellt die Frage in den Vordergrund, wie die in einen raumbezogenen Konflikt involvierten Akteure raumbezogene Strukturen, Verflechtungen, strategische Raum- bzw. Leitbilder und so weiter argumentativ für die Durchsetzung ihrer Interessen nutzen.

Vor diesem Hintergrund wird erkennbar, dass sich die Rolle räumlich lokalisierter Strukturen im Kontext der Geographischen Konfliktforschung als eine zweifache darstellt: Sie werden sowohl als Ressourcen begriffen, auf die sich unterschiedliche Verwertungsinteressen richten, als auch als strukturelle Machtmittel, mit denen sich Interessen durchsetzen lassen. Dabei gilt es, dem konstruktivistischen Verständnis von Raum folgend, die Aufmerksamkeit nicht auf einen (ohnehin hypothetischen) „objektiven" Raum zu richten, sondern auf den „gelebten Raum", auf dessen Wahrnehmung, Bewertung, Symbolisierung und Instrumentalisierung durch gesellschaftliche Gruppen und Akteure. Es geht Werlen folgend darum, auch bei raumbezogenen Konflikten „jene Geographien [zu untersuchen], die täglich von den handelnden Subjekten von unterschiedlichen Machtpositionen aus gemacht und reproduziert werden" (Werlen 1995).

Analytisch lassen sich entsprechend im Kontext raumbezogener Konflikte drei Ebenen der Konstruktion räumlicher Strukturen unterscheiden, die sich jedoch im konkreten Konfliktgeschehen untrennbar miteinander verzahnen (Reuber 1999):

- die subjektive Wahrnehmung der Ausgangssituation
- akteursspezifische raum- und konfliktbezogene Zielvorstellungen. Diese sind für eine handlungsorientierte politisch-geographische Betrachtung von besonderem Interesse. Jeder Akteur entwirft solche Ziele und richtet seine Handlungsstrategien auf deren Verwirklichung aus. Die raumbezogenen Ziele müssen als dynamische Konstruktionen verstanden werden, die sich immer wieder den Verläufen der Auseinandersetzungen anpassen.
- strategische Raumbilder, die als bewusste und taktisch motivierte Repräsentationen der konfliktrelevanten räumlichen Strukturen angesehen werden müssen. Dabei handelt es sich um einseitige Interpretationen der vorhandenen Zusammenhänge, die als zugeschärfte Standpunkte in der Konfrontation mit den Interessensgegnern und in der öffentlichen Diskussion dienen. Sie sollen helfen, die eigene Position argumentativ abzusichern und – wenn möglich – durchzusetzen. Räumliche Zusammenhänge oder Strukturdaten werden dazu im situativen Rahmen des Möglichen von den Akteuren so interpretiert und konstruiert, dass sie den eigenen Zielen und räumlichen Verwertungsinteressen dienen.

Der kurze Einblick in die Grundgedanken der Geographischen Konfliktforschung zeigt, dass diese neben den individuellen Zielen auch die strukturellen Rahmenbedingungen (sozio-politische Institutionen und Regeln, räumliche Konstruktionen usw.) als Teilaspekte des Handelns in ihre Analyse einschließt. Mit einer solchen Perspektive lassen sich aber nicht nur die raumbezogenen Repräsentationen der Akteure beleuchten, sondern auch Forschungsfragen adressieren, die mit Rekurs auf Formen regionaler Identität beispielsweise die regionale Spezifik von **Politik- oder Proteststrategien** in den Fokus der Analyse nehmen (Exkurs 19.8.3).

Vergleicht man die handlungsorientierten Ansätze mit stärker diskursorientierten, poststrukturalistischen Konzepten, so bieten sie den Vorteil, dass sie raumbezogene politische Konflikte in einer Betrachtungsform und Begrifflichkeit abbilden, wie sie auch von Politik und Medien tagtäglich reproduziert werden. Diese Kompatibilität mit der gesellschaftlichen „Alltagsnarrative" bietet die Grundlage für einen schnellen Transfer der Ergebnisse in Richtung Politikberatung und politische Bildung. Sie bildet gleichzeitig aber auch einen Nachteil der Handlungstheorie, der in der Übertragung ihrer „blinden Flecken" auch ins Auge des wissenschaftlichen Betrachters liegt: Der einzelne Akteur und die Gesellschaft sind in dieser Konzeption als duale Struktur der Betrachtung vorgegeben, und die Annahme des eigennutzenorientierten Handelns bildet eine zwar oft plausible Konvention, die aber dennoch normativ gesetzt und erkenntnistheoretisch letztgültig nicht überprüfbar ist.

19.6 *Critical Geopolitics*: die Analyse der internationalen Geopolitik aus konstruktivistischer Perspektive

Critical Geopolitics (Kritische Geopolitik) untersucht, wie im politischen Alltag, in der Wissenschaft und in den Medien mithilfe von Sprache, Karten und Bildern geopolitische Ordnungsvorstellungen geschaffen werden, die im Falle konkreter politischer Konflikte und Auseinandersetzungen das Denken und Handeln der beteiligten Akteure ebenso beeinflussen wie die Rezeption und Beurteilung der Ereignisse in der Bevölkerung (Ó Tuathail 1996, Lossau 2001, 2002 Wolkersdorfer 2001). Solche machtvollen räumlichen Ordnungsvorstellungen werden als **geopolitische Leit- bzw. Weltbilder** bezeichnet (Reuber & Wolkersdorfer 2003, 2004; Abb. 19.6.1, Exkurs 19.6.1). Sie wissenschaftlich zu untersuchen, bedeutet vor allem, ihren konstruierten Charakter sichtbar zu machen.

Diese Form des wissenschaftlichen Arbeitens verlangt gerade von der Politischen Geographie einen radikalen erkenntnistheoretischen Bruch mit ihrer Vergangenheit. Fußte sie im 19. und in der ersten Hälfte des 20. Jahrhunderts in ihrer traditionell engen Verbindung mit der Geopolitik auf einem naiv-realistischen, geo- und naturdeterministisch argumentierenden Weltbild, so bauen heute auch die *Critical Geopolitics* auf einer konstruktivistischen Grundlage auf, wie sie ähnlich inzwischen für viele neuere Ansätze quer durch die Kulturwissenschaften und auch in der Humangeographie selbstverständlich geworden ist (z. B. Postkolonialismus, Poststrukturalismus). Das Wort „*critical*" bedeutet im Kontext der *Critical Geopolitics* somit nicht wie im deutschsprachigen akademischen Raum primär eine gesellschaftskritische (z. B. marxistische) Grundhaltung des Arbeitens. *Critical* bezieht sich vor allem auf eine konzeptionell gesehen andere Art zu denken, „die dazu einlädt, mit vertrauten Denkgewohnheiten zu brechen und vermeintliche Sicherheiten in Frage zu stellen" (Lossau 2001).

Geopolitik wird entsprechend „als eine diskursive Praxis gefasst, mit deren Hilfe die scheinbar natürliche räumliche Ordnung der internationalen Politik erst produziert wird" (Lossau 2001). Ihr Ziel ist es zu zeigen, wie über raumbezogene Diskurse in geopolitischen Leitbildern „das Eigene" und „das Fremde" konstruiert und mit Grenzen versehen werden (Gregory 1994, Ó Tuathail 1996). Wer solche Formen der Argumentation wissenschaftlich hinterfragt, schafft Raum für ein Denken

Abb. 19.6.1 „Wie Sie das Weltgeschehen einordnen, hängt von Ihren Informationen ab. Was sehen Sie?" fragt die „taz", die das vorliegende Foto im Rahmen einer Anzeigenkampagne im August 2003 verwendete, und schlägt auch gleich zwei Antwortalternativen vor: „a) Befreier, b) Besatzer". Diese Entscheidung liegt, wie die „taz" richtig feststellt, nicht von vornherein fest, denn, so lautet der Untertitel des Fotos: „Wie Sie das Weltgeschehen einordnen, hängt von Ihren Informationen ab". Was die „taz" hier als eher reißerischen Aufhänger benutzt, gründet auf einer tiefer liegenden Erkenntnis über den eingeschränkten und selektiven Blick, den Menschen von der Welt haben. Dies gilt auch im Bereich politischer Entscheidungen und Handlungen: Weltpolitik und deren Repräsentation in Medien und Öffentlichkeit wird, auch bei Auseinandersetzungen um Raum und Macht, entscheidend geprägt durch tiefer liegende, kollektive Begründungsmuster und Wertvorstellungen. Für den konkreten Fall, insbesondere für die neuen regionalen Fragmentierungen und Auseinandersetzungen nach dem Kalten Krieg, spielen geopolitische Diskurse und Leitbilder als „Begründungsargumentationen" in Politik, Medien und Öffentlichkeit eine Schlüsselrolle. Sie erzeugen und festigen Muster der territorialen Verortung, der globalen Topographien des Eigenen und des Fremden (Quelle: taz – die tageszeitung).

in Alternativen, in Differenzen (Lossau 2002). Mit einer solchen Betrachtungsweise gelingt es der Kritischen Geopolitik, den machtvollen Charakter räumlicher Repräsentation gesellschaftlicher Differenzierungen im Kontext der politischen Krisen und Konflikte unserer Zeit herauszuarbeiten. Sie kann zeigen, dass „der Raum" auch in dieser Hinsicht für die Gesellschaft weit mehr darstellt, als eine Art Container oder eine reine Distanzmatrix. Er verkörpert eine **Symbolik der Macht**, eine unsichtbare Topographie soziopolitischer Bedeutungen, die Form und Verlauf von Konflikten massiv beeinflusst und aus Sicht der politisch-geographischen Analyse damit oft einen wesentlichen Schlüssel für das Verständnis der Auseinandersetzungen darstellt. Geopolitik ist aus dieser Perspektive die Konstruktion geopolitischer Leitbilder, das heißt konkret die sprachliche, kartographische und bildliche Inszenierung globaler räumlicher Gegensätze (Ó Tuathail 1996).

Geopolitische Ordnungsvorstellungen und Leitbilder werden in dieser Forschungsrichtung zum zentralen Forschungsgegenstand. Wie entstehen und funktionie-

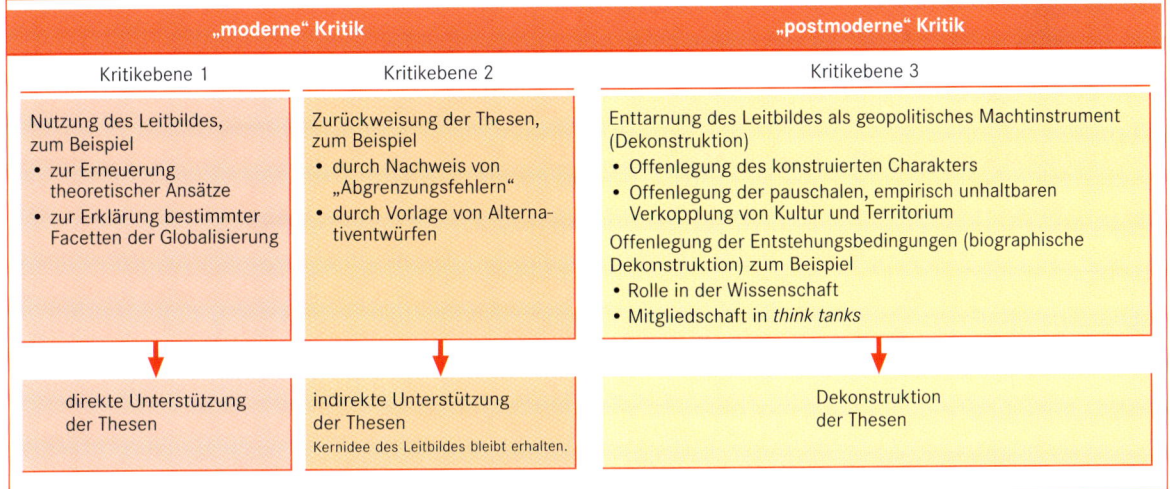

„moderne" Kritik		„postmoderne" Kritik
Kritikebene 1	Kritikebene 2	Kritikebene 3
Nutzung des Leitbildes, zum Beispiel • zur Erneuerung theoretischer Ansätze • zur Erklärung bestimmter Facetten der Globalisierung	Zurückweisung der Thesen, zum Beispiel • durch Nachweis von „Abgrenzungsfehlern" • durch Vorlage von Alternativentwürfen	Enttarnung des Leitbildes als geopolitisches Machtinstrument (Dekonstruktion) • Offenlegung des konstruierten Charakters • Offenlegung der pauschalen, empirisch unhaltbaren Verkopplung von Kultur und Territorium Offenlegung der Entstehungsbedingungen (biographische Dekonstruktion) zum Beispiel • Rolle in der Wissenschaft • Mitgliedschaft in *think tanks*
direkte Unterstützung der Thesen	indirekte Unterstützung der Thesen Kernidee des Leitbildes bleibt erhalten.	Dekonstruktion der Thesen

Abb. 19.6.2 Unterschiedliche Reaktionsformen auf geopolitische Leitbilder.

ren geopolitische Repräsentationen und Leitbilder? Die *Critical Geopolitics* machen auf der Grundlage ihres konstruktivistischen Blickwinkels deutlich, welchen Logiken solche räumlichen Ordnungsvorstellungen folgen (Abb. 19.6.2). Die Konstruktion von Territorien und Grenzen stellt dabei das wichtigste und immer wiederkehrende Element dar (Dalby 2003). Die am tiefsten verwurzelte Zweiteilung im Raum ist die Differenzierung in „unseren Raum" und „deren Raum"; es geht um die räumliche Trennung des Eigenen vom Fremden, sie ist auf der Ebene der Geopolitik die zentrale Denkfigur. Dieses grundlegende Muster ist immer gleich, egal ob es sich um die Bildung von Kulturräumen im Sinne Huntingtons (Exkurs 19.6.1), um Mackinders historische Konstruktion eines Gegensatzes zwischen Land- und Seemächten (Exkurs 19.2.2) oder um Barnetts geopolitische „*Core-and-Gap*"-Regionalisierung handelt (Abb. 19.6.3).

Die wissenschaftliche Analyse im Sinne der *Critical Geopolitics* arbeitet an solchen Beispielen heraus, dass die Kategorien, die zur Einteilung der Welt jeweils herangezogen werden (wie Kulturen, Nationen, Kulturerdteile) nicht essenziell sind: Sie sind nicht natürlich, oder objektiv gegeben, sondern sie werden durch symbolische Repräsentationen und gesellschaftliche Praktiken immer wieder aufs Neue hervorgebracht, es handelt sich also um Konstruktionen. Diese verfestigen sich aber durch die ständige Wiederholung (oft über Jahrhunderte) zu geopolitischen Leitbildern, die im Alltag dann teilweise einen quasi-objektiven Geltungsanspruch erlangen können.

Aus dieser Sicht wird bereits deutlich, dass die Sprache keine „unschuldige Instanz" darstellt, die ohne Bezug zum Geschehen und zur Realität lediglich über die Welt spricht. Gerade bei der Analyse geopolitischer Leitbilder wird unmittelbar klar, dass solche sprachlichen Muster Macht ausüben und konkrete Handlungen und materialisierte Ereignisse (in Form von angegriffenen Nationen, zerstörten Städten, getöteten Menschen usw.) hervorbringen können.

Für die *Critical Geopolitics* ist deswegen die Suche nach den Akteuren, die solche geopolitischen Leitbilder produzieren, ein wichtiges Forschungsanliegen. Dabei sehen sie das größte Machtpotenzial bei den *intellectuals of statecraft*, das heißt bei machtvollen Akteuren aus dem Bereich der internationalen Politik oder auch der politiknahen *think tanks*. Solche Schlüsselakteure arbeiten als geopolitische *spin doctors* aktiv an aktuellen Formen der geopolitischen Repräsentation des Eigenen und des Fremden und machen diese dann zur Grundlage von Richtlinien der Außen- und Sicherheitspolitik des jeweiligen Landes (z. B. Ó Tuathail 1996, Dodds & Sidaway 1994). Ó Tuathail et al. führen in ihrem „*Geopolitics Reader*" (1998) eine Reihe von Beispielen aus unterschiedlichen Phasen der internationalen Geopolitik an.

Neben dieser einflussreichen Gruppe sind auch Schlüsselakteure aus dem Bereich der Medien an der Verbreitung und Verfestigung geopolitischer Leitbilder beteiligt (*popular geopolitics*: Ó Tuathail 1996). So mancher Leitartikel und Kommentar im politischen Feuilleton, der sich mit der weltpolitischen Lage oder bestimmten Krisenszenarien beschäftigt, nimmt Rekurs auf die Argumentationslogiken geopolitischer Leitbilder und verstärkt auf diese Weise deren Präsenz und Durchsetzungskraft. Ähnlich wirken Hollywood-Blockbuster

Exkurs 19.6.1

Leitbilder der Geopolitik nach dem Ende der Blockkonfrontation und im neuen Jahrtausend

Das Ende des Kalten Kriegs und die nachfolgenden globalen Krisen und Konflikte seit den 1990er-Jahren markieren einen geopolitischen Epochenwechsel, wie ihn die Welt seit 1945 nicht mehr gesehen hat. Die lange vertrauten Ordnungsmuster globaler geopolitischer Gegnerschaften lösen sich auf und hinterlassen eine fragmentierte Welt zwischen nationalstaatlicher Ordnung und globalisierter Netzwerkgesellschaft (Castells 2001) mit vielfältigen Konflikten und Krisenherden, die auch im ersten Jahrzehnt des neuen Jahrtausends noch nicht wieder zur Ruhe gekommen sind.

In einer solchen Zeit der Verunsicherung alter geopolitischer Ordnungsvorstellungen, ist die Nachfrage nach neuen Deutungsmustern besonders groß. Dieses Vakuum füllen seit Anfang der 1990er-Jahre eine Vielzahl konkurrierender geopolitischer Leitbilder, die jedes für sich reklamieren, sie könnten zum Verstehen der Muster der neuen Konflikte, Kriege und Terroranschläge einen Beitrag leisten. In diesem Sinne stellen sie auch Argumente bereit, mit denen politische und militärische Praktiken gegenüber der eigenen Bevölkerung wie auch den potenziellen Gegnern legitimiert werden. Gerade vor diesem Hintergrund ist es aus Sicht der Politischen Geographie ein Kernanliegen, das Entstehen und die Wirkung geopolitischer Leitbilder aus wissenschaftlicher Sicht zu verfolgen und transparent zu machen. Entsprechend sollen aus diesem Bereich nachfolgend – sehr verkürzt und exemplarisch – die wichtigsten Entwicklungen aufgezeigt werden.

Wie stark der diskursive Bruch mit der alten Ordnung des Kalten Kriegs war, zeigt sich bereits daran, dass in den frühen 1990er-Jahren eine Reihe sehr verschiedener Leitbilder auf der geopolitischen Bühne erschienen, die alle den Anspruch erhoben, neue Begründungsmuster für die Umbrüche der geopolitischen Konstellationen auf der Weltbühne anzubieten (Abb. 1; Reuber & Wolkersdorfer 2004). Dazu gehörten neben Angeboten aus der traditionellen Sphäre der Geopolitik auch Leitbilder aus anderen Segmenten, die plötzlich im diskursiven Kontext der Geopolitik Deutungshoheit anmeldeten (Ó Tuathail et al. 1998). Hier sind zunächst geoökologische Leitbilder zu nennen, die mittlerweile in Szenarien wie der Geopolitik des Klimawandels (Kapitel 28.3) und in den dabei vielfältig heraufbeschworenen Risikoszenarien und „Klimakriegen" (Welzer 2008) eine zunehmende diskursive Macht erhalten. Eine ähnlich implizite Form globaler Geopolitik ging von den ebenfalls Anfang der 1990er-Jahre kursierenden Vorstellungen der Substitution von *geopolitics* durch *geo-economics* (Luttwak 1990) aus. In der Ära nach dem Ende des Kalten Kriegs – so die damalige Hauptthese – führten in einem „geoökonomischen Zeitalter zunehmender Globalisierung in erster Linie wirtschaftliche Auseinandersetzungen zu politischen Konflikten, die dann mit ökonomischen Waffen ausgefochten werden müssten" (ebd.). Auch diese diskursive Verknüpfung zwischen globalisierter Ökonomie und nationalstaatlicher Geopolitik hat immer wieder Konjunktur, und sie scheint angesichts dro-

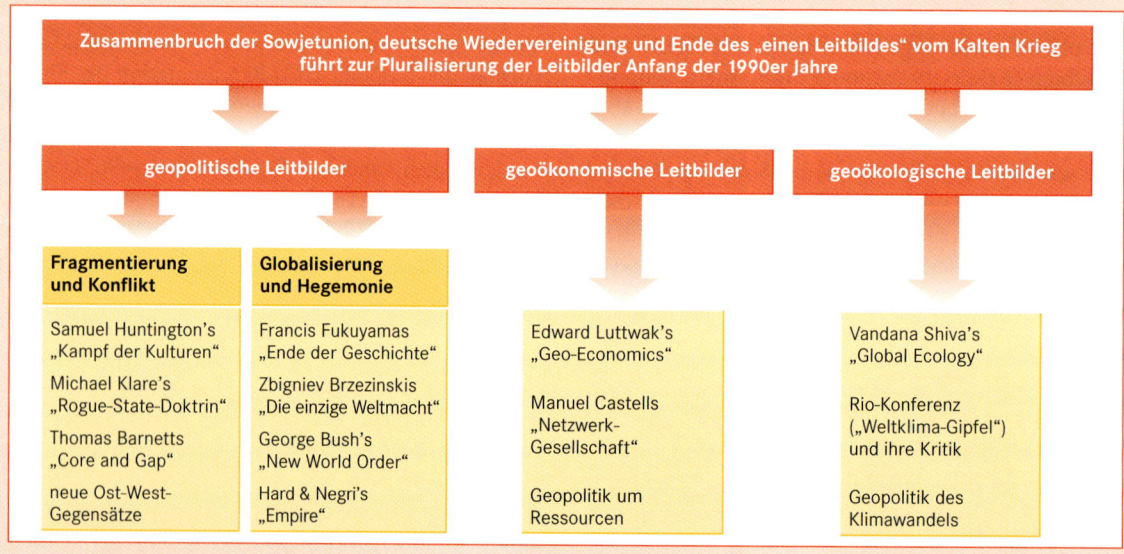

Abb. 1 Leitbilder der Geopolitik nach dem Ende der Blockkonfrontation.

hender Ressourcenengpässe, Weltwirtschaftskrisen und einer entsprechenden Zunahme des Staatsinterventionismus im Bereich des globalen Finanzmarktes möglicherweise zukünftig noch an Bedeutung zu gewinnen.

Neben solchen eher indirekt geopolitisch wirksamen Entwürfen betraten aber auch neue und dezidiert geopolitisch argumentierende Leitbilder Anfang der 1990er-Jahre die Bühne. Dabei lassen sich zwei Stränge der Argumentation unterscheiden: stärker universalistische und stärker fragmentierende Leitbilder.

Den wichtigsten universalistisch argumentierenden Entwurf schuf Francis Fukuyama mit seiner Vorstellung einer globalen, westlich-demokratischen und marktwirtschaftlichen Ordnung als „Ende der Geschichte". Dieses Leitbild wird in der Folgezeit konkretisiert und zugeschärft, zum Beispiel durch den Entwurf Brzezinskis. In seiner geopolitischen Konzeption übernehmen die USA die Rolle der Hegemonialmacht. Brzezinski verweist in seinem Buch „Die einzige Weltmacht" (2002; im Original *„Grand Chessboard"*) auf persistente, historisch lang angelegte geopolitische Diskurse der Vergangenheit. Darin ist Eurasien für ihn der Ort, an dem den USA in Zukunft je nach Verlauf der Geschichte ein potenzieller Konkurrent um die Weltmacht erwachsen könnte. Für die amerikanische Geostrategie ist es nach solchen Vorstellungen vorrangig, die geopolitischen Interessen der USA in Eurasien langfristig zu sichern.

In der Zeit der Bush-Administration führte eine solche auf dem Leitbild des Unilateralismus aufbauende Geostrategie zu politischen Praktiken, die sich an Teilen der amerikanischen Politik im Kontext der Irakinvasion und des Kriegs gegen Afghanistan ablesen lassen: Die einzige verbliebene Weltmacht nahm auf der Grundlage ihrer *geopolitical imagination* als global hegemoniale Ordnungsmacht das Heft des Handelns in ihre Hand, ohne auf etwaige „Bremser" (z. B. Teile der EU oder UN) Rücksicht zu nehmen. Mittlerweile haben die aktuellen Entwicklungen auf der Weltbühne, nicht zuletzt die problematisch verlaufenden militärischen Interventionen im Irak und in Afghanistan sowie die erheblichen volkswirtschaftlichen Probleme der USA, die öffentliche Glaubwürdigkeit solcher Diskurse des hegemonialen Führungsanspruchs der „einzigen Supermacht" in einem westlich-universalistisch dominierten Weltsystem deutlich vermindert.

Eine zweite Kategorie geopolitische Leitbilder aus dieser Phase setzt stärker auf Fragmentierung und Konflikt. Als wichtigster Vertreter ist hier zweifellos der ebenfalls aus der ersten Hälfte der 1990er-Jahre stammende „Kampf der Kulturen" (Huntington 1996) zu nennen (Abb. 2). Diese Form der Regionalisierung entlang kulturell-religiöser Differenzen ist nicht neu. Huntington dynamisiert mit seinem Entwurf einer „kulturellen Plattentektonik" (Kreutzmann 1997) lediglich ältere territoriale Ordnungs- und Denkfiguren, die sich aus der Sicht des „modernen Westens" (Gregory 1994) über mehr als zwei Jahrhunderte entwickelt haben, und die sich bis heute zum Beispiel auch im Erdkundeunterricht an Schulen hartnäckig halten (Exkurs 19.6.2). Diese auf der Frag-

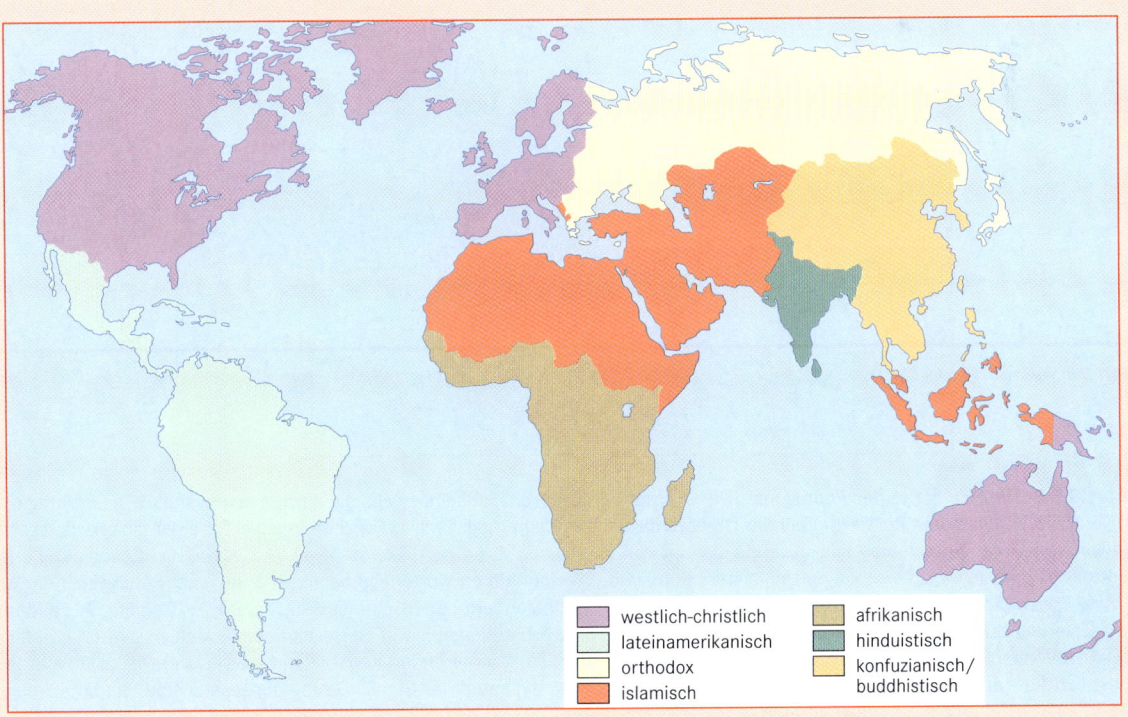

westlich-christlich
lateinamerikanisch
orthodox
islamisch
afrikanisch
hinduistisch
konfuzianisch/ buddhistisch

Abb. 2 „Der Kampf der Kulturen" nach Huntington.

Fortsetzung

Fortsetzung

mentierungsidee basierende Vorstellung findet ihre Zuschärfung in Michael Klares „Schurkenstaaten-Doktrin", die in der ersten Zeit nach dem 11. September 2001 die Grundlage für George W. Bushs *Axis of the Evil* bildete. Die Verbindung zwischen solchen Leitbildern und den politischen Praktiken wird hier unmittelbar deutlich, denn zu dieser Zeit war der Krieg gegen Afghanistan schon im Gange und die militärischen Interventionen im Irak deuteten sich bereits an.

Vor diesem Hintergrund ist es für die Politische Geographie und ihre Analyse geopolitischer Leitbilder zunehmend wichtiger, sich der Frage dieser übergeordneten Charakteristika und Regelhaftigkeiten solcher diskursiven Ordnungen inklusive ihrer „Unordnungen" (Verschiebungen, Brüche etc.) genauer zu widmen, um an Fallbeispielen die diskursive Repräsentation des Eigenen und des Fremden in ihrer räumlichen, zeitlichen und inhaltlichen Dimensionierung differenzierter herauszuarbeiten. Hilfreich sind dabei generelle diskurstheoretische Vorstellungen, die im Rückgriff auf Foucault solche historisch tief in den gesamtgesellschaftlichen Diskurs eingeschriebenen Wissensordnungen als „Archive" bezeichnen. Auf der Grundlage eines tiefgehenderen Verstehens der „Archive der Geopolitik" (Reuber 2011) mit ihren verschiedenen diskursiven Konstruktionsmöglichkeiten zur Erzeugung des Eigenen und des Fremden lassen sich auch die Ansprüche an die gesellschaftliche Relevanz solcher Forschungen, zum Beispiel in Form von politischer Beratung, sowie von politischer und/oder schulischer Bildung angemessen begründen und für zielgruppenorientierte didaktische Umsetzungen bearbeiten.

aus den Sparten der Agenten-, Krisen- und Kriegsfilme, wie etwa Dodds (2005) gezeigt hat. Sie holen das Publikum bei seinen diesbezüglichen Alltagsvorstellungen und -ängsten ab und verstärken damit ein weiteres Mal die gängigen räumlichen Krisen- und Konfliktszenarien.

An der Produktion geopolitischer Ordnungsvorstellungen sind fallweise auch Wissenschaftler beteiligt. So erscheinen etwa die frühen Vertreter der Politischen Geographie wie Ratzel oder Mackinder mit ihren Entwürfen spezifischer Leit- und Weltbilder aus Sicht der *Critical Geopolitics* als Konstrukteure wirkungsmächtiger geopolitischer Ordnungsvorstellungen, die teilweise noch bis heute in Segmenten der internationalen Politik das Denken der Akteure bestimmen können.

Vor diesem Hintergrund kann der wissenschaftliche Umgang mit geopolitischen Leitbildern systematisch

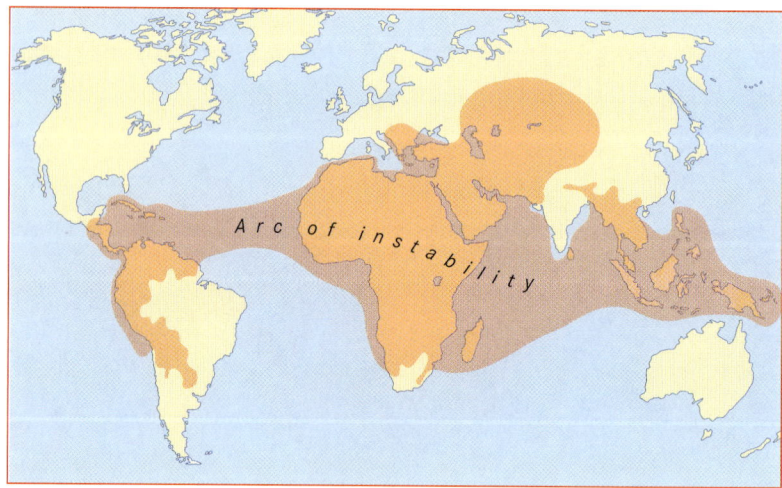

Abb. 19.6.3 Die „Weltkarte des Pentagons". Der „Kampf der Kulturen" ist keineswegs die einzige einflussreiche geostrategische Regionalisierung aus dem Beraterumfeld der US-amerikanischen Regierung. Das vorliegende Beispiel für einen anders gelagerten Entwurf vom Anfang des neuen Jahrtausends stammt von Thomas P. M. Barnett, Professor am *U.S. Naval War College* und enger Berater des damaligen US-Verteidigungsministers Rumsfeld. Die von ihm entworfene geopolitische Regionalisierung teilt die Welt in zwei Zonen auf. Als Regionen mit stabilen Regierungen und steigendem Lebensstandard bezeichnet er Gebiete, in denen die Globalisierung reich an transnationalen Kontakten und Netzwerkverbindungen ist, in denen es liberale Medien gibt und in denen kollektive Sicherheit herrscht. Diese Teile der Welt nennt er den „Funktionierenden Kern" (*Functioning Core*). Als „die nicht integrierte Lücke" (*Arc of Instability*) bezeichnet er dagegen Regionen, die kaum der Globalisierung ausgesetzt sind, die unter repressiven Regimen leiden, in denen Armut und Krankheit weit verbreitet sind und die – am allerwichtigsten für Barnett – unter chronischen Konflikten leiden, „in denen die kommende Generation globaler Terroristen" (Barnett 2003) heranwächst (verändert nach Barnett 2003).

gesehen in drei unterschiedlichen Formen ablaufen. Dabei gleichen sich die erste und zweite Form in ihrer Konstruktionsweise vor allem in der Hinsicht, dass sie die existierenden Leitbilder direkt oder indirekt bestätigen, weil sie den ihnen zugrunde liegenden Modus der Konstruktion des Eigenen und Fremden als Grundlage der Argumentation beibehalten und damit reifizieren. Nur die dritte Version bietet aus Sicht der *Critical Geopolitics* einen tiefgründigen Perspektivwechsel und eine entsprechend grundlegendere Möglichkeit der Kritik an (Reuber & Wolkersdorfer 2003):

- die Unterstützung der Thesen eines geopolitischen Leitbildes mit Mitteln wissenschaftlicher Analysen (Zustimmung)
- die Zurückweisung und Modifikation oder „Verbesserung" der Thesen eines geopolitischen Leitbildes (Ablehnung)
- die Herausarbeitung der Grundannahmen und Denkmuster, auf denen die Thesen eines geopolitischen Leitbildes aufbauen (Dekonstruktion)

Sowohl die Unterstützung als auch die Kritik und Zurückweisung dieser neuen geopolitischen Modelle trägt in den Augen der *Critical Geopolitics* das Problem in sich, dass sie die Ebene der diskursimmanenten Auseinandersetzung nicht verlassen, sondern das von ihnen positiv oder negativ kritisierte Modell gleichsam stillschweigend verfestigen. „Die Analyse aus Sicht der *Critical Geopolitics* setzt tiefer an. Sie richtet ihr Augenmerk stärker auf die Praktiken der Konstruktion als auf die postulierten Modelle und Projekte" (Reuber & Wolkersdorfer 2003). So entsteht die Chance zu erkennen, dass die beschriebenen Sachverhalte nur konstruierte Ordnungen mit „sprachlichem Gewohnheitsrecht" darstellen, und dass diese Ordnungen prinzipiell bei einem anderen Verlauf der Entwicklung des geopolitischen Diskurses auch anders hätten ausfallen können. Dieser Perspektivenwechsel ermöglicht eine Form der Politischen Geographie, die „die Vielfältigkeit und Komplexität der jeweiligen ‚Anderen' anerkennt und auch die Homogenität des ‚Eigenen' infrage stellt. Und nicht zu-

 **Exkurs 19.6.2**

Kulturraummodelle im Erdkundeunterricht

Generell ist für die Geographie die Einteilung der Welt in Kulturräume alles andere als neu. Vielmehr waren und sind Geographen bei der Aufteilung der Welt nach kulturellen Kriterien aktiv beteiligt. Die Einteilung Huntingtons weist Ähnlichkeiten mit Kolbs Einteilung der Kulturerdteile aus dem Jahr 1962 auf. Der entscheidende Unterschied zwischen den Entwürfen Huntingtons und Kolbs liegt jedoch in der konfliktorientierten Dynamisierung des ursprünglich auf ein friedliches Miteinander abzielenden Kolb'schen Kulturerdteilkonzepts durch Huntington.

Einen besonderen Anteil an der Verbreitung dieser Form der Regionalisierung hat seit langer Zeit die Schulerdkunde. Bei der Umsetzung dieses geopolitischen Leitbildes für Fachdidaktik und Unterricht ist in Deutschland vor allem Newig (Newig & Manshard 1997) zu nennen, der die Vorstellungen Kolbs vereinfacht und in kartographische Repräsentationen umsetzt (z. B. Poster der Kulturerdteile sowie Folienbände zu den Kulturerdteilen). Die Bedeutung der Kulturerdteile lässt sich auch daran ablesen, dass die aktuellen, teilweise neu ausgerichteten Lehrpläne mehrerer Bundesländer ganz explizit auf der Basis des Newig'schen Kulturerdteilmodells aufbauen. Dabei soll das Modell der Kulturerdteile als zentrale Hilfe zur „richtigen" Einteilung der Welt verstanden werden. Auf diese Weise werden jedoch bei den Schülern bestimmte Vorstellungen über die Lokalisierung und globale Ordnung des „Eigenen" und des „Fremden" vorgegeben und prägen eine bestimmte Sicht von der Welt, die oft für das ganze Leben der Schüler eine ordnende Bedeutung behält. Dabei kommt es teilweise zu Vorstellungen, die auch vor Anlehnungen an klassisch naturdeterministische Argumentationsweisen nicht haltmachen. In Newigs Folienband zur Beschreibung des Kulturerdteils Schwarzafrika (Lehrplan Erdkunde in Gymnasien) heißt es beispielsweise: „Uns Europäer erstaunt immer wieder die magische Denkweise, die Schwarzafrika in besonderer Weise beherrscht. Die mag sich ergeben haben aus der starken Verzahnung von Mensch und Natur bis in unsere heutige Zeit hinein. Um sich die Kräfte der Natur geneigt zu machen, betete man die Verkörperungen der unheimlichen Natur an und versuchte so, mit ihnen im Einklang zu leben" (Newig & Manshard 1997).

Einer solchen Vorstellung sollte die Schulerdkunde gerade unter den heutigen gesellschaftlichen Rahmenbedingungen eher entgegenwirken, indem sie frühzeitig und kontinuierlich die Prägekraft solcher Leitbilder und damit auch deren Gefahren an praktischen Beispielen offenlegt und auf diese Weise den Bürgern einer demokratischen Zivilgesellschaft einen kritischen und verantwortlichen Umgang mit ihnen ermöglicht.

letzt sieht sie ihre Aufgabe darin, über Möglichkeiten der Verortung zumindest nachzudenken" (Lossau 2001). Auf diesem Weg wird es möglich, auch in aktuellen politischen Krisen und Konflikten, in der Unmittelbarkeit der laufenden Ereignisse, auf das Wirken und die Gefahren solcher diskursiver geopolitischer Ordnungen aufmerksam zu machen.

Kritik am Ansatz der *Critical Geopolitics*

Obwohl der Ansatz der *Critical Geopolitics* einen wesentlichen Innovationsschub für die Politische Geographie gebracht hat, gibt es doch auch Kritikpunkte und Einschränkungen, die für eine angemessene Verwendung in empirischen Fallstudien berücksichtigt werden sollten. Die wesentliche Ursache dafür liegt in der konzeptionellen Heterogenität des Ansatzes, die zu theoretischen Inkonsistenzen führt (Redepenning 2006, Müller & Reuber 2008). Dies liegt daran, dass der Ansatz Elemente aus unterschiedlichen Großtheorien enthält, die nur teilweise miteinander kompatibel sind. Konkret geht es dabei um die Kombination handlungsorientierter und poststrukturalistischer Theorieansätze. Dieser „Spagat" ist bereits in Teilen der programmatischen Veröffentlichungen Mitte der 1990er-Jahre angelegt, und er leitet sich aus den zwei Betrachtungsebenen ab, die den Kern des Forschungsprogramms der *Critical Geopolitics* bilden: Ihnen geht es zum einen um das Verstehen des geopolitischen Handelns von Akteuren, zum anderen um die Frage, welchen Einfluss dabei geographische und/oder geopolitische Repräsentationen und Diskurse spielen, die als gesellschaftlich etablierte und daher oftmals unhinterfragte „Scheinwahrheiten" dem Handeln von Akteuren zugrunde liegen.

Die meisten Analysen der *Critical Geopolitics* gehen bei der „Schaffung" geopolitischer Repräsentationen vom Handeln einzelner Akteure aus, das heißt, soziale Phänomene werden als Aggregation individueller Handlungen erklärt. Dies ist beispielsweise dann der Fall, wenn sich die Analysen historischen oder aktuell relevanten Schlüsselakteuren aus dem Bereich der Geopolitik zuwenden und deren geopolitische Konzeptionen und Leitbilder analysieren. Auch wenn diese Ansätze bezogen auf die Leitbilder einer konstruktivistischen Gesamtperspektive folgen (d. h. diese Darstellungen nicht als „Wahrheiten", sondern als spezifische Konstruktionen verstehen), so stellen sie doch die nutzenorientiert handelnden Subjekte als Grundbausteine der Gesellschaft kaum infrage. Entsprechend ist es nachvollziehbar, dass zumindest ein Teil der Politischen Geo-

graphie die *Critical Geopolitics* eher als „Zwischenschritt" (Redepenning 2006) bezeichnet und dass in den vergangenen Jahren – zum Teil als Reaktion darauf – poststrukturalistische Ansätze in der Politischen Geographie ein eigenes Profil entwickelt haben, um vor allem mit diskurstheoretischen Ansätzen die Rolle und Machtwirkungen geopolitischer Raumkonstruktionen zu analysieren.

19.7 Poststrukturalistische Politische Geographie

Die Schule der *Critical Geopolitics* ist zweifelsohne die erste Strömung in der Politischen Geographie gewesen, die sich genauer mit der Analyse geopolitischer Repräsentationen und Leitbilder auseinandergesetzt hat. Sie blieb aber nicht die einzige. Insbesondere im deutschen Sprachraum formierte sich daneben in den letzten Jahren eine poststrukturalistische Politische Geographie, der es darum geht, „zu erfassen, wie […] sowohl politische Strukturen als auch Identitäten, Intentionen und Handlungsrationalitäten diskursiv hergestellt werden" (Glasze & Mattissek 2009). Ihr Forschungsanliegen geht über die Analyse von Raumkonstruktionen hinaus, auch **Fragen der Identitätspolitik und des Regierens** treten in den Fokus. Damit schließt sie unter anderem an die derzeit aktuellen Debatten um Performativität und Praxis in der internationalen Humangeographie an.

Gleichzeitig erweitert die poststrukturalistische Politische Geographie ihren räumlichen und inhaltlichen Forschungsfokus: Im Gegensatz zu den vor allem auf die internationale Geopolitik ausgerichteten Analysen der *Critical Geopolitics* thematisiert sie Fragen raumbezogener Identitätspolitiken und diskursiver Ordnungen „des Regierens" (im Sinne von Foucault 2004) auch auf regionaler und lokaler Ebene (z. B. im Kontext von Städten und Regionen). Auf der inhaltlichen Ebene erweitert sie im Anschluss an die breiteren Debatten in den Kulturwissenschaften um Gouvernementalität, Governance und Neoliberalisierung ihr Verständnis „des Politischen" über die Bereiche der formalen Politik hinaus. Wie dabei auf der konzeptionellen Ebene raumbezogene Wissensordnungen und politische Praktiken miteinander verknüpft werden, soll nachfolgend kurz skizziert und an Beispielen veranschaulicht werden.

Diskurstheorie als konzeptionelle Grundlage

Waren die Analysen geopolitischer Repräsentationen im Rahmen der *Critical Geopolitics* noch stärker in ein handlungs- und akteursorientiertes Gesellschaftsverständnis eingebunden, so liegt der konzeptionelle Schwerpunkt der poststrukturalistisch ausgerichteten Politischen Geographie auf der Untersuchung übergreifender gesellschaftlicher Bedeutungs- und Handlungsstrukturen. Damit lassen sich eine Reihe von Fragestellungen bearbeiten, die eine mit starken (geopolitischen) Akteuren bzw. Subjekten arbeitende Konzeption nicht adressieren kann, die aber gleichwohl für den Zusammenhang von Gesellschaft, Politik, Raum und Macht bedeutsam sind.

Auch die gesellschaftlichen Machtverhältnisse, in die geopolitische Leitbilder ebenso wie lokale Sicherheits- und Ordnungspraktiken eingewoben sind, rücken stärker in den Fokus. Es geht darum zu verstehen, warum bestimmte Vorstellungen hegemonial werden konnten, und welche alternativen Deutungsweisen im Zuge dieser Machtentfaltung marginalisiert wurden. Eine solche Perspektive ermöglicht es auch, Fragen von Hegemonie und Macht differenzierter zu betrachten. Denn Macht wird dann nicht nur als Ressource von Akteuren in bestimmten strukturellen Positionen oder als repressive Kraft „von oben" verstanden. Vielmehr betonen poststrukturalistische Ansätze, dass Macht auch in Alltagspraktiken und auch als ermöglichende Kraft in den als selbstverständlich angenommenen Deutungsweisen, Normen und Wertvorstellungen vorhanden ist. Auf diese Weise lassen sich etwa vermeintlich „natürliche" Handlungsrationalitäten der Protagonisten wie die Eigennutzenorientierung als gesellschaftlich gerahmte, machtvolle Anteile „moderner" Subjekt- und Akteursidentitäten rekonstruieren.

Dazu bieten sich prinzipiell verschiedene Zugriffe an, von denen im Bereich der Politischen Geographie derzeit **diskurstheoretische Ansätze** eine besondere Rolle spielen. Sie machen deutlich, „wie sich der wissenschaftliche Blick verändert, wenn etablierte Territorialisierungen der Welt nicht als gegeben, sondern immer als hergestellt und als Gegenstand politischer Aushandlungen angesehen werden" (Glasze & Mattissek 2009). Hierzu liegen mittlerweile eine Reihe von theoretischen Entwürfen und empirischen Studien vor. Die Fallbeispiele dafür reichen von der Ebene lokaler Identitätsdiskurse und gouvernementaler Praktiken des Regierens im Kontext der Neoliberalisierung der Städte (Mattissek 2008) und städtischer Restrukturierungspolitiken (Füller & Marquardt 2010) bis zur internationalen Geopolitik

(Müller 2009, Glasze 2011, Husseini de Araújo 2011). Sie beziehen sich konzeptionell auf Ansätze von Foucault sowie von Laclau und Mouffe und integrieren gleichzeitig die darauf aufbauende interdisziplinäre Theoriediskussion. Bezogen auf den geographischen Forschungsfokus rückt dabei einerseits die Frage in den Mittelpunkt, wie „mit der Verknüpfung von sozialen Differenzierungen (insbesondere eigen/fremd) mit räumlichen Differenzierungen (hier/dort) die sozialen Differenzierungen objektiviert und naturalisiert werden" (Glasze & Mattissek 2009). Andererseits geht es – über ein solches Programm hinaus – auch um die Analyse der performativen Wirkung solcher Naturalisierungen in Form von politischen und sozialen Praktiken, zum Beispiel um den Umgang mit Migranten an internationalen Grenzen, um die Obdachlosenpolitik in Städten oder um *gendered spaces.*

Die besondere Eignung von Diskursansätzen für politisch-geographische Fragestellungen ergibt sich unter anderem daraus, dass sie „die Chance bieten, die gesellschaftliche Produktion von Bedeutungen und damit die gesellschaftliche Produktion spezifischer Wahrheiten und spezifischer räumlicher und sozialer Wirklichkeiten sowie die damit verbundenen Machteffekte zu konzeptionalisieren" (Glasze & Mattissek 2009). Dabei geht die Diskurstheorie von der Grundannahme aus, dass „das Gesellschaftliche" und seine Institutionen ein vor allem in Sprache grundgelegtes und über Sprache kommuniziertes Regelwerk darstellt. „*There is nothing outside the text*" hat Derrida (1974) in diesem Zusammenhang formuliert, was hier besagen soll, dass alle für die Gesellschaft und ihre einzelnen Menschen relevanten (und wahrnehmbaren) Aspekte der Wirklichkeit über Sprache und sprachähnliche Bedeutungssysteme vermittelt werden. Foucault bezeichnet solche großen Ordnungsmuster gesellschaftlicher Strukturierungen, Konventionen, Leitlinien, Normen und Wertvorstellungen als Diskurse. In seiner Konzeption reichen diese aber „über die rein sprachliche Ebene des Bezeichnens hinaus. Diskurs bezeichnet demnach die Verbindung von symbolischen Praktiken (Sprach- und Zeichengebrauch), materiellen Gegebenheiten und sozialen Institutionen" (Glasze & Mattissek 2009).

Foucault zeigt an vielen gesellschaftspolitisch relevanten Beispielen (z. B. an der Entstehung des modernen Strafvollzugs), dass sich sprachliche Muster, wenn sie hegemonial werden, zu sozialen/politischen Institutionen und materiellen Praktiken „verdichten" können und damit eine „quasi-reale" Grundlage des gesellschaftlichen Miteinanders werden. Aus dieser Sicht sind zum Beispiel Verteidigungsministerien, die Betriebe der Rüstungsindustrie, geopolitische *think tanks* und viele andere für die internationale „Geo"-Politik relevante Institutionen als Teile des gesamtgesellschaftlichen Diskurses zu betrachten. Sie sind es, die dann im Falle geopolitischer Auseinandersetzungen im „Ernstfall" mit bestimmten Handlungsroutinen (wie z. B. Mobilmachungen, Marschbefehlen, Schlachtplänen, Raketenabschüssen, Einsatzkommandos, finalen Rettungsschüssen) dafür sorgen, dass im Verlauf der Auseinandersetzungen in gewisser Weise „Sprache tötet".

Solche Diskurse sind keine stabilen, allzeit gültigen Formationen, sondern sie befinden sich im Fluss, in dauernder Veränderung. Für die Untersuchung entsprechender Prozesse bietet die Diskurstheorie konzeptionelle Aussagen zur Dynamik und Veränderbarkeit an, die sich didaktisch zugeschärft zu zwei Argumenten verdichten lassen, die sich an Beispielen aus der Politischen Geographie belegen lassen:

- Diskurse repräsentieren keine vorgängige „natürliche" Ordnung", sie erschaffen vielmehr die gesellschaftliche Ordnung und insbesondere die Muster der Eigen- und Fremdwahrnehmung, die politisches Handeln anleiten. Charakteristisch für die so konstituierten Wissens- und Wahrheitsstrukturen ist es, dass sie häufig in Form von **Dualismen** und **Differenzbeziehungen** strukturiert sind: Identität entsteht nicht aus sich selbst heraus, sondern durch Abgrenzung von einem (oft negativ oder minderwertig konnotierten) „Anderen". Dieser Aspekt tritt bei räumlichen Ordnungsvorstellungen aus dem Bereich der Geopolitik besonders offensichtlich hervor. Said, Gregory und viele andere haben in dieser Hinsicht aus einer postkolonialen Perspektive gezeigt, wie sehr beispielsweise „der Orient" eine *geographical imagination* darstellt, die sich im Diskurs der beginnenden Moderne als das vormoderne Andere des (abendländischen) Westens konstituiert hat, und dass die westlich-abendländische Moderne sich eigentlich erst in Abgrenzung zum „Morgenland" als modern, fortschrittlich, humanistisch und so weiter repräsentieren konnte.
- Die Veränderlichkeit diskursiv konstruierter Ordnungen ergibt sich aus der generellen Uneindeutigkeit sprachlicher Strukturen. Diskurse werden „als offen und prinzipiell unabschließbar verstanden. Das bedeutet, dass sprachliche Ausdrücke in aller Regel an so viele unterschiedliche diskursive Zusammenhänge Anschluss bieten, dass ihre Bedeutung ‚überdeterminiert' ist, das heißt nicht eindeutig bestimmt werden kann, sondern unterschiedliche Interpretationen zulässt und zudem historisch wandelbar ist" (Glasze & Mattissek 2009). Solche Verschiebungen erfolgen auch im Spannungsfeld von Raum und Politik. Meist verlaufen sie eher gleitend, wie beispielsweise die Dis-

kussionen um die veränderte Rolle des öffentlichen Raumes in Städten oder die Neuordnung der geopolitischen Leitbilder nach dem Ende des Kalten Kriegs (Reuber & Wolkersdorfer 2003), sie können sich aber auch plötzlich und bruchartig ergeben. Mit der Wortfolge „elfter September" verbinden die Menschen heute etwas anderes als vor den Terroranschlägen im Jahr 2001. Diese haben zu einer klar erkennbaren Verschiebung geopolitischer Repräsentationen in den darauffolgenden Jahren geführt (Reuber & Strüver 2011).

Beide von der Diskurstheorie angeführten Begründungen für das Entstehen, die Verschiebungen und die Brüche in raumbezogenen politischen Repräsentationen weisen – wie auch die genannten Beispiele zeigen – auf die politische Umkämpftheit entsprechender Ordnungen hin. Sie lenken den Blick auf **Fragen von Hegemonie und Macht**, die für die Diskurstheorie allgemein, aber insbesondere auch für politisch-geographische Analysen in dieser Tradition eine besondere Bedeutung erhalten.

Eine poststrukturalistische Politische Geographie beinhaltet als weitere wichtige Veränderung gegenüber der Geographischen Konfliktforschung und den *Critical Geopolitics* ein grundsätzlich gewandeltes Verständnis von handelnden Subjekten und Akteuren. Dieses beruht zum einen auf der These, dass die Wahrnehmungen und Handlungen von Akteuren immer in gesellschaftliche Wissens- und Wahrheitsordnungen eingebettet sind, die ihren Bewertungen und Entscheidungen oft unbewusst und unreflektiert zugrunde liegen. Zum zweiten haben die Ausführungen zu Identität gezeigt, dass auch politische Akteure ihre eigene Identität immer erst durch permanent ablaufende und veränderliche Abgrenzungsprozesse konstituieren. Entsprechend verabschiedet sich die Sichtweise von der Idee eines selbstbestimmten, nutzenorientiert handelnden Akteurs als essenziellem „kleinsten Baustein" der Gesellschaft. Stattdessen geht sie davon aus, dass eine solche Vorstellung selbst Teil der diskursiven Ordnung der Moderne ist, die die entsprechenden Subjekt- und Akteurskonzepte auf diese Weise erst produziert.

Eine solche Vorstellung führt zu differenzierteren Möglichkeiten der Analyse bezogen auf Fragen der Ursachen und der Verantwortlichkeit. Eine poststrukturalistische Betrachtungsweise macht es beispielsweise sowohl bei einer Bewertung internationaler Geopolitik, als auch lokaler Sicherheits- und Ordnungspolitik unmöglich, in der Diskussion über Verantwortlichkeiten für bestimmte Leitbilder und Praktiken „einfach" die wirkmächtigen Schlüsselakteure der entsprechenden Epoche heranzuziehen. Sie macht mit ihrem dezentrierten Subjektkonzept deutlich, dass sich bestimmte Formen der raumbezogenen Wir-Sie-Unterscheidungen und auch entsprechende Umsetzungen in politische Praktiken nur vollziehen, wenn auf breiter Ebene viele einzelne Stimmen in Alltag, Medien und Politik entsprechende Motive immer wieder als „wahr" und „objektiv richtig" darstellen. Damit wird deutlich, dass die Politik raumbezogener Repräsentationen nicht allein das Geschäft einflussreicher Akteure ist, sondern dass sich diese in alltäglichen Routinen des Sprechens, der Reifikation entsprechender Konzepte des Eigenen und des Fremden auf breiter Basis etablieren. Der **alltagspolitischen Verantwortung**, die sich hieraus ergibt, kann sich im Prinzip keine einzige Subjekt- oder Sprecherposition entziehen.

Vor diesem Hintergrund wird deutlich, dass sich die diskurstheoretischen Ansätze in der Politischen Geographie sehr gut dafür eignen, sprachliche Repräsentationen, zum Beispiel von geopolitischen Leitbildern, zu analysieren und deren Dynamiken, Machteffekte, Brüche und Verschiebungen konzeptionell rückgebunden offenzulegen. Darüber hinaus sind sie, wie oben angedeutet, in der Lage, die Verbindung zwischen Sprache, Institutionen und materieller Praxis zu beleuchten (Füller & Marquardt 2010). Gerade diese Aspekte werden derzeit im Kontext der auf Foucault (2004) zurückgehenden Gouvernementalitätsansätze auch in der Politischen Geographie intensiv bearbeitet (Kapitel 19.8).

Insgesamt lassen sich eine Reihe von Forschungsfragen formulieren, die mit einer solchen Form von Politischer Geographie bearbeitet werden können und die teilweise bereits in Form von Fallstudien konkretisiert worden sind:

- Welche räumlichen Ordnungen werden in gesellschaftlichen Diskursen auf unterschiedlichen Maßstabsebenen konstruiert? Welche Rolle spielen regional spezifische Raum-„Ordnungen" und regionalisierte geopolitische Leitbilder?
- Wie werden bestimmte räumliche Ordnungsvorstellungen bzw. Leitbilder hegemonial? Unter welchen Bedingungen finden diskursive Brüche und Verschiebungen statt?
- Wie beeinflussen die diskursiven „Archive" der Raum-„Ordnung" und der Geopolitik, verstanden als Summe der in unterschiedlichen historischen Phasen etablierten Deutungsmuster, aktuelle raumbezogene Leitbilder und politische Praktiken?
- Wie sind diskursive Territorialisierungen und Raum-„Ordnungen" in gouvernementale Formen „der Regierung" (Foucault 2004) eingebunden?
- Welche sozialen und politischen Praktiken von In- und Exklusion, von Überwachung und Kontrolle werden damit verknüpft und legitimiert (z. B. Verfahren der internationalen Geo- und Migrationspolitik, Formen der *securitisation* auf unterschiedlichen Maßstabsebenen, Praktiken lokaler Ausgrenzung und Vertreibung)?
- Wie sehen gesellschaftliche Konflikte um die Repräsentation und Identität von Räumen auf regionaler und lokaler Ebene aus? Wie werden hier die räumlichen Muster des Eigenen und des Fremden diskursiv hergestellt?

19.8 Forschungsfelder der Politischen Geographie

Die konzeptionellen Forschungsansätze in der Politischen Geographie entstehen in einer Zeit, in der die Teildisziplin auch auf der inhaltlichen Ebene durch eine Vervielfältigung der Forschungsthemen gekennzeichnet ist. Auf der Grundlage vorhandener und teilweise inhaltlich veränderter Systematisierungen entsprechender Forschungsfelder (Agnew 1997, Agnew 2002, Reuber 2002) lassen sich mit Blick auf die Entwicklungen der letzten beiden Jahrzehnte sechs Arbeitsschwerpunkte identifizieren, die thematisch vielfach eng miteinander verknüpft sind und sich überlappen (Abb. 19.8.1).

Globalisierung, *global governance* und neue Internationale Beziehungen

Dieses Forschungsfeld beschäftigt sich im Schwerpunkt mit der Entwicklung makropolitisch relevanter, raumbezogener und raumwirksamer Steuerungsformen auf internationaler und globaler Ebene. Lange Zeit wurden solche Themen im Zuge der nationalstaatlichen Fixierung von Politischer Geographie und IB (Forschungsfeld „Internationale Beziehungen" in den Politikwissenschaften) überwiegend im weiten Bereich der inner- und zwischenstaatlichen Politik verhandelt. Die ökonomische und politische Globalisierung hat die Fragestellungen in den letzten Jahren jedoch stark verändert.

Wie von verschiedenen Autoren beschrieben (z. B. Castells 2001), untergräbt und relativiert die Globalisierung die alte Rolle der territorialen Ordnung der Moderne. Längst agieren transnationale Konzerne in weitverzweigten, weltumspannenden Netzwerken. Die Datenhighways des Internets kennen Grenzen ebenso wenig wie die weltweiten Informationsflüsse der Telekommunikation. Trotzdem sind die fluiden Daten- und

Abb. 19.8.1 Forschungsfelder der Politischen Geographie.

Warenströme der Globalisierung weder ortlos noch gleich verteilt. Giddens (1995) versteht unter Globalisierung, dass „entfernte Orte in solcher Weise miteinander verbunden werden, dass Ereignisse an einem Ort durch Vorgänge geprägt werden, die sich an einem viele Kilometer entfernten Ort abspielen, und umgekehrt". Die Globalisierung schreibt neue Geographien, sie polarisiert den Raum sozial, ökonomisch und politisch und schafft neue Muster von Zentren und Peripherien auf allen Maßstabsebenen.

Die daraus resultierende **Neuverhandlung des Verhältnisses von Globalisierung, Regionalisierung und Lokalisierung** wird mit der Wortschöpfung **„Glokalisierung"** umschrieben. Der Begriff verweist darauf, „dass variierende Maßstabsbezüge für politisches und wirtschaftliches Handeln eine zunehmende Rolle spielen" (Gebhardt 2001). Aufgrund der damit verbundenen Relativierung der Rolle des nationalstaatlichen Bezugssystems wird das Augenmerk politisch-geographischer Forschungen nicht mehr so stark auf die nationalstaatlichen Institutionen gelegt. Statt die Politische Geographie weiterhin als Staatengeographie zu konzi-

pieren, gilt die Aufmerksamkeit zunehmend auch den Zielen, Interessen und Machtwirkungen supranationaler Akteure. Deren Bedeutung und Reichweite liegt häufig „quer" zu den alten maßstabsräumlichen Ebenen politisch-territorialer Zuständigkeiten und gewinnt im Zeitalter ökonomischer und wirtschaftlicher Globalisierungsprozesse stetig an geopolitischem Einfluss. Zu den Akteuren gehören die weniger formalisierten Akteursnetzwerke transnationaler Nichtregierungsorganisationen (NGOs) ebenso wie transnationale Konzerne (TNCs), die *Global City Networks* ebenso wie die „klassischen", formellen, supranationalen und globalen Institutionen politischer, politökonomischer oder militärischer Art (OECD, Weltbank, IWF). Auf politischer Ebene wird die zunehmende Hybridisierung und Vernetzung all dieser Institutionen unter dem Oberbegriff *global governance* gefasst.

Ob und wie tief diese vielfältigen Akteure auf unterschiedlichen Maßstabsebenen in politische Prozesse und Praktiken eingreifen, wird von der Politischen Geographie, der Wirtschaftsgeographie und von den Internationalen Beziehungen untersucht (Schieder & Spindler

2010). Die entsprechenden Konflikte und Veränderungen in der Machtarchitektur treten an sehr unterschiedlichen Stellen zutage. Sie finden ihren Ausdruck in:

- neuen regionalen „Geographien der Gewalt" (Exkurs 19.8.1) und Formen des „Ausnahmezustands" (Agamben 2004) in Flüchtlingscamps und exterritorialen Hochsicherheitsgefängnissen (Gregory 2006),
- neuen Konstruktionsmustern geopolitischer Leitbilder, bei denen neben klassisch geopolitischen Repräsentationen zum Beispiel geoökonomische und geoökologische Entwürfe zu finden sind (Exkurs 19.6.1), und in
- zunehmenden Formen der Versicherheitlichung (*securitisation*; Oßenbrügge & Korf 2010), die von der internationalen Interventionspolitik über verschärfte Formen von Grenzkontrolle und die *exclusionary politics of asylum* (Squire 2009) bis zur *homeland security* reichen.

Regieren durch Raum: Gouvernementalität und Neoliberalismus

Aus Sicht der auf Foucault (2004) zurückgehenden Gouvernementalitätsforschung machen die Veränderungen der gesellschaftlichen Ordnung in den bürgerlichen Disziplinargesellschaften der Moderne auf der theoretischen Ebene eine Erweiterung des Machtkonzeptes notwendig. An deren Anfang steht ein erweiterter Begriff „des Politischen, der über das traditionelle Segment der Politik hinausgeht und auch die subtilen Machtwirkungen in anderen Segmenten sichtbar macht. Dabei spielen auch „Raum-Ordnungen" und darauf aufbauende raumbezogene Technologien und Praktiken der Überwachung und Kontrolle, der In- und Exklusion eine zentrale Rolle. Diesen Zusammenhang arbeitete Foucault in **„Überwachen und Strafen"** (1981) exemplarisch am modernen Strafvollzug und der Bauweise von Gefängnissen heraus (Exkurs 19.8.2). Solche Formen des „Regierens durch Raum" sind aber deutlich vielfältiger, und sie durchziehen verschiedenste gesellschaftliche Bereiche auf allen Maßstabsebenen. Sie zeigen sich beispielsweise in Grenzregimen, in der Repräsentationsarchitektur öffentlicher Bauten und Plätze, in den Grundrissen moderner Städte, in Krankenhäusern und Heimen, Fabriken und Kasernen, Schulen und Universitäten.

Eine solche Betrachtungsweise schärft auf einer sehr allgemeinen Ebene den Blick für den Zusammenhang zwischen gesellschaftlichen (Wissens-)Ordnungen, Raum und Macht. Er verbreitert noch einmal das empirische Einsatzfeld der Politischen Geographie, die sich auf dieser Grundlage in erweiterter Weise mit den Machtwirkungen von Raumkonstruktionen, Raumstrukturen und raumbezogenen Praktiken und Technologien beschäftigt.

Einen Schwerpunkt der empirischen Arbeiten in diesem Forschungsfeld bilden derzeit Untersuchungen zu Auswirkungen der Neoliberalisierung. Gezeigt wird, wie sich die Logiken von Markt, Privatisierung, Leistung und Optimierung auf Bereiche ausweiten, die vorher von anderen Normen und Wertesystemen angeleitet waren. Beispiele finden sich etwa im Kontext **neoliberaler Stadtpolitik** (Mattissek 2008) oder bei Formen der Stadterneuerung und dem damit verbundenen Umgang mit sozialen Problemen (Füller & Marquardt 2010). Dabei kann auch gezeigt werden, wie im Zusammenhang mit der Forderung nach einer immer besseren „Marktgängigkeit" öffentlicher Räume eine verstärkte Notwendigkeit von räumlichen Überwachungs-, Sicherheits- und Kontrollpolitiken abgeleitet wird, die dann sowohl von staatlichen als auch zunehmend von privaten Institutionen gewährleistet werden sollen (Belina 2006).

Foucault hat in seinen Ansätzen darüber hinaus deutlich gemacht, dass die Mitglieder einer Gesellschaft nicht nur durch die „von oben" kommenden vielfältigen Formen der Disziplinierung „regiert" werden, sondern dass sich diese häufig auch in die Identitätskonstruktionen der Subjekte einschreiben. Auf diese Weise werden sie zu entsprechenden Selbsttechnologien, mit denen die Menschen sich quasi eigenständig in einer der hegemonialen Ordnung angemessenen Weise disziplinieren. Auch dieser Aspekt hat eine unmittelbar räumliche Dimension, da sich zum einen die Technologien des Selbst unmittelbar auf raumbezogene (Alltags-)Praktiken von Individuen auswirken und sie zum zweiten immer in der Körperlichkeit von Individuen materialisiert und damit verräumlicht sind (Strüver & Wucherpfennig 2009).

Politische Konflikte um Grenzen und territoriale Kontrolle

Parallel zu diesen Umbrüchen in der räumlichen Architektur, in der inhaltlichen Strukturierung des Politischen und den daraus resultierenden neuen Formen von Überwachungs-, Kontroll- und Sicherheitsdiskursen verändern sich besonders auch die damit verbundenen Grenzregime und Formen der Kontrolle, die mit den gesellschaftlich konstruierten Geographien des Eigenen

 **Exkurs 19.8.1**

Geographien der Gewalt

BENEDIKT KORF

Der klassische Staatenkrieg scheint zu einem Auslaufmodell geworden zu sein. In den Kriegen des 21. Jahrhunderts treten immer häufiger parastaatliche und private Akteure auf: lokale Kriegsherren (*warlords*), Guerillagruppen, Söldnerfirmen, Taliban und andere terroristische Gruppen, für die der Krieg zu einem Gewaltmarkt geworden ist: Gewalt wird zum Instrument persönlicher Bereicherung. Diese Ökonomisierung des (Bürger-)Krieges geht mit drei Entwicklungen einher: Erstens kommt es zu einer Entstaatlichung bzw. Privatisierung der Gewalt, die durch die Verbreitung von Schnellfeuerwaffen ermöglicht wird. Zweitens führt die Asymmetrie des Krieges, der beteiligten Akteure und das Fehlen klarer Fronten dazu, dass sich Gewalt gegen die Zivilbevölkerung richtet. Drittens verschwimmt die Grenze zwischen politisch motiviertem Kampf und organisiertem Verbrechen. Wir erinnern uns an Medienbilder marodierender afrikanischer Söldner und Kindersoldaten oder archaischer Talibankämpfer. Mary Kaldor (2000) und Herfried Münkler (2002) fassten dieses Phänomen im Begriff der „Neuen Kriege".

Geographien der Gewalt – ein neuer Forschungszweig der Politischen Geographie – untersucht das alltägliche Geographiemachen in diesen „Neuen Kriegen". Geographien der Gewalt werden geprägt von den vielfältigen Praktiken und

Diskursen der alltäglichen unterschiedlichen Lebenswelten verschiedener Akteure, die in solchen Kriegswelten (über-)leben. Geographien der Gewalt als Forschungsthema ist mehr als einfach eine Kartographie von Gewalt, mehr als die Kartierung der raumzeitlichen Verteilung von gewalttätigen Ereignissen in einem Kriegsgebiet. Geographien der Gewalt bezeichnet nicht nur die Struktur und Dynamik von Kampfhandlungen, sondern bezieht sich auf die Verbindungslinien zwischen Gewaltausübung und Überlebensstrategien, zwischen Räumen der Unterdrückung und des leisen Widerstands und auf die alltäglichen Überlebenspraktiken und ihre Einbettung in die ökonomischen Strukturen eines Krieges. In Kriegsgebieten sind klare Abgrenzungen nicht möglich: Abgrenzungen zwischen Kriegsführenden und Zivilisten, zwischen Krieg und Frieden (Wo endet der Krieg, wo beginnt der Frieden?), zwischen Tätern und Opfern. Abgrenzungen werden ausgehandelt und befinden sich aufgrund sich verändernder lokaler und regionaler Macht- und militärischer Konstellation im Fluss.

Innerhalb dieses noch jungen Forschungszweiges lassen sich drei eng miteinander verbundene Elemente identifizieren:

- ***Struggles over geography*** zeigt die Beziehungsgefüge zwischen Gewalt, sozialer (Un-)Ordnung und Herrschaft

und des Fremden auf allen Maßstabsebenen einhergehen. Grenzen sind schon seit Längerem ein zentrales Themenfeld der Politischen Geographie, das insbesondere im Bereich der *border studies* eine konzeptionelle Tiefe und empirische Breite ausgebildet hat. Die Grundperspektive ist dabei konstruktivistisch. Dodds betonte bereits 1994, dass die zentrale Frage nicht lauten darf „*Where is the boundary?*", sondern „*How, by the way of what practices, and in the face of what resistances is the boundary imposed and ritualized?*".

Territorien und Grenzen müssen entsprechend – egal aus welcher konzeptionellen Perspektive man sie untersucht – als Ausdruck von Machtbeziehungen gedeutet werden. Vor diesem Hintergrund lenkt auch im Bereich der *border studies* der *performative turn* in den letzten Jahren wieder eine verstärkte Aufmerksamkeit auch auf die Frage, welche politischen und alltäglichen Praktiken territoriale Ordnungen und Grenzen hervorbringen. Bei solchen Analysen geht es um konkrete Muster von Ein- und Ausgrenzung, um die Legitimationsdis-

kurse und die Performativität von Überwachungsregimen an Grenzen auf unterschiedlichen Maßstabsebenen.

In der Forschung findet sich dabei eine systematische Differenzierung der Analysen, die zwei Schwerpunkte bilden:

- Bei der Analyse entsprechender Konflikte auf **global-internationaler Ebene** geht es in diesem Forschungsfeld um die Politiken der internationalen Migration ebenso wie um Fragen der Mikropraktiken im Kontext konkreter Grenzen und Grenzregime, um die Veränderung der Durchlässigkeiten von Grenzen in Relation zu Veränderungen der raumbezogenen Machtarchitekturen ebenso wie um alte und neue Sicherheits- und Kontrollregime, von der traditionellen Grenzsicherung bis zur „Versicherheitlichung", Teilprivatisierung oder Elektronifizierung. Besonders intensiv bearbeitet sind dabei im Feld der *border studies* die Grenzen zwischen den westlichen Industriestaaten und ihren Nachbarn (z. B. Grenze zwischen

(inklusive ihrer Legitimierung). Selten ist ein Akteur mächtig genug, alleine aufgrund der Ausübung reiner Gewalt ein dauerhaftes Herrschaftsverhältnis zu etablieren. Gewalt als Praktik der Raumaneignung wird meist als Kampf um legitime territoriale und politische Ansprüche – von ethnischen Gruppen, politischen Ideologien, sozialen Klassen – inszeniert und in sich raumzeitlich überlappenden Herrschaftsansprüchen verschiedener Gewaltakteure ausgetragen (Korf 2003, Schetter 2005, Watts 2000).

- **Politische Ökologie der Gewalt** untersucht die territoriale Logik von Ressourcenaneignung und Gewaltordnungen in Kriegen – insbesondere in Orten mit abbaubaren Naturressourcen, die zur Finanzierung des Krieges verkauft werden können – und analysiert die Veränderung der Natur-Gesellschaft-Verhältnisse und der sozialen Aneignungsregime, die sich daraus ergeben (Bohle 2007, Fünfgeld 2007, Korf & Engeler 2007, Le Billon 2001).
- **Geographien der Gewalt und Verwundbarkeit** spiegeln die Gewaltarenen der Kriegsparteien mit den Alltagsrisiken und Alltagsarenen anderer Akteure, die sich nicht an den Kampfhandlungen beteiligen, aber ihr Überleben im Kriegsgebiet sichern müssen. Erforscht werden das daraus entstehende Gefüge von Unterdrückung, Opportunitäten und Anpassungsstrategien und deren Strukturen und Dynamiken (Bohle 2007, Keck 2007, Korf et al. 2010).

Dabei zeigt die Analyse der Geographien der Gewalt, dass das Bild der „Neuen Kriege" im 21. Jahrhundert differenziert betrachtet werden muss und nicht auf Gewaltmärkte, *warlords* oder Gewaltexzesse gegen Zivilisten reduziert werden kann. Vielmehr findet man in diesen Kriegen ein komplexes Gefüge zwischen politischen und ökonomischen Motiven, zwischen Raub- und Überlebensökonomien, zwischen Exzess und Ordnung, zwischen Gewalt und Herrschaft, das in den Beziehungsgefügen vielfältiger Akteure (Zivilisten, Kombattanten, internationale Unternehmen, Hilfsorganisationen, lokale Machthaber usw.) ausgehandelt wird.

Geographien der Gewalt sind bislang vor allem in den „Neuen Kriegen" erforscht, doch lässt sich Gewalt auch in anderen Orten und Kontexten finden, zum Beispiel in den Slums der globalen Megacities oder in europäischen Vorstädten (z. B. in den Pariser *banlieues*) in Form von Banden- und Drogenkriegen oder Jugendgewalt. Geographien der Gewalt sind also nicht auf entfernte Orte beschränkt, wir finden sie auch in Europa. Ein weiteres zukünftiges Forschungsfeld liegt in den Geographien der Gewalt nach der (offiziellen) Beendigung von Kriegen, zum Beispiel nach einem Friedensabkommen. Oft zeigt sich, dass Friedensabkommen keinen direkten Bruch mit den Geographien der Gewalt aus Kriegszeiten herstellen, sondern diese fortbestehen, wenn auch meist in anderen Formen als während des Krieges, da sich die Machtgefüge durch das Abkommen verändern.

Krieg, so schrieb Carl von Clausewitz, ist die Fortsetzung der Politik mit anderen Mitteln. Doch oft, so entgegnete Michel Foucault, scheint Politik lediglich die Fortsetzung des Krieges mit anderen Mitteln. Kriege standen oft am Anfang der Ausbildung von Staaten und neuen politischen Ordnungen, und es ist zu erwarten, dass uns Geographien der Gewalt auch noch in Zukunft beschäftigen werden – in neuen Kontexten, mit neuen Konstellationen.

USA und Mexiko, Grenzen zwischen der EU und ihren Nachbarn).

- Analysen **regional-lokaler Formen** von Ausgrenzung, Überwachung und Kontrolle konzentrieren sich vor allem auf die Städte, die im Zuge von Neoliberalisierung und Globalisierung zunehmend auch eine (Neu-)Ordnung territorialer Macht sowie der symbolischen und ordnungspolitischen Gestaltungsspielräume erfahren. Das sichtbare Ergebnis sind schärfere Formen auch räumlich repräsentierter In- und Exklusion, und die Beispiele reichen quer durch das soziale Spektrum *von gated communities* bis zu den als *no-go-areas* repräsentierten Marginalsiedlungen. Viele Studien beschäftigen sich entsprechend mit Zugangskontrollen und Ausgrenzungsbestrebungen in traditionell öffentlichen Räumen, wie beispielsweise in Bahnhöfen, in den „neuen" Einkaufs- und Erlebniswelten oder in *gated communities* (Kapitel 21).

Politische Konflikte um raumbezogene Identitäten und kulturelle Differenz

In diesem Forschungsfeld rücken vor allem das *making of identities* und seine geopolitische Bedeutung in den Mittelpunkt der Untersuchungen. Es geht um die Verbindung von Identität, symbolischer Repräsentation und territorialer Macht. Hierbei wirkt „der Raum" nicht in erster Linie über seine „Materialität", sondern über symbolische Bedeutungszuschreibungen, die dann aber gerade in ihrer Verknüpfung mit räumlich-territorialen Aspekten zu konkreten sozialen und politischen Praktiken führen können.

Mit der Erkenntnis der Bedeutung geographischer Strukturen und Anordnungsmuster als Zeichen und Symbole der gesellschaftlichen Strukturierung wird klar, dass die Verfügbarkeit über Räume und räumlich lokalisierte Ressourcen ein Machtpotenzial beinhaltet, das

Exkurs 19.8.2

Das Panoptikum: ein Beispiel für die Disziplinierung des Einzelnen in modernen Gesellschaften

Mit dem Panoptikum, entworfen am Ende des 18. Jahrhunderts, wurde das totale „Macht"-Instrumentarium entwickelt, welches symbolisch die perfekte disziplinierende Raumkonstruktion darstellen soll. „Reform der Moral – Erhaltung der Gesundheit – Belebung der Industrie – Verbreitung der Ausbildung – Abbau der öffentlichen Lasten – Festigung der Wirtschaft, als wäre sie auf Fels gebaut – der gordische Knoten des Armenrechts entwirrt statt zerschlagen – all das durch eine simple architektonische Idee!", so lauten die berühmten ersten Zeilen aus Jeremy Benthams Panoptikum-Briefen, in denen er seine Vision eines *Perpetuum mobile* gesellschaftlicher Kontrolle über die Disziplinierung mittels Raum entwirft. Das räumliche Prinzip des Panoptikums stellt die bis dahin praktizierte raumbezogene Disziplinierung auf den Kopf. In der Mitte steht hier ein Turm, der von breiten Fenstern durchbrochen ist. In ihm finden sich die Aufseher bzw. Wächter der Disziplin. Ringförmig um den Turm finden sich die Zellen, die sowohl von vorne als auch von hinten belichtet sind. Auf diese Weise gelingt es hypothetisch, eine Unzahl von Zellen mit einer geringen Zahl von Aufsehern zu überwachen, wobei die tatsächliche Überwachung nicht der entscheidende Punkt ist. Die Gewissheit der Gefangenen, bei all ihren Tätigkeiten jederzeit beobachtbar zu sein, reicht als Disziplinierungsmaßnahme sehr viel weiter. „Jeder Käfig ist ein kleines Theater, in dem jeder Akteur allein ist, vollkommen individualisiert und ständig sichtbar. Die panoptische Anlage schafft Raumeinheiten, die es ermöglichen, ohne Unterlass zu sehen und zugleich zu erkennen. Das Prinzip des Kerkers wird umgekehrt, genauer gesagt: Von seinen drei Funktionen – Einsperren, Verdun-

Abb. 1 Inneres der Strafanstalt von Stateville (USA) als Beispiel für einen „panoptisch" geordneten Raum (aus: Michel Foucault 1994).

keln und Verbergen – wird nur die erste aufrechterhalten, die beiden anderen fallen weg. Das volle Licht und der Blick des Aufsehers erfassen besser als das Dunkel, das auch schützte. Die Sichtbarkeit ist eine Falle" (Foucault 1994). Das Ziel dieser räumlichen Repräsentation ist es, eine perfekte, nie endende Form der gesellschaftlichen Disziplinierung zu verwirklichen. In den modernen Gefängnisanlagen erlebt diese Form der Disziplinierung ihre idealtypische Umsetzung.

über den physisch-materiellen Aspekt hinausgeht. Macht in diesem Sinne ist „dem Raum eingeschrieben", sie ist über Repräsentationsvorgänge an einzelne Zeichen und Symbole ebenso geknüpft wie an ganze Ensembles und Anordnungen.

Im Kontext der internationalen Politik handelt es sich dabei beispielsweise um geopolitische Leitbilder und Ordnungsvorstellungen (Exkurs 19.6.1), die als *geographical imaginations* (Gregory 1994) oft auf eine lange Diskursgeschichte zurückblicken können und als **„Archive der Geopolitik"** (Reuber 2011) auch in aktuellen Krisen und Konflikten mit ihrer je spezifischen Form der Konstruktion des Eigenen und des Fremden eine wichtige Rolle spielen, indem sie als Rahmung für bestimmte Formen der Konfliktentwicklung dienen. Vor

diesem Hintergrund wird aus der Sicht der *Critical Geopolitics* und der poststrukturalistischen Politischen Geographie an konkreten Beispielen untersucht, wie durch die Praxis der Territorialisierung kulturelle und soziale Bedeutungen „verräumlicht" und geopolitische Identitäten konstruiert werden.

In den ersten Jahren nach den Terroranschlägen vom 11. September war beispielsweise die Verkopplung von Raum, Kultur und Identität in dieser Hinsicht besonders bedeutend. Das Beispiel hat gezeigt, wie in einer solchen Verortung des Eigenen und des Fremden der Keim für aktive Ausgrenzung und territoriale Konflikte liegt. Die (kultur-)räumliche Logik bewirkt auf diesem Wege eine Art doppelte Vereinfachung, eine Reduktion sozialer Komplexität über kulturelle sowie räumliche Chiffren.

Abb. 19.8.2 Zerschossene Häuserruinen in Mostar (a) und die Minenfelder in den Bergen um Sarajewo (b) sind Mahnmale für die zerstörerische Kraft geopolitischer Konstruktionen des Eigenen und des Fremden. Sie weisen eindringlich darauf hin, dass diese nicht nur als sprachliche *geopolitical imaginations* in den Köpfen der Menschen existieren, sondern dass sie von dort aus die wirkmächtige Grundlage für konkrete Konflikte, Kriege, ethnische Säuberungen und Völkermord bilden können (Fotos: P. Reuber).

Eine Vielzahl von Konflikten um raumbezogene Identitäten „funktionieren" nach einem vergleichbaren Muster, etwa:

- die Konstruktion und Instrumentalisierung „klassischer" Formen geopolitisch relevanter Identitäten (z. B. Nation, Ethnie)
- die Verräumlichung unterschiedlicher politisch-ökonomischer Systeme (Kapitalismus versus Kommunismus) als ideologische Grundlage einer geopolitischen Dichotomisierung der Welt in zwei „Machtblöcke" während der Phase des Kalten Kriegs
- die geopolitische Ordnung in der Phase von Kolonialismus und Imperialismus

In solchen Fällen werden raumbezogene Identitäten zu einem Nährboden für die kleinen und großen Auseinandersetzungen um Raum und Macht, von lokalen Standortkonflikten über regionale Verteilungskonflikte bis zur internationalen Geopolitik mit ihren darauf basierenden Kriegen, ethnischen Säuberungen und Völkermorden (Abb. 19.8.2).

Regionale Konflikte und neue soziale Bewegungen

Unter den geschilderten Rahmenbedingungen der Netzwerkgesellschaft haben sich auch neue Formen regionaler und lokaler Konflikte um raumbezogene Ressourcen entwickelt. Die Erforschung dieser Konflikte variiert nach Maßstabsebene der Betrachtung und Herange-

hensweise sehr stark. Die Beispiele reichen von konzeptionell angelegten Reflexionen über die geographische Situiertheit und Kontextualität solcher Bewegungen im Sinne des *cultural turn* (z. B. das Konzept des *Terrain of Resistance*, Exkurs 19.8.3) bis zu einzelnen Fallanalysen mit lokaler, eher deskriptiver Reichweite. Grob vereinfacht finden sich Untersuchungen

- über die Rolle neuer sozialer Bewegungen bei ressourcenbezogenen Konflikten, vornehmlich in sogenannten Entwicklungsländern (z. B. Verteilungskonflikte zwischen global ausgerichteten Zentren und wirtschaftlich abhängigen, kulturell aber oft eigenständigen Peripherieregionen),
- über neue soziale und politische Bewegungen auf lokaler Ebene in Industrieländern (z. B. Flächenrecycling, Kernkraft, sperrige Infrastruktur) und
- über die Auseinandersetzungen im Kontext von Ressourcen wie Wasser oder Boden im weltweiten Maßstab.

Ein gemeinsamer Fokus der Konfliktstudien ist es, das Entstehen neuer sozialer Netzwerke und Formen autochthoner Widerstandsbewegungen „von unten" als Reaktion gegen den Zugriff auf die lokalen und regionalen Ressourcen durch ökonomische und politische Akteure der nationalen und transnationalen Ebene zu betrachten. Sie bilden mittlerweile ein wichtiges Korrektiv gegen die globalen Netzwerke der multinational vernetzten Ökonomie. Diese neuen sozialen Bewegungen bedienen sich der **globalen Kommunikationstechnologie** ebenso wie der Wirkungsmacht global verfügbarer Medien und erringen teilweise mit spektakulären Ein-

Exkurs 19.8.3

Terrains of Resistance

Die regionale Spezifik von politischen Konflikten steht im Mittelpunkt eines Konzepts mit dem Titel *„Terrains of Resistance"* (Routledge 1997). Mit der konzeptionellen Erweiterung des Blickwinkels um eine solche „regionsspezifische" Perspektive folgt die Politische Geographie einem Trend der Kulturwissenschaften, die Bedeutung regionaler Kultur, Geschichte und Identität stärker für die Herausbildung eigenständiger Politik- und Konfliktstrategien zu berücksichtigen. Die Region bildet dabei nicht länger nur eine Arena, sie ist gleichzeitig Medium und Symbol einer spezifischen Eigenständigkeit der politischen Kultur. Diese Sichtweise bietet eine Ergänzung traditioneller Theoriekonzepte in der Politischen Geographie und in der Entwicklungsländerdebatte, indem sie auf die ortsspezifisch-regionalen Komponenten politisch-geographischer Prozesse hinweist.

Als Beispiel dient hier der Hinweis auf ressourcenbezogene Konflikte in Nordost-Thailand: Der Nordosten Thailands gehört zur ökonomisch am geringsten entwickelten Peripherie des Landes. In dieser ökologisch sensiblen Region hat sich seit Beginn der 1990er-Jahre ein dichtes Netzwerk neuer sozialer Bewegungen gebildet. Sie unterstützen die Betroffenen bei lokalen Raumnutzungskonflikten gegen die Interessen nationaler und internationaler Akteure, die ihren „ökologischen Schatten" (Soyez & Barker 1998) auf die Peripherie werfen. Die Auseinandersetzungen drehen sich hauptsächlich um drei Themen: um den Bau von Staudämmen, um umweltschädigende Nutzung vorhandener Ressourcen sowie um Landrechte und Landreformen, besonders im Umfeld illegaler Siedlungstätigkeit in Waldschutzgebieten und Nationalparks. War Anfang der 1990er-Jahre noch offen, ob die Partizipationsbewegungen zu einem *lost cause* werden würden, so verbuchte der Widerstand zwischenzeitlich mit zum Teil spektakulären Protestaktionen deutliche Erfolge und gewinnt immer noch an politischem Einfluss. Das liegt nicht zuletzt an dem dichten Netz neuer sozialer Bewegungen, das ungewöhnlich für Asien und erst recht für die buddhistisch geprägte, ansonsten in der öffentlichen Kommunikation eher konfliktvermeidende Gesellschaft in Thailand ist. Dass sich gerade im Nordosten des Landes ein solches *„Terrain of Resistance"* herausbilden konnte, liegt unter anderem an einer spezifischen, jahrhundertelangen Peripherisierungserfahrung der Region sowie an den zahlreichen, kommunistisch informierten Widerstandsaktivitäten während der US-amerikanischen Militärpräsenz in diesem Landesteil zur Zeit der Indochina-Kriege.

Abb. 1 Der Protest nordostthailändischer *peoples organisations* gegen verschiedene Formen der Fremdausbeutung regionaler Ressourcen durch nationale und internationale Akteure gipfelte in der zweiten Hälfte der 1990er-Jahre in mehreren *„Village-of-the-Poor"*-Aktionen (a, 1995). Damals errichteten Tausende von Bauern mit ihren Familien ein provisorisches Hüttendorf vor dem Parlamentsgebäude in Bangkok und übernachteten dort mehrere Wochen lang unter freiem Himmel. Mittlerweile finden sich solche Formen des Protestes, die sich im Kontext des nordostthailändischen *Terrain of Resistance* entwickeln konnten, auch bei den großen gesamtthailändischen Auseinandersetzungen um die Regierungsmacht (b, 2010), die im Frühjahr 2010 in Bangkok bis zu Ansätzen von Bürgerkrieg und Ausnahmezustand führten (Fotos: P. Reuber).

zelaktionen die Aufmerksamkeit im globalen Dorf und die Durchsetzung ihrer politischen Ziele. Allerdings ist Anfang des neuen Jahrtausends ein weiteres vergleichbares Netzwerk auf die politische Bühne getreten, das mit ähnlichen Strategien vorgeht, nämlich mit der Ausbildung globaler Netzwerke des Widerstandes und ebenso mit der Verwendung moderner Kommunikationsmittel und spektakulären Einzelaktionen, die immer wieder zu einer weltweiten Medienpräsenz führen: Gemeint ist das Terrornetzwerk *Al Qaida*, dessen Aktionen im Prinzip ähnlichen Mustern folgen, dessen Anschläge aber zweifellos an Brutalität wie auch an Wirkungskraft derzeit einzigartig sind. In der Folge hat die teilweise politische Idealisierung neuer sozialer Bewegungen als „neue Stimme des Volkes und des bürgerschaftlichen Widerstandes" etwas an Glanz verloren.

Politische Konflikte um ökologische Ressourcen

Mit dem Aufkommen der ökologischen Frage in den 1980er-Jahren, spektakulären Umweltproblemen wie dem Waldsterben oder dem Super-GAU in Tschernobyl, neueren Diskussionen um Ozonloch, Klimawandel und Kernkraft wurde die Politische Geographie zunehmend mit ökologischen Fragestellungen konfrontiert. Die **Politische Ökologie** will dabei deutlich machen, dass ökologische Probleme längst nicht allein ein Feld naturwissenschaftlicher Forschung, sondern zutiefst mit der Ebene des politischen Handelns und konkret mit der Frage um Raum und Macht verknüpft sind (Kapitel 27.4).

Bei der Politischen Ökologie handelt es sich entsprechend um einen Ansatz aus dem sozialwissenschaftlichen bzw. humangeographischen Umfeld, der den Hintergrund für das Entstehen ökologischer Konfliktlagen in Abhängigkeit von Armut, Marginalität und Verwundbarkeit sieht (Bohle & Watts 2003). Egal ob es sich um Fragen der Vernichtung „natürlicher" Ressourcen wie Wälder oder Wasser, um Gewaltmärkte von Bürgerkriegen in Afrika oder um neue soziale Bewegungen in den *„Terrains of Resistance"* des globalen Südens (Exkurs 19.8.3) handelt, immer stehen politische und gesellschaftliche Fragen im Vordergrund. Die genannten Beispiele entstammen zu einem Großteil aus den sogenannten „Ländern des Südens". Insofern bestehen sowohl inhaltlich als auch personell Überschneidungsbereiche zwischen der Politischen Ökologie und der Geographischen Entwicklungsforschung (Kapitel 18).

Über die konkrete Konfliktanalyse hinaus hat sich in diesem Segment mittlerweile auch eine Form der politisch-geographischen Forschung etabliert, die sich mit der Dekonstruktion geoökologischer Leitbilder beschäftigt. Hier geht es in einem aktuellen Schwerpunkt darum, die Risikoszenarien zu analysieren, die im Zuge einer „Geopolitik des Klimawandels" (Kapitel 29.3) auf der politischen Bühne erscheinen, und die bereits heute in neuen sicherheitspolitischen Erwägungen ihren Niederschlag finden.

Fazit

Das erste Jahrzehnt im neuen Jahrtausend ist alles andere als ein ruhiges Jahrzehnt gewesen. Es konfrontierte die globale Gesellschaft mit tief greifenden Veränderungsprozessen, die – in den vergangenen Dekaden bereits angebahnt – mit zunehmender Dynamik zu vielfältigen Frakturen, Konflikten und Kriegen geführt haben. Auch aus politisch-geographischer Sicht sind die Visionen einer universalen Weltordnung, die am *fin de siècle* auf dem Marktplatz der Utopien noch kurzzeitig für Aufmerksamkeit sorgen konnten, einer angespannten Nüchternheit gewichen, die nicht ohne Sorge das ständige Anwachsen konfliktiver Auseinandersetzungen auf allen Maßstabsebenen beobachtet. Deren Komplexität, regionale Spezifik und zunehmende Gewaltorientierung stellt oftmals auch die räumlichen Ordnungen gesellschaftlicher Macht massiv zur Disposition. Ob es sich dabei um die Herausforderung des nationalstaatlichen Systems durch regionale Gewaltökonomien oder durch globale Netzwerke des Terrorismus und Finanzkapitalismus handelt, um die zunehmende „Versicherheitlichung" der Gesellschaft verbunden mit schärferen Praktiken der Überwachung, Abgrenzung und Kontrolle, oder um die zunehmende Konflikthaftigkeit ressourcenbezogener Verteilungskämpfe und ökologischer Bedrohungen – die zentralen Fragen auf dem gesellschaftlichen Tableau sind immer auch Fragen der Konfiguration von Raum und Macht.

Vor diesem Hintergrund ist es nur logisch und sinnvoll, dass sich mit dem Abschied von der stabilen staatenbezogenen Ordnung der Moderne und der Pluralisierung und Fragmentierung der Konfliktlagen auch das Forschungsfeld und die Forschungsinitiativen der Politischen Geographie in den letzten Jahrzehnten deutlich erweitert haben. Dies ging – nicht zuletzt aufgrund der ideologischen Verstrickungen der klassischen Geopolitik mit der nationalsozialistischen

Gewaltherrschaft – nur unter den Bedingungen eines theoretisch-konzeptionellen Neuanfangs, der in den 1970er-Jahren vornehmlich in England und Amerika erfolgte und auf einer konstruktivistischen Grundlage aufbaut. Mittlerweile haben sich daraus vier konzeptionelle Forschungsrichtungen der Politischen Geographie entwickelt, die in der konkreten empirischen Arbeit durchaus zweckbezogen miteinander kombiniert werden und deren Grundlagen im vorliegenden Kapitel kurz skizziert worden sind:

- *Radical Geography*, Kritische Geographie
- Geographische Konfliktforschung
- *Critical Geopolitics* (Kritische Geopolitik)
- poststrukturalistische Politische Geographie

Die aktuellen Forschungsfelder der Politischen Geographie, die mit diesen Ansätzen bearbeitet werden, lassen sich – didaktisch vereinfacht und zugespitzt – nach den vorliegenden empirischen Untersuchungen in sechs Kategorien systematisieren, die jedoch weniger als trennscharfe Arbeitsbereiche, sondern vielmehr als Knotenpunkte der Betrachtung in thematisch eng zusammenhängenden und sich wechselseitig oft bedingenden Netzwerkstrukturen angesehen werden müssen:

- politische Konflikte um territoriale Kontrolle und Grenzen
- politische Konflikte um raumbezogene Identität und kulturelle Differenz
- Regieren durch Raum: Gouvernementalität und Neoliberalismus
- Globalisierung, *global governance* und neue Internationale Beziehungen
- regionale Konflikte und neue soziale Bewegungen
- politische Konflikte um ökologische Ressourcen (inkl. Politische Ökologie)

Weiterführende Literatur

Agnew J, Mitchell K, Ó Tuathail A (2003) Companion to Political Geography. Blackwell, Oxford

Belina B, Michel B (Hrsg) (2007a) Raumproduktionen: Beiträge der Radical Geography. Eine Zwischenbilanz. Westfälisches Dampfboot, Münster

Dzudzek I, Reuber P, Strüver A (Hrsg) (2011) Die Politik der räumlichen Repräsentationen – Fallbeispiele aus der empirischen Forschung. In: Forum Politische Geographie, Bd. 6, Münster

Ó Tuathail G, Dalby S, Routledge P (Hrsg) (1998) The Geopolitics Reader. Routledge, London

Reuber P (2012) Politische Geographie. In Vorbereitung

Schieder S, Spindler M (Hrsg) (2010) Theorien der Internationalen Beziehungen. Leske & Budrich, Opladen

Wissen M, Röttger B, Heeg S (Hrsg) (2008) Politics of Scale. Räume der Globalisierung und Perspektiven emanzipatorischer Politik. Westfälisches Dampfboot, Münster

Fortsetzung

Fortsetzung

Zitierte Literatur

Agamben G (2004) Ausnahmezustand. Suhrkamp, Frankfurt a.M.

Agnew JA (1994) The Territorial Trap: The Geographical Assumptions of International Relations Theory. In: Review of International Political Economy 1: 53–80

Agnew JA (Hrsg) (1997) Political Geography – A Reader. Arnold, London

Agnew (2001) Not The Wretched Of The Earth: Osama Bin Laden And The "Clash Of Civilizations" In: The Arab World Geographer 4(2): 85–88

Agnew JA (2002) Making Political Geography. Arnold, London

Albert M, Lehmkuhl D (2002) Sonderheft „Transnationales Recht". Zeitschrift für Rechtssoziologie 23 (2)

Anderson B (1983) Imagined Communities: Reflections on the Origin and Spread of Nationalism. Verso, London

Beck U (1993) Die Erfindung des Politischen. Suhrkamp, Frankfurt a.M.

Belina B (2000) Kriminelle Räume. Funktion und ideologische Legitimierung von Betretungsverboten. Urbs et Regio 71

Belina B (2006) Raum, Überwachung, Kontrolle. Vom staatlichen Zugriff auf städtische Bevölkerung. Westfälisches Dampfboot, Münster

Belina B, Michel B (Hrsg) (2007a) Raumproduktionen: Beiträge der Radical Geography. Eine Zwischenbilanz. Westfälisches Dampfboot, Münster

Belina B, Michel B (2007b) Raumproduktion. Zu diesem Band. In: Belina B, Michel B (Hrsg) Raumproduktionen: Beiträge der Radical Geography. Eine Zwischenbilanz. Westfälisches Dampfboot, Münster. 7–34

Bohle H-G (2007) Geographies of violence and vulnerability. An actor-oriented analysis of the civil war in Sri Lanka. Erdkunde 61 (2): 129–146

Bohle H-G, Watts M (2003) Verwundbarkeit, Sicherheit und Globalisierung. In: Gebhardt H, Reuber P, Wolkersdorfer G (Hrsg) Kulturgeographie. Aktuelle Ansätze und Entwicklungen. Spektrum Akademischer Verlag, Heidelberg. 67–82

Brenner N (2008) Tausend Blätter. Bemerkungen zu den Geographien ungleicher räumlicher Entwicklung. In: Wissen M, Röttger B, Heeg S (Hrsg) Politics of scale. Räume der Globalisierung und Perspektiven emanzipatorischer Arbeit. Westfälisches Dampfboot, Münster. 57–83

Brock L, Albert M (1995) Entgrenzung der Staatenwelt. Zur Analyse weltgesellschaftlicher Entwicklungstendenzen. In: Zeitschrift für Internationale Beziehungen 2 (2): 259–285

Brzezinski Z (2002) Die einzige Weltmacht. Amerikas Strategie der Vorherrschaft. Fischer, Frankfurt a.M.

Castells M (2001) Das Informationszeitalter Bd. 1: Die Netzwerkgesellschaft. Leske & Budrich, Opladen

Cosgrove D (1989) Geography is everywhere: culture and symbolism in human landscapes. In: Gregory D, Walford R (Hrsg) Horizons in Human Geography. Macmillan, London. 118–135

Dalby S (2003) Calling 911: geopolitics, security and America's new war. In: Geopolitics 8 (3): 61–68

Dean M (2007) Die „Regierung von Gesellschaften". Über ein Konzept und seine historischen Voraussetzungen. In: Krasmann S, Volkmer M (Hrsg) Michel Foucaults „Geschichte der Gouvernementalität" in den Sozialwissenschaften. Internationale Beiträge. Transcript, Bielefeld

Derrida J (1974) Of Grammatology. Baltimore, London. Johns Hopkins University Press

Dodds KJ (1994) Geopolitics and foreign policy: recent developments in Anglo-American political geography and international relations. In: Progress in Human Geography 18. Arnold, London. 186–208

Dodds KJ (2005) Screening Geopolitics: James Bond and the Early Cold War films (1962–1967). In: Geopolitics 10 (2): 266–289

Dodds KJ, Sidaway JD (1994) Locating critical geopolitics. In: Environment and Planning D: Society and Space (12). Pion, London. 515–524

Dzudzek I (2010) Umkämpfte Weltbilder – eine Genealogie der Dekolonisierung und Dezentrierung kultur-räumlicher Repräsentationen in der UNESCO. In: Dzudzek I, Reuber P, Strüver A (Hrsg) Die Politik der räumlichen Repräsentationen – Fallbeispiele aus der empirischen Forschung. In: Forum Politische Geographie Bd. 5. Münster.

Elden S (2010) Land, terrain, territory. In: Progress in Human Geography OnlineFirst. Veröffentlicht am 21.4.2010. Abgerufen am 26.11.2010. URL: http://phg.sagepub.com/content/early/2010/04/21/0309132510362603.full.pdf+html: 1–19

Foucault M (1981) Die Archäologie des Wissens. Suhrkamp, Frankfurt a.M.

Foucault M (1994) Überwachen und Strafen. Suhrkamp, Frankfurt a.M.

Foucault M (2004) Sicherheit, Territorium, Bevölkerung: Geschichte der Gouvernementalität I. Suhrkamp, Frankfurt a.M.

Füller H, Marquardt N (2010) Die Sicherstellung von Urbanität. Innerstädtische Restrukturierung und soziale Kontrolle in Downtown Los Angeles. In: Raumproduktionen: Theorie und gesellschaftliche Praxis Bd. 8. Westfälisches Dampfboot, Münster

Fünfgeld H (2007) Fishing in Muddy Waters: Socio-environmental Relations under the Impact of Violence. Breitenbach Verlag, Saarbrücken

Gebhardt H (2001) Stichwort Globalisierung. In: Lexikon der Geographie in vier Bänden. Spektrum, Heidelberg

Giddens A (1995) Die Konstitution der Gesellschaft. Campus, Frankfurt a.M.

Glasze G (2011) Politische Räume. Die diskursive Konstitution eines „geokulturellen Raums" – die Frankophonie. In: Global Studies. Transcript, Bielefeld

Glasze G, Mattissek A (2009) Diskursforschung in der Humangeographie: Konzeptionelle Grundlagen und empirische Operationalisierungen. In: Glasze G, Mattissek A (Hrsg) Diskurs und Raum. Theorien und Methoden für die Humangeographie sowie die sozial- und kulturwissenschaftliche Raumforschung. Transcript, Bielefeld. 11–60

Gregory D (1994) Geographical Imaginations. Blackwell, Cambridge

Gregory D (2006) The black flag: Guantánamo Bay and the space of exception. In: Geografiska Annaler: Series B Human Geography 88 (4): 405–427

Harvey D (1975) Social Justice and the City. Arnold, London

Huntington SP (1996) Der Kampf der Kulturen. Die Neugestaltung der Weltpolitik im 21. Jahrhundert. Europa-Verlag, München

Husseini de Araújo S (2011) Jenseits vom „Kampf der Kulturen". Eine diskursanalytische Untersuchung imaginativer Geographien von Eigenem und Anderem in transnationalen arabischen Printmedien. Transcript, Bielefeld

Johnston N (1997) Cast in Stone: Monuments, Geography, and Nationalism. In: Agnew J (Hrsg) Political Geography – A Reader. Arnold, London. 347–364

Kaldor M (2000) Neue und alte Kriege: Organisierte Gewalt im Zeitalter der Globalisierung. Suhrkamp, Frankfurt a.M.

Keck M (2007) Geographien der Gewalt: Der Bürgerkrieg in Nepal und seine Akteure. Tectum, Marburg

Kepel G (2004) Die neuen Kreuzzüge. Die arabische Welt und die Zukunft des Westens. Piper, München

Korf B (2003) Geographien der Gewalt: Handlungsorientierte geographische Bürgerkriegsforschung in politisch-ökonomischer Perspektive. Geographische Zeitschrift 91 (1): 24–39

Korf B, Engeler M (2007) Geographien der Gewalt. Zeitschrift für Wirtschaftsgeographie 51 (3+4): 221–237

Fortsetzung

Fortsetzung

Korf B, Oßenbrügge J (2010) Geographie der (Un-)Sicherheit – Einführung zum Themenheft. In: Geographica Helvetica 65/3. 167–171

Korf B, Engeler M, Hagmann T (2010) The Geography of Warscapes. Third World Quarterly 31 (3): 385–399

Kost K (1997) Geopolitik und kein Ende. Thesen zur Gegenwart der Politischen Geographie in Deutschland. In: Graafen R, Tietze W (Hrsg) Raumwirksame Staatstätigkeit. Festschrift für Klaus-Achim Boesler. In: Kollegium Geographicum 23. Dümmler, Bonn. 133–152

Kreutzmann H (1997) Kulturelle Plattentektonik im globalen Dickicht. In: Internationale Schulbuchforschung 19: 413–423

Krings T, Müller B (2001) Politische Ökologie: Theoretische Leitlinien und aktuelle Forschungsfelder. In: Reuber P, Wolkersdorfer G (Hrsg) Politische Geographie – Handlungsorientierte Ansätze und Critical Geopolitics. In: Heidelberger Geographische Arbeiten 112: 93–117

Laclau E, Mouffe C (1985) Hegemonie und Radikale Demokratie. Zur Dekonstruktion des Marxismus. Passagen, Wien

Le Billon P (2001) The political ecology of war. Political Geography 20 (5): 561–84

Lefebvre H (1974) La production de L'espace. Paris

Lossau J (2001) Anderes Denken in der Politischen Geographie: der Ansatz der Critical Geopolitics. In: Reuber P, Wolkersdorfer G. (Hrsg) Politische Geographie – Handlungsorientierte Ansätze und Critical Geopolitics. In: Heidelberger Geographische Arbeiten 112: 57–76

Lossau J (2002) Die Politik der Verortung – Eine postkoloniale Reise zu einer „anderen" Geographie der Welt. Transcript, Bielefeld

Luttwak E (1990) From Geopolitics to Geoeconomics. In: The National Interest 17: 17–24

Mattissek A (2008) Die neoliberale Stadt. Diskursive Repräsentationen im Stadtmarketing deutscher Großstädte. In: Urban Studies. Transcript, Bielefeld

Mitchell D (2007) Die Vernichtung des Raums per Gesetzt: Ursachen und Folgen der Anti-Obdachlosen-Gesetzgebung in den USA. In: Belina B, Michel B (Hrsg) Raumproduktionen: Beiträge der Radical Geography. Eine Zwischenbilanz. Westfälisches Dampfboot, Münster. 256–289

Müller M (2009) Making Great Power Identities in Russia. An ethnographic discourse analysis of education at a Russian elite university. In: Forum Politische Geographie Bd 4. Zürich

Müller M, Reuber P (2008) Empirical Verve, Conceptual Doubts: Looking from the Outside in at Critical Geopolitics. In: Geopolitics 13 (3): 1–15

Münkler H (2002) Die neuen Kriege. Rowohlt, Reinbek

Newig J, Manshard W (1997) Folienwerk Kulturerdteile. Band Schwarzafrika. Klett/Perthes, Gotha

Ó Tuathail G (1996) Critical Geopolitics. The Politics of Writing Global Space. Routledge, London

Ó Tuathail G, Dalby S (Hrsg) (1998) Re-Thinking Geopolitics. Towards a critical geopolitics. Routledge, London

Oßenbrügge J (1983) Politische Geographie als räumliche Konfliktforschung. Konzepte zur Analyse der politischen und sozialen Organisation des Raumes auf der Grundlage angloamerikanischer Forschungsansätze. In: Hamburger Geographische Studien 40

Oßenbrügge J (1997) Die Renaissance der Politischen Geographie: Aufgaben und Probleme. In: HGG-Journal 11: 1–18

Ratzel F (1906) Kleine Schriften. Oldenbourg, München

Redepenning M (2006) Wozu Raum? Systemtheorie, critical geopolitics und raumbezogene Semantiken. In: Beiträge zur Regionalen Geographie Europas 62. Selbstverlag Leibniz-Institut für Länderkunde e.V., Leipzig

Reuber P (1999) Raumbezogene Politische Konflikte. Geographische Konfliktforschung am Beispiel von Gemeindegebietsreformen. In: Erdkundliches Wissen 131. Steiner, Stuttgart

Reuber P (2002) Die Politische Geographie nach dem Ende des Kalten Krieges. In: Geographische Rundschau 54 (7-8): 4–9

Reuber P (2011) Die Archive des geopolitischen Diskurses in ihrer Bedeutung für aktuelle Konflikte, dargestellt an der Medienberichterstattung über die Auseinandersetzungen zwischen Georgien und Russland 2008. In: Dzudzek I, Reuber P, Strüver A (Hrsg) Die Politik der räumlichen Repräsentationen – Fallbeispiele aus der empirischen Forschung. In: Forum Politische Geographie Bd. 6. Münster

Reuber P, Strüver A (2011) Der Anschlag von New York und der Krieg gegen Afghanistan in den Medien – Eine Analyse der geopolitischen Diskurse. In: Dzudzek I, Reuber P, Strüver A (Hrsg) Die Politik der räumlichen Repräsentationen – Fallbeispiele aus der empirischen Forschung. In: Forum Politische Geographie Bd. 6. Münster

Reuber P, Wolkersdorfer G (2003) Geopolitische Leitbilder und die Neuordnung der globalen Machtverhältnisse. In: Gebhardt H, Reuber P, Wolkersdorfer G (Hrsg) Kulturgeographie. Aktuelle Ansätze und Entwicklungen. Spektrum Lehrbuch, Heidelberg. 47–66

Reuber P, Wolkersdorfer G (2004) Auf der Suche nach der Weltordnung? Geopolitische Leitbilder und ihre Rolle in den Krisen und Konflikten des neuen Jahrtausends. In: Petermanns Geographische Mitteilungen 148 (2): 12–19

Rössler M (1990) Wissenschaft und Lebensraum. Geographische Ostforschung im Nationalsozialismus. Reimer, Berlin

Routledge P (Hrsg) (1997) Terrain of resistance: nonviolent social movements and the contestation of place in India. Greenwood Press, Westport, Connecticut

Schetter C (2005) Ethnoscapes, National Territorialisation and the Afghan War. Geopolitics, 10 (1): 50–75

Schieder S, Spindler M (2010) Theorien der internationalen Beziehungen. UTB, Stuttgart

Scholz F (2004) Geographische Entwicklungsforschung. Methoden und Theorien. In: Studienbücher der Geographie. Bornträger, Berlin

Schultz H-D (1998) Herder und Ratzel: Zwei Extreme, ein Paradigma? In: Erdkunde 52 (2): 127–143

Smith N (1984) Uneven Development: Nature, Capital and the Production of Space. Blackwell, New York

Smith N (1996) The New Urban Frontier: Gentrification and the Revanchist City. Routledge, London, New York

Soja E (1985) Regions in context: spatiality, periodicity, and the historical geography of the regional question. In: Environment and Planning D: Society and Space 3: 175–190

Soja E (2007) Veräumlichungen: Marxistische Geographie und kritische Gesellschaftstheorie. In: Belina B, Michel B (Hrsg) Raumproduktionen: Beiträge der Radical Geography. Eine Zwischenbilanz. Westfälisches Dampfboot, Münster. 77–110

Soyez D, Barker ML (1998) Transnationalisierung als Widerstand: Indigene Reaktionen gegen fremdbestimmte Ressourcennutzung im Osten Kanadas. In: Erdkunde 52 (4): 286–300

Squire, V (2009) The exclusionary politics of asylum. In: Migration, minorities and citizenship. Palgrave Macmillan, Basingstoke, Hampshire

Strüver A, Wucherpfennig C (2009) Performativität. In: Glasze G, Mattissek A (Hrsg) Handbuch Diskurs und Raum. Theorien und Methoden für die Humangeographie sowie die sozial- und kulturwissenschaftliche Raumforschung. Transcript, Bielefeld. 107–127

Taylor P J (1993) Full circle, or new meaning of the global? In: Johnston RJ (Hrsg) The challenge for geography. A changing world: a changing discipline. Oxford University Press, Oxford. 181–197

Taylor P (2000) Political Geography: World-Economy, Nation-State and Locality. Prentice Hall, Harlow

Watts M (2000) Struggles over geography: Violence, freedom and development at the millennium. Hettner-Lectures 1999. Steiner, Stuttgart

Fortsetzung

Fortsetzung

Welzer H (2008) Klimakriege. Wofür im 21. Jahrhundert getötet wird. Fischer, Frankfurt a. M.

Werlen B (1995) Sozialgeographie alltäglicher Regionalisierung. In: Erdkundliches Wissen 116. Steiner, Stuttgart

Werlen B (Hrsg) (2000) Sozialgeographie. Eine Einführung. UTB, Bern et al.

Wissen M (2008) Zur räumlichen Dimensionierung sozialer Prozesse. Die Scale-Debatte in der angloamerikanischen Radical Geography – eine Einleitung. In: Wissen M, Röttger B, Heeg S (Hrsg) Politics of Scale. Räume der Globalisierung und Perspektiven emanzipatorischer Politik. Westfälisches Dampfboot, Münster. 8–32

Wolkersdorfer G (2001) Politische Geographie und Geopolitik zwischen Moderne und Postmoderne. In: Heidelberger Geographische Arbeiten 111. Heidelberg. Selbstverlag des Geographischen Instituts der Universität Heidelberg

Die Spannweite des Einsatzes technischer Infrastruktur in der Landwirtschaft ist sehr groß und reicht vom nahezu vollautomatisierten Agrobusiness bis zu Formen, die bei fehlender Mechanisierung sehr stark auf die Arbeitskraft von Menschen und Tieren ausgerichtet sind. Das Foto zeigt ein Viehgespann im ländlichen Umland von Mandalay, Burma (Foto: P. Reuber).

Kapitel 20
Geographie des ländlichen Raumes

Während sich in den Megastädten und Verdichtungsregionen der Welt im Zeitalter zunehmender Globalisierung in vielen Teilen Lebenswirklichkeiten, Konsumgewohnheiten und Lebensstile zumindest segmentär stärker anzugleichen scheinen, klaffen die Rahmenbedingungen für das Leben in ländlichen Regionen mehr und mehr auseinander. Waren schon traditionell ländliche Räume im globalen Vergleich aufgrund der jeweils verfügbaren natürlichen Grundlagen und Ressourcen wie Bodengüte, Niederschläge oder Temperaturen sehr verschieden, so bewirken die gesellschaftlichen Umbrüche der letzten Jahrzehnte eine weitere Ausdifferenzierung der Gesellschaften und ihrer Lebensweisen in den ländlichen Regionen des globalen Dorfes.

Vor diesem Hintergrund verwundert es kaum, dass der ländliche Raum in den gemäßigten Breiten Europas oder Nordamerikas anders aussieht, als in den Trockengebieten der Erde oder in den Tropen. In Europa bestimmt die Landwirtschaft zwar weiterhin das äußere Erscheinungsbild der meisten ländlichen Räume, sie bietet allerdings nur noch wenigen Menschen Beschäftigung. Anders in den Entwicklungsländern der Tropen, hier sind Millionen von Menschen im Rahmen ländlicher Subsistenzwirtschaft weiterhin auf die Erträge aus der Landwirtschaft angewiesen, die agrarische Tragfähigkeit ist hier das Kernproblem, und Übernutzungsphänomene, die die wirtschaftliche Tragfähigkeit der Regionen und die Lebensgrundlagen ihrer Bewohner bedrohen, sind an der Tagesordnung.

Vor diesem Hintergrund ist es kaum möglich, im Rahmen eines Lehrbuchkapitels die ganze Bandbreite der Probleme und der regionalen Differenzierung ländlicher Räume im globalen Maßstab angemessen vorzustellen. Ein traditioneller Gang durch die verschiedenen Landschaftszonen und ihre jeweiligen Wirtschaftsweisen verbietet sich aber nicht allein aus Platzgründen, sondern auch aufgrund der starken Differenzierungsprozesse und Unterschiedlichkeiten, die infolge des gesellschaftlichen Wandels solche klassisch als „Landwirtschaftszonen" repräsentierten Regionen kennzeichnen.

Das folgende Kapitel trifft dementsprechend eine Auswahl, bei der mit den ländlichen Räumen in Europa und in den Tropen Regionen mit sehr unterschiedlichen Rahmenbedingungen in den Mittelpunkt der Betrachtung rücken. Während sich in Europa die Umstrukturierung ländlicher Räume im Zeichen von Industrialisierung und Globalisierung schon weitgehend vollzogen hat, befinden sich in den Tropen – mit regional sehr unterschiedlichen Anteilen – viele ländliche Regionen noch in einem Übergangsprozess zwischen traditionellen Formen des Lebens und Wirtschaftens und einer zunehmenden Integration in globalökonomische Prozesse.

20.1 Geographie und Planung ländlicher Räume in Mitteleuropa

Ulrike Grabski-Kieron

Ländliche Räume in Mitteleuropa – man greift mitten hinein in ein Spannungsfeld zwischen Suburbanisierung und Peripherisierung, zwischen Entleerung und Siedlungswachstum, zwischen Verbrachung und Freiraumbeanspruchung für Siedlung, Gewerbe und Verkehr. Doch die Polarisierung verschleiert die Vielfalt ländlicher Raumentwicklung. Sie lässt in den Hintergrund treten, dass ländlicher Struktur- und Funktionswandel gleichzeitig auch tragfähige Prozesse wirtschaftlicher Eigenentwicklung einschließt, differenzierte Landnutzungsmuster einer multifunktionalen Land- und Forstwirtschaft hervorbringt und dazu beiträgt, das natürliche und kulturelle Erbe mitteleuropäischer Kulturlandschaften zu sichern. Ländliche Gesellschaften verändern sich. Differenzierte ländliche Entwicklung, eingepasst in gesellschaftliche, wirtschaftliche und politische Rahmensetzungen, ist auch Ausdruck eines sich wandelnden Verständnisses und veränderter Wahrnehmung von Ländlichkeit: Während im mitteleuropäischen Kontext die traditionelle Assoziation von Ländlichkeit und Landwirtschaft mehr und mehr verblasst, bietet der Landhausstil im Immobilienkatalog für das Wohnen auf dem Lande neue Wohn- und Lebensqualitäten und vermitteln Lifestyle- und Gartenmagazine Bilder von ländlicher Ruhe, Freiheit und Romantik. Aneignungsmuster ländlicher Räume verändern sich. In vielen ländlichen Regionen sind Freiräume und Fluren heute nicht mehr nur Bestandteile agrarischer und forstwirtschaftlicher Nutzlandschaften, sondern erhalten Freizeit- und Erlebnisfunktionen und sind so maßgebliche Träger für ländlichen Tourismus und das landschaftsgebundene Erholungswesen. Nicht zuletzt wird die Entwicklung der ländlichen Räume von politischen Steuerungsmechanismen auf Ebenen der Europäischen Union und der Nationalstaaten beeinflusst.

Im Folgenden sollen – bezogen auf Mitteleuropa – Forschungsstand und -auftrag einer Geographie des ländlichen Raumes sowie entsprechende inhaltliche und methodische Entwicklungslinien des Fachgebietes innerhalb der deutschen Geographie erläutert werden. Der Anwendungsbezug geographischen Arbeitens wird dabei im Aufgabengebiet der ländlichen Raumplanung besonders deutlich. Viele Fragenkreise, die ländliche Entwicklung in Mitteleuropa heute aufwirft, sind an den Einsatz und die Wirkungen des Instrumentariums **ländlicher Raumplanung** innerhalb der Europäischen Union geknüpft. In diesem Sinne wird Mitteleuropa hier vor allem als der Raum der Europäischen Union interpretiert.

Ländliche Raumforschung in der Geographie zwischen Grundlagenwissenschaft und Anwendungsorientierung

Der ländliche Raum ist seit Beginn des letzten Jahrhunderts Gegenstand geographischer Forschungen. Wurzeln einer Geographie des ländlichen Raumes liegen vorrangig in der **Siedlungs- und Agrargeographie**. Die eine näherte sich über den Forschungsgegenstand „ländliche Siedlungen", die andere über den des Agrarraumes und der Agrarlandschaft dem Arbeitsfeld „ländlicher Raum". Im Laufe der Zeit wurde diese frühe Basis einerseits durch Forschungsansätze anderer geographischer Teildisziplinen, allen voran von Wirtschafts-, Bevölkerungs- und Sozialgeographie, sowie andererseits durch die Hinwendung benachbarter Wissenschaften, beispielsweise der Agrarökonomie und -soziologie, zum Forschungsgegenstand „ländlicher Raum" ergänzt.

Entsprechend der zeitgeschichtlichen Entwicklungslinien von Siedlungs- und Agrargeographie nahm auch die ländliche Raumforschung an den im Laufe der Jahrzehnte wechselnden Forschungsrichtungen und Perspektivwechseln beider Fachgebiete teil. Für die Geographie ländlicher Siedlungen hat Henkel (2004) dies ausführlich dargestellt (Schwarz 1989, Lienau 1995, Arnold 1983, 1997, Andreae 1983). In den 1950er- und 60er-Jahren lagen die Herausforderungen für solche neuen Forschungsthemen zum einen in dem Struktur- und Funktionswandel, der Landwirtschaft und die ländlichen Räume in gleicher Weise erfasste und dessen Auswirkungen im Agrarraum und seinen Nutzungen erkennbar waren, zum anderen in den strukturellen, funktionalen und sozialen Umschichtungen, die im ländlichen Siedlungswesen ihren Niederschlag fanden.

Impulse für die Entwicklung eines Fachgebietes „Geographie des ländlichen Raumes", in dem die sektoralen Grenzen von Siedlungs- und Agrargeographie erstmalig überwunden wurden, entstanden Ende der 1950er- und Anfang der 1960er-Jahre unter dem Einfluss der erstarkten Sozialgeographie (Münchener Schule). Soziale sowie ökonomische Einfluss- und Bestimmungsgründe der ländlichen Transformationsprozesse wurden nun in den Vordergrund gerückt (Hartke 1959, Otremba 1959). Damit eröffneten sich neue Perspektiven für die Forschung, während gleichzeitig auch die Grenzen der bisherigen wirtschaftsgeographischen Agrarraumforschung sichtbar wurden. Einen frühen Vorstoß hin zu einer „Geographie des ländlichen Raumes" unternahm Ende der 1960er-Jahre Ilesic (1968): Er forderte, die traditionellen siedlungs- und agrarraumbezogenen Forschungsansätze mit sozialgeographischen Ansätzen zu verschmelzen, um so den Weg zu einer umfassenden Analyse der damaligen Deagrarisierungsprozesse und sozioökonomischen Umschichtungen in den ländlichen Räumen zu ebnen. Gleichzeitig wies er bereits auf die Gefahr hin, umweltbezogene und historische Bezüge der ländlichen Raumentwicklung zu vernachlässigen.

Ab Mitte der 1960er-Jahre wurden schließlich auch durch die Etablierung der bundesdeutschen Raumordnung weitere Anforderungen an die ländliche Raumforschung herangetragen und die Bezüge zur **Regionalentwicklung** gestärkt (Spitzer 1975, Meyer 1964). Insgesamt gewann die ländliche Raumforschung in dieser Zeit erstmalig einen betont anwendungsorientierten Charakter hinzu. Diese Anwendungsorientierung blieb bis heute bedeutsam. Maßgeblich dafür waren seit Ende der 1970er-Jahre die Ausgestaltung des Planungswesens in der Bundesrepublik Deutschland, die Ausprägung einer auch staatlich geförderten Planungsaufgabe „Dorfentwicklung/Dorferneuerung", der wachsende Anwendungsbezug von Umwelt- und Naturschutzforschung, die ihr Augenmerk auch auf den Freiraum und seine land- und außerlandwirtschaftliche Nutzungen legte, und nicht zuletzt der weiter fortschreitende Struktur- und Funktionswandel im ländlichen Raum unter dem Zeichen wachsender Europäisierung.

Seit Anfang der 1990er-Jahre haben schließlich sowohl die sich verändernde Planungskultur in Deutschland und der Europäischen Union als auch die veränderten Problemwahrnehmungen und Werthaltungen zu Fragen ländlicher Entwicklung ihren Niederschlag in der geographischen ländlichen Raumforschung gefunden. Bezogen auf die Stellung innerhalb der deutschsprachigen Geographie bleibt festzuhalten, dass sich eine eigenständige Teildisziplin „Geographie des ländlichen Raumes" bisher nicht in dem Maße etabliert hat, wie beispielsweise im englischsprachigen Raum (*Rural Geography*, Woods 2005). Dennoch hat die ländliche Raumforschung auch innerhalb der deutschsprachigen Geographie über die Jahrzehnte hinweg dazu beigetragen, ländliche Raumstrukturen und -funktionen zu erklären, ländliche Regionen in ihren spezifischen Problemsituationen zu erfassen und das Instrumentarium ländlicher Raumplanung weiterzuentwickeln.

In dieser Tradition stehen auch aktuelle Strömungen, die seit einigen Jahren darum bemüht sind, die einzelnen Forschungsstränge einer ländlichen Raumforschung zu bündeln und unter dem Dach des Arbeitsgebietes **„Geographie des ländlichen Raumes"** zusammenzuführen. Geographie des ländlichen Raumes wird dabei heute mehr als früher als „Geographie der ländlichen Raumentwicklung" (Bröckling et al. 2004) verstanden. Diese versteht sich im Besonderen auch als Prozessforschung, die vor dem Hintergrund der aktuellen Problemkreise ländlicher Raumentwicklung in Europa einerseits die intradisziplinären Schnittstellen innerhalb der Geographie aufgreift, die andererseits jedoch auch um ein eigenständiges Forschungskonzept bemüht ist. Forschungsschwerpunkte sind dabei:

- die für die ländlichen Räume spezifische Ressourcennutzung der land- und forstwirtschaftlich geprägten Freiräume
- die spezifischen Mensch-Umwelt-Beziehungen in ländlichen Lebens- und Arbeitswelten
- die ländliche Siedlungsforschung
- der Struktur- und Funktionswandel der Agrarwirtschaft
- der Struktur- und Funktionswandel der Agrarwirtschaft, mit dem auch insbesondere Konzepte einer regionalisierten und multifunktionalen Landwirtschaft, Produktvermarktung und deren Einbindung in die ländliche Regionalentwicklung verbunden sind
- die geographische Kulturlandschaftsforschung und Kulturlandschaftspflege (Kapitel 26)
- Analyse der Wahrnehmung, Images und Symbolik ländlicher Räume
- die ländliche Raumplanung, die nicht nur die Raumordnung, sondern auch agrarstrukturelle und umweltplanerische Steuerungsmechanismen in der ländlichen Raumentwicklung einschließt

Demographischer Wandel, die Veränderungen des Weltklimas sowie die aktuellen Entwicklungen des Energiesektors haben darüber hinaus in den letzten Jahren neue Forschungsakzente in der ländlichen Raumforschung gesetzt: In den Vordergrund rücken aktuell immer mehr Fragenkreise, die sich – aus verschiedenen Blickrichtungen – einerseits mit der Sicherung der Daseinsvorsorge in ländlichen Regionen, andererseits mit Fragen der Raumwirksamkeit des Klimawandels und der Klimaanpassung in Landnutzung und in der Entwicklung des ländlichen Siedlungswesens beschäftigen. Mit der gewachsenen Bedeutung des ländlichen Raumes als Standort für die Produktion erneuerbarer Energien entfaltet sich darüber hinaus ein neues Forschungsfeld, das Fragen der Raum- und Kulturlandschaftswirksamkeit dieser neuen Landnutzungsformen genauso wie deren sozio-ökonomische Folgewirkungen in den Fokus nimmt.

Die aktuelle ländliche Raumforschung setzt die etablierten analytischen und synthetischen Forschungsansätze der Geographie des ländlichen Raumes fort und bedient sich des humangeographischen Methodenkanons. Als Prozessforschung verwendet sie jedoch darüber hinaus auch Methoden der Evaluations-, Governance- und Institutionenforschung und erweitert damit ihr methodisches Fundament.

Ländliche Räume in Mitteleuropa als Forschungsgegenstand der Geographie

Würde man entlang eines Profils aus dem Süden der iberischen Halbinsel in den hohen Norden Skandinaviens fahren, würde der Reisende einen beispielhaften Eindruck von der Vielfalt ländlicher Räume in Europa erhalten. Ebenso differenziert wie komplex erscheinen die in ihm wirkenden Faktoren und die ihn prägenden Transformationsprozesse. Insofern bildet der Begriff „ländlicher Raum" eine höchst ungenaue und für die wissenschaftliche Beschäftigung ungeeignete Sammelkategorie. Vielmehr sind ländliche Räume je nach Standortvoraussetzungen, nach Lage zu Verkehrs- und Ballungsräumen sowie naturräumlichen und historischgenetischen Eigenarten in der Entwicklung regional sehr unterschiedlich. Ländliche Regionen stellen zugleich gewachsene **Kulturlandschaften** Mitteleuropas dar. Diese Vielfalt ist längst als Wert anerkannt, genauso wie ihre Erhaltung als Leitvorstellung Eingang in die ländliche Raumplanung und Politik gefunden hat.

Ländliche Räume im Spiegel geographischer Definitionsansätze

In der grundlagenorientierten Beschäftigung mit ländlichen Räumen spielten die Elemente des „Ländlichen" als dominante Kriterien für eine Abgrenzung gegenüber dem „Städtischen" schon früh eine maßgebliche Rolle. In der deutschsprachigen Geographie entwarfen insbesondere die Siedlungs- und Agrargeographie – seit den 1960er-Jahren mit Impulsen aus der frühen bundesdeutschen Raumordnung – entsprechende Kriterien, um über Siedlungsdichte, Siedlungsgröße, fehlende oder geringe Zentralität ländlicher Siedlungen oder über die Dominanz land- und forstwirtschaftlicher Flächennutzung zu einer Kennzeichnung ländlicher Räume zu gelangen. Henkel (2004) subsumiert mit Verweis auf weitere Autoren „landschaftliche, wirtschaftliche, demographische, administrative und baulich-physiognomische Kriterien", die zur „inneren Definition" ländlicher Räume herangezogen wurden und immer noch Verwen-

dung finden. In Anbetracht des Struktur- und Funktionswandels, den ländliche Räume seit Mitte des 20. Jahrhunderts allerdings erfahren haben, haben manche dieser „traditionellen" Kriterien ihre Bedeutung eingebüßt. Während in der deutschsprachigen Geographie des ländlichen Raumes im Laufe der Zeit die anwendungsorientierte Typenansprache ländlicher Räume an Bedeutung gewann, hat sich die angelsächsische *Rural Geography* seit den 1970er-Jahren intensiv mit wechselnden Blickwinkeln und Forschungsinteresse und schließlich mit stark sozialgeographischem Einschlag dem Phänomen *rurality* zugewandt (Woods 2005). Auch die französische *Géographie rurale,* deren frühere Entwicklungslinien – eingepasst in die Wissenschaftstraditionen der französischsprachigen Geographie – durch starke Bindungen an die Historische Geographie und die Geschichtswissenschaft gekennzeichnet waren, ist heute von sozial- und wirtschaftsgeographischen Zugängen zum Forschungsgegenstand dominiert (Chapuis 2005, Talandier 2008).

Im Überblick betrachtet lassen sich – mit unterschiedlicher Bedeutung und Schwerpunktsetzung – heute die folgenden Definitionsansätze ausgliedern:
- deskriptiv-physiognomische Definitionsansätze
- siedlungsgeographische Definitionsansätze
- soziokulturelle Definitionsansätze
- sozialgeographische Definitionsansätze

Anwendungsorientierte Typisierungen ländlicher Räume

In der Anwendungsorientierung von Politik und ländlicher Raumplanung haben in jüngster Zeit solche Definitionsansätze an Bedeutung gewonnen, die der gewachsenen Verflechtung von städtischen und ländlichen Räumen, der Kleinteiligkeit der Folgewirkungen des demographischen Wandels sowie den Anforderungen an größere Analyseschärfe der laufenden Raumbeobachtung Rechnung tragen. Eine in Deutschland viel beachtete Raumtypisierung erarbeitete dazu das Bundesamt für Bauwesen und Raumordnung (Spangenberg & Kawka 2008). Die Typisierung baut darauf auf, Daten und Merkmale von Siedlungsstrukturtypen einerseits mit Kennzeichen von räumlichen Lagetypen andererseits zusammenzuführen, um so das aktuelle Stadt-Land-Kontinuum realistischer abzubilden. Damit stellt das Verfahren einen Ansatz dar, Struktur- und Funktionsmerkmale so zu verschneiden, dass kleinräumige zonale Raumtypen ausgegliedert werden können (Abb. 20.1.1). Diese können bis auf die Ebene der Gemeinden und Landkreise heruntergebrochen werden und erlauben deren raumtypbezogene präzise Zuord-

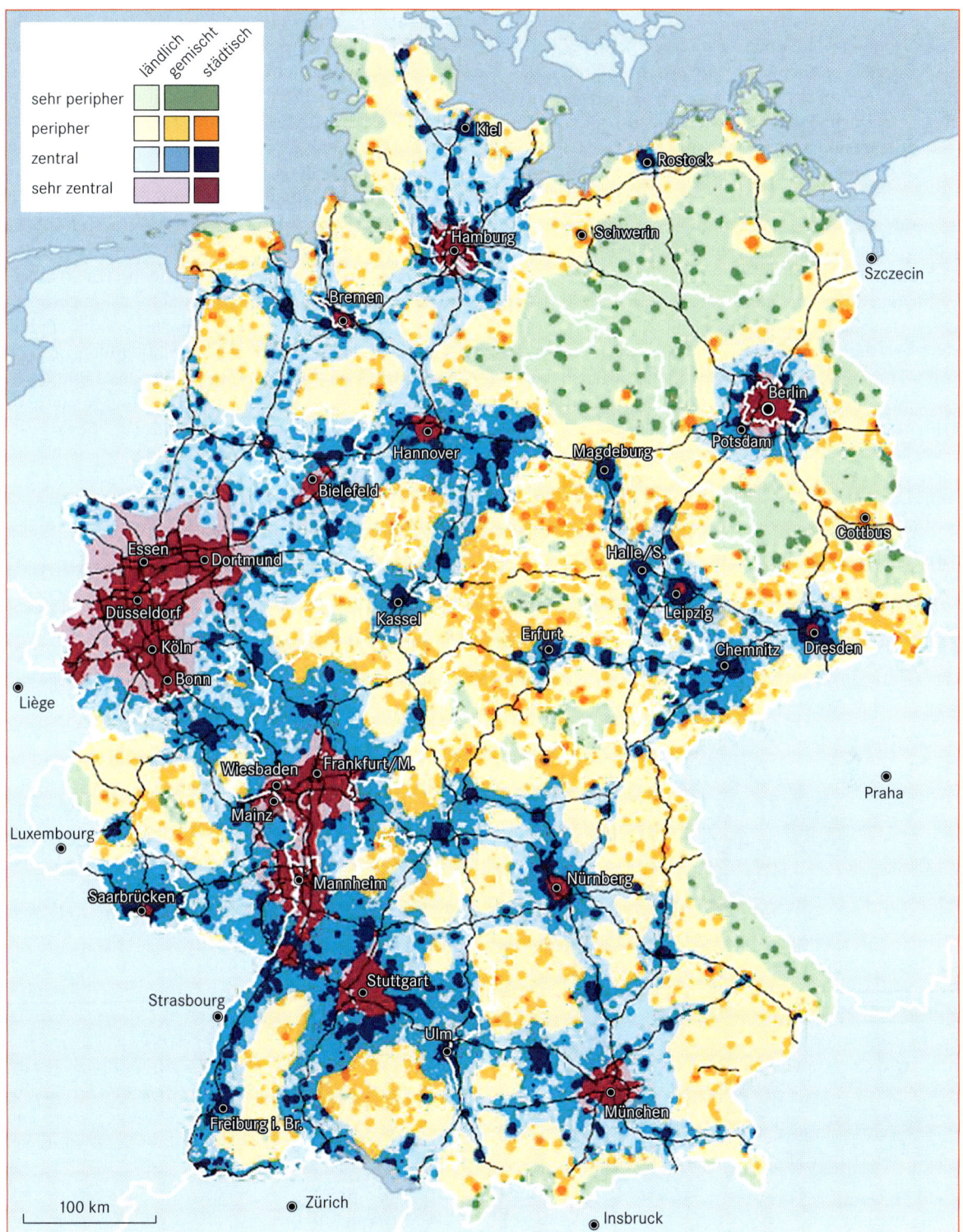

Abb. 20.1.1 Anwendungsorientierte Raumtypisierung des Bundesamtes für Bauwesen und Raumordnung (Quelle: Spangenberg & Kawka 2008).

nung. Die Raumtypisierung befruchtet nicht nur die raumordnungspolitischen Diskurse, sondern bietet auch für die öffentlichen Akteure in den ländlichen Räumen in Verknüpfung mit Fragen der zukünftigen Infrastrukturauslastung, der Entwicklung des öffentlichen Nahverkehrs und vielem mehr eine wertvolle Basis.

Diese synergetische Raumtypisierung stellt einen vorläufigen Endpunkt in der Evolution von älteren anwendungsorientierten Raumtypisierungen dar, die jedoch auch heute noch – je nach Forschungsinteresse – ihre Bedeutung behalten.

Strukturell-analytische Definitionen führen zu einer Darstellung und Typisierung ländlicher Räume, indem sie demographische (z. B. Dichtewerte) und/oder sozioökonomische (z. B. Erwerbsstrukturdaten) und/oder siedlungsstrukturelle Kriterien (zentralörtliche Funktionen) heranziehen. Sie kommen so einerseits zu

einer Abgrenzung ländlicher Räume gegenüber städtischen Räumen und gelangen andererseits zur Ausgliederung unterschiedlicher Raumtypen (so z. B. auf europäischer Ebene: OECD [Abb. 20.1.2]; auf nationaler Ebene der Bundesrepublik Deutschland auch: Bundesamt für Bauwesen und Raumforschung [BBR] 2005).

Funktional-analytische Definitionen knüpfen daran an, dass ländlichen Räumen im Raumgefüge spezifische Funktionen zukommen. Sie verknüpfen räumliche Funktionsmerkmale mit Distanz- und Verflechtungskriterien, um die Zuordnung zu benachbarten Räumen, allen voran zu den großen Städten und Agglomerationsräumen, deutlich zu machen. In der Bundesrepublik Deutschland lassen sich vor diesem Hintergrund in Orientierung an Basisdaten der laufenden Raumbeobachtung des Bundes (BBR 2005) die folgenden ländlichen Raumtypen ausweisen (Mose 2005):

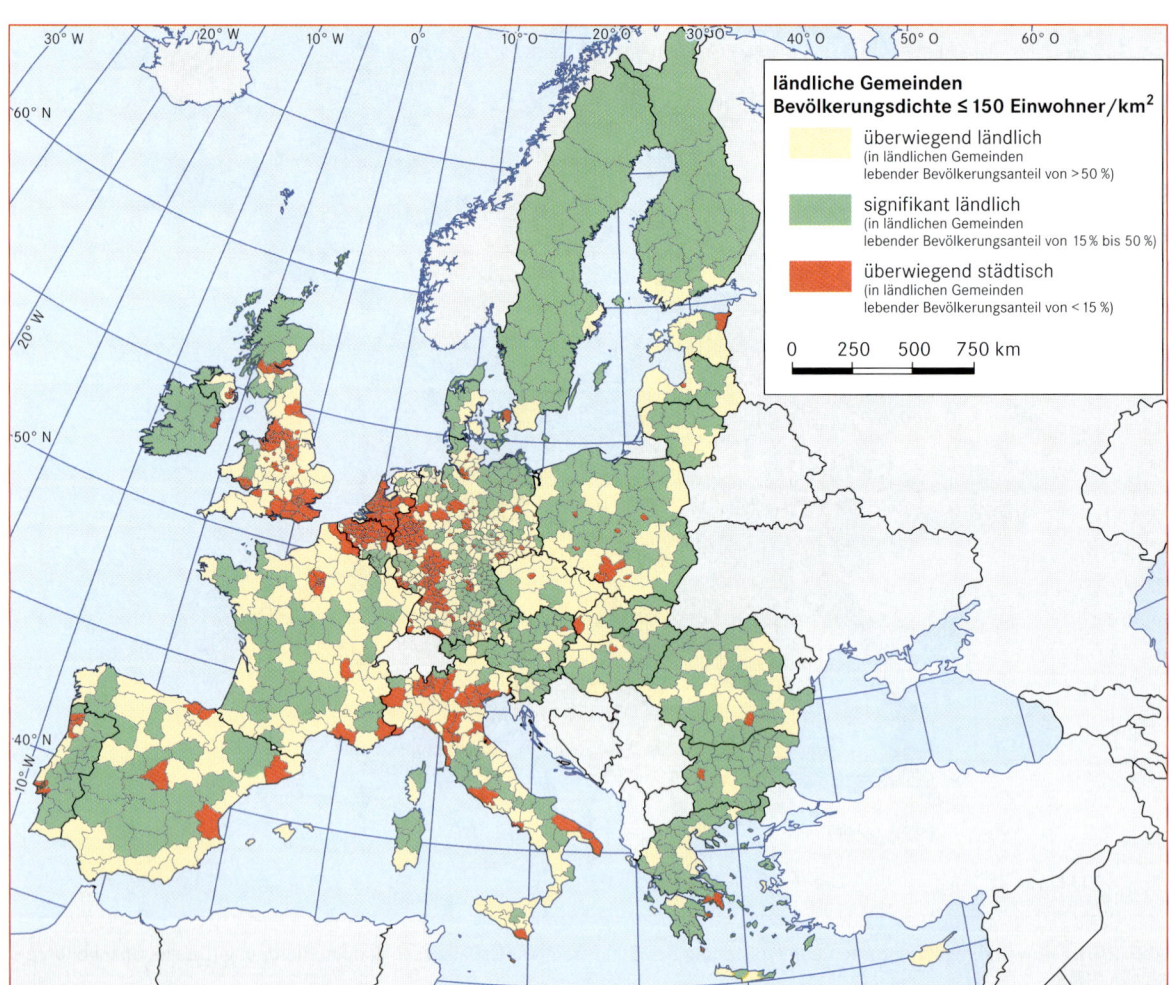

Abb. 20.1.2 Ländliche Räume in der EU nach OECD-Klassifikation (verändert nach Generaldirektion für Landwirtschaft und ländliche Entwicklung der Europäischen Union 2009).

- ländliche Räume im engeren Umland der Agglomerationen, der Verdichtungsgebiete und im direkten Umland der solitären Oberzentren
- ländliche Räume im weiteren Umland der Agglomerationen, der Verdichtungsgebiete und der solitären Oberzentren
- ländliche Räume in einiger Entfernung von diesen und mit schwächeren Verflechtungsbeziehungen zu diesen bei gegebener wirtschaftlicher Eigendynamik
- ländliche Räume, die weder größeren Einflüssen durch die Nähe zu Agglomerationsräumen oder

Oberzentren unterliegen noch durch ausgesprochene Eigendynamik und durch vergleichsweise abgeschwächte Entwicklungstrends bzw. durch Strukturschwäche gekennzeichnet sind

Auch auf Ebene der EU liegt eine ähnliche Typisierung konzeptionellen Überlegungen zur ländlichen Raumentwicklung zugrunde (Abb. 20.1.3).

Andere Typisierungsansätze, wie etwa im Raumordnungsbericht der Bundesrepublik Deutschland 2005 (Bundesamt für Bauwesen und Raumordnung 2005)

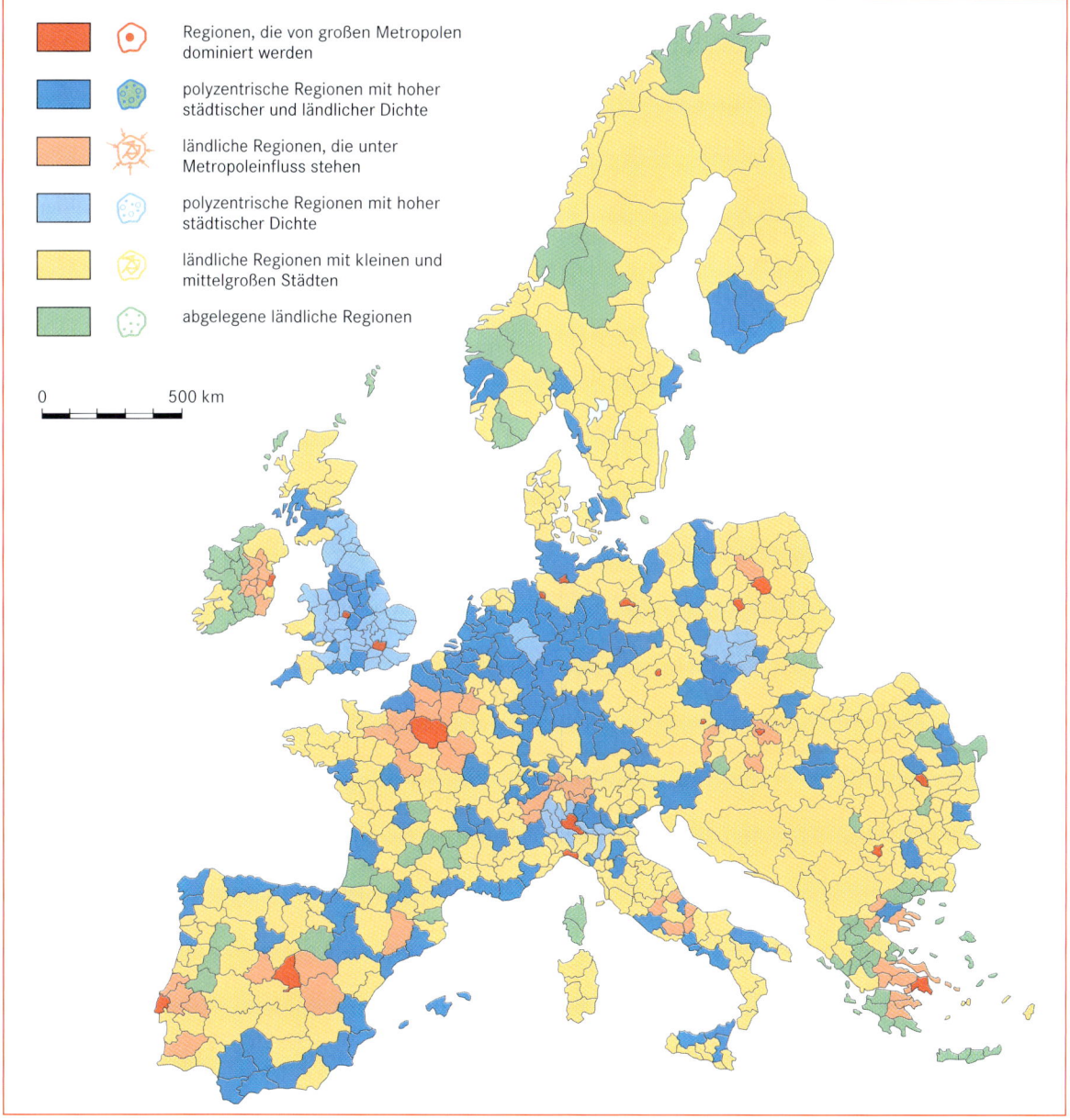

Abb. 20.1.3 Sechs regionale Typen von Stadt-Land-Raumstrukturen (verändert nach Europäische Kommission 2001).

knüpfen ebenfalls an den Funktionen ländlicher Räume an, versuchen jedoch, über die Funktionsmerkmale hinaus **Funktionspotenziale** ländlicher Räume als Basis für eine Raumtypisierung zu verwenden. Als typische Funktionen ländlicher Räume werden berücksichtigt:

- Wohnfunktion für die landwirtschaftsgebundene und sonstige ländliche Bevölkerung
- Wirtschafts- und Arbeitsplatzfunktion im landwirtschaftlichen genauso wie in außerlandwirtschaftlichen Wirtschaftssektoren
- Produktionsfunktion hinsichtlich der Erzeugung land- und forstwirtschaftlicher und außerlandwirtschaftlicher Güter und Dienstleistungen
- Lebensraumfunktion im Sinne des biotischen Biotop- und Naturschutzes
- Ökotop- und Regelungsfunktion für den abiotischen Ressourcenschutz, zum Beispiel in Bezug auf Klimaschutz, die Qualitätserhaltung von Grund- und Oberflächengewässern, den Hochwasserschutz oder für die Verwertung von Abfallstoffen
- Funktion für das landschaftsgebundene Erholungswesen und den Tourismus
- Ressourcenbereitstellungsfunktion beispielsweise hinsichtlich der Gewinnung von Trinkwasser, erneuerbarer Energien, von nachwachsenden Rohstoffen oder von Steinen und Erden

Der skizzierte Ansatz ist jedoch nur ein Weg unter vielen, der zu einer Typisierung ländlicher Räume führen kann (zu anderen Ansätzen: Baum & Weingarten 2004, Bengs & Schmidt-Thomé 2004).

Eine Arbeitsdefinition

Betrachtet man die ländliche Raumentwicklung in Europa aus angewandt-geographischem Blickwinkel, wird hier ein Zugang zum Forschungsgegenstand „ländlicher Raum" gewählt, der sowohl Elemente generalisierender Definitionsansätze zur Abgrenzung ländlicher Räume von den städtischen als auch jene zur anwendungsorientierten funktional-analytischen Differenzierung aufgreift. In diesem Sinne erschließt sich der ländliche Raum in der folgenden Arbeitsdefinition:

Der ländliche Raum ist der Teil des Gesamtraumes, der durch eine in hohem Maße land- und forstwirtschaftlich genutzte oder zumindest geprägte Freiraumstruktur und durch vorherrschend freiraumbezogene Ressourcennutzungen gekennzeichnet ist. In ihm herrscht eine disperse Siedlungsstruktur mit vorrangig gering- bis mittelzentralen und azentralen Siedlungen vor. Je nach natürlichen Ausgangsbedingungen und je nach Lage im Netz von Entwicklungsachsen und Orten

höherer Zentralität unterliegt der ländliche Raum unterschiedlichen Entwicklungsdynamiken. Sie machen eine Differenzierung des Begriffes „ländlicher Raum" in „Typen ländlicher Räume" nötig.

Ländliche Raumentwicklung in Europa

Ländlicher Strukturwandel ist grundsätzlich nichts Neues, denn zu jeder Zeit haben Menschen die ländlichen Räume mit ihren natürlichen Ressourcen für sich in Wert gesetzt. Zu Beginn des 21. Jahrhunderts liegen die Herausforderungen ländlicher Entwicklung jedoch nicht nur im tief greifenden Struktur- und Funktionswandel, in dem sich die Landwirtschaft selbst befindet, sondern vielmehr auch in der enger gewordenen Verflechtung regionaler Wirtschaft mit dem gesamtwirtschaftlichen Geschehen im Zeichen von Globalisierung und Internationalisierung, in der Vielzahl aufeinandertreffender außeragrarischer Nutzungsansprüche, schließlich auch in sich verändernden Leitbildern und Werthaltungen begründet. Insgesamt ist ländliche Entwicklung heute durch folgende Einflussfaktoren und Problemkreise gekennzeichnet (Abb. 20.1.4):

- Agrarstrukturwandel
- wirtschaftsräumliche Dynamik
- demographischer Wandel
- Flächenverbrauch und Raumnutzungskonflikte
- Natur- und Ressourcenschutz, Kulturlandschaftspflege
- Regionalisierung und Dezentralisierung als Ausdruck aktueller Planungskultur

Diese Problemkreise stehen nicht unabhängig voneinander. Sie sind vielmehr von Region zu Region unterschiedlich miteinander verflochten oder stehen in Wechselbeziehung zueinander. Diese Komplexität der Problemlagen wie auch die Dynamik und Maßstäblichkeit der Wandlungsprozesse lässt die Ausdifferenzierung ländlicher Raumtypen in Europa zunehmen. Die Spannbreite reicht dabei von den tragfähigen Regionen, die aus eigenen Potenzialen heraus oder durch Impulse im Umland von Agglomerationen Entwicklungsperspektiven gewinnen, bis zu den strukturschwachen Regionen, die durch ungünstige Lage, durch Monostrukturierung und mangelnde Arbeitsmarktdiversität, durch schlechte Infrastrukturausstattung und Abwanderung in den Teufelskreis der **Peripherisierung** geraten. Mit dem differenzierten Entwicklungsmuster ländlicher Räume in Europa entsteht gleichzeitig die Herausforderung, planerische Instrumente und Hand-

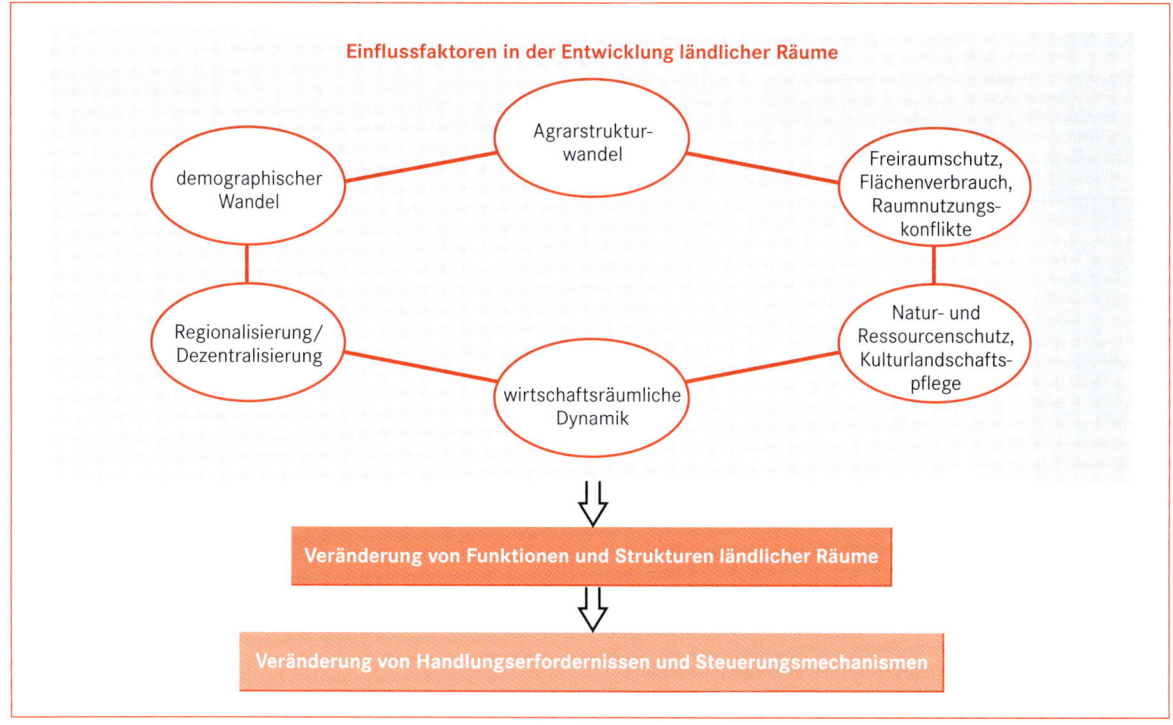

Abb. 20.1.4 Aktuelle Problemkreise der Entwicklung ländlicher Räume.

lungsansätze zur Initiierung und Steuerung ländlicher Entwicklung auf die regionalspezifischen Problemlagen abzustimmen und an die sich verändernden Rahmenbedingungen anzupassen.

Dazu ist allerdings ein eingehender Blick auf die Einflussfaktoren und die mit ihnen verbundenen Problemkreise notwendig, damit sich das skizzierte Entwicklungsmuster ländlicher Räume erschließt.

Agrarstrukturwandel

Landwirtschaft stellt sich in der Europäischen Union in einem sehr breiten Spektrum von Betriebsformen, -systemen und -größen dar. Insbesondere nach den EU-Osterweiterungen 2004 und 2007 reicht es von kleinen und kleinsten Familienbetrieben mit Subsistenzwirtschaft und 1 bis 2 ha landwirtschaftlicher Nutzfläche, zum Beispiel in Polen, bis hin zu großen Agrarunternehmen, die mehrere Hundert, ja mehrere Tausend Hektar exportorientiert bewirtschaften, wie in weiten Teilen Englands, Ostdeutschlands oder Spaniens.

Vom Struktur- und Funktionswandel in der Landwirtschaft gehen seit jeher Impulse für die Anpassungsprozesse in ländlichen Räumen aus. Die in den 1990er-Jahren abgelaufenen, tief greifenden Umwälzungen der

ostdeutschen Landwirtschaft und die aktuelle Transformation in den jüngsten EU-Beitrittsstaaten sind aktuelle Facetten dieser Prozesse. Sie standen unter dem Vorzeichen, den sozialistisch geprägten Agrarsektor an die marktwirtschaftlichen Bedingungen des EU-Agrarmarktes heranzuführen. Dies soll hier nicht weiter beleuchtet werden.

In der europäischen Landwirtschaft der alten EU haben insbesondere die seit Ende der 1950er-Jahre eingetretenen mechanisch-, chemisch- und biologisch-technischen Fortschritte tief greifende Veränderungen ausgelöst. Die verschiedenen Betriebssysteme reagierten darauf unterschiedlich. Für alle jedoch galt, dass Rentabilität nur erreicht oder gesichert werden konnte, wenn der Einsatz teurer Produktionsfaktoren, zum Beispiel die menschliche Arbeitskraft, durch den Einsatz günstigerer Faktoren ersetzt wurden, Produktionswege zur Wertsteigerung der Produkte eingeschlagen wurden und Produktionen sich in den jeweils dafür kostengünstigsten Standorten entfalteten. „Klassische" Anpassungswege wurden durch **Intensivierung**, **Spezialisierung**, durch **Betriebsvergrößerungen** (Flächenausstattung und Viehbesatz), durch **Veredlung** in der tierischen Produktion (z. B. Mast), durch erhöhten **Technikeinsatz** und durch **räumliche Konzentration** beschritten. Damit entstand im Laufe der Zeit eine Polarisierung der

Tabelle 20.1.1 Veränderung der landwirtschaftlichen Betriebsgrößen zwischen 1995 und 2007 in ausgewählten europäischen Mitgliedsländern (Quelle: eigene Berechnungen nach Eurostat 2010b).

| | Betriebe (absolut) in 1 000 | | | prozentuale Verteilung auf Größenklassen | | | | | | | | | | | |
| | | | | <5 ha | | | 5–20 ha | | | 20–50 ha | | | >50 ha | | |
	1995	2007	Änderung [%]	1995	2007	Änderung	1995	2007	Änderung	1995	2007	Änderung	1995	2007	Änderung
Deutschland	566,83	370,58	−34,62	31,61	22,55	−28,66	32,46	32,28	−0,56	23,33	22,11	−5,22	12,61	23,03	82,67
Spanien	1 277,59	1 043,91	−18,29	55,29	52,82	−4,47	28,09	26,79	−4,62	9,02	10,70	18,60	7,60	9,69	27,54
Frankreich	734,80	527,35	−28,23	27,33	24,73	−9,50	21,53	19,08	−11,36	24,12	18,81	−21,99	27,01	37,37	38,34
Italien	2 482,10	1 679,44	−32,34	78,09	73,28	−6,16	16,05	19,37	20,69	4,24	4,97	17,15	1,62	2,38	47,06
Niederlande	113,21	76,74	−32,21	33,08	27,98	−15,42	34,30	30,13	−12,16	26,31	27,35	3,96	6,32	14,54	130,10
Österreich	221,76	165,42	−25,41	39,39	33,45	−15,07	40,90	39,57	−3,25	16,12	20,15	24,99	3,59	6,82	89,94
Portugal	450,64	275,08	−38,96	76,69	72,55	−5,39	17,79	19,46	9,37	3,35	4,42	31,96	2,17	3,57	64,68

Agrarlandschaften (Mose & Weixlbäumer 1998). In ihr kristallisierten sich auf der einen Seite Hochproduktiv- und Intensivgebiete wie etwa in der Provinz Brabant (Niederlande), in Südoldenburg (Deutschland) oder in Teilen Dänemarks heraus. Auf der anderen Seite zog sich die Landwirtschaft aus den Grenzertragslagen, beispielsweise in den Mittelgebirgen, zurück. Flächen fielen brach, wurden extensiviert oder aufgeforstet.

Bezogen auf die alte EU ging in den letzten drei Jahrzehnten im Zuge dieses Strukturwandels nicht nur die Zahl der landwirtschaftlichen Betriebe (Tab. 20.1.1), sondern auch die der Arbeitsplätze in der Landwirtschaft erheblich zurück, wobei wesentliche nationale Unterschiede zu beachten sind. Nach Green (2005) arbeiteten 1975 noch 11 Prozent aller Beschäftigten in der alten EU im primären Sektor, 1997 waren es nach Angaben von Eurostat 4,4 Prozent, 2006 in der EU-15 sogar nur noch 3,4 Prozent. In den Beitrittsländern Osteuropas (neue EU-12) lag die Beschäftigtenquote zur gleichen Zeit bei 15,9 Prozent (nach Generaldirektion Landwirtschaft und ländliche Entwicklung 2009). Seitdem machen sich Verschiebungen auf den landwirtschaftlichen Arbeitsmärkten auch in diesen Ländern bemerkbar.

Das Bild abnehmender Bedeutung des primären Sektors für die ländlichen Arbeitsmärkte verändert sich, wenn dieses Arbeitsplatzsegment in Verbindung mit den landwirtschaftsnahen, vor- und nachgelagerten Bereichen des Handels, der Dienstleistungen, der Verarbeitung und Vermarktung und des Agribusiness (Ernährungswirtschaft) betrachtet wird, wie dies heute zunehmend erfolgt.

Heute wie früher wird der Struktur- und Funktionswandel in der europäischen Landwirtschaft durch die Rahmensetzungen der **EU-Agrarpolitik** maßgeblich bestimmt. Auch heute werden die nötigen Anpassungsprozesse durch die Regeln des EU-Agrarmarktes, zusätzlich jedoch auch durch den stärker werdenden Wettbewerbsdruck auf den Weltagrarmärkten erzwungen. Auch die **Umweltschutz- und Nachhaltigkeitsdiskurse** der 1980er- und 1990er-Jahre, neue wissenschaftliche Erkenntnisse, veränderte Werthaltungen und Lebensstile der Gesellschaft und nicht zuletzt die sich wandelnde Planungskultur mit ihrer Betonung der regionalen und lokalen Handlungsebene und Akteursorientierung haben seitdem zu deutlichen Akzentverschiebungen in der Agrarpolitik auf europäischer und nationalstaatlicher Ebene geführt. Damit sind neue Anpassungswege im Struktur- und Funktionswandel begünstigt geworden, die die „klassischen" Reaktionen ergänzten und Alternativen zur Betriebsaufgabe darstellten:

- Diversifizierung der landwirtschaftlichen Einkommen durch außerlandwirtschaftliche Einkommensalternativen wie etwa in der Landschaftspflege, im ländlichen Tourismus oder in anderen Dienstleistungen
- Übergang vom Haupterwerb in den Nebenerwerb und langfristige Aufrechterhaltung der Nebenerwerbslandwirtschaft
- Erschließung neuer Märkte durch ökologisch produzierte Produkte und Umstellung auf ökologischen Landbau (Häring et al. 2004)
- Umstellung auf extensive Landnutzungs- und Viehhaltungsformen
- Erzielen größerer Gewinne durch Direktvermarktung unter Ausschluss des Zwischenhandels
- Einbindung der Landwirtschaft in regionale Märkte durch Regionalvermarktung
- Entwicklung neuer Produkte und Produktlinien, zum Beispiel in der Produktion nachwachsender Rohstoffe oder der alternativen Energieerzeugung
- Einbindung der Landwirtschaft in regionale Wertschöpfungsketten

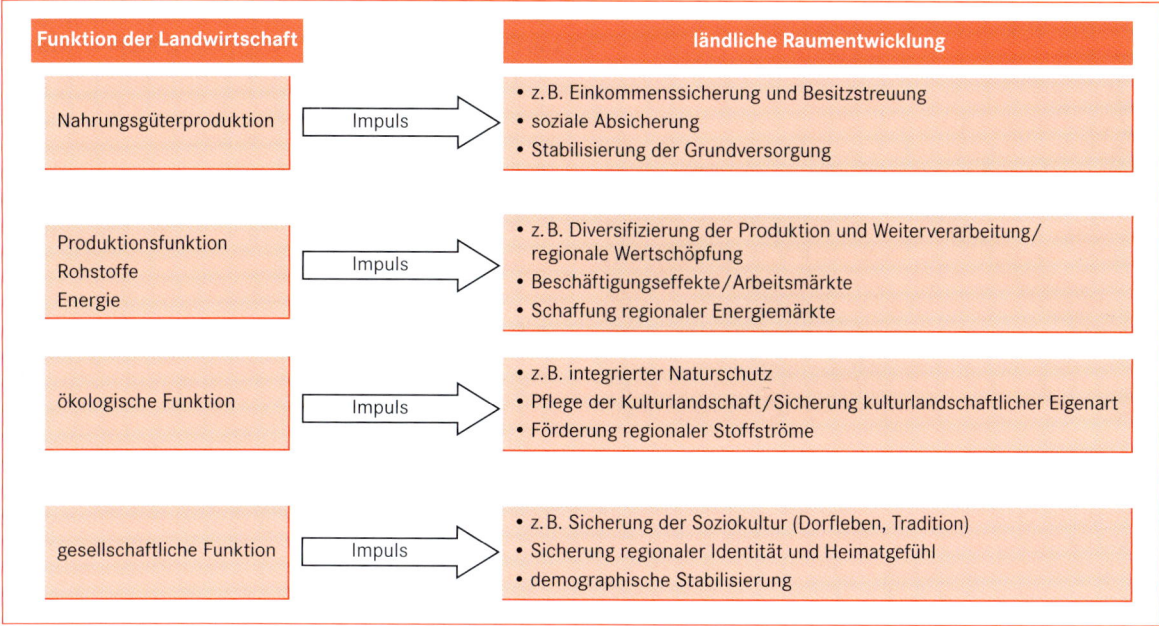

Abb. 20.1.5 Räumliche Auswirkungen einer multifunktionalen Landwirtschaft.

Seit den 1990er-Jahren rückte die Landwirtschaft gleichzeitig nicht nur als Wirtschaftssektor im ländlichen Raum, sondern mehr und mehr auch als gestaltender Akteur in der ländlichen Entwicklung in den Mittelpunkt des Interesses. Heute ist anerkannt, dass Landwirtschaft in Europa neben der Nahrungsmittelproduktion auch andere Funktionen für die Gesellschaft, für Umwelt und Kulturlandschaften übernimmt und davon Impulse für die ländliche Raumentwicklung ausgehen (Abb. 20.1.5; Bauer 2002, Grabski-Kieron 2002).

Diese Multifunktionalität der Landwirtschaft ist aktuelles Leitbild europäischer Agrarentwicklung und spielt in der Entwicklung der ländlichen Räume eine große Rolle. Dabei wird die Verflechtung der Landwirtschaft mit den Funktionen der ländlichen Räume hervorgehoben. Möglichkeiten und Grenzen dieser postproduktivistischen Landwirtschaft werden von Wilson & Wilson (2003) thematisiert.

Das Konzept der Multifunktionalität wird durch den in den letzten Jahren eingetretenen Bedeutungszuwachs, den der **Energiepflanzenanbau** und insbesondere die Produktion von **Bioenergie** in vielen europäischen Ländern – mit unterschiedlichen Gewichten – erfahren hat, bestätigt. Ähnliches gilt für die Produktion nachwachsender Rohstoffe. Vor dem Hintergrund sich verändernder politischer Rahmensetzungen für diese Produktlinien verändern sich heute die Nutzungsmuster vieler regionaler Agrarlandschaften mit Folgen für regionale Wirtschafts- und Betriebsstrukturen, für die Infrastruk-

tur- und Siedlungsentwicklung und für die ländlichen Kulturlandschaften: So erweisen sich zum Beispiel in Extensivregionen früher aus der Nutzung genommene Flächen wieder als geeignete Produktionsstandorte. Bereits heute entstehen in vielen Intensivregionen regionale „Energielandschaften" mit monotonem Nutzpflanzenanbau (z. B. Mais) und zusammenhängenden Biogas-Infrastrukturen. Gleichzeitig rufen aktuelle technologische Entwicklungen in den Bereichen der Wind- und Solarenegie neue Raum- und Flächennutzungsansprüche hervor, die die ländlichen Räume, zum Beispiel durch die Installation von **Großwindparks** oder von **Solarfeldern**, unmittelbar betreffen (Abb. 20.1.6).

Zunehmend wird die Raumwirksamkeit dieser Entwicklungstendenzen jedoch ambivalent diskutiert. Einerseits wird dabei der positive Stellenwert dieser Transformationsprozesse zum Beispiel für die regionale Wertschöpfung, für die Entwicklung ländlicher Kommunen oder auch für die Tragfähigkeit des Agrarsektors in den ländlichen Räumen hervorgehoben, andererseits wird heute mehr und mehr auch Kritik laut, die vor den Folgen dieser ungebremsten Entwicklung für die Biodiversität und für die ökologische Nachhaltigkeit, für die ländlichen Kulturlandschaften und ihre Landschaftsbilder und für die Wahrnehmung ländlicher Räume warnt (Beckmann & Schmitt 2007, Bundesamt für Bauwesen und Raumordnung 2008, Deutsche Landeskulturgesellschaft 2008, Heißenhuber 2007, Kanning 2008, Kanning, Buhr, Steinkraus 2009, Luick et al. 2008,

Abb. 20.1.6 Energiegewinnung in der Agrarlandschaft durch Solaranlagen in der Feldflur. Traditionelle Formen der agrarischen Nahrungsmittelproduktion werden zunehmend von neuartigen Flächenansprüchen, zum Beispiel zur Erzeugung erneuerbarer Energien, ergänzt oder gar abgelöst: Neue Typen von Nutzungskonkurrenzen und auch -konflikten entstehen (Foto: U. Grabski-Kieron).

Ruschkowski & Wiehe 2008, Wissenschaftlicher Beirat der Bundesregierung Globale Umweltveränderungen [WBGU] 2008). Im Zusammenhang mit diesen aktuellen Diskursen werden zunehmend auch Rolle und Stellenwert der Landwirtschaft im Kontext von Klimawandel und globaler Ernährungssicherung kritisch hinterfragt (Chmielewski 2009, Corves 2009, Ribbe 2009).

Wirtschaftsräumliche Dynamik

Andere Facetten ländlicher Entwicklung werden deutlich, wenn der skizzierte Agrarstrukturwandel in den Kontext der allgemeinen wirtschaftsräumlichen Dynamik eingebunden wird. Die Verluste von landwirtschaftlichen Arbeitsplätzen wurden im Laufe der Zeit in vielen ländlichen Regionen durch Arbeitsplätze im produzierenden Gewerbe und in der Industrie sowie im Dienstleistungssektor ersetzt und bis heute im europäischen Rahmen auch überkompensiert (Green 2005). Für die positive Arbeitsplatzentwicklung seit den 1970er-Jahren waren zunächst Trends der Verlagerung von produzierenden Betrieben aus den Städten in die ländlichen Räume verantwortlich (Abb. 20.1.7). Diese wurden durch die Verfügbarkeit von Flächen, Ausbau der Infrastruktur, durch bereitstehende kostengünstige Arbeitskräfte und nicht zuletzt durch finanzpolitische Anreize regionaler Strukturpolitik begünstigt (Mose & Weixlbäumer 2000). Gleichzeitig erleichterte diese Arbeitsmarktentwicklung den Rückgang der Landwirtschaft,

weil sie den aus der Landwirtschaft ausscheidenden Personen Alternativen und Perspektiven anbot. Als im Laufe der Zeit und mit größer werdendem Globalisierungsdruck in den Industriegesellschaften Europas allgemein eine rückläufige Arbeitsmarktentwicklung im sekundären Sektor eintrat, waren auch die Wirtschaftsstandorte in ländlichen Regionen den veränderten Standortpräferenzen und Produktionsverlagerungen ausgesetzt. Diese Entwicklung hält bis heute an (Roth 2008), doch weist Woods (2005) darauf hin, dass sich viele ländliche Regionen in den letzten Jahren im Vergleich zu städtischen tendenziell durch geringere Arbeitsplatzverluste im sekundären Sektor auszeichnen (Mose & Weixlbäumer 2000).

Die vielerorts in ländlichen Räumen vorherrschende **klein- und mittelständische Wirtschaftsstruktur** und **regional verankerte Unternehmenskultur** erweisen sich heute für die wirtschaftliche Entwicklung als bedeutsam, denn, wie bereits Wießner (1999) konstatierte, sind diese Unternehmen, sofern sie an der technologischen Entwicklung teilnehmen, leichter in der Lage, flexibel auf veränderte Marktanforderungen zu reagieren, Nischen zu besetzen und Marktsegmente für sich zu gewinnen. Heute erweist sich für solche Unternehmen die Teilnahme an regionalen Netzwerken und Wirtschaftsclustern (Koschatzky 2003) als entscheidender Schritt zur wirtschaftlichen Prosperität.

Aktuell lassen sich auch in ländlichen Räumen zahlreiche Clusterstrukturen unterschiedlicher räumlicher Maßstabsgrößen und Branchen identifizieren, von denen eine erhebliche Wirtschaftsdynamik ausgeht (Gutgesell & Maier 2007). Die Bandbreite reicht von produktionsorientierten Clustern bis hin zu Hightech-Clustern unterschiedlichster Ausprägung (Titze et al. 2009). In manchen ländlichen Regionen richtet sich dabei ein spezifisches Augenmerk verstärkt auch darauf, neue Cluster der Ernährungswirtschaft unter Einschluss des Agrarsektors oder Cluster der Forst- und Holzwirtschaft mit Beteiligung des Tourismussektors aufzubauen (Dannenberg 2007, Fortnahl 2010). Darin werden Möglichkeiten gesehen, neue regionale Wertschöpfungsketten aufzubauen oder bestehende zu schließen. In der ländlichen Regionalentwicklung ist die Bildung von Wirtschaftsclustern gleichwohl nur ein möglicher Weg unter anderen hin zu wirtschaftsräumlicher Tragfähigkeit.

Auch die Entwicklung der Dienstleistungsbranchen in den ländlichen Räumen trug früh zur Diversifizierung von Einkommensmöglichkeiten bei. Woods (2005) nennt dafür vier maßgebliche Gründe:

- im Laufe der Zeit erfolgter Infrastrukturausbau, zum Beispiel in den Bereichen Bildung, Gesundheit, Kultur

Abb. 20.1.7 Gewerbeflächenentwicklung im ländlichen Raum als Ausdruck wirtschaftsräumlicher Dynamik (Foto: U. Grabski-Kieron).

- Förderung des Einzelhandels und der Dienstleistungen im Freizeitbereich
- wachsende Bedeutung des ländlichen Tourismus
- veränderte Standortpräferenzen im quartären Sektor

In den 1990er-Jahren wurden schließlich die **Informations- und Kommunikationstechnologien** als wichtige Impulsgeber für die ländliche Entwicklung angesehen, weil sie „Optionen für Dekonzentrationen von Arbeitsplätzen" und für die Teilnahme ländlicher Regionen an den Wirtschaftsprozessen der Informationsgesellschaft boten (Wießner 1999). Ungeachtet zahlreicher positiver Beispiele wurden bis heute die hohen Erwartungen, insbesondere für Hightech-Branchen, längst nicht überall erfüllt. Standort- und Fühlungsvorteile urbaner und suburbaner Räume spielen dafür offenbar nach wie vor eine große Rolle. Millard (2005) hat fördernde und hemmende Faktoren für die Ansiedlung von IT-Branchen herausgearbeitet. Insgesamt haben diese bisher in sehr unterschiedlicher Weise zur Entwicklung der ländlichen Räume in Europa beigetragen. Impulse erhalten vorrangig die stadtnahen Regionen, während auch heute noch in vielen abgelegeneren Gebieten allein fehlende hochtechnologische Kommunikationsverbindungen (z. B. ISDN) eine nennenswerte Teilnahme an diesem Wirtschaftssegment verhindern. Diese Thematik erhält heute mit den sich verändernden Standortpräferenzen neue Aktualität, weil fehlende Anschlüsse von ländlichen Gebieten an bestehende Breitbandnetze als immer relevanter werdender Wettbewerbsnachteil angesehen werden, durch den letztlich auch die regionalen Disparitäten gefördert werden (Gebauer 2009). Gleichzeitig wird vielerorts diesem größer gewordenen Handlungsdruck durch zielgerichtete Förderung mehr begegnet als früher.

Dies darf nicht darüber hinwegtäuschen, dass heute viele ländliche Regionen zu den **Gewinnern des wirtschaftlichen Strukturwandels** zählen. Die regional unterschiedlichen Entwicklungslinien der Wirtschaftssektoren unterstreichen heute die Vielfalt ländlicher Raumentwicklung in Europa.

Demographischer Wandel und ländliches Siedlungswesen

Auch mit Blick auf den demographischen Wandel muss für die ländlichen Räume Europas ein breites Spektrum von Entwicklungslinien konstatiert werden. Als die zentralen Problemkreise erweisen sich der Geburtenrückgang, die Veränderung der Altersstrukturen hin zu einem größeren Anteil älterer Bevölkerungsgruppen sowie die Binnen- und Außenwanderungen. Die allgemeinen Trends der Bevölkerungsentwicklung verstärken die regionalen Ungleichgewichte, die sich schon aus den unterschiedlichen Bevölkerungsdichten ländlicher Räume und den daran geknüpften Entwicklungspotenzialen ergeben. Die in den letzten Jahren für Deutschland vielfältig veröffentlichten und diskutierten Prognosen und Modellrechnungen zur Bevölkerungsentwicklung (Statistisches Bundesamt 2006, Bundesamt für Bauwesen und Raumordnung 2009) stehen im europäischen Raum also nicht isoliert: Zwar kann für die Europäische Union (EU 27) bis 2035 zunächst noch von einem Bevölkerungswachstum auf 521 Millionen Einwohner (2010: 499 Millionen Einwohner), dann bis 2050 von einem leichten Rückgang auf 515 Millionen Einwohner ausgegangen werden (Eurostat 2010a), doch verbergen sich dahinter erhebliche Unterschiede. Sie betreffen sowohl die Mitgliedstaaten der EU-15 untereinander als auch deren Vergleich mit den Staaten der EU-Ost-erweiterung und nicht zuletzt regionale Vergleiche innerhalb der einzelnen Staaten selbst. Natürliche Bevölkerungsrückgänge, Überalterung und regionale Bevölkerungsabnahmen und -zuwächse folgen dabei allerdings den gleichen allgemeinen Trends. Insgesamt führen sie im nationalen wie auch im europäischen Rahmen zu einem „Flickenteppich" rückgängiger und wachsender Regionen (Kocks 2003). Für die ländlichen Räume sind daran die folgenden Wirkungskreise geknüpft:

- **Siedlungsdispersion**: Für die Wachstumsregionen gefährdet die zunehmende Verteilung von Siedlungsstrukturen eine ausgewogene Flächenentwicklung, denn mit zunehmender Siedlungsdispersion gehen Flächenverbrauch und -zerschneidung ökologisch wirksamer Freiräume einher (Abb. 20.1.8). Dies wird dadurch unterstützt, dass einerseits die Wohn- und Grundstücksflächen pro Einwohner in den ländlichen Räumen deutlich größer als in den Städten sind und andererseits auch Zahl und Größe der Haushalte zunehmen. Die ländlichen Märkte für Wohnimmobilien im Eigentum oder zur Miete bleiben davon nicht unberührt. Nachbarschaftskonflikte mit der Landwirtschaft, Konflikte mit dem Freiraumschutz oder Einschränkungen von Erholungs- und Aufenthaltsqualitäten der Freiräume durch Verlärmung und Zerschneidung kommen bei ungebremster Siedlungstätigkeit leicht hinzu. Im Spannungsfeld zwischen der allgemein anerkannten politischen Zielsetzung zur Reduzierung des Flächenverbrauchs einerseits und des weiterhin anhaltenden hohen Flä-

chenbedarfs für unterschiedliche Nutzungen andererseits kommt – trotz laut werdender Kritik an dem bisher Erreichten – Handlungsansätzen einer vorausschauenden Bodenhaushaltspolitik und des kommunalen Flächenmanagements nach wie vor eine große Bedeutung zu (Dosch 2010, Davy 2010, Malburg-Graf 2007).

Probleme anderer Art entstehen in rückgängigen strukturschwächeren Regionen, wo es mit der Entleerung von Siedlungsräumen immer schwerer fallen wird, kulturlandschaftliche Eigenarten und kulturhistorisch Identität stiftende Merkmale der regionalen Baukultur zu erhalten. Damit stehen gleichzeitig jedoch Leitbilder europäischer Regionalpolitik und Raumordnung auf dem Prüfstand, weil der Abbau regionaler Disparitäten wie auch die Wahrung des kulturellen Erbes in Europa eine der Grundfesten des europäischen Konsenses sind.

- **Daseinsvorsorge und Infrastrukturausstattung**: Anpassungsbedarfe entstehen in vielen ländlichen Regionen durch die Bevölkerungsrückgänge, denn sie führen dazu, dass viele Einrichtungen nicht mehr tragfähig und zu wenig ausgelastet sind und die Basisversorgung für die Bevölkerung nur schwer aufrechterhalten werden kann. Für ländliche Gemeinden werden dann die Finanzierung von entstehenden Ausstattungsüberhängen und deren Anpassung zum Problem. Erschwerend kommt für diese öffentlichen Haushalte hinzu, dass die Anpassung von Infrastruktureinrichtungen Zeit braucht und sofortige Reaktionen auf sich verändernde Situationen kaum möglich sind. Anpassungszwänge, jedoch in anderer „Rich-

Abb. 20.1.8 Ländlicher Raum unter Suburbanisierungseinfluss (Foto: U. Grabski-Kieron).

tung", entstehen in den bevölkerungsmäßig expandierenden ländlichen Gebieten: Hier verlangen expandierende Nachfrage und flächenmäßige Ausbreitung der Siedlungen Neuinvestitionen im Infrastrukturbereich. Nicht zuletzt entstehen aus der Veränderung der Altersstruktur, sei es durch Zuzüge älterer Menschen oder durch natürliche Überalterung, neue Nachfragesituationen. An diese Thematik sind nicht zuletzt auch Fragenkreise der Umgestaltung des ÖPNV und neuer zukünftiger Mobilitätskonzepte in ländlichen Räumen gebunden (Wehmeier & Koch 2010, Holz-Rau 2009). Sie fügen sich in die Suche nach erfolgsversprechenden Wegen und Handlungsansätzen zur Sicherung der Daseinsvorsorge ein. Zur Anpassung von Infrastrukturen in vielen peripheren Regionen haben sich als geeignet erwiesen (Thrun 2003): die Erhöhung der Erreichbarkeit von Einrichtungen, ihre Verkleinerung entsprechend der verringerten Nachfrage, die Dezentralisierung und Aufteilung in räumlich verteilte und kleinere Einheiten, die Zentralisierung – das heißt die Zusammenlegung von unterausgelasteten Einrichtungen, die Einführung temporärer und mobiler Versorgung und die völlige Neustrukturierung und Substitution bestehender Einrichtungen.

Zu ihnen treten zunehmend solche Handlungsansätze, die – ganz im Sinne von *local governance* – auf privat-öffentliche Zusammenarbeit und Bürgerengagement setzen. Dorfläden, kombinierte Dienstleistungsangebote oder Bürgerbusse sind Ausdruck dieser Entwicklung (Born 2009, Fahrenkrug et al. 2010, Einig 2008, Winkel 2008). Mit vielen Facetten ist die Sicherung der Daseinsvorsorge in vielen Ländern Europas so ein aktuelles Kernthema der ländlichen Raumentwicklung.

- **ländliche Gesellschaft und Arbeitsmärkte**: Die Verschiedenartigkeit ländlicher Räume spiegelt sich in der zunehmend differenzierter werdenden ländlichen Gesellschaft wider. Sie wird nicht nur älter, sondern auch „bunter": Unterschiedliche Bevölkerungsgruppen, wie beispielsweise Rentner und Senioren, Berufspendler, zuwandernde junge Familien aus der Stadt, Migranten, Jugendliche und Frauen, bringen ein großes Spektrum an Lebensstilen und Wahrnehmungsmustern in die ländliche Gesellschaft hinein, die den traditionellen Charakter des „Ländlichen" zunehmend verändern (Woods 2005, Beetz et al. 2005). Scharf et al. (2005) haben dabei den besonderen Stellenwert von Senioren, die beispielsweise als Pensionäre oder Rentner ihre Wohnsitze von den Städten in ländliche Räume verlegen, thematisiert. Bien et al. (2005) heben Jugendliche und auch Frauen als „treibende Kräfte" im ländlich-

demographischen Struktur- und Funktionswandel hervor, weil sie durch ihr Wanderungsverhalten, durch ihre Reaktionen auf regionale Arbeitsmärkte und durch ihre Muster im Umgang mit den eigenen Lebenssituationen spezifische Impulse für die ländliche Entwicklung geben. Nicht zuletzt beeinflussen sie mit ihrem Verhalten die ländlichen Arbeitsmärkte: In den Abwanderungsregionen nehmen sie Innovationspotenziale mit, in den boomenden Regionen tragen sie dazu bei, Synergiepotenziale in der wirtschaftlichen Entwicklung auszuschöpfen (Beetz et al. 2005). Die damit einhergehende regionale Dekonzentration ländlicher Arbeitsmärkte fördert regionale Images, die ihrerseits wieder auf Investitions- und Standortentscheidungen zurückwirken. In jüngster Zeit werden in diesem Zusammenhang auch verstärkt Wissen und Bildung als Faktoren der Innovationsfähigkeit ländlicher Räume und ihrer Arbeitsmärkte thematisiert (Csurgó et al. 2008).

Angesichts der skizzierten Wirkungskreise rückt die Suche nach Strategien zum Umgang mit ihnen immer mehr in den Vordergrund. Alle Ebenen planerischen Handelns – die Ebene der EU, der Nationalstaaten, vor allem jedoch die regionale und kommunale Ebene – sind darin einbezogen. Schubkraft erhält zudem der Erfahrungsaustausch über die Grenzen der Regionen hinweg. Auf der Planungsebene liegen die besonderen Herausforderungen nicht allein in der Bearbeitung der anliegenden Problemkreise, sondern gleichzeitig in einer sich verändernden Planungs- und Kooperationskultur der öffentlichen und privaten Akteure in den ländlichen Räumen. Insbesondere die kleinen und mittleren Gemeinden sind gefordert, mehr als früher regionale Verantwortung zu übernehmen. Zwischengemeindliche Zusammenarbeit ist oft ein unerlässlicher Schritt dazu.

Flächen- und Ressourcenschutz im ländlichen Freiraum

Die Multifunktionalität der ländlichen Räume zeigt sich nicht nur in den vielfältigen agrarischen und außeragrarischen Nutzungen. Sie findet vielmehr auch in zahlreichen Anliegen des Flächen- und Ressourcenschutzes und der Landschaftspflege ihren Niederschlag. Diese sind heute unabdingbare Komponenten der ländlichen Raumentwicklung in Europa. Ziele, zum Beispiel für Biotop-, Wasser-, Boden- oder Geotopschutz (Kapitel 12, 14), aber auch für den Schutz erhaltenswerter Landschaftsbilder lösen einerseits Flächenbedarfe für Schutzgebietsausweisungen aus, andererseits sind an sie auch

Anforderungen gebunden, Flächennutzungen in- und außerhalb dieser Schutzgebiete gemäß der ökologischen Funktionen ländlicher Räume umweltverträglich zu gestalten.

Ökologische Funktionen ländlicher Räume sind in erster Linie Freiraumfunktionen. Daher richtet sich ein besonderes Augenmerk auf die landwirtschaftliche Bodennutzung. Von der Art und Weise dieser Nutzung und vor allem von den Nutzungsintensitäten hängt ab, in welchem Maße Schutzpotenziale ländlicher Freiräume erkannt und umgesetzt werden können (Kaule 2002).

Zu jeder Zeit haben Menschen Kulturlandschaften durch Nutzung geprägt und verändert (Konold 1996). An Nutzungsstrukturen in den Feldfluren waren nicht nur bestimmte Typen ländlicher Siedlungen gebunden, sondern stets auch „eigene" Landschaftsgliederungen mit Hecken, Wäldern, Kleingewässern und anderen Landschaftselementen, denen gleichzeitig wertvolle Lebensraumfunktionen für Pflanzen und Tiere zukommen.

Heutiger Landschaftswandel ist vor diesem Hintergrund nichts grundsätzlich Neues. Allerdings stehen ökologische Funktionen und intensive agrarische Landnutzung, auch gerade unter den Vorzeichen des Energiepflanzenanbaus und der Produktion nachwachsender Rohstoffe, heute vielerorts in einem Spannungsverhältnis zueinander: Einerseits sind viele ökologische Funktionen an eine agrarische Landnutzung und Offenhaltung der Landschaft geknüpft (Abb. 20.1.9), andererseits hat die moderne Intensiv- und Großflächenbewirtschaftung zu einem so tief greifenden Landschaftswandel und zu einer solchen Einflussnahme auf den Naturhaushalt geführt, dass die Landwirtschaft als Mitverursacher des

Artenrückgangs in Mitteleuropa genauso wie als Quelle von Schadstoffeinträgen in Boden und Grundwasser identifiziert ist (Kaule 2002, Weingarten & Kreins 2004). Mit den aktuellen Diskursen um die Sicherung von Biodiversität gewinnt diese Problematik eine neue Brisanz. Heute kommen vielerorts andere Stör- und Schadeinflüsse, beispielsweise durch Verkehrsbelastungen, Zerschneidungseffekte und Bodenversiegelungen, hinzu. Auch der demographische Wandel und seine Folgewirkungen für die ökologischen Funktionen ländlicher Räume werden thematisiert (Heiland et al. 2005).

Mit Blick auf die agrarische Landnutzung der Zukunft liegt die aktuelle Problematik ländlicher Raumentwicklung in Europa darin begründet, dass unter den Vorzeichen des EU-Agrarmarktes und nach den Maßstäben der Wettbewerbsentwicklung auf dem Weltmärkten für Agrarprodukte der Nahrungsmittel- und Nicht-Nahrungsmittelproduktion nicht nur ein Rückzug mitteleuropäischer Landwirtschaft „aus der Fläche" erwartet wird, sondern es gleichzeitig auch zu veränderten Konzentrationsbewegungen kommen wird. Sie sind als raumwirksame Reaktionen auf die sich verändernden Rahmenbedingungen des Agrarsektors anzusehen und werden die Entwicklung der ländlichen Räume im nationalen und internationalen Maßstab maßgeblich beeinflussen. Unter dem Vorzeichen der Nachhaltigkeit liegt aus ökologischer Sicht eine Herausforderung ländlicher Entwicklung also darin begründet, alternative und wirtschaftliche Tragfähigkeitskonzepte für die mitteleuropäische Landwirtschaft „in der Fläche" zu entwerfen und solche Landnutzungssysteme zu konzipieren, in denen die unterschiedlichen, auch konkurrie-

Abb. 20.1.9 Offenhaltung grünlandgeprägter Mittelgebirgsflur durch Landwirtschaft (Foto: U. Grabski-Kieron).

renden Funktionen in einem Nutzungsmosaik räumlich und zeitlich verzahnt werden können (Haber 2004). Solche Landnutzungskonzepte fügen sich heute oft in Strategien und Konzepte zur eigenständigen Regionalentwicklung ein. Diese Handlungsansätze haben, auch unterstützt durch die Europäische Union, für die ländlichen Räume in Europa eine wesentliche Bedeutung. Insbesondere die großräumigen Schutzgebiete werden in diesem Sinne heute auch als „Laboratorien" für **nachhaltige ländliche Regionalentwicklung** interpretiert (Bundesministerium für Umwelt, Naturschutz und Reaktorsicherheit 2005, Verband Deutscher Naturparke 2005).

Planung im ländlichen Raum

Ländliche Raumplanung umschließt ein Aufgabenfeld, in dem zielvorgebende Programme, steuernde Strategien sowie Planungs- und Förderinstrumente unterschiedlicher Politikbereiche zusammenwirken (Tab. 20.1.2). Diese haben einerseits querschnittsorientierten Charakter, wie beispielsweise die Instrumente der Raumordnung oder der Kommunalplanung, andererseits auch sektoralen Charakter, wie zum Beispiel die Fachplanungen der Wasserwirtschaft oder des Verkehrswesens (Kapitel 25). Formal-rechtliche Instrumentarien zur Planung und Entwicklung ländlicher Räume werden heute durch zahlreiche informelle Entwicklungsprozesse und -konzepte, insbesondere in der Regional- und Ortsentwicklung, ergänzt (Tab. 20.1.2).

Dieses Miteinander formal-rechtlicher und informeller Steuerungs- und Handlungsansätze ist Ausdruck der seit den 1990er-Jahren veränderten Planungskultur in Europa, die sich heute im Konzept des *local* oder *regional governance* manifestiert: Ländliche Raumplanung hat durch das Leitbild der nachhaltigen Raumentwicklung und mit dem geforderten „Dreiklang" von umwelt- und sozialverträglichen sowie wirtschaftlichen Entwicklungszielen wesentliche Impulse erhalten. Die gemeinsame Umsetzung dieser Ziele verlangt nach koordiniertem sektor- und ressortübergreifendem, das heißt **integriertem Planen** und Handeln. Gleichzeitig hat sich die regionale Ebene als wichtige Handlungsebene für die ländliche Raumentwicklung erwiesen, denn im Zeichen der Nachhaltigkeit ist gefordert, auf die regionalspezifischen Potenziale und Probleme einer Region einzugehen und zusammen mit den regionalen und lokalen Akteuren maßgeschneiderte regionale Problemlösungen zu entwickeln und diese zeitnah und projektorientiert umzusetzen. Dabei sollen, ausgehend von den natürlichen und anthropogenen Potenzialen, die einer Region

eigen sind (endogene Potenziale), solche Handlungsstränge und Projektentwicklungen aufgegriffen und verfolgt werden, die es erlauben, Synergieeffekte, beispielsweise für die regionale Wirtschaft, für den regionalen Arbeitsmarkt, für die Landwirtschaft, für Landschaftspflege und Naturschutz, entstehen zu lassen. Aus ihnen sollen Impulse für die gesamte regionale Entwicklung generiert werden.

In dieser integrierten ländlichen Entwicklung werden Problemlösungskompetenzen nicht mehr allein den öffentlichen Verwaltungen, sondern all jenen Institutionen und Personen im ländlichen Raum zugewiesen, die in irgendeiner Weise raumrelevante Entscheidungen mitbeeinflussen oder mittragen können. Durch solche privat-öffentlichen Entwicklungspartnerschaften in Regionen oder auf lokaler Ebene wird ländliche Raumentwicklung heute überall in Europa im hohen Maße geprägt (Böcher 2008, Dieringer & Roland 2009, Mose 2009, Moseley 2003). Die Grenzen dieser „Planungsregionen" machen sich nicht mehr länger allein an administrativen Grenzen fest, sondern werden davon bestimmt, wie und in welchem räumlichen Rahmen sich Menschen mit ihrer Region, ihrer Kultur und ihrer Heimat identifizieren und dann auch in ihr engagieren. Damit hat ein „offener" und flexibler Regionsbegriff an Bedeutung gewonnen.

Prinzipien integrierter ländlicher Entwicklung sind die folgenden:

- **Zielebene:** strategische Konzepte, Leitzielfindung und -konkretisierung in Maßnahmenbündeln (Projektorientierung) bei aktiver Mitgestaltung der Akteure
- **Sachebene:** vorbereitende Stärken- und Schwächenanalyse regionaler Potenziale (z. B. Arbeitsmarkt, Wirtschaft, Kultur, Umwelt) und durchführende querschnittsorientierte Entwicklung
- **Raumebene:** konkrete Raumbezogenheit, regionale Angebots- und Nachfragepotenziale (Potenzialansatz)
- **Kommunikationsebene:** Partizipationsansatz, Koordination und Kooperation öffentlicher und privater Akteure
- **Methodenebene:** Steuerung, Dialog, Finanzierungs- und Realisierungsmanagement, Monitoring, Erfolgskontrolle
- **Zeitebene:** zeitnahe Maßnahmenumsetzung und Projektrealisierung
- **politische Ebene:** problem- und regionsspezifische Abstimmung über Prioritätensetzung und Kombination von Ressorts- und Förderinstrumentarien

Die Europäische Union beeinflusst durch ihre Programme der regionalen Strukturförderung, durch die

Tabelle 20.1.2 Das Instrumentarium ländlicher Raumplanung in Deutschland.

	formal-rechtliche Programme, Pläne und Instrumente			Programme, Konzepte und Prozesse u. a. mit Betonung informeller Regional- und Kommunalentwicklung		
	Raumordnung / Strukturpolitik	Agrarstrukturpolitik	sonstige Fachpolitiken	Raumordnung / Strukturpolitik	Agrarstrukturpolitik	sonstige Fachpolitiken
Europäische Union	regionale Strukturpolitik und Strukturförderung	Europäischer Landwirtschaftsfond (ELER) / Verordnung zur Entwicklung ländlicher Räume	umweltrelevante Richtlinien und Verordnungen z. B. EU-Wasserrahmenrichtlinie (EU-WRRL)	territoriale Agenda der EU Europäisches Raumentwicklungskonzept (EUREK)	Gemeinschaftsinitiative LEADER+ / ELER-Verordnung – Schwerpunktachse 4	z. B. EU-WRRL: Flusseinzugsgebietsmanagement mit Projekt- / Akteursorientierung
Bund	Bundesraumordnungsgesetz (ROG), Gemeinschaftsinitiative zur Förderung der regionalen Wirtschaftsstruktur (GRW)	Gemeinschaftsaufgabe zur Verbesserung der Agrarstruktur und des Küstenschutzes (GAK) / nationaler Strategieplan zur ländlichen Entwicklung	z. B. nationale Schutzgebietsausweisung (Naturschutz)	Leitbilder 2006, raumordnungspolitischer Handlungsrahmen 1995, Modellvorhaben des Bundes	Bundeswettbewerbe	GRW, z. B. Förderansatz Regionalmanagement und wirtschaftliche Clusterbildung in Regionen
				Konventionen, Netzwerke, Nichtregierungsorganisationen		
Bundesländer	Landesentwicklungsplanung	Förderrichtlinien der Länder und Länderprogramme in Verbindung mit GAK und nationaler Strategie zur Entwicklung ländlicher Räume	fachgesetzliche Regelungen und Landesprogramme z. B. im Umwelt- und Naturschutz	Landeswettbewerbe und Modellvorhaben		
				Kooperationen, Netzwerke, Nichtregierungsorganisationen		
Regionen	regionale Raumordnungspläne	z. B. ländliche Bodenordnung, Agrarumweltmaßnahmen	z. B. Landschaftsrahmenplanung	Städtenetze, regionale Entwicklungskonzepte, interkommunale Kooperationen	Integrierte ländliche Entwicklungskonzepte (ILEK) und Regionalmanagement	z. B. Regionalmanagement: umsetzungsorientierte Konzepte und Aktionen zur Landschaftsentwicklung
				Initiativen, Aktionen und Projektarbeit		
Kommunen	Bauleitplanung sowie sonstige städtebauliche Planungen und Ortssatzungen	z. B. landwirtschaftliche Fachbeiträge	z. B. Landschaftspläne	z. B. Masterpläne, städtebauliche Rahmenpläne u. a., lokale Agenda	Dorfentwicklung und Dorferneuerung	z. B. bedarfs- und mitwirkungsorientierte ÖPNV-Konzepte
				Initiativen, Aktionen und Projektarbeit		

Förderinstrumentarien der Agrar- und Agrarstruktur-politik sowie durch einen breiten Kanon an Richtlinien und Verordnungen die ländliche Raumentwicklung direkt und indirekt. Sie stärkt dabei unter anderem auch die informellen Handlungsansätze, zum Beispiel durch die EU-Gemeinschaftsinitiative LEADER (bis 2006) und deren ab 2007 nachfolgende Programmatik im Rahmen des neu eingerichteten Landwirtschaftsfonds für die Entwicklung des ländlichen Raumes (Verordnung (EG) Nr. 1698/2005).

Europäische und nationalstaatliche Ebenen arbeiten nach vertraglich festgelegten, grundlegenden Prinzipien zusammen (Grabski-Kieron 2005). Wie die Europäische Union unterstützen (in der Bundesrepublik Deutschland) auch Bund und Länder durch eigene Förderansätze, mit denen zum Teil die europäischen Finanzierungsinstrumente mitfinanziert werden, gewünschte Steuerungswirkungen in der ländlichen Raumentwicklung. Andere Anreizinstrumente, wie Modellvorhaben und Wettbewerbe (Tab. 20.1.2), haben in den letzten Jahren dazu beigetragen, regionale Entwicklungskonzepte integrierter ländlicher Entwicklung zu erproben und zu realisieren. Alle Mitteleinsätze zielen langfristig daraufhin, sich selbsttragende Entwicklungsprozesse auszulösen und zu stärken, sodass ländliche Regionen an der gesamträumlichen Entwicklung innerhalb der Europäischen Union weiterhin teilhaben können.

Die zukünftige Weiterentwicklung des Instrumentariums der ländlichen Raumplanung wird durch die enger gewordenen finanziellen Spielräume der öffentlichen Haushalte, durch die mit der EU-Osterweiterung nötig gewordenen Neuzuschnitte der europäischen Struktur- und Agrarförderung und nicht zuletzt durch die aktuellen Diskurse um die Zukunft kohärenter Raumentwicklung in Europa beeinflusst. Veränderte Problemlagen bringen veränderte Schwerpunktsetzungen hervor. Im querschnittsorientierten Politikfeld der ländlichen Raumentwicklung sind so bereits heute Akzentverschiebungen absehbar, die mit der neuen EU-Förderperiode ab dem Jahre 2013 relevant werden. Sie beziehen sich zum Beispiel auf Handlungsfelder der Klimaanpassung und des nachhaltigen Wasser- und Risikomanagements genauso wie etwa auf modifizierte Ansätze regionaler Struktur-, und Agrarpolitik (Loriz-Hoffmann et al. 2010). Raumtypangepasste, sektorübergreifende Handlungsansätze, regionalspezifisch tragfähige und in das regionale Wirtschaftsgeschehen eingebundene Landwirtschaftskonzepte und eine breite Partizipation öffentlicher und privater Akteure in den ländlichen Räumen werden dabei weiterhin wesentliche strategische Ausrichtungen bleiben.

20.2 Strukturen und Probleme der ländlichen Räume in den Tropen

Ulrich Scholz

Die agrarische Tragfähigkeit als Kernproblem

Etwa die Hälfte der Weltbevölkerung lebt in den Tropen – überwiegend auf dem Lande. Obwohl sich auch in den Tropenländern Urbanisierung, Industrialisierung und der Dienstleistungssektor rasch entwickeln, wird die Landwirtschaft noch lange der wichtigste Arbeitgeber bleiben. Sie hat dort nicht nur die Aufgabe, die Bevölkerung zu ernähren und zusätzliches Einkommen zu erwirtschaften, sondern muss auch Überschüsse für den Export erzielen, um dringend benötigte Devisen für den Staatshaushalt zu sichern. Hinzu kommt, dass die Bevölkerungszahl in den Tropen besonders schnell ansteigt, und so stellt sich gerade hier die Frage nach der potenziellen Tragfähigkeit: Inwieweit sind die natürlichen Ressourcen noch belastbar, um die wachsende Nachfrage nach agrarischen Produkten befriedigen zu können?

Die agrarische Tragfähigkeit hängt entscheidend von der Art und Weise der landwirtschaftlichen Nutzung ab. Gerade in den Tropen gibt es sehr verschiedene Wirtschaftsformen mit höchst unterschiedlichem Flächenbedarf. Um die Existenz eines Durchschnittshaushalts von fünf Personen sicherzustellen, reicht beim intensiven Bewässerungsfeldbau schon eine Betriebsgröße von 0,5 ha. Bei extensiveren Wirtschaftsformen, wie dem Wanderfeldbau, steigt der Bedarf auf 10 bis 15 ha und bei der extensiven Weidewirtschaft der Nomaden sind mindestens 100 bis 300 ha erforderlich. Sollte es angesichts verknappender Ressourcen nicht möglich sein, sich von einer extensiven auf eine intensivere Wirtschaftsform umzustellen? Mit dieser Frage haben sich in den vergangenen Jahrzehnten unzählige Projekte der ländlichen Entwicklung in den Tropen auseinander gesetzt. Ob es gelingen kann, hängt von einer Vielzahl ökonomischer, sozialer und politischer Rahmenbedingungen ab, wie beispielsweise von der Erreichbarkeit des Marktes, der Preisentwicklung, dem Bildungsniveau, der Verfügbarkeit von Kapital für moderne Produktionsmittel und von den Ergebnissen der Agrarforschung, um nur einige zu nennen. Wie im Folgenden zu sehen ist, hat es erfolgreiche Fälle, aber auch Misserfolge gegeben.

Die natürlichen Rahmenbedingungen: ihre Vor- und Nachteile für die Landwirtschaft

Die Tropen repräsentieren den Wärmegürtel der Erde (Kapitel 9). Das bedeutet (auf Meeresniveau bezogen): Es herrschen ganzjährig hohe Temperaturen, die Mitteltemperatur aller Monate beträgt mindestens 18 °C, die jahreszeitlichen Temperaturschwankungen sind gering (Fehlen von Sommer und Winter) und es gibt keinen Frost. Gegenüber dem konstant hohen Angebot an Wärme und Licht sind die hygrischen Verhältnisse innerhalb der Tropen höchst unterschiedlich. Das Angebot reicht von sehr hohen Niederschlägen bis zu völliger Trockenheit. Demzufolge gliedert man die Tropen in feuchte (humide) Tropen mit 6 bis 12 humiden Monaten pro Jahr und trockene (aride) Tropen mit 0 bis 6 humiden Monaten pro Jahr (Abb. 20.2.1).

Dazwischen verläuft die klimatische Trockengrenze, an der sich Niederschlag und Verdunstung im Jahresverlauf die Waage halten ($N = V$). Die Niederschlagshöhe beträgt hier ungefähr 1 000 mm/Jahr.

Die feuchten Tropen unterteilt man weiterhin in dauerfeuchte (vollhumide) und wechselfeuchte (semihumide) Tropen, die trockenen Tropen in semiaride, aride und vollaride Tropen (Kapitel 9).

Auf die Landwirtschaft wirken sich die unterschiedlichen klimatischen Bedingungen wie folgt aus: Das **Lichtangebot** bestimmt über die Photosynthese maßgeblich die Ertragsleistung aller Pflanzen, also auch der Nutzpflanzen. Besonders hoch ist das Lichtangebot in den trockenen Tropen. In den feuchten Tropen ist es wegen der häufigen Bewölkung geringer, aber immer noch rund doppelt so hoch wie in den gemäßigten Breiten. Auch das konstant hohe **Wärmeangebot** beeinflusst

das Pflanzenwachstum positiv. Allerdings kann die tagsüber aufgebaute Photosyntheseleistung wegen der hohen Nachttemperaturen und der damit verbundenen Atmungsverluste teilweise wieder abgebaut werden (Kapitel 12). Das unterschiedliche **Wasserangebot** in den feuchten und den trockenen Tropen differenziert auch die Möglichkeiten in der Landwirtschaft.

In den **feuchten Tropen** kommen zu der reichlich vorhandenen Sonnenenergie noch die ganzjährig hohen Niederschläge. In keiner anderen Klimazone der Erde steht das Angebot an Licht, Wärme und Wasser so reichlich und so konstant zur Verfügung wie hier. Die Möglichkeit, ohne jahreszeitliche Unterbrechung zu produzieren, bietet dem Landwirt eine Reihe von betriebswirtschaftlichen Vorteilen: Einjährige Nutzpflanzen (z. B. Reis, Mais, verschiedene Knollenpflanzen, Gemüse und Hülsenfrüchte) können zwei- bis dreimal pro Jahr angebaut werden. Eine Reihe von Baumkulturen (z. B. Kokos- und Ölpalmen) fruchten während des ganzen Jahres. Anbau- und Erntezeitpunkte vieler Handelspflanzen lassen sich variieren und somit der Marktsituation anpassen. Die in anderen Klimazonen notwendige Bevorratung von Nahrungsmitteln (wie übrigens auch von Trinkwasser) entfällt weitgehend. Das Fehlen von saisonalen Arbeitsspitzen und -flauten ermöglicht eine durchgehende Auslastung der Arbeitskraft und den Verzicht auf saisonale Arbeitsmigration.

Allerdings gibt es auch klimabedingte Nachteile: Das ständig feuchtwarme Klima ist ein idealer Nährboden für Krankheitserreger, Schädlinge und Unkräuter. Die dadurch verursachten Ertragseinbußen sind größer als in allen anderen Klimazonen. Die erhöhte Gefahr von Seuchen wirkt sich besonders negativ auf die Tierhaltung aus. Hinzu kommt die mangelhafte Futterqualität der Naturweiden, sodass die feuchten Tropen für die Weidewirtschaft wenig geeignet sind. Auch der Nähr-

ungefähre Lage im Gradnetz	hygrisches Klima		durchschnittlicher Jahresniederschlag	Anzahl der humiden Monate	Vegetationsformation
0°– 5°		vollhumid (dauerfeucht)	> 1 500 mm	9–12	Regenwald
5°–10°	humid (feucht)	semihumid (wechselfeucht)	1 000–1 500 mm	6– 9	Feuchtsavanne
		klimatische Trockengrenze			
10°–15°		semiarid	500–1 000 mm	3– 6	Trockensavanne
		agronomische Trockengrenze			
15°–20°		arid	200– 500 mm	0– 3	Dornstrauchsavanne
20°–23°	arid (trocken)	vollarid	< 200 mm	0	Halbwüste und Wüste
	Grenze der Tropen: jahreszeitliche Temperaturschwankungen = Tagesschwankungen				

Abb. 20.2.1 Zonierung der Tropen.

Exkurs 20.2.1

Ist die Landwirtschaft in den Tropen ökologisch benachteiligt?

1977 veröffentlichte Weischet eine viel beachtete Arbeit über „Die ökologische Benachteiligung der Tropen", womit er in erster Linie die feuchten Tropen meinte. Obwohl dieser These mehrfach widersprochen wurde (U. Scholz 1984, Schultz 1995, Bremer 1999, U. Scholz 2003), hat sie sich bis heute hartnäckig gehalten. Die Aussage stützt sich vor allem auf die mangelhafte Ertragsfähigkeit der feuchttropischen Böden, insbesondere der weit verbreiteten Ferralsole und Acrisole (bzw. Oxi- und Ultisole, Kapitel 11). Obwohl deren Nährstoffarmut ein echtes Handicap für die Agrarproduktion darstellt, gibt es dennoch gute Argumente, die für den Standort „feuchte Tropen" sprechen:

Erstens weisen die feuchten Tropen im Vergleich zu den anderen Klimazonen wichtige ökologische Vorteile auf. Keine andere Zone bietet während des gesamten Jahres ein so hohes und konstantes Angebot an Licht, Wärme und Wasser. Möglicherweise niedrigere Saisonerträge können durch mehrere Ernten pro Jahr mehr als aufgewogen werden.

Zweitens benachteiligt die mangelhafte Bodenfruchtbarkeit insbesondere den Anbau einjähriger Nutzpflanzen unter Regenfeldbaubedingungen. Deshalb können diese in den feuchten Tropen nicht permanent, wie in den gemäßigten Breiten, sondern nur in der extensiven Form des Wanderfeldbaus kultiviert werden. Dafür gibt es aber andere Wirtschaftsformen, wie den Bewässerungsfeldbau (darunter vor allem der Nassreisbau) und den Anbau von Dauerkulturen, zum Beispiel Ölpalmen, Bananen oder Zuckerrohr, die in den feuchten Tropen sehr hohe Erträge erbringen und den Wanderfeldbau inzwischen weitgehend abgelöst haben. Es gibt also keinen „ökologischen Zwang" (Weischet 1977) zum

Wanderfeldbau – auch nicht auf den nährstoffarmen Ferralsol- und Acrisolböden – wie man beispielsweise an den produktiven Kautschuk- und Ölpalmpflanzungen in Malaysia, Sumatra und Kalimantan erkennen kann (U. Scholz 2004).

Drittens gibt es in den feuchten Tropen eine Reihe von Ausnahmeregionen mit sehr fruchtbaren Böden. Dazu gehören die Gebiete mit jungem Vulkanismus (z. B. Java), viele Hochländer oder die Schwemmlandebenen. Ein sehr bekanntes Beispiel sind die höchst produktiven „Reisschüsseln" in den Stromtiefländern Süd- und Südostasiens (Uhlig 1988).

Viertens hat der Agrarstandort „Feuchte Tropen" in den vergangenen Jahrzehnten eine beträchtliche Aufwertung erfahren. Das lag zum einen an der weltweiten Kommerzialisierung der Landwirtschaft, die eine Vielzahl von Agrarprodukten aus den feuchten Tropen favorisierte wie Kautschuk, Kakao, Kaffee oder Palmöl. Zum anderen wirkte sich auch die „Grüne Revolution" für die feuchten Tropen vorteilhaft aus (Exkurs 20.2.4), speziell durch die Einführung tageslichtneutraler Reissorten, die unter den Kurztagesbedingungen der äquatorialen Breiten sehr gute Erträge liefern (U. Scholz 1998).

Fazit: Wie in jeder anderen Klimazone der Erde stehen sich auch in den feuchten Tropen Standortnachteile und -vorteile gegenüber. Während in Richtung Wendekreise der Wassermangel und in Richtung Polkappen der Wärmemangel die limitierenden Faktoren sind, ist es zum Äquator hin die mangelhafte Bodenfruchtbarkeit. Das ganzjährig hohe Angebot an Licht, Wärme und Wasser gleicht diesen Mangel aber wieder aus. Die These von der „ökologischen Benachteiligung" lässt sich offensichtlich nicht halten.

Abb. 1 Ölpalmenplantage im brasilianischen Amazonien. Verschiedene tropische Nutzpflanzen, wie Zuckerrohr, Bananen oder auch Ölpalmen setzen Sonnenenergie höchst effizient in Nahrungsenergie um. Sie erzielen weit höhere Jahreserträge als die meisten Nutzpflanzen der Außertropen und widerlegen nachdrücklich die These von der ökologischen Benachteiligung der Tropen (Foto: U. Scholz).

stoffhaushalt der Böden (Kapitel 11) leidet unter den hohen Niederschlägen und Temperaturen. Speziell in den Regenwaldgebieten der dauerfeuchten Tropen sind die Böden, von kleinräumigen Ausnahmen abgesehen, tiefgründig ausgewaschen und nährstoffarm.

In den trockenen Tropen verbessert sich zwar die Bodenqualität (Kapitel 11); stattdessen wird hier das verminderte Wasserangebot zum limitierenden Faktor. Konnte die Landwirtschaft in den äquatorialen Breiten noch von ganzjährigen Niederschlägen mit zwei Regenmaxima profitieren, beschränken sich nun die Niederschläge auf eine Regenzeit, gefolgt von einer ausgeprägten Trockenzeit. Dadurch verkürzt sich die Zeitspanne für den Ackerbau auf nur noch eine Anbausaison. Das zwingt zu Vorratshaltung und in vielen Haushalten zu saisonaler Arbeitssuche außerhalb der Landwirtschaft während der Trockenzeit.

Trotz solcher Einschränkungen hat das trockenere Klima aber auch Vorteile für die Landwirtschaft: Gegenüber den feuchten Tropen verbessert sich nicht nur die Bodenqualität, sondern auch die Weidequalität. Da auch die Gefahr von Seuchen und Krankheiten abnimmt, wie beispielsweise das Vorkommen der Tse-Tse-Fliege in Afrika, ergeben sich gute Bedingungen für die Weidewirtschaft mit Rindern. Zwei weitere Aspekte dürften sich gerade für die frühe Besiedlung positiv ausgewirkt haben: das reichliche Vorkommen von jagdbaren Wildtieren und die (im Vergleich zum Regenwald) einfache Erschließbarkeit des Trockenwaldes für den Ackerbau. Nicht zufällig entstand die Mehrzahl der frühen afrikanischen Hochkulturen in den Trockensavannen der semiariden Tropen.

In Richtung Wendekreise nehmen die Regenfälle allerdings immer mehr ab. Sinkt der Jahresniederschlag auf unter 500 mm und die Anzahl der humiden Monate auf weniger als drei, unterschreiten wir die agronomische Trockengrenze und erreichen mit der Dornstrauchsavanne eine Zone, in der ein regenzeitlicher Ackerbau (Regenfeldbau) nicht mehr möglich ist. Obwohl auch das Weidepotenzial abnimmt, bleibt als einzige agrarwirtschaftliche Option nur noch die extensive Weidewirtschaft.

Wirtschaftsformen in den feuchten Tropen

Der Wanderfeldbau als traditionelle Form der Subsistenzwirtschaft

Unbestreitbar hat sich die landwirtschaftliche Erschließung der feuchten Tropen (insbesondere der dauer-

feuchten äquatorialen Regenwaldzone) lange verzögert. Die stete Gefahr von Krankheiten und Seuchen, der Mangel an jagdbarem Wild und vor allem die schwierige Erschließbarkeit des Regenwaldes verhinderten nachhaltig eine frühe Besiedlung und agrarwirtschaftliche Nutzung. Bei der mangelhaften Bodenfruchtbarkeit gab es für die frühen Siedler keine andere Wahl als den extensiven Wanderfeldbau (**shifting cultivation**), um die Eigenversorgung mit Nahrungsmitteln zu sichern. Später eröffnete die zunehmende Kommerzialisierung der Landwirtschaft jedoch andere Möglichkeiten der Agrarproduktion und führte in großen Teilen der Tropen zu einem Rückgang des Wanderfeldbaus.

Ein wichtiges Merkmal von *shifting cultivation* ist die Brandrodung (**slash and burn**). Das Feuer unterdrückt nicht nur das Unkraut und vernichtet Schädlinge, sondern sorgt in Form von Aschedünger für den dringend erforderlichen Nährstoffnachschub als Ausgleich für die mangelhafte Bodenfruchtbarkeit. Die Vorteile der Brandrodung bleiben jedoch nur für eine Anbausaison wirksam, da die häufigen Starkregen die Asche und die dünne Humusauflage rasch fortschwemmen. Bereits im zweiten Jahr muss mit einem erheblichen Ertragsrückgang gerechnet werden. Dafür wächst der Arbeitsaufwand wegen der nun notwendigen Unkrautkontrolle. Deshalb lohnt sich nur ein Anbaujahr, dem 10 bis 15 Jahre Waldbrache folgen müssen, um den Wiederaufwuchs von ausreichend Biomasse für die nächste Brandrodung sicherzustellen (Abb. 20.2.2). Um 1 ha Land kultivieren zu können, benötigt ein Haushalt also etwa 10 bis 15 ha Reserveland unter Waldbrache. *Shifting cultivation* ist somit sehr flächenaufwendig und kann nur in sehr dünn besiedelten Regionen mit ausgedehnten Waldreserven funktionieren. Man kalkuliert mit einer Tragfähigkeit von kaum mehr als 30 Personen pro km^2 – ein Wert, der in weiten Teilen der feuchten Tropen längst überschritten ist. Außerdem geht der Wanderfeldbau sehr verschwenderisch mit dem Wald um: Für die Produktion von 1 Tonne Getreide werden bis zu 300 Tonnen Biomasse geopfert! Auf den Verlust von wertvollem Nutzholz weisen Vertreter der Holzwirtschaft immer wieder hin – wohl auch, um von ihrer eigenen Rolle bei der Regenwaldzerstörung abzulenken (Exkurs 20.2.2).

Zunehmender Bevölkerungsdruck und die Verknappung von Waldreserven haben viele Wanderfeldbauern gezwungen, die Anbauphase über ein Jahr hinaus zu verlängern und die Brache zu verkürzen. Hierbei besteht jedoch die Gefahr, dass sich anstelle der Waldbrache zunehmend Gras als Sekundärvegetation ausbreitet und im Endstadium fast reine Grasfluren entstehen. Durch diesen „Savannisierungsprozess" sind beispielsweise auf den Inseln Sumatra und Borneo ausgedehnte Regenwaldareale in sogenannte „Alang-Alang-Grasfluren" umge-

Abb. 20.2.2 Wanderfeldbau im Regenwald von Sumatra. Wegen der Nährstoffarmut des Bodens kann das Feld nur einmal kultiviert werden. Danach muss der Bauer eine neue Parzelle roden. Am unteren Bildrand ist das brachliegende Feld vom Vorjahr zu erkennen, auf dem ein Sekundärwald heranwächst, der in 10 bis 15 Jahren erneut gerodet werden kann (Foto: U. Scholz).

wandelt worden. Auch die Entstehung der Feuchtsavannen Afrikas und der Busch-Gras-Formationen (*Campos cerrados*) im brasilianischen Mato Grosso dürften auf diesen Prozess zurückzuführen sein, der später durch die extensive Weidewirtschaft noch verstärkt wurde.

Für den traditionellen Wanderfeldbau gibt es in den feuchten Tropen wohl kaum noch eine Zukunft. Zum Glück existieren jedoch andere Optionen, wie der Anbau von Baum- und Strauchkulturen und der Bewässerungsfeldbau mit Nassreis.

Der Anbau von Baum- und Strauchkulturen als moderne, marktorientierte Wirtschaftsform

Der Rückgang des Wanderfeldbaus lag vor allem an der zunehmenden Kommerzialisierung der tropischen Landwirtschaft, ausgelöst durch eine wachsende Weltmarktnachfrage nach Produkten von Baum- und Strauchkulturen (bzw. Dauerkulturen) aus den feuchten Tropen. Dazu zählen Kautschuk, Ölpalme, Kokospalme, Kaffee, Kakao, Tee, ferner eine große Anzahl von Obst- und Gewürzbäumen sowie Bananen und Zuckerrohr. Dauerkulturen wurden anfangs von europäischen oder amerikanischen Unternehmen während der Kolonialzeit in Plantagen kultiviert. Zunehmend erkannten aber auch die heimischen Kleinbauern die Chance, solche Handelspflanzen in ihr Betriebssystem einzubinden. Gerade der Wanderfeldbau bot hierfür gute Voraussetzungen, da mit den umfangreichen Brachflächen genügend Land zur Verfügung stand. Große Areale ehemaliger *shifting-cultivation*-Flächen wurden so mit Baum- und Strauchkulturen „wieder aufgeforstet" (Abb.

20.2.3). Aus isolierten Subsistenzbetrieben entstanden marktorientierte Betriebe. Dieser Trend hält bis heute an. Ein Beispiel ist die Ablösung des Wanderfeldbaus durch den Anbau von Kautschuk auf Sumatra (Brauns & Scholz 1997). Voraussetzung ist allerdings eine gute verkehrsmäßige Anbindung an den Markt.

Durch den Wechsel der Produktionsformen erhöht sich die Tragfähigkeit um etwa das Zehnfache von rund 30 EW/km² (EW = Einwohner) beim Wanderfeldbau auf 200 bis 400 EW/km² bei den meisten Baum- und Strauchkulturen. Statt 10 bis 15 ha reichen jetzt 1 bis 2 ha Land, um eine Familie zu ernähren. Dies führt keineswegs zu ökologischem Raubbau, wie man befürchten könnte. Im Gegenteil: Keine andere Form der Agrarproduktion ist so „naturnah" und somit standortgerecht wie die Kultivierung von Baum- und Strauchkulturen. Das Schatten spendende Blätterdach gewährleistet eine konstante Bodentemperatur, sorgt für ein ausgeglichenes Mikroklima und hemmt den Unkrautwuchs. Das verzweigte Wurzelwerk reduziert die Bodenerosion.

Kritiker weisen allerdings auf die Gefahr der **Abhängigkeit vom Weltmarkt** hin, da es sich bei den Dauerkulturen überwiegend um Handelspflanzen handelt. Dieser Bedrohung begegnen die Kleinbauern normalerweise mit der Diversifizierung ihrer Produktion, indem sie neben einer oder mehreren Handelspflanzen auch verschiedene Nahrungspflanzen zur Sicherung der Subsistenz anbauen. Der einzige gewichtige Nachteil aller Baum- und Strauchkulturen ist die mehr oder weniger lange unproduktive Vorertragsphase zwischen Anpflanzung und erster Ernte, die je nach Kulturart 3 bis 8 Jahre dauern kann. Viele Kleinbauern überwinden diesen Nachteil durch den Anbau einjähriger Nutzpflanzen zwischen den heranwachsenden Baumkulturen.

Exkurs 20.2.2

Die Zerstörung der Tropenwälder

Nur wenige Eingriffe des Menschen in den Naturhaushalt der Erde haben das Ökologiebewusstsein der Weltöffentlichkeit so wachgerüttelt wie die Zerstörung der tropischen Wälder. Nach Angaben der UN-FAO schrumpft deren Fläche noch immer jährlich um 0,7 bis 0,8 Prozent pro Jahr (FAO, versch. Jahrgänge). Mindestens 60 Prozent der ursprünglichen Bestände sind inzwischen verschwunden. Der Grad der Zerstörung reicht von allmählicher Degradierung bis zu vollständigem Kahlschlag.

Die Hauptursachen sind (Abb. 1):

- Entnahme von Feuerholz und Holzkohle, hauptsächlich für den häuslichen Energiebedarf. Besonders bedrohlich ist die Situation in den dicht besiedelten Räumen der trockenen Tropen. Die feuchten Tropen sind dagegen weniger betroffen
- Der kommerzielle Holzeinschlag zur Gewinnung von Stammholz. Am intensivsten werden zurzeit die Regenwälder Indonesiens und Malaysias genutzt wegen einiger besonders gesuchter Holzarten (z. B. Meranti) und wegen der günstigen Transportlage zu den Hauptimporteuren in Ostasien (vor allem Japan). Die Holzwirtschaft verteidigt sich mit dem Argument, dass stets nur einzelne Baumexemplare entnommen werden (*selective logging*), doch werden durch das Fällen eines Stammes auch die umste-

henden Bäume in Mitleidenschaft gezogen. Außerdem nutzen nachrückende Pioniersiedler die von den Holzgesellschaften angelegten Forstwege als Leitlinie für ihre Rodungsaktivitäten.

- Brandrodung (*slash and burn*) beim Wanderfeldbau. Internationale Organisationen wie die UN-FAO bezeichnen *shifting cultivation* als die Hauptursache für die Tropenwaldzerstörung, übersehen dabei aber, dass der Wanderfeldbau nur ein vorübergehender Eingriff ist, dem ein Sekundärwald folgt. Die Fehleinschätzung beruht wohl darauf, dass Wanderfeldbau und Brandrodung gleichgesetzt werden, was jedoch nicht zutrifft, da auch für die Erschließung von Dauerackerland, Plantagen und sogar Viehweiden Brandrodung angewendet wird. Durch dieses Missverständnis laufen die wenigen noch verbliebenen *shifting-cultivation*-Gesellschaften Gefahr, für Umweltsünden haftbar gemacht zu werden, für die ganz andere Verursacher verantwortlich sind (Brauns & Scholz 1997).
- Staatliche Siedlungsprojekte, wie zum Beispiel „Transamazonica" in Brasilien oder „Transmigrasi" in Indonesien (Exkurs 20.2.3).
- Spontane kleinbäuerliche Rodungskolonisation. In Asien und Afrika ist dies zweifellos der Hauptverursacher der Tropenwaldzerstörung. So geht beispielsweise die Wald-

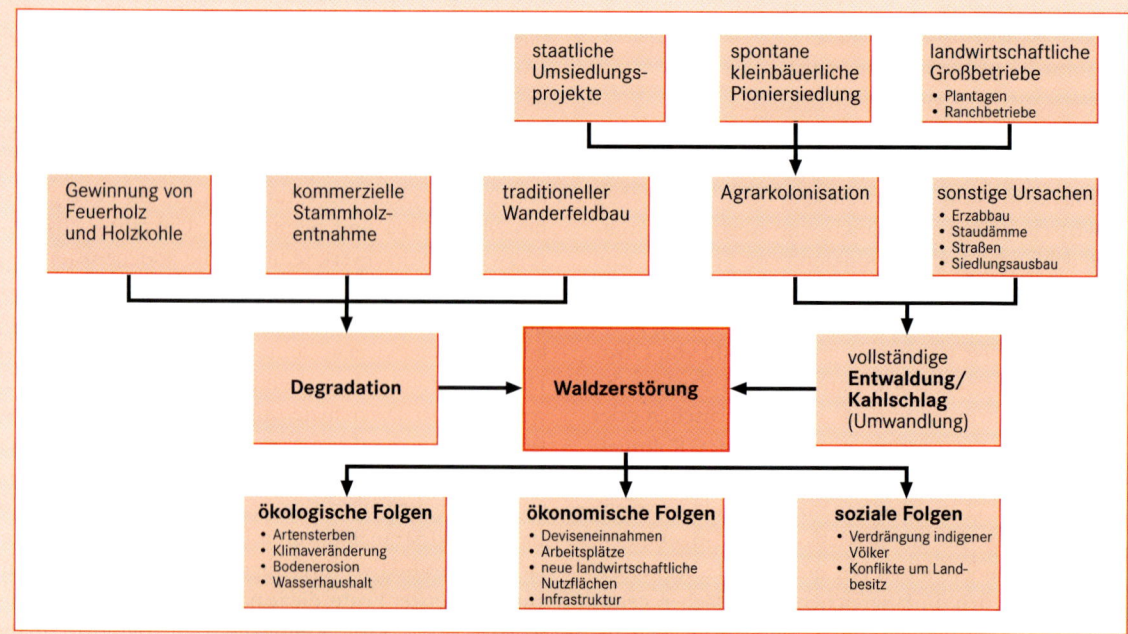

Abb. 1 Ursachen und Folgen der Tropenwaldzerstörung

Abb. 2 Extensive Weidewirtschaft im Regenwald von Brasilien. Seit den 1980er-Jahren dringen riesige Ranchbetriebe immer tiefer in die amazonischen Regenwälder vor. Viele von ihnen sind über 100 000 ha groß. Sie zerstören nicht nur den Wald, sondern auch die Lebensgrundlage der indigenen Bevölkerung (Foto: U. Scholz).

dezimierung in Thailand und in den Philippinen hauptsächlich auf das Konto kleinbäuerlicher Pioniersiedler. In beiden Ländern schrumpfte zwischen 1960 und 2000 der Anteil der Waldfläche an der gesamten Landesfläche von jeweils rund 60 Prozent auf unter 20 Prozent. In Thailand war vor allem die gewaltige Ausbreitung des Maniok- und Zuckerrohranbaus beteiligt. Ein Beispiel aus Afrika ist die Kakao- und Kaffeekolonisation entlang der Guinea-Küste (Manshard & Mäckel 1995). Anders als oft vermutet, geht es den Pioniersiedlern weniger um die Sicherung der

Nahrungsgrundlage, als vielmehr um die Erschließung neuer Flächen für Handelspflanzen.

- Ausbreitung der Ranchwirtschaft mit extensiver Rinderhaltung. Hierbei handelt es sich fast ausschließlich um ein lateinamerikanisches Phänomen. In den wechselfeuchten Randgebieten Amazoniens ist die Ranchwirtschaft zweifellos die Hauptursache für den Waldverlust und dringt allen internationalen Protesten zum Trotz immer tiefer in den Regenwald vor (Abb. 2).
- Plantagenwirtschaft. Als ursprünglich europäische Wirtschaftsform in den tropischen Kolonien hatte die Plantagenwirtschaft nach der Unabhängigkeit vorübergehend an Bedeutung verloren. Inzwischen lebt sie wieder auf, vor allem mit Ölpalmen in Malaysia und Indonesien (U. Scholz 2004). Allein in Indonesien sind seit 1990 über 6 Millionen ha neue Ölpalmplantagen angelegt worden, großteils in Regenwäldern, was rund 7 Prozent der gegenwärtigen Waldfläche Indonesiens entspricht. Ein anderes Beispiel ist die Ausbreitung des Sojaanbaus in Brasilien (Coy 1991).
- Sonstige Ursachen: Hierunter fällt der Abbau von Erzen, die Errichtung von Staudämmen oder der Bau von Straßen. Solche Eingriffe sind zwar lokal verheerend, fallen aber flächenmäßig nicht so sehr ins Gewicht.

Schließlich können klimatische Unbilden den menschlichen Zerstörungsprozess verstärken und ausweiten. So geschah es im El-Niño-Jahr 1997, als auf den Inseln Borneo und Sumatra Brandrodungen, unter anderem für neue Ölpalmplantagen, in Folge der ungewöhnlichen Trockenheit außer Kontrolle gerieten und riesige Waldareale in Brand setzten. Die Rauchschwaden (*haze*) legten über Wochen den Flugverkehr in Singapur und Kuala Lumpur lahm.

Abb. 3 In Laos, einst eines der waldreichsten Länder Südostasiens, schwindet der tropische Regenwald sehr rasch. Das Land trägt buchstäblich seine „Haut zu Markte". Die Stämme der Edelhölzer werden auf große Trucks verladen (a) und dann über die Grenze nach Thailand bzw. Vietnam transportiert. Bild b zeigt wartende Holztransporter an der Grenze zwischen Laos und Vietnam. Von Vietnam werden die Hölzer nach Japan verschifft, zum wichtigsten Holzimporteur im asiatischen Raum (Fotos: H. Gebhardt).

Abb. 20.2.3 Kleinbäuerlicher Kaffeeanbau im Hochland von Sumatra. Die Parzelle im Hintergrund wurde ursprünglich im Wanderfeldbauverfahren mit Trockenreis zur Eigenversorgung bestellt. Im Zuge der Kommerzialisierung wandelte der Bauer das Feld in eine Kaffeepflanzung um. Den fehlenden Reis kauft sich die Familie vom Erlös aus dem Kaffeeverkauf auf dem Markt (Foto: U. Scholz).

Trotz solcher Vorbehalte ist der Anbau von Baum- und Strauchkulturen eine wirtschaftlich profitable, dazu auch ökologisch gut angepasste und somit im besten Sinne „nachhaltige" Wirtschaftsform. Durch sie hat der Agrarstandort „feuchte Tropen" erheblich an Attraktivität gewonnen. In vielen Ländern der feuchten Tropen, insbesondere im asiatischen Raum, ist der Anbau von Dauerkulturen inzwischen die flächenmäßig am weitesten verbreitete agrarische Produktionsform.

Wirtschaftsformen in den trockenen Tropen

Jenseits der klimatischen Trockengrenze schließen sich zu den Wendekreisen hin die trockenen (ariden) Tropen an, unterteilt in einen semiariden Gürtel (mit der Trockensavanne) und einen ariden bis vollariden Gürtel (mit Dornstrauchsavanne, Halbwüste und Wüste; Abb. 12.5.1).

Regenfeldbau und Weidewirtschaft in der Trockensavanne

Die semiaride Zone bietet sowohl für den Ackerbau als auch für die Weidewirtschaft gute Voraussetzungen. Anders als in Mitteleuropa, wo Ackerbau und Viehhaltung integrierte Bestandteile eines einzelnen Betriebs sind, werden sie in den semiariden Tropen häufig von verschiedenen Haushalten praktiziert, die sich auf jeweils eine der beiden Produktionsformen spezialisiert haben. Besonders augenfällig ist diese Trennung in den Trockensavannen Westafrikas, wo sich ganze Ethnien

entweder auf die Tierhaltung oder auf den Ackerbau spezialisiert haben, wie beispielsweise die Fulbe- und die Haussa-Völker als spezialisierte Tierhalter („Pastoralisten"). Der Grund für diese Spezialisierung liegt darin, dass sich die Naturweide mit den Regenzeiten saisonal verschiebt und insgesamt nur eine geringe Besatzdichte zulässt, das heißt den Tierhaltern eine beträchtliche Mobilität abverlangt, die Ackerbauern nicht erbringen können. Dies schließt nicht aus, dass auch die Ackerbauern Tiere besitzen, diese aber den Pastoralisten (meist gegen Teilung des Ertrags) zur Pflege überlassen.

Die saisonale Verschiebung der Weidegrundlage zwingt die Hirtenvölker zu einem jahreszeitlichen Wechsel der Weideflächen (**Transhumanz**) – allerdings nicht wie im mediterranen Raum in vertikaler Richtung von der Winterweide im Tiefland zur Sommerweide im Gebirge, sondern in horizontaler Richtung von der regenzeitlichen Weide in der Trockensavanne zur trockenzeitlichen Weide in Richtung Feuchtsavanne. Dabei legen sie zum Teil beachtliche Entfernungen zurück. Beim Durchzug fallen die Tierherden häufig in die Felder der Ackerbauern ein, wodurch es immer wieder zu Konflikten kommt. Beide Parteien profitieren aber auch voneinander: Einerseits bilden die Ernterückstände auf den Feldern der Ackerbauern in der Trockenzeit eine dringend notwendige Futterreserve für die Tierherden der Hirtenvölker; andererseits kommt den Ackerbauern der Dung zugute, den die Tiere auf den Feldern hinterlassen.

Die im Vergleich zu den feuchten Tropen verbesserte Bodenqualität gestattet eine intensivere Ackernutzung als beim extensiven Wanderfeldbau. In der Regel folgt einer 3- bis 5-jährigen Anbauphase eine ebenso lange Brache. Wir sprechen nun vom permanenten Trocken-

Abb. 20.2.4 Gehöft (*concession*) in der Trockensavanne von Burkina Faso während der Regenzeit. Die Wohn-„Burg" der sippenbäuerlich organisierten Ethnie der Dagara beherbergt über 100 Personen, die alle einer Großfamilie mit gemeinsamem Großvater (*chef*) angehören. Im Hintergrund erkennt man Mais- und Hirsefelder für den Eigenbedarf, durchsetzt mit Nutzbäumen, vor allem Karité-Bäume zur Gewinnung von Schibutter als Speisefett. Am Außenrand der Gemeinschaftsflur (hier nicht erkennbar) werden überdies Erdnüsse für den Verkauf angebaut. Unter der „Haube" (im Vordergrund rechts) verbirgt sich ein Mais- und Hirsespeicher, da wegen der langen Trockenzeit nur eine Ernte im Jahr möglich ist (Foto: U. Scholz).

feldbau (bzw. Regenfeldbau). Hierbei verstärkt sich allerdings das Aufkommen von Unkraut und zwingt zu regelmäßiger Bodenbearbeitung mit Hacke oder Pflug, was nicht nur den Arbeitsaufwand, sondern auch die Gefahr der Bodenerosion drastisch erhöht.

In den von europäischen Einwanderern besiedelten Teilen der semiariden Tropen hat sich die Ranch als spezielle Betriebsform der extensiven Weidewirtschaft durchgesetzt. Ranchbetriebe sind stationäre, kapitalintensive Großbetriebe von mehreren Tausend Hektar Größe und straff geregeltem Weideumtrieb. Die Ranchwirtschaft beschränkt sich allerdings nicht nur auf die semiariden Bereiche der Tropen. Insbesondere in Lateinamerika dringt sie auf breiter Front immer weiter in die feuchten Tropen vor. In Brasilien förderte die Regierung diesen Prozess in den 1970er- und 1980er-Jahren des vergangenen Jahrhunderts durch attraktive Investitionsanreize. Dies führte zur Gründung riesiger Ranchbetriebe, zahlreiche über 100 000 ha, einige sogar über 1 Millionen ha groß. Diese „Superlatifundien" sind zweifellos die größte Bedrohung für die amazonischen Regenwälder und die darin lebende indigene Bevölkerung (Exkurs 20.2.3).

Im südlichen Afrika wird neben der Haltung von Nutztieren, vor allem Zebu-Rindern, seit neuestem auch mit der Haltung von Wildtieren, dem sogenannten *game ranching* experimentiert. Wildtiere sind bessere Futterverwerter und krankheitsresistenter als die eingeführten Nutztiere, weil sie besser an das Ökosystem Savanne angepasst sind. Speziell in Namibia hat sich ein Großteil der Ranchbetriebe (darunter viele deutschstämmige Betreiber) in den letzten Jahren auf die Wildtiernutzung umgestellt – vor allem auch, um sich über das Angebot

von Trophäenjagd und Fototourismus eine neue Einkommensquelle zu erschließen.

Nomadenwirtschaft in der Dornstrauchsavanne

Sinkt der durchschnittliche Jahresniederschlag auf unter 500 mm und die Anzahl der humiden Monate auf unter drei, bleibt mit Unterschreitung der agronomischen Trockengrenze nur noch die Weidewirtschaft als einzige sinnvolle Form der Landnutzung. Da mit abnehmenden Niederschlägen das Weidepotenzial immer spärlicher wird, kann die Tierhaltung nur sehr extensiv betrieben werden. Die schüttere Vegetation (Kapitel 12) erlaubt kaum mehr als eine Besatzdichte von einer Großvieheinheit (z. B. ein Rind) auf 10 ha. Der damit verbundene enorme Flächenbedarf, der sich saisonal auch noch verschiebt, lässt eine stationäre Bewirtschaftung nicht mehr zu, sondern zwingt zu mobiler Weidewirtschaft mit wechselndem Wohnsitz – dem Nomadismus (Abb. 20.2.5).

Die Art der Weidegrundlage und die Menge des Wasserangebots bestimmt die Auswahl der Nutztiere. Im Übergangsbereich zur Trockensavanne dominiert das Rind. Mit abnehmendem Weidepotenzial zur Halbwüste und Wüste hin gewinnt das Kamel an Bedeutung. Aufgrund seiner Ausdauer und guten Laufeigenschaften eignet sich das Kamel hervorragend als Transporttier und verhalf vor der europäischen Kolonialzeit seinen Haltern, zum Beispiel den Tuareg und den Somali, zum Transport- und Handelsmonopol in den Trockenräumen der afrikanischen Tropen. In der Hierarchie der

Exkurs 20.2.3

Transamazonica und Transmigrasi – Kolonisationsprojekte in Brasilien und Indonesien

Die Regenwaldgebiete der feuchten Tropen gelten als die letzte „Pionierfront" der Erde. Seit einigen Jahren sind wir Zeuge eines in dieser Geschwindigkeit noch nie da gewesenen Ansturms auf diese letzten Landreserven (Uhlig 1984). Auslöser sind nicht nur das rasche Bevölkerungswachstum, sondern ein komplexes Gemenge aus ökonomischen, politischen und strategischen Beweggründen. Entsprechend heterogen ist die Zusammensetzung der beteiligten Akteure, die oft gewalttätig um die Aufteilung des verbliebenen „Kuchens" konkurrieren. Sie reicht von „landhungrigen" Kleinbauern über Großgrundbesitzer, Landspekulanten, Unternehmern aus der Holz- und Plantagenwirtschaft, Ranchbesitzern, Bergbaugesellschaften bis hin zum Heer der kleinen „Glücksritter" wie Goldsucher, Kautschuk- oder Rattansammler. Die indigenen Waldbewohner haben keine andere Wahl, als sich diesem Prozess zu unterwerfen, wenn sie nicht verdrängt oder aufgerieben werden wollen.

In den meisten Fällen läuft diese Kolonisation an der Peripherie völlig unkontrolliert und von der Weltöffentlichkeit weitgehend unbemerkt ab. In einigen Ländern versuchen die Regierungen allerdings, den Prozess in geordnete Bahnen zu lenken und nach ihren Interessen planmäßig zu steuern. Zu den bekanntesten Kolonisationsprojekten dieser Art gehören das brasilianische „Transamazonica"- und das indonesische „Transmigrasi"-Projekt.

a) „Transamazonica"

Ende der 1960er-Jahre begann die brasilianische Regierung mit dem Bau einer fast 5 000 km langen Ost-West-Straßenachse quer durch das unerschlossene Amazonien. Ziele des Vorhabens waren die Einbindung der riesigen Regenwaldgebiete in die nationale Wirtschaft, die strategische Absicherung des Raumes gegenüber den Nachbarländern und die Erschließung von Siedlungsraum für verarmte Bewohner aus Nordost-Brasilien (dem brasilianischen „Armenhaus") nach dem Motto „Land ohne Menschen für Menschen ohne Land" (Kohlhepp 1976).

Geplant war die Erschließung eines Korridors von 100 km Breite entlang der Straße für die Ansiedlung von 1 Million Familien und der Ausbau eines Netzes von zentralen Orten

Abb. 1 Siedlergehöft an der „Transamazonica"-Straße in Brasilien. Von der geplanten Million wurden letztlich nur 7 000 Familien angesiedelt. Die Hauptgründe für den Fehlschlag waren die mangelhafte Bodenqualität und die fehlende Marktanbindung (Foto: U. Scholz).

Savannenvölker belegten die Nomaden traditionell eine herausgehobene Position, denen die benachbarten Ackerbauern als Sklaven dienen mussten.

Heute ist die Rollenverteilung fast umgekehrt. Bei den meisten Nomadenvölkern zeichnet sich ein steter ökonomischer und sozialer Niedergang ab. Als Erstes verloren sie durch den Ausbau der Verkehrsinfrastruktur ihr Transportmonopol: Das Kamel wurde durch den Lkw ersetzt. Anhaltendes Bevölkerungswachstum verschärfte die Konkurrenz um die knapper werdenden

mit Unter-, Mittel- und Oberzentren für die Serviceleistungen. Die hoch gesteckten Erwartungen erfüllten sich nie: Zwar wurde die Straße gebaut – über weite Strecken jedoch nur als Erdpiste und damit in der Regenzeit kaum passierbar. Größere Abschnitte sind inzwischen ganz verfallen. Die eigentliche Kolonisation beschränkte sich auf den knapp 500 km langen Abschnitt zwischen Itaituba und Altamira, von den 16 geplanten Mittelzentren funktionierte am Ende nur eines, und von den vorgesehenen 1 Million Familien wurden nur etwa 7 000 tatsächlich umgesiedelt.

Für das Scheitern des Transamazonica-Projekts wurden häufig ökologische Gründe, wie die mangelhafte Bodenqualität, verantwortlich gemacht. Mindestens ebenso problematisch war aber auch die fehlende Marktanbindung.

b) „Transmigrasi"

Das indonesische Kolonisationsprogramm „Transmigrasi" gilt als das größte freiwillige Umsiedlungsprogramm der Welt. Es begann bereits unter holländischer Kolonialherrschaft und dauerte bis in die 1990er-Jahre an. Insgesamt wurden über 1 Million Familien (ca. 5 Millionen Personen) von den übervölkerten Inseln Java und Bali auf die dünn besiedelten Außeninseln, vor allem Sumatra und Kalimantan, umgesiedelt (U. Scholz 1992).

Die Ziele des Programms wechselten im Laufe der Zeit: Als Erstes wollte man den Bevölkerungsdruck auf Java mindern, was sich bald als illusorisch erwies. In den 1960er-Jahren, zum Höhepunkt der Nahrungskrise in Indonesien, sollte durch die Umsiedlungen Neuland für die Reisproduktion erschlossen werden, um die nationale Nahrungslücke zu schließen. Auch diese Rechnung ging nicht auf (die Nahrungslücke wurde später durch die „Grüne Revolution" geschlossen; Exkurs 20.2.4). Zuletzt ging es um die regionale Entwicklung der dünn besiedelten Außeninseln sowie um die Integration ethnischer Minderheiten, offiziell als *nation building* gepriesen, von Kritikern aber als „Javanisierung" der Außeninseln abgelehnt.

Neben dem freien Transport erhielten die Siedler von der Regierung ein einfaches Holzhaus, eine Grundausstattung an Geräten, Nahrungsmittel für ein Jahr und 2 ha Land – ein Kolonist erhielt dagegen in Brasilien 100 ha Land. Erfolg oder Misserfolg hingen von den natürlichen Standortfaktoren, der Verkehrserschließung und den Bewässerungsmöglichkeiten ab. Während insbesondere auf Kalimantan eine Reihe von Projekten scheiterte, gelang den meisten Siedlern auf Sumatra eine Verbesserung ihrer Lebenssituation. Wegen anhaltender Kritik, die sich vor allem gegen die Unterdrückung indigener Kulturen und die Regenwaldzerstörung richtete, zogen sich die internationalen Geldgeber in den 1990er-Jahren aus dem Programm zurück. Seitdem hat die indonesische Regierung keine größeren Umsiedlungsprojekte mehr in Angriff genommen.

Abb. 2 „Transmigrasi"-Siedlung im südlichen Sumatra. Das indonesische Transmigrasi-Programm ist die größte freiwillige Umsiedlungsaktion, die es jemals in Friedenszeiten gegeben hat. Beginnend während der holländischen Kolonialzeit wurden im Verlaufe des 20. Jahrhunderts über 5 Millionen Personen von den übervölkerten Inseln Java und Bali auf die dünn besiedelten indonesischen Außeninseln umgesiedelt. Obwohl sich für einen Großteil der Betroffenen die Lebenssituation verbesserte, gab es Kritik aufgrund der Regenwaldzerstörung und der Verdrängung indigener Kulturen. Seit Ende der 1990er-Jahre gibt es keine neuen Projekte mehr (Foto: U. Scholz).

Ressourcen Land und Wasser. Steigende Personenzahlen führten zwangsläufig zu höheren Tierzahlen, ein Trend, der durch die zunehmende Kommerzialisierung der Tierhaltung („Berufsweidewirtschaft") und durch zahlreiche veterinärmedizinische Projekte noch verstärkt wurde. Schließlich reichte die Futtergrundlage der kargen Weiden nicht mehr aus. **Übernutzung**, **Degradation** bis hin zur **Desertifikation** waren die Folge. F. Scholz (1999) hält diesen Niedergang für unumkehrbar; sein pessimistisches Fazit: „Der Nomadismus ist tot."

Abb. 20.2.5 Nomaden in Somalia auf der Suche nach geeignetem Weideland. Die Somali gehören zu den letzten noch in traditioneller Weise funktionierenden Nomadengesellschaften der Welt. Ihr wichtigstes Nutztier ist das Kamel, das nicht nur den Transport des Zeltes und des gesamten Hausrats übernimmt, sondern auch das Grundnahrungsmittel – Milch – liefert (Foto: U. Scholz).

Reisbauwirtschaft in den Tropen Asiens

Über die Hälfte der Weltbevölkerung ernährt sich von Reis. Die Produktion konzentriert sich auf die Tropen und Subtropen Asiens, obwohl Reis auch in einigen Gebieten Westafrikas und in zunehmendem Maße in Lateinamerika angebaut wird. Für die meisten Völker Süd-, Südost- und Ostasiens bildet Reis die Grundlage fast aller Mahlzeiten.

Reis benötigt zum Wachsen große Mengen an Wasser. Deshalb werden etwa 90 Prozent als „Nassreis" im Bewässerungsfeldbau kultiviert (Abb. 20.2.6). Nur bei sehr hohen Niederschlägen von mindestens 200 mm/ Monat gedeiht er auch im Trockenfeldbau als „Trockenreis". Weil es in den Tropen keine thermischen Jahreszeiten gibt, sind bis zu drei Ernten pro Jahr möglich. Daraus resultiert eine sehr hohe Flächenproduktivität. Die agrarische Tragfähigkeit, die beim Wanderfeldbau nur rund 30 EW/km² beträgt, kann hier bis über 1 000 EW/km² erreichen, wie zum Beispiel auf Java oder in Bangladesh. Auf Java reicht heute eine Betriebsgröße von 0,3 ha aus, um eine Familie zu ernähren. Dazu haben allerdings auch die Erfolge der „Grünen Revolution" beigetragen (Exkurs 20.2.4).

Der **Nassreisbau** bietet viele ökologische Vorteile: Die Bewässerung auf den eingeebneten und teilweise terrassierten Feldern schränkt den Unkrautwuchs ein, schützt den Boden vor Aufheizung durch die Sonnen-

Abb. 20.2.6 Nassreiskultivierung in Zentral-Java. Der Bewässerungsfeldbau mit Reis wird auf Java vermutlich schon seit über 2 000 Jahren praktiziert und bildete die Basis für die Entwicklung der javanischen Hochkulturen. Auf dem abgebildeten Feld werden jährlich drei Ernten – zweimal Reis und einmal Sojabohnen – eingeholt. Zu dieser enormen Flächenproduktivität hat die „Grüne Revolution" entscheidend beigetragen. Nur durch die Einführung ertragreicher und schnell wachsender Reissorten konnte die Ernährung der Bevölkerung Javas, einer der am dichtesten besiedelten Agrarregionen der Welt, sichergestellt werden (Foto: U. Scholz).

Exkurs 20.2.4

Die Grüne Revolution im Reisbau Asiens

Kaum eine andere Innovation der vergangenen Jahrzehnte hat die ländliche Bevölkerung Asiens so nachhaltig betroffen wie die Intensivierung des Reisbaus, die als „Grüne Revolution" bekannt geworden ist. Für weit über eine Milliarde Menschen hat sie nicht nur die Nahrungsgrundlage gesichert, sondern auch die gesamte Lebenssituation verbessert. Vermutlich wäre es ohne sie in den 70er- und 80er-Jahren des 20. Jahrhunderts in großen Teilen Asiens zu Hungerkatastrophen gekommen.

Das Programm begann 1961 mit der Gründung des *International Rice Research Institute* (IRRI) auf den Philippinen (Abb. 1). Ein erster Durchbruch gelang 1966 mit der als „Wunderreis" gepriesenen Sorte IR8. Stand zu Beginn ein möglichst hoher Ertragszuwachs im Vordergrund, widmete sich die Forschung in der Folgezeit auch anderen Qualitätsmerkmalen, wie Krankheits- und Schädlingsresistenz, Verkürzung der Wachstumszeit, Reduzierung des Strohanteils zugunsten des Kornertrags sowie Toleranz gegenüber unregelmäßiger Wasserzufuhr und niedrigen Temperaturen. Die Erzielung der „Tageslichtneutralität" verbesserte die Anbaumöglichkeiten unter den Kurztagsbedingungen der äquatorialen Breiten.

Inzwischen werden im tropischen Asien rund 80 Prozent der Reisfelder mit modernen Sorten bestellt. Besonders erfolgreich war die Grüne Revolution in Indonesien, wo zwischen 1963 und 1995 der durchschnittliche Ertrag von 1,7 t/ha auf 4,4 t/ha pro Ernte hochschnellte, eine zweite Ernte pro Jahr zur Regel wurde und sich die Pro-Kopf-Produktion trotz des Bevölkerungswachstums von 123 kg auf 245 kg nahezu verdoppelte (FAO versch. Jahrgänge).

Wie immer bei derart umwälzenden Entwicklungen konnten auch bei der Grünen Revolution eine Reihe ökonomischer, sozialer und ökologischer Probleme nicht ausbleiben (Bohle 1989). Vor allem in den Anfangsjahren gab es vielfach Kritik, vor allem an der angeblichen Bevorzugung von Großbetrieben – die es beispielsweise in Indonesien überhaupt nicht gibt –, an der Kommerzialisierung der Reisproduktion, dem zunehmenden Einsatz von Mineraldünger und Pflanzenschutzmitteln, der Vernichtung von Arbeitsplätzen durch Mechanisierung, dem steigenden Energieverbrauch, der Verstärkung des Treibhauseffekts durch zunehmende Methanemissionen, an der drohenden Artenverarmung („Gen-Erosion") durch die Monokultivierung einiger weniger Sorten und so weiter.

Die meisten Kritikpunkte konnten inzwischen entkräftet oder relativiert werden (U. Scholz 1998). Dennoch gibt es Anzeichen dafür, dass das Potenzial der Reisproduktion in Asien allmählich an seine Grenzen stößt, vor allem, weil das notwendige Wasser nicht mehr unbegrenzt zur Verfügung steht. Schon werden Rufe nach einer zweiten Grünen Revolution laut, bei der mit Sicherheit die Frage der Genmanipulation aufkommen wird.

Abb. 1 Versuchsfelder mit Nassreis im *International Rice Research Institute* (IRRI) bei Manila/Philippinen. Hier werden die modernen Reissorten gezüchtet, die die Basis für die „Grüne Revolution" in Asien bildeten (Foto: U. Scholz).

einstrahlung, sorgt für Zufuhr von Nährstoffen und verhindert Erosion. In Teilen des tropischen Asiens wird der Nassreisbau seit über 1 000 Jahren ohne Unterbrechung betrieben – bislang ohne erkennbare Degradationserscheinungen. Er bildete die Basis für die Entstehung der asiatischen Hochkulturen. Auch die moderne Entwicklung der Völker Asiens wäre ohne eine gesicherte Nahrungsgrundlage mit Reis kaum so erfolgreich verlaufen.

Der Hauptnachteil der Nassreiskultivierung ist der enorme Aufwand bei der Landerschließung. An der Terrassierung der Felder und der Anlage ausgeklügelter Bewässerungseinrichtungen haben die Völker Asiens über Generationen gearbeitet. Eine Ausweitung des Nassreisbaus in Afrika oder auch Lateinamerika wäre daher nur mit großem Arbeits- bzw. Kostenaufwand zu verwirklichen.

Ein weiterer Nachteil: Durch das Verrotten der Ernterückstände im Schlamm wird Methan freigesetzt. Methan ist ein Spurengas, das an der Steigerung des Treibhauseffekts beteiligt und somit für die derzeitige Erwärmung der Erdatmosphäre mitverantwortlich ist. Angesichts der vielen Vorteile des Nassreisbaus muss man diesen Nachteil aber wohl in Kauf nehmen, zumal er bei Weitem nicht an die Schadwirkung der CO_2-Emissionen in den Industrieländern heranreicht.

Intensivwirtschaften in tropischen Hochländern

Wie in allen anderen Klimazonen nehmen auch in den Tropen mit steigender Höhe die Temperaturen ab und

die Niederschläge zu. Anders als in den gemäßigten Breiten wirken sich diese Änderungen in den Tropen durchweg positiv aus. Sowohl die Anbaubedingungen für Nutzpflanzen als auch die Lebensbedingungen für Mensch und Tier verbessern sich. Tropische Hochländer sind deshalb im Allgemeinen Gunsträume für die Besiedlung und landwirtschaftliche Nutzung. Beispiele finden sich in den Andenländern Südamerikas ebenso wie in den Hochländern Ost- und Zentral-Afrikas. Eine bemerkenswerte Ausnahme bilden dagegen die wechselfeuchten Tropenregionen in Süd- und Südostasien. Hier sind es ausgerechnet die großen Stromtiefländer, die am dichtesten besiedelt und intensiv genutzt werden, da hier die Bedingungen für den Anbau der weitaus wichtigsten Nahrungspflanze – dem Reis – am günstigsten sind.

Die Siedlungsgunst tropischer Hochländer haben sich nicht nur die lokalen Völker, sondern auch die europäischen Kolonisatoren zunutze gemacht. Wenn auch die Hauptstädte der Kolonien aus handels- und verkehrstechnischen Gründen meistens an der Küste lagen, so wurde die landwirtschaftliche Produktion häufig in die Hochländer verlagert. Dort entwickelten sich äußerst intensive landwirtschaftliche Produktionsformen, unter anderem der sogenannte **Höhenmarktgartenbau** (Uhlig 1988), bei dem in erster Linie Gemüse, Kartoffeln, Obst und in jüngerer Zeit auch Schnittblumen für den städtischen, aber auch internationalen Markt angebaut werden (Abb. 20.2.7).

Auch für die Viehhaltung verbessern sich die Bedingungen zur Höhe hin. Da die meisten tropischen Hochländer inzwischen dicht besiedelt sind, bleibt kein Platz für extensive Weidewirtschaften wie in den Tiefländern. Nach dem Vorbild der gemäßigten Breiten konnte sich

Abb. 20.2.7 Höhenmarktgartenbau bei Nuwara-Elia im Hochland von Sri Lanka. Der Höhenort Nuwara-Elia (knapp 2 000 m über NN) war unter britischer Kolonialherrschaft als *hill station* angelegt worden. Neben Teeplantagen entwickelte sich hier, nicht zuletzt wegen der günstigen Anbindung an den Markt von Colombo, ein Zentrum für den Gemüse- und Obstanbau, dazu in jüngerer Zeit die Kultivierung von Schnittblumen (Foto: U. Scholz).

in einigen tropischen Hochländern eine intensive Milchwirtschaft mit importierten europäischen Hochleistungsrassen entwickeln. Voraussetzungen sind allerdings einwandfreie hygienische Verhältnisse und eine reibungslose Vermarktung. Immer mehr Tropenländer, wie zum Beispiel Costa Rica oder Kenia, erfüllen diese Bedingungen.

Bewertung der ländlichen Tropen als Wirtschafts- und Lebensraum

Eine vergleichende Bewertung der Lebenssituation und agrarwirtschaftlichen Möglichkeiten zwischen den feuchten und den trockenen Tropen zeigt, dass sich während des vergangenen Jahrhunderts eine klare Verschiebung der Gunstfaktoren von den trockenen zu den feuchten Tropen hin vollzogen hat. Galten in den Zeiten überwiegender Subsistenzwirtschaft die semiariden Tropen als bevorzugter Siedlungsraum, haben im Zuge der modernen technischen Entwicklung und der Kommerzialisierung die feuchten Tropen eine deutliche Aufwertung erfahren. Zu den Gründen zählen die gesteigerte Lebensqualität durch medizinische und hygienische Verbesserungen, die vereinfachte Erschließbarkeit des Regenwaldes (v. a. durch die Motorsäge), die verstärkte Nachfrage nach Agrarprodukten aus den feuchten Tropen wie Kautschuk und vor allem Palmöl, die erfolgreiche Züchtung neuer, angepasster Reissorten und so weiter.

Dagegen haben in den trockenen Tropen Überweidung, ackerbauliche Übernutzung und exzessive Feuer-

holzentnahme über weite Strecken zu Degradation und Desertifikation geführt (Mensching 1990). In vielen Fällen wurde dieser Prozess noch durch das Absinken des Grundwasserspiegels infolge von Tiefbrunnenbohrungen und durch Bodenversalzung wegen unzureichender Drainage auf bewässerten Flächen verstärkt. Am verheerendsten haben sich diese Fehlentwicklungen im afrikanischen Sahel ausgewirkt.

Auch für die Zukunft zeichnen sich für die feuchten Tropen offensichtlich günstigere Perspektiven ab als für die trockenen Tropen. Dies wird bei einem Vergleich zwischen den beiden traditionellen Wirtschaftsformen, dem Wanderfeldbau in den humiden und der Nomadenwirtschaft in den ariden Tropen, deutlich: Beide hatten sich über Generationen als nachhaltige Strategien bewährt, um unter den speziellen Gegebenheiten des Regenwaldes auf der einen Seite bzw. der Dornstrauchsavanne auf der anderen zu überleben. Da beide Wirtschaftsformen sehr flächenaufwendig und somit von geringer Tragfähigkeit sind, konnten sie nur bei geringer Bevölkerungsdichte funktionieren. Mit zunehmendem Bevölkerungsdruck mussten sie zwangsläufig in die Krise geraten. Während sich aber im Regenwaldmilieu eine Reihe von attraktiven Optionen als Ersatz für den Wanderfeldbau anbot, wie der Anbau von Baum- und Strauchkulturen oder der Bewässerungsfeldbau, gab und gibt es in den Dornstrauchsavannen offensichtlich keine Alternative zur extensiven Weidewirtschaft der Nomaden. Für die Nomadengesellschaften bedeutet dies nicht nur die Aufgabe ihrer Lebensform, sondern auch des Standorts Dornstrauchsavanne mit den erwähnten sich daraus ergebenden wirtschaftlichen, sozialen und politischen Problemen.

Fazit

Die Vielfalt regionaler Differenzierungen menschlicher Gesellschaften entfaltet sich nicht nur in den städtischen, sondern im besonderen Maße auch in den ländlichen Räumen. Die Spannweite der Unterschiede ist im globalen Vergleich sehr groß. Sie reicht von hoch technisierten Agrobusiness-Schwerpunkten bis zu fast ausschließlich von Handarbeit geprägten Regionen, von landwirtschaftlichen Intensivräumen mit hoher Bevölkerungsdichte bis zu extensiv genutzten, nur dünn besiedelten Gebieten. Derzeit unterliegen die ländlichen Räume weltweit tief greifenden Transformationsprozessen, hervorgerufen durch die Einbeziehung in das globale Wirtschaftsgeschehen, durch eine steigende Mobilität der Bevölkerung, durch demographische Veränderungen sowie durch natürliche Grenzen des Wachstums bei einer gleichzeitig zunehmenden Sensibilität für beispielsweise den Arten- und Ressourcenschutz. Im weltweiten Vergleich nehmen die Regionen an diesen Entwicklungen je nach natürlichen und gesellschaftlichen Voraussetzungen in unterschiedlicher Weise teil. Ländliche Entwicklung ist demnach durch regionale Entwicklungsprozesse großer Vielfalt gekennzeichnet.

Für die ländliche Raumforschung innerhalb der Geographie eröffnet sich damit ein breites Themen- und Aufgabenfeld, das von grundlagenorientierten ebenso wie angewandten Forschungsfragen getragen ist. Die Geographie nähert sich ihrem Forschungsgegenstand dabei aus unterschiedlichen Blickwinkeln und mit unterschiedlichen Definitionsansätzen. Dies entspricht einerseits der Komplexität ländlicher Entwicklungsprozesse und unterstreicht, auch im Umfeld anderer Nachbarwissenschaften, die Notwendigkeit, sich gerade auch aus geographischer Perspektive mit ländlicher Raumentwicklung unter den Bedingungen einer zunehmenden Globalisierung auseinanderzusetzen. Dabei versteht sich eine solche geographische ländliche Raumforschung im Besonderen als Raumprozessforschung. Sie ist mit anderen geographischen Arbeitsgebieten inhaltlich und methodisch an verschiedenen Schnittstellen verbunden, leitet darüber hinaus jedoch aus den aktuellen Problemkreisen ländlicher Entwicklung auch eigenständige Forschungspotenziale ab.

Weiterführende Literatur

Akademie für Raumforschung und Landesplanung (2001) Die Zukunft der Kulturlandschaft zwischen Verlust, Bewahrung und Gestaltung. Forschungs- und Sitzungsberichte ARL Bd. 215, Hannover

Andreae B (1977) Agrargeographie. Strukturzonen und Betriebsformen in der Weltlandwirtschaft. Berlin, New York

Arnold A (1997) Allgemeine Agrargeographie. Gotha, Stuttgart

Baldenhofer K (1999) Lexikon des Agrarraums. Klett-Perthes, Gotha, Stuttgart

Blach A, Irmen E (1998) Ländliche Räume – zwischen Schutz der natürlichen Ressourcen und wirtschaftlicher Entwicklung. Bundesamt für Bauwesen und Raumordnung, Bausteine einer nachhaltigen Raumentwicklung, Forschungen Heft 88. Bonn

Bremer H (1999) Die Tropen – Geographische Synthese einer fremden Welt im Umbruch. Berlin

Cloke P, Little J (1997) Contested countryside cultures: otherness, marginalisation and rurality. Routledge, London

Eckart K (1998) Agrargeographie Deutschlands. Klett, Gotha, Stuttgart

Grabski-Kieron U (2005) Integrated Rural Development and its Implementation in Germany. Bayreuther Geowissenschaftliche Arbeiten 26: 2–34

Grainger A (1993) Controlling tropical deforestation. London

Halfacree KH (2004) Rethinking „Rurality". In: Champion T, Graeme H (Hrsg) New Forms of Urbanization, Beyond the Urban-Rural Dichotomy. Ashgate, Aldershot. 285–304

Hornetz B, Jätzold R (2003) Savannen-, Steppen- und Wüstenzonen. Das Geographische Seminar. Westermann, Braunschweig

Manshard W (1968) Einführung in die Agrargeographie der Tropen, Mannheim

Mensching H (1990) Desertifikation. Ein weltweites Problem der ökologischen Verwüstung in den Trockengebieten der Erde. Darmstadt

Müller-Hohenstein K (1981) Die Landschaftsgürtel der Erde. Teubner, Stuttgart

Rauch T (2009) Entwicklungspolitik. Das Geographische Seminar. Westermann, Braunschweig

Ruthenberg H (1971) Farming systems in the tropics. Oxford

Schmied D (2005) Rural Geography in Britain and Germany – A Personal View. Bayreuther Geowissenschaftliche Arbeiten 26: 1–12

Scholz F (2004) Geographische Entwicklungsforschung. Berlin, Stuttgart

Scholz U (2003) Die feuchten Tropen. Das Geographische Seminar. Westermann, Braunschweig

Fortsetzung

—Fortsetzung—

Schultz J (1995) Die Ökozonen der Erde. Stuttgart

Sick WD (1993) Agrargeographie. Das Geographische Seminar. Westermann, Braunschweig

Troll C, Paffen KH (1964) Karte der Jahreszeitenklimate der Erde. Erdkunde 18–28

von Urff W, Ahrens H, Neander E (Hrsg) (2002) Landbewirtschaftung und nachhaltige Entwicklung ländlicher Räume.

Forschungs- und Sitzungsberichte der Akademie für Raumforschung und Landesplanung 214. Hannover

Weixlbaumer N (2002) Naturschutz: Großschutzgebiete und Regionalentwicklung. Sankt Augustin

Zitierte Literatur

Amt für Veröffentlichungen der Europäischen Gemeinschaften (2004) Neue Perspektiven für die Entwicklung des ländlichen Raumes in der EU. FactSheet der Europäischen Kommission für Landwirtschaft und ländliche Entwicklung, Luxemburg, 3, abgerufen unter http://www.europa.eu.int/comm/agriculture/publi/fact/rurdev/refprop_de.pdf

Andreae B (1983) Agrargeographie Strukturzonen und Betriebsformen in der Weltlandwirtschaft. Berlin, New York

Arnold A (1983) Die Agrargeographie als wissenschaftliche Disziplin. In: Zeitschrift für Agrargeographie, 1: 3–16

Arnold A (1997) Allgemeine Agrargeographie. Gotha, Stuttgart

Bauer S (2002) Gesellschaftliche Funktionen ländlicher Räume. In: Landbewirtschaftung und nachhaltige Entwicklung ländlicher Räume. Forschungs- und Sitzungsberichte der Akademie für Raumforschung und Landesplanung (ARL) Bd. 215, Hannover. 26–45

Baum S, Weingarten P (2004) Typisierung ländlicher Räume in Mittel- und Osteuropa. Europa Regional 12, 3: 149–158

Beckmann G, Schmitt M (2007) Mit Bioenergie zur Energieautonomie? In: Raumforschung und Raumordnung 65, 1: 68–70

Beetz S, Brauer K, Neu C (Hrsg) (2005) Handbuch zur ländlichen Gesellschaft in Deutschland. Verlag für Sozialwissenschaften, Wiesbaden

Bengs C, Schmidt-Thomé K (Hrsg) (2004) Urban-rural relations in Europe. ESPON 2006 Programm, Projekt 1.1.2, Abschlussbericht (elektronische Veröffentlichung), abgerufen unter http:// www.espon.lu/online/documentation/projects/thematic/thematic_7.html

Bien W, Lappe L, Rathgeber R (2005) The Situation of Young People in Rural Areas. In: Schmied D (Hrsg) Winning and Losing The Changing Geography of Europe's Rural Areas. Ashgate, Hampshire. 167–186

Bohle HG (1989) 20 Jahre Grüne Revolution in Indien. In: Geographische Rundschau 41, 2: 91–98

Born KM (2009) Anpassung und Governance im Dorf. In: Ländlicher Raum, 3: 58–61

Brauns T, Scholz U (1997) Shifting cultivation – Krebsschaden aller Tropenländer? In: Geographische Rundschau 49, 1: 4–10

Bremer H (1999) Die Tropen – Geographische Synthese einer fremden Welt im Umbruch. Berlin

Bröckling F, Grabski-Kieron U, Krajewski C (Hrsg) (2004) Stand und Perspektiven der deutschsprachigen Geographie des ländlichen Raumes. Arbeitsberichte der Arbeitsmeinschaft Angewandte Geographie 35, Münster

Bundesamt für Bauwesen und Raumordnung (BBR) (Hrsg) (2005) Anpassungsstrategien für ländliche/periphere Regionen mit starkem Bevölkerungsrückgang in den neuen Länder. Werkstatt: Praxis 38, Bonn

Bundesamt für Bauwesen und Raumordnung (BBR) (Hrsg) (2009) Raumordnungsprognose 2025/2050. Bonn

Bundesministerium für Umwelt, Naturschutz und Reaktorsicherheit (2005) Bericht der Bundesregierung zur Lage der Natur. Berlin

Chapuis R (2005) La géographie agraire et la géographie rurale. In: Bailly A (Hrsg) Les concepts de la géographie humaine. Armand Colin, Paris. 149–164

Chmielewski F-M (2009) Landwirtschaft und Klimawandel. In: Geographische Rundschau 61, 9: 28–35

Corves C (2009) Biologische Vielfalt in der Landwirtschaft. In: Geographische Rundschau 61, 4: 38–45

Coy M (1991) Sozio-ökonomischer Wandel und Umweltprobleme in der Pantanal-Region Mato-Grossos Brasilien). In: Geographische Rundschau 43, 3: 174–182

Csurgó B, Kovách I, Kuăerová E (2008) Knowledge, Power and Sustainability in Contemporary Rural Europe. In: Sociologia Ruralis 48, 3: 292–312

Dannenberg P (2007) Cluster-Strukturen in landwirtschaftlichen Warenketten in Ostdeutschland und Polen – Analyse am Beispiel des Landkreises Elbe-Elster und des Powiats Pyrzyce. Lit Verlag, Münster.

Davy B (2010) Freiraumsicherung durch Bodenpolitik – Was passieren müsste, wenn wir das Ziel-30-ha ernst nähmen. In: Klemme M, Selle K (Hrsg) Siedlungsflächen entwickeln – Akteure. Interdependenzen. Optionen. Dorothea Rhon. Detmold. 258–274

Deutsche Landeskulturgesellschaft (DLKG) (2008) Landeskultur in Europa – Lernen von den Nachbarn und Bioenergie – eine Sackgasse für die Landeskultur? In: Schriftenreihe Deutsche Landeskulturgesellschaft – DLKG 5

Dosch F (2010) Flächenkreislaufwirtschaft als akteursorientiertes Modell der Siedlungsflächenentwicklung. In: Klemme M, Selle K (Hrsg) Siedlungsflächen entwickeln – Akteure. Interdependenzen. Optionen. Dorothea Rhon, Detmold. 196–213

Europäische Kommission (Hrsg) (2005) Strategic Guidelines for Rural Development – Annex 2. Abgerufen unter http://ec.europa.eu/agriculture/capreform/rdguidelines/maps_en.pdf

Eurostat – Statistisches Amt der Europäischen Union (Hrsg) (2010a) Bevölkerung am 1. Januar nach Geschlecht und Alter in Jahren. Abgerufen unter http://epp.eurostat.ec.europa.eu/portal/page/portal/statistics/search_database

Eurostat – Statistisches Amt der Europäischen Union (Hrsg) (2010b) Landwirtschaftliche Fläche: Anzahl der Betriebe und Flächen nach landwirtschaftlicher Fläche und Region. Abgerufen unter http://epp.eurostat.ec.europa.eu/portal/page/portal/statistics/search_database

Fahrenkrug K, Melzer M, Gutsche J (2010) Regionale Daseinsvorsorge. Ein Leitfaden zur Anpassung der öffentlichen Daseinsvorsorge an den demographischen Wandel. Werkstatt: Praxis, 64

Gebauer I (2009) Breitband als Standortfaktor für Unternehmen im ländlichen Raum. In: Stuttgarter Geographische Arbeiten 141: 30–44

Generaldirektion für Landwirtschaft und ländliche Entwicklung der Europäischen Union (2009) Rural Development in the European Union – Statistical and Economic Information. Abgerufen unter http://ec.europa.eu/agriculture/agrista/rurdev2009/RD_Report_2009.pdf

Grabski-Kieron U (2005) Raumforschung, Raumordnung und räumliche Planung in der Bundesrepublik Deutschland. In: Schenk W, Schliephake K (Hrsg) Allgemeine Anthropogeographie. Klett-Perthes, Gotha, Stuttgart. 666–725

Grabski-Kieron U (2002) Funktionswandel der Landwirtschaft – Neue Impulse für die ländliche Raumentwicklung. In: Weber G (2002)

—Fortsetzung—

Fortsetzung

Raumordnung und landwirtschaftlicher Strukturwandel, IRUB, Wien. 9–22

Green A (2005) Employment Restructuring in Rural Areas. In: Schmied D (Hrsg) (2005) Winning and Losing The Changing Geography of Europe's Rural Areas. Ashgate, Hampshire: 21–34

Gutgesell M, Maier J (2007) Industrielle Cluster in ländlichen Räumen? Ansatzpunkte eines Clustermanagements in Oberfranken. In: Standort 31, 3: 130–132

Haber W (2004) Über den Umgang mit Biodiversität. Berichte der Akademie für Naturschutz und Landschaftspflege ANL, Laufen Salzach 28: 25–43

Häring AM, Dabbert S, Aurbacher J, Bichler B, Eichert C, Gambelli D, Lampkin N, Offermann F Olmos S, Tuson J, Zanoli R (2004) Organic farming and measures of European agricultural policy. Organic Farming in europe: Economics and Policy Volume 11, Stuttgart-Hohenheim

Hartke W (1959) Die soziale Differenzierung der Agrarlandschaft im Rhein-Main Gebiet. In: Erdkunde 7, 1 1/1953: 11–27

Heiland S, Regener M, Stutzriemer S (2005) Auswirkungen des demographischen Wandels auf Umwelt- und Naturschutz. In: Raumforschung und Raumordnung, Heft 3, 63 Jahrgang: 189–198

Heineberg H (2003) Einführung in die Anthropogeographie/ Humangeographie. Schöningh UTB, Paderborn

Heißenhuber A (2007) Bioenergie als Wertschöpfungschance für die Landwirtschaft und die Entwicklung ländlicher Räume. In: Ländlicher Raum 5/6: 130–134

Henkel G (2004) Der ländliche Raum. Teubner-Verlag, Stuttgart, Leipzig

Henkel G (2005) Dorf und Gemeinde. In: Beetz St, Brauer K, Neu C (Hrsg) Handwörterbuch zur ländlichen Gsellschaft in Deutschland. Verlag für Sozialwissenschaften, Wiesbaden. 41–54

Holz-Rau C (2009) Raum, Mobilität und Erreichbarkeit - (Infra-)Strukturen umgestalten? In: Informationen zur Raumentwicklung 12: 797–804

Hönekopp E (2003) Arbeitsmärkte in den MOE-Ländern – Auswirkungen der EU-Osterweiterung auf den deutschen Arbeitsmarkt. In: Agrarsoziale Gesellschaft e.V. (Hrsg) Landwirtschaft und ländliche Entwicklung unter neuen Rahmenbedingungen 141, Göttingen

Ilesic (1968) Für eine komplexe Geographie des ländlichen Raumes und der ländlichen Landschaft als Nachfolgerin der reinen Agrargeographie. Münchener Studien zur Sozial- und Wirtschaftsgeographie 4: 67–74

Kanning H (2008) Neue Energielandschaften – Chancen und Herausforderungen zur Pflege und Inwertsetzung von Kulturlandschaften. In: Küster H (Hrsg) Kulturlandschaften. Stadt und Region als Handlungsfeld. Schriftenreihe des Kompetenzzentrums Raumforschung und Regionalentwicklung in der Region Hannover 5: 161–173

Kanning H, Buhr N, Steinkraus K (2009) Erneuerbare Energien – Räumliche Dimensionen, neue Akteurslandschaften und planerische (Mit-)Gestaltungspotenziale am Beispiel des Biogaspfades. In: Raumforschung und Raumordnung 67, 2: 142–156

Kaule G (2002) Umweltplanung. Stuttgart

Kocks M (2003) Der demographische Wandel in Deutschland und Europa. Bundesamt für Bauwesen und Raumordnung, Informationen zur Raumentwicklung 12, I–V

Kohlhepp G (1976) Planung und heutige Situation staatlicher kleinbäuerlicher Kolonisationsprojekte an der Transamazonica. Geograph. Zeitschrift 64, 4

Konold W (Hrsg) (1996) Naturlandschaft – Kulturlandschaft: die veränderung der Landschaften nach der Nutzbarmachung durch den Menschen. Landsberg

Koschatzky K (Hrsg) (2003) Innovative Impulse für die Region – Aktuelle Tendenzen und Entwicklungsstrategien. Stuttgart

Lienau C (1995) Die Siedlungen des ländlichen Raumes. Das Geographische Seminar. Braunschweig

Loriz-Hoffmann J, Wehrheim P, Solymosi K (2010) Förderung ländlicher Räume nach 2013 – was zeichnet sich ab? In: BLG (Hrsg) Landentwicklung aktuell: 9–12

Luick R, Müller B, Springorum J (2008) Erneuerbare Energien im ländlichen Raum. Nachhaltige Ressourcenbewirtschaftung und regionalwirtschaftliche Potenziale. In: Der Kritische Agrarbericht: 152–157

Malburg-Graf B (2007) Flächenmanagement als Instrument der integrativen Planung für ländliche Räume und der kommunalen Innenentwicklung. Stuttgarter Geographische Arbeiten, Bd. 140

Manshard W, Mäckel R (1995) Umwelt und Entwicklung in den Tropen – Naturpotenzial und Landnutzung. Darmstadt

Mensching H (1990) Desertifikation. Ein weltweites Problem der ökologischen Verwüstung in den Trockengebieten der Erde. Darmstadt

Meyer K (1964) Ordnung im ländlichen Raum. Stuttgart

Millard J (2005) Rural Areas in the Digital Economy, In: Schmied D (Hrsg) Winning and Losing The Changing Geography of Europe's Rural Areas. Ashgate, Hampshire. 90–124

Mose I, Weixlbaumer N (1998) Ländliche Räume in Europa Auf dem Weg zu einer neuen Vielfalt In: geographie heute 164: 2–7

Mose I, Weixlbäumer N (2000) Regionen mit Zukunft? Nachhaltige Regionalentwicklung als Leitbild ländlicher Räume. Materialien Umweltwissenschaften Vechta MUWV 8, Vechta

Mose I (2005) Ländliche Räume. In: Akademie für Raumforschung und Landesplanung (Hrsg) Handwörterbuch für Raumordnung. 4. Aufl. ARL Hannover. 573–579

Mose I, Nischwitz G (2009) Anforderungen an eine regionale Entwicklungspolitik für strukturschwache ländliche Räume. E-Paper der ARL Nr. 7. Hannover

Mose I (2010) Integrierte ländliche Entwicklung. Vergleichende Analyse unterschiedlicher konzeptioneller Ansätze der Entwicklung ländlicher Peripherien in Europa. In: Raumproduktion 6: 153–171

Moseley MJ (2003) Local Partnerships for Rural Development. CABI-Publishing, Cambridge

Otremba H (1959) Stand und Aufgabe der deutschen Agrargeographie. Zeitschrift für Erdkunde 6: 147–182

Ribbe L (2009) Klimaschutz hat Landwirtschaft und Agrarpolitik erreicht. In: Ländlicher Raum 60, 2: 26–29

Roth H (2008) Dynamiques industrielles et mutations des espaces ruraux en Allemagne. In: Géocarrfour 83, 4: 285–293

Ruschkowski EV, Wiehe J (2008) Balancing Bioenergy Production and Nature Conservation in Germany: Potential Synergies and Challenges. In: Schweizerische Gesellschaft für Agrarwirtschaft und Agrarsoziologie (Hrsg) Yearbook of Socioeconomics in Agriculture: 3–20

Scharf Th, Wenger GC, Thissen F, Burholt V (2005) Older People in rural europe: A Comparativ Analysis. In: Schmied D (Hrsg) Winning and Losing The Changing Geography of Europe's Rural Areas. Ashgate, Hampshire. 187–202

Schenk W, Fehn K, Denecke D (1997) Kulturlandschaftspflege. Borntraeger, Berlin.

Scholz F (1999) Der Nomadismus ist tot. In: Geographische Rundschau 15, 5: 248–255

Scholz U (1984) Ist die Agrargeographie der Tropen ökologisch benachteiligt? In: Geographische Rundschau 36, 7: 360–366

Scholz U (1988) Ursachen der Waldzerstörung in den Tropen Asiens. In: Mäckel und Sick (Hrsg) Natürliche Ressourcen und ländliche Entwicklungsprobleme der Tropen (Festschrift für W. Manshard) Stuttgart: 203–217

Scholz U (1992) Transmigrasi – ein Desaster? Probleme und Chancen des indonesischen Umsiedlungsprogramms. In: Geographische Rundschau 44, 1: 33–39

Scholz U (1998) Nahrungssicherung in tropischen Entwicklungsländern: die „grüne Revolution" im Reisbau Südostasiens. In: Geographische Rundschau 50, 9: 531–536

Fortsetzung

Fortsetzung

Scholz U (2004) Ölpest im Regenwald? Der Ölpalmenboom in Malaysia und Indonesien, Braunschweig

Schultz J (1995) Die Ökozonen der Erde. Stuttgart

Schwarz G (1989) Allgemeine Siedlungsgeographie. Lehrbuch der Allgemeinen Geographie, Teil 1. Die ländlichen Siedlungen, die zwischen Land und Stadt stehenden Siedlungen. Berlin, New York

Spangenberg M, Kawka R (2008) Neue Raumtypisierung – ländlich heißt nicht peripher. In: Ländlicher Raum 3: 27–31

Spitzer H (1975) Regionale Landwirtschaft. Hamburg, Berlin

Statistisches Bundesamt (2006) Bevölkerung Deutschlands bis 2050. 11. koordinierte Bevölkerungsvorausberechnung. Wiesbaden

Talandier M (2008) Une autre géographie du développement rural: une approche par les revenus. In Géocarrefour 83, 4: 259–267

Thrun T (2003) Handlungsansätze für ländliche Regionen mit starkem Bevölkerungsrückgang. In: Informationen zur Raumentwicklung 12: 709–717

Titze M, Brachert M, Kubis A (2009) Die Identifikation horizontaler und vertikaler industrieller Clusterstrukturen in Deutschland. Ein neues Verfahren und erste empirische Ergebnisse. In: Raumforschung und Raumordnung 67, 5/6: 353–368

Uhlig H (1984) Spontaneous and planned settlement in Southeast Asia. Giessener Geograph. Schriften 58

Uhlig H (1988) Südostasien. Fischer Länderkunde 3, Frankfurt/Main

Verband Deutscher Naturparke e.V. (Hrsg) (2005) Naturparke – Eine Perspektive für ländliche Räume in Europa. Bonn

Verordnung (EG) Nr. 1698/2005 des Rates vom 20.9. 2005 über die Förderung der Entwicklung des ländlichen Raumes durch den Europäischen Landwirtschaftsfonds für die Entwicklung des ländlichen Raumes (ELER). Amtsblatt der Europäischen Union Nr. L 277/1 vom 21.10.2005

Wehmeier T, Koch A (2010) Mobilitätschancen und Verkehrsverhalten in nachfrageschwachen ländlichen Räumen. In: Informationen zur Raumentwicklung 7: 457–466

Weingarten P, Kreins P (2004) Ökonomische Aspekte des Verhältnisses von Landwirtschaft und Gewässerschutz, In Zeitschrift für Angewandte Umweltforschung 15/16: 528–559

Weischet W (1977) Die ökologische Benachteiligung der Tropen. Teubner, Stuttgart

Wießner R (1999) Ländliche Räume in Deutschland Strukturen und Probleme im Wandel. Geographische Rundschau 51, 6: 300–304

Wilson GA, Wilson OJ (2003) German Agriculture in Transition, Society. Policies and Environment in a Changing Europe, palgrave, Wiltshire

Winkel R (2008) Öffentliche Infrastrukturversorgung im Planungsparadigmenwechsel. In: Informationen zur Raumentwicklung 1/2: 41–47

Woods M (2005) Rural Geography. Sage-Public. Ltd., London

New York symbolisiert wie kaum eine andere Stadt die Urbanität der Moderne. Ihre „Wolkenkratzer" verkörpern die technische Leistungsfähigkeit der Stadtarchitektur ebenso wie die Sehnsüchte des *american dream*. In ihren Straßenschluchen leben illegale Einwanderer neben transnationalen Börsenmaklern, und ihre Lebensstile verweben sich zu komplexen Mustern einer globalen Netzwerkgesellschaft, in der die großen Städte sowohl die Motoren des Wandels als auch die Kristallisationspunkte sozialer Fragmentierungen und Probleme sind (Foto: P. Reuber).

Kapitel 21
Stadtgeographie

Städte sind die pulsierenden Motoren der globalen Gesellschaft. Sie sind in komplexen Netzwerken miteinander verbunden und bilden in vielerlei Hinsicht die politischen, ökonomischen und kulturellen Zentren der Globalisierung. Als *global city networks* verkörpern sie die Machtarchitektur der Netzwerkgesellschaft des 21. Jahrhunderts, sie polarisieren die räumlichen Muster von Zentren und Peripherien und wachsen gleichzeitig an vielen Orten zu polyzentrisch ineinanderfließenden Megastädten zusammen. In dieser Form entfalten sie eine ungeheure Anziehungskraft, sie werden zu Zielen einer weltweiten Land-Stadt-Wanderung, deren Ende nicht in Sicht ist. In dieser Form sind die Städte eine Art Brennglas der Gesellschaft: Sie sind einerseits Innovationszentren und Motoren der globalen Wirtschaft, andererseits treten in ihnen vorhandene Probleme politischer, ökonomischer, sozialer und ökologischer Art oft in verstärkter Weise zutage. Nirgends scheint die Kluft zwischen Armen und Reichen, zwischen Machtvollen und Machtlosen, zwischen Ein- und Ausgeschlossenen so krass hervorzutreten und in so enger räumlicher Nachbarschaft zu existieren wie in Städten.

In all diese Phänomene und in die komplexe Organisation städtischer Gesellschaften sind räumliche Konstruktionen, Repräsentationen und Praktiken vielfältig und untrennbar eingebunden. Die Dichte der Bevölkerung und ihr oft extrem unterschiedlicher Zugang zu den vorhandenen Ressourcen erfordern eine Vielzahl raumbezogener Formen und Technologien der Planung, der Ordnung und der Kontrolle, um so unterschiedliche Ansprüche wie Wohnen, Sich-versorgen, Arbeiten und viele mehr in Einklang zu bringen. Das gelingt selten spannungsfrei, und so sind Konflikte, Abschottung gegeneinander, soziale Marginalisierung und Kriminalisierung ein Teil des Städtischen, bilden gewissermaßen das Janusgesicht ihrer Faszination.

In diesem Spannungsfeld konstituiert sich die Stadtgeographie als ein dynamisches und sehr aktives Forschungsfeld der Humangeographie. Mit den ständigen Innovationen und Veränderungen, die den Forschungsgegenstand selbst kennzeichnen, befinden sich auch die Inhalte der Stadtgeographie in einer ständigen Bewegung. Dabei ruht die Teildisziplin auf einer Reihe von traditionell etablierten und für die geographische Analyse des Städtischen bewährten Grundlagen (Kapitel 21.1 bis 21.3), die durch zusätzliche, an Kernproblemen der aktuellen globalen Stadtentwicklung ansetzende Forschungsperspektiven ergänzt werden. Diese werden – ohne Anspruch auf Vollständigkeit – in der vorliegenden Darstellung durch die Forschungen zu Megastädten (21.4), zu Unsicherheit und Kontrolle in Städten (21.5) und zu den Debatten um die Postmodernisierung der Städte (21.6) repräsentiert.

21.1 Stadtgeographie als „Medley" ihrer Forschungsgeschichte

Heinz Heineberg

Peter Schöller, herausragender deutscher Stadtgeograph der Nachkriegszeit, hat in seinem für lange Zeit wegweisenden State-of-the-art-Bericht von 1953 für die vorangegangenen rund 15 Jahre die Entwicklung, den Forschungsstand, die Aufgaben, die Fragestellungen und Methoden der Stadtgeographie umrissen. In dem mit 427 Literaturtiteln versehenen Aufsatz wird deutlich, dass die Stadtgeographie bereits damals zu den traditionsreichsten und bedeutendsten geographischen Teildisziplinen zählte. Heute kommt der Stadtgeographie eine zentrale Bedeutung innerhalb der Human-, Kultur- oder Anthropogeographie zu. Für das Studium erschwerend wirkt allerdings, dass die außerordentlich stark zugenommene Flut stadtgeographischer Arbeiten international unüberschaubar geworden ist. Einführungen in die Stadtgeographie sowie weiterführenden Lehrbüchern kommt daher eine erhebliche Bedeutung zu.

Im Laufe ihrer Forschungsgeschichte hat sich die Stadtgeographie selbst in eine größere Zahl von Teildisziplinen und Forschungsansätzen ausdifferenziert (Abb. 21.1.1). Zugleich überschneidet sich die stadtbezogene Forschung – beispielsweise in Bezug auf die innerstädtische Mobilität der Bevölkerung, die Standortentwicklung des Einzelhandels oder etwa die Einzugsbereiche von Städten – heute inhaltlich erheblich mit den Forschungsthemen bzw. Untersuchungsgegenständen anderer traditioneller, zum Teil auch neuerer Teildisziplinen der Human- oder Anthropogeographie, so zum Beispiel mit der Bevölkerungsgeographie, der Geographie des Handels und der Dienstleistungen oder der Zentralitätsforschung. Hinzu kommt, dass sich an der (interdisziplinären) **Stadtforschung** eine Vielzahl anderer Wissenschaftsdisziplinen beteiligt, mit denen die Stadtgeographie in mehr oder weniger enger Wechselbeziehung steht, von der Stadtgeschichte über die Stadtsoziologie, die empirische Sozialforschung, Volkskunde und Stadtökonomie bis hin zu Städtebau, Rechts- und Verwaltungswissenschaften, Verkehrswissenschaft und anderen.

Die lange Forschungstradition der Stadtgeographie wird unter anderem verdeutlicht durch mehrere Kapitel in dem zweibändigen klassischen Handbuch zur „Anthropogeographie" von Friedrich Ratzel (1882/1891). So stellten nach Ratzel die „Städtephysiogno-

mien" und das Stadtwachstum, vor allem aber auch die Lage und Typologie der Städte in Abhängigkeit von Verkehr und „Bodengestaltung" sowie „Städte als geschichtliche Mittelpunkte" wichtige Themenfelder der damaligen Stadtgeographie dar. Die geographische Stadtforschung stand insgesamt noch unter dem Primat von Form (Grund- und Aufrissstrukturen) und Genese der Stadt (sog. **morphogenetische Stadtgeographie**). Deutlich wird in dem Werk auch die für die frühere Anthropogeographie charakteristische, damals vor allem von Ratzel vertretene **geodeterministische Denkweise** (Überschätzung der Steuerwirkung der Natur und der Lagebeziehungen einer sogenannten Erdstelle).

Hans Bobek (1927) stellte in seinem viel beachteten Aufsatz über „Grundfragen der Stadtgeographie" heraus, dass Otto Schlüters Beitrag „Bemerkungen zur Siedlungsgeographie" (1899) für die Entwicklung der Stadtgeographie von ausschlaggebender Bedeutung war. Dörries (1930) bemerkte dazu: „Hatte man bis dahin vorzüglich in der Lage der Siedlungen das geographisch Interessante und Beachtenswerte erblickt [...], so lehrte er nun die Stadt als Teil der Landschaft, ja als selbstständige Landschaft betrachten [...]". Schlüter verstand unter Landschaft einen Raum, der unter physiognomischen Gesichtspunkten gewürdigt wird. Ziel dieses Forschungsansatzes war eine – zugleich genetische – Morphologie der Kulturlandschaft (Kapitel 26).

Der Forschungsbericht von Dörries (1930) stellt ein wichtiges Zeitdokument dar. Eines der bedeutendsten Ziele der wissenschaftlichen Stadtgeographie war (noch) für Dörries die erklärende Beschreibung des Stadtgrundrisses. „Dass die Erstarrung der Forschung durchbrochen und wenig später auf immer breiterer Front aufgebrochen wurde, bleibt das Verdienst der **funktionalen Richtung der Stadtgeographie**, die mit Hans Bobek und Robert E. Dickinson begann und in Walter Christallers bahnbrechendem Werk über die ‚Zentralen Orte in Süddeutschland' (1933, Neudruck 1968) ein theoretisch fundiertes System fand" (Schöller 1969). Allerdings ist die Bezeichnung „Funktion" (oder „funktional") innerhalb der Stadtgeographie bis heute mehrdeutig. Gemeint sind im Sinne der frühen funktionalen Richtung einerseits die Funktion von Raumeinheiten und Standorten (z. B. die City als funktionales Stadtviertel) sowie andererseits Funktionen als Raumbeziehungen, das heißt funktionale oder besser funktionsräumliche Verflechtungen als Beziehungen zwischen Wohnstandorten und Zentralen Orten, Arbeitsstätten und so weiter.

Der genannte Forschungsbericht Schöllers zeigt, wie sich schon in der frühen Nachkriegszeit die (internationale) Stadtgeographie konzeptionell, inhaltlich und methodisch weiter ausdifferenziert hatte. Dies verdeut-

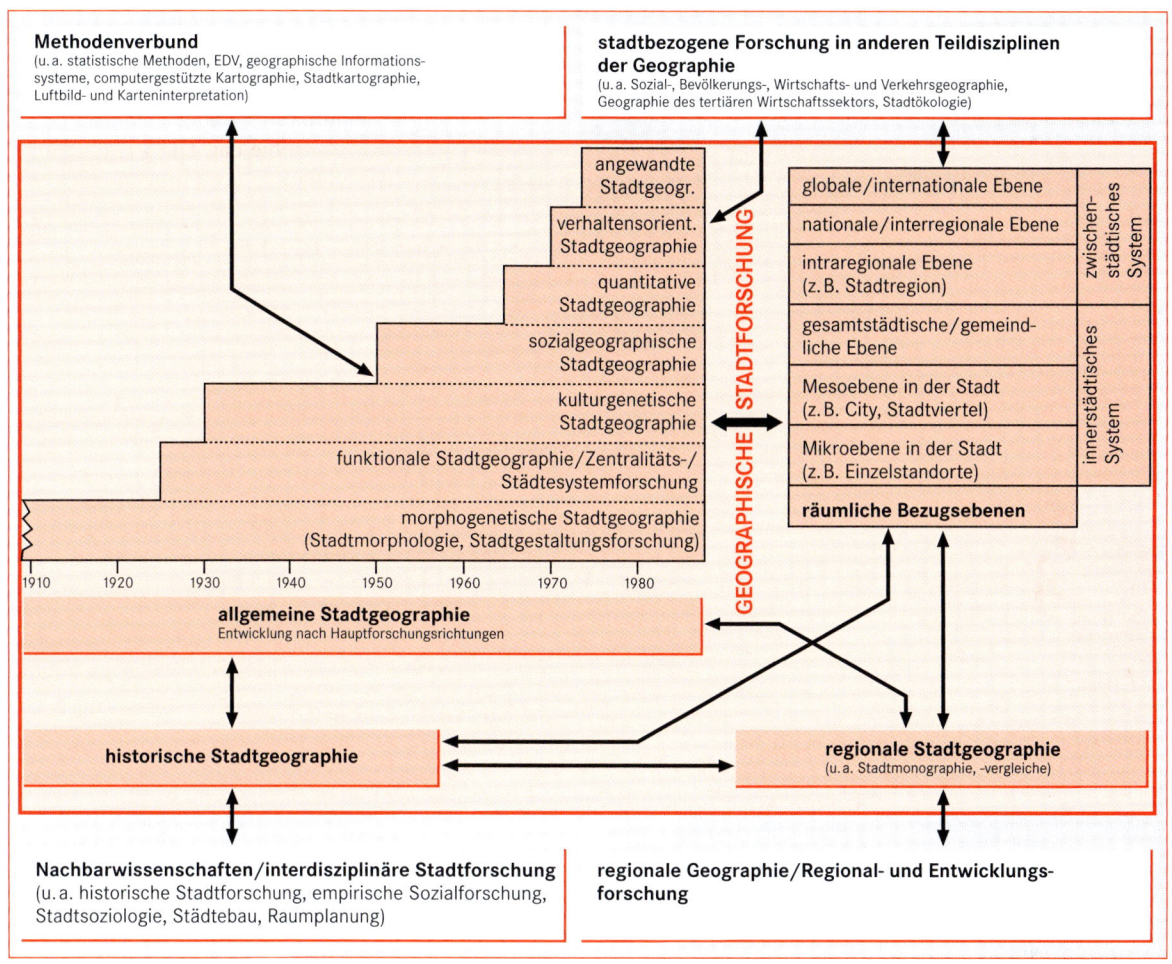

Abb. 21.1.1 Die Stadtgeographie in Deutschland im Rahmen der interdisziplinären Stadtforschung (verändert nach Heineberg 2006).

licht bereits die Grobgliederung des Aufsatzes, in der sich traditionelle und neue Forschungsansätze widerspiegeln: „Natürliche und geschichtliche Grundlagen der Stadtentwicklung, „Wachstum und Ausdehnung der Städte", „Die innere Gliederung der räumlichen Grundstruktur von Städten", „Funktionstypen und Klassifizierung der Städte", „Die funktionalen Stadt-Land-Beziehungen" sowie „Stadtindividualität, Stadttypen und internationale Nivellierung". Als Aufgaben der Stadtgeographie definiert Schöller (1953): „Gefüge, Bild und Funktion der städtischen Landschaft als Ganzes zu sehen und zu werten, die siedlungsmorphologische und funktionale Einheit in Lage, Entwicklung und Wechselbeziehungen zum landschaftlichen Bereich". Damit kombiniert Schöller den morphologischen mit dem funktionalen Ansatz in der Stadtgeographie, geht jedoch noch darüber hinaus. Ein besonderes Anliegen Schöllers war auch der geographische Vergleich, das „Experiment

der Geographie", wobei „neben der Herausbildung des Individuellen auch das Streben nach Erkenntnis des Typischen stehen" sollte (ebd.). Schöller knüpfte dabei an Forschungsarbeiten von Gabriele Schwarz der frühen 1950er-Jahre über regionale Stadttypen anhand europäischer Beispiele an sowie auch an ältere stadtgeographische Beiträge über fremde Kulturbereiche. Dazu zählten zum Beispiel das Buch von Siegfried Passarge über „Stadtlandschaften der Erde" (1930) mit der „Typisierung von Städten unter dem Einfluss von Landschaft und Kultur" (Schöller 1953) sowie etwa auch Veröffentlichungen über die spanische Kolonialstadt und den Gestaltwandel von Städten in Südamerika (z. B. von Wilhelmy zu Beginn der 1950er-Jahre) und über die „neue Stadt des Kommunismus" (ebd.). Schöller gab damit auch wesentliche Anregungen zur Entwicklung eines **kulturgenetischen Ansatzes in der Stadtgeographie**. Dieser hat sich seit den 1950er-Jahren bis heute zu

Grundbegriffe der Stadtgeographie

Der geographische **Stadtbegriff** ist sehr komplex und beinhaltet eine Vielzahl von Merkmalen, beispielsweise Größe nach Einwohnerzahl, hohe Bebauungsdichte oder ein Mindestmaß an Zentralität. Demgegenüber bezieht sich der statistisch-administrative Stadtbegriff im Allgemeinen auf einen Mindest-Einwohnerschwellenwert, in Deutschland traditionell auf mindestens 2 000 Einwohner. Darüber hinaus lassen sich, je nach an der Stadtforschung beteiligter Disziplin, unterschiedliche Stadtbegriffe ausmachen oder definieren (z. B. soziologischer Stadtbegriff, Heineberg 2006).

Suburbanisierung lässt sich allgemein als ein Prozess bezeichnen, „in dem sich Städte über die Grenzen ihrer bislang erreichten Besiedlung" (Brake 2001) – in Deutschland seit dem 18./19. Jahrhundert – ausdehnen. Meist wird darunter die jüngere Expansion der Städte (in Deutschland vor allem seit den 1960er-Jahren) in ihr jeweiliges Umland verstanden, genauer: die jüngere intraregionale Dekonzentration von Bevölkerung (Bevölkerungssuburbanisierung), Produktion (Gewerbe- oder Industriesuburbanisierung) sowie von Handel und Dienstleistungen (tertiäre Suburbanisierung, z. B. auch Freizeitsuburbanisierung) in städtisch verdichteten Regionen in hoch industrialisierten Ländern.

Exurbanisierung bedeutet dagegen die Verlagerung des Siedlungs- und Bevölkerungswachstums von (Groß-)Stadtregionen in benachbarte, noch überwiegend ländlich strukturierte oder „zwischenstädtische" Regionen, die allerdings durch den Berufspendlerverkehr noch mit der jeweiligen (Groß-)Stadtregion oder Kernstadt verbunden sind.

Zur Kennzeichnung der baulichen und auch sozio-ökonomischen Umformung des heute in Industriestaaten im Allgemeinen über den suburbanen Raum hinausgehenden weiteren Stadtumlandes ist seit den 1960er-Jahren in der Stadtforschung Frankreichs, später auch der Schweiz und Belgiens, die Bezeichnung **Periurbanisierung** (*périurbanisation*) eingeführt worden. Charakteristisch ist bezüglich der Bebauung das Vorherrschen von Eigenheimen.

Eine neuere, allerdings inhaltlich recht vage zusammenfassende Bezeichnung für verschiedene Formen dezentraler Siedlungsentwicklung ist der von dem Städtebauer Sieverts (1997) eingeführte Terminus **Zwischenstadt**. Aus der Sicht der Stadtforschung lässt sich der inzwischen auch international viel diskutierte Terminus nach Hesse (2004) in verschiedener Hinsicht deuten:

„Er meint sowohl die klassischen suburbanen Räume am Agglomerationsrand als auch solche Teile Suburbias, die zwischen den Kernstädten liegen und eher hybriden Charakter aufweisen, schließlich ländliche Räume mit Verstädterungsansätzen, die bisher eher als Peripherie tituliert wurden. Gelegentlich sind Stadtregionen als Ganzes adressiert. Damit hat der Autor eine erhebliche definitorische Unschärfe hinterlassen, die nur zum Teil Ausdruck der vielfältigen Erscheinungsformen suburbaner Räume ist.

Auch hinsichtlich einer Verallgemeinerung der Aussagen blieb die Zwischenstadt eher vage: Sie wurde vor allem anhand des Ruhrgebiets und der Region Rhein-Main konzeptualisiert, zweier prototypisch polyzentrischer Räume, die dem klassischen Bild von Stadt und Umland ferner sind als die meisten anderen Stadtregionen Deutschlands".

Counterurbanization (Counterurbanisierung) bezeichnet die seit den 1970er-Jahren in hoch entwickelten westlichen Industrieländern, zunächst in den USA, beobachtete Tendenz zur Stagnation bzw. zu Bevölkerungs- und Arbeitsplatzverlusten größerer Verdichtungsräume oder Stadtregionen zugunsten des Wachstums von Mittel- und Kleinstädten sowie auch von ländlichen Gemeinden in häufig (nationaler) peripherer Lage oder zwischen den Verdichtungsräumen. Counterurbanisierung schließt sowohl die Suburbanisierung als auch Exurbanisierung sowie darüber hinaus auch Umverteilungen zwischen Großstädten oder Stadtregionen aus.

Verstädterung, häufig auch als Urbanisierung bezeichnet, ist – wie der Begriff „Stadt" – sehr komplex. Unterscheiden lassen sich verschiedene Dimensionen, beispielsweise die demographische, physiognomische, funktionale und soziale Verstädterung (Heineberg 2006).

einer der wichtigsten Arbeitsrichtungen entwickelt (Bähr & Jürgens 2009). Nach Hofmeister (1980) liegt dem kulturgenetischen Konzept „die Auffassung zugrunde, dass die von der einzelnen Kultur her gegebenen Voraussetzungen und Ausgangspositionen für die allgemein ähnlich verlaufenden Urbanisierungsprozesse einschließlich der inneren Differenzierung der Städte in jedem Kulturraum andere sind [...]". Untersucht werden kulturgenetische oder kulturraumspezifische Stadttypen, einschließlich Modellvorstellungen für die Stadtstrukturen und -entwicklung in einzelnen Kulturräumen der Erde (Kapitel 21.3), oder auch kulturraumspezifische Unterschiede in der weltweiten Stadtentwicklung und Verstädterung.

Schöller (1953) betonte auch, „in welch starkem Maße gesellschaftliche Strukturveränderungen stadtgeographische Auswirkungen nach sich ziehen", und nannte zahlreiche heute noch aktuelle Forschungsfragen und -aspekte: Dies sind beispielsweise die Erforschung von sozial bestimmten Stadteinheiten, gruppenmäßigen Eigenquartieren, Konfession und politisch-sozialer Schichtung, Bevölkerungseigenart und „Viertelsgeist". Diese Themen können der **sozialgeographisch orientierten Stadtforschung** zugeordnet werden. War damals nach Schöller in enger Verbindung mit der Soziologie „die amerikanische Sozialgeographie (…) am weitesten entwickelt und auch für die meisten sozialräumlichen Arbeiten Europas anregend" (Schöller 1953), so entstand in Deutschland – stark beeinflusst durch die Geographen Hans Bobek und Wolfgang Hartke – eine „eigene" Sozialgeographie (Kapitel 16) mit späteren wichtigen Bezügen zur Stadtforschung. Diese sollte ab Ende der 1960er-Jahre als **Münchener Schule der Sozialgeographie** für mehrere Jahrzehnte in der Hochschul-, aber auch Schulgeographie sehr einflussreich und bestimmend sein. Mit der Herausstellung „menschlicher Gruppen" als „Träger der Funktionen und Schöpfer räumlicher Strukturen" durch Bobek sowie der „Aktivitäten menschlicher Gruppen" und der „Landschaft als ‚Registrierplatte' menschlichen raumbezogenen Handelns" sollte sich nach Ruppert und Schaffer, den Hauptvertretern der „Münchener Schule", eine methodische Neuorientierung der Anthropogeographie entwickeln, die alle deren Teilbereiche gleichermaßen zu erfassen hatte (Maier et al. 1977). Die Sozialgeographie deutscher Prägung wurde durch eine große Zahl vor allem empirisch orientierter Forschungsarbeiten, beispielsweise zum sozialgruppenspezifischen Wohn-, Freizeit- oder Bildungsverhalten, gestützt: So untersuchte beispielsweise Schaffer Mobilitätsprozesse und sozialgeographische Entwicklungen in Großwohngebieten am Beispiel der Stadt Ulm. Allerdings scheiterte die vollständige methodische Neuorientierung der gesamten Anthropogeographie – und damit auch der Stadtgeographie – durch den sozialgeographischen Ansatz der Münchener Schule an einer Reihe von Sachverhalten, unter anderem an den erheblichen arbeitsmethodischen Problemen oder auch durch das Aufkommen neuerer Forschungsansätze.

Seit den 1970er-Jahren entwickelte sich in der Stadtgeographie eine stärker quantitativ und theoretisch orientierte Betrachtungsweise (**quantitative und/oder theoretische Stadtgeographie**). Einen wesentlichen Anstoß dazu gab in Deutschland Dietrich Bartels (1968/1970) mit dem von ihm vertretenen Ansatz einer „szientifisch-quantitativen Sozialgeographie". Diese war quasi ein „Nebengleis" zur Sozialgeographie der Münchener Schule. „D. Bartels orientierte sich an dem Vorbild der naturwissenschaftlich-analytischen Denkweise, daher szientifische Sozialgeographie. Es war eine wissenschaftstheoretische Auffassung, die vor allem von der Carl Pop-

per'schen Version des Kritischen Rationalismus ausging" (Heineberg 2007). Heute betrifft die quantitative Stadtgeographie vor allem die Anwendung von Methoden der Geostatistik (Kapitel 6) und Geoinformatik (Kapitel 8), zum Beispiel den Einsatz komplexer, meist erhebliche (geo-)statistische Kenntnisse voraussetzender Methoden (u. a. Faktoren- und Clusteranalysen zur sozialräumlichen Gliederung von Städten), oder etwa den Einsatz von Geographischen Informationssystemen (GIS).

Auch war die Stadtgeographie seit den 1970er-Jahren stärker verhaltenswissenschaftlich ausgerichtet, was zur Benennung einer **verhaltensorientierten (behavioristischen) Stadtgeographie** geführt hat. Zu den zentralen Forschungsthemen zählen die Wahrnehmung und Bewertung städtischer Strukturen und Standorte sowie auch die Analyse von Zusammenhängen zwischen der Raumwahrnehmung bzw. -bewertung und raumrelevantem Verhalten. Dies betrifft beispielsweise Wohnstandortpräferenzen in der Stadt in Bezug auf Individuen oder spezielle Gruppen, beispielsweise im Rahmen der *gentrification*, das heißt der sozialen, baulichen und funktionalen Aufwertung von älteren, meist stadtzentrumsnah gelegenen Wohngebieten (Friedrich 2000, Krajewski 2004).

Die verhaltensorientierte Stadtgeographie wurde in jüngerer Zeit vor allem von Benno Werlen (Kapitel 16) konzeptionell durch einen handlungstheoretischen Ansatz der Sozialgeographie erweitert. „Im Unterschied zur verhaltensorientierten Sozialgeographie versteht die handlungsorientierte Sozialgeographie das menschliche Handeln als einen bewußten, zielgerichteten Akt, an dessen Ausführung gesellschaftliche, räumliche und individuelle Anteile beteiligt sind (methodologischer Individualismus)" (Reuber 1999). Reuber benennt auch beispielhaft eine Reihe von – auch die Stadtforschung betreffenden – Arbeitsfeldern, die sich auf den handlungstheoretischen Ansatz beziehen, etwa die „Untersuchung ökonomisch-zweckrationaler Entscheidungen von Akteuren: Dazu gehören Standortentscheidungen von Unternehmen und ihre Konsequenzen für Produktions- und Pendlerströme, das Konsum-, Einkaufsverhalten und Freizeitverhalten von Menschen etc.".

Seit den 1970er-Jahren hat sich, parallel zu der Einführung von Diplomstudiengängen an deutschen Universitäten, eine stärker planungs- oder praxisbezogene Arbeitsrichtung entwickelt, die Franz Schaffer als **Angewandte Stadtgeographie** bezeichnet hat. Nach Schaffer ist die Angewandte Stadtgeographie ein „praxisbegleitender Forschungsprozess, aus dem auch ein neuer Beitrag zu Methodologie und Theorie des Faches erwartet wird. Hauptziel bleibt jedoch die Entwicklung von Gestaltungskonzepten für eine meist erst zu schaffende räumliche Realität" (Schaffer 1986).

Tabelle 21.1.1 Forschungs- und Analyseansätze in der Stadtgeographie (verändert nach Fassmann 2009).

kulturhistorisch-morphologischer Ansatz	Auf- und Grundriss der Stadt sowie historisch-genetische Herleitung
funktioneller Ansatz	Analyse der gesellschaftlichen Funktion von Objekten, Stadtteilen oder zentralen Orten
vergleichender Ansatz	Differenzierung und Vergleich städtischer Strukturen in unterschiedlichen Kulturerdteilen bzw. politischen Systemen
sozialgeographischer (sozialökologischer) Ansatz	soziale Gruppen und menschliches Handeln als „Motor" der Stadtentwicklung; Verknüpfung räumlicher und sozialer Merkmale
regionalökonomischer Ansatz	Stadt als Standort, ausgestattet mit spezifischen und veränderlichen Standortfaktoren
strukturtheoretischer Ansatz	Analyse der Stadt im Zusammenhang mit gesellschaftlichen Großtheorien (Marxismus, Kapitalismus, Transformation usw.)
kulturalistischer Ansatz	Stadt als kulturelles Produkt und als „Bühne" für gesellschaftliches, wirtschaftliches und politisches Handeln

Die disziplingeschichtlich begründete Auffächerung der Stadtgeographie wird in Abbildung 21.1.1 durch gestrichelte Linien markiert, was die vielfältigen inhaltlichen Überlappungen und Verflechtungen der einzelnen Forschungsfelder andeuten soll. Dies ist in der heutigen Forschungsrealität eher die Regel als die Ausnahme. Vielfältig sind auch die Beziehungen unterschiedlichster Untersuchungsschwerpunkte zu den verschiedenen räumlichen Bezugsebenen, von der globalen oder internationalen Dimension (z. B. weltweite Verstädterung mit interkulturellen Vergleichen oder Prozesse der Globalisierung in Bezug auf Metropolisierung und Megapolisierung) bis zur Mikroebene in der Stadt (u. a. Untersuchung von Einzelhandelsstandorten in der City).

Komplexe Untersuchungen regionaler oder nationaler Städtesysteme, die häufig mehrere Betrachtungsweisen vereinen, lassen sich einer **regionalen Stadtgeographie** zuordnen, stärker auf Raum-Zeit-Bezüge oder den historisch-genetischen Ansatz orientierte Arbeiten auch der **historischen Stadtgeographie**.

Das aufgezeigte „Medley" von großenteils bereits „klassischen" Beiträgen und Ansätzen, wie sie vor allem für die Forschungsgeschichte der Stadtgeographie in Deutschland charakteristisch sind, lässt sich auch durch eine Reihe spezieller Betrachtungsrichtungen ergänzen, deren Strömungen häufig aus dem anglo-amerikani-

schen Raum stammen. Dies betrifft beispielsweise die Einflüsse der frühen Sozialökologie der Chicagoer Schule, die sehr stark die stadtstrukturellen Modellbildungen im Rahmen des kulturgenetischen Ansatzes der deutschen Stadtgeographie beeinflusst hat (Kapitel 21.2 und 21.3), oder etwa die stärkere Berücksichtigung des jüngeren Diskurses postmoderner Stadtentwicklung (Kapitel 21.6).

Die Auffassungen über die fachinterne Ausdifferenzierung der allgemeinen Stadtgeographie sind zum Teil strittig oder unterschiedlich (Heineberg 2006). So benennt Fassmann (2009), ein Vertreter der **„Wiener Schule der Stadtgeographie"**, insgesamt sieben Forschungs- und Analyseansätze (Tabelle 21.1.1), von denen die ersten vier weitgehend mit entsprechenden Bezeichnungen in der Abbildung 21.1.1 übereinstimmen, die drei letztgenannten allerdings ergänzende Ansätze darstellen. Der „vergleichende Ansatz" in Tabelle 21.1.1 deckt sich teilweise mit der „kulturgenetischen Stadtgeographie" bei Heineberg in Abbildung 21.1.1; Fassmann betont jedoch, Bezug nehmend auf Arbeiten von Lichtenberger (1998, 2002), dass darüber hinausgehend auch die „Rückbindung der städtischen Strukturen [...] an politische Systeme" (Fassmann 2009) zu verstehen sei. „Lichtenberger geht es im Besonderen um die Auswirkungen eines marktwirtschaftlichen, planwirtschaftlichen und wohlfahrtsstaatlichen Systems auf die Stadtentwicklung und Stadtstruktur" (ebd.).

21.2 Stadtstrukturmodelle und die innere Gliederung der Stadt

In der Stadtgeographie sowie in benachbarten Wissenschaften, soweit sie sich mit der Struktur und Entwicklung von (Groß-)Städten beschäftigen (Kapitel 21.1), wurde eine Vielzahl von **Stadtstrukturmodellen** entwickelt. Diese zählen zu dem Typ deskriptiver Raummodelle; sie „dienen als Arbeitshypothese über Regelmäßigkeiten räumlicher Anordnung, welche dann in der weiteren empirischen Arbeit überprüft, verbessert, ergänzt, verworfen werden kann" (Wirth 1979). Stadtstrukturmodelle – häufig auch als **Stadtentwicklungsmodelle** zur Beschreibung vergangener und/oder zukünftiger Zustände angelegt – berücksichtigen meist eine Vielzahl von Variablen, die sich allerdings nicht nur auf morphologische Strukturen der Stadtgestalt, sondern auch (vorrangig) auf Nutzungen, das heißt auf Anordnungen von Funktionsstandorten, und auf andere, beispielsweise sozialräumliche Sachverhalte, in Bezug auf die innere Gliederung der Stadt beziehen können. Es lassen sich unter anderem die im Folgenden beschriebenen Typen von Stadtstrukturmodellen unterscheiden.

Historische „Idealstadtmodelle" des Städtebaus

Zu den historischen „Idealstadtmodellen" des Städtebaus zählen beispielsweise das schachbrettartige Schema des Wiederaufbaus von Milet in Kleinasien (nach der Zerstörung von 497 v. Chr.) durch den griechischen Architekten Hippodamus: das sogenannte hippodamische Schema der antiken griechischen Stadt (Abb. 21.2.1). Dieses wurde nicht nur für Städteneugründungen im Mittelmeerraum bestimmend (beispielsweise

entsprechende Entwürfe von Hippodamus für Piräus, Thurioi, Sybaris und Rhodos), sondern hatte ebenfalls Auswirkungen auf die spätere römische Stadtepoche in Süd- und Westeuropa sowie auch auf die Grundrissstrukturen der Kolonialstädte in Lateinamerika (Kapitel 21.3).

Von Bedeutung für den Städtebau in Europa und darüber hinaus waren auch Idealstadtmodelle der italienisch beeinflussten Renaissance mit den Prinzipien einer symmetrisch-horizontal gegliederten Stadtgestaltung, mit rational durchdachten, geometrischen Raumaufteilungen in der Grundrissgestaltung und so weiter (Heineberg 2006). Diese haben die Stadtstrukturen nicht nur in der ersten Epoche der frühen Neuzeit erheblich beeinflusst (landesfürstlicher Städtebau mit Auswirkungen auf die barocke Stadt, z. B. in Karlsruhe), sondern auch diejenigen des 19. Jahrhunderts und sogar der sozialistischen Stadt des 20. Jahrhunderts.

Ein herausragendes Beispiel für eine Idealstadt der Renaissance ist Palmanova (Palma nuova), in der Provinz Udine in Italien gelegen. Die Stadt wurde 1593 bis 1595 um einen sechseckigen Platz als Stadtmittelpunkt, von dem regelmäßig Straßen ausstrahlen, zur Sicherung des venezianischen Landgebietes gegen Österreich als Festung angelegt. Bis zur Eroberung durch die Franzosen im Jahre 1797 galt Palmanova als stärkste und schönste Festung ihrer Zeit; seit 1960 ist die Stadt Nationaldenkmal (Abb. 21.2.2).

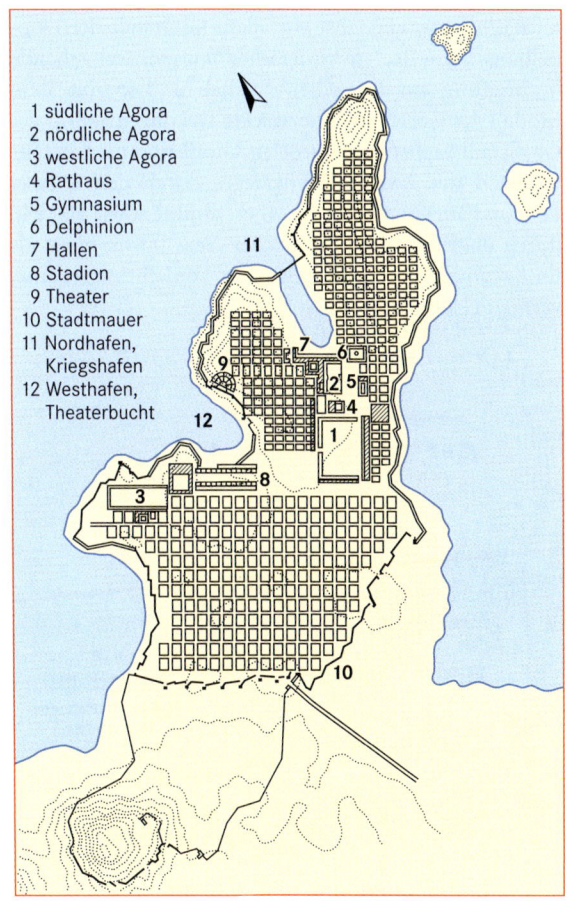

1 südliche Agora
2 nördliche Agora
3 westliche Agora
4 Rathaus
5 Gymnasium
6 Delphinion
7 Hallen
8 Stadion
9 Theater
10 Stadtmauer
11 Nordhafen, Kriegshafen
12 Westhafen, Theaterbucht

Abb. 21.2.1 Hippodamisches Schema: Plan der Stadtanlage von Milet (verändert nach Grassnick 1982).

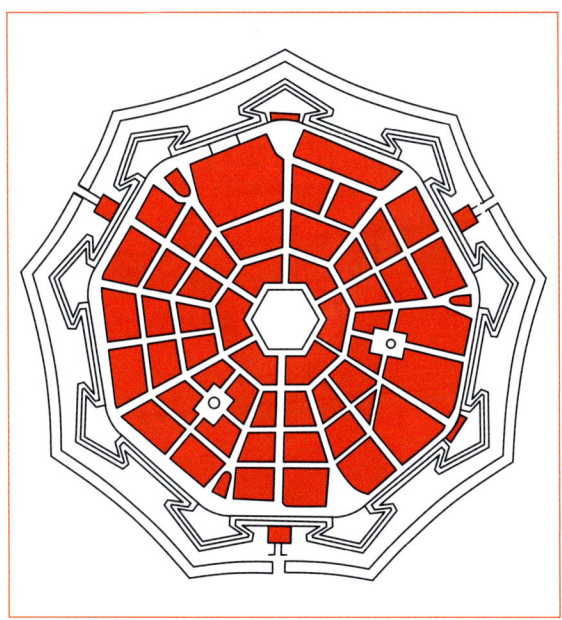

Abb. 21.2.2 Palmanova – Idealstadt der italienischen Renaissance (verändert nach Grassnick 1982).

Stadtstrukturmodelle als Reformvorstellungen im Städtebau seit Ende des 19. Jahrhunderts bis zu den ersten Jahrzehnten nach dem Zweiten Weltkrieg

Den zeitgenössischen städtebaulichen Konzepten des 19. Jahrhunderts, vor allem aus dessen zweiter Hälfte, lag die Modellvorstellung „eines konzentrischen und kompakten, in seiner Dichte nach außen abnehmenden Stadtkörpers" (Albers 1974) zugrunde, wobei die Projektierung von Stadterweiterungen in Abhängigkeit von den damaligen Verkehrsmitteln (Straßen, Pferde- und Dampfbahnen etc.) stand. Komplexere modellhafte Konzepte der Stadtstruktur wurden ab Ende des 19. Jahrhunderts entwickelt. Zu den ersten zählt das 1898 erstmals, 1902 in zweiter Auflage veröffentlichte, bis heute – vor allem auch international – stark beachtete Stadtstrukturmodell des Briten Ebenezer Howard, das als **Modell der Gartenstadt** bekannt geworden ist. Nach Albers (1974) ging es Howard in erster Linie um die

Stadtgröße; es ist aber eigentlich ein funktionales Gesamtkonzept im Städtebau, das – anstelle des peripheren, ungegliederten Städtewachstums – die Errichtung neuerer kleiner Gartenstädte (mit maximal 32 000 Einwohnern) in gewissem Abstand von einer Groß- oder Zentralstadt (*Central City*), und zwar durch einen Grüngürtel getrennt, vorsah (Abb. 21.2.3). Als wesentliche stadtstrukturelle und -funktionale Merkmale einer Gartenstadt sah Howard die geringe Bebauungsdichte (sog. Gartenstadtdichte mit maximal 12 Häusern pro *acre* = 0,4 ha), die Gliederung in durch Radialstraßen getrennte Nachbarschaften, zentrale Einrichtungen (vor allem der Kultur und Bildung) sowie die randliche Anordnung von Industrie und Eisenbahn vor (Abb. 21.2.3). Howard gelang es zwar lediglich, anstelle der von ihm für Großbritannien geforderten 100 neuen Städte als Gartenstädte die Entwicklung zweier *Garden Cities* durchzusetzen, und zwar von Letchworth (ab 1903 rund 50 km nördlich von London gelegen) und Welwyn Garden City (ab 1920 zwischen London und Letchworth errichtet). Allerdings fand nach dem Ersten Weltkrieg zumindest die von Howard propagierte Gartenstadtdichte, zunächst vor allem in Gestalt der Doppelhaus-Bauweise (*semi-detached houses*), weitgehende Verbreitung im britischen Städtebau. Die mit dem Modell der Gartenstadt bezweckte Dekonzentration des Großstadtwachstums wurde in Großbritannien bereits während des Zweiten Weltkrieges durch den *Greater London Plan* von Sir Patrick Abercrombie sowie ab 1946 durch die Errichtung zahlreicher *New Towns*, meist als Entlastungsstädte großstädtischer Verdichtungsräume, verfolgt (Heineberg 1997).

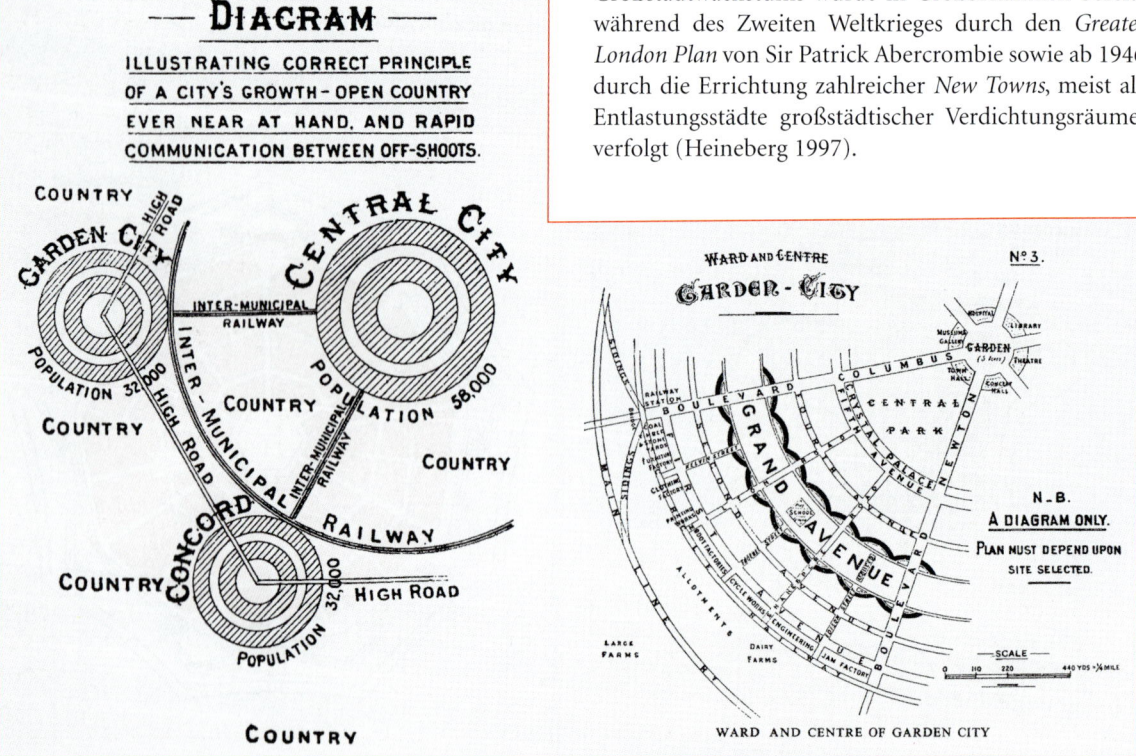

Abb. 21.2.3 Modell der Gartenstadt nach Ebenezer Howard (Originalabbildungen aus Howard 1902).

Abb. 21.2.4 *Semi-detached houses* in Welwyn Garden City (Foto: H. Heineberg).

Wenngleich die Grundrissstrukturen der ab 1920 errichteten Welwyn Garden City deutlich von dem kreisförmigen Modell der Gartenstadt von Ebenezer Howard abweichen, so konnten doch wesentliche Gestaltungsprinzipien realisiert werden. Dazu zählen die vorherrschenden Wohnformen – Doppelhäuser (*semi-detached houses*) in Gartenstadtdichte (Abb. 21.2.4) –, die sich ganz erheblich von der in England bis zum Ersten Weltkrieg allgemein üblichen Bauweise des Einfamilien-Reihenhauses unterscheiden. Die *semi-detached houses* sind in Großbritannien auch heute noch sehr begehrt.

Die Gartenstadtbewegung hat auch den Städtebau in Deutschland erheblich beeinflusst, beispielsweise durch Errichtung von gartenstadtorientierten Werkskolonien (Gartenkolonien) im Ruhrgebiet (ab 1905) oder durch Anlage von gartenumgebenen Kleinhaus- oder Villenkolonien in den Stadtrandzonen (in der Zwischenkriegszeit, aber auch noch nach dem Zweiten Weltkrieg).

durch Funktionstrennung der verschiedenen Nutzungsarten (z. B. ein räumlich deutlich getrennt angeordnetes Industriegebiet), ein geometrisch-formalistisch angelegtes Verkehrssystem mit Trennung der Verkehrsarten in verschiedenen Ebenen, die Größenordnung einer Millionenstadt (3 Millionen Einwohner) sowie durch hohe Einwohnerdichten im Kernbereich (bis 3 000 Einwohner/ha Nettowohndichte) aus.

Zu den am meisten verbreiteten idealtypischen Stadtstrukturmodellen für größere Städte oder Stadtregionen gehören die ab der Zwischenkriegszeit des 20. Jahrhunderts radial konzipierten Stern- oder Speichen- sowie Bandstadtkonzepte (Heineberg 2006). Beispielsweise hat das Sternsystem die Entwicklungskonzepte einer Reihe großer Städte geprägt. Dazu zählen der „Fingerplan" für Kopenhagen oder Hamburgs Konzept der Aufbau- oder Entwicklungsachsen von 1969 (Abb. 21.2.5); das stark axial konzipierte, sternförmig ausgerichtete Hamburger Stadtentwicklungskonzept wurde 1996 fortgeschrieben (Bose 2001).

Modelle kompakter Stadtanlagen für größere Städte

In der Zeit zwischen den beiden Weltkriegen wurden nur wenige städtebauliche Strukturmodelle entwickelt. Diese knüpften an die kompakte Großstadt des 19. Jahrhunderts an, fanden allerdings – im Gegensatz zur weitgehend akzeptierten Gartenstadtbewegung – nur wenig Anwendung. Zu den städtebaulichen Modellen kompakter Stadtanlagen zählt der Entwurf einer für Paris entworfenen *Ville contemporaine* von **Le Corbusier** aus dem Jahre 1922 (Albers 1974); dieser zeichnete sich

Modell der gegliederten und aufgelockerten Stadt

Beeinflusst von der Gartenstadtbewegung, der (im Jahre 1941 von Le Corbusier anonym veröffentlichten) sogenannten Charta von Athen – die eine räumliche Funktionstrennung im Städtebau forderte – und anderen Strömungen entwickelte sich seit dem Zweiten Weltkrieg im westlichen Deutschland das neue Leitbild einer „gegliederten und aufgelockerten Stadt". Dieses war, wie es das Stadtmodell von Göderitz et al. aus dem Jahre 1957 verdeutlicht (Abb. 21.2.6), mit einer weitgehenden

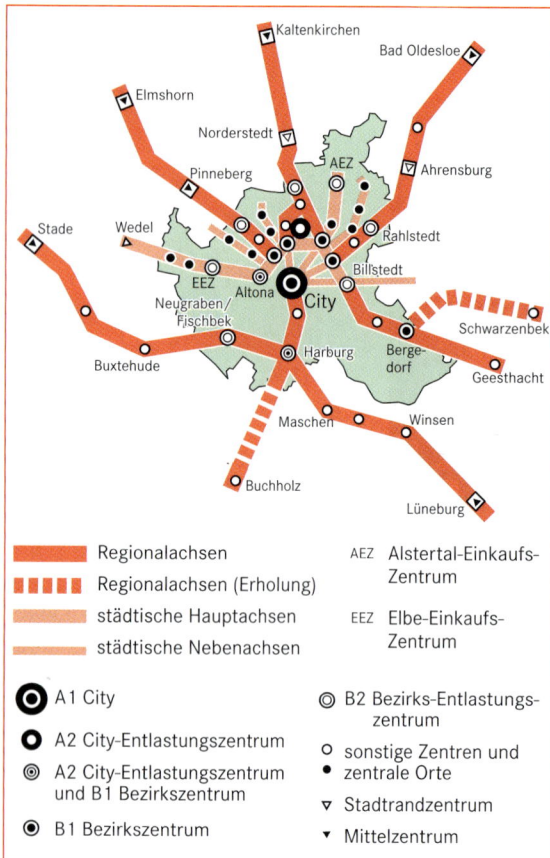

Abb. 21.2.5 Sternförmiges Entwicklungsmodell mit Entwicklungsachsen für Hamburg und Umland (verändert nach Möller 1985).

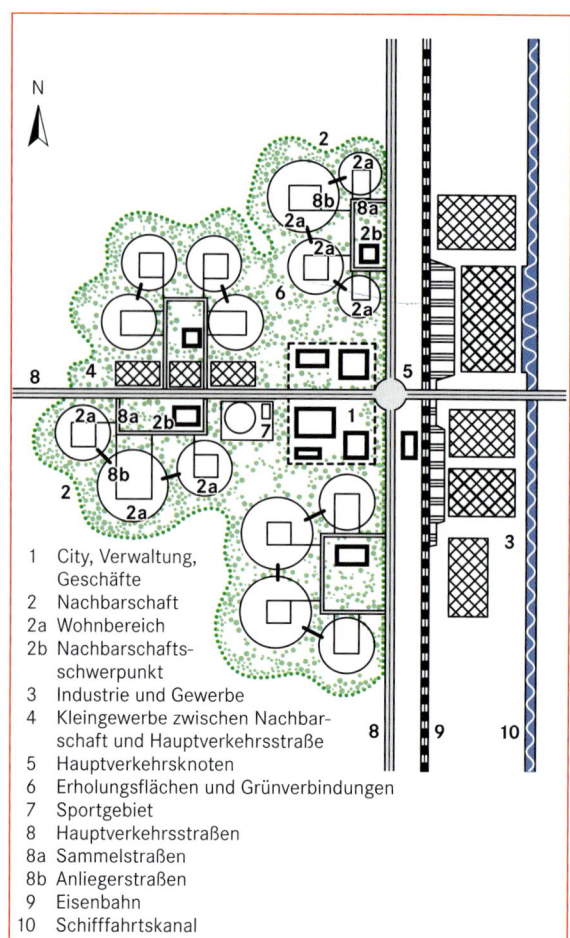

Abb. 21.2.6 Modell der gegliederten und aufgelockerten Stadt (verändert nach Göderitz et al. 1957).

räumlichen Trennung der Funktionen Wohnen, Arbeiten, Verkehr und so weiter verbunden. Dieses in der Nachkriegszeit bedeutende Leitbild hat, beeinflusst durch die Baugesetzgebung ab 1960, nicht nur häufig zu starren Zuordnungen von Funktion und Fläche, sondern auch zu großem Flächenverbrauch geführt, der sich insbesondere in dem seit ungefähr 1960 stattfindenden Suburbanisierungsprozess zeigt (Heineberg 2006).

Modell der Siedlungsdispersion und Entmischung

Das im Rahmen der Diskussion um die „nachhaltige Stadtentwicklung" entstandene Modell der Siedlungsdispersion und Entmischung verdeutlicht – stark vereinfachend – räumliche Trends und Probleme in den

jüngeren strukturellen und funktionalen Siedlungsveränderungen, die sich nach dem „Städtebaulichen Bericht" der Bundesforschungsanstalt für Landeskunde und Raumordnung von 1996 (Abb. 21.2.7) zusammenfassen lassen: erstens als „Flächen fressende" Siedlungsexpansion in das jeweilige Stadtumland im Rahmen der Suburbanisierung und zweitens als die sogenannte räumlich-funktionale Entmischung der Funktionen Wohnen, Arbeiten und Versorgen (einschließlich des Entstehens großflächiger Anlagen des Einzelhandels und der Freizeitnutzung). Beide Prozesse stehen, je nach Lage, Größe und wirtschaftlicher Leistungskraft in den einzelnen Städten, im wechselseitigen Zusammenhang mit dem Anstieg und der räumlichen Ausweitung des motorisierten Individual- und Wirtschaftsverkehrs (Wiegandt 2002).

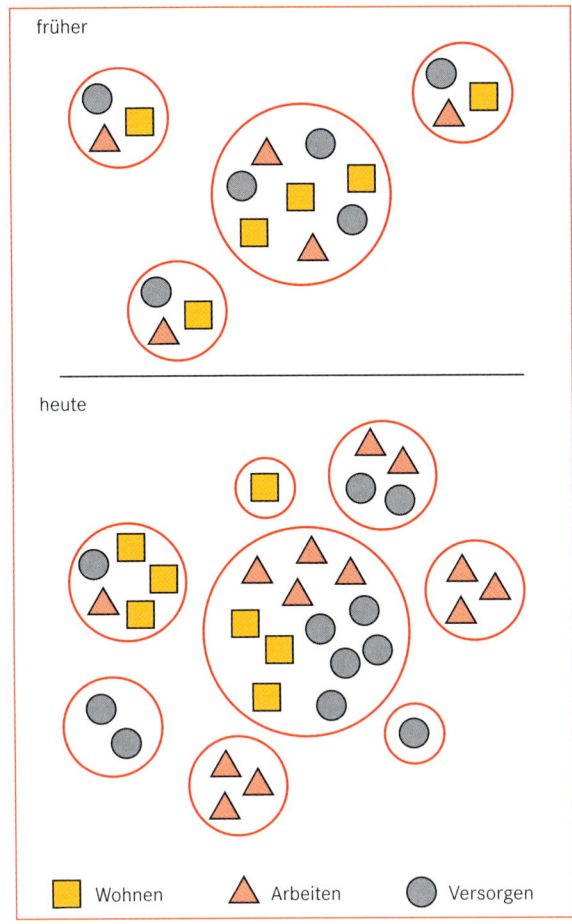

Abb. 21.2.7 Modell der Siedlungsdispersion und Entmischung (verändert nach BfLR 1996).

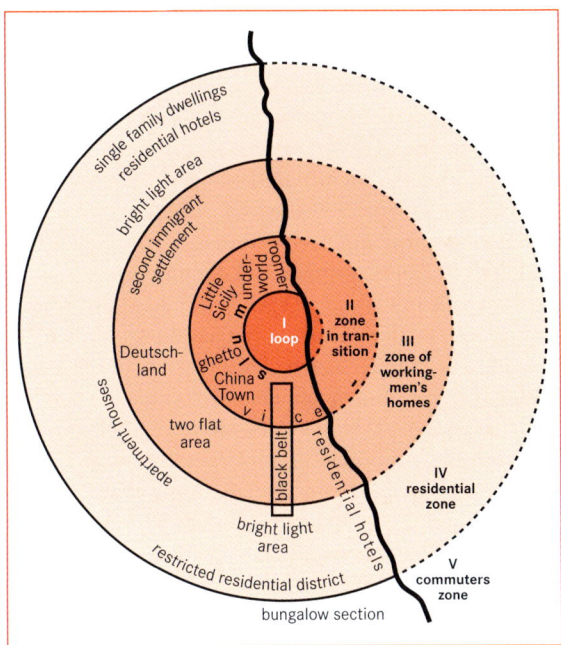

Abb. 21.2.8 Ringmodell der Stadtentwicklung von Burgess (verändert nach Heineberg 2006).

Stadtentwicklungsmodelle der Chicagoer Schule der Sozialökologie

Unter den Bezeichnungen „Stadtstrukturmodelle" – oder einfach „Stadtmodelle" – versteht man in der einschlägigen interdisziplinären Literatur (vor allem der Stadtsoziologie und Stadtgeographie) meist drei „klassische" Modelle aus der Chicagoer Schule der Sozialökologie, „die die Stadtstruktur abbilden. Es sind indessen genauer Modelle, die eine gegebene Stadtstruktur als Resultat eines Prozesses der Stadtentwicklung ansehen, daher auch Abbildungen von Hypothesen über den Prozess der Stadtentwicklung. Daher ist es berechtigt, von Modellen der Stadtentwicklung zu sprechen. Die Modelle können abgekürzt als Modell der konzentrischen Zonen (Burgess), Sektorenmodell (Hoyt) und Mehrkerne-Modell (Harris & Ullman) bezeichnet werden" (Friedrichs 1983).

Die Chicagoer Schule der Sozialökologie bildet einen frühen Forschungsansatz von Soziologen der Universität Chicago aus der Zeit zu Beginn des 20. Jahrhunderts und nach dem Ersten Weltkrieg. Die Soziologen, und zwar zunächst vor allem Park, Burgess und McKenzie, versuchten, Regelhaftigkeiten der wechselseitigen Abhängigkeit des sozialen und wirtschaftlichen Lebens innerhalb der Stadt zu analysieren (Friedrichs 1983, Heineberg 2006).

Ein erstes Modell, zusammen mit einer für die soziologische und sozialgeographische Stadtanalyse wichtigen Theorie, – „eine ‚ideale Konstruktion' des typischen Prozesses der Stadtentwicklung" (Friedrichs 1983) – entwickelte Ernest Burgess (1925/1929) aufgrund von Beobachtungen der Stadtentwicklung Chicagos (Abb. 21.2.8). Chicago wies seit zirka 1890 ein hohes, in erster Linie zu- oder einwanderungsbedingtes Bevölkerungswachstum bei gleichzeitig hohem Anteil ethnischer Gruppen mit zugleich erheblichen sozialen und ökonomischen Konflikten auf. Günstig für die sozialökologische Forschung war, dass für Chicago seit 1920 Volkszählungsdaten für städtische Teilgebiete (*census tracts*) zur Verfügung standen.

Mittelpunkt des am Beispiel von Chicago von Burgess konzipierten sogenannten **Ringmodells der Stadtentwicklung** ist der *loop*, das Stadtzentrum (in den USA im Allgemeinen *downtown* genannt). In der Nähe des *loop*, das heißt in vom Verfall bedrohten Wohngebieten, siedelten sich in Chicago Zu- bzw. Einwanderer in nach ihrer Herkunft homogenen Gruppen an. Hier konnten sie ihre kulturellen Traditionen weiterführen. Die Ghettobildung oder Wohnsegregation in dieser sogenannten Übergangszone (*zone in transition*) ist in dem Ringmodell von Burgess durch Bezeichnungen wie *Little Sicily* oder *China Town* angedeutet. Die Übergangszone war gleichzeitig auch durch eine Invasion von Geschäften und Leichtindustrie geprägt. Um diese *zone in transition* lagerten sich in Chicago wegen seiner Lage am Michigansee nur halbringförmig angeordnete Zonen in Gestalt von Wohngebieten. Diese waren durch einen nach außen hin zunehmendem Sozialstatus der Bewohner charakterisiert. Es handelte sich zunächst um eine Arbeiterwohnzone (*zone of working-men's homes*), dann nach außen anschließend um eine sogenannte *residential zone* als Mittelschicht-Wohngebiet und daran angrenzend um eine sogenannte Pendlerzone (*commuters zone*) mit höheren sozialen Schichten in Vororten (*suburbs*) und Satellitenstädten.

Burgess ging in seinen Überlegungen zu diesem Entwicklungsmodell und auch in seiner Theorie der konzentrischen Ringe von zwei Annahmen aus, und zwar erstens: „Städte verändern sich ständig unter dem Einfluss der Konkurrenz um die Standortvorteile" und zweitens: „Städte sind integrale Einheiten, in denen kein Teilgebiet sich verändern kann, ohne dass daraus Folgen für alle anderen Teilgebiete entstehen" (Hamm 1982, Friedrichs 1983). In Bezug auf das Stadtwachstum nach außen war für Burgess die Expansion der ökonomisch stärkeren gewerblichen Nutzung, vor allem des tertiären Sektors, im *Central Business District* (innerhalb des *loop* bzw. der *downtown*) ganz entscheidend.

Um die Zonen oder Teilgebiete zu charakterisieren, benutzte Burgess zwei „Bündel von Indikatoren", und zwar „den sozio-ökonomischen Status der Bewohner (deren Schichtzugehörigkeit, Familienstatus und ethnische Zugehörigkeit) einerseits, andererseits die Baustruktur und die verschiedenen Nutzungsarten von Land (zur Produktion, für Verkehr usw.)" (Häußermann & Siebel 2004). Neuere Forschungen haben gezeigt, „dass es sich bei dem von Burgess formulierten Modell um die Struktur eines bestimmten Stadttypus in einer ganz bestimmten Entwicklungsphase handelt – oder, wie manche meinen, um ein spezifisches Modell der Stadt Chicago. […] Nicht einmal innerhalb der USA war es überall anwendbar. Seinem universalen Gültigkeitsanspruch konnte das sozialökologische Modell zu keiner Zeit gerecht werden" (ebd.).

Bereits 1939 kam der Stadtsoziologe Homer Hoyt zu einer Ablehnung des Ringmodells von Burgess. „Im Gegensatz zu Burgess führte Hoyt die Stadtentwicklung – zumindest überwiegend – auf die Veränderungen in

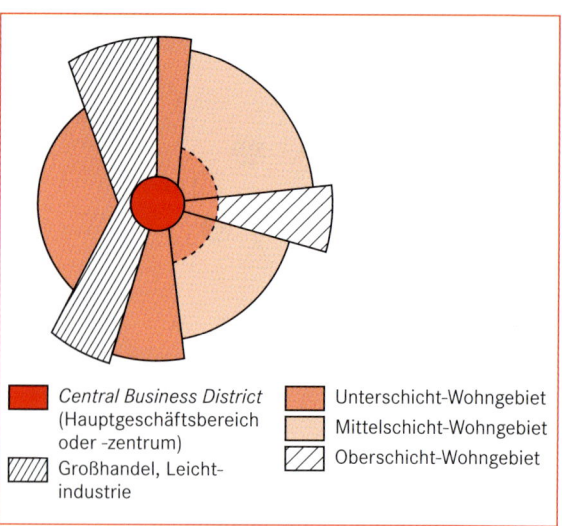

Abb. 21.2.9 Sektorenmodell der Stadtentwicklung von Hoyt (1939, verändert nach Heineberg 2006).

Legende:
- **Central Business District** (Hauptgeschäftsbereich oder -zentrum)
- Großhandel, Leichtindustrie
- Unterschicht-Wohngebiet
- Mittelschicht-Wohngebiet
- Oberschicht-Wohngebiet

den Wohnstandorten der statushohen Bevölkerungsgruppe zurück" (Friedrichs 1983). Empirische Untersuchungen räumlicher Mietpreisstrukturen in 30 US-amerikanischen Städten (zwischen 1900 und 1936), dabei insbesondere in Bezug auf die Lage von Wohngebieten der oberen Mittelschicht und Oberschicht, belegten nach Hoyt die These, dass die Entwicklung von Wohngebieten unterschiedlicher Miethöhe einem sektoralen Muster von der Stadtmitte zur Peripherie hin folgt. Darauf basierend entwarf Hoyt ein sogenanntes **Sektorenmodell** (Abb. 21.2.9), wonach sich die Städte in relativ homogene Sektoren gliedern. Dies betrifft aufgrund der oben genannten empirischen Belege einerseits Sektoren mit höherem Sozialstatus der Bewohner, andererseits grenzte Hoyt in seinem Modell auch Sektoren für Industriegebiete und daran anschließende Arbeiterwohngebiete ab, die sich hauptsächlich entlang wichtiger Verkehrsleitlinien entwickeln. Umgekehrt meiden die wohlhabenden Schichten die Industrie- und Arbeiterwohnsektoren und siedeln sich ihrerseits in den dazwischen befindlichen Sektoren mit einer deutlichen Tendenz zur Peripherie hin an.

Ähnlich wie das Ringmodell von Burgess ist somit auch das Sektorenmodell von Hoyt nicht statisch zu verstehen, sondern als Modell der Stadtentwicklung zu betrachten (Friedrichs 1983).

Demgegenüber ist das dritte der „klassischen" Stadtmodelle, das sogenannte **Mehrkerne-Modell** von D. Harris und E. Ullman aus dem Jahre 1945 (Abb. 21.2.10), eher ein Modell der Stadtstruktur als ein Modell der Stadtentwicklung (Friedrichs 1983). Mit

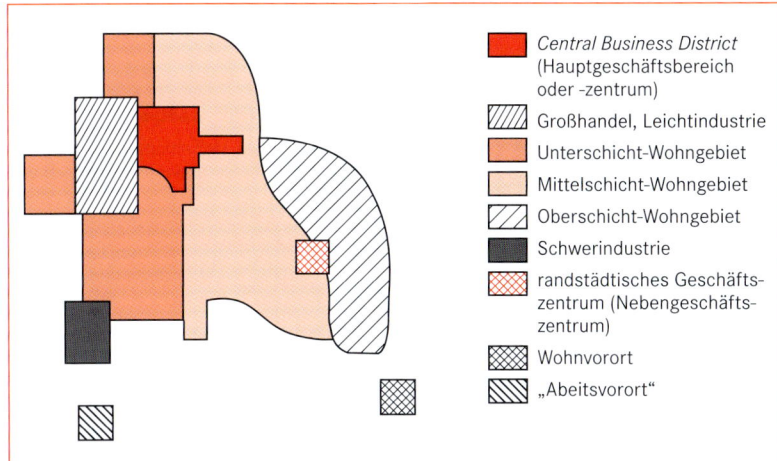

Central Business District
(Hauptgeschäftsbereich
oder -zentrum)

Großhandel, Leichtindustrie

Unterschicht-Wohngebiet

Mittelschicht-Wohngebiet

Oberschicht-Wohngebiet

Schwerindustrie

randstädtisches Geschäfts-
zentrum (Nebengeschäfts-
zentrum)

Wohnvorort

„Abeitsvorort"

Abb. 21.2.10 Mehrkerne-Modell von Harris und Ullman (1945, verändert nach Heineberg 2006).

dem Mehrkerne-Modell wurde unter anderem versucht, die zentralörtlichen Funktionen einer Stadt zu berücksichtigen. Die Autoren gingen von der Hypothese aus, dass mit der Größe der Stadt auch die Zahl und Spezialisierung ihrer sogenannten Kerne (Stadtmitte, peripher gelegene Geschäftszentren wie Shopping-Center, Kulturzentren, Parks oder kleine Industriezentren) wachsen. Im Mehrkerne-Modell werden auch Unterschiede zwischen dem zentralen Stadtgebiet (insbesondere des *Central Business District*, hohe Konzentration von Arbeitsplätzen) und den peripher gelegenen Nutzungseinheiten (vor allem in Bezug auf Oberschichtwohngebiete, aber auch auf Industriebezirke) deutlich. In dem Modell von Harris und Ullman geht es weniger darum, die räumlichen Verteilungen unterschiedlicher sozialer Strukturen darzustellen, wenngleich auch diesbezüglich eine gewisse zentral-periphere Abfolge existiert. Eine grundlegende Schwäche des Modells besteht darin, dass der Begriff „Kern" nicht eindeutig definiert ist; auch sind in dem Modell nicht die einzelnen „Kerne" berücksichtigt, sondern vor allem die Gebiete verschiedener Nutzung. Insgesamt wird das Modell allerdings den in Wirklichkeit häufig vorkommenden „mehrkernigen" Stadtstrukturen eher gerecht als das Ringmodell von Burgess und das Sektorenmodell von Hoyt.

Trotz der bereits oben sowie auch von anderen Autoren geäußerten Kritik an den drei „klassischen" Stadtmodellen der Chicagoer Schule der Sozialökologie – unter anderem wegen Theoriedefiziten, Fragen der empirischen Überprüfung ihrer Allgemeingültigkeit, zu starker Orientierung auf die Situation nordamerikanischer Städte der Zwischenkriegszeit, das heißt auf den Zeitraum der beginnenden massiven jüngeren Suburbanisierung, generelle Beschränkung der Aussagekraft auf kapitalistische Staaten mit freier Marktwirtschaft,

Nichtberücksichtigung der dritten Dimension, das heißt der vertikalen Nutzungsdifferenzierung in Städten – hatten sie insgesamt eine grundlegende Bedeutung für die Entwicklung neuerer, komplexerer Modellvorstellungen für ganze Stadtregionen, auch in anderen Kulturerdteilen: Sie waren Ausgangspunkte für die jüngere Erarbeitung von Stadtmodellen in einer Reihe von größeren Kulturräumen der Erde (USA und Lateinamerika, Orient, Südafrika usw.) seitens der empirischen geographischen Stadtforschung (Kapitel 21.3). Dabei erwiesen sich Kombinationen der drei klassischen Stadtmodelle als relevant.

Den drei klassischen Modellen kommt bis heute auch eine erhebliche **didaktische Bedeutung** zum Verständnis und zur Veranschaulichung von räumlichen Stadtgliederungen und Stadtentwicklungsprozessen zu, wenngleich sie für sich nicht ausreichen, die inzwischen stark zugenommenen Tendenzen der „Auflösung" der Städte im Rahmen der Suburbanisierung und anderer peripherer Entwicklungen sowie auch der sich abzeichnenden stärkeren innerstädtischen Fragmentierungen nach speziellen Nutzungen und so weiter abzubilden.

Die Modelle betreffen insbesondere zwei wichtige Typen innerstädtischer Gliederung: die funktionale und die sozialräumliche. In den Stadtmodellen für einzelne Kulturerdteile werden teilweise auch morphogenetische Merkmale berücksichtigt. Die Tabelle 21.2.1 gibt eine Übersicht über die Möglichkeiten der inneren Gliederung von Städten in Bezug auf Hauptforschungszweige der Stadtgeographie.

Tabelle 21.2.1 Forschungsrichtungen der allgemeinen Stadtgeographie (linke Spalte) und Möglichkeiten der inneren Gliederung von Städten (rechte Spalte).

morphogenetische Stadtgeographie (Stadtmorphologie)	**morphogenetische (oder morphologische) Stadtgliederungen** = räumliche Gliederungen nach Aufriss- und Grundrissstrukturen oder **Gliederungen nach der Stadtgestalt**
funktionale Stadtgeographie	**funktionale Stadtgliederungen** = Gliederungen nach Gebäude-/Flächennutzungen, d.h. räumliche Gliederungen nach den jeweils vorherrschenden Nutzungen oder Raumfunktionen bzw. Funktionsvergesellschaftungen
sozialgeographische Stadtforschung	**sozialräumliche Stadtgliederungen** = räumliche Gliederungen nach sozialen, sozio-ökonomischen und/oder auch demographischen Merkmalen (häufig mittels komplexer sog. multivariater statistischer Methoden im Rahmen der sog. Faktorialökologie und/oder quantitativen Stadtgeographie)
Zentralitätsforschung (Analyse innerstädtischer Zentralität)	**funktionsräumliche Stadtgliederungen** = räumliche Gliederungen nach Funktions- oder Kommunikationsbereichen (z. B. Schuleinzugsbereiche)
verhaltensorientierte Stadtgliederung	**aktionsräumliche Stadtgliederungen** = räumliche Gliederungen nach den Aktivitäten einzelner Individuen (oder Gruppen) zwischen Wohnstandort(en) und anderen Funktionsstandorten (z. B. Arbeitsplätze, Einkaufsorte, Vereinsstandorte) **Stadtgliederungen nach der subjektiven Raumwahrnehmung** *(mental maps)*
angewandte Stadtgeographie	**planungsbezogene Stadtgliederungen** = Gliederungen z.B. mit Abgrenzung sanierungsbedürftiger Gebiete, Stadtgliederungen entsprechend den Flächennutzungsplänen
weitere spezielle Gliederungsmöglichkeiten	z. B. nach Bodenwerten, Mietpreisen, Gebäudewerten oder etwa nach Verkehrsdichten, Verkehrsvolumen

Die „Zwischenstadt" und Leitbilder bzw. Modelle der zukünftigen Siedlungsstruktur im Sinne nachhaltiger Stadtentwicklung

Der sich seit jüngerer Zeit in städtischen Agglomerationen abzeichnende Transformationsprozess wurde von Sieverts (1997/1999) in Bezug auf Europa als „Auflösung der kompakten historischen europäischen Stadt" zugunsten „einer ganz anderen, weltweit sich ausbreitenden neuen Stadtform" bezeichnet: der **verstädterten Landschaft** oder der „verlandschafteten Stadt". Diesen neuartigen, dezentralisierten Siedlungstyp beschrieb Sieverts zur Vereinfachung mit „Zwischenstadt" (Exkurs 21.1.1), die nicht als Leitbild, sondern als von der Planung bislang vernachlässigte Realität bezeichnet wurde. Sieverts hat mit seinem Buch „Die Zwischenstadt" ganz maßgeblich die jüngere Debatte um die zukünftige Siedlungsstrukturentwicklung und deren Leitbilder beeinflusst.

Nach Bose (2001) hat die „Debatte über Siedlungsentwicklung in Stadtregionen (…) nicht erst seit Thomas Sieverts Buch „Die Zwischenstadt" (1997) wieder Konjunktur. In vielen Stadtregionen wurde in den 1990er-Jahren des vergangenen Jahrhunderts zudem wieder intensiv über räumliche und inhaltliche Leitvorstellungen diskutiert. Diese werden in zahlreichen informellen Planungsprozessen auf Stadtteil-, Gesamtstadt- oder stadtregionaler Ebene (z. B. in Lokalen Agenden, Stadtmarketingprozessen, Regionalforen und Regionalen Entwicklungskonzepten) entwickelt". Im Rahmen der jüngeren städtebaulichen Leitbilddiskussion wurde

auch eine Reihe von Siedlungsstrukturkonzepten oder modellhaften Zukunftsvorstellungen für Stadtregionen entwickelt (Bose 2001). Besonderen Einfluss darauf hatten die seit den 1990er-Jahren diskutierten sowie zunehmend realisierten Konzepte einer **nachhaltigen Stadtentwicklung** als Leitbild. Diese wurde von der Konferenz der Vereinten Nationen für Umwelt und Entwicklung im Jahre 1992 in Rio de Janeiro mit ihren Aktionsprogrammen und den dadurch initiierten lokalen Handlungsprogrammen (sog. lokale Agenden 21) für eine ökologisch, wirtschaftlich und sozial verträgliche Entwicklung beeinflusst.

Als wichtige Ordnungsprinzipien einer nachhaltigen Stadtentwicklung und damit als Strategien für die Zukunft sind weitgehend anerkannt (vgl. Bundesforschungsanstalt für Landeskunde und Raumordnung 1996):

- Die Schaffung kompakterer und dennoch hochwertiger baulicher Strukturen, um ein Ausufern der Siedlungen in der Fläche zu verhindern (sog. Dichte im Städtebau).
- Die funktionale Mischung innerhalb von Stadtquartieren durch Verflechtungen von Wohnen und Arbeiten, aber auch von Versorgung und Freizeit. Von Bedeutung sind auch die Förderung sozialer Mischungen nach Einkommensklassen, Haushaltstypen und Lebensstilgruppen sowie die Planung baulich-räumlicher Mischungen. So fördert die nachhaltige Stadtentwicklung als neues partielles Leitbild die „Kompakte Stadt" (auch die „Stadt der kurzen Wege" genannt), in der die Lebensbereiche Wohnen, Arbeiten, Sich-bilden, Einkaufen und Erholen – im Gegen-

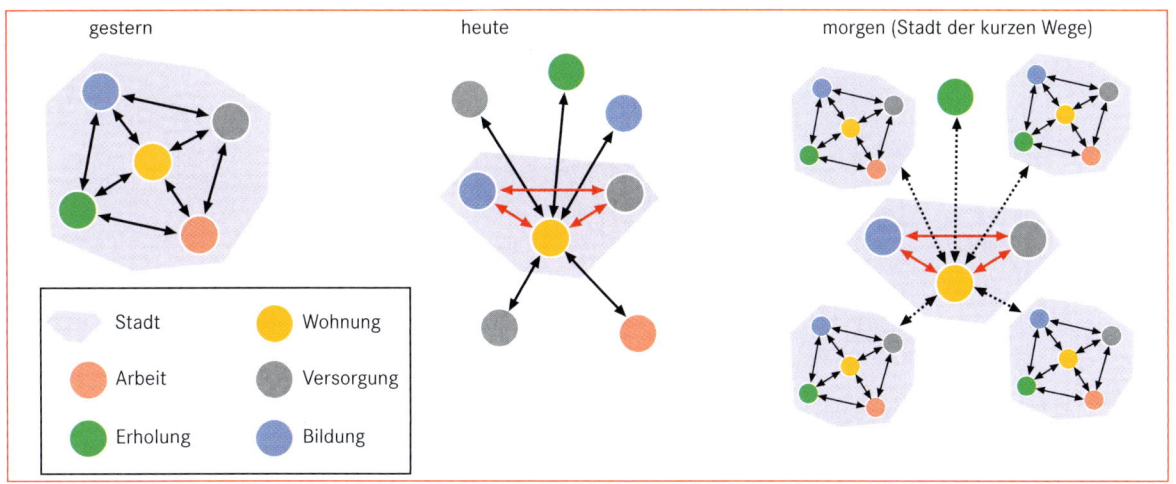

Abb. 21.2.11 Modell der Entwicklung der räumlichen Muster der Daseinsgrundfunktionen bis zu einer „Stadt der kurzen Wege" (verändert nach Wiegandt 2002).

satz zu den früheren Forderungen der Charta von Athen sowie zur gegliederten und aufgelockerten Stadt – gut durchmischt sind.

- Die sogenannte Polyzentralität, insbesondere in Gestalt der sogenannten dezentralen Konzentration. Dadurch können der anhaltende Siedlungsdruck im Umland der Städte auf ausgewählte Siedlungsschwerpunkte gebündelt und etwa eine größere Tragfähigkeit des ÖPNV erreicht werden.

Die Abbildung 21.2.11, die auf Abbildung 21.2.7 aufbaut, zeigt (rechts) modellhaft das auf dem Konzept einer nachhaltigen Stadtentwicklung basierende Leitbild einer „Stadt der kurzen Wege". „Ein wichtiges Ziel ist es, kleinräumige Vernetzungen wieder zu ermöglichen, wenn dies in einer globalisierten und arbeitsteiligen Weltgesellschaft auch nicht in allen Lebens- und Wirtschaftsbereichen möglich ist. Aber gerade für den städtischen Alltag lassen sich mit lokalen Netzwerken bessere Voraussetzungen für eine umweltverträgliche und Ressourcen schonende Stadtentwicklung schaffen" (Wiegandt 2002).

In ähnlicher Form haben Hesse und Schmitz (1998) als eines der möglichen Zukunftsszenarien der Siedlungsstruktur und Interaktionsmuster die **„nachhaltige Stadtlandschaft"** skizziert (Zukunft 3 in Abb. 21.2.12). Ihr Petitum für das Szenario „Nachhaltige Stadtlandschaft" begründen sie damit, dass es erforderlich sei, auf der Grundlage einer möglichst realistischen Betrachtung der treibenden Kräfte der Suburbanisierung eine differenzierte Strategie der Dezentralisierung und Verkehrssparsamkeit zu entwickeln. Durch die Förderung von Innenentwicklung, kleinräumiger Vernetzung und kom-

pakten Dezentralisierungen in enger räumlicher Nähe zu den Kernstädten glauben sie, eine den Nachhaltigkeitszielen am ehesten entsprechende regionale Siedlungsstruktur fördern zu können" (Bose 2001). Ein anderes mögliches Szenario, und zwar das einer dezentralen Konzentration (von Hesse und Schmitz als Zukunft 2 [Abb. 21.2.12] einer **Reurbanisierung** bezeichnet, das derzeit etwa in der gemeinsamen Landesentwicklungsplanung von Berlin und Brandenburg präferiert wird), entspricht weniger einer nachhaltigen Stadtentwicklung. Letzteres gilt erst recht nicht für die Zukunftsvision des *urban sprawl* (Fortsetzung der sog. Desurbanisierung), das heißt einer Amerikanisierung der Stadtlandschaft (Kapitel 21.3, Zukunft 1 in Abb. 21.2.12).

Wie sich etwa eine vielpolig nach speziellen Nutzungen fragmentierte und miteinander vernetzte räumliche Struktur innerhalb einer Stadtregion entwickeln kann, zeigt das Ruhrgebiet anhand vieler Beispiele einer sogenannten postindustriellen Fragmentierung (auch im Sinne der „Zwischenstadt" nach Sieverts 1997), die sich in die Grundstruktur einer traditionell polyzentrisch geprägten städtischen Agglomeration einfügt.

21.3 Ausgewählte kulturgenetische Stadttypen

Für die meisten großen Kulturräume kontinentalen oder subkontinentalen Ausmaßes ist von der kulturgenetischen Stadtgeographie (Kapitel 21.1) eine Anzahl von Stadtmodellen entworfen worden, die wesentliche,

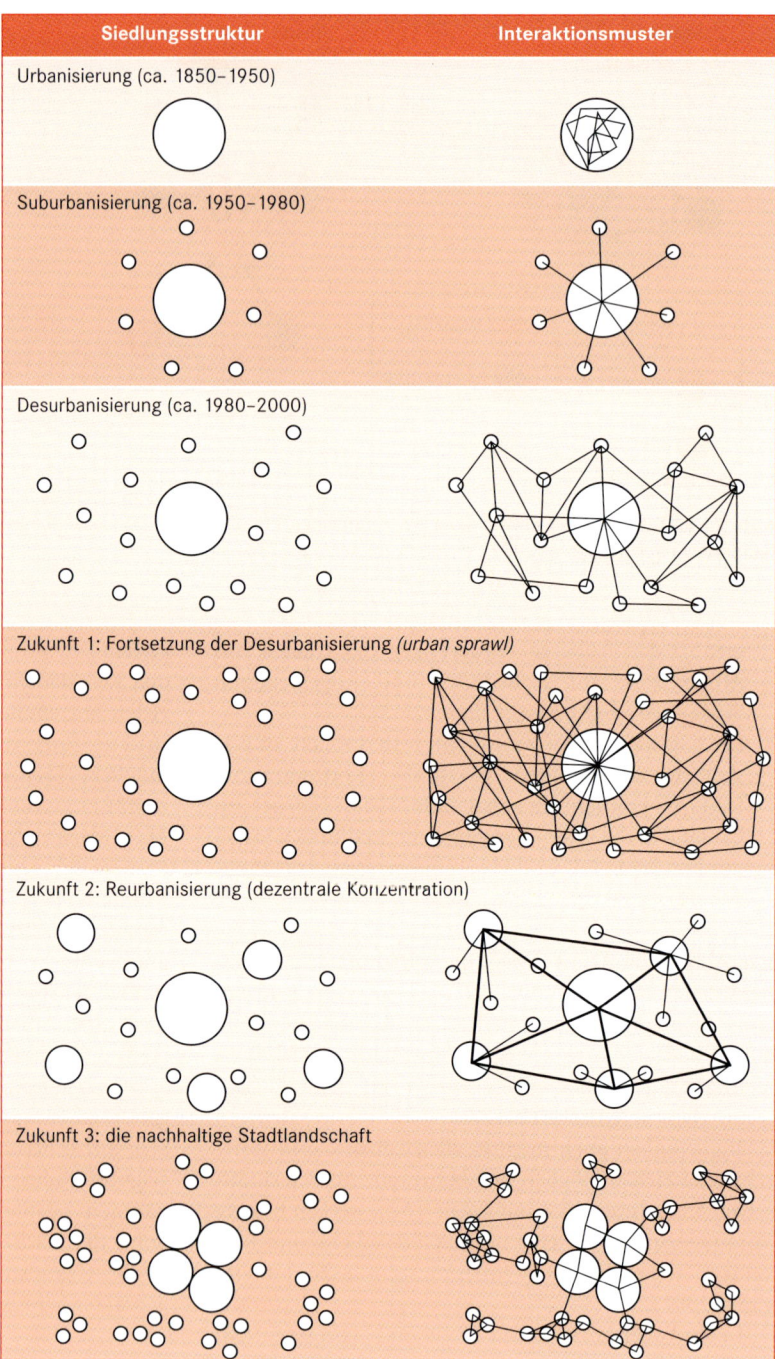

Abb. 21.2.12 Szenarien zukünftiger Siedlungsstrukturen und Interaktionsmuster (verändert nach Hesse & Schmitz 1998).

dabei – häufig auch unterschiedliche – Strukturmerkmale oder Entwicklungsaspekte generalisierend veranschaulichen. Die Aussagekraft derartiger Stadtstruktur- oder Stadtentwicklungsmodelle für kulturgenetische Stadttypen ist auch im jeweiligen zeitlichen Kontext zu sehen. Da jedoch diese (vereinfachenden) Stadtstruktur- oder Stadtentwicklungsmodelle nur jeweils eine beschränkte Anzahl von Merkmalen beinhalten, müssen auch weitere raumrelevante Aspekte berücksichtigt werden. Unter den großen Kulturräumen der Erde liegen insbesondere für die USA, Lateinamerika und den islamischen Orient besonders viele, vor allem auch deutschsprachige stadtgeographische Untersuchungen mit Entwürfen generalisierender Stadtmodelle vor.

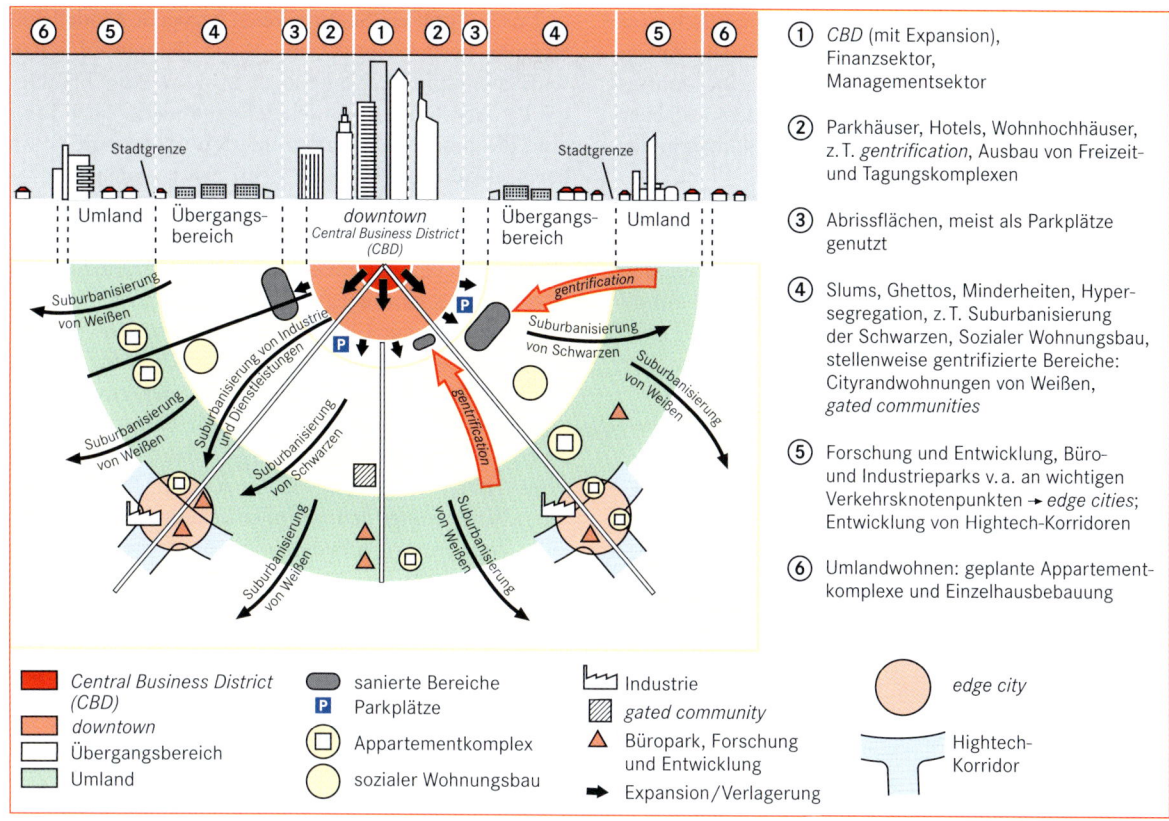

Die Legende rechts neben der Abbildung:

1. CBD (mit Expansion), Finanzsektor, Managementsektor

2. Parkhäuser, Hotels, Wohnhochhäuser, z.T. *gentrification*, Ausbau von Freizeit- und Tagungskomplexen

3. Abrissflächen, meist als Parkplätze genutzt

4. Slums, Ghettos, Minderheiten, Hypersegregation, z.T. Suburbanisierung der Schwarzen, Sozialer Wohnungsbau, stellenweise gentrifizierte Bereiche: Cityrandwohnungen von Weißen, *gated communities*

5. Forschung und Entwicklung, Büro- und Industrieparks v.a. an wichtigen Verkehrsknotenpunkten → *edge cities*; Entwicklung von Hightech-Korridoren

6. Umlandwohnen: geplante Appartement-komplexe und Einzelhausbebauung

Legende (Symbole):

- Central Business District (CBD)
- downtown
- Übergangsbereich
- Umland
- sanierte Bereiche
- **P** Parkplätze
- Appartementkomplex
- sozialer Wohnungsbau
- Industrie
- gated community
- Büropark, Forschung und Entwicklung
- → Expansion/Verlagerung
- edge city
- Hightech-Korridor

Abb. 21.3.1 Das Modell der US-amerikanischen Stadt nach Hahn (verändert nach Heineberg 2004).

Die US-amerikanische Stadt

Allgemeines Kennzeichen der US-amerikanischen Städte ist ihr junges Alter: Die Stadtentwicklung setzte im 17. und 18. Jahrhundert an der Atlantikküste ein und erlangte erst nach 1820 mit der großflächigen von Ost nach West gerichteten Landerschließung durch Zuwanderer aus Europa ein größeres Ausmaß. Das Alter der Städte bleibt in den vorliegenden Stadtmodellen ebenso unberücksichtigt wie auch das weit verbreitete schachbrettartige orthogonale Straßennetz, das großenteils auf das quadratische Landvermessungssystem (ab 1785 Vermessung in allen Gebieten der „Öffentlichen Landreserve") zurückzuführen ist. Ein drittes allgemeines Merkmal, die Hochhaus- oder Wolkenkratzerbebauung in den Großstadtkernen sowie in jüngerer Zeit auch in den Außenstadtzentren, ist lediglich in einem der ausgewählten Stadtmodelle, und zwar in demjenigen von Hahn (Abb. 21.3.1), besonders herausgestellt.

Unter den veröffentlichten jüngeren Stadtstrukturmodellen kommt dem Modell **„Stadtland USA"** von Holzner (1990/96) eine besondere Bedeutung zu (Abb. 21.3.2). Es zeigt, dass sich die jeweilige Kernstadt mit dem Hauptgeschäftsbereich, dem *Central Business District (CBD)* innerhalb der Stadtmitte (*downtown*), und einem sehr ausgedehnten Schwarzen-Ghetto mit insgesamt hoher Wohndichte sowie auch mit großen aufgelassenen Flächen in der Nähe des *CBD* sehr deutlich von dem übrigen, weitflächig verstädterten Raum abhebt. Letzterer ist besonders durch die massive, bereits vor dem Zweiten Weltkrieg, vor allem jedoch seit den späten 1940er-Jahren einsetzende Suburbanisierung und spätere Exurbanisierung aufgesiedelt worden. Innerhalb dieses sub- und exurbanen Raumes ist eine Vielzahl sogenannter Außenstadtzentren entstanden. Diese bestehen aus Shopping Centern und in der Regel an diese angrenzenden neuen Industrie-, Großhandels- und Lagerkomplexen (oftmals *Industrial Parks* genannt). Daran schließen sich häufig Büro- sowie auch Wohnfunktionen an (im Modell: gemischte Wohn- und kommerzielle Viertel). Für diese neuen multifunktionalen Außenstadtzentren mit ihren inzwischen hohen Bodenpreisen, Hochhaus-Skylines sowie häufig auch bereits überregionaler oder gar kontinentaler Bedeutung prägte Joel Garreau den Begriff **edge city** (Hesse & Schmitz 1998). Das dichte Autobahnnetz deutet an, dass die neuen *edge cities* von vornherein und praktisch ausschließlich autoorientiert konzipiert sind. Die Anlage großer (kostenloser) Parkplätze bedingt eine enorme Weiträumigkeit der Außenstadtzentren, deren Flächen sehr oft diejenigen der traditionellen *downtowns* in den Kernstädten weit übertreffen.

Die in dem Modell mit Pfeilen dargestellten Zirkulationsströme, das heißt Berufs- und Einkaufsfahrten (von Holzner nicht exakt benannt), verdeutlichen, dass diese heute weniger von den Vororten (*suburbs*) auf die Kernstadt ausgerichtet sind, sondern vorrangig zwischen den Vororten und den Außenstadtzentren stattfinden.

CBD

● CBD
● Außenstadtzentrum
Industrie
gemischte Wohn- und kommerzielle Viertel
Ghetto der Schwarzen
Autobahn
Flughafen
hohe Wohndichte
mittlere Wohndichte
lockere Wohndichte
aufgelassen
Park
Einpendler (Vorort-Innenstadt)
Auspendler (Innenstadt-Vorort)
Wechselpendler (Vorort-Vorort)
Einpendler (Land-Vorort)

Abb. 21.3.2 Das Modell „Stadtland USA" nach Holzner (verändert nach Heineberg 2006).

Das auf größere Stadtregionen bezogene Modell von Holzner berücksichtigt eine Reihe demographischer, sozialgeographischer oder auch struktureller Charakteristika der US-amerikanischen Städte nicht. Dazu zählt etwa die „immer klein gekammertere Wohnsegregation der Bevölkerung" (Holzner 1990). So ist in dem „motorisierten extrem mobilen Stadtland" USA ein „verwirrendes klein gekammertes Zellenmosaik von *neighbourhoods*, also von Wohnbezirken mit unterschiedlichen Bevölkerungsmerkmalen entstanden, von denen 6 500 sogar unabhängige Gemeinden geworden sind" (ebd.).

In dem Modell der US-amerikanischen Stadt nach Hahn (2002, Abb. 21.3.1) sind außer den ringzonalen Strukturen (von der *downtown* mit dem CBD über einen Übergangsbereich bis zum Umland), den Expansions- und Verlagerungsrichtungen im Rahmen der Suburbanisierung, den peripher gelegenen neuen *edge cities*, den Hauptverkehrsleitlinien sowie – in *downtown*-Nähe – den Flächen für den ruhenden Verkehr auch jüngere Revitalisierungs- oder Aufwertungsprozesse (sanierte Bereiche) gekennzeichnet. Letztere werden durch den Zusatz **gentrification** erklärt. *Gentrification* oder Gentrifizierung ist ein komplexes Phänomen; es lässt sich nach Krajewski (2006) definieren als bauliche Aufwertung (z. B. Gebäudesanierung, Wohnumfeldverbesserung), soziale Aufwertung (statushöhere Bevölkerung, v. a. Besserverdienende, höher Gebildete wie „Yuppies" oder Studierende), funktionale Aufwertung (z. B. Ansiedlung neuer Geschäfte mit qualitativer Angebotserweiterung) und symbolische Aufwertung („positive" Kommunikation über das Stadtgebiet, Medienpräsenz, Schaffung von *landmarks*, hohe Akzeptanz bei Bewohnern und Besuchern). In dem Stadtmodell von Hahn lediglich mit einem einzigen Symbol angedeutet – in der Realität, nicht nur im suburbanen Raum, sondern auch in *downtown*-Nähe, aber sehr viel häufiger anzutreffen – sind **gated communities** (Kapitel 21.5): nach außen abgeschottete, bewachte neue Wohnsiedlungen oder -parks gehobener Einkommensschichten als „neuer Trend in der US-amerikanischen Stadtlandschaft" (Frantz 2001). „Die rasche Verbreitung dieses Siedlungstyps ist ein deutlicher Indikator für die Polarisierung und Desolidarisierung der amerikanischen Gesellschaft sowie die rasch fortschreitende soziale und politisch-administrative Fragmentierung der dortigen Großstädte" (ebd.).

Die lateinamerikanische Stadt

Lateinamerika ist der am stärksten verstädterte Kontinent der sogenannten Dritten Welt mit zugleich höchstem Metropolisierungsgrad (Bähr & Mertins 1995). Der Grad der demographischen Verstädterung ist mit einem Anteil von 76 Prozent städtischer Bevölkerung gegenwärtig nahezu so hoch wie in den USA mit 79 Prozent (Dt. Stiftung Weltbev. 2005). Ein weiterer Unterschied zu anderen Großregionen der Dritten Welt ist, dass „in Lateinamerika der Verstädterungsprozess besonders früh einsetzte und mit enormer Intensität ablief" (Bähr & Mertins 1995). Im Vergleich zu den USA sind die lateinamerikanischen Städte im Allgemeinen wesentlich älter. In einer relativ kurzen Phase innerhalb des 16. Jahrhunderts (ca. 1520/30 bis 1570/80) wurden bereits die Hauptgründungen kolonialzeitlicher Städte – sowohl im spanischen Machtbereich Lateinamerikas als auch im portugiesischen Kolonialgebiet an der brasilianischen Atlantikküste – abgeschlossen (Bähr & Mertins 1995). Damit wurden nicht nur wesentliche Elemente des heutigen Städtesystems, vor allem in Bezug auf die Hauptstädte, sondern auch der städtischen Grundstrukturen geschaffen.

Als Merkmale des **Idealtyps der spanischen Kolonialstadt** (Abb. 21.3.3), durch die auch heute noch die lateinamerikanischen Städte, vor allem Klein- und Mittelstädte, geprägt sind, gelten die Folgenden:

- Der Kern der spanischen Kolonialstadt ist durch einen regelmäßigen Schachbrettgrundriss (Quadrate mit Seitenlängen von gut 100 m), aufgeteilt in jeweils vier Teile (*cuadras*), gekennzeichnet.
- Ein unbebautes Quadrat, das heißt ein Hauptplatz (*plaza*), war bzw. ist der Stadtmittelpunkt.
- Eingerahmt wurde bzw. wird die *plaza* von (meist noch erhaltenen) öffentlichen Repräsentationsbauten (Kathedrale, Rathaus, Regierungs-, Gerichtsgebäude, früher auch Schulen und Klöster).
- An die Repräsentationsbauten schlossen ehemals die Wohnhäuser der führenden Familien (Oberschicht) an: oft prunkvolle Adelspaläste oder vornehme Bür-

gerhäuser mit großen Innenhöfen, sogenannte *Patio*-Häuser.
- Größe und Ausstattung der Häuser und damit auch der Sozialstatus nahmen mit zunehmender Entfernung vom Zentrum ab; „damit war die spanische Kolonialstadt hinsichtlich ihres sozialräumlichen Gefüges (Sozialgefälle vom Stadtkern zum -rand) Musterbeispiel eines vorindustriellen Stadttypus" (*reverse-Burgess-type*, Heineberg 2006, Bähr & Mertins 1981).
- In der Nähe der randlich angesiedelten Märkte konzentrierten sich Handel und Gewerbe.
- Außerhalb davon, meist durch unbebautes Land von der eigentlichen Stadt getrennt, erstreckten sich Hüttensiedlungen der untersten Sozialschichten (Indianer, zum Teil Sklaven).

Die differenzierte jüngere (Groß-)Stadtentwicklung in Lateinamerika bis zirka Mitte der 1990er-Jahre wurde unter besonderer Berücksichtigung der funktionalen und sozialräumlichen Gliederung der Städte in der deutschen stadtgeographischen Literatur durch eine Anzahl einprägsamer Stadtmodelle veranschaulicht, und zwar unter anderem von Bähr & Mertins 1981, Borsdorf 1982 sowie Gormsen 1995 anhand von Mexiko. Das Stadtstrukturmodell von Bähr und Mertins sowie das Stadtentwicklungsmodell von Borsdorf zeichnen sich durch eine Überlagerung ringzonaler, sektoraler und mehrkerniger funktionaler und sozialräumlicher Stadtgliederungen aus, während das Modell von Gormsen Zusammenhänge zwischen wichtigen physiognomischen, funktionalen und sozio-ökonomischen Elementen in einer Art Kausalprofil als Aufrissdarstellung zeit-räumlich veranschaulicht (Heineberg 2006). Seit Mitte der 1990er-Jahre „sprengten' zwar nicht völlig neue Faktoren die Modellstrukturen, aber die entsprechenden Prozesse sind durch eine viel größere Dynamik gekennzeichnet, weisen eine viel stärkere räumlich-strukturelle Dimension auf und sind schließlich durch viel rigorosere sowie rigidere sozio-ökonomische Konsequenzen geprägt" (Mertins 2003). Die jüngsten Entwicklungsprozesse der lateinamerikanischen Stadt, insbesondere der Metropolen und Megastädte, wurden mittels zweier neuer Stadtmodelle, veröffentlicht von Borsdorf et al. (2002) und Mertins (2003) dargestellt und von den Autoren umfassend erläutert. Diese Konzepte lehnen sich an die früheren Modellvorstellungen von Borsdorf (1982) sowie Bähr und Mertins (1981) an.

Im Folgenden soll das jüngste der neuen Stadtmodelle, und zwar von Mertins (2003), vor allem im Hinblick auf aktuelle Entwicklungstendenzen kurz vorgestellt werden (Abb. 21.3.4).

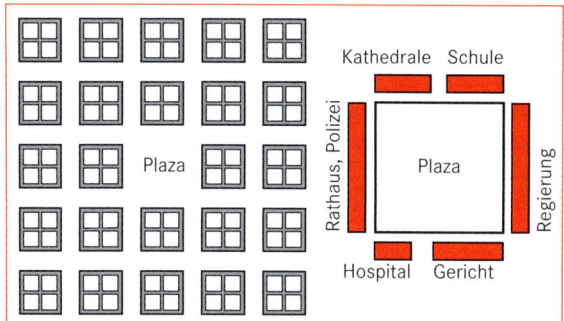

Abb. 21.3.3 Grundriss und Stadtkern einer spanischen Kolonialstadt in Lateinamerika nach Scargill (verändert nach Heineberg 2006).

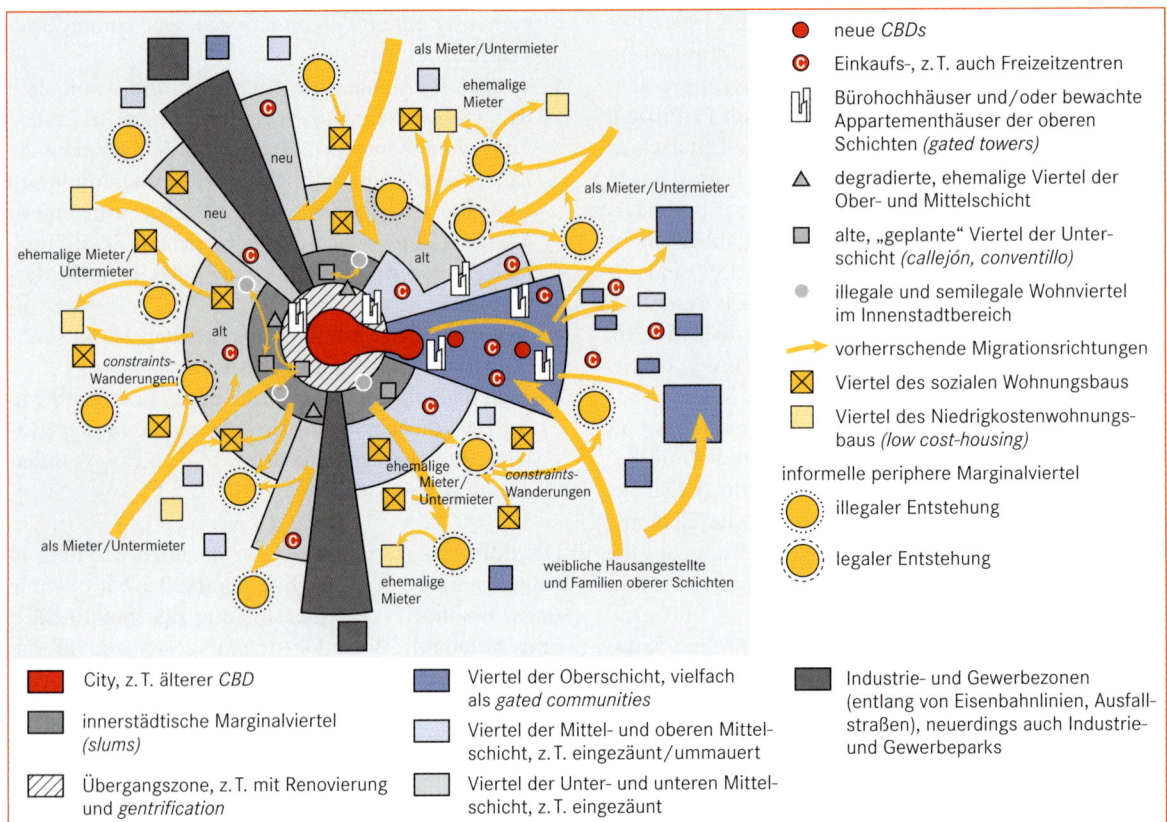

Abb. 21.3.4 Modell der sozialräumlichen Differenzierung lateinamerikanischer Metropolen zu Beginn des 21. Jahrhunderts nach Mertins (verändert nach Mertins 2003).

In den räumlichen Strukturen und Funktionen lateinamerikanischer Metropolen wirkt sich der jüngere intrametropolitane Transformationsprozess aus, „der auf globale Umstrukturierungen und neoliberale Wirtschaftspolitiken zurückzuführen ist und der zu einer stärkeren Polarisierung urbaner Ökonomien geführt hat (formell – informell, reich – arm). [...] In diesem Zusammenhang (kommt es) auch zu einer immer stärkeren sozialräumlichen Fragmentierung und Segregation" (Mertins 2003). Typische Beispiele sind nach Mertins die Folgenden:

- neue *Central Business Districts* und Subzentren (teilweise in Anlehnung an exklusive Einkaufszentren, überwiegend in der Nähe von Oberschichtvierteln)
- die deutliche Zunahme von Einkaufszentren (teilweise kombiniert mit *urban-entertainment*-Einrichtungen) in Mittel- und (allerdings weniger) in Unterschichtvierteln
- Verslumungsprozesse im Innenstadtbereich (teilweise neue *urban-underclass*-Ghettos)
- Sanierung von Altstadtvierteln (z.T. unter Luxusstandards als *gentrification*)

- eine wachsende Anzahl von Hochhäusern (Büros, Hotels, bewachte Appartement-Hochhäuser für obere Schichten)
- die starke Zunahme großflächiger geschlossener (ummauerter oder umzäunter und ständig bewachter) Wohnviertel für Ober- und Mittelschichthaushalte
- ein erheblicher Verdichtungsprozess in informellen (peripheren) Marginalvierteln (Grundstücksteilungen, Neubauten, Auf- und Anbauten)
- eine signifikante Zunahme der meist ökonomisch verursachten *constraints*-Wanderungen (aus Mittel- oder Unterschichtvierteln in jeweils statusniedrigere Viertel)

Insbesondere die stadtökologischen Probleme (z.B. starker Flächenverbrauch, Zunahme der Luftverschmutzung aufgrund der stark angestiegenen Verkehrsbelastung) haben in lateinamerikanischen Großstädten und Metropolen erheblich zugenommen (Wehrhahn 1993).

Die islamisch-orientalische Stadt

Der Orient ist mit seiner mindestens 5 000 Jahre alten Stadtgeschichte durch die ältesten Stadtkulturen der Erde gekennzeichnet. Die „islamisch-orientalische Stadt" wird häufig auch als orientalisch-islamische, islamische oder orientalische Stadt bzw. Stadt des Islamischen Orients bezeichnet. Ihre Benennung beruht auf der Tatsache, dass der Orient (allerdings sehr viel später) durch den islamischen Kulturkreis geprägt wurde. Hinzu kamen ab der zweiten Hälfte des 19. Jahrhunderts, zunächst beeinflusst durch die jeweilige Kolonialmacht, aber auch außerhalb davon, beispielsweise in Persien, Prozesse der „Modernisierung" bzw. „Verwestlichung". Die Merkmale der islamisch-orientalischen Stadt werden häufig mittels Stadtmodellen an den traditionellen Altstädten aufgezeigt. Allerdings ist zu beachten, dass „der Idealtypus ‚orientalische Stadt' […] nur noch in Rudimenten in den vielfach durch moderne Einflüsse und damit verbundenem Veränderungsdruck aufgebrochenen Altstädten anzutreffen" ist (Meyer 2003). Nach Ehlers (1993) gilt allgemein, „dass die Prozesse der Umgestaltung bzw. der Absorption der traditionellen Stadt des Islamischen Orients umso ausgeprägter sind, je größer und ausgedehnter die modernen Stadtlandschaften sind".

Das von Dettmann (1969) am Beispiel von Damaskus (Syrien) entworfene „klassische" Schema der islamisch-orientalischen Stadt (Abb. 21.3.5a) kennzeichnet eine Reihe von traditionellen Elementen (funktionale und sozialräumliche Grobgliederung) der Altstadtbereiche in den Städten Nordafrikas und Vorderasiens:

- die große Moschee als geistlicher, intellektueller und öffentlicher Kern
- der *Su-q* (auch *Souk*) oder Bazar als traditioneller wirtschaftlicher Mittelpunkt (nach Wirth 1982 „das eindrucksvollste und charakteristischste Kennzeichen und Unterscheidungsmerkmal der Städte im islamischen Kulturbereich überhaupt")
- die Gliederung in durch Religion, Nationalität, Sprachgemeinschaft und Sippe bestimmte, früher mittels Toren abgesonderte Wohnquartiere (ethnische Segregation, Wohnsegregation) mit Innenhofhäusern und Sackgassenstrukturen
- mit einem kleinen Subzentrum (lokaler *Su-q*, Moschee, Bad etc.) ausgestattete Stadtviertel (*Hara*)
- randlich begrenzte Altstadt durch Stadtmauer, Burg oder Palast (*Ark*) als ehemaliger Sitz der stadtfremden Herrschaft sowie – außerhalb der Stadtmauer – von Friedhöfen

Das von Ehlers modifizierte Modell der islamisch-orientalischen Stadt (Abb. 21.3.5b) berücksichtigt moderne

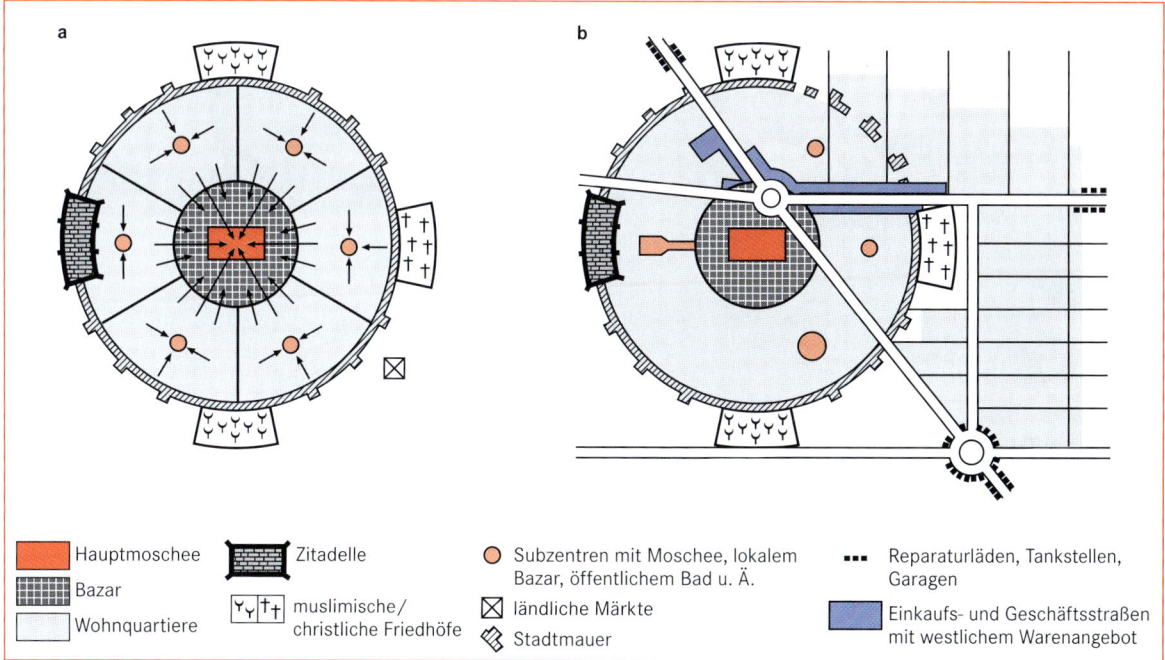

Abb. 21.3.5 Modelle der islamisch-orientalischen Stadt (Altstadt) nach Dettmann (a) und Ehlers (b, verändert nach Dettmann 1969 und Ehlers 1993).

Abb. 21.3.6 Beispiele kulturgenetischer Stadttypen. US-amerikanische Stadt: a) St. Louis, Missouri: Downtown mit dem historischen Old Courthouse (1828 bis 1862 errichtet); b) New York-Manhattan: Wolkenkratzer- bzw. Hochhausbebauung mit dem UNO-Gebäude vorn rechts (links daneben Tudor City). Lateinamerikanische Stadt: c) Guayaquil, Ecuador: randstädtische Barriada (Hüttensiedlung ohne Stromversorgung und Kanalisation); d) Cuzco, Peru: Plaza de Armas mit Kathedrale (links, 1654 eingeweiht) und Jesuitenkirche (1668, im Hintergrund). Islamisch-orientalische Stadt: e) Aleppo, Syrien: überdachte Bazargasse; f) Ghom, Iran: Grabmoschee der Fatima (Schwester des 8. Imams der Schiiten), einer der wichtigsten Wallfahrtsorte der Schiiten (Fotos: Wilhelm Döhrmann).

Wandlungen der Stadtstruktur und -funktionen aufgrund der seit dem 19. Jahrhundert erfolgten Veränderungen des Straßennetzes (u. a. Durchbruch von Diagonalstraßen) und Wachstumsprozessen im Zusammenhang mit neuen Nutzungen (z. B. entlang von Hauptverkehrsachsen).

Das Modell zeigt das „Aufbrechen" der traditionellen orientalischen Stadt (Meyer 2003) durch moderne Stadterweiterungen, vor allem in Gestalt neuer Wohnquartiere: „In fast allen größeren Städten Nordafrikas und Vorderasiens entstanden in den letzten Jahrzehnten großflächige modernere Wohnviertel, die heute ein Vielfaches des Areals der Altstadtbezirke einnehmen. Im Wechselspiel mit den Wohnquartieren der Altstadt fanden hier in jüngerer Zeit vielfältige Bevölkerungsverschiebungen und soziale wie wirtschaftliche Umschichtungen statt. Diese führten dazu, dass die jüngeren Wohnquartiere der orientalischen Stadt sowohl in Grundriss und Baubestand wie in der Sozialgruppierung ihrer Bewohner weitgehend an europäisch-westliche Vorbilder angeglichen erscheinen" (Wirth 2001).

Das von Seger (ab 1975, zuletzt 1997) am Beispiel Teherans entwickelte Modell der islamisch-orientalischen Stadt unter westlich-modernem Einfluss (Abb. 21.3.7) gibt ein Verständnis für moderne Veränderungen:

- Die neue orientalische Stadt ist zweipolig aufgebaut: Das Zentrum der Stadt besteht aus der traditionellen Mitte mit Bazar und dem neuen *Central Business District* als Gegenpol.
- Sie ist durch eine klare Wohnsegregation der einzelnen Sozial- bzw. Einkommensschichten gekennzeichnet.
- Die neuesten und modernsten Geschäfte befinden sich im peripheren *CBD*-Rand (als jüngster Cityvorstoß mit Hotel- und Managementdistrikt, verbunden mit Oberschicht-Einkaufsstraßen).
- Der zentrumsseitig gelegene *CBD*-Rand (altes Oberschichtviertel) ist mit Regierungs- und Verwaltungsfunktionen besetzt.
- In der neuen orientalischen Stadt sind nicht nur die Zentren, sondern auch die Wohngebiete zweigeteilt: Die Mittel- und Oberschichten bewohnen die landschaftlich bzw. ökologisch begünstigten Gebiete.
- Zwischen den randlichen Villenvororten und dem CBD erstreckt sich eine Zone mit modernen mehrgeschossigen Mietshäusern.
- Unterschicht-Wohngebiete sind demgegenüber die Altstadt und benachbarte jüngere Viertel mit erheblicher Bevölkerungsverdichtung.
- Nach außen hin schließt sich eine Slumzone (abgewerteter Rand) an.
- Industrielle Großbetriebe sind im Allgemeinen von den dicht bebauten Wohngebieten getrennt; die

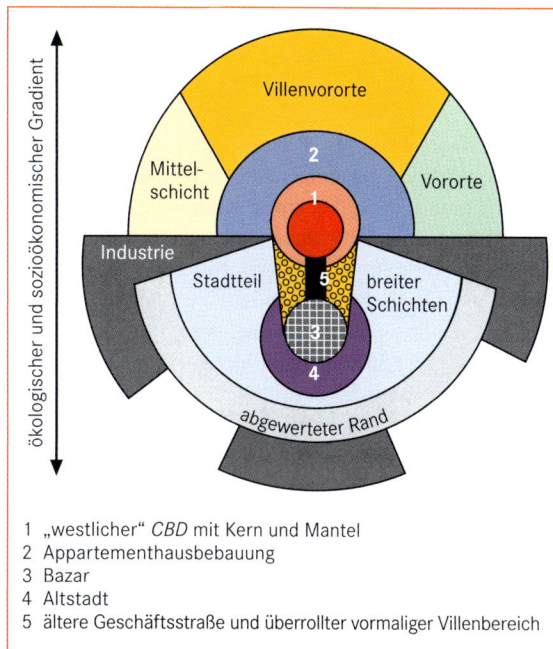

1 „westlicher" *CBD* mit Kern und Mantel
2 Appartementhausbebauung
3 Bazar
4 Altstadt
5 ältere Geschäftsstraße und überrollter vormaliger Villenbereich

Abb. 21.3.7 Modell der zweipoligen islamisch-orientalischen Stadt unter westlich-modernem Einfluss nach Seger (verändert nach Heineberg 2006).

Industrie orientiert sich meist an den Ausfallstraßen (späte Industrialisierung des Orients).
- Altstadt und angrenzende Wohngebiete sind jedoch von Kleinindustrie und Gewerbe durchsetzt.

Aufbauend auf dem **Modell der zweipoligen islamischen Stadt** und in Fortführung eigener Vorstellungen hat Ehlers (1993) ein noch sehr viel komplexeres „Modell der Stadt des Islamischen Orients nach Form, Funktion, Wachstumstendenzen und Verflechtungsbereichen" veröffentlicht. In dem Modell wird die sozio-ökonomische, baulich-formale sowie auch funktionale Differenzierung des gesamten Stadtgebietes berücksichtigt.

21.4 Megastädte

FRAUKE KRAAS

Megastädte nehmen im weltweiten **Urbanisierungsprozess** aufgrund wachsender Zahl und Größe als Knotenpunkte von **Globalisierungsprozessen** sowie als Steuerungszentralen einer zunehmend von Städten dominierten Welt eine herausragende Position ein. Ihre enorme Flächenexpansion, die hohe Konzentration von Bevölkerung, Infrastruktur, Wirtschaftskraft, Kapital und Entscheidungen sowie die sich zum Teil selbstverstärkende Entwicklungsdynamik sind von einer Überlagerung verschiedenster Prozesse mit wechselseitigen Rückkopplungen gekennzeichnet. Die hohe Entwicklungsdynamik sowie die große Komplexität und Vielschichtigkeit unterschiedlicher lokal, regional, national und global verankerter Prozesse führen in vielen Entwicklungs- und Schwellenländern zu Defiziten in der Regier- und Steuerbarkeit – mit der Folge, dass viele Prozesse ungeregelt, informell oder illegal ablaufen.

Megastädte werden zumeist nach **quantitativen Merkmalen** abgegrenzt, wobei unterschiedlichen Definitionen zufolge mindestens 5, 8 oder 10 Millionen Einwohner zugrunde gelegt sind (Kraas & Mertins 2008). Einige Autoren legen zusätzlich einen Schwellenwert der Einwohnerdichte fest (mindestens 2 000 Einwohner/km^2) und beziehen nur Städte mit monozentrischer Struktur ein (Bronger 2004), andere zählen auch polyzentrisch strukturierte Räume hinzu und sprechen von „megaurbanen Regionen" (UN 2008). Bezieht man Megastädte mit mehr als 5 Millionen Einwohnern sowie die sogenannten *emerging megacities* ein, die in Kürze die 5-Millionen-Einwohnergrenze überschreiten, so werden im Jahr 2020 weltweit mehr als 600 Millionen Menschen in voraussichtlich dann bis zu 60 Megastädten leben (Kraas & Nitschke 2006). Mehr als zwei Drittel von ihnen liegen in Entwicklungs- und Schwellenländern; ihre Bevölkerungszahlen vervielfachten sich oft während der letzten Jahrzehnte (Abb. 21.4.1).

Statistische Angaben leiden jedoch zumeist darunter, dass keine genauen und einheitlichen Erhebungen sowie unterschiedliche administrative Raumabgrenzungen zugrunde liegen. Aussagekräftiger sind **qualitative Charakteristika** der Megastädte, zu denen zumeist – bei großen individuellen Unterschieden – intensive Expansions-, Suburbanisierungs- und Verdichtungsprozesse, oft hohe funktionale Primatstadtdominanz, ökologische Überlastungserscheinungen, infrastrukturelle Defizite, eine Diversifizierung innerurbaner Zentrenstrukturen sowie die Entstehung polarisierter und fragmentierter Gesellschaften mit hohem Anteil informeller Prozesse zählen. Nur wenige Megastädte sind zugleich auch sogenannte *global cities*, das heißt funktionale Steuerungszentren von globaler Bedeutung, mit zahlreichen Hauptquartieren von transnationalen, für den Weltmarkt produzierenden Unternehmen (Sassen 1996),

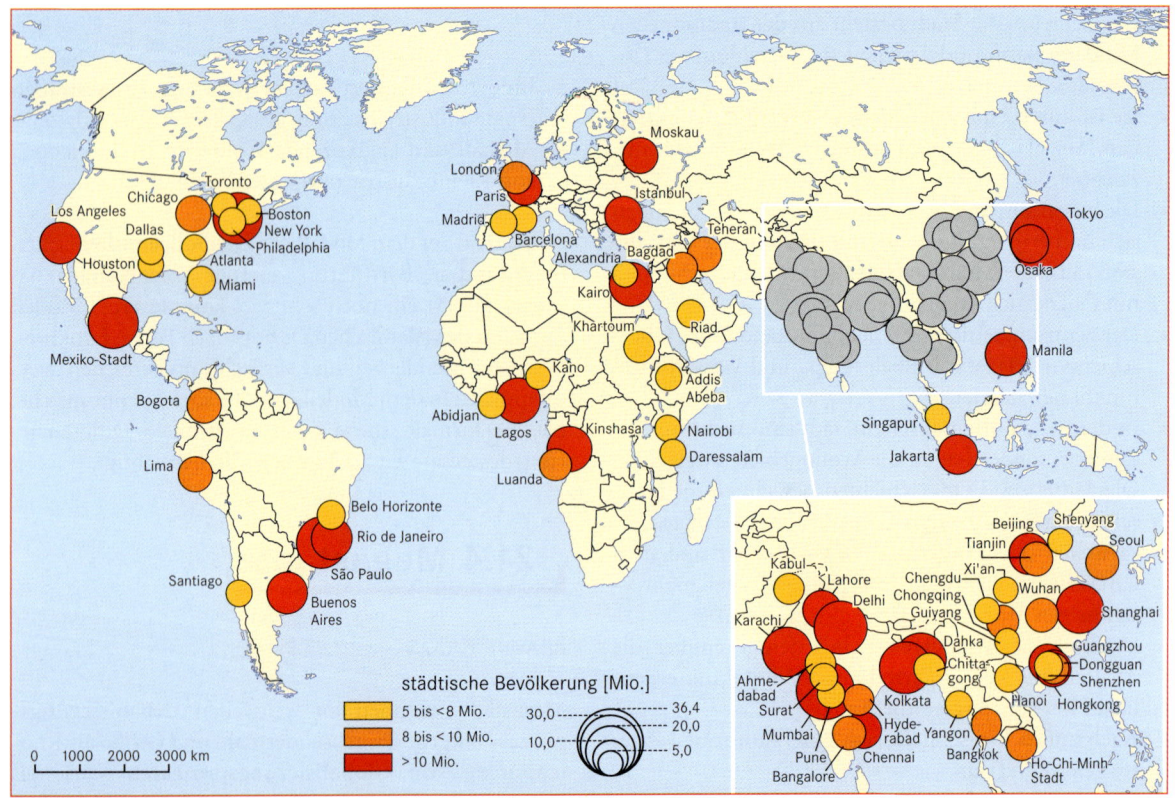

Abb. 21.4.1 Megastädte im Jahr 2025 (nach United Nations 2006).

oder sogenannte Weltstädte, deren Bedeutung sich über eminente wirtschaftliche Dominanz hinaus auch durch Weltgeltung im kulturellen und politischen Bereich manifestiert. Hierzu gehören neben New York, Tokyo und London beispielsweise Los Angeles, Paris, Moskau, Seoul und São Paulo.

Für die **Intensivierung** weltweiter Megaurbanisierungsprozesse sind drei ineinandergreifende Ursachenkomplexe verantwortlich:

- Zum einen stehen Megaurbanisierungsprozesse im Kontext der allgemeinen weltweiten Urbanisierung. Diese ist bedingt durch die Überlagerung zweier Prozesse, nämlich des hohen natürlichen Bevölkerungswachstums in den meisten Staaten der Entwicklungs- und Schwellenländer seit Mitte des 20. Jahrhunderts sowie wachsender Zuwanderung aus den ländlichen Regionen, teils infolge notweniger **Landflucht**, teils infolge der **Attraktivität** wachsender Städte und ihrer Arbeits- und Bildungsmöglichkeiten.

- Zum anderen ist die Megastadtentwicklung zunehmend von Mechanismen **ökonomischer Globalisierung** beeinflusst: Denn mit der globalen Verlagerung von Produktions-, Dienstleistungs- und Finanzstandorten in Metropolen der Entwicklungs- und Schwellenländer im Zuge neuer internationaler Arbeitsteilung treten privatwirtschaftliche Entscheidungen transnationaler Akteure einer globalisierten Wirtschaft in den Vordergrund. Diese bestimmen die Entwicklung global miteinander um die Ansiedlung von „Leitunternehmen" konkurrierender Megastädte wesentlich mit.

- Schließlich führt wirtschaftliche **Transformation** – vor allem in Asien und ausgelöst durch den Übergang vormaliger Zentralverwaltungs- zu Marktwirtschaften – zu einer bisher ungekannten Entfaltung (mega-) urbaner Ökonomien. Diese benötigen kurz- und mittelfristig enorme Arbeitskräfte aller Qualifikationsstufen, wodurch nationale und internationale Zuwanderung in die Megastädte beschleunigt wird (Gransow 2007, Revilla Diez et al. 2008).

Megastädte und globaler Wandel

Megastädte unterliegen dem globalen ökologischen, sozioökonomischen und politischen Wandel ebenso wie sie ihn umgekehrt durch ihre hohe Entwicklungsdynamik erheblich mitbestimmen (Kraas 2007). Zumeist werden sie deshalb als **globale Risikogebiete** eingestuft, in denen Naturgefahren, wie Erdbeben, Wirbelstürme oder Überschwemmungen, oder **Ressourcenverknappung**, wie Wasser- oder Nahrungsmittelmangel, für eine

hohe Zahl von Menschen verheerende Auswirkungen haben können. Auch vom Menschen verursachte Risiken, wie Wirtschaftskrisen, Emissionen, Industrieunfälle oder ethnisch-religiöse Auseinandersetzungen oder Terrorismus können weit über die betroffene Megastadt hinaus globale Folgen mit sich bringen, wie beispielsweise die sogenannte Asienkrise – im Wesentlichen in Megastädten als Investitions- und Produktionszentren entstanden – oder der Anschlag auf das *World Trade Center* belegen. In vielen megaurbanen Gesellschaften der Entwicklungs- und Schwellenländer führen Marginalisierungsprozesse und Armut zu sozioökonomischer Vulnerabilität und Konflikten (Kraas & Mertins 2008). Große sozioökonomische Disparitäten sowie das unmittelbare Nebeneinander verschiedenster lokaler Lebenswelten und -stile (Abb. 21.4.2a) schwächen soziale Kohärenz und verstärken **Desintegration, Destabilisierung und Fragmentierung** in megaurbanen Gesellschaften.

Dabei wird oft vernachlässigt, dass in Megastädten tiefgreifende Transformationsprozesse stattfinden, die sie zugleich zu **Innovationszentren** machen durch hohe Entwicklungsdynamik sowie eine oft breite Palette verfügbaren Humankapitals und global vernetzter Akteure. Größere Nachhaltigkeit kann erzielt werden durch Verringerung des „Flächenverbrauchs", den Bau leistungsfähiger ÖPNV-Systeme, effizientere Nutzung der verwendeten Ressourcen (primär Wasser und Energie) sowie verbesserte Gesundheits- und Bildungsinfrastruktur. Die Entstehung bzw. Entfaltung zivilgesellschaftlicher Strukturen, die vielfach bereits international vernetzt sind, stärkt soziale Nachhaltigkeit.

Transformations- und Globalisierungsprozesse

In den letzten zwei Jahrzehnten entstanden und differenzierten sich Megastädte vor allem in China und Indien – wofür wesentlich globalisierungsinduzierte Transformationsprozesse verantwortlich waren und sind: Seit der „Öffnungspolitik" (1978) in China sowie der *„New Economic Policy"* (1991) in Indien setzte in beiden Staaten im Zuge einer Transformation von Formen einer **Zentralverwaltungs- zur Marktwirtschaft** und gleichzeitiger Einbindung in globalisierte **Produktions- und Handelsnetzwerke** ein rasantes Wachstum der megaurbanen Regionen ein.

Das südchinesische Perlflussdelta beispielsweise stieg im Zuge staatlich gelenkter Wirtschaft seither zur sogenannten „Fabrik der Welt" für lohnkostensensible und flexible Produktion in arbeitsintensiven Branchen der

Leichtindustrie auf. Zu den Schwerpunktbranchen dieses Aufstiegs gehört die Elektronikindustrie, die für etwa 39 Prozent der Wertschöpfung der Region verantwortlich und eng in global organisierte Wertschöpfungsketten eingebunden ist. Mit der hohen Wachstumsdynamik seiner industriellen Wertschöpfung und seinem flexiblen Produktionsmodell unterliegt es dabei aber großen saisonalen Schwankungen und ist aufgrund seiner

Exportabhängigkeit von starken konjunkturellen Schwankungen betroffen. In Indien entstanden neben dem politischen Zentrum Delhi und dem wirtschaftlichen Kernraum Mumbai zahlreiche aufstrebende Megastädte wie Bangalore, Hyderabad oder Pune als neue Schwerpunkte der indischen und zugleich globalen Informations- und Kommunikationstechnologie sowie der Maschinenbau- und Automobilindustrie. In der

Abb. 21.4.2 a) Bangkok/Thailand: heterogene Flächennutzung durch Gebäude unterschiedlichster Baualter, b) Dhaka/Bangladesch: enorme sozio-ökonomische Disparitäten auf engstem Raum prägen das Stadtbild, c) Hanoi/Vietnam: *gated community* für die neuen Oberschichten, d) Pune/Indien: Slumsiedlung am Flussufer, e) Bangkok/Thailand: informeller Straßenhandel, f) die rasant expandierende Megastadt Pune schiebt sich in vormals landwirtschaftlich genutzte Gebiete vor (Fotos: F. Kraas).

weitgehend privatwirtschaftlich organisierten Wirtschaft dominieren in- und ausländische private Unternehmen als Wachstumsmotoren.

Ausdifferenzierung und Stagnation in megaurbanen Ökonomien

Bei steigenden Bevölkerungszahlen expandierender Megastädte werden innerhalb kurzer Zeit neuer Wohnraum, Transport- und Ver- und Entsorgungsinfrastrukturen, Arbeitsmöglichkeiten sowie Gesundheits- und Bildungseinrichtungen für Hunderttausende von Menschen benötigt. In Megastädten boomender Volkswirtschaften (z. B. Shanghai, Guangzhou, Pune oder Jakarta) entstehen große Zahlen von Arbeitsplätzen und Beschäftigungsmöglichkeiten unterschiedlicher Qualifikations- und Einkommensniveaus, durch die sich die megaurbanen Ökonomien erheblich ausdifferenzieren. Sie profitieren als Produktionszentren des globalen Marktes von den Erträgen der internationalen Arbeitsteilung und der Einbindung in globale sozioökonomische und politische Netzwerke. In Transformationsökonomien (z. B. China, Russland oder Vietnam) bewirken wirtschaftliche Systemumbauten die „Freisetzung" zahlreicher, nicht durch soziale Auffangnetze abgesicherter Arbeitskräfte, für die nur teilweise neue Beschäftigungsmöglichkeiten entstehen und in denen mit Transformationsgewinnern und -verlierern wachsende sozio-ökonomische Disparitäten entstehen (Herrle et al. 2008, Kraas et al. 2010). Dort, wo Megaurbanisierung jedoch ohne substanzielles Wirtschaftswachstum stattfindet, zum Beispiel in Dhaka, Lagos, Karachi oder Kinshasa, fehlen Beschäftigungsmöglichkeiten und ökonomische Entwicklungsimpulse und es dominieren angesichts schwacher Regulationsregime Prozesse der Informalität (Twaib 2000). Hier sind Megastädte Auffangregionen der Landflucht mit hohen Anteilen von Bevölkerung unterhalb der Armutsgrenze sowie mit primär lokal und regional verankerter Produktion und Dienstleistungen (Kreibich 2010).

Sozioökonomische Disparitäten und Slums

Im Zuge von wirtschaftlicher Entwicklung und sozialer Differenzierung verstärken sich in vielen Megastädten sozio-ökonomische Disparitäten (Abb. 21.4.2b), die zumeist einhergehen mit **Ungleichheiten** im Bildungswesen und der Gesundheitsfürsorge sowie in den Zugangs- und Verfügungsrechten über Raum und Ressourcen. Am augenfälligsten wird dies im oft unmittelbaren räumlichen und sozialen Nebeneinander von **gated communities** der globalisierten Mittel- und Oberschichten (Abb. 21.4.2c) und Marginal- bzw. informellen Siedlungen (Borsdorf & Coy 2009). In den Slums bzw. Marginalsiedlungen mit zumeist provisorisch errichteten Behausungen (Abb. 21.4.2d), limitiertem Zugang zu sauberem Trinkwasser, Nahrungs- und Energieversorgung (Bohle et al. 2008), geringen öffentlichen Freiflächen sowie geringen Standards der Bildungs- und Gesundheitsversorgung dominieren Armut, Unterbeschäftigung und ökonomische Unsicherheit (Hackenbroch et al. 2009, Kulke & Staffeld 2009, Mertins & Müller 2010, Wehrmann 2008). Dabei existieren hinsichtlich der Entstehung, Lage im Stadtraum und rechtlicher Stellung der Siedlungen unterschiedliche Typen sogenannter Substandardsiedlungen bzw. Slums. Innerstädtische oder innenstadtnahe Slums – oft heruntergekommene oder verlassene Wohngebäude – unterscheiden sich durch ihre feste Bausubstanz und die räumliche Nähe zu innerstädtischen Arbeitsplätzen von der provisorischen Bausubstanz von Slums auf zumeist öffentlichen Flächen (z. B. entlang von Bahndämmen und Kanälen oder im Uferbereich von Flüssen) und von an den Stadträndern sich ausdehnenden Hüttenvierteln. Da der Großteil der Bevölkerung, nicht zuletzt aufgrund geringen Einkommens vom formellen Boden- und Wohnungsmarkt ausgeschlossen ist, sind vermutlich mehr als 50 Prozent der Bausubstanz in den Städten in informeller Weise entstanden (Bähr & Mertins 2000, Ribbeck 2002).

Informelle Prozesse und Informalität

In den meisten Megastädten der Entwicklungs- und Schwellenländer ist ein hohes Maß informeller Strukturen und Prozesse jenseits staatlich erfasster und regulierter – und somit formeller – Aktivitäten zu beobachten, zu denen im breiten Spektrum der informellen Wirtschaft etwa Haushaltshilfen, Straßenhändler und die Betreiber von Garküchen (Abb. 21.4.2e) ebenso zählen wie unregistrierte Beschäftigte im Transport- und Reparaturwesen, fliegende Händler, Abfallsammler, Straßenmusikanten, Bettler und Betrüger. Früheren Auffassungen, die den informellen Sektor als **Übergangsphänomen**, zu beseitigendes und zu überwindendes Phänomen der **Unterentwicklung** und als Auffangsegment armer Bevölkerungsgruppen primär als negativ einstuften, werden heute durchaus wertneutrale Beurteilungen zur Seite gestellt. Diese heben die **Adapta-**

tionsfähigkeit und Flexibilität sowie die positive Bedeutung informeller Prozesse als Beschäftigungsmotor für die unteren Einkommensgruppen hervor und würdigen, wie sehr informelle Prozesse dafür sorgen, dass strukturelle Defizite der öffentlichen Hand in Bezug auf (z. B. Wasser-, Energie-, Gesundheits-)Dienstleistungen durch informelle **Selbstorganisation** kompensiert werden.

Informalität schließt auch Aspekte wie informelle Bautätigkeit, personengebundene Arrangements in persönlichen Netzwerken sowie ungeregelte, semilegale und illegale Aktivitäten ein (z. B. Drogengeschäfte, Schmuggel, organisierte Landbesetzung, mafiöse Strukturen). Die Übergänge soziokulturell unterschiedlich interpretierten Verständnisses von **Legitimität, Legalität und Illegalität** können fließend sein, zumal teilweise konkurrierende Rechtssysteme als Verankerung informeller Organisation nebeneinander existieren (etwa vorkolonial- bzw. kolonialzeitlich implementierte, ethnisch begründete, staatlich bzw. religiös verankerte Rechtsauffassungen). So ist zum Beispiel in klientelistischen Systemen das Erweisen von Wohltaten legal und systemimmanent, das in anderen Gesellschaften als Korruption eingeordnet würde.

Informalität wird teilweise auch gezielt geduldet und als **Experimentieren** mit neuen, potenziellen Lösungsansätzen eingestuft. So fehlen etwa für Millionen von Migranten notwendige öffentliche Gesundheitseinrichtungen, sodass informelle und illegale Anbieter medizinischer Dienste den wachsenden Bedarf unterschiedlicher Bevölkerungsgruppen kompensierend decken (Bork et al. 2009, Khan et al. 2009). Diese Anbieter werden seitens der Behörden zumeist toleriert, damit zumindest eine provisorische Basisversorgung existiert und die öffentlichen Defizite nicht zu offensichtlich werden. Gleichzeitig wird das informelle Spektrum von Anbietern medizinischer Dienste als Experiment betrachtet, wie sich traditionelle und moderne Medizin in Angebot und Nachfrage sowie angemessene Ausstattungs- und Preissysteme regulieren und wie sich aus den selbstorganisierenden Strukturen Ansätze für eine Neugestaltung öffentlich-politischer Maßnahmen ableiten lassen.

Während sich das Gegensatzpaar „formell" und „informell", bei dem das Vorhandensein oder Fehlen einer **Registrierung und Legitimation** durch Staat bzw. Verwaltung das Unterscheidungsmerkmal darstellt, als unzulänglich erwiesen hat, weil es den Realitäten des vielfältigen Ineinandergreifens von Verhalten, Prozessen und Akteuren nicht gerecht wird, mangelt es noch an konsensgetragenen Konzeptions- und Begriffsalternativen. Neben den Akteuren formeller politisch-administrativer Systeme und der Privatwirtschaft existieren zahlreiche selbstformierte Arrangements, Organisationsformen und Institutionen, deren komplexe Steuerungsmechanismen, Aushandlungsprozesse und Diskurse die Entwicklungsdynamik der Megastädte beeinflussen.

Es bleibt abzuwarten, ob und inwieweit informelle Prozesse in Megastädten angesichts der Erosion öffentlicher Versorgungsleistungen in der Lage sein werden, **überlebenssichernde Auffangfunktion** wahrzunehmen (Rakodi & Lloyd-Jones 2002), und inwieweit Formalisierungsprozesse einsetzen, installiert oder forciert werden (Abb. 21.4.2f).

Stadtentwicklung in Megastädten

In Bezug auf die **Steuerungskapazitäten** zeigt sich, dass die herkömmlichen Konzepte, Standards, Strategien, Instrumente und Prioritäten der Stadtentwicklung weder den Bedingungen einer Verstädterung in Armut entsprechen noch geeignet sind, Informalität als weithin vorherrschendes Grundprinzip des städtischen Lebens, Wirtschaftens und Siedelns einzubeziehen.

Nachdem der fachwissenschaftliche Diskurs um die hohe Siedlungsdynamik expandierender Megastädte der Entwicklungs- und Schwellenländer bis in die 1980er-Jahre weitgehend von **Übertragungen** „westlicher" Planungskonzepte und Baunormen geprägt war, stehen seither die Voraussetzungen und Bedingungen einer „Verstädterung der Armut", das Versagen der öffentlichen Verwaltung sowie neue Formen sozialen Wohnungsbaus unter Einschluss endogener Ordnungs- und Selbstorganisationskräfte im Vordergrund (Herrle et al. 2006). Dabei ist die Erkenntnis leitend, dass Institutionen und Prozesse einer „sozialen Regulierung" des Zugangs zu Land, der Herstellung und Sicherung von Eigentumsrechten, der Konfliktbeilegung und der Gewährleistung funktionaler Siedlungsstrukturen wenigstens teilweise die Abwesenheit von Staat und Verwaltung zu kompensieren in der Lage sind (Kreibich 2010).

Megastadtforschung als internationale Forschungsaufgabe

Große internationale und interdisziplinäre **Forschungsprogramme** untersuchen Schlüsselthemen der Megastadtentwicklung: Ein Schwerpunktprogramm der Deutschen Forschungsgemeinschaft konzentriert sich auf informelle Prozesse der Megastadtdynamik im globalen Wandel (www.megacities-megachallenge.org), ein Programm des Bundesministeriums für Bildung und

Forschung widmet sich Fragen von Nachhaltigkeit, Klimawandel und Energieeffizienz (www.future-megacities.org) und Projekte der Helmholtz-Gemeinschaft richten sich auf Risiken in südamerikanischen Megastädten (www.risk-habitat-megacity.ufz.de).

21.5 (Un-)Sicherheit und städtische Räume

GEORG GLASZE

In vielen Regionen der Welt sind Sicherheit und Unsicherheit in den Städten zunehmend (wieder) zu einem Thema der öffentlichen Auseinandersetzung geworden. Dabei werden sowohl von der öffentlichen Hand als auch von der Privatwirtschaft neue Sicherheitspolitiken etabliert. Viele der neuen Sicherheitspolitiken setzen auf raumorientierte Strategien und verfolgen das Ziel, „sichere Räume" zu schaffen. Dabei lässt sich eine Maßstabsverschiebung von Sicherheitspolitiken beobachten, indem neue Sicherheitspolitiken vielfach spezifisch auf der Ebene von Städten, Gemeinden und Quartieren etabliert werden. Diese „raumorientierten" Strategien von Sicherheitspolitiken werden legitimiert durch eine öffentliche Diskussion, die Kriminalität und (Un-)Sicherheit bestimmten Räumen zuschreibt – das heißt ein soziales Phänomen verräumlicht. Eine sich etablierende Kritische Kriminalgeographie analysiert die Prozesse, Hintergründe und Effekte dieser **Verräumlichungen von (Un-)Sicherheit** sowie der Etablierung neuer raumorientierter Sicherheitspolitiken.

In diesem Teilkapitel wird zunächst dargestellt, welche Erklärungen für die wachsende Bedeutung von (Un-)Sicherheit in den Städten in der geographischen Stadtforschung herangezogen werden. Anschließend werden wichtige Akteure und Maßnahmen neuer raumorientierter Sicherheitspolitiken vorgestellt und die sozialen Hintergründe und Effekte dieser Politiken diskutiert.

(Un-)Sicherheit als Megathema von Stadtentwicklung – Erklärungsansätze

Wie lassen sich die zunehmende Thematisierung von (Un-)Sicherheit in den Städten und die Etablierung neuer raumorientierter Sicherheitspolitiken erklären? Verschiedene Autoren haben darauf hingewiesen, dass

städtisches Leben per se die Begegnung mit dem Fremden bedeutet (erstmals Simmel 1903). Städte können als Orte verstanden werden, in welchen Menschen sowohl Anonymität und Distanz aber auch Vielfalt und Chancen finden. Vor dem Hintergrund einer voranschreitenden Modernisierung gesellschaftlicher Beziehungen erodiert die für das Zusammenleben in Anonymität erforderliche Zivilität, da die „Innensteuerung" der Menschen durch internalisierte gesellschaftliche Normen (als Moral, Gewissen, Schuld oder Scham bezeichnet) an Bedeutung verliert (Gestring et al. 2005). Diese muss daher durch formalisierte **soziale Kontrolle** ersetzt werden (Sessar 2003). Hinzu kommt, dass im Zuge eines globalisierten Medienkonsums und der weltweiten Migration sich in der Alltagswelt die Wahrnehmung von Fremdheit erhöht. Nicht zuletzt lösen sich tradierte Gewissheiten zunehmend auf und überkommene soziale Bindungen (wie z. B. Familie) und Sicherheiten (wie der Arbeitsplatz oder soziale Sicherungssystem) verlieren an Bedeutung (Hitzler 1998). Dieser Verlust existenzieller Sicherheit schlägt sich nach dieser Argumentation dann in einem höheren Unsicherheitsempfinden der Stadtbewohner und einem Verlangen nach Normen und Sicherheit nieder. Empirisch wird diese These gestützt durch die Beobachtung, dass zum Beispiel in den Städten der europäischen Transformationsstaaten, die einen raschen gesellschaftlichen Wandel erleben, das empirisch erhobene Unsicherheitsempfinden rasch angewachsen ist (Reuband 1992).

Spätestens seit dem 11. September entwickelt sich zudem eine Diskussion darüber, inwiefern Städte heutzutage verstärkt **militärischen und terroristischen Bedrohungen** ausgesetzt sind. Dabei wird argumentiert, dass in einer zunehmend urbanisierten Welt sich militärische Auseinandersetzungen in immer höherem Maße auf Städte fokussieren. Darüber hinaus wird darauf hingewiesen, dass in einer zunehmend vernetzten Welt geopolitische Auseinandersetzung entgrenzt werden – sich also immer weniger auf bestimmte Orte und Räume beschränken und gerade die in hohem Maße vernetzten Metropolen zu Zielen terroristischer Anschläge werden (Graham 2004). Vor diesem Hintergrund ist zu beobachten, dass neue Sicherheitspolitiken nicht länger nur mit Bedrohungen durch Kriminalität, sondern eben auch durch Terrorismus legitimiert werden und damit die Unterscheidung zwischen „externer" und „interner" Sicherheit verschwimmt.

Neben diesen Argumentationssträngen, die die wachsende Bedeutung von (Un-)Sicherheit allgemein als Folgen gesellschaftlicher Modernisierungen und der Globalisierung fassen, werden in der geographischen Stadtforschung in erster Linie zwei stärker theoretisch-konzeptionell verortete Erklärungsansätze diskutiert:

- Politökonomische Ansätze interpretieren die Debatte um (Un-)Sicherheit in den Städten und die Etablierung von Sicherheitspolitiken letztlich als „notwendige Begleiterscheinung des auf Privateigentum basierenden Kapitalismus" (Belina 2010). Die veränderten polit-ökonomischen Strukturen führen in zahlreichen Staaten seit den 1990er-Jahren dazu, dass Teile der Bevölkerung ökonomisch gewissermaßen „überflüssig" werden. Wohlfahrtsstaatliche Politiken, die auf eine (Re-)Integration dieser Gruppen in das Wirtschaftssystem gesetzt haben, treten folglich in den Hintergrund und werden durch Sicherheitspolitiken ersetzt, die auf die Kontrolle dieser Gruppen setzen. Letztlich dienen die neuen Sicherheitspolitiken in dieser Perspektive also in erster Linie den Partikularinteressen ökonomischer und politischer Eliten. Für diese Gruppen sollen Räume der gehobenen Dienstleistungen in den Städten neu geschaffen bzw. „erobert" werden (wie Bürokomplexe, Shopping Center oder innerstädtische Konsumbereiche). Politökonomische Ansätze beurteilen die Sicherheitspolitiken damit als Instrumente des Regierens, das heißt letztlich als Instrumente zur Erhaltung ungerechter gesellschaftlicher Strukturen (Legnaro 1998, Belina 2000b, Ronneberger 2001, Belina 2005, Eick 2005).
- Poststrukturalistische Ansätze untersuchen zunächst die vielfältigen Prozesse der „Versicherheitlichung" gesellschaftlicher Problemfelder, das heißt die Tendenz, dass unterschiedliche gesellschaftliche Probleme als Sicherheitsproblem gefasst und bearbeitet werden. Die Versicherheitlichung hat den Effekt, dass sich politische Reaktionen zunehmend beschränken auf die Etablierung von Sicherheitspolitiken, und gesellschaftliche Hintergründe aus dem Blickfeld rücken. Zudem ermöglicht die Bearbeitung gesellschaftlicher Problemlagen als Sicherheitsprobleme, dass die Exekutive „außergewöhnliche Maßnahmen" durchsetzen kann, und birgt damit das **Risiko einer Entdemokratisierung**. Gleichzeitig zeigen poststrukturalistisch informierte Arbeiten, wie Sicherheitsdiskurse mit der Reproduktion von Identitäten verschränkt sind, indem dabei regelmäßig ein gefährdetes, „normales", zu schützendes „Wir" von einem „gefährlichen Anderen" abgegrenzt und damit definiert und reproduziert wird (Germes & Glasze 2010). Vielfach wird diese Differenzierung von sicher und unsicher verknüpft mit räumlichen Differenzierungen. Verschiedene Arbeiten haben sich zudem von den Gouvernementalitätsstudien anregen lassen und untersuchen (Un-)Sicherheit als eine spezifische Form der Steuerung und Regierung städtischer Gesellschaften, die nicht nur auf die Fremdsteuerung beispielsweise durch Betretungsverbote, kriminal-

präventiven Städtebau oder Bewachung reduziert werden kann, sondern auch vielfältige Formen der Eigensteuerung umfasst – durch die Übernahme und Aneignung bestimmter Wertvorstellungen und Orientierungen (Füller & Marquart 2009).

In den letzten Jahren ist in der deutschsprachigen Debatte eine gewisse Annäherung polit-ökonomischer und poststrukturalistischer Positionen zu beobachten. So ermöglichen hegemonietheoretische Ansätze, die Zusammenhänge zwischen Wirtschaftsstrukturen, Sicherheitsdiskurs und Kriminalpolitiken nicht als unmittelbar determiniert zu denken, sondern stärker die politischen Prozesse herauszuarbeiten, welche diese Zusammenhänge herstellen. Damit wird sowohl der Gefahr politökonomischer Ansätze begegnet, die Ergebnisse jeglicher Untersuchung schon vorab in den wirtschaftlichen Strukturen zu erkennen, aber auch einer potenziellen Schwäche poststrukturalistischer Ansätze, beim Beschreiben von Prozessen der Versicherheitlichung stehen zu bleiben und die jeweiligen sozialen Kontexte und vor allem sozialen Effekte zu vernachlässigen.

Die Verräumlichung von (Un-)Sicherheit und Kriminalität

Unsicherheit und Kriminalität werden in der öffentlichen Diskussion vielfach bestimmten Räumen zugeschrieben. Auf diese Weise werden diese gesellschaftlichen Probleme als lokalisier- und abgrenzbar sowie mittels raumorientierter Interventionen bearbeitbar gefasst – von den gesellschaftlichen Hintergründen wird abstrahiert. Dies geschieht in alltäglichen Gesprächen, in Politik und Verwaltung sowie in den Medien und drückt sich in Bezeichnungen aus wie „Ghetto", „Kriminalitätsbrennpunkt", „Angstraum" oder „No-go-Area".

Kriminalitäts- und Unsicherheitskartierungen

Als eine Reaktion auf das Bedeutungshoch der Themen Sicherheit und Kriminalität werden seit den 1990er-Jahren in vielen Städten sogenannte **kriminologische Regionalanalysen** durchgeführt. Neben einer reinen Beschreibung der räumlichen Kriminalitätsverteilung sollen diese auch eine Analyse der Ursachen von Kriminalität und abweichendem Verhalten liefern. Dazu wird zunächst ein Lagebild des Kriminalitätsaufkommens auf Stadtteil- und Quartiersebene gezeichnet. Vielfach kommen dabei inzwischen Geographische Informationssystem (GIS) zum Einsatz (kritisch dazu Belina 2010). Mit der computergestützten Visualisierung von Kriminalität in Form von *crime maps* sollen Brennpunkte der Kriminalität lokalisiert werden und durch die Verknüpfung mit weiteren regionalen Faktoren, wie Bebauung, Bevölkerungsdichte oder Ausländeranteil, kriminalitätsfördernde oder -hemmende Strukturen in Stadtteilen identifiziert werden. Anschließend soll in den Stadtteilen, Quartieren oder Baublöcken nach Ursachen für das lokale Kriminalitätsaufkommen und die lokale Unsicherheit gesucht werden. Üblicherweise werden aus solchen Regionalanalysen **kriminalpräventive Maßnahmen** abgeleitet.

Ein grundlegendes Problem dieser Studien ist die „Messbarkeit" von Kriminalität. So hat die sogenannte „Kritische Kriminologie" darauf aufmerksam gemacht, dass die Polizeiliche Kriminalitätsstatistik (PKS) in erster Linie vom Anzeigeverhalten der Bevölkerung (Was betrachtet die Bevölkerung als Straftat? Welche dieser Straftaten werden der Polizei mitgeteilt?) sowie darüber hinaus von der Kontrolldichte der Polizei und von den rechtlichen Rahmenbedingen (Was wird juristisch als strafbar definiert?) abhängt (Althoff et al. 1995). Alle Faktoren sind abhängig vom sozialen Kontext also kontingent. Strittig ist zudem die „Messbarkeit" von **Unsicherheitsempfinden**. Insgesamt ist Unsicherheit ein äußerst vielschichtiges Phänomen, das mit quantitativen Studien nur oberflächlich abgebildet werden kann (Glasze et al. 2005).

Bei Fragen der Verschränkung von Kriminalität und Raum ist die **Kriminalgeographie** angesprochen, die die Klärung dieses Verhältnisses zu ihrer Hauptaufgabe erklärt: Die traditionelle Kriminalgeographie befasst sich mit „der regionalen Verteilung der Kriminalität" (Koetzsche & Hamacher 1990) und „kriminalitätsauslösenden Faktoren des Raumes" (Kasperzak 2000). Die kriminologischen Regionalanalysen wurden im deutschsprachigen Raum lange Zeit fast ohne Bezüge zur wissenschaftlichen Humangeographie entwickelt. Erst in jüngster Zeit haben sich Humangeographen kritisch mit den Raumkonzepten der traditionellen Kriminalgeographie und der angewandten Studien auseinandergesetzt (Belina 2000a, Rolfes 2003, Glasze et al. 2005). Sie weisen darauf hin, dass dabei vielfach unterschiedliche soziale und materielle Phänomene (z. B. Kriminalitätsbelastung, städtebauliche Struktur, Ausländeranteil) in einem „Containerraum" zusammengedacht werden und auf diese Weise ein ursächlicher Zusammenhang zwischen den Phänomenen hergestellt wird. Diese Perspektive verstellt den Blick auf die (nicht räumlichen, sondern) sozialen und psychischen Hintergründe von Kriminalität und Sicherheitsempfinden (Rolfes 2003). Sie reproduziert damit eine Stigmatisierung von Quartieren und legitimiert raumorientierte Sicherheitspolitiken.

Die Verdinglichung des öffentlichen Raums

Seit den 1990er-Jahren sind der „öffentliche Raum" und seine Gefährdung durch Kriminalität, Unsicherheit, Privatisierung und Überwachung zu einem zentralen **Topos der Planungsdiskussion** (Breuer 2003, Kazig et al. 2003) und der sozialwissenschaftlichen Stadtforschung geworden (Hahn 1996, Lichtenberger 1999). In dieser Diskussion wird allerdings teilweise übersehen, dass verschiedene Kriterien zur Bestimmung von „öffentlichem Raum" herangezogen werden (Glasze 2001b, Dessouroux 2003):

- Eigentumsrechte: öffentlicher Raum als administrativ abgegrenzter Raum im staatlichen (bzw. kommunalen) Eigentum
- Zugänglichkeit: öffentlicher Raum als Straßen und Plätze, die für alle zugänglich sind
- Regulierung/Organisation: öffentlicher Raum als administrativ abgegrenzter Raum, dessen Nutzung öffentlich-rechtlich, das heißt also letztlich politisch reguliert wird
- Nutzung: öffentlicher Raum als Ort von Öffentlichkeit (Öffentlichkeit umfasst dabei zwei Dimensionen: erstens Öffentlichkeit als Begegnung, Auseinandersetzung und Kommunikation von Fremden [Simmel 1903, Bahrdt 1961] und zweitens Öffentlichkeit als „Arena", in der Dinge von allgemeinem Interesse transparent und einer politischen Willensbildung zugeführt werden [Habermas 1990], an der sich alle beteiligen können.)

Die gesellschaftliche Bedeutung von öffentlichem Raum liegt vor allem in der vierten Bedeutungsebene: die Präsenz aller sozialen Gruppen in der Öffentlichkeit und ihre Mitwirkungsmöglichkeit an der politischen Willensbildung als Grundlage einer demokratischen und sozial gerechten Gesellschaftsordnung. Explizit bezieht sich die Kritik an der Gefährdung öffentlichen Raums allerdings vielfach nur auf eine oder mehrere der ersten drei Bedeutungsebenen. Die Kritiker befürchten also, dass ein Verkauf, eine Zugangsbeschränkung oder Änderung der Regulation einer städtischen Fläche ein Angriff auf eine demokratische und sozial gerechte Gesellschaftsordnung ist. Das heißt, sie orientieren sich an einem Bild von öffentlichem Raum als einem Objekt, einem physisch-materiellen Raumausschnitt, der sowohl im öffentlichen Besitz, als auch für alle zugänglich und Ort von Öffentlichkeit ist. Diese Verdinglichung führt dann zum Teil sogar zur Idee, man könne die Zu-

oder Abnahme öffentlichen Raums in den Städten kartieren. Aus zwei Gründen ist fraglich, ob dieses Bild eine sinnvolle Beschreibungs- und Analysekategorie sein kann:

- Erstens ist die Kongruenz zwischen den verschiedenen Ebenen nicht gegeben. Eine Fläche im öffentlichen Eigentum wird nicht zwangsläufig zum Schauplatz von Öffentlichkeit. Und die Idee, mit offen zugänglichen Plätzen Öffentlichkeit herzustellen, musste der Städtebau schon lange aufgeben.
- Zweitens ist Öffentlichkeit und damit „öffentlicher Raum als Ort von Öffentlichkeit" ein unerreichtes Ideal. So werden auch Straßen und Plätze, die alltagssprachlich als „öffentlich" bezeichnet werden, immer von bestimmten Gruppen der Gesellschaft angeeignet, andere Gruppen sind ausgeschlossen bzw. schließen sich aus.

„Öffentlicher Raum" kann daher nicht sinnvoll als ein kartierbarer materiell-physischer Raumausschnitt mit klar definierten Eigenschaften konzeptionalisiert werden, sondern sollte vielmehr als sozial konstruierter Raum verstanden werden, um dessen Aneignung Konflikte geführt werden (für eine diskursanalytische Umsetzung siehe Mattissek 2005). Konsequenterweise muss öffentlicher Raum dann in erster Linie als Metapher, politisches Ideal oder Raumideologie interpretiert werden. Nur aus einer solchen Perspektive lässt sich analysieren, wie „öffentlicher Raum" sowohl in eine aufklärerische Argumentation als auch in eine repressive Argumentation eingebunden werden kann. So legt Habermas (1990) dar, dass sozial benachteiligte Gruppen die Idee von „öffentlichem Raum als Ort von Öffentlichkeit" erfolgreich als normatives Ideal nutzen konnten und können. Gruppen, die von der Präsenz in innerstädtischen Räumen ausgeschlossen werden, fordern mit Bezug auf dieses Ideal ihre Zugangs- und Beteiligungsmöglichkeiten (Mitchell 1995, Glasze 2001b). Wie allerdings Belina (2003) gezeigt hat, beziehen sich auch Akteure, die eine Verdrängung bestimmter als „störend" oder „bedrohlich" bezeichneten Gruppen aus den Innenstädten fordern, auf die Idee des öffentlichen Raums und legitimieren die Verdrängung dieser Gruppen mittels neuer Sicherheitspolitiken mit dem Argument der Schaffung „sicherer öffentlicher Räume".

Die *broken-windows*-Ideologie

Die Etablierung neuer Sicherheitspolitiken in den Städten wird vielfach mit dem Verweis auf die *broken-windows*-Metapher und die auf ihr beruhende *zero-tole-*

rance-Strategie der Polizeiarbeit in New York legitimiert. Angeregt durch einen Aufsatz mit dem Titel „*broken windows*" (Wilson & Kelling 1996 [1982]) wurde die Idee, dass die Tolerierung kleiner Ordnungswidrigkeiten zu Kriminalität führt, zu einer Grundlage von Polizeiarbeit und kommunalen Sicherheitspolitiken in den USA. Wilson & Kelling nutzen das eingeschlagene Fenster als Metapher. Sie argumentieren, dass eine eingeschlagene Scheibe von Kriminellen quasi als „Einladung" gelesen würde, in den als unordentlich identifzierten Räumen, Straftaten zu begehen. Wilson & Kelling fordern vor diesem Hintergrund, dass nicht nur kriminelles Verhalten im engeren Sinne, sondern auch **„unordentliches Verhalten"** bekämpft werden müsse und nennen als Beispiele Prostitution in der Öffentlichkeit, Konsum von Alkohol in der Öffentlichkeit, Betteln auf der Straße sowie auf Plätzen herumlungernde und lärmende Jugendliche oder Obdachlose.

Verschiedene Autoren haben kritisiert, dass die Vorstellung, dass „unordentliche Straßenzüge" Kriminalität quasi „anziehe" einen Zusammenhang zwischen „Unordnung" und „Kriminalität" herstellt, der empirisch nicht belegt ist, aber einen räumlich selektiven Zugriff neuer Sicherheitspolitiken legitimiert (Belina 2005, 2006). Letztlich sei *broken windows* daher eine Ideologie, die „neokonservative Ordnungsvorstellungen" durchsetzen will, indem soziale Phänomene als Probleme von Kriminalität gefasst werden. Die indirekte Kriminalisierung der sozial Ausgeschlossenen werde durch Bezug auf deren räumliche Konzentration erreicht. Belina beurteilt *broken windows* folglich als ein „*governing trough crime trough space*".

Die Konstitution von „unsicheren Quartieren" als Identitätspolitik

Die Konstitution von „unsicheren Quartieren" kann aus der Perspektive einer poststrukturalistischen Geographie auch als Element von Identitätspolitiken interpretiert werden. Identitäten des Eigenen, Normalen und Bedrohten werden abgegrenzt von den Identitäten des Fremden und Bedrohlichen und damit reproduziert. Aufbauend auf Arbeiten von Foucault, Said, Gregory sowie Laclau & Mouffe zeigen etwa Germes & Glasze (2010) sowie Brailich et al. (2010), wie die Großwohnsiedlungen in den französischen *banlieues* in Medien und Politik in Frankreich als bedrohliche und fremde Orte konstituiert werden, wo die Regeln und Werte der *République* nicht gelten. Der *banlieue*-Diskurs produziert und reproduziert damit eine Wir-Identität der französischen *République*. In diesem Sinne dienen die *banlieues* als konstitutives Außen und Gegenorte der *République*. Gleichzeitig werden diese Gegenorte jedoch auf paradoxe Weise als „verlorene Territorien" konstituiert, die „eigentlich" zur *République* gehören. Damit werden eine „Rückeroberung" und die Etablierung neuer spezifisch auf die *banlieues* ausgerichteter Sicherheitspolitiken legitimiert.

Neue raumorientierte Sicherheitspolitiken in den Städten

Die Zuschreibung von Unsicherheit und Kriminalität auf bestimmte Räume legitimiert die Etablierung neuer raumorientierter Sicherheitspolitiken und wird auf diese Weise gleichzeitig reproduziert (Schirmel 2011). So lässt sich zeigen, dass viele der neuen Sicherheitspolitiken nicht an den gesellschaftlichen Hintergründen von Unsicherheit ansetzen, sondern **raumorientierte, territoriale Strategien** verfolgen – also auf bestimmte Städte, Quartiere und Plätze fokussieren. Dabei lassen sich zwei miteinander verschränkte Ansätze unterscheiden. Zum einen Ansätze, die auf die **Überwachung und Kontrolle** bestimmter Räume zielen, und zum anderen Ansätze, die auf **Einhegung und Zugangsbeschränkung** zielen. Dabei kommen Verfahren zum Einsatz, die von neuen Technologien bis zu (städte-)baulichen Maßnahmen reichen (Abb. 21.5.1).

Etablierung neuer Sicherheitspolitiken durch die Privatwirtschaft

Im Zuge der Tertiärisierung sowie Organisationsprivatisierungen zum Beispiel der Bahn und von Flughafenbetreibern sowie der Verbreitung von Einkaufszentren im Privatbesitz werden Funktionen wie Einkaufen und Versorgung zunehmend an Orten realisiert, die sich in Privatbesitz befinden. In Einkaufs- und Bürozentren, in Bahnhöfen und Flughäfen legt das Management in **Hausordnungen** Normen fest, die Handlungen verbieten, die unterhalb der Schwelle zur Strafbarkeit liegen. Diese „substrafrechtlichen Partikularnormen" werden mit privatem Sicherheitspersonal durchgesetzt (Glasze 2001b). Da zudem die öffentliche Hand und viele Privatunternehmen Sicherheitsdienstleistungen auf kommerzielle Sicherheitsunternehmen auslagern (outsourcen), ist die Beschäftigtenzahl im deutschen Sicherheitsgewerbe von 101 000 im Jahr 1993 auf 170 000 im Jahr 2010 angestiegen. Nicht zuletzt erleben seit wenigen Jahren Zugangskontrollen durch *concierge*- bzw. Pförtnerdienste sowohl in Apartmentanlagen der Luxusklasse als auch in Anlagen des sozialen Wohnungsbaus eine Renaissance (Glasze 2001b, Flöther 2010; Exkurs 21.5.1).

Etablierung neuer Sicherheitspolitiken durch den Staat

In der Debatte um eine Privatisierung von Sicherheit wird vielfach übersehen, dass auch von staatlichen Organen neue Sicherheitspolitiken etabliert werden und insgesamt eine **Reorganisation staatlicher Sicherheitspolitiken** beobachtet werden kann.

So lässt sich zunächst eine Maßstabsverschiebung beobachten: Neue Sicherheitspolitiken fokussieren vielfach auf bestimmte Städte oder sogar nur bestimmte Quartiere. Seit Beginn der 1990er-Jahre werden in Deutschland unter dem Stichwort der Kommunalen Kriminalprävention neue Sicherheitspolitiken auf der Ebene der Kommunen und Quartiere diskutiert (Schreiber 2005, 2007). Vielfach wird dabei angeknüpft an das Konzept der bürgernahen Polizeiarbeit (*Commu-*

		Maßnahmen		
		Formalisierung sozialer Kontrolle	**Einsatz von Techniken**	**(städte-)bauliche Veränderungen**
raumbezogene Strategien	**Überwachung**	Streifengänge privater Sicherheitsdienste *neighbourhood watch*	präventive Videoüberwachung	*crime prevention through environmental design* (Erleichterung sozialer Kontrolle)
	Einhegung und Zugangsbeschränkung	*doormen*- bzw. *concierge*-Dienste	Zugangskontrollen mit biometrischen oder elektronischen Systemen	*defensible space* (Schaffung baulicher und symbolischer Barrieren)
	Maßstabsverschiebung	Etablierung von Sicherheitspolitiken auf der (sub-)kommunalen Ebene (Gemeinden, Stadtteile, Nachbarschaften)		

Abb 21.5.1 Raumbezogene Strategien neuer Sicherheitspolitiken (verändert nach Glasze et al. 2005).

Exkurs 21.5.1

Bewachte Wohnkomplexe

Kaum ein anderes städtebauliches Phänomen ist Ende der 1990er-Jahre in höherem Maße in das Blickfeld der Medien geraten als privat entwickelte und verwaltete Siedlungen und Apartmentanlagen. Insbesondere die Verbreitung von Wohnkomplexen, die durch Tore, Zäune oder Mauern von der Umgebung abgeschlossen sind und deren Zugänge bewacht werden – in den USA von der Immobilienwirtschaft als *gated communities* vermarktet – steht dabei im Fokus des öffentlichen und wissenschaftlichen Interesses. Für die Kritiker stehen die *gated communities* gleich für mehrere als problematisch einzuschätzende Trends: Sie sind ein Beispiel einer Angstarchitektur und der Privatisierung öffentlichen

Raums. In den Toren und Zäunen materialisiert sich die Fragmentierung städtischer Gesellschaften. Für die Befürworter sind sie eine ökonomisch effiziente Form der Organisation städtischen Lebens und daher Ausdruck einer „institutionellen Evolution" (Glasze et al. 2006).

Trotz nationaler und regionaler Unterschiede können gemeinsame Charakteristika bewachter Wohnkomplexe beschrieben werden, die damit auch als Definitionskriterien dienen:

* die Kombination von Gemeinschaftseigentum wie Grünanlagen, Sporteinrichtungen und Ver- und Entsorgungsinfrastruktur sowie gemeinschaftlich genutzten Dienst-

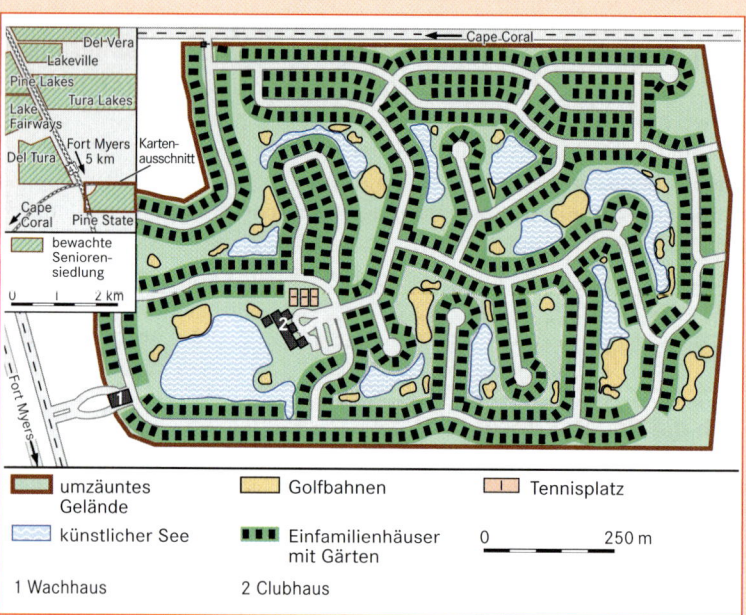

Abb 1 Die geschlossene Seniorensiedlung „Sabalsprings" in Florida (verändert nach Glasze 2001a).

nity Oriented Policing). In Deutschland wurden beispielsweise in den 1990er-Jahren fast flächendeckend sogenannte Kommunalpräventivräte etabliert, in denen verschiedene Akteure zum Zwecke der Kriminalprävention auf lokaler Ebene mit der Polizei kooperieren (ebd.). Während polizeinahe Autoren teilweise die Arbeit der kommunalen Präventivräte begrüßen und sich eine Stärkung des bürgerschaftlichen Engagements versprechen, kritisieren andere Autoren die Entpolitisierung von Sicherheitspolitiken, da Entscheidungen zunehmend nicht mehr von den politisch legitimierten

Parlamenten und Gemeinderäten getroffen werden. Hornborstel (1998) befürchtet, dass die Präventionsräte mit ihrer unklaren Aufgabenbestimmung zu einer Kriminalisierung von Handlungen führen, die strafrechtlich nicht relevant sind, aber von den Gruppen, die sich in der Kommunalen Kriminalprävention engagieren, als „abweichend" definiert werden.

Tatsächlich haben auch in Deutschland viele Kommunen Verordnungen erlassen (bzw. existierende GefahrenabwehrVO verschärft), die Verhaltensweisen verbieten, die zwar nicht strafbar sind, aber als nicht

leistungen wie Wach- und Hausmeisterdienste mit individuellem Eigentum bzw. dem Nutzungsrecht einer Wohneinheit

- die Selbstverwaltung
- die Zugangsbeschränkung, die zumeist von einem 24-stündig tätigen Sicherheitsdienst gewährleistet wird

Außer den Annehmlichkeiten, die von den Investoren geschaffen werden, warten viele bewachte Wohnkomplexe mit „natürlichen" Vorzügen auf – vor allem mit einer **exklusiven Lage**. Das Spektrum reicht dabei vom unverbaubaren Blick oder der privaten Skipiste im Gebirge bis zum privaten Strand.

Die **Selbstverwaltungsgremien** der Wohnkomplexe entscheiden umfassend über die Angelegenheiten der Wohnkomplexe: die Gestaltung und Pflege der Wege, Plätze, Grün- und Sportanlagen, die Ver- und Entsorgung (z. B. Energie, Wasser), die Beschäftigung von Wach- und Hausmeisterdiensten. Insbesondere in den *gated communities* in den USA werden vielfach auch die farbliche Gestaltung der Veranda oder das Halten von Haustieren reguliert. Angesichts der Regulierungsgewalt sowie der Bereitstellung von kollektiven Gütern und Diensten substituieren die Wohnkomplexe eine öffentlich-kommunale Territorialorganisation und festigen damit soziale Unterschiede institutionell.

In den USA verzwanzigfachte sich die Zahl bewachter Wohnkomplexe in den letzten 30 Jahren des 20. Jahrhunderts auf mehr als 40 000 – in den wachsenden Regionen im amerikanischen *sunbelt* liegen teilweise mehr als die Hälfte aller Neubauten in einer *gated community*. Die Verbreitung bewachter Wohnkomplexe in anderen Regionen der Welt ist erst seit wenigen Jahren ins Blickfeld der Forschung gerückt. Die Studien zu bewachten Wohnkomplexen außerhalb der USA erlauben es, für viele Regionen eine Zunahme dieser Wohnform zu konstatieren – vielfach sogar einen Boom (Glasze et al. 2006, Glasze 2003a).

Die Hintergründe für die Verbreitung bewachter Wohnkomplexe können allerdings nicht alleine im Unsicherheitsgefühl der Bewohner gesucht werden. Erstens zeigen verschiedene Studien, dass (Un-)Sicherheit für die Bewohner in der Regel nur einer von mehreren Faktoren ist, der für den

Abb. 2 Werbung für die bewachte Apartmentanlage „Arkadien" in der Berliner Vorstadt in Potsdam (Immobilienwerbung in der Berliner Zeitung, August 2000).

Zuzug in einen bewachten Wohnkomplex gesprochen hat und häufig nicht der wichtigste war. Zweitens blendet ein rein nachfrageorientierter Ansatz völlig den sozialen Kontext aus. Dabei zeigt der internationale Vergleich zwar, dass „bewachte Wohnkomplexe" ein **global verfügbares Modell von Stadtentwicklung** geworden sind. Einen Boom erleben sie allerdings nur in den Regionen, wo das Zusammenspiel von Akteuren in der Stadtentwicklung nicht in ein gemeinwohlorientiertes Institutionengefüge eingebunden ist (Glasze 2003b). So verwundert es nicht, dass sich beispielsweise in Skandinavien oder in Deutschland (mit wenigen Ausnahmen wie der Apartmentanlage „Arkadien" in Potsdam) keine bewachten Wohnkomplexe finden.

normgerecht und „unordentlich" eingeschätzt werden (wie das Lagern oder der Alkoholkonsum in öffentlichen Grünanlagen). Teilweise greifen die Städte dabei auch auf **Platzverweise und Betretungsverbote** zurück (Hetzer 1998, Belina 2000b). Zudem wurden vielfach die kommunalen Bußgeldordnungen verschärft und auf diese Weise beispielsweise das Wegwerfen von Kleinabfällen unter hohe Geldstrafen gestellt. Parallel zu dieser Entwicklung etablieren viele Städte in Deutschland seit den 1990er-Jahren (wieder) eigene uniformierte Vollzugsbeamte der Ordnungsämter, die im Stadtraum

patrouillieren und die vielerorts in den 1990er-Jahren verschärften kommunalen Ordnungssatzungen durchsetzen sollen. Zudem wird teilweise eine „Laisierung" der Polizeiarbeit auf kommunaler Ebene beobachtet: So dokumentiert Behr (2002), wie in verschiedenen deutschen Bundesländern in Kooperation mit Städten und Gemeinden „freiwillige Polizeidienste" die Präsenz der Polizei in städtischen Nachbarschaften erhöhen sollen, in dem dort niedrig qualifizierte „Hilfspolizisten" ohne hoheitliche Rechte Streife gehen. Nicht zuletzt aus finanziellen Gründen setzen einige Bundesländer zudem nach dem Vorbild der **neighbourhood-watch-Aktionen** in den USA und Großbritannien auf eine Formalisierung der sozialen Kontrolle durch Anwohner eines Stadtteils. Aber auch im Bereich der repressiven Sicherheitspolitiken lässt sich teilweise eine Fokussierung auf bestimmte Quartiere beobachten. So wurden im Nachgang der *banlieue*-Unruhen 2005 in Frankreich neue Polizeieinheiten (*Unités Territoriales de Quartier*) etabliert, die speziell für eine repressive Polizeiarbeit in „Problemquartieren" ausgebildet und ausgerüstet werden.

Darüber hinaus zeigen sich auch im Sicherheitsbereich neue Kooperationen zwischen staatlichen und privatwirtschaftlichen Akteuren. So werden vor dem Hintergrund der Standortkonkurrenz des innerstädtischen Einzelhandels mit Einkaufszentren „auf der grünen Wiese" auch im Bereich der innerstädtischen Straßen und Plätze zunehmend private Akteure in die Gestaltung von Sicherheitspolitiken einbezogen – zum Beispiel im Rahmen von *Business Improvement Districts* (BID) nach amerikanischem Vorbild (Briffault 1999), in denen Gemeinschaften der Grundeigentümer in die Etablierung neuer Sicherheitspolitiken einbezogen werden und beispielsweise Streifengänge privater Sicherheitsdienste finanzieren (Pütz 2008, Wiezorek 2004).

Einsatz von Technik zur Überwachung und Kontrolle

In öffentlich genutzten Räumen im Privatbesitz wie zum Beispiel Flughäfen oder Einkaufszentren werden bereits seit einigen Jahren vermehrt **Videokameras** zur Überwachung eingesetzt. Seit den 1990er-Jahren wurde die sogenannte „präventive" Videoüberwachung öffentlicher Straßen, wie sie in britischen Innenstädten bereits seit 1985 großflächig aufgebaut wurde, durch Änderungen der Polizeigesetze in den meisten deutschen Bundesländern ermöglicht und findet inzwischen in vielen Städten Anwendung (Abb. 21.5.2; Fyfe 1996, Nogala 2003). Während einige Autoren unter Hinweis auf (vermeintlich) erfolgreiche Projekte insbesondere in Großbritannien eine kriminalpräventive Wirkung und Effizienzsteigerung der Polizeiarbeit erwarten (Büllesfeld 2002), beurteilen Kritiker die Effekte der Videoüberwachung negativ (Fyfe 1996, Belina 2002). Zum einen werde ihre Bedeutung für die Polizeiarbeit überschätzt und zum anderen werde die Videoüberwachung in den Innenstädten letztlich zur Verdrängung unerwünschter Personengruppen eingesetzt – mit dem Ziel, Konsumräume zu schaffen und den Einzelhandelsstandort „Innenstadt" in der inter- und intraurbanen

Abb. 21.5.2 Videoüberwachung in der Fußgängerzone in Heilbronn (Foto: Glasze).

Konkurrenz zu stärken. Damit diene die Videoüberwachung Partikularinteressen und zerstöre die Grundlagen des städtischen Zusammenlebens, das auf Anonymität basiert. Technische Maßnahmen werden aber darüber hinaus auch zunehmend zur Zugangskontrolle eingesetzt – so wird der Zutritt zu bewachten Wohnkomplexen in vielen Regionen der Welt zunehmend nicht nur personell, sondern zusätzlich durch Chipsysteme elektronisch gesteuert („elektronische Schlüssel").

Architektonische und städtebauliche Maßnahmen

Die architektonische und städtebauliche Gestaltung von öffentlich genutzten Räumen orientiert sich vielfach in zunehmender Weise an Ideen einer kriminalpräventiven Siedlungsgestaltung. Der US-amerikanische Kriminologe Jeffery forderte bereits 1971 mit der Studie *Crime Prevention through Environmental Design* (CPTED) eine Berücksichtigung der physisch-räumlichen Gegebenheiten im Rahmen der Kriminalprävention. 1972 prägte der amerikanische Architekt Newman das Konzept des *defensible space*. Die baulichen Maßnahmen, die auf Basis dieser beiden Konzepte umgesetzt wurden, zielen auf eine Erleichterung der informellen sozialen Kontrolle durch die Anwohner, indem zum einen die **Einsehbarkeit und Beleuchtung** des Wohnumfeldes verbessert werden und zum anderen das Wohnumfeld zoniert wird, indem bauliche und symbolische Barrieren die Grenze zwischen „privaten", „semi-privaten" und „öffentlichen" Räumen markieren. Insbesondere bei der Umgestaltung der nach den Leitbildern des

Funktionalismus und der Moderne errichteten Groß-wohnsiedlungen des 20. Jahrhunderts greifen Kommu-nen und Wohnungsbaugesellschaften auch in Deutsch-land inzwischen vielfach auf die beschriebenen Ansätze zurück – schaffen beispielsweise durch die Anlage von Mietergärten und Umzäunungen im Sinne Newmans „halbprivate" Räume um einzelne Wohnblöcke (Schu-bert & Schnittger 2002). In der sozialwissenschaftlichen Stadtforschung werden diese Ansätze vielfach kritisiert: So wird bezweifelt, ob ein umweltdeterministischer Ansatz, der mittels baulicher Gestaltung menschliches Verhalten beeinflussen will, tragen kann (Stummvoll 2002). Zudem wird befürchtet, dass CPTED zu einer „Angstarchitektur" und einer fragmentierten Stadt-struktur führt, die letztlich das Unsicherheitsempfinden eher erhöhen als reduzieren (Flusty 1997).

(Un-)Sicherheit als Forschungsfeld der Geographie

Räumliche Differenzierungen spielen sowohl in der öffentlichen Diskussion um (Un-)Sicherheit als auch bei der Umsetzung neuer Sicherheitspolitiken eine große Rolle. Dabei werden zum einen bestimmte Stadtviertel als „unsicher" stigmatisiert. Zum anderen sollen mit technischen und städtebaulichen Maßnahmen sowie durch organisatorische Veränderungen „sicherere Räume" geschaffen werden. Eine sich etablierende „Kri-tische Kriminalgeographie" analysiert diese räumlichen Differenzierungen als spezifische Ausprägung einer Ver-sicherheitlichung gesellschaftlicher Probleme und damit als soziale bzw. diskursive Konstruktion. Sie hinterfragt damit die vermeintlich „natürliche" Qualität städtischer Räume als sicher bzw. unsicher und eröffnet damit Wege, die sozialen Hintergründe und Effekte dieser Ver-sicherheitlichungen ins Blickfeld zu holen und damit Fragen von (Un-)Sicherheit in den Städten stärker als politische Fragen zu behandeln.

21.6 Die Postmodernisierung der Stadt

Gerald Wood

„In Detroit, Amerikas einstmals pumpender, fauchender Wohlstandsmaschine, geht es heute ländlich zu. Schon seit Jahren breiten sich auf den verwaisten Grundstü-cken Äcker und Gewächshäuser aus. Hühner scharren, wo früher Autos zusammengeschraubt wurden. Bisher hat die Stadt diese Klein-Landwirtschaften lediglich toleriert. Doch nun sehen viele in einer Art pastoral-urbanem Hybrid den einzigen Ausweg der Stadt aus ihrem jahrzehntealten Siechtum. Das Projekt könnte für andere *shrinking cities* zum Modell werden. Ausgelöst wurde Detroits bis heute anhaltendes Sterben von sei-nem eigenen Produkt: Sobald die Stadt in den 1950er-Jahren an das Intercity-Netz angeschlossen war, began-nen alle, die es sich leisten konnten, die Stadt zu verlassen. [...] Von den 2 Millionen Menschen, die 1955 in der Stadt wohnten, sind nur noch 800 000 geblieben. [...] Es ist schwer zu beschreiben, wie kaputt Detroit wirklich ist. Und hat man es einmal gesehen, schockiert es einen beim nächsten Besuch wieder aufs Neue. *Down-town*, wo ein ansehnliches Grüppchen Wolkenkratzer steht und das *Renaissance Center*, das das Versprechen seines Namens nie einlöste, ähnelt Detroit noch am ehesten anderen mittleren Großstädten der USA – bis man die Bäume bemerkt, die im 23. Stock aus leeren Fensterhöhlen wachsen" (Süddeutsche Zeitung, 30./31. Oktober/1. November 2010). Der dramatische Nieder-gang Detroits, der in diesem Textauszug thematisiert wird, repräsentiert das eine Ende eines weiten Spek-trums städtischer Entwicklungen, die sich innerhalb der letzten Jahrzehnte in globalem Maßstab vollzogen haben. Was dem Leser dieses kurzen Textes deutlich wird, sofern er sich an die „Erfolgsstory" dieser Stadt erinnert, die bis weit in die zweite Hälfte des 20. Jahr-hunderts hinein angedauert hat, ist der tief greifende ökonomische, demographische, städtebauliche und soziale Bruch, der in dem kurzen Zeitraum weniger Jahrzehnte erfolgt ist und gegenwärtig immer noch andauert. Die Vorstellung, dass Ackerbau und Viehzucht helfen können, die extensiven und sich immer noch aus-dehnenden Flächen städtischer Wildnis einer neuen Nutzung zuzuführen und den Menschen in der Stadt neue Erwerbs- und Einkommensmöglichkeiten zu er-schließen, hat angesichts der überkommenen Bedeu-tung dieser Stadt für den *American way of life* etwas ausgesprochen Irreales. Und doch ist sie greifbare Rea-lität und angesichts der bestehenden Probleme einige der wenigen Erfolg versprechenden Optionen für die weitere Entwicklung der Stadt.

Der Wandel Detroits mag zwar spektakulär sein, doch er verweist auf übergeordnete, global wirksame Kräfte, denen sich kaum eine Stadt der Welt dauerhaft entziehen kann. Insofern lässt sich der zugespitzte Umbau dieser Stadt nicht nur als Metapher eines epo-chalen gesellschaftlichen Umbruchprozesses innerhalb der USA betrachten, sondern auch als Ausdruck eines in globalem Maßstab ablaufenden Umbaus des Städtesys-tems und der Strukturen innerhalb der Städte.

Viele einzelne Erklärungsfaktoren stehen hinter diesem Trend, die zudem auf vielfältige Weise miteinander verknüpft sind. Von herausragender Bedeutung für die Veränderung der Städte bzw. des Siedlungsgefüges in den fortgeschrittenen Volkswirtschaften ist die **Automobilisierung** ihrer Gesellschaften, im Verbund mit gestiegenem allgemeinem Wohlstand. Unter dem Stichwort der Suburbanisierung wird beispielsweise diskutiert, wie erhöhte Mobilität und Motilität (also die Bereitschaft zu einer mobilen Lebensweise) zu einem extremen Wachstum der Siedlungsfläche („Zersiedlung"), zur „Auflösung" der Kernstädte und zu einer zunehmenden stadträumlichen und sozialen Fragmentierung bzw. Zersplitterung geführt haben. Erleichtert wurde dieser Trend durch den Bau von Straßen, durch staatliche Zuschüsse zur Bildung von Wohneigentum sowie durch einen allgemeinen gesellschaftlichen Wertewandel, der das Leben „im Grünen" für weite Kreise der Bevölkerung als ausgesprochen attraktive Option gegenüber dem Leben in der (Kern-)Stadt erscheinen ließ. Gegenwärtig vollziehen sich in anderen Teilen der Welt ähnliche Prozesse des Siedlungswachstums und der Fragmentierung und Auflösung überkommener räumlicher und sozialer Strukturen und zwar vor allem dort, wo eine starke weltwirtschaftliche Integration erfolgt ist und ein dynamisches Wirtschaftswachstum stattgefunden hat.

Von zentraler Bedeutung für das Verständnis städtischen Wandels in den letzten Jahrzehnten ist zudem der in globalem Maßstab ablaufende Umbau ökonomischer Strukturen und ihrer – auch räumlichen – Verflechtungen. In den führenden Industrienationen des 20. Jahrhunderts drückte sich dieser Prozess in vielfältiger Weise aus. Hier kam es nicht nur zu einem Um- und Rückbau der ökonomischen Strukturen (zum Beispiel in Form von **Deindustrialisierungstendenzen**), sondern auch zu einem Steuerungsverlust auf allen staatlichen Ebenen, so auch in den Städten, zu sozialen Anomien und individuellen wie kollektiven Sinnkrisen. Ein paradigmatisches Beispiel dieses mehrschichtigen Umbruchprozesses ist sicherlich Detroit, doch prinzipiell waren alle Städte, deren Geschichte sich im Rahmen der Entwicklungsdynamik der Industriemoderne des 19. und 20. Jahrhunderts vollzogen hat, von diesen Trends tangiert. Auf der anderen Seite hingegen stehen die „Gewinner", die Volkswirtschaften, Regionen bzw. Städte, die im Zuge der Rekonfiguration der globalen Ökonomie der letzten Jahrzehnte eine volkswirtschaftliche Blüte (so z. B. China mit seinen phänomenalen zweistelligen Zuwachsraten des BIP während der letzten Jahre), einen zunehmenden Wohlstand im Allgemeinen und ein zum Teil rasantes demographisches wie bauliches Städtewachstum verzeichneten.

Häufig wird im Zusammenhang mit der ökonomischen Globalisierung auch der Verlust von Steuerungskompetenzen bzw. -kapazitäten auf allen Maßstabsebenen thematisiert. Gemeint ist hiermit insbesondere der Kontrollverlust staatlicher Einrichtungen gegenüber der zunehmenden Macht transnational agierender Unternehmen, die sich nationalstaatlicher und erst recht lokaler Kontrolle wirkungsvoll entziehen können. Dieser Verlust von Steuerungsmöglichkeiten wird gerne auch als *hollowing out of the state* apostrophiert. Über den Grad des Kontrollverlustes herrscht keine Einigkeit in der Debatte, allerdings gibt es kaum einen Zweifel daran, dass sich die Machtverhältnisse zwischen den Akteuren und zwischen verschiedenen räumlichen Ebenen (von der lokalen bis zur globalen Maßstabsebene) in einem fortlaufenden und tief greifenden Rekonfigurationsprozess befinden. Hiervon sind gerade auch Städte betroffen, zum Beispiel im Rahmen von Deregulierungsprozessen. Hierbei handelt es sich nicht selten um zweischneidige Entwicklungen, denn ein höheres Maß an lokaler Mitbestimmung, die von Landes- bzw. Bundesregierungen gewährt wird, geht nicht selten Hand in Hand mit einer Entlastung von Verantwortung durch übergeordnete staatliche Ebenen. Sowohl die als „Gewinner" als auch die als „Verlierer" titulierten Räume sind in vielfältiger Weise von diesem Prozess erfasst, unter anderem in Form einer Neubestimmung ihres wechselseitigen Verhältnisses. Besonders sinnfällig wird dies am Beispiel der Volksrepublik China und der USA. Die extrem unausgeglichenen Handelsbilanzen und die hieraus resultierenden spezifischen Kreditverflechtungen zwischen beiden Ländern waren nicht nur zentrale Elemente der Subprime-Krise in den USA, die die gesamte Weltökonomie in den Jahren 2008 und 2009 ins Wanken gebracht hat, sondern sind darüber hinaus auch Ausdruck eines tief greifenden Wandels des Machtverhältnisses zwischen beiden Ländern.

In den jüngeren Debatten über die Entwicklung des Urbanen spielen die hier angerissenen Themen von unkontrolliertem städtischem Wachstum, baulicher, funktionaler, stadträumlicher und sozialer Zersplitterung sowie von lokalem Kontrollverlust eine herausragende Rolle. Ein weiteres zentrales Element dieser Diskussionen sind die vielfältigen Auswirkungen des „Informationszeitalters" auf diese Entwicklungstendenzen. Hiermit sind im Wesentlichen die Redefinition der Formen der Vergesellschaftung sowie die zunehmende Entmaterialisierung von ökonomischen Transaktionen durch den Einzug von neuen Informations- und Kommunikationstechnologien gemeint. Angenommen wird unter anderem, dass der materielle Raum überlagert bzw. tendenziell infrage gestellt wird durch den Cyberspace des Informationszeitalters, und dass Städte und

Regionen durch die prinzipielle Standortunabhängigkeit von transnationalen Unternehmen aufgrund der Ubiquität „harter" Produktionsfaktoren zunehmend die Basis ihrer (industriegeschichtlichen) Prosperität verlieren.

Allerdings bleiben solche Überlegungen nicht unwidersprochen – so stellt etwa Helbrecht (2001) heraus, dass die prinzipielle Standortunabhängigkeit vieler städtischer Funktionen durch Informations- und Kommunikationsmedien zu der Illusion verleite: „Wir könnten ja eigentlich überall sein. Nichts zwingt uns, den Standort unserer Firma gerade hier zu wählen." Die Herausforderung für die Wissenschaft bestünde unter anderem in der Entzauberung dieser Illusion, indem der Beweis für die fortgesetzte Notwendigkeit der Agglomeration geführt werde.

Die hier angerissenen **aktuellen Trends städtischer Entwicklung** sollen im Folgenden eingehender betrachtet und dabei in einen weiter gefassten Diskussionszusammenhang gestellt werden. Dabei sollen vor allem auch die offenen Fragen und Widersprüchlichkeiten in den Debatten berücksichtigt werden.

Von ganz entscheidender Bedeutung für die weiteren Überlegungen sind zwei gedankliche Setzungen, die letztlich die entscheidende Motivation für den vorliegenden Beitrag waren:

- Wir leben in einer Zeit tief greifender und weitreichender ökonomischer, politischer, technologischer und sozialer Restrukturierungen bzw. Umbrüche, von denen auch Städte und Städtesysteme nachhaltig betroffen sind.
- Nicht nur die gesellschaftlichen Rahmenbedingungen der Stadtentwicklung haben sich verändert, sondern auch die Art und Weise, wie das Wechselspiel zwischen gesellschaftlicher und räumlicher Restrukturierung konzeptionalisiert wird. Beispielhaft seien hier Vertreter der sogenannten L.A.-School genannt, für die das überkommene Denkschema von Zentrum-Peripherie obsolet ist. Anstatt die Stadtstruktur von einem ordnenden Zentrum aus zu denken – wie es beispielsweise im Rahmen der sozialökologischen Modelle der Chicagoer Schule geschehen ist (Kapitel 21.2) – wird vielmehr von einer zunehmenden Organisation räumlicher Strukturen durch die städtische Peripherie ausgegangen (Dear & Flusty 1998).

Beide Setzungen verweisen auf einen übergeordneten Kontext, den man als postmoderne Entwicklung sowohl gesellschaftlicher und räumlicher Strukturen als auch der Wissenschaften bezeichnen kann. Im folgenden Teilkapitel soll der Postmoderne-Debatte in den Wissenschaften in groben Zügen nachgegangen werden, um dann die über die gegenwärtige Stadtentwicklung geführten Debatten eingehender zu betrachten und auf ihre Anschlussfähigkeit hin zu analysieren.

Grundzüge postmoderner Erkenntnishaltung

Die oben angesprochene Infragestellung überkommener Lesarten des Städtischen (so z. B. der sozialökologischen Modelle der Chicagoer Schule) als herausragendem Merkmal einer Theoretisierung postmoderner Urbanisierung lässt sich als Ausdruck einer Krise werten, die Boyne & Rattansi (1990) als **„Krise der Repräsentation"** bezeichnen. Sie ist das verbindende Element der in unterschiedlichen Kontexten geführten Postmoderne-Debatte. Mit der „Krise der Repräsentation" ist eine weitgehende Infragestellung bzw. Diskreditierung überkommener Formen der sprachlichen Repräsentationen der Gegenstände künstlerischer, philosophischer, sozialwissenschaftlicher und literarischer Diskurse gemeint, die im Wesentlichen als eine Folge diverser kritischer Positionen gegenüber „dem Projekt der Moderne" angesehen werden können. In ganz besonderer Weise sind die Meta-Erzählungen der Moderne von der „Krise der Repräsentation" tangiert und mit ihnen das mit Vernunft begabte und intentional-reflexiv handelnde Subjekt als Träger des Aufklärungsgedankens der Moderne. Eine ganz unmittelbare Folge der Zurückweisung hegemonialer Ansprüche überkommener (Meta-) Erzählungen ist die Akzeptanz der Unausweichlichkeit der Pluralität von Perspektiven.

Auch die neuzeitlichen Wissenschaften sind von dieser Entwicklung massiv berührt. So stellt sich die alte erkenntnistheoretische Frage nach der Bedeutung bzw. der Relativität wissenschaftlicher Erkenntnis in neuer, verschärfter Form. Vor allem in den Geistes-, Kultur- und Sozialwissenschaften treten neben die „alten" neue Deutungsangebote, überkommene Gewissheiten und Überzeugungen machen Platz für Pluralität und eine damit einhergehende „Unübersichtlichkeit". Offen bzw. strittig bleibt allerdings die Frage, ob wissenschaftliche Diskurse eher ein (beliebiges) „Plaudern" darstellen (Lyotard 1982) oder ob über einen „postmodern gewendeten" Vernunftbegriff der Versuch unternommen werde könne, zwischen den verschiedenen Diskursen Übergänge und damit Verständigung sicherzustellen (Welsch 1988). Offen und ungelöst bleibt auch das Paradox, „dass ein Diskurs, der die prinzipielle Gleichwertigkeit aller anderen Diskurse konstatiert, doch auch privilegiert sein muss, denn wie sonst soll er zu einem solchen Urteil in der Lage sein" (Becker 1996). Andererseits: Welches andere Gedankengebäude kann den jüngeren gesellschaftlichen Wandel und die grundlegende Frage nach einer anschlussfähigen Erkenntnishaltung angemessener konzeptionalisieren als der Postmoderne-Diskurs und dabei gleichzeitig dessen dargestellte Unzulänglichkeiten überwinden?

Der hier skizzierte erkenntnistheoretische Wandel in den neuzeitlichen Wissenschaften hat auch in der (Stadt-)Geographie deutliche Spuren hinterlassen. Er hat unter anderem dazu geführt, dass essenzialistische „Weltbilder" zunehmend fragwürdig geworden sind und dass überkommene raumwissenschaftliche Deutungsangebote, wie beispielsweise die sozialökologischen Modelle der Chicagoer Schule, in einem diskurstheoretischen Sinne als nicht mehr zeitgemäße Abstraktionen räumlicher Entwicklung zurückgewiesen werden.

Postmoderne Urbanität

Der Begriff Postmoderne steht nicht nur für Veränderungen im Bereich der Erkenntnistheorie, sondern gerade auch für einen epochalen Wandel in zahlreichen gesellschaftlichen Teilbereichen, so zum Beispiel in der Ökonomie, der Kultur und der Politik. Wenn man die Literatur, in der ein solcher epochaler Übergang thematisiert wird, systematisiert, dann fällt auf, dass es sich in der Mehrzahl der Fälle um „Krisentheorien" handelt, also um Konzeptionalisierungen, in denen gesellschaftliche Brüche bzw. Krisen als Ursachen für die beobachteten Veränderungen angeführt werden. Zu diesen „**Krisentheorien**" lässt sich die Kapitalismuskritik von D. Harvey (1989) ebenso rechnen wie die Überlegungen Becks (1994, 1996) zur „reflexiven Modernisierung" sowie auch die regulationstheoretischen Annahmen zur Entwicklung westlicher Industrieländer etwa durch Aglietta (1979).

Eine der wenigen Ausnahmen stellt Baumann (1995) dar, der in den unter dem Begriff Postmoderne zusammengefassten Phänomenen sozialen Wandels „Manifestationen einer neuen Normalität" erkennt. In seiner „Soziologie der Postmoderne" und in bewusster Abgrenzung zu krisentheoretischen Modellen führt Baumann aus, dass die postmodernen Ausdrucksformen des sozialen Wandels nicht als Krise und damit als etwas Pathologisches zu verstehen seien, sondern als die Manifestation eines neuen Gesellschaftssystems, in dem der **Konsum** die wichtigste Rolle spiele („Konsumismus"). Der Konsum bilde nicht nur den Lebensmittelpunkt jedes Individuums, sondern er diene gleichzeitig der gesellschaftlichen Integration und der Reproduktion des Systems. Damit falle ihm eine Aufgabe zu, die in den industriekapitalistischen Ländern traditionell der Lohnarbeit zugerechnet worden sei.

Diese Konzeptionalisierungen gesellschaftlichen Wandels beziehen sich entweder selbst explizit auf räumliche Entwicklungstendenzen oder aber sie werden in der raumwissenschaftlichen Debatte entsprechend adaptiert.

So beispielsweise bei Harvey (1989), der die ökonomischen Transformationen kapitalistischer Gesellschaften im späten 20. Jahrhundert sowohl im Zusammenhang mit neuen Standortmustern – vor allem von *Transnational Corporations* (TNCs) – diskutiert als auch im Kontext der baulichen und architektonisch-ästhetischen Gestaltung der Städte als kulturellem Pendant der neuen Form der „Kapitalakkumulation".

Vor allem im nordamerikanischen Sprachraum wird in jüngeren konzeptionellen Beiträgen zur Stadtentwicklung explizit auf die Zusammenhänge zwischen „neuer Urbanität" und einer allgemeinen postmodernen Gesellschaftsentwicklung sowie auf die Notwendigkeit einer veränderten Theoretisierung städtischen Wandels hingewiesen. Autoren wie M. Dear (2000, Dear & Flusty 1998) und E. Soja (1995, 1996, 1997, 2000) gehören zu den prominentesten Vertretern einer postmodernen Stadtentwicklungstheorie, die vor allem am Beispiel der Stadt Los Angeles aktuelle Entwicklungstendenzen nordamerikanischer Städte aufzeigen, da sich diese Trends nach Meinung der genannten Autoren in Los Angeles geradezu idealtypisch zeigen.

Aber auch andere Städte werden untersucht, so zum Beispiel Las Vegas, das Dear (2000) als Paradebeispiel einer vom Konsum geprägten, wenn nicht sogar vollständig hiervon abhängigen Stadt bezeichnet und das aufgrund seiner artifiziellen Konsum- und Freizeitwelten auch in gestalterischer bzw. architektonischer Hinsicht als Musterbeispiel postmoderner Stadtentwicklung angesehen werden könne.

Im Rahmen **postmoderner Stadtentwicklung** identifiziert Soja (1997) sechs Prozesse, die besonders augenfällig sind. Hierzu gehören:

- der Umbau fordistischer Produktionsweisen zu flexiblen Produktionssystemen (*The Postfordist Industrial Metropolis: Restructuring the Geopolitical Economy of Urbanism*)
- die Herausbildung bzw. die Rekonfiguration von *Global Cities (Cosmopolis: The Globalization of Cityspace)*
- die Restrukturierung urbaner Formen (*Exopolis: The Restructuring of Urban Form*)
- die Zunahme sozialräumlicher Polarisierungen (*Fractal City: Metropolarities and the Restructured Social Mosaic*)
- die Befestigung der Stadt durch private Sicherheitssysteme (*The Carceral Archipelago: Governing Space in the Postmetropolis*)

- der tief greifende Bruch in den Vorstellungen über das „Urbane" (*Simcities: Restructuring the Urban Imaginary*)

Die Umstrukturierung der ökonomischen Basis der Städte

Zu den zentralen Prämissen vieler Arbeiten über die Dynamik städtischen Wandels gehört die Annahme, dass sich Stadtentwicklung nur dann angemessen verstehen lässt, wenn auch ihre ökonomischen Grundlagen expliziert werden. So erstaunt es nicht, dass auch Soja dem Zusammenhang von ökonomischer und räumlicher Restrukturierung eine ganz zentrale Bedeutung im Rahmen seiner Konzeptionalisierung städtischen Wandels einräumt (erster und zweiter Punkt in der Auflistung). Es gibt eine Reihe unterschiedlicher theoretischer Ansätze, die diesen Zusammenhang thematisieren, zu denen unter anderem die sogenannte Regulationstheorie und die *global-city*-Debatte gehören. Aufgrund ihres hohen Grades an Anschaulichkeit und Plausibilität sollen diese Ansätze die analytischen Bezugspunkte für die folgenden Überlegungen zur Stadtentwicklung in den letzten Dekaden bilden.

Regulationstheoretische Deutung von Stadtentwicklung

Die „Theorie der Regulation", die zunächst in Frankreich (Aglietta 1979), dann im angelsächsischen (Harvey 1989, Jessop 1997) und mit zeitlicher Verzögerung im deutschen Sprachraum (Danielzyk & Oßenbrügge 1993, Bathelt 1994, Helbrecht 1994, Krätke 1995) entfaltet bzw. rezipiert worden ist, lässt sich als eine „krisentheoretische" Konzeptionalisierung gesellschaftlichen Wandels bezeichnen, die das Regelsystem der Wirtschaft (in der Regulationstheorie als „Akkumulationsregime" bezeichnet) mit dem gleichfalls historisch entwickelten sozialen Regelsystem („Regulationsweise") verknüpft. Als Merkmale einer „modernen" (fordistischen) Ökonomie lassen sich in der regulationstheoretischen Diskussion – schlagwortartig – folgende Punkte identifizieren: industrielle Produktion, Massenproduktion, hohe Beschäftigtenzahlen und *Economies of Scale*. Als Elemente einer postfordistischen Ökonomie werden genannt: Dienstleistungsorientierung (Finanzwirtschaft, produktionsorientierte Dienstleistungen), Globalisierung, Telekommunikationsorientierung, Konsumorientierung, flexible industrielle Produktion für Nischenmärkte, *Economies of Scope*.

Aus der Sicht von Raumwissenschaften ist die regulationstheoretische Debatte nicht zuletzt deswegen von Bedeutung, weil betont wird, dass die Krise des Fordismus (als gesamtgesellschaftlichem Entwicklungsmodell fortgeschrittener Volkswirtschaften in der zweiten Hälfte des 20. Jahrhunderts) ihre Ursachen auch in der räumlichen Organisation des fordistischen Produktionsprozesses hatte. Die für den Fordismus identifizierten prägenden raumstrukturellen Merkmale waren einerseits eine funktionale Hierarchisierung der Städte untereinander und andererseits eine Zentrum-Peripherie-Polarisierung. Als Zentren der fordistischen Produktion gelten die Industrieregionen der fortgeschrittenen Volkswirtschaften, in denen sich insbesondere in der Nachkriegszeit Produktionssysteme herausbildeten, die auf vielfältige Weise miteinander verknüpft waren (Moulaert & Swyngedouw 1989). Gleichzeitig waren diese – urbanen – Räume des Fordismus auch die Räume des Massenkonsums, der Standardisierung von Räumen (durch funktionale Zonierung) sowie einer Standardisierung von privater Lebensführung (Kleinfamilie, geschlechtsspezifische Verhaltensmuster usw.).

Die **Krise des Fordismus**, die im Wesentlichen als innerer Widerspruch dieser gesellschaftlichen Formation identifiziert wird (z.B. als Widerspruch zwischen der Notwendigkeit von Produktivitätssteigerungen einerseits und notwendigen Marktausweitungen andererseits), hatte ein räumliches Pendant; auch in räumlicher Hinsicht gab es Widersprüche, die sich hauptsächlich in Form von Persistenzen auf unterschiedlichen Maßstabsebenen (auf lokaler Ebene z.B. in Form großer Industrieanlagen) äußerten, die für eine flexible Umgestaltung des bisherigen Akkumulationsregimes hinderlich waren.

Aufgrund dieser räumlichen Persistenzen und infolge des *global scans* der multinationalen Unternehmen auf der Suche nach „geographischem Mehrwert" (Moulaert & Swyngedouw 1989) kommt es zu einer räumlichen Reorganisation der Produktion, zum Beispiel in Form von Standortverlagerungen in sogenannte Billiglohnländer. Allerdings ist es nicht umstandslos möglich, eindeutige bzw. allgemein gültige raumstrukturelle Merkmale des Postfordismus zu benennen (Danielzyk 1998).

Für die urbanen Zentren des Fordismus hatten die zur Lösung der Krise des Fordismus angewendeten „räumlichen Strategien" gravierende Auswirkungen. Hierzu gehören vor allen Dingen der Rückzug der Großunternehmen bis hin zur Schließung von Betrieben bzw. ganzen Unternehmen (**„Deindustrialisierung"**), eine zum Teil massive Arbeitslosigkeit sowie Formen sozialer Desintegration. Verbunden mit dem sozialstaatlichen Rückzug, der in einigen Ländern besonders gravierend war, induzierte der ökonomische Wandel tief greifende und lang andauernde sozioökonomische Polarisierungstendenzen in den Zentren der fortgeschrittenen Volkswirtschaften. Besonders augenfällig waren diese Polarisierungstendenzen zunächst in den *inner cities*, später traten sie dann auch in den peripher gelegenen Wohngebieten (des staatlichen Wohnungsbaus) in Erscheinung, so beispielsweise in Großbritannien in den sogenannten *outer council estates*.

Global-city-Debatte

Bedingt durch den Übergang vom Fordismus zum Postfordismus wird, nach Ansicht von Moulaert und Swyngedouw (1989), die Städtehierarchie des Fordismus, die auf dem sekundären Sektor sowie – hauptsächlich – auf sozialen und persönlichen Dienstleistungen gegründet war, zunehmend abgelöst von einer Hierarchie, die im Wesentlichen bestimmt wird von den Standorten der produktionsorientierten Dienstleistungen (Bankwesen, Versicherungswirtschaft, Immobilienhandel sowie professionelle Dienstleistungen).

Diese Überlegung bildet einen der Ausgangspunkte der *global-city*-Debatte. Autoren wie Sassen (1994) oder Parkinson (1994) beispielsweise unterstreichen, dass die im Postfordismus stattfindende territoriale Reorganisation ökonomischer Aktivitäten (insbesondere die in globalem Maßstab ablaufende Umverteilung der industriellen Produktion) dazu geführt habe, dass die strategischen bzw. dispositiven Aktivitäten transnationaler Industrieunternehmen räumlich konzentriert worden sind (Scott & Storper 2003). Interessanterweise tragen gerade die Informationstechnologien, denen ja häufig nachgesagt wird, sie „vernichteten" den Raum, zu dieser Entwicklung bei, da sie eine räumliche Streuung und die gleichzeitige Integration vieler Aktivitäten, gesteuert über die „Kommandozentralen" der Unternehmen, ermöglichen (Sassen 1994). Die **Zentralisierung der Kontrolle** und die damit verbundene Steuerung räumlich gestreuter ökonomischer Aktivitäten entstehen allerdings nicht zufällig bzw. unausweichlich als Teil eines „Weltsystems", sondern sie sind gebunden an das Vorhandensein bestimmter Standortmerkmale. Dazu gehören insbesondere hochrangige produktionsorientierte Dienstleistungen, optimale Fernverkehrsanschlüsse sowie eine hochwertige Telekommunikationsinfrastruktur. Vor diesem Hintergrund hat sich eine neue globale Städtehierarchie herausgebildet, die von London, New York und Tokio angeführt wird. „Verlierer" dieser Entwicklung sind insbesondere die urbanen Zentren des Fordismus, die nicht nur massiv deindustrialisiert worden sind, sondern die zudem einen Großteil der dispositiven Funktionen der Großunternehmen verloren haben.

Die hier skizzierte territoriale Reorganisation ökonomischer Aktivitäten hat nach Sassen (1994) eine **neue Geographie von Zentralität und Marginalität** hervorgebracht. Die „Verlierer" der jüngeren ökonomischen Trends, die urbanen Zentren des Fordismus, sind, mit Blick auf ihre Position in der Städtehierarchie, vom Zentrum in die Peripherie gerutscht. Peripherisierung findet, so Sassen, aber auch auf anderen Maßstabsebenen statt. So deutet das Vorhandensein von *inner cities* darauf hin, dass auch innerhalb der Städte Formen der Peripherisierung greifen, interessanterweise gerade auch in den *Global Cities*. Die Ursachen der Peripherisierung innerhalb der Städte sind unterschiedlicher Natur. Einige Gründe liegen unmittelbar in der Entwicklung des Dienstleistungssektors selbst begründet. So werden beispielsweise in den produktionsorientierten Dienstleistungen zum Teil zwar „Superprofite" erzielt und damit auch ausgesprochen hohe Erwerbseinkommen, doch gleichzeitig kommen relativ wenige Personen in den Genuss dieser hohen Einkommen (Hall 1998). Viele Tätigkeiten in diesem Wirtschaftszweig sind schlecht bezahlt und setzen eine geringe Qualifikation voraus (Reinigungsdienste, Sicherheitsdienste usw.). Hierdurch werden die durch den produzierenden Sektor hervorgerufenen Polarisierungstendenzen auf dem Arbeitsmarkt weiter verschärft, insbesondere für die Bewohner der *inner cities*.

Auf diese Weise wirken sich die Restrukturierungstendenzen des produzierenden Sektors und die des Dienstleistungssektors, vor allem des für die ökonomische Entwicklung so wichtigen Zweigs der produktionsorientierten Dienstleistungen, in wechselseitig verstärkender Weise auf den Umbau des Städtesystems und auf die Umgestaltung innerhalb der Städte aus.

Die Restrukturierung urbaner Formen

Als hervorstechendes Merkmal postmoderner Urbanisierung wird insbesondere die Fragmentierung metropolitaner Strukturen in unabhängige Siedlungsbereiche, städtische Ökonomien, Gesellschaften und Kulturen identifiziert („Heteropolis").

Das **Auseinanderbrechen städtischer Strukturen** wird von Dear und Soja vor dem Hintergrund der Regulationstheorie als Ausdruck einer spezifischen Entwicklungsphase kapitalistischer Staaten gedeutet.

Eine solche Einschätzung städtischer Entwicklung steht in einem scharfen Kontrast zu überkommenen Vorstellungen der modernen Stadt, die durch Aspekte wie homogene funktionale Bereiche, ein dominierendes kommerzielles Zentrum sowie durch einen kontinuierlichen Abfall der Lagerenten vom Zentrum bestimmt sind (Hall 1998). Diese Strukturmerkmale werden häufig mit humanökologischen Modellen der Chicagoer Schule (Kapitel 21.2) in Verbindung gebracht. Von Vertretern postmoderner Stadttheorie werden diese Abstraktionen räumlicher Strukturen jedoch als überholt abgelehnt. Da nicht mehr die konzentrische Ordnung oder die Homogenisierung städtischer Teilräume auf der Grundlage ihrer Funktionen die prägenden Merkmale von Stadtstrukturen seien, sondern Chaos und Fragmentierung in multizentrische Strukturen, sei es nur folgerichtig, wenn auch die Diskussion diese Veränderungen nachvollziehe. In der Theoretisierung postmoderner Stadtentwicklung hebt beispielsweise Dear (2000) hervor, dass Stadtstrukturen nach wie vor durch die kapitalistische Ökonomie geprägt werden, doch dass diese Ökonomie einen tief greifenden Wandel durchlaufen hat, der sich nun auch in der Gestalt der Städte niederschlägt (Abb. 21.6.1). Ein Ausdruck dieser veränderten räumlichen Konstellationen sei die Tatsache, dass Städte nicht mehr um einen zentralen, organisierenden Kern herum gegliedert sind, sondern dass nun vielmehr das Zentrum im Kontext des global agierenden Kapitalismus immer mehr von der städtischen Peripherie organisiert werde (z. B. von den *edge cities*).

Herausragende Kennzeichen der postmodernen Stadt innerhalb ihrer multizentrischen Strukturen sind **hochgradig spektakuläre Zentren**, in denen Stadtentwicklung häufig über Großprojekte erfolgt. Eine der zentralen Funktionen solcher Großprojekte ist symbolischer Art: Damit soll vor dem Hintergrund der eingeschränkten Handlungsfähigkeit des (lokalen) Staates der politische Gestaltungswille zum Ausdruck gebracht werden und gleichzeitig sollen die ansonsten auseinander strebenden Partikularinteressen einer zunehmend fragmentierten Gesellschaft zusammengeführt werden.

Ein weiteres Merkmal postmoderner Stadtstrukturen sind die sogenannten **Hightech-Korridore**, die sich ab den 1970er- und frühen 80er-Jahren im Zusammenhang mit einer „Neo-Industrialisierung" um wachstums- und zukunftsfähige Produkte herum herausgebildet haben. Soja (1989) bezeichnet die Entwicklung in Orange County (Kalifornien) als eine „dramatische und polarisierende" Form der Zentrenbildung, zu der im Wesentlichen die über 1 500 Hochtechnologieunternehmen, die sich seit den späten 1960er-Jahren hier niederließen, beigetragen haben. Nach Soja ist Orange County, eben-

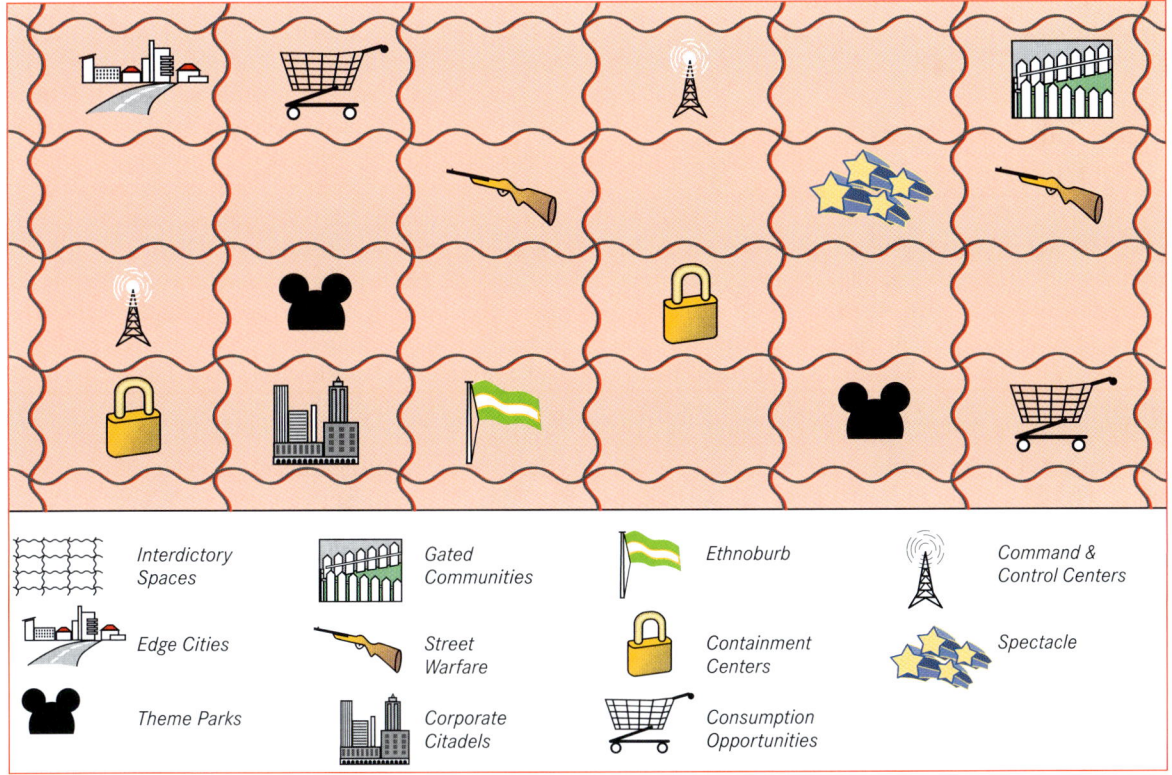

Abb. 21.6.1 Postmoderne Stadtstrukturen (verändert nach Dear 2000).

so wie das Silicon Valley und die Route 128, die repräsentativste und symptomatischste urbane Landschaft des Postfordismus. Diese Hightech-Industrialisierung hat, in Verbindung mit anderen tief greifenden Veränderungen, zu einer **„Urbanisierung an der Peripherie"** geführt. Zu diesen Veränderungen gehören neue Wohnquartiere für Bezieher hoher Einkommen, riesige regionale Einkaufszentren und künstliche Erlebniswelten (z. B. Disneyland in Anaheim). Andererseits etablieren sich Enklaven billiger Arbeit, die sowohl durch zugewanderte Fremde als auch durch einheimische Arbeitslose versorgt werden.

Während des fordistischen Wachstums der Städte war die Suburbanisierung ein charakteristisches Merkmal der Stadtentwicklung. Dieses Muster hat sich grundlegend gewandelt, allerdings nicht etwa als einfache Umkehr der Entwicklungslinien (beispielsweise in Form einer generellen Reurbanisierung), sondern eher in Form einer Überlagerung verschiedener Trends. So treten neben die weiterhin bestehende Suburbanisierung und die oben beschriebenen Formen nodaler Wachstumsmuster auch die Restrukturierung und die Bildung neuer Zentren im dispers verstädterten Raum der *suburbs* bzw. jenseits hiervon („Exurbanisierung") sowie die räumliche Orientierung spezifischer Berufsgruppen („kreative Dienstleister") bzw. Lebensstile auf die attraktiven, zumeist innenstadtnahen Quartiere prosperierender Metropolen (Helbrecht 2001).

Die Zunahme sozialräumlicher Polarisierungen

Zur postmodernen Stadt gehören auch solche zum Teil extensiven Bereiche, die infolge ökonomischer und sozioökonomischer Restrukturierung verarmt sind, und die im scharfen Kontrast stehen zu anderen Orten von Wohlstand, Überfluss und Konsumtion. Bei den Letzteren handelt es sich sowohl um Viertel innerhalb der Stadt, häufig an deren Peripherie gelegen (Suburbia), als auch um sogenannte postsuburbane Entwicklungen *(edge cities)*. Im Zusammenhang mit solchen gegenläufigen Entwicklungen wird häufig die Metapher der *dual city* benutzt (Short 1989; alternativ auch: *two speed city*, **„Modell der dreigeteilten Stadt"**, *quartered city* = „vierfach geteilte Stadt"). Bei diesen Entwicklungstendenzen handelt es sich um Formen sozioökonomischer und sozialräumlicher Polarisierung, die einhergeht mit einer soziodemographischen Entdifferenzierung, das heißt einer Homogenisierung der Stadtviertel; die Räume der (Post-)Modernisierungsgewinner grenzen sich ab von den „Räumen der Verlierer" (Heitmeyer, Dollase &

Backes 1998, Smith 1996). Städtische Fragmentierungsprozesse treten auch auf kleinräumiger Basis auf, so beispielsweise in London, wo zwischen den benachbarten Stadtvierteln Wapping und Shadwell auffallende Kontraste bestehen. Beide Viertel liegen in den Londoner Docklands, die im 20. Jahrhundert im Zuge der Veränderungen im Güterverkehr (Containerisierung) ihre Rolle als Hafenstandorte verloren haben. Seit den 1970er-Jahren befinden sich große Bereiche der Docklands in einem Prozess des baulichen und sozialen Aufschwungs, darunter auch Wapping. Hier wohnt in der Mehrzahl eine gehobene (weiße) Mittelschicht (Abb. 21.6.2), während die Bevölkerung in Shadwell vorwiegend aus ethnischen Minderheiten besteht (Bangladeshis, 52,5 Prozent der Gesamtbevölkerung), die zumeist in kommunalen Mietwohnungen lebt (Abb. 21.6.3).

Nach Häußermann (1998) hat die Stadt des 19. und frühen 20. Jahrhunderts ihre Rolle als „Integrationsmaschine" aufgrund ökonomischer, politischer und demographischer Veränderungstendenzen verloren. Die Stadtgesellschaft habe sich in mehrfacher Weise verändert. So sei der Arbeitsmarkt weniger aufnahmefähig und für viele geschlossen, die sozialen Puffer im Wohnungsbestand würden abgebaut und die Wohnungsversorgung stärker marktförmig organisiert, die Stadtgesellschaft sei von einer wachsenden Heterogenität und ethnischen Differenzierung geprägt. Die stärkere Spaltung der Stadtgesellschaft führe aufgrund des Wunsches nach Harmonie und Homogenität dazu, dass „sich die Orte hinsichtlich ihrer sozialen Probleme immer deutlicher unterscheiden. Je stärker die soziale Differenzierung der Gesellschaft ist, desto stärker sind auch die sozialräumlichen Differenzierungen, wenn nicht durch staatliche Interventionen andere Verteilungsmuster durchgesetzt werden" (ebd.).

Allerdings erscheint es zum gegenwärtigen Zeitpunkt ausgesprochen unrealistisch, anzunehmen, dass solche staatlichen Interventionen in den fortgeschrittenen Volkswirtschaften tatsächlich erfolgen. Das hat mehrere Ursachen. Zum einen steht einem solchen Staatshandeln in vielen Ländern das politische neoliberale Credo entgegen, das die (selbstheilenden) Kräfte des Marktes hervorhebt, so zum Beispiel in den USA, aber auch im Vereinigten Königreich und in anderen europäischen Ländern. Zum anderen befindet sich der lenkende, eingreifende und für Ausgleich eintretende Staat in der Defensive. Ihm fehlen nicht nur die finanziellen Ressourcen, nennenswerte Umverteilungen vorzunehmen, sondern es schwindet mit der Pluralisierung der Lebensweisen auch der Anspruch und die Legitimation des „monolithischen" postfordistischen Staates, als gesamtgesellschaftliches Subjekt, also gewissermaßen stellvertretend für „alle", agieren zu können. Hinzu kommt,

Abb. 21.6.2 Wapping: Lofts in ehemaligen Lagergebäuden (Foto: G. Wood).

dass sich in weiten Teilen der Gesellschaft (nämlich vor allem in den Mittelschichten) auch keine Lobby ausmachen lässt, die für einen stärkeren sozialen Ausgleich eintritt und damit staatliche Institutionen unter Druck setzen könnte.

Dieser letzte Aspekt ist Ausdruck einer zunehmenden **gesellschaftlichen Entsolidarisierung**, die sich, nach Ulrich Beck (1994), als spezifische Form postmoderner Gesellschaftsentwicklung interpretieren lässt. So lösen sich nach Beck industriegesellschaftliche Formen der Vergesellschaftung auf und werden durch Individualisierung ersetzt. **Individualisierung** bedeutet unter anderem, dass Menschen in immer stärkerem Maße darauf angewiesen sind, ihre Biographien selbst zu konstruieren und ihr Leben zu inszenieren. Individualisierung ist ein Prozess, der durchaus ambivalent zu sehen ist. So eröffnen sich durch ihn Optionen der Lebensgestaltung, die vorher nicht möglich waren. Andererseits wirft er den Einzelnen in der Auslotung und Bestimmung der eigenen Persönlichkeit verstärkt auf sich selbst zurück

Abb. 21.6.3 Shadwell: Wohnquartier sozial schwacher Haushalte (Foto: G. Wood).

und kann, wie dargestellt, zu einer **Entsolidarisierung der Gesellschaft** führen. Zwar betrachtet Beck dieses Phänomen als Begleiterscheinung einer im Übergang befindlichen Gesellschaft, aber ob es sich wieder „zurückbilden" wird bzw. inwieweit die von Beck angesprochenen (Selbst-)„Gefährdungen" spätmoderner Gesellschaften überwunden werden können, ist mit einem großen Fragezeichen versehen.

Hinzu kommt, dass die Entsolidarisierung der Stadtgesellschaften auch die Folge anderer Trends ist, die schwer umzukehren sein dürften. Hierzu gehören der Zerfall der Einheit des städtischen Lebens infolge der Suburbanisierung, der zunehmende Austausch ortsansässiger Unternehmer durch ortsfremde Investoren und schließlich auch die starke Umgewichtung stadtpolitischer Zielsetzungen im Rahmen einer Ökonomisierung der Stadtpolitik.

Die Befestigung der Stadt durch private Sicherheitssysteme

Die beschriebenen sozialräumlichen Tendenzen einer Heterogenisierung bzw. eines Auseinanderfallens des Stadtraumes in ein Mosaik vieler, durch innere Homogenität gekennzeichnete Bereiche wird begleitet von einer neuen „Einhegungsbewegung" (Short 1996). Hiermit ist eine Aneignung öffentlichen Raumes zu privaten Zwecken gemeint. In Nordamerika vollzieht sich dieser Prozess schon seit Längerem, und er lässt sich sowohl im Einzelhandel bzw. im Freizeitbereich als Form umfassend geplanter städtischer Räume beobachten (Shopping Malls, *Urban Entertainment Center* – UECs – usw.), als auch im Bereich des Wohnungsbaus. Hier sind es insbesondere die *gated communities*, bei denen der Zugang zu bestimmten Teilräumen der Stadt reglementiert wird. Nach G. Glasze (2001a) bestehen in den USA Mitte der 1990er-Jahre etwa 40 000 geschlossene Wohnkomplexe. In ungefähr einer Millionen Wohnungen in geschlossenen Apartmentanlagen und zwei Millionen Wohnungen in geschlossenen Siedlungen leben zwischen sechs und sieben Millionen Menschen. Private Sicherheitsunternehmen, Mauern, Elektrozäune und Tore sind Ausdruck einer wachsenden Angst der in den *gated communities* lebenden Menschen vor Gewalt und Kriminalität (Kapitel 21.5) – bzw. vor dem Rest der Stadt (Short 1996). Diese Einhegungsbewegung steht, wie Zehner (2001) treffend hervorhebt, in einem befremdenden Gegensatz zur Rhetorik „einer liberalen und deregulierten Gesellschaft."

Der tief greifende Bruch in den Vorstellungen über das „Urbane"

Die angeführten Veränderungen in den Städten haben zur Folge, dass sich die Vorstellungen über das „Urbane" radikal ändern.

Die mit dem Begriff der **Heteropolis** belegten Tendenzen der Stadtentwicklung, die zunehmende Fragmentierung der Stadtgesellschaft(en) und des Siedlungskörpers bei gleichzeitiger Steigerung der Komplexität der ökonomischen, sozialen, soziokulturellen und raumstrukturellen Veränderungsmuster prägen zunehmend das Bild von Stadt. Für Touraine (1996) entwickelt sich das Patchwork immer mehr zu einem „Symbol der Zerrissenheit einer Gesellschaft, in der die Wirtschaft immer weniger gesellschaftlich ist. Die Stadt ist nicht länger die räumliche Ausprägung der Moderne." Nach Häußermann (1998) wird die „Integrationsmaschine (europäische) Stadt" des Industriezeitalters (also der „ersten Moderne" im Sinne der Beck'schen Terminologie) im Rahmen einer zunehmenden Entlokalisierung ökonomischer Beziehungen und der fortschreitenden ökonomischen wie sozialräumlichen Abkoppelung eines Teils der Stadtgesellschaft mehr und mehr zu einem Ort der Fragmentierung, die zur Auflösung der Stadt als sozialer Einheit führen kann.

Das Bild der postmodernen Stadt wird jedoch nicht nur durch Fragmentierung und Auflösung geprägt, sondern auch durch die künstliche Gestaltung von städtischen Umwelten, bei der bewusst auf eine Bezugnahme auf die betreffenden Orte verzichtet wird. Sogenannte *Urban Entertainment Center* bilden eine Speerspitze dieser Entwicklungen. Es handelt sich hierbei um inszenierte „Erlebniswelten", die mit dem (mitteleuropäischen) Bild der historisch gewachsenen Stadt brechen und stattdessen eine Simulation von Stadt kreieren, die nicht nur zahlreiche Funktionen vereint (Einkaufen, Unterhaltung, Urlaub), sondern die gleichzeitig eine ungestörte und den alltäglichen Problemen des (Stadt-) Lebens enthobene Form der Freizeitgestaltung ermöglicht.

Postmoderne Tendenzen der Stadtentwicklung stehen also auch für eine aus europäischer Sicht bedrohlich erscheinende „Form" gesellschaftlicher Entwicklung, die zur Erosion der überkommenen europäischen Stadt führen kann und damit zu einem Verlust an Authentizität, sozialem Ausgleich, Integrationsfähigkeit und (demokratischer) Steuerbarkeit städtischer Entwicklung.

Die Postmodernisierung der Stadt – ein Resümee

In den hier diskutierten „postmodernen" Interpretationen des (weltweiten) gesellschaftlichen Wandels in der jüngeren Vergangenheit in seinen Auswirkungen auf Städte und Städtesysteme drückt sich eine veränderte stadtgeographische bzw. raumwissenschaftliche Sichtweise aus. Das gilt nicht nur, wie oben ausgeführt, für die Konzeptionalisierung der inneren Struktur der Stadt, sondern gleichermaßen für die Frage nach der globalen Gliederung des Städtewesens, wie sie beispielsweise in der *global-city*-Debatte zum Ausdruck kommt. Dabei bestehen zwischen den einzelnen Strängen der Theoriedebatte vielfache Verbindungen. So ist das Interpretationsangebot einer **„neuen postmodernen Urbanität"** (vor allem in Form des ökonomischen, sozioökonomischen und siedlungsstrukturellen Auseinanderbrechens der Städte – „Heteropolis") eng rückgekoppelt an die *global-city*-Debatte, die ja nicht nur den Aufbau und die Dynamik des globalen Städtesystems analysiert, sondern gleichermaßen die sich daraus ergebenden inneren Strukturen und Dynamiken in den Städten.

Allerdings sind diese hier ausgeführten Konzeptualisierungen urbaner Entwicklung weder immun gegenüber Kritik noch stellen sie exklusive bzw. konkurrenzlose Deutungsangebote dar. In vielen Studien, die sich auf postmoderne Interpretationen des sozialen Wandels in ihren räumlichen Implikationen beziehen, wird deutlich, dass es keine Theorieofferte gibt, die raumzeitlich universelle Gültigkeit für sich beanspruchen könnte.

Mit Blick auf die Frage der Steuerungsfähigkeit der Stadtentwicklung auf der lokalen Ebene weist Tai in ihrer Studie über soziale Polarisierung in Singapur, Hongkong und Taipeh (2005) die im Globalisierungsdiskurs aufgestellte These des Machtverlustes staatlicher Akteure gegenüber den zunehmend mächtiger werdenden transnationalen Unternehmen zurück. Sie macht geltend, dass Stadtentwicklung zwar abhängig von den Trends globaler Märkte sei, dass aber Formen der politischen Regulation auf der lokalen Ebene hierdurch nicht präjudiziert seien. In ähnlicher Weise relativieren auch van der Heiden & Terhorst (2007) homogenisierende Annahmen im Globalisierungsdiskurs. In einer Abwandlung des *variety-of-capitalism*-Ansatzes zum *variety-of-glocalisation*-Ansatz versuchen die Autoren die erheblichen Entwicklungsunterschiede in drei ausgewählten Städten Europas (Zürich, Rotterdam und Manchester) konzeptionell zu fassen. Für sie steht fest: *„The strategy a city follows within its international economic activities can be explained by both the specific market conditions a city faces and the role of the national state within the specific form of urban capitalism. This variety of glocalisation trajectories explains the persistent and astonishing differences within the international economic strategies of European cities"* (ebd.).

Mit Blick auf das zunehmende architektonische Esperanto als typischem Merkmal von *Global Cities* und solchen Städten, die diesen Status gerne erlangen möchten, führen Knox & Pain (2010) aus, dass die zu beobachtende Homogenisierung der Architektur in solchen Städten zwar ein mächtiger Trend sei. Allerdings stünden diesem Trend auch „Widerstände" entgegen, so die Persistenz der gebauten Umwelt und der „Eigensinn" politischer Willensbildung vor Ort: (*„tendencies toward homogenization are invariably met with counter-trends"* [ebd.]. Auf der anderen Seite heben die Autoren jedoch auch hervor: *„What we doubt is that these counter-trends are powerful enough to balance out the homogenizing tendencies in urban development "* (ebd.).

Auch das breit diskutierte Phänomen **Suburbanisierung** beinhaltet bei globaler Betrachtung eine erhebliche Bandbreite unterschiedlicher gesellschaftlicher Trends. Während Suburbanisierung in fortgeschrittenen Volkswirtschaften im Wesentlichen von Mittelschichthaushalten getragen wird, sind in Lateinamerika auch Haushalte unterer Sozialschichten in nennenswertem Umfang am Suburbanisierungsgeschehen beteiligt (Mertins & Thomae 1995). Ähnliches gilt für Transformationsländer, wo Suburbanisierung und „Desurbanisierung" Phänomene darstellen, die gerade auch von der Armutsbevölkerung getragen werden und damit Ausdruck bzw. Element einer (räumlichen) Anpassungs- bzw. „Überwinterungsstrategie" in Krisenzeiten darstellen.

Was diese wenigen Beispiele vor allen Dingen verdeutlichen, ist, dass die in diesem Beitrag ausgeführten theoretischen Begründungszusammenhänge für die jüngeren Trends der Stadtentwicklung in fortgeschrittenen Volkswirtschaften mit Blick auf andere Erdteile bzw. Kulturkreise nur bedingt übertragbar bzw. generalisierbar sind (Marcuse 2004). Gerade im Zusammenhang mit der Diskussion über die Stadtentwicklung im „globalen Süden" bzw. vor dem Hintergrund der Debatte über die wachsende Bedeutung von kultureller Differenz im globalen Maßstab, wie sie etwa Huntington (1996) thematisiert, stellt sich die Frage, inwieweit die sechs Diskurse postmoderner Stadtentwicklung, wie Soja sie ausführt, in anderen Teilen der Erde greifen.

Und selbst in den fortgeschrittenen Volkswirtschaften träfen die Überlegungen nicht generell, sondern eher auf bestimmte Räume in Nordamerika zu, vor allem auf solche, die im Mittelpunkt der Analyse stehen (Hall 1998). So bleiben zahlreiche Fragen offen, zum Beispiel:

- In welcher Weise greift das Phänomen der Fragmentierung auch außerhalb der von Soja & Dear betrachteten Räume?
- Lässt sich die Entwicklung der Städte in postsozialistischen Ländern mit dem am Beispiel nordamerikanischer Städte gewonnenen theoretischen Rüstzeug angemessen erhellen?
- Vollzieht sich in europäischen Städten im Verglich mit nordamerikanischen Städten eher eine konvergente oder eine differente Entwicklung?
- Wie sieht Stadtentwicklung im „globalen Süden" aus, und in welchem Verhältnis steht sie zu den Trends im „globalen Norden"?
- Wie lassen sich die verschiedenen Wege der Stadtentwicklung konzeptionell zufriedenstellend fassen?

Die hier angeführten Fragen erinnern daran, dass jede Theoretisierung des Städtischen immer komplexitätsreduzierend und ihr Erkenntniswert daher zunächst heuristischer Natur ist. Damit liefert sie Anhaltspunkte bzw. „Suchscheinwerfer" für empirische Untersuchungen. In diesem Sinne wären die „generalisierbaren Besonderheiten" von Los Angeles zu verstehen, die Soja

(2000) als Ausgangspunkt der Analyse anderer *city spaces* betrachtet.

Zu Beginn dieses Beitrages wurde auf die **Pluralisierung des Wissens** und die Ausdifferenzierung von Deutungsangeboten in der Postmoderne hingewiesen. Dies ist im Wesentlichen eine Folge der Entzauberung der „großen Erzählungen" der Moderne. Auch die Denk- und Aussagesysteme der Wissenschaften – als eine große Erzählung der Moderne – haben einen spürbaren Verlust ihrer kulturellen Autorität hinnehmen müssen. Man kann dies beklagen, da die gesellschaftliche Relevanz und Akzeptanz wissenschaftlicher Positionen nun erheblich schwieriger zu vermitteln bzw. zu erzielen ist. Andererseits hat die Einsicht, dass es keine privilegierte Perspektive der Erkenntnisgewinnung mehr gibt, auch eine befreiende Seite. Insofern mag man die mangelnde Kohärenz postmoderner Deutungsangebote städtischer Entwicklung auch als Stärke eines multiperspektivischen Verständnisses von „Geographie-Machen" ansehen, mit dem sich ein detailreicheres Bild der „postmodernisierten Stadt" entwerfen lässt, als dies mit der eingeschränkteren Zugangsweise einer „großen Theorie" möglich wäre.

 **Fazit**

An der wissenschaftlichen Untersuchung der Stadt als einer der komplexesten gesellschaftlichen Erscheinungsformen, am Studium des Phänomens der Ausbreitung von Verstädterung und Urbanisierung, an der Analyse der Bedeutung großer Metropolen für den aktuellen Prozess der Globalisierung (*Global Cities*) und an der Erforschung anderer, auf unterschiedlichste Stadtgrößen und regionale Bezugskontexte orientierter Fragestellungen hat die moderne Stadtgeographie einen großen Anteil. Die Stadtgeographie (in einer inhaltlich weiten Betrachtungsweise auch Geographische Stadtforschung genannt) verfügt über eine lange Tradition, innerhalb derer sich zahlreiche Forschungsrichtungen mit unterschiedlichsten Ansätzen und Methoden entwickelt und inhaltlich zunehmend ausdifferenziert haben: von der zunächst auf die Stadtgestalt bezogenen Stadtmorphologie bis hin zur modernen, mit der Zentralitätsforschung im Zusammenhang stehenden Städtesystemforschung, der Megastadtforschung, den Ansätzen der postmodernen und der Kritischen Stadtgeographie. Zudem steht die Stadtgeographie in einem regen wissenschaftlichen Austausch mit anderen auf das „Phänomen Stadt" bezogenen Wissen-

schaften, zum Beispiel mit der Stadtgeschichte, dem Städtebau, der Stadtsoziologie oder der Konfliktforschung.

Im vorliegenden Kapitel konnten aufgrund der Breite des Forschungsfeldes längst nicht alle Inhalte der geographischen Stadtforschung detailliert diskutiert werden, dafür muss auf die einschlägigen Lehrbücher verwiesen werden. Gleichwohl vermittelt die Darstellung einen allgemeinen Überblick über die Forschungsansätze der Stadtgeographie und – darauf aufbauend – über wichtige traditionelle und aktuelle Forschungsperspektiven, die insbesondere auch zeigen, dass in unseren Städten viele der global relevanten gesellschaftlichen Fragen und Konflikte noch eindrücklicher zutage treten als anderswo. Diese exemplarische Zusammenstellung macht auch deutlich, dass in den verschiedenen Feldern der Stadtgeographie mit sehr unterschiedlichen theoretischen und methodischen Konzeptionen gearbeitet wird. Sie reichen von szientistisch-quantitativen über qualitative bis hin zu poststrukturalistischen Ansätzen und zeigen, dass die Geographie mit dieser Vielfalt von Perspektiven ein breites Spektrum stadtbezogener Fragestellungen zu bearbeiten vermag.

Weiterführende Literatur

Albers, G (1974) Modellvorstellungen zur Siedlungsstruktur in ihrer geschichtlichen Entwicklung. In Akademie für Raumforschung und Landesplanung (Hrsg) Zur Ordnung der Siedlungsstruktur. Gebrüder Jänecke, Hannover. 1-34. Veröffentlichungen der ARL, Forschungs- und Sitzungsberichte 85, Stadtplanung 1

Bähr J, Mertins G (1995) Die lateinamerikanische Großstadt. Verstädterungsprozesse und Stadtstrukturen. Wissenschaftliche Buchgesellschaft, Darmstadt. Erträge d. Forschung 288

Belina B (2006) Raum, Überwachung, Kontrolle. Vom staatlichen Zugriff auf städtische Bevölkerung. Westfälisches Dampfboot, Münster

Borsdorf A, Bender O (2010) Allgemeine Siedlungsgeographie. Böhlau Verlag, Wien, Köln, Weimar

Bronger D (2004) Metropolen, Megastädte, Global Cities. Die Metropolisierung der Erde. Wissenschaftliche Buchgesellschaft, Darmstadt

Ehlers E (1993) Die Stadt des Islamischen Orients. Modell und Wirklichkeit. Geographische Rundschau 45, H. 1: 32–39

Friedrichs J (1983) Stadtanalyse. Räumliche und soziale Organisation der Gesellschaft. Westdeutscher Verlag, Opladen. WV Studium 104

Giese E, Mossig I, Schröder H (2011) Globalisierung der Wirtschaft. Eine wirtschaftsgeographische Einführung. Grundriss Allgemeine Geographie. Schöningh, Paderborn

Glasze G (2001) Privatisierung öffentlicher Räume? Einkaufszentren, Business Improvement Districts und geschlossene Wohnkomplexe. In: Berichte zur deutschen Landeskunde 75 2-3: 160–177

Glasze G, Pütz R, Rolfes M (2005) Die Verräumlichung von (Un-)sicherheit, Kriminalität und Sicherheitspolitiken. In: Glasze G, Pütz R, Rolfes M (Hrsg) Stadt - (Un-)Sicherheit - Diskurs. Urban Studies. Bielefeld (Transcript). 13–58

Hahn R (2002) USA. Neue Raumentwicklungen oder eine Neue Regionale Geographie. Klett-Perthes, Gotha, Stuttgart

Häußermann H, Siebel W (2004) Stadtsoziologie. Eine Einführung. Campus Verlag, Frankfurt, New York

Heineberg H (2006) Stadtgeographie. Schöningh, Paderborn, München, Wien, Zürich

Hofmeister B (1999) Stadtgeographie. Westermann, Braunschweig

Holzner L (1990) Stadtland USA. Die Kulturlandschaft des American Way of Life. Geographische Rundschau 42, H. 9: 468–475

Holzner L (1996) Stadtland USA: Die Kulturlandschaft des American Way of Life. Klett-Perthes, Gotha. Petermanns Geogr. Mitt., Ergänzungsheft 291

Lichtenberger E (1998) Stadtgeographie. Bd. 1: Begriffe, Konzepte, Modelle, Prozesse. Teubner, Stuttgart, Leipzig.

Lichtenberger E (2002) Die Stadt. Von der Polis zur Metropolis. Primus Verlag, Wissenschaftliche Buchgesellschaft, Darmstadt

Mertins G (2003) Jüngere sozialräumlich-strukturelle Transformationen in den Metropolen und Megastädten Lateinamerikas. Petermanns Geogr. Mitt. 147, H. 4: 46–55

Meyer F, Popp H (Hrsg) (2005) Stadtgeographie für die Schule. Fachliche Grundlagen, Beispiele und Materialien für die Unterrichtsarbeit. Verlag Naturwissenschaftliche Gesellschaft Bayreuth e. V., Bayreuth, Bayreuther Kontaktstudium Geographie 3

Mitchell JK (Hrsg) (1999) Crucibles of Hazard: Mega-Cities and Disasters in Transition. Tokyo

Paesler R (2008) Stadtgeographie. Wissenschaftliche Buchgesellschaft, Darmstadt

Rakodi C (1997) The Urban Challenge in Africa. Growth and Management of its Large Cities. Tokyo

Schneider-Sliwa R (1999) Nordamerikanische Innenstädte der Gegenwart. Geographische Rundschau 51, H. 1: 44–51

Schneider-Sliwa R (2002) US-amerikanische Stadt. In: Brunotte E et al (Hrsg) Lexikon der Geographie in vier Bänden. Bd. 3. Spektrum Akademischer Verlag. Heidelberg, Berlin. 403–405

Schneider-Sliwa R (2005) USA - Geographie, Geschichte, Wirtschaft, Politik. Wissenschaftliche Buchgesellschaft, Darmstadt

Wirth E (2001) Die orientalische Stadt im islamischen Vorderasien und Nordafrika. – Städtische Bausubstanz und räumliche Ordnung, Wirtschaftsleben und soziale Organisation. 2 Bde. 2. Aufl. Verl. Philipp von Zabern, Mainz

Zehner K (2001) Stadtgeographie. Klett-Perthes, Gotha

Zitierte Literatur

Aglietta M (1979) A Theory of Capitalist Regulation: The US Experience. NLB, London

Althoff M, Leppelt M, Sack F (1995) „Kriminalität" - eine diskursive Praxis: Foucaults Anstöße für eine kritische Kriminologie. Spuren der Wirklichkeit 8. Münster

Bähr J, Jürgens U (2009) Stadtgeographie II. Regionale Stadtgeographie. Westermann, Braunschweig

Bähr J, Mertins G (1981) Idealschema der sozialräumlichen Differenzierung lateinamerikanischer Großstädte. Geogr. Zeitschr. 69, H. 1: 1–33

Bähr J, Mertins G (2000) Marginalviertel in Großstädten der Dritten Welt. Geographische Rundschau 52 (7/8): 19–26

Bahrdt HP (1961) Die moderne Großstadt. Soziologische Überlegungen zum Städtebau. Opladen

Bartels D (1968) Zur wissenschaftstheoretischen Grundlage einer Geographie des Menschen. Steiner, Wiesbaden. Erdkundl. Wissen 19, Geogr. Zeitschr. Beihefte

Bartels D (1970) Wirtschafts- und Sozialgeographie. Kiepenheuer und Witsch, Köln, Berlin. Neue wiss. Bibliothek 35

Bathelt H (1994) Die Bedeutung der Regulationstheorie in der wirtschaftsgeographischen Forschung. Geographische Zeitschrift 82: 63–90

Bauman Z (1995) Ansichten der Postmoderne. Argument, Hamburg (Argument-Sonderband Neue Folge AS 239)

Fortsetzung

Fortsetzung

Beck U (1994) Reflexive Modernisierung. Bemerkungen zu einer Diskussion. In: Wentz M (Hrsg) Stadt-Welt. Über die Globalisierung städtischer Milieus (Die Zukunft des Städtischen. Frankfurter Beiträge, Band 6) Frankfurt. 4–31

Beck U (1996) Das Zeitalter der Nebenfolgen und die Politisierung der Moderne. In: Beck U, Giddens A, Lash S (Hrsg) Reflexive Modernisierung. Eine Kontroverse (Edition Suhrkamp 1705) Frankfurt a. M. 19–112

Becker J (1996) Geographie in der Postmoderne? Zur Kritik postmodernen Denkens in Stadtforschung und Geographie (Potsdamer Geographische Forschungen 12) Institut für Geographie und Geoökologie der Universität Potsdam, Potsdam

Behr R (2002) Rekommunalisierung von Polizeiarbeit: Rückzug oder Dislokation des Gewaltmonopols? Skizzen zur reflexiven Praxisflucht der Polizei. In: Prätorius R (Hrsg) Wachsam und kooperativ? Der lokale Staat als Sicherheitsproduzent. Baden-Baden, Nomos. 90–107

Belina B (2000) Kriminelle Räume. Funktion und ideologische Legitimierung von Betretungsverboten. Urbs et Regio 71. Kassel

Belina B (2002) Videoüberwachung öffentlicher Räume in Großbritannien und Deutschland. In: Geographische Rundschau 54 7/8: 16–22

Belina B (2003) Evicting the Undesirables. The Idealism of Public Space and the Materialism of the Bourgeois State. In: BelGeo 1: 47–62

Belina B (2005) Räumliche Strategien kommunaler Kriminalpolitik in Ideologie und Praxis. In: G Glasze, Pütz R, Rolfes M (Hrsg) Stadt – (Un-)Sicherheit – Diskurs. Urban Studies. Bielefeld: 137–166

Belina B (2010) Kriminalitätskartierung – Produkt und Mittel neoliberalen Regierens oder: Wenn falsche Abstraktionen durch die Macht der Karte praktisch wahr gemacht werden. In: Geographische Zeitschrift 9 (4) (2010): 192–212

Blotevogel HH (1998) Metropolen als Motoren der Raumentwicklung und als Gegenstand der Raumordnungspolitik. In: Deutschland in der Welt von morgen. Chancen unserer Lebens- und Wirtschaftsräume. Wissenschaftliche Plenarsitzung 1997. Akademie für Raumforschung und Landesplanung, Hannover. Forschungs- u. Sitzungsbericht 203: 62–70

Blotevogel HH (2003) Das Ruhrgebiet – Vom Montanrevier zur postindustriellen Urbanität? In: Heineberg H, Temlitz K (Hrsg) Strukturen und Perspektiven der Emscher-Lippe-Region im Ruhrgebiet. Geographische Kommission für Westfalen, Münster. Siedlung und Landschaft in Westfalen 32: 5–17

Bobek H (1927) Grundfragen der Stadtgeographie. Geogr. Anzeiger 28: 213–224

Bohle H-G et al. (2008) Reis für die Megacity. Nahrungsversorgung von Dhaka zwischen gloablen Risiken und lokalen Verwundbarkeiten. Geographische Rundschau 60 (11): 28–37

Bork T, Butsch C, Kraas F, Kroll M (2009) Megastädte: Neue Risiken für die Gesundheit. Deutsches Ärzteblatt 106 (39): 1877–1881

Borsdorf A (1982) Die lateinamerikanische Großstadt. Zwischenbericht zur Diskussion um ein Modell. Geogr. Rundschau 34, H. 11: 498–501

Borsdorf A, Bähr J, Janoschka M (2002) Die Dynamik stadtstrukturellen Wandels in Lateinamerika im Modell der lateinamerikanischen Stadt. Geographica Helvetica 57, H. 4: 300–310

Borsdorf A, Coy M (2009) Megacities and Global Change: Case Studies from Latin America. Die Erde 140 (4): 341–353

Bose M (2001) Raumstrukturelle Konzepte für Stadtregionen. In: Brake K et al. (Hrsg) Suburbanisierung in Deutschland. Aktuelle Tendenzen. Leske + Budrich, Opladen. 247–260

Boyne R, Rattansi A (1990) The Theory and Politics of Postmodernism: By Way of an Introduction. In: Boyne R, Rattansi A (Hrsg) Postmodernism and Society. Macmillan, Basingstoke. 1–45

Brailich A, Germes M, Glasze G, Pütz R, Schirmel H (2008) Die diskursive Konstitution von Großwohnsiedlungen in Deutschland, Frankreich und Polen. In: Europa Regional 16 (2008): 113–128

Brake K (2001) Neue Akzente der Suburbanisierung. Suburbaner Raum und Kernstadt: eigene Profile und neuer Verbund. In Brake K et al. (Hrsg) Suburbanisierung in Deutschland. Aktuelle Tendenzen. Leske + Budrich, Opladen

Breuer B (2003) Öffentlicher Raum – ein multidimensionales Thema. In: Informationen zur Raumentwicklung 1/2: 5–14

Briffault RA (1999) Government for Our Time? Business Improvement Districts and Urban Governance. In: Columbia Law Rewiew 99: 365–477

Bronger D (2004) Metropolen, Megastädte, Global Cities. Darmstadt

Büllesfeld D (2002) Polizeiliche Videoüberwachung öffentlicher Straßen und Plätze zur Kriminalvorsorge. Stuttgart

Bundesforschungsanstalt für Landeskunde und Raumordnung (BfLR) (Hrsg) (1996) Städtebaulicher Bericht Nachhaltige Stadtentwicklung. Herausforderungen an einen ressourcenschonenden und umweltverträglichen Städtebau. Bearb. v. Bergmann E, Gatzweiler H-P, Güttler H, Lutter H, Renner M, Wiegandt CC. BfLR, Bonn

Burgess EW (1925) The Growth of the City: Introduction to a Research Project. In: Park RE, Burgess EW, McKenzie RD (Hrsg) The City. University of Chicago Press, Chicago

Burgess EW (1929) Urban Areas. In: Smith TV, White LD (Hrsg) Chicago: An Experiment in Social Science Research. University of Chicago Press, Chicago

Christaller W (1933) Die zentralen Orte in Süddeutschland. Eine ökonomisch-geographische Untersuchung über die Gesetzmäßigkeit der Verbreitung und Entwicklung der Siedlungen mit städtischen Funktionen. G. Fischer, Jena; Neudruck 1968, Wiederabdruck 3. Aufl. Wissenschaftliche Buchgesellschaft, Darmstadt, 1980

Danielzyk R (1998) Zur Neuorientierung der Regionalforschung. Oldenburg (Wahrnehmungsgeographische Studien zur Regionalentwicklung, Heft 17)

Danielzyk R, Oßenbrügge J (1993) Perspektiven geographischer Regionalforschung. „Locality studies" und regulationstheoretische Ansätze. Geographische Rundschau 45: 210–217

Dear MJ (2000) The Postmodern Urban Condition. Blackwell, Malden, Mass

Dear MJ, Flusty S (1998) Postmodern Urbanism. Annals of the Association of American Geographers 88 (1): 50–72

Dessouroux C (2003) La diversité des processus de privatisation de l'espace public dans les villes européennes. In: BelGeo 1: 21–46

Dettmann K (1969) Islamische und westliche Elemente im heutigen Damaskus. Geogr. Rundschau 21, H. 2: 64–68

Deutsche Stiftung Weltbevölkerung (2005) DSW-Datenreport. Soziale und demographische Daten zur Weltbevölkerung. DSW, Hannover

Dörries H (1930) Der gegenwärtige Stand der Stadtgeographie. Petermanns Mitt. Ergänzungsheft 209: 310–325

Ehlers E (1993) Die Stadt des Islamischen Orients. Modell und Wirklichkeit. Geogr. Rundschau 45, H. 1: 32–39

Eick V (2005) Neoliberaler Truppenaufmarsch? Nonprofits als Sicherheitsdienste in „benachteiligten" Quartieren. In: Glasze G, Pütz R, Rolfes M (Hrsg) Stadt – (Un-)Sicherheit – Diskurs. Urban Studies. Bielefeld. 167–202

Fassmann H (2009) Stadtgeographie I. Allgemeine Stadtgeographie. Westermann, Braunschweig

Flöther C (2010) Überwachtes Wohnen. Überwachungsmaßnahmen im Wohnumfeld am Beispiel Bremen/Osterholz-Tenever. Westfälisches Dampfboot, Münster

Frantz K (2001) Gated Communities in Metro-Phönix (Arizona). Neuer Trend in der US-amerikanischen Stadtlandschaft. Geogr. Rundschau 53, H. 1: 12–18

Friedrich K (2000) Gentrifizierung. Theoretische Ansätze und Anwendung auf Städte in den neuen Ländern. Geogr. Rundschau 52, H. 7–8: 34–39

Füller H Marquardt N (2009) Gouvernementalität in der humangeographischen Diskursforschung.

Fortsetzung

Fortsetzung

Flusty S (1997) Building Paranoia. In: Ellin N (Hrsg) Architecture of Fear. New York, Princeton Architectural Press. 47–60

Fyfe NR (1996) City Watching: closed circuit television surveillance in public spaces. In: Area 28 1: 37–46

Gebhardt D (2001) „Gefährlich fremde Orte" – Ghetto Diskurse in Berlin und Marseille. In: Best U, Gebhardt D (Hrsg) Ghetto-Diskurse. Geographie der Stigmatisierung in Marseille und Berlin. Praxis Kultur- und Sozialgeographie 24. Potsdam. 11–89

Germes M, Glasze G (2010) Die banlieues als Gegenorte der République. Eine Diskursanalyse neuer Sicherheitspolitiken in den Vorstädten Frankreichs In: Geographica Helvetica 65 3: 217–228

Gestring N, Maibaum A, Siebel W, Sievers K, Wehrheim J (2005) Verunsicherung und Einhegung – Fremdheit in öffentlichen Räumen. In: Glasze G, Pütz R, Rolfes M (Hrsg) Diskurs – Stadt– Kriminalität. Städtische (Un-)Sicherheiten aus der Perspektive von Stadtforschung und Kritischer Kriminalgeographie. Bielefeld (Transcript). 223–252

Gibb M (2007) Cape Town, a secondary global city in a developing country. Environment and Planning C: Government and Policy 25: 537–552

Glasze G (2001a) Privatisierung öffentlicher Räume? Einkaufszentren, Business Improvement Districts und geschlossene Wohnkomplexe. Berichte zur deutschen Landeskunde 75: 160–177

Glasze G (2001b) Geschlossene Wohnkomplexe (gated communities): „Enklaven des Wohlbefindens" in der wirtschaftsliberalen Stadt. In: Roggenthin H (Hrsg) Mainzer Kontaktstudium Geographie. 39–55

Glasze G (2003a) Bewachte Wohnkomplexe und „die europäische Stadt" - eine Einführung. In: Geographica Helvetica 58 (4): 286–292

Glasze G (2003b) Die fragmentierte Stadt. Ursachen und Folgen bewachter Wohnkomplexe im Libanon. Stadtforschung aktuell 89. Leske + Budrich, Opladen

Glasze G, Mattissek A (Hrsg) (2009) Handbuch Diskurs und Raum. Bielefeld (Transcript). 83–106

Glasze G, Pütz R, Schreiber V (2005) (Un)Sicherheitsdiskurse: Grenzziehungen in Gesellschaft und Stadt. In: Berichte zur deutschen Landeskunde. 329–340

Glasze G, Webster C, Frantz K (Hrsg) (2006) Private Cities – Global and Local Perspectives. Studies in Human Geography. Routledge, London

Göderitz J, Rainer R, Hoffmann H (1957) Die gegliederte und aufgelockerte Stadt. Wamuth, Tübingen

Graham S (2005) Introduction. Cities, warfare and states of emergency. In: Graham S (Hrsg) Cities, War and Terrorism. Blackwell, Oxford. 1–26

Gransow B (2007) „Dörfer in Städten" – Typen chinesischer Marginalsiedlungen am Beispiel Beijing und Guangzhou. In: Bronger D (Hrsg) Marginalsiedlungen in Megastädten Asiens. Berlin: 343–377

Grassnick M unter Mitarbeit von H Hofrichter (1982) Stadtbaugeschichte von der Antike bis zur Neuzeit. Friedr. Vieweg & Sohn, Braunschweig, Wiesbaden. Materialien zur Baugeschichte 4

Gromsen E (1995) Mexiko. Land der Gegensätze und Hoffnungen. Gotha

Habermas J (1990) Vorwort zur Neuauflage. In: J Habermas (Hrsg) Strukturwandel der Öffentlichkeit. Frankfurt a. M.

Hackenbroch K, Baumgart S, Kreibich V (2009) The Spatiality of Livelihoods: Urban Public Space as an Asset for the Livelihoods of the Urban Poor in Dhaka, Bangladesh. Die Erde 140 (1): 47–68

Hahn B (1996) Die Privatisierung des Öffentlichen Raumes in Nordamerikanischen Städten. In: Berliner Geographische Studien 44: 259–269

Hall T (1998) Urban geography. Routledge, London (Routledge Contemporary Human Geography Series)

Hamm B (1982) Einführung in die Siedlungssoziologie. Beck, München. Beck'sche Elementarbücher

Harris CD, Ullman EL (1945) The Nature of Cities. Annals of the American Academy for Political Science 242: 7–17

Harvey D (1989) The Condition of Postmodernity. An Enquiry into the Origins of Cultural Change. Basil Blackwell, Oxford

Häußermann H (1998) Armut und städtische Gesellschaft. Geographische Rundschau 50: 136–138

Heineberg H (1997) Großbritannien. Raumstrukturen, Entwicklungsprozesse, Raumplanung. Perthes, Gotha. Perthes Länderprofile

Heineberg H (2007) Einführung in die Anthropogeographie/Humangeographie. Schöningh, Paderborn, München, Wien, Zürich. Grundriss Allgemeine Geographie, UTB 2445

Heineberg H (2006) Stadtgeographie. Schöningh, Paderborn, München, Wien, Zürich. Grundriss Allgem Geogr, UTB 2166

Heitmeyer W, Dollase R, Backes O (1998) Einleitung: die städtische Dimension ethnischer und kultureller Konflikte. In: Heitmeyer W, Dollase R, Backes O (Hrsg) Die Krise der Städte. Suhrkamp, Frankfurt a. M. 9–20

Helbrecht I (1994) Stadtmarketing. Konturen einer kommunikativen Stadtentwicklungspolitik. Birkhäuser, Basel (Stadtforschung aktuell, Band 44)

Helbrecht I (2001) Postmetropolis: Die Stadt als Sphinx. Geographica Helvetica 56 (3): 214–222

Herrle P et al. (2008) Wie Bauern die mega-urbane Landschaft in Südchina prägen. Zur Rolle der „Urban Villages" bei der Entwicklung des Perlflussdeltas. Geographische Rundschau 60 (11): 38–46

Herrle P, Jachnow A, Ley A (2006) Die Metropolen des Südens: Labor für Innovationen? Mit neuen Allianzen zu besserem Stadtmanagement. Stiftung Entwicklung und Frieden, Policy Paper 25. Bonn

Hesse M (2004) Mitten am Rand. Vorstadt, Suburbia, Zwischenstadt. Kommune 5: 70–74

Hesse M, Schmitz S (1998) Stadtentwicklung im Zeichen von „Auflösung" und Nachhaltigkeit. Information zur Raumentwicklung 718: 435–453

Hetzer W (1998) Gefahrenabwehr durch Verbannung? Zur Problematik der Platzverweisung nach den Polizeigesetzen. In: Kriminalistik 2: 133–136

Hitzler R (1998) Bedrohung und Bewältigung. Einige handlungstheoretisch triviale Bemerkungen zur Inszenierung „innere Sicherheit". In: Hitzler R, Peters H (Hrsg) Inszenierung: Innere Sicherheit. Daten und Diskurse. Leske+Budrich, Opladen. 203–212

Hofmeister B (1980) Die Stadtstruktur. Ihre Ausprägung in den verschiedenen Kulturräumen der Erde. Darmstadt. Erträge der Forschung 132

Hornbostel S (1998) Die Konstruktion von Unsicherheitslagen durch kommunale Präventionsräte. In: Hitzler R, Peters H (Hrsg) Inszenierung: Innere Sicherheit. Leske+Budrich, Opladen. 93–111

Howard E (1902) Garden Cities of To-Morrow. Swan Sonnenschein, London

Hoyt H (1939) The Structure and the Growth of Residential Neighborhoods in American Cities. Federal Housing Association, Washington

Hudson R (1989) Yacht havens in a sea of despair. Times Higher Education Supplement (20.1.1989): 18

Huntington SP (1996) Der Kampf der Kulturen. Die Neugestaltung der Weltpolitik im 21. Jahrhundert. Europa Verlag, München

Jeffery R (1971) Crime Prevention Through Environmental Design. Beverly Hills

Kasperzak T (2000) Stadtstruktur, Kriminalitätsbelastung und Verbrechensfurcht. Darstellung, Analyse und Kritik verbrechensvorbeugender Maßnahmen im Spannungsfeld kriminalgeographischer Erkenntnisse und bauplanerischer Praxis. Empirische Polizeiforschung 14. Holzkirchen

Fortsetzung

Kazig R, Müller, A Wiegandt C (2003) Öffentlicher Raum in Europa und den USA. In: Informationen zur Raumentwicklung 1/2: 91–102

Khan MMH, Krämer A, Grübner O (2009) Comparison of Health-Related Outcomes between Urban Slums, Urban Affluent and Rural Areas in and around Dhaka Megacity, Bangladesh. Die Erde 140 (1): 69–87

Knox PL, Pain K (2010) Globalization, neoliberalism and international homogeneity in architecture and urban development. Informationen zur Raumentwicklung: 417–428

Koetzsche H, Hamacher H-W (1990) Straßenkriminalität, Kriminalgeographie. In: Burghard W, Hamacher H-W (Hrsg) Lehr- und Studienbriefe Kriminalistik 8. Verlage Deutsche Polizeiliteratur. 3–92

Kraas F (2007) Megacities and Global Change: Key Priorities. Geographical Journal 173 (1): 79–82

Kraas F et al. (2010) Yangon/Myanmar: Transformation Processes and Mega-Urban Developments. Geographische Rundschau International 6 (2): 26–37

Kraas F Nitschke U (2006) Megastädte als Motoren globalen Wandels. Neue Herausforderungen weltweiter Urbanisierung. In: Internationale Politik 61/11: 18–29

Kraas F, Mertins G (2008) Megastädte in Entwicklungsländern: Vulnerabilität, Informalität, Regier- und Steuerbarkeit. Geographische Rundschau 60 (11): 4–10

Krajewski C (2004) Gentrification in Zentrumsnähe. Das Beispiel Spandauer Vorstadt in Berlin-Mitte. Praxis Geographie 34, H. 9: 12–17

Krajewski C (2006) Urbane Transformationsprozesse in zentrumsnahen Stadtquartieren – Gentrifizierung und innere Differenzierung am Beispiel der Spandauer Vorstadt und der Rosenthaler Vorstadt in Berlin. Münster. Münstersche Geographische Arbeiten 48

Krätke S (1995) Stadt – Raum – Ökonomie: Einführung in aktuelle Problemfelder der Stadtökonomie und Wirtschaftsgeographie. Birkhäuser, Basel, Boston, Berlin (Stadtforschung aktuell, Band 53)

Kreibich V (2010) The Invisible Hand: Informal Urbanisation in Major Cities of Tanzania. Geographische Rundschau International 6 (2): 38–43

Kulke E, Staffeld R (2009) Informal Production Systems - the Role of the Informal Economy in the Plastic Recycling and Processing Industry in Dhaka. Die Erde 140 (1): 25–43

Legnaro A (1998) Die Stadt, der Müll und das Femde – plurale Sicherheit, die Politik des Urbanen und die Steuerung der Subjekte. In: Kriminalistisches Journal 39 4: 262–283

Lemanski C (2007) Global Cities in the South: Deepening social and spatial polarisation in Cape Town. Cities 6: 448–461

Lichtenberger E (1999) Die Privatisierung des öffentlichen Raumes in den USA. In: Weber G (Hrsg) Raummuster – Planerstoff. Eigenverlag des IRUB, Wien. 29–39

Lyotard JF (1982) Das postmoderne Wissen. Impuls Assoziation, Bremen

Maier J, Paesler R, Ruppert K, Schaffer F (1977) Sozialgeographie. Westermann, Braunschweig

Marcuse P (2004) Verschwindet die europäische Stadt? In: Siebel W (Hrsg) Die europäische Stadt. Suhrkamp, Frankfurt. 112–117

Mattissek A (2005) Diskursive Konstitution von Sicherheit im öffentlichen Raum am Beispiel Frankfurt am Main. In: Glasze G, Pütz R, Rolfes M (Hrsg) (2005) Stadt – (Un-)Sicherheit – Diskurs. Urban Studies. Bielefeld. 105–136

Mertins G (2003) Jüngere sozialräumlich-strukturelle Transformationen in den Metropolen und Megastädten Lateinamerikas. Petermanns Geogr. Mitt. 147, H. 4: 46–55

Mertins G, Müller U (2010) Gewalt und Unsicherheit in lateinamerikanischen Megastädten. Auswirkungen auf politische Fragmentierung, sozialräumliche Segregation und Regierbarkeit. Geographische Rundschau 60 (11): 48–55

Mertins G, Thomae B (1995) Suburbanisierungsprozesse durch intraurbane/-metropolitane Wanderungen unterer Sozialschichten in Lateinamerika. Grundstrukturen und Beispiele aus Salvador/Bahia. Zeitschrift für Wirtschaftsgeographie 39 (1): 1–13

Meyer F (2003) Die „islamisch-orientalische Stadt" – noch immer ein eigenständiger kulturgenetischer Stadttyp? In: Popp H (Hrsg) Das Konzept der Kulturerdteile in der Diskussion. Verl. Naturwiss. Ges. Bayreuth. Bayreuther Kontaktstudium Geogr. 2. 63–88

Mitchell D (1995) The End of Public Space? People's Park, Definitions of the Public and Democracy. In: Annals of the Asscociation of American Geographers 85: 108–133

Möller I (1985) Hamburg. Klett, Stuttgart. Länderprofile

Moulaert F, Swyngedouw EA (1989) A regulation approach to the geography of flexible production systems. Environment and Planning D: Society and Space 7: 327–345

Newman O (1972) Defensible Space. People and Design in the Violent City. London, Architectural Press

Nogala D (2003) Ordnung durch Beobachtung – Videoüberwachung als urbane Einrichtung. In: Gestring N et al. (Hrsg) Jahrbuch StadtRegion 2002. Schwerpunkt: Die sichere Stadt. Opladen. 32–58.

Parkinson M (1994) European cities towards 2000: the new age of entrepreneurialism? European Institute for Urban Affairs, Liverpool.

Pfeiffer C (2004) Dämonisierung des Bösen. In: FAZ 05.03.2004: 9

Pow C-P (2007) Securing the „Civilised" Enclaves: Gated Communities and the Moral Geographies of Exclusion in (Post-)socialist Shanghai. Urban Studies 44 (8): 1539–1558

Pütz R (Hrsg) (2008) Business Improvement Districts. Ein neues Governance-Modell aus Perspektive von Praxis und Stadtforschung. L.I.T. Verlag, Passau

Rakodi C, Lloyd-Jones T (2002) Urban Livelihoods. London

Ratzel F (1891/1912) Anthropogeographie. Zweiter Teil: Die geographische Verbreitung des Menschen. 2. Aufl. (1912) Verlag v. J. Engelhorns Nachf., Stuttgart. Bibliothek Geogr. Handbücher

Reuband K-H (1992) Kriminalitätsfurcht in Ost- und Westdeutschland. Zur Bedeutung psychosozialer Einflußfaktoren. In: Soziale Probleme 3 1: 211–219

Reuber P (1999) Sozialgeographie. Selbstverlag. Mainzer Skripten zur Sozialgeographie, Mainz

Revilla Diez J. et al. (2008) Agile Firms and their Spatial Organisation of Business Activities in the Greater Pearl River Delta. Die Erde 139 (3): 251–269

Ribbeck E (2002) Spontaner Städtebau. Zwischen Selbstorganisation und Konsolidierung. Bauwelt 93 (36): 22–29 (= Stadtbauwelt 155)

Rolfes M (2003) Sicherheit und Kriminalität in deutschen Städten. Über die Schwierigkeiten, ein soziales Phänomen räumlich zu fixieren. In: Berichte zur deutschen Landeskunde 77, 4: 329–348

Ronneberger K (2001) Urbane Kontrollstrategien im Postfordismus. In: Thabe S (Hrsg) Raum und Sicherheit. Dortmunder Beiträge zur Raumplanung 106: 174–192

Sassen S (1994) Cities in a Global Economy. Pine Forge Press, Thousand Oaks, CA

Sassen S (1996) Metropolen des Weltmarkts. Die neue Rolle der Global Cities. Frankfurt a. M.

Schaffer F (1986) Angewandte Stadtgeographie. Projektstudie Augsburg. Zentralausschuß für deutsche Landeskunde, Trier. Forschungen zur dt Landeskunde, 226

Schirmel H (2011) Sedimentierte Unsicherheitsdiskurse. Die Konstitution von Berliner Großwohnsiedlungen als unsichere Orte und Ziel von Sicherheitspolitiken

Schlüter O (1899) Bemerkungen zur Siedelungsgeographie. Geogr. Zeitschrift 5: 65–84

Schlüter O (1928) Die Analytische Geographie der Kulturlandschaft. Zeitschrift der Ges. für Erdkunde zu Berlin, Sonderband zur Hundertjahrfeier der Ges.: 388–392

Fortsetzung

___ Fortsetzung ___

Schöller P (1953) Aufgaben und Probleme der Stadtgeographie. Erdkunde 7: 161–184

Schöller P (Hrsg) (1969) Einleitung. Zum Forschungsweg der Stadtgeographie. In: Schöller P (Hrsg) Allgemeine Stadtgeographie. Wissenschaftliche Buchgesellschaft, Darmstadt. VII–XIII. Wege der Forschung CLXXXI

Scholz F (2004) Geographische Entwicklungsforschung. Methoden und Theorien. Gebrüder Borntraeger, Berlin, Stuttgart

Scholz F (2010) Globalisierung. Genese – Strukturen – Effekte. Bildungshaus Schulbuchverlage Westermann, Schroedel, Diesterweg, Schöningh, Winklers GmbH, Braunschweig

Schreiber V (2005) Regionalisierungen von Unsicherheit in der Kommunalen Kriminalprävention. In: Glasze G, Pütz R, Rolfes M (Hrsg) Stadt – (Un-)Sicherheit – Diskurs. Urban Studies. Bielefeld. 59–104

Schreiber V (2007) Lokale Präventionsgremien in Deutschland. Frankfurt a. M.

Schubert H, Schnittger A (2002) Sicheres Wohnquartier. Gute Nachbarschaft. Hannover, Niedersächsisches Innenministerium

Scott AJ, Storper M (2003) Regions, Globalization, Development. Regional Studies 37 (6&7): 579–593

Seger M (1997) Teheran von Schah zu Schia. Metropolitane Entwicklung unter gegensätzlichen Rahmenbedingungen. In: Feldbauer P et al. (Hrsg) Mega-Cities. Die Metropolen des Südens zwischen Globalisierung und Fragmentierung. Brandes & Aspel, Frankfurt a. M. 233–257. Histor. Sozialkunde 12

Sessar K (2003) Kriminologie und urbane Unsicherheiten. In: Die Alte Stadt 30 (3): 195–216

Short JR (1989) Yuppies, yuffies, and the new urban order. Transactions of the Institute of British Geographers 14 (2): 173–188

Short JR (1996) The Urban Order. Blackwell, Cambridge, Mass., Oxford

Sieverts T (1999) Zwischenstadt zwischen Ort und Welt, Raum und Zeit, Stadt und Land. 3. Aufl. Vieweg, Braunschweig (Bauwelt-Fundamente 118). 1. Aufl. 1997

Simmel G (1903) Die Grossstädte und das Geistesleben. In: Petermann T (Hrsg) Die Grossstadt. Vorträge und Aufsätze zur Städteausstellung. Jahrbuch der Gehe-Stiftung Dresden 9. Dresden. 185–206

Smith N (1996) The New Urban Frontier. Gentrification and the revanchist city. Routledge, London

Soja EW (1989) Postmodern Geographies. The Reassertion of Space in Critical Social Theory. Verso, London, New York

Soja EW (1995) Postmodern Urbanization: the six restructurings of Los Angeles. In: Watson S, Gibson K (Hrsg) Postmodern Cities and Spaces. Blackwell, Oxford. 125–137

Soja EW (1996) Thirdspace: Journeys to Los Angeles and Other Real-and-Imagined Places. Blackwell, Oxford

Soja EW (1997) Six discourses on the Postmetropolis. In: Westwood S, Williams J (Hrsg) Imagining Cities, Scripts, Signs, Memory. Routledge, London, New York. 10–30

Soja EW (2000) Postmetropolis. Blackwell, Oxford

Stummvoll G (2002) CPTED. Kriminalprävention durch Gestaltung des öffentlichen Raumes. Institut für Höhere Studien. Wien

Tai P-F (2006) Social Polarisation: Comparing Singapore, Hong Kong and Taipei. Urban Studies 43: 1737–1756

Termeer M (2010) Die Entgrenzung des Prinzips Hausordnung in der neoliberalen Stadt. In: Groenemeyer A (Hrsg) Wege der Sicherheitsgesellschaft. Wiesbaden. 296–327

Touraine A (1996): Das Ende der Städte? Die Zeit 31.5.1996: 24

Twaib F (2000) Land Law and the Growth of Human Settlement in Tanzania. A Research Report. In: Recht in Afrika 2000: 71–89

Uitermark J, Duyvendak JW, Kleinhans R (2007) Gentrification as a governmental strategy: social control and social cohesion in Hoogvliet, Rotterdam. Environment and Planning 39: 125–141

UN (United Nations) (2008) World Urbanization Prospects. The 2007 Revision. http://www.un.org/esa/population/publications/wup2007/2007WUP_Highlights_web.pdf

van der Heiden N, Terhorst P (2007) Varieties of glocalisation: the international economic strategies of Amsterdam, Manchester, and Zurich compared. In: Environment and Planning C: Government and Policy, Jg. 25: 341–356

Wehrhahn R (1993) Ökologische Probleme in lateinamerikanischen Großstädten. Petermanns Geogr. Mitt. 137, H. 2: 79–94

Wehrhahn R (2007) Gobal Cities und Global City-Regions. Geographie und Schule H. 165: S. 4–9

Wehrmann B (2008) Existenzstrategien von Kinderhaushalten in Marginalvierteln Nairobis. Geographische Rundschau 60 (11): 20–27

Welsch W (1988) Unsere postmoderne Moderne. VCH, Acta Humaniora, Weinheim

Wiegandt CC (2002) Nachhaltige Stadtentwicklung. In: Institut für Länderkunde (Hrsg) Nationalatlas Bundesrepublik Deutschland. Bd. 5: Dörfer und Städte. Mithrsg Friedrich K, Hahn B und Popp H, Spektrum Akademischer Verlag, Heidelberg, Berlin: 114–115

Wiezorek E (2004) Business Improvement Districts. Re-vitalisierung von Geschäftszentren durch Anwendung des nordamerikanischen Modells in Deutschland. ISR-Arbeitsheft 65.

Wilson JW, Kelling GL (1996) Polizei und Nachbarschaftssicherheit: Zerbrochene Fenster. In: Kriminologisches Journal 28 2: 121–137

Wirth E (1979) Theoretische Geographie. Grundzüge einer theoretischen Kulturgeographie. Teubner, Stuttgart

Wirth E (1982) Die orientalische Stadt. Spezifische Besonderheiten der Städte Nordafrikas und Vorderasiens aus der Sicht der Geographie. In: Forsch. In Erlangen. Vortragsreihen d. Collegium Alexandrinum d. Univ. Erlangen-Nürnberg (Hrsg) Förderergemeinschaft d. Collegium Alexandrinum. Höfer & Limmert, VLE-Verl. Erlangen: 74–79

Wirth E (2001) Die orientalische Stadt im islamischen Vorderasien und Nordafrika. – Städtische Bausubstanz und räumliche Ordnung, Wirtschaftsleben und soziale Organisation. 2 Bde. 2. Aufl. Verl. Philipp von Zabern, Mainz

Wood G (2003a) Wahrnehmung städtischen Wandels in der Postmoderne. Untersucht am Beispiel der Stadt Oberhausen. Leske und Budrich, Opladen (Stadtforschung aktuell, Band 88)

Wood G (2003b) Die Postmoderne Stadt: Neue Formen der Urbanität im Übergang vom zweiten ins dritte Jahrtausend. In: Gebhardt H, Reuber P, Wolkersdorfer G (Hrsg) Kulturgeographie. Aktuelle Ansätze und Entwicklungen. Spektrum Akademischer Verlag, Heidelberg. 131–147

Zehner K (2001) Stadtgeographie. Klett-Perthes, Gotha, Stuttgart

Die BRIC-Staaten (Brasilien, Russland, Indien, China) werden zu den *emerging economies* dieser Erde gerechnet. Insbesondere China hat es in den letzten Jahren zu teilweise zweistelligen Zuwachsraten des BIP gebracht. Die Aufnahme zeigt Shanghai mit dem Finanz- und Dienstleistungszentrum Pudong im Vordergrund und der Innenstadt mit der traditionellen Uferzone des „Bund" jenseits des Flusses (Foto: H. Gebhardt).

Kapitel 22
Wirtschafts-
geographie

Warum verdient ein Mensch in New York das Hundertfache eines Menschen im ländlichen Sambia? Wieso entwickeln sich Länder mit weniger natürlichen Ressourcen schneller als Staaten mit großem Ressourcenreichtum? Weshalb lohnt es sich, eine Jeans auf einen 50 000 Kilometer langen Produktionsweg durch viele Staaten zu schicken, bevor sie auf der Ladentheke landet? Wie wird aus küstennahem Brachland eines der innovativsten Zentren der Computertechnik in der ganzen Welt? Wie wachsen einige Orte, während andere schrumpfen? Wie können Menschen zusammen arbeiten, die weltweit verteilt sind?

Wirtschaftsgeographen interessieren sich für die räumliche Dimension wirtschaftlicher Beziehungen. Sie fragen nach den geographischen Besonderheiten und Ungleichheiten und danach, wie wir Menschen Bedürfnisse bestimmen, wie wir die Entwicklung und Herstellung von Gütern zu unserer Befriedigung organisieren, wie wir Märkte für Handel und Zuteilung konstituieren und wie wir Regeln akzeptierten Handelns in allen Bereichen des Wirtschaftslebens bilden und verändern. Das vorliegende Kapitel führt in einige der grundlegenden Fragestellungen der räumlichen Organisation von Wirtschaft ein und präsentiert wichtige Grundkonzepte und Theorien auf der Suche nach Antworten auf die hier gestellten Fragen.

22.1 Einführung

JOHANNES GLÜCKLER

Der Ort, an dem wir leben, bestimmt in enormer Weise unsere Lebenschancen. Regionen unterscheiden sich in ihrem Ressourcenreichtum, ihrer Produktivität und ihrem wirtschaftlichen Wohlstand. Die Weltbank zeigt in ihrem jüngsten Entwicklungsbericht, dass ein Mensch, der in den USA geboren wird, ein 100-fach größeres Einkommen erzielen und 30 Jahre länger leben wird als ein Mensch in Sambia. Ein Berufstätiger wird in Bolivien nur ein Drittel des durchschnittlichen Einkommens erzielen, das ihn in den USA erwarten würde (World Bank 2009). Die Geographie ist eine Quelle spezifischer wirtschaftlicher Vorteile oder sogenannter Standortprämien, die sich in regionalen Ungleichheiten ausdrücken.

Standorte und Regionen stehen darüber hinaus in vielfältigen wirtschaftlichen Beziehungen. Natürliche Ressourcen, Arbeitskräfte, Wissen, Kapital und Konsumenten sind geographisch ungleich verteilt und oft voneinander getrennt. Für den Wirtschaftsprozess, das heißt die Herstellung und Bereitstellung von Gütern zur Befriedigung menschlicher und gesellschaftlicher Bedürfnisse, müssen einerseits verschiedenste Rohstoffe, Vorprodukte und Produktionsfaktoren kombiniert werden. Andererseits bedarf es der Verteilung und Bereitstellung der erstellten Güter an die Endverbraucher, die diese wiederum an ganz anderen Orten konsumieren. Da all diese Faktoren und Güter nicht gleichermaßen mobil sind, besteht eine Herausforderung darin, deren Beschaffung, Kombination und Verteilung geographisch zu organisieren. Regional variierende Standortvorteile und die Ansprüche an die Kombination räumlich verteilter Ressourcen und Güter spielen eine wichtige Rolle für die Organisation weltweiter wirtschaftlicher Aktivitäten (Abb. 22.1.1).

Die Wirtschaftsgeographie reflektiert dieses **Verhältnis zwischen Territorium und Wirtschaft** und fragt nach der spezifischen räumlichen Organisation wirtschaftlicher Beziehungen im Kontext natürlicher und gesellschaftlicher Bedingungen. In einer vormodernen Gesellschaft war dieses Verhältnis noch relativ einfach: Überwiegend auf landwirtschaftlicher Arbeit basierende Subsistenz und geringe Mobilität für Menschen und Güter begründeten eine lokal strukturierte Lebens- und Wirtschaftsweise. Die geographische Analyse konzentriert sich hier vor allem auf die Vielfältigkeit und lokalen Besonderheiten regional verfasster Wirtschaftsräume. Im Zuge der Modernisierung führen Industrialisierung, Arbeitsteilung und technologische

Innovationen wie zum Beispiel neue Transport- und Kommunikationstechnologien zu einer zunehmenden geographischen Entankerung und interregionalen Verflechtung der Lebensverhältnisse (Werlen 1999).

Mit der Digitalisierung haben sich in den 1990er-Jahren neue Technologien etabliert, die die Möglichkeit eines weltumspannenden Verkehrs von Waren-, Kapital- und Kommunikationsflüssen erheblich vergrößert und deren Austausch verbilligt haben. Die Möglichkeit heute von fast jedem Ort der Erde aus über das Internet fast jeden anderen Ort zu erreichen, hat neue Metaphern über die flache Welt (Friedman 2005) und das Ende der Geographie beflügelt. Aber inwieweit entkommt die Gesellschaft der „Tyrannei der Distanz"? Anstelle überflüssig zu werden, gewinnt das Anliegen der Wirtschaftsgeographie neue Qualität: Wie organisieren Unternehmer, Arbeitskräfte, Politiker und Bürger (als Konsumenten oder als Vertreter zivilgesellschaftlicher Interessengruppen) wirtschaftliche Beziehungen in geographischer Perspektive? Warum konzentrieren sich wirtschaftliche Aktivitäten weiterhin so stark in räumlich hoch verdichteten Zentren? Die Hälfte der globalen Wirtschaftsleistung passt auf 1,5 Prozent der Erdoberfläche. Nordamerika, die Europäische Union und Japan erwirtschaften mit weniger als einem Sechstel der Weltbevölkerung drei Viertel der globalen Wirtschaftsleistung, die sich im Jahr 2009 auf ein Weltprodukt von 58,2 Billionen US-Dollar belief (Abb. 22.1.2). Offenbar ist das Verhältnis von Territorium und Wirtschaft nicht nur eine Frage der Kosten zur Überwindung von Entfernung, sondern birgt andere Mechanismen in sich, die es zum Verständnis der Geographie wirtschaftlicher Beziehungen zu klären gilt. Viele Fragen, die unsere gegenwärtige Gesellschaft herausfordern, sind zutiefst geographische Problemstellungen. Die wirtschaftliche Globalisierung bringt auffällige Veränderungen mit sich. Während sich wirtschaftliche Beziehungen weltumspannend immer stärker verflechten, wachsen alte, entstehen neue, und manche überkommene Agglomerationen schrumpfen. Disparitäten zwischen armen und reichen Regionen bestehen fort, mancherorts verringern sie sich (z. B. in der Europäischen Union), andernorts verstärken sie sich (Kapitel 22.4).

Die Wirtschaftsgeographie ist eines der **größten Forschungsgebiete in der Humangeographie**, in dem häufig allgemeine von den speziellen Wirtschaftsgeographien unterschieden werden. Über die letzten 100 Jahre haben sich in der allgemeinen Wirtschaftsgeographie zahlreiche theoretische Perspektiven entwickelt, die jeweils eigene Annahmen und Forschungsziele definieren und sich über lange Zeit als teilweise einflussreiche Grundperspektiven in der Forschung durchgesetzt haben, so zum Beispiel die Länderkunde, die Raumwirt-

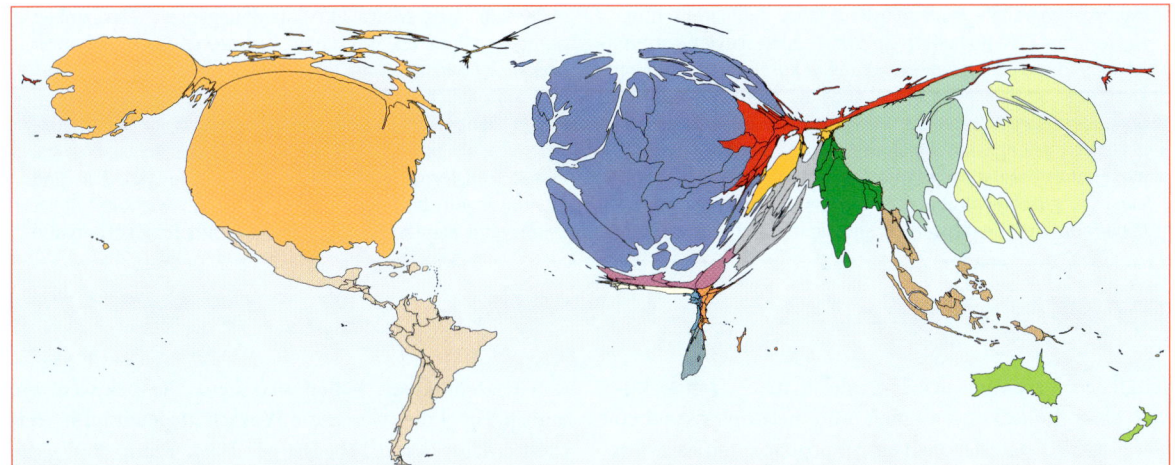

Abb. 22.1.1 Schnittblumen aus Kolumbien. Die Hochebene von Bogotá bietet aufgrund ihrer speziellen Klimagunst einen natürlichen Kostenvorteil für die Schnittblumenwirtschaft. Einerseits herrscht aufgrund der Äquatornähe eine ganzjährig gleichbleibende Lichtintensität, andererseits sind der großen Höhe von über 2 500 m optimale Temperaturbedingungen zu verdanken. Der Blumenanbau erlaubt konstante Qualität und außergewöhnliche Blütengrößen. Aufgrund dieses natürlichen Standortvorteils hat sich Kolumbien als zweitgrößter Exporteur von Schnittblumen etabliert und erwirtschaftet über 1 Milliarde US-Dollar aus dem Export. Auf dieser ökologisch zertifizierten Blumenfarm werden Nelken angebaut, deren tägliche Ernten über den nahegelegenen Flughafen der Hauptstadt innerhalb von 48 Stunden ihre weltweiten Zielmärkte, vor allem aber die USA, Japan und Europa erreichen (Fotos: J. Glückler).

Abb. 22.1.2 Beitrag der Länder der Erde zum Bruttoweltprodukt (verändert nach World Bank 2009).

Exkurs 22.1.1

Kulturelle Geographien der Ökonomie

MARC BOECKLER UND CHRISTIAN BERNDT

Der Begriff der Kultur könnte hier missverstanden werden. Es geht nicht um die Analyse von Kulturökonomien oder um regionale oder nationale Kulturen sowie deren Einfluss auf Innovationsmilieus und Kapitalismusvarianten. Kultur wird hier weder als Variable noch als Gegenstand adressiert. Vielmehr machen „Kulturelle Geographien der Ökonomie" im Anschluss an einen poststrukturalistisch beeinflussten *cultural turn* das Feld der Ökonomie und die Disziplin der Ökonomik einer kulturtheoretischen Analyse zugänglich (Berndt & Boeckler 2007, 2009). Trotz der Heterogenität lässt sich dieses Projekt durch drei übergreifende konzeptionelle Verschiebungen charakterisieren.

1. Ökonomisierung

Der gängige Essenzialismus im Umgang mit wirtschaftsgeographischen „Gegenständen" wird problematisiert. Das heißt Märkte, Unternehmen, Netzwerke oder Regionen werden nicht länger als selbstverständlich vorgängige Entitäten betrachtet. Auf einer grundsätzlichen Ebene wird dagegen nach den konstruktiven Herstellungs- und Klassifikationsprozessen gefragt, die eben jene ökonomischen Gegenstände hervorbringen: Welche Dinge, Handlungen, Menschen und Prozesse werden wann, wie und wozu der Sphäre der Ökonomie zugeordnet? Welche nicht? „Kulturelle Geographien" erinnern hier an eine der kulturellen Anfangsunterscheidungen der modernen Gesellschaft. Gegenüber der hinzunehmenden Natur zielt die gestaltbare Kultur auf das vom Menschen Geschaffene. So wie es jedoch Natur nicht ohne Vorstellung von dem geben kann was „nichtnatürlich" ist, gehören auch Ökonomie und das Nicht-Ökonomische untrennbar zusammen. Nur so lässt sich eine eindeutig abgegrenzte ökonomische Sphäre definieren, in der zielgerichtete Rationalität, Geldwert oder Privateigentum herrschen, und dann von einem unklar konturierten Bereich abgrenzen, in dem es irrational zugeht, Emotionen regieren und alternative Vorstellung von Eigentum existieren. Weil diese Vorstellung von Wirtschaft natürlich erscheint, werden auch eingelassene Ungleichheiten kaum infrage gestellt: etwa die geschlechterbezogene Trennung zwischen männlicher bezahlter Erwerbsarbeit und nicht entlohnter weiblich

kodierter Reproduktionsarbeit oder die Unterscheidung einer fortschrittlichen, dynamischen Ökonomie und einer rückständigen Sphäre traditioneller Aktivitäten im Nord-Süd-Kontext.

2. Pluralisierung

Ordnungsprozesse im Namen der Ökonomie sind prekär und stets unabgeschlossen. Wenn das abgegrenzte Außen der Ökonomie die Ökonomie selbst erst hervorbringt, dann gibt es ambivalente und umkämpfte Übergangsbereiche, gewissermaßen *borderlands of „inclusive exclusion"* (Mitchell 2007), in denen gleichzeitig Ausgrenzungs- und Eingrenzungsprozesse toben. Mit dieser Einsicht öffnen sich Kulturelle Geographien neuen Nachbardisziplinen. Hat sich die deutsche Humangeographie bislang von wirtschafts- und sozialwissenschaftlichen Konzepten beeinflussen lassen, tritt nun das Feld der Kulturwissenschaften als neue Inspirationsquelle hinzu. Damit werden die scheinbar rational kalkulierbaren ökonomischen Gegenstände mit Begriffen wie Performativität, Hybridität oder Intersektionalität konfrontiert und mit einem breiten Spektrum kreativer Methoden untersucht.

3. Performativierung

Diese Dimension ist für die Wirtschaftsgeographie vermutlich am irritierendsten, denn hier wird die Ökonomik selbst zum Untersuchungsgegenstand gemacht. Es wird gefragt, wie mithilfe der Ökonomik die gesellschaftliche Praxis in einer Weise transformiert wird, dass sich die gesellschaftliche Realität immer stärker den Bedingungen des ökonomischen Labors angleicht. Erst dadurch werden die Voraussetzungen geschaffen, damit ökonomische Modelle auch außerhalb ihres abstrakten Entstehungsortes Wirksamkeit entfalten können. Performativ wird die Ökonomik dann in zweierlei Hinsicht. Zum einen lassen sich Parallelen zwischen Modellen und Sprache im Sinne der Sprechakttheoretiker ziehen, für die mit Sprache eben nicht nur konstatiert, sondern auch gehandelt wird. Zum anderen spielen bei dieser Transformationsarbeit die Inszenierungen, Auf- und Ausführungen bestimmter Akteure eine wichtige Rolle. Daran sind akademische Ökonomen und Praxisökonomen

schaftslehre (*regional science*) oder kritische Perspektiven einer politökonomischen und neo-marxistischen Geographie. Spätestens seit einem provokanten Essay im Jahr 2000 diskutiert das Fach wieder verstärkt seine konzeptionellen Grundlagen (Amin & Thrift 2000): In

den letzten Jahren haben sich neue Perspektiven wie zum Beispiel die relationale Wirtschaftsgeographie (Bathelt & Glückler 2011b, Storper 1997, Yeung 2005), die evolutionäre Wirtschaftsgeographie (Boschma & Martin 2010) oder die kulturtheoretischen Geographien der

als Entwicklungsexperten, Marktforscher oder *Supply Chain Manager* beteiligt, aber auch sozio-technische Materialien, *spreadsheets*, Computermonitore und andere, die vernetzte Kalkulationsprozesse ermöglichen.

Verdeutlichen lässt sich der kulturtheoretische Zugriff auf Ökonomie am Beispiel von Märkten. Am Anfang steht die paradoxe Beobachtung, dass trotz einer knapp 40-jährigen Geschichte zunehmend marktradikaler Wirtschafts- und Gesellschaftspolitik die Beschäftigung mit Märkten bemerkenswert unterentwickelt geblieben ist. Märkte gelten entweder als Mechanismus, der Angebot und Nachfrage zusammenbringt, oder als Plattform für Preisentwicklung und Gleichgewichtsprozesse. Ökonomen beschäftigen sich mit den modellierbaren Funktionsweisen dieser Märkte, mit Informationen, die Marktpreise über veränderte Knappheiten transportieren, und mit angenommenen Auktionen, die zu Anpassungsprozessen bei überschießender Nachfrage oder Überangebot führen. In klassifikatorischer Absicht wurde so eine Poesie der Marktkennzeichnung entworfen. Märkte sind offen, frei, organisiert, reguliert, gestört, vollkommen, unvollkommen, geräumt, geschlossen. Hinter all diesen Formulierungen stecken gleichermaßen schlanke wie weitreichende Grundannahmen, die von atomisierten Akteuren, Rationalität, Informiertheit, Knappheit und Gleichgewicht ausgehen. Was aber sind Märkte „wirklich"?

Aus der Perspektive kultureller Geographien werden Märkte voraussetzungsfrei als kollektiv-kalkulative, sozio-technische *agencements* konzipiert, die mit der Konzeption, Produktion und Zirkulation von Gütern und Diensten beschäftigt sind. Voraussetzungsfrei ist diese Perspektive, weil sie nicht von modelltheoretischen Marktabstraktionen ausgeht, sondern empirisch danach fragt, wie Märkte hergestellt, gestaltet und stabilisiert werden und wie es ihnen gelingt, in nahezu alle gesellschaftlichen Räume zu expandieren. Das entsprechende Forschungsprogramm ließe sich als Geographien der „Ver-Marktung" bezeichnen.

Der Terminus *agencement* drückt aus, dass es sich zum einen um ein (auch räumliches) Arrangement heterogener Elemente (Regeln, technische Apparaturen, Infrastruktur, Logistik, Dokumente, Narrative, Wissen etc.) handelt, zum anderen, dass dieses Arrangement Handlungsfähigkeit und Handlungen hervorbringt. Dies geschieht über verschiedene Rahmungsprozesse, durch die Güter, Akteure, Bewertungen und Begegnungen formatiert werden (Caliskan & Callon 2010). Reale Märkte, so lässt sich folgern, unterscheiden sich durch die Art der Rahmungsarbeit, in die sie eingelassen sind.

Erstens müssen Güter objektiviert und anonymisiert werden, damit sie durch den Austausch von Eigentumsrechten gegen eine (monetäre) Kompensation vollständig aus einem sozialen Kontext (Verkäufer) in einen anderen (Käufer) überwechseln können. Zweitens werden Akteure geschaffen, die objektivierte Güter bewerten (qualitative und quantitative Evaluation) und diese Bewertung in eine numerische Form (Preis) übersetzen können. Zu diesen Akteuren zählen auch sozio-technische Kalkulationsapparaturen, die an der Bewertungsarbeit beteiligt sind. Drittens muss ein kalkulativer Raum aufgespannt werden, der die Begegnung von Gütern und Akteuren ermöglicht und konfligierende Evaluationen über Preisbildungsprozesse ausgleicht.

Aus dieser Perspektive wird deutlich, wie beispielsweise die abstrakte Figur des *Homo oeconomicus* nicht mehr nur als modellermöglichende Prämisse existiert, sondern als eine distribuierte Handlungsfigur sozial wirklich geworden ist, die sich aus Computerbildschirmen, Datenbanken, Marketingkampagnen und Menschen zusammensetzt. Diese Erkenntnis einer heraufziehenden postsozialen Gesellschaft sollte zu denken geben, ebenso wie die politischen Probleme einer solchermaßen verstandenen „Ver-Marktung" von Gesellschaft: Die schiere Komplexität der Alltagswirklichkeit, die widersprüchlichen Folgen anderer kollektiver Praktiken, Identitäten und Wünsche sind eine ständige Quelle von Irritationen. Deshalb sind die Rahmungsprozesse nie abgeschlossen und können schnell außer Kontrolle geraten. Für die Architekten marktorientierter ökonomischer Ordnungen ist es aber von großer Bedeutung, diese Widersprüche so unsichtbar wie möglich zu machen. Märkte müssen mit ihren Regeln und Grenzen für die ihnen unterworfenen Akteure quasinatürlich erscheinen. Ansonsten würde sich der Mythos des freien Markts beispielsweise kaum mit der beobachtbaren Verschärfung von Grenzbefestigungen und der damit verbundenen Illegalisierung von Arbeitsmigranten verknüpfen lassen.

Mit ihren Hinweisen auf irritierende Widersprüche in hegemonialen Narrativen lassen sich „kulturelle Geographien der Ökonomie" als kritisches Arbeitsprogramm fassen, das nach Raum für Alternativen sucht. Vor diesem Hintergrund steht der oben skizzierte Pluralisierungsschub auch für eine optimistische Grundhaltung, die vehement für die parallele Existenz multipler Zugänge eintritt und Wahrheiten als Größe betrachtet, die im Zwischenraum divergierender Positionen entsteht. Dies gilt dezidiert auch für konkurrierende Ansätze und Konzeptionen der Wirtschaftsgeographie.

Wirtschaft entwickelt (Exkurs 22.1.1). Diese und andere Perspektiven identifizieren jeweils spezifische Forschungsfragen, nutzen spezifische Beschreibungssprachen und entwickeln spezifische Methoden zu ihrer Analyse. Die vorliegende Einführung in das Forschungsfeld der Wirtschaftsgeographie verfolgt zunächst vier allgemeine Grundfragen der territorialen Organisation wirtschaftlicher Prozesse:

- Standortwahl – wie wählen Unternehmen ihre Standorte (Kapitel 22.2)?

- Lokale Cluster – warum konzentrieren sich Unternehmen ähnlicher Tätigkeiten in Standortgemeinschaften (Kapitel 22.3)?
- Regionale Entwicklung – wie wachsen regionale Ökonomien und wie erklären sich interregionale Entwicklungsunterschiede (Kapitel 22.4)?
- Globale Vernetzung – in welchen internationalen wirtschaftlichen Beziehungen stehen Menschen und Unternehmen? Welche Chance genießen Regionen durch die globale Vernetzung (Kapitel 22.5)?

Die anschließenden Abschnitte vertiefen einige Forschungsschwerpunkte aus der großen Vielfalt der **speziellen Wirtschaftsgeographien**. Diese lassen sich vereinfachend in drei Gruppen unterscheiden. **Sektorale Wirtschaftsgeographien** beforschen traditionell einen der drei großen Wirtschaftssektoren (Agrar-, Industrie- und Dienstleistungsgeographie). Zunehmend aber haben sich spezielle sektorale Wirtschaftsgeographien etabliert, die sich mit ausgewählten Wirtschaftszweigen detailliert befassen, zum Beispiel mit dem Einzelhandel (Kapitel 23), der Biotechnologie oder regenerativen Energien. **Regionale Wirtschaftsgeographien** fokussieren sowohl konkrete Regionen auf unterschiedlichen Maßstabsebenen (z. B. Europa, Mittelmeerraum, Süddeutschland) als auch spezifische Strukturräume (z. B. periphere Regionen, Stadtökonomie, Küstenräume etc.). Schließlich richten **weitere spezielle Wirtschaftsgeographien** ihr Interesse zum Beispiel auf das Handeln der drei großen volkswirtschaftlichen Akteure (Arbeitsmarktgeographie, Unternehmensgeographie, regionale Wirtschaftspolitik und staatliches Handeln); auf Unternehmensfunktionen wie zum Beispiel Produktion, Forschung und Entwicklung, Marketing und Vertrieb oder auf andere spezielle Themen wie zum Beispiel die Entstehung und soziale Konstitution von Märkten, die Geographie des Wissens und der Innovation, die Geographische Entwicklungsforschung (Kapitel 18) und vieles mehr. Einer der Reize des Fachs besteht gerade darin, in seinen vielfältigen Forschungsinteressen, theoretischen Perspektiven und Methoden nicht etwa durch das Gerüst einer Orthodoxie beschränkt zu sein. Stattdessen ist die Wirtschaftsgeographie ein pluralistisches Forschungsfeld, das enge Bezüge und intensiven Austausch mit Nachbarwissenschaften pflegt, wie zum Beispiel den Wirtschaftswissenschaften, der Soziologie, Politologie, Psychologie, Ethnologie, den Organisations- und Verwaltungswissenschaften oder der Geschichte.

Der zweite Teil dieses Kapitels wird einige spezielle Wirtschaftsgeographien vorstellen, die sich besonders mit der Zirkulation im wirtschaftlichen Produktionssystem beschäftigen. Der Begriff der Zirkulation bezeichnet hierbei all diejenigen Unterstützungsleistungen, die für die Organisation und den Ablauf der primären Produktionsprozesse erforderlich sind, wie zum Beispiel das Finanz-, Transport- und Kommunikationssystem:

- Kapitel 22.6 widmet sich der neuen Geographie der Finanzen und fragt unter anderem nach der Funktion von hoch verdichteten Finanzplätzen und des globalen Finanzsystems.
- Kapitel 22.7 erarbeitet die geographischen Grundlagen der Immobilienmarktforschung und stellt die neue Bedeutung der Immobilienwirtschaft für das Finanzsystem und wirtschaftliche Prozesse heraus.
- Kapitel 22.8 wendet sich dem hoch dynamischen Sektor der unternehmensorientierten Dienstleistungen zu, der ein weiteres wichtiges Element der Zirkulation im Produktionssystem darstellt.

22.2 Standort und Standortwahl

Standort und Standortfaktor

Ein **Standort** ist ein territorialer Ausschnitt der Erdoberfläche. Das Konzept des Standorts folgt im Unterschied zum Begriff der Region einer eher punktuellen Ansprache des Territoriums und wird hinsichtlich spezifischer Eigenschaften beschrieben. Dies können sowohl substanzielle Charakteristika sein, wie das Vorkommen von Rohstoffen oder die Fruchtbarkeit der Böden, als auch relationale Gelegenheiten wie die relative Lage zu Märkten oder die relative Dichte von ähnlichen Akteuren. Das ökonomische Interesse an geographischen Standorten besteht darin, diese spezifischen Eigenschaften oder Gelegenheiten wirtschaftlich zu nutzen. Die wirtschaftliche Bewertung eines Standorts erfolgt daher mithilfe sogenannter Standortfaktoren. Ein **Standortfaktor** ist ein räumlich begrenzter Kosten- oder Ertragsvorteil, das heißt eine Ersparnis an Kosten, die ihrer Art nach räumlich scharf von anderen Standorten abgegrenzt ist.

Diese Definition hat zwei wichtige Konsequenzen. Erstens ist aufgrund des Kriteriums räumlicher Begrenzung nicht jede Standorteigenschaft auch ein Standortfaktor. Erst in Abhängigkeit der gewählten **Maßstabsebene** lassen sich Standortfaktoren bestimmen (Abb. 22.2.1). So zeichnet sich beispielsweise jeder Standort durch einen Gewerbesteuersatz, Pflichtbeiträge der Arbeitgeber zur Sozialversicherung (Lohnnebenkosten) und viele andere direkte wirtschaftliche Bedingungen

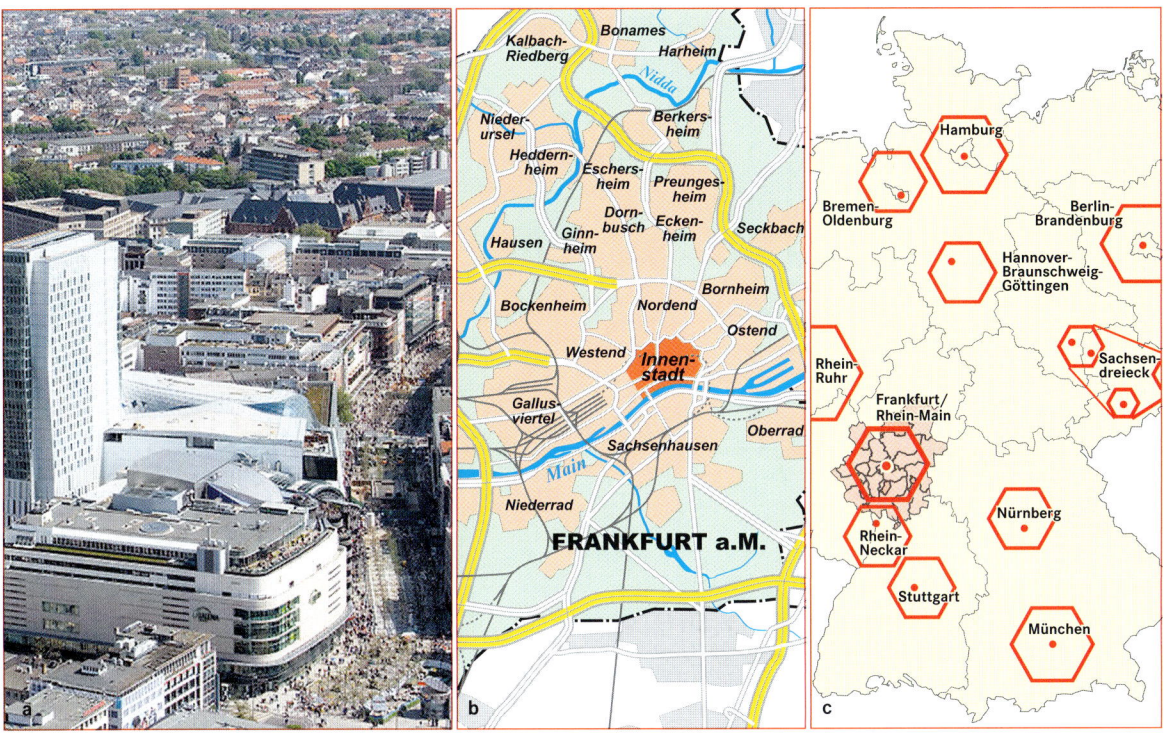

Abb. 22.2.1 Geographische Maßstabsebenen des Standortbegriffs. a) Mikrostandort: Die Frankfurter Zeil ist eine der meistbesuchten und umsatzstärksten Einkaufsstraßen Deutschlands. Einzelhändler zahlen Spitzenmieten, um den hohen Passantenstrom von über 10 000 Personen pro Stunde zu erschließen. b) Lokaler Standort: In der Stadt Frankfurt am Main leben 670 000 Menschen, die sich auf 46 Stadtteile verteilen. Auf der Ebene der Stadtteile variieren Flächenverfügbarkeit, Erreichbarkeit, Kaufkraft, Publikumsverkehr und somit auch die Gewerbemieten. Die Innenstadt ist ein attraktiver Geschäftsstandort mit moderner Einzelhandels- und Büroinfrastruktur und fordert Spitzenmieten von über 40 Euro pro m². c) Regionaler Standort: Innerhalb der Metropolregion Rhein/Main variiert die Höhe der Gewerbesteuer zum Teil erheblich. Während Unternehmen in der Stadt Frankfurt am Main einen Hebesatz von 460 Prozent zu zahlen haben, fallen in den Nachbargemeinden wie zum Beispiel Eschborn nur 280 Prozent an. Der Zugang zur regionalen Infrastruktur ist aber kaum geringer. Unternehmen, die in Deutschland einen metropolitanen Standort suchen, bewerten die Vor- und Nachteile zwischen elf Metropolregionen. Die einzelnen Metropolregionen unterscheiden sich etwa nach sektoraler Spezialisierung, Arbeitskräftepotenzial und Lohnniveau sowie wirtschaftlicher Produktivität (Foto: Mylius/Wikipedia).

aus. Während auf der Maßstabsebene der Kommune die unterschiedlichen Hebesätze auf die Gewerbesteuer die Standortvorteile einer Gemeinde definieren, können die Lohnnebenkosten im Vergleich deutscher Gemeinden nicht als Standortfaktor gelten. Als bundesweite Regelung herrschen an allen Standorten die gleichen Arbeitgeberverpflichtungen, sodass sie im kommunalen Vergleich keiner räumlichen Begrenzung unterliegen. Lohnnebenkosten waren jedoch lange Zeit ein öffentlich wirksam diskutierter Standortfaktor in der Debatte über den Standort Deutschland, da andere nationale Standorte die Unternehmen mit teilweise geringeren Lohnnebenkosten belasten. Standortfaktoren sind folglich abhängig von der geographischen Maßstabsebene des Standortvergleichs, so zum Beispiel auf der Ebene eines Stadtviertels (z. B. Flächenmiete), einer Gemeinde (z. B. Hebesatz für Grund- und Gewerbesteuer), einer Region

(z. B. Löhne, Subventionen), eines Staats (z. B. Lohnnebenkosten) oder einer supranationalen Wirtschaftsregion wie der EU (z. B. Währungs- oder Zollabkommen).

Zweitens ist aufgrund des Kriteriums der **Kostenwirksamkeit** nicht jede Standorteigenschaft ein Standortfaktor. In der Realität ist es gerade aufgrund der großen Vielfalt unternehmerischer Spezialisierungen schwer, die direkte Kostenwirksamkeit und somit die Bewertung eines Standortfaktors eindeutig zu klären. Aus diesem Grunde hat sich die heuristische Unterscheidung von harten und weichen Standortfaktoren durchgesetzt (Grabow et al. 1995). **Harte Standortfaktoren** erfüllen das Kriterium der für die Betriebstätigkeit eines Unternehmens direkt kostenwirksamen Faktoren wie zum Beispiel Gewerbesteuer oder Büromiete (Abb. 22.2.2). Jedoch ist es nicht immer leicht den Aufwand bzw. die Ersparnis an Aufwand eines Standortfaktors in

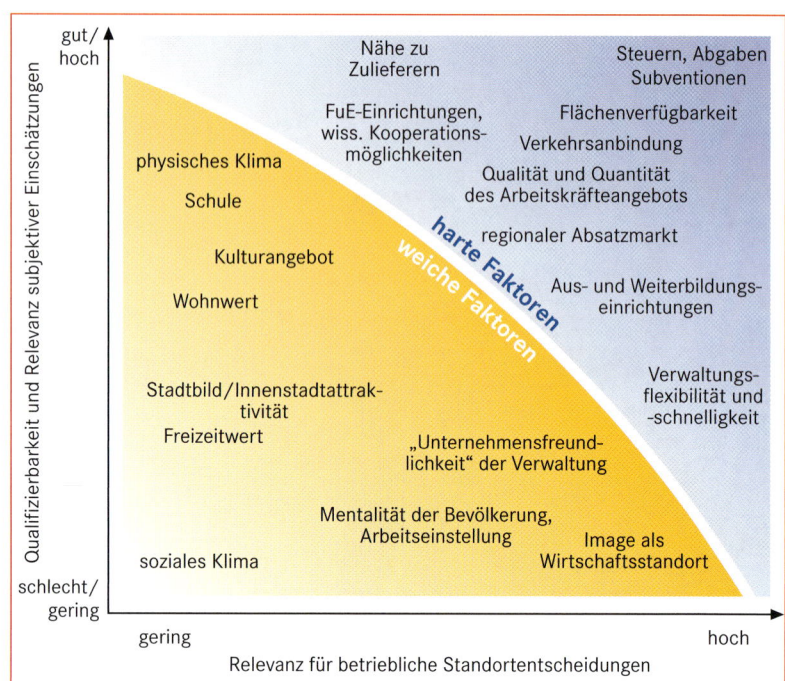

gut/hoch

Qualifizierbarkeit und Relevanz subjektiver Einschätzungen

Nähe zu
Zulieferern

Steuern, Abgaben
Subventionen

FuE-Einrichtungen,
wiss. Kooperations-
möglichkeiten

Flächenverfügbarkeit

physisches Klima

Verkehrsanbindung

Schule

Qualität und Quantität
des Arbeitskräfteangebots

Kulturangebot

harte Faktoren

weiche Faktoren

regionaler Absatzmarkt

Wohnwert

Aus- und Weiterbildungs-
einrichtungen

Stadtbild/Innenstadtattrak-
tivität

Verwaltungs-
flexibilität und
-schnelligkeit

Freizeitwert

„Unternehmensfreund-
lichkeit" der Verwaltung

Mentalität der Bevölkerung,
Arbeitseinstellung

soziales Klima

Image als
Wirtschaftsstandort

schlecht/
gering

gering

hoch

Relevanz für betriebliche Standortentscheidungen

Abb. 22.2.2 Harte versus weiche Standortfaktoren (verändert nach Grabow et al. 1995).

Geldwerten auszudrücken. So ist die Nähe von Ausbildungs- oder Forschungseinrichtungen oder der Standortvorteil einer Branchenagglomeration nicht so eindeutig zu monetarisieren, und dennoch wirken diese Faktoren direkt auf die Kostenstruktur eines Betriebs. **Weiche Standortfaktoren** wirken demgegenüber nur mittelbar auf die Kosten eines Betriebs. Sie umfassen etwa den Wohnwert, die Lebensqualität, das soziale Klima, das Kulturangebot oder das Image eines Standorts für die betreffende Branche. Ein Betrieb kann bei hohem Wohnwert und tollem Kulturangebot eines Standorts vermutlich leichter qualifiziertes Personal gewinnen. Erst dadurch wird die Standortbedingung zum Standortfaktor, allerdings ist dessen Bewertung stets abhängig von subjektiven Einschätzungen, wirkt nur mittelbar auf die Kostenstruktur eines Betriebs und lässt sich überdies oft schwer quantifizieren. Harte und weiche Standortfaktoren lassen sich nicht grundsätzlich und allgemeingültig unterscheiden, sodass sie höchstens heuristischen Charakter haben. Denn während sich das Kulturangebot zum Beispiel für einen Automobilhersteller oder ein Unternehmen der chemischen Industrie als weicher Standortfaktor darstellt, fungiert es für den Schauspielbetrieb, die Eventagentur oder den bühnenbildenden Handwerksbetrieb als harter Standortfaktor des lokalen Absatzmarkts. Und während umgekehrt die Gewerbesteuer für das Chemieunternehmen einen harten Standortfaktor darstellt, ist sie für Rechtsanwälte oder Ärzte überhaupt kein Standortfaktor, da freie

Berufe von dieser Steuer befreit sind. Grundsätzlich gelten Standorteigenschaften nur dann als Standortfaktoren, wenn sie als räumlich begrenzte Kosten- oder Ertragsvorteile für ein betrachtetes Unternehmen oder dessen Betriebsstätte unmittelbar (hart) oder mittelbar (weich) relevant werden.

Natürliche Kostenvorteile

Ein traditionelles Erkenntnisinteresse der Wirtschaftsgeographie liegt in der Suche nach optimalen Standorten für wirtschaftliche Tätigkeiten und in der Erklärung der Standortwahl von Unternehmen. Standorte weisen auf der Erdoberfläche infolge der unterschiedlichen topographischen, klimatischen, vegetativen und anderen naturräumlichen Bedingungen sehr verschiedene natürliche Kostenvorteile auf. Allein aufgrund der Varianz natürlicher Kostenvorteile ist somit ein bestimmter Teil der ungleichen Wirtschafts- und Siedlungsverteilung zu erklären. Auf globaler Ebene lassen sich mindestens zwei prägende Unterschiede der wirtschaftlichen Entwicklung beobachten: Erstens haben fast alle Länder der mittleren und höheren Breiten eine höhere wirtschaftliche Produktivität und einen größeren wirtschaftlichen Wohlstand als fast alle Länder in den Tropen (Gallup et al. 1999). Zweitens erzielen küstennahe Regionen weltweit höhere Einkommen als küstenferne

Exkurs 22.2.1

Wind- und Wasserkraftanlagen

Wind- und Wasserkraftanlagen beschreiben ein Nord-Süd-geteiltes Standortmuster. Wasserkraft lässt sich im Süden Deutschlands aufgrund ausgeprägter lokaler Reliefunterschiede und hoher jährlicher Niederschlagsmengen deutlich effizienter gewinnen als im norddeutschen Flachland. In den Mittelgebirgen werden Pumpspeicherkraftwerke in Kombination mit künstlichen Stauseen eingesetzt, um Spitzenlasten des Energiebedarfs abzudecken. Windenergiekraftwerke wiederum prägen die Küstenlandschaften Norddeutschlands. Sie kommen außerdem an windstarken Hang- und Berglagen der nördlichen Mittelgebirgszüge zum Einsatz. Aufgrund reibungsbedingter Windstärkeverluste von bis zu 25 Prozent und der vorherrschenden durchschnittlichen West-Ost-Windrichtung sind zum Beispiel Standorte in Friesland besser geeignet als Standorte an der Ostsee-Küste. Ebenso besitzen Standorte in den nördlichen Mittelgebirgen Vorteile gegenüber hoch gelegenen Standorten in den süddeutschen Stufenlandschaften. Dass es vereinzelt auch an Standorten mit niedrigen Windgeschwindigkeiten zu Investitionen in Windkraftanlagen gekommen ist, hat mit politischen Entscheidungen zu tun. Der Markt für regenerative Energie wird staatlich gestützt. Investoren wird durch festgeschriebene Mindestpreise bei der Einspeisung ins Stromnetz Planungssicherheit gegeben. Vergünstigte Kredite setzen weitere Anreize, in den Markt zu investieren (Handke & Glückler 2010, Klein 2004).

Regionen oder Binnenstaaten. Auch auf regionaler und lokaler Ebene lassen sich räumlich differenzierte Nutzungen und Standortstrukturen erkennen, die aus Unterschieden natürlicher Kostenvorteile resultieren. In zahlreichen Branchen bestimmen natürliche Kostenvorteile oder Beschränkungen die Standortverteilung von Unternehmen. So ist zum Beispiel die effiziente Stromgewinnung aus Windenergie und Wasserkraft trotz technologischer Fortschritte auf klimatische und topographische Gunstlagen angewiesen. In der Landwirtschaft nimmt die natürliche Beschaffenheit des Bodens Einfluss auf Bodenrenten bzw. Flächenerträge. Die **Bodenrente** ist hierbei die Ertragsdifferenz zwischen zwei Böden von gleicher Größe und bei gleichem Einsatz an Arbeit und Kapital. Sie ist Ausdruck einer natürlichen Gunst eines Standorts im Vergleich zu einem anderen Standort. Die räumliche Verteilung von Kraftwerken zur Stromgewinnung aus regenerativen Energien ist in Deutschland geradezu idealtypisch auf natürliche Kostenvorteile zurückzuführen (Exkurs 22.2.1, Abb. 22.2.3).

Standorttheorie

Die Verteilung wirtschaftlicher Aktivitäten bzw. die ihnen zugrunde liegenden Standortstrukturen sind nicht nur das Resultat natürlicher Kostenvorteile, sondern auch relativer Lagevorteile. In der **klassischen Standortlehre** dominieren Transportkosten die Model-lierung von Musterlösungen der optimalen Standortwahl. So folgen die Modelle von Johann von Thünen (der isolierte Staat), Alfred Weber (industrielle Standortwahl) oder Walter Christaller (Theorie zentraler Orte) einer Logik, die vor allem die Kosten der Raumüberwindung als zentrales Kriterium geographischer Differenzierung wirtschaftlicher Aktivitäten sowie der Standortwahl von Unternehmen erhebt (Böventer 1995). Hohe Transportkosten zwingen beispielsweise rohstoffintensive Industriezweige seit jeher in die Nähe von Wasserverkehrsstraßen oder an die Standorte des Abbaus von Primärressourcen. Als Beispiel zur Modellierung einer transportkostenoptimalen Standortwahl dient die Theorie der industriellen Standortwahl von Weber: Je nach der Kombination der Eigenschaften der eingesetzten Materialien – er unterscheidet zwischen ubiquitären, das heißt überall verfügbaren, und lokalisierten Materialien, die er weiter in Reingewichts- und Gewichtsverlustmaterialien unterteilt – ermittelt er den tonnenkilometrischen Minimalpunkt (Abb. 22.2.4). Dieser weist unter den jeweiligen Annahmen die geringsten Transportkosten aus. Grundsätzlich ist aus seiner Theorie abzuleiten, dass Gewichtsverlustmaterialien, die nicht in vollem Gewicht in das Endprodukt eingehen (z. B. kanadischer Ölsand), lagerstättennah verarbeitet werden sollten, um möglichst nur das Gewicht des finalen Gutes zum Markt zu transportieren. Umgekehrt können Produkte auf Basis von Reingewichtsmaterialien marktnah produziert werden, da das Ausgangsmaterial (z. B. Gold in Schmuck) in vollem Gewicht am Markt veräußert wird.

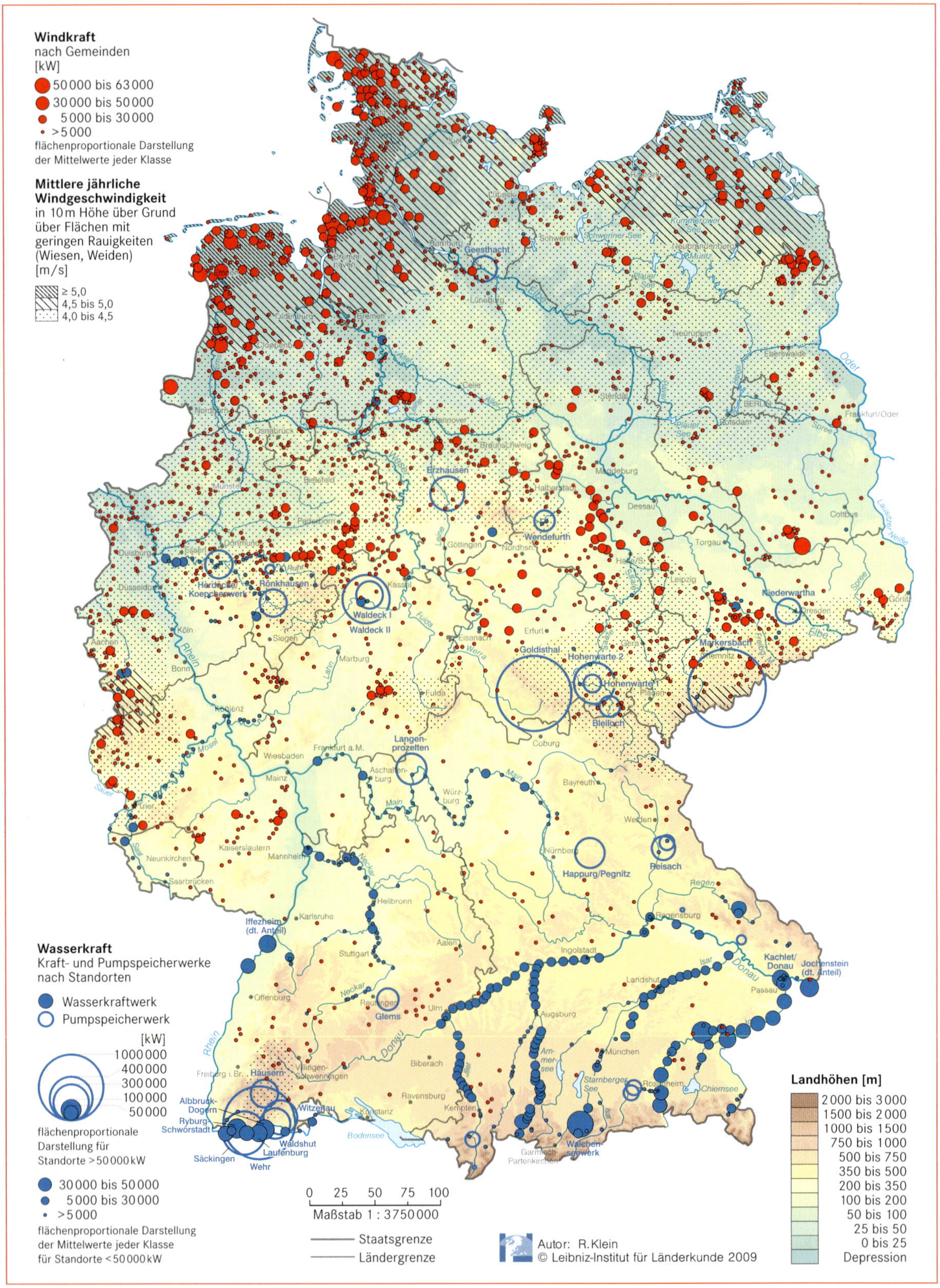
Windkraft
nach Gemeinden
[kW]
50 000 bis 63 000
30 000 bis 50 000
5 000 bis 30 000
> 5 000
flächenproportionale Darstellung
der Mittelwerte jeder Klasse
Mittlere jährliche Windgeschwindigkeit
in 10 m Höhe über Grund
über Flächen mit
geringen Rauigkeiten
(Wiesen, Weiden)
[m/s]
≥ 5,0
4,5 bis 5,0
4,0 bis 4,5
Wasserkraft
Kraft- und Pumpspeicherwerke
nach Standorten
Wasserkraftwerk
Pumpspeicherwerk
[kW]
1 000 000
400 000
300 000
100 000
50 000
flächenproportionale
Darstellung für
Standorte > 50 000 kW
30 000 bis 50 000
5 000 bis 30 000
> 5 000
flächenproportionale Darstellung
der Mittelwerte jeder Klasse
für Standorte < 50 000 kW
0 25 50 75 100
Maßstab 1 : 3 750 000
Staatsgrenze
Ländergrenze
Autor: R. Klein
© Leibniz-Institut für Länderkunde 2009
Landhöhen [m]
2 000 bis 3 000
1 500 bis 2 000
1 000 bis 1 500
750 bis 1 000
500 bis 750
350 bis 500
200 bis 350
100 bis 200
50 bis 100
25 bis 50
0 bis 25
Depression
Geesthacht
Erzhausen
Wendefurth
Herdecke/Koepchenwerk
Rönkhausen
Waldeck I
Waldeck II
Goldisthal
Hohenwarte 2
Hohenwarte 1
Bleiloch
Markersbach
Niederwartha
Langenprozelten
Happurg/Pegnitz
Reisach
Iffezheim (dt. Anteil)
Glems
Kachlet/Donau
Jochenstein (dt. Anteil)
Häusern
Albbruck-Dogern
Ryburg-Schwörstadt
Säckingen
Wehr
Waldshut
Laufenburg
Witznau
Walchenseekraftwerk
Hamburg
Bremen
Hannover
Berlin
Leipzig
Dresden
Köln
Frankfurt a.M.
Nürnberg
München
Stuttgart
Rhein
Elbe
Donau
Main
Oder

Abb. 22.2.3 Installierte Leistung von Wind- und Wasserkraftanlagen in Kilowatt (aus Klein 2004, zitiert in Handke & Glückler 2010).

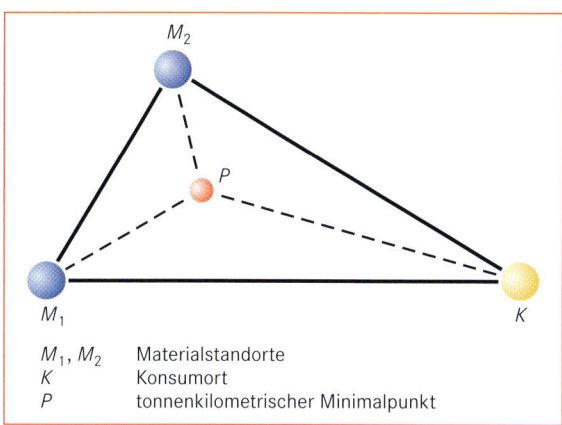

Abb. 22.2.4 Transportkostenminimaler Standort zwischen zwei Materiallagerstätten und dem Konsumort (Bathelt & Glückler 2011b).

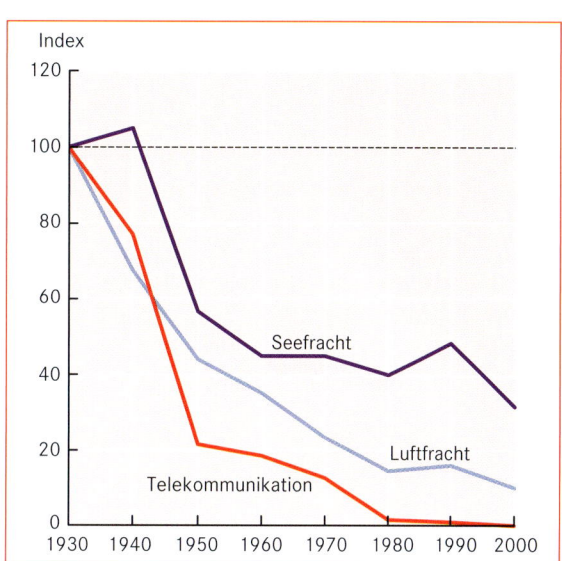

Abb. 22.2.5 Historische Entwicklung der Transport- und Kommunikationskosten seit 1930 (verändert nach World Bank 2005).

Auch andere traditionelle Standortmodelle stellen die Transportkosten in den Mittelpunkt der Analyse geographischer Austauschprozesse. Während sich Weber noch auf die einzelbetriebliche Standortentscheidung konzentriert, haben Christaller und von Thünen sogenannte **Standortstrukturtheorien** entwickelt, die nicht nur die optimale Wahl eines Standorts, sondern auch die optimale Aufteilung und Lagerelationen zwischen Standorten bzw. die optimale Nutzungsdifferenzierung einer Landfläche modellieren. Von Thünen geht in seiner Landnutzungstheorie explizit über die Bedeutung natürlicher Kostenvorteile hinaus und leitet die differenzierte Standortnutzung aus den Lageverhältnissen eines Standorts zum jeweiligen Absatzmarkt ab. Als Schlüsselkonzept bezeichnet hierbei die **Lagerente** den Mehrgewinn einer Fläche, den sie gegenüber einer gleich großen Fläche aufgrund der geringeren Marktentfernung bzw. geringerer Transportkosten erzielt. Je näher ein Gut am Markt produziert wird, desto geringer sind die Transportkosten und desto höher sind folglich bei gleichen Herstellungskosten und Markterlösen die lagebedingten Gewinne. Die Anwendung dieser von Transportkosten dominierten **normativen Standorttheorien** zeigt immer wieder starke Abweichungen der **realen Standortentscheidungen** und zwar aus mindestens zwei Gründen. Erstens wählen Unternehmen selten den optimalen Standort. Durch die Einbeziehung des Marginalprinzips und behaviouristischer Annahmen über die unvollständige Verfügbarkeit und Verarbeitungsfähigkeit von Informationen gehen spätere Standortmodelle von optimalen Standorten über zu räumlichen Gewinnzonen, innerhalb derer Ansiedlungen noch rentabel sind (Bathelt & Glückler 2011b). Allerdings leiden auch diese Modelle darunter, Standortentscheidungen

nicht etwa zu rekonstruieren, sondern normative Lösungen zu ermitteln. Zweitens spielen Transportkosten heute eine geringere Rolle als im 19. Jahrhundert. Technologische Innovationen in Logistik und Kommunikationstechnik haben zu einer massiven Verringerung der Transport- und Kommunikationskosten geführt (Abb. 22.2.5). Im gesamtwirtschaftlichen Durchschnitt macht der Transport heute nur noch zwischen 0,5 und 6 Prozent und zumeist weniger als 2 Prozent der Herstellungskosten von Gütern aus (Deutscher Bundestag 2002). Daher überrascht es wenig, dass empirische Untersuchungen seit den 1960er-Jahren immer wieder zeigen, dass sich die faktischen Entscheidungen von Unternehmen selten mit den theoretischen Annahmen der Transportkostentheorien decken.

Standortwahl

Stattdessen ging die wirtschaftsgeographische Forschung dazu über, tatsächliche Standortstrukturen und dahinterliegende Standortentscheidungen mithilfe von Unternehmensbefragungen und Standortfaktoren zu ergründen. Die Erkenntnisse dieser Studien sind allerdings weniger im Hinblick auf die Identifikation von Standortfaktoren als vielmehr wegen des heuristischen und sozial geprägten Standortverhaltens interessant. Denn die Erforschung von realen Standortentscheidungen über die Auflistung und Bewertung von Standortfaktoren stößt an klare Grenzen: Typischerweise leidet die Bewertung von **Standortfaktorenkatalogen** darunter, dass oft keine klare Unterscheidung der Maßstabsebene des Standorts (siehe oben: innerstädtisch, regional, national etc.) zugrunde liegt. Ferner werden häufig keine realen Standortentscheidungen rekonstruiert, da gerade bei kleinen und mittleren Unternehmen die Gründer typischerweise am Ort ihres Lebensmittelpunkts das Unternehmen gründen. Da die Studien zumeist von jeweils spezifischen Sets von Faktoren ausgehen, sind die Untersuchungen überdies nur schwer vergleichbar. Schließlich bleiben viele Standortansprüche hypothetisch, solange die Unternehmen keinen Beitrag zu deren Erfüllung leisten müssen (z. B. „Wir brauchen einen internationalen Flughafen"). Auch die Auswahl und Niederlassung an internationalen Standorten wird häufig durch aufkommende Gelegenheiten und bestehende Geschäftskontakte und nur in seltenen Fällen durch den strategischen Vergleich von Alternativen induziert (Glückler 2004). Da viele Unternehmen bei ihrer Gründung keine vergleichenden Standortentscheidungen treffen, fokussierten Nachfolgestudien stärker die Ursachen der Verlagerung eines bestehenden Standorts. Standortbedingungen bleiben selten konstant, sondern verändern sich mit der Zeit. Das heißt nicht automatisch, dass Unternehmen sogleich ihre Standorte verlagern oder aufgeben. **Versunkene Kosten**, das heißt irreversible Aufwendungen zur Erschließung einer Ansiedlung, binden Unternehmen oftmals langfristig an einen Standort und fördern die Persistenz bestehender Strukturen. Eine **Standortverlagerung** müsste demnach unter besonderen Kostenabwägungen erfolgen und sollte einen geeigneteren Kontext zur Bestimmung des Entscheidungsverhaltens darstellen. Dennoch zeigt sich auch hier, dass Standortverlagerungen selten durch die Wahrnehmung besserer Standortalternativen motiviert sind. Unternehmen wählen ihre Standorte oft nach privaten Umständen und Präferenzen ohne zukünftige Standortprobleme zu antizipieren, ohne systematischen Standortvergleich und ohne klare Anforderungskataloge. Eine Standortverlagerung wird meistens unter dem Stress zu knapper Büro- bzw. Gewerbeflächen vollzogen, erfolgt meist nur auf kurzer Distanz und zielt auf die Erhaltung gewohnheitsmäßigen Verhaltens: Nur 12 Prozent der verlagernden Betriebe hatten in einer Studie von Unternehmensdienstleistungen zwischen mehreren Standorten verglichen (Enxing 1999). Die durchschnittliche Mobilitätsrate von unternehmensorientierten Dienstleistungen betrug nur 2 Prozent, wobei die meisten Standortverlagerungen innerhalb der gleichen Gemeinde vollzogen wurden und zumeist aus dem Bedarf an Flächenerweiterung resultierten.

Standortpolitik

Während kleine und mittlere Unternehmen seltener systematische Standortvergleiche durchführen, betreiben große international agierende Unternehmen aufgrund der Häufigkeit von Betriebseröffnungen und -schließungen sehr aufwendige und systematische Standortanalysen, wie das Beispiel der Standortwahl von Mercedes Benz in Tuscaloosa illustriert (Exkurs 22.2.2). Der **Prozess der Standortentscheidung** steht in engem Verhältnis zu regionalpolitischen Akteuren an den betroffenen Standorten. Die Analyse zahlreicher Standortsuchprozesse multinationaler Unternehmen begründet typischerweise einen mehrstufigen Auswahlprozess, in dem nicht nur intrinsische Standortfaktoren, sondern auch das Verhandlungsgeschick regionaler Wirtschaftsförderungen eine wichtige Rolle spielt (Wins 1995). In den ersten beiden Phasen dominiert die Bedeutung von Informationen über Standortfaktoren, die meist mithilfe von regionalen Standortagenturen und beauftragten Beratungsunternehmen zur vergleichenden Bewertung vieler Standorte zusammengetragen werden. Mit zunehmender Selektion und Verringerung der Zahl alternativer Standorte entsteht eine Wettbewerbssituation zwischen den regionalen Standortagenturen, die von dem Unternehmen durch den Aufbau von Verhandlungsdruck ausgenutzt wird. Je vergleichbarer die intrinsische Ausstattung an Standortfaktoren, desto stärker werden Standortagenturen aufgefordert, finanzielle Anreize zum Beispiel über Beihilfen oder wirtschaftsnahe Infrastrukturinvestitionen zu setzen. Standorte, die nur geringe spezifische Standortvorteile bieten, müssen folglich besonders viel investieren, um Ansiedlungsprojekte erfolgreich abzuschließen. Und umgekehrt können Unternehmen, die nur wenige Standortansprüche stellen (sogenannte *footloose*-**Unternehmen**), besonders stark finanzielle Vorteile aushandeln. Regionale Standortstrategien sollten sich aufgrund der Verhandlungsmacht mobiler Unternehmen auf die Bildung spezifischer, einzigartiger Standortvorteile konzentrieren, um im Verhandlungsprozess ohne die Gewährung von Ansiedlungsprämien bestehen zu können. Denn finanzielle Beihilfen sichern die Ansiedlung meist nur solange bis die Ansiedlungskosten amortisiert sind und das Unternehmen eine neue Verhandlungsrunde beginnt. Kurzfristige finanzielle Ansiedlungsanreize bergen ein hohes Verlagerungsrisiko und sind nur dann lohnend, wenn Unternehmen langfristig an den Standort gebunden und die positiven regionalen Effekte der Ansiedlung nachhaltig höher als die anfänglichen Ansiedlungsanreize sind.

Exkurs 22.2.2

Standortwahl von Mercedes Benz in Tuscaloosa

Die Krise der Automobilindustrie im Zuge der Fordismuskrise der 1970er- und 1980er-Jahre hatte Folgen, die sich vor allem in drei Punkten niederschlugen:

- Der gesellschaftliche Trend zur Individualisierung führte zu einer Segmentierung des Marktes. Neben klassischen Limousinen stieg die Nachfrage nach Kombis, Cabrios, Geländewagen und anderen. Mercedes Benz führte unter anderem neben der A-Klasse ein *micro-compact car* (Smart) und den lifestyleorientierten *Roadster SLK* ein. Ein sogenanntes *Activity Vehicle* sollte das Programm ergänzen.
- Durch Produktivitätssteigerungen sollten die bestehenden Defizite im Kosten- und Zeitwettbewerb abgebaut werden (*lean production*).
- Die weltweite Präsenz als *global player* sollte durch eine Internationalisierung der Wertschöpfungskette gefördert werden. Da das *Activity Vehicle* besonders auf den ame-

rikanischen Markt für Freizeit- und Geländewagen zielte, entschied sich das Unternehmen für den Bau eines Montagewerks in Nordamerika, um die Kunden- und Marktnähe zu erreichen.

Für die Realisierung des letztgenannten Projekts wurde eine eigene Gesellschaft mit voller Kosten- und Marktverantwortung gegründet sowie ein kleines Projektteam von acht Personen aus verschiedenen Funktionsbereichen des Unternehmens. Diese wiederum banden bei der Entwicklung Systemlieferanten und Unternehmensberatungen ein. Die Standortwahl wurde mit dem amerikanischen Tochterunternehmen *Freightliner* und einer amerikanischen Unternehmensberatung durchgeführt, da dafür spezifische Landeskenntnisse notwendig sind. Am Ende stand die Entscheidung zugunsten des Standortes Tuscaloosa im US-Staat Alabama (Abb.1).

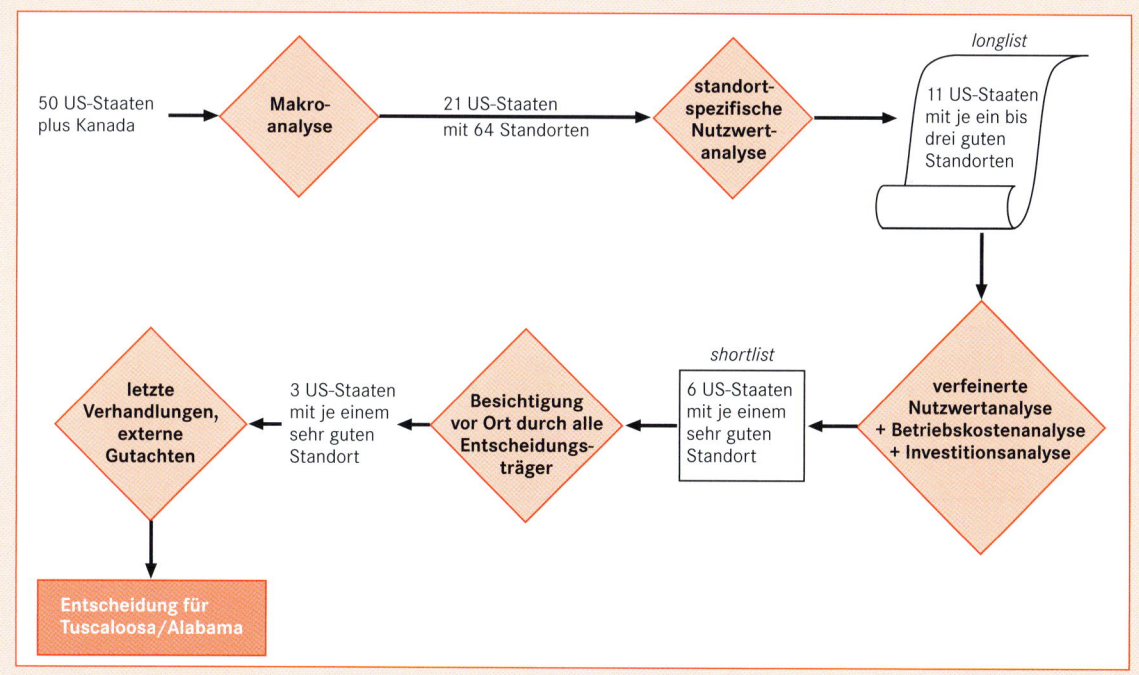

Abb. 1 Ablaufdiagramm Standortauswahl (verändert nach Renschler 1995).

22.3 Agglomeration und regionale Spezialisierung

Über natürliche Standortvorteile hinaus existieren **dynamische Standortvorteile**, die sich unabhängig von physischen Gegebenheiten allein aus der Dynamik des Standortverhaltens anderer Unternehmen ergeben.

Agglomerationsvorteile und geographische Cluster

Agglomerationsvorteile sind dynamische Standortfaktoren. Sie sind räumlich begrenzte Kosten- oder Ertragsvorteile eines Unternehmens infolge des gehäuften Auftretens vieler Unternehmen ähnlicher oder verwandter Tätigkeiten am gleichen Ort. Der betriebliche Vorteil infolge einer Standortgemeinschaft erklärt sich durch die Existenz externer Ersparnisse. Sie sind außerhalb des Einflusses eines Unternehmens und hängen entweder von der Größe der Industrie, der Region oder der Volkswirtschaft ab. **Externe Effekte** sind allgemein Vor- oder Nachteile, die gratis bzw. ohne Kompensation von einem Akteur an einen anderen transferiert werden und führen zu Ergebnissen, die sich nicht in Marktprozessen widerspiegeln. Aus diesem Grunde sind externe Effekte in der ökonomischen Theorie eine der wichtigsten Ursachen für Marktversagen und Ungleichgewichte. Alfred Marshall (1927) illustrierte das Wirken externer Effekte in lokalen Industrieagglomerationen an drei charakteristischen einzelbetrieblichen Vorteilen: durch die gemeinsame Nutzung von Infrastruktur, die flexible Nachfrage in einem Pool spezialisierter und qualifizierter Arbeitskräfte und durch den Genuss sogenannter Wissens-Spill-over, das heißt die Aneignung und Nutzung der Erkenntnis Dritter ohne entsprechende Kompensation der Kosten, die Dritte an der Herstellung dieses Wissens getragen haben. Diese klassischen Agglomerationsvorteile konkretisieren den Vorteil der „**industriellen Atmosphäre**" (Marshall 1927) eines lokalen Produktionssystems, das nachfolgend allgemein als Cluster bezeichnet wird. Hierbei sind eine engere und weitere Fassung des **Clusterbegriffs** zu unterscheiden. Ein Cluster im weiteren Sinne ist eine geographisch konzentrierte Ballung von Unternehmen mit gleichen oder verwandten Produkten, die über eine räumlich konzentrierte Häufigkeitsverteilung an einem Ort erfasst wird (Abb. 22.3.1). Ein Cluster im engeren Sinne ist darüber hinaus gekennzeichnet durch einen funktionalen Zusammenhang zwischen Unternehmen, zum Beispiel

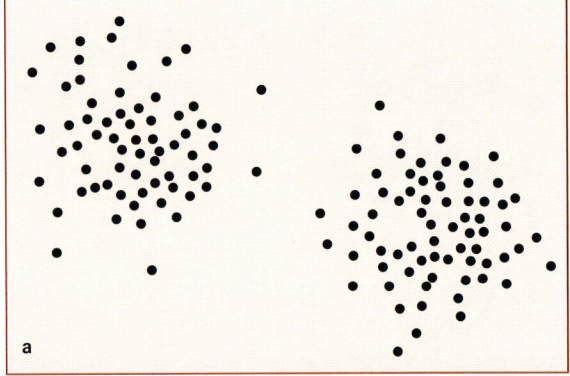

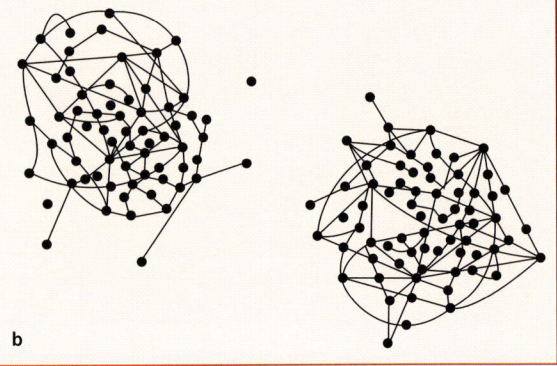

Abb. 22.3.1 Cluster (a) im weiteren und (b) im engeren Sinne.

durch lokale Input-Output-Beziehungen oder institutionelle Verflechtungen.

Das Phänomen geographischer Cluster ist eines der am meisten beforschten in der Wirtschaftsgeographie der letzten zwei Jahrzehnte. Unzählige empirische Studien und verschiedenste Konzepte lassen sich jenseits natürlicher Kostenvorteile (z. B. Rohstoffvorkommen, siehe oben) in vier grundsätzlichen Erklärungslogiken der sogenannten Clustertheorie repräsentieren: Transportkosten, Transaktionskosten, soziale Institutionen und Wissens-Spill-over durch Beobachtung und Imitation.

Transportkosten und interne Ersparnisse

Die Standortgemeinschaft konkurrierender Unternehmen lässt sich im ersten Schritt aus den Wirkungen der Transportkosten auf den Angebotspreis ableiten. Hotelling (1929) betont in seinem Modell die Interdependenz von Standortentscheidungen durch die Einbeziehung marktstrategischen Verhaltens in einer Wettbewerbssituation. Zwei Produzenten A und B suchen für den Vertrieb eines homogenen Gutes einen Standort in einem Marktgebiet mit gleich verteilter Nachfrage. Anfangs teilen sich die beiden Produzenten A und B das Marktgebiet zu gleichen Teilen auf und wählen ihren Standort jeweils im Zentrum des eigenen Marktgebiets, sodass sich monopolistische Marktgebiete für jeden Produzenten ergeben. Grafisch lässt sich mithilfe des sogenannten **Launhardt'schen Trichters** in einem Preis-Entfernungs-Diagramm darstellen, wie die Stückkosten und damit der Preis einer Produkteinheit – ausgehend vom Produktionsstandort – aufgrund von Transportkosten mit zunehmender Entfernung ansteigen (Bathelt & Glückler 2011b).

Die Gesamtkosten setzen sich dabei aus den Produktions- und den Transportkosten zusammen. Zunächst teilen sich Unternehmen A und B das Marktgebiet genau auf. Die Grenze der beiden Marktgebiete ergibt sich aus dem Schnittpunkt der beiden Kostenkurven: Kunden links von dieser Grenze werden von Produzent A, Kunden rechts von der Grenze von Produzent B versorgt, weil dies die geringsten Kosten in dieser Marktsituation verursacht (Abb. 22.3.2). Wenn in einem zweiten Schritt Unternehmen A seinen Standort in Richtung B verlagert, verschiebt sich auch der Schnittpunkt der Kostenkurven, sodass sich das Marktgebiet von B entsprechend verkleinert. Folglich wird Unternehmen B seinen Standort in Richtung A verlagern, um das frühere Marktgebiet mit nun niedrigeren Gesamtkosten wieder zurückzugewinnen. Dieser Prozess läuft so lange, bis beide Unternehmen denselben Standort wählen, da sie nur von hier aus ihr Marktgebiet nicht mehr zulasten des anderen ausweiten können. Diese Situation ist aber nicht optimal. Da die Kunden nun größere Entfernungen zurücklegen müssen, entstehen an den Rändern des Marktgebiets höhere Kosten als in der Ausgangssituation. Hotellings Modell legt unter Bedingungen unvollständigen Wettbewerbs einen Mechanismus dar, nach dem mit steigenden Transportkosten der Druck zur Standortkonzentration immer größer wird und folglich positive Transportkosten die Agglomeration konkurrierender Unternehmen fördern.

Der amerikanische Ökonom Paul Krugman geht in seinem **Zentrum-Peripherie-Modell** (Krugman 1991) ebenfalls davon aus, dass Transportkosten und unvollständiger Wettbewerb wichtige Bedingungen für den Agglomerationsprozess darstellen. Als zentralen Mechanismus identifiziert er hierbei steigende Skalenerträge, das heißt Stückkostenersparnisse infolge steigender Produktionsmenge. Krugman argumentiert, dass ein Unternehmen seinen Standort immer dann in einer Agglomeration ansiedeln wird, wenn das Unternehmen standortunabhängig ist (z. B. von Lagerstätten), wenn es

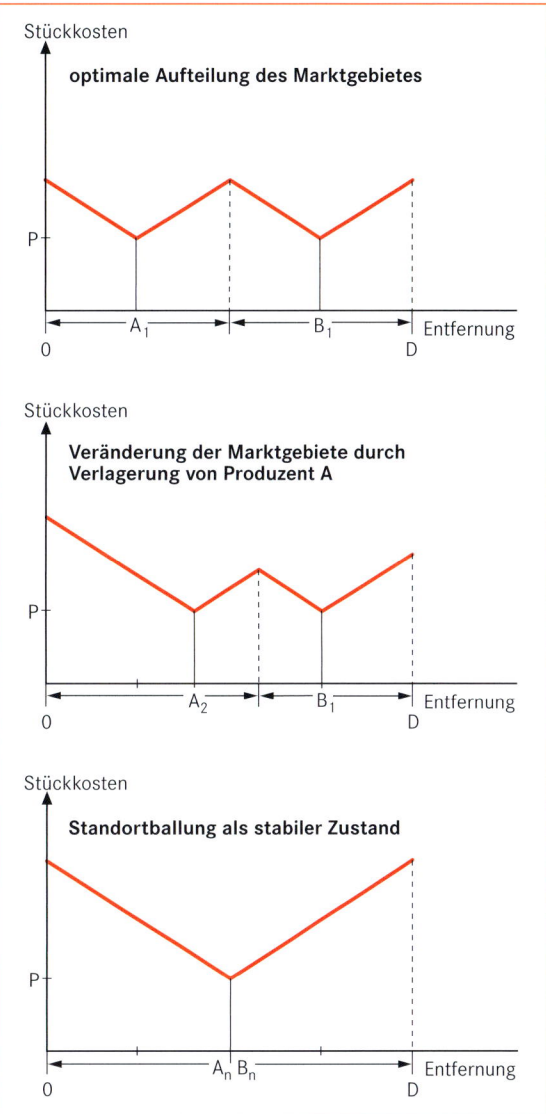

Abb. 22.3.2 Interdependente Standortwahl nach Hotelling (Bathelt & Glückler 2011b).

interne Größenersparnisse erzielen kann (eine große Betriebsstätte also geringere Stückkosten impliziert als mehrere kleinere Betriebsstätten) und wenn die Transportkosten niedrig sind (um entfernte Marktgebiete zu geringeren Kosten beliefern zu können). Das Wachstum eines Clusters hängt letztlich von dem Verhältnis zwischen Skaleneffekten und Transportkosten ab, was durch zwei Extrembeispiele verdeutlicht werden kann: Wenn die Skalenerträge konstant sind, das heißt der Stückkostenpreis eines Gutes unabhängig von der Produktionsmenge ist, ist es aufgrund hoher Transportkos ten unter Umständen preiswerter, in jeder Region eine Betriebsstätte anzusiedeln, um den lokalen Markt zu versorgen. Je mehr jedoch die Skalenerträge ansteigen, desto eher wird der kritische Punkt überschritten, jenseits dessen die Größenersparnisse der Herstellung des Gutes in einer einzigen Betriebsstätte die Summe aller Transportkosten zur Belieferung der anderen Regionen übertreffen und somit den Agglomerationsprozess fördern. Insgesamt steigt der Ballungsprozess mit steigenden Skalenerträgen, sinkenden Transportkosten und geringer Bindung an Ressourcenfundorte. Mit steigenden Transportkosten hingegen wird das Standortsplitting immer attraktiver. Sowohl die Theorie von Hotelling als auch von Krugman ziehen Transportkosten als zentrale Kriterien zur Formulierung eines interdependenten Standortverhaltens von Unternehmen heran, das einen Clusterprozess fördert.

Transaktionskosten und neue Industrieräume

In den 1980er-Jahren fragte die sogenannte Kalifornische Schule der Wirtschaftsgeographie nach den Ursachen für die Entstehung neuer Industrieräume inmitten einer weltweiten Krise des sogenannten **Fordistischen Akkumulationsregimes**. Im Anschluss an den Nachkriegsaufschwung der 1950er-Jahre erfuhren die meisten Industrieregionen der westlichen Industriestaaten einen strukturellen Niedergang, der mit großen Arbeitsplatzverlusten einherging. Große Konzerne, die interne Ersparnisse auf dem Wege standardisierter Massenproduktion maximiert hatten, stießen an die Grenzen ihrer Absatzmöglichkeiten in umkämpften internationalen und saturierten Heimatmärkten. Steigender internationaler Wettbewerb, ein verlangsamtes Wachstum der Absatzmärkte und eine Differenzierung der Konsummuster mit segmentierter Nachfrage zogen Überkapazitäten in der Produktion nach sich und zwangen viele Konzerne zur Verlagerung von Arbeitsplätzen an Niedriglohnstandorte – eine neue internationale Arbeitsteilung (Fröbel et al. 1977) – und zur Auslagerung von Funktionen und Tätigkeiten in andere Unternehmen. Während etablierte Industrieregionen wie zum Beispiel Philadelphia, Birmingham, Turin schrumpften, wuchsen gleichzeitig neue Regionen mit geringer oder gänzlich fehlender industrieller Tradition empor. Diese **neuen Industrieräume** (Scott 1988) wie zum Beispiel die *Boston Route 128*, das *Silicon Valley*, die *Île de France* oder die Industriestandorte Baden-Württembergs zeichneten sich gegenüber den alten Industrieräumen durch neue Technologien und eine Struktur kleiner und mitt-

lerer Unternehmen in hoher sozialer Arbeitsteilung und regionaler Konzentration aus.

Dieser historische Übergang von einer auf Massenproduktion, Standardisierung und vertikaler Integration begründeten fordistischen Produktionsweise zu einer flexiblen Spezialisierung in hoch arbeitsteiligen und agglomerierten Produktionssystemen kleinerer und mittlerer Unternehmen lenkt den Fokus der Erklärung von Agglomerationsvorteilen auf das Konzept der **Transaktionskosten**. Diese beschreiben den Aufwand zur Herstellung, Beherrschung und Überwachung einer wirtschaftlichen Austauschbeziehung, dessen Höhe von der Art des Austauschs und der gewählten Organisationsform abhängt. Die Transaktionskostentheorie betrachtet das Unternehmen und den Markt als alternative Organisationsformen zur Besorgung wirtschaftlichen Austauschs und strebt in sogenannten ***make-or-buy*-Kalkülen** effiziente Entscheidungen darüber an, ob eine Transaktion preiswerter unternehmensintern besorgt oder über den Markt bezogen werden soll (Williamson 1985). Die Strukturkrise der 1960er- und 1970er-Jahre zwang Unternehmen zur vertikalen Desintegration, das heißt zur Verringerung der internen technischen Arbeitsteilung zugunsten einer Erhöhung der sozialen Arbeitsteilung durch das Entstehen vieler neuer externer Liefer- und Absatzbeziehungen mit anderen Unternehmen. Den mit der Auslagerung verbundenen Spezialisierungs- und Flexibilitätsvorteilen stehen allerdings erhöhte Transaktionskosten aufgrund des zusätzlichen Abstimmungsbedarfs mit Zulieferern, Abnehmern und Dienstleistern entgegen.

Der geographische Erklärungsansatz der neuen Industrieräume argumentiert daher, dass die Herstellung geographischer Nähe zwischen den arbeitsteiligen Unternehmen ein Instrument zur Minimierung dieser Transaktionskosten darstellt: Eine Standortgemeinschaft in räumlicher Nähe ist für Anbahnung, Anpassung, Aushandlung und Kontrolle in Transaktionsbeziehungen vor allem dann von Vorteil, wenn es sich um nicht standardisierte, spezifische, kreative und technologieintensive Input-Output-Beziehungen handelt. Da gerade der Austausch in diesen spezifischen Situationen von der Reichhaltigkeit persönlicher Kommunikation von Angesicht zu Angesicht (*face-to-face*) profitiert, identifiziert der transaktionskostenbasierte Clusteransatz die stärkste Agglomerationsdynamik in drei Wirtschaftsbereichen: erstens, in der Hochtechnologie wie etwa Computer- und Elektronikindustrie (im *Silicon Valley*, *Boston Route 128* oder *Research Triangle*), zweitens in den designintensiven traditionellen Industriezweigen wie zum Beispiel Schuhe, Möbel, Korbwaren, Textilien, Schmuck oder Lederwaren (in den Regionen des „Dritten Italien") und drittens in den wissensintensiven unternehmensorientierten Dienstleistungen wie etwa Unternehmensberatung, Finanzdienstleistungen, Werbung oder Public Relations (in New York, London, Paris, Frankfurt).

Soziale Institutionen und die Reduktion von Unsicherheit

In den 1990er-Jahren widmen sich neue Erklärungsansätze zunehmend wissensintensiven Clustern und fragen nach den sozialen Voraussetzungen lokaler Lern- und Innovationsprozesse. Ausgangspunkt ist hierbei die Auffassung, dass eine Zunahme an Komplexität in unternehmerischen Handlungsoptionen und technologischen Lernprozessen sowie Erwartungsunsicherheiten in dem Verhalten von Transaktionspartnern eine Analyse jenseits der rein marktlichen Beziehungen erfordern. Aus diesem Grunde sind Unternehmen darauf angewiesen, erstens stärker mit ihrer Umwelt zu interagieren und zweitens Mechanismen und Institutionen zu bilden, die die Erwartungssicherheit in Austauschbeziehungen erhöhen. Sozialwissenschaftliche Ansätze betonen die Bedeutung informeller **sozialer Institutionen** als Regelmechanismen ökonomischen Austauschs. So dienen gemeinsame kulturelle und kognitive Schemata, Konventionen und Gewohnheiten, Routinen, Vertrauen und Reputation der Verbesserung der gegenseitigen Erwartungssicherheit in ökonomischen Beziehungen.

Diese Perspektive macht darauf aufmerksam, dass Unternehmen nicht nur im Austausch von *traded interdependencies*, das heißt bewertbaren und handelbaren Faktoren und Gütern, stehen. Sondern es sind darüber hinaus die *untraded interdependencies* bzw. nichthandelbaren Beziehungen zwischen Unternehmen und Personen in Unternehmen, deren Bedeutung zur Koordinierung und Regelung von Austauschbeziehungen häufig unterschätzt wird (Schamp 2000). Das Konzept der **untraded interdependencies** umfasst hierbei alle Formen von Konventionen, informellen Regeln und Gewohnheiten, die wirtschaftlichen Austausch unter der Bedingung von Unsicherheit regeln (Storper 1997). Dieser Ansatz kritisiert die Marginalisierung sozialer Institutionen in ökonomischen Ansätzen als nichtwirtschaftliche Faktoren, Marktunvollkommenheiten oder begrüßenswerte moralische Puffer des erbarmungslosen Markts. Stattdessen argumentiert er, dass in der heutigen Phase der Wissensökonomie marktwirtschaftliche Prozesse in vielerlei Hinsicht stärker von nichtmarktlichen Einflüssen durchdrungen sind als je zuvor.

Persönliches **Vertrauen** ist ein Beispiel für den wirtschaftlichen Vorteil einer sozialen Institution (Glückler

2004). Es mindert die Erwartungsunsicherheit zwischen Akteuren und ermöglicht es beispielsweise, implizitere und reichhaltigere Informationen zu transferieren, schnellere kooperative Problemlösungen und Lernprozesse zu entfalten und zeitraubende Regelarrangements einzusparen. Dadurch entstehen den Partnern *economies of time* (Uzzi 1997), die sich zum Beispiel in schnellerem Marktzugang oder rascherer Reaktion auf Umweltveränderungen ausdrücken. Darüber hinaus verleiht Vertrauen eine ausgeprägte Robustheit kooperativen Verhaltens, selbst wenn sich opportunistisches Verhalten für eine Partei besonders lohnen würde. Unternehmensbeziehungen, die aufgrund gemeinsamer Erfahrung in gegenseitigem Vertrauen begründet sind, bestehen häufig ohne vertragliche Regelung. Gerade im Bereich kooperativer Innovations- und Lernprozesse zwischen Unternehmen können sich die Versuche, alle Unwägbarkeiten zukünftiger Zusammenarbeit mit rechtlichen Instrumenten zu regulieren, eher hemmend auf den Innovationsprozess auswirken, signalisieren sie doch eher Skepsis und Übervorsicht als kooperatives Engagement (Nooteboom 2000).

Ein Ziel der neueren Clusteransätze besteht folglich darin, die ökonomische Relevanz dieser *untraded interdependencies* in die Erklärung geographischer Agglomerationsvorteile in wirtschaftlichen Austauschbeziehungen einzubeziehen. Das Schlüsselargument dieses Ansatzes besteht darin, dass informelle soziale Institutionen nur in wiederholten und häufig reziproken Kommunikationsprozessen langsam gebildet werden und daher räumliche Nähe erfordern. Daher tendieren Routinen, Konventionen und andere kollektiv geteilte Normen und Handlungserwartungen dazu, ortsspezifisch zu entstehen und in geographischer Nähe auch kontinuierlich reproduziert zu werden. Sie stabilisieren kollektive Erwartungen und Handlungsmuster, schärfen Interpretationsregeln und erleichtern die Bildung und Pflege sozialer und wirtschaftlicher Transaktionen.

Beobachtung, Imitation und Wissens-Spill-over

Agglomerationsvorteile beruhen nicht nur auf lokalen Kooperationsbeziehungen, die durch soziale Institutionen stabilisiert werden. Empirische Studien konnten eine Vorrangstellung lokaler Lern- und Innovationspartnerschaften selten nachweisen (Malmberg & Maskell 2002). Offenbar schöpfen Unternehmen in einem Cluster Wettbewerbsvorteile, die nicht notwendigerweise auf Kooperationsbeziehungen beruhen. Gerade die Beziehungen zwischen Unternehmen der gleichen

Wertschöpfungsstufe sind von **Rivalität** und fortwährendem Wettbewerb geprägt und nicht von arbeitsteiligen und komplementären Beziehungen wie im Falle von Zulieferern und Abnehmern (vertikale Dimension). Eine **wissensbasierte Theorie** geographischer Cluster richtet ihr Interesse auf die positiven Effekte der Agglomeration von Wettbewerbern, die ähnliche Produkte und Technologien herstellen und um die gleichen Faktor- und Konsumentenmärkte konkurrieren. Welchen Vorteil eröffnen viele kleinere und mittlere Unternehmen in lokaler Standortgemeinschaft gegenüber einem einzigen integrierten Großkonzern mit der gleichen Menge an Ressourcen? Die wissensbasierte Theorie geht davon aus, dass die vertikale Integration im Grunde geringere Transaktionskosten implizieren würde und daher eine ausschließliche Kostenperspektive nicht ausreiche, um den dynamischen Vorteil eines Clusters von Unternehmen zu erklären. Sie argumentiert stattdessen, dass der permanente Vergleich mit Wettbewerbern und fortwährende lokale Konkurrenz unter identischen regionalen Rahmenbedingungen den Druck und die Fähigkeit zu beschleunigter Innovation und kontinuierlicher Anpassung in besonderer Weise befördern (Porter 1998).

Lokalisationsvorteile wirken demnach völlig unabhängig von zwischenbetrieblichen Kooperationsbeziehungen. Entscheidend ist, dass viele konkurrierende Unternehmen gleicher Tätigkeit an einem Ort ansässig sind. Der Schlüssel zur erhöhten Innovationsfähigkeit liegt hierbei im Mechanismus lokaler **Wissens-Spillover**. Sie beschreiben einen der Marshall'schen externen Effekte des Überschwappens neu geschaffenen Wissens von einem Unternehmen zum anderen, ohne dass das nutznießende Unternehmen an den Kosten der Produktion dieses Wissens beteiligt würde. Das Wirken dieser Überschwappeffekte setzt voraus, dass Lernen, Wissen und Innovation die Quellen der Wettbewerbsfähigkeit für die Unternehmen sind. Malmberg und Maskell (2002) beschreiben einen neuen Lernprozess, der auf **Variation, Beobachtung und Nachahmung** gründet. Der entscheidende Clustervorteil besteht darin, dass viele mittlere und kleine Unternehmen im gegenseitigen Wettbewerb viel wahrscheinlicher neue Variationen in Technologien und Produkten hervorbringen werden als ein vertikal integriertes Großunternehmen mit den gleichen Kapazitäten. Die Vielfalt lokaler Organisations- und Produktionsweisen fördert die Variation im Cluster. Wenn sich die konkurrierenden Unternehmen eines Clusters gegenseitig beobachten und vergleichen, können sie eigene Rückstände schneller feststellen und in kurzer Zeit auf die Veränderungen reagieren. Die Fähigkeit, sich in räumlicher Nähe leichter und genauer beäugen und überwachen zu können, erleichtert entsprechend die Imitation von Neuerungen. Unternehmen ahmen offensichtliche Innovationen im Cluster nach, um den Wettbewerbsvorsprung des Konkurrenten einzuholen und selbst eine bessere Chance für neue Innovationen zu schaffen. Das Cluster fördert somit eine Spirale der Variation, gegenseitiger Beobachtung und Nachahmung und beschleunigt das Entstehen und Überschwappen von Innovationen auf konkurrierende Unternehmen (Malmberg & Maskell 2002).

Clusterentwicklung

Eines der auffälligen geographischen Phänomene ist die Persistenz weltweit bedeutender Industrie- und Technologiecluster wie zum Beispiel der Computerelektronik im *Silicon Valley* oder der Filmindustrie in Hollywood. Im Zuge der weltwirtschaftlichen Integration der Märkte scheinen viele regionale Cluster eher an Bedeutung zu gewinnen und dynamische Agglomerationsvorteile die Stellung in globalen Märkten zu stärken. Die vorgestellten Erklärungslogiken begründen im Kern drei verschiedene **Typen von Agglomerationsvorteilen**: erstens eine erhöhte Effizienz durch externe Ersparnisse infolge geringer Transport- und Transaktionskosten und infolge gemeinsamer Nutzung von Infrastruktur sowie diversifizierter Arbeits- und Zuliefermärkten; zweitens eine erhöhte Verlässlichkeit durch die Reduktion von Erwartungsunsicherheiten infolge kollektiv praktizierter und durch Sanktion reproduzierter sozialer Institutionen, die die Reichhaltigkeit, Häufigkeit und Spontaneität von persönlichen Kontakten sichern; drittens eine erhöhte Innovativität durch Wissens-Spillover infolge einer Konzentration und Vielfältigkeit von Akteuren und Ideen, die kooperativ durch Interaktion zwischen Unternehmen oder kompetitiv durch Beobachten und Nachahmen zirkuliert und rekombiniert werden.

Wenngleich viele geographische Cluster in zahllosen Fallstudien empirisch beforscht wurden, so schuldet die Forschung zumeist noch den Nachweis der Gültigkeit und Wirkmächtigkeit der angebotenen Erklärungsansätze (Malmberg & Maskell 2002, Markusen 2003). So zeigen empirische Arbeiten beispielsweise, wie wichtig gerade interregionale und internationale Beziehungen für Unternehmen in Clustern sind, um nachhaltig innovationsfähig zu sein. Innovationskooperationen werden ebenso häufig über große Entfernung geschlossen wie innerhalb von Clustern und es sind gerade die Kooperationen mit Partnern in anderen Regionen, die in der Informationstechnik oder der Medienwirtschaft als besonders wichtig für die Wettbewerbsfähigkeit erkannt wurden (Bathelt et al. 2004, Nachum & Keeble 2003). So betonen neuere Ansätze vor allem das Wechselverhältnis lokaler Agglomerationsvorteile (*local buzz*) und globaler Kooperationsvorteile in permanenten Beziehungen (*global pipelines*) oder temporären Zusammenkünften (*global buzz*; Bathelt & Glückler 2011a).

22.4 Regionale Disparitäten und Wachstum

Sowohl natürliche Kostenvorteile als auch dynamische Agglomerationsvorteile variieren zwischen Standorten und tragen dazu bei, dass wirtschaftliche Aktivitäten nicht gleichförmig territorial verteilt sind. Diese Ungleichheiten konstituieren regionale Disparitäten, die aus wirtschaftsgeographischer Perspektive aufzuklären sind und zum Gegenstand normativ informierten politischen Handelns erhoben werden.

Regionale Disparitäten

Regionale Disparitäten bezeichnen allgemein Abweichungen bestimmter als gesellschaftlich bedeutsam erachteter Merkmale von einer gedachten Referenzver-

teilung (Biehl & Ungar 1995). Der Zusatz der gesellschaftlichen Relevanz ist hierbei wichtig, um diejenigen regionalen Unterschiede anzusprechen, die sich auf die als notwendig geschätzte Lebensqualität und Lebenschancen der Bevölkerung auswirken. Sowohl im Grundgesetz der Bundesrepublik (Art. 106, Abs. 3) als auch im EG-Vertrag der Europäischen Union (Art. 2 und 158) bildet die Einheitlichkeit der Lebensverhältnisse bzw. die Stärkung des wirtschaftlichen und gesellschaftlichen Zusammenhalts eine wichtige Norm der Gesellschaftsordnung. Der wirtschaftliche Entwicklungsstand einer Region wird mit zentralen Indikatoren wie zum Beispiel dem Bruttoinlandsprodukt pro Einwohner, der Arbeitslosenquote, dem Einkommensniveau und der Qualität der Infrastruktur erfasst. Die Unterschiede des wirtschaftlichen Entwicklungsstands werden mithilfe unterschiedlicher Verfahren, wie etwa dem Gini-Koeffizienten oder dem Variationskoeffizienten ermittelt (Exkurs 22.4.1).

Die regionalen Disparitäten sind in der **Europäischen Union** stark ausgeprägt. Sieben Regionen in Rumänien und Bulgarien erwirtschaften weniger als ein Drittel des durchschnittlichen Bruttoinlandprodukts pro Einwohner in Europa, während 19 überwiegend Hauptstadtregionen 50 Prozent über dem Durchschnitt liegen (European Commission 2010). Vor allem die Regionen Süddeutschlands, Südenglands und der Niederlande zählen zu den leistungsstärksten Regionen der Union (Abb. 22.4.1). Wie entwickeln sich regionale

Exkurs 22.4.1

Messung regionaler Ungleichverteilung

Die empirische Forschung der Wirtschaftsgeographie nutzt spezifische regionalanalytische Verfahren, um geographische Strukturen und Dynamiken zu erfassen. Regionale Disparitäten werden hierbei mit unterschiedlichen Verteilungsmaßen abgebildet.

Der **Gini-Koeffizient** variiert zwischen 0 und 1, wobei 0 einem Zustand perfekter Gleichverteilung und 1 vollständiger Konzentration des Einkommens auf eine einzige Person entsprechen würde. So ist das Einkommen in Schweden mit einem Gini-Koeffizienten von 0,25 deutlich gleichmäßiger verteilt als in den Vereinigten Staaten (0,41). Der Gini-Koeffizient lässt sich ebenso auf die Verteilung einer Kennzahl über die Regionen eines Landes anwenden.

Der **Variationskoeffizient** ist ein normiertes Maß der Streuung einer Verteilung um den Mittelwert. Er errechnet

sich als relatives Streuungsmaß aus dem Quotienten der Standardabweichung und des Mittelwerts der spezifischen Verteilung. Dies bringt den Vorteil geringer Anfälligkeit gegenüber der Zahl der Regionen und der Höhe der Zahlenwerte. Je größer der Variationskoeffizient, desto größer ist zum Beispiel die Streuung der Pro-Kopf-Einkommen der Regionen um das Durchschnittseinkommen des Gesamtraums.

Neben diesen Parametern existieren zahlreiche weitere Messverfahren wie etwa der Koeffizient der Lokalisierung oder die pragmatische **S80/S20-Regel** der EU (Vergleich der reichsten 20 Prozent mit den ärmsten 20 Prozent der Regionen; Abb. 22.4.2).

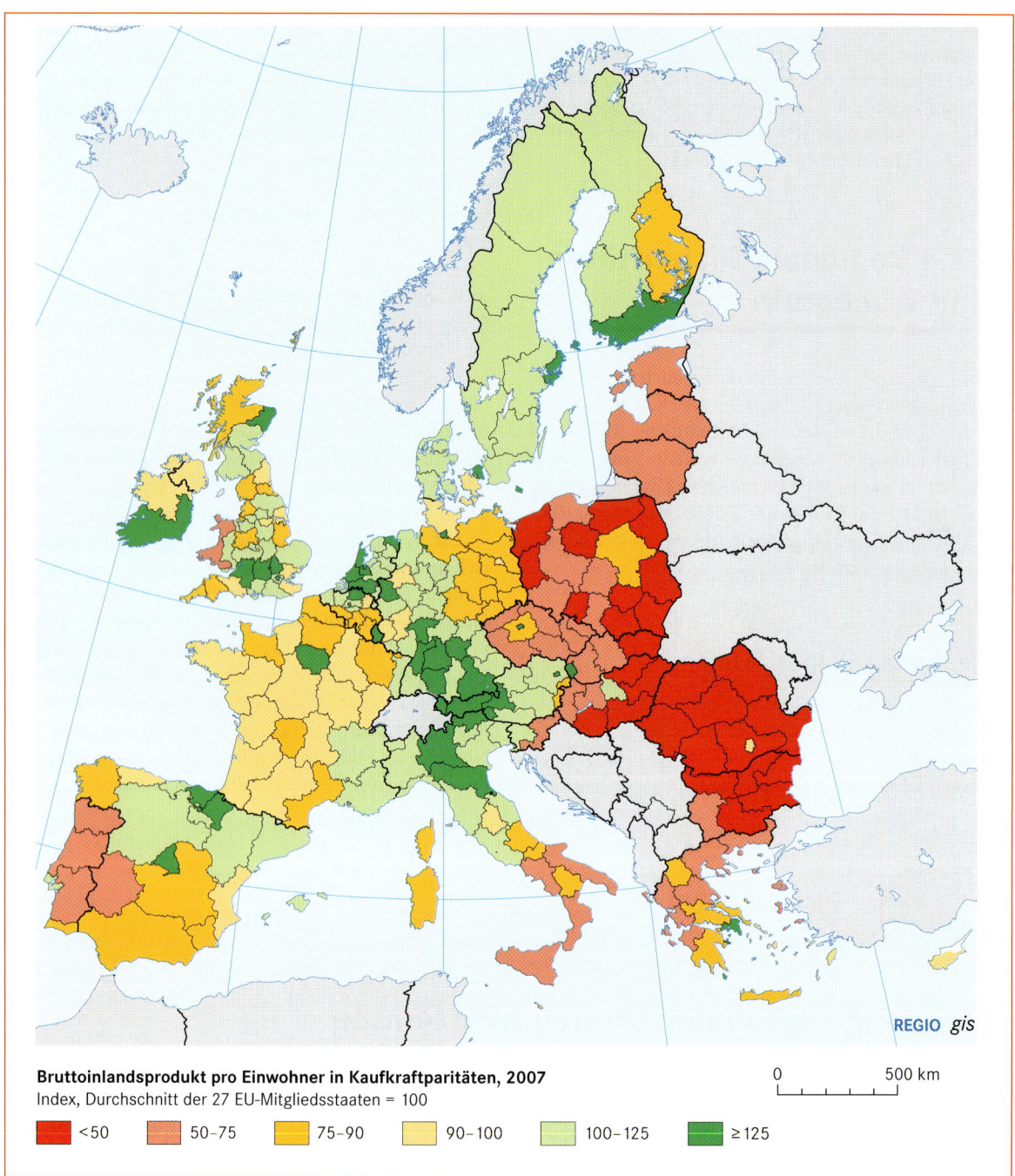

Bruttoinlandsprodukt pro Einwohner in Kaufkraftparitäten, 2007
Index, Durchschnitt der 27 EU-Mitgliedsstaaten = 100

| ■ <50 | ■ 50–75 | ■ 75–90 | ■ 90–100 | ■ 100–125 | ■ ≥125 |

0   500 km

REGIO *gis*

Abb. 22.4.1 Abweichung des regionalen Bruttoinlandsprodukts pro Einwohner in Kaufkraftparitäten vom Durschnitt der Europäischen Union (NUTS-II-Regionen 2007, European Commission 2010).

Disparitäten? In der Europäischen Union haben die Ungleichheiten in der regionalen Verteilung der Wirtschaftsleistung seit 1995 kontinuierlich abgenommen (Abb. 22.4.2). Während sich die 20 Prozent der reichsten und ärmsten Regionen in der EU sukzessive angenähert haben, klafft die Schere der Entwicklung zwischen den reichsten und ärmsten Ländern global weiter auf.

Der europäische Trend ist allerdings nicht auf die innerdeutsche Entwicklung zu übertragen. Auch 15 Jahre nach der Wiedervereinigung sind die regionalen

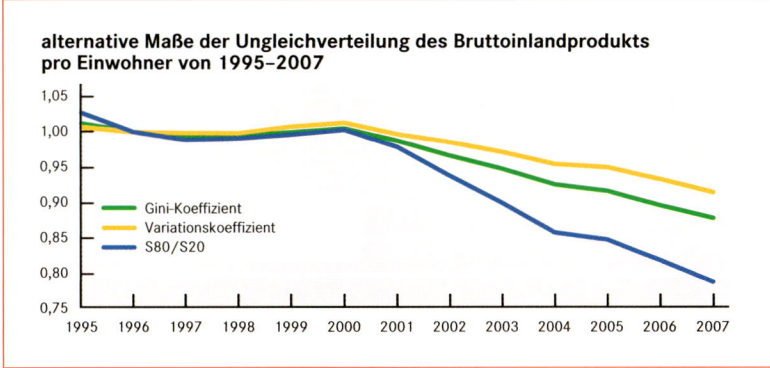

Abb. 22.4.2 Entwicklung der regionalen Disparitäten in der Europäischen Union (European Commission 2010).

Unterschiede des BIP pro Einwohner erheblich und reichen von einem Minimum von 11 300 Euro/Einwohner im Zwickauer Land und in der Südwestpfalz bis zum Maximum von über 80 000 Euro/Einwohner im Landkreis München. Der Landkreis München erwirtschaftet demnach das Siebenfache der Regionen um Zwickau und der Südwestpfalz bei einem Bundesdurchschnitt von 25 600 Euro/Einwohner (Leßmann 2005). Geographisch drücken sich die Disparitäten in zwei Entwicklungsgefällen aus. Das Niveau der Wirtschaftsleistung sinkt von West nach Ost und weniger stark ausgeprägt von Süd nach Nord. Während der letzten 10 Jahre konnten die Regionen der neuen Länder zwar etwas zu den alten Ländern aufschließen, allerdings scheint das Ungleichgewicht seither stabil. In den Regionen Westdeutschlands haben die Disparitäten jedoch sukzessive und seit Mitte der 1990er-Jahre sogar deutlich zugenommen (Abb. 22.4.3).

Konvergenz versus Divergenz regionalen Wachstums

Offensichtlich lässt sich keine natürliche Tendenz der Entwicklung regionaler Disparitäten feststellen. Während sich einige Wirtschaftsräume in historischen Phasen der Divergenz (z. B. Westdeutschland) befinden, nähern sich Regionen in anderen Wirtschaftsräumen oder auf anderen Maßstabsebenen einander an (z. B. Europäische Union). Entsprechend vielfältig und widersprüchlich sind die Erklärungsansätze regionaler Entwicklungstheorien: Konvergieren ungleiche Regionen langfristig auf das gleiche Entwicklungsniveau (Konvergenz) oder entfernen sich die Niveaus im Zeitverlauf immer weiter voneinander (Divergenz)? Regionale Disparitäten sind die Folge ungleichen regionalen Wachstums. Insofern widmen sich regionale Entwicklungstheorien der Frage, worin sich regionalwirtschaftliches Wachstum begründet und warum Regionen unterschiedliche Qualitäten und Quantitäten wirtschaftlicher Entwicklung erfahren.

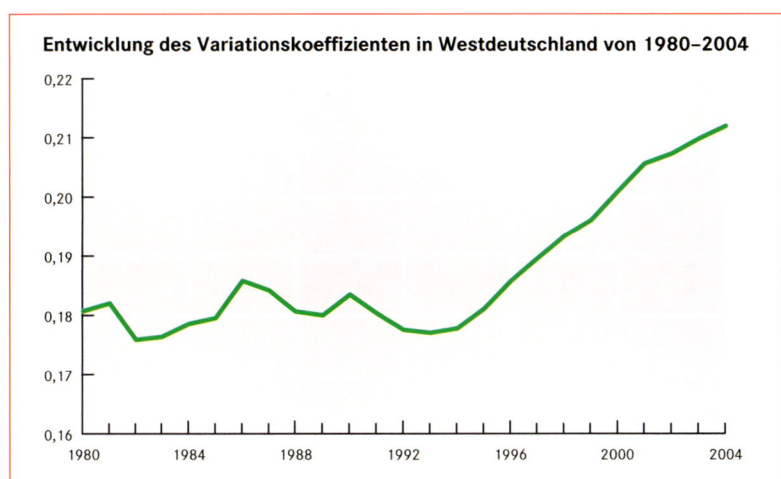

Abb. 22.4.3 Entwicklung der regionalen Disparitäten in Westdeutschland (Leßmann 2005).

Die **neoklassische Wachstumstheorie** geht in ihrem Grundmodell davon aus, dass wirtschaftliches Wachstum durch technischen Fortschritt und durch erhöhten Kapitaleinsatz aufgrund von Konsumverzicht angetrieben wird. Da der technische Wissensstand als exogen angenommen wird, konzentriert sich das Modell auf den steigenden Einsatz von Kapital in Form von Investitionen zur Erhöhung der Produktionskapazität. Aufgrund sinkender Grenzerträge findet das Modell seine Wachstumsgrenze in einem Gleichgewichtszustand, bei dem alle aus dem Überschuss zur Verfügung stehenden neuen Investitionen vollständig zum Ersatz abgeschriebenen Kapitals benötigt werden und folglich nicht zur weiteren Erhöhung der Kapazität ausreichen. Das Modell bleibt so lange im stabilen Gleichgewicht bis erneuter technischer Fortschritt die Produktionsfunktion selbst ändert und weiteres Wachstum ermöglicht. In geographischer Perspektive zeigt diese Wachstumstheorie, dass unter sehr homogenen Bedingungen anfängliche Entwicklungsungleichgewichte stets zum langfristigen Ausgleich tendieren und demnach eine

Konvergenz regionaler Disparitäten postulieren. Die Argumentation gründet entweder auf dem Ausgleich der unterschiedlichen Ausstattung mit Produktionsfaktoren durch Faktorwanderung (Arbeit und Kapital) oder im Falle immobiler Faktoren durch die Spezialisierung der Produktion und den interregionalen Handel mit den jeweils spezifischen Gütern (Maier et al. 2006). Der Ausgleichsmechanismus ist in beiden Fällen die Entschädigung der Faktoren nach ihrem Grenzprodukt. Arbeit wird je nach Arbeitsangebot zu einem bestimmten Lohnsatz und Kapital nach dem Zinssatz entschädigt. Je geringer das Kapitalangebot in einer Region, desto größer ist der Zinssatz und somit der Anreiz für Investoren einer Region mit hohem Kapitalangebot, das Kapital in die Region mit dem höheren Zinssatz zu transferieren bis sich die Zinssätze beider Regionen angleichen. In der Realität sind allerdings fast alle vereinfachenden Annahmen der Theorie verletzt: Vollständiger Wettbewerb, vollständige Information, nicht vorhandene Transaktionskosten (volle Mobilität von Gütern oder Faktoren), flexible Preise und konstante

Exkurs 22.4.2

Der Regulationsansatz

Der Regulationsansatz ist ein seit den 1970er-Jahren in Frankreich entwickelter Forschungsansatz, der versucht, Wirtschaft und Gesellschaft nicht nur aus sich heraus zu verstehen, sondern Produktions- und Konsumstrukturen in Verbindung mit gesellschaftlichem und staatlichem Handeln zu bringen. In der Regulationstheorie wird die langfristige wirtschaftlich-gesellschaftliche Entwicklung als eine nichtdeterministische Abfolge von stabilen Entwicklungsphasen (Formationen) und Entwicklungskrisen (Formationskrisen oder Krisen der Akkumulation) aufgefasst (Bathelt 1994). Regulationstheoretische Ansätze setzen sich also mit der Frage auseinander, wie regelhaft auftretende Krisensymptome in einer kapitalistischen Volkswirtschaft erklärt werden können, das heißt insbesondere mit dem Problem, wie und wann ein stabiler ökonomischer Zustand in einen krisenhaften übergeht und weshalb in spezifischen historischen Phasen solche Prozesse in unterschiedlichen Staaten signifikant verschieden ablaufen, räumlich variierende Verläufe nehmen.

Die Regulationstheorie untergliedert die wirtschaftlich-gesellschaftliche Struktur einer Volkswirtschaft in zwei Teilkomplexe, die sich wechselseitig beeinflussen: die Wachstumsstruktur (Akkumulationsregime) und den Koordinationsmechanismus (Regulationsweise). Die Wachstumsstruktur lässt sich aus dem Zusammenwirken von

Produktionsstruktur und Konsummuster ableiten (Abb. 1). Basistechnologien generieren eine Branchenstruktur, innerhalb der sich dominante Industriesektoren entwickeln. Dem steht ein Konsummuster mit einer nach Höhe und Zusammensetzung entsprechend differenzierten Nachfrage gegenüber. Es ist abhängig von der Einkommensverteilung, den kulturellen Traditionen und anderen gesellschaftlichen Präferenzen. Produktion und Konsum stehen über marktbedingte, aber auch über nicht marktbedingte Austauschprozesse miteinander in Beziehung. Der Koordinationsmechanismus umfasst Normen, Gesetze, Politiken, Machtverhältnisse, gesellschaftliche Steuerung und definiert somit den Handlungsrahmen, innerhalb dessen die Austauschprozesse zwischen Konsum und Produktion ablaufen. Marktprozesse finden nicht im luftleeren Raum statt, sondern werden in einer Gesellschaft „ausgehandelt". Oberste Institutionenebene ist in einer Volkswirtschaft in der Regel der Nationalstaat, der durch Gesetze und Politiken den prinzipiellen Handlungsrahmen festlegt, innerhalb dessen die Austauschprozesse zwischen Produktion und Konsum erfolgen. Insgesamt handelt es sich bei der Regulationstheorie nicht um einen eindeutigen Ansatz, sondern um eine ganze Reihe verschiedener Gedankenschulen zu Regulationsweisen des Akkumulationsregimes in fordistischer und postfordistischer Zeit.

Skalenerträge sind selten vorzufinden, sodass der interregionale Ausgleich keinesfalls natürlich und vollständig verlaufen könnte. An die Wirtschaftspolitik richtet sich daher vor allem die Erwartung, die realen Bedingungen den Annahmen des Modells anzunähern, zum Beispiel durch die Reduktion von Handelshemmnissen wie Zöllen oder Einfuhrverboten, Subventionen oder interregionalen Zugangsbeschränkungen am Arbeitsmarkt.

Die **Polarisationstheorie** stellt die entscheidende Gegenthese zur Gleichgewichtsannahme der Neoklassik dar und argumentiert aufgrund eines kumulativen Entwicklungsprozesses für eine natürliche Divergenz regionaler Disparitäten. Sie wurde empirisch auf verschiedene Maßstabsebenen übertragen und geht auf Gunnar Myrdal (1957) zurück, der das Auseinanderdriften der wirtschaftlichen Leistungsfähigkeit von Regionen als Folge von Entzugseffekten (*backwash effects* oder auch Sogeffekten) und von Ausbreitungseffekten (*spread effects*) beschrieb. Die Agglomerationsvorteile des Zentrums locken zusätzliche Investoren an, während die Peripherie noch weiter an endogenem Potenzial verliert. Aufgrund

der bestehenden Ungleichgewichte in der Ausstattung mit Produktionsfaktoren wird beispielsweise eine Arbeitskräftewanderung initiiert. Die Wanderung erfolgt in ökonomisch attraktive Gebiete und entzieht aufgrund ihres selektiven Charakters den Abwanderungsregionen Humankapital. Die Möglichkeiten von internen und externen Ersparnissen in den Unternehmen der Zentren, auch aufgrund der Zuwanderung qualifizierter Arbeitskräfte, schaffen einen Wettbewerbsvorsprung. Dies führt in weiterer Folge dazu, dass die Peripherie von Produkten des Zentrums überflutet wird, welche sie selbst nicht oder zu nicht konkurrenzfähigen Preisen herstellt. Trifft Letzteres zu, so werden in der Peripherie ansässige Unternehmen langfristig zurückgedrängt und die Abhängigkeit vom Zentrum verstärkt. Antagonistisch zu diesem Prozess können *spread effects* die Ausbreitung von Wissen oder technischen Standards vom Zentrum in die Peripherie, aber auch die gesteigerte Nachfrage des Zentrums nach Produkten oder Dienstleistungen (z. B. Fremdenverkehr) der Peripherie bedeuten. In der Regel überwiegen aber nach Myrdal die Ent-

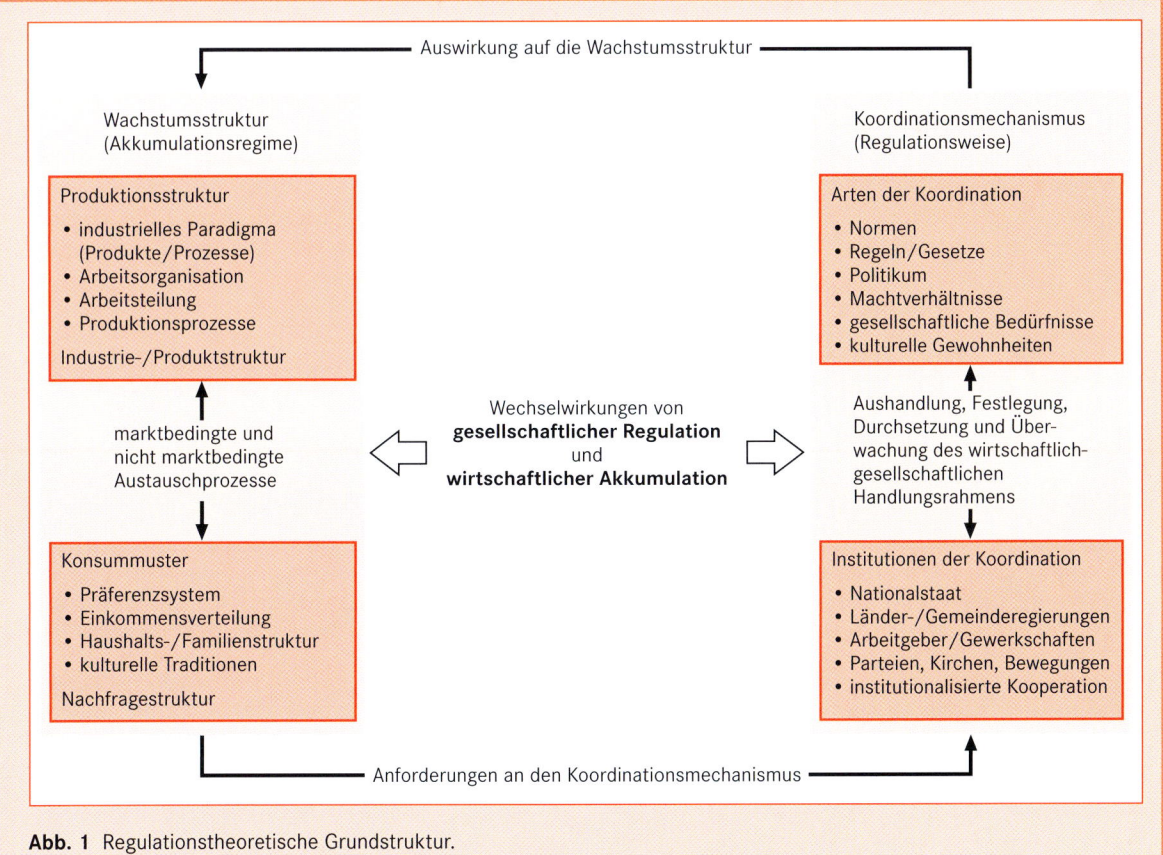

Abb. 1 Regulationstheoretische Grundstruktur.

zugseffekte und übertreffen die Ausbreitungseffekte hinsichtlich ihrer Wirkung auf die regionale Entwicklung. Werden also dem freien Spiel der Marktkräfte keine Eingriffe des Staates entgegengesetzt, so führt die Polarisation zu einer ungleichen räumlichen Verteilung von wirtschaftlichen Aktivitäten, wobei die Möglichkeiten der Arbeitsteilung diese räumliche Entmischung von Funktionen fördern. Der wohl prominenteste polarisationstheoretische Ansatz ist das Zentrum-Peripherie-Modell. Aufgrund der kumulativen, verstärkenden Entwicklung stellt die Polarisationstheorie mit dem Konzept der **Wachstumspole** andere Ansprüche an die Wirtschaftspolitik. Anstelle der reinen Absicherung möglichst liberaler und unregulierter Märkte fordert das Konzept der Wachstumspole eine aktive Rolle des Staates in der Entwicklung schwacher oder peripherer Regionen. Im regionalpolitischen Sinne sind Wachstumspole ein Instrument der Industrieansiedlungspolitik. An eigens dafür ausgewiesenen Orten sollen Industriebetriebe angesiedelt werden, die durch die gezahlten Gehälter Einkommen in der Region schaffen, das weiteres wirtschaftliches Wachstum erzeugen soll. Diese Idee findet sich zum Beispiel im Konzept der dezentralen Konzentration wieder, wie es 1975 im Bundesraumordnungsprogramm formuliert wurde. Auch die Regionalpolitik, wie sie im Rahmen der **Gemeinschaftsaufgabe zur Verbesserung der regionalen Wirtschaftsstruktur** auch heute noch betrieben wird, fußt auf dieser Idee.

Trotz beobachtbarer Polarisationsmechanismen laufen Polarisationsprozesse nicht endlos ab. Warum beispielsweise hat England als Pionier und Wachstumspol der Industrialisierung im 18. Jahrhundert seine wirtschaftliche Vormachtstellung an die Vereinigten Staaten

spätestens im 20. Jahrhundert verloren? Die langfristige historische Betrachtung, die Eingang in die **Theorie der langen Wellen** fand, belegt eine unregelmäßige Abfolge von Wachstums- und Krisenphasen, in denen zumeist neue geographische Regionen zu Pionieren neuer Wachstumsphasen heranreifen und alte Zentren an Dominanz verlieren – ein Prozess, der in der Polarisationstheorie als *polarisation reversal* bezeichnet wird. Weder die neoklassische noch die Polarisationstheorie können Entwicklungen langfristig vorhersagen. Der Schlüssel zum Problem regional ungleichen Wachstums ist daher viel stärker in dem permanenten Entstehen von Innovationen und deren Kompatibilität mit dem gesellschaftlichen und institutionellen Wandel zu sehen, wie dies zum Beispiel im **Regulationsansatz** konzipiert wird (Exkurs 22.4.2). Die Bedeutung sozialer Institutionen für die Prosperität einer Volkswirtschaft wird eindrucksvoll durch das Problem des sogenannten **Ressourcenfluchs** belegt. Denn wenn der Reichtum an natürlichen Ressourcen das Wachstum eines Landes eher behindert als fördert, so verweist dies auf die gravierenden Mängel der Institutionalisierung von Fragen der Haftung, Zurechenbarkeit, Verfügungsrechte, Erwartungssicherheit und Gleichbehandlung unternehmerischen Handelns (Exkurs 22.4.3).

Regionales Wachstum und Innovation

Während regionales Wachstum durch erhöhten Faktoreinsatz (neoklassisches Modell) stets nur bis zum stabi-

Exkurs 22.4.3

Der Ressourcenfluch und gute Institutionen: Botswana

Der Ressourcenfluch bezeichnet das scheinbar paradoxe Scheitern ressourcenreicher Länder, aus ihrer günstigen natürlichen Ausstattung wirtschaftliche Vorteile zu erzielen. Mit zunehmendem Ressourcenreichtum reduziert sich statistisch die durchschnittliche Wachstumsrate eines Staates. Allerdings ist der Fluch keineswegs Schicksal. Jüngere empirische Studien argumentieren, dass gut funktionierende Institutionen Ressourcenreichtum auch in wirtschaftliche Wohlfahrt übertragen können (Sachs & Warner 2001). Aus der Menge gescheiterter Staaten, die häufig unter autokratischen Regimen, korrupten Bürokratien und unverlässlichen

Gerichtsbarkeiten leiden, tritt Botswana als hoffnungsvolles und erfolgreiches Beispiel hervor: Wenngleich Botswana 40 Prozent des BIP aus dem Handel mit Diamanten erwirtschaftet, hat das Land seit 1965 weltweit die höchste Wachstumsrate erfahren. Einer der Erklärungsansätze für diese positive Entwicklung und gleichzeitige Verletzung der These des Ressourcenfluchs besteht in der Bildung und Wahrung leistungsfähiger Institutionen (Acemoglu et al. 2002). Botswana erzielte die beste Bewertung aller afrikanischen Länder in dem *Groningen Corruption Perception Index* (Mehlum et al. 2006).

len Gleichgewicht möglich ist, sind es Innovationen, die über das langfristige Wachstum entscheiden. Im Unterschied zu einer Erfindung, die die Schöpfung bzw. das erstmalige Auftreten einer Neuerung bezeichnet, bezieht sich der Begriff der Innovation auf die wirtschaftliche Nutzung und die kommerzielle Verbreitung einer Erfindung. Eine **Innovation** ist demnach die erste erfolgreiche kommerzielle Transaktion (Akrich et al. 2002) bzw. die Markteinführung einer Neuerung, die gemäß dem Oslo-Handbuch der OECD ein neues Produkt, ein neues Verfahren oder eine neue Organisations- und Marketinglösung sein kann (OECD 2005). Wie laufen Innovationsprozesse ab? Das **lineare Modell des technologischen Wandels** unterscheidet verschiedene Arten von Forschung und Entwicklung:

- Die Grundlagen- bzw. Basisforschung ist langfristig orientiert und versucht, neue wissenschaftlich-technische Erkenntnisse zu entwickeln. Sie ist vor allem in Universitäten und staatlichen Forschungslabors konzentriert, wobei es eher selten zu regionalen Verflechtungen mit der Industrie kommt. Demgegenüber besteht das Ziel der angewandten Forschung darin, neue wissenschaftlich-technische Erkenntnisse kommerziell zu verwerten und in Produkt- und Prozessinnovationen umzusetzen. Die angewandte Forschung ist stärker als die Grundlagenforschung auch in industriellen Forschungsabteilungen angesiedelt.

- Die Produkt- und Prozessentwicklung kennzeichnet die letzten beiden Schritte, die notwendig sind, um den kommerziellen Erfolg einer Erfindung zu ermöglichen. Entwicklungsaktivitäten konzentrieren sich auf den Bereich der verarbeitenden Industrie und hier vor allem auf große Unternehmen. In der Entwicklungsphase werden Prototypen an Marktbedürfnisse angepasst, neue Produkte perfektioniert und

Prozessinventionen in den Produktionsprozess eingepasst.

Ein Problem des linearen Modells ist die Ausklammerung von Lernprozessen und somit von kommunikativen *feedbacks* zwischen Produktion und Forschung, die eine schrittweise Produkt- und Prozessverbesserung ermöglichen. Das **interaktive Modell des technologischen Wandels** (Abb. 22.4.4) entwirft ein stärker an den Kommunikationsflüssen orientiertes Bild des Innovationsprozesses und integriert vielfältige Feedbackschleifen von Lernprozessen (Bathelt & Glückler 2011b).

Ein wichtiger Mechanismus des Innovationsprozesses ist die **Gründung neuer Unternehmen**. Phasen tiefgreifenden technologischen Wandels werden begleitet von dem „scharenweisen Auftreten neuer Unternehmer". Von Joseph Schumpeter rührt die Auffassung des Unternehmers als einer Person, die neue Kombinationen von Wissen, Technologie und Organisationsstrukturen gegen alte am Markt durchsetzen kann. Die Innovation gleicht einem Prozess schöpferischer Zerstörung, durch den überkommene Praktiken und Lösungen zugunsten neuer aus dem Markt verdrängt werden. Viele andere Ansätze wie zum Beispiel die Organisationsökologie gehen ebenfalls davon aus, dass es innerhalb der bestehenden Strukturen großer Unternehmen viel schwerer ist, die Suche nach Neuerungen gegen bestehende Normen und Routinen durchzusetzen. In Deutschland folgt das Gründungsgeschehen dem allgemeinen Muster regionaler Disparitäten entlang eines Süd-Nord- sowie ein West-Ost-Gefälles. Die Gründungstätigkeit konzentriert sich ferner auf die großen Ballungsräume und Metropolregionen (Abb. 22.4.5). Im internationalen Vergleich sind die Gründungsaktivitäten in Deutschland eher gering einzuschätzen (Brixy et

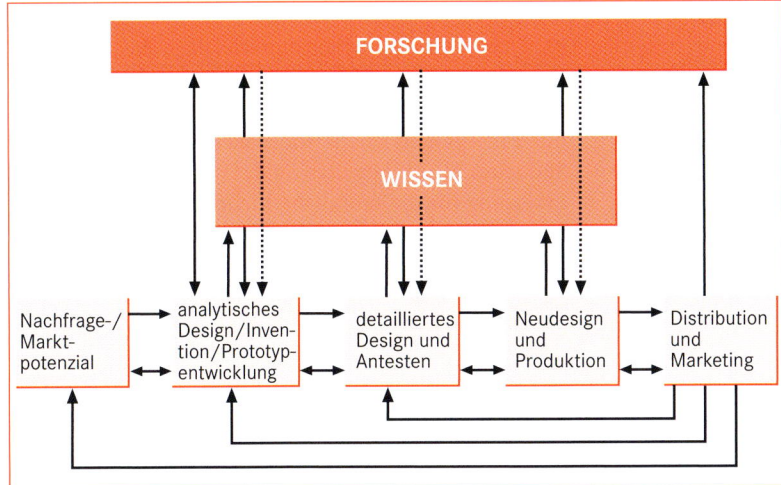

Abb. 22.4.4 Das interaktive Modell technologischen Wandels (Bathelt & Glückler 2011b).

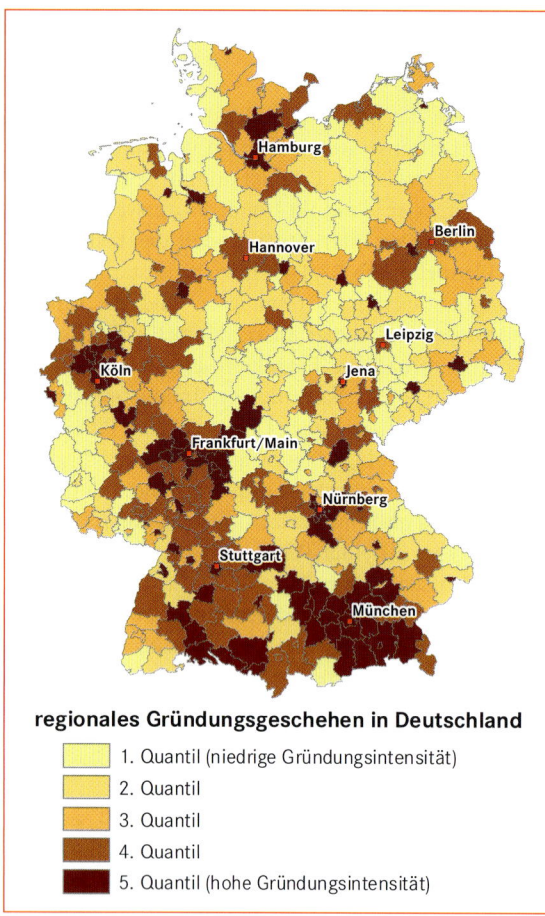

regionales Gründungsgeschehen in Deutschland

1. Quantil (niedrige Gründungsintensität)
2. Quantil
3. Quantil
4. Quantil
5. Quantil (hohe Gründungsintensität)

Abb. 22.4.5 Gründungsintensitäten (Anzahl der Unternehmensgründungen je 10 000 Erwerbsfähige) in der Hochtechnologie in deutschen Kreisen und kreisfreien Städten 2005 (Gottschalk et al. 2007).

al. 2009): Erstens gründen in Deutschland weniger Unternehmer und zweitens ist das Motiv der Existenzsicherung mangels alternativer Beschäftigung in Deutschland wichtiger als in anderen Ländern, in denen das Motiv der Selbstverwirklichung deutlich dominanter ist. Zur Stärkung der Innovativität setzte die Regionalpolitik im Zeichen einer **endogenen Entwicklungsstrategie** in Deutschland ab den 1980er-Jahren das Instrument der Technologie- und Gründerzentren ein, um werdenden Unternehmern die Gründung zu erleichtern und qualifizierte Arbeitsplätze zu schaffen. **Technologie- und Gründerzentren** bezeichnen eine Standortgemeinschaft von relativ jungen und zumeist neu gegründeten Unternehmen, deren betriebliche Tätigkeit vorwiegend in der Entwicklung, Produktion und Vermarktung technologisch neuer Produkte, Dienstleistungen und Verfahren liegt und die im Technologiepark auf ein mehr

oder weniger umfangreiches Angebot an Gemeinschaftseinrichtungen und Beratungsdienste zurückgreifen können (Sternberg 1988). Die Skala reicht dabei vom einfachen Gewerbehof über das Technologie- oder Gründerzentrum bis hin zum Forschungs- oder Wissenschaftspark (*science park*; Abb. 22.4.6). Das Gründungsgeschehen gilt zwar als möglicher Treiber der Innovativität einer Region, allerdings können empirische Arbeiten den Zusammenhang hoher **Gründungsintensität** und wirtschaftlichen Wachstums nur bedingt unterstützen, denn die Wirkungen einer Gründung sind oft indirekt und langfristig.

Innovation findet nicht nur innerhalb bestehender Unternehmen oder durch Ausgründung neuer Unternehmen statt, sondern vor allem in der Kommunikation und Zusammenarbeit zwischen Unternehmen. In den letzten drei Jahrzehnten haben Unternehmen infolge vertikaler Desintegration, flexibler Spezialisierung und erhöhten Innovationsdrucks zunehmend Kooperationsbeziehungen mit anderen Unternehmen aufgebaut, um Ressourcen außerhalb des eigenen Unternehmens zu erschließen und somit die eigene Wettbewerbsfähigkeit zu sichern oder zu steigern. Spätestens seit den 1990er-Jahren richtet sich die Forschungsaufmerksamkeit daher auf Formen der interorganisatorischen Zusammenarbeit wie zum Beispiel strategische Allianzen in der Forschungskooperation. Die wirtschaftsgeographische Wissensforschung hat sich hierbei der Bildung, Aneignung und dem Austausch von **Wissen** zugewandt (Bathelt & Glückler 2011a, Meusburger 2008). Denn empirisch zeigt sich immer wieder, wie wenig räumlich mobil innovatives Wissen tatsächlich ist und wie sehr der Innovationsprozess in einem bestimmten Technologiefeld regional „klebrig" ist. Ein messbares Ergebnis von Innovation ist die Anmeldung von Patenten. Eine Analyse der Patentanmeldungen in der Hochtechnologie zeigt, wie stark Innovationsprozesse regional konzentriert sind. Mehr als ein Viertel aller **Patente** in der Europäischen Union wurde in nur vier Regionen, darunter Oberbayern, entwickelt. Etwa die Hälfte aller Hochtechnologiepatente wurde von Erfindern angemeldet, die in nur 14 Regionen leben, wobei allein fünf Regionen aus Süddeutschland beteiligt sind (Eurostat 2008). Eine Erklärung für die räumliche Klebrigkeit dieser Innovation ist die besondere Qualität impliziten Wissens. Im Unterschied zu kodifiziertem Wissen (z. B. Baupläne, Bücher, Formeln etc.) ist **implizites Wissen** an Personen gebunden und konstituiert sich aus der eigenen Interpretation von Informationen, persönlicher Erfahrung und erworbenen Fähigkeiten. Damit ist implizites Wissen nicht einfach transferierbar wie etwa ein Handbuch, sondern kann nur in interpersoneller Kommunikation übersetzt und reinterpretiert werden (Amin & Cohen-

Abb. 22.4.6 Die sogenannte „Wissenschaftsstadt Ulm" entstand seit Mitte der 1980er-Jahre in enger Verbindung mit Betriebsstätten des Daimler-Chrysler-Konzerns, der Universität Ulm und einem von der Stadt eingerichteten *Science Park*. Das Bild oben zeigt die Forschungsstätten von Daimler-Chrysler, die untere Abbildung die neu errichteten ingenieurwissenschaftlichen Fachbereiche der Universität Ulm (Fotos: H. Gebhardt).

det 2004). Die Voraussetzung der interpersonellen Kommunikation schränkt Lernprozesse häufig – nicht notwendigerweise – auf geographische Nähe ein, die wiederholte und spontane Treffen und gegenseitiges Nachahmen leichter ermöglicht als über große Entfernung. Dieser Vorteil geographischer Wissens-Spill-over begründet die Annahme erhöhter Wettbewerbsfähigkeit regionaler Cluster, wie zuvor in der wissensbasierten Clustertheorie dargestellt (Kapitel 22.3).

Auch die **endogene Wachstumstheorie** (Romer 1990) geht davon aus, dass Wissen nicht nur in der Form handelbarer Güter produziert wird, sondern als Externalität außerhalb des Marktprozesses überschwappen kann. Ziel der Theorie ist es, den Innovationsprozess als ursächlichen Treiber wirtschaftlicher Entwicklung zum integralen Bestandteil des Wachstumsmodells zu erheben. Der Forschungssektor einer Volkswirtschaft setzt das bestehende Humankapital bzw. das Wissen qualifi-

zierter Arbeitskräfte ein, um Innovationen zu entwickeln, die in Form von Patenten an Produzenten verkauft oder lizensiert werden. Zusätzlich zu den Erlösen aus dem Patenthandel erhöht sich gleichzeitig die Qualität des Humankapitals, da die Wissenschaftler mit der Patententwicklung ihre eigenen Forschungskenntnisse weiterentwickeln und ihr Ausgangsniveau für zukünftige Forschungen erhöhen. Darüber hinaus schwappt ein Teil des Wissens über und ist auch für unbeteiligte Wissenschaftler verfügbar, sodass der Wissensgewinn eines Forschungsprojekts einem großen Teil des Forschungssektors zur Verfügung steht. In jeder Runde erhöht sich somit die Produktivität aller weiteren Forschungsaktivitäten, sodass der Wachstumsprozess nicht zum Stillstand kommt. Wurde die endogene Wachstumstheorie zunächst ohne expliziten geographischen Bezug formuliert, so zeigt sich aufgrund der räumlichen Begrenzung der Wissens-Spill-over, dass innovations-

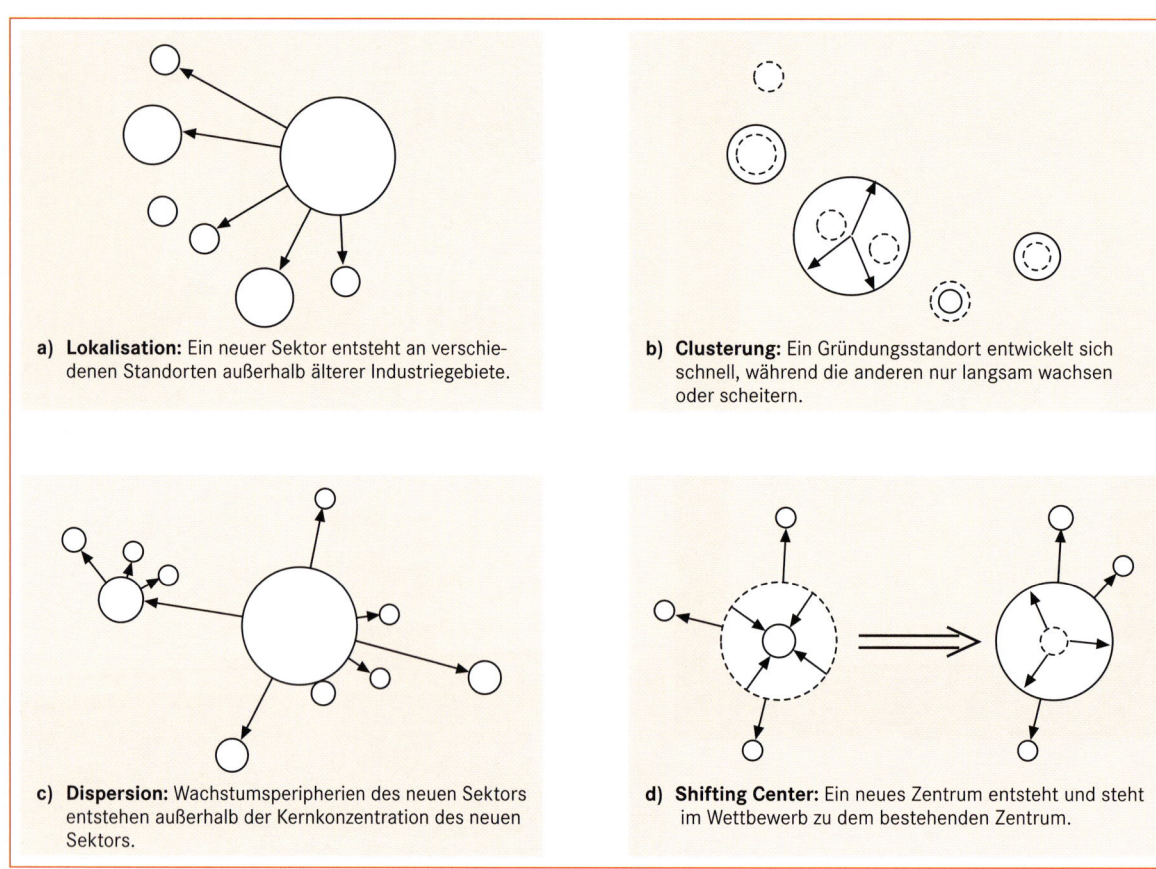

a) **Lokalisation:** Ein neuer Sektor entsteht an verschiedenen Standorten außerhalb älterer Industriegebiete.

b) **Clusterung:** Ein Gründungsstandort entwickelt sich schnell, während die anderen nur langsam wachsen oder scheitern.

c) **Dispersion:** Wachstumsperipherien des neuen Sektors entstehen außerhalb der Kernkonzentration des neuen Sektors.

d) **Shifting Center:** Ein neues Zentrum entsteht und steht im Wettbewerb zu dem bestehenden Zentrum.

Abb. 22.4.7 Raumwirksame Effekte industrieller Entwicklungspfade (Bathelt & Glückler 2011b).

basiertes Wachstum regional unterschiedlich zu erwarten ist.

Das **Modell geographischer Industrialisierung** (Storper & Walker 1989) stellt den Bezug der geographischen Innovationsforschung zur Frage ungleichen regionalen Wachstums her und folgt hierbei einer evolutionären Perspektive. Entgegen der traditionellen Standortlehre, in der die Standortfaktoren über die Ansiedlung der Unternehmen entscheiden, geht das Modell davon aus, dass innovative Unternehmen ihr Umfeld selbst gestalten und die für ihre Entwicklung notwendigen Ressourcen erst schaffen. Diese Auffassung begründet sich in der Beobachtung, dass neue Industrien und Technologien oftmals an Standorten entstehen, die bislang nur schwach industrialisiert sind, und weder über die für die neue Branche qualifizierten Arbeitskräfte noch die infrastrukturellen Voraussetzungen verfügen (Abb. 22.4.7). Innovative Unternehmen genießen daher eine hohe Wahlfreiheit, weil sie in dieser Lokalisationsphase noch keine klaren Anforderungen an Standorte stellen bzw. aufgrund der Neuartigkeit der

Technologie noch keine geeigneten Infrastrukturen und Wertschöpfungspartner finden. Zulieferungen müssen ohnehin mit vorhandenen Betrieben gedeckt werden, die sich erst an neue Anforderungen anpassen. Die Absatzmärkte sind in dieser Phase noch nicht vorhanden oder unbekannt. Hohe Gewinne in dieser Phase erlauben auch die Beschaffung von Kompetenzen und Vorprodukten von weit her, während in anderen Bereichen eine Vernetzung in der Region stattfindet. Allerdings sind die Chancen der Regionen aufgrund unterschiedlicher Ausstattungen und Potenziale für eine solche Entwicklung durchaus unterschiedlich. In den weiteren Phasen des Entwicklungspfads setzt sich ein neuer Gründungsstandort durch dynamische Agglomerationsvorteile durch und entwickelt sich zu einem Cluster. Mit zunehmender Reife erwachsen aus dem Cluster Wachstumsperipherien in funktionaler Beziehung und im weiteren Verlauf kann der Entwicklungspfad durch eine Verlagerung des Clusters in eine andere Region gebrochen werden. Neue Unternehmen siedeln sich wie anfangs zumeist außerhalb der alten Standorte

Abb. 22.4.8 Dubai, das Wirtschaftszentrum am Persischen Golf, hat eine rasante Entwicklung vom Erdölstaat über eine internationale Tourismusdestination hin zu einem Finanz- und Dienstleistungszentrum durchlaufen. Inzwischen werden am Stadtrand neue flächengreifende Areale für die Ansiedlung von Büros, Shopping Malls und anderen Infrastruktureinrichtungen erschlossen (a). Große Ölkraftwerke und Meerwasserentsalzungsanlagen produzieren die notwendige Energie (b). Immer mehr Werke internationaler Hightech-Branchen siedeln sich an (c; Fotos: H. Gebhardt). ▶

an, da die institutionellen Voraussetzungen oft nicht günstig und teilweise auf die Verhinderung neuer Unternehmen ausgerichtet sind. Damit leistet das Konzept einen wichtigen Beitrag zum Verständnis der geographischen Veränderlichkeit von Wachstumszentren. Innovative Industrien können sich unter den Bedingungen marktwirtschaftlicher Wirtschaftsordnungen das benötigte regionale Umfeld selbst schaffen und somit neue geographische Zentren bilden, die zur Unterbrechung interregionaler Disparitäten beitragen können (Abb. 22.4.8)

Regionales Wachstum in der Europäischen Union

Empirisch sind die von den einzelnen Theorieansätzen postulierten Einflüsse nicht immer zu trennen. Stattdessen zeigt sich am Beispiel der Entwicklung der europäischen Binnenwirtschaft eine Mischung aus den genannten Ansätzen. Die Forschungsarbeiten der Europäischen Kommission belegen unter vielen möglichen Faktoren vier besonders einflussreiche Bedingungen für regionales Wachstum (European Commission 2010): das **Humankapital** (Anteil der Erwerbspersonen mit Hochschulabschluss) als Ausdruck der Menge hoch qualifizierter Arbeitskräfte; der **Kapitalstock** einer Region als Ausdruck der vorhandenen Produktionskapazität und der Fähigkeit, durch neue Technologie Produktivitätsfortschritte zu erzielen; eine **niedrige Arbeitslosenquote** als Ausdruck effektiver und flexibler Arbeitsmärkte sowie die **geographische Nachbarschaft zu prosperierenden Regionen**. In der Europäischen Union geht das Wachstum des BIP pro Einwohner zu 80 Prozent auf Produktivitätsgewinne und somit Innovation in Technologien, Produkten und neuen Managementlösungen zurück. Gerade aber die Innovationsfähigkeit einer Wirtschaft hängt von dem Bildungsniveau und auch dem Unternehmergeist ab.

22.5 Geographie wirtschaftlicher Globalisierung

Die arbeitsteilige Herstellung von Waren und Dienstleistungen stellt sich in geographischer Perspektive als **räumliche Arbeitsteilung** dar. Der geographische Transfer von Produktionsfaktoren und Gütern ist allerdings mit gewissen Kosten verbunden. Jedoch haben in den letzten Jahrzehnten technologische Neuerungen und ein institutioneller Wandel sowohl zur globalen Verbreitung von Ressourcen, Gütern, Wissen, Konsumpräferenzen und kulturellen Einstellungen als auch zu deren Pluralisierung an einem einzigen Ort beigetragen. Entscheidend für die Art und Organisation der Austauschprozesse sind die Transaktionskosten. Während niedrige Transportkosten die Produktionsorganisation eines Gutes an unterschiedlichen Orten der Welt prinzipiell erleichtern, kann ihr der Transaktionsaufwand durch Koordination oder Qualitätssicherung der globalen Organisation durchaus entgegenstehen. Der grenzüberschreitende wirtschaftliche Austausch umfasst vielfältige Ströme von Rohstoffen, Zwischengütern, Endprodukten, Kapital, Arbeitskräften, Technologien, Nutzungsrechten, Ideen und Wissen. Die Vielfalt dieses internationalen Verkehrs wird in der Statistik unterschiedlich präzise erfasst (Tabelle 22.5.1).

Es zeigt sich ein Trend zu einer Intensivierung und steigenden Komplexität weltumspannender Beziehungen (Abb. 22.5.1). Seit 1970 wächst der Export kontinuierlich stärker an als die Produktion von Gütern, das heißt, Produkte werden immer weniger dort konsumiert, wo sie hergestellt werden. Noch eklatanter ist der Anstieg der internationalen Direktinvestitionen seit den 1990er-Jahren verlaufen. Ihr rasanter Anstieg dokumentiert die Intensivierung der Auslandsaktivitäten international operierender Unternehmen und ist somit ein

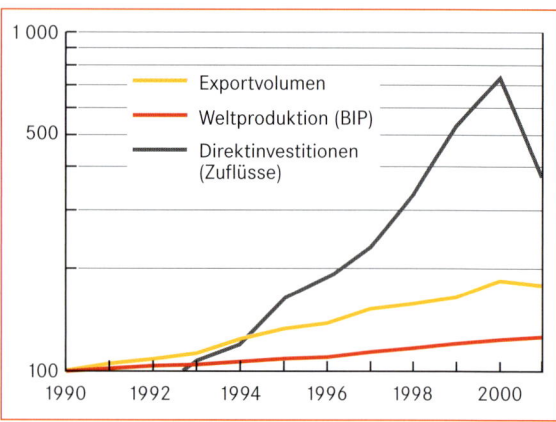

Abb. 22.5.1 Entwicklung der globalen wirtschaftlichen Verflechtung (Stiftung Entwicklung und Frieden 2003).

Ausdruck nicht nur des internationalen Warentauschs, sondern vor allem der weltweiten Arbeitsteilung in der Herstellung von Gütern. Auch in der Struktur des Güterhandels bildet sich diese Transnationalisierung der Wertschöpfung ab: Während traditionell der Handel mit Rohstoffen und Endprodukten vorherrschte, werden heute immer mehr Zwischenprodukte einzelner Wertschöpfungsstufen in andere Länder exportiert und dort weiterverarbeitet. Das Wachstum des Handelsvolumens für Zwischenprodukte ist ein Indiz für die zunehmende internationale Organisation von Wertschöpfungsketten.

Allerdings führt diese Entwicklung nicht zu einer gleichförmigen globalen Vernetzung, sondern stellt sich in geographischer Perspektive eher als **Triadisierung der Weltwirtschaft** dar. Der Außenhandel der drei großen Industrieregionen Europa, Nordamerika und Asien hat sich seit den 1960er-Jahren immer mehr auf den jeweils eigenen Wirtschaftsblock verstärkt, während sich der Anteil des Gesamthandelsaufkommens mit weniger

Tabelle 22.5.1 Dimensionen des internationalen wirtschaftlichen Austauschs.

Außenhandel	• intersektoraler vs. intrasektoraler Handel von Waren und Diensten • Endprodukte vs. intermediäre Güter • Handel innerhalb bzw. zwischen Unternehmen

Kapital	• ausländische Direktinvestitionen (mind. 10% Kapitalbeteiligung)
	   - *greenfield* (Investition in eigene Unternehmensteile)
	   - *brownfield* (Beteiligung, Fusion oder Übernahme fremder Unternehmen)
	• ausländische Portfolioinvestitionen (<10% Kapitalbeteiligung)

Technologie und Wissen	• internationale Forschungs- und Entwicklungsaktivitäten (F&E) • Transfer von Technologien (Lizenzierung, Patentierung) • Transfer von Designs, Marken (Verkauf, Lizenzierung, *franchising*)
Humankapital	• *expatriates* (Migration von hoch Qualifizierten) • *global staffing* (Einsatz von Arbeitskräften in globalen Projekten)

entwickelten Weltregionen wie Südamerika und Afrika verringerte (Abb. 22.5.2). Auch die ausländischen Direktinvestitionen und technologischen Verflechtungen konzentrieren sich auf diese Weltregionen. Umgekehrt bedeutet diese Triadisierung aber keineswegs, dass nicht auch die weniger entwickelten Länder eine veränderte Einbindung in die Weltwirtschaft erfahren. Im Vergleich zu früheren Epochen der Weltwirtschaft, die ebenfalls von einer starken Ausdehnung internationaler Handelsbeziehungen geprägt waren, zeichnet sich die heutige Phase der Globalisierung durch eine neue Qualität aus (Held et al. 1999). So nimmt einerseits die Komplexität der strategischen Entscheidungsspielräume für Unternehmen zu. Andererseits gewinnt die Ausdehnung eines globalen Wettbewerbs zwischen Unternehmen an Bedeutung, in dem nach wie vor auch Nationalstaaten eine zentrale gestalterische Rolle einnehmen.

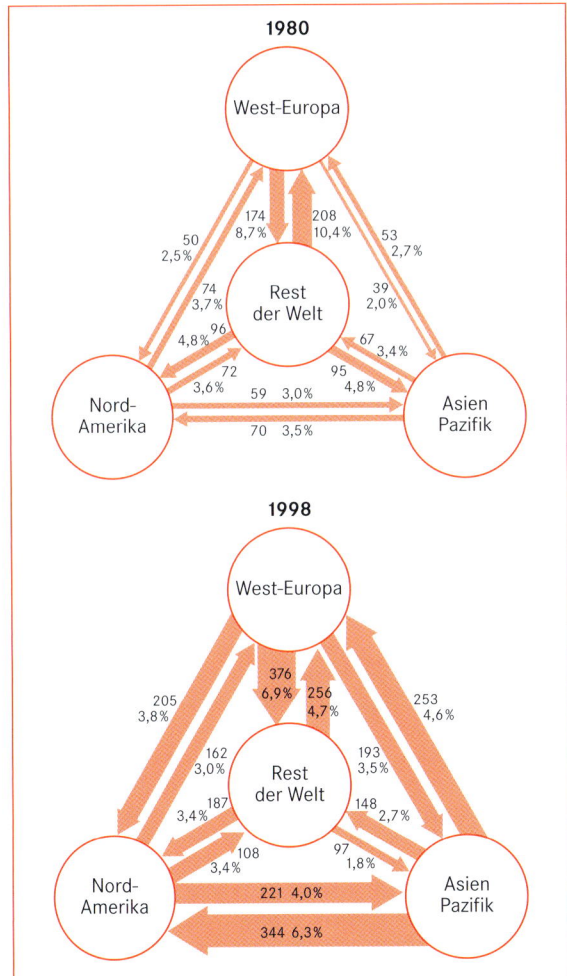

Abb. 22.5.2 Triadisierung der Handelsverflechtung 1980 und 1998 in Milliarden US-Dollar bzw. als Anteile am Weltexport in Prozent (Deutscher Bundestag 2002).

Das geographische Globalisierungsparadoxon

Welche geographischen Folgen bewirkt die Intensivierung globaler wirtschaftlicher Vernetzung? Müssten die globalen Austauschbeziehungen von Gütern, Arbeit und Kapital durch neue Kommunikationstechnologien und den Abbau von Handelshemmnissen nicht zu einer Beseitigung der regionalen ökonomischen Unterschiede führen? Zur Beantwortung der Frage dient ein Gedankenexperiment, das zwei Idealtypen der geographischen Organisation von Wirtschaft gegenüberstellt (Storper 1997). Der erste Typus ist die **lokalisierte Ökonomie**, in der die wichtigen Ressourcen und Faktoren der Produktion als an konkrete Standorte gebunden und nicht überall verfügbar gedacht sind. Traditionell handelt es sich hierbei um natürliche Ressourcen wie beispielsweise Lagerstätten von Edelmetallen oder fossilen Brennstoffen. Heute rücken vor allem in technologie- und designintensiven Wirtschaftszweigen soziale Ressourcen viel stärker in den Vordergrund. So sind spezifisches Erfahrungswissen, erlernte Fähigkeiten, Normen und Konventionen der Zusammenarbeit in bestimmten Bereichen nur sehr schwer zu transferieren. Standorte und Regionen wären demnach nicht substituierbar, sondern spezifisch und einzigartig. Der zweite Typus ist die **entankerte Ökonomie**. Ihr liegt die Annahme zugrunde, dass vollständige Mobilität und somit eine Ubiquität bzw. Allgegenwärtigkeit der Produktionsfaktoren herrsche. Diese sei eine Folge aus der Verbreitung moderner Kommunikations- und Transporttechnologien, der weltweiten Nutzung von Wissen und der Reduzierung von staatlichen und institutionellen Barrieren. Unternehmen wären nunmehr *footloose*, das heißt, sie hätten vollständige Wahlfreiheit in der Allokation ihrer Ressourcen und somit eine überlegene Position gegenüber Staat und Arbeitsmarkt in der Verhandlung von Produktionsbedingungen (Kapitel 22.2).

In der Verhandlung zwischen diesen gedanklichen Extremen definieren zwei Prozesse den Kern des Globalisierungsparadoxons. Der erste Prozess wird als **Ubiquitifizierung** bezeichnet (Maskell & Malmberg 1999). Durch die Senkung der Transaktionskosten zirkulieren und verbreiten sich Unternehmensressourcen theoretisch weltweit. Spezifische technologische Wissensvorsprünge eines Ortes werden verbreitet, sodass der Wissensvorsprung erlischt und der Standort seinen Wettbewerbsvorteil verliert. Dieser Prozess würde lokale Unterschiede verringern und Unternehmen zunehmend standortunabhängig werden lassen. Eine reibungslose Ökonomie ist allerdings utopisch. Denn die Bewegung von Gütern und Ressourcen ist immer noch mit Aufwand verbunden. Gerade die kritischen Größen des Wettbewerbs wie Wissen, Fähigkeiten und spezifische institutionelle Bedingungen können nicht ohne Weiteres transferiert werden. Hinzu kommen einerseits Verlagerungskosten und andererseits lokale externe Effekte, das heißt einzelbetriebliche Kostenvorteile infolge der lokalen Ballung einer großen Zahl von Unternehmen der gleichen Wertschöpfungskette. Diese Größenersparnisse schaffen an bestimmten Orten spezifische Standortvorteile, die einer Dekonzentration entgegenwirken. Das Paradoxon besteht aber darin, dass die Ubiquitifizierung zugleich einen zweiten Prozess der **Kontextualisierung** impliziert, der die Bildung neuer lokalisierter Ökonomien gerade fördert. Durch die Fülle und Vielfalt des verbreiteten Wissens entstehen neue Möglichkeiten ihrer Rekombination und somit zusätzliches Innovationspotenzial. Dieses Mehrangebot an verfügbarem Wissen kann durch spezifische Rekombination zur Entwicklung neuer Technologien genutzt und durch die Bildung spezifischer Fähigkeiten und Konventionen lokal verankert werden. Im Schutz spezifischer institutioneller Bedingungen und lokalisierter Fähigkeiten kann die Technologie reifen, bis es schließlich gelingt, sie erneut zu verbreiten: Der zirkuläre Prozess beginnt von Neuem.

Die globale Verflechtung wirtschaftlicher Beziehungen führt keineswegs zu einer globalen Homogenisierung der Standortbedeutung. Vielmehr verändert sich im Zuge weltweiter Austauschbeziehungen die geographische Dynamik des Wirtschaftens. Während sich etwa die Textilwirtschaft aufgrund von Standardisierungsprozessen, geringen Qualifikationsansprüchen, Niedriglohnarbeit sowie der Liberalisierung internationaler Märkte tendenziell entankert, festigen sich die regionalen Agglomerationen in anderen Wirtschaftszweigen, wie beispielsweise der Filmwirtschaft in Los Angeles oder der Computerindustrie im *Silicon Valley*, in ihrer globalen Bedeutung. Worin bestehen nun die transnationalen Austauschprozesse? Zur Beantwortung dieser Frage verdienen die eigentlichen Treiber der Globalisierung nähere Betrachtung: die transnationalen Unternehmen.

Transnationale Unternehmen

Transnationale Unternehmen sind wichtige Antriebskräfte des internationalen Waren-, Leistungs-, Kapital- und Wissenstransfers, der sowohl zur „Fernsteuerung" von Produktions- und Absatzbeziehungen in bestimmten Regionen als auch zur Kristallisierung globaler Vielfältigkeit in den großen Metropolen beiträgt. Ihre Anzahl ist von 7 000 im Jahr 1970 über 40 000 im Jahr 1995 auf mindestens 61 000 im Jahr 2004 angewachsen (Exkurs 22.5.1). Die 100 weltweit größten Unternehmen

Exkurs 22.5.1

Transnationale Unternehmen

Das transnationale Unternehmen bezeichnet einen spezifischen Typus der geographischen Unternehmensorganisation. Insgesamt werden je nach Komplexität der internationalen Organisation drei Typen unterschieden:

- Im **internationalen Unternehmen** ist die Produktionsorganisation national integriert. Alle Unternehmensfunktionen befinden sich im Heimatmarkt, von dem aus die fertigen Endprodukte auf internationale Märkte exportiert werden.
- Das **multinationale Unternehmen** weist eine internationale Produktionsorganisation auf, das heißt es unterhält eigene Produktionsstätten in zahlreichen Ländern. Die weltweiten Operationen werden hierarchisch vom Heimatstandort aus koordiniert.
- Beim **transnationalen Unternehmen im engeren** Sinne ist die internationale Organisation so weit entwickelt, dass selbst wichtige Kompetenzen und Koordinationsaufgaben dezentral gesteuert werden. Einzelne internationale Standorte erfüllen spezifische Aufgaben, die innerhalb dieses Kompetenzbereichs die weltweiten Aktivitäten des Gesamtunternehmens koordinieren.

In der Praxis ist diese Unterscheidung nur schwer messbar. Daher werden in der internationalen Statistik transnationale Unternehmen im weiteren Sinne als solche Unternehmen verstanden, die sich aus Muttergesellschaften und internationalen Tochterunternehmen zusammensetzen. Eine Gesellschaft gilt dann als international kontrolliert, wenn eine Muttergesellschaft in einem anderen Land mindestens 10 Prozent der Unternehmensanteile hält. Dazu würden folglich sogar internationale Unternehmen zählen, wenn sie in ihren Exportmärkten eigene Vertriebstöchter betreiben. Hier wird der Begriff im weiteren Sinne verwendet.

beschäftigen gemeinsam über 15,4 Millionen Menschen und mehr als die Hälfte davon außerhalb ihrer Heimatmärkte (UNCTAD 2010). Vergleicht man ihre Wertschöpfung mit der großer Volkswirtschaften, so entsteht ein Eindruck von der enormen ökonomischen Bedeutung transnational operierender Organisationen. Demnach sind 29 der 100 größten Ökonomien der Welt Unternehmen. Im Jahr 2000 rangierte *Exxon Mobilcom* als das Unternehmen mit der weltweit größten Wertschöpfung auf Platz 45 der 100 größten Ökonomien. Die Wirtschaftskraft des Konzerns übertrifft damit die Produktionstätigkeit ganzer Staaten wie zum Beispiel Pakistan, Neuseeland oder Tschechien (Abb. 22.5.3). Zwar dominieren Unternehmen aus der Triade die internationale Organisation der Produktion, allerdings wächst die Zahl der transnationalen Unternehmen in den weniger entwickelten Staaten stetig an. Im Vergleich mit den Unternehmen der Triade zeichnen sie sich sogar durch eine relativ größere Transnationalisierung aus, da sie im Verhältnis zu den Heimataktivitäten mehr Res-

sourcen in internationalen Märkten unterhalten. International tätige Unternehmen verfolgen unterschiedliche Ziele bei der Organisation ihrer Aktivitäten. Grundsätzlich dient die internationale Expansion der Erschließung neuer Märkte entweder zur Absatzerweiterung oder zur Verbesserung der Herstellung von Produkten. Eine Verbesserung der Produktion bezieht sich entweder auf eine Effizienzsteigerung durch Kostenersparnisse in bestimmten Unternehmensfunktionen oder aber auf eine Qualitätssteigerung durch die Erschließung wichtiger strategischer oder produktionsspezifischer Ressourcen.

Offshoring

Unternehmen wählen Standorte so aus, dass sie eine optimale Allokation ihrer Ressourcen erzielen. Wenn ein Unternehmen unterschiedliche Standortansprüche für verschiedene Funktionen hat, so kann es zur Senkung

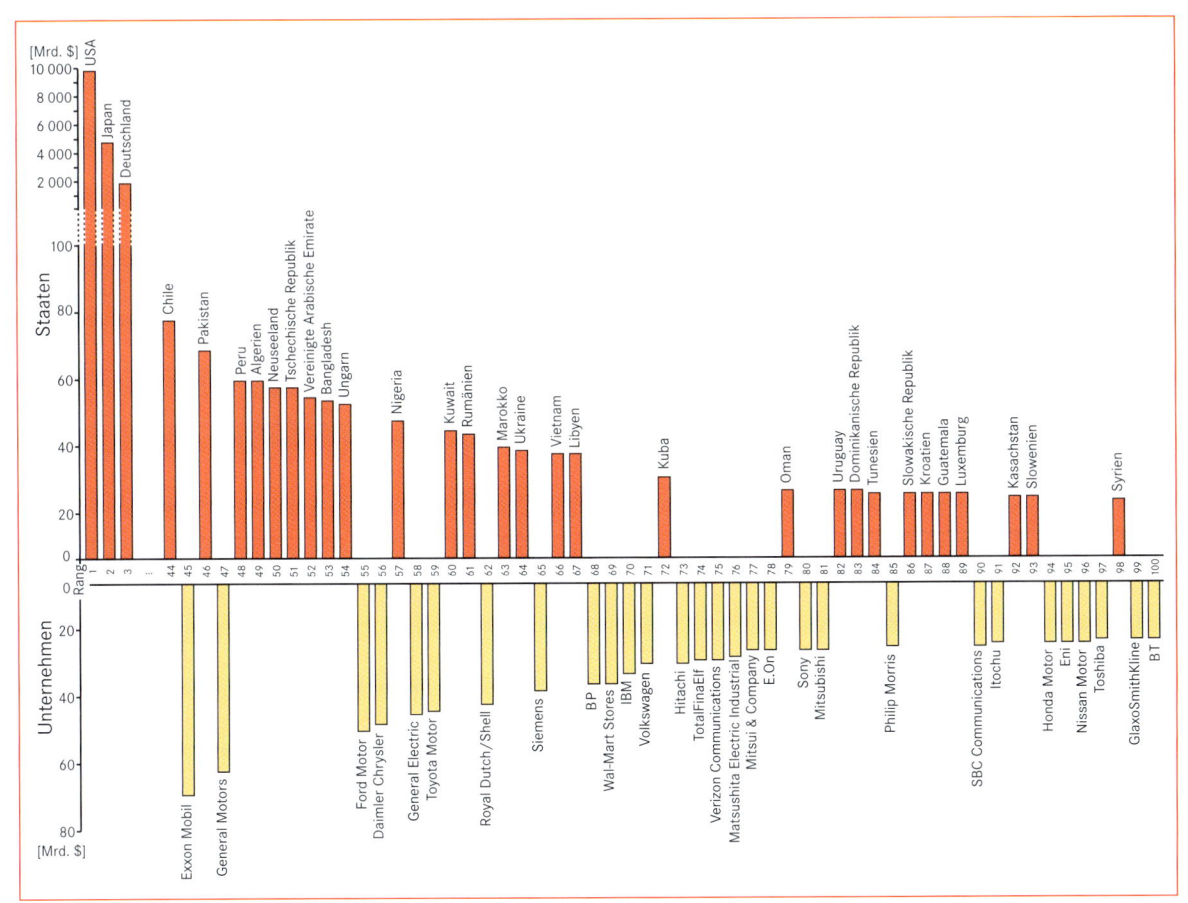

Abb. 22.5.3 Die 100 größten Ökonomien der Welt, gemessen nach der Wertschöpfung in Milliarden US-Dollar im Jahr 2000 (UNCTAD 2002).

der Kosten eine betriebliche **Standortteilung** vollziehen. Die Erforschung neuer Produkte stellt beispielsweise andere Ansprüche an die Qualifikation der Mitarbeiter als die Massenfertigung eines Produkts. Die Erleichterung des Zugangs zu internationalen Märkten eröffnet die Chance Standortalternativen weltweit abzuwägen. Zugleich zwingt der globale Wettbewerb Unternehmen gerade dazu Kosten zu minimieren. Eine Möglichkeit der Kostensenkung besteht in der organisatorischen oder technologischen Innovation von Produktionsverfahren, beispielsweise durch Automatisierung der Herstellung oder flexible Arbeitsorganisation. Unternehmen können diese Strategie der Kostensenkung grundsätzlich auch an Hochlohnstandorten der Industrienationen verfolgen.

Eine andere Strategie der Kosteneinsparung ist das *offshoring*. Es bezeichnet die Verlagerung von Wert-schöpfungsstufen oder unterstützenden Leistungen in ein anderes Land zur Ausnutzung absoluter Lohnkostenunterschiede. Gerade in Bereichen standardisierter Lohnarbeit nutzen transnationale Unternehmen sogenannte Niedriglohnländer, um große Teile der Produktfertigung auszulagern. Die internationale Arbeitsteilung kann hierbei sehr komplexe Formen annehmen, da die Fertigung nicht an einen einzigen Ort verlagert wird, sondern oft erfüllen viele verschiedene Standorte unterschiedliche Schritte in der Gesamtproduktion (Schamp 2000; Exkurs 22.5.2). Die internationale Verlagerung dieser Tätigkeiten kann durch Zulieferverträge mit lokalen Unternehmen als *outsourcing* organisiert sein oder innerhalb des transnationalen Unternehmens erfolgen *(captive offshoring)*. Durch die internationale Organisation der Produktion gewinnt auch der grenzüberschreitende Handel zwischen Einheiten des gleichen

Exkurs 22.5.2

Outsourcing der Produktion von Jeans

Das Wort Jeans leitet sich von dem französischen Namen der Stadt Genua ab (französisch Gênes), in der sich bereits im 16. Jahrhundert die Arbeitshosen der Seeleute als Vorläufer der Jeans verbreiteten. Die ersten Bluejeans gab es jedoch erst einige Jahrhunderte später. Der in Deutschland geborene Löb Strauss brachte nach seiner Auswanderung in die USA im Jahr 1853 die erste Jeans auf den Markt und erzielte damit großen Erfolg. Die Jeans wurde schnell zur Standardhose amerikanischer Farmer, Arbeiter und Goldgräber. Bereits um 1900 beherrschten Levi's, Wrangler und Lee den US-Jeans-Markt. Anfang der 1980er-Jahre begannen amerikanische Unternehmen damit, zunehmend Tätigkeiten im Niedriglohnbereich in andere Länder auszulagern. Das *outsourcing* diente als eine zentrale Strategie internationaler Produktionsorganisation zur Senkung von Arbeitskosten und Steigerung der Wettbewerbsstellung der Unternehmen. Von 1981 bis 1990 wurden 58 US-Betriebe stillgelegt und über 10 000 Arbeiter entlassen. Etwa die Hälfte der US-Produktion wurde ins Ausland verlegt. 1990 umfasste das Levi's-Imperium allein in Entwicklungs- und Schwellenländern bereits 600 Tochter- und Subunternehmen. Aufgrund der hohen Kosten werden heute gar keine Levi's-Jeans mehr in den USA genäht. Ende des Jahres 2003 schloss das Unternehmen dort die letzte Produktionsstätte. Heute beschäftigt Levi Strauss weltweit 11 000 Arbeitskräfte, von denen nur noch 1 000 in San Francisco, dem globalen Hauptsitz arbeiten. Die Jeans wird in über 100 Ländern verkauft. Der Umsatz von Levi Strauss lag im Jahr 2003 bei 4,1 Milliarden Dollar. Eine Jeans, die in Deutschland auf der Ladentheke liegt,

hat bereits 50 000 km auf dem Weg der Produktion hinter sich. So werden unterschiedliche Arbeitsschritte von der Ernte bis zur Endbearbeitung in vielen osteuropäischen und asiatischen Ländern erbracht, um trotz des hohen organisatorischen und logistischen Aufwands die Herstellungskosten möglichst niedrig zu halten.

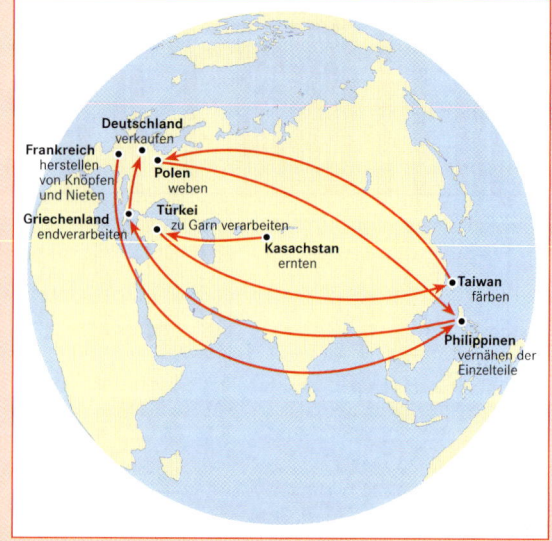

Abb. 1 Internationale Produktionskette einer Jeans.

Unternehmens an Bedeutung. Ein großer Teil des Außenhandelswachstums etwa von Mexiko in den 1990er-Jahren erklärt sich vor allem aus der Einbindung der *Maquiladora*-Industrie in die Produktionskette US-amerikanischer Unternehmen. *Maquiladoras* sind Lohnfertigungsbetriebe, in denen Einzelteile angeliefert, meist in Massenfertigung weiterverarbeitet und anschließend als Zwischen- oder Endprodukte wieder an das Auftragsunternehmen zurückgeliefert werden. Sie repräsentieren allein die Hälfte aller mexikanischen Ausfuhren, von denen insgesamt fast 90 Prozent in die USA gerichtet sind (Berndt 2004). Ein großer Teil dieses grenzüberschreitenden Handels erfolgt innerhalb transnationaler Unternehmen. Nach einer Schätzung der Vereinten Nationen beträgt der Anteil des unternehmensinternen Handels etwa ein Drittel des gesamten Welthandels.

Neben der Lohnarbeit in der verarbeitenden Industrie lagern Unternehmen zunehmend unterschiedlichste Dienstleistungen international aus: **back-office-Leistungen** wie beispielsweise Dateneingabe und -verwaltung, technischer Support, Callcenter, Telemarketing, Website-Gestaltung und vieles mehr (Exkurs 22.5.3). Trotz der zunächst ungleichen Einbindung in die Produktionskette ergeben sich auch Entwicklungschancen für weniger entwickelte Länder. Die Attraktion von *offshore*-Dienstleistungen ist eine neue Option für periphere und weniger entwickelte Standorte, um sich in globale Wertschöpfungszusammenhänge zu integrieren und durch Wissensakkumulation und Höherqualifizierung zu entwickeln (Exkurs 22.5.4). Allerdings ist das *service offshoring* für Zielstandorte eine riskante Entwicklungsstrategie, da sich die zur Partizipation wichtigen Standortvorteile bei nachhaltiger Entwicklung selbst zerstören. Lohn- und Kostenanstiege erzwingen eine Entwicklung hin zu werthaltiger Arbeit und machen es erforderlich, in Aus- und Weiterbildung der Bevölkerung zu investieren. Gleichzeitig ist diese Option an kleine Zeitfenster gebunden und zwingt die Standorte zu Aufwertungsprozessen im internationalen Standortwettbewerb. Wenn es allerdings gelingt, Lohnkostenanstiege und allgemeine Preisniveausteigerungen durch Wertschöpfungs- und Spezialisierungsgewinne zu überkompensieren, kann das Dienstleistungs-*offshoring* eine nachhaltige Strategie zum Aufbau wissensbasierter Standortvorteile eröffnen. Darüber hinaus sind *offshore*-Standorte nicht nur Empfänger von Direktinvestitionen der Industrieländer, sondern bringen selbst transnationale Unternehmen hervor, die inzwischen 10 Prozent zu den weltweiten Direktinvestitionen beitragen. Zahlreiche Erfolgsgeschichten belegen die Möglichkeit des **upgrading** in Entwicklungsländern. *Tata Consultancy Services* ist eines von 80 Tochterunternehmen des indischen *Tata*-Konzerns und zugleich Asiens größtes IT-

 **Exkurs 22.5.3**

Offshoring von Dienstleistungen

Die Produktion ist heutzutage in globalen Wertschöpfungsketten verteilt, die Standorte einzelner Produktionsschritte sind überwiegend faktorkostenoptimal bzw. lohnkostenminimal gewählt, wie dies Untersuchungen der globalen Produktionsorganisation zeigen (Schamp 2000). Wo liegen also die organisatorischen Reserven zur Effizienzsteigerung von Unternehmen? Nachdem die meisten Unternehmen ihre Fertigungstiefe, das heißt den Anteil der selbst erstellten Produktionsschritte am Endprodukt, weitgehend minimiert haben und kaum noch weitere Einsparungen durch Auslagerung erreicht werden können, verfolgen viele Unternehmen inzwischen die Minimierung ihrer Leistungstiefe, also des Anteils selbst erbrachter Dienstleistungen im Unternehmensbetrieb. Mit dieser dritten Revolution der Wertschöpfung (Fink et al. 2004) suchen Unternehmen einen neuen Erfüllungsgrad in der Spezialisierung auf ihre Kernkompetenzen. Unabhängig davon, ob Unternehmen Sachgüter produzieren (z. B. Haushaltswaren, Autos) oder Dienstleistun-

gen anbieten (z. B. Banken, Versicherungen), sind in jedem Unternehmen unterstützende Dienstleistungen erforderlich, um den primären Kernprozess zu ermöglichen (z. B. Personalverwaltung, Finanzierung, Logistik und vieles mehr). Viele erkennen in der zunehmenden internationalen Aus- und Verlagerung dieser Dienstleistungen den Beginn einer neuen internationalen Arbeitsteilung (UNCTAD 2004). Die Neuorganisation der Dienste unterliegt zwei organisatorischen Dimensionen, die untereinander kombinierbar sind: *offshore*-betriebene Geschäftsprozesse können sowohl unternehmensintern (Verlagerung) als auch im *outsourcing* (Auslagerung) organisiert sein. Das *offshoring* von Dienstleistungen verändert folglich nicht nur die Organisation von Unternehmen, sondern führt in geographischer Perspektive zu einer Intensivierung der Standortvernetzung und schafft gleichzeitig neue Optionen für ehemals weniger in globale Wertschöpfungszusammenhänge integrierte Standorte (Glückler 2008).

Exkurs 22.5.4

Montevideo – Sonderwirtschaftszone für *offshore*-Dienstleistungen

Uruguay zeichnet sich durch ein hohes Qualifikationsniveau aus, das sich nicht wesentlich von dem in der Europäischen Union unterscheidet. Trotz des Angebots an qualifizierten Fachkräften blieb diese Region Südamerikas zunächst unberücksichtigt von *offshore*-Verlagerungen. Uruguay liegt geographisch weit entfernt von den entwickelten Ökonomien, ist mit ungefähr 3 Millionen Einwohnern ein winziger und daher uninteressanter Absatzmarkt und bot lange Zeit keine besonderen Standortvorteile.

Zur Unterstützung der wirtschaftlichen Entwicklung erließ die Regierung 1987 ein Gesetz zur Förderung und Entwicklung von Freihäfen und Freihandelszonen mit dem Ziel, Direktinvestitionen anzulocken sowie Exporte und Beschäftigung zu erhöhen. In den Freihandelszonen können mit Ausnahme von Rüstungstätigkeiten alle Wirtschaftstätigkeiten ausgeübt werden, wobei die Unternehmen von allen nationalen Steuern, den staatlichen Versorgungsmonopolen sowie von Zöllen für Ein- oder Ausfuhren befreit sind. Der *Zonamérica Business & Technology Park* wurde als erste und bisher erfolgreichste Wirtschaftssonderzone Uruguays im Jahr 1990 in der Nähe zum Stadtzentrum Montevideos und des Flughafens gegründet (Abb. 1). Die Geburtsstunde Uruguays als *offshoring*-Ziel schlug allerdings erst mit einem externen Schock: Die argentinische Schuldenkrise im Jahr

2001/2002 induzierte eine Bankenkrise in Uruguay, bei der der massive Kapitalabzug internationaler Anleger die Regierung dazu zwang, den Wechselkurs freizugeben. Ähnlich wie in Argentinien wurde die Landeswährung gegenüber dem US-Dollar abgewertet, sodass sich die relativen Faktorpreise Uruguays ruckartig änderten: In einem Jahr verbilligte sich der Faktor Arbeit im Verhältnis zum Weltmarkt um etwa zwei Drittel. Mit dieser Abwertung trat Uruguay sogleich in den Kreis der *offshore*-Standorte ein, wie die Entwicklung der *Zonamérica* eindrucksvoll belegt. Nach langer Stagnation gelang es dem Betreiber ab dem Jahr 2002 eine Reihe transnationaler Unternehmen zur Ansiedlung von *backoffice*-Aktivitäten zu bewegen, wie zum Beispiel *Shared Services*, Callcenter oder Softwareentwicklung. Während der Park von 1990 bis 2002 gerade 1 000 Arbeitsplätze schuf, stieg die Beschäftigung von 2002 bis 2005 auf 3500 und bis 2008 auf über 7 000 Mitarbeiter an. Die internationale Wettbewerbsstellung der *Zonamérica* beweist sich darin, dass einige der Unternehmen Montevideo den Vorzug vor Indien bei ihrer Standortentscheidung gaben. Aufgrund der intensiveren Flächennutzung und des größeren Beschäftigungspotenzials von *offshore*-Dienstleistungen werden nur noch Bürogebäude und keine Lagerhallen mehr gebaut: Heute sind etwa 150 Unternehmen angesiedelt, die sich fast aus-

Unternehmen. Nach seiner Gründung 1968 hat sich das Unternehmen als größter Exporteur von IT- und Softwareprodukten zu einem globalen Anbieter für IT-Dienstleistungen entwickelt und ist in über 100 Ländern der Erde präsent. Globale Entwicklungszentren für IT-Produkte in Ungarn, Japan, Australien, USA, England, Uruguay und China bedienen die kontinentalen Märkte (UNCTAD 2004).

Globale Organisation von Wissen und Lernen

Unternehmen transferieren nicht nur Rohstoffe und Zwischenprodukte. Ein wichtiges organisatorisches Problem besteht ferner darin, dass Unternehmen spezifisches technologisches, thematisches oder strategisches Wissen an anderen internationalen Standorten benötigen, als an denen, an denen es entwickelt wurde und vorhanden ist. Die These der **Wissensökonomie** besagt, dass Wissen in vielen Wirtschaftszweigen inzwischen

die größte Quelle der Wertschöpfung darstellt. Aufgrund der im Globalisierungsparadoxon begründeten schnellen Verbreitung von Wissen müssen Unternehmen ihre Kompetenzen fortwährend weiterentwickeln. Die internationale Organisation von Lernprozessen und Wissenstransfers stellt daher eine große Herausforderung dar, die Unternehmen nicht mehr allein mit permanenten Organisationsstrukturen sicherstellen können. Daher nutzen sie zunehmend Projekte als temporäre Organisationsform, um problembezogen jeweils spezifisches Expertenwissen von unterschiedlichen Orten zu verbinden. Projekte sind zweckorientierte, befristete Formen der Organisation von Expertenwissen, die aber gerade bei internationalen Formen der Zusammenarbeit mit erheblichen Ansprüchen an die Mobilisierung von Wissen und Personen verbunden sind.

Im Bereich der Produktentwicklung wird es beispielsweise in vielen Unternehmen immer wichtiger, das geographisch verteilte **Expertenwissen** der Mitarbeiter

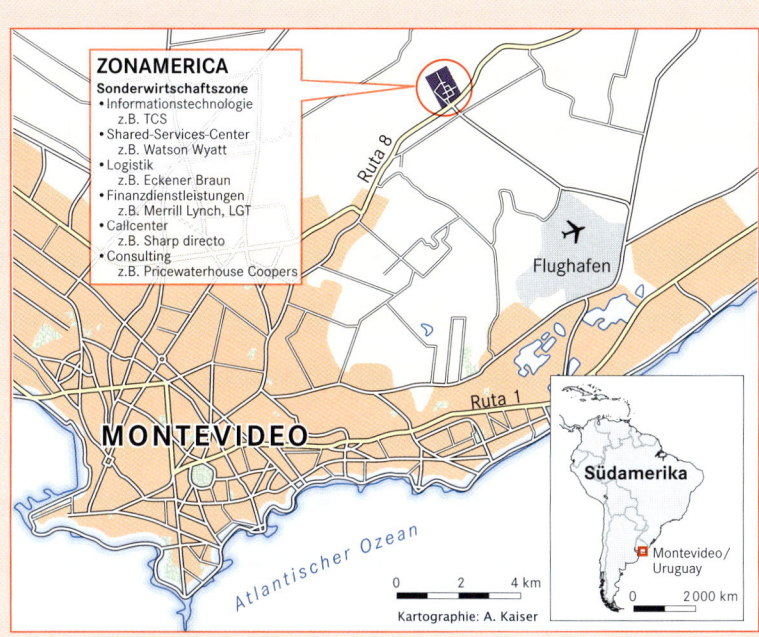

Abb. 1 Die *zonamérica* in Montevideo, Uruguay (Glückler 2008).

schließlich auf *offshore*-Aktivitäten wie IT-Dienste (z. B. *Tata Consulting Services*), Callcenter (z. B. *Merrill Lynch*), *Shared-Services-Center* (z. B. *Philip Morris*) und Finanzdienstleistungen (z. B. *Banco Santander*) konzentrieren. Der Flughafen in Montevideo wird gerade erneuert und bald wieder interkontinentale Direktverbindungen anbieten. Uruguay hat es mit einer aggressiven Ansiedlungspolitik und mit dem Zufall einer volkswirtschaftlichen Schuldenkrise geschafft, Zutritt in den Kreis der globalen *offshore*-Destinationen für Dienstleistungen zu bekommen. Gleichzeitig beweist das Fallbeispiel Montevideo, wie abhängig die Partizipation eines Standorts an der *offshore*-Entwicklung von externen Rahmenbedingungen sein kann (Glückler 2008).

für bestimmte Projekte zu bündeln, um rasche Produktneuerungen zu verwirklichen. Aufgrund unterschiedlicher Konsumentenbedürfnisse können Unternehmen ihre Produkte nicht als Standardlösungen in allen Märkten anbieten, sondern müssen sie marktspezifischen Präferenzen anpassen. Neue Kommunikationstechnologien bieten diesbezüglich die Möglichkeit der **Virtualisierung** von Zusammenarbeit. Das Internet, E-Mails oder Videokonferenzen ermöglichen den weltweiten Austausch von Informationen in Echtzeit, ohne dass Projektpartner physisch in Verbindung treten müssen. In dem Maße, in dem es Unternehmen gelingt, Expertenkommunikation ohne persönliche Begegnung in einer Arbeitsgruppe zu gestalten, erzielen sie sowohl Kosten- als auch wichtige Zeitersparnisse. Der Kamerahersteller *Eastman Kodak* schaffte es beispielsweise durch eine virtuelle Arbeitsgruppe von Ingenieuren, Entwicklern und Produktgestaltern in verschiedenen Ländern für eine technisch einheitliche Einwegfotokamera unterschiedliche Gehäusedesigns zu entwickeln, um so die Kamera schnell auch auf dem europäischen Markt anbieten zu können (Boudreau et al. 1998).

Nicht alle Probleme des Wissensaustauschs lassen sich durch elektronische Kommunikation bewältigen (Leamer & Storper 2001). Häufig ist es das spezifische implizite Erfahrungswissen von Personen, das nicht ohne Weiteres als Text oder Blaupause versendet werden kann, sondern nur durch die persönliche Zusammenarbeit mit anderen Experten (Kapitel 22.4). Aufgrund der Personengebundenheit von Erfahrungswissen zählt daher die Mobilität qualifizierter Mitarbeiter zu einem der wichtigsten Instrumente des Wissensmanagements in transnationalen Unternehmen. Diese Mobilität kann beispielsweise durch Verfahren des *global staffing*, das heißt durch den projektbezogenen, temporären Einsatz von Fachkräften in internationalen Projekten, erreicht werden. Gerade bei wissensintensiven Tätigkeiten, so zum Beispiel bei Forschung und Entwicklung oder in der Unternehmensberatung werden die jeweils am besten qualifizierten Mitarbeiter der Organisation

Exkurs 22.5.5

Expatriates in Singapur

Seit der Unabhängigkeit von Malaysia im Jahr 1965 hat Singapur konsequent die Stärkung der internationalen wirtschaftlichen Wettbewerbsstellung verfolgt. Dabei hat die Anwerbung internationalen Humankapitals eine entscheidende Bedeutung. Im Jahr 2000 arbeiteten in Singapur 612 000 *expatriates* bei einer Einwohnerzahl von 2,1 Millionen Menschen. Dies entspricht 29,1 Prozent der Wohnbevölkerung und ist Ergebnis eines massiven Wachstums während der 1990er-Jahre, als der Anteil der Nicht-Staatsbürger fast nur halb so groß war. Aus einer empirischen Studie geht hervor, dass internationale hoch Qualifizierte oft erst nach mehreren Stationen ihres geographischen Karrierepfads in Singapur Beschäftigung fanden (Beaverstock 2002). Oft handelt es sich um Personen, die im Rahmen ihrer Beschäftigung in einem transnationalen Unternehmen immer wieder neue Arbeitsstandorte wählen. In diesem Falle handelt es sich um eine globale Arbeitsmigration innerhalb des transnationalen Unternehmens, also um einen unternehmensinternen Arbeitsmarkt. Demgegenüber verbinden viele hoch qualifizierte Arbeitskräfte mit dem Standortwechsel auch einen Wechsel des Arbeitgebers. Diese Personen werden somit zu Teilnehmern eines internationalen Arbeitsmarkts. Im Zuge ihrer globalen Mobilität bringen hoch qualifizierte Arbeitskräfte einerseits spezifische internationale Kompetenzen in den nationalen Arbeitsmarkt ein. Andererseits entwickeln sie ihre eigenen Karrieren durch den Erwerb neuer Kompetenzen in den lokalen Arbeitsmärkten weiter. Die Zuwanderung und Konzentration von hoch Qualifizierten in den Metropolen führt allerdings nicht selbstverständlich zu positiven externen Effekten für die Stadtbevölkerung. Trotz der zum Teil hohen Integration am Arbeitsplatz tendieren die Gemeinden der *expatriates* mitunter zu starker innerstädtischer und sozialer Segregation. So neigen viele britische

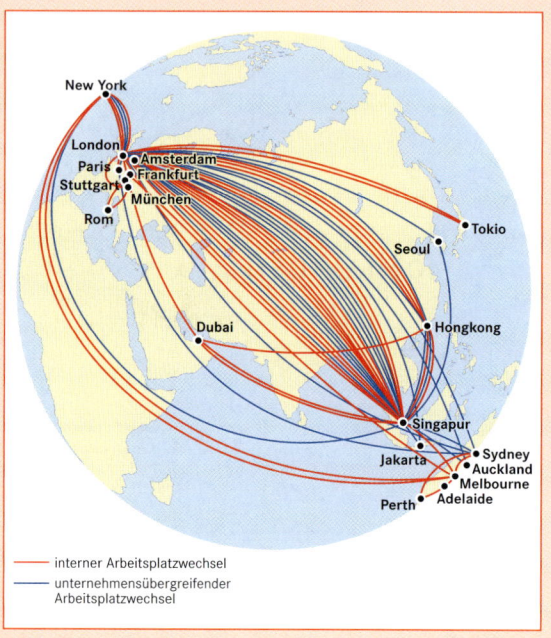

Abb. 1 Geographische Karrierepfade britischer Manager in Singapur (Beaverstock 2002).

Arbeitskräfte dazu, sich in speziellen Wohngebieten zu konzentrieren und ihr gesellschaftliches Alltagsleben dominant an der Zugehörigkeit zu Clubs und national geprägten Einrichtungen auszurichten, nicht aber am öffentlichen Leben der Stadt zu partizipieren.

benötigt, um an anderen Stellen des Unternehmens Probleme zu lösen und einen Wissenstransfer zu ermöglichen. Aufgrund des zunehmenden Projektcharakters in bestimmten Bereichen erhöht sich in transnationalen Unternehmen daher die internationale Mobilität von Experten und deren Erfahrungswissen (Glückler 2004).

Wenngleich Arbeitsmärkte sich keineswegs so intensiv globalisiert haben wie Kapital- und Gütermärkte, so gewinnt der **internationale Austausch von Arbeitskräften** fortwährend an Bedeutung. Neben der kurzfristigen Projektorganisation entsenden Unternehmen qualifizierte Mitarbeiter auch dauerhaft auf internationale Positionen, um den Aufbau neuer oder die Lenkung bestehender Betriebe zu übernehmen. Aus der Perspek-

tive des Unternehmens sichern sogenannte **expatriates** die Entwicklung von Kompetenzen bei dem lokalen Personal, ergänzen Kompetenzen aus dem internationalen Zusammenhang und kontrollieren die Führung und Integration der nationalen Operationen im transnationalen Unternehmen (Beaverstock 2004). Der jüngste Aufbau einer internationalen Statistik durch die OECD weist auf die wachsende Bedeutung der *expatriates* hin. Über 36 Millionen Menschen in den OECD-Mitgliedsstaaten haben jeweils eine andere Staatsbürgerschaft als das Land ihres Arbeitsorts (Dumont & Lemaître 2004). Davon stammt fast die Hälfte aus einem anderen OECD-Land, ein weiteres Indiz für die starke Konzentration transnationaler Beziehungen auf die entwickelten Industrienationen. Über 3 Millionen Menschen aus Deutschland und Großbritannien leben und arbeiten in den übrigen OECD-Ländern. Allerdings nehmen auch die Migrationsbeziehungen zu Ländern außerhalb der OECD weiter zu. Etwa 40 Prozent aller *expatriates* sind hoch qualifiziert, das heißt sie haben einen akademischen Abschluss. Traditionelle Einwanderungsländer nutzen ihre Einwanderungspolitik gezielt zur selektiven Immigration von hoch qualifizierten Menschen. Fast die Hälfte aller Nicht-US-Bürger in den USA sind Akademiker. In Spanien, Italien, Portugal oder Griechenland liegt der Anteil zum Teil deutlich unter 20 Prozent. Eine Studie in Deutschland zeigt, dass 40 Prozent der Unternehmen ausländische hoch qualifizierte Arbeitnehmer beschäftigen, vor allem aus der EU und den osteuropäischen Ländern. Sie rekrutieren ausländische Fachkräfte vor allem wegen spezifischer Kompetenzen in Schlüsseltechnologien oder wegen ihrer internationalen Kompetenzen, das heißt wegen ihrer Markt- und Sprachkenntnisse (Exkurs 22.5.5).

Globale Stadtregionen und transnationale Elite

Der Trend zur globalen wirtschaftlichen Vernetzung wird begleitet von einer **Metropolisierung der Ökonomie**. Traditionell wird die Bedeutung von Städten anhand eines Ausstattungskatalogs von Einrichtungen bestimmt. Die Größe der Stadtbevölkerung und die Zahl zentraler Einrichtungen wie etwa Regierungs-, Verwaltungs- oder Unternehmenszentralen definieren den Rang einer Stadt (Kapitel 21). Im Kontext einer vernetzten Weltwirtschaft hingegen tritt weniger die Ausstattung als die geographische Verflechtung einer Stadt mit anderen Regionen in den Vordergrund. In Konzepten der Metropole, wie der *World City* und *Global City*, kommt die Auffassung zum Ausdruck, dass Städte als Knotenpunkte wirtschaftlicher Verflechtungen unterschiedlicher Maßstabsebenen fungieren, aus denen sich die vernetzte Weltwirtschaft konstituiert. Metropolen gewinnen ihre ökonomische Bedeutung nicht mehr aus der Ausstattung von Einrichtungen, sondern aus ihrer Funktion als Produktions- und vor allem aber Koordinationszentren internationaler Verflechtungsbeziehungen. Sie stehen aufgrund unterschiedlicher Stärke ihrer Vernetzung in hierarchischer Beziehung zueinander. Als einer der wichtigsten Indikatoren zur Bestimmung der Zentralität wird die Konzentration von spezialisierten Managementfunktionen, wissensintensiven Unternehmensdiensten, Finanzfirmen und Werbefirmen herangezogen. Empirische Arbeiten über die Verflechtung von

Metropolen durch Weisungs- und Austauschbeziehungen zwischen Unternehmensteilen haben gezeigt, dass New York, London und Tokio im hierarchischen System des internationalen Städtenetzes die Weltstädte der ersten Ordnung bilden (Taylor 2004).

In der traditionellen Perspektive gewinnen Städte ihre Bedeutung für Unternehmen durch **Urbanisationsvorteile**, das heißt ein breites, diversifiziertes Angebot an Arbeitskräften, Zulieferern und Abnehmern in unterschiedlichen Branchen. Darüber hinaus halten Städte große infrastrukturelle Einrichtungen vor, die für den Produktionsprozess oder den Absatz wichtig sind. Schließlich bilden die Bewohner einer Stadt einen großen lokalen, wenngleich stark fragmentierten Konsumentenmarkt. In der Perspektive einer Metropole als Knoten der Weltwirtschaft gewinnt jedoch eine weitere Funktion besondere Bedeutung. Metropolen eröffnen vor allem den Zugang zum Netz des weltweiten ökonomischen Austauschs. In einigen Städten wie London oder Frankfurt wurde bereits empirisch gezeigt, dass Unternehmen durch ihre urbane Präsenz eine deutlich größere Einbindung in internationale Märkte aufweisen als außerhalb der Städte (Glückler 2007, Keeble & Nachum 2002).

Transnationale Unternehmen sind das organisatorische Instrument zur Steuerung internationaler Austauschbeziehungen von Innovations-, Produktions- und Absatzströmen. Die Entscheidungen über diese Ströme werden allerdings von Menschen getroffen. Die zuvor skizzierte globale Migration von *expatriates* konzentriert sich hierbei vor allem auf Metropolregionen und unterstützt den Transfer von spezifischem Wissen und Kompetenzen zwischen den urbanen Knoten der Weltwirtschaft. Um aber globale Aktivitäten steuern zu können, bedarf es ferner eines Transfers übergeordneter Regeln und Interpretationsschemata. Mit den *expatriates* verknüpft sich daher ein neues gesellschaftliches Konzept der transnationalen Elite (Sklair 2001). Damit wird eine internationale Sphäre von mächtigen Entscheidern aus Wirtschaft, Politik, Medien und Wissenschaft bezeichnet, die sich durch gemeinsam geteilte marktwirtschaftliche Interessen, ökonomische Rhetorik, höhere Bildung und international orientierte Lebensstile auszeichnen sowie eine Maxime des Weltbürgers bzw. der *global citizenship* konstruieren. *World best practice* und *global benchmarking* sind Beispiele für die gemeinsam geteilten globalen Interpretationsschemata, die internationales Handeln orientieren und Akteure aller Erdteile in ein globales ökonomisches Symbolsystem einbetten. Diese transnationale Elite orientiert sich daher weniger an lokalen Lebensmustern, sondern kommuniziert und bewegt sich häufig in internationalen Zirkeln. Sie ist zwar stets verortet, weist aber

Abb. 22.5.4 China ist auf dem Weg von einem Industrieland zu einem hochrangigen Dienstleistungsstandort. Die Aufnahmen zeigen eine Installation des Moma-Museums in Wien (a), das Firmenlogo des größten Staatsbetriebs der Chemie (b), einen Elektronik-Cluster im Norden von Beijing (c) und das neue Finanzzentrum der Küstenstadt Tianjin (d) im Erschließungsgebiet TEDA (*Tianjin Economic Development Area*; Fotos: H. Gebhardt).

häufig nur eine geringe Einbindung in lokale gesellschaftliche Zusammenhänge auf. Während Metropolen in die transnationale Ökonomie eingebunden werden, trägt die transnationale Elite zu einer fortschreitenden lokalen Fragmentierung bei.

Ausblick

Die Anzeichen einer **Transnationalisierung der Ökonomie** sind erkennbar. Die Entstehung einer Maxime globaler Marktwirtschaft und freien Welthandels, die Verbreitung globaler Standards der Unternehmensführung und die Entwicklung eines globalen Arbeitsmarkts mit spezifischen, transnational definierten Qualifikationen und Fähigkeiten bilden erste Dimensionen einer Wirtschaftsverfassung, die nationalstaatliche Grenzen sukzessive überwindet. Das bedeutet nicht, dass der Nationalstaat an Bedeutung verlöre, sondern dass unser Denken von Wirtschaft einem methodologischen Nationalismus unterworfen ist. Wir begreifen Wirtschaft als Wirtschaftskreislauf national definierter Volkswirtschaften. Unsere Wirtschaftsstatistik basiert auf nationalen Daten einzelner Volkswirtschaften, sie kann aber große Teile der grenzüberschreitenden Koordination von Austauschbeziehungen, wie beispielsweise den unternehmensinternen Handel, nur unzureichend erfassen. Eine Netzwerkperspektive eignet sich daher besser als eine nationalstaatliche, um die fortschreitende Intensivierung globaler Vernetzung zu verstehen. Metropolen gewinnen ihre Bedeutung nicht nur aus der Beziehung zu ihrem Umland, sondern zunehmend auch durch ihre ökonomische Einbindung in das globale Städtenetz. Entscheidungen über die Aktivitäten in Betrieben an einem Standort werden häufig an Standorten in ganz anderen Ländern getroffen. Transnationale Unternehmen ballen einerseits bestimmte Funktionen an einzelnen Orten, um am dortigen Prozess der Wissensentwicklung zu partizipieren. Andererseits stehen sie vor der Managementherausforderung, diese lokalen Wissensgewinne auch anderen Unternehmensteilen wieder verfügbar zu machen. Aufgrund der zunehmenden Komplexität globaler Vernetzung unterschätzt auch die weltweite Teilung in einen reichen Norden und einen armen Süden die Dynamik globaler Vernetzung. Unternehmen in weniger entwickelten Ländern ergreifen die Chance, durch Lernprozesse, Innovation und Imitation eigene Wettbewerbsvorteile zu entwickeln. Regierungen unterstützen die Möglichkeit zum *upgrading*, das heißt zur Erschließung von Tätigkeiten mit größeren Wertschöpfungsanteilen, etwa im Bereich der Hochtechnologie oder wissensintensiven Wirtschaftszweigen, mit ent-

sprechenden Wirtschaftspolitiken (Abb. 22.5.4). Insofern schaffen Globalisierungsprozesse fortwährende territoriale Unterschiede, deren Ursachen in der funktionalen Vernetzung wirtschaftlicher Beziehungen liegen, die national, immer mehr aber auch transnational sein können.

22.6 Finanzgeographie

Michael Handke und Eike W. Schamp

Die Welt des Geldes und der Finanzdienstleistungen ist ein junges Feld der Wirtschaftsgeographie. Noch vor 10 Jahren als *"a new economic geography of money"* bezeichnet (Martin 1999), spricht man heute nur noch von einer *geography of finance* – eben einer Finanzgeographie. Geld und Finanzdienstleistungen kennzeichnen verschiedene Perspektiven desselben Tatbestands: Wirtschaften jenseits der Subsistenz- und Tauschwirtschaft benötigt ein Medium, das Wert misst und in dem Wert gelagert werden kann. Diese Funktion übernimmt das Geld in allen seinen heutigen Formen. Was als Geld gilt, beruht weitgehend auf der gesetzgeberischen Macht des Staates und der kontrollierenden Macht der Zentralbanken. Im Zeitalter der globalen Vernetzungen beeinflussen Währungen – das Geld der anderen Nationen – und deren Tauschverhältnisse untereinander das Handeln der Akteure – ob staatliche oder private, ob im Finanzsektor oder in der Produktionswirtschaft. Finanzdienstleistungen werden im Rahmen dieser Umwelt erbracht. Sie sind weitgehend das Produkt von Finanzinstituten, das heißt von Banken und spezialisierten Finanzdienstleistern (Nicht-Banken). Letztlich aber bilden beide, **Geld und Finanzdienstleistungen**, die notwendige Basis für das Produzieren und Konsumieren von Waren und Dienstleistungen, also dem, was Ökonomen die **Realwirtschaft** nennen und was Wirtschaftsgeographen seit Langem in ihren räumlichen Dimensionen untersuchen. Geld- und Kapitalströme verbinden Orte der Produktion und Konsumtion, ermöglichen die räumliche Arbeitsteilung und verknüpfen derart die globalisierte Welt.

Stärker noch als in jedem anderen Bereich der Wirtschaftsgeographie kann man den Finanzsektor nur in einer multiskalaren Perspektive verstehen. In der Makrosicht regeln Staaten und internationale Organisationen die Tätigkeiten von Finanzinstituten und deren Kunden. Das ist die Ebene der Geographie der Weltwirtschaft und globaler Kapitalmärkte. In der Mesosicht lassen sich spezifische räumliche Muster der Konzentration in der Herstellung und Steuerung von Finanzaktivitäten an Finanzzentren sowie der dezentralisierten Nutzung von Finanzdienstleistungen erkennen. Daraus ergibt sich ein veränderbares, aus Sicht der Akteure durch Management zu steuerndes Spannungsverhältnis. In der Mikrosicht werden schließlich sowohl die Erfindung neuer Finanzprodukte im Finanzzentrum als auch die Inanspruchnahme von Finanzdiensten durch ihre dezentralen Kunden lokal verhandelt. Finanzgeographie verbindet somit verschiedene Perspektiven mit verschiedenen geographischen Maßstäben.

Finanzsysteme und internationale Finanzströme

Die Regulierung des Geldes durch nationale Zentralbanken und die Regulierung der Finanzinstitute durch die Regierungen haben zur Entstehung von Finanzsystemen von unterschiedlichem nationalem Charakter geführt. Dabei kann man ein Finanzsystem im engen Sinn als Beschreibung der Struktur des nationalen Finanzsektors verstehen (z. B. Trennbankensystem versus Universalbankensystem; Exkurs 22.6.1), aber auch in einem weiten Sinne, der das gesamte System der Versorgung und der Nachfrage nach Kapital in einem nationalen Gesellschaftssystem zu erfassen versucht (Krahnen & Schmidt 2004) – Letzteres analog zu der regulationstheoretischen Debatte über die Vielfalt von (nationalen) Kapitalismussystemen (*varieties of capitalism*). Vereinfachend unterscheidet man Finanzsysteme des angloamerikanischen, marktbasierten (börsengetriebenen) Typs und eines bankenbasierten (bankengetriebenen) Typs, der in den Ländern Kontinentaleuropas vorherrscht, aber auch in Japan zu finden ist.

In **marktbasierten Finanzsystemen** haben Kapitalmärkte, deren Marktplätze die Börsen sind, die zentrale Bedeutung für die Bereitstellung und Kontrolle von Kapital. Die Märkte und die an ihnen aktiven Finanzinstitute werden recht liberal vom Staat reguliert und können sich, vor allem entlang der seit Jahrzehnten in den USA herrschenden Ideologie des Neoliberalismus, frei entwickeln. Das Sparkapital privater Haushalte oder die Rentenansprüche von Arbeitnehmern werden in großen (Nicht-Banken-)Kapitalsammelstellen (z. B. Fonds bzw. Pensionsfonds) gebündelt und über Börsen in Wertpapieren angelegt. Während Pensionsfonds Anlagestrategien verfolgen, die auf langfristigen Wertzuwachs zielen, zeichnen sich *hedgefonds* oder *private-equity*-Gesellschaften durch stark spekulative Strategien und kurzfristige Renditeziele aus. In vielen Ländern wurde den Kapitalsammelstellen nach und nach auch die Anlage im Ausland erlaubt, sodass eine globale Nachfrage nach

börsengehandelten Finanzprodukten entstand. In **bankenbasierten Finanzsystemen** werden dagegen viele Finanztransaktionen „direkt" zwischen Finanzdienstleistern und ihren Kunden abgewickelt (*over the counter*, OTC), also ohne auf einem Markt zu erscheinen. Das führte zum Vorwurf der Intransparenz bei Finanzgeschäften und -beziehungen zwischen Banken und Unternehmen (sogenannte Deutschland-AG). Rentenansprüche, die auch in bankenbasierten Finanzsystemen einen erheblichen Vermögenswert bilden, werden dort von parastaatlichen Organisationen umverteilt. Damit stehen sie den Kapitalmärkten und insofern zur Finanzierung der Realwirtschaft nur bedingt zur Verfügung. Bei dieser stilisierten Gegenüberstellung der Finanzsystemtypen handelt es sich insofern um eine Vereinfachung, als auch in marktbasierten Systemen OTC-Geschäfte abgewickelt werden und auch in bankenbasierten Systemen Finanzdienstleister börsenfähige Produkte entwickeln (*financial engineering*), die der privaten Vorsorge und Kapitalakkumulation dienen (z. B. Zertifikate); aber eben nicht in einer finanzsystembestimmenden Form.

Nationale Finanzsysteme verändern sich unter dem Druck globaler Verflechtungen und nehmen dabei immer mehr Züge des angloamerikanischen marktbasierten Finanzsystems an – jedenfalls war das so bis zur Weltfinanzkrise von 2007 bis 2009. Treiber sind dabei internationale Organisationen wie der Internationale Währungsfond (IWF) oder die Weltbank sowie von den Regierungen zum Beispiel über den Basler Ausschuss für Bankenaufsicht ausgehandelte Standards (Basel I bis III). Das wird von den einen als Konvergenzthese und den anderen als Durchsetzung eines neuen weltweit herrschenden finanzgetriebenen Akkumulationsregimes (**Finanzialisierung**) bezeichnet (Exkurs 22.6.2).

Währungen und deren Wechselkurse unterliegen nationalen und internationalen Einflüssen. Zwar konzentriert sich der Handel der wichtigsten Währungen auf wenige zentrale Börsenplätze wie London (*Foreign Exchange*, FX) oder New York (Wallstreet). Dort überschreitet der tägliche Handelsumfang den Weltjahresumsatz von Gütern und Diensten um das Vielfache. Aber das System aller Währungen (Wechselkursregime) wird nicht allein durch den Markt, sondern im Wesentlichen durch Regierungen bestimmt. Viele Länder binden den Preis ihrer Währungen an den einiger weniger vollkommen marktfähiger (konvertibler) Währungen wie den Dollar (z. B. China, Südkorea sowie einige lateinamerikanische Regierungen) oder den Euro (z. B. die Länder Südosteuropas). Wechselkurse haben einen Einfluss auf die Preise international gehandelter Güter und Dienste – zum Beispiel für Energieträger, Industriewaren und touristische Leistungen – und somit auf den

Exkurs 22.6.1

Finanzinstitute und Finanzdienstleistungen

Finanzinstitute bearbeiten Finanzmärkte entweder als Spezialanbieter, die sich auf eine oder wenige Finanzdienstleistungen für private Haushalte und Unternehmen spezialisiert haben, oder als sogenannte Vollbanken, die ein breites Sortiment an Produkten anbieten und insbesondere Verbundvorteile beim Vertrieb realisieren. In einem Trennbankenfinanzsystem, wie es beispielsweise in den USA regulatorisch vorgeschrieben ist, gibt es indes keine Vollbanken. Das Kreditgeschäft ist vom kapitalmarktorientierten Investmentbanking und der beteiligungsorientierten Unternehmensfinanzierung organisatorisch getrennt. Damit soll vermieden werden, dass etwa Spareinlagen von Haushalten zur Refinanzierung des Investmentbankings herangezogen werden und den hohen Risiken der Kapitalmärkte ausgesetzt sind. In den Universalbankfinanzsystemen europäischer Prägung existieren dagegen Vollbanken und Spezialanbieter nebeneinander.

Finanzdienstleistungen lassen sich grob in Fremdkapital- und Eigenkapitalformen der Finanzierung unterscheiden: Zu Ersteren zählen Kredite und Darlehen. Die Bereitstellung von Fremdkapital an Unternehmen oder Privatpersonen geht für die Kreditgeber mit begrenzten Risiken, aber eben auch mit mäßigen Ertragschancen einher. Fremdkapitalgeber besitzen nach Vertragsabschluss keine direkte Mitsprache beim Einsatz des bereitgestellten Kapitals. Erst im Falle einer Insolvenz erlangen sie Entscheidungshoheit über das (verbliebene) Vermögen. Eigenkapitalgeber, die der Privatwirtschaft Beteiligungskapital bereitstellen, tragen hingegen ein Risiko im vollen Umfang ihrer Investition. Sie kontrollieren ihr Risiko über direkte Mitsprache im Unternehmen und bestimmen dort auch die Höhe ihrer Gewinnpartizipation.

Beteiligungskapital lässt sich in *private equity*, *venture capital* und *business-angel*-Finanzierung unterscheiden: *private equity* bedeutet dabei außerbörsliches Eigenkapital. *Private-equity*-Gesellschaften beteiligen sich an etablierten Unternehmen, indem sie den alteingesessenen Firmeninhabern Kontrollrechte abkaufen. Sie refinanzieren sich als Kapitalsammelstellen über institutionelle Anleger wie Banken, Versicherungen oder wohlhabende Privatpersonen. *Private-equity*-Gesellschaften sind bestrebt, die kontrollierten Unternehmen so zu reorganisieren, dass sie einen größtmöglichen Gewinn erwirtschaften und an die Investoren ausschütten können. *Venture capital* (Risikokapital) ist eine weitere Form des privaten Beteiligungskapitals, das zur Investition in junge Unternehmen eingesetzt wird. Die Erträge aus einer solchen Beteiligung sind zum Zeitpunkt der Investition noch nicht absehbar. Die Risiken, aber auch die realisierbaren Gewinne sind vergleichsweise hoch. *Venture-capital*-Gesellschaften bringen sich mit eigenem Management-Know-how in die Beteiligungen ein, um die Erfolgsaussichten ihrer Investitionen zu erhöhen. *Business angels* wiederum sind Einzelpersonen mit unternehmerischem Hintergrund, die sich an jungen Unternehmen beteiligen oder Existenzgründungen finanziell begleiten. Sie stellen den jungen Unternehmen ihr Unternehmerwissen sowie ihre Kontakte zu Kunden oder Zulieferern zur Verfügung. Allen genannten Formen der Beteiligungsfinanzierung ist gemeinsam, dass sie befristet angelegt sind, das heißt letztendlich auf einen gewinnbringenden Wiederverkauf der Investments abzielen.

Umfang und die Richtung des Welthandels. Sie beeinflussen die Investitionsentscheidungen großer und kleiner multinationaler Unternehmen und damit die Geographien der Direktinvestitionen. Sie lenken die Anlageentscheidungen der international tätigen Finanzdienstleister (in Portfolioinvestitionen) und bestimmen damit die internationalen privaten Kapitalflüsse. Für viele, vor allem kapitalschwache Länder sind außerdem zwischenstaatliche Transfers (z. B. Entwicklungshilfe) und Kredite von Bedeutung. Sie können sich einer Einbindung in globale Kapitalmärkte nicht entziehen. Dass eine Öffnung der Kapitalmärkte und die Einbindung kapitalschwächerer Länder auch mit neuen Risiken einhergehen, haben in den vergangenen 30 Jahren mehrere internationale Finanz- und Währungskrisen gezeigt (Exkurs 22.6.3).

Finanzzentren

Banken und andere Unternehmen der Finanzdienstleistungen weisen im Allgemeinen eine höchste räumliche Konzentration in einem städtischen „Bankenviertel" auf. Städte mit einer großen Zahl und Vielfalt von Finanzdienstleistern werden **Finanzplätze** genannt. Die Kundenbeziehungen der Finanzinstitute können ganze Kontinente überspannen. Jedoch nur wenige *global cities* wie London, New York oder Tokio besitzen eine unangefochtene Bedeutung als Entscheidungszenten über weltweite Kapitalströme. Andere *globalizing cities* wie Hongkong oder Singapur fungieren als Zentren für mehrere benachbarte Nationen. Die meisten Finanzzentren erfüllen indes nur die Funktion eines nationalen oder regionalen Anbieters von Finanzdienstleistungen.

Exkurs 22.6.2

Finanzialisierung

Der junge und bislang nicht eindeutig gefasste Begriff der Finanzialisierung bezeichnet grundlegende aktuelle Änderungen im globalen Finanzsystem. Gesellschaftspolitisch sehr umstritten erscheint die Finanzialisierung heute als ein Prinzip, das die Bedeutung der Warenproduktion gegenüber der Finanzakkumulation in den Hintergrund treten lässt und alle Gesellschaften durchdringt. Erstens setzt sich global eine *shareholder*-orientierte Unternehmenssteuerung und -kontrolle durch, die auf einer größeren Rolle von Kapitalmärkten beruht. *Shareholder*-Orientierung und Finanzmärkte werden als systemprägende institutionelle Formen der aktuellen kapitalistischen Wirtschaftsweise interpretiert. Sie reproduzieren die freie Beweglichkeit eines konzentrierten Finanzkapitals auf globalen Anlagemärkten und erfordern die Erzielung kurzfristiger Unternehmensgewinne zur schnellen Akkumulation von Finanzkapital. Unternehmensstrategien ändern sich daraufhin von einer langfristigen auf eine mittelfristige Perspektive, was den Entwicklungsverlauf der Realwirtschaft bestimmt. Zugleich kommt es zu einer zunehmend ungleichen privaten Vermögensakkumulation. Zweitens wird in vielen Ländern die Privatisierung der sozialen Vorsorge und Sicherung vorangetrieben, in der Individuen finanzielle Eigenverantwortung für ihre soziale Absicherung durch den Kauf von Vorsorgeprodukten des Finanzsektors übernehmen. Folglich hat Finanzialisierung in vielen Finanzzentren neue kapitalmarktorientierte Finanzdienstleister als sogenannte Nicht-Banken hervorgebracht.

So besteht eine Hierarchie von Finanzzentren, die auf weltumspannenden Aktivitäten und den Aktivitäten für große Ökonomien beruhen. Der mediale Wettbewerb dieser Finanzzentren wird oft in Rankings ausgetragen, die jedoch nur begrenzte Aussagekraft über die Funktion eines Finanzzentrums haben. In der Regel gelten die Existenz einer Börse, auf der auch internationale Marktteilnehmer handeln, die Zahl von Hauptsitzen global agierender Banken sowie die Anzahl der Vertretungen ausländischer Banken als Indikatoren für die Bedeutung eines Finanzzentrums (Grote 2004).

Die Ordnung aller Finanzzentren ist einerseits recht stabil, das heißt, London, New York und Tokio sind seit mehr als einem Jahrhundert führende globale Finanzzentren, Paris, Frankfurt, Mailand oder Madrid führende nationale Zentren. Andererseits verändert sie sich. Seit den 1960er-Jahren sind sogenannte **offshore-Zentren** hinzugekommen. Dabei handelt es sich um Finanzplätze – zumeist auf kleinen Inseln gelegen – an denen die strengen Regulierungen der Zentralbanken der großen Nationen nicht gelten und die daher (risikoreiche) Geschäfte zulassen, die woanders nicht durchführbar sind (Abb. 22.6.1). Heute bilden sich mit dem Aufstieg großer Schwellenländer zu wichtigen Produktionsnationen – an der Spitze China – neue Finanzzentren zur Versorgung der dortigen Unternehmen und Konsumenten mit Finanzdienstleistungen; sie erlangen immer stärker auch eine internationale Bedeutung. Im zusammenwachsenden Europa verlieren dagegen einige nationale Zentren wie etwa Amsterdam, Brüssel oder Kopenhagen zugunsten des Finanzzentrums London an Bedeutung.

Zwischen Finanzzentren besteht also ein vielschichtiges Verhältnis von Konkurrenz, aber auch der funktionalen Arbeitsteilung mit stetigen Änderungen, die durch die strategischen Handlungen der Akteure (Börsenunternehmen, Finanzinstitute, Regierungen) bewirkt werden. Sie verbinden komplementär spezielle Tätigkeiten an verschiedenen Finanzzentren und lagern weitere Aktivitäten (besonders IT) an andere Orte aus. Dabei errichten und verändern sie standortübergreifende Wertschöpfungsnetze, verbinden diese auf elektronischen Wegen und Plattformen und schaffen neuartige Skaleneffekte. Für neue Finanzprodukte entwickeln die Akteure neue Geographien, so zum Beispiel für kapitalmarktorientierte Beteiligungen an Unternehmen (*venture capital* und *private equity*; Exkurs 22.6.1). Alles zusammen beeinflusst die Größe, das Wachstum und die Bedeutung von einzelnen Finanzzentren in einem internationalen System von Finanzzentren.

Die Konzentration von Finanzdienstleistern in wenigen Zentren kann auf verschiedene, sich ergänzende Weise erklärt werden (Schamp 2009). Erstens wirken an einem Finanzzentrum spezifische Agglomerationsvorteile und Skaleneffekte. Zu den **Agglomerationsvorteilen**, also den unternehmensexternen Vorteilen, gehören die Vorteile eines großen lokalen Arbeitsmarktes von spezialisierten Mitarbeitern (einschließlich der akademischen Aus- und Weiterbildung und der Finanzforschung), die verfügbare Infrastruktur für Kommu-

Exkurs 22.6.3

Die lateinamerikanische Schuldenkrise der 1980er-Jahre und ihre realwirtschaftlichen Wirkungen

Lateinamerikanische Länder, die in den 1970er-Jahren die Importe von Konsum- und Investitionsgütern ausweiten wollten, waren auf die Kredite multilateraler Entwicklungsbanken wie Weltbank oder IWF angewiesen. Ihre schwach ausgeprägten Exportwirtschaften waren nur bedingt in der Lage, die nötigen Devisen selbst zu erwirtschaften. Gegen Ende der 1970er-Jahre wurde den Staaten jedoch der Zugang zu Krediten transnationaler Geschäftsbanken erleichtert. Internationales Privatkapital suchte wegen eines deutlichen Anstiegs der Liquidität auf den Weltfinanzmärkten in Folge der Ölkrisen nach neuen Anlagemöglichkeiten. Die Kredite wurden langfristig gewährt und waren – außer dass sie auf flexiblen Zinssätzen beruhten – an keinerlei Auflagen gebunden. Während zum Beispiel Brasilien die Kredite verwendete, um die Industrialisierung seiner Wirtschaft voranzutreiben, setzten Staaten wie Argentinien oder Chile die Kredite ein, um auf Devisenmärkte Einfluss zu nehmen und über stabilisierte (= höhere) Wechselkurse die inländische Inflation einzudämmen. Diese Politik misslang jedoch, da sie die vermögenden Bevölkerungsgruppen geradewegs dazu aufforderte, sich durch den Kauf künstlich billiger Dollar zu bereichern. Letztlich erzeugte dies einen neuen Inflationsdruck, der insbesondere die mittellosen Bevölkerungsschichten tiefer in die Armut trieb.

Die Schuldenkrise Lateinamerikas weitete sich aus, als neue Staatskredite immer häufiger dazu verwendet wurden, die Zinszahlungen für laufende Kredite zu leisten. Auch auf steigende Zinsen konnten die Schuldnerländer nur mit einer Ausweitung ihrer Kreditaufnahme reagieren. So erhöhte sich der Schuldendienst einiger lateinamerikanischer Länder wie zum Beispiel Argentiniens bis Mitte der 1980er-Jahre auf über 10 Prozent des BIP. Die Verschuldung erreichte ein Niveau, das die Wirtschaftskraft der lateinamerikanischen Volkswirtschaften überstieg. Als sich die privaten Auslandsbanken in der Kreditvergabe zunehmend zurückhaltend zeigten und auf eine Tilgung der ausstehenden Verbindlichkeiten drängten, sahen die verschuldeten und devisenschwachen Staaten nur einen Ausweg in der Abwertung ihrer Währungen, um Exporte zu fördern, was jedoch zu einem weiteren Inflationsschub im Inland mit zum Teil dreistelligen Inflationsraten führte. Der IWF sprang mit Notkrediten ein, die er an strukturpolitische Auflagen knüpfte: Neben einer weiteren Währungsabwertung sollten die Schuldnerländer das Importvolumen drosseln und ihre Staatsausgaben reduzieren.

Die unterschiedlichen Lösungsansätze, die von den lateinamerikanischen Staaten parallel vorangetrieben wurden, um die Schuldenkrise zu überwinden, zeigten zum Teil einander entgegengerichtete Wirkungen: Zum einen verschärften die Senkungen der Staatsausgaben, die vor allem über Entlassungen oder Lohnkürzungen im öffentlichen Dienst erfolgten, die Rezession und den Schrumpfungsprozess der Volkswirtschaften. Zum anderen wurden die Chancen, die sich durch eine zurückgehende Binnennachfrage und eine Reduktion der Importvolumina in der Rezession ergaben, durch die Auflagen des IWF (Senkung von Zöllen und Öffnung der Märkte für ausländische Waren) wieder relativiert. Die auferlegten Strukturreformen beinhalteten auch die Privatisierung von lateinamerikanischen Staatsbetrieben (z. B. von Fluggesellschaften, Telekommunikationsunternehmen oder rohstofffördernden Betrieben). Die Privatisierungen boten insbesondere den Auslandsbanken die Möglichkeit, ihr in den ausstehenden Krediten gebundenes Kapital zurückzuführen, indem sie es in Aktienanteile an privatisierten Unternehmen umwandelten. Zugleich sicherten die Regierungen diesen Unternehmen durch Marktregulierungen befristete Monopolstellungen zu – mit dem Zweck, hohe Renditen zu erzielen und Gewinne an die ausländischen Anteilseigner ausschütten zu können.

---

nikation (Internetknoten, Breitbandnetze) und Personenmobilität (internationaler Flughafen) sowie nicht zuletzt die schnelle Verfügbarkeit von zuarbeitenden Dienstleistern. Viele Finanzprodukte (z. B. das M&A-Geschäft oder große syndizierte Kredite) benötigen die Mitarbeit von speziellen Anwaltssozietäten, Unternehmensberatern oder Wirtschaftsprüfern, deren Zahl an allen bedeutenden Finanzzentren erheblich zugenommen hat (Abb. 22.6.2). Skaleneffekte, das heißt unternehmensinterne Vorteile der Konzentration, entstehen vor allem bei den elektronischen Börsen, die rund um die Uhr und im Bruchteil einer Sekunde den Handel mit Währungen, Aktien oder Anleihen ermöglichen.

Zweitens kann ein Finanzzentrum **informationsökonomisch** erklärt werden, denn hier bestehen die besten Möglichkeiten, Informationen zu sammeln, auszutauschen, neu zu bilden und zu interpretieren (Laulajainen 2003). So unterscheidet man in der Finanzgeographie transparente Finanzprodukte, deren Informationsgehalt so hoch ist und bei denen Informa-

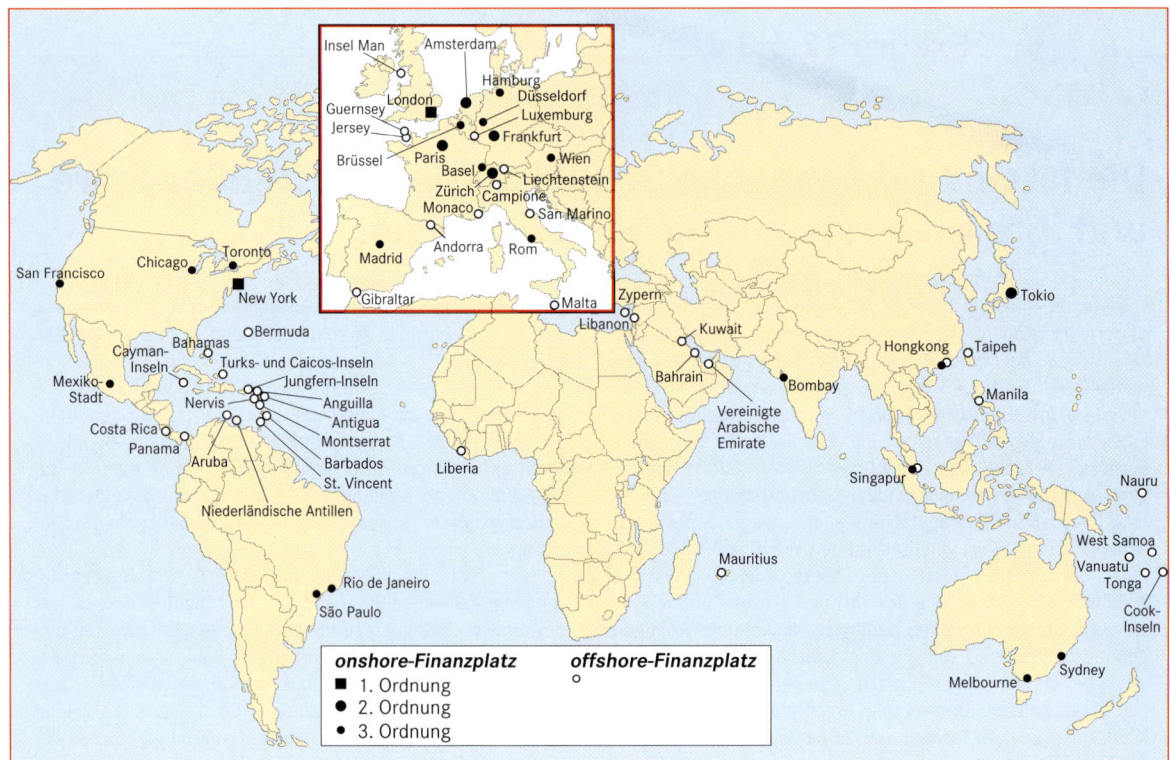

Abb. 22.6.1 Internationale Finanzzentren (Schamp 2008, nach Dicken 2003).

tionsasymmetrien zwischen Anbietern und Nachfragern so niedrig sind, dass sie über Börsen gehandelt werden können (z. B. Währungshandel). Aber auch weniger transparente bzw. intransparente Produkte (M&A, syndizierte Kredite, Verbriefungen) besitzen eine Affinität zu Finanzzentren, die über eine Konzentration unterstützender wissensintensiver Dienstleistungen für Finanzgeschäfte verfügen. Sie bedürfen der *face-to-face*-Verhandlung zwischen Partnern, was im Allgemeinen räumliche Nähe von beiden verlangt, durch die ein gemeinsames Verständnis der zu tätigenden Finanztransaktion erarbeitet werden kann. Gerade bei wenig transparenten Finanzprodukten lässt sich die informationsökonomische Erklärung noch mit einer informationssoziologischen verbinden. Informationen schwirren vielfach in einem Finanzzentrum herum. Doch welche ist von welcher Bedeutung? Bestimmte bedeutsame Informationen können nur durch wenige Wissende weitergegeben werden. Man muss deren Vertrauen genießen, um sie zu erhalten. So kann das Finanzzentrum auch als ein besonderes soziales Milieu beschrieben werden. Erst die Zugehörigkeit zum Milieu, die Kenntnis seiner Berufssprache (Codes), die Nutzung besonderer Treffpunkte für Experten (wie Empfänge,

Bars) und die Partizipation in bestimmten Netzwerken erlauben den einzelnen Personen wie den Unternehmen des Finanzsektors den Zugang zu wettbewerbsrelevanten Informationen (Thrift 1994). Auch aus diesem Grund entwickeln sich Finanzinstitute zu multinationalen Unternehmen mit Standorten an vielen Finanzzentren. In jüngeren Arbeiten wird deutlich, wie sehr die Visionen und Bilder, die den Handlungen der Finanzdienstleister zugrunde liegen, in solchen Milieus geschaffen und aufrechterhalten werden – so lange, dass sich Visionen und Bilder in gleichgerichtete Handlungen verwandeln, die zur Krisenanfälligkeit des Finanzsystems führen können (Hall 2006).

Räumliche Disparitäten im Zugang zu Finanzdienstleistungen

Regionale Unterschiede in Wohlstand und Wirtschaftsstruktur bewirken Unterschiede beim Aufkommen von Sparkapital sowie bei der Nachfrage nach Investitionskapital. Banken und andere Finanzdienstleister sammeln im sogenannten *retail banking* das Sparkapital pri-

Abb. 22.6.2 Die ehemaligen Docklands in London wurden inzwischen zu einem wichtigen Finanz- und Dienstleistungszentrum umgestaltet. Alte Verladekräne „zitieren" die Geschichte des ehemaligen Londoner Hafens (Fotos: H. Gebhardt).

vater Haushalte und kleiner Unternehmen und versorgen diese mit Darlehen und kreditähnlichen Finanzdienstleistungen. Sie könnten daher die unterschiedliche Verfügbarkeit von Sparkapital ausgleichen und damit eine wichtige normative Rolle erfüllen, nämlich einen Beitrag zu räumlich gleichwertigen Lebens- und Arbeitsbedingungen leisten. In der neueren Geschichte der Finanzwirtschaft haben oft lokale Sparkassen, genossenschaftliche Volks- und Raiffeisenbanken oder Spar- und Kreditvereine diese Aufgabe übernommen. In vielen Entwicklungsländern fungieren heute Sparvereine und Organisationen der Mikro-Finanzierung in ähnlicher Weise. In Deutschland etwa darf jede Sparkasse aufgrund gesetzlicher Regelungen nur in einem abgegrenzten Verwaltungsgebiet (Stadt, Landkreis) tätig sein (Regionalprinzip). Sparkassen erfüllen die Aufgabe der regionalen Versorgung mit Finanzdienstleistungen zwar generell in Konkurrenz zu den (privaten) Banken, besitzen aber gerade in ländlichen, strukturschwachen Teilregionen manchmal auch ein regionales Monopol. Ob regionale Monopolstellungen höhere Zinsen oder einen erschwerten Kreditzugang für kleine Unternehmen bedeuten und inwieweit Banken und Sparkassen die Aufgabe der gleichwertigen Versorgung mit Finanzdienstleistungen im ländlichen Raum oder in benachteiligten Teilen von Großstadtregionen erfüllen, ist eine Frage, die seit Langem kontrovers diskutiert wird (Gärtner 2009). In den vergangenen Jahrzehnten haben sowohl Banken als auch Sparkassen immer wieder ihr **Filialnetz reduziert**, um Kosten zu sparen. Manche

Autoren haben darin eine zunehmende Benachteiligung (finanzielle Exklusion) von Personen und Unternehmen an peripheren Standorten gesehen, seien es arme Stadtteile in den USA (Pollard 1999) oder ländliche Regionen in Deutschland. Empirische Beispiele belegen, dass **finanzielle Exklusion** ethnische Segregation in Teilräumen verstärken sowie die Anfälligkeit bestimmter geographisch konzentrierter Branchen gegenüber externen Schocks erhöhen kann. Als Gegenargument wird jedoch vorgebracht, dass Geldautomaten oder der **Online-Zugang** zu Finanzdienstleistungen den Filialschließungen entgegenwirken. Auch wenn Banken spezialisierte und entscheidungsbefugte Fachkräfte auf wenige Filialstandorte konzentrieren, können sie räumliche Nähe zum Kunden zumindest temporär immer noch über mobile Vertriebsmitarbeiter organisieren. Damit scheint die enge Bedeutung des „Lokalen" in der Versorgung mit Finanzdienstleistungen – zumindest in hoch entwickelten Ländern – abzunehmen.

Finanzdienstleistungen als Risikomanagement

Die räumliche Organisation der Finanzwirtschaft ist vielfältig, dynamisch und mitunter sogar widersprüchlich. Sie resultiert erstens aus zwei entgegengerichteten Prozessen: Konzentration und Dezentralisierung. Während die Herstellung von neuen Produkten und Finanzdienstleistungen an wenigen Standorten konzentriert erfolgt oder zwischen Finanzplätzen arbeitsteilig organisiert wird, werden Vertriebswege und Kundenbeziehungen noch immer weitestgehend dezentral organisiert. Insbesondere der Vertrieb wissensintensiver, intransparenter Produkte ist auf die Nähe zum Kunden angewiesen. Der Vertrieb transparenter Produkte nutzt dagegen Skaleneffekte aus, die mit virtuellen Vertriebsplattformen einhergehen. Finanzdienstleister sind außerdem wissensintensive Dienstleister, die über die Produktion und die Verarbeitung von Information Kernkompetenzen im Umgang mit Risiken entwickelt haben. Auch der Umgang mit Risiken wird von ihnen unterschiedlich räumlich organisiert. Während zum Beispiel Banken Risiken im Kreditgeschäft über **Sicherheiten** (z. B. Hypotheken) oder eine **systematische Kundenüberwachung** mithilfe computergestützter Informationsmodelle (z. B. Auswertung von Firmengeschäftsberichten) kontrollieren und minimieren, basieren Finanzdienstleistungen wie die Bereitstellung von Risikokapital oder von Startkapital an junge Firmen durch sogenannte *business angels* auf der Kontrolle von Risiken durch **Branchenwissen** (Exkurs 22.6.1). Dieses Wissen erlaubt den Kapitalgebern eine aktive Einflussnahme auf die realwirtschaftlichen Entscheidungsprozesse der von ihnen finanzierten Unternehmungen. Die Organisation einer solchen Risikokontrolle basiert auf temporärer geographischer Nähe, das heißt dem intensiven persönlichen Kontakt zwischen den Personen des Kapitalgebers und des Unternehmers, und nicht zuletzt auf einem gemeinsamen technologischen oder branchenspezifischen Verständnis, das den Austausch von Wissen zur flexiblen Bewältigung auftretender Schwierigkeiten erleichtert. Eine klar dezentral konzentrierte Verteilung von Beteiligungskapitalgebern in Deutschland – in urbanen Räumen und an Standorten konzentrierter Kunden aus Hightech-Branchen wie der Biotechnologie oder der Medienbranche (Klagge 2003, Zademach 2009) – deutet auf die große Relevanz räumlicher Ko-Lokation in diesem Marktsegment hin. Sie wird jedoch durch moderne kooperative Beteiligungsformen wie zum Beispiel ein gemeinsam von mehreren Beteiligungskapitalgebern organisiertes syndiziertes Engagement oder die regionsübergreifende, verbandsähnliche Organisation von *business-angel*-Netzwerken zunehmend relativiert (Abb. 22.6.3).

Die räumliche Organisation der Finanzwirtschaft resultiert zweitens aus der Dynamik der Verschiebung von Risiken und Risikomanagement. **Risikomanagement** ist die klassische Tätigkeit der Versicherungswirtschaft. In jüngster Zeit haben sich insbesondere aber auch die großen internationalen Geschäfts- und Investmentbanken durch die Entwicklung und Etablierung

neuer Kapitalmarktprodukte zu spezialisierten Händlern von Risiken entwickelt. Anstatt Risiken traditionell über Risikoaufschläge bei Zinsen selbst zu tragen, zielen ihre Geschäftsstrategien auf Provisionserträge durch den Handel von Risiken im Auftrag Dritter ab – wie das Beispiel der Verbriefung von *subprime*-Hypothekenkrediten in den USA idealtypisch belegt. Das Beispiel verdeutlicht zugleich das dynamische Wechselspiel zwischen den entgegengerichteten Prozessen der Konzentration und Dezentralisierung im Finanzsektor und verbindet unterschiedliche geographische Maßstabsebenen der Finanzierung (French et al. 2009). Kreditverbriefung erlaubt es, risikoreiche Einzelkredite, die von dezentralen Vertriebspartnern an Kunden vergeben wurden, zu sammeln und nach Risikoklassen restrukturiert und von *rating*-Organisationen bewertet institutionellen Investoren am Kapitalmarkt als Anlageprodukte oder zur Diversifikation ihrer Risikoportfolien anzubieten. Die wissensintensive Herstellung der verbrieften Produkte erfolgt in den globalen Finanzzentren. Ebenso wird ihre Vermarktung über vernetzte Akteure an internationalen Finanzzentren vorangetrieben. Der Charme dieser Produkte liegt darin – vielleicht muss man im Rückblick auf die von ihnen ausgegangene Finanzkrise in den Jahren 2007 bis 2009 sagen „lag darin" –, dass sie zur Finanzierung von (vormals ausgegrenzten) Kreditnehmern mit geringer Bonität geeignet sind bzw. waren, da finanzielle Risiken nun nicht mehr von einem lokalen Kreditgeber getragen werden müssen, sondern auf mehrere internationale Schultern verteilt werden können. Die Erfinder der Verbriefungsprodukte werden über Provisionen vergütet. Das Beispiel der *subprime*-Verbriefung und die Finanz- und Wirtschaftskrise 2007 bis 2009 decken jedoch auch die Fragilität der Finanzsysteme auf. Die Krise verdeutlicht einerseits, wie schnell in einer international vernetzten Finanzwelt eine Vertrauenskrise zwischen Finanzdienstleistern entstehen kann, wenn Informationen systematisch falsch bewertet werden. Die weltweiten Käufer verbriefter Produkte hatten sich auf die Risikobewertung durch Ratingagenturen verlassen, ohne zu hinterfragen, inwieweit originäre und kontextualisierte Informationen über das Kreditausfallrisiko der einzelnen Hypothekenkäufer oder realistische Erwartungen an die Entwicklung regionaler Immobilienpreise in die Bewertungen eingeflossen sind. Andererseits verdeutlicht die Krise, wie Kapitalanleger – und dazu gehören insbesondere auch die Pensionskassen westlicher Industriestaaten – mit ihrer Nachfrage nach langfristig rentablen und unter Risikogesichtspunkten optimierten Anlageformen für große Kapitalmengen Anreize zur Entwicklung immer komplexerer und ausgefeilter Kapitalmarktprodukte boten. Die Pensionskassen, die strikten Regeln unterliegen, nach denen sie sich

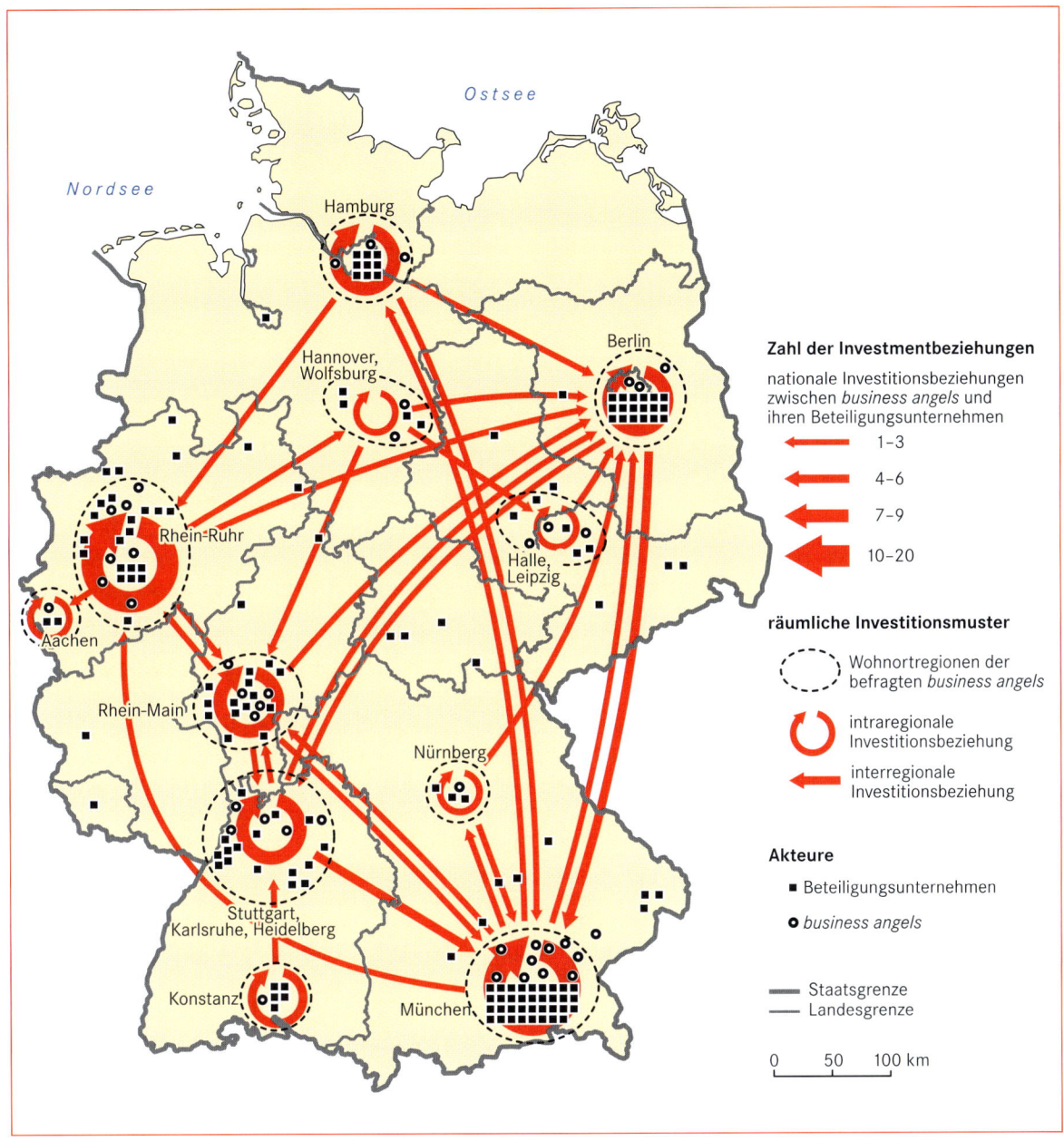

Abb. 22.6.3 Vernetzung der Beteiligungsfinanzierung in Deutschland (Entwurf: M. Wallisch, Kartographie: H. Sladkowski).

bei veränderten Marktlagen und bei überschrittenen Risikoschwellenwerten kollektiv aus bestimmten Anlageformen zu verabschieden haben, spielten eine wesentliche Rolle bei der Intensivierung der Finanzkrise.

Gewiss hat die Finanz- und Wirtschaftskrise der Jahre 2007 bis 2009 der finanzgeographischen Subdisziplin zu einer erhöhten Aufmerksamkeit verholfen. Zugleich aber hat sie der Forschung auch ihre gegenwärtigen Grenzen offengelegt (Lee et al. 2009). So ist etwa das Verständnis über die **Geographien der Erzeugung und Zerstörung von Vermögen** noch nicht sehr weit ausgeprägt. Noch immer unvollständig ist außerdem das Verständnis der weltpolitischen Konsequenzen von Finanzierung.

22.7 Geographische Immobilienmarktforschung

ULRIKE SAILER

Auslöser der Finanz- und Wirtschaftskrise der Jahre 2007 bis 2009 war das **Platzen der Immobilienblase** in den USA. Jahrelang wurden *subprime*-Kredite für Wohnungen an Haushalte mit schwacher Bonität zu niedrigen Zinsen vergeben, in verbrieften Paketen gebündelt und Wertpapieren ähnlich weltweit gehandelt. Die Vergabepraxis führte zu einer Ausweitung der Nachfrage nach Wohneigentum, was wiederum steigende Hauspreise nach sich zog. In der dann folgenden konjunkturellen Abschwächungsphase konnten wegen steigender Zinsen und Einkommensausfälle viele *subprime*-Kredite nicht mehr bedient werden; Notverkäufe, Zwangsversteigerungen, abstürzende Hauspreise und Kreditausfälle in Milliardenhöhe waren das Resultat. Wegen der engen Verzahnung mit der Finanzwirtschaft hat die *subprime*-Krise zuerst diese erfasst und über Ansteckungseffekte dann die Realwirtschaft. Auch früher gab es Immobilienblasen, ihre Auswirkungen blieben jedoch regional beschränkt. Als Folge des weltweiten Handels mit den verbrieften *subprime*-Krediten hat dagegen das Platzen der jüngsten amerikanischen Immobilienblase zu einer Weltwirtschaftskrise geführt.

Neben dem Investment in Wohnungsimmobilien engagiert sich das nach Anlagemöglichkeiten suchende Kapital auch in Büro- und Handelsimmobilien sowie anderen Gewerbeimmobilien, die traditionellerweise eigen genutzt waren und deshalb nicht direkten Marktmechanismen unterlagen. Insbesondere in Großstädten ist inzwischen ein großer Teil auch der Freizeit- und Logistikimmobilien im Eigentum institutioneller Anleger mit einem internationalen Portfolio. Immobilien sind für sie handelbare Kapitalanlagen wie Aktien oder Anleihen. Sie wollen möglichst hohe Renditen erzielen, nicht nur aus Mieterträgen, sondern über den gezielten Kauf und Verkauf.

An diesen Beispielen wird deutlich, dass der Immobilienmarkt unter den heutigen ökonomischen und gesellschaftlichen Rahmenbedingungen für die Wirtschaftsentwicklung eine neue Bedeutung gewonnen hat. Durch die Finanzmarktorientierung und Globalisierung ist der früher weitgehend lokal und regional verfasste Immobilienmarkt inzwischen aufgebrochen. Er wird zunehmend durch Akteure in weit entfernten Regionen, durch deren *stakeholder*-Perspektiven, Motive und Praktiken bestimmt. Damit ist auch dieser Wirtschaftsbereich heute durch ein ausgeprägtes *global-local interplay* cha-

rakterisiert. Die Mobilisierung und Entgrenzung des Immobilienmarktes ist mit differenzierten ökonomischen, sozialen und politischen Veränderungen verbunden. Und sie haben zu neuen Hierarchisierungen und Strukturierungen des Raumes sowie zu neuen Regulierungsmechanismen in der Regional- und Stadtentwicklung geführt.

Vor diesem Hintergrund und dem **Bedeutungszuwachs der Immobilienwirtschaft** – auch als Berufsfeld für Geographen – hat die Immobilienmarktforschung in der Geographie seit den 1990er-Jahren beträchtlich zugenommen und sich ausdifferenziert (Heeg 2009). Vorher war die geographische Immobilienmarktforschung weitgehend auf städtische Wohnungsmärkte fokussiert und daher regelhaft in der Stadtgeographie verortet. Heute werden spezifische Prozesse und Standortveränderungen in verschiedenen Gewerbeimmobilienmärkten einbezogen, bisher mit Schwerpunktsetzung im Büroimmobilienmarkt, da dieser im Zuge des Übergangs zur Dienstleistungs- und Wissensökonomie wirtschaftlich und flächenmäßig am wichtigsten ist. In dieser Entwicklung weist die geographische Immobilienmarktforschung deutliche Parallelen zu anderen Disziplinen auf (z. B. VWL). Auch in diesen war immobilienwirtschaftliche Forschung bis in die jüngere Zeit weitgehend gleichbedeutend mit Forschungen zur Wohnungswirtschaft und zum städtischen Wohnungsmarkt. Bei Zuordnung nach den klassischen Subdisziplinen der Humangeographie ist daher die geographische Immobilienmarktforschung heute im **Schnittpunkt von Wirtschafts- und Stadtgeographie** zu verorten.

Gegenwärtig ist die geographische Immobilienmarktforschung durch einen starken Fokus auf Prozesse und Folgen der Finanzmarktorientierung und Globalisierung des Immobilienmarktes geprägt, ähnlich wie auch andere Teilbereiche der Wirtschaftsgeographie. Daher steht im nächsten Teil dieses Teilkapitels dieses Themenfeld im Mittelpunkt. Im dritten Teil werden konzeptionelle Ansätze und Themenfelder der geographischen Wohnungsmarktforschung vorgestellt (Exkurs 22.7.1).

Finanzmarktorientierung und Globalisierung im Immobilienmarkt

Der Immobilienmarkt war noch bis in die 1990er-Jahre sehr stark durch nationalstaatliche Regelungen und einen lokalen Bezugsrahmen von Eigentümern, Projektentwicklern, Investoren und Finanzierungsinstitutionen geprägt. Lokale Banken als Hauptakteure der Immobilienfinanzierung vergaben Hypotheken vorrangig nach

Exkurs 22.7.1

Grundbegriffe und Besonderheiten des Immobilienmarktes

Die Entwicklung auf Immobilienmärkten ist konstituierend für die strukturelle Differenzierung und Dynamik der Flächennutzung und die räumlich-soziale Wohnstandortverteilung der Bevölkerung. Immobilien erfüllen Funktionen für Gewerbe und Wohnen. Gleichzeitig spiegeln sie über Architektur und ihr Zeichensystem die wirtschaftlichen Bedingungen, den politischen Rahmen sowie die sozialen Normen und kulturellen Werte der Vergangenheit und der Gegenwart. Sie sind aber auch wichtige Bausteine für die Symbolik, die Außenwahrnehmung und die lokale Identität.

Immobilien sind Wirtschaftsgüter, sie bestehen aus unbebauten oder bebauten Grundstücken einschließlich der darauf stehenden Gebäude und Außenanlagen. **Gewerbeimmobilien** dienen der Produktion von Sachgütern, der Erbringung von Dienstleistungen und der Vermarktung. Kernsegmente sind die Industrie-, Büro- und Handelsimmobilien, an Bedeutung für die Immobilienwirtschaft gewinnen derzeit Logistik-, Freizeit-, Beherbergungs- und Sozialimmobilien (Pflegeheime etc.). **Wohnimmobilien** werden nach verschiedenen Kriterien klassifiziert. Nach der Wohnungszahl wird zwischen Ein- und Zweifamilienhäusern, Mehrfamilienhäusern sowie Wohnanlagen mit mehr als 20 Wohnungen unterschieden. Aspekte wie Baualter, Besitzstatus oder auch die Ausstattung dienen ebenfalls zur Untergliederung.

Bei der Analyse von Prozessen im Immobilienmarkt sind die **Besonderheiten von Immobilien** im Vergleich zu anderen Wirtschaftsgütern zu berücksichtigen. Sie bestimmen maßgeblich das Handeln der Akteure im Immobilienmarkt. Immobilien sind sehr heterogen, standortgebunden und langlebig. Für ihre Herstellung ist ein längerer Zeitraum sowie ein hoher Kapitaleinsatz erforderlich, die Finanzierung erfolgt regelhaft über einen bedeutenden Fremdkapitalanteil. Auch Unterhalt und Nutzung sind mit hohen Kosten verbunden, zudem fallen beim Kauf, Verkauf oder Umzug beträchtliche Transaktionskosten an. Im Grundsatz können Immobilien nicht substituiert werden, sie sind für nahezu alle menschlichen Aktivitäten erforderlich. Insbesondere gilt dies für Wohnungen, da Wohnen ein menschliches Grundbedürfnis ist. Deshalb wird in vielen Ländern eine Wohnung nicht nur als Wirtschaftsgut, sondern auch als Sozialgut bewertet, das der Staat über wohnungspolitische Instrumente auch für die ökonomisch schwache Bevölkerung zu sichern hat.

Aus der Standortgebundenheit resultiert die begrenzte räumliche Reichweite des Angebots. Ein Angebotsüberhang kann nicht durch eine übergroße Nachfrage in einem anderen Raum abgebaut werden. Hieraus resultieren ebenfalls **räumliche Externalitäten**. Sie bestimmen die Lagequalität von Immobilien und sind von zentraler Bedeutung für ihren ökonomischen Wert und ihr Nutzungspotenzial. In die Bewertung der Lage gehen die Mikro- und Makrostandortgegebenheiten ein. Der Mikrostandort umfasst das direkte Standortmilieu (Nutzungs- und Baustruktur, Zusammensetzung der Bevölkerung, Topographie und Umfeldgestaltung, verkehrliche Erreichbarkeit, Distanzfaktoren etc.). Zu den Makrostandortfaktoren gehören beispielsweise die regionale Wirtschafts- und Bevölkerungsentwicklung sowie auch das konkurrierende Immobilienangebot.

Als Folge von Heterogenität, Standortgebundenheit und Langlebigkeit ist der Immobilienmarkt in verschiedene **sachliche und räumliche Teilmärkte** zu untergliedern. Valide, standardisierte und allgemein zugängliche Daten sind Mangelware, charakteristisch sind die geringe Markttransparenz und eine hohe Informationsasymmetrie. Wegen der Lebensdauer und der hohen Produktionskosten ist der Immobilienmarkt ein Bestandsmarkt mit geringer Anpassungsflexibilität. Er kann nur in längeren Zeiträumen durch Neubauten verändert werden. Beispielsweise verzeichnet der deutsche Wohnungsmarkt weniger als 2 Prozent Neuzugänge pro Jahr.

Sicherheitskriterien unter Einbezug vor allem von Objektgüte und Käuferbonität. Die lokalen Marktstrukturen waren höchst intransparent, die wichtigen Informationen personengebunden, lückenhaft und nicht standardisiert. Der Zugang zu diesen Informationen war an lokale Netzwerke, an das „lokale Rauschen", geknüpft. Vor allem ortsansässige Akteure agierten im Immobilienmarkt – basierend auf individuellen Erfahrungen und eher intuitiv.

Unter den Immobilieneigentümern war der Selbstnutzeranteil sehr hoch. Dies galt insbesondere für Gewerbeimmobilien. Die meisten Unternehmen übten ihre Geschäftstätigkeit in eigenen Räumen aus. Prioritär waren diese Eigentümer am Gebrauchswert einer Immobilie orientiert. Sie bauten bzw. kauften Immobilien mit Langfristperspektive und relativ höherem Eigenkapitalanteil. Es dominierte eine **substanz- bzw. sachwertorientierte Haltestrategie** (*buy-and-hold*).

Diese vor allem in Europa noch bis in die 1990er-Jahre vorherrschende „Versteinerung des Immobilienmarktes" (Lichtenberger 1995) wurde sukzessive aufgelöst. Insbesondere seit der Jahrtausendwende vollzieht sich ein dynamischer Übergang zum hoch mobilen, grenzüberschreitenden Immobilienmarkt. Institutio-

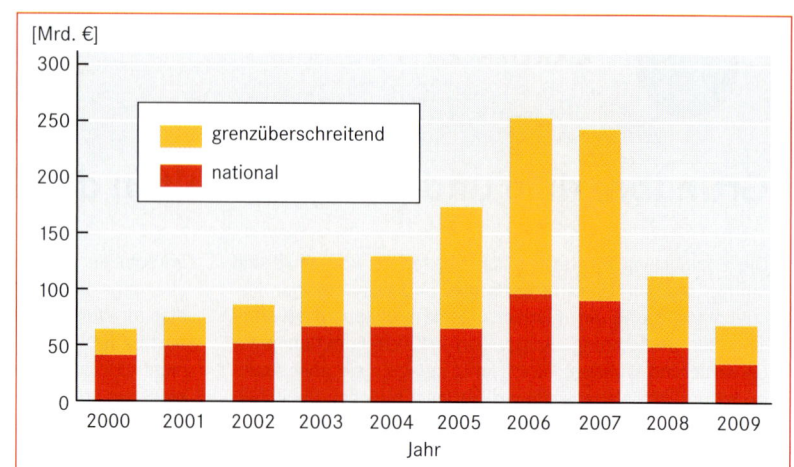

Abb. 22.7.1 Investitionen in europäische gewerbliche Immobilien 2000 bis 2009 (grenzüberschreitend: Investor von außerhalb des Landes, in dem die Transaktion stattfindet; national: Investor aus dem Land, in dem die Transaktion vollzogen wird; verändert nach Just 2010; Datenquellen: Jones Lang LaSalle, Deutsche Bank).

nelle Anleger sowie international tätige Beratungsfirmen und Projektentwickler sind die zentralen, sich wechselseitig beschleunigenden Träger der territorialen Entankerung. Die institutionellen Anleger unterscheiden sich durchaus in ihrer Anlagestrategie. Reine *property*-Unternehmen (Immobilienaktiengesellschaften, *private-equity*-Fonds etc.) agieren kurzfristiger und spekulativer, *non-property*-Unternehmen wie Versicherungen oder Pensionskassen weisen dagegen eine größere Risikoaversität auf. Gemeinsam ist ihnen allerdings eine ausgeprägte Ertragswertorientierung; wie andere Finanzprodukte sind Immobilien für sie eine **handelbare Anlagekategorie**. Insbesondere durch Käufe mit hohem Fremdkapitaleinsatz bei niedrigen Zinsen und gezielte Verkäufe an Weiterverwerter (*buy-and-sell*) sowie durch selektives Halten im Bestand sollen kurzfristig erhebliche Gewinne und eine Steigerung der Eigenkapitalrendite erzielt werden. Im Vergleich zu früher werden Immobilien hierdurch kommodifiziert bzw. ökonomisiert. Der Marktwert einer Immobilie und nicht mehr der Gebrauchswert ist das zentrale Investitionskriterium. Ausgenutzt werden Unterschiede in Immobilienzyklen, Kreditzinsen und Wechselkursen. Konstituierend für dieses Geschäftsmodell ist daher ein aktives, international und regional sowie sektoral **diversifiziertes Immobilienportfoliomanagement**.

Institutionelle Anleger haben in ihre Portfoliodiversifikation zuerst die Kernökonomien der Triade einbezogen. Ab Ende der 1990er-Jahre dehnten sie ihre Aktivitäten in das postsozialistische Osteuropa aus (Pütz 2001). Inzwischen agieren sie auch in wirtschaftlich erfolgreichen Schwellenländern in Asien und Lateinamerika (Scharmanski 2009). Auf subnationaler Ebene ist ein siedlungshierarchisch abwärts gerichtetes Engagement zu verzeichnen. Prioritär erfolgen Investitionen in klassische A-Standorte (Metropolen, Verdichtungsräume,

Großstädte), teilweise werden auch Investitionen in B-Standorte und damit Städte mit regionaler Bedeutung realisiert. Neben dieser globalen und subnationalen Hierarchisierung des Raums durch das Handeln der Anleger erfolgt auch eine sektorale Portfoliodiversifikation. Zuerst wurden Büro- und Handelsimmobilien von der Finanzmarktorientierung und Globalisierung erfasst. Zunehmend engagieren sich institutionelle Anleger auch bei Freizeit- und Logistikimmobilien sowie in Spezialsegmenten wie Hotel- oder Sozialimmobilien (z. B. Seniorenimmobilien). Die Abbildung 22.7.1 dokumentiert die dynamische Ausweitung des Investitionsvolumens in Europa im Gewerbeimmobilienbereich (Just 2010). Deutlich erkennbar ist, dass diese Kapitalmarktorientierung maßgeblich auf grenzüberschreitenden Investitionen basiert, dies gilt auch nach dem Investitionseinbruch infolge der Finanz- und Wirtschaftskrise.

Auch im Wohnimmobilienmarkt hat sich die Finanzmarktorientierung und Globalisierung erheblich verstärkt. So wurden in Deutschland zwischen 1999 und 2009 1,9 Millionen Wohnungen in großen Paketen vorrangig an institutionelle Anleger verkauft, darunter mehrheitlich an ausländische Investoren (Abb. 22.7.2). Dies entspricht immerhin 8 Prozent des deutschen Mietwohnungsbestands. Niedrige Zinsen, günstige Kaufpreise und ein solider *cash flow* durch kontinuierliche Mieteinnahmen machten den deutschen Markt besonders interessant. Unter solchen Bedingungen und bei hohem Fremdkapitalanteil übersteigt die Gesamtrendite deutlich die Zinsen für das Fremdkapital (*leverage*-Effekt). Meist wird ein Verwertungszyklus von 3 bis 5 Jahren anvisiert, Blockverkäufe an Weiterverwerter und Verkäufe an Mieter gehören zur Geschäftsstrategie. Die meisten Wohnungen stammen von der öffentlichen Hand und industrieverbundenen Unternehmen (Bund,

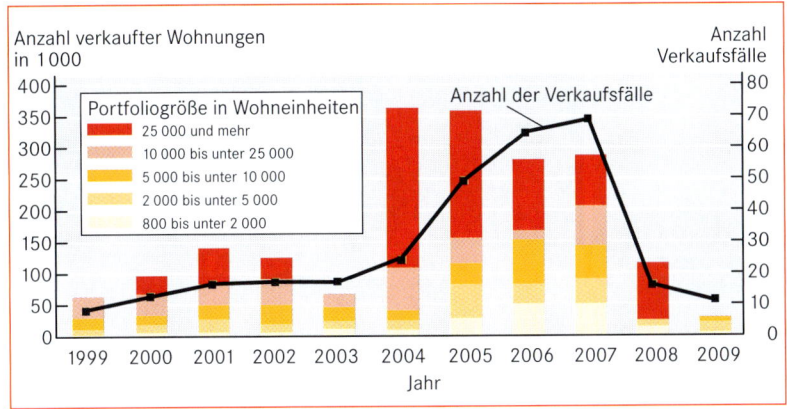

Abb. 22.7.2 Verkaufte Wohnungen in Deutschland nach Portfoliogröße und Verkaufsfällen 1999 bis 2009. Berücksichtigt sind Verkäufe großer Wohnungsbestände ab 800 Wohnungen (verändert nach Claßen & Zander 2010, Datenquelle: BBSR-Datenbank Wohnungstransaktionen).

Kommunen, Thyssen Krupp etc.). Das markanteste Beispiel ist die „Deutsche Annington Immobiliengruppe". Die Tochter einer britischen *private-equity-G*esellschaft hat seit 2001 große Wohnungspakete aufgekauft (Eisenbahnerwohnungen vom Bund, Werkswohnungen vom RWE etc.). Mit einem Bestand von 192 000 Wohnungen war sie Ende 2009 das größte private Wohnungsunternehmen in Deutschland, sie ist in über 60 Kommunen präsent (Claßen & Zander 2010). Die Käufe großer Wohnungsportfolios durch ausländische institutionelle Anleger werden in Medien, Politik und Öffentlichkeit besonders wahrgenommen – wegen ihrer hohen Alltagsrelevanz, ihrer sozialpolitischen Brisanz sowie den Befürchtungen der Bewohner, einer „Heuschreckenmentalität" ausgeliefert zu sein.

Bereits dieses Beispiel verweist auf die **zentralen Ursachenkomplexe** für die so dynamische Kapitalmarktorientierung und Globalisierung im Immobilienbereich. Von besonderer Bedeutung ist das Zusammenspiel zwischen Nachfrage und Angebot. Die **historisch hohe Liquidität** in den internationalen Finanzmärkten seit Ende der 1990er-Jahre führte zur Suche nach neuen, renditeträchtigeren Anlageformen. Wichtig hierfür sind vor allem Pensionskassen und Versicherungen, die wegen der Alterung der Gesellschaft und der Teilumstellung der Alterssicherungssysteme inzwischen auch in Europa sehr große Anlagevolumina aufweisen. Institutionelle Investoren mit hohen Anlagevolumina „entdecken" Immobilien als interessante Anlageklasse und ihre Nachfrage trifft inzwischen auf ein breites Angebot an Investitionsmöglichkeiten.

Die **Ausweitung des Angebots** resultiert erstens aus der Abkehr vom früher vorherrschenden Selbstnutzermodell bei gewerblichen Immobilien. Wegen des durch die Globalisierung verstärkten Wettbewerbs- und Renditedrucks verkaufen Unternehmen zunehmend ihre Immobilien bzw. errichten nicht selbst die betrieblich genutzten Gebäude, sondern mieten diese an. Hierdurch

reduzieren sie die Kapitalbindung außerhalb ihres Kerngeschäfts und verbessern die Eigenkapitalrendite sowie ihre Unternehmensbilanz. Dieser Prozess hat in den USA deutlich früher als in Europa eingesetzt. Um 2005 lag der Eigennutzeranteil bei Gewerbeimmobilien in den USA bereits unter 30 Prozent, in Europa dagegen noch bei rund 70 Prozent. Die Angebotsausweitung geht zweitens auf die massiven fiskalischen Probleme der öffentlichen Hand zurück. Häufig reagiert sie hierauf mit dem Verkauf ihrer Immobilienbestände.

Von wesentlicher Bedeutung für die Angebotsausweitung sind drittens die jüngeren Umbrüche in der städtischen Planungsphilosophie und Entwicklungsstrategie hin zu mehr Markt- und Wettbewerbsorientierung. Über neue Formen von *urban governance* mutiert die Stadt zur unternehmerischen Stadt (*entrepreneurial city*), die proaktiv auf die Immobilienwirtschaft und ein **property-led development** setzt. Institutionellen Anlegern werden attraktive, renditeträchtige Investitions- und Anlagemöglichkeiten geboten – vor allem bei Bürogebäuden, aber auch in den Segmenten Kultur-, Freizeit- und Handelsimmobilien. In flexiblen, einzelfallbezogenen Aushandlungsprozessen werden vorrangig überregional und international agierende Projektentwickler und Investoren in die Stadtentwicklungspolitik eingebunden, unter weitgehender Berücksichtigung deren ökonomischer Nutzenkalküle und Verwertungsstrategien (Moulaert et al. 2001). Brachflächen und untergenutzte Standorte mit Niedergangs- und Verfallssymbolik oder auch neu erschlossene Flächen werden über planungsrechtliche Vorgaben im Zusammenspiel mit den privaten Akteuren durch Ensembles in hochwertiger Architektur zu außergewöhnlichen Lagen stilisiert. Insbesondere repräsentative Großprojekte als neue Stadtkronen in der urbanen Topographie generieren nationale und internationale Aufmerksamkeit. Die physisch-bauliche Dimension symbolisiert strategische Visionen, hohe Wirtschaftsdynamik und lebendige

Abb. 22.7.3 *Liverpool One* ist mit 17 Hektar eines der größten städtischen Regenerationsprojekte in Europa. Es verbindet das Stadtzentrum mit der heute durch Museen dominierten *Mersey Waterfront*. Früher wurde das Gebiet als Dock und für weitere hafenaffine Funktionen genutzt, es war durch massiven Verfall charakterisiert. 1998 hat das internationale Immobilienberatungsunternehmen *Cushman & Wakefield* in einer von der Stadt in Auftrag gegebenen Studie das Projekt erstmals konzipiert. Die ebenfalls international agierende *Grosvenor Group* realisierte als *developer* das gesamte Projekt zusammen mit privaten Co-Investoren und weiteren Projektpartnern. Hierfür wurde 2004 der private *Grosvenor Liverpool Fund* gegründet, er hat mit mehr als 1 Milliarde Pfund in wenigen Jahren das Projekt ohne öffentlichen Mitteleinsatz umgesetzt und ist der Eigentümer von *Liverpool One.* In Straßenzügen, die sich an das frühere Straßenmuster anlehnen, wurden über 40 Gebäude errichtet, mit über 170 Geschäften, Restaurants, Bars und Cafés, Hotels, Büro- und Wohngebäuden, Freizeiteinrichtungen, Verkehrsinfrastruktur sowie einer 2 Hektar großen Parkanlage. Stadt und *developer* rühmen das Projekt als Meilenstein für die Renaissance der Stadt. Es hat viele private Folgeinvestitionen ausgelöst, neue Arbeitsplätze geschaffen und zu einem massiven Anstieg der Besucherzahlen geführt. Kritiker dagegen bewerten das Projekt als *private clone town* und als *mall without walls* (Foto links: M. Furkert, Foto rechts: V. Hünnemeyer).

Urbanität. Sie bildet heute das Zeichensystem für den erfolgreichen Übergang zur Wissens- und Kulturökonomie (Faulconbridge 2009). Über vielfältige Multiplikatoreffekte werden hierdurch weitere Investoren angezogen. In Umkehr früherer Stadtentwicklungslogiken ist damit eine herausragende Baukultur nicht mehr das Ergebnis des wirtschaftlichen Erfolgs, sondern die Baukultur und insbesondere *iconic buildings* werden zum Kristallisationskern, zum Motor und Katalysator für den Aufschwung in Ökonomie, Bevölkerung und Kultur. Markante und erfolgreiche Beispiele für diesen sogenannten Bilbao-Effekt sind das Guggenheim-Museum in Bilbao, das in seiner spektakulär anmutenden Formensprache den fulminanten Auftakt für den Wiederaufstieg der Stadt symbolisiert, die Londoner Docklands, die Hafencity Hamburg sowie weitere *waterfront-development*-Projekte, die Autostadt Wolfsburg oder auch das seit 2008 sukzessiv fertig gestellte *Liverpool One* mit seiner expressiven Konsumarchitektur (Abb. 22.7.3).

Dieses Zusammentreffen von Nachfrage und Angebot allein hätte die dynamische Finanzmarktorientierung und Globalisierung der Immobilienwirtschaft nicht auslösen können. Weitere Faktoren waren hierfür wesentlich. Hierzu gehören **staatliche Deregulierungen** im Zuge der Weltmarktintegration. Seit den 1990er-

Jahren wurden die Finanzmärkte erheblich liberalisiert, nationalstaatliche Restriktionen beim Immobilienerwerb abgebaut und die rechtlichen Rahmenbedingungen für Immobilientransaktionen sukzessive harmonisiert. Hierzu gehören auch vielfältige **Finanzmarktinnovationen**. Über neue Formen der Immobilienfinanzierung (Immobilienaktiengesellschaften, *Real Estate Investment Trusts* etc.) sowie neue Formen der Verbriefung von Immobilien wurden die Transaktionskosten für den Immobilienerwerb gesenkt und die Liquidität und damit das Anlagevolumen für Investitionen in Immobilien deutlich erhöht (Hahn 2010). In Europa, aber auch in vielen Schwellenländern, ist hierüber eine Annäherung an das US-amerikanische Immobilienmarktmodell zu verzeichnen, für das – wegen des anderen politisch-ökonomischen Kontextes – schon seit Jahrzehnten eine enge Verknüpfung zwischen Immobilien- und Finanzmarkt sowie dies fördernde staatliche Rahmensetzungen charakteristisch sind (Exkurs 22.7.2).

Als wichtiger ermöglichender Faktor ist zudem der erhebliche **Professionalisierungsschub in der Immobilienwirtschaft** hervorzuheben. Denn unabdingbare Voraussetzungen für ein erfolgreiches, überregionales bzw. internationales Immobilienportfoliomanagement sind international harmonisierte Standards der Immobilienbewertung, eine große Informationsdichte und

Exkurs 22.7.2

Frankfurt als Zentrum der Finanz- und Immobilienwirtschaft

SUSANNE HEEG

Frankfurt am Main (Abb. 1) ist das unbestrittene Finanzzentrum in Deutschland. Damit ist Frankfurt zugleich ein wichtiger, wenn nicht sogar der wichtigste immobilienwirtschaftliche Standort in Deutschland. Dies gilt nicht nur, weil Finanzdienstleister als Nachfrager und Nutzer auf dem Immobilienmarkt auftreten, sondern auch, weil ein Geschäftsbereich vieler Finanzdienstleister in der Entwicklung und dem Verkauf von Finanzprodukten rund um Immobilien besteht. Dies ist aber kein selbstverständlicher Zusammenhang, sondern er ergab sich erst mit der Liberalisierung des deutschen Finanzmarktes, wodurch die Finanzmarktfinanzierung von Immobilien an Relevanz gewann.

Historische Entwicklung

Spätestens mit der Entscheidung des Rats der Stadt Frankfurt im Jahr 1585, Kaufleuten die Festlegung einheitlicher Wechselkurse für Münzen zu erlauben, entwickelte sich Frankfurt zu einem Standort für das Banken- und Börsenwesen (Frankfurter Rundschau 2010). Allerdings verlor der „Finanzplatz Frankfurt" im Zuge der deutschen Reichsgründung 1871 an Bedeutung, da entsprechende Funktionen allmählich an Berlin übergingen. Ein Startschuss für den erneuten Aufstieg zum deutschen Finanzzentrum wurde mit der politischen Entscheidung der Ansiedlung der Bank deutscher Länder im Jahr 1948 gelegt. Die Bank deutscher Länder als Vorläufer der Deutschen Bundesbank trug dazu bei, dass sich die Großbanken und Spitzeninstitute des Sparkas-

sensektors und des genossenschaftlichen Bankwesens sowie weitere in- und ausländische Banken in ihrem Umfeld ansiedelten. Gestärkt wurde der Finanzplatz Frankfurt weiter durch die 1993 erfolgte Entscheidung, das Europäische Währungsinstitut – den Vorläufer der Europäischen Zentralbank – in Frankfurt anzusiedeln. Bereits Ende der 1990er-Jahre war Frankfurt gemessen an der Zahl der Kreditinstitute und deren Bilanzsumme das wichtigste deutsche Finanzzentrum, wenngleich München, Hamburg, Berlin und Düsseldorf auch über Bankensitze verfügten (Bördlein 1999). Im Jahr 2002 wurden mit etwa 79 000 Jobs der Höhepunkt der Beschäftigung in Banken und im Jahr 2003 mit 220 die höchste Anzahl von Banken mit Sitz in Frankfurt verzeichnet. Ab der Jahrtausendwende setzten Konsolidierungsprozesse im Bankensektor ein, die aber trotz Arbeitsplatzverlusten und einer abnehmenden Zahl von Banken nicht dazu führten, dass der Standort geschwächt wurde; vielmehr wurden Entscheidungsstrukturen häufig in Frankfurt konzentriert. Vormals eigenständige Banken wie das Bankhaus Oppenheim (Köln), die Postbank (Bonn) oder die Dresdner Bank, die von München aus geführt wurde, gelangten durch Übernahmen in die Hand von Frankfurter Banken. In der Folge verloren die anderen deutschen Finanzplätze weiter an Gewicht. Banken und weitere Finanzdienstleistungen weisen gegenwärtig eine besondere Standortstruktur in Frankfurt auf: Während Headquarter- und Entscheidungsfunktionen in der Innenstadt angesiedelt sind (Lo & Schamp 2001), sind Backoffice-Tätigkeiten in den Bürogebieten am Stadtrand zu finden.

Abb. 1 Skyline von Frankfurt bestehend aus den Hochhäusern der Banken und Finanzdienstleister (Foto: Uwe Dettmar).

Fortsetzung

Fortsetzung

Die Entscheidung zwei von drei europäischen Einrichtungen zur Aufsicht der Finanzmärkte in Frankfurt anzusiedeln, wird den Standort voraussichtlich weiter stärken. Sowohl die europäische Versicherungsaufsicht *Ceiops* als auch der sogenannte Systemrisikorat der Europäischen Zentralbank wird in Frankfurt sitzen (FAZ.net 2010). Vor dem Hintergrund, dass die Bundesanstalt Finanzdienstleistungsaufsicht (Bafin) bereits einen Standort in Frankfurt hat sowie die deutsche Bankenaufsicht bei der Bundesbank konzentriert werden soll, kann Frankfurt als zukünftiges europäisches „Regulierungszentrum" bezeichnet werden. Aber auch wenn Frankfurt das bedeutendste Finanzzentrum Deutschlands ist, so ist es innerhalb von Europa nur ein Zentrum unter weiteren. Keinesfalls erreicht Frankfurt den Stellenwert von London für die globale Finanzwelt.

Liberalisierung des deutschen Finanzmarktes und Auswirkungen auf den Immobilienbereich

Banken und weitere Finanzdienstleister profitierten stark von den verschiedenen Finanzmarktförderungsgesetzen ab 1990 sowie der Einführung privater Alterssicherung 1998, die ihnen umfänglich Liquidität verschafften. Wichtig ist, dass räumliche Investitionsbeschränkungen aufgehoben wurden und Finanzierungsinstrumente wie *hedgefonds* und weitere Investmentfonds platziert werden konnten. Ganz allgemein betrachtet entwickelten sich neue Finanzierungsformen abseits der traditionellen Kreditfinanzierung sowie Möglichkeiten, weltweit zu investieren. Dies trug einerseits in den 1990er-Jahren zu einem starken Beschäftigungswachstum bei und begünstigte damit die Nachfrage nach Büroraum; andererseits hatte dies Auswirkungen darauf, wie Immobilien finanziert wurden. Vor der Liberalisierung der Finanzmärkte war die Kapitalintensität der Immobilieninvestitionen ein großes Problem: Die meist über Bankkredite finanzierten Immobilien banden große Summen auf lange Sicht, ihre Erträge hingen von schwer kalkulierbaren Faktoren wie der Wirtschafts-, Arbeitsplatz- und Zinsentwicklung ab. Die Finanzierungsrisiken bündelten sich beim Eigentümer sowie bei der kreditgebenden Bank, die das Ausfallrisiko trug. Aus diesen Gründen finanzierten häufig lokale

Banken das Investment, bei denen regionales Know-how vermutet wurde. Diese Situation änderte sich durch Finanzinnovationen wie offene/geschlossene Immobilienfonds, Immobilien AGs, *Real Estate Investment Trusts* (REITs), *Real Estate Private Equity Fonds* (REPE) und so weiter. Auf diese Weise verlagerte sich das Risiko von der kreditgebenden Bank auf Anleger, die handelbare Schuldtitel erwarben. Bezogen auf Büroimmobilien in Metropolen wurden institutionelle Investoren – das heißt die Anlagegesellschaften – zu den wichtigsten Akteuren, die durch ihre Investitionstätigkeit die Skyline-Entwicklung in vielen bedeutenden Städten der Welt begünstigten. Entscheidend ist, dass Frankfurt innerhalb Deutschlands zum Standort wurde, an dem das Herz der Immobilienwirtschaft schlägt: Es ist ein dynamischer Immobilienmarkt sowie ein Ort immobilienbezogener Finanzierungsinstrumente.

Zur Verschränkung von Immobilien- und Finanzmarkt am Standort Frankfurt

Beide Aspekte – Frankfurt als Ort für Finanzinnovationen und als dynamischer Markt mit hoher Nachfrage nach Büroraum – führen in Frankfurt im Zusammenspiel dazu, dass sich in Boom- und Bustphase Angebot und Nachfrage nach Büroimmobilien entkoppeln. Wenn der Immobilienzyklus anzieht und aufgrund von Marktanalysen internationaler Immobilienberatungen der Eindruck entsteht, Immobilieninvestments seien eine sichere Geldanlage, dann lässt sich ohne größere Probleme Kapital für Immobilientransaktionen und -projekte akquirieren. Dies gilt auch für die gegenteilige Situation: Bei einem schwächelnden Immobilienmarkt und ungünstigen Marktanalysen gelten Immobilieninvestments als eine unsichere Geldanlage, weshalb sich nur schwer Kapital für Immobilienprojekte akquirieren lässt. Frankfurt ist durch seinen hohen Anteil von Dienstleistungsbeschäftigten ein interessanter Standort für Investments in Büroimmobilien. Es ist also ein Standort, an dem institutionelle Investoren wie Fonds oder Pensionskassen versuchen, eine Immobilie in ihr Portfolio zu integrieren. Zugleich besteht in Frankfurt aber die Gefahr, dass sich Immobilienzyklen im Vergleich zu anderen Städten verstärken (Abb. 2). Dies

hohe Markttransparenz bis auf die lokale Immobilienmarktebene. Insbesondere große, international tätige Immobilienberatungsunternehmen (Cushman & Wakefield, Jones Lang LaSalle etc.) haben deshalb Datenbank- und Expertensysteme mit marktrelevanten verlässlicheren und weniger lückenhaften Informationen aufgebaut (Abb. 22.7.4). Die früher für Immobilienmärkte so charakteristische Intransparenz wurde hierdurch beträchtlich reduziert. Darauf basierende Marktberichte und Ratings für Länder, Regionen und Kommunen werden als Grundlage für Investitionsentscheidungen herangezogen. Die Beratungsunternehmen sind damit wesentliche Akteure im Immobilienkapitalisierungs- und Globalisierungsprozess ebenso wie die überregional und

international agierenden Projektentwickler, Investoren und Architekten.

Entwicklung, Ursachen und Folgen des Kapitalisierungs- und Globalisierungsprozesses im Immobilienmarkt werfen ein Set an humangeographischen Fragestellungen auf, die vereinfacht zu vier Themenkomplexen zusammengefasst werden können:

- **Neue Akteurs- und Machtkonstellationen** als Folge des Eindringens neuer Schlüsselakteure in den lokalen Immobilienmarkt: Hier geht es um die Strategien, Steuerungs- und Aushandlungsprozesse, mit denen sich Projektentwickler, Beratungsunternehmen und Finanzinstitutionen in die immobilienwirtschaftliche Wertschöpfungskette einklinken und um

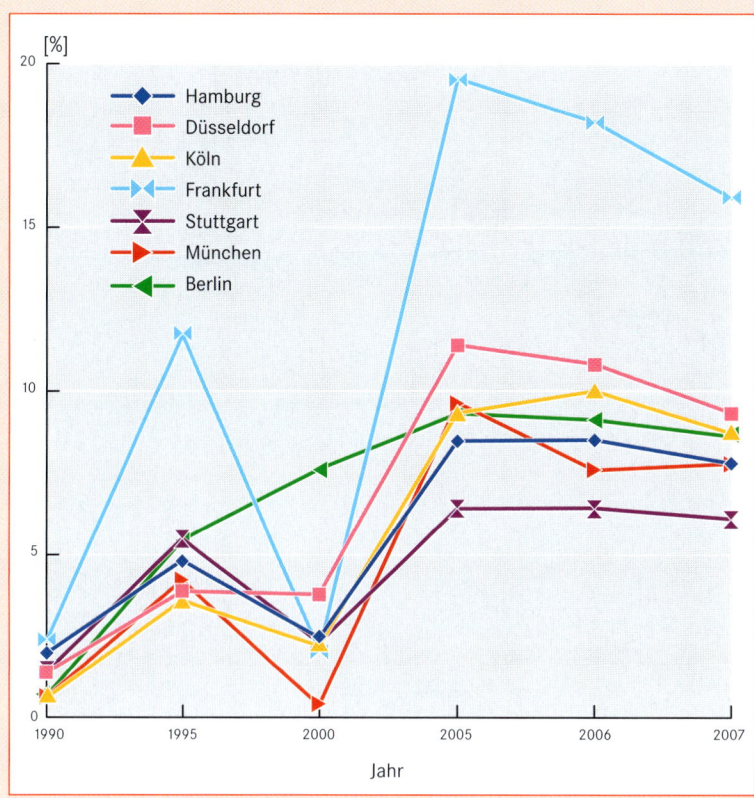

Abb. 2 Leerstandsquote nach Standorten 1990 bis 2007 (Quelle: Jahreserhebungen der gif e. V. und RIWIS Datenbank).

hängt mit der spezifischen Eigentümer- und Nutzerstruktur von Frankfurter Büroimmobilien zusammen. Im Fall von negativen konjunkturellen Entwicklungen und Finanzkrisen bauen Finanzdienstleistungen häufig Büroarbeitsplätze ab. Dies begünstigt eine abnehmende Nachfrage nach Büroraum. Da viele Finanzdienstleistungen als Kapitalsammelstellen wiederum Eigentümer von Büroimmobilien sind, bedeutet eine abnehmende Nachfrage Leerstand und damit eine negative bzw. ungünstige Performance von Fonds. Dies wirkt sich als Teufelskreis wiederum auf die Beschäftigungssituation aus. Der Immobilienmarkt von Frankfurt ist als Folge davon durch eine deutlich höhere Volatilität gekennzeichnet als der von anderen deutschen Großstädten. Vor diesem Hintergrund hat es nicht immer Vorteile, ein Finanzzentrum darzustellen.

Verdrängungs- oder Anpassungseffekte unter den bisher dominierenden lokalen Akteuren.

- **Regionalisierungen und Hierarchisierungen:** Im Forschungsinteresse steht die ausgeprägte räumliche Selektion des Engagements der neuen Schlüsselakteure. Hierüber werden weniger renditeträchtige Stadtquartiere, Städte und Regionen weiter abgewertet und zu Verlierern im Wettbewerb um Immobilieninvestitionen und wirtschaftliche Entwicklung. Befördert werden hierüber das Auseinanderdriften von Regionen sowie stadträumliche Fragmentierungen.
- **Angleichung der Standards und des Zeichensystems:** Der Fokus liegt auf den neuen Praktiken für Standortentwicklungskonzepte, die Baukultur und damit das architektonische Zeichensystem. Diese werden durch die überregional bis global agierenden und dominierenden Schlüsselakteure zunehmend weltweit multipliziert mit negativen Folgen für die lokale Spezifität und Identität.

- **Krisenanfälligkeit und Kapitalmarktabhängigkeit:** Regionale und sektorale Marktzyklen sowie Veränderungen im globalen Kapitalmarkt bestimmen die Handlungslogiken der neuen Schlüsselakteure im Immobilienmarkt. Entscheidungen zum Investment oder zum Rückzug sind damit weitgehend von der lokalen Situation abgekoppelt. Hieraus ergeben sich Forschungsfragen zu Einflussmöglichkeiten der loka-

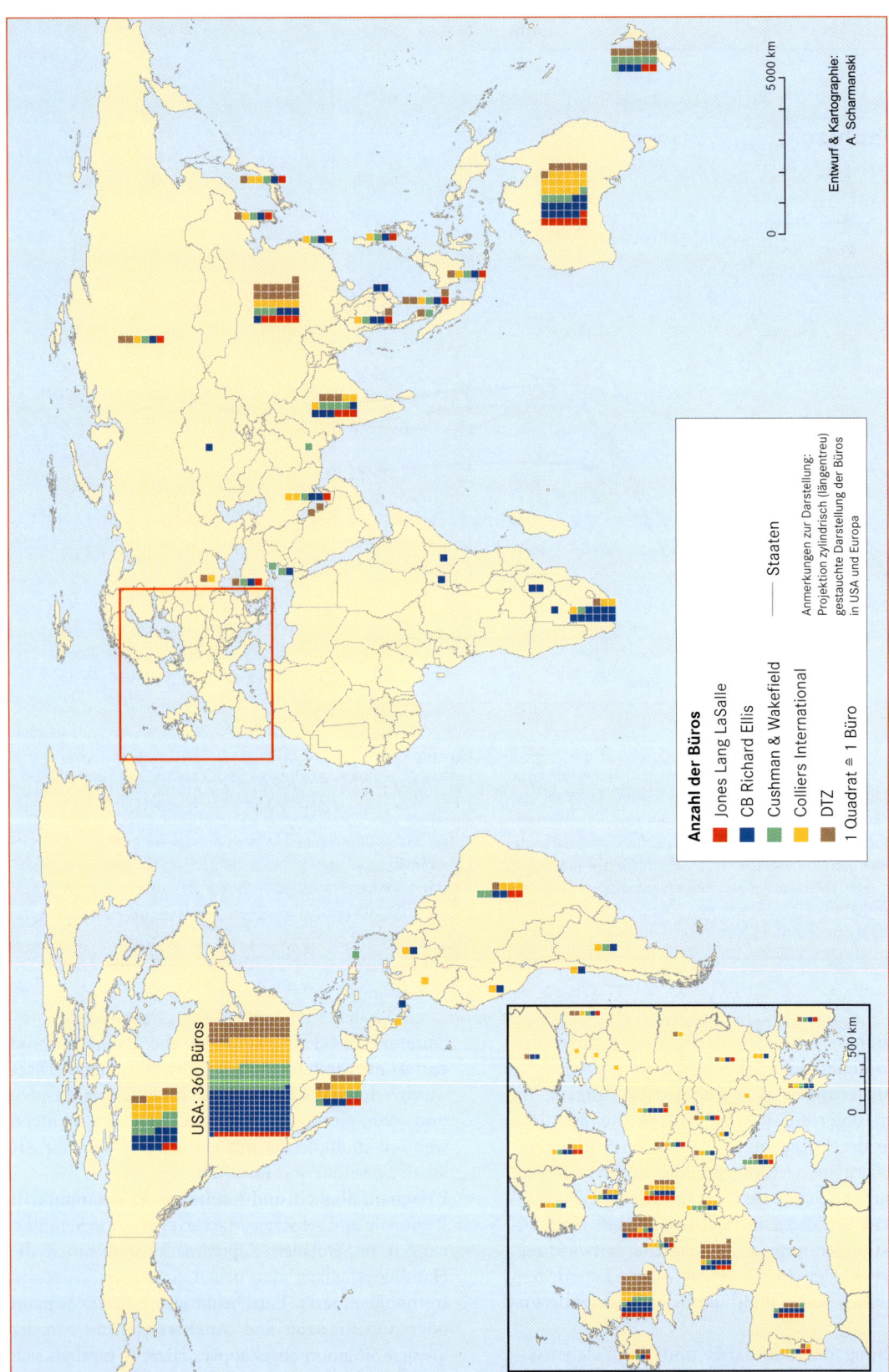

Abb. 22.7.4 Transnationale Beratungsunternehmen der Immobilienwirtschaft (verändert nach Scharmanski 2009).

len Akteure und zur noch verbleibenden Bedeutung von lokalen Institutionen.

Geographische Wohnungsmarktforschung

Infolge der längeren Forschungstradition ist die geographische Wohnungsmarktforschung durch ein breites Set an Forschungsfeldern und theoretischen Zugängen gekennzeichnet. Dies gilt besonders für den angelsächsischen Raum. Bereits 1981 hat Leo Bourne mit *The Geography of Housing* ein erstes Lehrbuch vorgelegt, und in angelsächsischen Lehrbüchern zur Stadtgeographie werden Wohnungsmarktfragen ausführlich thematisiert.

Die Wohnungsmarktforschung in der Geographie ist auf die sektoralen und räumlichen Differenzierungsprozesse der Gesellschaft ausgerichtet, die für die **räumlich-soziale Wohnstandortverteilung der Bevölkerung** konstituierend sind. Die übergeordnete Leitfrage ist, wo und wie werden in einem bestimmten gesellschaftlichen Kontext Wohnungen produziert, verteilt und konsumiert. Die Bevölkerungszusammensetzung von Wohnquartieren und deren Veränderung im Zeitablauf wird somit als Reifikation der sozialen Verhältnisse verstanden. Aus den Handlungen der Akteure im Wohnungsmarkt, den Wechselwirkungen zwischen dem differenzierten Wohnungsbestand, den Zugangsmöglichkeiten, der sozial vermittelten Nachfrage, der sozialen Lage sowie dem Lebensstil resultieren Austauschprozesse zwischen den Wohnungsteilmärkten und damit eine räumlich-soziale Differenzierung und Segregation im physischen Raum (Odermatt 2009).

Die grundlegenden **theoretischen bzw. methodologischen Zugänge in der Wohnungsmarktforschung** weisen klare Parallelen zu anderen humangeographischen Forschungsfeldern auf. Arbeiten im Kontext sozialökologischer und neoklassischer Ansätze analysieren prioritär die Struktur der Wohnstandortverteilung bzw. die Wohnpräferenzen. Sie rekurrieren hierbei auf das individuelle Handeln der Nachfrager und unterstellen deren weitgehende Wahlfreiheit im Wohnungsmarkt. Institutionelle sowie neomarxistische Ansätze weisen hingegen einen strukturalistischen Charakter auf. Sie gehen davon aus, dass Zugangsbeschränkungen und das Agieren von *gatekeepern* auf der Anbieterseite sowie staatliche Rahmensetzungen die Wahlfreiheiten und Entscheidungspotenziale der Nachfrager weitgehend limitieren. In der geographischen Wohnungsmarktforschung werden auch partialtheoretische Ansätze zur Klärung der **Austauschprozesse zwischen Wohnungs-**

teilmärkten bzw. des Aufstiegs und Niedergangs von Wohnungsteilmärkten herangezogen. Am bedeutendsten unter diesen sind die *filtering*-Theorie, das Konzept der Umzugsketten sowie das *arbitrage*-Modell (Exkurs 22.7.3).

Die grundlegenden Aussagen der im Exkurs 22.7.3 vorgestellten Theorieansätze werden auch von den Kritikern prinzipiell akzeptiert. Gleichwohl sind sie wegen ihrer **Unterkomplexität und Strukturkonstanz** zum Verständnis und zur Analyse der realen Entwicklungen im Wohnungsmarkt nur bedingt geeignet, sie weisen vielmehr heuristischen Charakter auf. Dies gilt besonders für den normativen Aspekt der *filtering*-Theorie. Denn ein *filtering down* von Wohnungen führt nur dann zu einem preismindernden Überangebot und einer Wohnwertverbesserung der nachrückenden Haushalte ohne Preisaufschlag, wenn ein Gleichgewicht in allen Teilmärkten und eine uneingeschränkte Mobilität der Bewohner gegeben sind. Viele Studien aber zeigen, dass die Umzugsketten meist kurz und die Sickereffekte gering sind. Häufig verbessert sich nur die Wohnsituation des in den Neubau ziehenden Haushaltes. Denn einerseits nimmt durch Zusammenlegung, Umwidmung oder Abriss von Wohnungen das Angebot an Wohnungen ab, andererseits nimmt durch Neugründung oder Trennung von Haushalten, durch Zuzug oder Einkommenszuwachs die Nachfrage zu. Wegen der bisher in städtischen Wohnungsmärkten meist angespannten Lage ist zudem ein Umzug regelhaft mit einem Anstieg der Wohnkosten verbunden, was die Umzugsbereitschaft vor allem ökonomisch schlechter gestellter Haushalte limitiert. Darüber hinaus wird die Mobilität von Haushalten durch fehlende Markttransparenz, die Transaktionskosten eines Umzuges sowie durch nicht monetäre und damit soziale Barrieren beträchtlich eingeschränkt. Weiterhin ist zu berücksichtigen, dass regelhaft in einfacheren Marktsegmenten die Nachfrage das Wohnungsangebot übersteigt, sodass die Preise für solche Wohnungen – so überhaupt – dann nur unwesentlich sinken. Deutlich zeigt sich dies derzeit auch in ostdeutschen Städten, in denen selbst hohe Leerstandsquoten nicht zu markanten Preisrückgängen im einfacheren Segment geführt haben.

Bei der differenzierten Analyse von Wohnungsmärkten muss berücksichtigt werden, dass deren Entwicklung äußerst komplex und konflikttträchtig ist. Die zentralen Akteure werden von divergierenden Zielen geleitet, ihre Handlungspotenziale sind in Abhängigkeit von ihren **autoritativen und allokativen Ressourcen** sehr ungleich verteilt. Hinzu kommt die hohe Bedeutung des **institutionellen Rahmens für den Wohnungsmarkt** (Abb. 22.7.5). Besonders hervorzuheben sind hier die nationalstaatliche Wohnungspolitik sowie legistische

Exkurs 22.7.3

Modelle zur Interdependenz von Wohnungsteilmärkten

Die *filtering*-Theorie geht davon aus, dass die **Wohnungs-qualität** entscheidend für die Zuordnung zu einem Teilmarkt ist. Mit zunehmendem Alter einer Wohnung verschlechtert sich ihre Qualität. Sie wechselt in schlechtere Teilmärkte, bis sie nicht mehr marktfähig ist. Parallel zum *filtering down* einer Wohnung ziehen jeweils einkommensstärkere Haushalte aus und wechseln in neuere Wohnungen mit besserer Qualität. Der Nachfragerückgang einkommensstärkerer Haushalte führt zum Rückgang der Preise für diese Wohnungen. Hiervon profitieren sozial schwächere Haushalte, die bisher in noch schlechteren Wohnungen wohnten. Sie können nun in bessere Wohnungen umziehen, ohne einen höheren Preis bezahlen zu müssen. Das durch Neubauten ausgelöste *filtering down* von Wohnungen ist daher mit einem *filtering up* von Haushalten verbunden (Abb. 1). Dieser normative Aspekt wird häufig als Begründung für die Subventionierung des Wohnungsneubaus einkommensstärkerer Haushalte herangezogen, da von diesen Subventionen nach der *filtering*-Theorie auch Einkommensschwächere profitieren. Jüngere Weiterentwicklungen berücksichtigen, dass durch unterlassene Instandhaltung das Herunterfiltern beschleunigt bzw. durch verstärkte Modernisierung aufgehalten oder in ein *filtering up* umgekehrt werden kann, beispielsweise bei **gentrification-Prozessen.**

Das Konzept der **Umzugsketten** ist eng mit der *filtering*-Theorie verwandt, weist aber eher den Charakter eines methodischen Ansatzes auf. Die durch einen Neubau ausge-lösten Bewohnerwechsel werden als **Sickereffekte** bezeichnet, sie werden über die Zahl der Umzüge und damit die Kettenlänge operationalisiert. Angenommen wird, dass die Umzüge jeweils zu einer Verbesserung der Wohnsituation der Haushalte führen. Denn in die frei werdenden Wohnungen zögen jeweils Einkommensschwächere ein, was durch im Zeitablauf sinkende Mieten bzw. Hauspreise ermöglicht werde.

Das *arbitrage*-Modell fokussiert auf die Bedeutung externer Effekte für den Wechsel von Wohnungen zwischen unterschiedlich bewerteten Teilmärkten. Die wesentliche Verhaltensannahme hierbei ist, dass die Standortumgebung und damit **räumliche Externalitäten** maßgeblich für die Entscheidung für eine Wohnung und die Zahlungsbereit-schaft sind. Für eine Wohnung in besserer Lage wird ein höherer Preis bezahlt als für eine gleichwertige Wohnung in schlechter Nachbarschaft (*arbitrage*-Effekt). So sind in einer Zwischenzone zwischen Wohngebieten mit hohem und niedrigem Sozialstatus statushöhere Haushalte nur bereit, eine Wohnung mit Preisabschlag zu beziehen. Statusniedrigere Haushalte dagegen müssen in der Zwischenzone einen höheren Preis als im schlechter bewerteten Teilmarkt bezahlen. Nimmt die Nachfrage ökonomisch schwächerer Haushalte zu, zum Beispiel als Folge von Gebäudeabrissen im statusniedrigeren Teilmarkt oder wegen Zuwanderung ökonomisch schwächerer Haushalte, dann weichen sie in die Zwischenzone aus und sind gezwungen, dort frei gewordene Wohnungen mit Preisaufschlägen zu akzeptieren. Der ver-

Regulierungen der Stadtplanung und der Raumord-nung, die normativ in die jeweilige Gesellschaftsent-wicklung eingebettet sind (Sailer 2002). Dies hat sich zum Beispiel in den erheblichen nationalen Unterschie-den der Wohneigentumsquote oder im Anteil an Sozial-wohnungen niedergeschlagen. So wurden um 2005 in der Schweiz rund 36 Prozent, in Deutschland rund 40 Prozent und in Großbritannien rund 70 Prozent der Wohnungen vom Eigentümer selbst bewohnt, Spitzen-reiter in Europa ist Ungarn mit über 90 Prozent.

Charakteristisch für die Nachfrageseite ist ein un-gleicher Zugang zu städtischen Wohnungsteilmärkten. Eine Wahl entsprechend ihren Wohnungs- und Lage-präferenzen ist für viele Haushalte nicht möglich. Ihr Wohnstandortverhalten weist wegen der hohen mone-tären und sozialen Barrieren mehrheitlich nur wenige Freiheitsgrade auf. Besonders problematisch ist eine an-gemessene Wohnungsversorgung für die ökonomisch schwache Bevölkerung und für Haushalte von zum Bei-spiel Migranten oder Alleinerziehenden, die nichtöko-nomischen Zugangsbarrieren ausgesetzt sind.

Auf der Angebotsseite sind die Immobilienmakler, Verwalter und Baufinanzierer von besonderer Bedeu-tung für Entwicklungen im Wohnungsmarkt. Als wich-tige Akteure im Sinne von *gatekeepers* oder *urban mana-gers* haben sie vielfältige, diskriminierend wirkende Techniken entwickelt. Damit initiieren, erhalten oder verstärken sie den baulich-sozialen Aufstieg oder Niedergang von Wohnungsteilmärkten sowie die resi-dentielle Segregation. Beispielhaft ist zu verweisen auf Praktiken der Kreditwirtschaft, die ökonomisch begrün-det werden, aber sozialpolitisch und baustrukturell negative Folgen haben. Hierzu gehört beispielsweise das *red lining*, bei dem in entsprechend markierten Stadtge-bieten keine Hypotheken vergeben werden. Hierzu gehört auch, dass in bestimmten Quartieren oder an spezifische Bevölkerungsgruppen Wohnungskredite nur zu sehr ungünstigen Konditionen vergeben werden. Zu

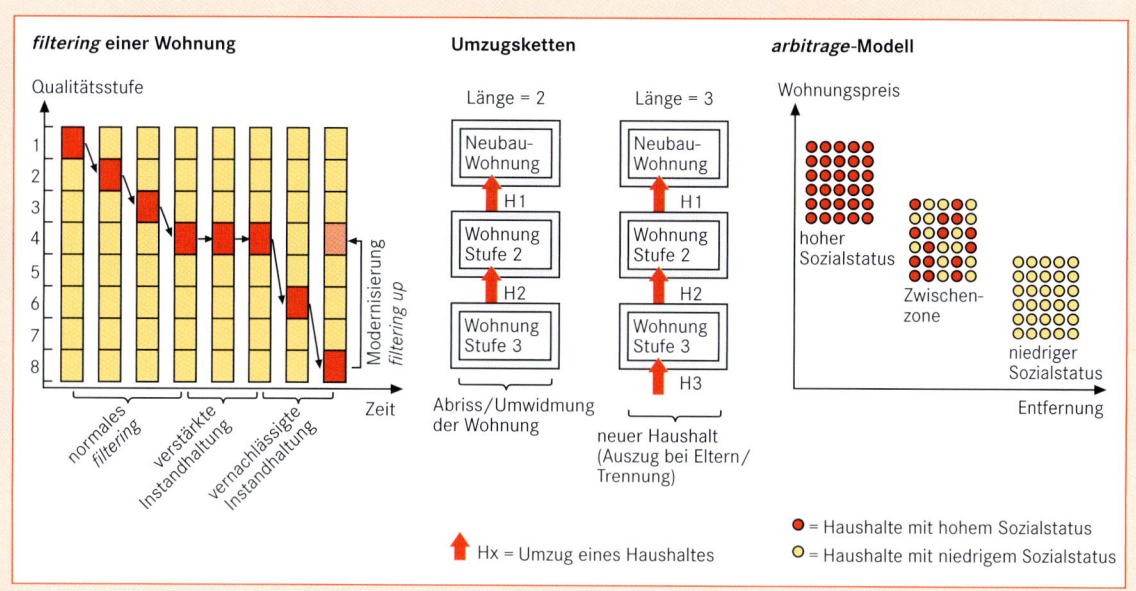

Abb. 1 Modelle zur Interdependenz von Wohnungsteilmärkten (verändert nach Bourne 1981, Kühne-Büning et al. 2005).

mehrte Zuzug sozial schwächerer Haushalte wirkt als *push*-Faktor für den beschleunigten Wegzug statushöherer Haushalte aus der Zwischenzone, die Wohnungen in der Zwischenzone nähern sich preismäßig dem statusniedrigeren Teilmarkt an. Hierüber verlagert sich die Zwischenzone in den früheren statushohen Teilmarkt, der statusniedrigere

Teilmarkt dagegen vergrößert sich. Das *arbitrage*-Modell wird häufig auch zur Erklärung der Umschichtung eines von weißer Bevölkerung bewohnten Teilmarktes in ein von Schwarzen bewohntes Quartier in amerikanischen Städten herangezogen oder zum Wandel eines Wohnquartiers in ein vorwiegend von Migranten bewohntes Gebiet.

verweisen ist auch auf die Praxis von Immobilienmaklern, Haushalten mit niedrigem Sozialstatus oder bestimmter ethnischer Zugehörigkeit Informationen vorzuenthalten sowie diesen nur wenige Wohnungen und nur solche in bestimmten Teilmärkten anzubieten.

Über die in Abbildung 22.7.5 verdeutlichten Zusammenhänge werden die grundsätzlichen Forschungsfelder und Analyseebenen der geographischen Wohnungsmarktforschung aufgespannt. Unter den derzeit bearbeiteten Themenbereichen sind insbesondere drei hervorzuheben.

- **Ausdifferenzierung der Nachfrage:** Hier geht es um Auswirkungen des sozialen und demographischen Wandels auf Wohnbedürfnisse, Praktiken des Wohnens sowie die mit der Spreizung der Lebenslagen zusammenhängenden Veränderungen der Handlungsmöglichkeiten. Analysiert werden zum Beispiel das Wohnen im Alter, die Potenziale des Mehrgenerationenwohnens oder von Seniorenwohngemein-

schaften, die Renaissance des innerstädtischen Wohnens, Dimensionen des *loft living* oder auch das Problemfeld des multilokalen Wohnens als soziale Praxis der Spätmoderne, die Mobilität und Wohnen an mehreren Standorten kombiniert (Reuschke 2010).

- **Agieren der Anbieter und Intermediäre:** Viele Forschungen sind ausgerichtet auf den Umgang dieser Akteure mit dem Übergang zum Käufer- bzw. Mietermarkt infolge des demographischen Wandels. Problemfelder mit hoher Alltags- und Raumordnungsrelevanz sind deren räumlich und sektoral selektiven Investitionen oder Desinvestitionen, ihre Strategien im Umgang mit weniger nachgefragten Wohnungsbeständen wie den Reihenhausstandardwohnungen der Nachkriegszeit oder den Einfamilienhäusern im ländlichen Raum, Konzepte zum Umbau von Bestandswohnungen in altersgerechte Wohnformen oder ihr Umgang mit dem immer wichtiger werdenden Thema der energetischen Sanierung des Woh-

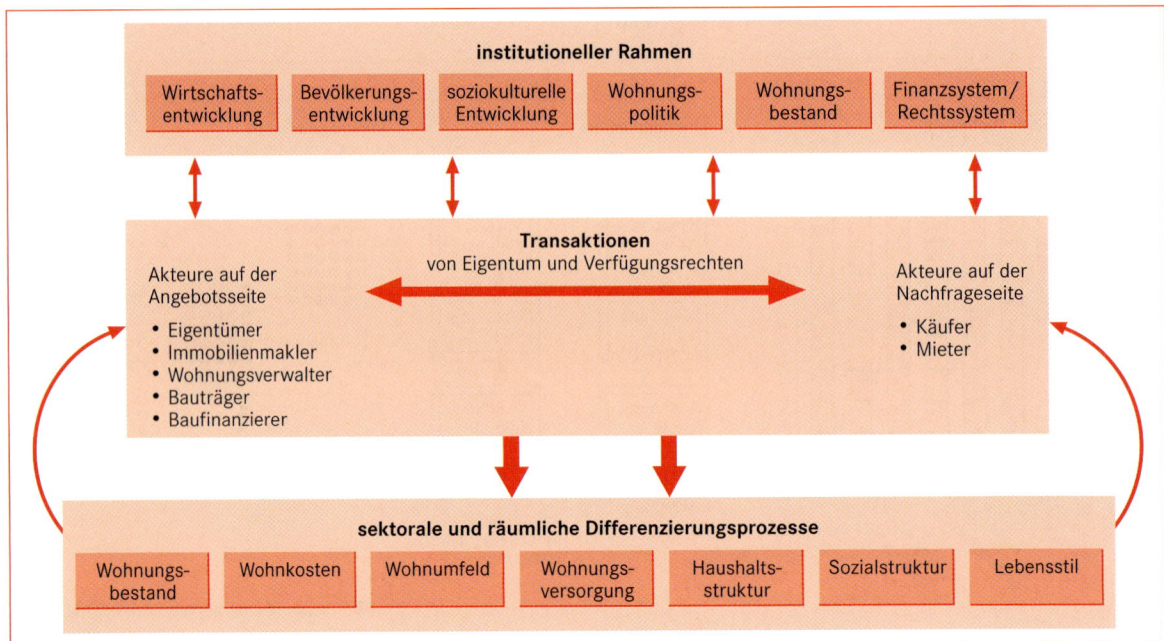

Abb. 22.7.5 Institutionen, Akteure und Differenzierungsprozesse im Wohnungsmarkt.

nungsbestandes. An Bedeutung gewinnen auch Forschungen zu Strategien und Handlungsweisen institutioneller Anleger beim Handel mit großen Wohnungspaketen sowie zu dem hieraus erwachsenden Konfliktpotenzial mit den Mietern und den Folgen für die sozialräumliche Segregation.

- **Wohnungsmarktprozesse und Stadtentwicklung:** Analysiert werden vorrangig Strategien, Handlungsfelder, Maßnahmen und Erfolge der öffentlichen Hand im Kontext von marktinduzierten Auf- und Abwertungsprozessen von Wohnquartieren, beispielsweise im Rahmen von Programmen wie „Soziale Stadt" oder bei der Umsetzung neuer planerischer Instrumente wie dem *Housing Improvement District* (HID). Weitere derzeit relevante Forschungsthemen sind die Konzepte der öffentlichen Hand für senioren- oder familiengerechte Wohnquartiere und die darauf bezogenen Aushandlungsprozesse mit Wohnungseigentümern und potenziellen Investoren sowie der wegen der Leerstandsproblematik an Bedeutung gewinnende planerische Umgang mit verwahrlosten Wohngebäuden, den „Schrottimmobilien".

22.8 Unternehmens-
orientierte Dienstleistungen

SIMONE STRAMBACH

Der wirtschaftliche Strukturwandel hoch entwickelter Volkswirtschaften ist nicht nur durch den starken Bedeutungszuwachs von Dienstleistungen gekennzeichnet, sondern auch durch die kontinuierliche Ausdifferenzierung des Dienstleistungssektors. Deutlich werden erhebliche Strukturveränderungen. Die einzelnen Dienstleistungsbranchen unterscheiden sich in ihrer Entwicklungsdynamik und wirtschaftlichen Bedeutung ganz wesentlich. Im Dienstleistungssektor sind sowohl innovative und dynamisch wachsende als auch stagnierende und rückläufige Bereiche vorhanden. Unternehmensorientierte Dienstleistungen sind ein seit Mitte der 1980er-Jahre stark dynamisch wachsendes Segment. Sie sind Indikator dafür, dass die Trennung zwischen Produktion und Dienstleistungen, die das klassische „Drei-Sektoren-Modell" impliziert, die gegenwärtige Arbeitsteilung nur unzureichend widerspiegelt. Nicht die Substitution, sondern gerade das Zusammenspiel und die Interaktion zwischen industrieller Produktion und darauf bezogenen Dienstleistungen besitzt erhebliche

Bedeutung im Rahmen der technologischen sozioökonomischen Strukturveränderungen. Vor allem die wissensintensiven unter den unternehmensorientierten Dienstleistungen erweisen sich als Wachstumsträger in hoch entwickelten Volkswirtschaften. Im langfristigen wirtschaftlichen Strukturwandel dieser Länder ist eine kontinuierliche Verschiebung hin zu forschungs- und wissensintensiven Wirtschaftszweigen zu beobachten. Sie entwickeln sich zunehmend zu Wissensökonomien.

Unternehmensorientierte Dienstleistungen – ein heterogenes Segment des Dienstleistungssektors

Allgemein gesprochen werden unternehmensorientierte Dienstleistungen – im Gegensatz zu anderen Dienstleistungen – nicht für den privaten Konsum produziert, sondern von Unternehmen oder öffentlichen Institutionen nachgefragt. Beispielsweise zählen technische Dienste, Unternehmensberatung, Forschung und Entwicklung, Werbung, aber auch Wartung und Reinigungsdienste zu diesem Dienstleistungssegment. Einheitliche Definitionen von Unternehmen oder Tätigkeiten sind bislang nicht vorhanden (Rubalcaba-Bermejo 1999). Das liegt unter anderem an der hohen Strukturdynamik unternehmensorientierter Dienstleistungen und daran, dass sie nicht einem einzelnen Wirtschaftszweig angehören, sondern heterogene Branchen umfassen.

Die internationale wirtschaftsgeographische Forschung beschäftigt sich bereits seit den 1980er-Jahren mit dem Wachstum unternehmensorientierter Dienstleistungen, die in den frühen Forschungen als „produktionsorientierte oder industrienahe Dienstleistungen" bezeichnet wurden (im englischsprachigen Raum *producer services*). Die Industrie wurde primär als Nachfrageseite dieser Dienstleistungen betrachtet. Die Forschungen konzentrierten sich auf Dienste, die dem eigentlichen Fertigungsprozess vor- und nachgelagert sind. Der heute verwendete Begriff der unternehmensorientierten Dienstleistungen ist weiter gefasst und berücksichtigt, dass auch Dienstleistungsunternehmen selbst Nachfrager unternehmensorientierter Dienstleistungen sind. Aus heutiger Sicht sind produktionsorientierte oder industrienahe Dienstleistungen lediglich eine Teilmenge unternehmensorientierter Dienstleistungen. Diese umfassen auch Tätigkeiten, die relativ fertigungsfern, der Produktion übergeordnet sind oder sie begleiten, wie beispielsweise Personalentwicklung oder Managementtraining.

In den 1990er-Jahren wurde deutlich, dass eine Teilmenge der unternehmensorientierten Dienstleistungen besonders dynamisch wächst – die **wissensintensiven Dienstleistungen** (international werden sie als *knowledge intensive business services* (KIBS) oder *strategic business services* bezeichnet). Im Gegensatz zu Routinedienstleistungen, wie beispielsweise **Wartungs- und Instandhaltungsdienstleistungen**, sind wissensintensive unternehmensorientierte Dienstleistungen durch einen hohen Anteil hoch qualifizierter Arbeitskräfte gekennzeichnet. Darüber hinaus sind sie relevant für strategische Entscheidungen von Unternehmen, während Routine- und Standarddienstleistungen primär aus Kostenüberlegungen extern genutzt werden.

Neben dem Kernbereich von Unternehmen, die als Hauptprodukt wissensintensive unternehmensorientierte Dienste am Markt anbieten (Tab. 22.8.1), entstehen nicht nur innerhalb, sondern auch zwischen den Branchen und an den Schnittstellen eine Vielzahl neuer Unternehmen mit Leistungsangeboten, die vor einigen Jahren noch nicht existierten, wie beispielsweise Internetprovider, Webdesigner, Beratungsunternehmen für *Facility Management* oder Wissensmanagement.

Funktional betrachtet werden unternehmensorientierte Dienstleistungen nicht nur von selbstständigen Dienstleistungsunternehmen erbracht, sondern diese Tätigkeiten sind auch innerhalb von Industrieunternehmen organisiert. Der Wachstumsprozess von Dienstleistungstätigkeiten im industriellen Sektor wird als „intrasektorale Tertiärisierung" bezeichnet.

Die Wachstumsdynamik unternehmensorientierter Dienstleistungen

Seit Mitte der 1980er-Jahre sind unternehmensorientierte Dienstleistungen in Deutschland, wie in anderen Ländern Europas, durch ein dynamisches Wachstum gekennzeichnet. In Deutschland hat sich die Anzahl der umsatzsteuerpflichtigen Unternehmen im Bereich der wissensintensiven unternehmensorientierten Dienste im Zeitraum von 1996 bis 2008 um 152 238 erhöht. Das entspricht einem relativen Zuwachs von 49 Prozent, der gesamtwirtschaftlich über alle Branchen betrachtet um ein Dreifaches über dem Wachstum der Unternehmensanzahl aller Wirtschaftszweige lag (Abb. 22.8.1). Die gesamtwirtschaftliche Bedeutung dieses Dienstleistungssegments äußert sich darüber hinaus in einem anhaltenden Beschäftigtenwachstum. Während im verarbeitenden Gewerbe in den Jahren 1999 bis 2008 Arbeitsplätze verloren gingen und die Gesamtwirtschaft erst im Jahre 2008 wieder den Beschäftigungsstand von

Tabelle 22.8.1 Der Kernbereich wissensintensiver unternehmensorientierter Dienstleistungen im engeren Sinn umfasst die aufgelisteten Bereiche (WZ = Wirtschaftszweige, Quelle: Statistisches Bundesamt, Klassifikation der Wirtschaftszweige, WZ 2008 und WZ 2003, eigene Bearbeitung).

WZ 08	Branchenname	Branchenaggregation	WZ 03
62	Erbringung von Dienstleistungen der Informationstechnologie		72
63	Informationsdienstleistungen	Datenverarbeitung	
63.1	Datenverarbeitung, Hosting und damit verbundene Tätigkeiten; Webportale		
63.9	Erbringung von sonstigen Informationsdienstleistungen		
69	Rechts- und Steuerberatung, Wirtschaftsprüfung		74.1
69.1	Rechtsberatung		
69.2	Wirtschaftsprüfung und Steuerberatung, Buchprüfung	Wirtschaftsdienste	
70	Verwaltung und Führung von Unternehmen		
70.1	Verwaltung und Führung von Unternehmen und Betrieben		
70.2	Public-Relations- und Unternehmensberatung		
71	Architektur- und Ingenieurbüros; technische, physikalische und chemische Untersuchung		74.2
71.1	Architektur- und Ingenieurbüros	Technische Dienste	
71.2	technische, physikalische und chemische Untersuchung		74.3
72	Forschung und Entwicklung		73
72.1	Forschung und Entwicklung im Bereich Natur-, Ingenieur-, Agrarwissenschaften und Medizin	Forschung und Entwicklung	
72.2	Forschung und Entwicklung im Bereich Rechts-, Wirtschafts- und Sozialwissenschaften sowie im Bereich Sprach-, Kultur- und Kunstwissenschaften		
73	Werbung und Marktforschung		74.4
73.1	Werbung	Werbung	
73.2	Markt- und Meinungsforschung		

1999 erreicht hat, sind in wissensintensiven unternehmensorientierten Dienstleistungen auf Bundesebene insgesamt 383 842 neue Stellen für sozialversicherungspflichtig Beschäftigte entstanden. Das sind rund 28,8 Prozent aller neu entstandenen Arbeitsplätze des tertiären Sektors (Abb. 22.8.2).

In Deutschland, wie auch in anderen europäischen Ländern, sind das Wachstum und die Reifung des wissensintensiven unternehmensorientierten Dienstleistungssegments mit der weiteren Ausdifferenzierung verbunden. Beobachten lassen sich unterschiedliche länderspezifische Spezialisierungsmuster in einzelnen wissensintensiven Dienstleistungsbranchen. Im europäischen Vergleich haben insbesondere die technischen ingenieurwissenschaftlichen Dienste in den 1980er-Jahren das Profil des deutschen wissensintensiven Dienst-

Abb. 22.8.1 Wachstum der Unternehmensanzahl in wissensintensiven unternehmensorientierten Dienstleistungen im Vergleich zu anderen Wirtschaftssektoren, Deutschland 1996 bis 2008 (Quelle: Statistisches Bundesamt, Umsatzsteuerstatistik, 1996–2008, eigene Berechnung).

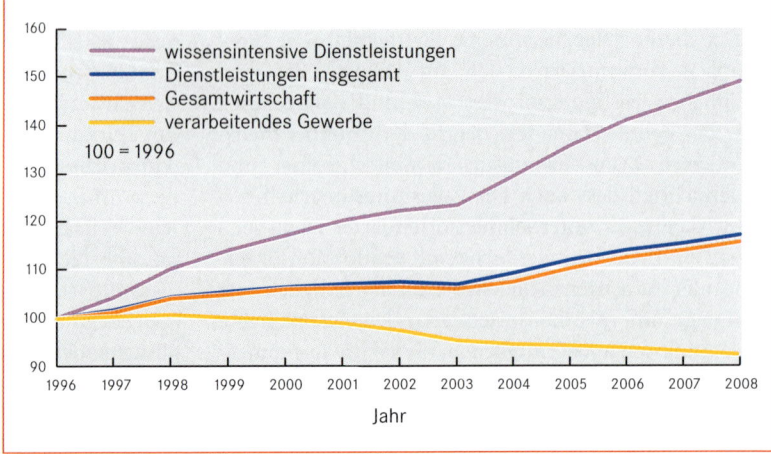

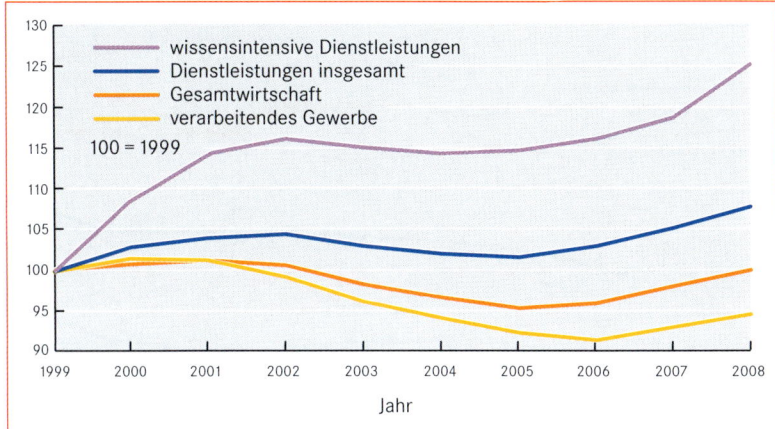

Abb. 22.8.2 Beschäftigungswachstum in wissensintensiven unternehmensorientierten Dienstleistungen im Vergleich zu anderen Wirtschaftssektoren, Deutschland 1999 bis 2008 (Quelle: Bundesagentur für Arbeit, Beschäftigungsstatistik, 1999–2008, eigene Berechnungen).

leistungssegments bestimmt. Sie haben jedoch – trotz weiterer Zunahme an Unternehmen und Beschäftigung – gegenüber den Datenverarbeitungsdiensten und den Wirtschaftsdiensten einen kontinuierlichen relativen Bedeutungsverlust zu verzeichnen. Datenverarbeitungsdienste und Wirtschaftsdienste sind die Wachstumsträger in den Jahren von 1999 bis 2008 (Abb. 22.8.3 und 22.8.4). Auf diese beiden Branchen entfiel ein Anteil von rund 86 Prozent der neu entstandenen Arbeitsplätze des wissensintensiven Dienstleistungssegments. Auch Unternehmen, die als Hauptprodukt Forschungs- und Entwicklungsdienstleistungen am Markt anbieten, stellen seit den späten 1990er-Jahren ein sehr dynamisches, jedoch noch kleines Segment dar.

Diese Strukturverschiebungen sind ein Hinweis auf quantitative und qualitative Veränderungen auf der Nachfrageseite, die in Zusammenhang mit dem Wandel der Arbeits- und Unternehmensorganisation, der Bedeutungszunahme von Dienstleistungsinnovationen und der kontinuierlichen Restrukturierungen von glo-

balen Wertschöpfungsketten zu sehen sind. Um die Expansion unternehmensorientierter Dienstleistungen zu erklären, kann auf drei Ansätze zurückgegriffen werden, die sich im Laufe der Forschung herausgebildet haben: die Externalisierungs-, die Interaktions- und die Innovationsthese.

Externalisierungsthese

Die Externalisierungsthese erklärt die Zunahme unternehmensorientierter Dienstleistungen durch die kostenbedingte **Auslagerung** zuvor intern erstellter Dienste. Der Grund besteht darin, dass diese Dienstleistungsanbieter durch ihre Spezialisierung *economies of scale* erzielen. Die Externalisierung von Dienstleistungen ermöglicht es Unternehmen und öffentlichen Institutionen nicht nur ihre Kosten zu senken, sondern auch ihre Flexibilität zu erhöhen. Neue Konzepte der Produktions-

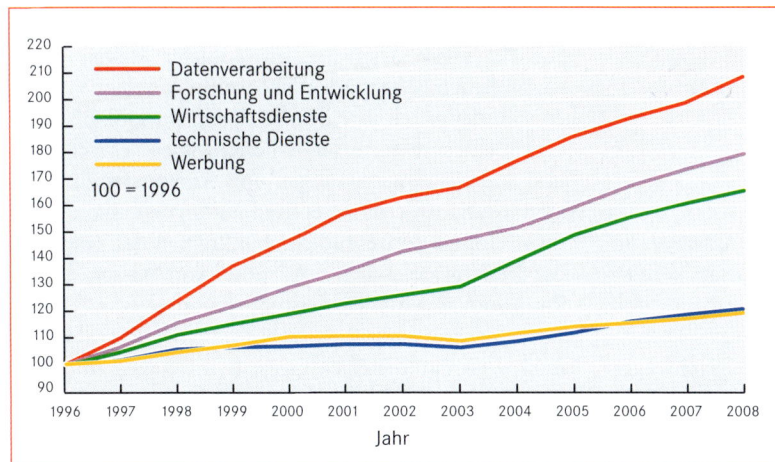

Abb. 22.8.3 Wachstum der Unternehmensanzahl in Branchen wissensintensiver unternehmensorientierter Dienstleistungen, Deutschland 1996 bis 2008 (Quelle: Statistisches Bundesamt, Umsatzsteuerstatistik, 1996–2008, eigene Berechnung).

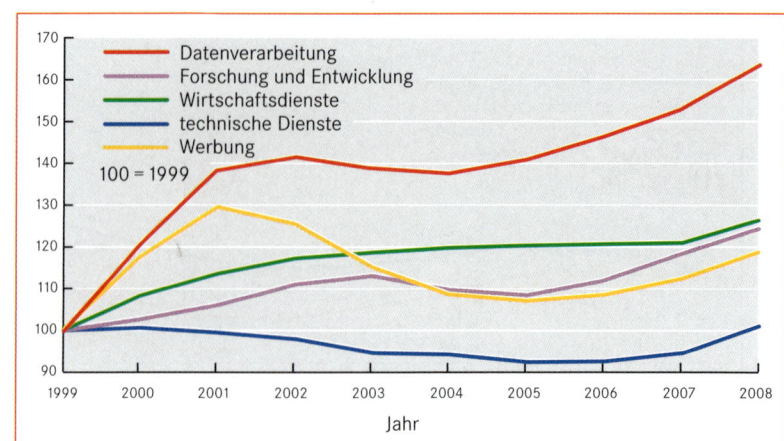

Abb. 22.8.4 Beschäftigungswachstum in Branchen wissensintensiver unternehmensorientierter Dienstleistungen, Deutschland 1999 bis 2008 (Quelle: Bundesagentur für Arbeit, Beschäftigungsstatistik, 1999–2008, eigene Berechnung).

und Unternehmensorganisation, wie die Konzentration auf Kernkompetenzen und neue informations- und kommunikationstechnologische Möglichkeiten verstärken die Auslagerungstendenzen. Zwei Entwicklungen zeichnen sich in den jüngeren Jahren ab: Zum einen findet eine geographische Ausweitung der Auslagerung von Dienstleistungen – auch von unternehmensorientierten – ins Ausland statt, die als *offshoring* bezeichnet wird. Zum anderen erfasst das *outsourcing* in steigendem Maße auch wissensintensive Tätigkeiten. Letztere unterliegen ebenfalls Prozessen der Standardisierung und Modularisierung und können damit an räumlich entfernten Standorten erbracht werden. Empirisch erkennbar ist dies vor allem am *offshoring* von Softwareentwicklung und von Geschäftsprozessen in asiatische Länder sowie an der sich abzeichnenden Auslagerungstendenz von Forschungs- und Entwicklungsleistungen an weniger entwickelte Standorte im Ausland. Durch die Externalisierungsthese, die bis zum Beginn der 1990er-Jahre vorherrschend war, kann allerdings nur ein Teil der komplexen Entwicklungen erklärt werden. Die Externalisierung allein liefert nur eine begrenzte Erklärung für das Wachstum gerade der wissensintensiven unter den unternehmensbezogenen Dienstleistungen.

Interaktionsthese

Die Interaktionsthese gewinnt als Erklärungsansatz in den 1990er-Jahren an Bedeutung. Dieser Ansatz kombiniert nachfrage- und angebotsseitige Argumente und führt die Expansion unternehmensorientierter Dienstleistungen auf die **Interaktion zwischen Nachfrager und Anbieter** zurück. Auf der Nachfrageseite erhöht sich der Bedarf an unternehmensorientierten Dienstleistungen durch Veränderungen in der Organisation

der industriellen Produktion, durch Neuerungen in der Kommunikations- und Informationstechnologie, durch den Wandel der Märkte und die zunehmende internationale Integration wirtschaftlicher Tätigkeiten. Der steigende Bedarf, Rationalisierungen und Innovationen auf der Nachfrageseite führen zu *Spill-over*-Effekten und Wachstum von spezialisierten Dienstleistungsanbietern. Die Nutzung unternehmensorientierter Dienstleistungen wiederum unterstützt den Modernisierungsprozess von Management, Produktion und Vertrieb der Nachfrageseite. Die Interaktionsprozesse zwischen Anbieter und Nachfrager begünstigen positive Rückkopplungseffekte und Innovationsimpulse auf beiden Seiten, dies fördert die Wachstumsdynamik.

Innovationsthese

Die in den jüngsten Jahren diskutierte Innovationsthese führt das Wachstum von wissensintensiven unternehmensorientierten Dienstleistungen auf ihre Bedeutung für die Entstehung und Entwicklung von Innovationen zurück. Diese Dienstleistungsanbieter leisten einen wesentlichen Beitrag zur Wissensdiffusion und Wissensentstehung durch ihre immateriellen „Produkte". Diese verbinden spezialisiertes Expertenwissen, Forschungs- und Entwicklungsleistungen und Know-how zur Problemlösung. In regionalen und nationalen Ökonomien übernehmen sie wesentliche Funktionen des Transfers, der Integration und der Adaption von Wissen. Durch ihre innovativen Dienstleistungsprodukte transferieren sie externes technologisches Experten- und Managementwissen an die Nachfrageseite. Sie tragen zum Austausch von Erfahrungswissen und *best practice* aus unterschiedlichen Branchenkontexten bei. Im Rahmen von Problemlösungsprozessen für die Nachfrager inte-

Exkurs 22.8.1

Kultur- und Kreativwirtschaft

IVO MOSSIG

Seit Ende der 1990er-Jahre hat die Kultur- und Kreativwirtschaft zunehmende Aufmerksamkeit erfahren. Die Wachstumsraten der letzten Jahrzehnte haben große Hoffnungen geweckt, die Auswirkungen des Strukturwandels und den Verlust von Arbeitsplätzen in den traditionellen Wirtschaftsbereichen des verarbeitenden Gewerbes zu kompensieren. In den aktuellen Diskursen werden Kreativität, aber auch Kunst und Kultur als wichtige Faktoren im Zuge des Übergangs zur wissensbasierten Ökonomie herausgestellt. In der Diskussion über die Bedeutung der Kultur- und Kreativwirtschaft für regionale Entwicklungsprozesse sind zwei Perspektiven zu unterscheiden: die Kreative Klasse (Florida (2002a) und die Kultur- und Kreativwirtschaft.

Die Popularität der Arbeiten von Richard Florida (Florida 2002a) über die **Kreative Klasse** ist eine wichtige Ursache dafür, dass die Kultur- und Kreativwirtschaft in den letzten Jahren eine große Beachtung erfahren hat. Kreativität wird in diesem Ansatz unterschieden in technologische Kreativität, die Innovationen hervorbringt; ökonomische Kreativität, die sich in Form von *entrepreneurship* entfaltet sowie die künstlerische oder artistische Kreativität. Diese drei Formen von Kreativität sind eng miteinander verzahnt und fördern die ökonomische Entwicklung. Als Kreative gelten diejenigen Personen, deren Arbeit zu einem wesentlichen Teil darin besteht, Probleme zu identifizieren und dafür neue Lösungen zu entwickeln, indem beispielsweise vorhandenes Wissen auf neue Weise rekombiniert wird.

Die kreative Klasse setzt sich zusammen aus dem *creative core* der **hoch Kreativen** (z. B. Naturwissenschaftler, Informatiker, Mediziner, Sozialwissenschaftler und Lehrer), den **kreativen *professionals*** (z. B. Unternehmensberater, Juristen, technische Fachkräfte, Finanz- und Verwaltungsfachkräfte, aber auch sozialpflegerische Berufe oder leitende Verwaltungsbeamte) und den **bohemians** (z. B. Schriftsteller, bildende oder darstellende Künstler, Fotografen, Mannequins/Dressmen). In den ersten beiden Untergruppen ist in der Regel eine qualifizierende Ausbildung die Voraussetzung für die Ausübung des Berufs. Hinter dem Etikett der Kreativen Klasse verbirgt sich also letztlich zum Großteil diejenige Personengruppe, die das qualifizierte Humankapital bildet. Eine empirische Untersuchung in sieben europäischen Ländern hat ergeben, dass nach dieser Abgrenzung **37,7 Prozent der Arbeitskräfte** zur Kreativen Klasse zu zählen sind (Boschma und Fritsch 2009).

Den weiteren Ausführungen liegt die zentrale Annahme zugrunde, dass sich der (internationale) Wettbewerb um die kreativen Talente zukünftig deutlich verschärfen wird. In einer zunehmend wissensbasierten Ökonomie sind dann jene Standorte begünstigt, die in der Lage sind, die begehrte Personengruppe der Kreativen Klasse anzuziehen. Im Hinblick auf die Frage, ob „*jobs follow people*" oder umgekehrt „*people follow jobs*", bezieht Florida (2002a) die klare Position, dass sich zukünftig immer stärker die Unternehmen und damit die Jobs in jenen Regionen ansiedeln werden, in denen die Personen der Kreativen Klasse leben möchten. Bestimmte Annehmlichkeiten, die insbesondere im urbanen Kontext offeriert werden (sogenannte **urban amenities**), besitzen dabei eine Magnetwirkung auf das kreative Talent. Als *urban amenities* werden die Vielfalt des kulturellen Angebots, ein pulsierendes Nachtleben sowie Aspekte der Offenheit, Toleranz, Vielfalt oder Internationalität herausgestellt, die als Stimulus für kreative Prozesse bei den Personen der Kreativen Klasse fungieren können.

Florida hat diese Aspekte in vereinfachenden Kunstgrößen operationalisiert, um deren Einfluss auf regionale Wachstumsprozesse nachzuweisen. Beispiele dafür sind der **bohemian**-Index (Anteil der Menschen in künstlerischen Berufen) als direkte Messgröße für kulturelle und auf den individuellen Lebensstil bezogene Annehmlichkeiten oder der **gay**-Index (Anteil homosexueller Paare an der Bevölkerung) als Kennzahl für Vielfalt, Offenheit und Toleranz an einem Standort (Florida 2002b). An anderer Stelle (Florida 2002c) wird der **coolness**-Index gebildet, der sich aus dem Anteil der jungen Bevölkerung im Alter von 22 bis 29 Jahren, dem Nightlife-Angebot (Anzahl der Bars, Nachtclubs etc. pro Einwohner) sowie dem Kulturangebot (Kunstgalerien und Museen pro Einwohner) vor Ort zusammensetzt. Entsprechend der Definition der Kreativen Klasse zeigt sich eine deutliche räumliche Konzentration der zugehörigen Berufsgruppen auf die Kernstädte in den Agglomerationsräumen sowohl in Deutschland (Fritsch & Stützer 2007) als auch in vielen europäischen Ländern (Boschma & Fritsch 2009). Dieser Befund unterstützt die These, dass insbesondere die urbanen Zentren für die Personen der Kreativen Klasse besondere Attraktivität besitzen (Mossig 2011).

Während sich die politischen Vertreter derzeit noch sehr von Floridas Thesen leiten lassen, fällt der akademische Diskurs mittlerweile wesentlich kritischer aus (Peck 2005, Markusen 2006, Storper & Scott 2009). Die **Kritik** bezieht sich erstens auf die Abgrenzung der Kreativen Klasse und die inhaltliche Vermischung von Kreativität und Humankapital. In der Argumentation ist an einigen Stellen von Kreativität die Rede, obwohl lediglich eine spezielle Qualifikation gemeint ist. Zweitens werden die Indikatoren (*bohemian*-Index, *gay*-Index, *coolness*-Index) zur empirischen Bestimmung der von Florida herausgestellten **3T** (Technologie, Talent und Toleranz) als Standortfaktoren kritisiert. Drittens geht Florida implizit davon aus, dass die reine Ko-Präsenz

Fortsetzung

Fortsetzung

kreativer Personen auch kreative Interaktionen initiiert. Er blendet somit entgegen der meisten Innovationstheorien wichtige Prozesse aus, die erforderlich sind, um solche Interaktionen zu stimulieren. Auch ist nach wie vor ungeklärt, ob Standorte mit entsprechend vielen Personen aus der Kreativen Klasse tatsächlich wirtschaftlich erfolgreicher abschneiden als andere.

Wesentlich enger als die Kreative Klasse wird die **Kultur- und Kreativwirtschaft** abgegrenzt, die in letzten Jahren zunehmend in den Fokus politischer Entwicklungsstrategien gerückt ist. So hat die eigens eingesetzte Enquete-Kommission „Kultur in Deutschland" den Versuch unternommen, die Bedeutung der Kultur- und Kreativwirtschaft zu erfassen. In dem Abschlussbericht wird die Kultur- und Kreativwirtschaft als wissensintensive Zukunftsbranche mit deutlichen Innovations-, Wachstums und Beschäftigungspotenzialen beschrieben, von der wichtige Impulse für Innovationen in anderen Wirtschaftsbereichen ausgehen (Deutscher Bundestag 2007). Die Abgrenzung der Kultur- und Kreativwirtschaft erfolgt branchen- und nicht berufsbezogen. Sie ist sowohl mit der Abgrenzung der EU-Kommission als auch mit dem weltweiten Referenzmodell, dem britischen Konzept der *Creative Industries* kompatibel (Deutscher Bundestag 2007). Nach dieser Definition umfasst die Kulturwirtschaft neun Branchen: 1.) Verlagsgewerbe, 2.) Filmwirtschaft/TV-Produktion, 3.) Rundfunk/TV-Unternehmen, 4.) Darstellende/Bildende Künste, Literatur, Musik, 5.) Journalisten-/Nachrichtenbüros, 6.) Museumsshops, Kunstausstellungen etc., 7.) Einzelhandel für Bücher, Zeitschriften, Kunstgegenstände etc., 8.) Architekturbüros und 9.) Design. Als Krea-

tivbranchen kommen 10.) Werbung sowie 11.) Software/Games hinzu. In der so abgegrenzten Kultur- und Kreativwirtschaft waren im Jahr 2008 rund 763 000 Personen sozialversicherungspflichtig beschäftigt. Dies entspricht einem Anteil von 2,8 Prozent an allen Beschäftigten in Deutschland (Bundesministerium für Wirtschaft und Technologie 2009).

Auch das **räumliche Verteilungsmuster der Kultur- und Kreativwirtschaft** ist durch eine deutliche Konzentration in den urbanen Zentren gekennzeichnet. Von allen sozialversicherungspflichtig Beschäftigten in diesen Branchen sind im Jahr 2008 allein 18 Prozent in Berlin (6,5 Prozent), Hamburg (5,8 Prozent) und München (5,7 Prozent) tätig gewesen. Bereits mit deutlichem Abstand zu den drei führenden Zentren, die zugleich die größten Städte in Deutschland sind, folgen auf den weiteren Rangplätzen Köln (3,3 Prozent), Stuttgart (3,0 Prozent) und Frankfurt (2,8 Prozent). Die Analyse der Entwicklungsdynamik zwischen 2003 und 2008 hat zudem ergeben, dass die räumliche Konzentration in den urbanen Zentren zuletzt zugenommen hat (Abb. 1). Insgesamt ist in den 5 Jahren die Zahl der Beschäftigten um 5,0 Prozent gestiegen. Jedoch wachsen die Branchen der Kultur- und Kreativwirtschaft nicht per se, sondern gehen insbesondere auf das überproportionale Wachstum im Bereich Software/Games (+22,1 Prozent) zurück. Branchen wie das Verlagsgewerbe (-10,8 Prozent), Museumsshops, Kunstausstellungen etc. (-7,2 Prozent) oder Journalisten-/Nachrichtenbüros (-6,7 Prozent) haben zwischen 2003 und 2008 sogar erhebliche Beschäftigungsverluste zu verzeichnen gehabt (Mossig 2011).

---

grieren sie vorhandenes, disziplinär und räumlich getrenntes Wissen und passen dieses an die spezifischen Bedürfnisse und Erfordernisse der Kunden an (Strambach 2001). Vor dem Hintergrund der kürzer werdenden Innovationszyklen, den kürzeren Halbwertzeiten von Wissen und der zunehmenden globalen Verteilung von Wissen und Informationen unterstützen sie die Transformation von Wissen in marktfähige Produkte. Sie werden als ein zentrales Element der entstehenden **Wissensökonomie** betrachtet, da sie die Wissensdynamik nicht nur auf Unternehmens- und Branchenebene, sondern auch auf der Ebene von regionalen und nationalen Ökonomien unterstützen. Vor allem das in komplexen Kundenprojekten gewonnene Erfahrungswissen

ist hier von Bedeutung, auf dessen Basis diese Unternehmen wiederum neues Wissen für komplexe Problemlösungskontexte generieren (Strambach 2008).

Räumliche Konzentration und regionale Spezialisierung

Die räumliche Verteilung unternehmensorientierter Dienstleistungen in Europa ist durch länderspezifische Unterschiede und große interregionale Disparitäten gekennzeichnet. Ein gemeinsamer Trend in allen europäischen Ländern ist die Konzentration von wissensin-

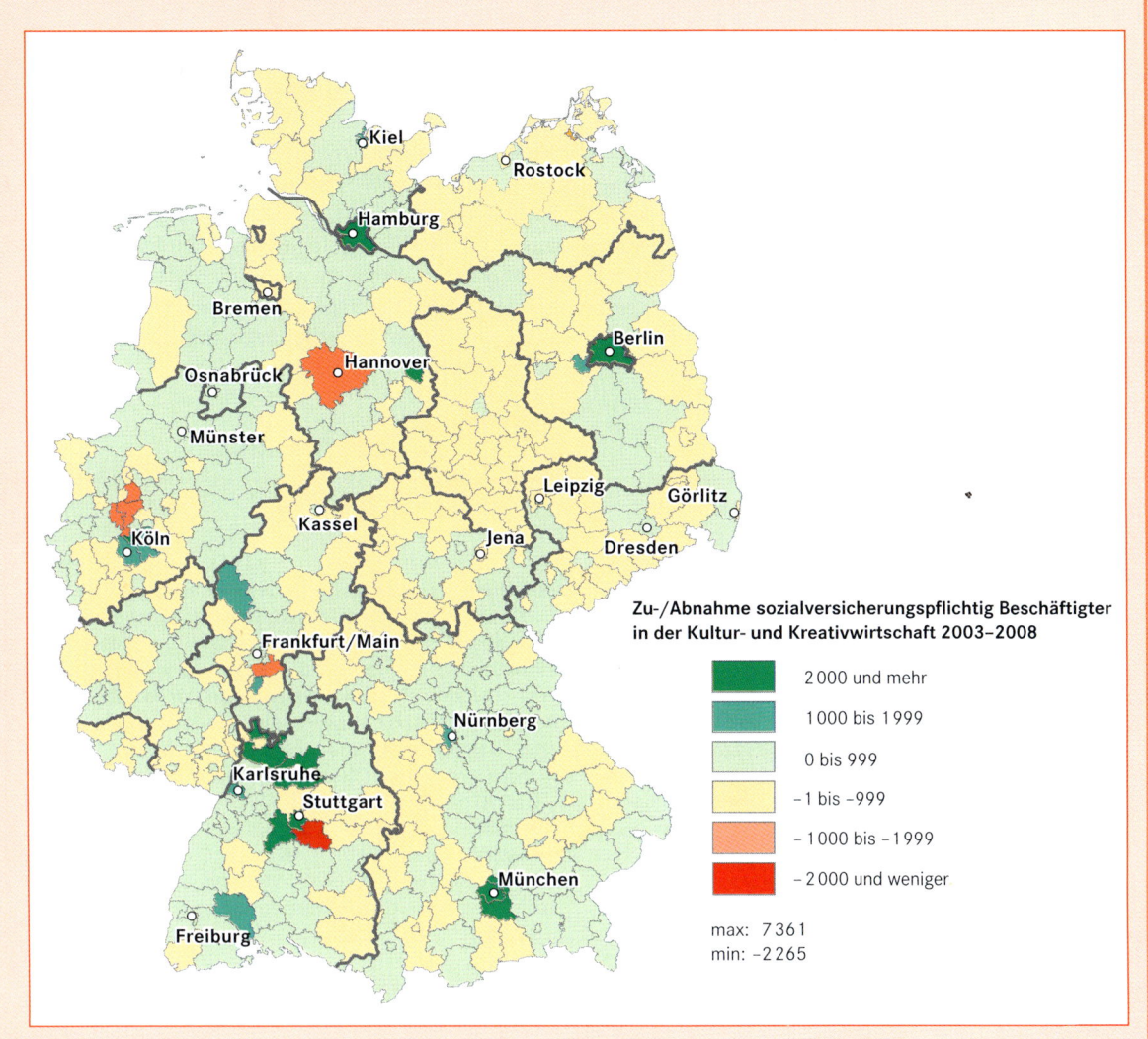

Abb. 1 Veränderung der sozialversicherungspflichtig Beschäftigten in den Branchen der Kultur- und Kreativwirtschaft in Deutschland 2003 bis 2008 auf der Ebene der Kreise (Kartographie: M. Scheibner).

tensiven unternehmensorientierten Dienstleistungen in urbanen Agglomerationsräumen (Wood 2002). Insbesondere wachstumsstarke Ballungsräume sind durch hohe Zuwachsraten und Konzentrationen gekennzeichnet. In Deutschland arbeiteten im Jahr 2000 von den Beschäftigten in wissensintensiven unternehmensorientierten Dienstleistungen 70 Prozent in hoch verdichteten städtischen Agglomerationsräumen. Auf Kreisebene werden die Disparitäten noch deutlicher. Es gibt ländliche Kreise, in denen weniger als 1 Prozent der Beschäftigten und der Unternehmen in diesem Wirtschaftsbereich tätig sind. Demgegenüber sind in den Kreisen einiger Agglomerationsräume bereits 20 Prozent der Beschäftigten und bis zu 30 Prozent der Unternehmen

in wissensintensiven unternehmensorientierten Dienstleistungen tätig.

Für wissensintensive unternehmensorientierte Dienstleistungen haben **Standorte in urbanen Agglomerationsräumen** wesentliche Vorteile (Exkurs 22.8.1). Dazu zählen beispielsweise die hochwertige verkehrs- und kommunikationstechnologische Infrastruktur, die schnelle Erreichbarkeit von Kunden und Absatzmärkten, vielfältige Möglichkeiten der Kooperation sowie die flexiblen Arbeitsmärkte mit einem großen Potenzial an hoch qualifizierten Arbeitskräften. Entscheidend sind darüber hinaus dynamische Agglomerationsvorteile, die aus der Informationsdichte und aus schwer fassbaren „Wissens-Spill-over-Effekten" resultieren. Impulse für die Entstehung von wissensintensiven Dienstleistungsinnovationen werden in starkem Maße vom Markt vermittelt. Die Größe, Dichte und Heterogenität von Agglomerationsräumen bieten vielfältige Möglichkeiten, von externen Wissensquellen zu lernen und vorhandenes Wissen anzureichern oder neu zu kombinieren.

Die Agglomerationsräume weisen unterschiedliche sektorale Spezialisierungen wissensintensiver unternehmensorientierter Dienstleistungsbranchen auf. Im Agglomerationsraum Hamburg dominiert beispielsweise die Werbebranche, die Agglomeration München ist auf Datenverarbeitungsdienste sowie Forschung und Entwicklung spezialisiert. Diese langfristig relativ stabilen Spezialisierungen weisen auf regionsspezifische Profile und Entwicklungspfade des jeweiligen Dienstleistungssegmentes hin, die nicht allein durch Infrastrukturausstattung oder Agglomerationsvorteile erklärt werden können. Regionale Spezialisierungen verstärken sich tendenziell durch kumulative Lernprozesse und „Wissens-Spill-over", sodass es für Städte und Regionen schwierig ist, sich in wissensintensiven Dienstleistungs- und Technologiefeldern, in denen sie bisher nicht etabliert waren, zu positionieren. Dies wird insbesondere an den Ballungsräumen der neuen Länder deutlich, die durch unterdurchschnittliche Entwicklung gekennzeichnet sind (Strambach 2004).

Fazit

Die Wirtschaftsgeographie eröffnet eine räumliche Perspektive auf die Entstehung, die Mechanismen und die Entwicklung wirtschaftlicher Beziehungen. Sie entwickelt Begriffe, Erklärungs- und Interpretationsansätze sowie Methoden zur Analyse lokaler Wirtschaftsstrukturen, regional ungleicher Entwicklung und globaler wirtschaftlicher Verflechtung. Dieses Kapitel diskutiert einige ausgewählte Fragen der territorialen Organisation des Wirtschaftens: die Bewertung und Auswahl von Standorten für unternehmerisches Handeln, die Mechanismen und wirtschaftlichen Vorteile von hoch verdichteten lokalen Clustern, die Dynamiken regional ungleichen Wachstums sowie globaler Austauschbeziehungen in Produktion, Technologieentwicklung und Handel. Ferner hebt das Kapitel die besondere Bedeutung und geographische Dynamik hoch qualifizierter Unternehmens- und Finanzdienstleistungen hervor, die eine zentrale Funktion für Finanzierung, Innovation und Koordination globalisierter Wirtschaftsbeziehungen eingenommen haben. Neue Technologien haben zur drastischen Verringerung von Transport-, Informations- und Kommunikationskosten geführt. Manche erwarten mit der digitalen Revolution das Ende der „Tyrannei der Distanz" und eine „flache Welt". Jedoch zeigen sich rund um Fragen der Lokalität und Mobilität neue Formen lokaler Spezialisierung, regionaler Disparitäten und globaler Beziehungen, zu deren Verständnis eine geographische Perspektive einen wichtigen Beitrag leisten kann.

Weiterführende Literatur

Amin A, Cohendet P (2004) Architectures of Knowledge: Firms, Capabilities, and Communities. Oxford University Press, Oxford, New York

Bathelt H, Glückler J (2011a) The Relational Economy. Geographies of Knowing and Learning. Oxford University Press, Oxford

Bathelt H, Glückler J (2011b) Wirtschaftsgeographie. Ökonomische Beziehungen in räumlicher Perspektive. Ulmer, UTB, Stuttgart

Berndt C, Boeckler M (2007) Kulturelle Geographien der Ökonomie: Zur Performativität von Märkten. In Berndt C, Pütz R (Hrsg) Kulturelle Geographien. Transcript, Bielefeld. 193–238

Bryson J, Daniels, P (2007) The Handbook of Service Industries. Eward Elgar, Cheltenham, Northampton

Clark G, Tracey P (2004) Global Competitiveness and Innovation: An Agent-Centred Perspective. Houndsmill, Basingstoke. Palgrave Macmillan, New York

Clark G, Feldman M, Gertler M (Hrsg) (2000) The Oxford Handbook of Economic Geography. Oxford University Press, Oxford

D'Arcy É, Keogh G (1997) Towards a Property Market Paradigm of Urban Change. Environment and Planning A 29: 685–706

Deeg R (1999) Finance Capitalism Unveiled: Banks and the German Political Economy. Ann Arbor: University of Michigan Press

Dicken P (2003) Global Shift: Reshaping the Global Economic Map in the 21st Century. Guilford Press, New York

Dicken P, Lloyd PE (1990) Location in Space. Theoretical Perspectives in Economic Geography. Harper Collins, New York

Grabher G (Hrsg) (1993) The Embedded Firm. On the Socioeconomics of Industrial Networks. Routledge, London, New York

Haas H-D, Neumair S-M (Hrsg) (2006) Internationale Wirtschaft. Oldenbourg, München

Fortsetzung

Fortsetzung

Hayter R (1997) The Dynamics of Industrial Location. The Factory, the Firm and the Production System. Chichester

Heeg S (2008) Von Stadtplanung und Immobilienwirtschaft. Die „South Boston Waterfront" als Beispiel für eine neue Strategie städtischer Baupolitik. Transcript, Bielefeld

Krätke S (1995) Stadt – Raum – Ökonomie: Einfürhung in aktuelle Problemfelder der Stadtökonomie und Wirtschaftsgeographie. Birkenhäuser, Basel, Boston, Berlin

Kulke E (2010) Wirtschaftsgeographie Deutschlands. Spektrum, Heidelberg

Leyshon A, Thrift N (1999) Money/Space: Geographies of Monetary Transformation. Routledge, London

Maier G, Tödtling F (1992) Regional- und Stadtökonomik. Standorttheorie und Raumstruktur. Wien

Maier G, Tödtling F, Trippl M (2006) Regional- und Stadtökonomik 2. Regionalentwicklung und Regionalpolitik. Wien

Miozzo M, Grimshaw D (Hrsg) (2006) Knowledge Intensive Business Services: Organizational Forms and National Institutions. Edward Elgar, Cheltenham, Northampton

Pollard J (2003) Small firm finance and economic geography. Journal of Economic Geography 3 (4): 429–452

Porteous D (1995) The Geography of Finance: Spatial Dimensions of Intermediary Behaviour. Avebury, Aldershot

Schamp EW (2000) Vernetzte Produktion. Industriegeographie aus institutioneller Perspektive. Wissenschaftliche Buchgesellschaft, Darmstadt

Scharmanski A (2009) Globalisierung der Immobilienwirtschaft. Grenzüberschreitende Investitionen und lokale Marktintransparenzen. Mit den Beispielen Mexico City und São Paulo. Transcript, Bielefeld

Scott AJ (2000) The Cultural Economy of Cities. Sage, London

Simmie J, Strambach S (2006) The contribution of knowledge-intensive business services (KIBS) to innovation in cities: An evolutionary and institutional perspective. Journal of Knowledge Management 10 (5): 26–39

Sternberg R (1995) Technologiepolitik und High-Tech Regionen – ein internationaler Vergleich. Wirtschaftsgeographie, Band 7. Lit, Münster, Hamburg

Storper M (1997) The Regional World: Territorial Development in a Global Economy. Guilford Press, New York

Van Wezemael JE (2005) Investieren im Bestand. Eine handlungstheoretische Analyse der Erhalts- und Entwicklungsstrategien von Wohnbau-Investoren in der Schweiz. Publikation der Ostschweizerischen Geographischen Gesellschaft, Neue Folge, Heft 8, St. Gallen

Zitierte Literatur

Acemoglu D, Johnson S, Robinson JA (2002) An African success: Botswana. In: Rodrik D (Hrsg) Analytic Development Narratives. Princeton University Press, Princeton

Akrich M, Callon M, Latour B, Monaghan A (2002) The key to success in innovation part I: The art of interessment. International Journal of Innovation Management 6: 187–206

Amin A, Cohendet P (2004) Architectures of Knowledge: Firms, Capabilities, and Communities. Oxford University Press, Oxford, New York

Amin A, Thrift N (2000) What kind of economic theory for what kind of economic geography. Antipode 32: 4–9

Bathelt H (1994) Die Bedeutung der Regulationstheorie in der wirtschaftsgeographischen Forschung. Geographische Zeitschrift 82: 63–90

Bathelt H, Glückler J (2011a) The Relational Economy. Geographies of Knowing and Learning. Oxford University Press, Oxford

Bathelt H, Glückler J (2011b) Wirtschaftsgeographie. Ökonomische Beziehungen in räumlicher Perspektive. Ulmer, UTB, Stuttgart

Bathelt H, Malmberg A, Maskell P (2004) Clusters and knowledge: Local buzz, global pipelines and the process of knowledge creation. Progress in Human Geography 28: 31–56

Beaverstock JV (2002) Transnational elites in global cities: British expatriates in Singapore's financial district. Geoforum 33: 525–38

Beaverstock JV (2004) Managing across borders: transnational knowledge management and expatriation in legal firms. Journal of Economic Geography 4: 157–79

Berndt C (2004) Regionalentwicklung im Kontext globalisierter Produktionssysteme? Das Beispiel Ciudad Juárez, Mexiko. Zeitschrift für Wirtschaftsgeographie 48: 81–97

Berndt C, Boeckler M (2007) Kulturelle Geographien der Ökonomie: Zur Performativität von Märkten. In: Berndt C, Pütz R (Hrsg) Kulturelle Geographien. Transcript: 193–238. Bielefeld

Berndt C, Boeckler M (2009) Geographies of exchange and circulation: 'constructions of markets'. Progress in Human Geography 33(4): 535–551

Biehl D, Ungar P (1995) Regionale Disparitäten. In: ARL (Hrsg) Handwörterbuch der Raumordnung: 185–89. Akademie für Landesforschung und Raumordnung, Hannover

Bördlein R (1999) Finanzdienstleistungen in Frankfurt am Main. Berichte zur deutschen Landeskunde 73: 67–93

Boschma R, Martin R (Hrsg) (2010) Handbook of Evolutionary Economic Geography. Edward Elgar, Cheltenham

Boschma R, Fritsch M (2009) Creative Class and Regional Growth: Empirical Evidence from Seven European Countries. Economic Geography 85 (4): 391–423

Boudreau M-C, Loch KD, Robey D, Straud D (1998) Going global: Using information technology to advance the competitiveness of the virtual transnational organization. Academy of Management Executive 12: 120–29

Bourne LS (1981) The Geography of Housing. Arnold, London

Böventer E (1995) Raumwirtschaftstheorie. In: ARL (Hrsg) Handwörterbuch der Raumordnung: 788–99. Akademie für Raumforschung und Landesplanung, Hannover

Brixy U, Hessels J, Hundt C, Sternberg R, Stüber H (2009) Global Entrepreneurship Monitor. Unternehmensgründungen im weltweiten Vergleich. Länderbericht Deutschland 2008 Hannover, Nürnberg, IAB und Universität Hannover

Bundesministerium für Wirtschaft und Technologie (2009) Gesamtwirtschaftliche Perspektiven der Kultur- und Kreativwirtschaft in Deutschland. Forschungsbericht Nr 577. Berlin

Caliskan K, Callon M (2010) Economization, part 2: A research programme for the study of markets. Economy and Society 39(1): 1–32

Claßen G, Zander C (2010) Handel mit Mietwohnungsportfolios in Deutschland. Informationen zur Raumentwicklung 5/6: 377–390

Deutscher Bundestag (2002) Schlussbericht der Enquete-Kommission Globalisierung der Weltwirtschaft – Herausforderungen und Antworten. Drucksache 14/9200. Deutscher Bundestag, Berlin

Deutscher Bundestag (2007) Schlussbericht der Enquete-Kommission „Kultur in Deutschland" Drucksache 16/7000 vom

Fortsetzung

Fortsetzung

11.12.2007. (http://dip21 bundestag de/dip21/btd/16/070/1607000 pdf)

Dumont J-C, Lemaître G (2004) Counting immigrants and expatriates in OECD countries. A new perspective. Social Employment and Migration Working Papers. OECD, Paris

Enxing G (1999) Die Standortwahl höherwertiger unternehmensorientierter Dienstleistungsbetriebe. Dortmunder Vertrieb für Bau- und Planungsliteratur, Dortmund

European Commission (2010) Investing in Europe's Future: Fifth Report on Economic, Social and Territorial Cohesion Luxembourg. Publications Office of the European Union

Eurostat (2008) Eurostat Jahrbuch der Regionen 2008. Statistische Bücher. Amt für amtliche Veröffentlichungen der Europäischen Gemeinschaften, Luxemburg

Faulconbridge J (2009) The Regulation of Design in Global Architecture Firms: Embedding and Emplacing Buildings. Urban Studies 46: 2537–2554

FAZ.net (2010) „Der Finanzplatz gewinnt" vom 27.01.2010. www.faz.net (Zugriff 22.08.2010)

Fink D, Köhler T, Scholtissek S (2004) Die dritte Revolution der Wertschöpfung. Econ, München

Florida R (2002a) The Rise of the Creative Class - And how it's Transforming Work Leisure Community and Everyday life. New York

Florida R (2002b) Bohemia and economic geography. Journal of Economic Geography 2 (1): 55–71

Florida R (2002c) The economic geography of talent. Annals of the Association of American Geographers 92: 743–755

Frankfurter Rundschau (2010) Von der Burs zur Börse. Der Wertpapierhandel in Frankfurt blickt auf 425 Jahre zurück. 18.8.2010, 66. Jg, Nr. 190

French S, Leyshon A, Thrift N (2009) A very geographical crisis: the making and breaking of the 2007-2008 financial crisis. Cambridge Journal of Regions, Economy and Society 2 (2): 287–302

Friedman TL (2005) The World is Flat: A Brief History of the Twenty-First Century. Farrar, Straus and Giroux, New York

Fritsch M, Stützer M (2007) Die Geographie der kreativen Klasse in Deutschland. Raumforschung und Raumordnung 65 (1): 15–29

Fröbel F, Heinrichs J, Kreye O (1977) Die neue internationale Arbeitsteilung: Strukturelle Arbeitslosigkeit in den Industrieländern und die Industrialisierung der Entwicklungsländer. Rowohlt, Reinbek

Gallup JL, Sachs JD, Mellinger AD (1999) Geography and economic development. International Regional Science Review 22: 179–232

Gärtner S (2009) Sparkassen als Akteure der regionalen Strukturpolitik: Sind sie in strukturschwachen Regionen hinreichend erfolgreich? Zeitschrift für Wirtschaftsgeographie 53 (1-2): 14–27

Glückler J (2004) Reputationsnetze. Zur Internationalisierung von Unternehmensberatern. Eine relationale Theorie. Transcript, Bielefeld

Glückler J (2007) Geography of reputation: The city as the locus of business opportunity. Regional Studies 41: 949–62

Glückler J (2008) Service Offshoring: globale Arbeitsteilung und regionale Entwicklungschancen. Geographische Rundschau 60: 36–42

Gottschalk S, Fryges H, Metzger G, Heger D, Licht G (2007) Start-ups zwischen Forschung und Finanzierung: Hightech-Gründungen in Deutschland Mannheim: Zentrum für Europäische Wirtschaftsforschung

Grabow B, Henckel D, Hollbach-Grömig B (1995) Weiche Standortfaktoren. Kohlhammer, Stuttgart

Grote M (2004) Die Entwicklung des Finanzplatzes Frankfurt. Duncker & Humblot, Berlin

Hahn B (2010) Einzelhandelsimmobilien in den USA. Ein von Shopping Centern und Real Estate Investment Trusts (REITs) dominierter Markt. Informationen zur Raumentwicklung 5/6: 445–456

Hall S (2006) What counts? Exploring the production of quantitative financial narratives in London's corporate finance industry. Jounal of Economic Geography 6 (5): 661–678

Handke M (2011) Die Hausbankbeziehung. Institutionalisierte Finanzierungslösungen für kleine und mittlere Unternehmen in räumlicher Perspektive (Reihe Wirtschaftsgeographie). LIT, Münster

Handke M, Glückler J (2010) Unternehmen und Märkte. In: Hänsgen D, Lentz S, Tzschaschel S (Hrsg) Deutschlandatlas. Unser Land in 200 thematischen Karten: 61–84. Wissenschaftliche Buchgesellschaft, Darmstadt

Heeg S (2009) Was bedeutet die Integration von Finanz- und Immobilienmärkten für Finanzmetropolen? Erfahrungen aus dem anglo-amerikanischen Raum. In: Heeg S, Pütz R (Hrsg) Wohnungs- und Büroimmobilienmärkte unter Stress: Deregulierung, Privatisierung und Ökonomisierung. Band 129 der Rhein-Mainischen Forschungen. Institut für Humangeographie, Frankfurt am Main

Heeg S (2009) Wie Phönix aus der Asche? Immobilienwirtschaftliche Forschung in der Geographie. Zeitschrift für Wirtschaftsgeographie 53, H. 3: 129–137

Held D, McGrew A, Goldblatt D, Perraton J (1999) Global Transformations. Politics, Economics and Culture. Polity Press, Cambridge

Hotelling H (1929) Stability in competition. The Economic Journal 39: 41–57

Just T (2010) Internationalisierung des deutschen Büroimmobilienmarkts. Informationen zur Raumentwicklung 5/6: 341–350

Keeble D, Nachum L (2002) Why do business service firms cluster? Small consultancies, clustering and decentralization in London and Southern England. Transactions of the Institute of British Geographers 27: 67–90

Klagge B (2003) Regionale Kapitalmärkte, dezentrale Finanzplätze und die Eigenkapitalversorgung kleinerer Unternehmen. Eine institutionell orientierte Analyse am Beispiel Deutschlands und Großbritanniens. Geographische Zeitschrift 91 (3-4): 175–199

Krahnen JP, Schmidt R (2004) The German Financial System. Oxford University Press, Oxford

Krugman P (1991) Geography and Trade. Leuven, Belgium; Cambridge, Mass.; Leuven University Press, MIT Press

Laulajainen R (2003) Financial Geography. A Banker's View. Routledge, London

Leamer E, Storper M (2001) The economic geography of the internet age. Journal of International Business Studies 32: 641–65

Leßmann C (2005) Regionale Disparitäten in Deutschland und ausgesuchten OECD-Staaten im Vergleich. Aktuelle Forschungsberichte. ifo Dresden, Dresden

Lichtenberger E (1995) Der Immobilienmarkt im politischen Systemvergleich. Geographische Zeitschrift 83, H. 1:1–29

Lo V, Schamp E (2001) Finanzplätze auf globalen Märkten – Beispiel Frankfurt/Main. Geographische Rundschau 53 (7-8): 26–31

Maier G, Tödtling F, Trippl M (2006) Regional- und Stadtökonomik, 2. Regionalentwicklung und Regionalpolitik. Wien

Malmberg A, Maskell P (2002) The elusive concept of localization economies: Towards a knowledge-based theory of spatial clustering. Environment and Planning A 34: 429–49

Markusen A (2003) Fuzzy concepts, scanty evidence, policy distance: The case for rigour and policy relevance in critical regional studies. Regional Studies 37: 701

Markusen A (2006) Urban development and the politics of a creative class: evidence from a study of artist. Environment and Planning A 38 (10): 1921–1940

Marshall A (1927) Industry and Trade. A Study of Industrial Technique and Business Organization; and Their Influences on the Conditions of Various Classes and Nations. Macmillan, London

Fortsetzung

Fortsetzung

Martin R (1999) The New Economic Geography of Money. In R Martin (Hrsg) Money and the Space Economy: 3–28. John Wiley, Chichester

Maskell P, Malmberg A (1999) The competitiveness of firms and regions: Ubiquitification and the importance of localised learning. European Urban and Regional Studies 6: 26

Mehlum H, Moene K, Torvik R (2006) Institutions and the resource curse. The Economic Journal 116: 1–20

Meusburger P (2008) The nexus between knowledge and space. In: Meusburger P, Welker M, Wunder E (Hrsg) Clashes of Knowledge. Knowledge and Space, Vol. 1: 35–90. Springer, Dordrecht

Mitchell T (2007) The properties of markets. In: MacKenzie D, Muniesa F, Siu L (Hrsg) Do Economists Make Markets? On the Performativity of Economics. Princeton University Press, Princeton

Mossig I (2011) Regional employment growth in the Cultural and Creative Industries in Germany 2003–2008. European Planning Studies

Moulaert F, Swyngedouw E, Rodriguez A (2001) Large Scale Urban Development Projects and Local Governance. From Democratic Urban Planning to Besieged Local Governance Geographische Zeitschrift 89, H. 2/3: 71–84

Myrdal G (1957) Economic Theory and Underdeveloped Regions. Duckworth, London

Nachum L, Keeble D (2003) Neo-Marshallian clusters and global networks: The linkages of media firms in Central London. Long Range Planning 36: 459–80

Nooteboom B (2000) Learning and Innovation in Organizations and Economies. Oxford University Press, Oxford

Odermatt A (2009) Perspektiven geographischer Wohnungsmarktforschung. Rhein-Mainische Forschungen 129: 11–37

OECD (2005) Oslo Manual. Guidelines for Collecting and Interpreting Innovation Data Paris: OECD

Peck J (2005) Struggling with the Creative Clas. International Journal of Urban and Regional Research 29: 740–770

Pollard J (1999) Globalisation, Regulation and the Changing Organisation of Retail Banking in the United States and Britain. In: Martin R (Hrsg) Money and the Space Economy. Chichester: John Wiley, 49–70

Porter ME (1998) Clusters and the new economics of competition. Harvard Business Review 77–90

Pütz R (2001) „Money Talks" – Die Internationalisierung des Marktes für Büroimmobilien in Ostmitteleuropa. Das Beispiel Warschau. Erdkunde 55, H. 3: 211–227

Renschler A (1995) Standortplanung für Mercedes-Benz in den USA. In: Gassert H, Horvath P (Hrsg) Den Standort richtig wählen: 37–54. Schäffer-Poeschl, Stuttgart

Reuschke D (2010) Living apart together over long distances. Time-space patterns and consequences of late-modern living arrangement. Erdkunde 64, H. 3: 215–226

Romer P (1990) Endogenous technological change. Journal of Political Economy 98: 71–102

Rubalcaba-Bermejo L (1999) Business services in European industry: Growth, employment and competitiveness. Luxemburg

Sachs JD, Warner AM (2001) The curse of natural resources. European Economic Review 45: 827–38

Sailer U (2002) Der westdeutsche Wohnungsmarkt. In: Odermatt A, Van Wezemael JE (Hrsg) Geographische Wohnungsmarktforschung: Die Wohnungsmärkte Deutschlands, Österreichs und der Schweiz im Überblick und aktuelle Forschungsberichte. Wirtschaftsgeographie und Raumplanung 32: 5–38

Schamp EW (2000) Vernetzte Produktion. Industriegeographie aus institutioneller Perspektive. Wissenschaftliche Buchgesellschaft, Darmstadt

Schamp EW (2008) Globale Finanzmärkte. In: Schamp EW (Hrsg) Globale Verflechtungen: 72–84. Aulis, Köln

Schamp EW (2009) Das Finanzzentrum – ein Cluster? Ein multiskalarer Ansatz und seine Evidenz am Beispiel von Frankfurt/RheinMain. Zeitschrift für Wirtschaftsgeographie 53 (1-2): 89–105

Scharmanski A (2007) Aus Immobilien werden Mobilien. Lokale Immobilienmärkte im Wirkungsfeld der Globalisierung – Beispiel Mexico City. Geographische Rundschau 59, H. 9: 56–63

Scott AJ (1988) New Industrial Spaces: Flexible Production Organization and Regional Development in North America and Western Europe. Pion, London

Sklair L (2001) The Transnational Capitalist Class. Blackwell, Oxford, Malden (Mass.)

Sternberg R (1988) Fünf Jahre Technologie- und Gründerzentren (TGZ) in der Bundesrepublik Deutschland – Erfahrungen, Empfehlungen, Perspektiven. Geographische Zeitschrift 76: 164–179

Stiftung Entwicklung und Frieden (2003) Globale Trends. Fakten, Analysen, Prognosen 2004/2005. Fischer, Frankfurt am Main

Storper M (1997) The Regional World: Territorial Development in a Global Economy. Guilford Press, New York

Storper M, Scott A J (2009) Rethinking human capital creativity and urban growth. Journal of Economic Geography 9 (2): 147–167

Storper M, Walker R (1989) The Capitalist Imperative: Territory, Technology, and Industrial Growth. Basil Blackwell, New York

Strambach S (2001) Innovation processes and the role of knowledge-intensive business services (KIBS). In: Koschatzky K, Kulicke M, Zenker A (Hrsg) Innovation networks – concepts and challenges in the European perspective (= Technology, Innovation and Policy) 14: 53–68. Heidelberg

Strambach S (2004) Wissensintensive unternehmensorientierte Dienstleistungen. In: Leibnitz Institut für Länderkunde (Hrsg) Nationalatlas Bundesrepublik Deutschland, Unternehmen und Märkte Bd. 12: 50–53

Strambach S (2008) Knowledge-intensive business services (KIBS) as drivers of multilevel knowledge dynamics. In: International Journal Services Technology and Management, 10 (2/3/4): 152–174

Taylor PJ (2004) World City Network: A Global Urban Analysis. London, New York: Routledge

Thrift, N (1994) On the social and cultural determinants of international financial centres: The case of the City of London. In: Corbridge S et al (Hrsg) Money, Power and Space: 327–355. Oxford University Press, Oxford

UNCTAD (2002) World Investment Report 2002: Transnational Corporations and Export Competitiveness. New York, Genf, United Nations

UNCTAD (2004) World Investment Report 2004: The Shift Towards Services. New York, Geneva, United Nations

UNCTAD (2010) World Investment Report 2010: Investing in a Low-Carbon Economy. New York, Genf, United Nations

Uzzi B (1997) Social structure and competition in interfirm networks: The paradox of embeddedness. Administrative Science Quarterly 42: 35–67

Wallisch, M (2009) Unternehmensfinanzierung durch Business Angels. Zur räumlichen Organisation des informellen Beteiligungskapitalmarktes in Deutschland. Zeitschrift für Wirtschaftsgeographie 53: 47–68

Werlen B (1999) Sozialgeographie alltäglicher Regionalisierungen. Franz Steiner Verlag, Stuttgart

Williamson OE (1985) The Economic Institutions of Capitalism. Firms, Markets, Relational Contracting. Free Press, New York

Wins P (1995) The location of firms: an analysis of choice processes. In Cheshire PC, Gordon IR (Hrsg) Territorial Competition in an Integrating Europe: 244–266. Avebury, Aldershot

Wood P (Hrsg) (2002) Consultancy and innovation: The business service revolution in Europe. Routledge, London

Fortsetzung

World Bank (2005) World Development Report 2005: A better Investment Climate for Everyone. The World Bank, Washington

World Bank (2009) World Development Report 2009: Reshaping Economic Geography. The World Bank, Washington

Yeung HW (2005) Rethinking relational economic geography. Transactions of the Institute of British Geographers 30: 37–51

Zademach HM (2009) Global finance and the development of regional clusters: Tracing paths in Munich's film and TV industry. Journal of Economic Geography 9 (5): 697–722

Die *Ibn Batuta Mall*, eine der großen Shopping Malls in Dubai, inszeniert ihre Verkaufsflächen nach den Stationen des berberischen Weltreisenden Ibn Batuta, der im 14. Jahrhundert mehr als 120 000 km auf Reisen durch die gesamte islamische Welt und darüber hinaus zurückgelegt haben soll (Foto: H. Gebhardt).

Kapitel 23 Geographie des Handels und des Konsums

Handel und Dienstleistungen sind heute zum weltweit wichtigsten Wirtschaftssektor geworden, in dem weitaus mehr Menschen beschäftigt sind als in der Industrie. Sehr unterschiedliche Wirtschaftsbereiche sind es, die der Begriff abdeckt: Groß- und Einzelhandel, unternehmens- und konsumorientierte Dienstleistungen, formelle und informelle Tätigkeiten (Kapitel 22). Insbesondere Einkaufen und Konsum sind neben dem Versorgungsakt schon längst zu einem Teil des Freizeitverhaltens mit neuen Einrichtungen und Raumstrukturen geworden: Shopping Center entwickeln sich zu postmodernen Kathedralen mit Kinosälen und Lichtdesign, sie bieten an Ostern blumengeschmückte Wiesen und an Weihnachten Eislaufbahnen und Engel, ein aggressives Marketing auf einem gesättigten Markt verkündet „Geiz ist geil". Früher getrennte Funktionen im Konsum- und Freizeitbereich vermischen sich. Im *Urban Entertainment Center* treten neben den Handel die Gastronomie und die Freizeit. Mit Schlagworten, wie *Retailtainment*, *Shoppertainment*, *Edutainment*, *Diner-* oder *Eatertainment*, wird in den USA, dem Ausgangsland dieser Entwicklung, um Kunden geworben. Immer häufiger begegnet uns Einzelhandel an Standorten, an denen wir ihn früher nicht erwartet hatten: in den umgebauten Bahnhöfen der Bahn AG, an Flughäfen oder großen Tankstellen.

Die folgenden Beiträge nehmen vor allem jüngere Entwicklungen des Einzelhandels vor dem Hintergrund eines „postmodernen" Konsumentenverhaltens in den Blick. Neue Konsumorte und Konsumpraktiken werden ebenso betrachtet wie eine jüngst zu beobachtende Transnationalisierung und Globalisierung des Einzelhandels. Standortentscheidungen für großflächigen Einzelhandel (auf der grünen Wiese, aber auch auf Konversionsflächen der Bahn oder an Innenstadtstandorten) sind in der Öffentlichkeit nicht selten umstritten; der Raumplanung und Regionalpolitik stellt sich somit die Aufgabe, gesellschafts- und umweltverträgliche Standortwahlen steuernd zu begleiten.

23.1 Einführung

Robert Pütz und Frank Schröder

Angesichts der begrifflichen Nähe könnte man vermuten, geographische Handelsforschung und geographische Konsumforschung stünden zueinander wie Geschwister, die sich ein Zimmer im Haus der Humangeographien teilen und sich deshalb in regem Austausch befinden – aber dem ist nicht so. Vielmehr handelt es sich um zwei (bislang) kaum miteinander in Kontakt stehende Teildisziplinen, die zu unterschiedlichen Zeiten und aus unterschiedlichen Erkenntnisinteressen heraus entstanden sind und die deshalb bis heute mit unterschiedlichen theoretischen Grundlagen und unterschiedlichen Forschungsmethoden arbeiten und (größtenteils) unterschiedliche Forschungsgegenstände haben. Diese Trennung zwischen *retail geography* oder *marketing geography* und den *geographies of consumption* gilt auch für den englischen Sprachraum.

Die geographische Handelsforschung ist mit ihrer Nähe zur Zentralitätsforschung die ältere und etabliertere der beiden Forschungsrichtungen. Wichtige konzeptionelle Grundlagen wurden bereits in den 1930er-Jahren gelegt; in den USA durch Reilly (1931) und in Deutschland durch Christaller (1933; Exkurs 23.1.1). Den Durchbruch als anerkannte Teildisziplin der Humangeographie schaffte die Handelsforschung dann Mitte der 1960er-Jahre zunächst in den USA, wo innerhalb weniger Jahre viele Grundlagenwerke erschienen, die bis heute zitiert werden (Applebaum 1966, Berry 1963, Huff 1964). In Deutschland wurden die Vorarbeiten der amerikanischen Geographie ab Mitte der 1970er-Jahre rezipiert (Heineberg 1977, Heinritz 1978, Meyer 1978).

Wie ihre Entstehungszeit vermuten lässt, war die geographische Handelsforschung sowohl ein Kind der „quan-

Exkurs 23.1.1

Zentrale Orte und Dienstleistungen

Hans Gebhardt

Bereits 1933 entwickelte der Geograph Walter Christaller die Theorie der Zentralen Orte. Er verfolgte dabei das Ziel, Gesetzmäßigkeiten über Größe, Anzahl und räumliche Verteilung von Siedlungen mit städtischen, das heißt zentralörtlichen Funktionen abzuleiten. Christaller erstellte eine Hierarchie von Siedlungen unterschiedlicher Größe, in welcher die jeweils größeren Siedlungen eine größere Vielfalt an Gütern und Dienstleistungen anbieten und somit ein größeres Marktgebiet besitzen.

Zentrale Orte im Christaller'schen Sinne sind somit einerseits geometrische Standortmuster, Standortcluster von Einrichtungen, die Güter und Dienstleistungen für räumlich begrenzte Marktgebiete anbieten wie auch konkrete Gemeinden oder Siedlungen, welche ihr Umland mit Gütern und Diensten versorgen. Konstituierend ist, dass diese Standortkonzentrationen bzw. Siedlungen einen wirtschaftlichen „Bedeutungsüberschuss" aufweisen, also ein größeres oder kleineres Umland mitversorgen und dass sie ein hierarchisches, idealtypisch geometrisches Muster (Sechseckmuster) bilden (Abb. 1).

Seit Christallers bahnbrechender Arbeit sind rund 80 Jahre vergangen; die Wertschätzung des Modells Zentraler Orte in Geographie und Raumordnung war dabei über die Jahrzehnte durch ein deutliches Auf und Ab geprägt. Herausragende Bedeutung erlangten Zentrale Orte vor allem in den 1960er-Jahren, als sie zum wichtigsten Baustein der

sich entwickelnden überörtlichen Raumplanung des Bundes und der Länder avancierten. Alle Bundesländer legten damals in ihren Programmen und Plänen Gemeinden mit zentralörtlicher Bedeutung fest, bis heute werden diese Festlegungen in den Neuauflagen der Landesentwicklungspläne und Regionalpläne fortgeschrieben.

In der Raumordnung in Deutschland werden drei bzw. vier Stufen zur Kennzeichnung von **Zentralität** unterschieden: Ober-, Mittel- und Unterzentren sowie Kleinzentren (Grundzentren). Oberzentren sind in der Regel Städte mit mehr als 100 000 Einwohnern; Mittelzentren erfüllen wichtige Funktionen in der regionalen Versorgung mit Arbeitsplätzen sowie mit Diensten und Gütern für den gehobenen und mittelfristigen Bedarf (z. B. Fachärzte, Bekleidung). Vor allem in dünn besiedelten ländlichen Regionen übernehmen die zentralen Orte unterer Stufe die Grundversorgung der Bevölkerung.

Nach einer großen Zahl empirischer und theoretischer Untersuchungen zur Zentralitätsforschung in den 1960er- und 1970er-Jahren wurde es danach eher still um solche Arbeiten. Das Thema schien wissenschaftlich „ausgereizt", die Forschungsfronten bewegten sich in andere Richtungen. Auf der Ebene der Planung zeigte sich gleichwohl vor allem seit der deutschen Wiedervereinigung ein akuter Planungs- und Gestaltungsbedarf bei der räumlichen Ordnung des Siedlungs- und Versorgungssystems. In den neuen Bundes-

titativen Revolution" als auch des raumwissenschaftlichen Paradigmas in der Geographie und entsprechend stark dem analytisch-nomologischen Wissenschaftsparadigma verpflichtet: Sie suchte mit quantitativen Erhebungsmethoden und massenstatistischen Auswertungsverfahren nach allgemeinen, modellhaft darstellbaren Gesetzen – beispielsweise über die Einkaufsstättenwahl von Käufern oder über die Anordnung von Einzelhandelsbetrieben im Raum. Im Hintergrund stand dabei meistens (implizit) die Vorstellung eines „idealen" (also homogenen und unbegrenzten) Raumes und die Vorstellung von ökonomisch rational handelnden Anbietern und Nachfragern (Menschenbild des *homo oeconomicus*").

Die **geographische Konsumforschung** entstand erst vor rund 20 Jahren im Zuge der Herausbildung der *new cultural geography* in Großbritannien, wo die geographische Konsumforschung im internationalen Vergleich bis heute am stärksten verbreitet ist und wo sie auch das höchste Renommee genießt. Da Konsum von Anfang an ein Leitthema der „Neuen Kulturgeographie" war, kann man die geographische Konsumforschung durchaus als konstitutives Element dieses neuen Paradigmas begreifen. Wie die gesamte „Neue Kulturgeographie" ist sie durchweg interpretativ und idiographisch angelegt. Sie arbeitet mit qualitativen, vielfach ethnographischen Methoden und versucht zu Interpretationen von Einzelfällen zu gelangen. So ein „Einzelfall" kann ein Konsument sein, dessen Konsumgebaren in einer spezifischen Situation durch Interpretation erschlossen wird (handlungs- und praxistheoretische Ansätze), es kann aber auch ein bestimmtes Zeichensystem (z. B. Werbung oder Architektur) sein, das man mit (post-)strukturalistischen Methoden entschlüsselt.

Ein weiterer wichtiger Unterschied zwischen Handelsforschung und Konsumforschung liegt im Gegenstandsbereich selbst: Die **geographische Handelsforschung** interessiert sich – angelehnt an das Konsumverständnis

---

ländern wurden nach dem Muster der alten Bundesländer Zentrale Orte in allen Programmen und Plänen der neu geschaffenen Bundesländer festgeschrieben und dienen wiederum als Leitlinie für weitreichende Infrastrukturplanungen.

Dabei wurde das Zentrale-Orte-Konzept in den 1990er-Jahren vor allem als Instrument zur Steuerung der Einzelhandels- und der Verkehrsentwicklung wiederentdeckt. Der Einzelhandel verkauft seit über 10 Jahren in einem gesättigten Markt; Neugründungen auf der grünen Wiese, neue Standortformen wie *Factory Outlet Center*, postmoderne Bahnhofswelten oder künftig vielleicht ein höherer Anteil an *E-Commerce* (elektronischem Handel, Internethandel) führen zu räumlichen Umverteilungsprozessen, meistens zuungunsten von Standorten in der Innenstadt. Zur Standortsicherung oder zur Abwehr großflächiger Einrichtungen mit innenstadtrelevanten Sortimenten auf der „grünen Wiese" wird von Seiten der Raumplanung häufig mit zentralörtlichen Strukturen argumentiert; Ähnliches gilt aktuell in der Schulnetz- oder allgemeinen Infrastrukturplanung unter „Schrumpfungsbedingungen".

Damit ändert aber das ursprüngliche Zentrale-Orte-Konzept im Sinne von Christaller seinen Charakter. Ursprünglich als neoklassisches, normatives, wirtschaftstheoretisches Partialmodell konzipiert, gerät es im Kontext der Moderation von Einzelhandelsentwicklungen mehr zu einem Instrument für das *„framing"* diskursiver Planungsprozesse, beispielsweise bei der Erstellung von Einzelhandelskonzepten in einem Verdichtungsraum. Das Zentrale-Orte-Konzept ist hierfür aufgrund seiner Bekanntheit und Akzeptanz sowohl in der Planung als auch in der politischen Öffentlichkeit gut tauglich. Überdies vermögen Zentrale Orte dem europäischen Prinzip der „Stadtregionen der kurzen Wege", also einer auf Multifunktionalität, Nutzungsmischung, Verkehrs-

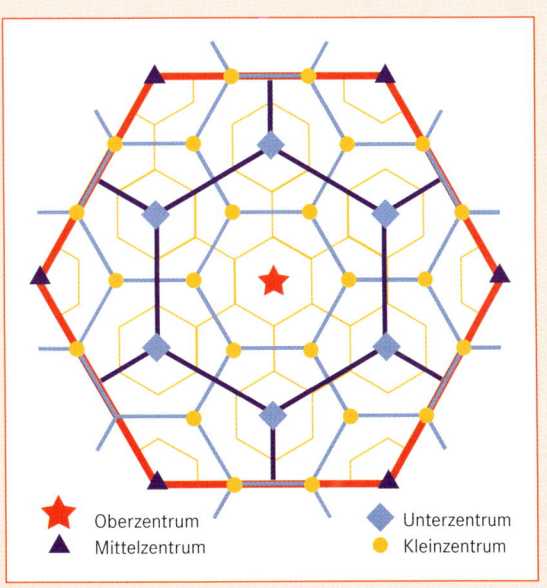

Abb. 1 Zentrale Orte und Hierarchien (verändert nach Knox & Marston 2001).

minimierung und den Erhalt kompakter, freiraumschonender Strukturen gerichteten Stadtentwicklung, eine konzeptionelle Basis zu vermitteln. Das Zentrale-Orte-Konzept wird damit zu einem „raumordnungspolitische(n) ‚Organisationsmittel', das sich in hervorragender Weise dazu eignet, die abstrakte Leitvorstellung einer ‚nachhaltigen Raumentwicklung' räumlich zu konkretisieren" (Blotevogel 2002).

der neoklassischen Ökonomie – für jene Momente, in denen Anbieter und Nachfrager auf dem Markt zueinanderfinden und einen (monetären) Austausch abwickeln. Während die Ökonomie vor allem untersucht, unter welchen Bedingungen welche Austauschrelationen entstehen, interessiert sich die Handelsforschung dafür, wo solche Kaufvorgänge (unter welchen raumstrukturellen Bedingungen) zustande kommen. In beiden Fällen ist uninteressant, welchen „Sinn" der Konsumakt hat. Die geographische Konsumforschung interessiert sich – angelehnt an den Konsumbegriff der Anthropologie – demgegenüber für die gesamte Handlungskette vom Konsumwunsch über den Erwerb, den Gebrauch bzw. Verbrauch bis zur Weitergabe bzw. Entsorgung des Konsumgutes. Die Frage nach dem „Sinn" des Konsums wird hierbei nicht nur regelmäßig gestellt, sondern ihre Beantwortung ist vielfach auch das eigentliche Ziel der Forschung.

Ein dritter fundamentaler Unterschied zwischen den beiden Teildisziplinen liegt in den Verwertungsinteressen der Forschung. Die geographische Handelsforschung war von Anfang an stark durch realweltliche Probleme inspiriert. Hierzu zählten einerseits betriebswirtschaftliche Ziele wie die Profitmaximierung für Unternehmen durch räumliche Strategien der Filialnetzgestaltung, andererseits planerische Ziele wie die Wahrung einer sozial, ökologisch und städtebaulich funktionalen Einzelhandelsstruktur. Beide Arten von Fragen werden bis heute kompetent von der geographischen Handelsforschung beantwortet und die einschlägige Problemlösungskompetenz wird (z. B. durch methodische Innovationen) immer weiter verbessert, was zur Folge hat, dass gut ausgebildete Handelsforscher begehrte Arbeitskräfte und Berater für Wirtschaft wie Politik sind. Die Kehrseite der Medaille ist allerdings, meinen jedenfalls manche Autoren (Crewe 2000), dass die theoretische Weiterentwicklung der Teildisziplin hinter der in anderen Bereichen der Geographie zurückgeblieben ist.

Ganz anders die geographische Konsumforschung: Sie hat weder das Ziel noch (in ihrer gegenwärtigen Gestalt) die Chance eine anwendungsbezogene, „marktgängige" Wissenschaft zu werden. Auch sie ist zwar eine durch und durch empirische Wissenschaft, sieht sich dabei aber stärker der Grundlagenforschung verpflichtet und will aus empirischen Befunden stets auch theoretische Innovationen ableiten. Allerdings steht dem Gelingen dieses Unterfangens der idiographische Charakter der Forschung entgegen, der nach Meinung mancher Kritiker (Pratt 2004) häufig dazu führt, dass eher essayistische Nischen-Ethnographien als echte Wissenschaft mit einem (wie auch immer definierten) gesellschaftlichen Nutzen entstehen.

23.2 Geographische Konsumforschung

Seit etwa 20 Jahren hat der Konsum als Forschungsfeld in allen Sozial- und Gesellschaftswissenschaften enorm an Bedeutung gewonnen. Die Konsumforschung erhält immer mehr Raum in den wissenschaftlichen Zeitschriften, ihr Einfluss auf übergeordnete Theoriedebatten wächst und ihr Ansehen steigt.

Dafür gibt es drei Gründe. Der erste Grund ist, dass die Wissenschaft – mit erheblicher Zeitverzögerung – auf den Wandel von der Produktions- zur Konsumgesellschaft reagiert, der sich in den letzten Jahrzehnten in fast allen marktwirtschaftlich organisierten Wohlstandsstaaten vollzogen hat. Dieser Wandel hat zwei Dimensionen – eine quantitative und eine qualitative: Die Sphäre des Konsums hat gegenüber der Sphäre der Produktion bzw. Arbeit an Bedeutung gewonnen und die Bedeutung des Konsums für Individuen und Gesellschaft hat sich gewandelt – und zwar in dem Sinne, dass der Konsum viele psychische, soziale und kulturelle Bedürfnisse befriedigt, die einstmals durch Arbeit befriedigt wurden.

Der zweite Grund liegt im Wandel der wissenschaftlichen Perspektive: Im Zuge des *cultural turn* rücken viele Sozial- und Gesellschaftswissenschaftler die „kulturellen" Aspekte menschlichen Lebens in den Mittelpunkt ihrer Forschung. Dahinter steht die Auffassung, dass die Beziehungen der Menschen zur sozialen Welt ausschließlich symbolisch vermittelt sind. Weil sich dies im Akt des Konsums besonders gut nachvollziehen lässt, war der Konsum schon in den Anfängen des *cultural turn* ein Leitthema, wenn nicht sogar ein zentrales konstitutives Element. Im englischsprachigen Raum ist Konsum in der Geographie aus den gleichen Gründen ebenfalls früh „salonfähig" geworden.

Der dritte Grund ist, dass sich die herrschende Auffassung davon, was zum Konsum zählt und welche sozialen und ökonomischen Fragen unter konsumtiven Gesichtspunkten betrachtet werden sollten, verändert hat. Das „Sichtfeld" der (geographischen) Konsumforschung hat sich beträchtlich ausgeweitet. Dies führte zur Ausdifferenzierung vieler verschiedener **Geographien des Konsums**, von denen die zurzeit dominierenden hier vorgestellt werden.

Der Wandel von der Produktions- zur Konsumgesellschaft

Der Bedeutungszuwachs des Konsums

Der Bedeutungszuwachs der Sphäre des Konsums lässt sich an drei empirischen Trends festmachen, die hier exemplarisch für Westdeutschland beschrieben werden (In anderen marktwirtschaftlich organisierten Wohlstandsstaaten [Exkurs 23.2.1] verlief die Entwicklung ähnlich, wenn auch jeweils zeitversetzt.):

- Immer mehr Menschen haben die finanziellen und zeitlichen Möglichkeiten „lebensgestaltend" zu konsumieren.
- Immer mehr Güter und Dienstleistungen können konsumiert werden.
- Konsum und Genuss lösen Arbeit und Pflichterfüllung als zentrale Lebensorientierungen ab.

Immer mehr Menschen haben die Möglichkeiten „lebensgestaltend" zu konsumieren

Die **Wurzeln der Konsumgesellschaft** reichen in Europa bis in die zweite Hälfte des 18. Jahrhunderts (Bocock 1994). Allerdings war lebensgestaltender Konsum rund 200 Jahre lang, bis zum Zweiten Weltkrieg, das Privileg einer Minderheit der Bevölkerung. Die breite Masse konnte in der Regel nur lebenserhaltend konsumieren, denn die zur Deckung physiologischer und sozialer Grundbedürfnisse nötigen Güter (vor allem Nahrung, Kleidung und Wohnung) zehrten einen großen Teil der Haushaltsbudgets auf. Ersparnisse konnten kaum gebildet werden. Außerdem stand sehr viel weniger Freizeit für den Konsum zur Verfügung als heute.

Sowohl der Mangel an Geld als auch der an Zeit wurden in Westdeutschland in den kriegs- und krisenfreien Jahrzehnten seit 1950 in historisch einmaliger Kombination überwunden. Dies schuf die Voraussetzungen für den endgültigen Durchbruch der (Massen-)Konsumgesellschaft, die in den USA bereits existierte.

Ausschlaggebend für den Zuwachs an finanziellen Möglichkeiten war das nahezu ununterbrochene Wirtschaftswachstum, dessen Erträge dank anfänglicher Vollbeschäftigung und sich ausweitender staatlicher Umverteilung in nahezu allen Bevölkerungsgruppen ankamen. Das durchschnittliche reale Haushaltseinkommen verfünffachte sich. Einkommensungleichheiten blieben zwar bestehen, aber ein allgemeiner „Fahrstuhleffekt" (Beck 1986) versetzte nach und nach auch die einkommensschwächeren Schichten der Bevölkerung in die Lage, sowohl mehr als auch anderes als das bisher als notwendig Angesehene zu konsumieren.

Regelrechte **Konsumwellen** rollten in den 1950er- und 1960er-Jahren über Deutschland (König 2000, Schindelbeck 2001). Erst die „Fress"-Welle, dann die Bekleidungswelle, dann die Möblierungswelle und schließlich noch die Motorisierungs- und die Reisewelle (Abb. 23.2.1). Mit jeder dieser Wellen wurden Konsumgüter – und damit Lebensgestaltungsmöglichkeiten – in die Haushalte der „kleinen Leute" gespült, die zuvor den „besseren Kreisen" vorbehalten waren. Ein besonders gutes Beispiel ist der VW Käfer, dessen Verkaufszahlen

---

 **Exkurs 23.2.1**

Die Konsumgesellschaft in globaler Perspektive

Voll entfaltete Konsumgesellschaften wie die hier beschriebene deutsche findet man nur in den hoch entwickelten Volkswirtschaften Europas, Nordamerikas, Südostasiens und Ozeaniens. In den weniger entwickelten Teilen der Welt fehlen der Bevölkerungsmehrheit die finanziellen Möglichkeiten, um den Konsum zum Lebensziel und -mittelpunkt zu machen. Das bleibt in diesen Regionen mehr oder minder kleinen Eliten vorbehalten, deren „demonstrativer Konsum" zuweilen zum - unerreichbaren - Vorbild, zuweilen aber auch zum Anlass sozialen Protestes wird.

Gleichwohl muss man feststellen, dass es kaum einen Ort auf der Erde gibt, der nicht dem Einfluss der entwickelten Konsumgesellschaften ausgesetzt wäre. Zum einen gibt es eine wachsende Zahl von globalen, omnipräsenten Konsumgütern, die zwar von wenigen „gekauft", aber von vielen wahrgenommen werden können, was weitreichende Konsequenzen für das Wertesystem weniger entwickelter Gesellschaften hat. Zum anderen bestimmen die Konsummuster des globalen Nordens dadurch, dass global organisierte Produktionssysteme fast jeden Ort der Erde einbinden, maßgeblich über Produktionsregionen des globalen Südens. So sind es oftmals gerade die Menschen in den weniger entwickelten Ländern, die mit ihrer vielfach schlecht bezahlten und gefährlichen Arbeit den Hunger der nördlichen Hemisphäre nach immer mehr und immer neuen (möglichst billigen) Konsumgütern stillen.

Abb. 23.2.1 Mit dem VW Käfer nach Italien – der Konsumtraum der Wirtschaftswunderzeit (Foto: VOLKSWAGEN AG).

von unter 10 000 im Jahre 1948 auf über 380 000 Stück im Jahre 1962 kletterten. Ein wahrhafter Volkswagen, der bis in die 1970er-Jahre zu Millionen auf deutschen Straßen unterwegs war und das einstmals elitäre Vergnügen individueller Mobilität zum alltäglichen Lebensbestandteil der Massen werden ließ.

Neben den finanziellen Kapazitäten für den Konsum verbesserten sich auch die zeitlichen: Die durchschnittliche Jahresarbeitszeit je Erwerbstätigem verringerte sich in Westdeutschland zwischen 1960 und 2008 um mehr als ein Drittel (BMAS 2009). Besonderen Einfluss auf die Welt des Konsums hatte unter den Arbeitszeitverkürzungen die allgemeine Einführung der 5-Tage-Woche um 1960, die einen „kompakten wöchentlichen Freizeitblock" (König 2000) entstehen ließ, wodurch ausgedehnte „Einkaufsbummel", größere Ausflüge und selbst Kurzreisen möglich wurden.

Rund 44 Prozent der erwachsenen Deutschen zählen (Stand 2009) ohnehin zur Gruppe der Nichterwerbstätigen, deren zeitliches Potenzial für den Konsum in der Regel groß ist und die bislang dank staatlicher Transferzahlungen auch finanziell so gestellt waren, dass sie zumindest in gewissem Umfange lebensgestaltend konsumieren konnten.

Immer mehr Güter und Dienstleistungen können konsumiert werden

Den vermehrten finanziellen und zeitlichen Kapazitäten der Nachfrager stand in den Nachkriegsjahrzehnten ein ebenso schnell **wachsendes Angebot** gegenüber. Nur ein Teil dieser Steigerung rührt daher, dass einzelne Güter in immer **höheren Stückzahlen** produziert wurden, wie es beim VW Käfer der Fall war.

Ein anderer Teil rührt daher, dass nach der Erfindung und Verbreitung eines Basisgutes dieses Basisgut immer weiter **ausdifferenziert und verfeinert** wird. Wo es einstmals nur Autos gab, gibt es heute, nach branchenüblicher Klassifizierung, Minis, Kompaktwagen, Kleinwagen, Mittelklassewagen, Oberklassewagen, Luxusklassewagen, Sportwagen, Geländewagen oder „utilities" (funktionelle Wagen). Statt Seife, dem wesentlichen Mittel zur Körperreinigung in den 1950er-Jahren, gibt es heute Gele, Öle, Peelings, Lotionen und so weiter – und das alles für jede Körperpartie, für jeden Hauttyp, für jedes Alter, für abends oder morgens, ökologisch oder nicht ökologisch produziert.

Ein dritter Teil der Angebotsausweitung geht auf die beständige Erschließung neuer Bereiche des menschlichen Lebens für den Konsum zurück. Dinge, die vorher nicht handelbar waren, werden zur handelbaren Ware – ein Prozess, der als **Kommodifizierung** (*commodification*) bezeichnet wird.

Ein eindrucksvolles Beispiel hierfür ist die Schönheit. Bis vor 20 Jahren galt Schönheit den meisten Deutschen als angeborene Eigenschaft des Menschen, die man allenfalls oberflächlich beeinflussen konnte – beispielsweise durch Kosmetik oder Frisuren –, die aber niemand als „handelbar" angesehen hätte. Seitdem ist eine ganze Armada von Anbietern auf den Markt getreten, die Schönheit als Ware anbieten. Die Palette reicht von den „Body-Stylern" in den Fitnessstudios über die Piercer und Tätowierer bis hin zu den plastischen Chirurgen, deren Dienstleistungen seit einigen Jahren ganz besonders gefragt sind, wie das folgende Zitat zeigt: „Schönheitschirurgen sind so fleißig wie noch nie. Die Zahl der jährlichen ‚plastischen' Operationen hat sich von 1990 bis 2002 von 109 000 auf 660 000 mehr als versechsfacht (…). Diese Zahlen gehen auf Angaben der Vereinigung der Deutschen Plastischen Chirurgen (VDPC) zurück und schließen auch Korrekturen nach Unfällen mit ein. 2002 betraf fast die Hälfte der Operationen die Brust (24,3 Prozent) und das Gesicht (22,7 Prozent) – ein deutlicher Hinweis, dass die Skalpell-Künstler sich eher um Schlupflider, Nasenhöcker und vermeintlich unvollkommene Busen als um Unfallfolgen gekümmert haben. Etwa zwei Drittel der Eingriffe wurden in öffentlichen Krankenhäusern durchgeführt, die restlichen in Praxen und Belegkliniken" (Apotheken Umschau 6/2004).

Ist erst einmal ein neuer Bereich des Lebens kommodifiziert und gewinnt das neue Konsumgut (z. B. Schönheitsoperationen) an gesellschaftlicher Akzeptanz, so beginnen sogleich die anderen beiden beschriebenen Methoden der Angebotsausweitung: Die „Stückzahlen" werden erhöht, das heißt die bereits etablierten Operationen werden häufiger ausgeführt, und das Angebot wird immer weiter differenziert beispielsweise durch neue Operationstechniken und die Erschließung neuer Zielgruppen.

Kommodifizierung beruht allerdings nicht immer auf der proaktiven Initiative von Anbietern oder den Wünschen von Konsumenten. Immer öfter führt auch der Rückzug des Staates zu erzwungener Kommodifizierung. Die „Verschlankung" des sozialstaatlichen Gesundheitssystems zwingt zum Beispiel Menschen dazu, Gesundheitsleistungen individuell am Markt zu erwerben, die vorher als öffentliche Güter „gratis" bereitgestellt wurden.

Konsum und Genuss lösen Arbeit und Pflichterfüllung als zentrale Lebensaufgaben ab

Unsere heutige Gesellschaft wird häufig als Spaßgesellschaft, Erlebnisgesellschaft, Freizeitgesellschaft oder eben **Konsumgesellschaft** bezeichnet. Auch wenn diese Begriffe in der öffentlichen Debatte meist nur Schlagwortcharakter haben – und vielfach abwertend gemeint sind –, treffen sie doch den Kern der Sache: Die meisten Menschen in den Wohlstandsgesellschaften haben ihr Leben heute auf Genuss und die Maximierung persönlichen Wohlbefindens abgestellt.

„Auf was sonst?", könnte man fragen. Diese Frage beantwortet sich durch Zeitreihen aus der Demoskopie (Meulemann 1996), durch die Lebensstilforschung und durch zeitdiagnostische Schriften wie Becks „Risikogesellschaft" (1986) oder Schulzes „Erlebnisgesellschaft" (1992). Alle diese Quellen zeigen, dass noch vor fünf Jahrzehnten eine ganz andere Lebensorientierung dominierte: die der Pflichterfüllung. Richtig leben hieß für die meisten, jene Aufgaben möglichst gut zu erfüllen,

die einem vom eigenen Platz in der Gesellschaft diktiert wurden. Das zentrale Instrument hierfür war die Arbeit – für Männer die bezahlte Erwerbsarbeit, für die meisten Frauen die unbezahlte Haus- und Sorgearbeit. Konsum und Genuss hatten in dieser Lebensphilosophie vor allem reproduktiven Charakter, dienten also vor allem zur Wiederherstellung der Kräfte für die eigentliche Lebensaufgabe („Wer gut arbeiten will, muss auch gut essen"). Dieses Verhältnis wandelte sich jedoch mit wachsenden Konsummöglichkeiten und wachsendem Konsumangebot nach und nach ins Gegenteil – Konsum ist nun für viele **Lebenszweck**, Arbeit dient zur Herstellung der Konsumfähigkeit.

Anders gesagt: Von Jahr zu Jahr nimmt die Zahl der Menschen ab, deren Leben um die Arbeit und um die Werte der Arbeitswelt organisiert ist und die andere Menschen nach deren Stellung im Arbeitsleben „einordnen", während die Zahl jener zunimmt, die ihr Leben um den Konsum und die Werte des Konsums organisieren und die andere Menschen nach deren Konsummustern verorten.

Der Bedeutungswandel des Konsums

Die ursprüngliche Funktion des Konsums ist die Deckung der physiologischen Grundbedürfnisse durch Nahrung, Kleidung, Wohnung und Wärme. Wie gezeigt wurde, verliert diese lebenserhaltende Funktion des Konsums im Vergleich zur lebensgestaltenden Funktion immer mehr an Bedeutung. Warum das so ist, wird im Folgenden gezeigt. Dabei werden drei verschiedene wissenschaftliche Zugänge besprochen:

- **psychologische Ansätze**, die auf das Subjekt und seine (bewussten oder unbewussten) Motive für das Konsumieren abzielen,
- Ansätze, die – ausgehend vom Subjekt – den **identitätsbildenden Aspekt** des Konsums in den Vordergrund stellen und damit im weitesten Sinne die Verbindung von Handlung und (Zeichen-)Struktur thematisieren,
- Ansätze, die auf der Makroebene betrachten, welche Rolle dem Konsum für die **sozialwissenschaftliche Strukturierung** der Gesellschaft zukommt.

Konsum als Mittel zur Regulierung des Gefühlshaltes

Der amerikanische Ökonom Tibor Scitovsky war einer der ersten Wissenschaftler, der eine radikal psychologische Lesart von Konsum propagierte. In seinem Klassiker „Psychologie des Wohlstands" (1977) entwickelt er die Idee, dass Konsum in Wohlstandsgesellschaften dem Individuum vor allem dazu diene, Langeweile zu bekämpfen. Jedes neu erworbene Konsumgut wirke wie ein Stimulans und versetze den Konsumenten für eine gewisse Zeit in einen Zustand angenehmer Anregung. Bald aber nutze sich bei jedem Gut die Fähigkeit zur Stimulation ab, sodass wieder neue, spektakulärere Konsumgüter zum Zwecke der Anregung herangeschafft werden müssten.

Scitovskys Ansatz ist einer der prominentesten in einer Reihe von psychologischen Konzepten, die den Konsum explizit oder implizit als eine Art **Ersatzbefriedigung** darstellen, die nur deshalb notwendig wird, weil soziale Beziehungen nicht mehr leisten, was sie – angeblich – einmal geleistet haben, nämlich dem Individuum Anregung, Unterhaltung, Anerkennung, Trost oder sexuelle Erregung zu bescheren.

Alle diese Lesarten von Konsum sind tendenziell konsumkritisch, weil sie Konsum eben nur als Ersatz für soziale Beziehungen sehen (und nicht etwa, wie andere Ansätze, als deren Voraussetzung). Außerdem ist in diesen Konzepten der Wunsch bzw. der Zwang des Individuums zu konsumieren potenziell unendlich und kann Menschen mit entsprechender psychischer Disposition süchtig machen und in den Ruin treiben.

Weniger konsumkritisch und pessimistisch ist das **Konzept der Erlebnisrationalität,** das der Soziologe Gerhard Schulze in seinem viel beachteten Buch „Die Erlebnisgesellschaft" (1992) entwickelte. Schulze vertritt die These, dass die dominierende Lebensorientierung der meisten Menschen in unserer Gesellschaft die Erlebnisorientierung sei. Menschen seien heute permanent mit dem „Projekt des schönen Lebens" befasst. Sie versuchen, ihr persönliches Wohlbefinden zu maximieren, die Intensität ihres Fühlens zu steigern und sich immer neue „Emotionskicks" zu verschaffen. Dazu benutzen sie Konsumgüter. Anders als die Ersatzbefriedigungskonzepte, die tendenziell davon ausgehen, dass Menschen unbewusst oder gar gegen ihren Willen konsumieren, sieht Schulze den Konsum zu Erlebniszwecken als bewussten und rationalen Akt an, der für das Subjekt überhaupt nur dann zum gewünschten Erfolg führen kann, wenn er von Selbstreflexivität begleitet ist. Ein Bungee-Sprung ist kein Erlebnis per se, sondern er wird es nur, wenn das Individuum sich dabei beobachtet, seine Ängste analysiert und sich bereits im Fluge fragt, wie der „Erlebnisbericht" wohl im Kreise der Arbeitskollegen aufgenommen werden wird.

Aus der Erlebnisrationalität des Subjekts entwickelt Schulze in seiner weiteren Argumentation das **Konzept der Erlebnismilieus,** zu denen sich Menschen mit kompatiblen Erlebnisrationalitäten – bewusst und freiwillig – zusammenschließen. Bei Schulze ist der Konsum also nicht das Ende des Sozialen, sondern gerade dessen Voraussetzung und Medium. Ein Gedanke, der losgelöst

von Schulze, im nächsten und übernächsten Abschnitt vertieft wird.

Konsum als Vehikel des Identitätsmanagements

Bis in die Zeit nach dem Zweiten Weltkrieg wurde die soziale Position eines Individuums in den meisten westlichen Industriegesellschaften durch die Stellung im Erwerbsleben bestimmt. Aus makrosoziologischer Perspektive bezeichnet man die gesellschaftliche Struktur dieser Zeit als „stratifizierte Gesellschaft" oder „Schichtgesellschaft", wobei die Vorstellung eines Aufbaus der Gesellschaft in Schichten auf der Vorstellung beruhte, dass der Platz eines Individuums hinreichend charakterisiert ist, wenn nur seine **Stellung im Produktionsprozess** charakterisiert ist. Dies entsprach weitgehend auch der Lebenswirklichkeit der Menschen, die Werten wie Arbeit oder Pflichterfüllung einen hohen Stellenwert für ihre soziale Positionierung beimaßen. Identitäten wurden sowohl gesellschaftlich als auch auf der subjektiven Ebene sehr stark von der Erwerbsarbeit gebildet.

In der Nachkriegszeit hat sich dies entscheidend geändert. Gegenwärtig geben die Teilnahme am Erwerbsleben und die Stellung im Produktionsprozess dem Einzelnen keine gesicherte Identität mehr und sie entscheiden nicht mehr über seine Position im sozialen Raum – zumindest nicht mehr maßgeblich. Und nicht nur die Arbeit, sondern auch andere Institutionen wie Kirche oder Familie, die der Position des Einzelnen in der Gesellschaft Ordnung und Stabilität verliehen, verlieren in der sogenannten Postmoderne und der für sie typischen Individualisierung und Fragmentierung an Bedeutung.

Heute ist der Konsum ein ganz entscheidendes Moment für die **Herstellung von Identitäten**, ihre Gestaltung und ihre Repräsentation.

Mit der Wahl einer Turnschuhmarke oder einem Turnschuhmodell, mit der Art, sich zu kleiden, vergewissern sich Individuen ihrer Zugehörigkeit zu einer spezifischen Gruppe und sie zeigen zugleich anderen, zu dieser Gruppe zu gehören (das funktioniert aber nur, wenn die anderen diese Zeichen auch lesen können). Die individuelle wie gesellschaftliche Praxis der Markierung von Differenz vollzieht sich immer häufiger über den Konsum. Die Figur des Konsumenten ist damit zentral zum Verständnis des **Zusammenspiels von Konsum, Identität und Repräsentation**. Diese Erkenntnis ist auch ein wesentlicher Grund dafür, dass die Konsumforschung in den Sozialwissenschaften in den vergangenen Jahren so sehr an Bedeutung gewonnen hat.

Der Bedeutungswandel des Konsums in Richtung „Vehikel zum Identitätsmanagement" hat auch Konsequenzen für Produktion und Handel mit Konsumgütern. Wenn nämlich der Konsum dem Handelnden in starkem Maße zur Identifikation und Abgrenzung dient, so ist der Gebrauchswert von Gütern und Dienstleistungen nur noch ein schwaches Verkaufsargument; entscheidender ist der Zeichenwert. Entsprechende Zeichen müssen von den Produzenten gesendet und von den Konsumenten gedeutet werden. Dieser „kulturelle Akt" des Zeichenaustausches trifft bei jedem Konsumvorgang auf den „ökonomischen Akt" des Austausches von Geld. Und dieser Akt ist immer an einen Ort gebunden, der gleichermaßen mitkonsumiert wird. Es ist für Identifikation und Abgrenzung eben nicht nur entscheidend, „was" man kauft oder konsumiert, sondern auch „bei wem" und „wo". Der Einkauf bei *C&A* oder bei *H&M* steht für völlig unterschiedliche Lebenswelten, auch wenn die Produkte sich äußerlich vielleicht kaum unterscheiden. Auf diese Weise erlangen die **Orte des Konsums** eine subjektspezifische, teilweise intersubjektiv geteilte symbolische Bedeutung. Sie sind symbolisch strukturierte Handlungsräume, „signifikative Regionalisierungen" (Werlen 1997) und als solche als ein wichtiger Faktor für die Konstitution der Sinnhaftigkeit des Handelns von Konsumenten anzusehen.

Konsum und soziale Sortierung

Dass Konsum den oberen Schichten einer Gesellschaft vor allem dazu dient, ihren Status nach außen zu demonstrieren, beschrieb schon vor über 100 Jahren der amerikanische Ökonom Thorstein Veblen (2000). Er nannte diese Art von Konsum **demonstrativen Konsum**. Die Konsumgüter, die ihren demonstrativen Zweck besonders gut erfüllten, nannte Veblen Statussymbole – ein Begriff, der zum festen Bestandteil unserer Alltagssprache geworden ist.

Als Statussymbole taugen sowohl die Güter, die man kauft, als auch die Freizeitbeschäftigungen, die man ausübt. Statussymbole müssen einerseits teuer sein – sie sollen ja den Reichtum des Besitzers dokumentieren –, sie müssen andererseits aber auch von einem gewissen Geschmack zeugen, sodass man erkennt, dass „der feine Herr" genug Zeit hat, zum „Kenner der verschiedenen verdienstlichen Speisen und Getränke, der Kleidung und Architektur, der Waffen, Spiele, Tänze und Narkotika" zu werden (ebd.).

Dem demonstrativen Konsum der oberen Schichten steht der **emulative Konsum** der niederen gegenüber. Sie imitieren – mit ihren beschränkten Mitteln – die Konsumstile der Reichen und versuchen so, an gesellschaftlichem Ansehen zu gewinnen. Die vormals einer kleinen Elite vorbehaltenen Güter verlieren dadurch nach und nach ihren demonstrativen Charakter. Um elitär zu bleiben, kreieren die „feinen Leute" dann neue Statussymbole, die nach einiger Zeit wieder imitiert werden und so weiter.

Ein Beispiel dafür, wie dieses Prinzip wirkt, ist der Tennissport. Als Veblens Buch erschien, wurde Tennis ausschließlich von Angehörigen der Oberschicht, meistens Adeligen, gespielt. Dies lässt sich bis heute sehr schön an den Teilnehmerlisten des Turniers in Wimbledon nachvollziehen. Im Laufe des 20. Jahrhunderts aber machten sich die Mittelschichten den Tennissport mehr und mehr zu eigen, wodurch er seine demonstrative Kraft verlor. Andere Sportarten wie Golf übernahmen diese Funktion.

Der französische Soziologe Pierre Bourdieu griff in den 1960er-Jahren Veblens Gedanken auf und benutzte den Konsum zur **Analyse „des sozialen Raumes"** der französischen Gesellschaft. Über mehrere Jahre studierte er mit zuvor nie dagewesener Akribie die Konsummuster französischer Haushalte. Er analysierte Kühlschrankinhalte, beobachtete Familienmahlzeiten, fragte nach Lieblingsschallplatten, bevorzugten Urlaubsorten und vielem anderen. Er entdeckte schließlich, dass die Gesellschaft nicht nur horizontal (also ökonomisch), sondern auch vertikal segmentiert war. Menschen mit gleichen ökonomischen Ressourcen führten sehr unterschiedliche Leben und legten Wert auf ästhetische Distinktion, auf Abgrenzung durch je eigene Konsumstile und einen eigenen „Geschmack".

Bourdieus Arbeit hatte deswegen so großen Einfluss, weil sie zeigte, dass es für die Sozialwissenschaften in Zeiten der Konsumgesellschaft nicht mehr ausreichend war, sich die Gesellschaft als eindimensionale Klassen- oder Schichtgesellschaft vorzustellen. Nein, es mussten auch die „**feinen Unterschiede**" bedacht und analysiert werden, die durch den Konsum hergestellt und reguliert werden. Angesichts der zentralen Rolle des Konsums in Bourdieus Arbeit war es nicht verwunderlich, dass die Marktforschung bald Anknüpfungspunkte für sich sah. Wenn nämlich das Studium von Konsummustern zur Aufdeckung der feinen (kulturellen) Unterschiede in einer Gesellschaft geeignet war, so müsste doch umgekehrt das Studium von „Lebensstilen" – laut Max Weber sind das die typischen, auf gemeinsamen Werten basierenden alltäglichen Verhaltensformen einer Gruppe – Auskunft über deren Konsumpräferenzen geben und auch einschlägige Prognosen ermöglichen. Am Ende stünde ein treffsicheres Zielgruppenmarketing.

Das bekannteste Gesellschaftsmodell aus der Marktforschung sind die **Sinus-Milieus**, die Ende der 1970er-Jahre vom Sinus-Institut in Heidelberg entwickelt wurden (Abb. 23.2.2). Ganz im Sinne Bourdieus hat dieses Gesellschaftsmodell eine horizontale Dimension (sozioökonomische Unterschiede) und eine vertikale (kulturelle). Jedes Sinus-Milieu hat eine spezifische Lage in diesem sozialen Raum und zeichnet sich durch eine relativ hohe gruppeninterne Übereinstimmung im Kon-

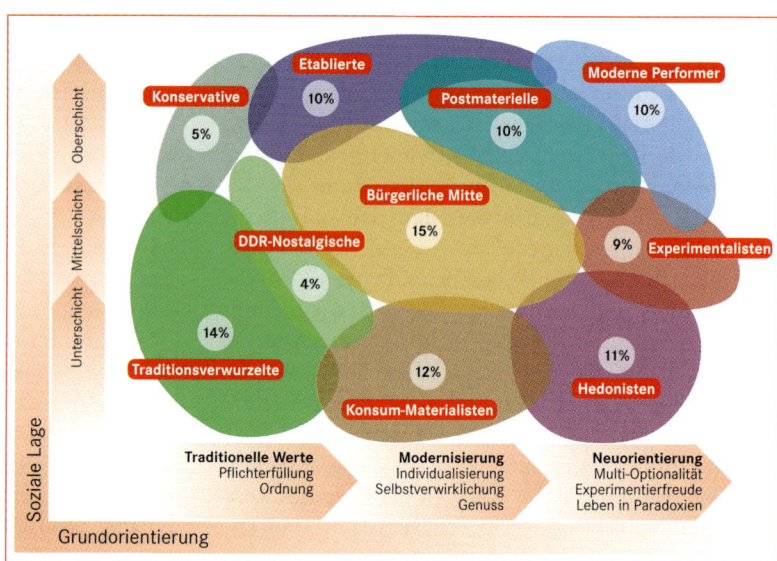

Abb. 23.2.2 Die Sinus-Milieus 2009 (verändert nach Sinus Sociovision GmbH).

sum- und Freizeitverhalten aus. Das Sinus-Modell hat den Vorteil, dass es nicht statisch angelegt ist, sondern regelmäßig neu justiert wird, um den gesellschaftlichen Wandel abzubilden. Die akademische Soziologie arbeitet teilweise mit den Sinus-Milieus, hat aber auch zahlreiche eigene Milieu- bzw. Lebensstilmodelle entwickelt. Zu den bekanntesten zählen die Erlebnismilieus von Schulze und die Lebensstiltypologien von Spellerberg sowie von Lüdtke (Georg 1998). In all diesen Modellen spielt Konsum eine zentrale Rolle. Man kann deshalb ohne Übertreibung sagen: Die Sozialwissenschaften haben den **Konsum als strukturierendes Prinzip der Gesellschaft** identifiziert und akzeptiert.

Konsum in der Geographie

Im anglo-amerikanischen Sprachraum, vor allem in England, war die Humangeographie von Beginn an Mitgestalterin des **Konsumforschungsbooms** in den Sozialwissenschaften. Thrift (2002) sieht die Geographie sogar an der Spitze der gesamten sozialwissenschaftlichen Konsumforschung und hält den dadurch entstandenen Ansehensgewinn in den Nachbardisziplinen für einen der größten Erfolge der englischen Humangeographie in den 1990er-Jahren. Anders als viele Skeptiker erwartet haben, zeigt sich inzwischen, 20 Jahre nach den ersten einschlägigen Arbeiten, dass die *geographies of consumption* keine Eintagsfliege waren, sondern sich als Teildisziplin der Humangeographie etabliert haben. Als kleiner Beleg hierfür mag dienen, dass die Zeitschrift *„Progress in Human Geography"* in den letzten 10 Jahren

allein acht Überblicksartikel zu dieser Forschungsrichtung veröffentlicht hat.

In der deutschen Geographie ist die Situation (noch) eine andere. Nach wie vor gibt es sehr wenige Forscher, die sich explizit als Konsumforscher bezeichnen und eine Institutionalisierung dieser Forschungsrichtung etwa in Form von Tagungsreihen oder Arbeitskreisen hat noch nicht stattgefunden. Allerdings ist nicht zu übersehen, dass Konsumthemen insgesamt auch für die deutsche Humangeographie an Bedeutung gewonnen haben und daher heute viele Geographien des Konsums produziert werden, die sich nicht ausdrücklich so bezeichnen, aber der geographischen Konsumforschung im engeren Sinne durchaus nahestehen.

Geographien des Konsums

Weil die Geographien des Konsums noch stetigen Zuwachs erhalten und stetiger Veränderung unterliegen, lassen sie sich noch nicht in ein konzeptionell hinterlegtes Klassifikationsschema einsortieren. Allerdings zeichnet sich deutlich ab, dass zu bestimmten Themen besonders viele theoretische und empirische Arbeiten verfasst werden bzw. worden sind. Nachfolgend werden vier dieser Forschungsschwerpunkte vorgestellt.

Orte des Konsums

Die neuen Geographien des Konsums betrachten Orte des Konsums (z. B. Einkaufszentren), die ja auch schon

Abb. 23.2.3 Seeschlacht vor dem Hotel Treasure Island in Las Vegas (Foto: Konrad Munke).

Thema der klassischen Einzelhandelsgeographie waren, aus neuen Perspektiven. Interessant ist nicht mehr so sehr, warum bestimmte Konsumorte dort sind, wo sie sind, sondern zum einen, wie sie sich zu Orten des Konsums inszenieren, und zum anderen, welche Handlungsmöglichkeiten und Handlungsstrategien Konsumenten an bestimmten Orten haben.

Ein typisches und bekanntes Beispiel für die Analyse von **Inszenierungen bestimmter Konsumorte** liefert Hopkins (1990). Er beschreibt auf der Grundlage von systematischer Beobachtung und Quellenauswertung die Zeichenwelt der West Edmonton Mall und analysiert sie mit semiotischen Methoden. Viele der Zeichen, die Hopkins vorfindet, verweisen auf ferne Orte und vergangene Epochen, wodurch eine hochkomplexe „Landschaft der Mythen und des Anderswo" entsteht, die die Konsumenten das reale Hier und Jetzt ihres Konsums (evtl. Geldnöte, schlechtes Gewissen usw.) vergessen lassen soll. Eine ganz ähnliche Inszenierungsstrategie verfolgen die großen Hotelcasinos in Las Vegas, deren Themenwelten vom alten Ägypten bis zu Schatzinseln und Seeschlachten des 17. Jahrhunderts (Abb. 23.2.3) reichen (Bieger 2007, Schmid 2009).

Als Urvater dieser und ähnlicher Studien (Goss 1993) kann Umberto Eco gelten, der bereits in den 1970er-Jahren eine semiotische Interpretationsreise durch amerikanische Orte des Konsums (u. a. Museen und Freizeitparks) unternahm und dort auf Inszenierungen traf, die „perfekter" waren als ihre Vorbilder in der realen Welt. Eco prägte für dieses Phänomen den Begriff **Hyperrealität** (Eco 1990). Als eine solche Hyperrealität könnte man auch den jährlichen „Almabtrieb" in der Skihalle Neuss im flachen Rheinland ansehen (Abb. 23.2.4), der

viel „alpenländischer" erscheint als die Vorbilder in den Alpen.

Ein gutes Beispiel für die zweite, eher handlungsorientierte Variante der geographischen Konsumortforschung ist die Arbeit von Gregson und Crewe (2003). Ihr Interesse gilt den Handlungsstrategien und -optionen der Besucher von Flohmärkten, Wohltätigkeitsbasa-

Abb. 23.2.4 Almabtrieb vor der Skihalle Neuss (Foto: JEVER SKIHALLE Neuss).

ren und Secondhand-Läden. Auf der Grundlage von ausführlichen Leitfadeninterviews wird nach dem subjektiven Sinn gesucht, der für jeden einzelnen Konsumenten hinter dem Besuch dieser „alternativen Konsumorte" bzw. hinter dem Konsum gebrauchter Güter steht. Auch wird nach dem individuellen Umgang mit den besonders vielfältigen Handlungs- und Deutungsmöglichkeiten gefragt, die derartige „wilde", unreglementierte Orte des Konsums bieten.

Auch Millers Studie der **Konsumpraktiken und -motive** „gewöhnlicher Hausfrauen" aus einer (nicht genannten) Straße in Nord-London (Miller 1998) ist ein typisches Beispiel handlungsorientierter geographischer Konsumforschung. Besonders deutlich ist in dieser Arbeit der weite Konsumbegriff des Autors zu erkennen, der in eine entsprechend breit angelegte Analyse mündet.

Konsum und kulturelle Globalisierung

Ein wichtiges Element der ökonomischen **Globalisierung** ist die stetige Vermehrung globaler Konsumgüter und „hegemonialer Marken" (Thompson & Arsel 2004). Bekannte Beispiele sind Coca-Cola, McDonalds, Nike, Disney-Freizeitparks oder Hollywood-Filme. Schon früh ist bei Wissenschaftlern die Frage aufgetaucht, ob mit der universellen Verfügbarkeit dieser Konsumgüter bzw. Marken eine kulturelle Homogenisierung (bzw. Amerikanisierung) der Welt verbunden ist. Dahinter steht die Beobachtung, dass neue, westliche Konsumgüter und -muster unter Umständen weitreichende Veränderungen in der Alltagskultur und dem Wertesystem des Empfängerlandes auslösen. Die Verbreitung von McDonalds etwa führt nicht nur zu einem Bedeutungsverlust lokaler Speisen, sondern auch dazu, dass weltweit Kindergeburtstage in dem von McDonalds inszenierten Rahmen stattfinden. Auf lange Sicht könnten sich dadurch traditionelle Familienrituale und -werte verändern.

Die These von der **kulturellen Homogenisierung** der Welt durch Konsumgüter dominierte lange Zeit die einschlägige Literatur. Inzwischen aber ist durch zahlreiche empirische Analysen des „Eindringens" konkreter Konsumgüter in konkrete Regionen ein differenzierteres Bild kultureller Globalisierung entstanden, in dem neben dem Prozess der Homogenisierung auch die Prozesse der Hybridisierung und der „Re-Lokalisierung" von Kulturen eine bedeutende Rolle spielen.

Von Hybridisierung oder auch **Kreolisierung** spricht man dann, wenn bei dem Aufeinandertreffen des Lokalen mit dem Globalen durch Vermischung und wechselseitige Beeinflussung völlig neue kulturelle Muster ent-

stehen. Ein gutes Beispiel dafür liefert Ram (2004), der einerseits zeigt, wie sich McDonalds nach seinem Markteintritt in Israel 1993 an lokale Essgewohnheiten anpassen musste, und wie andererseits die lokalen Fast-Food-Anbieter auf die Herausforderung durch McDonalds reagierten, indem sie einerseits ihre traditionellen Produkte – nach dem Vorbild von McDonalds – „professionalisierten", sie aber anderseits mit neuen Werten („gesunde Ernährung", „gute alte Zeit") aufluden, die der globale Eindringling nicht für sich reklamieren konnte. Das Resultat dieser Prozesse ist eine Fast-Food-Szene, die zwar unter dem Stern des Globalen steht, aber gleichwohl einzigartig israelisch ist.

Auch das Wiedererstarken von traditioneller Kultur und nationaler oder regionaler Identität (**„Re-Lokalisierung"**) ist eine regelmäßige Begleiterscheinung der globalen Verbreitung von Konsumgütern (Thompson & Arsel 2004, Ram 2004). Vielfach gibt nämlich gerade der Eintritt einer „globalen bzw. amerikanischen Bedrohung" den Impuls zur Bewahrung des „Eigenen". In Italien wurde beispielsweise 1986 als explizite Reaktion auf die bevorstehende Eröffnung einer McDonalds-Filiale an der Spanischen Treppe in Rom die *slow-food*-Bewegung gegründet (Leitch 2003), bei der schon der Name deutlich macht, gegen wen und was sie ihre eigenen Produkte und Werte setzt. *Slow food* ist inzwischen eine internationale Bewegung mit rund 100 000 Mitgliedern (Stand 2010), die sich – vor allem in Europa – in kaum verhohlenem (kulinarischem) Anti-Amerikanismus üben (ebd.).

Commodity Chains

Welche Konsequenzen hat die Kaufentscheidung eines Konsumenten für die vor- und nachgelagerten Stufen der **Wertschöpfungskette** des von ihm erworbenen Produktes? Diese allgemeine Frage steht im Fokus der Ansätze, die sich mit der Analyse von sogenannten *commodity chains* beschäftigen. Als *commodity chain* wird der raum-zeitliche Lebenszyklus eines Produktes bezeichnet – von seiner Entwicklung über die Gewinnung der notwendigen Rohstoffe und die Produktion bis hin zu seiner Distribution, seinem Verbrauch bzw. Konsum und schließlich seiner Entsorgung.

Bei der Analyse von *commodity chains* haben sich in den letzten Jahren zwei Hauptrichtungen herauskristallisiert:

- Bereits seit Längerem in der Wirtschaftsgeographie eingeführt sind Fragen der **gesellschaftlichen und wirtschaftsräumlichen Konsequenzen von Konsumentscheidungen** im globalen Maßstab, besonders im Hinblick auf die Produktion. Unter dem

Stichwort „*buyer-driven commodity chains*" (Gereffi & Korzeniewicz 1994) liegt diesen Analysen die Erkenntnis zugrunde, dass die Konsumenten mit ihrer Entscheidung für ein Produkt maßgeblich über die Produktionsstrukturen entscheiden und dass beispielsweise die Ausdifferenzierung der Gesellschaft in unterschiedliche Lebensstile neue Anforderungen an die Produzenten stellt. Sie müssen Güter herstellen, die ein ausreichendes Potenzial (d. h. ausreichende Zeichenwerte) zur Differenzierung bieten und dem Konsumenten damit die Möglichkeit zur Repräsentation „seines" Lebensstils geben. Die weltwirtschaftliche Integration bislang eher peripherer ländlicher Regionen des globalen Südens durch konsumgesteuerte Wertschöpfungsketten lässt sich idealtypisch am Beispiel des Agrarmarkts festmachen. Neue Konsummuster (steigende Bedeutung von Frischewaren, wachsendes Bewusstsein für ökologische und gesellschaftliche Folgen von Produktion, Bedeutung von Regionalität im Lebensmittelkonsum) stehen am Ausgangspunkt einer Reorganisation von Wertschöpfungsketten für tropische Früchte, die zunehmend von Umwelt- und Sozialstandards international agierender Supermarktketten, aber auch durch technische und logistische Innovationen gesteuert werden und kleinbäuerlich strukturierte Agrarregionen Afrikas in einen zunehmend globalen Agrarmarkt integrieren und regional tiefgreifende Transformationsprozesse auslösen (Lindner & Ouma 2008, Ouma 2010).

• Einen eher polit-ökonomischen Hintergrund haben Arbeiten, die sich aus zumeist normativer Perspektive mit den **ökologischen und sozialen Konsequenzen von Konsumentenhandeln** auseinandersetzen. Ein bekanntes Beispiel ist eine Arbeit aus dem Wuppertal-Institut (Böge 1995), die den Transportaufwand ermittelte, der durch die unterschiedlichen Produktionsorte von Erdbeeren, Milch, Plastikbecher, Aluminiumdeckel, Papieretikett und so weiter bei der Herstellung eines Bechers Erdbeerjoghurt entsteht und der letztlich durch den Griff eines Konsumenten in das Kühlregal eines Supermarktes ausgelöst wird. Die Erkenntnis, dass die Entscheidung eines Konsumenten für eine bestimmte Sportschuhmarke über die damit verbundenen Verflechtungen in der *commodity chain* Kinderarbeit in Südostasien begünstigen kann, oder dass wir mit der Wahl einer bestimmten Kaffeesorte eine bestimmte Form des Pestizideinsatzes auf einer Plantage in Lateinamerika unterstützen und damit letztlich gesundheitliche Konsequenzen für die Kaffeebauern mitverantworten, liegt außerhalb des wissenschaftlichen Diskurses auch zahlreichen gesellschaftspolitisch motivierten Kampagnen von Gruppen wie *Attac* zugrunde (Abb. 23.2.5).

Einen sehr guten Überblick über die konzeptionelle Bandbreite und über zentrale empirische Befunde der geographischen *commodity-chain*-Forschung geben die Sammelbände von Bair (2009) und von Hughes und Reimer (2004).

Die Herstellung von Regionen durch Konsum

Fragen nach **„regionalen" Konsumstilen**, die sich beispielsweise in regional unterschiedlichen Ernährungsge-

---

 ## Exkurs 23.2.2

Was ist Identität?

Identität bezeichnet gemeinhin den individuellen oder kollektiven Entwurf eines Selbst und ist zugleich Ausdruck von Zugehörigkeitsempfinden. Dies zeigt, dass Identität immer im Wechselspiel entsteht zwischen dem, was jemand als „zugehörig" zu sich empfindet, und dem, was er als „nicht zugehörig" empfindet. Identitäten beruhen fast immer auf einer Konstruktion von „Eigenem" und „Fremdem", das heißt Identifikation ist unmittelbar verwoben mit Abgrenzung. Es besteht eine dialektische Beziehung zwischen Identität und Differenz, in der sich das Eigene erst über das In-Beziehung-Setzen zum Fremden schaffen kann: und zwar als Konstruktion entlang Zugehörigkeit und Ausschluss markierender Symbole. Solche Konstruktionen sind jedoch kein subjektiver Akt. Individuen greifen für die identitätskonstituierenden Zuordnungs- und Ausschließungspraktiken im Sinne von „wer oder was gehört wozu" vielmehr auf Symbole zurück, die kollektiv geteilt sind. Geschlecht, Sprache oder Herkunft sind dabei besonders wirkungsmächtig. Andere Symbole, zum Beispiel Konsumgüter, sind weniger stabil und von Dauer, aber deswegen im Lebensalltag nicht weniger bedeutsam, um sich eine Position im sozialen Raum anzueignen oder aber andere zu positionieren.

Die Macht der Konsumenten
Eine globalisierte Stadtführung

Ein ganz normaler Samstag...

Morgens stehen Sie bei einer Tasse Kaffee auf, der Kiosk hält Ihre Zeitung bereit, das Marmeladentoast bringt Sie auf die Beine. Dann mit dem Auto ab in die Stadt, ein paar Dinge erledigen.

Neue Laufschuhe eine neue Hose ein paar Lebensmittel eine neue Software und zwischendurch zum Geldautomaten.

Beim abendlichen Bier erzählt man Ihnen, dass Sie an zehn Orten der Welt gewesen sind.

Das haben Sie nicht gewusst?

Die globalisierte Stadtführung zeigt Ihnen die globale Vernetzung Ihres Alltags auf - Gefahrenpotenziale und positive Alternativen aus dem Osnabrücker Einzelhandel stellen wir Ihnen zu Themen wie Bekleidung, Kosmetik, Geldverkehr und Lebensmittel in kurzen Vorträgen und Rollenspielen vor. Die Stationen:

- Bekleidung (H&M)
- Kosmetik (Body Shop)
- Schuhe (L+T)
- Software (Thalia Bücher)
- Finanzmärkte (Bank)
- EU-Subventionen (allfrisch)
- Kaffee (Aktionszentrum 3. Welt)

Der Rundgang wird organisiert von der Hochschulinitiative attac Campus und dem Aktionszentrum 3. Welt (A3W).

Nach der Durchführung der Stadtführung wollen wir einen schriftlichen Stadtführer erarbeiten, mit dem Sie Osnabrück aus der Sicht der Globalisierung entdecken können.

Eine ausführliche Dokumentation der Stadtführung mit vielen interessanten Texten und Materialien zur Stadtführung können Sie sich nach der Durchführung auf **www.attac.de/os-campus** ansehen.

Jeder ist herzlich eingeladen bei dieser Stadtführung mitzumachen. Die Teilnahme ist *kostenlos* und bedarf keiner Anmeldung.

Fragen? Dann schreiben Sie uns: **os-campus@attac.de**

Die globalisierte Stadtführung
am Samstag, den 28.05.2005
um 11 Uhr (Start H&M; Beginn der Großen Straße)

Bei schlechtem Wetter (andauerndem Regen, Sturm,...) findet die Stadtführung nicht statt. Ein neuer Termin wird angekündigt.

Die attac Campus Gruppe trifft sich jeden **1. und 3. Montag** im Monat um 18 Uhr im Büro von ATTAC Osnabrück (Wörthstr. 71) Weitere Infos auch unter www.attac.de/os-campus

V.i.s.d.P: Daniel Heggemann, os-campus@attac.de; 05409/4145

Abb. 23.2.5 Einladung zu einer konsumkritischen Stadtführung von *Attac* (Osnabrück).

wohnheiten ausdrücken, werden schon lange von der Humangeographie behandelt. Die Zusammenhänge zwischen Region und Konsum sind auch gegenwärtig noch ein wichtiges Forschungsfeld, allerdings unter einer grundlegend veränderten Perspektive. So geben jüngere Arbeiten das traditionelle „Containerraum-Verständnis" von Region auf und fragen vielmehr nach den **Konstitutionsbedingungen von Regionen**, die als konstruiert und mit subjektiver und kollektiver Bedeutung aufgeladen betrachtet werden. Entsprechend unterschiedlich fällt die Bewertung vermeintlich regionalspezifischer Konsumformen aus.

Aus dieser Perspektive wird beispielsweise der seit Mitte der 1990er-Jahre zu beobachtende Boom fast vergessener oder nach dem Mauerfall zwischenzeitlich überhaupt nicht mehr produzierter „ostdeutscher" Produkte (Gries 1994) nicht als „spezifische Konsumform der Ostdeutschen" interpretiert, sondern vielmehr als Handlung, bei der sich der Konsument in alltäglicher „Laienpraxis" (Ahbe 1999) über die Nutzung eines kollektiven Zeichenwertes eines Produktes (als „typisch ost-

deutsch") einer bestimmten Identität versichert bzw. eine bestimmte Identität kommuniziert. Durch die Nutzung und Kommunikation eines solchen Zeichens wird letztlich auch das Zeichensystem Ostdeutschland (re-) produziert – die „Region Ostdeutschland" über den Konsum hergestellt.

Es gibt viele Beispiele, an denen sich zeigen lässt, dass vermeintlich „regionale Konsumstile" nichts sind, was quasi naturhaft und untrennbar mit einer bestimmten Erdgegend verbunden ist, sondern sozial konstruiert. Pe aloza (2000, 2001) etwa tut das sehr plastisch mit ihrer minutiösen Ethnographie einer großen Rodeo-Show in Denver, Colorado. Dort (wie auf vielen ähnlichen Veranstaltungen in den USA; Abb. 23.2.6) beteiligen sich die Besucher, in der Regel nicht intentional, durch das Tragen von Cowboy-Hüten und Westernstiefeln, dem Besuchen von Rodeo-Shows und Saloons sowie der (oft nur zuschauenden) Teilnahme an Viehversteigerungen Jahr für Jahr wieder an der Reproduktion des Mythos vom „Wilden Westen", einer der größten kollektiven Erzählungen der US-amerikanischen

Abb. 23.2.6 Rodeo-Show auf der *San Diego County Fair* (2004, Foto: Skye Jones).

Gesellschaft. Den verschiedenen Anbietern von Konsumgütern und Dienstleistungen auf der Show ist es durchaus bewusst, dass sie durch die Kommodifizierung des „Wilden Westens" die Bedürfnisse und Sehnsüchte vieler Menschen wecken; sie betreiben „Regionalisierung im Medium des Konsums" (Siegrist 2001) als betriebswirtschaftliche Strategie.

Diese Strategie ist zwar so alt wie die Konsumgesellschaft selbst (ebd.), aber sie scheint in jüngerer Zeit durch die Globalisierung und die damit verbundenen Entwurzelungs- und Unsicherheitsgefühle bei den Konsumenten erfolgversprechender denn je. Am deutlichsten wird das wohl am Boom der sogenannten „Regionalprodukte" in den Lebensmittelregalen der Supermärkte. Diese Produkte sind für viele Konsumenten nicht nur deswegen attraktiv, weil sie glauben, mit dem Kauf etwas für ihre (wie auch immer konstruierte) Region zu tun und sich mit ihr zu identifizieren, sondern auch, weil Produkte aus der „Heimat" automatisch auch frischer, gesünder, schmackhafter und insgesamt „authentischer" zu sein scheinen, als die anonymen Erzeugnisse des Weltmarktes (Ermann 2005).

Ausblick

Die junge Geschichte der geographischen Konsumforschung ist eine Erfolgsgeschichte – bislang vor allem in der anglo-amerikanischen Geographie, aber zunehmend auch in der deutschsprachigen. Und es steckt immer noch sehr viel Potenzial in dieser Forschungsrichtung, denn sie ist wie nur wenige andere Forschungsfelder geeignet, die **intradisziplinären For-**

schungsgrenzen zwischen den Teilbereichen der Geographie aufzubrechen, wie auch die interdisziplinären Grenzen zwischen den Fächern der Geistes-, Sozial- und Wirtschaftswissenschaften. Denn im Akt des Konsums verschmilzt das Ökonomische (der Güteraustausch) mit dem Sozialen (die gesellschaftliche Positionierung durch Konsum) und dem Kulturellen (der Zeichenhaftigkeit der Konsumgüter und Konsumorte).

Man sollte allerdings bei all ihren Stärken nicht verschweigen, dass die geographische Konsumforschung von Anbeginn an immer wieder scharfer – und teilweise durchaus berechtigter – **Kritik** ausgesetzt war. Diese zielte vor allem auf drei Punkte:

- Vielen dezidiert „subjektiv" und essayistisch geschriebenen Arbeiten zu spezifischen Konsumformen und Konsumszenen wird vorgeworfen, sie seien kaum mehr als „Selbsterfahrungsberichte" und hätten nur geringe gesellschaftliche Relevanz.
- Vielen Arbeiten, die ausschließlich die symbolischen, nicht aber die materiellen Aspekte des Konsums behandeln und die den Konsum zum einzig relevanten Differenzierungskriterium (post-)moderner Gesellschaften erheben, wird unterstellt, sie verharmlosten implizit die ökonomischen Unterschiede in der Gesellschaft.
- Insgesamt seien viele Arbeiten in ihrer vollständigen Abkehr vom konsumkritischen *common sense* der 1970er- und 1980er-Jahre nun allzu unkritisch und würden die positiven Aspekte des Konsums überhöhen, die individuellen, sozialen und ökologischen Negativeffekte aber ausblenden.

Wie diese drei Punkte zeigen, missfällt es den Kritikern insgesamt, dass die Protagonisten der geographischen

Konsumforschung dem Konsum entweder moralisch indifferent gegenüberstehen oder ihn – im Unterschied zur tendenziell eher konsumskeptischen geographischen Handelsforschung (Schröder 2003) – gar als „Alltagstaktik" des gewöhnlichen Menschen und als Medium der kulturellen und sozialen Emanzipation (Miller 1995) preisen, der es Menschen erlaube, die Identitätsfesseln von Schicht, Rasse und Geschlecht ein wenig zu lockern. Diese Fundamentalkritik führte in den letzten Jahren zu einer deutlichen Trendwende dahin, dass **vermehrt konsumkritische und polit-ökonomische Arbeiten** mit aufklärerischem bzw. normativem Impetus an Bedeutung gewinnen. Hierzu zählen zum Beispiel die im Text besprochenen *commodity-chain*-Analysen, aber auch grundsätzliche Studien zur ethischen und moralischen Dimension von Konsum. Ein Beispiel hierfür sind Arbeiten, die nach den Möglichkeiten und Grenzen „moralischen" Konsums und nach den gesellschaftlichen Verhandlungen von Begriffen wie Ethik, Moral und Nachhaltigkeit fragen (Ermann 2006, Jackson et al. 2009, Gäbler 2010).

Durch diese jüngeren Entwicklungen hat die geographische Konsumforschung die genannte Kritik schon deutlich entkräftet. Es gibt allerdings immer noch Themen mit „kritischem Potenzial", die bisher kaum bearbeitet worden sind. Hier ist zu allererst der Zusammenhang von **Konsum und Exklusion** zu nennen, der angesichts der fortschreitenden ökonomischen und kulturellen Polarisierung immer größere Bedeutung erlangt. Ebenso fehlt es an Studien, die sich mit „abweichenden" oder „pathologischen" Formen des Konsums, deren Entstehung und Folgen, beschäftigen. Und schließlich, dies ist wohl die größte Herausforderung für die geographische Konsumforschung, wäre es an der Zeit, sich auch ganz grundsätzlich mit Alternativen zur Konsumgesellschaft, wie wir sie kennen, zu befassen.

23.3 Geographische Handelsforschung

Günter Heinritz und Monika Popp

Der Handel, speziell der Einzelhandel, war im Laufe der Disziplingeschichte für Geographen von sehr unterschiedlichem Interesse. Erwartete man zunächst von Geographen Antworten auf die Frage nach Herkunftsgebieten von Handelsware und Rohstoffen, die für Europa wichtig waren, so bemühten sich zu Zeiten, in denen Geographie sich vornehmlich als Länderkunde verstanden hat, die Geographen gerne darum, die Exo-

tik fremder Märkte, wie orientalische Basare, detailreich und farbig zu beschreiben. Ohne den wissenschaftlichen Wert solcher Deskriptionen infrage stellen zu wollen, darf das Bemühen Walter Christallers, die als Zentralität bezeichnete Versorgungsleistung als maßgeblich für die Verteilung von städtischen Siedlungen nach ihrer Zahl und Größe nachzuweisen, doch als ein wesentlicher Fortschritt hin zu einer um Theoriebildung bemühten Geographie gelten (Exkurs 23.1.1). Der Zentralitätsbegriff betonte insbesondere den systemhaften Zusammenhang zwischen Angebotsstandorten und Einzugsgebiet. Zwar sind an der Bereitstellung der von den Kunden nachgefragten Güter und Dienste alle im tertiären Sektor zusammengefassten Wirtschaftszweige beteiligt, doch kommt bei der Beurteilung der Zentralität dem Einzelhandel zweifellos ein besonderes Gewicht zu. Auf diese Weise erfährt er eine besondere Beachtung – umso mehr, als seit den 1960er-Jahren ein Umbruch vom inhabergeführten, mittelständischen Einzelhandelsbetrieb zum wissensbasiert und sachbetont kapitalistisch reagierenden Handelsunternehmen zu beobachten ist. Dies hat zu räumlichen Strukturen geführt, die nicht immer den Vorstellungen von Planung und Politik entsprochen haben. Daher ist die Analyse der mit den innovativen Betriebsformen verbundenen Raumwirksamkeit nicht nur von wissenschaftlichem, sondern auch von erheblichem praktischem und planerischem Interesse. Da die dabei zu verfolgenden Fragestellungen weit über das Spektrum der Zentralitätsforschung hinausgreifen, hat sich in den 1990er-Jahren eine geographische Handelsforschung konstituiert.

Handel im funktionellen und institutionellen Sinne

Von Handel im funktionellen Sinn kann die Rede sein, wenn ein Unternehmen bewegliche Sachgüter an ein anderes Unternehmen oder an private Haushalte verkauft, sofern die gehandelten Güter nicht wesentlich be- bzw. verarbeitet worden sind. Der Handel ist also Mittler zwischen der Produktion und dem Verbrauch, aber er ist dennoch mehr als eine reine Durchlaufstation von Waren, denn er trifft selbst wesentliche Dispositionen, für die die vor- bzw. nachgelagerten Informations- und Kapitalströme wichtige Regulative darstellen.

Die zu treffenden Dispositionen gelten unterschiedlichen Funktionsbereichen. Grundfunktion des Handels ist die Umsatzleistung, aus der sich vor allem drei Hauptfunktionen ableiten, deren raumrelevante Effekte durchaus unterschiedlich sind. Als Erstes sei hier die **Überbrückungsfunktion** angeführt, denn der Handel hat die räumliche Trennung und die zeitlichen Unterschiede von Produktion und Verbrauch auszugleichen und dazu sind Entscheidungen über Standort und Lagerhaltung erforderlich. Die Auswahl und Zusammenstellung der Waren zu einem für Kunden attraktiven Sortiment und der Ausgleich der Mengenunterschiede bei Herstellung und Abgabe an den Letztverbraucher gehören zu den Entscheidungen im Bereich der **Warenfunktion** des Handels und schließlich hat der Handel auch festzulegen, wie er seine **Funktion des Makleramtes** wahrnehmen will, zu dem nicht nur die Werbung, sondern auch die über den Personaleinsatz zu leistende Andienung gehört.

So klar Handel im funktionalen Sinn als Tätigkeit definiert werden kann, so problematisch ist es, ihn im institutionellen Sinn zu definieren, das heißt festzulegen, was unter einem Einzelhandelsbetrieb verstanden werden soll. Die deutsche amtliche Statistik zählt beispielsweise nur jene Betriebe als Einzelhandelsbetriebe, die ihren Umsatz zumindest überwiegend durch Beschaffung und Absatz von beweglichen Sachgütern erzielen, ohne sie wesentlich zu be- oder verarbeiten. Ein starres Festhalten an einer solchen Definition aber zwingt dazu, zum Beispiel Betriebe des Nahrungsmittelhandwerks (Bäcker, Metzger usw.), aber auch zahlreiche andere eigene Produkte oder Dienstleistungen verkaufende Betriebe (z. B. Fabrikverkaufsläden) bei der Erfassung eines Angebots- bzw. einer Versorgungssituation auszugrenzen und damit wichtige Nachfragebeziehungen auszublenden.

Gerade am Beispiel des Bekleidungshandels lässt sich in jüngster Zeit sehr eindrucksvoll zeigen, wie sehr sich die ehemals klaren Grenzen zwischen Industrie und Handel verflüchtigt haben. Einerseits sind hier Produzenten (z. B. Adidas) offensiv in den Bereich des Handels eingedrungen, das heißt, sie sind unter Ausschaltung der Handelsstufe zum Direktvertrieb übergegangen und nutzen ihre Marken, um ein (nicht mehr allein von ihnen selbst produziertes) „stimmiges" Gesamtsortiment anzubieten („Vorwärtsvertikalisierung"). Einen für das Image von Marken bedeutenden Sondertyp stellen hierbei sogenannte *flagshipstores* dar, die an exklusiven Orten mit einem außergewöhnlichen Ladendesign der Zelebrierung der Marke sowie auch als Experimentierfeld dienen (z. B. Apple Store in München oder Prada in New York). Andererseits sind auch zahlreiche ursprüngliche („vertikale") Handelsunternehmen im Zuge der Globalisierung in die Design- und Produktentwicklung sowie in die Qualitätskontrolle im Fertigungsbereich vorgedrungen (z. B. C&A, H&M).

Ebenso sehr oder noch stärker sind die Grenzen aufgelöst, die früher Branchen voneinander getrennt haben. Besonders sichtbar wird dies am Beispiel der Lebensmitteldiscounter, die schon früh ihr Angebot nicht nur um Waren des täglichen Bedarfs wie Drogerie- oder Schreibwaren (Non-Food 1), sondern vor allem um Artikels des Non-Food-2-Bereichs ergänzt haben, die sie ihren Kunden für jeweils kurze Zeit als Aktionsware anbieten. Der relativ hohe Anteil, der bei diesen Aktionswaren auf Textilien entfällt, hat dazu geführt, dass Unternehmen wie Aldi, Lidl und Tchibo mittlerweile zu den zehn umsatzstärksten Bekleidungshändlern in der Bundesrepublik Deutschland gehören (Tab. 23.3.1). Es ist klar, dass gerade die Auflösung der Branchengrenzen der räumlichen Planung erhebliche Probleme aufgibt, weil beispielsweise die Frage, ob der eigentlich genehmigte Discounter überhaupt noch ein Lebensmittelladen ist, immer schwerer zu beantworten ist. Besonders eindrucksvoll zeigt sich dies auch in der Möbelbranche, bei der Randsortimente oftmals einen erstaunlich großen Flächenanteil einnehmen.

Im Zuge der Bemühungen um eine Vereinheitlichung der Statistik in der EU hat man, um Sortimente zu erfassen, der Klassifikation nicht von ungefähr als erste Gruppe den „Einzelhandel mit Waren verschiedener Art in Verkaufsräumen" vorangestellt. Natürlich benutzt auch die geographische Handelsforschung das Konzept der **Branchengliederung**, sie hat darüber hinaus aber auch eine Reihe alternativer Konzepte der Angebotsklas-

Tabelle 23.3.1 Die größten Textileinzelhändler in Deutschland 2009 (nach TextilWirtschaft online 2010).

Rang	Firma	Rang	Firma
1	Otto Group	21	Dänisches Bettenlager
2	C&A	22	Woolworth
3	H&M	23	Tristyle
4	Metro	24	Wöhrl
5	Karstadt	25	Bonita
6	Tengelmann	26	Charles Vögele
7	P&C, Düsseldorf	27	Neckermann.de
8	Aldi-Gruppe (Süd+Nord)	28	Rewe
9	Lidl	29	SinnLeffers
10	Tchibo	30	Ikea
11	Esprit	31	QVC
12	Ernsting's Family	32	AWG
13	New Yorker	33	Walbusch
14	Takko	34	Bader
15	Klingel	35	K&L Ruppert
16	NKD	36	Poco-Döne
17	Inditex	37	Anson's
18	P&C, Hamburg	38	S. Oliver
19	Adler	39	Orsay
20	Breuninger	40	Görgens

sifikation erarbeitet. Dazu zählt die schon von der Zentralitätsforschung vorgeschlagene Einteilung nach der **Bedarfshäufigkeit** bzw. Bedarfsfristigkeit, zwei Kriterien, die zu Zeiten Christallers im Gegensatz zu heute weitgehend austauschbar waren, während die angelsächsische **marketing geography** convenient goods, shopping goods und speciality goods unterscheidet. Dabei gelten Waren mit meist geringem Einzelwert und hoher Standardisierung, die der Verbraucher häufig benötigt und die er möglichst mühelos einkaufen will, als convenient goods, während shopping goods Waren mit höherem Einzelwert und geringerer Standardisierung sind, für deren Einkauf der Kunde mehr Zeit investiert, weil er hinsichtlich Qualität und Preis Vergleiche anstrebt. Speciality goods schließlich sind Waren mit hohem Wert, die sehr selten benötigt werden, sodass hier dem Kauf eine intensive Informationsphase vorangeht.

Als letzte Klassifikationsmöglichkeit wird hier noch die Unterscheidung zentrenrelevanter von nichtzentrenrelevanten Sortimenten erwähnt, da dieses Konzept im aktuellen Planungsgeschehen von großer Aktualität, aber auch sehr umstritten ist. Als **zentren- bzw. innenstadtrelevant** werden dabei Sortimente eingestuft, die durch eine hohe Kundenfrequenz, hohe Kopplungsaffinität, geringe spezifische Flächenansprüche und daher durch gute städtebauliche Integrationsmöglichkeiten charakterisiert und leicht (in den Handtaschen) transportierbar sind. So gelten etwa Bekleidung, Schuhe, Lederwaren, Uhren, Schmuck, Optik oder Bücher als typische zentrenrelevante Sortimente.

Um eine gegebene Einzelhandelsstruktur angemessen präzise zu erfassen, reicht heute aber die Beschreibung nach Sortimenten bzw. Branchen gewiss nicht mehr aus. Vielmehr wird man dabei auch die jeweiligen Unternehmenskonzepte zu analysieren haben. Sie sind das Ergebnis strategischer Entscheidungen über ihre **Handlungsform**, das heißt über Art und Umfang des Leistungsprogramms, Form und Standort der Leistungserstellung, aber auch über ihre **Kooperationsform** und über ihre **Organisationsform** (Filialisierung) und können insgesamt als Betriebsformen typisiert werden. Die dafür von den Unternehmen selbst verwendeten Benennungen sind erwartungsgemäß keine wissenschaftlichen Begriffe.

Da organisatorische und technologische Innovationen wie in der Vergangenheit auch künftig zu unterschiedlichen Bewertungen der Kosten- und Erlösfaktoren und damit auch zu neuen Unternehmenskonzeptionen führen können, gilt dem Betriebsformwandel die besondere Aufmerksamkeit der Wirtschaftswissenschaften, die diesen Wandel unter Einbeziehung von handelsexogenen und -endogenen Einflüssen theoretisch zu erklären versuchen. Von den zahlreichen dazu entwickelten

Theorien scheint im Rahmen der an der Erklärung raumwirksamer Prozesse interessierten geographischen Handelsforschung der polarisationstheoretische Ansatz von besonderem Interesse. Auslöser für die Diffusion von Betriebsformen ist danach vor allem eine zunehmende Polarisierung des Nachfrageverhaltens. Sie resultiert daraus, dass die Kaufmotivation der Kunden einmal auf den Grundnutzen, das heißt primär auf die Funktion der Ware (z. B. Sättigung durch Nahrung oder Wärmen durch Kleidung), ausgerichtet ist, zum anderen aber auch primär von dem Wunsch nach einem Zusatznutzen geleitet sein kann. Ein solcher Zusatznutzen kann beispielsweise in dem Gefühl, einer bestimmten Gruppe anzugehören, sich selbst belohnen oder trösten zu wollen oder Ähnlichem bestehen.

Die Polarisierung drückt sich im Preisbewusstsein, im Rationalitätsgrad der Kaufentscheidung, aber auch in der räumlichen Einkaufsstättenwahl aus. Die Betriebsformen reagieren darauf, indem sie ihre Handlungsform auf das von ihnen gewählte Polaritätsextrem abstimmen, also ein Angebotsprofil ausbilden, das dem Nachfragesegment entspricht, das sie anziehen wollen. Dieses Profil unterliegt selbstverständlich – parallel zu Kaufkraftentwicklung und Produktionsfortschritten – ständig einer Weiterentwicklung, sodass die Polarisierung der Marketingstrategie über die Handhabung und Gewichtung der Handlungsparameter Sortimentsbildung, -anbindung und Preisbildung auch zu einer Polarisierung der Betriebsformen führt (Abb. 23.3.1).

Dem Konsumenten auf der Spur: Verbraucherverhalten

Die klassische Konsumentenforschung ging von einem rationalen Kaufverhalten aus, das mehrere Stufen durchläuft. Der Prozess, der zu einer Kaufentscheidung führt, beginnt hier idealiter mit dem Erkennen eines Bedürfnisses, das eine Informationssuche auslöst, an die sich eine vergleichende Bewertung der ins Auge gefassten Produkte und Einkaufsstätten anschließt, und nach dem Kauf endet es mit der Evaluierung der getroffenen Produkt- und Einkaufsstättenwahl. Mit dem **Kaufentscheidungsprozess** rückgekoppelt sind kognitive Prozesse der Informationsverarbeitung, die durch gesellschaftlich vermittelte Werte und erlernte Einstellungen gesteuert sind. Weil diese Prozesse nicht unmittelbar der Beobachtung zugänglich sind, hatte sich, um das Konsumentenverhalten zu erklären, die Aufmerksamkeit zunächst auf gut beobachtbare Variablen wie Einkommen, Alter, Lebenszyklus oder Haushaltsstrukturen konzentriert. Besonderes Interesse gilt dabei der Höhe

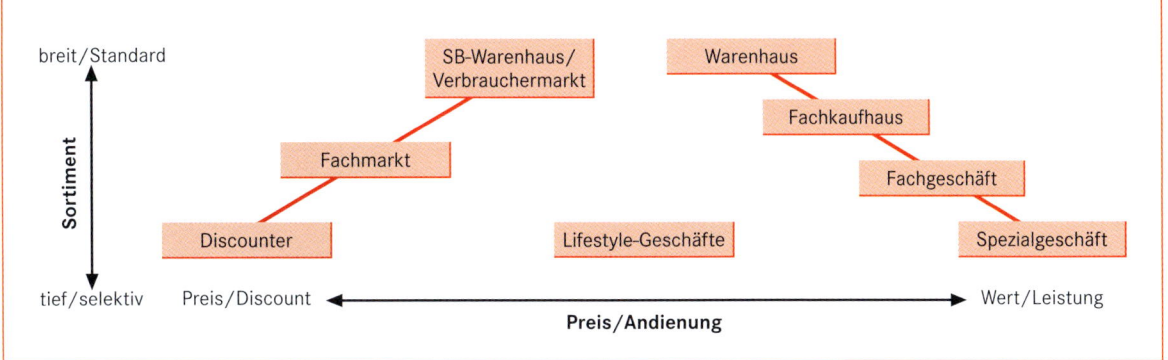

Abb. 23.3.1 Polarisierung der Betriebsformen.

der Einkommen bzw. der Ermittlung der einzelhandelsrelevanten Kaufkraft, die regional erheblich differieren kann. Mit der Kaufkraft aber steigt die Elastizität der Nachfrage, sodass Haushalte mit unterschiedlichem Einkommen sich in ihrer Ausgabenstruktur stark unterscheiden. Insbesondere die einkommensschwächsten Haushalte sind zusätzlich auch bei der Wahl der Einkaufsstätte eingeschränkt, da für sie mangels Pkw-Besitz kostengünstige Anbieter oft nicht erreichbar sind. Mit der zunehmenden Ausdifferenzierung der Gesellschaft in Lebensstiltypen hat der Erklärungsgehalt dieser einfachen, soziodemographischen Variablen allerdings weiter abgenommen, sodass das Modell für viele Bereiche nicht mehr ausreichend tragfähig ist.

Bevor auf das *mystery of consumer behaviour* jedoch näher eingegangen wird, sollen im Folgenden Erklärungsansätze für die Wahl der Einkaufsstätte bzw. die **Einkaufsortorientierung** und ihre Stabilität vorgestellt werden, da diese aus geographischer Perspektive von besonderer Bedeutung sind. Disziplingeschichtlich ist dabei der **zentralörtliche Ansatz** der älteste. Er sieht die Wahl des Einkaufsortes festgelegt durch die räumliche Versorgungssituation, das heißt durch die Lage und Attraktivität der Geschäfte und den für die Erreichung dieser Angebotsstandorte erforderlichen Zeit-Kosten-Mühe-Aufwand. Da den Kunden ein völlig rationales Entscheidungsverhalten unterstellt wird, werden sie jeweils den ihnen nächstgelegenen zentralen Ort aufsuchen. Diese auf Walter Christaller zurückgehende *nearest-center*-Hypothese wurde insofern weiterentwickelt, als zum Beispiel für die Vorhersage der Einkaufsstättenwahl Wahrscheinlichkeiten für eine Entscheidung berechnet werden in Abhängigkeit von der unterstellten Attraktivität der innerhalb eines Systems gegebenen alternativen Angebotsstandorte und der hemmenden Distanzüberwindung (Huff 1964). Wie allerdings die Einkaufsstättenattraktivität gemessen und der Wider

standsparameter für die Distanz ermittelt werden kann, bleiben umstrittene Fragen.

Einen anderen Weg, um die Einkaufsstättenwahl zu erklären, verfolgen Ansätze, die vom Nachfrager und dessen Handlungsspielräumen (**aktionsräumlicher Ansatz**) oder von seinen subjektiven Einstellungen und Erwartungen (**sozialpsychologischer Einstellungsansatz**) ausgehen. Jedoch vermögen es beide Ansätze nicht, die Einkaufsstättenwahlen konkret vorauszusagen. Sie führen lediglich zu Aussagen über die für die Einkaufsstättenwahl hinreichenden oder notwendigen Bedingungen. Insgesamt bleibt festzuhalten, dass ein umfassender Ansatz zur Erklärung des Konsumentenverhaltens nicht existiert.

Gerade deshalb aber fordert das *mystery of consumer behaviour* die Forschung auch weiterhin heraus, die vor allem neuere Entwicklungen im Einkaufsverhalten aufmerksam verfolgt. Dabei gelten sowohl der Wertewandel in der Gesellschaft, der dem Konsum zunehmend einen immateriellen Erlebniswert beimisst, als auch die Veränderungen wichtiger Rahmenbedingungen wie etwa der Wandel der Arbeitswelt und die damit in Verbindung stehende Einkommensentwicklung als entscheidende Einflussgrößen. Konsum wird zwar in der postfordistischen Gesellschaft mit **Lifestyle und Erlebnis** (Kapitel 23.2) in Verbindung gebracht, doch das gilt offensichtlich nicht für alle Bereiche. Vielmehr lässt sich auch bei Konsumenten mit hohem Einkommen ein polarisiertes Einkaufsverhalten beobachten, das von Sparen und Verschwendung gleichzeitig gekennzeichnet ist. Einkommensschwachen Konsumenten fehlen dagegen weitgehend die Spielräume, die ein solches polarisiertes Konsumentenverhalten erlauben würden.

Zwar ist der Anteil jener, die unter die Armutsgrenze gefallen sind, in den letzten Jahren gewachsen, aber bei der Mehrheit der Bevölkerung ist der Wunsch nach Konsum auf qualitativ hohem Niveau bestehen geblie

Abb. 23.3.2 Prestigegüter zu einem günstigen Preis einzukaufen wurde zu einem Modetrend der postmodernen Konsumenten. Der *smart shopper* kauft günstig gehobene Livestyle-Produkte, beispielsweise in der „Schnäppchen-Hauptstadt Europas", der Kleinstadt Metzingen (a) am Fuße der Schwäbischen Alb. Hier hat sich um das Factory Outlet von Hugo Boss ein ganzes Ensemble entsprechender Einrichtungen von Puma, Hilfiger, Joop und anderen Modefirmen entwickelt (b); Fotos: H. Gebhardt.

ben. So ist in den 1990er-Jahren neben dem „Schnäppchenjäger" vermehrt auch der *smart shopper* als neuer Kundentyp in Erscheinung getreten (Abb. 23.3.2). Im Unterschied zu Ersterem kommt es dem *smart shopper* nicht ausschließlich auf den niedrigen Preis an, sondern er möchte sich für seine Cleverness („Ich bin doch nicht blöd", Slogan des Handelsunternehmens Media-Markt) darin bestätigt sehen, dass er durch gezieltes Einkaufen die gewünschte Qualität stressfrei und mit annehmbarem Aufwand an Zeit zu einem günstigen Preis erwerben kann. Raumwirksam ist dieses Einkaufsverhalten insofern, als *smart shopper* Vertriebsformen wie *E-Commerce*, Fabrikverkäufe und FOC (*Factory Outlet Center*) und vor allem Fachmärkte an verkehrsorientierten Randstandorten bevorzugen.

Zeitlich parallel zum *smart shopping* hat sich ein Trend zu *convenience*-Käufen entwickelt. Er ist zum einen beeinflusst durch ein arbeitsbedingt unstetes Leben und Zeitknappheit, die die zur Haushaltsführung notwendigen Besorgungen zur lästigen, zeitaufwendigen Pflicht machen, sodass die Verfügbarkeit von Einkaufsstätten, die durch ein kombiniertes Einkaufs-, Gastronomie- und Dienstleistungsangebot Zeit sparen helfen, einen hohen Stellenwert erhält. Insbesondere junge Einpersonenhaushalte neigen dieser Konsumhaltung zu. Da unter dem Bequemlichkeitsaspekt dem Standort der Einkaufsstätte eine wichtige Rolle zukommt, finden sich *convenience shops* (wie z. B. Kioske und Tankstellenshops) stets in frequentierten Lagen und stimmen die Gestaltung ihres Angebotes auf das Standortumfeld bzw. die potenzielle Nachfrage insofern ab, als sie durch verbrauchergerechte Portionierung und übersichtliche Präsentation ihres Sortimentes aus Marken-

produkten mit hohem Bekanntheitsgrad dem Kunden eine rasche Abwicklung seines Einkaufes ermöglichen.

Konsum hat in einer gegenläufigen Bewegung zur *convenience*-Orientierung in Teilbereichen aber auch an Stellenwert gewonnen, weil mit wachsender Freizeit Einkaufen auch ein Teil der Freizeitgestaltung geworden ist. Dabei kommt dem Erlebniswert des Einkaufs besondere Bedeutung zu. Dem entsprechen eine emotionale Aufladung der angebotenen Waren, das besondere Ambiente und die thematisierte Atmosphäre, die den Erlebniseinkäufer ansprechen und zu spontanen Kaufentscheidungen führen sollen.

Zu den raumwirksamen Folgen des erlebnisorientierten Konsumverhaltens zählen insbesondere der Einkaufsausflug in eine benachbarte Stadt und der Shopping-Tourismus, der durch weitere Distanzen vom Wohnort und längere Aufenthaltszeiten gekennzeichnet ist. Eine weitere Folge ist damit eine steigende Verkehrsbelastung. Für die Einzelhandelsbetriebe resultiert aus der steigenden Erwartungshaltung der Kunden darüber hinaus die Notwendigkeit, immer neue Erlebniselemente in ihr Konzept zu integrieren. Betrachtet man die Agglomerationstypen, so erwachsen aus der Erlebnisorientierung gerade Innenstädten als multifunktionalen Standorten durchaus Chancen. Einzelhandelsbetriebe der Innenstädte sind hier aber nicht nur auf einzelbetrieblicher Ebene gefordert, sondern auch als Standortgemeinschaft. Deren Attraktivität zu erhöhen, ist das Ziel von Werbegemeinschaften und/oder vom Citymanagement, doch ist die Effizienz solcher freiwilliger Zusammenschlüsse meist begrenzt und stets durch das Problem der Trittbrettfahrer belastet. Einkaufszentren mit per Mietvertrag geregelter Finanzierung von be-

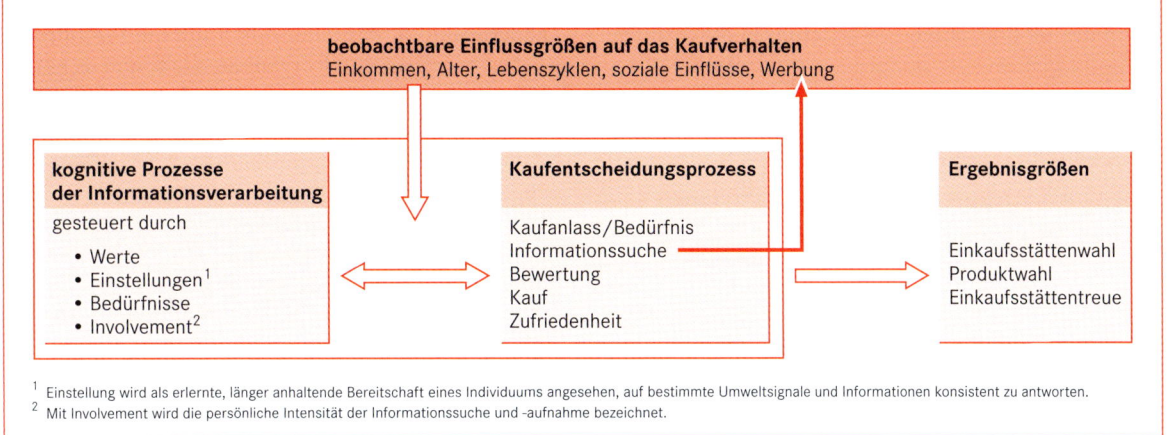

Abb. 23.3.3 Strukturmodell des Einkaufsverhaltens.

triebsübergreifenden Maßnahmen sind diesbezüglich klar im Vorteil – ihnen fällt es leichter, ein umfangreiches Serviceangebot, hohe Aufenthaltsqualität sowie wechselnde künstliche Themenwelten als Kulisse zu bieten.

Natürlich finden sich die beschriebenen Konsumverhaltenstypen immer nur in bestimmten Segmenten der Bevölkerung und die jeweiligen Anteile sind zweifellos sowohl von der jeweiligen Wirtschaftskonjunktur als auch von der Zugehörigkeit zu unterschiedlichen Konsumgesellschaften abhängig. Vor allem aber kann man einzelne Personen nicht einfach als Schnäppchenjäger, *smart shopper*, Erlebniskäufer und so weiter etikettieren, weil sie sich je nach Einkaufszusammenhang durchaus unterschiedlich verhalten und so ein hybrides bzw. multioptionales Käuferverhalten an den Tag legen, das den Marktforschern auch künftig Rätsel aufgeben wird.

Aus geographischer Sicht interessieren von den Ergebnissen empirischer Forschungen zum Kundenverhalten vor allem zwei Phänomene, die für die Standortplanung der Unternehmen als auch für die kommunale Bauleitplanung gleichermaßen relevant sind: das **Kopplungsverhalten** und die Mehrfachorientierung von Kunden. Ersteres resultiert aus dem Wunsch der Konsumenten, ihren Besorgungsaufwand zu minimieren, das heißt auf einem Besorgungsgang bei mehreren Anbietern mit kompatiblem Angebot einkaufen zu können (*one stop shopping*). Je näher diese Betriebe zueinander liegen, desto leichter ist diese Absicht zu verwirklichen, sodass Betriebe mit hohem internem Kopplungspotenzial (die zum Teil auch Shop-in-Shop-Betriebe integriert haben) bzw. Standortagglomerationen mit dem richtigen Branchen- und Betriebsformenmix bevorzugt aufgesucht werden. Ein solch „richtiger" Mix ermöglicht in Versorgungssituationen mit fehlendem Marktüberblick eben auch Auswahl und Informationen und er

umfasst, wenn die Einkäufe nicht nur als Akt der Versorgung, sondern auch als Freizeitbeschäftigung ausgeübt werden, auch Einrichtungen wie beispielsweise Gastronomiebetriebe, die den Erlebniswert des Einkaufbesuches erhöhen. Die einheitliche Planung und das zentrale Management von Einkaufszentren erlauben es, zumindest in erfolgreichen Centern den angesprochenen Mix optimal umzusetzen, während in den Innenstädten oft das Mietniveau über die Zusammensetzung der Angebote entscheidet.

Neben dem Kopplungsverhalten verdient auch das Phänomen der **Mehrfachorientierung** eine nähere Betrachtung, auf das man bei Versuchen, Einzugsbereiche empirisch zu ermitteln, schon in den 1950er-Jahren (Klöpper 1953) aufmerksam geworden ist. Dass insbesondere Güter des periodischen und des episodischen Bedarfs von Fall zu Fall an verschiedenen Standorten gekauft werden, lässt sich sowohl auf die gestiegene Mobilität als auch auf die gestiegene Konkurrenz der Angebotsstandorte (z. B. in der Innenstadt oder auf der grünen Wiese) zurückführen. Nicht zuletzt trägt der zunehmende Einkaufsausflugsverkehr – das heißt die Kombination von Tagesausflug und Einkaufen – dazu bei, dass sich die Zentrentreue von Konsumenten weiter abgeschwächt hat. Zwar wäre es wohl übertrieben, in Folge der heute für Konsumenten selbstverständlichen Mehrfachorientierung von einer regelrechten Auflösung von Einzugsbereichen zu sprechen, aber zweifellos werden Prognosen darüber, welche Anteile von Kaufkraft in einem – dem geplanten Standort unterstellten – Einzugsbereich gebunden werden können, im Vergleich zu früheren Zeiten deutlich risikoreicher. Die einstige Handelsidylle mit aufgeteilten und stabilen Einzugsbereichen und gefestigter Kundentreue, also mit entspannter Standortkonkurrenz, ist dahin und die Einzelhandelslandschaft in Deutschland hat in den letzten Jahrzehnten in der Tat dramatische Veränderungen durchlaufen, die im Folgenden kurz skizziert werden sollen.

Veränderungen auf der Angebotsseite: Maßstabssprung und Dezentralisierung

Die zweifellos augenfälligste Entwicklung der oben genannten Veränderungen ist die Maßstabsvergrößerung, die sich ergeben hat als Konsequenz aus deutlich rückläufigen Betriebszahlen und einem starken und immer noch anhaltenden **Wachstum der Verkaufsflächen**, die in Deutschland im Jahr 2009 mit rund 121 Millionen Quadratmetern angegeben werden (Angaben des HDE), sodass Deutschland mit 1,5 Quadratmetern Verkaufsfläche pro Einwohner weit über dem europäischen Wert liegt. Dementsprechend ist die durchschnittliche Verkaufsfläche pro Einzelhandelsbetrieb gestiegen und die Flächenproduktivität – das heißt die Umsätze pro Quadratmeter Verkaufsfläche – im Durchschnitt gesunken. Allerdings sind die für die verschiedenen Branchen und Betriebsformen angegebenen Durchschnittswerte der Flächenproduktivität, die Prognosen und damit auch Genehmigungsverfahren von Einzelhandelsbetrieben zugrunde gelegt werden, alles andere als „verlässlich", da die empirisch zu beobachtende Variabilität sehr beachtlich ist. Das angesprochene Flächenwachstum verdankt sich gerade in letzter Zeit im Übrigen nicht mehr primär einer zunehmenden Konsumnachfrage, sondern oftmals den Interessen von Kapitalanlegern und Investmentfonds. Dies führt dazu, dass es örtlich zu Überangebot und/oder Leerständen kommt. Die immobilienwirtschaftliche Betrachtung hat in den letzten Jahren in der geographischen Handelsforschung dementsprechend an Bedeutung gewonnen.

Zu den Veränderungen der Größenstrukturen gehören aber auch die (insbesondere im Lebensmittelbereich) weit fortgeschrittenen Unternehmenskonzentrationen. Sie haben dazu geführt, dass der Einzelhandel in Deutschland heute nicht mehr von eigentümergeführten Einbetriebsunternehmen, sondern von nationalen und internationalen Konzernen dominiert wird, die im Gegensatz zu Ersteren über eine hohe Marktmacht und Finanzkraft verfügen. Die meisten dieser Unternehmen umfassen mehrere aufeinander abgestimmte Vertriebsschienen, sodass der Eindruck großer Vielfalt durchaus täuscht. Viele Konkurrenten sind gar keine, sondern gehören zu ein und demselben Unternehmen.

Die Einzelhandelsentwicklung ist also nicht nur handelsexogen, das heißt durch Konsumenten und das politisch-administrative System beeinflusst, sondern auch handelsendogen, das heißt durch interne Veränderungen bestimmt, die durch organisatorische und technologische Innovationen ermöglicht werden. Wichtige handelsendogene Einflüsse bestehen in der kapitalbedingten Selektionswirkung bei der Umsetzung von Innovationen, in der steigenden Wettbewerbsintensität in Folge der Kapitalkonzentration und in der Nachfragemacht der großen Unternehmen. Eine Reihe wichtiger Innovationen wie die Einführung der Selbstbedienung, die Vergrößerung der Sortimente und die Rationalisierung aller Arbeitsabläufe haben größere Verkaufsflächen und mehr Kapitaleinsatz erforderlich gemacht. Betriebe, denen dieser Einsatz nicht möglich ist, erleiden notwendigerweise Wettbewerbsnachteile. So wachsen die großflächigen Betriebsformen SB-Warenhaus, Verbrauchermarkt und Fachmarkt weiter, die fast ausschließlich von Großunternehmen realisiert werden können. Dort, wo sie errichtet werden, verschärfen sie den Wettbewerb, dem viele Klein- und Mittelbetriebe dann nicht gewachsen sind.

Die Raumrelevanz des so skizzierten **Strukturwandels** ist beachtlich. Zum einen führt der Betriebsrückgang zu einem Ausdünnen des Betriebsbestandes. Auch wenn das nicht gleich zu einer Gefährdung der flächendeckenden Nahversorgung führen muss, so verringert sich zweifellos die Anbietervielfalt und zugleich verlängern sich die Einkaufswege. Eine weitere mit dem Betriebsrückgang verbundene Wirkung ist die abnehmende Bedeutung des selbstständigen örtlichen Einzelhandelskaufmanns. Das hat nicht nur Folgen für das lokale Arbeitsplatz- und Ausbildungsangebot, sondern bedeutet auch für die Sortimentsgestaltung ein geringeres Eingehen auf regionale Spezifika und ein reduziertes Engagement für die Standortgemeinden, denn für raumrelevante Standort- und Sortimentsentscheidungen sind nunmehr die in übergeordneten Maßstäben nach streng betriebswirtschaftlichen Kategorien agierenden Unternehmensleitungen an einem fern gelegenen Unternehmenssitz verantwortlich.

Das bedeutet, dass auch die Errichtung der neuen großflächigen Betriebsformen nach den Standards der Unternehmen erfolgt, die hinsichtlich Verkaufsflächenbedarf und der damit verbundenen Kosten ebenso wie hinsichtlich der erforderlichen Einzugsbereiche und der verkehrsmäßigen Erschließung klare Vorgaben machen und dort, wo diese nicht erfüllt werden können, auch nicht zu Investitionen bereit sind. Damit reichen die planerischen Anreize oft nicht mehr aus, um eine Ansiedlung an einem von der Kommune erwünschten Standort (beispielsweise in Stadtteilzentren) zu erreichen. Die Vergrößerung der Einzugsbereiche führt zur Verlängerung von Einkaufswegen und hat einen ver-

Kürzel	Bezeichnung	Zulässigkeit von Einzelhandelsbetrieben
KE	Kerngebiet	… dient vorwiegend der Unterbringung von Handelsbetrieben sowie den zentralen Einrichtungen der Wirtschaft, der Verwaltung und der Kultur; in Teilgebieten kann außerdem Wohnnutzung zugelassen bzw. ein bestimmter Anteil an Wohnungen festgeschrieben werden.
WR	reines Wohngebiet	… dient dem Wohnen; ausnahmsweise können Läden und nicht störende Handwerksbetriebe, die zur Deckung des täglichen Bedarfs für die Bewohner des Gebiets dienen, zugelassen werden.
WA	allgemeines Wohngebiet	… dient vorwiegend dem Wohnen; Läden zur Versorgung des Gebiets sind jedoch generell zulässig sowie auch eine Reihe weiterer Funktionen (z.B. Schank- und Speisewirtschaften, soziale und kulturelle Einrichtungen).
MI	Mischgebiet	… dient dem Wohnen und der Unterbringung von Gewerbebetrieben, die das Wohnen nicht wesentlich stören; Einzelhandel ist zulässig.
GE	Gewerbegebiet	… dient vorwiegend der Unterbringung von nicht erheblich belästigenden (produzierenden) Gewerbebetrieben; es hat sich aber eingebürgert, dass angesichts geringer Nachfrage aus diesem Sektor und einer angespannten Arbeitsmarktlage zunehmend auch Einzelhandelsbetriebe angesiedelt werden.
SO	Sondergebiet	… kann für diverse Nutzungen ausgeschrieben werden, u.a. für Einkaufszentren und anderen großflächigen Einzelhandel; das SO erlaubt außerdem weitere Einschränkungen der Handelsnutzung, z.B. hinsichtlich der Verkaufsfläche und/oder der angebotenen Sortimente.

Tabelle 23.3.2 Mögliche Einzelhandelsnutzung in den Gebietstypen des Flächennutzungsplans (nach BauNVO 1993).

stärkten Pkw-Einsatz der Kunden zur Folge. Daher werden am Standort mehr Stellplätze benötigt, Flächenverbrauch und Verkehrsbelastung erhöhen sich, sodass weitere Infrastrukturmaßnahmen erforderlich werden und bei dezentralen Standorten, die nur mit dem Pkw erreichbar sind, die bisher in den ÖPNV geleisteten Investitionen indirekt entwertet werden.

Die dezentrale Standortwahl, die aufgrund der Flächenansprüche der Unternehmen oft unvermeidlich ist, hat innerhalb der Städte zu Standorten im städtischen Randbereich geführt, durch die vor allem ursprünglich für produzierendes Gewerbe ausgewiesene Gewerbegebiete zweckentfremdet worden sind.

Aufgaben von Politik und Planung

Dass Unternehmen bei ihrer Standortsuche nach Grundstücken Ausschau halten, die hinsichtlich Größe und Erschließung der jeweils verfolgten unternehmerischen Zielsetzung entsprechen, ist selbstverständlich. Aber angesichts der Bedeutung, die dem Einzelhandel für das Funktionieren eines Gemeinwesens zukommt, kann die räumliche Ordnung des Einzelhandels nicht allein einzelbetriebswirtschaftlichen Standortentscheidungen bzw. dem Bodenmarkt überlassen werden.

Vielmehr sind Politik und Planung aufgefordert zu verhindern, dass durch die Entscheidung für eine Nutzung eine gesellschaftlich nicht mehr akzeptable räumliche Ordnung entsteht: Sei es, weil das Einzelhandelsnetz zu ausgedünnt wird und die Innenstädte veröden, weil der Beschaffungsaufwand für bestimmte Güter eine nicht mehr zumutbare Mobilität erforderlich macht oder weil durch Verkehrserzeugung Anlieger zu großen Belastungen mit Lärm und Abgasen ausgesetzt sind und so weiter.

Für den Einzelhandel bedeutet dies, dass die **öffentliche Planung**, soweit sie sich dabei auf gesetzliche Grundlagen stützen kann, das Recht auf individuelle Nutzung von Flächen einschränken kann. Dass die Notwendigkeit der Einflussnahme auf die räumliche Ordnung und Standortgestaltung des Einzelhandels nicht in allen Ländern gleich gesehen wird, bedarf keiner Ausführungen. Im Folgenden wollen wir uns auf die Verhältnisse in der Bundesrepublik Deutschland beschränken. Hier liegt bei Fragen der Einzelhandelsansiedlung die Planungshoheit bei den Gemeinden, die sich aber nur innerhalb des vom Land bzw. Bund beispielsweise durch Baugesetzbuch und Baunutzungsverordnung gesetzten Rahmens bewegen können.

Den Gemeinden geht es freilich nicht nur darum, im Rahmen ihrer Bauleitplanung über die Zulässigkeit von Einzelhandelsstandorten an bestimmten Standorten zu

Abb. 23.3.4 Seit einigen Jahren sind englische Bezeichnungen für simple Bäckereien, Metzgereien und so weiter in Mode gekommen. „Backeria", „Speckeria" oder auch die „Pulloveria" sollen Modernität und Internationalität signalisieren (Fotos: H. Gebhardt).

entscheiden, sondern sie versuchen auch, durch direkt und indirekt wirksame einzelhandelsrelevante Maßnahmen die Attraktivität des örtlichen Einzelhandels insgesamt zu steigern. Den Rahmen für Einzelhandelsinvestoren setzen die Gemeinden im **Flächennutzungsplan** fest. Dort werden in der Regel die Innenstadt bzw. in größeren Städten auch Stadtteilzentren als Kerngebiete ausgewiesen, in denen alle Betriebsgrößen und -formen angesiedelt werden können. Außerhalb von Kerngebieten aber ist die Ansiedlung von großflächigen Betrieben nur in Sondergebieten zulässig. Deren Ausweisung verpflichtet die Gemeinden zur Berücksichtigung der für sie gültigen Raumordnungs- und Landesentwicklungspläne sowie zur Abstimmung ihrer Planung mit den Nachbargemeinden. Darüber hinaus kann die Gemeinde in Sondergebieten auch die Nutzung auf bestimmte Sortimente beschränken bzw. bestimmte Sortimente ausschließen. Die Planung hat dabei aber stets zu beachten, dass sie keine Wettbewerbsverzerrungen bewirken darf, das heißt, unabhängig vom bereits vorhandenen Betriebsbestand muss jedem Unternehmen die Chance gegeben werden, seine Geschäftskonzeption zu realisieren. Da Auswirkungen von Einzelhandelsgroßprojekten nicht an Gemeindegrenzen haltmachen, stellen regionale Einzelhandelskonzepte ein sinnvolles Instrument zur Abstimmung der Einzelhandelsentwicklung dar. Die gesetzlichen Rahmenbedingungen dafür sind zwar durchaus gegeben, die Umsetzung scheitert

aber oft an der fehlenden Bereitschaft der betroffenen Gemeinden, im Interesse der Region eine Beschneidung der eigenen Planungshoheit hinzunehmen.

Da der Zielhorizont der Planung auf einen langfristigen Ausgleich von Nutzungskonkurrenzen auf der Basis jeweils gültiger gesellschaftlicher Vorstellungen ausgerichtet ist, die Einzelhandelsunternehmen aber, die sich an die sich dynamisch verändernde Wettbewerbssituation anpassen wollen, zu kurzfristigen Entscheidungen gezwungen sind, können Konflikte zwischen Einzelhandel und Planung nicht ausbleiben. Dabei ist die Planung gegenüber dem Einzelhandel meist im Nachteil. Ulrich Hatzfeld (1987) vertritt sogar die Ansicht, dass ungeachtet der Vielfalt planerischer Einflussmöglichkeiten die Planung die Einzelhandelsentwicklung allenfalls modifizieren, keinesfalls aber grundlegend verändern konnte. Eine solche Einschätzung liegt nahe, wenn man beispielsweise das wichtigste Leitbild der Planung, die Innenstadt als den wichtigsten Standort für überörtliche Versorgungsfunktionen eines zentralen Ortes anzusehen, mit dem tatsächlichen Bedeutungsverlust konfrontiert, den der Innenstadteinzelhandel in den letzten drei Jahrzehnten erfahren hat. Die ursprünglichen Standortvorteile der Innenstadt wie leichte Erreichbarkeit, hoher Bekanntheitsgrad und hohe Agglomerationsvorteile infolge der räumlichen Konzentration von zentralen Einrichtungen und so weiter haben sich weitgehend in Nachteile verkehrt. Das gilt zumindest für die

Abb. 23.3.5 Zunehmend wachsen früher getrennte Einrichtungen des Einkaufens, der Gastronomie und der Freizeitgestaltung zu *Urban Entertainment Center* zusammen. Die Bilder zeigen das *Central World Shopping Center* in Bangkok (links) sowie die *Emirates Mall* in Dubai, die vor allem durch ihre künstliche Skipiste bekannt wurde (Fotos: H. Gebhardt).

Zugänglichkeit und die Multifunktionalität. Die flächenhafte Dominanz der Einzelhandelsnutzungen der Innenstadt ist beendet, der Handel zieht sich zurück auf Top-Lagen, während für manche Nebenlagen neue Nutzungen gefunden werden müssen. Das Flächenwachstum des Einzelhandels an dezentralen Standorten konnte nicht konsequent in Grenzen gehalten werden, nicht zuletzt deshalb, weil die Kommunalpolitik stadtplanerische Belange gegenüber Interessen der städtischen Wirtschaftsförderung oft zurückgestellt hat.

Quantitativ lässt sich der mittlerweile erreichte Vorsprung der nicht integrierten Randstandorte nicht mehr rückgängig machen, sodass es nur noch darum gehen kann, die ebenfalls im Schwinden begriffene qualitative Überlegenheit der Innenstadt als Einzelhandelsstandort zu stärken. Das erfordert zum einen die Erarbeitung eines kommunalen, besser noch regionalen Einzelhandelskonzeptes, das auch Aussagen zu Branchenmix und zur Differenziertheit von Angeboten enthält und die Verknüpfung zu anderen Funktionen, insbesondere zu Freizeitgestaltung und Tourismus, anstrebt, da die Innenstadt ihre Attraktivität nur als multifunktioneller Standort erhalten kann. Hoffnungen richten sich zum

anderen auf eine Intensivierung von Kooperationen. Dabei geht es im Rahmen eines **Citymanagements** nicht nur um Werbemaßnahmen und um die Durchführung von Events, sondern vor allem um ein Flächenmanagement. Dessen Notwendigkeit wird vielfach diskutiert, jedoch finden sich in der Praxis nur wenige erfolgreiche Beispiele, da das Ziel, die Immobilienbesitzer für eine abgestimmte Vermietung zur Erzielung eines optimalen Anbietermixes zu gewinnen, mit dem Bestreben, die eigenen Mieteinnahmen zu maximieren, im Widerspruch steht. Das Problem der Trittbrettfahrer, das heißt der Betriebe, die von den Aktivitäten des Citymanagements profitieren, sich aber vor allem finanziell nicht beteiligen, wurde bereits angesprochen. Hier setzen in den letzten Jahren die sogenannten *Business Improvement Districts* (BID) an. Nach US-amerikanischem Vorbild sind hier alle Grundstückseigentümer eines räumlich abgegrenzten Bereichs zur Zahlung eines Beitrags verpflichtet, wenn ein BID eingerichtet wird. Dazu muss vorab ein bestimmtes Quorum erreicht werden. Neben den BID mit ihrem hohen Verpflichtungscharakter trifft man darüber hinaus vermehrt auf Initiativen, die auf freiwilliger Basis arbeiten, wie „Ab in die

Mitte" oder „Leben findet Innenstadt". Bleibt festzuhalten, dass die Notwendigkeit zu Kooperation und (überregionaler) Abstimmung durchaus erkannt ist und diverse Wege zur Umsetzung zurzeit erprobt werden.

23.4 Transnationalisierung und Globalisierung in Handel und Konsum

ULRIKE GERHARD UND BARBARA HAHN

Der Einzelhandel ist einem starken Wandel unterworfen. Für die zunehmende Internationalisierung waren unterschiedliche Entwicklungen verantwortlich. Dazu zählen neben der Einführung des Selbstbedienungsprinzips in den 1930er-Jahren in den USA, das sich nach dem Zweiten Weltkrieg auch in Europa durchsetzte, die Übernahme des Marketingkonzepts als vorherrschende Unternehmensphilosophie sowie die Ausbreitung der Kommunikations- und Informationstechnologie (Dawson 2007). Zudem hat sich das Konsumentenverhalten weltweit verändert, da heute (fast) überall gleiche oder sehr ähnliche Produkte erworben werden können, die global präsentiert und von einer kleinen Gruppe international tätiger Einzelhandelsunternehmen vertrieben werden (Moore & Fernie 2004). Dabei meint Transnationalisierung und Globalisierung des Einzelhandels mehr als nur die Eröffnung neuer Geschäfte auf ausländischen Märkten, sondern auch die Verbreitung neuer Verkaufs- und Betriebsformen, die strategische Expansion und Umsatzvergrößerung von Einzelhandelsunternehmen sowie die Diffusion von Managementwissen durch ökonomische und soziale Systeme (Dawson 2007). Sie unterscheidet sich somit von der Internationalisierung des produzierenden Gewerbes, da aufgrund der Kundenorientierung des Einzelhandels eine stärkere Verschmelzung mit lokalen Vertriebs- und Logistikkanälen, aber auch mit Konsummustern und Wertvorstellungen verbunden ist (Helfferich et al. 1997, Dawson 2007).

Die Globalisierung des Einzelhandels ist ein vergleichsweise **junges Phänomen**. Ein frühes Beispiel für Internationalisierung bietet das US-amerikanische Unternehmen Woolworth, das 1897 nach Kanada, 1907 nach Großbritannien und 1927 nach Deutschland expandierte. Das niederländische Textilkaufhaus C&A ist seit 1911 in Deutschland tätig. Seit den 1970er-Jahren haben sich immer mehr Einzelhändler im Ausland engagiert, aber erst die Beseitigung des Eisernen Vorhangs

und der Anstieg des Wohlstands in vielen Teilen der Welt haben seit den 1990er-Jahren zu der oben beschriebenen Transnationalisierung geführt. Dabei können fehlende Wachstumsmöglichkeiten auf dem Heimatmarkt als *push*-Faktoren den *pull*-Faktoren des auswärtigen Marktes gegenübergestellt werden (Treadgold 1990, 1998). Eine instabile politische Struktur, ein stark regulatives oder ein negatives soziales Umfeld, eine schlechte wirtschaftliche Situation, hohe Betriebskosten, ein übersättigter Markt, ein ungünstiges Betriebsumfeld oder eine schrumpfende Bevölkerung zählen zu Ersteren, während eine wachsende Bevölkerung, wirtschaftliches Wachstum, eine unternehmensfreundliche Politik und niedrige Betriebskosten Anziehungsfaktoren eines anderen Landes darstellen (Alexander 1995). Je nach Bedingung werden unterschiedliche unternehmerische Markteintrittsstrategien gewählt, die von Lizenzvergabe oder Franchising über Minderheitenbeteiligung bei lokalen Einzelhändlern bis hin zu strategischen Allianzen, Fusionen oder der kompletten Übernahme eines Unternehmens reichen.

Zentral für den Erfolg einer Expansion sind der **optimale Zeitpunkt des Markteintritts** sowie der Entwicklungsstand einer Volkswirtschaft (Abb. 23.4.1). Während der ersten Phase der Öffnung der Märkte wächst die Mittelschicht und das Konsumverhalten ändert sich. Die Nachfrage nach standardisierten Gütern steigt und es entsteht ein Massenkonsum, auf den vor allem preiswertere internationale Einzelhandelsketten reagieren. Oftmals erfolgt der Markteinstieg in Form einer Minderheitenbeteiligung bei lokalen Einzelhändlern; erst allmählich werden die institutionellen Voraussetzungen für die Ansiedlung ausländischer Anbieter verbessert. In der Reifephase werden Luxusgüter zunehmend nicht mehr nur von der Oberschicht nachgefragt, sondern gelten auch bei der Mittelschicht und bei jungen konsumorientierten Menschen als Statussymbol (Pico 2008). Die bereits ansässigen Anbieter breiten sich auf organischem Weg aus, das heißt, sie vergrößern die Zahl ihrer Filialen. Designergeschäfte betreten ebenfalls den Markt, bevorzugen jedoch oftmals Standorte innerhalb neu errichteter Shopping Center, in denen sie sich besser als auf den traditionellen Einkaufsstraßen präsentieren können. Die internationalen Betreibergesellschaften von Shopping Centern investieren daher auf den neuen Märkten nicht selten gemeinsam mit internationalen Einzelhandelsfirmen. Solche einheitlich geplanten Konsumpaläste stellen begehrte Kundenmagneten dar, da sie den wirtschaftlichen Aufschwung und die Modernisierung des Landes hin zu einer „Erlebnis- und Konsumgesellschaft" scheinbar widerspiegeln. Meist befinden sie sich in den größeren Städten und dokumentieren somit auch die bestehenden regionalen Disparitäten des wirt-

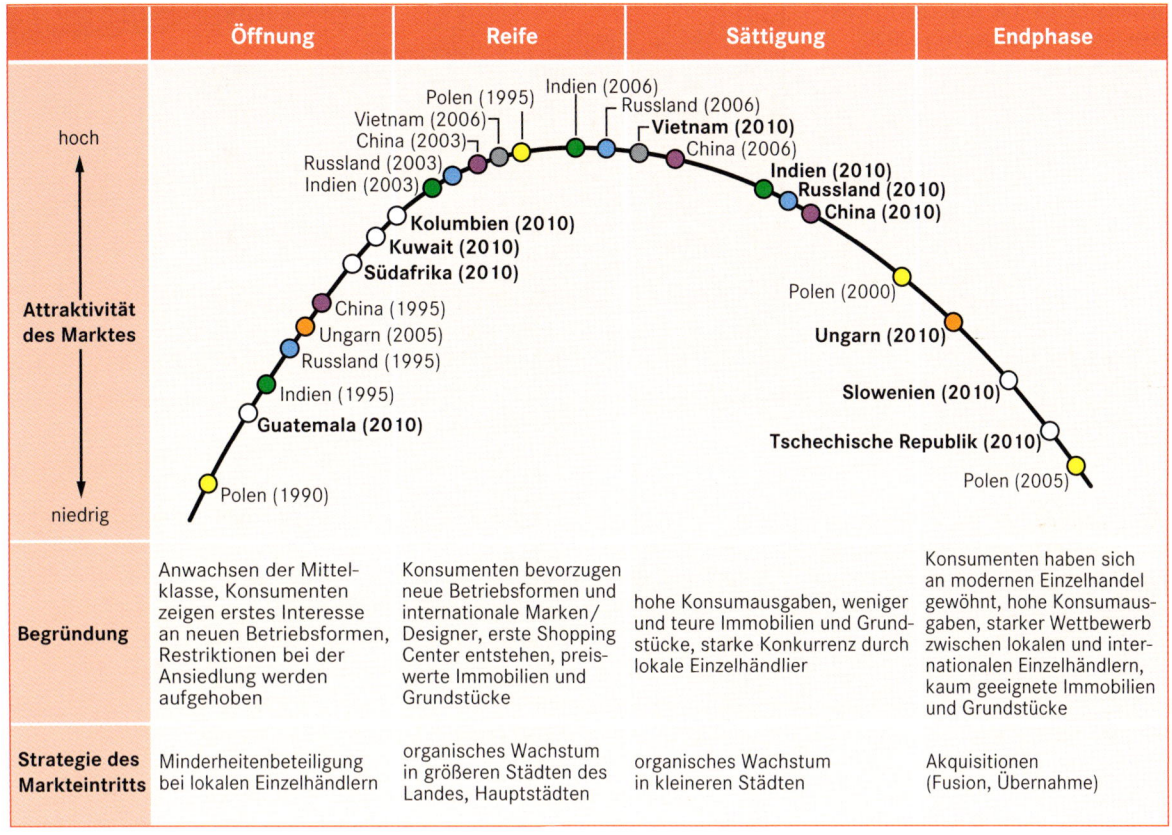

Abb. 23.4.1 Zeitfenster für den optimalen Markteintritt für ausgewählte Länder (verändert nach AT Kearny 2010).

schaftlichen Aufschwungs innerhalb eines Landes. Da in dieser Phase viele internationale Anbieter auf die neuen Märkte drängen, sind diese schnell gesättigt, es setzt eine Phase der Stagnation ein. Weitere Expansionsmöglichkeiten gibt es dann lediglich in den kleineren Städten, wo die Konkurrenz noch gering ist und die Grundstücke preiswerter sind. In der Endphase können die internationalen Einzelhändler meist nur noch durch Übernahmen oder die Fusion mit Konkurrenten wachsen.

Aber selbst wenn der Markteintritt zum optimalen Zeitpunkt erfolgt, ist der **Erfolg keineswegs garantiert**. Sogar große Unternehmen, die in manchen Ländern äußerst erfolgreich arbeiten, können in anderen versagen. Wal-Mart, der umsatzstärkste Einzelhändler der Welt (Tab. 23.4.1), hat 1994 nach Kanada und 1996 nach Deutschland expandiert. Während das Unternehmen in Nordamerika sehr schnell gewachsen ist, konnte es sich in Deutschland nie wirklich etablieren und seinen Marktanteil nicht wie geplant ausbauen. 2006 zog es sich daher wieder aus Deutschland zurück; vor allem die Konkurrenz der hier schon lange etablierten Discounter war unterschätzt worden (Gerhard & Hahn 2005). Wei-

tere bekannte Beispiele für den Misserfolg und anschließenden Rückzug eines Einzelhandelsunternehmens sind C & A in Großbritannien, Ahold in China, Kmart in Tschechien und Carrefour in Hongkong. Der deutsche Discounter Aldi dagegen galt bislang auf allen internationalen Märkten als erfolgreich und kann auch in den USA zunehmende Marktanteile verbuchen (Acker 2010). Allerdings kündigte Aldi im Jahr 2010 an, sich aus Griechenland nach lediglich 2-jähriger Marktpräsenz wieder zurückzuziehen (Lebensmittelzeitung 16.07.10).

Grundsätzlich können zwei Gruppen von international agierenden Einzelhändlern unterschieden werden. Zum einen gibt es die zahlenmäßig eher überschaubare Gruppe finanzkräftiger globaler Unternehmen, die in mehreren Regionen der Welt agieren, dort stark vernetzt sind und zum Teil auch verschiedene Unternehmensstrategien auf den einzelnen Märkten verfolgen. Sie zählen zu den *global players* des Einzelhandels. Zum anderen gibt es die Gruppe **internationaler Einzelhändler** unterschiedlichster Größe und Reichweite, die zwar auf einzelnen ausländischen Märkten aktiv sind, hier aber weitaus weniger Marktmacht besitzen. 2008 haben die

Tabelle 23.4.1 Die zehn umsatzstärksten Einzelhändler der Welt (2008; Quelle: Deloitte Touche Tomatsu 2010).

Rang	Unternehmen	Heimatland	Nettoumsatz [Mrd. US-Dollar]	Umsatz* im Ausland [%]	Anzahl der Länder
1	Wal-Mart	USA	401,0	25	15
2	Carrefour	Frankreich	129,8	57	36
3	Metro	Deutschland	99,9	58	32
4	Tesco	Großbritannien	96,2	30	13
5	Schwarz	Deutschland	79,9	50	24
6	Kroger	USA	76,0	0	1
7	Home Depot	USA	72,5	12	7
8	Costco	USA	72,0	19	8
9	Aldi	Deutschland	66,1	50	18
10	Target	USA	64,9	0	1

*laut verschiedener Unternehmensberichte und Pressemitteilungen

250 umsatzstärksten Einzelhändler knapp 23 Prozent des globalen Einzelhandelsumsatzes erwirtschaftet. Dreiviertel dieser Unternehmen sind in Europa und den USA beheimatet (Tab. 23.4.2), sodass die Globalisierung des Einzelhandels durchaus auch eine „Verwestlichung" des Konsumangebots bedeutet. Allerdings zählen zunehmend Anbieter aus Asien (insbesondere Japan), Lateinamerika und sogar Afrika zu den Top 250 (Deloitte Touche Tohmatsu 2010).

Ein auffälliges Muster ist zudem, dass die großen europäischen Einzelhändler einen weit größeren Anteil ihres Umsatzes im Ausland erwirtschaften als die amerikanischen Konkurrenten. Die politische Kleinteiligkeit des europäischen Kontinents und die Öffnung der mittel- und osteuropäischen Transformationsstaaten boten in den 1990er-Jahren günstige Voraussetzungen für die Internationalisierung. Da die Bevölkerung zudem in den meisten europäischen Ländern seit Jahrzehnten stagniert, waren neue Wachstumsmärkte gefragt. Die geographische Nähe zu Osteuropa bot

daher vor allem westeuropäischen Anbietern wie dem deutschen Discounter Lidl, Tengelmann oder der Metrokette, gefolgt vom niederländischen Ahold, Auchan (Frankreich), Tesco (Großbritannien) und Ikea (Schweden) günstige Bedingungen. US-amerikanische Einzelhändler wiederum erschlossen in den 1990er-Jahren die Nachbarländer Mexiko und Kanada, wo zum Beispiel Wal-Mart 1991 bzw. 1994 die ersten Filialen öffnete.

Seit der Jahrtausendwende stellen die asiatischen und lateinamerikanischen Länder sowie die meisten Länder des Nahen Ostens die **neuen Wachstumsmärkte** dar. Analysten zufolge bieten derzeit China, Kuwait und Indien gefolgt von Saudi-Arabien, Brasilien und Chile die besten Chancen für eine Expansion (Kearny 2010). Neben einer hohen Kaufkraft zählen hier schnelles wirtschaftliches Wachstum sowie in Indien und China die große Bevölkerungszahl. Es verwundert daher nicht, dass Wal-Mart in China besonders aggressiv expandiert. Allein 2009 hat das Unternehmen dort 52 neue Hyper-

Tabelle 23.4.2 Die Internationalisierung der 250 umsatzstärksten Einzelhändler (Quelle: Deloitte Touche Tohmatsu 2010).

Region	Zahl der Unternehmen	durchschnittlicher Umsatz je Unternehmen [Mio. US-Dollar]	Länder	Anteil internationaler Märkte am Umsatz [%]
TOP 250	250	15 275	6,9	22,9
Afrika/Naher Osten	6	4 864	7,5	8,2
Asien/Pazifik	45	9 798	3,4	11,9
• Japan	31	9 134	2,6	8,5
Europa	96	16 872	11,7	36,2
• Frankreich	13	31 532	21,8	41,0
• Deutschland	19	23 988	14,6	42,6
• Großbritannien	18	15 591	11,8	21,5
Lateinamerika	10	6 327	1,8	13,1
Nordamerika	93	17 911	4,3	13,4
• USA	84	18 736	4,6	13,3

Abb. 23.4.2 Gegensatz von traditioneller Bebauung und internationalem Einzelhandel in Shanghai (Foto: B. Hahn).

märkte eröffnet und somit den französischen Einzelhändler Carrefour überholt, der im selben Jahr nur 22 neue Hypermärkte errichtet hat. Aber auch die Nachfrage nach Luxusgütern wächst in China stetig. Das Land wird sich wahrscheinlich bis 2015 zum wichtigsten Markt für Luxusgüter entwickeln (Abb. 23.4.2). In Indien ist der Einzelhandelsmarkt derzeit dagegen noch stärker fragmentiert. Bislang sind hier vergleichsweise wenige internationale Einzelhändler vertreten, das heißt, die *pull*-Faktoren für einen Markteintritt erscheinen besonders günstig. Allerdings ist die Infrastruktur des Landes schlecht ausgebaut und die gesetzlichen Vorgaben sind zum Teil diffus (Kearny 2010).

Somit ist die Globalisierung des Einzelhandels ein risikobehaftetes Geschäft. Die Markteintrittsphasen für Unternehmen sind jeweils kurz, zudem können sich die

Abb. 23.4.3 Hugo Boss aus Metzingen am Fuß der Schwäbischen Alb (Abb. 23.3.2) konnte inzwischen weltweit Fuß fassen, wie diese Werbeaktion im thailändischen Bangkok zeigt (Foto: H. Gebhardt).

Abb. 23.4.4 Im Zuge des internationalisierten Einzelhandels haben sich nur wenige traditionsbewusste „Warenhäuser" alten Stils halten können. Das KaDeWe in Berlin ist hierfür ein typisches Beispiel (Foto: H. Gebhardt).

Marktbedingungen schnell wieder ändern. Aufgrund des engen Kontakts mit den Endverbrauchern müssen sich Einzelhandelsunternehmen viel stärker auf die jeweiligen Märkte einstellen und an deren Bedürfnisse anpassen, als dies für andere Branchen der Fall ist.

Dadurch sind die Markteintrittsstrategien vielfältig und nur wenig allgemeingültig. Dies stellt nicht zuletzt die Wirtschaftsgeographie vor ständig neue Herausforderungen.

Fazit

Handel und Dienstleistungen sind heute das wichtigste Segment der Wirtschaft, das allerdings in sich recht heterogen ist. Neben dem Großhandel und den unternehmensorientierten Dienstleistungen (Kapitel 22) sind Einzelhandel und Konsum, insbesondere in ihren neuen „postmodernen" Erscheinungsformen, ein zentrales Thema der Humangeographie geworden. Neben der Versorgung steht beim Einkauf dabei zunehmend das „Erlebnis" im Mittelpunkt. Postmoderne Einkaufswelten werden zu neuen „Tempeln" einer hedonistischen Freizeitgesellschaft. Während in der Vergangenheit die Einzelhandelsgeographie (*retail geography*) und die wenig entwickelte geographische Konsumforschung (*geography of consumption*) eher unverbunden nebeneinander standen, interessiert sich die Geographie neuerdings stärker für die Schnittstelle zwischen Nachfragern und Anbietern und fragt danach, wie hier Märkte hergestellt und zum Beispiel via aggressivem Marketing ausgeweitet werden.

Weiterführende Literatur

Bauman Z (2007) Consuming Life. Polity Press, Cambridge

Bruce M, Moore C, Birtwistle G (2004) (Hrsg) International retail marketing. A case study Approach. Elsevier/Butterworth-Heineman, Amsterdam, London

Geischer D (1998) Einkaufsorientierung und Einkaufsstrategien von Konsumenten im ländlichen Raum. In: Gans P, Lukhaup R (Hrsg) Einzelhandelsentwicklung – Innenstadt versus periphere Standorte. Mannheimer Geographische Arbeiten 47

Gerhard U (1998) Erlebnis-Shopping oder Versorgungskauf. Eine Untersuchung über den Zusammenhang von Freizeit und Einzelhandel am Beispiel der Stadt Edmonton, Kanada. Marburger Geographische Schriften 133

Hahn B (2001) Erlebniseinkauf und Urban Entertainment Centers. Neue Trends im US-amerikanischen Einzelhandel. In: Geographische Rundschau 53 (1)

Hahn B, Popp M (2006) Handel ohne Grenzen. Die Internationalisierung im Einzelhandel. Entwicklung und Stand der Forschung. In: Berichte zur deutschen Landeskunde 80 (2)

Heinritz G et al. (2003) Geographische Handelsforschung. Stuttgart

Heinritz G, Schröder F (2001) Geographische Visionen im Einzelhandel in der Zukunft. In: Berichte zur deutschen Landeskunde 75 (2-3)

Jayne M (2006) Cities and Consumption. Routledge, London et al.

Jones K, Simmons J (1990) The Retail Environment. London, New York

Kagermeier A (1991) Versorgungszufriedenheit und Konsumentenverhalten. Bedeutung subjektiver Einstellungen für die Einkaufsorientierung. In: Erdkunde 45 (2)

Klein K (1995) Die Raumwirksamkeit des Betriebsformenwandels im Einzelhandel. Untersucht an Beispielen aus Darmstadt, Oldenburg und Regensburg. Beiträge zur Geographie Ostbayerns 26

Klein K (1997) Wandel der Betriebsformen im Einzelhandel. In: Geographische Rundschau 49 (9)

Klöpper R (1953) Der Einzugsbereich einer Kleinstadt. In: Raumforschung und Raumplanung 11 (2)

König W (2008) Kleine Geschichte der Konsumgesellschaft: Konsum als Lebensform der Moderne. Steiner, Stuttgart

Kulke E, Pätzold K (Hrsg) (2009) Internationalisierung des Einzelhandels – Unternehmensstrategien und Anpassungsmechanismen. Geographische Handelsforschung 15

Mansvelt J (2005) Geographies of Consumption. Sage, London et al.

Müller-Hagedorn L (1998) Der Handel. Stuttgart, Berlin, Köln

Nelson RL (1958) The Selection of Retail Locations. New York

Paterson M (2006) Consumption and Everyday Life. Routledge, London et al.

Fortsetzung

Fortsetzung

Popp M (2002) Innenstadtnahe Einkaufszentren. Besucher-verhalten zwischen neuen und traditionellen Einzelhandelsstandorten. Geographische Handelsforschung 6

Pütz R (Hrsg) (2008) Business Improvement Districts – Ein neues Governance-Modell aus Perspektive von Praxis und Stadtforschung. Geographische Handelsforschung 1

Slater D (1997) Consumer Culture and Modernity. Polity Press, Cambridge

Tietz B (1989) Warum die City und die Grüne Wiese nicht ohne einander existieren können. In: Marketing. Zeitschrift für Forschung und Praxis 11

Zitierte Literatur

Acker K (2010) Die US-Expansion des deutschen Discounters Aldi. L.I.S. Verlag, Passau

Ahbe T (1999) Ostalgie als Laienpraxis.Einordnung, Bedingungen, Funktion. In: Berliner Debatte INITIAL 10 (3): 87–97

Alexander N (1995) Expansion within the single European market: a motivational Structure. The International Review of Retail, Distribution and Consumer Research 5/4: 472–487

Applebaum W (1966) Methods for Determining Store Trading Areas, Market Penetration and Potential Sales. In: Journal Of Marketing Research 3 (2): 127–141

Bair J (2009) Global Commodity Chains. Genealogy and Review. In: Bair J (Hrsg) Frontiers of Commodity Chain Research. Stanford University Press, Stanford. 1–35

Beck U (1986) Risikogesellschaft. Auf dem Weg in eine andere Moderne. Suhrkamp, Frankfurt a. M.

Berry BJL (1963) Commercial Structure and Commercial Blight. Department of Geography. University of Chicago, Research Paper 85, Chicago

Bieger L (2007) Ästhetik der Immersion: Raum-Erleben zwischen Welt und Bild. Las Vegas, Washington und die White City. Transcript, Bielefeld

Blotevogel HH (2002) Zum Verhältnis des Zentrale-Orte-Konzepts zu aktuellen gesellschaftpolitischen Grundsätzen und Zielsetzungen. In: Blotevogel HH (Hrsg) Fortentwicklung des Zentrale-Orte-Konzepts. Hannover. Forschungs- und Sitzungsberichte der Akademie für Raumforschung und Landesplanung, Bd. 217: 17–23

BMAS (Bundesministerium für Arbeit und Soziales) (2009) Statistisches Taschenbuch 2009. Bonn

Bocock R (1994) Consumption. Routledge, London et al.

Christaller W (1933) Die zentralen Orte in Süddeutschland. Gustav Fischer, Jena

Crewe L (2000) Geographies of retailing and consumption. In: Progress in Human Geography 24: 275–290

Dawson J (2007) Scoping and conceptualising retailer internationalisation. Journal of Economic Geography 7: 373–397

Deloitte Touche Tohmatsu (2010) Emerging from the Downturn. Global powers of retailing 2010. London u. a.O.

Eco U (1990) Travels in hyperreality. Harcourt, San Diego

Ermann U (2005) Regionalprodukte. Vernetzungen und Grenzziehungen bei der Regionalisierung von Nahrungsmitteln. Steiner, Stuttgart

Ermann U (2006) Geographien moralischen Konsums. Konstruierte Konsumenten zwischen Schnäppchenjagd und fairem Handel. Berichte zur deutschen Landeskunde 80 (2): 197–220

Gäbler K (2010) Moralischer Konsum und das Paradigma der Gabe. Geographische Revue 12 (1): 57–50

Georg W (1998) Soziale Lage und Lebensstil. Eine Typologie. Leske + Budrich, Opladen

Gereffi G, Korzeniewicz M (Hrsg) (1994) Commodity Chains and Global Capitalism. Praeger, Westport (CT)

Gerhard U, Hahn B (2005) Wal-Mart and Aldi. Two retail giants in Germany. Geojournal 62: 15–26

Goss J (1993) The "Magic of the Mall": An analysis of form, function, and meaning in the contemporary retail built environment. In: Annals Of The Association of American Geographers 83 (1): 18–47

Gregson N, Crewe L (2003) Second-hand Cultures. Berg, Oxford

Gries R (1994) Der Geschmack der Heimat. Bausteine zu einer Mentalitätsgeschichte der Ostprodukte nach der Wende. In: Deutschland Archiv 27 (10): 1041–1058

Hatzfeld U (1987) Städtebau und Einzelhandel. Schriftenreihe 03 „Städtebauliche Forschung" des Bundesministeriums für Raumordnung, Bauwesen und Städtebau, 03/119

Heineberg H (1977) Zentren in West- und Ost-Berlin. Untersuchungen zum Problem der Erfassung großstädtischer funktionaler Zentrenausstattungen in beiden Wirtschafts- und Gesellschaftssystemen Deutschlands. Schöningh, Paderborn

Heinritz G (1978) Weißenburg in Bayern als Einkaufsstadt. Zur zentalörtlichen Bedeutung des Einzelhandels in der Altstadt und der außerhalb der Altstadt gelegenen Verbrauchermärkte. München

Helfferich E, Hinfelaar M, Kaspar H (1997) Towards a clear terminology on international retailing. The International Review of Retail, Distribution and Consumer Research 7 (3): 287–307

Hopkins J (1990) West Edmonton Mall: landscapes of myth and elsewhereness. In: The Canadian Geographer 34 (1): 2–17

Huff DL (1964) Defining and Estimating a Trading Area. In: Journal of Marketing 28 (3), 34–38

Hughes A, Reimer S (Hrsg) (2004) Geographies of commodity chains. Routledge, London u. a.

Jackson P, Ward N, Russel P (2009) Moral economie of food and geographies of responsibility. Transactions of the Intitute of British Geographers 34 (1): 12–24

Kearny AT (2010) Expanding opportunities for global retailers. o.O.

Knox PL, Marston SA (2001) Humangeographie. Spektrum Akademischer Verlag. Heidelberg

König W (2000) Geschichte der Konsumgesellschaft. Steiner, Stuttgart

Lebensmittelzeitung (16.07.10) Online-Ausgabe

Lindner P, Ouma S (2008) Meet the Farmer: Kleinbauern, Regionalentwicklung und der neue globale Agrarmarkt. Forschung Frankfurt (3): 48–52

Meulemann H (1996) Werte und Wertewandel. Zur Identität einer geteilten und wieder vereinten Nation. Weinheim

Meyer G (1978) Junge Wandlungen im Erlanger Geschäftsviertel. Ein Beitrag zur sozialgeographischen Stadtforschung unter besonderer Berücksichtigung des Einkaufsverhaltens der Erlanger Bevölkerung. Erlanger Geographische Arbeiten 39

Miller D (1995) Consumption as the vanguard of history. In: Miller D (Hrsg) Acknowledging consumption. Routledge, London et al. 1–57

Miller D (1998) A theory of shopping. Cornell University Press, Ithaca (NY)

Moore C, Fernie J (2004) Retailing within an international context. In: Bruce M, Moore C, Birtwistle G (Hrsg) International retail mar-

Fortsetzung

keting. Elsevier/Butterworth-Heineman, Amsterdam, London. 3–38

Ouma S (2010) Global Standards, Local Realities: Private Agrifood Governance and the Restructuring of the Kenyan Horticulture Industry. Economic Geography 86 (2): 197–222

Pe aloza L (2000) The Commodification of the American West: Marketers' Production of Cultural Meanings at the Trade Show. Journal of Marketing 64: 82–109

Pe aloza L (2001) Consuming the american west: Animating cultural meaning and memory at a stock show and rodeo. In: Journal of Consumer Research 28: 369–398

Pico MB (2008) Luxe rush. Latin America's economic growth is attracting the world's luxury brands. Shopping Centers Today 5: 233–236.

Pratt AC (2004) The cultural economy: a call for spatialized production of culture perspectives. In: International Journal of Cultural Studies 7 (1): 117–128

Ram U (2004) Glocommodification: How the global consumes the local – McDonald's in Israel. In: Current Sociology 52 (1): 11–31

Reilly W (1931) The Law of Retail Gravitation. Knickerbocker Press, New York.

Schindelbeck D (2001) Illustrierte Konsumgeschichte der Bundesrepublik Deutschland 1945–1990. Landeszentrale für politische Bildung Thüringen, Erfurt

Schmid H (2009) Economy of Fascination: Dubai and Las Vegas as Themed Urban Landscapes. Borntraeger, Stuttgart

Schröder F (2003) Christaller und später – Menschenbilder in der geographischen Handelsforschung. In: Hasse J, Helbrecht I (Hrsg) Menschenbilder in der Humangeographie. BIS-Verlag, Oldenburg. 89–106

Schulze G (1992) Die Erlebnisgesellschaft. Kultursoziologie der Gegenwart. Campus, Frankfurt a. M., New York

Scitovsky T (1977) Psychologie des Wohlstands. Die Bedürfnisse des Menschen und der Bedarf des Verbrauchers. Campus, Frankfurt a. M.

Siegrist H (2001) Regionalisierung im Medium des Konsums, In: Siegrist H (Hrsg) Konsum und Region im 20. Jahrhundert. Leipziger Universitätsverlag, Leipzig. 7–26

Thompson C, Arsel Z (2004) The Starbucks Brandscape and Consumers'. Anticorporate. Experiences of Glocalization: In: Journal of Consumer Research 31: 631–642

Thrift N (2002) The future of geography. In: Geoforum 33 (3): 291–298

Treadgold AD (1990) The developing internationalisation of retailing. International Journal of Retail & Distribution Management 18 (2): 4–11

Treadgold AD (1998) Retailing without frontiers. International Journal of Retail & Distribution Management 16 (6): 8–12

Veblen T (2000) Theorie der feinen Leute. Eine ökonomische Untersuchung der Institutionen. Fischer, Frankfurt a. M.

Verdi. Bundesfachbereich Handel (Hrsg) (2005) Teilbranchenbericht Einzelhandel Textil 2004

Werlen B (1997) Gesellschaft, Handlung und Raum. Grundlagen handlungstheoretischer Sozialgeographie. Steiner, Stuttgart

Große Freizeitparks sind zu einem rasch wachsenden Segment im weltweiten Touristikmarkt geworden. Ausgangspunkt dieser Entwicklung war das von Walt Disney, dem Schöpfer der „Mickey Mouse", initiierte „Disneyland" bei Anaheim (Kalifornien). Später folgte dann die noch größere und spektakulärere „Disneyworld" bei Orlando (Florida) mit „Cinderellas Schloss" im Themenpark „Magic Kingdom" (Foto: H. Gebhardt).

Kapitel 24
Geographie der Freizeit und des Tourismus

HANS HOPFINGER

Als Jules Verne 1872 seinen Roman „In 80 Tagen um die Welt" publizierte, landete er einen Bestseller. Damals war es für seine Leser ein unvorstellbares Abenteuer, rund um die Welt zu reisen, und das auch noch in so kurzer Zeit. In Deutschland konnte man im Jahr 1956 die erste Flugpauschalreise aus dem Katalog wählen. Bis man allerdings am ersehnten Urlaubsziel Teneriffa eintraf, vergingen nicht wie derzeit knappe 4 Stunden, sondern die Reisenden waren fast 2 Tage unterwegs. Und heute? Wer erinnert sich noch daran, dass der US-Milliardär Dennis Tito im Jahr 2001 als erster Weltraumtourist für 20 Millionen Dollar inklusive Vollpension an Bord eines Sojus-Raumgleiters zur Internationalen Raumstation geflogen ist? Heute steht das „SpaceShipTwo" des britischen Milliardärs Richard Branson nach ersten erfolgreich absolvierten Testflügen bereit, um zum Preis einer Luxuslimousine für Ausflüge ins All gebucht zu werden.

Zur Eigenart des Tourismus gehört, so scheint es, Grenzen in Raum und Zeit zu überwinden. Ein typisches Phänomen, wie wir es unter Globalisierung subsumieren. Tourismus ist jedoch nicht nur bloße Begleiterscheinung, ist nicht nur Produkt der Globalisierung und als solches mit erheblichen räumlichen Wirkungen auf allen Maßstabsebenen verbunden. Tourismus ist vielmehr auch kraftvoller Antrieb für die Globalisierung und gilt als einer ihrer wichtigsten Motoren. Gleichzeitig stärkt Tourismus aber auch das Lokale und Regionale und löst dort beträchtliche, auch räumlich höchst wirksame Veränderungen aus.

Doch sowohl räumlich als auch sozial betrachtet profitieren nicht alle Regionen der Welt und nicht alle Bevölkerungsschichten in gleicher Weise vom Tourismus und seinen positiven ökonomischen und soziokulturellen Wirkungen. Es gibt, wie auch sonst im Rahmen globalisierter Machtstrukturen üblich, wenige Gewinner und eine Reihe von Verlierern. Und nicht zu vergessen: Ökologische Bedenken gegenüber der weltweiten touristischen Expansion bleiben allemal auf der Strecke, weil Konzepte für nachhaltigen Tourismus – trotz aller Bekenntnisse und Erklärungen auf nationaler wie internationaler Ebene – gegen die Kräfte des Marktes kaum Realisierungschancen besitzen und meist nur Feigenblattfunktion besitzen.

24.1 Freizeit und Tourismus als „glokales" Phänomen im Blickpunkt der Geographie

Führt man alle in der Einleitung erwähnten Ebenen zusammen, wird deutlich, dass mit den drei zentralen Säulen Binnentourismus und Naherholungsverkehr sowie grenzüberschreitender (Fern-)Tourismus (Exkurs 24.1.1) ein sehr komplexes, weltweit ausgreifendes System des Tourismus entstanden ist, an dessen Erforschung auch die Geographie über drei Paradigmen, die als theoretisch-konzeptionelle Grundlage auch den vorliegenden Beitrag prägen, nicht unwesentlich beteiligt ist.

Freizeit und Reisen im globalen Rahmen

In den späten 1980er- und vor allem in den 1990er-Jahren explodierte der weltweit ohnehin schon boomende Freizeit- und Reisemarkt in einer Vielzahl neuer Angebotsformen und Nachfragestrukturen. Jene sind insofern räumlich höchst relevant, als immer weiter entfernte Destinationen erschlossen wurden, die in immer kürzerer Zeit, auf zunehmend komfortable Weise und immer häufiger auch von weniger begüterten Schichten der Bevölkerung erreicht werden konnten. Unter den Bedingungen der Globalisierung begannen Prozesse abzulaufen oder sich zu verstärken, die als dialektisches Zusammenspiel einer neuen Form sowohl der Ökonomisierung und zunehmenden Technisierung als auch der stärkeren Kulturalisierung verstanden werden können und die sowohl auf der Nachfrage- als auch auf der

Exkurs 24.1.1

Begriffsbestimmungen: Freizeit und Tourismus

Freizeit und Tourismus stellen Querschnittsbereiche dar, denen sich verschiedene Disziplinen mit eigenen Fragestellungen widmen. Möglicherweise ist das einer der Gründe, warum es keine einheitlichen und allgemein gültigen Definitionen von Freizeit und Tourismus gibt.

Die Verwendung des Begriffs Freizeit bzw. Freizeitgeographie impliziert, dass das gesamte Repertoire von Freizeitaktivitäten, sofern diese räumliche Relevanz besitzen, für die wissenschaftliche Disziplin der Geographie von Interesse ist. Die Begriffe Freizeit und Tourismus werden meist in einem Ausdruck benutzt, obwohl beide Bereiche nicht absolut deckungsgleich sind; Freizeit wird gerne umfassender, den Tourismus subsumierend, verstanden. Unter Freizeit ist die von jeder Verpflichtung freie Zeit außerhalb der Arbeitszeit zu verstehen, über die der Einzelne verfügen kann. Nicht zur Freizeit wird die Obligationszeit gerechnet (Schlafen, Essen, Körperpflege usw.). Freizeit und Tourismus sind zunehmend enger miteinander verknüpft und die bisher in der Geographie üblichen Trennkriterien Zeit und Entfernung bei der Unterscheidung von Freizeit-/Naherholungsverkehr bzw. Tourismus greifen immer weniger (z. B. bei einem eintägigen Trip an die Playa de Palma, der ohne Übernachtung möglich ist).

Andererseits impliziert die am weitesten verbreitete Definition aus der St.-Galler-Schule einen Bezugsrahmen mit allzu weiten Grenzen. Versteht man unter Tourismus die „Gesamtheit der Beziehungen und Erscheinungen, die sich aus der Ortsveränderung und dem Aufenthalt von Personen

ergeben, für die der Aufenthaltsort weder hauptsächlicher und dauernder Wohn- noch Arbeitsort ist" (Kaspar 1991), so sind in der Definition stärker gebundene Formen des Reisens (Kongressreisen, verordnete Kuraufenthalte usw.) nicht vollständig ausgeschlossen, wogegen sich andere Autoren widersetzen, weil sie lediglich Erholung und Vergnügen als Bestandteile eines (enger gefassten) Begriffs von Tourismus anerkennen wollen.

Urlaubsreisen werden nach Dauer unterschieden. Längere Urlaubsreisen sind Reisen von mehr als 5 Tagen (also mehr als vier Übernachtungen) und bis zu einem Jahr. Kürzere Urlaubsreisen sind Reisen zwischen 2 und 4 Tagen (eine bis maximal drei Übernachtungen). Noch kürzere Reisen (also als Tagesauflüge ohne Übernachtung) werden zum Naherholungsverkehr gerechnet.

Obwohl auch Sachleistungen erzeugt und verkauft werden, wird der Bereich Freizeit und Tourismus zur Dienstleistungswirtschaft gezählt. Allerdings weisen touristische Leistungen gegenüber anderen Sach- und Dienstleistungen spezifische Eigenschaften auf:

- Eine organisierte Reise stellt ein Bündel aus Einzelleistungen in einer Kette verschiedenster Dienstleistungen dar. Essenziell ist deren Komplementarität: Vorhandensein und optimales Zusammenwirken der Einzelleistungen sind konstitutive Elemente einer gelungenen Reise.
- Ein Teil der Einzelleistungen trägt nichtmateriellen, intangiblen Charakter und ist in besonderer Weise der subjektiven Wahrnehmung und Bewertung durch den

Angebotsseite grundlegend veränderte Bedingungen mit sich bringen.

Der Regelkreis schließt sich insofern, als Freizeit und Tourismus als **„Leitökonomie" des 21. Jahrhunderts** auf der einen Seite nicht nur internationale Kapital-, Menschen-, Informationsflüsse und Know-how-Ströme generieren. Jene treiben aufgrund ihrer beachtlichen Größe und neuen Qualität die Prozesse der technisch-ökonomischen Globalisierung voran, denn über Freizeit und Reisen werden erhebliche Geldmittel in lokale, regionale, nationale und internationale Kapitalmärkte eingespeist. Wie Schmierstoff in einer riesigen Maschine werden diese umgekehrt wiederum dazu benutzt, um neue, noch größere, noch entferntere oder interessantere Destinationen zu erschließen. Auf der anderen Seite sorgen Freizeit und Tourismus gleichzeitig dafür, dass neue und sich immer wieder dynamisch verändernde Konsummuster, Bedürfnisstrukturen, Werte und Bedeutungen, Symbole und Marker über ihre weltweite

Verbreitung Prozesse der kulturellen Globalisierung beschleunigen. Arg strapaziertes, jedoch immer noch aussagekräftiges Beispiel: die „McDonaldisierung" (Ritzer 1997).

Terroranschläge oder Naturkatastrophen scheinen diese Entwicklungen kaum bremsen zu können. Der Tourismus ist unter den Bedingungen der Globalisierung mittlerweile so flexibel, dass solche Ereignisse zwar zu regionalen, meist aber auch nur kurzen Rückschlägen führen, in der Summe aller Reisebewegungen aber untergehen. Selbst die Terroranschläge in den USA 2001 haben in den Statistiken des weltweiten Tourismus kaum Spuren hinterlassen (Abb. 24.1.1). Der Boom von Freizeit und Tourismus scheint ungebrochen zu sein. Auch die Auswirkungen der weltweiten Banken- und Finanzkrise, die 2009 einen Einbruch mit sich brachte, konnte daran nichts Grundlegendes ändern: Für das Jahr 2010 prognostizierte die Welt Tourismus Organisation der Vereinten Nationen (UNWTO) einen erneuten

Abb. 1 Freizeit und Tourismus sind nicht einheitlich und allgemein gültig zu definierende Bereiche. Sie gehen zunehmend ineinander über. Beide gehören zum Dienstleistungssektor und haben nicht nur eine große wirtschaftliche Bedeutung, sondern auch einen wachsenden gesellschaftlichen Stellenwert (Fotos: PhotoCase.com).

Reisenden ausgesetzt. Deshalb spielt die Qualität der angebotenen Dienstleistungen in Freizeit und Tourismus, die ständig zu überprüfen und stets möglichst optimal an die Bedürfnisse und Erwartungen der Kunden anzupassen ist, eine herausragende Rolle.

- Eine Reise beinhaltet die Komponenten Zeit und Raum und ist etwas Abstraktes und Vergängliches. Sie ist kein Produkt im üblichen Sinn und kann nicht wie eine Ware gelagert werden. Ein Sitzplatz im Flugzeug, der nicht belegt wird, ein Hotelzimmer, das nicht bezogen wird,

verfällt am jeweiligen Tag und geht damit in gewisser Weise verloren.

Wichtiger Indikator ist die Urlaubsreiseintensität (Abb. 24.2.3). Sie wird definiert als der Anteil der Bevölkerung über 14 Jahren, der pro Jahr mindestens eine Urlaubsreise von mindestens 5 Tagen Dauer unternimmt. Die Kurzurlaubsreiseintensität bezieht sich auf den Anteil der Bevölkerung über 14 Jahren mit mindestens einer Kurzurlaubsreise pro Jahr, die weniger als 5 Tage dauert.

Anstieg der weltweiten Touristenankünfte und der damit verknüpften Einnahmen.

Freizeit und Tourismus sind jedoch nicht nur wirtschaftlich von Bedeutung, sondern genießen beträchtlichen **gesellschaftlichen Stellenwert**. Auch wenn die Ausgaben für Reisen in vielen Haushalten der Dritten Welt kein hohes Volumen erreichen, weil die Mittel für das Überleben benötigt werden, rangieren Reisen auch dort weit oben in der gesellschaftlichen Anerkennung. In begüterten Haushalten der Dritten Welt sind Reisen ohnehin mit einem ähnlichen Prestige verknüpft wie im Westen. Doch auch bei uns droht die Gefahr, dass wach-

sende Armut immer mehr Menschen vom Tourismus ausschließt.

Eine weitere Eigenart und scheinbare Widersprüchlichkeit der Globalisierung ist im Tourismus seit Ende der 1980er- bzw. Beginn der 1990er-Jahre neu hinzugekommen: das simultane Erstarken des Lokalen bzw. Regionalen in einer neuartigen Verknüpfung mit dem Globalen. Global und lokal sind dabei nicht als Gegensätze zu verstehen, vielmehr ergänzen sie sich: Eine globale Infrastruktur erlaubt dem Reisenden das Erleben anderer, neuer, für ihn möglicherweise exotischer Lokalitäten. Beispiel ist der Ethnotourismus, kein großes

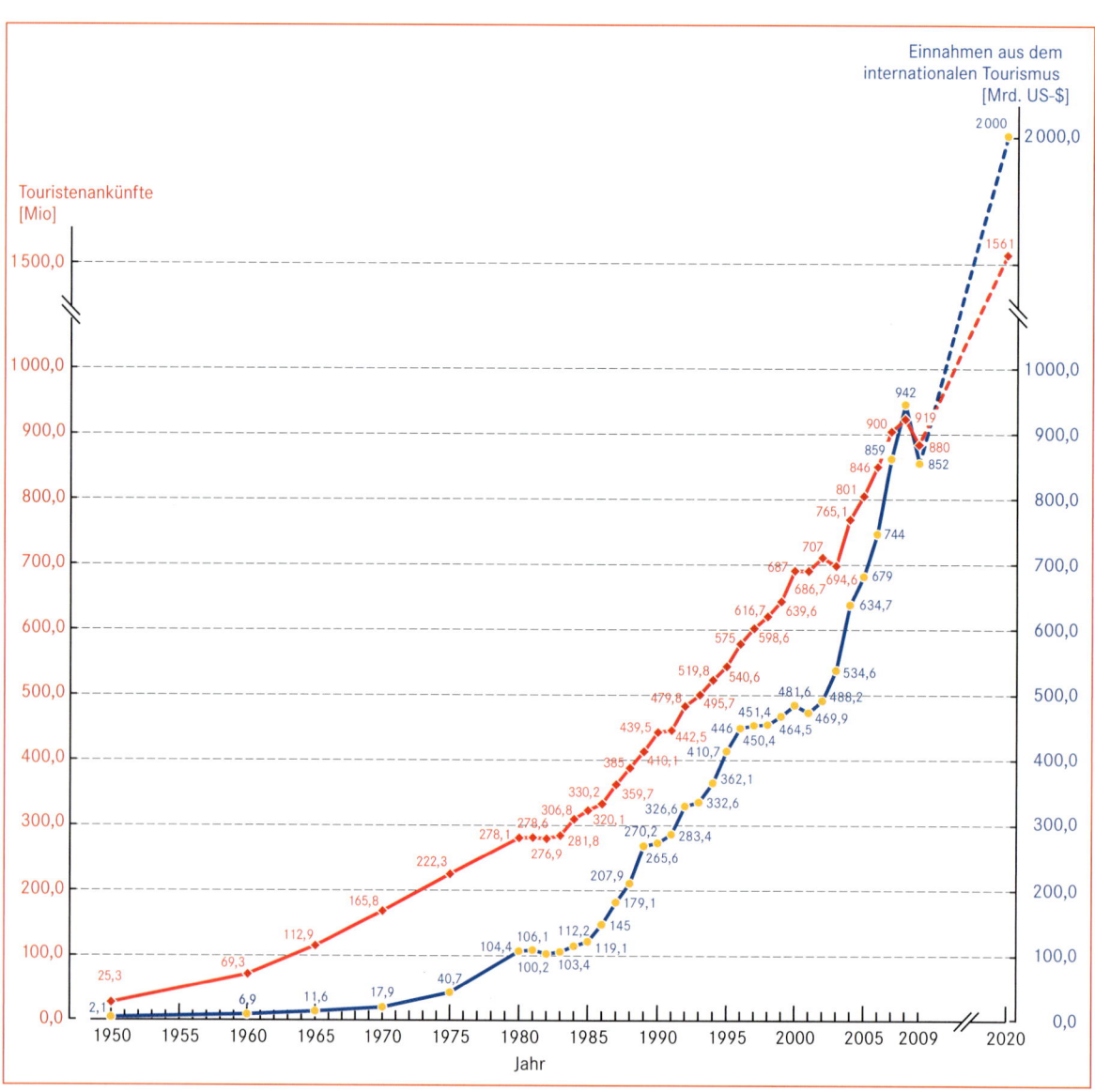

Abb. 24.1.1 Vergangene und vorausgeschätzte Entwicklung des weltweiten Tourismus: internationale Touristenankünfte sowie Einkünfte aus dem internationalen Tourismus (Quelle: WTO 1990, 2010).

Segment des Tourismus zwar, jedoch mit hohen Zuwachsraten. Reiseziele sind die Lebenswelten kulturell distinkter Ethnien, die in entferntesten Regionen der Welt von den nach Authentizität und Exotik gierenden Touristen aufgesucht werden (Rothfuß 2004).

Und noch etwas ist neu: Die Einbahnstraße im Reiseverkehr, die auf die Kolonialzeit zurückgeführt werden kann und von der Dichotomie zwischen Reisenden aus dem westlichen Kulturkreis, das heißt im Wesentlichen aus Europa und Nordamerika, auf der einen sowie Bereisten in mehr oder weniger exotischen Zielländern auf der anderen Seite geprägt ist, verschwindet zusehends. Gerade vor dem Hintergrund des Wachstums insbesondere der asiatischen Märkte (Arlt & Freyer 2008) entwickelt sich das weltweite Reiseaufkommen immer stärker weg von einer Einbahnstraße und hin zu einer mehrspurigen Fernstraße mit rasant wachsendem Verkehr auf der Gegenfahrbahn. Menschen aus verschiedensten Kulturkreisen treten immer häufiger in Kontakt zueinander und nehmen dabei immer häufiger sowohl die Rolle der Reisenden als auch der Bereisten ein.

Freizeit und Reisen als Gegenstand der Freizeit- und Tourismusgeographie

Die Verknüpfung von Lokalem und Globalem im Tourismus vollzieht sich keineswegs in ubiquitärer Homogenität, sondern zunehmend selektiv und fragmentiert. Unter dem Eindruck des globalen Wettbewerbs der Destinationen entsteht – aufbauend auf der breiten Basis tendenziell weltweiter und massenhafter Reiseerfahrung, durch Reaktivierung von kulturellen Traditionen, durch wachsendes Regionalbewusstsein und zunehmenden emotionalen Raumbezug – etwas, was als kulturelle Differenz bezeichnet wird und mit seinen vielfältigen Ausprägungsformen für ein buntes Muster von Angebots- und Nachfragestrukturen sorgt.

Differenz und ihre körperliche Erfahrung durch den Reisenden sind es ohnehin, die von führenden Tourismustheoretikern (z. B. Hennig 1997) als Antriebsfeder für Reisen schlechthin betrachtet werden. Reisen beinhaltet immer ein mehr oder weniger langes, von einem breiten Spektrum an Motiven (Kulinat 2003, Reeh 2005) getragenes Verlassen der gewohnten Umwelt und das sich Hineinbegeben in einen anderen, mehr oder weniger fremden Lebensraum. Das damit verbundene Sichbewegen im Raum, die in den Quell- und Zielräumen vorhandenen natürlichen oder vom Menschen geschaffenen Strukturen sowie die von reisenden oder ortsan-

sässigen Menschen in diesen Räumen ausgelösten Prozesse und Veränderungen, die ihrerseits wiederum auf Reisende und Bereiste zurückwirken und ihr (Reise-) Verhalten beeinflussen, sind konstituierende Elemente einer Disziplin, die als Freizeit- und Tourismusgeographie zu den jungen Zweigen der Geographie gerechnet wird.

In diesem Zusammenhang verdient ein lapidarer, aus einem englischen Standardwerk entnommener Satz an Beachtung, der für die wissenschaftstheoretische Grundlegung der Geographie ganz allgemein und der

Abb. 24.1.2 Trotz der Terroranschläge im September 2001 ist New York nach wie vor eine der führenden urbanen Tourismus-Destinationen in den USA (Foto: Karin v. Poschinger).

Freizeit- und Tourismusgeographie im Besonderen von Bedeutung ist: »*Were there no geographical differences between place and place, tourism would not exist*« (Robinson 1976). Räumliche Verschiedenheit und Differenzierung bilden in der Tat eines der Basis-Axiome, die für die Geographie und damit auch für die Teildisziplin der Freizeit- und Tourismusgeographie elementar sind und Letztere innerhalb derjenigen Wissenschaften als eigenständig ausweisen, welche sich mit Freizeit und Tourismus beschäftigen. Die Geographie gilt als eine raumbezogene Wissenschaft, deren Erkenntnisinteresse der Erfassung, Beschreibung und Erklärung komplexer räumlicher Wirkungszusammenhänge in der natürlichen (Physische Geographie) sowie in der vom Menschen geschaffenen Umwelt (Anthropo-/Human- bzw. Kulturgeographie) gewidmet ist.

Das spezifische Interesse der Freizeit- und Tourismusgeographie ist auf die raumbezogenen Dimensionen von Freizeit und Tourismus gerichtet, die sie im Zugriff auf übergreifende Prozesse der gesellschaftlichen Entwicklung und im interdisziplinären Dialog erfassen, beschreiben und erklären will. Sie entwickelt dazu eigene Theorien und Modelle oder greift auf Erklärungsansätze anderer Disziplinen zurück. Ihr methodischer Zugriff kann dabei entweder der quantitativen oder der qualitativen Richtung der empirischen Sozialforschung bzw. einer Kombination aus mehreren Ansätzen und Verfahren (Triangulation) zugeordnet werden. Praxisorientierte Erkenntnisse stellt sie für die Planung sowie für Verwaltungs- und Wirtschaftszwecke zur Verfügung. Im Mittelpunkt steht immer der Mensch als handelndes Wesen, sei es als Reisender bzw. Tourist, sei es als Anbieter in einem touristischen Unternehmen oder als Akteur in einer öffentlichen Institution, die sich beispielsweise mit regionalwirtschaftlichen Aspekten von Freizeit und Tourismus beschäftigt.

24.2 Von den Anfängen des Reisens bis zur heutigen Freizeit- und Tourismusgeographie

Reisen ist eine Ausdrucksform des mobilen Menschen, die durch die Koordinaten von Raum und Zeit und von spezifischen Motiven bestimmt wird. Reisen ist raumbezogene kulturelle Praxis (Exkurs 24.2.1) mit weit zurückreichenden Wurzeln. Reisen als Bewegung im Raum ist Gegenstand einer Freizeit- und Tourismusgeo-

graphie, deren Entwicklung im Hinblick auf ihre fachtheoretischen Grundlagen von einem mehrfachen Paradigmenwechsel und mehreren Phasen geprägt ist.

In Etappen: die Geschichte des Tourismus

Zahlreich sind die Versuche eines Überblicks über die geschichtliche Entwicklung des Reisens. Zimmers (1995) gliedert fünf Etappen aus. Freyer (1995) kommt zu einer Untergliederung in vier Etappen. Vorlaufers Entwicklungsmodell (Abb. 24.2.1) verdient Aufmerksamkeit, weil der Faktor Erreichbarkeit als räumlich relevante Größe mit einbezogen ist. Für ihn wie für Job, Paesler & Vogt (2005) lässt sich der Tourismus in sechs Phasen unterteilen:

- **Frühphase des Tourismus von der Antike bis zur Industriellen Revolution:** Während der touristischen Frühphase war Reisen anstrengend und ausgesprochen zeitaufwendig. Überdies war es teuer, sodass meist nur Adel und gehobenes Bürgertum zum Vergnügen reisten.
- **Formierungsphase des institutionalisierten Tourismus (Mitte des 19. Jahrhundert bis 1914):** Ab 1830 führte der Eisenbahnbau zu einer Verbesserung der Infrastruktur. Dadurch sanken die Reisekosten so stark, dass nun auch die Mittel- und – im begrenzten Rahmen – die Unterschicht reisen konnte. Als Geburtsstunde des modernen Tourismus gilt die erste Pauschalreise, von Thomas Cook 1841 organisiert.
- **massentouristische Initialphase (1914 bis 1945):** In der Weimarer Republik führten erste gesetzliche Urlaubsregelungen zwar zu einem veränderten Freizeit- und Reiseverhalten, doch geregelten Urlaubsanspruch konnte nur etwa ein Drittel der Erwerbstätigen genießen (Abb. 24.2.2). Während des Nationalsozialismus spielte die Organisation „Kraft durch Freude" (KdF) mit der Gleichschaltung aller touristischen Einrichtungen insofern eine bemerkenswerte Rolle, als Freizeit und Reisen für jedermann zugänglich zu sein schienen, jedoch ideologischer Kontrolle unterworfen waren und propagandistischen Zwecke dienten. Tatsächlich ermöglichte die KdF-Bewegung nur einem verschwindend geringen Teil der Arbeiterschicht, am Tourismus teilzunehmen.
- **massentouristische Expansionsphase (1945 bis 1970):** Nach 1945 erholte sich der Tourismus in der Bundesrepublik Deutschland langsam, aber stetig. 1954 betrug die Urlaubsreiseintensität 24 Prozent

Exkurs 24.2.1

Reisen als kulturelle Praxis – ein Kurzüberblick

Reisen stellt ein Phänomen mit besonderen Eigenschaften dar. Für ihr Verständnis muss weit in die Kulturgeschichte zurückgegriffen werden (Hlavin-Schulze 1998). Reisen ist kulturelle Praxis. Als solche steht sie in enger Verbindung mit der jeweiligen sozioökonomischen Entwicklung und ist stets mit horizontaler und vertikaler (sozialer) Mobilität verknüpft.

Reisen ist bis in das 18. Jahrhundert eine Angelegenheit von eng begrenzten sozialen Gruppen mit spezifischen Reisemotiven: Badereisen des Adels in der Antike; Reisen von Gelehrten, jungen Adligen, Pilgern, Händlern und Handwerkern im Mittelalter; Entdeckungs- und Eroberungsreisen in der frühen Neuzeit und so weiter. Grund für diese Beschränkung war unter anderem das Prinzip der sozialen Raumbindung. Reisen bot eine Möglichkeit, sich dieser Raumbindung und sozialer Kontrolle zu entziehen; insofern kann es gesellschaftlich-emanzipatorischen Charakter tragen.

Mit dem Ende des Mittelalters und dem Beginn der Moderne, markiert durch das Zeitalter der Entdeckungen, dem Entstehen des Industriekapitalismus und Kolonialismus, kündigen sich Veränderungen auch beim Reisen an: Ein säkularer Prozess entsteht, der mit dem Beginn der Trennung von Raum und Zeit verbunden ist und erst heute mit der Entkoppelung von Raum und Zeit in der Postmoderne an sein (vorläufiges?) Ende gekommen zu sein scheint:

- Mit der industriellen Revolution, den technologischen Innovationen und gesellschaftlichen Veränderungen des 19. Jahrhunderts entfaltet sich im Tourismus der Moderne nicht nur die organisierte Form der Pauschalreise. Es entsteht auch die Gegenbewegung dazu. Jene hat viel mit der Befreiung des Menschen von mittelalterlicher Feudalherrschaft und damit einhergehender sozialer Raumbindung zu tun, ist aber auch mit dem bürgerlich-romantisch verklärten Gefühl von Sehnsucht nach der Ferne und Freiheit verknüpft, die wiederum als (vergebliche?) Flucht aus der Industriegesellschaft (Enzensberger 1958) interpretiert werden kann.

- Mit den Umbrüchen und gesellschaftlichen Veränderungen des ausgehenden 20. bzw. des beginnenden 21. Jahrhunderts geht in Freizeit und Tourismus erneut ein grundlegender Wandel einher. Vor allem in der Postmoderne, die von einem neuen Zeit- und Raumverständnis, von Prozesshaftigkeit und Relativierungen charakterisiert ist, tritt auch in Freizeit und Tourismus eine Vielfalt von Entwicklungen in einer „neuen Unübersichtlichkeit" zutage. Grundlegend ist der Wandel von einem touristischen Verkäufer- zu einem Käufermarkt. Es zeichnet sich ein neuer Typ von Kunde ab: Es ist nicht mehr „Otto Normalverbraucher" der Moderne, der im Verkäufermarkt der Nachkriegsjahrzehnte mit dem gleichsam fordistischen Massenprodukt einer Pauschalreise von der Stange leicht bedienbar war. An seine Stelle tritt der multioptionale und hybride Tourist der Postmoderne, dessen Reiseansprüche im Käufermarkt ab den 1980er-Jahren ungleich schwieriger zufriedenzustellen sind.

(Abb. 24.2.3). In den Wirtschaftswunderjahren wurde Urlaub zur Selbstverständlichkeit. Zunächst wurde vor allem mit der Bahn gereist, dann mit dem Pkw. Der Flugtourismus entwickelte sich ab 1955 und gewann durch den Charterflugverkehr an Bedeutung. Die Reichweite der Reisen erhöhte sich beträchtlich. Im Jahr 1970 führte über die Hälfte aller Urlaubsreisen ins Ausland.

- **massentouristische Reifephase (1970 bis 1990):** In den 1970er- und 1980er-Jahren nahmen Flugreisen auf Kosten der Bahn und des Pkw kontinuierlich zu. Die Reiseintensität stieg auf über 60 Prozent (1990). Fernreisen verzeichneten eine deutliche Steigerung. Der Stellenwert von Freizeit und Tourismus veränderte sich: Urlaub sollte in besonderem Maße Glück und Freude vermitteln, doch auch körperliche Rekreation mit physischer und psychischer Erholung ist nach wie vor eines der zentralen Reisemotive.

- **massentouristische Spätphase (seit 1990 bis heute):** In der gegenwärtigen Phase (Kapitel 24.3) erhöht sich die Reiseintensität auf über 75 Prozent. Tendenziell nimmt die Arbeitszeit weiter ab, auch die Zahl der Urlaubstage wächst noch an, doch aufgrund wirtschaftlicher Krisen deutet sich ein Umschwung an. Kurzurlaube spielen neben der Haupturlaubsreise eine zunehmend wichtige Rolle. Gleichzeitig setzen sich die Trends zu mehr Fern- und Pauschalreisen fort. Das Erleben als Reisemotiv rückt stark in den Vordergrund – ausdifferenziert in einem weiten Spektrum angefangen bei einem hedonistisch geprägten, manchmal die Grenzen des guten Geschmacks durchaus sprengenden Vergnügen bis hin zu tiefer Sehnsucht nach Selbstverwirklichung und spiritueller Erfüllung. Individualisierung, Diversifizierung und Differenzierung bestimmen das zunehmend fragmentierte Marktgeschehen.

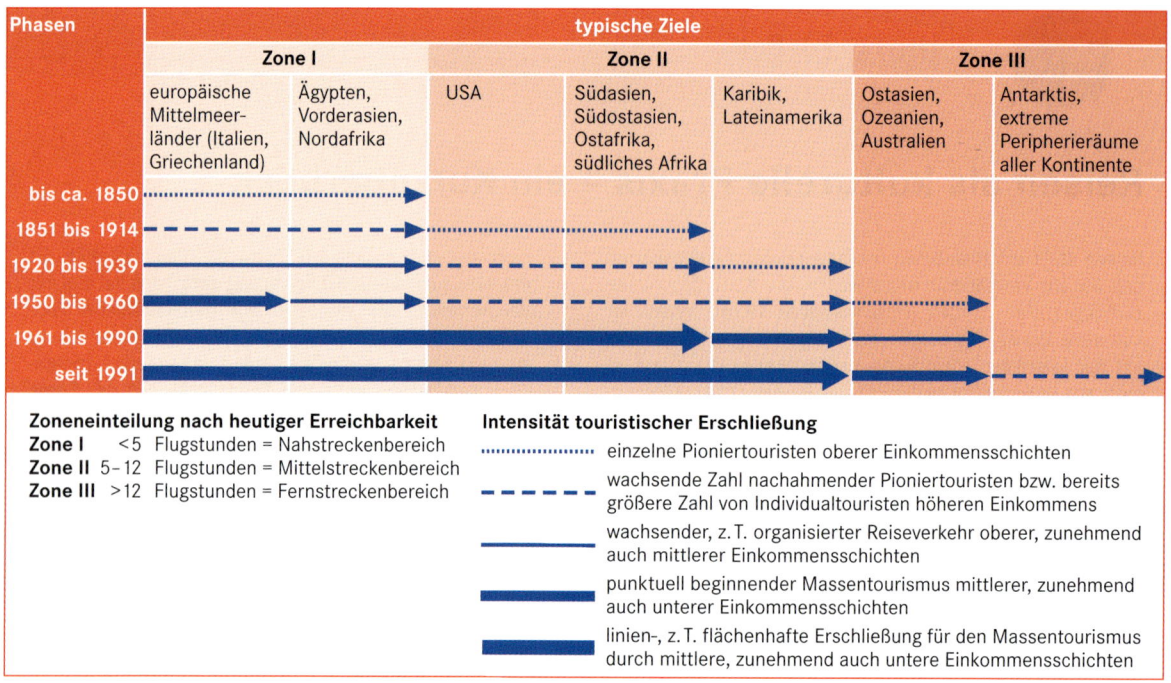

Abb. 24.2.1 „Outgoing"-Tourismus aus Deutschland und seine raumzeitliche Entwicklung ab etwa 1800 (verändert nach Vorlaufer 2000).

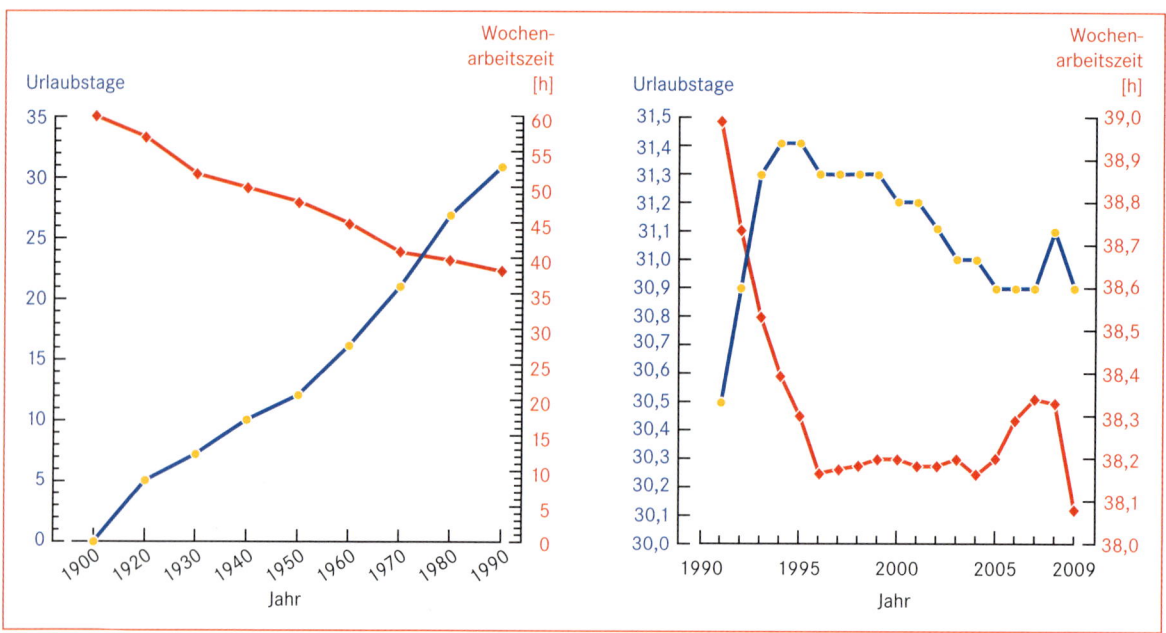

Abb. 24.2.2 Die Entwicklung der Wochenarbeitszeit und der Länge des Jahresurlaubs in Deutschland (Quelle: DFG 1988, Angaben d. Inst. f. Arbeitsmarkt und Berufsforschung d. BA für Arbeit).

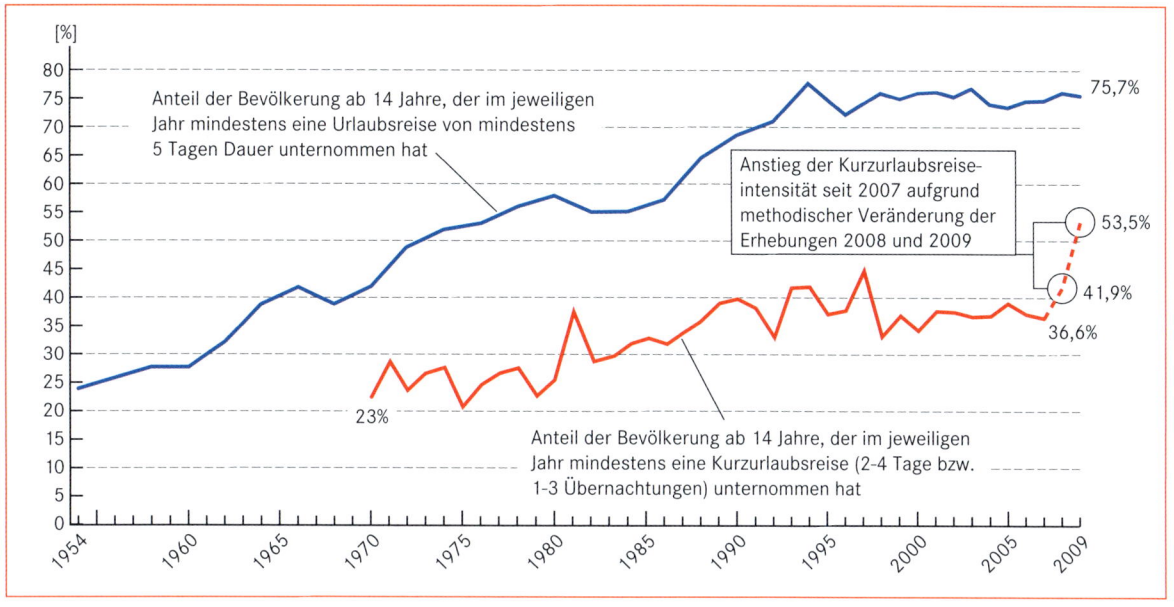

Abb. 24.2.3 Entwicklung der Urlaubsreiseintensität zwischen 1954 und 2009 sowie der Kurzurlaubsreiseintensität zwischen 1970 und 2009 (Quelle: F.U.R. diverse Jahrgänge).

In Paradigmen: die Entwicklung der fachtheoretischen Grundlagen in der Freizeit- und Tourismusgeographie

Obwohl die Geschichte des Reisens zeigt, dass das Phänomen nicht erst seit Kurzem existiert, gibt es in den Wissenschaften keine Disziplin, die sich damit seit Längerem systematisch beschäftigt. Auch die Freizeit- und Tourismusgeographie hat sich erst in den 1960er-Jahren als eigenständige Teildisziplin in der Geographie etabliert. Trotz des jungen Alters haben sich ihre fachtheoretischen Grundlagen, die im Folgenden mit den drei Paradigmen der raumwissenschaftlich-nomologischen, der sozialwissenschaftlichen sowie der kulturwissenschaftlichen Blickrichtung nur verkürzt dargestellt werden können, mehrfach verändert.

Auf der Suche nach allgemeinen Gesetzmäßigkeiten und Regelhaftigkeiten: das Paradigma der Freizeit- und Tourismusgeographie als nomologische Raumwissenschaft

In der Freizeit- und Tourismusgeographie ist auch schon vor den 1960er-Jahren geforscht und publiziert worden. Mit Bezug auf diese Arbeiten sind jedoch sehr bald Stimmen laut geworden, die aufgrund wachsender Kritik am länderkundlich-beschreibenden Charakter fremdenverkehrsgeographischer Arbeiten eine veränderte theoretisch-methodische Ausrichtung fordern. Unter dem Einfluss des Geographentags in Kiel 1969 beginnt auch die Freizeit- und Tourismusgeographie den – nicht unumstrittenen – Weg zu einer modernen Erfahrungswissenschaft einzuschlagen: Sie positioniert sich in wesentlichen Teilen als **Raumwissenschaft**. Hintergrund dafür ist, dass in jener Zeit exakte naturwissenschaftliche Methoden, neoklassische wirtschaftswissenschaftliche Denkansätze und quantitative Verfahren, von der Einführung des Computers unterstützt und kraftvoll vorangetrieben, einen beispiellosen Siegeszug antreten: Erklärung von Sachverhalten scheint nur noch nomologisch, das heißt mithilfe allgemein gültiger Gesetze, Gesetzmäßigkeiten bzw. Regelhaftigkeiten möglich.

Diese Strömungen prägen auch die fachtheoretischen Grundlagen der Freizeit- und Tourismusgeographie: Erdräumlich-distanzielle Variablen werden als entscheidende Elementrelationen auch in touristischen Systemen gesehen. Klassische Raummodelle werden in die Disziplin übernommen, und mit Auswirkungen bis heute beginnt eine starke **Ökonomisierung des Denkens**.

Als einer der Vorreiter einer derartigen raumwissenschaftlich-nomologisch-exakten Disziplin gilt Walter Christaller, der 1955 seine Theorie der Zentralen Orte auf den Fremdenverkehr überträgt. Umstritten ist seine „Peripherie-Hypothese": Diejenigen Zonen, die am weitesten entfernt von zentralen Orten und industriellen Agglomerationen liegen, bieten die günstigsten Standortbedingungen für den Fremdenverkehr. Während Christaller letztlich zugesteht, dass die Ableitung „exakter Standortsgesetze" für den Tourismus nicht mit der „gleichen mathematischen Genauigkeit" wie in der Theorie der Zentralen Orte möglich ist (1955), schlagen andere Autoren den raumwissenschaftlich-nomologischen Weg konsequent ein. Kaminske (1977) etwa wendet das Newton'sche Gesetz der Massengravitation auf den Naherholungsverkehr an.

Auch andere Freizeit- und Tourismusgeographen greifen auf die **Distanzrelation** als eine wichtige erklärende Variable zurück. So werden beispielsweise Zonensysteme regelhaft sich verändernder touristischer Intensität bzw. Attraktivität konstruiert, wie es Gormsen (1996) und Vorlaufer (2000, Abb. 24.2.1) in ihren Modellen der raumzeitlichen Entwicklung des Tourismus tun. Es sind Untersuchungen, die meist aber nicht nur die Distanzrelation einbeziehen, sondern mit zusätzlichen Variablen die Ausbreitungsphasen des Tourismus untermauern.

In Anlehnung daran gehört die Untersuchung distanzabhängiger Einzugsbereiche in Standortanalysen freizeitbezogener Erlebnis- und Konsumwelten (Museen, Multiplex-Kinos, freizeitbezogene Einkaufszentren, Erlebnisparks usw.) auch heute noch zum Standardrepertoire anwendungsbezogener Forschung und räumlicher Planung. Wie Blotevogel & Deilmann (1989) am Beispiel des Centros in Oberhausen darlegen, können Untersuchungen distanzabhängiger Einzugsbereiche in Kombination mit Kaufkraftanalysen zum entscheidenden Planungskriterium werden (Kapitel 23).

Auch wirtschaftswissenschaftlich-neoklassische bzw. industriewirtschaftliche Denkansätze werden übernommen. In Anlehnung vor allem an **Wirtschaftsstufentheorien** und an das **„Lebenszyklus"-Konzept** (*life-cycle*-Konzept) industrieller Produkte bildet sich ein Strang wissenschaftlichen Denkens heraus, der in diffusions- und entwicklungsstufentheoretischen Überlegungen mündet und von der nicht unumstrittenen Gesetzmäßigkeit ausgeht, dass auch die Entwicklung touristischer Räume regelhaften Mustern folgt (Abb. 24.2.4).

Stärker wirtschaftsgeographisch ausgerichtet ist auch die wachsende Zahl von Untersuchungen zur **Globalisierung im Tourismus**. Hier geht es um die Darstellung von Erscheinungsformen, Verflechtungsstrukturen, raumprägenden Wirkungen und regelhaften Ausbreitungsmustern beispielsweise von transnationalen Reisekonzernen, Autovermietern oder Hotelketten. Auch der Dritte-Welt-Tourismus wird unter Globalisierungsgesichtspunkten aufgegriffen, aber einer eher deskriptiven, meist stärker wirtschaftlich und weniger

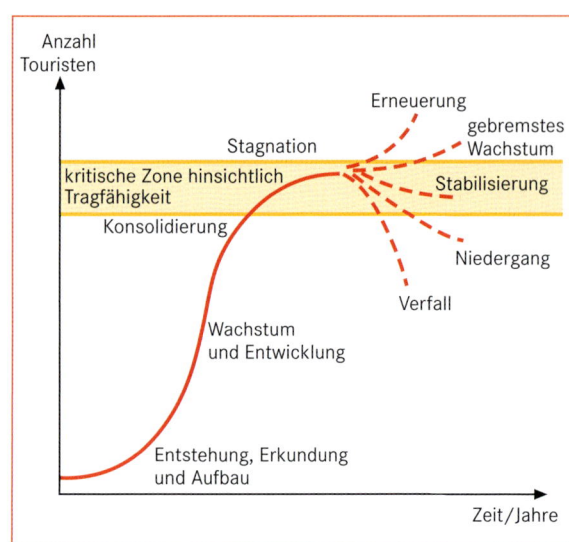

Abb. 24.2.4 In Anlehnung an das industriewirtschaftliche *product-life-cycle*-Konzept findet das entsprechende Schema zur Entwicklung von Destinationen weite Verbreitung in der Freizeit- und Tourismusgeographie (verändert nach Buttler 1980).

soziokulturell ausgerichteten Betrachtung unterzogen. Theoriegesättigte Analysen der ablaufenden Globalisierungsprozesse sind Mangelware. Ähnliches gilt für Untersuchungen, die sich mit Innovationen der Informations- und Kommunikationstechnologie, ihren raumbezogenen Auswirkungen sowie vor allem ihren Rückwirkungen auf Reiseverhalten und Raumverständnis der Menschen beschäftigen.

Der Mensch rückt in den Mittelpunkt: das Paradigma der Freizeit- und Tourismusgeographie in sozialwissenschaftlicher Ausrichtung

Raumwissenschaftliche Erklärungsansätze können genutzt werden, um Hypothesen zu formulieren oder Konzepte für die empirische Arbeit zu erstellen. Es ist jedoch festzustellen, dass der Mensch in diesen Ansätzen keine entscheidende Rolle zugewiesen erhält, obwohl seit Max Weber in den Sozialwissenschaften Konsens darin besteht, dass menschliches Handeln und Verhalten Ausgangspunkt und Zentrum allen wissenschaftlichen Bemühens darstellen sollte.

Ein wichtiger Impuls in dieser Richtung erfolgt mit der Neukonzeption der **Sozialgeographie** im Rahmen der „Münchner Schule", um die zwar heftig gestritten wird und die letztlich nicht zum erhofften Erfolg führt. Ihr gelingt es jedoch zum ersten Mal systematisch, den

Abb. 24.2.5 Nachhaltiger Tourismus – bloßes Schlagwort oder existenzielle Basis jeglicher touristischer Nutzung und Entwicklung? Das Wandern in geschützter oder schützenswerter Natur ist zu einem touristischen Megatrend geworden (Foto: Franziska Martin).

Menschen als Individuum bzw. Gruppe in das Gedankengebäude des Faches zu integrieren. Basierend auf dem Modell der Funktionsgesellschaft wird als eine von sieben Daseinsgrundfunktionen die Funktion „sich erholen" ausgegliedert und mit den raumbezogenen Aktivitäten sozialer Gruppen verknüpft. Von diesen sozialen Gruppen werden die Funktionsstandorte des Freizeitverhaltens aufgesucht, die ihrerseits mit spezifischen Flächen- und Raumansprüchen verknüpft sind.

Es wird eine dem Anspruch nach umfassende „Geographie des Freizeitverhaltens" konzipiert, die „an die Stelle des Raumes als zentrales Betrachtungsobjekt" das „Freizeitverhalten im Raum" setzt. Doch trotz aller Neuansätze wird letztlich postuliert: „Geographische Tourismusforschung ist zunächst einmal Geographie und damit Raumwissenschaft und nicht Verhaltenswissenschaft" (Uthoff 1988). Der entscheidende Schritt hin zu einer dezidiert sozialwissenschaftlich ausgerichteten Disziplin, der letztlich zu einem Verständnis des Faches als theorieorientierte moderne oder gar postmoderne, vor allem handlungszentrierte Sozialwissenschaft führt, wird nicht getan.

Die wie auch immer geartete Neukonzeption der Sozialgeographie und die sie begleitenden Kontroversen führen in der Freizeit- und Tourismusgeographie der 1970er- und 1980er-Jahre dazu, dass neue Forschungsansätze entstehen. So wird der **Kapazitäten-Reichweiten-Ansatz** entwickelt. Ziel ist, die Freizeiträume sozialgeographischer Gruppen abzugrenzen und die innere Differenzierung dieser Räume zu analysieren. Damit gelingt es offenbar aber nicht, ein genaues Bild vom räumlichen Verhalten der Menschen zu erhalten, die

Erholung oder Zerstreuung suchen. Dies soll der **aktionsräumliche Ansatz** leisten, mit dem angestrebt wird, das gesamte freizeitbezogene Interaktionsverhalten der Akteure in seinen räumlichen Ausprägungen zu erfassen und zu erklären. Beide Ansätze erweisen sich auch heute noch vor allem für planerische Zwecke als fruchtbar.

Frühzeitig erkannt wird auch, dass die Auswirkungen des sich rasant entwickelnden Sektors Freizeit und Tourismus und dessen Konversion zu einem Massengeschäft (1969 wird der erste Jumbojet eingesetzt) zu einer veränderten Sichtweise führen müssen. Bis etwa Mitte der 1960er-Jahre werden die Effekte von Freizeit und Tourismus als überwiegend positiv bewertet. Danach beginnt, akzentuiert durch die Ölkrise 1973, ein kritischeres Hinterfragen. Angestoßen durch die 1980 veröffentlichten Thesen von R. Jungk zum **„sanften Tourismus"** entbrennt auch in der Freizeit- und Tourismusgeographie eine Diskussion, die sich zunächst auf die umweltbezogenen Aspekte konzentriert (Abb. 24.2.5). Als Fragen nach der sozialen Verträglichkeit ins Spiel kommen, verlagern sich die Interessensschwerpunkte. Obwohl zwar die Zielrichtung klar und auch nicht umstritten ist, fehlt jedoch ein fundiertes theoretisches Konzept, das sich auch noch in praktikable Strategien umsetzen ließe.

In der Hoffnung ein solches zu finden, wird „mit wachsendem Engagement die Konzeption des ‚*sustainable development*' aufgegriffen und auf den Tourismus bezogen" (Becker et al. 1996). Unter dem Schlagwort des **„nachhaltigen Tourismus"** beginnt das Fach in den 1990er-Jahre, sich intensiv mit der nachhaltigen (regio-

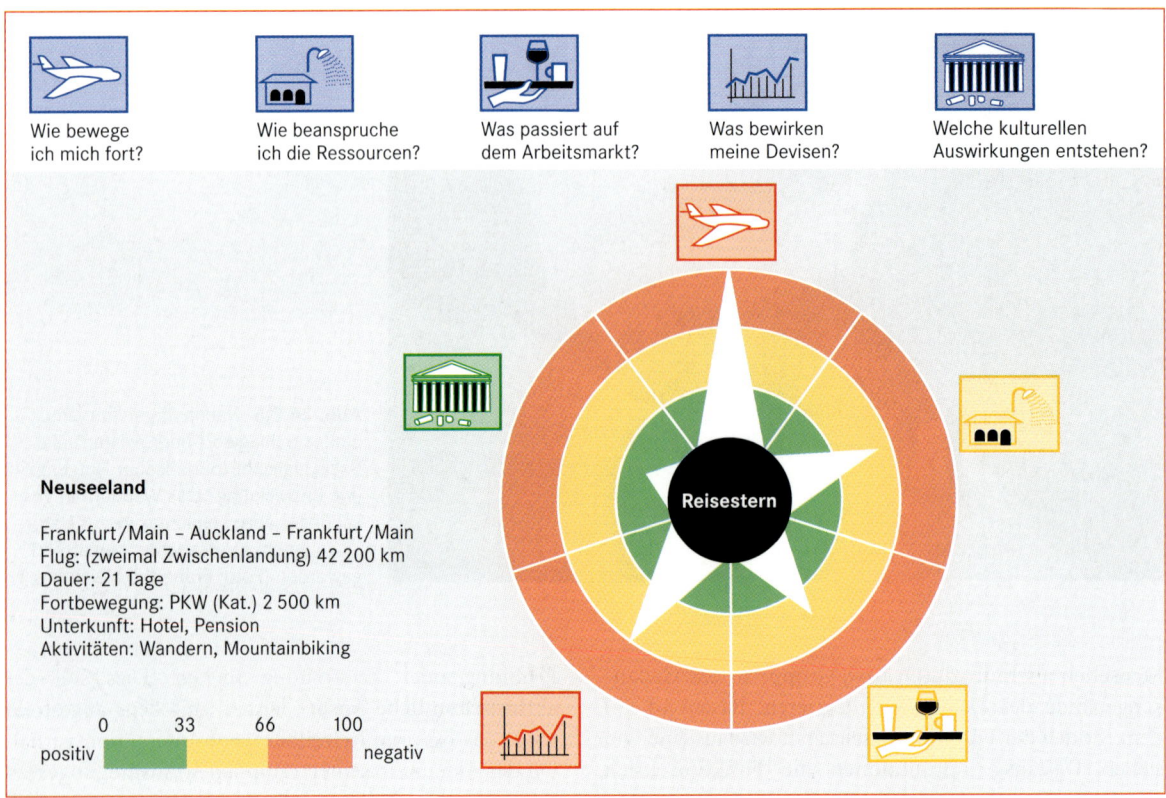

Abb. 24.2.6 Der sogenannte Reisestern als operationalisiertes Konzept „nachhaltigen Reisens" (verändert nach Losang 2000).

nalen) Entwicklung zu beschäftigen. Die Bemühungen kulminieren in einem Studienbuch (Becker et al. 1996); zahlreiche planungs- und regionsbezogene Arbeiten entstehen; der sogenannte Reisestern für nachhaltiges Reisen wird entwickelt (Abb. 24.2.6); über die Ferntourismusproblematik wird das Konzept auch in die Entwicklungsdiskussion einbezogen. Insgesamt erfährt der Ansatz in Forschung und Lehre, Wissenschaft und Praxis ein enormes Echo. Er gehört auch heute noch zum Grundbestand sowohl wissenschaftlichen Erkennens als auch gesellschaftlichen Denkens und Handelns. Trotzdem ist die Freizeit- und Tourismusgeographie und sind auch andere Wissenschaftsdisziplinen letztlich nicht in der Lage, ein überzeugendes, wissenschaftlich fundiertes und theoriegesättigtes sowie in sich widerspruchsfreies Konzept von nachhaltigem Tourismus vorzulegen. Es bleibt bei strategischen Ansätzen, viel Propaganda und häufig bloßem Marketing.

Auf der Suche nach neuen Erklärungen in der Freizeit- und Tourismusgeographie am Ende der Moderne: Umrisse eines dritten, kulturwissenschaftlichen Paradigmas?

Parallel zu den Bemühungen um die „nachhaltige Fundierung" der Freizeit- und Tourismusgeographie weisen deutsche Urlauber in aktuellen Untersuchungen zum Reiseverhalten Motiven der physischen Erholung und psychischen Entspannung sowie des Natur- und Umwelterlebens und der Gesundheitsvorsorge zwar höchste Priorität zu, sodass die passgenaue Konzeptionierung einer auf „Rekreation" und „Nachhaltigkeit" ausgerichteten Freizeit- und Tourismusgeographie eigentlich als adäquate Antwort gesehen werden müsste. Der boomende Freizeit- und Reisemarkt explodiert jedoch in den 1990er-Jahren in einer Vielzahl neuer Angebotsformen und Nachfragestrukturen. Diesen ist mit herkömmlichen Erklärungskonzepten nicht mehr beizukommen, sodass die Disziplin zu Beginn des 21. Jahrhunderts angesichts einer neuen, „postmodernen Unübersichtlichkeit" vor großen Herausforderungen steht und ihre fachtheoretischen Grundlagen erneut auf den Prüfstand stellt.

Das geschieht vor dem Hintergrund der Diskussionen um den *cultural turn* und eine „Neue Kulturgeographie" (Blotevogel 2003). Der intensive Reflexionsprozess, der einsetzt und bis dato noch nicht abgeschlossen ist, ist zwar nicht immer kontingent ausgerichtet, aber es zeichnet sich deutlich ein verändertes Paradigma ab. Bevor die Umrisse dieses dritten, stärker kulturwissenschaftlich ausgerichteten Paradigmas skizziert werden (Kapitel 24.4), sind die aktuellen Entwicklungen im Tourismus in den Blick zu nehmen.

24.3 Boombranche Tourismus: eindrucksvolle Zahlen und gesellschaftliche Hintergründe zu Beginn des 21. Jahrhunderts

Trotz Naturkatastrophen und Terroranschlägen scheint der Boom von Freizeit und Tourismus am Beginn des 21. Jahrhunderts ungebrochen zu sein. Das gilt sowohl im Hinblick auf Indikatoren, die in globaler Betrachtung die zunehmende Bedeutung des Sektors zutage treten lassen, als auch für die aktuelle gesellschaftliche und ökonomische Situation des Tourismus in Deutschland, dem Land der Reiseweltmeister.

Internationaler Tourismus und seine ökonomische Bedeutung

In den letzten Jahrzehnten sind immer mehr Menschen verreist. Gemäß *World Tourism Organization* der Vereinten Nationen (UNWTO 2010) sind die internationalen, also grenzüberschreitenden Touristenankünfte mit Ausnahme der Krise 2009 von Jahr zu Jahr nahezu ungebrochen mit einer Rate von durchschnittlich jährlich 8 Prozent angestiegen (Abb. 24.1.1). Damit expandierte der Reisesektor pro Jahr um etwa 2 Prozent stärker als die Weltwirtschaft. Diese Entwicklung wird trotz eines leichten Rückgangs im Krisenjahr 2009 auch in Zukunft anhalten. Nach Schätzungen der UNWTO werden die Touristenankünfte bis 2020 noch einmal um mehr als die Hälfte gegenüber 2010 anwachsen.

Auch die Einkünfte haben in der Vergangenheit kräftig zugenommen. Für 2020 geht die UNWTO von einer Verdoppelung gegenüber dem Stand von 2010 aus. Hinzu gerechnet werden müssten Einnahmen aus Binnentourismus und Naherholungsverkehr, doch dafür gibt es weltweit keine Zahlen. Die keineswegs geringe ökonomische Bedeutung dieses Tourismussegments wird häufig nicht erkannt und wenn doch, dann meist systematisch unterschätzt.

Freizeit und Tourismus stellen einen der beschäftigungsintensivsten Wirtschaftsbereiche dar. Der *World Travel* & *Tourism Council* (WTTC 2005) nennt 74,2 Millionen Arbeitskräfte, die 2005 im Kernbereich des Tourismus beschäftigt sind. Es kommen weitere 147,3 Millionen Arbeitsplätze hinzu, die indirekt mit dem Tourismus verknüpft sind (Baugewerbe, Ernährungswirtschaft, Handel, tourismusbezogene Produktion wie z. B. Sportartikelhersteller, tourismusbezogene Dienstleistungen wie z. B. Werbeagenturen). Für 2010 liegt die Summe der Arbeitsplätze im Tourismus gemäß WTTC weltweit bei über 300 Millionen Personen, was einer Beschäftigungsquote von 9,2 Prozent entspricht – ein Wert, den nur wenige andere Wirtschaftsbranchen erreichen.

Ebenso gemäß WTTC erwirtschaftet die Leitökonomie Tourismus einen Anteil am globalen Bruttosozialprodukt in Höhe von 9,2 Prozent (WTTC 2010). Tendenz auch hier nach überstandener Krise des Jahres 2009: weiterhin steigend.

Sowohl räumlich als auch sozial betrachtet profitieren von dieser Erfolgsstory aber nicht alle Regionen und Bevölkerungsschichten in gleicher Weise. Es gibt, wie auch sonst im Rahmen globalisierter Machtstrukturen üblich, Gewinner und Verlierer (Abb. 24.3.1).

Freizeit und Tourismus in der postmodernen Gesellschaft

Vor dem Hintergrund dieses globalen Rahmens ist die Entwicklung von Freizeit und Tourismus in der postmodernen Gesellschaft in Deutschland sowohl auf der Angebots- als auch auf der Nachfrageseite in hohem Maße von Heterogenität und Differenz geprägt.

Vielfältiges Angebot

Auf der Angebotsseite lässt sich die Situation durch die Schlagworte Globalisierung, Liberalisierung, Deregulierung und Privatisierung sowie vor allem durch Differenzierung und Diversifizierung bei gleichzeitiger Standardisierung des Produktangebots sowie zunehmende Technisierung charakterisieren. Hier ist ein paradigma-

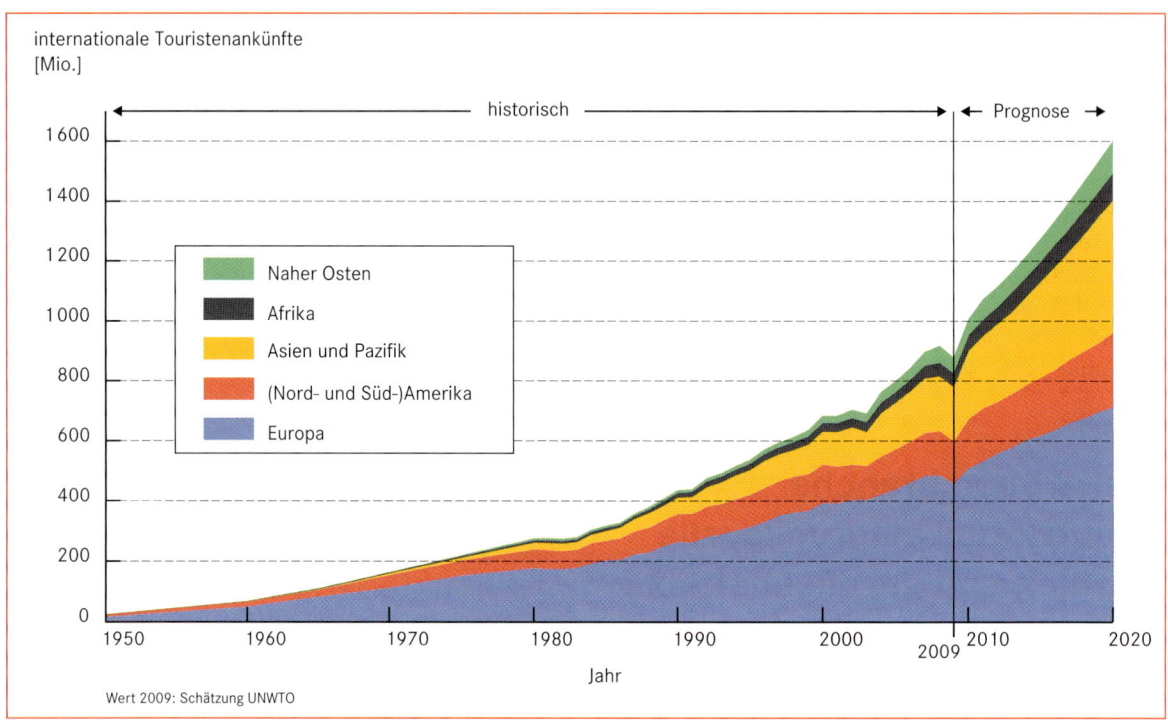

internationale Touristenankünfte
[Mio.]

Wert 2009: Schätzung UNWTO

Abb. 24.3.1 Internationale Touristenankünfte nach Großregionen zwischen 1950 bis 2009 sowie geschätzt bis 2020 (in Millionen Personen; Quelle: WTO 2010).

tischer Wandel weg vom touristischen Verkäufermarkt mit geradezu fordistisch anmutenden Massenprodukten, den sprichwörtlichen **„Reisen von der Stange"**, erfolgt. Dieser grundlegende Wandel stellt Unternehmen und Destinationen vor große Herausforderungen, da insbesondere durch Liberalisierung und Deregulierung von Kapital- und Finanzmärkten, von Devisen- und Visa-Bestimmungen, aber auch durch neue Geschäftsmodelle, strategische Allianzen und höchst innovative Technologien (vor allem durch das Internet) eine veränderte Marktsituation eingetreten ist. Sie ist durch hohen Wettbewerbsdruck auf traditionelle Destinationen und Unternehmen gekennzeichnet und konfrontiert gleichzeitig neue Unternehmen und Destinationen mit beträchtlichen Markteintrittsbarrieren. Diesem Wettbewerbsdruck versuchen die Akteure durch Senkung von Kosten zu begegnen, indem sie sich besser auf die Märkte einstellen oder sich stärker an den Kundenwünschen, die ihrerseits einem Wandel unterliegen, orientieren.

Verfolgt man auf der Angebotsseite die **Wertschöpfungskette**, die der Reisende von heute bei der Auswahl seines Ziels über die Anreise, den Aufenthalt und das breite Angebotsspektrum am Urlaubsort bis hin zu seiner Rückreise durchläuft, wird deutlich, dass er es im Vergleich zum Reisenden von gestern mit einer rasant angewachsenen Vielzahl unterschiedlichster Anbieter zu

tun hat, in der trotz Dominanz einiger weniger großer Unternehmen Heterogenität und Differenz zum Ausdruck kommen. Einerseits enthält nach wie vor jeder Reisekatalog von heute die Angebotskategorie der **pauschalen Urlaubsreise**, wie sie als typisch fordistisches Merkmal mit dem sogenannten Kaufhaustourismus den Massentourismus der 1970er-Jahre prägte. Die Pauschalreise ist seit jener Zeit keineswegs vom Markt verschwunden, doch durch technologisch-logistische Neuerungen hat sie sich stark verändert, sodass ihr Marktanteil seit geraumer Zeit wieder anwächst und bis 2009 auf 47 Prozent angestiegen ist (F. U. R. 2010). Nahezu unüberschaubar ist andererseits seit den 1970er-Jahren aber auch die Zahl neuer touristischer Leistungsträger, Reiseveranstalter und -mittler geworden, die alle Glieder der Wertschöpfungskette mit einem **differenzierten und spezialisierten Angebot** beliefern.

Trotz Differenzierung und Spezialisierung werden Reisen und auch Destinationen immer stärker zu gut aufbereiteten Konsumprodukten umgestaltet, deren Verbrauch dem Kunden möglichst wenig Mühe bereiten soll und die wie ein *BigMac* auch noch an beliebigen Standorten der Welt „verzehrbar" sein müssen. Künstliche Freizeit- und Erlebniswelten, auch *All-Inclusive*-Urlaub in Clubanlagen (Abb. 24.3.2) stehen hierfür als Beispiele. Augé (2010) bezeichnet solche und ähnliche

Abb. 24.3.2 Standardisierte Club-Anlagen, uniforme Ferien- und Freizeitwelten als geographische „Nicht-Orte" sind boomende Zitadellen der touristischen Konsumkultur, wie sie beispielsweise TUI – hier im Clubhotel „Riu Bolero" in Bulgarien – anbietet (Foto: TUI).

Phänomene als touristische „Nicht-Orte". Damit soll zum Ausdruck gebracht werden, dass Produkte und Destinationen zunehmend austauschbar und damit immer anfälliger für den Wettbewerb werden.

Erweiterung, Differenzierung und Spezialisierung des Angebots sowie produktbezogenes Marketing und verbesserte Kundenansprache sind nicht denkbar ohne **technologische Weiterentwicklungen**. Das gilt für sämtliche Bereiche des Tourismus, angefangen vom Transport bis hin zu modernsten elektronischen Reservierungs- (CRS = Computer Reservierungssystem) und Globalen Vertriebssystemen (GDS = Global Distribution System). Als herausragendstes Beispiel für Innovation und grundlegende Verbesserung touristischer Informations- und Kommunikationssysteme fungiert das Internet, vor allem in seiner mobilen Variante. *Location based Services*, mit deren Hilfe die Übertragung von Wegekarten oder Geländedarstellungen in Echtzeit auf das Smartphone-Display eines Mountainbikers möglich ist, sind nur ein Beispiel für Möglichkeiten, die sich über die elektronischen Medien ergeben. Sie sind noch längst nicht ausgeschöpft, sondern werden den Tourismus mit Neuerungen überschwemmen, deren Bedeutung für die zukünftige Entwicklung des Sektors noch gar nicht abschätzbar ist. Ähnliches gilt für neuartige elektronische Veranstaltersysteme, die in der Form des *dynamic packaging* die Produktion des oben erwähnten neuen Typs von Pauschalreisen durch im Moment der Buchung individuell zusammengestellte Einzelbausteine ermöglichen. Damit werden nicht nur die zwischen Leistungsträgern und Reisemittlern/-veranstaltern üblichen langfristigen Hotelverträge und Charterkontingente überflüssig, sondern auch die Grenzen zwischen individuell organisierter und pauschal arrangierter Reise als die beiden klassischen Angebots- und Organisationsformen werden zunehmend fließend.

Differenzierte Nachfrage

Ein Wochenende im Eishotel in Skandinavien, Golf spielen in der Wüste von Dubai oder doch lieber eine Radtour entlang von Donau und Altmühl? So könnten die Überlegungen eines Kunden in unserer postmodernen Gesellschaft aussehen, der angesichts unzähliger Angebote zwar die Qual der Wahl hat, aber dennoch erwartet, aus einer Vielfalt von Reisen wählen zu können. Dazu gehören sowohl gängige Angebote als auch Schillerndes wie riskante Abenteuertouren oder ausgefallene Esoteriktrips. Selbst bei **Kurzreisen ins All** gibt es inzwischen Angebote mit Preisen, die nicht mehr weit vom Wert einer Luxuslimousine entfernt sind.

Angesichts dieser Vielfalt hat sich der Tourismus in Deutschland zu einem wichtigen Wirtschaftszweig entwickelt. 2008 ist mit über 132 Millionen Gästen aus dem In- und Ausland und einem Gesamtumsatz von über 230 Milliarden Euro (DTV 2010) ein neuer Rekord erzielt worden. Dies ist vor allem auf ausländische Reisende zurückzuführen. Demgegenüber weisen die deutschen Gäste einen leichten Rückgang auf. Deutlich rückläufig ist seit Jahren der **Kurtourismus** aufgrund der Reformen im Gesundheitswesen. Positiv entwickelt sich dagegen der Städte- und Kulturtourismus. Einen gewissen Boom erlebt auch der Wandertourismus.

Über die Jahre hinweg hat sich die Beschäftigungsquote im Tourismus erhöht. Die Branche bietet derzeit

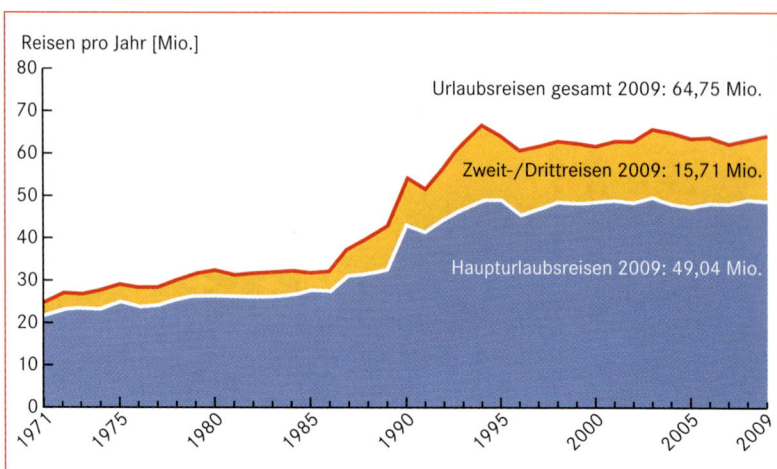

Abb. 24.3.3 Entwicklung der Haupturlaubsreisen und der zusätzlichen Reisen von 1971 bis 2009
(in Millionen Reisen pro Jahr;
Quelle: F.U.R. diverse Jahrgänge).

etwa 2,8 Millionen Arbeitsplätze, was einer Beschäftigungsquote von etwa 8 Prozent entspricht. Die genaue Zahl ist nicht exakt zu ermitteln, da der Tourismus vielen Beschäftigten nur anteilig als Erwerbsquelle dient, sie dürfte jedoch nach Einschätzung des Deutschen Tourismusverbandes (DTV 2010) höher liegen.

Bedingt durch die Reisefreudigkeit liegt die Nachfrage in Deutschland auf hohem Niveau und verzeichnet seit Jahren trotz gewisser Schwankungen eine relative Stabilität. Die Urlaubsreiseintensität, die seit den 1950er-Jahren mehr oder weniger kontinuierlich zugenommen hat, bewegt sich seit Jahren in einer Bandbreite zwischen 72 und 78 Prozent (Abb. 24.2.3). Urlaubsreisen sind zu einem Konsumgut geworden, das zum Lebensstil gehört und auf welches man nur unter ganz besonderen Umständen zu verzichten bereit ist.

Unter der Oberfläche vollziehen sich allerdings beträchtliche Veränderungen. Eng verbunden mit der Angebots- unterliegt auch die Nachfrageseite einem fundamentalen Wandel, der seinerseits mit den Veränderungen unserer Gesellschaft zusammenhängt und mit vielfältigen räumlichen Wirkungen in Freizeit und Tourismus verknüpft ist. Der Reisemarkt hat sich zu einem **Käufermarkt** entwickelt, der durch eine Fülle von Reiseangeboten und harte Preiskonkurrenz gekennzeichnet ist. Beides wirkt stimulierend auf die Nachfrage. Dort entstehen, begünstigt durch die Entwicklung zur postmodernen Gesellschaft, immer weiter ausdifferenzierte Teilmärkte, die um einen neuen Typus von Tourist kreisen. Es ist der als multioptional und hybrid bezeichnete Kunde mit Konsummustern, die nicht mehr eindeutig einer bestimmten Klasse oder Schicht zugeordnet werden können. Sein Programm ist auf Abwechslung ausgerichtet, er möchte aus einer Produktvielfalt wählen können, seine rasch wechselnden Wünsche perfekt befriedigt sehen und im Urlaub etwas erleben oder sich selbst verwirklichen.

Strukturen des Reisemarkts

Diese Erkenntnisse gehen mit beträchtlichen strukturellen, auch raumbezogenen Veränderungen im Tourismusgeschehen einher, von denen hier in Anlehnung an die sogenannte „Reiseanalyse" (F.U.R. 2010) nur eine Auswahl angeführt werden kann:

Der Anteil der Bevölkerung im Alter von über 14 Jahren, der pro Jahr mindestens eine längere Urlaubsreise unternimmt, lag 2009 bei 75,7 Prozent. Bezogen auf diesen Wert unternahmen 57,7 Prozent eine und weitere 18,1 Prozent zwei oder mehrere Urlaubsreisen. Zwar wird der Markt von den Haupturlaubsreisen bestimmt, doch Zweit- und Dritturlaube (zwischen 2 und 4 Tagen) verzeichnen trotz gewisser Schwankungen einen Trend nach oben (Abb. 24.3.3). Darin spiegelt sich zum einen eine soziale Schere wider, die sich aufgrund von Arbeitslosigkeit und Armut in einem Teil der Bevölkerung und zunehmendem Wohlstand in einem anderen Teil weiter öffnet. Wohlhabendere Teile der Bevölkerung können es sich leisten, häufiger während eines Jahres zu verreisen und dabei auch Fernreiseziele zu wählen. Weniger begüterte Teile der Bevölkerung können nicht nur weniger oft verreisen, sondern sind aus Kostengründen eher gezwungen, näher gelegene Ziele zu wählen. Zum anderen macht sich darin auch eine Verschiebung der Arbeitsverhältnisse zu freien Berufen und Selbstständigen bemerkbar, die über keine tarifvertraglich geregelten Arbeitszeiten verfügen und es sich möglicherweise zeitlich und finanziell gar nicht leisten können, länger zu verreisen, weil sie dadurch Kunden verlieren würden. Sie

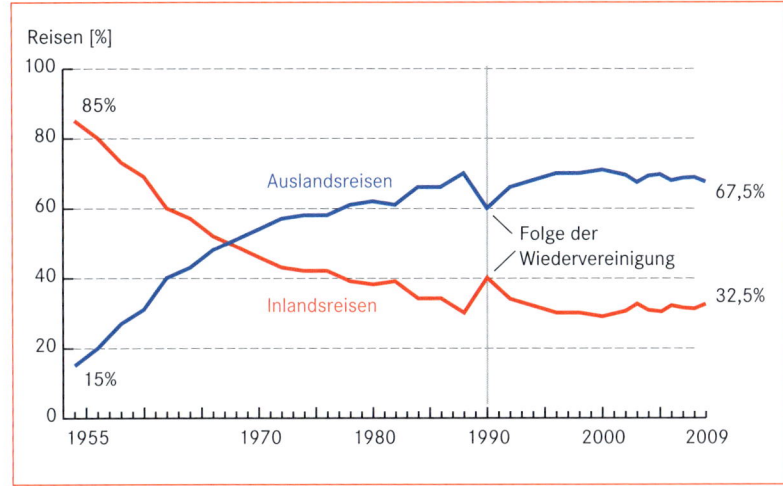

Abb. 24.3.4 Entwicklung der Inlands- und Auslandsreisen der Deutschen zwischen 1954 und 2009 (Quelle: F.U.R. diverse Jahrgänge).

tendieren dazu, häufiger, aber dafür auch kürzer zu verreisen.

Vor diesem Hintergrund wäre in räumlicher Betrachtung eigentlich zu erwarten, dass Inlandsreisen boomen, wovon innerdeutsche Destinationen profitieren könnten. Doch die Auslandsreisen der Deutschen erreichen 2009 einen Anteil von 67,5 Prozent (Abb. 24.3.4), was mit entsprechend negativen Wirkungen auf die Außenbilanz (Abb. 24.3.5) verknüpft ist. Nur bei den zusätzlichen, meist kürzeren Reisen, auf die insgesamt ein geringerer Marktanteil entfällt, liegt der Inlandsanteil höher: Bei der zweiten Urlaubsreise entscheiden sich 37 Prozent, bei der dritten Reise immerhin 47 Prozent der Deutschen, im eigenen Land zu bleiben.

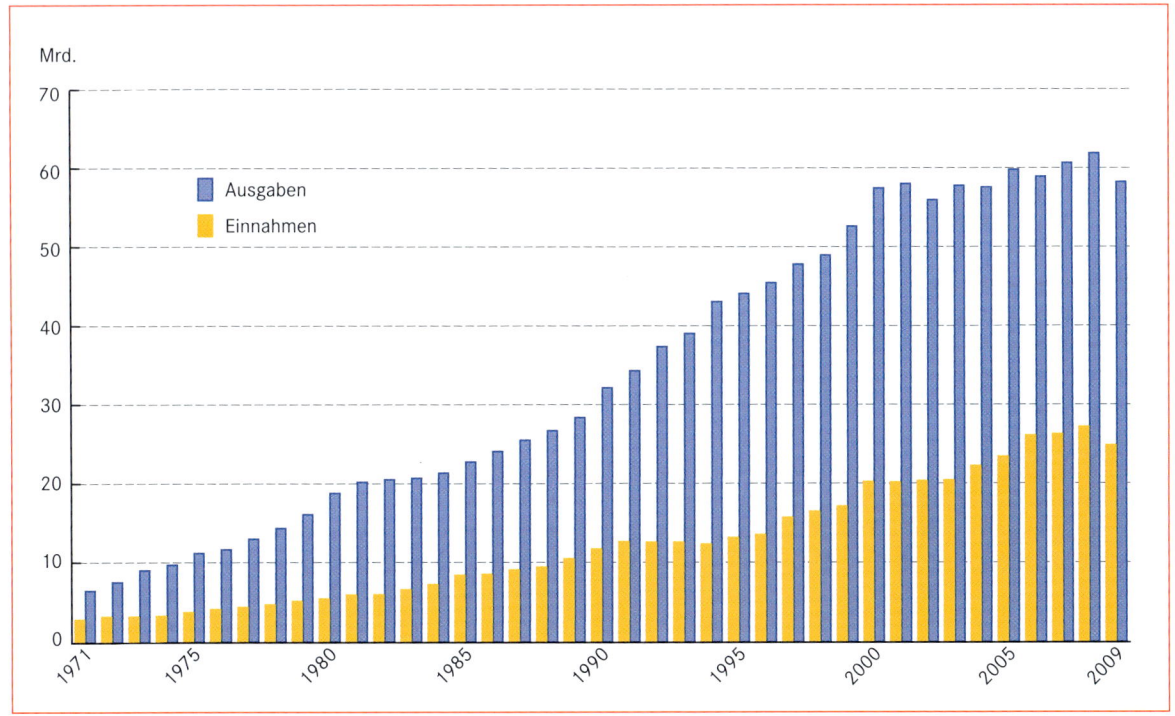

Abb. 24.3.5 Entwicklung der deutschen „Außenhandelsbilanz" im Tourismus 1971 bis 2009 (in Milliarden Euro, Quelle: Angaben der Deutschen Bundesbank).

Auch die zurückgelegten Distanzen verändern sich beträchtlich. 1993 entfielen auf außereuropäische Ziele einschließlich der Türkei 9,9 Prozent aller Reisen; bis 2009 stieg dieser Anteil auf 15,7 Prozent.

Die Strukturen des Reisemarkts lassen sich auf wenige Merkmale verdichten: Diejenigen Deutschen, die es sich leisten können, weil sie nicht drohender Verarmung ausgesetzt sind, verreisen immer häufiger; sie bleiben mehrheitlich nicht im Lande, sondern suchen immer weiter entfernte Destinationen auf und geben immer mehr Geld für die „schönste Zeit" des Jahres aus.

24.4 Wohin die Reise geht: Ausblick auf die Umrisse eines kulturwissenschaftlichen Paradigmas in der Freizeit- und Tourismusgeographie

In der Freizeit- und Tourismusgeographie ist in jüngerer Zeit eine intensive Auseinandersetzung mit gängigen, auch in Nachbarfächern diskutierten Theorien und Erklärungsansätzen für die oben beschriebenen Entwicklungen erfolgt. Dabei wurde auch die Frage diskutiert, welche Implikationen sich aus der Auseinandersetzung mit diesen theoretischen Erklärungsansätzen für die Disziplin ergeben, wie sich dadurch ihre fachtheoretischen Grundlagen verändern und in welche Richtung sich das Fach in Zukunft entwickeln wird.

Bemerkenswert ist in diesem Kontext, dass in den letzten Jahren neben einer Vielzahl von Spezialuntersuchungen vermehrt auch **Lehrbücher** für die Freizeit- und Tourismusgeographie publiziert wurden. Die meisten davon verfolgen eher strukturalistische Ansätze. Als Beispiel sei hier Steinbach (2003) erwähnt, der auf der Grundlage des *behaviour-setting*-Ansatzes von Barker (1968) und der *time-space*-Geographie aus der Hägerstrand-Schule ein **raumzeitliches Erklärungssystem** für den Tourismus entwickelt. Strukturalistische Ansätze verfolgt auch Steinecke (2006), der sowohl die Nachfrage- und Angebotsseite als auch die Tourismusräume in den Mittelpunkt seines Studienbuches rückt. Ähnliches gilt für Schmude & Namberger (2010), die in ihrem Buch die Breite der touristischen Erscheinungsformen aus einer stärker wirtschaftsgeographischen Perspektive zu beleuchten versuchen. Es erscheinen aber auch Publikationen, die sich eingehend mit der breiten

Palette von Erklärungsansätzen aus benachbarten Sozialwissenschaften beschäftigen, weniger strukturalistisch ausgerichtet sind (Exkurs 24.4.1) und die auf diesem Weg versuchen, Anschluss an den *cultural turn* und der mit ihm einhergehenden Wende in den Kultur- und Sozialwissenschaften zu finden und für die weitere Entwicklung der wissenschaftstheoretischen und methodologischen Grundlagen des Faches zu nutzen.

Diese Wende lässt sich für die Freizeit- und Tourismusgeographie in enger Anlehnung an die Überlegungen von Blotevogel (2003) anhand von vier Dimensionen umreißen:

Die erste Dimension betrifft die **Ebene der Ontologie**, also die Grundannahmen über Art, Beschaffenheit und Struktur der Realität, die den Forschungsgegenständen in der Geographie zugrunde liegt. Hier sind wesentliche Veränderungen zu konstatieren, denn gerade in der Freizeit- und Tourismusgeographie wird deutlich, dass die materiell-physische, erdräumliche Dingwelt zwar nach wie vor eine wichtige Grundlage (des touristischen Angebots und der touristischen Nachfrage), aber immer weniger den Hauptgegenstand des erkenntnistheoretischen Bemühens darstellt. Vielmehr tritt die Vielfalt menschlicher Lebensäußerungen, Sinnzuschreibungen und Sinnsysteme, die mentale, in Freizeit und Tourismus häufig stark symbolbeladene Welt der subjektiven Wahrnehmungen und Handlungszusammenhänge stärker in das Zentrum des Interesses. Es geht nicht mehr so sehr um den gegenständlichen Raum, dessen Relevanz für die Freizeit- und Tourismusgeographie erforscht werden soll, sondern um neue Fragestellungen im Zusammenhang mit veränderten Konzepten von Raum und um erweiterte Dimensionen des Raumbegriffs: so zum Beispiel um die Entstehung, Zuweisung und Verwendung von Raumsemantiken, um die Aufladung von Räumen mit Symbolen und Bedeutungen, um Fragen der Authentizität von Räumen im Kontext touristischer Inszenierung und Kommodifizierung, um die durchaus auch machtgeladene Schaffung von Raumbildern etwa bei der Etablierung neuer Reiseziele oder um die Funktion solcher Raumbilder im Rahmen einer imaginären Geographie des Reisens (z. B. bei Reiseentscheidungen bzw. der konkreten Wahl eines bestimmten Reiseziels). Gregory's „*Imaginative Geographies*", bereits 1995 erschienen, ist hier als genauso wegweisend einzuschätzen wie Urry's „*Tourist Gaze*", ursprünglich bereits 1990 publiziert und 2002 in einer Neuauflage erschienen. Beispielhaft erwähnt sei hier auch der Ansatz der „*Economy of Fascination*", deren Vertreter sich mit der Thematisierung und Inszenierung **urbaner Landschaften** beschäftigen (Schmid 2009).

Unabhängig davon, wie diese Veränderungen im Einzelnen umschrieben werden, so ist – wie es Blotevogel

 **Exkurs 24.4.1**

Sozialwissenschaftliche Erklärungsansätze

Sowohl Beck in seiner Risiko- (1986) als auch Schulze in seiner Erlebnisgesellschaft (1992) postulieren die Auflösung der traditionellen Schichten und Klassen sowie die Individualisierung der Gesellschaft. Beck sieht erhebliche Modernisierungsrisiken. Traditionelle Bindungen hätten zunehmend an Bedeutung verloren, was von den Menschen einerseits als Befreiung empfunden würde, weil es sie räumlich und sozial mobiler mache; andererseits würde ihnen mehr Verantwortung für ihr Handeln aufgebürdet.

Hinzu kommt der von Beck so bezeichnete Fahrstuhleffekt: Aufgrund des Wirtschaftswunders der Nachkriegsjahre ist die Gesellschaft insgesamt „nach oben" auf die Wohlstandsetage gefahren, wo Reisen zum allgemeinen Konsumprodukt geworden sind. Ungleichheitsrelationen konnten im Fahrstuhl jedoch nicht abgebaut werden; sie scheinen sich eher verstärkt und in Freizeit und Tourismus zu einer Aufsplittung der Fahrstuhlgesellschaft in Zeit-Geld-Zielgruppen nach den Faktoren *time rich/time poor* bzw. *money rich/money poor* (oder Kombinationen daraus) geführt zu haben.

Schulze sieht zudem in der von ihm postulierten Erlebnisgesellschaft einen Wandel vom „Haben zum Sein": einerseits eine Abwendung von äußeren, materiellen Dingen, die seit der Nachkriegszeit vor dem Hintergrund der unglaublichen, auch räumlich höchst relevanten Entgrenzung der Möglichkeiten durch unser Wirtschaftssystem erfolgt; andererseits die mitunter extreme Innenorientierung der Menschen sowohl im privaten Leben als auch in der sozialen und politischen Sphäre. Ziel ist das „Projekt des schönen Lebens", das über Erlebnisse unter anderem in Urlaub und Freizeit verwirklicht werden soll. Inwieweit die von Schulze konstruierte Erlebnisgesellschaft, die gern stark verkürzt als Spaßgesellschaft tituliert wird, von einer wie auch immer gearteten Sinngesellschaft (Romeiß-Stracke 2003) abgelöst wird, soll hier offen bleiben.

Statt der traditionellen Konzepte von Schichten und Klassen gemäß Marx oder Weber bilden sich unter dem Einfluss von Individualisierung und Erlebnisorientierung, Spaß- und Sinngesellschaft rasch wechselnde Szenen und fluide soziale Milieus. In sie sind in Abhängigkeit von Einkommen, Lebenssituation, Alter und Familienstand sowie räumlichem Bezugsraum von Arbeits- und Wohnstandort unterschiedliche Lebensstiltypen eingebettet, die sich ihrerseits rasch verändern können. Generell ist von einer Pluralisierung der Lebensstile auszugehen. Sie wirkt sich maßgeblich auf die Segmentierung von Urlaubszielgruppen, auf Produktpalette und -positionierung von Anbietern sowie in räumlicher Hinsicht auf die Wahl der Urlaubsziele aus.

Aus ökonomischen Gründen können die Angebote nicht auf nur eine Lebensstilgruppe oder auf Individuen zugeschnitten werden, sondern müssen der „McDonaldisierten" Gesellschaft gerecht werden. Ritzer (1997) nennt vier charakteristische Merkmale, denen auch Reisen zu genügen haben: Effizienz, Berechenbarkeit, Vorhersagbarkeit und Kontrolle, die sich als Variablen im Baukastensystem der Reiseveranstalter wiederfinden. So erhält der Kunde, der aus vielen Reisebausteinen wählt, einerseits ein Produkt, das er als individuell empfindet. Dass er andererseits vor Ort auf viele andere Reisende trifft, die ihre Reise ebenso „individuell" zusammengestellt haben, mag als ein zentrales Paradox im Tourismus betrachtet werden.

---

für das humangeographische Denken im Zeichen des *cultural turn* tut – für die Freizeit- und Tourismusgeographie ausdrücklich zu konstatieren, dass **„Kultur"** insofern immer stärker in den Mittelpunkt des fachlichen Interesses rückt, als kulturelle Differenz sowohl in der touristischen Alltags- als auch der Forscherwelt eine zunehmend größere Bedeutung zugewiesen erhält (siehe den erwähnten Ethnotourismus als ein Beispiel für interkulturelle Themen sowohl auf Anbieter- als auch auf Nachfragerseite; siehe Steinecke, der 2007 aus einer eher strukturalistischen Perspektive dem klassischen Kulturtourismus ein eigenes Studienbuch widmet; siehe aber auch den Wandel, den das Konzept des klassischen Kulturtourismus aufgrund eines veränderten Verständnisses von Kultur derzeit durchläuft; Steckenbauer 2004).

Die zweite Dimension betrifft den **Wechsel der Epistemologie** und bezieht sich auf die wissenschafts- und erkenntnistheoretische Grundfrage, wie mit der veränderten Struktur der (freizeit- und tourismusbezogenen) Realität methodologisch verfahren wird. Dahinter verbirgt sich die Skepsis gegenüber szientistisch-positivistischen Wissenschaftsmodellen. Diesen liegt die Annahme zugrunde, dass die kontrollierte Anwendung strikter Methoden Wissenschaft legitimiert, objektive Aussagen bzw. zu Theorien zusammengefasste Aussagensysteme über die Realität, die ihrerseits als unabhängig existent gedacht wird, zu machen und so die wahre Struktur der sozialen Wirklichkeit abzubilden. Vertreter des *cultural turn* halten dagegen, dass Theorien nicht außerhalb der Wirklichkeit existieren, sondern selbst ein Teil davon sind, was in der Freizeit- und Tourismusgeo-

Abb. 24.4.1 Im Wettkampf globaler Tourismusdestinationen ist kulturelles Kapital entscheidender Erfolgsfaktor touristischer Entwicklung auch in Entwicklungsländern, wie hier das Weltkulturerbe der antiken Oasenstadt Palmyra inmitten der syrischen Wüstensteppe (Foto: H. Hopfinger).

graphie insofern besonders augenfällig erscheint, als jeder Forscher immer auch Tourist ist.

Mit der zweiten ist die dritte Dimension, die sich auf konkrete **sozialwissenschaftliche Methoden** bezieht, eng verbunden. Auch hier vollziehen sich in der Freizeit- und Tourismusgeographie insofern deutliche Veränderungen, als die frühere Dominanz quantitativ-standardisierter Verfahren durchbrochen ist und eine breite Palette hermeneutisch-qualitativer Methoden viel an Boden gewinnt. Statt einer objektivierenden Einstellung gemäß szientistisch-positivistischem Wissenschaftsmodell nimmt der Forscher in der Freizeit- und Tourismusgeographie zunehmend die Rolle eines Eintauchenden ein, der zum Beispiel qua teilnehmender Beobachtung, ero-epischen Gesprächen, narrativen oder problemzentrierten Interviews (Kapitel 7.2) methodisch kontrolliertes Fremdverstehen betreibt, raumrelevante Entscheidungen touristischer Akteure hinterfragt, die verborgene Struktur subjektiver Wahrnehmungen und Handlungszusammenhänge im touristischen Kontext aufdeckt oder Sinnzuweisungen und Symbolaufladungen sowie deren räumliche Implikationen dekodiert und dekonstruiert. Wie anders wären sonst die irrwitzigen Vorgänge am berühmt berüchtigten „Ballermann" oder die kühlen Investitionsentscheidungen finanzkräftiger Akteure bei der Neuerschließung von Destinationen zu verstehen?

Die vierte Dimension der Wende hin zu einem stärker kulturwissenschaftlich ausgerichteten Paradigma spiegelt sich in **veränderten Themen und Inhalten** wider, die von Freizeit- und Tourismusgeographen untersucht werden. Im Zuge der eingangs apostrophierten Glokalisierung sind nicht nur neue Destinationen geschaffen worden, sondern es sind auch veränderte Vorstellungen von touristischen Räumen und Orten entstanden. Des-

halb gehört es nach wie vor zum Standardrepertoire dezidiert anwendungsorienterter und praxisbezogener Freizeit- und Tourismusgeographie, regionalwirtschaftlich interessante Freizeit- und Tourismuskonzepte zu erstellen und bei ihrer Umsetzung zu begleiten, Marktanalysen und Einzugsbereichsuntersuchungen touristischer Einrichtungen durchzuführen oder konkretes Destinationsmanagement zu betreiben, um nur einiges aus der Alltagspraxis zu nennen. In der wissenschaftlichen Auseinandersetzung gewinnen jedoch Aspekte zunehmend größeres Interesse, wie sie oben bei der ersten Dimension angedeutet wurden. Es ist eine Vielzahl von Themen und Inhalten, die ein breites Spektrum abdecken. Sie werden vor allem von jüngeren Freizeit- und Tourismusgeographen bearbeitet und können hier nicht im Einzelnen wiedergegeben werden (siehe hierzu die einschlägigen **Literaturdatenbanken**, z. B. „geodok" aus dem Erlanger Institut für Geographie oder auch die Doktorandendatenbank des Arbeitskreises der Freizeit- und Tourismusgeographen und der Deutschen Gesellschaft für Tourismuswissenschaft, DGT).

Die nur kurz angesprochene Vielfalt neuer Themen und Inhalte in der Freizeit- und Tourismusgeographie soll hier unter dem Oberbegriff der kulturellen Differenz und der imaginierten touristischen Räume und Orte (oder auch der Nicht-Orte, Küblböck 2005) gefasst werden. Vor dem Hintergrund des weltweit nach wie vor boomenden Freizeit- und Tourismussektors mag darin (Soyez 2006) eine Vorstellung von Geographie als *space as social relations „stretched out"* oder als *relational geography* im Sinne von Massey (1995, Bathelt & Glückler 2003) zum Tragen kommen, die zeigt, dass Reisen zu einer erheblichen Intensivierung distanzüberwindender transnationaler und transkultureller Verknüpfungen beitragen, durch Reisen neue Räume aufgespannt wer-

Abb. 24.4.2 Spektakuläre Landschaften und Naturkulissen wie das Wadi Rum in Jordanien sind nicht nur bloße Bühne, sondern unverzichtbare Grundlage für die touristische Inwertsetzung und Nutzung (Foto: H. Hopfinger).

den sowie auf den verschiedenen räumlichen Maßstabsebenen neue Interaktionsmuster entstehen.

Eine solche Konzeption von Geographie bzw. Freizeit- und Tourismusgeographie weist viele Ähnlichkeiten mit Perspektiven auf, die zum Beispiel aus der Anthropologie (Konzept der *scapes* im Sinne von Appadurai 1990, Steinecke 2000), der Soziologie (*space of flows* bzw. *global fluids* im Sinne von Urry 2003), aber auch der modernen Managementlehre (kulturelle Praxis der Aufbereitung und Kommodifizierung von Räumen

und Orten zu Destinationen für den touristischen Konsum, Interkulturalität als tourismuswirtschaftlicher Erfolgsfaktor; Scherle 2006) stammen. Auf diese Weise bleibt das Fach auf dem Weg über dieses dritte, stärker kulturwissenschaftlich ausgerichtete Paradigma anschlussfähig an die durchaus machtvoll vorgetragenen Diskurse um (touristische) Räume und Orte und die damit verbundenen Theorien und Erklärungsansätze in anderen Disziplinen.

 **Fazit**

Tourismus ist heute weltweit in vielen Ländern ein wichtiger und ernst zu nehmender Wirtschaftsfaktor geworden. Insbesondere in den Gesellschaften der westlichen Moderne haben in den Nachkriegsjahrzehnten die zunehmenden Urlaubs- und Freizeitanteile sowie steigende Einkommen die Herausbildung einer „Freizeitgesellschaft" vorangetrieben. In den späten 1980er- und vor allem in den 1990er-Jahren explodierte dann der weltweit ohnehin schon boomende Freizeit- und Reisemarkt in einer Vielzahl neuer Angebotsformen und Nachfragestrukturen. Doch der internationale Reiseverkehr, der trotz weltweiter Banken- und Finanzkrise des Jahres 2009 weiter kräftig wächst, entwickelt sich immer stärker weg von der früher prägenden Einbahnstraße von Reisenden, die vorwiegend aus dem Westen stammten und exotische Fernreiseziele ansteuerten. Es entstehen neue, mehrspurige Fernstraßen mit rasant wachsendem Verkehr auf der Gegenfahrbahn. Menschen aus verschiedensten Kulturkreisen treten zunehmend in Kontakt und

nehmen immer häufiger sowohl die Rolle der Reisenden als auch der Bereisten ein.

Das spezifische Interesse der Freizeit- und Tourismusgeographie, die eine der jüngeren Teildisziplinen der Geographie ist, gilt den raumbezogenen Dimensionen dieser Entwicklungen in Freizeit und Tourismus. Bezugspunkt der Analysen ist dabei der Mensch als handelndes Wesen, sei es als Reisender bzw. Tourist, sei es als Anbieter im Rahmen eines privaten touristischen Unternehmens oder als Akteur in einer freizeit- und tourismusrelevanten öffentlichen Institution. Als Untersuchungsschwerpunkte der Freizeit- und Tourismusgeographie gelten neben der Nachfrageanalyse und der Untersuchung der Reiseverkehrsströme die in den Quell- und Zielräumen des Reisens vorhandenen natürlichen oder vom Menschen geschaffenen Strukturen sowie die von reisenden oder ortsansässigen Menschen in diesen Räumen ausgelösten Prozesse und Veränderungen.

Weiterführende Literatur

Benthien B (1997) Geographie der Erholung und des Tourismus. Gotha, Klett-Perthes

Bieger Th (2004) Tourismuslehre. Ein Grundriss. Bern, Stuttgart, Wien, Haupt Verlag

Freericks R, Hartmann R, Stecker B (2010) Freizeitwissenschaft. Handbuch für Pädagogik, Management und nachhaltige Entwicklung. München, Wien, Oldenbourg

Freyer W (1998) Globalisierung und Tourismus. Dresden

Freyer W (2009) Tourismus. Einführung in die Fremdenverkehrsökonomie. München, Wien, Oldenbourg

Hahn H, Kagelmann H-J (Hrsg) (1993) Tourismuspsychologie und Tourismussoziologie. Ein Handbuch zur Tourismuswissenschaft. München, Quintessenz

Hasse J (1988) Tourismusbedingte Probleme im Raum. In: Geographie und Schule (53): 12–18

Hofmeister B, Steinecke A (Hrsg) (1984) Geographie des Freizeit- und Fremdenverkehrs. Erträge der Forschung, Bd. 592. Darmstadt, Wissenschaftliche Buchgesellschaft

Hopfinger H (2003) Geographie der Freizeit und des Tourismus. Versuch einer Standortbestimmung. In: Becker C, Hopfinger H, Steinecke A (Hrsg) Geographie der Freizeit und des Tourismus. Bilanz und Ausblick. München, Wien, Oldenbourg. 1–24

Kallasch A (2000) Urlaub am Ballermann. Eine Beobachtungsstudie an der Playa de Palma, Mallorcas Badestrand Nr. 1. Eichstätter Materialien zur Tourismusforschung, H. 2. Eichstätt

Kolland F (2003) Reisen in die Ferne. Zwischen Unterwerfung, Kommodifizierung und Suche nach Authentizität. In: Faschingeder G, Kolland F, Wimmer F (Hrsg) Kultur als umkämpftes Terrain. Paradigmenwechsel in der Entwicklungspolitik? Wien, Promedia. 101–121

Krippendorf J (1975) Die Landschaftsfresser. Tourismus und Erholungslandschaft – Verderben oder Segen? Bern, Stuttgart, Hallwag

Kulinat K, Steinecke A (1984) Geographie des Freizeit- und Fremdenverkehrs. Erträge der Forschung, Bd. 212. Darmstadt, Wissenschaftliche Buchgesellschaft

Mundt J (1998) Einführung in den Tourismus. München, Wien, Oldenborug

Popp H (2001) Freizeit- und Tourismusforschung in der Geographie. Neuere Trends und Ansätze. In: Popp H (Hrsg) Neuere Trends in Tourismus und Freizeit. Wissenschaftliche Befunde – unterrichtliche Behandlung – Reiseerziehung im Erdkundeunterricht. Bayreuther Kontaktstudium Geographie, Bd. 1. Passau, LIS-Verlag. 19–25

Shaw G, Williams AM (1994) Critical Issues in Tourism. A Geographical perspective. Oxford, Blackwell

Thiem M (1994) Tourismus und kulturelle Identität. Die Bedeutung des Tourismus für die Kultur touristischer Ziel- und Quellgebiete. Berner Studien zu Freizeit und Tourismus, Bd. 30. Bern, Hamburg

Vorlaufer K (1996) Tourismus in Entwicklungsländern. Möglichkeiten und Grenzen einer nachhaltigen Entwicklung durch Fremdenverkehr. Darmstadt, Wissenschaftliche Buchgesellschaft

Wöhler K (1999) Kulturangebot zwischen Authentizität und Inszenierung. Kommt der raumlose Tourismus? Materialien zur Angewandten Tourismuswissenschaft, N.F. Bd. 28. Lüneburg

Wolf K, Jurczek P (1986) Geographie der Freizeit und des Tourismus. Stuttgart, UTB Ulmer

Zitierte Literatur

Appadurai A (1990) Disjuncture and Difference in the Global Cultural Economy. In: Featherstone M (ed) Global Culture. Nationalism, Globalization and Modernity. London, Newbury Park, New Delhi, Sage. 295–310

Arlt W, Freyer W (2008) Deutschland als Reiseziel chinesischer Touristen. Chancen für den deutschen Reisemarkt. München, Wien, Oldenbourg

Augé M (2010) Nicht-Orte. München, Beck

Barker R (1968) Ecological psychology. Concepts and methods for studying the environment of human behavior. Stanford, University Press

Bathelt H, Glückler J (2003) Wirtschaftsgeographie. Ökonomische Beziehungen in räumlicher Perspektive. Stuttgart, UTB Ulmer

Beck U (1986) Risikogesellschaft. Auf dem Weg in eine andere Moderne. Frankfurt, Suhrkamp

Becker C, Job H, Witzel A (1996) Tourismus und nachhaltige Entwicklung. Grundlagen und praktische Ansätze für den mitteleuropäischen Raum. Darmstadt, Wissenschaftliche Buchgesellschaft

Blotevogel H-H, Deilmann B (1989) „World Tourist Center" Oberhausen. Aufstieg und Fall der Planung eines Megazentrums. In: Geograph. Rundschau 41 (11): 640–645

Blotevogel H-H (2003) „Neue Kulturgeographie" – Entwicklung, Dimensionen, Potenziale und Risiken einer kulturalistischen Humangeographie. In: Berichte zur Deutschen Landeskunde 77 (1): 7–34

Buttler RW (1980) The concept of a tourist area cycle of evolution: Implications for management resources. In: Canadian Geographer XXIV (1): 5–12

Christaller W (1955) Beiträge zu einer Geographie des Fremdenverkehrs. In: Erdkunde IX (1): 1–19

Deutsche Gesellschaft für Freizeit (DGF) (1988) Freizeitdaten. Erkrath

Deutscher Tourismusverband e.V. (DTV) (2010) Zahlen, Daten, Fakten – Tourismus in Deutschland 2010. Bonn

Enzensberger H-M (1958) Vergebliche Brandung der Ferne. Eine Theorie des Tourismus. In: Merkur XII (8)

Freyer W (1995) Tourismus. Einführung in die Fremdenverkehrsökonomie. München, Wien, Oldenbourg

Forschungsgemeinschaft Urlaub und Reisen e.V. (F.U.R.) (2010) Die Urlaubsreisen der Deutschen. Kurzfassung Reiseanalyse 2010. Kiel

Gesellschaft für Wirtschaftliche Strukturforschung (GWS) (2003) Einführung eines Tourismussatellitensystems in Deutschland. Osnabrück

Fortsetzung

Fortsetzung

Gormsen E (1996) Tourismus in der Dritten Welt – Ein Überblick über drei Jahrzehnte kontroverser Diskussion. In: Meyer G, Thimm A (Hrsg) Tourismus in der Dritten Welt. Mainz. 11–46

Gregory D (1995) Imaginative geographies. In: Progress in Human Geography, Band 19, Heft Nr. 4: 447–485

Hennig C (1997) Reiselust. Touristen, Tourismus und Urlaubskultur. Leipzig, Insel

Hlavin-Schulze K (1998) Man reist ja nicht, um anzukommen. Reisen als kulturelle Praxis. Frankfurt, New York, Campus

Job H, Paesler R, Vogt L (2005) Geographie des Tourismus. In: Schenk W, Schliephake K (Hrsg) Allgemeine Anthropogeographie. Gotha, Stuttgart, Klett-Perthes. 581–628

Kaminske V (1977) Zur Anwendung eines Gravitationsansatzes im Naherholungsverkehr. In: Zeitschrift für Wirtschaftsgeographie 21 (4): 104–107

Kaspar C (1991) Die Tourismuslehre im Grundriss. St. Galler Beiträge zum Tourismus und zur Verkehrswirtschaft, Reihe Tourismus, Bd. 1. Bern, Stuttgart, Wien, Haupt

Küblböck S (2005) Urlaub im Club – Zugänge zum Verständnis künstlicher Ferienwelten. Eichstätter Tourismuswissenschaftliche Beiträge, Bd. 5. Eichstätt, Profil

Kulinat K (2003) Tourismusnachfrage: Motive und Theorien. In: Becker C, Hopfinger H, Steinecke A (Hrsg) Geographie der Freizeit und des Tourismus. Bilanz und Ausblick. München, Wien, Oldenbourg. 97–111

Losang E (2000) Umweltgütesiegel und Produktkennzeichnung im Tourismus. In: Institut für Länderkunde (Hrsg) Nationalatlas der Bundesrepublik Deutschland. Band 10, Freizeit und Tourismus. Heidelberg, Berlin, Spektrum Akad. Verlag. 140–143

Massey D (1995) The conceptualization of place. In: Massey D, Jess P (eds) A Place in the World? Places, cultures and globalization. Oxford. 45–85

Reeh T (2005) Der Wunsch nach Urlaubsreisen in Abhängigkeit von Lebenszufriedenheit und Sensation Seeking. Entwicklung und Anwendung eines Modells der Urlaubsreisemotivation. Diss., Göttingen

Ritzer G (1997) Die McDonaldisierung der Gesellschaft. Frankfurt, Fischer

Robinson HA (1976) Geography of Tourism. Plymouth, Macdonald and Evans

Romeiß-Stracke F (2003) Abschied von der Spaßgesellschaft. Freizeit und Tourismus im 21. Jahrhundert. Mit bissigen Randbemerkungen von Karl Born. Amberg, Büro Wilhelm. Verlag

Rothfuß E (2004) Ethnotourismus. Wahrnehmung und Handlungsstrategien der pastoralnomadischen Himba (Namibia). Ein hermeneutischer, handlungstheoretischer und methodischer Beitrag aus sozialgeographischer Perspektive. Passauer Schriften zur Geographie Band 20. Passau

Scherle N (2006) Bilaterale Unternehmenskooperationen im Tourismussektor vor dem Hintergrund ausgewählter Erfolgsfaktoren. Management International Review Edition. Wiesbaden

Schmid H (2009) Economy of Fascination. Dubai and Las Vegas as Themed Urban Landscapes. Berlin, Stuttgart, Gebrüder Borntraeger

Schmude J, Namberger Ph (2010) Tourismusgeographie. Darmstadt, Wissenschaftliche Buchgesellschaft

Schulze G (1992) Die Erlebnisgesellschaft. Kultursoziologie der Gegenwart. Frankfurt, New York, Campus

Soyez D (2006) Europäische Industriekultur als touristisches Destinationspotenzial. In: Zeitschrift für Wirtschaftsgeographie

Spörel U (2005) Inlandstourismus 2004: Mehr Gäste bei stagnierenden Übernachtungen. Ergebnisse der Beherbergungsstatistik. In: Wirtschaft und Statistik (4): 354–364

Steckenbauer C (2004) Kulturtourismus und kulturelles Kapital. Die feinen Unterschiede des Reiseverhaltens. In: TRANS, Internet-Zeitschrift für Kulturwissenschaften (15)

Steinbach J (2003) Tourismus. Einführung in das räumlich-zeitliche System. München, Wien, Oldenbourg

Steinecke A (2000) Auf dem Weg zum Hyperkonsumenten: Orientierungen und Schauplätze. In: Isenberg W, Sellmann M (Hrsg) Konsum als Religion? Über die Verzauberung der Welt. Mönchengladbach

Steinecke A (2006) Tourismus. Eine geographische Einführung. Braunschweig, Bildungshaus Schulbuchverlage

Steinecke A (2007) Kulturtourismus. Marktstrukturen, Fallstudien, Perspektiven. München, Wien, Oldenbourg

Urry J (1990 sowie 2002) The Tourist Gaze. Leisure and Travel in Contemporary Societies. London, Sage

Urry J (2003) Global complexities. Oxford

Uthoff D (1988) Tourismus und Raum. Entwicklung, Stand und Aufgaben geographischer Tourismusforschung. In: Geographie und Schule (53): 2–12

Vorlaufer K (2000) Auslandsreisen der Deutschen. In: Institut für Länderkunde (Hrsg) Nationalatlas der Bundesrepublik Deutschland. Band 10, Freizeit und Tourismus. Heidelberg, Berlin, Spektrum Akademischer Verlag. 100–103

World Tourism Organization (WTO) (Hrsg) (1990) Tourism: 2020 Vision. Executive Summary Updated. Madrid

World Tourism Organization (WTO) (Hrsg) (2004) Tourism Market Trends. 2004 Edition. Madrid

World Tourism Organization (WTO) (2010) Facts and Figures (http://www.world-tourism.org/facts/menu.html; Zugriff am 30.10.2010)

World Travel & Tourism Council (WTTC) (2010) World Travel & Tourism Sowing the Seeds of Growth. The 2005 Travel & Tourism Economic Research (http://www.wttc.org/2005tsa/pdf/World.pdf; Zugriff am 30.10.2010)

Zimmers B (1995) Geschichte und Entwicklung des Tourismus. Trierer Tourismus Bibliographien, Bd. 7. Trier

Verkehrssysteme werden in der Verkehrsgeographie als Mobilitätsangebote aufgefasst. Ihr Wechselspiel mit der Mobilitätsnachfrage zu analysieren sowie zu ihrer Weiterentwicklung beizutragen, bildet eine zentrale Herausforderung für anwendungsorientierte Verkehrsgeographie (Foto: DB AG/Schmid).

Kapitel 25
Verkehrsgeographie

ANDREAS KAGERMEIER

Stau auf der Autobahn, verpasste Anschlusszüge bei der Bahn, ein platter Fahrrad-reifen, von parkenden Autos versperrte Gehwege oder ein verspätet ausgeliefertes Paket – fast jeden Tag werden wir mit Problemen der Verkehrsteilnahme konfron-tiert. Aus diesem Grund sind das Verkehrsgeschehen und dessen Organisation auch immer wieder Gegenstand der öffentlichen Diskussion.

Gleichzeitig stellt Verkehrsteilnahme eine der zentralen Grundlagen für das Funktionieren der Wirtschaft und die Befriedigung privater Bedürfnisse dar. Das Unterwegssein von Menschen und der Transport von Waren – bzw. auch von Infor-mationen – ist dabei weniger Selbstzweck, sondern dient der Verbindung zwischen Orten, an denen unterschiedliche Aktivitäten wie Wohnen, Arbeiten, Lernen, Pfle-gen sozialer Kontakte, Erholen, Produzieren oder Konsumieren stattfinden.

Gegenstand der Verkehrsgeographie ist damit ein breites Feld von teilweise sehr unterschiedlichen Ansätzen und Fragestellungen – von der Analyse der Verkehrs-nachfrage und der diese beeinflussenden Dimensionen über die Rahmenbedingun-gen und Gestaltung eines Verkehrsinfrastrukturangebotes bis zu den Wechselbe-ziehungen zwischen raumstrukturellen Entwicklungen und den davon beeinflussten angebots- und nachfrageseitigen Reaktionen.

Diese ganz unterschiedlichen Blickwinkel, die von den psychosozialen Aspekten der Entscheidungsfindung auf der Individualebene über die organisatorischen, technischen, juristischen und politischen Aspekte der Angebotsgestaltung bis hin zur räumlichen Analyse der Entwicklung unterschiedlicher Funktionen reichen, bedingen eine intensive Bezugnahme zu Konzepten und Ansätzen, die in den benachbarten Teildisziplinen der Geographie und den Nachbarwissenschaften ent-wickelt und angewandt werden. Da Verkehr gleichzeitig auch ganz unterschied-lichen Zwecken dient – vom Wirtschafts- und Güterverkehr über den Berufs- und Einkaufsverkehr bis hin zum Freizeit- und Urlaubsverkehr – bestehen auch hier Bezüge zu vielen Nachbardisziplinen. Geographische Mobilitäts- und Verkehrsfor-schung ist damit sehr in einen transdisziplinären Diskurs eingebunden und stellt eine stark anwendungsorientierte geographische Teildisziplin dar.

25.1 Entwicklungslinien der Verkehrsgeographie

Die geographische Teildisziplin Verkehrsgeographie war in den letzten Jahrzehnten von einem ausgeprägten Wandel gekennzeichnet. Ursprünglich haben sich verkehrsgeographische Ansätze aus der Wirtschaftsgeographie und der Siedlungsgeographie heraus entwickelt und stehen auch heute noch in enger Beziehung zu diesen Teildisziplinen. Bis zur Mitte des 20. Jahrhunderts wurde Verkehrsgeographie primär als Teilaspekt der Wirtschaftsgeographie angesehen. In den wirtschaftsgeographischen Standorttheorien (z. B. Thünen'sche Ringe oder Zentrale-Orte-Konzept) waren die Bedingungen der Raumüberwindung als zentrale Parameter wirtschaftlicher Entwicklung identifiziert worden. Dementsprechend standen Fragen nach den Auswirkungen von Raumerschließung durch Verkehrsinfrastruktur, Transportkosten und daraus entwickelte Modelle der Raumerschließung im Vordergrund, wobei das **Hauptaugenmerk auf dem Güterverkehr** lag.

Die wirtschaftliche Entwicklung und die zunehmende räumliche Trennung von Funktionen wie Arbeiten, Wohnen oder Gestalten von Freizeit nach dem Zweiten Weltkrieg führten dazu, dass bei insgesamt stark steigenden Verkehrsvolumina der Personenverkehr relativ an Bedeutung gewonnen hat. Der Personenverkehr innerhalb von Siedlungen oder funktional stark verflochtenen Raumeinheiten (z. B. Verdichtungsräumen) rückte deshalb in den Vordergrund (z. B. Pendlerverflechtungsbeziehungen). Methodisch-konzeptionell wurde diese zweite Phase der Verkehrsgeographie in den 1970er-Jahren stark vom sozialgeographischen Ansatz der Münchener Schule der Sozialgeographie beeinflusst (Kapitel 16). Dabei wurde für die Verkehrsgeographie in Weiterentwicklung des bereits auf Christaller zurückgehenden funktionalen Ansatzes eine neue Betrachtungsweise eingeführt, die **„Verkehrsteilnahme" als eine Basisfunktion** versteht, der eine Bedeutung zur Verknüpfung der anderen Daseinsgrundfunktionen zukommt (Abb. 25.1.1). Die Analyse von aktionsräumlichen Verflechtungen und der Verkehrsmittelwahl für unterschiedliche Verkehrszwecke wie Berufsverkehr, Einkaufsverkehr oder Freizeitverkehr nahm lange Zeit einen großen Stellenwert bei verkehrsgeographischen Arbeiten ein.

Die Ressourcendiskussion der 1970er-Jahre („Grenzen des Wachstums") und die verkehrsbedingten Belastungen führten auch in der Verkehrsgeographie zu neuen Fragestellungen, die als dritte Phase der Verkehrsgeographie verstanden werden. Nachdem lange Zeit die

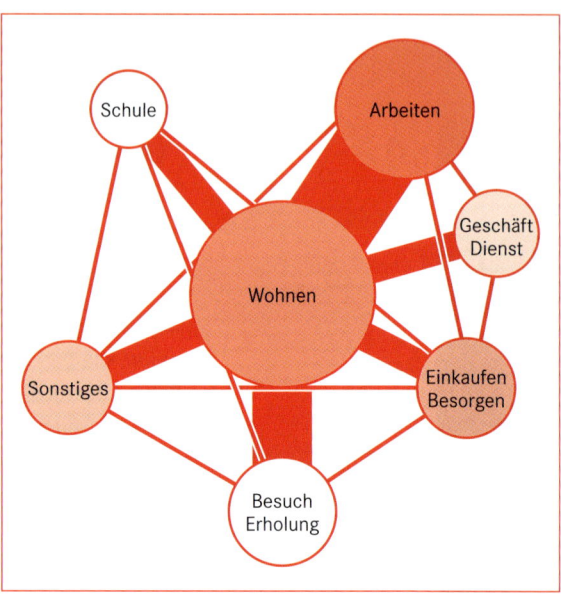

Abb. 25.1.1 Rolle des Verkehrs zur Verbindung von Grunddaseinsfunktionen.

darstellende Beschreibung von Verkehrsbeziehungen und der Verkehrsinfrastruktur oder die betriebswirtschaftlich orientierte Optimierung von Warenströmen im Mittelpunkt standen, ist die Verkehrsgeographie seither an der **Suche nach Konzepten** zu einem unter dem Gesichtspunkt der **Nachhaltigkeit** möglichst verträglichen Verkehr beteiligt (Abb. 25.1.2). Entsprechend der Ausrichtung in den übrigen Verkehrswissenschaften dominierten bis Anfang der 1990er-Jahre Lösungsansätze durch Gestaltung der Angebotsseite des Verkehrssystems. Schwerpunkte waren dabei:

- im Personenverkehr Maßnahmen zur Vermeidung und Verlagerung des motorisierten Individualverkehrs auf andere Verkehrsarten unter Berücksichtigung sozialwissenschaftlicher Mobilitätsanalysen
- im Güterverkehr Konzepte zur Überwindung verkehrsintensiver Absatz- und Produktionsverflechtungen (mit Just-in-Time-Systemen) und weitgehende Verlagerung notwendiger Gütertransporte von der Straße auf die Schiene durch kombinierten Verkehr
- Klärung der räumlichen Erschließungswirkungen (Erreichbarkeit) und der regionalwirtschaftlichen Effekte beim Ausbau der Verkehrsinfrastruktur
- Maßnahmen im städtischen Bereich wie fußgängerfreundliche Gestaltung von Innenstädten beispielsweise durch Fußgängerzonen, Maßnahmen zur Verkehrsberuhigung in Wohnquartieren oder Reduzierung des städtischen Wirtschaftsverkehrs durch Stadtlogistik

Abb. 25.1.2 Zu einem unter dem Gesichtspunkt der Nachhaltigkeit möglichst verträglichen Verkehr gehört eine entsprechende Gestaltung der Angebotsseite des Verkehrssystems wie beispielsweise die Verlagerung von der Schiene auf die Straße im Gütertransport (links) oder „Park+Ride"-Angebote mit speziellen Parkplätzen an den Endhaltestellen des Öffentlichen Personennahverkehrs (rechts, Fotos: DB AG/Schmid, Jürgen Burmeister).

- Optimierung von Verkehrsabläufen durch Anwendung der Telematik

Auch die technologische Weiterentwicklung im Bereich Kommunikation zur Substitution und Ergänzung materieller Verkehrsbeziehungen ist inzwischen zu einem Gegenstand der Verkehrsgeographie geworden. Damit gewannen Fragen nach der Entstehung von Verkehrs- und Mobilitätsbedürfnissen erheblich an Bedeutung. Verkehr wird dabei als Produkt multifaktorieller Einflüsse verstanden. Zu diesen gehören die fiskalischen Rahmenbedingungen ebenso wie raumstrukturelle Gegebenheiten, wahrnehmungspsychologische Grundlagen von individuellen Entscheidungen oder gesamtgesellschaftliche Werte und Normen (Abb. 25.1.3).

Die Vielzahl der Faktoren, die für die Entstehung und Ausprägung von Verkehr in seinen unterschiedlichen Formen relevant sind, bedeutet, dass die Verkehrsgeographie als Teil der Verkehrswissenschaften in einem intensiven Austausch mit anderen Disziplinen steht. Mobilitätsforschung ist heute in starkem Maß **interdisziplinär** ausgerichtet bzw. kann teilweise auch als ein die klassischen Wissenschaftsdisziplinen übergreifendes transdisziplinäres Forschungsfeld verstanden werden. Im Zusammenhang damit steht, dass die Verkehrsgeographie in den letzten Jahren sich mehr und mehr zu einer **problemorientierten Teildisziplin** entwickelt hat. Während in früheren Phasen die Analyse des Verkehrsgeschehens im Mittelpunkt verkehrsgeographischen Arbeitens stand, haben in den letzten Jahren Ansätze zur Gestaltung und Beeinflussung des Verkehrsgeschehens erheblich an Bedeutung gewonnen (Abb. 25.1.4). Problemorientierte Forschung ist als integrierter Ansatz zu verstehen, bei dem die Suche nach Ursachen von Prob-

lemen, das Entwickeln von Problemlösungsansätzen sowie deren Umsetzung und Evaluierung in einem gemeinsamen Kontext stehen. Da angesichts der Vielzahl von Einflussfaktoren monokausale Interventionsstrategien im Verkehrsbereich zu kurz greifen, sind umfassende, disziplinübergreifende integrierte Konzepte für Lösungsansätze gefragt. Mit der Problemorientierung verlieren auch früher bedeutsamere Grenzen zwischen stärker theoretisch und mehr praktisch orientiertem Arbeiten an Bedeutung. Bei problemorientierter

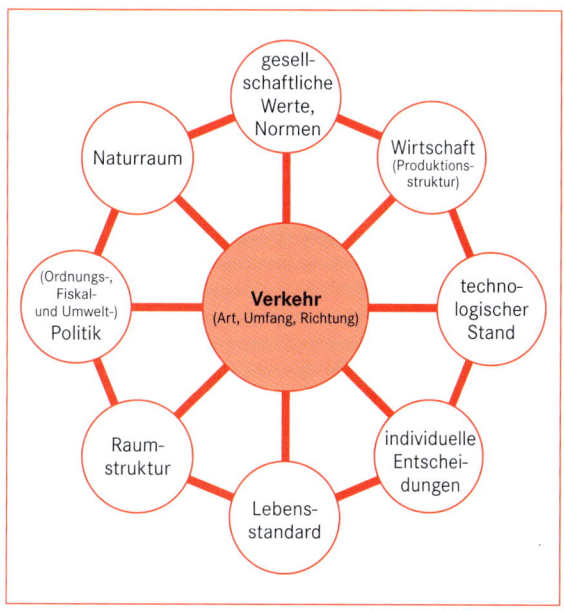

Abb. 25.1.3 Beziehungsgefüge wichtiger Faktoren für die Entstehung von Verkehr.

Exkurs 25.1.1

Mobilität und Verkehr – zwei Seiten der gleichen Medaille

Mobilität wird ausgelöst von Bedürfnissen, die nicht vor Ort befriedigt werden können. Zu deren Befriedigung sind Ortsveränderungen nötig, um Angebote und Leistungen an anderen Orten in Anspruch nehmen zu können, oder es sind Waren zu transportieren. Die zur Ortsveränderung benutzten Instrumente (Fuß, Fahrrad, Auto, Bus, Bahn, Flugzeug, Schiff) werden Verkehrsmittel genannt. Die mit Verkehrsmitteln realisierten Ortsveränderungen stellen das konkrete Verkehrsgeschehen dar.

Die Aufgabe von Verkehr ist also die Befriedigung von menschlichen Bedürfnissen. Wie diese Bedürfnisse in konkrete verkehrliche Ortsveränderungen umgesetzt werden (Entfernung, benutzte Verkehrsmittel), beeinflusst eine Vielzahl von Faktoren.

Das Verkehrsaufkommen wird in Personen, Fahrzeugen oder Tonnen gemessen, der Verkehrsaufwand (oder die Verkehrsleistung) in Personen-, Fahrzeug- oder Tonnenkilometern. Mobilität wird in Aktivitäten oder – sofern messbar – in Bedürfnisbefriedigungen gemessen.

Legt eine Person an einem Tag 400 km zur Erledigung eines Bedürfnisses zurück, stellt dies dementsprechend zwar einen vergleichsweise hohen Verkehrsaufwand, aber eine niedrige Mobilität dar. Umgekehrt bedeutet die Zurücklegung von 5 km zur Befriedigung von vier Bedürfnissen eine hohe Mobilität bei einem geringen Verkehrsaufwand (Becker et al. 1999).

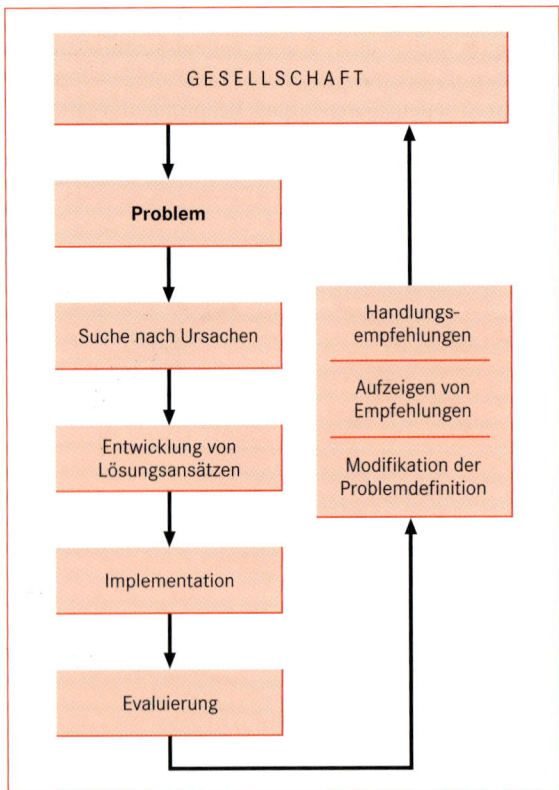

Abb. 25.1.4 Verkehrsgeographie als problemorientierte Forschung im Wechselspiel zwischen Analyse und Umsetzung.

Forschung lassen sich Grundlagen- und angewandte Forschung nicht mehr eindeutig unterscheiden. Eher theoretisch und eher anwendungsbezogene Fragestellungen werden in fließenden Kombinationen jeweils problembezogen neu kombiniert.

Seit Anfang der 1990er-Jahre zeichnet sich in den Verkehrswissenschaften nach der starken Konzentration auf die Angebotsseite (d. h. das Verkehrssystem) mehr und mehr ein Paradigmenwechsel bei der Wahl der Gestaltungsmaßnahmen ab, mit dem verstärkt auch die Nachfrageseite berücksichtigt wird. Einerseits stießen die primär auf den Bau von Infrastruktur setzenden Ansätze an ihre Finanzierbarkeitsgrenzen. Gleichzeitig setzte sich mehr und mehr die Einsicht durch, dass es eben nicht ausreicht, das „beste ÖPNV-Angebot" vorzuhalten, wenn die Information darüber nicht an den potenziellen Kunden gebracht wird. Darüber hinaus gewann auch die Diskussion über die „Genese" von Verkehrsbedürfnissen zunehmend an Bedeutung und damit das Bewusstsein, dass auch die **Vermeidung von Verkehr** stärker in die Diskussion einzubeziehen ist (Dalkmann et al. 2004). Diese Neuorientierung hin auf ein **integriertes Mobilitätsmanagement** kann als aktuelle vierte Phase der Verkehrsgeographie bezeichnet werden.

25.2 Grundlagen für verkehrsgeographisches Arbeiten

Zentrale quantitative Basisinformationen für den Verkehrsbereich stellt auf nationaler Ebene das BMVBS (Bundesministerium für Verkehr, Bau und Stadtentwicklung) jährlich in der **Datensammlung „Verkehr in Zahlen"** zur Verfügung. Für den Personenverkehr sind dabei beispielsweise *Modal-Split*-Angaben (Exkurs 25.2.1) für das Verkehrsaufkommen und die Verkehrsleistung enthalten (Abb. 25.2.1). Diese Angaben basieren neben den Kundenzahlen der öffentlichen Verkehrsunternehmen auf einer Reihe weiterer Angaben zum Verkehrsgeschehen, auf deren Basis eine Hochrechnung des (statistisch nicht flächendeckend erfassten) motorisierten und nichtmotorisierten Individualverkehrs erfolgt.

Dabei zeigen diese Globalzahlen deutlich, dass der private Pkw das dominierende Verkehrsmittel in der Bundesrepublik darstellt. Der Motorisierte Individualverkehr (MIV) hat in den letzten Jahrzehnten erheblich an Bedeutung gewonnen (Abb. 25.2.2), wobei insbesondere Rad- und Fußwege durch Autofahrten substituiert worden sind. Dieses deutliche Wachstum der MIV-Anteile ist – auch als Ergebnis von entsprechenden Steu-

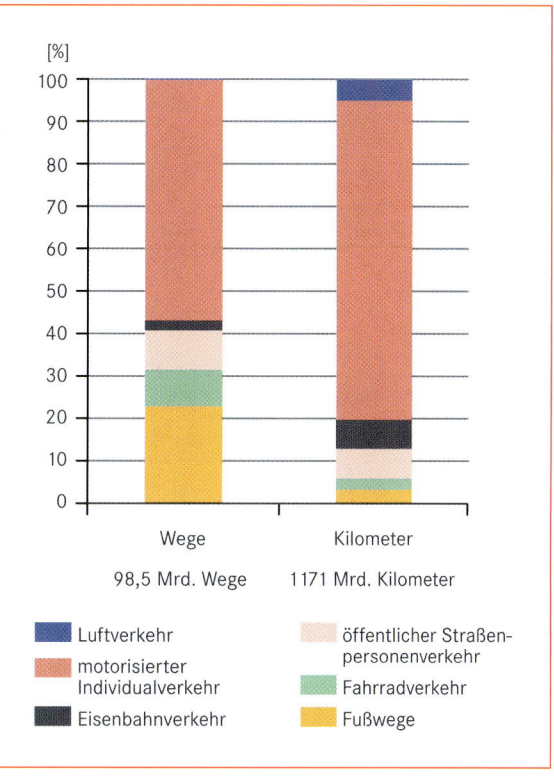

Abb. 25.2.1 *Modal Split* im Personenverkehr in der Bundesrepublik Deutschland im Jahr 2007 für Verkehrsaufkommen und Verkehrsleistung (nach Daten des BMVBS 2009).

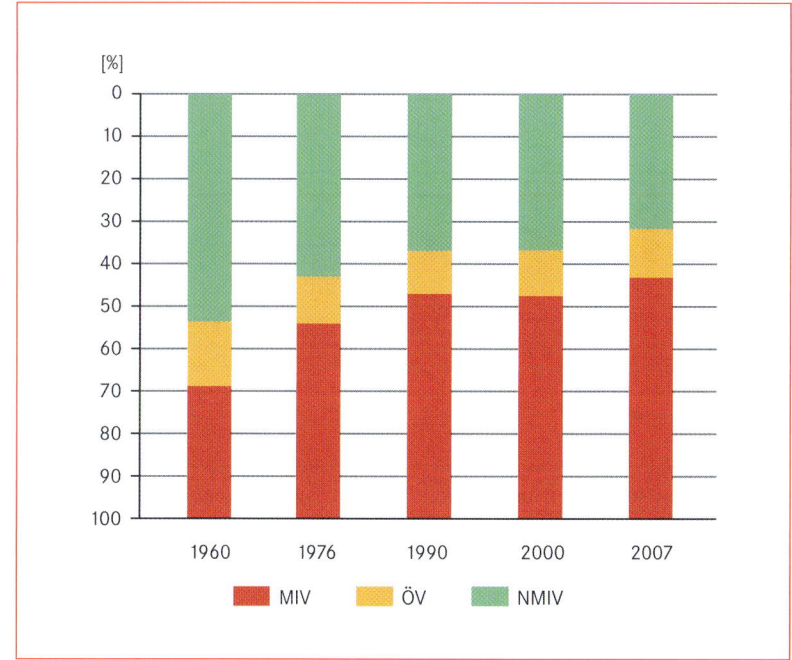

Abb. 25.2.2 Anteile der Verkehrsmittel (MIV = Motorisierter Individualverkehr, NMIV = Nichtmotorisierter Individualverkehr, ÖV = Öffentlicher Verkehr) am Verkehrsaufkommen im Personenverkehr der Bundesrepublik Deutschland zwischen 1960 und 2007 (nach Daten des BMVBS diverse Jahrgänge).

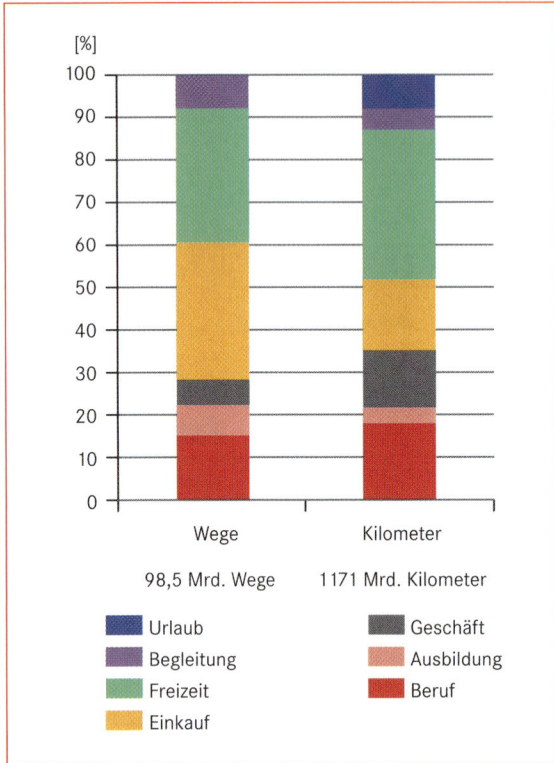

Abb. 25.2.3 Wegezwecke im Personenverkehr in der Bundesrepublik Deutschland im Jahr 2007 für Verkehrsaufkommen und Verkehrsleistung (nach Daten des BMVBS 2009).

erungsansätzen – seit den 1990er-Jahren zwar etwas abgeschwächt worden, aber immer noch nicht zum Stillstand gekommen. Dabei ist die Zahl der täglich zurückgelegten Wege über diesen Zeitraum im Wesentlichen gleich geblieben und liegt (als Faustgröße) bei etwa drei Wegen pro Person und Tag.

Die Ausweisung der Anteile von einzelnen Fahrtzwecken basiert ebenfalls im Wesentlichen auf repräsentativen Stichprobenerhebungen, wie beispielsweise auf der in den Jahren 2002 und 2008 durchgeführten **Erhebung „Mobilität in Deutschland"**, aufgrund derer Angaben für die gesamte Bundesrepublik hochgerechnet werden. Während inzwischen Berufswege nur noch mit etwa einem Fünftel zum Verkehrsaufkommen und dem Verkehrsaufwand beitragen, entfallen inzwischen fast zwei Fünftel aller Wege und aller Kilometer auf den Freizeitverkehr (Abb. 25.2.3). Dieses Verkehrssegment wies bis Anfang der 1990er-Jahre eine erhebliche Dynamik auf, die der zunehmenden Bedeutung von Freizeit und Urlaub in der Gesellschaft entsprach. Inzwischen sind allerdings auch hier deutliche Sättigungsphänomene zu erkennen.

Mit der seit den 1960er-Jahren abgelaufenen fast flächendeckenden Motorisierung der privaten Haushalte, bei der die Zahl der Pkw von knapp 9 Millionen im Jahr 1960 auf 41 Millionen im Jahr 2009 zunahm (BMVBS 2009), war auch eine Zunahme des Verkehrsaufwands verbunden (Abb. 25.2.4). Bei nahezu konstanter Wege-

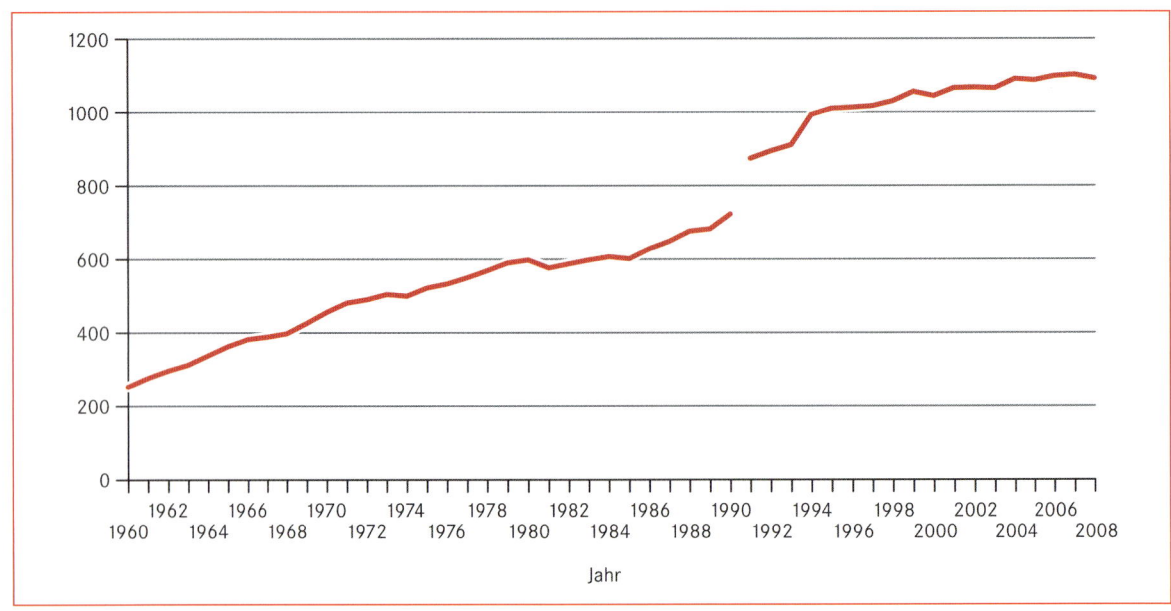

Abb. 25.2.4 Entwicklung des Verkehrsaufwands im Personenverkehr in der Bundesrepublik Deutschland zwischen 1960 und 2008 (nach Daten des BMVBS diverse Jahrgänge).

Exkurs 25.2.1

Grundlegende Begriffe der Verkehrsgeographie

Verkehr wird in der Verkehrsgeographie wie in den übrigen Verkehrswissenschaften unterschieden nach den Arten der Verkehrsnachfrage, dem benutzten Verkehrsmittel, dem Wegezweck und dem Volumen des Verkehrs. Die Arten der Verkehrsnachfrage lassen sich einteilen in die drei Hauptgruppen Personenverkehr, Güterverkehr und Nachrichtenverkehr. Bei den Verkehrsmitteln wird im Personenverkehr unterschieden zwischen dem Motorisierten Individualverkehr (MIV: Pkw und motorisierte Zweiräder), dem Nichtmotorisierten Individualverkehr (NMIV: Fahrrad, zu Fuß), und dem Öffentlichen Verkehr (ÖV: Flugzeug, Eisenbahn, U-, S-Bahn, Stadtbahn, Bus, Taxi). Insbesondere beim Öffentlichen Personenverkehr ist die Unterscheidung zwischen Fernverkehr (Wege über 50 km Entfernung) und dem Öffentlichen Personennahverkehr (ÖPNV) von Relevanz. In der amtlichen Statistik wird oft auch der Öffentliche Straßenpersonennahverkehr (ÖSPNV) ausgewiesen, der neben dem Busverkehr (aus teilweise juristischen Gründen) den Stra-

ßenbahn- und U-Bahn-Verkehr subsumiert. Im Güterverkehr werden die Verkehrsmittel differenziert nach Straßengüterverkehr, Eisenbahnen, Binnenschiff, Rohrfernleitungen, Luftverkehr und Seeschifffahrt. Bei Fahrtzwecken wird im Personenverkehr üblicherweise unterschieden zwischen den Zwecken Beruf, Ausbildung, Geschäfts- und Dienstreiseverkehr, Einkauf, Freizeit und Urlaub. Beim Volumen des Verkehrs werden – neben der auf Personen bezogenen Zahl von Wegen – in der Verkehrsstatistik die Zahl von Fahrzeugen als Verkehrsaufkommen und die von diesen zurückgelegten Entfernungen als Verkehrsaufwand bzw. -leistung bezeichnet. Darauf aufbauend werden die Transportleistung auch bezogen auf die beförderten Personen in Personenkilometern bzw. die beförderten Waren in Tonnenkilometer angegeben. Die anteilsmäßige Aufteilung der einzelnen Verkehrsmittel für ein konkretes Gesamtverkehrsaufkommen bzw. einen Gesamtverkehrsaufwand wird als *Modal Split* bezeichnet.

Abb. 25.2.5 Individualverkehr in Entwicklungsländern wie in China oder hier in Hanoi (Vietnam) bedeutet zunächst eine Massenmotorisierung mit Mopeds, ehe dann auch die Zahl an privaten PKW deutlich zunimmt (Foto: H. Gebhardt).

zahl pro Person und Tag stieg die täglich im Durchschnitt zurückgelegte Strecke von 12 km im Jahr 1960 auf etwa 40 km pro Tag im Jahr 2008 an. Allerdings ist beim Verkehrsaufwand seit den 1990er-Jahren eine Verlangsamung der Zunahme zu beobachten, auch wenn sich Erwartungen auf das Erreichen einer Sättigungsgrenze bislang nicht erfüllt haben.

Ähnliche Entwicklungen zeigen sich auch für den Güterverkehr in der amtlichen Statistik. Während im Eisenbahngüter- und im Binnenverkehr die Beförderungsleistung keine großen Veränderungen verzeichnete, hat sich der Verkehrsaufwand im Straßengüterverkehr seit 1960 auf heute etwa 470 Milliarden Tonnenkilometer pro Jahr auf das Dreizehnfache erhöht (Abb. 25.2.6). Wie im Personenverkehr wird dabei ein im Wesentlichen konstantes Gütervolumen über größere Distanzen befördert. Insbesondere die Arbeitsteiligkeit der Produktionsvorgänge und die zunehmende internationale Verflechtung haben zu der Erhöhung geführt. Während Anfang der 1960er-Jahre auf ausländische Lkw nur 3 Prozent der gefahrenen Tonnenkilometer entfielen, belief sich deren Anteil 2008 bereits auf ein gutes Drittel. Dabei hat der erhebliche Ausbau der Verkehrsinfrastruktur in den letzten Jahrzehnten erst die Voraussetzungen für diese straßenverkehrsorientierte Entwicklung geschaffen. So nahm die Länge der Autobahnen in Deutschland von 2 500 km Autobahn im Jahr

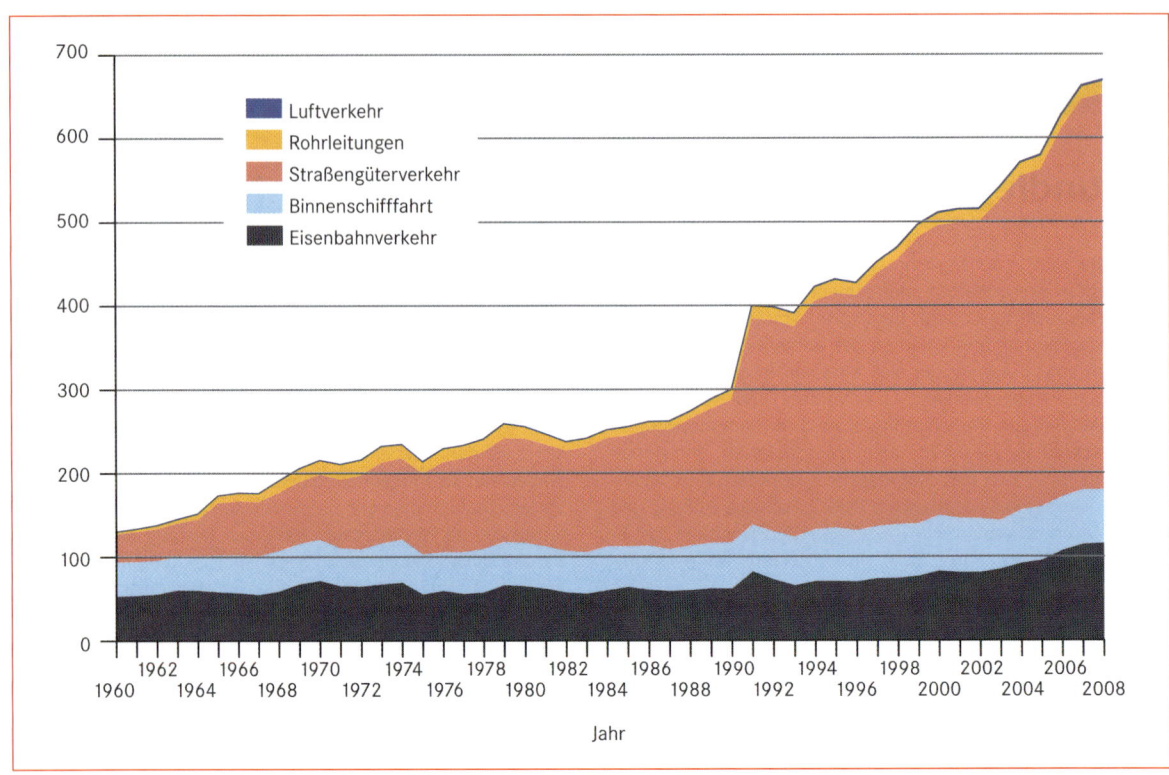

Abb. 25.2.6 Entwicklung des Verkehrsaufwands im Güterverkehr in der Bundesrepublik Deutschland zwischen 1960 und 2008 (nach Daten des BMVBS diverse Jahrgänge).

1960 auf knapp gut 12 000 km im Jahr 2008 zu (BMVBS 2009).

25.3 Arbeitsweise und methodisches Instrumentarium der Verkehrsgeographie

Während der konkrete Bau sowie die Bereitstellung und der Betrieb der technischen Verkehrsinfrastruktur im Wesentlichen eine Aufgabe der ingenieurwissenschaftlichen Disziplinen darstellt, liegt der zentrale Blickwinkel der Verkehrsgeographie auf dem Wechselspiel zwischen angebotsseitigen Parametern, das heißt der Verkehrsinfrastruktur, dem Angebot an öffentlichen Verkehrsmitteln und der Verteilung von Aktivitätsstandorten (aufgefasst als Gelegenheiten für aktionsräumliche Aktivitäten) im Raum auf der einen Seite sowie den Bedingungen der Nachfrager auf der anderen Seite (Abb. 25.3.1). Bis in die 1970er-Jahre dominierte dabei

in den Verkehrswissenschaften das Paradigma, dass eine (teilweise latente) Nachfrage nach Verkehrsinfrastruktur mit entsprechenden Baumaßnahmen zu befriedigen sei. Damit wurde in der ersten Hälfte des 20. Jahrhunderts vor allem in den Bereich der **Straßenverkehrsinfrastruktur investiert**. Mitte der 1970er-Jahre wurde aber deutlich, dass insbesondere in den großstädtischen Agglomerationsräumen aufgrund der dortigen Interaktionsdichte die Nachfrage nach Verkehrsangeboten schon allein aus Platzgründen auf Dauer nicht primär mit dem Motorisierten Individualverkehr (MIV) befriedigt werden konnte. Gleichzeitig wurden die negativen Effekte einer stark MIV-zentrierten Verkehrspolitik deutlich (z. B. Lärm- und Schadstoffemissionen, Beeinträchtigung des Stadtbildes und der Aufenthaltsqualität). Dies führte zu einem verstärkten **Ausbau des Angebotes im ÖPNV** (insbesondere der Stadt- und U-Bahnen) sowie dem Beginn einer Förderung des Radverkehrs. Da die Nachfrage den alternativen Angeboten nur teilweise folgte, wurde damals deutlich, dass das oftmals mechanistische Weltbild der Verkehrsingenieure, von denen vor allem Fahrtzeit und Kosten als zentrale Parameter angesehen wurden, nicht alle relevanten Dimensionen der Verkehrsmittelwahl erfasst.

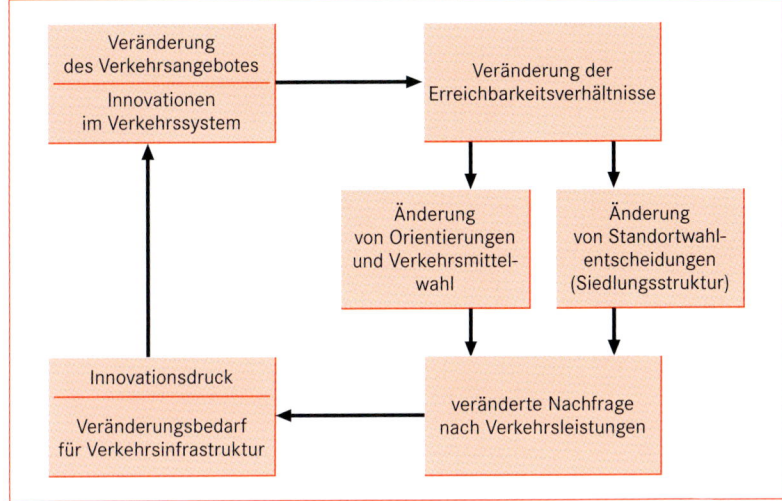

Abb. 25.3.1 Dynamisches Wechselspiel zwischen Verkehrsangeboten und
Nachfrage nach Verkehrsleistungen.

Dies führte zur Erweiterung der verkehrswissenschaft-lichen Ansätze um sozialwissenschaftliche und damit auch humangeographische Blickwinkel. Diese beziehen sich vor allem auf den Personenverkehr, da im Wirtschaftsverkehr die Art und der Umfang der Nachfrage stark von den Kosten gesteuert werden, während andere Steuerungsansätze hier kaum greifen. Die verstärkte Integration verkehrsgeographischer – und anderer humanwissenschaftlicher – Ansätze in die bis dahin stark nomothetisch ausgerichteten Verkehrswissenschaften hat dazu geführt, dass nicht nur regionale Spezifika stärker berücksichtigt wurden, sondern auch eine Modellierung nur partiell zugängliche Aspekte des Entscheidens und Verkehrsverhaltens an Bedeutung gewann.

Das in Abbildung 25.3.1 dargestellte Beziehungsgefüge zwischen Angebot und Nachfrage behandelt die Entscheidungen für Orientierungen und Verkehrsmittel im Wesentlichen als direkte Reaktion auf die Angebotsverhältnisse. Die Entscheidungen der Individuen wurden dabei ursprünglich lediglich als „Black Box" verstanden. Nachdem in den 1970er-Jahren zunächst versucht worden war – wie auch in anderen Bereichen der humangeographischen Forschung –, die **Verkehrsmittelwahl** auf soziodemographische Merkmale (Alter, Geschlecht, Einkommen, Bildung) zurückzuführen, dabei aber nur partielle Erklärungsanteile erzielt werden konnten, werden seit den 1980er-Jahren sozialpsychologische Ansätze herangezogen, um für diese Verhaltensentscheidungen bzw. dieses Handeln tragfähige Deutungen zu entwickeln.

Einer der ersten Ansätze zur **differenzierten Betrachtung der Verkehrsmittelwahl** wurde im Rahmen des vom Umweltbundesamt durchgeführten Modell-vorhabens „Fahrradfreundliche Stadt" erarbeitet. Bei dem Ansatz der „Abgestuften Wahlmöglichkeiten" werden die Wege jeweils individuell betrachtet und überprüft, welche Dimensionen der Wahl eines Verkehrsmittels entgegenstehen. Zur Ermittlung des Anteils der Wahlfreien wird eine Art hierarchische Abfrage simuliert (Abb. 25.3.2), die zuerst überprüft, ob gegen die Wahl eines Verkehrsmittels objektive Hinderungsgründe (keine Verfügbarkeit) oder Sachzwänge (z. B.

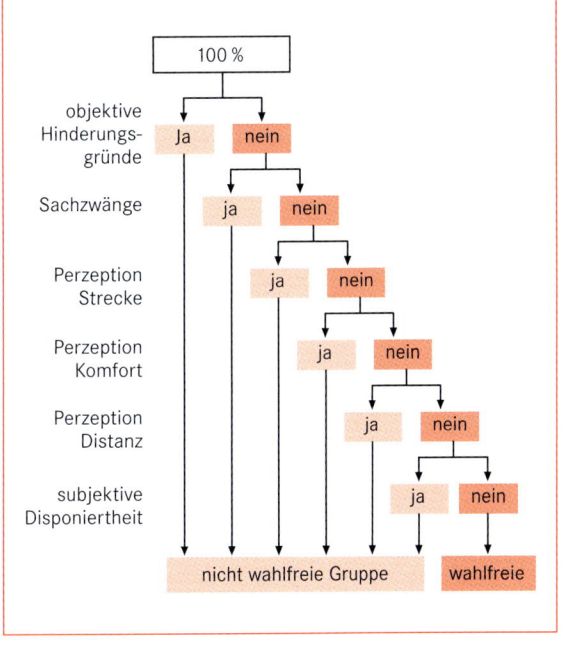

Abb. 25.3.2 Das Modell der abgestuften Wahlmöglichkeiten (verändert nach Sozialdata 1984).

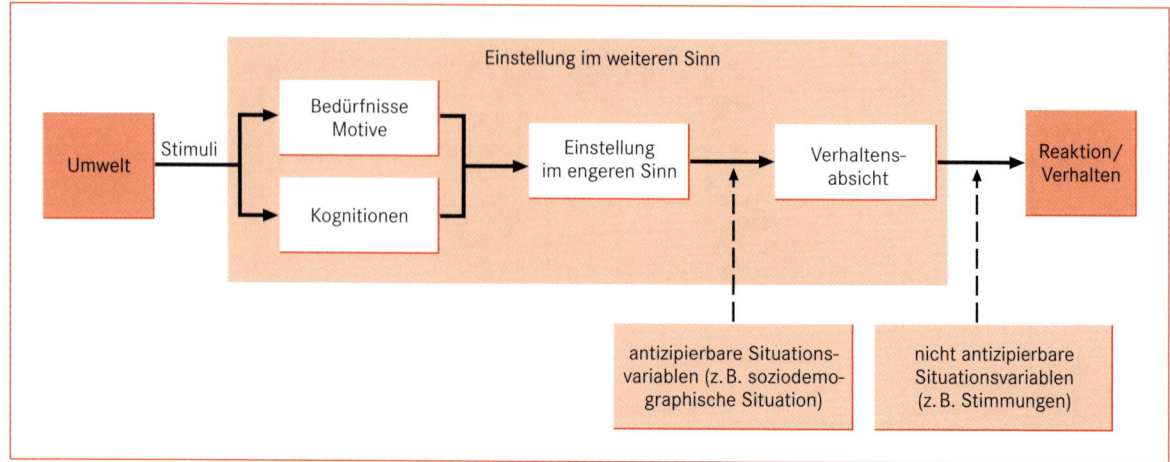

Abb. 25.3.3 Das sozialpsychologische Einstellungsmodell.

Transportkapazität, Mitnahme von Personen) sprechen. Ist dies nicht der Fall, werden subjektive Bewertungen der konkreten Verkehrssituation, das heißt der Perzeption der Strecke (z. B. empfundene Unsicherheit, Gefährdung), des Komfortaspekts und der Fahrtzeit bzw. der Distanz überprüft. Ergeben sich hier keine Einschränkungen, stellt die „subjektive Disponiertheit" den letzten Filter dar. Auch wenn bei diesem Ansatz die subjektive Disponiertheit noch nicht umfassend operationalisiert wurde, kommt damit die Tatsache zum Tragen, dass nicht die objektiven Merkmale der Umwelt handlungsrelevant sind, sondern deren Wahrnehmung und Bewertung durch das Individuum. Die Identifizierung des Anteils der von wahlfreien sowie von nur aufgrund subjektiver Wahrnehmung getroffenen Verkehrsmittelwahlentscheidungen erlaubt es, das Umsteuerungspotenzial für Verkehrsgestaltungsansätze genauer zu quantifizieren.

Mit der Berücksichtigung der subjektiven Wahrnehmung fanden in den 1980er-Jahre **Ansätze der sozialpsychologischen Image- und Einstellungsforschung** Eingang in die Verkehrsgeographie. Grundprinzip des Einstellungsmodells (Abb. 25.3.3) sind einzelne Eigenschaften des Einstellungsobjektes (Verkehrsmittel), die hinsichtlich ihrer konkreten Ausprägung bewertet werden (Kognition). In der Kombination von Bedeutungsgewichten, die den einzelnen Eigenschaften zugemessen werden (Bedürfnisse, Motive), ergibt sich daraus eine subjektive Verhaltensdisposition gegenüber den alternativ benutzbaren Verkehrsmitteln. Die Größe der Unterschiede zwischen den einzelnen Verkehrsmitteln erlaubt darüber hinaus auch Aussagen, wie stabil die Entscheidungen gegenüber Veränderungen auf der Angebotsseite sind, bzw. bei welchen Ausprägungen (Eigenschaf-

ten) des Verkehrsangebotes Veränderungen mit hoher Wahrscheinlichkeit zu entsprechenden Verhaltensanpassungen führen können.

Da auch mit den einstellungsorientierten Ansätzen die nicht erklärten Anteile der Verkehrsmittelwahl noch erheblich waren, sind in den 1990er-Jahren weitere Aspekte in die Betrachtung einbezogen worden. Mit der **„Theorie des geplanten Verhaltens"** wurde von Ajzen (1991) das Einstellungsmodell um die wahrgenommene oder vermutete Verhaltenskontrolle und um soziale Normen erweitert. Ende der 1990er-Jahre wurde dann auch deutlich, dass die Habitualisierung eine große Rolle bei der Verkehrsteilnahme spielt, das heißt, dass für routinemäßig unternommene Wege eben nicht jedes Mal aufs Neue Entscheidungen für Aktivitätsort und Verkehrsmittel getroffen werden. Damit stellen sich die sozialwissenschaftlichen Ansätze zur Erklärung von Verkehrsverhalten inzwischen als komplexes multifaktorielles Bündel unterschiedlichster Faktoren dar, in das Verkehrsmittelverfügbarkeit, situative Constraints, Einstellungen, Verhaltenskontrolle und soziale Normen einfließen, die aber letztendlich nur dann zum Tragen kommen, wenn habitualisierte Verhaltensmuster diese nicht überlagern (Abb. 25.3.4).

Neben den klassischen Methoden der Verkehrszählung, der Kapazitätsermittlung oder der Kosten-Nutzen-Analyse werden damit im Verkehrsbereich teilweise **hochkomplexe Befragungsmethoden der empirischen Sozialforschung** angewandt, die darauf abzielen, im Vorfeld oder zur Evaluierung von Verkehrsgestaltungsmaßnahmen die Effekte von solchen Maßnahmen abzuschätzen bzw. dazu beizutragen, dass diese möglichst effizient gestaltet werden. In den nächsten beiden Abschnitten werden exemplarisch unterschiedliche An-

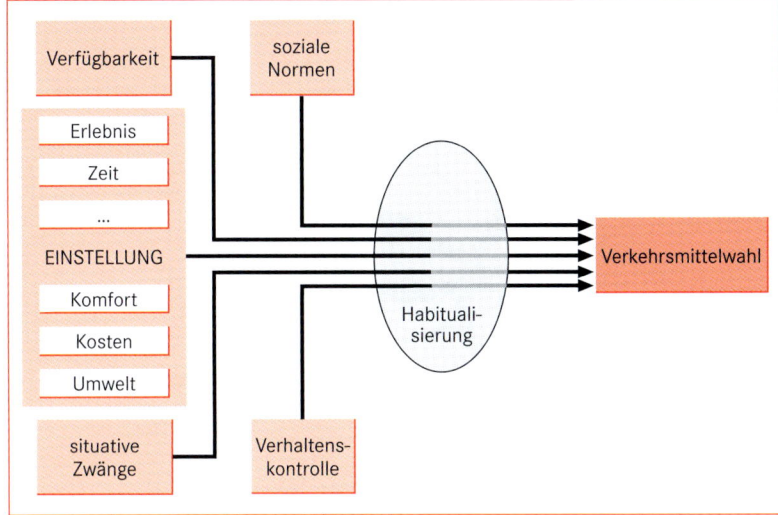

Abb. 25.3.4 Verkehrsmittelwahl als Ergebnis eines multifaktoriellen Entscheidungsprozesses.

sätze von Gestaltungsmaßnahmen angesprochen und verkehrsgeographische Beiträge in deren Umfeld vorgestellt. Dabei dominieren bislang die Methoden der quantitativen empirischen Sozialforschung, auch wenn seit Ende der 1990er-Jahre (v. a. im Zuge der Mobilitätsstilforschung) ansatzweise auch Elemente der qualitativen Sozialforschung Eingang in das verkehrswissenschaftliche Repertoire finden.

25.4 Gestaltungsansätze zum Verkehrssystem

Abgesehen von übergreifenden Grundlagenforschungen (z. B. zur Verkehrsgenese, der Basisanalyse von Verkehrsteilnahme beeinflussenden Dimensionen oder grundsätzlichen Zusammenhängen zwischen Verkehrspolitik, gesellschaftlichem Diskurs und der Rolle des Verkehrs in der Gesellschaft) setzen viele Arbeiten entsprechend der problemorientierten Vorgehensweise in der geographischen Verkehrs- und Mobilitätsforschung im Umfeld von konkreten Gestaltungsmaßnahmen an. Typische Felder für die Begleitung von Maßnahmen sind:

- Aufarbeitung der Ist-Situation vor Interventionsbeginn (Ex-Ante-Evaluierung)
- Bedarfsanalysen als Grundlage für Konzeptentwicklung
- (teilweise) Entwicklung von Gestaltungskonzepten
- Bürgerbeteiligung in Moderations- und Mediationsverfahren (Prozessevaluierung)
- Ex-Post-Evaluierung der Umsetzungsergebnisse

Dabei folgen die Untersuchungsgegenstände einerseits den unterschiedlichen, von der nationalen, regionalen und kommunalen Verkehrspolitik gewählten Interventionsstrategien. Andererseits werden im Gegenzug natürlich auch verkehrspolitische Zielrichtungen und Umsetzungsstrategien von den Ergebnissen der verkehrswissenschaftlichen Forschung mitgeprägt.

Klassische Ansätze zur Gestaltung des Verkehrs setzten lange Zeit direkt bei den einzelnen Verkehrsmitteln an. Damit standen folgende Aspekte im Mittelpunkt verkehrsgeographischer Arbeiten:

- Ausbau der Straßenverkehrsinfrastruktur
- Parkraummanagement und Verkehrsberuhigung (einschließlich Fußgängerzonen)
- Ausbau des ÖPNV-Angebotes
- Ansätze zur Förderung des Nichtmotorisierten Verkehrs (Rad- und Fußverkehr)
- IuK-Technologien (v. a. Telematik) für eine Optimierung des Verkehrsgeschehens

Vor der Konzeption von einzelnen Maßnahmen kommt der **genauen Erfassung der Ausgangssituation** – durch Zählungen sowie Nutzer- bzw. Haushaltsbefragungen – ein besonderes Gewicht zu. Insbesondere auf der Basis von dabei ermittelten, räumlich differenzierten Aktivitäts- und Orientierungsmustern lassen sich Potenziale für Angebotsveränderungen abschätzen, die in die Konzeption einfließen. So sind in Tabelle 25.4.1 – auf der Basis von Haushaltsbefragungen stadtviertelgenau und nach Wegezweck differenziert ermittelte Orientierungen – rechnerisch abgeschätzte Potenziale für ein Stadtbusangebot dargestellt. Auf dieser Basis konnte dann ein nachfrageorientiertes (d. h. der Nachfrage angepasstes) Stadtbuskonzept entwickelt werden.

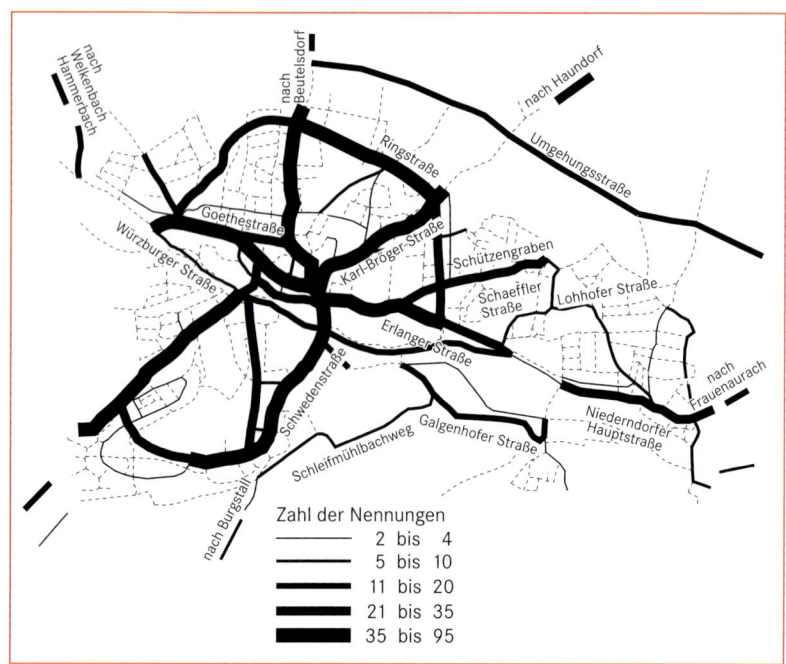

Abb. 25.4.1 Radwege-Wunschlinien-netz für die Stadt Herzogenaurach.

Bei einer sogenannten **angebotsorientierten Vorge-hensweise**, mit der in stärkerem Maß eine *pull*-Wirkung hin auf das geförderte Verkehrsmittel induziert werden soll, ist eine beispielsweise im Zuge der Radverkehrsför-derung angewandte Methode, sogenannte „Wunsch-liniennetze" zu ermitteln. Diese stellen dar, wo von den Einwohnern Radwege gewünscht werden. Dabei fließt in solche Wunschnetze insbesondere auch das subjektive Sicherheitsgefühl auf einzelnen Straßenabschnitten (z. B. an stark vom Motorisierten Individualverkehr ge-prägten radialen Hauptachsen sowie Ring- und Umge-hungsstraßen) mit ein (Abb. 25.4.1).

Nach der Einführung eines neuen Angebotes werden bei verkehrsgeographischen Ex-Post-Evaluierungen nicht nur feststellbare Veränderungen der konkreten Nachfrage ermittelt. Insbesondere Einschätzungen von

einzelnen Merkmalen der Verkehrsangebote dienen dazu, Stärken und Schwächen zu identifizieren, die den Umfang des Nachfragevolumens beeinflussen. Der in Abbildung 25.4.2 dargestellte Vergleich der Bewertung von zwei qualitativ unterschiedlichen Stadtbussystemen zeigt deutlich, wo Stärken und Schwächen in den beiden Beispielstädten liegen.

Aus einem **Vergleich von Angebots- und Nachfrage-parametern** (dem sog. Benchmarking) lassen sich eben-

Tabelle 25.4.1 ÖPNV-Potenzial des Stadtviertels Jagstheim für innerstädtische Fahrten in andere Viertel der Stadt Crails-heim (verändert nach Schliephake 1997).

Richtung	potenzielle Fahrten/Tag
Innenstadtkern	305
Innenstadt-West	12
Innenstadt-Ost	28
Schießberg	58
Sauerbrunnen	4
Altenmünster	6
gesamt	**418**

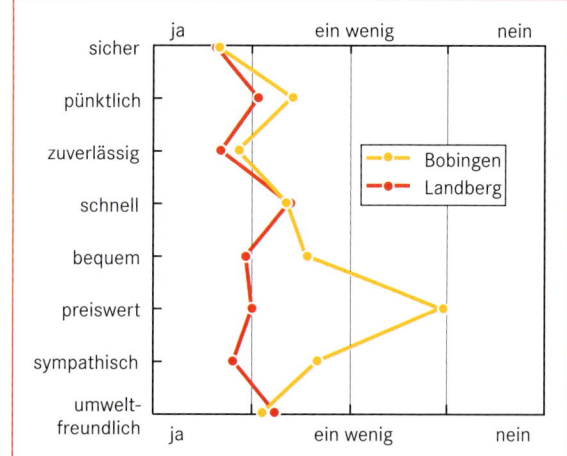

Abb. 25.4.2 Subjektive Bewertung der Stadtbusse in Lands-berg und Bobingen (verändert nach Emmrich & Nowak 2000).

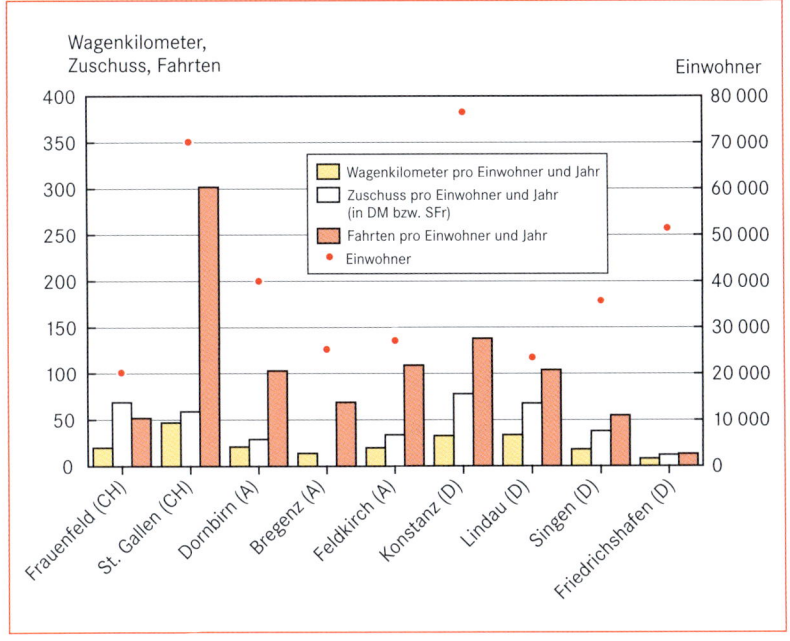

Abb. 25.4.3 Benchmarking von Angebot, Nachfrage und Zuschussbedarf für ausgewählte Stadtbussysteme in der REGIO Bodensee Ende der 1990er-Jahre (verändert nach Weigele 2000).

falls wichtige Hinweise für die Qualität und die Effizienz von Verkehrsangeboten ablesen. So konnte Weigele (2000) bei einem Vergleich von mehreren Stadtbussystemen in der REGIO Bodensee aufzeigen, dass in Städten vergleichbarer Größenordnung, beispielsweise St. Gallen und Konstanz bzw. Dornbirn, Feldkirch und Lindau (Abb. 25.4.3), bei ähnlichen bzw. teilweise sogar niedrigeren öffentlichen Zuschüssen die österreichischen und schweizerischen Systeme eine teilweise erheblich höhere Nachfrage induzieren, das heißt, dass die in den beiden Nachbarländern oftmals besseren Angebote auch überproportional stärker nachgefragt und damit effizienter sind.

25.5 Aktuelle Ansätze des Mobilitätsmanagements

Während bis Anfang der 1990er-Jahre der Hauptfokus in den Verkehrswissenschaften auf der Gestaltung des Verkehrsangebots und insbesondere der konkreten Infrastruktur lag, wurde Mitte der 1990er-Jahre deutlich, dass es nicht ausreicht, nur gute Angebote vorzuhalten, sondern dass diese auch entsprechend zielgruppenadäquat kommuniziert werden müssen. Gleichzeitig wurde offensichtlich, dass die öffentliche Hand – angesichts angespannter Haushaltslagen – auf Dauer nicht in der Lage ist, den Verkehrsbereich kontinuierlich mit

erheblichen Zuschüssen zu alimentieren. So werden seit der zweiten Hälfte der 1990er-Jahre verstärkt Ansätze gesucht und entwickelt, die bei einem geringeren Mitteleinsatz trotzdem eine Gestaltungswirkung entfalten. Damit wurde der Stellenwert von **kommunikativen Maßnahmen und Informationsvermittlung** erhöht, wobei inzwischen insbesondere der intermodalen Mobilitätsberatung (z. B. in Mobilitätszentralen) eine wichtige Rolle zukommt. Gleichzeitig sind aber auch organisatorische und koordinatorische Ansätze gestärkt und weiterentwickelt worden. Als Beispiel hierfür kann zum Beispiel die Förderung von Telearbeit angesehen werden, durch die Wege im Berufsverkehr vermieden werden sollen. Gemeinsames Merkmal dieser weicheren Maßnahmen – die unter dem Begriff **„Mobilitätsmanagement"** zusammengefasst werden – ist auch, dass sie tendenziell stärker auf die Nachfrageseite orientiert sind (Abb. 25.5.1).

Im Zuge der verstärkten Fokussierung auf die Nachfrageseite und der Betonung von kommunikativen Maßnahmen kommt der Kundensegmentierung für eine zielgruppenadäquate Ansprache eine verstärkte Bedeutung zu. Für die Identifizierung von einzelnen Zielgruppen und die Erarbeitung von spezifischen Angebots- und Kommunikationskonzepten zeichnet sich ab, dass in den nächsten Jahren die auf Herangehensweisen der Lebensstilforschung aufbauende Identifizierung von einstellungsbasierten Mobilitätsstilgruppen an Bedeutung gewinnen dürfte. Exemplarisch sind in Abbildung 25.5.2 aus einer Untersuchung zur Freizeitmobilität die

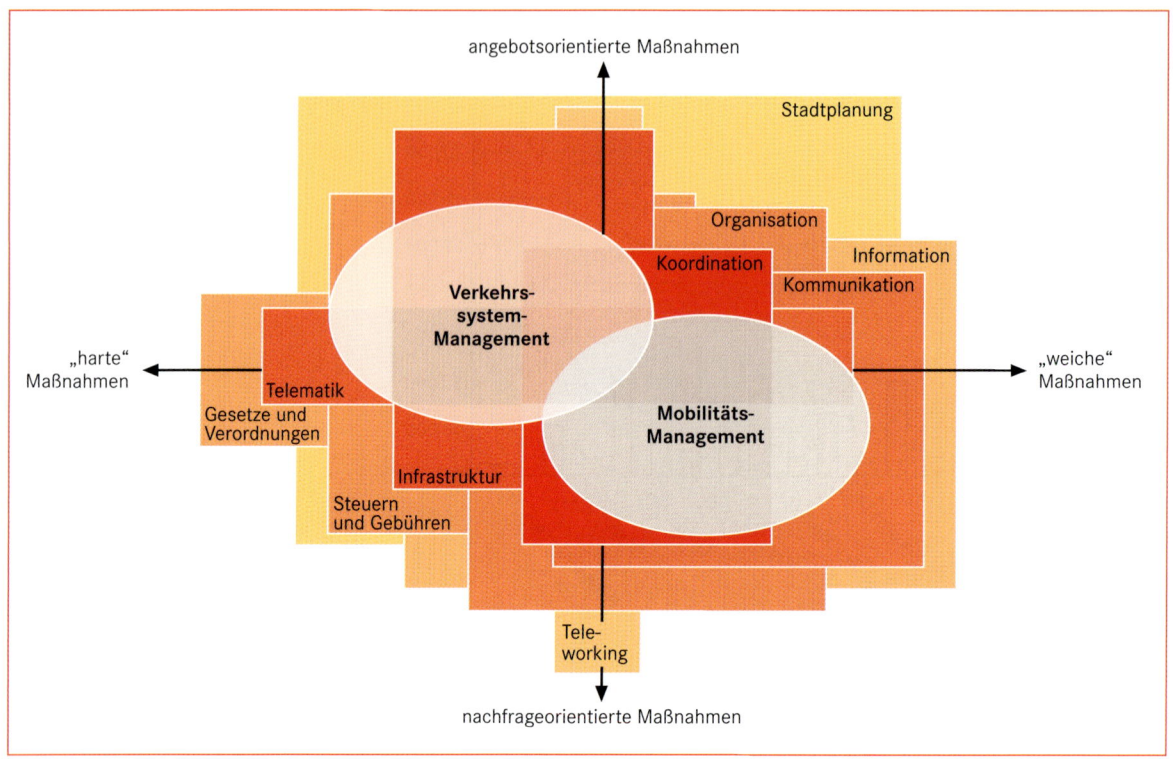

Abb. 25.5.1 Elemente des Verkehrssystemmanagements und des Mobilitätsmanagements (verändert nach ILS/ISB 2000).

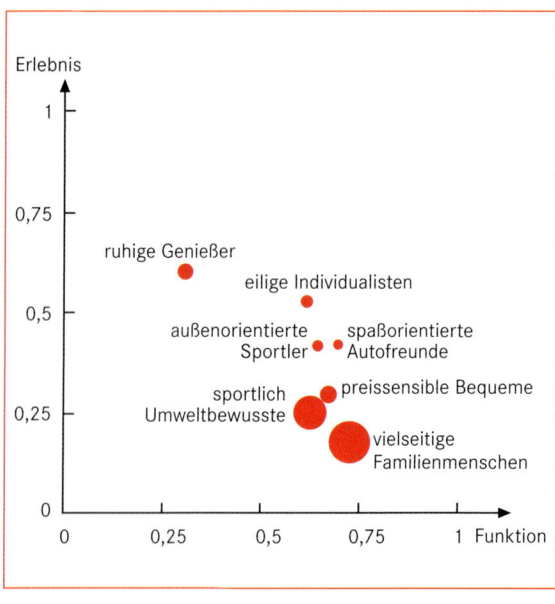

Abb. 25.5.2 Bedeutung der Erlebnis- und der Funktionskomponente bei der Verkehrsmittelwahl für Mobilitätsstilgruppen. Der Durchmesser der Kreise entspricht dem Anteil der einzelnen Gruppen (verändert nach Gronau 2005).

dort herausgearbeiteten Freizeitmobilitätsstile dargestellt. Auf der Basis einer solchen Segmentierung lassen sich Erfolgsaussichten für Verkehrssystem- und Mobilitätsmanagementmaßnahmen genauso ableiten, wie die Konzeption von Angeboten, durch die einzelne Zielgruppen entsprechend ihren Bedürfnissen mit stärker individualisierten Formen des Marketings angesprochen werden können. Als weiterer Erfolg versprechender Ansatzpunkt für Mobilitätsmanagementmaßnahmen sind in jüngster Zeit biographische Veränderungen (z. B. Wohnungs- oder Arbeitsplatzwechsel), die zu einem Mobilitätsstrukturbruch führen, erkannt worden. Gestaltungsansätze, die auf eine Veränderung von Verhaltensweisen bei Verkehrsmittelwahl und aktionsräumlichen Orientierungen abzielen, finden hier günstige Anknüpfungspunkte.

Abb. 25.6.1 In mehreren deutschen Großstädten bietet die Bahn AG mit ihrer Aktion *Call a bike* Leihfahrräder an, die im ganzen Stadtgebiet platziert sind. Über ein Handy können die Kunden das Fahrrad buchen, damit fahren und es an jeder beliebigen Stelle wieder abstellen (Foto: C. Martin).

25.6 Perspektiven zukünftigen verkehrsgeographischen Arbeitens

Auch wenn zu Beginn des 21. Jahrhunderts große Hoffnungen in Mobilitätsmanagementmaßnahmen gesetzt werden, zeichnet sich als künftiges Arbeitsfeld der verkehrsgeographischen Forschung und Praxis die Notwendigkeit einer Integration von Maßnahmen des Verkehrssystem- und des Mobilitätsmanagements ab. Nur durch einen abgestimmten gemeinsamen Einsatz von auf die Nachfrageseite ausgerichteten und mit Angebotskomponenten unterstützten Instrumenten bestehen Aussichten, dass das Leitmotiv einer nachhaltigen Entwicklung auch im Verkehrsbereich stärker zum Tragen kommen kann.

Ansatzweise werden bereits im Rahmen von Mobilitätsmanagementmaßnahmen unterschiedlichste Einzelinstrumente von innovativen Marketingansätzen über **neue Formen von Mobilitätsangeboten** (*Call a Bike* [Abb. 25.6.1] oder *Carsharing*) bis hin zu siedlungsstrukturellen Elementen miteinander kombiniert, um über wechselseitige Synergieeffekte die Wirkung der Einzelmaßnahmen zu optimieren. Ursachenforschung, Modellierung, Umsetzung und Evaluierung stehen dabei idealtypisch in einem integrierten Gesamtkontext, der möglicherweise als „Mobilitätsmanagement der zweiten Generation" bezeichnet werden kann.

Darüber hinaus stellen der demographische Wandel, die Liberalisierung des Verkehrsmarktes sowie die nach wie vor in die Fläche gerichtete und damit Verkehrsaufwand induzierend wirkende Siedlungsflächeninanspruchnahme weitere Herausforderungen für die künftige geographische Mobilitäts- und Verkehrsforschung dar. Auch bei schrumpfenden Bevölkerungszahlen für eine älter werdende Gesellschaft und angesichts leerer öffentlicher Kassen am Nachhaltigkeitsgedanken orientierte, attraktive und gleichzeitig finanzierbare Mobilitätsangebote zu gewährleisten, ist eine Herausforderung, welche die Verkehrsgeographie künftig anzunehmen haben wird.

Fazit

Verkehrsgeographie hat sich ursprünglich aus der Wirtschaftsgeographie heraus entwickelt. In den letzten 50 Jahren erfuhr diese geographische Teildisziplin eine umfassende Neuorientierung, sodass sie sich heute als stark anwendungsorientiertes und intensiv im intradisziplinären Diskurs befindliches Arbeitsfeld präsentiert. Unter Anwendung und Weiterentwicklung von primär humanwissenschaftlichen Methoden und Konzepten werden in der Verkehrsgeographie Bedingungen der Verkehrsteilnahme analysiert und Konzepte der Verkehrsgestaltung entwickelt bzw. deren Umsetzung begleitet. Während lange Zeit der Fokus auf den konkreten Elementen des Verkehrssystems lag, ist Ende des 20. Jahrhunderts das umfassender, teilweise bereits im Vorfeld von Verkehrshandeln ansetzende Mobilitätsmanagement in den Vordergrund gerückt. Bei diesem wird nicht nur der zielgruppenadäquaten Ansprache von potenziellen Nachfragern ein größeres Augenmerk gewidmet. Gleichzeitig besteht mit dieser umfassenderen Herangehensweise auch die Chance, siedlungsstrukturelle Dimensionen, gesellschaftliche Veränderungen und die gesellschaftspolitischen Rahmenbedingungen in die Analyse und die Suche nach Konzepten zu integrieren, um so dem Ziel einer am Nachhaltigkeitsgedanken orientierten Mobilität näher zu kommen.

Weiterführende Literatur

Gather M, Kagermeier A, Lanzendorf M (2008) Geographische Mobilitäts- und Verkehrsforschung. Studienbücher der Geographie. Schweizerbart, Berlin, Stuttgart

Institut für Länderkunde (Hrsg) (2001) Nationalatlas Bundesrepublik Deutschland. Band 9: Verkehr und Kommunikation. Spektrum Akademischer Verlag, Heidelberg, Berlin

Kagermeier A (1997) Siedlungsstruktur und Verkehrsmobilität. Eine empirische Untersuchung am Beispiel von Südbayern. Schriftenreihe Verkehr spezial 3. Dortmunder Verlag für Bau- und Planungsliteratur, Dortmund

Kagermeier A et al. (Hrsg) (2002) Mobilitätskonzepte in Ballungsräumen. Studien zur Verkehrs- und Mobilitätsforschung 2. MetaGis, Mannheim

Kagermeier A (Hrsg) (2004) Verkehrssystem- und Mobilitätsmanagement im ländlichen Raum. Studien zur Verkehrs- und Mobilitätsforschung 10. MetaGis, Mannheim

Monheim H (Hrsg) (2005) Fahrradförderung mit System. Elemente einer angebotsorientierten Radverkehrspolitik. Studien zur Verkehrs- und Mobilitätsforschung 9. MetaGis, Mannheim

Nuhn H, Hesse M (2006) Verkehrsgeographie. Grundriss Allgemeine Geographie. UTB, Ferdinand Schöningh, Paderborn

Zitierte Literatur

Ajzen A (1991) The theory of Planned Behavior. Organitional Behavior and Human Decision Processes 50: 179–211

Becker U et al. (1999) Gesellschaftliche Ziele von und für Verkehr. Dresden

BMVBS (Bundesministerium für Bau undStadtentwicklung) (Hrsg) (2009) Verkehr in Zahlen. Deutscher Verkehrs-Verlag, Berlin

Dalkmann H et al. (Hrsg) (2004) Verkehrsgenese – Entstehung von Verkehr sowie Potenziale und Grenzen der Gestaltung einer nachhaltigen Mobilität. Studien zur Verkehrs- und Mobilitätsforschung 5. MetaGis, Mannheim

Emmrich B, Nowak T (2000) Stadtbussysteme in Klein- und Mittelstädten: Landsberg am Lech und Bobingen bei Augsburg im Vergleich. In: Faltlhauser O, Kagermeier A (Hrsg) Stadtverkehr: Spannungsfelder, Konzepte und Lösungsansätze. Münchener Geographische Hefte 82, L.I.S. Passau: 13–38

Gronau W (2005) Freizeitmobilität und Freizeitstile. Ein praxisorientierter Ansatz zur Modellierung des Verkehrsmittelwahlverhaltens an Freizeitgroßeinrichtungen. Studien zur Verkehrs- und Mobilitätsforschung 9. MetaGis, Mannheim

ILS/ISB (Institut für Landes- und Stadtentwicklungsforschung des Landes NRW/Institut für Stadtbauwesen RWTH Aachen) (Hrsg) (2000) Mobilitätsmangement Handbuch. Dortmund, Aachen

Maier J, Atzkern H-D (1992) Verkehrsgeographie. Teubner, Stuttgart

Nuhn H (1994) Verkehrsgeographie. Neuere Entwicklung und Perspektiven für die Zukunft. Geographische Rundschau 46: 260–265

Schliephake K (1997) Nachfrageorientiertes Stadtbuskonzept für eine Mittelstadt. Modell, Empirie und Konzept am Beispiel der Großen Kreisstadt Crailsheim. Würzburger Geographische Manuskripte 42, Würzburg

Sozialdata (1984) Modellvorhaben Fahrradfreundliche Stadt. Konzeption und Methodik der verkehrs- und sozialwissenschaftlichen Begleituntersuchung. UBA Werkstattbericht Nr. 7/1984, Berlin

Weigele S (2000) Qualitäts-Benchmarking im ÖPNV: Klein- und Mittelstädte in der REGIO Bodensee im Vergleich. In: Faltlhauser O, Kagermeier A (Hrsg) Stadtverkehr: Spannungsfelder, Konzepte und Lösungsansätze. Münchener Geographische Hefte 82, Passau, L.I.S. Passau: 39–58

Ehemaliger Hudewald auf der Insel Vilm. Er zeugt von der Tatsache, dass auch scheinbar unberührte Natur als ein Produkt ihrer historischen Nutzung, Bewertung und Wahrnehmung anzusehen ist. Denn der Wald auf der 94 ha großen Insel im Greifswalder Bodden ist ein Relikt ehemaliger Weidenutzung. Schon im 19. Jahrhundert zog seine imaginierte „Urtümlichkeit" viele Maler an (Foto: Rita Gudermann).

Kapitel 26 Historische Geographie

Andreas Dix und Winfried Schenk

Die materielle und immaterielle Umwelt, die jeder Mensch im Augenblick erlebt, hat immer auch eine Entstehungsgeschichte. Diese Umwelt ist meistens nicht einheitlich geschaffen, sondern ein Ergebnis verschiedener in Raum und Zeit verschränkter Prozesse. Die Untersuchung und Aufklärung dieser Prozesse, ihrer Ursachen und Randbedingungen sowie die Rekonstruktion raumzeitlicher Strukturen ist die Welt der Historischen Geographie. Die Betrachtung dieser Welt ist für andere Erkenntnisbereiche der Geographie von Nutzen.

Das folgende konkrete historische Ereignis verdeutlicht diese Berührungspunkte: Maßgeblich initiiert von der sowjetischen Besatzungsmacht wurden nur wenige Monate nach Ende des Zweiten Weltkrieges in der Sowjetischen Besatzungszone Bodenreformgesetze erlassen, die eine Enteignung des Besitzes „führender Kriegsverbrecher und Nationalsozialisten" sowie aller landwirtschaftlichen Betriebe mit einer Betriebsfläche von über 100 ha vorsahen. Das Land wurde vor allem an landarme Kleinbauern, aber auch an die zahlreichen Flüchtlinge aus dem Osten verteilt. Auf diese Weise veränderte sich die Agrarstruktur in einem Teil Deutschlands in einer Weise, die bis dahin ohne Vorbild war.

Historisch-geographische Forschung kann zunächst den raumzeitlichen Ablauf der Bodenreform rekonstruieren. Veränderungen der Gemarkungen, der Siedlungs- und Bevölkerungsstrukturen lassen sich beschreiben. Auch die Veränderungen der Bevölkerungsstruktur sind ein Thema. Sie kann die Bodenreform aber auch als siedlungspolitische Maßnahme analysieren, die in einer ganz spezifischen Tradition steht, die sich mindestens bis zum preußischen Ansiedlungsgesetz von 1886 zurückverfolgen lässt. Siedlungspolitik war seit dieser Zeit immer ein explizit politisches Instrument, mit dem unterschiedliche Ziele, seien es ethnische, soziale oder ökonomische, verfolgt wurden. Neben der technischen und auch baulichen Umsetzung der Bodenreform ist aber auch die symbolische Ebene von Interesse. Bodenreform bedeutete die Frage nach Macht und politischer Kontrolle des Raumes. Heutige Auseinandersetzungen um die Ergebnisse der Bodenreform, Relikte dieser Phase, wie Neubauernhäuser oder aufwendige Kulturhäuser in manchen Dörfern, sind Hinweise darauf, dass man viele Phänomene ohne eine präzisere historische Nachforschung nicht versteht.

Die Motivation zur Beschäftigung mit vergangenen Ereignissen und Prozessen speist sich aus zwei Quellen. Zum einen ist Erinnerung eine anthropologische Grundkonstante, zum anderen aber vergeht Vergangenheit nie einfach, sondern ist Grundlage für Gegenwärtiges. Somit kann Historische Geographie als Geographie der Vergangenheit verstanden werden. Es sind daher grundsätzlich Forschungen zu allen Epochen der Menschheitsgeschichte und auf allen räumlichen Skalenniveaus denkbar.

26.1 Quellen und Methoden

Im Gegensatz zu aktualistischen Ansätzen muss sich die Historische Geographie wie alle historisch-kulturwissenschaftlichen Disziplinen in ihren Fragestellungen und Methoden auf das vorhandene historisch überlieferte Material stützen.

Ob Quellenmaterial überliefert wird oder nicht, hängt von einer Unzahl unterschiedlicher Faktoren ab und ist oft rein zufällig. Historisch-geographische Fragestellungen können also nur im Wechselspiel zwischen theoretischen Überlegungen und dem Wissen um konkret überlieferte Quellenbestände formuliert werden.

Pragmatisch wird zwischen Schrift- und Sachquellen unterschieden. Zu den zumeist in Archiven, Bibliotheken und Sammlungen überlieferten **Schriftquellen**, wie Urkunden und Akten, werden auch Bilder und Karten gezählt. Schriftquellen, die fast ausschließlich in einem anderen Verwendungszusammenhang entstanden sind, ermöglichen je nach Qualität Aussagen zu den Absichten und funktionalen Zusammenhängen, die hinter historischen räumlichen Phänomenen stehen. Besonders für die älteren Zeiten tritt aber oft das Problem auf, dass in den Quellen genannte räumliche Informationen nicht exakt zu verorten sind. Man gewinnt auf diese Weise schlaglichtartige Informationen, die nur qualitative Aussagen zulassen.

Grundlegend ist außerdem die Tatsache, dass der größte Abschnitt der Menschheitsgeschichte ein **schriftloser Zeitraum** ist, für den diese Überlieferungen nicht greifen. In Mitteleuropa setzte die schriftliche Überlieferung erst vor etwa 2 000 Jahren ein, in Gebieten antiker Hochkulturen entsprechend früher, in Räumen, die erst seit einigen Hundert Jahren von der europäischen Kolonisation erfasst wurden, entsprechend später. Ist in Mitteleuropa die Überlieferung für die Zeit des Früh- und Hochmittelalters noch sehr übersichtlich, schwillt sie mit der Einführung des Papiers ab der Mitte des 14. Jahrhunderts und des Buchdrucks ab der Mitte des 15. Jahrhunderts an. Die Überlieferungsdichte wird nochmals in der Frühen Neuzeit, also vom 16. bis ins 18. Jahrhundert, durch die fortschreitende Alphabetisierung und Verschriftlichung der Verwaltung gesteigert. Erst in allerjüngster Zeit wird durch die Einführung digitaler Medien dieser Überlieferungsmodus verändert.

Zu den **Sachquellen** kann man alle dreidimensionalen, immobilen und mobilen Gegenstände und Strukturen zählen. Dazu gehört beispielsweise das durch Landwirtschaft veränderte Mikrorelief in der Landschaft, Erdwerke wie Gräben und Wälle, aber auch jede Form baulicher Strukturen und Gebäude. Bewegliche Gegenstände, die den größten Teil des in Museen überlieferten Sachgutes ausmachen, können dazu komplementär eine Vielzahl an Informationen liefern. So sagen Pflugformen viel aus über die Art und Weise, wie der Boden bearbeitet wurde. Daraus lassen sich Rückschlüsse beispielsweise auf die ökologischen Folgen wie etwa die Bodenerosion ziehen.

Bei den ortsfesten Strukturen, die im Raum beobachtbar sind, wird ebenfalls aus pragmatischen Gründen und in Anlehnung an die kartographische Signaturensprache nach **Punkt-**, **Linien- und Flächenelementen** unterschieden. Diese Unterscheidung bezieht sich auf ein mittleres, regionales Skalenniveau und macht die systematische Einteilung von Elementen möglich, auch wenn klar ist, dass mit einer größeren räumlichen Auflösung Punkt- und Linienelemente ebenfalls als Flächen zu betrachten sind.

Das Besondere an der **Überlieferung in der Landschaft** ist, dass Elemente und Strukturen unterschiedlicher Zeitstellung nebeneinanderliegen oder sich auch überlagern können. So kann der bronzezeitliche Grabhügel inmitten einer Fläche mit Wölbäckern liegen oder auch der mittelalterliche Ortskern von moderner städtischer Bebauung umgeben sein. Kulturlandschaften sind also immer auch Dokumente der Gleichzeitigkeit des Ungleichzeitigen.

Die Überlieferung von Strukturen und Elementen in der freien Fläche hängt im Wesentlichen von ihrem Umfang und ihrer Funktion ab. Generell ist zu sagen, dass räumlich ausgedehntere Elemente leichter überliefert werden als kleinere und dass linien- und flächenhafte Elemente zumindest stückweise eher überliefert werden als kleine punkthafte. Lineare Strukturen können viele Jahrhunderte überdauern; so ist der Verlauf des römischen Limes heute noch über weite Strecken gut zu verfolgen. Kleinräumigere Strukturen wie das agrarische Mikrorelief hingegen werden besonders durch den heutigen Maschineneinsatz in der Land- und Forstwirtschaft schnell zerstört. Diese werden zumeist als **Relikte** überliefert. Als Relikte werden funktionslos gewordene Elemente und Strukturen benannt, die sich häufig nur wegen dieser Eigenschaft überliefert haben. Längere Nutzungsphasen führen hingegen oft zu ihrer grundlegenden Veränderung oder gar Zerstörung (Abb. 26.1.1 und Abb. 26.1.2).

Grundsätzlich bedient sich die Historische Geographie desselben methodischen Instrumentariums wie die **Geschichtswissenschaften**, zunächst also der Methoden der Quellenkritik wie der Auseinandersetzung mit der Anwendbarkeit und Reichweite humanwissenschaftlicher Theorien (Kapitel 7.3).

Die Fragestellungen der Historischen Geographie sind unterschiedlich „anschlussfähig" an das, was die historisch ausgerichteten Kulturwissenschaften einer-

Exkurs 26.1.1

Kulturlandschaft

Der Begriff „Landschaft" hat in der deutschsprachigen Geographie eine lange Geschichte hinter sich. Aus zwei etymologisch fassbaren Wurzeln herzuleiten – einmal der älteren Bedeutung der Landschaft als Region, als Gebietskörperschaft und zum anderen aus der jüngeren Bedeutung als künstlerischer Darstellung von Natur – verschmolzen diese beiden Bedeutungsstränge ab der Mitte des 19. Jahrhundert in der Geographie, aber später auch in der Heimatschutzbewegung zu einem holistisch gedachten Begriff. Davon ausgehend zielte der Begriff der „Kulturlandschaft" noch stärker auf die Nutzung und Umformung durch den Menschen ab. Ist dieser Begriff in einem wissenschaftlichen Zusammenhang tatsächlich umfassend gemeint, so verengte er sich bereits früh in der Öffentlichkeit auf ein ästhetisierendes Bild einer vorindustriellen bäuerlichen Landschaft, das auch heute noch oft gemeint wird, wenn von Kulturlandschaft die Rede ist. In der Folgezeit wurde Kulturlandschaft zu einem der Hauptthemen einer genetisch orientierten Kulturgeographie, deren Forschungsprogramm gut zur Länderkunde passte (Kapitel 4.2.). Politisch aufgeladen vor allem in der Zeit des Nationalsozialismus, geriet der Begriff dann ab Ende der 1960er-Jahre in eine tief greifende Krise (Schenk 2002).

Wieder aufgegriffen wird der Begriff seit einiger Zeit vor allem im Kontext der Kulturlandschaftspflege, die die Kulturlandschaft in erster Linie als kulturhistorisches Element, als Archiv, das Spuren der historischen Auseinandersetzung des Menschen mit der Natur zeigt, bewahren und für regionale Entwicklungen nutzen möchte. Nach Hard (1989) sind die Spuren in der Kulturlandschaft „.... oft minimale, sehr mittelbare, abgeleitete und entfernte Effekte vergangener Ereignisse; vieldeutige, lückige, deformierte, oft schon halb verwischte, wegerodierte oder auch (sei es zufällig, sei es absichtsvoll) wieder aufgedeckte Überreste; eine Ansammlung von meist unbeabsichtigten, ja unvorhergesehenen und sogar unbemerkt, zufällig und nebenher produzierten Handlungsfolgen, die dann fortlaufend in neuen Handlungen (mit oder ohne Absicht) um- und weggearbeitet, um- und weggedeutet, genutzt, abgenutzt und umgenutzt werden. Kurz: Landschaft und Raum sind vor allem Fundgruben von ‚Spuren' in eben diesem Sinn, aber keine Ansammlungen von regelhaft auftretenden Indikatoren und auch nur zu einem kleinen Teil Ansammlungen von intendierten Artefakten".

Die normative „Tönung" des Begriffes und seine oft nur schlecht greifbare Definierbarkeit wird in Kauf genommen, gerade weil er auch umgangssprachlich verwendbar ist.

seits und die Geographie andererseits interessiert (Reckwitz 2000, Hörisch 2004). Spielte der Raum als Kategorie in der älteren deutschen Kulturgeschichte nach Karl Lamprecht eine grundlegende Rolle, so galt dies später für andere Richtungen, wie die Annales-Schule (Kron-

Abb. 26.1.1 Beispiel eines Reliktes der historischen Kulturlandschaft: ausgebautes Triftgewässer im Pfälzer Wald, erbaut Anfang des 19. Jahrhunderts (Foto: A. Dix).

Abb. 26.1.2 Beispiel einer historischen Kulturlandschaft: rezente und wüste Reisterrassen auf der Insel Kyushu, Japan (Foto: A. Dix).

steiner 1989, Mücke 1988) oder die von Immanuel Wallerstein formulierte Theorie der Entstehung eines Weltsystems und damit zusammenhängender ökonomischer Zentren und Peripherien (Wallerstein 1974, Nitz 1993). Seit einigen Jahren ist unter dem Rubrum des *spatial turn* eine konstantere Beschäftigung mit räumlichen Kategorien in den historischen Kulturwissenschaften allgemein zu verzeichnen (Koselleck 2000, Raphael 2003). Dies reicht von Ansätzen genereller Reflexionen (Schlögel 2003) bis zu stärker empirisch ausgerichteten Arbeiten, die im geographischen Sinne das Mensch-Umwelt-Verhältnis in den Vordergrund rücken und aus dessen historischen Veränderungen Rückschlüsse auch auf gesellschaftliche Veränderungen ziehen (Beck 2003, Blackbourn 2008). Erst in jüngster Zeit werden hier auch die entsprechenden Diskussionen innerhalb der Geographie rezipiert (Döring & Thielmann 2008). Die Entsprechung ist aufseiten der Geographie ein *cultural turn*, der den Begriff der Kultur wieder aufnimmt, allerdings unter weitgehender Ausblendung der historischen Perspektive (Gebhardt et al. 2003).

Bei allen unterschiedlichen theoretischen Rückbindungen lassen sich die historischen Betrachtungsweisen doch entweder einer querschnittlichen oder längsschnittlichen Perspektive zuordnen. Während der Querschnitt die Rekonstruktion eines Zustandes zu einer bestimmten Zeitphase zum Ziel hat, geht es bei der Betrachtungsweise im Längsschnitt um den Verlauf, die dynamische Komponente von Entwicklungen. Je nach Quellenlage wird dabei die Perspektive vom älteren zum jüngeren Zustand oder vom jüngeren zum älteren Zustand gewählt. Diese genetisch angelegte und motivierte Untersuchungsperspektive wird häufig angewandt, verspricht sie doch auch im Zusammenhang aktualistischer Fragestellungen Antworten auf die Frage nach den Ursachen aktueller Verhältnisse und Strukturen.

26.2 Rekonstruktion raumzeitlicher Strukturen

Die Rekonstruktion räumlicher Verteilungen von Phänomenen, Strukturen und Ereignissen in historischer Zeit ist der ursprüngliche Ansatzpunkt der Historischen Geographie und immer noch eine ihrer Kernaufgaben. Diese Rekonstruktion ist oft auch die Basis für weiterführende Forschungen in der Historischen Geographie, muss sie doch ihren Gegenstand, ähnlich wie die Archäologie, erst aus vielen Quellen zusammensetzen. Diese Rekonstruktionen beziehen sich auf den gesamten Themenkanon der Geographie. Ein Hauptthema besonders

Abb. 26.2.1 Auch von Klöstern wie Hirsau am Rand des Schwarzwaldes ging die Rodungskolonisation aus, welche die deutschen Mittelgebirgslandschaften im Hochmittelalter in die Besiedlung einbezog (Foto: H. Gebhardt).

der deutschsprachigen Historischen Geographie war immer die **Rekonstruktion von Landnutzung**, Landnutzungswandel, Parzellengefügen sowie den Grund- und Aufrissen ländlicher Siedlungen. Morphologie, Struktur und funktionale Zusammenhänge wurden in großer Intensität untersucht. Daraus ergab sich im Ergebnis ein sehr vielgestaltiges Bild vorindustrieller Agrarlandschaften, wie auch der historischen Entwicklung agrarischer Wirtschaftsweisen und ihrer sozialen wie ökonomischen Hintergründe (Becker 1998). Diese Forschungen sind deshalb gerade in Deutschland so wertvoll, weil sie sich auf die verwirrende Vielgestaltigkeit und territoriale Zersplitterung mittelalterlicher und frühneuzeitlicher Rechts- und Wirtschaftsverhältnisse in der Zeit des *Ancien Régime* vor 1806 einlassen. Damit trägt die historisch-geographische Forschung wesentlich zu einem besseren Verständnis der Lebens- und Wirtschaftsweise vorindustrieller Gesellschaften bei. In den

Exkurs 26.2.1

Siedlungs-, Haus- und Flurformen

Analysen der Standorte und Grundrisse ländlicher und städtischer Siedlungen sowie der Flur geben wichtige Aufschlüsse über Alter und Entstehungsbedingungen. Aber auch die Häuser als dreidimensionale Elemente der Siedlungen zeigen regionale und zeitlich erkennbare Unterschiede in ihrer Form und Bauweise. Wurden ab dem 19. Jahrhundert erkennbare Regelhaftigkeiten mit der Verteilung ethnischer Gruppen in Zusammenhang gebracht, so hat sich die Forschung mittlerweile mit einer großen Zahl von Faktoren beschäftigt. Hierzu gehören ökologische Gründe, die beispielsweise die Form ländlicher Hausbauten entscheidend beeinflussen können (Ellenberg 1990, Henkel 2004), sowie soziale und politische Gründe, die bei der Gründung von Städten und ihrem Ausbau eine Rolle gespielt haben. Grund- und Aufriss mittelalterlicher Städte folgen dabei genauso bestimmten Regelhaftigkeiten wie die frühneuzeitliche planmäßig gegründete Stadt oder die großflächigen Stadterweiterungen des 19. und 20. Jahrhunderts bis hin zu den Erscheinungen der Suburbanisierung ab der Mitte des 20. Jahrhunderts (Denecke 1988). Die Regelhaftigkeiten der Lage, Größe und Form der Parzellierung landwirtschaftlicher Fluren lassen sich aus den Logiken vorindustrieller agrarischer Produktionsweisen und ihres gesellschaftlichen Rahmens erklären. Bestimmte Formen der Landwechselwirtschaft oder die Dreifelderwirtschaft sind Beispiele für Betriebsformen, die ganz charakteristische Parzellenformen hervorgebracht haben. In diesem Sinne sind auch die heutigen Parzellengrößen Ergebnisse typischer Phasen der Agrarwirtschaft (Born 1989, Becker 1998, Henkel 2004).

grundlegenden Fragestellungen der seit 1983 in Themenbänden erscheinenden Zeitschrift „Siedlungsforschung. Archäologie – Geschichte – Geographie" lässt sich die Weiterentwicklung dieser Forschungsperspektive sehr gut verfolgen.

Morphologische Fragestellungen spielten auch in der Historischen Stadtgeographie (Kapitel 21) über lange Zeit eine wichtige Rolle. Die genaue Kenntnis der Grundriss- und Aufrissentwicklung bildet gleichsam das Rückgrat weiterer Forschungen zum Beispiel zur Sozialtopographie früherer Städte. Hierfür werden beispielsweise die Grundrisse der vorindustriellen Stadt auf der Grundlage der frühesten greifbaren exakten Karten, die zumeist erstmals mit den Urkatasterkarten ab dem Beginn des 19. Jahrhunderts vorliegen, untersucht. Dargestellt werden diese Ergebnisse in einer Vielzahl von historischen Städteatlanten, wie etwa dem Deutschen Städteatlas (Johanek et al. 2011). Aber auch gewerbliche Wirtschaft, Handel und Bevölkerung können in ihrer raumzeitlichen Entwicklung rekonstruiert werden (Hahn et al. 1973). Bevorzugte Publikationen sind hier historische Atlaswerke, wie sie für eine Reihe von Bundesländern und Regionen in Deutschland vorliegen (Fehn 1991).

Abb. 26.2.2 Die historisch überkommene ländliche Kulturlandschaft war durch charakteristische Hausformen gekennzeichnet, wie der renovierte Schwarzwaldhof noch gut erkennen lässt (a). In der Zeit nach dem Zweiten Weltkrieg hingegen wurden viele traditionelle Höfe wie dieses typische quer geteilte Einhaus aus dem Realteilungsgebiet Südwestdeutschlands (b) umgebaut, der Stall wurde zur Garage, die Scheune zur Werkstatt und so weiter (Fotos: H. Gebhardt).

26.3 Historische Geographie und Umweltgeschichte

Ab den 1970er-Jahren entwickelte sich die Krise der natürlichen Umwelt des Menschen zu einem der beherrschenden politischen Themen. Von einer regionalen bis hin zu einer globalen Ebene wurde die Untersuchung des historischen Mensch-Umwelt-Verhältnisses nun in eine ganz neue Forschungsperspektive eingebunden, die ihre Legitimation aus den brennenden Gegenwartsfragen bezog. Von naturwissenschaftlicher Seite wird der menschliche Eingriff in den natürlichen globalen Stoffhaushalt mittlerweile als so gravierend erachtet, dass von einem neuen geologischen Zeitalter, dem „Anthropozän" gesprochen wird (Ehlers 2008).

Die gesellschaftliche Nachfrage nach einer Prognose beispielsweise des Klimawandels oder des Kohlenstoffhaushaltes führte in den letzten Jahren zu einem gestiegenen Bedarf nach qualitativen und quantitativen Abschätzungen des anthropogenen Einflusses (Kapitel 29.1 und 29.2).

Interessanterweise entstand nun im Rahmen dieser naturwissenschaftlichen Forschung ein großer Bedarf nach historischem Wissen, der im Moment noch anhält. In diesem Zusammenhang kann die Historische Geographie mit ihren Methoden wertvolle Aussagen über größere Flächen und Zeiträumen hinweg treffen. Stützt sie sich auf archivalische Quellen, beschränkt sich der Erkenntniszeitraum zumeist auf die letzten 500 Jahre, davor muss auf andere, zumeist archäologische oder naturwissenschaftliche Methoden zurückgegriffen wer-

Exkurs 26.3.1

Lange Reihen

In den Archiven sind in reichem Maße serielle Quellen vorhanden, die in einem bestimmten zeitlichen Rhythmus zu ganz unterschiedlichen Zwecken erhobene Daten enthalten können. Dazu sind beispielsweise die Lagerbücher, Kirchenbücher oder Ratsprotokolle zu zählen. Aus ihnen lassen sich eine Vielzahl unterschiedlicher Daten, wie zum Beispiel Bevölkerungszahlen, Wasserstände, Holzeinschlag, Erntemen-

gen oder Qualität von Wein, über einen historisch längeren Zeitraum erheben und analysieren. Da die Laufzeit dieser Quellen mitunter einige Hundert Jahre betragen kann, sind auf diese Weise im vorstatistischen Zeitalter relativ konsistente Zahlenreihen über einen längeren Zeitraum erstellbar, die im günstigen Fall auch topographisch verortet werden können. Auf diese Weise lassen sich ökologische, wirt-

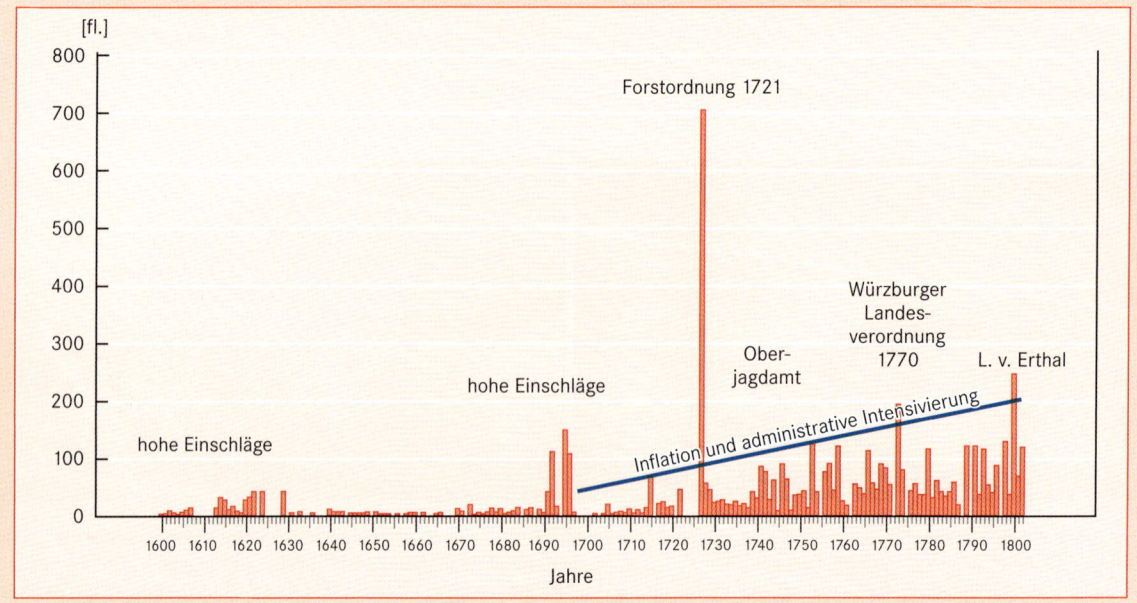

Exkurs 26.3.2

Umweltgeschichte

„Historische Umweltforschung ordnet sich ein in die Erforschung der langfristigen Entwicklung der menschlichen Lebens- und Reproduktionsbedingungen. Sie untersucht, wie der Mensch diese Bedingungen selber beeinflusste und auf Störungen reagierte. Dabei gilt ihre spezifische Aufmerksamkeit unbeabsichtigten Langzeitwirkungen menschlichen Handelns, bei denen synergetische Effekte und Kettenreaktionen mit Naturprozessen zum Tragen kommen" (Radkau 1994). Entsprechend entwickelt sich die Umweltgeschichte im Kontaktbereich verschiedener Wissenschaften im Moment als eine sehr lebendige Teildisziplin. Wichtige Forschungsfelder sind beispielsweise der sozialökologische Metabolismus, Klimageschichte, Naturkatastrophen, Geschichte der Naturwahrnehmung, Geschichte des Umwelt- und Naturschutzes, Geschichte der anthropogenen Nutzung bestimmter Umweltressourcen und ihre Folgen (Jäger 1987, 1994, Radkau 2000, Winiwarter & Knoll 2007, Glaser 2008).

schaftliche und soziale Wandlungsprozesse erfassen, die oftmals einen ganz anderen Blick auf vorindustrielle Gesellschaften und Landschaften ermöglichen.

Die Rekonstruktion dieser „Langen Reihen" wird seit längerem vor allem in der Klimageschichte, Bevölkerungs- und Wirtschaftsgeschichte überaus erfolgreich eingesetzt, kann aber auch für die Rekonstruktion historischer Bewertungen und Nutzungen von Ressourcen sehr gut verwendet werden. Im Vergleich lassen sich deutlich Kontinuitäten und Brüche in den Entwicklungen auch ganz konkreter Raumausschnitte feststellen (Schenk 1999).

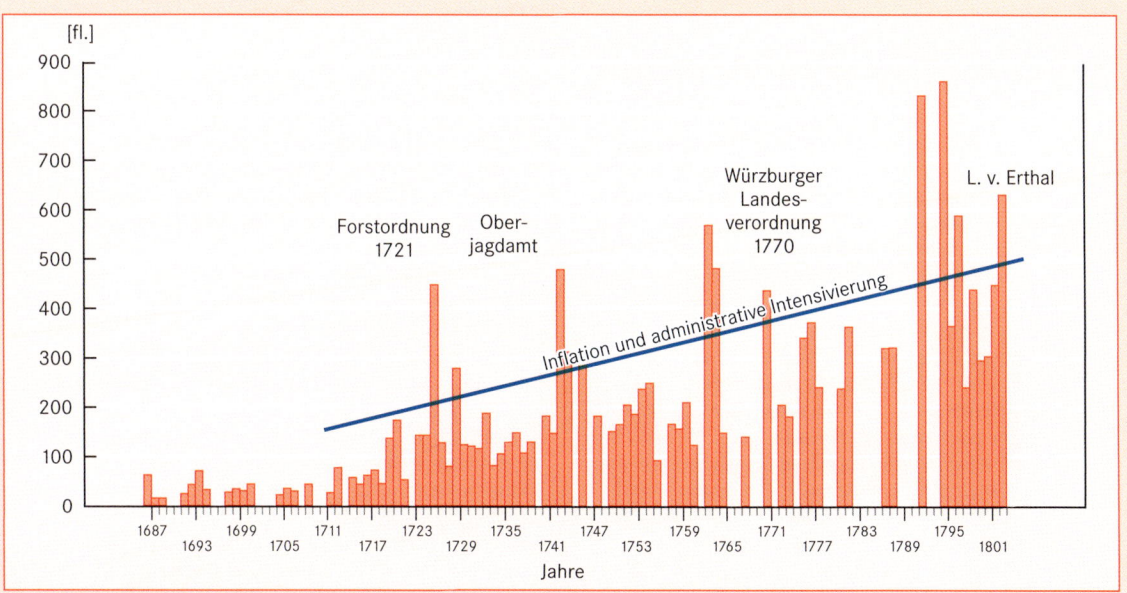

Abb. 1 Beispiel Lange Reihe: Einnahmen von Forststrafgeldern (in Gulden = fl.) aus dem Guttenberger (links) und Aschacher Forst in Unterfranken (rechts) zwischen 1600/1687 und 1804 (verändert nach Schenk 1999).

den (Knoll & Winiwarter 2007). Besonders im Bereich der Klimarekonstruktion sind in den letzten 20 Jahren enorme Fortschritte – sowohl was den Bestand an erhobenen und aufbereiteten Daten als auch die Methodik angeht – gemacht worden (Glaser 2008).

Wichtige thematische Verknüpfungen ergeben sich im Schnittfeld physisch-geographischer und archäologischer Forschungsbereiche, wie in der Archäometrie, Geoarchäologie und Landschaftsarchäologie (Kapitel 29.2), die sich in den letzten Jahren rasant entwickelt haben. Die Verknüpfung der Analyse dieser sehr unterschiedlichen historischen und naturwissenschaftlichen Archive ermöglicht einerseits die Ausweitung der zeitlichen Aussagetiefe, ist methodisch allerdings sehr anspruchsvoll und in weiten Teilen auch noch ein Desiderat (Kapitel 29.2, Murphy & Wiltshire 2003, Verbruggen 2006). Das Potenzial zeigt sich in Landschaftsgeschichten, die bisher aus physisch-geographischer und geobotanischer Sicht publiziert wurden (Küster 1996, Bork 1998, 2006, Behre 2008).

26.4 Ikonographie und Symbolik von Landschaften

Standen ursprünglich empirische Untersuchungen physischer Strukturen im Vordergrund des historisch-geographischen Forschungsinteresses, wurden ab den 1970er-Jahren parallel zum Paradigmenwechsel in den Kulturwissenschaften in der Historischen Geographie neue Fragestellungen aufgenommen, die sich nun stärker für die soziale Konstruktion von Raum und die sich wandelnde Rolle von Natur und Landschaft in Politik und Gesellschaft interessierten. Dabei ging und geht es nicht primär um die empirische Erforschung von konkreten Sachverhalten, sondern um die Wahrnehmung und Konstruktion von Raum und Umwelt des Menschen. Besonders in der anglophonen Historischen Geographie hat sich dieser Strang der Forschung zum Mainstream der Historischen Geographie entwickelt (Glacken 1967, Cosgrove & Daniels 1988, Harris 2002). Dies mag damit zusammenhängen, dass gerade in den USA und in Großbritannien die Themen des Kolonialismus, der Migration und der unterschiedlichen Identitäten eine bedeutende Rolle in der Öffentlichkeit spielen.

 **Exkurs 26.4.1**

Symbolische Landschaften

Landschaften als Archiv historischer Prozesse können jederzeit durch bestimmte politisch oder sozial bedingte Wahrnehmungen symbolisch aufgeladen werden. Die Wahrnehmung hängt dabei von bestimmten Faktoren wie Sichtbarkeit, Prägnanz oder auch der Qualität als Schauplatz historischer Ereignisse ab. In seinem Buch *„The past is a foreign country"* hat dies der Geograph David Lowenthal erstmals umfassend und prägnant beschrieben: *„The past is everywhere. All around us lie features which, like ourselves and our thoughts, have more or less recognizable antecedents. Relics, histories, memories suffuse human experience. Each particular trace of the past ultimately perishes, but collectively they are immortal. Whether it is celebrated or rejected, attended to or ignored, the past is omnipresent"* (Lowenthal 1985).

Am Beispiel des Mittelrheintales lässt sich dieser Prozess in verdichteter Form beobachten (Dix 2002b). Als Landschaft wurde das Mittelrheintal zu Anfang des 19. Jahrhunderts von britischen Touristen, also von „außen", entdeckt, die im Zuge des *gothic revivals* hier eine Landschaft mit schroffen Felsen und Burgen vorfanden, die ideal zu ihren Träumen und Vorstellungen passte. Verstärkt durch eine bald einsetzende Bilder- und Literaturproduktion verstetigte sich der Strom der Besucher. Ab den Befreiungskriegen gegen Napoleon wurde die Landschaft dann aber immer mehr zu einem politischen Symbol der ersehnten deutschen Reichseinigung. Der Wiederaufbau von Bauten des Mittelalters, wie der Burgen oder die Sicherung der Wernerkapelle in Bacharach, und die Errichtung von Denkmälern wie auf dem Niederwald oder in Koblenz konstruieren eine politische und kulturelle Tradition und ihre Einbindung in politisch-gesellschaftliche Strömungen der Zeit. Damit wird die Landschaft zur Bedeutungsträgerin und bekommt einen symbolischen Gehalt, der freilich nicht festgelegt, sondern immer wieder uminterpretiert werden kann. Die mediale Vermittlung der Landschaft transportiert und verstärkt diesen Prozess, indem sie vor allem die herausragenden Strukturen und Bauten hervorhebt. Wie am Beispiel der in Abbildung 26.4.1 dargestellten Postkarte zu sehen, sind es im Mittelrheintal insbesondere die Burgen und Denkmäler.

Abb. 26.4.1 Historische Postkarte vom Mittelrhein um 1906.

Besonders fruchtbar lässt sich dieses Konzept auf die Entstehung und Durchsetzung der Nationalstaatsidee im Europa des 19. Jahrhunderts anwenden. In den entstehenden Nationalstaaten wurde durch Architektur und Städtebau, durch die Errichtung von Denkmälern und die Rekonstruktion alter Gebäude wie Burgen an einheitsstiftende Ereignisse und Traditionen erinnert. Schließlich wurden ganze Landschaften entsprechend interpretiert und umgewandelt. Das Beispiel des Mittelrheintales zeigt, wie eine Landschaft im Verlauf des 19. Jahrhunderts regelrecht entdeckt und mit zunächst literarischen, später auch politischen Vorstellungen umgewertet und aufgeladen wurde.

Dieser Prozess setzt Wechselwirkungen in Gang, die zu einer Neubewertung als charakteristisch angesehener Elemente führen (Dix 2002b). Die Wirksamkeit solcher Wechselwirkungen hing immer mit spezifischen Formen der medialen Vermittlung zusammen. Diese mediale Vermittlung, sei es über Karten oder Bilder, kanalisiert Blicke auf die Landschaft und blendet andere Interpretationen aus (Exkurs 26.4.1, Abb. 26.4.1; Harley 1989, Gugerli & Speich 2002). Besonders prägnant ist dies auch in Städten, die im Zuge der Loslösung von kolonialer Herrschaft zu Hauptstädten junger Nationalstaaten wurden. Das Beispiel von Dublin zeigt, wie nach der Unabhängigkeit der Republik Irland ab 1921 der Stadtraum in spezifischer und bis heute sehr wirksamer Weise neu interpretiert und symbolisch umgedeutet wurde (Whelan 2003).

26.5 Historische Geographie in der Anwendung

In Deutschland wird das Ende einer traditionellen historisch-geographisch ausgerichteten Kulturgeographie mit den Debatten auf dem Geographentag in Kiel im Jahre 1969 in Zusammenhang gebracht. Geographie, die nun moderne „Relevanzkriterien" erfüllen wollte, war in erster Linie aktualistisch ausgerichtet (Kapitel 4.2.). Es ist kein Zufall, dass dieser Paradigmenwechsel in eine Zeit fiel, in der die Kybernetik, die Planungswissenschaften und auch die Steuerbarkeit gesellschaftlicher Prozesse in der Öffentlichkeit propagiert wurden. Freilich geriet diese Euphorie bereits kurze Zeit später mit dem Bewusstsein wachsender Umweltverschmutzung und der Debatte um die Endlichkeit der globalen Ressourcen in eine Krise. Der fortschreitende agrarstrukturelle Wandel, die Folgen einer expansiven Verkehrspolitik, Flächensanierung und Suburbanisierung führten bereits ab Mitte der 1970er-Jahre zu einem wachsenden Nachdenken über den Wert von Geschichtlichkeit, der Verbindung gewachsener und alter Strukturen mit einer humanen Gestaltung von Lebenswelten. Über diese traditionellen Schutzobjekte hinaus gewannen nun immer mehr größere Strukturen gerade in dem Moment ihres Verschwindens an Interesse (Lenz 1999). Dies galt für Relikte des Industriezeitalters, aber auch für die bäuerlich geprägten stadtfernen ländlichen Räume. Besonders die große Dynamik, mit der diese Strukturen verschwanden, führte an vielen Stellen zu Initiativen, die sich um ihren Erhalt bemühten (Kapitel 22). Die wachsende Zahl von **Freilicht- und Industriemuseen** in den 1980er- und 1990er-Jahren ist hierfür ein deutlicher Beleg. Auf diesem Weg gewannen die Ergebnisse der älteren Forschungen wieder eine Bedeutung als Quelle, da sie zum Beispiel Dorf- und Flurstrukturen dokumentierten, die heute untergegangen sind. Ab dem Beginn der 1980er-Jahre begann man auch in der Historischen Geographie mit der Erarbeitung von Auswahlkriterien, Inventarisierungen und Erarbeitung von Konzepten zum Schutz und zur Inwertsetzung von Landschaftsstrukturen und Relikten, die bisher von der **Denkmalpflege** nicht erfasst worden waren (Gunzelmann 1987, Gunzelmann & Schenk 1999). Der Begriff der Kulturlandschaft wird dabei wieder, allerdings nicht unreflektiert, zu einem Leitbegriff, der sich aber dadurch auszeichnet, dass er auch in der Öffentlichkeit verständlich ist. Ausgehend von der Integration dieser Aspekte in Fachplanungen wie der Flurbereinigung, der Dorferneuerung und Denkmalpflege hat sich die Idee eines schonenderen Umgangs mit historisch gewachsenen Kulturlandschaften aus kulturhistorischer Sicht ab den 1990er-Jahren bis heute immer weiter durchgesetzt (Burggraaff & Kleefeld 1998, Historische Kulturlandschaft – Erhalt und Pflege 2005, Matthiesen 2006). In diesem Kontext wirkte die Historische Geographie maßgeblich an der Ausbildung des planerischen Konzepts der **Kulturlandschaftspflege** als einem diskursiven Pro-

Exkurs 26.5.1

Kulturlandschaftspflege

Ausgehend von den rechtlichen Anforderungen umfasst der Prozess der Kulturlandschaftspflege drei Arbeitsbereiche. Als Erstes gehört hierzu eine Erfassung, Beschreibung und Erklärung von Strukturen und Elementen einer Kulturlandschaft ähnlich den Inventaren der Denkmalpflege oder den Biotopkartierungen des Naturschutzes. Die so identifizierten Elemente müssen in einem zweiten Schritt nach Kriterien, wie Eigenart, Seltenheit, historische Bedeutung aber auch nach ästhetischen Kriterien in ihrer Bedeutung bewertet werden. Diese Ergebnisse fließen in einem dritten Schritt in spezifische Maßnahmenpläne ein, die den weiteren Umgang mit den Elementen je nach vorhandenem Potenzial und geplanter Inwertsetzung bestimmen. Hierzu können spezifische Pflegemaßnahmen wie das Beschneiden von Hecken, die Beweidung oder auch die Rekonstruktion baulicher Strukturen gehören. Ebenso ist hierzu die Umnutzung vorhandener Substanz zu zählen, zumeist in Projekten der Regionalentwicklung mit touristischer Zielsetzung.

Abb. 1 Prozesse der Kulturlandschaftspflege (nach Schenk et al. 1997, basierend auf einer unveröffentlichten Vorlage von Egli 1983).

zess der Konsensfindung zur Erfassung und Bewertung sowie Ableitung von Maßnahmen zur erhaltenden Weiterentwicklung des räumlichen kulturellen Erbes mit (Schenk et al. 1997). Die Umsetzung erfolgt häufig in Gutachten, die sich auf die unbestimmten Begriffe der Kulturlandschaft in Gesetzen und Verordnungen beziehen (Schenk 2009), denn mittlerweile ist die Kulturlandschaft als eigenes Schutzobjekt sowohl im Bundesraumordnungsgesetz (Formulierung in der Fassung vom 31.7.2009, § 2, Grundsatz 2, Abschnitt 5, Satz 2: „Historisch geprägte und gewachsene Kulturlandschaften sind in ihren prägenden Merkmalen und mit ihren Kultur- und Naturdenkmälern zu erhalten.") als auch im Bundesnaturschutzgesetz (Formulierung in der Fassung vom 29.7.2009, § 1, Grundsatz 4, Abschnitt 4, Satz 1: „Zur dauerhaften Sicherung der Vielfalt, Eigenart und Schönheit sowie des Erholungswertes von Natur und Landschaft sind insbesondere Naturlandschaften und historisch gewachsene Kulturlandschaften, auch mit ihren Kultur-, Bau- und Bodendenkmälern, vor Verunstaltung, Zersiedelung und sonstigen Beeinträchtigungen zu bewahren.") explizit festgeschrieben. Die Bundesländer setzen diese Vorgaben zum Teil unterschiedlich in ihren Landesgesetzen und Verordnungen um.

Auf europäischer Ebene wird der **Schutz von Kulturlandschaften** explizit in der vom Europarat im Jahr 2000 verabschiedeten Europäischen Landschaftskonvention behandelt. Kulturlandschaft soll als Dokument der Auseinandersetzung von Mensch und Natur besonders geschützt werden. In einem eher diskursiven Ansatz sollen sich die Bürger Europas dem Schutz der Kulturlandschaften als gemeinsamem Kulturerbe widmen. Auch wenn noch nicht alle Länder, darunter Deutschland, die Konvention ratifizert haben, ist doch hier eine Diskussion um die Entwicklung von Kulturlandschaften in den letzten Jahren in Gang gekommen (Pflaum 2007, Jones & Stenseke 2010).

Mit der Aufnahme von Kulturlandschaften als eigenen Schutzbegriff in das **UNESCO-Weltkulturerbe** ab 1992 (Droste zu Hülshoff 1995) gewann die Kulturlandschaft dann auch im globalen Rahmen Beachtung. In den Folgejahren wurden etliche historische Kulturlandschaften dementsprechend in die Welterbeliste aufgenommen, in Deutschland beispielsweise 2002 das Obere Mittelrheintal oder 2010 das Oberharzer Wasserregal, eine Landschaft, die intensiv durch die bergbauliche Wasserwirtschaft (Gräben und Teiche) umgestaltet wurde.

 **Fazit**

Ausgehend von ihren traditionellen Forschungsgebieten der Rekonstruktion historischer Siedlungs- und Landnutzungszustände hat sich die Historische Geographie besonders in den letzten 30 Jahren in ihrem Themenspektrum weit aufgefächert.

Die empirisch gestützte Untersuchung physisch greifbarer Elemente und Strukturen behält als wichtiges Thema Bedeutung. Dazu gehören die vielfältigen Veränderungen von Natur, ländliche und städtische Siedlungen, Verkehrswege und gewerbliche Anlagen. Sie haben ihren eigenen Quellenwert, der die Auswertung archivalischer Quellen ergänzt. Die Beschreibung, Aufnahme und Interpretation kann aber nur die Grundlage für weitergehende Fragen beispielsweise nach der historischen Entwicklung des Verhältnisses von Mensch und Natur oder dem tieferen Verständnis vergangener sozialer, wirtschaftlicher und politischer Prozesse sein.

Dabei gibt es grundsätzlich neben der genuin geschichtswissenschaftlich orientierten Frage nach dem Vergangenen auch die wichtige genetische Perspektive, die vorrangig der Entstehung heutiger Verhältnisse nachgeht.

Diese Perspektive erlebt heute eine Aufwertung in ganz neuen Zusammenhängen beispielsweise des Natur- und Denkmalschutzes, den verschiedensten räumlich orientierten Fachplanungen, dem Tourismus und allen Formen der Bildung und Lehre. Dies hängt mit einem sich verändernden Verständnis der eigenen Lebensumwelten zusammen, dem flächendeckenden Verschwinden vieler traditioneller Lebens- und Wirtschaftsformen, deren Bewahrung als Erinnerung in den letzten Jahren zu einem allgemeinen gesellschaftlichen Bedürfnis geworden ist.

Themen der historischen Wahrnehmung von Landschaften und Orten finden hingegen zu Fragestellungen einer konstruktivistisch argumentierenden „Neuen Kulturgeographie" einen inhaltlichen Anschluss. In diesem Zusammenhang wird Landschaft zunächst nicht als dreidimensionale physische Artefakte sondern als Konstrukt, als Text betrachtet, der unterschiedlich interpretiert wurde und wird.

Weiterführende Literatur

Burggraaff P, Kleefeld KD (1998) Historische Kulturlandschaft und Kulturlandschaftselemente. Bundesamt für Naturschutz, Bonn

Butlin R, Roberts N (Hrsg) (1995) Ecological relations in historical times. Human impact and adaptation. Blackwell, Oxford

Egli HR (1983) Die Herrschaft Erlach. Ein Beitrag zur historisch-genetischen Siedlungsforschung im schweizerischen Gewannflurgebiet. Historischer Verein des Kantons Bern, Bern

Denecke D (2005) Wege der Historischen Geographie und Kulturlandschaftsforschung. Ausgewählte Beiträge. Franz Steiner, Stuttgart

Fehn K (1998) Historische Geographie. In: Goertz HJ (Hrsg) (1998) Geschichte. Ein Grundkurs. Rowohlt, Reinbek bei Hamburg. 394–407

Kleefeld KD, Burggraaff P (Hrsg) (1997) Perspektiven der Historischen Geographie. Siedlung – Kulturlandschaft – Umwelt in Mitteleuropa. Selbstverlag, Bonn

Mitchell WJT (2002) Landscape and power. University of Chicago Press, Chicago

Nitz HJ (1994) Historische Kolonisation und Plansiedlung in Deutschland. Ausgewählte Arbeiten 1. Reimer, Berlin

Nitz, HJ (1998) Allgemeine und vergleichende Siedlungsgeographie. Ausgewählte Arbeiten 2. Berlin Reimer

Norton W (1984) Historical analysis in geography. Longman, London

Schenk W (2011) Historische Geographie. Geowissen kompakt. Wissenschaftliche Buchgesellschaft, Darmstadt

Turner BL et al. (Hrsg) (1990) The earth as transformed by human action. Global and regional changes in the biosphere over the past 300 years. Cambridge University Press, Cambridge

Zitierte Literatur

Baker A (2003) Geography and History. Bridging the Divide. Cambridge University Press, Cambridge

Beck R (2003) Ebersberg oder das Ende der Wildnis. Eine Landschaftsgeschichte. C.H. Beck, München

Becker H (1998) Allgemeine Historische Agrargeographie. Teubner, Stuttgart

Behre K (2008) Landschaftsgeschichte Norddeutschlands. Umwelt und Siedlung von der Steinzeit bis zur Gegenwart. Wachholtz, Neumünster

Blackbourn D (2008) Die Eroberung der Natur. Eine Geschichte der deutschen Landschaft. Pantheon, München

Bork HR (2006) Landschaften unter dem Einfluss des Menschen. Wissenschaftliche Buchgesellschaft, Darmstadt

Bork HR et al. (Hrsg) (1998) Landschaftsentwicklung in Mitteleuropa. Wirkungen des Menschen auf Landschaften. Klett-Perthes, Gotha

Born M (1989) Die Entwicklung der deutschen Agrarlandschaft. Wissenschaftliche Buchgesellschaft, Darmstadt

Butlin R (1993) Historical Geography. Through the gates of space and time. Arnold, London

Cosgrove D, Daniels S (Hrsg) (1988) The iconography of landscape. Essays on the symbolic representation, design and use of past environments. Cambridge University Press, Cambridge

Denecke D (Hrsg) (1988) Urban historical geography. Recent progress in Britain and Germany. Cambridge University Press, Cambridge

Dix A (2002a) „Freies Land". Siedlungsplanung im ländlichen Raum der SBZ und frühen DDR 1945 bis 1955. Böhlau, Köln

Dix A (2002b) Das Mittelrheintal – Wahrnehmung und Veränderung einer symbolischen Landschaft des 19. Jahrhunderts. Petermanns Geographische Mitteilungen, 146: 44–53

Dodgshon RA (1998) Society in time and space. A geographical perspective on change. Cambridge University Press, Cambridge

Döring J, Thielmann T (Hrsg) (2008) Spatial Turn. Das Raumparadigma in den Kultur- und Sozialwissenschaften. Transcript, Bielefeld

Droste zu Hülshoff B v. (1995) Cultural landscapes of universal value. Components of a global strategy. G. Fischer, Jena

Ehlers E (2008) Das Anthropozän. Die Erde im Zeitalter des Menschen. Wissenschaftliche Buchgesellschaft, Darmstadt

Ellenberg H (1990) Bauernhaus und Landschaft in ökologischer und historischer Sicht. Ulmer, Stuttgart

Fehn K (1991) Territorialatlanten – raumbezogene und interdisziplinäre Grundlagenwerke der Geschichtlichen Landeskunde. Blätter für deutsche Landesgeschichte, 127: 19–45

Gebhardt H, Reuber P, Wolkersdorfer G (Hrsg) (2003) Kulturgeographie. Aktuelle Ansätze und Entwicklungen. Spektrum, Heidelberg

Glacken C (1967) Traces on the Rhodian Shore. Nature and Culture in Western Thought from ancient times to the end of the eighteenth century. University of California Press, Berkeley

Glaser R (2008) Klimageschichte Mitteleuropas. Wissenschaftliche Buchgesellschaft, Darmstadt

Graham B, Nash C (Hrsg) (2000) Modern Historical Geographies. Pearson, Harlow

Gugerli D, Speich D (2002) Topografien der Nation. Politik, kartografische Ordnung und Landschaft im 19. Jahrhundert. Chronos, Zürich

Gunzelmann T (1987) Die Erhaltung der historischen Kulturlandschaft. Angewandte Historische Geographie des ländlichen Raumes mit Beispielen aus Franken. Universität Bamberg, Bamberg

Gunzelmann T, Schenk W (1999) Kulturlandschaftspflege im Spannungsfeld von Denkmalpflege, Naturschutz und Raumordnung. Informationen zur Raumentwicklung, 5/6: 347–360

Hahn H, Zorn W, Krings W (Hrsg) (1973) Historische Wirtschaftskarte der Rheinlande um 1820. Dümmler, Bonn

Hard G (1989) Geographie als Spurenlesen. Eine Möglichkeit, den Sinn und die Grenzen der Geographie zu formulieren. Zeitschrift für Wirtschaftsgeographie 33, 1/2: 2–11

Harley JB (1989) Historical geography and the cartographic illusion. Journal of Historical Geography, 15: 80–91

Fortsetzung

Fortsetzung

Harris C (2002) Making native space. Colonialism, resistance and reserves in British Columbia. UBC Press, Vancouver

Heffernan M (1998) The meaning of Europe. Geography and geopolitics. Arnold, London

Henkel G (2004) Der ländliche Raum. Gegenwart und Wandlungsprozesse seit dem 19. Jahrhundert in Deutschland. Bornträger, Berlin

Historische Kulturlandschaft – Erhalt und Pflege (2005) München Bayerischer Landesverein für Heimatpflege. Heimatpflege in Bayern 1

Hörisch J (2004) Theorie-Apotheke. Eine Handreichung zu den humanwissenschaftlichen Theorien der letzten fünfzig Jahre, einschließlich ihrer Risiken und Nebenwirkungen. Eichborn, Frankfurt am Main

Jäger H (1987) Entwicklungsprobleme europäischer Kulturlandschaften. Eine Einführung. Wissenschaftliche Buchgesellschaft, Darmstadt

Jäger H (1994) Einführung in die Umweltgeschichte. Wissenschaftliche Buchgesellschaft, Darmstadt

Johanek P, Stercken M, Szende K (Hrsg) (2011) Städteatlanten. Vier Jahrzehnte Atlasarbeit in Europa. Köln

Jones M, Stenseke M (Hrsg) (2010) The European Landscape Convention. Challenges of participation. Springer, Berlin

Koselleck R (2000) Zeitschichten. Studien zur Historik. Suhrkamp, Frankfurt am Main

Kronsteiner B (1989) Zeit, Raum, Struktur – Fernand Braudel und die Geschichtsschreibung in Frankreich. Geyer-Ed., Wien

Küster H (1996) Geschichte der Landschaft in Mitteleuropa. C.H. Beck, München

Lenz G (1999) Verlusterfahrung Landschaft. Über die Herstellung von Raum und Umwelt im mitteldeutschen Industriegebiet seit der Mitte des neunzehnten Jahrhunderts. Campus, Frankfurt am Main

Lowenthal D (1985) The past is a foreign country. Cambridge University Press, Cambridge

Matthiesen U et al. (2006) Kulturlandschaften als Herausforderung für die Raumplanung. Verständnisse – Erfahrungen – Perspektiven. Forschungs- und Sitzungsberichte der Akademie für Raumforschung und Landesplanung 228. Akademie für Raumforschung und Landesplanung, Hannover

Mücke H (1988) Historische Geographie als lebensweltliche Umweltanalyse. Studien zum Grenzbereich zwischen Geographie und Geschichte. Lang, Frankfurt am Main

Murphy P, Wiltshire P (Hrsg) (2003) The environmental archaeology of industry. Oxbow, Oxford

Nitz HJ (1992) Historische Geographie. Siedlungsforschung 10: 211–237

Nitz HJ (Hrsg) (1993) The early modern world system in geographical perspective. Steiner, Stuttgart

Pflaum M (Red) (2007) Europäische Landschaftskonvention. Landschaftsverband Rheinland, Köln

Radkau J (1994) Was ist Umweltgeschichte? In: Abelshauser W (Hrsg) Umweltgeschichte. Vandenhoeck & Ruprecht, Göttingen. 11–28

Radkau J (2000) Natur und Macht. Eine Weltgeschichte der Umwelt. C.H. Beck, München

Raphael L (2003) Geschichtswissenschaften im Zeitalter der Extreme. Theorien, Methoden, Tendenzen von 1900 bis zur Gegenwart. C.H. Beck, München

Reckwitz A (2000) Die Transformation der Kulturtheorien. Zur Entwicklung eines Theorieprogramms. Velbrück Wissenschaft, Weilerswist

Schenk W (2002) „Landschaft" und „Kulturlandschaft" – „getönte" Leitbegriffe für aktuelle Konzepte geographischer Forschung und räumlicher Planung. Petermanns Geographische Mitteilungen, 146: 6–13

Schenk W (2005) Historische Geographie. In: Schenk W, Schliephake K (Hrsg) (2005) Allgemeine Anthropogeographie. Klett-Perthes, Gotha. 216–264

Schenk W (2009) Was meint „Kulturlandschaft" in der Raumplanung und Regionalentwicklung? In: Verband Deutscher Schulgeographen und Akademie für Raumforschung und Landesplanung (Hrsg) Kulturlandschaften in Geographie und Raumplanung. Eine Handreichung – nicht nur – für den Geographie-Unterricht. Bretten: 12-15, Schriften des Verbandes Deutscher Schulgeographen 9

Schenk W, Fehn K, Denecke D (Hrsg) (1997) Kulturlandschaftspflege. Beiträge der Geographie zur räumlichen Planung. Gebrüder Borntraeger, Berlin

Schenk W (Hrsg) (1999) Aufbau und Auswertung „Langer Reihen" zur Erforschung von historischen Waldzuständen und Waldentwicklungen. Geographisches Institut der Universität Tübingen, Tübingen

Schlögel K (2003) Im Raume lesen wir die Zeit. Über Zivilisationsgeschichte und Geopolitik. Carl Hanser, München

Verbruggen C (Hrsg) (2006) Geoarcheology, Historical Geography and Paleoecology. Société Belge de Géographie, Brüssel

Wallerstein I (1974) The Modern World System I. Capitalist Agriculture and the origins of the European World-Economy in the Sixteenth Century. Academic Press, New York, London

Warf B, Arias S (Hrsg) (2009) The Spatial Turn. Interdisciplinary perspectives. Routledge, London 2009

Whelan Y (2003) Reinventing modern Dublin. Streetscape, iconography and the politics of identity. Dublin, University College of Dublin Press

Winiwarter V, Knoll M (2007) Umweltgeschichte. Eine Einführung. Böhlau, Köln

Teil VI

Natur und Gesellschaft: Schnittfelder von Physischer Geographie und Human- geographie

27 Konzepte der Gesellschaft-Umwelt-Forschung

28 Hazards: Naturgefahren und Naturrisiken

29 Globaler Umweltwandel – Globalisierung – globale Ressourcen- knappheit

Geographische Gesellschaft-Umwelt-Forschung

Im Teil VI dieses Lehrbuchs wird umfassend auf die Thematik „Umwelt und Gesellschaft" eingegangen. In Kapitel 27 werden sowohl aus dem naturwissenschaftlichen wie gesellschaftswissenschaftlichen Diskussionszusammenhang hervorgegangene Konzepte der Gesellschaft-Umwelt-Forschung vorgestellt, in Kapitel 29 wird anhand von zahlreichen Problembereichen und Beispielen der Zusammenhang der globalen „Megatrends" Global Change (globaler Umweltwandel), Globalisierung und *global scarcity* (globaler Ressourcenmangel) behandelt und in Kapitel 28 das Thema Naturrisiken und Risikogesellschaften. In der Behandlung solcher Themen liegt eine spezifische Stärke der Geographie als eine der wenigen „Brückendisziplinen", welche naturwissenschaftliche Problemstellungen mit gesellschaftswissenschaftlichen Fragen verknüpft. Diese Verknüpfung erfolgte in der Vergangenheit meist über die „synthetische" Länderkunde oder Landschaftskunde (Kapitel 4). Beide Konzepte sind vielfach in die Kritik geraten: Länderkunde wegen ihres deskriptiven Charakters, ihres latenten Naturdeterminismus und ihres sterilen Schematismus; Landschaftskunde, weil Landschaften in dieser Lesart vor allem als physiognomisch sichtbare „Oberflächenphänomene" analysiert wurden, als „Registrierplatten" ganz unterschiedlicher Prozesse, welche mittels weiterführender Untersuchungen erst entschlüsselt werden mussten.

Die Diskussion um eine Gesellschaft-Umwelt-Geographie wird heute vor einem veränderten Verständnis von „Natur" und „Kultur" geführt (Kapitel 27.1); sie bezieht darüber hinaus neuere Konzepte zur Resilienz (Pufferkapazität von ökologischen und sozialen Systemen) sowie neuere Theorien der Geographischen Entwicklungsforschung (Kapitel 18) mit ein. In Kapitel 27.2 wird ausführlich auf das Thema „Schnittstellenforschung" in der Geographie eingegangen. Anschließend werden zwei Konzepte vorgestellt, welche eine Integration naturwissenschaftlicher und gesellschaftswissenschaftlicher Betrachtung auf konzeptioneller Ebene versuchen: die Humanökologie (Kapitel 27.3) und die Politische Ökologie (Kapitel 27.4).

Dabei wird deutlich, dass die Beziehungen zwischen Umwelt und Gesellschaft vielfältig und eng sind, aber keineswegs eindeutig. Naturwissenschaftler gehen innerhalb von kybernetischen Regelkreismodellen meist von einer kausalen Wechselbeziehung zwischen „Mensch" und „Natur" aus, wobei „Natur" in starkem Maße menschliches Handeln bestimmt, zumindest aber ein bestimmtes *action setting* vorgibt. Wirtschafts- und Sozialwissenschaften hingegen gehen primär von „Gesellschaft" aus und beleuchten die Rollen der „Akteure" auf dem „Schlachtfeld Umwelt", auf dem um „Macht, Verfügungsrechte und Einfluss gerungen wird. Sie analysieren Umweltkonflikte als Auseinandersetzungen um natürliche Ressourcen" (Krings 1999).

Literatur

Krings T (1999) Editorial: Ziele und Forschungsfragen der Politischen Ökologie. In: Zeitschrift für Wirtschaftsgeographie 43. Jg. H. 3–4: 129–130

Das Hinweisschild „Naturschutzgebiet" markiert Zonen, in denen Pflanzen und Tiere eine hohe Priorität gegenüber konkurrierenden anthropogenen Nutzungsansprüchen besitzen. Gleichzeitig weist das Schild aus konzeptioneller Sicht symbolisch auf die
Relativität und die gesellschaftliche Bedingtheit eines Ansatzes wie des „Natur-Schutzes" hin: Was Menschen als Natur ansehen
und zudem noch als schützenswert einstufen, basiert nicht auf objektiven Kriterien, sondern in starkem Maße auf gesellschaftlichen Vorstellungen (Foto: www.ig-oekoflughafen.de).

Kapitel 27
Konzepte der Gesellschaft-Umwelt-Forschung

Geographie verstand sich seit ihren Anfängen als wissenschaftliche Hochschuldisziplin und Ende des 19. Jahrhunderts als Fach, das natur- wie gesellschaftswissenschaftliche Geofaktoren in integrativer Weise betrachtet. Diese Integration konnte auf unterschiedliche Weise geschehen, in eher schematischer Weise in Form von länderkundlichen Schemata bzw. modifiziert – als dynamische Länderkunde – oder in eher konzeptioneller Form über einige Grundlegungen bzw. „Topoi", welche versuchten, Vorstellungen von geographischen Einheiten zu begründen, die dann umfassend untersucht werden sollten. Zu diesen gehörten etwa der Begriff der holistischen Wissenschaft, der Ganzheit bzw. „Totalität" der geographischen Gegenstände, der Allzusammenhang, die Individualität und Idiographie. Später traten zu diesen Konzepten die Begriffe der Landschaft und des Geosystems sowie landschaftsökologische Konzepte hinzu (Hard 1973).

An diesen Konzepten wurde insbesondere seit den 1970er-Jahren vieles kritisiert, insbesondere der zunehmende Exzeptionalismus, in den sich das Fach hineinmanövriert habe, also eine Sonderstellung gegenüber den natur- und gesellschaftswissenschaftlichen Nachbarwissenschaften (Schaefer 1953). Damit ging ein erheblicher Reputationsverlust des Faches bei den Nachbarwissenschaften einher, und die Geographie geriet etwas in die „Einsamkeit" eines konzeptionell rückständigen Faches.

Heute ist die Situation völlig anders. Nach wie vor wird die alte Diskussion um eine integrative Perspektive der Geographie geführt, aber nunmehr wird auf der Basis einer engen Orientierung an Konzepten und Methoden der natur- bzw. gesellschaftswissenschaftlichen Nachbarfächer nach (neuen) Schnittfeldern zwischen Physischer Geographie und Humangeographie gesucht.

Die Probleme der Risikogesellschaften des 21. Jahrhunderts sind zu groß und vielfältig, als dass sie aus der Perspektive „nur" einer natur- oder wirtschafts- oder sozialwissenschaftlicher Sicht verstanden werden könnten. Geographie bietet hier die Chance einer umfassenderen und tiefer gehenden Sicht. Im Folgenden werden einige dieser Konzepte näher vorgestellt und es wird auf das Problem der „Schnittstellenforschung" in der Geographie eingegangen.

27.1 Natur und Kultur – eine Neubestimmung des Verhältnisses

HANS GEBHARDT

Eine zentrale Denkfigur der abendländischen Moderne ist die Anfangsunterscheidung, die *grand partage* zwischen Kultur und Natur. Erst die Moderne betrachtete Natur als einen Teil der Realität, der vom Menschen unabhängig ist. Natur existiert in einem solchen Verständnis unabhängig von sozial-kulturellen Prozessen, sie zeichnet sich durch objektiv beschreibbare Eigenschaften und Gesetzmäßigkeiten aus, die durch „natur"-wissenschaftliche Forschung erkennbar werden. Erkenntnis ist in einer solchen Lesart der Versuch einer möglichst unverfälschten Rekonstruktion natürlicher Phänomene und Prozesse. Das Ziel einer solchen Naturwissenschaft ist, ein möglichst objektives Wissen über die Realität zu produzieren, das frei von sozialen und historischen Einflüssen ist.

Diese Trennung von Natur und Kultur wird heute zunehmend hinterfragt. In poststrukturalistischen Ansätzen der Wissenschaftsforschung, wie sie in jüngerer Zeit beispielsweise Bruno Latour vorgelegt hat, wird die gängige Natur-Kultur-Dichotomie lediglich als gesellschaftliche Konvention, als Denkfigur gesehen, als ein Produkt von Macht-Wissen-Diskursen. Die „Macht der Diskurse" entscheidet letztlich darüber, welche Konzeptionalisierungen von Natur akzeptiert und welche marginalisiert werden. In dieser Sicht stellt das abendländische, moderne Naturverständnis einen historisch privilegierten Machtdiskurs seit Beginn der Neuzeit dar, welcher andere Konzepte von „Natur" (z. B. bei den kolonisierten Völkern der „Dritten Welt") unterdrückt hat.

Natur und Kultur als Konstruktionen

WOLFGANG ZIERHOFER

Aus sozialwissenschaftlicher Sicht sind Natur und Kultur Begriffe, deren Bedeutungen sich in ihrem Gebrauch laufend verändern und umstritten sein können. Es handelt sich weder um selbstverständliche Begriffe, noch werden sie global einheitlich verwendet. Wenn die moderne, westliche Weltsicht durch einen Dualismus von Kultur und Natur geprägt ist, muss das nicht unbedingt auch auf andere Kulturen zutreffen. Selbstverständlich verwenden alle Kulturen Begriffe für die Pflan-

zen, Tiere, Lebensräume, Kräfte, Geister und Götter, die ihre Welt bevölkern. Das heißt allerdings keineswegs, dass sie ihre Welt auch in Begriffen von Natur und Kultur erfassen oder Natur und Kultur für sie annähernd dasselbe bedeuten würden. Für die Geographie ergibt sich daraus die Anforderung, nicht nur Kultur und Natur als Gegenstände ihrer Forschung und Lehre zu betrachten, sondern auch die gesellschaftlichen Verhältnisse und Prozesse, in denen sich die Bedeutungen von Natur und Kultur bilden und verändern.

Im Folgenden soll einerseits in das **Bedeutungsspektrum von Natur und Kultur** im modernen Denken eingeführt werden, gleichzeitig soll erläutert werden, weshalb sich gerade gegenwärtig Kontroversen über dieses Verhältnis anbahnen. Andererseits soll beispielhaft aufgezeigt werden, wie im Zusammenspiel verschiedener Institutionen der modernen Gesellschaft konkrete Verständnisse von Kultur und Natur verhandelt werden.

Abb. 27.1.1 Natur im Zeitalter ihrer kulturellen Reproduzierbarkeit. Das Bild zeigt einen Ausschnitt aus dem tropischen Regenwald im Zoo Zürich, also eine künstlich hergestellte Natur. Die gesamte Szenerie lässt sich weder der Natur noch der Kultur eindeutig zurechnen. Man könnte versucht sein, einzelne Elemente oder Aspekte dieses Systems als Natur oder Kultur anzusprechen. Kann dies gelingen? Lassen sich nicht jedem Ding an diesem Ort natürliche und künstliche Eigenschaften zuschreiben (Foto: W. Zierhofer)?

Natur und Kultur in der Moderne

Im Rahmen des modernen Denkens und für moderne Formen des Zusammenlebens spielt das Gegensatzpaar von Natur und Kultur eine besondere Rolle. Machen wir uns zunächst mit dem Bedeutungsspektrum dieser Begriffe vertraut. Natur leitet sich aus dem lateinischen **natura** her und bedeutet Geburt, Herkunft. Kultur ist ebenfalls ein Wort lateinischen Ursprungs und kommt von **cultura**, was Bearbeitung, Bebauung oder geistige Pflege bedeutet. Schon in den Bedeutungen der lateinischen Begriffe zeigen sich die wesentlichen Spannungen, die auch heute noch diesem Begriffspaar innewohnen: Natur bezeichnet vorgegebene Sachverhalte, die der Mensch passiv erlebt oder denen er ausgesetzt ist; Kultur bezieht sich hingegen auf die Sphäre menschlicher Aktivitäten – und nicht etwa auf die Aktivitäten der Natur!

In den modernen Bedeutungen von Natur und Kultur wird diese gegensätzliche Komplementarität sehr strikt, sehr ausschließlich gefasst. Exemplarisch zeigt sich dieses Verständnis im wissenschaftlichen Bestreben, die Natur als eine Sphäre gesetzmäßiger Beziehungen streng von der Kultur als Sphäre menschlicher Kreativität und Denkfreiheit unterscheiden zu können (Exkurs 27.1.1). Dieses systematische Hervorbringen von Natur und Kultur als streng voneinander geschiedenen und insofern reinen Sphären ist ebenso die Grundlage technischer Entwicklungen und planmäßiger Ressourcennutzung, wie der vernünftigen Regelung des sozialen Lebens. Es ist leicht zu sehen, dass dieser

_Exkurs 27.1.1

Natur und Kultur – aus der Sicht von Bruno Latour (1995)

Gemäß moderner Auffassung dienen naturwissenschaftliche Studien dazu, die Gesetze der Natur zu erforschen. Die *natura naturans* wird als unveränderliche Gegebenheit betrachtet.

Bruno Latour macht jedoch darauf aufmerksam, dass die Experimentier- und Messanordnungen des wissenschaftlichen Labors als eine Gemengelage von Natur und Kultur angesehen werden. Durch die systematische Variation dieser hybriden Anordnungen wissen die Wissenschaftler, welchen Anteil der Kultur sie ins System eingespeist haben. Die resultierenden Veränderungen lassen sich als eine Folge des Zusammenwirkens von Natur und Kultur interpretieren.

Ist der Anteil der Kultur an dem Arrangement im Labor bekannt, lässt sich im Prinzip auch der Anteil der Natur bestimmen. Durch immer komplexere Anordnungen im Labor und immer feinere Variationen der Experimente erarbeiten die Wissenschaftler möglichst „reine" Konzeptionen von Natur und Kultur. Natur und Kultur sind so verstanden nicht einfach vorgegebene Größen. Vielmehr bringen sie solche Reinigungspraktiken, wie sie im Labor oder in Feldstudien ausgeführt werden, erst als Gegenstände unseres Denkens hervor. Die Unterscheidung von Natur und Kultur ist eben, wie alle anderen Unterscheidungen auch, eine Konstruktion – sie entspringt den unterschiedlichsten Tätigkeiten und wandelt sich mit deren Bedeutung.

Die Anordnungen der Geräte, Substanzen und Lebewesen im Labor ist hingegen als eine Vermittlung ihrer Eigenschaften zu betrachten. Latour spricht von hybriden Netzwerken und von Praktiken der „Übersetzung" von Eigenschaften. Wie im Labor, so werden auch im Alltag unzählige hybride Netzwerke errichtet. Im strengen Sinn kann es keine körperliche Aktivität, kein materielles Produkt menschlichen Handelns geben, das nicht als Hybride anzusehen wäre.

Somit wird das Weltbild der Moderne durch zwei Dichotomien geprägt, nämlich einerseits durch die wechselseitig ausschließende Unterscheidung von Natur und Kultur, sowie andererseits durch den Ausschluss von Hybriden. Latours Ansatz hat als *actor network theory* Eingang in praktisch alle Themen sozialwissenschaftlicher Forschung gefunden – auch in die Humangeographie.

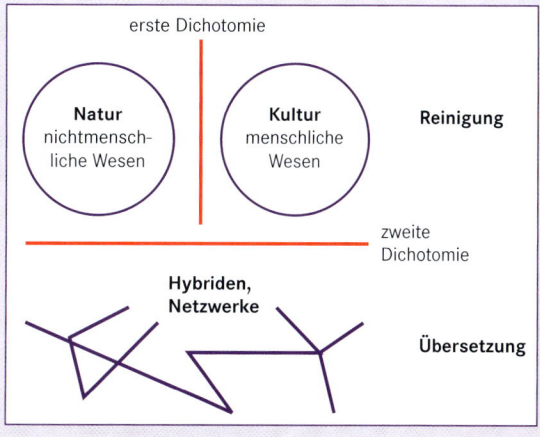

Abb. 1 Reinigungs- und Übersetzungsarbeit (verändert nach Latour 1995).

Gegensatz in vielen Fällen, wenn auch nicht notwendigerweise, mit der Unterscheidung von Körper und Geist bzw. Materie und Sinn übereinstimmt.

Die Vorstellungen von Natur und Kultur werden durch die unterschiedlichsten Tätigkeiten in verschiedensten Lebensbereichen geformt. Daraus ergibt sich auch ein relativ breites Bedeutungsspektrum dieser beiden Begriffe: Wenn wir sagen, wir wollen in die Natur hinausgehen und die Natur genießen, meinen wir allerdings nicht die Natur der wissenschaftlichen Experimente. Denn es wäre wohl sinnlos die Naturgesetze (*natura naturans*) unter Naturschutz stellen zu wollen – im Gegensatz zu seltenen Pflanzen- und Tierarten oder Landschaftselementen (*natura naturata*). Die Wissenschaften befassen sich also einerseits mit einer unveränderlich vorgegebenen Natur der Naturgesetze, sowie zugleich mit einer daraus hervorgegangenen, veränderlichen Natur der belebten und unbelebten Umwelt. Eine Zwischenstellung nimmt die Bedeutung von Natur als Wesensart oder Charakteristikum eines Gegenstandes oder Lebewesens ein.

Wie Natur, weist auch Kultur ein großes Bedeutungsspektrum auf. Es umfasst so verschiedene Dinge wie die Aufzucht von Lebewesen, die Lebensweisen von Bevölkerungen oder das Kunstschaffen. Immer bezieht sich Kultur jedoch auf eine Sphäre menschlicher Tätigkeit und Kreativität. Kultur bezeichnet insbesondere die Fähigkeit, sich Pflanzen und Tiere zum Nutzen aufzuziehen bzw. zu kultivieren. Kultur macht sich somit *natura naturans* sowie *natura naturata* gezielt und systematisch verfügbar. Das Besondere an der Kultur ist ihre Fähigkeit, mit der Natur zu arbeiten und sich zugleich von der Natur abzusetzen, indem sie Dinge hervorbringt, welche die *natura naturata* nicht kennt – also künstliche Welten. Unter diesen Kunstprodukten nehmen Sprache und Zahlen eine herausragende Stellung ein. Denn sie erlauben es, eine hypothetische Einstellung zur Welt einzunehmen: Statt gewisse Dinge einfach auszuprobieren, lassen sie sich in Gedanken und Gesprächen prüfend erwägen und planen. Gerade Kommunizieren, Rechnen und Planen ermöglichen den Menschen, sich die *natura naturata* systematisch anzueignen. Darüber hinaus erlaubt die Sprache auch eine geordnete Vermittlung von Wissen durch Traditionen, Wissenschaft und Expertentum. Wissen über die *natura naturans*, die *natura naturata,* aber auch über Kulturen, wird dadurch zu einem Produktionsfaktor und einer Form von Kapital.

Obwohl die Natur für ihre Wunder und Schönheiten verehrt wird, obwohl das Natürliche seine Wertschätzung erfährt, setzt sich doch im Allgemeinen das Kultivierte positiv gegen den Naturzustand ab. Menschliches Schaffen erzeugt erstrebenswerte Güter und ideelle Werte. Kulturkritik zielt praktisch nie auf Kultur als solche, sondern auf ihre rohen, unkultivierten oder perversen Seiten. Als Zivilisation stellt sich die menschliche Kultur einer wilden, ungezähmten Natur gegenüber und eignet sich diese an. Die Modernen erheben gerade diese Fähigkeit zum Kern ihrer Identität und wollen sich damit von anderen Kulturen – den Wilden, den Naturvölkern, den Unzivilisierten – unterscheiden.

Der Begriff der Natur oder des Natürlichen spielt aber auch im Hinblick auf die **sozialen Strukturen** der modernen Gesellschaft selbst eine bedeutende Rolle. Da die Formen des Zusammenlebens grundsätzlich gestaltbar sind, kann ihre Legitimität stets in Zweifel gezogen werden. Im Rahmen von Diskursen über soziale Verhältnisse ist daher immer wieder ein Rückgriff auf „natürliche" Sachverhalte zu beobachten. Werden soziale Strukturen (z. B. Ehe), Machtverhältnisse (z. B. Dominanz des Mannes), Handlungsorientierungen (z. B. Heterosexualität) oder andere Ordnungen als „natürlich" dargestellt, wird implizit behauptet, sie seien nicht verhandelbar und bedürften auch keiner weiteren Legitimation. Denn wo die Natur beginnt, werden Sachverhalte nicht mehr als Folgen von Handlungen irgendwelchen Verursachern zugerechnet, und somit endet dort auch die moralische, politische und rechtliche Verantwortungsfähigkeit.

Krise des modernen Verständnisses von Natur und Kultur

Umweltprobleme und Risiken neuer Technologien, aber auch postmodernistische und feministische Argumentationen waren seit den 1970er-Jahren Anlass, das moderne Verständnis von Natur zu hinterfragen und die besondere Art seiner Verquickung mit Machtverhältnissen zu kritisieren. Innerhalb der vielfältigen Auseinandersetzungen lassen sich zwei miteinander verbundene Kernprobleme feststellen:

- Einerseits wird die Unterscheidung von Natur und Kultur nicht neutral verwendet, sondern mit einer Reihe anderer Unterscheidungen assoziiert, die in wertender Weise zentrale gesellschaftliche Organisationsprinzipien repräsentieren.
- Andererseits wird nicht hinreichend beachtet, inwiefern die Unterscheidung von Natur und Kultur auf bestimmten Voraussetzungen beruht und sich mit diesen wandelt.

Dem **Selbstverständnis der Moderne** liegt eine spezifische Differenz zwischen sich selbst als „modern" und „kultiviert" verstehenden Gruppen und anderen Kul-

Tabelle 27.1.1 Die dekonstruktive Interpretation des Verhältnisses von Natur und Kultur in der Moderne hat einerseits zur Selbstkonstitution der Moderne geführt, andererseits zur unendlichen assoziativen Vervielfältigung dieser Dichotomie. In dieser Abbildung wurde versucht, die wissenschaftssoziologische und feministische Interpretation zusammenzuführen.

tendenziell hoch bewertet	tendenziell niedrig bewertet
Kultur	Natur
Zivilisation	Wildnis, Naturvölker
Mann	Frau
Geist	Körper
Vernunft	Gefühl
Stadt und Industrien, Acker, Weide, Garten	Jagdgebiet, Wald, Gebirge, Meer, Wüste
Gesellschaft	Umwelt
usw.	usw.

turen, Gesellschaften und Epochen zugrunde. Im Gegensatz zu den Wilden, den Naturvölkern, den weniger zivilisierten oder unterentwickelten Gesellschaften, beansprucht die Moderne, sich bewusst zu wandeln, ihre eigene Entwicklung in die Hand genommen zu haben, fortschrittlich zu sein, sich laufend zu modernisieren. Naturwissenschaftliche Erkenntnisse, Technologien, Produktivitätssteigerung und Wirtschaftswachstum, aber auch Rechtsstaat, Demokratie und Menschenrechte gelten als Früchte einer reflexiven und innovativen Haltung. Solche Leitvorstellungen einer positiv bewerteten kulturellen Entwicklung drücken sich in einer Reihe assoziierter Gegensatzpaare aus (Tab. 27.1.1)

Was aus moderner Sicht als Aspekt der Fortschrittlichkeit präsentiert wird, erscheint aus der Perspektive nichtmoderner Kulturen häufig auch als Pseudolegitimation für koloniale und postkoloniale Herrschafts- und Ausbeutungszusammenhänge. In seinem Klassiker hat Edward Said (1978) herausgearbeitet, wie sich die europäischen Staaten die Vorstellung eines fremden, barbarischen, gefährlichen und irrationalen Orients zurechtgelegt haben, um damit ihre **koloniale Expansion** zu legitimieren. Wird im kolonialen Kontext die Zivilisation von der Barbarei abgehoben und die Naturbeherrschung von der Naturverbundenheit, so kritisieren feministische Perspektiven eine analoge Hierarchisierung der Geschlechter in der Moderne. Derartige Assoziationen dienen offensichtlich dazu, das Patriarchat zu legitimieren; entsprechend spiegeln sie das Selbstverständnis der Moderne und ihren besonderen Herrschaftszusammenhang – den sogenannten „Phallogozentrismus". In diesem Sinne haben insbesondere Ökofeministinnen (Warren 1997) darauf insistiert, dass

sich ihre Kritik gleichermaßen gegen die Diskriminierung der Frauen wie gegen die Unterdrückung der Natur (*natura naturata*) richte.

Identitäten, einerlei ob sie durch Geschlecht, Ethnizität oder andere Dimensionen definiert sind, werden aus solch kritischen Perspektiven nicht mehr als fixe Größen betrachtet, sondern als gesellschaftlich konstruierte Entitäten, die sich im Rahmen von Interaktionen wandeln oder stabilisieren und die in verschiedensten Kontexten verhandelt werden. Damit richtet sich die Aufmerksamkeit auf die Konstitutionsbedingungen von Unterscheidungen, die immer die beiden unterschiedenen Größen in Form einer gegenseitig bestimmenden Beziehung in sich aufnehmen. Dadurch eröffnen sich Verständnisse der wechselseitigen Abhängigkeiten und Beeinflussungen. Was beispielsweise aus klassisch moderner Perspektive als klar abgegrenzte Identität erscheinen mag, wird nun als **hybride Größe** dechiffriert: Die Kultur verweist notwendigerweise auf die Natur, das Männliche auf das Weibliche, der Kolonialherr auf den Subalternen und so weiter. Insofern können sich die Identitäten durchdringen. Beispielsweise gilt in vielen ehemaligen Kolonien Spanisch oder Englisch als offizielle Sprache, während in England Tee als Nationalgetränk und in den Niederlanden ein Reisgericht als Nationalspeise serviert werden. Die moderne Vorstellung einer ursprünglichen, reinen Identität mutiert zur Illusion.

Die Modernen nehmen also für sich in Anspruch, Natur und Kultur eindeutig voneinander unterscheiden zu können, um sich gerade durch diese Fähigkeit von anderen Kulturen und der Vormoderne abzugrenzen. Latour (1995) bestreitet nun aber, dass es den Modernen jemals wirklich gelungen sei, Natur und Kultur in Reinheit herzustellen. Sie seien nicht nur nie wirklich modern gewesen, sondern darüber hinaus hätten sie nicht bemerkt, wie sich als Folge ihrer Aktivitäten die Hybriden – die Verquickungen von Natur und Kultur – hinter ihrem Rücken gefährlich vermehrt hätten (Exkurs 27.1.1).

In der Tat kann es den Modernen nicht gelingen, Natur und Kultur ein für alle Mal zu trennen und zu fixieren. Im Übrigen würde dies auch dem Ende des Erkenntnisfortschritts gleichkommen. Was die Modernen mit ihren Tätigkeiten tatsächlich produzieren und worauf sie es eigentlich auch abgesehen haben, das ist die Erweiterung des Spektrums der Natur-Kultur-Verbindungen, also die Vervielfältigung der Hybriden. Immer ist dabei jedoch zu erwarten, dass sich mit den produzierten Hybriden bzw. den technischen Prozessen immer wieder unerkannte und ungewollte Folgen einstellen. Die Produktion von Hybriden ist notwendigerweise mit Risiken behaftet (z. B. in der Gentechnologie),

Risiken, die nach Verfeinerungen der Zurechnungen von Ursachen und Wirkungen und damit weiterer Konstruktionen von Natur und Kultur verlangen. Denn nur das, was sich eindeutig als natürlicher oder als sozialer Sachverhalt erfassen lässt bzw. was sich in solche Komponenten zerlegen lässt, ist letztlich technisch und politisch verhandelbar.

Kommunikation über Natur und Kultur in der Moderne am Beispiel von Umweltproblemen

Wie Natur und Kultur in der Moderne konstruiert und wie potenzielle Risiken von Hybriden verhandelt werden, lässt sich exemplarisch an der **Umweltforschung** und an Auseinandersetzungen um Umweltprobleme studieren. Probleme fallen nicht vom Himmel, sondern müssen zunächst von irgendjemandem zum Ausdruck gebracht werden. An der Artikulation von Umweltproblemen ist meistens die Wissenschaft beteiligt, weil die Beobachtung vieler Umwelteigenschaften einen Einsatz von Kenntnissen, Methoden, Geräten und Personal erfordert, den Laien und Einzelne nicht selbst erbringen können. Besorgte Wissenschaftler sind nun aber selbst nicht befugt, politische Entscheidungen zu fällen. Viel-

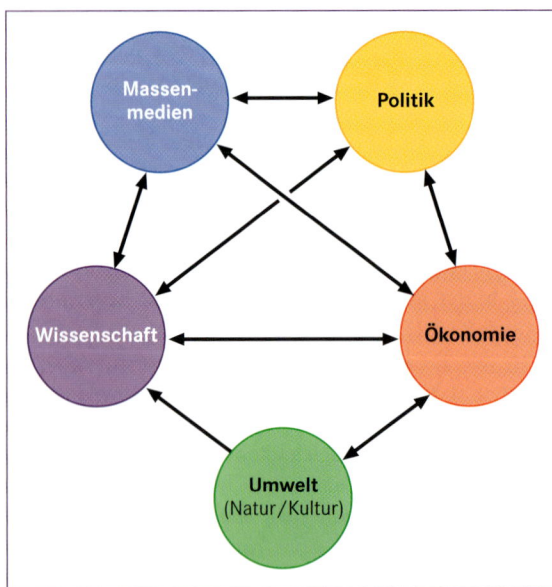

Abb. 27.1.2 Ein Umweltproblem durchläuft im Prinzip einen Zyklus verschiedener Institutionen (gesellschaftlicher Subsysteme), die jeweils einen spezifischen Beitrag zu seiner Lösung leisten. Am erfolgreichen Ende solcher Prozesse steht eine bessere Umweltqualität.

mehr werden im Rahmen öffentlicher Kommunikation und parlamentarischer Debatten, zum Teil aber auch in juristischen Auseinandersetzungen, Verantwortungen definiert und Erwartungen an Verhaltensänderungen artikuliert. Regierungen, Parlamente oder Plebiszite entscheiden daraufhin über Lösungsmaßnahmen. Letztlich werden aber immer nur Probleme, die im Interesse größerer Bevölkerungskreise liegen, in der Politik oder der Wirtschaft etwas bewegen können.

Da mit jeder **Kausalzurechnung** zugleich Vorentscheidungen über Schuld, Verantwortung und Haftpflicht gefällt werden, erstaunt es nicht weiter, dass die wissenschaftliche Konstruktion von Natur und Kultur zum Politikum wird. Mit einer gewissen Berechtigung vertrauen weder Interessenverbände noch Journalisten umstandslos einem „Stand der Forschung". Denn darin spiegeln sich nicht einfach Natur und Kultur, sondern durch bestimmte Interessen geleitete Praktiken, in denen sich Bedeutungen konstituieren.

Natur und Kultur als Forschungs- und Reflexionsgegenstand der Geographie

Natur und Kultur als Konstruktion zu verstehen, impliziert, sie in den Plural zu setzen und sie als Streitobjekte zu akzeptieren. Naturgesetze – im Sinne von Aussagen über Kausalzusammenhänge, die sich menschlicher Gestaltungsmöglichkeit entziehen – sind damit keineswegs ausgeschlossen. Aber Vorstellungen, die aus der physischen Verfassung bzw. „Natur" eines Sachverhaltes, Gegenstandes oder Lebewesens bestimmte Prinzipien oder Normen der Koexistenz ableiten wollen, sind als Versuche anzusehen, Herrschaftsstrukturen als natürliche Ordnungen auszugeben und sie durch „Tarnung" ihrer Konstruktions- und Reproduktionsprinzipien vor Kritik abzuschirmen.

Auffassungen von Natur und Kultur sind handlungsrelevant, denn sie legen fest, was Menschen können, was von ihnen erwartet werden kann und wofür sie verantwortlich sind. Sie ordnen den Umgang mit nichtmenschlichen Entitäten und ermöglichen die systematische Entwicklung von Techniken und die Erweiterung der Produktionsmöglichkeiten.

Für die Geographie ergibt sich daraus die Anforderung, ein **kritisches Bewusstsein für die Vielfalt der Naturen und Kulturen** zu erarbeiten und zu erhalten. Dies schließt einerseits mit ein, die Praktiken, durch die sich Verständnisse von Natur und Kultur bilden und wandeln, systematisch in Forschungs- und Theoriebil-

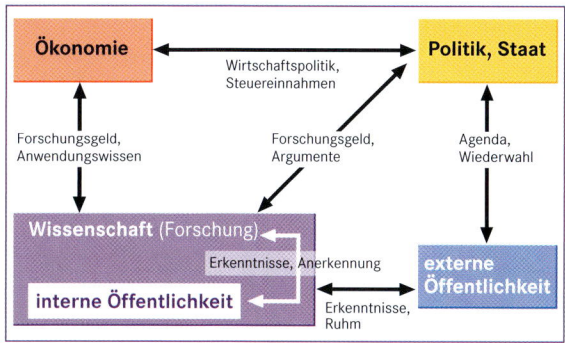

Abb. 27.1.3 Beziehungen zwischen der Wissenschaft und anderen Bereichen der Gesellschaft. Jeder Pfeil stellt eine zentrale Austauschbeziehung dar, beispielsweise verspricht die Politik Forschungsgelder und erhält dafür (Sach-)Argumente, die für politische Anliegen relevant sein können.

dung einzubeziehen. Zu diesen Praktiken zählen selbstverständlich auch entsprechende Beiträge der Geographie selbst. Andererseits ist damit auch eingeschlossen, ein Verständnis dafür zu vermitteln, dass andere gesellschaftliche Kontexte die physische und soziale Welt in grundsätzlich andersartigen Begriffen repräsentieren können.

Richtet sich der Blick der Wissenschaftler auf die Praktiken, in denen sich Handelnde über die Welt und das Zusammenleben verständigen, dann erscheinen Natur und Kultur nicht mehr als unveränderlich vorgebene Objekte, sondern als Ergebnisse von Konstruktionen, die darauf angelegt sind, einen Raum (ein Labor!) zu schaffen, in dem sich widerständige Objekte und intervenierende Subjekte als Eigenständigkeiten erweisen können. Die Konstruktion von Natur und Kultur darf jedoch keineswegs als Akt der Beliebigkeit verstanden werden. Wie jede andere Tätigkeit, ist auch sie von ermöglichenden, förderlichen und hemmenden Bedingungen abhängig. Die Bedingungen, unter denen sich die Begriffe von Natur und Kultur formen, sowie die Folgen ihrer Anwendung zu analysieren, sind wichtige Aufgabe der Geographie.

Damit wird ein Bezugsrahmen gewonnen, der über die moderne, kategoriale Trennung von Natur und Kultur hinausweist. Es ist aber auch ein Rahmen, der die Möglichkeit eröffnet, physische Geographie und Humangeographie auf derselben methodologischen Grundlage zu konzipieren. Bis jetzt kann diesbezüglich allerdings nur von Möglichkeiten die Rede sein; die Entwicklung solcher Perspektiven steckt erst in den Anfängen.

27.2 Schnittstellenforschung in der Geographie

Hans Gebhardt

Die Forderung nach Trennung von Physischer Geographie und Anthropogeographie ist ebenso alt wie die Versuche, konzeptionell ein „Brücken"- oder „Integrationsfach" Geographie zu begründen. Bereits Alfred Rühl wähnte 1933 die Einheitsgeographie am Ende, Dietrich Bartels (1968) forderte eine sozialwissenschaftliche Orientierung der Anthropogeographie auf der Basis des in jenen Jahren aufkommenden analytisch-szientistischen Paradigmas und sah diese mit der Physischen Geographie als nicht mehr kompatibel an. Die wohl pessimistischste Perspektive entwickelte Gerhard Hard (1973), welcher der Geographie in letzter Konsequenz nur noch die Funktion eines natur- bzw. kulturkundlichen Zentrierungsfachs für den Schulunterricht zubilligen wollte.

Auf der anderen Seite fehlte es nicht an darauf reagierenden Versuchen, konzeptionell eine „Einheitsgeographie" (wieder) zu begründen, unter anderem Peter Weicharts Dissertation (1975) mit seinem Vorschlag einer eigenständigen „Ökogeographie" bis hin zum jüngsten von Eckart Ehlers und Hartmut Leser herausgegebenen Sammelband „Geographie von heute für die Welt von morgen" (2002).

Die Gründe für anhaltende „Einheitsdiskurse" in der Geographie sind zunächst wohl vor allem in wissenschaftsorganisatorischen und -soziologischen Fragen zu suchen. Faktisch bildet die Geographie heute, so ließe es sich etwas holzschnittartig formulieren, primär einen wissenschaftsorganisatorischen Zusammenhang mit eigenen Fachgutachtern (z. B. bei der Deutschen Forschungsgemeinschaft) und einem spezifischen „Drittmittelkuchen". Auch von den Studierenden wird Geographie in der Regel gewählt, weil sie ein ganzes und ungeteiltes Fach erwarten und dies eine wesentliche Motivation zur Wahl des Studienfachs darstellt. Die in der Regel flexiblen Kombinationsmöglichkeiten mit den unterschiedlichsten natur-, wirtschafts-, sozial- und geisteswissenschaftlichen Nebenfächern unterstützen diese Haltung. Geographie als „Integrations-" oder „Brückenfach" liefert auch gegenüber den Ministerial- und Universitätsbürokratien das nötige „Alleinstellungsmerkmal" im Verteilungskampf um knapper werdende Ressourcen. Schließlich rückt die derzeitige stärkere Fokussierung des Geographiestudiums auf instrumentelle Fertigkeiten, insbesondere im Bereich Satellitenbildauswertung und GIS, fachliche Schwerpunkte etwas

Exkurs 27.2.1

Schnittstellenforschung

UTE WARDENGA UND PETER WEICHHART

Der Fachausdruck „Schnittstelle" (*interface*) wird meist mit der Begrifflichkeit der Computertechnologie in Beziehung gesetzt und bezeichnet einen Teil eines Systems, das der Kommunikation dient. Häufig ist damit ein Übergabepunkt zur Anpassung von Audio-, Video- oder Steuerdaten zwischen zwei oder mehr EDV-Geräten gemeint. Schnittstellen in dieser Bedeutung sind die Verbindungsmöglichkeiten eines Rechners mit der „Außenwelt". In diesem Zusammenhang bedeutet *interface* also die Verknüpfung und Interaktion zwischen Hardware, Software und Nutzer.

Der Begriff stammt ursprünglich aus den Naturwissenschaften. Seit längerer Zeit wird er aber auch in anderen Disziplinen gleichsam metaphorisch verwendet und verweist dann auf die Möglichkeit einer Verknüpfung oder Vernetzung zwischen unterschiedlichen oder disparaten Sach- oder Arbeitsgebieten. Von Schnittstellenforschung ist in verschiedenen Disziplinen und Kontexten die Rede. Belege finden sich für den Bereich Management und Controlling (Birl 2007), in der Betriebswirtschaft (Weinkauf et al. 2005) oder in der Techniksoziologie (Schnittstelle Mensch/Maschine). Das Wort wird aber auch in verschiedenen anderen fachlichen Zusammenhängen genutzt, um die Vernetzung zwischen unterschiedlichen Sach- oder Arbeitsbereichen anzusprechen. Es handelt sich also um einen sehr vagen, nicht klar definierten Terminus. Kritiker würden von einem Modebegriff oder gar von einem Verlegenheitsbegriff sprechen.

Auch in der Geographie wird dieses Wort benutzt. Einerseits spricht man von *interface* oder Schnittstelle, um Zonen der Interaktion zwischen zwei Systemen oder Prozessen zu bezeichnen. Ästuare etwa können als *interface* zwischen fluvialen und marinen Systemen angesehen werden. Andererseits wird der Begriff „Schnittstellenforschung" seit einigen Jahren verwendet, um eine neue Form der Kooperation zwischen Physischer Geographie und Humangeographie zu bezeichnen. Im deutschen Sprachraum hat etwa seit der Jahrtausendwende eine durchaus engagiert geführte und vor allem fachpolitisch motivierte Diskussion eingesetzt, in deren Rahmen eine Art *New Deal* zwischen den beiden Geographien gefordert wird. Ausgangspunkt dieser Diskurse ist die enorme gesellschaftliche Bedeutung der sogenannten Umweltproblematik, zu deren Lösung die Geographie einen entscheidenden Beitrag leisten könne und solle (Ehlers & Leser 2002, Leser 2003). Denn die Geographie sei ein „Brücken- und Integrationsfach" mit „ganzheitlicher Sichtweise" und hoher Problemlösungskompetenz. Man beschwört die Wiederbesinnung auf eine „gemeinsame Mitte", die in der „Schnittstelle Mensch/Natur" gleichsam vorgegeben sei.

Als empirische Umsetzung der Schnittstellenforschung können eine ganze Reihe konkreter Forschungsprojekte

in den Hintergrund. In der Praxis ihrer Berufstätigkeit haben in der Tat die GIS-Spezialisten häufig nacheinander sowohl mit naturwissenschaftlichen als auch mit wirtschafts- und sozialwissenschaftlichen Aufgaben zu tun.

Gleichwohl gab es auch auf der inhaltlichen bzw. fachtheoretischen Ebene in den letzten 10 Jahren eine Reihe von „Reintegrationsvorschlägen" für die auseinanderdriftenden Teildisziplinen der Geographie (Meurer & Bähr, 2001, Blümel 2003, Ehlers & Leser 2002). Allerdings: Die Forschung löste solche „Einheitsrhetorik" nur selten durch entsprechende Projekte ein; zumindest in der Vergangenheit gab es nur wenig wirklich integrative, verzahnte Projekte in der Geographie (Leser 2003). Die fachliche Nähe eines wirtschafts- und sozialwissenschaftlich arbeitenden Humangeographen zu seinem physisch-geographischen Kollegen ist heute vielfach nicht mehr enger als die zu jedem anderen Naturwissenschaftler.

Darüber hinaus haben sich die innerfachlichen Bedingungen für eine wissenschaftstheoretische Begründung einer *geography united* in den letzten Jahrzehnten eher verschlechtert. Zu Zeiten von Dietrich Bartels „Geographie des Menschen" (1968) oder Richard Chorleys und Peter Haggetts *Models in Geography* (1967) konnte das gemeinsame analytisch-szientistische Wissenschaftsverständnis eine Klammer zwischen den beiden Teilbereichen der Geographie bilden. Nicht wenige physische Geographen gehen bis heute weiterhin selbstverständlich von solch einem Wissenschaftsverständnis aus, wie folgendes Zitat illustriert: „Im Rahmen eines geowissenschaftlich orientierten System-Konzepts können Genese und Dynamik der Erdoberflächensysteme als Selbstorganisation und Selbstregulation natürlicher Systeme aufgefasst werden. Ihre anthropogene Gestaltung durch Organisation (Planung) und Regulation (Bewirtschaftung) technischer Systeme kann jeweils

angeführt werden, die in der Zwischenzeit angelaufen sind. Exemplarisch sei hier nur auf Forschungen zum globalen Wasserkreislauf unter Global-Change-Bedingungen verwiesen (www.glowa.org). Am Beispiel von größeren Flusseinzugsgebieten in Mitteleuropa, Westafrika und dem Nahen Osten werden in Zusammenarbeit von Natur- und Sozialwissenschaftlern großräumige Klima- und Niederschlagsvariabilität, Auswirkungen auf die Biosphäre sowie die durch veränderte Wasserverfügbarkeit entstehenden Nutzungskonflikte im interdisziplinären Zusammenhang untersucht. Auf der Grundlage von Modellen wurden dabei Simulationssysteme entwickelt, die Akteuren vor Ort die Möglichkeit eröffnen sollen, Auswirkungen von unterschiedlichen Entscheidungen durchzuspielen und abzuschätzen.

Schnittstellenforschung kann als gleichsam „diplomatischer" oder forschungspolitischer Begriff verstanden werden. Er signalisiert vor dem Hintergrund der jüngeren Fachentwicklung ausdrücklich die Autonomie und Gleichwertigkeit von Physischer Geographie und Humangeographie. Seine Verwendung ist aus sprachpragmatischer Sicht so zu interpretieren, dass die Vertreter beider Teile der Disziplin jeweils „dort abgeholt werden sollen", wo sie nach ihrem eigenem Fachverständnis stehen, um dann im Dialog problemorientiert Fragen der Gesellschaft-Umwelt-Interaktion zu behandeln. Der Begriff impliziert, dass es um eine Begegnung an der Grenze des jeweils eigenen Teils der Disziplin geht, dessen Identität und Selbstverständnis nicht infrage gestellt wird, und soll damit eine Art „Initialzündung" für eine zwischenfachliche Diskussion und Kooperation bewirken.

Aus methodisch-konzeptioneller Sicht ist der Begriff jedoch problematisch. Seine Verwendung setzt einen Denkrahmen voraus, mit dem die klassischen Unterscheidungen von Mensch und Natur, Natur und Kultur oder Natur- und Geistes- bzw. Kulturwissenschaften weiterhin anerkannt und reproduziert werden. Er impliziert, dass die in den beiden Geographien entwickelten Konzepte, Theorien und Methoden und deren Kombination ausreichen, um zu integrativen Forschungsperspektiven und Forschungsergebnissen gelangen zu können. Dieser Denkrahmen ignoriert das Faktum, dass Physische Geographie und Humangeographie in ihrer Situation seit der Kieler Wende jeweils eigenständige und für sich sehr bedeutsame Erkenntnisobjekte konstituiert haben und ihr Theorie- und Methodenfundus genau auf diese Eigenständigkeit der fachlichen Fragestellungen fokussiert ist. Eine gemeinsame Hintergrundtheorie und ein konzeptioneller Rahmen für den Erkenntnisbereich der *interface*-Problematik konnte (und musste) deshalb gar nicht entwickelt werden.

Deshalb wird als Bezeichnung für dieses Forschungsfeld der Begriff der „dritten Säule" (Weichhart 2003, Wardenga & Weichhart 2007) vorgeschlagen. Er signalisiert, dass die Problematik der „Schnittstelle" zwischen Gesellschaft und der nichtartifiziellen materiellen Umwelt einen eigenständigen Erkenntnisbereich und damit ein autonomes Erkenntnisobjekt darstellt. Für diese Fragestellung müssen erst viable Hintergrundtheorien und Methoden neu entwickelt werden. Viabilität bezeichnet dabei die „Nützlichkeit" oder „Brauchbarkeit" eines wissenschaftlichen Ansatzes (von Glasersfeld 1997). Als Beispiel für einen derartigen fundamentalen Neuansatz mit einer völlig eigenständigen konzeptionellen Struktur und Terminologie können die sozialökologischen Interaktionsmodelle der Wiener Schule der Sozialökologie angeführt werden (Fischer-Kowalski & Erb 2007, Weichhart 2009).

komplementär erklärt werden" (Aurada in Hilpert et al. 2004). Jüngere Konzepte der Humangeographie sind nicht mehr kompatibel mit solchen Vorstellungen. In den letzten Jahrzehnten hat sich die Humangeographie vom analytisch-szientistischen Konsens weg und hin zu einem konzeptionellen Pluralismus entwickelt. Im Rahmen des *cultural turn*, des *semiotic* und *spatial turn*, des *visual turn* wird die Vorstellung einer nach objektiv erfassbaren Regeln funktionierenden, durch die Wissenschaft abbildbaren „Realwelt" grundsätzlich infrage gestellt (Gebhardt et al. 2003a). Eine Klammer zwischen natur- und humangeographischen Ansätzen wird sich auf der Ebene szientistischer oder kybernetisch-systemtheoretischer Ansätze daher nicht mehr finden lassen.

Gleichwohl bleibt es eine Aufgabe (und auch Sehnsucht vieler Geographen), nach „Schnittstellen" zwischen beiden „Geographien" zu suchen, welche sicher nicht mehr im Bereich der klassischen Mensch-Umwelt-Dichotomie liegen können, sondern jenseits der etablierten physisch-geographischen und humangeographischen Themenfelder in der „dritten Säule" der Geographie (Kapitel 4). Schnittstellenforschung meint dabei zunächst nur ein wechselseitiges „Diskussionsangebot", eine Art *New Deal* zwischen den beiden Geographien (Exkurs 27.2.1). Aufgegriffen wird dieses Diskussionsangebot derzeit unter anderem im Bereich der geographischen Entwicklungsforschung (Kapitel 18), auch in konzeptionellen Diskussionen, die Systemtheorie für die Geographie fruchtbar zu machen (Exkurs 27.2.2).

Exkurs 27.2.2

Systemtheorie und Geographie

HEIKE EGNER

Ein systemischer Blick auf die Welt hat sich seit der Entwicklung der Allgemeinen Systemtheorie durch den Biologen Ludwig von Bertalanffy (1891–1972) in den 1950er-Jahren als eine allgemein akzeptierte Denkweise in den Wissenschaften sowie der Alltagswelt etabliert, sodass Begriffe wie Input, Output, Regelkreis, Rückkopplung, Steuerung, (Fließ-) Gleichgewicht und so weiter weit verbreitet sind. In der Geographie verwenden vor allem die Physiogeographien recht durchgängig eine Systemperspektive, während in den Humangeographien dies eher zögerlich erfolgt. Jedoch halten auch hier seit einigen Jahren Systemtheorien (vor allem die moderne soziologische Systemtheorie nach Niklas Luhmann) Einzug und inspirieren die Forschung im Hinblick auf das Verhältnis von Gesellschaft und Raum.

Systemverständnis in den Physiogeographien

Das aktuelle Verständnis von Systemen in den Physiogeographien basiert nach wie vor auf der Allgemeinen Systemtheorie der 1960er-Jahre. Demnach wird unter einem System die Gesamtheit von Elementen, Charakteristika oder Teilen verstanden, die aufeinander bezogen sind und miteinander wechselwirken, sodass sie gegenüber einer Umwelt abgegrenzt werden können. Dieser Ansatz drückt sich vor allem in der Produktion von begrifflichen Modellen über die Einflussfaktoren verschiedener Phänomene in Form von Diagrammen mit Kästchen und Pfeilen aus. So wird versucht, einen Systemzusammenhang über beobachtete (oder angenommene) Variablen einer Landschaft, der Atmosphäre oder eines Gewässers herzustellen, um zu Aussagen über mögliche Strukturen von Phänomenen zu kommen. Die Systemzusammenhänge stehen bei dieser Form der Betrachtung allerdings nicht im Fokus, denn das System selbst wird als eine *black box* behandelt, in der zwar etwas stattfindet, jedoch unklar bleibt, was (v. Elverfeldt 2010).

Systemtheorien zweiter Ordnung

Einen theoretischen Denkrahmen als Hintergrundtheorie für eine Geographie, die naturwissenschaftliche und sozialwissenschaftliche Arbeitsweisen verbindet, bieten möglicherweise Systemtheorien zweiter Ordnung (Egner et al 2008). Diese Ansätze integrieren Überlegungen zu Autopoiesis, Selbstreferenz, Komplexität, Nichtlinearität und wurden sowohl in den Naturwissenschaften (Biologie, Mathematik, Kybernetik, Thermodynamik) als auch in den Sozialwissenschaften (v. a. Soziologie) weiterentwickelt (Egner 2008). Es handelt sich um Theorieansätze hoher Abstraktion und Komplexität, die zunehmend ihren Weg in die Geographie finden.

Im Unterschied zur Allgemeinen Systemtheorie gehen Systemtheorien zweiter Ordnung nicht von Einheit, sondern von Differenz aus: der Differenz zwischen dem System und seiner Umwelt. Um ein System zu beschreiben, muss man sowohl das System als auch seine Umwelt betrachten. Zentrale Unterschiede zur Allgemeinen Systemtheorie liegen in den Konzepten von (a) Selbstorganisation bei der Entwicklung komplexer Systeme, (b) der autopoietischen Selbsterzeugung bei lebenden, psychischen und sozialen Systemen sowie (c) der Selbstreferenz von Systemen, die ihnen eine überaus hohe Autonomie zuschreibt. Auf der Grundlage dieser Annahmen ziehen Systeme die Grenzen zu ihrer Umwelt selbst (im Gegensatz zur Allgemeinen Systemtheorie, bei der die Grenzen eines Systems durch einen Beobachter gezogen werden, der die Systemgrenzen je nach Fokus beliebig verschieben, erweitern oder verengen kann).

Aufgrund dieser recht radikalen Neukonzeptionen führen Systemtheorien zweiter Ordnung zu einer grundlegenden Veränderung des (System-)Blicks auf die Welt. Fragen nach der Steuerbarkeit und Einflussnahme natürlicher und sozialer Systeme, nach dem Menschenbild sowie nach dem Verhältnis von Gesellschaft, Mensch und Umwelt erscheinen unter diesen Perspektiven in einem neuen Licht und verlangen nach einer Neubewertung.

27.3 Humanökologie

PETER WEICHHART

„Die Humanökologie ist eine neuartige wissenschaftliche Disziplin, deren Forschungsgegenstand die Wirkungszusammenhänge und Interaktionen zwischen Gesellschaft, Mensch und Umwelt sind. Ihr Kern ist eine ganzheitliche Betrachtungsweise, die physische, kulturelle, wirtschaftliche und politische Aspekte einbezieht. Der Begriff Humanökologie stammt ursprünglich von den soziologischen Arbeiten der Chicagoer Schule um 1920 und verbreitet sich seitdem als Forschungsperspektive in den Natur-, Sozial- und Planungswissenschaften sowie in der Medizin. In einigen Ländern wurden universitäre Lehrstühle eingerichtet" (www.dg-human-oekologie.de).

Die Humanökologie kann als **interdisziplinär ausgerichtetes und fächerübergreifendes Forschungsgebiet** angesehen werden, das im Vergleich mit traditionellen Fächern eine sehr eigenartige Struktur aufweist. Sie ist kein eigenständiges und etabliertes universitäres Fach, sondern stellt eine transdisziplinäre Forschungsperspektive dar, die in den verschiedensten Humanwissenschaften als eigenständiges Paradigma verankert ist.

Das Eingangszitat verdeutlicht, dass die Humanökologie von der Fragestellung her eine beachtenswerte Ähnlichkeit mit der Geographie aufweist. In der Fachgeschichte der Geographie wurden auch mehrfach programmatische Vorschläge unterbreitet, diese Disziplin ausdrücklich am Konzept einer Humanökologie zu orientieren. Bereits im Jahre 1920 hatte der amerikanische Biologe B. Moore die Auffassung vertreten, dass Geographie, sofern sie als Studium der Beziehungen des Menschen zu seiner Umwelt betrieben wird, mit Humanökologie gleichgesetzt werden könne. Kurz darauf, im Jahre 1922, hatte der Amerikaner H. H. Barrows die Präsidentschaft der *American Association of Geographers* inne. Seine *Presidential Address*, ein Festvortrag, der traditionellerweise als programmatische, disziplinpolitisch relevante „Regierungserklärung" des amtierenden Präsidenten angelegt ist, hatte den Titel *Geography as Human Ecology*. Ein Kernsatz seines Vortrages lautete: „*I believe that a motivating theme, an organizing concept, is required which shall permeate geography, and give to all its divisions a distinct point of view. I believe that … human ecology may have the vitalizing, unifying influence needed*" (Barrows 1923).

Barrows ging mit seinem Vorschlag sehr weit. Er wollte die gesamte Geographie am Konzept der Humanökologie ausrichten. In weiterer Folge gab es mehrfach erneute programmatische Vorstöße in diese Richtung. Vor allem Anfang der 1970er-Jahre finden wir in der methodologischen und disziplinpolitischen Diskussion der Geographie immer wieder Vorschläge zur stärkeren Orientierung des Faches an der Humanökologie. Verschiedene Autoren diskutierten unter Verweis auf die Gesellschaftsrelevanz des Umweltproblems ausdrücklich die Möglichkeiten einer **humanökologischen Reorganisation der Geographie**. Zur Bezeichnung ihrer Vorschläge verwendeten diese Autoren zwar nicht das Wort „Humanökologie", sondern suchten einen anderen Begriff: „Konstruktive Geographie", „Komplexe Geographie", „geographische Sozialraumbeziehungsforschung" oder „Ökogeographie". Inhaltlich war damit aber immer jenes Forschungsfeld gemeint, das wir heute wieder „Humanökologie" nennen. In der Zwischenzeit hatte sich die Humanökologie aber weitgehend von der Geographie emanzipiert und als interdisziplinär ausgerichtetes Forschungsgebiet etabliert. Im Folgenden soll ein kurzer Bericht über die Entwicklung und die wichtigsten Konzepte der Humanökologie vorgelegt werden. Dabei wird auch auf das Verhältnis von Humanökologie und Geographie eingegangen.

Die Entwicklung der Humanökologie als transdisziplinäre Forschungsperspektive

Humanökologie kann als jener Teilbereich der Ökologie angesehen werden, der sich mit dem Menschen befasst. Dabei handelt es sich in der Regel um eine sozialwissenschaftliche Interpretation des Ökologiekonzepts (Glaeser 1996). Die Ökologie ist eine junge Wissenschaft, die als eigenständige Betrachtungsperspektive erst im Jahre 1866 von Ernst Haeckel als Denkkonzept begründet wurde.

Haeckel (1866) definierte Ökologie auf folgende Weise: „Unter Oecologie verstehen wir die gesamte Wissenschaft von den Beziehungen des Organismus zur umgebenden Außenwelt, wohin wir im weiteren Sinne alle Existenzbedingungen rechnen können."

In späteren Arbeiten beschrieb er Ökologie als „Lehre von der Ökonomie der Natur". Als zweiter „Gründervater" von Ökologie und Humanökologie ist der Biologe Jakob von Uexküll anzusehen. Er führte den Begriff „Umwelt" in die wissenschaftliche Diskussion ein (1909). Sein besonderes Verdienst war es, Umwelt als **relationales Konzept** zu entwickeln (Exkurs 27.3.1), das in seiner inhaltlichen Ausprägung durch das jeweils betrachtete Lebewesen bzw. die jeweils betrachtete Spezies konstituiert wird. Dabei bezog er auch den Menschen in seine Überlegungen ein und lenkte das Interesse der Forschung ausdrücklich auf die „psychologische Umwelt".

In den 1920er-Jahren kam es zu einem ersten Höhepunkt in der Rezeption des Ökologiekonzepts, das nun auch ausdrücklich auf den Menschen ausgeweitet wurde. Eine wichtige Quelle der Inspiration war dabei die Klimax- und Sukzessionsforschung, die sich mit der zeitlichen Entwicklung von Pflanzengesellschaften befasst. Mit den Konzepten „Dominanz" und „Invasion" boten diese Arbeitsrichtungen der Bioökologie gleichsam die Basismetapher für die **Sozialökologie**, die als spezielle Forschungsrichtung der Soziologie von den Vertretern der Chicagoer Schule (Robert E. Park, Ernest W. Burgess und Roderik D. McKenzie) entwickelt wurde. Hier fand erstmals eine direkte Übertragung von Elementen des naturwissenschaftlichen Ökologiekonzepts auf die Sozialwissenschaften statt. Die Sozialöko-

 **Exkurs 27.3.1**

Umwelt

Der Begriff „Umwelt" wird in der öffentlichen Diskussion, in den Medien und leider auch in der Fachliteratur der verschiedensten Disziplinen oft unscharf, unbekümmert und geradezu sorglos verwendet. Häufig wird „Umwelt" einfach mit „Natur" gleichgesetzt. In der ökologischen und humanökologischen Fachliteratur wird der Begriff hingegen sehr genau erörtert und als sogenannter „Stufenbegriff" streng definiert. Nach ökologischem Verständnis ist „Umwelt" ein in mehrfacher Hinsicht relationaler Begriff, der in seiner inhaltlichen Bedeutung vom jeweils gewählten Gesichtspunkt der Betrachtung abhängt und keinesfalls verabsolutiert werden darf (Weichhart 1979). Deshalb gibt es auch keine „Umwelt an sich". Was das Wort konkret bedeutet, ist einerseits abhängig von der jeweils betrachteten Spezies und andererseits davon, ob man einen Einzelorganismus (Autökologie), eine bestimmte Population (Demökologie) oder ein Kollektiv von Organismen unterschiedlicher Spezies (Synökologie) untersucht. In der Humanökologie wird das jeweils interessierende Lebewesen als „Umweltträger" bezeichnet, um diese Relativierung zum Ausdruck zu bringen. Unter anderem unterscheidet man in der Ökologie zwischen der **physiologischen Umwelt** (der Komplex aller direkt wirkenden Außenweltfaktoren und aller direkten Einflüsse der betreffenden Organismen auf die Außenwelt), der **ökologischen Umwelt** (Komplex der direkten und konkret greifbaren indirekten Lebewesen-Umwelt-Beziehungen) und der **psychologischen Umwelt** („Merkwelt" oder „Eigenwelt; sinnesphysiologisch begründete subjektive Wirklichkeit der Wahrnehmung und Kognition). Nach dem Verständnis der Ökologie und der Humanökologie ist völlig klar, dass für die Spezies Mensch auch die Kultur, kulturelle Artefakte und das übergeordnete Gesellschaftssystem als besonders wichtige Elemente der Umwelt angesehen werden müssen. Man unterscheidet daher zwischen der nicht artifiziellen physischen Umwelt, der gebauten Umwelt der Artefakte, der sozioökonomischen und der ideologisch-kulturellen Umwelt.

---

logie befasst sich besonders mit der sozialen Viertelsbildung und Segregationsprozessen (soziale Entmischung) in Städten (Kapitel 21). Als neuere Vertreter dieser Richtung können A. H. Hawley (1967) und J. Friedrichs (1977) angesehen werden.

Nach dieser ersten sozialwissenschaftlichen Neuinterpretation des Ökologiekonzepts in den 1920er- und 1930er-Jahren setzte dann in den verschiedensten Humanwissenschaften relativ rasch ein Prozess ein, den man als eine erste „Ökologisierung" des wissenschaftlichen Denkens bezeichnen könnte. In nahezu allen Humanwissenschaften lassen sich Einzelansätze erkennen, in denen ökologische Konzepte für die Bearbeitung spezifischer Problemstellungen der betreffenden Disziplin aufgegriffen, adaptiert und neu interpretiert wurden. Begründet wurde diese „Ökologisierung" meist mit einer höheren Problemlösungskompetenz. Vertreter solcher Ansätze waren davon überzeugt, Fragestellungen des eigenen Faches durch den Einsatz ökologischer Konzepte angemessener behandeln zu können, als dies bisher der Fall war. Dabei kam es bald zu ersten interdisziplinären Vernetzungen und Querverbindungen zwischen den ökologisch orientierten Arbeitsbereichen, die in Abbildung 27.3.1 durch Pfeile angedeutet sind.

Man kann diese **Ökologisierung** auch als Bestreben der Einzelwissenschaften ansehen, ihre spezifischen Fragestellungen auf eine stärker ganzheitlich orientierte und übergreifende Weise zu formulieren. Aus der Biologie entwickelte sich etwa die Humanethologie, die sich als Teil der allgemeinen Ethologie (Verhaltenswissenschaft) vor allem auf die soziale Umwelt des Menschen konzentriert und seine stammesgeschichtlich vererbten sozialen Verhaltensweisen untersucht. Hier ergaben sich im Rahmen der Forschungsfelder „Proxemics" und „Territorialität" bald Querverbindungen zur Soziologie und Sozialpsychologie. Ein typisches „Ökologisierungsprodukt" war der Forschungsansatz der Tragfähigkeitsstudien, die mit der Frage des Bevölkerungswachstums verknüpft wurden. Auch hier entwickelte sich eine enge Zusammenarbeit am Thema zwischen Demographie, Soziologie, Geographie und Politologie.

In der Medizin entdeckte man im Rahmen epidemiologischer Studien, dass die physische wie die soziale Umwelt des Menschen ein bedeutsamer pathogener Faktor ist, was zum Ausbau der Umwelt- und Sozialmedizin führte. In der Anthropologie entstand als eigenständige Forschungsrichtung die Kulturökologie. Dabei wurden frühzeitig sehr komplexe Modelle der Gesellschaft-Umwelt-Interaktionen entwickelt. Besonders intensiv war die Ökologisierung der Fragestellungen in der Psychologie ausgeprägt. Es entstanden gleich mehrere Neuansätze: die „Ökologische Psychologie" von Roger G. Barker (1968), die ökologische Wahrnehmungstheorie von James Gibson (1979) und die Umweltpsycholo-

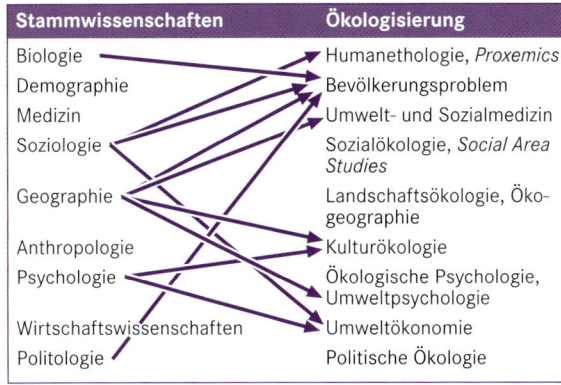

Stammwissenschaften	Ökologisierung
Biologie	Humanethologie, *Proxemics*
Demographie	Bevölkerungsproblem
Medizin	Umwelt- und Sozialmedizin
Soziologie	Sozialökologie, *Social Area Studies*
Geographie	Landschaftsökologie, Ökogeographie
Anthropologie	Kulturökologie
Psychologie	Ökologische Psychologie, Umweltpsychologie
Wirtschaftswissenschaften	Umweltökonomie
Politologie	Politische Ökologie

Abb. 27.3.1 Historische Wurzeln der Humanökologie I (verändert nach Weichhart 1995).

gie, die in der Zwischenzeit als eigenes Teilfach der Psychologie angesehen wird.

Durch diese Tendenz der Ökologisierung wurden Teilbereiche verschiedenster Wissenschaften vom Menschen erfasst und gleichsam ökologisch „eingefärbt" (Abb. 27.3.2). Dabei wurde schon frühzeitig immer wieder auch – allerdings eher nur nebenbei – der Begriff „Humanökologie" zur Charakterisierung des Arbeitsfeldes verwendet. Eine systematische Vernetzung oder eine geplante und institutionell strukturierte interdisziplinäre Zusammenarbeit fand aber bis Ende der 1960er-Jahre nicht statt.

Die Situation änderte sich erst, als in den 1960er-Jahren das sogenannte „Umweltproblem" als generelles gesellschaftliches Problem wahrgenommen wurde und in der öffentlichen und politischen Diskussion plötzlich einen hohen Stellenwert erhielt.

Als symbolischer Ansatzpunkt für die Ausdifferenzierung einer auch institutionell greifbaren Humanökolo-

gie wird immer wieder Rachel Carsons Buch „Der stumme Frühling" (1962) genannt, das auch für die Entwicklung der Politischen Ökologie (Kapitel 27.4) und der neueren Naturschutzbewegungen eine wichtige Rolle spielte. Die ausgehenden 1960er- und der Beginn der 1970er-Jahre können als Gründerzeit einer Institutionalisierung und Konsolidierung der Humanökologie angesehen werden. In dieser Zeit tauchte erstmals die Idee einer bewussten und gezielten Vernetzung, Interdisziplinarisierung und fachlichen Integration der beteiligten Wissenschaften auf. Es entstanden plötzlich an verschiedensten Orten wissenschaftliche Organisationen, Vereine und Gesellschaften mit dem Wort „Humanökologie" im Titel, es konstituierten sich Diskussions- und Arbeitsgruppen zum Thema, und es wurden einschlägige Zeitschriften und andere Publikationsorgane erstmals herausgegeben. Disziplinübergreifende Tagungen zur Humanökologie wurden veranstaltet, Projekte initiiert und erste Übersichtsdarstellungen veröffentlicht. Es begann die Blütezeit der **Man-Environment-Studies**. Und in jener Zeit beobachtet man auch erste Bemühungen, die Humanökologie als eigenständiges Forschungsfeld zu konzipieren, das zwar von vorneherein transdisziplinär anzulegen sei, aber doch mehr sein müsse als ein gleichsam ökologisiertes „Anhängsel" der beteiligten Stammdisziplinen (Abb. 27.3.3).

Nun begann man damit, genuin humanökologische Denkmodelle, Terminologiesysteme und Theorieansätze zu entwickeln. Jetzt erst bildete sich langsam auch ein disziplinäres Selbstverständnis heraus. Allerdings war den beteiligten Akteuren auch in dieser Aufschwungphase klar, dass die Humanökologie nicht auf die gleiche Weise organisatorisch strukturiert werden könne wie andere wissenschaftliche Fächer. Es kam auch niemand ernsthaft auf die Idee, die Humanökologie könne als eine „Superdisziplin" oder übergreifende Uni-

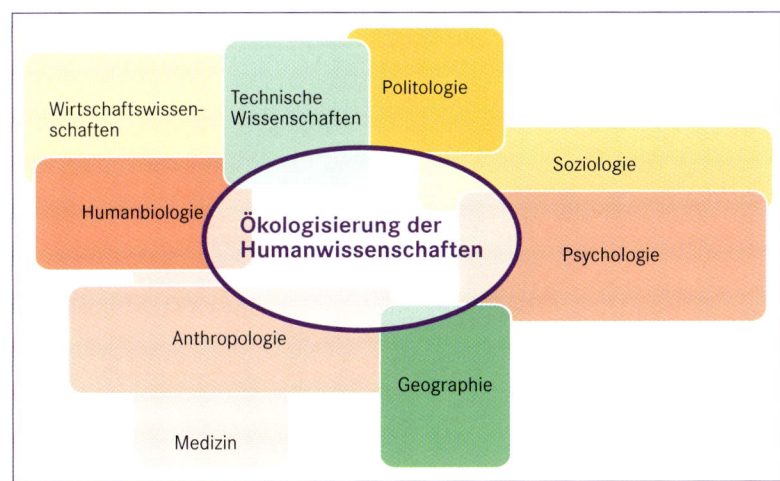

Abb. 27.3.2 Historische Wurzeln der Humanökologie II (verändert nach Weichhart 1995).

versalwissenschaft konzipiert werden. Es wurde vielmehr immer wieder betont, dass es sich bei der Humanökologie nicht um ein Einzelfach nach dem Muster der anderen Disziplinen handle, sondern um einen transdisziplinären Arbeitsbereich. Man stellte sich vor, dass Humanökologen gleichsam zwei Ausbildungs- und Karrierewege nebeneinander einschlagen sollten: eine Standardausbildung in der „Mutterdisziplin" und daneben – etwa in Form von *Postgraduate*-Kursen, Lehrgängen oder einem Spezialstudium – eine Zusatzausbildung in Humanökologie.

Im Jahr 1974 legte Gerald L. Young – er gilt als einer der ersten „Päpste" der Humanökologie – einen umfassenden Forschungsbericht zum Thema vor, in dem er die historischen Verbindungslinien zwischen den Arbeiten der 1920er-Jahre und dem Neubeginn Ende der 1960er-Jahre herausarbeitete. Er musste in seiner Situationsbeschreibung noch eine starke Aufsplitterung der Forschung und einen Mangel an fachübergreifender Zusammenarbeit feststellen. Durch das Entstehen interdisziplinärer Organisationen, die mit dem ausdrücklichen Ziel gegründet wurden, bei der Erforschung von Mensch-Umwelt-Interaktionen Fachgrenzen zu überschreiten, eine gemeinsame Sprache zu finden, neue Modelle und Theorien zu entwickeln, konnten diese Defizite zunehmend abgebaut werden.

Im Folgenden wird eine Auswahl der damals gegründeten Vereinigungen und Institutionen vorgestellt. Sie waren die Kristallisationskerne für die Konstituierung eines fächerübergreifenden, aber doch eigenständigen Forschungsfeldes, das sich gleichsam quer zu den traditionellen Organisationsstrukturen des universitären Fächerkanons entwickelte.

- *Association for the Study of Man-Environment Relation*s (ASMER), gegründet 1967, Sitz in Orange-

burg, New York. Diese Organisation war bis in die 1980er-Jahre aktiv; sie existiert heute nicht mehr.

- *Environmental Design Research Association* (EDRA): „*… is an international, interdisciplinary organization founded in 1968 by design professionals, social scientists, students, educators, and facility managers. The purpose of edra is the advancement and dissemination of environmental design research, thereby improving understanding of the interrelationships between people, their built and natural surroundings, and helping to create environments responsive to human needs*" (www.edra.org). Neben Architekten, Psychologen, Sozialwissenschaftlern und Raumplanern waren und sind in dieser Vereinigung auch Geographen aktiv tätig.

- *Commonwealth Human Ecology Council* (CHEC), gegründet 1969, Sitz in London: „*To carry forward the development of the concept of human ecology as a holistic, integrative discipline, bringing together the sciences and the humanities, CHEC holds conferences and workshops, initiates planning and research and brings out publications (including more than 30 books, the CHEC Journal, newsletters and position papers). CHEC also participates in international, national and local forums at the scientific, NGO and government levels, while playing a strong part in promoting human ecology through education; examples are the Indira Gandhi Centre for Human Ecology and Population Studies, Rajasthan, India, the University of the South Pacific, and at the Universities of Salford and Huddersfield in Britain*" (www.chec-hq.org).

- **Deutsche Gesellschaft für Humanökologie** (DGH), gegründet 1975, Sitz in Berlin. Die DGH verfolgt die „*… Förderung der Wissenschaft, Forschung und Bildung auf dem Gebiet der Humanökologie und die

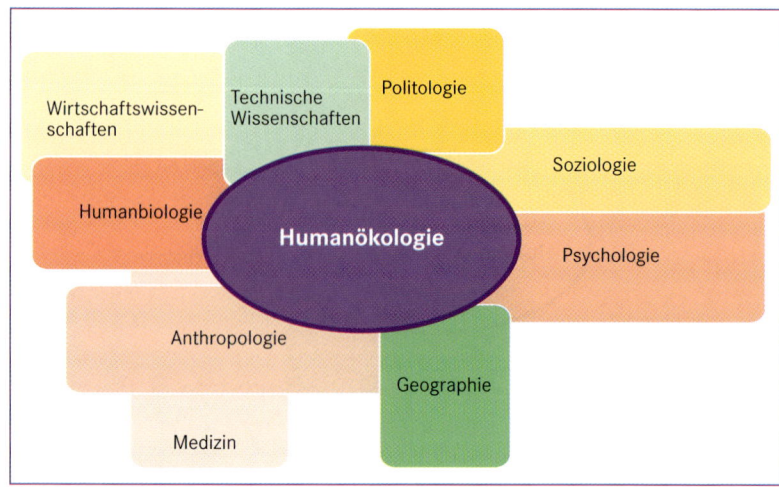

Abb. 27.3.3 Historische Wurzeln der Humanökologie III (verändert nach Weichhart 1995).

Verbreitung ihrer Erkenntnisse" (www.dg-human-oekologie.de).

- **International Organization for Human Ecology** (IOHE), gegründet 1978, Sitz in Wien; Vorläufer: Humanökologische Gesellschaft, gegründet 1970. Sie setzte bis Mitte der 1980er-Jahre wichtige Impulse für die Entwicklung von Forschungsnetzwerken; heute nicht mehr aktiv.

- **International Association for People-Environment Studies** (IAPS), gegründet 1981, Sitz in den Niederlanden: *„IAPS is the forum for scholars who have an interest in an interdisciplinary exchange and in the study of the transactions and interrelationships between people and their socio-physical surroundings (including built and natural environments) and the relation of this field to other social and biological sciences and to the environmental professions ... The scope of IAPS reflects the scientific and practical capabilities and aspirations in work concerning people in their environments. Areas of interest include: Spatial cognition and wayfinding; Ecological aspects of human actions in places; Evaluation of buildings and natural landscapes; Design of, and experiences in, workplaces, schools, residences, public buildings and public spaces; Social use of space: crowding, privacy, territoriality, personal space; Leisure and tourism behavior in relation to their physical settings; Meaning of built environments; Theories of place, place attachment, and place identity; Resource crises and environmental research; Risks and hazards: their perception and management; Stresses related to work and residential setting"* (www.iaps-association.org). Der größte Teil der Mitglieder sind Architekten, Raumplaner, Stadtplaner und Psychologen.

- **Society for Human Ecology** (SHE), gegründet 1985, Sitz in Bar Harbor, Maine: *„... is an international interdisciplinary professional society that promotes the use of an ecological perspective in both research and application. The Society holds regular conferences, conducts workshops and symposia, and co-sponsors a variety of related activities to further integrate work among professionals in fields pertaining to human ecology"* (www.societyforhumanecology.org).

Von diesen und vergleichbaren Organisationen werden einschlägige wissenschaftliche Periodika und Schriftenreihen herausgegeben. Sie veranstalten regelmäßig Tagungen, Kongresse, Seminare oder Workshops zum Thema „Humanökologie", vergeben Stipendien und Auszeichnungen, initiieren Forschungsprojekte und tragen dazu bei, dass in der Zwischenzeit eine eigenständige internationale *scientific community*, ein soziales Netzwerk wissenschaftlicher Kommunikation, entstanden ist. Es muss allerdings angemerkt werden, dass es sich um eine Community von eher bescheidener Größe handelt.

Das größte organisationsstrukturelle Manko der Humanökologie bestand bisher darin, dass dieses Forschungsfeld nicht als eigenständiger Lehr- und Forschungsbereich an Universitäten vertreten war. Man konnte also nirgendwo Humanökologie studieren, nirgendwo für dieses Forschungsfeld einen Studienabschluss oder einen akademischen Grad erwerben.

In der Zwischenzeit wurden in mehreren Staaten eigene Lehrkanzeln, Institute, Studiengänge oder Abteilungen für Humanökologie eingerichtet. Erste Impulse setzte hier die Universität in Göteborg, an der im Rahmen der „Umweltstudien" eine eigene Abteilung für Humanökologie errichtet wurde, die heute noch existiert. Dort kann man Humanökologie als Fach studieren und ein Doktorat oder den Magistertitel erwerben, es gibt eine Studien- und Prüfungsordnung sowie ein Ordinariat für Humanökologie. An den Universitäten im deutschen Sprachraum waren nur vereinzelt Ansätze für eine Institutionalisierung festzustellen, die in der Zwischenzeit aber meist wieder aufgelöst wurden. An der Freien Universität Berlin gab es für einige Jahre eine C3-Professur für Humanökologie. Am Institut für Hochbau für Architekten der Technischen Universität Wien wurde in den 1970er-Jahren ein „Archiv für Humanökologie" gegründet, das heute noch als „Forschungseinheit Humanökologie" auf der Homepage der TU erscheint. Hier wirkt der Hauptvertreter der „Wiener Schule der Humanökologie", der Biologe Helmut Knötig, der aber schon seit vielen Jahren im Ruhestand ist. Am Institut für Geographie und Angewandte Geoinformatik der Universität Salzburg gab es von 1990 bis 1998 eine „Abteilung für Humanökologie". International besondere Beachtung fand die „Arbeitsgruppe Humanökologie", die unter der Leitung von Dieter Steiner am ehemaligen Institut für Geographie der Eidgenössischen Technischen Hochschule Zürich etabliert war. Mit seiner Emeritierung und der Auflösung des Institutes verschwand auch dieser universitäre Stützpunkt der Humanökologie. An der TU Cottbus wurde dagegen 1999 ein von allen Fakultäten getragenes **Humanökologisches Zentrum** (HÖZ) gegründet. „Das Anliegen des HÖZ ist die Erforschung und Aufklärung von Fragestellungen, die sich auf das Mensch-Technik-Umwelt-Verhältnis beziehen. Dabei stehen neben humanmedizinischen Aspekten von Umwelteinwirkungen auf den Menschen auch umgekehrt die vom Menschen und seiner Technik hervorgerufenen Einflüsse auf die Umwelt zur Diskussion. Außerdem soll Fragen der Gesundheitsförderung sowohl im beruflichen wie auch privaten Lebensbereich nachgegangen werden. Im Wei-

teren liegen Schwerpunkte auf den Bereichen Umwelt-
bildung und Umweltwissen sowie auf Projekten zur
ökologischen und effizienten Gestaltung und Organisation von Unternehmen oder Kommunen. Es soll den
Aufbau bürgernaher Institutionen unterstützen" (www.
sozum.tu-cottbus.de /Hoez/main. htm).

Nur wenige Universitäten bieten eigene Studiengänge in Humanökologie an. In Europa ist hier neben
Göteborg die Freie Universität Brüssel mit ihrem
Human Ecology Department zu nennen. Hier wird seit
1989 ein Master-Programm in Humanökologie in englischer Sprache angeboten. An der Universität in Huddersfield (GB) gab es einen vierjährigen BSc-Kurs
(*Bachelor of Science*) in Humanökologie, der aber heute
nicht mehr existiert. In den USA sind zwei Universitäten zu nennen, die eigene Studienrichtungen mit der
Bezeichnung „Humanökologie" anbieten. Die *School of
Human Ecology* an der *Louisiana State University* offeriert ein Master- und PhD-Programm, wobei man sich
mit den vier Arbeitsbereichen (*textiles, apparel design,
& merchandising; family, child, & consumer sciences;
early childhood education* und *human nutrition*) auf
einen eher sehr speziellen Bereich humanökologischer
Arbeitsfelder beschränkt. Am *College of the Atlantic*
(Bar Harbor, Maine) wurde 1991 ein interdisziplinär
ausgerichtetes *Center for Applied Human Ecology* eingerichtet, welches einen *Master of Philosophy in Human
Ecology* anbietet.

Humanökologie und Geographie

Die in der Humanökologie thematisierte Frage nach den
Zusammenhängen und Wechselwirkungen zwischen
Mensch und Umwelt bzw. zwischen „Natur" und „Kultur" kann auch als zentrale Problemstellung der „klassischen" Geographie angesehen werden. Als theoretische
Hintergrundpositionen zur Begründung und inhaltlichen Umsetzung dieses Erkenntnisinteresses dienten
die Konzepte „Land" und „Landschaft". In der Landschaft, die als Integrationsprodukt oder Systemzusammenhang aller Geofaktoren angesehen wurde, würde
sich der Zusammenhang zwischen Natur und Kultur in
seiner konkreten Gegenständlichkeit äußern. Dies gelte
auch für die Länder, die als einmalige und historisch
gewachsene „Raumindividuen" komplexe Vergesellschaftungen von Landschaften darstellen würden. In
diesem Kernparadigma der klassischen Geographie wird
also eine spezifische Zugangsweise zur Darstellung der
Wechselwirkungen zwischen „Natur" und „Kultur"
gewählt, die über „Raumorganismen" fassbar und konkretisiert wird.

Anfang der 1960er-Jahre kam diese klassische Konzeption der Geographie in eine ernsthafte Grundla-
genkrise, und die Konzeptionen der Landschaften und
Länder wurden zunehmend kritisiert und letztlich verworfen. Damit kam der geographischen Gesellschaft-
Umwelt-Forschung die fachspezifische theoretische
Hintergrundposition abhanden, die disziplinäre Einheit
löste sich immer mehr auf, und die beiden Teilfächer
Humangeographie und Physiogeographie drifteten
zunehmend auseinander. Der weitaus überwiegende Teil
der aktuellen Forschungsfragen der Humangeographie
hat nichts mit der klassischen Mensch-Umwelt-Proble-
matik zu tun. Auch weite Bereiche der Physiogeographie
lassen sich heute nicht mehr dieser Thematik zuordnen.
Konkrete Kooperationen und gemeinsame „integrative" Projekte zwischen Physio- und Humangeographen
kommen gegenwärtig ausgesprochen selten vor.

Dennoch wird neuerdings immer wieder der Ruf
nach einer „Reintegration" der beiden Hauptarbeitsrich-
tungen des Faches Geographie laut. Die Wiederverein-
gung von Physio- und Humangeographie und die
ausdrückliche Fokussierung auf die Mensch-Umwelt-
Thematik werden von verschiedenen Autoren als besonders Erfolg versprechende Strategie zur Neupositionie-
rung des Gesamtfaches angesehen (Weichhart 2003a).
Allerdings fehlen derartigen Vorschlägen bislang über-
zeugende Konzepte einer **Theorie der Gesellschaft-
Umwelt-Beziehungen**. Bedeutsam ist dabei auch, dass
eine derartige Fokussierung keineswegs den Gesamtbereich von Physio- und Humangeographie umfassen
kann, wie das im Vorschlag von Barrows (1923) oder in
der klassischen Landschaftsgeographie der Fall war.
Denkbar erscheint hingegen eine Konzeption, welche die
jeweils spezialisierten Erkenntnisobjekte von Human-
und Physiogeographie zur Kenntnis nimmt und die
„geographische Gesellschaft-Umwelt-Forschung" als
eigenständigen Forschungsbereich im Sinne einer
„dritten Säule" (Weichhart 2003b, 2005) konzipiert
(Kapitel 4).

Hier könnte eine erneute Annäherung der Geographie an die Humanökologie wertvolle Anregungen bieten. Zwar wurde auch in der Humanökologie noch keine
umfassende, konsistente und den Gesamtbereich der
Erkenntnisobjekte abdeckende Theorie vorgelegt, es
existieren aber eine Reihe von Grundkonzepten und
Theoriebausteinen, die sich mit großem Nutzen für eine
theoretische Fundierung „integrativer" Projekte in der
Geographie verwenden ließen.

So geht etwa die Geographie (entsprechend der
abendländischen Denktradition) von der ontologischen
Basishypothese aus, dass die Welt in die zwei dichotomen Seinsbereiche „Natur" und „Kultur" eingeteilt werden kann (Exkurs 27.3.2). In neueren Arbeiten wird eine

Exkurs 27.3.2

Dichotomie

„Dichotom" bedeutet so viel wie „zweigeteilt". Eine Dichotomie ist ein unauflösbarer Gegensatz zwischen gleichsam polaren Begriffen oder Konzepten. In der Logik versteht man unter einer Dichotomie eine Einteilung nach zwei Gesichtspunkten. Dabei wird ein Gegenstandsbereich in zwei Teile zerlegt, die zueinander im Verhältnis der Disjunktion stehen. Jeder Gegenstand muss entweder zu dem einen oder zu dem anderen Teil gehören.

„Disjunktion" ist ebenfalls ein Begriff der Logik. Man versteht darunter die Zusammensetzung zweier Aussagen zu einer neuen Aussage mithilfe der Verknüpfung „entweder ... oder" (ausschließendes „oder"): „X ist entweder Kultur oder Natur." Beides gleichzeitig kann nicht wahr sein.

Das dichotome Weltverständnis der abendländischen Kultur, das letztlich metaphysisch-religiöse Wurzeln hat, verursacht für die Wissenschaften und besonders für die Geographie erhebliche Schwierigkeiten. Denn sehr viele Gegenstände der Wirklichkeit können eben nicht eindeutig entweder der Natur oder der Kultur zugeordnet werden. Es handelt sich vielmehr um „hybride" Gegenstände, die gleichzeitig beiden Seinsbereichen angehören.

---

vergleichbare Auffassung durch den Verweis auf die „Drei-Welten-Theorie" von Karl Popper (1973) begründet. Die geographische Deutung dieser Theorie lautet: Die Realität zerfällt in drei Seinsbereiche, die voneinander unabhängig seien und zwischen denen keinerlei Beziehungen bestehen. Die Welt eins ist die Welt der physisch-materiellen Dinge und Körper, die Welt zwei besteht aus den subjektiven Bewusstseinsinhalten, und die Welt drei ist die soziale Welt. (Bei Popper wird die Welt drei hingegen als die Welt der objektiven Ideen definiert. Im Gegensatz zur geographischen Interpretation betont Popper übrigens ausdrücklich, dass zwischen den drei Welten Beziehungen bestehen, deren Analyse besonders bedeutsam sei.) Diese gleichsam als Axiom angesehene ontologische Hypothese der neueren Humangeographie wird von der Humanökologie ausdrücklich verworfen.

Die Verschränkung naturalistischer und konstruktivistischer Zugänge zur Realität als Grundproblem von Humanökologie und Geographie

Humanökologische Denkmodelle gehen davon aus, dass Mensch (Gesellschaft, Kultur) und Natur als Aspekte eines ganzheitlichen Zusammenhanges verstanden werden müssen. Zentrales Erkenntnisobjekt der Humanökologie sei der Mensch in der Natur. Die Welt bestehe in Wahrheit aus hybriden Phänomenen, die sich auch einer eindeutigen Klassifikation nach der Theorie der

drei Welten entziehen. Die eigentlich entscheidende Fragestellung bestehe darin, den **Zusammenhang zwischen Sinn und Materie** zu analysieren (Zierhofer 1999). Außerdem vertreten die meisten humanökologischen Denkmodelle ein nichtdichotomes Konzept von Subjekt (Individuum) und Gesellschaft.

Von besonderer Bedeutung sind die im Rahmen humanökologischer Überlegungen entwickelten Modelle von Gesellschaft, die sich von den Gesellschaftskonzepten der Sozialwissenschaften sehr deutlich unterscheiden. Die Mainstream-Soziologie ist durch ein grundlegendes Axiom gekennzeichnet. Es lautet: „Soziales darf/kann nur durch Soziales erklärt werden." Damit hat sich die Soziologie von anderen Humanwissenschaften abgegrenzt und von bio- oder geodeterministischen Kausalzuschreibungen distanziert. Dementsprechend fasst die Soziologie „Gesellschaft" als eine rekursive (auf sich selbst rückverweisende) kommunikative Struktur auf. Mit dieser konstruktivistischen Konzeption gerieten allerdings die Zusammenhänge zwischen Gesellschaft und der materiellen Welt aus dem Blickfeld der Sozialwissenschaften. Aus dieser Perspektive kann zwar untersucht werden, wie Gesellschaften ihr Verhältnis mit der materiellen Welt in Kommunikationsprozessen thematisieren (Luhmann 1986), nicht aber die „reale" stofflich-energetische Struktur der Interaktion.

Um Gesellschaft-Umwelt-Beziehungen angemessen und umfassend darstellen zu können, sind also Ansätze gesucht, welche die konstruktivistische Gesellschaftskonzeption mit einer Perspektive verknüpfen, von der aus gleichermaßen auch die materiellen und körperlichen Komponenten der sozialen Welt thematisiert werden können. Ein derartiges Gesellschaftsmodell

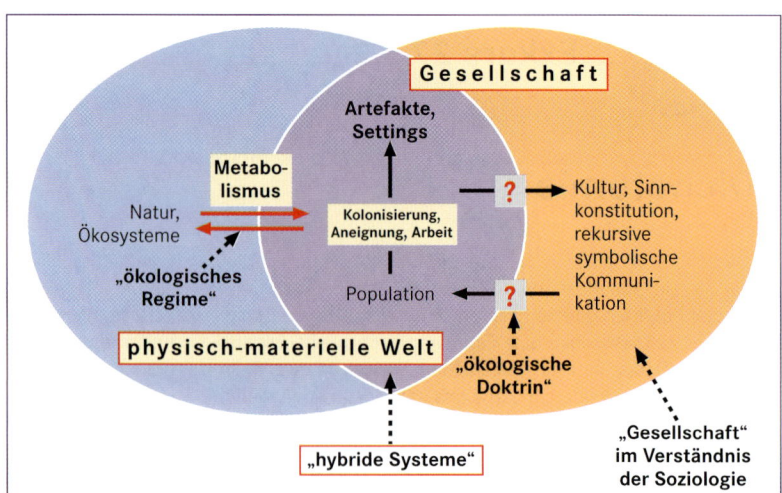

Abb. 27.3.4 Modell der Gesellschaft-Umwelt-Beziehungen der Arbeitsgruppe „Soziale Ökologie".

wurde von der Arbeitsgruppe „Soziale Ökologie" der Fakultät für Interdisziplinäre Forschung und Fortbildung der Universität Klagenfurt vorgelegt. Von dieser humanökologisch ausgerichteten interdisziplinären Forschungsgruppe wird das Gesellschaft-Umwelt-Problem über die Untersuchung des gesellschaftlichen Metabolismus (Stoffwechsel) dargestellt.

Bei diesem Modell (Abb. 27.3.4) wird neben der rekursiven kommunikativen Komponente der gesellschaftlichen Sinnkonstitution auch die physisch-materielle Komponente des Sozialsystems berücksichtigt. Dabei wird über das **Konzept der Population** auch die reale Körperlichkeit des Menschen beachtet. Die Aktivitäten der Population in der materiellen Welt werden dabei von den Gegebenheiten der symbolischen Kommunikation und den daraus entstehenden Kultur- und Sinnsystemen gesteuert. Durch den Prozess der „Kolonisierung", der durch Arbeit und Aneignung konkretisiert wird, sind Populationen mit naturalen Ökosystemen in Form physisch-materieller Beziehungen verknüpft. Die hier ablaufenden Handlungen erzeugen einen Stoffwechsel zwischen Gesellschaft und sozialen Systemen, der neben einer somatischen (körpereigenen) auch eine extrasomatische (technische) Komponente aufweist. Im Gefolge dieser Kolonisierungsprozesse, durch die die Elemente der physisch-materiellen Welt neu geordnet, verändert und umstrukturiert werden, entsteht jenes Gefüge von Artefakten, das in der klassischen Geographie als **Kulturlandschaft** bezeichnet wurde. Entscheidend bei diesem Ansatz ist die Ausweitung des Gesellschaftsbegriffs, dem damit auch eine stofflich-materielle und körperliche Komponente zugeschrieben wird. Es kommt auch unmissverständlich zum Ausdruck, dass weite Bereiche der sozialen Welt als hybride Systeme anzusehen sind.

Derartige Modelle bieten damit die Möglichkeit, naturalistisch-materialistische Deutungen der sozialen Welt mit kulturalistisch-konstruktivistischen Deutungen zu verknüpfen. „Soziale Wirklichkeit meint … jenen Teil der erfahrbaren Wirklichkeit, der sich im Zusammenleben der Menschen ausdrückt oder durch dieses Zusammenleben und Zusammenhandeln hervorgebracht wird" (Gukenbiehl 2002). Die gängigen wissenschaftlichen Zugänge zur Darstellung und Erklärung der Realität weisen einen ausgeprägten Aspektbezug auf und interpretieren die Welt entweder als rekursive kommunikative Sinnstruktur oder als physisch-materielle Struktur. In Wahrheit besteht die soziale Wirklichkeit aber gleichzeitig immer aus beidem: Materie und Sinnzuschreibung, so wie der Mensch immer gleichzeitig aus Körper und Geist besteht. Das Problem liegt hier offensichtlich in der Struktur unseres Erkenntnisapparates, nicht in der „Realität".

Zur Lösung dieses Problems wäre also ein Ansatz gesucht, welcher der Komplementarität von Sinn und Materie in der sozialen Wirklichkeit gerecht wird. Das Basismodell der Arbeitsgruppe „Soziale Ökologie" (Abb. 27.3.4) weist eine derartige Grundkonzeption auf und ließe sich problemlos ausweiten und für eine geographische Gesellschaft-Umwelt-Forschung adaptieren.

Als übergeordneter Denkrahmen bietet sich dafür das **handlungstheoretische Paradigma der Humangeographie** an (Kapitel 16). Der Begriff des „Handelns" erbringt nämlich genau jene Leistung, die in der klassischen Geographie im Landschaftsbegriff, in den Ländern und im Raumbegriff aufgehoben war: die Verknüpfung von physisch-materiellen Gegebenheiten, Bewusstseinszuständen und der sozialen Welt. Somit bietet die Handlungstheorie die Möglichkeit, naturalistisch-materialistische und kulturalistisch-konstruktivistische Deutungen der Welt im Kontext eines kohärenten Denkmodells zu verbinden. Die erstgenannte Deutungsmöglichkeit wird bei der Analyse der intendierten und nichtintendierten Handlungsfolgen von Handlungssystemen eingesetzt, die zweite bei der Erforschung der Genese und diskursiven Begründung jener Intentionalitäten, die für die betreffenden Kolonisierungsleistungen als Steuergrößen wirksam werden.

Um die Handlungstheorie als Basiskonzeption einer geographischen Mensch-Umwelt-Forschung aber tatsächlich nutzbar machen zu können, wäre noch einiges an Entwicklungsarbeit erforderlich. So müsste ein mehrstufiges Konzept von *agency* (Handlungsfähigkeit) entwickelt werden, mit dessen Hilfe die bisher ausschließlich subjektzentrierte Zugangsweise der Handlungstheorie ausgeweitet werden kann. Neben den menschlichen Subjekten, die als Prozessoren von Intentionalität, aber auch als Träger von Gewissen und Verantwortung sowie als „Quellen von Kontingenz" (Nichtnotwendigkeit) eine zentrale Position in Handlungssystemen einnehmen, sind einerseits auch soziale Aggregate und Organisationen als kollektive Akteure mit einer spezifischen Form von *agency* zu berücksichtigen. Andererseits müsste auch die Möglichkeit nichtdeterministischer Rückwirkungen physisch-materieller Strukturen auf Subjekte und soziale Gegebenheiten darstellbar sein, was für diesen Bereich der Realität jene „milde" oder „schwache" Form von *agency* impliziert, die etwa mit dem Konzept der Affordanz (Gibson 1979), der *action-setting*-Theorie (Weichhart 2003b) oder der Akteur-Netzwerk-Theorie (Latour 1995) behauptet wird.

Weitere Entwicklungserfordernisse bestehen in einer handlungstheoretischen Interpretation von Diskursen, die im Sinne einer „ökologischen Kommunikation" als Steuergrößen von Kolonisierungsprozessen wirksam werden. Der Einbau der kulturalistisch-konstruktivistischen Perspektive in das Modell erfolgt durch die Rekonstruktion der jeweils handlungsleitenden „ökologischen Doktrin" (Abb. 27.3.4), die zur diskursiven Begründung von Kolonisierungstätigkeiten in einem spezifischen Gesellschaft-Umwelt-System wirksam wird. Andererseits müsste auch diskursanalytisch erforscht werden, welche Rückwirkungen Kolonisierungsleistungen und metabolische Prozesse auf Sinnkonstitutionen im Rahmen gesellschaftlicher Kommunikationsprozesse aufweisen.

Schlussbemerkungen

Die Humanökologie ist kein eigenständiges universitäres Fach, sondern eine **transdisziplinäre Forschungsperspektive**, die in den verschiedensten Humanwissen-

schaften als spezifisches Paradigma verankert ist. Sie befasst sich im Rahmen einer sozialwissenschaftlichen Interpretation des Ökologiekonzepts mit Mensch-Umwelt-Interaktionen. „Umwelt" wird in der Humanökologie als ein in mehrfacher Hinsicht relationaler Begriff angesehen, dessen Bedeutung von der gewählten Betrachtungsperspektive abhängt und nicht verabsolutiert werden darf. „Umwelt" beinhaltet dabei auch die gebaute Welt der Artefakte, die sozioökonomische und die ideologisch-kulturelle Umwelt.

Ab den 1920er-Jahren kam es zu einer zunehmenden „Ökologisierung" der Humanwissenschaften. Ökologische Konzepte wurden von den verschiedensten Disziplinen aufgegriffen und für die Bearbeitung fachspezifischer Probleme adaptiert. Dahinter stand das Bestreben nach einer stärker ganzheitlich orientierten Betrachtungsperspektive. In den 1960er- und 70er-Jahren setzte mit der Gründung wissenschaftlicher Organisationen und Gesellschaften die Institutionalisierung der Humanökologie ein. Durch eine interdisziplinäre Vernetzung der verschiedensten wissenschaftlichen Aktivitäten sollte die Humanökologie zu einem eigenständigen transdisziplinären Forschungsfeld weiterentwickelt werden. Vereinzelt entstanden auch Lehrstühle für Humanökologie an den Universitäten, und es werden eigene Studienprogramme (etwa ein Master-Programm an der Freien Universität Brüssel) angeboten.

Die Humanökologie verwirft die gängige ontologische Hypothese, man könne die Realität in die Sphären „Natur" und „Kultur" einteilen und geht von der **Existenz hybrider Phänomene** aus. Humanökologische Gesellschaftsmodelle verknüpfen die konstruktivistische Gesellschaftskonzeption der Sozialwissenschaften mit einer Perspektive, in der gleichermaßen auch die materiellen und körperlichen Komponenten der sozialen Welt thematisiert werden können.

27.4 Politische Ökologie

Thomas Krings

Forschungsgegenstand und Arbeitsfelder

Die Politische Ökologie umreißt ein relativ junges interdisziplinäres Forschungsprogramm an der Schnittstelle von Naturwissenschaften und der Politik- und Sozialwissenschaften, die seit den 1980er-Jahren vor allem von britischen und US-amerikanischen Geographen konzipiert wurden. Ziel der Untersuchungen sind **proble-**

matische Mensch-Umwelt-Beziehungen, wobei bislang der Fokus auf Umweltveränderungen und Umweltkonflikten in weniger entwickelten Ländern der Erde liegt. Das erkenntnismäßige Interesse zielt auf eine Analyse und Erklärung von Umweltveränderungen (Bodendegradation, Erosion, Luft- und Gewässerverschmutzung, Verlust der Biodiversität, Tropenwaldzerstörung, globale Klimaveränderungen) nach Ausmaß und Prozesszustand sowie den dafür verantwortlichen Ursachen. Entscheidend ist, dass Umweltveränderungen in einem konfliktreichen Zusammenwirken politischer, gesellschaftlicher und ökonomischer Handlungen und Interessen auf individueller, lokaler, nationalstaatlicher und international-globaler Ebene gesehen werden, wobei grundsätzlich die historische Dimension der betreffenden Umweltveränderung bedeutsam ist. Daneben werden aber auch nationale Umweltpolitiken und internationale und nationale Umweltprogramme einer kritischen Analyse unterzogen.

Hinsichtlich einer *Third World Political Ecology* lassen sich derzeit folgende Hauptfragestellungen unterscheiden:

- Erklärung von Formen der **Umweltdegradation** im Kontext von Unterentwicklung und Marginalität
- Erklärung von **Umweltkonflikten** auf dem Hintergrund der Parameter Geschlecht, Klasse und Ethnizität
- Forschungen zu den Folgen und Wirkungen von Maßnahmen des **Umwelt- und Naturschutzes**, bei denen für bestimmte soziale Gruppen nachteilige Folgen entstehen können
- Untersuchungen zu **politisch-sozialen Auseinandersetzungen**, die mit grundlegenden Fragen der Überlebenssicherung und des Schutzes der natürlichen Lebensgrundlagen zusammenhängen

Wurden in einer ersten Phase politisch-ökologischer Untersuchungen die politisch-ökonomischen Hintergründe der Bodendegradation in tropischen Hochgebirgen untersucht, hat sich in den letzten Jahren eine deutliche Erweiterung des empirischen Arbeitsprogramms politisch-ökologischer Fragestellungen ergeben.

Neben dem Problem der Zerstörung tropischer Wälder wurden Nutzungskonflikte in und im Umkreis von Nationalparks und sogenannten *wildlife reserves*, Umweltveränderungen im Zuge der Aktivitäten von transnationalen Bergbauunternehmen, Verteilungskämpfe um Wasser, die ökologischen Folgen der zunehmenden Nachfrage nach Brennholz in den Megastädten der Dritten Welt sowie die Wirkungen des internationalen Massentourismus auf sensible tropische Ökosysteme untersucht. Die politisch-ökologisch ausgerichteten Arbeiten stehen damit im Zentrum des aktuellen geo-

graphischen Forschungsinteresses, da sie mit wichtigen Problembereichen des *global environmental change* zusammenhängen.

Lag bislang der Schwerpunkt empirischer politisch-ökologischer Untersuchungen in Entwicklungsländern, so zeichnet sich in jüngster Zeit ab, dass mit diesem Konzept auch Mensch-Umwelt-Probleme in hoch entwickelten Industrieländern und Schwellenländern bearbeitet werden können. Fragen der **Umweltgerechtigkeit** (*environmental justice*) stehen hier im Mittelpunkt. Gerade in ökonomisch entwickelten Gesellschaften sind bestimmte Gruppen wie zum Beispiel die Anwohner von Industriebetrieben, Autobahnen und Großflughäfen stärker von gesundheitsschädlichen Umwelteinflüssen wie Verkehrslärm, Rauch, Abgasen, verschmutzten Gewässern und Elektrosmog betroffen als andere. Bei dieser Forschungsrichtung fragt die Politische Ökologie nach den Gewinnern und Verlierern von technisch-zivilisatorischen Entwicklungsprozessen in den Bereichen von Industrialisierung und Verkehrsplanung, die auf Seite der Verlierer Aspekte der Umweltwahrnehmung, Umweltpsychologie und -medizin aufgreift. Bei dieser Untersuchungsrichtung ergeben sich enge Bezüge zur Stadt- und Regionalplanung sowie zur Sozial- und Politischen Geographie. Insbesondere geht es um eine Aufdeckung der Hintergründe, Interessens- und Handlungsstrategien politisch einflussreicher Akteursgruppen, die sich mit Industrie- und Verkehrsplanung beschäftigen. Parallel dazu rücken auch die sozialen Entstehungsbedingungen für Bürgerproteste gegen den ungehemmten Ausbau von Flughäfen und neuen Eisenbahntrassen für Hochgeschwindigkeitszüge oder Bahnhofsgroßprojekte wie Stuttgart 21 in den Blickpunkt des Forschungsinteresses (Abb. 27.4.1).

Vielfalt der theoretisch-konzeptionellen Bezüge

Die Politische Ökologie entwickelte sich aus einer **Kritik an der sogenannten apolitischen Ökologie**, die Umweltschädigungen einseitig mit den Aspekten der zunehmenden Verknappung lebenswichtiger natürlicher Ressourcen infolge eines ungebremsten Bevölkerungswachstums, verzerrter Märkte und nicht an regionale Umweltbedingungen angepasster Landnutzungsweisen lokaler Bevölkerungsgruppen in Verbindung bringt. Kritisch hinterfragt werden systemische Erklärungsmodelle, die unter Einbeziehung demographischer, ökologischer und ökonomischer Parameter statistische Simulationen zukünftiger Tragfähigkeiten bestimmter Gebietseinheiten berechnen. Das heißt konkret: Nicht

Abb. 27.4.1 Protestplakat einer Bürgerinitiative in Flörsheim gegen die Erweiterung des FRAPORT (Rhein-Main Flughafen Frankfurt/Main, Foto: T. Krings).

die Begrenztheit natürlicher Ressourcen ist eine zentrale Hypothese der Politischen Ökologie, sondern vielmehr deren gesellschaftsbedingte Knappheit. Die Politische Ökologie ist ein sehr breit gefächertes Forschungsfeld, dessen Kohärenz weniger in einer umfassenden Theorie zur Erklärung von Umweltveränderungen als vielmehr in gemeinsamen Hypothesen und Problemformulierungen zu suchen ist (Blaikie 1999). Bei diesem Ansatz kommt eine Vielzahl von entwicklungstheoretischen Strängen und Analysekonzepten zur Geltung, die für eine interdisziplinäre Umweltforschung nutzbar gemacht werden. So bestehen enge Beziehungen zu politisch-ökonomischen Abhängigkeitstheorien, Konflikttheorien, Handlungstheorien, den Konzepten von Marginalität und verfügungsrechtlichen Ansätzen wie beispielsweise zum Verwundbarkeits- und *livelihoods*-Ansatz, zum Bielefelder Verflechtungsansatz und zu Fragen der Umweltgerechtigkeit. Die Abbildung 27.4.2 versucht die vielfältigen Verbindungen zwischen der Politischen Ökologie und den unterschiedlichen Theorien und Analysekonzepten unterschiedlicher Reichweite aufzuzeigen.

Nach Blaikie & Brookfield (1995), den Protagonisten einer *Third World Political Ecology*, kombiniert die Politische Ökologie die Anliegen der Ökologie mit denen einer weit gefassten Politischen Ökonomie, wobei hier die ständig wechselnde Dialektik zwischen natürlichen Ressourcen, den Kräften des Weltmarkts und zwischen sozialen Gruppen und Klassen einer Gesellschaft thematisiert wird. Infolge der sich konjunkturell rasch ändernden Nachfragestrukturen und Rohstoffpreise auf dem Weltmarkt, sind die Handlungsspielräume von Kleinbauern in tropischen Entwicklungsländern in ihrer Wahl bezüglich der Devisenerwirtschaftung im Sektor der agrarischen Warenproduktion (*cash-crops*) sehr stark eingeengt. Erhöhte Weltmarktpreise für ganz bestimmte pflanzliche und tierische Produkte können zur Übernutzung von Acker- und Weideland, zur Ausweitung ökologisch schädlicher Monokulturen, zur Auslöschung seltener Pflanzenarten bis hin zur Zerstörung von Ökosystemen führen.

In vielen politisch-ökologischen Untersuchungen sind Bezüge zu dependenztheoretischen Vorstellungen wie etwa dem Zentrum-Peripherie-Modell erkennbar, wobei hier die Deformationen regional-lokaler Produktionsstrukturen und damit verbundene Umweltprobleme in den ländlichen Peripherien der Entwicklungsländer durch die politisch-ökonomische Dominanz der am höchsten entwickelten Länder thematisiert werden. Tatsächlich können die gravierenden Umweltschäden, die beispielsweise bei der Erdölausbeutung im Süden Nigerias seit Jahrzehnten entstehen, durch die unverantwortlichen, die Umweltbelange lokaler Gruppen wenig berücksichtigenden Aktivitäten transnationaler Erdölkonzerne unter dem Blickwinkel des Zentrum-Peripherie-Konzepts gesehen werden. Entscheidend hierbei ist, dass die ausländischen Konzerne sich in einer Interessensharmonie zu Mitgliedern der Staatsklasse befinden, die in erster Linie an Öl-Renten-Einkommen interessiert sind.

Von Blaikie (1995) wird die Umwelt mit ihren natürlichen Ressourcen (Wald, mineralische Rohstoffe, Wildpflanzen, Fischbestände, Wild- und Haustiere, Ackerland) als ein „Schlachtfeld divergierender Interessen"

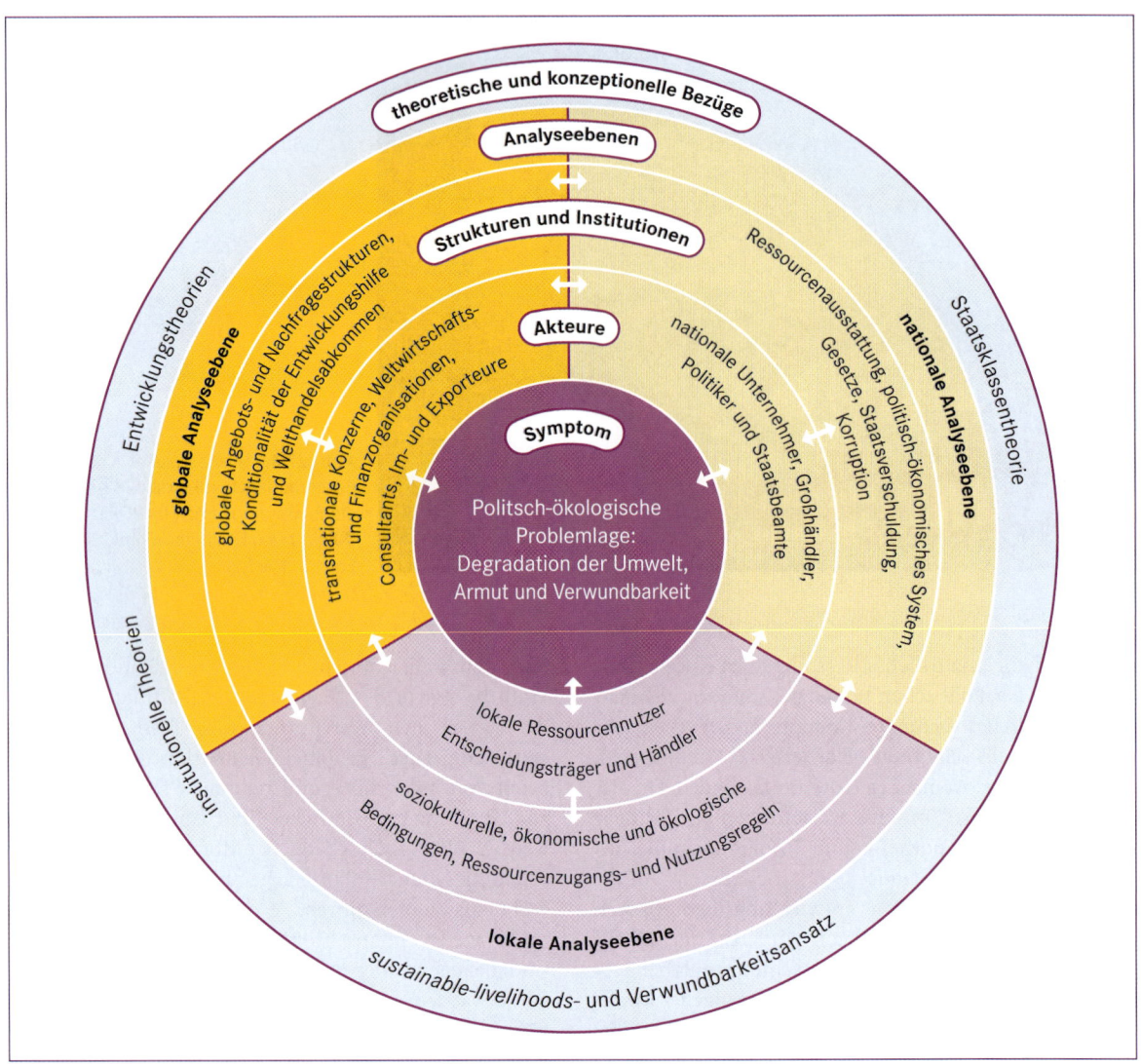

Abb. 27.4.2 Theoretisch-konzeptionelle Bezüge politisch-ökologischer Analysen (verändert nach Hartwig 2008).

beschrieben, auf dem um Macht, Verfügungsrechte und Einfluss gerungen wird. Ein wichtiger Forschungsschwerpunkt liegt deshalb auf der **Analyse von Umweltkonflikten, Verteilungs- und Machtkämpfen** um natürliche Ressourcen unterschiedlicher Interessensgruppen auf verschiedenen Handlungsebenen, bei denen es Sieger und Verlierer gibt. Verlieren Individuen, Haushalte, soziale Gruppen Verfügungsrechte an natürlichen Ressourcen, führt dies zu erhöhter sozialer Verwundbarkeit bzw. die Lebensabsicherung (*livelihoods*) wird unterminiert. Es mangelt den Menschen an sogenannten *livelihoods assets* (Ressourcen und Aktiva), zu denen in ländlichen Räumen der Entwicklungsländer neben Finanz-, Sach- und Sozialkapital in allererster

Linie Naturkapital in Form von Ackerland, pflanzlichen Ressourcen und Haustieren gehört. In Krisen- und Stresssituationen (z. B. durch Dürreperioden und Bürgerkriege, Flucht und Vertreibung) erhöht sich die Verwundbarkeit dieser Individuen und Gruppen. Hungerkrisen in Verbindung mit Massenflucht in von Bürgerkriegen zerrütteten Staaten haben häufig eine politisch-ökologische Komponente, wenn es im Umkreis von Flüchtlingslagern zu einer völligen Zerstörung der Baumvegetation infolge erhöhten Brennholzbedarfes und zu einem akuten Mangel an sauberem Trinkwasser kommt.

Aus den Ausführungen wird deutlich, dass **Marginalisierung** und **Verwundbarkeit** einerseits in unterschiedlichem räumlichen Maßstab Umweltveränderungen bewirken können, andererseits sind Zerstörungen der natürlichen Lebensgrundlagen aber auch Ursache für erhöhte Verwundbarkeit. Eine Politisierung der Umwelt (*politicised environment*) tritt dann ein, wenn natürliche Ressourcen aufgrund steigender Nachfrage immer knapper werden und Konkurrenzsituationen zwischen verschiedenen Akteursgruppen eintreten oder wenn umweltbedrohende Entwicklungsgroßprojekte (z. B. *land grabbing*) durchgeführt werden, die zu einer Vertreibung von lokalen Gruppen führen, oder wenn durch juristische Maßnahmen die Zugangsrechte von politisch machtloseren Gruppen zu Land, Wasser und Wald beschränkt werden. Landnutzungskonflikte, verfügungsrechtliche Probleme, Konflikte im Zuge von Zwangsumsiedlungen sind Ausdruck einer solchen Politisierung der Umweltfrage.

Umweltkonstrukte und -diskurse

Einen bedeutenden Einfluss auf die jüngere politisch-ökologische Forschung haben poststrukturalistische Ansätze und hierbei insbesondere Diskursanalysen, die Impulse für die Debatten über den *cultural turn* in der Kulturgeographie lieferten. Das Interesse an **Diskurstheorien** erwächst aus sprachanalytischen Überlegungen (Sahr 2003, Gebhardt et al. 2003b). Da Sprache mit ihrer Begrifflichkeit soziale Realität produziert, tritt neben die naturwissenschaftliche Analyse von realen physikalischen Tatsachen die Analyse der Repräsentation von Wirklichkeit. Nach Blaikie (1999) interessiert sich die Politische Ökologie dafür, wie und von welchen unterschiedlich mächtigen Interessensgruppen Wissen von und über die Umwelt produziert und verbreitet wird. Im Zentrum stehen Fragen der sozialen Konstruktion und Repräsentation von Umweltdiskursen durch unterschiedlich mächtige Akteure in Wissenschaft, Wirtschaft, Politik und Medien. In Geographielehrbüchern, aber auch in den Medien aufgegriffene **Umweltthemen** wie beispielsweise Desertifikation, Überweidung, Regenwaldzerstörung, nachhaltige Entwicklung, die den Status von konventionellem, wissenschaftlichem Wissen erreicht haben, werden systematisch nach ihren Interessensbezügen hinterfragt. Damit verbindet sich auch eine Kritik an der Umweltpolitik unterschiedlicher Organisationen, die aufgrund spezifischer, institutioneller Definitionsmacht und politischer Vorgaben zur Entstehung von Unterentwicklungs- und Entwicklungslegenden (*development narratives*) beitragen. Solche Erzählungen werden nicht nur über die Sprache in Form von Lehrbüchern, Lexikonbeiträgen und Expertisen,

sondern auch durch Bilder, Poster und Fernsehreportagen verbreitet und popularisiert. Die interessensgeleiteten Rahmungen solcher Bilddokumentationen zu Umweltproblemen zu entschlüsseln, erschließt neue Arbeitsrichtungen für eine neue, kritische Umweltforschung.

Methodische Vorgehensweise und Begriffe

Mehrebenenanalyse und Erklärungsketten

Die Mehrebenenanalyse kann als ein Beispiel für die methodische Vorgehensweise zur Bearbeitung politisch-ökologischer Fragestellungen dienen. Es wird von der Annahme ausgegangen, dass Umweltveränderungen in einer Region als Ergebnis des Zusammenwirkens von unterschiedlichen Interessen von Akteuren auf individueller, lokaler, nationaler und internationaler bzw. globaler Ebene auftreten. Diese komplexen Interaktionen zwischen Umwelt und Gesellschaft stehen in einem historischen Kontext, der sich in Formen einer regional bzw. lokalen Umwelthistorie manifestiert.

Als grobes Analyseschema bieten sich nach Blaikie (1995) sogenannte **kausale Erklärungsketten** (*explanation chains*) an (Abb. 27.4.3). Der Ansatzpunkt einer solchen „Mehrebenen-Verursachungskette" kann eine Region sein, die durch ganz bestimmte aktuelle oder beispielsweise auch kolonial ererbte Umweltveränderungen gekennzeichnet ist, die zu akuten ökologischen Problemlagen (z. B. zu Bodendegradation) führen. Solche Probleme haben eine Verschlechterung der sozioökonomischen Situation für Individuen, Haushalte und Familien (z. B. Rückgang der Ernteerträge und damit verbundene Nahrungskrisen) zur Folge. Die Haushalte sind ihrerseits Teil einer größeren Gesellschaft, deren Umgang mit der Umwelt durch kulturelle Prägungen und interne Abhängigkeits- und Hierarchiestrukturen bestimmt wird. Regionale Gruppen sind wiederum als Teil einer größeren Gemeinschaft (nationale Gesellschaft) von übergeordneten, nationalstaatlichen Rahmenbedingungen abhängig. Deshalb kommt dem Staat im politisch-ökologischen Konzept eine zentrale Rolle zu. Er schafft durch Gesetze den rechtlichen Ordnungsrahmen für den Umgang mit der Umwelt. Allerdings nimmt er eine ambivalente Rolle bei Umweltfragen ein, da er theoretisch sowohl für den Schutz der natürlichen Ressourcen in seinem Hoheitsgebiet als auch für ihre ökonomische Inwertsetzung verantwortlich ist. Hierbei ist zu beachten, dass der Staat eine Arena unterschiedlicher Akteursgruppen wie die Verwaltungen, die

Armee, Grundbesitzer oder Unternehmer bildet, wobei jede Gruppe je nach Machtbefugnis auf die Umwelt und ihre Ressourcen Einfluss zu nehmen sucht. Schließlich ist der Staat in internationale Beziehungen, Verträge und Abhängigkeitsstrukturen (Verschuldung, Konditionalität und Entwicklungshilfe, Strukturanpassungspro-

gramme) eingebunden. Als Teil der Weltwirtschaft unterliegt der Staat im Zeitalter der Globalisierung spezifischen ökonomischen Zwängen, die von einer vollen und teilweisen Integration in die globale Ökonomie bis zu einer gleichsam ungewollten Abkopplung von der Weltwirtschaft reichen.

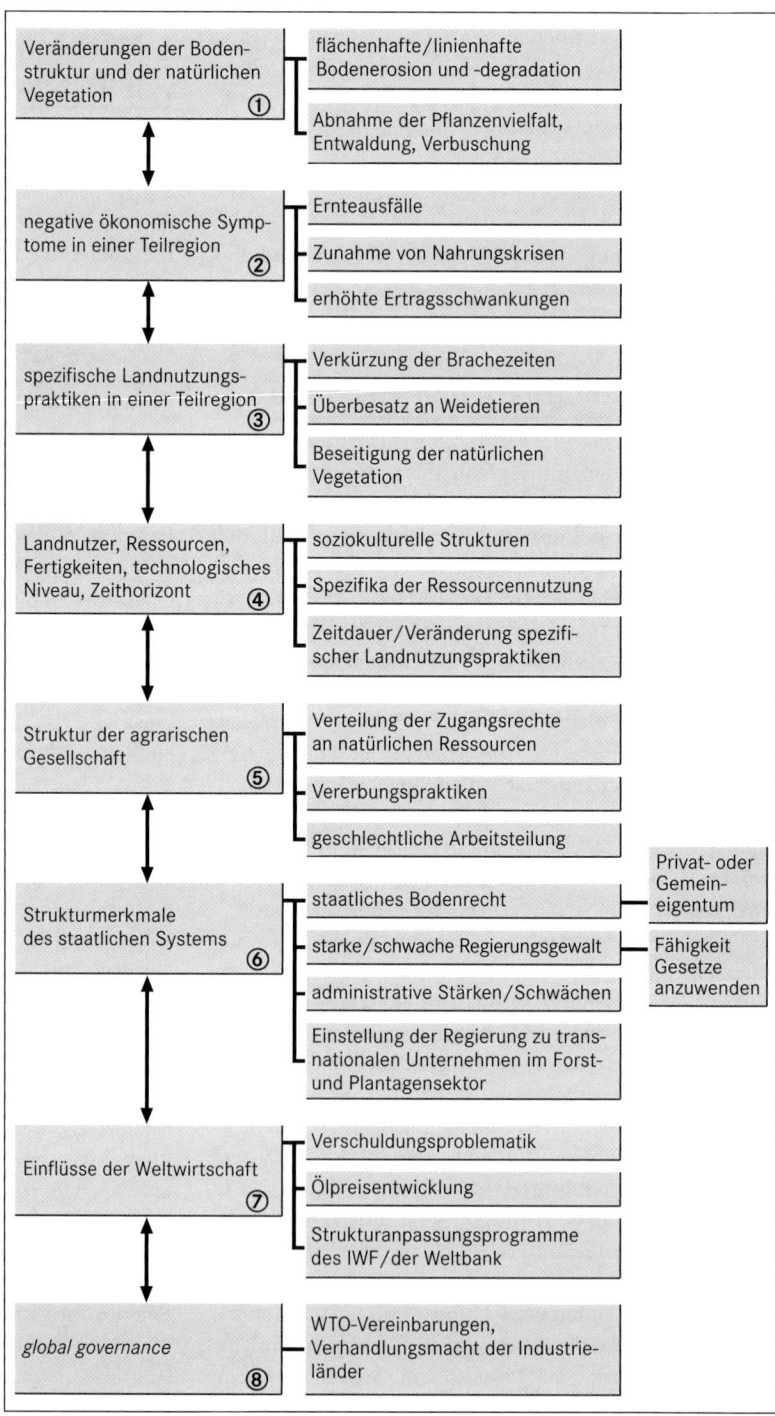

Abb. 27.4.3 Erklärungskette (*explain chain*) für Bodendegradation in einem tropischen Entwicklungsland (verändert nach Blaikie 1995).

Akteure und Akteursgruppen in der Umwelt

Eine wichtige Rolle im Rahmen politisch-ökologischer Analysen spielt die Frage nach den umweltrelevanten Akteuren, die keineswegs nur Individuen, sondern in der Regel kollektive Akteure (Bewohner einer Region, Umweltgruppen, Firmen, staatliche Organe) sind, die häufig durch widerstreitende Interessenslagen gekennzeichnet werden.

Als Einzelakteure sind **handelnde Individuen** zu verstehen, die hinsichtlich der Ressourcennutzung eigennützige individuelle Ziele der Existenzsicherung oder der Gewinnmaximierung verfolgen.

Akteurskollektive bestehen aus einer unterschiedlich großen Gruppe von Einzelakteuren, die in der Regel durch **institutionelle Strukturen** wie gemeinsame Kultur, Sprache und Ethnizität gemeinsame Nutzungsziele innerhalb der Umwelt verfolgen. In Krisensituationen oder durch externen ökonomischen Druck kann ein Zerfall dieser Sozialstrukturen eintreten und es entstehen konkurrierende Nutzungsinteressen an natürlichen Ressourcen. Sehr häufig treten in Entwicklungsländern konfliktäre Beziehungen zwischen ganz unterschiedlichen umweltrelevanten Akteursgruppen beispielsweise zwischen denen auf der lokalen und auf der staatlichen Ebene auf. Manche der staatlichen Akteursgruppen (Beamte, Angehörige der Staatsklasse, Militärangehörige, Privatunternehmer mit engen klientelistischen Beziehungen zur Bürokratie oder auch geistliche Führer in theokratischen Regimen) können mit sogenannten strategischen Gruppen gleichgesetzt werden, deren Merkmal es ist, dass sie gemeinsame Appropriationschancen teilen, das heißt, ein gemeinsames Interesse an der Aneignung und Kontrolle von natürlichen Ressourcen haben. Ihr Mittel, um dieses Ziel zu erreichen, ist die Beeinflussung der gesellschaftlichen Spielregeln unter Ausnutzung von politischen Ämtern, Patronage und sozialen Netzwerken zu ihrem eigenen Nutzen oder dem ihrer Klientel. Dadurch können die Verfügungsrechte anderer Umweltnutzer mit geringerem politisch-ökonomischem Machtpotenzial dramatisch eingeschränkt werden.

Im erweiterten Sinne kann der Begriff Akteurskollektiv auch für **international agierende Organisationen** wie Weltbank oder Internationaler Währungsfond verwendet werden, deren Repräsentanten auf unterschiedlichen Handlungsebenen auf der Grundlage interner Vorgaben ihrer Direktionen handeln. Die Verhandlungsposition mancher internationaler Organisationen gegenüber armen Ländern ist durch enorme politisch-ökonomische Machtfülle gekennzeichnet, da sie im Ernstfall den Regierungen bestimmter Entwicklungsländer Kredite verweigern und deren politische Handlungsspielräume einengen können.

Neben den Akteurskollektiven müssen zusätzlich noch sogenannte Interessensgruppen erwähnt werden, die im Gegensatz zu den staatlichen und regional-lokalen Akteursgruppen häufig nur kurzfristige, meist individualistische Ziele im Bereich der Umwelt verfolgen. Sie sind weder Mitglied in einer übergeordneten Organisation noch treffen sie konkrete umweltpolitische Entscheidungen. Hierzu zählen touristische Besucher von Nationalparks, aber auch Experten, Wissenschaftler und Journalisten, von denen manche als strategische Akteure von umweltrelevanten Diskursen auftreten (Soliva 2002).

Umweltbezogene Macht und natürliche Ressourcen

Die Ausführungen belegen, dass die Begriffe Akteur und Akteurskollektiv eng mit verschiedenen Aspekten von Macht verbunden sind. Unter umweltbezogener Macht verstehen politisch-ökologisch argumentierende Forscher die Fähigkeit von Akteurskollektiven, ihre eigenen Interaktionen und die Interaktionen anderer machtloserer Akteure mit der Umwelt zu steuern und zu kontrollieren.

Im Rückgriff auf den poststrukturalistischen Machtbegriff, der im Kontext von Macht und Wissen gesehen wird, geht es um die ungleichen Machtbeziehungen zwischen verschiedenen umweltbezogenen Akteurskollektiven. Die Umwelt wird als ein Schlachtfeld divergierender Interessen beschrieben. Macht und Wissen umfassen wissenschaftliche Diskurse, Gesetze, Verordnungen, administrative Vorgänge, wissenschaftliche Verlautbarungen, die jeweils nach eigenen Regeln funktionieren. Diskurse werden jeweils von einer ganz bestimmten Gruppe geführt und reflektieren deren spezifische Interessenslagen. Das Aufeinandertreffen unterschiedlicher Umweltdiskurse spiegelt die Bestrebungen der jeweiligen Gruppen wider, Macht und Einfluss über andere Gruppen zu erringen.

Politische Ökologie der entwickelten Länder (*First World Political Ecology*)

Politisch ökologische Fragestellungen werden zunehmend auch in höher entwickelten Ländern bearbeitet.

 **Exkurs 27.4.1**

Politisch-ökologisches Kausalmodell zur Erklärung des Rückgangs der Wildtierbestände im Norden der Elfenbeinküste

Die Abbildung 1 zeigt basierend auf den Untersuchungen von Bassett (2005) die wesentlichen politischen Faktoren auf der nationalen und internationalen Ebene (violette und blaue Kästchen), eine Vielzahl von Elementen des sozio-ökonomischen Wandels und institutionelle Gründe auf der regionalen Ebene (grüne Kästchen), die einen direkten Einfluss darauf ausübten, dass die Zahl der mit Jagdwaffen jagenden Jäger immer mehr zugenommen hat, was zu einer fast völligen Aus-

löschung der Antilopen- und Gazellenbestände im Norden der Elfenbeinküste in den letzten 50 Jahren geführt hat.

Gleichzeitig tragen aber auch dramatische Habitat-Veränderungen im Naturraum als Folge der Ausdehnung der Ackerbauflächen und die Zunahme der Rinderhaltung durch Angehörige der Fulbe dazu bei, dass der Lebensraum „Savanne" für größere wilde Huftiere verloren gegangen ist (gelbe Kästchen).

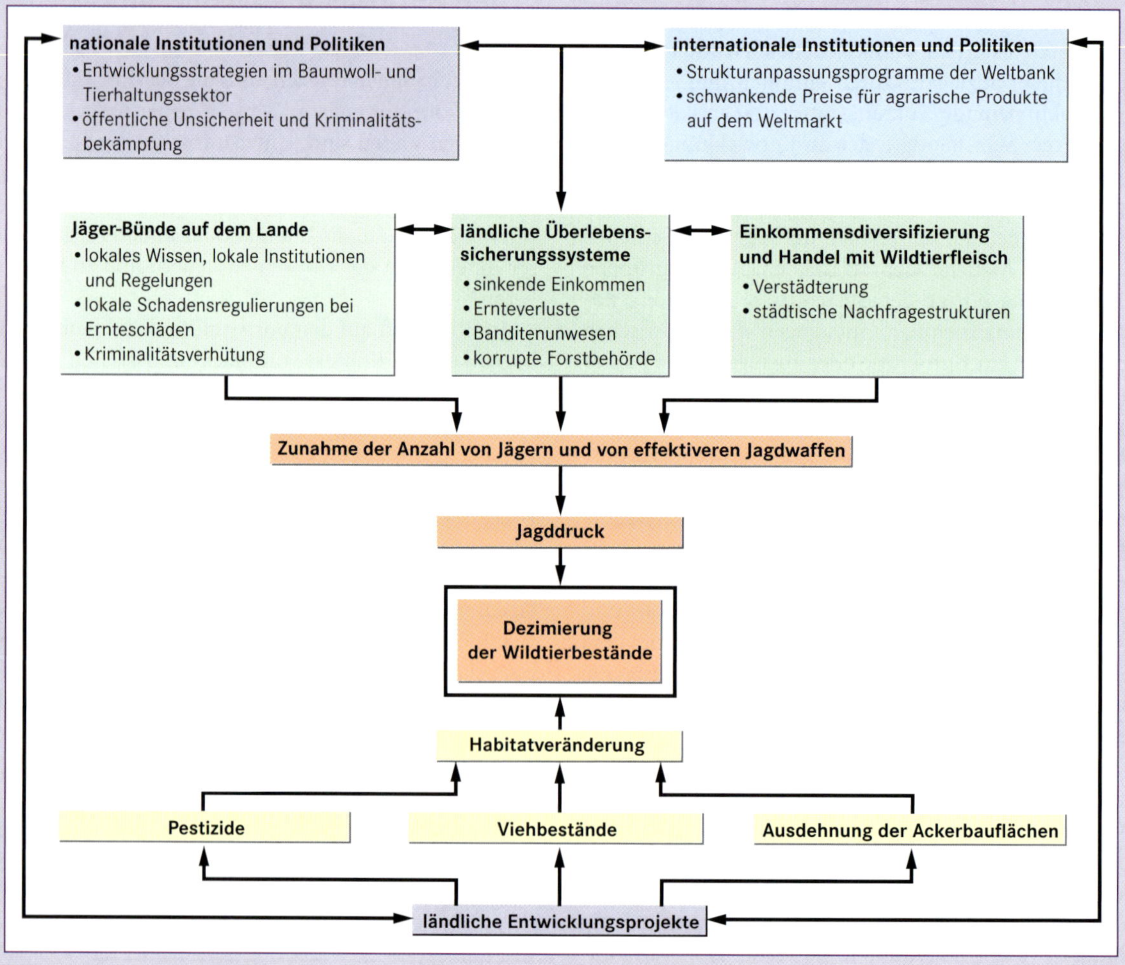

nationale Institutionen und Politiken
- Entwicklungsstrategien im Baumwoll- und Tierhaltungssektor
- öffentliche Unsicherheit und Kriminalitätsbekämpfung

internationale Institutionen und Politiken
- Strukturanpassungsprogramme der Weltbank
- schwankende Preise für agrarische Produkte auf dem Weltmarkt

Jäger-Bünde auf dem Lande
- lokales Wissen, lokale Institutionen und Regelungen
- lokale Schadensregulierungen bei Ernteschäden
- Kriminalitätsverhütung

ländliche Überlebenssicherungssysteme
- sinkende Einkommen
- Ernteverluste
- Banditenunwesen
- korrupte Forstbehörde

Einkommensdiversifizierung und Handel mit Wildtierfleisch
- Verstädterung
- städtische Nachfragestrukturen

Zunahme der Anzahl von Jägern und von effektiveren Jagdwaffen

Jagddruck

Dezimierung der Wildtierbestände

Habitatveränderung

Pestizide

Viehbestände

Ausdehnung der Ackerbauflächen

ländliche Entwicklungsprojekte

Abb. 1 Dynamik der Wildtierdezimierung im Norden der Elfenbeinküste aus politisch-ökologischer Sicht (verändert nach Bassett 2005).

Umweltgerechtigkeit (*environmental justice*) avancierte hierbei zu einem besonders wichtigen Thema.

In Industrieländern sind bestimmte Bevölkerungsgruppen in Groß- und Megastädten, wie zum Beispiel die Anwohner von Fabrikbetrieben, Schnellstraßen, Bahnlinien und Flughäfen stärker gesundheitsschädlichen Umwelteinflüssen wie Emissionen, Explosionsrisiken (*techno-hazards*), Unfällen, Verkehrslärm und Gewässerverschmutzung ausgesetzt als andere soziale Gruppen. Die *First World Political Ecology* fragt hier nach den Gewinnern und Verlierern von Modernisierungsprozessen und nach den soziopolitischen Ursachen und dem Umfang von Risikopotenzialen im Hinblick auf benachteiligte Bevölkerungsgruppen, wenn es um Industrie-, Verkehrs- und Stadtplanung geht.

Ungerechtigkeiten im Hinblick auf den Zugang von Umweltgütern, wie saubere Luft, saubere Gewässer, Stadtgärten und Parks, Ruhezonen für Mütter und ihre Kinder in der Stadt, haben immer etwas mit politischer Benachteiligung und politischer Machtlosigkeit bestimmter Individuen und Gruppen im Planungsprozess zu tun. Dies zeigt sich besonders dramatisch in den von Smog belasteten Megastädten in asiatischen Schwellenländern mit einer raschen nachholenden Modernisierung, wo Millionen von Menschen die ökologischen Folgen der nachholenden Industrialisierung und Massenmotorisierung in Gestalt einer nicht zumutbaren Luftverschmutzung ertragen müssen.

Umweltgerechtigkeit spielt aber auch bei grenzüberschreitenden Umweltproblemen eine große Rolle, wie zum Beispiel beim Fluglärm oder bei der Entsorgung von verschmutztem Flusswasser auf das Territorium eines Nachbarstaates. Der mit der kontinuierlichen Zunahme der Fluggastzahlen am Flughafen Zürich andauernde deutsch-schweizerische politische Dauerstreit über die Fluglärm-„Entsorgung" über den südlichen Landesteilen von Baden-Württemberg, sind hierfür ein Beispiel (Flitner 2008).

Grenzüberschreitende Umweltprobleme wie etwa radioaktiv verseuchte Wälder und Moore können – wie der Fall des Tschernobyl-Desasters von 1986 zeigt – noch jahrzehntelang einen Hochrisikofaktor darstellen, wenn riesige Waldgebiete und als Folge politischer Fehlentscheidungen in der Sowjet-Zeit trockengelegte Moore – wie im trockenen Hochsommer 2010 in Russland geschehen – in Brand geraten und die Gefahr besteht, dass infolge der Tschernobyl-Katastrophe radioaktiv verseuchte Aschepartikel durch den Wind sich über große Teile Osteuropas verbreiten.

Noch deutlicher zeigt sich die politische Dimension bei einer der größten vom Menschen zu verantwortenden Umweltkatastrophen zu Beginn des 21. Jahrhunderts: Als am 20. April 2010 im Golf von Mexiko die vom britischen Konzern BP betriebene Ölplattform *Deepwater Horizon* sank und in 1500 Meter Seetiefe über 5 Monate rund 1 Million Liter Rohöl aus einem Leck ins Meer strömten, wurden große Teile des ökologisch hoch sensiblen Mississippi-Deltas und weite Küstenabschnitte zwischen Louisiana und Florida auf noch unabsehbare Zeit geschädigt. Die in große Meerestiefen herabgesunkenen Ölklumpen werden vermutlich noch über Jahrzehnte die marinen Ökosysteme in der Golfregion beeinträchtigen. Das Desaster ist nicht nur Ausdruck eines sorglosen Umgangs mit Tiefseebohrungen, es zeigt zudem, dass die politisch mächtigen Erdölkonzerne trotz jahrzehntelanger hoher Gewinne kaum in die Sicherheit von Förderanlagen investierten. **Profitinteressen** stehen hier vor **Umweltinteressen**. Zudem wird in den USA die Versorgung mit Erdöl stets als eine Frage der nationalen Sicherheit betrachtet. Vor dem Hintergrund der anhaltenden politischen Instabilität im Mittleren Osten rechtfertigte dies die immer intensivere Ölförderung an sensiblen Orten wie in der Tiefsee. Ein von Präsident Barack Obama verhängtes sechsmonatiges Moratorium für neue Tiefseebohrungen wurde von der Republikanischen Partei abgelehnt. Im institutionellen Umfeld besteht ein zweipoliges System zwischen US-Regierung und den Erdölkonzernen. Die Konzerne heuern Personal an, das aus den Behörden kommt, und die Behörden heuern Leute an, die aus den Konzernen stammen. Dagegen fehlt eine autorisierte Interessensvertretung der Gruppe der Fischer und Anwohner der bedrohten Küstenabschnitte.

Zur *First World Political Ecology* gehört auch die **Urban Political Ecology**, die sich mit den sozialen Auswirkungen von Umweltveränderungen und Umweltschäden in Großstädten und Ballungsräumen beschäftigt. Es geht dabei um die Frage der politischen Regulation der menschlichen Beziehung mit der städtischen Natur. Die *Urban Political Ecology* versucht die Formen sowohl der Integration von Natur in der Stadt als auch ihrer Transformation und Zerstörung unter verschiedenen politisch-ökonomischen Regimen (z. B. soziale Marktwirtschaft, Turbokapitalismus, autokratische Entwicklungsdiktatur) als einen Prozess darzustellen, der durch Ideologie, Macht, Interessen und Weltbilder gesteuert wird und häufig zulasten des machtloseren Teils der Stadtbewohner geht (Krings 2008, Zimmer 2010).

Dem Gedanken der **Akteur-Netzwerk-Theorie** von Bruno Latour (2001) folgend, ist zu konstatieren, dass mit der immer weiter fortschreitenden Technisierung aller Lebensbereiche sich die Trennung von Natur und Kultur mehr und mehr auflöst. Megastädte und Stadtlandschaften mit ihren *High-* und *Freeways*, *Fly-overs*, U-Bahnen, Stromleitungen, Wasserver- und -entsorgungssystemen können als künstliche oder Quasi-Naturen aufgefasst werden, die wie lebende Organismen Stoffwechselkreisläufen (*metabolic circulations*), aber auch Infarkten unterliegen können. Megastädte, Metropolen, kanalisierte Flüsse, künstliche Stauseen im Stadtraum erscheinen als vom Menschen konstruierte Umwelten, die den Charakter von *cyborgs* aufweisen, das heißt von Organismen, die sowohl künstlich-technische als auch lebend-organische Teile enthalten.

Die zentrale These lautet: Umweltwandel und sozialer Wandel bedingen einander. Die politisch-ökologischen Prozesse transformieren sowohl die physisch-materielle als auch die soziale Umwelt der Stadt und schaffen ständig neue Milieus und Stadtviertel mit ganz spezifischen neuen Qualitäten, Möglichkeiten, aber auch Beschränkungen. Die metabolischen Prozesse erzeugen einerseits ermöglichende andererseits einschränkende Umwelt- und Lebensbedingungen für bestimmte Bevölkerungsteile. Während an einem Ort der Stadt sich die Umweltqualitäten verbessern, kann dies zur Folge haben, dass sich die sozialen und ökologischen Bedingungen in einem anderen Stadtteil verschlechtern. Die *Urban Political Ecology* versucht eine Antwort auf die Frage zu geben, warum bestimmte Stadtbewohner von Planungen profitieren und welche Gruppen dadurch Nachteile erleiden. Eine Hauptaufgabe besteht darin, Modelle für eine nachhaltige Stadtentwicklung aufzuzeigen, die nur durch Instrumente eines demokratisch verankerten Prozesses der sozial verantwortlichen ökologischen Rekonstruktion einer lebenswerten Umwelt erreicht werden können (Swyngedouw & Heynen 2002).

Politische Ökologie und Umweltmanagement

Auch wenn die Politische Ökologie in erster Linie ein Analyseinstrument zur Erklärung von Umweltveränderungen und -konflikten darstellt, erhebt sie zugleich auch den Anspruch, einen Beitrag zur Lösung von Umweltproblemen und umweltbezogenen Konflikten zu liefern. Die Politische Ökologie ist aufgrund der Tatsache, dass ihre Erkenntnisse durch die Verknüpfung von natur- und sozialwissenschaftlichen Problemanalysen im Umweltbereich gewonnen werden, dazu geeignet, Wege aufzuzeigen, wie zwischen konkurrierenden Akteuren und Akteursgruppen durch spezifische Steuerungs- und Aushandlungsprozesse, **nachhaltige Entwicklung** und letztlich ein höheres Maß an **Umweltgerechtigkeit** erreicht werden können. Konfliktmanagementstrategien und Fragen des *empowerment* von besonders verwundbaren Gruppen, die durch den Verlust von Verfügungsrechten an natürlichen Ressourcen gezwungen sind, diese fehlzunutzen oder zu übernutzen, stehen hierbei im Zentrum dieser Überlegungen. Veränderungen in den Boden- und Landnutzungssystemen vor dem Hintergrund von sich verschlechternden Umweltbedingungen führen dazu, dass Gruppen auf der Mikroebene nach Formen des kollektiven Widerstands und nach Formen politischer Artikulation suchen. Die Politische Ökologie ist aufgrund ihres multiplen Analyseansatzes deshalb in der Lage und dazu berufen, einen Beitrag zur Erhellung der Hintergründe von sozialen Umweltbewegungen und lokaler Umweltidentitäten zu liefern.

27.5 Resilienz – Kollaps – Reorganisation von Gesellschaft-Umwelt-Systemen

HANS GEBHARDT

In den Wirtschafts- und Sozialwissenschaften grassiert derzeit das „Risiko", mitunter geradezu eine Lust am Untergang. Von „Risikogesellschaften" ist seit den Publikationen von Ulrich Beck die Rede (Beck 2007), von Klimakriegen (Welzer 2007), *water wars* (Vandana Shiva 2002) und ökonomischen „Schock-Strategien" (Klein 2007), welche die Menschheit an den Rand der Katastrophe bringen oder gar eine „Welt ohne uns" (Weisman 2007) schaffen. Auch die Humangeographie trägt ihren Teil dazu bei. Von dem kalifornischen Professor der Geographie Jared Diamond stammt der Bestseller „Kollaps. Warum Gesellschaften überleben oder untergehen" (2005; siehe Exkurs 27.5.1), die deutschen Geographen Carsten Felgentreff und Thomas Glade befassen sich mit „Naturrisiken und Sozialkatastrophen" (2008). Kurzum: Tief greifende ökologische wie gesellschaftliche Umbrüche zu Beginn des 21. Jahrhunderts haben Konjunktur auf dem Büchermarkt (Abb. 27.5.1).

Neu bzw. wieder erwacht ist dabei das Bestreben, ökologische, naturwissenschaftlich fassbare Veränderungen (z. B. den globalen Klimawandel) und ökonomisch-gesellschaftlichen Wandel nicht als getrennte Phänomene aufzufassen, sondern zusammenzudenken und aus einer integrativen Perspektive zu behandeln. Jüngere Publikationen und Forschungsaktivitäten in den Umwelt- und Geowissenschaften versuchen, massive Umbrüche von Gesellschaften im Kontext von Veränderungen der natürlichen Umwelt unter dem Drei-

Abb. 27.5.1 Titelbilder zweier Bücher zum Thema Umwelt und Gesellschaft.

klang „Resilienz", „Kollaps" und „Rekonstruktion" konzeptionell zu fassen.

Die **Resilienz** von Ökosystemen bezeichnet dabei deren Fähigkeit, Störungen eine Zeit lang zu tolerieren, ohne dass das System zusammenbricht, also quasi die Pufferkapazität oder Elastizität ökologischer Systeme (Kapitel 18.1). Aber irgendwann ist der Zeitpunkt erreicht, an dem das System zusammenbricht und sich entweder erholt oder in einen anderen Systemzustand übergeht (Abb. 27.5.2). Unter dem englischsprachigen Begriff *resilience* wird etwas umfassender die Widerstandsfähigkeit von gekoppelten Mensch-Umwelt-Systemen diskutiert (Bohle 2007, Turner et al. 2003). Die (ökologische) Resilienzforschung lässt sich damit unter dem Stichwort einer sozialen Resilienz auch auf gesellschaftliche Zusammenhänge übertragen. Soziale Resilienz charakterisiert dabei die Fähigkeit von sozialen Gruppen, mit externem Stress oder Störungen umzugehen. Die jüngere Resilienzforschung integriert damit zunehmend Ideen aus unterschiedlichen Fachdisziplinen, um Erklärungsmuster zu Ursachen und Bedeutungen von Veränderungen in adaptiven Systemen beizusteuern.

Die „Pufferkapazität" ökologischer Systeme wird im Kontext des rapiden ökonomischen und sozialen Wandels sowie sich beschleunigender Ressourcenausbeutung immer häufiger überfordert, es kann zur Instabilität und zum **Kollaps** von Wirtschafts- und Gesellschaftssystemen und damit zu einer besonders drastischen Form von Veränderungen kommen. Ein Beispiel für solche Zusammenbrüche wäre aktuell die Umweltkatastrophe am Aralsee (Exkurs 29.7.1); auch in früheren Epochen kam es zum Zusammenbruch kompletter Gesellschafts- und Wirtschaftssysteme wie dem der Mayas in Mittelamerika.

Dem Kollaps folgt ein Übergang, eine Transition, eine **Restrukturierung** der entsprechenden Ökonomien, ihrer Politiksysteme und ihrer Gesellschaften. Michael Bollig macht den Zusammenhang zwischen Kollaps und Reorganisation wie folgt deutlich:

„Collapse is described as the breakdown of parts of social-ecological systems. It is often the culmination of a

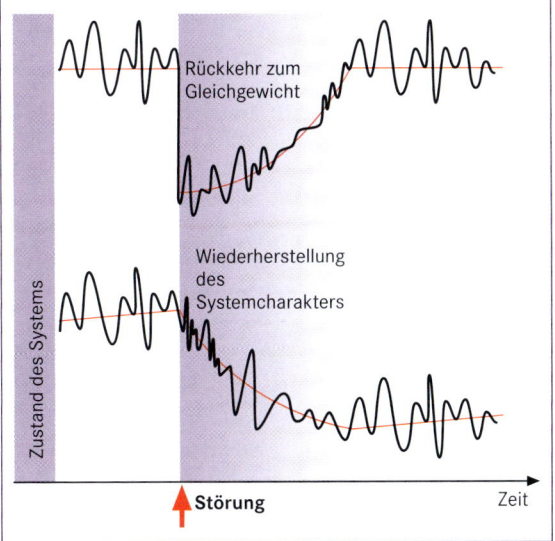

Abb. 27.5.2 Zwei Konzepte von Resilienz. Die Kurven zeigen einerseits die Wiederherstellung eines alten Gleichgewichtszustands nach einer Störung, zum anderen die Etablierung eines neuen Systemzustands.

 **Exkurs 27.5.1**

Warum Gesellschaften überleben oder untergehen

Im Jahre 2005 (deutsch 2006) erschien das Buch von Jared Diamond mit dem Titel „Kollaps. Warum Gesellschaften überleben oder untergehen". Diamond rekonstruiert hier anhand ausgewählter historischer Fallbeispiele, welche Bedingungen dazu führen, dass eine Gesellschaft untergeht. Dabei ermittelt er fünf zentrale Faktoren für problematische Mensch-Umwelt-Beziehungen, welche das Überleben oder den Untergang von Gesellschaften bestimmen: naturzerstörerische Landnutzung, Klimaveränderungen, feindliche Nachbarn, abnehmende Unterstützung durch freundliche Nachbarn bzw. Handelspartner und mangelnde oder unangemessene gesellschaftliche Reaktionen auf derartige Veränderungen. Anhand sechs ausgewählter historischer bzw. aktueller Fallbeispiele – unter anderem den klassischen Mayastädten, dem ökologischen Zusammenbruch der Osterinseln und der aktuellen Aralsee-Katastrophe in Zentralasien – zieht er die Schlussfolgerung, dass Mensch-Umwelt-Systeme dann kollabieren können, wenn eine Reihe von Ungunstfaktoren zusammenkommen.

Diamond hat für sein Buch Kritik erfahren, auch und gerade von Humangeographen. Gemeinsamer Nenner seiner Erklärungsmuster sei ausschließlich die „Umwelt", andere Faktoren würden dadurch in den Hintergrund gedrängt (Radcliffe 2010). Wichtiger als sein Beitrag zur fachlichen Diskussion ist die Tatsache, dass das Thema offensichtlich auch in der Öffentlichkeit derzeit auf große Resonanz stößt.

Tabelle 27.5.1 Vereinfachtes Schema sechs ausgewählter Situationen, in denen Landnutzungsübergänge scheitern (nach Geist 2006, Ponting 1999, Redman 1999, Diamond 2006).

Beispiele	Ausgangsbedingungen		Verursachungsfaktoren		Reaktionen	
	sozio-ökonomisch (Anbaugeschichte)	ökologisch (Umweltgeschichte)	direkt, unmittelbar (proximate factor)	indirekt, mittelbar (underlying driving force)	kollapsverstärkend	kollaps-abfedernd
Antike, (prä)historische Zusammenbrüche						
„klassische" Mayastädte Mittelamerika (250 v. Chr. bis 800 n. Chr.)	intensivierter Hackbau von Mais-Bohnen (keine Brandrodung); aber geringe Produktivität	Verkarstung; erratische Niederschläge; Wirbelstürme; aber: insgesamt robustes Gesamtökosystem	Klimaveränderung (Tockenheit); schädigende Landnutzung (Entwaldung)	interne Feindseligkeiten; Bevölkerungsdruck	Erosion, nachlassende Bodenfruchtbarkeit; übersteigertes Prestige-, Status- und Kriegerdenken; Konkurrenzverhalten der Eliten; interventionistische Untätigkeit der Eliten; keine Möglichkeit zur Auswanderung	nicht anwendbar bzw. drastische Entvölkerung
Chaco-Anasazi südwestliche USA (600 n. Chr. bis 1200)	räumlich isolierte Grundwasseroase (Mais-Kürbis-Bohnen-Baumwolle) mit fragilen Außenstationen (Dammkulturen)	relative Gunstfaktoren; aber: starke, interdekadale Variabilität von Feucht-/Trockenperioden	Klimaveränderung (Dürre); schädigende Landnutzung (expansive Kanalbewässerung, Entwaldung)	streng hierarchisch-zentralistische Gesellschaftsschichtung (Luxus-Elite vs. Bauern); ausbeuterisches Wertschöpfungssystem; Bevölkerungsdruck; Streit, Krieg; Hunger	Erosion (arroyos); sinkender Grundwasserspiegel; hoch komplexe, anfällige Fronverteilungssysteme (für Nahrung); demographisches Überschreiten ökologischer Variabilitätssäume	systematische Evakuierung
Osterinseln SO-Polynesien (900 n. Chr. bis 1680)	intensiver Steingartenbau (Taro-Gemüse-Obst); räumliche Isolation	widrige physisch-geographische Ausstattung z. B. trocken-kaltes Klima	schädigende Landnutzung (Entwaldung); Ausrottung aller Vogelbestände	Verfall der Autoritätenideologien; Militärputsch, Bürgerkrieg; Hunger	übersteigertes Prestige- und Statusdenken; Konkurrenzverhalten der Eliten; keine Möglichkeit zur Auswanderung	nicht anwendbar bzw. drastische Entvölkerung
neuzeitlich-gegenwärtige Zusammenbrüche						
Dust Bowl südliche Great Plains/USA (1933–1938)	traditionelle (Wild-)Weide (Bison, Rind); moderner agrarkapitalistischer Aufbruch (Ackerbaufrontier)	widrige physisch-geographische Ausstattung; trocken, dünner Oberboden, interdekadale Variabilität von Feucht-/Trockenperioden	Klimaveränderung (Dürre, Staubstürme, Versandung); schädigende Landnutzung (tiefes Umpflügen von Grasland); Anbauexpansion; Eisenbahnausbau	bundespolitische Initiative des „Go West"; Förderung agroindustrieller Stahlpflugtechnologie; vorangehende Hochpreispolitik für Getreide	Weltwirtschaftskrise (1930); schwacher Bodenschutz; Winderosion; ungebremst euphorische frontier-Mentalität	Abwanderung
Haiti Karibik (1804–heute)	frühkolonialer Raubbau an Natur und Menschen/Sklaven durch Zuckerplantagen	widrige physisch-geographische Ausstattung trocken, gebirgig, geringwertige (Kalk-)Böden	schädigende Landnutzung (Entwaldung)	Frankreich-orientierte Elite ohne Interesse an produktiver Kleinbauernwirtschaft	Erosion, nachlassende Bodenfruchtbarkeit; Limitierung ausländischer Direktinvestitionen; ländliche Massenarmut	Auswanderung; Entwicklungs- und humanitäre Hilfe
Aralsee südliche Ex-Sowjetunion (1970–heute)	traditionelle Oasenkulturen; moderne, intensive Bewässerungswirtschaft (Baumwolle)	relative Gunstfaktoren aber: von nur zwei Zuflüssen gespeistes abflussloses (endorheisches) Gebiet	schädigende Landnutzung (expansive Kanalbewässerung mit hoher Verdunstung und Infiltration)	streng hierarchisch-zentralistische Planungsbürokratie; Konkurrenz mit westlichem Wachstumsmodell; Devisenerwirtschaftung; defizitäre Großtechnologie; Versagen wasserkontrollierender Institutionen	Versalzung; zunehmende Staub- und Salzstürme; verstärkte klimatische Austrocknung; Verseuchung durch Agrochemikalien; Schrumpfung der Seewasserfläche; Kollaps des Abwassersystems und der Fischindustrie; Ausbruch von Seuchen	Abwanderung

drawn out process of increasing vulnerability. During phases of collapse connectivities dissolve and networks become sparse. Institutions and organizations loose their binding value and actors look for new affiliations, identities and normative orientations. After a temporal breakdown the system may either return to a state similar to the original state (a resilient reaction) or key system components may be completely reorganized. During collapse and reorganization new species establish themselves, innovative strategies of resource exploitation are developed and new modes of regulation emerge. Networks are reorganized, engaging new actors, establishing new structures and giving exchanges new contents. Power within the system is renegotiated profoundly" (Bollig 2007).

Der Dreiklang Resilienz, Kollaps, Restrukturierung zeigt in extremer und etwas reißerischer Ausprägung den Zusammenhang zwischen Umwelt und gesellschaftlicher Entwicklung oder in der Sprache der Sozialökologie, er zeigt gesellschaftliche Naturverhältnisse auf, Beziehungsmuster zwischen Gesellschaft und Umwelt, welche materiell reguliert und kulturell symbolisiert werden (Jahn & Schramm 2007).

Komplette Zusammenbrüche von Gesellschaft-Umweltsystemen sind natürlich die Ausnahme; häufiger findet ein sukzessiver Wandel statt, ein weniger drastischer Landnutzungsübergang. Landnutzungsübergänge (*land use transitions*) stellen dabei mögliche Entwicklungspfade dar, deren Richtung, Umfang und Geschwindigkeit durch Politikintervention oder andere Gegebenheiten gestaltet werden können, wobei Kollaps der nicht erwünschte Ausnahmefall ist (Tab. 27.5.1; Geist 2006).

 **Fazit**

Die Debatte um das Verhältnis von Natur und Kultur hat die akademische Geographie schon seit Anfang ihrer Disziplingeschichte beschäftigt. Ging man ursprünglich von einer stark naturwissenschaftlichen Sichtweise aus, welche die Natur als eine materielle Realität betrachtet, in die die menschliche Gesellschaft und ihre Kultur eingebettet sind, so wird inzwischen deutlich, dass die Bedeutungsinhalte von Natur und Kultur nicht feststehen. Sie werden vielmehr durch die gesamtgesellschaftliche Diskussion geprägt; Natur und Kultur können als gesellschaftliche Konstruktionen verstanden werden, deren Bedeutungsgehalt durch ökonomische Erwartungen oder gesellschaftlich definierte Werte bestimmt wird. Die Dichotomie „Natur-Kultur" dient auch der Stabilisierung von Machtverhältnissen, wenn beispielsweise zur Begründung bestimmter gesellschaftlicher Verhältnisse auf „natürliche" Sachverhalte zurückgegriffen wird. Werden soziale Strukturen (z. B. Ehe), Machtverhältnisse (z. B. Dominanz des Mannes), Handlungsorientierungen (z. B. Heterosexualität) oder andere Ordnungen als „natürlich" dargestellt, wird implizit behauptet, sie seien, da „biologisch" begründet, nicht verhandelbar und bedürften auch keiner weiteren Legitimation.

Die Politische Ökologie weist mit ihren Forschungen darauf hin, dass Umweltveränderungen in einem konfliktreichen Zusammenwirken politischer, gesellschaftlicher und ökonomischer Handlungen und Interessen auf individueller, lokaler, nationalstaatlicher und international-globaler Ebene gesehen werden müssen. Einen bedeutenden Einfluss auf die jüngere politisch-ökologische Forschung haben auch poststrukturalistische Ansätze und hierbei insbesondere Diskursanalysen. Im Vordergrund steht dabei die Frage, wie gesellschaftliches Handeln und politische Entscheidungen durch machtgeladene symbolische Konstruktionen der Wirklichkeit gesteuert werden, die die Interessen mancher Gruppen befördern und andere marginalisieren. Konzepte, welche mit Resilienz und Kollaps bzw. der Adaptionsfähigkeit von Gruppen an Naturverhältnisse argumentieren, entstammen primär einem naturwissenschaftlichen Diskussionszusammenhang. Sie sind stärker modellorientiert und werden von unterlagernden Kryptotheorien (impliziten, nicht reflektierten Theorien) begleitet, welche sich mit Ansätzen der Gesellschaftswissenschaften oft nur schwer vereinbaren lassen. Kritisiert wird vor allem, dass solche Modelle als selbstreferenzielle Systeme aufgebaut sind, aus denen das politische Handeln machtvoller Akteure, deren Interessen und Machtressourcen weitgehend ausgeklammert bleiben.

Demgegenüber gehen gesellschaftswissenschaftliche Vorstellungen wie jene zur Vulnerabilität, zur Politischen Ökologie, zur Sozialökologie oder zu *complex emergencies* bei Gesellschaft-Umwelt-Krisen von einem durch gesellschaftliche Faktoren (soziale und ökonomische Ungleichheit, gesellschaftliches Kapital etc.) bestimmten Verständnis von Natur, Kultur und Gesellschaft aus.

Zusammenhänge zwischen Gesellschaft und Natur können somit sehr unterschiedlich konstruiert werden, auch abhängig davon, ob Natur, ob Biodiversität und so weiter als Eigenwert oder als ökonomische Ressource gesehen werden. Konzepte im Umkreis der Naturwissenschaften neigen dazu, Gesellschaft ähnlich wie natürliche Geofaktoren zu behandeln, eine naturalistische Perspektive anzulegen, während manche sozialwissenschaftliche Konzepte Natur ausschließlich als gesellschaftliches Konstrukt ansehen, ihr sozusagen ihre „Natur" austreiben.

Aktuell scheint unter dem massiven Einfluss der Global-Change-Forschung die erste Perspektive wieder an Gewicht zu gewinnen, was für Humangeographen sicher einen gewis-

Fortsetzung

Fortsetzung

sen Rückschritt bedeutet. Während in der Vulnerabilitätsforschung, in den *livelihoods*-Konzepten der Geographischen Entwicklungsforschung (Kapitel 18) und ihren Ableitungen normative Positionen wie Gerechtigkeit, *empowerment*, Inklusion verwundbarer Gruppen und so weiter eine große Rolle spielen, wird in Konzepten wie Resilienz oder in der aktuellen Global-Change-Debatte der Gerechtigkeitsdiskurs zunehmend durch einen technischen Steuerungsdiskurs, einen Reproduktionsdiskurs ersetzt. Es geht um die Absor-

bierung von Störungen im globalen Ökosystem, denen „man" entgegenzuwirken habe (Kapitel 28.3).

Aufgabe einer kritischen humangeographischen Gesellschaft-Umwelt-Forschung ist es eher, Konzepte zu einer Demokratisierung gesellschaftlicher Naturverhältnisse zu entwickeln, das heißt, einen Gegendiskurs für die Nicht-Gehörten, die verwundbaren Gruppen in diesem *great game* um Global Change, Globalisierung und *global scarcity* zu entwickeln.

Weiterführende Literatur

Anand R (2004) International Environmental Justice. Ashgate, Aldershot

Bassett T, Zimmerer KS (2003) Political Ecology. An integrative approach to Geography and Environment – Development Studies. The Guildford Press, New York

Beck U (1986) Risikogesellschaft. Suhrkamp, Frankfurt a. M.

Beck U (1988) Gegengifte. Die organisierte Unverantwortlichkeit. Suhrkamp, Frankfurt a. M.

Böhme G (1992) Natürlich Natur. Natur im Zeitalter ihrer technischen Reproduzierbarkeit. Suhrkamp, Frankfurt a. M.

Brand K-W (Hrsg) (1998) Soziologie und Natur. Theoretische Perspektiven. Soziologie und Ökologie 2. Opladen

Bryant RL (1997) The political ecology of forestry in Burma 1824–1994. C. Hurst, London

Bryant RL, Bailey S (2001) Third World Political Ecology. Routledge, New York

Castree N, Braun B (Hrsg) (2001) Social Nature. Theory, Practice and Politics. Blackwell, Oxford

Dingler J (2003) Postmoderne und Nachhaltigkeit. Eine diskurstheoretische Analyse der sozialen Konstruktuion von nachhaltiger Entwicklung. Ökom, München

Dunlap RE (2010) The Maturation and Diversification of Environmental Sociology: From Constructivism and Realism to Agnosticism and Pragmatism. In Redclift M, Woodgate G (Hrsg) International Handbook of Environmental Sociology. Edward Elgar, Cheltenham UK. 15–32

Dunlap RE, Michelson, W (Hrsg) (2002) Handbook of Environmental Sociology. Greenwood Press, Westport CT

Dunlap RE, Buttel FH, Dickens P, Gijswijt A (Hrsg) (2002) Sociological Theory and the Environment: Classical Foundations, Contemporary Insights. Rowman & Littlefield, Boulder, CO

Ernste H (Hrsg) (1994) Pathways to Human Ecology. From Observation to Commitment. Bern u. a.

Fischer-Kowalski M et al. (1997) Gesellschaftlicher Stoffwechsel und die Kolonisierung von Natur. Ein Versuch in Sozialer Ökologie. Amsterdam

Flitner M (2003) Kulturelle Wende in der Umweltforschung? – Aussichten in Humanökologie, Kulturökologie und Politischer Ökologie. In: Gebhardt H, Reuber P, Wolkersdorfer G (Hrsg) Kulturgeographie. Spektrum Akademischer Verlag, Heidelberg. 213–228

Forsyth T (2003) Critical Political Ecology. Routledge, London

Gerber J (1997) Beyond Dualism – the Social Construction of Nature and the Natural and Social Construction of Human Beings. Progress in Human Geography 21, 1: 1–17

Glaeser B, Teherani-Krönner P (Hrsg) (1992) Humanökologie und Kulturökologie. Grundlagen, Ansätze, Praxis. Opladen

Gold JR., Revill G (2004): Representing the Environment. Routledge, London

Goodman M K, Boykoff M T, Evered K T (Hrsg) (2008) Contentious geographies. Environmental knowledge, meaning, scale. Ashgate, Aldershot

Krings T, Müller B (2001) Politische Ökologie. Theoretische Leitlinien und aktuelle Forschungsfelder. In: Reuber P, Wolkersdorfer G (Hrsg) Politische Geographie: Handlungsorientierte Ansätze und Critical Geopolitics. Heidelberg, Heidelberger Geografische Arbeiten 112: 93–116

Latour B (2001) Das Parlament der Dinge. Suhrkamp, Frankfurt a. M.

Lipietz A (2000) Die große Transformation des 21. Jahrhunderts. Ein Entwurf der politischen Ökologie. Westfälisches Dampfboot, Münster

Meusburger P, Schwan T (2003) Humanökologie. Ansätze zur Überwindung der Natur-Kultur-Dichotomie. Erdkundliches Wissen Band 135. Stuttgart

Peet R, Watts M (eds) (1996) Liberation Ecologies. Environment, development, social movements. Routledge, London

Robbins P (2004) Political Ecology. Blackwell Publishers, Malden MA

Serbser W (Hrsg) (2004) Humanökologie. Ursprünge – Trends – Zukünfte. Edition Humanökologie Band 1. München

Soliva R (2002) Der Naturschutz in Nepal. Eine akteursorientierte Untersuchung aus Sicht der Politischen Ökologie. Lit-Verlag, Münster

Watts M, Bohle H-G (1993) The space of vulnerability: The causal structure of hunger and famine. In: Progress in Human Geography 17 (1): 43–67

Weichhart P (2004) Gibt es ein humanökologisches Paradigma in der Humangeographie des 21. Jahrhunderts? In: Serbser W (Hrsg) Humanökologie. Ursprünge – Trends – Zukünfte. Edition Humanökologie, Band 1: 294–307. München

Fortsetzung

Fortsetzung

Weichhart P (2009) Ökologische Doktrin und Innovationen von Arbeitsprozessen als Medien der Kopplung von gesellschaftlichen und naturalen Systemen. In Koch A (Hrsg) Mensch – Umwelt – Interaktion. Überlegungen zum theoretischen Verständnis und zur methodischen Erfassung eines grundlegenden und vielschichtigen Zusammenhanges. Salzburger Geographische Arbeiten, Band 45: 93–105

Whatmore S (1999) Hybrid Geographies: Rethinking the 'Human' in Human Geography. In: Massey D, Allen J, Sarre P (Hrsg) Human Geography Today. Polity Press, Cambridge. 22–39

Zierhofer W (1999) Geographie der Hybriden. Erdkunde, 53, 1: 1–13

Zierhofer W (2002) Gesellschaft – Transformation eines Problems. bis-Verlag, Oldenburg

Zierhofer W (2003) Natur – das Andere der Kultur? Konturen einer nicht-essentialistischen Geographie. In: Gebhardt H, Reuber P, Wolkersdorfer G (Hrsg) Kulturgeographie. Aktuelle Ansätze und Entwicklungen. Spektrum Akademischer Verlag, Heidelberg. 193–212

Zitierte Literatur

Barker RG (1968) Ecological Psychology. Concepts and Methods for Studying the Environment of Human Behavior. Stanford CA

Barrows HH (1923) Geography as Human Ecology. Annals of the Association of American Geographers 13: 1–14

Bassett T (2005) Card-carrying hunters, rural poverty, and wildlife decline in northern Côte d´Ivoire. The Geographical Journal 171,1: 24–35

Bartels D (1968) Zur wissenschaftstheoretischen Grundlegung einer Geographie des Menschen. Erdkundliches Wissen 19. Wiesbaden

Beck U (2007) Weltrisikogesellschaft, Suhrkamp, Frankfurt a.M.

Birl H (2007) Kooperation von Controllerbereich und Innenrevision. Messung, Auswirkungen, Determinanten. Schriften des Center for Controlling & Management (CCM) Band 24. Wiesbaden

Blaikie P (1995) Understanding environmental issues. In: Morse S, Stocking M (eds) People and Environment. School of Developing Studies Norwich (University of East Anglia): 1–30

Blaikie P (1999) A review of Political Ecology. In: Zeitschrift für Wirtschaftsgeographie 43: 131–147

Blaikie P, Brookfield H (1995) Land degradation und society. London, Methuen und Co. Ltd.

Blümel W-D (2003) Standortbestimmung Geographie. „2002 – Jahr der Geowissenschaften". Der Beitrag der Geographie zur geowissenschaftlichen Bildung. In: Schulgeographie in Baden-Württemberg H. 2: 7–10

Bohle, H-G (2007) Leben mit Risiko: Resilience als ein neues Paradigma für die Risikowelten von morgen. In: Felgentreff C et al. (Hrsg) Naturrisiken und Sozialkatastrophen. Spektrum Akademischer Verlag, Heidelberg

Bollig M (2007) Forschungsantrag bei der DFG „Forschergruppe Resilience, Kollaps und Restructuring". Köln

Carson R (1962) Der stumme Frühling. München

Chorley R, Haggett P (1967): Models in Geography. London

Diamond J. (2005): Kollaps: Warum Gesellschaften überleben oder untergehen. S. Fischer, Frankfurt a. M.

Egner H (2008) Gesellschaft, Mensch, Umwelt – beobachtet. Steiner, Stuttgart

Egner H, Ratter B, Dikau R (Hrsg) (2008) Umwelt als System – System als Umwelt. Oekom, München

Ehlers E, Leser H (2002) Geographie heute – für die Welt von morgen. Eine Einführung. In: Ehlers E, Leser H (Hrsg) Geographie heute – für die Welt von morgen. Gotha, Stuttgart

Elverfeldt K v (2010) Systemtheorie in der Geomorphologie. Wien

Felgentreff C, Glade T (Hrsg) (2008) Naturrisiken und Sozialkatastrophen. Spektrum Akademischer Verlag, Berlin, Heidelberg

Fischer-Kowalski M, Erb K (2007) Epistemologische und konzeptuelle Grundlagen der Sozialen Ökologie. In: Mitteilungen der Österreichischen Geographischen Gesellschaft 148: 33–56

Flitner M (2008) Politische Ökologie und Umweltgerechtigkeit: Konflikte um Fluglärm. Geographische Rundschau 60, 12: 50–56

Friedrichs J (1977) Stadtanalyse. Soziale und räumliche Organisation der Gesellschaft. Reinbeck

Gebhardt H, Reuber P, Wolkersdorfer G (Hrsg) (2003a) Kulturgeographie. Neuere Ansätze und Perspektiven. Heidelberg, Berlin

Gebhardt H, Reuber P, Wolkersdorfer G (2003b) Kulturgeographie – Leitlinien und Perspektiven. In: Gebhardt H, Reuber P, Wolkersdorfer G (Hrsg) Kulturgeographie Heidelberg, Spektrum Akademischer Verlag. 1–27

Geist H (2006) Wandel oder Kollaps? Theoretische Überlegungen zu globaler Umweltveränderung und Landnutzung in hotspots der Regenwald- und Trockenzone. In: Geographische Zeitschrift 94, 3: 143–159

Gibson JJ (1979) The Ecological Approach to Visual Perception. Boston

Glaeser B (1996) Humanökologie: Der sozialwissenschaftliche Ansatz. Naturwissenschaften 83: 145–152

Glasersfeld E von (1997) Radikaler Konstruktivismus. Ideen, Ergebnisse, Probleme. Frankfurt a. M.

Gukenbiehl, HL (2002) Lektion I: Soziologie als Wissenschaft. Warum Begriffe lernen? In: Korte H, Schäfers B (Hrsg) Einführungskurs Soziologie, Band I, Einführung in die Hauptbegriffe der Soziologie. Opladen

Haeckel E (1866) Generelle Morphologie der Organismen. Allgemeine Grundzüge der organischen Formen-Wissenschaft, mechanisch begründet durch die von Charles Darwin reformierte Descendenz-Theorie. 2 Bände. Bd. 2 Allgemeine Entwicklungsgeschichte. Berlin

Hard, G. (1973) Die Geographie. Eine wissenschaftstheoretische Einführung. Berlin

Hartwig J (2008) Vermarktung der Taiga. Zur Politischen Ökologie der Nutzung von Nicht-Holz-Waldprodukten in der Mongolei. Geographische Rundschau 60, 12: 18–25

Hawley AH (1967) Theorie und Forschung in der Sozialökologie. In: König R (Hrsg) Handbuch der empirischen Sozialforschung. Stuttgart. 2. Aufl., Bd. 1: 480–497 und Anhang: 759–762

Hilpert M, Kundinger J, Staudinger T (Hrsg) (2004) Was ist Geographie? Eine Frage und 13 Antworten. Tellus Facta 6. Augsburg

Jahn T, Schramm E (2007) Soziale Ökologie als transdisziplinäre Wissenschaft. Wege zur Erforschung der Dynamiken zwischen Gesellschaft und Natur. Soziale Technik 1: 13–14

Klein N (2007) Die Schock-Strategie. Der Aufstieg des Katastrophen-Kapitalismus. S. Fischer Verlag, Frankfurt a. M.

Krings T (2008) Politische Ökologie: Grundlagen und Arbeitsfelder eines geographischen Ansatzes der Mensch-Umweltforschung. Geographische Rundschau 60, 12: 4–9

Latour B (1995) Wir sind nie modern gewesen. Versuch einer symmetrischen Anthropologie. Akademie, Berlin

Leser H (2003) Geographie als Integrative Umweltwissenschaft: Zum transdisziplinären Charakter einer Fachwissenschaft. In: Heinritz

Fortsetzung

Fortsetzung

G (Hrsg) „Integrative Ansätze in der Geographie – Vorbild oder Trugbild?" Münchner Symposium zur Zukunft der Geographie 28. April 2003. Münchener Geographische Hefte 85: 35–52

Luhmann N (1986) Ökologische Kommunikation. Kann die moderne Gesellschaft sich auf ökologische Gefährdungen einstellen? Opladen

Meurer M, Bähr J (2001) Geographie – ein Fach im Wandel. Von Kant und Humboldt hin zu Globalisierung und Umweltforschung. In: Forschung und Lehre 10: 540–543

Moore B (1920) The Scope of Ecology. Ecology 1: 3–5

Popper K (1973) Objektive Erkenntnis. Ein evolutionärer Entwurf. Klassiker des modernen Denkens. Hamburg

Radcliffe S (2010) Forum: Environmentalist thinking and/in geography. Introduction: the status of the environment in geographical explanations. In: Progress in Human Geography 34 (1): 98–116

Rühl A (1933) Einführung in die allgemeine Wirtschaftsgeographie. Erweiterte und überarbeitete Fassung nach dem Manuskript herausgegeben von Hans Böhm. Stuttgart, Brockhaus Antiquarium, 1989

Sahr W-D (2003) Der cultural turn in der Geographie. Wendemanöver in einem epistemologischen Meer. In: Gebhardt H, Reuber P, Wolkersdorfer G (Hrsg) Kulturgeographie. Spektrum Akademischer Verlag, Heidelberg. 231–268

Said EW (1995 [1978]) Orientalism. Western conceptions of the orient. Penguin, London

Schaefer FK (1970) (Übers.) Exzeptionalismus in der Geographie. Eine methodologische Untersuchung. In: Bartels D (Hrsg) Wirtschafts- und Sozialgeographie. Kiepenheuer & Witsch, Köln. Neue wissenschaftliche Bibliothek 35: 50–65

Shiva Vandana (2002) Water Wars; Privatization, Pollution and Profit. South End Press, Cambridge Massachusetts

Swyngedouw E, Heynen NC (2002) Urban Political Ecology, justice and the politics of scale. Antipode 35, 5: 898–918

Turner et al (2003) Illustrating the coupled human – environment system for vulnerability analysis: Three case studies.In: PNAS 100, 14

Uexküll J v (1909) Umwelt und Innenwelt der Tiere. Berlin

Wardenga U, Weichhart P (2007) Sozialökologische Interaktionsmodelle und Systemtheorien – Ansätze einer theoretischen Begründung integrativer Projekte in der Geographie? In: Mitteilungen der Österreichischen Geographischen Gesellschaft 148: 9–31

Warren K (Hrsg) (1997) Ecofeminism. Indiana University Press, Bloomington

Weichhart P (1975) Geographie im Umbruch. Ein methodologischer Beitrag zur Neukonzeption der komplexen Geographie. Wien

Weichhart P (1979) Remarks on the Term „Environment". GeoJournal, 3: 523–531

Weichhart P (1995) Humanökologie und Geographie. Österreich in Geschichte und Literatur mit Geographie 39/1 (274): 39–55

Weichhart P (2003a) Physische Geographie und Humangeographie – eine schwierige Beziehung: Skeptische Anmerkungen zu einer Grundfrage der Geographie und zum Münchner Projekt einer „Integrativen Umweltwissenschaft". In: Heinritz G (Hrsg) „Integrative Ansätze in der Geographie – Vorbild oder Trugbild?" Münchner Symposium zur Zukunft der Geographie, 28. April 2003. Eine Dokumentation. Münchener Geographische Hefte 85: 17–34

Weichhart P (2003b) Gesellschaftlicher Metabolismus und Action Settings. Die Verknüpfung von Sach- und Sozialstrukturen im alltagsweltlichen Handeln. In: Meusburger P, Schwan T (Hrsg) Humanökologie. Ansätze zur Überwindung der Natur-Kultur-Dichotomie. Erdkundliches Wissen, Band 135: 15–44

Weichhart P (2005) Auf der Suche nach der „dritten Säule". Gibt es Wege von der Rhetorik zur Pragmatik? In: Müller-Mahn D, Wardenga U (Hrsg) Möglichkeiten und Grenzen integrativer Forschungsansätze in Physischer und Humangeographie. ifl-forum 2: 109–136

Weichhart P (2009) Ökologische Doktrin und Innovationen von Arbeitsprozessen als Medien der Kopplung von gesellschaftlichen und naturalen Systemen. In: Koch A (Hrsg) Mensch – Umwelt – Interaktion. Überlegungen zum theoretischen Verständnis und zur methodischen Erfassung eines grundlegenden und vielschichtigen Zusammenhanges. Salzburger Geographische Arbeiten Band 45: 93–105

Weinkauf K et al. (2005) Zusammenarbeit zwischen organisatorischen Gruppen: Ein Literaturüberblick über die Intergroup Relations-, Schnittstellen- und Boundary Spanning-Forschung. In: Journal für Betriebswirtschaft 55, 2: 58–111

Weisman A (2007) Die Welt ohne uns. Reise über eine unbevölkerte Erde. Piper, München (engl: The World without us. Thomas Dunne Books, New York, 2007)

Welzer H (2007) Klimakriege. Wofür im 21. Jahrhundert getötet wird. S. Fischer, Frankfurt a.M.

www.chec-hq.org

www.dg-humanoekologie.de

www.edra.org

www.iaps-association.org

www.societyforhumanecology.org

www.sozum.tu-cottbus.de/Hoez/main.htm

Zierhofer W (1999) Geographie der Hybriden. Erdkunde 53: 1–13

Zimmer A (2010) Urban Political Ecology. Theoretical concepts, challanges and suggested future directions. Erdkunde 64/4: 343–354

Naturgefahren beschreiben die Wahrscheinlichkeiten zukünftiger Katastrophen durch gefährliche Prozesse des Erdsystems. Der *Zócalo* (*Plaza de la Constitución*) im Zentrum der 22-Millionen-Metropole Mexiko-Stadt wird durch mehrere derartiger Phänomene bedroht. Zu den plötzlich eintretenden Prozessen zählen Erdbeben und Vulkanausbrüche. Schleichende Naturgefahren sind an Baugrundabsenkungen an der *Catedral Metropolitana* sichtbar. Der im Hintergrund sichtbare gefährliche tropische Sturm hat Frühwarnzeiten von mehreren Tagen. Naturgefahrenanalyse und Frühwarnung bilden wichtige Komponenten der Katastrophenvorsorge (Foto: Renate Zimmermann-Dikau).

Kapitel 28
Hazards: Naturgefahren und Naturrisiken

RICHARD DIKAU UND JÜRGEN POHL

Das Jahr 2011 stand ganz im Zeichen der kombinierten Katastrophe von Erdbeben, Tsunami und AKW-Havarie in Japan. Auch 2010 haben sich große Naturkatastrophen ereignet wie die Erdbeben in Haiti, Chile und China und die Überschwemmungen in Pakistan und China. Unvergesslich bleibt der Tsunami am 26. Oktober 2004 vor der Küste Sumatras, der über 200 000 Menschenleben gefordert hatte. Unzählige weitere Großereignisse, bei denen eine größere Zahl von Menschen unter den Unbilden der Natur zu leiden hatte, könnten hier angefügt werden. Erdbeben, Vulkanausbrüche, Lawinen, Hurrikane, Überschwemmungen und viele andere Naturereignisse in den unterschiedlichsten Teilen der Welt tauchen unregelmäßig, aber sehr häufig in den Nachrichten und in Reportagen auf. Hinzu kommen von Menschen ausgelöste Katastrophen wie Tankerunfälle, Flugzeugabstürze, Chemieunfälle und dergleichen mehr, die in ähnlicher Weise wahrgenommen und behandelt werden. Es geht um dramatische Ereignisse, um Schäden, Wiederaufbau, Vorsorgemaßnahmen und Verantwortlichkeiten. Solche Katastrophen sind das tägliche Brot der Medien, denen es darum geht, Sensationen und unerwartete Neuigkeiten zu vermitteln, effektvolle Bilder zu präsentieren, Betroffenheitsgefühle auszulösen und auch ein Stück weit zu unterhalten. Allerdings geht man in den Medien, ihrer Eigenlogik entsprechend, zumeist auch bald wieder zu anderen Themen über, bis dann die nächste Katastrophe eine Meldung wert ist.

In der Wissenschaft beschäftigt man sich zwar auch mit diesen Katastrophen, hat aber aufgrund der Aufgabenstellung eine längerfristige Perspektive und ein breiteres Umfeld im Blick. Die Katastrophe ist gleichsam nur der Höhepunkt in einem System und einem Prozess, bei dem es um komplexe Zusammenhänge geht. Diese Zusammenhänge finden sich sowohl aufseiten der chemischen und physikalischen Prozesse als auch aufseiten der einzelnen Menschen und der Gesellschaft. Der Grund für die intensive Erforschung von Naturgefahren und Naturrisiken liegt zunächst einmal in den Schäden, die sie bei Menschen und Sachgütern verursachen oder verursachen können, bei den Turbulenzen, die sie in einer Gesellschaft zumindest vorübergehend auslösen, sowie bei den möglichen dauerhaften Effekten in der Wirtschaftsstruktur, in einem Ökosystem und in der Raumstruktur, die mit einem „Hazardereignis" einhergehen können. Der im engeren Sinne wissenschaftliche Grund liegt aber auch in dem Interesse, solche plötzlichen Ereignisse zu erfassen und zu verstehen, sowie Vorsorgemaßnahmen zu treffen, um negative Folgen vermeiden oder zumindest mildern zu können.

28.1 Hazards als geographisches Thema

Naturgefahren und **Naturrisiken** sind an der Schnittstelle von Natur und Gesellschaft angesiedelt, sie stellen eine Interaktion von natürlichem und sozialem System dar (Abb. 28.1.1). Dies sind allerdings zwei sehr grobe und einfache Systeme, die einer weiteren Differenzierung bedürfen. Aber diese Schnittstellendarstellung macht deutlich, warum Naturgefahren und Naturrisiken schon seit langem ein Teil des geographischen Arbeitens sind.

Die Raumrelevanz von Hazards

In einer als Raumwissenschaft verstandenen Geographie haben Naturgefahren und Naturrisiken nicht nur aufgrund einer diffusen ökologischen oder gesellschaftlichen Relevanz ihren Platz, sondern sie sind aus mehreren Gründen sogar im Kernbereich des Faches angesiedelt:

- Räume sind in unterschiedlichem Maße durch Hazards berührt, die Risiken sind in der Regel nicht gleich verteilt. Tendenziell ubiquitär, also gleichmäßig im Raum verteilte Risiken (z. B. Unfälle, virologische Infektionen), sind normalerweise nicht Gegenstand geographischer Betrachtung.
- Hazardereignisse entstehen in ihren Effekten aufgrund der in einem bestimmten Raum zusammenwirkenden Geofaktoren. Für jeden einzelnen Hazard gibt es zwar Spezialisten, aber die räumliche Gesamtkonstellation ist geographiespezifisch.
- In einem Raum vorhandene Hazardrisiken erfordern einen spezifischen Umgang damit, insbesondere seitens einer „Raumplanung" im weiteren Sinne. Sie kann manchmal das Hazardrisiko selbst eindämmen, des Öfteren aber zumindest räumliche Effekte lenken, zum Beispiel durch technische oder administrative Maßnahmen.
- Viele Hazardquellen breiten sich im Raum aus und beeinflussen unterschiedliche Räume, aber nicht gleichzeitig und in derselben Weise (Hochwasserwellen, Hurrikane, Tornados, Stürme, Waldbrände, Tsunamis). Die Distanzüberwindung beweglicher Hazards – und damit die Zeit bis zur Ankunft an einem bestimmten Ort – ist ein wichtiger Faktor im Gesamtprozess. Insbesondere die Vorwarnzeit bietet die Möglichkeit, sich auf das kommende Ereignis einzustellen.
- Hazardereignisse verändern vorübergehend oder dauerhaft die Struktur und Funktion einer Region. Beispielsweise kann die aktive Bevölkerung eines zerstörten Gebietes in ein anderes Gebiet abwandern. Ein Produktionsausfall kann dauerhaft die regionale Wirtschaft schwächen, der Wiederaufbau aber könnte auch als Konjunkturprogramm wirken.
- Die Hazardgefahr kann sich in der Wahrnehmung und Bewertung von Räumen niederschlagen, sie ist eine Komponente des Images eines Raumes. Sie verändert sich in der Zeit – insbesondere bei akutem Auftreten von Extremereignissen – sowie in Abhängigkeit von der Einschätzung des Wiederkehrrisikos.
- Individuelle Standortentscheidungen werden vom positiven und negativen Potenzial eines Raumes bestimmt. Dabei stellt eine mögliche Hazardgefahr eine mehr oder weniger stark gewichtete Komponente dar.
- Hazards sind auch Teil der Globalisierung – zum einen durch direkte „mechanische" Auswirkungen, also der Ausbreitung über den Globus, zum anderen indirekt, zum Beispiel durch mediale, ökonomische oder politische Fernwirkungen.

Große Katastrophen wie der Tsunami im Indischen Ozean oder ein leckgeschlagener Öltanker im Nordpazifik lassen kaum einen Winkel der Weltgesellschaft unberührt. Gemessen an der Zahl der Toten war der Tsunami im Indischen Ozean auch für Deutschland eine Katastrophe, die seit dem Ende des Zweiten Weltkrieges die meisten deutschen Todesopfer gefordert hat. Auch wenn Katastrophen weit entfernt geschehen und keinen primären Schaden hierzulande verursachen, so sind wir durch die **globale Vernetzung** davon berührt: Katastrophen sind dank der Medien weltweit ein Thema, aber auch die wirtschaftlichen Folgen sind in der Regel global. Produktionsausfälle können zu steigenden Preisen führen, Hilfsgüter und professionelle Krisenbewältiger

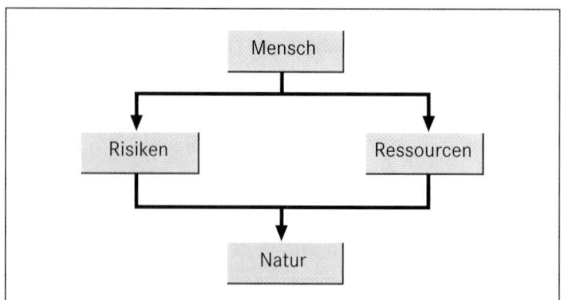

Abb. 28.1.1 Schematische Darstellung der Mensch-Umwelt-Beziehung aus der Hazardperspektive (verändert nach Pohl & Geipel 2002).

werden in die Krisenregionen geschickt, Entwicklungshilfemittel werden umverteilt, Politiker beweisen sich oder versagen als Krisenmanager. Naturrisiken und Naturkatastrophen sind also nicht nur ein geographisches Phänomen, weil sie eine bestimmte Region betreffen und hier physische Geofaktoren am Werke sind, sondern sie berühren funktional oft weit entfernt liegende Gebiete (Kapitel 1) und **verändern Raumstrukturen**, wo man es auf den ersten Blick nicht vermuten würde.

Hazards berühren mehrere Bereiche der Geographie. Sie gehören in die länderkundliche Darstellung ebenso wie in die Behandlung von Ökosystemen oder in die Wirtschaftsgeographie. In der Länderkunde sind selbstverständlich die Vulkane auf Hawaii ein essenzieller Teil der Landesbeschreibung, Hochwassergefahr und Niederlande sind fast Synonyme, Hurrikane und Taifune gehören im Süden der USA und in Japan zu den bestimmenden Geofaktoren, und die Dürren sind ein wesentlicher Teil des altweltlichen Trockengürtels wie dem Sahel. Sie sind aber ebenso Teil einer landschaftsökologischen Darstellung, weil sie wie kaum ein anderes Phänomen die Labilität eines Ökosystems repräsentieren. Hazards können Ressourcen schaffen (wie z. B. Lava als Baumaterial oder fruchtbare agrarische Grundlage der Nahrungsproduktion) oder aber auch zerstören (wie z. B. Hochwasser), sodass sie auch in der Wirtschaftsgeographie Beachtung finden. Oft genug können Hazards beides fast gleichzeitig: Das Hochwasser bringt fruchtbaren Schlamm, ohne den – beispielsweise in Bangladesch – sehr viel weniger Menschen ernährt werden könnten, aber es kann auch Tausende ertränken. Katastrophale Hazardereignisse können Gesellschaften zurückwerfen, sie können aber auch eine hoch sensible natürliche Umwelt gefährden, daher sind sie in der Raumentwicklungsplanung – als Feld der Angewandten Geographie – gebührend zu berücksichtigen.

Zum paradigmatischen Kern der Geographie aber gehören Hazards, weil sich darin auf moderne Weise die kulturökologische Dramatik des Menschen widerspiegelt, der sich der Ressourcen der Natur bedient, um zu überleben und sich fortzuentwickeln, der damit aber auch das Risiko eingeht, dass die Natur zurückschlägt. Risiken und Chancen sind immer auch zwei Seiten derselben Medaille. Diese Janusköpfigkeit gilt sowohl auf einer übergeordneten Makroebene als auch auf der Mikroebene: Spaltbares Uran ist eine Ressource, mit der die Menschheit eine Energiequelle hat, die ihre Existenz sichern kann, sie kann aber auch die Menschheit auslöschen. Der fruchtbare Auswurf des Vulkans sichert dem einzelnen Bauern, der den Hang zu kultivieren wagt, die Nahrung, aber der nächste Ausbruch kann ihn auch das Leben kosten.

Was sind Hazards und Naturgefahren?

Was versteht man unter Hazards genau? Als Hazards werden plötzlich auftretende Ereignisse verstanden, die erhebliche Einwirkungen auf die Struktur der Gesellschaft einer größeren Region haben, insbesondere Menschen verletzen oder töten sowie Güter schädigen können. Dabei geht es nicht nur um die Ereignisse selbst, sondern auch um die bloße Möglichkeit, dass sie geschehen können, das heißt, nicht unbedingt die objektive Eintrittswahrscheinlichkeit ist zentral, sondern die subjektive Wahrnehmung und Bewertung.

Auf den ersten Blick sind Hazards deutlich identifizierbare und bestimmbare Phänomene. Es sind sehr seltene, unerwartet und plötzlich auftretende, schwerwiegende Ereignisse, die Mensch und Umwelt massiv berühren und zu großen Schäden führen. Solange man konkrete Hazards – Tsunamis, Erdbeben oder Vulkanausbrüche – benennt, scheint klar zu sein, was unter Hazards zu verstehen ist. Diese im Kernbereich liegenden Beispiele werden aber von einem Kranz weiterer Ereignisse umrahmt, bei denen die Zuordnung nicht so leicht fällt: Wie steht es mit Waldbränden, Murgängen und Lawinen? Auch ihnen wird man noch den Begriff Hazard zugestehen, selbst wenn sie – in einem klar bestimmbaren gefährdeten Gebiet – längst nicht so selten und so dramatisch, ja vielleicht sogar durchaus vorhersehbar sind und regelmäßige Wiederkehrzyklen aufweisen. Überdies fehlt ihnen das katastrophenhafte Moment insofern, als das Hazardereignis gleichsam Teil des natürlichen Ökosystems ist. Hier tut sich eine weitere Schwierigkeit auf: Nicht jedes dramatische Naturereignis, selbst wenn es das Ökosystem umwälzt, muss Schäden in der Infrastruktur oder Wirtschaft verursachen oder gar Menschen zu Schaden kommen lassen. In diesem Fall handelt es sich zwar um ein Extremereignis, aber – zumindest aus der Sicht der Gesellschaft – nicht um eine Katastrophe. Hazards werden also in der Regel vom Menschen her, also anthropozentrisch, gedacht. Extreme Naturereignisse werden erst durch die Einflüsse auf die Gesellschaft zu Hazardereignissen.

Einem Hazard wohnt zumindest in der öffentlichen Wahrnehmung das Überraschungsmoment inne: Wenn es auch unter Umständen eine gewisse Vorlaufzeit gibt – etwa bei der Annäherung eines Hurrikans oder in Form von Vorbeben bei einem Vulkanausbruch – so tauchen Hazards doch relativ plötzlich und unerwartet auf, mit der Folge, dass man sich kurzfristig gegen das Ereignis nur in engen Grenzen wappnen kann. In der Wissenschaft hingegen wird dieses Überraschungsmoment durchaus mit einer gewissen Skepsis gesehen. Hier fasst

Exkurs 28.1.1

Natural und *man-made* Hazards

HANS GEBHARDT

Im Verständnis der interdisziplinären Hazard-Forschung, die sich seit Mitte der 1950er-Jahre vor allem in den USA entwickelt hat (Saarinen 1969, Steuer 1979), wird unter Hazard die Wahrnehmung und Bewertung von Risiken und Katastrophen verstanden (Saarinen 1969, Steuer 1979). Hazard ist prinzipiell eine Interaktion zwischen zwei Systemen: erstens dem System „Umwelt" mit seinen Erscheinungsformen und zweitens dem System „Mensch" oder „Gesellschaft" und seinen Belangen (Steuer 1979, Stöckl 1982). Der Hazardbegriff umfasst sowohl den Zustand der drohenden als auch der schon stattgefundenen Interaktion (Katastrophe); eine zutreffende deutsche Übersetzung für den Begriff gibt es nicht.

In den modernen Geowissenschaften rücken zunehmend gerade diese kurzfristig ablaufenden, aber katastrophenträchtigen Hazards bzw. Events in den Vordergrund des Interesses. Von einer **„Risikogesellschaft"**, in der wir leben, sprechen inzwischen nicht nur Soziologen und Theoretiker der Postmoderne (Beck 1986, 2007), sondern auch Naturwissenschaftler. Der Begriff „Risiko" ist dabei nicht nur zu einem Symbolbegriff der Krise im Verhältnis der Gesellschaft zu Wissenschaft und Technik geworden, sondern auch zur Natur. „Risiko-Kommunikation" bildet inzwischen ein eigenes Forschungsfeld (Wiedemann et al. 1991).

Im Zentrum der ursprünglichen Hazard-Forschung standen zunächst primär *natural* Hazards, also Überschwemmungen oder Dürren, Erdbeben, Wirbelstürme, Bergstürze und Lawinen oder Vulkanausbrüche. Die hoch industrialisierten Staaten der gemäßigten Breiten sind, von gelegentlichen Ausnahmen abgesehen (Flutkatastrophen, Waldbränden, schwächeren Erdbeben) allerdings kaum von solchen Risiken bedroht, dagegen „durch den hohen Grad der Verstädterung, Ausmaß und Branchenspektrum der Industrie [...], Dichte des Verkehrs und drohende Engpässe der Energieversorgung (Ölkrise, Kernkraftwerke)" (Geipel 1979). Solche *man-made* Hazards sind seit den 1970er-Jahren im Zuge des geschärften Umweltbewusstseins, zu einem zentralen Thema geworden. Risiken von Kernkraftwerken, Giftkatastrophen wie die von Seveso oder Sandoz in Basel, Smogalarm und Smogfolgen in hoch umweltbelasteten Regionen, Verseuchung des Bodens mit Schwermetallen, „Umkippen" von Flüssen und Seen, „Waldsterben", auch die Stationierung von sensiblen Waffensystemen mit entsprechendem Störfallrisiko und die atomare Bedrohung bilden eine lange Liste potenzieller *man-made* Hazards. In jüngerer Zeit werden in diesem Kontext auch globale Sicherheitsprobleme diskutiert.

Abb. 1 a) Gefahr eines *natural* Hazards: Der Vulkan Pico de Orizaba (5 675 m) überragt das mexikanische Beckenhochland von Puebla-Tlaxcala. b) Das Atomkraftwerk Biblis mit der Gefahr eines *man-made* Hazards (Fotos: Renate Zimmermann-Dikau, PixelQuelle.de).

man das Hazardereignis mehr als Glied in einer Prozesskette auf und der gesamte betrachtete Zeithorizont kann sehr lang sein: Bergstürze, Erdbeben, Vulkanausbrüche können eine jahrtausendelange „Vorbereitungsphase" haben und ebenso lange nachwirken. Hat man einmal diesen **Prozesscharakter** aufgegriffen, dann können auch andere Ereignisse, die nicht plötzlich, unerwartet und sprunghaft auftreten – wie zum Beispiel Versteppung, Klimaerwärmung oder Erosionsprozesse – als Hazards aufgefasst werden. Allerdings setzt eine solche Ausweitung eine anthropozentrische Perspektive voraus. Solche dynamischen, aber langsamen Prozesse in Ökosystemen sind nur unter der Perspektive schwerwiegender, unter Umständen katastrophaler Folgen für die Gesellschaft als Hazards anzusprechen.

Damit erschließt sich ein weiterer Bereich von Ereignissen, die man dann ebenfalls als Hazards ansprechen muss. **Unfälle** aller Art sind mehr oder weniger gravierende Einflüsse auf Menschen, Strukturen und Räume, und ab einer gewissen Größenordnung werden sie als Katastrophen angesprochen. Eindeutig sind hier Tankerunfälle mit entsprechenden Folgen für Meeresökosysteme zu nennen, aber ob man eine Havarie auf dem Rhein als Hazard bezeichnen würde, ist durchaus strittig. Bhopal, Seveso, Schweizerhalle und andere „Großschadensereignisse" der Chemieindustrie werden als menschlich verursachte Hazards (*man-made* Hazards) charakterisiert. Hierbei sind durchaus Steigerungen möglich, die gleichwohl den Hazardbegriff auch überdehnen können. Tschernobyl ist in genanntem Sinn natürlich auch ein ***man-made* Hazard** und mit Blick auf die gesellschaftlichen Auswirkungen ist auch ein Krieg als solcher zu bezeichnen. Obwohl aus der Sicht der Gesellschaft die Effekte von *man-made* Hazards also mit denen eines Erdbebens oder einer Dürre vergleichbar sind, sollen im Folgenden nur Naturgefahren und Naturrisiken behandelt werden. Eine eindeutige Zuordnung gibt es nicht: Zwei Waldbrände können beispielsweise dieselben Effekte, aber unterschiedliche Entstehungsgründe haben; der eine ist natürlich entstanden, der andere gelegt. Aber nur bei Selbstentzündung ist Waldbrand eine Naturgefahr, während das Waldbrandrisiko vom Menschen bewusst herbeigeführt worden sein kann.

Zum Verhältnis von „Hazard" und „Risiko"

Ein Hazard hat durchaus etwas mit dem landläufigen Begriff des „Hasardeurs" zu tun. Der Hasardeur oder Glücksritter fordert bekanntlich das Schicksal heraus und geht um bestimmter Chancen willen ein hohes Risiko ein – sei es weil er die Prinzessin oder weil er den Jackpot gewinnen möchte. Hazards werden daher manchmal auch als Risiken verstanden. Hierbei gibt es zweierlei Sichtweisen: Die eine sieht als aktiven Part den Menschen oder eine Menschengruppe, die sich gleichsam zu weit hinausgewagt hat, beispielsweise zu nah am Flussufer baut und deswegen irgendwann den Keller überschwemmt vorfindet oder die Fruchtbarkeit eines Vulkanbodens nutzbar machen möchte und daher vom nächsten Vulkanausbruch verschüttet werden kann (oder auch nur als Tourenskifahrer den jungfräulichen Schnee nutzen möchte und von einer Lawine begraben wird). Die Menschen – einzelne Personen, Unternehmen, Regierungen – gehen mit der Inanspruchnahme bestimmter Räume ein gewisses Risiko ein. Sie tun dies in der Regel nicht blind, sondern wägen Chancen gegenüber den damit verbundenen Risiken ab. Naturrisiken sind in dieser Perspektive also die Gefahren, denen man sich aufgrund des Bestrebens, bestimmte Ziele zu erreichen, mehr oder weniger bewusst aussetzt. Geht es schief, so wird man nicht zögern, den Tourenskifahrer als „leichtsinnig" zu tadeln, wohingegen der Bauer in Bangladesch als Opfer der Launen der Natur angesehen wird. Diese Wertung entsteht dadurch, dass das Streben, die physiologischen Grundbedürfnisse zu sichern, also den Hunger zu stillen, traditionell als moralisch höher wertig angesehen wird („Mundraub") als das Streben nach Selbstverwirklichung durch riskante Freizeitaktivitäten.

Auf der anderen Seite versteht man unter Risiko häufig die **Eintrittswahrscheinlichkeit** eines Extremereignisses. Hier hat sich die anthropozentrische Denkweise insofern verselbstständigt, als man vom Naturereignis die mögliche Einwirkung auf Sachgüter oder Menschen betrachtet und daher die Wahrscheinlichkeit des Eintritts des Ereignisses mit dem Risiko gleichsetzt. Die Koppelung findet statt über das **Schadenspotenzial**, das gleichsam automatisch mit dem Eintritt des Ereignisses gekoppelt ist.

Risiko ist also zum einen die dem Ereignis innewohnende Wahrscheinlichkeit, Risiko ist zum anderen die Entscheidung eines Individuums oder Kollektivs sich auf die eine oder andere Weise so zu verhalten, dass man durch Ereignisse Schäden davontragen kann. Diese beiden Vorstellungen von Risiken sind Extremformen, die gleichwohl beide in der Literatur Verwendung finden.

Bei den verschiedenen Arten von Risiken handelt es sich um Grundformen menschlicher Existenz, und sie lassen sich nicht zufällig an die antike Mythologie anbinden. Der Wissenschaftliche Beirat der Bundesregierung zu globalen Umweltveränderungen hat in diesem Sinne verschiedene Risikotypen ausgemacht, die vor allem um die **Abschätzungssicherheit** kreisen (WBGU 1999). Risiko kann beispielsweise als „Damoklesschwert" verstanden werden: Bei einem Vulkan ist es nur eine Frage der Zeit, wann der seidene Faden reißt, das heißt, wann er ausbricht. Er kann es alsbald tun, er kann aber auch erloschen sein. Wenn der Vulkan jedoch ausbricht, ist er relativ gut kalkulierbar und die Abschätzsicherheit ist hoch. Ein anderer Risikotyp gleicht der Büchse der Pandora: Ein Ereignis zieht unvorhergesehene und immer weitere, unkalkulierbare Folgeereignisse nach sich. Heute weiß man, was für Sekundäreffekte die Flussregulierungen des 19. Jahrhunderts mit sich brachten, bei anderen Eingriffen werden sie sich erst noch herausstellen. Die Flussregulierungen haben in diesem Sinne die „Büchse der Pandora" geöffnet. Doch ist die Einteilung in solche und andere **Risikotypen** – wie „Kassandra" (hohe, aber schlecht abschätzbare Eintrittswahrscheinlichkeit und hohes, jedoch gut abschätzbares Schadensausmaß) oder „Pythia" (hohe Unsicherheit über das Schadenspotenzial und die Eintrittswahrscheinlichkeit sowie vor allem über die Entwicklung von Risikoprozessen) – stets arbiträr und umstritten. Diese Klassifizierungsversuche sind jedoch ein wichtiger Hinweis darauf, dass die Naturgefahr zum gesellschaftlichen Handeln ins Verhältnis zu setzen ist. Im Folgenden sollen in erster Linie Hazardereignisse betrachtet werden, die ihre hauptsächliche Ursache in der physischen Natur haben. Sie werden als **Naturgefahren** bezeichnet.

28.2 Naturgefahren

Als Naturereignis wird das tatsächliche Auftreten eines natürlichen Prozesses bezeichnet. Ein Naturereignis wird nur dann zur Naturkatastrophe, wenn es sich auf den Menschen oder von ihm geschaffene Werte negativ auswirkt. Erst bei Überschreitung eines bestimmten Schwellenwerts wird ein Naturereignis nicht mehr als Ressource, sondern als Gefahr betrachtet. Dieser **Schwellenwert** ist bei Individuen bzw. Gesellschaften verschieden ausgeprägt und kann sich im Verlauf der Zeit ändern. Naturgefahren sind demnach natürliche Prozesse, die vom Menschen als potenzielle Bedrohung für Leben und Eigentum betrachtet werden, da Eintrittshäufigkeit oder Ausmaß eine bestimmte Toleranzgrenze überschritten haben. Ein drohendes Naturereignis, wie etwa eine Überschwemmung auf Grönland oder ein Erdbeben in der Wüste, wird nicht als Naturgefahr bezeichnet, da weder Menschen noch von ihm geschaffene Güter gefährdet sind. Die naturwissenschaftliche

Sicht auf das Naturgefahrenphänomen bezieht sich auf die natürlichen Prozesse, die als Ursache für die aufgetretene Naturkatastrophe angesehen werden können. Unter diesem Gesichtspunkt lassen sich natürliche Ereignisse und die von ihnen ausgehenden Naturgefahren in unterschiedliche Prozesstypen gliedern. Die Begründung dieser Einteilung beruht auf ihren unterschiedlichen physikalischen Vorgängen und Gesetzmäßigkeiten.

Die Internationale Strategie für Katastrophenvorsorge (*International Strategy for Disaster Reduction*, ISDR) der Vereinten Nationen hat eine **Klassifikation von Naturgefahren** vorgelegt, die eine Einteilung in die übergeordneten Kategorien der meteorologischen, hydrologisch-glaziologischen, geologisch-geomorphologischen, biologischen und extraterrestrischen Typen vorschlägt (ISDR 2004a, Tab. 28.2.1). Von Naturgefahren werden hier die technologischen Gefahren unterschieden, die in Verbindung mit technologischen Entwicklungen und Unfällen stehen. Wenn der Mensch die natürlichen Ressourcen schädigt oder zerstört und negative Veränderungen von Ökosystemen hervorruft, verwendet die ISDR die Kategorie der Umweltzerstörung. Dazu zählen zahlreiche langsame, sich über Jahrzehnte oder Jahrhunderte entwickelnde Vorgänge wie die Bodenerosion, die globale Klimaveränderung oder der Meeresspiegelanstieg.

In zahlreichen Standardwerken werden Naturgefahren auf Basis unterschiedlicher Prozesstypen klassifiziert (Alexander 1993, Hewitt 1997, Tobin & Montz 1997, Plate & Merz 2001, Bell 2003, Smith 2004, Dikau & Weichselgartner 2005). Alexander (1993) unterteilt Naturgefahren in drei Prozessgruppen:

- endogene Prozesse (z. B. Erdbeben, Tsunamis und Vulkanausbrüche)
- atmosphärisch-hydrologische Prozesse (z. B. Stürme, Hagel, Dürren, Hochwässer, Schneelawinen, Gletscher)
- oberflächennahe Prozesse (z. B. Bodenerosion, gravitative Massenbewegungen, Desertifikation, Frosthub, Gletscherbewegung, Bergsenkungen, Küstenerosion, fluviale Prozesse, äolische Prozesse, Waldbrände)

Die Klassifikation von Smith (2004) basiert auf den Kategorien *natural* Hazard (Naturgefahr), *technological* Hazard (technologische Gefahr) und *context* Hazard (globale Umweltveränderung). Ein Ansatz, der sich an ähnlichen oder gemeinsamen Prozesseigenschaften oder -folgen orientiert, wurde durch Alexander (1993) vorgelegt. Die Klassifikation basiert auf den beiden Kategorien „Dauer des gefährlichen Prozesses" und „Vorwarnzeit" (Tab. 28.2.2). Diese Einteilung bietet Vorteile für das Risikomanagement einschließlich der Entwick-

Tabelle 28.2.1 Gliederung und Definition der Begriffe Gefahr, Naturgefahr, technologische Gefahr und Umweltzerstörung nach einem Vorschlag der Internationalen Strategie zur Katastrophenvorsorge der Vereinten Nationen (Quelle: ISDR 2004a, Dikau & Weichselgartner 2005).

Gefahr: ein potenziell Schaden verursachendes natürliches Ereignis oder Phänomen oder eine menschliche Aktivität, die zu Todesopfern, Verletzungen, Sachschäden, sozialen und ökonomischen Störungen oder Umweltschäden führen kann

Naturgefahr: natürliche Prozesse oder Phänomene, die ein Schaden bringendes Ereignis darstellen können; Naturgefahren können auf Basis ihrer Prozessursachen klassifiziert werden

Ursache	Phänomen/Beispiel
meteorologische Naturgefahren natürliche Prozesse oder Phänomene der Atmosphäre, das heißt der überwiegend gasförmigen Hülle der Erde	• tropische Wirbelstürme (Hurrikan, tropischer Zyklon, Taifun), Tornado, Wintersturm • Hagelsturm, Eissturm, Eisregen, Schneesturm, Sandsturm • Extremniederschlag • Blitzschlag, Hitzewelle, Kältewelle • Nebel
hydrologisch-glaziologische Naturgefahren natürliche Prozesse oder Phänomene der Hydrosphäre und Kryosphäre	• Überschwemmung • Sturmfluten • Sturzfluten • Dürre • Schneelawine • Gletscherabbrüche • Ausbruch von Gletscherseen • Permafrostschmelze • Frosthub
geologisch-geomorphologische Naturgefahren natürliche Prozesse oder Phänomene der Erdkruste (Lithosphäre) und der Erd-oberfläche (Reliefsphäre); unterschieden werden endogene Ursachen (z.B. Tektonik, Magmatismus) und exogene Ursachen (z.B. Niederschlag, Temperatur)	• Erdbeben • Vulkaneruption • Tsunami • gravitative Massenbewegung • Bergsenkung • Bodenerosion • Küstenerosion • Flusserosion
biologische Naturgefahren Prozesse der Biosphäre im weitesten Sinne mit organischer Ursache sowie jener Vorgänge, die durch biologische Pfade übertragen werden, einschließlich pathogener Mikroorganismen, Gifte und bioaktiver Substanzen; weiterhin Prozesse der Interaktion biologischer Systeme einschließlich des Menschen mit der Natur	• Epidemien • Tier- und Pflanzenkrankheiten • Seuchen • Waldbrände • Heuschreckenschwärme • Insektenplage
extraterrestrische Naturgefahren Prozesse der Meteoritenbewegung im Weltall	• Meteoriteneinschlag

technologische Gefahren: Gefahren in Verbindung mit technologischen oder industriellen Unfällen, Zusammenbruch der Infrastruktur oder bestimmten menschlichen Aktivitäten mit Todesopfern oder Verletzungen, Sachschäden, sozialen und ökonomischen Störungen, Umweltzerstörungen; technologische Gefahren werden manchmal als anthropogene Gefahren bezeichnet; Beispiele: Verschmutzung durch Industrieanlagen, radioaktive Verseuchung, Giftabfälle, Dammbruch, Industrieunfälle, Flugzeugabsturz, Pipelinebruch, Explosionen, Feuer, Ölverschmutzung, Sabotage, chemische Angriffe, terroristische Angriffe

Umweltzerstörung: durch menschliches Verhalten oder Aktivitäten verursachte Phänomene, die natürliche Ressourcen zerstören oder natürliche Prozesse oder Ökosysteme negativ verändern; potenzielle Auswirkungen sind unterschiedlich und können zu einer Zunahme der Verwundbarkeit, Frequenz und Intensität von Naturgefahren beitragen; Beispiele: Bodenerosion durch Wasser und Wind, Bodendegradation, Entwaldung, Waldbrand, Verlust von Biodiversität, Boden-, Wasser- und Luftverschmutzung, Klimaveränderung, Meeresspiegelanstieg und Abbau der Ozonschicht

lung und Nutzung von **Frühwarnsystemen**, die für mehrere Naturgefahrentypen Verwendung finden können. Wie jede Klassifikation ist die Einteilung der verschiedenen Naturgefahren keine absolute und endgültige, sondern sie richtet sich nach dem Zweck, für den sie aufgestellt wird. Dennoch überwiegt im Allgemeinen eine Einteilung nach den geofaktoriellen Zusammenhängen, da diese als gleichsam in der Natur selbst liegend, also als „natürlich" erscheinen und zudem noch nicht an bestimmte Zwecke gebunden sind. Dieser

Tabelle 28.2.2 Klassifikation von Naturgefahrentypen auf Basis von Prozessdauer und Vorwarnzeit (Quelle: Alexander 1993).

Gefahrentyp	Prozessdauer	Vorwarnzeit
Blitzschlag	Zehntelsekunde	Sek. bis Stunden
Schnee- und Schuttlawine	Sek. bis Minuten	Sek. bis Stunden
Erdbeben	Sek. bis Minuten	Sekunden
Tornado	Sek. bis Stunden	Minuten
gravitative Massenbewegungen	Sek. bis Dekaden	Sek. bis Jahre
Hagel	Sek. bis Minuten	Minuten bis Stunden
Tsunami	Minuten bis Stunden	Minuten bis Stunden
Überschwemmungen	Minuten bis Tage	Minuten bis Tage
Winterstürme	Stunden bis Tage	Stunden bis Tage
Hurrikan	Stunden bis Tage	Stunden bis Tage
Vulkaneruption	Stunden bis Jahre	Minuten bis Wochen
Bodenerosion	Stunden bis Jahrtausende	Jahre
Dürren	Tage bis Jahre	Tage bis Monate
Desertifikation	Jahre bis Dekaden	Monate bis Jahre

Denkweise soll auch hier gefolgt werden: Im Folgenden werden in einer Auswahl meteorologische, hydrologische und geologisch-geomorphologische Naturgefahren dargestellt.

Meteorologische Prozesse und Naturgefahren

Ein hoher Anteil der weltweit auftretenden Naturgefahren wird durch atmosphärische Prozesse verursacht (Tab. 28.2.3). Im Unterschied zum lokalen oder begrenzt regionalen Auftreten von Prozessen der Lithosphäre (z. B. Erdbeben) oder der Reliefsphäre (z. B. Bergsturz) ist die Weltbevölkerung von Naturgefahren durch atmosphärische Prozesse und Phänomene großräumig betroffen. Hier sind insbesondere die extremen Erscheinungen des Wetters zu nennen, wie hohe Windgeschwindigkeiten, hohe und niedrige Niederschlagsmengen oder hohe Lufttemperaturen. Besonders große Gefahren entstehen, wenn Extremereignisse kombiniert auftreten, wie dies bei tropischen Wirbelstürmen der Fall ist, die durch hohe Windgeschwindigkeiten und hohe Niederschlagsmengen gekennzeichnet sind.

Sturmprozesse gehören zu den atmosphärischen Phänomenen mit den höchsten Schadenspotenzialen. Bei tropischen Wirbelstürmen der Sommer- und Herbstmonate treten Küstenflutwellen, kombiniert mit hohen Windgeschwindigkeiten und extremen Niederschlagsmengen auf, die in den Küstenzonen Mittel- und Nordamerikas und Asiens zu hohen Schäden führen. In den mittleren Breiten sind Schaden verursachende Stürme vorwiegend auf die Herbst- und Wintermonate beschränkt. Sie werden als trockene winterliche Zyklonen bezeichnet, die in Mitteleuropa ohne Niederschlagsbeteiligung auftreten können. Bei winterlichen Schneestürmen werden starke Schneeniederschläge kombiniert mit hohen Windgeschwindigkeiten beobachtet. Die Blizzards in Nordamerika werden im Winter durch arktische Kaltlufteinbrüche hervorgerufen. In den Vereinigten Staaten sind allein in den urbanen Regionen über 60 Millionen Menschen von Naturgefahren durch Schneestürme gefährdet. Nordamerika wird außerdem durch Eisstürme gefährdet, die bei tiefen Lufttemperaturen auftreten. Durch einen derartigen Eissturm können beispielsweise massive Störungen der Stromversorgung verursacht werden. Die durch atmosphärische Ereignisse hervorgerufenen Schäden können direkte Folge einer Naturgefahr sein, wie etwa die mechanische Zerstörung eines Gebäudes durch den Winddruck. Andererseits sind atmosphärische Naturgefahren für Folgeprozesse verantwortlich, die zu hydrologischen oder geomorphologischen Naturgefahren wie Überschwemmungen oder Hangrutschungen führen.

Tropische Wirbelstürme entstehen über den Ozeanen und führen bevorzugt in Küstenregionen und ihren Hinterländern zu hohen Naturgefahren. Sie kombinieren mehrere gefährliche Teilprozesse der Küstenüberflutung, hohe Windgeschwindigkeiten und Überschwemmungen im Hinterland der Küste. Tropische Wirbelstürme werden in verschiedenen Teilen der Erde mit unterschiedlichen Namen bezeichnet. Im Nordatlantik, der Karibik und im Golf von Mexiko werden sie „Hurrikan" genannt, in Südostasien, Australien und Neuseeland wird der Begriff „tropischer Zyklon" verwendet, in Ostasien heißt ein tropischer Wirbelsturm „Taifun". Eine der schwersten Hurrikankatastrophen, die Mittelamerika getroffen hat, war 1998 der Hurrikan „Mitch", dem in Honduras und Nicaragua 9 000 Menschen zum Opfer fielen (Abb. 28.2.1). Das besondere Ausmaß der Naturkatastrophe wird durch die extrem hohe Anzahl an Todesopfern und die materiellen Schäden deutlich, die in Nicaragua 49 und in Honduras 80 Prozent des Bruttoinlandsproduktes betrugen.

Es gibt weltweit drei Regionen mit sehr hohen Bevölkerungsdichten, in denen tropische Wirbelstürme besonders hohe Schadenspotenziale erreichen können (Smith 2004):

- Die stark urbanisierten Ost- und Südküstenregionen der Vereinigten Staaten und die West- und Ostküste Indiens. Das höchste Schadenspotenzial weltweit

Tabelle 28.2.3 Übersicht meteorologischer Naturgefahren.

primärer Gefahrentyp	Ursache/Charakteristika
tropische Wirbelstürme (Hurrikan, tropischer Zyklon, Taifun)	Wolkenwirbel, die sich bei Wassertemperaturen über 27 °C zwischen 8° und 30° nördlicher und südlicher Breite bilden; hohe Windgeschwindigkeit, Regen, Küstenüberflutung, Küstenerosion, Hangrutschungen
Tornado	horizontal rotierende aufwärts gerichtete Luftströmungen (Wasser- oder Windhosen) mit begrenztem Durchmesser von 100 bis 300 Meter, massiver Luftdruckabfall
Wintersturm	trockene Herbst- und Winterstürme der mittleren Breiten durch Zyklonen in Mitteleuropa ohne Niederschlagsbeteiligung
Hagelsturm	Prozess, bei dem der Niederschlag in Form von festen Hagelkörnern fällt; hohe Windgeschwindigkeit, Gewitter
Eissturm, Eisregen	in Nordamerika häufig, treten bei tiefen Lufttemperaturen auf, wenn der Niederschlag als Regen oder Schneeregen fällt und an Oberflächen zu Eis gefriert
Schneesturm	kombiniertes Auftreten von Schneeniederschlägen und hohen Windgeschwindigkeiten, Glätte
Sandsturm	starker Wind mit hohen Bestandteilen an Sand
Extremniederschlag	überdurchschnittlich hohe, den Boden erreichende Regenmenge
Blitzschlag	elektrische Entladung zwischen Wolke und Erdoberfläche
Hitzewelle, Kältewelle	extreme positive oder negative Lufttemperaturen, die mehrere Tage oder Wochen anhalten können
Nebel	sehr kleine Wassertröpfchen oder Eiskristalle, die in der Luft schweben

besteht an den Küstenregionen des Golfes von Mexiko und an der Atlantikküste der USA.

- Isolierte Inselgruppen wie die Karibischen Inseln, Japan, Taiwan und die Philippinen: Im Herbst 2004 war in der Karibik besonders Haiti betroffen.
- Dicht bevölkerte Flussdeltas mit geringen Erhebungen über dem Meer, wie die Anrainer des Golfes von Bengalen, besonders Bangladesch oder Nordostindien.

Durch die starken Bevölkerungsmigrationen in die **Küstenzonen der Erde** ist die sozioökonomische Verwundbarkeit (Vulnerabilität) dieser Gebiete in den letzten Jahrzehnten dramatisch angestiegen. Es wird geschätzt, dass 1994 etwa 37 Prozent der Weltbevölkerung in einem Küstenstreifen von 60 Kilometern gelebt haben (UNEP 2002). Dieser Anteil ist seitdem schätzungsweise auf 50 Prozent angestiegen. Die Küstenzonen werden damit zunehmend verwundbarer, wie dies im September 2005 an der Südküste der USA durch die Hurrikankatastrophe deutlich geworden ist (Abb. 28.2.2).

Tropische Wirbelstürme treten in Regionen auf, in denen die Wassertemperaturen der Ozeanoberfläche über 27 °C liegen und eine starke Anreicherung der Luft mit Feuchtigkeit möglich wird. Ihr Auftreten konzentriert sich auf 8 bis 30° nördlicher und südlicher Breite.

Abb. 28.2.1 Zugbahn des Hurrikans „Mitch" im Jahre 1998.

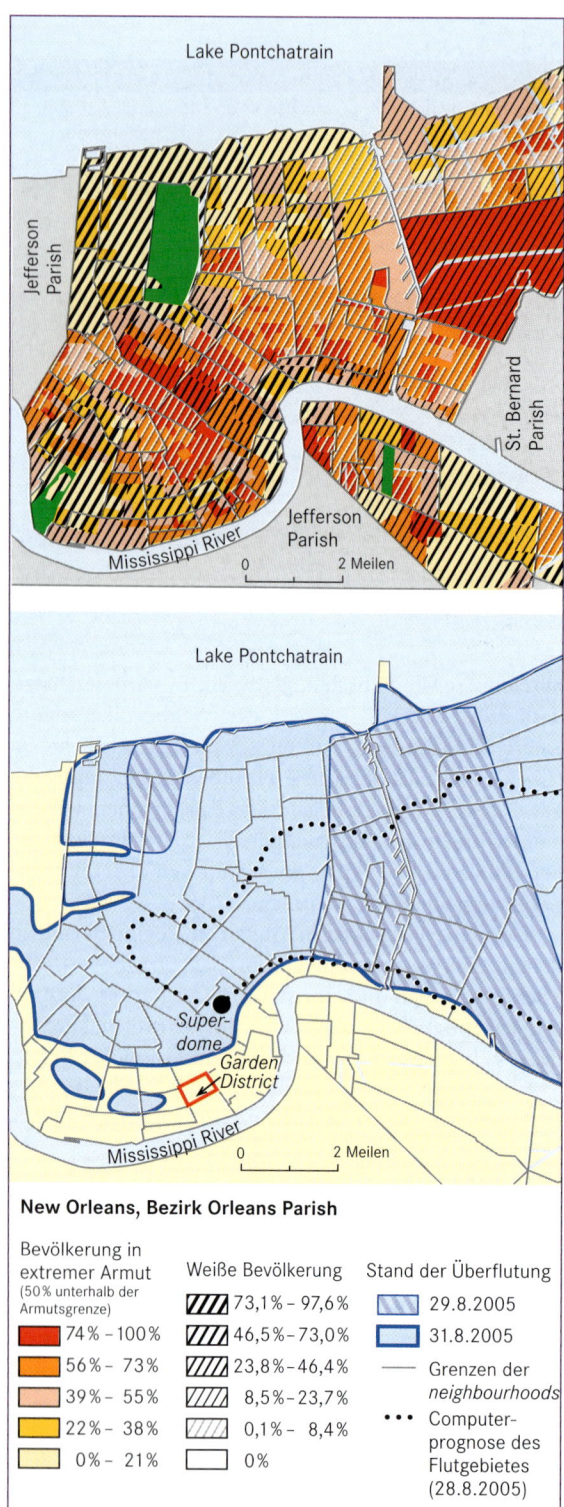

◀ **Abb. 28.2.2** In den letzten Augusttagen 2005 wurde die Küste der US-Bundesstaaten Louisiana, Mississippi und Alabama von einem Hurrikan mit extremen Windgeschwindigkeiten getroffen. New Orleans, das zu weiten Teilen unterhalb des Meeresspiegels liegt, wurde aufgrund von Dammbrüchen zu rund 80 Prozent überflutet. Allerdings betraf die Katastrophe nicht alle Stadtteile in gleichem Maße. Sowohl die touristische Altstadt wie die im *Garden District* wohnenden Weißen blieben weitgehend von der Katastrophe verschont, während die arme (und überwiegend farbige) Bevölkerung besonders betroffen war, da ihre Wohngebiete überwiegend in den tieferen und somit stärker überfluteten Teilen der Stadt liegen (verändert nach Hahn 2005).

Sie bilden Wolkenwirbel, die Durchmesser von mehreren Hundert Kilometern erreichen können. Ihr Auftreten ist saisonal und häuft sich in den Sommermonaten mit einem Frequenzmaximum zum Sommerende hin. Ein tropischer Wirbelsturm ist ein außerordentlich stabiles System, das zwar mit bis zu 50 Stundenkilometern vergleichsweise langsam ist, in dem aber extrem hohe Windgeschwindigkeiten auftreten können (bis zu 360 Stundenkilometer, Exkurs 28.2.1). Dagegen ist es im Zentrum praktisch windstill. Mit Erreichen des Festlands verringert der Wirbelsturm aufgrund der einsetzenden Bodenreibung seine Geschwindigkeit. Die Wolken regnen sich ab und kühlen dabei die Landoberfläche. Der Wirbelsturm löst sich auf und entwickelt sich zu einem tropischen Sturm. Die zeitliche Entwicklung tropischer Wirbelstürme folgt im Atlantik seit Beginn der 1990er-Jahre einem positiven Trend, der mit den erhöhten Frequenzen und Magnituden der 1960er-Jahre vergleichbar ist (Abb. 28.2.3). Allerdings waren in dieser Periode die Küstenregionen am Golf von Mexiko bei Weitem noch nicht so stark besiedelt wie heute.

Die Stürme der mittleren Breiten mit hohen Schadenspotenzialen treten in den Herbst- und Wintermonaten auf. Mitteleuropa wurde im Dezember 1999 von Sturm „Lothar" getroffen (Abb. 28.2.4), der in Frankreich, der Schweiz und Deutschland zu Schäden in Höhe von über 10 Milliarden Euro geführt hat. In Europa waren die 1990er-Jahre durch mehrere starke Winterstürme gekennzeichnet (Münchener Rück 1993, 2001; Berz 2003).

Die Herbst- und Winterstürme der mittleren Breiten werden von Kaltluftströmungen der Polargebiete in die gemäßigten Breiten verursacht. Im Herbst und Winter sind die Temperaturgegensätze zwischen den Wassertemperaturen der Subtropen und den kalten polaren Luftmassen besonders groß. Der Temperaturgradient erreicht zwischen 50 bis 60° nördlicher Breite maximale Werte, sodass an dieser Luftmassengrenze Tiefdruckge-

Exkurs 28.2.1

Messung der Stärke von Stürmen

Die Stärke von Stürmen wird nach der Beaufort-Skala (Tab. 1) über die Auswirkungen des Windes bestimmt. Die Beaufortskala wurde im Jahre 1806 von dem englischen Admiral Sir Francis Beaufort (1774–1857) eingeführt und ist die bekannteste Skala für die Windstärke. Als Messinstrument diente ihm dabei das Gesamtverhalten der Segel seines Schiffes bei unterschiedlichen Windgeschwindigkeiten. Die Maßeinheit dieser Skala lautet daher „Beaufort", abgekürzt „bft". Die Windstärke wird dabei auf einer Skala von 0 (Windstille) bis 12 (Orkan) angegeben.

1835 wurde die Beaufort-Skala auf der Ersten Internationalen Meteorologischen Konferenz in Brüssel als allgemein gültig angenommen. Die Schätzung nach Beaufort wird seit vielen Jahrzehnten durch verschiedene Verfahren der Windgeschwindigkeitsmessung ergänzt. Neben der Angabe der Windstärke und ihrer mittleren Geschwindigkeit werden meist auch Beispiele für Auswirkungen des Windes im Binnenland angegeben, da diese Information unter Gesichtspunkten der Vorsorge und der Vorbeugung von hoher Bedeutung ist.

Tabelle 1 Windstärkenskala nach Beaufort mit Auswirkungen des Windes im Binnenland

Beaufort-grad	Bezeichnung	mittlere Windgeschwindigkeit in 10 m Höhe über freiem Gelände		Beispiele für die Auswirkungen des Windes im Binnenland
		[km/h]	[m/s]	
0	Windstille	< 1	0 – 0,2	Rauch steigt senkrecht auf
1	leiser Zug	1 – 5	0,3 – 1,4	Windrichtung angezeigt durch den Zug des Rauches
2	leichte Brise	6 – 12	1,5 – 3,4	Wind im Gesicht spürbar, Blätter und Windfahnen bewegen sich
3	schwache Brise schwacher Wind	13 – 19	3,5 – 5,4	Wind bewegt dünne Zweige
4	mäßige Brise mäßiger Wind	20 – 27	5,5 – 7,4	Wind bewegt dünne Äste, Staub und loses Papier werden gehoben
5	frische Brise frischer Wind	28 – 37	7,5 – 10,4	kleine Laubbäume beginnen zu schwanken, auf See bilden sich Schaumkronen
6	starker Wind	38 – 48	10,5 – 13,4	starke Äste schwanken, Regenschirme sind schwer zu halten, Telegrafenleitungen pfeifen im Wind
7	steifer Wind	49 – 62	13,5 – 17,4	fühlbare Hemmungen beim Gehen gegen den Wind, Bäume bewegen sich
8	stürmischer Wind	63 – 73	17,5 – 20,4	Zweige brechen an Bäumen, erheblich schweres Gehen
9	Sturm	74 – 87	20,5 – 24,4	Äste brechen an Bäumen, kleinere Schäden an Häusern, Dachziegel und Rauchhauben werden gelöst
10	schwerer Sturm	88 – 102	24,5 – 28,4	Wind bricht Bäume, größere Schäden an Häusern
11	orkanartiger Sturm	103 – 117	28,5 – 32,4	Wind entwurzelt Bäume, verbreitete Sturmschäden
12	Orkan	>117	>32,4	schwere Verwüstungen, Umwerfen von Bäumen und leichteren Gebäuden, schwere Sturmschäden an Gebäuden

biete entstehen, die sich zu Sturmtiefs weiterentwickeln können. Sie können Durchmesser von 2 000–3 000 Kilometer erreichen. Wie die Hurrikans der Tropen bilden Tiefdrucksysteme in der nördlichen Hemisphäre nach links drehende Wirbel aus, die Zuggeschwindigkeiten von über 1 000 Kilometer pro Tag erreichen können und damit weitaus schneller sind als tropische Wirbelstürme. Ein besonderes Charakteristikum des Windes ist die zeitliche Variabilität der Windgeschwindigkeit im Sekundenbereich (Böigkeit). Spitzenböen können ein Mehrfaches der Durchschnittsgeschwindigkeiten des Windes erreichen und sind für Windschäden im besonderen Maße verantwortlich.

Die **Hitzewelle** des „Jahrhundertsommers" 2003 war ein äußerst seltenes und extremes meteorologisches Phänomen, das in Europa zur Naturkatastrophe mit den höchsten Todesopfern der letzten Jahrhunderte geführt hat. Die Internationale Föderation der Rotkreuz- und Rothalbmond-Gesellschaften (IFRC) stellt im Weltkatastrophenbericht des Jahres 2004 fest, dass in Europa

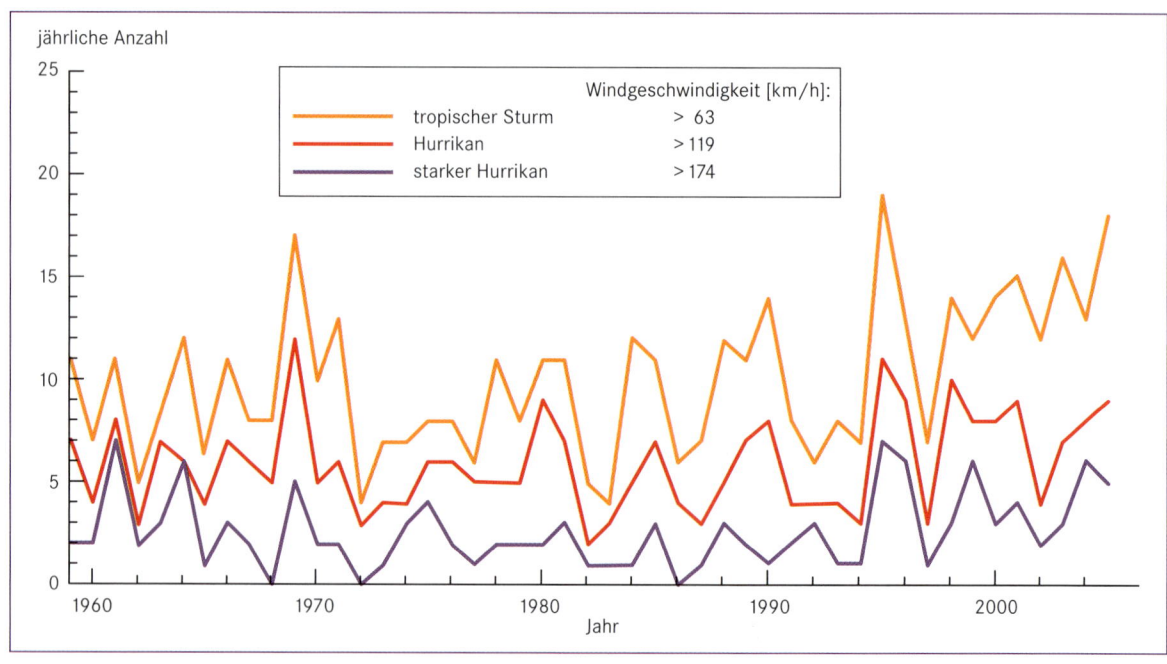

Abb. 28.2.3 Anzahl von tropischen Stürmen, Hurrikanen und starken Hurrikanen im Atlantik von 1960 bis zum 26. September 2005 (Quelle: NOAA 2005).

zwischen 22 000 und 35 000 Menschen an den Folgen der Hitzewelle gestorben sind (IFRC 2004). Die ökonomischen Verluste belaufen sich laut Münchener Rückversicherungs-Gesellschaft auf mehr als 13 Milliarden Euro. Eine vom französischen Gesundheitsministerium und der Europäischen Union finanzierte Studie kam im Jahre 2007 zu dem Ergebnis, dass die Hitzewelle Grund für etwa 70 000 Todesfälle war (Tab. 28.2.4). Auf extreme

Lufttemperaturen reagiert der menschliche Körper mit erhöhter Transpiration, sinkendem Blutdruck und erhöhter Herzschlagfrequenz. Geschwächte Menschen, Alte und Kinder sind besonders gefährdete Bevölkerungsgruppen. Im Hitzesommer 2003 waren in Frankreich über 70 Prozent der Todesopfer älter als 75 Jahre. Die hohen Nachttemperaturen haben bei der Belastung eine besondere Bedeutung, da sie eine ausreichende

Abb. 28.2.4 Waldschäden durch winterliche Stürme im Schwarzwald: Gipfel der Hornisgrinde (Foto: H. Gebhardt).

Land	WHO (2004)	EPI (2004)	INSERM (2007)
Frankreich	14 802	14 802	19 490
Deutschland	keine Angaben	7 000	9 355
Spanien	59*	4 230	15 090
Italien	3 134	4 174	20 089
Portugal	2 106	1 316	2 696
England und Wales	2 045	2 045	301
Niederlande	keine Angaben	1 400	965
Belgien	keine Angaben	150	1 175
Summe	22 087	35 118	69 161

* Nach Angaben der WHO wurden in Spanien zwar über 6 000 Todesopfer informell gemeldet, letztlich jedoch nur 59 als durch die Hitzewelle verursacht angesehen.

Tabelle 28.2.4 Todesopfer durch die Hitzewelle in Europa im Jahre 2003. Statistik für acht ausgewählte europäische Länder nach Angaben der Weltgesundheitsorganisation (WHO), des *Earth Policy Institute* (EPI) sowie des Französischen Gesundheitsministeriums (INSERM).

Kühlung des Körpers verhindern. Dies ist besonders in städtischen Regionen der Fall, die im Durchschnitt 5 bis 6 °C wärmer sind als ländliche Gebiete. Die Hitzewelle brach in Mitteleuropa zahlreiche Wetterrekorde. Der heißeste Tag war der 13. August, bei dem durch den Deutschen Wetterdienst in Karlsruhe über 40 °C gemessen worden sind. Die Mitteltemperatur der drei Monate Juni, Juli und August lag mit bundesweit 19,7 °C um mehr als ein Grad über der des bisherigen Rekordsommers 1947. Mit diesen Temperaturen setzt sich die Serie der „zu warmen" Sommer seit Beginn der 1990er-Jahre fort. Die Mitteltemperaturen der Monate Juni bis August lagen für Deutschland sogar um 3,4 °C über dem Durchschnitt der Jahre 1961 bis 1990. Dieser Wert entspricht rein statistisch gesehen einer durchschnittlichen Wiederkehrzeit von einmal in 1 000 Jahren. Mit wenigen Ausnahmen einiger Messstationen war dies der heißeste Sommer seit Beginn der Messreihen im Jahre 1901, wobei für das letzte Jahrhundert ein positiver linearer Trend festzustellen ist (Abb. 28.2.5).

Die Hitzewelle des Jahres 2003 hat deutlich gemacht, dass extreme atmosphärische Temperaturphänomene nicht ausreichend unter den Kriterien einer Naturgefahr und eines angemessenen Risikomanagements gesehen werden. Die tieferen Gründe dafür liegen in der Wahrnehmung der Risiken, die vom Hitzephänomen ausge-

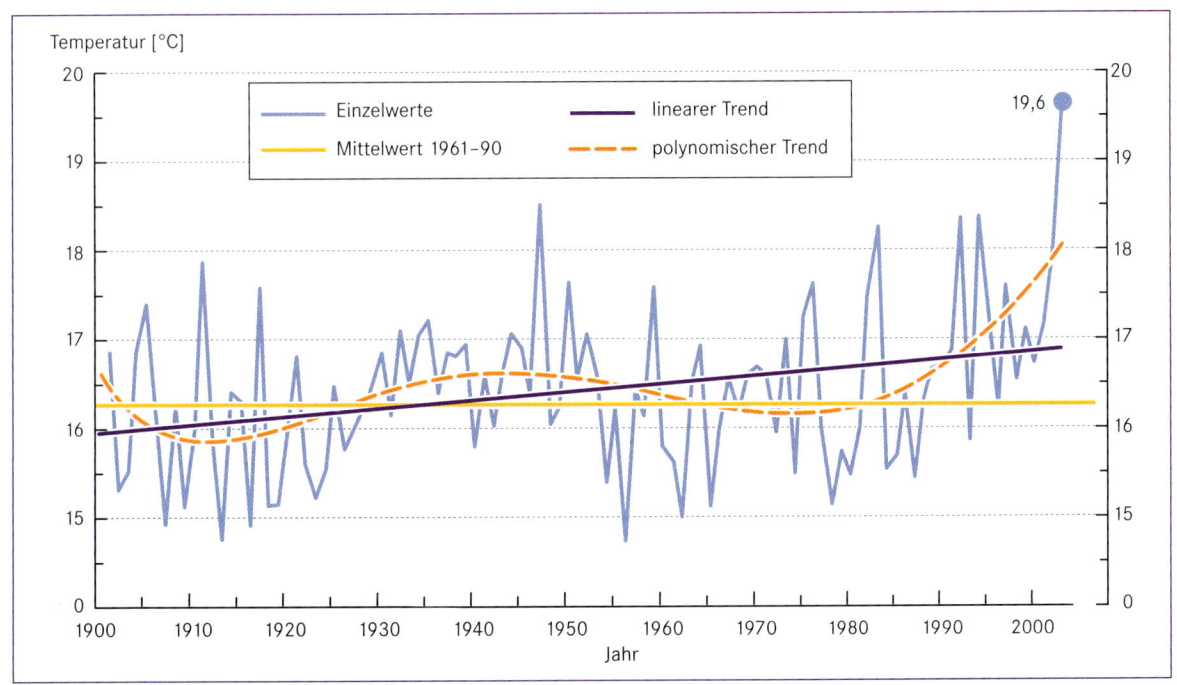

Abb. 28.2.5 Zeitreihe der mittleren Tagestemperatur für den Zeitraum 1901 bis 2003 des Deutschen Wetterdienstes (DWD 2004) (Quelle: Dikau & Weichselgartner 2005).

hen. Hitzephänomene entwickeln sich relativ langsam und stellen kein plötzliches und spektakuläres Ereignis dar, wie etwa ein Erdbeben oder ein Vulkanausbruch. Nach den Ereignissen des Hitzesommers 2003 ist es unerlässlich, in sehr viel stärkerem Maße als bisher hohe Lufttemperaturen als äußerst ernst zu nehmende Naturgefahr und unter den Gesichtspunkten hoher gesundheitlicher Risiken zu betrachten und entsprechende öffentliche Vorsorgeempfehlungen vorzubereiten. In den tropischen Regionen der Erde stellt Hitze in Verbindung mit zahlreichen weiteren Belastungsparametern (tropischen Krankheiten, Mangelernährung, nicht schützenden Behausungen) einen zentralen Belastungsparameter der Bevölkerung dar.

Hydrologische Naturgefahren

Hydrologische Naturgefahren entstehen durch Prozesse und Phänomene, die durch das Wasser des festen Landes in flüssiger und fester Phase hervorgerufen werden. Dazu werden Überschwemmungen und Dürren und ihre Folgeerscheinungen gerechnet. Hydrologische Naturgefahren entstehen einerseits, wenn ein Überangebot von Wasser vorliegt, welches zu Überschwemmungen führt. Man unterscheidet hierbei Flussüberschwemmungen, Sturzfluten und Sturmfluten. Hydrologische Naturgefahren entstehen andererseits, wenn Wassermangel vorliegt. Dürren stellen eine länger andauernde Abweichung vom mittleren Klimageschehen einer Region in Form eines Wassermangels dar, die meteorologisch, hydrologisch und landwirtschaftlich erklärt werden kann. Naturgefahren der Kryosphäre entstehen durch Prozesse und Phänomene, bei denen das vorhandene Wasser in gefrorenem Zustand auftritt bzw. bei denen die Temperaturen unter dem Gefrierpunkt liegen (Tab. 28.2.5). Weiterhin sind Schneelawinen, der Ausbruch von Gletscherseen hinter Gletschermoränen oder der Abbruch von Gletschern dazuzurechnen. Naturgefahren der Kryosphäre entstehen auch durch die Klimaerwärmung in Form des Aufschmelzens des Dauerfrostbodens (Permafrost) in den Hochgebirgen und subarktischen Regionen der Erde.

Die Hochwasser der Oder im Jahre 1997 und der Elbe im Jahre 2002 haben gezeigt, dass auch in Mitteleuropa

Tabelle 28.2.5 Hydrologisch-glaziologische Prozesse und Naturgefahren"

primärer Gefahrentyp	Ursache/Charakteristika	sekundärer Gefahrentyp
Überschwemmungen		
Flussüberschwemmung	• lang andauernder oder kurzer starker Niederschlag • Schneeschmelze • Eisstau • Wasserstau und -durchbruch nach Flussabdämmung durch Hangrutschungen oder Bergstürze • Deichbruch • Dammbruch	• Ufererosion • Sedimentdeposition in den Talauen • Kontamination mit Giftstoffen
Sturzflut	• lokaler Starkniederschlag • extrem schneller Wasserspiegelanstieg	• Gerinneerosion • Sedimentation in den Talauen • Hangrutschungen, Schuttlawinen und Murgänge
Sturmflut	• hohe Windgeschwindigkeit mit Windstau und hohem Wasserstand • Tsunamis	• Küstenerosion • Bildung von Küstenbuchten
glaziologisch-kryosphärische Naturgefahren		
Schneelawine	• plötzlicher Abgang von Schneemassen an einem Hang	• Transport großer Felsblöcke und Steine
Gletscherabbrüche	• plötzlicher Abbruch eines Teils des Gletschers als Eislawine	• Hochwasserwelle in einem See oder Fluss
Ausbruch von Gletscherseen	• plötzlicher Ausbruch eines Gletschersees, der sich hinter Moränen des Gletschers gebildet hat	• Hochwasserwelle großer Magnitude • Überflutung der Talauen
Permafrostschmelze	• Auftauen des Dauerfrostbodens	• Destabilisierung von Locker- und Festgestein mit nachfolgenden gravitativen Massenbewegungen (z. B. Felssturz oder Murgang) • Untergrundabsenkung • Destabilisierung von Schutzbauten im Hochgebirge

bisher nicht denkbare Schadensdimensionen durch Überschwemmungen der Flüsse erreicht werden können. Durch die Besiedlung der gewässernahen Bereiche und die wasserbaulichen Eingriffe in die Gerinne und Talauen hat der Mensch die Hochwasserrisiken in den Flusseinzugsgebieten in den letzten Jahrzehnten verschärft (DKKV 2003). Dieser Situation kann nur begegnet werden, wenn zukünftig in sehr viel stärkerem Maße als bisher ein Risikomanagement betrieben wird, das die gefährlichen Überflutungsflächen von Bebauungen frei hält, andernfalls werden sich die Überschwemmungskatastrophen auch in Zukunft nicht eindämmen lassen (ARL 2002, Kleeberg & Moen 2004).

Unter einer **Überschwemmung** bzw. einem **Hochwasser** wird das Ansteigen des Wasserstandes eines oberirdischen Gewässers über einen bestimmten Schwellenwert verstanden. Flussüberschwemmungen treten in den natürlichen Überflutungsgebieten der Talauen auf, während Sturmfluten auf die tief liegenden Küstenstreifen und Flussdeltas beschränkt sind. Sturzfluten finden sich in kleinen und steilen Einzugsgebieten der Hoch- und Mittelgebirge. Das Hochwasser eines Flusses ist Teil des natürlichen Wasserkreislaufes, es wird durch Stark- oder Dauerniederschläge sowie Schnee- und Eisschmelze verursacht, wobei die meteorologischen Ursachen eine weit höhere Bedeutung haben als die Veränderungen des hydraulischen Ablaufes (Abb. 28.2.6).

Das Hochwasser ist von den Eigenschaften des Einzugsgebietes abhängig. In Fließgewässern setzt sich ein Hochwasser längs des Gerinnes als Hochwasserwelle fort. Die an einem Abflussquerschnitt aufgezeichnete Hochwasserwelle wird als Hochwasserganglinie bezeichnet. Einen natürlichen Wasserrückhalt bilden die Kapazität des Bodenspeichers und die Überschwemmungsgebiete in den Talauen. Der Mensch verschärft

die Höhe und den zeitlichen Verlauf einer Überschwemmung durch die Nutzung und Verkleinerung der Überflutungsflächen in den Talauen, den Ausbau der Gewässer und durch die Flächennutzung in den Einzugsgebieten (Parker 2000). Selbst extreme Hochwasser sind eine natürliche Erscheinung von Flusssystemen. Sie waren über Jahrtausende ein ständiger Begleiter des in den Flussauen siedelnden Menschen. Die langfristige Entwicklung des Hochwassergeschehens in Mitteleuropa zeigt, dass in den letzten 1 000 Jahren Phasen deutlich erhöhter Hochwasserfrequenz mit Phasen geringerer Frequenz abwechselnd aufgetreten sind. Die im 20. Jahrhundert erkennbaren Zunahmen der Abflüsse und der Hochwasser waren also auch schon in früheren historischen Phasen zu beobachten (Glaser 2001).

Weltweit ist China das Land mit den schadenreichsten Überschwemmungskatastrophen in den letzten 15 Jahren. Der größte Anteil der kultivierten Fläche des Landes befindet sich auf den natürlichen Überflutungsflächen der großen Flüsse. Auf den natürlichen Überflutungsflächen des Jangtse leben alleine über 75 Millionen Menschen (Abb. 28.2.7). Hier starben im 20. Jahrhundert über 300 000 Menschen durch Hochwasserkatastrophen. Die Hochwasserereignisse der Jahre 1996 und 1998 hatten in Chinas Flussgebieten katastrophale Auswirkungen. Das Hochwasser des Jahres 1998 bedeckte eine Fläche von 320 000 Quadratkilometer, was fast der Fläche Deutschlands entspricht. Insgesamt waren 200 Millionen Menschen direkt davon betroffen. Neben den Katastrophen in den USA (1993, 2005), Korea (1995), Indien/Bangladesch (1993) und Pakistan (2010) ist auch Europa in den letzten 15 Jahren stark von Überschwemmungen betroffen gewesen. Die volkswirtschaftlichen Schäden der Ereignisse in Italien, an der Oder und der Elbe übertrafen die bisherigen Obergrenzen. In Deutschland waren die Schäden der Hochwasserkatastrophe an der Elbe mit mehr als 9 Milliarden Euro die höchsten seit 1990.

Unter einer **Dürre** werden kurz- bis mittelfristige Witterungs- und Klimaerscheinungen verstanden, die sich durch geringe Niederschläge auszeichnen. Dürren sind schleichende Naturgefahren (*creeping* oder *slowonset* Hazards). Sie unterscheiden sich von plötzlich eintretenden Prozessen durch ihre langsame, über Monate oder Jahre dauernde Entwicklung und ihre lang andauernde Existenz, die mehrere Jahre oder Jahrzehnte betragen kann. Ihre räumliche Ausdehnung kann äußerst große Regionen umfassen. Die verursachten Schäden umfassen Wassermangelerscheinungen bei Menschen, Tieren und Pflanzen. Die Landwirtschaft ist durch Dürren besonders betroffen, wodurch vor allem in den Entwicklungsländern die Nahrungsmittelversorgung gefährdet ist. Eine einzelne Dürre hat einen zeitlich be-

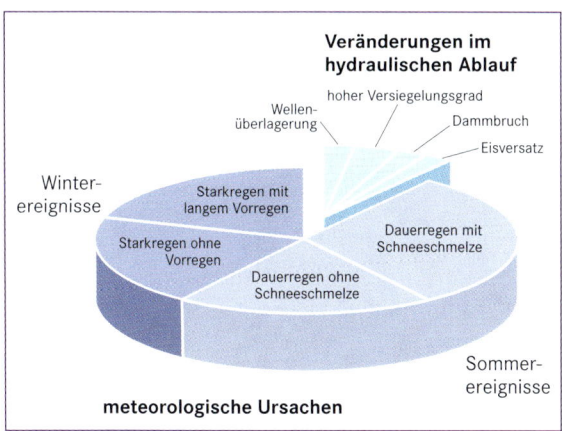

Abb. 28.2.6 Meteorologische und hydraulische Ursachen von Hochwassern (verändert nach Maniak 2004).

Abb. 28.2.7 Schiffsbau und Warentransport auf dem Jangtse bei Nanjing in China 300 km vor der Mündung in das Chinesische Meer. Der Jangtse bildet mit fast 2 Millionen km² das größte Flusseinzugsgebiet Asiens. Die katastrophalen Überschwemmungen des Flusses sollen durch den Drei-Schluchten-Staudamm verhindert werden (Foto: R. Dikau).

grenzten nachteiligen Effekt auf den Zugang und die Verfügbarkeit von Nahrungsmitteln sowohl in ländlichen Gebieten als auch in urbanen Räumen mit starken ländlichen Verbindungen. Eine Dürre kann verheerende Einflüsse auf die Nahrungsmittelsicherheit und die Sicherung des Lebensunterhaltes haben (Kapitel 18).

Dürren sind Naturkatastrophen, die durch spezifische Merkmale gekennzeichnet sind und die besondere Anforderungen an die Frühwarnung erfordern. Zudem stellen sie Naturkatastrophen mit besonders großen Schadenspotenzialen dar. Dies gilt besonders im Zusammenhang mit Hungerkrisen. Es sind Naturkatastrophen von hoher Komplexität, da sie sich langfristig an der Schnittstelle von extrem sensitiven Ökosystemen und stark verwundbaren Gesellschaftssystemen ereignen.

Von zentraler Bedeutung bei der Katastrophenvorsorge sind die Möglichkeiten und Grenzen menschlicher Anpassung an die Risikosituation und die Bewältigung der Krisensituation. Damit haben Dürren besondere Charakteristika der Risikoverminderung. Dürren zerstören nicht direkt Schutzräume, Infrastruktur oder Nahrungsmittelspeicher, ihre Auswirkungen sind kumulativ: Es ist oft sehr schwierig, den Beginn einer Dürre zu erkennen. Erst, wenn deutliche Auswirkungen erkennbar werden, wie etwa Wasser- und Nahrungsmangel, ergibt sich das Bild einer Dürresituation (Abb. 28.2.8). In vielen Regionen der Erde haben Dürren im 20. Jahrhundert zu einer außerordentlich hohen Anzahl von Todesopfern geführt. Die Daten zu Dürreopfern seit 1900 und die auf die Kontinente bezogenen statistischen

Abb. 28.2.8 Ernte einer speziellen Maniokart auf der Mzuzu-Forschungsstation in Malawi, Afrika. Die Nutzpflanze verspricht hohe Erträge und gilt als Nahrungssicherung in Dürreperioden (Foto: FAO / 17747 / A. Conti).

Tabelle 28.2.6 Die drei Dürretypen und ihre wichtigsten Folgen (Quelle: Dikau & Weichselgartner 2005).

primärer Gefahrentyp	Ursache/Charakteristika	sekundärer Gefahrentyp
meteorologische Dürre	• Niederschlagsdefizit und lange Andauer der Trockenperiode im Vergleich zu durchschnittlichen Situationen	
hydrologische Dürre	• Perioden geringer Niederschläge • Defizite des oberflächlichen und unterirdischen Wasserangebotes	• Austrocknung des Bodens und Erhöhung der Erodierbarkeit gegenüber Wind (Dust-Bowl-Effekt) • Krustenbildung und Verringerung der Infiltrationseigenschaften
landwirtschaftliche Dürre	• Folgen des Bodenwasserdefizits in Form zurückgehender oder des Ausfalls landwirtschaftlicher Erträge	

Erhebungen zeigen die hohe Bedeutung insbesondere für Asien und Afrika. In den letzten 30 Jahren waren bei Dürreereignissen in Indien teilweise 300 Millionen Menschen betroffen. Der Sahelstaat Äthiopien war in den Dürrejahren 1974 und 1984 besonders stark tangiert (Wilhite 2000). Unter meteorologischen Gesichtspunkten ist eine Dürre eine normale, sich wiederholende klimatische Erscheinung, die weder selten noch zufällig auftritt und in nahezu allen Klimazonen der Erde zu beobachten ist. Dürren sind temporäre Abweichungen vom mittleren Klimageschehen. Sie werden durch Abweichungen in der allgemeinen atmosphärischen Zirkulation hervorgerufen. Ein Niederschlagsdefizit bewirkt Wasserverknappung; andere Klimaelemente, wie Lufttemperatur, Windgeschwindigkeit oder relative Luftfeuchtigkeit, die in vielen Regionen der Erde in Kombination mit Dürren auftreten, verstärken diese Auswirkungen. Es wird heute vermutet, dass Dürreperioden mit unterdurchschnittlich tiefen Oberflächentemperaturen des Atlantischen Ozeans nördlich 40° Nord zusammenhängen. Das El-Niño-Phänomen ist ein weiterer Grund für Dürreperioden. Es ist heute bekannt, dass sich die Eintrittswahrscheinlichkeit für Dürrekatastrophen im zweiten Jahr nach einer El-Niño-Periode verdoppelt. So war die weltweite Dürre in den Jahren 1982 bis 1983 mit einem solchen Ereignis gekoppelt. Im Allgemeinen unterscheidet man drei unterschiedliche **Dürretypen** (Wilhite 2000): die meteorologische Dürre, die hydrologische Dürre sowie die landwirtschaftliche Dürre (Tab. 28.2.6).

Hungerkatastrophen durch Dürren werden als die extremste Form der landwirtschaftlichen Dürre bezeichnet (Bohle 2001). Sie führen nicht nur zur Zerstörung der Feldfrüchte, sondern bei unzureichender Vorsorge auch zum Aufbrauchen der Nahrungsmittelreserven. Ob eine meteorologische Dürre tatsächlich zu einer Katastrophe wird, hängt somit von Lebensmittelangebot und -nachfrage ab. Im extremsten Fall erleiden Hunderttausende oder gar Millionen von Menschen den Hungertod. Heute treten Hungerkatastrophen in erster Linie in semiariden Gebieten auf. Obwohl die Nahrungsmittelknappheit als der primäre Grund der Hungerkatastrophe angesehen wird, sind ihre Auswirkungen von sozioökonomischen und gesundheitlichen Bedingungen bzw. der **Verwundbarkeit einer Gesellschaft** abhängig. Die „sozioökonomische Dürre" tritt dann auf, wenn im Zeitraum einer meteorologischen Dürre die Güternachfrage das Angebot übersteigt. Ein weiterer Faktor der Verwundbarkeit einer Gesellschaft gegenüber Dürreereignissen besteht in dem Maß der Bereitstellung von sauberem Trinkwasser, sanitären Anlagen und der Gewährleistung der allgemeinen Gesundheitsversorgung. Durch Wanderungsbewegungen in die städtischen Verdichtungsräume können Dürreereignisse zu Destabilisierungen der Gesellschaft führen. So zogen in Nordostbrasilien nach der Dürre von 1985 über 1 Million Menschen, überwiegend Männer, von den ländlichen Regionen in die städtischen Agglomerationen und trugen wesentlich zur Vergrößerung der großstädtischen Armenviertel bei. Die Bedingungen und Faktoren der menschlichen Gesellschaften zu betrachten, ist somit unerlässlich, um Dürrekatastrophen zu verstehen. Die Dürrekatastrophen der Jahre 1991 bis 1992 im südlichen Afrika, die mehr als 20 Millionen Menschen betroffen haben, oder die der Jahre 1999 bis 2000 in Äthiopien mit 10 Millionen Betroffenen traten in gesellschaftlichen Situationen hoher Verwundbarkeit auf. So war die Verwundbarkeit der Bevölkerung in Äthiopien in diesen Jahren durch die ländliche Armut, zunehmende Bodenzerstörung und den Krieg mit Eritrea besonders hoch (Kapitel 18).

Naturgefahren der festen Erde und ihrer Grenzfläche

Naturgefahren der festen Erde und ihrer Grenzfläche basieren auf geologisch-geomorphologischen Prozessen und Phänomenen, die der tiefen Lithosphäre und der Reliefsphäre, also der Oberfläche des Erdkörpers und der oberflächennahen Lithosphäre, angehören (Tab.

Tabelle 28.2.7 Geologisch-geomorphologische Prozesse und Naturgefahren.

primärer Gefahrentyp	Ursache/Charakteristika	sekundärer Gefahrentyp
Erdbeben	• Deformation und Bruch der starren Lithosphärenplatten durch plattentektonische Prozesse	• Tsunamis • Bodenverflüssigung • gravitative Massenbewegungen (Hangrutschungen, Felslawinen) • Schneelawinen
Vulkaneruption	• ruhiger oder explosionsartiger Austritt von Magma an die Erdoberfläche	• Tsunamis • gravitative Massenbewegungen (Lahare, Rutschungen) • Ascheflug und -regen
Tsunami	• ozeanische Welle, verursacht durch Senkung und Hebung des Meeresbodens (Erdbeben), Kollaps von Vulkanflanken, Vulkaneruptionen und untermeerische Rutschungen	• Küstenerosion • Materialumlagerung im Küstenbereich • Materialumlagerungen und Ufererosion in küstennahen Flüssen
Bodenerosion	• schleichender flächenhafter oder plötzlicher linearer Bodenabtrag auf landwirtschaftlichen Nutzflächen durch Wasser oder Wind	• Verlust der Bodenproduktivität und Nahrungsproduktionsgrundlage • Gewässerbelastung
gravitative Massenbewegungen	• bruchlose und bruchhafte hangabwärts gerichtete Verlagerungen von Fels- und/oder Lockergesteinen unter Wirkung der Schwerkraft	• Flutwelle in Gewässern nach Einfahren der Massen • Abdämmung von Flüssen mit der Gefahr des Dammbruches
Bergsenkungen	• Senkungen des Geländes durch Untertagebergbau oder Lösung von Gestein	• Überschwemmungen durch Fluss- und Deichsenkung
Küstenerosion und -akkumulation	• Ab- und Antransport von Sediment durch Wellentätigkeit • Meeresströmungen • Zerstörung des natürlichen Küstenschutzes durch menschliche Eingriffe durch Entfernung der Mangrovenwälder	• Erhöhung der Energie nachfolgender Wellen mit verstärkter Erosion
Flusserosion und -akkumulation	• An- und Abtransport von Sedimenten durch fluviale Prozesse	• Zunahme der Küstenerosion durch Abnahme der Flusssedimenttransporte an die Küste (Staudammbau im Landesinneren)

28.2.7). Die Lithosphäre bildet die äußere Schale der Erde und besitzt auf den Kontinenten eine Mächtigkeit von 100 bis 200 Kilometern. Sie ist zwar elastisch, wird aber bei starken Deformationen durch Erdbeben verformt und bricht, wenn Schwellenwerte ihrer Verformbarkeit überschritten werden. Die Lithosphäre umfasst die kontinentale und die ozeanische Erdkruste. Unterhalb der Lithosphäre schließt sich die weichere Asthenosphäre an, auf der die lithosphärischen Platten schwimmen (Kapitel 10.2). Aus ihrer Verschiebung resultieren Erd- und Seebeben sowie Vulkaneruptionen, die zahlreiche sekundäre Naturgefahren nach sich ziehen.

Die Naturgefahren der Reliefsphäre werden durch Prozesse hervorgerufen, die an der Erdoberfläche und in der oberflächennahen Lithosphäre stattfinden. Die obersten Meter der Lithosphäre bestehen aus Fest- oder Lockergestein. Die Erdoberfläche stellt eine Grenzfläche zwischen Lithosphäre und Atmosphäre sowie Hydrosphäre und Kryosphäre dar und ist durch Prozesse gekennzeichnet, die eine hohe Variabilität aufweisen. Dies betrifft nicht nur die physikalischen Ursachen der Prozesse, sondern auch die Plötzlichkeit des Ereignisbe-

ginns und den Prozessverlauf. So können sich Bergstürze unerwartet ereignen und innerhalb von Sekunden den Talboden erreichen, während die schleichenden Vorgänge der Bodenerosion Jahrzehnte oder gar Jahrtausende andauern können (Tab. 28.2.2).

Erdbeben sind eine natürliche Folge der Plattentektonik. Verursacht durch Konvektionsprozesse im Erdmantel bewegen sich die mosaikartig angeordneten Platten der Erdkruste gegeneinander, aneinander vorbei oder übereinander (Kapitel 10.2). An diesen Berührungszonen bauen sich Spannungen auf, die sich plötzlich durch Freisetzung von Deformationsenergie in Form seismischer Bruch- und Versatzvorgänge entladen. Durch diese Stauauflösung bricht das Gestein und kann an der Bewegungsfläche bis zu einige Meter verschoben werden. Die dabei entstehenden Erschütterungen werden Erdbeben genannt, die sich als seismische Wellen vom Erdbebenherd (Hypozentrum) ausbreiten und als Amplitude von Seismographen aufgezeichnet werden können (Schneider 2004). Der seismische Herdprozess bewirkt die Ausbreitung einer Deformation des Gesteins in Form von mechanischen Wellen, die mit den

Schallwellen vergleichbar sind. Wenn die Welle ein Medium durchläuft, werden die Teilchen parallel zur Ausbreitungsrichtung bewegt. Diese erste Welle wird Primärwelle oder P-Welle genannt und ist der erste Ausschlag eines Seismometers. Die nach der P-Welle eintreffende langsamere Sekundärwelle oder S-Welle bewirkt eine Teilchenbewegung senkrecht zur Ausbreitungsrichtung der P-Welle. Sie tritt nur in festen Materialien auf. Die im Erdbebenherd auftretenden Verschiebungen übertragen sich auf die Herdumgebung im Erdinneren durch seismische Bodenbewegungen. Diese Bewegungen werden in Bodenverschiebungen (Maßeinheit: m), Bodengeschwindigkeiten (Maßeinheit: m/s) und Bodenbeschleunigungen (Maßeinheit: m/s^2) unterteilt. Während die Magnitude eines Erdbebens ein Maß für die freigesetzte Energie ist, beschreibt die Intensität eines Erdbebens, wie sich diese Energie auf der Erdoberfläche auswirkt (Zschau et al. 2001). Diese Erdbebenwirkungen sind von zahlreichen Faktoren abhängig. Sie reichen von der persönlichen Wahrnehmung unterschiedlich starker Vibrationen des Untergrundes über sichtbare Schwingungen von Gebäuden und der Bewegung von Gegenständen des täglichen Lebens bis hin zur mechanischen Beschädigung oder Zerstörung von Gebäuden und Deformationen des Untergrundes. Um diese Intensitäten systematisch klassifizieren zu können, sind in den letzten Jahrzehnten zahlreiche makroseismische Intensitätsskalen entwickelt worden, die regional verschieden eingesetzt werden, wie die modifizierte **Mercalliskala** oder die japanische Intensitätsskala. Die modifizierte Mercalliskala und die Europäische Makroseismische Skala (EMS) bestehen jeweils aus zwölf Intensitätsstufen, deren Werte die Erdbebenwirkungen nach einem Beben beschreibend klassifizieren. Diese Beurteilung ist ein Bestandteil der Bewertung von Erdbebenrisiken. Eine Einteilung der makroseismischen Skalen erfolgt nach den Kriterien der physiologischen Wahrnehmung, der Wirkung an Bauwerken und der Veränderungen der Geländeoberfläche.

Die Verwundbarkeit der Risikoelemente ist bei Erdbebenprozessen in erster Linie auf die Substanz von Bauwerken bezogen. Die Erdbeben von Port-au-Prince (2010), Kobe (1995), Izmit (1999) und Chi-Chi (1999) haben die besondere Verwundbarkeit von Großstädten deutlich werden lassen. Durch das gewaltige Schadenspotenzial führen hier selbst weniger starke Beben zu massiven Schäden. Deutlich wurden diese Probleme beim Izmit-Beben in der Türkei. Die Stadt ist Teil eines 100 Kilometer langen Siedlungsbandes an der Marmaraküste, das zur Siedlungsfläche von Istanbul zu rechnen ist. Seit 1990 ist dieses Gebiet um 3 Millionen Einwohner gewachsen mit Einbußen an der Bauqualität. Weiterhin führte die Profitgier einiger Bauunternehmer zur Missachtung baulicher Standards, sodass teilweise ältere Wohngebäude von ärmeren Bevölkerungsteilen das Beben besser überstanden haben als die neuen Apartmenthäuser der Mittelschicht. Die Erdbeben von Bam (Iran) 2003, in Nordpakistan 2005 und in Haiti 2010 zeigen die besondere Gefährdungsexposition von Stein- und Lehmziegelhäusern geringer Stabilität. Das Erdbeben in Haiti vom 12. Januar 2010 führte bei einer Magnitude von 7,0 zu mehr als 250 000 Toten, etwa 300 000 Verletzten und 1,2 Millionen Obdachlosen (Abb. 28.2.9).

Zu den Naturgefahren der festen Erde gehören neben Erdbeben auch **Seebeben**: Die Tsunamikatastrophe am 26. Dezember 2004 im Indischen Ozean hat die hohe Verwundbarkeit bestimmter Küstenzonen der Erde

Abb. 28.2.9 Zerstörter Präsidentenpalast in Port-au-Prince einen Tag nach dem Erdbeben vom 12. Januar 2010 (Foto: Logan Abassi / UNDP Global).

 **Exkurs 28.2.2**

Tsunamis – Entstehung, Dynamik, Ausmaß und Überlieferung

Andreas Vött

Als Tsunamis bezeichnet man episodische Wellenereignisse, die sowohl in großen ozeanischen Becken als auch in kleineren Randmeeren auftreten können. In **Japan**, wo Tsunamis verhältnismäßig häufig zu beobachten sind, wurden sie namengebend für das Phänomen (*tsunami* = japanisch für Hafenwelle). Auf dem offenen Meer sind Tsunamis durch außerordentlich große Wellenlängen von bis zu 100 bis 200 km und Geschwindigkeiten von bis zu 800 bis 1 000 km/h gekennzeichnet; beide Größen verringern sich allerdings rasch mit abnehmender Wassertiefe (Nott 2006). Im Gegensatz zu Sturmwellen, die durch Wind entstehen und lediglich die obersten Bereiche des Meeres in Bewegung versetzen, umfasst die tsunamig bewegte Wassermasse die gesamte Wassersäule zwischen Ozeanboden und Meeresoberfläche. Während Tsunamis fern von der Küste meist kaum merkliche Meeresspiegelschwankungen verursachen, die deutlich unter 1 m liegen, werden die Wassermassen beim Auflaufen auf Schelf und Küsten stark abgebremst und aufgesteilt (Bryant 2001). Dabei verringert sich die Wellengeschwindigkeit auf 30 bis 40 km/h in unmittelbarer Küstennähe (Scheffers 2008).

Bei der Beschreibung der Auswirkungen eines Tsunamis an Land unterscheidet man zwischen der maximalen Wasserauflaufhöhe (*runup*), das ist die von den Tsunami-Wassermassen maximal erreichte Geländehöhe über Meer, und der maximalen Höhe der überflutenden Wassersäule an einem bestimmten Punkt der Küste (*inundation* oder *flow depth*). Im Verlauf des Tsunamis vom 17. Juli 2006 auf Java wurde ein *runup* bis 21 m über Meer und eine Überflutungshöhe von maximal 8 m erreicht (Fritz et al. 2007). Der **generelle Ablauf** eines Tsunamis kann in drei Phasen eingeteilt werden. In der ersten Phase folgt einem initialen, temporären Wellental und der damit einhergehenden partiellen Freilegung des küstennahen Meeresgrunds das turbulente Anbranden der ersten Tsunami-Welle. Es folgt die zweite Phase, während der sich der Wasserstand an der Küste kontinuierlich erhöht und vorwiegend laminares landeinwärtiges Fließen vorherrscht. In der dritten Phase folgt auf einen kurzen Moment des Wasserstillstands der laminar bis örtlich turbulent vonstatten gehende Rückfluss ins Meer (*backwash*). Für die Beschreibung der Tsunami-Dimension ist zudem von Bedeutung, wie weit die überflutenden Wassermassen während der zweiten Phase ins Landesinnere hineinreichen (*inundation distance*); beim *Indian-Ocean*-Tsunami vom 26. Dezember 2004 wurden an der Westküste Sumatras Werte von bis zu 5 km erreicht (Borrero 2005). Während es sich bei Tsunamis aus unserer heutigen Sicht um *high-magnitude/*

low-frequency-Ereignisse handelt, stellen windgenerierte Stürme *mid-to-high-magnitude/high-frequency*-Ereignisse dar. Bei Ersteren werden im Zuge weniger eintreffender Wellen sehr große Wassermassen auf die Küste zu und über sie hinweg geschoben, während Letztere mit deutlich geringeren Wellenlängen und damit mit geringeren Mengen bewegten Wassers verbunden sind, die zumeist eine geringere Reichweite ins Landesinnere bedingen (Nott 2006).

Die meisten Tsunamis entstehen in Gebieten hoher seismo-tektonischer Aktivität in Verbindung mit Erd- oder Seebeben. Als potenziell tsunamigen werden Erdbeben ab einer Stärke von M 7 auf der nach oben offenen Richter-Skala betrachtet (Kelletat 2002). Flache Erdbeben, die entlang von Störungszonen einen vertikalen Krustenversatz von mehreren Metern verursachen, gelten als häufigste **Auslöser** von Tsunamis. Tsunamis können jedoch auch anderweitig entstehen, zum Beispiel durch submarine Massenbewegungen in Verbindung mit Erdbeben, durch Felsstürze und Bergrutsche, durch Vulkanausbrüche oder den Flankenkollaps von Vulkanen, durch kurzfristige Luftdruckschwankungen (sogenannte Meteo-Tsunamis) oder durch Meteoritenimpakte. Vor dem Hintergrund der Tatsache, dass rund 70 Prozent der Erdoberfläche wasserbedeckt sind und kosmische Impakte deutlich häufiger eintreten als angenommen, wird die letztgenannte Ursache als Tsunami-Auslöser wahrscheinlich gemeinhin unterschätzt (Gusiakov et al. 2010).

In alten Kulturregionen sind Tsunamis in vielfältiger Form seit Jahrtausenden mündlich überliefert, als Mythen tradiert oder in historischen Quellen schriftlich manifestiert. Für den Mittelmeerraum sind seit der Bronzezeit Hunderte von Tsunamis bekannt und in historischen Katalogen verzeichnet. Beispielsweise beträgt entlang des Hellenischen Bogens, des seismo-tektonisch aktivsten Elements im Mittelmeerraum, das statistische Wiederkehrintervall für Tsunamis, unabhängig von ihrer Größe, nur 8 bis 11 Jahre (Soloviev et al. 2000, Schielein et al. 2007).

Seit dem katastrophalen Tsunami-Ereignis am 26. Dezember 2004 in Südostasien ist die Tsunami-Forschung deutlich intensiviert geworden. In der Zwischenzeit sind weltweit an zahlreichen Stellen Tsunami-Ablagerungen sedimentologisch-geomorphologisch untersucht und charakterisiert worden (Dawson & Stewart 2007). Ein derzeit kontrovers diskutiertes Problem stellt die generelle Unterscheidbarkeit von Sturm- und Tsunami-Ablagerungen im sedimentologischen Kontext dar (Morton et al. 2007, Switzer & Jones 2008). In diesem Zusammenhang sind der regionalgeographische Kontext, die räumlichen Dimensionen, stratigraphische Korrelationen und die reliefabhängige Variabilität von Ereignissedimenten von entscheidender Bedeutung. In der Karibik können beispielsweise Hurrikane mit temporären Meeresspiegelhochständen (sogenannten *storm surges*) einhergehen. Die dadurch bedingten Überflutungen sind in Ausmaß, Dynamik und sedimentärer Überlieferung jener von Tsunamis durchaus ähnlich (Buynevich & Donnelly 2006). Im

Mittelmeer können Überflutungen vergleichbaren Ausmaßes nur von Tsunamis verursacht werden, da Stürme dieser Größenordnung dort nicht vorkommen (Vött et al. 2010a). In Verbindung mit jüngeren Tsunami-Ereignissen geben Modellierungsergebnisse wertvolle Auskunft über Transportmechanismen und die spezifische Küstengefährdung (Paris et al. 2010).

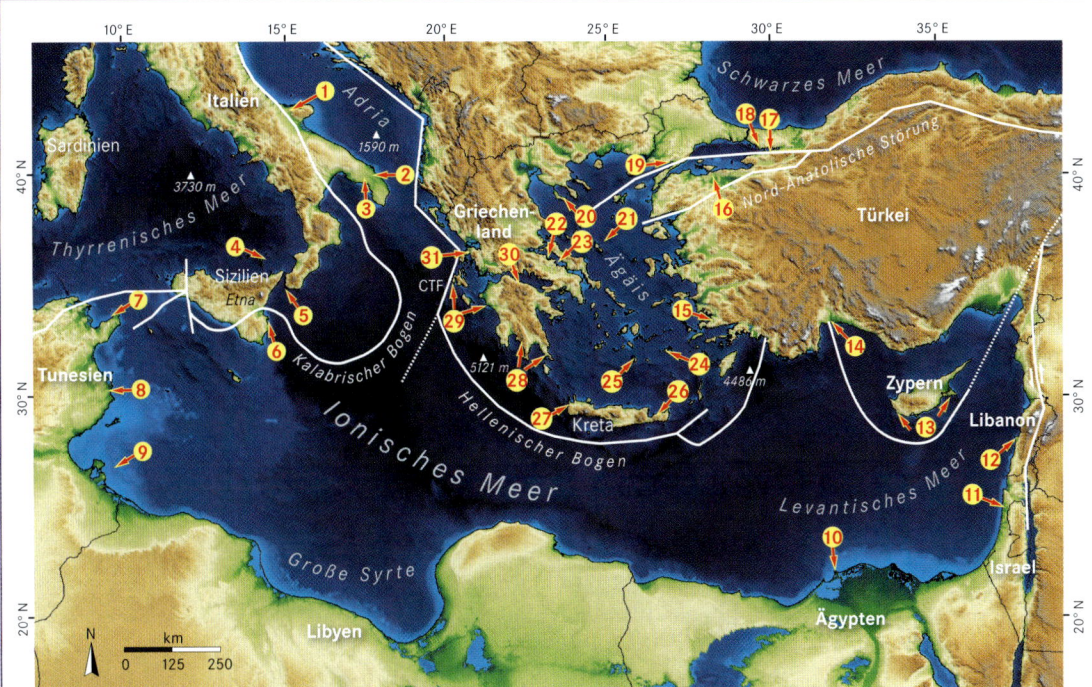

1 Gianfreda et al. (2001) Natural Hazards and Earth System Sciences 1: 213–219; De Martini et al. (2003) Annals of Geophysics 46: 883–902
2 Mastronuzzi & Sansò (2004) Quaternary International 120: 173–184
3 Mastronuzzi & Sansò (2000) Marine Geology 170: 93–102; Pignatelli et al. (2009) Marine Geology 260: 6–18
4 Pino & Boschi (2009) Geophysical Research Letters 36: L09305
5 Pantosti et al. (2008) Geophysical Research Letters 35: L05311; Favalli et al. (2009) Geophysical Research Letters 36: L16304
6 Barbano et al. (2010) Marine Geology 275: 140-154; De Martini et al. (2010) Marine Geology 276: 42-57; Scicchitano et al. (2010) Zeitschrift für Geomorphologie N.F., Suppl. Issue 54/3: 51-77; Smedile et al. (2011) Marine Geology http://dx.doi.org/10.1016/j.margeo.2011.01.002
7 May et al. (2010) Coastline Reports 16: 1–10
8 Wood (1994) Quaternary Science Reviews 13: 513–516; Stewart & Morhange (2009) In: Woodward (ed.) Physical Geography of Mediterranean, 385–413
9 Frébourg et al. (2010) Sedimentary Geology 224: 38–48
10 Bernasconi et al. (2006) The Holocene 16: 1163–1176; Stanley & Bernasconi (2006) Journal of Coastal Research 22: 283–297
11 Reinhardt et al. (2006) Geology 34: 1061–1064; Goodman-Tchernov et al. (2009) Geology 37: 943–946
12 Morhange et al. (2006) Zeitschrift für Geomorphologie N.F., Suppl. Vol. 146: 81–95
13 Kelletat & Schellmann (2002) Zeitschrift für Geomorphologie N.F., Suppl. Vol. 137: 19–34
14 Kelletat (2005) Schriften des Arbeitskreises Landes- und Volkskunde Koblenz 4: 1–14
15 Minoura et al. (2000) Geology 28: 59–62

16 Leroy et al. (2002) Marine Geology 190: 531–552
17 Altinok et al. (2001) Natural Hazards 24: 133–146
18 Özaksoy et al. (2010) Tectonophysics 487: 33–45
19 Erginal et al. (2009) Turkish Journal of Earth Sciences 18: 465–474
20 Reicherter et al. (2010) Zeitschrift für Geomorphologie N.F., Suppl. Issue 54/3: 99-126
21 Pavlopoulos et al. (2010) Quaternary International 216: 41–53
22 Cundy et al. (2010) Marine Geology 271: 156–164
23 Pirazzoli et al. (1999) Physics and Chemistry of the Earth (A) 24: 361–367; Cundy et al. (2000) Marine Geology 170: 3–26
24 Dominey-Howes et al. (2000) Marine Geology 163: 303–315
25 McCoy & Heiken (2000) Pure Applied Geophysics 157: 1227–1256
26 Bruins et al. (2008) Journal of Archaeological Science 35: 191–212
27 Pirazzoli et al. (1992) Geoarchaeology 7: 371–392; Scheffers & Scheffers (2007) Earth and Planetary Science Letters 259: 613–624
28 Scheffers et al. (2008) Earth Planetary Science Letters 269: 271–279
29 Vött et al. (2010) Zeitschrift für Geomorphologie Suppl Issue 54/3: 1–50, Vött et al. (2011) Die Erde (accepted)
30 Kontopoulos & Avramidis (2003) Quaternary International 111: 75–90; Alvarez-Zarikian et al. (2008) Journal of Coastal Research 24: 110–125
31 May et al. (2007) Coastline Reports 9: 115–126; Vött et al. (2008) Quaternary International 181: 105–122; Vött et al. (2009a) Global and Planetary Change 66: 112–128; Vött et al. (2009b) Zeitschrift für Geomorphologie Suppl. Issue 53/1: 1–34, Vött et al. (2010) Quaternary International doi http://dx.doi.org/10.1016/j.quaint.2010.11.002

Abb. 1 Geologisch-sedimentologische Belege für holozäne Tsunami-Ereignisse im östlichen Mittelmeerraum. Die meisten Befunde liegen für das Ionische Meer und die Ägäis im Umfeld des Hellenische Bogens bzw. der Nordanatolischen Störungszone vor. Letztere stellen die seismo-tektonisch aktivsten Regionen des Mittelmeerraumes dar (verändert nach Vött & May 2009).

Fortsetzung

---Fortsetzung---

Die **Paläotsunami-Forschung** beschäftigt sich mit der Erfassung, Rekonstruktion und Modellierung von Tsunami-Ereignissen der Vergangenheit. Für viele Regionen, insbesondere dort, wo Tsunamis in großen zeitlichen Abständen vorkommen, stellt dies die einzige Möglichkeit dar, besonders gefährdete Küstenbereiche zu erkennen und Vorsorgemaßnahmen zu treffen (Mastronuzzi et al. 2010). Im Nachgang zum *Indian-Ocean*-Tsunami 2004 wurde beispielsweise festgestellt, dass sich in den vergangenen Jahrhunderten an Küstenabschnitten Thailands bereits mehrere Ereignisse ähnlicher Dimension ereignet haben (Jankaew et al. 2008). Im sedimentologisch-geomorphologischen Kontext können Tsunamis auf vielfältige Weise überliefert werden (Shiki et al. 2008). Auf der Grundlage von Untersuchungen zu Paläotsunamis im Mittelmeerraum wurden vier unterschiedliche Kategorien von **Tsunami-Ablagerungen** ausgegliedert (Vött & May 2009). Zur ersten Kategorie zählen tsunamigen dislozierte Mega-Blöcke mit einem Gewicht von bis zu 75 t (Scheffers & Scheffers 2007) und Felder verstreut liegender Steine, die aus dem Festgesteinslittoral stammen und bis in Höhen von weit über 10 m über dem heutigen Meeresspiegel verfrachtet wurden. Im Mittelmeerraum belegen dislozierte Mega-Blöcke einen über das sturmbedingte Maß deutlich hinausgehenden tsunamigenen Hochenergieeinfluss,

während im amerikanisch-karibischen oder pazifischen Raum auch Beispiele für sturmbewegte Großblöcke existieren; hier ist eine Unterscheidung mitunter schwierig, aber möglich (Goto et al. 2010, Khan et al. 2010). Die zweite Kategorie umfasst allochthone Grobklastika- und Sandlagen, die in homogenen, feinkörnigen Ablagerungen küstennaher Gewässer eingeschaltet vorliegen können. Zeigen sie durch ihren Fossilgehalt eine marine Herkunft an und liegen sie weit von der Küste entfernt, beispielsweise in einem originären Süßwasser-Environment, dann liegt ein klarer Beleg für tsunamigenen Einfluss vor (Vött et al. 2009a, 2009b). Von besonderem Vorteil ist, dass diese Hochenergielagen durch häufig darunter und darüber befindliche organikreiche Ablagerungen gut mittels Radiokohlenstoffmethode datierbar sind (sogenanntes *sandwich dating*). Durch neuere Untersuchungen im geowissenschaftlich-archäologischen interdisziplinären Verbund sind Ablagerungen der dritten Kategorie, nämlich geoarchäologische Ereignislagen, ermittelt worden. Sie stellen in erster Linie *backwash*-Sedimente dar, sind ein buntes Gemisch aus marinem Material (Muschelbruch, Schneckenfragmente, Foraminiferengehäuse, Sand, Strandgerölle), terrestrischen Ablagerungen (kantige Steine, Bodenpartikel) und Kulturschutt (Keramikbruchstücke, Mauerfragmente, Knochen) und sind weder fluvialen, kolluvialen

Abb. 2 Dislozierte Großblöcke auf Bonaire, Niederländische Antillen (Karibik). Die Blöcke stammen ursprünglich aus der Klifffront und sind durch ein- oder mehrfachen Hochenergietransport in ihre heutige Position gelangt. Sie liegen rund 5 m über dem heutigen Meeresspiegel und bis zu mehrere Hundert Meter landeinwärts (Foto: A. Vött).

gegenüber dieser Naturgefahr gezeigt (Exkurs 28.2.2). Der Tsunami wurde durch ein Seebeben der Magnitude 9,0 vor der Nordwestküste Sumatras ausgelöst. Dieses Gebiet gehört zu den weltweit wichtigsten Entstehungsgebieten von Tsunamis, die in diesem Teil der Erde keine Seltenheit darstellen. Im Jahre 1992 wurde durch ein Erdbeben vor der weiter östlich gelegenen Insel Flores ein Tsunami ausgelöst, der mit einer Wellenhöhe von 26 Metern über 1 000 Menschen tötete. Auf Java und Mondoro forderte eine Flutwelle im Jahr 1994 zahlreiche Todesopfer, auf Papua Neuguinea starben 1996 bei einer 15 Meter hohen Welle 3 000 Menschen. Auch an den

Küsten Europas treten Tsunamis auf. Die aktivste Region ist das Mittelmeer, durch das die Grenze der Eurasischen und der Afrikanischen Platte verläuft. Durch Auswertungen historischer Archive und auf Basis zahlreicher Geländebefunde an den Küstensedimenten sind für die letzten 2 000 Jahre mindestens 20 starke Tsunami-Ereignisse im Mittelmeer nachgewiesen worden (Scheffers 2002, Kelletat & Scheffers 2004). Diese Auswahl betrifft lediglich die stärkeren Ereignisse, die bisher sicher belegt werden konnten.

Starke Tsunami-Wellen sind in der Lage, die Fundamente großer Bauwerke, wie Brücken oder Schutzwälle

noch hangdenudativen Ursprungs. Bruins et al. (2008) beschreiben einen solchen geoarchäologischen Tsunamit von Nordost-Kreta, der dem Tsunami im Zusammenhang mit dem Ausbruch des Santorini-Vulkans im 17. Jahrhundert v. Chr. zugeordnet werden kann. Die vierte Kategorie wurde erst jüngst an unterschiedlichen Küstenabschnitten Westgriechenlands entdeckt (Vött et al. 2010b); hierbei handelt es sich um **Beachrock** sensu stricto, welcher nicht, wie bislang gedacht, ein zementiertes autochthones Strandsediment darstellt, sondern den unteren Teil eines Tsunamits. Dieser wurde ursprünglich deutlich oberhalb des damaligen Meeresspiegels abgelagert. Durch den Einfluss atmosphärischen Wassers fand in den oberen Bereichen eine perkolationsabhängige Entkalkung und Verbraunung statt, während untere Tsunamit-Abschnitte durch Wiederausscheiden verlagerten Karbonats zementiert wurden. Der seither gestiegene Meeresspiegel hat zwischenzeitlich die losen oberen Partien abgetragen und den zementierten unteren Tsunamit-

abschnitt als vermeintlichen Beachrock freigelegt. Im Licht dieser Ergebnisse muss nun überprüft werden, ob und wenn ja, welche der weltweit zahlreichen Beachrock-Vorkommen ebenfalls tsunamigenen Ursprungs sind.

Seit mehreren Jahren ist im pazifischen Raum ein **Tsunami-Frühwarnsystem** im Einsatz. Nach dem *Boxing-Day-Indian-Ocean*-Tsunami vom 26. Dezember 2004 ist ein unter Mitwirkung Deutschlands entwickeltes System im Indischen Ozean installiert worden (Lauterjung et al. 2009). Dass das kollektive Gedächtnis der Menschheit im Hinblick auf Tsunamis leicht vergesslich ist, zeigt die Tatsache, dass die Notwendigkeit eines Frühwarnsystems für den Mittelmeerraum lange ignoriert wurde, obwohl im Zuge von Ereignissen der jüngeren Geschichte (1783 Süditalien, 1908 Straße von Messina, 1999 Izmit; NGDC 2010) Zehntausende von Menschen ums Leben gekommen sind. Seit wenigen Jahren existiert nun auch für das Mittelmeer ein auf internationaler Ebene etabliertes Frühwarnsystem (IOC 2010).

Abb. 3 Tsunami-Ablagerung des *Indian-Ocean*-Tsunami vom 26. Dezember 2004 am Kap Pakarang, Thailand. Die rund 20 cm mächtige tsunamigene Landüberdeckung zeigt innerhalb von nur 5 m eine erstaunliche sedimentologische Vielfalt. Neben wenig sortierten grobklastischen Einheiten (linker Bildrand) finden sich Partien integrierten Bauschutts und Reste älterer Bodenbildungen (Bildmitte) sowie gut sortierte und teilweise deutlich laminierte Sandschichten (rechter Bildrand). Zudem sind an der Oberfläche der allochthonen Sedimentschicht sedimentär verfüllte Rinnen zu erkennen, die im Zuge des Wasserrücklaufs (*backwash*) entstanden sind (Bildmitte). Der im Jahr 2004 noch an der Oberfläche befindliche Boden ist oberflächlich durch eine scharfe Erosionsdiskordanz gekennzeichnet (Foto: A. Vött).

zu erodieren und zu zerstören. In Häfen können Schiffe, Kaianlagen und die Infrastruktur beschädigt oder zerstört werden. Häfen sind selbst bei kleinen Tsunami-Wellen äußerst verwundbar, ebenso wie Ölraffinerien und andere industrielle Anlagen. Oft entstehen dann Sekundärfolgen wie chemische Wasserverschmutzungen.

Als dritte Naturgefahr der festen Erde und ihrer Grenzfläche sind Vulkaneruptionen zu nennen: Vulkane gehören zu den natürlichen Erscheinungsformen der tektonischen Entwicklung der Erdkruste (Kapitel 10.2). Weltweit sind heute über 500 aktive Vulkane bekannt, von denen pro Jahr etwa 50 ausbrechen (Simkin & Sie-

bert 1994). Die Verteilung von Vulkanen auf der Erde zeigt ein bestimmtes Verbreitungsmuster, das an den tektonisch vorgegebenen Plattengrenzen der Lithosphäre orientiert ist. 80 Prozent aller Vulkane der Erde sind an konvergierende und 15 Prozent an divergierende Plattengrenzen gebunden. Die weltweit bedeutendsten Vulkangebiete umfassen die den Pazifischen Ozean umgebenden vulkanischen Inselbögen und ozeanische Gräben. Diese Zone wird als Pazifischer Feuerring (*pacific ring of fire*) bezeichnet. In diesem Ring liegen etwa 65 Prozent aller in den letzten 10 000 Jahren aktiven Vulkane der Erde: Dazu gehören die Vulkanketten der südamerikanischen Anden, der Westküste der USA und Kanadas sowie der Inselbogen der Aleuten, die Kurilen, Japan, die Philippinen und die südostasiatischen Inselbögen sowie die südwestpazifischen Inselgruppen. Hier sind die explosivsten Vulkane der letzten Jahrhunderte angesiedelt: der Krakatau (Indonesien) 1883, der Mt. St. Helens (Westküste der USA, Abb. 28.2.10) 1980, der Pinatubo (Philippinen) 1991 und der Merapi (Indonesien) 1994.

In diesen Zonen dringt Magma durch die lithosphärische Kruste auf und fließt als Lava aus, die an der Erdoberfläche erstarrt. Das Magma besteht aus einer Mischung von Gesteinsschmelze und Gasen. Die Magnitude oder Explosivität einer Eruption wird von den chemischen Eigenschaften dieser Mischung und ihrer Zähigkeit (Viskosität) bestimmt. Je mehr Siliziumdioxid (SiO_2) die Schmelze enthält, desto explosiver ist die vulkanische Eruption. Durch ihren hohen SiO_2-Gehalt gehören die Vulkane in den Subduktionszonen zu den explosivsten der Erde.

Die Naturgefahr durch Vulkanausbrüche wird durch unterschiedliche Auswurfprodukte des Vulkans bestimmt, die während der Eruption freigesetzt werden (Abb. 28.2.11). Dazu zählen folgende (Schmincke 2000):

- vulkanische Gase: vom Magma und der Lava mitgeführte flüchtige gelöste Bestandteile (Wasserdampf, CO_2, H_2, CO, SO_2, H_2S), die während der Eruption austreten.
- Lavaströme: das an der Erdoberfläche ausströmende Magma. Als Lava wird sowohl die Gesteinsschmelze als auch das erstarrte Gestein bezeichnet.
- pyroklastischer Strom: heiße Glutlawine, aus der heiße Glutwolken aufsteigen, die aus einer Mischung von Bims und Asche oder sehr feinen Lavablöcken bestehen. Sie bewegen sich mit hoher Geschwindigkeit die Vulkanflanken hinab. Eine Unterteilung erfolgt in Ignimbrit, Glutlawinen, Glutwolken, Aschenstrom und Bodenwolke (*base surge*).
- pyroklastischer Fall: vulkanisches Lockermaterial (Pyroklasten), das bei Eruptionen durch die Luft transportiert und abgelagert wird. Pyroklasten bestehen aus Bims, Gesteinsbruchstücken und Schlacken unterschiedlicher Korngrößen. Entsprechend der Korngrößen ergeben sich folgende Bezeichnungen: Asche (< 2 mm), Lapilli (2–64 mm), Bomben (> 64 mm).

Unter Laharen werden vulkanische Schlamm- und Schuttströme verstanden, die aus Wasser und vulkanischem Lockermaterial bestehen. Sie können direkt während der Vulkaneruption entstehen, wenn vulkanische Aschen mittels großer Wassermengen (Gletscher- und Schneeschmelze, Ausbruch eines Kratersees) bewegt werden. Ihre Entstehung kann auch nach Eruptionen erfolgen, wenn ältere Aschenablagerungen durch Starkniederschläge mobilisiert werden. Die Destabilisierung der Vulkanflanken kann zu Hangrutschungen führen, die als Rotationsrutschung beginnen und als Schuttlawine zu großen Materialtransporten führen können. Mit diesen Teilprozessen einer vulkanischen Eruption sind unterschiedliche Naturgefahrentypen verbunden, wobei die jeweilige Reichweite und Geschwindigkeit sowie ihre Magnitude von entscheidender Bedeutung sind.

Unter **gravitativen Massenbewegungen** versteht man bruchlose und bruchhafte hangabwärts gerichtete Verlagerungen von Fels- und/oder Lockergesteinen unter Wirkung der Schwerkraft (Abb. 28.2.12). Massenbewegungen können als sehr schnell (Bergsturz, Mur-

Abb. 28.2.10 Zehn Jahre nach dem Ausbruch des Mt. St. Helens im US-amerikanischen Bundesstaat Washington ist noch gut zu erkennen, wie ein Teil des Kraterrandes weggesprengt wurde und ein Strom aus Lava, Schlamm und Geröllmassen sich durch ein Flusstal wälzte (Foto: H. Gebhardt).

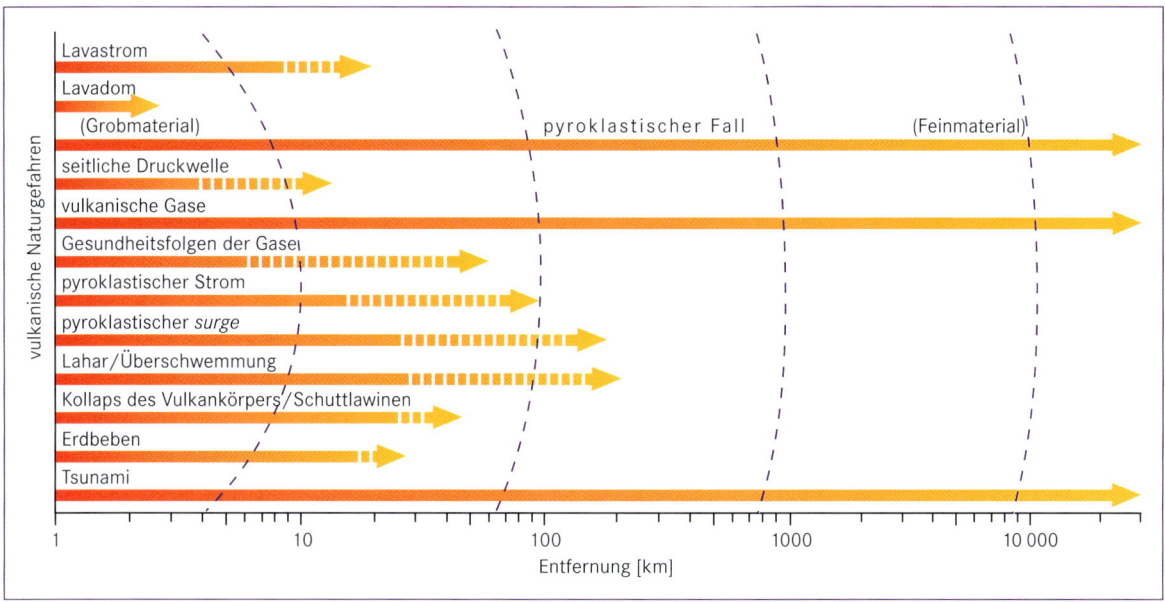

Abb. 28.2.11 Reichweiten von unterschiedlichen vulkanischen Prozessen und Naturgefahren (verändert nach Smith 2004).

gang, Steinschlag) oder als langsam ablaufende Prozesse (Rutschung, Bergzerreißung) auftreten (Exkurs 28.2.3). Man unterscheidet fünf unterschiedliche Typen gravitativer Massenbewegungen: Fallen, Kippen, Gleiten (Rutschen), Driften und Fließen (Dikau et al. 1996). Die Mechanismen gravitativer Massenbewegungen beruhen grundsätzlich auf dem Kräfte- und Spannungssystem am Hang. Den stabilisierenden Kräften des Hangmaterials (boden- und felsmechanische Eigenschaften) stehen die destabilisierenden Kräfte (Hanghöhe und -neigung, Porenwasserdruck) gegenüber. Bei Störung des Hang-

gleichgewichts, etwa durch Niederschläge oder durch ein Erdbeben, wird der Prozess ausgelöst. Wichtig ist, dass sich die destabilisierenden Kräfte am Hang durch Verwitterung oder allmähliche Entlastung des Gesteins (beispielsweise nach dem Rückgang des Eises am Ende der letzten Eiszeit vor 11 000 Jahren) auch langsam aufbauen können.

Faktoren, die die destabilisierenden Kräfte am Hang erhöhen, können durch natürliche Prozesse, aber auch durch menschliche Eingriffe in das System hervorgerufen werden. Dazu zählen:

Abb. 28.2.12 Der Felssturz von Randa im Mattertal (Walliser Alpen, Schweiz), der im April 1991 die Straße, die Zugverbindung und den Fluss blockierte und zur Bildung eines Sees führte, der die flussaufwärts liegende Gemeinde überflutete (Foto: R. Dikau).

Exkurs 28.2.3

Der Bergsturz im Veltlin 1987

HANS GEBHARDT

In den italienischen Alpen, im Veltlin, hatten Starkregen vom 16. bis 19. Juli 1987 zu Überschwemmungen geführt. Zwischen dem 15. und 22. Juli fielen mehr als 600 mm Niederschlag, das heißt mehr als die Hälfte des durchschnittlichen Jahresniederschlags. Gleichzeitig setzte ein Wärmeeinbruch ein und führte zu einem erhöhten Anfall an Schmelzwasser. Zwischen dem 18. und 19. Juli dämmte ein Schuttstrom von einem kleinen Nebental (Ival Pola) die Etsch ab und führte zum Aufstau eines Sees, der innerhalb von nur 2 Tagen um 15 m anstieg. Am 28. Juli ging dann ein Bergsturz mit einem Volumen von 47 Millionen m³ in das Etschtal nieder und verdrängte das Wasser in dem See. Unter den Massen wurden auch zwei Ortschaften begraben, welche allerdings vorher evakuiert worden waren. Der Bergsturz löste eine Wasser- und Sedimentwelle aus, die sich durch den Einschlag 2,7 km talaufwärts bewegte, wobei drei weitere Dörfer zerstört wurden. Die durch den Bergsturz entstandenen Sturzmassen bildeten eine 100 m hohe und 2 km breite natürliche Staumauer, welche den Fluss Adda zu einem See mit 16 bis 17 Millionen m³ Wasser aufstaute. Unterhalb davon wurden 25 000 Menschen evakuiert, da der Damm zu brechen oder überzulaufen drohte. Die Gefahr wurde schließlich durch ein kontrolliertes Abfließen des Sees über vorbereitete Rinnen in das Addaflussbett gebannt.

- Zunahme der Hangneigung durch natürliche Hangunterschneidung (Flusserosion) und durch künstliche Eingriffe in den Hang oder Hangfuß (Straßenbau, Bauen am Hang)
- Zunahme der Auflast eines Hanges durch natürlichen Felssturz und durch Gebäudebau, Bau von Infrastruktur und Verkehrswegen, Abfalldeponierung, Bewässerung, Schwimmbadbau und dergleichen
- Entfernung der Hangvegetation durch natürlichen Waldbrand und Rodung durch den Menschen
- Erschütterungen durch natürliche seismische Aktivität (Erdbeben, Vulkaneruption) und durch vibrierende Maschinen (Fahrzeuge, Baumaßnahmen)

Neben dem Volumen der bewegten Massen und der Häufigkeit ihres Auftretens ist die hohe **Diversität der Geschwindigkeit** ein wesentliches Merkmal gravitativer Massenbewegungen (Turner & Schuster 1996). Es ist wenig spektakulär, wenn manche dieser Prozesse mit nur wenigen Zentimetern pro Jahr Lockermassen bewegen. Oftmals reichen jedoch diese wenigen Zentimeter einer kriechenden Untergrundbewegung aus, um Gebäudekonstruktionen nachhaltig zu schädigen. Andererseits können Murgänge mit über 10 oder 15 Metern pro Sekunde große Materialmengen zu Tale fördern und keine Chance auf eine Flucht oder Evakuierung lassen.

Gravitative Massenbewegungen können zu hohen Sachschäden und zu vielen Todesopfern führen. Die großen Schadensereignisse in China und Tadschikistan wurden durch Erdbeben ausgelöst, andere Ereignisse sind als Folge von Vulkaneruptionen aufgetreten. Allerdings geben diese Zahlen nicht die hohe Frequenz von Ereignissen wieder, die durch starke Niederschläge, etwa bei tropischen Wirbelstürmen oder konvektiven Starkniederschlägen, ausgelöst werden und lokal zu katastrophalen Schäden führen.

28.3 Naturereignisse, Auswirkungen und ihre gesellschaftliche Bedeutung

Zu Beginn des 21. Jahrhunderts stehen wir unter dem Eindruck der ungeheuren Zahl von etwa 230 000 Toten, die der Tsunami 2004 im Indischen Ozean mit sich gebracht hat. Ein Blick in die Geschichte zeigt aber, dass es in nicht allzu ferner Vergangenheit noch schwerwiegendere Naturkatastrophen gegeben hat. Die Dürre in Indien (1965 bis 1967) war bisher das verheerendste Einzelereignis (Tab. 28.3.1). Die Folgen von Vulkanausbrüchen sind, was die Zahl der Todesopfer und die wirtschaftlichen Schäden anbelangt, im Vergleich dazu beinahe zu vernachlässigen (Tab. 28.3.2 und 28.3.5). Sie erregen aber vergleichsweise sehr viel höhere Aufmerksamkeit, sind sie doch für die Medien die Katastrophe schlechthin, weil sie eine gewisse **Vorwarnzeit** haben sowie relativ gut erreichbar, klar abgrenzbar und darstellbar sind. Überdies weisen Vulkanausbrüche auch die für die Medien richtige

Jahr	Ereignis	Land, Region	Tote (geschätzt)
1883	Vulkanausbruch/Flutwelle	Indonesien, Krakatau	35 000
1887	Überschwemmung	China	900 000
1908	Erdbeben	Süditalien	83 000
1911	Überschwemmung	China	100 000
1920	Erdbeben/Erdrutsche	China	100 000–235 000
1923	Erdbeben	Japan	150 000
1927	Erdbeben	China	200 000
1931	Taifun/Überschwemmung	China	1 400 000
1967	Dürre (1965–1967)	Indien	1 500 000
1970	Zyklon/Flutwelle	Bangladesch	500 000
1972	Dürre	Sahel-Zone	250 000
1976	Erdbeben	China	242 000–655 000
1991	Tropischer Zyklon	Bangladesch	140 000
2003	Hitzewelle, Dürre	Europa	70 000
2004	Erdbeben, Tsunami	Indischer Ozean, Küstengebiete	230 000
2005	Erdbeben	Pakistan/Indien	88 000
2008	Zyklon Nargis	Myanmar	140 000
2008	Erdbeben	China	80 000
2010	Erdbeben	Haiti	250 000

Tabelle 28.3.1 Die tödlichsten Naturkatastrophen seit dem Ausbruch des Krakatau (1883; Quellen: Münchener Rückversicherungs-Gesellschaft, GeoRisikoForschung, NatCatSERVICE-Datenbank mit Stand Januar 2010; verändert nach Hough 2008).

Mixtur aus dem „Schaudern vor der unberechenbaren Natur" und begrenztem Katastrophenmanagement (Messungen, Prognosen, Maßnahmen usw.) auf. Was als Katastrophe benannt wird, hängt also nicht zuletzt von den Regeln ab, nach denen **Massenmedien** funktionieren. Die Perspektiven können dabei sehr unterschiedlich sein: Während die Medien ein Rheinhochwasser rasch als Flutkatastrophe ansprechen, weil sie mit den Bildern von Straßen, in denen das Wasser steht, hohe Aufmerksamkeit erregen, werden die Betroffenen dies zumeist nicht ernsthaft behaupten wollen: Sie wissen, dass das Ereignis zu erwarten war und haben in der Regel Vorsorge getroffen (oder wissen, dass Dritte diese besorgen

oder für den Schaden eintreten) oder sie sind risikofreudig bis leichtsinnig. Sie wissen im Grunde, dass sie mit ihrer Standortwahl hin und wieder temporäre Unannehmlichkeiten in Kauf nehmen müssen.

Die regionale Betrachtung der Befunde des jüngsten *World Disasters Reports* zeigt (Tab. 28.3.3), dass im Berichtszeitraum Asien mit Abstand am stärksten von Katastrophen betroffen war, wobei neben Hungerkatastrophen infolge von Dürre Erdbeben und der Tsunami von 2004 am schwersten ins Gewicht fallen. Insgesamt starben in Asien fast 1 Million Menschen in Folge von Naturkatastrophen. Europa weist vor allem aufgrund der Hitzewelle im Jahre 2003 eine relativ hohe Zahl an

Tabelle 28.3.2 Anzahl der Todesopfer pro Jahr (1999 bis 2008; Quelle: World Disasters Report 2009).

	1999	2000	2001	2002	2003	2004	2005	2006	2007	2008	gesamt
gravitative Massenbewegungen	445	1 023	786	1 149	706	357	646	1 649	271	624	7 656
Dürren/Hungersnöte	76 344	76 379	76 476	76 903	38	80	88	208	0	4	306 520
Erdbeben/Tsunamis	21 869	216	21 348	1 634	29 617	227 290	76 241	6 692	706	87 885	473 498
Extremtemperaturen	771	941	1 787	3 369	74 698	255	1 040	4 826	1 086	1 559	90 332
Hochwasser	34 807	6 025	5 014	4 236	3 886	6 984	5 772	5 854	8 602	4 757	85 937
Wald-/Buschbrände	70	47	33	6	47	14	49	13	150	52	481
Vulkanausbrüche	k. A.	k. A.	k. A.	200	k. A.	2	3	5	11	9	230
Stürme	12 274	1 354	1 914	1 475	1 028	6 653	5 250	4 329	6 035	140 846	181 158
Summe hydro-meteorologischer Katastrophen	124 711	85 758	86 010	87 078	80 403	14 299	12 845	16 868	16 144	147 722	671 838
Summe geophysikalischer Katastrophen	21 869	227	21 348	1 894	29 617	227 336	76 244	6 708	717	88 014	473 974
gesamt	146 580	85 985	107 358	88 972	110 020	241 635	89 089	23 576	16 861	235 736	1 145 812

Tabelle 28.3.3 Anzahl der erfassten Todesopfer nach Kontinent, Hazardtyp und Entwicklungsstand (1999 bis 2008; Quelle: World Disasters Report 2009).

	Afrika	Amerika	Asien	Europa	Ozeanien	HHD*	MHD*	LHD*	gesamt
gravitative Massen- bewegungen	273	1 031	5 967	311	74	808	6 717	131	7 656
Dürren/Hungersnöte	1 130	53	305 335	2	0	0	758	305 762	306 520
Erdbeben/Tsunamis	3 349	3 159	448 489	18 430	71	2 734	469 072	1 692	473 498
Extremtemperaturen	125	1 346	8 734	80 127	0	80 129	8 478	1 725	90 332
Hochwasser	7 623	38 281	38 735	1 245	53	4 037	75 125	6 748	85 937
Wald-/Buschbrände	124	74	64	192	27	282	149	50	481
Vulkanausbrüche	206	16	8	0	0	0	25	205	230
Stürme	1 551	9 899	168 652	708	348	6 130	174 196	832	181 158
Summe hydro-meteoro- logischer Katastrophen	10 728	50 612	527 421	82 585	492	91 140	265 450	315 248	671 838
Summe geophysikalischer Katastrophen	3 653	3 247	448 563	18 430	81	2 734	469 343	1 897	473 974
gesamt	14 381	53 859	975 984	101 015	573	93 874	734 793	317 145	1 145 812

* HHD steht nach dem *Human Development Index* des UNDP für *High Human Development*, MHD für *Medium Human Development* und LHD für *Low Human Development*.

Katastrophentoten auf – allein 80 Prozent der Katastrophentoten wurden hier durch Extremtemperaturen verursacht. Dabei handelt es sich um eine Katastrophe, welche nur im Nachhinein und dann vor allem in Statistikerkreisen als solche bezeichnet wird, aber als geographische Naturkatastrophe nicht allgemein bekannt ist. Ohne dieses seltene Ereignis zeigt sich der europäische Kontinent als von Naturkatastrophen wenig tangiert. Die geringe Katastrophenträchtigkeit muss aber nicht nur auf das geringe Ausmaß der Naturgefahren zurückgehen, sie kann auch auf geringerer Vulnerabilität (beispielsweise aufgrund eines sehr guten Katastro-

phenmanagements) beruhen. Eine große Diskrepanz in der **Katastrophenintensität** gibt es auch mit Blick auf die materiellen Schäden. Die größte ökonomische Katastrophe der Geschichte war demnach Hurrikan Katrina in den Küstenregionen des Golfs von Mexiko im August 2005 (Tab. 28.3.4). Aber die Zahl der Toten war mit etwa 1 300 vergleichsweise gering. Umgekehrt fordert der Katastrophentyp Dürre zwar weitaus die meisten Todesopfer, fällt aber bei den materiellen Schäden kaum ins Gewicht und liegt in etwa auf dem Niveau der Effekte, die die relativ harmlosen Waldbrände anrichten, während Erdbeben und Hochwasser, gefolgt von den Stür-

Tabelle 28.3.4 Die teuersten Naturkatastrophen für die Volkswirtschaft (1980 bis 2009; Quelle: Münchener Rückversicherungs-Gesellschaft, GeoRisikoForschung, NatCatSERVICE-Datenbank mit Stand Januar 2010).

Datum	Ereignis	Land, Region	Gesamtschäden [Mio. US-Dollar]	versicherte Schäden [Mio. US-Dollar]	Tote
25.–30. 8. 2005	Hurrikan Katrina	USA, New Orleans	125 000	62 000	1 300
17. 1. 1995	Erdbeben	Japan, Kobe	100 000	3 000	6 400
12. 5. 2008	Erdbeben	China, Sichuan	85 000	300	84 000
17. 1. 1994	Erdbeben	USA, Kalifornien	44 000	15 300	60
6.–14. 9. 2008	Hurrikan Ike	USA, Karibik	38 000	18 500	170
Mai – September 1998	Überschwemmungen	China, Jangtsekiang	30 700	1 000	4 200
23. 10. 2004	Erdbeben	Japan, Honshu	28 000	760	50
23.–27. 8. 1992	Hurrikan Andrew	USA, Florida	26 500	17 000	60
27. 6.–13. 8. 1996	Überschwemmungen	China, Guizhou	24 000	445	3 050
7.–21. 9. 2004	Hurrikan Ivan	USA, Karibik	23 000	13 800	130
Mai – August 1993	Überschwemmungen	USA	21 000	1 270	48
11.–14. 8. 2004	Hurrikan Charley	USA, Karibik	18 000	8 000	36
12.–20. 8. 2002	Überschwemmungen	Europa	16 000	3 400	37

Tabelle 28.3.5 Gesamtbetrag der geschätzten Schäden durch Naturkatastrophen pro Jahr in Millionen US-Dollar (1999 bis 2008, Preisniveau 2008; Quelle: World Disasters Report 2009).

	1999	2000	2001	2002	2003	2004	2005	2006	2007	2008	gesamt
gravitative Massenbewegungen	968	578	86	230	61	4	61	43	k.A.	k.A.	2 031
Dürren/Hungersnöte	8 228	4 972	2 800	9 923	867	1 236	2 611	3 349	k.A.	k.A.	33 986
Erdbeben/Tsunamis	53 906	516	8 951	2 475	9 659	44 000	7 392	3 665	16 938	85 000	232 502
Extremtemperaturen	1 292	463	243	0	14 653	0	441	1 068	0	21 350	39 510
Hochwasser	20 176	32 262	5 778	32 108	24 420	11 834	19 777	8 336	25 530	14 742	194 963
Wald-/Buschbrände	643	3 199	109	433	7 133	3	4 241	896	4 774	2 000	23 431
Vulkanausbrüche	k. A.	3	20	11	k. A.	k. A.	k. A.	160	k. A.	k. A.	194
Stürme	57 232	15 578	17 652	17 662	24 968	95 956	203 718	18 906	30 693	58 060	540 425
Summe hydro-meteorologischer Katastrophen	88 531	57 052	26 668	60 357	72 102	109 034	230 849	32 598	60 997	96 152	834 340
Summe geophysikalischer Katastrophen	53 906	519	8 972	2 486	9 659	44 000	7 392	3 825	16 938	85 000	232 697
gesamt	142 436	57 571	35 640	62 843	81 761	153 034	238 241	36 423	77 936	181 152	1 067 037

men einen um den Faktor 10 höheren materiellen Schaden anrichten.

Der Blick auf den *World Disasters Report* hat bereits gezeigt, dass keineswegs klar ist, was eine Katastrophe ist und woran man die Schwere einer Katastrophe misst. Kommt es zu einer größeren Zahl von Toten oder zu sehr großen materiellen Schäden oder auch nur zu erheblichen Störungen der gewohnten Abläufe, so spricht man – zumindest in den Medien – schnell von einer Katastrophe. Auf europäischer Ebene definiert eine Verordnung (Nr. 2012/2002) des **Solidaritätsfonds der Europäischen Union** folgenden Schwellenwert: „Als Katastrophe größeren Ausmaßes im Sinne dieser Verordnung gilt eine Katastrophe, die in zumindest einem der betroffenen Staaten Schäden verursacht, die auf über 3 Milliarden Euro [...] oder mehr als 0,6 Prozent seines BIP geschätzt werden." Die Bezeichnung der Folgen eines Extremereignisses als „Katastrophe" enthält aber stets eine Wertung und geschieht immer aus der Perspektive des Wertenden: Für die Waldbesitzer im Schwarzwald bedeutete der Sturm Lothar eine Katastrophe, ansonsten waren vor allem die Versicherungsgesellschaften tangiert, aber es war keinesfalls ein katastrophales Großschadensereignis. Stürme verursachen weltweit eine beachtliche Zahl an Toten, für die Versicherungswirtschaft sind sie die gravierendsten Naturkatastrophen überhaupt, aber sie werden nur in Einzelfällen als Katastrophen wahrgenommen. Schwere Dürren gehören zu den größten sozialen Katastrophen, aber in welchem Maße sind sie Naturkatastrophen? Ein Mangel an Niederschlägen bedeutet zunächst Trockenheit, aber diese führt erst durch sehr spezifische gesellschaftliche Rahmenbedingungen zu Katastrophen. Eine

– gemessen an der Zahl der Toten – größere Naturkatastrophe war die Hitzewelle 2003, aber die bis zu 70 000 (zusätzlichen) Toten dieses Sommers sind nicht als Ganzes eindeutig einem singulären Kausalereignis zuzuordnen und daher wird dieser Jahrtausendsommer kaum als Katastrophe angesprochen. Vielmehr denken manche in einem Normalsommer sehnsüchtig an diesen heißen Sommer zurück. Häufig finden sich Grenzwerte wie mindestens 10 oder 100 Todesopfer, doch sind dies willkürliche Festsetzungen. Schon die Distanz variiert den katastrophalen Charakter einer Zahl: Das Eisenbahnunglück von Eschede (1998) beschäftigte uns jahrelang, ein Zug- oder Schiffsunglück in Asien mit ähnlicher Opferzahl führt unter Umständen nur zu einer fünfzeiligen Meldung in den hiesigen Medien. Die Fixierung auf Tote oder materielle Schadenssummen ist bei der Feststellung einer katastrophalen Lage oft wenig hilfreich. Eher schon passt die amtliche Definition, die der Ausrufung eines Katastrophenzustandes zugrunde liegt. Hier wird eine erhebliche Störung der öffentlichen Ordnung – oder man könnte auch sagen der gesellschaftlichen Normalität – zum Maß gemacht. Der Katastrophengrad richtet sich also nach den gesellschaftlichen Effekten in einem bestimmten Gebiet, das dann zum Katastrophengebiet wird.

Die Phasen in der Wahrnehmung von Naturgefahren

Im Folgenden sollen die einzelnen Stationen im Ablauf einer Katastrophe genauer betrachtet werden, die über die Einschätzung des Risikos im Vorfeld der Katastrophe, mögliche Vorsorgemaßnahmen, die Beseitigung von Schäden und die Bewältigung der Notlage bis zur Diskussion von künftigen Vorsorgemaßnahmen, die aus der Katastrophe abgeleitet werden können, reichen. Dies ist im Grunde keine Abfolge von Stadien, sondern eher ein „Naturgefahrenkreislauf", bei dem das Motto „Nach der Katastrophe ist vor der Katastrophe" gilt.

Wahrnehmung und Bewertung des Risikos

Extreme, relativ seltene Naturereignisse, die zu Schäden führen und zumeist auch deswegen entsprechende Aufmerksamkeit erregen, stehen am Ende eines Prozesses, in dem das katastrophale Ereignis sich langsam aufbaut. Für die Betroffenen ist dieser Aufbau nur selten durchschaubar, es existieren lediglich subjektive Einschätzungen der möglichen Risiken. Das wahrgenommene **subjektive Risiko** ist oft – aber nicht immer – umgekehrt proportional zur **objektiven Eintrittswahrscheinlichkeit**. Je länger das letzte Hochwasser (der letzte Hurrikan, der letzte Vulkanausbruch) zurückliegt, umso weniger wird dieses Risiko wahrgenommen, obwohl doch (eine ausreichende Messreihe vorausgesetzt) die Wahrscheinlichkeit des Eintritts eines Extremereignisses mit jedem Jahr steigt (Abb. 28.3.1).

Extreme Naturereignisse kommen zwar häufig unerwartet und überraschend, jedoch gerät oft aus dem Blickfeld, dass im Prinzip jeder Einzelne über einen nicht unbeträchtlichen **Handlungsspielraum** verfügt (Exkurs 28.3.1). Beispielsweise ist es nicht wirklich vollkommen überraschend, wenn das Haus eines Bewohners an der Küste Floridas vom Hurrikan zerstört, der Bewohner einer am Hang klebenden Favela vom Starkregen mit in die Tiefe gerissen oder ein Kalifornier Opfer eines Erdbebens wird. Sehr allgemein gesprochen sind individuelle oder kollektive Vorsorgemaßnahmen fast immer möglich, offen ist nur in welchem Kontext und zu welchem Preis.

Schutzmaßnahmen kosten Geld und die Investitionen in Schutzmaßnahmen, egal welcher Art, konkurrieren mit alternativen Investitionsmöglichkeiten. Insofern ist es stets eine ausdrückliche oder unterschwellige Entscheidung, die Naturgefahr billigend in Kauf zu nehmen, wenn sich jemand an einem Ort aufhält, der grundsätzlich hazardgefährdet ist. Selbst gegen Erdbeben gibt es ein einfaches Mittel, der Gefahr zu „entkommen", nämlich aus dem gefährdeten Gebiet wegzuziehen. Dass sich beispielsweise die Einwohnerzahl rund um den Sankt-Andreas-Graben in Kalifornien trotz erwiesenen Erdbebenrisikos in den letzten Jahrzehnten stark erhöht hat, hängt in starkem Maße mit den relativ

Abb. 28.3.1 Der Vulkan Merapi auf Java (Indonesien) befindet sich in einem intensiv genutzten Gebiet der Insel. Immer wieder bedrohen Ausbrüche die in seiner Umgebung wohnenden Menschen, zuletzt im Oktober des Jahres 2010 (Foto: Ulrich Scholz).

guten Erwerbsmöglichkeiten in Kalifornien zusammen. Viele bewerten den Nutzen, der ihnen entgeht, wenn sie woanders leben und dort weniger verdienen würden, höher als das Erdbebenrisiko. Die potenziellen Erdbebenopfer sind dennoch nicht zu verurteilen, denn sie müssen – wie alle Akteure – stets eine Entscheidung zwischen verschiedenen Risikobündeln treffen. Das Meiden des einen Risikos bedeutet automatisch, andere Risiken in Kauf zu nehmen: Zwar mag man als kalifornischer Emigrant im Mittleren Westen der USA vor Erdbeben erheblich sicherer sein, aber dafür gibt es dort vielleicht Dürren oder Tornados oder Arbeitslosigkeit. Der Bewohner der Favela mag in seinem Heimatdorf zwar sicherer vor Hangrutschungen sein, wird dort aber womöglich verhungern.

__Exkurs 28.3.1__

Risikoabwägung

„Wie viel Gefahr soll man in Kauf nehmen? Vernünftigerweise ein Minimum oder am besten gar keine. Berufsboxen oder Drachensegeln erscheint auch den Waghalsigeren unter uns als zu riskant. Autofahren? Überlegen Sie sich nur, wie viele Menschen täglich bei Verkehrsunfällen umkommen oder zu Krüppeln werden. Aber auch zu Fuß gehen schließt viele Gefahrenmomente ein, die sich dem forschenden Blick der Vernunft bald enthüllen. Taschendiebe, Auspuffgase, einstürzende Häuser, Feuergefechte zwischen Bankräubern und Polizei, weißglühende Bruchstücke amerikanischer oder sowjetischer Raumsonden – die Liste ist endlos, und nur ein Narr wird sich diesen Gefahren bedenkenlos aussetzen. Da bleibt man besser daheim. Aber auch dort ist die Sicherheit nur relativ. Treppen, die Tücken des Badezimmers, die Glätte des Fußbodens oder die Falten des Teppichs oder ganz einfach Messer, Gabel, Scher' und Licht, von Gas, Heißwasser und Elektrizität ganz zu schweigen. Die einzig vernünftige Schlussfolgerung scheint darin zu bestehen, morgens lieber gar nicht erst aufzustehen. Aber welchen Schutz bietet das Bett schon gegen Erdbeben? Und was, wenn das dauernde Liegen zum Wundliegen (Dekubitus) führt?" (Watzlawick 1995)

Was der bekannte Sozialpsychologe und Erkenntnistheoretiker Paul Watzlawick hier pointiert formuliert, trifft einen gern übersehen, aber zentralen Punkt der Hazardforschung: Wer leben will, muss riskante Entscheidungen treffen. Dies kann auch bedeuten, unsichere Gebiete, wie Erdbebengebiete, Hochwasserzonen oder Steilhänge, zu besiedeln und zu bewirtschaften – man könnte sagen: „Ressource schlägt Risiko."

Kopplung und Entkopplung von Chancen und Risiken

Von extremen Naturereignissen Betroffene erhalten – nicht zuletzt bei Emotionen auslösender medialer Präsentation – unser ungeteiltes Mitleid. Hier ist dennoch aus rationaler Perspektive eine gewisse Zurückhaltung geboten, denn wie schon angedeutet, kommt eine Naturkatastrophe nur in wenigen Fällen völlig überraschend. Zumeist wird durch eine Standortwahlentscheidung oder die Landnutzung ein damit verbundenes Risiko um der Vorteile willen in Kauf genommen. Der Nutzer der Chancen trägt grundsätzlich auch die mit der Ressource verbundenen Risiken (Exkurs 28.3.2). Mit der Dynamisierung und der Arbeitsteilung im Modernisierungsprozess werden jedoch Risiken und Chancen zunehmend entkoppelt. Der Grundsatz „Die Risiken sollen den Chancen folgen" gilt immer seltener. Derjenige, der von einem Standort profitiert, trägt nicht immer die Risiken, die mit der Nutzung des Standortes verknüpft sind. Es wird für diejenigen, die über die notwendigen Informationen und Ressourcen verfügen, immer leichter, nur die Chancen herauszufiltern, die Kehrseite dagegen anderen zuzuschieben.

Vom moralischen Standpunkt aus erscheint das Abwälzen von Kosten verwerflich, doch wird dabei häufig übersehen, dass ein Großteil eines jeden Strukturwandels auf dieses Abwälzen zurückgeht. Wann immer jemand die Produktivität steigert, reduziert er Kosten zulasten Dritter, wobei dieser Dritte sehr häufig die Natur respektive die Zukunft ist. Im Fall der Naturrisiken führt diese Art des rationalen Handelns insgesamt aber zu einer Steigerung des Schadenspotenzials, weil manches Risiko als sogenannte **Externalisierung** (Auslagerung) auf Dritte, vor allem aber auf die Allgemeinheit übertragen werden kann. So nimmt die Neigung, riskante Unternehmungen zu starten, natürlich zu, wenn es wahrscheinlich ist, dass die Folgen im Falle eines Scheiterns nicht vom „Hasardeur" getragen werden müssen. Ein besonders drastisches Beispiel für die Externalisierung von Risiken bzw. Schäden liefert die Elbeflut von 2002. So wurden von der Bundesregierung damals nicht die Siedler in den Flussauen zur Verantwortung herangezogen, obwohl sie durch die Verbauung zu einem Teil für die Schäden mitverantwortlich waren, sondern es wurde sogar versprochen, dass es nach dem Wiederaufbau niemandem schlechter gehen soll als vorher. Dies kann nur als Einladung verstanden werden, sich um Hochwasserschutz auch künftig keine Gedanken zu machen, weil die Allgemeinheit ja wohl auch beim nächsten Mal den Schaden übernehmen wird. Die Externalisierung von Schäden wird so gefördert.

Vorsorgemaßnahmen

Wenn ein Mensch, eine Menschengruppe, ein Unternehmen oder ein Staat in einem naturgefährdeten Gebiet siedelt und dort investiert, werden die Indivi

Exkurs 28.3.2

Chancen und Risiken

In der Regel sind Chancen und Risiken grundsätzlich bekannt und gehen in menschliche Entscheidungen ein: Wer früher eine Mühle am Fluss betrieb, tat es, um die Wasserkraft zu nutzen, wusste aber auch, dass diese Kraft bei Hochwasser auch allzu stürmisch sein und die Mühle mitreißen konnte. Wer im Hochgebirgstal seinen Bauernhof bewirtschaftete, wusste, dass bestimmte Lagen lawinen- oder murganggefährdet sind. Wer in einem eingedeichten Koog in den Marschen Landwirtschaft betrieb, wusste, dass sein Hof sturmflutgefährdet war und so weiter.

Aufgrund der fortgeschrittenen gesellschaftlichen Arbeitsteilung und einer allgemein hohen Mobilität sind das positive Potenzial eines Standortes und die Risiken, die er bietet, heutzutage aber häufig entflochten: Der ortsfremde Käufer einer Immobilie, die in einer Niederung liegt, weiß nichts davon, dass hier Hochwasser auftreten könnte. Er könnte den Verkäufer, dessen Vorfahren in weisem Handeln die Parzelle bisher nicht bebaut hatten, nicht einmal in die Pflicht nehmen, selbst wenn das Hochwasser bereits beim Einzug auftreten würde. Er wird aber vielleicht die Kommune verklagen, weil sie in einem unsicheren Gebiet einen Bauantrag genehmigt hat.

Das Auseinanderfallen von Chancen und Risiken existiert aber nicht nur auf der individuellen mikrogesellschaftlichen, sondern auch auf der makrogesellschaftlichen Ebene: Den neu angekommenen Siedlern in Kalifornien wurde von den Landbesitzern, in der Regel den Inhabern der großen Eisenbahngesellschaften, das Land als mildes mediterranes „amerikanisches Italien" verkauft. Indessen stellte sich heraus, dass es sich um eine Region mit extremer ökologischer Variabilität handelt und das Land nicht nur unter Erdbeben, sondern immer mehr auch unter den Folgen nicht angepasster Landnutzung wie Dürren, Waldbränden, Sturmzerstörungen, Hangrutschungen oder Bodenverflüssigung leidet.

---

duen versuchen, sich gegen die Gefahren abzusichern, die dieser Raum birgt. Hier gibt es sehr unterschiedliche Möglichkeiten, von denen zunächst das Potenzial, das die wissenschaftliche Analyse bereitstellt, dargelegt werden soll.

Naturgefahrenbewertung

Die Bestimmung einer Naturgefahr erfolgt mit Methoden der **Naturgefahrenanalyse**. Dabei werden Naturgefahren nach transparenten und möglichst normierten Verfahren modelliert, bewertet und dargestellt. Die Darstellung kann in Form räumlicher (Naturgefahrenkarten) und/oder zeitlicher (Zeitreihen) Naturgefahrenwahrscheinlichkeiten erfolgen. Grundlage der Darstellung bilden Eigenschaften der Naturereignisse, wobei die Plötzlichkeit des Ereignisbeginns, die Häufigkeit und Stärke und die räumliche Verteilung primäre Bedeutung aufweisen (Erdbebenmagnitude, Überflutungshöhe, Ablagerungsgebiet von Sediment, Prozessdauer, Vorwarnzeit). Eine weitere Bewertung der Naturgefahr kann durch die Wirkung bzw. Intensität des Prozesses auf die Risikoelemente (Menschen, Gebäude, Infrastruktur, Nahrungsmittel) erfolgen. Die Saffir-Simpson-Hurrikanskala beinhaltet beispielsweise potenzielle Schäden sowie bestimmte Evakuierungsmaßnahmen im Katastrophenfall (Dikau & Weichselgartner 2005). Das Ergebnis der Naturgefahrenanalyse sind **Gefährdungsstufen**, die als eine der Grundlagen des Risikomanagements, etwa in der Raumplanung, genutzt werden.

Grundlegende Aspekte geomorphologischer Naturgefahren wurden bereits in den 1970er-Jahren von Burton et al. (1978) bearbeitet. Sie benennen die prozessbeschreibenden Faktoren, die über ein qualitatives Bewertungsschema klassifiziert und als Grundlage für die Naturgefahrenmodellierung in folgender einfacher Funktionsgleichung genutzt werden können (Dikau 2004):

$$GK = f\,(F, M, D, rA, G, rV, zV)$$

Dabei gilt: GK = Naturgefahrenklasse, F = Frequenz, M = Magnitude, D = Dauer, rA = räumliche Ausdehnung, G = Geschwindigkeit des Prozessaufbaus, rV = räumliche Verteilung, zV = zeitliche Variation.

Die Naturgefahrenanalyse muss das Wissen über Prozesse, die in der Vergangenheit stattgefunden haben, einschließen, bzw. sie ist oftmals erst aus dem historisch-genetischen Kontext der Prozesse abzuleiten. Die Zeitskalen, in denen aktuelle Prozesse beobachtet werden, sind zu kurz, um eine ausreichende Variabilität etwa der Prozessmagnituden und -frequenzen erfassen zu können. Das Langzeitverhalten von Systemen ist damit für eine hohe Qualität einer Naturgefahrenanalyse von fundamentaler Bedeutung. Es erschließt sich aus Geoarchiven über Proxydaten (z. B. fluviale Sedimente) und aus Reliktformen für längere Zeitskalen sowie aus historischen Quellen und Archivmaterial.

Die Rekonstruktion von Frequenz und Magnitude geomorphologischer Prozesse zählt zu den fundamentalen Grundlagen bei der Bewertung von Naturgefahren. Die **Frequenzanalyse** dient der Entwicklung von Zeitreihen und Wiederkehrintervallen geomorphologischer Prozesse. Die Analyse des zeitlichen Auftretens ermöglicht Wahrscheinlichkeitsaussagen, die für prognostische Zwecke genutzt werden können. Entscheidend ist dabei die Kenntnis des Langzeitverhaltens des geomorphologischen Systems. Mit zu kurzen Zeitreihen, die beispielsweise nur die letzten Jahrzehnte umfassen, wird es nicht möglich sein, die Variabilität der Prozesse und ihre Beziehung zu extremen auslösenden Phänomenen (z. B. Starkregen) zu erkennen. Entsprechend der untersuchten „Zeitscheiben" müssen unterschiedliche Methoden angewendet werden, die von Rekonstruktionen älterer Ereignisse, zum Beispiel der letzten 10 000 Jahre, durch Geoarchivanalysen bis zu aktuellen, wenige Jahre umfassenden „Zeitfenstern" durch direkte Messungen reichen. Hier kann ein breites Methodenspektrum angewendet werden:

- geomorphologische, bodenkundliche und sedimentologische Methoden der Geoarchivanalyse
- Auswertung mündlicher Überlieferungen, Luftbilder, Zeitungssammlungen, Schadensmeldungen (z. B. im Mittelalter durch Steuereintreiber)
- Auswertung von kirchlichen oder privaten Chroniken
- Auswertung datierter Gemälde, Postkarten und Fotographien
- Baumringanalysen
- absolute Altersdatierung

Neben der zeitlichen Erfassung geomorphologischer Prozesse ist ihre räumliche Verteilung und Ausdehnung eine zweite wesentliche Grundlage der Naturgefahrenidentifikation und -analyse. Sie basiert auf zwei Ansätzen. Bei der direkten **Gefahrenkartierung** wird die Gefahrenklasse durch den kartierenden Wissenschaftler auf Basis seiner Erfahrung und der Kenntnis der geomorphologischen Geländesituation ermittelt. Indirekte Kartierungsmethoden beruhen auf statistischen oder deterministischen Modellen und ermitteln Gefahrenzonen durch Beziehungen zwischen dispositiven und auslösenden Faktoren und der räumlichen Verteilung des Prozesses. In beiden Fällen führt das Gefahrenmodell zu einer Aussage über die räumliche Auftrittswahrscheinlichkeit eines zukünftigen Ereignisses.

Hochwassergefahrenkarten

Die Gefahr, die von einem Hochwasser ausgeht, ist von der Überflutungshöhe, der Überflutungsfläche, der Andauer des Hochwassers und dem Anteil der festen und gelösten Substanzen im Abfluss (Sedimente, Abwässer, chemische Substanzen, Krankheitserreger) abhängig. Die Überflutungshöhe und -fläche kann in Gefährdungskarten dargestellt werden, die der betroffenen Bevölkerung, den verantwortlichen Behörden und operativen Diensten wichtige Informationen bieten. Das Landesumweltamt in Nordrhein-Westfalen bietet beispielsweise Karten der hochwassergefährdeten Bereiche über das Internet an. Sie sind eine Grundlage der landesweiten Gebietsentwicklungsplanung und beruhen auf unterschiedlichen Berechnungsverfahren. Die Entwicklung und Bereitstellung dieser Karten basieren auf Beschlüssen der Ministerkonferenz für Raumordnung der Bundesländer, die nach den Überschwemmungen von 1993 und 1995 folgende langfristigen Ziele formuliert hat:

- Sicherung und Rückgewinnung von natürlichen Überschwemmungsflächen
- Risikovorsorge in potenziell überflutungsgefährdeten Bereichen (hinter Deichen)
- Rückhalt des Wassers in der Fläche des gesamten Einzugsgebietes

Ein nationales Beispiel für derartige Modelle bilden Überschwemmungsgefährdungskarten für den Rhein der Internationalen Kommission zum Schutz des Rheins (IKSR) im Rahmen des Aktionsplanes „Hochwasser" (IKSR 2001, 2002). Ein zweiter Kartentyp stellt die bei Extremhochwasser entstehenden möglichen Schäden dar (Abb. 28.3.2).

Das **Elbehochwasser** im August 2002 gilt als das schadenreichste Hochwasser in Deutschland in den letzten 15 Jahren und als eines der schadenreichsten Überschwemmungsereignisse weltweit. Allein in Deutschland sind Schäden von über 9 Milliarden Euro entstanden. Aber vor allem sind durch dieses Hochwasser Defizite des Risikomanagements bei Überschwemmungen in Deutschland deutlich geworden. In der Studie „Hochwasservorsorge in Deutschland – Lernen aus der Katastrophe 2002 im Elbegebiet" wurde durch das Deutsche Komitee Katastrophenvorsorge (DKKV) ein Empfehlungskatalog entwickelt, in dem festgestellt wird, dass in unserer Gesellschaft eine transparente Diskussion über Risiken fehlt (DKKV 2003; Exkurs 28.3.3). Es müssen demnach durch die Offenlegung von Gefahren und Verwundbarkeiten Grundlagen für eine konsequente Debatte über die Schutzziele in unserem Land geschaffen werden. Dafür sind hinreichend genaue Daten für die Planung, Bewertung und Kooperation sowie eine

Abwägung von konkurrierenden Interessen erforderlich. Ein solches **Hochwasserrisikomanagement** müsste weiterhin alle Aspekte der Hochwasservorsorge und -nachsorge umfassen und die bisher übliche getrennte Betrachtung von Vorsorge, Bewältigung und Wiederaufbau überwinden (Kleeberg & Moen 2004).

Erdbebengefahrenkarten

Unter Erdbebengefährdung wird die Wiederkehrperiode eines Erdbebens einer bestimmten Dimension in einem bestimmten Raum verstanden. Sie kann in der makroseismischen Intensität oder in Parametern der

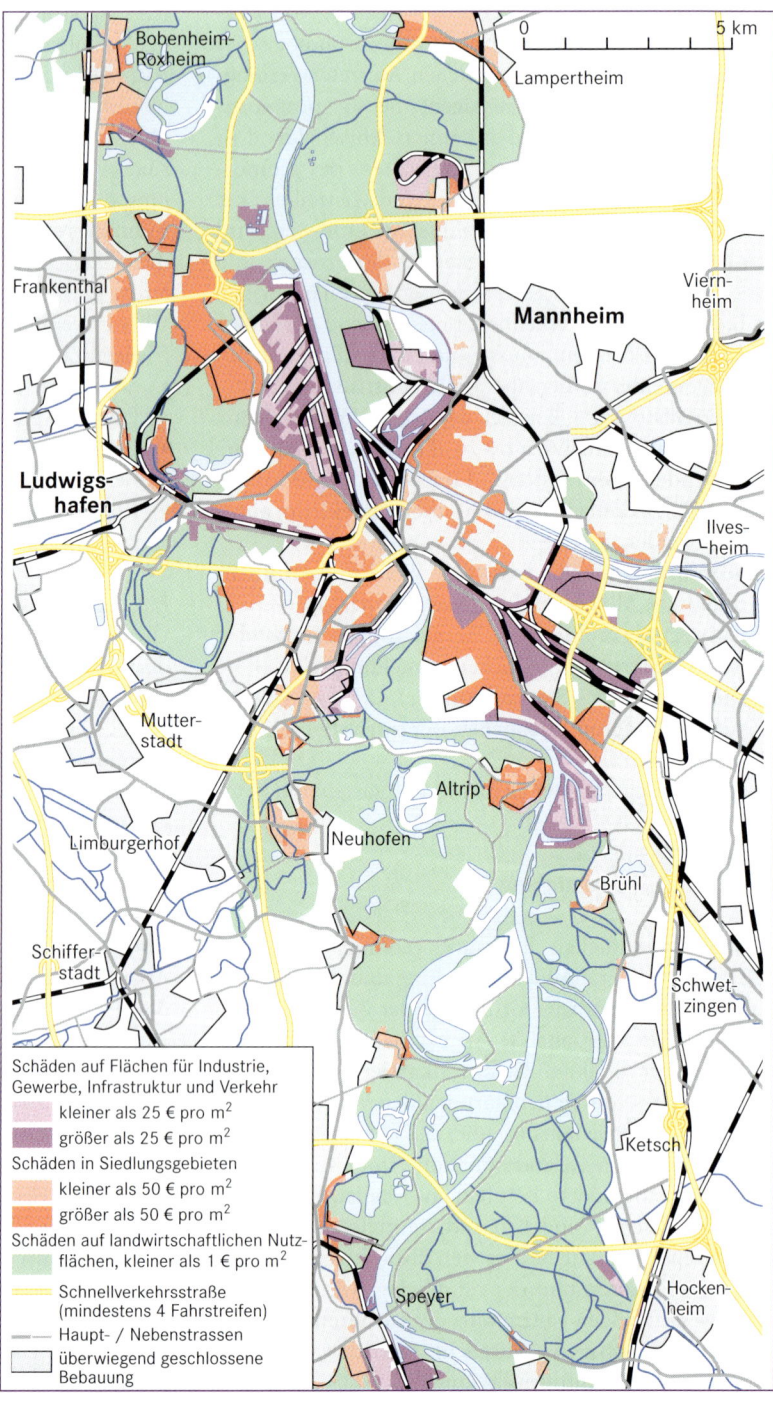

Abb. 28.3.2 Monetäre Schadenskarte für den Raum Mannheim/Ludwigshafen der Internationalen Kommission zum Schutz des Rheins. Dargestellt sind mögliche Schäden von Extremhochwasser oder infolge des Versagens der Schutzdeiche (verändert nach IKSR 2001, Dikau & Weichselgartner 2005).

seismischen Bodenverschiebungen, -geschwindigkeiten und -beschleunigungen ausgedrückt werden. Die Basis bildet dabei die **Seismizität**, welche die Verteilung von Erdbeben in Raum und Zeit beschreibt. Dazu müssen Informationen zur Geometrie des Erdbebenherdes, zum Wiederkehrintervall und zur Magnitude bekannt sein (Schneider 2004). Im Rahmen des Globalen Bewertungsprogramms für seismische Gefahren (*Global Seismic Hazard Assessment Program*, GSHAP) wurde eine seismische Weltgefahrenkarte entwickelt (GSHAP 2004). Ein grundlegendes Ziel bestand dabei in der Entwicklung von homogenisierten Gefahrenbewertungen seismischer Naturgefahren. Die seismische Weltgefahrenkarte bildet heute eine wesentliche Grundlage für das Risikomanagement von Erdbeben – sei es im Zusammenhang mit Maßnahmen der Raumplanung oder bei

der Entwicklung verbesserter Bauvorschriften. Die Gefahrenklassen sind in der Weltkarte als maximale Bodenbeschleunigung dargestellt worden, die mit einer Überschreitungswahrscheinlichkeit von 10 Prozent in 50 Jahren auftreten (Abb. 28.3.3). Dies entspricht einer Wiederkehrwahrscheinlichkeit von einmal in 475 Jahren. Die maximalen Bodenbeschleunigungswerte werden als prozentualer Anteil der Erdbeschleunigung in der Maßeinheit m/s^2 angegeben. Die höchsten Gefahrenwerte treten in Regionen der Erde auf, die an Grenzen der großen Platten der Lithosphäre liegen. Besonders gefährdet sind Gebiete, in denen die Platten konvergieren, an den Kontinentalrändern und innerhalb der Kontinente. Gefährdungsexposition und Verwundbarkeit der Risikoelemente werden bei Erdbebenprozessen in erster Linie auf die Substanz von Bauwerken bezogen.

 **Exkurs 28.3.3**

Lernen aus der Katastrophe 2002 im Elbegebiet

Auszug aus dem Empfehlungskatalog des Deutschen Komitees Katastrophenvorsorge

Maßnahmen zur Schadensminderung:
- hohe Priorität der Hochwasservorsorge, Entwicklung eines übergreifenden Konzeptes
- Entwicklung nach einheitlichen Kriterien erstellter länderübergreifender Überschwemmungsgefährdungskarten
- öffentliche Auseinandersetzung mit den Karteninhalten
- Vorsorge am Bau (Hausrat, Gebäude, Öltanks)
- Deckung des Bedarfs an Informationen sowie Erhöhung der Wahrnehmung von Hochwassergefahren
- stärkere Stimulation der Vorsorge am Bau durch die Versicherungen, neues Konzept für die effektive Risikovorsorge erarbeiten (Pflichtversicherung wird diskutiert)
- Reduktion von Abfluss und Überflutung
- eingeschränkte Bedeutung des natürlichen Wasserrückhaltes auf der Fläche für die Hochwasservorsorge
- Eignung von Wasserrückhalteräumen (Talsperren, Rückhaltebecken, Polder) für die Gewährleistung von Schutzzielen
- Deichunterhaltung ist unter Gesichtspunkten der Katastrophenvorsorge zu ergänzen
- mehr Raum für unsere Flüsse
- Runder Tisch der Hochwasservorsorge
- Hochwasserwarn- und Frühwarnsysteme
- Forschungsbedarf in weiterer Verbesserung der quantitativen, gebietsbezogenen Niederschlagsvorhersage
- Handlungsbedarf bei Entwicklung und Einsatz von robusten Abflussmessverfahren bei Hochwasser

- Verbesserungen der bestehenden Hochwasservorhersagemodelle und Erhöhung der Vorwarnzeiten
- Ausbau der Warnsysteme, Standardisierung der Hochwasserwarnungen, Optimierung der Meldewege, Kennzeichnung amtlicher Meldungen, Verbesserung der Verbreitung der Informationen über die Medien
- erste Warnung der Bevölkerung mit Sirenen wird empfohlen
- Verbesserung der Verhaltensvorsorge der Bevölkerung durch Aufklärung, Übung, Schulung und Information
- Abbau der Interessenkonkurrenz der Körperschaften und Katastrophenschutzorganisationen durch bundeseinheitliche Regelungen des Katastrophenschutzes
- Definition klarer Zuständigkeiten, Abbau von Aufgabenüberschneidungen
- länderübergreifende Abstimmung, Optimierung, Qualifikation und Ausstattung der Einsatzkräfte sowie ihrer Schnittstellen zur Schutzdatenkartierung
- Verbesserung der psychosozialen Kompetenzen der Einsatzkräfte
- Klassifikation von Katastrophen auf Basis klar definierter Tatbestandsmerkmale sowie klare Schutzzielbestimmungen zur Einführung einer objektiven Bemessung der Katastrophe
- Bewertung der Katastropheneinsätze durch zuverlässige und gültige Verfahrensweisen

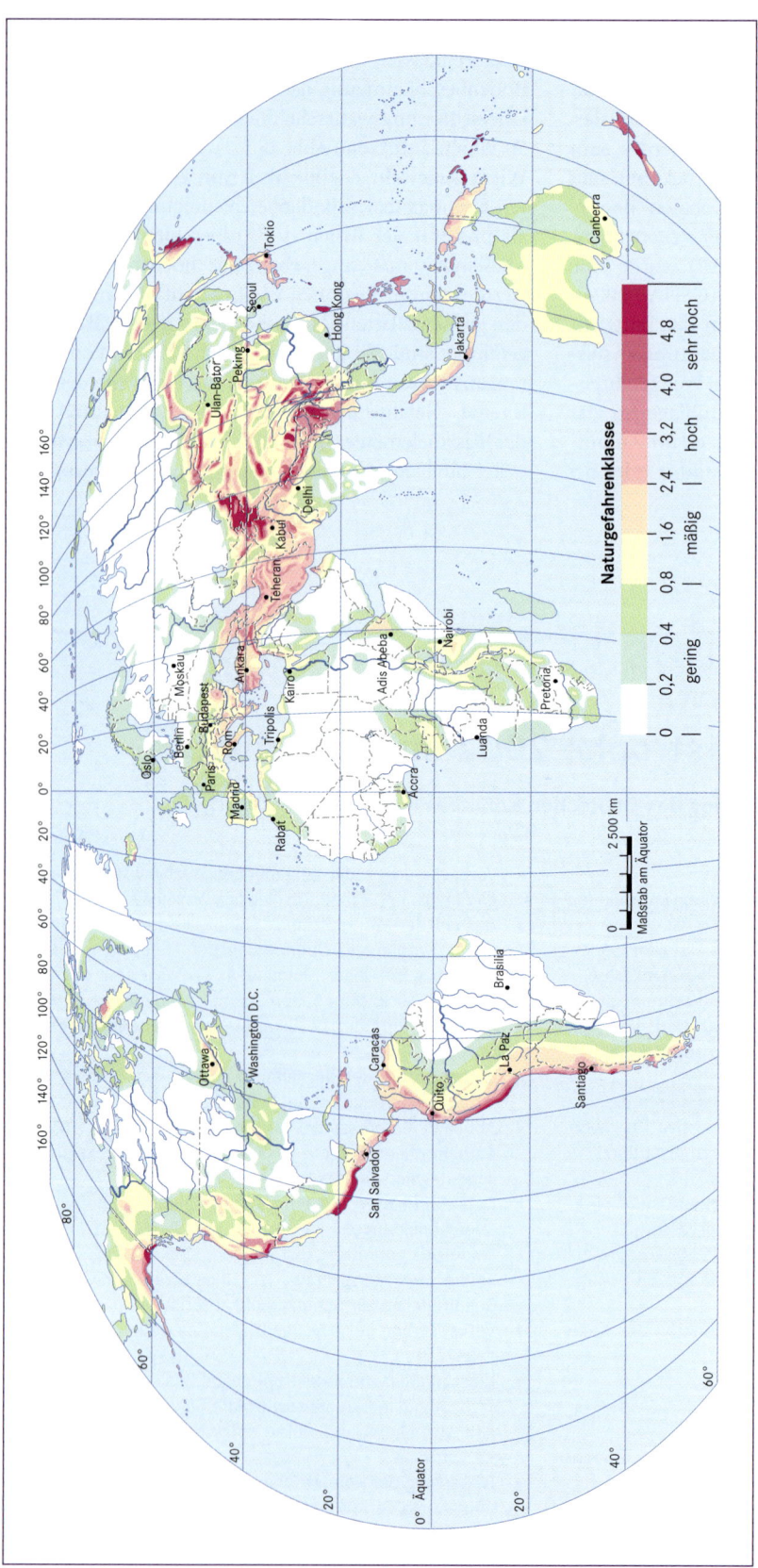

Abb. 28.3.3 Globale seismische Gefahrenkarte (Bodenbeschleunigung in m/s²; verändert nach GASHP 2004).

Tsunami-Gefahrenkarten

Das Risikomanagement von Tsunamis umfasst mehrere Elemente der Katastrophenvorsorge. Eine Gefahrenkarte für Tsunamis gibt an, wo eine potenziell Schaden verursachende Welle einer bestimmten Höhe einen bestimmten Küstenausschnitt treffen wird. Die Entwicklung derartiger Gefahrenkarten erfordert zahlreiche Informationen:

- mögliche Tsunamiauslöser (Erdbeben, Vulkaneruptionen, Hangrutschungen, Kollaps von Vulkanflanken)
- Wahrscheinlichkeit ihres Auftretens
- Eigenschaften der davon ausgehenden Tsunamis
- historische Quellen und Zeugnisse der Tsunamientstehung (Flankenabbrüche an den Kanarischen Inseln, untermeerische Rutschungen an Vulkanflanken oder Kontinentalabhängen)
- historische Quellen und Zeugnisse der Tsunamifolgen: Todesopfer und Sachschäden an den Küsten, aber auch von Sedimenten, die durch die Welle bewegt wurden (Tsunami-Rekonstruktion)

Weitere Methoden der Gefahrenbewertung bestehen in der numerischen Modellierung der Tsunamiwellen und der Ausweisung von Überflutungsflächen. Ein Beispiel einer Tsunami-Gefahrenkarte ist die modellierte Überflutungskarte für die Stadt Seattle im US-Bundesstaat Washington (Abb. 28.3.4). Das Modell simuliert ein Erdbeben an der Seattleverwerfung und die mögliche Konsequenz in Form von drei Überflutungsklassen bis maximal 5 m. Ein nationales Programm der Katastrophenvorsorge für Tsunami-Gefahren stellt das *National Tsunami Hazard Mitigation Program* der USA dar, das von mehreren wissenschaftlichen und operativen Organisationen und Bundesstaaten getragen wird (USGS 2004, NOAA 2004). Hier werden Richtlinien und Maßnahmenvorschläge der Katastrophenvorsorge für die fünf gefährdeten Bundesstaaten Alaska, Washington, Oregon, Kalifornien und Hawaii entwickelt, in denen 900 000 Menschen von potenziellen Tsunamis betroffen wären. Die Gefahrenbewertung beruht auf einer angenommen Wellenhöhe von 17 Metern. Die Grundlage der Maßnahmenplanung vor Ort bildet ein Katalog mit Grundsätzen der Katastrophenvorbeugung und -vorbereitung:

- Kenntnis der Tsunami-Risiken der jeweiligen Gemeinde: Naturgefahr durch den Tsunami, Gefahrenzonenpläne, Verwundbarkeit der Risikoelemente und Exponiertheit gegenüber dem Prozess
- Vermeidung neuer Bebauungsplanungen in Tsunami-Gefahrenzonen, um zukünftige Schäden zu verringern

- Schutzbauten, wenn sich Bebauungen in Tsunami-Gefahrenzonen nicht vermeiden lassen
- Entwicklung und Bau neuer gegen Tsunamis resistenter Gebäude zur Verminderung von Sachschäden und Todesopfern
- Der Schutz existierender Bebauungen und Nutzungen vor Tsunamis stellt eine äußerst schwierige Herausforderung dar. Für viele finanzkräftige Küstengemeinden sind Schutzbauwerke die einzige real existierende Option der Risikoverminderung.
- Die Infrastruktur und die öffentlichen Gebäude und Einrichtungen der Gemeinden wie das Straßen- und Schienennetz, Kommunikationsnetze, Wasser-, Gas- und Elektrizitätseinrichtungen bedürfen besonderer Aufmerksamkeit und besonderem Schutz. Sie müssen fortlaufend gefahrenbezogen gewartet werden.
- Entwicklung von Evakuierungsplänen für jede Gemeinde, die nach einer Tsunami-Warnung in Kraft treten. Die „horizontale" Evakuierung beinhaltet den

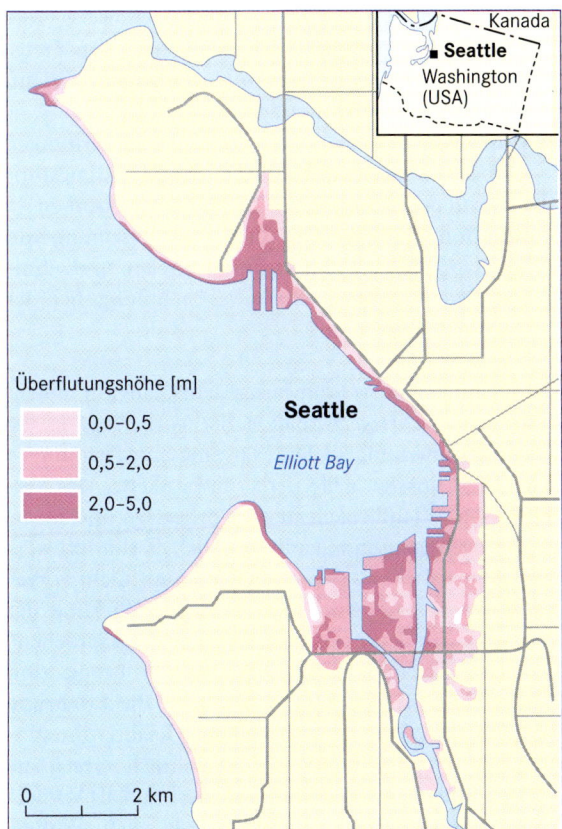

Abb. 28.3.4 Tsunami-Gefahrenkarte für Seattle im US-Bundesstaat Washington. Dargestellt sind drei Überflutungsklassen bis maximal 5 m Wellenhöhe (verändert nach Dikau & Weichselgartner 2005).

Transport der Bevölkerung in sichere Zonen des Hinterlandes, die „vertikale" Evakuierung erfolgt in die höher gelegenen Bereiche der Gebäude.

Frühwarnsysteme, Vorhersagen und *preparedness* (Vorbereitung)

Eine zentrale Komponente der Katastrophenvorsorge stellen Frühwarnsysteme dar. Die Internationale Strategie für Katastrophenvorbeugung der Vereinten Nationen (ISDR) versteht unter Frühwarnung die Erstellung und effektive Nutzung von Informationen vor einem gefährlichen Ereignis mit dem Ziel der Risikoverminderung (ISDR 2004b). Damit sind alle Bereiche gemeint, die sowohl die Katastrophenvorbeugung betreffen, wie etwa die Naturgefahrenzonierung, als auch vorbereitende Aktivitäten für den Katastrophenfall, beispielsweise eine mögliche Evakuierung. Frühwarnung besteht aus den drei zeitlich aufeinander folgenden Phasen der Vorhersage, der Warnung und der Reaktion auf die Warnung (Abb. 28.3.5):

- **Vorhersage:** naturwissenschaftlich-technische Vorhersage eines potenziell Schaden bringenden Ereignisses nach Größe, Lage und zeitlichem Verlauf, Übertragung der Vorhersage
- **Warnung:** Umsetzung der Vorhersage in Warnungen und Handlungsempfehlungen, Entscheidungsprozesse im politischen und institutionellen Rahmen
- **Reaktion:** Entscheidung über und Umsetzung von Schutzmaßnahmen im organisatorischen und administrativen Rahmen, Risikowahrnehmung bei der Entscheidungsfindung

Die Effektivität eines Frühwarnsystems hängt in hohem Maße von der Transformation der Vorhersage in die Warnungsmitteilung ab. Die Warnungsentscheidung ist dabei die kritische Stelle der Frühwarnkette. Das Vertrauen der Öffentlichkeit in die Vorhersage und in die Vorhersageorganisation kann erheblich erschüttert werden, wenn falsch, zu spät oder überhaupt nicht vorgewarnt wurde bzw. wird. Die effektivste Wirkung der Warnung wird dann eintreten, wenn die angesprochene Bevölkerungsgruppe einen persönlichen Bezug zum Geschehen herstellen kann. Hier spielt die Erfahrung der gewarnten Gruppe mit bisherigen Gefahrensituationen eine wichtige Rolle. Wissenschaftlich errechnete Frühwarnungen müssen kommuniziert und als Vorhersagen ernst genommen werden, obwohl solche Vorhersagen stets mit Unsicherheiten behaftet sind. Im Bezug auf die Unsicherheiten gibt es allerdings große Unterschiede. Diese beruhen vor allem darauf, ob das Ereignis selbst prognostiziert wird oder seine Sekundäreffekte

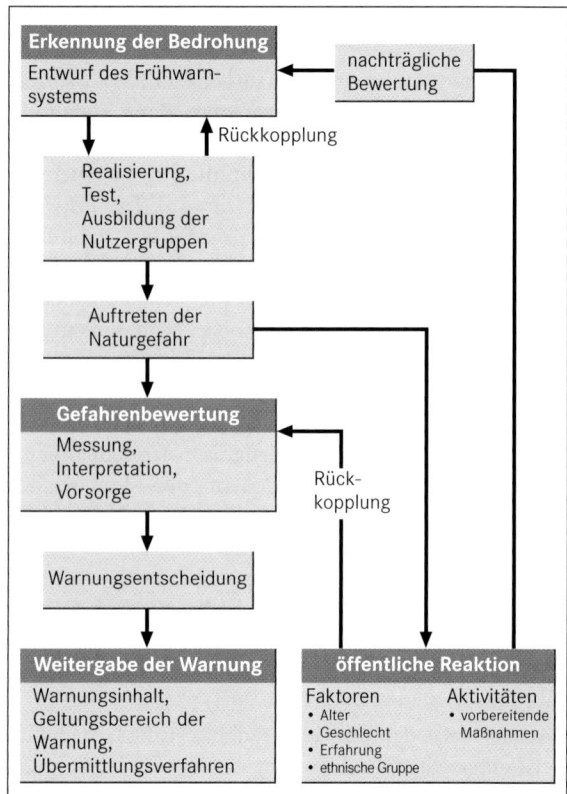

Abb. 28.3.5 Konzeption eines gut entwickelten Frühwarnsystems. Die zentralen Komponenten umfassen die Erkennung der Bedrohung, die Gefahrenbewertung, die Weitergabe und Kommunikation der Warnung sowie die öffentliche Reaktion auf die Warnung. Es ist zu erkennen, dass der gesamte Frühwarnprozess weitere Bereiche der Katastrophenvorbeugung und -vorbereitung enthält (verändert nach Smith 2004, Dikau & Weichselgartner 2005).

kalkuliert werden sollen. Erdbeben entziehen sich bis heute jeder halbwegs verlässlichen Vorhersage, während andere Naturgefahren, die im Grunde aus den Effekten und der Ausbreitung bereits eingetretener Ereignisse bestehen – wie beispielsweise eine Hochwasserwelle, ein Hurrikan, ein Tsunami oder der (Haupt-)Ausbruch eines Vulkans –, relativ gut vorhersagbar sind.

Grundvoraussetzung für eine wirksame Vorhersage ist die **kommunikative Erreichbarkeit** der möglicherweise Betroffenen. Dies hängt von den verfügbaren Kommunikationskanälen, deren Durchlässigkeit und Schnelligkeit sowie der Erreichbarkeit des Empfängers ab. Selbst die angekommene Vorhersage an sich bewirkt noch nichts, sie muss darüber hinaus akzeptiert werden, und man muss darauf reagieren wollen und können. Die Akzeptanz ist vom individuellen Vorwissen, dem

Vorhandensein einer geteilten „Hazardkultur" und der Abwägung von Nutzen und Kosten einer mit der Warnung verbundenen Vorhersage abhängig. Vorhersagen sollen warnen und Schäden verhindern, bedeuten aber zugleich eine Unterbrechung der Normalität. Diese verursacht Kosten unterschiedlicher Art (z. B. Produktionsausfall, Unbequemlichkeiten), die nur unter bestimmten Bedingungen akzeptiert werden. Effiziente Befolgung einer Hazardwarnung setzt also ein entsprechendes Melde- und Weitergabesystem sowie durchsetzbare rechtliche Anordnungen voraus.

Die **Evakuierung** vor einer drohenden Katastrophe als Strategie zur Sicherung von Menschenleben und Gütern hängt von den Möglichkeiten der Vorwarnung und der Vorwarnzeit selbst, dem logistischen Potenzial sowie von der Größe des betroffenen Gebietes ab. Das logistische Potenzial umfasst die Kommunikationsmedien und die Notfallplanung ebenso wie die Straßenverhältnisse und die Verfügbarkeit von Ordnungskräften und Helfern. Die Wirksamkeit einer Evakuierung hängt aber nicht nur von der Sicherheit der Vorhersage, dass das Extremereignis auch eintreffen wird, und von der Funktionalität des Evakuierungsmanagements ab, sondern beinhaltet auch Aspekte, die nicht sofort damit in Verbindung gebracht werden können. Der Erfolg von Evakuierungen ist auch von der Mitwirkungsbereitschaft derer, die evakuiert werden sollen, abhängig. Diese müssen auch hier eine Entscheidung unter Unsicherheit treffen, bei der verschiedene Risiken abgewogen werden müssen: Wie wahrscheinlich ist es, dass die Auswirkungen des Ereignisses mein Anwesen betreffen? Ist das Risiko ausgeplündert zu werden eventuell größer als die möglichen direkten Schäden? Wie hoch ist die Wahrscheinlichkeit, dass ich bestraft werde, wenn ich zu dem Entschluss komme, es ist für mich besser, vor Ort zu bleiben?

Evakuierungsanordnungen bedeuten nicht nur eine Verlagerung des Aufenthaltsortes der Bewohner, die irgendwo untergebracht werden müssen – was bereits hohe Kosten unterschiedlicher Art verursacht –, sondern erschweren oder unterbrechen auch die wirtschaftlichen Aktivitäten in Büros und Fabriken, sodass gleichsam automatisch die Wertschöpfung sinkt. Daher wird die Anordnung zur Evakuierung in der Regel sehr genau geprüft und in Abhängigkeit von der Sicherheit des Eintreffens des Ereignisses im Evakuierungsgebiet getroffen. Während dies bei Sturmwarnungen oder Hochwasser relativ unproblematisch ist, werden Prognosen darüber, dass das Ereignis demnächst passieren wird, in der Regel skeptisch betrachtet. Häufig ist nämlich die Wahrscheinlichkeit, dass das Ereignis nicht eintreffen wird, immer noch größer als der *big bang*. Damit gerät der Verantwortliche in die Zwickmühle bzw. hat – im

Sinne der Wahrscheinlichkeitstheorie – die Wahl zwischen einem **Alpha- oder Beta-Fehler**: Trifft er die Evakuierungsanordnung und es passiert nichts, so wird er für den Fehlalarm politisch verantwortlich gemacht und muss unter Umständen sogar mit Schadensersatzforderungen rechnen. Vermeidet er eine Evakuierungsanordnung und das Ereignis tritt ein, so wird er für diese „Fehlentscheidung" verantwortlich gemacht, da ja eine hohe Wahrscheinlichkeit und entsprechende Prognosen vorgelegen haben. Noch komplexer wird es, wenn es bereits vor relativ kurzer Zeit Fehlalarme gegeben hat, denn dies mindert die Bereitschaft zur Auslösung und Akzeptanz einer Evakuierungsanordnung rasch. Aber selbst dann, wenn – wie im Fall des mehrfachen Auftretens von Hurrikanen an der nordamerikanischen Südwestküste 2004 – die Evakuierungsanordnungen berechtigt sind, sinkt die Akzeptanz der Evakuierung mit jeder neuen Warnung, es macht sich ein **„Hazardfatalismus"** breit.

Schäden

Ist ein Extremereignis passiert, so sieht die Welt in der betroffenen Region verändert aus: Zumeist sind negative Veränderungen zu konstatieren, die als Schäden wahrgenommen werden (Exkurs 28.3.4). Diese Schäden können den Verlust von Menschenleben durch Ertrinken, Verdursten, Ersticken, Verbrennen, Verhungern oder Erfrieren beinhalten, sie können aber auch dauerhafte oder vorübergehende Verletzungen und immaterielle Schäden (z. B. negative psychische oder soziale Auswirkungen) umfassen. Besonders ins Gewicht fallen in der Regel auch Zerstörungen oder andere Beeinträchtigungen von baulichen Strukturen und (vorübergehende) Funktionsstörungen, insbesondere in der Wirtschaft und bei infrastrukturellen Anlagen.

Ein zentraler Punkt ist die Verteilung der Schäden, was auf vielerlei Feldern erhebliche Auswirkungen hat. Die Frage, in welchem Maße Betroffene die Schäden selbst zu tragen haben und in welchem Grade andere, sei es der Staat oder ein Versicherungsunternehmen, hierfür aufkommen, ist in diesem Zusammenhang wichtig. Tendenziell werden die Betroffenen als Opfer der Unbilden der Natur gesehen, wobei aber feine Abstufungen vorgenommen werden. In Wohlfahrtsstaaten und sozialistischen Systemen übernimmt der Staat die Verantwortung für die Natur, in selbstverantwortlich verfassten Gesellschaften muss im Grunde jeder selbst für sich sorgen (durch Bildung von Rücklagen, angepasste Verhaltensweisen, technische Maßnahmen usw.) und Schadensersatzleistungen erfolgen auf der Grundlage einer (freiwilligen) karitativen Nothilfe. In animistischen Gesellschaften, die von der Annahme immateriel-

Exkurs 28.3.6

Zur Semantik des Schadensbegriffs

Kommt es zu Todesfällen im ursächlichen Zusammenhang mit einem Extremereignis, so spricht man zumeist nicht von „Schäden", sondern von „Verlusten an Menschenleben" oder „Opfern". Es wird dabei in der Bezeichnung der Toten als „Opfer" eine gleichsam allgemeine humanitäre Position eingenommen, wonach für die Menschheit an sich jeder Tod eines Menschen einen Verlust darstellt. In diesem allgemeinen Sinn ist der Menschheit tatsächlich ein Schaden entstanden. Überdies besteht aber auch Scheu davor, Menschenleben in Geldeinheiten zu quantifizieren, weil damit der Nutzwert eines Menschenlebens ins Spiel kommt. Daher werden Tote selten als „Personenschaden" bezeichnet, sondern üblicherweise als „Opfer" bzw. man beschränkt sich darauf, neutral die Zahl der Toten zu nennen. Im Ausdruck „Opfer" steckt überdies noch die archaische Idee, dass man Gott, den Göttern oder der Natur für die Nutzung der Erde einen Zoll zahlen müsse. Zu den Opfern werden neben den Toten auch andere nicht oder nur schwer monetarisierbare Folgen gezählt wie Obdachlosigkeit, Vertreibung oder Gesundheitsschäden.

Ein „Schaden" im engeren Sinn bezieht sich darauf, dass dem Eigentümer eines Gutes ein Schaden entstanden ist. Es gibt direkten, unmittelbaren Schaden, insbesondere an Gesundheit oder Vermögen, und indirekten Schaden, beispielsweise Trauer über den Tod von Lebewesen oder die Zerstörung von Bauwerken. Gleichwohl gibt es häufig eine objektive Schadensbestimmung – zum Beispiel durch die Höhe der Wiederherstellungskosten oder die Zahlungsleistung einer Versicherung. Bei den materiellen Schäden ist zu differenzieren, ob sie reversibel sind, wie lange es dauert, um die Schäden zu beseitigen und wie hoch die Kosten dafür sind. Aus juristischer und ökonomischer Sicht gibt es dort, wo kein Eigentümer einer „Sache" existiert, also beispielsweise in der Ökologie, auch keinen Schaden.

Alle in den Medien schnell genannten Schäden sind also, das zeigt schon die Explikation des Begriffs „Schaden", mit großer Vorsicht zu betrachten.

---

ler Wesenheiten ausgehen, können Schäden durch Naturkatastrophen als Rache der Natur(-Götter) für menschliches Fehlverhalten interpretiert werden. Der unterschiedliche Umgang mit den von einer Naturkatastrophe Geschädigten hat wiederum Rückwirkungen auf den vorbeugenden Umgang mit Risiken.

Schadensarten und Hazardtyp

Nach dem Ereignis entstehen in Abhängigkeit vom jeweiligen Hazardtyp und der vorhandenen materiellen Struktur unterschiedliche Schadensarten. Grundsätzlich sind die menschlichen Opferzahlen dann gering, wenn Vorwarnung und Evakuierung möglich sind. Nicht genau lokalisierbare Hazardereignisse ohne Vorwarnung wie zum Beispiel Erdbeben verursachen zumeist hohe Opfer und hohe materielle Schäden (Tab. 28.3.1). Je flächenhafter und ausgedehnter ein Ereignis ist, umso größer sind in der Regel die Schäden, insbesondere weil dann oft auch die Erste Hilfe sehr erschwert ist. Meist sind hier Evakuierungen nicht mehr möglich (z. B. bei Hochwasser in China oder in Bangladesch). Ein Beispiel einer derartigen Katastrophe hat sich im Dezember 1999 an der Nordküste Venezuelas zugetragen. Extreme

Niederschläge lösten im Küstengebirge der Sierra de Avila nördlich von Caracas im Bundesstaat Vargas Tausende von Hangrutschungen und Murgängen sowie Sturzfluten aus, die sich auf die dicht besiedelten Schwemmfächer und Murkegel der Küste ergossen und über 20 000 Menschen unter sich begruben. Die Münchener Rückversicherung schätzt den Schaden auf über 10 Milliarden Euro. Mit Bezug auf das Volumen der Murgangdepositionen und die Größe der transportierten Blöcke bildet dieses Ereignis eines der weltweit größten, von Niederschlägen ausgelösten Murgangereignisse. Derselbe Hazardtyp kann sehr verschiedene Schäden verursachen: Beispielsweise wird ein Flusshochwasser unterschiedliche Schäden auslösen, je nachdem, ob das letzte schon lange zurückliegt (wie an der Elbe) oder doch relativ häufig auftritt (wie am Rhein). Doch auch im letztgenannten Fall gibt es noch erhebliche Differenzierungen. Das Rheinhochwasser 1995 war fast auf den Zentimeter so hoch wie das im Jahr 1993, aber die Schäden waren – aufgrund des vorangegangenen Lerneffekts – nur halb so groß. Darüber hinaus ist offensichtlich, dass ein Flusshochwasser in dicht besiedelten Gebieten andere Schäden verursacht als in unbewohnten Deltas, dass entsprechend präparierte Steinhäuser Hochwasser praktisch schadlos überstehen, während Holz- oder

Abb. 28.3.6 Rheinhochwasser in Köln in den 1980er-Jahren. Aufgrund inzwischen realisierter Schutzmaßnahmen sind Überflutungen der Kölner Altstadt selten geworden (Foto: H. Gebhardt).

Lehmhäuser irreparabel geworden sein können. Die konkreten Raumstrukturen, auf die ein Hazardereignis trifft, sind also entscheidend für die Art und das Ausmaß der Schäden (Abb. 28.3.6).

Schäden und Vulnerabilität

Grundsätzlich sind Schäden abhängig vom **Grad der Betroffenheit**. Je stärker der Einzelne oder eine regionale Gesellschaft einem Naturrisiko ausgesetzt ist, je exponierter also die Lage, umso größer das Risiko, von einem Extremereignis getroffen zu werden. Neben der Exposition hängt dieses lokale Schadenspotenzial von der Zahl der in diesem Raum lebenden Menschen und von der Zahl und Art der dort versammelten Sachgüter ab. Schäden werden häufig nach ihrem Anschaffungswert taxiert, doch greift dies gerade bei Naturkatastrophen oft zu kurz. Aus ökonomischer Perspektive sind die **Wiederbeschaffungskosten** anzusetzen, die sich gegenüber dem Zeitpunkt der Anschaffung erheblich verändert haben können. Insbesondere können sie sich durch das Ereignis selbst verändern: Ein umfangreicher Wiederaufbau nach einem Erdbeben wird automatisch die Preise für Baumaterialien und Handwerkerlöhne nach oben treiben. In subsistenzähnlichen (Teil-)Gesellschaften ist es der Gebrauchswert der Güter, der den wirklichen Schaden ausmacht. Der Wiederbeschaffungswert ist dann oft ohne Belang, weil die Ressourcen dafür ohnehin nicht vorhanden sind. Die Verwundbarkeit solcher Gesellschaften ist daher besonders hoch. Materielle Schäden werden nach ihren Wiederbeschaffungskosten, das heißt nach ihrem Marktwert berechnet. Kaum abzuschätzen sind aber die nachgeordneten

Schäden, die durch zeitweise Nichtnutzung oder Nichtwiederherstellbarkeit entstehen. Obwohl also bei einem bestimmten Hazardereignis, zum Beispiel einem Erdbeben, die Schäden in einem westlichen Land sehr viel höher liegen können als in einem Land der Südhemisphäre, können die langfristigen negativen Auswirkungen dort stärker sein: Das **Wiederaufbaupotenzial** oder auch die regionale Wiederaufbaukapazität, häufig in Übernahme aus dem Englischen als **Resilienz** bezeichnet, ist sowohl auf der individuellen Ebene als auch auf der volkswirtschaftlichen und staatlichen Ebene gering. In Relation zu den Ressourcen sind nur wenige Mittel zur Beseitigung der Schäden vorhanden, sodass eine Wirtschaft – langfristig gesehen – um Jahre zurückgeworfen werden kann. So ist beispielsweise der strukturell instabile Karibik-Staat Haiti durch das Erdbeben im Januar 2010 langfristig auf finanzielle und organisatorische Hilfe von außen angewiesen, um die aufgetretenen Schäden zumindest provisorisch zu kompensieren.

Nothilfemaßnahmen

Ist das extreme Ereignis eingetreten, so entstehen in der Regel negative Effekte, auf die man unter Umständen sehr rasch – auch zur Vermeidung weiterer Schäden – reagieren muss. Hilfe ist zunächst für die Verletzten notwendig, darüber hinaus müssen die physiologischen Grundbedürfnisse befriedigt werden (Unterbringung, Essen und Trinken, Kleidung). Je eher die Hilfsmaßnahmen greifen, umso schneller lässt sich der gesellschaftliche Normalbetrieb wieder herstellen. Je länger die Hilfe ausbleibt, desto schwerwiegender sind die Sekundäreffekte. Dazu gehört insbesondere die Entstehung von Krankheiten (Epidemien wie etwa Cholera), aber auch ein Produktionsausfall hat umso schwerwiegendere Folgen, je länger er andauert.

Evakuierung

Die Entfernung von Menschen aber auch von lebenden Tieren, Gütern und mobilen Inventaren aus dem betroffenen Gebiet ist häufig nach einer Katastrophe als eine der ersten Nothilfemaßnahmen geboten, zum Beispiel wenn Ernährung und Obdach im betroffenen Gebiet selbst nicht gesichert werden können, unter Umständen auch bei drohender Seuchengefahr, Nachbeben oder Feuer. Manchmal ist es zwar grundsätzlich einfacher oder effizienter, etwa aufgrund zerstörter Infrastruktur, die Menschen andernorts zu versorgen, doch versucht man dies aufgrund der psychischen Labilität der Betroffenen und aufgrund der Gefahr erhöhter Abwanderung zu vermeiden. Nach dem Extremereignis bzw. nach einer Evakuierung gibt es eine breite Palette von Reaktionen. Sie reicht von einer problemlosen Rückkehr (Extremereignis bleibt aus oder der Schaden ist nur geringfügig) bis zum dauerhaften Absiedeln (Entstehung einer Wüstung) wegen schwerwiegender ökologischer Schäden oder irreparabler Zerstörung der wirtschaftlichen Basis.

Häufig werden die von einer Evakuierung Betroffenen in Notunterkünften untergebracht. Als Notunterkünfte dienen vor allem nicht beschädigte Gebäude, primär innerhalb des vom Hazard betroffenen Gebietes selbst. Die meisten Evakuierten kommen bei Freunden und Verwandten unter, an zweiter Stelle stehen nicht primär für Wohnzwecke genutzte Gebäude wie Turnhallen, Schulen oder weitere bereits verfügbare Strukturen, zum Beispiel Hotels und Ferienwohnungen. Von Zwangseinweisungen in Privatquartiere wird wegen der damit verbundenen sozialen Spannungen so weit wie möglich Abstand genommen. Internationale Hilfsorganisationen mit eigener Logistik bevorzugen die Unterbringung in Zelten, bei länger andauernder Obdachlosigkeit die in mobilen Baracken. Auch hier spielen Größe und Erreichbarkeit des betroffenen Gebietes, was von der Art des Extremereignisses ebenso abhängt wie von den klimatischen Verhältnissen und der generellen Verkehrslage, eine große Rolle. Die Dauer des Verbleibs in den Notunterkünften hängt vor allem von der Geschwindigkeit des Wiederaufbauprozesses ab. Es gibt jedoch auch Umstände, die Notunterkünfte zu Dauerwohnsitzen machen. Dies kann an mangelnden eigenen Ressourcen und Fähigkeiten (z. B. hohes Alter) oder an ausbleibender Wiederaufbauhilfe liegen, kann aber auch der Wüstung des Herkunftsgebietes geschuldet sein. Unter Umständen sind provisorische Quartiere auch „zu gut" oder so billig, dass freiwillig darin weitergewohnt wird. Ebenso kann Angst ein Motiv dafür sein, in den Provisorien auszuharren.

Aufrechterhaltung der Sicherheit

Die Zerstörung der gewohnten Ordnung durch Naturgewalten unterbricht das gewohnte und sichere Miteinander der Menschen. Wichtig ist deshalb die Präsenz des Staates um der **Anomie**, das heißt dem Zerfall der gesellschaftlichen Ordnung, vorzubeugen, die auch die Hilfsmaßnahmen selbst beeinträchtigen kann. Die Ordnungsfunktion ist wichtig für die Funktionalität der üblichen Abläufe (etwa der medizinischen und hygienischen Grundversorgung) wie auch für die aufgrund der spezifischen Notsituation erforderlichen Aktionen wie Evakuierungslenkung oder der Schutz vor Plünderungen. In grundsätzlich gefährdeten Gebieten, in denen eine vorausschauende Notfallplanung besteht, ist daher der Punkt „Sicherheit und Ordnung" stets berücksichtigt. Oftmals übernehmen Milizen, Feuerwehren und Hilfsorganisationen auch Funktionen, welche üblicherweise die Polizei innehat. Trifft ein massives Hazardereignis eine Region aber völlig überraschend, dann zeigt sich rasch der Grad der Funktionsfähigkeit der Verwaltung. Hier ist das ganze Spektrum von völligem Zusammenbruch bis zum „business as usual" möglich, das von Untätigkeit (oder gar korrupter Ausnutzung der Notlage) seitens der Verwaltungsbeamten oder der politischen Spitze bis hin zu selbstlosen Einsätzen – beispielsweise der freiwilligen Feuerwehren – in der bürgerlichen Zivilgesellschaft reichen kann.

Fest verankerte, diktatorische Regime zeigen hier oft die höchste Effizienz: Die erstaunliche, fast reibungslose Funktionalität des nationalsozialistischen Deutschlands angesichts der zusammenbrechenden Strukturen und fehlender Ressourcen kurz vor dem Ende des Zweiten Weltkriegs wird wohl beispiellos bleiben. Während aber die hohe Funktionsfähigkeit in der Endzeit des Zweiten Weltkrieges gerade die Durchschlagskraft des Staatsapparates und die hohe Loyalität der Bevölkerung ausdrückten, ist es in Krisenregionen der „Dritten Welt", auch wenn sie vermeintlich von „einem starken Mann" regiert werden, oft gerade umgekehrt: Der dünne Firnis des Systemvertrauens seitens der Bevölkerung, aber auch der geringe Wirkungsgrad des Systems lassen Strukturen rasch zusammenbrechen. Gerade deswegen allerdings ist der Staat bemüht, hohe Präsenz zu zeigen, was der Einfachheit halber vorzugsweise durch Militäreinsatz zu bewerkstelligen ist, denn damit ist die Raumhoheit sichtbar gewährleistet. Allerdings überlagert hier die Eigenlogik des politischen Systems rasch die Katastrophenlage – wie zum Beispiel nach den Tsunamis in Sri Lanka (Tamilenregion), Indien (Nikobaren) und Indonesien (Aceh), als die Hilfe und der Wiederaufbau rasch der Logik des militärischen Systems untergeordnet wurden.

Hilfe und Helfer

Ein Hazardereignis zerstört die Normalität und damit die gewohnte Funktionalität, in der – im Großen und Ganzen gesehen – jeder seinen festen Platz und seine Aufgabe hat und auch weiß, was er wie und mit welchen Mitteln zu welchem Zweck zu erledigen hat. Die Wirkung von Extremereignissen ist zumeist so, dass sie die gewohnten Abläufe unterbricht, wenn nicht gar dauerhaft zerstört. Damit zumindest die elementarsten Bedürfnisse befriedigt werden können, ist rasche Hilfe von außerhalb nötig. Diese **externe Hilfe** bezieht sich zum einen auf die menschlichen Grundbedürfnisse, den Schutz vor den Unbilden der Natur wie Kälte oder Hitze, die Bereitstellung von sauberem Trinkwasser, ohne das die menschliche Existenz in kürzester Zeit zerstört wäre, von Nahrungsmitteln, Kleidung und im Weiteren von anderen Gütern des täglichen und periodischen Bedarfs. Hinzu kommt die zumindest notdürftige Reparatur der materiellen Infrastruktur (Strom, Wasser, Verkehrsanbindung). Die Hilfe besteht meist aus Naturalien, Decken, Kleidung und Geldmitteln, die – soweit möglich ortsnah – meist ebenfalls in Sachmittel umgesetzt und verteilt werden. Immer noch sind umfangreiche Sachspenden für die Hilfsorganisationen zwar beliebt, aber ein zweischneidiges Schwert, da sie nicht immer die richtigen Mittel (zur richtigen Zeit) sind, einen hohen logistischen Aufwand bedeuten und erhebliche Kräfte binden.

Bei besonders großen Schäden und geringer Resilienz vor Ort wird in der Regel ausländische Hilfe angeboten und in Anspruch genommen. **Regierungshilfe** kann grundsätzlich rasch und in großer Menge mobilisiert werden. Sie wird durch die Gebundenheit an die bürokratischen Prozeduren jedoch – sowohl aufseiten des Helferlandes wie des Landes, das die Hilfe empfangen soll – häufig behindert. Regierungshilfe findet innerhalb des politischen Systems statt, das heißt, die Hilfe muss vom Staat, der die Hoheitsgewalt über das betroffene Territorium hat, angefordert oder zumindest akzeptiert werden, ansonsten ist sie Missachtung der Souveränität und Einmischung in die inneren Angelegenheiten eines Landes. Schon die Möglichkeit, dass mit Hilfsangeboten Einfluss ausgeübt werden könnte, führt bei offiziellen Hilfsangeboten oft zu Schwierigkeiten.

Neben der staatlichen Hilfe gibt es eine breite Palette von Hilfsangeboten, die von individuellen Initiativen über die Bildung spontaner Gruppen bis hin zur professionellen Hilfe entsprechender Hilfsorganisation reicht, die in der Regel **Nichtregierungsorganisationen** (*Non-Governmental Organization*, NGO) sind. NGO's fungieren als Katalysator und ausführendes Organ zivilgesellschaftlicher Hilfsangebote, die in erster Linie aus Geldspenden bestehen. NGO's haben meist eine lange Erfahrung hinsichtlich der für alle übrigen Beteiligten meist völlig neuen Situation und eine effiziente Logistik. Überdies agieren NGO's scheinbar außerhalb des politischen Systems und können sich häufig durch Berufung auf einen rein humanitären Hilfsauftrag leichter und schneller unterschiedlichen Betroffenen zuwenden. NGO's unterliegen dadurch allerdings auch weniger Kontrollen und entwickeln nicht selten eine gewisse Eigenlogik. Dies führt beispielsweise dazu, besonders telegene Aktionen durchzuführen, um mediale Präsenz zu zeigen. Auf diese Weise kann langfristig eine bessere Position gegenüber konkurrierenden Organisationen aufgebaut werden, sodass der Anteil an den (künftigen) Spendengeldern erhöht wird.

Der Umfang der **Hilfe durch Dritte** (Private) jenseits von staatlichen Einrichtungen und direktem Einsatz der professionellen Hilfsorganisationen ist von mehreren Faktoren abhängig. Eine zentrale Rolle spielen die **Medien**, ohne die selten ein Strom an Hilfsmitteln zu fließen beginnt. Die Medien folgen dabei in Umfang und Art der Berichterstattung ihren eigenen Gesetzen und Zwängen. Pauschal kann man sagen, dass nach der Zugänglichkeit des Schadensgebietes und danach, wie geeignet das Ereignis für Medienberichte ist (sichtbare Zerstörungen, menschliches Leid usw.), die Berichterstattung umso intensiver ausfällt, je geringer die Distanz zum Zuschauer bzw. Leser ist. Je größer die Distanz, desto größer müssen auch die Schäden sein, um einen Platz in den hiesigen Medien zu erringen. Während die Spenden nach dem Oderhochwasser die Schäden übertrafen, belaufen sich die Spenden nach dem Tsunami im Dezember 2004 aufgrund der Wucht und Überraschung des Tsunamis fast in gleicher Höhe, wobei die Schäden natürlich ungleich höher waren. Hingegen beklagte Pakistan nach dem Erdbeben 2005 mangelnde Aufmerksamkeit und Unterstützung der Welt. Dies ist jedoch leider wenig verwunderlich, da Erdbeben relativ häufig sind und die Welt an sie „gewöhnt" ist. Zudem ist Kaschmir für die Medien schwer zugänglich. Darüber hinaus ist das mediale Echo umso größer, je überraschender und überwältigender das Ereignis ist. Während der Tsunami von Sumatra diese Bedingungen „erfüllte" und entsprechende Hilfsbereitschaft auf allen Ebenen auslöste, ist es bei Dürren oder anderen schleichenden Hazards sehr viel schwieriger, entsprechende Aufmerksamkeit zu erregen.

Solidarität und Verteilungskampf

Die Nothilfe kann mit Blick auf den Maßstab sehr unterschiedlicher Art sein, normalerweise ist sie eine Mischung, die von internationaler bis zu lokaler Hilfe reicht, von der Nachbarschaftshilfe bis zum Einsatz von UN-Soldaten (Blauhelmeinsatz). Die nachbarschaftliche Solidarität ist die ursprüngliche, primäre und wichtigste Hilfe. Immer wieder wird berichtet, dass dieses Zueinanderstehen in der Stunde der Not zu den (naturgemäß wenigen) positiven Seiten einer Katastrophe gehört. Es ist sozial gesehen dieselbe archaische Schicksalsgemeinschaft, die von alters her – etwa bei einem Brand des Hauses – zur Hilfe verpflichtet, es kann aber auch die subjektive moralische Verantwortung des Individuums sein, die das Handeln leitet. Häufig wird das wenige Verbliebene (Essen, Obdach usw.) bereitwillig geteilt, auch wenn der Geber erheblich geschädigt ist. Die Grenze zwischen archaischer mechanischer Solidarität (Helfen, weil man in einer Notlage auch Hilfe von den jetzt Betroffenen erwartet) und Altruismus (selbstlose Hilfe aus Nächstenliebe) ist fließend. Eine Hilfe selbst für die weit entfernt lebenden Nachkommen von Auswanderern (beispielsweise in Kanada lebende Nachkommen Friauler Emigranten nach dem Erdbeben von 1976) beruht sicher auf einer emotionalen Bindung und einem Verantwortungsgefühl für die gemeinsame Ethnie (Exkurs 28.3.5).

Die Hilfe von Rheinanliegern für Elbhochwasserbetroffene beruht ebenfalls auf der emotionalen Verbundenheit, prinzipiell im selben Boot zu sitzen. Die Lieferung von Futter für überschwemmungsgeschädigte Landwirte in den Marschen durch Landwirte auf der Geest geschieht vielleicht schon eher aus einer berufsständischen, reziproken Solidaritätserwartung. Auf der anderen Seite steht aber zumeist rasch die Kehrseite des Verteilungsaspekts vor der Tür: Nicht nur in lebensbedrohlichen Situationen verweigert man – bildlich gesprochen – dem im Wasser Schwimmenden, sich auf dieselbe Planke zu retten, denn sie trägt vielleicht nur einen. Insbesondere wenn externe Hilfe ausbleibt oder zu gering ist, kommt es zu Verteilungskämpfen unterschiedlicher Art. Darüber hinaus ist die Zerstörung der Normalität auch immer „die Stunde der Hyänen", das heißt, es kommt zu Plünderungen.

Hilfe und Politik

Naturkatastrophen sind in der Regel Situationen angewandter oder praktischer Geopolitik. Ist der Nationalstaat funktionsfähig (und im Grundsatz auch durch die Katastrophe nicht in der Substanz gefährdet), so wird er die Richtlinien der Hilfsmaßnahmen bestimmen und selbst massiv eingreifen. Bei größeren Katastrophen stellt der Staat die Scharnierstelle zwischen **intranationaler** und **internationaler Hilfe** dar. Nach außen muss er dabei eine schwierige Balance halten – er muss Handlungsfähigkeit und Stärke repräsentieren, aber zugleich Hilfsbedürftigkeit anerkennen. Diese Balance gelingt – gerade bei innenpolitischer Schwäche – nicht immer. Oftmals wird Hilfe abgelehnt, weil man es „aus eigener Kraft" schaffen will, was oft zulasten der Hilfsbedürftigen geht. Der Staat ist bei seinem Nothandeln auf die

Exkurs 28.3.5

Neue Chancen durch Wiederaufbau

Im Jahr 1976 wurde die nordostitalienische Region Friaul von zwei Erdbeben erschüttert (ca. 1 000 Tote). Nicht zuletzt infolge dieser Erdbeben bzw. des Wiederaufbaus wurde Friaul von einem agrarisch geprägten Emigrationsraum zu einer der wirtschaftsstärksten Regionen im „Dritten Italien". Die traditionellen Werte (Hochschätzung des eigenen Hauses, Heimatverbundenheit), die handwerklichen Fähigkeiten (vorherrschende Bauarbeitertätigkeit bei den saisonalen Emigranten), die Einigkeit über eine produktivitätsorientierte Wiederaufbaustrategie (zuerst die Arbeitsplätze, dann die

Häuser), wie auch die private und staatliche Wiederaufbauhilfe (durch eine Art Solidaritätszuschlag) waren für einen katalytisch beschleunigten Modernisierungsprozess der Region wesentlich verantwortlich. Wie wenig dies vom Hazard selbst abhängt, zeigen misslungene Wiederaufbauprozesse, beispielsweise nach dem Erdbeben im Hinterland von Neapel nur wenige Jahre später, wo die Camorra einen großen Teil der Ressourcen auf sich ziehen konnte und folglich von einem nachhaltigen Aufschwung nicht die Rede sein konnte.

Loyalität seines Apparates angewiesen: Die Verantwortlichen vor Ort müssen selbstständig, aber doch im Sinne der Obrigkeit handeln, die nationale Ebene muss die lokale informieren (und sich informieren lassen) und das richtige Maß an Durchsetzungsfähigkeit zeigen, aber auch Autonomie und Anpassung an die konkreten Lagen vor Ort zulassen.

Häufig wird übersehen, dass sich nicht alles dem Gebot der Nothilfe unterordnen lässt. So wie es Aufgabe und Existenzgrundlage des medialen Systems ist, im Katastrophengebiet nicht selbst mit anzupacken, sondern gleichsam ungerührt das Leid zu filmen und zu fotografieren, so hört auch das politische System nicht auf zu existieren. Der Staat muss allein schon deswegen handeln, um seine Legitimation unter Beweis zu stellen, weitergehend und zynisch formuliert könnte man sogar sagen, dass eine Katastrophe eine gute Gelegenheit für das politische System ist, seine Legitimation darzustellen und zu stärken. Dies kann in unterschiedlichster Art und Weise geschehen. Gerne werden Streitkräfte eingesetzt, die unzweifelhaft Staatlichkeit repräsentieren, aber auch gut mobilisierbar und steuerbar sind. Langfristig wird dieser Einsatz, auch wenn er nicht immer besonders wirksam ist, in Kombination mit den Bildmedien für die Sicherung von Herrschaft nutzbar gemacht. Diese Umkehrung der Funktionalität wird beispielsweise im Einsatz der Bundeswehr beim Oderhochwasser ebenso deutlich wie in der Wiederwahl der rot-grünen Bundesregierung nach dem erfolgreichen Krisenmanagement während der Elbeflut 2002 und gilt in ähnlicher Weise auch für die Sicherung prekärer Herrschaft in den Tsunamigebieten auf Sumatra oder Sri Lanka durch indonesische Truppen und Aufständische, Regierungstruppen und Tamilkrieger. Nicht immer ist die territorial verfasste Staatlichkeit die räumliche politische Basis für die Nothilfe, aber in der Regel wird man sich an der Unterscheidung innerstaatlich und extern/international orientieren.

Der Wiederaufbau

Grundsätzlich ist die langfristige Schadensbeseitigung nach einer Katastrophe auf die Wiederherstellung des vorherigen Zustandes, des **Status quo**, ausgerichtet. Dies ist nur zu verständlich, möchten die Menschen doch aus psychischen, sozialen und ökonomischen Gründen die gewohnte Normalität zurück. Wenn dieses Ziel der Wiederherstellung des vorkatastrophalen Zustandes erreicht ist, spricht man von einem gelungenen Wiederaufbau. Bei ausbleibender oder unsachgemäßer

Hilfe wird durch den Wiederaufbau allerdings häufig ein Zustand geschaffen, der auf einem niedrigeren Niveau liegt, als der Zustand vor der Katastrophe. Dies kann für die Betroffenen unter Umständen eine langjährige, im Extremfall sogar lebenslange Fortsetzung des provisorischen Lebens nach einer Katastrophe bedeuten. Ein solches „Durchwursteln", häufig als *muddling through* bezeichnet, hängt auch von der Resilienz ab. Die **regionale Wiederaufbaukapazität** umfasst wirtschaftliche Ressourcen, infrastrukturelle Voraussetzungen, politische Unterstützung, das Ausmaß an Gemeinschaftssinn und den Grad psychischer Stabilität. Möglich ist auch eine passive Sanierung, das heißt, es findet kein oder ein nur verminderter Wiederaufbau statt, nur die gröbsten Schäden werden repariert, der größere Teil der Bevölkerung wandert ab, Betriebe bleiben geschlossen oder verlagern ihren Standort. Der Wiederaufbau kann auch dazu benutzt werden, von einer „Tabula rasa" aus neue Strukturen zu schaffen. Diese Neuausrichtung kann sich beispielsweise auf die Infrastruktur, die Siedlungsstruktur oder die wirtschaftliche Ausrichtung beziehen. Obwohl dieser Neuanfang nach der „Stunde Null" oftmals rational erscheint, wird er aus dem psychologisch nachvollziehbaren Bestreben heraus, die „heile Welt" von früher wieder herzustellen, häufig in seinem Anspruch reduziert, wenn nicht sogar vollständig unterbunden. Ebenso wie bei den Erste-Hilfe-Maßnahmen ist es wichtig, wer den Wiederaufbau plant, durchführt und finanziert. Grundsätzlich gilt das **Subsidiaritätsprinzip**, das heißt Maßnahmen, die vor Ort und mit eigenen Kräften ausgeführt werden können, sollen auch dort durchgeführt werden (Abb. 28.3.7).

Der **staatliche Wiederaufbau** erfolgt zum Teil direkt über die Wiederherstellung von Infrastrukturen wie Straßen oder Wasserversorgung, zum anderen steuert der Staat durch Zuschüsse oder Darlehen den individuellen Wiederaufbau. Neben der direkten staatlichen Aktivität gibt es die Förderung des **privaten Wiederaufbaus** durch unterschiedliche Instrumente. Zuschüsse und verbilligte Darlehen für die Errichtung oder Reparatur von Gebäuden, für die Anschaffung von Maschinen und anderen Produktionsmitteln sind die häufigste Form. Da in der Regel die Haushaltsplanungen Katastrophen nicht vorsehen, müssen die Mittel durch Umverteilung beschafft werden. Eine vollständige Finanzierung des Wiederaufbaus durch die öffentliche Hand ist in der Regel ausgeschlossen. Allerdings wird die staatliche Quote oft als **Solidaritätsbeitrag** durch eine Sonderabgabe für das gesamte Hoheitsgebiet refinanziert, es handelt sich also um erzwungene Hilfe durch die anderen Steuerzahler. Bei der Verteilung der Mittel kann nach unterschiedlichen Kriterien vorgegangen

Abb. 28.3.7 Erhöhung der Stabilität von Fundamenten und Stockwerken von Wohngebäuden in Schalungsbauweise in erdbebengefährdeten Städten Kolumbiens (Foto: EERI 2004b).

werden, die in der Regel Teil des politischen Diskurses sind. Die am häufigsten angewandten Verteilungsmodi sind folgende:

- Die Mittel können proportional zu den erlittenen Schäden ausgezahlt werden,
- sie können nach Bedürftigkeit gestaffelt sein oder
- es gibt ein Kopfgeld für jeden, dem der Status „Geschädigter" zuerkannt wird.

Wenn Geld durch den Staat umverteilt wird, treten vor allem zwei – zumeist miteinander verschränkte – Probleme auf, die im Fall von Wiederaufbaumaßnahmen beide beobachtet werden: Die Mittel werden nicht optimal eingesetzt, sondern so, dass sie für die Verteilungsberechtigten den größten Wirkungsgrad haben. Gerne wird in prestigeträchtige Großprojekte (Brückenbauwerke, Stadien, Schulen) investiert, deren Glanz auch auf die (nationalen, regionalen und lokalen) Politiker fällt. Die Verteilung fremden Geldes führt häufig dazu, dass Mittel für Investitionen ausgegeben werden, die nicht oder nur teilweise wirklich getätigt werden. Dies gilt besonders in wenig transparenten oder instabilen politischen Verhältnissen. Fehlen gesicherte staatliche Ordnungskräfte völlig oder hat das Militär einen gewissen Grad an Autonomie überschritten, müssen Hilfsorganisationen oft an schon „mafiöse" Organisationen Abgaben bezahlen, um überhaupt helfen zu dürfen. Der theoretisch klar erscheinende Sachverhalt der Korruption erweist sich in der Praxis als schwer beweisbar. Noch schwieriger greifbar wird er durch den Umstand, dass ein gewisses Maß an Korruption auch ein notwendiges Schmiermittel sein kann, um einen Wiederaufbauprozess erfolgreich beenden zu können.

Zum einen müssen in einer so komplexen Situation wie einem umfassenden regionalen Wiederaufbau bestimmte Vorschriften „flexibel" gehandhabt werden, da sonst erhebliche Verzögerungen eintreten, die den ganzen Prozess scheitern lassen können. Zum anderen sind aber auch Anreize vonnöten, um private Investoren bzw. Investitionen anzuregen. Somit ist ein gewisses Maß an „Mitnahmeeffekten" unvermeidlich. Das Resultat ist dann nicht selten ein – zumindest nach Meinung der Geldgeber – allzu üppiger Wiederaufbau.

Aufgrund der Schwerfälligkeit staatlicher Apparate und des Misstrauens gegenüber dem Problem des effizienten Mitteleinsatzes oder auch einer missbräuchlichen Verwendung von Ressourcen spielen zunehmend nichtstaatliche Großorganisationen eine wichtige Rolle in der Wiederaufbauhilfe. Zu den klassischen **Hilfsorganisationen**, die sich am nichtstaatlichen Wiederaufbau beteiligen, gehören zum Beispiel das Rote Kreuz, kirchliche Organisationsformen (wie Misereor) oder aus den neuen sozialen Bewegungen hervorgegangene Organisationen der Zivilgesellschaft (wie Greenpeace). Häufig bedient sich der Staat – in der Regel vor allem dann, wenn er auf fremdem Territorium agiert – in Anwendung des Subsidiaritätsprinzips solcher Organisationen, um seine Ressourcen ortsnäher und effizienter einsetzen zu können. Zunehmende Bedeutung haben Patenschaften gewonnen, bei denen eine konkrete Verbindung zwischen Helfer und Empfänger existiert, wodurch eine höhere Verantwortlichkeit auf beiden Seiten sichergestellt werden soll. Diese Mischform der Wohltätigkeit ist zwischen den privaten Almosen und dem wohlfahrtsstaatlichen Umverteilen angesiedelt.

So sehr es in der Stunde der Not geboten ist, den Betroffenen durch die Bereitstellung von Lebensmitteln oder provisorischen Unterkünften zu helfen, so wird die positive Nothilfe von außen ins Negative gekehrt, wenn dadurch die **Eigeninitiative** unterbunden wird, sich selbst zu helfen. Hier ist oftmals eine schwierige Gradwanderung der Helfer nötig zwischen effizienter, logistisch aber von außen gesteuerter Unterstützung und kleinteiligen, angepassten Hilfsmaßnahmen, die die nötige Anschubenergie liefern, damit die lokale Ökonomie wieder in Schwung kommt.

Vorbeugende Maßnahmen zur Schadensminderung (*adjustments*)

Langfristig ist das Ziel eines jeden Hazardmanagements, die Wiederholung des Extremereignisses möglichst auszuschließen oder zumindest die schädlichen Folgewirkungen zu minimieren. Analytisch wird dabei zwischen Schaden mindernden Maßnahmen und solchen unterschieden, die das Ereignis selbst unmöglich machen. Letzteres ist aber eher für technische Unfälle oder *man-made* Hazards möglich, weniger für Naturereignisse.

Technische Maßnahmen

Die Schäden durch Hazardereignisse können durch vielfältige technische Maßnahmen gemindert werden wie zum Beispiel armierte Gebäude gegen Erdbebenerschütterungen, Deiche gegen Hochwasser, Verbauungen gegen Lawinen und so weiter (Abb. 28.3.8). Allein im Hochwasserschutz gibt es eine ganze Reihe von Maßnahmen, die von der Bodenentsiegelung im Einzugsgebiet, über die Schaffung von Regenrückhaltebecken im Oberlauf, die Kanalisierung zur Beschleunigung des Abflusses, die Errichtung natürlicher oder künstlicher Stauseen, die Bereitstellung von Poldern bis zum Aufbau mobiler Deiche im Unterlauf reichen. Zu den technischen Maßnahmen zählen beispielsweise auch computergestützte Warnsysteme. Technische Maßnahmen sind allerdings in der Regel sehr teuer. Nur bei hoher Wahrscheinlichkeit des Eintreffens eines Extremereignisses, klarer **Lokalisierbarkeit** und hinreichendem **Gefährdungspotenzial** werden entsprechende Maßnahmen ergriffen. Stets stehen alternative Investitionsmöglichkeiten bereit, sodass insbesondere aufseiten der Politik – und damit beim Wahlvolk – eine hohe Risikowahrnehmung gegeben sein muss. Das heißt, dass die öffentliche Einschätzung ein wichtiges Entscheidungselement ist. Die Akzeptanz von Sicherungsmaßnahmen ist beispielsweise besonders groß, wenn eine Katastrophe noch frisch im Gedächtnis ist – dann gibt es ein „Gelegenheitsfenster", das die Manager nutzen müssen. Je länger das letzte Ereignis zurückliegt, umso schwieriger wird es, Investitionen in den Schutz vor Schäden durch Extremereignisse auf der Prioritätenliste nach oben zu setzten. Die Chancen Schutzmaßnahmen durchzusetzen, sind besonders gut, wenn sie dem aktuellen politischen Trend entsprechen: Wird ein Hochwasser mit zunehmender Bodenversiegelung in Verbindung gebracht, so werden Maßnahmen zur Bachrenaturierung und Aufforstung wahrscheinlich sein, selbst wenn der Wirkungsgrad gering sein mag. Doch ist die Bereitschaft hierfür Geld auszugeben – angesichts der Dominanz ökologischer und nachhaltiger Werte – hoch.

Abb. 28.3.8 a) Rückhaltebecken für Sedimente von Murgängen in einem Seitenbach des Ötztales, Österreich. Das Sediment soll durch die Staumauer zurückgehalten und das Wasser durch die Eisenkonstruktion weitergeleitet werden. b) Küstenschutz auf der Insel Sylt durch Tetrapoden und Dünenstabilisierung (Fotos: R. Dikau).

Rechtliche Maßnahmen

Ein durchsetzungsfähiger Staat kann über Gesetze und Verwaltungsvorschriften Einfluss auf die Risikovorsorge nehmen. Hierzu zählen Selbstbindungen der öffentlichen Hand wie auch Ver- und Gebote gegenüber Privaten. Selbstbindungen der öffentlichen Hand meint alle Planungen und Investitionen, die den Schutz vermindern oder vergrößern können. Oft ist die Beeinflussung des Schutzes vor Hazardgefahren nicht auf den ersten Blick erkennbar. Deshalb haben sich vor allem in Deutschland, aber auch in anderen westeuropäischen Staaten Verfahren etabliert, mit denen die Auswirkungen auf eine Erhöhung oder Minderung von Naturrisiken ermittelt werden sollen. Raumordnungsverfahren, Umweltverträglichkeitsprüfungen, technische Anweisungen und konkrete Gefahrenplanungen sind solche Instrumente, die heute vor allem unter dem Gedanken der Nachhaltigkeit eingesetzt werden. Ge- oder Verbote sind die zentralen Instrumente jedes Staatshandelns. Im Bereich der Katastrophenvorsorge sind insbesondere Bauvorschriften auf unterschiedlichen Ebenen möglich, die private Haushalte und Unternehmen dazu bringen sollen, Vorsorge zu betreiben. Hierzu gehören Vorschriften für eine tiefere Gründung zur Sicherung vor Hangrutschungen, Mauerverstärkung gegenüber Lawinen oder Erdbebengefahr, in ähnlicher Weise auch Verstärkung von Gebäuden in Hurrikanzonen. Von anderer Art sind flächenbezogene Bauverbote wie die der Freihaltung von Überschwemmungsgebieten, Lawinenstrichen, von Schlammlawinen bedrohte Vulkanflanken oder durch Tsunamis gefährdete Küstenabschnitte. Schwieriger ist eine umfassende Entwicklungsplanung unter besonderer Berücksichtigung von Hazardgefahren.

Versicherungen

Eine wichtige Vorbeugungsmaßnahme ist der Abschluss einer Versicherung. Sie ist deswegen nützlich, weil sie im Grundprinzip davon ausgeht, dass der Nutznießer chancenträchtiger Strukturen Risiken in Kauf nimmt, allerdings durch eine Katastrophe nicht gleich in seiner Existenz getroffen wird. Vielmehr mindert die im Schadensfall ausgezahlte Versicherungssumme seine Schäden und ermöglicht eine rasche Rückkehr zur Normalität. Durch die regelmäßige Prämienzahlung zahlt der Versicherte für das Risiko vorab in kleinen, gut kalkulierbaren Raten, während im Schadensfall dann die (eine) große Entschädigung folgt. Versicherungen haben allerdings grundsätzliche sowie vom Hazardtyp und vom Versicherungsnehmer abhängige Schwächen: Ökonomisch gesehen sind diejenigen Hazardereignisse für die Versicherungen am günstigsten, die zwar hohe Aufmerksamkeit und beträchtliche Schäden erzeugen, aber wenig Versicherungsfälle darstellen. Angesichts der Schockwirkung können sowohl vorbeugende Maßnahmen besser angeregt als auch Versicherungsprämien leichter erhöht werden, ohne dass betriebswirtschaftlich gesehen wirklich nennenswerte ökonomische Belastungen mit dem Ereignis verbunden sind.

Versicherungen als Vorbeugungsmaßnahme sind umso ungeeigneter, je verwundbarer die Gesellschaft ist: Gerade eine Bevölkerung mit wenig Ressourcen hätte eine Versicherung zwar besonders nötig, sie hat aber in der Regel nicht die regelmäßig nötigen Mittel für die Zahlung der Versicherungsprämie. Somit ist gerade die Bevölkerung, die am ehesten risikoscheu sein müsste (weil sie im Schadensfall nicht aus Reserven schöpfen kann), objektiv besonders risikofreudig. Versicherungen sind ebenfalls ungeeignet, je besser kalkulierbar das Risiko hinsichtlich seines Auftrittsortes ist. Räumlich geballt auftretende Schäden sind wegen des **Kumulschadens** schwierig, weil sie eine Versicherung leicht in die Insolvenz treiben können. Der Kumulschaden ist die Summe von mehreren einzelnen, bei unterschiedlichen Versicherungsnehmern eingetretenen Schäden, die durch das gleiche Schadenereignis (z. B. Sturm, Erdbeben) verursacht wurden. Er führt dann zu einer erhöhten Belastung des Erst- oder Rückversicherers, wenn mehrere betroffene Versicherungsnehmer bei ihm versichert sind. So sind Risiken gegen Hochwasser in der Regel nur im Verbund versicherbar, wenn man sich gleichzeitig gegen alle Elementarschäden versichert, also auch gegen Erdbeben, Stürme und Lawinen. Dies macht zwar in den Augen des Hochwassergefährdeten keinen Sinn, aber nur so ist die nötige Risikostreuung erreichbar. Versicherungen sind also grundsätzlich für räumlich disperse, im Durchschnitt nicht allzu selten auftretende Hazardereignisse geeignet, wobei die Schäden fraktioniert und auf die Versicherungsfälle relativ gleichmäßig verteilt auftreten. Versicherungen bedeuten, dass die Kosten im Schadensfall von der Gemeinschaft der Versicherten getragen werden. Damit entsteht grundsätzlich die Gefahr, dass der potenziell Geschädigte angesichts gleichbleibender Nutzenaspekte ein höheres Risiko eingeht, weil er im Schadensfall nicht selbst dafür einstehen muss. Er ändert möglicherweise sein Verhalten gegenüber der Naturgefahr zugunsten eines höheren Risikos („höhere Versuchung"), was als *moral* Hazard bezeichnet wird. Zwar versuchen die Versicherungsgeber dieses Problem so gut es geht zu bekämpfen (z. B. über die Höhe des Selbstbehalts), grundsätzlich gelöst wird es jedoch nicht, da letztlich das Risiko auf die Allgemeinheit (hier auf die Versicherungsnehmer) ausgelagert wird.

Raumplanung und nachhaltige Entwicklung

Eine umfassende Raumordnung ist global gesehen eher die Ausnahme als die Regel. Schon in den USA und erst recht in Staaten mit einer weniger entwickelten Bürokratie fehlt eine zielgerichtete Raumplanung. Hier kann nur nach Feststellung des Gefährdungsgrades, der im Idealfall nach entsprechenden Analysen in Gefährdungskarten dargestellt wird, eine hazardbezogene Steuerung (*mitigation planning*) angestrebt werden. In der Regel wird sich eine umfassende Planung auf die schwerwiegendste Hazardgefahr konzentrieren: Hochwasser steuert maßgeblich die raumwirksame Planung in den Niederlanden, in Japan und in Kalifornien ist die Fokussierung auf das Erdbeben zentral, die Waldbrandgefahr sitzt der Raumplanung um das Mittelmeer im Nacken, die Raumordnung in den Schweizer Alpen wird bereits seit mehr als 100 Jahren in Form des Schutzwaldkonzeptes durch die Lawinen- und Murganggefahr bestimmt.

Kulturelle Maßnahmen

Kulturelle Maßnahmen umfassen eine Veränderung von Wertvorstellungen und Verhaltensweisen der Gesellschaft insgesamt gegenüber den Naturgefahren (*adaptations*). Kulturelle Maßnahmen können sich gleichsam von selbst aufgrund kollektiver Lernprozesse ergeben. Diese sind in der Regel nicht nur sehr langwierig, sie sind auch in einer hochgradig arbeitsteilig verfassten und hoch mobilen Gesellschaft kaum mehr möglich. Zwar ist es grundsätzlich möglich, durch schulische Erziehung oder Informationsvermittlung in den Medien solche Lernprozesse anzuregen, ein dauerhafter Erfolg ist angesichts des Angebotspluralismus und der Reizüberflutung jedoch ungewiss. Mehr Erfolg verspricht man sich von einer Kombination aus staatlichen Vorschriften, finanziellen Anreizen und Aufklärungsarbeit. Hierbei soll die Handlungsbereitschaft seitens der Individuen, die sich insbesondere nach einer Katastrophe zeigt, genutzt und verstärkt werden. Technische Maßnahmen Privater werden unterstützt, es gibt Steuerermäßigungen bei Abschluss einschlägiger privater Versicherungen, Kommunen erhalten finanzielle Unterstützung bei Eigenmaßnahmen. Untermauert werden diese von pädagogischen Aufklärungsmaßnahmen (Abb. 28.3.9).

Insbesondere in Ländern der „Dritten Welt" werden Entwicklungsmaßnahmen mit Risikoanalyse und Präventionsmaßnahmen gekoppelt. Die **partizipative Risikoanalyse** (PRA) versucht, unterstützt durch von außen kommende Fachkräfte, das lokale Wissen um Naturgefahren zu aktivieren und selbst organisierte, lokal angepasste Vorsorgemaßnahmen unter Beachtung kultureller Wahrnehmungen und Werte zu initiieren. Dies ist – angesichts der immer noch ausgeprägten agrarischen Lebensform in ländlichen Räumen einerseits und angesichts der Schwäche zentraler, effizienter Verwaltungsstrukturen sowie geringer Ressourcen für technische Maßnahmen andererseits – der zentrale Hebel um einer besonders verwundbaren Bevölkerung mehr Schutz zukommen zu lassen.

Verteilungsaspekte von vorbeugenden Maßnahmen

Vorbeugende Maßnahmen werden nicht nur häufig unterlassen, weil die Wahrscheinlichkeit eines möglichen Schadensfalls als gering eingeschätzt wird und

Abb. 28.3.9 Ausbildungs- und Trainingsmaßnahmen sind Bestandteil vorbeugender und vorsorgender Maßnahmen in gefährdeten Regionen des Vulkans Merapi auf Java in Indonesien (Foto: Ria Hidajat).

vermeintlich dringlichere Probleme in Angriff genommen werden müssen. Zudem sind sie auch abhängig von der Verteilung des Nutzens bzw. (bei Unterlassen) des Schadens sowie der Verteilung der Kosten falls Maßnahmen ergriffen werden. Auf der Mikroebene sind allgemeine Schutzmaßnahmen oft ein Eingriff in **Verfügungsrechte**. Man könnte sich auf den Standpunkt stellen, dass es das Risiko jedes Einzelnen ist, ob er beispielsweise in einem überschwemmungsgefährdeten Gebiet baut oder nicht, ob er sich an den Flanken eines rutschungsgefährdeten Hanges ansiedelt und so weiter, solange er nur auch das Risiko trägt und nicht auf andere abwälzt. Bauverbote in Flussauen sollen aber nicht nur dafür sorgen, dass der Siedler dort nicht gefährdet wird, sondern auch dafür, dass das Hochwasser in ferneren Gebieten weniger hoch aufläuft. Ökonomisch gesprochen handelt es sich um einen Fall von Marktversagen, daher ist Staatshandeln geboten. Bauverbote aber wiederum bedeuten unter Umständen einen enteignungsgleichen Eingriff. Eigentümer von Parzellen, die dort bauen oder ausbauen wollen, können den Gesetzgeber auf Schadensersatz verklagen, soweit bereits Baurecht existiert. Vorschriften, die sich auf Neubauvorhaben beziehen, wie zum Beispiel die Festschreibung einer antiseismischen Bauweise in einem erdbebengefährdeten Gebiet, sind dahingegen unproblematisch.

Vom Maßstab her etwas höher angesiedelt sind Maßnahmen, die ein **lokales Kollektiv** schützen, wobei dieser Schutz einigen stärker zugute kommt als anderen, während die Kosten dafür gleich verteilt werden oder gar zulasten derer gehen, die wenig Nutzen davon haben. Die Kosten für die Errichtung einer Einrichtung, die dem Schutz nur weniger zugute kommt (wie z. B. ein Polder am Fluss, der nur den Unterliegern Nutzen bringt) werden oft von einer Gemeinde aufgebracht, also der Gemeinschaft der Steuerzahler. Oft unterbleiben Schutzmaßnahmen, weil sie nur einer Minderheit zugute kommen und die Mehrheit nicht willens ist, für die Minderheit zu bezahlen. Umgekehrt unterbleiben oft auch Schutzmaßnahmen, weil sie die Gestaltungsmöglichkeiten einer einflussreichen Minderheit einschränken. Hierzu zählen beispielsweise ästhetisch unangenehm auffallende Sicherungsmaßnahmen, von denen tonangebende Wirtschaftskreise befürchten, dass sie den Tourismus beeinträchtigen könnten.

Auf nationaler Ebene werden diese Verteilungsaspekte noch komplexer, weil hier der Nutzen von Schutzmaßnahmen sehr lokal wirkt, während die Finanzierung durch Akteure sichergestellt wird, die nur in Ausnahmefällen davon profitieren können. So wird der Steuerzahler in Wien oder im Burgenland wenig Verständnis dafür zeigen, dass der österreichische Staat die Wildbachverbauung in Tirol jedes Jahr mehr subventioniert, während der Nutzen – in Form von Einnahmen aus dem Skitourismus – weitgehend nur der lokalen Wirtschaft zugute kommt. Man kann allerdings auch argumentieren, dass es im nationalen Interesse liegt, den Bewohnern der Gebirgstäler Erwerbsmöglichkeiten im Tourismus zu ermöglichen und so einer Abwanderung, die hohe gesellschaftliche Kosten verursachen könnte, vorzubeugen. Ähnliche Zusammenhänge bestehen etwa in Deutschland für die Gemeinschaftsaufgabe von Bund und Ländern zur Verbesserung des Küstenschutzes. Die Aufwendungen für Schutzmaßnahmen sind Teil des gesellschaftlichen Aushandlungsprozesses über die Erhebung und Verwendung von Steuern und Abgaben.

Ein anderer Aspekt dieser Verteilungsproblematik ist das „Schützen um jeden Preis": Oft wird nicht ins Kalkül gezogen, dass selbst im Fall der Realisierung einer Naturgefahr die Schäden geringer sind als die im Vorfeld getätigten Schutzmaßnahmen: „Nichts tun" wäre demnach die billigere Alternative. Der Verteilungsaspekt kann sich schließlich auch auf ökologische Zusammen-

Abb. 28.3.10 Die Großstadt San Francisco liegt in einem stark erdbebengefährdeten Gebiet. Informationskampagnen der Stadt erinnern die Bevölkerung an notwendige Schutzmaßnahmen (Foto: H. Gebhardt).

hänge beziehen: Schutz von Menschenleben oder Sachgütern kann zum Beispiel ökologische Strukturen zerstören. Auch hier sind zahlreiche Beispiele vorstellbar wie zum Beispiel Wildbachverbauung, Eindeichung des Wattenmeeres, Kanalisierung von Flüssen zur beschleunigten Abfuhr von Hochwasser. In diesem Zusammenhang geht es nicht nur um Verteilungsgerechtigkeit, sondern auch um die grundlegende Frage, wofür die stets knappen Ressourcen eingesetzt werden sollen, denn die Verwendung für Vorsorgemaßnahmen ist ja nur eine von vielen Optionen.

Vorbeugende Maßnahmen zur Verhinderung des Eintritts einer Katastrophe (*adaptations*)

Immer wieder wird betont, dass auch bei Hazardrisiken gilt: „Vorbeugen ist besser als Heilen" – vor allem auch billiger. Es ist nachweisbar, dass der Wiederaufbau zumeist ein Vielfaches dessen kostet, was für die Errichtung und Einrichtung von vorbeugenden Maßnahmen aufzuwenden wäre. Vereinzelt ist zwar das Verhältnis von Vorbeugungskosten zu Schadensbeseitigungskosten größer, etwa bei aufwendiger Lawinenverbauung, die einzelne Häuser schützen soll. Aber im Fall eines Tsunami-Risikos beispielsweise sind etwa die Vorhersage- und Vorwarnkosten gegenüber den vermiedenen Schäden vernachlässigbar. Warum werden solche Investitionen dennoch nicht oder nur schleppend getätigt? Der Grund liegt in der Struktur von Hazards selbst sowie in der Wechselwirkung der Hazardgefahren mit anderen Systemen. Hazards zeichnen sich in der Regel gerade durch ihre hohe Unwahrscheinlichkeit und häufig auch durch die Unbestimmbarkeit der Schadensorte aus. Das Naturrisiko ist nicht präsent oder wird zumindest im Verhältnis zu anderen Lebensrisiken als gering eingeschätzt. Also ist die Bereitschaft gering, Gelder oder andere Mittel dafür aufzuwenden, die anderswo auch gebraucht werden. Daraus folgt aber auch, dass die Einsicht, Mittel für Vorbeugemaßnahmen aufwenden zu müssen, stets kurz nach einer Katastrophe vorhanden ist, aber mit der zeitlichen Distanz zum Ereignis die Bereitschaft hier zu investieren rasch schwindet, obwohl die Eintrittswahrscheinlichkeit dann eher wächst. Dies ist geradezu ein ehernes Gesetz der Katastrophenprävention und kann nur so genutzt werden, dass man das *Window of Opportunity* nach einer Katastrophe dazu nutzt, möglichst viel an Vorsorgemaßnahmen auf den Weg zu bringen. Das Verschwinden des Risikobewusstseins gilt nicht nur für die potenziell betroffenen Individuen, sondern auch für die Wirtschaft und für die Politik, die beide auf das Nachfrageverhalten bzw. die Wählerwünsche reagieren. Dahinter steckt das generelle Prinzip, dass Vorsorgemaßnahmen Kosten verursachen, die sich in Geld, aber auch in psychosozialen (zum Beispiel Verlust der vertrauten Umgebung bei Wegzug oder ästhetische Beeinträchtigung durch Schutzbauten) oder politischen Kosten (Verlust an Loyalität) und so weiter äußern. Die Bewertung dieser Kosten hängt wiederum von der Risikoeinschätzung ab.

 **Fazit**

Es lässt sich festhalten, dass Katastrophen und die ihnen vorausgehende Naturgefahr niemals isoliert betrachtet werden dürfen, sondern einem individuellen und kollektiven Bewertungsprozess unterliegen, der sehr komplex ist und von sehr unterschiedlichen Rahmenbedingungen abhängt. Hierzu gehören regionale und kulturelle Mentalitätsunterschiede ebenso wie die Erfahrungen mit Katastrophen und Gefahren sowie vor allem die Risikobewertung im Kontext von anderen Handlungszielen. Neben der Analyse besteht eine normative Aufgabe der Hazardforschung hauptsächlich darin, die Aufmerksamkeit der Öffentlichkeit und der Verantwortlichen von den punktuellen Ereignissen hin zum Prozesscharakter und zur Kontextgebundenheit der Naturgefahren zu lenken.

Mit der Beseitigung der schlimmsten Schäden nach einer Naturkatastrophe ist es nicht allein getan, vielmehr muss nach der Nothilfe und während des Wiederaufbaus bereits die Widerstandsfähigkeit der Gesellschaft erhöht werden. Dies reicht von organisatorischen Verbesserungen in der Frühwarnung und im Katastrophenmanagement über individuelle Anpassungs- und Vorsorgemaßnahmen bis hin zur planerischen und technischen Vorsorge, getreu dem Grundsatz: „Nach der Katastrophe ist vor der Katastrophe."

Weiterführende Literatur

Blaikie P, Cannon T, Davis I, Wisner B (2003) At Risk: Natural Hazards, People's Vulnerability, and Disasters. London

Clausen L, Geenen EM, Macamo E (2003) Entsetzliche soziale Prozesse. Theorie und Empirie der Katastrophe. Münster

Karl H, Pohl J (2003) Raumorientiertes Risikomanagement in Technik und Umwelt: Katastrophenvorsorge durch Raumplanung. Hannover

Kasperson JX, Kasperson RE, Turner BL (1995) Regions at Risk: Comparisons of Threatened Environments. Tokio

Mileti DS (1999) Disasters by Design. Washington, D.C.

Mitchell JK (1999) Crucibles of Hazard: Mega-Cities and Disasters in Transition. United Nations University Press, Tokyo

Pelling M (2003) The Vulnerability of Cities: Natural Disaster and Social Resilience. Earthscan, London

Pfister C (1999) Wetternachhersage. Bern

Renn O, Rohrmann B (2000) Cross-Cultural Risk Perception: A Survey of Empirical Studies. Dordrecht

Weichselgartner J (2002) Naturgefahren als soziale Konstruktion: Eine geographische Beobachtung der gesellschaftlichen Auseinandersetzung mit Naturrisiken. Aachen

Zitierte Literatur

Alexander D (1993) Natural Disasters. New York

ARL (2002) Wachsende Hochwassergefahren: Kein „Weiter so". Akademie für Raumforschung und Landesplanung Nachrichten 3/2002, Hannover

Beck U (1986) Risikogesellschaft. Auf dem Weg in eine andere Moderne. Frankfurt a. M.

Beck U (2007) Weltrisikogesellschaft: Auf der Suche nach der verlorenen Sicherheit. Frankfurt a. M.

Bell FG (2003) Geological Hazards. London

Berz G (2003) Schlagen neueste Baunormen die Sturm-Vorsorge in den Wind? GAIA (13): 5

Bohle (2001) Dürren. In: Plate E & Merz B (Hrsg) Naturkatastrophen: Ursachen, Auswirkungen, Vorsorge. Stuttgart. 190–207

Borrero JC (2005) Field survey of northern Sumatra and Banda Aceh, Indonesia after the tsunami and earthquake of 26 December 2004. Seismological Research Letters 76 (3): 312–320

Bruins HJ, MacGillivray JA, Synolakis CE, Benjamini C, Keller J, Kisch HJ, Klügel A, van der Pflicht J (2008) Geoarchaeological tsunami deposits at Palaiokastro (Crete) and the Late Minoan IA eruption of Santorini. Journal of Archaeological Science 35: 191–212

Bryant EA (2001) Tsunami – the underrated hazard. Cambridge University Press, Melbourne

Burton I, Kates RW, White GF (1978) The Environment as Hazard. New York

Buynevich IV, Donnelly JP (2006) Geological signatures of barrier breaching and overwash, southern Massachusetts, USA. Journal of Coastal Research Spec Issue 39: 112–116

Dawson AG, Stewart I (2007) Tsunami deposits in the geological record. Sedimentary Geology 200: 166–183

Dikau R (2004) Die Bewertung von Naturgefahren als Aufgabenfeld der Angewandten Geomorphologie. Z. Geomorph. N.F. Suppl.-Bd. (136): 179–191

Dikau R, Brunsden D, Schrott L, Ibsen M (Hrsg) (1996) Landslide recognition. Identification, Movement and Causes. Wiley, Chichester

Dikau R, Weichselgartner J (2005) Der unruhige Planet. Der Mensch und die Naturgewalten. Darmstadt

DKKV (2003) Hochwasservorsorge in Deutschland: Lernen aus der Katastrophe 2002 im Elbegebiet. Deutsches Komitee für Katastrophenvorsorge, Bonn

DWD (2004) Presseinfo: Das Wetter in Deutschland im Jahr 2003. Deutscher Wetterdienst, Offenbach

EERI (2004a) World Housing Ecyclopedia Report – Country India, Report Number 80, Earthquake Engineering Research Institute, http://www.eeri.org

EERI (2004b) World Housing Ecyclopedia Report – Country Colombia, Report Number 109, Earthquake Engineering Research Institute

Fritz HM, Kongko W, Moore A, McAdoo B, Goff J, Harbitz C, Uslu B, Kalligeris N, Suteja D, Kalsum K, Titov V, Gusman A, Latief H, Santoso E, Sujoko S, Djulkarnaen D, Sunendar H, Synolakis C (2007) Extreme runup from the 17 July 2006 Java tsunami. Geophysical Research Letters 34: L12602

Geipel R (1969) Nachwort. In: Steuer M (Hrsg) Wahrnehmung und Bewertung von Naturrisiken am Beispiel ausgewählter Gemeinschaftsfraktionen im Friaul. Münchner Geographische Hefte 43

Glaser R (2001) Klimageschichte Mitteleuropas: 1000 Jahre Wetter, Klima, Katastrophen. Wissenschaftliche Buchgesellschaft, Darmstadt

Goto K, Miyagi K, Kawamata H, Imamura F (2010) Discrimination of boulders deposited by tsunamis and storm waves at Ishigaki Island Japan. Marine Geology 269: 34–45

GSHAP (2004) Global Seismic Hazard Map. Global Seismic Hazard Assessment Program, http://www.seismo.ethz.ch/GSHAP

Gusiakov V, Abbott DH, Bryant EA, Masse WB, Breger D (2010) Mega tsunami of the world oceans: chevron dune formation micro-ejecta and rapid climate change as the evidence of recent oceanic bolide impacts. In: Beer T (Hrsg) Geophysical hazards. Springer, Amsterdam. 197–227

Hahn B (2005) Die Zerstörung von New Orleans – mehr als eine Naturkatastrophe. In: Geographische Rundschau 57, 11: 60–62

Hewitt K (1997) Regions of Risk. A Geographical Introduction to Disasters. Essex

Hidajat R (2002) Risikowahrnehmung und Katastrophenvorbeugung am Merapi-Vulkan, Indonesien. Geographische Rundschau (54): 24–29

Hough P (2008) Understanding global security. Routledge, London

IKSR (2001) Rheinatlas 2001. Internationale Kommission zum Schutz des Rheins, Koblenz

IKSR (2002) Hochwasservorsorge: Maßnahmen und ihre Wirksamkeit. Internationale Kommission zum Schutz des Rheins, Koblenz

Intergovernmental Oceanographic Commission (IOC) (2010) IOC tsunami information North-eastern Atlantic and Mediterranean region. http://wwwioc-tsunamiorg/content/view/35/1035 (Zugang am 18.07.2010)

Fortsetzung

Fortsetzung

International Federation of Red Cross and Red Crescent Societies (IFRC) (Hrsg) (2009) World Disasters Report 2009. Focus on early warning, early action. Genf

ISDR (2004a) Living with Risk: A Global Review of Disaster Reduction Initiatives. International Strategy for Disaster Reduction (ISDR), Genf

ISDR (2004b) Platform for the Promotion of Early Warning – Newsletter 2004/2, International Strategy for Disaster Reduction, Geneva

ITIC (2004) Tsunami Glossary. International Tsunami Information Centre, Honolulu, Intergovernmental Oceanographic Commission, International Coordination Group for the Tsunami Warning System in the Pacific (ICG/ITSU)

Jankaew K, Atwater BF, Sawai Y, Choowong M, Charoentitirat T, Martin ME, Prendergast A (2008) Medieval forewarning of the 2004 Indian Ocean tsunami in Thailand. Nature 455: 1228–1231

Kelletat D (2002) Tsunami – In: Brunotte E, Gebhardt H, Meurer M, Meusburger P, Nipper J (Hrsg) Lexikon der Geographie in vier Bänden. Spektrum Akademischer Verlag, Heidelberg, Berlin

Kelletat D, Scheffers A (2004) Tsunami im Atlantischen Ozean. Geographische Rundschau 56 (6): 4–12

Khan S, Robinson E, Rowe D-A, Coutou R (2010) Size and mass of shoreline boulders moved and emplaced by recent hurricanes, Jamaica. Zeitschrift für Geomorphologie Suppl. Issue 54 (3): 281–299

Kleeberg H-B, Moen G (2004) Hochwassermanagement: Gefährdungspotenziale und Risiko der Flächennutzung. Forum für Hydrologie und Wasserbewirtschaftung, Heft 06.04. Hennef

Lauterjung J, Münch U, Rudloff A (2009) Geotechnik im Dienst der Menschheit. Das Tsunami-Frühwarnsystem im Indischen Ozean. Geographische Rundschau 12/2009: 36–41

Maniak U (2004) Ursachen für Hochwasser und Überschwemmungen. In: Kleeberg H-B, Moen G (Hrsg) Hochwassermanagement: Gefährdungspotenziale und Risiko der Flächennutzung. Forum für Hydrologie und Wasserbewirtschaftung, Heft 06.04, Hennef: 5–22

Mastronuzzi G, Sansò P, Brückner H, Vött A (Hrsg) (2010) Tsunami fingerprints in different archives – sediments, dynamics and modelling approaches. Proceedings of the 2nd International Tsunami Field Symposium September 22–28 2008 in Ostuni (Italy) and Lefkada (Greece). Zeitschrift für Geomorphologie Suppl. Issue 54 (3)

Morton RA, Gelfenbaum G, Jaffe BE (2007) Physical criteria for distinguishing sandy tsunami and storm deposits using modern examples. Sedimentary Geology 200: 184–207

Münchener Rück (1993) Winterstürme in Europa: Schadenanalysen 1990, Schadenpotenziale. Münchener Rückversicherungs-Gesellschaft, München

Münchener Rück (2000, 2002 u. 2004) Topics. Münchener Rückversicherungs-Gesellschaft, München

National Geophysical Data Center (NGDC 2010) NOAA/WDC Historical Tsunami Database at NGDC. http://www.ngdc.noaa.gov/hazard/tsu_db.shtml (Zugang am 2011/01/28)

NOAA (2004) The National Tsunami Hazard Mitigation Program, USA. National Oceanic and Atmospheric Administration. Washington, D.C.

NOAA (2005) Hurricane Katrina. A Climatological Perspective. NCDC Technical Report 2005-01

Nott J (2006) Extreme events. A physical reconstruction and risk assessment. Cambridge University Press, Cambridge

Paris R, Fournier J, Poizot E, Etienne S, Morin J, Lavigne F, Wassmer P (2010) Boulder and fine sediment transport and deposition by the 2004 tsunami in Lhok Nga (western Bandah Aceh Sumatra Indonesia): A coupled offshore-onshore model. Marine Geology 268: 43–54

Parker DJ (2000) Floods. London

Plate E, Merz B (2001) Naturkatastrophen: Ursachen, Auswirkungen, Vorsorge. Stuttgart

Pohl J, Geipel R (2002) Naturgefahren und Naturrisiken. Geographische Rundschau Jg. 54: 4–8

Saarinen T (1969) Perception of environment. Washington, Assoc. of American Geographers

Scheffers A (2002) Paleo-Tsunamis in the Caribbean: Field Evidences and Datings from Aruba, Curaçao and Bonaire. Essener Geographische Arbeiten Nr. 33, Essen

Scheffers A (2008) Tsunami. In: Felgentreff C, Glade T (Hrsg) Naturrisiken und Sozialkatastrophen. Spektrum Akademischer Verlag, Berlin, Heidelberg. 173–180

Scheffers A, Scheffers S (2007) Tsunami deposits on the coastline of west Crete (Greece). Earth and Planetary Science Letters 259/3-4: 613–624

Schielein P, Zschau J, Woith H, Schellmann G (2007) Tsunamigefährdung im Mittelmeer – Eine Analyse geomorphologischer und historischer Zeugnisse. Bamberger Geographische Schriften 22: 153–199

Schmincke H-U (2000) Vulkanismus. Darmstadt

Schneider G (2004) Erdbeben. München

Shiki T, Tsuji Y, Yamazaki T, Minoura K (eds, 2008) Tsunamiites. Features and implications. Elsevier, Amsterdam

Simkin T, Siebert L (1994) Volcanoes of the World. Missoula

Smith K (2004) Environmental Hazards: Assessing Risk and Reducing Disaster. London

Soloviev SL, Solovieva ON, Go CN, Kim KS, Shchetnikov NA (2000) Tsunamis in the Mediterranean Sea 2000 BC – 2000 AD. Kluwer, Dordrecht

Steuer M (1979) Wahrnehmung und Bewertung von Naturrisiken am Beispiel ausgewählter Gemeinschaftsfraktionen im Friaul. Münchner Geographische Hefte 43

Stöckel H (1982) Kognitive räumliche Disparitäten, untersucht am Beispiel des Kernkraftwerkes Isar bei Ohu. In: Niedenzu A et al. (Hrsg) Wahrnehmung und Bewertung sperriger Infrastruktur. Münchner Geographische Hefte 47: 91–138

Switzer A, Jones BJ (2008) Large-scale washover sedimentation in a freshwater lagoon from the southeast Australian coast: sea-level change, tsunami or exceptionally large storm? The Holocene 18 (5): 787–803

Tobin GA, Montz BE (1997) Natural Hazards: Explanation and Integration. New York

Turner AK, Schuster RL (1996) Landslides: Investigation and Mitigation. Transportation Research Board Special Report 247, National Academy Press, Washington D.C.

UNEP (2002) Global Environmental Outlook 3. United Nations Environmental Programme, Nairobi

USGS (2001) Natural Hazards on Alluvial Fans: The Venezuela Debris Flow and Flash Flood Disaster. US Geological Survey Fact Sheet FS 103 01

USGS (2004) Tsunami Hazard Program. US Geological Survey, www.usgs.gov

Vött A, May SM (2009) Auf den Spuren von Tsunamis im östlichen Mittelmeer. Geographische Rundschau 12: 42–48

Vött A, Brückner H, Brockmüller S, Handl M, May SM, Gaki-Papanastassiou K, Herd R, Lang F, Maroukian H, Nelle O, Papanastassiou D (2009a) Traces of Holocene tsunamis across the Sound of Lefkada, NW Greece. Global and Planetary Change 66: 112–128

Vött A, Brückner H, May SM, Sakellariou D, Nelle O, Lang F, Kapsimalis V, Jahns S, Herd R, Handl M, Fountoulis I (2009b) The Lake Voulkaria (Akarnania NW Greece) palaeoenvironmental archive – a sediment trap for multiple tsunami impact since the mid-Holocene. Zeitschrift für Geomorphologie Suppl. Issue 53 (1): 1–37

Vött A, Lang F, Brückner H, Gaki-Papanastassiou K, Maroukian H, Papanastassiou D, Giannikos A, Hadler H, Handl M, Ntageretzis K,

Fortsetzung

Fortsetzung

Willershäuser T, Zander A (2010a): Sedimentological and geoarchaeological evidence of multiple tsunamigenic imprint on the Bay of Palairos-Pogonia (Akarnania, NW Greece). Quaternary International, http://dx.doi.org/10.1016/j.quaint.2010.11.002

Vött A, Bareth G, Brückner H, Curdt C, Fountoulis I, Grapmayer R, Hadler H, Hoffmeister D, Klasen N, Lang F, Masberg P, May SM, Ntageretzis K, Sakellariou D, Willershäuser T (2010b) Beachrocktype calcarenitic tsunamites along the shores of the eastern Ionian Sea (western Greece) – case studies from Akarnania the Ionian Islands and the western Peloponnese. Zeitschrift für Geomorphologie Suppl. Issue 54 (3): 1–50

Watzlawick, P (1995) Anleitung zum Unglücklichsein. München

WBGU (1999) Jahresgutachten 1998. Welt im Wandel – Strategien zur Bewältigung globaler Umweltrisiken, Berlin

Wiedemann PM et al. (1991) Das Forschungsgebiet „Risiko-Kommunikation". In: Jungermann H et al. (Hrsg) Risikokontroversen. Konzepte, Konflikte, Kommunikation. Springer, Berlin, Heidelberg, New York. 1–10

Wilhite, DA (2000) Drought: A Global Assessment. Routledge, London

Zschau J, Domres B, Reichert C, Schneider G, Smolka A (2001) Erdbeben. In: Plate E, Merz B (Hrsg) Naturkatastrophen: Ursachen, Auswirkungen, Vorsorge. Stuttgart. 47–82

Im Zeichen von Global Change, dem globalen Umweltwandel, werden Extremereignisse wie Hitzewellen, Überschwemmungen oder Stürme häufiger werden. Das Bild aus dem Trockenraum des Südjemen symbolisiert solche Extremereignisse. Es zeigt im Vordergrund Trockenrisse, welche durch einen (seltenen) Starkregen verursacht wurden, der hier einen temporären See gebildet hatte. Im Hintergrund erhebt sich ein Sandsturm (Foto: H. Gebhardt).

Kapitel 29
Globaler Umweltwandel – Globalisierung – globale Ressourcen- knappheit

Zu Beginn des 21. Jahrhunderts sehen sich die Gesellschaften der Erde mit einer Reihe globaler, miteinander zusammenhängender Gesellschafts- und Umweltprobleme konfrontiert. Besonders das Problemdreieck „Global Change, Globalisierung und globaler Rohstoffmangel" wird die zentrale Herausforderung für unsere Weltgesellschaft in den kommenden Jahrzehnten darstellen, das heißt massive Umwelt- und Gesellschaftsveränderungen im Kontext knapper werdender Schlüsselressourcen der globalen Ökonomie. Alle drei Megatrends haben räumliche Aspekte.

Der globale Umweltwandel wird in Zukunft Räume ebenso benachteiligen wie in Wert setzen. Der mit dem Abschmelzen der Eiskappen erwartete Meeresspiegelanstieg bedroht Inseln und Küstenräume, veränderte Niederschlagsregime lassen heute schon von Trockenheitsrisiko geprägte Räume noch trockener werden. Andere Regionen hingegen können von *global warming* auch profitieren. In jedem Falle werden sich umfassende Prozesse der Mitigation und Adaptation vollziehen müssen.

Wirtschaftliche und politische Globalisierung hat ebenfalls ambivalente Folgen: Den Gewinnern des zunehmenden wirtschaftlichen Austauschs in weitgehend liberalisierten Märkten stehen die Verlierer der Globalisierung, die „ausgegrenzten" und zunehmend fragmentierten Räume des Südens, gegenüber. Global Change und Globalisierung stehen miteinander in enger Verbindung. Naturkatastrophen und globale Umweltveränderungen beeinflussen ökonomische oder technologische Entwicklungen, viele dieser Prozesse sind rückgekoppelt und wirken auf ihre Verursacher zurück.

Die Endlichkeit unserer Schlüsselressourcen, erstmals vom Bericht des „Club of Rome" 1972 auf die Agenda gesetzt, wird in den kommenden Jahrzehnten mit Verwerfungen der globalen Ökonomie einhergehen. Natürliche Ressourcen sind auf der Erde sehr ungleich verteilt. Der daraus resultierende Rohstoffhandel stellt heute mehr als ein Drittel aller Güter im Welthandel, man spricht von *global sourcing*. Es geht dabei keineswegs nur um die physische Verfügbarkeit von Rohstoffen, sondern es geht um Macht und Raum, um asymmetrische Machtbeziehungen bei der Ausbeutung und Vermarktung von Rohstoffen, es geht um die ökonomischen Steuerungsmechanismen über Rohstoffbörsen, um die Beziehungen zwischen Finanz- und Rohstoffströmen, und es geht um die medialen Diskurse, mit denen Politik gemacht wird.

29.1 Hotspots und Tipping Points von Global Change, Globalisierung und Ressourcenknappheit

RÜDIGER GLASER UND HANS GEBHARDT

Im Problemdreieck von Global Change, Globalisierung und Ressourcenknappheit richten sich zentrale Fragen der Geographie auf die Interdependenzen zwischen anthropogenen global wirkenden Entscheidungen bzw. Eingriffen und natürlichen Systemen, auf die Erforschung von Adaptionsstrategien gesellschaftlicher und natürlicher Systeme, ihrer Resilienzen (Pufferkapazitäten) und damit verbunden auf die Identifizierung von Risiken und Gefahren für Mensch und Gesellschaft innerhalb des „Systems Erde". Interessant ist dabei, dass Ursachen und Wirkungen oft nicht nur zeitlich, sondern auch räumlich auseinanderfallen. Die Ursachen des Klimawandels liegen unter anderem in der industriellen Revolution, das heißt, jetzt kommt an, was vor drei oder vier Generationen „angezettelt" wurde. Die wirklich dramatischen Folgen des globalen Klimawandels werden aber erst unsere Kinder und Kindeskinder zu tragen haben. Dies ist einer der Gründe dafür, weshalb sich Maßnahmen von *global governance* so schwer durchsetzen lassen, wie die gescheiterte Umweltkonferenz 2010 in Kopenhagen es in aller Deutlichkeit gezeigt hat. Die heutige Generation ist ja (noch) nicht unmittelbar betroffen. Verursacher des globalen Klimawandels sitzen in den Industriestaaten, seine Folgen wie zum Beispiel der Meeresspiegelanstieg werden zunächst auf kleinen Südseeinseln und dann in den küstennahen Megastädten der Dritten Welt zu spüren sein. Die Industriestaaten werfen sozusagen einen „ökologischen Schatten" auf die Peripherie.

Aus räumlicher Perspektive gesehen verdichten sich Gesellschaft-Umwelt-Probleme in Hotspots bzw. Tipping Points. In **Hotspots** verzahnen sich naturräumliche und politisch-geographische Probleme eng miteinander. Beispiele hierfür sind die Wüstenränder in politisch sensiblen Staaten des Vorderen Orients und Ostasiens, die sich anbahnenden Konflikte um die ressourcenreiche Arktis, nachdem hier der Eisschild im letzten Jahrzehnt rasch zurückgeschmolzen ist. Hotspots des Klimawandels sind auch kleine Inseln im Indischen Ozean und Pazifik, welche vom Meeresspiegelanstieg bedroht sind. Diese haben sich inzwischen in einer eigenen Organisation (AOSIS = *Alliance of Small Islands States*) zusammengeschlossen. Projekte zur Erzeugung regenerativer Energie, insbesondere Solarenergie (beispielsweise das Projekt DESERTEC), liegen in nordafrikanischen Staaten und es stellt sich die Frage der Transportsicherheit nach Europa. Die Ausdehnung der Landwirtschaft in Trockenräume bringt Probleme mit Versalzung und Verlust an Biodiversität. In der Abbildung 29.1.1 sind in vereinfachter Form Hotspots von Global Change und Globalisierung aus verschiedenen Publikationen zusammengestellt. **Tipping Points** hingegen meinen sprunghafte Veränderungen im „System Erde" in zeitlicher Hinsicht und ermöglichen damit einen Blick zurück in charakteristische Umbruchphasen von Gesellschafts-Umwelt-Systemen in der historischen Vergangenheit (Kapitel 29.2). Den aus Umweltveränderungen resultierenden Gefahren für ihre Zivilisation wird sich die Menschheit in jüngerer Vergangenheit immer stärker bewusst, sodass beispielsweise die Möglichkeiten einer technischen Beeinflussung von Klima (*Geoengineering*) zur realistischen Diskussionsgrundlage erhoben werden. Somit steigen gleichzeitig die Unsicherheiten über künftige Entwicklungspfade und politische Risiken, da schon nur kurzfristig von einzelnen Staaten ausgelöste Effekte langfristige und weltweite Folgen haben können. Dieser Problematik sowie den ökologischen Auswirkungen einer global organisierten Wirtschaft soll durch weiterreichende Formen von *global governance* begegnet werden.

Syndrome des globalen Wandels

Der überaus erfolgreiche Kinofilm „*The Day After Tomorrow*" von Roland Emmerich greift eine, wenn auch cineastisch übersteigerte, Facette der globalen Klimadiskussion auf, nämlich den schlagartigen Zusammenbruch der thermohalinen Tiefenwasserproduktion und den dadurch ausgelösten rapiden Kälterückschlag in der Nordhemisphäre, wie er vermutlich in der Dryas für mehrere Temperaturabfälle verantwortlich war und als ein Szenario des Treibhauseffektes diskutiert wird. Ein ähnlich erfolgreicher Buchbestseller, „Der Schwarm" von Frank Schätzing, thematisiert weitere Folgen des globalen Wandels und rührt sie zu einer faszinierenden Mixtur eines drohenden Weltuntergangs zusammen. „Killerwale" und „Killeralgen" kommen ebenso vor wie Tsunamis in der Nordsee, welche halb Dänemark, die norwegische Küste und Großbritannien unter Wasser setzen. Methan-Eis der Tiefsee wird durch Würmer angebohrt und führt zum Untergang von Schiffen, zur Veränderung der Atmosphäre und zum Erliegen des Golfstroms. Aufgrund dieser Ereignisse entwickeln sich gewaltige Katastrophen; die Kanarischen Inseln drohen

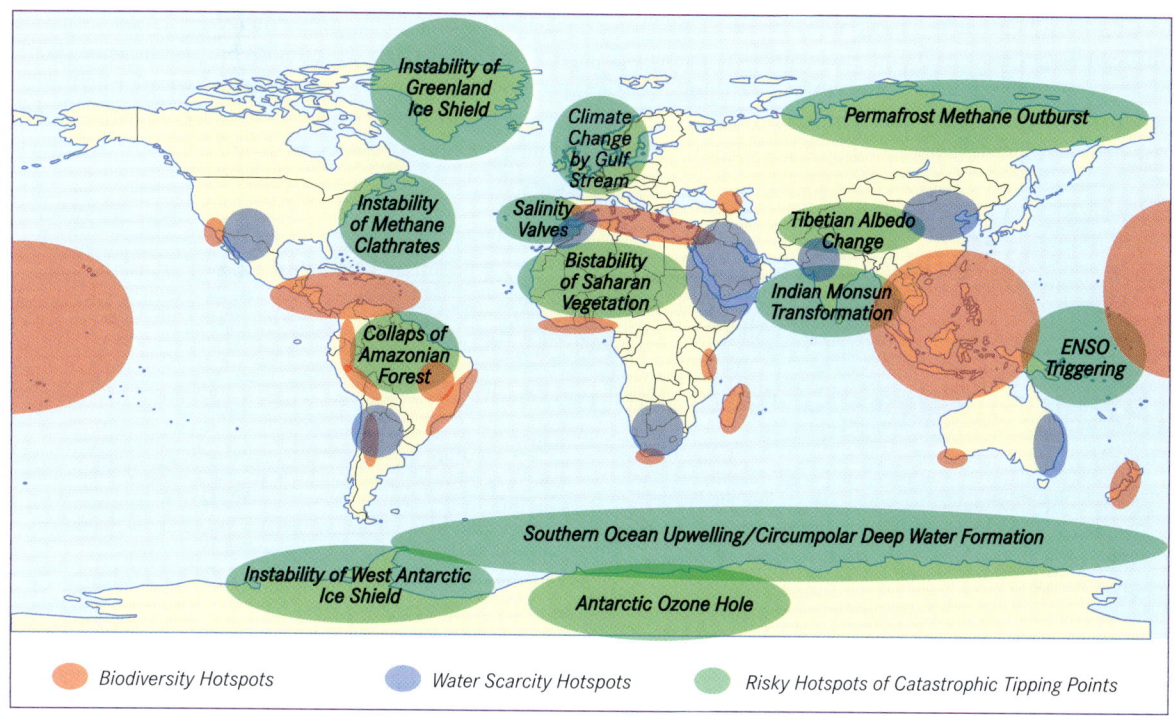

Abb. 29.1.1 Hotspots and Tipping Points der globalen Umweltprobleme (nach Myers et al. 2000, Vörösmarty et al. 2000 und Rockström & Folke 2008).

ins Tiefmeer zu stürzen, die dadurch ausgelöste Hochwasserwelle würde die nordamerikanische Küste zerstören und so weiter.

Der Griff in die Themenkiste und Begriffswelt von Global Change scheint derzeit im Trend zu liegen, Inhalte von Global Change sind in der breiten Öffentlichkeit angekommen. Aus wissenschaftlicher Sicht wird im globalen Wandel eine zentrale Herausforderung für die Erdgesellschaft gesehen, wobei der Mensch zugleich Verursacher, Betroffener und Gestalter ist. Die Global-Change-Forschung untersucht die Entwicklung und Auswirkungen der Veränderungsprozesse, um daraus Handlungsoptionen abzuleiten (Exkurs 29.1.1).

Unter **Global Change** werden im Wesentlichen die globale Bevölkerungsentwicklung sowie der Klimawandel, insbesondere die Temperaturerhöhung seit der Industrialisierung infolge der Zunahme der Treibhausgase, verstanden. Als weiterer Themenkomplex wird der Verlust der biologischen Vielfalt thematisiert, wobei vor allen Dingen die Degradation und der Verlust an Ökosystemen im Vordergrund stehen. Eng damit verknüpft ist die Frage der Oberflächentransformation durch agrar- und forstwirtschaftliche Maßnahmen mit einem Fokus auf der Entwaldungsproblematik, aber auch der Ausweitung der Weidewirtschaft und der Intensivierung auf den agraren Nutzflächen. Folgen sind vielfältig zu

beobachtende Formen der Bodendegradation, insbesondere der Verlust an Fertilität, aber auch diverse Formen der Desertifikation. Im Rahmen der Diskussion um die Artenvielfalt wird neben dem Verlust von Lebensräumen vor allem die Bejagung und die Überfischung der Weltmeere sowie die Verbreitung von fremden Arten in den Vordergrund gestellt. Die Degradation der Biosphäre geht einher mit dem Verlust von Genpotenzial sowie der Übernutzung und Fragmentierung der übrigen Ökosysteme. In dem von Ehlers (2000) zusammengestellten Überblick, der im Wesentlichen von Steffen et al. (2004) bestätigt wird, spielen zunehmend auch die globalen biogeochemischen Vorgänge und Prozesse eine entscheidende Rolle. Damit werden die verschiedenen Themenkreise im Sinne der Geoökosystemforschung auf die wesentlichen Stoffkreisläufe des Kohlenstoffs, des Stickstoffs, des Phosphors, des Wassers, aber auch der synthetischen chemischen Stoffe fokussiert. In den letzten Jahren wird zunehmend die Wassernutzung – und hierbei die Übernutzung sowie das Konfliktpotenzial um die verbliebenen Wasserressourcen – in den Vordergrund gerückt. Auch die Ausbeutung von Rohstoffen und die Aneignung fossiler Energie kann als Leitthema in diesem Zusammenhang gesehen werden.

Diese Aufzählung macht deutlich, dass viele Facetten von Global Change weniger Veränderungen im natürlichen Ökosystem entspringen, als vielmehr dem Einfluss wirtschaftender Akteure zuzuschreiben sind, das heißt, von menschlichen Eingriffen bestimmt und gesteuert werden. Waren Forschungen zum globalen Wandel zunächst fast ausschließlich auf naturwissenschaftliche Systemzusammenhänge gerichtet, so wurde seit den 1990er-Jahren zunehmend die **human domination** erdsystemarer Zusammenhänge deutlich. Erdgeschichtlich gesehen leben wir nach Pleistozän und Holozän heute sozusagen im „Anthropozän", wenn wir

 **Exkurs 29.1.1**

Syndrome des globalen Wandels

In den letzten Jahren wurde versucht, die vielfältigen Facetten und Syndrome globalen Wandels zu systematisieren. Gemeint sind mit „Syndromen" unerwünschte charakteristische Fehlentwicklungen (oder Umweltdegradationsmuster) von natürlichen oder zivilisatorischen Trends, die sich in vielen Regionen dieser Welt identifizieren lassen (WBGU 2001). Bis heute umfasst die Sammlung global relevanter Entwicklungen etwa 80 Trends, aus denen sich eine Reihe wichtiger „Krankheitsbilder" der Erde ableiten lassen. Es handelt sich dabei um Syndrome, die aufgrund einer unangepassten Nutzung von natürlichen Ressourcen auftreten, um solche, die sich aus nicht nachhaltigen Entwicklungsprozessen ergeben, und solche, die aus einer unangepassten Entsorgung von Stoffen in Umweltmedien resultieren (Tab. 1).

Die wichtigsten globalen Umweltprobleme lassen sich dabei zu 16 Syndromen, sogenannten Erdkrankheiten, zusammenfassen, in denen das gestörte Mensch-Umwelt-Verhältnis in besonders brisanter Weise zum Ausdruck kommt. Die dabei vermittelte Grundthese besagt, dass an sich komplexe globale Umwelt- und Entwicklungsprobleme auf eine überschaubare Anzahl von Umweltdegradationsmustern zurückgeführt werden können. Interaktionen zwischen Gesellschaft und Umwelt laufen in bestimmten Regionen sehr häufig nach typischen Mustern ab.

In der ersten Syndromgruppe werden die Folgen einer unangepassten Nutzung von Naturressourcen als Produktionsfaktoren aufgegriffen, in der zweiten Syndromgruppe der „Entwicklung" wird die Mensch-Umwelt-Situation beschrieben, die sich aus nicht nachhaltigen Entwicklungsprozessen ergibt. Im dritten Syndromkomplex werden die Senken bzw. die Umweltdegradation durch unangepasste zivilisatorische Entsorgung zusammengefasst. Über diese 16 Gruppen hinaus werden weitere Kompartimente genannt. Für den Bereich der anthropogenen Bodendegradation steht das Alpen-Syndrom (für die Überbeanspruchung des Alpenraumes durch die Erholungsfunktion), das Bitterfeld-Syndrom (für die Bereiche der Transformation im Zusammenhang mit politischen Änderungen), das Los-Angeles-Syndrom (für die Flächenausdehnung) und das São-Paulo-Syndrom (für die Ausuferung der Städte).

Tabelle 1 Ausgewählte Syndrome des globalen Wandels.

unangepasste Nutzung von natürlichen Ressourcen				
Sahel-Syndrom	**Raubbau-Syndrom**	**Dust-Bowl-Syndrom**	**Katanga-Syndrom**	**Verbrannte-Erde-Syndrom**
landwirtschaftliche Übernutzung marginaler Standorte	Zerstörung natürlicher Ökosysteme	Umweltdegradation durch industrielle Landwirtschaft	Umweltdegradation durch Abbau nicht erneuerbarer Ressourcen	Umweltzerstörung durch militärische Nutzung
nicht nachhaltige Entwicklungsprozesse				
Grüne-Revolution-Syndrom	**Aralsee-Syndrom**	**Kleine-Tiger-Syndrom**	**Favela-Syndrom**	**Havarie-Syndrom**
Umweltprobleme durch Verbreitung standortfremder landwirtschaftlicher Produktionsverfahren	Umweltprobleme durch großflächige Umgestaltung von Naturräumen	Vernachlässigung ökologischer Standards in rasch wachsenden Wirtschaftsräumen der Dritten Welt	Umweltdegradation und Verelendung in Städten durch ungeregelte Urbanisierung	singuläre menschgemachte Umweltkatastrophen mit Langzeitwirkung
unangepasste Entsorgung von Stoffen in Umweltmedien				
Hoher-Schornstein-Syndrom	**Müllkippen-Syndrom**	**Altlasten-Syndrom**		
Umweltdegradation durch weiträumige Verteilung oft langlebiger Wirkstoffe	Umweltdegradation durch Deponierung von Abfällen	Umweltdegradation im Einzugsbereich von Altindustriestandorten		

uns die vielfältigen menschlichen Eingriffe in Atmosphäre, Geosphäre und Biosphäre vor Augen führen. (Crutzen & Stoermer 2000).

Die derzeit gängigen Schlagworte vom „Raumschiff Erde", vom *global village* oder vom „globalen Denken und lokalen Handeln" spiegeln diese Erkenntnis. Was immer in einem Teil der Erde passiert, hat Auswirkungen auf andere Teile, sei es im Bereich der Bio- oder der Geosphäre, der Atmosphäre oder der Anthroposphäre. Die Folgen einer Reaktorkatastrophe in der Ukraine kommen eben in Nord- und Westeuropa ebenso an wie die Folgen des Treibhauseffektes mit dem weltweiten Meeresspiegelanstieg in den Küstenregionen dieser Erde. Das räumliche Auseinanderklaffen von Ursache und Wirkung erschwert dabei die politische Lösung der Probleme.

Global-Change-Forschung steht damit im Schnittfeld sowohl der Umweltanalyse als auch der menschlichen Gesellschaft und ist im besonderen Maße auf die Wechselwirkungen zwischen menschlicher Gesellschaft und den übrigen Komponenten des Erdsystems gerichtet. Der globale Wandel ist auf allen möglichen Betrachtungsskalen durch große regionale Unterschiede in den Intensitäten, Reaktionsmechanismen und den daraus resultierenden Auswirkungen gekennzeichnet. Global Change und **regionaler Response** sind daher auch zu einem vielzitierten Werte- und Betrachtungspaar geworden (Glaser & Kremb 2005).

Auch wenn die Transformation unseres Planeten bereits mit der neolithischen Revolution begann und unterschiedliche zeitliche Niveaus wie auch Intensitäten in den verschiedenen Regionen der Erde aufweist, so kann doch die Phase der industriellen Revolution als die besonders wichtige und für die heutige Betrachtung entscheidende angesehen werden. Das heutige Muster ist im Wesentlichen das Resultat der Entwicklung der letzten 150 Jahre bzw. der dabei in Gang gesetzten Prozesse. Dies gilt nicht nur für die Nutzung fossiler Energie, sondern auch für die Manifestationen von globalen Wirtschaftssystemen, Leitbildern und Verhaltensoptionen. Besonders signifikant werden die beschriebenen Problemfelder jedoch seit den 1950er-Jahren; die unvergleichliche Verbrauchssteigerung in den Industriestaaten nach dem Zweiten Weltkrieg, welche zu zahlreichen schweren Schädigungen der Umwelt führte, wird heute als 1950er-Jahre-Syndrom bezeichnet.

Nahezu alle verfügbaren Indikatoren weisen seit den 1950er-Jahren einen geradezu exponentiellen Verlauf auf. Dies gilt für die grundlegende Bevölkerungsentwicklung, aber auch das reale Bruttosozialprodukt, die Wassernutzung, die Verbauung von Flusssystemen, die Konsumption von Düngemitteln, den Papierverbrauch, die Zunahme der urbanen Bevölkerung, die Zunahme

von Kommunikationsprozessen, den internationalen Tourismus und den Terrorismus.

Das nationale Komitee für Global-Change-Forschung hat in einem Positionspapier eine **Forschungsstrategie zum Globalen Wandel** vorgelegt (WBGU 2005). Darin werden insgesamt sechs Themenkreise, die dem Prozessverständnis und der Entwicklung von Handlungsoptionen dienen sollen, genannt. Der erste Themenkreis befasst sich mit den Schwankungen und Trends im Erdsystem, wobei vor allem die Änderung der Zusammensetzung und Dynamik der Atmosphäre, die Ozeanzirkulation und Meeresspiegeländerungen, der Wandel von Biosphäre und Biodiversität, die Veränderung von Intensität und Frequenz von Extremereignissen und ihre Vorhersagbarkeit beschrieben werden. Der zweite Themenkreis ist den Stoffflüssen im Erdsystem gewidmet, wobei die schon erwähnten biogeochemischen Stoffflüsse, insbesondere der Wasserkreislauf, aber auch die Optionen und Instrumente zum globalen Kohlenstoffmanagement sowie die Themen Energie, Mobilität und Klima angeschnitten werden. Der dritte Themenkreis ist dem globalen Wandel und der Gesellschaft gewidmet. Besonders hervorgehoben werden dabei der Technologiewandel, die Konsummuster, Arbeitsteilung, Integration und Reorganisation internationaler Umweltregime, Gesundheit und globaler Wandel sowie die Migration. Die beiden folgenden Themenkreise werden unter dem Stichwort regionale Effekte des globalen Wandels, integrative Analyse und Management zusammengefasst. Die integrative Analyse und das Management von menschlichen Lebensräumen fokussieren auf urbane und periurbane Lebensräume, auf ländlich periphere Lebensräume, auf Küstenzonen, auf Trockengebiete, auf Gebirgsregionen und auf Permafrostgebiete. Die nächste Gruppe, Stabilisierung und Rehabilitation von Ressourcen und Funktionen in degradierten Ökosystemen, beschäftigt sich besonders mit Bodenfruchtbarkeit, Wasserverfügbarkeit und Wasserqualität, Luftqualität und Biodiversität.

Der WBGU sieht eine Möglichkeit, die globalen Herausforderungen durch eine **globale Umweltpolitik** zu meistern. Wichtigste Voraussetzung dafür ist, dass die Rolle der Vereinten Nationen im Umweltbereich in wesentlichen Punkten reformiert wird. Dazu zählt die Bildung einer *Earth Alliance*, in der aus dem ehemaligen *United Nation Environmental Programme* (UNEP) eine *Earth Organisation* im Sinne eines internationalen Umweltkomitees gebildet werden soll. Für die einzelnen Bereiche sollen unter der Oberhoheit eines Erdrats wissenschaftliche Beratungsgremien eingerichtet werden, die unter anderem über Klimawandel, Böden und Biodiversität berichten und durch internationale Übereinkommen abgesichert und in einen Rechtsrahmen gestellt werden. Die *Earth Alliance* soll treuhänderisch über globale Gemeinschaftsgüter verfügen, wie die Hohe See, den internationalen Luftraum, aber auch den Weltraum, für dessen Nutzung Entgelte entrichtet werden müssen, die als Grundfinanzierung für die *Earth Alliance* fungieren. Das *Earth Funding* soll durch öffentliche Mittel aus Weltbank, aber auch durch private Mittel aus Stiftungen, Sponsoren und Spenden ergänzt werden und der Finanzierung und Entschuldung im Rahmen von Projektumsetzungen durch UN-Einrichtungen dienen.

Global-Change-Forschung ist ein interdisziplinäres Projekt, an dem zahlreiche Natur- und Gesellschaftswissenschaften beteiligt sind. Konzeptionell fällt aber gerade der **Geographie** hier eine Schlüsselrolle zu, da sie als **integrative Wissenschaft der „ganzen Erde"** an der Nahtstelle von natur- und kulturwissenschaftlicher Weltsicht steht und dezidiert die Beziehungen zwischen Erde und Gesellschaft, zwischen Mensch und Umwelt erforscht. Gerade in einer globalisierten Welt, in der lokale und regionale Prozesse nicht unabhängig von globalen Zusammenhängen ablaufen (Kapitel 1), sollten wir uns hier „die negativen Folgen und finanziellen Kosten eines geographischen Analphabetismus" (Meusburger 2002) gewiss nicht leisten.

Globaler Ressourcenmangel

Im Rahmen einer derzeit 13 Bände umfassenden Buchreihe zur Zukunft der Erde, initiiert von einem ehemali-

Exkurs 29.1.2

Das Konzept der „ökologischen Rucksäcke"

Ähnlich wie bei den Wasserressourcen („virtuelles Wasser") wurden inzwischen auch für den Welthandel (u. a. von Rohstoffen, Halbfertigprodukten und Agrarprodukten) Indikatoren entwickelt, mithilfe derer Nutzen und Belastungen innerhalb einer globalisierten Wirtschaft abgeschätzt werden können. Das Konzept des „ökologischen Rucksacks" beschreibt die Summe aller Umweltbelastungen, die bei der Extraktion von Rohstoffen wie auch bei der agrarischen und industriellen Produktion entstehen. Dabei gibt es Länder bzw. Regionen, die in der Summe eher Umweltlasten über-

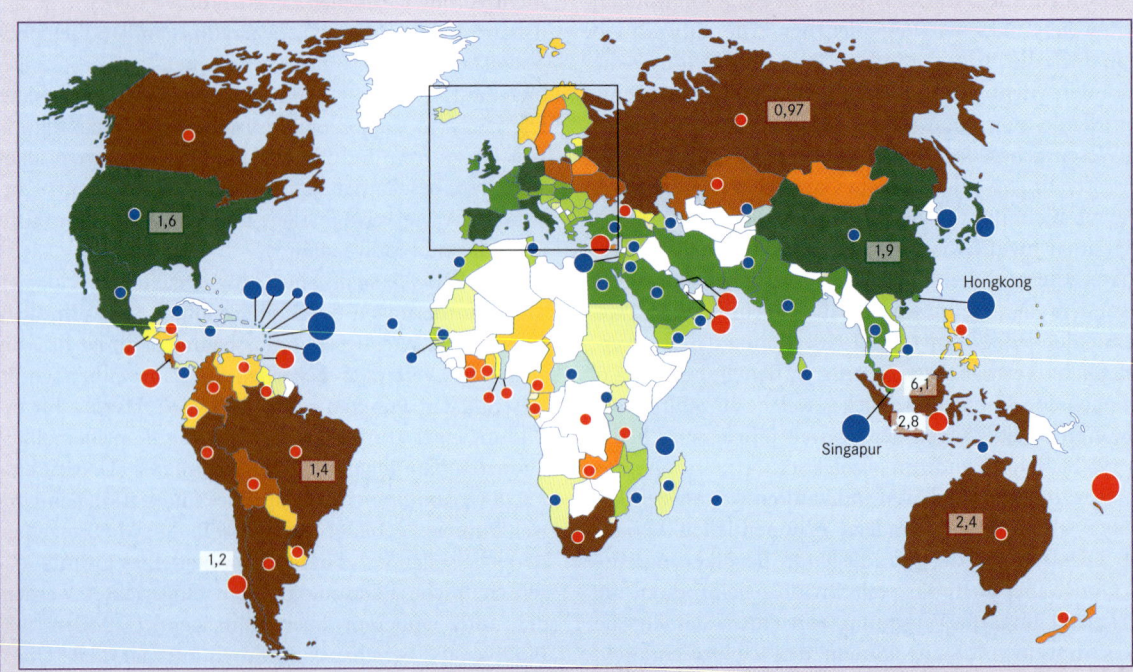

gen Einzelhandelsmanager im sogenannten „Forum für Verantwortung", stellen die Autoren Schlüsselprobleme der Erdgesellschaft im 21. Jahrhundert dar. Verbindendes Element ist die Forderung nach ökologischer, ökonomischer und sozialer Nachhaltigkeit globaler Entwicklungen. Neben Bänden zur globalen Wirtschaft und zu Bevölkerung, Biodiversität und Klima befassen sich eine Reihe von Bänden mit der Zukunft der Rohstoffe und der Schlüsselressourcen der Erde, unter anderem mit dem „blauen Gold" Wasser, der künftigen Welternährung und mit dem Wettlauf um die Lagerstätten (Wagner 2007). Überall wird deutlich, besonders beim Ressourcenverbrauch, dass wir auch hier „über unsere Verhältnisse leben", alles andere als nachhaltig wirtschaften.

Probleme der **Endlichkeit von Ressourcen**, bezogen auf mineralische Rohstoffe und Schlüsselressourcen der

Industriegesellschaft, gerieten in Folge des Ölpreisschocks 1973 auf die Agenda öffentlicher Diskurse. Seit dem ersten Bericht des *Club of Rome* 1972 wurde in zahlreichen Studien die bekannte Tatsache thematisiert, dass eine Reihe von Rohstoffen und Bodenschätzen übernutzt werden und daher in absehbarer Zeit nicht mehr zur Verfügung stehen.

Im Mittelpunkt solcher Überlegungen stehen vor allem die Ölressourcen (Kapitel 29.8). So ging man derzeit davon aus, dass um das Jahr 2010 die Hälfte der vorhandenen Ölressourcen der Erde verbraucht sein wird, also *peak oil* erreicht ist. Inzwischen werden ja auch weniger neue Ölfelder gefunden als alte verbraucht. Überlegungen zur Endlichkeit der Schlüsselressourcen kreisen ferner um die Themen Wälder und Wasser.

Zur nicht nachhaltigen Nutzung von Rohstoffen und Ressourcen tragen auch die **Globalisierung des Handels**

---

nehmen, und andere, die ihre Umweltbelastungen tendenziell exportieren. Gerade stark umweltbelastende Produktionen wie die Erzeugung bestimmter Rohstoffe oder industrieller Rohprodukte zeigen hier eine wenig ausgeglichene Bilanz.

In der Bilanz zeigt sich erwartungsgemäß, dass der industrielle Norden der Erde durch den internationalen Handel Umweltbelastungen auf den Süden abwälzt, ärmere Länder also in der Summe Umweltbelastungen für reichere Länder übernehmen. Aber es gibt auch Abweichungen von dieser Tendenz: Einige Rohstoff produzierende, aber wohl-

habende Länder wie Australien, Kanada oder Norwegen übernehmen überproportional Umweltlasten, während einige dienstleistungs- oder tourismusorientierte Staaten (z. B. Inselstaaten), aber auch Schwellenländer wie China, Indien oder Mexiko Umweltbelastungen exportieren. Dies macht deutlich, dass Umweltindikatoren dieser Art – ökologische Fußabdrücke, ökologische Rucksäcke, virtuelles Wasser und so weiter – hilfreich sind, aber letztlich „Milchmädchenrechnungen" eines ökonomisierten Denkens auch im ökologischen Bereich darstellen.

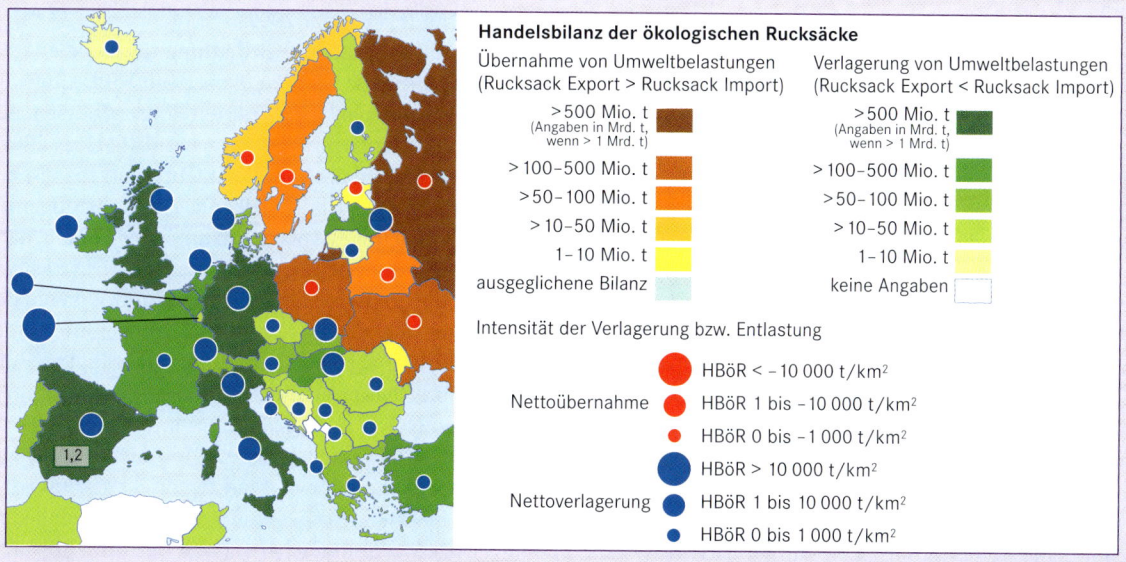

Abb. 1 Nationale Handelsbilanzen der „ökologischen Rucksäcke" und Intensitäten der Be- und Entlastungen 2005 (nach Bringezu & Schütz 2010).

Abb. 29.1.2 Brennender Gaskrater in Turkmenistan (Foto: H. Gebhardt).

und der wachsende Konsum bei. Industrieländer nehmen zunehmend Ressourcen aus anderen Regionen dieser Welt in Anspruch, ein Vorgang nicht nur mit weitreichenden verkehrsgeographischen Folgen, sondern auch Konsequenzen für die Umwelt. Ökonomischer Nutzen und ökologischer Schaden sind hier sehr ungleich verteilt; man versucht dies inzwischen im Konzept des „ökologischen Rucksacks" (Exkurs 29.1.2) zu quantifizieren, ein Konzept, das Ökonomie, Umwelt und Geographie verbindet (Bringezu & Schütz 2010).

Seltener als die Frage nach der nachhaltigen Nutzung von Ressourcen wird die nach der politischen Geographie von Ressourcen gestellt. Bei der Nutzung von Rohstoffen und Ressourcen geht es nicht nur um die „natürliche" Endlichkeit von Schlüsselressourcen wie Wasser oder Öl, sondern um „strukturelle" Knappheit aufgrund von Zugangsbeschränkungen zu Ressourcen als Folge eines Ungleichgewichts der Verteilung von politischer Macht. Ökonomische und politische Schlüsselakteure (transnationale Konzerne, Großmächte) verfügen über die entsprechenden Machtressourcen, Nutzungsrechte durchzusetzen oder aber Nutzungsmöglichkeiten einzuschränken oder zu verhindern (Abb. 29.1.2)

Nicht nur Ressourcenknappheit, sondern auch Ressourcenüberfluss kann sich zum Nachteil rohstoffproduzierender Länder auswirken (sogenannter **„Ressourcenfluch"**). Rohstoffreichtum ruft nicht nur gierige Nachbarn auf den Plan, sondern bezieht entsprechende Räume in globale Verwertungsökonomien ein, nicht selten zu ihrem Schaden. Die „Blutdiamanten" in Sierra Leone haben einen grausamen Bürgerkrieg entfesselt, das seltene Coltan, ein für die Chipherstellung unabdingbarer Rohstoff, lässt den Kongo nicht zur Ruhe kommen.

Ressourcenreichtum führt nicht selten zu Korruption und *bad governance*, zur Erhöhung der Militärhaushalte, innerer Repression, aber auch zu *greed*, zur Gier separatistischer Gruppen oder der Nachbarstaaten nach den wertvollen Ressourcen. Öl und Erdgas, Mineralien und Metalle, Edelsteine, Bau- und Edelholz, Agrarerzeugnisse, Kaffee und Drogen spielten während der 1990er-Jahre in rund einem Viertel der bewaffneten Konflikte eine wichtige Rolle. Schätzungen zufolge sind mehr als 5 Millionen Menschen den Rohstoffkonflikten der 1990er-Jahre zum Opfer gefallen; nahezu 6 Millionen Menschen mussten ins Ausland fliehen, weitere 11 bis 15 Millionen wurden zu Flüchtlingen innerhalb ihres eigenen Landes (Renner 2005).

Aufgrund ihrer großen Bedeutung für globale Wertschöpfungsprozesse werden Exportrohstoffe überwiegend an international organisierten Rohstoffbörsen, insbesondere Warenterminbörsen, gehandelt (Haas 2009). Für Investoren, institutionelle Akteure und inzwischen auch private Sparer ist die Geldanlage in Rohstoffe mittlerweile ein wichtiges Anlageinstrument geworden, nach dem Platzen der Spekulationsblasen zur *new economy* um das Jahr 2000 herum und der „Immobilienblase" 2008 zeigt sich derzeit ein Trend zur Bildung einer **„Rohstoffblase"**. Die Preisbildung für gängige Rohstoffe erfolgt hauptsächlich an den großen Warenterminbörsen Nordamerikas, Europas und Asiens in Form von *futures*-Kontrakten. Das bedeutet, dass nur Weniges auf den sogenannten Spot-Märkten direkt gekauft wird, sondern in einem *futures*-Kontrakt die Rahmenbedingungen des Termingeschäfts (Liefertermin, Rohstoffmengen und Lieferort) festgelegt werden. Dies eröffnet natürlich der Spekulation Tür und Tor, das heißt, die Preisbildung erfolgt zunehmend unabhängig von der

Nachfrage. An den heutigen Rohstoffbörsen sind Derivate eher gefragt als physische Waren. Es wird nicht der Rohstoff selbst gekauft, sondern ein entsprechender Terminkontrakt. Den muss der Anleger rechtzeitig vor Fälligkeit wieder verkaufen, um nicht mit (ungewollten) physischen Rohstoffen beliefert zu werden.

Die wichtigsten Rohstoffterminbörsen sitzen in London sowie in New York. Insbesondere die Nachfrage von China und auch Indien hat in den letzten Jahren zu einer regelrechten Hausse geführt.

Zentrale Ressourcenkonflikte aus politisch-geographischer Sicht in einer globalen Perspektive sind heute insbesondere die folgenden: **Konflikte** um die großen Wälder dieser Erde, neben den tropischen Wäldern auch die borealen Nadelwälder, und Konflikte um fossile Energien, insbesondere das Erdöl, bei dem der Bedarf in den letzten Jahren stark gestiegen ist – nicht zuletzt in den süd- und ostasiatischen Ländern (China und Indien). Schließlich gewinnen Konflikte um Wasser insbesondere in den Trockenräumen der Erde eine immer größere Bedeutung. Immer wieder kommt es zu einer politischen Instrumentalisierung dieser knappen Ressource und zu entsprechenden Konflikten. Die Privatisierung von Wasser in vielen Entwicklungsländern macht den Zugang zu dieser grundlegenden Existenzvoraussetzung gerade für die Ärmsten der Armen immer schwieriger. Nach Schätzungen fehlt über 1 Milliarde Menschen der Zugang zu sauberem Trinkwasser. 6 000 Menschen sterben täglich an Mangel an Trinkwasser oder Mangel an sauberem Trinkwasser.

Die folgenden Teilkapitel können aus der Vielzahl von Fragestellungen natürlich nur eine Auswahl behandeln. Sie beginnen mit einem Überblick zum globalen Wandel im Anthropozän, behandeln dann die „Erde im Treibhaus", den „Klimadiskurs" in Wissenschaft und Gesellschaft und setzen sich mit Fragen von Desertifikation und Klimawandel auseinander. Das Kapitel über Biodiversität und Artenverlust leitet über zu ausgewählten Konflikten um globale Umweltressourcen. Einem Kapitel zur politischen Geographie der Ressourcen folgen Beispiele zu global bedeutsamen Schlüsselressourcen, den Konflikten um die Nutzung der borealen und tropischen Wälder. Die globalen Wasserkonflikte werden anhand ausgewählter Beispiele aus den Tropen- und den Trockengebieten der Erde aufgezeigt und am Ende des Kapitels steht die politisch-geographische Analyse des *great game* um die endlichen Rohstoffressourcen der Erde, aufgezeigt am Beispiel des Erdöls sowie der aktuell verstärkten Bemühungen um die globale Nutzung regenerativer Energien.

29.2 Globaler Wandel im Anthropozän

Die Welt hat sich seit dem Auftreten des Menschen verändert. Im „Anthropozän" (Crutzen 2006, Ehlers 2008) dominieren bereits auf ökologischer Ebene die menschlichen Eingriffe zunehmend die natürlichen Stoffkreisläufe, inzwischen wird selbst das Klima zunehmend menschlich beeinflusst, mit noch unabsehbaren Folgen für die Zukunft. Die Forschungsrichtung der Geoarchäologie, welche im folgenden Teilkapitel behandelt wird, versucht mit entsprechenden naturwissenschaftlichen Methoden Mensch-Umwelt-Beziehungen in der Vergangenheit und die anthropogenen Faktoren des Landschaftswandels zu analysieren. Inzwischen werden die Grenzen menschlicher Eingriffe in natürliche Stoffkreisläufe immer deutlicher, denn den Möglichkeiten von Mitigation und Adaptation sind Grenzen gesetzt. Hiermit befasst sich das zweite Teilkapitel zum globalen Wandel im Anthropozän.

Geoarchäologie – von der Vergangenheit in die Zukunft

HELMUT BRÜCKNER UND RENATE GERLACH

Geoarchäologie ist die Beantwortung archäologischer Fragen mit geowissenschaftlichen Konzepten, Methoden und Kenntnissen. Im Kontext einer Grabung sind wichtige Aufgaben der Geoarchäologie die Klärung der Stratigraphie sowie der Entstehung, Veränderung und Erhaltungsbedingungen eines Fundplatzes bzw. von Befunden. Eine weitere Kernaufgabe ist die Rekonstruktion der früheren Umgebung einer archäologischen Stätte in Raum und Zeit. Dabei kommt den **Geofaktoren** Relief, Boden und Wasser besondere Bedeutung zu (Butzer 1982, Rapp & Hill 1998; Abb. 29.2.1).

Aus geographischer Perspektive betrachtet, vereint diese noch junge Wissenschaftsdisziplin Inhalte und Methoden der modernen Physischen Geographie und der Humangeographie mit denen von Geowissenschaften, Biologie, Geschichtswissenschaften, klassischer Archäologie sowie Vor- und Frühgeschichte. Zu den physisch-geographischen Disziplinen gehören unter anderem Geomorphologie, Bodenkunde und Geoökologie, zu den kulturgeographischen vor allem die Historische Geographie, Siedlungs-, Stadt- und Agrargeographie sowie Landeskunde. Moderne Methoden der Fernerkundung fließen ebenso ein wie solche der Geochronologie. Darü-

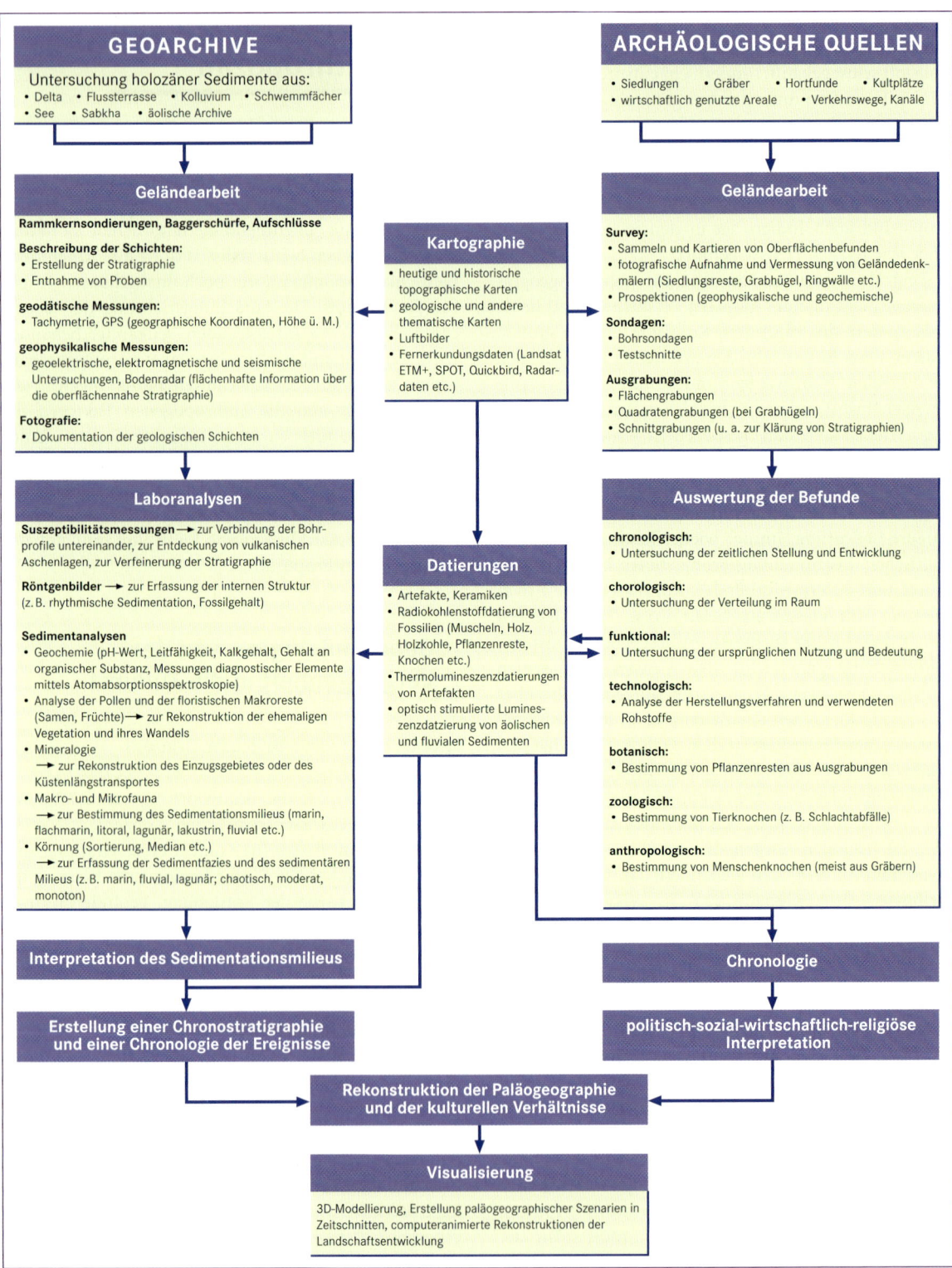

Abb. 29.2.1 Geoarchive und archäologische Quellen werden nach den Methoden der jeweiligen Disziplinen möglichst umfassend untersucht. Das zeitliche Gerüst liefern radiometrische Datierungen (^{14}C, OSL), diagnostische Keramik und historische Quellen. Ziel ist die Rekonstruktion der raumzeitlichen Entwicklung der Paläogeographie und der kulturellen Verhältnisse, möglichst einschließlich einer computeranimierten Visualisierung (verändert nach Brückner & Vött 2008).

ber hinaus lebt die geoarchäologische Forschung von einer breit gefächerten Kooperation mit Nachbardisziplinen, etwa Paläobotanik und Paläoklimaforschung. Sie ist damit insgesamt eine interdisziplinäre Wissenschaft par excellence und leistet einen wesentlichen Beitrag zur Vernetzung von kultur- und naturwissenschaftlichen Forschungsrichtungen (Brückner & Vött 2008).

Heute liegt eine starke Betonung auf der Betrachtung der **Gesamtheit der Naturfaktoren** und ihrer **Wechselbeziehung zum Menschen**. Die Geoarchäologie befasst sich daher mit der geowissenschaftlichen Dimension des Mensch-Umwelt-Beziehungsgeflechts. In einem interdisziplinären Ansatz werden einerseits Kulturentwicklungen vor dem Hintergrund des jeweiligen Naturraumes sowie naturbedingter Umweltveränderungen untersucht, andererseits gilt es, die anthropogenen Faktoren des **Landschaftswandels** zu analysieren. Insgesamt werden unter Anwendung sowohl kultur- als auch naturwissenschaftlicher Methoden archäologisch-historische Fragestellungen im geographisch-geowissenschaftlichen Kontext betrachtet.

Die historischen Dimensionen der landschaftsprägenden Umwelt-Mensch-Beziehungen sind innerhalb der Geographie Gegenstand verschiedener Teildisziplinen. Entsprechende Arbeiten wurden unter Titeln wie „Landschafts- und Umweltgeschichte" veröffentlicht (Jäger 1994, Denecke 1994, Goudie 1994, Bork et al. 1998). So wurzeln auch große Teile der heute als Geoarchäologie bezeichneten Forschungen in diesem Kontext.

Der Terminus **Landschaftsarchäologie** ist im deutschsprachigen Raum noch relativ neu und unscharf. Im angloamerikanischen Raum wurde *landscape archaeology* seit Ende der 1970er-Jahre zunehmend populärer. Allerdings ist das Konzept, die archäologische Siedlungsgeschichte eines größeren Raumes unter Berücksichtigung paläoökologischer Bedingungen zu betrachten, auch der Archäologie schon länger unter Begriffen wie Landesaufnahme, Siedlungsarchäologie oder Umweltarchäologie vertraut. Das Ziel landschaftsarchäologischer Arbeiten ist die Rekonstruktion von Siedlungslandschaften in ihrer natur- und kulturräumlichen Gesamtheit und Wechselbeziehung. Alle archäologischen Definitionsversuche betonen den hohen Stellenwert geowissenschaftlicher Untersuchungen (Steuer 2001).

Geoarchäologie in Landschaftsarchäologie und Bodendenkmalpflege

Basis und Mittelpunkt aller archäologischen wie auch geoarchäologischen Forschungen sind die im Gelände erhobenen Daten. Die drei Schritte einer archäologischen Maßnahme – Prospektion, Ausgrabung und Interpretation – werden von drei entsprechenden geoarchäologischen Themenkomplexen unterstützt.

Überlieferungsbedingungen der archäologischen Substanz

Die Erfassung und Bewertung von Fundstellen gehört zur Grundlagenarbeit der Archäologie und insbesondere der archäologischen Denkmalpflege (*archaeological heritage management*). Für die Europäische Union verlangt die 1992 beschlossene Konvention von Malta einen weitgehenden Schutz des archäologischen Erbes vor Zerstörung und Überbauung – ein schwieriges Unterfangen, da die meisten archäologischen Fundplätze im Boden versteckt liegen. Stete Prospektionsmaßnahmen wie Feldbegehungen und geophysikalische Messungen (Kapitel 6.2) müssen daher die vorhandenen Fundstellenarchive ergänzen. Hierbei spielt die quellenkritische Frage nach den Überlieferungsbedingungen archäologischer Substanz in der Pedosphäre eine zentrale Rolle.

Die Erhaltung einer archäologischen Fundstelle hängt ganz wesentlich von der Unversehrtheit der heutigen Oberfläche ab. Dabei spielen die quasinatürlichen Prozesse von Erosion und Akkumulation eine entscheidende Rolle. „Die Reliefenergie als innere Gültigkeitsgrenze der Fundkarte" lautet daher auch der Titel einer landschaftsarchäologischen Arbeit (Saile 2001). Geoarchäologische Beiträge zur Prospektion nutzen in erster Linie Techniken und Kenntnisse aus der landwirtschaftlich-bodenkundlichen **Erosionsforschung**; das geoarchäologisch Besondere liegt in der landschaftsgeschichtlichen Zielrichtung und in der Verknüpfung mit archäologischen Fundplätzen. Beispielsweise lässt sich bei rezenten A-C-Böden, etwa Pararendzinen aus Löss oder Regosolen aus Sand, aufgrund bodenkundlicher Diagnose feststellen, ob die Erosion gegenwärtig noch anhält (Kapitel 11.5). Aber wann sie begann und wann welcher Fundhorizont zerstört wurde, wird nur im Zusammenhang mit archäologischen Befunden deutlich (wenn man zum Beispiel aufgrund gesicherter Kenntnisse über die potenzielle Eintiefung von Fundamenten eine Kappung älterer Befunde erkennt, während jüngere Befunde weit weniger erodiert sind). Im Gegensatz dazu stehen Fundplätze, die durch die korrelaten Sedimente der Erosion (Kolluvien, Auenlehme) bestens geschützt, dafür aber im klassischen Oberflächenfundbild nicht sichtbar sind.

Daneben beeinträchtigt eine Vielzahl historischer Bodeneingriffe die Überlieferungsbedingungen archäologischer Fundplätze. Lehmentnahme für Ziegeleien oder Düngung mit Bodenaufträgen waren noch bis in die erste Hälfte des letzten Jahrhunderts in Mitteleuropa gängige Praxis. Sie haben zu einer großflächigen, im Relief und Bodenaufbau aber nur schwer erkennbaren

Veränderung der Pedosphäre geführt. Dadurch wurden Fundplätze abgedeckt und zerstört bzw. Funde an anderer Stelle angeschüttet (Scheinfundplätze). Aus der Notwendigkeit, diese Störungen der Fundverteilung zu detektieren, hat sich ein geoarchäologisches Forschungsfeld entwickelt, welches das Konzept der **anthropogenen Reliefformung** ergänzt.

Fallbeispiel Mitteleuropa: der Beitrag der Geoarchäologie bei der Suche nach Fundplätzen

In dem durch Löss-, Sand- und Flusslandschaften dominierten Rheinland existierte früher eine Vielzahl ehemaliger Abbaugruben, die heute weder auf topographischen noch auf bodenkundlichen Karten als solche verzeichnet sind. In erster Linie wurde dort Lehm für die **Ziegelproduktion** gewonnen. Waren es zu Beginn des 19. Jahrhunderts noch die bäuerlichen Feldziegeleien, die den Rohstoff in relativ kleinen, dafür aber äußerst zahlreichen Lehmkuhlen gewannen und verarbeiteten, konnte der enorme Bedarf ab der Industrialisierung nur noch mithilfe der Ringofenziegeleien (seit 1858) befriedigt werden. Da die Ziegelei bis weit in das 20. Jahrhundert hinein ein Lokalgewerbe blieb, gibt es in allen dicht besiedelten mitteleuropäischen Regionen ausgeziegelte Landschaften in größerem Umfang (Doege 1997, Momburg 2000). Den Äckern, die sich später über Abbaufeldern und Lehmentnahmegruben ausbreiteten, sieht man die Zerstörung nicht mehr an, da das Loch mit dem verbliebenen Mutterboden und allochthonem Bodenmaterial inklusive verlagerter Artefakte rasch wieder verfüllt wurde. Derartig angeschüttete Funde sind mit den Methoden der archäologischen Oberflächenprospektion kaum von denen echter Fundplätzen unterscheidbar.

Mithilfe geomorphologischer Merkmale erschließt sich aber die Möglichkeit, einen Teil der Bodenstörungen kartierbar zu machen. Der Schlüssel dazu sind **abflusslose Hohlformen**, die sich bei näheren Untersuchungen in den mitteleuropäischen Löss- und Sandlandschaften als unzureichend verfüllte bäuerliche Lehm-, Mergel- oder Sandgruben erwiesen haben (Gerlach 2001, Gillijns et al. 2005). In Grundmoränenlandschaften ist die rein geomorphologische Methode zwar nur bedingt anwendbar, da Toteislöcher (Sölle) und Pingos einen ähnlichen Kleinformenschatz wie die anthropogenen Gruben hinterließen; allerdings zeigten auch dort historische Recherchen und Bohrungen, dass rund die Hälfte der Sölle auf anthropogene Materialentnahme zurückgeht (Kultursölle, Klafs et al. 1973).

Am deutlichsten und vollständigsten lassen sich die abflusslosen Hohlformen mittels **GIS-Auswertung** eines engmaschigen Gitters von Höhendaten erfassen (Gerlach & Herzog 2004). Die historische Dimension wird durch die Hinzuziehung alter Kartenstände, Luftbilder und Archivdaten ergänzt. Die mithilfe dieser Reliefmerkmale ermittelbaren Bodenstörungen stellen nur einen Teil der tatsächlich vorhandenen dar. In einer durchaus typischen mitteleuropäischen Flachlandregion wie dem nördlichen Rheinland werden inzwischen bei gut einem Viertel aller archäologischen Grabungen im ländlichen Raum solche Störungen dokumentiert, von denen aber nur 20 Prozent zuvor im Relief erkennbar waren.

Erkennung, Stratifizierung und Erklärung archäologischer Befunde

Das Erkennen, Datieren und Erklären archäologischer Befunde während einer Ausgrabung ist zunächst eine Kernaufgabe der Archäologie. Die Notwendigkeit geowissenschaftlicher Begleitung von Ausgrabungen ergibt sich aus der Tatsache, dass auf mitteleuropäischen Fundplätzen die Mehrzahl der Befunde aus mit Bodenmaterial verfüllten Strukturen wie Gräben, Gruben und Pfosten besteht, deren Artefaktinhalt nicht immer eine eindeutige Datierung (Kapitel 6.6) zulässt, da auch eine jüngere Verfüllung verlagerte ältere Artefakte enthalten kann. Zu einem geschlossenen Befund gehören aber nicht nur die Artefakte, sondern auch das umgebende Einfüllungssubstrat, welches zumeist aus ehemaligem Oberboden besteht. Eine Jahrhunderte oder gar Jahrtausende alte Verfüllung weist immer auch unterschiedlich ausgeprägte Verwitterungserscheinungen auf, die sich in Humusabbau (Vergriesung), Aggregatbildung, redoximorphosen Erscheinungen, zum Teil Entkalkung, Verbraunung, Versauerung und Tonverlagerung manifestieren können. Mit paläopedologischen Kenntnissen sind alte und neue Befunde unterscheidbar. Daneben gibt es eine Vielzahl natürlicher Erscheinungen wie Pseudogleyfahnen und Kryoturbationen, die fälschlicherweise Pfosten oder Gruben suggerieren können. Das Erkennen und Bewerten dieser Befunde bedarf des geowissenschaftlichen Blicks.

Rekonstruktion der Geofaktoren Relief, Boden und Wasser

Drei Fragen sollten bei einer geoarchäologischen Analyse der Landschaft im Vordergrund stehen:

- Wie sahen die Geofaktoren im Umkreis eines archäologischen Platzes aus?
- Wodurch und in welchem Ausmaß haben sich diese Faktoren seither verändert?
- Welche Standorte (Mesorelief, Bodentypen, Anschluss an Gewässer etc.) haben die verschiedenen Kulturepochen bevorzugt?

Bei der **geoarchäologischen Standortanalyse** wird teilweise auf den „Naturdeterminismus" zurückgegriffen, welcher Siedeln und Wirtschaften hauptsächlich aufgrund natürlicher Faktoren erklärte, da die vom Neolithikum bis zur Industrialisierung dominante agrarische Lebensweise eine Auswahl der Siedlungsplätze nach ihrem natürlichen Potenzial begünstigte. Seit der ersten Beackerung werden die Geofaktoren aber stetig verändert, sodass die Landschaft selbst inzwischen zum Artefakt wurde. Für die Löss-, Sand- und Flusslandschaften Mitteleuropas gibt Tabelle 29.2.1 die Grundzüge der Standortänderungen wieder.

Wesentliche Fakten zur Landschaftsgeschichte liefert die Untersuchung terrestrischer (z. B. Kolluvien, Auensedimente), limnischer oder mariner Sedimentarchive. Die Korrelation mit archäologisch belegten Siedlungs- und Aktivitätsphasen, die Anbindung der Geoarchive an Fundplätze und die Einbettung archäologischen Fundgutes im Sediment helfen, die Prozesse zu datieren und zu deuten. Die Einspeisung der daraus rekonstruierten

Entwicklung der Geofaktoren Boden, Relief und Wasser in das Konzept der Landschaftsarchäologie ist Aufgabe der Geoarchäologie.

Fallbeispiel Mittelmeerraum: der Beitrag der Geoarchäologie zur Erforschung berühmter archäologischer Stätten

Der Mittelmeerraum, auch Mediterranraum oder Mediterraneis genannt, ist aufgrund seiner langen Besiedlungsgeschichte und der deutlichen Interdependenzen zwischen Mensch und Natur geradezu prädestiniert für geoarchäologische Forschungen. Schon früh wurde hier Fragen der Mensch-Umwelt-Interaktionen, fokussiert auf unterschiedliche Zeitebenen und meist lokalisiert an berühmten archäologischen Stätten, nachgegangen. Wegweisende Arbeiten befassten sich mit Küstenlandschaften und Hafenstädten in Griechenland und der Westtürkei, die durch den Vorbau von Deltas verlandet

Tabelle 29.2.1 Grundzüge der geoarchäologischen Landschaftsgeschichte in den nordwesteuropäischen Löss-, Sand- und Flusslandschaften.

Zeitraum	Land-schaft	Boden	Relief	Wasser
Mesolithikum (9 500–5 500 BC cal.)	Löss	Schwarzerden, Braunerden	Konservierung des Reliefs unter Wald	bis Boreal: Verlandung vieler glazialer Gewässer
	Sand	Podsol, ab 10 % Lehmgehalt, Braunerde		
	Aue	lückenhafte Auelehmdecke	holozäne Umlagerungsterrassen	Mäanderfluss
Neolithikum bis ältere Bronzezeit (5 500–1 200 BC cal.)	Löss	Wandel zu Parabraunerden	lokale Reliefeinebnungen	
	Sand	s. o.	Konservierung des Reliefs	
	Aue	lückenhafte Auelehmdecke	holozäne Umlagerungsterrassen	Mäanderfluss
jüngere Bronzezeit bis Römerzeit (1 200 BC cal.–500 n. Chr.)	Löss	Bodenerosion, lokale Pseudovergleyung von Parabraunerden	1. Phase großräumiger Reliefeinebnungen	GW-Anstieg infolge Rodungen: neue Bäche entstehen
	Sand	Podsolierung inf. Rodungen und Übernutzungen	lokale Neuanwehung von Dünen	GW-Anstieg infolge Rodungen
	Aue	flächige Auelehmdecke	holozäne Umlagerungsterrassen	ab Römerzeit: furkative Flüsse (Versandung), GW-Anstieg
Mittelalter bis 19. Jh. (500–19. Jh.)	Löss	Bodenerosion, lokale Pseudovergleyung von Parabraunerden	2. Phase großräumiger Reliefeinebnungen, Runsenbildungen (SMA/FNZ)	kolluviale Verschüttung kleinerer Bäche
	Sand	Podsolierung durch Verheidung, Plaggenesche und Plaggenhieb	intensive Neuanwehungen (Wehsande) (SMA/FNZ)	
	Aue	flächige Auelehmdecke	Steigerung der Bildung holozäner Terrassen	furkative Flüsse, Versandungen, GW-Anstieg
ab 19. Jh.	Löss	z. T. finaler Bodenabtrag, Störungen durch Lehm-Mergelabbau	3. Phase großräumiger Reliefeinebnungen ab der 2. Hälfte des 20. Jh.	Gewässerregulierung GW-Absenkungen
	Sand	Störungen durch Sandabbau	Neuanwehungen (Wehsande)	GW-Absenkungen
	Aue	Störungen durch Lehm-, Sand-, Kiesabbau	Ende der Bildung von Umlagerungsterrassen	Flusskorrektionen, einbettiger Fluss, Kanalisierungen

BC cal. = kalibrierte Jahre v. Chr., SMA = Spätmittelalter, FNZ = Frühe Neuzeit, GW = Grundwasser

waren. Spektakuläre Beispiele sind Troia, Ephesus und Milet (Kraft et al. 1977, 1980, 2000, 2003a, b, 2007; Brückner 2003, Brückner et al. 2006).

Ein Schwerpunkt der Geländearbeiten liegt in der Erschließung der **Geoarchive** durch Bohrsequenzen, da dies in Deltas und Flussauen bei dem in der Regel hoch liegenden Grundwasserspiegel die einzige mögliche Form der Untergrunderforschung ist. Die Bohrkerne werden vor allem nach sedimentologischen und mikrofaunistischen Kriterien untersucht. Damit wird am besten der Übergang vom marinen zum lagunären bzw. terrestrischen Milieu – und damit der Deltavorbau – erkannt. In der Regel erfasst eine bis zu den präholozänen Schichten abgeteufte Bohrung den Transgressionskontakt, der durch die Überflutung der küstennahen Gebiete im Zuge des glazialeustatischen Anstiegs des Meeres im Spätpleistozän bis Alt- und Mittelholozän entstand. Auf diesen ersten Stranddurchgang folgen flachmarine Sedimente. Der anschließende Deltavorbau kündigt sich durch eine Zunahme der Sedimentationsrate an und dokumentiert sich im Übergang von flach mariner zu litoraler oder lagunärer Fazies (zweiter Stranddurchgang). Den Abschluss des Profils bilden in der Regel fluviale Alluvionen. Gerade im Bereich ehemaliger Siedlungen sind sie reich an Artefakten.

Die **Chronostratigraphie** basiert einerseits auf diagnostischen Keramikfunden und der ^{14}C-Datierung von organischem Material aus den Geo-Archiven, andererseits auf historischer Überlieferung und archäologischer Evidenz. Um die Landschaftsentwicklung möglichst genau zu rekonstruieren, bedarf es einer Vielzahl von Bohrungen bzw. Aufschlüssen. Im angeführten Beispiel eines Deltavorbaus ist die Datierung des zweiten Stranddurchgangs entscheidend. Zwei Probleme treten auf:

- In diesem ökologisch sensiblen Übergangsmilieu von flach mariner zu litoraler bzw. lagunärer Fazies gibt es aufgrund des früheren Temperatur- und Salinitätsstresses nur wenige Fossilien.
- Die ^{14}C-Datierung von marinen Karbonaten (z. B. Muscheln, Ostracoden) ist wegen des nicht bekannten (Paläo-)Reservoireffekts problematisch, da alle Alter aufgrund des archäologischen Kontextes in siderische Jahre umgerechnet werden müssen.

Besser geeignet sind in der Regel terrestrische Makroreste (z. B. Samen). Das in Abbildung 29.2.2 wiedergegebene neueste Szenario für die Deltaentwicklung des Küçük Menderes (in der Antike: Kaystros) in der Westtürkei wurde nach den oben genannten Kriterien erstellt. Durch die ständige meerwärtige Wanderung der Strandlinie musste der zunächst am Artemision gelegene „Heilige Hafen" immer weiter nach Westen verlegt werden. Jahrhunderte lang kämpfte Ephesus gegen die

Verlandung des Hafens, was auch der lange Kanal deutlich macht. Der Verlust der Hafenfunktion war ein Grund für den Untergang dieser einst blühenden Hauptstadt der römischen Provinz Asia.

Ein weiteres wichtiges Feld der geoarchäologischen Forschung im Mediterranraum ist die Rekonstruktion der **glazialeustatischen Meeresspiegelkurve** für das Holozän. Dies spielt vor allem für die Besiedlungsgeschichte der Küstenräume eine bedeutende Rolle. Ihr Verlauf lässt sich mit archäologischen (z. B. Schiffshäusern, römischen Fischteichen), geomorphologischen (z. B. biogenen Hohlkehlen, *beachrock*) und sedimentologischen (Küstentorfen) Kriterien eingrenzen. Gestört wird das Bild durch die aktive Tektonik der Mediterraneis, was nicht zuletzt die in vielen archäologischen Stätten im Verlauf der Jahrtausende belegten Erdbeben bezeugen. Letztlich lassen sich daher nur lokal gültige Meeresspiegelkurven aufstellen. Als generelles Bild zeigt sich aber, dass der Meeresspiegel vor etwa 6 000 Jahren in etwa sein heutiges Niveau erreichte. Damit ist klar, dass sehr frühe, am Meer gelegene Siedlungen überflutet wurden. Damals transgredierte das Meer im Holozän in vielen Gebieten am weitesten landeinwärts. Erst seitdem haben sich die heute bekannten Deltas entwickelt.

Neben diesen Forschungen wurde und wird insbesondere im Mittelmeerraum der Frage nachgegangen, inwieweit der Mensch oder das Klima der entscheidende Faktor des **holozänen Landschaftswandels** war. Vita-Finzi (1969) stieß diese Diskussion durch sein Werk „*The Mediterranean Valleys*" an. Darin vertritt er die These, dass auch der holozäne *younger fill* in den Flusstälern eine klimatische Ursache habe. In ihrem umfangreichen Werk über den europäischen Mediterranraum favorisieren neuerdings Grove und Rackham (2001) ebenfalls den klimatischen Faktor. Mittels geoarchäologischer Evidenz lässt sich aber eine diachrone Entwicklung deutlich machen: Geomorphodynamische Aktivitätsphasen mit Erosionsvorgängen und korrelaten Akkumulationsvorgängen lassen sich nämlich häufig mit Phasen der Siedlungsprogression korrelieren, während sich Stabilitätsphasen des Ökosystems in Erosionsruhe und Bodenbildung aufgrund von Siedlungsregression dokumentieren lassen (Brückner 1986, Brückner & Hoffmann 1992, Brückner et al. 2005). Aufschlussreich ist in diesem Zusammenhang der palynologische Befund: Die Klimaxvegetation der östlichen Mediterraneis, der lichte laubwerfende Eichenwald, degradierte schon früh unter dem Einfluss des Menschen zu den Sukzessionsgesellschaften Macchie und Garrigue.

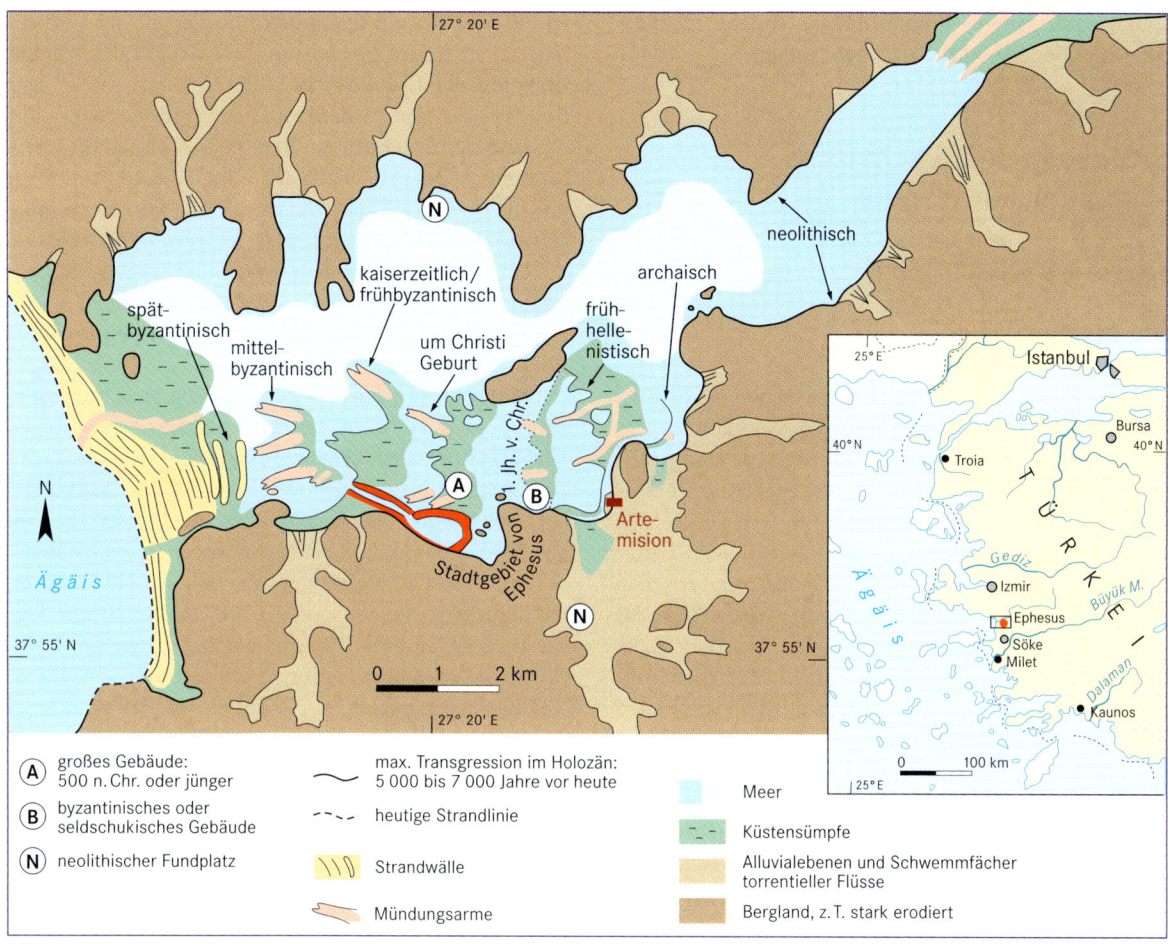

Abb. 29.2.2 Deltavorbau des Küçük Menderes in der Westtürkei. Dieses Szenario der Verlandung des ehemaligen Meeresgolfs mit Ephesus als berühmter archäologischer Lokalität basiert auf geoarchäologischer Evidenz. Grundlage für die Rekonstruktion ist die Auswertung von Bohrsequenzen in dem im Text beschriebenen Sinne (verändert nach Kraft et al. 2003).

Wissenschaftliche Perspektive

Ein Hauptziel moderner geoarchäologischer Forschung ist – basierend auf einer Synopse aller geowissenschaftlichen und archäologischen Ergebnisse – die Erstellung von **Landschaftsszenarien** in Raum und Zeit. Dabei wird die jeweilige archäologische Stätte mit ihrem Umfeld in Zeitschnitten rekonstruiert. Die 3D-Visualisierung dieser paläogeographischen Rekonstruktionen hilft der Präzisierung der Aussagen, macht den raumzeitlichen Wandel deutlich und ermöglicht es, die wissenschaftlichen Ergebnisse einem breiten Publikum nahezubringen.

Forschungsfront ist ferner die **Archäoprognose** (*predictive modelling*). Vorhersagemodelle und -karten werden in der Bodendenkmalpflege, deren Aufgabe es ist, das archäologische Erbe zu schützen, ebenso wie in der Landschaftsarchäologie benötigt. Es wird geschätzt, dass man in Mitteleuropa deutlich weniger als ein Drittel der vorhandenen Fundstellen kennt. Um dennoch ohne aufwendige Prospektion und Survey im Gelände archäologische Belange zumindest mit einer realistischen Schätzung in Planungsvorhaben einbringen zu können, bietet sich das Mittel der Archäoprognose an. Sie basiert auf der Annahme, dass die Wahl eines Siedlungsplatzes rational auf der Grundlage geographischer Fakten – wie Entfernung zu Wasserläufen, Hangneigung, Exposition, Bodengüte – geschieht. Mittels Geographischer Informationssysteme (GIS) können spezifische **„Umweltsteckbriefe"** für bekannte Fundplätze ermittelt werden, die dabei helfen, die potenziellen Standorte bislang unentdeckter Fundplätze zu modellieren (Westcott & Brandon 2000, Kunow & Müller 2004). Aus der Kombination von archäologischen und paläogeographischen

Datensätzen ergibt sich ein originäres Aufgabenfeld für die anwendungsorientierte Geoarchäologie.

Grenzen des Wachstums im globalen Wandel

Wolfram Mauser

Der Globale Wandel

Massive, weltweite Veränderungen der menschlichen Umwelt und der menschlichen Lebensverhältnisse, die im letzten Jahrhundert auf der ganzen Erde stattgefunden haben und die sich, wie zu erwarten ist, mit ähnlicher Dynamik in Zukunft fortsetzen werden, werden unter dem Begriff globaler Wandel oder Global Change zusammengefasst. Unter Global Change versteht man diejenigen Veränderungen globalen Ausmaßes, die durch ein Wechselspiel zwischen den Aktivitäten der Menschen und den Prozessen in der natürlichen Umwelt hervorgerufen werden. Sie zeigen neben regionalen Ursachen und Wirkungen vor allem auch sich beschleunigende globale Folgen und sind zu trennen von Veränderungen, die auf die Variabilität natürlicher Prozesse auf der Erde zurückzuführen sind. Zu den natürlichen Prozessen, die vom Menschen nicht beeinflusst werden können und damit auch keine Wechselwirkung mit dem Menschen zeigen, zählen vor allem Erdbeben, Vulkanausbrüche, Plattentektonik, Meteoriteneinschläge und Veränderungen der Erdbahn mit ihren natürlichen Auswirkungen auf das Klima (Kapitel 9).

Seit Ende der 1960er-Jahre beschäftigen sich Wissenschaft und Politik intensiv und unter Einsatz der besten, jeweils verfügbaren Computermodelle mit der Vorhersage des globalen Wandels und der **Grenze des Wachstums auf der Erde** (Marsh 1965, Meadows 1972). Der Bericht an den amerikanischen Präsidenten zum Zustand der Erde im Jahr 2000 (U.S. Council on Environmental Quality 1980) stellte im Jahr 1980 fest: *„If present trends continue, the world in 2000 will be more crowded, and more vulnerable to disruption than the world we live in now. Serious stresses involving population, resources, and environment are clearly visible ahead. Despite greater material output, the worlds people will be poorer in many ways than they are today."*

Seit Beginn kultureller Entwicklung zielt menschliches Handeln auf die Nutzung von Naturressourcen zur **Verbesserung der Lebensumstände**. Hatte sich die Nutzung der Naturressourcen zunächst auf Jagen und Sammeln und die Fertigung einfacher Werkzeuge beschränkt, so sind mit der fortschreitenden technologischen Entwicklung eine Vielzahl weiterer Nutzungsarten natürlicher Ressourcen, wie die Landwirtschaft, fossile wie erneuerbare Energiequellen, Wasser, Rohstoffe und genetische Informationen hinzugekommen. Dabei wurde die Entwicklung zunächst von der Annahme geleitet, dass die Verfügbarkeit an Naturressourcen auf der Erde groß ist und den menschlichen Bedarf so weit übersteigt, dass negative Konsequenzen für die Erde als Ganzes nicht zu befürchten wären. Die Ausweitung der Nutzung von Naturressourcen durch den Einsatz immer aufwendigerer Technologien ging mit steigendem Energieeinsatz einher, wie die Abbildung 29.2.3 zeigt. Hier ist der gesamte Energieverbrauch (Ernährung, Industrieproduktion, Transport usw.) pro Person und Tag in unterschiedlichen Gesellschaften gezeigt. Die ersten Hominiden haben ihren primären Energiebedarf von zirka 2 000 Kilokalorien pro Tag direkt aus der

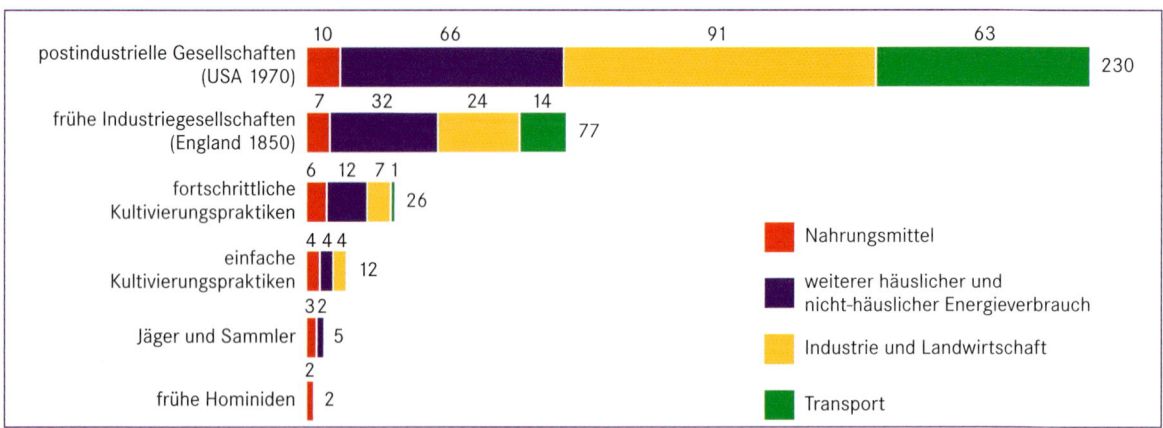

Abb. 29.2.3 Gesamter (Säulenlänge) und anteiliger (Zahlen oberhalb der Säulen) Energieverbrauch in 10^3 Kilokalorien pro Person und Tag für unterschiedliche Gesellschaften (verändert nach Ellen 1987).

sie umgebenden Natur gedeckt. Schon die Lebensumstände frühindustrieller Gesellschaften führten zum 40-fachen Energieverbrauch. In den postindustriellen Gesellschaften des ausgehenden 20. Jahrhunderts hat sich der Energieverbrauch pro Person dann noch einmal verdoppelt, sodass er inzwischen ungefähr bei dem 100-Fachen dessen liegt, was ein Mensch an Nahrungsmitteln benötigt.

Parallel zur Ausdifferenzierung verschiedener Gesellschaftsformen mit unterschiedlichem Energieverbrauch ist die Erdbevölkerung stark angestiegen. Die Abbildung 29.2.4a zeigt die Entwicklung der Erdbevölkerung in den letzten 10 000 Jahren. Einem sehr langsamen Anstieg bis etwa 3000 v. Chr. folgt ein durch die Entwicklung der Landwirtschaft hervorgerufener Sprung, dem mit Beginn der Industrialisierung im 18. Jahrhundert ein weiteres, viel stärkeres Anwachsen der Bevölkerung folgt. Inzwischen zählt die Erdbevölkerung über 6 Milliarden Menschen und man kann davon ausgehen (Abb. 29.2.4b), dass mit einer leichten Verflachung der Wachstumsrate in den nächsten Jahren bis 2050 die Erdbevölkerung bei über 9 Milliarden Menschen liegen wird.

Durch den **Anstieg der Bevölkerung** von etwa 300 000 zu Beginn der Entwicklung auf über 6 Milliarden Menschen bei gleichzeitiger durchschnittlicher Erhöhung des Pro-Kopf-Energiebedarfs um den Faktor 50 ist somit der globale Energiebedarf der Menschen heute ungefähr 1 Million Mal höher, als vor 10 000 Jahren. 60 Prozent dieses gewaltigen Anstiegs hat in den letzten 50 Jahren stattgefunden.

Die fortschreitende Nutzung der Naturressourcen, für die der Energieverbrauch ein gutes Maß darstellt, hat auf der Erde Spuren hinterlassen. Man muss inzwischen davon ausgehen, dass die menschlichen Aktivitäten als Ganzes im Laufe des letzten Jahrhunderts einen Punkt erreicht haben, an dem die Folgen menschlicher Eingriffe sich den Grenzen der natürlichen Tragfähigkeit der Erde nähern und damit weiteres Handeln wie bisher zu absehbaren Schäden des Lebenserhaltungssystems der Erde führen wird (IPCC 2001a, b, c).

Das **Lebenserhaltungssystem der Erde** besteht aus dem Zusammenwirken aller Prozesse in den geschlossenen Stoffkreisläufen des Erdsystems auf, über und unter der Erdoberfläche, die dazu führen, dass die für das Leben auf der Erde benötigten Umweltbedingungen aufrechterhalten bleiben. Zentrale Vorgänge im Lebenserhaltungssystem der Erde sind die Regelung des Wärmehaushaltes der Erde, um Überhitzung bzw. Auskühlung zu verhindern, die Photosynthese und damit die chemische Nutzung der Sonnenenergie durch Vegetation, die Produktion von Sauerstoff, die Klärung von Wasser und Luft, die Bildung von Böden und die Diversifizierung von Pflanzen- und Tierarten und damit die Bildung von biologischer Vielfalt. Leben unterscheidet die Erde von allen anderen bekannten Himmelskörpern. Die Bezeichnung „Lebenserhaltungssystem" macht deutlich, dass die Existenz von Leben auf der Erde nicht zwingend ist, sondern aus komplexen und nicht beliebig belastbaren Wechselwirkungen zwischen den verschiedenen Kompartimenten des Erdsystems resultiert. Das Lebenserhaltungssystem der Erde ist natürlich identisch mit dem Lebenserhaltungssystem des Menschen. Es liefert kostenlos diejenigen Umweltgüter, wie Sauerstoff, Wasser, Nahrungsmittel, erneuerbare Energien und Umweltdienstleistungen (Abbau von Schadstoffen in Luft, Wasser und Boden), die die Grundlage bilden für die Erfüllung menschlicher Grundbedürfnisse, wie Nahrung, Behausung, Erziehung und Bildung sowie Arbeit.

Die Lebensgrundlagen zukünftiger Generationen sind deshalb nur zu sichern, wenn das Lebenserhal-

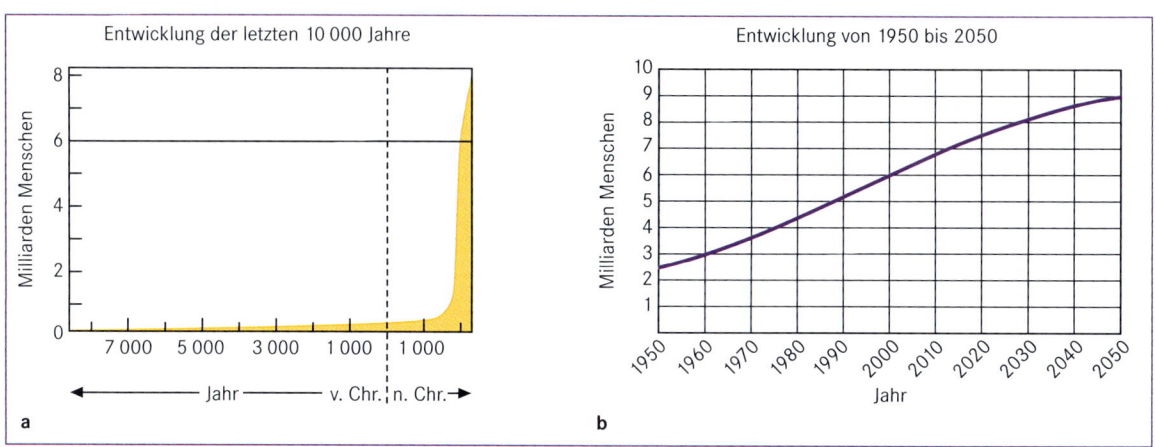

Abb. 29.2.4 a) Entwicklung der Erdbevölkerung in den letzten 10 000 Jahren, b) tatsächliche bzw. abgeschätzte Entwicklung der Erdbevölkerung zwischen 1950 und 2050 (nach U.S. Bureau of Census 2004).

tungssystem der Erde in seiner Funktion erhalten bleibt. Ziel ist deshalb die **nachhaltige gemeinsame Entwicklung** der gesellschaftlichen und ökologischen Systeme der Erde.

Die natürlichen Prozesse im Erdsystem

Die Erde ist ein Himmelskörper im Vakuum. Dies bedeutet, dass, lässt man den minimalen Austausch von Materie mit dem Weltall durch Meteoriten außer Acht, alle stofflichen Prozesse auf der Erde Kreisläufe bilden. Diese **Stoffkreisläufe** basieren auf physikalischen, chemischen und biologischen Prozessen und werden fast ausschließlich durch Energiezufuhr von der Sonne angetrieben. Die Erde existiert seit zirka 5 Milliarden Jahren. Im Laufe dieser Zeit haben sich radikale Veränderungen abgespielt, die vor etwa 3 Milliarden Jahren zur Entstehung von Leben und zu einem völligen Umbau der Atmosphäre geführt haben. Seitdem ist kein Zeitraum bekannt, während dessen die Erde ohne Leben war. Pflanzliches und tierisches Leben ist auf Umweltbedingungen angewiesen, die sich nur in einem relativ engen Rahmen verändern dürfen. So ist Leben unter anderem an die Verfügbarkeit von flüssigem Wasser und Temperaturen zwischen 5 und 25 °C geknüpft, Pflanzen benötigen eine Atmosphäre mit Kohlendioxid, Tiere benötigen Sauerstoff.

Unter der Annahme, dass kein Leben auf der Erde existiert, kann man zeigen (Gorshkov et al. 2000), dass für die Erde nur zwei energetisch stabile Zustände existieren, bei denen sie sich allerdings auf sehr unterschiedlichen Temperaturniveaus befindet. Durch kleine äußere Veränderungen nicht aus dem Gleichgewicht zu bringen und damit in einem physikalisch stabilen Zustand ist eine leblose Erde zum einen bei völliger Eisbedeckung und einer Temperatur von –100 °C und zum anderen bei völligem Verdampfen allen Wassers und einer Temperatur von +400 °C. Im ersten Fall ist der Zustand der Erde durch das Fehlen jeglicher Treibhausgase, die hohe Albedo von Eis und das Fehlen von Wolken gekennzeichnet, der zweite Zustand der Erde ist durch größtmögliche Wirkung der Treibhausgase CO_2 und Wasserdampf bei ebenfalls völligem Fehlen von Wolken gekennzeichnet. Da beide leblosen Zustände im Laufe der Entwicklung der Erde nicht realisiert wurden, liegt der Schluss nahe, dass das Leben durch zusätzliche biologische Regelmechanismen einen neuen stabilen Zustand der Erde bei einer Temperatur zwischen 5 und 25 °C geschaffen hat. Er ist dadurch charakterisiert, dass Wasser hauptsächlich in flüssiger Form vorkommt und nicht, wie in den beiden anderen Gleichgewichtszuständen, im festen bzw. gasförmigen Aggregatzustand und

dass der Treibhauseffekt hauptsächlich durch das CO_2 der Atmosphäre bestimmt wird. Die Stabilität dieses Zustandes drückt sich darin aus, dass die Umweltbedingungen in den letzten 3 Milliarden Jahren in den engen Grenzen, die Voraussetzung sind für Leben, gehalten wurden.

Dies geschah trotz beträchtlicher natürlicher Variabilität der Umweltbedingungen, die vor allem auf die Veränderung in der Erdbahn und damit der Sonneneinstrahlung sowie durch Veränderung der Landmassen in geologischen Zeiträumen zurückzuführen ist. Die **natürliche Variabilität der Umweltbedingungen** in vergangenen Zeiträumen erschließt sich aus der Auswertung von Spuren, die in Geoarchiven wie Eis, Mooren oder Versteinerungen gespeichert sind. Eine wesentliche Informationsquelle über die Umweltbedingungen und vor allem über die Zusammensetzung der Atmosphäre sind in Eisschilde eingefrorene Luftblasen. Sie wurden bei der Entstehung des Eises eingefroren und haben sich im Eis über Hunderttausende von Jahren erhalten. Die Analyse der chemischen Zusammensetzung der Luftblasen und des Eises erlaubt es, die Zusammensetzung der früheren Atmosphäre sowie ihre Temperatur zu rekonstruieren. Zur Rekonstruktion der historischen Temperaturen bedient man sich der Messung des Verhältnisses des Sauerstoffisotops ^{16}O zum schwereren ^{18}O im Eis. Durch sinkende Temperatur vergrößert sich der Anteil ^{18}O im Niederschlagswasser, da Wassermoleküle mit einem ^{18}O-Atom einen etwas höheren Kondensationspunkt haben als diejenigen mit dem leichteren ^{16}O-Atom.

Die Abbildung 29.2.5 zeigt die **Rekonstruktion wichtiger Atmosphäreneigenschaften** in den letzten 420 000 Jahren. Die Daten wurden aus der Analyse des Wostok-Eisbohrkerns, der 1998 in der Antarktis gefördert wurde, gewonnen. Die Grafik zeigt die CO_2- und Methan-(CH_4-)Konzentration der Atmosphäre sowie die aus dem $^{18}O/^{16}O$-Verhältnis abgeleitete Temperaturdifferenz zur heutigen Temperatur. Es ist das Resultat von vier Eiszeiten zu sehen, die in fast regelmäßiger Abfolge zu großen Veränderungen im Wärmehaushalt der Erde geführt haben. Diese Veränderungen zeigen generell ein ähnliches Muster: Eine allmähliche Abkühlung der Atmosphäre auf bis zu 8° unter das heutige Niveau wird gefolgt von einer abrupten Erwärmung. Parallel zur Abkühlung reduziert sich der CO_2- und Methangehalt der Atmosphäre auf einen Wert von etwa 180 ppm (CO_2) bzw. 400 ppb (Methan), um danach ähnlich abrupt auf 280 ppm (CO_2) bzw. 700 ppb (Methan) zu steigen. Entsprechendes gilt für die Temperatur. Der parallele Verlauf der Kurven legt den Schluss nahe, dass die Prozesse, die zu Abkühlung bzw. Erwärmung führen, mit der Veränderung der Atmosphärenzusammenset-

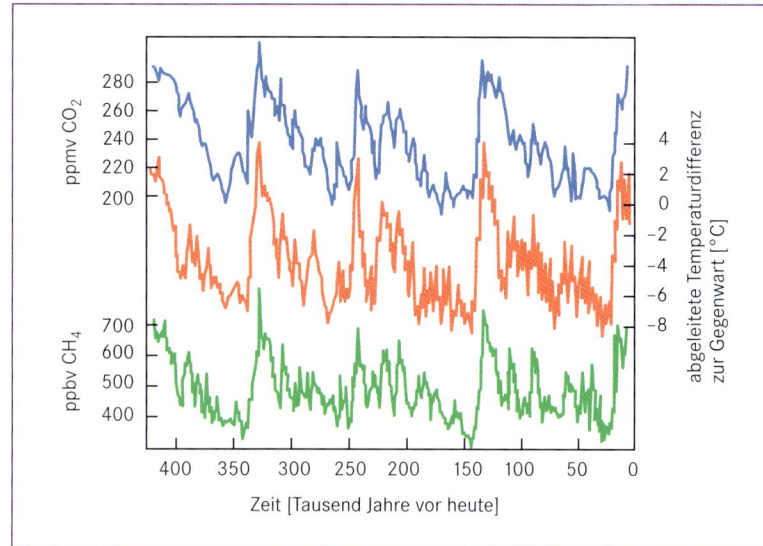

Abb. 29.2.5 Ergebnisse von Messungen der Atmosphärenzusammensetzung und Lufttemperatur während der letzten 420 000 Jahre anhand der im Wostok-Eisbohrkern in der Antarktis eingefrorenen Luftblasen. Die blaue Kurve zeigt den CO_2-Gehalt, die grüne Kurve den Methangehalt der Luft. Die rote Kurve zeigt die Abweichung der Lufttemperatur vom heutigen Wert. Sie wurde aus dem gemessenen Verhältnis des Gehalts des ^{16}O-Isotops zum Gehalt des ^{18}O-Isotops im Eis bestimmt (verändert nach Petit et al. 1999).

zung gekoppelt sind. Beide sind komplexe Reaktionen auf die Veränderung der Erdumlaufbahn um die Sonne, die zu kleinen Schwankungen in der Solarkonstanten in der Größenordnung von einigen Watt/m^2 führt. Eine Abkühlung der Erde durch reduzierte Sonneneinstrahlung führt zu einer Reduzierung der biologischen Aktivität durch längere und großflächigere Schneebedeckung und stärkere Bindung von Kohlenstoff in den Böden und vor allem in den Ozeanen. Dies wiederum führt zu einem reduzierten CO_2-Gehalt der Atmosphäre, was wiederum den Treibhauseffekt verringert, was zu einer weiteren Abkühlung führt. Diese positive Rückkopplung führt zu einer allmählichen Abkühlung der gesamten Erde bis zu einer minimalen Temperatur und einem minimalen CO_2- und Methangehalt. Durch steigende Einstrahlung am Ende dieses Zyklus setzt eine durch die positive Rückkopplung zwischen Treibhauseffekt und Temperatur zwar zunächst verzögerte, aber dann abrupte Erwärmung ein.

In der Abbildung 29.2.5 ist des Weiteren eindrucksvoll zu sehen, dass während der letzten Eiszeiten Temperatur und Atmosphärenzusammensetzung bestimmte Grenzwerte nicht über- bzw. unterschritten haben. So wurde eine obere Grenze für den CO_2-Gehalt von 280 ppm während des gesamten Zeitraums nicht wesentlich überschritten. Dies ist direkter Ausdruck der weiter oben schon angesprochenen biotischen und abiotischen Regelmechanismen, die die Umweltbedingungen auf der Erde auch bei sich ändernder Erdbahn in engen Grenzen stabilisieren. Sie sind wegen ihrer großen Komplexität in ihren genauen Mechanismen und vor allem in ihrer Stärke erst teilweise erforscht und bilden das Hauptthema der **Erdsystemforschung**.

Ein Beispiel eines solchen natürlichen, komplexen Regelnetzes im Erdsystem ist in Abbildung 29.2.6 gezeigt. Erhöht sich im globalen Regelnetz die CO_2-Konzentration, so erhöht das über den Treibhauseffekt die Erdtemperatur. Gleichzeitig fördert dies auch das Pflanzenwachstum durch erhöhte CO_2-Düngung. Eine erhöhte Temperatur bewirkt eine Intensivierung des Wasserkreislaufs durch erhöhte Verdunstung und damit als Folge eine Zunahme der Niederschläge. Dies wiederum erhöht die pflanzliche Produktion durch mehr verfügbares Wasser. Ein intensiverer Wasserkreislauf mit mehr Niederschlag reduziert aber auch die Bildung von Staub durch feuchtere Böden. Diese Reduzierung von Staub wird darüber hinaus durch eine Intensivierung der pflanzlichen Produktion, vor allem aber durch eine Vergrößerung der Vegetationsbedeckung bewirkt.

Die marine Produktivität ist wesentlich auf den Staubeintrag in die Ozeane und die mitgeführten Nährstoffe angewiesen und reagiert deshalb positiv auf Staub. Eine Reduzierung des Staubeintrags hingegen reduziert damit also die marine Produktivität, was im Endeffekt dazu führt, dass weniger CO_2 mit absterbenden marinen Lebewesen auf den Boden der Ozeane sinkt und damit längerfristig gebunden wird. Dies wiederum lässt den CO_2-Gehalt der Atmosphäre steigen. In der Darstellung führt damit die Erhöhung des CO_2-Gehalts über ein komplexes Netz von Abhängigkeiten zu einer weiteren Erhöhung des CO_2-Gehalts. Dies ist ein Erklärungsmuster für den rapiden Anstieg der Temperaturen und des CO_2-Gehaltes am Ende einer Kaltzeit, wie sie in Abbildung 29.2.5 zu sehen sind, und typisch für die Analysen der Erdsystemforschung.

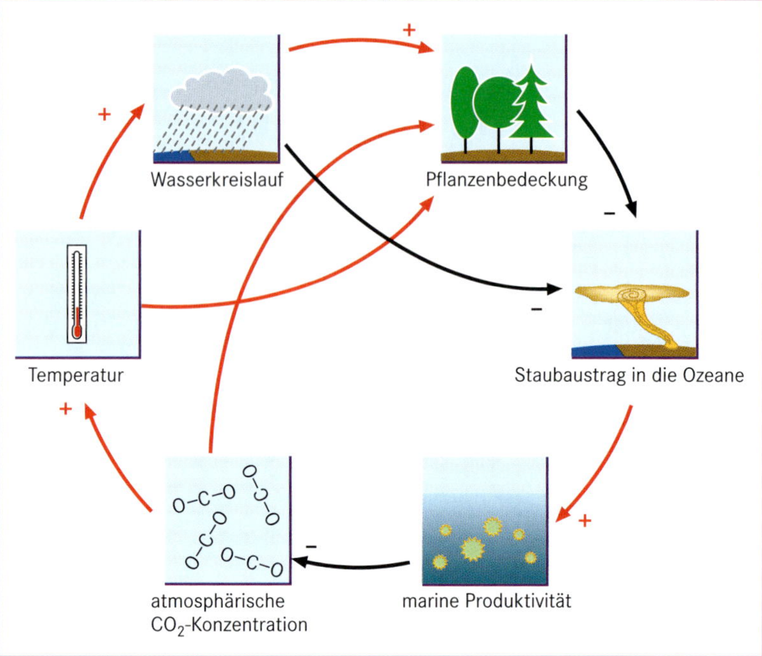

Abb. 29.2.6 Schematische Darstellung eines globalen Regelnetzes im Erdsystem, das zwischen CO_2-Konzentration, dem Wasserkreislauf, der terrestrischen Vegetation, der Nährstoffversorgung der Ozeane, der marinen Vegetation und der Rückkopplung zum CO_2-Gehalt besteht. Die roten Pfeile bedeuten einen verstärkenden, die schwarzen Pfeile einen hemmenden Einfluss einer Vergrößerung der Ursache auf die durch die Pfeilrichtung gekennzeichnete Folge (verändert nach Ridgewell & Watson 2002).

Zusammenfassend befindet sich die Erde ohne den Einfluss des Menschen als geschlossenes System in einem **dynamischen, natürlichen Gleichgewichtszustand**, der durch das Leben geschaffen wurde und stabilisiert wird. Rückkopplungen in den Wechselwirkungen physikalischer, chemischer und vor allem biologischer Prozesse sorgen dafür, dass sich bei Veränderung äußerer Einflüsse die Umweltbedingungen innerhalb relativ enger Grenzen selbst stabilisieren.

Eine zentrale Rolle bei der **Stabilisierung des Erdsystems** spielt die natürliche Regulierung der Treibhausgase, allen voran des CO_2 und Wasserdampfs durch das Wechselspiel von Kohlenstoff- und Wasserkreislauf. Diese Kreisläufe wiederum werden vor allem durch die Vegetation in den Ozeanen und auf dem Festland beeinflusst. Die Vegetation ist in beiden Kreisläufen an mehreren Stellen aus den folgenden Gründen wichtig:

- Sie reguliert den CO_2-Gehalt der Atmosphäre durch die Aufnahme von Kohlenstoff durch die Vegetation sowie – über das Absterben von Pflanzen – den Transfer von Kohlenstoff in langfristige Pools, wie den tiefen Ozean oder die Böden.
- Sie beeinflusst den Wasserdampfgehalt der Atmosphäre durch verstärkte Verdunstung der Vegetation. Vegetationslose Böden reduzieren die Verdunstung drastisch, nachdem die oberste Bodenschicht (ca. 5 cm) nach einem Niederschlag wieder ausgetrocknet ist. Landpflanzen hingegen bilden Wurzeln und schaffen damit ein effizientes Transportsystem, das

die gesamte durchwurzelte Bodenzone (ca. 0,3 bis 2 m) entleert und das Wasser in Form von Wasserdampf in die Atmosphäre transferiert. Der erhöhte Wasserdampfgehalt führt wiederum zu verstärkten Niederschlägen und damit zu mehr Vegetation.

- Sie reguliert den O_2-Gehalt der Atmosphäre durch die Produktion von Sauerstoff, was wiederum Voraussetzung für alle Destruenten ist, die Vegetationsrückstände in CO_2 veratmen und damit den Kohlenstoffkreislauf schließen. Der Kohlenstoff- und der Wasserkreislauf sind somit über die Vegetation eng miteinander verzahnt.

In Abbildung 29.2.7 ist der zeitliche Verlauf der **atmosphärischen CO_2-Konzentration** über die Breitengrade für die Jahre 1989 bis 1999 dargestellt. Die abgebildete Fläche wurde aus weltweiten kontinuierlichen Messungen des CO_2-Gehalts der Atmosphäre rekonstruiert. Es ist auf der Nordhalbkugel eine starke jahreszeitliche Oszillation des CO_2-Gehalts zu erkennen mit Zunahmen der CO_2-Konzentration im Winter und Abnahmen im Sommer. Diese Oszillation ist auf der Südhalbkugel weniger ausgeprägt und um ein halbes Jahr versetzt. Die gezeigten Oszillationen von bis zu ±5 ppm auf der Nordhalbkugel sind Ausdruck der **Photosynthese** der Pflanzen vor allem auf dem Festland. Diese führt durch Wachstum und damit CO_2-Assimilation im jeweiligen Sommer zu einer Entnahme von CO_2 aus der Atmosphäre und zur Reduktion des CO_2-Gehalts. Im jeweili-

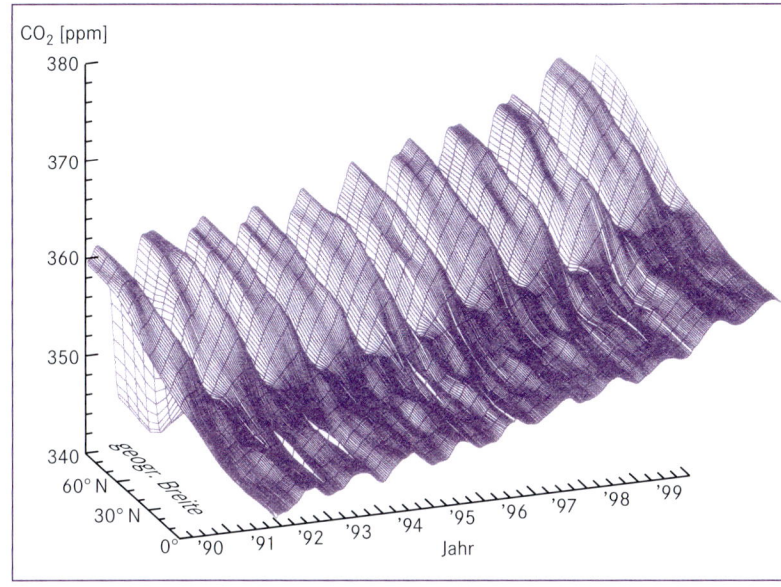

CO₂ [ppm]

Abb. 29.2.7 Breitenkreisabhängige zeitliche Dynamik der atmosphärischen CO_2-Konzentration von 1989 bis 1999, abgeleitet aus dem Netz internationaler Messstationen (verändert nach Steffen et al. 2004).

gen Winter führt die dann überwiegende Respiration durch Verrottung zu CO_2-Emission auf dem Festland und entsprechend zu einer Erhöhung der CO_2-Konzentrationen. Die deutlich ausgeprägtere Amplitude der Schwankung auf der Nordhalbkugel wird durch die viel größeren Landmassen und die dadurch resultierende stärkere Assimilation hervorgerufen. In der Abbildung 29.2.7 sind über die biogenen Einflüsse auf die CO_2-Konzentration der Atmosphäre hinaus auch anthropogene Einflüsse zu erkennen. Sie zeigt außerdem – vor allem, wenn man die Konzentrationsangaben am Äquator verfolgt –, dass die CO_2-Konzentration stetig zunimmt. Diese Zunahme von zirka 3,4 ppm pro Jahr ist auf die Nutzung **fossiler Brennstoffe** durch den Menschen zurückzuführen. Durch den Verbrennungsprozess wird Kohlenstoff von den sehr immobilen Pools der Erdöllagerstätten in die sehr viel mobileren Pools der Atmosphäre und der Ozeane überführt. Nur etwa die Hälfte des vom Menschen in Form von CO_2 freigesetzten Kohlenstoffs bleibt aktuell in der Atmosphäre. Die andere Hälfte wird hauptsächlich von den Ozeanen, aber auch von der Landoberfläche aufgenommen und gespeichert.

Die Abbildung 29.2.7 verdeutlicht beispielhaft, dass natürliche Prozesse im Erdsystem inzwischen von Prozessen anthropogenen Ursprungs überlagert werden. Während der Anstieg des CO_2-Gehaltes durch menschliche Aktivitäten vor 300 Jahren auch mit heutigen Messinstrumenten noch keine messbare Größe gewesen wäre, so sind, wie das Beispiel der stetigen anthropogen bedingten Erhöhung der CO_2-Konzentration heute von zirka 3,4 ppm pro Jahr zeigt, inzwischen die mensch-

lichen Einflüsse in ihrer Größenordnung durchaus vergleichbar mit der natürlichen interannuellen Schwankung im Erdsystem von ±5 ppm.

Die menschlichen Eingriffe ins Erdsystem

So lange der Mensch nur seinen primären Kalorienbedarf aus den Ressourcen seiner natürlichen Umwelt deckt, unterscheidet er sich in seinem Einfluss auf das Erdsystem nicht von anderen großen Säugern. Erst darüber hinausgehende menschliche Aktivitäten mit den dafür eingesetzten Technologien und den damit verbundenen Entscheidungen führen zu einer gezielten **Veränderung der Umwelt**, die über das Maß tierischer Eingriffe hinausgeht und damit den Einfluss des Menschen auf das Erdsystem einmalig macht.

In der Abbildung 29.2.8 sind schematisch die dominanten Wechselwirkungen des Menschen mit den Stoffkreisläufen im Erdsystem und die daraus resultierenden Folgen für das Erdsystem dargestellt. Wie schon zu Anfang dieses Teilkapitels dargestellt, entscheiden die absolute Anzahl der Menschen sowie der geographisch unterschiedlich verteilte, individuelle Grad der Nutzung natürlicher Ressourcen über das Ausmaß der Beeinflussung der Stoffkreisläufe im Erdsystem durch den Menschen. Menschliche Aktivitäten sind hier eingeteilt in die Bereiche Landwirtschaft, Industrie, Freizeit sowie Handel und Transport, wobei der jeweilige Grad der Ressourcennutzung in den verschiedenen Bereichen und Gesellschaften zu berücksichtigen ist. Ein gutes Maß für die Intensität, mit der ein Prozess im Erdsystem beeinflusst wird, ist der Anteil an den damit verbundenen Stoffumsätzen, der durch menschliche Entscheidungen geprägt ist. So beträgt, durch den anthropogen bedingten Anstieg des CO_2-Gehalts der Atmosphäre von 280 ppm auf zurzeit 370 ppm, der Anteil des Menschen am Kohlenstoffhaushalt der Atmosphäre inzwischen ungefähr 30 Prozent.

Bei der Analyse menschlicher Aktivitäten ergeben sich charakteristische Mechanismen in der Veränderung im Erdsystem, die sich in drei Gruppen einteilen lassen:
- Veränderung der Landnutzung
- Veränderung der biogeochemischen Kreisläufe
- Veränderung der natürlichen Zusammensetzung der Biosphäre

Zur **Veränderung der Landnutzung** gehören Entwaldung und die Umwandlung in Weiden, landwirtschaftliche Flächen, Freizeitflächen und Ähnliches, die Ausbreitung von Siedlungen und die Schaffung von Industriegebieten. Hierbei findet eine in der Regel nach regionalen oder lokalen Gesichtspunkten entschiedene Umwidmung der Nutzung statt. Sie richtet sich vorwiegend nach der Optimierung des kurzfristigen Nutzens der betroffenen Flächen und ist mit einer Veränderung der natürlichen Prozesse auf den Flächen verbunden (z. B. Versiegelung bei Siedlungs- und Industrieflächen). Entscheidungen zur Änderung von Landnutzung, wie beispielsweise dem massiven Ausbau industrieller Aktivitäten und die damit einhergehenden Veränderungen, wie zum Beispiel die gestiegene Mobilität, lassen in aller Regel die Konsequenzen für die Funktionsfähigkeit des Lebenserhaltungssystems der Erde außer Acht.

Global betrachtet zeigen Landnutzungsänderungen charakteristische Trends, die in Abbildung 29.2.9 dargestellt sind. Bei der groben Einteilung der Landnutzung in die vier Klassen Ackerland, Weideland, Wald und ungenutztes Land fallen drei Entwicklungen auf:
- der Rückgang des ungenutzten Landes vor allem seit 1850 durch die Kolonisierung
- der damit verbundene starke Anstieg der Weiden an den Grenzen des ungenutzten Landes
- der Rückgang der Wälder durch Rodung (Kapitel 29.6.)

Demgegenüber fiel die Ausbreitung der landwirtschaftlich genutzten Flächen eher moderat aus.

Veränderungen biogeochemischer Kreisläufe machen sich vor allem bei Wasser-, Kohlenstoff-, Stickstoff-, Phosphor-, und Schwefelkreislauf bemerkbar. Beeinflussungen der Kreisläufe zielen auf eine Steigerung der Produktivität der Biosphäre ab, indem sie Mängel in der Nährstoffversorgung der natürlichen Vegetation beseitigen. Exemplarisch soll hier der Stickstoffkreislauf behandelt werden. Natürliche Vegetation leidet im Allgemeinen vor allem unter einem Mangel an Stickstoff, da sie nicht in der Lage ist, den atmosphärischen Stickstoff direkt zu nutzen. Die Verfügbarkeit biologisch nutzbaren oder reaktiven Stickstoffs (NO_x und NH_x) bestimmt damit weitgehend die Produktivität der Biosphäre. Die globale Intensivierung der Landwirtschaft durch massiven Einsatz von zusätzlichem reaktivem Stickstoff ist erst durch dessen industrielle Produktion seit Beginn des 20. Jahrhunderts möglich. Die industrielle Produktion von Ammoniak bildet inzwischen zirka drei Prozent des Weltenergiebedarfs. Die Abbildung 29.2.10 zeigt den Vergleich natürlicher und anthropogener Produktion reaktiven Stickstoffs im Lauf des 20. Jahrhunderts. Aus der Abbildung geht hervor, dass der Mensch seit etwa 1980 mehr Stickstoff produziert und nutzt als der gesamte natürliche Stickstoffkreislauf im Erdsystem.

In Abbildung 29.2.11 sind die regionalen Veränderungen des Stickstoffeintrags seit der vorindustriellen Zeit zu sehen (Green et al. 2004). Während vor 1700 vor

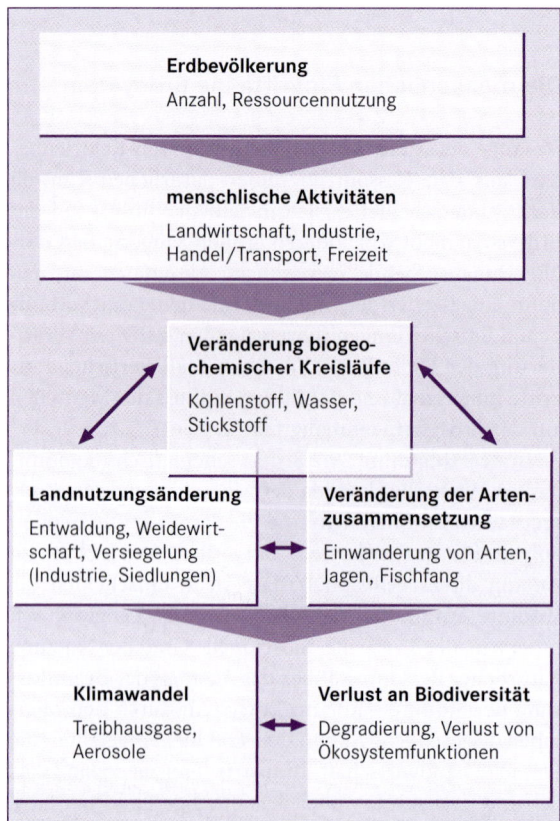

Erdbevölkerung

Anzahl, Ressourcennutzung

menschliche Aktivitäten

Landwirtschaft, Industrie, Handel/Transport, Freizeit

Veränderung biogeochemischer Kreisläufe

Kohlenstoff, Wasser, Stickstoff

Landnutzungsänderung

Entwaldung, Weidewirtschaft, Versiegelung (Industrie, Siedlungen)

Veränderung der Artenzusammensetzung

Einwanderung von Arten, Jagen, Fischfang

Klimawandel

Treibhausgase, Aerosole

Verlust an Biodiversität

Degradierung, Verlust von Ökosystemfunktionen

Abb. 29.2.8 Schematische Darstellung der Eingriffe des Menschen in das Erdsystem (verändert nach Steffen et al. 2004).

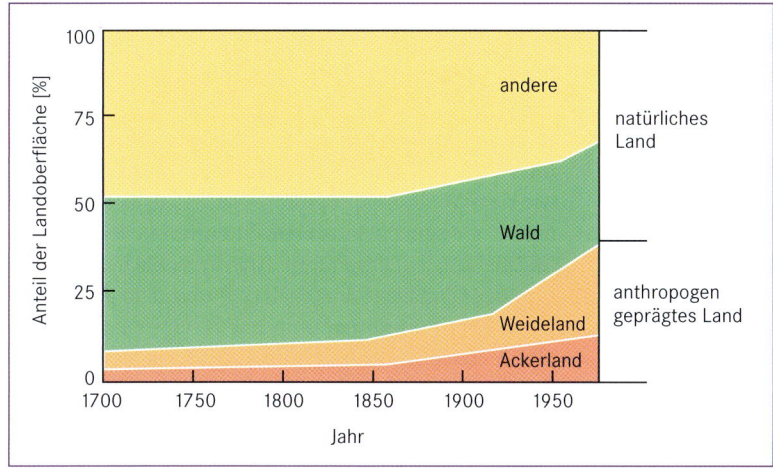

Abb. 29.2.9 Entwicklung der globalen Landnutzung von 1700 bis heute (verändert nach Steffen et al. 2004).

allem in den Tropen die höchsten Stickstoffeinträge auf der Landoberfläche stattfanden, diese aber zwei Tonnen reaktiven Stickstoff pro Quadratkilometer und Jahr nicht überschritten, sind in der Gegenwart (1995) die Hauptgebiete des Stickstoffeintrags in den gemäßigten Breiten Nordamerikas, Europas und Asiens sowie in Indien und Südchina zu finden. Die Einträge übersteigen in diesen Regionen inzwischen durchweg fünf Tonnen reaktiven Stickstoffs pro Quadratkilometer und Jahr.

Aus der regionalen Verteilung des Anstiegs des Stickstoffeintrags auf die Landoberfläche in Abbildung 29.2.11 wird der enge geographische Zusammenhang zwischen Stickstoffeintrag, Intensivierung der Landwirtschaft und kultureller sowie wirtschaftlicher Entwicklung deutlich.

Die Hauptmechanismen bestehen bei der **Veränderung der natürlichen Zusammensetzung der Biosphäre** in der gezielten Veränderung der Artenzusammensetzung durch agrarische Nutzung der Vegetation sowie durch die Entnahme tierischer Ressourcen aus der Biosphäre durch Jagen und Fischen. Die Veränderung der natürlichen Artenzusammensetzung der Vegetation ist unmittelbare Folge von Landnutzungsveränderungen sowie der Nutzungsintensivierung. Sie geht einher mit einer Veränderung der Selektionskriterien für die Ansiedlung unterschiedlicher Arten unter den gegebenen Umweltbedingungen. Moderne landwirtschaftliche Produktionsverfahren zielen auf eine Reduzierung der Artenvielfalt bei gleichzeitiger Steigerung der Produktion und Optimierung der Artenleistung durch Züchtung. Dabei kommt es zu charakteristischen Folgeerscheinungen wie einer weltweiten Zunahme der Bodenerosion und, vor allem in den Tropen, zu einer Reduzierung der Artenvielfalt und zum Aussterben von Tier- und Pflanzenarten (Kapitel 29.4). Die Abbildung

29.2.12 zeigt die damit in Zusammenhang stehende fortschreitende Reduzierung der Fläche des tropischen Regenwaldes im Laufe der letzten 250 Jahre durch Rodung.

Die aufgezeigten Mechanismen sind in ihrer regionalen Ausprägung sehr unterschiedlich und durch die natürlichen wie gesellschaftlichen Gegebenheiten bestimmt. Sie sind immer Ausdruck von Entscheidungen,

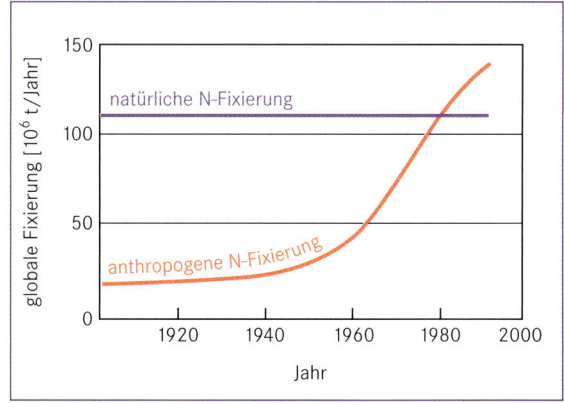

Abb. 29.2.10 Vergleich der zeitlichen Entwicklung der natürlichen und anthropogenen Stickstofffixierung in Form von Umwandlung von atmosphärischem Stickstoff (N_2) in biologisch nutzbaren Stickstoff (NO_x und NH_x). Zu den natürlichen Prozessen der N-Fixierung gehören Symbiosen zwischen natürlicher Vegetation und Bodenbakterien (Rhizobium) sowie Blitze während Gewittern. Zur anthropogenen N-Fixierung gehören die Umwandlung von atmosphärischem Stickstoff bei der Verbrennung von Kohlenwasserstoffen (z. B. in Autos) sowie bei der industriellen Produktion von Kunstdünger und die agrarische Nutzung von Reis, Sojabohnen und Alfalfa, die in Symbiose mit Bodenbakterien atmosphärischen N_2 in biologisch verwertbaren Stickstoff umwandeln können (verändert nach Vitousek 1994).

die regional bzw. lokal getroffen werden. Sie führen aber, wie die Abbildung 29.2.3 verdeutlicht, vor allem zu einem erhöhten spezifischen Energieverbrauch, der über die Nutzung fossiler Brennstoffe zu einer globalen Veränderung des Klimas und der Artenvielfalt und damit zur Schwächung der Stabilität des Erdsystems führt. Dies manifestiert sich heute schon in einer Veränderung der Extremwertstatistiken von Starkniederschlägen, Hochwässern und Stürmen. Der Klimawandel beeinflusst darüber hinaus durch die veränderte Verfügbarkeit der Wasserressourcen und Anbaubedingungen für landwirtschaftliche Nutzpflanzen und über regional sehr unterschiedliche Wirkungsmechanismen die heutigen und zukünftigen Lebensbedingungen der Menschen.

Das heutige Wissen um die Zusammenhänge zwischen den lokalen und regionalen Entscheidungen, über die Veränderung der Stoffkreisläufe der Erde und die daraus resultierenden globalen Folgen für das Lebenserhaltungssystem der Erde und die Lebensbedingungen der Menschen resultiert aus einer Fülle von Ergebnissen interdisziplinärer Forschung. Sie wurden in **großen international angelegten Forschungsprogrammen**, wie dem Weltklimaprogramm WCRP, dem Internationalen Geosphäre-Biosphäre-Programm IGBP, dem Internationalen Programm zur menschlichen Dimension des Globalen Wandels IHDP und dem Internationalen Forschungsprogramm zur Biodiversität DIVERSITAS erzielt. Diese Ergebnisse legen den Schluss nahe, dass in naher Zukunft und als Folge menschlicher Eingriffe eine Gefährdung des dynamischen Gleichgewichts des Erdsystems, das das Leben auf der Erde erst ermöglicht, gegeben ist. Eine der großen Herausforderung für die weitere Entwicklung der menschlichen Gesellschaf-

 **Exkurs 29.2.1**

Future Geographies – die Zukunft des „Raumschiffs Erde"

HANS GEBHARDT

Auch zu Beginn des 21. Jahrhunderts widersprechen sich Prognosen und Zukunftserwartungen zur globalen Entwicklung unseres Erdballs: Einerseits finden wir fundamentale **Zukunftsängste**, das Schwelgen in Katastrophenszenarien und die Furcht vor unlösbaren globalen Herausforderungen, auf der anderen Seite ähnlich ausgeprägte **Zukunftshoffnungen**, die Erwartung eines weiteren Zusammenwachsens der „einen" Welt, die Hoffnung auf globale Solidarität im Kontext verschiedener Kulturen.

Die pessimistische Perspektive hat eine ebenso lange Geschichte wie die optimistische. Schon der englische Landpfarrer und Bevölkerungswissenschaftler Thomas Robert Malthus prophezeite 1798 in seinem *„Essay on Population"*, dass „die Kraft der Bevölkerung unendlich viel größer ist als die Kraft der Erde, Unterhalt für den Menschen hervorzubringen" (zit. nach Kennedy 2002), mithin die Tragfähigkeit der Erde überschritten, die Bevölkerungsexplosion unaufhaltsam und der Untergang der Menschheit damit vorprogrammiert sei und zwar bei einer Bevölkerungszahl von nur einem Bruchteil der heute tatsächlich auf dem Erdball wohnenden Menschen. Heute wird vor allem der globale Klimawandel als zentrale, nur schwer bewältigbare Herausforderung für die kommenden Generationen gesehen. Von manchen Protagonisten der sogenannten *deep ecology* wird dem Menschen als „Parvenü der Biosphäre" gar der unentrinnbare Untergang vorausgesagt, da er genetisch bedingt, mit kollektiver Blindheit für die Bedingungen des Überlebens geschlagen sei (Dithfurt 1985). In dieser extre-

men Sicht erledigt sich die Frage nach der Zukunft der Menschen, auch nach einer politischen Verantwortung, quasi von selbst.

Die optimistische Perspektive ist vielleicht noch älter. Sie spiegelt sich in den Verheißungen der großen Religionen, im Warten auf den Messias, auf das gelobte Land, in den Zukunftshoffnungen des beginnenden Industriezeitalters. Heute postulieren Wissenschaftler, dass „noch nie [...] die Menschheit über so vielfältige technische und finanzielle Ressourcen verfügt [habe], um mit Hunger und Armut fertig zu werden. Die gewaltige Aufgabe lässt sich meistern, wenn der notwendige gemeinsame Wille mobilisiert wird (Brandt-Report, zit. nach Nuscheler et al. 1997).

Letztlich ähneln, das hat die Geschichte vergangener Zukunftsvisionen gezeigt, alle diese Versuche einem Blick in den Kaffeesatz. Anhänger eines stärker naturwissenschaftlich-szientistischen Weltbildes sehen die Rettung der Menschheit eher mittels technisch orientierter Formen des Erdmanagements, ihr Weltbild ist das von Informationstheorie, *operations research*, Bio- und Gentechnologie und Controlling. Interpretativ-geisteswissenschaftliche Denker hingegen betrachten nicht selten die großen aufklärerischen Zukunftsentwürfe als gescheitert, schaudern sich vor der *brave new world* des Informationszeitalters – und projizieren diese Sicht auf einen generellen Untergang des „Raumschiffes Erde". Die Zukunft wird weisen, welche Entwicklungspfade die Erdgesellschaft nimmt.

ten ist es, auf der Grundlage von soliden wissenschaftlichen Erkenntnissen die notwendigen Konsequenzen zu ziehen und die zukünftige Entwicklung im Sinne der Erhaltung der Funktionsfähigkeit des Lebenserhaltungssystems nachhaltig zu gestalten.

Handlungsoptionen im Zusammenhang mit Global Change

Anthropogen bedingten globalen **Umweltveränderungen** ist gemeinsam, dass die Summe regionalen Handelns globale Folgen hat, die nicht allein durch regionales Handeln wieder behoben werden können. So führt die einseitige Reduzierung der CO_2-Emissionen durch ein Land nicht zu einer Umkehr des Klimawandels,

wenn die übrigen Länder nicht folgen. Eine solche Entscheidung hätte nämlich einen kaum erkennbaren Nutzen, aber durch die damit verbundene Verschlechterung der relativen Standortsbedingungen negative Folgen für die Konkurrenzfähigkeit dieses Landes auf den Weltmärkten. Nationalstaatliches Handeln, bis weit ins 20. Jahrhundert Grundlage der Politik, ist damit nicht geeignet, den Herausforderungen des Global Change zu begegnen.

Klimawandel, die Häufung extremer Wetterereignisse, die Reduzierung der Biodiversität, die Desertifikation und andere Reaktionen des Erdsystems auf die steigenden menschlichen Einflüsse sind bereits im Gang und werden noch Jahrhunderte weiterwirken. Damit ergeben sich zwei Handlungsstrategien im Zusammenhang mit Global Change:

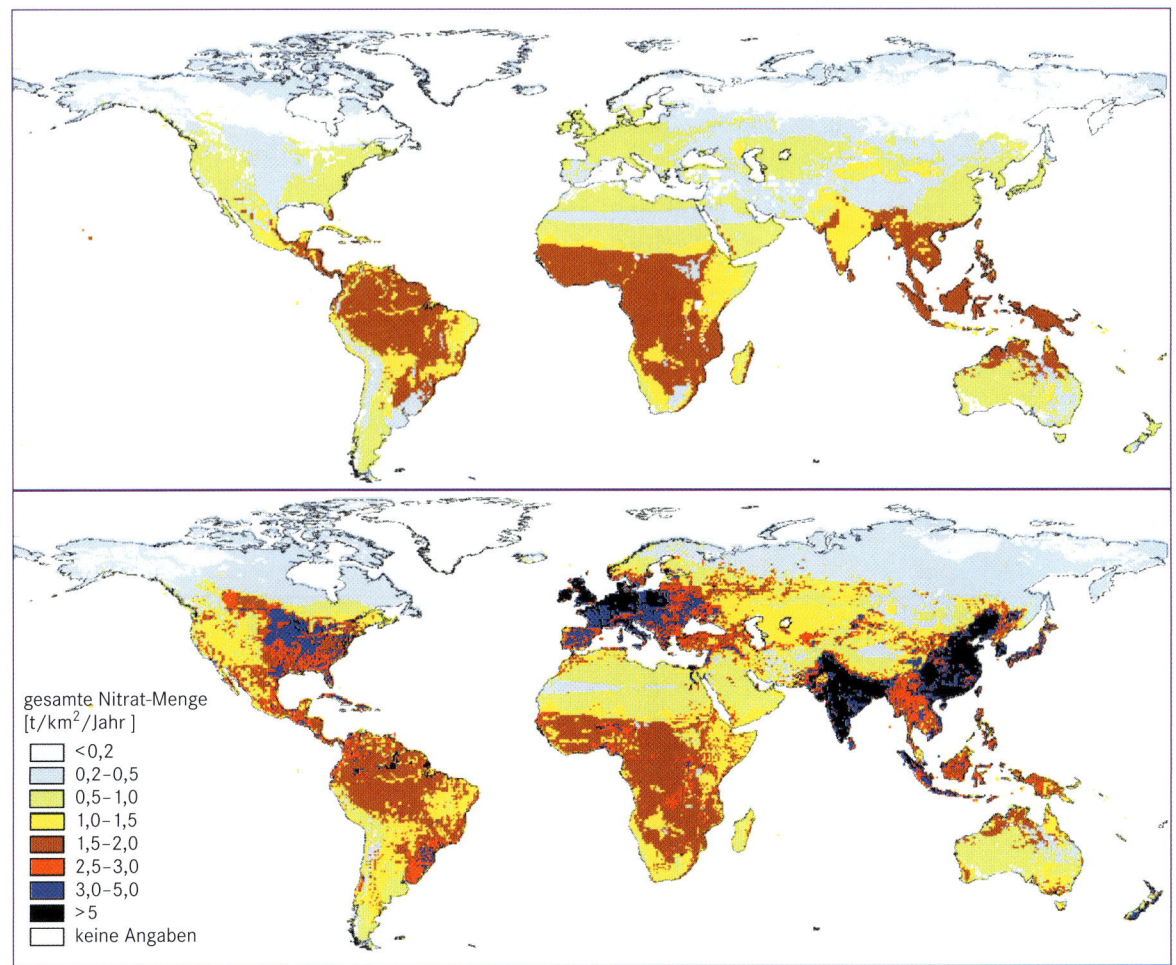

Abb. 29.2.11 Verteilung des Eintrags an reaktivem Stickstoff in vorindustrieller Zeit (vor 1700, oben) und in der Gegenwart (1995, unten) in Tonnen Nitrat pro Quadratkilometer und Jahr (verändert nach Green et al. 2004).

Exkurs 29.2.2

Climate Engineering: Lässt sich das Klima kontrollieren?

THILO WIERTZ

Der Mensch kann das globale Klima verändern. Aber kann er es auch kontrollieren? Was die Verbrennung fossiler Energieträger bewiesen hat, argumentieren einige Wissenschaftler, ließe sich zielgerichtet einsetzen – um die globale Erwärmung aufzuhalten. Spiegel im Weltall, Schwefelaerosole in der Stratosphäre und Dünger im Ozean sind einige jener Techniktträume, die sich hinter den Begriffen *Geoengineering* oder auch *Climate Engineering* versammeln. Einige dieser Träume könnten bald Wirklichkeit werden – so sehen es die Optimisten. Einige dieser Träume sind Albträume – argumentieren Kritiker. Was ist dran, an der grenzenlosen Kontrolle des Systems Erde?

Bis heute wird weltweit versucht, Niederschläge zu manipulieren. Doch wie ist es um eine Veränderung des Klimas bestellt? Im Jahr 1965 erreichte ein Bericht den damaligen US-Präsidenten Johnson und wies auf die möglichen Gefahren einer erhöhten CO_2-Konzentration in der Atmosphäre hin. Der einzige Vorschlag zur Lösung des Problems: Reflektierende Bojen, auf dem Meer verteilt, würden das Klima abkühlen (Keith 2010). Der italienische Physiker Cesare Marchetti schlug 1976 vor, Kohlendioxid bei der Entstehung abzuscheiden und in der Tiefsee zu binden. Er war es auch, der den Begriff *Geoengineering* einführte (Marchetti 1976). Doch obwohl derartige Vorschläge über die Jahre immer wieder am Rande der populären Diskussion über den Klimawandel auftauchten, fanden sie (bislang) keine Beachtung in der internationalen Klimapolitik, die sich um die Ursachen des Problems bemühte.

Seit 2006 jedoch lebt die Debatte wieder auf. Den Anstoß hierzu gab der Nobelpreisträger Paul Crutzen mit einem seither viel zitierten Aufsatz in der Zeitschrift *Climatic Change* (Crutzen 2006). Die Politik, so der Wissenschaftler, der für seine Arbeiten zum Ozonabbau ausgezeichnet wurde, stecke in einem Dilemma. Der Wunsch nach sauberer Luft sei nur zu erfüllen, wenn sich der Ausstoß von schädlichen Aerosolen in die Troposphäre verringere. Doch diese Aerosole kompensieren einen Teil der globalen Erwärmung, denn sie reflektieren Sonnenlicht zurück ins All. Zwar seien Emissionsreduktionen der bessere Weg aus diesem Dilemma, doch bislang habe die Politik diesbezüglich versagt. Wie also verhindern, dass sich die Erde unaufhaltsam erwärmt? Zum Vorbild könne der philippinische Vulkan Pinatubo werden, dessen Ausbruch im Jahr 1991 Wissenschaftler genau verfolgen konnten. Das Material, vor allem Schwefel, das bis in die Stratosphäre katapultiert wurde, reichte aus, um die globalen Temperaturen für wenige Jahre zu verringern. Der Effekt ließe sich imitieren: Flugzeuge, Artilleriegeschütze oder Ballons könnten, so die Idee, Schwefel in Höhen oberhalb von 15 Kilometern verteilen. *Geoengineering*, so Crutzen, müsse wieder in Betracht gezogen werden.

Eine Reihe von Wissenschaftlern beschäftigt sich seither mit *Geoengineering*. Die unterschiedlichen Techniken lassen sich in zwei Kategorien ordnen (Royal Society 2009). Änderungen der planetaren Albedo würden dafür sorgen, dass weniger Sonnenlicht die Erdoberfläche erreicht. Dies könnte beispielsweise gelingen, wenn Aerosole in der Stratosphäre verteilt, Wolken über dem Meer durch zusätzliche Kondensationskeime dichter und große Flächen an der Erdoberfläche weißer gemacht würden. Doch das Problem wäre damit kaum gelöst: Zwar sänken die Oberflächentemperaturen im

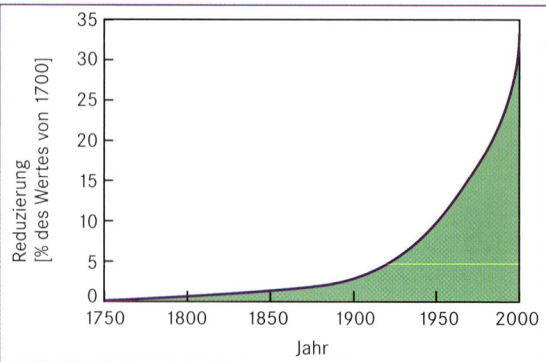

Abb. 29.2.12 Reduzierung der Fläche der tropischen Regenwälder seit 1750 (verändert nach Richards 1991).

- die Mitigation der Ursachen des globalen Wandels durch Minimierung des menschlichen Einflusses auf das Erdsystem
- die Adaptation an die Folgen des globalen Wandels

Eine erfolgreiche Stabilisierung des Erdsystems und eine nachhaltige Entwicklung der Gesellschaften ist nur durch eine sinnvolle und regional angepasste Kombination beider Handlungsstrategien möglich. Folgende globale Entwicklungen sind in diesem Zusammenhang zukünftig von größter Priorität:

- Stabilisierung des Klimawandels: Dies ist nach heutiger Kenntnis nur durch eine Entkopplung des Pro-Kopf-Energieverbrauchs vom Verbrauch fossiler

Schnitt, doch das Klima würde nicht einfach in seinen vorherigen Zustand zurückkehren. Im komplexen System wären die Auswirkungen global sehr unterschiedlich verteilt und die Folgen für regionale Wetter- und Klimasysteme kaum abzusehen. Nach wenigen Jahren müsste der Effekt zudem erneuert werden. Andere Folgen erhöhter Treibhausgaskonzentrationen, wie die Versauerung der Meere, blieben unberührt.

Anders wäre es, wenn sich die atmosphärischen CO_2-Konzentrationen technisch verringern ließen. Dies ist das Ziel einer zweiten Gruppe von Vorschlägen – Kohlenstoffsequestrierung aus der Umgebungsluft. Auf physikalischem Weg, in „künstlichen Bäumen" (die optisch wenig mit ihrem natürlichen Pendant gemein haben), ist dies bereits heute möglich, wie Pilotversuche gezeigt haben (Jones 2009). Neben der Wirtschaftlichkeit ist jedoch ebenso die Frage der endgültigen Speicherung ungeklärt. Auch eine biologische Sequestrierung, also die zusätzliche Produktion von Biomasse, stößt an Grenzen. Großräumige Aufforstungsprojekte stehen in Konkurrenz zur Produktion dringend benötigter Nahrungsmittel für eine steigende Weltbevölkerung. Eine Düngung des Ozeans vermag Algenblüten zu erzeugen, in denen CO_2 gebunden wird; würden die Algen absterben und auf den Meeresgrund sinken, wäre das Treibhausgas nachhaltig aus dem Kreislauf entfernt. Doch am letzten Schritt scheiterten bisherige Experimente, so auch das deutschindische Forschungsprojekt LOHAFEX im Jahr 2009 – anstatt CO_2 mit in die Tiefsee zu nehmen, wurden die Algen zu einem Festmahl für Floh- und Ruderfußkrebse (Pauls 2009).

Die Ökosysteme der Meere sind ein weitgehend unerforschter Fleck auf der Landkarte der Wissenschaft und bei der zuverlässigen Vorhersage regionaler Klimaveränderungen stoßen die derzeitigen Computermodelle an ihre Grenzen. Kritiker argumentieren daher, dass *Geoengineering* (und dessen Erforschung) ein gefährliches Experiment mit unserem Planeten wäre. Befürworter halten dem entgegen, dass die Gefahren einer unkontrollierten globalen Erwärmung sehr viel bedrohlicher erscheinen. Eine künstliche Veränderung der Albedo böte vielleicht die letzte Chance, eine drohende Klimakatastrophe abzuwenden, beispielsweise wenn ein rapides Abschmelzen des Grönlandeises drohe. Zudem schade es nicht, zum jetzigen Zeitpunkt mehr über *Geoengineering* in Erfahrung zu bringen – auch um in einer Notsituation leichtfertige Blindflüge mit der Technik zu verhindern.

Doch wer hat die Macht und die Legitimität, über Eingriffe in das globale Klima zu entscheiden? Die Sequestrierung von Kohlenstoff wirkt relativ langsam und ist mit hohen Kosten verbunden. Techniken zur Albedoveränderung könnten hingegen die Erde rasch abkühlen und einige von ihnen sind preiswert zu haben – und genau darin liegt das Dilemma. Bislang war in der Klimapolitik ein Konsens notwendig, um wirksame Maßnahmen gegen die globale Erwärmung einzuleiten. Das ändert sich mit *Geoengineering*, denn Schwefelaerosole ließen sich auch von einzelnen Staaten (oder gar wohlhabenden Personen) in die Stratosphäre bringen. Wie ist zu verhindern, dass ein Land, das sich zunehmend vom Klimawandel bedroht wähnt, zu *Geoengineering* greift – ohne Rücksicht auf die grenzüberschreitenden Gefahren der Technik? Was, wenn *Geoengineering* den großen Klimasündern als billige Ausflucht dient, um die dringend notwendigen Veränderungen unseres Wirtschaftssystems weiter aufzuschieben? Während einige die Vereinten Nationen sich in der Verantwortung sehen, sich einer institutionellen Regulierung von Geoengineering anzunehmen, verweisen andere bereits auf das Primat nationaler Sicherheitsinteressen. Fakt ist, dass das Thema die Klimadebatte der kommenden Jahre begleiten wird und durchaus das Potenzial hat, internationale Konfliktkonstellationen neu zu ordnen.

Kohlenwasserstoffe und mit einer Reduzierung der Emission von CO_2 in die Atmosphäre möglich.

- Ausrottung extremer Armut als eine der Hauptursachen von Umweltzerstörung
- Sicherstellung der Nahrungsmittelproduktion und die Stabilisierung der Erdbevölkerung bei gleichzeitig steigendem Wohlstand und sich verändernden Ernährungsgewohnheiten
- Erhaltung der genetischen Vielfalt der Biosphäre und des Genpools der Erde (Kapitel 29.4)
- Erhaltung der Bodenfruchtbarkeit und Bekämpfung der Desertifikation (Kapitel 29.3)
- Entwicklung von tragfähigen Konzepten für das Leben in und die Organisation von Megacities: Dies

ist notwendig, da eine Erhaltung der Funktionsfähigkeit der Biosphäre bei steigender Weltbevölkerung nur durch eine menschenwürdige Konzentration der Erdbevölkerung in großen Agglomerationen möglich ist (Kapitel 21.4).

Diese notwendigen und ehrgeizigen Projekte sind nur umsetzbar, wenn die menschlichen Gesellschaften auf allen Ebenen von der Gemeinde bis zum gesamten Globus die Fähigkeit entwickeln, die Naturressourcen des Planeten nachhaltig zu managen. Erste Ansätze zu einem solchen gemeinsamen Handeln sind mit dem **Kyoto-Protokoll** (Exkurs 29.3.3) zur Reduzierung der Treibhausgasemissionen (UNFCCC 1997) bereits zu erkennen. Der Misserfolg der Folgekonferenzen, insbesondere des Klimagipfels in Kopenhagen im Jahr 2010, hat allerdings inzwischen dazu geführt, dass außer über Möglichkeiten der *adaptation* und *mitigation* inzwischen auch – nach einer langen Pause – über Möglichkeiten der technischen Beeinflussung von Klima durch sogenanntes *Geoengineering* oder *Climate Engineering* nachgedacht wird (Exkurs 29.2.2).

29.3 Klimadiskussion – die Erde im Treibhaus

Der Treibhauseffekt in Medien und Politik

Urs Neu

Der vom Menschen verursachte Treibhauseffekt: die historische Entwicklung des Wissens

Der Mathematiker Jean-Baptiste Fourier beschrieb bereits 1824 das Phänomen, dass gewisse Spurengase in der Atmosphäre die Erde erwärmen. Dieser Effekt ist heute als Treibhauseffekt bekannt. Im Jahr 1896 rechnete der schwedische Nobelpreisträger Svante Arrhenius erstmals vor, dass eine Verdoppelung des CO_2-Gehalts in der Atmosphäre zu einer **Temperaturerhöhung** an der Erdoberfläche um 4 bis 6 °C führen würde. Dieser damals mit einfachsten Mitteln berechnete Wert wird heute etwas tiefer eingeschätzt (ca. 2 bis 4 °C). Praktisch gleichzeitig mit Arrhenius erkannte auch der Amerikaner P. C. Chamberlain die Wirkung von Treibhausgasen in der Atmosphäre.

Ein Zusammenhang von beobachteter Klimaerwärmung mit dem Anstieg der CO_2-Konzentration in der Atmosphäre durch die Industrialisierung wurde schon in den 1930er-Jahren in der Fachliteratur angesprochen, konnte jedoch damals wegen fehlender Messungen nicht mit Daten untermauert werden. Erst gegen Ende der 1950er-Jahre wurde die Gefahr einer vom Menschen verursachten Erwärmung der Erde ernsthaft diskutiert. Im Rahmen des Internationalen Geophysikalischen Jahres 1957/58 gelang der Nachweis, dass die CO_2-Konzentration in der Atmosphäre tatsächlich ansteigt. Die Forschungsgruppe des Schweizer Physikers Hans Oeschger zeigte 1979 anhand der Analyse von Eisbohrkernen, dass die CO_2-Konzentration während der Eiszeit zirka 50 Prozent geringer war als heute.

Auf der **Weltklimakonferenz** im Jahre 1979 erklärten die Teilnehmer die Klimaänderung zu einem wichtigen Thema. Die möglichen Auswirkungen einer Erwärmung auf Mensch und Gesellschaft rückten ins Zentrum des Interesses. Zur Erweiterung der entsprechenden Kenntnisse wurde das Weltklimaforschungsprogramm (*World Climate Research Programme* WCP, später WCRP) gegründet. Es erfolgte ein Aufruf an die Regierungen in aller Welt, sich mit der Möglichkeit einer durch den Menschen verursachten Erwärmung des Klimas auseinanderzusetzen und diese wenn möglich zu verhindern.

Der Bedarf an Wissen aufgrund offener Fragen im Zusammenhang mit dem vom Menschen verstärkten Treibhauseffekt nahm in den folgenden Jahren stetig zu. Im Jahr 1988 gründeten dann die Welt-Meteorologie-Organisation (WMO) und die Umweltorganisation der UNO das *Intergovernmental Panel on Climate Change* (IPCC). Dieses Gremium sollte den jeweils aktuellen Wissensstand zum Klimawandel zusammenstellen und die Erkenntnisse in konzentrierter, verständlich formulierter Form den Regierungen zur Verfügung stellen.

Das IPCC veröffentlichte seinen ersten Bericht (*First Assessment Report*) im Jahr 1990. Aufgrund dieses Berichtes wurde dann 1992 auf dem Erdgipfel in Rio de Janeiro die Klimakonvention verabschiedet, die *United Nations Framework Convention on Climate Change* (UNFCCC). Diese **Klimarahmenkonvention** besagt, dass die internationale Gemeinschaft Anstrengungen unternehmen soll, um eine „für den Menschen gefährliche Klimaveränderung" zu verhindern.

Die Konkretisierung dieser Absichtserklärung erfolgte dann 1997 im japanischen Kyoto. Das sogenannte **Kyoto-Protokoll** (Exkurs 29.3.3) enthielt für die Industrieländer erste konkrete Vorgaben für Emissionsreduktionen. Der Zeithorizont für diese erste Maßnahmenperiode ist auf das Jahr 2010 ausgerichtet (bzw. den Durchschnitt der Jahre 2008 bis 2012). Nachdem genügend Länder das Kyoto-Protokoll ratifiziert hatten, trat dieses am 16. Februar 2005 in Kraft. Damit wurden die Kyoto-Vorgaben verbindlich.

Im Jahr 1995 erschien die zweite Fassung des IPCC-Berichtes. Die wichtigste Schlussfolgerung lautete, dass „die Abwägung der Erkenntnisse einen erkennbaren menschlichen Einfluss auf das Klima nahelegt". In der dritten Fassung (*Third Assessment Report*) 2001 wurde dann die Aussage noch konkreter: „Es gibt neue und klarere Belege dafür, dass der Großteil der in den letzten 50 Jahren beobachteten Erwärmung menschlichen Aktivitäten zuzuschreiben ist." Im vierten Bericht (*Fourth Assessment Report*) 2007 wurde die Wahrscheinlichkeit eines entscheidenden Einflusses des Menschen auf das Klima in den letzten Jahrzehnten auf über 90 Prozent eingeschätzt: „Der größte Teil des beobachteten Anstiegs der mittleren globalen Temperatur seit Mitte des 20. Jahrhunderts ist sehr wahrscheinlich durch den beobachteten Anstieg der anthropogenen Treibhausgaskonzentrationen verursacht."

Wissensstand und „wissenschaftlicher Konsens"

Der aktuelle Stand der Kenntnisse in der Wissenschaft etabliert sich vorwiegend anhand der Diskussionen auf **internationalen Fachkongressen** und **der wissenschaftlichen Literatur**. Der zu einem bestimmten Zeitpunkt vorhandene Wissensstand wird jedoch nirgends konkret formuliert. In vielen Fällen werden die vorherrschenden Theorien und Modelle einzig in Lehrbüchern festgehalten. Solche Lehrbücher geben jedoch primär den Kenntnisstand und die Meinung der entsprechenden Autoren wieder.

Neue Ideen und Theorien werden jeweils in der Fachwelt diskutiert und entsprechende Experimente oder Modellrechnungen wiederholt. Falls sich solche Vorschläge etablieren können, werden die vorherrschenden Theorien falls notwendig entsprechend angepasst. Meist erfolgt diese Entwicklung und damit auch der wissenschaftliche Fortschritt in vielen kleinen Schritten. Es ist sehr selten, dass sich völlig revolutionäre Ideen als brauchbar erweisen.

Diese innerhalb der Wissenschaft geführte Diskussion neuer Ideen und Resultate läuft meist nach bestimmten Regeln ab. Die Fachartikel in den anerkannten wissenschaftlichen Zeitschriften werden vor der Veröffentlichung von **anonymen Experten** begutachtet. Werden Fehler oder Unterlassungen erkannt, so müssen die Beiträge überarbeitet werden oder sie werden zurückgewiesen. Dieser Begutachtungsprozess hält die Qualität der Artikel auf einem allgemein hohen Niveau. Damit ist allerdings nicht garantiert, dass ab und zu auch fehlerhafte Arbeiten oder unlogische Argumentationen veröffentlicht werden. Solche Fehler werden jedoch meist früher oder später erkannt und entsprechend kommentiert oder korrigiert.

Gerade in gesellschaftlich relevanten Bereichen ist die Gefahr groß, dass Resultate in der Öffentlichkeit präsentiert werden, die sich in der Wissenschaft noch nicht etabliert haben, oder dass politische oder wirtschaftliche Interessen zu einer selektiven Auswahl oder einseitigen Interpretation von Forschungsergebnissen führen. Ersteres war zum Beispiel in Bezug auf das **Waldsterben** der Fall, als in den 1970er-Jahren aufgrund der Beobachtung von abgestorbenen Wäldern in Zentraleuropa vor einem großflächigen Absterben des Waldes

gewarnt wurde, bevor die Wirkungszusammenhänge genügend geklärt waren. Die damals geäußerten Befürchtungen haben sich dann später nicht bestätigt, unter anderem auch dank der getroffenen Emissionsreduktionsmaßnahmen, insbesondere beim Schwefeldioxid. Gerade diese Erfahrung hat viele Wissenschafter sehr vorsichtig gemacht. So hat es in der Frage des Klimawandels über 20 Jahre gedauert, bis sich die Experten dazu durchringen konnten, den menschlichen Einfluss auf das Klima als „wahrscheinlich überwiegend" zu bezeichnen.

Um den **Zugang der Öffentlichkeit** zum wissenschaftlichen Kenntnisstand zu verbessern, wurde das Instrument des Wissensstandsberichtes (*Assessment Report*) geschaffen. Diese Berichte sollen die aktuellen Kenntnisse aus der vorhandenen Fachliteratur zusammenfassen und in geeigneter Form, das heißt in übersichtlicher und für Laien verständlicher Darstellung, zur Verfügung stellen (Exkurs 29.3.1). Dabei ist oft von „wissenschaftlichem Konsens" die Rede. Es handelt sich jedoch dabei nicht um „Mehrheitsentscheidungen", sondern um eine Darstellung der gewonnenen Erkenntnisse, der Indizien und der verbleibenden Diskussionspunkte und Unsicherheiten. Diese Berichte sind in der Wissenschaft einzigartig: In keinem anderen Wissensbereich gibt es eine so breit abgestützte Zusammenstellung des Wissensstandes. Aber auch solche Berichte sind nicht die „Ultima Ratio" und können gewisse Fehler enthalten, wie die falsche Prognose zum Abschmelzen der Himalajagletscher im vierten Assessmentbericht gezeigt hat. Dass bisher in diesem etwa 3000-seitigen Werk erst ein einziger nennenswerter Fehler entdeckt worden ist, stellt jedoch der Qualität der IPCC-Berichte ein sehr gutes Zeugnis aus, auch wenn von Interessengruppen deswegen gleich der ganze Bericht infrage gestellt wurde und fälschlicherweise weitere angebliche Fehler moniert wurden.

Wahrscheinlichkeiten und Unsicherheiten

Aus der Mathematik und Physik hat man sich über lange Zeit hinweg an relativ genaue wissenschaftliche Aussagen gewöhnt. Die Flugbahn von Raumfahrzeugen und Raumsonden kann beispielsweise über Jahre hinaus berechnet werden, und so können Flugobjekte zu fernen Planeten geschickt werden – auf den ersten Blick eine beeindruckende Leistung. Geht es jedoch um komplexere Systeme, wie das Wetter oder das Klima, so stoßen Mathematik und Physik an ihre Grenzen. Exakte Voraussagen und Beweise sind nicht mehr möglich. Neben den nur schwer berechenbaren internen Schwankungen existieren beim Klima diverse äußere Einflussfaktoren, die sich mit der Zeit verändern, zum Beispiel die Erd-

 **Exkurs 29.3.1**

Die Wissensstandsberichte des IPCC

Urs Neu

Die Welt-Meteorologie-Organisation (WMO) und das Umweltprogramm der UNO (UNEP) haben 1988 eine Institution ins Leben gerufen, die alle 5 bis 6 Jahre den aktuellen Stand des Wissens zum Thema Klimaänderung in einem Bericht zusammenfassen soll: das *Intergovernmental Panel on Climate Change* (IPCC, www.ipcc.ch). Die IPCC-Berichte stellen die in der Wissenschaftsgemeinde vorhandenen Ergebnisse und Kenntnisse dar, unter Angabe der Unsicherheiten und abweichender Meinungen. Als Grundlage dienen die zahlreichen begutachteten Arbeiten in Fachzeitschriften. Im ersten Band werden die naturwissenschaftlichen Grundlagen (*The Physical Science Basis*, IPCC 2007a) diskutiert, im zweiten Band die möglichen Folgen der Klimaänderung (*Impacts, Adaptation and Vulnerability*, IPCC 2007b) und im dritten Band die Möglichkeiten zur Anpassung an eine Änderung (*Adaptation*) und zur Verminderung dieser Änderung (*Mitigation of Climate Change*, IPCC 2007c).

Die Wissenschaftler, die im IPCC arbeiten, werden von den einzelnen Ländern nominiert und vom IPCC-Büro gewählt. Für jeden Bericht werden die Vorsitzenden, die führenden Autoren und die Autorenteams neu bestimmt. Die Arbeit erfolgt meist zusätzlich zur Arbeit an einer Universität. Das Eigeninteresse der Autoren an der Mitarbeit im IPCC ist nicht sehr groß, der Einsatz erfolgt primär aus der Verantwortung gegenüber Staat und Gesellschaft.

Der Begutachtungsprozess bei der Verfassung der IPCC-Berichte ist viel breiter und ausführlicher als bei Fachartikeln. Die Erarbeitung der einzelnen Kapitel wird von Autorenteams geleitet. Deren Entwürfe können von allen interessierten Wissenschaftlern kommentiert werden. Die Kommentare werden von einem vom Autorenteam unabhängigen *Review Editor* gesichtet und die Überarbeitung des Entwurfs beaufsichtigt. Danach folgt eine zweite Begutachtungsrunde. Im IPCC-Report und insbesondere in den Zusammenfassungen für politische Entscheidungsträger sind alle wichtigen Aussagen mit **Wahrscheinlichkeitsangaben** versehen. Diese beruhen auf einer Einschätzung der Experten aufgrund des aktuellen Wissens. Damit wird ausgedrückt, wie gut die entsprechenden Erkenntnisse durch Daten oder Modellrechnungen abgestützt sind und ob die meisten existierenden Arbeiten ähnliche Resultate zeigen oder ob die Resultate sehr unterschiedlich sind. Auch Aussagen über Zusammenhänge und Einflüsse werden deshalb immer mit Wahrscheinlichkeitsangaben versehen. So wird die Aussage über den menschlichen Einfluss als Hauptursache der Erwärmung der letzten 50 Jahre mit dem Prädikat „sehr wahrscheinlich" versehen. Das bedeutet nach IPCC-Lesart, dass die Wahrscheinlichkeit, dass diese Aussage zutrifft, von den Experten zwischen 90 und 95 Prozent eingeschätzt worden ist. Ebenso werden alle Aussagen zur zukünftigen Entwicklung (z. B. die Zunahme von Überschwemmungen) mit einer Wahrscheinlichkeitsangabe versehen. Es handelt sich also bei diesen Aussagen weniger um eine Prognose als vielmehr um eine Abschätzung zur Größe des Risikos, dass eine bestimmte Veränderung eintreten wird.

bahnparameter oder die Sonnenaktivität. Zusätzlich treten unzählige miteinander vernetzte **Rückkopplungsmechanismen** auf. Als Beispiel seien hier die Aerosole (feste Luftpartikel) erwähnt: Enthält die Luft mehr Partikel, wird mehr Strahlung reflektiert, was eine Abkühlung zur Folge hat. Durch die Abkühlung verändert sich die Luftfeuchtigkeit, dies wiederum beeinflusst die chemischen Prozesse in der Luft und diese schließlich wieder die Zusammensetzung der Aerosole. Und damit ändert sich wiederum die Temperatur. Auch verändert die Reflexion der Strahlung durch Aerosole die vertikale Temperaturschichtung der Atmosphäre und dadurch die Windstärke an der Erdoberfläche. Dies beeinflusst die Aufwirbelung von Staub und verändert somit wiederum die Aerosolkonzentration. Das Klimasystem besteht aus Dutzenden solcher sich gegenseitig beeinflussender Prozesse. Verglichen mit einer Klimaprognose ist die Berechnung der Flugbahn einer Rakete zum Mond eine sehr einfache Aufgabe.

Mathematisch-physikalische Klimamodelle werden nie exakte Angaben liefern können. Das Bild, das die Wissenschaft von den Prozessen rund um die Klimaentwicklung gewonnen hat, ist jedoch in den letzten Jahren immer klarer geworden. Verschiedene wichtige Prozesse sind bekannt und können in den Modellen relativ gut simuliert werden. Von einigen Einflüssen kennen wir hingegen die Wirkung nur ungefähr, von einzelnen ist nicht einmal das Vorzeichen der Wirkung bekannt (Exkurs 29.3.2). Alle Aussagen zur zukünftigen Klimaentwicklung sind deshalb mit gewissen **Unsicherheiten** behaftet. Für die Entwicklung einzelner Größen wie der globalen Temperatur oder dem Anstieg des Meeresspiegels werden deshalb immer Bandbreiten angegeben. Zum Beispiel wird eine Erhöhung der globalen mittle-

Exkurs 29.3.2

Unsicherheitsfaktoren der zukünftigen Entwicklung

URS NEU

Die folgenden wichtigen Faktoren tragen zur Unsicherheit bezüglich der zukünftigen Entwicklung bei:

- **Wirkung der Aerosole (kleine Partikel in der Luft) auf die Erdoberflächentemperatur**: Die sogenannte direkte Wirkung, hauptsächlich hervorgerufen durch die Reflexion der Sonnenstrahlung an den Aerosolen, ist ungefähr bekannt. Ungewissheit besteht hingegen bezüglich verschiedener indirekter Wirkungen beispielsweise auf die Wolkenbildung. Die Aerosolkonzentration beeinflusst die Anzahl der Wolkentröpfchen und damit die Reflexionseigenschaften der Wolken, möglicherweise auch deren Lebensdauer.

- **Veränderung der Wolken durch höhere Temperaturen**: Bei höheren Temperaturen ist mit erhöhter Verdunstung und einem höheren Wasserdampfgehalt in der Atmosphäre zu rechnen. Die Entwicklung der relativen Feuchtigkeit (aktueller Wasserdampfgehalt im Verhältnis zum maximal möglichen Gehalt bei vorgegebener Temperatur) ist hingegen weniger klar. Unsicher ist auch, ob und wo in der Folge mehr Wolken vorhanden sein werden und wenn ja, welcher Art. Hohe Wolken (*Cirren*) führen eher zu einer Erwärmung am Boden (Wirkung wie Treibhausgase), tiefe und kompakte Wolken hingegen haben tagsüber am Boden eine Abkühlung (durch Reflexion der Sonnenstrahlung), nachts eine Erwärmung (Wärmeabstrahlung der Wolke) zur Folge.

- **Verhalten der verschiedenen CO_2-Speicher sowohl im Boden als auch in den Ozeanen**: Zurzeit werden rund die Hälfte der menschlichen Treibhausgasemissionen vom Boden und von den Ozeanen aufgenommen. Diese Aufnahmekapazitäten können sich bei zunehmenden Treibhausgaskonzentrationen und steigenden Temperaturen unter Umständen stark verändern.

---

ren Erdoberflächentemperatur bis 2100 gegenüber 1990 um 1,1 bis 6,2 °C erwartet. Dieser Bereich der möglichen Entwicklung kommt einerseits durch die Unsicherheiten der Klimamodelle zustande, andererseits durch fehlende Kenntnisse über die Menge der in Zukunft ausgestoßenen Treibhausgase.

Um Voraussagen über die zukünftige Entwicklung des Klimas machen zu können, sind Annahmen über die Menge der emittierten Treibhausgase nötig. Diese sind stark abhängig von der wirtschaftlichen Entwicklung in den verschiedenen Regionen, von Maßnahmen zu höherer Energieeffizienz, von der Förderung nicht fossiler Energien, von der Entwicklung des Erdölpreises oder von der Bevölkerungsentwicklung. Das IPCC hat zu diesem Zweck in einem Sonderbericht (IPCC 2000) verschiedene mögliche Szenarien mit unterschiedlichen Entwicklungen in den verschiedenen Bereichen Wirtschaft, Umwelt und Globalisierung bzw. Regionalisierung entworfen. Es wurden vier verschiedene Modellgeschichten (*storylines*) mit unterschiedlicher allgemeiner Entwicklung sowie sechs Szenariengruppen mit insgesamt 40 verschiedenen Szenarien erarbeitet. Die Szenarien beinhalten keine zusätzlichen Klimainitiativen, das heißt, sie gehen nicht von einer Umsetzung des Rahmenübereinkommens der Vereinten Nationen über Klimaänderungen (UNFCCC) oder des Kyoto-Protokolls aus. Aus diesen Szenarien wird die mögliche Bandbreite der Treibhausgasemissionen abgeleitet.

Vom Wissen zum Handeln

Wegen der Bedeutung des Klimas und dessen möglicher Änderung für viele Menschen und Länder sind politische Maßnahmen und Entscheidungen erforderlich. Diese müssen aufgrund von Wahrscheinlichkeitsaussagen der Wissenschaft getroffen werden. Erstens sind exakte Prognosen grundsätzlich gar nicht möglich und zweitens werden die Veränderungen, wenn sie einmal genauer voraussagbar oder statistisch nachweisbar sein sollten, bereits so groß sein, dass gravierende Folgen schon eingetreten sind.

Damit stellt sich die Frage, ob die drohende Gefahr, auch wenn sie nicht mit absoluter Sicherheit eintrifft, so groß ist, dass trotzdem präventiv gehandelt werden muss. Die Antwort ist abhängig von der **Wahrscheinlichkeit des Eintreffens** eines Ereignisses und dem **potenziellen Schaden**. Dazu gibt es ein breites Spektrum von Meinungen. Es ist eine Frage des Umgangs mit Risiken, wie sie sich in anderen Bereichen auch stellen, beispielsweise bei der Nutzung der Kernenergie (Kapitel 28). Entscheidungen aufgrund unsicherer Voraussagen sind übrigens in der Wirtschaft seit langer Zeit üblich, man denke beispielsweise an Konjunkturprognosen oder Voraussagen zur Markt- und Verkaufsentwicklung als Grundlage für Investitionen.

Ein Großteil der Fachleute in der Wissenschaft ist sich einig, dass wahrscheinlich aufgrund der menschlichen Emissionen die globale Erdoberflächentemperatur im nächsten Jahrhundert und auch darüber hinaus weiter ansteigen wird. Der mögliche Anstiegsbereich wird in den Modellrechnungen mit 1,1 bis 6,2 °C für das 21. Jahrhundert angegeben. Zur besseren Einschätzung der Bedeutung einer solchen Veränderung kann als Vergleich der Temperaturunterschied zwischen Warmzeiten und Eiszeiten dienen, der im globalen Mittel bei etwa 3 bis 5 °C liegt, also in einer ähnlichen Größenordnung. Es wird allgemein damit gerechnet, dass ein Anstieg von weniger als etwa 1 °C im nächsten Jahrhundert von den meisten Ökosystemen einigermaßen verkraftet werden könnte und zum Teil sogar positive Auswirkungen hätte. Ist die Erwärmung stärker, wie dies mit ziemlich hoher Wahrscheinlichkeit zu erwarten ist, werden verschiedene anfänglich positive Folgen sich ins Gegenteil umwenden bzw. von den negativen Auswirkungen übertroffen werden. Allgemein wird heute in der Politik **eine Grenze von 2 °C Erwärmung gegenüber vorindustriellen Verhältnissen** für die Vermeidung von erheblichen Schäden anerkannt. Eine solche Grenze ist wissenschaftlich allerdings schwierig zu bestimmen, da je nach betrachtetem Bereich die Schwellenwerte für das Eintreten erheblicher Schäden (z. B. in der Landwirtschaft, in Küstengebieten usw.) oder unumkehrbarer Entwicklungen (z. B. das Abschmelzen des grönländischen Eisschildes) unterschiedlich hoch liegen und meistens nicht genau bekannt sind.

Die **politische Diskussion** über Gegenmaßnahmen, das heißt über die notwendige starke Reduktion der Treibhausgasemissionen, steht unter dem Einfluss einer ganz entscheidenden Problematik: Die Folgen treffen nicht direkt die Verursacher. Erstens werden die einschneidendsten Folgen nicht bei den Hauptverursachern, nämlich den Industrieländern, zu beobachten sein, sondern in Entwicklungsländern und abgelegenen Regionen auf der Erde wie zum Beispiel in kleinen Inselstaaten (durch den Anstieg des Meeresspiegels) oder in der Arktis (durch Zurückgehen der Eisbedeckung oder Auftauen von Permafrost). Zweitens treffen die Folgen primär nicht unsere Generation, die den Löwenanteil der nicht erneuerbaren, fossilen Energien nutzt bzw. verbrennt, sondern künftige Generationen, die von dieser Energiequelle kaum mehr einen Nutzen haben werden. Diese Ausgangslage ist ein bedeutendes Hindernis für die Handlungsbereitschaft breiter politischer und wirtschaftlicher Kreise. In einer politischen Landschaft, die primär durch kurzfristige Wahlperioden und lokale Wählerinteressen geprägt ist, findet ein langfristiges, globales Problem eher wenig Beachtung.

Mit der Unterzeichnung der UNO-Klimarahmenkonvention 1992 beim **Erdgipfel in Rio de Janeiro** durch 154 Länder wurde die Absicht bekräftigt, die Treibhausgaskonzentrationen in der Erdatmosphäre zu stabilisieren. Der konkreten Umsetzung dieser Erklärung stellten sich jedoch zahlreiche politische und wirtschaftliche Hindernisse entgegen. Wichtige Industrieländer, vor allem die USA, wollten keine Maßnahmen ergreifen, wenn nicht auch die Entwicklungsländer in die Verpflichtungen eingebunden würden. Die Schwellen- und Entwicklungsländer hingegen vertraten den Standpunkt, dass sie noch bedeutenden wirtschaftlichen Aufholbedarf hätten und zuerst die Industrieländer als bisherige Hauptverursacher aktiv werden müssten. Zudem sei der Pro-Kopf-Energieverbrauch in den Industrieländern um ein Vielfaches höher. Im Weiteren wehrten sich breite Wirtschaftskreise und wiederum die USA vehement gegen zu starke Einschränkungen und forderten die Anrechnung von biologischen CO_2-Senken (z. B. die zusätzliche CO_2-Bindung bei Aufforstungen) und die Möglichkeit der Finanzierung von vergleichsweise billigeren Maßnahmen im Ausland. Die Erdöl exportierenden arabischen Länder stellten sich grundsätzlich gegen eine Einschränkung des Erdölkonsums und forderten Ersatzzahlungen im Falle von entsprechenden Abkommen. Erst fünf Jahre nach Rio de Janeiro konnte bei den Verhandlungen im japanischen Kyoto ein Protokoll verabschiedet werden, das die Reduktionsverpflichtungen und die damit verbundenen Regeln festlegte (Exkurs 29.3.3). Eine Verabschiedung war nach zähem Ringen jedoch nur möglich, weil das Protokoll zahlreiche Kompromisse enthielt (u. a. Anrechnung von CO_2-Senken und die sogenannten Mechanismen für die Anrechnung von Maßnahmen im Ausland und den Emissionshandel). Auch waren die vorgesehenen Reduktionsverpflichtungen nicht sehr hoch angesetzt worden und noch weit von den für eine Stabilisierung des Klimas erforderlichen Zielwerten entfernt. Es dauerte dann weitere 7 Jahre bis genügend Länder das Kyoto-Protokoll unterzeichnet hatten, damit dieses am 16. Februar 2005 in Kraft treten konnte. Zu diesem Zeitpunkt verweigerten die USA und Australien als zwei der größten Emittenten weiterhin ihre Zustimmung zum Protokoll. Alle Verhandlungen über ein Nachfolgeabkommen des Kyoto-Protokolls sind auch 1 Jahr vor dem Auslaufen des Protokolls (2012) bisher an den gleichen Schwierigkeiten und unterschiedlichen Interessen gescheitert.

Exkurs 29.3.3

Kyoto-Protokoll

Urs Neu

Das Kyoto-Protokoll ist ein Ausführungsprotokoll unter der UNO-Rahmenkonvention über Klimaänderung (UNFCCC) von 1992 und wurde 1997 im japanischen Kyoto von 141 Staaten unterzeichnet. Es trat am 16. Februar 2005 in Kraft. Das Kyoto-Protokoll ist der erste juristisch verbindliche **internationale Umweltvertrag**. Es legt für alle Industriestaaten eine individuelle Obergrenze der erlaubten Treibhausgasemissionen fest.

- Was soll das Kyoto-Protokoll erreichen?
  Die Emissionen von sechs Treibhausgasen sollen limitiert werden. Kohlendioxid (CO_2) ist das wichtigste, dazu kommen Methan (CH_4), Stickstoffoxid (N_2O) und Fluorkohlenwasserstoffe, Perfluorkohlenstoffe sowie Schwefelhexafluorid (SF_6).
- Warum haben die Länder verschiedene Reduktionsziele?
  Das Kyoto-Protokoll wurde in vielen tage- und nächtelangen, zähen Verhandlungen ausgearbeitet. Jedes Land betrachtete sich als Spezialfall und viele verlangten Sonderregelungen. Den Industrieländern wurde wegen der deutlich höheren Pro-Kopf-Emissionen eine größere Verantwortung zugesprochen. Deshalb einigte man sich darauf, dass sie zuerst Maßnahmen ergreifen müssen.
- Was können die Länder tun?
  Abgesehen von Emissionsreduktionen im eigenen Land gibt es drei weitere Möglichkeiten. Diese sogenannten Mechanismen wurden vor dem Hintergrund mit einbezogen, dass es im Prinzip egal ist, woher das CO_2 stammt und dass es möglich sein sollte, die Maßnahmen dort anzusetzen, wo sie am wenigsten kosten. Der erste Weg ermöglicht die Durchführung von Maßnahmen in einem anderen Industrieland (***Joint Implementation***). Ein Land organisiert und finanziert beispielsweise die Sanierung eines Kraftwerkes in einem anderen Land. Die dadurch erzielte Emissionsreduktion kann dann dem eigenen Land angerechnet werden. Ähnliches ist auch in Entwicklungsländern möglich (***Clean Development Mechanism***). Der dritte Weg ist der **Emissionshandel**. In Emis-

sionshandelssystemen können einzelne Firmen oder Wirtschaftsbereiche, die mehr als die erlaubte Menge emittieren, sogenannte Emissionszertifikate von anderen Ländern oder Institutionen erwerben, die ihre Sollmenge unterschreiten. Erfolgreiche Erfahrungen mit einem solchen Emissionshandelssystem wurden in den 1990er-Jahren in den USA gesammelt. Damals wurde auf diese Art versucht, die Schwefeldioxidemissionen zu senken. Das System funktionierte gut und die Emissionen in den USA sanken massiv. Die Reduktionsziele wurden nicht nur in relativ kurzer Zeit, sondern überdies erstaunlich kostengünstig erreicht. Das Programm wird heute ökonomisch wie ökologisch positiv beurteilt und gilt als Musterbeispiel für die Effizienz des Emissionshandels.
- Wie werden die Reduktionsziele durchgesetzt?
  Jeder Mitgliedstaat muss dem UNFCCC-Sekretariat jährlich Angaben zu den aktuellen Treibhausgasemissionen machen und erläutern, welche Maßnahmen geplant und durchgeführt worden sind. Werden die Reduktionsziele, die für den Zeitraum 2008–2012 festgelegt sind (bezogen auf das Ausgangsjahr 1990), nicht erreicht, treten Sanktionen in Kraft. Ländern, die ihre Reduktionsziele nicht erreichen, wird die Art und Weise zusätzlicher Maßnahmen vorgeschrieben. Zudem können sie von der Anwendung der „Mechanismen", also vom Handel, ausgeschlossen werden. Der verbleibende Fehlbetrag der ersten Periode wird zum vorgesehenen Reduktionsbetrag der nächsten Periode nach 2012 addiert. Diese Sanktionen betreffen jedoch nur das Kyoto-Vertragssystem selbst. Sie erfolgen also nur auf dem Papier und ohne unmittelbare Auswirkungen beispielsweise auf Wirtschaft oder Politik.
- Gibt es Nachfolgeregelungen?
  Bis zum Jahr 2010 konnten sich die Vertragsstaaten noch nicht auf eine Nachfolgeregelung für das Kyoto-Protokoll einigen. An der Klimakonferenz im Dezember 2009 in Kopenhagen erfolgte lediglich die Absichtserklärung, die globale Erwärmung auf 2 °C zu begrenzen.

Skeptiker und Interessenpolitik

Auch außerhalb der Forschung wird viel über die Klimaproblematik gesprochen und geschrieben. Je nach politischen, wirtschaftlichen oder ideologischen Interessen werden die wissenschaftlichen Erkenntnisse in ein unterschiedliches Licht gerückt. Häufig treten Personen auf, sogenannte Skeptiker, die den wissenschaftlichen

Konsens bezüglich Klimaänderung hinterfragen oder gar als völlig falsch bezeichnen. Oft haben diese Personen eine mehr oder weniger klare Agenda. Da sind zum Beispiel **Vertreter der Öl- und Kohlewirtschaft**, die kein Interesse daran haben, dass ihre Produkte als Verursacher von negativen Folgeerscheinungen dargestellt werden. Sie haben ein klares wirtschaftliches Interesse daran, entsprechende Aussagen und Berichte infrage zu stellen. Auf der anderen Seite tendieren beispielsweise Umweltverbände dazu, die Folgen der Klimaänderung eher übertrieben darzustellen.

Vor allem in den USA haben die Erdölfirmen insbesondere nach der Verabschiedung des Kyoto-Protokolls große Anstrengungen unternommen, um den wissenschaftlichen Hintergrund bezüglich Klimaänderung in Zweifel zu ziehen. Es wurden entsprechende **Medienkampagnen** lanciert und die Tätigkeit der Skeptiker finanziell kräftig unterstützt. Eine Untersuchung amerikanischer Politologen kam zu dem Schluss, dass die intensive Lobbytätigkeit von über einem Dutzend industrienaher und bestens finanzierter Organisationen maßgeblich zur Wende in der US-Klimapolitik und zum Ausstieg aus dem Kyoto-Protokoll beigetragen hat. Nach Veröffentlichung des vierten IPCC-Berichts, der weltweit ein großes Echo auslöste, wurden die Aktivitäten ebenfalls verstärkt.

Nicht nur Wirtschaftsverbände, auch Einzelpersonen mischen sich in die Diskussion ein. Die zur Vermeidung einer vom Menschen verursachten Klimaerwärmung geforderte Reduktion der Emissionen und damit des Energieverbrauchs trifft nicht nur die Produzenten, sondern auch die Konsumenten und in diesem Zusam-

 **Exkurs 29.3.4**

„*Climategate*" – Sturm im Wasserglas

URS NEU

Im November 2009, kurz vor der wichtigen Klimakonferenz in Kopenhagen, wurden rund 1 000 illegal erworbene, private E-Mails der Climate Research Unit der Universität East Anglia im Internet veröffentlicht und gleichzeitig Auszüge daraus aufgeführt, die angeblich zeigen sollten, dass im IPCC tätige Klimaforscher Daten gefälscht und die Veröffentlichung von nicht genehmen Untersuchungen verhindert hätten. Verschiedene unabhängige zur Untersuchung der Vorwürfe eingesetzte wissenschaftliche Gremien kamen bis zum Sommer 2010 zum einhelligen Schluss, dass beide Vorwürfe nicht stichhaltig waren und die Integrität und Ehrlichkeit der betroffenen Forschenden außer Zweifel stehen.

Zu Diskussionen führten vor allem zwei Punkte:

- In einem E-Mail an einen Kollegen erwähnte einer der Forschenden, er habe bei der Darstellung der Daten einen „*trick*" angewendet, was unter Forschenden zuweilen als Ausdruck für einen „geschickten Umgang mit einem Problem" verwendet wird. Zudem wurde von „verstecken" gesprochen, obwohl die Daten in der Grafik offen dargelegt sind. Aus dieser Wortwahl wurde eine angebliche Fälschung konstruiert, ohne Berücksichtigung jeglicher Zusammenhänge und der Tatsache, dass es sich hier um eine private E-Mail mit unter Wissenschaftlern oder Kollegen üblichen sprachlichen Eigenheiten handelte. Untersuchungen zeigten, dass weder eine Fälschung noch eine Verschleierung vorlag.
- In einer weiteren E-Mail wurde davon gesprochen, dass die Berücksichtigung eines Fachartikels im nächsten IPCC-Bericht verhindert werden solle. Diese private Äußerung gegenüber einem Kollegen entstammte der Enttäuschung über die mangelnde wissenschaftliche Qualität und Fehlerhaftigkeit dieses Artikels. Diese in der Frustration privat geäußerte Absicht wurde allerdings nicht in die Tat umgesetzt. Der betreffende Artikel wurde im IPCC-Bericht ausführlich diskutiert.

Ein weiterer Vorwurf, nämlich die Verweigerung der Herausgabe von Daten und auch die Zerstörung von Daten, betrifft weniger die betreffenden Wissenschaftler als Einzelpersonen, sondern vielmehr den Umgang von wissenschaftlichen (und öffentlichen) Institutionen mit Daten und Unterlagen von wissenschaftlichen Arbeiten. Hier sind vor allem drei Problemkreise wichtig:

- Vor allem die Daten nationaler Wetterdienste sind nicht immer zugänglich und werden nur vertraulich an die Forschung weitergegeben. Das führt dazu, dass die Grundlagen von Arbeiten, welche solche Daten miteinbeziehen, nicht ohne Weiteres veröffentlicht werden dürfen. Öffentlicher Zugang zu allen Wetterdaten könnte dieses Problem entschärfen.
- Die Forschenden sind vorsichtig mit der Weitergabe von Daten an Laien und insbesondere an Skeptiker, da solche Daten ohne wissenschaftliche Kenntnisse oft falsch verwendet oder interpretiert werden. Die Untersuchungsgremien und auch viele Forschende plädieren für eine noch bessere bzw. weitgehende Offenlegung der Datengrundlagen von Forschungsergebnissen in Zukunft.
- Forschende insbesondere im Klimabereich arbeiten mit einer riesigen Datenmenge. Die Aufzeichnung und Speicherung aller Arbeitsschritte, Zwischenresultate und Datensätze erfordert einen großen Aufwand. Nicht alle Datensätze werden deshalb gespeichert, insbesondere wenn nicht absehbar war, dass diese später eine hohe Bedeutung erlangen würden, wie das in den Anfängen der Klimaforschung der Fall war. Einer sorgfältigen Dokumentation von Daten und Arbeiten soll deshalb in Zukunft noch mehr Beachtung geschenkt werden.

menhang allgemein die politische Agenda von liberal-konservativen bzw. ökologisch-sozial ausgerichteten Menschen. Die Beurteilung der Folgen und möglicher Gegenmaßnahmen ist nicht zuletzt eine Frage der Wertsetzung. Die einen messen der Umwelt und der zukünftigen Entwicklung eine große Bedeutung bei und sind bereit, für eine bessere Zukunft Einschränkungen in Kauf zu nehmen. Die anderen möchten keine Bequemlichkeiten oder Gewohnheiten aufgeben und erachten die Zukunft als weniger wichtig.

Da die Aussagen aus der Klimaforschung aufgrund der umfangreichen Arbeit des IPCC in der Wissenschaft breit abgestützt sind, wird versucht, die Glaubwürdigkeit des IPCC bzw. von dessen Autoren zu schwächen, damit die Aussagen angreifbar werden. Das bekannteste Beispiel sind die gestohlenen E-Mails der Universität von East Anglia, anhand derer versucht wurde, die Glaubwürdigkeit bekannter Klimaforscher und IPCC-Autoren zu untergraben (bekannt geworden unter dem Stichwort *climategate*, Exkurs 29.3.4). Umfangreiche Untersuchungen durch unabhängige Gremien haben die Vorwürfe widerlegt.

Die Bedeutung der Medien in der Klimadiskussion

Aufgrund des großen öffentlichen Interesses ist die Klimadiskussion in den Medien immer wieder Gesprächsthema. Die Komplexität der Materie und die vielen politisch gefärbten Studien machen es für Journalisten und die Leserschaft sehr schwer, **Dichtung** und **Wahrheit** voneinander zu unterscheiden. In den Medien lassen sich grundsätzlich Sensationen und Katastrophen einerseits sowie Konflikte oder Außenseitermeinungen anderseits besonders gut verkaufen.

Zwei Literaturstudien zeigen die vor allem in den USA sehr verzerrte Darstellung der wissenschaftlichen Diskussion in den Medien: Eine Analyse der über 900 von 1993 bis 2003 unter dem Stichwort *global climate change* veröffentlichten Fachartikel zeigte, dass 75 Prozent dieser Publikationen die These des menschlichen Einflusses auf die Klimaerwärmung unterstützten und die restlichen 25 Prozent keine Aussage dazu machten. Kein einziger Autor bestritt diesen Einfluss (Oreskes 2004). Ganz im Gegensatz dazu steht die Berichterstattung in den amerikanischen Medien, wie eine weitere Studie von Max und Jules Boykoff aus dem gleichen Jahr zeigt: 53 Prozent der zwischen 1998 und 2002 in den führenden US-Tageszeitungen erschienenen Artikel zum Thema Klimawandel stellten die beiden Hypothesen pro bzw. kontra menschlichen Klimaeinfluss als ungefähr gleichwertig dar. 35 Prozent präsentierten

neben dem Menschen als Ursache auch die Gegenthese, 6 Prozent betonten die Fragwürdigkeit der wissenschaftlichen Aussagen und 6 Prozent berichteten ausschließlich über den menschlichen Einfluss.

Aufgrund der Problematik der schwierigen Nachvollziehbarkeit der Diskussion wird das Wissen teilweise zu einer Glaubensfrage. Es kommt weniger auf die Inhalte an, sondern darauf, welche Aussage bzw. Auskunftsperson glaubwürdiger erscheint. Und da haben es die Skeptiker mit einfachen, plakativen und verständlichen Aussagen oft leichter, auch wenn diese falsch sind und dem komplexen Inhalt überhaupt nicht gerecht werden. Die Medien tragen deshalb bei der Behandlung des Klimathemas eine große Verantwortung.

Extra dry: Desertifikation und Fallbeispiele zum holozänen Klima-, Kultur- und Landschafts-wandel in Trockengebieten

OLAF BUBENZER

In vielen Trockengebieten der Erde haben der Klimawandel, ein überdurchschnittlich hoher Bevölkerungsdruck und eine zunehmende Ressourcen-, Nahrungsmittel- und Energienachfrage zu Landnutzungsänderungen, Migration, Ausweitung von Bewässerungsflächen oder zunehmender Verstädterung und damit einhergehenden Prozessen der Bodendegradation oder gar Desertifikation sowie zu physischem oder ökonomischem Wassermangel geführt. Während in prähistorischer Zeit das menschliche Handeln von den naturräumlichen Bedingungen dominiert wurde, werden heute viele Stoffkreisläufe vom Mensch stark beeinflusst. Ein Verständnis der komplexen Mensch-Umwelt-Wechselwirkungen auf verschiedenen räumlichen und zeitlichen Maßstabsebenen erfordert ein interdisziplinäres Vorgehen und die Untersuchungen verschiedenster Archive. Wüstenränder bieten sich als sensitive Übergangsräume für solche Untersuchungen besonders an (Exkurs 29.3.5).

Kultur- und Landschaftswandel im ariden Afrika

OLAF BUBENZER, MICHAEL BOLLIG UND HEIKO RIEMER

Für eine interdisziplinäre Untersuchung von **Interdependenzen zwischen ökologischem Wandel und kulturellen Prozessen** in einer einerseits durch Aridität und andererseits durch Instabilität geprägten Umwelt

Abb. 29.3.1 Landsat 5-Satellitenbild (etwa aus dem Jahr 1990) von Nordost-Afrika. Das Falschfarbenbild (Kanalkombination 7-4-2, RGB) gibt vor allem die Sandbedeckung, zum Beispiel die Große Sandsee, das Niltal, das Nildelta, und die großen Schichtstufen, zum Beispiel zwischen den Oasen Dakhla und Kharga, wieder (Bearbeitung: SFB 389, Teilprojekt E1).

mit großen Schwankungen in der räumlichen und zeitlichen Ressourcenverfügbarkeit eignen sich insbesondere die Trockengebiete in Afrika (Abb. 29.3.1 und 29.3.4). Ein grundlegender Gedanke ist, dass menschliche Gesellschaften Anpassungsstrategien an eine in vielen Belangen instabile Umwelt immer wieder überprüfen und innovativ verändern. Zahlreiche Fallstudien zeigen, dass der Mensch selbst aktiv zum Wandel der Umwelt beiträgt, langfristig häufig im Sinne einer Degradation zentraler Ressourcen, oft aber auch mit Versuchen, Systemstabilität und nachhaltige Nutzung von Ökosystemen zu garantieren.

Seit Mitte des letzten Jahrhunderts sind die ariden Zonen Afrikas zunehmend im Zusammenhang eines umfassenden **Globalisierungsprozesses** zu sehen. Durch das Auftreten des kolonialen Staates und später des unabhängigen Nationalstaates wurden alternative Managementkonzepte entworfen, in denen dem Staat eine wesentliche Funktion beim Schutz der Ressourcen zukam und lokalen Gemeinschaften weitgehend die Fähigkeit zur nachhaltigen Nutzung der Umwelt abgesprochen wurde. Zahlreiche Natur- und Nationalparks sowie die internationale Finanzierung von Schutzmaßnahmen zeugen heute davon, dass insbesondere die Savannen- und Wüstenregionen Afrikas in einer globalen Vision von Umweltschutz als unbedingt erhaltenswert gelten.

Fragen der Kompatibilität von Naturschutz und ländlicher Entwicklung sowie die zwischen lokaler Gemeinschaft, Staat und internationalen Organisationen häufig umstrittene Definitionshoheit, was schützenswert ist und was nachhaltige Nutzung bedeutet, beschäftigten Teilprojekte des Kölner Sonderforschungsbereiches 389 (www.uni-koeln.de/sfb389) in beiden Hemisphären. Das Projekt war demnach sowohl an einer Beschreibung von Wechselwirkungen und Kausalitäten interessiert, analysierte diese aber gleichsam eingebettet in eine zunehmend global definierte politische Ökologie.

Fallstudie I: Holozäne Umwelt- und Besiedlungsgeschichte in der Ostsahara

In der Ostsahara wurde untersucht, wie der Mensch während der letzten 10 000 Jahre Wirtschaftsweisen und Lebensformen den dortigen hoch dynamischen ökologischen Bedingungen angepasst hat. Dabei konnte durch die Verwendung kontrollierter Analogien die Vergangenheit helfen, die Gegenwart zu erklären und umgekehrt. Der betrachtete Raum erstreckt sich entlang eines über mehr als 1 500 km verlaufenden Nord-Süd-Profils von der ägyptischen Mittelmeerküste bis ins sudanesische Wadi Howar (Abb. 29.3.1). In der Kernzone, der Western Desert Ägyptens, herrschen heute hyperaride Bedingungen mit weniger als 5 mm Jahresniederschlag. Das Landschaftsbild prägen – neben einzelnen, durch fossiles Grundwasser gespeisten Oasen – Kalk- und Sandsteinwüsten sowie große Dünengebiete.

Die Zusammenarbeit von Wissenschaftlern zahlreicher Disziplinen (z. B. Archäologie, Botanik, Zoologie, Ökologie, Geowissenschaften und Geographie) ermöglichte, langfristige Entwicklungen über Jahrtausende zu verfolgen. Aktualistische Vergleiche spielen dabei eine wichtige Rolle, um die Quellen der Vergangenheit zu interpretieren. So wurden zum Beispiel Gebiete untersucht, die auch heute noch günstigere ökologische Bedingungen aufweisen und damit ehemals großräumiger vorhandene klimatische Bedingungen spiegeln (Exkurs 29.3.5). Für die Untersuchung großräumiger Verhältnisse wurde ein geoarchäologischer Ansatz gewählt, der eine Vorgehensweise auf mehreren räumlichen Ebenen und mit verschiedenen Methoden einschließt. **Archäologische Ausgrabungen** liefern detaillierte Einblicke in die menschliche Lebensweise, doch können sie aufgrund des großen Arbeitsaufwands nur an ausgewählten Plätzen erfolgen. Großräumige Kartierungen, bei denen stichprobenhaft oder flächendeckend Fundstellen nach bestimmten Schlüsselkriterien ohne detaillierte Ausgrabungen aufgenommen werden, liefern darüber hinaus Informationen „in der Breite". Beide Ansätze ergänzen sich, sodass die Repräsentanz der Ergebnisse überprüft werden kann. Archäologische Quellen sind aber auch für die Auswertung geowissenschaftlicher Archive von Bedeutung. Sie können mittels absoluter Datierungsverfahren, stratigraphischer Sequenzen oder chronologischer Vergleiche von Artefakttypen hoch auflösende Daten liefern (Kapitel 6.3). Weitere bedeutende Quellen zur Rekonstruktion der Umweltverhältnisse stellen Pflanzen- und Tierreste dar, die an Lagerplätzen der prähistorischen Menschen zurückgeblieben sind. Ihre Untersuchung obliegt der Archäobotanik und Archäozoologie mit Subdisziplinen wie der Anthrakologie (Holzkohlenanalyse) und der Pollenanalyse. In der Physischen Geographie spielen sedimentologische und geochronologische Untersuchungen von Aufschlüssen (z. B. Bestimmung von Korngröße, pH-Wert, Eisengehalt, ^{14}C- und Lumineszenzdatierungen, Kapitel 6.2) eine wichtige Rolle.

Die Auswertung der geomorphologischen Geländebefunde und die Analyse der digitalen Geländemodelle lässt die flächendeckende Auffindung von aktuellen und vorzeitlichen Reliefpositionen mit günstigen ökologischen Verhältnissen, das heißt mit einer höheren Wasserverfügbarkeit an der Oberfläche, zu (Abb. 29.3.2). Folglich weisen solche Reliefpositionen häufig auch archäologische und geowissenschaftliche Archive auf, die eine Rekonstruktion des Kultur- und Landschaftswandels ermöglichen. Die Kombination der

 **Exkurs 29.3.5**

Wüstenränder – sensitive ökologische, ökonomische und soziale Räume

OLAF BUBENZER

Während die Kernräume der sogenannten Landschafts- oder Ökozonen gegenüber Veränderungen relativ stabil reagieren, weil sie zum Beispiel Klimaschwankungen gut abpuffern können, sind deren Ränder vergleichsweise labil (Eitel 2007). Dies gilt insbesondere für die Ränder der terrestrischen Trockengebiete, wo vor allem die Feuchteverhältnisse (Niederschlagsmenge, -verteilung und -intensität) zeitlich und räumlich stark variieren können. Als Faustregel gilt: Je geringer das langjährige **Niederschlagsmittel** eines Raumes, desto variabler, also unsicherer, ist die raum-zeitliche Verteilung (Warner 2004). In Wüstenrandgebieten, die nicht über (fossiles) Grundwasser oder Fremdwasser aus feuchteren Gebieten verfügen, ist Wasserknappheit ein weit verbreitetes Problem. Als Übergangsräume bilden Wüstenränder aber auch sensitive ökonomische und soziale Räume, in denen Konkurrenz um Ressourcen, überdurchschnittlich starkes Bevölkerungswachstum, Differenzen zwischen verschiedenen Volksgruppen, Zuwanderung, Migration und Unterschiede zwischen globalen und regionalen marktwirtschaftlichen Interessen Konflikte, Armut aber auch Innovationen erzeugen und erzeugt haben. Heute ist die Lebensqualität der in Trockengebieten lebenden Menschen im Mittel geringer als die der Bevölkerung anderer Ökosysteme. Dies wird zum Beispiel durch eine geringe Wirtschaftskraft (weltweit geringstes Bruttosozialprodukt) und durch im Mittel höchste Kindersterblichkeitsraten deutlich (UNDDD 2010). Trockengebiete weisen allgemein ganzjährig oder periodisch aride Verhältnisse auf. Wasserknappheit und Dürren entstehen aber nicht nur infolge von kurzfristigen klimatischen Fluktuationen (Trocken- und Feuchtjahre) und Klimawandel, sondern auch durch die oben genannten Faktoren, insbesondere durch Bevölkerungszunahme und aufgrund von Landnutzungsänderungen (z. B. Umwandlung von Weide- in Bewässerungsland) und Übernutzung. So erzeugen Desertifikation und Degradation weltweit jährliche Ein-

kommensverluste von etwa 42 Milliarden US-Dollar. Vor diesem Hintergrund haben die Vereinten Nationen im Jahr 2010 die **„Dekade der Wüsten und zur Bekämpfung der Wüstenausbreitung"** ausgerufen (UNDDD 2010).

Als Maß für die Aridität und deren Angrenzung wird meist der sogenannte Aridätsindex als Verhältniswert zwischen Niederschlag (N) und potenzieller Verdunstung (V_{pot}) angeben (Thomas et al. 1997; Tabelle 1, Abb. 1). Dieser Definition folgend leben mehr als 35 Prozent der Weltbevölkerung in Trockengebieten, 90 Prozent davon in Entwicklungsländern. Als grobe Faustregel können als Grenzen zwischen hyperariden und ariden Bedingungen etwa mittlere Jahresniederschlagssummen von 100 mm, zwischen semiariden und ariden Bedingungen etwa 250 mm (agronomische Trockengrenze) und zwischen semiariden und trocken subhumiden Bedingungen etwa 500 mm angenommen werden. Für genauere regionale Betrachtungen von Trockengrenzen müssen jedoch weitere Größen (Strahlungs- und Temperaturverhältnisse, Niederschlagsverteilung, Bodenart, Bodentyp etc.) herangezogen werden.

Mit Eitel (2008) lassen sich Wüstenränder definieren als Gebiete, in denen Wechsel von semiariden (Savanne/Steppe) hin zu ariden Bedingungen (Wüste) oder umgekehrt auftreten können. Dieser Wechsel findet sowohl zeitlich (in Zeiträumen bis zu Jahrtausenden) als auch räumlich (über Entfernungen bis zu Hunderten von Kilometern) statt. Wüstenränder sind besonders geeignet, hydrologische Fluktuationen und deren Einfluss auf den Menschen zu erfassen. Die vorliegenden Studien verdeutlichen aber auch den zunehmenden **Einfluss des Menschen**. Im Holozän dominierten noch zunächst die natürlichen Verhältnisse und deren Veränderungen das Handeln des Menschen („reaktiv"; van der Leuuven & Redman 2002). In der weiteren Entwicklung führten Anpassungsstrategien und Vorratsbewirtschaftung zu einem immer stärkeren Voraushandeln („proaktiv";

Tabelle 1 Kennwerte von Trockengebieten (nach Thomas et al. 1997, MEA 2005, UNDDD 2010).

	Aridätsindex [N/V_{pot}]	Fläche [Mio. km²]	globaler Anteil [%]	Bevölkerungsanteil [%]
trocken subhumid	0,5–0,65	12,8	8,7	15,5
semiarid	0,2–0,5	22,6	15,2	14,4
arid	0,05–0,2	15,7	10,6	4,1
hyperarid	<0,02	9,8	6,6	1,7
Summe		60,9	41,1	35,7

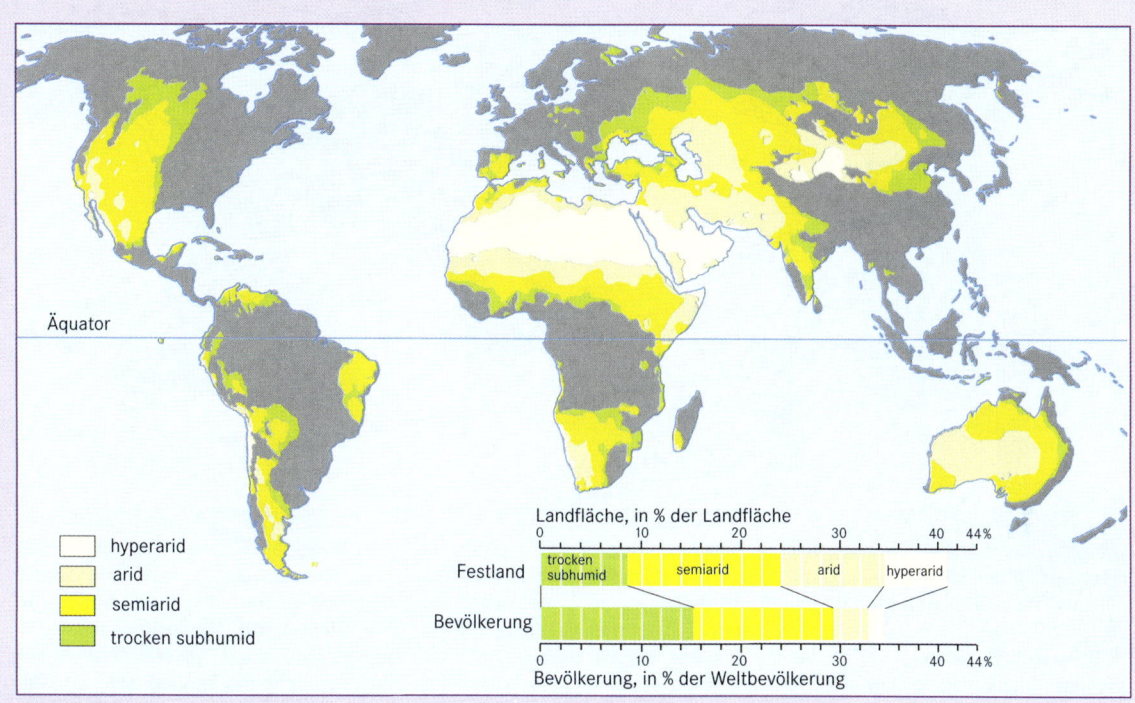

Abb. 1 Klassifikation der Trockengebiete der Erde (MEA 2005).

ebd.). Interessant ist, dass in verschiedenen Wüstenrandgebieten der Erde vergleichbare Kulturentwicklungen stattgefunden haben. Die zunehmende anthropogene Einflussnahme führte zu Veränderungen in wichtigen Stoffflüssen. Diese Mensch-Umwelt-Wechselwirkungen lassen sich dort für verschiedene Maßstabsebenen (global, regional, lokal) gut untersuchen. Umgekehrt führt die Sensitivität dazu, dass in nahezu allen Wüstenrandgebieten die Erhaltung, Verbesserung oder Erreichung politischer Stabilität und ökologischer, ökonomischer und sozialer Nachhaltigkeit zu den größten Herausforderungen unserer Zeit zählen.

Um das **komplexe Zusammenwirken** der verschiedenen Faktoren sowie deren Wechselwirkungen auf unterschiedlichen Skalenebenen untersuchen zu können, ist das Zusammenwirken von Natur-, Geistes-, Wirtschafts-, Rechtsmit Ingenieurswissenschaften und der Praxis gefragt. Dies zeigt sich zum Beispiel auch im Ansatz des *Global Environmental Outlook* der Vereinten Nationen (UNEP 2007), in dem die Vulnerabilität der Trockengebiete anhand einer systematischen Clusteranalyse repräsentativer sozio-ökonomischer und naturräumlicher Indikatoren beschrieben wird (Abb. 2):

- Kindersterblichkeit als Maß für die Lebensqualität
- Wasserstress, um die Beziehung zwischen Wasserbedarf und Wasserverfügbarkeit zu verdeutlichen
- Bodendegradation als Maß für die Intensität der landwirtschaftlichen (Über-)Nutzung
- landwirtschaftliches Nutzungspotenzial als Maß für die klimatischen Bedingungen und das Bodenpotenzial
- Straßendichte als Maß für die Infrastruktur

Forschungsbedarf besteht, neben dem jeweiligen grundlegenden Prozessverständnis, vor allem für eine realistische Einschätzung der Dimensionen der bevorstehenden Veränderungen, etwa der Biodiversität, der Wasserressourcen, der Landnutzungs- und Siedlungsaktivität (NKGCF 2007). Hierfür wurde zum Beispiel im Dezember 2010 der Förderschwerpunkt „Nachhaltiges Landmanagement" vom Bundesministerium für Bildung und Forschung ins Leben gerufen (BMBF 2010). Auch in verschiedenen „Megacity"-Forschungsprogrammen (DFG, BMBF, Helmholtz) werden Städte in Wüstenrändern interdisziplinär untersucht (Fricke et al. 2009). Aufgrund der großen raum-zeitlichen Variationsbreite der wirkenden ökologischen, ökonomischen und sozialen Faktoren, ihres komplexen Zusammenwirkens und der Dringlichkeit der geschilderten Probleme, sind weitere interdisziplinäre vergleichende Regionalstudien in repräsentativen Wüstenrandgebieten dringend erforderlich.

Fortsetzung

Fortsetzung

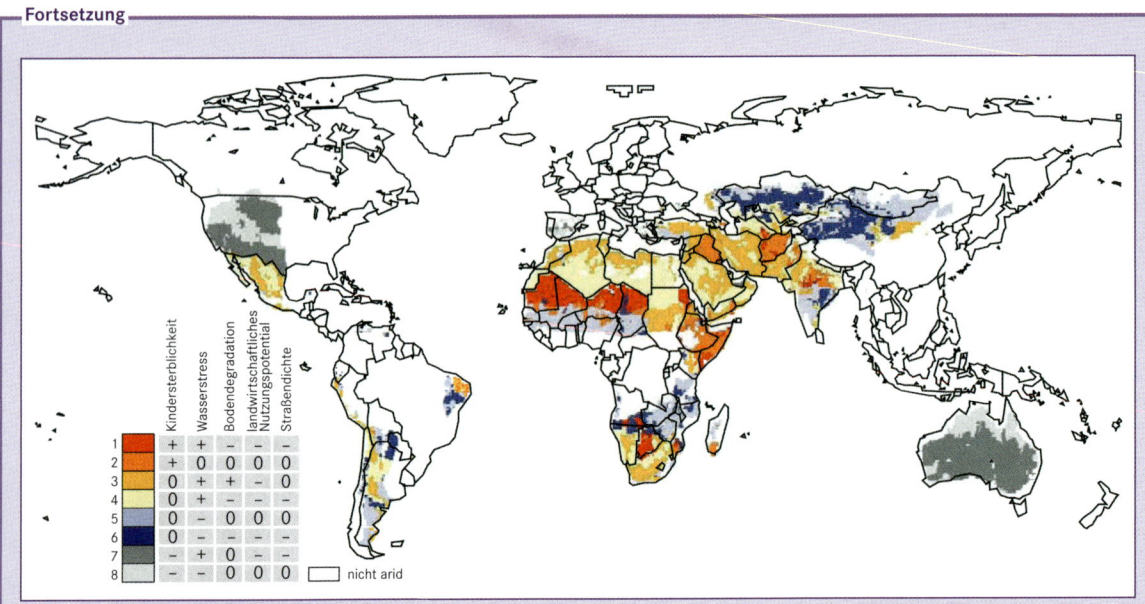

Abb. 2 Vulnerabilität von Trockengebieten. Qualitative Bewertung der repräsentativen Indikatoren: + hoher, - geringer, 0 mittlerer Wert für den spezifischen Indikator (nach UNEP 2007). In der Zusammenschau ergeben sich acht Konstellationen oder „Cluster" sozio-ökonomischer und natürlicher Bedingungen in Trockengebieten, die durch Farben dargestellt werden: von kräftigen Rottönen für stärkste Vulnerabilität bis zu neutralen Grautönen für geringste Vulnerabilität. Humide Gebiete sind in Weiß dargestellt. Cluster 1 und 2 sind die problematischsten. Sie kennzeichnen Gebiete mit großem Wasserstress, starker Bodendegradation, hoher Kindersterblichkeit, geringem landwirtschaftlichen Nutzungspotenzial und mittlerer Infrastruktur. Cluster 3 und 4 umfassen weite Gebiete mit gegenüber den Clustern 1 und 2 besseren Lebensbedingungen und ähnlichem Niveau der Wassererschließung. In einigen Regionen werden die Bodenressourcen stark übernutzt. Dies zeigt, dass die stärkste Vulnerabilität nicht zwangsläufig als Schicksal betrachtet werden muss. Cluster 5 und 6 verdeutlichen, dass eine verbesserte Wassernutzung allein nicht eine verbesserte Lebensqualität garantiert. Cluster 7 und 8 geben im Gegensatz zu Cluster 5 und 6 die Regionen geringster Vulnerabilität wieder.

Erkenntnisse erlaubt schließlich für die jeweiligen Besiedlungszeiträume Aussagen zum Nutzungspotenzial verschiedener Landschaftseinheiten, zum Beispiel von Hochflächen, Becken oder Stufenrändern.

Der holozäne Klimawandel in der Ostsahara lässt sich durch **Betrachtung von Besiedlungsveränderungen** in den Wüstengebieten über mehrere Jahrtausende besonders gut verfolgen. Die Oasen und das Niltal sowie die Gebirgsregionen sind für solche Untersuchungen eher ungeeignet, da sie durch ihre klimaunabhängige Versorgung durch Fremd- oder fossiles Grundwasser azonale Habitate bzw. Räume mit höheren Niederschlags- und Abflussmengen darstellen, die auch in längeren Trockenphasen besiedelt wurden. In den Wüstengebieten, wo menschliche Existenz auf durch Regenfälle episodisch gebildete Wasserstellen angewiesen ist, führt ein längerfristiges Ausbleiben der Niederschläge jedoch zur schnellen Bevölkerungsabnahme. Für die östliche Sahara geben etwa 500 ^{14}C-Datierungen aus archäologischen Fundstellen ein recht präzises Bild von der Besiedlungsdynamik und der ihr zugrunde liegenden Nieder-

schlagsentwicklung im Holozän (Abb. 29.3.3). Früheste Besiedlungsspuren sind ab etwa 9 000 cal BC belegt und korrespondieren unmittelbar mit dem Einsetzen von Sedimentationseinträgen, zum Beispiel in Endpfannen. Im ägyptischen Teil der Ostsahara dauern die Besiedlungsvorgänge über einen Zeitraum von etwa 4 000 Jahren an (holozäne „Feuchtphase"), bevor um etwa 5 000 cal BC ein rapider Rückgang der Kurve als Folge einsetzender hyperarider Bedingungen und einer vollständigen Depopulation der Wüstengebiete zu erkennen ist, die wiederum mit dem Aussetzen von aquatischen Sedimentationsvorgängen korreliert.

Für die ägyptischen Arbeitsgebiete konnten für die **holozäne Feuchtphase** aus Resten der natürlichen Wildflora durchschnittliche jährliche Niederschlagsmengen von etwa 50 bis 100 mm rekonstruiert werden. Gestützt werden diese Befunde durch Tierknochenbestimmungen, die eine überwiegend an eine aride Umwelt angepasste Fauna mit beispielsweise Gazellen und Antilopen belegen. Zum anderen wird deutlich, welche Ressourcen die Menschen nutzten. Felsmalereien und -gravierun-

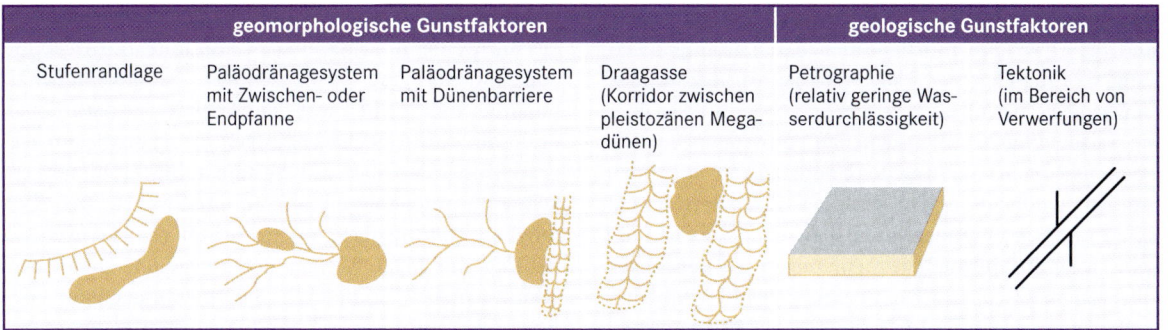

Abb. 29.3.2 Schematische Übersicht geomorphologisch und geologisch bedingter ökologischer Gunsträume in der Western Desert Ägyptens. Geomorphologische und archäologische Geländebefunde sowie flächendeckende Analysen mittels digitaler Geländemodelle einschließlich der Berechnung von Paläodränagesystemen erbrachten, dass sich in der Western Desert Ägyptens außerhalb der Oasen archäologische Fundplätze der holozänen Feuchtphase (Abb. 29.3.3) bevorzugt in Reliefpositionen finden, die aufgrund geologischer und/oder geomorphologischer Gunstfaktoren nach Niederschlagsereignissen ein verstärktes Maß an Oberflächenwasser erhalten. Da mit Ausnahme der von stärkeren Abtragungs- und Aufschüttungsbeträgen betroffenen Reliefbereiche, beispielsweise in Dünengebieten oder in größeren Wadis, davon ausgegangen werden kann, dass sich die derzeitigen Reliefverhältnisse auf das gesamte Holozän übertragen lassen, ist hier ein aktualistischer Ansatz anwendbar (verändert nach Bubenzer & Riemer 2007).

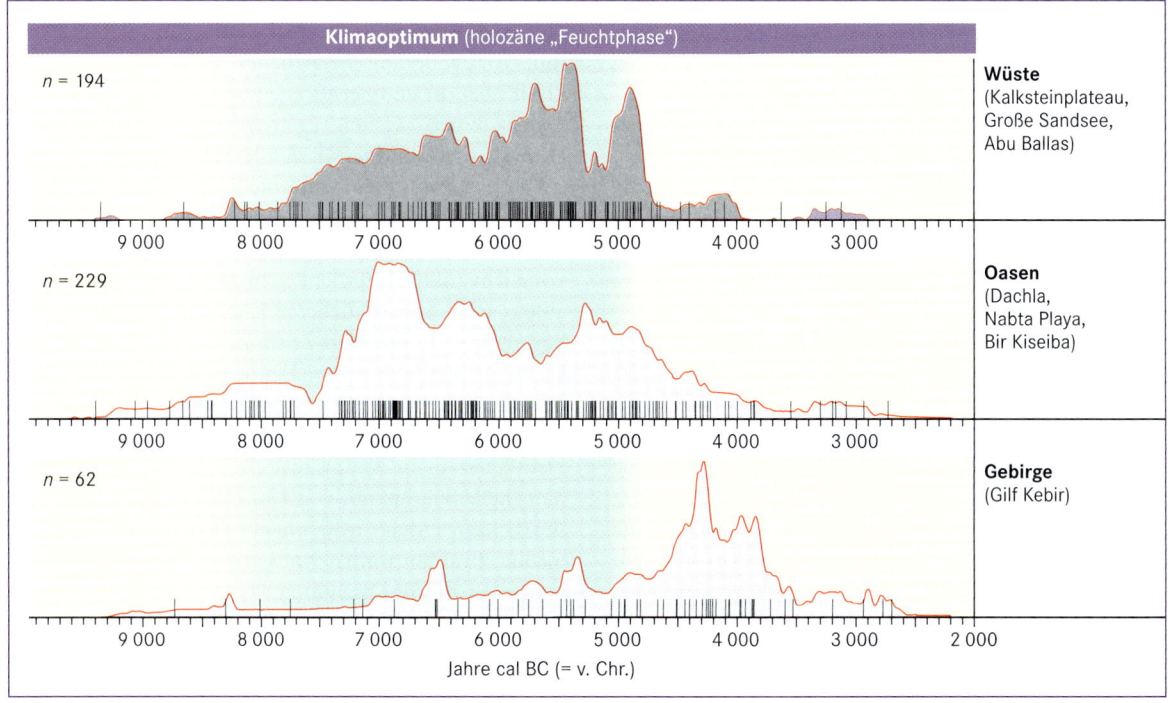

Abb. 29.3.3 Besiedlungsintensität als Anzeiger klimatischen Wandels in der Ostsahara: Annähernd 500 ^{14}C-Daten aus archäologischen Fundstellen unterschiedlicher Landschaftseinheiten belegen die holozäne „Feuchtphase" zwischen etwa 9 000 und 4 000 BC (Abb. 29.3.1). Die Daten sind in Kalenderjahren angegeben und als kumulative Kurven aufgetragen. Die Striche auf der Abszisse kennzeichnen die kalibrierten Mittelwerte der Einzeldaten. Im Gegensatz zu den Wüstenregionen, wo Menschen sehr rasch auf klimatische Verschlechterungen reagierten, zeigen sich in den eher klimaunabhängigen Landschaftseinheiten der Oasen oder in den Gebirgsregionen verzögerte Reaktionen auf den Klimawandel.

gen, in denen Jagd- oder Wirtschaftstiere dargestellt sind, liefern weitere Informationen. Artenzusammensetzung, Tötungsalter der Tiere oder Jahresringzuwächse an Muschelschalen lassen schließlich Erkenntnisse über die Saisonalität der menschlichen Aktivitäten zu. Die Ergebnisse legen nahe, dass der Übergang von einer hoch mobilen wildbeuterischen zu einer sesshaften agrarischen und/oder mobilen viehhalterischen Lebensweise keineswegs abrupt war. Vielmehr zeigen sich zahlreiche Übergangsformen. So wird die überwiegend wildbeuterische Lebensweise der Menschen in den Wüstengebieten der Ostsahara in vielen Fällen durch eine viehhalterische Komponente mit Schafen, Ziegen oder Rindern ergänzt. Spätestens im 3. Jahrtausend v. Chr. ist in den Wüstengebieten des Sudans eine rein pastoralnomadische Lebensweise belegt, während früheste Kulturpflanzen im Niltal ab etwa 5000 v. Chr. aus dem Vorderen Orient eingeführt werden.

Von den durch die **Klimaverschlechterung** in Gang gesetzten Bevölkerungsbewegungen gingen wesentliche Impulse zur Herausbildung der folgenden pharaonischen Hochkultur (ab etwa 3100 v. Chr.) des Niltales aus. So kann man die Austrocknung der Sahara auch als einen „Motor" der Geschichte Afrikas bezeichnen. Die interdisziplinären Untersuchungen erbrachten zudem ein erweitertes Verständnis der aktuellen naturräumlichen Wirkungszusammenhänge, des anthropogenen Nutzungs-, aber auch des Gefährdungspotenzials.

Fallstudie II: Umwelt- und Nutzungsgeschichte im Kaokoland Namibias

Im ariden bis semiariden Nordwesten Namibias wurden auf zwei Zeitebenen die Dynamik von **Mensch-Umwelt-Beziehungen** studiert (Abb. 29.3.4). Das etwa 50 000 km² umfassende Gebiet ist durch verschiedene Umweltfaktoren und Charakteristika der dort lebenden hirtennomadischen Bevölkerung gekennzeichnet. Es wird im Norden durch den Grenzfluss Kunene, im Westen durch die vollaride Namib-Wüste und im Osten durch das Cuvelai-Binnendelta sowie die Etosha-Pfanne begrenzt. Die Südgrenze wurde politisch mehrfach im Laufe der letzten 100 Jahre verschoben und wird heute durch einen Veterinärzaun markiert, der den gesamten Norden Namibias vom kommerziellen Farmgebiet im Landeszentrum trennt. Die Niederschläge nehmen von etwa 300 mm im Jahresmittel im Nordosten und Zentrum des Gebietes bis auf 50 mm im Grenzgebiet zur Namib-Wüste ab und weisen eine hohe Variabilität von über 30 Prozent auf. Das Gebiet wird von hererosprachigen Hirtennomaden (Himba und Herero) genutzt. Die Viehwirtschaft ist aufgrund jahrzehntelanger politisch gewollter Isolation der Region unter dem südafrikanischen Apartheidsregime, aber auch aufgrund weiter

Anfahrtswege zu den wenigen urbanen Zentren des Landes nur wenig in die nationale Ökonomie integriert und daher im Kern subsistenzorientiert. Ziel der interdisziplinären SFB-Studien war eine Analyse der natürlichen und/oder anthropogen bedingten Prozesse, die auf **Degradation** oder aber auf **Systemstabilität** hinwirken. Wirkzusammenhänge konnten qualifiziert, wo eben möglich quantifiziert und historisch verortet werden. Bedingt durch die Vielfalt der beteiligten Disziplinen konnten neben komplexen Beschreibungen von etwa Bodenbildungsprozessen und pflanzensoziologischen Dynamiken auch anthropogene Faktoren, wie beispielsweise die Dokumentation demographischer Trends oder die Beschreibung von Vorstellungen und Perzeptionen lokaler Akteure von Strukturen und prozesshaften Veränderungen der Umwelt, eingebracht werden.

Die **Rekonstruktion prähistorischer Nutzungsregime** beruht auf archäologischen, archäobotanischen, geographischen und auch linguistischen Arbeiten. Geographische Studien ermöglichen dabei sowohl die Ausgliederung unterschiedlicher Landschaftsräume als auch die Rekonstruktion der Paläoumwelt. Darüber hinaus liefern geoarchäologische Arbeiten unmittelbare Informationen zum Aufbau und zur Chronologie von Schichtabfolgen. Detaillierte geographische Studien analysieren Nutzungspotenziale einzelner Räume und deren Dynamik. Archäobotanische Arbeiten geben ebenfalls Auskunft über die endpleistozäne und holozäne Umwelt.

Auf einer zweiten Zeitschiene wurden Mensch-Umwelt-Interaktionen in den letzten 100 Jahren untersucht. In diesem Zeitraum lebte die Bevölkerung durchweg von mobiler, subsistenzorientierter Viehwirtschaft. Während sich die prähistorisch orientierten Arbeiten vor allem auf die Interdependenzen von Ökosystemvariablen und menschlichem Handeln konzentrierten, konnte für die jüngsten Zeiträume zum einen die Perspektive einer Politischen Ökologie (Kapitel 27.3) eingenommen werden und zum anderen konnten Eigenansichten der beteiligten Akteure mit einbezogen werden. Deutlicher als in den prähistorischen Projekten konnte hier die Vulnerabilität von Haushalten und Individuen bearbeitet werden. Insbesondere die Untersuchung von lokaler **Problemwahrnehmung** und **Handlungsmotivation** ist notwendig, um anwendungsnahe Forschung in einen weiteren Kontext der regionalen Planung und Entwicklungszusammenarbeit einzubringen. Zudem halten Botaniker Degradationsprozesse detailliert fest und erfassen gemeinsam mit Geographen irreversible Schäden, beispielsweise den Verlust von Pflanzentaxa, oder Schäden infolge von Bodenerosion. Weitere geographische Projekte stellten mithilfe von Fernerkundungsdaten das räumliche Ausmaß der Veränderungen fest und konnten Angaben zum Tempo des Vegetationswan-

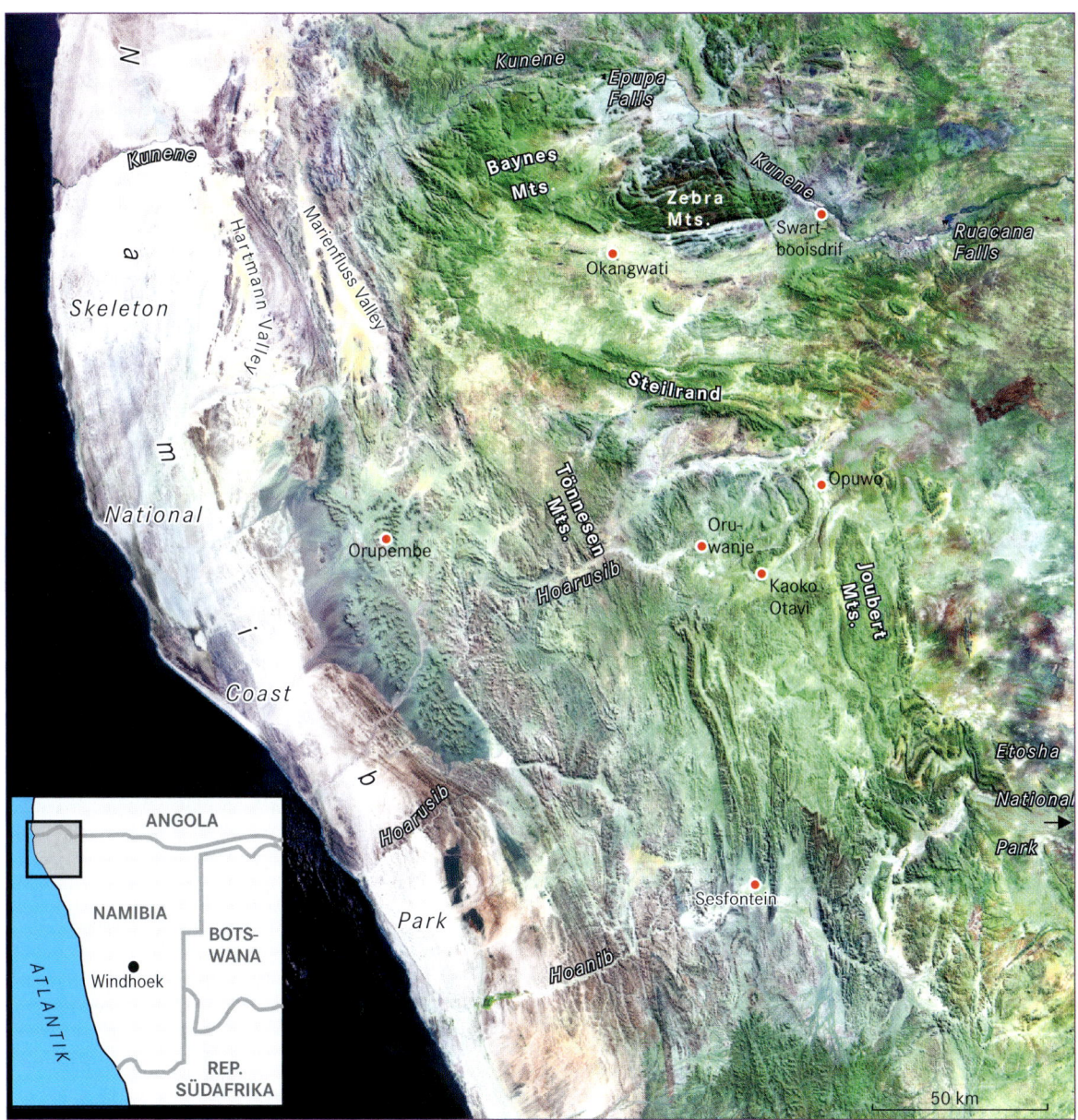

Abb. 29.3.4 Landsat7-Satellitenbild (etwa aus dem Jahr 2000) des nordwestlichen Namibias. Das Falschfarbenbild (Kanalkombination 7-4-2, RGB) gibt unter anderem die Sandbedeckung der Namib, die Durchbruchstäler, zum Beispiel von Kunene und Hoanib, und das Arbeitsgebiet Oruwanje wieder (Abb. 29.3.5; Bearbeitung: SFB 389, Teilprojekt E1).

dels infolge menschlicher (Über-)Nutzung und zu klimatischen Veränderungen machen.

Die archäobotanischen Ergebnisse belegen für den prähistorischen Untersuchungszeitraum eine hohe Konstanz in der Zusammensetzung der Gehölztaxa, sodass davon auszugehen ist, dass die Vegetation der Region und damit auch das Klima offenbar über einen langen Zeitraum stabil waren (Abb. 29.3.5). Die in den rezentorientierten ökologischen Arbeiten beschriebenen Vegetationsveränderungen lassen sich vermutlich aufgrund ihres jungen Datums archäobotanisch nicht nachweisen. Archäologische Arbeiten hatten ursprünglich das Ziel, den Übergang von wildbeuterischer Wirtschaftsform zu der heute dominanten hirtennomadischen Ökonomie zu dokumentieren und Konsequenzen dieses Wandels für die Umwelt festzustellen. Die Analyse verschiedener Grabungsbefunde deutet allerdings auch in diesem Bereich auf Systemstabilität hin: Während die

Nutzung von Schafen und/oder Ziegen bereits vor etwa 2 000 Jahren einsetzte, blieb die Ökonomie doch für weitere 1 500 bis 1 800 Jahre durch wildbeuterische Strategien dominiert.

Im zweiten Bearbeitungszeitraum (ca. 1850 bis 2000) sind die unmittelbaren Vorfahren der heutigen Hirtennomaden zunächst als Kriegsflüchtlinge im Süden Angolas oder als Wildbeuter in der Region anzutreffen

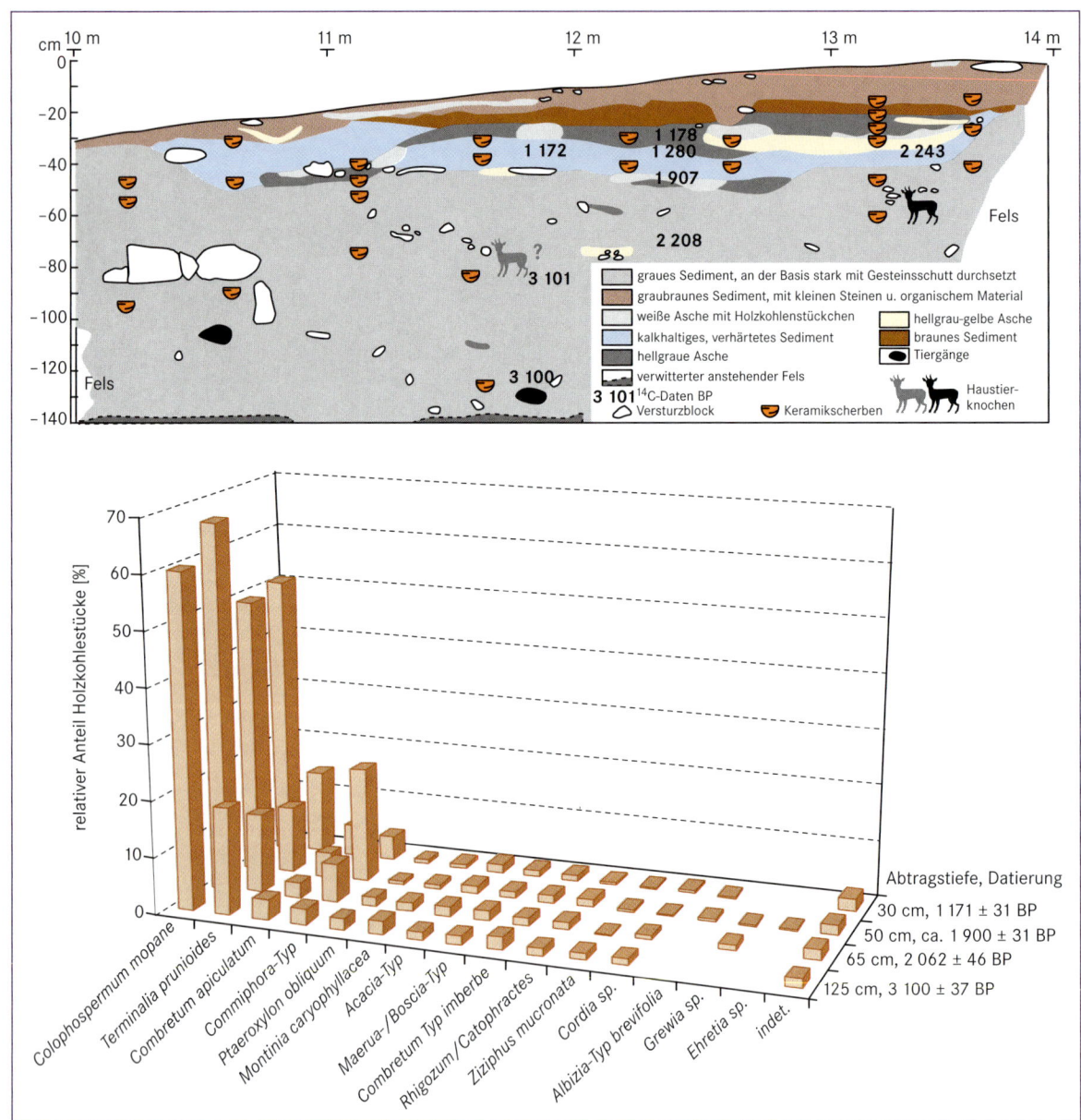

Abb. 29.3.5 Fundplatz Oruwanje 95/1 (Kaokoland): Grabungsprofil (West-Ost), ¹⁴C-Daten, Vorkommen von Schaf/Ziege und Keramik und Spektrum der Holzkohlenfunde. Die Fundstelle befindet sich unter einem Felsüberhang (Abri). Ihre Stratigraphie deckt überwiegend das Jungholozän seit etwa 3 000 BP (ca. 1 000 Jahre v. Chr.) ab. Die Zusammensetzung der Gehölztaxa weist eine hohe Konstanz auf, sodass die Vegetation der Region und damit auch das Klima offenbar über einen langen Zeitraum stabil waren. Die Ablagerungen lassen sich in zwei große Sedimenteinheiten unterteilen: ein homogenes Schichtpaket (graues Sediment) über dem Anstehenden, das etwa zwei Drittel des Profils ausmacht, und eine darüberliegende heterogene Einheit, die aus dünnen Asche-, Holzkohle- und Sedimentlagen besteht. Die Zusammenschau der Funde und Befunde deutet auf eine ansässige Wildbeuterpopulation hin, die in Kontakt mit einwandernden Hirten stand (verändert nach Vogelsang 2002, Eichhorn & Jürgens 2002).

und werden dann seit den 1920er-Jahren in das südafrikanische Mandatsgebiet integriert. Die Durchsetzung kolonialer Grenzen bringt den Verlust von Handelsbeziehungen, und die Viehhalter der Region werden auf eine reine Subsistenzwirtschaft festgelegt: Dies führt langfristig zu gesteigerter Vulnerabilität. Zwischen etwa 1900 und den 1950er-Jahren werden wildbeuterische Strategien fast flächendeckend von hirtennomadischen Subsistenzstrategien abgelöst: Zum einen ist die einst wildreiche Region schließlich vollkommen überjagt, zum anderen wird eine hirtennomadische Subsistenz von allen Einwohnern als erstrebenswert erachtet. Die Spezialisierung auf nomadische Viehhaltung bringt allerdings auch Probleme: Mehrfach führen Dürren zum Zusammenbruch des Herdenbestandes, zu Hunger und Verarmung. Parallel zum Verlust von Handelsmöglichkeiten ist eine deutliche Zunahme der Bestockung insbesondere seit den 1950er-Jahren festzustellen (Abb. 29.3.6). Während einerseits Brunnenbohrungen auch bislang nicht oder wenig genutzte Weiden erschließen, muss andererseits eine wachsende Bevölkerung versorgt werden. Die ökosystemaren Konsequenzen der **Nutzungsintensivierung** sind komplex und keineswegs mit der Diagnose „Degradation infolge Überweidung" abzudecken. Während sich allenthalben eine Verlagerung von perennierenden hin zu annuellen Gräsern abzeichnet und eine deutliche Abnahme an Biodiversität innerhalb der Gras- und Krautschicht zu vermerken ist, können durch entsprechendes lokales Management (indigene Schutzmaßnahmen, entsprechende Regeln der Beweidung) doch hohe Besatzdichten gehalten werden.

Insbesondere die letzten Dekaden haben für den Beobachtungsraum wesentliche Veränderungen gebracht: Während einerseits die Nutzungsintensität weiterhin deutlich zunahm, war gleichzeitig eine Abnahme von Niederschlägen zu konstatieren. Parallel wurden durch Landreform und politische Öffnung des Gebietes seit der Unabhängigkeit Namibias 1990 wesentliche Konstituenten der Agrarverfassung grundlegend verändert. In sogenannten *conservancies* (Hegegemeinschaften) wird nicht nur der Versuch unternommen, Wildschutz und lokale Entwicklung zu verbinden, sondern es werden auch Maßnahmen ergriffen, mobile Viehhaltung trotz sehr hoher Besatzdichten nachhaltig zu gestalten. Gleichzeitig werden Großprojekte geplant: Neben einem Großdamm zur Gewinnung von Elektrizität sollen Rohstoffe erschlossen und ein weiterer Hochseehafen in der Küstenregion aufgebaut werden. Die Entwicklung der Infrastruktur (Straßennetz, Kommunikation aber auch Banken usw.) führt zu einem raschen Anschluss dieser ehemals marginalen Region an die Wirtschaft Namibias und des gesamten südafrikanischen Wirtschaftsraumes.

Fazit

Eine räumlich umfassende und zeitlich möglichst detaillierte Untersuchung von Kultur- und Landschaftswandel unter Berücksichtigung möglicher Interdependenzen erfordert eine mehrjährige intensive **interdisziplinäre Zusammenarbeit**. Nur so konnten die zentralen Ziele des SFB 389 erreicht werden:

- „dichte" und historisch umfassende Einzelfallbeschreibungen von Kultur- und Landschaftswandel in den Arbeitsgebieten

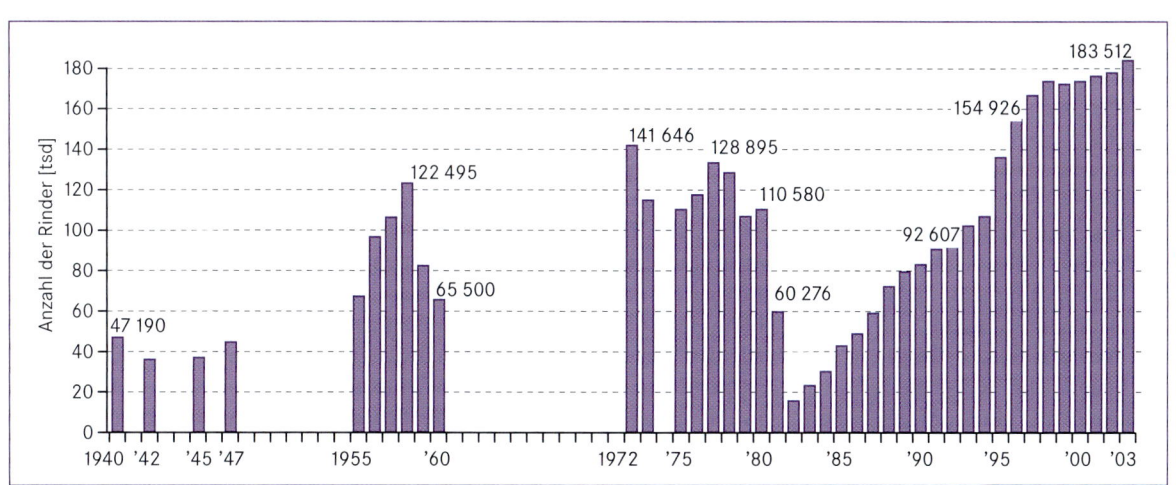

Abb. 29.3.6 Der Viehbestand des Kaokolandes zwischen 1940 und 2003. Mortalität, die nicht altersbedingt ist, ist im nordwestlichen Namibia vor allem durch die Auswirkungen von Dürren und weniger durch Viehkrankheiten geprägt: Von 1958 bis 1960 nahm der Rinderbestand um 46,5 Prozent ab. Noch drastischer zeichnet sich die Jahrhundertdürre von 1980/81 ab, als der Rinderbestand um 85,8 Prozent zurückging.

- Erfassung großräumiger, regionaler Trends naturräumlicher Veränderungen und der Kulturentwicklung
- die Generalisierung von Aussagen über die wechselseitige Beeinflussung von Landschafts- und Kulturwandel unter ökologischen Grenzbedingungen auf transkontinentaler Ebene

Der SFB profitierte davon, Synthesen und Modelle in den Projektregionen systematisch parallel erarbeiten zu können, um sie dann in einem Hemisphärenvergleich zu präzisieren. Hier mündete die Arbeit in aktuelle internationale Forschungsbemühungen zum Verständnis von **Mensch-Umwelt-Interaktionen**. Aber auch für den daraus resultierenden praxisrelevanten Forschungstransfer, beispielsweise für die Konzeption und Organisation von Fachausstellungen und internationalen Tagungen sowie für die Planung und Unterstützung von Nationalpark- und Landreformprojekten, bot der Kölner SFB 389 eine wichtige Plattform.

Aride Diagonale Südamerikas

HEINZ VEIT

Fordert bereits die Paläoumweltforschung bzw. Paläoökologie wegen ihres komplexen Charakters, der Verwendung unterschiedlicher „Umweltarchive" und des daraus resultierenden „Multi-Proxy-Ansatzes" interdisziplinäre Vorgehensweisen und Methoden, so gilt dies erst recht unter zusätzlicher Berücksichtigung der menschlichen Aktivitäten. Wie komplex solche Untersuchungen sind, wie eng unterschiedliche Umweltarchive miteinander verknüpft sind und wie sich die Umweltveränderungen in den menschlichen Aktivitäten ausdrücken, kann am Beispiel der „Ariden Diagonale Südamerikas" gezeigt werden.

Die Aride Diagonale ist eine lang gestreckte Trockenzone, die von der Pazifikküste Ecuadors im Norden über die zentralen Anden bis an die patagonische Atlantikküste reicht (Abb. 29.3.7). In ihrem Zentrum quert sie die chilenisch-argentinischen Anden und macht den Altiplano zum trockensten Hochgebirgsraum der Erde. Die lebensfeindliche Umgebung sieht auf den ersten Blick steril aus. Selbst die höchsten Gebirge oberhalb 6 000 m ü. M. sind unvergletschert, obwohl ab etwa 4 300 m ü. M. Permafrost auftritt (Kapitel 10.5). Trotz der niedrigen Jahresdurchschnittstemperaturen reichen die Niederschläge nicht aus, eine Vergletscherung zu erzeugen. In dieser Hochgebirgswüste gibt es aber Hinweise, dass die Umwelt und das Klima nicht immer so extrem arid und lebensfeindlich waren. Besiedlungs-,

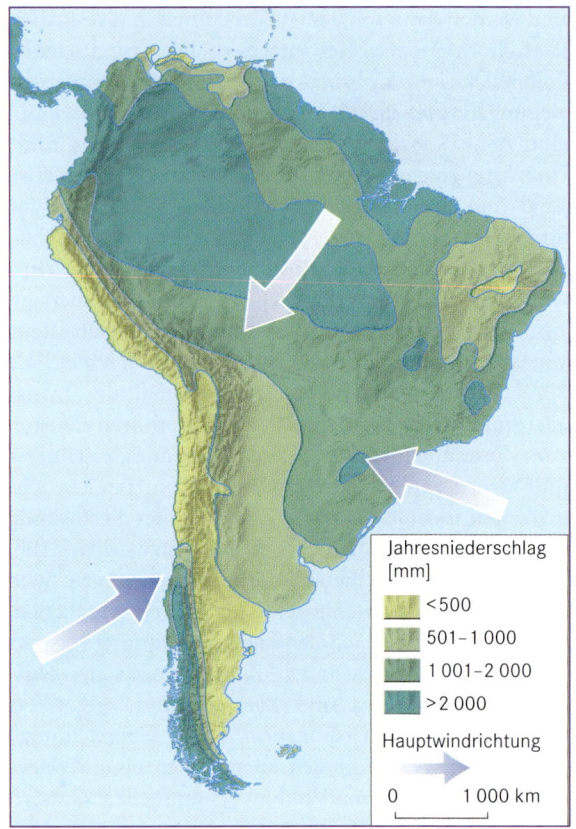

Abb. 29.3.7 Die „Aride Diagonale" Südamerikas. Die stark generalisierte Niederschlagskarte zeigt den Verlauf der Trockenzone.

Landschafts- und Klimageschichte sind hier eng miteinander verknüpft und weisen interessante Parallelen auf.

Glaziologie, Geomorphologie

Die heute trockenen zentralen Anden weisen zahlreiche Spuren **ehemaliger Vergletscherungen** auf (Abb. 29.3.8). Da aktuell die Berge zwischen 21 und 28° S unvergletschert sind, ist der Aufbau und die Ausbildung mehrerer Zehner Kilometer langer Talgletscher nur denkbar unter deutlich feuchteren Bedingungen der Vergangenheit. Gletscher-Klimamodellierungen zeigen, dass die Niederschläge in Perioden des Gletschervorstoßes im heute ariden Zentrum etwa um das Vier- bis Fünffache höher waren als heute und in den Randbereichen rund doppelt so hoch (Kull & Grosjean 2000). Rekonstruiert man den eiszeitlichen Schneegrenzverlauf im N-S-Profil entlang der Andenkette, so ergeben sich regional unterschiedliche Depressionsbeträge. Aber das aride Zentrum bei rund 25 bis 26° S blieb auch eiszeitlich sehr trocken.

Der guten Rekonstruierbarkeit der eiszeitlichen Gletscherausdehnungen mit geomorphologischen Methoden und unter Einsatz der **Fernerkundung** steht die

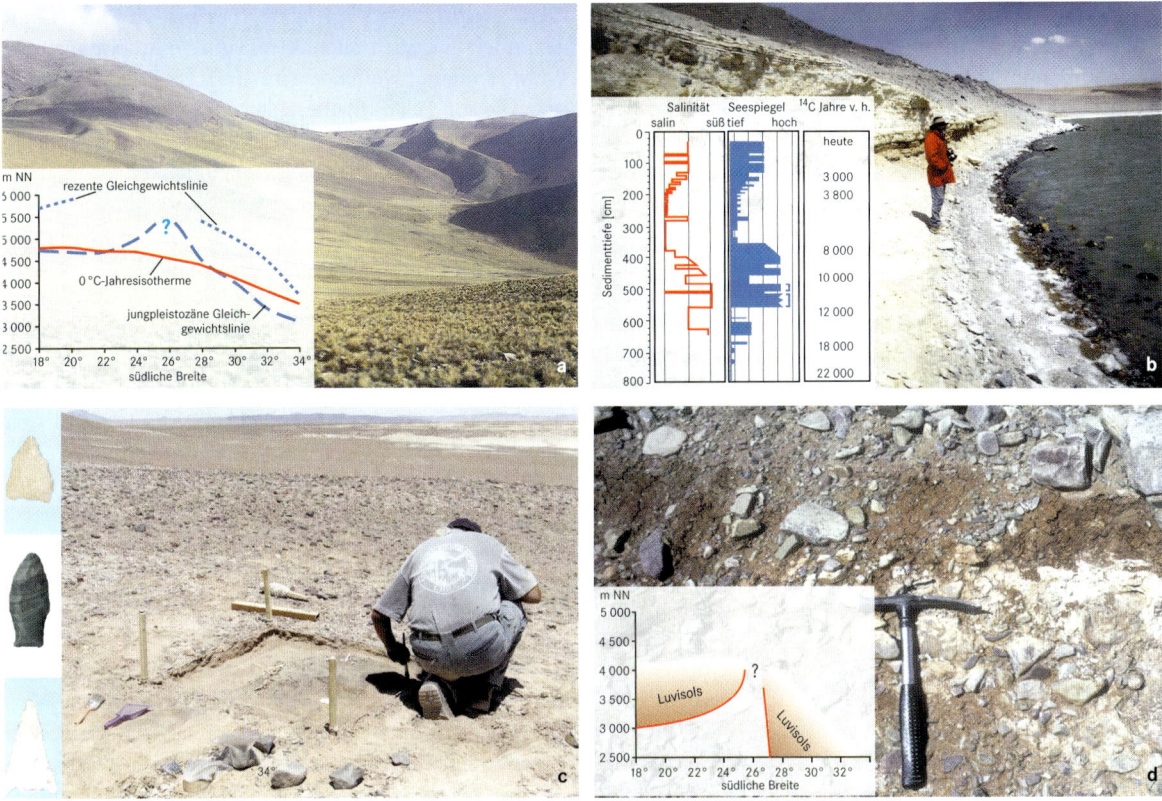

Abb. 29.3.8 a) Jungpleistozäne Moräne in der Sierra de Santa Victoria (NW-Argentinien). Die Graphik zeigt den meridionalen Verlauf der heutigen und der jungpleistozänen Schneegrenze (Gletscher-Gleichgewichtslinie) sowie die heutige 0-°C-Jahresisotherme zwischen 18 und 34° S. Man sieht deutlich, wie stark die Aride Diagonale im Jungpleistozän eingeengt war, vor allem im nördlichen, tropisch-monsunalen Abschnitt, wie aber der aride Kern lagestabil bei etwa 26° S blieb. b) Laguna Lejía auf dem chilenischen Altiplano mit spätglazialen bzw. frühholozänen limnischen Ablagerungen. In der Graphik sind die jungquartären Änderungen der Salinität und des Seespiegels der benachbarten Laguna Miscanti dargestellt. c) Ausgrabung eines frühholozänen offenen Siedlungsplatzes am ehemaligen Rand des Salares Punta Negra. Im Gegensatz zur heutigen Wüste war die Landschaft damals ein offenes Grasland, das Lebensraum für Cameliden, wie Guanacos und Vicuñas, bot. Die hier gefundenen Pfeilspitzen sind unterschiedlicher Herkunft. Die Paiján-Spitze (oben) wird normalerweise an der N-Küste von Peru gefunden. In der Mitte ist die typische „Fischschwanzspitze" der patagonischen und zentralchilenischen Paläoindianer zu sehen. Die untere Spitze ist der „Triangular", charakteristisch für die Hochländer der zentralen Anden. d) Jungpleistozäner Paläoboden (erodierte Parabraunerde/Luvisol mit Kalkkruste) in den argentinischen Anden bei Humahuaca (3 500 NN). In der Graphik ist der meridionale Verlauf der Untergrenze dieser Böden dargestellt, der eine deutliche Ähnlichkeit zur Schneegrenze zeigt und auf ähnliche Herkunft der feuchten Luftmassen hinweist (verändert nach Grosjean et al. 2001; Fotos: Martin Grosjean, H. Veit).

Schwierigkeit der absoluten Datierung gegenüber. Nur in Einzelfällen ist es bisher gelungen, fossiles organisches Material zu bergen, dessen Datierung mit der [14]C-**Methode** eine Aussage über Gletschervorstöße liefern kann. Neue Methoden, wie die Altersbestimmung der Moränen mittels der „kosmogenen Nuklide", liefern hier wertvolle erste Anhaltspunkte. Demnach scheint die ausgedehnte Vergletscherung des nördlichen Altiplano im Spätglazial erfolgt zu sein. Dies ist umso interessanter, als in den meisten anderen Gebieten der Erde zu diesem Zeitpunkt bereits ein massives Abschmelzen der letzteiszeitlichen Gletscher einsetzte. Ursache muss der

spätglazial gestiegene Feuchteeintrag auf den Altiplano gewesen sein. Vorher, während des globalen Kälteminimums vor rund 20 000 Jahren (*Last Glacial Maximum*, LGM), war es – ähnlich wie heute – zu trocken für einen entsprechenden Eisaufbau und die Gletscher waren relativ klein. Aus dem Holozän gibt es Hinweise auf Gletschervorstöße vor rund 9 000 ^{14}C-Jahren sowie erst wieder um etwa 3 000 bis 2 500 ^{14}C-Jahre BP.

Paläohydrologie und Paläolimnologie

Die über Gletscher rekonstruierten Feuchteschwankungen auf dem Altiplano zeigen sich auch sehr gut bei den

Seen. Diese reagieren – sofern man aklimatische Faktoren wie beispielsweise Grundwasserzustrom oder unterirdische Abflüsse ausschalten kann – direkt auf Änderungen im Wasserhaushalt des Einzugsgebietes. Heute sind auf dem Altiplano viele Seen ausgetrocknet bzw. nur noch als „Salare", teils mit kleinen „Restseen", erhalten. **Limnische Ablagerungen** bis zu 70 m über den heutigen Seespiegeln und Strandterrassen zeugen von feuchteren Verhältnissen im Spätglazial. Bohrungen in den Seen und die Analyse der Sedimente hoch gelegener Strandterrassen belegen für diese Phasen Süßwasserverhältnisse im Gegensatz zu den heutigen salinen Bedingungen (Grosjean et al. 2001). Nach paläohydrologischen Modellen waren die Niederschläge mindestens doppelt so hoch wie heute. Im Unterschied zu den Gletscherschwankungen liefern die Seen in der Regel eine bessere zeitliche Auflösung und genauere Datierungsmöglichkeiten, da meist organisches Material eingelagert ist. Allerdings bergen viele Seen auf dem Altiplano das methodische Problem des „Reservoireffektes". Als Folge davon können die Daten durch fossilen Kohlenstoff um mehrere Tausend Jahre verfälscht werden. Eliminiert man diese methodischen Probleme, so zeigt sich, dass im LGM die meisten Seen ausgetrocknet waren. Sehr hohe Seespiegel und damit feuchte Verhältnisse herrschten im Spätglazial und im Frühholozän von etwa 12 000 bis 8 000 ^{14}C-Jahre BP. Danach folgte eine lange mittelholozäne Trockenperiode. Die trockengefallenen Seeablagerungen wurden vom Wind verblasen und sind die Ursache für hohe Chloridgehalte in den benachbarten Gletschern, wie sie zum Beispiel im Eisbohrkern am Sajama rekonstruiert werden konnten (Thompson et al. 1998). Ab etwa 3 500 ^{14}C-Jahre BP stiegen die Seen allmählich auf heutige Niveaus an und zeigen damit eine vergleichbare Entwicklung der Feuchteschwankungen wie die Gletscher.

Palynologie und Fauna

Die massiven Klimaänderungen, die sich in den Gletscher- und Seespiegelschwankungen widerspiegeln, hatten auch Auswirkungen auf Pflanzen, Tiere und Menschen. Die ehemalige Flora kann über **Pollenanalysen** rekonstruiert werden. Hierfür besonders geeignet sind Seeablagerungen und Moore, aber auch der Kot von Nagetieren, der durch Pollen und Makroreste Informationen über die Vegetationszusammensetzung des Lebensraumes enthält (Grosjean et al. 2001, Latorre et al. 2002). Im Gegensatz zur heutigen Hochgebirgswüste in der Umgebung des Salars de Punta Negra war der Altiplano in der spätglazialen bzw. frühholozänen Feuchtphase durch ein offenes Grasland mit *Guanacos* und *Vicuñas* charakterisiert, die von den archaischen Menschen gejagt wurden. Etwas weiter südlich in der Ariden Diagonale, im mediterranen Zentralchile, exis-

tierte, wie in weiten Teilen Südamerikas, im Jungpleistozän noch eine verbreitete Megafauna mit beispielsweise Mastodonten (*Mastodon* sp.) und Ur-Pferden (*Equus* sp.), die von Paläoindianern gejagt wurden. Diese Megafauna starb an der Wende vom Pleistozän zum Holozän aus. Ursache war aller Wahrscheinlichkeit nach nicht alleine die Aridisierung des Klimas und das Abnehmen der Vegetationsbedeckung, sondern der damit einhergehende Rückzug der Megafauna auf Gunststandorte im Umkreis von Seen und Taloasen, wo die Großwildtiere leicht durch die Paläoindianer gejagt werden konnten. Das Einsetzen der holozänen Aridisierung ist regional etwas unterschiedlich und erfolgte in Zentralchile rund 2 000 Jahre früher (11 000 bis 10 000 ^{14}C-Jahre BP) als auf dem Altiplano (ca. 8 000 ^{14}C-Jahre BP).

Paläopedologie

Ähnlich wie alte Moränen, hohe Strandlinien der Seen und entsprechende Vegetationsänderungen, weisen auch **Paläoböden** innerhalb der Ariden Diagonale auf feuchtere Perioden in der Vergangenheit hin. Im Vergleich zu den beiden genannten Archiven besitzt die paläogeoökologische Untersuchung von Böden Vor- und Nachteile. Böden bilden sich relativ langsam. Ihre morphologischen Merkmale ändern sich oft erst nach Jahrhunderten oder Jahrtausenden. Die zeitliche Auflösung der Klimaphasen ist deshalb im Vergleich zu Seesedimenten schlecht. Andererseits repräsentieren sie markante Perioden, in denen die klimatischen Verhältnisse und eine entsprechende Vegetationsbedeckung vorhanden waren, ohne dass ein kritischer geoökologischer Schwellenwert unterschritten wurde. Darüber hinaus bieten sie den Vorteil, dass man nicht nur punktuelle Informationen erhält, sondern durch die Verbreitung der Paläoböden Aussagen zur räumlichen Verbreitung der Umweltverhältnisse treffen kann.

Sofern das oberflächennahe Substrat nicht von jungen vulkanogenen Gesteinen (Lavadecken, Aschen) gebildet wird, sind die zentralen Anden durch relativ gut entwickelte Böden charakterisiert. Dabei handelt es sich meist um Bt-Horizonte von Parabraunerden mit oder ohne Anreicherung von Karbonaten im Unterboden (Kalkkrusten). Unter Berücksichtigung der heutigen Trockenheit, des geomorphologischen Kontextes und aufgrund von ^{14}C-Datierungen haben sich diese Böden unter feuchteren Klimabedingungen im Spätglazial gebildet, eventuell auch noch im Frühholozän (Veit 2000). Sie sind damit reliktisch und wahrscheinlich zeitgleich mit den hohen Seespiegeln und den Gletschervorstößen entstanden. Innerhalb der frühholozänen Seeausdehnungen sind sie jedenfalls nicht mehr zu finden. Betrachtet man den meridionalen Verlauf der Untergrenze dieser reliktischen Böden, so zeigt sich eine Ähnlichkeit zum spätglazialen Schneegrenzverlauf, was nicht verwundert, da beide abhängig von der zur Verfügung stehenden Feuchte sind. Wie bei der Schneegrenze wird die Einengung, das heißt Verkleinerung, der Ariden Diagonale und gleichzeitig deren Lagestabilität dokumentiert. Das trockene Mittelholozän war eher durch Erosion gekennzeichnet. Relativ schwache Bodenbildungen mit Ah- und Bv-Horizonten setzten dann wieder ab 2 500 ^{14}C-Jahre BP ein und reflektieren die leichte Zunahme der Feuchte im Jungholozän, wie sie sich auch in den Gletschern und Seen widerspiegelt.

Anthropologie, Geoarchäologie

In dem hier vorgestellten Zeitraum vom Hochglazial bis heute erfolgte auch die Besiedlung Südamerikas. Bei allen unterschiedlichen Hypothesen über Herkunft und genauen Zeitpunkt der ersten Besiedlung kann man wohl zurzeit am wahrscheinlichsten annehmen, dass der Mensch von Norden über die Beringstraße und Nordamerika um etwa 12 500 ^{14}C-Jahre BP nach Südamerika eingewandert ist und zu diesem Zeitpunkt bereits das südliche Südamerika erreicht hatte (Lynch 1990). Diese „Paläoindianer" waren Jäger der pleistozänen Megafauna. Sie wanderten in einer Periode der Klimagunst mit erhöhtem Wasserangebot und dichterer Vegetationsbedeckung ein. Regional zeitlich verschoben änderte sich die Umweltsituation an der Wende des Pleistozäns bzw. im Frühholozän dramatisch. Die Gletscher schmolzen stark zurück bzw. verschwanden, die Seen trockneten aus, die Vegetationsbedeckung nahm ab und eine intensive Bodenbildungsphase kam zum Abschluss. Wie weiter oben geschildert hatte diese markante Änderung des Paläoklimas weitreichende Folgen auch für Tiere und Menschen. In den außerandinen Gebieten

starb die Megafauna Südamerikas an der Wende vom Pleistozän zum Holozän aus. Auf dem Altiplano reagierten die archaischen Menschen im Frühholozän vor rund 8 000 ^{14}C-Jahren BP auf die Austrocknung der Umwelt mit Abwanderung. Archäologische Funde dieser mehrere Tausend Jahre dauernden Trockenphase werden auf dem Altiplano selten. Die Zeit zwischen 8 000 bis 3 200 ^{14}C-Jahre BP ist in Südamerika bekannt als *Silencio Arqueológico* (Nuñez et al. 2002). Die Bevölkerung zog sich in dieser Trockenphase in tiefer gelegene *Quebradas* mit vermoorten Talböden und Quellaustritten zurück. Die **Wiederbesiedlung** des Altiplanos setzte um 3 200 ^{14}C-Jahre BP mit dem Feuchterwerden des Klimas, wie es auch die Seespiegel, Gletscher und Böden zeigen, erneut ein.

Klimaoszillationen und Wanderungsbewegungen in Südperu

Bertil Mächtle und Bernhard Eitel

Naturräumliche Verhältnisse

Als Teil des sich von Zentral-Chile bis zur peruanisch-ecuadorianischen Grenze erstreckenden pazifischen Küstenwüstenstreifens gehören die peruanische Küstenwüste in Verlängerung der chilenischen Atacama sowie die angrenzende Andenwestflanke um Palpa (14,5° S) zu den trockensten Gebieten der Erde. Niederschläge erreichen diese Region mit Ausnahme örtlich eng begrenzter Nebelniederschläge an der Küste nur monsunal von Osten her über die Anden (Abb. 29.3.9). Eine Feuchtezufuhr vom Pazifik durch konvektive Niederschläge wird durch das Zusammenwirken verschiedener Faktoren unterbunden:

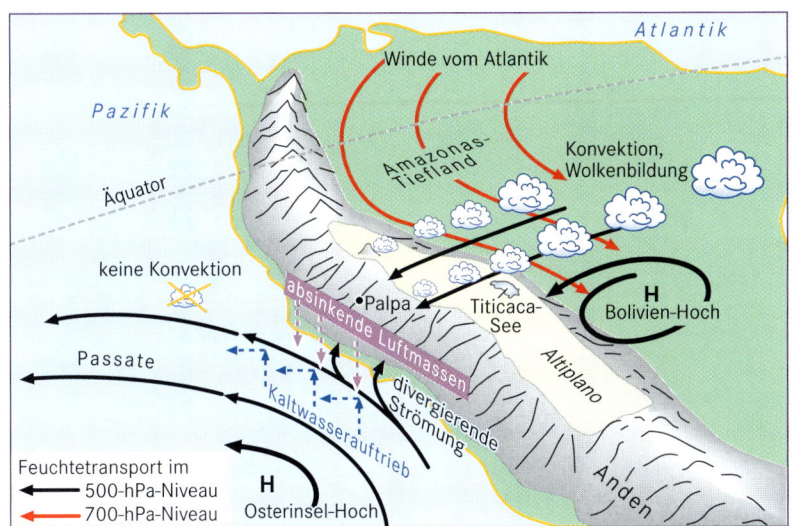

Abb. 29.3.9 Ursachen der Trockenheit des peruanischen Küstenstreifens: Der Luftmassenabstieg an der Andenwestflanke sowie die vom Osterinsel-Hoch ausgehenden, an der Küste divergierenden Winde führen zu einem küstennahen Absinken der Luftmassen und so zu einer stabilen Atmosphärenschichtung. Diese wird durch die Abkühlung der Luftmassen über dem kalten Auftriebswasser der Humboldt-Zirkulation vor der Küste noch verstärkt. Konvektionserscheinungen und Niederschläge vom Pazifik her werden so wirksam unterbunden. Angetrieben vom Bolivien-Hoch erreichen feuchte Luftmassen das Gebiet nur von Osten her über die Anden.

- Das kühle Oberflächenwasser der Humboldt-Auftriebszirkulation sorgt vor der Küste für die Ausbildung der Passatinversion und damit für eine stabile Luftmassenschichtung, die selbst unter El-Niño-Bedingungen Bestand hat.
- Diese wird noch verstärkt durch stabile, aus dem Osterinsel-Hoch in Passatrichtung wehende küstenparallele Luftmassenströmungen.
- Die Absinktendenz der Luftmassen wird noch durch die Strömungsdivergenz zwischen Land und Meer unterstützt.

Schwankungen dieses Feuchtetransportes bestimmen die ökologischen Verhältnisse der **Küstenwüste** und führten in der Vergangenheit zu wiederholten Oszillationen des Wüstenrandes (Exkurs 29.3.5). Entlang weniger Flussoasen, die von den Niederschlägen im Hochland versorgt werden, siedelten in der Küstenwüste während feuchterer Phasen verschiedene präkolumbische Völker.

Die präkolumbische Siedlungsgeschichte in Südperu
Während der Paracas- und Nasca-Kultur (800 v. Chr. bis 650 n. Chr.) konnte es so entlang der küstennahen Flussoasen zur eigenständigen Kulturentwicklung kommen. Deren Bodenzeichnungen (Geoglyphen) gehören heute zum Unesco-Weltkulturerbe (Abb. 29.3.11e). Das angrenzende andine Hochland war funktional nachrangig

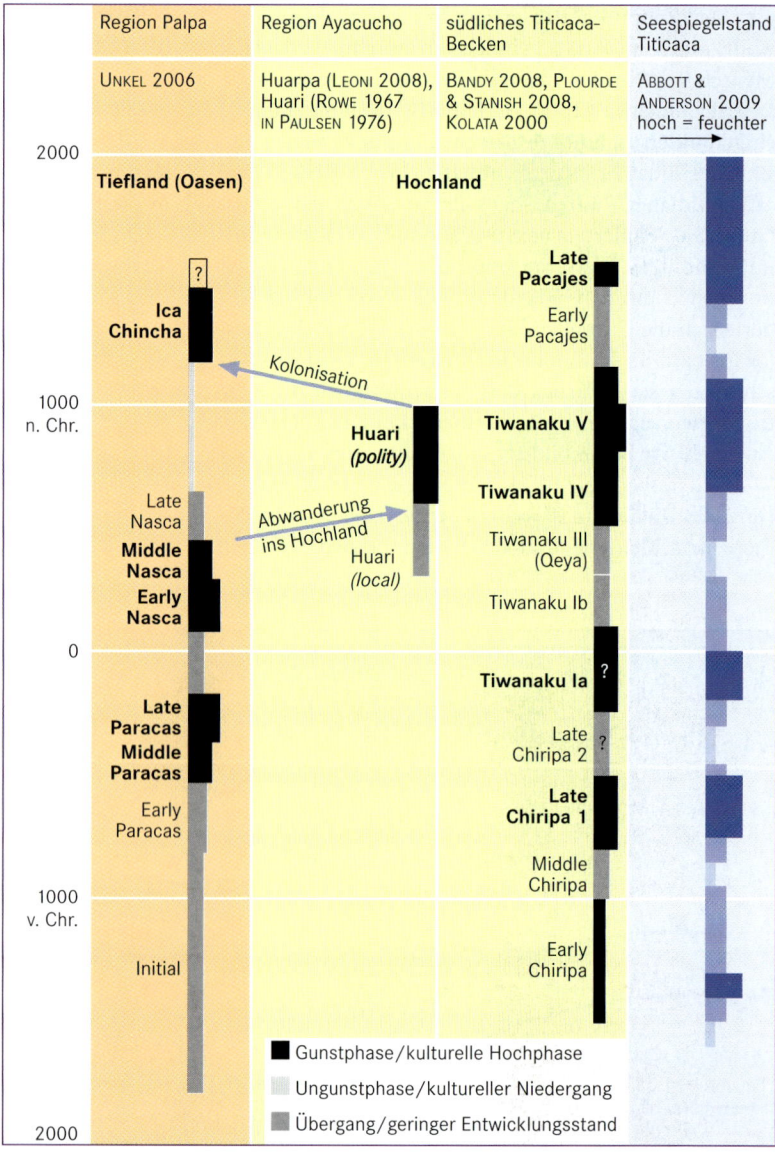

Abb. 29.3.10 Die Hochphasen der kulturellen Entwicklung in Südperu (schwarze Balken) wechselten zeitlich zwischen den tief gelegenen Flussoasen der Küstenwüste und dem andinen Hochland. Die zeitliche Koinzidenz zu hygrischen Schwankungen der Titicaca-Region (blaue Balken) belegt eine enge Kopplung des Menschen an klimatisch bedingte Naturraumveränderungen.

und dünn besiedelt, wie Archäologen rekonstruierten (Reindel 2009). Der Zeitraum des Mittleren Horizontes (650 n. Chr. bis 1200 n. Chr.) war dagegen durch eine Entvölkerung der Flussoasen gekennzeichnet, nur noch wenige kleine Siedlungen, die dann umgekehrt kulturell vom Hochland abhingen, konnten sich dort halten (Abb. 29.3.10).

Betrachtet man die Chronologie der Kulturen im benachbarten Hochland, so verläuft hier die Entwick-lung genau umgekehrt: Im Gebiet um Ayacucho blühte erst zu Beginn des Mittleren Horizontes die Kultur der Huari auf, weiter südlich entwickelte sich im Gebiet des Titicaca-Sees die Tiwanaku-Kultur von einer zuvor eher pastoralen Wirtschaftsweise zu einer Ackerbau betrei-benden, gut organisierten und prosperierenden Gesell-schaft (Abb. 29.3.10; Owen 2005). Mit dem Übergang in die Späte Zwischenperiode (1200 bis 1400 n. Chr.) ver-lagerte sich der Hauptsiedlungsraum dann erneut an

Abb. 29.3.11 Landschaften in Süd-peru: a) die Weidelandschaft der Puna mit Ichu-Gräsern und Corral (Vieh-pferch, Mitte rechts) im andinen Hoch-land auf etwa 4 000 m ü. M. b) Löss-landschaft der Andenwestflanke, während feuchterer Phasen entwickelte sich hier eine Graslandschaft und es kam zur Lössablagerung (1 500 m ü. M.). c) Die fruchtbaren Flussoasen am Andenfuß sind bei ausreichender Was-serversorgung ein ausgesprochener agrarischer Gunstraum, ringsum erstreckt sich die Wüste (300 m ü. M.). d) Siedlungsreste der Ciudad Perdida de Huayurí im heute hyperariden Andenvorland. Zur Zeit der Späten Zwischenperiode (1200 bis 1400 n. Chr.) versorgten sich die Bewohner durch *water harvesting* mit Trinkwasser. e) Bodenzeichnung eines Baumes und weitere Linien, die im Wüstenpflaster des Andenvorlandes angelegt wurden. Der Aussichtsturm für Touristen oben rechts befindet sich unmittelbar an der Panamericana (Fotos: B. Mächtle, Stefan Hecht).

den Andenfuß, und es entstanden in den Flussoasen neue, **eigenständige arbeitsteilige Gesellschaften**. Das Hochland verlor wieder an Bedeutung. Wie populationsgenetische Untersuchungen belegen waren diese kulturellen Schübe mit Migrationsbewegungen verbunden. Während die Oasenbewohner zur Paracas- und Nascazeit noch weitgehend ethnisch eigenständige Muster aufweisen, so deuten humangenetische Muster darauf hin, dass in der Späten Zwischenperiode massiv Hochlandbewohner in die Flussoasen zuwanderten (Fehren-Schmitz et al. 2010).

Geoökologie der Küstenwüste und der Andenwestkordillere

Eine Erklärung für derart ausgeprägte **Kulturwechsel** liefert die geoökologische Bewertung der unterschiedlichen Naturraumpotenziale. Da die Produktivität agrarischer Systeme hauptsächlich von der Verfügbarkeit der Faktoren Wasser und Wärme abhängt, ist deren Verfügbarkeit auch für die Lebensgrundlagen der Bewohner des zentralen Andenraumes bestimmend:

- In den Flussoasen (Abb. 29.3.11 c) herrscht aufgrund ihrer tropischen Tieflandslage bei hoher Lichtintensität für die Photosynthese stets ein üppiges Wärmeangebot. Kommt noch ein reichhaltiges Wasserangebot hinzu, so herrschen in den breiten, leicht zu bewässernden Talböden der Oasen Optimalbedingungen für die landwirtschaftliche Produktion. Unter solchen Bedingungen können sich bevölkerungsreiche, arbeitsteilige Kulturen entwickeln. Fehlt das Wasser, so wandeln sich die Oasen jedoch schnell zum Ungunstraum und die Kulturen geraten in eine schwere existenzielle Krise. Die geringe Resilienz des Wüstenrandgebietes bestimmt hier unmittelbar die Vulnerabilität bzw. die Adaptionsprozesse der Gesellschaften (Eitel 2007a, b).
- Im Hochland der Anden herrschen dagegen völlig andere Verhältnisse: Kühle Temperaturen, kleine terrassierte Parzellen, jedoch auch stärkere, stets ausreichende Niederschläge sind hier bestimmend für eine landwirtschaftliche Nutzbarkeit mit grundsätzlich geringeren Erträgen. Agronomische Höhengrenzen lassen in weiten Teilen der andinen Puna nur Weidewirtschaft zu (Abb. 29.3.11a), der Ackerbau muss sich überwiegend auf steile, tiefere bis auf etwa 3 300 m Höhe gelegene Hänge beschränken. Landwirtschaftlich günstiger zu nutzen ist das Hochland also nur dann, wenn es zu trocken wird, sodass die Flüsse der Tieflandsoasen kein Wasser mehr führen.

Hier am trockenen Rand der Ökumene wirken sich geringe Schwankungen der Niederschlagsmengen von unter 100 mm N/J – diese spielen in humiden Klimaten nur eine kaum bemerkbare Rolle – tief greifend und unmittelbar aus. Kulturelle Veränderungen sind in Wüstenrandgebieten also tatsächlich hygrisch determiniert.

Geoarchäologische Befunde zum Zusammenhang zwischen Natur- und Kulturentwicklung

Die **Paläoumweltforschung** liefert zum Zusammenhang zwischen Natur- und Kulturentwicklung die entsprechenden Indizien durch die Untersuchung von Geoarchiven: So sind die bewässerten Flussterrassen in der Region Palpa bis zum Ende der Nasca-Kultur durch eine Feinmaterial- und Humusakkumulation gekennzeichnet, was auf ein Abflussverhalten mit stets wenig turbulenten monsunalen Hochflutereignissen zu verbinden ist. Der Vergleich mit den Nilfluten in Unterägypten drängt sich auf. Während des Mittleren Horizontes (650 n. Chr. bis 1200 n. Chr.) fehlen dagegen solche Ablagerungen und wenige katastrophale Abflussereignisse sind anhand grobklastischer Lagen zu identifizieren (Unkel et al. 2007). Solche starken Fluten sind eine typische Erscheinung in Trockengebieten, in denen aridere Phasen durch episodische, katastrophale Niederschlagsereignisse unterbrochen werden (Prinzip von Magnitude und Frequenz, Wolman & Miller 1960). Der Rückgang der Verlässlichkeit der jahreszeitlichen Hochfluten in Verbindung mit heftigen, hoch turbulenten Überschwemmungen führte zwangsweise zur Aufgabe großer Anbauflächen. Dies steht im Einklang mit dem starken Zurücktreten der Siedlungsdichte. In der anschließenden Späten Zwischenperiode (1200 bis 1400 n. Chr.) lässt sich anhand ausgedehnter Siedlungen wieder auf eine ausgeglichenere Wiederkehr der jahreszeitlichen Hochfluten infolge einer deutlichen Steigerung der Niederschläge schließen, also auf eine erneute stabile Feuchtphase an der Andenwestflanke (Abb. 29.3.11d). Es war so feucht, dass sogar bis ins Andenvorland, der heutigen Küstenwüste, gelegentlich Regen fiel, worauf Bauten zum *water harvesting* (Mächtle et al. 2009) klar hinweisen. Erst im 15. bis 17. Jahrhundert n. Chr. wurde es wieder trockener, was zeitgleich mit der *Conquista* und der spanischen Kolonisation zum Zusammenbruch der indigenen Kulturen führte. Neueste Pollenanalysen an Torfen im obersten Einzugsgebiet der Andenwestabflüsse belegen die kurzfristigen, sehr dramatischen hygrischen Oszillationen des Wüstenrandklimas in Südperu (Schittek et al. 2010).

Die großräumige Zirkulation über den Zentralanden

Die geomorphologisch-geoarchäologischen Arbeiten in Peru führten zu neuen Erkenntnissen zur großräumigen Paläoklimageschichte des Andenraumes. Betrachtet man die Seespiegelstände des Titicaca-Sees (Abb. 29.3.10i, Abbott & Anderson 2009), so fällt auf, dass während der

Feuchtphasen in den Flussoasen des Palpa-Gebietes am Titicaca-See die niedrigsten Seespiegelstände zu verzeichnen waren – in dieser Region herrschte also eine ausgeprägte Trockenheit. Dieser scheinbare Widerspruch zeigt, dass die Vorstellung von großräumig einheitlichen Feuchteschwankungen in den Zentralanden nicht aufrechterhalten werden kann, sondern diese regional sogar ein gegenläufiges Verhalten zeigen.

Die Ursachen hierfür sind mit **Veränderungen der atmosphärischen Zirkulation** erklärbar: So entwickelt sich im Süd-Sommer durch die hohe Sonneneinstrahlung südlich der Titicaca-Region ein sommerliches bodennahes Hitzetief, welches in der mittleren und oberen Troposphäre zur Ausbildung eines korrespondierenden Hochs, des sogenannten „Bolivien-Hochs" führt. Auf dessen Vorderseite wird heute feuchte Luft aus dem östlichen Vorland der Anden ins Hochland und weiter in Richtung der Küstenwüste transportiert (Vuille 1999). Dieser Feuchtetransport ist in der Titicaca-Region am stärksten, nur wenig nördlich davon jedoch schon abgeschwächt (Abb. 29.3.9). Eine Nordwärtsverschiebung dieses „Feuchteförderbandes" um nur wenige Hundert Kilometer verhinderte in der Titicaca-Region die Feuchtezufuhr, während die weiter nördlich gelegenen Einzugsgebiete der Flussoasen des Palpa-Gebietes mehr Niederschlag erhielten (Mächtle et al. 2010). Damit lassen sich die Trockenheit der Titicaca-Region und ein gleichzeitig erhöhtes Wasserangebot im Palpa-Gebiet in Einklang bringen sowie mit einem schwachen meridionalen Oszillieren der Lage des Bolivien-Hochs auch die hygrischen Fluktuationen am Wüstenrand in Südperu sehr gut erklären (Abb. 29.3.12). Die Ursachen für die veränderte Lage des Bolivien-Hochs dürften in großräumigen atmosphärischen Telekonnektionen zu suchen sein.

Holozäne Klimageschichte der Region Palpa

Angesichts des nur kurzen Beobachtungzeitraumes von 2 000 Jahren könnten diese Zusammenhänge auch zufällig sein. Die Arbeiten in der Palpa-Region haben jedoch auch Ergebnisse für das frühe und mittlere Holozän geliefert. So konnte sich zwischen 11 000 und 4 500 Jahren vor heute aufgrund höherer Niederschläge in der heutigen Wüste ein offenes Grasland etablieren, wie **Lössfunde** am Wüstenrand belegen (Abb. 29.3.11b). Diese Ablagerungen wurden erstmals näher beschrieben und über die Methode der optisch stimulierten Lumineszenz datiert (Eitel et al. 2005; Kap. 6.3). Auch der Mensch war in dieser Landschaft schon früh aktiv. Vor ungefähr 6 000 Jahren v. h. kam es im Löss zu Verwitterungsprozessen und leichter Bodenbildung. Damals muss es also feuchter gewesen sein. Vergleicht man diese Befunde mit den Ergebnissen aus der Ariden Diagonale

Chiles und der Titicaca-Region, so war der dortige Raum zwischen 9 000 und 4 500 Jahren v. h. kaum besiedelt (sog. *silencio arqueológico*, Nuñez et al. 2002). Der Titicaca-See erfuhr zwischen 5 000 und 6 000 Jahren v. h. seinen tiefsten Stand (Rowe & Dunbar 2004). Dies zeigt, dass die Niederschlagsgeschichte in der Palpa-Region und der Titicaca-Region während des gesamten Holozäns offenbar diachron verlaufen ist.

Naturräumliche Veränderungen und die Reaktion des Menschen

Veränderungen in der atmosphärischen Zirkulation sorgten also für eine Verschiebung der agrarischen Gunsträume und die Entstehung bzw. den Untergang regionaler Kulturen: Während der Paracas- und Nascazeit (800 v. Chr. bis 650 n. Chr.) führten weiter nördlich transportierte feuchte Luftmassen zu einer optimalen Wasserversorgung der warmen Flussoasen im Andenvorland bei Palpa (Abb. 29.3.12a). Die kühlen, weniger günstigen Gebiete im Hochland waren nur dünn besiedelt und in der Titicaca-Region zusätzlich durch weniger Niederschläge benachteiligt, wie der Seespiegel zu dieser Zeit zeigt. Eine Verschiebung des Feuchtetransports während des Mittleren Horizontes (650 n. Chr. bis 1200 n. Chr.) in die Titicaca-Region (Abb. 29.3.12b) sorgte für Trockenheit in der Palpa-Region und für eine Verlagerung der kulturellen Zentren in das zeitgleich feuchtere, archäologisch derzeit noch wenig erforschte angrenzende Hochland (Huari-Kultur) bzw. in die dann feuchtere Titicaca-Region (Tiwanaku-Kultur). Eine erneute Verlagerung des Feuchtetransports nach Norden ließ die Oasen im Palpa-Gebiet in der Späten Zwischenperiode wieder aufleben (Abb. 29.3.12c), während das Hochland aufgrund seiner agrarischen Benachteiligung von einer starken **Abwanderung** betroffen war. Hygrische Fluktuationen führten also zu Oszillationen des Wüstenrandes und prägten damit die Kulturentwicklung in Südperu tief greifend. Trotz aller Klimaschwankungen und des Risikos für das Überleben hat der Mensch die geökologisch hoch sensitiven Wüstenrandgebiete in Feuchtphasen immer wieder besiedelt – ein deutliches Signal, wie positiv die agrarökologischen Gunstfaktoren von den präkolumbischen Agrargesellschaften bewertet wurden.

Diese Zusammenhänge wurden innerhalb des Projektes „Nasca", unterstützt vom Bundesministerium für Bildung und Forschung (BMBF), von einer interdisziplinären Arbeitsgruppe bestehend unter anderem aus Geographen, Archäologen und Populationsgenetikern gemeinsam erarbeitet.

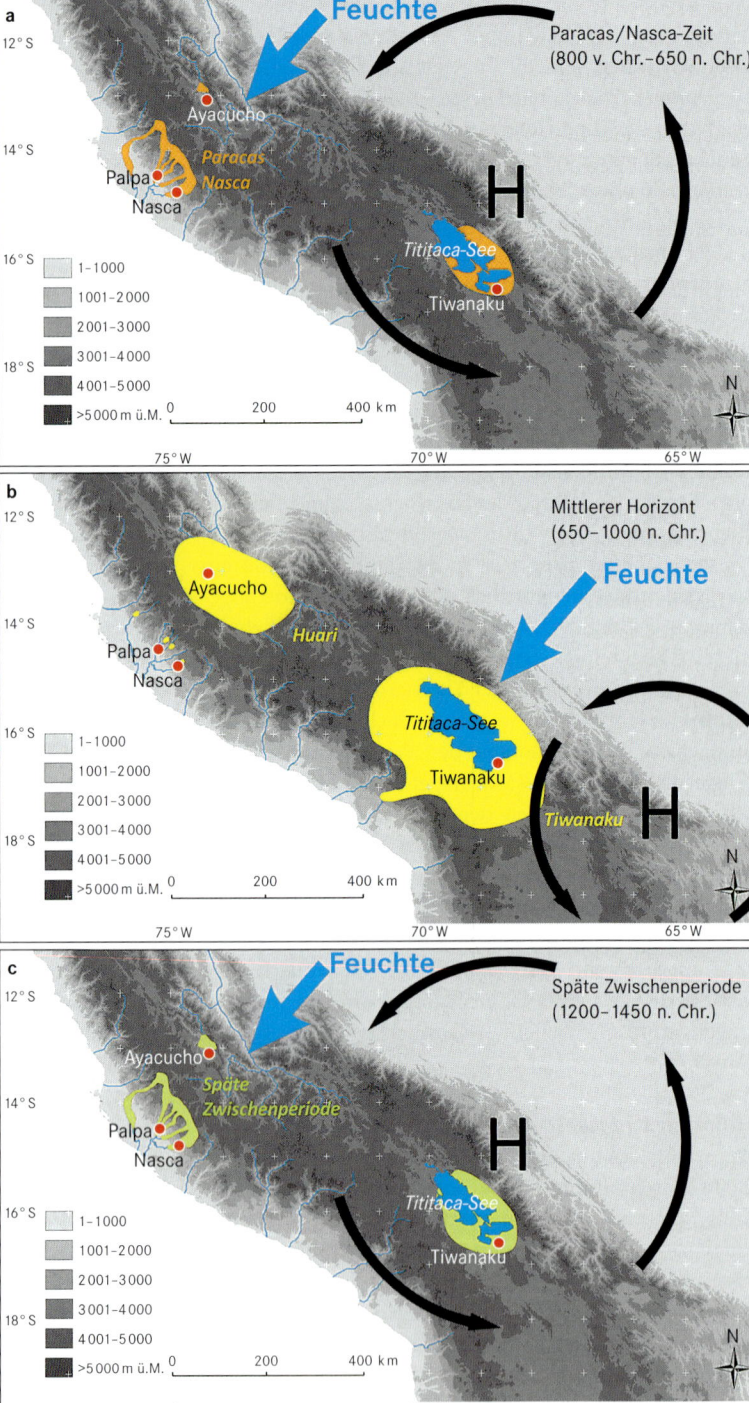

Abb. 29.3.12 Verschiebung der regionalen Feuchtezufuhr während der drei letzten Hauptkulturphasen Südperus. Bedingt durch eine Nordverschiebung des Bolivien-Hochs führte eine humidere Phase im nördlichen Siedlungsgebiet zu optimalen agrarischen Bedingungen entlang der Flussoasen des Andenvorlandes (a). Während des Mittleren Horizontes fielen die Flussoasen trocken, und im kühleren Hochland dehnten sich die Huari aus, während das Zentrum des Bolivien-Hochs in eine südlichere Position rückte und die Titicaca-Region feuchter wurde (b). Während der Späten Zwischenperiode kehrten sich die Verhältnisse wieder um, die Flussoasen um Palpa/Nasca waren wieder der bevorzugte Siedlungsraum (c).

Desertifikation und Klimawandel

Roland Baumhauer

Für viele Länder in den ariden, semiariden und trocken subhumiden Regionen der Erde stellt aktuell die Desertifikation ein erhebliches ökologisches, wirtschaftliches und soziales Problem dar (Exkurs 29.3.5). Diese Regionen umfassen etwa 40 Prozent der Landmasse der Erde. Davon sind rund 70 Prozent mit einer Gesamtfläche von 3,6 Milliarden Hektar und damit etwa ein Viertel der Landfläche von Desertifikationserscheinungen betroffen oder bedroht. Selbst wenn die aufgeführten Zahlen je nach Schätzung und zugrunde gelegter Definition variieren, unterstreichen sie die Bedeutung der **Desertifikation als globales Problem** und vermitteln einen Eindruck von den Raumdimensionen, in denen die entsprechenden Prozesse wirksam sind. Aktuelle Probleme wie Klimawandel und Bevölkerungswachstum lassen eine Akzentuierung des Desertifikationsgeschehens für die Zukunft erwarten.

Seuffert (2001) und Mensching & Seuffert (2001) verstehen Desertifikation als **Endstufe von „Landschaftsdegradation**, die durch unangepasste, vor allem landwirtschaftliche Nutzungen (Viehzucht, Ackerbau) lokal (kleinräumig), regional (großräumig) und langfristig möglicherweise sogar zonal wüstenartige Umweltbedingungen in Landschaften entstehen lässt, die vordem keine Wüsten waren" und die in vollem Umfang ausschließlich in den Trockengebieten mit ihrer naturgegebenen Prädisposition ablaufen kann. Im Gegensatz dazu wird Desertifikation im Rahmen der Agenda 21 recht allgemein als Landschaftsdegradation in den ariden, semiariden und trocken subhumiden Gebieten der Erde beschrieben, die durch verschiedenartige Ursachen, einschließlich Klimaschwankungen und Einfluss des Menschen, hervorgerufen wird. Vor allem im Anwendungsbereich werden als Desertifikation recht allgemein all jene Prozesse bezeichnet, die in den Trockenzonen der Erde aufgrund anthropogener Eingriffe zu Landdegradation und somit zu Einschränkungen der Nutzungsmöglichkeiten führen. Bei der Diskussion um eine **angemessene Definition des Begriffes** darf auch der politische Aspekt nicht übersehen werden. Die Tatsache, dass zunehmend „lediglich" Degradationsprozesse mit dem Begriff Desertifikation belegt werden, hängt nicht zuletzt mit der Medienpräsenz und Wahrnehmung in der Öffentlichkeit zusammen. Ungeachtet der anhaltenden Diskussion um eine allgemein akzeptierte Definition ist ein wesentliches Kennzeichen der Desertifikation die Degradation der Böden und der Vegetation sowie eine Beeinträchtigung der Wasserressourcen, die im Endstadium zu wüstenhaften Bedingungen in Erdräumen führen, in denen aufgrund ihrer klimazonalen Lage keine Wüste sein dürfte. Betroffen sind Landschaften, die aufgrund ihrer physisch-geographischen Grundausstattung, beispielsweise in Trockengebieten, aus klimatischen Gründen eine eingeschränkte Trag- und Regenerationsfähigkeit aufweisen. Der Mensch ist am Prozess der Desertifikation durch unangepasste Nutzung ursächlich und direkt beteiligt.

Verbreitung, Indikatoren, Ursachen und kausale Zusammenhänge

Aufgrund der uneinheitlichen Definition ist die räumliche Verbreitung schwierig zu erfassen. Die von der UNCOD (*United Nations Conference On Desertification*) veröffentlichte „*World map of desertification*" (1977) basiert auf der Definition, die Desertifikation als Verringerung oder Zerstörung des biologischen Potenzials von Landschaftsteilen beschreibt, sodass sich letzten Endes **wüstenähnliche Bedingungen** einstellen können. Sie unterscheidet drei Gefährdungsstufen, wobei die hyperariden Naturwüsten per se ausgeschlossen werden.

Indikatoren der Desertifikation sind **Veränderungen im Landschaftsbild**, die aus anthropogenen Einflüssen resultieren und anzeigen, wo entsprechende Prozesse beginnen oder bereits stattgefunden haben. Dadurch kann im Gelände der jeweilige Desertifikationsgrad festgestellt werden. Die physischen Indikatoren lassen sich in vier Gruppen untergliedern:

- vegetative Indikatoren (z. B. flecken- bis flächenhafte Zerstörung der Pflanzendecke, Veränderungen im Artenspektrum, Veränderungen der Wuchsleistung)
- hydrologische Indikatoren (abnehmende Bodenfeuchte, absinkende Grundwasserspiegel, verminderte Grundwasserneubildungsraten)
- pedologische Indikatoren (physikalische und chemische Bodenveränderungen im Zuge der „Aridisierung", Verhärtungen und Krustenbildung, strukturelle und texturelle Veränderungen)
- morphodynamische Indikatoren (z. B. hinterlässt die Verstärkung der Bodenerosion an Hängen im Bereich der Oberhänge „gekappte" Profile, sodass die obersten Bereiche des ursprünglichen Profils fehlen – gleichzeitig finden sich im Bereich von Tiefenlinien Materialakkumulationen)

Obwohl sich Desertifikation in der Landschaft physisch als **Degradation und Verminderung der Tragfähigkeit** manifestiert, sind die Ursachen häufig im sozioökonomischen Bereich zu suchen. Historische, politische, soziale und wirtschaftliche Zwänge oder Rahmenbedingungen wie beispielsweise rasches Bevölkerungswachstum, ungünstiges Landrecht (kurze Pachtperioden und daher kein Interesse an nachhaltiger Nutzung), mangelnde administrative Regulierung der Landnutzung, Marktwirtschaft statt Subsistenzwirtschaft sowie fehlender Zugang zu gutem oder zumindest tragfähigem Land speziell für die ärmere Bevölkerung sind Auslöser bzw. Gründe für nicht angepasste Landnutzungspraktiken, die besonders im Zusammenspiel mit klimatischen Extremsituationen Desertifikationsprozesse initiieren oder forcieren. Sie ergeben sich aus getroffenen und nicht getroffenen Entscheidungen in den unterschiedlichsten politischen Bereichen, angefangen bei Wirtschafts-, Agrar- und Umweltpolitik über Gesundheits- und Sozialpolitik bis hin zur Außenpolitik – auch der Nationen, die mit den desertifikationsgefährdeten Ländern in Handelsbeziehungen stehen (Hammer 2001).

Der Mensch steht als Auslöser und wesentliche Steuergröße am Ausgangspunkt des Desertifikationsgeschehens. Durch unangepasste Landnutzung (wie landwirtschaftliche Übernutzung der Anbauflächen, Überweidung, Rodungen und Entwaldung, Ausbeutung der Grundwasserreserven oder falsche Bewässerungspraktiken mit Vertrocknung oder Versalzung) werden die Pflanzendecke zerstört, die Böden degradiert und die Wasserverfügbarkeit in quantitativer und/oder qualitativer Hinsicht beeinträchtigt. **Bodendegradation** führt durch Erosion und Krustenbildung zur Beeinträchtigung des Bodenwasserhaushalts und zu einer verminderten Tragfähigkeit für Vegetation, deren Auflichtung ihrerseits Erosionsprozesse forciert. Die großflächige Zerstörung der Pflanzendecke verursacht eine Aridisierung im Bereich der bodennahen Luftschicht. Dadurch wird eine oberflächige Austrocknung und Verhärtung der Böden begünstigt und als Folge die Infiltrationskapazität der Böden verringert, was wiederum in verstärktem Oberflächenabfluss resultiert. Dieses führt zu verstärkter Bodenerosion, wobei insbesondere das humus-, feinerde- und nährstoffreiche Solum betroffen ist und sich somit ungünstigere Bedingungen für die Vegetation ergeben. Allgemein gilt, dass es sich bei Desertifikationsprozessen um hoch komplexe Ursache-Wirkungskorrelationen handelt, die sich von Fall zu Fall und von Region zu Region im Hinblick auf die jeweils wirksamen Faktoren und Mechanismen unterscheiden und sich daher auch monokausalen Erklärungen entziehen.

Beispielraum Sahel

Der **Sahelraum am südlichen Rand der Sahara** (Sahel ist etymologisch abgeleitet von arab. *as-sahil* = das Ufer, die Küste) ist geprägt von physischen Prozessen wie ausgeprägten Niederschlagsvariabilitäten mit verheerenden Dürrekatastrophen, Wind- und Wassererosion und deutlicher Abnahme der Bodenfeuchtigkeit von Süd nach Nord. Aufgrund dieser und des zunehmenden menschlichen Drucks auf die natürlichen Ressourcen zur Überlebenssicherung ist der Sahelraum sicherlich die Region auf der Erde, in der die Desertifikationsproblematik – nicht zuletzt durch die Medienpräsenz während der immer wiederkehrenden Dürreperioden in den letzten Jahrzehnten – von der Öffentlichkeit am intensivsten wahrgenommen wird.

Die Armut der stark subsistenzorientierten Gesellschaften des Sahel spielt zwar eine notwendige Rolle, reicht aber als alleiniger Erklärungsansatz für die Auslösung der weiträumigen Degradations- bzw. Desertifikationsprozesse in dieser Region Afrikas nicht aus. In vorkolonialer Zeit wechselten in dieser ursprünglichen Dornsavannenregion relativ kurze Nutzungs-, zum Teil Übernutzungsphasen im Wanderfeldbau, in der Landwechselwirtschaft oder in der nomadischen Viehhaltung mit langen Brachezeiten ab. Eine geringe Bevölkerungsdichte und soziale Mechanismen (z. B. war eine Eheschließung vielfach von zusätzlichen Bodenreserven oder zusätzlichen Ernteerträgen abhängig) haben eine großräumigere Degradation des natürlichen Potenzials verhindert. Erst die gesellschaftlichen Entwicklungen seit dem Beginn der Kolonialisierung vor etwas mehr als 100 Jahren (mit Entscheidungen und Unterlassungen, die von der lokalen über die nationale bis zur internationalen Ebene reichen) haben zur Landschaftsdegradation und Desertifikation in größerem Ausmaß geführt (Vernet 1994). Während der Kolonialzeit fand durch die Förderung der markt- und profitorientierten Erzeugung von Exportrohstoffen wie Baumwolle oder Erdnuss eine Veränderung der bis dahin bestehenden wirtschaftlichen, politischen und sozialen Systeme statt, die dazu führte, dass viele ländliche Regionen auf der Grundlage ihrer bisherigen Ressourcennutzung und der für den Sahel typischen Subsistenzwirtschaft nicht mehr überlebensfähig waren. Auch mit dem Übergang von der Kolonial- zur Entwicklungspolitik seit der politischen Unabhängigkeit der betroffenen westafrikanischen Staaten haben sich lediglich Mittel und Instrumente geändert. Die Agrarpolitik ist auch weiterhin prioritär auf Markt-, Export- und Rentenproduktion ausgerichtet. Für den überwiegenden Teil der sahelischen Bevölkerung ist jedoch bis heute die Subsistenzwirtschaft, die im übrigen bis heute keine Förderung erfahren hat, überlebensnotwendig, sodass sich trotz des starken Bevölkerungswachstums die Landwirtschaftstechniken im Prinzip nicht verbessert haben und damit die landwirtschaftliche Übernutzung der Anbauflächen, die Überweidung, Rodungen und Entwaldung und die Ausbeutung der Grundwasserreserven auch weiterhin zumindest die Landschaftsdegradation verstärkt, in vielen Bereichen jedoch bereits die Desertifikation forciert haben. Auch die allgemeine Wirtschaftspolitik ist regelhaft ausschließlich auf die Sahelstädte ausgerichtet, während die ländlichen Räume vernachlässigt werden. Die Landnutzungs-, Ressourcen- und Raumerschließungspolitik hat vielfach dazu geführt, dass Gebiete, die aufgrund ihres natürlichen Potenzials früher nur zeitlich eingeschränkt oder sehr extensiv genutzt wurden, neu erschlossen werden und dass – verbunden mit dem Bevölkerungswachstum – die nicht angepasste Landnutzung im Zusammenspiel mit klimatischen Extremsituationen Desertifikationsprozesse initiiert oder forciert.

Obwohl bereits auf der **UNCOD-Konferenz** 1977 im Gefolge einer der folgenschwersten Dürrekatastrophen in der Sahelzone Afrikas (1969–1974) Ziele wie „Aufhalten oder Eindämmen von Desertifikation" oder die „Verbreitung ökologisch angepasster produktiver Landnutzungsformen" propagiert wurden (Middleton 1991), wurde es bald deutlich, dass es sich bei den Prozessen, die zur Desertifikation führen um hoch komplexe Ursache-Wirkungskorrelationen handelt, die sich von Fall zu Fall und von Region zu Region im Hinblick auf die jeweils wirksamen Faktoren und Mechanismen unterscheiden. Möglicherweise sind deswegen und trotz der vielfachen großen Anstrengungen bis heute nur geringe Erfolge bei der **Desertifikationsbekämpfung** erzielt worden. Sichtbare graduelle Fortschritte gibt es im Prinzip nur auf der lokalen (regionalen) Ebene mit jeweils spezifisch abgestimmten und an den jeweiligen klimatischen Trend angepassten Gegenmaßnahmen. Im Gegensatz zu den internationalen und nationalen Strategien zielen diese Maßnahmen nicht auf die Eindämmung der Desertifikationsfolgen, sondern auf die ihrer Ursachen, für deren Detektion im Vorfeld umfassende, regionale Monitoringdaten zur genauen Klassifizierung nötig sind. Insgesamt kommt der Politik nicht nur der unmittelbar betroffenen Staaten sowohl bei der Verursachung als auch bei einer möglichen Bekämpfung der Desertifikation eine zentrale Rolle zu. Zwar sind direkte politische Handlungsspielräume begrenzt, doch sind inländische Reformen und internationale Veränderungen der Wirtschaftsbeziehungen zwingend notwendig, um die Desertifikation einzudämmen. Dennoch ist es auch vor dem Hintergrund des Klimawandels und trotz der durchaus erkennbaren Bereitschaft und des politischen Willens auf nationaler und supranationaler Ebene, das Problem grundlegend anzugehen, fraglich, ob die Desertifikation dauerhaft bekämpft werden kann.

Beschleunigung der Desertifikation durch Klimawandel?

Das **IPCC** (Exkurs 29.3.1) konstatiert in seinem vierten Klimazustandsbericht (2007a, b) einen Anstieg der globalen Durchschnittstemperatur um 0,6 °C ± 0,2 °C für das 20. Jahrhundert, wobei die Intensität der Erwärmung regional variiert. Bis zum Jahr 2100 wird ein weiterer Temperaturanstieg von 1,4 bis 5,8 °C prognostiziert. Dabei vollzieht sich die Erwärmung im Bereich der Landmassen schneller als über den Ozeanen und übersteigt somit mit hoher Wahrscheinlichkeit den globalen Durchschnitt, und die subtropischen Trockenzonen werden von der Erwärmungstendenz stärker betroffen als beispielsweise die tropischen Regenwälder.

Cubasch & Kasang (2001) und Paeth (2008) gehen davon aus, dass sich im Zuge des allgemeinen Temperaturanstiegs auch Hitzewellen und Trockenperioden häufiger einstellen. Diese spielen für Desertifikationsprozesse eine wesentliche Rolle, indem sie in den betroffenen Gebieten einerseits die Anfälligkeit der Böden für Degradation erhöhen und andererseits die verfügbaren Wasserressourcen quantitativ und qualitativ beeinträchtigen und somit neben Ernteausfällen zu einer Gefährdung der Wasserversorgung führen. Für desertifikationsgefährdete Gebiete in Nordamerika, Asien und Südeuropa werden in der Literatur Reduktionsraten der Bodenfeuchte von bis zu 30 Prozent bis zur Mitte des 21. Jahrhunderts genannt (Clark et al. 2001, Feddema & Freire 2001, Werth & Avissar 2005, Wetherald & Manabe 1999).

Als weiterer Aspekt des Klimawandels wird eine Intensivierung des hydrologischen Kreislaufs für sehr wahrscheinlich gehalten. Im Zuge dessen könnte sich die Evapotranspiration sowie aufgrund des allgemeinen Temperaturanstiegs die Aufnahmekapazität der Atmosphäre für Wasserdampf erhöhen. Daraus resultiert einerseits die zunehmende **Gefahr schwerer Niederschlagsereignisse**, andererseits eine **Verstärkung des Treibhauseffekts** durch den gestiegenen Wasserdampfgehalt. Allerdings wären von Starkregenereignissen, mit Ausnahme von Teilen des Mittelmeerraumes, vermutlich in erster Linie die mittleren und hohen Breiten betroffen. Intensivere Niederschläge führen zu verstärktem Oberflächenabfluss, wobei aber kein wesentlicher Beitrag zur Erhöhung des Bodenwasserspeichers erbracht werden kann. Vielmehr wird die **Bodenerosion** (Kapitel 11) forciert, die im Rahmen von Desertifikationsprozessen eine wichtige Rolle spielt. Dabei könnten sich zusätzlich qualitative **Probleme bei der Wasserversorgung** ergeben. Hoff (2001) weist darauf hin, dass sich die Veränderung des Oberflächenabflusses deutlich von der des Niederschlags unterscheiden kann, da sich im Zuge der allgemeinen Erwärmung gleichzeitig die Verdunstung erhöht. So könnte eine Erwärmung um 1 bis 2 °C in Kombination mit einem Niederschlagsrückgang um 10 Prozent den Oberflächenabfluss um 40 bis 70 Prozent reduzieren (Maynard & Royer 2004, Postel 1993). Darüber hinaus wirken sich erhöhte Evapotranspirationsraten auch auf die Infiltration und die Bodenfeuchtigkeit und somit auf die Menge an pflanzenverfügbarem Bodenwasser aus. Die Frage der Wasserverfügbarkeit ist besonders für die Trockenräume der Erde von außerordentlicher Bedeutung, da in diesen Regionen bei der Pflanzenproduktion zumeist der **hygrische Faktor** als limitierendes Element in Erschei-

nung tritt. Während für die höheren Breiten Ertragszuwächse für möglich gehalten werden, gilt für die niederen Breiten, speziell die ariden und semiariden Gebiete, eine negative Entwicklung der landwirtschaftlichen Erträge mit einem erhöhten Risiko von Hungersnöten als wahrscheinlich. Der Zuwachs an ackerbaulich nutzbarem Land in den höheren Breiten wird vermutlich mit

Abb. 29.3.13 a) Überweidete und mobilisierte Dünen und *Acacia-Balanites*-Savanne bei Tabalak (Niger). b) Überweidung und Zerstörung der Krautvegetation vor einem Weidezaun in der Region Diffa (Niger). Geringe, aber bodendeckende Grasvegetation hinter dem Zaun als Zeichen der Regenerationsfähigkeit von Vegetation und Boden zum Höhepunkt der Dürre im westafrikanischen Sahel 1984. c) Abholzung und Überweidung in den 1950er- und 1960er-Jahren mit nachfolgender Bodenabtragung auf der Krim. Versuch der Bekämpfung der Bodenerosion durch Terrassierung und Anpflanzung von Kiefern. d) Autoregeneration der Vegetation ohne Einflussnahme des Menschen (Fotos: Erhard Schulz).

Verlusten in den Subtropen in Form einer Ausbreitung der Steppen und Wüsten einhergehen. In diesem Fall könnte sich der Nutzungsdruck in den ohnehin desertifikationsgefährdeten Gebieten noch erhöhen (Hörmann & Chmielewski 2001, Paeth et al. 2008)

Derzeit ist die Bedeutung des Klimawandels für die Desertifikationsproblematik noch schwer abzuschätzen. Dennoch scheint sich bei allen derzeit noch vorhandenen Unklarheiten und Wissensdefiziten als Grundtendenz abzuzeichnen, dass „Desertifikation sich ohne wirksame Gegenmaßnahmen im Zuge des *global warming* einerseits noch verstärken und unter Umständen auch räumlich weiter ausdehnen [wird], andererseits können wir darauf hoffen, dass es im Gefolge von klimaregionalen Veränderungen und Akzentuierungen regional selbst größere Raumeinheiten mit gegenläufiger Entwicklung, das heißt mit einer Verbesserung der ökologischen wie der ökonomischen Nutzungspotenziale geben wird" (Seuffert 2001). Allerdings geht das IPCC (2007a, b) davon aus, dass mit Zunahme der Veränderungen die nachteiligen Folgen, auch in Form einer Beschleunigung der Desertifikation, in den Vordergrund treten.

Klimawandel und Geopolitik

ANNIKA MATTISSEK UND THILO WIERTZ

Der globale Klimawandel stellt derzeit eines der zentralen Themen nationaler und internationaler Politik dar und ist damit auch in der Politischen Geographie zu einem wichtigen Forschungsfeld geworden. Politisch-geographische Auseinandersetzungen mit dem Phänomen des Klimawandels können auf eine Reihe unterschiedlicher konzeptioneller Perspektiven zurückgreifen, die jeweils spezifische Aspekte in den Fokus rücken. So beleuchten Ansätze der Politischen Ökologie das Zusammenspiel von Akteuren auf unterschiedlichen Maßstabsebenen; (neo-)institutionalistische Zugänge fokussieren die ermöglichenden und beschränkenden Auswirkungen formeller und informeller Institutionen für das Handeln von Akteuren; die Kritische Geopolitik widmet sich der Frage, wie in Sprache und politischen Praktiken bestimmte Vorstellungen und Problemwahrnehmungen des globalen Klimawandels erzeugt werden und auf welche Art und Weise diese mit politischen Entscheidungen und Machtstrukturen verknüpft sind (Kapitel 19). Welchen Darstellungen und Wirklichkeitskonstruktionen (geo-)politische Entscheidungen unterworfen sind, ist dabei von entscheidender Bedeutung: Ob der Klimawandel als eine Bedrohung für die Ernäh-

rungssicherheit in Ländern des globalen Südens dargestellt wird, als Gefahr für sensible Ökosysteme oder die nationale Sicherheit, entscheidet maßgeblich über Strategien und Zuständigkeiten in der Klimapolitik. **Gefahr** und **Sicherheit** sind dabei auch an eine räumliche Dimension gebunden: Politik kann zum Beispiel im Namen nationaler Bedürfnisse formuliert werden mit Blick auf ein globales Allgemeininteresse oder als Hilfe für besonders vom Klimawandel betroffene Regionen. Aus den genannten Perspektiven können drei Leitfragen formuliert werden, denen in diesem Kapitel nachgegangen werden soll:

- Welche sicherheitspolitischen Vorstellungen und Territorialisierungen sind maßgeblich für die politischen Aushandlungsprozesse um den globalen Klimawandel?
- Welche neuen und alten geopolitischen Akteure, Koalitionen, Grenzziehungen und Handlungsstrategien spielen in der Klimawandeldebatte eine Rolle?
- Wie werden bestehende Mechanismen zur Bekämpfung des Klimawandels durch etablierte Machtverhältnisse strukturiert bzw. inwieweit ist die Klimapolitik umgekehrt auch in der Lage, solche Machtverhältnisse infrage zu stellen?

Raumvorstellungen und Territorialisierungen in der Klimadebatte

Räumliche und maßstäbliche Organisationsformen sind – wie repräsentationsorientierte Ansätze der Politischen Geographie vielfach deutlich gemacht haben (Kapitel 19) – keine neutralen Abbildungen gesellschaftlicher Wirklichkeiten, sondern „geo-politische" Kategorien, das heißt untrennbar verknüpft mit Machtstrukturen, Formen der Institutionalisierung und der Beförderung spezifischer Interessen auf Kosten von anderen (Smith 2004). Entsprechend stellt sich die Frage, welche Auswirkungen die Problematisierung des Klimawandels auf unterschiedlichen Maßstabsebenen für politische Prozesse hat.

Wissenschaftliche Auseinandersetzungen mit dem anthropogenen Klimawandel, insbesondere durch den Weltklimarat (IPCC) seit seiner Gründung in den späten 1980er-Jahren, haben in erster Linie eine **globale Perspektive** auf das Klima hervorgebracht. In dieser Sichtweise wird der Klimawandel als ein Phänomen dargestellt, das vom Menschen mit verursacht wird und in dieser Form die Erde als Ganzes bedroht. Daraus folgt die Notwendigkeit globaler politischer Kooperationen und einer effektiven internationalen politischen Ordnung, um eine globale ökologische Katastrophe abzuwenden (Miller 2004). Diese Sichtweise begründet auch den Fokus der Klimapolitik auf einen global gemittelten Temperaturanstieg von 2 °C. Jedoch ist die Festlegung einer Temperaturgrenze gleichermaßen eine Festlegung akzeptierter Schäden, die regional durchaus als gefährlich oder katastrophal bewertet werden können, deren räumliche und soziale Differenzierung jedoch hinter der Vorstellung eines globalen Allgemeinwohls zurücktritt (Liverman 2009). Die Repräsentation des Klimawandels als eine primär globale Bedrohung birgt also die Gefahr, dass die heterogenen sozialen und politischen Kontexte aus dem Blick geraten, in denen sich Umweltveränderungen vollziehen und sich als lokale Gefahren konstituieren.

Entsprechend wird die globale Sichtweise auf den Klimawandel oder das *one-world-* und *our-common-future-*Denken insbesondere von Vertretern der Entwicklungsländer als Verschleierungstaktik kritisiert, die von den grundlegenden **Gegensätzen zwischen Nord und Süd** bzw. zwischen Entwicklungs- und Industrieländern ablenke. Autoren mit einer solchen Verortung betonen die grundlegenden Unterschiede in den Lebensbedingungen zwischen westlicher Welt und Entwicklungsländern und die unterschiedlichen Anteile dieser Länder an der Verursachung des Klimawandels. Dabei werfen sie die grundlegende Frage auf, wessen Zukunft in den aktuellen Klimaverhandlungen gesichert werden soll – die der westlichen Welt oder die der Entwicklungsländer (Agarwal & Narain 1998).

Auf der Ebene der politischen Verhandlungsführung spielt, entsprechend der „üblichen" geopolitischen Spielregeln der inter-„nationalen" Gemeinschaft, die Rahmung des Klimawandels als **nationalstaatliches Problem** die zentrale Rolle. Staaten (oder staatliche Wirtschaftssysteme) werden entsprechend oftmals als diejenigen Entitäten angesehen, die vom Klimawandel bedroht sind oder durch ihn profitieren. Entsprechend werden Aushandlungsprozesse über politische Maßnahmen in der Regel zwischen Vertretern von Nationalstaaten geführt. In dieser Sichtweise sind es in erster Linie Staaten, die Rechte und Verantwortung gegenüber dem Rest der Welt haben (Paterson & Stripple 2007). Ein Effekt dieser „Nationalisierung" der Debatte ist es, dass Fragen der Verantwortlichkeit, Fairness und der Rechte nicht mit Bezug auf Individuen oder soziale Gruppen verhandelt werden, sondern stattdessen in Bezug auf Nationalstaaten.

Eine Berücksichtigung der **individuellen Ebene** wird gerade von Vertretern ärmerer Länder eingefordert. Diese kritisieren zum Beispiel den Bezug von CO_2-Emissionen auf Nationalstaaten grundlegend und argumentieren, dass dadurch verschwindend geringe Verbesserungen des Lebensstandards ärmerer Länder als „bedrohlich" und „verwerflich" dargestellt werden und

eine Angst des „Nordens" vor der Entwicklung des „Südens" geschürt würde. Der damit verknüpfte Versuch, die Entwicklungsländer für den Klimawandel mitverantwortlich zu machen, würde somit bestehende globale Ungleichheiten aufrechterhalten und verstärken. Stattdessen wäre es aus Sicht der Entwicklungsländer moralisch notwendig, zwischen „Luxusemissionen der Reichen" und „überlebenswichtigen Emissionen der Armen" zu differenzieren (Agarwal & Narain 1998).

Geopolitische Akteure und Koalitionen

Im Rahmen internationaler Verhandlungen erscheinen aufgrund der genannten Territorialisierungen Nationalstaaten und deren Vertreter häufig als quasi-autonome Akteure, die mit je spezifischen Interessen und Strategien um eine Durchsetzung ihrer eigenen Ziele ringen. Politisch-ökonomische Ansätze können vor diesem Hintergrund genutzt werden, um zu untersuchen, wie und mit welchen Interessen sich Staaten zu Koalitionen zusammenschließen, um ihren Einfluss auf dem internationalen Parkett zu erhöhen und wie sich bestehende Ziele und Machtpotenziale in der Durchsetzung bestimmter institutioneller Strukturen, wie zum Beispiel den flexiblen Instrumenten zur Emissionsreduktion, auswirken. Im Rahmen der *United Nations Framework Convention on Climate Change* (UNFCCC) wurde eine ganze Reihe geopolitischer Zusammenschlüsse gestärkt oder neu konstituiert (Barnett 2007, Bulkeley & Newell 2010). Zu den wichtigsten dieser transstaatlichen Verbünde gehören die folgenden.

Die **G77+China** sind ein Zusammenschluss von Schwellen- und Entwicklungsländern, die im Rahmen der Klimaverhandlungen häufig gemeinsam auftreten. Diese Gruppe fordert weitreichende Reduktionen der Treibhausgasemissionen durch die entwickelten Staaten, da diese als primäre Verursacher des Klimawandels angesehen werden. Gleichzeitig setzt sich die G77 für einen Verteilungsmechanismus der weltweiten Emissionsrechte ein, der auf gleichen Pro-Kopf-Emissionen beruht. Hiervon würden besonders bevölkerungsreiche und schnell wachsende Schwellenländer profitieren, die immer stärker unter Druck geraten, ihre nationalen Treibhausgasemissionen zu senken.

Die **AOSIS** (*Alliance of Small Islands States*) vertritt die Interessen von 43 kleinen Inselstaaten, welche die höchste Vulnerabilität gegenüber dem Meeresspiegelanstieg aufweisen. Daher argumentieren diese Inselstaaten am vehementesten für hohe Reduktionen der Treibhausgasemissionen. Ebenso wie die AOSIS pocht die **Gruppe der 50 am wenigsten entwickelten Länder (LDC)** aufgrund großer befürchteter Schäden auf zusätzliche Kompensationszahlungen durch die Industrieländer.

Die **OPEC** vertritt im Rahmen der Klimaverhandlungen die Interessen Erdöl produzierender Länder. Diese Gruppe spricht sich, unter Verweis auf wissenschaftliche Unsicherheiten, gegen verbindliche Maßnahmen aus, die eine ökonomische Benachteiligung fossiler Brennstoffe bedeuten würden. Alternativ fordert sie eine Kompensation für nicht gefördertes Öl und forciert die Einführung neuer Technologien zur Abscheidung von CO_2 an Emissionsquellen.

Die **EU-Staaten** setzten sich in der Vergangenheit für eine starke Reduktion der globalen Emissionen sowie eine strikte, weniger flexible Umsetzung der beschlossenen Reduktionen ein. Diese Haltung ist auch dadurch zu erklären, dass die Kosten der Emissionsminderung in der EU niedriger sind als in anderen entwickelten Regionen, da die EU-Staaten im Kyoto-Protokoll Reduktion anstreben und somit von einer internen Flexibilität profitieren: Seit 2005 ist es den EU-Staaten möglich, im Rahmen des Europäischen Emissionshandels untereinander Emissionsrechte zu handeln.

Die **JUSCANZ-Gruppe** (Japan, Kanada, Australien, Neuseeland, USA) stand in den Verhandlungen um das Kyoto-Protokoll der EU mit Forderungen nach mehr Flexibilität bei der Implementierung der festgeschriebenen Emissionsziele gegenüber. Aus dieser Gruppierung ging die sogenannte **Umbrella-Group** hervor, die heute eine lose Koalition aus entwickelten Staaten darstellt, die nicht Mitglieder der Europäischen Union sind. Ihr gehören neben den oben genannten JUSCANZ-Staaten auch Norwegen, die Schweiz, Russland und die Ukraine an.

Besonders die **USA** setzten sich in den Verhandlungen um die Implementierung des Kyoto-Protokolls für umfassendere flexible Mechanismen ein, um Belastungen der heimischen Wirtschaft so gering wie möglich zu halten. Der Konflikt zwischen der EU und den USA in dieser Frage trug maßgeblich dazu bei, dass die USA das Kyoto-Protokoll nicht ratifizierten und sich schließlich aus dem Kyoto-Prozess zurückzogen. Die USA lehnten es zudem ab, die eigenen Emissionen zu reduzieren, solange große Entwicklungsländer wie China und Indien von verbindlichen Emissionszielen ausgenommen bleiben.

Flexible Instrumente der Emissionsreduktion – ausgleichende Gerechtigkeit oder Reproduktion postkolonialer Mechanismen?

Besonders auf Druck der USA wurden die flexiblen Mechanismen CDM (*Clean Development Mechanism*), JI (*Joint Implementation*) und der Emissionshandel in das Kyoto-Protokoll aufgenommen. Deren Ziel ist es, die Kosten der Klimapolitik möglichst gering zu halten, indem Emissionsreduktionen dort durchgeführt werden, wo es am günstigsten ist. Der *Clean Development Mechanism* ermöglicht es entwickelten Ländern (gelistet in Annex I der UNFCCC) einen Teil ihrer Emissionsreduktionen in Entwicklungsländern vorzunehmen und für diese Reduktionen zusätzliche Emissionslizenzen zu erhalten. Über den *Joint-Implementation*-Mechanismus ist es Annex I-Staaten zudem erlaubt, Reduktionen in anderen entwickelten Staaten zu realisieren, um so weitere Emissionsrechte zu erhalten. Durch den **Emissionshandel** können Staaten, die nicht alle ihnen zugeteilten Lizenzen verbrauchen, die überschüssigen Lizenzen an Staaten verkaufen, die mehr als die ihnen zugeteilten Lizenzen benötigen. Seit 2005 wird zudem darüber diskutiert, einen zusätzlichen Mechanismus zur Reduktion von Emissionen aus Entwaldung und Walddegradierung in ein **Nachfolgeprotokoll von Kyoto** aufzunehmen. Über den REDD-Mechanismus (*reducing emissions from deforestation and forest degradation*) sollen Entwicklungsländer für den Erhalt bestehender Waldflächen einen finanziellen Ausgleich erhalten.

Von den flexiblen Mechanismen des Kyoto-Protokolls profitieren insbesondere Schwellenländer wie China und Indien, da über die Hälfte der CDM-Projekte in diesen beiden Staaten durchgeführt werden. Neben dem primär angestrebten Rückgang der Treibhausgasemissionen sollen diese Initiativen zusätzlich positive ökonomische Effekte im Sinne einer nachhaltigen Entwicklung bewirken.

Die flexiblen Marktmechanismen zur Einhaltung von Reduktionszielen stoßen jedoch auch auf Kritik. In der Umsetzung erweist es sich als schwierig, das wirkliche Ausmaß von Emissionsreduktionen durch CDM-Mechanismen zu bestimmen und zu überwachen. Zudem ist kaum nachprüfbar, ob die Maßnahmen zusätzlich ergriffen wurden oder ob die Treibhausgasreduktionen nicht auch sonst stattgefunden hätten, da die Investition auch ohne zusätzliche Mittel aus dem CO_2-Handel lohnend gewesen wäre. Darüber hinaus bieten die flexiblen Marktmechanismen Industrieländern die Möglichkeit, sich gewissermaßen aus ihren Verpflichtungen zur Reduktion von Treibhausgasen „freizukaufen" und dadurch Anreize für technologischen Fortschritt und Veränderungen des Lebensstils zu verringern. Zielländer der CDM-Mechanismen drohen dadurch zu Kohlenstoffsenken reicher Länder zu werden. Zudem bietet insbesondere der CDM neue Möglichkeiten der Kapitalakkumulation und benachteiligt die Empfängerländer der Technologien strukturell, weil Emissionsrechte aus dem CDM geringer bewertet werden als Emissionsreduktionen in Industrieländern.

Überdies fehlen Akteuren im globalen Süden oftmals die Informationen, um einen angemessen hohen Preis für ihre CO_2-Reduktionen zu fordern, wodurch ungleiche *terms of trade* entstehen. Im Extremfall kann der CO_2-Handel sogar als Akt der Enteignung verstanden werden, wenn durch CDM-Projekte öffentliches Land in Privateigentum umgewandelt wird. Dadurch verliert die Bevölkerung in Entwicklungsländern zum Teil das Recht, Ressourcen wie Wasser und Land zu benutzen (Bumpus & Livermann 2008). Flexible Marktmechanismen der Klimapolitik können damit dazu beitragen, globale Abhängigkeitsverhältnisse zu reproduzieren und zu verstärken.

Die Debatte um „Sicherheit" bzw. *securitization* und Klimawandel

Die öffentlichen, wissenschaftlichen und politischen Debatten um den globalen Klimawandel haben sich in ihrer Schwerpunktsetzung über die Zeit verändert. Aus Sicht der Kritischen Geopolitik sind solche diskursiven Verschiebungen von zentralem Interesse, da sie politische Handlungen maßgeblich mitbestimmen. Brauch (2009) macht in dieser Entwicklung drei Phasen aus: Als das Thema in den 1970er- und 1980er-Jahren verstärkt in die öffentliche Wahrnehmung und auf die politischen Agenden rückte, war es zunächst von Besorgnis über die Zerstörung der physischen Umwelt durch den Menschen getragen. Dominant für die gesellschaftliche Rahmung des Themas waren in erster Linie wissenschaftliche Erkenntnisse und eine starke Stellung der Wissenschaft, die als warnende Instanz eine Schlüsselrolle einnahm (*scientific agenda setting*). Ab den späten 1980er-Jahren und bis zum Ende des Jahrtausends bestimmten Fragen des politischen Umgangs mit dem Klimawandel und der Versuch, international akzeptierte politische Wege des Umgangs mit diesem zu begründen, die Agenda (*politicization*). Seit der Jahrtausendwende ist zu diesen mittlerweile etablierten (und nach wie vor relevanten) Formen der Problematisierung eine dritte hinzugetreten, die insbesondere in den letzten Jahren maßgeblich an Bedeutung gewonnen hat: Die Darstellung des globalen Klimawandels als Sicherheitsproblem (*securitization*; Brauch 2009).

Kennzeichnend für diese Entwicklung sind eine Vielzahl von **Stellungnahmen, Gutachten und Veröffentlichungen**, die in den letzten Jahren zu diesem Thema erschienen sind. In der internationalen Politik lässt sich diese Entwicklung vor allem ab dem Jahr 2007 festmachen: Im April 2007 wird das Thema „globaler Klimawandel" zum ersten Mal im Sicherheitsrat der UN aufgegriffen, im Juni des gleichen Jahres erscheint der Bericht des Wissenschaftlichen Beirats der Bundesregierung Globale Umweltveränderung zum Thema „Sicherheitsrisiko Klimawandel" (WBGU 2007). Im Oktober 2007 wird dem IPCC und Al Gore der Friedensnobelpreis für ihre Anstrengungen zur Bekämpfung des globalen Klimawandels verliehen. Wenig später nehmen sich auch mehrere populärwissenschaftliche Publikationen des Themas an. So erscheinen im Jahr 2008 sowohl das Buch „*Climate Wars*" von Gwynne Dyer als auch „Klimakriege" von Harald Welzer (welches mittlerweile von der Bundeszentrale für Politische Bildung vertrieben wird).

Diese Veröffentlichungen gehen (trotz sehr unterschiedlicher Zuspitzungen und Polemisierung der Thesen) davon aus, dass sich durch den Klimawandel die (Über-)Lebensbedingungen in vielen Ländern für die lokale Bevölkerung verschlechtern werden. Als wahrscheinliche Problemfelder werden dabei im Wesentlichen die Degradation von Süßwasserressourcen, ein klimabedingter Rückgang der Nahrungsmittelproduktion und eine Zunahme von Sturm- und Flutkatastrophen genannt, die entweder direkt oder indirekt, indem sie Migrationsprozesse auslösen, zu einer Überforderung gesellschaftlicher Mechanismen der Konfliktlösung und damit zu Destabilisierung und Gewalt führen (WBGU 2007, Welzer 2008). Diese zu erwartenden Entwicklungen verbinden sich in den Argumentationen zu einem geopolitischen Szenario, in dem sie „die nationale und internationale Sicherheit in einem bisher unbekannten Ausmaß bedrohen" (WBGU 2007) und damit die konventionelle Sicherheitspolitik überfordern. Die damit verbundene Bedrohung des Weltfriedens ergibt sich den genannten Publikationen zufolge vor allem aus zwei Gründen: Zum einen durch eine generelle Zunahme schwacher und fragiler Staaten als Problem und Sicherheitsrisiko. Die Zunahme solcher Staaten könnte zur „Entstehung ‚scheiternder Subregionen' führen, die durch mehrere gleichzeitig überforderte Staaten gekennzeichnet sind. Die ‚schwarzen Löcher der Weltpolitik' würden wachsen, in denen Recht und staatliche Ordnung als wesentliche Säulen von Sicherheit und Stabilität zerfallen" (WBGU 2007).

Zum anderen bedrohen Ströme von Massenmigration die Industrieländer, was in den geopolitischen Repräsentationen der genannten Publikationen zu einer zunehmenden Versicherheitlichung und Abschottungspolitik führt: „Amerika und Europa werden sich künftig wirksamer schützen müssen vor dem Ansturm der befürchteten Millionen von Flüchtlingen, die wegen des Klimawandels zu erwarten sind – Hunger, Wasserprobleme, Kriege und Verwüstungen werden für einen kaum abschätzbaren Druck auf die Grenzen der Wohlstandsinseln Westeuropa und Nordamerika sorgen" (Welzer 2008).

Von Seite der wissenschaftlichen Humangeographie wird an diesen Darstellungen des globalen Klimawandels als Sicherheitsrisiko **scharfe Kritik** geübt. Diese entfaltet sich im Wesentlichen entlang von zwei Argumentationslinien, die vor allem den latenten Umweltdeterminismus und die hier vorgenommenen Konstruktionen von Unsicherheit beanstanden. Im Einzelnen werden die folgenden Kritikpunkte vorgebracht:

- Die Unterstellung eines direkten Kausalzusammenhangs zwischen knappen Ressourcen und Gewaltkonflikten, wie er zum Beispiel von Welzer (2008) hergestellt wird, spielt in der Wahrnehmung die historischen, sozialen und politischen Kontexte herunter, die einzelne Menschen oder Bevölkerungsgruppen verwundbar machen. Andere Erklärungsmuster, die etwa auf den Einfluss des kolonialen Erbes oder soziale Ungleichheits- und Machtverhältnisse verweisen, geraten dadurch aus dem Blickfeld (Radcliffe 2010).
- Die Fokussierung auf physisch-materielle Aspekte von Phänomenen wie Hunger und Armut hat Auswirkungen auf politische Lösungsstrategien. So kritisieren Cannon und Müller-Mahn (2010), dass die klimapolitische Debatte derzeit stark auf den Begriff der Resilienz (Kapitel 27.5) konzentriert ist, der naturwissenschaftliche und technologische Ansätze zur Bekämpfung der Auswirkungen des Klimawandels nahelegt. Im Gegensatz dazu wären die in der Entwicklungspolitik angewandten Vulnerabilitätskonzepte (Kapitel 19) eher in der Lage, auch die soziopolitischen Rahmenbedingungen der Bedrohung menschlicher Existenzgrundlagen zu adressieren.
- Die Darstellung des globalen Klimawandels als Problem der internationalen oder nationalen Sicherheit ist unangemessen, da es hier nicht (wie beispielsweise in den geopolitischen Konfliktszenarien des Kalten Krieges) um eine militärische Bedrohung durch einen externen Feind geht, sondern die Probleme vielmehr hausgemacht sind: „*Traditionally national security has been about protection from external military threats or from internal subversion of the political order. The irony of climate change is that the threat is self-imposed; we are the makers of our own misfortunes*" (Dalby 2009). Die Sicherheitsrisiken des Klimawandels müssten daher statt auf räumliche Entitäten vielmehr auf die betroffenen Individuen bezogen sein und als menschliche Sicherheit (*human security*) adressiert werden.
- Auch hier liegt die politische Brisanz einer solchen Verschiebung des Blickwinkels in deren Auswirkungen auf politische Praktiken. Denn insbesondere für den Umgang mit Umweltmigration macht es einen entscheidenden Unterschied, ob diese als Unsicher-

heitsfaktor und Bedrohung für die Zielländer dargestellt wird, vor denen diese sich (militärisch) schützen müssen, oder als Ausdruck von Unsicherheit der Migranten, was vielmehr den Schutz der Betroffenen erfordern würde (Dalby 2009).

Die Anziehungskraft – und gleichzeitig die Gefahr – der hier skizzierten und kritisierten umweltdeterministischen Darstellungen ist es, komplexe lokale Zusammenhänge auf einfache Ursache-Wirkungs-Formeln zu reduzieren. Bemerkenswert an der medialen Repräsentation der Zusammenhänge zwischen Sicherheit und Klimawandel ist, dass diejenigen wissenschaftlichen Arbeiten, die geltend machen, dass Umweltveränderungen fast nie direkt Konflikte verursachen und nur gelegentlich indirekt zu solchen beitragen (Kahl 2006, Korf 2009), weit weniger Aufmerksamkeit erhalten als alarmistische Darstellungen, die eine rapide Zunahme an Konflikten und Kriegen vorhersagen. Gleichwohl liegt hier eine der zentralen Herausforderungen für eine empirisch ausgerichtete Humangeographie: Denn empirische Analysen regionaler Fallbeispiele können aufzeigen, dass die Zusammenhänge zwischen physischer Umwelt und gesellschaftlichen Prozessen oft viel komplexer und widersprüchlicher sind, als es die derzeit populären Darstellungen vermuten lassen.

Vielschichtigkeit ökologischer und sozio-ökonomischer Problemlagen am Beispiel der Megacity Chennai in Südindien als Hotspot von Global Change und Globalisierung

Axel Drescher, Rüdiger Glaser,
Elke Schliermann-Kraus, Constanze Pfeiffer,
Stephanie Glaser, Jayshree Vencatesan und
Moritz Nestle

Wie in vielen Megacities scheinen auch im südindischen Chennai die spezifischen Problemlagen von Global Change und Globalisierung zu kulminieren. In einem umfassenden Transformationsprozess werden **mangelnde *governance*** und staatliche Misswirtschaft, Korruption, ungeklärte Zuständigkeiten und Fehlplanungen ebenso ersichtlich wie die unzureichende Infrastruktur in nahezu allen Bereichen von Verkehr, Telekommunikation, Wasserver- und -entsorgung sowie Müllmanagement. Kritische Einrichtungen erscheinen ohne entsprechende Absicherung, große soziale und ökonomische Gegensätze sind offensichtlich, **Armut und Migration**

Exkurs 29.3.6

Periurbane Transformationsprozesse in der Megacity Chennai

AXEL DRESCHER, RÜDIGER GLASER UND MAGDALENA BUCHTA

Die Analyse der Transformationsprozesse im periurbanen Raum der Megacity Chennai belegt ein für die rapide wachsenden Städte des Südens typisches Phänomen: den Rückgang der periurbanen Landwirtschaft. Zwar ist dies der Haupterwerbszweig bzw. die Subsistenzbasis der dort lebenden Bevölkerung, doch im Kampf um die knapper werdenden Grundstücke in Zentrumsnähe ziehen die Kleinbauern gegenüber zahlungskräftigen Investoren in der Regel den Kürzeren. Damit stehen die betroffenen Menschen vor der Wahl, noch weiter in die Peripherie umzusiedeln oder in Chennai nach einem neuen Arbeitsplatz zu suchen. In beiden Fällen werden sie mit der Wasserknappheit während der Trockenzeit zu kämpfen haben, denn als ehemalige Bauern ist die Wahrscheinlichkeit groß, zunächst auf ein Wohnquartier in einem Slum angewiesen zu sein. Dort ist die Versorgung durch Wassertanklaster nur sporadisch gewährleistet. Andererseits beansprucht Chennai als Hauptstadt Tamil Nadus in Zeiten von Wasserknappheit alle Reserven für sich, sodass die Landwirtschaft außerhalb der Megacity in diesem Zeitraum stagniert.

Gerade an wirtschaftsdynamischen Standorten wie Chennai ist die Slumbildung ein immer größer werdendes Problem. Dabei sind die Slums meistens dort zu finden, wo die Gefährdung durch Umweltrisiken am größten ist, in sogenannten Marginallagen. In der Metropolregion von Chennai sind das vor allem die potenziellen Überflutungflächen. Damit wird die Infrastruktur der Stadt zusätzlich belastet und gerade jene Menschen, die dem größten Risiko hinsichtlich Krankheiten und Umweltkatastrophen ausgesetzt sind, können nur unzureichend, manchmal gar nicht versorgt werden.

Letztendlich zieht die stetige Expansion der urbanen Fläche wiederum einen größeren Bevölkerungszuwachs nach sich, das heißt Chennai wächst, weil es wächst. Da der Zuwachs durch die Landbevölkerung daran einen entscheidenden Anteil einnimmt, sollte dieser Aspekt bei stadtplanerischen Überlegungen in Betracht gezogen werden.

Die Probleme Chennais sind vielfältig und rühren von einem unkontrollierten Wachstum her, welches stadtplanerisch noch nicht in die richtigen Bahnen gelenkt werden konnte. Zudem ist die Umweltbelastung sowohl für die jetzige Generation als auch für künftige Generationen ein Problemfeld, welches in Zeiten der nachhaltigen Entwicklung immer mehr in den Vordergrund rückt. Die Umsetzung des Vorhabens „Nachhaltigkeit" ist sicherlich nicht leicht, man sollte sich stets die kulturellen Unterschiede vor Augen halten. Wir leben in einer Leistungsgesellschaft, die auf Effizienz ausgelegt ist. In Indien folgt das gesellschaftliche Zusammenleben anderen Prinzipien, die ihren Ursprung in der Religion haben.

---

sind tägliche Realitäten ebenso wie mangelnde Formen der Partizipation und Teilhabe. Überlagert sind diese von vielfachen Problemen im Gesundheitsbereich und einer unverständlichen Missachtung ökologischer Grundregeln. Bahn bricht sich dieser umfassende Prozess in einem dynamischen **Landnutzungswandel** (Exkurs 29.3.6). Die enorme Expansion der Stadt geht mit der Überführung landwirtschaftlicher Nutzflächen in Siedlungsbereiche sowie mit der Degradation oder Vernichtung ökologisch wertvoller und zugleich sensibler Bereiche wie der stadtnahen Feuchtgebiete einher. Da offizielle Daten oftmals fehlen, kommt der Analyse von Fernerkundungsdaten eine wichtige Rolle zu. So zeigt die Analyse der Siedlungsflächen Chennais ein außerordentliches Wachstum in den letzten Jahrzehnten, vor allem in südwestlicher Richtung. Ursache dieser Entwicklung ist eine starke Land-Stadt-Wanderung. Die Richtungsgebundenheit erklärt sich aus der administra-

tiven Struktur. Die Megastadt liegt bereits im äußersten Nordosten des Bundesstaates, zudem dominieren hier Großindustrieanlagen der Petrochemie (Abb. 29.3.14). Die multitemporale Analyse verdeutlicht auch, dass geradezu modellhaft auf eine Phase starker Flächenexpansion eine Verdichtungsphase folgt.

Als schnell wachsender Wirtschaftsraum ist Chennai ein Anziehungspunkt für **Migranten** aus ganz Indien. Doch weder der Arbeitsmarkt noch die städtische Umwelt und Infrastruktur bieten Raum für weitere Zuwanderung. Die Folge davon ist Unterbeschäftigung und ein immenser Mangel an Wohnraum, was seinen Ausdruck in den mehr als 1 000 Elends- und Squattersiedlungen der Stadt findet. Die Bewohner dieser Siedlungen leben meist am Existenzminimum unter menschenunwürdigen und gesundheitsgefährdenden Bedingungen. Die kritische **Trinkwasserversorgung**, die unzureichende **Abfallentsorgung**, die starke Verschmutzung der Ober-

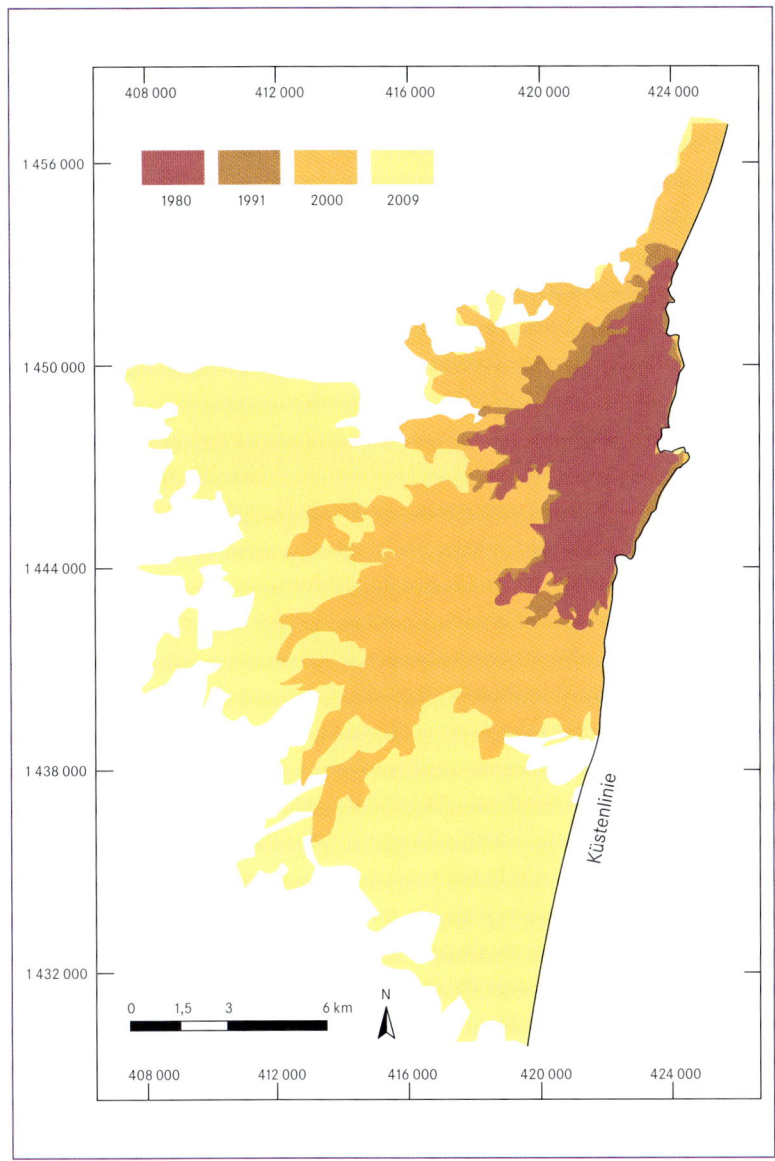

Abb. 29.3.14 30-jährige Entwicklung des verdichteten Siedlungskerns.

flächengewässer sowie das stetig wachsende Verkehrsaufkommen und die damit einhergehende **Luftbelastung** sind typische Probleme (Nestle et al. 2007).

Überlagert werden diese Facetten durch eine nicht unkritische ökologische Disposition. So war Chennai auch vom Weihnachtstsunami 2004 betroffen.

Generell ist die Region **klimatisch** durch ein monsunales Klima mit intensiven Trockenperioden und Hitzewellen im Frühjahr und Sommer und extremen Niederschlags-, Überschwemmungs- und Sturmereignissen im Herbst und Winter geprägt, die sich selbst in historische Zeiträume zurückverfolgen lassen (Walsh et al. 1999). Vor allem in der Vormonsunzeit ist die Stadt von Wasserknappheit betroffen, was auf unterschiedlichen räumlichen und gesellschaftlichen Ebenen zu Nutzungskonflikten führt. Im Gegensatz dazu führen verheerende tropische Zyklone der Monsunperiode und die exzessiven Niederschlagsereignisse immer wieder zu weitflächigen Überschwemmungen des Stadtgebiets, speziell in den tief gelegenen Ungunstgebieten der Marginalbevölkerung. Für die Zukunft ist im Rahmen des Klimawandels mit einer Zunahme von Extremen zu rechnen.

Aus dieser stärker akzentuierten Saisonalität resultieren zahlreiche **gesundheitliche Risiken** wie Cholera, Denguefieber oder Malaria. Hinzu kommt die Gesundheitsbelastung durch mangelnde Dränage und Klärung des kontaminierten oberflächennahen Grundwassers sowie die Salzbelastung und Verschmutzung des Trink- und Oberflächenwassers. Die extreme Armut und Marginalität großer Bevölkerungsteile von Chennai – mehr als ein Drittel der über 8 Millionen Einwohner des Großraums leben in Elendssiedlungen – bedingen eine große Exposition und Sensitivität gegenüber wasserbezogenen Krankheitsrisiken bei gleichzeitig stark beschränkten Bewältigungs- und Anpassungskapazitäten (Drescher et al. 2008). Daher müssen mittelfristig Interventions- und Unterstützungsmechanismen entwickelt werden, die den zu erwartenden Risikoszenarien Rechnung tragen.

Theoretische und konzeptionelle Strukturierung

Komplexe Störungsmuster, wie sie uns im Kontext von Megacities immer wieder gegenübertreten, können nur über einen weit gefassten theoretisch-konzeptionellen Rahmen analysiert werden. Aus dem breiten Repertoire geographischer Raumanalysen bieten sich **Verwundbarkeits-** und **Resilienzansätze**, die mit dem wissenschaftlichen **Nachhaltigkeitsdiskurs** verknüpft sind, besonders an. Möglich sind aber auch **Risikoansätze** oder **Diskursanalysen**.

Nachfolgend wird ein theoretisches Konzept vorgestellt, das auf gekoppelte Mensch-Umwelt-Systeme fokussiert, ihrer Empfindlichkeit und Widerstandsfähigkeit gegenüber natürlichen und anthropogen bedingten Störungen sowie ihren Anpassungskapazitäten (Abb. 29.3.15). Naturwissenschaftliche Konzepte von ökologischer Kritikalität werden dabei mit sozialwissenschaftlichen Ansätzen von Verwundbarkeit verbunden. Bei Letzteren ergänzen sich eher strukturalistische Perspektiven wie beispielsweise der verfügungsrechtliche Ansatz mit stärker handlungsorientierten Ansätzen wie zum Beispiel dem akteursorientierten Konzept von Bewältigungsstrategien (Bohle 2001; Kapitel 18).

Dabei wird immer von multiplen Bedrohungen und Expositionen ausgegangen. In diesem Zusammenhang wird Exposition als Umweltstörung definiert, der eine Bevölkerung ausgesetzt ist; Empfindlichkeit bezeichnet das Ausmaß, mit dem eine Bevölkerung bei fehlender Reaktion durch den Störungsfaktor beeinflusst wird; Anpassungskapazität ist der Grad der Reaktionsfähigkeit einer Bevölkerung. Soziale Verwundbarkeit kann demnach als Funktion von Exposition, Sensitivität und Reaktion im Kontext von ökologischen und gesellschaftlichen Stresssituationen, Krisen und Bedrohungen konzeptualisiert werden (Turner et al. 2003). Indem einzelne disziplinäre Arbeitsgruppen, zum Beispiel Phy-

sische Geographie, Humangeographie, Tropenmedizin und Soziologie sich zunächst auf einzelne Teilaspekte konzentrieren, können die vielschichtigen Dimensionen von Verwundbarkeit gegenüber Krisen im Detail aufgearbeitet werden. In einem weiteren Schritt gilt es dann, diese zu einem integrierten Rahmenkonzept zusammenzuführen, das eine umfassende Verwundbarkeitsabschätzung leisten kann.

Eingebettet ist diese Zusammenschau in ein skalenbezogenes Vorgehen, das sowohl die globalen Dimensionen der Prozesse als auch die nationalen, regionalen und lokalen Gegebenheiten in Betracht zieht.

Hochwasserrisikomanagement

Starke Monsunniederschläge verbunden mit exzessiven Starkniederschlägen führen fast jährlich zu weitreichenden **Überschwemmungen** der Küstenniederungen im Südosten Indiens. Aufgrund des ökonomischen Booms der Megacity Chennai, verbunden mit einer vehement zunehmenden Urbanisierung, sind davon zunehmend mehr Menschen betroffen. Neben der marginalisierten Bevölkerung, die meist gezwungen ist, sich in ungeeigneten Gebieten anzusiedeln, leiden immer häufiger auch wohlhabendere Einwohner überflutungsgefährdeter Wohnviertel unter den Überschwemmungen. Zudem haben sich zahlreiche international bedeutende IT-Unternehmen entlang des neu entwickelten IT-Korridors, der sich an das sogenannte Pallikaranai-Feuchtgebiet anschließt, niedergelassen.

Das **Pallikaranai Marsh** zählt zu den wenigen und letzten noch erhaltenen natürlichen Feuchtgebieten Südindiens. Bis vor etwa 30 Jahren hatte es eine Ausdehnung von über 5 000 ha, die sich jedoch inzwischen aufgrund anthropogenen Drucks auf etwa ein Zehntel reduziert hat. Der freie Wasserlauf im restlichen Marschgebiet ist durch große Bauprojekte und damit zusammenhängende Straßenbauarbeiten stark eingeschränkt. Eine „legale", wenngleich völlig ungesicherte Mülldeponie, die im Jahr 2003 50 ha bedeckte, hat sich seitdem auf über 130 ha vergrößert. Zusätzlich existiert eine wachsende Anzahl von illegalen Elendssiedlungen an den Rändern des Feuchtgebietes.

Sind die immer stärkeren und häufigeren Überflutungen nun Folge eines veränderten Niederschlagsregimes oder müssen sie viel mehr im Zusammenhang von Landnutzungsänderungen und menschlicher Fehlplanung gesehen werden? Zur Beantwortung dieser komplexen Fragestellung sind **interdisziplinäre Ansätze**, die sowohl die physisch-geographischen als auch die sozialen Rahmenbedingungen klären, unverzichtbar (Abb. 29.3.16).

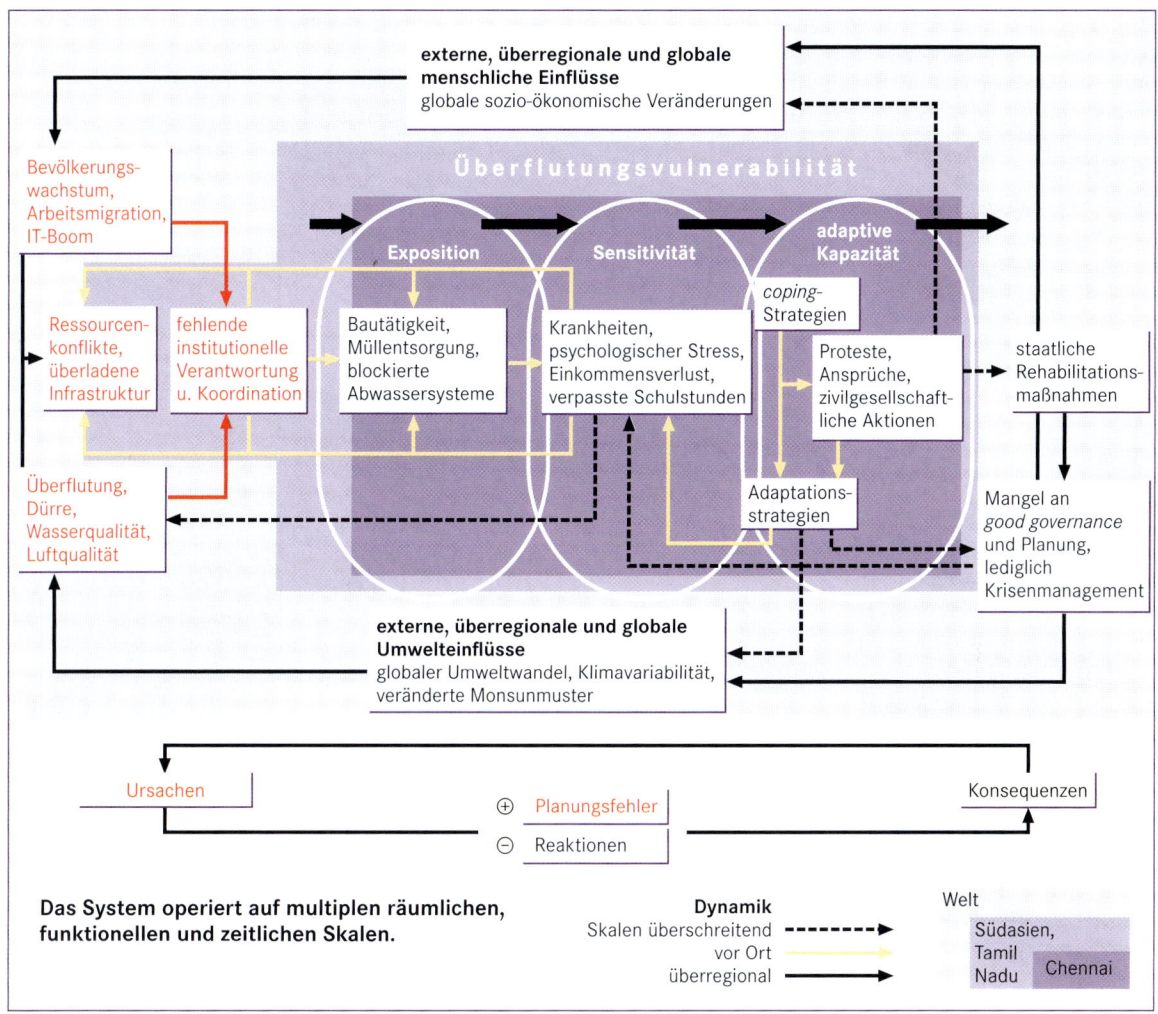

Abb. 29.3.15 Akteursorientiertes Vulnerabilitätskonzept zur komplexen Problemstruktur in der Megacity Chennai (verändert nach Turner et al. 2003).

Die Analyse von **Fernerkundungsdaten** seit den 1960er-Jahren bis heute veranschaulicht die starken Landnutzungsänderungen im Zusammenhang mit **Urbanisierungsprozessen** in dieser Zeitspanne (Exkurs 29.3.6). Gleichzeitig zeigt die Untersuchung meteorologischer Daten keine signifikante Zu- oder Abnahme der **Niederschläge** in den letzten 200 Jahren – die jährlichen Niederschläge verringerten sich sogar im Lauf der letzten 20 Jahre. Lediglich die hohen Niederschlagssummen einzelner Starkregenereignisse können als ein Grund höherer Überflutungswahrscheinlichkeiten gesehen werden. Kombiniert man die Niederschlagsdaten mit den Ausdehnungen der Wasserkörper im Stadtgebiet, welche aus den Fernerkundungsdaten und der webbasierten Kartierung der letzten Überflutungsereignisse gewonnen wurden, so wird jedoch deutlich, dass das

Überflutungsrisiko im Süden Chennais vor allem durch anthropogen bedingte Veränderungen verstärkt wird (Drescher et al. 2007).

Die **sozioökonomische Analyse** der **Risikowahrnehmung** und **Managementstrategien** der Lokalbevölkerung wurden durch *transect walks*, die Befragung von Schlüsselinformanten sowie **Gruppendiskussionen** und die **partizipative Situationsanalyse** mit betroffenen Bevölkerungsgruppen durchgeführt. Die Situationsanalyse wurde durch die Erstellung von sogenannten Mental Maps unterstützt (Abb. 29.3.17). Diese Karten repräsentieren die Sichtweise der lokalen Bevölkerung hinsichtlich ihrer Umwelt und liefern darüber hinaus Einblicke in die lokale Wahrnehmung der Überflutungen. Sie dienen auch zur Rekonstruktion der Ausmaße früherer Hochwasserereignisse. Die spätere Verknüp-

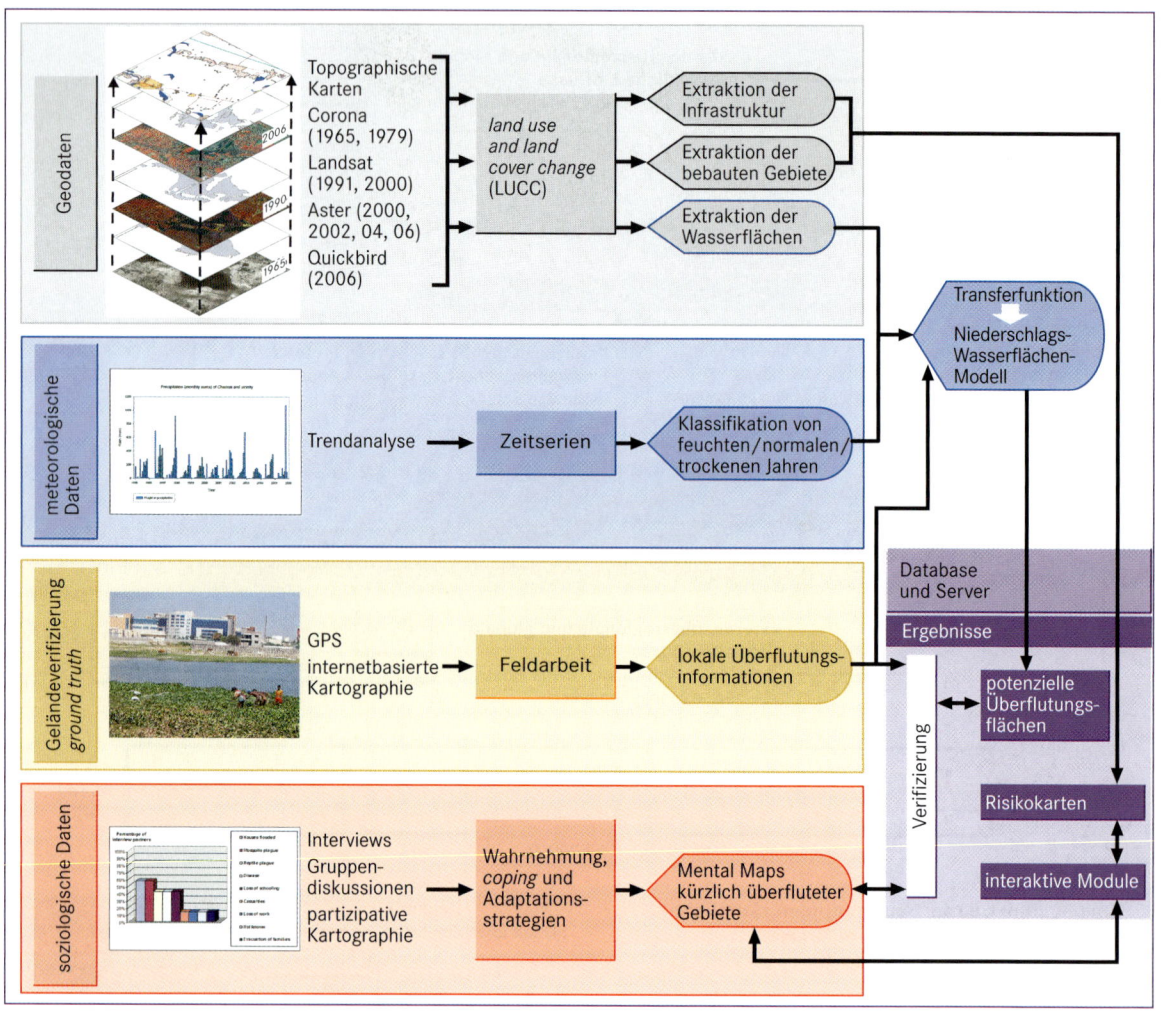

Abb. 29.3.16 Interdisziplinärer Analyserahmen.

fung der Karten mit Satellitendaten ermöglicht die interaktive multimediale Verarbeitung der gewonnenen Informationen (Pfeiffer et al. 2008).

Die Analyse der Lokalbevölkerung unterstreicht die miteinander verknüpften Gründe für Überflutungen, eingebettet in den breiten Kontext ökonomischer Globalisierung, Arbeitsmigration und schneller Urbanisierung.

Der Druck auf die Stadt und ihre Planungsbehörden wächst mit der steigenden Einwohnerzahl. Die Nachfrage nach Bauland führt zur ökologischen Zerstörung des Pallikaranai Marsh, legale wie illegale Baumaßnahmen im und um das Feuchtgebiet, beide unter völliger Missachtung der staatlich festgelegten Normen und Gesetze, verringern die Wasserspeicherkapazität und behindern den Wasserabfluss. Existierende Infrastruktur, wie Kanäle für Abwasser und Oberflächenwasser,

wird nicht ordnungsgemäß gereinigt und instand gehalten, während die Ausdehnung der Mülldeponien wachsende Gesundheitsgefahren birgt. Die Kombination dieser Faktoren resultiert bei Starkniederschlägen in einem Kollaps des natürlichen Abflusssystems.

Die Lokalbevölkerung ist sich dieser Problematik zwar häufig bewusst, ihr fehlen jedoch meist Alternativen und die Macht, politische Entscheidungsträger langfristig zu beeinflussen. Die Sensitivität der betroffenen Bevölkerung variiert und äußert sich in der Frequenz und Intensität von über das Wasser oder die in ihm brütenden Mücken übertragenen Krankheiten, Einkommens- und Unterrichtsausfall sowie psychischem Stress. In Abhängigkeit der individuellen Ausstattung mit finanziellen und sozialen *livelihoods*-Ressourcen werden unterschiedliche Bewältigungs- und Anpassungsstrategien von der betroffenen Bevölkerung gewählt. Auf

Abb. 29.3.17 Die von regelmäßigen Hochwasserereignissen Betroffenen zeichnen eine Karte ihrer Situation (Foto: A. Drescher).

Haushaltsebene sind diese jedoch in der Regel stark limitiert, während die angesiedelten Industrieanlagen sehr aufwendig geschützt werden.

Den Planungsbehörden indessen mangelt es an politischem Druck und Willen, nachhaltig und unter Einbezug ökologischer Belange zu arbeiten. Entscheidungen werden unter dem Einfluss unterschiedlichster Interessen, Korruption und ökonomischer Prioritätensetzung getroffen. Zudem sind die Rollen und Verantwortlichkeiten der verschiedenen Behörden nicht klar definiert.

Nach Abschluss der wissenschaftlichen Untersuchungen muss in einem zweiten Schritt die **Partizipation** der Betroffenen und Entscheidungsträger an den Ergebnissen langfristig sichergestellt werden. Da der Informations- und Wissensaustausch zwischen heterogenen Gruppen gerade in Entwicklungsländern aufgrund fehlender Kommunikationskanäle häufig sehr problematisch ist, wurden die Forschungsergebnisse mit Methoden der **Geokommunikation** und Geovisualisierung veranschaulicht und den verschiedenen Stakeholdern, darunter Repräsentanten von Planungsbehörden, Wohlfahrts- und Naturschutzorganisationen und Verwaltungsbeamten, sowie den von den Überflutungen betroffenen Personen in gemeinsamen Workshops präsentiert. Dies gewährleistete durch den Einbezug von sowohl lokalen als auch institutionellen Ansichten eine Kombination von *bottom-up-* und *top-down*-Ansätzen. Die multimediabasierte Präsentation der Forschungsergebnisse verknüpfte den physisch-geographischen Hintergrund mit Informationen und Ansichten von Betroffenen verschiedener Ebenen, wodurch Kommunikations- sowie Lern- und Lösungsfin-

dungsprozesse angeregt wurden (Abb. 29.3.18 und 29.3.19; Glaser 2008).

Der **interdisziplinäre Forschungsansatz** und die **effektive Kommunikation** der Ergebnisse durch **Geovisualisierungstechniken** konnte das Bewusstsein der Workshopteilnehmer, speziell der Politiker und Stadtplaner, über die lokale Problematik entscheidend erhöhen und bereicherte die Diskussion um Landnutzungskonflikte, mögliche Lösungsansätze und eine bessere Katastrophenprävention um neue Aspekte. Menschenrechtsaktivisten und Naturschützern brachte die Studie neue Einsichten und Argumente. Der Wissensaustausch der verschiedenen Stakeholder wurde angeregt, partizipative Prozesse und die für eine erfolgreiche Katastrophenprävention nötige Entscheidungsfindung gefördert. Hierfür wurde unter Verwendung der frei verfügbaren Software **Mapbender** eine Geoportal eingerichtet. Über Mapbender können von allen Beteiligten Informationen in die bestehende Plattform eingebracht werden, so zum Beispiel neue Überflutungsflächen, Veränderung der Landnutzung und so weiter. Die Realität zeigt aber, dass ein kontinuierlicher Informationsfluss erst dann gegeben ist, wenn auch entsprechende finanzielle Ressourcen zur Verfügung gestellt werden können.

In Folge der **Workshops** und der Aktivitäten der lokalen Projektpartner wurde der südliche Teil der Pallikaranai Marsh unter Schutz gestellt. Eine umfassende, nachhaltige Planungsstrategie, die insbesondere natürliche Abflussregime bei starken Niederschlagsereignissen einbezieht, steht jedoch aus (Exkurs 29.3.7). Diese ist unverzichtbar, um die zerstörerischen Folgen der Überflutungen in Chennai in Zukunft einzudämmen.

 **Exkurs 29.3.7**

Indikatoren für nachhaltige Stadtentwicklung in der Megacity Chennai

MORITZ NESTLE UND RÜDIGER GLASER

Chennai wurde 1995 als erste Stadt Asiens in das *Sustainable Cities Programme* (SCP) des *United Nations Environment Programmes* (UNEP) und der *United Nations Commission on Human Settlements* (UNCHS) aufgenommen. Das *Sustainable Chennai Project* (SChP) wurde von der Regierung des Bundesstaates Tamil Nadu und dem *United Nations Development Programme* (UNDP) finanziert. Als Schlüsselstelle zur Implementierung agierte die *Chennai Metropolitan Development Authority* (UN-Habitat/UNEP 2003). Das Projekt konzentrierte sich auf die Verbesserung der urbanen Umwelt und hatte somit einen sektoralen Charakter. Zu Beginn des Projektes waren auch die Themen der urbanen Wirtschaft und Armutsverminderung vorgesehen (MMDA 1996), die aber wieder fallen gelassen wurden. Durch einen partizipativen Konsultationsprozess, der die Kooperation zwischen den unterschiedlichen öffentlichen und privaten Akteuren fördern sollte, wurden drei Hauptstrategien festgesetzt (Rajan 2000):

- Verminderung des Verkehrsaufkommens und Verbesserung der Luftqualität
- Verbesserung der Abfallentsorgung in städtischen Armutsgebieten und in den urbanen Randgebieten
- Verbesserung der Abwasserentsorgung und der städtischen Fließgewässer

Zu jedem der drei Hauptstrategien wurde ein Aktionskomitee gebildet, das aus Vertretern unterschiedlicher Akteure bestand und für die Erarbeitung von Substrategien verantwortlich war. Für jede dieser Substrategien wurde dann jeweils eine Arbeitsgruppe gebildet. In einer zweiten Phase sollten die Substrategien von den Arbeitsgruppen in Aktionspläne umgesetzt werden. Die dritte Phase sah die Umsetzung der Aktionspläne in konkrete Maßnahmen auf Nachbarschaftsebene anhand von sogenannten *Community Based Demonstration Projects* (CBDP) vor. Zwar wurde mit der Implementierung von sieben CBDPs die dritte Phase formell eingeleitet, diese hat aber keine nennenswerte Umsetzung gefunden. Insbesondere im Anspruch den Nachhaltigkeitsprozess zu institutionalisieren muss das SChP als gescheitert angesehen werden. Dies äußert sich unter anderem in der Tatsache, dass bis heute eine umfassende, differenzierte Nachhaltigkeitsstrategie, die in den allgemeinen Entwicklungsplan (Masterplan) integriert sein sollte, fehlt (CMDA 2008). Ein gewisser Erfolg des SChP liegt wohl in folgender Erkenntnis, zu der sich die städtischen Behörden bekennen: *„traditional town planning efforts were inadequate in moving towards a sustainable city, cross-sectoral and multi-institutional approach with public, private and popular sector participation was required and wide based consultation process was necessary [...]"* (Mahadevia 2000).

Nachbarschaftsprojekte zur Verbesserung der lokalen Umwelt

Die Idee der CBDPs wird seit 2002 als Fortführung des SChP in sogenannten *Community Based Environment Development* (CBED) *Projects* fortgeführt. Unter Einbeziehung von Kommunalverwaltungen sollen (Umwelt-)Probleme auf Nachbarschaftsebene gelöst werden. Dabei werden die Kosten zu 80 Prozent von der *Chennai Metropolitan Development Authority* (CMDA), zu 10 Prozent von der Nachbarschaft und zu 10 Prozent von der jeweiligen Kommune übernommen. Bis zum Jahr 2009 konnten auf diese Weise 72 Kleinprojekte implementiert werden. Diese beinhalten beispielsweise die Renovierung lokaler Wasserressourcen, die Entwicklung von Grünflächen oder die Verbesserung der Abwasserinfrastruktur.

Die Arbeit von Nichtregierungsorganisationen

Sektorenübergreifende Ansätze einer nachhaltigen Stadtentwicklung lassen sich am ehesten in den Projekten einiger NGOs wiederfinden. So versucht zum Beispiel *Exnora International* Ziele der Armutsverminderung und der Verbesserung der Lebensumwelt unter einer breiten Beteiligung der Bevölkerung zu verbinden. Diese Bemühungen werden im Allgemeinen als sehr erfolgreich bewertet: *„[...] Exnora International was widely successful in improving street- and neighbourhood-level solid waste collection and street cleaning through community participation [...]"* (UNCHS/UNEP 1997, Anand 1999). Da hierbei nicht nur die Zusammenarbeit zwischen den Bürgern und den städtischen Behörden gefördert wird, sondern die städtische Armutsgruppe der *ragpickers* als sogenannte *streetbeautifier* im Konzept integriert ist, wird tatsächlich eine Verbesserung der Umweltqualität erfolgreich mit Armutsverminderung verbunden.

Integration der Privatwirtschaft

Die Privatwirtschaft nimmt im Kontext einer nachhaltigen Stadtentwicklung Chennais eine ganz besondere Rolle ein. Sie ist gleichzeitig Arbeitgeber und wichtiger Impulsgeber für die wirtschaftliche Entwicklung aber auch eine der

Hauptquellen von Umweltverschmutzung und -degradation. Schon im Konzept des SChPs war eine starke Partizipation des privaten Sektors gefordert worden (Appasamy 1996). Der Umsetzung dieser Forderung stand die einseitig umweltorientierte Ausrichtung des Projektes entgegen. Im angesprochenen Konsultationsprozess gelang es zwar, NGOs und private Forschungseinrichtungen zu einer Beteiligung zu bewegen, aber kaum Vertreter der Privatwirtschaft. Mit dem *Ecobusinessplan* wurde 2004 ein erneuter Versuch unternommen, die Privatwirtschaft in ein Konzept der nachhaltigen Stadtentwicklung zu integrieren. Wichtiger Bestandteil des Planes sollte die Förderung von Umweltmanagementsystemen in Betrieben sein. Leider konnten zum einleitenden Workshop erneut fast keine Vertreter von Industrie und Gewerbe aktiviert werden, sodass es bis heute keinen Ecobusinessplan in Chennai gibt.

Indikatoren für nachhaltige Stadtentwicklung – Gradmaß zum Zustand?

Indikatorensysteme zur Evaluation nachhaltiger Entwicklung wurden in den letzten Jahren sowohl auf internationaler als auch auf nationaler und lokaler Ebene entwickelt. Angesichts der Schwierigkeiten der staatlichen und städtischen Behörden in Chennai, einen Prozess nachhaltiger Stadtentwicklung zu gestalten, darf der politische Wille, Indikatoren zur Messung nachhaltiger Stadtentwicklung einzuführen, als gering eingestuft werden. Dabei würde ein geeignetes Indikatorensystem einige wichtige Funktionen für einen nachhaltigen Stadtentwicklungsprozess erfüllen:
- Anregung der Kommunikation über die Ziele der nachhaltigen Stadtentwicklung
- kritische Auseinandersetzung über städtische Entwicklungen und Problembereiche
- Identifizierung von Fortschritten
- Verdeutlichung des Handlungsbedarfs und Aufzeigen von Verbesserungspotenzial

- Vergleichbarkeit mit anderen Städten
- Aufzeigen von mangelnder Datenverfügbarkeit
- Ausgangsdaten, um die Lebensqualität in der städtischen Umwelt zu erhöhen und sicherzustellen

Untersuchungen haben gezeigt, dass es durchaus möglich ist, einen aussagekräftigen Indikatorenkatalog aufzustellen, man aber aufgrund mangelnder Datenverfügbarkeit auch an Grenzen stößt. Der Indikatorenkatalog wurde in Anlehnung an die „Indikatoren im Rahmen einer lokalen Agenda" (UVM 2000) und mithilfe von Experteninterviews vor Ort entwickelt. Er unterteilt sich in die vier Dimensionen Umwelt, Wirtschaft, Soziales und Partizipation. Für jede dieser vier Dimensionen sind sechs Themen mit jeweils einem Teilziel ausgewiesen. Diese Teilziele werden mit jeweils einem Indikator operationalisiert.

Die gewählten Indikatoren stellen immer einen Kompromiss zwischen den folgenden Kriterien dar:
- Datenverfügbarkeit und -vollständigkeit über einen längeren Zeitraum
- örtliche Relevanz und Aussagekraft für das jeweilige Handlungsziel
- Allgemeinverständlichkeit und Kommunizierbarkeit
- Vergleichbarkeit mit anderen Städten und Regionen

Dies wird zum Beispiel am Problembereich Abfall deutlich: Der gewählte Indikator „tägliche Siedlungsabfälle in Kilogramm pro Einwohner" bildet das Teilziel eines möglichst geringen Abfallaufkommens pro Kopf ab. Dies ist auch durchaus erstrebenswert, trifft aber nicht den eigentlichen Kern der aktuellen Problematik. Umwelt- und Gesundheitsprobleme ergeben sich vor allem durch die fehlende beziehungsweise nicht fachgerechte Entsorgung des Abfalls. Der Indikator mit der höchsten örtlichen Relevanz und Aussagekraft wäre also der Anteil des fachgerecht entsorgten Mülls am Gesamtaufkommen der Abfälle. Aus technischen Gründen ist die Datenverfügbarkeit für diesen Indikator aber nicht gewährleistet. Deshalb wird auf einen Indikator zurück-

Thema	Teilziel	Indikator
Abfall	umweltgerechtes Abfallmanagement	Siedlungsabfälle in Kilogramm pro Einwohner
Luftqualität	möglichst geringe Luftverschmutzung	Anzahl der Tage, an denen die Schadstoffgrenzen überschritten werden
Landnutzung	möglichst schonender Umgang mit der Ressource Land	Bodenflächen nach Nutzungsart in Prozent der Gesamtfläche des Großraumes
Wasser	möglichst schonender Umgang mit der Ressource Wasser	Wasserqualität in den Hauptfließgewässern
Verkehr	umwelt- und sozialverträgliche Mobilität	Anzahl der zugelassenen Fahrzeuge je 1 000 Einwohner
Energie	möglichst umweltgerechte Produktion und effizienter Verbrauch von Energie	Produktion von Strom aus regenerativen Energien

Tabelle 1 Beispielhafte Darstellung der Indikatoren für die Dimension Umwelt.

Fortsetzung

Fortsetzung

gegriffen, bei dem die Datenverfügbarkeit, die Vergleichbarkeit und die Allgemeinverständlichkeit gewährleistet ist, die örtliche Relevanz jedoch nur eingeschränkt gegeben ist. Die Aussagekraft des Indikators ist außerdem kritisch zu sehen, da nur auf offiziellen Mülldeponien entsorgter Abfall in diesen Daten berücksichtigt wird. Im Bereich der Energie ist es ebenfalls die Datenverfügbarkeit, die der Nutzung des sicherlich sinnvollen Indikators „Anteil der Produktion von Strom aus regenerativen Energien in Prozent des Stromverbrauchs" entgegensteht. Bei anderen Teilzielen sind die Kriterien etwas besser zu gewährleisten. So gibt es beispielsweise aussagekräftige Daten für den Indikator „Anzahl der Tage, an denen Schadstoffgrenzen überschritten werden, die eine große örtliche Relevanz aufweisen, allgemein verständlich sind und die Vergleichbarkeit mit anderen indischen Städten gewährleisten". Auch für die (katastrophale) Wasserqualität der Hauptfließgewässer Chennais sind aussagekräftige Daten vorhanden. Viel relevanter erscheint jedoch die mangelnde Wasserversorgung der Bevölkerung.

Für dieses Problem ist der Indikator „Anteil der Bevölkerung mit Zugang zu sauberem Trinkwasser" relevant. Gemäß offizieller Daten hat ein Haushalt Zugang zu sauberem Trinkwasser, wenn er über die infrastrukturellen Voraussetzungen der Wasserversorgung verfügt, das heißt über einen Wasseranschluss im Haus oder eine Handpumpe in der Nachbarschaft. Dabei wird allerdings die Versorgungsverlässlichkeit sowie die Wasserqualität vernachlässigt.

Trotz der Grenzen, die sich vor allem durch die schlechte Datenverfügbarkeit oder die mangelnde Aussagekraft bzw. örtliche Relevanz ergeben, wäre ein aussagekräftiges Indikatoren- und Monitoringsystem als Grundlage für eine nachhaltige Stadtentwicklung erstrebenswert und könnte zu einer Verbesserung der Datenlage beitragen. Voraussetzung dafür ist allerdings der politische Wille, Indikatoren in einem partizipativen Prozess mit unterschiedlichen privaten und öffentlichen städtischen Akteuren zu entwickeln und als Planungsgrundlage auch umzusetzen.

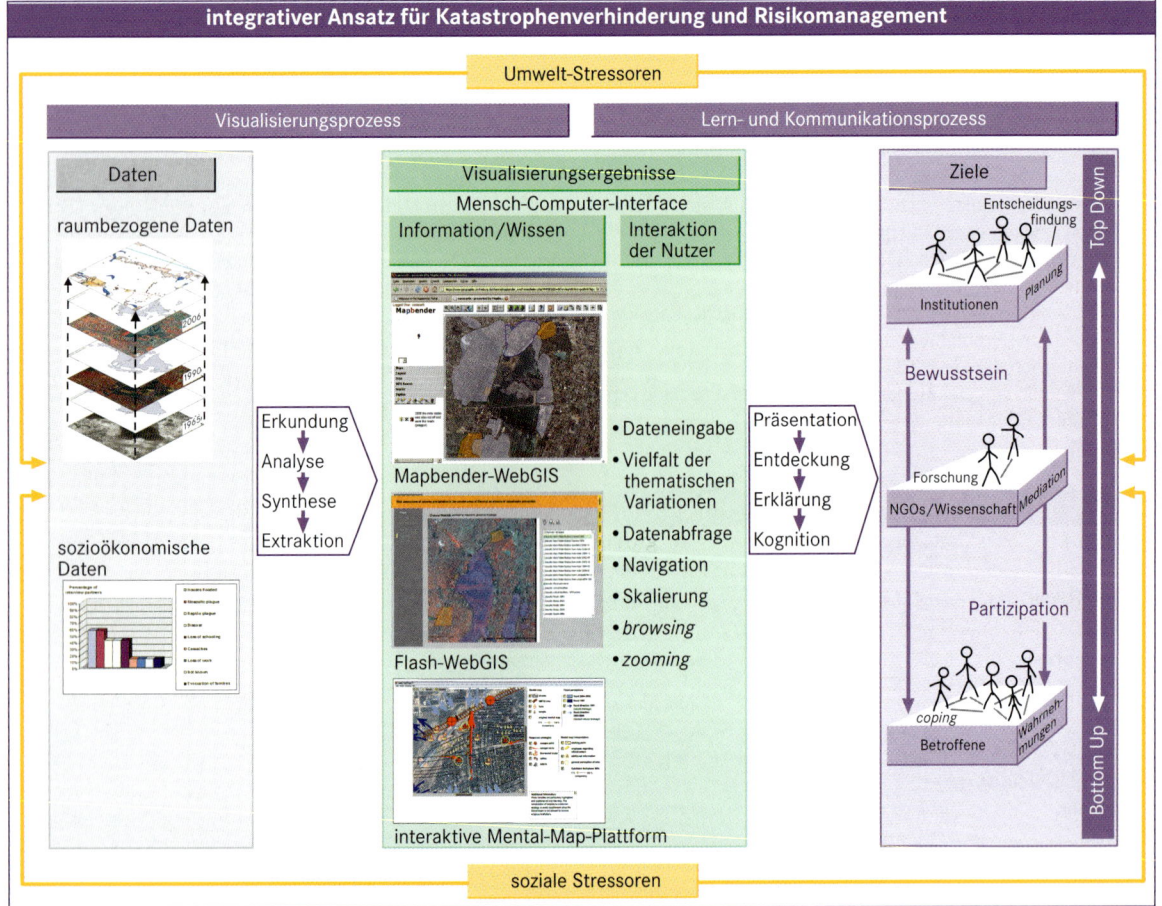

Abb. 29.3.18 Visualisierung und resultierende Lern- und Kommunikationsprozesse.

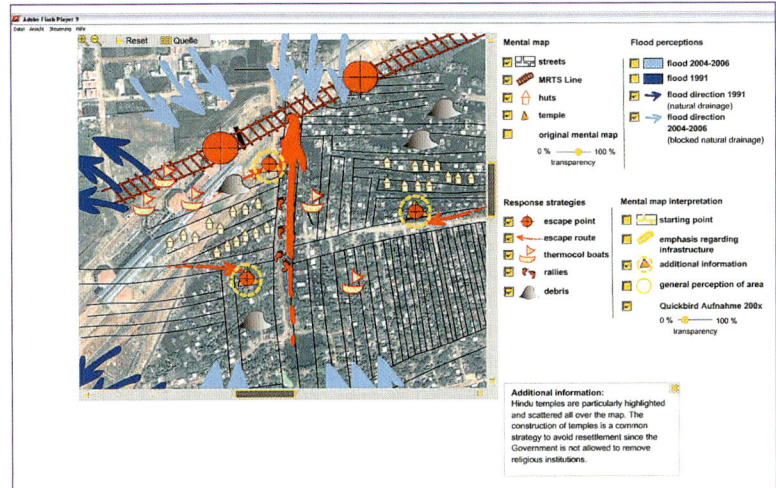

Abb. 29.3.19 Visualisierung der Mental Maps mit interaktiven Elementen und Modulen sowie Verifizierung der Inhalte mit Fernerkundungsdaten.

29.4 Biodiversität und Artenverlust

NORBERT JÜRGENS

Auf dem Weltgipfel für nachhaltige Entwicklung in Johannesburg (*World Summit on Sustainable Development*) haben die Regierungen der Welt im Jahr 2002 festgestellt, dass der anthropogene globale Wandel der Biodiversität eines der größten Hindernisse für eine nachhaltige Entwicklung und für die globale Armutsbekämpfung darstellt. Sie fassten zugleich den Beschluss, bis zum Jahr 2010 den **Verlust an Biodiversität** in signifikantem Umfang zu reduzieren. Diese zugleich dramatische und vage Botschaft ist in doppelter Hinsicht charakteristisch für das Thema Biodiversität. Zum einen besteht Einigkeit über den außerordentlichen Wert der Biodiversität und die negativen Konsequenzen ihres Rückganges. Zum anderen herrscht offenbar große Unsicherheit, wenn es um umsetzbare Konzepte für den Erhalt der Biodiversität oder auch nur die Benennung von messbaren Größenordnungen bei der Zielformulierung geht.

Hintergrund dieser widersprüchlichen Lage ist die außerordentliche Komplexität, die sich hinter dem politisch geprägten Schlagwort „Biodiversität" verbirgt, welches „die Vielfalt des Lebens auf der Erde – mit allen Organismen und Arten, ihrer immensen genetischen Variation, sowie ihrem komplexen Gefüge in Lebensgemeinschaften und Ökosystemen" umfasst (DIVERSITAS 2001). Biodiversität hat also zumindest die drei Komplexitätsebenen:

- Diversität der Organismen
- genetische Diversität
- ökosystemare Diversität

Ein großer Teil der Öffentlichkeit setzt den Begriff mit der ersten hier genannten Komplexitätsebene (**Diversität der Organismen**) gleich, wobei der Begriff „Artenvielfalt" stellvertretend für die Vielfalt an taxonomischen Gruppen (Arten, Gattungen, Familien, Ordnungen, …) steht. Diese Benennung fördert den Irrtum, dass die Qualität der Diversität in einer Zahl oder einer Liste von Taxa, beispielsweise auf dem Niveau der Art, zu fassen sei. Tatsächlich ist mit jeder dieser Arten eine Vielzahl von ökologischen Funktionen, biologischen Interaktionen und in sehr vielen Fällen auch Dienstleistungen für den Menschen verbunden, die den eigentlichen Wert dieser organismischen oder taxonomischen Diversität ausmachen.

Die zweite genannte Komplexitätsebene (**genetische Diversität**) betrifft die Variabilität, die innerhalb einer Art auf der Ebene des Genoms anzutreffen ist. Sie beschreibt die biochemischen Strukturen (insbesondere DNA, RNA und Proteine), die für die Informations- und Regulationsleistung der Organismen von grundlegender Bedeutung sind, bei denen aber zugleich eine hohe Variabilität die Grundlage für Anpassung, Mutation und Evolution bilden.

Die dritte genannte Komplexitätsebene (**ökosystemare Diversität**) beschreibt die Vielfalt der Lebensgemeinschaften und Ökosysteme mit all ihren ökosystemaren Funktionen und Dienstleistungen, womit letztlich die gesamte Biosphäre Teil des Begriffes Biodiversität ist.

Der Ursprung der Vielfalt: Mutation, Evolution, Anpassungen

Evolutionsprozesse bilden den Motor der Entstehung der Biodiversität. Das Auftreten von Mutationen und von genetischer Variabilität insbesondere im Kontext der Fortpflanzung sind dabei grundlegende Mechanismen, durch welche graduell fortschreitend Anpassung an sich ändernde Umweltbedingungen sowie Nischendifferenzierung bei Konkurrenz um limitierte Ressourcen erfolgen, die in der Folge und im Verlauf der Evolutionsgeschichte zu einer beständig zunehmenden genetischen, organismischen und ökosystemaren Diversität geführt haben. Die heute existierende Vielfalt an Lebensformen mit ihrer genetischen Informationsgrundlage ist das Ergebnis eines sehr lang dauernden Entwicklungsprozesses, der wiederum von Rahmenbedingungen abhängig ist. So beeinflussen heute beispielsweise die anthropogene Fragmentierung von Arealen und die Verkleinerung von Populationsgrößen auch die Stabilität und die Evolutionsprozesse der Populationen (Flaschenhalseffekte).

Diversität im Laufe der Erdgeschichte

Das aktuelle Interesse an der Biodiversität wird ganz wesentlich durch die anthropogen bedingten Verluste an Artenvielfalt ausgelöst. Als Vergleichsbasis ist es von besonderem Interesse, die natürliche Entwicklung der Biodiversität im Laufe der Erdgeschichte zu rekonstruieren und in Hinblick auf ein besseres Verständnis der Kausalität und der Effekte zu analysieren. Dies erfolgte insbesondere an denjenigen marinen Organismengruppen, die durch Bau von kalkhaltigen Skeletten die Bildung von Fossilien erlaubten, die lange Zeiträume überdauern konnten (z. B. riffbildende Korallen). Dabei wurde festgestellt, dass die Diversität der Organismengruppen und ihrer ökosystemar relevanten Funktionen über lange Zeiträume beständig zugenommen hat (Gudo & Steininger 2001).

Im Laufe der Evolution hat das Leben die Ökologie des Planeten grundlegend verändert (z. B. Entstehung der sauerstoffhaltigen Atmosphäre und der Ozonschicht) und in einem weiten Gültigkeitsrahmen stabilisiert. Es hat aber auch Unterbrechungen dieses kontinuierlich fortschreitenden Prozesses gegeben. Insbesondere konnten seit dem Paläozoikum mindestens fünf Ereignisse festgestellt werden, an denen jeweils ein **massenhaftes Aussterben** der jeweils vorhandenen Arten stattfand (Abb. 29.4.1). Unabhängig von der Diskussion über die

Ursachen der fünf großen Biodiversitätskrisen, bei der **Meteoriteneinschläge** eine herausragende Rolle einnehmen, sind drei Merkmale festzuhalten: Erstens ist jeder dieser Einbrüche der Biodiversität im Verlaufe der jeweils nachfolgenden zirka 10 bis 20 Millionen Jahre kompensiert worden. Zweitens sind dabei im Regelfall zuvor ökologisch unbedeutende taxonomische Gruppen zu den dominanten Taxa der neuen Zeit geworden, während zuvor dominierende Gruppen zurücktraten. Drittens waren erdgeschichtlich lange Zeiträume von extremen Umweltbedingungen betroffen. Hierbei ist im Einzelfall unklar, inwieweit der Einbruch der Biodiversität Folge oder Ursache der ökologischen Auslenkungen war.

Insofern ist die Beobachtung beunruhigend, dass die aktuellen anthropogen verursachten Umweltveränderungen ein vergleichbar hohes Artensterben auslösen: Es ist legitim, von der sechsten Biodiversitätskrise in der Geschichte der irdischen Evolution zu sprechen. Ausgehend von den fünf erdgeschichtlichen Vorläuferereignissen darf nicht davon ausgegangen werden, dass natürliche Prozesse in für menschliche Maßstäbe relevanten Zeiträumen zu einer Kompensation führen könnten.

Diversität im Raum

Neben den geschilderten (lang-)zeitlichen Entwicklungen zeigt Biodiversität räumliche Muster, die teils von abiotischen und biotischen Umweltfaktoren, teils wiederum von biologischen Dynamiken und historischen Ereignissen gesteuert werden. Hierzu liegen Daten vor allem für die organismische Diversität vor. Da bei diesen räumlichen Mustern sehr **verschiedene Raumskalen** betroffen sind, sollen die Muster und ihre Ursachen hier auf fünf verschiedenen Raumskalen besprochen werden:

- α-Diversität
- β-Diversität
- γ-Diversität
- Hotspots und Endemitenzentren
- globale Muster

Unter **α-Diversität** versteht man die Artenvielfalt innerhalb einer Lebensgemeinschaft. Dabei kann weitgehend davon ausgegangen werden, dass diese in direkter räumlicher Nachbarschaft lebenden Arten auch unter der Bedingung regelmäßiger Interaktionen (Konkurrenz, Prädation) koexistieren können, weil eine entsprechende Nischen-Partitionierung vorliegt. Allerdings sind auch viele Lebensgemeinschaften bekannt, in denen immer wieder auftretende Störungen und die aus ihnen her-

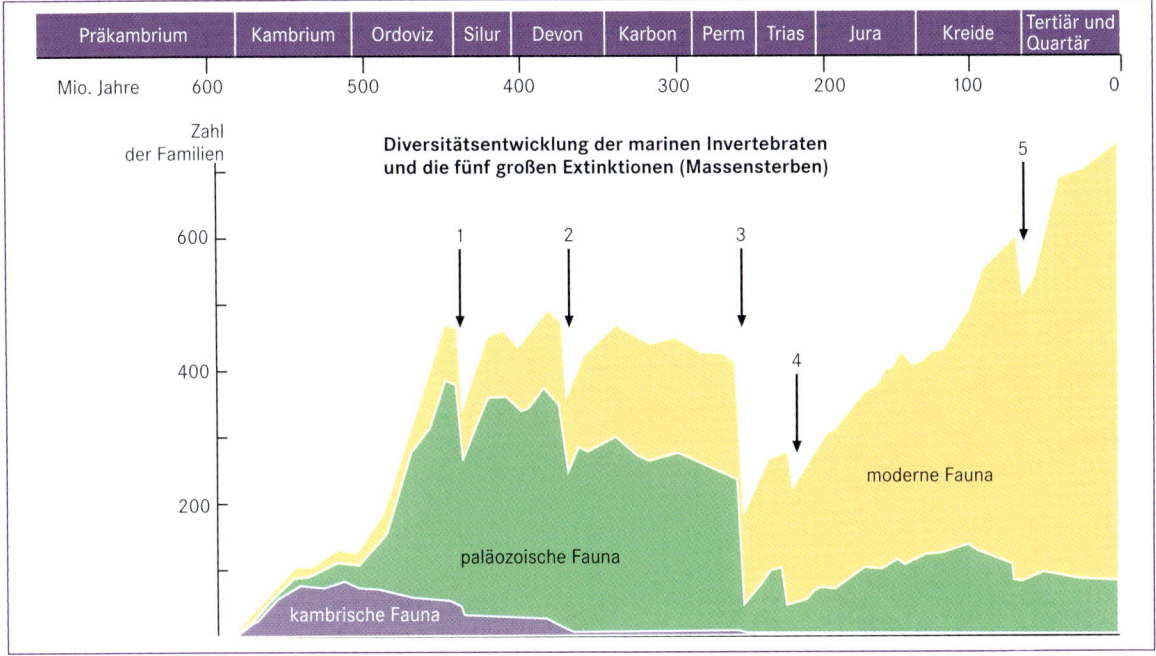

Abb. 29.4.1 Die erdgeschichtlichen Krisen der Biodiversität.

vorgehenden Sukzessionen erlauben, dass sehr viel mehr Arten sich in der Zeit nacheinander ablösen als zeitgleich am selben Ort unter den Bedingungen biotischer Interaktion koexistieren könnten.

Unter **β-Diversität** wird die Vielfalt von Lebensgemeinschaften im Raum verstanden. Sie wird insbesondere durch ökologische Diversität des Raumes gesteuert, also durch die Raummuster abiotischer Standortfaktoren. Hierbei spielt das Relief naturgemäß eine besonders starke Rolle, aber oft sind auch lithologische, bodenkundliche, hydrologische oder klimatische Muster von hoher Bedeutung.

Unter **γ-Diversität** versteht man die Verschiedenheit von größeren Landschaften in Hinblick auf ihre additive α- und β-Diversität aufgrund der jeweiligen Toposequenzen und anderer Landschaftsmerkmale.

Durch additive Effekte der α-, β- und γ-Diversität sowie geographischer, biologischer und historischer Besonderheiten kommt es zur Herausbildung von regionalen und globalen **Hotspots** der Artenvielfalt. Eine besondere Rolle spielen dabei die jeweiligen natürlichen Speziationsraten (Neubildung von Arten durch geeignete räumliche Isolationsskalen, durch Öffnung neuer ökologischer Nischen usw.) und die jeweiligen natürlichen Extinktionsraten (z. B. Lage von Gebirgszügen in Bezug zur Möglichkeit von ausweichenden Migrationen bei Klimawandel, z. B. Glazialphasen). Nicht selten sind Hotspots zugleich **Endemitenzentren**, wobei am Ort in

jüngerer Erdgeschichte entstandene Neo-Endemismen oder aber am Ort oder anderswo entstandene, am Ort überlebende Paläo-Endemismen unterschieden werden müssen. Insbesondere durch das Überleben von Arten in Refugialzonen entstehen historisch bedingte Muster, die keinen Bezug zu aktueller Speziation haben.

Unabhängig von den (auch) historisch entstandenen Mustern der Hotspots und Endemitenzentren sind auch **globale Grundmuster** erkennbar. So gilt generell, dass die energiereichen tropischen Zonen mit maximaler Biodiversität ausgestattet sind, gefolgt von manchen der mediterranen Zonen (insbesondere Kapflora, europäischer Mediterranraum). Bemerkenswert ist auch der hohe Artenreichtum der Südkontinente (Abb. 29.4.2).

Funktionelle Bedeutung der Biodiversität

Der Wert der Biodiversität liegt zu einem großen Teil in der Bedeutung für das Funktionieren von **Ökosystemen**. Auf einer globalen Ebene kann als Beispiel hervorgehoben werden, dass erst im Rahmen der Biodiversitätsentwicklung lebende Organismen (Cyanobakterien) dafür gesorgt haben, dass die zunächst reduzierende Atmosphäre der Erde in eine oxidierende verwandelt wurde. Es ist bemerkenswert, dass die Zusammenset-

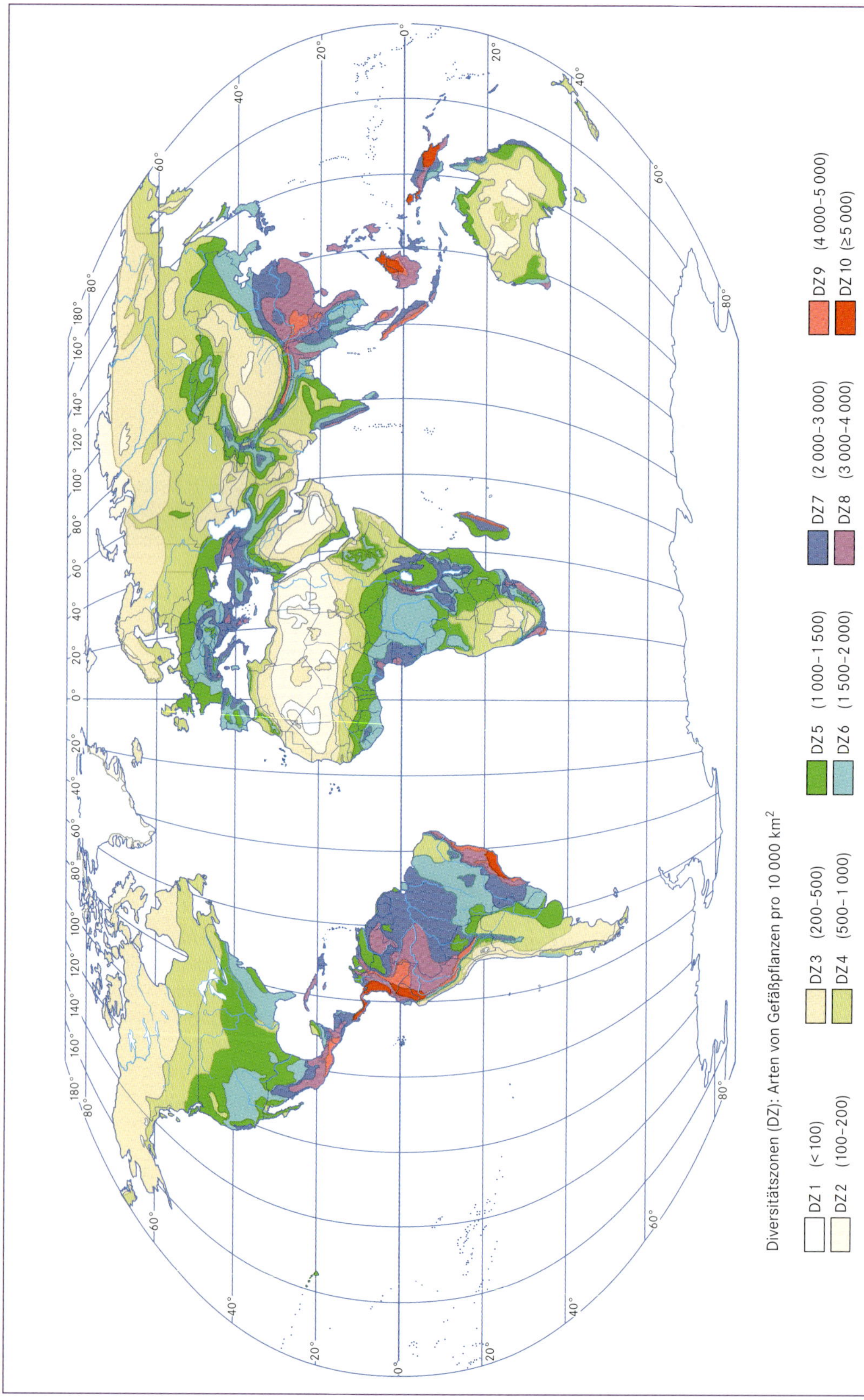

Diversitätszonen (DZ): Arten von Gefäßpflanzen pro 10 000 km²

DZ 1 (<100)	DZ 3 (200–500)	DZ 5 (1 000–1 500)	DZ 7 (2 000–3 000)	DZ 9 (4 000–5 000)
DZ 2 (100–200)	DZ 4 (500–1 000)	DZ 6 (1 500–2 000)	DZ 8 (3 000–4 000)	DZ 10 (≥5 000)

Abb. 29.4.2 Die globalen Muster der pflanzlichen Diversität.

zung der Atmosphäre selbst unter Berücksichtigung der pleistozänen Kaltzeiten Schwankungen nur innerhalb enger Schranken erlebte und beim Sauerstoff seit Millionen Jahren bei 21 Prozent stabil geblieben ist. Ähnliche Regelungsleistungen sind in Bezug auf den Schutz vor UV-Strahlung, die biogeochemischen Kreisläufe von Wasser, Kohlenstoff, Stickstoff usw. erfolgt. In diesem Sinne stellt die Biodiversität einen wesentlichen Teil unseres „Lebenserhaltungssystems" (*life support system*) dar.

Aber auch unterhalb dieser essenziellen und globalen Skala ist das Funktionieren der Ökosysteme sehr direkt von der Biodiversität abhängig. Die Stabilisierung von ökosystemar wichtigen Strukturen, beispielsweise von Gebirgslandschaften durch Bergwälder, von Küsten durch Korallenriffe, die Reinigung von verschmutztem Wasser durch Mikroorganismen und von Luft durch Wälder, die Bestäubungsleistung von Pollen übertragenden Tieren, die Fixierung von gasförmigem Stickstoff durch Mikroorganismen sind nur wenige stellvertretende Beispiele.

Bei näherer Betrachtung fällt auf, dass viele der hier genannten Leistungen durch eine Vielzahl von Ökosystemen oder Organismen gewährleistet werden, die in Hinblick auf die jeweilige Leistung als redundant oder „überflüssig" angesehen werden könnten, während in anderen Fällen **Schlüsselarten** oder **Schlüsselanpassungen** von überragender Bedeutung für ökosystemare Funktionen sind. Der Nachweis einer angenommenen Redundanz ist allerdings aus theoretischen und praktischen Erwägungen kaum möglich. Aus dem praktischen Blickwinkel heraus ist es nicht möglich, alle denkbaren ökosystemaren Funktionen einer Art in Hinblick auf ihre Ersetzbarkeit durch andere Arten zu prüfen, zumal biotische Interaktionen zu einer sehr großen Anzahl anderer Organismen überprüft werden müssten und auch der in der Evolutionsgeschichte erworbene Anpassungswert an andere als zurzeit existierende Umweltbedingungen in Betracht gezogen werden müsste; aus theoretischem Blickwinkel muss festgestellt werden, dass Speziation letztlich auf der Herausbildung funktioneller Eigenschaften unter Ausfüllung bisher nicht besetzter ökologischer Nischen beruht und deshalb ökosystembezogene Redundanz eigentlich nicht entstehen kann.

Selbst bei der Annahme, dass bestimmte Funktionen in gleicher oder zumindest sehr ähnlicher Weise von mehreren Arten erfüllt werden können, ist mehrfach festgestellt worden, dass artenreiche gegenüber artenarmen Lebensgemeinschaften eine erhöhte Stabilität und Produktivität aufweisen können, wobei häufig als Ursache ein Portfolioeffekt in Hinblick auf die Abpufferung verschiedenartiger Schwankungen der Umweltfaktoren angenommen wird (*insurance hypothesis*).

Dienstleistungen für den Menschen

Manche der Funktionen der Biodiversität sind zugleich auch Dienstleistungen für den Menschen und unterstreichen den Wert der Biodiversität in einem für Menschen direkt erfahrbaren Sinn. Biodiversität bildet die **Nahrungsgrundlage für Menschen**, nicht nur als physische Basis für unsere Biomasse, sondern auch als wichtigste Grundlage für körperliche Gesundheit und als wichtige Basis für die Entfaltung kultureller Identitäten und Sprachen. Biodiversität bildet Baumaterial, Faserstoffe, Medikamente und beinhaltet eine weite Palette weiterer Nutzwerte für Technik und Forschung. Der **Kulturwert** der Biodiversität als wesentliches Element von Lebensqualität ist von sehr großer Bedeutung, wie menschliches Freizeitverhalten, Kunst und Ästhetik belegen. Unabhängig von den heute vorliegenden und bekannten Leistungen stellt die im Laufe einer wechselvollen Erdgeschichte entstandene Biodiversität auch einen Optionswert dar, der vermutlich vielfältige Leistungen in noch nicht berücksichtigten Zusammenhängen beinhaltet und auch Anpassungen an zukünftige Umwelten vorzunehmen vermag.

Eine Zusammenfassung der Nutzung der globalen Pflanzenvielfalt durch den Menschen (WBGU 2000), wonach von den 270 000 bekannten Arten ungefähr 135 000 bereits heute in irgendeiner Form vom Menschen genutzt werden, verdeutlicht die Größenordnung des Nutzwertes und entlarvt zugleich die in der Öffentlichkeit vorherrschende Fehleinschätzung, dass nur ein geringer Teil der Biodiversität für den Menschen von direkter Relevanz sei (Abb. 29.4.3).

Anthropogener Biodiversitätswandel

Ohne Zweifel hat der Mensch – wie auch andere Primaten – seit seiner Entstehung die ihn umgebende Biodiversität zunächst in einem Umfang beeinflusst, wie ihn auch andere Organismengruppen ausüben. Mit zunehmender Intelligenzleistung wurde der Mensch zunehmend zum **Gestalter seines Lebensraumes** und war vermutlich bereits im Pleistozän für das Aussterben einzelner Säugetierarten verantwortlich. Seit der Neolithisierung, dem Aufkommen von Viehhaltung, noch stärker durch die Entwicklung des Ackerbaus und mit dramatisch gesteigerter Dynamik seit dem Beginn der Industrialisierung hat der Mensch aber durch die Konversion natürlicher Ökosysteme in Agrarland, Siedlungs- und Industrieflächen eine neue Dimension (heute mehr als 40 Prozent der Erdoberfläche, Leemans 1999) des Einflusses einer Organismenart geschaffen.

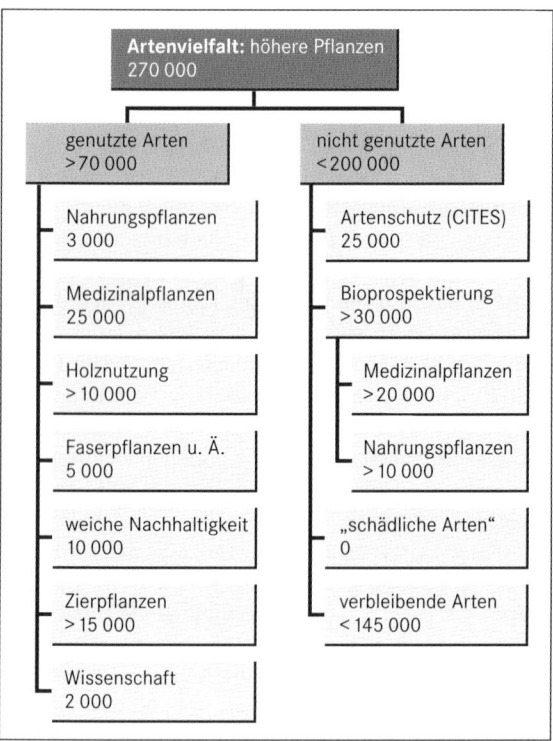

Abb. 29.4.3 Pflanzen in Nutzung und unter Schutz.

Von ebenfalls globaler Bedeutung sind anthropogen verursachte Störungen und Eingriffe in die biogeochemischen Kreisläufe und die daraus hervorgehenden Klimaänderungen. Seit 1860 hat der Mensch zirka 13 Prozent der vorindustriellen Biomasse zerstört (Schlesinger 1997) und damit wesentlich zum Kohlendioxidanstieg der Atmosphäre beigetragen. Noch stärker sind die Kreisläufe des Süßwassers (50 Prozent, WBGU 1998) und des Stickstoffs (zwei Drittel aller Emissionen sind anthropogen, Vitousek et al. 1997) durch den Menschen verändert, mit weiter zunehmender Tendenz.

Durch die Summe all dieser Belastungen und Prozesse sind die natürlichen Extinktionsraten auf Artniveau um den Faktor 1 000 bis 10 000 erhöht worden (May & Tregonning 1998) und erreichen in vielen taxonomischen Gruppen 1 bis 9 Prozent des Grundbestandes pro Jahrzehnt (WBGU 2000). Mit diesen Arten geht auch ein großer Teil der genetischen Baupläne und der koevolutiv entstandenen Anpassungen für immer verloren, weil Aussterbeereignisse nicht umkehrbar sind. Zugleich sind die Konsequenzen für die ökosystemaren Funktionen der Biosphäre sowie für die menschliche Lebensqualität nicht absehbar.

Heute kann formuliert werden: Der Mensch gestaltet die in erdgeschichtlichen Zeiträumen durch einen auf Anpassungsmechanismen beruhenden Evolutionsprozess entstandene Biosphäre nach Maßgabe weniger anthropozentrischer Gesichtspunkte um, ohne die nur teilweise bekannten Systemeigenschaften in nennenswertem Umfang zu berücksichtigen.

Neben der dominanten Bedeutung der Konversion natürlicher Ökosysteme sind zugleich umfangreiche direkte Eingriffe und Störungen in die Biodiversität relativ naturnaher Ökosysteme durch Sammeln, Jagd und Fischfang zu verzeichnen. Mit zunehmender **Reise- und Transportaktivität** wurden auch Organismen von Kontinenten und Inseln, die über erdgeschichtliche Zeiträume voneinander isoliert waren, wieder in Kontakt gebracht. Zahlreiche dieser transportierten Taxa konnten alle ökologischen und biologischen Barrieren überwinden und führten zu biologischen Invasionen, die die betroffenen Systeme und ihren Artenpool zum Teil dramatisch veränderten. Auch innerhalb der Arten, deren Wert vom Menschen erkannt und die direkt genutzt werden, führt die moderne Landwirtschaft zu einer zunehmenden Verengung der genetischen Bandbreite unter Verlust der Wildsorten und traditioneller Kulturvarianten.

Management der Biodiversität

Vor dem Hintergrund dieses bedrohlichen Szenarios sind auf vielen Ebenen Bemühungen verankert worden, die den **Schutz der Biodiversität** zum Ziel haben, meist verbunden mit der Einsicht, dass dieses Ziel in der sozioökonomischen Realität nur erreichbar ist, wenn zugleich eine nachhaltige Nutzung der Biodiversität angestrebt und etabliert wird. Insofern sind die traditionellen Naturschutzziele des Arten- und Biotopschutzes als Baustein in einem globalen Konzept für die nachhaltige Nutzung der Biosphäre aufgewertet und zu wichtigen Elementen eines Biodiversitätsmanagements geworden.

Diese Koppelung ist auch Definitionsbestand der durch den Gipfel von Rio de Janeiro 1992 initiierten UN-Konvention zur Biodiversität (*Convention on Biodiversity*, CBD). Dort wird formuliert, dass es Zweck der Konvention sei, die Biodiversität zu erhalten, ihre Komponenten nachhaltig zu nutzen und einen fairen und gerechten Vorteilsausgleich bei der Nutzung der genetischen Ressourcen zu erzielen, wobei auch der Zugang zu den Ressourcen sowie der angemessene Transfer von Technologien und finanziellen Voraussetzungen eingeschlossen sein sollen. Bis 2005 sind der CBD 168 Staaten beigetreten.

Abb. 29.4.4 Biodiversität im Spannungsfeld zwischen menschlicher Nutzung und natürlicher Vielfalt: a) Zebras in Okaukuejo: Die Großsäuger der Savannen Afrikas, hier Zebras und einige Oryx im Etosha-Nationalpark, sind ein Symbol für die Schönheit der biologischen Vielfalt. Zugleich erinnert die gespannte Aufmerksamkeit der Herde an die Gefahr, die den Tieren an dieser lebensnotwendigen Ressource (der Wasserstelle) durch Raubtiere droht. b) Organismen leben in Lebensgemeinschaften, wobei die Nutzung von Buckelzirpen durch Ameisen nur eines von vielen Beispielen dafür ist, dass Organismen in Wechselwirkungen und Abhängigkeiten zueinander stehen, wodurch der Verlust von Arten Konsequenzen auch für andere Arten und letztlich für das ganze Ökosystem hat. c) Intraspezifische Variabilität: Biologische Diversität umfasst nicht nur die Vielfalt der Arten und der Ökosysteme, sondern auch die genetische Vielfalt innerhalb der Arten, die uns besonders bewusst wird, wenn sie zugleich kulinarische Vielfalt in unserer Esskultur widerspiegelt – wie hier bei verschiedenen Tomatensorten. d) Die Teufelskralle, *Harpagophytum procumbens* ist ein Sesamgewächs aus dem südlichen Afrika, dessen Knollen Wirkstoffe enthalten, die insbesondere in Mitteleuropa als Medikament unter anderem gegen rheumatische Erkrankungen eingesetzt werden. Durch falsche und zu intensive Sammelaktivitäten ist die Art lokal stark zurückgegangen. e) *Hoodia gordonii*, eine kaktusähnliche Aasblume, die mit Aasgeruch Fliegen als Bestäuber anlockt, wurde bereits von den Buschleuten als Mittel gegen Hunger und Durst genutzt. Jetzt wird der Wirkstoff vom Pharmakonzern Pfizer als Schlankmacher vermarktet. f) Degradation durch Überweidung im Kaokoveld in Nordwest-Namibia: Je nach den biologischen, ökologischen und sozio-ökonomischen Rahmenbedingungen kann eine nachhaltige Nutzungsform durch vereinzelte klimatische Extremsituationen, durch falsche Managemententscheidungen oder durch ökonomische oder politische Notlagen zu einer Kaskade negativer Folgeprozesse führen, die den Nutzwert der natürlichen Ressourcen langfristig mindern. Die Lage der Wurzelsysteme der alten Mopane-Bäume kennzeichnet die ursprüngliche Lage des Oberbodens (Fotos: N. Jürgens, Detlev Kaldinski, Eduard Linsenmair, C. Martin).

29.5 Ressourcen zwischen Knappheit und Überfluss

Diskurse um die Endlichkeit von Rohstoffen und Ressourcen

HANS GEBHARDT

Neben Global Change (globaler Umweltwandel) und Globalisierung wird in jüngerer Zeit als eine dritte Herausforderung für die Weltgesellschaft des 21. Jahrhunderts die zunehmende Knappheit an Schlüsselressourcen der globalen Ökonomie (Wasser, Öl, seltene Mineralien etc.), also an „Georessourcen", thematisiert.

Der Begriff Georessourcen umfasst alle Ressourcen, die der modernen menschlichen Gesellschaft als Lebensgrundlage dienen und deren umfängliche Nutzung mit einem Eingriff des Menschen in das System Erde verbunden ist. Hierzu zählen insbesondere Rohstoffe (Wasser, Boden, mineralische Rohstoffe, Energierohstoffe und Geothermie; Abb. 29.5.1).

Die Frage nach den Ressourcen für menschliches Leben und deren Endlichkeit ist ein altes und zentrales Thema der Wissenschaften. Schon Ende des 18. Jahrhundert stellte der englische Landpfarrer Thomas Robert Malthus in seinem Buch „*Essay on the Principle of Population*" fest, dass die Bevölkerungszahl exponentiell steige, die Nahrungsmittelproduktion aber nur linear, und dass damit die Menschheit in einen drohenden **Ressourcenkonflikt** aufgrund **Überbevölkerung** gerate – und das bei einem Bruchteil der heutigen Bevölkerung.

Seit gut 100 Jahren beschäftigt sich auch die Geographie intensiv mit solchen Fragen der Tragfähigkeit der Erde bzw. der Frage, wie viele Menschen in bestimmten Regionen auf agrarischer Grundlage ernährt werden können. Dabei wird die Einwohnerzahl eines Raumes mit den zur Verfügung stehenden Ressourcen unter Einbeziehung des Entwicklungsstandes der jeweiligen

Abb. 29.5.1 Georessourcen: a) Marmor aus Carrara (Italien), b) hydrothermales Kraftwerk (Island) und c) brennender Gaskrater (Turkmenistan; Fotos: H. Gebhardt).

Gesellschaft untersucht. Eine lang dauernde Kontroverse führten frühere Fachgeographen wie Albrecht Penck oder später Wolfgang Weischet insbesondere über die inneren Tropen und deren Ressourcen. Den ursprünglich sehr euphorischen Erwartungen bezüglich deren Tragfähigkeit standen spätere Diskurse über die ökologische Benachteiligung der Tropen gegenüber (Weischet 1977).

Solche Fragen agrarischer Tragfähigkeit in bestimmten Regionen werden zu Zeiten einer globalisierten Wirtschaft natürlich eher als „Milchmädchenrechnungen" eines überholten Autarkiedenkens gesehen. Gleichwohl gerieten Probleme der Endlichkeit von Ressourcen, nunmehr bezogen auf mineralische Rohstoffe und Schlüsselressourcen der Industriegesellschaft, in Folge des Ölpreisschocks 1973 wieder auf die Agenda. Vor allem der erste Bericht des Club of Rome 1972, der die bekannte Tatsache thematisierte, dass eine Reihe von Rohstoffen und Ressourcen übernutzt würden und daher in absehbarer Zeit nicht mehr zur Verfügung stünden, erfuhr große öffentliche Aufmerksamkeit. Bis heute bestimmen Berechnungen zu *peak oil*, dem vermutlichen Höchststand der Ölproduktion, aber auch Überlegungen zur Endlichkeit von Wasser und Waldressourcen, die Diskussion (Kapitel 29.6, 29.7 und 29.8). So geht man derzeit davon aus, dass im Jahr 2010 die Hälfte der vorhandenen Ölressourcen dieser Erde verbraucht sein wird und dass die Förderung der „zweiten Hälfte" zunehmend schwieriger wird.

Gefordert wird daher seit den 1980er-Jahren ein nachhaltiger Ressourceneinsatz, das heißt eine Ressourcennutzung, welche unseren Kindern und Kindeskindern dieselben Nutzungsoptionen erhält wie unserer Generation.

Inzwischen wird die Ressourcenfrage nicht nur als physisches Problem, als Mengenproblem, diskutiert, sondern zunehmend als Problem von Ressourcen-*governance*. Das bedeutet, es geht schon noch um Endlichkeit von Schlüsselressourcen der Industriegesellschaft bei potenziell unendlichem Bedarf, aber es geht auch um Machtfragen, um die Rollen von Schlüsselakteuren (große Nationalstaaten, internationale Konzerne) bei der Vermarktung von Rohstoffen bzw. bei der Schaffung von politisch gewollten Knappheiten.

Dimensionen der globalen Ressourcennutzung

In etwas vereinfachter Sicht lassen sich die folgenden Dimensionen der globalen Ressourcennutzung unterscheiden.

Ökologische Aspekte

Die Ausbeutung der natürlichen Rohstoffe der Erde schafft eine Fülle von ökologischen Problemen, da es sich hierbei oft um großflächige Eingriffe in Landschaften handelt (z. B. bei Bergbaubetrieben). Dabei liegen Nutzen und Schaden der Ressourcengewinnung häufig räumlich weit auseinander; Rohstoffproduzenten sind nur selten Rohstoffkonsumenten. Im **Konzept des „ökologischen Rucksacks"** wird versucht, für die Erzeugung und den Handel mit Rohstoffen und Ressourcen die Summe aller Umweltbelastungen, welche bei der Extraktion von Rohstoffen wie auch bei der agrarischen und industriellen Produktion entstehen, zu berechnen (Exkurs 29.1.2). Dabei zeigt sich, dass es Länder bzw. Regionen gibt, welche in der Summe eher Umweltlasten übernehmen und andere, welche ihre Umweltbelastungen tendenziell exportieren. Gerade stark umweltbelastende Produktionen zeigen hier eine wenig ausgeglichene Bilanz.

Grob gesprochen wälzt der industrielle Norden der Erde durch den internationalen Rohstoffhandel Umweltbelastungen auf den Süden ab, das heißt, ärmere Länder übernehmen Umweltbelastungen für reichere Länder. Aber es gibt recht interessante Abweichungen von dieser Tendenz: Einige rohstoffproduzierende, aber wohlhabende Länder wie Australien, Kanada oder Norwegen übernehmen überproportional Umweltlasten, während einige dienstleistungs- oder tourismusorientierte Staaten (z. B. Inselstaaten), aber auch Schwellenländer wie China, Indien oder Mexiko Umweltbelastungen exportieren.

Ökonomische und finanzwirtschaftliche Aspekte

Natürliche Ressourcen sind auf der Erde sehr ungleich verteilt (Abb. 29.5.2). Hieraus ergibt sich ein gigantischer Rohstoffhandel. Rohstoffe stellen heute mehr als ein Drittel aller Güter im Welthandel. Sie werden weltweit bezogen, man spricht von *global sourcing*. So kommen in die EU Agrarprodukte und mineralische Rohstoffe aus Nordamerika und besonders aus Südamerika. Brasilien ist einer der weltweit wichtigsten Produzenten für Eisenerze, Chile für Kupfer. Energierohstoffe stammen zu einem erheblichen Teil aus Russland, viel mehr als aus den Ländern des Vorderen Orients.

Global sourcing, verstanden als „zunehmende strategische Ausrichtung auf internationale Beschaffungsmärkte" (Haas 2009) wird damit auch zu einem wichtigen Thema der Geographie. Knoten des weltweiten Rohstoffhandels sind Börsen. Börsen mit weltweiter

Bedeutung sind zum Beispiel die *Chicago Mercantile Exchange* für landwirtschaftliche Produkte, die *New York Mercantile Exchange* für Metalle und Erdöl und die *London Metal Exchange* für Metalle. An der *London Metal Exchange* werden Basismetalle gehandelt, an der ebenfalls in London beheimateten *ICE Futures Europe* geht es um Energie-*futures* (Erdöl, Gas). Rohstoffbörsen gibt es darüber hinaus in Japan (*Tokio Commodity Exchange*), China (*Shanghai Futures Exchange*), Australien, Brasilien, Singapur und Dubai.

Es sind unvorstellbar hohe Summen, mit denen die Trader heute weltweit operieren. Jeden Tag wechseln Papiere im Wert von mehr als 20 Milliarden Dollar den Besitzer. So wurden beispielsweise an den vier großen Kupferbörsen der Welt, in London, New York, Shanghai und Mumbai, im vergangenen Jahr Kupfer-*futures* im Volumen von 1,13 Milliarden Tonnen gehandelt, das ist 71-mal mehr, als die Industrie in derselben Zeit überhaupt produziert hat.

Damit löst sich der Zusammenhang zwischen Angebot und Nachfrage immer mehr auf; die Preisentwicklung erfolgt nicht selten sprunghaft und Rohstoffpreise verändern sich innerhalb weniger Wochen deutlich nach oben oder nach unten. Dies macht es den Unternehmen zunehmend schwer, mittelfristig die Kosten zu kalkulieren.

Möglich geworden ist diese Entwicklung durch das Internetzeitalter. Noch vor 15 Jahren musste, wer Metalle kaufen oder verkaufen wollte, in der Regel die Händler auf dem Parkett der Rohstoffbörsen in London oder New York anrufen. Sie hatten als Einzige den direkten Zugang zum Markt. Entsprechend geordnet lief das Geschäft ab. Heute hat das Netz die Börse praktisch für jedermann zugänglich gemacht und Marktvolumina und Geschwindigkeit des Handels haben sich vervielfacht.

Es sind vor allem milliardenschwere *hedgefonds*, außerdem internationale Banken oder US-amerikanische Pensionskassen, welche dieses Geschäft betreiben und weltweit nach lukrativen Anlagemöglichkeiten suchen. Sie beschäftigen inzwischen Heere von Analysten, welche akribisch Minenprojekte in der Welt auswerten und gut bezahlte Prognosen abgeben. Gleichwohl bleibt das Geschäft chaotisch, da teilweise Daten zu Lagerbeständen oder auch zum Marktverhalten großer Anbieter und Verbraucher nicht bekannt sind.

Hoch industrialisierte Länder wie Deutschland hängen auf Gedeih und Verderb an erfolgreicher Beschaffung von Schlüsselressourcen. Firmen müssen sich zunehmend vor den Ausschlägen an den Rohstoffbörsen schützen und tun dies durch entsprechende Spezialisten. Kaum ein großes Unternehmen kann heute darauf verzichten, mit Terminkontrakten die Schwankungen von Wechselkursen oder Rohstoffpreisen abzusichern. Damit verdienen Banken praktisch zweimal. Sie lassen sich den Service von ihren Kunden gut bezahlen,

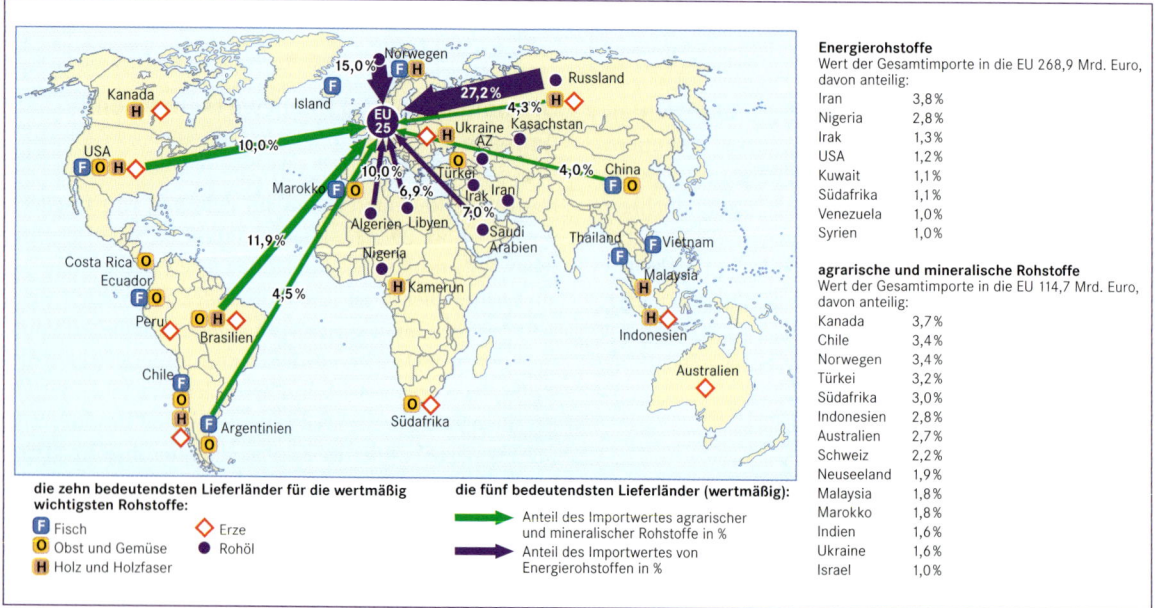

Abb. 29.5.2 Bedeutendste Lieferländer für agrarische, mineralische und energetische Rohstoffe in die EU 25 (Quelle: Eurostat 2007; Entwurf: D. Schlesiger, Kartographie: D. Schlesiger und A. Ziegler/LMU München).

zugleich sind sie mit ihren Spekulationsgeschäften selbst maßgeblich dafür verantwortlich, dass die Ausschläge überhaupt so extrem geworden sind.

Verkehrsgeographische Aspekte

Global bedeutsame Rohstoffe müssen global transportiert werden. Die meisten Transporte erfolgen auf dem **Seeweg**. Flüssige und gasförmige Materialien werden am kostengünstigsten in **Rohrleitungen** transportiert, was zum Ausbau eines weitläufigen, nationale Grenzen überquerenden Netzes von Erdöl- und Erdgaspipelines geführt hat.

Als Kostenfaktor spielen die Transportkosten bei Rohstoffen eine erstaunlich geringe Rolle. Sie liegen für alle weltweit importierten Waren bei unter 6 Prozent (Braun 2010). Die Umweltbelastungen durch die immer stärker anwachsenden Transportströme sind allerdings erheblich. Es kommen fast ausschließlich fossile Energieträger (Erdöl) zum Einsatz, darüber hinaus besteht die Gefahr von Havarien und erheblichen *hazards*, zum Beispiel bei Tankerunfällen.

Jüngere Probleme der globalen Rohstofftransporte liegen wohl weniger im Bereich ökologischer Folgen oder ökonomischer Kosten, sondern auch im Bereich der Transportsicherheit. Aktuell ergeben sich zunehmende Probleme mit **Seepiraterie** und der Entführung von Schiffen an den Nadelöhren der Welttransportrouten. 2008 wurden weltweit 293 Schiffe überfallen und 49 von ihnen entführt. Die Transporte von Öl und Gas über Pipelines können ebenfalls unterbrochen werden, wie sich in den letzten Jahren im Falle des russischen Gases mehrfach gezeigt hat.

Politisch-geographische Aspekte

Vor allem nach 2003 haben sich im Rohstoffsektor weltweit deutliche Verknappungserscheinungen eingestellt, die zu einem guten Teil durch die stark angestiegene Nachfrage in den Schwellenländern ausgelöst wurden. Insbesondere die chinesische Außenpolitik ist inzwischen deutlich durch strategische Ziele einer nationalen Rohstoffsicherung geprägt (Haas 2009). Der massive Rohstoffankauf Chinas auf dem Weltmarkt führte selbst bei Sekundärrohstoffen wie Eisenschrott inzwischen zu einem Preisboom. Generell kam es zwischen 2002 und 2008 zur Nutzung von Rohstoffquellen, die zuvor als unwirtschaftlich galten.

Die geopolitischen Interessen Chinas lassen sich am Beispiel der Rohstoffversorgung mit Erdöl gut verdeutlichen. Vor allem der afrikanische Kontinent ist in den Fokus der Beschaffungsinteressen gerückt. Afrika ist nicht nur ein Produzent immerwährender Revolutionen und korrupter Regime, sondern hier liegen auch mindestens 10 Prozent der weltweiten Ölreserven, daneben seltene Rohstoffe wie Coltan, Gold und Diamanten. In den letzten Jahren hat China schon mit 48 der 50 afrikanischen Staaten Handelsabkommen über Rohstoffexporte abgeschlossen und ist in einigen Staaten bereits der größte Investor. So wurde China, welches seine Investitionen über staatliche Firmen tätigt, zum Hauptimporteur für sudanesisches und angolanisches Öl sowie südafrikanisches Platin.

Immer häufiger kommt es auch zu direkten Süd-Süd-Beziehungen unter Umgehung der alten Industrieländer. So ist seit dem Amtsantritt von Präsident Luiz Inácio Lula da Silva 2003 in Brasilien Afrika auch in den Fokus der brasilianischen Politik und Wirtschaft gerückt. Mehrmals ist Lula seitdem nach Afrika gereist und hat dort über 20 Länder besucht. Der Handel Brasiliens mit dem schwarzen Kontinent hat sich in den letzten Jahren versechsfacht – und konnte 2010 die Marke von 30 Milliarden Dollar knacken. In vielen afrikanischen Ländern bieten inzwischen brasilianische Konzerne den rohstoffhungrigen Konkurrenten aus China und Indien Paroli.

Sozialgeographische Aspekte

Die globale Wirtschaft entwickelt immer längere und differenzierte Produktionsketten. Das heißt, dass der Weg vom Rohstoff zu einem konsumfähigen Verkaufsprodukt lang ist und in verschiedenen Produktionsschritten und an verschiedenen Produktionsstandorten erfolgt. Dabei gilt generell, dass Produzenten der ersten Stufe der Kette eher wenig, solche gegen Ende der Kette aber exorbitant verdienen. Auch sind die Arbeitsbedingungen bei der Rohstofferzeugung oft extrem hart. Dies gilt sowohl für Klein- und Kleinstbetriebe (Mineraliensucher, Goldwäscher) mit ihrer „Selbstausbeutung“, aber auch für die großen multinationalen Unternehmen. Periodisch wiederkehrende Bergwerkskatastrophen wie 2010 in Chile machen die gefährlichen oder zumindest gesundheitsgefährdenden Arbeitsbedingungen deutlich. Ein spezifisches Problem bildet hierbei das **informelle Recycling** von Sekundärrohstoffen in einer Reihe von Entwicklungsländern, insbesondere von aus den Industriestaaten exportiertem Elektronikschrott.

 **Exkurs 29.5.1**

Bewaffnete Konflikte um Ressourcen – das Fallbeispiel Ostkongo

MARTIN DOEVENSPECK

Als der amerikanische Senat im Juli 2010 die US-Finanzmarktreform verabschiedete, jubelten auch internationale Kampagnenorganisationen wie *Global Witness* oder *Enough*, die seit Jahren die Finanzierung bewaffneter Konflikte durch Rohstoffhandel anprangern. Der Grund für die Begeisterung ist ein Gesetzestext, der nichts mit dem Finanzmarkt zu tun hat und, etwas versteckt in den über 2000 Seiten des Dokumentes, die Verwendung von Mineralien aus der Demokratischen Republik Kongo und den Nachbarländern scharfen US-amerikanischen Kontrollen unterwirft. Das Gesetz sieht unter anderem vor, dass alle in den USA tätigen Unternehmen über den Ursprung der in ihren Produkten (Mobiltelefone, Spielkonsolen etc.) verwendeten mineralischen Rohstoffe wie das Tantalerz Coltan, das Zinnerz Kassiterit und das Wolframerz Wolframit Rechenschaft ablegen. Falls diese kongolesischen Ursprungs sind oder aus einem der neun Nachbarländer kommen, muss nun detailliert nachgewiesen werden, wie das Unternehmen sicherstellt, dass kein Element der Handelskette von der Förderung über Transport und Handel bis zum Export zur Finanzierung einer bewaffneten Gruppe im Ostkongo beigetragen hat. Mit dieser Maßnahme, so die Überzeugung der Kampagnengruppen, die davon ausgehen, dass ostkongolesische Konfliktparteien Krieg führen und Übergriffe auf die Zivilbevölkerung verüben, um Bergbaugebiete und Handelsrouten zu kontrollieren und sich aus dem Mineralienexport zu finanzieren, werde den bewaffneten Gruppen die Einkommen aus dem Mineralienhandel entzogen und damit der Anreiz für die Fortführung des Krieges beseitigt. Demgegenüber kommen kongolesische Akteure im Minensektor und Beobachter vor Ort zu einer ganz anderen Bewertung der US-Initiative. Angesichts der Schwierigkeiten einer Nachweisbestimmung erwarten sie, dass internationale Elektronikkonzerne aus Angst vor Sanktionen keine mineralischen Rohstoffe mehr aus der Region der Großen Seen kaufen werden und sehen in dem neuen Gesetz ein De-facto-Embargo kongolesischer Erze und damit eine ernsthafte Bedrohung des gesamten Minensektors. Befürchtet wird, dass dies langfristig nicht zu Frieden, sondern im Gegenteil zu einer Verstärkung gewaltsamer Konflikte führt, wenn sich Tausende erwerbslos gewordene Minenarbeiter bewaffneten Gruppen anschließen, um das Überleben ihrer Familien zu sichern. Um diese völlig unterschiedlichen Bewertungen der Zusammenhänge zwischen Rohstoffhandel und bewaffneten Konflikten in der Region zu verstehen, werden im Folgenden die wissenschaftliche und politische Debatte zu Ressourcenausbeutung und Konflikten, der Minensektor und der Mineralienhandel im Ostkongo beleuchtet sowie die Rolle der bewaffneten Gruppen diskutiert.

„Blut-Diamanten" und „Konfliktmineralien"

Nachdem die wissenschaftliche Debatte zunächst auf Ressourcenknappheit als Kriegsursache beschränkt war, wurde angesichts der Zunahme sogenannter neuer Kriege in den 1990er-Jahren dem Knappheitsargument die bis heute prominente These vom Konflikt verursachenden und finanzierenden Ressourcenreichtum gegenübergestellt. Dem lag die Beobachtung zugrunde, dass sich bei diesen Konflikten wie etwa in Liberia, Sierra Leone und Angola nicht mehr reguläre Armeen gegenüberstanden, sondern eine oft undurchsichtige Vielfalt an bewaffneten Gruppen, welche außer um Territorium und politische Macht auch vermehrt um ökonomische Ressourcen konkurrierten. Zwar differenzierte sich die Debatte noch weiter aus, unter anderem in einen Forschungszweig, der die Bedeutung unterschiedlicher ressourcenspezifischer Bedingungen in den Vordergrund stellte, doch letztlich haben alle Ansätze gemeinsam, dass ihr Fokus auf natürlichen Ressourcen an sich als Mittel und Gegenstand von Konflikten liegt und damit andere Ursachen und Antriebskräfte für kriegerische Auseinandersetzungen vernachlässigt werden. Auf internationaler Ebene wurden parallel zu der wissenschaftlichen Diskussion verschiedene politische Maßnahmen getroffen, die dazu beitragen sollten, Bürgerkriegsparteien die finanziellen Grundlagen zu entziehen. Die bekannteste dieser Initiativen ist der sogenannte Kimberley-Prozess, ein Selbstregulierungsmechanismus der Diamantenindustrie, der über staatliche Herkunftszertifikate den Handel mit solchen Diamanten verhindern soll, deren Erlöse zur Finanzierung bewaffneter Konflikte eingesetzt werden.

Mineralienabbau und -handel im Ostkongo

Die Wahrnehmung des aktuellen Konfliktgeschehens im Ostkongo als Ressourcenkrieg beruht wesentlich auf den

Berichten einer UN-Expertenkommission aus den Jahren 2001 und 2002 zur illegalen Ausbeutung von Ressourcen während des zweiten Kongokrieges von 1998 bis 2003. Mit dieser angesichts der Entwicklungen in den letzten Jahren überholten Sichtweise werden andere, historisch verwurzelte Kriegsursachen wie Konflikte um den Zugang zu Land oder ethnische Diskriminierung sowie die internationale Dimension der Konflikte und deren Dynamik, die auch seit dem offiziellen Friedensschluss von 2003 immer wieder neue Kriegsparteien mit neuen Interessen hervorbringt, weitgehend ausgeblendet.

Mineralien werden in der Region ausschließlich artisanal, kleinmaßstäbig und informell gefördert. Das ist weniger Folge des Krieges, als eine des kontinuierlichen Niedergangs der kongolesischen Bergbauindustrie seit den 1980er-Jahren. Alleine in der Provinz Nordkivu gibt es heute rund 200 000 Minenarbeiter mit zirka 1 Million Angehörigen, die von den Einkommen abhängig sind. Diese sogenannten *creuseurs* bauen unabhängig von Konzessionen Mineralien ab und verkaufen ihre Produktion an Mittelsmänner (*negociants*). Diese organisieren den Abtransport von der Mine in die Städte und stellen damit die Verbindung zwischen Produzenten und den Exportunternehmen (*comptoirs*) in den regionalen Handelszentren Goma und Bukavu her, an die sie die Mineralien verkaufen. Formal gesehen ist dieser Mineralienabbau nach dem geltenden Bergbaugesetz (*code minière*) illegal, weil bisher noch keine speziellen Gebiete für diese Art des Bergbaus ausgewiesen wurden. Formal illegal ist damit auch der Handel mit diesen Mineralien, der allerdings einer graduellen Formalisierung auf der Mine bis zu den Handels- und Exportzentren unterliegt. Die weitreichendste Formalisierung erfährt der Handel dann beim Export nach Übersee. Welche Rolle spielen nun die bewaffneten Gruppen im Minensektor? Es gibt in den Kivuprovinzen keine einzige Lagerstätte oder Mine die von bewaffneten Gruppen ausgebeutet wird, aber nahezu der gesamte Mineralienabbau und -handel wird von diesen Gruppen, einschließlich der kongolesischen Armee, besteuert. Und im ostkongolesischen Kontext eines Hybrids aus Konflikt und Post-Konflikt macht dieses Engagement der Gruppen auch Sinn, da sie es sind, die in Abwesenheit staatlicher Strukturen und als Gegenleistung für die Abgaben in diesen Gebieten eine relative Sicherheit als Dienstleistung erbringen. Als Folge dieser lokal verhandelten Arrangements für Sicherheit unter weitgehendem Ausschluss der bescheidenen Reststrukturen des Staates zur Ausbeutung mineralischer Ressourcen gehören die Minengebiete selbst sowie die Handelsrouten zu den friedlichsten in der Region. Es wird deutlich, dass das Konzept von „Illegalität" in diesem Kontext geringe bis gar keine Bedeutung hat. Denn es ist sowohl möglich Mineralien illegal abzubauen und zu handeln und damit das Überleben einer ländlichen Bevölkerung in Gebieten sicherzustellen, in denen staatliche Herrschaft entweder gar nicht vorhanden ist oder Gewalt und Willkür bedeutet, als auch Treibstoffe oder Konsumgüter legal zu importieren um damit Krieg zu finanzieren. Von den Verfechtern des Ressourcenkriegsargumentes wird auch weitgehend außer Acht gelassen, dass alle bewaffneten Gruppen ihre Einkommensquellen diversifiziert haben. Angesichts der Einkünfte durch Spenden, unautorisierte Steuern, den Handel mit Wildfleisch, Werthölzern und Holzkohle ist keine Kriegspartei von den Einkünften aus dem Mineralienhandel abhängig. Die Finanzierung des Krieges ist handelswarenneutral.

Fazit und Ausblick

Es handelt sich im Ostkongo nicht um einen Ressourcenkrieg, sondern um einen komplexen Mehrebenenkonflikt, der zum Teil mit Erlösen aus dem Mineralienhandel finanziert wird. Die Militarisierung des Minensektors muss eher als Symptom, denn als Ursache des Konflikts betrachtet werden. Nicht die Kriminalisierung des Minensektors wie etwa durch die eingangs erwähnte US-Initiative, sondern dessen Entkriminalisierung muss das Ziel sein, um eine Entmilitarisierung dieses Wirtschaftszweiges zu erreichen. Das Geschehen als Ressourcenkrieg zu bezeichnen ist eine Form der Komplexitätsreduktion und insofern nachzuvollziehen, als Nichtexperten eine auf den ersten Blick sehr plausible Erklärung für eine fortgesetzte humanitäre Katastrophe angeboten wird. Aber anzunehmen, dass die Kriegsbeteiligten kämpfen und die Bevölkerung terrorisieren, weil sie Zugriff auf Exporteinnahmen haben, und Frieden möglich wäre, wenn die Gruppen nicht mehr über diese Einnahmen verfügten, ist gleichzeitig absurd und gefährlich. Gefährlich vor allem deshalb, da diese Betrachtungsweise einer nachhaltigen Konfliktlösung im Wege steht, weil sie ahistorisch ist, also die Konfliktentstehung ausblendet, sich so weder das tatsächliche Kriegsgeschehen noch die Konfliktdynamik ausreichend verstehen lassen und die regionale (Kriegs-)Ökonomie unzureichend reflektiert wird. Gleichzeitig rückt durch eine solch partielle Analyse das Versagen der von der internationalen Gemeinschaft gestützten kongolesischen Regierung in entscheidenden Politikfeldern wie der Reform des Sicherheitssektors, der Dezentralisierung und dem Aufbau funktionierender staatlicher Strukturen sowie der Konfliktaufarbeitung und der Versöhnung in den Hintergrund. Da es keine monokausale Interpretation der Situation im Ostkongo geben kann, muss empirische Forschung versuchen, regional und lokal spezifische Kontexte zu verstehen. Die wissenschaftliche Herausforderung besteht also darin, die Bedeutung natürlicher Ressourcen in das breite Spektrum von Konfliktursachen systematisch einzubetten und die Konsequenzen von Rohstoffausbeutung für die Entstehung neuer Territorialitätsmuster und Formen von Sicherheits-*governance* zu erfassen.

Die Zukunft der globalen Rohstoffwirtschaft

Ressourcenprobleme werden sich aller Voraussicht nach nicht nur aufgrund der Endlichkeit einiger erschöpfbarer Rohstoffe (Erdöl) in Zukunft verschärfen, sondern auch aufgrund erheblich zunehmender Nachfrage vor allem durch die BRIC-Staaten (Brasilien, Russland, Indien, China) im Kontext andauernder asymmetrischer Machtbeziehungen zwischen einzelnen Staaten oder auch großen Unternehmenszusammenschlüssen. Eine Reihe seltener und nur an relativ wenigen Standorten vorkommender Rohstoffe können zu einem Gegenstand weltweiter Verknappung und Spekulation werden, wie der aktuelle Konflikt mit China über einige fast nur dort geförderte seltene Erden zeigt. Dass Rohstoffe zum bevorzugten Objekt von Finanzspekulationen geworden sind und sich damit die reale Nachfrage immer deutlicher von der Preisentwicklung abkoppelt, macht die Situation nicht übersichtlicher. Neben den Themen Globalisierung und Global Change ist mit *global scarcity* sowohl in naturwissenschaftlicher wie gesellschaftswissenschaftlicher Perspektive ein drittes „großes" Zukunftsthema einer geographischen Gesellschafts-Umweltforschung angesprochen.

29.6 Konflikte um die tropischen und borealen Wälder

Hans Gebhardt

Zu den Schlüsselressourcen der Weltwirtschaft sind auch die großen Wälder der Erde zu rechnen. Zwei Klimazonen bzw. Großregionen sind es, welche Holz zur Verfügung stellen: die borealen Wälder im hohen Norden, an denen insbesondere die Staaten Kanada, die skandinavischen Staaten und Russland Anteile haben, sowie die Wälder der immerfeuchten und wechselfeuchten Tropen, an erster Stelle das Amazonastiefland, aber auch das Kongobecken sowie die Tropenwälder des festländischen und insularen Südostasiens (Abb. 29.6.2). Die wichtigsten Nachfrager bilden die Industriestaaten Europas und Nordamerikas. Weltweit wichtigster Konsument vor allem von Tropenholz ist Japan (Abb. 29.6.3).

Tropische Regenwälder

Tropischer Regenwald ist ein etwas unscharfer Sammelbegriff für eine Reihe von Waldformationen. Üblicherweise unterscheidet man den immergrünen tropischen Regenwald, den tropischen Feucht- und den tropischen Trockenwald. Dabei sind die natürlichen Waldformationen nicht nur vom planetarischen Formenwandel – Nähe oder Ferne zum Äquator – sondern auch vom hypsometrischen Formenwandel – der Höhe – bestimmt. Dem tropischen Tieflandregenwald steht in Höhenlagen über 600 bis 1 000 m der tropische Bergwald gegenüber, während über 2 000 m der tropische Nebelwald einsetzt (Abb. 29.6.1). Noch weiter oben finden sich in den tropischen Hochgebirgen Südamerikas die

Abb. 29.6.1 Der Doi Inthanon ist mit 2 565 m der höchste Berg Thailands. Aufgrund der hohen Luftfeuchtigkeit und der regelmäßigen morgendlichen Nebel hat sich hier die spezifische Vegetation des tropischen Nebelwaldes herausgebildet (Foto: H. Gebhardt).

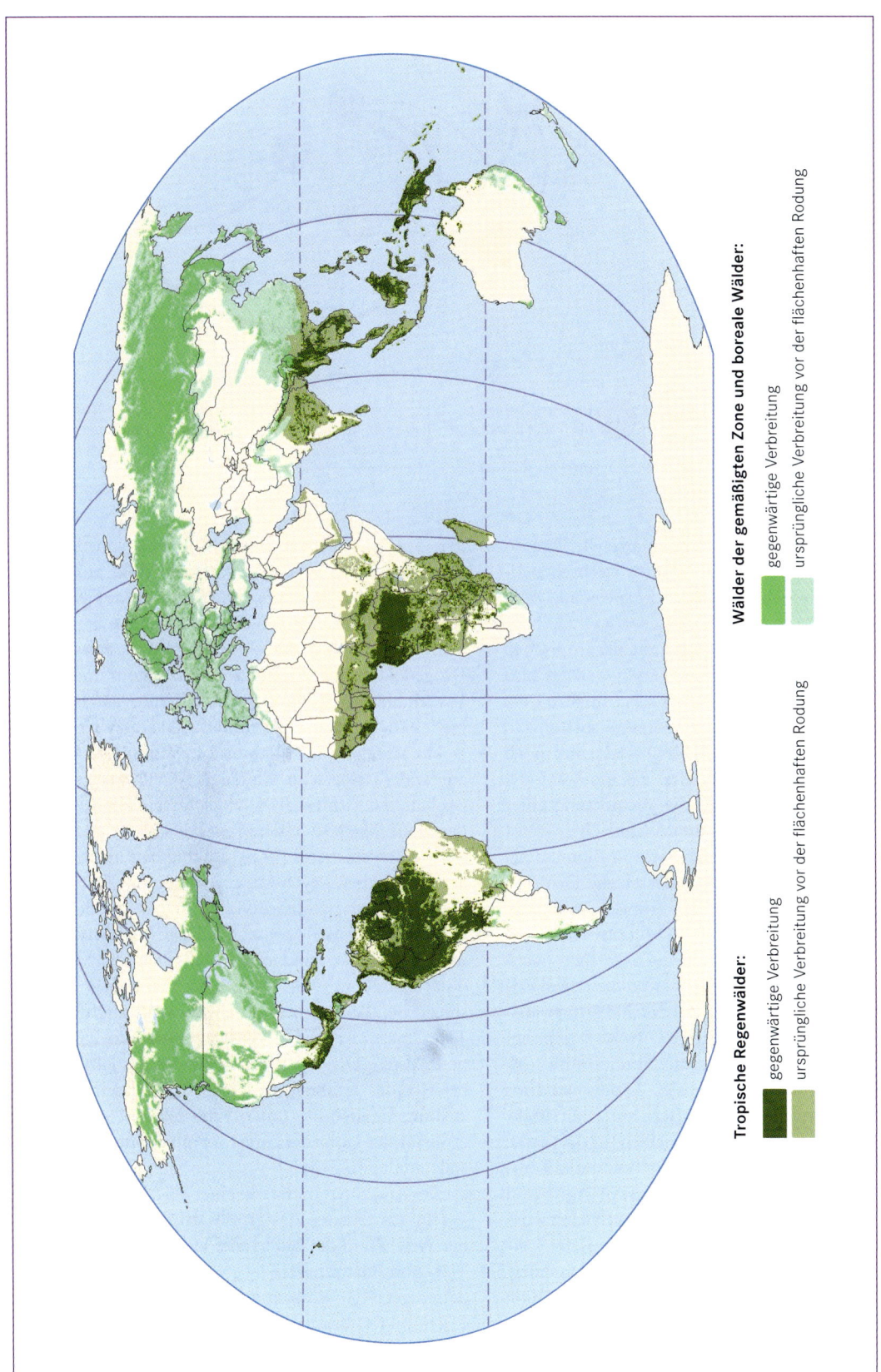

Tropische Regenwälder:

gegenwärtige Verbreitung

ursprüngliche Verbreitung vor der flächenhaften Rodung

Wälder der gemäßigten Zone und boreale Wälder:

gegenwärtige Verbreitung

ursprüngliche Verbreitung vor der flächenhaften Rodung

Abb. 29.6.2 Verteilung tropischer Regenwälder und borealer Nadelwälder (verändert nach UNEP-WCMC 2000).

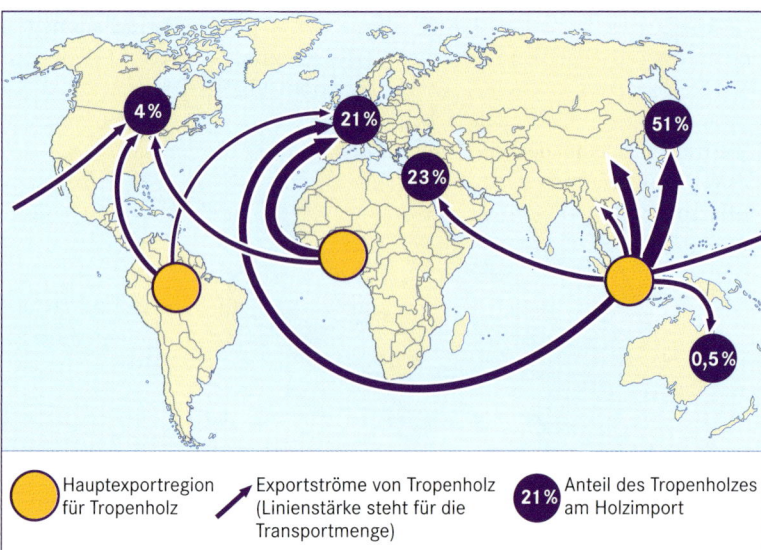

Abb. 29.6.3 Wege des weltweiten Handels mit Tropenholz (nach Hild & Kinz 1999).

Vegetationszonen jenseits der Baumgrenze wie Paramo im immerfeuchten Gebiet und Puna im wechselfeuchten mit typischen Schopfpflanzen (Espeletien, Abb. 29.6.4).

Im Jahre 1950 wurde die Ausdehnung der tropischen Regenwälder auf 16 bis 17 Millionen km^2 geschätzt, also etwa 11 Prozent der Landfläche der Erde. Im Jahre 1982 zeigte die Auswertung von Geländeuntersuchungen, Luftaufnahmen und Satellitenbildern, dass nur noch 9,5 Millionen km^2 übrig waren. Eine erneute Bestandsaufnahme im Jahre 1985 ergab die Vernichtung einer weiteren Million km^2. Der gesamte Waldflächenverlust der Erde beläuft sich jährlich auf etwa 13 Millionen ha, was etwas mehr als einem Drittel der Fläche Deutschlands entspricht. Der Anteil der tropischen Länder hieran beläuft sich auf etwa 8 bis 10 Millionen ha.

Während in den gemäßigten Breiten Formen nachhaltiger Waldwirtschaft dominieren, sind die Regenwälder der großen tropischen Becken durch Formen ausbeutender oder gar destruktiver Holznutzung geprägt. Besonders problematisch ist hier die Situation im festländischen und insularen Südostasien. Länder wie Laos oder Indonesien tragen in dieser Beziehung buchstäblich ihre „Haut zu Markte". Verantwortlich für die rasche Entwaldung Südostasiens ist eine Kombination aus traditionellem Wanderfeldbau, Ausweitung von Agrarland und Wohngebieten sowie der kommerziellen Holzwirtschaft. „Zahlreiche Studien machen ein komplexes Faktorenbündel aus wachsender Armut, steigendem Energiebedarf und Profitstreben für die anhaltende Rodung verantwortlich, die trotz internationaler Protestnoten im Zuge globaler Klimaveränderungen unverändert hoch ist" (Spreitzhofer 2003). Heute sind an die Stelle

der Subsistenzbauern vielfach große, postkoloniale Plantagen getreten, denen früherer Wald zum Opfer fällt. In den peripheren Bergländern von Laos und Kambodscha, früher auch Thailand, führte die Konzentration auf lukrative und leicht transportable *cash crops* der Drogenökonomie (Produktion von Opium und Heroin aus Mohn) zur Rodung von Wäldern. Das Hauptproblem bildet jedoch die **kommerzielle Holzwirtschaft**.

Die Situation im festländischen Südostasien lässt sich auf andere tropische Waldregionen übertragen: Straßenbau, das Öffnen der Wälder für Holzkonzerne und das dann folgende *„clearing up the forest"* durch Squatter – einen solchen Prozess durchlaufen auch die südamerikanischen Regenwälder Amazoniens. Vor allem in den Jahren der Militärdiktatur in den 1970er-Jahren kamen Zehntausende von landlosen Migranten unter der Parole „Ein Land ohne Menschen für Menschen ohne Land" in die Waldgebiete. Eine Schlüsselrolle spielte die Anlage eines durchgehenden Highways, der Transamazonica. Diese Fernstraße ist ein in verschiedenen Ausprägungen seit der Mitte des 20. Jahrhunderts bestehendes Straßenbauprojekt, das bei seiner Fertigstellung die Atlantik- und die Pazifikküste Südamerikas etwa auf der Höhe des Äquators miteinander verbinden soll.

Der Amazonas bildet mit einer Fläche so groß wie die Vereinigten Staaten das größte tropische Urwaldgebiet der Welt. Rund die Hälfte aller auf dem Land lebenden Tier- und Pflanzenarten leben dort. Bis Ende 2006 wurden ungefähr 13 Prozent der ursprünglich vorhandenen Regenwälder Brasiliens abgeholzt; 85 Prozent dieser gerodeten Flächen wurden in Weideland umgewandelt, 15 Prozent in Felder zum Anbau von Sojabohnen.

Seit den 70er-Jahren des 20. Jahrhunderts erlebt das brasilianische Amazonien als eine der letzten Siedlungsgrenzen Südamerikas einen Entwicklungsboom ungekannten Ausmaßes, für den neben dem Bau großer Fernstraßen, kleinbäuerlicher Agrarkolonisation und riesigen Rinderfarmen auch die Ausbeutung der Rohstoffe sowie der Bau großer Wasserkraftwerke kennzeichnend ist (Coy & Neuburger 2002).

Die borealen Waldländer

MICHAEL FLITNER, DIETRICH SOYEZ UND JÖRG-FRIEDHELM VENZKE

Die borealen Waldländer Nordamerikas, Skandinaviens und Russlands (einschließlich Sibiriens) bilden mit etwa 13,7 Millionen Quadratkilometern das flächenmäßig größte globale Waldökosystem (Venzke 2008; Abb. 29.6.2).

Als Symbole für die Ursprünglichkeit und Naturnähe der borealen Waldländer stehen die großen Raubtiere dieser Zone, die Wölfe und Bären Kanadas sowie die sibirischen Tiger im Osten Russlands. Gerade Letztere signalisieren für Eingeweihte aber nicht nur die Weite und Wildheit dieses Waldökosystems, sondern auch seine Gefährdung angesichts tiefer und raumgreifender Eingriffe bei der Extraktion von Ressourcen verschiedenster Art. Dennoch sind die borealen Waldländer im öffentlichen Bewusstsein weit weniger in Not als die bekanntermaßen fragilen, „wertvollen" tropischen Wälder. Dies mag mit der relativ geringen Artenzahl in Zusammenhang stehen und mit dem Vorherrschen von Nadelbäumen: Sie erinnern mitteleuropäische Beobachter zu sehr an die eintönigen Fichtenpflanzungen, die hierzulande spätestens seit der Diskussion um das Waldsterben in der öffentlichen Gunst stark gesunken sind. Sicher spielt aber auch ihre periphere Lage zu den Zentren der südlichen Industriegesellschaften eine Rolle.

In weiten Teilen der borealen Landschaftszone gibt es heute bei allen Unterschieden durchaus vergleichbare Problemlagen. Im Kern sind diese mit der peripheren Lage der Gebiete im nationalen Geschehen verknüpft und mit ihrer quasi kolonialen Funktion als Ressourcenlieferanten: Große Teile dieser Zone stellen bis heute *timber colonies* im ursprünglichen Sinne dar. Und in dieser Funktion zeigen sich auch eine ganze Reihe von Verbindungen mit den tropischen Wäldern und den dort vorherrschenden Problemen. In beiden so unterschiedlichen Waldgebieten spielt nämlich der **transnationale Zugriff** externer Akteure auf die Ressourcen eine wachsende Rolle, in beiden werden vielerorts seit langer Zeit die ethnischen Minderheiten an den Rand gedrängt, in beiden wird heute mehr und mehr eine internationale „Fürsorge" für eine nachhaltige Ressourcennutzung gefordert. In den letzten Jahren sind zudem bisher noch wenig beachtete wirtschaftliche Querverbindungen zwischen diesen größten Waldgürteln der Erde entstanden: einmal über die transnationalen nordischen Unternehmen, die zur Absicherung ihrer Weltmarktpositionen Produktionsstätten in tropischen Ländern errichten (oft mit örtlichen Partnern) und zugleich in der borealen Zone gewonnene Erfahrungen, etwa mit nachhaltiger Forstwirtschaft, mehr oder weniger erfolgreich zu übertragen suchen, zum anderen auch über die aus tropischen Regionen stammenden transnationalen Unternehmen (mit oder ohne nördliche Partner), die

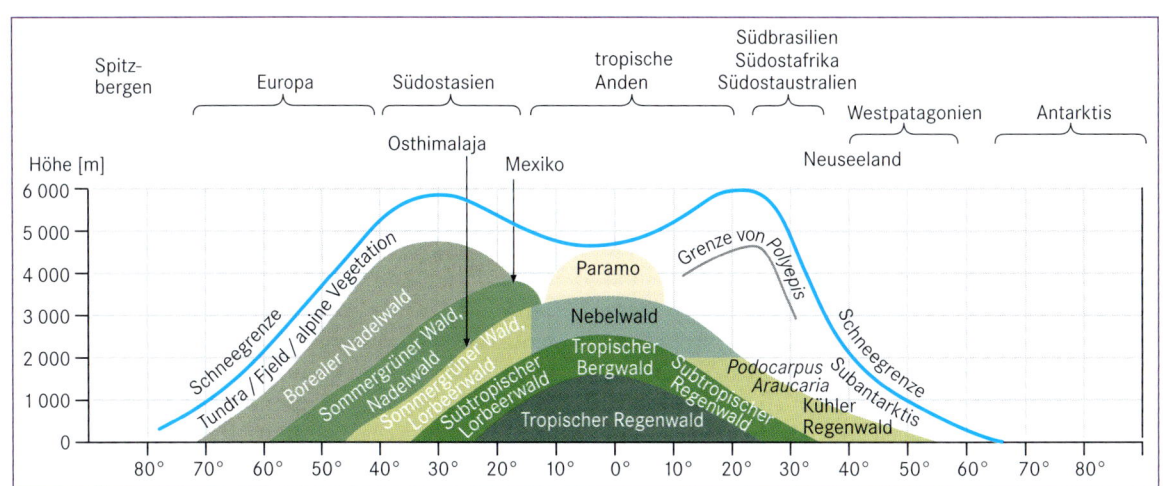

Abb. 29.6.4 Schematisches Vegetationsprofil der immerfeuchten Klimate.

zur Bedienung ihrer stark wachsenden Märkte auf die bisher unzugänglichen oder unternutzten Ressourcen des extremen boreal-asiatischen Ostens zugreifen.

Selbst der Versuch einer knappen, synoptischen Betrachtung der borealen Waldgebiete ist deswegen heute notwendigerweise global im Fokus, sowohl was ihre physisch-geographische Bedeutung, etwa im Hinblick auf Klimawandel oder Schadstoffeinträge, angeht als auch im Blick auf humangeographische Fragestellungen, wie beispielsweise die wachsende Rolle indigener Bevölkerungsgruppen oder das Entstehen transnationaler Produktionssysteme für industrielle Holz- und Papiererzeugnisse. Zugleich erzwingt die Beschäftigung mit diesen überregionalen Fragen aber auch wieder Differenzierungen gemäß den räumlich, historisch und kulturell unterschiedlichen Kontexten, also verschiedenen Entwicklungspfaden und entsprechenden Pfadabhängigkeiten, wie sie etwa beim Vergleich Kanadas, Skandinaviens und Russlands deutlich werden. Im Folgenden werden zunächst die borealen Waldländer eingegrenzt, ihre globalen ökologischen Funktionen in den Blick genommen und ihre Nutzungspotenziale aufgezeigt. Es folgen drei regionale Vignetten, in denen die spezifische Situation in Russland, Finnland und Kanada skizziert wird. Im letzten Teil werden Zugriffe gegenwärtiger Forschung dargestellt, die einige Fragen aufzeigen, mit denen die Geographie sich heute im Bezug auf boreale Wälder beschäftigt.

Die boreale Landschaftszone: Abgrenzung, Eckdaten und Problembereiche

Wegen der relativen ökologischen Ungunst der hohen Breitenlage mit kurzer Vegetationsperiode, extrem niedrigen Wintertemperaturen, geringer Nährstoffverfügbarkeit und langen Stoffumsatz- und Regenerationsraten ist die Biodiversität und Produktivität der borealen Landschaftszone im weltweiten Vergleich niedrig. Lediglich vier Koniferengattungen (*Picea*, *Pinus*, *Larix* und *Abies*) sind zusammen mit wenigen Laubbaumgattungen der frühen Sukzessionsstadien am Aufbau der Baumschicht der Wälder beteiligt. Die **geringe Pufferungskapazität der Böden** macht boreale Ökosysteme besonders anfällig gegenüber exogenen Säure- und Schadstoffeinträgen, die in zum Teil sehr großen Mengen aus den südlicher gelegenen Industriezonen herangeführt werden, vor allem im Osten Nordamerikas und im Norden Europas.

Mit zirka 559 Gigatonnen gespeichertem Kohlenstoff (88 Gigatonnen in der lebenden Vegetation, 471 Gigatonnen in der akkumulierten toten organischen Substanz; Newell 2004) sind boreale Wälder und Moore die weltweit mit Abstand bedeutendsten **Kohlenstoffspeicher**. Besonders die großflächigen Moore stellen damit Senken im globalen CO_2-Haushalt dar; allerdings wird zurzeit durch verstärkte Waldbrandaktivität insgesamt in der Borealis mehr CO_2 freigesetzt als gebunden (Treter 2000). In diesem global-ökosystemaren Zusammenhang ist die Bedeutung der großflächigen Abholzungen schwer einzuschätzen. Zwar wird durch den Einschlag in absehbarer Zeit der Kohlenstoff in Form des CO_2 wieder an die Atmosphäre abgegeben und dort klimawirksam werden. Gleichzeitig wird jedoch durch die besonders produktive Vegetation der frühen Sukzessionsstadien deutlich mehr CO_2 gebunden, als in einschlagreifen Wäldern oder den noch älteren, wegen der relativ hohen Biodiversität ökologisch besonders wichtigen sogenannten *old growth forests*. Auch die Frage, wie boreale Wälder auf einen anthropogen bedingten Klimawandel mit höheren Temperaturen und einem stärker degradierenden Permafrost, auf dem viele der Bestände stocken, reagieren, kann nicht eindeutig beantwortet werden: Wie weit verschiebt sich der boreale Landschaftsgürtel nordwärts? Wie verändert sich das Artenspektrum? Wird bei höherer Produktivität mehr CO_2 fixiert? Oder geht der Waldanteil aufgrund stärkerer Versumpfung bei tiefgründiger auftauendem Permafrost eher zurück? Verstärkt sich die sommerliche Waldbrandaktivität mit höherer Freisetzung von CO_2?

Mit über 110 Milliarden Kubikmetern macht der **Holzvorrat** borealer Wälder etwa ein Drittel dieser Ressource weltweit und 80 Prozent des gesamten Nadelholzvorkommens aus. Allerdings ergeben sich regional zum Teil bedeutsame Nutzungseinschränkungen durch mangelnde Verfügbarkeit, Zugänglichkeit und Verwertbarkeit (Treter 1993). Die borealen Waldländer liegen global und zumeist auch im jeweiligen nationalstaatlichen Kontext (USA [Alaska], Kanada, Norwegen, Schweden, Finnland und Russland) in einer peripheren Position zu den demographischen und ökonomischen Zentren. Geringe Bevölkerungsdichten verbinden sich hier mit einseitigen industriellen Strukturen und führen oftmals zu einer hohen Außenabhängigkeit von Ressourcenzyklen und Entscheidungen entfernter Administrationen und wirtschaftlicher Akteure. Lokal kommt diese Abhängigkeit auch in den funktionalen Siedlungsmustern zum Ausdruck, am deutlichsten in den *one company towns*. Die wachsende Bedeutung sogenannter *non-timber functions* der Wälder – Tourismus, Naturschutz, aber auch Bergbau, Hydroelektrizität und die Funktion der Schadstoffsenke – bietet heute vermehrte Ansatzpunkte zu einer Diversifizierung der wirtschaftlichen Grundlagen. Zugleich bildet sie neues Konfliktpotenzial durch die Nutzungskonkurrenzen auf regionaler und lokaler Ebene und perpetuiert oder erneuert

Abb. 29.6.5 In Kanada und den nördlichen Bundesstaaten der USA spielen die Holzressourcen für die Wirtschaft eine zentrale Rolle (Foto: H. Gebhardt).

zum Teil die quasi kolonialen Abhängigkeitsstrukturen, die in weiten Teilen der borealen Waldländer bis heute vorherrschen.

Regionale Vignetten: Russland – Finnland – Kanada

In **Russland** finden sich zirka 7 Millionen Quadratkilometer Wälder, über ein Drittel davon im sogenannten Fernen Osten. Hier stocken auf 2,7 Millionen Quadratkilometern etwa 20,4 Milliarden Kubikmeter Holz, davon zirka 84 Prozent Holz in borealen Wäldern (Newell 2004). Mit dem politischen Zerfall der Sowjetunion ging auch ein Zusammenbruch des Binnenmarktes für Holz und Holzprodukte einher, mit zum Teil katastrophalen Folgen für die sehr stark auf die Holzproduktion ausgerichtete Region des südlichen Fernen Ostens. Die Folgen lassen sich mit dem Verlust von Arbeitsplätzen sowie dem Ausfall von Steuereinnahmen und einer Basisversorgung durch mit Holzabfällen befeuerte lokale Heizkraftwerke skizzieren. Die offizielle Nutzholzproduktion ging von 1985 bis 2000 auf ein Drittel zurück. Während jedoch 1989 etwa die Hälfte

des Holzes regional genutzt, ein Viertel in andere Gebiete der Sowjetunion verbracht und ein Viertel exportiert wurden, haben sich mittlerweile einige gravierende strukturelle Veränderungen ergeben: Heute wird mit etwa 70 Prozent der größte Teil des eingeschlagenen Holzes in die benachbarten ostasiatischen Staaten exportiert und nur noch 5 Prozent vor Ort verarbeitet – eine Entwicklung, die noch in den 1980er-Jahren undenkbar schien (Barr 1983). Die Nachfrage nach Holz hat sich besonders in China durch die dortige Bevölkerungs- und industrielle Entwicklung, aber auch durch verstärkte Umweltauflagen nach den katastrophalen Überschwemmungen im Jahr 1998 enorm vergrößert. Von 1999 bis 2002 hat sich der chinesische Holzimport aus Russland verdreifacht; 2025 soll China nach aktuellen Schätzungen über 200 Millionen Kubikmeter Holz im Jahr benötigen – das 15-Fache des gesamten heutigen Einschlags im russischen Fernen Osten (Newell 2004, Abb. 29.6.6).

Der Holzeinschlag konzentriert sich zunehmend auf die produktiveren südlichen Regionen des russischen Fernen Ostens, die auch verkehrstechnisch besser erschlossen sind. Es werden hauptsächlich Stämme mit großen Durchmessern (also reife Altbestände) und besondere Arten als bevorzugtes Bauholz (z. B. Eschen aus Auenwaldbeständen) entnommen. In immer größerem Maße wird illegal eingeschlagen, sodass die offiziellen Statistiken wenig aussagekräftig sind. Nach Berichten des WWF-Russia waren 1999 50 Prozent der gesamten Holzernte in der südöstlichsten Provinz Primorsky illegal, was einen Steuerverlust von zirka 450 Millionen US-Dollar bedeutete, ganz zu schweigen von den ökologischen und sozialen Nebenfolgen dieser Nutzung. Die lokalen Forstbehörden lassen häufig unerlaubte Einschläge zu, um private oder kommunale finanzielle Einbußen zu kompensieren. Korruption und eine „Grenzmentalität" in einem oftmals nahezu rechtsfreien Raum sind üblich, die zudem auch beträchtlich die Einführung von Zertifizierungen von Forstprodukten behindern (Newell 2004). Hierfür kommt zweifellos internationalen Holzkonzernen eine Schlüsselrolle zu, die häufig in bilateralen *Joint Ventures* operieren. Auch bei der Ausweisung von Naturschutzgebieten bzw. deren Unterhaltung und Sicherung ist die Kooperation zwischen lokalen und regionalen Umweltkomitees und Forstbehörden sowie zwischen der föderalen und regionalen administrativen Ebene bisher äußerst mangelhaft (Kleinn 2001). Ein neues Forstgesetz und verstärkte internationale Kooperation bei der Verfolgung illegaler Aktivitäten sollen hier in Zukunft Abhilfe schaffen.

Während in den russischen Wäldern zurzeit noch ein „Ausverkauf" der Ressource Holz zu verzeichnen ist, stellt sich die Entwicklung in **Finnland** völlig anders dar.

Abb. 29.6.6 Russische Holzexporte nach China, Südkorea und Japan im Jahre 2001 (verändert nach Newell 2004).

Hier war in der zweiten Hälfte des 19. Jahrhunderts die Forstwirtschaft der Wegbereiter der nationalen Industrialisierung. Als Gunstfaktoren wirkten zum einen die enormen Waldressourcen (heute noch auf zirka 23 Millionen Hektar oder drei Viertel der Landfläche stockend) und deren relativ gute Erschließbarkeit durch das natürliche Fluss- und Seensystem, zum anderen die stark steigende Nachfrage nach Holzprodukten in Mitteleuropa. Die Erschließung der Wälder des finnischen Nordens und Ostens führte – neben der Entwicklung der verkehrsgünstig gelegenen Standorte der Holzweiterverarbeitung – auch zur Stärkung der Peripherie. Nach dieser ersten Erschließungsphase, die bis in die frühen 1960er-Jahre andauerte, setzte bis Ende der 1970er-Jahre mit der Mechanisierung in der Forstwirtschaft eine starke Abwanderung aus den peripher gelegenen Forstwirtschaftssiedlungen und eine zunehmende Bevölkerungskonzentration in den Unter- und Mittelzentren mit ihren forstindustriellen Arbeitsplätzen ein.

In der gegenwärtigen Phase hat der forstliche Sektor trotz seiner großen nationalökonomischen Bedeutung die führende Rolle in der Regionalentwicklung des Landes verloren (Kortelainen 2002). Dagegen sind finnische Forstkonzerne – zum Teil nach Fusion mit schwedischen Firmen – zu globalen Akteuren geworden, die in den 1980er-Jahren zunächst auf dem nordamerikanischen Markt und später auch in Südostasien finnische Forsttechnologie und finnisches Forstmanagement einführten. *Stora Enso* und *UPM-Kymmene* gehören zu den drei weltweit größten Papier- und Kartonageproduzenten. Sie haben in den letzten Jahren zahlreiche Unternehmen in Deutschland, den Vereinigten Staaten von Amerika, Norwegen, China und anderen Ländern mehrheitlich

übernommen. Neben dem Translokationsprozess, dem sich die finnische Forstwirtschaft unterzogen hat, und der damit einhergehenden Einbindung in die ökonomische Globalisierung, hat der Strukturwandel auf regionaler und nationaler Ebene auch noch zur Folge, dass in den ursprünglich familiär organisierten Unternehmen heute mit Aktiengesellschaften andere Formen der Mitbestimmung herrschen, die der modernen politischen Kultur Nordeuropas stärker entsprechen (Lehtinen 2002).

Bei ihrem transnationalen Engagement unterliegen diese Konzerne jedoch nicht nur Problemen globaler und regionaler Märkte (wie beispielsweise der jüngsten ökonomischen Rezession in Südostasien), sondern stoßen auch auf Widerstände regional und lokal agierender Umweltschutzorganisationen. In Finnland geraten die Wälder mittlerweile zum Teil in die Rolle von schützenswerten Wildnisregionen der Europäischen Union, wodurch die Investitionsbereitschaft finnischer Firmen im eigenen Land geschmälert wird. In den 1990er-Jahren führte dies jenseits der Grenze in den *old growth forests* im russischen Karelien zu erheblichen flächenhaften Einschlägen zur Versorgung der finnischen Papierfabriken (Abb. 29.6.7). Zwar hat sich mit dem *Finnish Forest Certification System* (FFCS) die forstliche Zertifizierung in Finnland schon wenige Jahre nach ihrer Einführung fast flächendeckend durchgesetzt (1999: 95 Prozent). Doch bleiben die darin festgeschriebenen Standards der Waldbewirtschaftung deutlich hinter anderen Systemen wie dem des *Forest Stewardship Council* (FSC) zurück und werden von einigen Umweltorganisationen als gänzlich ungenügend erachtet. Die Selbstdeklaration der Unternehmen erlaube es, selbst illegal gefälltes Holz aus Russland noch mit einem finni-

Abb. 29.6.7 Grenznahe Kahlschlagflächen in Russisch-Karelien, 1996 (Foto: J.-F. Venzke).

schen Zertifikat zu versehen, so heißt es, die *old growth forests* würden ungenügend geschützt, und vor allem das staatliche Forstunternehmen *Metsähallitus* betreibe weiterhin die Zerstörung der Rentierweidewälder der Sámi im Norden des Landes (Greenpeace et al. 2004).

Die borealen Waldländer **Kanadas** erstrecken sich von Neufundland im Osten bis zum Yukon Territory (mit Fortsetzung in Alaska) im Nordwesten des Landes über eine Distanz von mehr als 5 000 km, oft mit deutlich mehr als 1 000 km Nord-Süd-Ausdehnung. Die Gesamtfläche ist zwar mit zirka 3,4 Millionen Quadratkilometern nur etwa halb so groß wie der boreale Gürtel Eurasiens, nimmt aber mehr als ein Drittel der Landes- und mehr als vier Fünftel der Waldfläche Kanadas überhaupt ein. So ist es nicht überraschend, dass die borealen Waldländer und die mit ihnen verknüpfte „Nordizität" Kanadas (eine Wortschöpfung des frankophonen Geographen Louis-Edmond Hamelin), also der nach wissenschaftlichen Kriterien belegbare ebenso wie der „gefühlte" nördliche Charakter des Landes, sowohl in eigenen Identitätsmustern als auch in der Außenwahrnehmung eine überragende Rolle spielen. Ein typischer Bewohner der Borealis, der Biber, wäre fast als Emblem für die Nationalflagge ausgewählt geworden, und nur wenige Artefakte werden für das indigene ebenso wie das moderne Kanada weltweit als so typisch empfunden wie der „Kanadier", das aus der indianischen Kultur übernommene Kanu mit der Außenhaut aus Birkenrinde, heute in der Regel allerdings durch künstliche Materialien ersetzt.

Ursprünglich ausschließlicher Lebensraum vor allem algonkischer und athapaskischer Ethnien – und bis heute für diese von ebenso hohem materiellem wie auch spirituell-symbolischem Wert – wurde dieses Waldland ab dem 17. Jahrhundert zunächst durch Waldläufer, Trapper und Entdecker, bald auch durch Soldaten und Missionare in die europäischen Imperien und ihre Wirtschaftsräume eingegliedert: Damals herrschende Hutmoden an den Höfen in Paris und London lösten die bald das ganze nördliche Waldland und die dort lebenden Ureinwohner beeinflussende Jagd nach Bibern aus, und bald waren **Pelze aus Kanada** das erste einer ganzen Reihe von weitestgehend unverarbeiteten Wirtschaftsgütern, sogenannte *staples*, mit denen das Land fortan überseeische Märkte belieferte. Pelze spielen heute kaum mehr eine Rolle. Aber das Muster von mehrheitlich ausländischen Kapitalgebern und Käufern, die sich den Zugriff auf scheinbar im Überfluss vorhandene und preiswerte Rohstoffe und Halbfertigwaren des borealen Waldlandes sichern, hat sich nicht grundsätzlich verändert: Erze aus Ontario, Erdöl aus Alberta, Hydroenergie aus Québec und schließlich Roh- und Schnittholz, Chips (aus Sägewerken) sowie Zellstoff aus fast dem

gesamten borealen Gürtel gehen nicht nur an den großen südlichen Nachbarn, sondern bedienen auch die Märkte Europas und Asiens.

Waren die Pelze noch in enger Kooperation zwischen und zu beidseitigem Nutzen von europäischen Einwanderern und Ureinwohnern gewonnen worden, so hat die Ressourcenextraktion aller anderen genannten Produkte bis in die jüngste Zeit hinein zu eingreifenden Verdrängungs- und Enteignungsprozessen sowie zu weitgehender politischer und sozio-ökonomischer Marginalisierung der indigenen Waldlandbewohner geführt. Dies ist in einem direkten Zusammenhang mit dem Ressourcenhunger **internationaler Akteure** zu sehen. Sie erhalten im Einvernehmen mit kanadischen Institutionen (vor allem Provinzregierungen), teilweise von diesen hoch subventioniert, den Zugriff auf die begehrten Ressourcen, während die Ureinwohner in der Regel die hierbei entstehenden negativen sozialen und umweltbezogenen Externalitäten zu ertragen haben, ohne angemessen an den erzielten Gewinnen beteiligt zu werden. Beispiele für solche ausländischen Akteure waren etwa in den 1990er-Jahren US-amerikanische Energieversorgungsunternehmen (Konflikte um Elektrizitätslieferungen von der James Bay in Québec; Hambacher 2004) oder japanische Holzindustriefirmen (Auseinandersetzungen zwischen Daishowa-Marubeni und den Lubicon Cree in Alberta; Pratt & Urquhart 1994). Aber nicht nur als Produktionsraum werden die borealen Waldländer genutzt: Typisch sind etwa auch negative Externalitäten, die von weit entfernten Industriegesellschaften ausgehen, so zum Beispiel Deposition von lufttransportierten Schadstoffen (Stichwort „saurer Regen" im Nordosten des Kontinents) oder Erzeugen von Lärmteppichen über Tausenden von Quadratkilometern (Stichwort „Tiefflugübungen" europäischer Luftwaffen, auch der deutschen, in Labrador). Insgesamt sind die borealen Waldländer Kanadas unverhältnismäßig stark den Zugriffen und Einflüssen ferner Akteure ausgesetzt und stellen damit ein aufschlussreiches Beispiel für den Sachverhalt dar, der mit der Metapher des „ökologischen Schattens" der Industriegesellschaften ebenso bildhaft wie zutreffend charakterisiert ist (MacCann 1999, Abb. 29.6.8).

Im Vergleich mit anderen borealen Regionen werden aber auch pfadabhängige Unterschiede und anders gelagerte Problemfelder in Kanada deutlich. Der Erschließungsgang und die Geschichte der Staatswerdung im 19. Jahrhundert führten dazu, dass bis heute mehr als 90 Prozent der Wälder im Besitz der öffentlichen Hand sind (sogenanntes *crownland*) und die Nutzung der Holzressourcen traditionell durch verschiedene Formen der Lizenzvergabe vor allem an Großunternehmen geregelt ist. Durch die gleichzeitig implementierten Formen der öffentlichen Dienstaufsicht wurde zwar das früher

Abb. 29.6.8 Die Karikatur von Michel Garneau aus der Tageszeitung „Le Devoir" weist mit einem Wortspiel auf die Folgen industrieller Forstnutzung in der Provinz Québec hin: „Québécois de souche" ist der eigentlich höchst positiv besetzte Ausdruck für einen Bewohner der Provinz, dessen Ursprung in die Anfänge von „La Nouvelle France" im 17. Jahrhundert zurückreicht – im vorliegenden Zusammenhang bekommt der Ausdruck (wörtlich übersetzt: ein „Baumstumpf-Quebecer") einen bösen Hintersinn. Mit dem „borealen Irrtum" nimmt der Zeichner zudem den Titel eines einflussreichen Films aus dem Jahr 1999 auf, in dem Richard Desjardins und Robert Monderie den Umgang der Provinz Québec und ihrer Institutionen mit ihren Waldressourcen scharf kritisiert haben.

vielfach übliche *cut-and-run*-Verhalten der Konzerne weitgehend unterbunden. Staatlicherseits weiter bestehende Unzulänglichkeiten (nicht zuletzt verursacht durch Personalmangel und lange auch Inkompetenz der Aufsichtsbehörden), finanzielle Abhängigkeit der Provinzen und schließlich auch die starke Verhandlungsmacht der Unternehmen mit den unterschiedlichsten Formen von Politikverflechtung und Kollusion haben allerdings bis heute dazu geführt, dass die Holzproduktion oft eher volumen- als wertorientiert erfolgt, die Interessen anderer Nutzer vielfach nur unzulänglich berücksichtigt werden und Strategien der sogenannten nachhaltigen Nutzung im Eigeninteresse umgedeutet, eher halbherzig umgesetzt oder auch nur als Marketinginstrument missbraucht werden. Andererseits muss auch betont werden, dass manche Akteure, so etwa die Provinzregierungen von British Columbia (dort allerdings sind die nemoralen Regenwälder von viel größerer Bedeutung als der boreale Anteil) und Québec, in jüngster Zeit versucht haben, eklatante Missstände durch eingreifende Neuregelungen auszuräumen. Hier haben, nach Meinung kundiger Beobachter, der in den 1990er-Jahren entstandene internationale Druck und die zunehmende Bedeutung indigener Ansprüche den Re-

formwilligen ermöglicht, die Weichen für umwelt- und sozialkompatiblere Entwicklungen zu stellen. Zurzeit sind erst zirka 50 Prozent aller borealen Regionen Kanadas für industrielle Nutzung erschlossen. Erst die Zukunft wird erweisen, ob der Umbau der borealen Wälder vom *first growth* in nachhaltig nutzbare Wirtschaftswälder gelingt.

Aktuelle Forschungsperspektiven

Die Betrachtung der borealen Wälder in den drei vorgestellten Ländern zeigt eine Reihe von Gemeinsamkeiten, aber auch deutliche Unterschiede. Überall haben sich hier während der letzten Jahrzehnte bedeutsame Veränderungen im Zugriff auf die forstlichen Ressourcen ergeben, die auf nationale und internationale Entwicklungen zurückgeführt werden können. Auf der nationalen Ebene spielen die jeweiligen politischen Kulturen und Industrialisierungspfade nach wie vor eine sehr einflussreiche Rolle im Umgang mit den Wäldern. So hat etwa die gereifte *settler society* Kanadas heute mit den Geltungskämpfen ihrer *first nations* klarer artikulierte Probleme, aber auch weiter entwickelte Lösungsansätze vorzuweisen als das postkommunistisch transformierte Russland. Während in Kanada etwa die sogenannte *La Paix de Braves* unterzeichnet wurde, ein weitreichender Vertrag zwischen der Regierung von Québec und den Cree-Indianern, der zu einem Modellabkommen auch für andere Teile des Landes werden könnte, haben in Russland unkontrollierte Holznutzung und illegaler Holzexport eine ungeahnte Größenordnung erlangt, und die faktische Kontrolle der einstigen Staatskonzerne scheint in vielen Regionen des Landes derzeit völlig ungenügend. Anders als kanadische und russische Unternehmen operieren finnische Konzerne heute bereits auf einer globalen Ressourcenbasis. Sie nutzen und beeinflussen auch die forstlichen Bestände anderer Regionen durch zahlreiche Beteiligungen in ähnlichem Umfang wie finnische Wälder; die Investitionen der finnischen Forstindustrie gehen heute zu zwei Dritteln ins Ausland.

Doch ist angesichts dieser Differenzen kaum zu verkennen, dass sich entscheidende Konfliktlagen in vieler Hinsicht ähneln oder darin jedenfalls ähnliche Kräfte wirksam werden. Die wachsende **Bedeutung von Umweltfragen** in der forstlichen *governance* im Zuge einer weltweiten ökologischen Modernisierung ist fraglos der auffälligste gemeinsame Faktor. Durch internationale Kampagnen von Nichtregierungsorganisationen wie *Greenpeace*, *WWF* oder *Global Forest Watch* wurde dieser Aspekt auch stark ins Licht einer breiteren internationalen Öffentlichkeit gerückt. Gemeinsam ist den drei

Beispielen zudem die wachsende **Bedeutung indigener Ansprüche**, die nach Jahrzehnten, meist sogar Jahrhunderten währender Unterdrückung und Missachtung heute nicht nur politische Anerkennung, sondern auch eine angemessene Teilhabe an der Ressourcennutzung einfordern. Dabei spielen Allianzen über die Grenzen der jeweiligen Staaten und Regionen hinaus oftmals eine katalytische Rolle, ob für die genannten Cree an der kanadischen James Bay (Soyez & Barker 1998), für die Sámi im Norden Skandinaviens (Minde 2003) oder die Udege in den Wäldern des Bikin-Flusses im äußersten Südosten Russlands (RAIPON 2003).

Neuere humangeographische Arbeiten haben sehr unterschiedliche Wege eingeschlagen, diese Entwicklungen genauer zu beschreiben und zu verstehen. Dabei sind die theoretischen Perspektiven, empirischen Gegenstände und geographischen Maßstäbe so vielfältig, dass sie sich einer umfassenden Klassifizierung entziehen. Besonderes Interesse haben von jeher wirtschaftsgeographische Fragestellungen gefunden, die sich mit der Rolle der Forstunternehmen und mit der regionalen Entwicklung befassen. Gerade in einem so schwierigen Umfeld wie der russischen Wirtschaft hat aber auch die Ressourcennutzung einzelner Haushalte neue Aufmerksamkeit erfahren, die den Wald im Rahmen eine Diversifizierung der Überlebensstrategien „wieder entdecken" (Metzo 2001). In jüngerer Zeit hat darüber hinaus auch die Rolle von Umweltorganisationen und ethnischen Minderheiten größeres Interesse geweckt, die sich seit langem „circumpolar" organisiert haben (Jentoft et al. 2003) und heute effektive Formen der transnationalen Kooperation auch in die Konsumentenländer hinein entwickeln (Soyez & Barker 1998).

In einem synthetischen Zugriff hat Hayter (2003) den unter transnationaler Beteiligung ausgetragenen **„Krieg in den Wäldern"** British Columbias als eine umkämpfte Neukartierung, ein *remapping* unter Bedingungen des Postfordismus konzipiert. Das Konzept der Ressourcenperipherie, das sich auf weite Teile der borealen Nadelwälder übertragen lässt, stellt dabei eine doppelte Bindung dieser Gebiete in den Vordergrund der Analyse: Als Ressourcenreservoire sind sie den typischen Ressourcenzyklen in Abhängigkeit von konjunkturellen und sektoralen Entwicklungen ferner Märkte unterworfen; als Industrieregionen sehen sie sich zugleich aus einer peripheren Position heraus mit neuen Anforderungen von Flexibilisierung und Deregulierung konfrontiert. Beide Entwicklungsdeterminanten werden durch die veränderten sozialen Einstellungen gegenüber der Nutzung natürlicher Ressourcen stark geprägt, und so ergeben sich konfliktreiche Szenarien, in denen industrielle Interessen gleichzeitig unter den Druck neoliberaler Flexibilisierung und erstarkter Umwelt- sowie Indigenenbewegungen geraten (Hayter 2003). Ebenfalls am Beispiel British Columbias hat Braun (2002) die Aufmerksamkeit auf die verschiedensten Mechanismen, Interessen, Widersprüche und Konfliktfelder sozialer Natur- und Ressourcenkonstruktion gerichtet, die sich als ebenso schwierig wie ergiebig für ein zeitgemäßes Verständnis regionaler und sektoraler Geographien herausstellen.

Es bleibt eine Herausforderung, diese Ansätze und Konzepte mit den Fragestellungen und Erkenntnissen der Physischen Geographie schlüssig zu verknüpfen bzw. daraus übergreifende Fragestellungen und Zugriffe zu entwickeln. In der obigen Skizze ist deutlich geworden, dass unmittelbare Verbindungen etwa in den Fragen der Versauerung und des Schadstoffeintrags gegeben sind, aber auch im Hinblick auf den globalen CO_2-Haushalt und damit auf den Klimawandel. Gerade bei diesem heute so drängenden Problem wurde aber auch deutlich, dass einfache Positivsummenspiele in den borealen Waldgebieten nicht zu erwarten sind. So sind etwa die symbolträchtigen, aufgrund ihrer Biodiversität von den Umweltbewegungen so geschätzten *old growth forests* selbst jungen Plantagenwäldern unterlegen, was ihre mittelfristige Kapazität zur CO_2-Bindung anbelangt. Hier lassen sich unterschiedliche Ziele ebenso wenig kurzerhand „objektiv" in Einklang bringen wie bei den Auseinandersetzungen um wirtschaftliches Wachstum, Arbeitsplätze und indigene Selbstbestimmung. Die Geographie kann es in einer zunehmend vernetzten Welt als eine ihrer Aufgaben betrachten, die unterschiedlichen Positionen, ihre theoretischen Prämissen und ihre räumlichen Konsequenzen sichtbar und verständlich werden zu lassen und sie damit einer demokratischen Willensbildung zugänglich zu machen.

29.7 Konfliktfeld Wasser in globaler Dimension

Einleitung

HANS GEBHARDT

Im März 2005 hatten die *United Nations* das „Jahrzehnt des Wassers" ausgerufen, das bis zum Jahre 2015 dauern soll. Sie wollten damit auf die Tatsache aufmerksam machen, dass mehr als 1 Milliarde Menschen auf dieser Erde keinen Zugang zu sauberem Trinkwasser haben und fast 2,5 Milliarden ohne Abwasserentsorgung leben.

In mehr als 80 Ländern der Erde herrscht Wasserknappheit; die Zahl der Menschen, die mit Wasserknappheit leben müssen, wird nach Schätzungen der UN innerhalb der nächsten 25 Jahre auf 5,4 Milliarden steigen. In weiten Teilen Afrikas und Asiens leben Millionen Menschen überdies in dauernder Gefahr, sich beim Waschen gefährliche Krankheiten zuzuziehen. Die Weltgesundheitsorganisation schätzt, dass 80 Prozent aller Krankheiten in Entwicklungsländern mit der Nutzung schmutzigen Wassers zusammenhängen.

Globaler Wandel der Wasserverfügbarkeit

WOLFRAM MAUSER UND KARL SCHNEIDER

Geoarchive vergangener Erdzeitalter lehren, dass der globale Wasserkreislauf ständigen Veränderungen unterliegt. Bereits eine Änderung der Evapotranspiration der Ozeane um 2 Prozent führt zu einer Änderung des terrestrischen Niederschlags von 10 Prozent. Extreme lokale Auswirkungen, wie beispielsweise die Entstehung von Wüsten, sind bereits bei Veränderungen der ozeanischen Evaporation von 0,2 Prozent zu erwarten (Kayane 1996). Die Sicherstellung einer ausreichenden Wasserverfügbarkeit nach Menge und Qualität ist eine der wichtigsten zivilisatorischen Aufgaben der Zukunft. Eine ausreichende Wasserversorgung ist unabdingbar für eine nachhaltige Entwicklung und für die **Sicherung der Lebensgrundlage** der wachsenden Weltbevölkerung. Aktuelle Forschungsergebnisse zeigen, dass Wasserentnahme und -verfügbarkeit in Zukunft dramatischen Veränderungen unterworfen sein werden. Diese Veränderungen betreffen nicht alleine das Wasserdargebot, sondern ebenso den Wasserbedarf. Während das Wasserdargebot hinsichtlich der Wassermenge in erster Linie durch die Wasserbilanzkomponenten Niederschlag, Abfluss und Verdunstung bestimmt wird und somit insbesondere auf Auswirkungen des Klimawandels und auf Änderungen der Vegetation reagiert, sind der Wasserbedarf und Änderungen der Wasserqualität vor allem eine Funktion sozioökonomischer Prozesse wie beispielsweise der Bevölkerungsentwicklung, Industrialisierung oder Änderung der landwirtschaftlichen Anbaupraxis. Forschungen zur künftigen Entwicklung der Wasserverfügbarkeit erfordern eine disziplinübergreifende und raumbezogene Analyse natur- und sozialwissenschaftlicher Prozesse. Der Integration physisch-geographischer und humangeographischer Arbeitsweisen kommt in diesem Zusammenhang eine besondere Bedeutung zu.

Der IPCC-Bericht 2001 (McCarthy et al. 2001) benennt folgende wahrscheinlichen **Effekte des Klimawandels** für den globalen Wasserhaushalt:

- zunehmende Sommertrockenheit über den meisten innerkontinentalen Flächen, verbunden mit dem Risiko von Dürreereignissen
- Zunahme der mittleren und maximalen Niederschlagsintensitäten
- verstärkte Dürreereignisse und Überschwemmungen in Verbindung mit El-Niño-Ereignissen in vielen verschiedenen Regionen
- zunehmende Niederschlagsschwankungen im asiatischen Sommermonsun
- Zunahme des mittleren Jahresabflusses in hohen Breiten und in Südostasien, Rückgang in Zentralasien, in den mediterranen Gebieten, im Süden Afrikas und in Australien

Aufgrund der prognostizierten Zunahme der Weltbevölkerung auf ungefähr 8 Milliarden Menschen bis 2025 (UNDESA 2002) und des steigenden Wasserbedarfs, der mit der industriellen, landwirtschaftlichen und kulturellen Entwicklung insbesondere in den Ländern der sogenannten Dritten Welt einhergeht, wird Wasser in zunehmendem Maße zu einer der **kritischsten Umweltressourcen**, die sowohl die menschliche Gesundheit als auch den Zustand und die Funktion von Ökosystemen sowie die Entwicklungsfähigkeit ökonomischer und politischer Systeme bestimmt.

Während heute ungefähr 1,7 Milliarden Menschen in Ländern mit **Wasserstress** leben, wird erwartet, dass bis 2035 etwa 5 Milliarden Menschen von Wassermangel betroffen sind. Wasserstress wird in der Regel durch das Verhältnis von Wasserentnahme zu Wasserverfügbarkeit definiert. Dabei geht man von geringem Wasserstress aus, wenn bis zu 20 Prozent der erneuerbaren Wasserressourcen genutzt werden, mittlerer Wasserstress ist bei einer Nutzung von 20 bis 40 Prozent der Wasserressourcen zu erwarten, strenger Wasserstress tritt auf, wenn mehr als 40 Prozent der verfügbaren Wasserressourcen genutzt werden (Alcamo & Henrichs 2002). Bereits heute lebt ein Drittel der Weltbevölkerung in Regionen mit mittlerem bis strengem Wasserstress. Es wird erwartet, dass bis 2025 ungefähr zwei Drittel der Weltbevölkerung in Ländern leben, in denen regelmäßig Wasserstress auftritt (WMO 1997).

Zur Untersuchung der komplexen Funktionen und Wechselwirkungen des Wassers im Naturhaushalt und im Bezug auf sozioökonomische Prozesse werden integrative Modell- und Beobachtungstechniken benötigt und aktuell entwickelt, die unter Berücksichtigung globaler Prozesse deren Auswirkungen auf die lokale und regionale Skala untersuchen (Mauser & Ludwig 2002).

Eine zielgerichtete Zukunftsplanung erfordert die Integration flächendifferenzierter Mess- und Auswertemethoden (Fernerkundung, GIS) mit Modellverfahren und regional-geographischem Fachwissen. Trotz der großen Fortschritte im Bezug auf die Messung, Fernerkundung, Kartierung und Modellierung der Wasserressourcen ist die Kenntnis der aktuell verfügbaren Wasserressourcen insbesondere in Entwicklungsländern noch mit großen Unsicherheiten verbunden. Aufgrund der Vielzahl von Einflussgrößen sind quantitative Vorhersagen der zukünftigen Wasserverfügbarkeit hier besonders schwierig. Dennoch können einige allgemeine **Trends der künftigen Wasserverfügbarkeit** identifiziert werden (Arnell 2004, Alcamo & Henrichs 2002, McCarthy et al. 2001):

- zunehmender Wasserstress in Nordafrika, im mittleren Osten, in Zentral- und Südamerika sowie im südlichen Afrika und Teilen Europas
- zunehmender Abfluss im südlichen und östlichen Asien (Diese Zunahme der Wasserverfügbarkeit muss jedoch nicht gleichzeitig zu abnehmendem Wasserstress führen, da sich insbesondere die Abflussmengen in der Regenzeit erhöhen.)

Politische Geographie der Wassernutzung

Hans Gebhardt

Wassermangel und -überschuss sind, wie die vorangegangenen Ausführungen gezeigt haben, schon aus naturräumlichen Gründen sehr ungleich über die Erde verteilt. Am schlimmsten ist die Lage in den ländlichen Regionen Afrikas südlich der Sahara. Dort müssen 42 Prozent der Bevölkerung ihr Wasser aus verunreinigten Brunnen, Seen und Flüssen schöpfen. Aber auch in China sind nach Schätzungen der UN 288 Millionen Menschen nicht ausreichend versorgt. Zum Problem wird auch, dass die Verschmutzung des Wassers durch Industrie und Landwirtschaft (Pestizide, Dünger) sowie durch fehlende Abwasserentsorgung weltweit zunimmt – nicht in den „alten" Industriestaaten, wohl aber in vielen Entwicklungsländern.

Wasserknappheit ist zunächst natürlich ein physisch-geographisches Problem. Sie herrscht in den Trockengebieten dieser Erde, welche große Teile der festländischen Oberfläche der Erde bilden. Weit über die Wüstenregionen der Erde hinaus reichen Regionen, in denen eine hohe Variabilität der Niederschläge (Unterschiede von Jahr zu Jahr) vorherrscht. In diesen Gebieten ist nachhaltiger oder exportorientierter Anbau nicht auf der Basis von Regenfeldbau, sondern nur mit Bewässerung möglich. **Wassermangel** ist allerdings beileibe nicht nur ein natürliches Problem, beispielsweise in den Trockengebieten der Erde, sondern es ist zugleich ein politisches und ökonomisches Konfliktfeld ersten Ranges. Und es ist damit ein typisches Problem der Geographie als der integrativen Wissenschaft von der Erde. Der Kampf um die grenzüberschreitenden Stromsysteme dieser Erde hat längst eingesetzt, besonders intensiv im Falle der Fremdlingsflüsse im Vorderen Orient wie dem Euphrat und Tigris oder dem Jordanwasser in Palästina und Jordanien (Abb. 29.7.1). Große Stauanlagen wie die brasilianischen Staudämme oder der Drei-Schluchten-Damm in China gehören zu den umstrittensten Infrastruktureinrichtungen, in den Augen nicht weniger Experten sind sie primär *noxious facilities* mit Nutzen für weit entfernte Wirtschaftszentren und Stadtmetropolen, aber unabsehbaren Schäden für die jeweiligen ländlichen Gebiete und Standortregionen.

Beim **weltweiten Wasserverbrauch** dominiert die Landwirtschaft; Brauchwasser für die Industrie oder der private Verbrauch der Haushalte spielen demgegenüber eine untergeordnete Rolle. Weltweit schafft die Landwirtschaft 60 Prozent des gesamten Wasserbedarfs, die Industrie 21 Prozent und die Haushalte 10 Prozent. Mit der „grünen Revolution" in vielen Entwicklungsländern (Kapitel 18) stiegen die Bewässerungsflächen deutlich an, insbesondere in Südasien und China. Heute beträgt der bewässerte Anteil der weltweiten landwirtschaftlichen Anbaufläche bereits 40 Prozent, wobei 30 Prozent dieser Flächen mit Grundwasser bewässert werden (FAO 2003).

Gerade in der Landwirtschaft ist der Wasserverbrauch häufig nicht besonders effektiv. Dies hängt einerseits mit technologischer Rückschrittlichkeit zusammen – nur bei der seltenen „Tröpfchenbewässerung" wird eine Effizienz von 90 Prozent erreicht –, andererseits aber auch mit den agrarsozialen und politischen Verhältnissen. In vielen Entwicklungsländern, zum Beispiel in den Staaten des Vorderen Orients, bilden Großgrundbesitzer die politisch tonangebende Schicht; die Wasserpreise liegen daher häufig niedrig (d. h. sie sind hoch subventioniert) und Wasser wird nicht behutsam eingesetzt. Obwohl der Landwirtschaftssektor nur in geringem Maße zum Bruttoinlandsprodukt beiträgt, wird hier ein überproportionaler Anteil der Wasserressourcen verbraucht (Exkurs 29.7.4).

Aktuell verschärft sich der Kampf ums Wasser durch die weltweit zu beobachtende Tendenz der Privatisierung des früheren „Allgemeinguts" Wasser. Mit dem Wasser lassen sich zunehmend gute Geschäfte machen. Globale Konzerne wie *Vivendi*, *Bechtel* oder *Waterworks* übernehmen die Wasserversorgung in Metropolen von

Abb. 29.7.1 Der Vordere Orient ist nicht nur politisch eine konfliktträchtige Region, sondern hier spielen auch Konflikte um die knappe Ressource Wasser im Trockenraum eine zentrale Rolle: Der Euphrat (a) entspringt in der Türkei, fließt durch Syrien und mündet auf irakischem Staatsgebiet ins Meer. Seit Syrien in den 1960er-Jahren den großen Assad-Stausee errichtet und die Türkei mit großen Bewässerungsprojekten in Ostanatolien begonnen hat, häufen sich Konflikte zwischen den Oberliegern und dem auf das Wasser in besonderem Maße angewiesenen Irak. Besonders konfliktträchtig ist die Grenze zwischen Nordisrael und dem Nachbarn Libanon (b) sowie zu den Golanhöhen, da in dieser Region für die Länder Israel, Jordanien und Libanon sehr wichtige Wasserressourcen (wie z. B. die drei Quellen des Jordan) entspringen. Die Grenze zwischen Jordanien und den israelisch besetzten Golanhöhen bildet der Yarmuk (c), ein vor allem für Jordanien sehr wichtiger Fluss. Die fruchtbare Gegend am Litani im Südlibanon (d) war bis zum Mai 2000 von Israel besetzt gewesen. In der Auseinandersetzung vom Juli/August 2006 war die Region zwischen israelischer Armee und schiitischer Hisbollah heftig umkämpft (Fotos: H. Gebhardt).

Drittweltstaaten Südamerikas oder des Fernen Ostens, da die Regierungen damit finanziell überfordert sind. Gerade die Megastädte des Südens werden zum Experimentierfeld der sogenannten *Private Sector Participation* (PSP) im Prozess der Übertragung kommunaler Wasserver- und -entsorgungsaufgaben in die Hände privater Unternehmungen. Der vormals eher kleinräumig orga-

nisierte Wassersektor wird immer mehr zum Teil eines globalen Geschäfts.

Wasser in privater Verfügungsgewalt hat sich bisher nur selten zum Segen für die betroffenen Bevölkerungen ausgewirkt, die Unternehmen sind ja vor allem an entsprechenden Renditen interessiert, weniger an der „Nachhaltigkeit" ihres Handelns. Gestiegene Preise

Exkurs 29.7.1

Die Aralsee-Katastrophe

Hans Gebhardt, Ernst Giese und Jenniver Sehring

Seit Anfang der 1960er-Jahre ist in den Trockengebieten Zentralasiens eine zunehmende Verknappung der Wasserressourcen festzustellen. Flüsse wie der Amu-Darja, Syr-Darja, Ili und Tarim, die in die abflusslosen ariden Beckenbereiche Innerasiens vorstoßen, führen in ihren Unterläufen immer weniger Wasser. Sie erreichen zum Teil nicht mehr ihre Endseen. Die Deltabereiche dieser Flüsse trocknen aus bzw. sind bereits ausgetrocknet. Der Wasserspiegel der Endseen sinkt seither stetig. Einige Seen dieser Art – der Lop-Nor, der Taitema-See und der Manas-See zum Beispiel – sind bereits verlandet, vom Aralsee sind nur noch kleine Überreste vorhanden. Allein seit 2006 hat das flächenmäßig größte östliche Fragment des Sees nochmals über 80 Prozent seines Wassers verloren; der See ist fast völlig verschwunden. Bis in die 1960er-Jahre wurde der Seespiegel des abflusslosen Sees durch das Gleichgewicht des ober- und unterirdisch zufließenden Wassers (v. a. von Amu-Darja und Syr-Darja) und der Verdunstungsmenge gehalten. Amu-Darja und Syr-Darja, die sich überwiegend aus den Gletschern und Schneemassen der Hochgebirge in Kirgistan und Tadschikistan speisen, ermöglichen eine landwirtschaftliche Nutzung des trockenen Steppenlandes Zentralasiens. Mit der verstärkten Nutzung der Wasserressourcen verringerte sich die Zuflussmenge in den Aralsee von 56 km³ Anfang der 1960er-Jahre auf 6 km³ in den 1980er-Jahren. In manchen Jahren erreichten die Flüsse überhaupt nicht mehr den See.

Das wenige Wasser, das den See noch speist, ist oft hoch kontaminiert mit Pestiziden, Herbiziden und Düngemittelrückständen aus der Landwirtschaft.

Die **Verlandung des Aralsees** ist eng verknüpft mit der Ausweitung der Bewässerungslandwirtschaft und des Baumwollanbaus in Zentralasien. Diese wurde massiv ab den 50er-Jahren des 20. Jahrhunderts betrieben. Im Becken des Aralsees vergrößerte sich die bewässerte Fläche von 4,2 Mio. ha im Jahr 1950 auf 7,4 Millionen ha im Jahr 1989 (Abb. 1). Ein Großteil des Wassers erreicht jedoch nicht die Felder, sondern geht in den schlechten und veralteten Bewässerungsanlagen durch Versickerung, Verdunstung oder Lecks verloren. Schätzungen gehen von bis zu 80 Prozent Wasserverlust aus.

Etwa ein Viertel der Wassermenge des Amu-Darja wird in den Karakum-Kanal abgezweigt. Der ab 1956 gebaute Kanal verläuft quer durch Turkmenistan und ist der größte Bewässerungskanal der Welt. Mehr als 90 Prozent der turkmenischen Wasserversorgung wird aus ihm gespeist, er ist überlebensnotwendig für das trockene Land. Doch auch hier geht ein Großteil des Wassers verloren, da der Kanal nicht befestigt ist, sondern durch den Sand verläuft. Ein weiterer Wasserverbraucher ist die große Khorezm-Oase im Grenzgebiet von Usbekistan und Turkmenistan.

Im Jahr 1987 teilte sich der Aralsee durch eine auftauchende Unterwasserschwelle in einen kleinen nördlichen

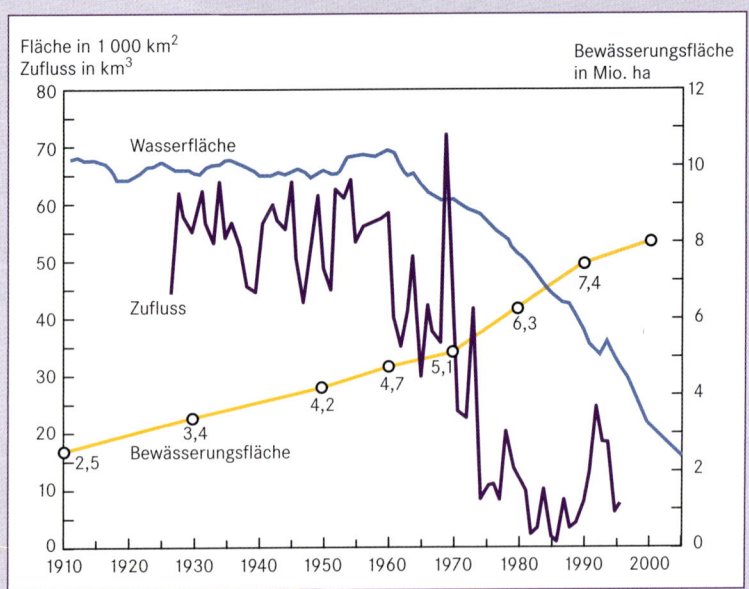

Abb. 1 Entwicklung der Bewässerungsfläche im Aralsee-Becken sowie Entwicklung des Wasserzuflusses und der Wasseroberfläche des Aralsees 1910 bis 2005 (verändert nach Micklin & Williams 1996).

und einen großen südlichen Teil. Inzwischen wurde mit finanzieller Unterstützung der Weltbank ein 13 km langer und 10 m hoher Damm gebaut, der beide Teile trennt. Der nördliche Kleine Aralsee wird vom Syr-Darja gespeist, der südliche große Teil vom Amu-Darja. Der Seespiegel des Kleinen Aralsees lag mit 40,2 m bereits im Jahr 2004 um fast 10 m über dem des Großen Aralsees mit 30,6 m.

Im Jahr 1992 wurde ein etwa 473 000 km² großes Gebiet mit einer Bevölkerung von 3,7 Millionen Menschen um den See zum Weltkatastrophengebiet erklärt. Die Bevölkerung des **Katastrophengebietes** leidet unter den direkten und indirekten gesundheitlichen Folgen. In Stichworten lässt sich die ökologische Katastrophe wie folgt beschreiben:

- In der durch Austrocknung entstandenen Uferzone kommt es zu Desertifikation und zur Anreicherung toxisch wirkender Salze.
- In den Siedlungsgebieten im Amu-Darja-Delta besteht eine hohe Gesundheitsgefährdung durch ausgewehte Salze und durch qualitativ unzureichendes Trinkwasser. Folgen äußern sich in hoher Säuglings- und Kindersterblichkeit.
- Ehemalige Ufersiedlungen sind jetzt uferfern gelegen; die Fischerei und die Fischverarbeitung mussten aufgeben werden.
- Auf der Vozrozdanija-Halbinsel, früher eine isolierte Insel im See, besteht eine Gefährdung durch Rückstände von Versuchen, die in der Sowjetzeit mit biologischen Waffen vorgenommen wurde.

Allerdings sind manche dieser Befunde nur schlecht durch belastbare Zahlen belegt. Dies gilt teilweise für die medizinischen Befunde ebenso wie für die im Boden akkumulierten Umweltgifte, die nur schwer nachzuweisen sind. Die Zusammenhänge sind im Einzelnen komplex. Zu den ökologischen Belastungen kam der Zusammenbruch der Sowjetunion 1990 sowie die *bad governance* in den Nachfolgestaaten Usbekistan und Turkmenistan.

Letztlich handelt es sich um einen Fall von *complex emergencies*, die man wie folgt beschreiben kann: In den 1990er-Jahren kam zur Übernutzung der Wasserressourcen durch Bewässerungsanlagen in Turkmenistan und Usbekistan eine Reihe von ausgeprägten Dürrejahren hinzu. Die Schaffung der neuen zentralasiatischen Staaten nach 1990 führte zu neuen Grenzziehungen und beendete die bisherige Zusammenarbeit; geschlossene Grenzen und Grenzkonflikte verschärften die ökologischen Probleme. Der Zusammenbruch der Planwirtschaft und die nur teilweise erfolgte Systemtransformation zu einer kapitalistischen Wirtschaft führten zum Zusammenbruch von Industrieunternehmen, Kombinaten und damit zum Verlust von Arbeitsplätzen, die Kanalsysteme wurden nicht mehr durch eine Kanalbehörde gewartet und verfielen teilweise, besonders deutlich beim Karakum-Kanal. Das sowjetische Gesundheitssystem der Polikliniken und der dezentralen Gesundheitsversorgung brach weitgehend zusammen; dies ist für die geringe Lebenserwartung und die hohe Säuglingssterblichkeit wohl ebenso verantwortlich wie die oft einzig angeführten Umweltbelastungen. *Bad governance*, insbesondere Entwicklungsentscheidungen der autoritären, nunmehr von keiner „Zentrale" mehr kontrollierten Gewaltherrscher in Usbekistan und Turkmenistan, erhöhten die Verwundbarkeit der Bevölkerung gegenüber Umweltbelastungen; gewerkschaftliche Organisationsformen der Sowjetunion fielen weg; die Menschen hatten keine Erfahrung mit einem anderen als dem seit 80 Jahren andauernden kommunistischen System und so weiter.

Man kann sich vereinfacht die Aralseeregion als sozialökologisches System vorstellen, bei dem die vielfältigen ökologischen, ökonomischen, sozialen und politischen Belastungen zu einer dramatischen Erhöhung der Verwundbarkeit der Bevölkerung geführt haben, die teilweise zum Kollaps, teilweise zu neuen Organisationsformen geführt haben oder noch führen werden (Abb. 3).

Die Kindersterblichkeitsrate hier ist eine der höchsten der Welt. 70 Prozent der Mütter leiden unter Anämie. Typhus, Hepatitis und Krebserkrankungen treten überproportional häufig auf. Die Situation wird noch verstärkt durch den mangelnden Zugang zu sauberem Trinkwasser und Medikamenten. Auch die sozioökonomischen Konsequenzen sind verheerend: Durch das Aussterben der einheimischen Fische im See wegen des steigenden Salzgehaltes und des

Abb. 2 Schiffsleichen auf dem ehemaligen Seegrund der heutigen „Aral kum". Wo sich noch vor wenigen Jahrzehnten die Küste und ein ehemaliger Hafen befanden, liegen heute verrostende Schiffe auf dem ehemaligen Seegrund, in der neu entstandenen Aralseewüste (Foto: H. Gebhardt).

Fortsetzung

Fortsetzung

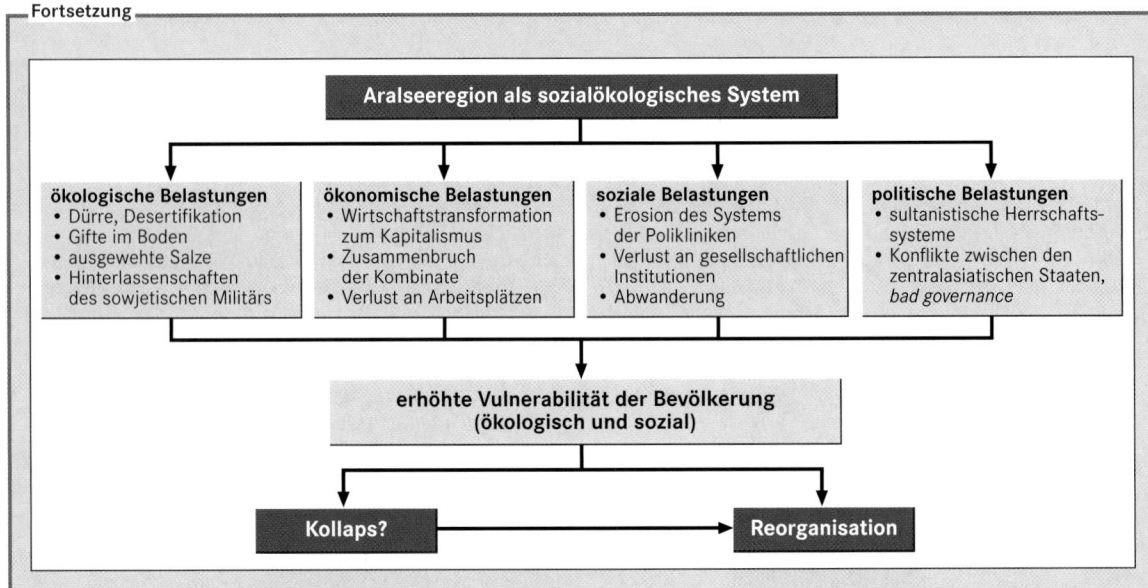

Abb. 3 Der Aralsee als sozialökologisches System.

Verlustes der Laichplätze sind Fischerei und Fischindustrie zusammengebrochen. Zehntausende Menschen wurden arbeitslos. Desertifikation und Versalzung sind die ökologischen Folgen der Katastrophe. 140 von ursprünglich 178 einheimischen Tierarten sind ausgestorben, fast 100 Pflanzenarten verschwunden. Auch klimatische Veränderungen machen sich bemerkbar: Das Kontinentalklima verschärft sich, wodurch die Anbausaison kürzer wird, was sich auf die ökonomische Situation und Nahrungsversorgung der Bevölkerung auswirkt.

Von der Aralseekatastrophe sind nicht nur die Einwohner des unmittelbaren Anrainergebietes betroffen, sie hat auch negative Folgen für entferntere Regionen im Aralseebecken. Satellitenbilder zeigen, dass salzhaltiger Staub vom ausgetrockneten Seeboden bis zu 500 km weit geweht wird.

Nach dem Zusammenbruch der Sowjetunion wurde von den fünf zentralasiatischen Nachfolgestaaten 1993 der *International Fund for Saving the Aral Sea* (IFAS) gegründet, der das zwischenstaatliche Wassermanagement kontrollie-

ren und die internationalen Hilfsprogramme koordinieren soll. Eine Verbesserung der Situation am Aralsee ist allerdings bis heute nicht spürbar. Für eine Rehabilitation der Bewässerungsanlagen und Einführung moderner Technologien fehlen die finanziellen Mittel. Eine Umstrukturierung der Landwirtschaft auf weniger wasserintensive Pflanzen ist aufgrund der wirtschaftlichen Bedeutung des Baumwollanbaus unrealistisch. In Usbekistan entfallen rund 40 Prozent der landwirtschaftlichen Produktion auf Baumwolle, 25 bis 30 Prozent der Deviseneinnahmen werden durch den Baumwollanbau erwirtschaftet. Zudem wurde inzwischen deutlich, dass ein Hauptproblem in der mangelnden Koordinierung der Programme und im fehlenden politischen Willen zur Umsetzung der Abkommen und Maßnahmen besteht.

Die Verlandung des Aralsees ist kein Einzelfall. Ähnliche Entwicklungen bei anderen Seen und Endläufen der in die ariden Beckenbereiche Zentralasiens vordringenden Flüsse – Tarim, Tschu, Murgab, Tedschen – deuten auf einen systematischen Charakter der Desertifikationsprozesse hin.

schließen immer größere Bevölkerungsteile von der legalen Wassernutzung aus, auch kommt es nicht selten zu Qualitätsverlusten bei der Versorgung. Kritisiert wird auch die indirekte Subventionierung der Betreiber über Entwicklungskredite der Weltbank (Kreutzmann 2006). Die Privatisierung einer früher „öffentlichen" Ressource, das heißt eines ubiquitär benötigten gemeinschaftlichen Eigentums, wird als Enteignung von Rechten zur Grundbedürfnisbefriedigung wahrgenommen. Lauter werden die Forderungen nach einem „Menschenrecht auf Wasser", das allen Personen einen hinreichenden und preiswerten Zugang garantieren soll.

Schwerpunkte der **geographischen Forschung zum Thema Wasser** lagen in der Vergangenheit vor allem im Bereich der quantitativ verfügbaren Ressourcen, insbesondere in den von Wassermangel betroffenen Regionen der Erde, bei Problemen der technisch-wirtschaftlichen Inwertsetzung (z. B. über Bewässerungsanlagen oder Staudammprojekte) und damit verbundenen Fragen der Neulandgewinnung und der damit einhergehenden Siedlungsprozesse (Müller-Mahn 2006). Seit einigen Jahren hat sich das Interesse der Humangeographie verstärkt auch auf Fragen nach sozialen Zugangsdifferenzierungen, Verfügungsrechten, politisch-ökonomischen

Exkurs 29.7.2

Krisenhafte Entwicklungen im Zusammenhang mit Wasser

HANS GEBHARDT

Wassermangel
- Mehr als 2 Milliarden Menschen in 40 Staaten der Erde sind mit Engpässen in der Wasserversorgung konfrontiert.
- Mehr als 1 Milliarde Menschen haben keinen Zugang zu sauberem Trinkwasser.
- Mehr als 2,4 Milliarden Menschen sind nicht an eine Abwasserentsorgung angeschlossen.
- Zahlreiche Entwicklungsländer können nicht die minimal notwendige Trinkwassermenge für ihre Bevölkerung bereitstellen: 1,1 Milliarden Menschen leben ohne ausreichende Wasserversorgung.
- Die Prognose für 2050 sagt aus, dass zu diesem Zeitpunkt ein Viertel der Menschheit in Staaten ohne ausreichende Wasserversorgung leben wird.

Wasserqualität
- Abfälle in Wasserläufen, Industrieabwässer und Chemikalieneinträge, Pestizide und Mineraldünger gefährden die Wasserqualität.

- Nach Schätzungen versorgt sich die Hälfte der Bevölkerung in Entwicklungsländern aus kontaminierten Wasserquellen.
- Durch Schwebstoffanreicherung wird ein zunehmender Qualitätsverlust bewirkt.

wasserbezogene Naturrisiken und -katastrophen
- In den 1990er-Jahren starben mehr als 665 000 Menschen als Folge von 2 557 Naturereignissen, 90 Prozent davon waren durch Dürren und Überflutungen verursacht.
- 97 Prozent der Opfer entstammten Entwicklungsländern.
- Fast zwei Fünftel aller Katastrophen ereigneten sich in Asien.

(UNESCO 2005, Kreutzmann 2002, 2006)

Konflikten und deren Regulationsweisen gerichtet, es geht um die Akteure, Interessen und Machtressourcen bei der Wasserverteilung (Kapitel 18).

Eine Region, in der dieser Zusammenhang besonders deutlich wird, ist der **Vordere Orient**. Zwar sind hier bisher die 1991 von Boutros Ghali befürchteten „Wasserkriege" noch nicht ausgebrochen, aber die Verteilungskonflikte haben an Schärfe zugenommen. Israel beutet die Wasservorkommen der palästinensischen Gebiete aus und ist – falls nicht eine drastische Einschränkung des Verbrauchs erfolgt – auf diese Ressourcen angewiesen, für das Westjordanland bleiben aber kaum Ressourcen übrig. Das Wasser des Euphrat wird, spätestens seit dem groß angelegten Anatolien-Projekt in der Türkei, zwischen Ober- und Unterliegern immer strittiger, schickt sich doch die Türkei an, mit ihren umfangreichen Staudammprojekten im Euphrat-Oberlauf den Unterliegern Syrien und Irak buchstäblich das Wasser abzugraben. Jordanien, das im Vorderen Orient mit die schwierigste Wassermangelsituation zu bewältigen hat, wird schon für die nächsten Jahre der akute Wassernotstand prophezeit (Abb. 29.7.2).

Welche Lösungsmöglichkeiten der globalen Wasserproblematik lassen sich erkennen? Man kann hier stärker **technologische von eher politischen bzw. ökonomischen Lösungen** unterscheiden. Insbesondere in staatssozialistischen Staaten spielten schon in der Vergangenheit technologische Lösungen von Wasserproblemen eine wesentliche Rolle. Typische Beispiele waren die sowjetischen Planungen zur Umlenkung der großen sibirischen Ströme oder vergleichbare Pläne in China (Exkurs 29.7.5). Auch im Vorderen Orient gibt es immer wieder entsprechende Überlegungen, Wasser aus der Türkei nach Israel zu leiten oder Wasser aus dem höher gelegenen Roten Meer aufgrund des natürlichen Gefälles ins Tote Meer zu leiten und damit die Wasserverluste auszugleichen, die durch die Nutzung und Umleitung des Jordanwassers entstanden sind (Abb. 29.7.3).

Gerade das Beispiel China wirft die Frage auf, ob es nicht ökologisch sinnvoller wäre, die Wasserressourcen im Süden zur landwirtschaftlichen Produktion zu nutzen und die fertigen Produkte in den Norden zu liefern als das Wasser über weite Strecken zu transportieren. Solche Überlegungen lassen sich auch in globalem Maß-

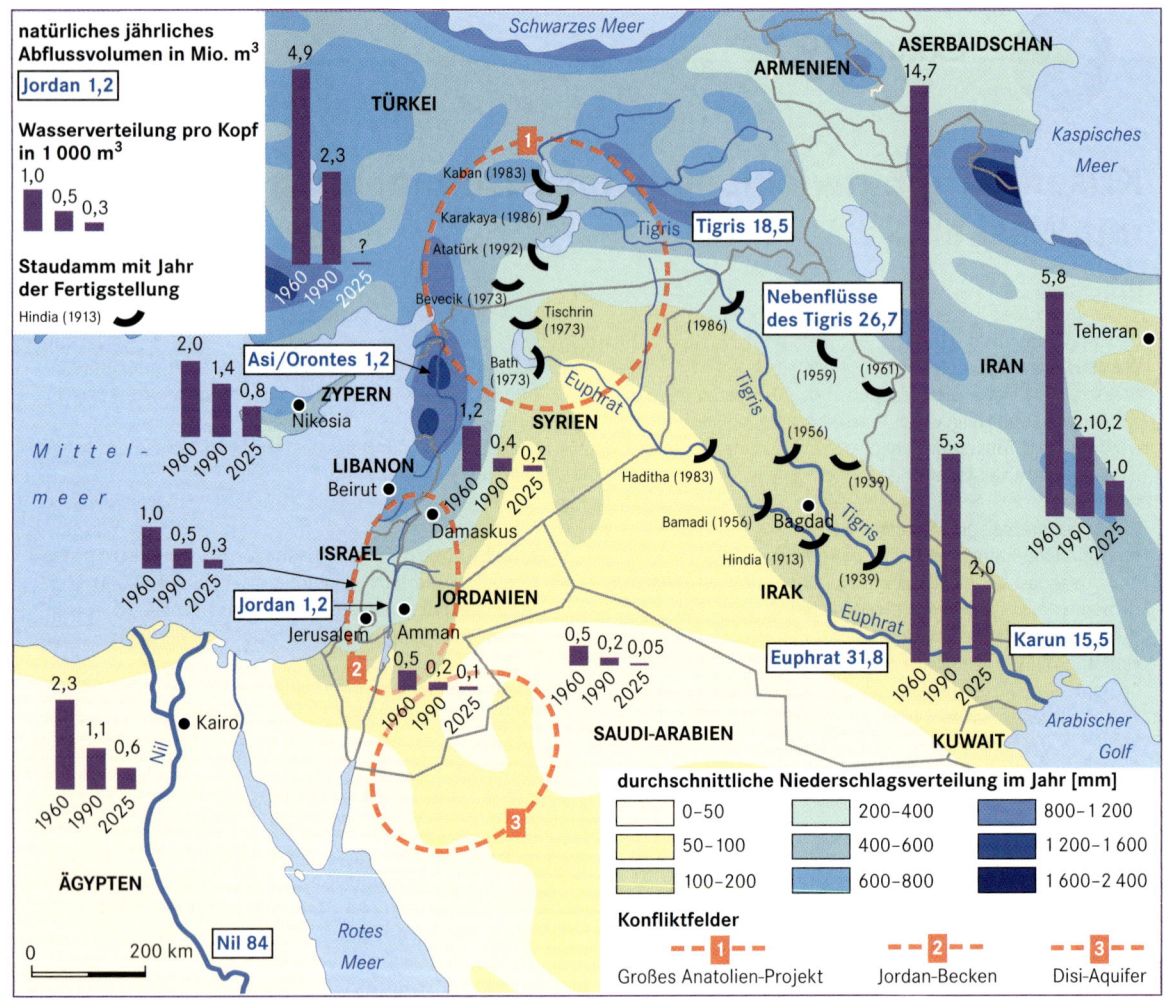

Abb. 29.7.2 Wasserverteilung im Nahen Osten (verändert nach Müller-Mahn 2006).

stab anstellen. Es wäre doch viel sinnvoller, agrarische Produkte in Regionen mit Wasserüberschuss zu produzieren und in Wassermangelgebiete zu exportieren, als diese in den Wassermangelgebieten zum Teil mit fossilem Wasser selbst herzustellen.

Solche Überlegungen in globalem Maßstab werden im **Konzept des virtuellen Wassers** gefasst, das seit den 1990er-Jahren diskutiert wird. Die Überlegung ist folgende: In den Nahrungsmitteln, aber auch in industriellen Produkten steckt viel Wasser, das zu ihrer Herstellung verbraucht wurde, in der Regel das 1 000- bis 50 000-fache Gewicht des hergestellten Produkts. So werden beispielsweise für die Produktion eines nur 2 Gramm schweren Speicherchips 32 000 Gramm Wasser verbraucht. Solches für die Produktion indirekt verwendetes Wasser wird virtuelles Wasser genannt. Der Begriff beschreibt, welche Menge Wasser in einem Pro-

dukt oder einer Dienstleistung enthalten ist oder zur Herstellung verwendet wird. Mit der Berechnung des virtuellen „Wasserfußabdrucks", den ein Produkt oder eine Dienstleistung hat, lässt sich die ökologische Situation der Produktionsbedingungen beschreiben und bewerten. Der Anbau von Obst im Wüstenklima erfordert mehr Wasser als in gemäßigten Zonen; sinnvoller wäre es, wasserintensive Lebensmittel in den wasserreichen Gebieten herzustellen und dann zu exportieren.

Mit den Berechnungen des virtuellen Wassers lassen sich Asymmetrien internationaler Wasserbeziehungen abbilden und über einen internationalen Regelungsmechanismus (theoretisch) auch ausgleichen. Damit ließe sich Druck auf die begrenzten Wasserressourcen in den Trockengebieten der Erde reduzieren und die Problematik von Wasserkonflikten entschärfen. Praktisch ist man aber noch weit davon entfernt.

Exkurs 29.7.3

Staudammprojekte in der Kontroverse

HANS GEBHARDT

In der Phase der Dekolonisation in den 1960er-Jahren wurden Staudammprojekte als wesentlicher Beitrag gesehen, die Entwicklungsprobleme der selbstständig gewordenen Staaten zu lösen. Die „nachholende Entwicklung" sollte durch die Einführung westlicher Technologien vorangetrieben werden; Großstaudämme wurden überdies zu Symbolen für die politische Macht und „Fortschrittlichkeit" der neuen Herrscher.

Spätestens seit den 1970er-Jahren gerieten entsprechende Projekte jedoch in die Kritik, da die ökologischen Schäden unübersehbar wurden. Staudämme verhindern Fischwanderungen und Nährstofftransporte, Anbaugebiete der lokalen Bevölkerung werden zerstört oder in ihrer ökologischen Zusammensetzung massiv verändert, durch den Eintrag von Schlamm und Schwebstoffen wird nicht nur das Staubecken rasch aufgefüllt, sondern diese werden auch dem Fluss entzogen. Bekanntester Problemfall wurde der Assuan-Staudamm in Ägypten. Korruption und Bestechung im Zusammenhang mit Großprojekten, aber auch die Frage der volkswirtschaftlichen Amortisierungskosten rückten ins Zentrum der Kontroverse. Staudammprojekte und die betroffenen Gebiete – bedroht von Landverlust, Überflutung und Zwangsumsiedlung – wurden zum Schauplatz von Interessenkonflikten zwischen lokalen Bewohnern, einer Vielzahl von Nichtregierungsorganisationen und Bürgerbewegungen und den nationalen Regierungen (Kreutzmann 2004a). Eine wesentliche Steuerungsrolle kommen in diesem Kontext der Weltbank bzw. dem Internationalen Währungsfond zu. Bereits in den 1950er-Jahren stellten diese Institutionen alljährlich Mittel in Höhe von 1 Milliarde US-Dollar für Staudammprojekte zur Verfügung (Kreutzmann 2004a). Weitere Mittel flossen von anderen internationalen Banken und Entwicklungsfonds. Der Höhepunkt des Mitteleinsatzes wurde in der ersten Hälfte der 1980er-Jahre mit mehr als 4 Milliarden US-Dollar pro Jahr erreicht.

In den 1990er-Jahren zeigten sich internationale Geldgeber bei der Finanzierung von Großprojekten wesentlich zurückhaltender; nunmehr wurden stärker partizipative Vorgehensweisen bei der Suche nach Interessenausgleich favorisiert; Projekte werden inzwischen auch sorgfältiger evaluiert. Allerdings hat der ökonomische Druck in einer Reihe von Fällen dazu geführt, dass bereits aufgegebene oder zurückgestellte Projekte wieder aus den Schubladen gezogen werden. Dies gilt aktuell besonders für die hydroelektrische Nutzung des Mekong, an dessen Erschließung die Staaten China, Laos, Thailand, Kambodscha und Vietnam ein Interesse haben. Aber auch in Myanmar oder Brasilien werden aktuell neue Großprojekte verfolgt, trotz der ökologischen und sozialen Folgen, welche mit solchen massiven Umwelteingriffen immer verbunden sind.

Exkurs 29.7.4

Nutzung des Disi-Aquifers im Grenzgebiet von Jordanien und Saudi-Arabien

HANS GEBHARDT

Ein nicht nachhaltiger Umgang mit der knappen Ressource Wasser lässt sich in einigen Trockengebieten des Vorderen Orients finden. Ein exemplarisches Beispiel ist das Disi-Aquifer (Abb. 29.7.2), ein fossiles Wasserreservoir aus den Pluvialzeiten (20 000–30 000 Jahre vor heute) im grenzüberschreitenden Raum zwischen Jordanien und Saudi-Arabien. Es handelt sich um ein tiefes Sandsteinaquifer von 320 Kilometer Länge, das bei Weitem größte auf der gesamten Arabischen Halbinsel. Der größte Teil des raren Wassers wird für die Landwirtschaft genutzt. Auf jordanischer Seite verbrauchen einige wenige agrarische Großbetriebe rund 66 Millionen m^3, auf saudischer Seite sind die Mengen noch größer. Hinzu kommt, dass aktuell eine 325 km lange Versorgungsleitung für den wachsenden Bedarf der jordanischen Hauptstadt Amman gebaut wird. Sie soll 100 Millionen m^3 Frischwasser pro Jahr liefern. Weitere Nutzungen im Tourismus werden hinzukommen. Da es sich um nicht erneuerbares Wasser handelt, wird die wertvolle Ressource nach und nach aufgezehrt.

 **Exkurs 29.7.5**

Wasserkrisen in der Megacity Chennai

RÜDIGER GLASER, MARCO LECHNER, HANS-GEORG BOHLE, RAINER SAUERBORN, VALERIS LOUIS, PATRICK SAKDAPOLRAK UND MORITZ NESTLE

Wasserkrisen als transdisziplinäres Arbeitsfeld

Die boomenden Megacities der Erde erleben zurzeit dramatische Wasserkrisen. Seien es die Sturmflut in New Orleans, die akute Monsunüberschwemmung in Chennai, die sich häufenden Chemieunfälle Chinas oder die latente Trinkwasserkatastrophe in den Megacities Indiens – Wohlergehen, Sicherheit und Gesundheit von vielen Millionen Großstädtern sind existenziell von Wasserrisiken bedroht.

Da diese Wasserkrisen eng mit den vielfältigen Dimensionen des globalen Umweltwandels verbunden sind, erfordert ihre Analyse transdisziplinäre Ansätze im Spannungsfeld zwischen Natur- und Sozialwissenschaften. Besonders auf der Ebene der Einzelstadt zeigt sich, dass das natürliche Wasserdargebot durch ein komplexes Netzwerk aus Verfügungsrechten, monetären Interessen, technischen Regelungen und Wassermanagementaspekten auf die Verteilung sowie den Zugang und schließlich die individuelle Verfügbarkeit abgebildet wird. Es manifestieren sich virulente Nutzungskonflikte, die über umfassende Diskursanalysen entschlüsselt werden müssen. Die menschliche Gesundheit kann dabei als ein zentraler Indikator gesehen werden (McMichael 2003, ESSP 2005). Deutlich zum Ausdruck kommt dies beispielsweise in der Tatsache, dass 80 Prozent aller Krankheiten und die hohe Kindersterblichkeit in Entwicklungsländern allein auf verschmutztes Wasser zurückgehen (BMZ 2002). In gleicher Weise argumentiert der indische *National Family Health Survey*: Gesundheit und Ernährung sind auf das Engste mit Umweltfaktoren verknüpft und speziell von der Versorgung mit Trinkwasser sowie von hygienischen Bedingungen abhängig. Dabei sind in Indien großstädtische Marginalgruppen, vor allem solche, die in Slums leben, besonders betroffen.

Die urbane Wasserkrise

In Chennai steht mit durchschnittlich 70 Litern pro Tag dem Einzelnen weniger Wasser zur Verfügung als in jeder anderen Metropole in Indien (Appasamy 1996). Die Wasserversorgung Chennais basiert zu einem Großteil auf aufgestautem Oberflächenwasser aus Stauseen im Hinterland. Dies kann den Bedarf jedoch nicht vollständig decken. Durch eine Vielzahl von privaten Brunnen wird auf dem gesamten Stadtgebiet Grundwasser gefördert. Doch auch diese Brunnen und Pumpen fallen saisonal trocken. Seit einigen Jahren wird durch Fernwasserleitungen auch auf Wasserressourcen aus weiter entfernt liegenden ländlichen Regionen Tamil Nadus oder gar anderer Bundesstaaten zurückgegriffen. Diese Großprojekte, die von der nationalen Politik gefördert werden, geraten aufgrund ihrer fragwürdigen Wirtschaftlichkeit, Sozial- und Umweltverträglichkeit häufig in die Kritik. Eines dieser Projekte ist das *Telugaganga Scheme*: Bereits in den 1970er-Jahren wurde mit dem Bau des Kanals begonnen, der den Fluss Krishna im nördlich angrenzenden Bundesstaat Andhra Pradesh mit den Wasserreservoirs von Chennai verbindet. Offiziellen Angaben zufolge empfing Chennai 1996 erstmals Krishna-Wasser. Die erhoffte Zunahme der Wasserverfügbarkeit blieb jedoch weitgehend aus. Gründe hierfür sind der große Eigenbedarf Andhra Pradeshs sowie enorme Verluste durch Versickern, Verdunsten oder illegale Entnahme. Folge des hohen Wasserbedarfs in beiden Bundesstaaten sind ständige politische Auseinandersetzungen um die Konditionen des Wassertransfers (Weber 1997, Nestle et al. 2007). Die Situation zeigt deutlich, dass der Bedarf Chennais die regionalen Wasserressourcen bei Weitem überschreitet. Durch den Bezug von Wasser aus dem näheren und ferneren Umland hat die Stadt zum einen negative Einflüsse auf die Wasser exportierenden Gebiete und begibt sich zum anderen in ein sehr starkes Abhängigkeitsverhältnis.

Ein Lösungsansatz ist möglicherweise das seit einigen Jahren von der Stadtverwaltung geförderte *rainwater harvesting*. Dabei werden öffentliche und private Gebäude mit Regenauffang- und Wasserspeichersystemen ausgerüstet. Das gesammelte Wasser wird entweder direkt vor Ort verbraucht oder in das Grundwasser eingespeist. Aber auch dieser vielversprechende Ansatz der Dezentralisierung der Wasserversorgung hat bisher nicht zu einer spürbaren Entspannung der übergeordneten Problematik geführt.

Das Zuviel an Wasser wird mithilfe eines *storm water drainage systems* abgeleitet, das aber durch technische Mängel zu weiteren Kontaminationen der parallel geführten Trinkwasserversorgung führt. Die schlechte Wasserqualität wird auch von der enormen Verschmutzung der Oberflächengewässer beeinflusst. Große Mengen von nicht oder schlecht geklärten Abwässern fließen in die Flüsse und Kanäle der Stadt, von wo sie in das alte und poröse Trinkwasserversorgungssystem einsickern können.

Vor allem in der Vormonsunzeit ist die Stadt von akuter Wasserknappheit betroffen. In dieser Zeit werden die Bewohner mithilfe von Wassertanklastwagen mit Grundwasser aus dem Umland versorgt. Dieser rural-urbane Wassermarkt führt auf unterschiedlichen räumlichen und gesellschaftlichen Ebenen zu Nutzungskonflikten zwischen der Trinkwasserversorgung der Stadtbevölkerung, der industriellen Nutzung und dem hohen Wasserbedarf der intensiven Landwirtschaft im Umland. Dabei wird dem Wasserbedarf der Stadtbevölkerung und der Industrie häufig Priorität eingeräumt. Dies ist mit massiven Protesten der ansässigen Bauern verbunden, die für den Reisanbau auf das Wasser angewiesen sind. Mittlerweile häufen sich Suizidfälle unter den Bauern, die sich aufgrund des Wassermangels außerstande sehen, ihre Lebensgrundlage zu sichern. Schon jetzt äußert sich in der ganzen Region die Übernutzung der Wasserressourcen in einem sinkenden Grundwasserspiegel, was in Küstennähe zu Salzwasserintrusionen in die Grundwasserkörper führt. Ein Problem, das sich durch den prognostizierten Meeresspiegelanstieg noch weiter verschärfen wird.

Die politisch-administrativen Probleme und Herausforderungen sind sicher ein wichtiger Aspekt der Wasserkrise. Doch welche konkreten Folgen entstehen für die Stadtbevölkerung? Dazu ist zu allererst interessant, welcher Anteil der Bevölkerung überhaupt Zugang zu sauberem Trinkwasser hat. Nach der Definition des *Census of India* ist dies der Fall, wenn sich eine Wasserquelle – Wasserhahn, Handpumpe oder Brunnen – innerhalb oder im direkten Umfeld der Behausung befindet. Im Zensusjahr 2001 war dies bei 93 Prozent der Haushalte der Fall, gegenüber 71 Prozent 1991. Diese offiziellen Daten beschreiben zwar die infrastrukturellen Voraussetzungen zur Versorgung der Haushalte, nicht aber die letztlich entscheidende Quantität, Regelmäßigkeit und Qualität des gelieferten Wassers beziehungsweise den Aufwand, an dieses zu gelangen (Nestle et al. 2007). Dies hängt sowohl von räumlichen und zeitlichen Faktoren als auch von der Zugehörigkeit zu sozialen Gruppen ab. Während in Slums dem Einzelnen lediglich 16 Liter pro Tag zur Verfügung stehen, werden von wohlhabenderen Schichten bis zu 300 Liter verbraucht (Jayaraman 2003). Ungleichheit besteht auch bei den Kosten für die Wasserversorgung: Einerseits liefern die Tanklaster der städtischen Wasserbehörde *Metrowater* das lebenswichtige Nass offiziell kostenfrei an die Bewohner von Marginalsiedlungen, die keinen Anschluss an das öffentliche Wassernetz haben. Andererseits werden aber immer wieder Vorwürfe laut, nach denen Bestechungsgelder an die Fahrer der Wassertanker oder gar an Beamte der städtischen Wasserversorgungsbehörde zur Tagesordnung gehören. Daten sind von *Metrowater* nur sehr schwierig zu bekommen.

Die verwundbaren Bevölkerungsgruppen verfügen somit nicht nur über einen eingeschränkten Zugang zu Wasser, sondern sind den wasserbezogenen Gesundheitsrisiken besonders stark ausgesetzt. Zusätzlich leben und arbeiten sie an umweltdegradierten und risikoexponierten Standorten (Hardoy et al. 2001), beispielsweise entlang von Bahngleisen und Fließgewässern, in der Nähe von Mülldeponien und Industrieanlagen oder auf niedrigen und deshalb überschwemmungsgefährdeten Gebieten. Folge dieser Exposition ist, dass wasserbezogene Krankheiten vor allem während des Monsuns und unter Slumbewohnern weit verbreitet sind (Appasamy 1996).

Perspektiven

Wie anhand der Ausführungen deutlich wird, resultieren aus dem komplexen Zusammenspiel der ökologischen und sozioökonomischen Gegebenheiten vielschichtige Risiken für die besonders marginalisierten Bevölkerungsgruppen. Die Untersuchung der Zusammenhänge zwischen natürlichem Wasserdargebot und der individuellen Verfügbarkeit ist nur durch die Entschlüsselung des komplexen Netzwerkes möglich. Sie stellt eine wesentliche Herausforderung zur Lösung der Wasserkonflikte im regionalen Kontext dar und kann in der konkreten Umsetzung der Handlungsstrategien, die im Zusammenhang mit Global Change, im vorgestellten regionalen Beispiel vor allem Urbanisierung sowie Landnutzungs- und Klimawandel, stehen, Defizite aufzeigen und Vorschläge erarbeiten.

Ziel muss es sein, Zukunftsszenarien zu entwickeln, um die Belastbarkeit von Mensch-Umwelt-Systemen nicht zuletzt unter dem Aspekt von Global Change besser verstehen und Handlungsdirektiven entwickeln zu können. Die menschliche Gesundheit wird hierbei eine wichtige Schlüsselgröße sein und ist Teil eines integrativen Querschnittsthemas transdisziplinärer Umweltforschung (Bohle 2005).

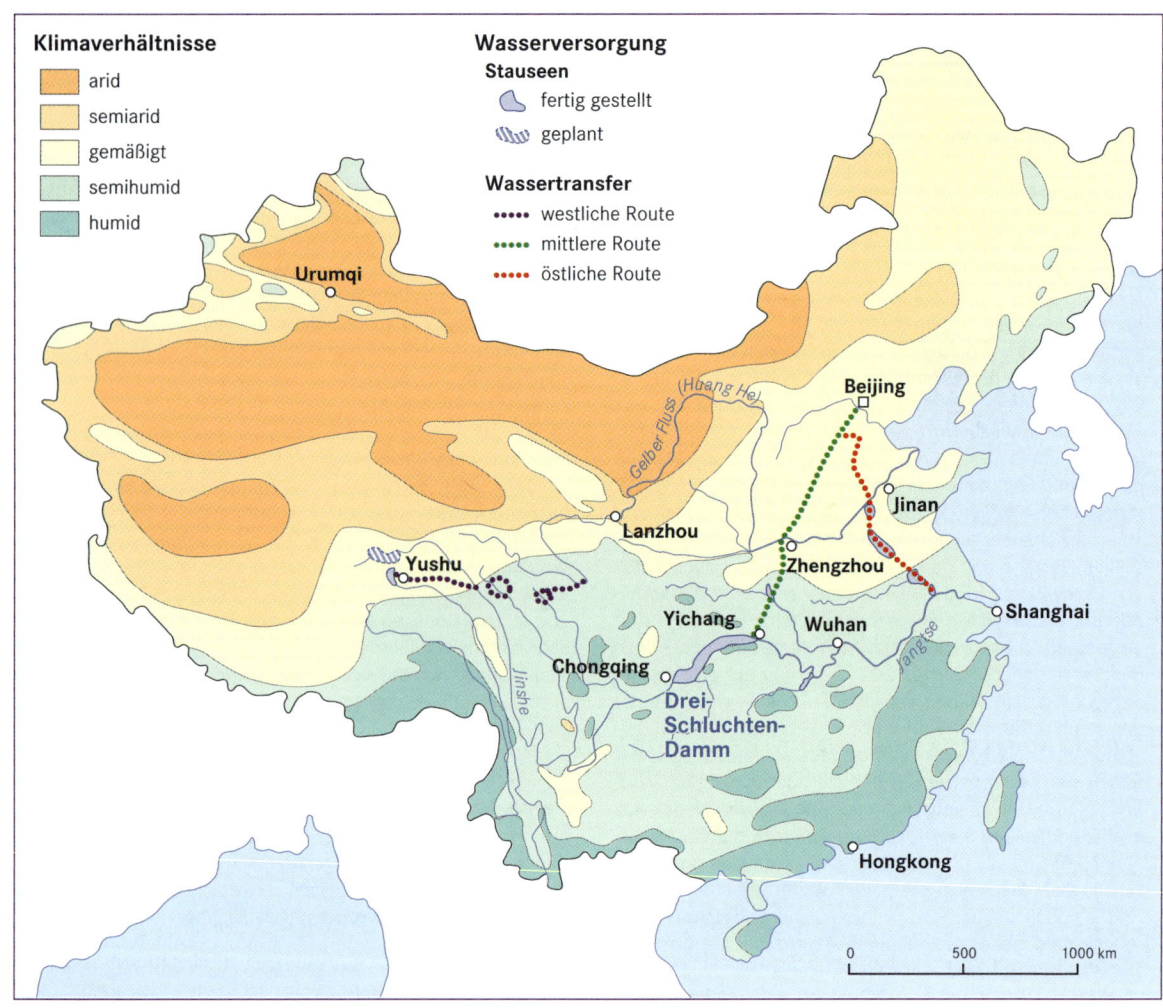

Abb. 29.7.3 Umverteilung von Wasser in China von Süd nach Nord. Kernräume der chinesischen Wirtschaft haben sich längs der drei großen Stromsysteme des Landes entwickelt: im Norden längs des Gelben Flusses (Huang He), in der Mitte am Yangtse und im Süden längs des Perlflusses. Der Norden ist trocken, ein Wassermangelgebiet mit immer wiederkehrenden Dürrekatastrophen, die Mitte und der Süden sind feucht, und es kommt immer wieder zu verheerenden Überschwemmungen. Es bestehen Planungen, ein gigantisches Netz an Kanälen und Pumpstationen anzulegen, um Wasser aus dem Yangtse in die landwirtschaftlichen Gebiete im Norden und die Megacity Bejing umzuleiten.

29.8 Konfliktfeld Energieträger

Politische Konflikte um Erdölressourcen

HERMANN KREUTZMANN

Erdölressourcen sind weltweit sehr ungleichmäßig verteilt, da sie an spezifische geotektonische Strukturen gebunden sind. Ungewöhnlich günstige Bedingungen für die Bildung von Erdölmutter- wie Speichergesteinen finden sich beispielsweise im Bereich der Arabischen Halbinsel und den dem Zagros-Gebirge vorgelagerten Ketten, aber auch an zahlreichen anderen Stellen der Erde. Da der Moment des *peak oil* (www.peakoil.net) inzwischen wohl erreicht ist, also der Augenblick, bis zu dem immer noch mehr Ressourcen dem weltweit steigenden Verbrauch die Waage hielten, ist in Zukunft mit wachsenden Konflikten um diese zentrale Schlüsselressource der globalen Energiewirtschaft zu rechnen.

Abb. 29.8.1 Kein Blut für Öl, kein Krieg im Irak – Transparent auf einer Demonstration gegen den Irakkrieg am 31. März 2003 in Berlin (Foto: H. Kreutzmann).

Erdöl und Politik

„It hardly needs to be added that if Saddam does acquire the capability to deliver weapons of mass destruction … a significant portion of the world's supply of oil will be put at hazard. … The only acceptable strategy is … to undertake military action as diplomacy is clearly failing. In the long term, it means removing Saddam Hussein and his regime from power. That now needs to become the aim of American Foreign Policy" (Auszug aus einem Brief von Donald Rumsfeld, Paul Wolfowitz, Richard Perle u. a. an Präsident Bill Clinton vom 26. Januar 1998, veröffentlicht in der Washington Times vom 8. März 2001, zitiert nach Jhaveri 2004).

„Kein Blut für Öl" lautete im Vorfeld des Irakkrieges ein weltweit verwandter Slogan, um auf die Verbindung ökonomischer und militärischer Interessen an einer gewaltsamen Intervention in der Golfregion aufmerksam zu machen (Abb. 29.8.1). Zahlreiche Hinweise und Enthüllungen deuteten auf diesen Zusammenhang hin, im Nachhinein verdichteten sich Spekulationen um das Kalkül einer ausgeweiteten Kontrolle auf die fossilen Energieressourcen am Persischen Golf. Erdöl wurde zwar aus der Kriegsberichterstattung als strategische Ressource bzw. als vorrangiger Interventionsgrund weitgehend ausgeblendet, dennoch bestimmt auch in der Nachkriegszeit und in einer Hochpreisphase für Rohöl der Gedanke einer Verknappung die öffentliche Diskussion. Die Anrainer des Persischen Golfs oder der sogenannten *Greater Middle East* (Perthes 2004) stehen dabei allgegenwärtig im Fokus einer konfliktträchtigen Beziehung zu einer Region, die auf Nordafrika und Zentralasien ausgeweitet werden könnte. Dabei hat sich die rein quantitative Abhängigkeit der Bundesrepublik in den letzten drei Dekaden durch Lieferverträge mit anderen Anbietern konsequent verringert, und ihr Anteil des aus der epizentrischen Golfregion bezogenen Erdöls ist gegenwärtig eher auf einen einstelligen Prozentwert zu beziffern.

Seiner Bedeutung entsprechend wurde Erdöl gerne in Kontexte und Symbole eingebettet, die wie **„schwarzes Gold"** und „Ölboom" auf den damit zu erzielenden Reichtum bzw. Gewinn Bezug nehmen oder wie im „Tankerkrieg" und in der „Erdölwaffe" als strategisches Arsenal verstanden werden. Andererseits wird dem Erdöl in Modernisierungszusammenhängen auch die Funktion eines profanen „Entwicklungsmotors" zum nachholenden Ausbau einer dringend benötigten Infrastruktur zugeschrieben. Wiederum andere sehen eine Verbindung von *oil and blood*, kategorisieren es despektierlich als ein *devil's excrement* oder bezeichnen es anhimmelnd als „Gottesgeschenk" oder noch spezifischer „Allahs Geschenk an die Araber" (Dalby 2003, Gabriel 2001, Renner 2003, Stöber 1990, Watts 2001). In jüngster Zeit mehren sich Töne, die auf die absehbare Verknappung abheben: „Das billige Erdöl ist verbraucht" und „Der letzte Tropfen wird zu teuer" (Le Monde Diplomatique 2009). Damit rücken der *Greater Middle East* und Zentralasien noch stärker ins Blickfeld der Begehrlichkeiten. Für ein Verständnis der konflikthaften Lage um die im Mittleren Osten gelagerten Erdölressourcen ist es zunächst nötig, auf die naturräumlichen Voraussetzungen und räumliche Konzentration der Lagerstätten fossiler Energieträger einzugehen, bevor die historische Bedeutung des *great game* um territoriale Dominanz und das Abstecken hegemonialer Einflusssphären mit seinen Folgewirkungen für die Gegenwart diskutiert werden können.

Erdöllagerstätten im Mittleren Osten

Die aus heutiger Sicht **bevorzugte geologische Konstellation** im Mittleren Osten weist hier die größte Konzentration an Erdöl- und Erdgaslagerstätten – nämlich die Hälfte der weltweit geschätzten Reserven – in günstiger Förderlage auf. Allein auf das Erdöl bezogen schwanken die nachgewiesenen Reserven für den Mittleren Osten um die 60-Prozent-Marke: je nach angewandter Methodik und Einbeziehung für wahrscheinlich gehaltener Vorkommen (Abb. 29.8.2, Tab. 29.8.1). Geotektonisch bildet die Arabische Halbinsel eine Randplatte des Gondwana-Landes, das seit den letzten 300 Millionen Jahren auseinanderdriftet. Die heutige Arabische Halbinsel verlagerte sich als Platte des sich auflösenden Kontinentalblocks im Verlaufe dieses Prozesses vom südlichen zum nördlichen Wendekreis, kollidierte mit Eurasien und führte zum Abtauchen der Arabischen unter die Iranische Platte und folglich zur Auffaltung der Zagros-Kette (Abb. 29.8.3). Eine zusätzlich notwendige Bedingung für die Bildung von Erdölmuttergesteinen war die Konstellation des vorgelagerten flachen Schelfmeeres, aus dem sowohl eine Klüftigkeit, verursacht von tektonischen Brüchen im Grundgebirgssockel, als auch plastische Fließbewegungen der kambrischen Salzablagerungen eine Wanderung der Öltröpfchen in die heutigen Lagerstätten (Gabriel 2004) begünstigten.

In den so gestalteten Lagerstätten treten Gas und Öl konzentriert auf. Sie erstrecken sich in einer Geosynklinalen über ein breites Band mit Kern in Mesopotamien und dem Persisch-Arabischen Golf, also vom Südosten der heutigen Türkei bis an die Südostspitze der Arabischen Halbinsel nach Oman (Abb. 29.8.4). Die tertiäre Gebirgsbildung führte zu einer Auffaltung der seit dem Paläozoikum begonnenen Sedimentation und damit zur Ausbildung einer für die Lagerstätten bedeutenden Antiklinal-Struktur. Als häufigste **Erdölfallen** treten Antiklinalscheitel auf, die von einer undurchlässigen Schicht überdeckt sind. Die hier vorgefundene Konzentration von Ölfeldern wurde aufgrund der differenzierten tektonischen Gegebenheiten erst allmählich erkannt und in ihrer gesamten Ausdehnung im Rahmen der über ein Jahrhundert während **Prospektierungen** erfasst. Waren zunächst vor allem Bohrungen auf dem Festland niedergebracht worden, so verlagerten sich mit erweiterten technischen Möglichkeiten die Prospektierungen von der Küste in den **Off-shore-Bereich**. Gegenwärtig befinden sich einige der ergiebigsten *super-giant*-Felder im Off-shore-Bereich (Abb. 29.8.4).

Als Beispiel kann die Ölprovinz Persisch-Arabischer Golf gelten. Die Konzentration so vieler Ölfelder ist hier einmalig auf der Welt. Die Ursache ist das Zusammentreffen folgender idealer Bedingungen:

- eine Jahrmillionen anhaltende, kaum gestörte geologische Entwicklung, verbunden mit
- der Existenz tropisch warmer Flachmeere mit üppiger Meeresfauna,
- die Ablagerung mächtiger Sedimentschichten mit wechselnd porösen und undurchlässigen Lagen und
- die Abfolge von tektonischen Prozessen mit günstigem Einfluss auf die Migration des Öls.

Letztere bewirkten, besonders im Westteil des mobilen Schelfs, die Bildung weit gespannter Antiklinalen (Abb. 29.8.4), wie beispielsweise im kuwaitischen Burganfeld

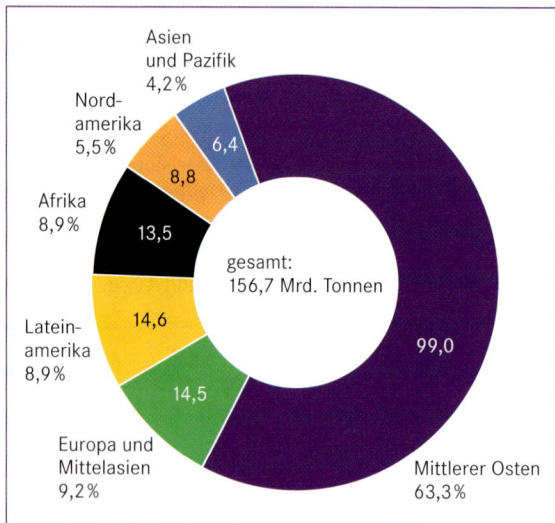

Abb. 29.8.2 Globale Verteilung nachgewiesener Erdölreserven 2003. Nachgewiesene Reserven sind diejenigen Vorkommen, die unter gegenwärtigen ökonomischen und technischen Bedingungen auf Basis vorhandener geologischer und fördertechnischer Informationen mit hoher Wahrscheinlichkeit geborgen werden können (nach BP Statistical Overview of World Energy June 2009).

Tabelle 29.8.1 Verteilung der Erdölreserven im Nahen Osten 2004 (Daten nach Gabriel 2004).

Region	Milliarden Tonnen	Prozent-Anteil
Saudi-Arabien	35,8	20,8
Iran	17,2	10,0
Irak	15,4	9,0
Kuwait	13,7	8,0
Vereinigte Arabische Emirate	13,0	7,5
Katar	2,0	1,2
Oman	0,7	0,4
übrige	0,9	0,5

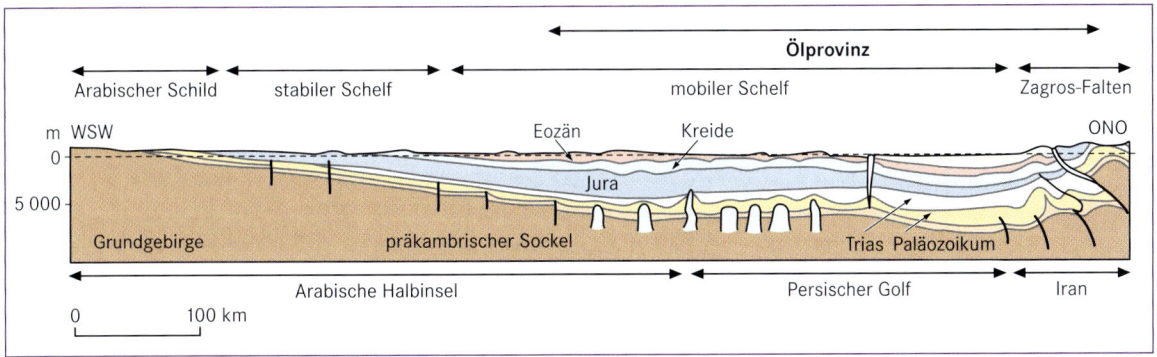

Abb. 29.8.3 Geologisches Profil von der Arabischen Halbinsel in das Iranische Hochland (verändert nach Gabriel 2004).

oder dem saudi-arabischen Ghawarfeld, dem mächtigsten Ölfeld der Erde (Gabriel 2004).

In Nähe zu Erdöllagerstätten finden sich häufig auch **Erdgasvorkommen**. So ist es nicht verwunderlich, dass die Ölprovinz Persisch-Arabischer Golf mit 42 Prozent der Welt-Erdgasreserven gleichzeitig auch diesen Spitzenplatz knapp vor der ehemaligen Sowjetunion hält und damit über die Hälfte der global bekannten Erdöl- und Erdgasreserven verfügt (Abb. 29.8.5).

Das *great game* und die Aufteilung der Erdölwelt

Das lange, von den napoleonischen Abenteuern in Ägypten bis zum Ersten Weltkrieg andauernde „19. Jahrhundert" ist gekennzeichnet von einer verstärkten Einflussnahme und Kontrolle europäischer Nationalstaaten in weiten Teilen Asiens und Afrikas, während sich die Territorien Lateinamerikas in dieser Zeit als souveräne Staaten emanzipieren. Der Wettlauf um die Vormachtstellung in der Welt sieht unterschiedliche Akteure aufeinandertreffen. Im Nahen Osten sind es vornehmlich die Interessen Großbritanniens und Frankreichs im Widerstreit mit dem Osmanischen Reich, in Zentralasien stehen das zaristische Russland und Großbritannien in Konkurrenz, beide verfolgen die Strategie einer schnellstmöglichen Ausdehnung der jeweiligen Einflusssphären und der Etablierung indirekter und direkter Herrschaftsverhältnisse. In Zentralasien kommt es in der Asien-Konvention von 1907 zur Einigung über einen *cordon sanitaire*, der die russische und britische Machtsphäre trennen und mittels Pufferstaatsbildung berührungsfrei halten soll. Tibet, Xinjiang, Afghanistan und Persien werden zu diesem Zweck „neutralisiert", das heißt, die Einigung der beiden Großmächte festigte die britische Bevormundung Afghanistans und garantierte die russische Nichteinmischung in

innerafghanische Angelegenheiten. Umgekehrt garantierte Großbritannien die russische Dominanz in Mittelasien: Das Zweistromland zwischen Amu-Darya und Syr-Darya sowie die Khanate von Khokand, Chiwa und Merw waren davon betroffen. Persien wurde in eine nördliche russische und südliche britische Einflusszone aufgeteilt; beide waren kurzzeitig durch einen neutralen Korridor getrennt (Kreutzmann 2004a).

In denselben Zeitraum fallen die ersten „Entdeckungen" von fossilen Rohstoffen zur industriellen Verwendung und ansatzweise Prospektierungen nach Ölquellen. Mitte des 19. Jahrhunderts wurde in Baku die erste Ölbohrung niedergebracht. Aserbaidschan erlebte ab 1872 eine vermehrte wirtschaftliche Inwertsetzung einer wertvoll werdenden Ressource und den ersten Ölboom in der damals führenden Region weltweit. In Persien war es das Ölfeld von Masjid-i Suleyman (1908) gefolgt von Gach Saran (1928), im Irak wurde man fündig in Qaijarah (1912) und Kirkuk (1927). Die territoriale Sicherung von Einflusssphären oblag im Zeitalter des Imperialismus den Regierungen der betreffenden Länder. Frankreich und Großbritannien waren in der Zwischenkriegszeit in einen Wettlauf um die Kontrolle des zerfallenden Osmanischen Reiches eingetreten. Schon wenige Tage nach Ende der Kriegshandlungen waren die Ölfelder im Irak britisch besetzt, französische Truppen waren zu spät gekommen. Im Sykes-Picot-Abkommen (1920) wurde dann die Trennung der Einflusssphären festgeschrieben, die unter vom Völkerbund abgesegneten Mandatszuschreibungen territorial mächtig wurden. Das Jahr 1920 markiert das global-historische Maximum kolonialer Aufteilung unter Dominanz von Nationalstaaten, die „zumeist an den Nordatlantik grenzten" (Hobsbawm 1994). Die Kooperation von innovativen, Rohstoffe fördernden und diese in den industriellen Prozess einspeisenden Großunternehmen und ihren nationalstaatlichen Regierungen, die das kolonialpolitische Umfeld und die Handlungsspielräume jener sicher-

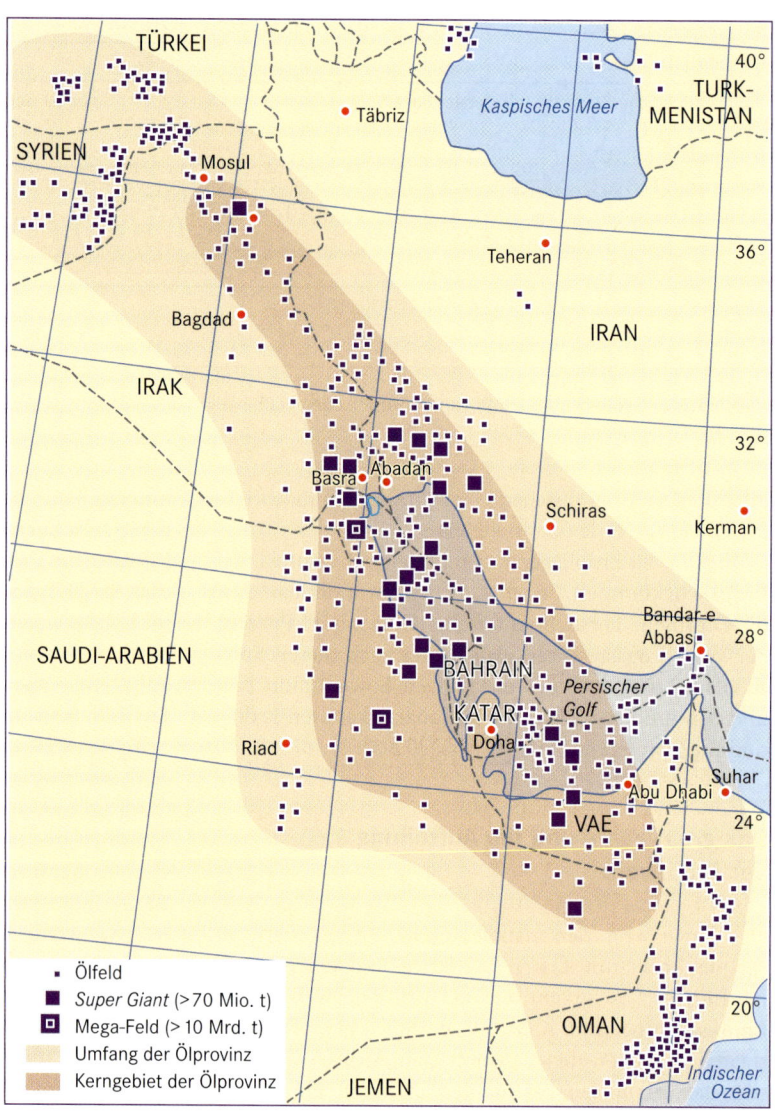

Abb. 29.8.4 Ölprovinz Persisch-Arabischer Golf: Lagebeziehungen und Verteilung bedeutender Ölfelder (verändert nach Gabriel 2004).

ten, setzte Potenziale frei und erzeugte Synergien, die zum wirtschaftlichen Aufschwung in Europa und Nordamerika signifikant beitrugen.

Territoriale Sicherung und Administration oblagen den Mandatsmächten, die Ausbeutung der Ressourcen bestimmte die Geschäftspolitik der anglo-amerikanischen Ölkonzerne, die schon 1928 in Achnacarry (Landsitz des Vorsitzenden der *Royal Dutch Shell Company* in Schottland) ein internationales Erdölkartell vereinbart hatten. Die in der *Iraq Petroleum Company* (IPC) zusammengeschlossenen europäischen und amerikanischen, teils staatlichen, teils privaten Ölgesellschaften verständigten sich im selben Jahr auf Grundlage des sogenannten *Red Line Agreement*, gegenseitige Konkurrenz bei Konzessionsvergaben zu vermeiden. Hand-

lungsmaxime der Konzerne waren allein die Erfordernisse des Weltmarkts, ohne Rücksicht auf die lokale Nachfrage und Wirtschaftsbedingungen vor Ort zu nehmen (Mejcher 1994).

Die Umsetzung ihrer Strategie erfolgte auf Basis bekannter kolonialer Praxis: der Konzessionsvergabe. Gelangten ursprünglich Individuen in den Genuss solcher Rohstoff-Ausbeutungsrechte, wurde bald die Marktmacht der großen europäischen, aber auch vor allem der mit zentralamerikanischen Ölförderungserfahrungen ausgestatteten nordamerikanischen Konzerne („sieben Schwestern") spürbar. Sie sicherten sich große Territorien als Konzessionsgebiete, in denen sie abgaben- und regelungsfrei Prospektion und Förderung sowie weitgehend zollfreien Export der Ausbeute betreiben konnten. Als Kompensationsleistung erhielten die nominellen Eigner bzw. Konzessionsgeber sogenannte *royalties* als Aufwandsentschädigung. Die ökonomische Macht der großen Ölkonzerne, die durchaus in Einklang mit den geopolitischen Interessen ihrer jeweiligen Regierungen stand, war überwältigend im Vergleich zu den Einflussmöglichkeiten ihrer lokalen Verhandlungspartner. Damit waren ihre Interessen zumindest zeitweise leicht durchzusetzen und zunächst monopolistische Strukturen vorgezeichnet.

Als Ergebnis der Prospektierungen anglo-amerikanischer Gesellschaften wurden in der Zwischenkriegszeit weitere Gebiete erschlossen: Das Awali-Feld (1932) in Bahrain, Damman (1937) in Saudi-Arabien und Burgan (1938) in Kuwait gehören zu den weiteren bedeutenden Funden vor dem Zweiten Weltkrieg. Beide Staaten stimmten darin überein, sich gegenseitig nicht ins Gehege zu kommen und sich einmal erschlossene Gebiete nicht streitig zu machen. Ihre Absichten legten sie zum Ende des Zweiten Weltkriegs im *Anglo-American Petroleum Agreement* nieder (Caroe 1951). Grob gegliedert lassen sich die amerikanischen Konzessionsgebiete schwerpunktmäßig in Saudi-Arabien und Kuwait verorten, während Großbritannien sein Augenmerk auf Iran, Irak und die kleinen Anrainer des Golfs legte.

Zunehmend stießen die ungleichen Profitbedingungen auf Widerstand in arabischen und iranischen Gesellschaften, die sich nach dem Zweiten Weltkrieg darum bemühten, ihre Teilhabe an den Rohstoffvorkommen zu verbessern bzw. auf eine neue Grundlage zu stellen. Während zunächst in den arabischen Staaten die Anteile bzw. die *royalties* langsam angehoben wurden, erfolgte die Machtprobe in Iran durch die **Verstaatlichung** der **Ölgesellschaften** unter Ministerpräsident Mossadegh. Der mutige staatliche Eingriff in die ureigensten Interessen großer multinationaler Konzerne im Jahre 1951 ist ein Präzedenzfall für die Reaktion. Zunächst wurde versucht, die Maßnahme durch den Boykott iranischen Öls zurückzunehmen. Da hierdurch nicht das gewünschte Resultat erzielt werden konnte, erfolgte in zweiter Stufe 1953 ein vom CIA unterstützter Putsch zum Sturz der Regierung, der erfolgreich war. Die Konzerne konnten mit der Nachfolgeregierung dann im Folgejahr eine einvernehmliche Lösung durch Bildung eines internationalen Konsortiums erzielen, in dem erstmals auch amerikanische Ölgesellschaften vertreten waren: Es wurde eine *National Iranian Oil Company* (NIOC) gegründet, die ein Mitspracherecht bei der Quotierung der Fördermengen erhielt, der staatliche *royalty*-Anteil wurde den in Arabien üblicher Weise gezahlten angepasst, im Gegenzug wurde die Ausbeutung der Ölquellen unter Federführung des Konsortiums durchgeführt (Stöber 1990). Die Konzerne hatten ihre Einflussmöglichkeiten ge-

schichtsmächtig demonstriert und waren sich der Rückendeckung durch ihre Regierungen sicher, die im Kalten Krieg hegemoniale Interessen zu verteidigen trachteten. Der arabische Nahe Osten nahm damit eine rohstoffstrategische bzw. geopolitische Schlüsselstellung in der westlichen Containmentpolitik gegenüber der Sowjetunion ein (Mejcher 1994). Eine vorsichtigere Konzessionsvergabepolitik kennzeichnete fortan die Suche nach Ölquellen. Das Interesse der Anbieter verlagerte sich auf eine Diversifizierung der Konzessionäre, dadurch erhöhten sich die Verhandlungsspielräume der Staaten des Nahen Ostens und ihre Chancen auf stärkere Partizipation an den Gewinnen.

Mit **Neukonzessionären** wurde seitens der Konzessionsvergeber Folgendes ausgehandelt:

- Beteiligungen, bei denen der ausländische Teilhaber auf seine Kosten die Prospektion durchzuführen hatte und gefördertes Öl zwischen den Partnern geteilt wurde; für seinen Anteil musste der Partner Steuern (z. B. 50 Prozent) zahlen, wodurch dem Förderland der überwiegende Teil des Ertrags (z. B. 75 Prozent) zufiel
- Dienstleistungsverträge, bei denen der ausländische Partner die Kosten der Ölsuche trug, gefundenes Öl aber zu 100 Prozent im Eigentum der nationalen Ölgesellschaft blieb; der ausländische Partner übernahm gegen Kommission (versteuerbarer Gewinn aus dem Verkauf eines Teils der Produktion) den Vertrieb der Produkte
- Vereinbarungen über eine Aufteilung der Produktion, nach denen die ausländische Gesellschaft einen gewissen Anteil (15 bis 25 Prozent) des Öls erhielt und für ihre Aufwendungen durch Steuervorteile, in *cash* oder *kind* entschädigt wurde

Diese neuen Formen der Kontrakte, die den Ölstaaten höhere Erträge und größere Verfügungsgewalt über die Lagerstätten ihrer Bodenschätze ermöglichten, betrafen jedoch nicht die alten Konzessionen (Stöber 1990).

Weltwirtschaftlicher Wandel durch das OPEC-Kartell mit Wirkungen bis in die Gegenwart

Die Tendenz, eine größere Teilhabe an den wachsenden Gewinnen aus fossilen Rohstoffen zu beanspruchen, setzte sich fort und erhielt durch die Gründung der *Organization of Petroleum Exporting Countries* (OPEC) in Bagdad im Jahre 1960 ein Gesicht und ein handlungsfähiges Organ. Nationalisierung von Ölquellen, Übernahme von Konzessionsträgern und weitere restriktive Konzessionsvergaben verstärkten die nationale Komponente der Durchsetzung lokaler Interessen gegenüber den Konzessionären. Algerien (ab 1967) und Irak (1972/73) gelten als drastische Vorreiter. Libyen und die Staaten der Arabischen Halbinsel folgten den Prinzipien der Verstaatlichung in den 1970er-Jahren in abgemilderter Form durch Übernahme der Kapitalmehrheiten und andere Strategien.

Wirkung erzielten diese Maßnahmen erst, als es weltweit zu einem kartellmäßigen Zusammenschluss der Anbieter preiswerten Erdöls kam, als nämlich Venezuela, das seitens der großen amerikanischen Konzerne zu Preissenkungen gezwungen werden sollte, sich ins Einvernehmen mit den arabischen und iranischen Anbietern setzte und alle gemeinsam als **Rohstoffkartell** auftraten. Mit dramatischen Preiserhöhungen und Kontingentierung von Förderquoten sowie den Boykottmaßnahmen gegen Israels mächtige westliche Verbündete im Verlauf des Yom Kippur- bzw. Ramadan-Krieges 1973 entstand das, was als „Ölpreis-Schock" und „**Ölkrise**" bekannt wurde. Innerhalb einer Dekade verachtfachten sich die Durchschnittspreise für ein Barrel Rohöl, sodass es in heutigen Preisen damals einen Gegenwert von 80 US-Dollar erzielen konnte (Abb. 29.8.6). Ein vergleichbares Preisniveau war seit den 1860er-Jahren unerreicht geblieben. Zwischen 1880 und 1973 schwankten die Preise zwischen unter zehn und knapp 30 US-Dollar. In zeitgenössischen Dollarwerten wurde 1973 erstmals die magische Grenze von 10 US-Dollar pro Barrel überhaupt überschritten (BP Statistical Review of World Energy 2004). Solch eine gravierende Veränderung der Preisgestaltung für einen strategischen Rohstoff konnte nicht ohne Wirkung auf die weltwirtschaftlichen Beziehungen bleiben.

Die Industriestaaten antworteten bereits im November 1974 mit der Schaffung der **Internationalen Energie-Agentur**. Ein Maßnahmenbündel sollte die dauerhafte Abhängigkeit von OPEC-Öl reduzieren: Erschließung des Nordseeöls und Nutzung alternativer Energien wie Sonnen- und Kernenergie. Dazu kamen im Rahmen der bundesdeutschen Entspannungspolitik erste Lieferverträge und Pipelineprojekte mit der Sowjetunion zur Nutzung sibirischer fossiler Rohstoffe. Eine Diversifizierungsstrategie sollte die Abhängigkeit vom OPEC-Kartell verringern und es somit aushebeln. Gleichzeitig wurde im Gefolge des bahnbrechenden Berichtes des *Club of Rome* unter dem Titel „Grenzen des Wachstums" erstmals über Einsparungsversuche bzw. Formen effizienterer Energienutzung nachgedacht. Das Modernisierungsmodell grenzenlosen Wachstums geriet in die Krise, nachholende Entwicklung und ökologisch verträgliches Wachstum wurden als miteinander wenig kompatibel erachtet.

Im Zusammenspiel mit der folgenden wirtschaftlichen Depression und aufgrund interner Dissonan-

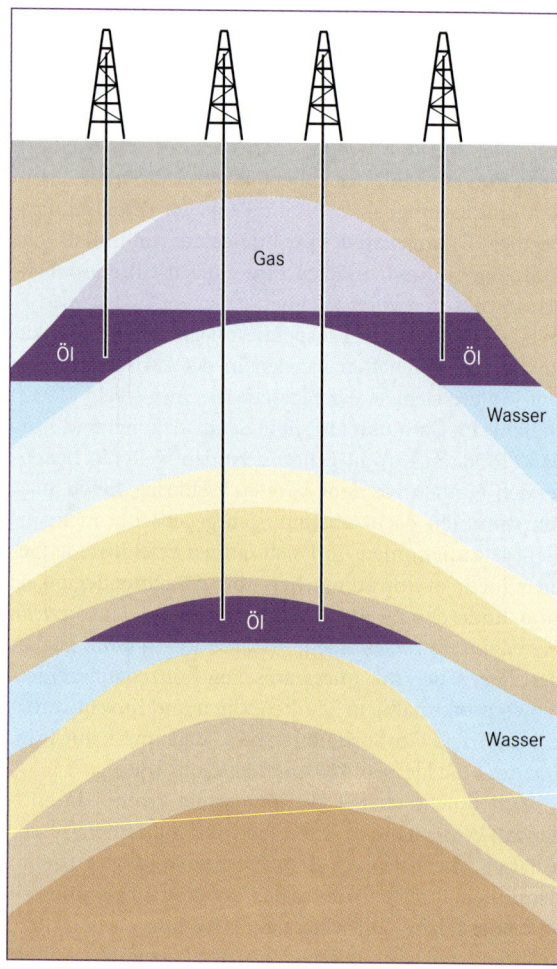

Abb. 29.8.5 Lagerstätten von Erdöl und Erdgas unter dem Sattelscheitel einer Antiklinalen (verändert nach Gabriel 2004).

zen erodierte die Effizienz des OPEC-Kartells. Die Mineralölpreisbilanz hat sich für Industrieländer kaum verschlechtert, wenn Produktivitätssteigerungen, Kaufkraftveränderungen und Wechselkursschwankungen eingerechnet werden. Entwicklungsökonomien, die auf die Einfuhr fossiler Energieträger angewiesen und vor allem im asiatisch-pazifischen Raum zentral betroffen sind, haben jedoch die Last einer signifikant angestiegenen Energierechnung zu tragen, die nur partiell an die Konsumenten direkt weitergegeben werden kann. Das volatile Gleichgewicht aus Förderung und Verbrauch (Abb. 29.8.7) kann leicht durch weltpolitische Ereignisse aus der Balance geraten und so zu kurzfristigen Preisschwankungen beitragen.

Gleichwohl hat mit der sogenannten Ölkrise eine regionale Strukturveränderung eingesetzt, die aufgrund vermehrter Partizipation an den Mineralöleinnahmen

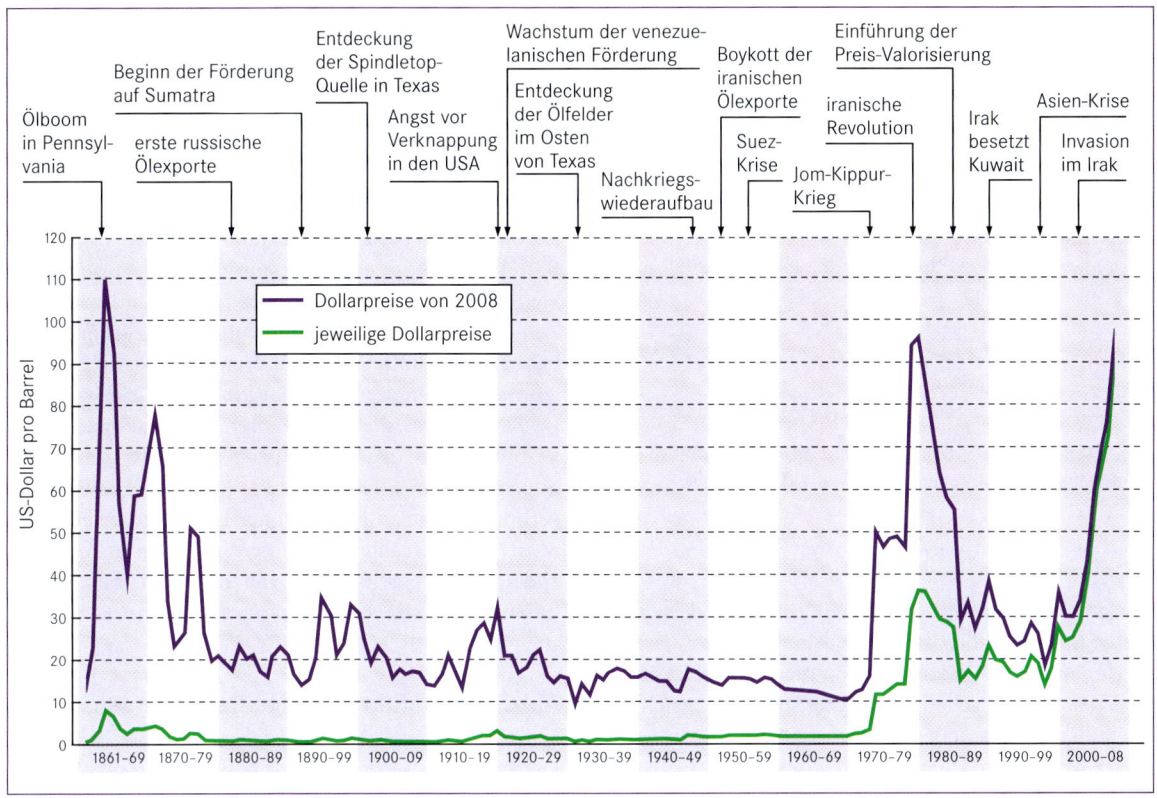

Abb. 29.8.6 Entwicklung des Rohölpreises seit 1861 in US-Dollar pro Barrel (Quelle: BP Statistical Review of World Energy).

die erdölreichen Golfstaaten in eine ökonomische Position versetzte, die es ihnen heute ermöglicht, durch finanzielle Beteiligung an internationalen Großunternehmen, durch Infrastrukturmaßnahmen im Industrie-, Flugverkehrs- und Tourismussektor eine ökonomische Diversifizierungsstrategie anzuwenden. Einzelne Öl exportierende Staaten (Saudi-Arabien, Irak, Iran) wurden damals quasi über Nacht in die Gruppe der 20 wichtigsten Exportökonomien katapultiert, was ihnen Finanzmittel für den Infrastrukturausbau und das nötige Kapital für die Etablierung wohlfahrtsstaatlicher Strukturen verschaffte. Neben der grundlegenden Verbesserung der Lebensbedingungen der Einwohner ist die alleinige Abhängigkeit von den fossilen Rohstoffen zwischenzeitlich gemildert worden. Vor allem durch die Wertschöpfung aus der Weiterverarbeitung von Erdöl und Erdgas sowie aus Folgeindustrien ist unter Einbeziehung bedeutender Migrantengruppen eine tragfähige wirtschaftliche Basis entwickelt worden. Die regionalen Einkommensdisparitäten innerhalb des Nahen Ostens haben zu innerregionalen Wanderungen von Arbeitskräften bzw. Gastarbeitern beispielsweise aus Ägypten, Palästina, Jordanien oder Jemen in die **„reichen" Golfstaaten** beigetragen, mittlerweile sind die Einzugsge-

biete für Migrantengruppen jedoch global gestreut. Viele Arbeitskräfte im einfachen Dienstleistungsgewerbe stammen aus allen Staaten Südasiens und aus Südostasien (hier vor allem Philippinen), professionelle Fachkräfte im Bankenwesen, Management und Verwaltung aus Südasien und westlichen Industrieländern beispielsweise aus Großbritannien. In zahlreichen Ölstaaten ist die autochthone Bevölkerung zahlenmäßig eine Minderheit, politisch jedoch die einzig teilhabende, Entscheidungen treffende und privilegierte Gesellschaftsschicht. In Kuwait, Katar und den Vereinigten Arabischen Emiraten liegt der Anteil der allochtonen Erwerbstätigen zwischen 80 bis 90 Prozent, in Oman, Bahrain und Saudi-Arabien zwischen 60 und 70 Prozent (Meyer 2004). Deutlicher als anhand der internationalen Migration lässt sich der dort unter strikten Regulierungsvorgaben vollzogene Strukturwandel kaum illustrieren, der gleichzeitig die lokal und regional verfügbaren Finanzmittel aus Öleinnahmen dokumentiert.

In Zeiten der Globalisierung sind die Erdölgesellschaften des Nahen Ostens stärker mit der Weltwirtschaft verflochten als je zuvor. Arabische Industriebeteiligungen an *Blue-chip*-Konzernen sind heute eine Selbstverständlichkeit ebenso wie urlaubende Europäer

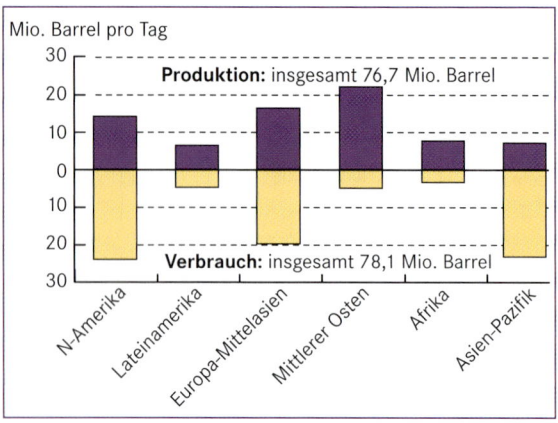

Abb. 29.8.7 Erdöl: Produktion und Verbrauch 2003 im Vergleich (Quelle: BP Statistical Review of World Energy).

an den Stränden der Arabischen Emirate oder demnächst in der Straße von Hormus auf der Insel Qishm, die zur iranischen Variante der touristischen Balearen bzw. Kanaren ausgebaut wird. Die Austauschbeziehungen füllen mittlerweile ein weites Spektrum diversifizierter Aktivitäten. Die See- und Flughäfen der Golfstaaten sind zentrale Drehscheiben des Verkehrs zwischen Europa und Asien geworden. Industrieansiedlungen sind erfolgreich, von manchen Beobachtern wird die Golfregion als „Ruhrgebiet ohne Wasser" (Schliephake 2001) apostrophiert und der Entwicklungspfad durchaus mit dem historischen Vorbild verglichen. Darüber hinaus stellen die prosperierenden Golfstaaten einen wichtigen Absatzmarkt für US-amerikanische und europäische Waren und Konsumgüter dar. Aber es gibt nicht nur Erfolgsgeschichten zu vermelden: Irak sonnte sich einstmals in der höchsten Einkommenskategorie der arabischen Ölexporteure und baute seine Infrastruktur in großem Stil aus, war dadurch auch einer der wichtigen Auftraggeber für die bundesdeutsche Bauindustrie. Seit den beiden **Golfkriegen** hat sich die entwicklungsrelevante Position Iraks innerhalb der arabischen Welt stetig verschlechtert. Vor dem dritten Golfkrieg fand sich Irak in einer Gruppe mit Marokko und Ägypten wieder, nur noch vor Sudan, Mauretanien, Jemen und Dschibouti (Kreutzmann 2003). Die Verluste und Ergebnisse des jüngsten Krieges und der angloamerikanischen Besatzung sind heute noch nicht abzuschätzen. Britische Ärzte schätzen die direkten und indirekten Todesopfer auf bislang ungefähr 100 000. Die Kontrolle der irakischen Ölquellen bzw. ihre Ausbeutung ist zurzeit weiterhin unsicher, da sowohl den „Siegern" als auch der von ihnen eingesetzten Regierung eine Konsolidierung des Staatswesens im zivilgesell-

schaftlichen und ökonomischen Sinne bislang verwehrt blieb.

Heute gelten für Erdöl folgende **Förderkosten** und **Verbraucherpreise**: Im Nahen Osten kann ein Barrel (Fass von 159 l Inhalt) gegenwärtig im Durchschnitt für 2 US-Dollar gefördert werden, im Vergleich belaufen sich die Kosten in Russland auf 6, in Afrika auf 7, in Europa und in Nordamerika auf 9 bis 10 US-Dollar pro Barrel. Dazu kommen Aufwendungen für *royalties* und Steuerabgaben in den Förderländern, die im Laufe der Zeit stark schwankten und tendenziell zugenommen haben, sowie Raffinerie- und Transportkosten. Der Listenpreis liegt in der Größenordnung von 25 bis 50 US-Dollar, zu dem die Produzenten Erdöl anbieten. Der Verbraucher an deutschen Tankstellen zahlt gegenwärtig ungefähr 330 US-Dollar für ein Barrel. In diesen Endverbraucherpreis sind ein hoher Öko-, Mehrwert- und Mineralölsteueranteil sowie die Wirtschaftskosten unter anderem zur Bereitstellung von Tankstellennetzen und Gewinne der Mineralölkonzerne eingerechnet.

Aktuelle konfliktträchtige Beziehungen

Die vergleichsweise stabilen Energiekosten der 1980er- und 1990er-Jahre haben darüber hinwegsehen lassen, dass in den geostrategischen Überlegungen der Großmächte die Öl-Lobby eine zentrale Rolle spielt. Im Gefolge der Ereignisse am 11. September 2001 wurde erst wieder deutlich, wie zentrale Entscheidungsträger der US-amerikanischen Administration mit der **Öl-Lobby** verflochten sind und wie bedeutend die Stellung des Nahen Ostens ist. Die dort nachgewiesenen Reserven weisen weiterhin steigende Tendenz auf und heben sich signifikant von allen anderen Anbieterregionen ab (Abb. 29.8.8). Ob seinerzeit Präsident George Bush

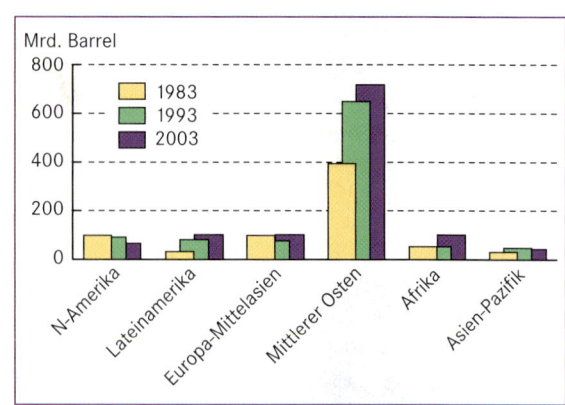

Abb. 29.8.8 Nachgewiesene Erdölreserven 1983, 1993, 2003 (Quelle: BP Statistical Review of World Energy).

senior oder junior, ob Verteidigungsminister Donald Rumsfeld und die Außenministerin Condoleeza Rice – in der öffentlichen Diskussion wurde die Verknüpfung zwischen geostrategischen Interessen und US-amerikanischer bzw. texanischer Öl-Lobby kaum mehr angezweifelt. Mit dokumentarischen Aufnahmen hat der Regisseur Michael Moore in seinem Film „Fahrenheit 9/11" diesen Sachverhalt eindrücklich illustriert und die texanisch-saudischen Verflechtungen teilweise polemisch in Szene gesetzt. Die **Friedens-** bzw. **Anti-Kriegsbewegung** hat die zweifelhaften Argumente für eine militärische Intervention ebenfalls aufgegriffen (Abb. 29.8.9). Eine neue Dimension erhielt diese Diskussion, als die US-amerikanische Regierung im November 2004 in ihrem Abschlussbericht eingestehen musste, dass die Suche nach den vermeintlichen und als Kriegsgrund herhaltenden Massenvernichtungswaffen im Irak ergebnislos geblieben war. Gleichfalls verbreitet die Stabilisierung der Wahabiten-Monarchie in Saudi-Arabien mit umfangreichen Waffensystemen und Beratern wenig Glaubwürdigkeit, wenn demokratische Prinzipien und Menschenrechte als Vergleichsmaßstab herhalten sollen.

Abb. 29.8.9 Demonstrant für Frieden während des Irakkrieges in Venedig (Foto: H. Kreutzmann).

Die geostrategischen Interessen in der Golfregion sind aktuell wie eh und je, ihre prinzipielle Bedeutung hat sich mit dem Regierungswechsel in Washington nicht verändert. Präsident Obama und Außenministerin Clinton setzen die Leitlinien der Ressourcensicherung fort (Abb. 29.8.10). Das Verknappungsszenario an fossilen Energieträgern und die Begrenzung einer Wohlstandsverbreitung werden zur Rechtfertigung ungleicher Maßstäbe, von Interventionen und präferenzieller Behandlung herangezogen. Die disparitären Lebensverhältnisse in den Staaten des Nahen Ostens geben dafür ein deutliches Zeichen. Die jüngste internationale Finanzkrise modifiziert das Tempo der Auseinanderentwicklung und relativiert die Bedeutung der Öl-Emirate. Die weltweite Kluft zwischen armen und reichen Staaten nimmt zu (Kreutzmann 2008), mit Indien und China treten nun jedoch andere, in ihrem Einfluss gewinnende Akteure hinzu. Machtgewichte verlagern sich, während der Schwerpunkt der Begehrlichkeiten im *Greater-Middle East* und Zentralasien bleibt.

Geographien regenerativer Energien

THOMAS BONN

Von der Primärenergiequelle zum Endenergieträger

Energiequellen werden als regenerativ bzw. erneuerbar bezeichnet, wenn sie eine für menschliche Begriffe unerschöpfliche Verfügbarkeit aufweisen. Diese Unerschöpflichkeit bildet das Abgrenzungsmerkmal zu den kohlenstoffbasierten fossilen und den nuklearen Energieträgern, durch deren Verbrauch derzeit der Großteil des menschlichen Energiebedarfs gedeckt wird. Grundsätzlich können drei regenerative Primärenergiequellen unterschieden werden: **Sonnenenergie, gravitative Energie,** das heißt Gezeitenenergie durch Ebbe und Flut, sowie **geothermische Energie** (Abb. 29.8.11). Alle regenerativen Energieträger lassen sich auf diese Quellen zurückführen und stellen insofern mehr oder minder langzeitig verfügbare Energiereservoire dar. Sonnenenergie kann beispielsweise durch den Prozess der Fotosynthese gleichsam in Biomasse „gespeichert" werden; nach der Umwandlung von Biomasse in einen Kraft- oder Brennstoff kann diese Energie erneut verfügbar gemacht werden.

Innerhalb einer Energiewandlungskette wird Primärenergie aus regenerativen Quellen durch technische Verfahren entweder direkt in Elektrizität oder in **Endenergieträger** transformiert und so für Verbraucher nutzbar.

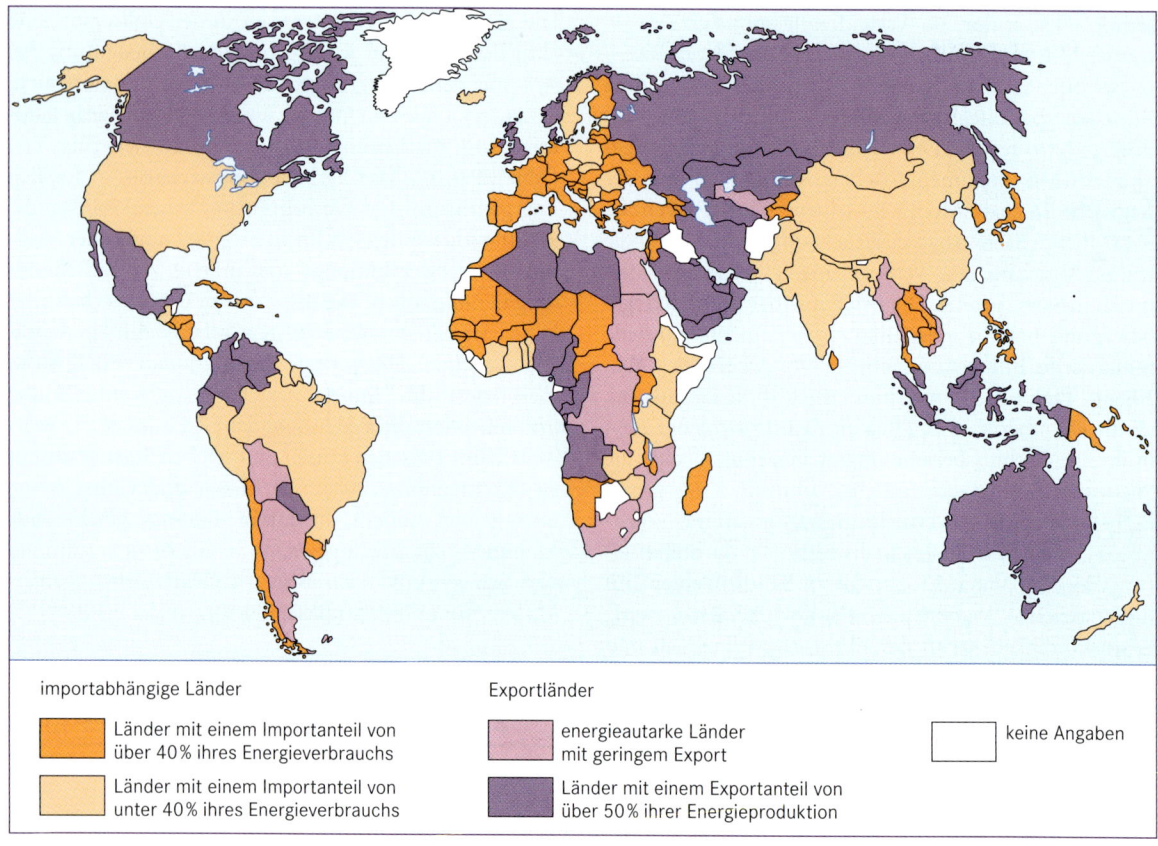

importabhängige Länder

Länder mit einem Importanteil von über 40 % ihres Energieverbrauchs

Länder mit einem Importanteil von unter 40 % ihres Energieverbrauchs

Exportländer

energieautarke Länder mit geringem Export

Länder mit einem Exportanteil von über 50 % ihrer Energieproduktion

keine Angaben

Abb. 29.8.10 Energieimporte und –exporte 1999 (verändert nach Atlas der Globalisierung 2003).

Bei Letzterem handelt es sich zum Beispiel um sogenannten Biodiesel oder um Biogas, Holzhackschnitzel oder -pellets für Hauszentralheizungen sowie um Fernwärme. Zahlreiche weitere Energieträger sind denkbar, so zum Beispiel die Erzeugung von Biomethan für die Einspeisung in städtische Erdgasnetze. Obwohl die großflächige Nutzung der genannten Endenergieträger aus technologischer Sicht in den meisten Fällen bereits möglich ist, ergeben sich erst bei einer breiten Anwendung Skaleneffekte, die sie auch wirtschaftlich effizient werden lassen. Die Voraussetzung zur Erzielung dieser Effekte ist die Bereitschaft für einen hohen Investitionsaufwand zum Aufbau entsprechender Infrastruktur: Für eine annähernd vollständige Versorgung Europas aus regenerativen Quellen fiele Schätzungen zufolge im Zeitraum bis 2050 ein etwa 45 bis 90 Prozent größeres Investitionsvolumen im Vergleich zu konventioneller Energieversorgung an. Hierbei ist zu beachten, dass sich die Gesamtkosten im Laufe der Zeit durch geringere Betriebskosten (kein Zukauf von fossilen Brennstoffen mehr nötig) und durch die Vermeidung von gegenwärtig bestehenden negativen Externalitäten (z. B. Umweltzerstörung) angleichen.

Regenerative Energiequellen weisen auf regionaler Ebene häufig ein zeitlich fluktuierendes Dargebot auf. Dies gilt vor allem für Windenergie und Sonnenenergie, deren Ertrag sich nur mit begrenzter Genauigkeit vorhersagen lässt. Auch der Lastgang, also die tages- und jahreszeitliche Schwankung der von Verbrauchern benötigten Energiemenge, weist eine gewisse Variabilität auf. Der Ausgleich von Energieangebot und Energienachfrage stellt im Bereich regenerativer elektrischer Energieerzeugung eine zentrale technische Herausforderung dar. Die Speicherung und bedarfsgerechte Bereitstellung von elektrischer Energie ist derzeit mit hohen Kosten und großem Aufwand verbunden und weder allerorts noch in beliebigem Ausmaß realisierbar. Pumpspeicherkraftwerke stellen hierfür eine Möglichkeit dar; die Verwendung von Druckluftspeichern in unterirdischen Kavernen wird derzeit diskutiert. Eine Zwischenspeicherung durch die Umwandlung in andere Energieträger, wie zum Beispiel Wasserstoff, ist oft mit hohen Verlusten verbunden – beim genannten Beispiel fast zwei Drittel des ursprünglichen Energiegehalts.

Regionen mit günstigen Bedingungen für die Erzeugung regenerativer Energie und Regionen hoher Ener-

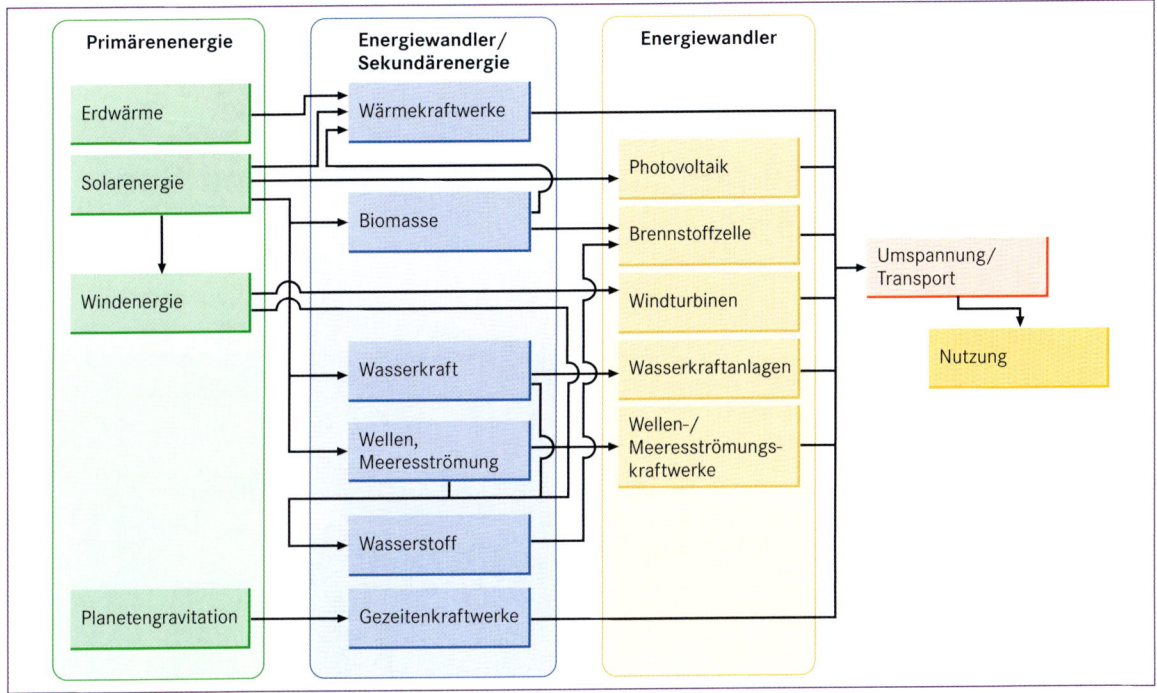

Abb. 29.8.11 Energiequellen, Energieträger und Wandlungsketten.

gienachfrage liegen räumlich oft weit auseinander. Die Jahressumme der eingestrahlten Solarenergie ist zum Beispiel im dünnbesiedelten Nordafrika mehr als doppelt so hoch wie in den dicht besiedelten und stark industrialisierten Regionen Mitteleuropas. Auch eine geringe Flächenverfügbarkeit sowie konkurrierende Landnutzungsansprüche, zum Beispiel beim agroindustriellen Anbau von Energiepflanzen, oder als störend wahrgenommene Effekte, wie zum Beispiel die Beeinträchtigungen des Landschaftsbilds durch Windparks, können zu der Notwendigkeit führen, regenerative Energieerzeugung in periphere Räume zu verlagern. Durch den damit notwendigen Transport der erzeugten Energie entstehen zusätzliche Kosten sowie Transport- und Umwandlungsverluste.

Energiewandel – mehr als eine Frage technischer und ökonomischer Machbarkeit

Unter dem Eindruck der Erkenntnisse über den fortschreitenden anthropogenen Klimawandel und zahlreicher Debatten um die Endlichkeit fossiler Ressourcen haben verschiedene Institutionen, darunter Ministerien, Expertenkommissionen und diverse Interessengruppen in jüngster Zeit umfassende Studien vorgelegt, in denen die technische und finanzielle Machbarkeit einer **Ener-**

giewende und einer annähernden Vollversorgung Deutschlands und Europas aus regenerativen Quellen innerhalb der nächsten Jahrzehnte bescheinigt wird (BMU 2009, UBA 2010, SRU 2010, ECF 2010). Als eine der zentralen technischen und ökonomischen Herausforderungen wurde in diesen Studien der Aufbau eines „intelligenten" elektrischen Leitungsnetzwerks identifiziert: Das fluktuierende Dargebot der regenerativen Energiequellen muss durch eine Vielzahl gekoppelter Quellen ausgeglichen werden. Die Anbindung großer Cluster regenerativer Energieerzeugung, wie zum Beispiel Off-shore-Windparks, sollte sichergestellt werden. Die Netze hierfür werden entweder durch die öffentliche Hand mitfinanziert oder es muss eine ausreichende Investitionssicherheit für Unternehmen der Energieversorgung gegeben sein, um die nötige Infrastruktur bereitzustellen.

Die Klärung der genannten Anforderungen ist für einen Wandel der Energieversorgung essenziell und macht auch einen Großteil der derzeitigen Debatten um mögliche Strukturen einer zukünftigen Energieversorgung aus. Es geht hierbei meist um *hard facts* wie solare Einstrahlungsintensitäten, Windpotenziale, Anlagenwirkungsgrade und Investitionsvolumina. Es zeichnet sich jedoch ab, dass Fragen technischer und ökonomischer Machbarkeit nur einen Teil der Herausforderungen darstellen, die eine solche Energiewende

Exkurs 29.8.1

Rentierstaaten und politische Systeme in Öl und Gas produzierenden Ländern

Hans Gebhardt

Als Rentierstaaten werden in der Volkswirtschaft und Politologie Staaten bezeichnet, deren Einkommen zu einem erheblichen Teil auf Ressourcen beruhen, für die keine oder kaum produktive Leistungen erbracht werden müssen (Beck & Pawelka 1993). Hierzu gehören insbesondere die Öl fördernden Länder des Vorderen Orients und Zentralasiens sowie einige rohstoffreiche Staaten in Afrika; Gold und seltene Metalle liegen quasi als Geschenk in der Erde, der auf dem Weltmarkt zu erzielende Preis für Öl (teilweise über 100 US-Dollar je Barrel) steht in keinem Verhältnis zu den Gestehungskosten (rund 1 US-Dollar je Barrel).

Staaten, welche sich primär über Rohstoffe bzw. über Erträge aus Kapital, welches über die Rohstoffe erwirtschaftet wurde, finanzieren, weisen eine Reihe charakteristischer wirtschaftlicher, gesellschaftlicher und politischer Deformationen auf: ökonomisch insofern, als produktive Investitionen häufig unterbleiben und die Akteurstrategien der Eliten auf *rent seeking* und Nähe zum Staatsapparat ausgerichtet sind, politisch insofern, als die Staatsapparate gesellschaftliches Wohlverhalten und Loyalitäten durch Geld erkaufen; das oft fehlende Besteuerungssystem dämpft gesellschaftlichen Oppositionsgeist. Im Allokationsstaat konkurriert die Bevölkerung um die vom Staat verteilten Renten, es entwickeln sich umfassende Klientelstrukturen und es besteht die Gefahr pathologischer Verselbstständigung der politischen Elite.

Im Ergebnis entstehen häufig neopatrimoniale oder „sultanistische" Herrschaftssysteme mit aufgeblähten bürokratischen Apparaten und einem ebensolchen Polizei- und Sicherungssystem. Rentensysteme haben somit tief greifende Auswirkungen in politischer, wirtschaftlicher und sozialer Hinsicht. Sie stärken die Staaten gegenüber ihrer rudimentären Zivilgesellschaft bzw. gegenüber privaten Investoren und stabilisieren nicht demokratische, despotische Herrschaftsverhältnisse; auf ein produktives Investitionsklima für weltmarktfähige Produkte oder auf entsprechende gesetzliche Rahmenbedingungen kann in der Regel verzichtet werden.

Typische Beispiele solcher Staaten sind Saudi-Arabien und die arabischen Golfstaaten, aber auch einige zentralasiatische Nachfolgestaaten der früheren Sowjetunion mit Öl- bzw. Gasvorkommen (Kasachstan, Turkmenistan). Die wahhabistische Staatsreligion in Saudi-Arabien mit ihrer umfassenden gesellschaftlichen Kontrolle und der allein maßge-

Abb. 1 Goldene Statue des Turkmenbashi. Seit der Unabhängigkeit Turkmenistans 1991 entwickelte sich um den Präsidenten Saparmurat Niyazov (genannt Turkmenbahsi = Vater aller Turkmenen) ein Personenkult, der gegen Ende seiner Herrschaft (er starb 2007) zunehmend bizarre Züge annahm. Noch heute zeugen zahlreiche goldene Statuen in der Hauptstadt Asghabad von seinem Wirken (Foto: H. Gebhardt).

benden Herrschaftsdynastie Al-Saud mit ihren mehreren Tausend Prinzen in Schlüsselstellungen von Verwaltung und Militär sind ebenso eine typische Erscheinung dieses Typs von Rentierstaat wie der erratische Personenkult um den früheren Alleinherrscher von Turkmenistan, Turkmenbashi, und seinen ähnlich regierenden Nachfolger.

mit sich brächte. Energiepolitik ist Interessenpolitik. Machtvolle Akteure und Organisationen mit spezifischen Eigeninteressen bestimmen die Richtung der jeweils dominanten Diskurse. Diese eher diffusen und vielgestaltigen Zusammenhänge rühren von starken Verflechtungen der Energiepolitik mit wirtschaftlichen und sicherheitspolitischen Belangen her. Da energiepolitische Entscheidungen raumwirksame Auswirkungen aufweisen und auch die Nutzungsarten verschiedener regenerativer Energiequellen an räumliche Strukturen gebunden sind, empfiehlt sich für eine weitere Analyse der aufgeworfenen Problemfelder ein **politisch-geographischer Blickwinkel.**

Derlei Untersuchung ist mit drei grundlegenden Feststellungen zu beginnen: Erstens ist der gesamte Diskurs um Möglichkeiten und Modalitäten zukünftiger Energieversorgung von zahlreichen Begriffen durchdrungen, die sich am ehesten als „konsensstiftende Leerformeln" bezeichnen lassen – ein gutes Beispiel ist der Ausdruck „Energiesicherheit". Es ist unschwer sich als prioritäres Ziel darauf zu einigen, doch welche konkreten politischen Konsequenzen schließen sich an? Je nach Sprecherposition kann mit dem Begriff Versorgungssicherheit im Sinne einer Balance zwischen heimischer Erzeugung und Energieimporten gemeint sein, gleichzeitig auch ökonomische Sicherheit bezogen auf Absicherungen gegen Lieferengpässe, Boykotts und überhöhte Energiepreise. Oder aber es kann die Qualität der Versorgung, also der Durchdringungsgrad der Versorgungsinfrastruktur und deren Vulnerabilität gegenüber Ausfällen oder Sabotagen, gemeint sein. Nicht zuletzt fallen darunter aber auch klimapolitische Maßnahmen, die eine Versorgung aus klimaneutralen Energiequellen anstreben. Folglich ist eine genaue Betrachtung der betreffenden Diskurse und – soweit möglich – auch die Untersuchung der zugrundeliegenden Absichten und Strategien der Akteure nötig.

Zweitens stellt der Wandel zukünftiger Energieversorgung zwar in technischer Hinsicht das Betreten von Neuland dar – in Bezug auf geschäftliche Belange dagegen begibt man sich auf bereits besetztes Gebiet. Die derzeitige Energieversorgung besteht aus lange gewachsenen, oligopolistischen Strukturen. In Europa werden 95 Prozent der benötigten elektrischen Energie von zwölf Unternehmen geliefert. Hohe staatliche Subventionsvolumina und bestehende, aber bereits abgeschriebene Versorgungsinfrastruktur sorgen für hohe Erträge und eine Persistenz der etablierten Strukturen. Negative Externalitäten in Form von direkten und potenziellen Auswirkungen auf Ökosysteme müssen von heutigen Energieproduzenten nur teilweise berücksichtigt werden (z. B. CO_2-Ausstoß bei Kohleverstromung oder die Endlagerproblematik atomarer Brennelemente).

Drittens werden materielle Gegenstände oder physikalische Phänomene erst durch menschliche Inwertsetzung zu Ressourcen. Dies ist im Falle von beispielsweise Erdöl, Uran, Diamanten und Gold wie auch bei der Nutzung von beispielsweise Sonnenstrahlung oder Windaufkommen gegeben. Den jeweiligen Wert und die Nachfrage bestimmen allein gesellschaftliche Organisationsformen, wirtschaftliche Interessen und verfügbare Technologien. Im Zuge der Ressourcennutzung werden auch verschiedene Regionen der Erde unterschiedlich „in Wert gesetzt". Die sich ändernden Formen der Energieversorgung tun hierbei eine modifizierte „Ressourcenweltkarte" auf – nunmehr erlangen Regionen mit zum Beispiel hohen solaren Strahlungswerten ein besonderes Gewicht. Neue ermöglichende bzw. verhindernde Strukturen entstehen. Entsprechend formiert sich ein verändertes geopolitisches Spielfeld mit unterschiedlichen Möglichkeiten gesellschaftlicher Interaktion, auf dem Auseinandersetzungen um materielle und politische Dominanz ausgetragen werden. In einem solchen Fall könnte sich ein Teil des europäischen Interesses zum Beispiel von den Erdölförderländern um den Persisch-Arabischen Golf hin zu den Maghreb-Ländern Nordafrikas verlagern, wo regenerative Ressourcen in Form von Sonnenenergie und einer ausreichenden Menge geeigneter Flächen für den Anlagenbau vorhanden sind. Die oben beschriebene „Ressourcenweltkarte" ist kein statisches Konstrukt, sondern durch machtvolle politische Akteure einem dynamischen Prozess der Umgestaltung und Reinterpretation unterworfen, um die jeweils eigenen Ziele möglichst optimal verfolgen zu können. Anhand dieser analytischen Grundlagen ist es möglich aus politisch-geographischer Perspektive eine Reihe möglicher zukünftiger Herausforderungen im Hinblick auf einen maßgeblichen Wandel der europäischen Energieversorgung zu identifizieren.

Planungen von Großprojekten regenerativer Energieversorgung – Konzepte für morgen mit Überlegungen von gestern?

Viele der oben genannten Studien zu einer möglichen zukünftigen regenerativen Energieversorgung sehen großmaßstäbige internationale Gemeinschaftsprojekte vor. Wie selbstverständlich werden dabei hierzulande bestimmte Regionen der „regenerativen Ressourcenkarte" mit einem Netz nötiger neuer Transportinfrastruktur überzogen, die periphere Hotspots regenerativer Energieverfügbarkeit mit zentralen Regionen hohen Energiebedarfs verbindet (Abb. 29.12). Dies suggeriert eine neue „Koalition der Willigen" – diesmal in Bezug auf Energiepolitik und schafft neue Räume der Inklusion und der Ausgrenzung hinsichtlich der Partizipation an neuen Formen der Energieerzeugung. Bedenken über mangelnde Motivation der erwählten „Partnerländer" gibt es dabei kaum: Die einende Idee wird mit dem diffusen Ausdruck **„Energiesolidarität"** bezeichnet. Die Einsicht über die Endlichkeit fossiler Ressourcen und den fortschreitenden Klimawandel wird automatisch gleichgesetzt mit der allseitigen Erkenntnis der Notwendigkeit schnellen Ausbaus regenerativer Energien. Dieser scheinbare Konsens übersieht die komplizierte Realität und unterstellt allerorts „grünes" Denken. In vielen Ländern, namentlich in den Staaten Osteuropas und Nordafrikas, verfolgt Energiepolitik zu einem gewissen Teil andere Prioritäten. Aufgrund jahrzehntelanger Abhängigkeit von russischem Gas steht in vielen osteuropäischen Staaten das Erreichen einer teilweisen Autarkie der Energieversorgung an erster Stelle. Geplante Zusammenschlüsse zu neuen Energienetzwerken werden in diesem Zusammenhang kritisch gesehen, heimische Kohlevorkommen werden favorisiert. In der Region des Vorderen Orients und Nordafrikas gilt Atomenergie als prestigeträchtiges Mittel der Wahl, sie wird als Ausdruck von Fortschrittlichkeit, politischer Potenz und Macht gesehen.

Die Staaten Nordafrikas nehmen für europäische Länder auf der „neuen Ressourcenkarte" eine herausragende Stellung ein. Die hohe Sonneneinstrahlung sorgt für ideale Bedingungen für die Erzeugung elektrischen Stroms durch konzentrierende solarthermische Anlagen (*Concentrated Solar Power*, CSP). Auch Windenergie ist in großem Maßstab nutzbar. Trotz teilweise großer Entfernungen zu den Industriestandorten und Großstädten Mittel- und Südeuropas ist ein relativ verlustarmer Transport der elektrischen Energie möglich. Dieses Konzept wird von der **DESERTEC-Foundation** verfolgt. Es handelt sich dabei um eine Interessenvertretung verschiedener Industrieunternehmen, NGOs und Forschungsinstitute. Das Projekt sieht die Deckung von etwa 17 Prozent des europäischen Elektrizitätsbedarfs durch regenerativ erzeugten elektrischen Strom aus Nordafrika vor und hat in jüngster Vergangenheit ein großes mediales Echo erfahren. Ein Teil der dabei geäußerten Kritik berührt geopolitische „Urängste" westlicher Industriestaaten: den Einsatz von Ressourcen als strategisches Machtmittel zum Durchsetzen von Interessen. Bereits 1994 beschrieb Robert Kaplan in seinem vielbeachteten Aufsatz *The Coming Anarchy* das Szenario von Erdölproduzenten, die ihre Exporte zurückfahren und Ressourcen als Druckmittel gegen westliche

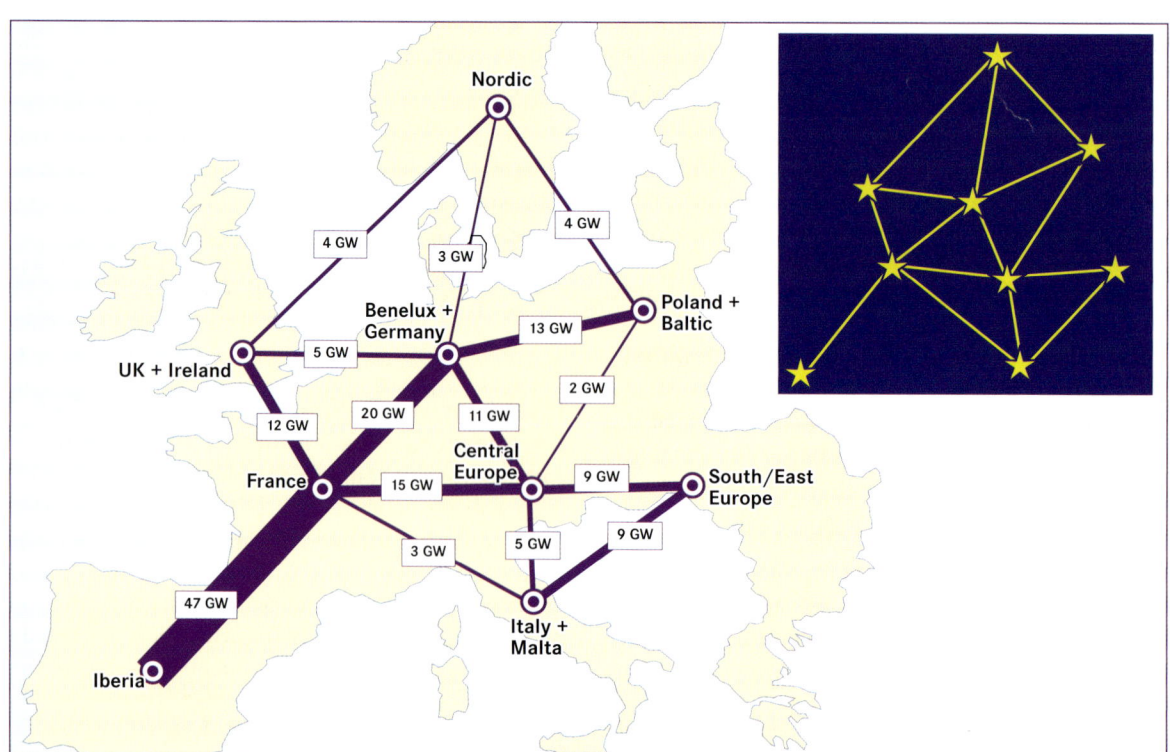

Abb. 29.8.12 Geplante Leitungsnetze 2050 und ikonographische Übertragung auf eine „neue" Europäische Union der Energieversorgung (GW = Gigawatt; nach European Climate Foundation 2010).

Industriestaaten einsetzen. Ähnlich wie die oft beschworenen Kriege um die Ressource Wasser der 1990er-Jahre ist auch die Voraussage Kaplans nie eingetroffen. Trotzdem wird die gleiche Argumentationslinie nun in Bezug auf Importe von Solarstrom aus Nordafrika wiederholt. Zudem, so die Kritik, seien auch terroristische Angriffe auf die Übertragungsleitungen möglich. Dem wird entgegengesetzt, dass die negativen Auswirkungen solcher Beschädigungen der Infrastruktur auf die Energieversorgung durch eine Umleitung der Elektrizität aufgefangen werden könnten.

Den Vorwurf eines überproportionierten Technologiefokus und eines eurozentristischen Blickwinkels muss sich das DESERTEC-Projekt hingegen gefallen lassen. Die Publikationen der Interessenvereinigung geben zwar an, die nordafrikanischen Partnerländer würden durch günstigen, selbsterzeugten elektrischen Strom und die Möglichkeit der Meerwasserentsalzung profitieren, wer genau jedoch innerhalb der Länder von all dem profitiert bzw. wie der neue Wohlstand gleichmäßig verteilt werden kann, wird dabei nicht weiter ausgeführt. Einzelne Länder Nordafrikas weisen unzureichende demokratische Strukturen und autoritäre Regime sowie korrupte politische Eliten auf. Die Möglichkeit, dass der Export von regenerativ erzeugter Elektrizität durch Nordafrika eine neue Form von **Ressourcenfluch** hervorrufen könnte und dadurch innerhalb der Länder Ungleichgewichte eher zementiert als aufgelöst werden, erfährt keine ausreichende Berücksichtigung. Die Weltbank beabsichtigt in Nordafrika mit 750 Millionen US-Dollar den Neubau von Anlagen zur regenerativen Elektrizitätserzeugung durch CSP zu fördern. Ähnlich wie beim DESERTEC-Projekt ist auch ein teilweiser Export des elektrischen Stroms vorgesehen. So könnte anhand der entstehenden Pilotprojekte die ökonomische Nachhaltigkeit in Bezug auf Technologietransfer und den Aufbau lokaler Produktionsstrukturen untersucht werden. Entsprechende Studien laufen bereits, sodass vor dem etwaigen Bau einer gigantischen „All-inclusive-Lösung" wie DESERTEC weitere Erkenntnisse über die tatsächliche Verteilung von Vor- und Nachteilen zwischen den nordafrikanischen Produzentenländern und den europäischen Konsumentenländern erlangt werden können.

Die Debatte um die zukünftige Erschließung peripherer Gunsträume regenerativer Energieerzeugung ist eingebettet in den größeren Diskurs um die Vorteile bzw. Nachteile zentraler gegenüber dezentraler Strukturen der Energieversorgung. Werden hierbei die einzelnen Argumentationslinien verfolgt, wird rasch der häufig ideologische Einschlag ersichtlich: Es geht nicht mehr nur um technologisch und ökonomisch optimale, klimaneutrale Energiebereitstellung, sondern auch um die Befreiung von „polypenhaften Superkartellen" und

„internationalen Ressourcenmonopolisten". Geplante gewaltige Off-shore-Windparks und großflächige Solaranlagen seien hierbei lediglich Relikte eines überkommenen Denkens des fossilen Zeitalters. Nötige neue Überlandleitungen zum Energietransport werden als *noxiuos facilities* – als „sperrige Infrastruktur" und Störfaktor gesehen und abgelehnt. Den Befürwortern solcher Strategien, den sogenannten „Dezentralisten" wird eine verquere *small-is-beautiful*-Einstellung, „Sandkastendenken" sowie Realitätsferne vorgeworfen. Erst größere und gekoppelte Anlagen ermöglichen eine effiziente und weitgehend schwankungsfreie Energiebereitstellung, so das Gegenargument. Möglicherweise könnte die Aufgabe der bisherigen Extrempositionen zu vernünftigen Optionen für zukünftige Entwicklungen führen. Statt „zentral oder dezentral" könnte ein bedarfsgerechtes Nebeneinander von „zentral und dezentral" den goldenen Mittelweg bilden.

Im Jahr 2009 einigten sich die Regierungsvertreter von 27 EU-Staaten auf eine Reduktion des Ausstoßes von CO_2 um mindestens 80 Prozent bis 2050. Als größte Herausforderung zum Erreichen dieses Zieles gilt die Homogenisierung der Energiepolitik der einzelnen Länder. Aus den bislang sehr unterschiedlichen, teils konträren nationalen Interessen muss eine gemeinsame **EU-Energiebinnenpolitik** und eine **EU-Energieaußenpolitik** geschmiedet werden. Dann sind gemeinsame Energiemärkte und der Ausbau eines europaweiten elektrischen Leitungsnetzes zum Ausgleich von räumlich differierender Nachfrage und Angebot möglich. Eine politische und rechtliche Abstimmung ermöglicht die optimale Setzung von Anreizen für den weiteren Ausbau von Anlagen und Infrastruktur. Ob und wie all dies erreicht werden kann, fällt derzeit noch in den Bereich der Spekulation – erste Schritte wie die Bekundung des Willens zur „Energiesolidarität" im Vertrag von Lissabon im Jahr 2007 oder die Gründung der *European Agency for the cooperation of the Energy Regulators* (ACER) im Jahr 2011 zeichnen sich ab. Bislang kaum absehbar ist auch die mögliche Struktur der oben erwähnten neuen „Ressourcenweltkarte". Wird es in Bezug auf den Energiewandel ein *great game* der Interessen geben oder vermehrte Kooperation? Welche Regionen werden dann zu den Gewinnern oder Verlierern dieser Entwicklung zählen? Wird Nordafrika zum Rückgrat europäischer Energieversorgung? Welche neuen Machtstrukturen, (Un-)Gleichgewichte und Abhängigkeiten entstehen? Und schließlich: Welche Rückkopplungen und Auswirkungen auf politisches Handeln wird diese neue *geographical imagination* (Gregory 1994) durch die neue strategische Regionalisierung von „Produzenten", „Lieferanten" und „Konsumenten" mit sich bringen?

 **Fazit**

Gegenüber der ersten Auflage dieses Lehrbuchs ist dieses Kapitel über die Gesellschaft-Umwelt-Forschung im Kontext von Global Change, Globalisierung und *global scarcity* in mancherlei Hinsicht erweitert. Dies gilt für die konzeptionellen Zugriffe, insbesondere was die Überlegungen zur Sozialökologie von Gesellschaft-Umwelt-Systemen, zu deren Resilienz und Adaptionsfähigkeit angeht, aber auch was stärker diskursorientierte Ansätze, beispielsweise zum Thema Klimawandel und Geopolitik, anbetrifft. Umfassender als bisher wurden vor allem Ressourcenprobleme und Ressourcenkonflikte im Kontext neuer globaler Nachfrager angesprochen, ein absehbares Megathema der kommenden Jahre.

Der damit gelegte Fokus auf vorwiegend „Probleme" mag mitunter ein recht düsteres Bild von der Zukunft unseres Planeten vermittelt haben. Leben wir wirklich in einer „Hochrisikogesellschaft", ist die Apokalypse vorprogrammiert – sind die Probleme, Risiken und Konflikte die neuen Vorboten einer *doomsday vision*? Zweifelsohne beschreibt das Problemdreieck „Global Change, Globalisierung und globaler Rohstoffmangel" die zentralen Herausforderungen für unsere Weltgesellschaft in den kommenden Jahrzehnten. Und sie stimmen ein in die „Krankheitsbilder" und „-zustände" der Erde, wie sie unter anderem in den Syndromkomplexen gefasst werden können.

Erdgeschichtlich gesehen leben wir, nach Pleistozän und Holozän, heute im Anthropozän. Ein wesentliches Charakteristikum dieser neu definierten Epoche ist die Veränderung biogeochemischer Kreisläufe. In vielen Bereichen dominieren inzwischen die menschlichen Eingriffe in natürliche Prozesse und Stoffumsetzungen. Das Schlüsseltreibhausgas Kohlendioxid hat durch menschliche Aktivitäten ein Level erreicht, wie es seit 160 000 Jahren natürlicherweise nicht vorgekommen ist. Industrielle Stickstofffixierung übersteigt die natürlichen Umsetzungen ebenfalls. Bisher nie gekannte Eingriffe in natürliche Stoffkreisläufe sind die Regel geworden.

Mit den aufstrebenden Ökonomien in den BRIC-Staaten (Brasilien, Russland, Indien, China) treten neue Akteure auf den Plan. Sie fordern ähnlich wie die Vertreter der Entwicklungsländer dieselben Rechte und Chancen auf Ressourcennutzung, wie sie die alten Industriestaaten 200 Jahre ohne Einschränkungen und alles andere als nachhaltig praktiziert haben.

Wie werden sich diese neuen räumlichen Gegensätze auswirken? Welche Interaktionen und Interdependenzen werden ihnen folgen und zu welchen neuen politisch-geographischen Herausforderungen werden sie führen? Fragen von Austausch und Entkopplung und von Neuorientierung werden die alten Betrachtungen ablösen.

Zukunftshoffnungen werden derzeit gegenüber Zukunftsängsten in den Hintergrund gedrängt, wohl nicht zuletzt auch aufgrund der alltäglichen Medien- und Internetpräsenz, welche uns neben Gesellschaft-Umwelt-Problemen den Crash von Finanzsystemen, das Agieren von Schurkenstaa-

ten und eine nie verendende Flut an Nachrichten über Naturkatastrophen, Revolutionen, internationalen Terrorismus und so weiter vermitteln. Vielleicht ist der derzeitige „Roll back" auf religiöse Rückbesinnung, insbesondere in einigen islamischen Regionen, auch als Reflex auf die Herausforderung der modernen Risikogesellschaften des 21. Jahrhunderts zu deuten.

In geographischer Sicht ergeben sich zunächst einmal neue Forschungsfragen und ein Bedarf nach neuen Konzeptionen. Umweltwandel, Globalisierung und Ressourcenknappheit haben räumlich sehr unterschiedliche Folgen; es wird zu räumlichen Neuorientierungen und -bewertungen kommen, es wird Gewinner- und Verliererregionen geben.

Zentrale Fragen der Geographie richten sich auf die Interdependenzen zwischen global wirkenden Entscheidungen bzw. Eingriffen und den natürlichen Systemen, auf die Erforschung von Adaptions- und Mitigationsstrategien gesellschaftlicher und natürlicher Systeme und auf die politisch-geographischen Aushandlungsprozesse um Ressourcennutzung oder auch Nutzungseinschränkungen. Integrative Konzepte müssen weiterentwickelt werden, um den Anforderungen adäquat gegenübertreten zu können. Die Geographie der „Dritten Säule" (Kapitel 4) bietet hierfür ein geeignetes konzeptionelles Modell an.

Weil Ursachen und Wirkungen globaler Umweltveränderungen oft nicht nur zeitlich, sondern auch räumlich auseinanderfallen, muss nach neuartigen Formen von *global governance*, nach neuen ethischen und rechtlichen Strukturen gesucht werden. Die bisherigen „Verursacherprinzipien" reichen hierfür nicht mehr aus. Der Wissenschaftliche Beirat der Bundesregierung Globale Umweltveränderungen (WBGU) hat in seiner Konzeption der *World Alliance* darauf hingewiesen, dass in einer gemeinsamen Nutzungsstrategie von Allgemeingütern wie der Atmosphäre oder den Ozeanen über klare Regelungen und Nutzungsentgelte nach Lösungen gesucht werden muss.

Effektive *global governance* erfordert offene Gesellschaften, von denen weltweit derzeit nicht unbedingt die Rede sein kann. Neue Formen von Geokommunikation (Kapitel 8) werden aber über neue Formen von Internet-Kommunikation befördert, und repressiven Staaten fällt es immer schwerer, ihre Bürger von weltweiten Informationsverflechtungen abzuschotten. Die Enthüllungen von Wikileaks, die neuen Perspektiven von Google Earth, die sozialen Netzwerke wie Facebook und *crowd based data mining* schaffen neue Formen von Öffentlichkeit als unabdingbare Voraussetzung für effektives Handeln der Staatengemeinschaft.

Global-Change-Forschung ist heute ein interdisziplinäres Projekt, an dem zahlreiche natur- und gesellschaftswissenschaftliche Fächer beteiligt sind. Konzeptionell fällt aber gerade der Geographie hier eine Schlüsselrolle zu, da sie als integrative Wissenschaft der „ganzen Erde" an der Nahtstelle von natur- und kulturwissenschaftlicher Weltsicht steht und dezidiert die Beziehungen zwischen Erde und Gesellschaft in den Blick nimmt.

Weiterführende Literatur

Allan JA (2002) Hydro-Peace in the Middle East: Why no Water Wars?: A Case Study of the Jordan River Basin SAIS Review. 22(2): 255–272

Alverson KD, Bradley RS, Pedersen TF (eds) (2004) Paleoclimate, Global Change and the Future. Springer Verlag, Heidelberg

Arnell NW (2004) Climate change and global water resources: SRES emissions and socio-economic scenarios. Global Environmental Change 14: 31–52

Auty R (1993) Sustaining development in mineral economies: the resource curse thesis. Routledge Chapman & Hall, London, New York

Barry R, Corley R (1982) Atmosphere, weather and climate. London

Bollig M, Bubenzer O (Hrsg) (2009) African Landscapes – Interdisciplinary Approaches. Studies of Human Ecology and Adaptation 4. Springer, New York

Brasseur GP, Prinn, RG, Pszenny AAP (Hrsg) (2003) Atmospheric Chemistry in a Changing World. Springer Verlag, Heidelberg

Braun B (2010) Welthandel und Umwelt: Konzepte, Befunde und Probleme. Geographische Rundschau 62, H. 4

Bringezu S, Schütz H (2010) Der „ökologische Rucksack" im globalen Handel. Geographische Rundschau 62, H. 4

Bubenzer O, Bolten A (2008) The use of new elevation data (SRTM/ASTER) for the detection and morphometric quantification of Pleistocene megadunes (Draa) in the eastern Sahara and the southern Namib. Geomorphology 102: 221–231

Bubenzer O, Bolten A, Darius F (Hrsg) (2007) Atlas of Cultural and Environmental Change in Arid Africa. Africa Praehistorica 21. Köln

Dai A, Trenberth KE, Karl TR (1998) Global Variations in Droughts and Wet Spells: 1900–1995. Geophysical Research Letters 25, 17: 3367–3370

Follath E, Jung A (Hrsg) (2008) Der neue Kalte Krieg. Kampf um die Rohstoffe. München

Galloway JN, Melillo JM (Hrsg) (1998) Asian Change in the Context of Global Change: Impact of Natural and Anthropogenic Changes in Asia on Global Biogeochemical Cycles. IGBP Book Series No. 3. Cambridge University Press, Cambridge

Geist HJ, Lambin EF (2002) Proximate causes and underlying driving forces of tropical deforestation, BioScience, Vol. 52 (2): 143–150

Giese E (1998) Die ökologische Krise des Aralsees und der Aralseeregion: Ursachen, Auswirkungen und Lösungsansätze. In: Giese E et al. (Hrsg) Umweltzerstörungen in Trockengebieten Zentralasiens (West- und Ost-Turkestan). Erdkundliches Wissen, Band 125. Stuttgart. 55–119

Giese E, Sehring J, Trouchine A (2004) Zwischenstaatliche Wassernutzungskonflikte in Zentralasien. ZEU Discussion Paper Nr. 18, Zentrum für internationale Entwicklungs- und Umweltforschung, Gießen

Grotz R (2009) Der Bergbauboom in Australien. Geographische Rundschau 61, H. 11: 28–35

Haas H-D (2009) Globaler Rohstoffhandel in Zeiten der Krise. Geographische Rundschau 61, H. 11: 4–11

Haas H-D, Scharrer J, Schliephake K (2005) Geographie des Bergbaus und der Energiewirtschaft. In: Schenk W, Schliephake K (Hrsg) Allgemeine Anthropogeographie. Gotha, Stuttgart

Haas H-D, Schlesinger D (2007) Umweltökonomie und Ressourcenmanagement. Geowissen Kompakt. Darmstadt

Hanson RB, Ducklow HW, Field JG (Hrsg) (2000) The Changing Ocean Carbon Cycle: A midterm synthesis of the Joint Global Ocean Flux Study. IGBP Book Series No. 5, Cambridge University Press, Cambridge

IPCC (2001a) Climate Change 2001: The Scientific Basis. Contribution of Working Group I to the Third Assessment Report of the Intergovernmental Panel on Climate Change. Cambridge University Press, Cambridge, New York

IPCC (2001b) Climate Change 2001: Impacts, Adaptation and Vulnerability. Contribution of Working Group II to the Third Assessment Report of the Intergovernmental Panel on Climate Change. Cambridge University Press, Cambridge, New York

IPCC (2001c) Climate Change 2001: Mitigation. Contribution of Working Group III to the Third Assessment Report of the Intergovernmental Panel on Climate Change. Cambridge University Press, Cambridge, New York

Jones JAA (1997) Global Hydrology. Harlow

Lambin EF, Geist HJ, Lepers E (2003) Dynamics of land-use and land-cover change in Tropical Regions. Annual Review of Environment and Resources, Vol. 28: 205–241

Mc Carthy JJ et al. (Hrsg) (2001) Climate change 2001 – impacts, adaptation and vulnerability. Contribution of working group II to the third assessment report of the intergovernmental panel of climate change. Cambridge, UK, New York

Michael JR (Hrsg) (2003) Ocean Biogeochemistry, The role of the Ocean Carbon Cycle in Global Change. Springer Verlag, Heidelberg

Millenium Assessment Board (2005) Millenium Ecosystems Assessment. Report to the Secretary General of the United Nations, Geneva (www.milleniumassessment.org)

Möhlig W, Bubenzer O, Menz G (Hrsg) (2010) Towards Interdisciplinarity. Experiences of the Long-term ACACIA Project. Topics in Interdisciplinary African Studies Vol. 15. Köln

NRC (2003) Understanding Climate Change Feedbacks. Panel on Climate Change Feedbacks, Climate Research Committee, National Research Council, USA

Rahmstorf S (2004) Die Klimaskeptiker. In: Münchner Rückversicherungs-Gesellschaft (Hrsg) Wetterkatastrophen und Klimawandel – Sind wir noch zu retten?

Sehring J (2004) Aralsee. In: von Gumppenberg M-C, Steinbach U (Hrsg) Zentralasien. Geschichte, Politik, Wirtschaft. München. 21–26

Smith TM, Shugart HH, Woodward FI (Hrsg) (1997) Plant Functional Types: their Relevance to Ecosystem Properties and Global Change. IGBP Book Series No. 1, Cambridge University Press, Cambridge

Tyson PD, Fuchs R, Fu C, Lebel L, Mitra AP, Odada E, Perry J, Steffen W, Virji H (Hrsg) (2002) Global-Regional Linkages in the Earth System. Springer Verlag, Heidelberg

Fortsetzung

Fortsetzung

Walker BH, Steffen WL (Eds) (1996) Global Change and Terrestrial Ecosystems. IGBP Book Series No. 2, Cambridge University Press, Cambridge

Walker BH, Steffen WL, Canadell J, Ingram JSI (Hrsg) (1999) The Terrestrial Biosphere and Global Change: Implications for Natural and Managed Ecosystems. Synthesis Volume. IGBP Book Series No. 4. Cambridge University Press, Cambridge

WBGU (1997) Welt im Wandel: Wege zu einem nachhaltigen Umgang mit Süßwasser, Jahresgutachten 1997 des Wissenschaftlicher Beirat der Bundesregierung Globale Umweltveränderungen. Springer Verlag, Heidelberg

WBGU (1998a) Welt im Wandel: Strategien zur Bewältigung globaler Umweltrisiken, Jahresgutachten 1998 des Wissenschaftlichen Beirats der Bundesregierung Globale Umweltveränderungen. Springer Verlag, Heidelberg

WBGU (1998b) Die Anrechnung biologischer Quellen und Senken im Kyoto-Protokoll: Fortschritt oder Rückschlag für den globalen Umweltschutz? Sondergutachten 1998 des Wissenschaftlichen Beirats der Bundesregierung Globale Umweltveränderungen. Springer Verlag, Heidelberg

WBGU (1999) Welt im Wandel: Erhaltung und nachhaltige Nutzung der Biosphäre, Jahresgutachten 1999 des Wissenschaftlichen Beirats der Bundesregierung Globale Umweltveränderungen. Springer Verlag, Heidelberg

WBGU (2000) Welt im Wandel: Neue Strukturen globaler Umweltpolitik, Jahresgutachten 2000 des Wissenschaftlichen Beirats der Bundesregierung Globale Umweltveränderungen. Springer Verlag, Heidelberg

WBGU (2002) Entgelte für die Nutzung globaler Gemeinschaftsgüter, Sondergutachten 2003 des Wissenschaftlichen Beirats der Bundesregierung Globale Umweltveränderungen. Springer Verlag, Heidelberg

WBGU (2003a) Welt im Wandel: Energiewende zur Nachhaltigkeit, Jahresgutachten 2003 des Wissenschaftlichen Beirats der Bundesregierung Globale Umweltveränderungen. Springer Verlag, Heidelberg

WBGU (2003b) Über Kioto hinaus denken – Klimaschutzstrategien für das 21. Jahrhundert. Sondergutachten 2003 des Wissenschaftlichen Beirats der Bundesregierung Globale Umweltveränderungen. Springer Verlag, Heidelberg

WBGU (2004) Welt im Wandel: Armutsbekämpfung durch Umweltpolitik, Jahresgutachten 2004 des Wissenschaftlichen Beirats der Bundesregierung Globale Umweltveränderungen. Springer Verlag, Heidelberg

Weizäcker EU v. (1992) Erdpolitik. Ökologische Realpolitik an der Schwelle zum Jahrhundert der Umwelt. WBG, Darmstadt

Zitierte Literatur

Abbott MB, Anderson L (2008) Lake-Level Fluctuations as an Indicator of Hydrological and Climatic Change. In: Gornitz V (Hrsg) Encyclopedia of Paleoclimatology and Ancient Environments, Encyclopedia of Earth Science Series. Springer, Dordrecht

Agarwal A, Narain S (1998) Global warming in an unequal world: A case of environmental colonialism. In: Conca K, Dabelko GD (Hrsg) Green Planet Blues. Boulder/Colorado: 157–160

Alam UZ (2002) Questioning the water wars rationale: a case study of the Indus Waters Treaty. 168(4): 341–353

Alcamo J, Henrichs T (2002) Critical regions: A model-based estimation of world water resources sensitive to global changes. Aquatic Sciences 64: 352–362

Amery HA (2002) Water wars in the Middle East: a looming threat. The Geographical Journal 168(4): 313–323

Anand PB (1999) Waste management in Madras revisited. In: Environment & Urbanization 11(2): 161–176

Appasamy P (1996) Environmental profile of Madras. Madras

Arnell NW (2004) Climate change and global water resources: SRES emissions and socio-economic scenarios. Global Environmental Change 14: 31–52

Bandy MS (2008) Early Village Society in the Formative Period in the Southern Lake Titicaca Basin. In: Isbell WH, Silverman H (Hrsg) Andean Archaeology III – North and South: 210–236

Barnett J (2007) The Geopolitics of Climate Change. In: Geography Compass 6 (1), 2007, 1361–1375

Barr BM (1983) Regional Dilemmas and International Prospects in the Soviet Timber Industry. In: Jensen RG, Shaband T, Right AW (Hrsg) Soviet Natural Resources in the World Economy. Chicago University Press, Chicago & London. 411–441

Baumgartner A, Liebscher HJ (1990) Allgemeine Hydrologie, Bornträger, Berlin

Beck M (2009) Rente und Rentierstaat im Nahen Osten. In: Beck M et al. (Hrsg) Der Nahe Osten im Umbruch. Zwischen Transformation und Autoritarismus. Springer-Verlag, Berlin, Heidelberg

Beck M, Pawelka P (1993) Die Erdöl-Rentier-Staaten des Nahen und Mittleren Ostens: Interessen, erdölpolitische Kooperation und Entwicklungstendenzen. Lit-Verlag, Münster

BMBF (Bundesministerium für Bildung und Forschung) (2010) Förderschwerpunkt Nachhaltiges Landmanagement. (http://nachhaltiges-landmanagement.de)

BMZ (2002) Umwelt – Entwicklung – Nachhaltigkeit: Entwicklungspolitik und Ökologie. Bonn

BMZ (2005) Gesundheitspolitische Forderungen an die Entwicklungszusammenarbeit. In: BMZ-Infothek, Fachinformationen, http://www.bmz.de/de/service/infothek/fach/spezial/spezial 2/spezial_4. html (zitiert am 02.11.2005)

Bohle H-G (2005) Umwelt und Gesundheit als geographisches Integrationsthema. In: Müller-Mahn D, Wardenga U (Hrsg) Möglichkeiten und Grenzen integrativer Forschungsansätze in Physischer Geographie und Humangeographie. Forum IFL, Band 2: 55–67

Bohle H-G (2001) Vulnerability and Criticality. Perspectives from Social Geography. In: IHDP-Update (2): 1–5

Bork HR, Bork H, Dalchow C, Faust B, Piorr HP, Schatz T (1998) Landschaftsentwicklung in Mitteleuropa. Wirkungen des Menschen auf Landschaften. Klett-Perthes, Gotha, Stuttgart

BP Statistical Overview of World Energy (2009) www.bp.com/.../bp.../statistical_energy_review.../2009.../statistical_review_of _world_energy_full_report_2009.pdf (letzter Zugriff: 12. Juni 2010)

Brauch HG (2009) Introduction: Facing Global Environmental Change and Sectorialization of Security. In: Brauch HG et al. (2009) Facing Global Environmental Change. Environmental, Human, Energy, Food, Health and Water Security Concepts. Heidelberg. 19–42

Braun B (2002) The Intemperate Rainforest. Nature, Culture and Power on Canada's West Coast. University of Minnesota Press, Minneapolis

Braun B (2010) Welthandel und Umwelt: Konzepte, Befunde und Probleme. Geographische Rundschau 62, H. 4

Fortsetzung

Fortsetzung

Bringezu S, Schütz H (2010) Der „ökologische Rucksack" im globalen Handel: ein Konzept verbindet Ökonomie, Umwelt und Geographie. In: Geographische Rundschau 42: 12–17

Bronson D, Mooney P, Jo Wetter K (2009) Retooling the Planet? Climate Chaos in the Geoengineering Age. Swedish Society for Nature Conservation. Online unter http://www.etcgroup.org/en/node/4966 (abgerufen am 27.3.2010)

Brückner H, Müllenhoff M, Gehrels R, Herda A, Knipping M, Vött A (2006) From archipelago to floodplain – geographical and ecological changes in Miletus and its environs during the past six millennia (Western Anatolia, Turkey). Zeitschrift f. Geomorphologie N. F., Suppl.-Vol. 142: 63–83

Brückner H, Vött A (2008) Geoarchäologie – eine interdisziplinäre Wissenschaft par excellence. In: Kulke E, Popp H (Hrsg) Umgang mit Risiken. Katastrophen – Destabilisierung – Sicherheit. Tagungsband Deutscher Geographentag 2007 Bayreuth. Herausgegeben im Auftrag der Deutschen Gesellschaft für Geographie. Bayreuth, Berlin

Bubenzer O, Riemer H (2007) Holocene Climatic Change and Human Settlement between the Central Sahara and the Nile Valley – Archaeological and Geomorphological Results. Geoarchaeology 22: 607–620

Bulkeley H, Newell P (2010) Governing Climate Change. New York

Bulte EH, Damania R, Deacon RT (2005) Resource Intensity, Institutions and Development. World Development 33: 1029–1044

Bumpus A, Liverman D (2008) Accumulation by Decarbonization and the Governance of Carbon Offsets. In: Economic Geography 84 (2): 27–155

Bundesministerium für Umwelt, Naturschutz und Reaktorsicherheit (BMU) (2009) Langfristszenarien und Strategien für den Ausbau erneuerbarer Energien in Deutschland. Leitszenario 2009. Berlin

Cannon T, Müller-Mahn D (2010) Vulnerability, resilience and development discourses in context of climate change. In: Natural Hazards 2010

Caroe O (1951) Wells of power. The oilfields of South-Western Asia. A regional and global study. London

Clapp RA (2004) Wilderness ethics and political ecology: remapping the Great Bear Rainforest. Political Geography 23: 839–862

Clark DB, Xue J, Harding R, Valdes PJ (2001) Modeling the impact of land surface degradation on the climate of tropical North Africa. J. Climate 14: 1809–1822

Claussen M, Cramer W (2001) Change of the Global Vegetation. In: Lozán JL, Graßl H, Hupfer P (Hrsg) Climate of the 21st Century: Changes and Risks. Wissenschaftliche Auswertungen, Hamburg. 262–265

CMDA (2008) CBED – Publib Participation for environmental improvement in CMA. http://www.cmdachennai.gov.in/cbedpublicparticipation2.html (letzter Zugriff: 30. März 2011)

Coy M, Neuburger M (2002) Brasilianisches Amazonien. Chancen und Grenzen nachhaltiger Regionalentwicklung. Geographische Rundschau 54, 11: 12–20

Crutzen P (2006) Albedo Enhancement by Stratospheric Sulfur Injections: A Contribution to Resolve a Policy Dilemma? In: Climatic Change 77 (3): 211–220

Crutzen P, Stoermer E-H (2000) Die Erde im Griff des Menschen. Referat für Presse- und Öffentlichkeitsarbeit in der Generalverwaltung der Max-Planck-Gesellschaft. München

Cubasch, Kasang (2001) Extremes and Climate Change. In: Lozán JL, Graßl H, Hupfer P (Hrsg) Climate of the 21st Century: Changes and Risks. Wissenschaftliche Auswertungen, Hamburg. 256–261

Dalby S (2003) Geopolitics, the Bush doctrine, and war on Iraq. In: The Arab World Geographer 6 (1): 7–18

Dalby S (2009) Security and Environmental Change. Cambridge

Denecke D (1994) Interdisziplinäre historisch-geographische Umweltforschung: Klima, Gewässer und Böden im Mittelalter und in der frühen Neuzeit. Siedlungsforschung 12: 235–263

Desbiens C (2004) Producing North and South: a political geography of hydro development in Québec. The Canadian Geographer/Le Géographe canadien 48: 101–118

Dingman SL (1994) Physical Hydrology. Prentice-Hall, Englewood Cliffs, New Jersey

Ditfurth H, von (1985) So laßt uns denn ein Apfelbäumchen pflanzen. München

DIVERSITAS (2004) Science Plan and Implementation Strategy for an integrated international biodiversity science framework. Report No. 2. bioSustainability

Doege C (1997) Bauhandwerker und Ziegler im Rheinland. Rheinland Verlag, Köln

Döll P, Kaspar F, Lehner B (2003) A global hydrological model for deriving water availability indicators: model tuning and validation. Journal of Hydrology 270: 105–134

Donner-Annell J (2004) Comparing the Forest Regimes in the Conifer North. In: Lehtinen AA, Donner-Annell A, Saether B (Hrsg) Politics of Forests. Northern Forest-Industrial Regimes in the Age of Globalization. Ashgate, Hants/UK & Burlington/VT. 255–284

Dörrenbächer P (2003) James Bay – Institutionalisierung einer Region: Wasserkraftnutzung in Nord-Quebec und die Entstehung regionaler Selbstverwaltungsstrukturen der Cree-Indianer. Saarbrücken

Drescher A, Glaser R, Pfeiffer C, Glaser S, Schliermann-Kraus E, Vencatesan J, Hidajat R, Etter J (2008) Disaster and Risk Management in Cities: A Challenge for International Development Cooperation, Taking the Examples from India and Madagascar. In: Ammann W, Poll M, Häkkinen E, Hoffer G (Hrsg) Proceedings of the International Disaster and Risk Conference. Davos (als CD)

Drescher A, Glaser R, Pfeiffer C, Vencatesan J, Schliermann-Kraus E, Glaser S, Lechner M, Dostal P (2007) Risk assessment of extreme precipitation in the coastal areas of Chennai as an element of catastrophe prevention. In: CEDIM/ DKKV (Hrsg) Proceedings of the conference Disaster Reduction in a Changing Climate. Karlsruhe (als CD)

Dyer G (2008) Climate Wars. Random House

Ehlers E (2000) Globale Umweltforschung und Geographie – ein „State-of-the-art"-Bericht. PGM 144, 2000/2: 58–59

Ehlers E, Leser H (2002) Geographie heute – für die Welt von morgen. Eine Einführung. In: Ehlers E, Leser H (Hrsg) Geographie heute – für die Welt von morgen. Gotha, Stuttgart. 9–18

Eitel B (2007) Reaktive Räume. In: Deutscher Arbeitskreis für Geomorphologie (Hrsg) Die Erdoberfläche – Lebens- und Gestaltungsraum des Menschen. Forschungsstrategische und programmatische Leitlinien zukünftiger geomorphologischer Forschung und Lehre. Zeitschrift für Geomorphologie, Suppl.-Bd. 148: 78–80

Eitel B (2007a) Kulturentwicklung am Wüstenrand – Aridisierung als Anstoß für frühgeschichtliche Innovation und Migration. In: Wagner GA (Hrsg) Einführung in die Archäometrie. Springer, Heidelberg, Berlin, New York. 297–315

Eitel B (2007b) Wüstenrandgebiete in Zeiten globalen Wandels. In: Hüser K, Popp H (Hrsg) Ökologie der Tropen. Bayreuther Kontaktstudium Geographie. Bayreuth. 143–158

Eitel B (2008) Wüstenränder. Brennpunkte der Kulturentwicklung. Spektrum der Wissenschaft, 5/08: 70–78

Eitel B, Hecht S, Mächtle B, Schukraft G, Kadereit A, Wagner G, Kromer B, Unkel I, Reindel M (2005) Geoarchaeological evidence from desert loess in the Nazca-Palpa region, southern Peru: Palaeoenvironmental changes and their impact on Pre-Columbian cultures. Archaeometry 47(1): 137–158

Ellen RF (1987) Environment, Subsistence and System. The Ecology of Small-scale Social Formations, Cambridge

ESSP (2005) Earth System Science Partnership joint project. Global Environmental Change and Human Health. Science Plan and Implementation Strategy. McMichael A, Confalonieri U (lead authors; forthcoming)

Fortsetzung

Fortsetzung

European Climate Foundation (ECF) (2010) Roadmap 2050: A practical guide to a prosperous, low-carbon Europe. ECF, Berlin

FAO (Food and Agricultual Organization) (2003) Unlocking the water potential for agriculture. Rome

Feddema JJ, Freire S (2001) Soil degradation, global warming and climate impacts. Climate Res. 17: 209–216

Fehren-Schmitz L, Reindel M, Tomasto Cagigao E, Hummel E, Hermann B (2010) Pre-Columbian population dynamics in Coastal Southern Peru: A diachronic investigation of mtDNA patterns in the Palpa region by ancient DNA analysis. American Journal of Physical Anthropology 141: 208–221

Fleming JR (2006) The pathological history of weather and climate modification: Three cycles of promise and hype. In: Historical Studies in the Physical and Biological Sciences 37 (1): 3–25

Fricke K, Sterr T, Bubenzer O, Eitel B (2009) The oasis as a Megacity: Urumqi's Fast Urbanization in a Semiarid Environment. Die Erde 140: 449–463

Gabriel E (2001) Der Ölfleck auf dem Globus. In: Petermanns Geographische Mitteilungen 145 (2): 6–11

Gabriel E (2004) Das schwarze Gold: Die Ölprovinz Persisch-Arabischer Golf. In: Meyer G (Hrsg) Die Arabische Welt im Spiegel der Kulturgeographie. Mainz. 308–325

Gerlach R (2001) Keinesfalls Ausnahmen: Materialentnahmegruben als Befundzerstörer – Ausmaß im Rheinland und Erkennbarkeit. Archäol. Inform. 24/1: 29–38

Gerlach R, Herzog I (2004) Achtung Löcher in der Landschaft – Wie ein archäologisches Problem mit Hilfe von Karten und digitalen Geländemodellen eingegrenzt werden kann. VDV-Schriftenreihe, 23: 54–59

Gillijns K, Poesen J, Deckers J (2005) On the characteristics and origin of closed depressions in loess-derived soils in Europe – a case study from central Belgium. Catena 60: 43–58

Glaser R, Kremb H (2005) Planet Erde. Wissenschaftliche Buchgesellschaft, Darmstadt

Glaser S, Glaser R, Drescher A, Pfeiffer C, Schliermann-Kraus E, Vencatesan J, Lechner M (2008) Geo-communication for risk assessment and catastrophe prevention of flood events in the coastal areas of Chennai. In: Sànchez-Marrè M, Béjar J, Comas J, Rizzoli A, Guariso G (Hrsg) Proceedings of the International Environmental Modellingand Software Society`s (iEMSs) Fourth Biennial Meeting,Barcelona, 3: 1569–1573 (http://www.geographie.uni-freiburg.de/ipg/publikationen/glaser/Chennai-abstract_iEMSs 2008.pdf)

Gleick PH (Ed) (2002) The world's water 2002-2003. Washington

Gorshkov VG, Gorshkov VV, Makarieva AM (2000) Biotic Regulation of the Environment: Key Issue of Global Change. Springer-Verlag, London

Goudie A (1994) Mensch und Umwelt. Spektrum Akademischer Verlag, Heidelberg

Grand Council of the Crees (1995) Sovereign injustice: forcible inclusion of the James Bay Crees and Cree territory into a sovereign Québec. Québec

Green PA, Vörösmarty CJ, Meybeck M, Galloway JN, Peterson BJ, Boyer EW (2004) Pre-industrial and contemporary fluxes of nitrogen through rivers: a global assessment based on typology. Biogeochemistry 68(1): 71–105

Greenpeace, FANC, FNL (2004) Certifying Extinction? An Assessment of the Revised Standards of the Finnish Forest Certification System. Greenpeace Finland, Finnish Association for Nature Conservation & Finnish Nature League, Helsinki

Gregory D (1994) Geographical Imaginations. Cambridge

Grosjean M, van Leeuwen JFN, van der Knaap WO, Geyh MA, Ammann B, Tanner W, Messerli B, Veit H (2001) A 22,000 14C yr BP sediment and pollen record of climate change from Laguna Miscanti 23°S, northern Chile. Global and Planetary Change 28 (1-4): 35–51

Gudo M, Steiniger FF (2001) Der Beitrag der Paläontologie zur Biodiversitätsdebatte. In: Janich P et al. (Hrsg) Biodiversität. Springer. 31–114

Haas H (2009) Globaler Rohstoffhandel in Zeiten der Krise. In: Geographische Rundschau 61, 11: 4–10

Haddadin MJ (2000) Water in the Middle East peace process. The Geographical Journal 168(4): 324–340

Hambacher J (2004) Streit um Strom. Eine geographische Konfliktanalyse New Yorker Elektrizitätsimporte aus Québec. Köln

Hammer T (2001) Politische Ökologie der Desertifikation. In: Geoöko, Band 22: 79–90

Hardoy J et al. (2001) Environmental Problems in an Urbanizing World: finding solutions in Africa, Asia and Latin America. Earthscan, London

Hayter R (2003) The War in the Woods: Post-Fordist Restructuring, Globalization and the Contested Remapping of British Columbia's Forest Economy. Annals of the Association of American Geographers 93: 706–729

Hild H-H, Kinz W (Hrsg) (1999) Südostasien: Entwicklungsländer im Aufbruch ins pazifische Zeitalter. Mensch und Raum: Geographie. Cornelsen, Berlin

Hobsbawm E (1995) Das Zeitalter der Extreme. Weltgeschichte des 20. Jahrhunderts. München

Hoff H (2001) Climate change and water availability. In: Lozán JL, Graßl H, Hupfer P (Hrsg) Climate of the 21st Century: Changes and Risks. Wissenschaftliche Auswertungen, Hamburg. 315–321

Hörmann G, Chmielewski F-M (2001) Consequences for agriculture and forestry. In: Lozán JL, Graßl H, Hupfer P (Hrsg) Climate of the 21st Century: Changes and Risks. Wissenschaftliche Auswertungen, Hamburg. 322–330

Humphreys M, Sachs JD, Stiglitz JE (Hrsg) (2007) Escaping the Resource Curse. Columbia University Press, New York

IPCC (1996) Climate Change 1995. Cambridge University Press

IPCC (2000) Special Report on Emission Scenarios. A Special Report of Working Group I to the Third Assessment Report of the Intergovernmental Panel on Climate Change, hrsg. von Nakicenovic N, Swart R. Cambrigde University Press. Cambridge, New York

IPCC (2001) Climate Change 2001 – Synthesis report, Genf

IPCC (2007a) Climate Change. The Physical Science Basis. Contribution of Working Group I to the Third Assessment Report of the Intergovernmental Panel on Climate Change. Cambrigde University Press. Cambridge, New York

IPCC (2007b) Climate Change (2001) Impacts, Adaptation, and Vulnerability. Contribution of Working Group II to the Third Assessment Report of the Intergovernmental Panel on Climate Change. Cambridge University Press, Cambridge, New York

IPCC (2007c) Climate Change (2001) Mitigation of Climate Change. Contribution of Working Group III to the Third Assessment Report of the Intergovernmental Panel on Climate Change. Cambridge University Press, Cambridge, New York

Jäger H (1994) Einführung in die Umweltgeschichte. Wissenschaftliche Buchgesellschaft, Darmstadt

Jayaraman N (2003) Urban water. Crisis Situation. In: The Hindu: Survey of the Environment 2003. Chennai. 7–18

Jentoft S, Minde H, Nilsen R (Hrsg) (2003) Indigenous Peoples: Resource Management and Global Rights. Eburon, Delft

Jhaveri NJ (2004) Petroimperialism: US Oil interests and the Iraq War. In: Antipode 36: 2–11

Jones N (2009) Climate crunch: Sucking it up. In: Nature 458 (7242): 1094–1097

Kabat P, Claussen M, Dirmeyer PA, Gash JHC, de Guenni LB, Meybeck M, Vorosmarty CJ, Hutjes RWA, Lütkemeier S (Hrsg) (2004) Vegetation, Water, Humans and the Climate – A New Perspective on an Interactive System. Springer Verlag, Heidelberg

Kahl C (2006) States, Scarcity, and Civil Strife in the Developing World. Princeton NF

Fortsetzung

Kaplan RD (1994) The Coming Anarchy: How scarcity, crime, overpopulation, tribalism, and disease are rapidly destroying the social fabric of our planet. In: The Atlantic Monthly 44–76

Kayane I (1996) An introduction to global water dynamics. In: Jones JAA et al. (Hrsg) Regional hydrological response to climate change. Dordrecht. 25–38.

Keith D (2010) Engineering the Planet. In: Schneider S et al. (Hrsg) Climate Change Science and Policy. Island Press, Washington

Kennedy P (2002) In Vorbereitung auf das 21. Jahrhundert. Frankfurt

Klafs G, Jeschke L, Schmidt H (1973) Genese und Systematik wasserführender Ackerhohlformen in den Nordbezirken der DDR. Arch. Naturschutz u. Landschaftsforsch. 13: 287–302

Kleinn E (2001) Naturschutz in Russland – Katastrophe oder Segen? Das russische Schutzgebietssystem – Geschichte, Gegenwart und Perspektiven in der derzeitigen Krisensituation. In: Venzke J-F, Steinecke K (Hrsg) „Quo vadis, borealis? Kolloquiumsbeiträge zum Zustand und zur Zukunft der borealen Landschaftszone", Bremer Beiträge zur Geographie und Raumplanung 37, Bremen. 105–112

Kolata AL (2000) Environmental thresholds and the „Natural History" of an Andean civilisation. In: Bawden G, Raycraft RM (Hrsg) Environmental disaster and the archaeology of human response. Maxwell Museum of Anthropology, Anthropological Papers No. 7: 163–178

Korf B (2009) Die imaginäre Geographie der Klimakriege. Online unter: http://www.uzh.ch/news/articles/2009/die-imaginaere-geographie-der-klimakriege.html (2.9.2010)

Kortelainen J (2002) Forest industry on the map of Finland. Fennia 180 (1-2): 227–235.

Kraft JC, Brückner H, Kayan I, Engelmann H (2007) The geographies of ancient Ephesus and the Artemision in Anatolia. Geoarchaeology 22 (1): 121–149

Kreutzmann H (1997) Vom Great Game zum Clash of Civilizations? Wahrnehmung und Wirkung von Imperialpolitik und Grenzziehungen in Zentralasien. In: Petermanns Geographische Mitteilungen 141 (3): 163–186

Kreutzmann H (2002) Zehn Jahre nach Rio – (Wieder-)Entdeckung der Armut oder Entwicklungsfortschritte im Zeichen der Globalisierung? In: Geographische Rundschau 54: 58–63

Kreutzmann H (2003) Republik Irak – vom Musterpartner des Westens zum Schurkenstaat. In: Geographische Rundschau 55 (5): 60–65

Kreutzmann H (2004a) Staudammprojekte in der Entwicklungspraxis: Kontroversen und Konsensfindung. In: Geographische Rundschau 56: 4–11

Kreutzmann H (2004b) Politische Entwicklungen, Grenzkonflikte und Ausbau der Verkehrsinfrastruktur in Mittelasien. In: Geographische Rundschau 56 (10): 4–9

Kreutzmann H (2006) Wasser und Entwicklung. Rohstoffverknappung, Marktinteressen und Privatisierung der Versorgung. In: Geographische Rundschau 58 (2): 4–11

Kreutzmann H (2008) Dividing the World: Conflict and Inequality in the Context of Growing Global Tension. In: Third World Quarterly 29 (4): 675–689

Kull C, Grosjean M (2000) Late Pleistocene Climate Conditions in the North Chilean Andes drawn from a Climate-Glacier Model. Journal of Glaciology 46 (155): 622–632

Kunow J, Müller J (2004) (Hrsg) Landschaftsarchäologie und geographische Informationssysteme: Prognosekarten, Besiedlungsdynamik und prähistorische Raumordnung. Forschungen zur Archäologie im Land Brandenburg 8

Latorre C, Betancourt JL, Rylander KA, Quade J (2002) Vegetation invasions into absolute desert: A 45'000 yr rodent midden record from the Calam-Salar de Atacama basins, northern Chile (lat 22°-24°S). Geological Society of America Bulletin 114 (3): 349–366

Lauer W, Bendix J (2004) Klimatologie. Braunschweig

Le Monde Diplomatique (2009) Atlas der Globalisierung. Sehen und verstehen, was die Welt bewegt. Berlin

Leemans R (1999) Land-use change and and the terrestrial carbon cycle. IGBP Newsletter 37: 24–26

Lehtinen AA (2002) Globalisation and the Finnish forest sector: On the internationalisation of forest-industrial operations. Fennia 180 (1-2): 237–250

Lehtinen AA, Donner-Annell J, Saether B (Hrsg) (2004) Politics of Forests. Northern Forest-Industrial Regimes in the Age of Globalization. Ashgate, Hants/UK & Burlington/VT

Leoni JB (2008) Ritual and society in Early Intermediate Period Ayacucho: A view from the site of Ñawinpukyo. In: Isbell WH, Silverman H (Hrsg) Andean Archaeology III – North and South: 279–306

Leser H (Hrsg) Geographie heute – für die Welt von morgen. Gotha, Stuttgart

Liverman D (2009) Conventions of climate change: constructions of danger and the dispossession of the atmosphere. Journal of Historical Geography 35 (2): 279–296

Lynch TF (1990) Quaternary climate, environment, and the human occupation of the South-Central Andes. Geoarcheology 5: 199–228

MacCann LD (1999) Heartland and Hinterland – A regional geography of Canada. Prentice Hall Canada, Scarborough, Ont.

Mächtle B, Eitel B, Schukraft G, Ross K (2009) Built on sand – climatic oscillation and water harvesting during the Late Intermediate Period. In: Wagner G, Reindel M (Hrsg) New Technologies for Archaeology: Multidisciplinary Investigations in Palpa and Nasca, Peru. Springer, Heidelberg. 39–46

Mächtle B, Unkel I, Eitel B, Kromer B, Schiegl S (2010) Molluscs as evidence for a Late Pleistocene and Early Holocene humid period in the northern Atacama desert, southern Peru (14.5°S). Quaternary Research 73: 39–47

Mahadevia D (2000) Sustainable Urban Development in India. An Inclusive Perspective. Workshops on Cities of the South: Sustainable for Whom. Geneva

Marchak P (1995) Logging the Globe. McGill-Queen's University Press, Montreal

Marchetti (1976) On Geoengineering and the CO2 Problem. International Institute for Applied Systems Analysis, IIASA Research Memorandum (RM-76-017). Online unter http://www.springerlink.com/content/h71588v014051h6k/, abgerufen am 5.8.2009

Marsh GP (1965) The Earth as Modified by Human Action. Belknap Press, Harvard University Press

Mauser W, Ludwig R (2002) A research concept to develop integrative techniques, scenarios and strategies regarding global changes of the water cycle. In: Beniston M (Hrsg) Climatic Change: Implications for the hydrological cycle and for water management. Advances in Global Change Research 10: 171–188. Dordrecht

May RM, Tregonning K (1998) Global conservation and UK government policy. In: Mace GM et al. (Hrsg) Conservation in a changing world. Cambridge, New York. 287–301

Maynard K, Royer J-F (2004) Effects of „realistic" land-cover change on a greenhouse-warmed African climate. Climate Dyn. 22: 343–358

McMichael AJ (2003) Climate change and human health: risks and responses. World Health Organization, the World Meteorological Organization and the United Nations Environment Programme

MEA (Millennium Ecosystem Assessment) (2005) Ecosystems and Human Well-being: Opportunities and Challenges for Business and Industry. World Ressources Institute, Washington D.C.

Meadows DH, Meadows, D, Zahn E, Milling P (1972) Die Grenzen des Wachstums, Bericht zur Lage der Menschheit an den Club of Rome. Reinbek

Mejcher H (1994) Der arabische Osten im zwanzigsten Jahrhundert 1914-1985. In: Haarmann U (Hrsg) Geschichte der arabischen Welt. München. 432-501

Mensching HG (1990) Desertifikation. WBG, Darmstadt

Fortsetzung

Fortsetzung

Mensching HG, Seuffert O (2001) (Landschafts-)Degradation – Desertifikation: ein globales Umweltsyndrom. Petermanns Geographische Mitteilungen 145, 4: 6–15

Metzo KR (2001) Adapting capitalism: Household plots, forest resources, and moonlighting in post-Soviet Siberia. Geojournal 55: 549–556

Meusburger P (2002) Die Geographie und die Herausforderungen des 21. Jahrhunderts. In: Ehlers E, Middelton N (1991) Desertification. Oxford

Meyer G (2004) Internationale Arbeitsmigration in den Golfstaaten: das Problem der getrennten Arbeitsmärkte für Einheimische und Ausländer. In: Meyer G (Hrsg) Die Arabische Welt im Spiegel der Kulturgeographie. Mainz. 433–441

Micklin Ph, Williams W (Hrsg) (1996) The Aral Sea Basin. Berlin, Heidelberg, New York

Miller C (2004) Climate Science and the Making of Global Political Orderl. In: Jasanoff S (Hrsg) States of Knowledge: The Co-Production of Science and Social Order. London. 46–66

Minde H (2003) The Challenge of Indigenism: The Struggle for Sami Land Rights and Self-Government in Norway 1960-1990. In: Jentoft S, Minde H, Nilsen R (Hrsg) Indigenous Peoples: Resource Management and Global Rights. Eburon, Delft. 75–104

MMDA (Madras Metropolitan Development Authority) (1996) Sustainable Madras Project – Brief for the Project Committee Meeting. Chennai

Momburg R (2000) Ziegeleien überall. Die Entwicklung des Ziegeleiwesens im Mindener Lübbecker Land. Mindener Beiträge, Bd. 28

Müller-Mahn D (2006) Wasserkonflikte im Nahen Osten ? Eine Machtfrage. In: Geographische Rundschau 58/2: 40–48

Myers N, Mittermeier RA, Mittermeier CG, da Fonseca GAB, Kent J (2000) Biodiversity hotspots for conservation priorities. Nature 403: 853–858

Nestle M, Sakdapolrak P, Bohle H-G, Glaser R, Louis V, Mistelbacher J, Sauerborn R, Gans P, Lechner M (2007) Chennai: Umweltkrise und Gesundheitsrisiken in einer indischen Megacity. In: Glaser R, Kremb K (Hrsg) Planet Erde/Asien. WBG, Darmstadt, 209–214

New M et al. (2001) Precipitation Measurements and Trends in the Twentieth Century. Int. J. Climatol. 21: 1899–1922

Newell J (2004) The Russian Far East. A Reference Guide for Conservation and Development. Daniel & Daniel Publ., McKinleyville, CA.

NKGCF (Nationales Komitee für Global Change Forschung) (2007) Umgang mit dem Klimawandel – Landnutzung im Spannungsfeld von Ressourcenschutz, Nahrungs- und Energienachfrage. (http://www.nkgcf.org/files/nationalcolloquium/Vorschlag_Nationales_FP.pdf), 01.12.2010

Nuñez L, Grosjean M, Cartajena I (2002) Human Occupations and Climate Change in the Puna de Atacama, Chile. Science 298: 821–824

Nuscheler F et al. (1997) Globale Solidarität. Die verschiedenen Kulturen und die Eine Welt. Stuttgart

OPEC (2004) Annual Statistical Bulletin 2003. Vienna

Oreskes N (2004) The Scientific Consensus on Climate Change. Science 306: 1686

Osborne CP, Woodward FI (2002) Potential effects of rising CO_2 and climatic change on mediterranean vegetation. In: Geeson NA, Brandt CJ, Thornes JB: Mediterranean desertification – A mosaic of processes and responses. Wiley, Chichester. 33–46

Owen BD (2005) Distant colonies and explosive collapse: the two stages of the Tiwanaku diaspora in the Osmore drainage. Latin American Antiquity 16(1): 45–80

Paeth H (2008) Understanding the mechanism of land-cover related climate change in the low latitudes. MAUSAM 59, 3: 297–312

Paeth H, Capo-Chichi A, Endlicher W (2008) Climate change and food security in tropical West Africa – a dynamic-statistical modelling approach. Erdkunde 62, 2: 101–115

Paterson M, Stripple J (2007) Singing Climate Change into Existence: On the Territorialization of Climate Policymaking. In: Pettenger M (Hrsg) The Social Construction of Climate Change. Power, Knowledge, Norms, Discourses. Aldershot: 149–172

Pauls M (2009) Polarsternexpedition Lohafex gibt neue Einblicke in die Planktonökologie. Alfred-Wegener-Institut für Polar- und Meeresforschung, Pressemitteilung vom 23.3.2009. Online unter http://idw-online.de/pages/de/news306652, abgerufen am 26.8.2010

Paulsen AC (1976) Environment and empire: climatic factors in prehistoric Andean culture change. World Archaeology 8(2): 121–132

Peixoto JP and Oort AH (1993) Physics of climate. New York

Perthes V (2004) Greater Middle East. Geopolitische Grundlinien im Nahen und Mittleren Osten. In: Blätter für deutsche und internationale Politik 6: 683–694

Petit JR et al.(1999) Climate and atmospheric history of the past 420,000 years from the Vostok ice core, Antarctica. Nature 399: 429–436

Pfeiffer C, Glaser S, Vencatesan J, Schliermann-Kraus E, Drescher A, Glaser R (2008) Facilitating participatory multilevel decision-making by using interactive mental maps. In: Geospatial Health, 3 (1): 103–112

Pilardeaux B, Schulz-Baldes M (2001) Desertification. In: Lozán JL, Graßl H, Hupfer P (Hrsg) Climate of the 21st Century: Changes and Risks. Wissenschaftliche Auswertungen, Hamburg. 232–236

Plourde AM, Stanish C (2008) The Emergence of Complex Society in the Titicaca Basin: The View from the North. In: Isbell WH, Silverman H (Hrsg) Andean Archaeology III – North and South: 237–257

Postel S (1993) Die letzte Oase, der Kampf um das Wasser. S. Fischer, Frankfurt

Pratt L, Urquhart I (1994) The last great forest – Japanese multinationals and Alberta's northern forests. Edmonton, Alberta, NeWest Press

Radcliffe S (2010) Forum: Environmentalist thinking and/in geography. Introduction: the status of the 'environment' in geographical explanations. In: Progress in Human Geography 34 (1): 98–116

RAIPON (2003) Avert felling of Bikin forests. Indigenous People's World – Living Arctic No. 13 [engl. Üs. aus der russ. Zeitschrift, www.raipon.org v. 19.01.2005].

Rajan TA (2000) Sustainable Chennai Project (SChP). Synthesis/Strategy Review: EPM Process in Chennai. Chennai

Rapp G, Hill CL (1998) Geoarchaeology: The Earth science approach to archaeological interpretation. Yale University Press, New Haven, London

Reindel M (2009) Life at the edge of the desert – arachaeological reconstruction of the settlement historyin the valleys of Palpa, Peru. In: Wagner G, Reindel M (Hrsg) New Technologies for Archaeology: Multidisciplinary Investigations in Palpa and Nasca, Peru. Springer, Heidelberg. 439–462

Renner M (2002) The Anatomy of Resource Wars, Worldwatch Paper 162, Washington

Renner M (2003) Oil and blood: The way to take over the world. In: Worldwatch Magazine 16 (1): 19–21

Renner M (2005) Anatomie der Ressourcenkriege. Jahrbuch für Ökologie: 101–113

Richards K (1992) Policy and Research Implications of Recent Carbon Sequestering Analysis. In: Reilly J, Anderson M (Hrsg) Economic Issues in Global Climate Change: Agriculture, Forestry and Natural Resources. Westview Press

Ridgwell AJ, Watson AJ (2002) Feedback between aeolian dust, climate and atmospheric CO_2 in glacial time, Paleoceanography Vol. 17, No. 4 (2002) 1059

Rockström J, Folke C (2008) Turbulent times. Global Environmental Change 19, 1: 1–3

Fortsetzung

_____ Fortsetzung _____

Rowe HD, Dunbar RB (2004) Hydrologic-energy balance constraints on the Holocene lake-level history of lake Titicaca, South America. Climate Dynamics 23: 439–454

Royal Society (2009) Geoengineering the climate: Science, governance and uncertainty. The Royal Society, London

Sachverständigenrat für Umweltfragen (SRU) (2010) 100% erneuerbare Stromversorgung bis 2050: klimaverträglich, sicher, bezahlbar. SRU, Berlin

Saile T (2001) Die Reliefernergie als innere Gültigkeitsgrenze der Fundkarte. Germania 79, 1: 93–120

Sauerborn R, Adams E, Hien M (1996) Household strategies to cope with the direct and indirect costs of illness. In: Social Science and Medicine 43 (3): 291–301

Schellnhuber H-J (1999) Globales Umweltmanagement oder: Dr. Lovelock übernimmt Dr. Frankensteins Praxis. In: Jahrbuch Ökologie. München. 168–186

Schittek K, Eitel B, Forbriger M, Mächtle B, Schäbitz F (2010) Cushion peatlands („Bofedales") in the High Andes as a new geoarchive in the context of multidisciplinary studies. II. International symposium „Reconstructing climate variations in South America and the Antarctic Peninsula over the last 2000 years", Valdivia, Chile, 27-30 October 2010. Abstract book, #144, CIN, Valdivia, Chile

Schlesinger WH (1997) Biogeochemistry. An analysis of global change. Academic Press, San Diego

Schliephake K (2001) Ein Ruhrgebiet ohne Wasser? Industrieräume am Golf. In: Petermanns Geographische Mitteilungen 145 (2): 70–77

Seuffert O (2001) Landschafts(zer)störung: Ursachen, Prozesse, Produkte, Definitionen & Perspektiven. Geoöko 22, 91–102

Smith N (2004) Scale bending and the fate of the national. In: Sheppard E, McMaster RB (Hrsg) Scale and geographic inquiry. Nature, society, and method. Oxford. 192–212

Sophocleous M (2004) Global and Regional Water Availability and Demand: Prospects for the Future. Natural Resources Research. 13(2): 61–75

Soyez D (1992) Hydro-Energie aus dem Norden Quebecs: Zur Problematik der Mega-Projekte an der Baie James. In: Geographische Rundschau 44 (9): 494–501

Soyez D, Barker ML (1998) Transnationalisierung als Widerstand: Indigene Reaktionen gegen fremdbestimmte Ressourcennutzung im Osten Kanadas. Erdkunde 52: 286–300

Spreitzhofer G (2003) Brennpunkt Regenwald: Ökologische und sozioökonomische Wurzeln der Rodung Südostasiens. In: Feldbauer P, Husa K, Korff R (Hrsg) Südostasien. Gesellschaften, Räume und Entwicklung im 20. Jahrhundert. Wien. 93–113

Steffen W, Sanderson A, Jäger J, Tyson PD, Moore III, B, Matson PA, Richardson K, Oldfield F, Schellnhuber H-J, Turner II, BL, Wasson RJ (2004) Global Change and the Earth System – A Planet Under Pressure. Springer Verlag, Heidelberg

Steuer H (2001) Landschaftsarchäologie. Reallexikon der Germanischen Altertumskunde 17: 630–634

Stöber G (1990) Erdölwirtschaft und Industrialisierung im Islamischen Orient. In: Ehlers E. et al. (Hrsg) Der Islamische Orient. Grundlagen zur Länderkunde eines Kulturraumes 1. Köln. 252–293

Tao F, Yokozawa M, Hayashi Y, Lin E (2003) Terrestrial Water Cycle and the Impact of Climate Change. Ambio 32: 295–301

Thomas DSG, Middleton NJ, United Nations Environment Programme (1997): World atlas of desertification. Arnold, London

Thompson LG, Davis ME, Mosley-Thompson E, Sowers TA, Henderson KA, Zagorodnov VS, Lin PN, Mikhalenko VN, Campen RK, Bolzan JF, Cole-Dai J, Francou B (1998) A 25,000-Year Tropical Climate History from Bolivian Ice Cores. Science 282: 1858–1864

Treter U (1993) Die borealen Waldländer. Das Geographische Seminar. Westermann, Braunschweig

Treter U (2000) Rolle der borealen Wälder im globalen CO_2-Haushalt. Eine ökosystemare Analyse. Geographische Rundschau 52 (12): 4–11

Turner BL et al. (2003) A framework for vulnerability analysis in sustainability science. In: Proceedings of the National Academy of Sciences (USA), 100 (14): 8074–8079

U.S. Census Bureau (2004) International Population Reports WP/02, Global Population Profile: 2002, U.S. Government Printing Office, Washington, DC (http://www.census.gov/ipc/www/)

U.S. Council on Environmental Quality (1980) The Global 2000 Report to the President (Ed. Barney, GO) Volumes 1, 2, and 3., Government Printing Office. Washington

Umweltbundesamt (UBA) (2010) Energieziel 2050: 100% Strom aus erneuerbaren Quellen. UBA, Dessau-Roßlau

UNCHS/UNEP (United Nations Environment Programme) (1997b) City Experiences and International Support. Volume 2 of the Environmental Planning and Managent (EPM) Source Book. Nairobi. http://www.gdrc.org/uem/epm/epm2.htm (letzter Zugriff: 30. März 2011)

UNCOD (1977) Desertification: its causes and consequences. Pergamon Press, Oxford

UNDDD (United Nations Decade for Deserts and the Fight against Desertification) (2010) http://Unddd.unccd.int, 01.12.2010

UNDESA (United Nations Department of Economic and Social Affairs) (2002) Global challenge, global opportunity: trends in sustainable development: Johannesburg Summit 2002. Johannesburg

UNEP (2005) „One Planet – Many People: Atlas of Our Changing Environment." Division of Early Warning and Assessment (DEWA), United Nations Environment Programme (UNEP), P.O. Box 30552, Nairobi

UNEP (United Nations Environment Programme) (2007):Global Environmental Programme – Environment for Development, Geo-4. (http://www.unep.org/geo/geo4.asp), 01.12.2010

UNFCCC (1997) Kyoto Protocol to the United Nations Framework Convention on Climate Change, Kyoto (http://unfccc.int/resource/docs/convkp/kpeng.pdf)

UN-Habitat/UNEP (2003) Sustainable Cities Programme: Chennai. http://ww2.unhabitat.org/programmes/sustainablecities/documents/chennai.pdf (letzter Zugriff: 30. März 2011)

Unkel I (2006) AMS-14C-Analysen zur Rekonstruktion der Landschafts- und Kulturgeschichte in der Region Palpa (S-Peru). Selbstverlag des Geographischen Institutes der Universität Heidelberg. Heidelberger Geographische Arbeiten 121

Unkel I, Kadereit A, Mächtle B, Eitel B, Kromer B,Wagner G, Wacker L (2007) Dating methods and geomorphic evidence of palaeoenvironmental changes at the eastern margin of the South Peruvian coastal desert (14°30' S) before and during the Little Ice Age. Quaternary International 175: 3–28

UVM (Ministerium für Umwelt und Verkehr Baden-Würtemberg) et al. (Hrsg) (2000) Leitfaden – Indikatoren im Rahmen einer Lokalen Agenda 21. Darmstadt

Van der Leuuven R (2002) Placing archaeology at the center of socionatural studies. American Antiquity, 67: 597–605

Veit H (2000) Klima- und Landschaftswandel in der Atacama. Geogr. Rundsch. 52 (9): 4–9

Venzke JF (2008) Die Borealis. Die Zukunft der nördlichen Wälder. Wiss. Buchgesellschaft, Darmstadt

Vernet J (1994) Pays de Sahel. Du Tchad au Sénégal, du Mali au Niger. Autrement, série Monde 72, Paris

Virgoe J (2009) International governance of a possible geoengineering intervention to combat climate change. In: Climatic Change 95 (1): 103–119

Vitousek PM (1994) Beyond Global Warming: Ecology and Global Change. Ecology: Vol. 75, No. 7: 1861–1876

Vitousek PM et al. (1997) Human domination of Earth's ecosystems. Science 277: 494–499

Vörösmarty CJ et al. (2000) Global Water Resources: Vulnerability from Climate Change and Population Growth. Science 289: 284–288

_____ Fortsetzung _____

Fortsetzung

Vuille M (1999) Atmospheric circulation over the Bolivian altiplano during dry and wet periods and extreme phases of the southern oscillation. International Journal of Climatology 19: 1579–1600

Wagner H-J (2007) Was sind die Energien des 21. Jahrhunderts? Der Wettlauf um die Lagerstätten. S. Fischer Verlag

Walsh RPD, Glaser R, Militzer S (1999) The Climate of Madras During the Eighteenth Century. In: International Journal of Climatology, 19: 1025-1047

Warner T (2004) Desert Meteorology. Cambridge University Press

Watts M (2001) Petro violence: community, extraction, and political ecology of a mythic community. In: Peluso N, Watts M (Hrsg) Violent environments. Ithaca 2001. 189-212

WBGU (1998a) Wege zu einem nachhaltigen Umgang mit Süßwasser. Berlin, Heidelberg, New York. Springer

WBGU (Hrsg) (1998b) Welt im Wandel – Herausforderung für die deutsche Wissenschaft, Jahresgutachter WBGU (1999) Welt im Wandel: Umwelt und Ethik, Sondergutachten 1999 des Wissenschaftlichen Beirats der Bundesregierung Globale Umweltveränderungen. Metropolis Verlag, Marburg

WBGU (2000) Erhaltung und nachhaltige Nutzung der Biosphäre. Berlin, Heidelberg, New York. Springer

WBGU (2001) Welt im Wandel: Neue Strukturen globaler Umweltpolitik. Springer. Berlin, Heidelberg

WBGU (Hrsg) (2005) Globale und regionale Global Change-Forschungsthemen des WBGU

Weber E (1997) Madras. Der jährliche Kampf ums Wasser. In: Hoffmann T (Hrsg) Wasser in Asien. Elementare Konflikte. Osnabrück

Weischet W (1977) Die ökologische Benachteiligung der Tropen. Stuttgart

Welzer H (2008) Klimakriege. Wofür im 21. Jahrhundert getötet wird. Frankfurt a. M.

Werth D, Avissar R (2005) The local and global effects of African deforestation. Geophys. Res. Let. 32 (12), L12704-L12707, doi:10.1029/2005GL022969

Westcott KL, Brandon RJ (2000) Practical applications of Gis for archaeologists. A predictive modeling kit. Taylor & Francis, London

Wetherald RT, Manabe S (1999) Detectability of summer dryness caused by greenhouse warming. Climatic Change 43, 3: 495–511

Wiertz T (2010) Von Regenmachern und Klimaklempnern: Geschichte des Geo-Engineering. In: Politische Ökologie 28 (120): 16–18

Wiertz T, Reichwein D (2010) Geoengineering zwischen Klimapolitik und Völkerrecht: Status quo und Perspektiven. In: Technikfolgenabschätzung – Theorie und Praxis 19 (2): 17–25

Wissenschaftlicher Beirat der Bundesregierung Globale Umweltveränderungen (WBGU) (2007) Welt im Wandel. Sicherheitsrisiko Klimawandel. Zusammenfassung für Entscheidungsträger. Berlin

WMO (World Meteorological Organization) (1997): A comprehensive assessment of fresh water resources of the world. Genf

Wolf AT (2000) Hydrostrategic territory in the Jordan Basin. In Amery HA, Wolf A (Hrsg) Water in the Middle East: A geography of peace. University of Texas Press, Austin

Wolman MG, Miller JP (1960) Magnitude and frequency of forces in geomorphic processes. Journal Geology 68: 54–74

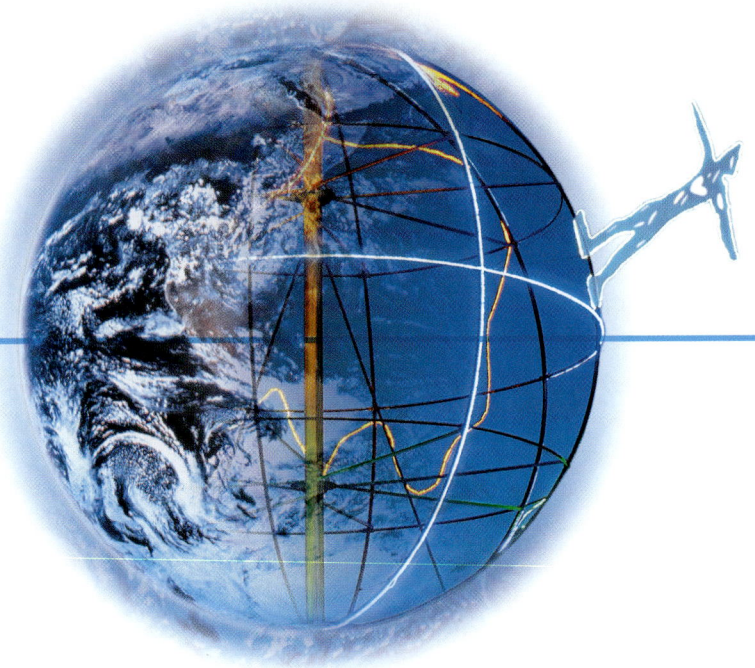

Index

A

Abendrot 244
Abfluss 575, 578f, 581, 623
Abflussbildung 575, 611
Abflussgang 582
Abflussganglinie 578−580
Abflussjahr 583
Abflusskoeffizient 582
Abflusskurve 578
abflusslose Hohlformen 1182
Abflussmenge 578
Abflussmessung 399
Abflussregime 582−584
Abflussspende 399
Abgrusung 387
Abrasionsterrasse 449
Absonderungsgefüge 477
Abtragung 395
Abtragungslandschaft
– Modelle 440
Abtragungsprozess 450
Abyssal 598
Ackerterrasse 429
Acrisol 503
actor network theory 1081
adaptation 332
adaptive Radiation 525
Adsorptionswasser 475
Ae-Horizont 485
Aerosol 239, 586
Aerosole 1201
agencement 915
Agglomerationsräume 980
Agglomerationsvorteile 924, 928, 954
Aggregatgefüge 477
Agnew, John 786, 789
Agrargeographie 820
Agrarstrukturwandel 827f, 830
Ah-Horizont 484, 488
AIDS 723, 726, 727
Akkumulationsterrasse 443
Aklé 426
Akten 167
Akteur-Netzwerk-Theorie 1105
Akteursgruppen 1103
Akteurskollektiv 1103
Aktion Apfelblütenland 213, 214
Aktualismusprinzip 450
Aktualitätsprinzip 357
Al-Horizont 487
Alang-Alang-Grasfluren 840
Albedo 235, 244
Albert, Hans 143
Aleüten-Tief 263
Alfisols 492

Alisol 503
Alkalimetalle 587
All-Inclusive-Urlaub 1034
allgemeine Systemtheorie 357
Allochorie 522
allokative Ressourcen 701
Alltagswahrnehmung 93
alpidische Orogenese 367
alpines Relief 460
Alternativhypothese 124
Altersdatierung 544, 564
– absolute 544
– relative 544
Alterspyramide 729, 731
Altersstruktur 142
Altocumulus 251
Altostratus 251
Alttertiär 545
amiktisch 591
Ammoniak 627
Ammonifikation 627
Amtsbücher 167
Andisols 492
Angewandte Geographie 695
Angiospermen 545
Angstraum 674
Anionenaustauschkapazität 481
Annonce 164
Anomie 1156
χ^2-Anpassungstest 142
Antarktis 452, 454
Antarktiseis 309
anthropogene Ablagerungen 512
anthropogene Kohlenstofffreisetzung 625
anthropogener Sulfateffekt 301
anthropogener Treibhauseffekt 301
Anthropologie 1219
Anthropozän 1068, 1179, 1294
Anthropozone 32
Anthrosole 512
äolische Formung 423
äolischer Schluff 414
AOSIS (Alliance of Small Islands States) 1230
apolitische Ökologie 1098
Äquator 196
äquatoriale Tiefdruckrinne 263
Aquert 492
Äquivalentdurchmesser 117
Aralsee-Katastrophe 1270, 1272
Arbeitskräfte
– Austausch 948
Arbeitsteilung
– räumliche 940
Arber, Günter 707

arbitrage-Modell 969f
Arc of Instability 800
archaeological heritage management 1181
Archäobotanik 546
archäologische Ausgrabungen 1207
archäologische Denkmalpflege 1181
Archäophyten 528
Archäophytikum 545
Archäoprognose 1185
Archipel der Sicherheit 24
Archive 166
– der Geopolitik 800, 810
Areal 524
– disjunktes 523
– geschlossenes 523f
Arealdisjunktion 523
Arealgröße 522
Arealkarten 522
Arealkunde 521f, 564
Arealsysteme 522
Arealtypen 526
Arealveränderung 524
Argon 237
Argumentationsanalyse 179
Argumentationsschema von Toulmin 180
Aride Diagonale 1216
aride Gebiete 571
– Formengemeinschaft 456
Aridisols 492
Aridität 1205
Ariditätsindex 1208
arithmetischer Mittelwert
– Definition 136
Arktis 452
arktotertiäre Reliktflora 546
Arrhenius, Svante 1198
Artenreichtum
– einer Insel 531
Artenverschiebung 531
Artenvielfalt 1243
Artenzahl 530
Assessment Report 1199
Assimilation 532
Asylanten 21
Atmosphäre 235−238
– CO_2-Konzentration 1190, 1198
– Schichtung 255
– Vertikalgliederung 237
– Wasserdampfgehalt 1190
Atmosphäreneigenschaften
– Rekonstruktion 1188
Atmosphärenzusammensetzung 1189
atmosphärische Gefahren 286

atmosphärische Gegenstrahlung 289
atmosphärische Zirkulation
– Veränderungen 1223
Atoll 449f
Atomabsorptionsspektroskopie 113
Aufbaugefüge 477
Ausländer 653
Auslandsforschung 19
Auslaugungsprozess 428
Aussagenanalyse 179f
außertropische Westwinddrift 260
außertropischer Frontalzyklon 260
Aussterben 1244
Austin, J. 664
Australis 526
Australopithecus afarensis 301
Auswahlverfahren 129f
Autochorie 522
autoritative Ressourcen 701
azonale Vegetation 557
Azoren-Hoch 263

B

backwash effects 933
badland-Landschaften 506
badlands 398
Bandkeramiker 41
Bank deutscher Länder 965
banlieue 888
Barbaren 657
Barchan 425–427
Barnett, Thomas P. M. 800
barometrische Höhenmesser 106
barotrope Rossby-Gleichung 261
Barriereriff 450
Barrows, H. H. 1089
Bartels, Dieter 648, 697
bas glacis 455
Basaltplateau 386
Basensättigung 481
basin-and-range-Landschaften 439
Basisabfluss 580
Bathyal 598
Bauman, Zygmunt 762
Baumjahrringchronologie 121
Baumkulturen 841
Beaufort-Skala 1125
Beaufort, Sir Francis 1125
Beauvoir, Simone de 671, 709
Bedeckungsgrad 326
Befragung 124, 128, 131, 133
Befragungsformen 132
behaviouristische Geographie 698
Beleuchtungsklimazonen 241

Benthal 590
Bentham, Jeremy 810
Beobachtung
– selektive 159
– verdeckte 159
Berg-Tal-Windsystem 276
Bergsturz 1140
Berichte zur Menschlichen Entwicklung
　748
Bertalanffy, Ludwig von 1088
Berufsverkehr 1050
Besiedlungsveränderungen 1210
Beteiligungsfinanzierung 959
Beteiligungskapital 953
Betriebsformen 1005
Bevölkerungsgeographie 715
Bevölkerung 689
– Definition 689
Bevölkerungsdaten 729
Bevölkerungsentwicklung 138, 724f,
　728
– weltweite 716
Bevölkerungsprojektion 729
Bevölkerungsstruktur 728
Bevölkerungsverteilung 727f
Bevölkerungswachstum 741, 831
bewachte Wohnkomplexe 890
Bewertung von Naturrisiken 698
Bewusstsein
– diskursives 701
– Formen nach Giddens 700
– praktisches 701
B-Horizont 489
Bh-Horizont 485
Bhabha, H. K. 654
bifurcation ratio 400
Bilbao-Effekt 964
Bild des Fremden 656
Bildungsmigranten 738f
Bims 378
binäre Nomenklatur 521
Bing Maps 200
Binnenmigration 732
Binnentourismus 1022
Biodiversität 1244f, 1249
– funktionelle Bedeutung 1245, 1247
– Verlust 1243
Biodiversitätsmanagement 1248
Biodiversitätswandel
– anthropogener 1247
Bioformation 559
biogene Naturgefahr 1121
biogeochemische Kreisläufe 628
– Veränderung 1192
Biogeographie 519f
– Definition 564

– Fragestellungen 520
biologische Invasoren 529
Biom 542, 559
Biomassenzunahme 534
Bioökologie 610
Biosphäre 1193
– zonale Gliederung 557
Biosphere II 30
Biostasie 455
Biotop 612
Biotopkomplexbewohner 563
Biotopwechsel 563
Bioturbation 486
Biozönologie 521, 564
Biozönose 552
bivariate Verfahren 136
Blache, Paul Vidal de la 57
Black-Box-Modelle 582
Blei 113
Blenck, Jürgen 746
blended learning 218
Blitz 279
Blut-und-Boden-Ideologie 692
Blut-und-Boden-Politik 787
Bobek-Schule 694
Bobek, Hans 693f, 858, 861
Boden
– als gefährdete Ressource 508
– als Klimaarchiv 504
– Basensättigung 481
– Definition 470
– Degradationserscheinungen 471
– der Subtropen und Tropen 502
– der Trockengebiete 503
– fossiler 505
– Klassifizierung 490
– Konsistenz 478
– Korngrößenverteilung 473
– Lagerungsdichte 479
– Luftmangel 475
– Mitteleuropas 501
– Nährelemente 540
– pH-Wert 480
– Pufferkraft 480
– salzhaltiger 487
– Steppen 505
– Transformationsprozesse 482
– urbaner 512f
– Versalzung 487
Bodenart 469, 473
Bodenartendiagramm 472
Bodenbestandteile 471
– mineralische 472
– organische 473
Bodenbildung 470f, 482
– Gleichung 470

Bodenbildungsfaktoren 470, 475
Bodenbleichung 471
Bodencatena 501, 515
Bodencharta des Europarates 511
Bodendegradation 506, 1226
– Erklärungskette 1102
Bodenentwicklung 470, 481
Bodenerosion 414, 428, 469, 471, 506
– Gegenmaßnahmen 514
– Typen 506
– Verbreitung 506
Bodenerosionsforschung 514
Bodenfauna 473
Bodenflora 473
Bodenform
– Definition 490
Bodenfracht 402
Bodenfruchtbarkeit 472
Bodengefüge 476, 478
– Definition 476
Bodengeographie 108, 515
Bodengesellschaften 515
Bodenhorizonte 487, 490
Bodenkarten 515
Bodenklassifikationssysteme 490
Bodenkörper 476
– physikalisch-chemische Eigenschaften 480
– physikalische Eigenschaften 478
Bodenkriechen 456
Bodenkundliche Kartieranleitung 108, 515
Bodenlösung
– Zusammensetzung 480
Bodenluft 475
Bodenluftdruckverteilung 267
Bodennutzung
– ökologisch angepasste 615
Bodenprofil 108
Bodenradar 110
Bodenreform 1063
Bodenrente 919
Bodenschadstoffe
– Belastungspfad 513
Bodenschutz 511
Bodensystematik
– deutsche 490, 496
Bodentiere 471
Bodentoposequenz 501
Bodenverbreitung 498
Bodenverdichtungen 480
Bodenverlagerung
– Einfluss von Weidetieren 511
Bodenversauerung 484
Bodenverwehung 509
Bodenwärmestrom 248

Bodenwasser 474f, 586
Bodenzonenkarte
– der Erde 499
bohemian-Index 977
Bohrkerndatierung 309
Bora 277
border studies 808
boreale Wälder 1260, 1265
boreale Waldländer 1259
borealer Nadelwald 559
Bosch, Carl 626
bottom up 146
bottom-up-Verfahren 34
Bourdieu, Pierre 657, 704, 706, 761
Bourne, Leo 969
braided-river-Terrasse 443
brain drain 738
Brandrodung 840, 842
Brandungswelle 421
Braun-Blanquet, Josias 554, 561
Braunerde 474, 498, 500
broken-windows-Metapher 888
Brückenwissenschaft 91
Brückner, Eduard 350
Brunhes-Epoche 118
Bruttoinlandsprodukt 930
Bruttoweltprodukt 913
Bs-Horizont 485
Bu-Horizont 487
Bundesbodenschutzgesetz 511
Burgess, E. 867f
Büsching, Anton F. 57
business angel 953, 958
Business Improvement Districts 892
Butler, J. 665
buy-and-hold 961
buy-and-sell 962

C

Cadmium 113
Caldera 384, 385
Call a Bike 1059
CAM-Pflanzen 538
Cambisols 498
Canada Geographic Information System 202
Canyon 404
Capensis 527
captive offshoring 944
Carbon Capture and Storage (CCS) 336
Carsharing 1059
Carson, Rachel 1091
cartographic silence 197
Castanea sativa 528

Catena 498
CDM-Mechanismen 1231
Central Business District 869
Central City 864
Chamaephyten 553
Chamberlain, P. C. 1198
Charakterart 554
Chelate 485
chemische Verwitterung 389, 394, 470, 483
Chernozems 505
Chicagoer Schule 862, 867, 869, 896
China Town 868
Chinook 277
Chlorophyll 532
Choriotop 564
chorische Ebene 31
C-Horizont 489
Choropletenkarte 208
Christaller, Walter 858, 919, 1029, 1046
Chromatographie 114
Chronostratigraphie 1184
Cirrocumulus 251
Cirrostratus 251
Cirrus 251
citizen-science-Forschung 214
citizen-science-Projekte 210, 213
clash of civilizations 769, 772
Clausewitz, Carl von 809
Clean Development Mechanism 1231
Climate Engineering 1196
Climategate 1204
climatic state 233
Club-Urlaub 1035
Cluster 924, 928, 938
– Definition 924
cluster sampling 130
Clusterentwicklung 928
^{14}C-Methode 118, 121–123
CO_2-Konzentration der Atmosphäre 1190
Cockpits 406
Commonwealth Human Ecology Council (CHEC) 1092
Community Oriented Policing 890
computer based training (cbt) 217
Conrad-Diskontinuität 364
conservancies 1215
conservation tillage 514
context Hazard 1120
conveyor belt 600f
Cook, Thomas 1026
coolness-Index 977
Copenhagen Accord 334
core stone 391

Corine-Land-Cover-(CLC-)Projekt   16
Corioliskraft   256–258, 262
corpus based   177
corpus driven   177
counterurbanization   860
CREAMS-Modells   147
crime maps   887
Critical Geopolitics   796f, 801f
critical regions   755
Croplands   32
crowd sourcing   210f
crusting   508
cultural turn   1038f
Cumulonimbus   251
Cumulus   251
cut-off-Zellen   261
Cyanobakterien   393
Cycle of Erosion   350

D

Dampfdruck   250
Dansgaard-Oeschger-Ereignisse   44
Darcy-Gesetz   582
Darwin-Finken   525f
Darwin, Charles   530
Datenauswertung   99
Datenbeschaffung   127
Datensammlung   104
Datierungsmethoden   117f, 544
– Altersbereiche   121
– Einsatzmöglichkeiten   121
Davis, William Morris   44, 350
Deckenbasalte   383
Deckengebirge   383
Deckschichten   420
Deckungsgleichheit   139
Deduktion   95
defensible space   892
Deflation   423
Deiche   430
Deiktika   182
Deindustrialisierung   897
Deindustrialisierungstendenz   894
Dekonstruktion   671
demographic divide   719, 722, 728
demographischer Wandel   724f
Dendrochronologie   121, 544
Denitrifikation   627
Denkmalpflege   1071
Dense Settlements   32
Denudation   395, 397
Dependenztheorie   747, 764
Descartes, R.   654
DESERTEC-Foundation   1292

Desertifikation   847, 1205, 1225f, 1229
– Beschleunigung durch Klimawandel
   1227
– Indikatoren   1225
Desertifikationsbekämpfung   1227
Desilifizierung   392, 487, 502
Desquamation   387
Detersion   408
Detraktion   408
Deutsche Gesellschaft für Geographie
   55, 67
Deutsche Gesellschaft für Human-
   ökologie (DGH)   1092
deutsche Reichsbodenschätzung   490
development narratives   1101
3D-Geovisualisierung   215
3D-GIS   207
4D-GIS   207
Diamond, Jared   1108
Dichotomie   1095
Dichotomisierung   94
Dienstleistungen   974–976
– Finanz-   953
– *offshoring*   945f
– unternehmensorientierte   972f, 975,
   978
– wissensintensive   973
Differenz   659
Differenzialanalyse   617
dimiktisch   591
Disi-Aquifer   1275
Disjunktion
– Definition   1095
Diskurs
– Definition   706
Diskursanalyse   175f, 181, 183
diskursanalytische Methoden   177
Diskurse   804
Diskursforschung   178, 660
Diskurstheorie   660f, 663, 706, 1101
Diskussionsleitung   163
Dislokationsmetamorphose   380
Dispositiv   181
Distanzrelation   1030
Divergenzgebiete   262
α-Diversität   1244
β-Diversität   1245
γ-Diversität   1245
Doline   406
Dolomit   483
doppelte Einebnungsfläche   441
Dorfentwicklung   821
Dorferneuerung   821
Draa   426
Drei-Welten-Theorie   1095
Driver, F.   657

Druckfeld   314
Drucksysteme   260
Drumlin   411
Dryas octopetela   301
Dryas-Zeit   301
dual city   900
Dualismen   672
Dünen   425
– freie   425
– Lee-   425
Dunne saturation overland flow   578
Durchfluss   579
Durchflussgeschwindigkeit
– Definition   578
Durchlässigkeitsbeiwert   586
Durchschnittstypus   170
Dürre   316, 1130
– Definition   1129
Dürrekatastrophe   1131
Dürresommer   285
Dürretypen   1131

E

E-Learning   217f
Earth Alliance   1175
Earth Funding   1176
Earth Eystem Science   357
Earth System Science Partnership   758
easterly wave   264
Easting   195
ecological regions   18
Edaphon   473
edge city   873, 900
Effusion   376
EGENHOFER-Operationen   206
Einbruchscaldera   384
Einkaufsverhalten   1007
Einkommensdisparität   763
Einstellungsmodell   1054
Einstrahlungsenergie   535
Einzelfallanalyse   168
Einzelhändler   1014
– Internationalisierung   1014
Einzelkorngefüge   477
Eis   413
Eisen   391f
Eisenstadt, Shmuel N.   762
Eisgebläse   541
Eiskern   311
Eisschild   311
Eisstromnetz   453
Eiswolke   251
Eiszeit   298
– Entstehung   303, 305

Eiszeitalter   445
Ekman-Spirale   258f
El Niño   266
El Niño Southern Oscillation   285
Elbehochwasser   1147
elektrische Leitfähigkeit   480
Elementaranalysator   113
Ellenberg, Heinz   556f
emerging megacities   880
Emissionsreduktion   1231
Emissionshandel   1203, 1231
Emissionshandelssystem   335f
Emissionsrechtehandel   336
Emissionsszenarien   319–321
empirische Forschung
– quantitative Methodik   135
empowerment   751f
Endemit   525
Endemitenzentren   1245
Endenergieträger   1287
endogene Wachstumstheorie   937
endorëisch   585, 589
Endrumpffläche   350
Energiebilanzkomponenten
– Tagesgänge   247
Energieexporte   1288
Energiehaushalt
– globaler mittlerer   245
Energieimporte   1288
Energiepflanzenanbau   829
Energiesolidarität   1292
Energiespeicher   1288
Energieverbrauch   1187
Energieversorgung   1291
Energiewende   1289
ENSO   266, 285, 300
entankerte Ökonomie   941
Entbasung   392, 484
Entdemokratisierung   886
Entisols   492
entitlements   755
entrepreneurial city   963
Entsolidarisierung   901
Entwicklung
– Definition   764
Entwicklungsforschung   746
Entwicklungshilfe   776, 778
Entwicklungsländer   747, 751, 762
*Environmental Design Research
    Association* (EDRA)   1092
Ephemerophyten   529
EPIC-Modell   148
Epilimnion   590
Epiphyten
– Definition   533
Epirogenese   364

Epistemologie   93
Erd-System-Wissenschaft   357
Erdachse
– Präzessionsbewegung   241
Erdachsenneigung   241
Erdalkalimetalle   587
Erdbahnparameter
– zeitliche Veränderung   305
Erdbahnschwankung   303
Erdbeben   3f, 372f, 381f, 1132f
– Gefahrenkarte   1149
– Magnitude   374
– Oberflächenwellen   373
Erdbebengefährdung   1148
Erdbebenprävention   1160
Erdbebenwellen   372f
Erde   1188, 1190
– energetisch stabile Zustände   1188
– Lebenserhaltungssystem   1187
– plattentektonische Gliederung   369
– Schalenbau   364, 368
Erdgaslagerstätten   1284
Erdkern   364
Erdkruste   364, 377
Erdmantel   364
Erdöl
– Förderkosten   1286
Erdölfallen   1280
Erdöllagerstätten   1280
Erdölproduktion   1286
Erdölreserven   1280, 1286
Erdölressourcen   1278
Erdölverbrauch   1286
Erdölwelt
– Aufteilung   1281
Erdrevolution   241
Erdrotation   235
Erdsystem
– Eingriffe des Menschen   1191f
Erdsystemforschung   1189
Erg   457, 459
Erlebnisgesellschaft   1039
Ernährungsgilde   562
Erosion   395
Erosionsforschung   1181
Erosionslandschaften
– Datierung   438
Erosionsraten   509
Erosionsrinne   581
Erosionsterrasse   443
Erzählungen   161
Escobar, Arturo   762
Esker   411
ESR-Altersbestimmung   123
Esskastanie   528
etchplain   441

Ethnoökologie   751
EU-Außengrenze   679
EU-Agrarpolitik   828
EU-Energiepolitik   1293
EU-Staaten   1231
EU-Wasserrahmenrichtlinie   570, 594f
Eulitoral   590, 598
Eurasian Pattern   267
Europa
– Wiederbewaldung   546
europäische Binnenwirtschaft   939
Europäische Grenzschutzagentur
    FRONTEX   678
Europäisches Programm zur Klima-
    änderung (ECCP)   336
euryök   542
Eustasie   370
Eutrophierung   592
Evakuierung   1153, 1156
Evaporation   573, 577
Evapotranspiration   573, 577
Evolution   1244
Evolutionstheorie   530, 691
Exaration   409
Exfoliation
– Gestein   388
Exhalation   376
Existenzoptimum   543
exorëisch   589
Exosphäre   237
expatriates   948f
explanation chains   1101
Export   940
extensive Weidewirtschaft   843
Externalisierungsthese   975
extraterrestrische Naturgefahr   1121
extrazonale Vegetation   557
Exurbanisierung   860, 900

F

Fagus sylvatica   522f
– Blattquerschnitt   534
Fahlerde   479
Fahrstuhleffekt   1039
failing states   770
Fallwind   277
Falsifikation   124
Falsifikationsprinzip   95
Falte   383
Faltengebirge   371, 383
Faltengürtel   371
FAO-Bodennomenklatur   515
Faunenreiche   526f
faunistische Raummuster   563

Feinkornfraktionen
– Differenzierung 107
Feldarbeit 157
Feldforschung 157
Feldkapazität 537
– Definition 475
– nutzbare 537
Feldmethoden 105
– in der Hydrogeographie 109
Felgenhauer, Tilo 708
Fels 380
Feminismus 669
feministische Forschung 669
Fernerkundung 198
– radiometrische Auflösung 200
– räumliche Auflösung 200
– spektrale Auflösung 200
– zeitliche Auflösung 200
Fernerkundungssysteme
– passive 199
Ferntourismus 1022
Fernwasserversorgung 594
Ferralisation 392
Ferrallite
– Definition 487
Ferrallitisierung 487
Ferralsols 500, 502
Ferrel-Zirkulation 266
Feststofffracht 401
feuchtadiabatische Abkühlung 254
feuchtadiabatischer Gradient 257
feuchte Tropen 839
Feuerbach, L. 676
filtering 969
filtering-Theorie 969f
Finanzdienstleistungen 953, 957f
Finanzgeographie 951f, 955
Finanzialisierung 952, 954
finanzielle Exklusion 957
Finanzinstitute 953
Finanzmarkt
– Liberalisierung 966
Finanzplätze 953
Finanzsysteme 952
– bankenbasierte 952
– marktbasierte 952
Finanzzentrum 954, 965
– internationales 956
Fingerprobe 107, 114
First World Political Ecology 1105
Fjorde 409
Flächenschutz 833
Flächenspülung 397
Flächenstichprobe 130f
Flächentreue 192
Flächenverbrauch 832

flat irons 434
Flechte 544
Fließgewässer 400
– mäandrierendes 402
Flohn, Hermann 272
Florenevolution 545
Florenreich 526f
– antarktisches 527
– holoarktisches 526
Flüchtlinge
– Kriminalisierung 21
Flughafenasylverfahren 679
Fluktuationen 551
Fluorchlorkohlenwasserstoffe 238
Flurformen 1067
Flurwind 276
Fluss
– Breite-Tiefe-Verhältnis 401
– Laufmuster 400f
– verwilderter 401
Flussanzapfung 444
Flusseinzugsgebiet 398f
Flussgebietsbewirtschaftung 594
Flussoase 1222
Flussterrasse 404, 439f, 453
– Bildung 444
Flussüberschwemmung 1128
Flutkatastrophe 6
Fluvialgeomorphologie 398f
Föhn 277f
footloose 941
footloose-Unternehmen 922
Fordismus 897
– Krise 897
Fordistisches Akkumulationsregime 926
Forested Anthromes 32
Formation
– Definition 557
Formen-Palimpsest 363
Formensystematik 350
Formerfassung 105
Formsystem 358
Forschungsstrategie zum Globalen Wandel 1175
forstliche Standortskartierung 490
fossile Riffterrassen 307
Foucault, Michel 91, 181, 647, 677, 761, 803, 807, 809
Fourier, Jean-Baptiste 1198
Fragen
– geschlossene 132
– halb offene 132
– offene 132
Fragmentgefüge 477
Fragmentierung 765, 767

Frauen 673
Freizeit 1022, 1027, 1033
Freizeitpark 1020
Freizeitverkehr 1050
Frequenzanalyse 1147
Friedensabkommen 809
Frisch, M. 677
Frosthärte
– Jahresgang 536
Frostsprengung 482
Frosttrocknis 536
Frostverwitterung 388, 394, 412
Fruchtbarkeitsrückgang 717–720
Frühjahrsgeophyten
– Definition 533
Frühwarnsystem 1121, 1152
– Konzeption 1152
fühlbarer Wärmestrom 248
Fukuyama, Francis 799
Functioning Core 800
funktionale Wirtschaftsgeographie 78
Fußfläche 438, 441

G

G77+China 1230
Gabelungsfaktor 400
Gaisser, Georg M. 318
Gale, J. 13
game-ranching 845
Garden Cities 864
Gartenstadt 864
Gartenstadtbewegung 865
Gaschromatographie 114
Gaskrater 1178
gated communities 20, 23, 763, 765, 809, 874, 883, 890f, 902
gatekeeper 164
Gauss-Epoche 118
Gauß-Krüger-System 195
Gauß, Carl F. 47
gay-Index 977
Gebirge
– Einfluss auf Klima 303
– Formengemeinschaften 459
Gebirgsrelief 459
Geburtenhäufigkeit 717–720, 722
Geburtenrate 717–719
Geburtenrückgang 722
Gefahr
– Definition 1121
Gefährdungsstufen 1146
Gefahrenkartierung 1147
Gelisols 492

Gender 670, 672

Genderforschung 674, 709

Genealogie 176

genetische Diversität 1243

Gentrifizierung 861, 874

Geoarchäologie 1179, 1181–1183

geoarchäologische Landschaftsgeschichte 1183

geoarchäologische Standortanalyse
1182

Geoarchive 1180, 1184

Geochronologie 39, 117, 122

Geodaten 125, 200

Geodatenbank 206

geodätische Koordinaten 193

Geodeterminismus 690, 858

Geoengineering 1196f

Geofaktoren 350

– Rekonstruktion 1182

geographical imaginations 94, 810

Geographie

– als Brückenfach 1085

– Angewandte 695

– Arbeitsmarkt 59

– Berufsbild 59

– Berufsfelder 60–62

– Bevölkerungs- 715

– Definition 49, 55

– der Gewalt 808f

– des ländlichen Raumes 821

– Drei-Säulen-Modell 71

– Forschung 58

– Geschichte 56

– globale Perspektive 19

– historische 1070

– Human- 55, 643f, 648, 650, 662, 681

– Kriminal- 887

– Kritische 680, 790f

– Lehre 66

– lokale Perspektive 22

– Modellbildung 144

– Physische 55

– Politische 749, 785, 788, 790, 800,
804f, 814

– Quantitative 134

– Schul- 64–66

– Sozial- 687, 861

– Stadt- 857

– Teilgebiete 54

– zyklische Strukturen 43

Géographie rurale 822

Geographie-Machen 688, 699, 702f,
708

Geographien

– autoritativer Kontrolle 703

– der Allokation 702

– der Information 703

– der Konsumtion 702

– der Produktion 702

– symbolischer Aneignung 703

Geographieunterricht 801

geographische Arbeitsweisen 124f

geographische Entwicklungsforschung
745–748, 751, 779

– Entwicklungstheorien 747

Geographische Informationssysteme
(GIS) 104, 144, 190, 202, 608, 635

Geographische Institute 63

geographische Konfliktforschung 752,
790, 793–795

geographische Migrationsforschung 741

geographische Perzeptionsforschung
697

geographische Stadtforschung 904

geography-maker 694

Geoid 194

Geokommunikation 187f, 191

geologische Zeitskala 364

Geomarketing 208

Geometrien des Kartennetzes 192

Geomorphochronologie 357

Geomorphogenese 357

geomorphogenetisches System 359

Geomorphographie 352

Geomorphologie 105, 349, 352, 355,
462f

– Definition 350

– des Anthropozäns 359

– Fluvial- 398f

– Klima- 351

– klimagenetische 351, 451

– Prozess 351

– Struktur- 351

geomorphologische Effizienz 360

geomorphologische Form 352f

geomorphologische Gleichgewichtssysteme 358

geomorphologische Prozesse 361

geomorphologische Systeme 359f

– Klassifikation 357f

geomorphologische Systemtypen 358

geomorphologisches Kontrollsystem
359

geomorphologisches Wirkungsmaximum 360

Geomorphometrie 352

Geoökologie 610

geoökologische Kartieranleitung 617

geoökologische Raumgliederung 34

Geoökosystem 612

geophysikalische Methoden 110

geopolitical imaginations 811

Geopolitik 58, 796, 1229

– deutsche 787

– Kritische 796

– Leitbilder 789, 798

geopolitische Regionalisierung 800

geopolitisches Leitbild 789, 796, 801

Georeferenzierung 202

Georelief 362

Georessourcen 1250

Geosimulation 146

geostationärer Satellit 199

Geostatistik 143

geostrophischer Wind 258

– Entstehung 256

Geotop 31

geotriptischer Wind 258

Gerinne 579

Gerölle 588

Gerölltransport 588

Geschlechterdifferenz 670, 673, 709

Geschlechterfrage 667

Geschlechtsidentität 665, 670f

Gesellschaft 691

– Definition 689

– Struktur 795

Gesellschaft-Umwelt-Beziehungen 40,
1095

– Modell 1096

Gesellschaft-Umwelt-Forschung 1110

Gesellschaften

– Gründe für Untergang 1108

gesellschaftliche Formationen 694

Gesellschaftsszenarien 319

Gesetz von Stefan und Boltzmann 243

Gesetze der fluvialen Morphometrie
400

Gesprächsleitfaden 161

Gesteine

– Kreislauf 350, 377, 379f, 470

– magnetische 378

– metamorphe 378, 380

– Zerkleinerung 388

Gesteinsaufbereitung

– chemische Verwitterung 483

– Karbonatverwitterung 483

– mechanische 482

– physikalisch gesteuerte 482

– Silikatverwitterung 483

Gewässer

– Abflussverhalten 399

– elektrische Leitfähigkeit 402

– mäandrierendes 401

– perennierendes 584

Gewässerchemismus 587

Gewässerdichte 400

Gewerbeflächenentwicklung 831

Gewerbeimmobilien   963
Gewittersturm   278
Gibbsit   487
Giddens Strukturationstheorie   795
Giddens, Anthony   700
Gide, André   29
Gigantismus   530
Gilde   562
– zentraleuropäischer Vogelarten   563
Gini-Koeffizient   929
Ginkgo   545
Gipstektonik   377
Girtler, Roland   158
GIS   104, 144, 190, 202, 608, 635
– Datenmodelle   197
– Entwicklung   202
– Rastermodell   205
– Raummodell   203
– Vektormodell   203
GIS-Analyse   206, 209
Glacis   439
Glatthang-Relief   460
Glazial   298, 309, 367
glaziale Prozesse   407
glaziale Serie   350, 446, 448
Glazialerosion   409
glaziales Hängetal   410
glazialeustatische Meeresspiegelkurve
– Rekonstruktion   1184
glazialisostatische Ausgleichsbe-
   wegungen   370
Glaziologie   1216
Gleichgewichtstheorie   530
Gleichstromgeoelektrik   110
Gleithang   401
Gletscher   408, 1217
Gletscher-Klimamodellierungen   1216
Gletscherabbruch   1128
Glimmerschiefer   380
global benchmarking   949
Global Change   81, 1172f, 1186, 1195
global citizenship   949
global city   880, 898, 949, 953
global city networks   857
Global Environmental Change and Food
   Systems   758
global governance   332, 806, 1172, 1294
global players   765
Global Positioning System (GPS)   106
global sourcing   1251
global staffing   947
global warming   298
Global-Change-Forschung   1175f, 1294
global-local interplay   960
globale Landnutzung   1193
globale Risikogebiete   881

globale seismische Gefahrenkarte
   1150
globale Umweltforschung   758
globaler mittlerer Energiehaushalt   245
globalisierte Orte   766f
Globalisierung   20, 26, 764–766, 805,
   912, 1171
– Definition   764
– der Wirtschaft   765
– kulturelle Folgen   774
– Paradoxe   774
globalizing cities   953
Globalstrahlung   244, 289
Glokalisierung   25f
– Definition   806
Glühverlust   112
Gneis   380
Go-Horizont   486
going native   159
Gold   645
Golfkriege   1286
Golfstrom   601
Gondwana   39
Gondwana-Flora   545
Google Earth   200f
Google Earth Pro   201
Google Maps   200
Google Street View   201
Gouvernementalitätsforschung   807
governmentality   761
Gr-Horizont   486
Graben   372
Gradientkraft   256
Granit   378, 393
Gräser   545
Graupel   254
gravitative Massenbewegungen   395f,
   1138, 1140
Green City   340
Greenland Ice Sheet Project   310
Greenwich   196
Grenzziehungen im Alltag   25
Grey-Box-Modelle   582
Grisebach, August   557
Grönlandeis   309
ground penetrating radar   110
Grounded Theory   169
Gründerzentren   936
Grundgesamtheit   128
– Definition   136
Grundwasser   475
Grundwasserneubildung   575, 577
Grüne Revolution   848f
Gruppendiskussion   163
Gruppeninterview   163
Grus   391

Gully-Erosion   509
Güter   915
Güterverkehr   1051
Gymnospermae   521

H

H-Horizont   488
Haber, Fritz   626
Habitus   704
Hadal   598
Hadley-Zirkulation   265
Haeckel, Ernst   1089
Haftwasser   471, 475
Hagel   254, 278
Hagelsturm   278
Haggett, Peter   686
Hall, S.   654f
Hamada   457–459
Hämatit   392
Hammerschlagseismik   111
Handelsverflechtung   941
Handlung   700
Hang   362, 396, 1139
Hang-Windsystem
– Schema   276
Hängetäler   409
Hangpedimentation   456
– Schema   456
Hangrückzugsmodell   436
Hangwind   276
Haplaquert   492
Hard, Gerhard   1085
Harrison, John   196
Hartke, Wolfgang   694f, 697, 861
Harvard Labs   202
harvest erosion   511
Harvey, David   649, 675, 791
Hasardeur   1119
Haufenwolke   252
haut glacis   455
Hawaii-Hoch   263
Hazard   1116f, 1119, 1129
– Definition   1117f
– man-made-   1119
Hazardforschung   81, 757
Hazardmanagements   1161
head cut retreat   508
head-cut-Entwicklung   510
health-field-Konzept   727
Hebungskondensation   254
Hebungsrate   305
hedgefonds   766, 952
Hegel, G. W. F.   676
Heimatbegriff   660

Heinrich-Lage 309
Helophyten 539
Hemerobie
– Definition 549
Hemerobiekonzept 14
Hemerobiegrad 550
Hemikryptophyten 553
Hemiparasiten 543
Heracleum mantegazzianum 528
Herbertson 18
heritage interpretation 221
Hermeneutik 156
– objektive 173
hermeneutische Textinterpretation
    172
Heteropolis 898, 902
Heterosphäre 236
Hettner, Alfred 72, 74, 80
Hettnersches Schichtenmodell 74
Hightech-Korridore 899
Hilfe bei Hazardereignis 1157
Hip-Hop 29
hippodamisches Schema 863
Hippokrates 232
Historische Geographie 1063, 1070
Historische Klimatologie 312, 314
historische Kulturlandschaft 1065, 1067
Hitzesommer 283
Hitzestress 535
Hitzetief 259
Hitzewelle 1125, 1127
– Todesopfer 1127
HIV 723
Hochdruckgebiet 259
Hochgraswiese
– Lichtverteilung 533
Hochwasser 317, 579, 1128f
– Definition 1129
– Gefahrenkarte 1147
– historische 316
– Ursachen 1129
– Zeitreihen 317
Hochwasserabfluss 581
Hochwasserrisikomanagement 1148,
    1236, 1238
Hochwasserschutz 1161
Hochwasserschutzmanagement 318
Hochwasserwelle nach DIN 4049 580
Höhenmarktgartenbau 850
Höhenstufen 560
Höhle 407
hollowing out of the state 894
holomiktisch 591
Holoparasiten 543
Holozän 301
holozäne Feuchtphase 1210

holozäne Vegetationsgeschichte 547
holozäner Klimawandel 1210
holozäner Landschaftswandel 1184
Holzexporte 1262
Holznutzung 1264, 1266
Holzvorrat
– globaler 1260
Holzwirtschaft 1258, 1263
Hominiden
– Entwicklungsgeschichte 302
Homo erectus 302
Homo habilis 302
Homo neanderthalensis 302
Homo oeconomicus 915
Homo rudolfensis 302
Homo sapiens 302
Homosphäre 236
Honneth, Axel 761
Horizonte
– organische 488
Horkheimer, M. 675f
Horst 372
Horton overland flow 577
Hot-spot-Vulkane 375
Hotspots
– des Klimawandels 1172
Howard, E. 864f
Howard, Luke 288, 291
Hoyt, H. 868
human biomes 32
Human Development Index 2007 750,
    763
human domination 1174
human impact 40f
Humangeographie 25, 55, 76, 643f,
    648, 650, 662, 681, 1087
– handlungstheoretisches Paradigma
    1096
– Leitlinien 645
– Teildisziplinen 77
Humanismus 655
– rassistischer 655
Humanökologie 1088f, 1091–1094,
    1097
– als Studiengang 1094
– an Universitäten 1093
– und Geographie 1094
Humboldt, Alexander v. 47, 52, 57,
    227, 232, 552
humide Gebiete 571
Humifizierung 483
– Definition 474
Huminsäuren 394
Huminstoffe 471, 474, 483
Humult 492
Humus 473

– Definition 474, 483
Humusformen 474, 484
Humuskörper 484
Humusprofil 483
Hungerbrunnen 405
Hungerkatastrophe 81, 1131
Huntington, Samuel P. 801
Hurrikan 280, 282, 284, 1124
– Zugbahn 1123
Hutton, James 350
Hybridkultur 774
Hydratation 389
hydraulischer Radius 401
Hydrogeographie 109, 570, 601
Hydrologie 570
hydrologisch-glaziologische Naturgefahr
    1121, 1128
hydrologische Modellierung 582
hydrologische Naturgefahr 1128
hydrologisches Jahr 579
Hydrolyse 389
– Schema 390
Hydrometeor 251
Hydromorphierung 485
Hydrophyten 539
Hydroxide 377
Hygrophyten 539
– Spaltöffnung 539
Hypolimnion 590
hypothesengeleitetes Vorgehen 104
hypsometrischer Formenwandel 459

I

Ice Rafted Debris 309
iconic buildings 964
ICP-OES 113
Idealstadtmodelle 863
Idealtypus 170
Identität 659, 665
imaginative Geographien 655
imagined communities 655, 789
Immobilien
– Definition 961
Immobilienmarkt 960f, 967
– Globalisierung 960
Immobilienmarktforschung 960
Immobilienportfoliomanagement 962
Immobilienwirtschaft 62, 960, 964, 968
Impaktszenario 326
Impatiens glandulifera 528
implizites Wissen 936
Inceptisols 492
Indisches Springkraut 528
Individualisierung 901

Industrieraum 926
Infiltrationsrate 576
Informationstechnologie 894
informeller Sektor 883
Inhaltsanalyse
– qualitative 172
inner cities 898
innertropische Konvergenzzone 264
Innovation 935f
– Definition 935
Innovationsthese 976
Innovativszentrum 881
Insel
– Arealdynamik 530
– Artenreichtum 530f
– Aussterberate 531
– Besiedlungsrate 531
Inselberg 436f
Inselgebirge 385
Inseltheorie 530f
insolation 244
Insolationsverwitterung 387
integrierte ländliche Entwicklung 835
integriertes Energie- und Klima- programm (IEKP) 338
Intensitäts-Auslese-Prinzip 363
Interaktionsthese 976
interface 1086
Interglazial 298, 367
Interglazialzyklus 303
Intergovernmental Panel on Climate Change (IPCC) 278, 329, 1198, 1200
International Association for People- Environment Studies (IAPS) 1093
International Organization for Human Ecology (IOHE) 1093
internationale Städtenetzwerke 338
Interpretationsansätze 174
Interpretationsplanung 221
Intersektionalität 675
Interview
– Gruppen- 163
– halb standardisiertes 132
– Leitfaden- 160
– narratives 161–163
– problemzentriertes 160
– qualitatives 159f
– standardisiertes 132
Interviewformen 160
Interviewpartner 164
Interzeption 573
Intraplattenvulkane 375
Inversion 256
Ionosphäre 236

IPCC Special Report on Emissions Scenarios 320
Irrtumswahrscheinlichkeit 124
islamisch-orientalische Stadt 877, 879
islamische Stadt
– zweipolige 879
Island-Tief 263
Isolationstheorie 530
Isostasie 370

J

Jahresringe 121
Jahresurlaub 1028
Jahreszeitenklima 248
Jeansproduktion 944
Jetstreams 263
Joint Implementation 1203
Joint-Implementation-Mechanismus 1231
Jungk, R. 1031
jungpleistozäne Moräne 1217
jungpleistozäner Paläoboden 1217
JUSCANZ-Gruppe 1231

K

Kaffeeanbau 844
Kahlschlag 1263
Kalium-Argon-Methode 544
Kalk 405
Kalkausfällung 407
Kalkstein 390
Kalkstein-Rendzina 474
Kalktuff 405
Kältehoch 259
Kalter Krieg
– Ende 798
Kältestress 535
Kaltfront 259
Kaltlufteinbruchsfront 254
Kaltlufttröge 261
Kaltzeit 298, 301
Kames 412
Kampf der Kulturen 769, 799
känozoische Gebirge 459
Kant, Immanuel 38, 51f
Kaolinit 392
Kapazitäten-Reichweiten-Ansatz 1031
Kapillarwasser 471, 475
Kapital
– kulturelles 706
– soziales 706

Kar 409
Karbonatkarst 405
Karbonatverwitterung 390, 483
Karren 405
Karst 405–407
– Begriff 404
– tropischer 406
Karstkegel 406
Karstquelle 405
Karsttypen 404
Karstzyklus 407
Karte 190
– Erzeugung aus Vektordaten 192
– thematische 193
– topographische 193
– Zeichnen mit Computer 196
Karteninterpretation 171, 194
Kartieren 197
Kartierung 106
– floristische 523
– Verfahren 108
Kartoffelkäfer
– Ausbreitung in Europa 529
Kartographie 191, 197f
kartographische Visualisierung 189
Kaskadensystem 359
Katastrophe 1115f, 1141, 1143
– Evakuierung 1153
Katastrophengrad 1143
Katastrophenhilfe 4, 8
Katastrophenintensität 1142
Katastrophenprävention 1165
Kationenaustauschkapazität 480
Keckermann, Bartholomäus 56
Kennarten 555
Kerbtal 403f
Kernblock 387
Kimberley-Prozess 1254
Kirchhoff, Alfred 57
Kittgefüge 477
Klamm 403f
Klare, Michael 800
Klassifikationssysteme
– für Böden 490
Klatschmohn 528
Kleine Eiszeit 298, 315
Klima 232, 351
– Definition 232
– kontinentales 250
– maritimes 250
Klimaänderungen 233, 294f, 300f, 328, 330
– Argumente der Skeptiker 331
Klimaänderungsszenarien 324
– globale 319, 321
– regionale 319, 321

Klimaanomalie 295
Klimaatlas 322
Klimaaufzeichnungen
– deskriptive 312, 314
Klimabegriff 232, 234
Klimadatenbank 314
Klimadiskussion 328f, 331
– Bedeutung der Medien 1205
Klimaelemente 235, 267
Klimaentwicklung 623
– historische 312
– Prognosen 1200
Klimaerwärmung 1198, 1202
Klimafaktoren 235, 267
klimagenetische Geomorphologie 351, 451
Klimageographie 108, 231, 340
– Entwicklung 234
Klimageomorphologie 351
Klimagrößen 470
Klimakatastrophe 329
Klimaklassifikation 267–271
– effektive 270
– genetische 272
– nach Troll und Paffen 272
– nach Wladimir Köppen 270
Klimamodelle 301, 315, 623
Klimamodellrechnungen
– globale 321
Klimarahmenkonvention (UNFCCC) 333, 1198
Klimarekonstruktion 315f
Klimaschutz 332, 336f, 339f
– kommunaler 338
Klimaschutzmaßnahmen 330, 333
Klimaschutzprogramm 338
Klimaschwankungen 40, 44, 233, 269
Klimastation 108
Klimasystem 235f
– Schema 236
Klimaszenarien 319
klimatische Grenzwertfunktionen 146
Klimatologie 233
– Allgemeine 233
– Arbeitsgebiete 233
– Definition 232
– Historische 312
– Makro- 233
– Meso- 233
– Mikro- 233
– regionale 233
– spezielle 233
– synoptische 233
klimatologisch-meteorologisches Messfahrzeug 109
Klimatrends 300

Klimatypen 268, 270
– nach Köppen 270f
– regionale 269
Klimaveränderungen 269
Klimavulnerabilität 313
Klimawandel 236, 285, 329, 1229f, 1232f
– holozäner 1210
– und Geopolitik 1229
Klimazeitreihen 318
Klimazonen 270
– nach Flohn 271f
– nach Köppen 273
Klumpenauswahl 130
Klüter, Helmut 708
Knöllchenbakterien 544
Kodierleitfaden 169
Kodierung 168, 170, 179
Koexistenz 544
Kohärentgefüge 477
Kohlendioxid 238, 331, 336, 389, 625
– Emissionsszenarium 320
– Konzentration in der Erdatmosphäre 240
Kohlensäure 389
Kohlenstoff 624
Kohlenstofffreisetzung 625
Kohlenstoffkreislauf 624f, 1190
Kohlenstoffsenke 625
Kohlenstoffspeicher 624
Kohlewirtschaft 1203
Kolluvisol 490
koloniale Expansion 1083
Kolonialwissenschaft 657
Kommunalpräventivrat 890
Kommunikation 708
Kommunikationskosten 921
Kommunikationstheorie 189
Konfliktforschung 793
– geographische 793–795
– räumliche 793
Konkurrenz 543
– zwischenartliche 542
Konkurrenz-(K-)Strategen 543
Konsistenzbereiche 478
Konstruktivismus 94, 786
Konsumenten 543
Konsumismus 896
Kontaktmetamorphose 380
Kontinentaldrift 301, 364
kontinentales Klima 250
Kontradieff 42
Kontrollverlust staatlicher Einrichtungen 894
Konvektionsströmungen 364
Konvergenzgebiete 262

Konzept
– der Leitarten 562
– des ökologischen Rucksacks 1176
– der Population 1096
– der Umzugsketten 969f
– des virtuellen Wassers 1274
– der Wachstumspole 934
Kookkurrenzanalyse 178
Koordinaten
– geodätische 193
Koordinationsmechanismus 932
Köppen, Wladimir 233, 270
Köppen'sche Klimaformel 270
Korallenriffterrasse 306, 449
Korngrößenanalyse 114, 116
Korngrößenverteilung 114
Korrasion 425
korrelate Sedimente 357
Korrelationssystem 612
Korrelogramm 140
Korrosionsebene 441
Kosmopolit 525
Kosten
– versunkene 922
Kostenvorteile
– natürliche 919
Kostenwirksamkeit 917
Krater 431
Kraton 383
kreative Klasse 977
Kreativwirtschaft 977f
Kreislaufmodelle 44
Krieg 772, 808
Kriminalgeographie 887
Kriminalität
– Verräumlichung 886
kriminologische Regionalanalyse 886
Krise der Repräsentation 895
Krisentheorien 896
Kritische Geographie 649, 675, 680, 709, 790f
Kritische Geopolitik 790, 796
Kritische Kartographie 197, 661
Kritische Kriminalgeographie 893
Kritische Kriminologie 887
Kritischer Rationalismus 94f, 103, 124f, 648
Kropotkin, Peter 691
Krugman, Paul 925
Krümelgefüge 478
Krustendeformation 371
kryokratische Phase 546
Kryopediment 453
Kryoturbation 486
Kryptophyten 553

Kuhn, Thomas S.   90
Kultur   914, 1083
Kulturbegriff   1081
kulturelle Hybridität   774
kulturelles Kapital   706
kulturgenetische Stadttypen   878
Kulturgeographie   662
– Neue   651
Kulturkonzept in der UNESCO   178
Kulturlandschaft   693f, 822, 1065,
    1071, 1096
– historische   1065, 1067
Kulturlandschaftspflege   1071f
Kulturlandschaftsschutz   1073
Kulturraummodelle   801
Kulturwirtschaft   977f
Kumulschaden   1162
Kupferschieferabbau   430
Küsten   419, 423
– Formbildung   419
Küstengestaltstypen   420–422
Küstenschutz   1161
Kybernetische Konzeptmodelle   610
Kyoto-Protokoll   333, 335, 338, 1198,
    1203
– Emissionsziele   337

L

L. A.-School   895
La Niña   285
labile Luftschichtung   254
Labormethoden   112
Lagerente   921
Lagerungsdichte   479
Lamprecht, Karl   1065
land grabbing   776f
Land-See-Windsystem   275
– Entstehung   276
Länder des Südens   747
Länderkunde   72, 74
Landesvermessung   192
ländliche Gesellschaft   833
ländliche Raumentwicklung   834
ländliche Raumforschung   852
ländliche Raumplanung   820, 835
– Instrumentarium   836
ländliche Regionalentwicklung   835
ländlicher Raum   819f, 822, 831
– Arbeitsdefinition   826
– Entwicklung   826f
– Funktionen   826
– ökologische Funktionen   834
– Typisierung   822
ländliches Siedlungswesen   831

Landnutzung
– Rekonstruktion   1066
Landnutzungsänderung   1192
landscape archeology   1181
landscape ecology   608
Landschaft
– Begriff   1065
– Definition   693
– glazial geprägte   445
– Horizontalstruktur   617
– symbolische   1070
– Vertikalstruktur   618
– virtuelle   215
Landschaftsarchäologie   1181
Landschaftsentwicklung   44
Landschaftsgliederung
– verschiedene Ansätze   18
Landschaftsgürtel   16
Landschaftshaushalt   610, 617, 619
Landschaftshaushaltsanalyse   608, 613
Landschaftsinterpretation   219, 222
Landschaftsklima   274
Landschaftsökologie   80, 606, 609, 614,
    635
– angewandte   613, 635
– Entwicklung   607
– Raumbegriffe   612
landschaftsökologische Datenerfassung
    615
landschaftsökologische Komplexanalyse
    616
landschaftsökologische Systemanalyse
    608
Landschaftsschutz
– im urbanen Raum   632
Landschaftsszenario   1185
Landschaftswandel
– holozäner   1184
Landschaftszonen der Erde   17
Landwirtschaft   829
– Multifunktionalität   829
landwirtschaftliche Betriebsgrößen
    828
Lange Reihen   1068
Langen Wellen   42
Längengradproblem   196
Laserbeugung   117
lasergestützte Entfernungsmesser   106
latenter Wärmestrom   248
Laterite   487
Lateritisierung   487
Latour, Bruno   762, 1080f
Laub-Nadel-Mischwald
– Lichtverteilung   533
Launhardt'scher Trichter   925
Lava   377, 1138

Lavadom   383
Lavatunnel   384
Le Corbusier   865
Le-Play-Schule   691
le Play, Fréderic   691
lean production   923
Least Developed Countries   768
Lebenserhaltungssystem   1187
Lebenserwartung   726
Lebensform   553, 693
– Definition   553
– nach Raunkiaer   553
Lebensformgruppen   693
Lebensgemeinschaft   1249
Lebensmerkmale   520
Lebensstilkonzept   702
Lebenszyklus-Konzept   1030
Lee
– Niederschlag   573
Leedünen   425
Lefebvre, Henri   647, 678, 762, 791
Lehm   473
Leihfahrräder   1059
Leitart   562
Leitfadeninterview   98, 160
Leitgeschiebe   411
Lenticularisbewölkung   278
Leptosol-Arenosol-Solonchak-Zone
    504
Lernformen   218
Lessivierung   484, 502
leverage-Effekt   962
Lexikometrie   177
L-Horizont   488
Lichenometrie   544
Lichtverteilung   533
Limnologie   589
Linearvulkan   383
linguistic turn   650
Linné, Carl von   521
Liquid Modernity   762
Lithosphäre   364, 367, 1132
Litoral   590
Little Sicily   868
livelihoods   753f
livelihoods-Ansatz   1099
livelihoods assets   1100
livelihoods system   757
Lixisol   503
local governance   833, 835
Lohnungleichheit   668
Lokale-Agenda-21   23
lokalisierte Ökonomie   941
Lokalklima   274
Lokations-Allokations-Modell   141
loop   867

Löss 414–416, 420
Lössböden 414, 481
Lössforschung 414
Lösungsaustausch 586
Lösungsdimensionalität 145
Lösungsfracht 401
Lösungsverwitterung 389
Love-Wellen 373
Lowenthal, David 1070
Luft
– Zusammensetzung 239
Luftbewegung
– horizontale 256
– vertikale 259
Luftdruck 239
Luftdruckfeld
– Strömungsverhältnisse 258
Luftmangel 475
Luftschichtung 254
Lufttemperatur 248, 288f, 296, 299, 322
– Anomalien 295
– Jahresgang 249
– Tagesgang 249, 290
Luhmann, Niklas 708
Lumineszenzdatierung 122
lunette dunes 457
Luv
– Niederschlag 573
Luvisol 503
Luvisol-Cambisol-Zone 498
Lydekker-Linie 527

M

Mäander 400
Mäanderterrasse 443
mäandrierendes Gewässer
– Grundriss 401
Maar 384
Macamo, Elisio 775
Macht 701
Mackinder, Halford 787, 789, 800
Magma 377f, 384, 1138
magmatische Gesteine 378
Magmatite 378
Magmendom 383
make-or-buy-Kalküle 926
making of identities 809
Makrogefüge 476
Makroklimatologie 233
Malinowski, Bronislaw 158
Malthus, Thomas Robert 1194
man-made Hazard 1118f
Mangroven 423
Mapviewer 204

Maquiladora-Industrie 945
marine Regime 598
marine Sedimente 311
marine Terrasse 448
maritimes Klima 250
Märkte 915
Markteintritt 1013
Marschen 481
Marsh, George P. 57, 691
Marshall Alfred 924
Marx, K. 676
marxistische Theorie 709
Massenbewegung 395f
– gravitative 1139f
Massenspektrometer 113
Massentourismus 1026
Massey, D. 674
mathematische Modellbildung 141
Matuyama-Epoche 118
McDonaldisierung 772
McKenzie 867
Median 136
mediterraner Hartlaubwald 559
Meer der Armut 768
Meeresregionen
– Gliederung 599
Meeresspiegel 326, 621
Meeresspiegelanstieg 327
Meeresspiegelveränderung 305
Meeresströmungen 600
Megacities 1233
Megastädte 879–881, 883
– Stadtentwicklung 884
Megastadtforschung 884
Megaurbanisierung 881, 883
Mehrkerne-Modell 867–869
Meier, V. 657
Melanisierung 503
Menisken 475
Mensch-Natur-Beziehung 663
Mensch-Umwelt-Beziehung 1116, 1212
Mensch-Umwelt-Interaktion 76
Menschheitsentwicklung 302
menschliche Zukunft 1194
mental maps 698
Mercator, Gerhard 48
Mercatorprojektion 193, 195
meromiktisch 591
Merotop 564
Mesoklimatologie 233
mesokratische Phase 546
Mesopause 237
Mesophyten 539
Mesophytikum 545
Mesosphäre 237

Messstrategie 105
Metalimnion 590
Metalle 587
metamorphe Gesteine 378, 380
Metamorphite 378
Meteoriteneinschläge 430
Meteoriteneinschlagkrater 432
Meteorologie 198
– Definition 232
meteorologische Naturgefahr 1121, 1123
Methan 850
Methodenvielfalt 92
Methodologie 93
Migranten 20, 732, 742, 773
Migrantennetzwerk 27, 735
Migration 732f, 736f
– Binnen- 732
– internationale 732, 740
– interregionale 734, 739
– Motive 740
Migrationsanalyse 735
Migrationsforschung 741
Migrationsströme 773
Migrationssystem 736
Migrationstheorien 735
Mikrofossil 119
Mikrogefüge 476
Mikrogeographie 24
Mikroklimatologie 233
Mikrozensus 125
Milankovitch, Milutin 305
Mineralbodenhorizont 489
Minerale
– primäre 377
– sekundäre 377
Mineralienhandel 1254
mineralische Nährstoffe 541
Mineralisierung 474
Mineralneubildungen 472
Mineralverwitterung 470
Mischungskorrosion 405
Mischwolke 251
missing carbon sink 625
mitigation 332
Mittelalterliches Klimaoptimum 298
Mitteleuropa
– Böden 501
– Vegetation 560
– Vegetationsgeschichte 546f
– Vegetationsprofil 560
mitteleuropäische Laubwälder
– Ökogramm 561
mittelozeanischer Rücken 364
mittlere Abweichung
– Definition 136

Mobilität 1048
– räumliche 734
– soziale 734
Mobilitätsforschung 1047
Mobilitätsmanagement 1057f, 1060
Mobilitätstransformation 734
Modal Split 1049, 1051
Modalwert 136
Modell
– Definition 145
– der abgestuften Wahlmöglichkeiten 1053
– der doppelten Einebnungsflächen 435
– der dreigeteilten Stadt 900
– der Gartenstadt 864
– der hierarchischen Reliefgliederung 361
– der konzentrischen Zonen 867
– der Siedlungsdispersion 867
– der sozialräumlichen Differenzierung 876
– der zweipoligen islamischen Stadt 879
– des demographischen Übergangs 716, 719, 741
– empirisches 146
– gegliedertes 147
– holistisches 609
– hydrologisches 582
– Lösungsdimensionalität 145
– Mehrkerne- 868
– *Push-and-Pull-* 735
– qualitatives 145
– quantitatives 145
– Ring- 867
– Sektoren- 868
– ungegliedertes 146
Modellbildung 144, 149
– deduktive 147
– deterministische 147
– induktive 146
Modellkategorisierung 145
Modelltheorie Stachowiaks 145
Moder 474
Modernisierungstheorie 747
Modified Universal Soil Loss Equation (MUSLE) 147
Mohorovicic-Diskontinuität 364
Mollisols 492
Mono-Biotopbewohner 563
monomiktisch 591
Monumenta Germaniae Historica 312
Moore 491
Moore, B. 1089
moral Hazard 1162

Moräne 411
Moränenwall 411
Morgenrot 244
Mosaik-Zyklus-Konzept 552
motorisierter Individualverkehr 1049, 1051
moyen glacis 455
muddling through 1159
Muldental 403f
multifunktionale Landwirtschaft 829
Multimediakartographie 191
multimediales Lernen 217
multivariate Verfahren 134, 136
Münchner Schule 696
Mykorrhiza 544

N

nachhaltige Stadtlandschaft 871
Nachhaltigkeit 23
Nachrichtenverkehr 1051
Naherholungsverkehr 1022
Nährelemente 538
NAO-Index 267, 281
narrative Sequenz 161
narratives Interview 161–163
Nassaufschluss 113
Nassreisbau 848
Nasssiebung 115
National Tsunami Hazard Mitigation Program 1151
Nationalstaat 788
Natur
– künstlich hergestellte 1080
Natur-Kultur-Verbindung 1080–1085, 1094
– in der Moderne 1081
natura naturans 1081f
natura naturata 1082
natural Hazard 1120
Naturbegriff 1081
Naturereignis
– Definition 1120
– Schwellenwert 1120
Naturgefahr 1114, 1116, 1120, 1122, 1131
– hydrologische 1128
– Klassifikation 1120
– Ursachen 1121
Naturgefahrenanalyse 1146
Naturgefahrenmodellierung 1146
Naturgefahrentypen 1122
Naturkatastrophe 3, 5, 9f, 1141, 1145, 1165
– Anzahl der Todesopfer 1142

– Definition 1120
– geschätzte Schäden 1143
– und Versicherungsschäden 9
– volkswirtschaftliche Kosten 1142
naturräumliche Gliederung 14f, 607
– Dimensionsstufen 31
naturräumliche Ordnung 608
Naturraumpotenziale 613
Naturressourcennutzung 1186
Naturrisiko 1116
Naturschutzgebiet 1078
Near Earth Objects (NEOs) 431
Nearktis 526
Neef, Ernst 608
neighbourhoods 874
neighbourhood-natch-Aktionen 892
Neo-Kartographie 188
Neobiota 528
– Ausbreitungswege 528
Neoendemit 526
neoklassische Wachstumstheorie 932
Neoklimatologie 294
Neoliberalisierung 807
Neomarxismus 791
Neophyten 528
– Ausbreitungszentren 529
Neophytikum 545
Neopositivismus 95
Neotektonik 380f
Neotropis 526
Neozoen 528
– Ausbreitung 529
Nettoprimärproduktion 535
Netzwerke
– globale 813
Netzwerkgesellschaft 20, 790
Neue Kulturgeographie 651
New Cultural Geography 651
new economics of migration 740
Newigsches Kulturerdteilmodell 801
NIBIS-Kartenserver 201
nichtmotorisierter Individualverkehr 1051
Niederschlag 254f, 573, 575
– effektiver 575
– orographischer 255
– Tropfenradius 574
Niederschlagsbildung 573
Niederschlagsintensität 574, 576
Niederschlagsregime 255
Niederschlagsszenarien 323
Niederschlagsverteilung 574
Niederschlagtrends 297
Niedrigwasserabfluss 581
Nimbostratus 251
Nitrifikation 627

no-go-areas 809
NO-Passat 264
Nomaden 770, 848
Nomadismus 845
non-property-Unternehmen 962
Nordatlantische Oszillation 267, 281
North Greenland Ice Sheet Project 310
Northing 195
Notfallroutenplaner 212
Nothilfe 1155, 1157–1159
Nothofagus 524
noxious facilities 23
Nullhypothese 124, 139
Nullmeridian 196
NW-Monsune 264

O

Oberbodenhorizont 488
Oberflächenabfluss
– am Hang 576
– nach Horton 577
Oberflächenkarst 405
Oberflächenwasser 474
Oberrheintiefland
– Vegetationsgeschichte 547
Objektwahrnehmung 698
Obsidian 378
Oeschger, Hans 1198
Of-Horizont 484, 488
off-limits-Gebiete 24
off-site-Schäden 509f
offenes Interview 158
öffentlich genutzte Räume
– Überwachung 892
öffentlicher Personennahverkehr 1052
öffentlicher Raum 887f
öffentlicher Straßenpersonennahverkehr 1051
öffentlicher Verkehr 1051
offshore 945
offshore-Zentren 954
offshoring 943f, 976
– von Dienstleistungen 945, 946
O-Horizont 488
Ökologie 610, 1089
– Definition 531
– Human- 1088f
– Politische 756, 813, 1097, 1099
ökologische Artengruppen 556
ökologische Standortbestimmung
– Zeigerwerte 556
ökologischer Rucksack 1176, 1178, 1251
ökologischer Standort 531
ökologisches Optimum 542

ökologisches Risiko 614
Ökologisierung 1090
Ökonomie 914
– entankerte 941
– fordistische 897
– lokalisierte 941
– Metropolisierung 949
– postfordistische 897
– transnationale 951
Ökonomik 666, 914
Ökosteuer 337
Ökosystem 609
– Definition 531
ökosystemare Diversität 1243
Ökosysteme 759
– Kollaps 1107
– Resilenz 1107
Ökosystemparadigma 609
Ökotop 31, 609, 612
Ökotopklassifikation 618
Ökozonen 559
Okzident 658
Öl-Lobby 1286
Ölfelder 1280–1282
Ölgesellschaften
– Verstaatlichung 1283
oligokratische Phase 546
oligomiktisch 591
Ölkonzessionen 1283
Ölkrise 1284
Ölpalmenplantage 839, 843
Ölressourcen 1177
Ölstaaten 1285
Ölwirtschaft 1203
OPEC 1231, 1283
Open Geospatial Consortium 205
OpenStreetMap (OSM) 201, 211f
ÖPNV-Potenzial 1056
optimizer 699
optisch stimulierte Lumineszenz 122
Optische Emissionsspektrometrie 113
OPUS-Modell 148
Orange County 899
organischer Horizont 488
Orient 658
Orientalis 527
Orientalism 655f
Orobiom 559
Orogonese 39
orographischer Fallwind 259
orographischer Niederschlag 255
Oser 411
outsourcing 944f
Oxidationsverwitterung 390
– Schema 391
Oxide 377

Oxisols 492
Ozean-Atmosphäre-Kopplung 235
Ozonloch 238
Ozonschicht 238

P

pacific ring of fire 1137
Paläarktis 526
Paläo-Tsunami-Forschung 1136
Paläobiogeographie 521, 564
Paläoböden 1218
Paläoendemit 526
Paläohydrologie 1217
Paläoklimatologie 295
Paläolimnologie 1217
Paläomagnetik 118
paläomagnetische Datierung 544
paläomagnetische Epochen 120
Paläomeeresspiegel 307
Paläopedologie 1218
Paläophytikum 545
Paläotropis 526
Paläoumweltforschung 1222
Palimpsest 363
Palmanova 863
Palynologie 546, 1218
Panarchie 355
Pangäa 39
Panoptikum 810
panplain 441
Papaver rhoeas 528
PAR-Modell 757
Parabraunerde 498, 500
Paradigma 90
– Definition 90
Paradigmenwechsel 90, 91
Paranthropus 301
Parapediment 441
Parasiten 543
Park 867
Park+Ride 1047
particle impact 510
partizipative Risikoanalyse 1163
Passarge, S. 859
Pastoralisten 844
Pauschalreise 1034
peak oil 1251, 1278
Pedalfere 498
Pedimentation 436, 439
Pedimente 439
Pedimentgenese 439
Pediplain 351, 441
Pedobiom 559
Pedocale 498

pedogene Tonverlagerung   484

Pedogenese   504

Pedon   498

– Definition   515

Pedosphäre   469

Pedotop   515

Pelagial   590

Peloturbation   486, 503

Penck, Albrecht   350, 361

Peneplain   350

Pensionsfonds   952

Pensionskassen   958

Peplopause   237

Peplosphäre   237

Performanz   664

Performativität   181

periglaziale Formen   412

periglaziale Hangsedimente   482

periglaziale Höhenstufe   462

Periglazialgebiete   454

Peripherie-Hypothese   1029

Peripherisierung   826, 898

Periurbanisierung   860

Permafrost   412f, 417f

Personenverkehr   1051

– Wegezwecke   1050

Peters-Projektion   193

pF-Wert   537

Pfanne   457

Pflanzen

– erkältungsempfindliche   535

– gefrierbeständige   535

– gefrierempfindliche   535

– homoiohydre   539

– poikilohydre   539

– Schutzmaßnahmen   536

– Transpiration   538

– Wasserhaushalt   537

– Wasserhaushaltstypen   539

– Welkepunkt   537

Pflanzenformation   557, 559

– Klassifikation   557

Pflanzengesellschaft   554

– Klassifikation   554

Pflanzensoziologie

– Grundannahmen   561

– Methodik   554

pflanzensoziologisches Klassifikationssystem   555

Pflanzenzeitalter   545

Pflügen   510

pH-Meter   112

pH-Wert   112, 480

Phallogozentrismus   1083

Phanerophyten   553

Photosynthese   532

phreatische Zone   405

Phyllit   380

Phyllosilikate   485

physikalische Verwitterung   387

Physiogeographie   1088

physiologisches Optimum   542

Physische Geographie   78f, 227, 1086

– räumliche Ebenen   31

Phytozönose   552

pipes   509

Planck'sches Strahlungsgesetz   243

planetarische Frontalzone   260

planetarische Zirkulation   266

Plantagenwirtschaft   843

Plattengrenzen   368

Plattenränder   371

Plattentektonik   367

Plausibilität   176

Pleistozän-Holozän-Grenze   366

Plinthit   392

Plinthosols   392, 487, 503

Pliozän   366

Pluralisierung des Wissens   904

Plutonit   378

Poaceae   545

Podsole   474, 500

Podsolierung   485

Podzol-Gleysol-Histosol-Zone   498

poikilohydre Pflanzen   539

Polarfront-Jetstream   262f

polarisation reversal   934

Polarisationstheorie   933

Polarsommer   241

Polarwinter   241

Polarzelle   266

politicised environment   1101

Politik

– der Abschottung   772

Politische Geographie   749, 785, 788,
   790, 800, 805, 814

– aktuelle Konzepte   790

– aktuelle konzeptionelle Strömungen
   790

– Forschungsfelder   805

– Forschungsfragen   805

– historische Entwicklung   786

– poststrukturalistische   791, 804

Politische Ökologie   756, 809, 813,
   1109

– der entwickelten Länder   1103

– Entwicklung   1098

– Forschungsgegenstand   1097

– und Umweltmanagement   1106

politische Systeme

– in ölproduzierenden Ländern   1290

Poljen   406

Pollenanalyse   119, 546, 1218

Pollendiagramm   119, 549

Polygenetik   362

polygenetische Reliefbildung   451

polymiktisch   591

Popper, Karl   94f, 1095

Population   689

– Definition   552

Porengrößenverhältnis   479

Porensystem   478

Portail des Territoires et des Citoyens
   201

Positivismusstreit   95

post-colonialism   775

post-development   762, 775, 778

Postfordismus   898

postkoloniale Theorie   653

Postkolonialismus   654

Postmoderne   896

postmoderne Stadtentwicklung   896

postmoderne Stadtstrukturen   899

Poststrukturalismus   660, 663, 673

poststrukturalistische Politische
   Geographie   791

potenziell natürliche Vegetation

– Definition   549

Präglazial   298

pragmatischer Realismus   94

prähistorische Nutzungsregime

– Rekonstruktion   1212

präkolumbische Siedlungsgeschichte
   1220

Prallhang   400

präventive Videoüberwachung   892

Pressure and Release   757

primäre Vegetation

– Definition   549

Primärerhebungen   128

Primärproduktion   534

Primärrumpf   350

Primärteilchen   114

primary coasts   421

Prinzip der Persistenz   696

Prinzip der Verortung   656

Prismengefüge   478

private equity   952–954

Probenvorbehandlung   114

problemzentriertes Interview   160

producer services   973

Produktlebenszyklus   91

Produktlebenszyklustheorie   43

Produktzyklushypothese   44

Produktzyklusphasen   43

Profundal   590

Projektion

– Prinzip   193

property-Unternehmen 962
protokratische Phase 546
Protonosphäre 236
Prozess-Geomorphologie 351
Prozess-Korrelations-System 611
Prozessresponssystem 359, 396, 612
Prozessgeomorphologie 351, 353, 357
Prozesssystem 612
PRUDENCE-Projekt 321
Pseudokarst 407
Pseudovergleyung 486
Ptolemäus 50f
Pufferung
– Definition 480
Punktrasterkarte 523
purification of space 16
Push-and-Pull-Modell 735
P-Welle 372f, 1133
pyroklastischer Fall 1138
pyroklastischer Strom 1138
Pyrophyten 541

Q

qualitative Feldforschung 157
qualitative Inhaltsanalyse 172
qualitative Methoden 96–98
qualitatives Interview 159f
Quantitative Geographie 134
– Geschichte 133
quantitative Methoden 96f, 99, 133,
    141
– Einsatzfelder 135
Quartär 303, 305, 366f, 546
– Klimawandel 305
– zukünftige Klimaentwicklung 309
Quartärforschung 309, 366f
quartered cities 24, 900
Quotenstichprobe 129

R

Rachel 398
radiative forcing 300
Radical Geography 649, 790–793
Radiokarbon-Datierungsmethode 121
– potenzielle Fehlerquellen 123
Radiokohlenstoff-Methode 544
radiometrische Auflösung 200
radiometrische Methoden 544
rainout 586
rainwater harvesting 1276
Ranchwirtschaft 843, 845
Rangelands 32

Rap 29
Rastermodelle 195
RATMAN 200
Ratzel, Friedrich 54, 57, 657, 787f, 800,
    858
Räuber-Beute-Beziehungen 543
Raum 11, 647, 691
– im Ausnahmezustand 5
– transkultureller 29
– verbotener 24
raum-zeitliche Struktur
– Rekonstruktion 1066
Raumgesetze 697
Raumgliederung
– standortökologische 14
Raumkonzept
– relationales 674
räumliche Reaktionsketten 697
Raumordnung 1163
raumorientierte Sicherheitspolitik
    889
Raumprofite 706
Raumsemantiken 708
Raumtypisierung 823f
Rayleigh-Wellen 372f
Rayleigh-Streuung 244
Reclus, Elisée 57, 691
red lining 970
Redoxpotenziale
– Definition 485
Reduktionsfärbung 486
Reflexivität 700
Refraktionsseismik 110
Regeln 699
Regenarten 254
regenerative Energiequellen 1287
Regenfeldbau 844
Regentropfenabtrag 397
Regenwald 846
Regierungshilfe 1157
regionale Disparitäten 929, 931f
Regionale Geographie 72
regionale Konflikte 811
regionale Wahrzeichen 703
Regionalentwicklung 821
regionaler Response 1175
regionales Wachstum 931
Regionalisierung 14, 18, 143, 695
– der Alltagswelt 700
– physiogeographische 16
Regionalklima 274
Regionalmetamorphose 380
Regionen
– geographische 16
– mit unterschiedlichen Machtpoten-
    zialen 792

regions at risk 755
Regolith 391, 392
Regressionsanalyse 140
Regressionsmodelle 141
Regulationsansatz 932
Regulationstheorie 649
Reisbau 848f
Reisbauwirtschaft 848
Reiseintensität 1023
Reisemarkt 1036
Reisemotive 1025
Reisen
– Entwicklung 1037
Reisestern 1032
Relative Feuchte 250
relative Vorticity 257
Relief 470
relief ruiniforme 386
Reliefentwicklung 363, 396, 452
Reliefform 353, 363
– Überformung 362
Reliefformenhierarchie 363
Reliefformenmodell 361
Reliktboden 505
Relikte
– Definition 1064
Rentierstaaten 1290
Reptation 424, 510
resilience 752, 756f, 759, 1107
– Grundprinzipien 760
– ökologische 757
– sozial-ökologische 758, 760
– soziale 758, 760f
– siehe auch Resilienz
resilience alliance 758
resilience thinking 760
Resilienz 1107, 1109, 1155
– Konzepte 1107
– siehe auch resilience
Ressource 699
– allokative 701
– autoritative 701
Ressourcenfluch 934, 1178, 1293
Ressourcenknappheit 1172
Ressourcenkonflikt 1179, 1250
Ressourcenmangel 1177
Ressourcennutzung
– globale 1251
Ressourcenschutz 632, 833
Ressourcenüberfluss 1178
Ressourcenweltkarte 1291
retail banking 956
Retrogression 551
return flow 577
Reurbanisierung 871
revanchist city 793

Revised Universal Soil Loss Equation (RUSLE) 147
Rhyolith 378
Richner, Markus 704, 707
Richter-Skala 374
Richthofen, Ferdinand v. 53, 57, 227, 350
Riesen-Bärenklau 528
rill wash 397
rill-interrill flow 508
Rillenspülung 397
Risiko 1119
– Definition 1119
– Externalisierung 1145
– Schutzmaßnahmen 1144
– subjektives 1144
– versus Chance 1145f
Risikoabwägung 1145
Risikoanalyse 1163
Risikobewertung 1144
Risikogesellschaft 1118
Risikokapital 953
Risikomanagement 958
Risikotypen 1119
Risikovorsorge 1162
Riß 367
Ritter, Carl 57
roches moutonnées 409
rock cycle 44
Rodinia 39
Rodung 41
Rohhumus 474, 484
Rohölpreisentwicklung 1285
Rohstoffblase 1178
Rohstoffhandel 1251–1254
Rohstoffkartell 1284
Rohstofftransport 1253
Rohstoffwirtschaft
– Zukunft 1256
Rose, G. 672
Rossby-Wellen 261f
Rostfleckung 471, 486
Rotbuche 522f, 543
– Blattquerschnitt 534
Rousseau, J.-J. 655
Rubefizierung 392, 487, 502
Rückhaltebecken 1161
Ruderal-(r-)Strategen 543
Rumpffläche 434, 441
Rumpfschollengebirge 383
Rundhöcker 408
Runse 453
Rural Geography 821f
rurality 822
Rutschung 460
Ryd-Scherhag-Effekt 262

S

S80/20-Regel 929
sachwertorientierte Haltestrategie 961
Said, E. 654, 656
Saisonarbeit 738
Salaquert 492
Salinarkarst 404
Saltation 424, 510
Salzkrusten 487
Salzverwitterung 388
Samenpflanzen 521
San-Andreas-Blattverschiebung 381
Sand 473
Sandbewegung 425
Sandboden
– Wasserspannung 538
Sandfraktion 115
sandwich dating 1136
Saprobel 590
Saprolit 391–394, 434f, 441
Satellit
– geostationärer 199
– sonnensynchroner 199
satisfizer 699
Sättigungsdampfdruck 250
Sättigungsflächenabfluss nach Dunne 578
Sauerstoff-Isotopenmethode 118
Sauerstoff-Isotopenstufen 120
Säulengefüge 478
Saumriff 450
Säureneutralisationskapazität 480
scalar fixes 792
Scale-Debatte 792
Schaden 1155
Schadensarten 1154
Schadensbegriff 1153f
Schadenskarte
– monetäre 1148
Schadstoffe 113
Schäfchenwolke 252
Schaffer, F. 861
Schattenpflanzen 533
Schattentoleranz 533
Schätzen 138
scheinbare Sonnenbahnen 242
Schichtflut 397
Schichtkämme 432
Schichtkammrelief 434
Schichtstufen 432f
Schichtwolke 252
Schildinselberg 437
Schildvulkan 384
Schlackenvulkan 384

Schleierwolke 252
Schlögel, K. 647
Schlottmann, Antje 708
Schluff 472, 473
– äolischer 414
– Bestimmung 115
Schlufffraktion
– Bestimmung 117
Schlüsselperson 164
Schmalblättriges Greiskraut 528
Schnee 254
Schneeballverfahren 164
Schneegrenze 461
Schneelawine 1128
Schneeschmelzerosion 509
Schnittstellenforschung 1086f
Schöller, P. 858, 860
Scholz, Fred 746f, 763
Schottermoräne 446
Schubspannung 588
Schuldenkrise
– Lateinamerikas 955
Schulgeographie 57f, 64–66
Schurkenstaaten-Doktrin 800
Schutthalde 460
Schuttpedimente 439
Schutzmaßnahmen 1164
Schwarze Körper 243
Schwebfracht 402
Schwebstoffe 588
Schwebstofftransport 588
Schwellenländer 748
science studies 181
securitization 1232
Sediment 470
sedimentäre Plateaus 383
Sedimentationsanalyse 115
Sedimentationsrate 116
Sedimente
– marine 311
– See- 308, 311
Sedimentfracht 401f
Sedimentgesteine 378
– biogene 378
– chemische 378
Sedimentite 378
See 589
– Ablagerungstypen 308
– Durchmischungstypen 591
– Flächenübersicht 589
– Nährstoffhaushalt 592
– Trophiegrade 592
– Verlandung 1270f
– Zirkulationsverhältnisse 591
– Zonierung eines eutrophen Sees 590
Seesedimente 308, 311

Seismik   110

seismische Diskontinuitätssprünge
   364

Seismizität   1149

Sektorenmodell   867f

Sekundärproduktion   534

Sekundärstatistik   128

Selbstmulcheffekt   503

Selbstmulchprozess   486

selective logging   842

selektive Beobachtung   159

semi-detached houses   864f

semi-terrestrische Böden   491

Semiarid-Landschaften   504

semiarides Gebiet

– Formengemeinschaft   456

Semiotik   189

Senecio inaequidens   528

Serir   457–459

Sex-Gender-Dualismus   670

sheep erosion   506, 511

sheet wash   506

shifting cultivation   840, 842

shrinking cities   893

Sicherheit

– als Forschungsfeld   893

Sickerwasser   471, 475, 586f

– Definition   475

Siderophore   393

Siebanalyse   115

Siedlungsdispersion   832

Siedlungsformen   1067

Siedlungsgeographie   820

Siedlungsstrukturen   872

silencio arqueológico   1219, 1223

Silicon Valley   28

Silikate   377

Silikatkarst   405, 407

Silikatverwitterung   483, 487

Silizium   587

Simple Features Specification (OGC SFS)
   206

Simulationsmodelle   141

Sinkgeschwindigkeit   116

Sinuositätsindex   400

Sinus-Milieu   996

Sippe   521

– gebietsfremde   528

Sklaven   655

slash and burn   840, 842

sliver polygons   209

slow-onset Hazard   1129

Slum   883

smart shopper   1006

Smith, Neil   675, 677, 793

SO-Passat   264

Society for Human Ecology (SHE)   1093

Sohlental   404

soil erosion   506

soil sealing   508

Soil Taxonomy   492, 515

Soja, Edward   647, 762

solar forcing   44

Solarkonstante   240

Solidaritätsbeitrag   1159

Sölle   412

sommergrüner Laubwald   559

Sommersolstitium   241

Sonnenenergie   240

Sonnenpflanzen   533

Sonnenscheindauer   325f

Sonnenstrahlung   244

sonnensynchroner Satellit   199

Southern-Oscillation-Index   267

Sozialbrache   694

soziale Bewegungen

– neue   811

soziale Ungleichheit   707

soziale Verwundbarkeit   1236

sozialer Konstruktivismus   96

sozialer Raum   706

soziales Geschlecht   670

soziales Kapital   706

Sozialgeographie   78, 649, 687–690,
   692, 696f, 704, 709

– Forschungsausrichtung   692

– Forschungsthemen   688

– handlungstheoretische   699, 704

– Münchner Schule   861

– reflexive   706

– Vergleich mit Soziologie   689

– Wegbereiter   691

– Zeittafel der Entwicklungsgeschichte
   693

sozialgeographische Landschaftsforschung   693

sozialgeographische Lebensformgruppen   695

Sozialökologie   1089

– Chicagoer Schule   862, 867

Sozialraumanalyse   127

sozialversicherungspflichtige Beschäftigte   979

sozialwissenschaftlich hermeneutische
   Paraphrase   174

sozio-ökonomische Disparitäten   883

Soziologie

– Vergleich mit Geographie   689

– Vergleich mit Sozialgeographie   689

space of flows   20

spaces of exception   5

spanische Kolonialstadt   875

Spannweite

– Definition   136

spätglaziale Vegetationsgeschichte   547

spatial approach   647

spatial turn   38, 646, 1066

spätmittelalterliches Wärmeoptimum
   315

species turn over   531

Speicherterm   247f

spektrale Auflösung   200

Speleotheme   407

Spendenbereitschaft   7

Spermatophyta   521

Spezies

– Definition   521

– invasive   529

Spivak, G. Ch.   654

splash   476, 506

splash erosion   397

Spodosols   492

Sporenanalyse   546

Sporopollenin   119

Spot-Märkte   1178

Sprache   649, 660

– als Zeichensystem   671

spread effects   933

Spreizungszone   368

Sprungschicht, thermische   598

staatliche Sicherheitspolitik

– Reorganisation   889

Stadt

– der kurzen Wege   871

– islamisch-orientalische   877, 879

– Kompakte   870

– postmoderne   900, 903

– Postmodernisierung   893

– Sicherheit   885f

– Umstrukturierung der ökonomischen
   Basis   897

Stadt-Land-Raumstrukturen   825

Stadt-Umland-Windsystem   276

Stadtbefestigung

– durch private Sicherheitssysteme
   902

Stadtbegriff   860

Stadtböden   630

Stadtbusse   1056

städtebauliche Gestaltung   892

Stadtentwicklung   895, 972

– Mehrkernemodell   869

– in Megastädten   884

– nachhaltige   866, 870, 1240f

– postmoderne   896, 899

– Ringmodell   867

– Sektorenmodell   868

Stadtentwicklungsmodelle   862, 875

Stadtforschung 858
– sozialgeographisch orientierte 861
Stadtgeographie 857, 859, 904
– angewandte 861
– Forschungsansätze 862
– Forschungseinrichtungen 870
– historische 862, 1067
– kulturgenetischer Ansatz 859
– morphogenetische 858
– regionale 862
– theoretische 861
– verhaltensorientierte 861
– Wiener Schule 862
Stadtgesellschaft 900
Stadtgewässer 631
städtische Wärmeinsel 629
städtischer Wärmeinseleffekt 287f, 291
Stadtklima 287, 629
Stadtklimatologie 291
Stadtlandschaft
– nachhaltige 871
Stadtmodell 867
– von Hahn 874
Stadtnatur 633
Stadtökologie 628, 634f
Stadtökosystem 629
Stadtplanung 632
Stadtstrukturmodelle 862, 864, 867, 873, 875
Stadtstrukturtypen 629
– Definition 629
Stadttypen 871
Stadtvegetation 631
Standardabweichung
– Definition 136
Standardisierung 98
Standort
– Definition 916
– in urbanen Agglomerationsräumen 979
Standortanalyse
– geoarchäologische 1182
Standortentscheidung 921f
Standortfaktoren 531, 564, 916–918
– Definition 531, 916
– primäre 532
– sekundäre 532
Standortklima 274
Standortlehre 919
standortökologische Raumgliederung 14
Standortstrukturtheorien 921
Standorttheorien
– normative 921

Standortverlagerung 922
Standortvorteile
– dynamische 924
Standortwahl 698, 921, 925
Starkniederschlag 283
Starkwindtage 283
Statistik 136
statistisches Sample 164
Staudämme 430
Staudammprojekte 1275
Stauniederschlag 255
Stauwasser 475
Steinewachsen 486
Steinkohlewälder 545
stenök 542
Steppen 505
Sterberate 717–719
– in Großregionen 723
Sterblichkeitsrückgang 717, 722
Sternestadt 866
Stichprobe 128f, 138
– Definition 137
– Flächen- 130
– Quoten- 129
– Zufalls- 138
Stichprobenerhebung
– Fragebogen 126
Stichprobenumfang 131
Stichprobenziehung 129
Stickoxide 627
Stickstoff 237, 624, 626, 1192
Stickstoffeintrag 1192, 1195
Stickstofffixierung 626, 1193
Stickstoffkreislauf 627
Stickstoffspeicher 626
Stieleiche 543
Stigmatisierung 706
stochastische Unabhängigkeit 142
Stoffeinträge
– anthropogene 586
– atmosphärische 585
Stoffkreisläufe 585, 621
Stoffquellen 585
Stokes'sches Gesetz 116
Stoma 538
Strabo 50f
Strahlungsbilanz 247f, 250, 289, 291
– Jahresgang 246
– Tagesgang 246
Strahlungsbilanzgleichung 245
Strahlungshaushalt 243
Strahlungsströme
– Tagesgang 244
Strandwall 448
strategic business services 973
Stratocumulus 251

Stratopause 237
Stratosphäre 237
Stratotop 564
Stratovulkan 377, 384
Stratus 251
Strauchkulturen 841
Strauchtundra 559
Strauss, Löb 944
Streu 471, 474
structure and agency 748
struggles over geography 808
strukturalistische Linguistik 671
Strukturgeomorphologie 351
Stufenbildner 433
Sturm 1124
– Messung der Stärke 1125
Sturmflut 326, 1128
Sturmprozesse 1122
Sturmtief 283
Sturzflut 1128
sub-optimizer 699
Subduktionszone 368
subglaziale Schmelzwassererosion 409
Sublitoral 590
subpolare Tiefdruckrinne 263
subprime-Kredite 960
Subrosion 429
Subsidiaritätsprinzip 1159
Subtropen
– Boden 502
subtropische Hochdruckzone 263
Suburbanisierung 860, 894, 903
Südbuche 524
Süddeutschland
– Vegetationsgeschichte 547
Suess-Effekt 123
Sukkulenten
– Spaltöffnung 539
Sukzession 551
– allogene 551
– autogene 551
– primäre 551
– progressive 551
– regressive 551
– sekundäre 551
Sukzessionsstadien 551
Sukzessionstypen 551
Superkontinentzyklen 39
Supralitoral 598
Süßwasservorräte 621
sustainable development 23
sustainable livelihoods security 754
S-Welle 372f, 1133
SW-Monsune 264
Symbiose 544

symbolische Landschaft 1070
Symphänologie 551
Syndrome
– des globalen Wandels 1172, 1174
synoptische Klimatologie 233
Syrosem 490
Systemanalyse 608
Systemtheorie 708, 1088
– 2. Ordnung 1088

T

Tafelberg 455
Tafoni 388
Tageszeitenklima 248
Tal
– Definition 403
– glaziales 461
Talquerschnittsformen 403
Taltypen 403
Tansley, A. G. 609
Taxon
– Definition 521
Taxozönose 562
Taylor, Peter 792
technological Hazard 1120
teilnehmende Beobachtung 157f
Teilsphären 631
Tektonik 371
tektonischer Graben 381
Telefoninterview 131
Temperaturgradient 256
Temperaturinversion 254
Temperaturszenarien 323
Temperaturverlauf
– ab 1000 n. Chr. 314
Tephrochronologie 544
Terrae rossae 502
Terrain of Resistance 812
Terrasse 443
– Abrasions- 449
– Korallenriff- 449
– marine 448
Terrassenbildung 444
Terrassierung 514
terrestrische Böden 491
territorial trap 789
Terroranschläge 798, 804, 810
Tertiär-Quartär-Grenze 366
Textanalyse 182
Textaufbereitung 165, 166
Textileinzelhändler 1003
Textinterpretation 173
Textkorpora 177
theoretisches Sampling 164

Theorie
– des kommunikativen Handelns 189
– der drei Welten 1095
– der fragmentierenden Entwicklung 763, 765
– der langen Wellen 934
– der Plattentektonik 367
– der Regulation 897
– des *sea-floor spreading* 366
– des geplanten Verhaltens 1054
– *wealth flow* 718
Theoriekonzept 156
theory of island biogeography 530
thermische Konvektion 259
thermische Schichtungen 256
thermische Sprungschicht 598
thermohaline Tiefenwasserzirkulation 235
thermohaline Zirkulation 601
Thermohygrograph 108f
Thermoisoplethendiagramm 248
Thermolumineszenz 122
Thermosphäre 237
Therophyten 553
thirdspace 647, 762
Thünen, Johann von 919
Tiefdruckgebiet 259
Tiefenkarst 405
Tiefenwasserzirkulation 235
Tiergruppen
– Raummuster 563
Tierreich 521
tillage erosion 506, 511
timber colonies 1259
Tipping Points 1172
Ton 473
– Bestimmung 115
Tonböden 475
Tonfraktion
– Bestimmung 117
Tonminerale 390, 472
Tonverlagerung 484
top-down-Verfahren 32
topische Ebene 31
topographische Karte 193
Tornado 279f
Toteisloch 412
Touraine, A. 902
Tourismus 1021f, 1041
– Devisenentwicklung 1037
– Entwicklung 1024
– Geschichte 1026
– Globalisierung 1030
– nachhaltiger 1031
– ökonomische Bedeutung 1033, 1035

– raumzeitliche Entwicklung 1028
– sanfter 1031
traded interdependencies 927
Transaktionskosten 940
– Definition 926
Transaktionskostentheorie 926
Transamazonica-Projekt 847
Transformationsprozesse 482, 881
Transformstörungen 371
Transhumanz 844
Transkriptionsmethoden 165
Translokationsprozesse 484
Transmigrasi-Projekt 847
transnationale Netzwerke 771
transnationale Räume 28
transnationale Unternehmen 942, 949
Transpiration 538, 573
Transportkosten 921, 924f
Treibhauseffekt 238, 245, 623, 1198
– anthropogener 301
Treibhausgaskonzentrationen 320
Triangulation 192
triangulierte unregelmäßige Netzwerke 205
trockenadiabatische Abkühlung 254
trockenadiabatischer Gradient 257
Trockenfeldbau 845
Trockengebiete
– Boden 503
– Kennwerte 1208
– Klassifikation 1209
– Vulnerabilität 1209f
Trockensavanne 559
Trockensiebung 115
Trogtäler 409
Troll, Carl 351, 607
Tropen 456
– Boden 502
– Formengemeinschaft 454
– Zonierung 838
Tropenholzhandel 1258
Tropenwaldzerstörung 842
Trophiegrad 592
tropical easterly jet (TEJ) 263f
tropische Ostwindzone 264
tropische Regenwälder 1196
tropische Stürme 282, 1126
tropische Westwindzone 265
tropische Wirbelstürme 279, 1122f
tropische Zirkulation 263
tropische Zyklone 260
tropischer Nebelwald 1256
tropischer Regenwald 559, 1256f
Tropopause 237
Troposphäre 237, 259
– Druckverteilung 261

– Vertikalgliederung 238
Tschernoseme 505
Tsunami 7, 1133f, 1136
– Gefahrenkarte 1151
– Katastrophenvorsorge 1151
– Phasen 1134
Tsunami-Ablagerung 1137
Tsunami-Frühwarnsystem 1137
Tsunami-Gefahrenkarte 1151
Tsunamit 1137
Tuffvulkan 377, 384
Turbation 486
Typenbildung 170
Typlandschaften 432

U

Überdeterminierung 180
Überdüngung 627
Überschwemmung 6
– Definition 1129
Überschwemmungskatastrophe 1129
Übersichtsaufnahmen 105
Überwachung
– öffentlich genutzter Räume 892
Überweidung 1228
Ubiquitifizierung 941f
Ultisols 492
Umbrella-Group 1231
Umbrept 492
Umwandlungsenergie 250
Umwelt 1099, 1103
– Begriff 1089f
– ökologische 1090
– physiologische 1090
– Politisierung 1101
– psychologische 1090
Umweltbedingungen
– Variabilität 1188
Umweltbelastung 22
umweltbezogene Macht 1103
Umweltfaktoren 531
Umweltforschung 1084
Umweltgerechtigkeit 1098, 1105
Umweltgeschichte 1068f
Umweltpolitik
– globale 1175
Umweltprobleme 1084, 1091, 1174
Umweltsteckbrief 1185
Umweltveränderungen
– anthropogen bedingte 1195
Umweltverträglichkeitsprüfung 614
Umweltzerstörung 1120f
Umzugsketten 969
UNCOD-Konferenz 1227

UNESCO 178, 180
Unfall 1119
Unit Hydrograph 582
United Nations Conference on Desertification (UNCOD) 1225
United Nations Framework Convention on Climate Change (UNFCCC) 1198, 1230
univariate Verfahren 136
Universal Soil Loss Equation (USLE) 146
UNO-Klimarahmenkonvention 1202
unsichere Quartiere 888
Unsicherheit
– in der Stadt 885
Unterbewusstsein 701
Unterbodenhorizont 488f
– in semiterrestrischen Böden 489
Untergrundhorizont 489
Unternehmen
– internationale 942
– multinationale 942
– transnationale 942, 949
untraded interdependencies 927
Uran-Thorium-Methode 544
Uranreihendatierungsverfahren 121
urban amenities 977
urban cooling islands 290
Urban Entertainment Center 902, 1011
urban heat island 291
Urban Political Ecology 1105f
urban sprawl 871
Urbanisationsvorteile 949
Urbanisierung 512
Urkunde 167
Urlaubsreise 1022
– Entwicklung 1036
Urlaubsreiseintensität 1029
US-amerikanische Stadt 874
UTM-Koordinaten 194
UTM-System 195
UV-Strahlung 238, 244
Uvala 406

V

vadose Zone 405
Varenius, Bernhardus 56
variable source areas 578
Variationskoeffizient 929
Vegetation 1190
– azonale 557
– extrazonale 557
– Mitteleuropas 560
– potenziell natürliche 549, 607

– primäre 549
– zonale 557
Vegetationsdynamik 551
Vegetationsgeographie 111
Vegetationsgeschichte 547
– holozäne 547
– in Mitteleuropa 546
– spätglaziale 547
Vegetationsklassifikation 552
Vegetationsveränderungen
– holozäne 550
Vegetationszonen 558
Vektoren 203
Vektormodelle 195
venture capital 953f
Verbriefungsprodukte 958
verdeckte Beobachtung 159
Verdunstung 470, 573, 575
Verflechtungsansatz 748
Verfügungsrechte 755
Vergleyung 486
Vergrusung 391
Verhütungsmittel 721
Verkehr
– Faktoren für die Entstehung 1047
Verkehrsangebote 1053
Verkehrsaufkommen 1048
Verkehrsaufwand 1048
Verkehrsgeographie 1045
– Arbeitsweise 1052
– Entwicklung 1046
– grundlegende Begriffe 1051
verkehrsgeographische Forschung 1059
Verkehrsmittel 1048
Verkehrsmittelwahl 1052f, 1055, 1058
Verkehrssystem
– Gestaltungsansätze 1055
Verkehrssystemmanagement 1058
Vermessungsgeräte 106
Versalzung 487
Verschieden-Biotopbewohner 563
Versicherungsschutz 1162
Versiegelungsgrad 576
verstädterte Landschaft 870
Verstädterung 860
Vertex 203
vertikale Kompartimentierung 619
Vertisols 492, 502f
Verwitterung 386, 394, 470
– biologisch-chemische 393
– chemische 389
– Frost- 388
– Insolations- 387
– Lösungs- 389
– Oxidations- 390
– physikalische 387

– Salz- 388
– Silikat- 389
– von Karbonaten 390
verwitterungslimitiertes System 360
Verwitterungsprozess 388, 450
Verwundbarkeit 752, 1131
– gesellschaftliche 752
– ökologische 753
– soziale 752
– von Nahrungssystemen 758
Videoüberwachung 892
Village-of-the-Poor-Aktion 812
Ville contemporaine 865
virtuelle Landschaft 215
virtuelles Wasser 1176
Visualisierung 189
– kartographische 189
Volkszählung 729
Vollerhebung 164
Volunteered Geography (*Volunteered Geographic Information*) 210
von Uexküll, Jacob 1089
Vorkonstrukt 182
Vorticity
– relative 259
Vorwarnzeit 1140
Vulkan 1144
– im Holozän 375
Vulkanausbruch 8f, 374, 1138
Vulkanformen 376, 383
vulkanische Plateaus 383
vulkanische Prozesse
– Reichweite 1139
Vulkanismus 374–376

W

Wachstumsgrenzen 1186
Wachstumsstruktur 932
Wachstumstheorie
– endogene 937
– neoklassische 932
Wahrzeichen 703
Wald
– als Kohlenstoffspeicher 1260
– borealer 1265
Wald-Feld-Windsystem 276
Waldböden 498
Waldbrände 541
Waldkiefer 543
Waldschäden 1126
Waldseemüller, Martin 50
Waldsterben 1199
Walker-Zirkulation 265, 266
Wallace-Linie 527

Wallace, Alfred Russel 530
Wallacea 527
Wälle 430
Wallerstein, Immanuel 792, 1066
Wanderfeldbau 840f
Wärmefluss 289, 291, 294
Wärmehaushaltsgleichung 248, 289
Wärmestrom
– fühlbarer 248
– latenter4 248
Warmfront 254, 259
Warmluftrücken 261
Warmzeit 298, 301, 309
Warthe 367
Warvenchronologie 544
wash 476
washout 586
Wasser
– im Boden 471
– Umwandlungsenergie der Aggregatzustände 250
– virtuelles 1274
Wasserbilanz 572
Wasserdampf 250, 573
Wassererosion 506
Wasserführung
– heterogene 585
Wasserfußabdruck 1274
Wasserhaushalt 571, 573, 575, 622
– globaler 1267
Wasserhaushalts-Simulationsmodell der ETH 582
Wasserhaushaltsgleichung 571
Wasserknappheit 569, 595, 597, 1267
Wasserkraftanlagen 919f
Wasserkreislauf 570f, 574, 621f, 1190, 1267
– globaler 570
– großer 570
– kleiner 570
Wasserkrise 1276
Wassermangel 1267f, 1273, 1277
Wasserpotenzial
– Definition 537
Wasserpotenzialgefälle 537
Wasserqualität 1273
Wasserscheide 400
Wasserspeicher 571
Wasserstand 578
Wasserumsatz 620
Wasserverbrauch 569, 595f
– weltweiter 1268
Wasserverteilung 1274, 1278
Wasserwolke 251
watershed management 595

Watzlawick, Paul 1145
wealth flow-Theorie 718
web based training (wbt) 217
Web Coverage Service 205
Web Feature Service 205
Web Map Service 205
Weber, Alfred 919
Weber, Max 157, 690, 1030
WebGIS 205
Wechselkurse 952
WEELS-Modell 148
Wegener, Alfred 279, 364
Weidewirtschaft 844
Weihnachtstauwetter 282
Welkepunkt 537
Wellenlänge 243
Weltbevölkerung 716
Weltgesellschaft 29
Weltklimakonferenz 334, 1198
Weltmeere
– Oberflächenströmungen 599
Weltsystemansatz 792
Weltwasservorkommen 622
Welwitsch, Friedrich 519
Welwitschia mirabilis 518f
WEPP-Modell 147
Werlen 794f
Westwinddrift
– Zirkulationsformen 261
Wetter 232
Wetterextreme 281
whalebacks 426
Wiechert-Gutenberg-Diskontinuität 364
Wiederaufbauhilfe 1160
Wiederaufbaupotenzial 1155
Wiener Schule 862
Wien'sches Verschiebungsgesetz 243
Wildtierdezimierung 1104
Wind 423
– Berg-Tal-Windsystem 276
– Fall- 277
– Flur- 276
– geostrophischer 258
– geotriptischer 258
– Hang- 276
– Land-See-Windsystem 275
– Stadt-Umland-Windsystem 276
– Wald-Feld-Windsystem 276
Wind Erosion Equation (WEQ) 148
Winderosion 428, 509
Windkraftanlagen 920
Windkraftwerke 919
Windpark 334
Windrippel 425
Windschliff 425

Windschurformen 540

Windstärkenskala nach Beaufort 1125

Windszenarien 323

Winkeltreue 192

Wintersolstitium 241

Winterstürme

– europäische 280

Wipfeltischform 542

Wirtschaftsförderung 63

Wirtschaftsgeographie 648, 911f, 914, 929, 980, 1046

– regionale 916

– sektorale 916

– spezielle 916

Wirtschaftsstufentheorien 1030

Wissen

– implizites 936

Wissens-Spill-over 928

Wissensaustausch 947

Wissenschaftsbewusstsein 90

Wissenschaftsstil 90

Wissensökonomie 946, 978

Wissensstandsbericht 1199

Witterung 232

Wochenarbeitszeit 1028

Wohlstandsinsel 20

Wohlstandsregionen 20

Wohnimmobilien 961

Wohnimmobilienmarkt 962

Wohnkomplexe

– bewachte 890

– Selbstverwaltungsgremien 891

Wohnungsmarkt 969

Wohnungsmarktforschung 969

Wölbäcker 429

Wolkengattungen 251f

Wolkenstockwerke 251

Wollsackverwitterung 391

World best practice 949

World City 949

World Climate Research Programme 1198

World Data Center Climate 321

World Disasters Report 1143

World Reference Base for Soil Resources (WRB) 515

World Summit on Sustainable Development 1243

Würm 367

Wüsten 458, 504

Wüstenlöss 414

Wüstenrandgebiete 1208

X

Xerophyten 539

– Spaltöffnung 539

Y

Yardang 425

Young, Gerald L. 1092

Z

Zählungen 125, 127

Zeigerart 555

Zeigerwerte 556

Zeitreihenanalyse 143

Zentrale-Orte-Theorie 1029

Zentralisierung der Kontrolle 898

Zentralvulkan 384

Zentrifugalkraft 258

Zentrum-Peripherie-Modell 925, 1099

zero-tolerance-Strategie 888

Ziegelproduktion 1182

Zirkelschluss 177

Zirkulationsschwankungen 267

Zirkulationssysteme 275

zonale Vegetation 557

zone in transition 868

Zone tropischer Westwinde 264

Zonobiom 559

Zoozönose 552

– Typisierung 561

Zufallsauswahl 130

Zufallsstichprobe 138

Zungenbecken 409

Zwangsmigration 740

Zwei-Grad-Ziel 334

zweipolige islamische Stadt 879

Zwischenabfluss 577, 579

Zwischenstadt 860, 870

Zyklon 279–281

Zylinderprojektion 193, 195

spektrum-verlag.de

Fachlektüre fürs Studium

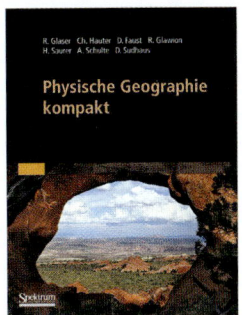

Physische Geographie kompakt

R. Glaser / C. Hauter / D. Faust / R. Glawion / H. Saurer / A. Schulte / D. Sudhaus

Das Buch „Physische Geographie kompakt" ermöglicht Studierenden mit Haupt- oder Nebenfach Geographie, aber auch Schülern einen raschen, kompakten Einstieg in die Materie. Die didaktisch herausragenden vierfarbigen Abbildungen visualisieren die wichtigen geographischen Prozesse und erleichtern das Verständnis für die Konzepte und Theorien der Physischen Geographie. Veranschaulicht werden die Fakten an vorwiegend mitteleuropäischen Beispielen. Der Bogen spannt sich in diesem Lehrbuch von den endogenen und exogenen Kräften über die Dynamik der Atmosphäre und die Böden der Erde bis zur Vegetation und zur naturräumlichen Gliederung Deutschlands.

2010. XII, 217 S. 200 Abb. in Farbe. Geb.
ISBN 978-3-8274-2059-6
► € (D) 22,95 | € (A) 23,60 | *sFr 29,00

Wirtschaftsgeographie Deutschlands

E. Kulke (Hrsg.)

Deutschland hat in den letzten zwei Jahrzehnten seit der Wiedervereinigung einen tiefgreifenden wirtschaftlichen und räumlichen Wandel erfahren, der zunehmend durch internationale Verflechtungen beeinflusst wird. Die in den 1990er-Jahren einsetzende Globalisierung hat sich weiter verstärkt. Das vorliegende Lehrbuch beleuchtet in vielen Facetten die aktuellen Strukturen und Veränderungen in Deutschland, sowohl in sektoraler als auch in räumlicher Hinsicht. Der Herausgeber Elmar Kulke hat dazu Beiträge etablierter Wirtschaftsgeographen zusammengestellt. Die einzelnen branchenorientierten Kapitel berücksichtigen dabei auch regionale Fallbeispiele. Alle Buchkapitel nehmen Bezug auf allgemeine Theorie- und Modellüberlegungen in der Geographie und übertragen diese auf Deutschland.
Wer sich mit Deutschland als Wirtschaftsstandort und seiner Wirtschaftsgeographie befasst, dem vermittelt diese völlig neu bearbeitete Auflage des Lehrbuchs zu den Sektoren und Branchen der Wirtschaft fundierte Grundlagen und aktuelle Fakten, veranschaulicht durch zahlreiche Grafiken, Tabellen und Fotografien.

2. Aufl. 2010. XIII, 363 S. 27 Abb. in Farbe. Geb.
ISBN 978-3-8274-1919-4
► € (D) 49,95 | € (A) 51,35 | *sFr 62,50

Grundlagen der Geologie

H. Bahlburg / C. Breitkreuz

Im System Erde wirken geologische, geophysikalische, mineralogische, chemische und astronomische Vorgänge und Kräfte zusammen: Regen, Wind, Eis und Wellen formen die Erdoberfläche, sie tragen Gebirge ab und füllen Meeresbecken mit Sedimenten. Konvektionen im zähflüssigen Erdmantel verschieben aus dem Inneren der Erde die Schollen der Erdkruste, sie lassen den Meeresboden aufreißen und ausfließende Lava zu neuer Erdkruste werden. Wo diese unter Kontinenten versinkt, türmen sich Gebirge auf. Auch der Mensch ist Teil des geologischen Geschehens: Er ist Gefahren durch Vulkane und Erdbeben ausgesetzt, er nutzt Böden, Grundwasser und andere Bodenschätze und er greift selbst aktiv in das Geschehen ein. Für die vierte Auflage des Buches haben Heinrich Bahlburg und Christoph Breitkreuz den Inhalt an vielen Stellen überarbeitet und erweitert, v.a. die Abschnitte über Sedimentation und über den Menschen im System Erde – hier sind neue oder erweiterte Abschnitte über Tsunamis und Hurrikane hervorzuheben. Ein Muss für alle Studierenden der Geologie!

4. Aufl. 2012. Etwa 450 S. 390 Abb. in Farbe. Geb.
ISBN 978-3-8274-2820-2
► € (D) 44,95 | € (A) 46,21 | *sFr 56,00

Bei Fragen oder Bestellung wenden Sie sich bitte an ► Springer Customer Service Center GmbH, Haberstr. 7, 69126 Heidelberg ► **Telefon:** +49 (0) 6221-345-4301
► **Fax:** +49 (0) 6221-345-4229 ► **Email:** orders-hd-individuals@springer.com ► € (D) sind gebundene Ladenpreise in Deutschland und enthalten 7% MwSt; € (A) sind gebundene Ladenpreise in Österreich und enthalten 10% MwSt. Die mit * gekennzeichneten Preise für Bücher und die mit ** gekennzeichneten Preise für elektronische Produkte sind unverbindliche Preisempfehlungen und enthalten die landesübliche MwSt. ► Preisänderungen und Irrtümer vorbehalten.

015061x

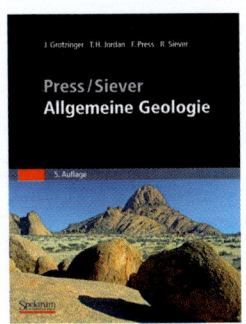

Press/Siever – Allgemeine Geologie

J. Grotzinger / T. H. Jordan / F. Press / R. Siever

Vulkanismus an Plattengrenzen, Sedimentation in Flussdeltas oder Dünenbildung in Sandwüsten sind nur einige Beispiele der vielfältigen Vorgänge, die unsere Erde gestaltet haben und noch immer gestalten. In vielen Fällen können wir sie auch unmittelbar beobachten. Das von Frank Press und Raymond Siever begründete Lehrbuch erläutert die grundlegenden Prozesse durch leicht verständliche Texte. Bestechende Fotos führen die Studenten gleichsam an den Ort des Geschehens. Didaktisch hervorragende Zeichnungen verdeutlichen die geologischen Vorgänge in Gegenwart und Vergangenheit. Auf diese Weise wird der geologische Prüfungsstoff in diesem Lehrbuch zu einer weltweiten Exkursion. Die Neuauflage wurde an vielen Stellen ergänzt und aktualisiert. Die Visualisierung von Sachverhalten ist noch verbessert worden. Ganz neu sind Kapitel über Klima, Geobiologie, Planetologie sowie Wissenschaft und Gesellschaft. Maßgeblich trugen hierzu die beiden neuen Koautoren John Grotzinger und Thomas Jordan bei, die das Standardwerk in idealer Weise fortführen.

Aus den Rezensionen ▶ *Die Autoren haben das Kunststück fertig gebracht, die trockenen Fakten so bunt zu präsentieren, dass das Studium unserer Erde zum Abenteuer wird.* ▶ **Bild der Wissenschaft**

5. Aufl. 2008. XXIV, 736 S. 543 Abb., 526 in Farbe. Geb. ISBN 978-3-8274-1812-8
▶ € (D) 72,00 | € (A) 74,02 | *sFr 96,50

Deutschlands Süden – vom Erdmittelalter zur Gegenwart

J. Eberle / B. Eitel / W. D. Blümel / P. Wittmann

Süddeutschland gehört zu den abwechslungsreichsten Landschaften der Erde. In den letzten 140 Millionen Jahren erlebte es tropische, subtropische und arktische Klimaphasen, deren Spuren bis heute in Teilen der Landschaft zu erkennen sind. Mit diesem Buch begeben Sie sich auf eine faszinierende Zeitreise durch Süddeutschland. Die Verfasser stellen die Landschaftsgeschichte Süddeutschlands allgemein verständlich für einen breiten Leserkreis dar. Sie entwerfen zu den einzelnen Zeitphasen ein virtuelles Bild Süddeutschlands. Vergleiche – und vierfarbige Fotos – mit heutigen Landschaften außerhalb Europas ermöglichen es dem Leser überdies, eine bessere Vorstellung des einstigen Erscheinungsbildes von Süddeutschland zu entwickeln. In der vorliegenden 2. Auflage wird auch ein ausführlicher Blick auf die Zukunft der süddeutschen Landschaft geworfen.

2. Aufl. 2010. VIII, 192 S. 190 Abb. in Farbe. Geb. ISBN 978-3-8274-2594-2
▶ € (D) 39,95 | € (A) 41,07 | *sFr 50,00

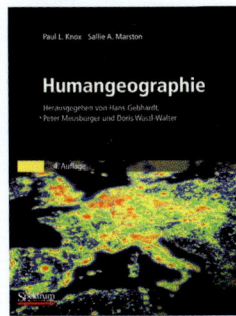

Humangeographie

P. L. Knox / S. A. Marston / H. Gebhardt / P. Meusburger / D. Wastl-Walter (Hrsg.)

Das Buch „Humangeographie" verfolgt ein inhaltliches Konzept, das in dieser Form für ein deutschsprachiges Lehrbuch zur Einführung in die Geographie neu ist: eine Ordnung des Stoffes der allgemeinen Humangeographie im Spannungsfeld zwischen weltweiter Globalisierung einerseits und Regionalisierung/Fragmentierung andererseits. Durchgehend vierfarbig illustriert und didaktisch sorgfältig aufbereitet, steht es in der Tradition amerikanischer Lehrbücher und wird sicherlich auch deutschsprachige Studierende für das Fach Humangeographie begeistern. Durch den Bezug auf Alltagserfahrungen gelingt es den Autoren Paul Knox und Sally Marston, das Basiswissen der Humangeographie mit ihren methodischen Konzepten und theoretischen Ansätzen leicht verständlich zu erläutern. Im Kontext der Globalisierungsdebatte und der Umweltproblematik ist das Interesse an geographischen Fragestellungen auch außerhalb der Geographie gewachsen. Dieser stark gestiegenen Nachfrage trägt das Buch insofern Rechnung, als es explizit von den globalen Zusammenhängen ausgeht und die geschilderten Fallbeispiele weltweit ausgewählt sind. Das Buch ermöglicht so auch NichtgeographInnen, sich mit aktuellen Inhalten des Faches Geographie vertraut zu machen.

Aus den Rezensionen ▶ *Es ist zu wünschen, dass das Werk an vielen Instituten als Basis-Lehrbuch im Grundstudium eingeführt wird und dass es auch darüber hinaus eine weite Verbreitung erfährt, da es ein modernes, zeitgemäßes Bild der Humangeographie vermitteln kann.* ▶ **Geographische Rundschau**

4. Aufl. 2008. XXII, 791 S. 524 Abb., 480 in Farbe. Geb. ISBN 978-3-8274-1815-9
▶ € (D) 74,95 | € (A) 77,06 | *sFr 93,50

Bei Fragen oder Bestellung wenden Sie sich bitte an ▶ Springer Customer Service Center GmbH, Haberstr. 7, 69126 Heidelberg ▶ **Telefon:** +49 (0) 6221-345-4301 ▶ **Fax:** +49 (0) 6221-345-4229 ▶ **Email:** orders-hd-individuals@springer.com ▶ € (D) sind gebundene Ladenpreise in Deutschland und enthalten 7% MwSt; € (A) sind gebundene Ladenpreise in Österreich und enthalten 10% MwSt. Die mit * gekennzeichneten Preise für Bücher und die mit ** gekennzeichneten Preise für elektronische Produkte sind unverbindliche Preisempfehlungen und enthalten die landesübliche MwSt. ▶ Preisänderungen und Irrtümer vorbehalten.